DICTIONNAIRE

PITTORESQUE

D'HISTOIRE NATURELLE

ET

DES PHÉNOMÈNES DE LA NATURE.

TOME SEPTIÈME.

PARIS. — IMPRIMEIE DE COSSON.
Rue Saint-Germain-des-Prés, n° 9.

DICTIONNAIRE

PITTORESQUE

D'HISTOIRE NATURELLE

ET

DES PHÉNOMÈNES DE LA NATURE,

CONTENANT

L'HISTOIRE DES ANIMAUX, DES VÉGÉTAUX, DES MINÉRAUX,
DES MÉTÉORES, DES PRINCIPAUX PHÉNOMÈNES PHYSIQUES ET DES CURIOSITÉS NATURELLES,
AVEC DES DÉTAILS SUR L'EMPLOI DES PRODUCTIONS DES TROIS RÈGNES
DANS LES USAGES DE LA VIE, LES ARTS ET MÉTIERS ET LES MANUFACTURES.

RÉDIGÉ PAR UNE SOCIÉTÉ DE NATURALISTES,

SOUS LA DIRECTION DE M. F.-E. GUÉRIN,

MEMBRE DE LA SOCIÉTÉ D'HISTOIRE NATURELLE DE PARIS ET DE DIVERSES AUTRES SOCIÉTÉS SAVANTES NATIONALES ET ÉTRANGÈRES,
AUTEUR DE L'ICONOGRAPHIE DU RÈGNE ANIMAL DE CUVIER ET DU MAGASIN DE ZOOLOGIE,
L'UN DES AUTEURS DU DICTIONNAIRE CLASSIQUE D'HISTOIRE NATURELLE, DE L'ENCYCLOPÉDIE MÉTHODIQUE,
DU VOYAGE AUTOUR DU MONDE PAR LE CAPITAINE DUPERREY,
DE L'EXPÉDITION SCIENTIFIQUE DE MORÉE, DU VOYAGE AUX INDES ORIENTALES PAR M. BÉLANGER, ETC., ETC.

AVEC PLANCHES GRAVÉES SUR ACIER D'APRÈS LES DESSINS DE MM. DE SAINSON ET FRIES.

TOME SEPTIÈME.

PARIS,
AU BUREAU DE SOUSCRIPTION,
Rue Saint-Germain-des-Prés, n° 4.

1838.

DICTIONNAIRE
PITTORESQUE
D'HISTOIRE NATURELLE
ET
DES PHÉNOMÈNES DE LA NATURE.

P.

PALPIMANE, *Palpimanus.* (ARACHN.) C'est un genre d'aranéide qui appartient à l'ordre des Pulmonaires, à la famille des Fileuses, à la section des Saltigrades, et qui a été créé par Léon Dufour, dans les Ann. des sc. physiques. Latreille dans son Cours d'entomologie, lui a donné le nom de *Chersis*, qui a été adopté par M. Walckenaër dans son Hist. nat. des Aran., t. 1, p. 390. Audouin, dans l'explication des planches du grand ouvrage d'Egypte, l'a désigné sous celui de *Platyscelum.* Les principaux caractères de ce genre sont : yeux inégaux entre eux, sur quatre lignes, formées chacune par deux yeux : ceux des lignes antérieures et postérieures plus écartés entre eux que ceux des deux lignes intermédiaires, et les huit formant deux carrés ou trapèzes renfermés l'un dans l'autre. Lèvre allongée, triangulaire, pointue à son extrémité. Mâchoires larges, dilatées et conniventes à leur extrémité, rétrécies vers leur base. Pattes de longueur médiocre, peu inégales entre elles; la paire antérieure plus allongée, et dont le fémoral et le génual sont gros et renflés. Ces Aranéides se retirent ordinairement sous les pierres. D'après le peu de caractères que nous venons d'exposer, il est facile de voir que par l'épaisseur du céphalothorax, la forme du corps et celle des mâchoires qui sont ordinairement droites, ce genre a beaucoup d'analogie avec celui de Atte. La grosseur de ses pattes antérieures, et leurs fonctions comme tentacules, et même un caractère, qui lui est commun, avec le genre précédent, la position des organes de la vue a aussi de l'analogie avec les genres *Dolomedes* et *Eresus;* mais par l'ensemble de son organisation, il se rapproche beaucoup plus de ce dernier que de tout autre. Il a de même une lèvre plus pointue et des mâchoires plus conniventes que celles que présente le genre Atte. Les Palpimanes n'ont que deux griffes aux tarses, et par ce caractère, ils se rapprochent plus des *Attes* que des *Eresus*, qui en ont trois. L'espèce type de ce genre est :

Le PALPIMANE BOSSU, *P. gibbulus*, Léon Dufour. Ann. des sc. phys., t. 4, p. 12, pl. 69, fig. 5. *Chersis gibbulus*, Walck. Hist. des Aran., t. 1, p. 390. Les deux yeux de la seconde paire sont beaucoup plus gros que les six autres. Le céphalothorax est d'un brun marron, très-épais, et très-peu arrondi. Les griffes sont dépourvues de dentelures, et les pattes antérieures, singulièrement grosses et renflées, ne sont pas semblables aux autres, et leur tarse, au lieu d'être articulé bout à bout avec le métatarse, est inséré sur le côté de l'extrémité de ce dernier. L'exinguinal de cette première paire de pattes est gros et bombé; le fémoral renflé et cambré : par une exception remarquable à la règle commune, le génual est non seulement plus gros, plus renflé, mais plus allongé que le tibial. Les mandibules sont verticales et presque pas bombées. Le derme est très-coriace. Cette espèce est revêtue par tout le corps d'une sorte de duvet ou de feutre composé de poils grisâtres, égaux entre eux. Les individus qui ne sont pas encore parvenus à l'âge adulte, ont une couleur de brique claire. Cette espèce a été trouvée sous les pierres dans les montagnes arides et désertes de Moxente, aux confins du royaume de Valence; elle a été aussi rencontrée en Grèce. L'espèce qui a été décrite et figurée par Koch, dans Hahn, t. 3, p. 21, pl. 80, fig. 178-179, sous le nom de *P. hæmatinus*, n'est qu'une variété du *P. gibbulus* de Léon Dufour. Walckenaër dans son Hist nat. des Aran., t. 1, p. 391 et 392, fait connaître deux autres espèces, dont la première est désignée sous le nom de *Chersis Savignyi*, Walck., et qui est la même espèce que le *Blatyscelum Savignyi*, Aud., Explicat. des pl. de l'expéd. d'Egypt., p. 167, pl. 7, fig. 6 et 7. Cette espèce se trouve en Afrique et en Egypte. Nous en donnons une figure dans notre Atlas, pl. 150, fig. 1. La seconde a reçu le nom de *Chersis dubius*, Walck. *Aranea nigra*, Vicent. Petagn., Specim. Insect. ulter. Calabriæ, p. 15, n° 175. Cette dernière a été rencontrée dans le royaume de Naples. (H. L.)

PALUDICELLE, *Paludicella.* (ZOOPH.) J'ai donné ce nom (Ann. sc. nat., 2ᵉ série zoolog., t. IV) à un genre de Polypes d'eau douce ayant un canal intestinal complet et dont on ne connaît qu'une seule espèce, trouvée en Prusse par M. Ehrenberg et en France par moi. C'est le *Paludicella articulata* que M. Ehrenberg a brièvement indiquée sous le nom de *Halcyonella articulata*. Ses tentacules ne sont pas en fer à cheval comme ceux des Plumatelles ou des Crustatelles (*Voy.* PLUMATELLES); ils sont en entonnoir, plus grêles et moins nombreux. Le corps des Polypes est rétractile dans des tubes ramifiés et composés d'articulations fusiformes. (GERV.)

PALUDINE, *Paludina*. (MOLL.) Genre de Mollusques gastéropodes, créé par Lamarck, qui le sépara des Cyclostomes et forment, avec les Ampullaires et les Valvées, la famille des Peristomiens. Cuvier l'a placé dans les Pectinibranches trochoïdes à côté des Littorines, et M. de Blainville dans la famille des Cricostomes. Il n'est plus besoin de faire ressortir aujourd'hui combien toute bonne classification ne saurait être basée seulement sur l'analogie des coquilles, analogie qui avait même fait rapprocher des genres placés depuis dans des ordres différens. C'est ainsi que les Paludines ont été confondues parmi les coquilles terrestres jusqu'en 1808, époque à laquelle Cuvier démontra, dans son Mémoire sur la Vivipare d'eau douce, qu'il fallait les en séparer.

En effet, les Paludines diffèrent essentiellement des Cyclostomes et des genres voisins à côté desquels on les avait placées, par une respiration branchiale. Les branchies, formées par trois rangées de filets, sont situées au fond de la cavité respiratrice; et celle-ci, comme dans les autres Pectinibranches, est placée à la fin du dernier tour de spire, et s'ouvre largement par une fente, avec un appendice arcuforme, qui, d'après Cuvier, ne serait que la partie antérieure du pied bifurqué; l'animal est spiral, proboscidiforme; il a deux tentacules courts et les yeux à leur base interne; la coquille est conoïde, épidermée, à tours de spire arrondis; l'ouverture est presque arrondie, un peu plus longue que large; les bords sont réunis et tranchans; l'opercule, attaché sur la partie supérieure et postérieure du pied de l'animal, est corné, squameux et un peu elliptique. Les deux sexes sont séparés sur des individus différens, et tous deux présentent des dispositions singulières; l'organe mâle, très-gros, cylindrique, est logé dans une cavité particulière, pratiquée dans le tentacule droit et d'où il sort par l'ouverture qui se montre à la base de ce même tentacule; l'appareil femelle, formé d'un ovaire volumineux auquel succède un long oviducte, et qui, avant de se terminer dans la cavité branchiale, présente un renflement des plus remarquables et de manière à former un utérus où nous verrons en effet les œufs éclore.

Les Paludines, d'après leur organisation, et comme leur nom semble l'indiquer, sont aquatiques; elles vivent au fond des rivières et des étangs d'eau douce, sur les plantes aquatiques qui s'y trouvent et dont elles font leur principale nourriture. On a prétendu qu'elles venaient surnager comme les Limnées. M. Blainville, qui les a long-temps observées, assure n'avoir jamais remarqué ce fait.

La ponte, dans ces animaux, a lieu pendant toute l'année, et l'animal offre cela de bien plus remarquable que les petits sortent vivans du sein de leur mère, où ils éclosent dans le renflement de l'oviducte dont nous avons parlé. Après leur naissance ils restent quelque temps sur la coquille de leur mère, jusqu'à ce qu'ils aient acquis un peu plus de développement.

Ce genre est, on peut le dire, des plus répandus; les rivières d'Europe et d'Amérique en sont abondamment peuplées, et MM. Quoy et Gaymard en ont rapporté des îles Célèbes, etc.

On connaît un assez grand nombre d'espèces de Paludines tant fossiles que vivantes; les plus remarquables parmi ces dernières sont :

PALUDINE VIVIPARE, *Paludina vivipara*, Lam. C'est l'espèce la plus anciennement connue, très-commune en France et dans toute l'Europe. La coquille, d'un pouce de diamètre, est d'un blanc grisâtre, avec des bandes brunes décurrentes; l'animal est brunâtre, parsemé de taches d'un jaune doré; on le trouve abondamment dans les rivières de la Seine, de la Marne, etc.; elle est représentée dans notre atlas, planche 45, fig. 2.

PALUDINE AGATE, *P. agatina*. Elle diffère fort peu de la précédente, si ce n'est que sa couleur générale est plus foncée, et ses bandes brunes décurrentes plus prononcées et constantes. On la trouve d'ailleurs dans les mêmes lieux, mais plus particulièrement dans le midi de la France.

PALUDINE VERTE, *P. viridis*. Coquille très-petite, de trois à quatre lignes, lisse, transparente, sub-ovale, de quatre tours de spire, dont le dernier fort grand; ouverture grande et ovale; sommet pointu; et enfin couleur blanche sous un épiderme vert.

Parmi les espèces exotiques nous citerons: la P. DU BENGALE, *P. bengalensis*; la P. de VIRGINIE (Say); P. LIMONEUSE (Say), qui n'offrent rien de particulier, et la P. MAGNIFIQUE, *P. magnifica*, remarquable par des tubercules sur tous les tours de la spire. Elle nous vient des contrées les plus méridonales de l'Amérique du Nord.

La PALUDINE CARÉNÉE, *P. carinata*, qui est de la grosseur de la Vivipare, un peu plus petite, cependant, et dont elle se distingue, ainsi que de toutes les autres espèces, par son fond brun, et par une crête légère et double qui règne tout le long de la spire, mais surtout sur le dernier tour. Cette espèce vient de l'île Célèbes, d'après MM. Quoy et Gaymard, et des Philippines, d'après M. F. Eydoux.

Le nombre des Paludines fossiles vient d'être tout récemment augmentés de trois espèces que M. Charles d'Orbigny a fait connaître dans le Magazin de Zoologie; il les a trouvées en assez grand nombre dans le terrain de travertin inférieur (ou calcaire d'eau douce) de la plaine de Monceaux, près Paris. Ces espèces sont : 1° la Paludine à varices, *P. varicosa*. Cette coquille, d'environ trois millimètres de longueur, est remarquable en ce qu'on ne connaissait point encore de Paludines avec varices; 2° la Paludine cyclostomiforme, *P. cyclostomiformis*, coquille de trois à quatre millimètres de longueur, à stries transversales et à ouverture presque ronde; 3° la Paludine allongée, *P. elongata*, qui, tout en ayant sept à neuf tours de spire, n'atteint encore que quatre à cinq millimètres de longueur. (Rich.)

PALUS-MÉOTIDES. (GÉOGR. PHYS.) Les anciens appelaient *Palus Mæotis*, un grand golfe ou petite mer intérieure, située entre l'Europe et l'Asie, au nord de la mer Noire, avec laquelle il communique au moyen d'un détroit qui porte le nom de détroit de Caffa; c'était ce qu'on appelait jadis le Bosphore Cimmérien. Aujourd'hui, le nom de Palus-Méotide ne lui est conservé que par quelques anciens géographes; on l'appelle plus généralement la mer d'Azof; et cependant la première dénomination de Palus, qui, dans notre langue, peut se traduire par Grand Lac, Vaste Marais, lui conviendrait beaucoup mieux. Son eau, en effet, est peu profonde et beaucoup moins salée que l'eau de la mer ne l'est ordinairement. Aussi, voyons-nous Pline et Pomponius Mela l'appeler, tantôt *Lacus*, tantôt *Palus*, sans jamais lui donner la dénomition de *Mare*.

Les géographes modernes, à cause de son étendue probablement, sont convenus, comme nous l'avons dit, de l'appeler mer d'Azof. Quelques uns, parmi eux, lui ont donné le nom de mer de Zabache; mais la première de ces deux dénominations est la plus usitée, et c'est celle surtout dont nos lecteurs devront se servir lorsqu'ils voudront désigner l'ancien Palus-Méotide.

Sa direction est du sud-ouest au nord-est, si l'on prend pour point de départ de cette observation l'isthme qui joint la Crimée au continent, et pour point extrême, l'embouchure de l'ancien Tanaïs, devenu aujourd'hui le Don. Elle a environ 200 lieues de circuit, et est située par le 55e degré de longitude et le 46e de latitude. Les petits Tartares proprement dits habitent ses côtes du nord-ouest; ils font maintenant partie de l'empire russe, la Crimée forme ses rivages du sud-ouest, et les Circassiens se trouvent au sud-est.

Virgile a donné une magnifique description de la saison hivernale dans ces climats: il ne faut pas la prendre à la lettre, sous peine d'être totalement induit en erreur: l'imagination du poète est venue à son aide en cette circonstance, et Dieu sait si elle a fait merveille. (C. J.)

PAMBORE, *Pamborus*. (INS.) Genre de l'ordre des Coléoptères, section des Pentamères, famille des Carnassiers, tribu des Grandipalpes, établi par Latreille avec les caractères suivans: mandibules arquées, fortement dentées dans toute leur longueur, avec l'extrémité latérale et extérieure des deux premières jambes prolongée en une pointe. Dernier article des palpes extérieurs en demi-ovale longitudinal, avec le côté externe arqué; palpes maxillaires internes droits, avec le dernier article beaucoup plus grand que le premier ovoïde. Echancrure du menton peu profonde. Dejean, dans son Species général des Coléoptères, caractérise ainsi ce genre: tarses semblables dans les deux sexes; dernier article des palpes fortement sécuriformes; antennes filiformes; lèvre supérieure bilobée; mandibules peu avancées, très-courbées, fortement dentées intérieurement; mâchoires presque plates, légèrement échancrées antérieurement; corselet presque cordiforme; élytres en ovale allongé. Ce genre a été formé par Latreille sur un Insecte de la Nouvelle-Hollande, et qui a assez d'analogie avec les Tefflus, Procères, Carabes et Colosomes, mais qui s'en distingue par les mandibules, qui, dans ces derniers, n'ont pas de dents notables au côté interne; les Cychres, les Scaphinotes de Dejean, s'en éloignent parce que leurs élytres sont carénées latéralement et qu'elles entravent l'abdomen, ce qui n'a pas lieu dans les Pambores; la tête des Pambores est assez allongée, plane en dessus et rétrécie postérieurement; la lèvre supérieure est bilobée intérieurement, à peu près comme dans les Carabes; les mandibules sont peu avancées, très-courbées et très-fortement dentées intérieurement; le menton est assez grand, presque plan, rebordé et légèrement échancré en arc de cercle; les palpes sont très-saillans; leurs premiers articles vont un peu en grossissant vers l'extrémité, et le dernier est très-fortement sécuriforme, un peu allongé et un peu ovale; les antennes sont filiformes et un peu plus courtes que la moitié du corps; le corselet est assez grand et presque cordiforme; les élytres sont un peu convexes et en ovale allongé; les pattes sont à peu près comme celles des Carabes; mais les jambes antérieures sont terminées par deux épines un peu plus fortes, surtout l'intérieure, et l'échancrure entre les deux épines se prolonge un peu sur le côté interne; les tarses sont semblables dans les deux sexes; cette particularité leur est commune avec les Brachygnates. Les femelles diffèrent des mâles par leurs proportions, qui sont un peu plus larges. Les Pambores ont le dernier article des palpes enfermé à la manière des Tafllus et des Brachygnates; leur lèvre supérieure, courte, large et échancrée dans le milieu, n'est séparée du chaperon que par une simple suture, ce qui pourrait faire croire qu'elle est grande et avancée; leur menton est tout-à-fait sans dent et presque sans échancrure.

Ce genre autrefois ne renfermait qu'une seule espèce; mais, depuis, il a été augmenté de quatre autres espèces qui ont été décrites par M. Gory, dans un travail ayant pour titre: Monographie du genre Pambore, inséré dans le Magasin de Zoologie de M. Guérin, classe IX, pl. 166 et 167, année 1836. Les cinq espèces qui composent maintenant ce genre paraissent être propres à la Nouvelle-Hollande; ce sont des Insectes d'une taille assez grande, mais dont les mœurs nous sont entièrement inconnues.

Parmi ces cinq espèces, qui ont été décrites par M. Gory, nous citerons:

Le PAMBORE ALLONGÉ, *P. elongatus*. Gory, Mag. de Zool., pl. 166, fig. 2, long de 34 millim. et large de 10 millim.; d'un noir brillant; tête aplatie, assez rétrécie en arrière des yeux; ceux-ci assez saillans et roux; corselet étroit et allongé, assez échancré à sa partie antérieure, allant en se rétrécissant sans être en forme de cœur, très-échancré à sa partie postérieure, avec les côtés très-fortement rebordés, surtout aux angles postérieurs; il est couvert de petites rides transversales, a, dans son milieu, une forte ligne longitudinale et une impression un peu oblique de chaque côté de la base; et celle-ci a les bords latéraux d'un vert bleu; écusson court, large et couvert de petites rides; élytres presque parallèles, arrondies; l'extrémité, avec sept côtes longitudinales peu arrondies surtout les deux dernières, qui sont très-faibles; la deuxième est peu interrompue, la quatrième l'est un peu plus, la sixième l'est dans toute sa longueur; les intervalles de ses côtes sont criblés de très-petits points rangés longitudinalement; ils sont d'un noir violet très-foncé, plus clair et plus brillant du côté externe. Cette espèce a pour patrie la Nouvelle-Hollande.

Voyez la Monographie de M. Gory pour les espèces qui ont été désignées sous les noms de *Pamborus viridis*, *alternans*, *morbillosus*, *Guerinii*. (H. L.)

PAMIER, *Pamea*. (BOT. PHAN.) On doit à Aublet la création de ce genre de la Polygamie monoécie et de la famille des Elæagnées. On ne lui connaît encore qu'une seule espèce, que de Lamarck a cru pouvoir réunir au Badamier de l'île Maurice, *Terminalia mauritiana*. Le grand arbre découvert par Aublet dans les forêts de la Guyane paraît très-voisin, sinon congénère des Badamiers, mais rien ne justifie son rapprochement de l'espèce indiquée. Il s'élève à plus de dix mètres, offre un bois blanc très-cassant, caché sous une écorce grise et gercée. Son tronc se charge de branches qui montent verticalement; d'autres dont les rameaux, disposés par étages, s'inclinent plus ou moins, ou bien s'étendent beaucoup horizontalement; toutes sont garnies de grandes feuilles entières, d'un vert foncé, lisses au milieu, ondulées sur leurs bords, ovales, terminées en pointe et rassemblées en rosette autour des nœuds des branches et des rameaux. Aux fleurs petites, blanchâtres, formant des grappes axillaires portées sur de longs pédoncules, succèdent des baies oblongues et triangulaires, épaisses et munies d'un calice persistant, lequel est divisé en trois parties larges et obtuses. L'amande oblongue contenue dans le noyau se mange avec plaisir. Les autres propriétés du Pamier nous sont inconnues. (T. D. B.)

PAMPAS. (GÉOGR. PHYS.) Le mot *Pampas* vient du *Quichua*, langue des Incas, et signifie proprement *place*, *terrain plane*, *grande plaine*, *savane*. Le nom espagnol qui correspond à celui de Pampas est *Llanura ò llanos*. On s'étonnera peut-être de retrouver si loin de la terre où vécut le peuple des Incas, une dénomination qui tire son origine de leur langue; cependant cet étonnement diminuera, lorsqu'on saura que beaucoup de Quichuas habitaient jadis le pays où se trouve située la ville de Santiago del Estera, et que les habitans de cette contrée conservent encore aujourd'hui une espèce de patois qui n'est ni espagnol ni quichua, et qui participe à la fois de ces deux langues. Or, Santiago del Estera est située près des Pampas, puisque déjà il s'en trouve dans la province qui porte le nom de cette ville.

Les Pampas sont donc de vastes plaines qui s'étendent des côtes de l'océan Atlantique jusqu'aux pieds des Andes; il ne faudrait pas croire cependant que les Pampas présentent partout un terrain plat et uni, sans aucune élévation. On a beaucoup exagéré l'égalité du sol; tout le pays situé entre la Plata, le Salado et le Parana, présente d'abord des ondulations de terrain assez prononcées qui offrent à l'œil d'une manière très-saisissable, des hauteurs, des bas-fonds arrosés par des ruisseaux, et des marais que le soleil d'été parvient seul à dessécher. Au sud du Salado, les Pampas présentent une surface plus unie; mais au milieu de cette immense nappe verte qui s'étend sans bornes, on voit cependant surgir des dunes assez nombreuses et assez élevées: elles sont généralement moins puissantes de végétation, et à les voir surgir sur ces mers de verdure, on dirait des îlots de sable venant rompre l'uniformité du spectacle. Indépendamment de ces dunes, on rencontre aussi quelques coteaux peu élevés en réalité, mais qui, en opposition avec la plaine, paraissent presque de petites montagnes. C'est à cause de cela que les habitans les ont nommés *Cerillas*, *Cerilladas*. On donne à ces vastes plaines une étendue de trois cent cinquante à quatre cents lieues; on voit donc qu'elles occupent un terrain plus vaste que les plus grands royaumes d'Europe. Cet immense bassin est borné au nord par les montagnes de Cordova et de San Luis, et au sud par les montagnes du Tandil, de la Sierra Ventana. Remarquons en passant que cette limite méridionale n'est pas tracée d'une manière aussi arrêtée que la limite septentrionale; au lieu d'avoir, comme au nord, des chaînes de montagnes continues et sans interruption, nous avons ici des monts séparés et sans suite, offrant des groupes qu'on peut joindre comme délimitation par une ligne fictive. A l'est, les Pampas ont pour bornes l'océan Atlantique: à l'ouest, leur magnifique végétation vient s'éteindre dans une bande de terrains sablonneux qui servent de base aux contreforts de cette vaste chaîne de montagnes des Andes, qui parcourent dans toute son étendue la surface du territoire américain.

On peut considérer la grande plaine des Pampas comme partagée de l'est à l'ouest en trois régions bien distinctes de climats et de produits différens. La première, à partir de Buenos-Ayres, est sur une ligne de cent milles, couvertes de trèfles et de chardons; la seconde est un herbage admirable de quatre cent cinquante milles d'étendue, et la troisième, qui touche à la base des Cordillières, forme une immense forêt. La première de ces zones varie d'aspect à chaque saison, tandis que les deux autres conservent toujours la même apparence. Ce sont des arbres toujours verts et des gazons qui ne font seulement que changer de nuances. Mais la végétation de la première zone se modifie sans cesse au contraire : ainsi, en hiver, les chardons et les trèfles y sont magnifiques : les Bœufs et les Chevaux paissant en liberté au milieu de ces vastes prairies naturelles, présentent un superbe coup d'œil. Au printemps, les chardons dominent les trèfles au point de les faire entièrement disparaître, et bientôt la plaine se métamorphose en un taillis épais de chardons en pleine floraison, qui n'ont pas moins de dix à onze pieds de haut. Tous les sentiers en sont obstrués; l'œil ne peut s'y faire jour, on n'y saurait distinguer un seul des nombreux animaux dont le sol est couvert. Les tiges de ces chardons sont si fortes et si rapprochées l'une de l'autre, qu'indépendamment des pointes dont elles sont hérissées, elles offriraient encore une barrière impénétrable. Elles croissent avec une rapidité prodigieuse; et si, ce qui ne serait pas impossible, une armée ennemie se trouvait engagée dans cette partie des Pampas, elle se trouverait infailliblement emprisonnée au milieu de cette vigoureuse végétation, avant d'avoir eu le temps de battre en retraite. L'été est à peine écoulé, et déjà tous ces beaux chardons si puissans et si vigoureux ont perdu leur sève et leur verdure. Bientôt leurs têtes se fanent et se flétrissent, leurs tiges prennent une teinte noirâtre, et au premier ouragan, leurs débris abattus seront répandus sur le sol, où ils ne tarderont pas à se décomposer et à disparaître pour faire place aux trèfles qui reverdissent bientôt avec une nouvelle vigueur.

Le capitaine Head, officier du génie de l'armée anglaise, qui a poursuivi, à travers ces vastes plaines, la découverte de mines inconnues, a publié sur ces contrées un livre fort intéressant dont nous nous aiderons pour la suite de cet article, et nous allons dès à présent citer ici quelques lignes où cet infatigable voyageur nous communique les impressions qu'a fait naître chez lui la vue de ces océans de verdure.

« Quoique les sentiers qui traversent ces plaines » soient de loin en loin jalonnés de chétives habi» tations, ces contrées conservent, comme au » berceau du monde, l'auguste empreinte des » mains du Créateur, et on ne peut les parcourir » sans une religieuse émotion. Bien qu'en tous » lieux on puisse s'écrier avec le Roi-Prophète : » *Cœli enarrant gloriam Dei et opera manuum ejus* » *annuntiat firmamentum;* cependant, dans ces » contrées populeuses, le travail vient à chaque » pas vous désenchanter; c'est, en effet, une er» reur si commune de penser que le laboureur qui » a confié le grain à la terre est le créateur de ses » produits ! Aussi, tandis que dans nos pays civili» sés on ne voit que confusion dans la végétation » du sol, on est surpris, lorsqu'en parcourant les » Pampas, on observe la régularité et la beauté du » règne végétal abandonné aux sages dispositions » de la nature.

» La région mitoyenne offre un pâturage de qua» tre cent cinquante milles de largeur sans mé» lange d'herbes malfaisantes. Celle qui est couverte » de bois n'est pas moins extraordinaire. Les arbres » n'y forment point de fourrés; mais ils s'élèvent si » régulièrement qu'on peut la parcourir à cheval dans » tous les sens. A côté de jeunes arbustes dominent » des arbres majestueux : ceux dont la vie touche à » son déclin ne déparent même pas ce magnifique » tableau; ils sont toujours verts, et lorsqu'ils meu» rent, les branches extrêmes se détachent d'elles» mêmes. Le tronc se couvre de rejetons et de » feuillages, et bientôt des rameaux pleins de sève » dérobent à l'œil sa décrépitude sous leur rapide » végétation. Il est des cantons qui, dévorés par » un incendie accidentel, et jonchés de charbons, » offrent la même scène de désolation que des peu» ples moissonnés par la peste ou la guerre; mais le » feu est à peine éteint que les arbres épargnés par » les flammes semblent étendre leur ramée pour » voiler ce champ de deuil, et des cendres de la » forêt consumée jaillissent des tiges nouvelles.

» Dans ces contrées, les rivières ne quittent ja» mais leur lit, et les produits du sol sont distri» bués d'une manière si admirable, que, s'il se cou» vrait subitement de villages et de cités placés dans » des sites et à des distances convenables, ses ha» bitans n'auraient d'autres soins à prendre que de » faire paître leurs bestiaux et de mettre en labour, » sans aucune préparation préalable, la portion de » terrain nécessaire à leur existence. »

C'est ainsi que s'exprime le capitaine Head sur ce merveilleux pays, et nous ne doutons pas que son opinion ne soit partagée par nos lecteurs, lorsqu'après avoir achevé la lecture de cet article, ils seront initiés à tous les détails transmis par les voyageurs qui ont traversé ces riches contrées.

Le Salado, qui coule au sud-ouest de Buenos-Ayres, forme le fond d'un bassin très-vaste dont les pentes sont peu sensibles, mais existent cependant, et vont d'un côté en remontant par la campagne de Buenos-Ayres, et de l'autre côté en remontant aussi vers les montagnes du Volcan, de Tandil, de Tapalqueu, etc. Il a été facile de se rendre compte de ces deux pentes insensibles à l'œil, par le niveau des eaux des puits. Ainsi, aux environs du Salado, il suffit de creuser à deux mètres de profondeur pour trouver l'eau; quelquefois même on la rencontre à un mètre. Si au contraire on s'éloigne des rives du Salado vers le sud-ouest, et qu'on se dirige vers les montagnes que nous avons vues former les limites des Pampas de ce côté, la profondeur des puits augmente successivement. Les Pampas forment donc une vaste plaine légèrement creusée à sa partie centrale et dont les deux extrémités remontent insensiblement jusqu'aux limites. Par l'inspection d'une carte moderne, nos lecteurs pourront s'assurer, d'ailleurs, que l'écoulement des eaux de la partie sud se fait par le moyen de plusieurs petites rivières, telles que la *Vivorota*, le *Pichileufu*, le *Tandil*, le *Chapaleufie*, l'*Azul*, le *Tapalqueu*, le *Chatico* et autres, dont le cours fort lent, sur un terrain presque sans pente, fait que les eaux se répandent souvent en dehors des lits pour former de nombreux et vastes étangs.

En général, le fond du bassin des Pampas proprement dites est formée d'une argile calcaire durcie, fort compacte. Toutes les fois qu'on en vient à creuser un puits, ce qui arrive souvent, les terrains traversés se composent toujours d'une première couche de terre végétale, d'une seconde couche d'argile pure, jaunâtre, et enfin de la pierre argileuse, qui, comme nous l'avons dit il n'y a qu'un instant, compose tout le fond du bassin des Pampas. Suivant la position qu'on occupe, soit vers le nord, soit vers le sud, soit vers l'est, soit vers l'ouest, ces couches se reproduisent à chaque point dans le même ordre; elles varient seulement d'épaisseur, et c'est toujours sous la pierre argileuse qu'on trouve l'eau.

Nous avons déjà dit que les Pampas n'étaient pas parfaitement unies; nous avons donné les preuves d'une certaine inclinaison en double sens, formant une vallée dont le fond est occupé par un fleuve, le Salado. En outre de cette inclinaison, les Pampas ont encore à leur surface certaines élévations que dans le pays on appelle des *Medanos*.

Les medanos ne sont autre chose que des dunes formées d'une terre légère, sablonneuse et fertile; l'herbe y est cependant moins touffue que dans la plaine; mais les chardons et quelques autres plantes y poussent encore avec assez de vigueur pour montrer la fertilité des terres qui les composent. Tous les medanos ne sont pas distribués de même façon sur la surface des Pampas; tantôt ils se trouvent en groupe, tantôt ils forment comme de petites chaînes de petites montagnes; tantôt enfin, et c'est là l'ordinaire, on les voit répandus sans suite et à de grandes distances les uns des autres. La transition du terrain plat et argileux des Pampas à la pente sablonneuse et assez rapide des medanos est subite, de sorte qu'ils sont comme jetés au hasard, comme semés à la main sur la surface de la plaine.

La vue du haut de ces dunes a quelque chose de saisissant. Un voyageur, M. Parchappe, envoyé par le gouvernement de Buenos-Ayres pour rechercher à l'extrémité des Pampas l'emplacement le plus favorable à l'établissement d'une colonie, rapporte en ces termes l'effet produit sur lui par ce spectacle sans égal.

« Arrivés vers dix heures aux medanos de los pazos de Piche, nous y fîmes halte pour prendre le repas du matin; pendant qu'il se préparait, je montai sur le haut du medanos principal que j'estime avoir une trentaine de mètres d'élévation au dessus du niveau du terrain environnant. Cette éminence, qui n'est rien en elle-même, devient une montagne, comparativement à l'immense plaine qu'elle domine : de son sommet, la vue n'a de bornes dans toutes les directions que celles d'un horizon parfait; mais l'œil attristé parcourt avec une espèce d'effroi cette vaste solitude, ces campagnes silencieuses, dont la couleur uniforme, jaunie par la sécheresse, n'est interrompue que par le vert rembruni de quelques lagunes peuplées de joncs. Pas un arbre, pas un buisson qui se dessine sur l'azur du ciel : l'oiseau perdu dans cet océan de verdure chercherait en vain une branche pour se reposer ou le plus modeste feuillage propre à lui servir d'asile, et la nature paraîtrait inanimée si quelques cigognes ne venaient planer au dessus des campagnes, si des Autruches ne se laissaient de temps à autre apercevoir au loin. Je contemplais avec étonnement ce morne paysage, et lorsque je ramenais mes regards fatigués sur l'étroit terrain qu'occupait au pied de la hauteur le campement de notre expédition, mon imagination le comparait involontairement à l'étendue du désert et se trouvait ainsi conduite à l'idée du petit espace qu'occupe l'homme sur la terre. La vue des grandes solitudes inspire toujours des réflexions mélancoliques et ramène sans cesse l'esprit du voyageur à un retour affligeant sur lui-même. »

Ainsi parle M. Parchappe, et nous croyons qu'aucun de nos lecteurs ne mettra en doute la mélancolie et la tristesse que doit faire naître un pareil spectacle; il y a peut-être du charme dans cette mélancolie qui vient saisir si doucement le voyageur et le préoccuper si vivement, sans que pour cela elle découle d'une peine de l'âme, ou même du souvenir d'une peine. Ce doit être nécessairement cette tristesse vague qui n'a pas de motif pénible, qui est simplement une disposition particulière du cœur, et l'un des plus beaux apanages du poëte. Qu'il y a loin de cette mélancolie suave et douce que fait naître la solitude, à cette tristesse chagrine et inquiète qui est la suite inévitable des tourmens du cœur et des vicissitudes de la vie! A l'une, les douces émotions et presque des joies; à l'autre, les angoisses et les tourmens!

Mais je m'aperçois que je m'éloigne de mon sujet : j'y reviens.

Ces dunes ou medanos, comme on voudra les appeler, présentent un caractère particulier et qu'il est bon d'indiquer ici. Nous pourrons en tirer quelques conséquences qui ne seront point indifférentes à la géologie de l'Amérique méridionale.

Les médanos servent, pour ainsi dire, de protecteur à des lagunes qui leur sont toujours adossées du côté de l'ouest dans toute l'étendue des Pampas; en d'autres termes, chaque medanos a toujours sa lagune, qu'il protége du côté de l'est en formant une anse ouverte par le côté opposé. Ne serait-il pas permis de conclure de cette disposition générale, que, lorsque les eaux qui ont recouvert le continent américain se sont retirées, elles ont établi leur courant sur l'un et l'autre versant des Andes, cette colonne vertébrale de l'Amérique méridionale, en suivant les pentes naturelles; que dans cet écoulement, elles ont formé successivement, sur le versant oriental, de nombreux attérissemens, représentés aujourd'hui par les medanos, et qu'elles ont successivement creusé dans ces dunes, alors à l'état de délaissement, des espèces d'anses ouvertes à l'ouest, où l'eau est venue séjourner, et où, par la suite, il s'en est toujours trouvé, grâce à l'infiltration et à la pente naturelle des terrains. De cette façon se trouverait expliquée l'existence simultanée des medanos et des lagunes, fait constant, et qui se reproduit avec la même régularité dans toute l'étendue des Pampas. Ajoutons ici, pour compléter ce que nous avons à dire des lagunes, que toutes celles qui sont ainsi adossées à des medanos, sont remplies d'une eau douce, très-potable et bien différente de l'eau des lagunes qu'on trouve dans la plaine, et qui est tellement saumâtre qu'il est impossible de la boire. Cela s'expliquera facilement pour nos lecteurs, quand ils sauront que cette eau, avant d'arriver dans ces espèces de réservoirs, passe sur des terrains plus ou moins saturés de sel, et entraîne avec elle quelques particules de sel qu'elle ne peut abandonner. Le terrain des Pampas, en effet, est généralement imprégné de sel; lorsque le sel se trouve en assez grande quantité pour changer la nature de la végétation, on lui donne le nom de Silitral. La province de Buenos-Ayres ne manque pas de cantons de cette nature; mais les Silitrals deviennent beaucoup plus communs, à mesure qu'on s'avance vers le sud; ils changent même tout-à-fait l'aspect du pays et de la végétation. En effet, au lieu des magnifiques prairies qui se trouvent dans la partie nord, on trouve beaucoup plus souvent de vastes plaines, où il ne croît que des plantes salines; parmi elles, celle qui pousse avec le plus d'abondance, et par conséquent qu'on retrouve le plus souvent, présente l'aspect d'une petite touffe de feuilles filiformes, d'une verdure tendre et agréable, et ne s'élevant pas à plus d'un décimètre de hauteur; quoique, sur le terrain, elles ne soient pas très-rapprochées l'une de l'autre, leur ensemble n'en forme pas moins un gazon assez épais. Les animaux n'aiment point à brouter cette herbe; et pourtant c'est avec un grand plaisir qu'ils passent des heures entières à lécher des terrains salés.

Puisque nous en sommes venus à parler des diverses modifications subies par la végétation des Pampas, nous devons dire quelque chose de ce qu'en français nous appellerions Marais et Marécage, et que dans le pays on appelle Canâda, Banado, Esteros et Congrejales. Tous ces différens mots désignent en espagnol une nature particulière de marais que nous allons faire connaître.

Par Canâda, on entend un terrain inondé, plus ou moins étendu et peu profond, où les bestiaux peuvent paître facilement, et qui se dessèche à peu près entièrement pendant la saison de l'été.

Banado indique les prairies qui se trouvent sur les bords d'une rivière, et que les crues de cette rivière inondent à de certaines époques.

Esteros est la dénomination donnée à des marais plus profonds, où poussent de nombreux joncs, nommés Estera. Cette dernière dénomination s'applique aussi aux nattes qu'on fait avec les joncs dont nous venons de parler.

Enfin, les Congrejales sont des marais qui servent d'habitation aux Crabes.

Tous ces marais, qu'il est peu agréable et souvent fort dangereux de trouver sur sa route, sont dus, pour la plupart, à de petits ruisseaux, qui, coulant sur des terrains presque sans pente, finissent par sortir de leur lit et s'étendre sur la plaine. Quelques uns, trouvant plus loin un terrain plus favorable, reprennent leur cours, pour devenir de nouveau marais. Il en résulte que souvent les naturels du pays, qui n'ont pas pris la peine de vérifier le terrain, et de s'assurer de l'existence de tout le cours d'une rivière, donnent successivement plusieurs noms à la même rivière: de là une grande confusion, cause infaillible de nombreuses erreurs. Pour en donner un exemple, je citerai la petite rivière de Las Flores qui se jette dans le Salado, et qui porte successivement les noms d'Arroya Tapalqueu et de Las Flores. Il en est de même de l'Arroya Asul, qui donne naissance à un vaste marais, pour reparaître sous le nom d'Arroya Gualiche.

Nous avons montré jusqu'à présent les Pampas comme de vastes plaines, où ne pousse pas le moindre arbrisseau; telle est, en effet, la nature des Pampas qui se trouvent au sud-ouest de Buenos-Ayres; mais il faut admettre une certaine modification pour les Pampas situés dans la province de Santa-Fé, au nord-ouest de Buenos-Ayres. La superficie du sol y est toujours bien horizontale; mais on trouve sur son sol, composé de puissantes couches d'argile grossière, un peu endurcie, effervescente, gris-cendré, un assez grand nombre de bouquets épars d'Acacias espinillos. Il faut peut-être attribuer cette végétation particulière au voisinage de la grande rivière de Parana, qui entretient une humidité nécessaire à la végétation d'arbustes, et aussi à la proximité des forêts de la province d'Entre-Rios.

On trouve aussi dans l'intérieur du Brésil des espèces de Pampas, que les habitans nomment Campos. Ce sont bien des plaines découvertes, mais cependant bien différentes de celles que nous avons décrites dans cet article. Ainsi, le pays n'offre pas sans doute des pentes raides et de profondes vallées; mais il est encore fort inégal et présente, à peu de chose près, le même aspect que les pacages des Monts-d'Or en Auvergne, lorsqu'après avoir passé le pic de Sancy, on arrive à Vassevière. Ajoutons à cela que non seulement on y rencontre de nombreux bouquets de bois, mais encore qu'on y trouve même, mêlés aux plantes graminées, une grande quantité d'arbrisseaux d'un pied à un pied et demi.

Revenons à nos Pampas de la province de Buenos-Ayres, et voyons si l'industrie humaine a su tirer parti de ces magnifiques prairies.

Les grands établissemens qui se trouvent au sein des Pampas, se nomment Estancias. Comme ils sont tous établis sur le même modèle, nous allons donner la description d'un seul; cela suffira pour nos lecteurs, qui retrouveraient à chaque description les mêmes détails. Nous aimons à consigner ici la source des renseignemens où nous avons puisé: ils sont extraits du Voyage de M. d'Orbigny dans l'Amérique du Sud.

Un Estancia est un établissement où on élève

des bestiaux, principale et pour ainsi dire unique spéculation des propriétaires des parties australes de l'Amérique du Sud. Aux environs de Buenos-Ayres, ces Estancias ont quelquefois trente à quarante mille têtes de bétail, distribuées en différens groupes. En s'avançant dans les Pampas, le nombre des animaux diminue, sans cesser, pour cela, d'être, aux yeux d'un Européen, une opération presque fantastique.

La maison se compose habituellement de trois corps de logis : l'un sert d'habitation au propriétaire, un autre sert de cuisine et de logement aux employés, en hiver seulement; car, en été, ils préfèrent coucher dehors, et le troisième sert à emmagasiner les peaux et les suifs. Lorsqu'on peut se procurer des bois, ce qui est fort difficile dans les Pampas, on construit autour des maisons d'immenses enceintes ou parcs, appelés Corales. Ces enceintes sont construites de façon à pouvoir tenir séparées les bêtes à cornes, les chevaux et les moutons. Lorsqu'on n'a pas de bois, on les entoure de fossés profonds; ils servent à parquer de temps à autre tous les animaux d'un Estancia, pour les empêcher de devenir tout-à-fait sauvages, et pour l'opération annuelle et très-importante des dénombremens et de la marque. Indépendamment de la maison centrale, dont nous venons de parler, l'Estancia est pourvu de plusieurs portes (puertas) où l'on répartit les bestiaux, lorsqu'ils sont trop nombreux, dans le but de leur fournir une plus grande étendue de pâturage.

Nous avons déjà dit que les animaux d'un Estancia se composent de bêtes à cornes, de chevaux et de moutons. Ces animaux pourraient être regardés comme réellement sauvages, si on ne les réunissait de temps à autre dans les parcs. Les indigènes ne se servent jamais des jumens : elles sont regardées simplement comme poulinières, et elles n'ont pas d'autres travaux que de propager l'espèce. Aussi ne se fait-on aucun scrupule de les enlaidir, en leur coupant tout le crin de la queue et de la crinière. Il en résulte que pendant la saison des moustiques, ces malheureuses bêtes se trouvent sans aucune défense contre cette plaie des pays chauds. Monter sur une jument est un objet de dérision pour les naturels, et c'est une plaisanterie qu'ils font souvent aux étrangers, qui ne connaissent pas leurs usages : aussi, une fois que le cavalier est en selle, il se trouve au milieu d'une foule d'éclats de rire et de huées, qu'il ne sait à quoi attribuer et qui sont dus au sexe de sa monture.

Parmi les bêtes à cornes, il faut distinguer les vaches destinées à fournir le lait pour les besoins domestiques. Celles-là sont beaucoup moins farouches et pour ainsi dire tout-à-fait apprivoisées. On les attache pour les traire, et les veaux tètent d'un côté tandis qu'on trait les vaches de l'autre. Il est impossible de faire comprendre aux habitans que les vaches fournissent leur lait sans leur veau : aussi dès que le veau ne tète plus, la vache est remise au troupeau, comme n'étant plus propre au service qu'on a tiré d'elle jusqu'alors. On appelle ce genre de vaches Tamberos, pour les distinguer des autres, qui portent le nom de Cerreros.

Comme les vaches vêlent vers le mois d'août, pour le plus grand nombre, ce n'est qu'au printemps que se fait la Hierra, seule et unique fête des Estancias. On appelle Hierra le moment où le propriétaire de chaque établissement compte son bétail, le marque, châtre les taureaux et les chevaux. C'est à cette époque seulement qu'on peut reconnaître de combien de têtes de bétail chaque troupeau s'est augmenté. Le propriétaire de chaque Estancia donne à cette cérémonie tout l'éclat possible, ce qui attire chez lui tous les habitans des environs.

La marque est un titre de propriété très-respecté, et cela se conçoit dans un pays où chaque propriété est ouverte, et où les bestiaux courent à l'aventure à travers les champs. La loi autorise tout propriétaire qui retrouve un animal marqué à son poinçon, à s'en saisir en quelque lieu qu'il le rencontre. Il en résulte que souvent un voyageur, ignorant de ces usages, achète, sans le savoir, un cheval volé, qui, à quelques lieues, lui est repris par le véritable propriétaire. Souvent, il n'obtient pas permission d'aller jusqu'à la première pulperia, et il se trouve ainsi à pied, et obligé de porter sa selle.

Les bœufs châtrés prennent le nom de Novillo, et on conserve aux taureaux domptés et qui travaillent le nom de Buex (Bœuf). La manière de les dompter est fort simple : on les attelle tout simplement avec un bœuf déjà dressé, et, après force bonds et ruades, il finit par prendre les allures de son compagnon de fatigue. Ce sont les novillos qui font la fortune des Estancias : ce sont eux qu'on mène en troupeaux aux marchés de la province pour en faire des viandes salées.

Tous ces animaux s'attachent singulièrement au sol qui les a vus naître; ils ont un amour de la patrie très-étendu, et ils ne la quittent jamais sans esprit de retour; aussi arrive-t-il souvent qu'à la première occasion, ils abandonnent la route qu'on veut leur faire suivre, et reviennent à la Guerencia (c'est ainsi qu'on nomme leur premier domicile).

Les produits des Estancias sont, comme on s'en doute déjà, la chair et la dépouille des animaux. La chair se prépare d'une certaine façon : on la coupe en larges tranches, qu'on saupoudre d'un peu de sel et qu'on fait sécher au soleil. C'est l'affaire de deux ou trois jours.

Les peaux, soutenues à quelques pouces de terre, sèchent par le même moyen, et les os servent à faire du feu pour remplacer le bois qui manque entièrement dans les Pampas, comme nous l'avons vu. On vend aussi le suif et la graisse, dont les habitans sont très-friands.

Toutes les habitations de la province de Buenos-Ayres et des Pampas peuvent se ranger en trois classes, les Quintas, les Chacras et les Estancias. Nous savons déjà que les Estancias sont les établissemens où on élève les bestiaux; les Quintas

sont

sont des espèces de vergers qui se trouvent plus spécialement aux environs des villes, et enfin les Chacras sont des espèces de fermes, d'établissemens agricoles où on cultive les céréales.

Maintenant que nous connaissons les Pampas, la configuration de leur sol, les plantes qui y poussent, le parti qu'on en tire, examinons les animaux qui les peuplent, et terminons enfin cet article par des considérations sur leurs habitans et sur les mœurs de ceux-ci.

Le plus redoutable des animaux qui font séjour dans les grandes plaines des Pampas, est le Jaguar. C'est le Tigre de l'Amérique méridionale, et il ne le cède, en aucune façon, pour la force, l'adresse et la cruauté, au Tigre de l'ancien monde. Les chevaux en ont une peur toute particulière, et il est impossible à un cavalier de faire passer sa monture aux environs du lieu où gîte un Jaguar; dès qu'ils en approchent, ils deviennent inquiets, dressent leurs oreilles, tremblent de tous leurs membres, et montrent une grande frayeur.

Après le Jaguar, l'animal le plus dangereux des Pampas est le Biscacha, ou VISCACHE (*voyez* ce mot). Que nos lecteurs ne voient pas, nous les en prions, dans le Biscacha un terrible carnassier, prêt à se jeter avec avidité sur tous les animaux qu'il rencontre en sa route; le Biscacha est tout simplement un modeste rongeur, fort timide, et dont les mœurs ressemblent beaucoup à celles du Lapin d'Europe. Mais il n'en est pas moins dangereux, et voici pourquoi :

Le Biscacha est un animal voisin de la Marmotte par ses formes et ses manières, plus gros et plus trapu que notre Lièvre, à oreilles plus courtes, à tête plus large, à queue longue et relevée; son pelage est gris-brun en dessus, gris cendré en dessous, avec un large bandeau noir transversal sur le devant de la face, ce qui, joint aux très-longues moustaches qui ornent sa lèvre supérieure, en fait un animal d'un aspect nullement gracieux. Or, le Biscacha excave le pays à un tel point que le voyageur, toujours à cheval dans ces contrées, fait très-souvent des chutes terribles, lorsque sa monture au galop, entrant des deux pieds dans un terrier de Biscacha, roule et entraîne avec elle son cavalier. Comme l'herbe recouvre entièrement ces demeures souterraines, il est impossible de les apercevoir à temps pour s'en garer. Cependant, lorsqu'elles sont habitées, elles deviennent moins dangereuses par deux raisons : La première est l'habitude des Biscachas de nettoyer complétement le devant de leur demeure pour y prendre leurs ébats à la façon des Lapins. La seconde, c'est qu'au sommet de chaque Biscachera, on est presque sûr de trouver la Chevêche-Urucurea, espèce d'oiseau de nuit, qui voit assez bien en plein jour, et qui, huchée sur le monticule le plus élevé, dès qu'elle aperçoit le voyageur, pousse des cris aigus et perçans. A qui la Chevêche, placée ainsi en sentinelle, vient-elle rendre service? Est-ce au voyageur, pour le prévenir du voisinage d'un Biscachera? est-ce au Biscacha, pour lui annoncer l'approche d'un ennemi? Pour mon compte, je pense que la Chevêche ne fait pas tant de calcul, et qu'elle pousse seulement des cris de frayeur, et cela pour son propre compte, sans aucune arrière-pensée.

On remarque aussi à travers les Pampas de nombreux Guaçu-ti (*voy.* à l'art. CERF, le mot CERF GUAZUTI), espèce de Cerf aux formes élégantes, et dont la chair est d'un grand secours pour les voyageurs dont les vivres sont épuisés; des Autruches, à démarche rapide et au cou long et mince; des Cigognes, qui rompent, par leur vol hardi, la monotonie du désert, et une grande quantité de Perdrix. Je ne parlerai pas de tous les petits oiseaux qu'on rencontre dans les Pampas. J'en resterai là et je passerai immédiatement à entretenir mes lecteurs de l'habitant proprement dit des Pampas, du Gaucho.

Né sous une hutte sauvage, le Gaucho est, dès son enfance, livré à lui-même, et on ne l'exerce qu'à sauter du haut du toit sur des peaux de taureau suspendues aux quatre coins par des courroies en cuir. A un an, il se traîne nu sur la terre, et les mères donnent souvent à des enfans de cet âge une dague en guise de jouet. Dès qu'il peut marcher, les jeux de son enfance le préparent aux travaux de l'âge viril. Avec des lacs de fil, on lui apprend à attrapper des Oiseaux ou des Chiens. A quatre ans, il monte à cheval avec une adresse étonnante, et il aide ses parens à conduire les bestiaux au pâturage. Lorsqu'un de ces animaux s'écarte du troupeau, il s'élance à sa poursuite et le ramène à coups de fouet. Si le Cheval cherche à lui échapper, l'enfant est aussitôt sur ses pas et l'arrête tout court; car un cheval monté a toujours de l'avantage sur celui qui ne l'est pas. Dans l'adolescence, le Gaucho, sans craindre les Biscacheras, s'élance à travers les Pampas, à la poursuite de l'Autruche, du Cerf et du Jaguar. Chaque jour il aide à jeter le lasso aux bêtes fauves et à les ramener à la hutte après les avoir capturées; chaque jour il s'exerce à dompter des Chevaux fougueux. Fier d'une liberté et d'une indépendance sans bornes, ses sentimens, sauvages comme sa vie, sont cependant nobles et bons. Vainement lui vanterait-on les bienfaits de la civilisation; son idée fixe est que toute la dignité de l'homme consiste à se détacher de la terre et à dévorer l'espace sur un coursier fougueux, et que le luxe de la table et la richesse du costume ne sauraient remplacer ce compagnon de sa vie.

On accuse le Gaucho d'indolence; il est vrai qu'en visitant sa hutte, on le voit assis, les bras croisés, le manteau espagnol sur l'épaule gauche; il est vrai que cette hutte ressemble à une tanière, et que quelques heures de travail la rendraient plus propre et plus commode; il est vrai que, sous le plus beau ciel, il n'a ni légumes ni fruits; qu'au milieu de nombreux troupeaux, il manque souvent de lait, et qu'il ne connaît pas l'usage du pain. Mais s'il n'a pas de luxe, il n'a pas non plus de besoins. Habitué à vivre en plein air, à coucher sur la dure, il ne voit pas ce qu'il gagnerait à agrandir ou à embellir sa demeure; il aime le laitage, mais il préfère aller en chercher au loin plutôt que d'en trouver à sa porte. Il pourrait faire des fromages et les vendre ; mais dès qu'il est propriétaire d'une bonne selle et de bons éperons, il ne sait plus à quoi lui servirait l'argent. En un mot, il est satisfait de son sort ; et si l'on réfléchit que les besoins créés par le luxe sont sans bornes comme ses progrès, on se convaincra qu'il y a de la part du Gaucho plus de raison que de folie à les dédaigner. Il attache bien plus de gloire à se maintenir dans cette abnégation qu'à consumer sa vie à rechercher une autre nourriture et d'autres vêtemens. Il sert mal sans doute la cause de la civilisation ; mais quels sont les arts et les sciences qu'il pourrait introduire dans le désert immense où le sort l'a jeté ? Il est donc permis de l'abandonner à lui-même jusqu'à ce que l'accroissement de la population créant sur ses plages incultes un état social, ajoute à ses besoins et lui fournisse les moyens de les satisfaire.

Le caractère du Gaucho est d'ailleurs recommandable, surtout par son hospitalité. Il accueille le voyageur avec une cordialité et une dignité qu'on serait loin d'attendre en voyant l'aspect misérable de sa hutte. Quand on y entre, il se lève toujours pour offrir son siége, qui est ordinairement une tête de Cheval. Il est curieux de le voir ôter son chapeau avec dignité et une certaine grâce, quand on vient le visiter dans une cabane sans fenêtres, et dont l'entrée est fermée par une peau de Bœuf.

C'est ainsi que le capitaine Head, dont nous avons déjà parlé, dépeint l'habitant des Pampas. Certes, il y a dans un semblable caractère une énergie et une originalité qui doivent ôter aux Pampas toute la monotonie de leur grand spectacle. Continuons à exposer ici les mœurs des Gauchos.

Le Gaucho ne marche jamais à pied ; n'aurait-il que cent pas à faire, il saute à cheval pour faire un aussi court trajet. On conçoit facilement alors que tous les habitans des Pampas doivent avoir de nombreux troupeaux de Chevaux pour pouvoir en user de la sorte : c'est, en effet, ce qui arrive ; mais jamais le Cheval ne trouve dans ces pays les soins qui l'entourent sans cesse dans notre Europe ; l'écurie lui est inconnue ; il est toujours au milieu des champs, où il doit pourvoir de lui-même à sa nourriture. En été, lorsque l'herbe est séchée par un ardent soleil, il trouve difficilement à satisfaire entièrement son appétit ; en hiver, l'humidité le rend mou et lui ôte de sa vigueur. Malgré tout cela, les Chevaux des Gauchos supportent des fatigues dont nous ne pouvons nous faire une idée. C'est réellement un spectacle curieux de voir au milieu de la campagne ces troupeaux de quarante à cinquante Chevaux, appelés *Tropillas*, et à la tête desquelles se trouve placée une jument armée d'une clochette et qu'on nomme *Madrina* : elle sert de guide au troupeau qui la suit avec tant de sagesse que, lorsqu'un cheval rentre d'un lointain voyage, serait-il épuisé de faim et harassé de fatigue, il n'en partira pas moins au trot pour aller rejoindre la tropilla.

Comme nous l'avons déjà dit, les Jumens ne servent jamais pour aucun service, et on les destine toujours au seul et unique travail de la reproduction. Elles sont aussi rangées en troupeaux du nom de *Manadas*, et à la tête de chaque troupe se trouve un étalon, appelé *Cojudo*, qui lui commande en maître. Si le cojudo rencontre sur sa route quelque Jument égarée, bon gré, mal gré, il lui faudra venir se ranger dans la troupe dont la garde lui est confiée : mettant toute espèce de galanterie de côté, il emploiera la violence pour se faire obéir, et fera si bien des dents et des pieds qu'il finira par soumettre la fugitive. Souvent deux manadas se rencontrent, et alors on voit les cojudos se livrer des combats où souvent l'un des deux champions reste sur la place, frappé à mort par un rival plus heureux.

Tous ces Chevaux courant ainsi en troupeaux dans les magnifiques plaines des Pampas, sont dressés, si l'on en excepte cependant les Poulains. C'est une opération fort curieuse et qui se fait avec beaucoup de facilité pour les Gauchos : cela se conçoit aisément. Ce qu'ils appellent un Cheval dressé serait pour nous un Cheval rétif ; tout ce qu'ils lui demandent, c'est de leur donner le temps de sauter en selle sans trop de difficulté. Le voyage à travers les Pampas se fait toujours au grand galop : aussi les Gauchos ne recherchent-ils nullement dans les Chevaux de belles formes et de riches couleurs ; tout ce qu'ils veulent, c'est la force et l'agilité. Plus un Cheval a de fond, plus il est vite et rapide, plus il est estimé. Ce qui forme la selle du cheval, le *Recado*, qui se compose de plusieurs peaux de Moutons, sert de lit au voyageur, et pendant qu'il repose, son Cheval attaché, non pas à un pieu, car de Buenos-Ayres à Tandil il serait impossible de trouver un arbre ou une pierre qui pût servir à cet usage, mais bien d'une façon spéciale particulière au pays, paît tranquillement et sans songer à fuir. S'il arrive cependant qu'un féroce Jaguar vienne se jeter au milieu des Chevaux d'une caravane, leur frayeur alors est si grande, qu'ils fuient dans toutes les directions, et que les Gauchos sont obligés de leur donner la chasse au moyen de leur lasso.

Les nuits, dans les Pampas, sont souvent assez fraîches pour faire sentir le besoin d'un peu de feu ; on se sert, à cet effet, des chardons secs et des os, qui, dans le pays, ne sont pas employés à d'autres usages. Après chaque station, on est dans l'habitude, en reprenant le cours de son voyage, de mettre le feu aux herbes sèches. Cette mesure, nécessaire pour détruire tous les produits morts de la végétation, n'est pas sans inconvéniens et sans dangers. Il arrive souvent que le vent, venant à changer, modifie la direction qu'on avait voulu donner à l'incendie, qui alors est quelquefois très-difficile à éteindre.

Telles sont les considérations que nous avons voulu soumettre à nos lecteurs. Nous espérons qu'en traitant successivement dans cet article de l'étymologie du mot Pampas, de la nature géologique du terrain, de la configuration et de l'aspect du sol, des animaux qui les habitent, des Gauchos qui en font leur séjour, de leurs mœurs et de leurs usages, nous aurons pu attirer pendant quelques instans l'attention de nos lecteurs sur un sujet aussi intéressant que nouveau et singulier pour un homme d'Europe. C'est là, du moins, le but que nous avons désiré atteindre. (C. J.)

PAMPELMOUSSE, PANPLEMOUSSE et POMPELMOUSE, synonymes vulgaires d'une espèce d'ORANGER. *Voy.* au mot CITRONNIER. (T. D. B.)

PAMPHILIE, *Pamphylus.* (INS.) Genre de l'ordre des Hyménoptères, section des Térébrans, famille des Porte-Scies, tribu des Tenthrédines, établi par Latreille, et ayant pour caractères suivant lui : Labre caché ou peu saillant; antennes de seize à trente articles, simples dans les deux sexes; tête grande, paraissant presque carrée vue en dessus; mandibules grandes, arquées, croisées, terminées par une pointe forte, avec une entaille et une dent robuste au côté interne; ailes supérieures ayant deux cellules radiales fermées, dont la première presque demi-circulaire, et trois cellules cubitales complètes, dont la seconde et la troisième reçoivent chacune une nervure décurrente; abdomen parfaitement sessile; celui des femelles ayant une tarière composée de deux lames dentées en scie, et reçue dans une coulisse de la partie anale.

Les Pamphilies se distinguent des Cimbex, Tenthrèdes, Hylotomes, Lophires et autres genres; parce que ceux-ci ont le labre apparent, ce qui n'a pas lieu dans les premiers. Les Mégalodontes qui ont le labre caché comme les Pamphilies, s'en distinguent par leurs antennes qui sont en peigne ou en scie. Les Céphus ont les antennes plus grosses vers le bout, et leur tarière est saillante, caractère qui sépare ainsi des Pamphilies, les genres Xièle et Xiphydrie. Le corps des Pamphilies ressemble beaucoup à celui des Tenthrèdes; il est peu allongé; la tête est très-grande, large et très-obtuse en devant; les ailes sont grandes, relativement au corps; l'abdomen est déprimé, et les jambes postérieures épineuses sur les côtés.

Ces Hyménoptères ont été distingués des Tenthrèdes par Linné, qui les a placés dans une division particulière de ce genre. Après que Latreille eut donné à ces insectes le nom de Pamphilie, Fabricius leur substitua celui de Lyda, qui a été adopté par Klug, dans les Actes des curieux de la nature; et par Lepelletier de Saint-Fargeau, dans sa Monographie des Tenthrédines. Jurine a aussi établi ce même genre sous le nom de *Cephalia*, en y réunissant les Mégalodontes de Latreille. Le genre Pamphilie est assez nombreux en espèces, mais toutes sont assez rares. Latreille pense que la durée de leur vie est très-courte.

Les mœurs et les métamorphoses de quelques espèces de ce genre ont été étudiées par Frich, Bergmann et Degéer. Lepelletier de Saint-Fargeau en décrit trente-sept dans sa Monographie des Tenthrédines. Les larves diffèrent des autres fausses Chenilles, parce qu'elles n'ont point de pattes membraneuses, et que leur partie postérieure est terminée par deux espèces de cornes pointues. Les trois premiers anneaux du corps portent chacun deux parties coniques et écailleuses, analogues aux pattes écailleuses des Chenilles, mais qui sont presque inutiles dans le mouvement, de manière que Bergmann dit que ces larves sont dépourvues de pattes. Le corps de ces fausses Chenilles est allongé et nu. Leur premier anneau a, de chaque côté, une plaque écailleuse, et en dessous, deux autres plaques, mais plus petites et noires. La tête a quatre petites plaques coniques dont les extérieures ou les maxillaires plus grandes, et une filière placée à l'extrémité de la lèvre inférieure. Les Mandibules sont fortes. On voit deux petites antennes saillantes, de figure conique, terminées en pointe fine, de huit pièces, ce qui distingue encore ces larves de celles des insectes des autres genres de la famille. Ces fausses Chenilles se trouvent sur divers arbres fruitiers. Celles qui vivent sur l'Abricotier, en lient ensemble les feuilles avec de la soie blanche et les mangent. Chacune d'elles se file en outre une petite demeure particulière, un tuyau de soie proportionné à la grosseur du corps, et tous ces tuyaux sont renfermés dans le paquet de feuilles. Ces larves ne marchent pas; c'est par des mouvemens de contraction qu'elles parviennent à avancer, elles s'appuyent aux parois de leur tuyau pour exécuter ce mouvement. Quand elles veulent aller plus loin, elles sont obligées de filer pour allonger leur tuyau, afin de n'en pas sortir et de trouver toujours un point d'appui. Une des particularités les plus remarquables de leur allure, c'est qu'elles sont toujours placées sur le dos lorsqu'elles veulent changer de place, ou glisser en avant ou en arrière. Si l'on retire une de ces fausses Chenilles de son nid, et qu'on l'abandonne à elle-même sur une feuille, elle se pose sur le dos et commence à tendre, tout autour de son corps, des arcs de soie, qu'elle fixe contre le plan de position; elle construit ainsi une voûte soyeuse dans laquelle elle peut glisser en se contractant. Quelquefois ces fausses Chenilles se laissent glisser à terre, en se tenant à une soie qu'elles filent instantanément : ceci n'a rien d'extraordinaire, mais c'est leur manière de remonter qui est remarquable et mérite l'admiration. La fausse Chenille qui veut monter à l'endroit qu'elle a quitté, se courbe et applique sa tête au milieu du corps pour y attacher le bout du fil auquel elle est suspendue; là, elle s'entoure d'une ceinture et d'une boule de la même matière : son corps glisse en avant dans cette ceinture, de sorte qu'au lieu d'embrasser son milieu, cette boule de soie se trouve près de sa partie postérieure. Elle a soin de ne pas tirer tout-à-fait son corps hors de la ceinture, puisqu'elle doit en faire un point d'appui. Sa tête étant portée le plus haut qu'il est possible, elle se fixe, et fait une manœuvre semblable à la précédente. C'est dans la terre que ces fausses Chenilles se cachent pour se transformer. On trouve une autre Chenille du même genre sur le Poirier; elle vit en société et a été connue par Réaumur.

La Pamphilie des prés, *Pamphilus pratensis*, Latr. Encycl., n° 9; *Lyda pratensis*, Lepellet. de Saint-Farg., Monog. des Tenthr., p. 10, sp. 37, *Lydra vafra*, Fabr.; *Tenthredo vafra*, Linné; *Tenthredo pratensis*, Fabr.; *Tenthredo stellata*, Christ. Hyménopt., p. 458, t. 51, fig. 4; Schæffer, Iconogr. Ins., p. 42, vol. 8, 9. Noire; antennes, pattes, et des taches diverses sur la tête et sur le corselet, jaunes; bords de l'abdomen fauves; ailes transparentes. Cette espèce se trouve en Allemagne. On en trouve d'autres espèces aux environs de Paris, mais elles sont très-rares; nous citerons les suivantes: *Pamphilus erythrocephalus*, *punctatus*, *Geoffroyi*, *varius*, *sylvaticus*, *betulæ*, *etc.* (H. L.)

PAMPLE. (pois.) Espèce très-importante et fort remarquable du genre Stromatié, que nous étudierons en détail en traitant de ces animaux. (*Voyez* Stromatie.) (Alph. Guich.)

PAMPRE, et par corruption PAMPE. (bot. phan. et agr.) Bourgeon ou sarment de vigne garni de ses feuilles, de ses vrilles et de ses fruits. La poésie s'est emparée de cette expression, aussi cesse-t-elle, depuis plusieurs années, de faire partie du langage agricole. (*Voy.* au mot Vigne.) (T. d. B.)

PANACHE. (zool. bot.) On donne ce nom, accompagné de quelque épithète, à plusieurs animaux et végétaux; ainsi on appelle:

Panache, la femelle du Paon, les insectes des genres Drile et Ptilin.

Panache de mer. Les annélides des genres Sabelle et Amphitrite.

Panache de Perse. (bot.) Le *Fritillaria Persica*.

Panache rouge. (bot.) Les fleurs des Erythrines.

Panache du vent. (bot.) Les panicules magnifiques des *Saccharum Ravennæ* et *spontanæum*, etc., etc. (Guér.)

PANAGÉE, *Panagœus*. (ins.) Genre de l'ordre des Coléoptères, section des Pentamères, famille des Carnassiers, tribu des Carabiques, établie par Latreille et adoptée par tous les entomologistes. Dejean, dans le Spécies des Coléoptères de sa collection, les caractérise ainsi: Les deux premiers articles des tarses antérieurs dilatés dans les mâles. Dernier article des palpes fortement sécuriformes; antennes filiformes; lèvre supérieure transverse, très-courte, coupée carrément ou légèrement échancrée; mandibules arquées, courtes et très peu saillantes; une dent bifide au milieu de l'échancrure du menton; tête petite, souvent rétrécie derrière les yeux; corselet plus ou moins arrondi. Ce genre se distingue des Loricères, Callistes, Chlœnius, etc.; parce que ceux-ci ont les trois premiers articles des tarses antérieurs dilatés dans les mâles. Les Rembes, Dicœles, Licines et Badistes en sont bien distincts par leur menton dont l'échancrure n'a pas de dent au milieu, tandis que celui des Panagées présente une dent bien manifeste. La tête des Panagées est petite et un peu allongée; les yeux sont très-saillans dans le plus grand nombre; les antennes sont filiformes, à peine de la longueur de la moitié du corps; les mandibules sont cornées, courtes, pointues et sans dentelures intérieurement; les mâchoires sont membraneuses, arquées, pointues, ciliées à l'intérieur; elles portent deux palpes dont l'interne, composé de deux articles presque cylindriques et courbés, s'applique sur le dos de la mâchoire, et l'externe, beaucoup plus long, est composé de quatre articles dont le premier très-court, le second trois fois plus long, le troisième encore court, et le dernier un peu plus long que le troisième, arqué obliquement ou fortement sécuriforme; le menton est très-grand, ayant trois dents dont celle du milieu très-courte et bifide, et les latérales grandes et arrondies à l'extérieur. La languette ou lèvre inférieure est membraneuse, bifide; la pièce du milieu est carrée et surmontée de deux soies; les latérales sont un peu transparentes et étroites; les palpes labiaux sont composés de trois articles; le premier court, le second trois fois plus long et le dernier plus court que le second, et fortement en hache; le corselet est toujours plus ou moins arrondi, très-fortement ponctué; les élytres sont un peu convexes, presque parallèles et assez allongées dans les petites espèces, et dans les grandes plus convexes, ovales et quelquefois presque globuleuses; les jambes antérieures sont fortement échancrées; les tarses sont composés d'articles assez allongés, presque cylindriques ou légèrement triangulaires, et un peu échancrés à l'extrémité; les deux premiers des tarses antérieurs des mâles sont fortement dilatés; le premier presque en triangle, le second en carré, dont les angles sont un peu arrondis; ils sont tous les deux garnis en dessous de longs poils, beaucoup plus saillans en dehors qu'en dedans. Ce genre est peu nombreux en espèces, toutes ont une forme générale qui les font aisément distinguer de tous les autres carabiques. L'Europe, l'Asie, l'Afrique, l'Amérique sont les contrées ou l'on a rencontré ces insectes; généralement ils ne sont pas très-communs. Huit à dix espèces sont connues et décrites dans l'ouvrage de Dejean, que nous avons cité plus haut. Parmi celles qui sont propres à l'Europe, nous citerons:

Le Panagée grande-croix, *P. crux major*, Fabr., Latr., Dej. Sp. des Coléopt., etc., t. 2, p. 386; Clairville, Entom. helvet., t. 2, p. 10, pl. 15; *Panagœus crux*, Gyllenchal; *Carabus bipennatus*; Oliv., le Chevalier noir, Geoffroy. Insect. des env. de Paris, t. 1, p. 150, n° 17. Longue de trois lignes et demie à quatre lignes, entièrement noire à l'exception des quatres taches rousses des élytres dont l'intervalle noir qui les entoure, représente assez bien une croix; la tête offre deux sillons dans toute la longueur avec quelques poils vers l'extrémité; le corselet est arrondi, fort pointillé et velu; les élytres sont striées par de forts points, enfoncés, velus; le dessous du corps est noir et velu ainsi que les pattes. Cette espèce se trouve aux environs de Paris, mais pas très-communément. Elle a été rencontrée assez abondamment près d'Amiens, dans les prés humides, en soulevant le gazon qui se trouve aux pieds des peupliers.

Le Panagée quadripustule, *Q. quadripustulatus*, Sturm., Faun. 3, 172, pl. 73, Dej. Spec., tom. 2, p. 228. Elle est longue de trois lignes et demie, très-voisine de la précédente, mais distincte, plus étroite et proportionnellement plus allongée. Le prothorax offre des ponctuations moins serrées, et moins pubescentes. Les élytres sont un peu plus rouges, un peu moins fortement ponctuées avec la tache de l'extrémité plus grande. Cette espèce est beaucoup plus rare que la précédente. (H. L.)

PANAIS, *Pastinaca*. (bot. phan. et agr.) Plante herbacée, potagère, constituant un genre de la Pentandrie digynie et de la famille des Ombellifères. Ses caractères sont d'avoir la tige droite, rameuse, haute de trente-deux à quarante centimètres, garnie de feuilles alternes, simples ou ailées, engaînées à leur base ; d'offrir des fleurs jaunes, petites, rassemblées en ombelles le plus souvent dépourvues de collerettes, ou lorsqu'elles en ont, d'un petit nombre de folioles caduques; calice entier, à peine visible ; corolle à cinq pétales égaux, courbés et même roulés en dedans ; cinq étamines à filets capillaires; ovaire infère, surmonté d'un disque conique, de styles sétacés et de stygmates obtus; fruit comprimé, presque orbiculé, formé de deux graines appliquées l'une contre l'autre, et enveloppé sur les bords d'une petite aile membraneuse. Le genre entier présente dix espèces, toutes odorantes et spontanées en la région méditerranéenne, principalement aux pays situés à l'est de la mer Noire.

L'espèce la plus commune, vivant le long des haies et des chemins de toute l'Europe, est le Panais cultivé, *P. sativa*. L. Sa racine fusiforme est très-nourrissante et des plus faciles à digérer ; sa saveur douce, sucrée, légèrement aromatique et un peu laiteuse la fait également rechercher par l'homme et les animaux domestiques; son usage rehausse la bonté du lait, le rend crémeux et abondant; additionné au pot-au-feu elle lui donne du relief. On en cultive deux variétés, la première vulgairement appelée *Panais long*, présente une racine plus ou moins pivotante, qu'il importe de ne point arracher sans avoir observé sa feuille légèrement velue, une fois ailée, à folioles larges, lobées ou incisées, à cause de la grande ressemblance qu'elle a avec la racine vénéneuse de la Jusquiame noire, *Hyoscyamus niger*, et celle non moins dangereuse de la Ciguë, *Conium maculatum*. La seconde est à racine arrondie, plus ou moins grosse ; quelques auteurs la disent originaire de de Siam : c'est une supercherie des horticoles, puisque la forme des deux variétés dépend uniquement de la nature du sol, qu'elles se substituent facilement l'une à l'autre, et qu'elles proviennent toutes deux du Panais sauvage, *P. arvensis*, que l'on rencontre dans les prés secs, le long des haies et des chemins, sur les collines et aux lieux incultes. Une terre légère, préparée aussi profondément que pour la Carotte, *Daucus carota*, est nécessaire à cette plante qui supporte bien plus volontiers et le froid et l'humidité. Semée en rayons, elle devient très-belle; unie à la Carotte hâtive, sa récolte est plus riche et plus sûre. Certains cultivateurs la laissent en terre jusqu'au commencement de février ; plus tard, elle éprouve une nouvelle évolution végétative qui lui fait perdre non seulement sa saveur, mais encore toutes ses qualités nutritives. Une troisième variété du Panais cultivé nous a été rapportée de la Hollande par André Thoüin, en 1794 ; elle est plus belle que les deux autres et préférable tant par l'épaisseur de sa fane que par la grosseur et la saveur de sa racine : elle s'est promptement répandue en France.

Sprengel place parmi les Fécules le Panais a feuilles rudes, *P. opoponax*, L. ; c'est à tort, il appartient essentiellement au genre dont il porte le nom vulgaire et scientifique, malgré la grande collerette qui garnit sa large ombelle terminale, et la petite collerette qui accompagne l'ombellule. Cette espèce beaucoup plus élevée que la précédente (elle monte à deux mètres et demi, quelquefois même à trois mètres); sa tige fournit par incision une gomme-résine, qui s'échappe sous forme de suc jaune et laiteux et se durcit ensuite sous l'influence de l'air et de l'action solaire, non pas en larmes, comme on le croit communément, mais en grumeaux irréguliers rouge-brun à l'extérieur, plus pâles et variés de rouge et de jaune à l'intérieur. La saveur de cette gomme est amère et chaude; son odeur, assez forte, est peu agréable. Broyée dans l'eau, elle offre une liqueur laiteuse. C'est en Syrie que cette espèce de Panais donne uniquement sa gomme ; en Europe, même dans le midi de la France où elle croît spontanément, elle en rapporte si peu que la culture absorberait tous les frais sans aucun profit ; d'ailleurs, l'opoponax, même provenant de vieux pieds, a perdu de ses propriétés médicinales, lesquelles n'avaient réellement pour titres qu'une réputation usurpée. Comme plante d'ornement, le Panais à feuilles rudes mérite de trouver place dans nos jardins paysagers : son port est très-agréable.

Sous ce rapport, je recommande aussi le Panais a feuilles luisantes, *P. lucida*, dont les feuilles cordiformes, lobées, luisantes, sont garnies de crénelures aiguës. Il abonde sur les sols crétacés du Midi, où il fleurit en juin et juillet.

On a remarqué sur le Panais sauvage une odeur, tellement forte qu'elle en devient nauséabonde; l'huile volatile particulière abondante en cette plante, augmente l'âcreté du suc propre et détermine sur la peau des bras et des mains des sarcleurs, chargés de l'enlever des champs qu'elle envahit aisément, des pustules qui excitent une forte démangeaison et se terminent par des croûtes, surtout si l'opération a été faite à l'époque des grandes chaleurs et quand les feuilles sont couvertes de rosée.

Autrefois, on a vanté la décoction du Panais cultivé dans les fièvres intermittentes, et l'usage de ses graines comme vulnéraires et même comme fébrifuges; mais ce temps est passé; les propriétés amies de l'estomac et vraiment économiques de cette Ombellifère ont également décidé à oublier la sotte interdiction qui fut faite aux jeunes filles de manger sa racine que l'on disait aphrodisiaque.

De la cuisine, le Panais est entré dans l'officine du confiseur, pour être, après une longue coction, converti en une sorte de pâte molle, sucrée, très-saine, que les Allemands, particulièrement ceux de la Thuringe, mangent étendue sur le pain en guise de confiture. Je crois être utile en publiant ici leur procédé : L'on met à bouillir les racines, coupées en petits morceaux, jusqu'à ce qu'elles s'écrasent entre les doigts, et l'on a soin de les remuer souvent pour qu'elles ne brûlent point. On les broie ensuite pour en exprimer le suc, qu'on remet à bouillir encore avec d'autres Panais également coupés en petites fractions; on évapore le jus, on écume, et après quatorze à seize heures de cuisson la liqueur prend la consistance d'un sirop épais; on retire alors de dessus le feu, puis l'on empote.

En Irlande, on prépare avec la racine de Panais, aux cônes du Houblon, bouillis et fermentés ensemble, une boisson qui remplace la bière. Traitée par l'alcool, cette racine, au moyen de procédés chimiques, donnent douze pour cent de sucre non cristallisable, mais de bonne qualité. Comme nourriture des bestiaux, le Panais se cultive en grand. Dans nos départemens du nord, on a la facilité d'en semer la graine à deux époques différentes, au premier printemps et en août ou septembre, avantage d'autant plus précieux que le Pastenade (mot vulgaire qui signifie semis de Panais) fournit un engrais naturel aux terres qu'il couvre, assure un excellent pâturage, ou, si l'on veut, plusieurs coupes réglées. Dans nos contrées méridionales, le second semis est interdit, le Panais monterait trop promptement en tige et grainerait de suite; la plante et le travail seraient donc perdus. Les racines conviennent particulièrement aux vaches, aux moutons et aux pourceaux; il ne faut pas en donner fréquemment aux chevaux; des cultivateurs instruits et bons observateurs m'ont assuré que ceux qui en mangent trop, perdent de leurs forces, suent facilement et beaucoup, ont les jambes molles et la vue plus ou moins affectée.

La graine du Panais tombe très-aisément; la meilleure est fournie par les premières ombelles; celles des secondes fleuries doit être rejetée. Quand elle est cueillie au point de complète maturité, l'on peut espérer la conserver en bon état pendant un an, dix-huit mois au plus. Celle de trois ans ne germe plus.

Vulgairement on appelle Panais épineux l'Echinophore de nos côtes de l'ouest et du sud-ouest, *Echinophora spinosa*, qui appartient à un genre d'Ombellifères anomales; Panais marin, la Visnague, *Ammi visnaga*, dont l'ombelle a beaucoup de rayons qui se contractent lors de la maturation, et que quelques auteurs rangent mal à propos parmi les Carottes exotiques, le *Daucus gingidium*. Enfin, l'on confond sous le nom de Panais sauvage, ou véritable type primitif du genre *Pastinaca*, la Berce Brancursine, *Heraclium spondilium*, qui n'est d'aucun usage sous le rapport économique, ni sous celui de l'agrément. (T. d. B.)

PANAMA (Isthme de). (Géogr. phys.) L'Isthme de Panama est situé entre l'Amérique septentrionale et l'Amérique méridionale, ou plutôt il joint l'un à l'autre ces deux vastes continens. Il forme comme une barrière entre les deux grands océans. D'un côté, les eaux de l'océan Pacifique viennent baigner ses côtes, en pénétrant dans le golfe de Panama; de l'autre côté, l'océan Atlantique, ou pour parler d'une manière plus exacte, la mer des Caraïbes, apporte ses flots sur son rivage. Cette digue, ainsi opposée par la nature à la réunion des deux mers, pourrait facilement être coupée par l'industrie humaine, si l'on ne considérait que sa largeur. En effet, à son endroit le plus étroit, entre Panama et Porto-Bello, il n'a que dix-neuf lieues. On voit qu'il serait facile de faire un canal destiné à réunir les deux mers; cependant des travaux géodésiques, exécutés récemment par des ingénieurs anglais que Bolivar avait fait venir à cet effet, ont engagé le gouvernement de la Colombie à renoncer à ce projet dont la réalisation serait d'une si grande importance commerciale, pour y substituer un chemin de fer qui servira de communication entre les ports de Panama et de Porto-Bello. Les travaux de cette importante entreprise doivent être commencés maintenant, et s'ils ne le sont pas, la faute en est aux troubles sanglans qui, dans ces dernières années, ont agité si violemment la Colombie. Le point culminant de l'Isthme est le mont Maria Henriquez, qui s'élève à quatre-vingt-dix-huit toises seulement au dessus du niveau de la mer. C'est du haut de cette montagne que, près de *Nombres de Dios*, on voit d'un côté la mer des Caraïbes, et de l'autre l'océan Pacifique. D'anciens géographes appellent encore l'Isthme de Panama du nom de *Isthme Darien*. (C. J.)

PANAMA (Golfe de). (Géogr. phys.) Le golfe de Panama est situé sur les côtes de l'Isthme dont nous venons de parler; il reçoit les eaux de l'océan Pacifique, et c'est au fond de ce golfe que se trouve située la ville de Panama, dont nous allons entretenir nos lecteurs, en parlant du département de l'Isthme de la république de Colombie. (C. J.)

PANAMA (Département de l'isthme). Cette division de la république de Colombie répond à peu près à l'ancienne audience de Panama; elle a pour chef-lieu la ville de Panama, située à quatre lieues environ des ruines de l'ancienne ville du même nom, que Morgan, flibustier anglais, pilla et brûla en 1671; ce chef-lieu est éloigné de Porto-Bello de dix lieues. Quoique son port ne pût recevoir que de petits vaisseaux, elle n'en faisait pas moins autrefois une partie du commerce du Pérou et du Chili avec l'Espagne; elle s'aidait pour cela du port de Perico qui est à trois lieues, et qui peut recevoir les grands comme les petits navires. Les cargaisons débarquées à Perico étaient transportées par terre à Panama. Son évêque était suffragant de Lima et se disait primat de la Terre-Ferme. Aujourd'hui la ville n'a pas changé de position; elle est toujours au fond du golfe et sur la péninsule formée par la côte méridionale de l'isthme auquel elle donne son nom. Elle est bien bâtie; sa cathédrale et son collége sont dignes d'être remarqués. Quoiqu'elle soit déchue de son ancienne splendeur, depuis qu'elle n'est plus l'entrepôt des trésors du Pérou destiné à l'Espagne, elle fait encore un commerce assez florissant. Sa population, que plusieurs géographes ont considérablement exagérée, est de dix mille âmes environ. Le chemin de fer dont nous avons parlé relevera peut-être le commerce de Panama : on sait que ce chemin de fer conduira de Panama à Porto-Bello, et l'on tirera parti, pour diminuer les frais de cette vaste entreprise, de la rivière de Crucès, que l'on cherchera à rendre navigable autant que faire se pourra.

Après Panama vient la ville de *Porto-Bello*, dont le nom s'est trouvé à plusieurs reprises dans le courant de cet article. Porto-Bello, quoique peu peuplée, est cependant assez importante par son port. Son climat est excessivement malsain, et c'est à lui qu'il doit le surnom de *Sepultura de los Europeanos* (Tombeau des Européens). Malgré cela, il s'y tenait autrefois une des foires les plus riches du monde. Le gouvernement de la Colombie a fait quelques efforts pour rendre le climat moins insalubre, en abattant une partie des forêts qui arrivaient jusqu'à ses portes.

Le département de l'isthme est en général peu fertile; le terroir en est montueux et rude, et plein de marais aux lieux où il est un peu bas. Depuis le mois de juillet jusqu'au mois de novembre, espace de temps qui correspond à la saison de l'hiver, il y pleut continuellement. Les nombreux pâturages qui s'y trouvent lui permettent cependant d'élever une assez grande quantité de bétail. Il y avait autrefois de nombreux troupeaux de cochons qui étaient chassés avec ardeur par les sauvages; aujourd'hui ils sont totalement détruits. Les fruits sont en petite quantité et sans saveur; mais en revanche, les arbres y sont riches en feuilles et toujours verdoyans. La mer y est poissonneuse, ainsi que les rivières, qui roulaient jadis de nombreuses paillettes d'or. On pêche des perles sur ces côtes, et cette pêche a été cédée en 1825, pour dix années, à une compagnie anglaise qui n'y a pas fait de grands profits, puisqu'elle voulait abandonner cette entreprise avant même l'expiration de son bail. Cette pêche se fait dans les environs de l'archipel qui, à cause de ses propriétés, s'appelle *de las Perlas*.

Avant de terminer cet article, nous dirons qu'au dessous du cap Blas, sur la côte de Darien, a été fondée en 1826 une petite colonie qui d'abord ne se composait que de sept individus, tous pêcheurs : trois Anglais, deux Américains et deux Colombiens. Cette petite colonie a merveilleusement prospéré, et aujourd'hui elle compte plus de cinq cents individus occupés spécialement de la pêche des Tortues, de la vente de leur chair fraîche ou salée, de l'huile qu'ils en retirent et de l'écaille qu'ils en détachent. De 1829 à 1833, les produits de cette industrie se sont élevés annuellement à plus de 700,000 francs, et aujourd'hui ils dépassent un million. C'est, comme l'on voit, le contraire de la fable de La Fontaine : ici, c'est une Souris qui est accouchée d'une montagne. (C. J.)

PANARINE. (BOT. PHAN.) Nom ancien et devenu vulgaire des différentes espèces du genre *Paronychia*; il leur avait été donné à cause des vertus héroïques qu'on leur attribuait pour le traitement du Panaris. On les employait extérieurement. (*Voyez* aux mots PARONIQUE et PARONYCHIÉES. (T. D. B.)

PANATAGUE. (BOT. PHAN.) On nomme vulgairement ainsi la Pariétaire.

PANATEIRO. (INS.) Ce nom, qui signifie Boulanger, est le nom vulgaire des Blattes, dans quelques parties du midi de la France. (GUÉR.)

PANCRATIER, *Pancratium*. (BOT. PHAN.) Le nom emphatique de παγκράτιον, toute-puissante, a été donné d'abord par Dioscorides, puis par Césalpin, à l'Ail des magiciens, *Allium magicum*, sans doute à cause de la beauté de sa large ombelle de fleurs blanches, et plus particulièrement à cause des propriétés extraordinaires que le charlatanisme lui attribuait. Après avoir été successivement imposé par Gessner, à deux espèces du genre *Muscari*, par Guilandini et L'Ecluse, à la Scille de nos côtes méridionales, *Scilla maritima*, ce nom fut plus convenablement appliqué par Lobel, Daléchamp et Tabernæmontanus, à deux plantes superbes, confondues jusqu'alors parmi les Narcissées, remarquables l'une et l'autre par l'élégance de leurs corolles et le parfum agréable qu'elles répandent autour d'elles. Linné a constitué ce genre, et tous les botanistes l'ont adopté depuis 1753. Il appartient à l'Hexandrie monogynie, fait partie de la famille des Narcissées et est placé dans le voisinage du genre *Crinum*, dont il diffère seulement par la membrane, diversement frangée, qui réunit ses six étamines à leur base.

Dans l'origine on ne connaissait que sept espèces de Pancratiers ou Pancrais, comme quelques personnes l'appellent vulgairement. Aujourd'hui le genre en possède plus de trente, dont trois seulement croissent dans les parties méridionales de l'Europe, toutes les autres sont exotiques et vivent sous des climatures très-chaudes. Ce sont des plantes herbacées, monocotylédonées, à racines bulbeuses, à feuilles simples, larges, radicales, engaînantes à leur base; aux fleurs grandes, belles, rarement solitaires, le plus souvent réunies plusieurs ensemble, en une sorte d'ombelle, sur une spathe commune. Le calice est infundibuliforme à six découpures étroites; la corolle campanulée aux bords partagés en douze divisions formant couronne; six étamines à filamens subulés, réunis entre eux, et chargés d'anthères oblongues, vacillantes; l'ovaire infère porte un style grêle, long, cylindrique, terminé par un stigmate obtus. La capsule ovoïde, à trois valves et trois loges, est ombiliquée à son sommet et contient plusieurs graines globuleuses, disposées sur deux rangs. Les Pancratiers aiment les sables maritimes, où ils étalent toute la pompe végétale; dans nos jardins, ils veulent une bonne exposition, une terre légère, sablonneuse et chaude, qu'il faut arroser souvent. Quand leurs grandes et belles fleurs sont épanouies, la blancheur des pétales tranche sur le vert gai du feuillage; l'œil les contemple alors avec plaisir, tandis que l'odorat est agréablement flatté par l'odeur douce et très-suave qui s'échappe en légère vapeur, de leur brillante corolle.

Quoique le Pancratier des sables maritimes, *P. maritimum*, abonde naturellement sur nos côtes de l'ouest et du sud, et qu'il s'y couvre chaque année, en juillet et août, de charmantes fleurs blanches, agréablement odorantes, on le voit très rarement passer plus d'une année dans les jardins, sans doute parce que ses bulbes ont besoin d'un sol et d'une atmosphère imprégnés de sel: il faut donc se procurer des bulbes tous les ans. Les espèces exotiques sont moins rebelles, et une fois que l'on en possède un ou deux bulbes, on peut les multiplier de leurs caïeux.

L'une des plus répandues, le Pancratier d'Amboine, *P. amboïnense*, Lin., représentée dans notre Atlas, pl. 451, fig. 3, a été rapportée par les Hollandais, il y a un siècle et demi, de l'une des Moluques; mais ce ne fut qu'en 1699, qu'elle a commencé à paraître dans presque tous les jardins de l'Europe. Amsterdam l'a vue fleurir pour la première fois en 1698. Malgré sa vieille introduction, elle exige toujours la serre chaude. Son bulbe ovoïde est de la force d'un gros ognon de Narcisse; il donne naissance à trois feuilles cordiformes, larges de vingt à trente centimètres sur quinze à dix-huit de long, pétiolées, acuminées à leur sommet, nerveuses, d'un vert gai luisant, parfaitement glabres comme le sont toutes les parties de la plante. La hampe, qui s'élève du tubercule, sort, à côté des feuilles; elle est cylindrique, haute de quarante centimètres, couronnée par une ombelle de quinze à vingt fleurs, et munie à sa base d'une spathe lancéolée. Les fleurs épanouies en juin ou juillet, ont la corolle d'un très-beau blanc sur lequel tranche le jaune brillant des anthères.

Plus d'un amateur préfère à cette belle espèce, le Pancratier des Antilles, *P. caribæum*, Lin., et dont la haute tige se charge, à sa partie supérieure, de huit à dix fleurs de la même couleur, également grandes, exhalant une odeur très-suave, voisine de celle de la Vanille, parce qu'il a l'avantage de donner de nouvelles fleurs; deux et trois fois dans l'année, ainsi que le Pancratier étoilé, *P. stellare*, Smith; qui a reçu ce nom de l'étoile très-ouverte, formée par les sinus profondément bifides de sa couronne; il croît en Sardaigne, en Sicile, et dans plusieurs localités de l'Italie méridionale. Sous le climat de Paris, on le tient en pleine terre, il y fleurit à la fin de mai ou bien au commencement de juin, et on peut l'y conserver, en le couvrant de paille, tant que le froid ne descend pas au sixième degré centigrade. Son ombelle présente de six à douze godets blancs, très-agréablement odorans, disposés en couronne virginale.

On vante beaucoup le Pancratier que Frédéric Michaux a rapporté de la Caroline, et qu'il appelle *Pancratium disciforme*, à cause de l'espèce de disque qu'affecte la couronne très-évasée de ses trois fleurs blanches, et surtout le Pancratier élégant, *P. amœnum*, originaire de la Guyane. Son ombelle présente, lors de l'épanouissement des quinze fleurs qui la composent et qui s'épanouissent en différens temps, une sorte de vase campaniforme, de trente-deux centimètres de diamètre, du blanc le plus pur, du centre duquel s'élèvent des anthères aurores, sans cesse vacillantes. On compare les parfums délicieux qui s'exhalent de sa corolle aux odeurs unies des Narcisses et de la Vanille. Immédiatement après la floraison, la hampe se courbe, prend une situation horizontale et acquiert une roideur telle qu'on la romprait plutôt que de la redresser: cette situation est nécessaire à la perfection du fruit et à sa parfaite maturité. (T. d. B.)

PANCRÉAS. (anat.) On donne ce nom chez l'homme à une glande située à la partie postérieure de sa région épigastrique, au dessous de l'estomac et du foie. Elle a environ cinq ou six pouces en longueur. Elle est plus large à droite qu'à gauche. Sa couleur est d'un jaune brunâtre et sa consistance assez ferme. L'extrémité droite que l'on nomme la tête du Pancréas, est logée dans la concavité de la seconde courbure du duodenum. Sa structure est la même que celle des autres organes glanduleux, surtout de ceux qui appartiennent à l'appareil salivaire. Le conduit excréteur de cette glande nommé encore canal de Wirsung, est formé comme les autres conduits de ce genre, par la réunion successive de plusieurs branches qui se joignent ensemble, à angle aigu, près de l'extrémité gauche de la glande, qui est mince et allongée et qu'on appelle queue du Pancréas. Ce conduit se dirige de gauche à droite, rampe dans l'épaisseur de la glande, perce de haut en bas les parois du duodénum et s'ouvre dans sa cavité à quatre ou cinq travers de doigt du pylore. Le plus ordinairement son orifice est isolé de celui du canal cholédoque, mais il n'est pas très-rare de les voir confondus en une seule ouverture. Le Pancréas reçoit beaucoup de vaisseaux sanguins de l'artère splénique, hépatique de la mésentérique supérieure, des capsulaires, des phréniques et de la coronaire stomachique. Cette glande sécrète un fluide filant, analogue à la salive, qui est versé immédiatement dans le duodenum et dont les usages servent à la digestion. On le désigne ordinairement sous le nom de Suc pancréatique.

On

On retrouve le Pancréas dans tous les Mammifères, quoique plusieurs d'entre eux manquent de glandes salivaires proprement dites. Il existe même chez les Cétacés, où, suivant Hunter, il forme un corps très-long et très-aplati. Le canal pancréatique chez les animaux s'unit au conduit biliaire, non loin de son insertion dans l'estomac. Chez certains ongulés, le Chameau, la Brebis et l'Éléphant, entre le canal excréteur qui s'unit au conduit biliaire, il en existe encore un second qui va s'insérer seul dans le duodénum. En général, le canal est fort long chez les Rongeurs. Dans les Carnivores, comme le Chien, par exemple, il n'est pas rare de trouver deux conduits excréteurs.

Chez les Oiseaux, le Pancréas occupe ordinairement l'espace compris entre les deux branches de la première circonvolution intestinale qui a souvent une grande longueur. Son volume est aussi, proportion gardée, plus considérable que dans toute autre classe du Règne animal. Messieurs Tiedemann et Carus l'ont trouvé plus volumineux chez les Oiseaux qui vivent de végétaux, que chez les Rapaces. Sa forme est ordinairement plate et très-allongée ; quelquefois cette glande est partagée en deux lobes, comme dans la Pie et le Perroquet; rarement elle est double, ce qui s'observe cependant dans l'Oiseau Royal. Les oiseaux se font remarquer par le nombre de leur canaux pancréatiques, qui varient de un à trois, et qui s'insèrent chacun à part dans le canal intestinal.

Chez les Reptiles même et chez les Reptiles branchiés, ou du moins, dans le Protée, le Pancréas forme une masse glanduleuse, aplatie et irrégulièrement lobuleuse, qui se trouve entre les feuillets du mésentère, à la première courbure du canal intestinal. Cuvier a trouvé le canal pancréatique double dans le Crocodile du Nil.

C'est seulement dans les Raies et les Squales, qu'on rencontre, pour la première fois, un véritable Pancréas; cette glande est située à gauche près du diverticule de l'intestin, derrière le pylore. Elle forme une masse lobuleuse et à demi rougeâtre, dont les conduits excréteurs, suivant Méckel, se distinguent des cœcums analogues des animaux inférieurs par un calibre moins considérable. (A. D.)

PANDA, *Ailurus*. (MAMM.) C'est un genre de Mammifères, de l'ordre des Carnassiers, et de la famille des Plantigrades, établi par M. F. Cuvier, pour un animal de l'Inde, encore fort rare dans les collections et qui est remarquable par l'élégance de ses couleurs. Sa teinte dominante est un beau roux varié de blanchâtre et de fauve. Sa queue est annelée. Le panda, nommé *Ailurus fulgens*, est de la taille d'un Chat d'Angora. Nous l'avons représenté dans notre Atlas, pl. 450, fig. 4. (GERV.)

PANDALE, *Pandalus*. (CRUST.) Genre de l'ordre des Décapodes, famille des Macroures, tribu des Salicoques, établi par Leach et adopté par M. Edwards, qui le place dans sa tribu des Palémoniens. Les Crustacés qui composent ce genre ressemblent beaucoup aux Palémons par la forme générale de leurs corps, mais s'en distinguent par la conformation de leurs pattes, dont les deux antérieures sont monodactyles; leur carapace est armée en avant d'un rostre très-long, comprimé, relevé vers le bout, et dentelé en dessus et en dessous, les yeux sont gros, courts et libres; les antennes supérieures sont conformées à peu près comme chez les Palémons, si ce n'est qu'ils ne portent que deux filets terminaux; les pieds-mâchoires externes sont gros et pédiformes; les pattes sont grêles; celles de la première paire sont les plus courtes et se terminent par un article styliforme; celles de la seconde paire sont filiformes et se terminent par une main didactyle très-petite; les pattes suivantes ne présentent rien de remarquable. Leur corps est multi-articulé. La disposition de l'abdomen est la même que chez les Palémons; enfin le nombre des branchies est de douze de chaque côté du corps. Les deux seules espèces connues sont :

Le PANDALE ANNULICORNE, *P. annulicornis*, Leach, Malac., Pad., Brit., tab. 40; Edw., Hist. nat. des Crust., tom. II, pag. 384; Desm., Consid. génér. sur les Crust., pag. 220, pl. 38, fig. 2. Le rostre est de la longueur de la carapace, armé en dessus d'une dixaine de dents qui occupent la région stomacale et la moitié postérieure de la partie libre; près de la pointe du rostre on aperçoit une très-petite dent qui est séparée des précédentes par un espace lisse assez long; le bord intérieur du rostre est armé de sept à huit dents très-grosses vers la base, et dont les dernières demeurent vers l'extrémité; les pattes sont assez fortes et de longueur médiocre; celles de la première paire n'atteignent pas l'extrémité de l'appendice lamelleux des antennes externes; les pattes des trois dernières paires sont armées d'épines. Cette espèce, dont la longueur du corps égale environ deux pouces, se trouve sur les côtes d'Angleterre et d'Irlande.

Le PANDALE NARWAL, *P. narval*, Latr., Règn. anim. de Cuv., tom. IV, pag. 97; Edw., Op. cit., tom. II, pag. 385, *Astacus narval*, Fabr., Mant., tom. II, pag. 331. Le rostre est beaucoup plus long que la carapace, et finement dentelé en dessus dans toute sa longueur; les dents de sa base ne se prolongent que fort peu sur la région stomacale; son bord inférieur est armé de dents très-fines qui disparaissent peu à peu vers sa base; les pattes sont très-longues et très-grêles; celles de la première paire dépassent de beaucoup l'appendice lamelleux des antennes externes; celles des deux dernières paires sont plus grêles que celles de la troisième paire, et sans épines; la longueur du corps égale environ quatre pouces. Se trouve dans la Méditerranée. (H. L.)

PANDANÉES, *Pandaneæ*. (BOT. PHAN.) Petite famille naturellement liée aux Palmiers par le genre *Nipa* de Thunberg, ainsi que je l'ai dit plus haut, pag. 59. De Jussieu l'avait d'abord placée auprès des Typhinées, regardant, bien à tort, le Rubanier, *Sparganium*, comme une sorte de Baquois herbacé ; puis il adopta le sentiment, non moins erroné, de Robert Brown, qui la rejette, pag. 340 de son Prodrome des plantes de la Nouvelle-Hollande, entre les Aroïdées et les Alismacées. L'analogie des Pandanées avec le Nipa est aussi complète que celle de ce genre avec les Palmiers est incontestable. Les caractères des Pandanées sont de présenter des plantes à stipe ligneux très-bas, de surface inégale par l'impression qu'y laissent les feuilles tombées; celles-ci, rassemblées en touffe terminale, sont engaînantes à leur base, simples, longues, entières épineuses, sur la côte médiane et *sur les* bords. De leur centre s'élèvent des spadices dont les fleurs sont dioïques ou polygames, sans calice ni corolle; les mâles forment une masse de filets plus ou moins allongés et terminés chacun par une anthère oblongue, biloculaire. Les femelles ont plusieurs ovaires anguleux, monospermes, réunis en tête, plus ou moins serrés et couronnés chacun par un stigmate sessile, qui donnent naissance à des drupes fibreux, multiloculaires, dont les graines, insérées au fond des loges multiples, sont presque entièrement remplies par un périsperme charnu, à la base duquel on découvre un petit embryon cylindrique, monocotylédoné. Un seul genre, le *Pandanus*, constitue cette famille; on lui réunit cependant le *Phytelephas* de Ruiz et Pavon, que Willdenow a changé en *Elephantasia*. Robert Brown lui avait adjoint un second genre, originaire de l'île de Norfolck, dont il ne donne pas le nom, mais qui doit appartenir à une autre famille. (T. D. B.)

PANDANUS. (BOT. PHAN.) Genre de plantes de la Dioécie monandrie, vulgairement appelé Baquois et Vacoua; il a reçu de Rumph et de Linné le nom botanique qu'il porte et est devenu le type de la famille des Pandanées. Il a l'aspect de l'Ananas ou plutôt d'un Palmier, et surtout d'un Nipa dont il a le port. L'Inde, les îles de la mer du Sud, et les plaines de l'Arabie, où on le trouve spontanément, dans les haies, le long des chemins, autour des habitations et des sources, sont habituellement parfumées par l'odeur très-agréable qu'exhalent ses fleurs d'un blanc jaunâtre; les femmes aiment à s'en orner et à en tenir les bouquets rameux dans leurs appartemens: les Egyptiennes poussent cette habitude jusqu'à la passion. Le Pandanus s'élève à la hauteur des arbrisseaux; rarement il arrive à celle d'un arbre; les feuilles qui le décorent, soudées à leur base, longues, raides, linéaires, quelquefois disposées en spirale à la partie supérieure du stipe, contiennent dans leur faisceau central les fleurs qui sont mâles sur un individu, et femelles sur un autre. Les fleurs mâles, disposées en chatons rameux, n'offrent que des anthères placées une à une au sommet des dernières ramifications; les fleurs femelles sont composées d'ovaires uniloculaires, distincts ou soudés, et rassemblés par groupes sur un spadice; elles deviennent des drupes fibreux, réunis plusieurs ensemble, et contenant chacun une graine fixée par sa base. On compte jusqu'à ce jour une vingtaine d'espèces à ce genre.

Une des plus utiles, le BAQUOIS COMESTIBLE, *Pandanus edulis*, dont les habitans de Madagascar mangent les fruits, est une plante élégante, à peu près pyramidale, qui monte à six mètres de haut. Ses racines, longues souvent de plus de quarante centimètres, ont une écorce très-fine, polie, et affectant des formes bizarres. La couleur du stipe tire sur le rouge luisant; ses feuilles sont blanchâtres, garnies de stipules, dont les extérieures se replient parfois en dehors. Les fleurs répandent une odeur un peu forte. Rumph parle d'une autre espèce, particulière aux plages des Moluques, et qu'il nomme *Pandanus humilis*, dont le bourgeon terminal se mange comme celui de l'Arec ou Chou-palmiste: c'est le BAQUOIS A PLUSIEURS TÊTES, *P. polycephalus* de Lamarck. Le BAQUOI DES MONTAGNES, *P. montanus*, ne dépasse point trois mètres d'élévation; ses rameaux, filandreux, flexibles et vagues, se fourchent et s'étendent çà et là parmi les autres; les graines que fournissent les fruits sont nombreuses, saillantes et polygones. Le BAQUOIS SAUVAGE, *P. sylvestris*, diffère du précédent et de la première espèce citée par la forme et le volume de ses fruits: c'est une plante faible qui ne s'élève pas même à une hauteur moyenne; ses rameaux ternés sont opposés ou alternes; ses feuilles ensiformes, longues, très-étroites; ses fruits ronds, portés sur de longs pédoncules, sont composés de graines pyramidales, réunies tout autour d'un bourrelet rougeâtre.

Le BAQUOIS ODORANT, *P. odoratissimus*, abonde en l'Inde, d'où il a été apporté dans l'Egypte; il part de son collet plusieurs jets qui vont s'enraciner sur le sol et former autour du pied principal comme autant d'arcs-boutans qu'il domine de trois à cinq mètres. Son stipe, beaucoup plus mince à sa partie inférieure qu'à la supérieure, s'abattrait par la force des vents sans l'appui que ces jets lui présentent. Sur toute sa longueur, il est sillonné en spirale par l'empreinte que laissent les feuilles à mesure qu'elles tombent. Ses fleurs sont, comme le nom l'indique, très-odorantes et les plus recherchées de tout le genre. De même que celles des autres espèces, ses feuilles, séchées et fendues, sont employées à tresser des nattes grossières sur lesquelles on met à sécher le café; l'on en fait aussi des sacs solides qui servent à emballer cette graine ou des pains de sucre et les autres marchandises partant de l'Inde ou des îles de l'Océanie.

Rheede appelait les Baquois par le nom malabre *Kaïda;* Forster par celui de *Athrodactylis;* Forskael par celui de *Keura*, et Commerson par celui de *Hydrorrhiza* qui convenait le moins de tous. (T. D. B.)

PANDARE, *Pandarus*. (CRUST.) C'est un genre de Crustacés qui appartient à l'ordre des Siphonostomes, à la première famille des Caligides, à la tribu des Pinnodactyles, qui a été établi par le docteur Leach et adopté ensuite par Latreille. Ses caractères principaux sont: bouche en forme de bec; antennes au nombre de deux seulement; quatorze pattes, les six antérieures onguiculées, toutes les autres bifides. Ce genre primitivement n'avait pas été adopté par Latreille, mais il l'a conservé dans ses derniers ouvrages, tels que le Règne animal de Cuvier, deuxième édition, et son Cours d'Entomologie. Ce genre avait été alors réuni aux Caligides avec lesquels cependant il offrait de grandes différences. En effet, ce genre diffère de celui de Calige par ses quatre paires de pattes postérieures qui sont bifides, tandis qu'il n'y a que la cinquième paire qui le soit dans les Caliges. Les Cécrops s'en éloignent, parce que leurs sixième et septième paires de pattes ont les cuisses très-renflées. Le corps des Pandares est ovalaire, souvent très-allongé et terminé par deux soies allongées et cylindriques; le test est elliptique en avant, tronqué transversalement en arrière; le corps est recouvert de trois écailles à recouvrement, transversales, dentelées ou échancrées sur leur bord postérieur; l'abdomen est composé d'anneaux formés de lames; la queue est ovalaire et donne attache à deux longues soies. On connaît six à sept espèces de ce genre qui vivent sur diverses espèces de Poissons; le Requin en nourrit une. Parmi les plus remarquables, nous citerons :

Le Pandare de Bosc, *P. Boscii*, Leach, Encycl. Brit., Suppl. 1, pl. 20, fig. 1, *Ejusd.* Dict. des sc. nat., tom. XIV, pag. 535; Desm., Consid. génér. sur les Crust., pag. 339. Le corps est allongé; la couleur est d'un jaune pâle livide; les soies de la queue sont une fois et demie aussi longues que le corps. Cette espèce habite les côtes d'Angleterre et se fixe sur l'Émissole commun.

Le Pandare bicolore, *P. bicolor*, Leach, Enc. Brit., Suppl. 1, pl. 20, *ejusd.*, Dict. des sc. nat., tom. XIV, pag. 535; Desm., Consid. génér. sur les Crust., pag. 339, pl. 50, fig. 5. Le corps est allongé; la couleur est pâle et livide; le test et le milieu des lames de l'abdomen sont noirs; les soies de la queue sont deux fois aussi longues que le corps. Cette espèce s'attache au Squale milandre ordinaire de nos mers.

Le Pandare du requin, *P. carchariæ*, Leach, Dict. des sc. nat., tom. XIV, pag 535; Desm., Consid. génér. sur les Crust., pag. 339. Il est ovale, de couleur noire; les angles postérieurs du test et les soies de la queue sont d'un jaune pâle et livide, ces dernières étant plus longues que le corps. Cette espèce vit sur le Requin.

Le Pandare de Cranch, *P. Cranchii*, Leach, Dict. des sc. nat., tom. XIV, pag. 535; Desm., Consid., etc.; Guérin, Iconogr. du Règn. anim., Crust., pl. 35, fig. 3, 4. Cette espèce est ovale, de couleur noire; les angles antérieurs du test, du pourtour, et les deux espaces du dessus de sa partie antérieure sont grêles, ainsi que les bords des lames de l'abdomen. Cette dernière espèce a été découverte par M. Cranch. (zoologiste de l'expédition pour la recherche de la source de la rivière du Zaïre), latit. sud, 1; longit. est, 4, à partir du méridien de Londres. (H. L.)

PANDORE, *Pandora*. (moll.) Genre de Mollusques acéphaliens bivalves appartenant à la famille des Solens, etc. (*Pylorides*, Blainv.), et dont on doit l'établissement à Bruguières. Il renferme quatre espèces, deux fossiles de France, deux vivantes de nos côtes, et diffère assez peu des Solens, quant à l'animal, que Poli confondait avec ceux-ci sous le nom d'Hypogées. Les Pandores sont des animaux marins qui vivent dans le sable et s'y enfoncent assez profondément pour que l'on ait beaucoup de peine à les en retirer. Voici comment on les caractérise : animaux à corps ovale, comprimé, assez allongé, ayant le manteau en forme de fourreau, se terminant en arrière par deux tubes réunis à leur base seulement, et assez courts, ouvert en avant par le passage du pied, qui est grand, triangulaire, épais et renflé à son extrémité; à branchies grandes, libres en arrière, où les deux paires sont réunies, et se terminant en pointe dans le siphon; appendices labiaux assez grands, triangulaires, non striés. Leur coquille est régulière, allongée, très-comprimée, inéquivalve, inéquilatérale; la valve droite tout-à-fait plate, avec un pli indiquant le corselet; les sommets sont très-peu marqués; la charnière est anomale, formée par une dent cardinale sur la valve droite, entrant dans une cavité correspondante de la gauche; quant au ligament, il est interne, oblique, triangulaire, inséré dans une fosse peu profonde, et les impressions musculaires, au nombre de deux, sont arrondies.

La forme des coquilles des Pandores différencie surtout ces Bivalves d'avec les Solens; elle est réellement particulière et n'a d'analogie qu'avec ce qui se voit dans certaines espèces de Corbules. Le pli postérieur de la grande valve des Pandores avait engagé Linné à les rapporter aux Tellines. Ces valves sont fort minces et nacrées à leur intérieur. Les deux espèces vivantes de ce genre sont la Pandore rostrée, *P. rostrata* ou *inæquivalvis*, et la P. obtuse, *P. obtusa*. La première est de toutes les mers d'Europe; la seconde n'a été indiquée que dans celles d'Angleterre. Les Pandores fossiles ont été découvertes par M. Defrance. On en connaît également deux : l'une, *P. margaritacea*, provient des sables coquilliers de Loignan, près Bordeaux, l'autre, *P. Defrancei*, a été trouvée dans la couche du calcaire grossier de Grignon, département de Seine-et-Oise; elle est plus rare. (Gerv.)

PANDURIFORME. (bot.) On dit d'une feuille oblongue, ayant vers le milieu deux sinus latéraux, arrondis, opposés l'un à l'autre, ou bien deux échancrures opposées, dont l'aspect et la disposition rappellent plus ou moins exactement la forme d'un violon, qu'elle est pandurée ou Panduriforme. Le fait est assez rare; cependant on le remarque sur les feuilles d'un Liseron, *Convolvulus panduratus*, de l'Oseille élégante, *Rumex pulcher*, d'une jolie Immortelle, *Gnaphalium panduriforme*, etc. (T. d. B.)

PANGOLIN, *Manis*. (mam.) Les Pangolins sont des animaux de l'ancien continent, qui vivent dans l'Afrique du sud et dans l'Inde. Ces Mammifères appartiennent à l'ordre des Edentés et se font tout de suite reconnaître par les espèces d'écailles imbriquées dont leur corps est couvert. L'espèce de l'Inde se trouve depuis la Chine jusqu'au Bengale, etc., et aussi dans les îles de la Sonde; elle était déjà connue des anciens, et Elien (liv. XVI, chap. 6) l'a distinguée sous le nom de *Phattagen;* quelques voyageurs, la prenant, à cause de son système tégumentaire, pour une espèce de Reptile, l'ont depuis lors appelée Reptile écailleux. Les Pangolins des îles de la Sonde sont considérés comme formant une espèce à part, et une troisième espèce habite l'Afrique; c'est à elle que Buffon a donné le nom de Phattagen, qu'il écrit Phatagin; sa patrie est la Guinée et le Sénégal. Plus récemment on a signalé en Afrique une seconde espèce de ce genre, le Pangolin de Temminck, *Manis Temminckii*, découvert par le docteur Horstok dans l'intérieur de l'Afrique est, au-delà de Latakon. On en trouvera la description dans l'énumération des Mammifères du cap de J. Smuts.

Les Pangolins sont des Mammifères de taille moyenne; leurs habitudes sont peu connues. On sait seulement qu'ils se nourrissent de Termes, comme le font les Fourmiliers d'Amérique, en plongeant leur langue visqueuse dans les débris des habitations de ces insectes, après les avoir dispersées avec leurs ongles. Lorsque leur langue est couverte de Termes, ils la font rentrer subitement dans leur bouche pour avaler cette proie, et ne tardent pas à la faire sortir de nouveau pour saisir d'autres insectes. Ils marchent avec lenteur et n'échappent à leurs ennemis qu'en se roulant en boule sur eux-mêmes, position qui relève les pointes de leurs écailles et les rend assez difficiles à aborder. On dit qu'ils se creusent des terriers. Nous avons représenté dans notre Atlas, pl. 451, fig. 1, le Pangolin des îles de la Sonde. (Gerv.)

PANGONIE, *Pangonia*. (ins.) Ce genre, qui appartient à l'ordre des Diptères, famille des Tanystomes, tribu des Tabaniens, a été établi par Latreille et adopté par tous les Entomologistes. Les caractères distinctifs de ce genre sont : trompe beaucoup plus longue que la tête, grêle, en forme de siphon, écailleuse, terminée ordinairement en pointe, et sans dilatation notable en forme de lèvre au bout; dernier article des antennes divisé dès sa base en huit anneaux. Ce genre se distingue des Taons, qui en sont très-voisins, et avec lesquels on le confondait avant Latreille, parce que la trompe de ceux-ci est au plus de la longueur de la tête, et parce que leurs antennes ont le dernier article prolongé, à partir du milieu, en quatre ou cinq anneaux au plus; les mêmes caractères distinguent des Pangonies les genres Hæmatopote, Heptatome, Rhinomize, Sylvie, Acanthomère, Chrysops et Raphiorhynque. Le corps des Pangonies ressemble beaucoup à celui des Taons; leur tête est de la largeur et de la hauteur du corselet, presque hémisphérique et presque entièrement occupée par les yeux; on voit entre eux et sur le vertex trois petits yeux lisses disposés en triangle; les antennes sont à peine de la longueur de la tête, très-rapprochées, de trois articles, dont le dernier plus long, conique ou en forme d'alène, divisé en huit anneaux, sans avancement en manière de dent à sa base; la trompe est beaucoup plus longue que la tête, filiforme ou sétacée, avancée, droite, renfermant un suçoir de quatre soies longues et presque égales; les deux palpes sont très-courts, composés de deux articles, dont le dernier est terminé en pointe; ils sont insérés près de la base de la trompe; les ailes sont grandes, écartées, horizontales, ayant plusieurs cellules complètes; les balanciers sont peu découverts; les pattes sont longues, filiformes, avec deux petites épines au bout des jambes et trois petites à l'extrémité des tarses. Les Pangonies sont propres aux pays chauds de l'Europe, à l'Afrique et à la Nouvelle-Hollande. Ce genre est assez nombreux en espèces; Macquart, dans son Histoire naturelle des Diptères, tom. I, pag. 191, en décrit douze espèces qu'il partage ainsi :

A. Des ocelles.

Pangonie tachetée, *P. maculata*, Meig., n° 2; Fabr., Syst. antl., n° 3; Latr., Gener. Crust. et Ins., tom. IV, pag. 282, pl. 13, fig. 6,; Macq., ouvr. cit., tom. I, pag. 192; *Tabanus proboscideus*, Fabr., Ent. syst., 4, 263 3. Longue de six lignes, grisâtre, avec des poils ferrugineux; les palpes et les antennes sont fauves, avec l'extrémité de ces dernières noire; le thorax présente une ligne dorsale d'un blanc jaunâtre; les côtés des trois premiers segmens de l'abdomen sont fauves, le dernier ayant deux pieds dans le mâle; les pieds sont fauves; les ailes sont d'un jaune grisâtre; les nervures transversales sont bordées de brun et forment des taches chez le mâle comme chez la femelle. Se trouve dans le midi de l'Europe. Nous l'avons représentée dans notre Atlas, pl. 451, fig. 2.

Pangonie ornée, *P. ornata*, Meig., n° 6, tab. 13, fig. 7; Macq., ouvr. cit., tom. I, pag. 193. Longue de neuf lignes, avec la face et le front cendrés; les palpes et les antennes sont noirs; le thorax est couvert de poils ferrugineux; l'abdomen est noir, avec les deux premiers segmens couverts de poils bruns, le troisième avec des taches dorsales et latérales de poils jaunes; les suivans sont hérissés de poils jaunes dans le mâle; le deuxième présente des poils gris; le troisième et le quatrième sont à taches dorsales grises et à latérales jaunâtres chez la femelle; les cuisses sont noirâtres, avec les jambes testacées; les ailes sont brunâtres. Se trouve dans le midi de la France.

AA. Point d'ocelles.

Pangonie variée, *P. variegata*, Macq., ouvr. cit., tom. I, pag. 195. Longue de sept lignes; tache noire, avec la face et le front fauves, couverts de duvet blanc; le thorax est à duvet grisâtre, avec des lignes blanchâtres; le bord postérieur présente des poils blancs; l'abdomen est à légers reflets bleus, avec le deuxième segment à bord postérieur blanc, élargi au milieu et sur les côtés; les troisième et quatrième à tache dorsale blanche; le quatrième et suivans à bord postérieur blanc de chaque côté, avec le deuxième segment du ventre bordé de blanc; les pieds antérieurs sont bruns; les ailes sont un peu brunâtres dans le mâle. La patrie de cette espèce est le midi de l'Europe.

Pangonie fuscipenne, *Pangonia fuscipennis*, Wied., Auss. Zweig., n° 16; Macq., ouvr. cit., tom. I, pag. 195. Longue de neuf lignes et demie; la trompe est assez courte, avec les palpes arqués et de couleur brunâtre; les antennes sont ferrugineuses, avec la base brunâtre; le front est brun; le thorax est ferrugineux; l'abdomen est châtain, avec des petites taches latérales blanches; les pieds sont bruns; les ailes sont brunes, avec la base jaune chez la femelle. Se trouve au Brésil. C'est cette espèce qui a servi de type au genre Philoliche d'Hoffmann. (H. L.)

PANIC. (bot. phan.) *Voy.* Panis.

PANICAUT, *Eryngium.* (bot. phan.) Genre de plantes fort nombreux de la Pentandrie digynie et de la famille des Ombellifères, dont presque toutes les espèces sont vivaces et se trouvent répandues dans tous les climats tempérés de l'un et l'autre hémisphère. Deux d'entre elles habitent les Hautes-Alpes; le plus grand nombre est indigène aux parties méridionales de l'Europe; quelques unes servent à l'art de guérir; d'autres figurent convenablement au sein des jardins paysagers, aux lieux les plus arides et les plus exposés à l'ardeur du soleil; une seule est tellement commune dans les champs qu'on en chauffe le four, qu'on la brûle, avant la floraison, pour en retirer de la potasse. Aucune ne convient aux bestiaux; les épines dont elles sont munies ne permettent même pas de l'employer pour litière; ils ne mangent que les feuilles quand elles poussent et qu'elles sont encore tendres.

Faisons d'abord connaître les caractères essentiels du genre, nous dirons ensuite les espèces qui sont les plus communes et celles que leur élégance, la singularité du port, la beauté des fleurs classent au nombre des plantes d'ornement.

Tous les Panicauts sont de grandes plantes herbacées remarquables par la dichotomie constante de leurs rameaux; les feuilles alternes qui les décorent varient singulièrement de forme sur chaque individu et rendent les espèces pour ainsi dire étrangères entre elles. Les feuilles inférieures sont amplexicaules, les caulinaires éparses, les florales opposées ou verticillées, les unes rubanées et simples, les autres plus ou moins incisées, lobées ou palmées, toutes parfaitement glabres, cartilagineuses en leurs bords et épineuses. Mais les fleurs les rapprochent; elles se montrent nombreuses, sessiles, rassemblées en têtes sur un réceptacle cylindrique, entourées de folioles découpées ou frangées, épineuses et souvent colorées du plus bel azur, d'un violet améthyste, ou d'un vert bronzé, et d'une forme très-agréable. Le calice persistant est formé d'un tube adhérent à l'ovaire, ordinairement couvert d'écailles, de tubercules ou de vésicules; il porte au centre de ses cinq segmens raides, le plus souvent épineux au sommet, une corolle à cinq pétales oblongs, pliés en dedans à leur partie supérieure, cinq étamines dont les filets sétacés, plus longs que les fleurs, sont terminés par des anthères biloculaires, versatiles et s'ouvrant latéralement. L'ovaire est infère, surmonté de deux styles filiformes et de stigmates simples, à peine distincts et rarement capités. A cet ensemble d'organes succède un fruit ovale, hérissé d'écailles, couronné par le calice, divisible en deux parties convexes du côté externe, irrégulièrement striées et aplaties du côté interne; la graine oblongue qu'elles contiennent renferme un très-petit embryon à deux cotylédons comprimés et à radicule cylindrique.

Le Panicaut des champs, *E. campestre*, L., que l'on nomme aussi Chardon roland ou mieux roulant (1), et Chardon à cent têtes; il a la racine pivotante, brune, grosse, très-longue; la tige droite, très-rameuse, s'élevant de quarante à soixante-dix centimètres; les feuilles d'un vert pâle, d'une odeur légèrement aromatique, profondément découpées, coriaces, piquantes sur leurs bords et à très-fortes nervures; les fleurs sont blanches, s'épanouissent en août et septembre. Cette espèce se plaît dans les meilleures terres avec le froment; elle abonde parfois dans les pâturages de manière à nuire aux bestiaux, et se trouve plus particulièrement sur le bord des chemins et la lisière des champs cultivés; elle est très-commune aux environs de Paris, dans les plaines de la Beauce et de la Brie. Les cendres que l'on obtient de son incinération sont excellentes pour les lessives et fournissent beaucoup de potasse. La racine, quand elle a perdu, par la cuisson dans l'eau, la saveur un peu amère et aromatique dont elle est douée, peut être mangée; on lui a jadis attribué des propriétés diurétiques et aphrodisiaques qu'elle ne possède pas; cependant elle était encore comptée, il y a peu d'années, parmi les racines apéritives mineures. Le Panicaut des champs n'est point sans élégance et peut tenir sa place dans les bosquets et les massifs des jardins paysagers.

Cet emploi lui est avantageusement disputé par quatre autres espèces : 1° le Panicaut des Alpes, *E. alpinum*, L., très-belle plante s'élevant à près d'un mètre de haut; sa tige droite, peu rameuse, ses feuilles radicales en cœur, les bractées de sa large collerette et ses grandes fleurs terminales brillent de l'azur le plus pur ou d'un violet agréablement mêlé de vert, de blanc et d'un reflet doré; 2° le Panicaut améthyste, *E. amethystinum*, qui se fait distinguer par ses feuilles presque ailées, divisées en cinq à six lanières incisées, et par ses fleurs d'un bleu superbe, ainsi que les collerettes et la partie supérieure des tiges; 3° le Panicaut pale, *E. bourgati* de Gouan, originaire des Pyrénées, dont la tige haute seulement de quarante centimètres, porte à la base des feuilles panachées de vert et de blanc, et au sommet d'amples touffes de fleurs colorées intérieurement de bleu; 4° et le Panicaut des dunes, *E. maritimum*, plante traçante, à la tige blanchâtre, aux larges feuilles un peu découpées, d'un bleu blanchâtre, sur lesquelles tranchent des fleurs d'un très-beau bleu.

(1) Ce nom lui vient de ce que les vents d'automne brisent sa tige desséchée, la roulent au loin et l'entassent contre les haies ou dans les creux et les ravins. C'est là que les pauvres vont la ramasser pour la brûler.

Toutes se multiplient de graines ou de rejetons.

Il est encore un grand nombre d'espèces de Panicauts remarquables par la vivacité de leurs couleurs, l'élégance ou la singularité de leur port; j'ai dû me limiter à celles indigènes à la France; pour les autres, je renvoie à la Monographie du genre publiée à Paris, en 1808, par F. Delaroche: elle est accompagnée de bonnes figures.

(T. d. B.)

PANICULE, *Panicula*. (bot. phan.) Sorte d'inflorescence ou assemblage de fleurs dont les pédoncules, partant d'un axe commun, sont diversement ramifiés, mais de telle sorte que les inférieurs, plus longs que les supérieurs, se trouvent disposés avec symétrie et présentent l'ensemble et le port d'un petit arbre ou arbrisseau. La grappe et le faisceau sont les modifications de la Panicule, ainsi que nous l'avons vu très en détail, pag. 143 et 144 de notre quatrième volume.

(T. d. B.)

PANIS, *Panicum*. (bot. phan. et écon. rur.) C'est une bien sotte manie que celle qui tourmente sans cesse les novateurs actuels; quand ils ne peuvent pas se ruer contre un genre, ils dénaturent son nom, ils en estropient même l'orthographe, et heureux de cette sottise, ils vont recueillir les applaudissemens de l'école. Le nom du genre qui va nous occuper, inscrit par nos plus anciens auteurs et dans toutes nos nomenclatures sous ceux de *Panil* et de *Panis*, est changé par les kosaques de la science en Panic, mot barbare qui sent la basse latinité. Nous conservons l'expression consacrée par le temps. Le genre Panis appartient à la Triandrie digynie et à la belle famille des Graminées; il est composé d'un très-grand nombre d'espèces croissant dans toutes les contrées du globe, particulièrement sous les tropiques; les unes sont annuelles, les autres vivaces, le plus habituellement herbacées, quelquefois arborescentes, plus ou moins ramifiées, à fleurs disposées tantôt en épis simples, géminés ou digités, tantôt en panicules plus ou moins lâches, plus ou moins rameuses et capillaires.

J'ai dit plus haut, tom. V, pag. 325, que l'on confond presque toujours ensemble et bien à tort les deux genres *Panicum* et *Milium*; j'ai fait voir les différences qui les distinguent, on me permettra donc d'y renvoyer le lecteur et de m'arrêter uniquement aux espèces du genre *Panicum*, qui intéressent l'agriculture. Mais auparavant je signalerai celles qui sont ligneuses, comme étant en très-petit nombre; ce sont: 1° le Panis a larges feuilles, *P. latifolium*, originaire du continent américain; il a les chaumes creux, portant des feuilles ovales, lancéolées, velues à leur collet, et terminées par une panicule dont les grappes latérales sont simples; ils fournissent aux peuplades du nord-ouest les tuyaux de pipe ou calumets qu'elles s'offrent réciproquement en signe d'amitié; 2° le Panis de l'Inde, *P. arborescens*, formant un buisson d'un mètre de haut, composé d'un bon nombre de chaumes noueux, chargés de feuilles alternes, d'un vert glauque, embrassant le chaume de leurs gaînes blanchâtres. Quelques auteurs rejettent cette espèce pour l'inscrire dans le genre *Arundo*. Je ne partage nullement leur opinion d'après l'examen de toutes les parties de la plante; 3° ailleurs j'ai traité d'une autre espèce arborescente, le Panis élevé, *P. altissimum* (*voy.* au tom. III, pag. 593 et 594, le mot Herbe de Guinée). Je la rappelle ici pour fixer l'attention de nos lecteurs sur une plante fourragère, facile à naturaliser dans notre pays, que l'on peut nommer le Grenier à fourrages de la maison rurale, et qui réussira partout quand on saura s'en procurer de la semence, non pas chez les marchands grainetiers, qui trompent d'habitude, mais chez les propriétaires ruraux qui la possèdent réellement.

Parmi les espèces indigènes, le Panis commun, *P. miliaceum*, nous présente plusieurs variétés désignées ordinairement par la couleur blanche, jaune ou noire de l'enveloppe qui enserre la graine, quoique la substance de celle-ci soit jaune pour toutes. La variété noire étant un peu plus précoce que les deux autres, obtient pour cela une préférence marquée sur ses deux congénères.

On estime que le climat, le sol et la culture influent singulièrement sur les qualités du Panis; cette opinion est fondée pour l'action que ces circonstances exercent sur toutes les plantes auxquelles la main de l'homme donne des soins habituels. Cependant, à l'égard du climat, on a prétendu, bien à tort, que là où la vigne cesse de produire, le Panis commun disparaissait, puisqu'il vient très-bien en pleine terre, même au 54° degré de latitude septentrionale. Il supporte une grande sécheresse et croît aux lieux les plus arides: ce fut la seule graminée qui résista, dans différentes contrées de l'Allemagne, à la chaleur excessive, à la chaleur prolongée de l'été de 1811, seulement il redoute les gelées quand il est jeune.

Semé dans les sables, le Panis commun produit peu. Toute la puissance végétative se concentre sur les racines, lesquelles s'étendent alors avec excès. Dans une terre fumée il rapporte beaucoup, et mieux qu'aucune autre graminée, il s'accommode des engrais surabondans. Il ne se couche point, lors même qu'il aurait été semé très-dru; la force de son chaume le préserve de cet inconvénient. Il prospère sur les étangs desséchés. La terre qui l'a porté devient plus meuble par le labour que lui donnent ses racines longues et nombreuses, et quoiqu'il figure parmi les plantes épuisantes, l'exemple que nous offrent les champs du département des Landes et les environs de Nérac, département de Lot-et-Garonne, prouve qu'il peut alterner de nombreuses années de suite avec le seigle sans justifier la règle généralement adoptée. Le Panis étant sujet à la nielle, je recommande de plonger sa graine dans de l'eau bouillante avant de la semer. A l'époque de la récolte il exige un soin tout particulier, parce qu'il s'égraine facilement et que le moindre vent en fait perdre des quantités considérables. Destinée pour fourrage, cette plante se fauche dès qu'elle est prête à monter en épi; réservée pour la nourriture de l'homme, on en obtient un gruau excellent, qui donne des soupes très-appétissantes; on mange aussi sa farine convertie en bouillie.

Nous en possédons, depuis un bon nombre d'années, une variété qui s'élève beaucoup plus haut, est garnie de feuilles plus grandes, plus nombreuses, et redoute encore moins les effets d'une longue sécheresse : c'est le PANIS D'YORK; elle n'épuise pas plus le sol que les autres espèces du genre, malgré ce que je vois dans certains livres; mais elle a le défaut de dégénérer promptement quand on la sème en un champ voisin de Panis commun, et lorsqu'on n'a pas la précaution de renouveler souvent la graine par échange.

Le PANIS DES OISEAUX, *P. italicum*, L., que l'on dit originaire de l'Inde, mais qui se trouve de temps immémorial dans les cultures de l'Italie, de l'Allemagne et de nos départemens méridionaux, où on lui donne vulgairement les noms de Millet à épi et de Mil des oiseaux. Nous en connaissons deux variétés, l'une à épis barbus, allongés, aux fleurs d'un blanc jaunâtre variant jusqu'au pourpre et au violet foncé; l'autre à épis courts, presqu'ovoïdes et nus. La première a le chaume plus élevé que la seconde des feuilles plus grandes et des épis plus fournis. Chez toutes les deux, les soies sétacées qui accompagnent les fleurs sont non accrochantes; leurs graines sont également aimées des oiseaux, et servent dans nos basses-cours à engraisser la volaille en fort peu de temps. Aux époques toujours désastreuses des disettes réelles ou factices, on en a fait du pain que l'on a grand tort de dédaigner; je le trouve assez appétissant quand il est fabriqué convenablement et que l'eau est aiguisée de sel plus que pour le pain de froment. Je lui préfère cependant le PANIS A PANACHE, *P. paniculatum*, qui croît plus vite et fournit une graine plus grosse; il est vrai que cette espèce produit moins, mûrit inégalement, perd plus aisément encore sa graine, et que sa paille est de médiocre qualité.

Les agrostographes se sont amusés à brouiller le genre *Panicum* et à le découper en plusieurs genres distincts, qui n'ont aucune valeur positive et sont tout au plus bons à constituer des sous-genres ou de simples sections. Ainsi, nous voyons Walter créer son genre *Syntherisma* avec le *Digitaria* de *Haller*, le *Panicum sanguinale* de Linné, fondé sur ce que leurs épillets géminés sont tantôt sessiles, tantôt pédicellés, et Palisot de Beauvois s'emparer d'un côté des *Panicum glaucum* et *viride*, dont les épillets portent à leur base des soies plus ou moins raides, pour en faire son genre *Setaria*, tandis que de l'autre, il prend les *Panicum crus galli*, *crus corvi*, *echinatum*, *bromoides*, *compositum*, *Burmanni*, etc., à cause d'une légère différence que lui présentent leurs valves, et les fait servir de bases à ses deux genres *Echinochloa* et *Urochloa*. Si l'on adoptait aveuglément toutes les innovations de cette nature, il faudrait renoncer à l'étude de la botanique; son champ n'offrirait plus que des noms barbares, une confusion inextricable, qui fatiguerait et finirait même par désenchanter de la vue si douce des fleurs et de la verdure.

Sous le nom de Chiendent pied-de-poule, quelques pharmacopées recommandent l'usage des racines du PANIS DACTYLE, *P. dactylon*, L. Je ne lui connais d'autres propriétés que celle dont jouit son chaume couché, de prendre racine à chacun de ses nœuds, et par conséquent de former sur le sol des rosettes qui couvrent quelquefois une étendue considérable. Les bestiaux, surtout les Moutons, mangent ses feuilles avec plaisir. Relativement au PANIS SANGUIN, *P. sanguinale*, et au PANIS VERT, *P. viride*, leurs propriétés nutritives sont très-faibles. Schreber confond la graine de la première de ces espèces avec celles de la FÉTUQUE FLOTTANTE (*voy.* ce que nous en avons dit plus haut, tom. III, pag. 195 et 196), quand il en fait l'éloge. (T. D. B.)

PANISSA et PANISSE. (BOT. PHAN.) Ce sont les noms vulgaires du *Panicum italicum*, dans quelques parties du midi de la France. (GUÉR.)

PANNAIRE, *Pannaria*. (BOT. CRYPT.) Lichens. Ce genre, établi par Delise, un de nos meilleurs lichénographes, se reconnaît à la couleur gris de plomb du thalle, à la consistance comme subéreuse, aux divisions linéaires, parallèles et contiguës de ce dernier, au duvet épais qui le recouvre surtout sur les bords, aux apothécies qui semblent tenir le milieu entre celles des Parmelles et celles des Collèmes. Ces apothécies sont petites, arrondies, d'une couleur qui passe du rouge au marron plus ou moins foncé; leur rebord est peu marqué.

Les espèces qui appartiennent au genre Pannaire sont le *Pannaria rubiginosa*, qui habite la France occidentale et l'Angleterre; le *Pannaria auctorum* de Bory de Saint-Vincent, que l'on trouve dans toutes les contrées intertropicales; le *Pannaria Boryi* de Delise, découvert par M. Bory Saint-Vincent dans l'île Mascareigne, et par M. Lesson à la Nouvelle-Zélande; le *Pannaria conoplea* d'Acharius, espèce bleuâtre, pulvérulente et européenne; le *Pannaria Delisei* de Bory Saint-Vincent, dont les apothécies sont extrêmement petites, et que l'on rencontre dans l'ouest de la France, etc.

Les Pannaires vivent généralement sur l'écorce mousseuse des vieux arbres, elles sont disposées en rosettes plus ou moins épaisses, assez régulièrement arrondies, mais se déforment souvent par le temps et les accidens de végétation. Ces rosettes sont souvent entourées d'un rebord velu, épais, et de couleur noire. (F. F.)

PANNICULE. (ANAT.) Ce mot est dérivé du latin *Panniculus*, qui veut dire pièce d'étoffe. Les anatomistes, par une comparaison qui n'est peut-être pas très-juste, ont donné le nom de *Pannicule graisseux* ou adipeux à la couche sous cutanée de tissu cellulaire, et celui de *Pannicule charnu* à la couche musculeuse située au dessous de la peau dans diverses régions du corps des animaux. (A. D.)

PANNE. (BOT. PHAN.) Un des mille mots nouveaux inventés par Mirbel pour désigner les diverses épaisseurs de la substance propre du péricarpe ou enveloppe du fruit. Il en distingue deux de nature très-différente, l'une extérieure, parfois ligneuse, crustacée ou coriace, formant la boîte solide, ou, comme il s'exprime, l'écorce du fruit, c'est la *Paune externe*; l'autre intérieure, charnue et pulpeuse, circonscrivant la cavité péricarpienne, c'est la *Paune interne*. Claude Richard, dans son étude du fruit, reconnaît trois parties distinctes, la première appelée *Épicarpe*, la seconde *Endocarpe*, et entre elles deux une partie intermédiaire, le *Sarcocarpe*. Ces distinctions subtiles sont rejetées par le plus grand nombre des botanistes (*Voyez* au surplus aux mots FRUITS et PÉRICARPE.)

(T. D. B.)

PANOPE. (OIS.) Vieillot a établi, sous ce nom, un genre composé de l'oiseau que l'on connaît sous le nom vulgaire de grand Alque ou grand Pingouin, *Alca impennis*, Gmel., *voy.* PINGOUIN.

(GUÉR.)

PANOPÉE, *Panopæus* (CRUST.). C'est un genre de Crustacés qui appartient à l'ordre des Décapodes, famille des Brachyures, tribu des Cancériens arqués, qui a été établi par M. Edwards aux dépens du grand genre *Cancer* de Linné et des autres auteurs, et qui par sa forme semble conduire vers celui de CARCIN (*voy.* ce mot). La carapace est moins ovalaire; les bords latéro-antérieurs sont minces, dentelés, peu courbés, et ne se prolongeant que peu en arrière; les bords latéraux postérieurs sont au contraire très-longs et forment avec le bord postérieur un angle presque droit. Ces Cancériens se distinguent aussi par l'existence d'un hiatus au bord intérieur de l'orbite, au dessous de l'angle externe de cette cavité. Du reste, ce genre a beaucoup d'analogie avec celui de CRABE (*voy.* ce mot). Ses espèces appartiennent à l'Amérique.

PANOPÉE DE HERBST, *P. Herbstii*, Edw., Hist. nat. des Crust., tom. 1, p. 403, *Cancer panope*, Herbst, pl. 54, fig. 5. La carapace est à peine bombée et légèrement bosselée en avant. Il y a une petite dent à l'angle orbitaire externe au dessus de l'hiatus; les bords latéro-antérieurs sont ornés en outre de quatre dents triangulaires, comprimées et saillantes; il y a aussi un petit tubercule au dessous de la base de la première. Les pattes antérieures sont grosses et renflées; le bord interne du carpe présente un petit tubercule pointu; les pinces sont courtes, fortes et arrondies; les pattes suivantes sont assez minces, lisses et de longueur médiocre; enfin le second segment de l'abdomen du mâle est à peu près de même longueur que les deux segmens qui l'avoisinent; la couleur est jaunâtre mêlée de vert, avec les pinces noires.

PANOPÉE VASEUSE, *P. limosus*, Edw., ouvr. cité, tom. 1, p. 404, *Cancer limosa*, Say, Journ. de Philadelph., p. 446. Cette espèce a la plus grande analogie avec la précédente; mais sa carapace est beaucoup plus large, et ses bords latéro-antérieurs sont dirigés moins obliquement en arrière. Enfin, l'épine placée sur la région ptérygostanienne est rudimentaire, chez le mâle le deuxième segment de l'abdomen est beaucoup moins long que les deux segmens qui l'avoisinent, et ses bords latéraux sont droits. Cette espèce habite la même localité que la précédente.

(H.L.)

PANOPÉE, *Panopæa*. (MOLL.) Nom d'un genre de coquilles bivalves de la famille des Pyloridés, établi par M. Ménard de la Groye, pour une grande espèce de la Méditerranée, trouvée d'abord auprès de la Sicile seulement, et que l'on vient de recueillir sur les côtes occidentales d'Afrique, dans la baie des Tigres. L'animal des Panopées, jusqu'ici inconnu et non encore décrit, vient d'être étudié par M. Kiéner, qui doit en publier la description dans le Magasin zoologique de Guérin; il a, d'après ce qu'il a bien voulu nous en communiquer, une grande analogie avec celui des Solecurtes.

Les Panopées vivent enfoncés à plusieurs pieds dans le sable. Voici les caractères de leur coquille:

Coquille régulière, ovale, allongée, bâillante aux deux extrémités, équivalve, inéquilatérale; le sommet peu marqué et antéro-dorsal; charnière assez complète, sémi-loculaire, formée par une dent cardinale conique en avant d'une callosité courte, comprimée, ascendante; ligament extérieur attaché sur la callosité; deux impressions musculaires réunies par une impression palléale, profondément sinueuse en arrière.

L'espèce type du genre a reçu le nom de PANOPÉE D'ALDROVANDE, *Panopæa Aldrovandi*. C'est une très-grosse coquille de près d'un pied de long sur cinq à six pouces de hauteur, très-épaisse, à stries d'accroissement sublamelleuses dans sa longueur et de couleur blanc-rougeâtre, probablement quand elle a été dépouillée de son épiderme.

M. Alc. d'Orbigny nous a fait voir une autre espèce vivante de Panopée, plus petite que celle d'Aldrovande, et qu'il a rapportée des côtes de Patagonie.

Le même genre comprend plusieurs espèces fossiles. La plus anciennement connue a quelquefois plus de six pouces de longueur sur trois de largeur et autant d'épaisseur d'une valve à l'autre; elle est bombée, peu épaisse, lisse, avec des stries peu profondes dans le sens de ses accroissemens. M. Ménard de la Groye, auquel on en doit la description, la regarde comme différente de l'espèce dite d'Aldrovande. On la trouve au Monte-Pulgnasco, à Fangonero, près de Sienne, à San-Miniato; dans la vallée d'Andorne, et dans d'autres endroits de l'Italie; elle n'y est pas rare.

(GERV.)

PANOPS, *Panops*. (INS.) Ce genre, qui appartient à l'ordre des Diptères, famille des Tanistomes, tribu des Vésiculeux, a été établi par Lamarck, avec les caractères suivans: Une trompe fort longue, cylindrique, bifide à l'extrémité, abaissée contre la poitrine, et dépassant l'origine des pattes postérieures; antennes cylindriques, pointues, de trois articles; les deux premiers très-courts; le dernier fortement allongé; ailes très-écartées; cuillerons très-grands; trois pelotes aux tarses. Ce genre se distingue des Cyrtes de Latreille, parce que ceux-ci ont des antennes très-petites, de deux articles, avec une scie au bout du dernier. Les genres Astonelle, tomelle, Acrocère et Ogcode, en sont éloignés parce qu'ils n'ont point de trompe remarquable. Le corps des Panops est court et élevé; la tête est petite, plus basse que le corselet, presque globuleuse, et occupée presque en totalité, par deux yeux à réseaux et séparés par un simple sillon; sur le sommet sont trois petits yeux lisses, très-rapprochés et en triangle; le corselet est très-convexe et bossu, avec le dos arrondi et sur lequel on aperçoit deux ou trois lignes enfoncées plus ou moins distinctes; les côtés du segment antérieur se prolongent et s'élargissent triangulairement en arrière pour former chacune une sorte d'épaulette assez saillante. On remarque entre ces épaulettes et la naissance des ailes, une petite plaque en bosse; l'écusson ou la partie analogue, est proéminent, transversal, en segment de cercle ou arrondi extérieurement; les cuillerons sont grands, ovales; les ailes sont presque ovales, rejetées sur les côtés du corps; les pattes sont de grandeur moyenne, sans piquans ni éperons; l'abdomen est grand, composé de six anneaux distingués par des incisions assez profondes; il est rétréci postérieurement et se termine en pointe. Les mœurs de ces Diptères sont inconnues.

Macquart, dans son Histoire naturelle des Diptères, tom. I, pag. 364, dit : nous considérons ce genre comme identique avec celui que M. Wiedmann a établi sous le nom de *Lasia*, et nous pensons que c'est par inadvertance que ce savant entomologiste les a non seulement distingués, mais placés, l'un parmi les Vésiculeux, l'autre parmi les Bombyliers. Les caractères qu'il leur a assignés, et les figures qu'il en a données dans les Diptères exotiques, nous paraissent les mêmes, à l'exception de la trompe, qu'il dit être dirigée en avant dans les *Lasia;* mais comme elle est entièrement conformée comme celle des Panops, je ne doute pas que la direction naturelle ne soit aussi la même et que les individus de nos collections qui ont la trompe dirigée en avant ne l'aient ainsi que parce que les naturalistes qui les ont récoltés l'ont disposée de cette manière et comme elle se montre dans l'action. De plus, le *Lasia splendens*, l'unique espèce de ce genre, ne nous paraît pas différer spécifiquement du *Panops flavitarsis;* au moins il ne s'en distingue que par les pieds entièrement noirs, à genoux jaunes.

Le Cirtus bipunctatus de M. Wiedmann, appartient aussi à ce genre.

Macquart, dans l'ouvrage ci-dessus cité, tom. 1, p. 364, divise ainsi le genre Panops :

A. Point d'ocelles.

PANOPS A PIEDS JAUNES, *O. flaviventris*, Wied. Auss. Zweif., n° 1; Macq., Hist. nat. des Dipt., t. 1, p. 364. *Lasia splendens*, Wied., auss. Zweif, n° 1; longueur cinq lignes; d'un vert bleuâtre; les antennes sont jaunâtres; le thorax est à poils jaunes; l'abdomen est d'un pourpre violet; les pieds sont noirs, avec les tarses jaunes; les ailes sont jaunâtres dans le mâle comme dans la femelle. Se trouve à l'île Sainte-Catherine.

PANOPS DE BAUDIN, *P. Baudinii*, Lam., Ann. du Mus. d'hist. nat., t. 3, p. 263; Latr. Gener. Crust. et Ins., t. 4, p. 316. Wied. Auss. Zweif, n° 2; Macq., ouvr. cit., t. 1, p. 365; longueur six lignes; noir, à duvet gris. Le troisième article des antennes est terminé en pointe; le thorax offre deux lignes dorsales enfoncées. Les deuxième et troisième segmens de l'abdomen sont tachetés de jaunâtre de chaque côté; les genoux et les extrémités des jambes sont blanchâtres; les ailes sont légèrement brunâtres. Cette espèce a la Nouvelle-Hollande pour patrie.

A. A. Trois ocelles.

PANOPS OCELLIGÈRE, *P. ocelliger*, Wiedm., Auss. Zweif., n° 3, Macq., ouvr. cit., tom. I, pag. 365. Longueur, deux lignes et demie. Cuivreux, avec les antennes de couleur noire; le thorax est couvert de poils gris et l'abdomen de poils jaunes; les pieds sont jaunes, avec les hanches noires; les ailes sont hyalines chez le mâle. Cette espèce habite le Brésil. (H. L.)

PANORPATES, *Panorpatus.* (INS.) C'est une section de l'ordre des Névroptères, de la famille des Planipennes, qui a été établie par Latreille avec ces caractères : antennes sétacées et insérées entre les yeux; chaperon prolongé en une lame cornée, conique, voûtée en dessous pour recevoir la bouche; mandibules, mâchoires et lèvres presque linéaires; quatre à six palpes courts, filiformes, et dont les maxillaires n'offrent distinctement que quatre articles; corps allongé avec la tête verticale; le premier segment du tronc ordinairement très-petit, en forme de collier; abdomen conique ou presque cylindrique. Ces insectes avaient été désignés par quelques auteurs sous le nom de Mouches-Scorpions; leurs métamorphoses n'ont pas encore été observées; dans plusieurs les sexes diffèrent beaucoup entre eux. Latreille partage ainsi cette section :

I. Partie nue ou découverte du corselet formée de deux segmens, dont le premier plus petit; des ailes aux deux sexes.
Genres : NÉMOPTÈRE, BITTAQUE, PANORPE.

II. Premier segment du tronc grand, en forme de corselet; les deux suivans couverts par des ailes dans les mâles. Femelles aptères.
Genre : BORÉE. (H. L.)

PANORPE, *Panorpa.* (INS.) Ce genre qui appartient à l'ordre des Névroptères, section des Panorpates, a été établi par Linné et confondu par ce naturaliste et par Geoffroy, Degéer et Fabricius, avec les insectes qui composent maintenant la section des Panorpates. Latreille l'a restreint, et tel qu'il est adopté aujourd'hui, ce genre a pour caractères : Antennes filiformes; quatre palpes; ailes égales et couchées horizontalement sur le corps; yeux lisses; abdomen des mâles terminé par une queue articulée avec une pince à l'extrémité; celui des femelles se terminant en pointe. Ce genre se distingue des Bittaques, qui sont les plus voisins, parce que ceux-ci ont l'abdomen semblable dans les deux sexes, et par d'autres caractères tirés de la longueur relative des pieds. Les Némoptères s'en éloignent parce qu'ils ont six pattes, que leurs ailes supérieures sont écartées, et que les inférieures sont très-longues et linéaires; l'absence des yeux lisses les distingue encore des deux genres précédens. La tête des Panorpes tient au corselet par un col très-court et presque nul; elle est presque arrondie supérieurement, un peu plus large que longue, prolongée inférieurement en une sorte de bec, presque aussi long que le corselet, légèrement arqué, dur, presque corné, un peu rebordé de chaque côté; les antennes sont filiformes, un peu plus courtes que le corps; elles sont composées d'environ quarante articles cylindriques; la lèvre supérieure est large, et placée au dessus d'un prolongement avancé et très-pointu; les mandibules sont cornées, étroites et terminées par deux fortes dents; les mâchoires sont cornées, bifides; les palpes maxillaires sont plus longs que les mâchoires, filiformes, et composés de cinq articles presque égaux; la lèvre inférieure est étroite, avancée, marquée d'un sillon longitudinal; les palpes sont courts et composés de deux articles; on voit au sommet de la tête trois petits yeux lisses; les yeux à réseau sont grands, arrondis et un peu saillans; le corselet est plus large que la tête, un peu relevé supérieurement. Les ailes sont au nombre de quatre; elles sont étroites et égales en grandeur; les pattes sont de longueur moyenne dans les deux sexes: elles ont deux crochets et une pelote au bout des tarses, qui sont filiformes et composés de cinq articles; l'abdomen des femelles est long et se termine en pointe: il est formé de neuf anneaux qui glissent et s'emboîtent les uns dans les autres, ce qui donne à l'insecte la facilité de s'allonger à volonté. Celui du mâle est semblable à celui des femelles; mais les trois derniers anneaux en diffèrent beaucoup, et le dernier est armé, à ses extrémités de deux crochets mobiles qui se joignent et forment une sorte de pince. Cet anneau est ordinairement relevé, et l'insecte parait vouloir s'en servir comme d'une arme offensive. Les Panorpes habitent des lieux frais, des bois et des prairies; elles évitent la chaleur du soleil et se plaisent pendant le jour dans le repos. Elles volent peu et lourdement; elles vivent uniquement de rapines et attrapent les petits Diptères, les Teignes, Pyrales et Alucytes qui se trouvent à leur portée. Leurs larves sont inconnues. On en connait cinq à six espèces, dont deux sont propres à l'Europe; parmi elles nous citerons:

La Panorpe commune, *P. communis*, Linn., Degéer, Ins. II, XXIV, 34; Fabr., Scop. Geoff., Latr.; *Scorpio musca*, Frisch; *Musca scorpiuros*, Mouff. Jonst.; Mouche-Scorpion, Réaumur, Ins. 4, 158, 151, tab. 8, fig. 9 à 10: elle est longue de sept à huit lignes, toute noire, avec les ailes transparentes offrant des nervures et des taches noires; l'abdomen est roussâtre. Cette espèce, très-commune aux environs de Paris, se trouve sur les haies et dans les bois. Nous l'avons représentée dans notre Atlas, pl. 451, fig. 3.

La Panorpe hiémale, *P. hiemalis*, Linn. Panz. Faun. insect. germ., XXII, tab. 18. Cette espèce a servi de type à un nouveau genre, désigné par Latreille sous le nom de Borée, *Boreus*, et auquel il donne pour caractères: Cinq articles à tous les tarses; tête prolongée antérieurement en forme de bec; premier segment du tronc grand, en forme de corselet; les deux suivans couverts par des ailes dans les mâles; ailes subulées, recourbées au bout, plus courtes que l'abdomen; femelles aptères, avec une tarière en forme de sabre à l'extrémité du ventre. Les métamorphoses des Borées sont inconnues. L'espèce unique qui a servi de type au genre et que nous avons désignée plus haut, a été figurée par Panzer sous le nom de *gryllus proboscideus*. Cette espèce se trouve, en hiver, sous la mousse, au nord de l'Europe, et dans les Alpes à la hauteur des neiges. Elle n'a guère qu'une ligne de longueur, et elle est d'un noir cuivreux. (H. L.)

PANSE. (anat.) Le plus volumineux des quatre estomacs des Ruminans. (*Voyez* Intestins.) (A. D.)

PANTELLARIA ou PANTELLERIE. (géogr. phys.) Ile de la Méditerranée qui, sous le rapport physique, appartient à l'Afrique, bien que, sous le rapport politique, elle fasse partie de l'Italie. En effet, elle n'est qu'à 16 lieues à l'est-sud-est du cap Bon, tandis qu'elle est à 21 lieues de la côte sud-ouest de la Sicile, dont elle dépend comme contour de la province et du district de Girgenti.

Cette île est l'antique *Cossyra*; elle a 3 lieues de longueur du nord au sud sur 2 de largeur de l'est à l'ouest; elle est montagneuse. Les hauteurs sont garnies de câpriers et d'une espèce de chêne; les parties basses sont favorables à la culture du blé, du cotonnier, de plusieurs arbres fruitiers et de l'olivier. La côte offre plusieurs mouillages.

Suivant M. Donati, qui a visité cette île en 1828, elle mérite quelque attention sous le rapport géologique. D'après la description qu'il en a donnée, au centre de l'île de Pantellaria s'élève à 3,500 pieds au dessus du niveau de la mer, le cône tronqué appelé *Il Bagno*, vers le sommet duquel des fumeroles sortent de dessous un courant de trachyte à fer oligiste. A l'extrémité sud-est de l'île on remarque une autre éminence tronquée, nommée *Codia-di-Scaviri-Supra*, qui s'élève à 500 pieds. On y voit des coulées de lave semi-vitreuse, et tout annonce que des fumeroles ont existé à différentes époques dans ce cratère. M. Donati y a observé de grandes masses de dolérite et quelques morceaux de granite parfaitement caractérisé. L'Argile lithomarge, le Tryalite et la Calcédoine, qui sont des produits de ces laves feld-spathiques, paraissent y avoir été déposés par les eaux thermales.

Dans la partie occidentale de l'île on remarque un grand cratère presque rempli de lave trachytique prismée. Au pied d'un autre cône à cratère, au dessus de celui du *Bagno*, il y a des laves vitreuses et des eaux chaudes acidulées.

Le mont *Arca-della-Zelia* est un cinquième cône volcanique où l'on voit les restes d'un cratère, et des trachytes, dont une partie renferme de la *perlite*. Le *Monte-Salerno* et d'autres buttes sont aussi d'origine volcanique.

Quant aux rivages de l'île, ils sont formés d'alternats de lave mêlée de brèches formées de débris de scories, de ponces et de pouzzolane. La côte sud-ouest est composée de laves trachytiques passant à l'obsidienne. Au nord-est il y a une baie où l'on remarque des laves de diverses espèces. Les ponces, les scories, les sables et des fragmens de lave obsidienne couvrent les espaces qui s'étendent entre les coulées de l'île.

Toutes les eaux de cette île fertile sont plus ou moins sulfureuses.

M. Donati a signalé un fait curieux, c'est la coïncidence d'un choc de tremblement de terre et d'un vent très-chaud qui eut lieu dans l'île de Pantellaria en même temps que le Vésuve jetait des flammes et que l'île d'Ischia était ébranlée. (J. H.)

PANTHÈRES. (MAMM.) Si l'on doit s'en rapporter à Oppien, les Grecs anciens désignaient sous le nom de Panthère (πάνθηρ, de πᾶς, tout, et de θηρίον, bête) un animal tout différent de nos Panthères, auxquelles ils donnaient le nom de πάρδαλις (le *Pardus* des Latins). Oppien range la Panthère avec les Chats, les Loirs et autres animaux sans force (Cyn. II, 572). Le *Panthera* de Pline est au contraire le même que le *Pardalis;* il portait aussi à Rome, d'après lui, le nom de *Pardus.* D'après l'indication qu'il donne de ses couleurs et de ses taches, d'après la taille et la force que suppose le fréquent emploi que l'on en faisait dans les jeux publics, et d'après les préparatifs que Xénophon recommande pour leur chasse, on ne peut douter que ces animaux, *Pardalis* et *Pardus*, ne soient de la même espèce que celles d'Afrique, d'Arabie et d'Asie, que nous appelons Panthères ou Léopards. Oppien distingue les Panthères des Léopards; mais, dans beaucoup d'autres auteurs, le dernier de ces noms désigne le produit imaginaire de la Lionne et du *Pardus* (de là *Leo-Pardus* ou Panthère mâle). Les taches de la Panthère, dit Pline (c'est-à-dire de celles du *Pardus* ou *Pardalis*), sont comme de petits yeux semés sur un fond blanc. On dit que son odeur a pour les autres animaux un attrait étonnant, mais que son aspect les effraie; elle cache donc sa tête, et saisit alors les animaux attirés par un charme irrésistible. Selon quelques auteurs, la Panthère a sur l'épaule une tache en forme de croissant qui se remplit et se vide suivant le cours de la lune. On donne aujourd'hui le nom de mouchetées (*Varias*) aux femelles, et celui de Pards (*Pardos*) aux mâles de toute cette espèce, très-nombreuse en Afrique et en Syrie. Quelques uns distinguent la femelle d'avec le mâle par la seule blancheur de la robe. Jusqu'ici je n'ai pas trouvé entre eux d'autres différences. Un ancien sénatus-consulte prohibait l'introduction en Italie des Panthères d'Afrique; mais le tribun du peuple Cn. Aufidius fit porter une loi contraire qui permit d'en amener pour les jeux du Cirque. Scaurus, pendant son édilité, envoya le premier à Rome cent cinquante Panthères, toutes de celles qu'on nomme mouchetées; ensuite Pompée-le-Grand en fit venir quatre cent dix, et Auguste quatre cent vingt.

On s'est peu occupé jusqu'à Buffon de la distinction des espèces du groupe des Panthères, dont le nombre s'était accru de la grande Panthère d'Amérique, le Jaguar. Buffon et Daubenton, malgré d'excellentes recherches, ne purent accomplir la tâche qu'ils s'étaient imposée; une erreur leur fit prendre pour une Panthère le véritable Jaguar, et représenter à la place de celui-ci un animal plus petit, le Marguay, qui en est bien distinct : mais ils firent la remarque qu'il existe dans l'ancien monde une Panthère particulière plus pâle, à poils plus longs, et qu'ils appelèrent du nom d'ONCE (*voyez* ce mot). Nous l'avons représentée dans notre Atlas, pl. 451, f. 4. D'Azara fit connaître la faute qu'ils avaient commise relativement au Jaguar (Tigre d'Amérique ou grande Panthère d'Amérique des fourreurs), et la répara dans son Histoire des Quadrupèdes du Paraguai. Restent donc les Panthères de l'ancien continent et les Léopards. G. Cuvier et M. Temminck se sont exercés sur ce sujet. D'après M. Temminck, Cuvier, qui a décrit la Panthère et le Léopard comme deux espèces, n'a réellement observé qu'un seul de ces animaux, celui que lui, M. Temminck, appelle Léopard, et qui, étant l'animal dont les anciens ont parlé, devrait bien plutôt s'appeler *Pardus* ou même *Pardalis* (1)! Ce *Felis Leopardus* est la Panthère d'Afrique des fourreurs; il est, d'après M. Temminck, la seule Panthère de cette vaste contrée; on le trouve aussi en Arabie, où il porte le nom de *Nimr*, et c'est de lui sans doute qu'il est question dans la Bible, sous le nom de Namer. L'Asie continentale produit aussi des Léopards, et on en trouve même dans les îles de la Sonde, à Java principalement. Le *Felis melas* de cette dernière localité n'est qu'une variété de ce Mammifère. Dans certaines contrées, cet animal n'est guère moins commun qu'autrefois; ainsi M. Sikes nous apprend que dans le Deccan, province de l'Inde, on a pris, pendant les années 1825 à 1829, quatre cent soixante-douze animaux de cette espèce. Le Léopard a été figuré à l'article LÉOPARD de ce Dictionnaire, pl. 299, fig. 3. M. Temminck pense que cet animal n'existe pas dans nos collections.

Le même auteur veut qu'on réserve le nom de Panthère, *Felis Pardus*, à un animal qu'il reconnaît analogue à celui de Linné et de Gmelin, et qui vit à Sarra, à Sumatra et au Bengale. La taille des adultes est moindre que celle du Léopard, la queue est aussi longue que le corps et la tête, et la couleur du pelage est d'un fauve jaunâtre foncé, marqué de taches en rose. Il n'existe pas de bonnes figures de cet animal; M. Temminck en représente le crâne dans ses monographies de mamm., I, pl. IX, 3 et 4. Les peaux les plus employées sont celles du

(1) Les zoologistes modernes ont donné le nom spécifique de *Pardalis*, dont nous avons fait connaître la signification chez les anciens, à un *Felis* américain, l'Ocelot du Brésil et de la Guyane.

Jaguar et du Léopard ; les premières viennent d'Amérique sous le nom de *grande Panthère*, les autres sont appelées, très-improprement, Tigres œillés, Panthère d'Afrique, etc. (GERV.)

PANTOUFFLE. (BOT. PHAN.) C'est l'un des noms vulgaires du MUFFLIER, *Antirrhinum majus*, et du *Cypripedium calceolus*, que l'on connaît sous le nom de Pantoufle de Notre-Dame.

PANTOUFLIER. (POISS.) Lacépède a donné ce nom à une espèce de SQUALE. *Voyez* ce mot. (GUÉR.)

PANURGE, *Panurgus*. (INS.) Ce genre, qui appartient à l'ordre des Hyménoptères, section des Porte-aiguillons, famille des Mellifères, tribu des Apiaires andrénoïdes, a été établi par Panzer et adopté par Latreille avec ces caractères : tige des antennes, à prendre du troisième article, formant dans les femelles une sorte de fuseau ou de massue allongée, presque cylindrique, amincie vers sa base ; pieds postérieurs garnis de poils propres à récolter le pollen des fleurs ; mandibules et labres unis en dessus ; point de brosse au ventre. Ces Hyménoptères ont les plus grands rapports avec les Andrènes ; mais ils s'en distinguent, ainsi que les Dasypodes, parce que leur fausse trompe se dirige d'abord en avant et fait ensuite un coude pour se replier en dessous sur elle-même. Les genres Rophite, Systrophe et Ancyloscèle en sont distingués par des caractères tirés des nervures des ailes et des antennes ; enfin le genre Xylocope en est séparé, parce que ses mandibules et son labre sont sillonnés en dessus. Le corps des Panurges est pubescent ; leur tête est grosse, transversale et comme tronquée en avant ; le chaperon est large et terminé par un bord presque droit ; les yeux sont ovales et entiers ; les trois yeux lisses sont placés en triangle sur le front ; les antennes sont incisées au milieu de la face antérieure de la tête ; elles sont peu écartées à leur base et de la longueur de la tête et du corselet ; elles sont composées de douze articles dans les femelles et de treize dans les mâles ; le premier article forme le tiers de la longueur totale de l'antenne, et les autres forment une tige presque cylindrique ; la lèvre supérieure est courte, petite, saillante, plus large que longue, et velue en dessus ; les mandibules sont écailleuses, allongées, étroites, striées longitudinalement en dessus, arquées et rétrécies vers la pointe et sans dentelures au côté interne ; les mâchoires consistent en une valvule coriace, en demi-tube dans sa moitié inférieure, coudée ensuite, et terminée par une pièce lancéolée, étroite, plus mince, et paraissant, à raison de sa demi-transparence, comme demi-membraneuse ; les palpes maxillaires sont un peu plus courts que les labiaux, de six articles cylindriques ; la lèvre inférieure est à moitié renfermée dans une gaîne ou tube coriace, cylindrique, long, étroit et denté au bout ; l'autre moitié, ou la partie saillante, a la forme d'une langue allongée, étroite, diminuant peu à peu de largeur ou lancéolée, presque membraneuse, peu ou point velue ; à sa sortie du tube, elle est accompagnée de deux oreillettes membraneuses, étroites, allongées, pointues, et placées une de chaque côté ; les palpes labiaux sont insérés à l'extrémité supérieure et latérale du tube engaînant la lèvre inférieure ; ils sont composés de quatre articles presque cylindriques ; le corselet est arrondi et convexe ; le métathorax est tronqué et présente une fossette au milieu de sa face postérieure ; l'abdomen est assez grand, ovoïde, déprimé, plus velu sur les côtés, composé de six anneaux dans les femelles, et de sept dans les mâles ; les organes sexuels de ce dernier sont assez robustes, assez compliqués et en partie saillans. On aperçoit à l'extrémité de la partie anale deux petites pièces écailleuses, plates, en forme de pelotes ou arrondies au bout ; on y distingue même les crochets qui sont les plus extérieurs. Dans les femelles, l'extrémité de l'abdomen renferme un aiguillon assez faible ; les pattes des Panurges sont de longueur moyenne, mais les dernières paraissent être assez grandes, surtout dans les femelles ; les ailes supérieures sont les plus grandes ; elles sont recouvertes à leur naissance par un tubercule arrondi en forme d'écaille et assez grand ; elles ont une cellule radiale appendicée, deux cellules cubitales complètes, presque égales, dont la seconde reçoit les deux nervures récurrentes, et une troisième cellule cubitale, mais incomplète. Ces Hyménoptères vivent solitairement ; on les rencontre, suivant Latreille, sur les fleurs semi-flosculeuses. Ils sont tous propres aux pays chauds et tempérés de l'Europe et font leur nid dans la terre. Leurs métamorphoses sont inconnues. Ce genre est peu nombreux en espèces ; celle qui se rencontre aux environs de Paris et qui peut lui servir de type est :

Le PANURGE DENTIPÈDE, *P. dentipes*, Latr. ; *Dasypoda ursina*, Latr., Hist. nat. des Crust. et des Ins., tom. XIII, pag. 370, n° 2, la femelle ; *Apis ursina*, Mus., Lesk., pag. 20, n° 525 ; *Apis ursina*, Var. B. ; Kirby, Monogr., ap. angl., tom. II, pag. 178, n° 1, tab. 16, 6 à 1 la femelle. Long de trois lignes et demie, très-noir, velu ; pattes postérieures et hanches tridentées, à jambes arquées, et ayant un faisceau de poils. Cette espèce se trouve dans le midi de la France, où elle est assez commune. On la trouve aussi vers la fin de l'été aux environs de Paris. (H. L.)

PAON, *Pavo*. (OIS.) Pour tous les ornithologistes, les Paons, dont nous allons faire l'histoire, forment un genre auquel on assigne pour caractères principaux : Un bec en cône courbé, à base nue ; une aigrette sur la tête ; des tectrices caudales supérieures très-longues, au nombre de dix-huit, et susceptibles de se relever. Ce dernier caractère est tellement tranché, qu'il suffirait à lui seul pour distinguer ce genre.

L'ordre des Gallinacés auquel il appartient, si peu riche en espèces, surtout lorsqu'on en sépare les Pigeons, comme l'ont fait, avec juste raison, M. de Blainville et quelques autres méthodistes, est au contraire un de ceux qui offrent le plus de richesses sous le rapport des couleurs dont sont parés les oiseaux qui le composent. Où trouve-t-on, en effet, l'éclat métallique et si heureusement nuancé des Lophophores, la riche parure des Tragopans et des Faisans; le simple mais gracieux plumage des Coqs, des Argus, etc., et surtout la majestueuse beauté des Paons? Nulle part, sans doute; et si parmi les Passereaux il est des espèces qui, à cet égard, égalent peut-être les derniers, il n'en est point qui les surpassent.

De tous les temps l'espèce que l'on pourrait considérer comme indigène de nos climats, tant elle s'y propage avec facilité; celle qui, la première, transportée des Indes orientales en Grèce, et de là en Europe, fait depuis des siècles l'ornement de nos basses-cours, le Paon domestique, en un mot (*Pavo cristatus*, Lin.), que nous avons représentée dans notre Atlas, pl. 452, fig. 1; de tous les temps, disons-nous, cette espèce a vivement attiré les regards d'un chacun. Plus d'une fois les poètes et surtout les poètes latins l'ont chantée dans leurs vers; plus d'une fois les historiens de la nature ont employé, pour en parler, un langage semé d'autant de fleurs qu'elle a d'yeux chatoyans sur sa queue.

A une époque très-reculée dans l'histoire de la Grèce, si elle eut une place dans l'Olympe, si les anciens habitans de Samos la consacrèrent à Junon, elle ne dut sans doute qu'à sa beauté, d'être ainsi associée à celle que le paganisme considérait comme la compagne du maître du ciel et de la terre. Des médailles antiques, frappées par les Samiens, attestant, en effet, cette consécration, avaient contribué à faire penser que l'oiseau dont nous parlons avait pour patrie première l'île de Samos; mais des recherches historiques faites dans le but de savoir quel était réellement son pays originaire, tendent à faire admettre que les Indes, ainsi que nous l'avons dit plus haut, sont la patrie de cette magnifique espèce. C'est dans ces contrées que le conquérant Alexandre la vit pour la première fois, et, s'il faut en croire l'histoire, il fut si vivement frappé de sa beauté, qu'il défendit, sous des peines très-sévères, de la tuer. L'on pense même que c'est de l'invasion d'Alexandre dans les contrées d'où le Paon tire son origine que doit dater son apparition dans la Grèce. Quoi qu'il en soit, il est certain qu'il y fut d'abord très-rare, et ce qui vient à l'appui de cette opinion, c'est que durant long-temps le Paon fut à Athènes un objet de curiosité. A chaque néoménie, c'est-à-dire à chaque renouvellement de lune, on l'exposait aux regards du public, qui accourait même des villes voisines, attiré qu'il était par le désir de contempler un oiseau aussi magnifique.

Le livre le plus ancien que nous possédions, celui qui nous a transmis l'histoire du peuple juif, la Bible en un mot, fait mention du Paon dans des termes qui feraient supposer que cet oiseau, peu connu encore du temps de Salomon, devait être considéré comme un objet de grande valeur, puisque, parmi les choses précieuses telles que l'or, l'ivoire, etc., que ses vaisseaux rapportaient, on comptait des Paons, lesquels Paons étaient des présens faits à Salomon par d'autres rois de son époque (1). Il paraîtrait donc, d'après certains passages de la Bible, et en admettant que le peuple hébreu n'ait pas désigné, dans sa langue, sous le nom de Paon, un autre oiseau, que la connaissance de celui dont nous parlons remonte à la plus haute antiquité, et que les Grecs ne l'ont pas connu les premiers.

Quoi qu'il en soit, ce qu'il y a d'à peu près probable, c'est que les Romains, dont les conquêtes s'étendirent fort au loin, furent les premiers des peuples de l'Europe qui virent introduire chez eux ce superbe étranger. Mais ils ne se bornèrent pas toujours à l'admirer comme l'avaient fait les Grecs; ils poussèrent leur curiosité jusqu'à vouloir connaître le goût de sa chair. « L'orateur Hortensius, dit Buffon, fut le premier qui imagina d'en faire servir sur sa table, et son exemple ayant été suivi, cet oiseau devint très-cher à Rome, et, les empereurs renchérissant sur le luxe des particuliers, on vit un Vitellius, un Héliogobale, mettre leur gloire à remplir des plats immenses, de têtes ou des cervelles de Paons, de langues de Phénicoptères, de foies de Scares, et à en composer des mets insipides qui n'avaient d'autre mérite que de supposer une dépense prodigieuse et un luxe excessivement destructeur. »

Maintenant, ferons-nous une description du Paon? Nous efforcerons-nous par de belles figures et des mots recherchés, de donner une idée de son plumage? Mais en vérité nous craignons trop de rester au dessous de la vérité. Le Paon est un de ces oiseaux qui ne peuvent se décrire: on doit le voir, et ne pas chercher lorsqu'on l'a vu, à dire quelle est sa beauté, l'éclat azuré des plumes qui ornent son cou, l'éblouissant étalage des plumes qu'il porte sur la queue; les nuances en sont si variées et si fugitives, que les mots manquent pour les peindre et les fixer. Tout ce que nous oserons, ce sera de dire avec Buffon, le seul écrivain qui fût capable de peindre par un beau langage, ce que la nature a produit de plus éblouissant, que « si l'empire appartenait à la beauté et non à la force, le Paon serait sans contredit le roi des oiseaux; car il n'en est point sur qui elle ait versé ses trésors avec autant de profusion. La taille grande, le port imposant, la démarche fière, la figure noble, les proportions du corps, élégantes et sveltes, tout ce qui annonce un être de distinction lui a été donné. Une aigrette mobile et légère, peinte des plus riches couleurs, orne sa tête sans la charger: son incomparable plumage semble réunir tout ce qui flatte nos yeux dans le coloris tendre et frais des plus belles fleurs, tout ce qui éblouit dans les reflets pétillans des pierreries, tout ce qui les étonne dans l'éclat majestueux de l'arc-en-ciel; non seulement la nature a réuni sur le plumage du Paon toutes les couleurs du ciel et de la terre pour en faire le chef-d'œuvre de la magnificence; elles les a encore mêlées, assorties,

(1) Troisième livre des Rois, chap. x, et deuxième livre des Chroniques, chap. ix.

nuancées, fondues de son inimitable pinceau, et en a fait un tableau unique, où elles tirent de leur mélange avec des nuances plus sombres, et de leurs oppositions entre elles, un nouveau lustre et des effets de lumière si sublime, que notre art ne peut ni les imiter ni les décrire. »

Après la peinture si large et si vraie que donne notre grand maître, de l'oiseau qui fait le sujet de nos observations, nous devrions nous arrêter; car toute description possible du Paon est dans les deux phrases que nous venons de citer; cependant nos lecteurs nous permettront et nous sauront peut-être gré de mettre à côté du beau langage de Buffon, un morceau non moins beau, mais plus naïf, d'un auteur bien antérieur à notre célèbre écrivain. Cet extrait, dans lequel quelques particularités relatives aux mœurs sont légèrement effleurées, nous permet quelques réflexions desquelles ressortiront peut-être certaines erreurs que n'ont cessé d'accréditer, même jusqu'à nos jours, presque tous les auteurs qui ont fait l'histoire du Paon.

« Cet oiseau, dit François René, dans son *Essay des merveilles de la nature*, prétend bien tenir le premier rang parmi les oiseaux, tant il est fier de sa beauté, et piaffe à la monstre de sa rouë estoilée. Il est glorieux au possible, et s'apperçoit bien lorsque l'on prend plaisir à le contempler, car aussitôt il haulse sa teste haultaine, et secouë par bravade le pennache d'aigrettes qu'il porte sur sa teste; puis d'un œil assuré regardant l'assistance, il se met à son jour, et prend le soleil et l'ombrage qu'il faut pour faire paroistre sa riche tapisserie, et donner l'éclat à ses vives couleurs. En se contournant gravement il fait briller sa teste serpentine, et son col habillé d'un précieux duvet qui semble de saphirs, de mesme est sa poitrine diaprée de pierreries esclatantes qui y semblent enchassées pour luy faire un carquan, du dos cendré sortent deux grandes aisles rougeastres et d'assez bonne grace. Ce qui le fait glorieux, est sa queuë et son thresor qu'il porte toujours en crouppe. Il n'a pas si tost superbement desployé ses pennes dorés, faisant la rouë, qu'il semble vouloir disputer le pris de la beauté avec toutes les créatures; car le ciel ne luy semble plus beau avec tous ses yeux et ses astres dorez que sa queuë parsemée d'estoilles d'or, de saphirs et de fines esmeraudes. Si la terre au printemps se pare de ses fleurs, le Paon porte toujiours quant et soy son printemps qui luy sert de laquay qui est toujiours à sa queuë, et vous fait voir une primevere de soie et de satin, un parterre portatif, un iardin mouvant et un royal et aimé bel-vedere, et des laiteries enchassées. Sa rouë luy sert de tapisserie de haute lice, de ciel et de day, où il est appuyé au rey. C'est le poisle sous lequel il marche gravement, c'est son parasol qui le défend des rigueurs du soleil. Autant de pennes, autant de mirouers où il mignarde et flatte sa beauté : il sent bien le galand qu'il est magnifique, c'est pourquoy il se hasarde de vouloir faire peur trainassant par terre le bout de ses pennes et les faisant claqueter contre terre, avec une démarche arrogante. Le plaisir est quand on se moque de lui ; car aussi tost il plie son panier, enferme sa coquille, et enveloppant son thresor, se despite si très fort que s'il osoit vous creveroit les yeux de ses ongles, et vous arracheroit la langue. Vous le voyez transir à veuë d'œil, mais bien d'avantage quand en octobre il a perdu sa queuë, car il se cache comme s'il portoit le deuil et qu'il eust fait banque-route à la nature. Mesmes de nuit s'il s'éveille en tenebrez, il pense d'avoir perdu sa beauté et se met à soupirer comme si les voleurs lui avaient desrobé ses richesses et que de Paon il fust deveuu un corbeau et un oyseau tout noir. »

On ne saurait mieux avoir observé le Paon; mais l'on ne saurait également interpréter d'une manière plus maladroite les faits dont l'on est témoin. Le Paon, quand vient l'époque des beaux jours, semble étaler avec complaisance sa belle queue, on croirait qu'il se plaît à l'admirer lui-même, et, tout en se *pavanant*, il laisse de temps à autre apercevoir des trépignemens qui se décèlent par les mouvemens de ses ailes et des plumes de sa queue. Tout cela n'a point, comme on vient de le voir par le passage cité, échappé à l'observation. Mais malheureusement le désir de voir dans les actes d'un oiseau aussi noble quelque chose de peu commun, a été bien souvent pour les auteurs un vaste cercle d'erreurs dans lequel ils ont continuellement tourné sans pouvoir en sortir. Buffon lui-même n'a pas été exempt de ces fautes; car Buffon (ou G. de Montbeillard, son collaborateur) a souvent prêté l'oreille aux dit-on populaires. Pour l'histoire du Paon entre autres, il a consacré quelques phrases qui décèlent cette facilité à accepter les croyances du dehors. Ainsi on retrouve chez lui, et exprimées à peu près dans les mêmes termes, quelques unes des opinions émises par l'auteur ancien dont nous venons de signaler un passage ; car, à propos du plaisir que le Paon, à ce qu'on dit, aurait à s'admirer, voici ce qu'écrit Buffon : « On prétend qu'il jouit des hommages dus à sa beauté ; qu'il est sensible à l'admiration; que le vrai moyen de l'engager à étaler ses belles plumes, c'est de lui donner des regards d'attention et des louanges ; et qu'au contraire, lorsqu'on paraît le regarder froidement et sans beaucoup d'intérêt, il replie tous ses trésors, et les cache à qui ne sait pas les admirer. »

Buffon cite ces faits comme généralement admis et les admet lui-même, puisqu'il ne les accompagne d'aucune réflexion. Cependant, nous devons le dire, malgré notre profonde vénération pour notre maître, le Paon est aussi insensible à l'admiration, que le serait le mâle de la Dinde lorsqu'il étale, lui aussi, les plumes de sa queue, et qui est tout aussi expressif dans ses mouvemens, dans les poses qu'il prend, que l'est l'oiseau dont nous parlons, bien qu'il n'y ait rien de beau à admirer en lui ; que le serait le moineau lorsqu'il piaffe en déployant ses ailes et sa queue autour de sa femelle ; que le seraient une foule d'autres espèces polygames qui s'agitent auprès de leurs femelles, quand vient l'époque ou durant l'époque où les désirs s'éveillent en eux. L'homme peut-il selon son bon vouloir commander au Paon de développer ses richesses? Peut-il en lui prodiguant son admiration par tous les beaux mots et les belles phrases que possède notre langue l'engager à étaler cette queue magnifique qu'il porte avec tant de fierté? Eh! non; le Paon n'obéit qu'à un sentiment intérieur. Ou bien lorsqu'il parade devant de nombreux spectateurs, le Paon, en entendant de tous côtés les éloges provoqués par sa beauté, récompensera-t-il ses flatteurs, en étalant devant eux, plus long-temps que de coutume cette queue qui mérite leurs éloges? pas davantage.

D'où vient donc cette croyance générale que le Paon jouit des hommages rendus à sa beauté? Elle vient de ce que l'on a mal observé et surtout de ce que l'on continue à interpréter d'une manière, nous dirons, poétique, les actes auxquels se livre l'oiseau dont il est question. On porte sur ces actes un jugement presque traditionnel. Que dans nos basses-cours ou dans nos jardins publics un Paon étale avec majesté cette queue qui le pare si bien; et vite on s'approche de lui. Bientôt la galerie sera assez considérable pour qu'on entende un concours d'éloges. De tous les côtés partent les mêmes paroles; et plus de cinquante fois à la minute ces mots: *Oh! qu'il est beau!* arrivent à vos oreilles. Ces mots, on les dit presque machinalement et avec l'idée préconçue qu'ils vont flatter agréablement l'objet de tant d'admiration. Or qu'en résulte-t-il? Le spectateur à qui on a déjà dit ou qui entend dire (et Dieu sait que de fois on peut l'entendre dire!) que le Paon est sensible aux éloges, prend tous les mouvemens que cet oiseau fait, tous les trépignemens qu'il laisse apercevoir, toutes les poses qu'il donne à son corps, comme un effet de ces éloges, comme une manifestation réelle du plaisir qu'il éprouve à entendre que l'on vante sa beauté, et ce même spectateur, s'il était arrivé là avec une idée prononcée, s'en va avec la persuasion qu'en effet le Paon aime qu'on le loue, puisqu'il a été témoin de tout le plaisir qu'il manifestait lorsqu'on répétait autour de lui, *oh! qu'il est beau!* car, nous le disons encore à dessein, on prend généralement tous ces petits gestes dont nous avons déjà parlé, pour l'expression de la jouissance intérieure que les hommages rendus à sa beauté lui font ressentir.

Mais ceux-là même qui adoptent aussi facilement de pareilles opinions, auraient pu se convaincre, en poussant l'observation plus avant, que rien n'est plus fabuleux que cette prétendue satisfaction, que les éloges font éprouver au Paon. Si, faisant abnégation de toute présomption, ils avaient examiné de loin, de manière à n'être pas vus et sans mot dire, cet ornement de nos basses-cours alors qu'il étale tout le luxe de son plumage, ils auraient pu se convaincre aisément que ce Paon, que la présence seule de ses compagnes influence en ce moment, n'est pas moins expressif dans ses mouvemens, qu'alors qu'il est censé s'apercevoir qu'on l'avise. Au reste, il faut avouer qu'un oiseau auquel on se plaît à reconnaître tant de noblesse et de majesté (et qui à mon sens est des Gallinacés celui qui porte avec lui le caractère le plus stupide) est souvent très-impoli à l'égard de ses adulateurs, et les récompense bien mal des éloges qu'ils ne cessent de lui prodiguer; car, au lieu de se mettre avec eux face à face, il leur montre le *revers de la médaille;* et il faut avouer que ce revers n'a rien attrayant, rien de bien susceptible d'exciter l'admiration: *peut être le Paon se croit-il beau sous toutes les faces.*

Une autre opinion que nous avons vue exprimée plus haut et que Buffon a également consignée dans son ouvrage, est celle qui veut que le Paon soit honteux de la perte de sa queue. Il craint, dit notre sublime écrivain, de se faire voir dans cet état humiliant, et cherche les retraites les plus sombres pour s'y cacher à tous les yeux. » Il y a là un fait exprimé: c'est que la mue est pour le Paon une époque de retraite. Mais, ainsi que nous l'avons dit ailleurs, l'esprit humain, toujours plus poétique que positif, surtout pour les choses dans lesquelles son intérêt ne se trouve pas compromis, a cru devoir expliquer la cause de cette retraite par la honte qu'aurait cet oiseau de se montrer, alors que la mue l'a privé de son plus bel ornement. Disons-le, cette supposition est par trop gratuite, et l'admettre n'est pas notre intention. Il nous semble qu'on aurait pu trouver à ce fait une explication beaucoup plus vraie. Le Paon, lorsque ses plumes tombent cherche la solitude, c'est positif: il se tait, ne se pavane plus, et même affecte un air de tristesse, c'est encore vrai; mais quel oiseau durant la mue, n'est pas dans les mêmes circonstances? Quel est celui dont le chant nous frappe alors, ou qui nous amuse encore par ses joyeux ébats? il n'en est pas. La mue, pour tous, est une période de malaise, de souffrance, et ce malaise et cette souffrance sont d'autant plus considérables, que les plumes dont le changement s'opère sont plus fortes.

Ainsi, la mue des pennes caudales et alaires est beaucoup plus douloureuse que celle des plumes qui recouvrent le corps, elle n'est même quelquefois pas sans danger pour l'oiseau. Or, le Paon doit ressentir avec d'autant plus d'énergie tous les effets de la chute des plumes de la queue, que ces mêmes plumes sont plus volumineuses, et sont plus profondément implantées que dans aucune autre espèce; dès-lors, doit-on s'étonner, surtout lorsqu'on voit le même phénomène se reproduire chez tous les autres oiseaux, doit-on s'étonner, disons-nous, que durant la période de la mue le Paon demeure triste et taciturne? Doit-on être surpris de le voir chercher des lieux sombres, lorsque l'expérience de tous les jours a appris aux personnes qui élèvent des oiseaux en cage, qu'il ne faut pas, pour favoriser la mue de ces oiseaux, les exposer à un air trop vif. Les lieux sombres leur offrent une température qui convient beaucoup mieux à l'état maladif dans lequel ils se trouvent.

Il suit instinctivement les règles hygiéniques que la nature a posées aussi bien pour lui que pour l'homme. Voyez si la prudence ne commande pas à ce dernier de ne pas s'exposer au grand air, lorsqu'une maladie éruptive vient de l'atteindre. Le Paon n'agit pas différemment; car la mue peut être considérée chez lui et chez toutes les autres espèces, comme une maladie de cette nature puisqu'elle a son siége principal dans la couche dermique. Ce n'est donc pas pour cacher la honte d'avoir perdu sa queue qu'il cherche des abris, mais bien pour qu'une atmosphère trop vive ne nuise pas à l'éruption des plumes nouvelles. Comme aussi ce n'est pas pour provoquer les hommages des spectateurs, et encore moins pour en jouir, qu'il se pavane avec complaisance, mais bien parce qu'il est mu par un sentiment autre que celui de l'amour-propre satisfait; parce que des désirs s'éveillent en lui comme préludes de l'acte copulateur.

Il est étonnant que les écrivains naturalistes qui avaient remarqué ce fait, et qui l'ont à peine mentionné, qui avaient vu que les trépignemens du Paon, que tout l'étalage du luxe de sa queue n'étaient que des moyens employés pour agacer la femelle et la disposer à l'acte copulateur; il est étonnant, disons-nous, que ces auteurs aient pu émettre en même temps l'opinion que nous avons discutée tout à l'heure et que nous croyons erronée.

Quoi qu'il en soit, le Paon par ses mœurs rappelle celles des Gallinacés, en général. Comme presque tous les mâles de cet ordre, il est ardent en amour, et seul, il peut suffire à quatre ou cinq femelles. Quoiqu'il n'ait complétement revêtu son plumage d'adulte qu'à l'âge de trois ans, pourtant il peut se reproduire avant cette époque. La femelle est dans le même cas; car, bien que l'on s'accorde généralement à dire que ce n'est qu'après la troisième année qu'elle fait régulièrement ses pontes, on a cependant des exemples fréquens qui prouvent qu'après la première ou la seconde année, elle est en état de pondre. Dans nos climats, le Paon serait, au dire des voyageurs, moins fécond que dans les pays qui lui sont naturels; car ils assurent que la couvée serait de vingt à trente œufs, tandis que chez nous elle est ordinairement de six à dix. Ces œufs, tachetés ou bruns sur un fond blanc et de la grosseur de ceux de la Dinde, sont pondus un à un et à quelques jours d'intervalle l'un de l'autre. La durée de l'incubation est environ de trente jours. Les petits en naissant suivent la mère et peuvent déjà, comme tous les poussins gallinacés, chercher eux-mêmes leur nourriture. Mais, délicats et frileux, comme tous les oiseaux des pays chauds que nous faisons se reproduire chez nous, ils ont besoin de la conduite d'une mère. Les Paonnaux âgés d'un an sont, à ce que l'on prétend, un excellent manger. Nous avons dit que les Paons, jeunes ou vieux, passaient chez les Romains pour un mets estimé. Il paraîtrait aussi qu'en France, du temps d'Olivier de Serres, on le regardait comme « le roi de la volaille terrestre, en ce qu'on ne pouvait voir rien de plus agréable que le manteau de cet oiseau, ni manger une chair plus exquise que la sienne ». De nos jours on n'en fait plus grand cas.

La nourriture habituelle des Paons consiste en grains de toutes sortes; leur voisinage est funeste aux agriculteurs; car ils font, à ce qu'il paraît, des dégâts immenses aux céréales; ils sont également quelquefois importun, à cause des cris désagréables qu'ils font entendre. Heureusement tous leurs défauts sont rachetés par leur beauté, et s'ils ont *la voix du diable, la démarche furtive des voleurs*, ils ont également *une parure d'ange.*

Angelus est pennis, pede latro, voce gehenus.

Indépendamment du cri bruyant que le Paon fait entendre, et qui est, dit-on, un présage de pluie lorsqu'il le pousse durant la nuit, on lui connaît encore un bruit sourd, un murmure intérieur qu'il fait surtout entendre lorsqu'il se pavane auprès de la femelle.

Quoique les Paons aient beaucoup de peine à s'élever dans les airs, cependant on en voit quelquefois prendre leur essor et parcourir des distances considérable. En général, ils aiment les lieux élevés; se plaisent sur les combles des maisons, ou bien sur la cime des grands arbres qui sont à leur portée.

On prétend que les Paons atteignent facilement la trentième année, et s'il faut en croire Willughby, ils iraient même jusqu'à la centième. Mais ce dernier chiffre paraît un peu exagéré, et il est probable que le premier est beaucoup plus vrai.

Jadis les plumes du Paon servaient aux arts, on en faisait des espèces d'éventails et des couronnes dont se paraient les poètes troubadours.

« Gesner, dit Buffon, a vu une étoffe dont la chaîne était en soie et de fil d'or, et la trame de ces mêmes plumes : tel était sans doute le manteau tissu de plumes de Paon qu'envoya le pape Paul III au roi Pépin.

Le Paon est sujet à des variétés quelquefois remarquables, et ces variétés sont dues à l'influence de la domesticité. On en voit de gris, de blancs, de noirs, de verts, de bleus, de jaunes, etc.; mais ces couleurs sont presque toujours accidentelles. Il existe pourtant deux variétés qui paraissent constantes et que l'on pourrait considérer comme formant deux races distinctes, c'est celle du Paon blanc et du Paon panaché; ce dernier étant le résultat de l'accouplement du Paon ordinaire avec le Paon blanc.

Une autre espèce non moins belle que celle dont nous venons de parler est le Paon spicifère *Pavo spiciferus*, Vieill.; *Pavo muticus*, Lin. La dénomination de spicifère que porte cet oiseau, lui a été imposée par Buffon à cause de l'aigrette en forme d'épi qui s'élève sur sa tête; les plumes qui la composent sont plus longues que celles de la huppe du Paon ordinaire, et diffèrent encore de celles-ci en ce quelles sont barbelées depuis leur origine jusqu'à leur extrémité, et qu'elles offrent l'aspect d'une plume ordinaire. Cette espèce, qu'on trouve au Japon, dit Vieillot dans la Galerie des oiseaux, a été signalée par Aldrovande, d'après un un dessin envoyé au pays par l'empereur de cet empire, et dont tous les auteurs ont copié la description, qui manque d'exactitude sur plusieurs points. La figure qu'en a donnée Vieillot dans la Galerie, est très-fidèle, et la description en est exacte.

« Le bec, dit-il, est cendré; l'iris jaune, la partie nue des côtés de la tête et de la gorge, d'un beau rouge; les couvertures supérieures de la queue sont au moins aussi longues, mais moins fournies que celles du Paon ordinaire, et susceptibles de s'étaler de même. Le sommet de la tête et la partie supérieure du cou, sont d'un vert changeant en bleu, selon l'incidence de la lumière; les plumes de la huppe longues d'environ quatre pouces vertes et bleues; celles de la poitrine et du ventre variées de bleu, de vert, et disposées en forme d'écailles; celles du dos conformées de même, bleues, vertes, et terminées de noir avec un petit trait bleu dans le milieu, les couvertures supérieures des ailes d'un vert changeant en bleu, mais le bleu, sous un aspect, semble plus étendu et plus brillant que l'autre couleur. »

La femelle, moins grande que le mâle, porte aussi des tectrices caudales supérieures bien moins longues. Les galeries du muséum possèdent un fort bel individu mâle.

Cuvier a placé parmi les Paons l'Eperonnier dont Temminck fait son genre Polypectrum. On a fait la description de cette espèce et de celles qui s'y rapportent, dans le troisième volume du Dictionnaire, page 71.

On a encore donné fort improprement le nom de Paon à une foule d'oiseaux qui se rapportent à des genres différens. (Z. G.)

PAON. (INS.) Les ailes de plusieurs Papillons portant des espèces d'yeux semblables plus ou moins à ceux qui ornent la queue du Paon, l'on a employé ce mot pour les désigner; ainsi l'on appelle :

GRAND PAON, le *Bombyx Pavonia major*.

MOYEN ET PETIT PAON, les *Bombyx Pavonia media* et *minor*.

DEMI-PAON, le *Smerinthus ocellata*.

PAON DU JOUR *ou* ŒIL DE PAON, la *Vanessa Io*. *Voy*. BOMBYCE et VANESSE. (GUÉR.)

PAPAGALLO. (GÉOG. PHYS.) Nom que l'on donne sur la côte occidentale du Mexique à un vent violent qui souffle régulièrement, et principalement dans une étendue de 50 lieues environ, c'est-à-dire depuis le cap Blanc, situé à l'entrée du golfe de Micoya, jusqu'à la pointe de Sainte-Catherine.

Le Papagallo suit constamment la direction du nord-est et celle du nord-nord-est. Il ne souffle que pendant la belle saison, depuis le mois d'octobre jusqu'au mois de mai. Il est souvent funeste aux navigateurs par son impétuosité; mais ce qu'il y a de particulier, c'est que les tempêtes qu'il fait naître ne sont jamais accompagnées de nuages, d'éclairs et de tonnerre. La sérénité de l'atmosphère et l'azur d'un beau ciel, forment le contraste le plus singulier avec la fureur qui le distingue. (J. H.)

PAPAGAYO. (OIS.) Nom vulgaire du Perroquet en Amérique. (GUÉR.)

PAPAVÉRACÉES, *Papaveraceæ*. (BOT. PHAN.) Famille très-naturelle de plantes dicotylédonées herbacées, annuelles ou vivaces, très-rarement offrant des sous-arbrisseaux, et ayant pour type le genre *Papaver*, dont nous parlerons plus bas au mot PAVOT (*voy*. ce mot). Les tiges, ainsi que les autres parties, sont remplies d'un suc laiteux, coloré tantôt en blanc, tantôt en jaune, et quelquefois presque rouge ou simplement aqueux. Les feuilles alternent entre elles, les unes se montrent simples, les autres plus ou moins découpées. Les fleurs, très-variées dans leur mode d'inflorescence, quand on les trouve solitaires et terminales, sont généralement grandes, un peu moins quand on les voit groupées en cymes, en grappes ou en épis, et parfois accompagnées de bractées. Le calice présente deux et rarement trois sépales plus ou moins concaves et fugaces; la corolle (nulle dans le genre *Bocconia*) se compose de quatre pétales, plus rarement de six, planes, très-larges, insérés sous le pistil, chiffonnés et plissés avant l'épanouissement, très-irréguliers dans l'*Hypecoum*. Etamines en nombre indéfini, portant des anthères adnées aux filamens, ou bien en nombre déterminé, toujours libres, distinctes les unes des autres, serrées en réceptacle et hypogynes. Ovaire tout-à-fait libre, ovoïde, globuleux ou diversement allongé, n'ayant qu'une seule loge renfermant des ovules nombreux; le plus souvent sans style, et quand il existe, il est très-court, à peine distinct; stigmates divisés, plus ou moins longs ou réunis et aplatis en forme de disque étoilé. Fruit capsulaire ou siliqueux, couronné par le stigmate, indéhiscent, polysperme, s'ouvrant dans la longueur ou seulement par le haut. Les semences, ordinairement fort petites, le plus habituellement très-nombreuses, et très-rarement solitaires, se montrent composées d'un tégument propre, portant quelquefois une sorte de petite caroncule charnue, d'un périsperme charnu, creusé d'une fossette dans laquelle repose un petit embryon cylindrique.

Ainsi que l'étude bien entendue de cette famille l'exige, et comme de Jussieu le disait lui-même, le genre *Fumaria* en fait partie essentielle (*voy*. ce que nous avons dit à ce sujet, tom. III, pag. 296, en parlant des Fumariacées); il en constitue la seconde division et ne peut en être détaché que par le besoin de détruire ce qui est bien. Les Papavéracées forment donc deux groupes étroitement unis, dont les espèces sont répandues sur les deux hémisphères, principalement en Europe dans les régions méditerranéennes. Le premier groupe, composé des vraies Papavéracées, renferme les genres *Sanguinaria*, *Argemone*, *Papaver*, *Podophyllum* et *Bocconia*, de Linné; *Glaucium* de Tournefort; *Chelidonium* de Jussieu; *Meconopsis* de Viguier; *Roemeria* de Médicus, et cinquante-deux espèces dont vingt-quatre appartiennent à l'Europe, douze à l'Inde, trois à la Chine et au Japon, deux à la Sibérie, une au cap de Bonne-Espérance, une à la Nouvelle-Hollande et neuf à l'Amérique, savoir : trois à la partie septentrionale et six à la méridionale. Toutes ces espèces ont les tiges remplies d'un suc coloré, les feuilles simples, les fruits s'ouvrant par le haut, les graines non arillées.

Le second groupe, que nous appellerons les Fumariacées, présente le genre *Hypecoum* de Linné, et le genre *Fumaria* subdivisé en six sections : les *Adlumia* de Rafinesque; *Diclytra* de Borckchausen; *Cysticapnos* de Boërhaave; *Corydalis* de Mœnch et Ventenat; *Sarcocapnos* de De Candolle, et le *Fumaria* proprement dit que nous avons décrit au mot FUMETERRE. Les espèces de ce groupe ne contiennent qu'un suc purement aqueux et non coloré; leurs feuilles sont décomposées, leurs fruits, à silicules comprimées ou globuleuses, s'ouvrent en deux valves, et leurs graines portent toutes une arille.

Beaucoup de Papavéracées figurent convenablement dans les jardins, les unes par la succession de leurs fleurs et la persistance de leur feuillage, les autres par la durée de leurs touffes. Toutes ont des propriétés médicinales et économiques incontestables. Le suc propre est narcotique dans les Pavots (très-usité), dans les Hypécoums (moins usité); il est âcre dans les Chélidoines, très-actif dans la racine des Sanguinaires; tonique et apéritif dans les Fumeterres; vénéneux dans le Podophyllum; les indigènes du Mexique et des Antilles se procurent une douce ivresse en fumant les feuilles des Argémones. Pour détruire les verrues qui se développent sur différens points de l'épiderme, et en particulier, aux mains, on emploie indistinctement le suc jaune des feuilles et de la tige du *Chelidonium majus*, ou bien celui qu'on retire de la racine de la *Sanguinaria canadensis*, ou bien encore celui de l'*Argemone mexicana* fraîche. Les semences de cette dernière plante sont émétiques; celles des Pavots donnent une huile que l'on brûle et que l'on peut manger. (*Voyez* au mot ŒILLETTE.) En Sibérie, les bulbes de la *Fumaria parviflora* servent d'alimens et se conservent pour l'hiver, de même que, dans l'Amérique du nord, les enfans recherchent avec sensualité les fruits du *Podophyllum peltatum*. Presque toutes les plantes de cette famille fournissent des couleurs à la teinture; celle du *Bocconia frutescens* est jaunâtre; celles du *Chelidonium quercifolium* est jaune, bien inférieure à celle si jolie et si solide du *Fumaria officinalis*; celle du *Papaver grandiflorum* est d'un très-beau rouge; et celle de la *Sanguinaria canadensis* est d'un orange brillant.

La famille des Papavéracées a de grands rapports avec les Renonculacées. Dans la nomenclature la plus régulière, elle est placée entre les Berbéridées et les Crucifères. (T. D. B.)

PAPAYE et PAPAYER, *Carica*, L. (BOT. PHAN.) La Papaye est le fruit du Papayer, plante ligneuse des contrées intertropicales de l'un et l'autre hémisphère, qui constitue un genre de plantes de la Dioécie décandrie et de la famille des Cucurbitacées, et non pas de celle des Passiflorées, comme le veulent quelques auteurs modernes. Les Papayers sont des arbres de troisième grandeur ou de simples arbrisseaux remarquables par leur port particulier qui rappelle celui des Palmiers, par leur feuillage en touffe au sommet du tronc, par leurs fleurs unisexuelles le plus habituellement, et séparées sur des pieds différens, quoique Trew assure les avoir vues groupées ensemble et monoclines; enfin par leurs fruits, bons à manger, dont la forme et la grosseur approchent de celles d'un petit Melon.

Les Papayers s'éloignent des Cucurbitacées, si l'on s'arrête à leur ovaire supère; mais ils se lient à elles par les autres caractères, ainsi que nous allons en voir la preuve tout à l'heure. Ils ont de grands rapports avec les Figuiers et les Jaquiers; comme chez eux, il découle du tronc des Papayers un suc blanc, laiteux, et glutineux, que l'on retrouve dans les feuilles quand on les entame. Leur bois est presque fongueux, et leur tronc, de même que le stipe des Palmiers, se montre hérissé par les vestiges des pétioles tombés.

Un calice très-court, à cinq petites dents, supporte, chez les fleurs mâles, une corolle monopétale, tubulée, infundibuliforme, à cinq lobes égaux, qui renferme autour d'un appendice ovarien, allongé, dix étamines, légèrement monadelphes par leur base, insérées au haut du tube, dont cinq alternes, plus courtes, et couronnées par des anthères droites, oblongues, à deux loges introrses, s'ouvrant par un sillon longitudinal. Dans les fleurs femelles, qui sont généralement fort petites, la corolle est tantôt à cinq lobes profonds, tantôt à cinq pétales distincts et étroits; l'ovaire, oblong, libre, sessile, à une ou cinq loges incomplètes, séparées par de fausses cloisons; le style simple, court, surmonté de cinq stigmates dilatés, comprimés, en crête; le fruit est une baie très-grande, ovale, ronde, ou de forme pyramidale ou anguleuse, aplatie aux deux extrémités, uniloculaire avec un grand nombre de graines tuniquées, dont l'embryon plane est renfermé dans un périsperme charnu, huileux, blanc.

On connaît plusieurs espèces de Papayer: la plus répandue, originaire des Mollusques, qui s'est en quelque sorte naturalisée sur le sol de l'Amérique du sud, et que l'on cultive aux Antilles, est le PAPAYER COMESTIBLE, *Carica Papaya*, L., appelé *Papaya communis* par de Lamarck. Ce bel arbre, que nous avons représenté dans notre Atlas, pl. 453, s'élève à la hauteur de six à sept mètres. Du collet de sa racine pivotante et blanchâtre, sort une tige droite de peu de consistance, nue dans presque toute sa longueur, revêtue d'une écorce épaisse, molle, verdâtre, conservant l'empreinte des feuilles tombées; son sommet est garni de feuillets très-amples, vert foncé en dessus, d'un vert pâle en dessous, dont les longs pétioles sont disposés alternativement, et offrant en leur contour sept à neuf lobes profonds, sinueux, irrégulièrement découpés. Ses fleurs sont blanches, d'une odeur suave, très-nombreuses, épanouies toute l'année, et forment des grappes longues et pendantes, fig. *a*. Les fleurs mâles sont représentées fig. *b* entières, et fig. *c*, ouvertes de manière à laisser voir les deux rangées d'étamines. Le fruit est piriforme, à cinq côtes, fig. *d*; sous son écorce jaunâtre on trouve une pulpe jaune, succulente, d'une saveur douce, et d'une odeur aromatique, fig. *e*; au centre sont placées les graines, dont une, fig. *f*, est représentée entièrement recouverte de son tégument extérieur, et l'autre, fig. *g*, en partie nue, et en partie avec son tégument. On mange rarement ce fruit cru, mais on le prépare au vinaigre quand il est jaune; parvenu à sa parfaite maturité, on le confit tout entier dans le sucre avec des oranges et des petits citrons, qui lui communiquent leur parfum; sa chair est alors délicate et très agréable au goût. Ceux venus dans nos serres sont d'une âcreté vraiment révoltante.

Dès l'âge de dix-huit mois ou deux ans, le Papayer fructifie dans les contrées chaudes; bientôt après, son existence décline: il perd d'abord sa sommité par la pourriture, puis le reste.

Aux environs de Caraca et dans le Chili, l'on trouve le PAPAYER A PETITS FRUITS, *C. microcarpa*, Jacquin. Il s'élève au plus à quatre mètres, porte des fruits de la grosseur d'une noisette, de couleur orangée, dont les semences sont noires. Le PAPAYER SAUVAGE, *C. spinosa*, Aublet, croît à la Guyane, au Brésil, monte moins haut, sa tige est hérissée de rugosités saillantes, ses baies sont jaunes, lisses, nidulantes, marquées de plusieurs lignes longitudinales, et remplies de graines rougeâtres, sphériques et chagrinées. (T. D. B.)

PAPE. (OIS.) Nom vulgaire d'une espèce de Gros-Bec, que nous avons figurées pl. 452, fig. 2, et que Vieillot a placé dans sa section des PASSERINES (*voy.* ce mot).

PAPEGAIS. (OIS.) Nom d'une division du genre Perroquet.

PAPIER. (ZOOL. BOT. MIN.) Plusieurs productions naturelles, ayant quelque analogie avec le Papier, qui est un produit de l'industrie, on leur a donné ce nom, avec quelques épithètes distinctives. Ainsi on nomme :

PAPIER BROUILLARD (MOLL.), le *Conus Tulipa*.

PAPIER DE LA CHINE (MOLL.), l'*Oliva hispidula*.

PAPIER FOSSILE OU DE MONTAGNE (MIN.), l'Asbeste.

PAPIER MARBRÉ (MOLL.), le *Conus nebulosus*.

PAPIER DU NIL (BOT.), le *Cyperus Papyrus*.

PAPIER ROULÉ (MOLL.), le *Bulla lignaria*.

PAPIER TURC (MOLL.), le *Conus minimus*.

(GUÉR.)

PAPILIONACÉES, *Papilionaceæ*. (BOT. PHAN.) Groupe très-nombreux de la famille des Légumineuses, que Tournefort a désigné sous ce nom, comme nous l'avons dit plus haut (tom. IV, page 375), à cause de la ressemblance avec les ailes d'un papillon que présentent les deux pétales latéraux de ses fleurs.

On dit qu'une corolle est Papilionacée quand des quatre pétales qui la composent, l'inférieur a la forme d'une carène les ailes présentent une certaine similitude avec celles d'un Lépidoptère, et le supérieure rappelle l'idée d'une voile déployée, ou d'un étendard. Telles sont celles du Dolique, de la Gesse, du Lotier, du Pois, du Haricot, etc.

Le fruit qui succède à une fleur Papilionacée est toujours une gousse, ainsi qu'on le voit dans le Baguenaudier, le Genêt, le Robinier, etc. Mais toutes les plantes dont le fruit est une gousse, ne sont pas munies d'une fleur Papilionacée, témoins l'Acacia, la Casse, le Févier, etc., qui font partie des Légumineuses proprement dites.

Quelques plantes étrangères aux deux groupes de la belle et utile famille des Légumineuses, mais dont les fleurs offrent une disposition quelconque de parties plus ou moins semblable à celle des fleurs Papilionacées, portent le nom spécifique de Papilionacées. De ce nombre sont une Ephémérine, *Tradescantia papilionacea*, un Muflier, *Antirrhinum papilionaceum*, etc. Pour plus de régularité dans la nomenclature, pour éviter une erreur possible, et détruire tout élément de confusion, il eût été à désirer ici que l'on eût substitué à l'adjectif *papilionaceus*, celui de naviculaire, *navicularis*, le rapprochement de la forme des fleurs papilionacées pouvant aussi bien se faire avec un petit navire sans voiles, qu'avec un papillon. (T. D. B.)

PAPILLAIRE, *Papillaris* et *Papillosus*. (BOT. PHAN.) Qui porte à sa surface des petits tubercules pointus, en forme de mamelons ou des petits grains saillans, durs et arrondis. On dit des feuilles de la Phylique réfléchie, *Phylica callosa* de Linné fils, d'un grand nombre de Labiées, de l'Aloës verruqueux, *Aloë disticha*, L., etc., qu'elles sont Papillaires à cause des protubérances qui couvrent leur page supérieure. On ajoute à une Cacalie, à un Cotylet, à une Ulve, etc., l'épithète de Papillaire, le *Cacalia papillaris*, le *Cotyledon papillare*, l'*Ulva papillosa*, parce qu'ils se font remarquer par les rangées de glandes mamelonées dont leur surface est chargée circulairement. C'est Kroker qui le premier a comparé ces sortes de protubérances aux papilles qui garnissent la langue de l'homme; il les regarde en outre comme le réceptacle de l'odeur forte qu'exhalent les plantes sur lesquelles elles existent. *Voyez* au tome III, page 442, ce que j'ai dit des GLANDES PAPILLAIRES. (T. D. B.)

PAPILLES. (ANAT. ZOOL.) On donne le nom de Papilles, du mot latin *papilla*, mamelon, à de petites saillies qu'on observe à la surface de plusieurs membranes, telles que la peau et les membranes muqueuses. Celles de la peau sont de petites éminences manifestement sensibles affectant des formes diverses, et qui ne variant pas dans leurs dimensions, se rencontrent surtout dans les points de la peau dont la sensibilité est la plus développée. Leur composition a été un sujet de controverse pour les anatomistes, dont les uns les croient formées uniquement par l'épanouissement de filets nerveux, et les autres par celui des nerfs et des vaisseaux tout à la fois. Les Papilles des membranes muqueuses sont surtout très-développées sur la langue, et la même diversité d'opinion relativement à leur structure règne aussi parmi les anatomistes. (A. D.)

PAPILLES. (BOT. PHAN.) On nomme Papilles certaines petites excroissances ou protubérances, qui couvrent la surface de certains organes, comme les stigmates, le pollen, etc., en les comparant, quant à la forme, aux Papilles dont la langue est couverte, dans la plupart des Mammifères. Elles sont ordinairement d'une nature molle, allongée, conique et compacte. M. Guillemin donne le nom de Mammilles (petites mammelles) à celles que le microscope permet d'entrevoir à la surface des grains de pollen. Les feuilles d'une partie des Labiées portent à leur face inférieure un grand nombre de ces petites protubérances, auxquelles on a imposé le nom de glandes papillaires, à cause de leur forme, en leur attribuant l'odeur prononcée et *sui generis* que ces plantes exhalent à un si haut degré; par exemple, le *Saturcia hortensis*. Ces Papilles sont très-probablement les laboratoires où se distillent ces sortes d'huiles essentielles que la physiologie ne peut encore expliquer d'une manière satisfaisante. Les feuilles de plusieurs espèces de Mésembrianthèmes (*Mes. crystallinum*, *micans*, *pulverulentum*, *pustulatum*, etc., et, de la plupart des *Apicra* et des *Haworthia* (*Aloë*, Linn.), *Apicra aspera*, *haworthia*, *atrovirens*, *papillosa*, etc., ainsi que celles de beaucoup d'autres végétaux, sont couvertes aussi de Papilles semblables et souvent d'un blanc très-pur, *Haworthia margaritifera*, *atternuata*, etc., ou d'une grande limpidité et brillantes comme des diamans à la lumière, *Mesembrianthemum micans*, etc. Le *Rhododendrum punctatum* est aussi dans ce cas, mais à un moindre degré. Ces dernières sont plus spécialement appelées Papules; on pense qu'elles sont remplies d'un liquide qui malheureusement n'a point encore été étudié. On ne sait trop dans l'état actuel de la science, quel rôle attribuer à ces Papilles ou Glandes papillaires, du moins dans les derniers végétaux que nous venons de citer, parce qu'ils ne renferment aucun corps particulier.

Nous pourrions encore mentionner plusieurs acceptions fort différentes du mot Papilles; ainsi, par exemple, Cassini donnait ce nom à certains appendices du Clinanthe, qui diffèrent des poils et des fimbrilles, en ce qu'ils sont beaucoup plus courts, charnus et cylindriques; dans la Cryptogamie, le genre Téléphore (Champignons), présente ses pores sur des corps mous et coniques, que l'on appelle assez improprement des Papilles, etc. Mais ces acceptions sont un peu forcées.

Enfin de ce mot, on a formé les adjectifs Papillé, Papilleux, Papillifère, qui signifient porteur de Papilles; et Papillaire, Papilliforme, c'est-à-dire qui présente la forme des Papilles. (C. LEM.)

PAPILLON, *Papilio*. (INS.) C'est un genre de l'ordre des Lépidoptères, famille des Diurnes, tribu des Papillonides, créé par Linné, qui lui donnait une grande étendue, et restreint ensuite par les auteurs qui vinrent après lui, jusqu'à ce que Latreille, dans ses derniers ouvrages, l'ait circonscrit et lui ait assigné pour caractères essentiels: Palpes inférieurs très-courts, atteignant à peine le chaperon par leur extrémité supérieure, très-obtus, avec le troisième article presque nul ou très-peu distinct. Tels sont les principaux caractères assignés par Latreille au genre *Papilio*, se distinguant des *Parnassius*, qui en sont assez voisins, parce que les palpes de ceux-ci s'élèvent sensiblement au dessus du chaperon et vont en pointe. Le bouton de leurs antennes est court, presque ovoïde et droit. Le genre *Thaïs* s'en distingue par les mêmes caractères. Le genre *Papilio* tel que Linné l'avait formé, correspond entièrement à la famille des Diurnes de Latreille. Geoffroy, Degéer et Olivier, ont suivi la méthode de Linné, et leur genre Papillon conserve la même étendue. Tous ces auteurs ont été forcés de faire des divisions dans ce genre, afin d'en faciliter l'étude. Linné est le premier qui ait essayé de décrire méthodiquement le genre *Papilio*, dans les premières éditions de son Systema naturæ, et dans la première de sa Faune suédoise, il partage son genre Papillon de la manière suivante: 1° quatre pieds; 2° six pieds; ailes élevées, anguleuses; 3° six pieds; ailes élevées, arrondies; 4° six pieds; ailes étendues; 5° six pieds; ailes réfléchies. Il ne distinguait pas alors les Sphinx des Phalènes. Plus tard, dans les dernières éditions de son Systema naturæ, le genre Papillon, qu'il n'avait jusqu'alors caractérisé que par le renflement terminal des antennes, acquit un signalement nouveau, tiré de la position des ailes: elles sont élevées et conniventes supérieurement; le vol est diurne. Les espèces furent distribuées en six phalanges; la première, celle des Chevaliers, *Equites*, était divisée elle-même en Chevaliers troyens (*Troes*), et en Chevaliers grecs (*Achivi*). Cette phalange correspond entièrement au genre Papillon de Latreille; la seconde phalange, celle des Héliconiens, *Heliconii*; la troisième, celle des Danaïdes, *Danaï*, divisée en Danaïdes blanches (*candidi*), et Danaïdes bigarrées (*festivi*); la quatrième phalange, celle des Nymphales, divisée en *gemmati* ou Nymphales à yeux, de plusieurs auteurs, et *phalerati*, ou Nymphales aveugles; enfin la cinquième phalange, celle des Plébéiens, se divise en Plébéiens ruraux (*rurales*) et en Plébéiens urbicoles (*urbicolæ*). Dans la première édition de la Faune suédoise et du Systema naturæ, où l'ordre des Lépidoptères ne constitue que deux genres, les Diurnes étaient divisés en tribus, d'après le port d'ailes et le nombre de pattes ambulatoires.

Geoffroy, dans son Histoire abrégée des Insectes, t. 2, p. 32, reprit la méthode primitive de Linné. Son genre *Papilio* se compose de deux familles, selon que les individus n'ont que quatre pieds propres à la marche, les deux antérieurs étant repliés, ou qu'ils en ont six tous semblables et dont l'animal se sert également, soit pour marcher, soit pour se soutenir. Les premiers qui ont été appelés Maçones ou Grimpantes, sont distribués en trois paragraphes. Dans le premier, les Papillons viennent de Chenilles épineuses, leurs antennes sont terminées par un bouton; les pattes de devant sont courtes, velues, ramassées près du cou; les ailes sont anguleuses et souvent très-découpées à leurs bords. Les espèces du second paragraphe offrent les mêmes caractères, à cette seule différence près, que les bords de leurs ailes sont arrondis et légèrement découpés. Dans le troisième paragraphe, les Chenilles ne sont point épineuses; les deux pattes antérieures de l'insecte parfait sont très-courtes, mais nullement velues. Les chrysalides des Papillons de cette famille sont toutes posées perpendiculairement et suspendues par la queue, la tête en bas. Celles de la seconde famille ou des Papillons à six pattes ambulatoires, sont posées transversalement et attachées par la queue et le milieu du corps, au moyen d'un anneau ou d'une anse de fil. Aucun de ces Papillons ne vient de Chenille épineuse, et plusieurs ont le bouton qui termine chaque antenne allongé comme un fuseau. Cette famille est subdivisée de la manière suivante: les grands Porte-queues, les petits Porte-queues, les Argus, les Estropiés et les Papillons du Chou ou les Brassicaires. Les seconde, troisième et quatrième sections embrassent les Papillons plébéiens de Linné, avec lesquels Fabricius compose le genre *Hesperia* de son Entomologie systématique. Ces améliorations de la méthode ne sont qu'une application des principes établis par Réaumur, dans ses mémoires intéressans sur les Insectes.

Ensuite vint Degéer, qui écrivit après Geoffroy et profita habilement des lumières des auteurs précédemment cités; il fit faire, par ses propres observations, de grands pas à la science. Il divise les Papillons en cinq familles, dont les caractères sont les mêmes, de son propre aveu, que ceux des classes des Papillons diurnes, établies par Réaumur. Il conserve le genre Sphinx de Linné; mais il réunit dans le genre *Phalæna* les divisions des *Noctua*, des *Geometra*, des *Tortrices*, des *Tineæ*, et il substitue aux Alucites le nom de *Phalæna Tipula*. A l'égard des trois premières familles, il se sert d'un caractère dont l'auteur de l'Histoire naturelle des Insectes des environs de Paris n'avait pas fait usage, celui de la direction du bord interne des secondes ailes; mais, d'autre part, il n'a pas employé, pour signaler ses coupes, un caractère important, dont le naturaliste français avait tiré un grand avantage, celui que fournit la considération des Chenilles et des Chrysalides. Sa quatrième famille se compose de genres de Diurnes très-différens sous ces rapports, comme de Vanesses, d'Argynnes et de Satyres.

Scopoli fit aussi quelques modifications à la méthode linnéenne; dans la Faune de Carniole, il avait d'abord divisé les espèces du genre Papillon en *Tetrapes* (quatre pieds) et en *Hexapes* (six pieds); dans son Introduction à l'Histoire naturelle, imprimée en 1777 et à une époque où la Méthode de Denis et de Schiffermuller (Cat. system. des Lépidopt. de Vienne) était connue, son genre *Papilio* forme la troisième race ou peuplade (*gens*) de sa tribu sixième du Règne animal; il sépare des Papillons proprement dits, les Plébéiens ruricoles de Linné et en compose les genres *Argyrus*, *Argus*, *Pterourus*, *Battus*, *Graphium* et *Ascia*. Mais ce qui est inconcevable, c'est qu'un naturaliste aussi distingué ait tiré les caractères de ces genres de l'absence ou de la présence des taches des ailes, de leur disposition et de la forme des ailes inférieures à queue et sans queue. Comme le dit le célèbre Latreille, on pourrait tout au plus le pardonner aux naturalistes antérieurs à Aristote.

Fabricius, dans sa Mantissa et son Species, adopta la méthode de Linné sans aucun changement; mais dans son Entomologia systematica, il ajouta au genre *Papilio* la phalange des Parnassiens et celle des Satyres, et il créa, avec la section des Plébéiens, le genre *Hesperia*, divisé en ruricoles et en urbicoles. Au genre *Sphinx*, il ajouta ceux de *Sezia* et de *Zygæna*, correspondant à ceux de *Macroglossa* et d'*Anthrocera* de Scopoli. Le grand genre *Phalæna* fut divisé en dix genres, répondant pour la plupart aux divisions de Linné. L'étude des Lépidoptères se compliquant de plus en plus par les découvertes faites dans les pays hors de l'Europe, cet entomologiste sentit qu'il était indispensable d'établir de nouvelles coupes à celles déjà existantes, et, dans son Systema Glossatarum, ouvrage dont il avait terminé en grande partie le premier volume au moment de sa mort, il créa une infinité de genres nouveaux, dont les caractères sont tirés de la forme en massue des antennes et des palpes. Son ancien genre *Papilio* en forme quarante à lui seul. Du reste, son groupe des Satyres est, d'après l'expression de Latreille, une sorte de magasin où cet auteur a réuni les espèces dont il n'avait su que faire, ou qu'il ne pouvait rapporter aux coupes précédentes.

C'est à la suite de ces travaux que Latreille, qui a mérité par ses ouvrages sur l'ensemble de l'entomologie, le titre de prince des entomologistes, profitant des lumières de ses prédécesseurs, fit faire un pas immense à la science, quoique ses travaux sur cet ordre laissent, comme ceux de Linné et de Fabricius, beaucoup plus à désirer que pour les autres. Ce grand entomologiste, dans son Histoire naturelle des Insectes, indique plusieurs coupes génériques. Fabricius, dans son Système des Glossates, a établi, comme nous l'avons déjà dit plus haut, quarante nouveaux genres; mais nous ne croyons pas devoir exposer ici leurs caractères. Le petit nombre d'observations sur les métamorphoses des Papillons exotiques, empêchera encore long-temps de faire une méthode naturelle pour distribuer ces Insectes. Cependant un entomologiste distingué et déjà recommandable par un grand nombre de travaux sur cet ordre, a fait une classification aussi naturelle que possible du genre *Papilio* et que nous indiquerons plus bas. Les auteurs du Catalogue des Lépidoptères de

Vienne se sont servis de la connaissance des Chenilles et des métamorphoses pour caractériser leurs coupes; mais ce travail est encore à faire pour les Lépidoptères exotiques. Ochsenheimer a étendu cette méthode à toutes les espèces d'Europe. Il partage le genre Papillon de Linné en quinze familles, dont il faut cependant retrancher la dernière; car elle est composée d'Ascalaphes. Les caractères de ces coupes ont pour base la forme, la couleur et les habitudes des Chenilles, leur manière de se métamorphoser, la figure et la disposition de leurs chrysalides, et enfin l'insecte parfait considéré sous le rapport du nombre de ses pieds, de la position de ses ailes, de la figure de leur contour, du dessin et des couleurs de leur surface. Les cinq premières familles de cet auteur comprennent les Diurnes Hexapodes, et répondent aux genres suivans de Latreille: 1re Hespérie, Papillon; 2e Parnassien; 3e Thaïs; 4e Piéride; 5e Coliade. Les neuf autres familles sont composées des Tétrapodes; 6e Satyre; 7e et 8e Nymphale; 9e Vanesse; 10e première division des Argynnes; 11e la seconde division des Argynnes; 12e, 13e et 14e, les Polyommates. Latreille a apporté des changemens notables à cette méthode, et dans ses divers ouvrages, il a cherché à faciliter l'étude des Papillons, en simplifiant la méthode et en proposant des genres bien circonscrits. Dans ses derniers ouvrages, il partage le genre *Papilio* de Linné en deux tribus, les Papillonides et les Hespérides. Duméril, dans sa Zoologie analytique, distingue ces Papillons diurnes, ou le grand genre Papillon de Linné, par les noms de Globulicornes ou Rhopalocères; il le compose de trois genres; Papillon, Hétéroptère et Hespérie; le second comprend les Plébéiens urbicoles ou les Estropiés de Geoffroy, et le troisième, les Plébéiens ruraux ou les Polyommates et les Erycines de Latreille. Lamarck, dans son Histoire naturelle des animaux sans vertèbres, forme, avec le genre *Papilio* de Linné, la seconde section des Lépidoptères, celle des Papillonides. Il y établit deux divisions qui correspondent aux deux tribus des Hespérides et des Papillonides de Latreille. Enfin, dernièrement, M. le docteur Boisduval, dans son Species général des Lépidoptères, adopte la dénomination de Rhopalocère créée par Duméril, et divise le grand genre *Papilio* de Linné en deux grandes légions, les Rhopalocères et les Hétérocères (1).

Le genre *Papilio* de Linné renferme les Lépidoptères que l'on nomme vulgairement Papillons de jour. Ce sont les insectes les plus recherchés des amateurs; mais aussi ce sont les plus difficiles à conserver dans un état de fraîcheur. Les Papillons de jour sont ceux, qui, par la surprenante variété de leurs couleurs, l'élégance de leurs formes, leur légèreté, leurs courses vagabondes et volages, fixent le plus généralement nos regards et font le charme de nos yeux. Aussi, plusieurs savans les ont-ils placés les premiers dans leur classification méthodique des Insectes. Leurs Chenilles vivent sur différens végétaux; elles ne se font pas de coques de soie pour se métamorphoser, comme cela a lieu chez les Nocturnes; il n'y a que la Chenille du Papillon Apollon (*Parnassius Apollo*) qui file un réseau lâche et qui réunit des feuilles, dans lesquelles la chrysalide reste jusqu'à la naissance de l'insecte parfait.

Maintenant que nous avons exposé d'une manière succincte tous les différens changemens qu'a éprouvés le grand genre *Papilio* de Linné, nous allons donner les caractères détaillés du genre *Papilio* proprement dit, tel que l'ont adopté Latreille et la plus grande partie des Entomologistes. Les Papillons proprement dits ont six pieds presque semblables et également propres à la marche dans les deux sexes. Les crochets des tarses sont simples ou sans dents; leur tête est moins large que le corselet; elle porte deux gros yeux à réseau, arrondis et saillans; leurs palpes sont très-courts, composés de trois articles; ils sont très obtus à leur extrémité supérieure; leur dernier article est à peine distinct, et ils n'atteignent qu'à peine le chaperon; les antennes sont longues; elles vont en augmentant d'épaisseur jusqu'à leur extrémité, qui est un peu contournée; elles sont insérées entre les yeux, sur le haut de la tête; la trompe est longue, tortillée en spirale et placée sous les palpes et dans l'intervalle de leur insertion. Le corselet est assez grand, convexe, très-velu, avec deux épaulettes de poils plus raides, recouvrant l'insertion des ailes; celles-ci sont très-grandes, fortes, chargées de nervures très-saillantes et qui circonscrivent des cellules bien marquées; la cellule centrale des ailes extérieures est fermée. Le bord interne de ces mêmes ailes est concave ou comme échancré; dans un assez grand nombre d'espèces, ce bord est garni de longs poils raides qui entourent l'abdomen. La forme des ailes des Papillons, variant beaucoup, a donné lieu à quelques entomologistes de diviser ce genre en plusieurs coupes artificielles. En effet, les uns ont les ailes allongées avec les inférieures, simples, sans dentelures ni queues; d'autres ont les ailes inférieures dentées et allongées de haut en bas; enfin un grand nombre portent, vers l'angle interne de ces mêmes ailes, une queue plus ou moins grande en spatule. Les Chenilles sont épaisses, cylindriques ou amincies antérieurement, avec le premier anneau toujours pourvu d'un tentacule fourchu, rétractile et en forme d'Y; la tête est assez petite, arrondie; le corps est glabre, quelquefois garni de prolongemens charnus plus ou moins allongés. Les Chrysalides sont sans taches métalliques, médiocrement anguleuses, tantôt presque droites, tantôt fortement arquées, avec les bords latéraux parallèles ou comprimés, et comme garnis de crêtes régulières; quelquefois il y a une corne sur le dos; la tête est tantôt carrée, tantôt bifide, et quelquefois tronquée.

Ce genre, extrêmement nombreux en espèces, est répandu sur tout le globe, principalement dans les régions intertropicales; l'ancien et le nouveau

(1) Sous cette dernière dénomination, sont désignés les Crépusculaires et les Nocturnes.

continent en possèdent une quantité à peu près égale. Les Chenilles vivent le plus souvent solitairement; on en connaît cependant quelques unes qui restent en familles jusqu'à l'époque de leur transformation en Chrysalides. Des plantes fort différentes leur servent de nourriture; mais, en général, les espèces du même groupe vivent sur des plantes de la même famille. Les Ombellifères, les Malvacées, les Laurinées, les Drupacées, quelques Annonées, certaines Aristoloches, mais surtout les Aurantiacées, sont les familles de végétaux que ces Chenilles affectionnent presque exclusivement.

Elles offrent entre elles des différences de formes assez notables; les unes (chez les *Papilio Machaon*, *Alexanor*, *Asterias*) sont cylindriques, entièrement lisses; les autres, suivant M. le docteur Boisduval (dans les *P. crassus*, *Philenor*), sont munies de prolongemens charnus, assez allongés; chez un très-grand nombre (comme dans les *P. Pammon*, *Memnon*, *Chalcas*), les deux premiers anneaux sont amincis et peuvent se retirer sous le troisième et le quatrième, qui sont renflés, et souvent ornés de taches oculaires analogues à celles qu'offrent beaucoup de Sphingides; d'autres, tels que les *P. Polydorus*, *Hector*, sont raccourcies et pourvues de plusieurs pointes charnues assez courtes; enfin il en est, comme dans les *P. Podalirius*, *Ajax*, *Antiphates*, qui ont quelque ressemblance de forme avec des Limaces. On distinguera les Chenilles des *Papilio* de celles des autres genres de la tribu, aux caractères suivans: elles diffèrent de celles des *Ornithoptera*, en ce que leur tentacule rétractile n'est pas renfermé dans deux étuis extérieurs; de celles des *Thaïs*, en ce que les pointes qu'elles offrent quelquefois ne sont jamais hispides à l'extrémité, de celles des *Parnassius*, en ce que le corps n'est jamais pubescent; mais c'est surtout par les caractères tirés de la Chrysalide et de l'insecte parfait que ce dernier genre se distingue des *Papilio*. Quant aux *Dotitis*, *Leptocercus* et *Eurychus*, dont nous ne connaissons pas les Chenilles, nous ne pouvons rien dire à leur égard.

Les Chrysalides diffèrent autant entre elles que les Chenilles, et peuvent de même se classer en plusieurs groupes; ainsi, par exemple, celles des *Papilio dissimilis* et *Panope* offrant les plus grands rapports avec celles des *Thaïs*, cette analogie nous a engagé à mettre ces espèces à la fin de la série, comme établissant le passage du genre *Papilio* au genre *Thaïs*.

Le genre *Papilio*, dont nous décrivons deux cent vingt-quatre espèces, dit toujours M. le docteur Boisduval, aurait besoin d'être divisé, afin que l'étude en fût plus facile. Hubner, et plus récemment M. Swanson, l'ont partagé en plusieurs sous-genres, ou même genres, dans lesquels souvent se trouvent réunies les espèces les plus dissemblables. Outre que nous ne reconnaissons pas de sous-genres, il nous a été impossible d'adopter les manières de voir de ces Entomologistes. Il n'existe pas de genre plus naturel et plus compacte que celui-ci, ni qui résiste davantage à toute division. Il n'y a pas de milieu, il faut le diviser en une quarantaine de genres, ou le laisser tel qu'il est. Godart paraît l'avoir senti; car il n'a pas même tenté d'établir des sections, comme il l'a fait dans quelques uns de ses autres genres. On pourrait seulement grouper les espèces un peu mieux qu'il ne l'a fait; car il a attaché trop d'importance à l'existence ou à l'absence d'une queue aux ailes inférieures, ce qui lui a fait mettre un intervalle immense entre des espèces évidemment très-voisines. Après mille essais répétés et un travail opiniâtre, nous n'avons pas trouvé moins de trente-deux groupes basés sur la forme des Chenilles, le dessin, la coupe des ailes, le faciès, en un mot, et la patrie de l'insecte parfait. La communauté de patrie, qui n'est pas un caractère en elle-même, est une indication très-importante pour ces sortes de rapprochemens, et c'est encore elle qui trompe le moins. Malheureusement les groupes établis par M. le docteur Boisduval sont sans caractères, et c'est ce qui en rendra véritablement l'étude fort difficile. Nous croyons nécessaire de les rapporter ici; car, sans cela, il serait impossible de s'en faire une idée bien parfaite.

Division des espèces en groupes.

1. *Afrique intertropicale.* — Antimachus, Antenor.
2. *Continent et archipel Indiens.* Priapus, Lampsacus, Polymnestor, Memnon, Emalthion, Descombesi, Œnomaüs, Protenor, Demetrius, Ascalaphus, Deïphobus.
3. *Java.* — Coon.
4. *Continent et archipel Indiens.* — Ulysses, Peranthus, Bianor, Polyctor, Crino, Blumei, Palinurus, Paris, Arjuna.
5. *Continent et archipel Indiens.* — Nephelus, Helenus, Severus, Phestus, Ilioneus.
6. *Moluques et Australie.* — Gambrisius, Ormenus, Erechtheus, Amanga, Amphitryon, Drusius, Ambrax, Axion, Anactus.
7. *Continent et archipel Indiens.* — Cresphontes.
8. *Afrique australe et Madagascar.* — Brutus.
9. *Afrique intertropicale.* — Doreus.
10. *Afrique australe, Madagascar, Maurice et Bourbon.* — Oribazus, Nireus, Phorbanta, Epiphorbas, Disparilis.
11. *Java.* — Codrus, Empedocles.
12. *Continent et archipel Indiens, Australie.* — Macleayanus, Agamemnon, Ægistus, Arycles, Bathycles, Jason, Eurypilus, Evemon, Antœus, Sarpedon.
13. *Java.* — Payeni.
14. *Continent Indien, Australie, Afrique australe et intertropicale, Madagascar.* — Menestheus, Demoleus, Epius, Sthenelus.
15. *Afrique intertropicale, Madagascar.* — Cyrnus, Latreillanus, Tynderœus, Leonidas, Hippocoon, Endochus, Pylades.
16. *Ancien et nouveau continent.* — Podalirius, Glycerion, Androcles, Antiphates, Telamon, Nomius, Aristæus, Rhesus, Evombar, Agapenor, Philolaus, Marcellus, Ajax, Sinon, Policenes, Protesilaus, Agesilaus, Bellerophon.
17. *Continent et archipel Indiens.* — Philoxenus, Antiphus, Polydorus, Polyphontes, Liris, Hector, Mutius, Astyanax, Pammon, Alphenor, Orophanes, Theseus.
18. *Archipel Indien.* — Nox.
19. *Amérique méridionale, Antilles et Mexique.* — Evander, Rogeri, Anchisiades, Ilus, Opleus, Hippason, Eurysteus, Polymetus, Jacinthus, Eurymas, Eurymedes, Æneas, Echelus, Ariarathes, Marius, Numa, Cœlus, Arbates, Anchises, Dimas, Iphidamas, Arcas, Arrhiphus, Nephalion, Erithalion, Tullus, Tarquinius, Proteus, Vertumnus, Serapis, Sesostris, Idæus, Orchamus, Trojanus, Caudius, Thymbræus, Hectorides, Tros, Dardanus, Perrhebas, Ascanius, Agavus, Proneus, Echedorus, Bunichus, Asius, Harrissianus, Laïus, Claudius, Imerius.
20. *Caïenne.* — Triopas.
21. — Corethrus.

22. *Amérique.* — Crassus, Belus, Anulius, Lycidas, Numitor, Cloridamas, Hyperion, Phaon, Xenodamas, Polydamas, Archidamas, Protedamas, Bitias, Coristheus, Philenor, Villiersii.

23. *Cafrerie.* — Lalandei.

24. *Ancien et nouveau continent.* — Xuthus, Machaon, Alexanor, Antinous, Aristor, Asterias, Troilus, Glaucus, Calchas, Turnus, Antilochus, Hilamnus, Daunus, Andræmon, Machaonides, Homerus, Cincinnatus.

25. *Amérique méridionale.* — Servillæi, Dolicaon, Iphitas.

26. *Amérique.* — Leucaspis, Marchandii, Thyastes, Mentor, Lycophron, Thersites, Ornythion, Thoas Pœon, Aristodemus.

27. *Amérique méridionale, Antilles.* — Augustus, Pirithous, Palamedes, Acamas, Œbalus.

28. *Amérique méridionale.* — Polycaon.

29. *Amérique méridionale.* — Scamander, Cleotas, Grayi.

30. *Brésil.* — Peleides, Pelaus, Torquatus, Torquatinus.

31. *Afrique intertropicale.* — Zenobius, Cynorthas, Zerynthius, Adamastor, Westermannii.

32. *Continent et archipel Indiens.* — Panope, Lacedæmon, Macareus, Deucalion, Encelades, Agestor, Dissimilis.

1er *groupe.* Ce groupe renferme deux espèces qui habitent l'Afrique intertropicale.

Papillon Anténor, *P. Antenor*, Fabr., Drury, Ins., t. 11, pl. 5, fig. 1, Boisduv., t. 1, p. 189. Envergure six pouces; ailes noires; les supérieures légèrement dentées et parsemées de taches blanches inégales, plus ou moins arrondies, dont trois dans la cellule discoïdale, les autres disposées à peu près sur deux rangs. Ailes inférieures ayant des dents obtuses et une queue noire, longue, spatulée; leur base marquée de taches blanches semblables à celles des supérieures; le milieu saupoudré de gris verdâtre doré, l'extrémité divisée par une rangée courbe de sept lunules, dont les deux extérieures blanches, les quatre suivantes écarlates, et celle de l'angle anal blanche, avec le milieu rouge; dessous des ailes semblables en dessus, avec les taches blanches plus vives et des lunules plus larges; échancrures de toutes les ailes bordées de blanc; tête rouge; thorax noir; abdomen blanc, avec une rangée dorsale de taches rouges triangulaires. Cette espèce a été trouvée à Tembouctou.

2e *groupe.* Douze espèces composent ce groupe et habitent le continent et l'archipel Indiens.

Papillon Polymnestor, *P. Polymnestor*, Cram., 55, A, B. God. Encycl. IX, p. 29, 11. Envergure six pouces; ailes noires; les inférieures grossièrement dentées, avec leur moitié postérieure d'un bleu cendré brillant, marquée de deux rangées de taches noires ovales arrondies; dents noires; échancrures liserées de blanc; la tache anale quelquefois divisée en deux. Ailes supérieures un peu sinuées, marquées entre le milieu et l'extrémité d'une bande transverse d'un bleu cendré, venant s'unir à la couleur semblable des secondes ailes; dessous avec le même dessin que le dessus, si ce n'est que les parties bleues sont ici d'un gris cendré; celui des supérieures marqué à la base d'une tache rouge triangulaire, reparaissant quelquefois en dessus; celui des inférieures offrant vers la base plusieurs taches de même couleur. Cette espèce habite plusieurs parties du continent Indien. Feu Jacquemont l'a retrouvée jusqu'au Cachemire.

P. Œnomaus, *P. Œnomaus*, God., Encycl., IX, p. 72, n° 32. *Papilio Acamarchis*, Dehaen. Presque de même grandeur que l'espèce précédente. Ailes d'un noir obscur; les supérieures ayant le bord postérieur un peu concave et précédé, à une certaine distance, d'une bande transverse d'un jaune ocracé, assez large, coupée par des nervures; les ailes inférieures ayant des dents courtes et obtuses et une queue noire, assez large, non spatulée; dessous des dernières ailes offrant une rangée marginale de sept lunules d'un rouge brun, reparaissant légèrement en dessus, et dont l'anale est presque oculaire chez la femelle; outre cela, trois taches rouges à la base; dessous des supérieures un peu plus pâle que le dessus, avec une tache rouge à la base; corps noir, avec une raie grisâtre de chaque côté du thorax. Se trouve à Timor.

3e *groupe.* Il ne renferme qu'une seule espèce qui est :

Papillon Coon, *P. Coon*, God., Encycl., t. IX, p. 65, 109. *Papilio Hypenor*, ouvrage cité, n° 108; les quatre ailes très-étroites; les supérieures elliptiques, noirâtres, avec des raies longitudinales, d'un cendré blanchâtre; les inférieures d'un noir velouté, avec la partie antérieure d'un blanc luisant, divisée par les nervures; une rangée marginale de cinq lunules blanches; la queue fortement spatulée, très-amincie à sa base; une tache jaune sur l'angle anal, et une tache de la même couleur sur la dent qui, en dedans, précède la queue; dessous semblable au dessus; thorax noir, abdomen jaune, marqué d'une bande dorsale et de taches noires; poitrine, palpes et côtés du prothorax jaunes. Femelle ayant les ailes supérieures un peu moins elliptiques que le mâle. Se trouve à Java.

4e *groupe.* Neuf espèces sont renfermées dans ce groupe et appartiennent au continent et à l'archipel Indiens. Parmi elles nous citerons :

Papillon Ulysse, *P. Ulysses*, God., Encycl., t. IX, p. 65, n° 10, Cram. 121, A, B; dessus des ailes du mâle d'un noir de velours, avec une très-grande tache d'un bleu d'azur, un peu changeant en violet ou en vert, s'étendant de la base de chaque aile jusqu'au-delà du milieu, et ayant le bord postérieur denté régulièrement sur les parties supérieures, et échancrées un peu moins régulièrement sur les inférieures. Les premières ailes ayant en outre, entre chacune des dents de cet espace bleu, une tache elliptique, cotonneuse, d'un noir autre que celui du fond; les ailes inférieures ayant le bord postérieur denté inégalement et terminé par une queue noire spatulée assez longue; échancrures liserées de blanc; dessous d'un brun foncé, plus clair à l'extrémité, avec une bande triangulaire d'atomes d'un gris de perle, sur les supérieures; celui des inférieures ayant sur le milieu une bande d'atomes de la même couleur, et sur le bord terminal une suite de sept taches plus ou moins arrondies, d'un brun olivâtre, excepté celle de l'angle anal, qui est fauve; toutes ces taches, bordées en dedans par un croissant violet, le sont en dehors par du noir. La femelle ou *Papilio Diomedes* des auteurs anciens, diffère du du mâle en ce que, en dessus, la tache bleue occupe moins d'espace sur chaque aile, que ses contours sont plus irréguliers, et qu'elle est marquée ordinairement sur les supérieures, au dessous de la nervure médiane, d'une grosse tache ronde de la couleur du fond ; enfin, en ce que le bord postérieur des secondes ailes est divisé par un rang de croissans bleus. Se trouve à Amboine et à Célèbes.

P. Paris, *P. Pâris*, Linn, Fabr. God., Encycl., t. IX, p. 67, n° 116. Envergure quatre pouces; dessus des ailes d'un noir brun, sablé de vert doré; les supérieures ayant sur le bord interne, près de l'extrémité, deux ou trois groupes d'atomes vert condensé; les inférieures ayant des dents obtuses et une queue large, spatulée, sablée d'atomes verts; près de l'angle interne une grande tache d'un bleu d'azur, très-brillante, arrondie en dedans, sinuée en dehors, ne dépassant pas du côté du bord abdominal la nervure qui se perd dans la queue, liée au bord interne par une ligne sinueuse d'atomes d'un vert doré, très-rapprochés; l'angle anal marqué d'une tache oculaire à prunelle noire et à iris d'un rouge fauve divisé supérieurement par un arc violet, très-étroit; les échancrures liserées de blanchâtre ; outre cela, une traînée plus ou moins marquée d'atomes plus denses, entre la queue et la ligne sinueuse qui lie la tache bleue au bord abdominal ; dessous des ailes brun, parsemé d'atomes grisâtres depuis la base jusqu'au milieu; les premières ailes ayant vers l'extrémité une bande transverse d'un gris blanchâtre, élargie au sommet, divisée par des nervures noirâtres; dessous des secondes ayant l'extrémité plus noire, avec une rangée marginale de sept taches oculaires à prunelle noire et à iris d'un rouge fauve, divisé en avant par un petit arc violâtre ; les cinq extérieures de ces taches seulement demi-oculaires, corps noir, sablé en dessus d'atomes d'un vert doré. Femelle à peu près semblable au mâle; le fond de ses ailes un peu plus obscur; les supérieures ayant près de l'extrémité une raie transverse formée par des atomes vert condensé, qui monte au bord interne jusqu'au milieu. Cette espèce, qui n'est pas très-rare, a la Chine pour patrie.

5e *groupe*. Cinq espèces appartenant au continent et à l'archipel Indiens, composent ce groupe.

Papillon Helenus, *P. Helenus*, God., Encycl., t. IX, p. 68, n° 117, Cram. 153, A, B. Ailes d'un brun noir de part et d'autre, avec des raies longitudinales un peu plus claires dans la cellule discoïdale et sur l'extrémité des supérieures, qui ont le bord postérieur sinué; les ailes inférieures ayant, vers l'angle externe, une grande tache d'un blanc un peu jaunâtre, arrondie en dedans, sinuée en dehors, divisée en trois parties d'égale largeur par deux nervures; le bord extérieur denté obtusément et terminé par une queue noire, large, spatulée; échancrures bordées de blanc; dessous de ces dernières ailes offrant, outre la tache blanche du dessus, une série marginale de sept taches d'un rouge ferrugineux, dont les cinq extérieures lunulées, les deux internes en forme d'yeux ; celle de ces deux dernières, qui est au dessus de l'échancrure anale, est marquée d'un point d'un blanc violâtre, et accolée en dehors à une lunule de sa couleur; corps noir avec des points blanchâtres sur le prothorax, les côtés de la poitrine et de l'abdomen; femelle semblable au mâle, seulement chez elle, l'œil anal reparaît souvent plus ou moins en dessus. Se trouve en Chine, à Java et à Sumatra.

6e *groupe*. Neuf espèces composent ce groupe et ont pour patrie les Moluques et l'Australie.

Papillon Erechtheus, *P. Erechtheus*, God., Encycl., t. IX, p. 31, n° 5; *P. Ægeus*, Fem. God., Encycl., t. IX, p. 32. Envergure cinq pouces, mâle; ailes supérieures semblables de part et d'autre, noires, avec quelques atomes jaunâtres, formant vers l'extrémité des lignes longitudinales peu marquées; une raie maculaire transverse, un peu courbe, formée de quatre taches d'un blanc légèrement jaunâtre, située entre le sommet de l'aile et la cellule discoïdale; ailes inférieures dentées, traversées dans leur milieu par une bande d'un blanc jaunâtre, mat, large, rétrécie vers le bord abdominal, sinuée extérieurement, composée de six taches un peu échancrées en arrière; angle anal marqué de part et d'autre d'une tache arrondie, d'un rouge sanguin, saupoudrée de quelques atomes d'un blanc un peu violâtre; échancrures bordées de blanc ou de jaune roussâtre; dessous de ces dernières ailes offrant une rangée marginale de lunules rouges, surmontée par une série de chevrons bleus qui s'alignent avec la tache anale; ces dernières précédées intérieurement par des groupes d'atomes grisâtres, réunis ou séparés, et formant quelquefois une série d'arcs distincts; corps noir, avec des points d'un gris jaunâtre sur le prothorax. Femelle ou *P. Ægeus* des auteurs: ailes supérieures d'un noir brun à la base, avec la moitié postérieure d'un blanc grisâtre, coupée par des nervures, et marquée d'un arc noir à l'extrémité de la cellule discoïdale; les inférieures semblables de part et d'autre, traversées au milieu par une bande d'un blanc pur, suivie de deux rangées de lunules, dont les antérieures bleues et les postérieures d'un rouge sanguin; la tache anale comme dans le mâle; corps noirâtre, avec le dessous de l'abdomen rayé de jaunâtre et la partie anale fauve. Cette espèce, qui n'est pas très-rare, habite dans différentes parties de la Nouvelle-Hollande.

7e *groupe*. Une seule espèce compose ce groupe; c'est le

Papillon Cresphonte, *P. Cresphontes*, God., Encycl., t. IX, p. 61, n° 98. *P. Demolion*, Cram. 29, A, B; dessus des ailes d'un noir foncé, très-faiblement saupoudré de grisâtre à la base et le long de la tête, traversé au milieu par une bande d'un jaune soufre pâle, de moyenne largeur, commençant en pointe vers le sommet des ailes supérieures par des taches orbiculaires graduellement plus grandes, et arrivant au milieu du bord abdominal des inférieures; ces dernières ailes ayant le bord postérieur denté et terminé par une queue noire un peu en spatule; une rangée marginale de lunules de la couleur de la bande, et quelquefois un petit croissant, ou un œil roussâtre, à l'angle anal; les échancrures un peu liserées de blanc jaunâtre; dessous beaucoup plus pâle, fortement saupoudré d'atomes jaunâtres vers l'extrémité; celui des premières ailes ayant l'intérieur de la cellule rayonné de jaunâtre; des stries longitudinales de la même couleur plus ou moins sensibles vers l'extrémité; celui des secondes ayant des lunules marginales réunies en une raie sinueuse régulière, terminée à l'angle anal par une espèce d'œil roussâtre, et à l'angle antérieur par une tache de la même couleur, séparée de la bande médiane par une raie maculaire bleuâtre, située sur un fond très-noir divisé par des nervures d'un jaune roussâtre; corps noir en dessus et d'un gris jaunâtre en dessous.

La Chenille de cette espèce est verte, avec les premiers anneaux amincis et un peu rétractiles, le premier et le dernier segment ont chacun deux fortes cornes courtes, blanchâtres; le septième offre une bande transversale blanchâtre, piquée de roussâtre, et surmontée de deux petites cornes blanches; le neuvième, le quatrième et le cinquième ont aussi une bande transversale piquetée de roussâtre; le ventre est blanc varié de roux. La Chrysalide est grisâtre, très-arquée, et pourvue sur le thorax d'une pointe allongée. Cette espèce se trouve à Java et à Bornéo.

8ᵉ *groupe*. Il ne renferme qu'une seule espèce, qui est le

Papillon Brutus, *P. Brutus*, God., Encycl., t. IX, p. 69, nº 122; *P. Merope*, Cram. 151, AB, et 378 DE. Envergure de quatre pouces et demi; dessus des ailes d'un blanc un peu soufré; les supérieures ayant l'extrémité bordée par une bande noire, arquée, légèrement dentée sur son côté interne, assez élargie au sommet, où elle est marquée d'un point oblong de la couleur du fond; les sinus liserés de blanc; la côte noire se dilatant dans la femelle de manière à former dans la cellule discoïdale une bande arquée; ailes inférieures ayant des dents obtuses et une queue blanche, spatulée, assez longue, bordée de noir sur son côté interne, et divisée par une nervure de la même couleur; le disque offrant, un peu au-delà du milieu, trois taches noires, dont une à l'angle anal et deux entre celle-ci et le bord costal, souvent réunies; une suite de croissans noirs, ou plutôt une ligne en feston, entière ou interrompue le long du bord extérieur; dessous des supérieures semblable au dessus, sauf la bordure, qui est d'un brun roussâtre; dessous des inférieures d'un jaune roussâtre plus ou moins clair, avec des veines plus obscures et une bande transverse brunâtre correspondant aux taches noires discoïdales; corps noir en dessus, jaune en dessous, avec une série latérale de points noirs sur l'abdomen et des points blanchâtres sur le prothorax. Cette espèce, qui offre une ou deux variétés, habite la Cafrerie et la côte de Guinée.

9ᵉ *groupe*. L'espèce unique de ce groupe est:

Papillon Doreus, *P. Doreus*, God., Encycl., t. IX, p. 67, nº 114; *Papilio Phorcas*, Cram. 2, B. C. Un peu moins grande que l'espèce précédente; ailes noires, traversées dans leur milieu par une bande verte, assez large, sinuée en dehors, terminée en pointe à l'angle anal des inférieures, interrompue à l'extrémité de la cellule discoïdale des supérieures, et de plus précédée en face de leur sommet d'un point oblong de la même couleur; les ailes supérieures ayant le bord légèrement denté; les inférieures ayant des dents obtuses arrondies et une queue noire, spatulée, assez longue; dessous des ailes brunâtre, avec la bande transverse d'un blanc verdâtre luisant, et le bord postérieur précédé d'un rang de petites taches blanchâtres luisantes, quelquefois assez peu marquées et reparaissant plus ou moins à la surface opposée; celui des secondes ailes offrant en outre trois petites taches d'un blanc verdâtre en dehors de la cellule discoïdale, et deux petites taches blanchâtres sur la spatule de la queue; corps noir en dessus et d'un gris blanchâtre en dessous, avec des points grisâtres sur le prothorax. Se trouve sur la côte de Guinée.

10ᵉ *groupe*. Il renferme cinq espèces, qui sont propres à l'Afrique australe, à Madagascar, à l'Ile-de-France et à l'île Bourbon.

Papillon Phorbante, *P. Phorbanta*, God., Encycl., t. IX, p. 47, nº 66, *Papilio Manlius*, Fabr. *Papilio Gracchus*, Fabr.; dessus des ailes du mâle d'un noir de velours, avec les échancrures liserées de blanchâtre; les supérieures ayant près du milieu de la côte une tache bleue transversale divisée par les nervures, et près du sommet deux petites taches arrondies du même bleu, placées l'une au dessus de l'autre; les ailes inférieures ayant une queue très-courte et des dents obtuses; leur milieu offrant une tache bleue transversale, coupée par par des nervures, sinuée et irrégulière sur son côté externe, atteignant presque le bord antérieur, tronquée et bifide à son extrémité opposée; une rangée marginale de gros points de même bleu, dont les inférieurs groupés deux à deux; dessous d'un brun noir, sans taches aux supérieures, avec environ onze points, d'un blanc satiné, aux inférieures, composant par leur réunion une bande presque marginale; un arc de même blanc à l'angle anal. Dessus de la femelle plus brun; la tache transversale des ailes supérieures d'un bleu tirant sur le vert-de-gris, plus divisée par les nervures, les deux taches au sommet suivies de trois lunules de leur couleur; la tache transversale des ailes inférieures mal arrêtée et amorphe; les points marginaux remplacés par des lunules flexueuses. Dessous brunâtre, avec une bande marginale d'un gris de perle, élargie au sommet des supérieures, où elle est marquée de deux petites taches brunes; une seconde bande mal écrite, de la même couleur, sur le disque des inférieures; corps d'un brun noirâtre dans les deux sexes, avec quelques points blanchâtres sur le prothorax. Cette espèce se trouve assez communément à l'Ile-de-France.

11e *groupe*. Parmi les deux espèces qui composent ce groupe et qui appartiennent aux Moluques, nous citerons :

Papillon Codrus, *P. Codrus*, God., Encycl., t. IX, p. 48, n° 68, Cram. 179, A, B; dessus des ailes d'un brun noirâtre vers l'extrémité, et d'un blanc legèrement verdâtre vers la base et le bord interne ; les supérieures un peu plus allongées, avec le bord postérieur sinué, traversées obliquement dans le milieu par une bande blanchâtre, maculaire, formée de huit taches presque orbiculaires, diminuant graduellement de grosseur jusqu'au sommet ; les ailes antérieures allongées dans le sens de l'axe du corps, avec des dents arrondies et une queue obtuse ; les échancrures liserées de blanc ; dessous des quatre ailes brun, ou d'un brun fauve ; les premières ayant la même bande maculaire qu'en dessus ; les secondes offrant seulement quelques atomes grisâtres vers l'angle anal, et une petite empreinte blanchâtre près du bord antérieur qui paraît être la suite de la bande des premières ailes; corps d'un gris verdâtre en dessus et d'un gris brunâtre en dessous. Habite Amboine.

12e *groupe*. Espèces appartenant au continent, à l'archipel Indien et à l'Australie :

Papillon Agamemnon, *P. Agamemnon*, God., Encycl., t. IX, p. 46, n° 63 ; *Papilio Ægistus*, Cram. 106, C, D ; dessus des ailes noir, avec un grand nombre de taches d'un vert jaunâtre ou d'un vert de mer, ovales ou en forme de points, à l'exception de celles de la base, qui sont linéaires et parallèles à l'axe du corps ; la cellule discoïdale des supérieures en renferme toujours huit. Ces mêmes ailes ont le bord postérieur sinué ; les inférieures dentées obtusément avec les échancrures liserées de blanc, et une queue courte, obtuse, rétrécie à son extrémité ; dessous brunâtre, avec la plupart des taches plus pâles ; l'origine de la côte, le milieu et le sommet des premières ailes, ainsi que la base des secondes, glacés de rose violâtre ; ces dernières ailes ayant près du bord antérieur une petite tache noire, bordée du côté de la base par un arc d'un rouge carmin, et un peu plus bas, sur le bord de la cellule discoïdale, une tache semblable ; le milieu d'une couleur plus obscure que le reste du fond ; une tache rouge dans les femelles seulement, vers l'angle anal ; corps noirâtre en dessus, avec deux raies d'un gris verdâtre sur le thorax et l'abdomen ; blanchâtre en dessous, avec des poils roses ou blanchâtres sur la poitrine. On trouve assez communément cette espèce en Chine, au Bengale, à Java, aux Moluques et aux îles Philippines.

P. Sarpédon, *P. Sarpedon*, God. Encyc., t. IX, p. 45, n° 62. Dessus des ailes noir, avec une bande transversale commune, d'un vert bleu, assez large, rétrécie à ses extrémités, se terminant vis à vis du sommet par des taches arrondies ; les inférieures ayant le bord postérieur denté obtusément et précédé d'un rang de quatre ou cinq lunules du même vert ; dessous plus pâle, avec la bande et les taches du dessus ; celui des secondes ailes offrant, sur un fond très-noir, six taches d'un rouge carmin dont une transversale à la base, les cinq autres lunulées et disposées parallèlement au côté externe de la bande, excepté celle de l'angle anal qui est située sur le bord abdominal ; corps noir en dessus et cendré en dessous. Se trouve en Chine, aux Moluques, à la Nouvelle-Guinée et à Java.

13e *groupe*. L'espèce type de ce genre est le

Papillon de Payen, *P. Payenni*. Boisd. op. cit. t. I, p. 235. Envergure, trois pouces et demi; dessus des quatre ailes d'un brun roussâtre, plus clair à la base des supérieures, avec une bande commune, médiaire d'un jaune d'ocre tirant sur le citron, un peu fondue sur les bords, commençant au dessous de la côte des premières ailes et venant se perdre vers la base du bord abdominal des secondes dans les poils nombreux d'un vert jaunâtre ; le bord postérieur divisé par deux rangs de taches d'un jaune roussâtre, la plupart triangulaires ou sagittées, moins nettes sur les ailes supérieures ; ces dernières ailes ayant en outre de part et d'autre, dans la cellule discoïdale, quatre ou cinq points noirâtres ; dessous des ailes d'un fauve roux, avec plusieurs raies transversales brunes, interrompues, très-sinueuses, dont une vers la base et les autres sur le bord postérieur ; celui des secondes offrant en outre une rangée transverse d'arcs blancs, dont les deux plus voisins du bord interne sont beaucoup plus marqués ; corps d'un fauve roux, ainsi que les antennes, avec le thorax et la base des ailes garnis de poils d'un jaune verdâtre. Cette espèce a été trouvée dans la partie montueuse de l'ouest de Java.

14e *groupe*. Parmi les quatre espèces qui composent ce groupe, nous citerons :

Papillon Demoleus, *P. Demoleus*. God. Encycl. t. IX, p. 43, n° 101, Cram. 231, A. B. *Papilio Demodocus*. Esp. Ausl. Schm. tab. 51, fig. 1. Ailes noires, sablées de jaunâtre ; les supérieures ayant sur le milieu un assez grand nombre de taches jaunes, éparses, inégales, irrégulières, et sur le limbe postérieur deux rangées de points de la même couleur, dont les externes plus petites et situées sur les échancrures ; les ailes inférieures traversées entre le milieu et la base par une bande jaune, droite, offrant sur son côté externe deux taches oculaires, dont l'antérieure un peu roussâtre, et entouré d'un iris bleu placé près du bord costal, la postérieure ayant la moitié supérieure bleue, l'autre moitié d'un rouge brun vif, et occupant l'angle anal ; le bord supérieur denté obtusément, marqué de deux rangs de taches jaunes dont les extérieures beaucoup plus petites et placées sur les échancrures; dessous des ailes plus pâle, offrant tous les caractères du dessus, avec la base rayonnée de jaune ; les inférieures offrant en outre, sur un fond plus noir que le reste de la surface, six taches étroites, un peu roussâtres, bordées de bleu en dedans, dont cinq alignées transversalement, et une demi-lunaire dans la cellule discoïdale ; corps noirâtre en dessous, avec une ligne jaune de chaque côté de la tête et du thorax; poitrine et abdomen jaunâtres. Cette espèce est assez commune au cap de Bonne-Espérance, à la côte de Guinée, au Sénégal et à Madagascar.

P. Epius, *P. Epius*. God. Encycl. t. IX, p. 43, n° 53. *Papilio Erithonius*, Cram. pl. 232; A. B. *Papilio Demoleus*, Esp. Ausl. Schm. tab. 50, fig. 1 à 4. Un peu plus petit que l'espèce précédente; les ailes supérieures offrent le même caractère; les inférieures ont la bande transverse plus large et irrégulière sur son côté externe; l'œil antérieur n'est pas sensiblement roussâtre; l'œil de l'angle anal est entièrement d'un fauve roux, surmonté seulement d'une bande bleue; en dessous, les ailes supérieures offrent au sommet une raie sinueuse d'atomes fauves; les taches rousses des ailes inférieures sont beaucoup plus grandes, plus vives, et quelques unes d'entre elles sont quelquefois bordées de bleu en arrière. La Chenille, suivant Fabricius, est d'un vert jaunâtre, avec la tête d'un rouge briqueté, et deux cornes courtes à l'extrémité du corps; elle vit sur les Orangers. Selon la figure d'Esper, elle serait d'une teinte roussâtre, avec les incisions du milieu d'un jaune pâle, ponctuées de noir; celle qui sépare le quatrième segment d'avec le cinquième serait noire, liserée de jaune; et il y aurait en outre quelques marbrures latérales plus obscures, et un point oculaire roux sur le milieu du troisième segment. Se trouve assez communément en Chine et au Bengale.

15e *groupe*. Nous citerons parmi les sept espèces que ce groupe renferme :

Papillon de Latreille, *P. Latreillianus*. God. Encycl., t. IX, p. 44, n° 57, Guérin, Iconogr. du Règne animal de Cuv., Ins., pl. 76, fig. 1; dessus des ailes d'un brun noirâtre luisant, traversé vers le milieu par une bande d'un jaune noirâtre, maculaire sur les supérieures, un peu échancrée extérieurement sur les inférieures; parallèlement au bord postérieur, qui est un peu sinué, est une bande maculaire de la même teinte formée par des taches linéaires beaucoup moins grandes et quelquefois très-peu marquées sur les ailes supérieures: ces dernières ayant, en outre dans la cellule discoïdale, près du milieu de la tête, une tache d'un jaune verdâtre partagée en deux ou trois; dessous d'un brun clair luisant, avec les parties jaunes extrêmement pâles; une tache ferrugineuse à la base des supérieures donnant naissance à quatre rayons un peu plus obscurs que le fond, et correspondant aux divisions de la tache renfermée dans la cellule discoïdale; une tache ferrugineuse ponctuée de noir à la base des inférieures; une espèce de bande de la même couleur, mais plus pâle, occupant transversalement tout le milieu de l'aile, marquée de plusieurs rangées de points noirs et de trois ou quatre petits chevrons d'un blanc pur; corps noirâtre, avec la base des palpes jaune; prothorax et côté de l'abdomen ponctués de blanc. Habite la côte occidentale d'Afrique.

Papillon Léonidas, *P. Leonidas*. God., Encycl., t. IX, p. 44, n° 56, *Papilio similis*, Cram. 9. B, C; dessus des ailes noir; celui des supérieures avec dix-huit ou vingt taches inégales d'un blanc verdâtre tirant sur le bleuâtre, savoir : trois inégales dans la cellule, les autres alignées sur deux rangs entre le milieu et le bord postérieur, dont les marginales plus petites et plus régulières; les ailes extérieures avec toute la base occupée par une large tache du même vert et parallèlement au bord postérieur, deux rangées de taches de la même couleur, dont les intérieures plus petites et seulement au nombre de trois à cinq; les contours légèrement sinués; dessous brun, avec le même dessin, mais un peu plus pâle; corps noirâtre, avec les palpes marqués de deux points blancs; prothorax et poitrine ponctués de blanc; abdomen marqué de chaque côté de trois raies blanches; ventre blanc, ponctué de noir, muni à sa base de quelques poils fauves. Se trouve sur la côte de Guinée.

16e *groupe*. Papillon Podalire, *P. Podalirius*. Linn., Fabricius. God. Encycl. 9, p. 50, n° 14, le Flambé, Geoff., représenté dans notre Atlas, pl. 456, fig. 2. Envergure, 4 pouces; dessus des ailes d'un jaune pâle, avec des bandes noires transverses, dont six sur les supérieures, savoir : la première, la seconde, la quatrième et la sixième allant jusqu'au bord interne; la troisième finissant à la nervure médiane; la cinquième ne dépassant pas le milieu de l'aile; la sixième est en outre tout-à-fait marginale, et divisée par une raie de la couleur du fond, ce qui constitue véritablement sept bandes noires; la base externe un peu noirâtre; ailes inférieures avec trois bandes noires faisant suite aux deux bandes antérieures; le bord abdominal noirâtre, et formant quelquefois une deuxième bande, séparée de celle qui la précède, par une ligne jaunâtre; le bord postérieur noirâtre, divisé par une rangée marginale de six lunules, dont les deux antérieures très-étroites, jaunâtres, quelquefois presque nulles, les quatre suivantes bleues et précédées d'une poussière obscure qui fond le noir de l'extrémité avec la teinte générale; échancrure ovale, surmontée d'une tache ocellée d'un noir profond, marquée d'une lunule bleue, bordée en avant par une tache transversale, presque semi-lunaire, d'un fauve roux; le bord extérieur denté entièrement, avec une queue noire étroite, linéaire, assez longue, bordée de jaune à sa base, un peu tordue, marquée de jaunâtre à son extrémité; échancrures bordées de jaune pâle; dessous des ailes différant du dessus, en ce que la bande noire marginale des supérieures est divisée par deux larges bandes jaunes, et la quatrième par un trait de la même couleur qui reparaît quelquefois en dessus; que les ailes inférieures sont moins noires à l'extrémité, que la bande transverse le leur milieu est doublée extérieurement par une ligne fauve bordée de noir, et enfin qu'il existe vers l'angle externe un trait noirâtre transversal; corps noir en dessus, avec les ptérygodes jaunâtres; jaune en dessous, avec quatre lignes noires sur l'abdomen.

La Chenille, représentée dans notre Atlas, pl. 456, fig. 2 B, est lisse, très-renflée en avant et atténuée en arrière; sa couleur varie du vert gai au jaune roussâtre, avec les teintes intermédiaires. Dans les variétés vertes, il y a sur le dos de chaque côté à la base des pattes, une ligne d'un jaune clair; sur les flancs, des traits obliques de la même couleur, et sur chaque segment, trois ou quatre points rouges, quelquefois nuls; entre ces points il y a presque toujours, en outre, des points ferrugineux de même forme, plus ou moins nombreux. Chez les variétés roussâtres, les traits obliques et la raie latérale sont en partie absorbée par la couleur du fond; mais les points restent presque toujours assez distincts. Ordinairement les variétés vertes deviennent roussâtres à l'époque de leur transformation; la Chrysalide, fig. 2A, est roussâtre, peu arquée, avec la tête un peu bifide. La Chenille vit sur les Amandiers (*Amygdalus*), les *Prunus*, l'Aubépine (*Cratægus oxyacantha*), le *Berberis*, etc. Le Papillon éclot pour la première époque en mai, et pour la seconde en juillet et en août. Cette espèce habite toute l'Europe tempérée et méridionale, le nord de l'Afrique et l'Asie mineure.

Le *Papilio Feisthamelii* n'est qu'une variété méridionale du *P. Podalirius*, qui semblerait être propre à l'Espagne, au nord de l'Afrique et à une partie du littoral de la Méditerranée.

P. Aristée, *P. Aristæus.* God., Encyclopédie, tome IX, page 51, n° 76; Cram. 378, E, F; dessus des ailes noir, traversé dans son milieu par une bande d'un blanc verdâtre, sinuée, quadrifide dans la cellule discoïdale des supérieures; ces dernières ailes ayant en outre trois raies de la même couleur, l'une parallèle au bord postérieur, les deux autres vers la base et descendant sur les secondes ailes pour se perdre dans une poussière grisâtre; celle-ci ayant l'angle anal marqué d'une tache très-noire; leur bord postérieur divisé par une rangée de croissans blanchâtres, denté obtusément et terminé par une queue noire, longue, étroite, liserée de blanc, ainsi que les échancrures; dessous des ailes supérieures semblable au dessus, mais plus pâle; dessous des inférieures ayant, outre les caractères du dessus, sur le milieu, une bande d'un rouge vermillon, bordée de blanc en dedans, un peu maculaire, située sur un fond très-noir, partant de la côte, et se courbant au niveau de l'angle anal pour atteindre le bord interne; les croissans marginaux plus larges qu'en dessus, les plus internes précédés par des lunules d'un gris obscur et appuyées sur un fond très-noir: corps noir, avec le prothorax un peu fauve et les ptérygodes d'un blanc verdâtre; poitrine et ventre grisâtres. Se trouve à Amboine et à Célèbes.

P. Agapénor, *P. Agapenor.* God., Encycl., t. IX, p. 54, n° 81; *Papilio Anthæus.* Cram. 234, A, B. *Papilio Antharis,* God., Encycl., t. IX, p. n° 78, *Papilio Scipio,* Palis. de Beauv., Ins. rec. en Amér. et en Afr., pl. 20; dessus des ailes noir, avec des bandes et des taches d'un vert tendre, mais assez pâle, savoir: la première bande commune, à la base; la seconde étroite, également commune, divisée en trois sur les supérieures par les nervures, et en deux sur les inférieures, se terminant, sur ces dernières, à une petite tache ovale carminée souvent presque effacée, suivie d'une tache verte et d'un croissant blanchâtre; les trois suivantes un peu tortueuses, en forme de sigma; la sixième très-élargie au milieu, un peu courbée en dedans, maculaire jusqu'au milieu des premières, terminée sur les secondes par une tache oblongue, suivie en dehors de deux petites taches ovales, cette même bande précédée en dedans sur la côte des supérieures par deux points très-rapprochés, de sa couleur; le bord marginal des premières ailes divisé par une rangée de huit à neuf points verts, et aux secondes par des lunules ou croissans de la même couleur; le bord extérieur de ces dernières ailes denté, et terminé par une queue linéaire, noire, assez longue, blanchâtre à son extrémité, précédée vers sa base de trois croissans grisâtres, liserés de blanchâtre en dedans, ainsi que les échancrures internes; dessous brun, avec le dessin un peu plus pâle; toutes les taches marginales appuyées en avant sur une tache noire; les bandes, en forme de sigma, bordées de noir sur un de leurs côtés; la bande du milieu interrompue sur les ailes inférieures par la dilatation de la nervure externe de la cellule discoïdale, séparée de la seconde bande transverse, près de la côte de ces mêmes ailes, par deux taches arrondies très-noires, dont une plus petite dans la cellule, et une autre plus grande bordée de rouge carmin en dedans; l'angle anal marqué d'une tache linéaire rouge transversale, oblique, coupée en deux, bordée de blanc en avant, et située sur un espace très-noir; corps noir en dessus, avec deux raies grisâtres sur le thorax; blanc en dessous, avec les côtés de l'abdomen marqués de traits obliques blancs, dont les trois plus près de la base sont en partie d'un rouge carmin, ainsi que la racine de chaque aile en dessous. Se trouve sur la côte de Guinée, dans le royaume de Benin.

P. Marcellus, *P. Marcellus,* Boisd. et Lecont., Iconogr. des Lépidopt. et des Chenill. de l'Am. sept., pl. 2, fig. 1 à 4. *Papilio Ajax,* Esp. Schm. von Eur., tab. 51, fig. 1. *Princeps heroicus Ajax,* Hubn. Exot. Saml. God., Encycl. t. IX, p. 53, n° 79. Cette espèce a beaucoup d'analogie avec le *P. Ajax.* Ailes d'un noir foncé, avec les bandes blanches transverses, de sorte que le noir occupe sensiblement plus d'espace; ailes inférieures plus allongées, plus largement noires à l'extrémité, terminées par une queue beaucoup plus longue, dont la moitié postérieure est blanchâtre; la tache rouge anale non liserée de blanc en avant, formant tantôt un gros point arrondi, tantôt une raie transversale, bilobée et partagée ordinairement en deux taches; point de croissant bleu entre cette tache rouge et l'échancrure anale: toutes les bandes blanchâtres plus étroites sur les deux faces, à l'exception de celle qui est tout-à-fait à la base et qui longe le bord abdominal, qui, au contraire, est plus large et plus marquée.

La Chenille vit sur le *Pocalia pygmæa*. Le fond de sa couleur est blanchâtre, strié transversalement de violâtre, avec une bande jaune demi-circulaire sur le milieu de chaque anneau; la bande du quatrième anneau est bordée antérieurement par une bande noire de même forme; la chrysalide est ferrugineuse. Cette espèce éclot à la fin de l'été, et se trouve assez communément dans la Caroline, la Virginie, la Louisiane et la Géorgie.

P. Protésilas, *P. Protesilaus*, God. Encycl., t. IX, p. 50, n° 73; dessus des ailes d'un blanc légèrement transparent, avec une teinte verdâtre à la base des supérieures : celles-ci ayant sept bandes transversales étroites, savoir : la première allant jusqu'au bord interne, la seconde jusqu'à la nervure radiale, la troisième jusqu'à la médiane, la quatrième dépassant à peine la nervure sous-costale, la cinquième semblable à la troisième, la septième tout-à-fait marginale, et enfin la sixième descendant jusqu'à l'angle interne pour se réunir à la septième; ailes inférieures ayant l'extrémité noirâtre divisée par deux rangées de lunules blanches, excepté vers l'angle externe; une tache anale transversale, d'un rouge carmin vif, appuyé intérieurement sur une tache noire; le bord extérieur obtusément denté et terminé par une queue noire, linéaire, très-longue, bordée de blanc, ainsi que les échancrures, précédée à sa base de deux ou trois croissans d'un gris bleuâtre; dessous des premières ailes semblable au dessus; dessous des secondes offrant, outre le caractère du dessus, deux bandes noires transverses réunies vers l'angle anal, dont l'extérieure est bordée en dehors par une raie d'un rouge carmin; la tache anale rouge, plus étroite et bilobée; corps noir en dessus, avec les ptérygodes grisâtres; blanc en dessus, avec l'abdomen marqué d'une bande latérale de trois lignes ventrales noires. Se trouve assez communément à la Guyane et surtout au Brésil.

17ᵉ *groupe*. Papillon Polydore, *P. Polydorus*, Lin. Syst. nat. 2, 3. 746, n° 10. *Melanides Polydorus*, Hubn., ouvr. cit., God., Encycl., t. IX, p. 72, n° 130; envergure quatre pouces; ailes d'un noir obscur; les supérieures entières marquées de part et d'autre, sur leur moitié postérieure, de raies grisâtres longitudinales; les inférieures ayant des dents obtuses et une queue noire spatulée de longueur moyenne; leur milieu offrant, tout-à-fait à l'extrémité de la cellule discoïdale, une tache palmée, d'un blanc un peu jaunâtre, en forme de bande, divisée en cinq taches oblongues parallèles; une rangée marginale de lunules d'un rouge obscur, dont l'anale peu prononcée, fondue avec la tache blanche la plus interne; dessous des secondes ailes d'un noir de velours, avec les lunules marginales d'un rouge carmin tendre. Femelle ne différant du mâle que par les ailes supérieures plus arrondies; corps noir, avec les palpes, les côtés du thorax et la poitrine, les deux derniers anneaux et tous les bords des autres anneaux en dessous, d'un rouge carmin vif. La Chenille de cette espèce vit sur les *Aristolochia*, et ressemble assez à celle d'une Thaïs; elle est d'un rouge vineux foncé, avec plusieurs rangées d'épines charnues, courtes, d'un rouge carminé; son corps est traversé au milieu par une bande blanche ou d'un blanc un peu rosé. Habite Java, Ceylan, Amboine et le Bengale.

P. Hector, *P. Hector*. God., Encycl., t. IX, p. 70, n° 124. Cram. 143, A; envergure quatre pouces; ailes d'un noir bleuâtre velouté; les supérieures ayant le bord postérieur légèrement sinué et liseré de blanc; le milieu marqué d'une bande transverse blanche, formé par des taches bifides en dehors; une bande semblable, mais beaucoup plus courte, près du sommet; ailes inférieures ayant des dents obtuses et une queue noire de médiocre largeur, liserée de blanc, ainsi que les échancrures; deux rangées de taches d'un rouge sanguin vif, situées entre le milieu et les extrémités, dont les postérieures lunulées et marginales, les autres arrondies, à l'exception de l'anale, qui est quelquefois double; dessous des quatre ailes semblable au dessus; corps écarlate, avec le thorax, le milieu de la poitrine et la base de l'abdomen, en dessus noirs. Se trouve au Coromandel, à Ceylan et au Pégu.

P. Pammon, *P. Pammon*, God., Encycl., t. IX, p. 74, n° 139, Femelle, *Papilio polytes*, God., Encycl., t. IX, p. 70, n° 116; envergure trois pouces et demi; ailes d'un noir mat, très-légèrement saupoudrées de jaunâtre; les supérieures un peu dentées, semblables de part et d'autre; leur extrémité marquée d'un rang de points blancs, ou d'un blanc un peu jaunâtre, placés tout-à-fait sur le bord, et dont la grosseur diminue graduellement de l'angle interne au sommet; les inférieures ayant des dents obtuses arrondies, et une queue noire spatulée, plus ou moins courte, et même quelquefois nulle ou presque nulle; les échancrures bordées de blanc; le milieu de l'aile traversé par une bande étroite, composée de sept taches ou ovales, blanches à l'exception de la plus antérieure qui est quelquefois jaunâtre et suivie d'un petit groupe d'atomes bleus appuyés sur un arc fauve très-souvent nul en dessus; dessous des secondes ailes ayant, outre le dernier du dessin, une rangée de sept lunules marginales blanches ou fauves, précédées de quelques légers atomes bleuâtres, plus ou moins marqués, et quelquefois nuls; l'arc fauve de l'angle anal presque toujours bien marqué; corps noir, avec des points blancs sur la tête et le prothorax, et des lignes d'un gris jaunâtre sur le dessous de l'abdomen. Cette espèce présente une variété qui a été désignée sous le nom de *Papilio Cyrus* par Fabricius. La femelle a été pendant très-longtemps regardée comme une espèce distincte, et a été décrite et figurée par une foule d'auteurs sous le nom de *Papilio polytes*. C'est à M. Westermann que la science est redevable de cette distinction sexuelle. L'envergure égale celle du mâle; ailes d'un brun noir; les supérieures ayant l'extrémité plus claire et divisée par des lignes longitudinales noirâtres ; leur bord extérieur dentelé et liseré de blanc aux sinus ; ailes inférieures ayant les dents obtuses, arrondies et une queue noire spatulée, assez courte ; leur milieu marqué d'une tache d'un blanc légèrement jaunâtre, palmée et divisée par les nervures, en trois, quatre ou cinq parties, dont les deux plus internes souvent accolées en arrière à une tache d'un rouge brun ; une rangée marginale de six lunules d'un rouge brun ; une tache anale oblongue, de la même couleur, marquée d'une tache noire ; toutes les parties rouges semées d'atomes violâtres ; échancrures ordinairement bordées de rouge fauve ou de blanchâtre ; dessous semblable au dessus ; les lunules marginales quelquefois précédées de petits groupes d'atomes violâtres ; corps semblable en tout à celui du mâle ; la chenille est verte, avec les premiers anneaux plus minces et comme rétractiles ; le dessous de son corps est brun en avant et blanc en arrière ; le troisième anneau offre une bande étroite, grisâtre ; le quatrième une bande transversale brune, atteignant de chaque côté la couleur du dessous ; sur le septième il y a une bande oblique, blanche, marquée de brun, qui remonte jusqu'à l'extrémité du huitième ; l'extrémité du dernier segment est généralement blanche. Cette espèce est très-commune et habite le continent et l'archipel Indiens.

18ᵉ *groupe*. PAPILIO NOX, *P. Nox.* Swains, Zool. illust., 1ʳᵉ série, pl. 102. *Papilio Mamercus*, God., Encyc. IX, suppl., p. 809, n° 12 à 13. *Papilio Neesius*, Zink. ; envergure quatre pouces ; ailes du mâle d'un noir profond, un peu chatoyant ou verdâtre, semblables de part et d'autres aux taches ; les supérieures oblongues, assez étroites, avec l'extrémité un peu rayée de grisâtre ; les inférieures arrondies et très-faiblement dentées ; ailes de la femelle d'un noir brun, notablement plus larges ; les supérieures ayant à l'extrémité des raies grisâtres beaucoup plus marquées ; les inférieures ayant des dents obtuses bien prononcées, et les échancrures liserées de blanc ; corps de la couleur des ailes, avec les palpes, les côtés du prothorax et de la poitrine, et la partie anale dans la femelle, d'un rouge carmin. Se trouve à Java.

19ᵉ *groupe*. PAPILLON EVANDRE, *P. Evander*, God., Encycl., t. IX, p. 32, n° 18, *Priamides Evander*, Hubn. Exot. saml. *Princeps dominans Capys ;* ejusd. exot. saml. ; envergure quatre pouces; ailes noires ; les supérieures sinuées, avec l'extrémité d'un gris cendré devenant successivement plus obscur vers le sommet ; ailes inférieures dentées en scie, avec les deux échancrures extérieures blanches; un peu au-delà du milieu de la surface, en devant vers le bord abdominal, cinq taches d'un rouge violet chatoyant, dont les trois intermédiaires oblongues ovales, l'intérieure coupée en deux, et l'extérieure petite et souvent en forme de point ; dessous des premières noirâtre, plus foncé à la base, traversé sur l'extrémité de la cellule par une bande blanche, courbe ; dessous des secondes ailes d'un brun noirâtre, traversé par deux rangées de taches, dont les antérieures petites et d'un rouge violet chatoyant, les postérieures plus pâles, inégales, presque blanches ; échancrure anale liserée de rouge ; corps noir, avec la poitrine et le prothorax ponctué d'orangé ; deux points de la même couleur à la base de l'abdomen en dessus ; femelle différant du mâle en ce que les taches rouges du dessus des secondes ailes sont souvent coupées transversalement par une ligne noire ; chez quelques unes il y a souvent aussi deux petites taches de plus vers le bord externe. Se trouve assez communément au Brésil.

P. NÉPHALION, *P. Nephalion*, God., Encycl., t. IX, p. 57, n° 36 ; d'un noir foncé, avec les quatre ailes dentées et liserées de blanc au sinus ; les supérieures un peu moins obscures à l'extrémité, marquées, de part et d'autre, sur le milieu, d'une tache blanche, bien nette, divisée tantôt en trois et tantôt en quatre par la nervure médiane et ses deux premiers rameaux ; ailes inférieures offrant, en arrière de la cellule discoïdale, une tache d'un rouge vermillon pâle, plus claire à sa partie antérieure, composée de quatre taches secondaires, dont les trois externes oblongues à peu près égales ; l'interne plus large, mais moins longue, atteignant le bord abdominal, divisée en deux par une nervure ; outre cela, un point rouge vers l'angle externe, qui manque quelquefois en dessus ; dents des ailes obtuses ; dessous des secondes ailes ayant la tache en majeure partie blanche, ou d'un blanc rosé, divisée par des nervures noires ; le point de l'angle externe surmonté d'un autre très-petit point de la même couleur ; corps noir, avec le prothorax, les côtés de la poitrine et des trois premiers anneaux de l'abdomen ponctués de rouge ; partie anale bordée de rouge ; palpes rouges. Se trouve assez communément au Brésil.

P. VERTUMNE, *P. Vertumnus*, Cram. 211, A, B, C, Fabr. E, S, 111, 1, p. 16, n° 49 ; ailes supérieures un peu allongées ; la tache verdâtre marquée sur le bord de son côté externe d'une petite tache ou d'un gros point d'un blanc jaunâtre ; les ailes inférieures ayant des dents plus grosses, toutes égales ; la tache rouge trifide, sensiblement plus rapprochée du bord abdominal, à peine partagée par les nervures. Les trois taches secondaires qui la composent, au lieu d'être à peu près égales, sont graduellement plus longues, de manière que celle qui longe le repli abdominal est presque triple de la première ; dessous des ailes inférieures avec trois taches ovales et un point arrondi d'un rose vif ; point de taches sur le rebord du repli abdominal, ni de point rouge vers l'angle externe ; corps noir, avec le prothorax, les côtés de la poitrine et des premiers anneaux de l'abdomen tachetés de rouge ; partie anale bordée de rouge. Habite Caïenne et Surinam.

P. DARDANUS, *P. Dardanus*, God., Encycl., t. IX, p. 73, n° 134, Fabr., E, S, 111, I, p. 10, n° 9 ; ailes d'un noir de velours à reflet un peu verdâtre ; les supérieures marquées, entre la nervure médiane et le bord interne, d'une tache orbiculaire d'un gris jaunâtre ou d'un gris verdâtre, coupée par deux fines nervures noires; ailes inférieures avant des dents assez prononcées et une queue noire étroite, assez longue; échancrure légèrement liserée de blanc; entre la cellule discoïdale et le bord postérieur, une tache d'un rouge sanguin très-vif, palmée, divisée en quatre taches oblongues par de fines nervures; un point du même rouge à l'extrémité du repli abdominal; dessous des premières ailes sans taches; dessous des secondes avec trois taches roses correspondant à la tache quadrifide du dessus; corps noir, avec des points rouges sur la poitrine et de chaque côté de la base de l'abdomen. Se trouve au Brésil aux environs de Rio-Janeiro.

P. Asius, *P. Asius*, God., Encycl., t. IX, p. 55, n° 84; *Papilio Astyagas*, Drury, Ins., 111, pl. 55, fig. 4; *Papilio Manlius*, Perty, Delect. anim., Spix et Martius, Ins., pl. 29, fig. 1 et 16; ailes d'un noir à reflet un peu verdâtre, avec une bande transversale d'un blanc un peu jaunâtre, droite, s'étendant de la côte des supérieures en s'élargissant insensiblement jusque près du bord abdominal des inférieures; ces dernières dentées inégalement, terminées par une queue linéaire, longue, avec les échancrures finement liserées de blanc; bord postérieur divisé par une rangée de cinq à six lunules d'un blanc jaunâtre, dont les deux plus internes surmontées de deux taches d'un rouge carmin; deux autres taches de la même couleur un peu plus haut, vers le bord abdominal; dessous des premières ailes pâle; dessous des secondes différant du dessus en ce qu'il y a quatre taches rouges à la base et une raie longitudinale de cette couleur le long du bord abdominal; corps noirâtre, avec une raie cendrée sur chaque ptérygode, et deux lignes blanchâtres plus ou moins prononcées sur chaque côté de l'abdomen; antennes assez courtes. Habite les environs de Rio-Janeiro.

20e *groupe*. Papillon Triopas, *P. Triopas*, God., Encycl., t. IX, p. 55, n° 25; ailes supérieures noires avec le bord entier, marquées de deux taches d'un jaune d'ocre pâle, l'une sur le milieu, coupée en trois par les nervures, l'autre près du sommet, divisée également en trois; ailes inférieures dentées, avec les échancrures blanches, marquées sur le milieu d'une tache orbiculaire d'un jaune d'ocre, coupée par les nervures; dessous complétement semblable au dessus; corps noir, avec des points rouges sur la poitrine et les côtés du prothorax; partie anale marquée d'une tache rouge. Se trouve à Caïenne.

21e *groupe*. Papillon Coréthrus, *P. Corethrus*, Boisd., Lacord., pl. 1, C, fig. 2; ailes supérieures d'un noirâtre pâle, dentelées, avec les sinus liserés de jaunâtre, traversées obliquement du sommet au milieu du bord interne par une bande d'un jaune d'ocre pâle un peu maculaire, coupées par les nervures; ailes inférieures d'un jaune d'ocre, avec la base, les nervures, une bande transverse assez étroite, située sur le milieu, et une bordure postérieure crénelée intérieurement, noires; la bande transverse du milieu marquée de trois taches d'un rouge sanguin, dont une au dessus de l'échancrure anale, et les deux autres plus petites, situées vers l'angle externe; la bordure noire de l'extrémité divisée par une rangée de cinq lunules égales, d'un rouge carmin tendre; le bord extérieur légèrement denté, avec les échancrures bordées de jaune; dessous des ailes semblables au dessus, excepté que les inférieures ont l'origine de la base d'un jaune d'ocre, et que les taches rouges sont plus vives; corps noir, avec le prothorax et les côtés de la poitrine ponctués de rouge; partie anale bordée de rouge; dessous de l'abdomen marqué de deux rangs de points jaunâtres. Patrie inconnue.

22e *groupe*. Papillon Crassus, *P. Crassus*, God., Encycl., t. IX, p. 38, n° 42; envergure, quatre pouces et demi; ailes d'un vert noirâtre foncé, luisant; les supérieures un peu plus claires vers l'extrémité; leur bord extérieur légèrement sinué et très-finement liseré de blanc au sinus; leur milieu marqué d'une bande longitudinale d'un jaune pâle, n'atteignant pas le bord extérieur, et se prolongeant en pointe dans la cellule discoïdale le long de la nervure médiane presque jusqu'à la base; les ailes inférieures plus brillantes, dentées régulièrement avec les échancrures liserées de blanc; le bord antérieur couvert par une bande longitudinale d'un jaune pâle; dessous des ailes brun; celui des supérieures offrant le même dessin que le dessus, celui des inférieures avec une rangée marginale de six ou sept lunules d'un rouge brun, légèrement bordées de noir, et s'appuyant ordinairement en arrière sur un petit trait blanc plus ou moins marqué; thorax d'un noir verdâtre, avec des points blancs sur le prothorax et sur le devant de la poitrine; les côtés de l'abdomen et de la poitrine marqués d'une raie maculaire d'un jaune vif; dessus de l'abdomen d'un jaune pâle, quelquefois, mais rarement, de la couleur du thorax. La Chenille, qui se trouve à Caïenne, vit sur le citronnier; elle est d'un pourpre vineux, sans aucune tache, et porte sur chaque anneau plusieurs prolongemens charnus; le premier en porte quatre beaucoup plus longs que les autres et dirigés en avant. La Chrysalide est d'un jaune verdâtre saupoudré de jaune vif sur les flancs, de forme naviculaire tronquée antérieurement, avec une longue corne lancéolée se dirigeant en avant. Le Papillon éclot au bout de quatorze jours.

P. Philénor, *P. Philenor*, God., Encycl., t. IX, p. 40, n° 46, *Papilio Astenous*, Cram. 208, A, B; ailes supérieures noires, à reflet un peu verdâtre, particulièrement vers le bord extérieur, qui est marqué d'une série marginale de points blanchâtres, souvent en partie effacés chez les mâles; les sinus bordés de blanc; ailes inférieures glacées de bleu d'azur, brillant dans le mâle, plus terne dans la femelle, avec une rangée courbe, presque marginale, de lunules d'un blanc un peu grisâtre; le bord extérieur légèrement denté, avec les échancrures bordées de blanchâtre et une queue courte, d'un d'un noir bleuâtre, légèrement spatulée; dessous des premières ailes un peu plus terne que le dessus, avec les lunules marginales plus distinctes; dessous des secondes brun vers la base, avec une petite tache d'un jaune pâle; ensuite glacé de bleu d'acier très-brillant, avec une rangée courbe de sept taches arrondies d'un fauve orangé, bordées de noir, dont les quatre ou six supérieures ont le côté externe marqué de blanc; en avant de la série de taches fauves, on voit en outre une rangée de petits groupes d'atomes blancs; les échancrures plus largement bordées de blanc jaunâtre qu'en dessus; corps noirâtre, avec des points d'un jaune pâle, sur le prothorax, la poitrine et les côtés de l'abdomen.

La Chenille vit sur l'*aristolochia serpentaria*; elle est brune avec quatre rangées de petits tubercules fauves et une rangée d'épines brunes le long des pattes; outre cela, elle a deux longues épines dirigées en avant sur le premier anneau, trois sur l'avant-dernier penchées en arrière et deux relevées sur le dixième. La Chrysalide est d'un gris violâtre, avec le dos jaunâtre et la tête coupée carrément. Cette espèce est assez commune au printemps et au milieu de l'été dans tous les lieux de l'Amérique septentrionale, où croît la Serpentaire.

23e *groupe*. Papillon Lalande, *P. Lalandæi*, God., Encycl., t. IX, p. 811, Suppl., n° 121 et 122; dessus des ailes noir, avec une bande médiane transverse d'un jaune d'ocre pâle, formant deux branches sur les ailes supérieures, dont l'interne plus large et d'un gris un peu verdâtre; cette même bande offrant, sur les ailes inférieures à son côté externe, six dents très-aiguës, et se terminant à l'angle anal, près d'une petite tache roussâtre surmontée d'un arc d'atomes bleus; le bord postérieur des premières ailes divisé dans toute sa longueur par une rangée de neuf points jaunes; une lunule de la même couleur sur toutes les échancrures, ainsi qu'une tache à l'extrémité de la queue; celle-ci assez longue et en spatule; dessous plus pâle que le dessus, excepté sur le côté externe de la bande et le long du bord postérieur; corps noir en dessus, brun en dessous, avec la poitrine et les palpes jaunes. Habite la Cafrerie.

24e *groupe*. Papillon Machaon, *P. Machaon*, Linn. Le grand Papillon à queue de Fenouil, Geoffr.; le grand Porte-queue, Engr., représenté dans notre Atlas, pl. 456, fig. 1. Envergure quatre pouces; dessus des ailes jaune avec une bordure noire assez large, sinuée intérieurement, divisée sur les supérieures par une série de huit points marginaux jaunes, et sur les ailes inférieures par une rangée marginale de six lunules de la même couleur, dont les quatre ou cinq intermédiaires plus grandes; toutes ces lunules précédées d'une tache orbiculaire formée d'atomes bleus; angle anal marqué d'une tache oculaire d'un fauve roux, surmontée d'un croissant d'un violet blanchâtre; les premières ailes ayant en outre le long de la côte quatre taches noires, dont l'extérieure plus petite et presque ronde; les deux suivantes transverses, ne dépassant pas la nervure médiane, la quatrième très-large, occupant toute la base et saupoudrée de gris jaunâtre, ainsi que la partie de la bordure comprise entre les points marginaux et la couleur du fond; les rameaux de la nervure médiane noirs et dilatés; les secondes ailes avec un arc noir à l'extrémité de la cellule discoïdale; leur bord abdominal noir, saupoudré de jaunâtre; leur contour avec des dents courtes et une queue linéaire noire, de moyenne longueur, obtuse à l'extrémité, bordée de jaune sur le côté interne; échancrures bordées de jaune, ainsi que les sinus des ailes supérieures; dessous des ailes offrant presque le même dessin que le dessus, avec toutes les nervures noires, et le jaune plus fondu avec le noir et occupant plus d'étendue; les taches bleues des ailes inférieures plus étroites ou plus lunulées; la seconde, la troisième et quelquefois la sixième surmontées chacune d'une tache roussâtre; corps jaune, avec une bande dorsale noire; antennes noires.

La Chenille, représentée dans notre Atlas, pl. 456, fig. 1 B, est d'un beau vert, avec des anneaux d'un noir de velours, alternativement ponctuées de rouge fauve. La Chrysalide, fig. 1 A, est tantôt d'une couleur grisâtre et tantôt verte, avec une bande jaune. La Chenille se trouve en juin et en septembre sur beaucoup d'ombellifères, particulièrement sur le fenouil (*Anethum fœniculum*), la carotte (*Daucus carota*). L'insecte parfait éclot en mai pour la première époque, et en juillet pour la seconde. Il habite toute l'Europe, la Sibérie, la Syrie, l'Egypte et la côte de Barbarie; il a été aussi rencontré au Népaul et dans les environs de Cachemire par feu Jacquemont.

P. Alexanor, *P. Alexanor*, God., Encycl., t. IX, p, 56, pl. 88, *Papilio Polydamas*, Prunner, Lépidopt. Pedem. Suppl., p. 62, n° 134; dessus des ailes d'un jaune d'ocre très-pâle, avec une bordure noire assez large, et quatre bandes transverses de la même couleur, savoir: la première commune, à la base, longeant le bord abdominal des inférieures jusqu'à l'angle anal, la seconde également commune, traversant le milieu de la cellule discoïdale de chaque aile, se rétrécissant un peu sur les inférieures, et se recourbant vers l'angle anal pour s'unir à la précédente; les deux suivantes courtes, ne dépassant pas la nervure médiane des ailes supérieures; un trait noir à l'extrémité de la cellule discoïdale des secondes ailes; la bordure des premières divisée par une bande jaune, continue, précédée d'une raie peu prononcée d'un gris jaunâtre; la bordure des ailes inférieures sinuée en dedans, saupoudrée d'atomes bleus, et divisée par une rangée marginale de lunules jaunes; échancrure anale surmontée d'une lunule fauve; les échancrures liserées de jaune; le bord extérieur avec des dents assez aiguës, et une queue noire de médiocre longueur, bordée de jaune en dedans; dessous un peu plus pâle, avec les mêmes caractères qu'en dessus; la bande et les lunules marginales jaunes, plus larges; corps de la couleur des ailes, avec une large bande dorsale et trois raies ventrales noires; antennes noires, avec l'extrémité de la massue jaune. La Chenille est d'un jaune verdâtre, avec chaque segment marqué d'une bande transversale noire, formée de petits traits longitudinaux pour la plupart confluens en avant, et dont les intervalles sont ponctués de jaune; la tête est noire, marquée d'un V et de deux petits points jaunes. La Chrysalide est d'un gris cendré uniforme, et passe l'automne et l'hiver fixée aux pierres et aux rochers avec lesquels elle se confond par sa couleur. L'insecte parfait éclot au mois de juin de l'année suivante. Cette espèce se trouve en France, dans les départemens des Hautes et Basses Alpes; il habite aussi la Dalmatie et la Morée.

P. Cincinnatus, *P. Cincinnatus*, Boisd., ouvr. cit., t. I, p. 346; dessous des ailes noir, traversé vers le milieu par une bande d'un jaune d'ocre, d'égale largeur dans toute sa longueur, denté en dehors sur les ailes inférieures, commençant sur le milieu de la côte des premières ailes et finissant en décrivant un demi cercle parfait, à l'angle anal des secondes; les supérieures ayant en outre, vers le sommet, une raie courbe maculaire d'un jaune d'ocre; et les inférieures une série marginale de six ou sept lunules étroites, dont les trois ou quatre internes d'un jaune plus ou moins fauve, les autres d'un jaune d'ocre; toutes ces lunules précédées d'un groupe d'atomes bleus, plus denses chez la femelle; le bord extérieur de ces dernières ayant des dents aiguës et une queue noire assez longue, rétrécie à sa base; la dent située en dedans de la queue, et celle de l'angle anal allongées elles-mêmes en forme de queue; dessous plus pâle; la bande plus fortement dentée en dehors: toutes les lunules, fauves, liserées de jaune d'ocre; les atomes bleus, formant ici des lunules, surmontées chacune d'un croissant noir bordé en avant par un croissant fauve; échancrures liserées de jaune d'ocre pâle de part et d'autre; corps noir de part et d'autre, ainsi que les antennes. Cette espèce a été trouvée au Mexique.

25e *groupe*. Papillon de Serville, *P. Servillæi*, God., Encycl., t. IX. Suppl., p. 809, n° 46 à 47; ailes d'un jaune d'ocre pâle depuis la base jusque vers le milieu, ensuite d'un brun noirâtre jusqu'au bout; les supérieures offrant sur la partie noirâtre deux bandes transversales blanchâtres, triangulaires, dont l'intérieure interrompue par une nervure bifurquée; l'extérieure plus courte et plus étroite; les ailes inférieures ayant trois dents inégales et une queue noire linéaire, très-longue, terminée par du fauve roux; outre cela une série marginale de points blancs; échancrure anale jaune, accompagnée d'une lunule écarlate; dessous ayant un léger reflet violâtre, avec la bande extérieure des premières ailes plus longue et bifide à son origine, les points marginaux des secondes surmontés d'une rangée de taches jaunâtres, luisantes, presque cunéiformes; la lunule écarlate, appuyée sur deux arcs d'atomes blancs. La patrie de cette espèce est incertaine.

26e *groupe*. Papillon Leucaspis, *P. Leucaspis*. God. Encycl., t. 9, p. 55, n° 85. Ailes d'un jaune pâle de part et d'autre, avec un encadrement assez large, d'un brun noirâtre; celui des premières ailes divisé selon sa longueur, par des raies plus claires, et en outre tacheté de jaune le long de la côte; celui des secondes ailes divisé près du bord par une double rangé de lunules également plus claires; angle anal, jaune à sa partie inférieure, noirâtre à sa partie supérieure, et surmonté d'une tâche d'un rouge vermillon, presque en forme de croissant; ces dernières ailes ayant des dents inégales, avec une queue longue, rétrécie vers son extrémité, précédée à son origine de quatre ou cinq lunules d'atomes bleuâtres. Habite le Pérou.

P. Thoas, *P. Thoas*. God. Encycl., p. 62, n° 103, *Papilio Cresphontes*, Cram. 166, A, et 165, AB. Dessus des ailes d'un noir foncé, traversé obliquement vers le milieu par une bande commune, d'un jaune d'ocre plus ou moins vif, divisée sur les supérieures en taches oblongues, dont la troisième plus prolongée du côté de la base, et presque toujours profondément échancrée à sa partie antérieure; ces dernières ailes ayant en outre sur le côté deux petites tâches jaunes contiguës à la troisième tache, et une rangée presque marginale de quatre lunules de la même couleur, atteignant la bande; ailes inférieures offrant, entre le milieu de l'extrémité, une rangée de six lunules plus grandes; angle anal marqué d'un croissant d'un rouge fauve, surmonté d'un petit groupe d'atomes bleuâtres; le bord postérieur ayant des dents obtuses et une queue noire assez longue, spatulée, marquée, de part et d'autre, d'une tache ovale jaune; les échancrures bordées de jaune; dessous des premières ailes beaucoup plus pâle que le dessus, offrant à la base une tache jaunâtre rayonnée qui remplit la cellule discoïdale, et huit taches marginales au lieu de quatre, dont la moitié de la supérieure appartient à la bande transversale; dessous des secondes ailes jaune jusqu'au milieu, ensuite noir, avec deux taches discoïdales, ferrugineuses, et deux rangées de lunules, dont les antérieures bleuâtres et très-étroites, les postérieures jaunes, oblongues, très-grandes; angle anal comme en dessus; une lunule jaunâtre très-étroite, bordée de quelques atomes bleuâtres, dans la cellule discoïdale; corps jaune, avec le dos noir; thorax noir avec deux raies jaunes. La Chenille de cette espèce, qui est commune, vit sur les orangers depuis la Géorgie jusqu'au Paraguay. Elle a le ventre brunâtre avec le dos couvert par de larges espaces blancs, irréguliers, tachetés de brun, qui s'étendent sur toute la partie postérieure et la partie moyenne. La Chrysalide est d'un brun clair, marqué de quelques points noirâtres.

27° *groupe*. Papillon Auguste, *P. Augustus*. Boisd., ouv. cit., t. I, p. 358; ailes d'un brun noir, avec une série tout-à-fait marginale de lunules jaunes, situées sur le bord des échancrures; plus grandes sur les ailes inférieures; les supérieures ayant en outre, au-delà du milieu, une raie arquée jaune, étroite, partant de la côte et disparaissant insensiblement avant le bord interne; ailes inférieures ayant, un peu en avant des lunules marginales, une rangée de six ou sept autres lunules étroites, d'un rouge un peu brun; dessous semblable au dessus; les secondes ailes ayant en plus, les lunules rouges bordées de blanchâtre sur leurs côtés et précédées d'une rangée courbe de gros points d'un blanc un peu jaunâtre; queue noire assez courte, fortement bordée de jaune à sa base; poitrine et dessus du cou marqués de points d'un rouge orangé. Cette espèce a été trouvée à Cuba.

28ᵉ *groupe*. PAPILLON POLYCAON, *P. Polycaon*. God., Encycl., t. IX, p. 41, n° 48. *Papilio Androgeus*, la femelle, God., ouvr. cit., n° 49; mâle. Ailes d'un noir obscur, traversées par une large bande d'un jaune d'ocre divisée vers le sommet des supérieures par des nervures noires, arrondie sur les inférieures et atteignant presque leur base; ces dernières ailes ayant des dents noires assez prononcées, et une queue linéaire assez longue, de la même couleur; leurs échancrures liserées de blanchâtre; leur limbe postérieur divisé par deux rangées de lunules d'un jaune grisâtre, dont l'antérieure souvent moins marquée ou presque nulle; un croissant d'un rouge fauve au dessus de l'échancrure anale, surmonté d'une lunule bleuâtre; dessous des premières ailes différant du dessus, en ce que la bande jaune est plus étalée, que la base est rayonnée de jaunâtre, et que le bord postérieur est longé par une raie de la même couleur; dessous des secondes ailes d'un jaune d'ocre pâle, avec le tiers postérieur noir, et chargé de trois rangées de lunules, dont les antérieures fauves, les intermédiaires bleuâtres formées par les atomes, et les postérieures d'un jaune d'ocre, notablement plus grandes et marginales; croissant de l'angle anal fauve; corps jaune, avec le thorax noir, ponctué de jaune, et une raie dorsale noirâtre chez la plupart des individus. Femelle un peu plus grande que le mâle; la queue des ailes inférieures plus courte et souvent réduite à une longue dent; les échancrures un peu liserées de blanc; dessous des ailes d'un noir souvent un peu bronzé; les supérieures coupées obliquement dans leur milieu par une bande d'un jaune d'ocre; leur bord postérieur quelquefois longé par plusieurs croissans jaunâtres ou bleuâtres formés d'atomes; les ailes inférieures ayant sur le limbe une double rangée de lunules bleuâtres ou verdâtres, précédées d'une bande plus ou moins marquée, et formées d'atomes de la même couleur; dessous des premières ailes semblables au dessus; dessous des secondes entièrement d'un noir brun, avec trois rangées de lunules comme dans le mâle; le croissant de l'angle anal semblable de part et d'autre à celui du mâle; corps noirâtre avec des points jaunâtres sur le thorax et une raie de la même couleur sur chaque côté de l'abdomen. Cette espèce est très-commune à la Guyane et au Brésil.

29ᵉ *groupe*. PAPILLON DE GRAY, *P. Grayi*. Boisd., ouvr. cit., t. I, p. 365; dessous des ailes d'un noir profond, traversé un peu au-delà du milieu par une bande courte, en demi-cercle, d'un jaune d'ocre pâle, assez étroite, maculaire, régulière, formée de taches ovales, au nombre de huit sur les supérieures et de sept sur les inférieures, commençant sur celles-là au bord la côte par des taches plus petites, et passant en dehors de la cellule discoïdale, finissant à l'angle anal de celles-ci; les premières ailes ont en outre, non loin du bord extérieur, une rangée de sept ou huit points d'un jaune pâle, dont les deux ou trois inférieurs plus petits; les secondes ailes avec une rangée marginale de sept lunules d'un rouge brun, dont les deux extérieures un peu bordées de jaune en dehors; le bord extérieur denté; la dent représentant la queue, assez aiguë; les deux dents situées en dedans de celle-ci aussi très-prononcées; échancrures finement liserées de blanc; dessous plus pâle avec le même dessin; celui des inférieures offrant de plus, en arrière de la bande transverse, une rangée courbe de sept taches d'un rouge brun; les lunules marginales comme en dessus. La femelle est semblable au mâle. Se trouve au Brésil.

30ᵉ *groupe*. PAPILLON TORQUATUS, *P. Torquatus*. God., Encycl., t. IX, p. 62, n° 100, Cram. 177, A, B; envergure quatre pouces; ailes d'un noir foncé, traversées du milieu des supérieures au bord abdominal des inférieures par une large bande d'un jaune d'ocre, naissant brusquement du milieu de la surface des premières, et occupant presque toute la moitié antérieure des secondes; les premières ailes ont en outre, en face du sommet, une bande courte, oblique, de la même couleur, divisée en trois par les nervures; les secondes offrant une série marginale de lunules d'un jaune d'ocre, séparées de la bande commune par cinq ou six points d'un rouge carmin obscur, souvent peu distincts, sans compter le croissant de l'angle anal, qui est de la même couleur; bord extérieur avec des dents obtuses et assez courtes, et une queue noire, spatulée, assez longue; échancrures légèrement liserées de blanchâtre; dessous présentant tous les caractères du dessus; les premières ailes ayant en outre l'intérieur de la cellule discoïdale rayonné de jaunâtre, et une rangée incomplète de lunules de la même couleur; les secondes ayant des lunules marginales plus grandes, les points rouges beaucoup plus gros, d'un rouge fauve, séparés des lunules marginales par une rangée de quatre ou cinq croissans bleuâtres; corps noir en dessus et entièrement d'un jaune d'ocre en dessous. Se trouve assez communément au Brésil.

31ᵉ *groupe*. PAPILLON ZÉNOBIUS, *P. Zenobius*. God., Encycl., t. IX, p. 74, n° 180; envergure quatre pouces; ailes très-légèrement dentées, d'un noir brun en dessus, traversées dans leur milieu par une bande commune assez large, d'un blanc un peu teinté de jaune, légèrement denticulée en dehors, dentée intérieurement et coupée par de fines nervures noires sur les supérieures, dont elle atteint la côte; ces dernières ailes ayant sur chacune des échancrures un point de la couleur de la bande transverse; ailes inférieures offrant sur chacune des échancrures une tache oblongue également de la couleur de la bande; dessous des premières ailes semblable au dessus, mais un peu plus pâle; dessous des secondes d'un brun ferrugineux à la base, avec des veines noires; la bande blanche un peu moins large qu'en dessus; l'extrémité brune, avec les taches marginales un peu échancrées en avant; corps noirâtre, avec des poils blancs sur le prothorax et sur la poitrine. Se trouve à Sierra-Leone.

P. Cynorta, *P. Cynorta*. God., Encycl., t. IX, p. 75, n° 141. *Papilio Messalina*. Stoll., pl. 26, fig. 2. Ailes légèrement dentées, d'un brun noirâtre en dessus, traversées dans leur milieu par une bande blanche, commune, assez large, finement lancéolée en dehors sur les inférieures, et régulièrement dentée sur les supérieures, où elle est souvent interrompue près du sommet, et dont elle n'atteint pas tout-à-fait la côte, divisée sur ces mêmes ailes par des nervures noirâtres, très-fines; les échancrures de toutes les ailes liserées de blanc de part et d'autre; dessous des premières ailes un peu plus pâle que le dessus, avec la bande un peu interrompue vers le sommet; interruption qui, du reste, a souvent aussi lieu en dessus; dessous des inférieures ferrugineux à la base, avec quelques veines noires, et trois points de la même couleur, dont deux oblongs et assez gros, l'autre arrondi et moins apparent; la bande blanche un peu moins large qu'en dessus; l'extrémité brunâtre; corps noir, avec des points blanchâtres sur le prothorax; dessous de l'abdomen d'un gris jaunâtre. La femelle semblable au mâle. Se trouve dans la Cafrerie.

52ᵉ *groupe*. Papillon dissemblable, *P. dissimilis*. God., Encycl., t. IX, p. 175, n° 140; ailes d'un noir légèrement chatoyant, avec un grand nombre de taches blanchâtres, la plupart très-finement saupoudrées de noirâtre, dont les antérieures en forme de raies ou de veines longitudinales larges et plus ou moins allongées, les postérieures lunulées ou sagittées, beaucoup plus courtes; ailes supérieures ayant le bord postérieur légèrent sinué et ponctué de blanchâtre de manière à imiter de petites denticulations; ailes inférieures dentées, bordées d'un peu de jaune foncé aux échancrures, mais plus sensiblement vers les angles anal et externe; une lunule d'un jaune fauve à l'angle anal; dessous des ailes avec le même dessin qu'en dessus, seulement le jaune des échancrures forme ici sur les inférieures une rangée de lunules assez larges, liserées de blanc en dehors. Femelle semblable au mâle; les ailes supérieures plus arrondies au sommet; le dessous de ses inférieures, avec les taches blanches, plus dilatées. Corps noirâtre dans les deux sexes, avec la tête, les palpes, la poitrine et le thorax ponctués de blanc; abdomen marqué en dessous et sur les côtés de raies blanchâtres, longitudinales, rapprochées. Se trouve en Chine et au Bengale.

A la suite du genre *Papilio*, nous allons exposer tous ceux qui ont été créés à ses dépens, et pour cela nous suivrons la méthode du docteur Boisduval.

Les Ornithoptères, *Ornithoptera*. C'est un genre de Lépidoptères qui a été formé par M. le docteur Boisduval aux dépens de celui de *Papilio*; ses caractères distinctifs sont : Tête grosse; yeux saillans; palpes ne s'élevant pas au-delà du front; antennes longues, à massue allongée; prothorax formant un col assez développé; abdomen gros, notablement allongé; celui du mâle pourvu de deux valves anales arrondies, grandes et très-remarquables, et en dessous d'une gouttière très-profonde; ailes grandes, robustes, à nervures saillantes; les supérieures allongées; les inférieures grossièrement dentées; Chenilles grosses, épaisses, munies de pointes charnues, et pourvues de deux tentacules rétractiles renfermés chacun dans un étui extérieur; Chrysalides grosses, un peu arquées, à tête obtuse coupée carrément et un peu bifide, maintenue par un lien transversal qui n'entoure pas le corps, mais qui de chaque côté est inséré à la partie latérale par un petit tubercule soyeux.

Les espèces qui appartiennent à ce genre sont peu nombreuses, et, à l'exception d'une seule qui habite le continent indien, elles sont propres aux Molluques, aux îles Philippines et aux îles de la Sonde. Elles sont toutes remarquables par leur taille vraiment d'une grandeur extraordinaire et par la beauté de leurs couleurs.

Parmi les neuf espèces que ce genre renferme, nous citerons :

L'Ornithoptère Priam, *O. Priamus*, Boisd., Hist. nat. des Lépid., tom. I, p. 173. *Papilio Priamus*, Linné, sys. nat., t. II, p. 774, 1. Godart, Encyclop., tom. IX, n° 1 (le mâle). *Ornithoptera Panthoüs*, Boisd., ouvr. cit. *Papilio Panthoüs*, Linné, Syst. nat., p. 748, 17. Godart, Encycl., tom. IX, n° 1 (la femelle). Mâle. Ailes supérieures d'un noir velouté, avec deux bandes longitudinales d'un vert soyeux très-brillant, courbes, étroites, rétrécies à chaque extrémité; une tache brunâtre disposée longitudinalement entre la bande interne et la nervure médiane. Ailes inférieures d'un vert soyeux brillant, avec le bord postérieur et une rangée de quatre taches orbiculaires d'un noir velouté; en outre, trois taches orangées, dont deux entre le bord postérieur et les taches noires, et l'autre plus grande, située près du bord externe; dessous des supérieures noir, avec une bande maculaire d'un vert doré, formée de taches cunéiformes contiguës, quelquefois coupées transversalement par une ligne noire; une tache irrégulière dans la cellule discoïdale, et deux raies de la même couleur près du sommet. Dessous des inférieures comme le dessus, mais d'un vert doré, avec les taches orbiculaires plus grandes et au nombre de sept. Thorax noir, marqué d'une raie médiane et ordinairement de deux points d'un vert doré. Abdomen entièrement d'un beau jaune; poitrine noire, marquée de taches rouges sur les côtés; tête et antennes noires. Femelle, ou *Papilio Panthoüs* des auteurs. Ailes d'un noir brun, plus intense vers l'extrémité, les supérieures ayant de part et d'autre, entre la cellule discoïdale et le bord postérieur, une bande maculaire d'un blanc un peu sale, formée de taches inégales, interrompues ou échancrées, excepté les trois ou quatre supérieures; ordinairement un gros point ou une petite tache blanchâtre dans la cellule; les inférieures ayant en arrière de la cellule une rangée courbe de six grandes taches cunéiformes blanchâtres, soupoudrées d'atomes noirâtres, teintées de jaunâtre à leur base, et marquées chacune dans leur milieu d'une tache noire orbiculaire; dessous des inférieures semblable, avec les taches un peu plus pures; échancrures de toutes les ailes blanchâtres; tête et thorax noirs; abdomen d'un blanc jaunâtre en dessus, d'un beau jaune en dessous; poitrine comme chez le mâle. Nous avons représenté à la planche 455, fig. 2, 2 a, la Chrysalide et la Chenille.

Cette jolie espèce habite Amboine et Rawack.

L'Ornithoptère de D'Urville, *O. Urvilliana.* Guér., Voy. de la Coq., Ins., pl. 13, fig. 1 à 2. *O. Priamus*, Boid., F. de l'Océan, Lépid., p. 85, représenté dans notre Atlas, pl. 455, fig. 1. Taille de l'espèce précédente; le vert des ailes supérieures remplacé par du bleu violet très-brillant; ailes inférieures d'un noir de velours, ayant les nervures et la partie comprise entre la cellule discoïdale et le bord interne, ainsi que la bordure postérieure, d'un bleu violet très-brillant; cinq taches noires, ovales oblongues sur la partie bleue; bord abdominal d'un jaune doré, garni de poils de même couleur; dessous des ailes inférieures ayant à peu près le même dessin que dans l'*O. Priamus*; les taches violettes à reflet d'un jaune doré; dessous des inférieures d'un jaune doré, à reflet bleu ou peu verdâtre sur le milieu; sept taches noires disposées comme dans l'espèce précédente, mais plus petites que celles du dessus; une petite tache d'un jaune orange, peu marquée, entre la base et la partie noire la plus externe; thorax noir, marqué d'une raie médiane violette; tête et antennes noires; abdomen entièrement d'un beau jaune; côtés de la poitrine marqués d'un peu de rouge. Cette jolie espèce a été trouvée à Offack.

Les Leptocircus, *Leptocircus*, Swainson. *Lamprosura*, Boisd. *Erycina*, Latr. *Papilio*, Fabr. Ce genre, établi par M. Swainson, a pour type un Lépidoptère de Siam et de Java que Fabricius avait avec raison mis au nombre des *Papilio*, et que Godart a placé dans son grand genre *Erycina* près des espèces appelées *Octavius*, *Licarsis*, etc. L'espèce unique qui compose ce genre ressemble presque tout-à-fait à un *Papilio* par la tête; les yeux, les palpes et les antennes n'offrent pas de différences notables; mais elle s'en distingue suffisamment par la structure des quatre ailes, et surtout par les inférieures, qui sont placées longitudinalement et terminées par une longue queue courbée. Voici au reste ses principaux caractères génériques : Tête grosse; yeux grands, saillans; palpes très-courts, ne dépassant pas les yeux, à articles très-peu distincts; le troisième très-court et indistinct; antennes assez allongées, renflées à leur extrémité en une massue arquée de bas en haut; corps gros et robuste; abdomen très-court; ailes médiocrement robustes, à cellule discoïdale fermée; les inférieures plissées longitudinalement et terminées insensiblement en une très-longue queue recourbée à son extrémité; leur bord abdominal droit, un peu replié en dessus, et laissant l'abdomen libre, quoique non évidé; six pattes égales et complètes.

L'espèce type de ce nouveau genre est :

Le Leptocircus Curius, *Leptocircus Curius*, Swains., Illustr. zool., 11e série, pl. 106. *Papilio Curius*, Fabr. *Erycina Curius*, Godart, Encycl., suppl., p. 827, n° 25. *Iphiclides Curius*, Hubn., représenté dans notre Atlas, pl 458, fig. 2. Envergure, vingt lignes; ailes noires, traversées entre la base et le milieu par une bande d'un vert blanchâtre, descendant de la côte des supérieures au disque des inférieures; les premières ayant en outre entre le milieu et le bord terminal un grand espace transparent, triangulaire, coupé par des nervures noires; les secondes plissées longitudinalement et terminées insensiblement en une très-longue queue recourbée à son extrémité, blanche à son sommet, et saupoudrée d'atomes blanchâtres à sa base; le bord extérieur liseré de blanchâtre; dessous semblable au dessus, avec la base des quatre ailes d'un blanc un peu jaunâtre, et le bord abdominal des inférieures marqué de trois nervures blanchâtres; corps noir en dessus, blanchâtre en dessous, avec une double rangée de points noirs sur chaque côté de l'abdomen; antennes noires, avec le dessous de la massue roussâtre.

La femelle diffère du mâle en ce que la bande transverse est blanche sur les ailes inférieures, et d'un blanc transparent sur les supérieures. Habite Siam et Java.

Les Thaïs, *Thaïs*, Fabricius, Latreille. *Zerythia*, Ochsenheimer. Ce genre, qui a été établi par Fabricius, adopté par Latreille et la plupart des lépidoptérologistes, vient se placer naturellement après celui de *Papilio*, et a été ainsi caractérisé : Tête assez petite; yeux médiocres; palpes droits, velus, dépassant notablement la tête, composés de trois articles bien distincts et à peu près égaux; antennes assez courtes, terminées en une massue un peu arquée de bas en haut. Corps assez mince; ailes peu robustes, à nervures médiocrement saillantes; les inférieures ayant le bord abdominal un peu replié en dessus et comme évidé pour laisser l'abdomen entièrement libre. Chenilles cylindroïdes, assez courtes, munies d'épines charnues hérissées à l'extrémité de petits poils raides; le premier anneau pourvu d'un tentacule charnu en forme d'Y; tête assez petite, arrondie, comprimée en avant; Chrysalides un peu effilées, cylindrico-coniques, un peu anguleuses antérieurement, avec la tête tronquée et comme coupée en biseau.

Les espèces qui constituent ce genre sont peu nombreuses, et propres à l'Europe méridionale, au nord de l'Afrique et à l'Asie mineure; en un mot, elles font partie de la Faune méditerranéenne. Leur dessin est si original, que seul il pourrait suffire pour les faire reconnaître. Les ailes sont constamment d'une couleur jaune, tachetées de rouge et de noir et bordées par une ligne noirâtre en feston. L'abdomen est tacheté de fauve et noirâtre; leurs chenilles vivent solitairement ou par petits groupes sur les *Aristolochia*, et ressemblent un peu à celles du dix-septième groupe du genre *Papilio*, qui vivent aussi sur le même genre de plantes; elles en sont, du reste, bien distinctes par leurs prolongemens charnus, qui sont hispides au sommet. M. le docteur Rambur a observé qu'au moment de leur métamorphose, non seulement elles s'attachent par un lien transversal, mais encore qu'elles s'entourent d'un léger tissu de soie. Ce dernier caractère les rapproche beaucoup de celles du genre *Parnassius*. Leur chrysalide, effilée et taillée en biseau, ressemble un peu à celles du dernier groupe des *Papilio*.

Parmi les espèces les plus remarquables que ce genre renferme, nous citerons :

La Thaïs rumina, *T. rumina*, God. Encycl. 9, p. 83, n° 3. *Papilio rumina*, Linn., Fabr., Ochs. Dessus des ailes d'un jaune d'ocre, avec une bande marginale noire, divisée par une ligne jaune, profondément en feston jusqu'au troisième rameau des supérieures, ensuite maculaire jusqu'au sommet, et formée de cinq petites taches arrondies; les concavités extérieures de la ligne en feston, remplies par une tache jaune triangulaire qui divise la frange; ailes supérieures ayant, comme dans l'espèce suivante, cinq bandes noires costales, dont la première et la troisième, en comptant de sa base, sont marquées chacune, de part et d'autre, d'une tache écarlate; la cinquième divisée par trois ou quatre petites taches rouges, et suivie, en outre, de deux ou trois petites taches transparentes; la base et les nervures noirâtres; ailes inférieures ayant la base et le milieu du bord abdominal noirâtres; la cellule renfermant une tache noire cordiforme, précédée en dehors d'une série arquée de petites taches de la même couleur bien marquées; le côté interne de la bande marginale noire, un peu sinué, et divisé par une rangée de cinq taches d'un rouge carmin, suivies d'atomes bleus épars; une tache de même rouge sur l'angle externe et un point de la même couleur sur le noir de la base, quelquefois nul ou très-peu marqué; dessous des premières ailes un peu plus pâle, avec la ligne en feston entière jusqu'au sommet; dessous des secondes d'un blanc argentin, avec le dessus presque comme en dessous, seulement la bande marginale est saupoudrée de jaune, ainsi que les nervures; les taches rouges sont plus petites et plus pâles; la ligne jaune en feston est doublée extérieurement par une ligne rouge de même forme, et la base est marquée de deux taches rouges, savoir, une dans le haut de la cellule, et l'autre près du bord abdominal. Corps noirâtre, avec l'abdomen marqué de chaque côté d'une rangée de points fauves; antennes noires.

La Chenille, suivant M. le docteur Rambur, qui l'a élevée aux environs de Malaga, est d'un gris obscur et un peu roussâtre, avec le ventre plus pâle et des petits traits noirs, longitudinaux, parallèles, situés sur la moitié antérieure de chaque anneau; outre cela, son corps est pourvu de six rangées de pointes courtes, charnues, rouges, hérissées à leur extrémité de petits poils noirs; la Chrysalide est d'un cendré obscur. Habite l'Espagne méridionale, le Portugal, les environs d'Alger et d'Oran.

La Thaïs médésicaste, *T. medesicaste*, God. Encycl. IX, p. 84, et Pap. de France, II, pl. 3, c, fig. 3, 4. *Papilio medesicaste*, Hubn. Pap. 124, fig. 562; *Papilio rumina*, ibid., tab. 394-395. *Papilio rumina australis*, Esp. Schm., tab. 72, Cont. 22, fig. 4. La Proserpine, Ernst. *Thaïs Honnoratii*, Boisd., Icon., pl. 3, fig. 3 à 5. God. et Dup., suppl., pl. 2, fig. 3, représenté dans notre Atlas, pl. 457, fig. 2, très-voisine de la *T. rumina*, dont elle n'est peut-être qu'une variété. Ailes un peu plus pâles, sensiblement moins dentées; les supérieures ont, au lieu de la ligne en feston, une suite de huit ou neuf taches jaunes bien séparées l'une de l'autre; les inférieures n'ont point de bordure noire proprement dite, seulement les cinq taches rouges marginales sont bordées en avant par une ligne noire, et en arrière par une ligne noirâtre interrompue, plus ou moins écrite; le bord extérieur est marqué d'une ligne noire en feston. Un autre caractère essentiel qu'il est encore bon de noter, c'est que la base des secondes ailes offre toujours trois taches rouges, savoir : une près du bord abdominal, une dans le haut de la cellule discoïdale, et une troisième près de la côte le plus ordinairement réunie en forme de bande transverse à celle de la cellule.

La *Thaïs Honnoratii* est une jolie variété qui est un peu plus petite que les individus ordinaires, chez laquelle la seconde et la troisième bande costale ont disparu, ou sont seulement représentées par un point noir, avec toutes les taches rouges plus pâles, presque roses, très-dilatées, oblongues sur les ailes inférieures, plus grandes et plus nombreuses sur les ailes supérieures, où celles de la cinquième bande transverse se continuent jusqu'au bord interne chez la femelle et quelquefois chez le mâle.

La Chenille, fig. 1 A, de la *T. medesicaste* a beaucoup de rapports avec celle de la *T. rumina;* elle vit sur l'*Aristolochia pistolochia* et autres espèces, en Languedoc et aux environs de Digne. Elle est tantôt d'un jaune roussâtre, tantôt d'une teinte brunâtre, et souvent d'une jaune obscur-verdâtre, avec plusieurs rangées de lignes longitudinales noires, fortement interrompues, et dont les intervalles sont quelquefois sur le dos d'un jaune pâle. Elle a le corps garni de six séries d'épines charnues, assez courtes, d'un jaune plus ou moins orangé, et ciliées de noir à l'extrémité.

La chrysalide, fig. 1 B, est d'un gris terreux, avec des ombres plus foncées. Elle passe l'hiver et éclot en mai et juin. Quelquefois elle n'éclot que la seconde ou troisième année. La variété *Honnoratii* n'a encore été trouvée qu'aux environs de Digne.

Les Doritis, *Doritis*, Boisduval, *Thaïs*, Latr., Godart. Ce genre établi par M. le docteur Boisduval, dans son Icones, a pour caractères : tête assez petite; yeux médiocrement saillans; palpes très-velus, dépassant à peine la tête, de trois articles peu distincts; antennes courtes, en massue allongée et légèrement arquée; corps assez épais et velu; ailes à surface ridée et comme gauffrée, à nervures assez saillantes, à contours arrondis non dentés, un peu denudées en dessous, et vers le sommet en dessus; les inférieures ayant le bord abdominal très-légèrement replié. Ce genre a pour type un Lépidoptère que Fabricius et Ochsenheimer ont placé avec les *P. Apollo*, *Phœbus* et *Mnemosyne*, dans leur genre Doritis, et que Latreille et Godart ont mis avec les *Thaïs*. En effet, il offre tout à la fois les caractères propres à l'un et à l'autre de ces deux genres, et les lie intimement ensemble. Par la texture, le dessin, la forme des ailes et la structure des palpes, il a les plus grands rapports avec les Doritis de ces auteurs (*Parnassius*, Boisd.); tandis que par la forme des antennes il se rapproche manifestement des *Thais*; il diffère des *Parnassius* par ses antennes à massue arquée, et par le défaut de poche cornée sous l'abdomen des femelles, et des *Thaïs* par ses palpes, et ses ailes arrondies.

L'espèce type de ce genre est :

Le Doritis Apolline, *D. Apollina*, Boisd.; ouv. cit., p. 390, pl. 16, fig. 5. *Thais Apollina*, God. Encycl. méth. 9, p. 82, n° 1; *Papilio Apollinus*, Ochs.; *Papilio Pithyus*, Esp.; *Papilio Thia*, Hubn. Le Petit Apollon, Ernst., représenté dans notre Atlas, pl. 458, fig. 1. Ailes supérieures un peu transparentes, d'une teinte grisâtre, avec de petites stries transversales noirâtres et jaunes; deux grosses taches noires dans la cellule discoïdale; entre celle-ci et le bord marginal une ligne jaune transverse, peu marquée, ombrée de noirâtre, et précédée de quelques atomes rougeâtres alignés; ailes inférieures jaunes, avec le bord interne et la base noirâtres; leur extrémité d'un cendré noirâtre, avec une rangée courbe d'yeux noirs, à prunelle bleue, bordés en avant par un croissant rouge; dessous des ailes luisant et comme vernissé, paraissant presque dénudé, avec les empreintes du dessin de la face opposée; corps noirâtre velu, avec les anneaux de l'abdomen bordés de jaune fauve; antennes grisâtres, à massue noire. Femelle ayant les stries des ailes supérieures plus serrées et plus nombreuses, une raie rouge transversale entre la cellule discoïdale et la ligne jaune; ses ailes inférieures finement saupoudrées d'atomes rouges, avec les yeux marginaux plus marqués.

Se trouve aux environs de Smyrne et d'Alep, elle se rencontre aussi dans quelques îles de l'Archipel grec.

Les Eurychus, *Eurychus*, Boisduval; *Cressida*, Swainson; *Papilio*, God., Fabr. Ce genre, formé sur les *Papilio Cressida* et *Harmonides* de Fabricius, fait le passage des *Papilio* aux *Parnassius*. Ses caractères principaux sont : tête grosse; yeux saillans; antennes assez longues, renflées à l'extrémité en une massue droite, ovoïde, allongée; palpes très-courts, ne dépassant pas les yeux, fortement appliqués sur le front, à articles peu distincts; corps épais très-peu velu; ailes supérieures oblongues, à parties dénudées d'écailles; ailes inférieures arrondies et légèrement dentées; leur bord abdominal légèrement replié et assez fortement évidé; les palpes, la forme oblongue des ailes supérieures et les légères dentelures des ailes inférieures le rapprochent beaucoup du du genre *Papilio*, tandis que les antennes, qui ne diffèrent de celles des *Parnassius* que par un peu plus de longueur, et les ailes supérieures en partie dénudées et marquées de deux taches noires dans la cellule discoïdale, le rapprochent encore plus des *Parnassius*, et motivent suffisamment le rapprochement qui a été fait par le docteur Boisduval. Autant même que cet auteur a pu en juger sur un seul exemplaire femelle dont l'abdomen était assez défectueux, les femelles ont à l'extrémité de l'abdomen un rudiment de poche cornée comme celle des *Parnassius*.

L'Eurychus cressida, *E. cressida*, Boisd., Hist. nat. des Lépid., tom. II, pag. 392; *Papilio cressida*, Fabr., God., Encycl. IX, pag. 76, n° 145; *Cressida heliconides*, Swains., Zool. illust., 2e série, pl. 94, représenté dans notre Atlas, planche 458, fig. 3. Envergure, trois pouces et demi; ailes supérieures oblongues, transparentes, légèrement saupoudrées de noirâtre, avec la base et deux taches arrondies dans la cellule discoïdale, noires; le bord extérieur et les côtes noirâtres; ailes inférieures légèrement dentées, noires, traversées au milieu par une grande tache d'un blanc un peu transparent, divisée par des nervures, dentée en dehors, et marquée dans son centre d'une lunule noire; dessous des ailes avec le même dessin, mais le noir a un reflet d'un bleu violâtre, et la bordure des ailes inférieures est divisée par cinq taches d'un rouge vermillon, assez petites, arrondies (reparaissant plus ou moins en dessus dans la femelle), et suivies sur le bord des échancrures d'une petite tache blanchâtre; corps noir, avec la partie anale, deux points de chaque côté de la poitrine et les côtés du prothorax rouges; palpes blancs. Habite la Nouvelle-Hollande.

L'Eurychus harmonia, *E. harmonia*, Boisd., ouv. cit., tom. I, pag. 393; *Papilio harmonia*, Fabr., E. S. 111, 1, pag. 20, n° 73; *Papilio harmonides*, God., Encycl., tom. IX, pag. 76, n° 146. Ailes supérieures oblongues, demi-transparentes, d'un blanc jaunâtre, avec le côté et l'extrémité brunâtres, et une petite tache d'un noir profond à l'extrémité de la cellule discoïdale; ailes inférieures légèrement dentées, de la couleur des supérieures, avec une large bordure brunâtre, divisée par une série de cinq taches d'un blanc jaunâtre, assez petites, arrondies; les échancrures d'un blanc jaunâtre ; dessous semblable au dessus ; corps noir, avec la partie anale rouge et le prothorax ponctué de blanc. Se trouve dans la même localité que l'espèce précédente.

Enfin le dernier genre est celui de **Parnassius**, *Parnassius*, Latr. Ce genre, établi par Latreille et adopté par Godart et tous les entomologistes, est ainsi caractérisé : tête assez petite ; yeux médiocres et peu saillans ; palpes plus longs que la tête, s'élevant au-delà du front, hérissés de poils longs et fins, composés de trois articles distincts, égaux ; le premier arqué, le second étroit, le troisième linéaire ; antennes courtes, terminées en massue droite, ovoïde, allongée ; corps épais, velu ; abdomen des femelles muni d'une poche ou valvule cornée ; ailes parcheminées, à nervures assez saillantes, à contours arrondis, non dentés, presque dénudées d'écailles en dessous, et vers le sommet en dessus ; les inférieures ayant le bord abdominal évidé et laissant entièrement libre l'abdomen ; chenilles lisses, cylindroïdes, épaisses, munies de petits mamelons un peu velus ; le premier anneau pourvu d'un tentacule fourchu en forme d'Y ; tête assez petite, arrondie ; chrysalide cylindrico-conique, saupoudrée d'une efflorescence bleuâtre, enveloppée entre les feuilles dans un léger tissu de soie, et maintenue par quelques fils transversaux.

Les espèces qui composent ce genre sont peu nombreuses ; elles habitent les montagnes alpines de l'Europe et de la Sibérie, le Kamtschatka et les monts Hymalaya. Il est probable que le Labrador et les montagnes rocheuses de l'Amérique septentrionale, si analogues à nos alpes et à la Laponie par leurs productions, en possèdent aussi quelques unes. Les Chenilles, assez semblables à celles de certains *Papilio*, vivent solitairement sur les *Sedum* et les *Saxifraga* des montagnes ; mais leur accroissement est plus long que celui de la plupart des autres Rhopalocères. Les Chrysalides, à la tête près, ressemblent assez à celles de certaines Noctuelles désignées sous le nom de *Catocala* par leur forme et par l'efflorescence pruineuse dont elles sont couvertes. La manière dont elles sont fixées entre les feuilles les rapproche beaucoup plus du genre *Hesperia* que de celui de *Papilio ;* mais les caractères de la chenille et de l'insecte parfait ne permettent pas d'éloigner ce genre de la place que nous lui avons assignée. Les *Parnassius* diffèrent des *Papilio*, des *Leptocircus* et des *Thaïs*, non seulement par leurs palpes et leurs antennes, mais aussi par la forme et la texture des ailes, qui seules suffiraient pour les faire reconnaître. Ils se rapprochent davantage des *Eurychus* et des *Doritis*. Ils diffèrent manifestement des premiers par la forme des palpes et des ailes, et des derniers par leurs antennes non coupées à l'extrémité, ainsi que par la poche cornée dont est pourvu l'abdomen des femelles. Ce dernier caractère ne se rencontre dans aucun autre genre de Lépidoptères, si ce n'est peut-être chez les *Eurychus*, dont les femelles ne nous sont encore que très-insuffisamment connues.

Quoique les espèces soient en petit nombre, elles sont quelquefois assez difficiles à déterminer, leur différence ne consistant le plus ordinairement que dans le nombre plus ou moins grand de taches noires et rouges, qui, avec la couleur blanche des ailes, constituent tout leur dessin.

Parmi les sept espèces que ce genre renferme, nous citerons :

Le **Parnassius Apollon**, *P. Apollo*, Fabr., Boisd., ouvr. cit., tom. I, pag. 395, l'*Apollon*, Ernst., représenté dans notre Atlas, pl. 457, fig. 1. Envergure, trois pouces et demi ; ailes blanches ; les supérieures ayant la base et la côte pointillées de noirâtre, l'extrémité transparente, précédée d'une raie sinueuse, transverse, d'atomes noirâtres ; cinq taches noires, orbiculaires, dont deux dans la cellule discoïdale, deux, l'une au dessous de l'autre, entre l'extrémité de la cellule et la raie transverse, et la cinquième près du milieu du bord interne ; ailes inférieures ayant deux taches orbiculaires d'un rouge vermillon, cerclées de noir et pupillées de blanc, dont l'une sur le milieu de la côte et l'autre un peu en arrière de l'extrémité de la cellule discoïdale ; presque toujours deux autres petites taches noires à l'angle anal, séparées ou réunies, dont souvent l'interne, et quelquefois toutes les deux, ont le milieu pupillé de rouge ; le bord abdominal couvert d'atomes noirâtres, qui ordinairement forment une petite traînée qui s'avance en pointe jusqu'à l'extrémité de la cellule discoïdale ; dessous des ailes luisant, celui des premières semblable au dessus, sinon que la tache noire du bord interne a souvent le milieu rouge ; dessous des secondes ayant, outre le dessin du dessus, quatre taches rouges disposées transversalement à la base, liserées de noir en dehors, et plus ou moins piquées de noirâtre ou de blanchâtre ; la tache la plus extérieure de l'angle anal souvent, et quelquefois toutes les deux, ayant le milieu rouge pupillé de blanc ; la frange des quatre ailes blanchâtre, non entrecoupée de noirâtre ; corps noirâtre, garni de poils blanchâtres, très-serrés sur le thorax et sur le ventre ; antennes blanches, très-faiblement annelées de noirâtre, avec la massue noire ; femelle un peu plus grande, avec les taches noires un peu plus grosses ; l'extrémité des ailes inférieures un peu transparente, précédée d'une raie sinueuse, grisâtre, dont on aperçoit du reste la trace chez la plupart des mâles ; l'extrémité de l'abdomen pourvue en dessous d'une poche cornée, brune, carénée en avant, recourbée en dedans à son extrémité. La Chenille, représentée dans notre Atlas, pl. 467, fig. 1 A, vit dans les montagnes alpines d'une grande partie de l'Europe et de la Sibérie, sur les Saxifragées et les Crassulacées. Elle est pubescente, d'un noir velouté, avec les points d'un jaune orangé, et les petits mamelons bleuâtres. La Chrysalide, fig. 1 B, est cylindrico-conique, saupoudrée de bleuâtre. L'insecte parfait éclot en été. Il est assez commun dans les montagnes et descend même quelquefois dans les prairies et les plaines sous-alpines.

Le **Parnassius Phoebus**, *P. Phœbus*, God., Papil. de France, tom. II, pl. 2 B, fig. 2 ; *Papilio Phœbus*,

Phœbus, Hubn., Pap. tab. 110, fig. 567 à 568; *Papilio delius*, Esp. Schm., tab. 115, cont. 70, fig. 5; *Papilio Apollo*, Fem. Esp., tab. 112, cont. 6, fig. 5; *Apollo delius*, Hubn., fig. 649 à 652. Plus petit que le *P. Apollo*, auquel il ressemble beaucoup; ailes ordinairement plus blanches; la raie transversale noirâtre qui précède la partie transparente descendant rarement, dans les mâles, jusqu'au bord interne; la tache noire du bord interne plus petite, souvent presque effacée; les deux taches noires situées entre l'extrémité de la cellule et la raie transversale, ou au moins la supérieure, marquées de rouge; une seule petite tache noirâtre à l'angle anal des inférieures; le bord abdominal de ces dernières ailes fortement évidé; antennes fortement annelées de noir; femelle ayant les taches plus grandes et souvent l'extrémité des quatre ailes transparente; la tache du bord interne des supérieures bien prononcée et souvent marquée de rouge; l'angle anal des inférieures offrant deux petites taches noires, pupillées ou non pupillées de rouge; poche abdominale, à peu près comme dans la femelle du *P. Apollo*, mais offrant une carène proportionnellement plus prononcée et plus tranchante. Se trouve dans les Alpes, en Suisse, en Savoie, en Russie et en Sibérie.

PARNASSIUS MNÉMOSYNE, *P. Mnemosyne*, Boisd., ouvr. cit., t. I, p. 401, le *semi-Apollon*, Ernst. un peu plus petit que l'espèce précédente; dessus des ailes blanc, coupé par des fines nervures noirâtres; les supérieures ayant dans la cellule discoïdale deux taches noires disposées longitudinalement; leur extrémité dénudée et transparente; ailes inférieures ayant le bord interne pointillé de noirâtre, et souvent, en outre, une tache noirâtre à l'extrémité de la cellule discoïdale; dessous semblable au dessus, mais luisant; corps noirâtre, garni de poils blanchâtres ou d'un blanc grisâtre; antennes entièrement noires. Femelle semblable au mâle, avec l'abdomen muni en dessous d'une grande poche cornée, blanchâtre, très-saillante, convexe, cylindroïde, paraissant formée d'une seule pièce; une petite ligne jaune de chaque côté le long de l'insertion de la poche. Se trouve dans les Alpes, aux Pyrénées, en Suisse, en Sicile, en Suède, en Hongrie et en Russie.

Pour toutes les espèces que chaque genre renferme et qui ont été décrits dans cet article, consultez le t. Ier, de l'Histoire naturelle des Lépidoptères, par M. le docteur Boisduval. (H. L.)

PAPILLONIDES, *Papilionides*. (INS.) C'est une tribu de l'ordre des Lépidoptères, famille des Diurnes, qui a été établie par Latreille, et qui renfermait autrefois, moins les Hespéries, le grand genre *Papilio* de Linné; mais à mesure que la science avançait, on a senti qu'il était nécessaire de restreindre un peu cette tribu, et en effet c'est ce qu'a fait un de nos savans lépidoptérologistes, M. le docteur Boisduval. La tribu des Papillonides se compose maintenant de sept genres dont nous allons présenter les principaux caractères; mais avant, nous croyons nécessaire de signaler ceux de la tribu à l'état parfait: Tête assez grosse; yeux saillans, assez grands; palpes courts, ne dépassant pas les yeux; ailes larges, assez robustes, à nervures saillantes; les inférieures ayant le bord abdominal évidé ou replié; la cellule discoïdale fermée à chaque aile; abdomen libre, non reçu dans une gouttière. A l'état de nymphe: Chrysalides attachées par la queue et par un ou plusieurs liens transversaux. A l'état de larves: Chenilles lentes, médiocrement allongées, cylindriques, épaisses, munies de deux tentacules rétractiles, placés sur le premier anneau.

Division en genres.

A. Massue des antennes arquée de bas en haut.
- *a.* Valves anales des mâles très-saillantes.
  - Ailes grandes; les supérieures oblongues à fond noir; les inférieures grossièrement dentées, arrondies, sans queue, à disque jaune, vert ou bleu. Genre ORNITHOPTERA (pl. 455).
- *b.* Valves anales des mâles de grandeur moyenne; ailes larges; les inférieures souvent munies d'une queue. Genre PAPILIO (pl. 456).
  - Ailes médiocres; les supérieures à bandes transparentes; les inférieures se terminant insensiblement en une longue queue. Genre LEPTOCIRCUS (pl. 458, fig. 2).
  - Ailes à fond jaune, marquetées de noir et de rouge, et ayant les contours comme festonnés. Genre THAÏS (pl. 457, fig. 2).
  - Ailes demi-transparentes, ridées, comme gauffrées; les supérieures marquées dans la cellule discoïdale de deux taches noires; les inférieures ayant une rangée marginale d'yeux. Genre DORITIS (pl. 458, fig. 1).

B. Massue des antennes droite.
- Ailes supérieures oblongues, transparentes, ayant deux taches noires dans la cellule discoïdale; abdomen rouge à l'extrémité. Genre EURYCHUS (pl. 458, fig. 3).
- Ailes supérieures arrondies, à sommet transparent, ayant deux taches noires dans la cellule discoïdale; abdomen sans tache rouge; celui des femelles muni d'une poche cornée. Genre PARNASSIUS (pl. 457, fig. 1).

Voyez tous ces noms à l'article PAPILIO.

(H. L.)

PAPILLONS. (INS.) Sous ce nom on a désigné vulgairement tous les Lépidoptères. Ce sont ces insectes qui, par la surprenante variété de leurs couleurs, l'élégance de leurs formes, leur légèreté, leurs courses vagabondes et volages, fixent le plus généralement nos regards et font le charme de nos yeux. Si les naturalistes n'avaient envisagé que la forme et la beauté des animaux, les Lépidoptères devraient être placés sans doute au plus haut degré de l'échelle de la perfection dans les insectes; car ce sont des êtres presque tout aériens, parés de couleurs aussi belles par leur éclat et leur variété que par leur distribution. Ils se nourrissent uniquement du suc mielleux qu'ils savent extraire ou tirer avec leur trompe, en voltigeant continuellement d'une fleur à l'autre; ce sont les animaux les plus pacifiques du monde; ils n'attaquent aucun autre insecte, et n'ont même aucun organe pour se défendre. Tel est en peu de mots ce qu'on appelle vulgairement Papillon, mot dont le sens a été restreint par les naturalistes, qui le réservent à un groupe qui constitue la tribu des Papillonides dont nous avons déjà donné les caractères. Mais avant d'arriver à cet état qui est appelé parfait, le Papillon est obligé de subir trois autres états.

Etat parfait. Comme dans tous les autres insectes, le corps des Lépidoptères se compose de la tête, du thorax et de l'abdomen. La seconde de ces parties porte toujours, sauf de très-rares exceptions, quatre ailes et six pattes. Jouant, sous ce rapport, un rôle très-important dans l'organisation, nous l'examinerons la première.

Le thorax ou corselet est formé de trois segmens intimement unis, dont l'antérieur très-court et en forme de collier est le prothorax; les deux autres ou le mésothorax et le métathorax, sont toujours soudés ensemble, et paraissent ne former qu'un tout unique. Le dernier se termine en dessus par une petite pièce triangulaire dont le sommet regarde la tête, et qui est l'écusson. La partie supérieure du thorax s'appelle le dos, et l'inférieure la poitrine; le premier est presque toujours recouvert par les Ptérygodes, qui, selon qu'elles sont plus ou moins développées, altèrent plus ou moins la forme du thorax.

La tête est généralement arrondie, comprimée en avant, plus large que longue, toujours un peu plus étroite que le thorax; sa partie antérieure, ou front, est désignée par beaucoup d'entomologistes, mais improprement, sous le nom de Chaperon; la tête est très-saillante dans les Diurnes, et garnie de poils fins. Celle des Hétérocères est plus petite, moins saillante, garnie de poils écailleux, et quelquefois entièrement retirée sous le corselet; dans quelques genres elle est ponctuée comme le prothorax. Les organes importans dont cette partie est le siége sont les yeux, les stemmates, les antennes, les palpes et la spiritrompe.

Les yeux, composés d'innombrables petites facettes, sont grands, bordés de poils, qui remplissent probablement les fonctions de paupières, et n'offrent rien de particulier, si ce n'est sous le rapport de la couleur, qui varie beaucoup pendant la vie. Chez quelques espèces, comme les *Eurybia*, ils sont d'un vert brillant; bruns chez les *Sphinx* et la plupart des Nocturnes; rougeâtres chez plusieurs *Satyres*.

Les stemmates, ou yeux lisses, sont situés sur le vertex, et n'existent pas chez toutes les espèces; ils sont cachés entre les écailles, et ne deviennent visibles qu'après que l'on a dénudé le dessus de la tête. On les observe, mais non sans quelque difficulté, chez les genres *Zygæna*, *Procris*, *Sesia* et la plupart des Hétérocères.

Les antennes, situées près du bord interne de chaque œil, sont ordinairement plus courtes que le tronc, et composées d'un grand nombre d'articles; leur forme est très-variable; dans tous les Diurnes, qui pour cette raison ont été nommés *Rhopalocères*, ῥόπαλον, massue, et κέρας, corne, antennes, elles sont filiformes jusque près de l'extrémité, et terminées par un bouton ou massue plus ou moins allongée. Celle-ci varie également beaucoup selon les races. Quelquefois elle naît insensiblement du tiers antérieur de l'antenne, ailleurs elle est à peine sensible; souvent elle est formée par un renflement brusque, tantôt unique et tronqué, tantôt comprimé latéralement et aplati, quelquefois creusé en cuiller, et quelquefois terminé par une petite pointe recourbée en hameçon. Dans tous les autres Lépidoptères, qui par opposition aux premiers ont reçu le nom d'Hétérocères (ἕτερος, variable : κέρας, corne), on ne retrouve pas d'antennes en massue, sauf les Castnies, qui nous rappellent, un peu à cet égard, les précédens; tantôt elles sont prismatiques, comme dans la plupart des Sphingides, ou linéaires comme chez les Sésiaires : tantôt en corne de Bélier, comme dans les *Zygæna*, ou simplement arquées de dedans en dehors, comme dans les Ægocères. Dans une infinité de genres, elles sont filiformes, atténuées à leur extrémité; chez d'autres, surtout ceux qui font partie des Bombyx des anciens auteurs, elles sont pectinées, c'est-à-dire que de chaque côté elles offrent un rang de petites dents que l'on a comparées à celles d'un peigne. Quand ces dents sont longues, elles ressemblent aux barbes d'une plume, les antennes sont dites plumacées ou plumeuses; celles de plusieurs Géomètres offrent un exemple de cette disposition. Les palpes sont au nombre de quatre, comme chez les insectes broyeurs, deux maxillaires et deux labiaux; mais, excepté chez quelques races d'Hétérocères, les premiers sont toujours excessivement réduits, et visibles seulement à l'aide d'une forte loupe; ils ont le plus souvent la forme d'un petit tubercule, et sont placés à la base de la spiritrompe. Les seconds sont au contraire, en général, très-apparens, redressés, cylindriques ou coniques, couverts d'écailles, ou très-velus, formés de trois articles dont le dernier, souvent très-petit, ou même presque nul dans beaucoup de Rhopalocères, est quelquefois très-long chez les Hétérocères formant alors une pointe aciculaire plus ou moins prononcée. Les palpes sont le plus souvent contigus ou connivens; ailleurs ils sont assez écartés, et laissent un intervalle notable entre eux. Quelques genres les ont très-écailleux, d'autres simplement hérissés de poils raides, ou plus ou moins soyeux. Généralement ils sont ascendans et accolés au front; quelquefois cependant ils sont entièrement droits et parallèles à l'axe du corps comme dans le genre *Libythea*.

La spiritrompe se compose de deux filets plus ou moins longs, cornés, concaves à leur face interne, engrenés par leurs bords; lorsqu'on la coupe transversalement, on voit que son intérieur se compose de trois petits canaux dont l'intermédiaire est, suivant quelques auteurs, le seul qui serve de conduit aux sucs nutritifs. Dans l'inaction elle est toujours roulée en spirale entre les palpes. Les Rhopalocères sont tous pourvus d'une spiritrompe bien développée. Dans les Hétérocères, sa longueur varie au contraire beaucoup. Chez quelques *Sphinx* elle est deux ou trois fois aussi longue que le corps; très-courte chez beaucoup de Géomètres, et dans une partie des Bombyx elle n'existe plus qu'à l'état rudimentaire; l'abdomen est en ovale allongé, ou presque cylindrique dans la majorité des espèces; il se compose de sept anneaux, lesquels, à leur tour, sont formés chacun d'un arceau supérieur et d'un arceau inférieur, unis entre eux par une membrane; les premiers sont beaucoup plus grands que les autres et les recouvrent le plus souvent par leurs bords, de sorte qu'en dessous, l'abdomen paraît quelquefois former une gouttière. Cette disposition lui permet de se dilater considérablement, ainsi qu'on le voit chez quelques femelles avant la ponte; à son extrémité il offre une ouverture, en forme de fente longitudinale, servant d'issue aux organes reproducteurs et au canal intestinal comme chez tous les insectes. Cette scissure, beaucoup plus prononcée chez le mâle que chez la femelle, et qui souvent est le seul caractère d'après lequel on puisse le distinguer de cette dernière, est située entre deux valves formées par le dernier anneau de l'abdomen. Lorsqu'on presse l'extrémité de celui-ci chez le mâle, on en voit sortir des pièces de formes très-différentes, qui sont autant de dépendances de l'organe qui caractérise son sexe: le plus souvent ce sont des crochets ou pinces plus ou moins velus, ou, comme chez quelques espèces du genre *Heliconia*, des faisceaux de poils rayonnant en étoiles. Après la mort de l'animal, ces pièces font souvent saillie d'elles-mêmes. Dans les femelles, l'oviducte ne s'annonce généralement par aucune saillie extérieure; mais dans quelques genres, tels que les Zeuzérides, dont les Chenilles vivent dans le bois comme les larves de certains Coléoptères, l'oviducte est très-prononcé et forme une queue grêle, pointue et rétractile. Le genre *Parnassius* présente une anomalie plus remarquable; les femelles ont sous le ventre, à l'extrémité de l'abdomen, une poche cornée très-apparente, dont l'usage nous est encore inconnu. Dans beaucoup d'Hétérocères, surtout ceux de la division des Processionnaires, et dans les espèces appelées *Lanestris*, *Catax*, *Chrysorrhœa*, *Auriflua*, *Dispar*, l'abdomen est pourvu à son extrémité d'un épais faisceau de poils fins et soyeux, qui sert aux femelles à recouvrir leurs œufs. Chez d'autres, particulièrement ceux qui font partie de la division des *Noctua* des anciens auteurs, sa portion dorsale est un peu carénée, et offre quelquefois une rangée de petits pinceaux de poils formant des crêtes.

La couleur de l'abdomen, dans la plupart des *Noctua*, participe de celle des ailes inférieures. Chez les Chéloniaires, les *Glaucopis*, et plusieurs espèces de Bombycites, il est orné de couleurs non moins brillantes que celles des ailes. Celui des Diurnes est souvent plus sombre que le thorax; cependant dans quelques genres, surtout dans les Lycénides, il est parfois saupoudré d'une teinte analogue à celle des ailes inférieures. Nous citerons également celui de plusieurs *Papilio* qui offre à sa base ou à son extrémité anale des taches jaunes ou rouges, et celui des *Thaïs* qui est marqué de poils réguliers de différentes couleurs.

L'abdomen des Sphingides a généralement une forme conique, quelquefois cependant, comme dans le genre Macroglosse, il se termine par un faisceau de poils raides étalés en queue d'oiseau. Chez les insectes de cette tribu, comme chez les Sésiaires, il est annelé de couleurs très-vives.

Les ailes attachées à la partie latérale supérieure du thorax, sont toujours au nombre de quatre, excepté dans quelques femelles chez qui elles avortent ou sont réduites à de simples rudimens impropres au vol. Chacune d'elles, considérée à part, consiste en deux lames membraneuses intimement unies entre elles par leur face interne, et divisées en plusieurs parties distinctes par des filets cornés plus ou moins saillans, nommés nervures. Ces deux lames, qui constituent le dessus et le dessous de l'aile, sont recouvertes d'une poussière farineuse qui s'enlève par le toucher. Avec le secours du microscope, et même assez souvent à l'œil nu, on voit que cette poussière est un assemblage de petites écailles colorées, implantées sur la partie membraneuse au moyen d'un pédoncule, et disposées avec la même symétrie que les tuiles d'un toit. Leur forme varie à l'infini selon les espèces, et, dans chaque espèce elle-même, elles sont souvent très-diversifiées, selon la partie de l'aile qu'elles occupent; elles sont généralement plus grandes dans les Hétérocères que dans les Rhopalocères; mais aucun genre ne les offre plus distinctes que celles des Castnies, chez qui on pourrait presque les comparer à celles de certains poissons. Les couleurs si variées et si admirables que présentent les ailes des Lépidoptères sont dues non à leur membrane qui est toujours transparente, mais aux écailles. La face inférieure de ces dernières est presque toujours semblable à cet égard à la face supérieure. C'est par cette raison qu'une aile de Papillon peut être imprimée sur un papier enduit de gomme arabique, ou de tout autre mucilage, et que le dessin qui en résulte est pareil en tout à l'aile qui a servi à l'expérience, quoique, dans ce cas, toutes les écailles soient retournées. Dans certaines espèces, telles que plusieurs Lycénides, le résultat serait tout autre, et l'expérience n'offrirait plus l'image de l'aile.

Aucun Lépidoptère n'est dépourvu d'écailles; mais, chez quelques uns, elles sont si petites et si peu nombreuses, que les ailes sont entièrement transparentes, comme chez plusieurs Satyrides, la division des Héliconies transparentes, la plupart des Sésiaires, etc. Dans les Macroglosses à ailes vitrées, celles du centre de l'aile sont si peu adhérentes, qu'elles n'existent plus pour peu que l'insecte ait volé.

Pour résumer tout ce que nous avons dit sur les écailles des Lépidoptères, nous allons donner un extrait du travail suivant. M. Bernard Deschamps, d'Auxerre, dans un Mémoire intitulé : Recherches microscopiques sur l'organisation des ailes des Lépidoptères, insérées dans les Annales des sciences naturelles des mois de février et de mars 1837, a fait connaître à la science des observations aussi neuves qu'intéressantes sur les formes variées des écailles qui recouvrent les ailes des Papillons et sur leur structure admirable. Comme nous n'avons eu connaissance de ce mémoire qu'après l'impression de notre article Lépidoptères, dans lequel les observations qui en font le sujet doivent naturellement trouver place, nous allons remplir ici cette lacune et entrer dans quelques détails sur le Mémoire de M. Bernard Deschamps.

L'auteur, après avoir rappelé ce que l'on connaissait sur les formes variées des écailles qui ornent les ailes des Papillons, a parlé de leur structure merveilleuse dont on ne s'était pas occupé avant lui. Il a reconnu que ces écailles sont composées de trois membranes ou lamelles superposées, dont la première ou l'intérieure est chargée de granulations de formes arrondies, espèce de pollen qui donne aux Papillons leurs couleurs riches et variées que présente à l'œil leur robe si riche; que la deuxième est chargée de soies formant quelquefois sur les écailles des dessins curieux; enfin que la troisième lamelle, celle qui s'applique sur la membrane de l'aile, a la propriété de réfléchir les couleurs les plus brillantes et les plus variées, malgré que la surface des écailles visibles à l'œil soit souvent sombre et terne. Voici la manière dont M. Bernard Deschamps s'exprime, pour faire connaître la beauté de ces écailles : « Je suppose, dit-il, qu'un peintre possédât le secret de couleurs assez riches pour pouvoir présenter sur la toile, avec tout leur éclat, l'or, l'argent, l'opale et le rubis, le saphir, l'émeraude et les autres pierres précieuses que produit l'Orient; qu'avec ces couleurs il formât toutes les nuances qui pourraient résulter de leur combinaison, on peut affirmer, sans crainte d'être jamais démenti, qu'il n'y aurait aucune de ces couleurs et de leurs nuances, quel qu'en soit le nombre, que le microscope ne puisse faire découvrir sur la partie des écailles des Lepidoptères que la nature s'est plu à dérober à nos regards. »

Malgré la supposition de M. Bernard, qui était le seul moyen de donner aux naturalistes une idée exacte de la richesse et de la variété des couleurs que réfléchit la surface des écailles des Papillons qui regarde la membrane de leurs ailes, nous ne pourrions encore nous figurer tout ce qu'offre de merveilleux l'observation de ces écailles, si cet observateur n'avait eu la complaisance de la répéter devant nous. Il fait remarquer avec raison que la nature s'est écartée en faveur des Papillons de la marche générale qu'elle suit ordinairement à l'égard des autres insectes et des oiseaux, chez lesquels les couleurs brillantes ne se voient toujours que sur les parties externes de leur robe, tandis que chez les Papillons c'est toujours la surface de leurs écailles cachée à l'œil qui réfléchit les couleurs admirables dont nous venons de parler et dont les figures de notre planche 454 peuvent donner quelque idée.

L'auteur du Mémoire dont nous entretenons nos lecteurs, après avoir fait connaître les observations les plus curieuses, dans la description de différentes écailles de formes extraordinaires qu'il a découvertes sur un petit nombre d'espèces de Papillons et dont les mâles seuls sont pourvus, circonstance très-remarquable, M. Bernard a donné à ces écaillesle nom de *plumules*. Les formes de ces plumules varient dans chacune des espèces qui en fournissent. Les fig. 6, 7, 8 et 9, 10 de la pl. 454 donneront une idée de leur organisation. La première appartient à la Piéride de la rave (le petit Papillon du Chou); les fig. 2, 3 et 4 se trouvent, l'une sur un Satyre, la seconde sur la Piéride daplidice (le Marbré de Vert) et la dernière sur le Polyommate Argiolus (l'Argus bleu à bandes brunes). Le grossissement linéaire de ces plumules est de 480 ou 230 à 400 fois. M. Bernard Deschamps parle ensuite de la manière dont se trouvent implantées les écailles des Papillons sur leurs ailes.. Il a fait connaître qu'elles ne sont point piquées ou plantées, comme le dit Réaumur dans le Ier volume de ses Mémoires, page 204, sur la membrane de l'aile, où l'on aperçoit, suivant lui, lorsque les écailles ont été enlevées, les trous dans lesquels leurs pédicules sont engagés, mais que chacune d'elles adhère à cette membrane par l'intermédiaire d'un joli petit tuyau qui s'y trouve solidement soudé. Cette organisation admirable est la même que pour chacun des poils qui sont par milliers sur les ailes et sur le corps des Papillons, particulièrement des Nocturnes. L'auteur du Mémoire fait remarquer que dans les genres *Sphinx*, *Bombyx*, les écailles s'enlèvent moins facilement que dans les autres genres, ce qui provient de ce que les ouvertures des tuyaux d'implantation ont un diamètre plus petit que celui de l'extrémité des pédicules des écailles, presque toujours renflée; alors les pédicules, ne pouvant sortir de leurs tuyaux d'implantation sans se rompre, opposent de la résistance lorsqu'on veut dénuder l'aile de ses écailles. Cette résistance est assez forte dans le Bombyx connu sous le nom de Grand Paon de Nuit (*Saturnia pyri*). Les figures 17, 18 et 19 donnent l'idée des formes des tuyaux d'implantation et des pédicules des écailles.

Nous regrettons beaucoup que les bornes de cet ouvrage ne puissent nous permettre d'ajouter encore aux détails dans lesquels nous venons d'entrer sur les observations pleines d'intérêt qui font le sujet du Mémoire de M. Bernard Deschamps. Nous renvoyons à ce Mémoire ceux de nos lecteurs auxquels ils ne suffiraient pas.

Les nervures sont des organes fistuleux, filiformes, plus ou moins ramifiés, qui semblent destinés à supporter les deux lames membraneuses indiquées plus haut, et qui constituent, à proprement parler, la charpente de l'aile ; elles s'étendent en se ramifiant de la base au bord extérieur de celle-ci. Leur nombre, en les comptant du bord extérieur, varie depuis huit jusqu'à douze, et n'est pas toujours le même aux ailes antérieures qu'aux postérieures. Dans les genres *Papilio*, *Parnassius*, il est de huit aux premières et de neuf aux secondes. Dans les Piérides, les *Colias* et la plupart des Hespérides, il est de neuf à chaque aile. Toutes ces nervures ne viennent pas directement de la base ; la plupart ne sont que des ramifications ou des nervures primitives ou basilaires. Le nombre et l'origine de ces dernières varient aussi selon les races ; ainsi, pour en donner une idée complète, nous allons entrer dans quelques détails à ce sujet.

La première, en commençant par le bord antérieur de l'aile, et qui naît directement de la base, s'appelle nervure costale ; celle qui la suit, et qui naît de la même souche que la médiane, n'a point reçu de nom particulier ; comme elle est très-rapprochée de la costale, et qu'elle s'anastomose le plus souvent avec elle ou avec un de ses rameaux, elle n'a pas été distinguée par les entomologistes ; nous la désignons sous le nom de sous-costale : quelquefois, comme dans les *Melitæa* et les *Argynnis*, la costale n'existe pas, ou, si elle existe, elle se réunit dès son origine avec la sous-costale, et on ne distingue plus réellement qu'une seule nervure.

Le troisième, qui naît avec la sous-costale d'un point commun, et qui divise le milieu de l'aile, a reçu le nom de médiane. Elle fournit trois ou quatre nervures ou rameaux secondaires, qui se prolongent sans se ramifier jusqu'à l'extrémité de l'aile ; elle envoie souvent, en outre, un rameau récurrent sur son côté antérieur, qui vient s'unir à angle aigu avec un rameau également récurrent fourni par le coté postérieur de la sous-costale, de manière qu'il existe entre ces deux nervures un grand espace fermé, triangulaire, appelé cellule discoïdale. Chacun de ces trois ou quatre rameaux est nommé premier rameau ou première bifurcation de la nervure médiane, ou deuxième rameau, etc., selon qu'ils naissent plus ou moins après la base de cette dernière. Dans quelques genres, tels que les *Hesperia* et les *Argus*, les nervures sous-costale et médiane ne donnent point de rameau récurrent, et la cellule discoïdale est dite ouverte. Les rameaux, situés entre le sommet de l'aile, et ceux de la nervure médiane, ordinairement de quatre ou de cinq dans les Rhopalocères, et quelquefois plus nombreux chez les Hétérocères, sont fournis par la nervure sous-costale. Quelquefois, cependant, comme dans les *Papilio*, la nervure costale s'étend jusqu'au bout de l'aile sans s'anastomoser vers la sous-costale, et se ramifier; ces rameaux, selon que leur origine est plus ou moins rapprochée du tronc primitif, sont appelés comme les précédens, premier, second, troisième, etc. Dans certains cas, lorsque la cellule discoïdale est ouverte, comme chez la plupart des Lycénides, il existe en face de sa partie postérieure un rameau qui s'étend comme les autres jusqu'au bout de l'aile, mais qui paraît être entièrement libre à sa base ; nous l'appelons fausse-nervure. Il nous reste encore à parler, dit M. le docteur Boisduval, auquel nous avons emprunté les observations précédentes et celles qui vont suivre, d'une nervure primitive qui est placée près du bord interne de l'aile, et que pour cette raison nous avons nommée radiale. Elle est parallèle à ce bord, et se prolonge, le plus ordinairement, sans se ramifier, depuis la base jusqu'à l'extrémité. Elle est unique dans les Rhopalocères ; mais dans plusieurs Hétérocères, notamment dans les Zygènes Glaucopis et les Procris, elle est double. Dans ce cas, nous indiquons sous le nom d'inter-radiale, celle qui est entre elle et la médiane. Chez les Sésies elle semble ne pas exister du tout ; mais si on compte les rayons fournis par la nervure médiane, on en trouvera cinq ; c'est pourquoi nous pensons que le plus inférieur de ces cinq rayons doit être considéré comme son représentant. L'origine de cette nervure varie selon les races : dans les *Papilio*, les *Pieris*, les *Satyrus*, les *Hesperia*, elle naît de la même souche que la médiane ; chez les *Melitæa*, les *Nemeobius*, plusieurs Erycinides, et surtout chez un grand nombre de Lycénides, elle ne se sépare de la médiane qu'à une certaine distance de la base ; dans les Sphingides elle est double ou bifide à son origine.

Nous avons dit qu'elle était ordinairement simple ; cependant, dans le genre *Papilio*, elle envoie près de sa base un petit rameau oblique qui va se perdre dans le bord interne de l'aile.

Avant de terminer ce qui a rapport à la diposition des nervures des ailes supérieures, nous devons encore signaler deux ou trois petits rameaux supplémentaires qui naissent quelquefois de la costale ou de la sous-costale réunies et qui vont se perdre dans le bord antérieur, comme dans la plupart des *Pieris* et des *Colias*.

Si nous comparons l'aile inférieure avec la supérieure, nous retrouverons les mêmes nervures, mais leur position est un peu différente. Le nombre de celles que nous appelons primitives est de quatre ou de cinq ; elles naissent toutes d'une souche commune, et nous les désignons ainsi : la plus rapprochée du bord antérieur s'appelle, comme aux ailes supérieures, nervure costale ; celle qui la suit sous-costale ; la troisième médiane ; la quatrième, en raison de sa position voisine du bord abdominal, porte le nom d'abdominale ; et lorsque, entre cette dernière et la médiane, il en existe une cinquième, comme dans les Piérides, les Nymphalides, etc., celle-ci prend celui d'inter-abdominale.

Dans les ailes en question, la costale est plus éloignée à son origine de la base que les autres. Chez les Rhopalocères elle naît toujours de la sous-costale, en formant le plus souvent un angle presque droit, et elle longe sans se ramifier tout le bord antérieur. Seulement, dans une infinité d'espèces, elle donne naissance à un petit rameau récurrent qui va se perdre dans ce même bord près de la base. Très-rarement elle s'unit avec la sous-costale ; les *Procris* en offrent un exemple. Dans beaucoup de Lycénides, et dans les *Leucophasia*, son origine est encore plus éloignée de la base de l'aile, et sa séparation a presque lieu à angle aigu. Cette nervure est beaucoup plus rapprochée du milieu de l'aile que la costale des ailes antérieures, et fournit trois rayons qui naissent d'un rameau récurrent, lequel vient, le plus souvent, s'unir sous un angle plus ou moins ouvert à un rameau pareil parti de la nervure médiane, de manière à limiter un grand espace à peu près semblable à celui dont nous avons parlé en décrivant les nervures des premières ailes, et que l'on nomme de même cellule discoïdale. Souvent le rameau récurrent n'existe pas, et la cellule est ouverte postérieurement; alors les rameaux naissent de la convexité extérieure des nervures médiane et costale, tandis que, lorsque la cellule est fermée, on croirait qu'elle est formée par une nervure continue repliée sur elle-même et que les rameaux naissent de son bord postérieur et externe. Quelquefois la cellule discoïdale paraît fermée par une petite saillie nerviforme, comme dans la plupart des *Vanessa*, des Lycénides, des *Argynnis*, etc. Nous ne considérons point cette petite saillie nerviforme comme une véritable nervure, mais simplement comme une fausse nervure. Du reste, la manière dont la cellule est fermée, et son étendue relative, varient beaucoup, selon qu'on l'examine dans tel ou tel genre. Chez d'autres espèces, elle est complétement ouverte et sans aucune saillie, comme dans les *Limenitis*, les *Melitæa* et une infinité d'autres genres.

La médiane ne se trouve point ici au milieu de l'aile ; elle est aussi rapprochée du bord interne que la costale l'est du bord externe ; elle fournit trois ou quatre rameaux, et souvent, en outre, le rameau anastomotique dont nous avons parlé en décrivant la cellule.

L'abdominale est plus grêle que les autres, et longe tout le bord de ce nom, sans jamais se ramifier.

L'inter-abdominale suit la même direction et ne fournit de même aucun rameau.

Lorsque nous avons parlé plus haut du nombre des nervures qui aboutissent à l'extrémité des ailes inférieures, nous avons cité des exemples où ce nombre était de neuf, et d'autres, où il n'était que de huit. Parmi les Rhopalocères toutes les espèces dont le bord abdominal est concave et comme échancré, telles que les *Papilio*, les *Thaïs*, les *Doritis* et les *Parnassius*, n'offrent jamais que huit nervures; mais il y en a toujours neuf dans celles dont le bord abdominal forme une sorte de gouttière. Ne serait-il point permis de croire, d'après cela, que chez les premiers, qui n'ont qu'une seule nervure au dessous de la médiane, tandis que toutes les autres en ont deux, la véritable nervure abdominale manque, parce que la portion de l'aile où elle se trouve manque elle-même ?

De même qu'à la cellule discoïdale des premières ailes, on remarque dans plusieurs Hespérides et Lycénides, à celles des secondes un rameau isolé, un peu plus grand que les autres, et que nous désignons de même sous le nom de fausse nervure.

Les nervures sont généralement filiformes, et diminuent peu de grosseur de la base à l'extrémité ; en cela elles s'écartent plus des lois de la dichotomie que les autres corps organiques, qui ne se divisent qu'en perdant beaucoup de leur volume primitif. Dans certaines espèces, celles des ailes supérieures se dilatent brusquement à leur naissance et sont presque vésiculeuses ; la plupart des Satyrides et les Biblides sont dans ce cas. Chez d'autres, tels que les mâles de plusieurs *Argynnis*, deux ou trois des rayons de la sous-costale de ces mêmes ailes sont plus ou moins dilatés et comme spongieux.

Nous avons déjà dit plus haut que les nervures constituent, à proprement parler, la charpente des ailes. En effet, ce sont elles qui leur donnent ces formes plus ou moins diversifiées que l'on nomme coupe d'aile. Dans certains genres, elles se prolongent un peu au-delà de la frange, et les ailes sont alors dentées. Souvent il n'y en a qu'une ou deux à chaque aile qui dépassent les autres ; dans ce cas les ailes sont anguleuses. Si les rayons du sommet des supérieures s'allongent plus que ceux qui les suivent, elles ont une forme falquée. Dans une infinité d'espèces de *Papilio*, de Nymphalides, le troisième rameau de la nervure médiane des ailes inférieures s'allonge considérablement et forme une queue. Chez plusieurs Lycénides et *Charaxes* (*Nymphalis*), le premier rameau de cette même nervure devient plus long que le précédent. Chez d'autres Rhopalocères, comme par exemple, les *Papilio pyranthus*, *Polycaon*, *Thymbræus*, etc., tous les rameaux dépassent plus ou moins le bord de la frange, et les ailes offrent trois ou quatre queues aiguës, allongées, dont la médiane est presque toujours plus longue que les autres; mais dans aucun genre cet exemple n'est plus frappant que dans l'*Urania ripheus*.

Dans d'autres circonstances, ce sont les nervures abdominales et le premier rameau de la médiane qui se développent de manière à allonger en pointe le bord abdominal et à former une sorte de queue. Beaucoup de *Vanessa* africaines, de Nymphalides, d'Hespérides, quelques Chélonaires américaines, etc., nous en fournissent des exemples frappans.

Les espaces compris entre les nervures sont désignés sous le nom de cellules. Celles-ci varient en raison de la disposition des premières. Les deux plus remarquables sont les cellules discoïdales dont nous avons déjà parlé, et dont il en a été souvent question dans les descriptions que nous avons données à l'article Papillon. C'est ce qui nous a engagé à insister, peut-être trop longuement, sur la disposition des nervures.

Les ailes inférieures, bien qu'elles présentent une structure anatomique analogue à celles des supérieures, ont toujours une forme qui en est assez différente. Elles sont généralement arrondies ou en ovale allongé, quelquefois un peu évidées et comme échancrées sur leur côté interne ou abdominal. Dans les espèces de Rhopalocères où ce même bord n'est pas évidé, et ce sont les plus nombreuses, il est mince, duveté, membraneux, et forme le plus souvent, avec celui du côté opposé, un canal ou gouttière qui enveloppe inférieurement l'abdomen. Les supérieures, au contraire, se rapprochent plus ou moins de la forme triangulaire.

Outre les deux faces, les ailes offrent à considérer plusieurs parties qui ont reçu les noms suivans : le milieu de l'aile porte généralement celui de disque ; la partie près du corselet celui de base ; et celle qui lui est opposée, et où aboutissent les nervures, celui du bord postérieur ou extérieur. Ensuite les deux autres bords prennent des noms différens, selon qu'il est question de l'aile supérieure ou inférieure. Aux premières, le bord qui est en avant s'appelle bord antérieur, bord costal ou simplement côte ; celui qui lui est opposé, et qui par cette raison devrait être nommé postérieur, est le bord interne, parce que dans les Nocturnes à ailes en toit, il est en rapport avec le corps. Aux secondes, la partie qui correspond au bord que nous avons appelé costal aux supérieures, est généralement désignée sous les noms de bord externe ou antérieur. Enfin celui qui est en rapport avec l'abdomen s'appelle bord interne ou abdominal.

L'angle que forment en se réunissant le bord antérieur et le bord extérieur porte le nom de sommet. Ce mot s'emploie en outre fréquemment pour désigner non seulement cet angle, mais encore la portion de l'aile qui en est voisine. L'angle opposé à celui dont nous parlons, c'est-à-dire celui qui est situé aux premières ailes, vers l'extrémité de la nervure radiale, et aux secondes vers celle de la nervure abdominale, est dit aux unes angle interne, et aux autres angle anal.

Chez la plupart des Hespérides le bord costal des ailes inférieures offre un repli ou une duplicature très-prononcée. Dans d'autres genres, tels que les *Sesia*, cette duplicature forme un rebord longitudinal qui reçoit un repli analogue du bord interne des ailes supérieures, de sorte que ces dernières sont comme agrafées avec les postérieures. Le même effet est produit en partie chez d'autres Hétérocères, par une nervure libre, simple ou multiple, que l'on appelle crin ou frein, et qui est située à la base du bord costal des secondes ailes. Cet organe est retenu dans une petite coulisse placée à la face interne des supérieures, et formée tantôt par un prolongement de la membrane de l'aile, tantôt par une touffe de poils relevés, ou enfin par une saillie scabre. Ainsi que l'a très-bien fait observer M. Poey, il est simple chez les mâles, multiple chez les femelles, et peut fournir un très-bon caractère pour distinguer les sexes.

Le bord extérieur de chaque aile est bordé par une rangée de petits poils serrés, un peu écailleux, plus ou moins longs, généralement plus développés et plus grands dans les Hétérocères que dans les Rhopalocères, et que l'on nomme frange. Celle-ci est souvent d'une autre nuance que le fond de l'aile ; tantôt, en outre, elle est d'une teinte uniforme, et tantôt de plusieurs, ce qui arrive lorsqu'elle est entrecoupée par les nervures.

Sous le rapport des couleurs, les ailes des Lépidoptères offrent autant de variétés que les corolles des fleurs. Aux nuances les plus vives elles réunissent souvent l'éclat et le reflet des métaux, le brillant de la nacre et des pierres précieuses. Dans aucune autre race d'animaux, la nature n'a été plus prodigue d'ornemens. Mais c'est surtout chez les espèces qui volent pendant le jour que les couleurs ont le plus d'éclat. Dans les Nocturnes elles sont assez sombres, et les ailes de ces derniers sont souvent plus remarquables par l'originalité du dessin que par la vivacité de leur teinte.

Quoiqu'on ne puisse établir de règle générale pour la distribution des couleurs, et qu'elles ne constituent pas un caractère fixe, cependant il est à remarquer que, de même que chez les plantes, certaines nuances semblent avoir été affectées à certains genres de Lépidoptères. Ainsi la plupart des *Pieris* sont blanches ; les *Colias*, les *Xanthidia*, les *Rhodocera*, les *Callydrias*, presque toutes jaunes ; la plus grande partie des *Argus* est bleue ; les *Polyommatus*, les *Melitæa*, les *Argynnis*, sont presque tous fauves ; les *Erebia* sont noirs ; les *Zygæna*, les *Catocala* grisâtres, etc.

Le dessin est un caractère plus constant, et dans certaines circonstances il est plus utile pour la détermination des genres que les palpes et les antennes. Il suffit même souvent de voir un simple fragment d'aile pour reconnaître sans se tromper, de quel genre fait partie le Lépidoptère auquel il appartient. Nous citerons seulement quelques exemples : toutes les Thaïs ont les ailes tachetées de noir et de rouge ; les *Colias* et les *Rhodocera* offrent, à l'extrémité de la cellule de la face inférieure des secondes ailes, une tache argentée ; les *Danaïs*, les *Idæa*, ont la poitrine et la tête ponctuées de blanc, les *Acræa* ont le dessus des ailes plus ou moins ponctué de noir vers la base ; les *Cethosia* sont marquées en dessous d'hyéroglyphes qu'on ne retrouve dans aucun autre genre. Les *Satyrides* ont des taches oculaires, les *Zygæna* ont les ailes tachées de rouge ; chez les *Sesia* elles sont transparentes ; les *Thyris* ont des taches vitrées, les *Catocola* deux bandes noires transversales sur les inférieures ; les *Plusia* des taches d'or ou d'argent sur les supérieures, etc.

Chez les Noctuélides et les Géomètres le dessin fournit des caractères importans, sans lesquels il serait souvent très-difficile de bien grouper les espèces. Beaucoup de Noctuelles ne diffèrent l'une de l'autre que par une très-légère modification de celui-ci, et il est tellement constant, que les parties qui le composent ont reçu des noms particuliers. La raie transversale placée près de la base, porte le nom de raie basilaire, celle qui la suit s'appelle raie extra-basilaire; celle qui est au-delà de la tache réniforme est la raie pristique ou serrée, nommée ainsi parce qu'elle est ordinairement dentée en scie; enfin celle qui se trouve entre celle-ci et la frange, et qui est plus ou moins en zigzag, est la raie fulgurale. Outre ces raies transverses, les ailes dans cette race offrent deux taches qui manquent si rarement, qu'elles ont été appelées taches ordinaires; celle qui est la plus rapprochée de la base, et qui est plus ou moins ronde, est la tache orbiculaire; l'autre qui est un peu plus grande et qui approche plus ou moins de la forme d'un haricot est la tache réniforme. Au dessous de la nervure médiane on voit souvent encore une tache oblongue ou un peu conique qui est désignée sous le nom de tache en bouchon, et dont le côté qui regarde la base est adhérent à la raie extra-basilaire.

Nous avons dit que le dessin était assez constant; cependant il ne faudrait pas en tirer un caractère exclusif. Dans certains cas, la nature a reproduit le même dessin et la même couleur dans des genres assez éloignés. Ainsi, par exemple, les *Zygæna* ont, à cet égard, les plus grands rapports avec l'*Euchelia jacobeæ*, la *Syntomis phegea* avec la *Zygæna Ephialtes*, la *Danais chrysippus* avec la *Diadema bolina* femelle, la *Danais archippus* avec la *Diadema dissipus*, la *Pieris pyrrha* avec certaines *Heliconia*, la *Nemeobius lucina* avec les *Melitæa*, etc. Ce qu'il y a d'assez remarquable, c'est qu'outre l'analogie de couleur et de dessin, la nature a donné à ces espèces les mêmes habitudes et les a créées les unes à côté des autres.

Non seulement on observe cette ressemblance de mœurs, de dessin et d'habitat entre les genres appartenant à l'une des grandes divisions des Lépidoptères, mais encore entre les Rhopalocères et les Hétérocères, et même entre les Lépidoptères et des insectes d'un autre ordre. En France nous rencontrerons souvent la *Geometra dealbata*, voltigeant dans les allées des bois avec la *Pieris napi*. Au Brésil, on voit voler dans les mêmes lieux l'*Acræa thalia* et la *Castnia acræoides*; la *Castnia linus* et l'*Heliconia psidii* ont tellement le même faciès, que dans les forêts ombragées de la Guiane on les confend ensemble. La *Castnia cronis* de Surinam a tant de rapport avec une *Pieris* que Cramer l'a prise pour la femelle de son *Papilio cronis*. M. Lacordaire a rapporté de Caïenne une Erycinide, qui est si voisine d'une espèce de Lithoside du même pays, figurée par Hubner sous le nom de *Pulchricolora*, que sans les antennes il serait impossible de les distinguer. Il en est de même de la *Phalæna Osiris* et du *Papilio Ammon* de Cramer, qui se trouvent l'un et l'autre à Surinam, et enfin de la *Phalæna papilionaris* de la Chine, et de quelques Danaïdes à taches vertes du même pays. Pour ce qui est de l'analogie qui existe entre les Lépidoptères et quelques insectes des autres ordres, il nous suffira de citer les *Sesia*, qui ressemblent à s'y méprendre à certains Hyménoptères, et la *Glaucopis coarctata*, que l'on prendrait pour une espèce d'Ichneumonide.

Les pattes sont composées comme dans les autres insectes, de cinq parties, la hanche, le trochanter, la cuisse, la jambe et le tarse. Celui-ci a toujours cinq articles distincts sans compter les crochets terminaux, qui quelquefois forment une griffe très-prononcée, comme cela a lieu dans l'*Acherontia Atropos*, où ils sont assez robustes pour égratigner la peau.

Chez une partie des Rhopalocères et presque tous les Hétérocères les six pattes sont d'égales longueur, mais dans quelques tribus des premiers, tels que les Nympalides, les Brassolides, les Satyrides, etc.; les deux pattes antérieures sont très-petites et impropres à la marche. Les Lépidoptères qui offrent cette modification sont appelés Tétrapodes, par opposition aux autres qui sont dits Hexapodes. Dans quelques genres ces pattes sont seulement atrophiées, c'est-à-dire qu'elles ressemblent aux autres, sauf qu'elles sont beaucoup plus petites. Dans d'autres, elles sont avortées, dépourvues de crochets, très-velues et appliquées sur le bord antérieur de la poitrine en manière de palatine, ce qui les a fait nommer pattes en palatines par quelques auteurs. Cet avortement des pattes antérieures a le plus ordinairement lieu dans les deux sexes comme chez les *Argynnis*, les *Melitæa*, les *Vanessa*, les *Limenitis*, les *Satyrus*, etc. Cependant dans certains genres le mâle est tétrapode et la femelle hexapode; les *Libythea*, les *Erycina*, etc., sont dans ce dernier cas.

Les pattes sont généralement plus ou moins velues ou écailleuses. Celles de quelques espèces d'Hétérocères sont garnies d'épais faisceaux de poils, qui, chez d'autres, n'existent qu'aux pattes antérieures. Chez le mâle de l'*Ophusia repanda*, les postérieures sont très-dilatées, très-velues et aplaties en forme de rame. Dans le genre *Eriopus*, le mâle a le côté interne de la première paire garni d'un faisceau de poils très-remarquable.

Les jambes postérieures ont tantôt deux et tantôt quatre petites pointes aciculaires plus ou moins développées et désignées sous le nom d'éperons. Lorsqu'il y en a quatre, deux sont placées vers le bout et deux vers le milieu du côté interne.

Les deux sexes, chez les Lépidoptères, n'offrent quelquefois d'autre différence que le développement plus considérable de l'abdomen, qui, chez la femelle, est distendu par les œufs; cependant cette dernière est un peu plus grande que le mâle; ses couleurs sont moins brillantes et le dessin en est plus prononcé. On observe toutefois le contraire dans quelques espèces, c'est-à-dire que la femelle est plus petite que le mâle, comme dans le *Satyrus Phryne*, chez les *Lithosia aurita*, *irrorea*, *ramosa*, etc. Dans certains cas, ces ailes deviennent mêmes si courtes, qu'elles sont impropres au vol; on en voit des exemples chez les *Liparis morio*, *Tinea faginella*, *Geometra pomonaria*, *zonaria*, etc. Ailleurs, elles sont tout-à-fait nulles comme dans les *Orgya rupestris*, *trigotephras*, *corsica*; *Geometra æscularia*, etc. Il en est de même des femelles qui ressemblent à leur larve, telles que celles des Psychés. Jusqu'à présent, nous

nous ne connaissons pas de mâles dont les ailes soient impropres au vol. Ceux des *Geometra sexalata*, *lobulata* et *hexapterata*, offrent à la base des inférieures, un petit lobule ou espèce de cuilleron ressemblant à une aile avortée, qui a fait donner à ces espèces le nom de Phalènes à six ailes.

Sous le rapport de la forme des ailes, il existe aussi quelquefois une grande différence entre les deux sexes. Dans quelques Nymphalides, les ailes inférieures du mâle se terminent par une queue très-prononcée, tandis qu'elles sont arrondies dans la femelle.

Relativement à la couleur, les différences sont souvent si grandes entre les deux sexes, qu'on ne se douterait pas qu'ils appartiennent à la même espèce. Ainsi le mâle de la *Chelonia mendica* est noir, et la femelle est blanche. Le mâle du *Satyrus Phryne* est brun et la femelle d'un blanc de lait; la plupart des *Argus* et des *Thecla* mâles sont bleus et les femelles brunes; l'*Anthocaris cardamines* mâle a l'extrémité des ailes aurore, et la femelle l'a blanche comme le fond de l'aile, etc. Dans certaines circonstances la couleur est la même dans les deux sexes; mais le mâle offre un reflet brillant bleu ou violet, comme dans les Nymphalides connues sous les noms vulgaires de Mars changeans.

Le dessin offre moins de variations du mâle à la femelle que la couleur. Elles sont cependant assez grandes chez quelques individus pour qu'on ait pu les prendre pour des espèces distinctes. Les mâles de quelques *Argynnis*, comme *Paphia*, *Laodice*, ont à l'extrémité des ailes supérieures des raies longitudinales, tandis que les femelles n'offrent que des points noirs. La femelle de la *Callithea sapphirina*, a une bande orangée, et le mâle en est dépourvu; le *Morpho Cytheris* mâle est d'un bleu argentin satiné, et la femelle fauve tachée de noir, etc.

Le dessin de la face inférieure des ailes présente d'ordinaire des différences sexuelles beaucoup moins grandes. Les mâles et les femelles des Lycénides, dont le dessus des ailes est souvent si différent chez une même espèce, offrent presque toujours les mêmes caractères sur la face inférieure de ces organes.

On rencontre quelquefois, mais très-rarement, des Lépidoptères hermaphrodites (1), qui ont tout un côté mâle et l'autre femelle; mais jusqu'à présent nous n'avons jamais vu un seul individu chez lequel il y eût fusion complète des caractères du mâle et de la femelle. Dans tous ceux que nous avons observés, c'était une moitié du mâle accolée, sur la ligne médiane, à une moitié de femelle. L'anatomie interne démontre que chez ces indivi-
Chenille, et qui éclosent en été, ne s'accouplent
dus monstrueux, il existe d'un côté un ovaire, et de l'autre la moitié de l'organe mâle; mais ces parties sont atrophiées et impropres à la reproduction. Ces hermophrodites sont très-rares, ce qui provient, sans doute, de ce qu'attirant l'attention, principalement par les différences de dessins que présentent leurs ailes, ou par la forme des antennes, il est des cas où rien ne les révèle à l'extérieur; cela a lieu lorsque le mâle et la femelle se ressemblent tout-à-fait, comme dans la plupart des *Zygæna*, des Noctuélides, etc.

On trouve aussi quelquefois le mâle d'une espèce accouplé avec la femelle d'une autre espèce, mais toujours très-voisine; il en résulte, comme chez les autres animaux, des mulets ou hybrides incapables de se reproduire. Ces hybrides sont rares et n'ont encore été observés que parmi les *Zygæna*, les Sphingides et quelques Bombycides. Quoique la plupart des petites Chenilles provenant des œufs produits par les femelles qui sont dans ce cas, éclosent, il n'y en a qu'un très-petit nombre qui parviennent à l'état d'insectes parfaits. M. Anderregg, de Gamsem en Suisse, nous a communiqué un fait plus extraordinaire; c'est un exemple d'hermaphroditisme et d'hybridisme tout à la fois, offert par un individu de *Lithosia ramosa* mâle, qui, de l'autre côté, est une *L. aurita* femelle.

L'existence est généralement de courte durée chez les Lépidoptères à l'état parfait; le mâle périt quelques jours après l'accouplement, et la femelle après avoir achevé sa ponte. Dans quelques circonstances, il s'écoule deux ou trois jours entre l'éclosion et l'accouplement; mais ce retard est indépendant de la volonté des individus, et n'a lieu que lorsque les deux sexes ne peuvent se rencontrer plus tôt. Une femelle en captivité, et privée de la présence du mâle, vit ordinairement un temps beaucoup plus long que dans les circonstances normales; le plus souvent alors elle meurt sans avoir pondu. Plusieurs espèces cependant font exception; beaucoup de femelles de Bombyx se délivrent de leurs œufs, quoique non fécondées; mais il est à remarquer qu'elles le font bien plus rapidement, qu'elles soient fécondées ou non, lorsqu'elles sont fixées avec une épingle qui leur traverse le thorax.

L'accouplement est plus ou moins long suivant les races : chez plusieurs Hétérocères il dure plus de vingt-quatre heures; dans beaucoup de Rhopalocères, au contraire, quelques minutes suffisent pour que l'accouplement soit accomplie. Il est cependant certains de ces derniers chez qui cet acte se prolonge plus long-temps; il n'est pas rare de voir le mâle d'une *Pieris* ou d'une *Melitæa* entraîner sa femelle dans les airs.

Quelques unes de nos Vanesses européennes, et à ce que nous soupçonnons, plusieurs Hétérocères présentent dans certains cas une anomalie des plus remarquables : leur accouplement n'a lieu que sept ou huit mois après l'éclosion de l'insecte parfait. Ainsi, par exemple, les *Vanessa antiopa*, *Polychloros*, et qui vivent en famille à l'état de Chenille, et qui éclosent en été, ne s'accouplent

(1) Les Hermaphrodites mentionnés par les auteurs ou observés par M. le docteur Boisduval, sont les *Bombyx quercûs*, *neustria*; *Saturnia carpini*; *Aglia tau*; *Endromis versicolora*; *Lasiocampa quercifolia*; *Smerinthus populi*; *Chelonia villica*; *Papilio ulysses*; *Pieris brassicæ*; *Liparis dispar*; *Orgya antiqua*; *Rhodocera rhamni*; *Anthocharis eupheno*; *Argynnis paphia*; *Melitæa cinxia*; *Lithosia quadra*; *Argus alexis*; *Apatura (Nymphalis) iris*; *Geometra prunaria*.

que l'année suivante au printemps. La plus grande partie continue de voler jusqu'à la fin de son existence, tandis qu'une autre se retire dans les crevasses des murailles, les arbres creux, les souterrains, les caves, etc., et tombent dans un engourdissement léthargique jusqu'aux premiers beaux jours. Quelques auteurs ont cru que c'étaient des individus tardifs qui avaient été surpris par l'approche de la mauvaise saison et qui s'engourdissent; mais il n'en est pas ainsi, nous avons eu occasion d'observer des *Vanessa polychloros* et *Urticæ*, au mois d'août, dans un engourdissement profond, pendant que d'autres individus des mêmes espèces volaient à l'ardeur du soleil. C'est ce qui explique pourquoi on trouve au printemps des *Vanessa* qui sont encore assez fraîches, quoique toutefois leurs couleurs aient perdu un peu de leur vivacité par l'hibernation.

Les mâles de quelques espèces peuvent s'accoupler plusieurs fois, ainsi qu'on le voit faire à ceux du Bombyx du mûrier; mais comme il éclot autant de mâles que de femelles, et même quelquefois beaucoup plus des premiers que des secondes, ce cas est rare, et n'existe peut être pas chez les individus non captifs. Certains mâles de Bombycides, dont les femelles sont lourdes ou aptères, et en moindre proportion qu'eux, volent une partie de la journée à la recherche de ces dernières. Plusieurs de ces espèces ont l'odorat si développé qu'on a vu des mâles franchir un espace de plus de deux lieues pour venir trouver leurs femelles. Ainsi, par exemple, des entomologistes qui avaient en leur pouvoir une femelle vivante et non fécondée de l'Aglia tau, ont pris dans l'intérieur de Paris le mâle de cette espèce, qui, à l'état de Chenille, vit exclusivement dans les bois de hêtres.

La plupart des Lépidoptères se nourrissent en pompant avec leur spiritrompe le suc mielleux des fleurs, soit pendant le jour, soit après le coucher du soleil. Ceux chez qui cet organe n'existe qu'à l'état rudimentaire, comme plusieurs Hétérocères, périssent sans prendre aucune nourriture. Il est des espèces, telles que les *Vanessa*, les *Apatura*, qui préfèrent au nectar des fleurs, les liquides sécrétés par les plaies des arbres. D'autres, parmi lesquels nous citerons les *Apatura iris*, les *Limenitis populi*, recherchent les excrémens de différens animaux, ou même les charognes. On voit souvent aussi, dans les chaleurs de l'été, quelques espèces se rassembler en groupes plus ou moins nombreux, au bord des ruisseaux ou dans les chemins fangeux, et sucer la terre humide comme pour se désaltérer; enfin, une infinité de Noctuelles recherchent la miellée, qui, à certaines époques de l'année, enduit les feuilles de plusieurs arbres.

Peu de temps après l'accouplement, la femelle dépose ses œufs sur la plante qui doit nourrir sa famille. Ceux-ci ont ordinairement une forme sphéroïde ou oblongue, et leur coque offre souvent des cannelures plus ou moins sensibles. Au moment où ils viennent d'être pondus, ils sont enduits d'une matière gluante, insoluble dans l'eau, qui sert à les fixer aux tiges ou aux feuilles des végétaux. Dans les espèces dont les Chenilles vivent en famille, la femelle dépose toute sa ponte, ou au moins une grande partie à la même place. Quelquefois elle recouvre ses œufs avec les poils qui garnissent son abdomen pour les préserver du froid et de l'humidité (*Liparis dispar*, *auriflua chrysorrhæa*, etc.), ou elle les cache entièrement son une substance blanchâtre, écumeuse (*Liparis salicis*). Lorsque les Chenilles doivent vivre sur des arbres qui perdent leurs feuilles à l'automne et que les œufs doivent passer l'hiver, la femelle, par une sage prévoyance, les dépose sur le tronc ou sur les rameaux, ce qu'elle fait souvent avec une symétrie remarquable, autour des branches. Parmi les espèces qui déposent leurs œufs isolés, ou par petits groupes de deux ou trois; la femelle les recouvre aussi quelquefois d'une couche de poils qu'elle détache de son corps (*Dicranura verbasci*, *furcula*). La plupart des Rhopalocères, des Noctuélides, des Sphingides, des Géomètres, etc., ne déposent qu'un seul œuf à la fois sur les feuilles ou sur les tiges.

Le volume des œufs relativement à celui de l'insecte varie selon les races. Ceux des Saturnies, des Sphinx, des Bombyx, etc., sont généralement assez gros, ceux de la *Zeuzera æsculi*, du *Cossus ligniperda*, sont au contraire très-petits. Leur couleur est aussi variée que celle des œufs des oiseaux; on en voit de toutes les nuances depuis le blanc pur jusqu'au noir le plus foncé, ou qui sont émaillés de différentes couleurs. Ceux, par exemple, de la plupart de nos Lasiocampes d'Europe, sont panachés de gris et de blanc, et ont quelque ressemblance avec des grains de chenevis.

La fécondité des Lépidoptères est aussi variable que celles des poissons; il en est qui ne pondent pas au-delà de cent œufs, d'autres en font plusieurs milliers. Les Rhopalocères sont généralement moins bien partagés, sous ce rapport, que les Hétérocères; et les plus remarquables parmi ces derniers, sont les espèces endophytes, telles que les *Sesia*, les *Hépialus*, les *Cossus*, les *Zeuzera.*

La résistance vitale des œufs est très-grande. Ils peuvent supporter une température de 50 à 60 degrés R. au dessus de zéro et un froid aussi excessif. On peut même les conserver à un froid artificiel pendant un temps plus ou moins long, et les faire éclore à une température convenable. Ceux d'un grand nombre d'espèces de nos climats éclosent avant l'hiver, et les Chenilles passent cette saison dans l'engourdissement ou à l'état de chrysalides.

État de Chenille.

A la sortie de l'œuf, les petites Chenilles ont une forme plus ou moins allongée et cylindrique; leur corps se compose de douze segmens ou anneaux, d'une teinte luisante, écailleuse, de seize pattes au plus, et au minimum de dix.

La tête est formée par deux espèces de calottes arrondies et écailleuses, offrant de chaque côté des petits points noirs saillans plus ou moins distincts, semblables a des yeux lisses, mais qui ne paraissent pas servir à la vision. La bouche située à sa partie antérieure et très-différente de celle de l'insecte parfait, et ressemble à celle des insectes broyeurs; elle se compose de deux mandibules cornées, plus ou moins tranchantes, selon les races, de deux mâchoires latérales portant chacune un palpe très-petit, d'une lèvre inférieure munie de deux palpes semblables, et d'un petit mamelon cylindrique, percé d'un petit trou que l'on nomme filière; c'est lui qui donne issue à la soie que file la Chenille.

Le corps offre sur les côtés, près de la base des pattes, les ouvertures respiratoires ou les stigmates. On en compte neuf de chaque côté, une sur chaque anneau excepté sur le second, le troisième et le dernier qui en sont dépourvus. Ces organes ont une forme oblongue et ressemblent à de petites boutonnières. Ils se retrouvent sur l'insecte parfait. Ils sont assez généralement distincts, leur couleur étant autre que celle du fond. Mais chez plusieurs Rhopalocères, telles que les *Melitœa*, *Vanessa*, *Argynnis*, etc., et quelques espèces d'Hétérocères, on ne peut les apercevoir qu'à l'aide d'une loupe. *L'Aglossa pinguinalis*, qui vit de matières grasses, paraît au premier coup d'œil en être dépourvue, surtout lorsqu'elle est en repos, parce que chez elle ils sont cachés sous un repli transversal des anneaux. Sans cette sage précaution de la nature, ces organes eussent été exposés a être bouchés par la graisse dans laquelle vit ordinairement l'animal.

Les pattes des Chenilles sont de deux sortes, comme celle de la plupart des larves des autres ordres, les pattes écailleuses ou vraies pattes, et les pattes membraneuses ou fausses pattes. Les premières contiennent dans leur intérieur celles du Papillon, les secondes disparaissent complétement dans l'insecte parfait. Ces dernières sont des espèces de mamelons susceptibles de s'allonger, de se raccourcir et de se dilater, couronnés par plusieurs petits crochets plus ou moins prononcés qui manquent cependant en grande partie dans quelques genres (*Agrotis*, *Sesia*, *Hepialus*). Elles sont plus indispensables à la Chenille que ses pattes écailleuses qui ne lui servent guère qu'à marcher, mais non pour se cramponner sur les tiges où sur les feuilles. Leur nombre varie de quatre à dix; Réaumur dit avoir vu certaines Chenilles de Tinéïdes qui n'avaient qu'une seule paire de pattes membraneuses; quant à nous, nous n'avons jamais observé ce cas. Leur longueur relative souffre aussi quelque variation. Chez les *Catocola*, *Ophideres*, *Ophiusa*, *Brephos*, etc., les deux premières paires sont beaucoup plus courtes que les autres, et la Chenille n'en fait aucun usage pour marcher. Les pattes écailleuses sont à très-peu d'exceptions près égales entre elles. Cependant chez la *Harpya fagi*, la première paire est de longueur ordinaire, et les deux autres sont très-grêles et plus longues que celle de l'insecte parfait. Chez la *Geometra lunaria*, c'est la troisième paire qui est plus longue que les autres; plusieurs Chenilles exotiques offrent des exemples analogues; mais ces cas sont rares et ne se rencontrent que dans les Hétérocères.

Les Chenilles de Rhopalocères ont constamment seize pattes ainsi que celles des Sphingides, des anciens auteurs. Dans les Bombycines et les tribus voisines, il n'y a pas non plus d'exception à cet égard, si ce n'est que la dernière paire de pattes membraneuses manque quelquefois ou prend une forme insolite.

Dans la *Harpya milhauseri*, et quelques espèces américaines, la dernière paire a disparu complétement: le douzième anneau est relevé et forme une sorte de bosse. Chez les *Dicranura*, la même paire est remplacée par deux prolongemens caudiformes renfermant un filet rétractile. Dans les *Platypteryx* il n'y a point de filet rétractile, et les deux prolongemens caudiformes sont réunis dans une partie de leur longueur. *L'Uropus ulmi*, offre, comme les *Dicranura*, une espèce de queue fourchue, mais qui en diffère essentiellement en ce que chacun des prolongemens est terminé par une couronne de petits crochets, comme les autres pattes membraneuses. Dans certaines circonstances, la Chenille se cramponne avec ses deux prolongemens préhensiles aussi solidement qu'avec ses autres pattes.

Les pattes membraneuses chez les Chenilles, où elles sont au grand complet, sont disposées par paires sur les sixième, septième, huitième, neuvième et douzième anneaux, de sorte que les quatrième, cinquième, dixième et onzième en sont dépourvus.

D'après le nombre des pattes membraneuses qui ont disparu, et d'après leur raccourcissement, on divise les Chenilles en fausses Arpenteuses, demi-Arpenteuses et Arpenteuses. Les fausses Arpenteuses sont celles qui ont dix pattes membraneuses, comme la plupart des Chenilles, mais chez lesquelles les deux ou trois premières paires sont trop courtes pour qu'elles puissent en faire usage lorsqu'elles marchent (*Ophiusa*, *Ophideres*, *Catocala*); aussi, dans la progression, le milieu de leur corps forme l'arc, comme chez les *Plusia*, les *Euclidia*, etc.; les demi-Arpenteuses ont six ou huit pattes membraneuses (*Plusia chrysoptera*, *Erastria*); elles marchent en formant l'arc ou la boucle, presque comme les *Geometra*. Les Arpenteuses sont celles qui ont quatre pattes membraneuses (*Geometra*, *Metrocampa*, *Hybernia*, etc.). Ces dernières ont reçu le nom d'Arpenteuses ou de Géomètres, parce qu'en marchant elles relèvent en arc le milieu de leur corps, en rapprochant leurs pattes postérieures de leurs écailleuses, de sorte qu'elles semblent mesurer l'espace qu'elles parcourent. Chez la plupart de ces dernières les anneaux ont une assez grande rigidité, et leur corps ressemble presque à une petite branche d'arbre ou à un petit morceau de bois, ce qui leur a fait donner le nom d'Arpenteuses en bâton. Lorsqu'elles sont en repos, elles sont raides et droites, cramponnées avec leurs pattes postérieures au pétiole d'une feuille ou à une jeune branche, dans des attitudes si fatigantes, qu'il leur faut une force musculaire prodigieuse pour rester ainsi des heures entières.

Les Chenilles sont plus ou moins vives, selon les genres; il y en a de très-paresseuses, comme celles des Papillonides, des Lycénides, des Hespérides, des Satyrides, des Nymphalides, des Zygénides, etc ; mais aucune n'est aussi lente que celle des Cocliopodes', surtout les espèces du genre Limacodes, où les pattes membraneuses sont remplacées par deux rangées de boutons rétractiles qui laissent suinter une matière visqueuse analogue à celle que sécrète la peau des Limaces. Beaucoup de Géomètres se laissent toucher et retourner comme un morceau de bois, sans donner aucun signe de vie. La plupart des Chéloniaires, au contraire, sont extrêmement vives et courent avec une grande rapidité.

La locomotion dans les Chenilles a presque toujours lieu d'arrière en avant : cependant les *Herminia*, beaucoup de *Botys*, de Tynéides et de *Tortrix*, marchent à reculons assez rapidement, et lorsqu'on les inquiète ou que l'on veut les saisir, elles font même certains sauts pour s'échapper, ainsi que Degéer l'a observé sur l'*Herminia rostralis;* mais ces sauts ne sont comparables en rien à ceux vraiment prodigieux qu'exécutent celles des *Catocala*. Ces dernières courbent en arc un des côtés de leurs corps, et le débandant comme un ressort, de sorte qu'elles font de véritables sauts de Carpes.

Le dernier anneau, dans lequel s'ouvre l'extrémité du canal digestif, se termine le plus souvent, à cet effet. par une espèce de valve plus ou moins saillante et ordinairement triangulaire, dont la forme varie un peu suivant les genres. On l'appelle chaperon ou clapet. Ce dernier mot est dû aux auteurs allemands.

Outre les appendices de différentes natures, tels que poils, épines, etc., qui existent sur le corps de beaucoup de Chenilles, on observe dans quelques espèces deux tentacules rétractiles placés sur le bord antérieur du premier anneau que l'animal fait sortir et rentrer à volonté, commes les tentacules des Limaçons. Ces organes existent dans toutes les familles connues des genres *Ornithoptera*, *Papilio*, *Parnassius* et dans les *Thais*, malgré l'assertion de Latreille, qui a soutenu le contraire. Ils varient en longueur et en couleur, selon les espèces; mais généralement, ils forment par leur réunion, une sorte d'Y. Dans le genre *Ornithoptera*, ils sont renfermés dans deux espèces d'étuis cornés.

Certaines Chenilles velues, telles que celles des genres *Liparis* et *Orgya*, ont aussi sur les neuvième et dixième segmens, une petite éminence charnue, qu'elles font rentrer et sortir à volonté.

Quant à la vestiture, les Chenilles sont rases, pubescentes, velues, poilues, hispides, épineuses, calleuses, etc. ; celles qui sont rases sont entièrement dépourvues de poils et d'épines, comme celle des *Deilephila*, des *Sphinx*, de beaucoup de Noctuélides, Géomètres, etc.; leur peau est tantôt lisse (*Deilephila*, *Notodonta*, etc.), et tantôt chagrinée et rugueuse (*Smerinthus*, *Aglia*, etc.). D'autres, quoique dépourvues de poils, ont sur le corps des protubérances qui leur donnent une forme plus ou moins bizarre (*Notodonta*, de la division de *Torva*, *Tritophus*, *Dromedarius*, *Geometra Papillonaria*, etc.), ou des tubercules calleux ressemblant à des petits bourgeons d'arbres, ou bien des espèces de nodosités (une infinité de *Geometra*). Nous plaçons encore parmi les Chenilles rases, certaines espèces qui ont sur le dos des prolongemens charnus flexibles, disposés par paires sur quelques anneaux, telles que celles des *Danais*. Cependant, sous le point de vue anatomique, ces espèces de tentacules devraient peut-être être regardés comme des épines ou des poils dégénérés; car nous voyons dans le genre *Acronyta*, où les espèces ont ensemble de si grands rapports, qu'il est parfois difficile de les distinguer, toutes les Chenilles être plus ou moins velues, excepté celles d'*Alni*, qui a des prolongemens tentaculiformes. D'autres genres offrent aussi des prolongemens charnus plus ou moins grands (les *Papilio* de la division des *Crassus*, le *Papilio philenor*, les *Ornithoptera*, etc.). Les Chenilles de presque toutes les Sphingides et de quelques Bombycines portent sur le onzième anneau, une espèce de corne conique charnue à sa base et cornée à son extrémité, tantôt lisse et tantôt rugueuse. Cet organe est ordinairement arqué d'avant en arrière, et penché vers la partie postérieure du corps. Nous ne connaissons, jusqu'à présent, que celle du *Sphinx catalpæ*, dont la corne soit courbée en sens inverse. Dans le genre *Acherontia*, la corne est grosse, granuleuse, flexible et tronquée. Chez quelques espèces elle est presque nulle (*Deilephila porcellus*, etc.); chez d'autres, elle est remplacée par une petite plaque lenticulaire (*Pterogon Œnotheræ*), ou enfin elle disparait complétement (*Deilephila vespertilio*).

Parmi les espèces qui ont des poils, il y en a qui n'en ont que quelques uns épars çà et là, comme les *Plusia*, la plupart des *Tortrix*, quelques *Notodonta*, une infinité de Noctuélides, de Géomètres, les Zeuzérides, les Sésiaires, etc. Chez toutes ces espèces ils sont si peu nombreux qu'on n'en tient pas compte, et que l'on considère ces Chenilles comme glabres. Les *Pieris*, *Colias*, *Libythea*, les Lycénides, les Satyrides, etc., ont des poils courts qui les rendent pubescentes et leur donnent un aspect velouté. Ceux des *Bombyx neustria*, *franconica*, *Everia*, *Lanestris*, etc., sont fins, soyeux et peu fournis. Ailleurs (*Liparis salicis*, *monaca*, *dispar*), ils sont raides et piquans. Chez quelques espèces ils sont si serrés qu'on ne peut distinguer la peau que dans les incisions. Ceux des *Chelonia*, etc., sont réunies par touffes aigrettées plus ou moins denses. Dans les *Orgya*, non seulement ils sont aigrettés, mais encore sur les segmens intermédiaires du corps, il y a des touffes de couleurs diffé rentes, coupées carrément, qui forment sur le dos des espèces de brosses.

Les poils varient beaucoup dans leur direction; souvent ils sont disposés en aigrette rayonnante, comme dans plusieurs *Chelonia;* quelquefois ces aigrettes divergent en tous sens (*Acronycta auricoma*, *Emydia grammica*, etc.). Chez d'autres espèces, les postérieurs sont dirigés en arrière comme les piquans d'un Porc-épic, et les antérieurs en sens inverse. Dans le *Bombyx trifolii*, *quercûs*, etc., la moitié de chaque touffe est dirigée en bas, et l'autre en haut, de sorte que les poils s'entrecroisent et forment une espèce de feutre lâche. Chez les *Liparis salicis*, *Bombyx populi*, *Lasiocampa quercifolia*, *betulifolia*, etc., une grande partie des poils sont dirigés en bas et le dos est presque à découvert. Plusieurs genres d'Hétérocères ont des touffes de longueurs inégales; chez les *Orgya*, par exemple, le premier anneau est garni de deux longs pinceaux de poils dirigés en avant comme des antennes, et le onzième porte un pinceau semblable penché en arrière. L'extrémité de chacun de ces poils est en outre écailleuse et dilatée dans les *Orgya* à femelles aptères, telles que l'*O. leucostigma*, *trigotephras*, *antiqua*, etc.

Tantôt ces poils adhèrent immédiatement à la peau, tantôt ils sont implantés sur des élévations hémisphériques ou coniques, formant des rangées transversales plus ou moins rapprochées. Le développement de ces tubercules varie beaucoup selon les races; il y en a qui sont à peine sensibles, tandis que d'autres sont extrêmement prononcés. Leur couleur est souvent aussi très-différente de celle de la peau : ils sont d'un rouge fleur de pêcher dans le *Saturnia carpini;* d'un bleu d'azur dans le *Saturnia pyri;* d'un jaune orangé dans le *spini*, etc. On doit encore considérer comme des tubercules très-allongés ces prolongemens latéraux que nous désignons sous le nom d'appendices pédiformes, et que l'on remarque chez les Chenilles du *Lasiocampa.* Ces appendices sont préhensiles, et les espèces qui en sont pourvues, en font usage pour se coller plus étroitement le long des tiges. Ils ressemblent si bien à des pattes membraneuses, qu'au premier coup d'œil on les prendrait pour telles. Plusieurs Chenilles exotiques de la tribu des Cocliopodes, offre, vers la base des pattes, des prolongemens encore plus remarquables. Il en est quelques unes chez qui ces appendices sont allongés comme des pattes de Mygales, et qui, par la forme raccourcie de leur corps, ressemblent presque à certaines espèces d'Aranéides.

Pour terminer ce qui a rapport à la vestiture des Chenilles, il nous reste encore à parler des épines. Ces appendices sont à peu près, pour le zoologiste, ce que sont les aiguillons pour le botaniste, c'est-à-dire qu'ils ne diffèrent des poils que parce qu'ils sont plus gros, plus durs, d'une consistance cornée et plus ou moins rameux. Ils appartiennent en grande partie aux Rhopalocères, particulièrement à ceux de la tribu des Nymphalides; cependant quelques genres d'Hétérocères en sont également pourvus. Les espèces du genre *Io* ont sur tout le corps des épines pennées ou verticillées, qui, en pénétrant dans les doigts, y occasionent une cuisson analogue à celle des Orties. La Chenille du *Cerocampa regalis* (*Bombyx Laocoon*, Cramer), porte derrière la tête et sur les premiers segmens une couronne de longues épines robustes, qui lui a valu dans l'Amérique septentrionale, le nom du Diable cornu du platane. Elle est fort redoutée du vulgaire, à cause de son attitude menaçante et de ses épines qui passent pour occasioner une piqûre très-douloureuse; mais, d'après l'observation de M. John Leconte, elle est aussi innocente que les autres Chenilles.

Dans les genres *Vanessa*, *Argynnis*, *Melitæa*, *Acræa*, *Limenitis*, *Cethosia*, *Heliconia*, etc., toutes les Chenilles sont épineuses. Outre les épines, leur peau est garnie çà et là de quelques poils plus ou moins apparens, et les épines elles-mêmes sont velues. Quelquefois ces dernières sont simples; mais le plus ordinairement elles sont garnies de poils ou d'épines secondaires. Chez la plupart des *Vanessa* elles sont égales; chez les *Argynnis*, le second anneau en porte deux moitiés plus longues que les autres, et dirigées en avant comme des antennes. Celles des *Melitæa* sont courtes, réduites en partie à des tubercules coniques, hérissés de poils raides. Dans ces genres, tous les anneaux offrent des épines; mais il y a des espèces, telles que les *Limenitis misippus*, *artemis*, *ursula*, etc., où elles n'existent que sur certains segmens et sont disposées par paires comme les prolongemens tentaculiformes des *Danais* et des *Euplæa.*

Plusieurs autres genres de la nombreuse tribu des Nymphalides n'ont des épines que sur la tête. Chez les *Charaxes* il y en a quatre, qui forment une espèce de couronne, deux chez les *Apatura*, etc. Quelques espèces de Bombycines, qui ont des épines dans leur jeunesse, les perdent en changeant de peau pour la dernière fois (*Aglia tau*, *Bombyx erythrinæ*).

La distribution des couleurs des Chenilles varie au point qu'il est difficile de rien dire de général à ce sujet. Cependant la nature, ayant toujours pour but la conservation de l'espèce, les a le plus souvent colorées de manière à les dérober aux recherches de leurs nombreux ennemis. A celles qui, comme la plupart des *Catocola*, des *Homoptera*, des *Lasiocampa*, ont l'habitude de se tenir collées contre les tiges, elle a donné la couleur des écorces ou des lichens. Celles destinées à vivre de feuilles ont reçu généralement une couleur analogue aux feuilles. D'autres, comme celles de beaucoup de *Cucullia* et de *Cleophana*, offrent tout à la fois la couleur des feuilles et celles des fleurs. Les Géomètres sont les mieux partagées de toutes, sous le rapport de la teinte et de la forme; la plupart ressemblent tellement à des pétioles de feuilles ou à des plantes sèches qu'elles échappent facilement aux oiseaux insectivores. Les espèces qui habitent l'intérieur des tiges (*Nonagria*, *Hepialus*, *Sesia*, etc.) ou dans des fourreaux portatifs (*Psyche*), sont d'une couleur blanchâtre pâle. Celles qui vivent dans la terre, comme les Lombrics (*Agrotis*, *Noctua polyodon*, *cespitis*, *infesta*, *didyma*, etc.), ont d'ordinaire une teinte bleuâtre terreuse.

La couleur propre à chaque espèce est beaucoup plus constante; c'est-à-dire que généralement tous les individus d'une même espèce sont d'une même couleur. Cependant il existe de nombreuses exceptions; il en est certaines dont les individus présentent les nuances les plus opposées : on voit des *Triphœna pronuba* d'un vert tendre, et d'autres d'un gris noirâtre. La *Noctua brassicæ* des auteurs offre encore un plus grand nombre de variétés. La couleur varie encore par différence d'âge. Au temps de la métamorphose leurs couleurs ternissent. Les poils et les épines varient sous ce rapport comme la peau elle-même. La Chenille de l'*Orgya pudibunda* est tantôt d'un beau vert prononcé et tantôt d'un gris enfumé, avec les poils de la même couleur; celle de l'*antiqua* a tantôt les brosses dorsales jaunes, noires, grises ou blanches, etc.

Le dessin est plus constant que les couleurs; il peut varier pour la teinte; mais les taches ou les raies qui le constituent occupent toujours la même place, ou si elles viennent à s'effacer ou à être absorbées par la couleur du fond, il reste toujours certains traits caractéristiques.

Dans une infinité d'espèces on observe de chaque côté, à peu près à la hauteur des stigmates, une raie longitudinale ordinairement d'une autre teinte que le reste du corps. Sur le vaisseau dorsal il existe aussi presque toujours une raie plus ou moins marquée, tantôt plus pâle, tantôt plus colorée que le fond. Entre cette raie et celle latérale on en voit quelquefois une ou deux autres parallèles et plus ou moins larges. Chez d'autres le dessin forme, sur le dos, des espèces de chevrons dont la concavité est tournée, tantôt en avant et tantôt en arrière. Beaucoup de Noctuélides offrent en dessus et sur chaque anneau, quatre points obscurs formant un carré ou trapèze, etc. La plupart des Sphinx ont de chaque côté sept bandes obliques. Les côtés, dans une partie des *Deilephila*, sont variés de taches de couleurs vives. Une section du même genre offre à la même place, sur les premiers anneaux, des taches oculaires.

Généralement le dessin est assez semblable dans les espèces voisines d'un même genre; mais il existe quelques exceptions, et deux espèces aussi voisines que les *Pieris brassicæ* et *rapæ*, et les *Lithosia complana* et *complanula*, sont produites par des Chenilles qui n'ont aucun rapport entre elles. On voit quelquefois le contraire; par exemple, les Chenilles des *Noctua basilinea*, *gemina* et *rurea*, se ressemblent tellement que l'œil le plus exercé ne les distingue qu'avec peine, tandis que personne ne confondra les insectes parfaits. Nous pourrions dire la même chose de la *Diphtera Orion* avec la Chenille du *Liparis salicis*.

Avant de se transformer en Chrysalides, les Chenilles subissent différens changemens de peau appelés mues. Ces dépouillemens sont plus ou moins nombreux selon les races; les Rhopalocères en éprouvent ordinairement trois ou quatre; la plupart des Hétérocères quatre, sauf quelques espèces velues chez lesquelles on en compte sept ou huit.

La peau d'une Chenille est en effet une espèce de membrane épidermoïde qui n'est douée que d'un certain degré d'extensibilité, et on conçoit facilement que l'animal ne pourrait être renfermé jusqu'au terme de son accroissement dans cette enveloppe presque rigide. Le phénomène qui en résulte a la plus grande analogie avec la mue des animaux supérieurs, avec cette différence cependant que chez ceux-ci les poils ne tombent pas, tandis que chez les Chenilles ils disparaissent avec l'enveloppe générale. Cette différence tient à ce que dans les uns ils sont adhérens au tissu de la peau et traversent l'épiderme, et que dans les autres, où ce tissu n'existe pas, ils sont immédiatement implantés sur la membrane tégumentaire; de sorte que chaque dépouille d'une Chenille est si complète, qu'on la prendrait pour la Chenille elle-même; il n'est pas jusqu'aux palpes, antennes et mâchoires, qui ne s'y retrouvent entièrement. On peut tondre une Chenille velue, et après la mue elle est tout aussi poilue qu'avant. Il n'en est pas de même des espèces épineuses, parce que les épines sont des appendices charnus garnis de poils, qui se dépouillent comme les tubercules des *Saturnia* et la corne des *Sphingides*.

La Chenille, avertie par un instinct particulier que le moment de la mue arrive pour elle, se prépare par la diète à supporter cette crise. A mesure que celle-ci s'approche, les couleurs s'affaiblissent, deviennent ternes ou livides, l'ancienne peau se flétrit, et se fend au dessus du dos, sur le second ou troisième anneau. La Chenille, pour sortir de cette enveloppe, dégage d'abord la partie antérieure de son corps, puis la partie postérieure. Cette opération, toute pénible qu'elle est, est souvent terminée en moins d'une minute. Les individus qui viennent de changer de peau sont très-reconnaissables, leur couleur est beaucoup plus fraîche, et souvent leur dessin diffère totalement de ce qu'il était précédemment. Le nombre des mues varie peu dans une même espèce, et peut-être même dans l'état sauvage est-il toujours constant. Mais chez quelques Chenilles velues, élevées en captivité, il peut être augmenté ou diminué par plus ou moins de nourriture.

L'accroissement des Chenilles est plus ou moins rapide selon les races, l'espèce de nourriture qu'elles prennent et l'époque de l'année. Celles qui vivent de plantes succulentes se développent beaucoup plus vite que celles qui se nourrissent de graminées ou de lichens. Il y en a une infinité qui ne mangent que la nuit et qui restent tout le jour dans l'engourdissement; d'autres qui sont si voraces qu'elles mangent presque constamment, et qui, après quinze jours d'existence, sont arrivées à leur entier développement. Celles du *Cossus Ligniperda*, de la *Chelonia Matronula*, vivent trois ans, c'est-à-dire qu'elles passent trois hivers avant de se changer en Chrysalides. Beaucoup de nos espèces européennes sortent de l'œuf à l'automne ou à la fin de l'été, mangent jusqu'à l'approche de la mauvaise saison, passent l'hiver dans l'engourdissement, se réveillent dès les premiers beaux jours, et subissent leur métamorphose au printemps ou au commencement de l'été. Plusieurs autres qui éclosent à cette dernière époque, tombent en léthargie dans le courant de juillet ou d'août, et restent dans un état de mort apparente jusqu'au printemps suivant, qu'elles se réveillent et continuent à se développer.

M. Vaudouer, de Nantes, a publié, dans les Annales de la société Linnéenne de Paris, un Mémoire très-intéressant sur la léthargie des Chenilles des *Argynnis dia* et *euphrosine*. Ayant fait pondre dans le courant de mai une femelle d'*Euphrosine*, il en obtint une certaine quantité d'œufs, d'où sortirent bientôt des petites Chenilles épineuses qu'il nourrit avec de la violette odorante jusqu'à la fin de juin. A cette époque elles cessèrent de manger, et restèrent pour la plupart dans l'engourdissement jusqu'aux approches du printemps. Quelques unes seulement se réveillèrent au commencement d'août, se mirent à manger avec assez d'avidité, changèrent de peau pour la quatrième ou cinquième fois. La même expérience, faite sur les Chenilles de Dia, donna le même résultat. L'observation de M. Vaudouer explique parfaitement par quelle raison les *Argynnis* en question sont si communes au printemps, et en si petit nombre au mois d'août.

La plupart des Chenilles vivent solitaires sur différentes plantes; mais quelques espèces, surtout parmi les Bombycines, vivent en société ou en famille plus ou moins nombreuse, soit dans leur jeunesse, soit toute leur vie. Ces dernières proviennent des œufs d'un Papillon, qui ont été disposés les uns auprès des autres ou entassés pour former une espèce de nid. Les petites Chenilles éclosent presque toutes dans les vingt-quatre heures, et continuent de vivre ensemble aussi longtemps que leur instinct le leur prescrit. Les unes (*Orgya antiqua*, *Liparis dispar*), se séparent peu de jours après leur naissance, les autres (*Liparis Chrysorrhœa*, *Bombyx castrensis*, *Neustria*, etc.), filent une tente commune qu'elles habitent jusqu'à leur dernière mue, époque à laquelle elles la quittent pour ne plus y rentrer; d'autres, comme celles de beaucoup de *Vanessa*, demeurent en famille jusqu'au moment de leur transformation en Chrysalides. Enfin, quelques espèces (*Bombyx processionea*, *Yponomeuta padella*, *evonymella*, etc.), non seulement vivent en société à l'état de Chenille, mais restent encore toutes ensemble sous la forme de Chrysalide.

Certaines Chenilles solitaires, dont l'organisation est telle qu'elles ne peuvent supporter le contact de l'air, se fabriquent de petites cellules de soie dans lesquelles elles subissent leur métamorphose. Parmi ces dernières, généralement de très-petite taille, les unes fixent leur habitation à demeure au milieu d'une nourriture assez abondante pour leur suffire pendant toute leur vie; les autres, comme beaucoup de Tinéides, les *Osiche*, se construisent une espèce de fourreau portatif qu'elles promènent partout avec elles, en laissant seulement sortir leur tête et leurs pattes écailleuses qui sont les parties les moins impressionnables de leur corps. Ces fourreaux, que Réaumur a comparés à des manteaux ou à des robes à falbalas, sont tantôt composés de soie pure (*Tinea sarcitella*), tantôt garnis de grains de pierre et de sable aglutinés qui leur donnent l'apparence d'une petite coquille (*Typhonia lugubris*), quelquefois recouverts de brins d'herbes placés longitudinalement (*Psyche graminella*, etc.), ou de morceaux de feuilles imbriqués les uns sur les autres, ou même de brins d'herbes rangés transversalement (*Psyche apiformis*), etc.

A l'exception d'un grand nombre de Tinéides qui vivent aux dépens de nos pelleteries, de nos étoffes de laine, du cuir ou des matières grasses, toutes les Chenilles se nourrissent de végétaux, et, depuis la racine jusqu'aux graines, aucune partie n'est à l'abri de leurs attaques; cependant la plupart des espèces préfèrent les feuilles. Les plantes les plus âcres et les plus vénéneuses, telles que les Euphorbes, les Aconits ne sont pas plus épargnées que les espèces insipides. Les races qui rongent les racines sont peu multipliées, on ne connait guère en Europe que les *Hepialus*, les *Crambus* et quelques Noctuélides qui soient dans ce cas. Celles qui vivent dans l'intérieur des tiges qu'elles rongent, sont plus nombreuses; telles sont les *Cossus*, les *Zeuzera*, les *Stygia*, les *Sesia*, les *Nonagria*, plusieurs Noctuélides et Tinéides. Les *Crytophasa* de la Nouvelle-Hollande, d'après Lewin, se creusent dans l'intérieur des arbres des retraites qu'elles ne quittent que la nuit pour aller ronger les feuilles, etc. Celles qui font leur nourriture de la pulpe des fruits ne sont pas très-nombreuses; certaines Tortricines, qui rongent les fruits à pepins ou à noyau sont à peu près les seules. Enfin, les espèces qui mangent les graines sont beaucoup plus communes, la *Tinea granella*, les Noctuélides capsulaires, plusieurs *Botys*, etc., sont de ce nombre. En général, après les feuilles, ce sont les fleurs que les Chenilles préfèrent.

Pendant long-temps on a cru que chaque plante nourrissait une espèce particulière de Chenille; mais cette erreur n'existe plus. La même espèce vit sur vingt arbres différens, et le même arbre nourrit quelquefois plus de cinquante Chenilles diverses; ainsi, par exemple, la Chenille de la livrée vit sur tous les arbres fruitiers et forestiers.

Quelques espèces s'accommodent à la fois de toutes les plantes basses, ou des arbres indistinctement; mais généralement celles qui vivent sur ces derniers n'attaquent pas les plantes herbacées; certaines espèces, au contraire, telles que les *Chelonia caja*, *Purpurea*, qui sont propres à ces derniers végétaux, se nourrissent aussi très-bien du feuillage de certains arbres ou arbrisseaux. Il s'en faut cependant beaucoup que toutes les Chenilles soient polyphages; dans une infinité de cas, au contraire, nous trouverons que l'histoire des Lépidoptères se lie intimement à celle des végétaux; nous verrons certains genres ou certains groupes correspondre à telle famille ou à tel genre de plantes, et, quoique la connaissance des Chenilles soit encore très-imparfaite pour les contrées hors de l'Europe, le peu de données que nous possédons nous mettra quelquefois à même de démontrer cette connexion. Il n'y a pas de plante peut-être qui ne soit attaquée par quelque Chenille dans les lieux où elle croit naturellement; mais, transportée dans un autre pays, elle ne sert de nourriture à aucune, à moins toutefois, qu'elle n'ait une grande analogie avec les espèces indigènes. Ainsi, les arbres exotiques cultivés en Europe, tels que le Robinia faux-acacia, le Tulipier, le Platane, le Noyer, le Marronnier d'Inde, l'arbre de la Judée, le Mûrier, etc., ne servent de pâture à aucune de nos Chenilles d'Europe, tandis que dans leur pays natal, ils sont souvent dépouillés de toutes leurs feuilles. Mais lorsqu'un arbre fait partie d'un genre qui se trouve dans le pays où il a été transporté, il n'est pas épargné. Tous les Peupliers et les Saules de l'Amérique septentrionale, que l'on a multipliés en Europe, ne sont pas plus exempts de la voracité des Chenilles, que nos Salicinées indigènes.

Néanmoins, il ne suffit pas qu'une plante, propre à telle espèce, croisse dans un pays, pour que le Lépidoptère correspondant s'y trouve, il faut encore que le climat convienne à ce dernier. Ainsi le Micocoulier, le Cyprès, le Lentisque, qui se sont acclimatés aux environs de Paris, ne nourrissent point, à cette latitude, les *Libythea celtis*, *Lasiocampa lineosa*, *Xylina lapidea*, *Ophiusa tirrhæa*, etc.

Le peu de matériaux que nous possédons sur les Chenilles exotiques, combiné avec ce que l'on connaît des espèces européennes, nous fournit pour beaucoup de groupes des analogies qui nous mettent plus ou moins sur la voie de la vérité. Ainsi les *Papilio* du groupe des *Machaon*, tels qu'*Alexanor*, *Xuthus*, *Asterias*, vivent sur les Ombellifères. Ceux de l'Amérique septentrionale, si remarquables par leurs taches fauves, vivent sur les Lauriers, particulièrement sur le Sassafras. Ceux du groupe de *Thoas*, ou de celui d'*Agavus* et autres espèces à taches rouges de l'Amérique du Sud, se nourrissent sur les Orangers; tous les autres groupes, soit de l'Afrique, tels que le *Nireus* et espèces voisines, soit de l'Asie, comme *Hector*, *Polydorus*, habitent aussi presque tous sur ces mêmes arbres, ou sur les Aristoloches.

Les *Thaïs* sont aussi toutes propres aux Aristoloches, les *Parnassius* aux Saxifrages.

Si nous passons à la famille des Piérides, nous voyons que le genre *Pieris* en particulier vit presque exclusivement sur les Crucifères, les Résédacées, les Capparidées ou les Tropéolées. Les vrais *Colias* habitent sur les Légumineuses herbacées; les *Callidryas* et les *Terias* recherchent, au contraire, les Légumineuses arborescentes.

La tribu des Lycénides, si diversifiée et renfermant une grande quantité de races, est répandue sur une infinité de plantes de genres différens.

Celle des Danaïdes est propre aux *Asclepias*, *Nerium*, *Cynanche*, *Apocynum* et autres plantes de la même famille.

Les Héliconides, d'après les observations de M. Mac-Leay fils, vivraient sur les Passiflorées, famille de plantes abondantes dans l'Amérique du Sud, mais qui, de même que le genre *Heliconia*, ne se retrouve pas dans les autres parties du monde.

Nos *Argynnis* d'Europe se nourrissent de violettes. Les espèces exotiques formant des groupes qui s'en éloignent plus ou moins, il est à croire qu'elles vivent sur d'autres plantes.

Les *Vanessa* constituent plusieurs races, dont les unes vivent sur les plantes basses et les autres sur les arbres.

La grande série des Nymphales, la plus nombreuse des Rhopalocères, paraît vivre exclusivement sur les arbres, et chacun des groupes qui la composent semble avoir choisi une famille de plantes. Nous voyons les *Limenitis* habiter sur les Chèvrefeuilles; les *Apatura* et les *Nymphalis* sur les Salicinées, etc. Toutes les Chenilles connues des *Satyrus* se nourrissent de Graminées.

Nous pourrions étendre ces généralités aux Hétérocères, et montrer que, bien que ce soit surtout parmi eux que se trouvent les Chenilles véritablement polyphages, une infinité de groupes, soit parmi les Zygénides, les Sphingides, les Bombycines ou les Noctuélides, soit parmi les Géomètres, sont propres à telle ou telle famille de plantes; par exemple, nous verrions qu'une partie des *Cucullia* se nourrit de *Verbascum*, qu'un autre groupe habite sur les *Artemisia*, et qu'un troisième vit de Corymbifères et de Chicoracées, etc. Maintenant que nous connaissons le premier état ou celui de Chenille, nous allons jeter un coup d'œil rapide sur le second état ou celui de Chrysalide.

État de Chrysalide.

Lorsqu'une Chenille est arrivée à son entier développement, elle cesse de manger comme aux approches d'une mue; elle se raccourcit, se décolore, devient terne, livide; si elle est gibbeuse, les bosses s'absorbent, disparaissent, et, après avoir trouvé un endroit convenable, elle se dépouille de sa peau et passe à l'état de Chrysalide. Dans cet état intermédiaire entre la Chenille et le Papillon, sa forme est entièrement changée et ne ressemble plus en rien à ce qu'elle était précédemment. C'est un être qui respire à peine, dépourvu de tout organe propre à prendre de la nourriture et immobile comme la graine d'une plante. Cependant, en l'examinant avec attention à une certaine époque, on voit à travers son enveloppe une partie des formes du Papillon qu'elle renferme et qui semble être emmailloté. C'est pour cette raison que quelques naturalistes ont donné le nom de Poupée, Pupe ou Pupa aux Nymphes des Lépidoptères, en faisant allusion à cet emmaillottement; mais celui de Chrysalide a prévalu, quoiqu'inexact dans la plupart des cas.

Une partie des Chrysalides sont cylindrico-coniques, les autres anguleuses, et leur forme générale est en même temps plus ou moins conique.

Dans les Chrysalides, on distingue l'enveloppe de l'abdomen, composée de neuf segmens ou anneaux correspondans à ceux du corps de l'insecte parfait, tous visibles seulement en dessus, attendu qu'en dessous, les trois premiers sont recouverts par l'étui des ailes; l'enveloppe de la tête comprenant les yeux, les antennes et la trompe, qui sont renfermés chacun dans un petit étui à part; l'enveloppe du thorax, l'enveloppe de la poitrine et des pattes, enfin, celle des ailes. Outre cela, chacun des anneaux, moins l'avant-dernier, offre les mêmes stigmates que la Chenille. Quant au neuvième, qui était placé sur le premier anneau de la larve, il se retrouve entre l'étui des antennes et l'enveloppe du thorax; l'extrémité postérieure des Chrysalides, ou vulgairement la queue, est, dans beaucoup de cas, armée d'une pointe simple ou double, souvent recourbée en crochet ou accompaguée de soies raides et crochues.

Les bords des anneaux sont quelquefois garnis de petites pointes ou épines symétriques qui les rendent scabres (*Cossus*, *Sesia*, *Zeuzera*, etc.); ailleurs de petits bouquets de poils (*Orgya*, *Lyparis monacha*, *dispar salicis*, etc.) de couleur, autres que ceux de la Chenille, quelquefois leur surface entière est rugueuse (une infinité de *Papilio*), ou parsemée de points enfoncés (beaucoup d'Hétérocères); mais dans la majeure partie des espèces elle est unie.

La forme des Chrysalides est très-variable dans les Rhopalocères, et elle offre souvent de bons caractères génériques; dans les Hétérocères, elle est beaucoup plus constante; l'extrémité antérieure est obtuse, le tronc est cylindrique, et la partie postérieure ou abdominale se rétrécit insensiblement en cône. Les étuis sont aussi parfois un peu modifiés dans quelques races. Ainsi dans les Sphinx de la division de *Convolvuli*, *Carolina*, *Cingulata*, *Ligustri*, etc., la partie antérieure de l'étui de la tête et de la trompe se prolonge en une longue gaîne repliée sur elle-même. Dans les *Dianthœcia*, l'enveloppe des ailes forme un prolongement saillant, obtus, qui s'avance sur la poitrine comme une espèce de busc. Dans les *Cucullia*, les *Cleophana*, les pattes postérieures sont renfermées dans une longue gaîne détachée et plus ou moins grêle qui s'étend quelquefois au-delà de la queue de la Chrysalide. Chez les *Adelocephala* de l'Amérique septentrionale, les derniers anneaux de l'abdomen sont aplatis et comprimés. Dans les *Psyche*, la Chrysalide du mâle est de forme ordinaire, et celle de la femelle est renflée en barillet, comme la nymphe d'un Diptère. Rien de plus variable que la manière dont se termine la pointe anale, même dans les espèces voisines, sous le rapport de la forme et du nombre des soies qui l'accompagnent, etc.

Parmi les Rhopalocères, les formes sont beaucoup plus bizarres. Une infinité de Chrysalides de cette division sont anguleuses ou hérissées de pointes coniques, les autres étranglées, etc. Quelques unes ont la tête tronquée et coupée carrément (*Ornithoptera*, *Papilio*) ou simplement tronquée (*Thais*); d'autres ont la partie antérieure terminée en pointe (beaucoup de *Pieris*); beaucoup portent sur le dos deux rangées de pointes coniques (*Vanessa*, *Argynnis*, etc.); quelques unes ont la tête bifide (quelques *Vanessa*, *Argynnis*) ou prolongée en deux oreilles (*Limenitis*); les unes sont droites (*Pieris*), les autres arquées et en nacelle (*Callidrius*, *Leucophasia*, *Anthocharis*); beaucoup sont courtes, renflées, cylindroïdes (*Charaxes*, *Arge*, *Danais*, *Euplœa*); quelques unes comprimées en carène sur le dos (*Apatura*), etc.

La couleur des Chrysalides des Hétérocères est ordinairement le brun, ou le testacé plus ou moins rougeâtre, avec toutes les nuances intermédiaires. Cependant, chez quelques espèces dont la coque se réduit à quelques fils lâches, et qui sont exposées à la lumière, il en est plusieurs qui ont une teinte différente. Ainsi, celle du *Liparis*, *V. nigrum*, est d'un beau vert, avec une espèce de raquette noire sur la poitrine; celle du *Liparis monacha* d'un bronze cuivreux; celle de la *Zerena grossulariata* est annelée de jaune et de brun, etc.; celle des *Catocala* et genres voisins, de même que celle de la *Cosmia affinis* et de plusieurs autres espèces, sont recouvertes d'une efflorescence d'un bleu glauque ou pruineux.

Les Chrysalides des Rhopalocères sont de couleurs plus variées et ornées d'une manière plus brillante. Quelques unes sont d'un vert jaunâtre ou blanches émaillées de noir (*Pieris*), ou d'un vert tendre (*Apatura*, *Charaxes*, etc.). Il en est qui ont des taches ou des bandes d'or bruni (*Vanessa cardui*, *huntera*, *atalanta*); d'autres des points d'or ou des bandes formant des cercles sur l'abdomen (*Danais*); certaines sont entièrement recouvertes de cette couleur splendide, de sorte qu'elles ressemblent à une bulle d'or (quelques *Euplœa*). On en voit aussi qui ont des taches d'argent (*Vanessa polychloros*, *C. album*, *Argynnis latonia*, etc.). C'est à cette couleur dorée, que l'on a long-temps prise pour de l'or véritable, qu'est du le nom de Chrysalides (χρύσος, or), appliqué aujourd'hui par extension à la nymphe de tous les Lépidoptères.

Dans la plupart des Chrysalides les anneaux de l'abdomen sont mobiles les uns sur les autres, et elles peuvent imprimer à cette partie du corps des mouvemens en tous sens, lorsqu'on les touche ou qu'elles sont inquiétées par quelqu'insecte importun. Celles des *Anthocharis*, de la plupart des *Lycénides* et de beaucoup de *Lithosides*, etc., ont les segmens soudés et plus ou moins réunis, et forment ainsi une exception à la règle générale.

Dans quelques races d'Hétérocères à métamorphoses Endophytes ou Hypogées, telles que les *Cossus*, *Zeuzera*, *Sesia*, *Noctua*, *Geometra*, etc., il y a une véritable locomotion. Ces nymphes, par un instinct qui leur est propre, prévoyant que dans beaucoup de cas l'insecte parfait ne pourrait pas sortir de sa prison sans déchirer ses parties délicates, se rapprochent peu à peu de l'ouverture qui doit livrer passage au Papillon. Chacun a été à même d'observer, sur les Peupliers, les Ormes et autres arbres, l'enveloppe de la *Chrysalide*, du *Cossus ligniperda*, de la *Zeuzera æsculi* et de la *Sesia apiformis*, à moitié sortie à travers des écorces. Avant l'époque de l'éclosion, ces Chrysalides sont souvent à plus de six pouces de l'ouverture en question. Elles montent ainsi dans l'intérieur des arbres à l'aide de petites pointes qui garnissent les segmens de l'abdomen. Celles qui habitent le sein de la terre, et qui se trouvent quelquefois à plus de six pouces de profondeur, étant ordinairement dépourvues de ces petites pointes, emploient un autre moyen; avec la partie antérieure de leur tête elles se fraient peu à peu un passage en faisant mouvoir les anneaux de l'abdomen en différens sens.

La durée de l'état de Chrysalide est très-variable selon les races, et elle est d'ailleurs subordonnée à la grosseur relative, à l'époque de l'année et à la température. Généralement les petites espèces restent moins long-temps dans cet état que les grosses; mais le contraire a lieu quelquefois, et nous pourrions citer une foule d'exceptions. On explique ce fait par la transpiration qui est nécessaire pour qu'une Chrysalide puisse arriver à maturité, et par l'évaporation des fluides, qui s'opère plus vite chez les petites que chez les grosses. On attribue au même phénomène l'influence que les différentes époques de l'année ont sur le plus ou moins de prolongation de l'état de nymphe. Ainsi telle espèce ne mettra que quinze jours à se développer au milieu de l'été, parce que la chaleur augmentera la transpiration, tandis que transformée à l'automne elle n'éclorra qu'au printemps, les liquides ne s'évaporant presque pas en hiver. Les expériences de Réaumur, qui a retardé l'éclosion, soit en vernissant une Chrysalide, soit en la tenant dans une glacière pendant l'été, et et qui l'a hâtée par une chaleur artificielle, prouvent incontestablement que l'évaporation plus ou moins prompte de ce fluide joue un grand rôle dans l'effet dont nous parlons. Mais pour que les expériences de ce grand observateur fussent tout-à-fait concluantes, il faudrait que toutes les Chrysalides provenant d'une même ponte métamorphosées dans les mêmes circonstances, donnassent leurs insectes parfaits à la même époque; c'est précisément ce qui n'arrive pas toujours et le retard qui a lieu est un phénomène inexplicable dans l'état actuel de nos connaissances physiologiques, et tout-à-fait analogue à l'état léthargique des Chenilles, des *Argynnis dia* et *Euphrosine*, dont nous avons parlé dans le paragraphe précédent.

Si l'on élève de l'œuf une ponte des *Notodonta torva*, *ziczac*, *tritophus*, des *Deilephila euphorbiæ*, et d'une foule d'autres espèces, la majeure partie des Chrysalides se développera au mois d'août, tandis que l'autre n'éclorra qu'à la fin du mois de mai de l'année suivante, à la même époque que celle provenant de la seconde ponte, et métamorphosées en octobre. On remarque aussi parmi les Chrysalides de nos pays, qui passent l'hiver pour se développer l'année suivante, un phénomène analogue. Celles du *Saturnia pyri*, du *Deilephila euphorbiæ*, etc., éclosent ordinairement au printemps; mais il arrive très-fréquemment qu'une certaine quantité reste dans un état d'engourdissement jusqu'au printemps de l'année suivante, ou même jusqu'au printemps de la troisième année, et passent ainsi trois étés et trois hivers dans l'état de Nymphes. Jusqu'à présent on n'avait observé ce phénomène que dans les Hétérocères; mais il a aussi lieu chez les Rhopalocères. La *Thaïs medesicaste* en offre un exemple bien remarquable. Une partie seulement des Chrysalides de cette espèce éclot au printemps de l'année qui suit la métamorphose, tandis que l'autre reste dans l'engourdissement, malgré la chaleur du climat, jusqu'au printemps de la seconde année.

La transpiration ne peut nous fournir l'explication de ces variations, à moins que l'on admette un état léthargique chez les Chrysalides comme chez les Chenilles pendant lequel cette fonction serait à peu près suspendue, et nous ne sommes pas éloignés de le supposer. Nous n'en admirerons pas moins la prévoyance de la nature, qui, craignant d'exposer une espèce entière à sa destruction, en plonge une partie dans une léthargie profonde, tandis qu'elle permet à l'autre de se développer.

Quoiqu'il soit difficile de rien préciser pour l'éclosion des Chrysalides, on peut dire que dans nos climats l'évolution des Rhopalocères a lieu au bout de douze à vingt-cinq jours, et de sept à quatorze dans les régions intertropicales. Celle des Hétérocères (qui ne doivent pas passer l'hiver) est beaucoup plus variable. Il y en a qui ne restent que huit jours à l'état de Nymphes, et d'autres quatre ou cinq mois. Rœsel a même vu une *Plusia gamma* qui sortit de sa Chrysalide le lendemain de sa métamorphose; et nous avons observé un fait analogue chez un individu de la *Chrysoptera moneta*, qui, après trois jours de métamorphose, nous a donné un insecte parfait.

La manière dont les Chenilles se changent en Nymphes varie beaucoup selon les races. Il en est qui, comme celle appelée vulgairement Ver à soie, filent des coques pour envelopper leur Chrysalide, tandis que d'autres, comme la plupart de celles des Rhopalocères, sont tout-à-fait nues. Ces dernières ont trois modes différens de se métamorphoser; et c'est d'après eux qu'est établie une partie de la méthode du docteur Boisduval. Chez les unes, que nous nommons succinctes, la Chrysalide est fixée par la queue et par un lien transversal en forme de ceinture (*Papilio*, *Pieris*, *Colias*, *Thaïs*, *Polyommatus*, etc.) sous toutes sortes d'inclinaisons; chez les autres, que nous appelons suspendues, elle est pendante et fixée seulement par la queue (*Vanessa*, *Satyrus*, *Argynnis*, etc.); enfin chez les troisièmes, que nous désignons par le nom d'enroulées

(*Hesperia*, *Syrichtus*, etc.), elle est enveloppée entre les feuilles ou dans un léger tissu, et maintenue en outre par plusieurs fils transversaux.

Les Hétérocères ont deux modes principaux de se chrysaliser, les uns s'enfoncent dans la terre et les autres fabriquent leurs coques à sa surface. Rien de plus admirable et de plus varié que l'instinct, on peut même dire l'intelligence, dont les chenilles font preuve pour se mettre en sûreté et se préserver de leurs ennemis. La coque de l'espèce vulgairement appelée Ver à soie est sans doute une des plus intéressantes sous le rapport de son utilité pour nous; mais d'autres Chenilles en fabriquent de beaucoup plus remarquables par leur forme.

Plusieurs espèces se contentent de quelques fils croisés en différens sens, de manière à imiter plus ou moins le tissu d'une toile d'araignée (quelques *Plusia*, *Chrysoptera*); d'autres se font des coques un peu plus fournies, mais assez transparentes pour laisser voir la Chrysalide à travers (*Megasoma repandum*). La plupart de ces Chenilles ajoutent à leur coque quelques feuilles qu'elles replient de manière à suppléer au peu de soie de leur habitation. Quelques autres (*Liparis monacha*, *dispar*, *salicis*, *V. nigrum*, etc.), possèdent une si petite provision de matière soyeuse, que, pour se métamorphoser, elles entrecroisent quelques fils seulement, auxquels la Chrysalide est plutôt suspendue par les crochets de la pointe anale que maintenue en place par le tissu. Il en est qui, pour rendre leur coque plus ferme et moins transparente, l'humectent d'une liqueur jaune qu'elles rendent par l'anus, et qui, en se desséchant, devient pulvérulente comme du *lycopodium* ou de la fleur de soufre (*Bombyx neustria*, *franconica*, *castrensis*, etc.)

Un grand nombre de celles qui sont velues, n'ayant que peu de matière soyeuse, trouvent une ressource dans leurs poils, qu'elles s'arrachent ou qu'elles coupent avec leurs mâchoires pour fortifier leur coque et lui ôter sa transparence (*Chelonia*, *Lithosia*, *Bombyx*, etc.).

Celles qui sont rases et qui n'ont ni assez de soie ni assez de poils pour fournir à la construction d'une coque assez forte, ont recours à des matières étrangères. Les unes lient ensemble les feuilles de la plante sur laquelle elles ont vécu (*Gonoptera libatrix*); les autres y font entrer de petits fragmens de feuilles qu'elles détachent de la plante et qu'elles ajustent les uns à côté des autres avec symétrie (*Cleophana linariæ*, *opalina*, *ustulata*, etc.). Quelques unes de celles qui habitent les arbres, descendent le long du tronc, et enveloppent si artistement leur coque de petits fragmens d'écorce et de Lichens, que l'œil le plus exercé ne peut les distinguer (*Dicranura*, *Bombyx populi*, *Harpya milhauseri*, etc.). Certaines chenilles qui vivent sur les murs tapissent en entier l'extérieur de leur habitation de menus grains de sable ou de petits brins de mousse, de sorte que leurs Chrysalides ne se distinguent de la surface sur laquelle elle est fixée que par la petite saillie qu'elle forme. Celles des *Bryophila*, qui se nourrissent de lichens de murailles, se retirent dans une petite excavation de la pierre, dont elles bouchent l'entrée avec des fragmens de lichens, et le lieu qu'habite la Chrysalide est exactement sur le même niveau que le reste de la surface.

La nature de la soie varie autant que l'industrie des Chenilles. Dans nulle espèce elle n'est plus pure et plus belle que dans le Bombyx du mûrier, le *Saturnia melytta* du Bengale, et la *Processionnaire* de Madagascar. Cette précieuse matière pourrait être retirée aussi des coques de plusieurs autres espèces; mais dans la plupart elle est trop peu abondante pour que l'on s'en donne la peine, ou trop grossière pour être employée aux usages ordinaires, ou bien encore tellement mélangée de matière gommeuse que les coques semblent être faites d'une membrane papyracée, coriace, qui ne ressemble pas plus à de la soie que que les nids de certaines Guêpes ne ressemblent aux gâteaux de cire des Abeilles. Les Chenilles des *Saturnia* sont du nombre, pour la plupart, de celles qui font une soie grossière, mais abondante. Celle de l'espèce appelée vulgairement Grand-Paon de nuit, se construit une coque fort remarquable sous le rapport de l'art, mais si dure, si forte et si gommée, que l'insecte parfait y resterait prisonnier, si la Chenille n'avait pris la précaution de laisser une ouverture à l'extrémité la plus mince. En examinant cette extrémité, ou mieux en divisant la coque longitudinalement, on voit que les fils viennent se réunir à l'ouverture, à la manière des baguettes qui composent les nasses, pour former une espèce d'entonnoir. Cette Chenille ne se contente pas d'un seul, elle en fabrique un second sous le premier, dont les fils sont encore plus serrés et plus forts; on comprend facilement l'usage de ces entonnoirs: ils servent à interdire l'entrée de la coque aux insectes rodeurs. Ils sont pour ces insectes ce que sont les nasses pour les poissons qui en veulent sortir, et ils sont pour l'insecte parfait, ce que sont ces mêmes nasses pour les poissons qui s'y présentent.

La forme des coques est aussi diversifiée que la nature de leur tissu. Le plus généralement leur figure approche de l'ovale ou de l'ellipse; mais il en a qui sont parfaitement ovales (*Saturnia melytta*), d'autres qui sont ovales et en même temps un peu cylindriques, de manière à ressembler un peu à un gland (*Bombyx quercûs*), quelques unes sont allongées en fourreau presque cylindrique (*Lasiocampa*). On en voit qui sont fusiformes (*Zygæna*) ou qui ressemblent à des fioles à goulot (*Saturnia carpini*). Plusieurs ont la forme d'un bateau renversé (*Tortrix quercana*), etc. Leur figure est toujours la même dans chaque espèce, et il y a constamment, à cet égard, la plus grande analogie entre celles d'un même groupe. Ces formes variées dans les Chrysalides sont assez commodes pour la distinction des espèces et pour leur rapprochement. Celles des *Zygæna* du groupe de *Filipendula* sont fusiformes, tandis que celles du groupe d'*Occitanica* sont tout-à-fait ovoïdes. Celles des *Saturnia* d'Europe sont en nasse comme nous l'avons dit ; celles des *Saturnia* à ailes falquées sont cylindroïdes, pointues aux deux extrémités ; celles d'un autre groupe du même genre (*Saturnia luna*) sont ovales. Celles des *Bombyx* de la division de *Neustria* sont ovales et saupoudrées d'une matière jaunâtre, dans une autre division du même genre, elles sont ovales et même cartonnées (*Bombyx quercûs*, *trifolii*). Toutes celles des *Dicranura* se ressemblent, etc.

La grandeur de la coque n'est pas toujours proportionnée à la grosseur de la Chenille. Celle du Ver à soie est beaucoup plus grosse que celle du *Bombyx quercûs*, et cependant la Chenille de ce dernier est deux fois plus grosse que celle du premier. La coque du *Saturnia Prometheus* est deux fois plus petite que celle du *Pyri*, quoique les deux Chenilles soient à peu près de taille égale.

Parmi les Chenilles qui se métamorphosent en terre, il en existe un grand nombre qui ne se donnent pas la peine de s'y fabriquer des coques. Il leur suffit d'être environnées de tous côtés d'une terre ferme. Chez d'autres les coques sont plutôt des ouvrages de maçonnerie que des coques proprement dites. A l'extérieur elles ressemblent à une petite boule de terre plus ou moins ovoïde, et à l'intérieur elles sont lisses, polies et comme vernissées. En examinant attentivement cette surface, on la voit tapissée d'une toile de soie plus ou moins distincte, mais quelquefois si mince, qu'on ne peut en apercevoir la trame qu'en cassant la coque de dehors en dedans. Généralement les grains de terre sont unis par quelques fils de soie et pétris avec une matière gommeuse.

Ce ne sont pas seulement les Chenilles qui vivent de plantes basses qui se métamorphosent en terre, une infinité de celles qui vivent au sommet des arbres descendent le long du tronc et s'enfoncent au pied ou à quelque distance, selon que la terre qui l'entoure leur parait plus ou moins convenable pour se chrysalider.

Quelques Chenilles de la division des Succeints ou des Suspendus, qui vivent sur des plantes herbacées (plusieurs Lycénides ou Satyrides), n'attachent point leurs Chrysalides comme leurs congénères ; elles s'enfoncent à moitié dans la terre ou sous les débris de végétaux, comme celles de certains Hétérocères sans faire la moindre coque.

En thèse générale et nous ne connaissons qu'une seule exception (*Bombyx dumeti*), toutes les Chenilles velues font des coques, et parmi ces dernières, les espèces à tubercules produisent beaucoup plus de matière soyeuse que celles qui sont simplement velues.

La coque ne sert pas seulement à envelopper la Chrysalide pour la mettre à l'abri de ses ennemis et des injures du temps ; elle a un autre but d'utilité, c'est de favoriser le développement de l'insecte parfait au moment de son évolution, pour sortir de la Chrysalide ; celui-ci a besoin de trouver un point d'appui qui lui aide à se débarrasser de son fourreau ; sans cela, lorsque la partie antérieure de ce dernier est ouverte et que les pattes sont dégagées de leur étui, il serait exposé à rester emmailloté et à traîner après lui son enveloppe. On en voit quelquefois des exemples chez les espèces que l'on élève en captivité, et qui n'ont pu trouver pour accomplir leur métamorphose les mêmes circonstances que dans la nature. Les Chrysalides renfermées dans la terre se trouvent dans une situation très-favorable à leur éclosion. Celles-ci étant environnées de toute part par le sol, le Papillon n'a que de légers efforts à faire pour sortir de son fourreau, sans avoir à craindre de l'entraîner après lui, comme cela pourrait arriver si elles étaient à sa surface, surtout dans un endroit dépourvu d'inégalités.

Les Chrysalides des Rhopalocères et de quelques Hétérocères, étant suspendues par la queue et quelquefois en outre attachées par un lien transversal, l'insecte parfait n'est jamais exposé à entraîner son enveloppe.

Lorsque l'époque de l'éclosion est arrivée, la Chrysalide change de couleur, elle s'amollit, devient transparente, et permet souvent de voir à travers l'étui des ailes, surtout dans les Rhopalocères, le dessin et la teinte du Papillon. Les efforts du prisonnier la fendent longitudinalement sur le corselet ; l'ouverture ne tarde pas à s'agrandir et celui-ci sort avec facilité. Mais quand la Chrysalide est renfermée dans une coque dure et coriace, comme celle de certains Bombyx, des *Dicranura*, des Limacodes, etc., ou dans une coque de soie pure, il lui reste à ouvrir les portes d'une autre prison.

Pour cette opération, les moyens varient selon les races. Chez certaines, l'instinct de la Chenille a prévu d'avance les obstacles, et tout se trouve disposé d'une manière admirable pour le moment de la métamorphose ; par exemple, la Chenille de la *Nonagria paludicola*, qui vit dans le chaume de l'*Arundo phragmites*, fait intérieurement une ouverture circulaire dans une des parois de la tige, en ayant soin de conserver l'épiderme. L'insecte parfait pour sortir n'a plus qu'à percer cette espèce de membrane. Plusieurs *Tortrix* font aux feuilles dans lesquelles elles se renferment une ouverture pareille. Celle de la *Tinea granella*, qui vit dans les céréales, ronge, à l'endroit où doit se trouver la partie antérieure de la Chrysalide, une petite pièce circulaire qui ne tient plus que par une charnière, et qui s'ouvre de dedans en dehors au moindre effort que fait l'insecte parfait. Chez d'autres races, les Chenilles emploient, pour la sortie du Papillon, des moyens aussi ingénieux. Les coques ont une espèce de couvercle ou d'opercule qui s'ouvre comme une boîte à savonnette, et qui extérieurement est maintenue par quelques fils qui se rompent à la plus légère pression que fait l'insecte. D'autres coques, comme celle de la *Tortrix quercana*, qui est composée de deux parois réunies par une carène, s'ouvrent comme certains fruits à déhiscence valvaire. La suture n'étant que légèrement unie à l'une des extrémités, les fils qui la maintiennent cèdent au moindre effort du Papillon et les valves s'écartent. Chez plusieurs *Saturnia*, la coque étant, comme nous l'avons déjà dit, formée à l'une de ses extrémités, par des fils raides, convergens, disposés en nasse, le Papillon n'éprouve d'autres difficultés pour sortir que de ramollir ceux-ci, et de se frayer ensuite un passage; mais, comme ces fils sont très-élastiques, ils reviennent aussitôt à leur place première, et ce n'est qu'au poids que l'on peut juger si la Chrysalide est éclose. Chez les *Psyche* et plusieurs *Tineides*, le fourreau de la larve devient la coque de la Chrysalide; mais comme la partie antérieure se trouve bouchée par une opercule et fixée contre les tiges ou les murailles, le Papillon y resterait enfermé ou serait forcé de sortir à reculons, si la Chenille avant de se métamorphoser, n'avait pas la sage précaution de se retourner lorsqu'elle doit produire un mâle. Quant à ce qui regarde la femelle, comme l'accouplement doit avoir lieu dans la coque, elle reste dans la même position que pendant sa vie de Chenille, et termine sa carrière entière en prison: d'autres races d'Hétérocères, dont la coque est d'une texture uniforme très-coriace et comme cartonnée (*Dicranura*, *Harpya Milhauseri*), ramollissent l'endroit qui doit leur donner passage, avec un liquide qui dissout la gomme.

Quelques autres, tels que le Bombyx du mûrier (Ver à soie), coupent les fils de la coque pour se faire une ouverture. Cette opération, selon Réaumur, est exécutée avec les yeux, qui font l'office d'une lime.

Enfin chez un certain nombre de Lépidoptères, c'est la Chrysalide qui, avec sa partie antérieure garnie de pointes, perce la coque par une espèce de térébration.

Lorsqu'un Papillon sort de sa Chrysalide, il est très-faible; toutes ses parties sont molles, sans consistance et imprégnées d'humidité. Ses ailes sont pendantes, très-courtes, et offrent en petit tout le dessin qu'elles vont avoir un instant plus tard. Bientôt il se fixe contre une tige ou les parois de sa coque, il étend successivement tous ses organes, en imprimant de temps en temps un léger frémissement à ses ailes; celles-ci croissent, se développent en tous sens et poussent pour ainsi dire comme une feuille. Lorsqu'elles ont acquis leur ampleur normale, il les relève et les abaisse successivement pour achever la vaporisation du liquide dont elles sont encore imprégnées, et le plus ordinairement en moins d'une demi-heure, elles sont aptes à remplir leurs fonctions.

Voici comment on explique le développement en tous sens des ailes d'un Lépidoptère; car non seulement leur surface prend de l'étendue, mais chaque portion grandit et se dilate. Ces organes, ainsi que nous l'avons dit plus haut, sont composés de deux lames ou de deux membranes, entre lesquelles sont situées les nervures, qui sont autant de petits tubes fistuleux. Dans l'état de nymphe ces membranes ne sont point encore réunies par leur face interne, elles sont pliées longitudinalement et transversalement d'une manière égale sur toute la surface, de sorte que tout le dessin s'y retrouve, pour ainsi dire, en miniature. Immédiatement après l'éclosion, un liquide pénètre dans toutes les ramifications des nervures, qui étaient elles-mêmes pliées, et les oblige à s'allonger et à se redresser, il en résulte que les portions de membranes comprises dans chaque cellule doivent nécessairement s'étendre. Au fur et à mesure que cette dilatation s'opère, les deux membranes se rapprochent l'une contre l'autre et finissent par s'unir au point de se confondre.

Le Papillon récemment éclos rejette par l'anus un liquide de couleur variable, tantôt rougeâtre ou comme sanguinolent, tantôt blanchâtre ou grisâtre et quelquefois noirâtre, liquide qui est un véritable méconium, analogue à celui que rendent les Mammifères nouveau-nés.

Maintenant que nous avons fait connaître les divers états que le Papillon doit subir avant d'être insecte parfait, nous allons donner quelques instructions sur la chasse, la préparation, la conservation des Papillons, et sur la manière de chercher et d'élever les Chenilles.

De la chasse.

Un chasseur de Lépidoptères doit être muni d'un filet, d'une pince, d'une paire de brucelles, de plusieurs boîtes et d'une provision d'épingles.

Le filet consiste en une poche de gaze non apprêtée, longue de dix-huit à vingt pouces et adaptée, au moyen d'une coulisse, à un cercle dont le diamètre est ordinairement de dix pouces. Ce cercle, fait avec du fil de fer, propre à résister à tous les mouvemens de la nasse, sans cependant la fatiguer, est divisé en deux parties égales, s'ajoutant à l'un de leurs bouts par un crochet fermé, et à l'autre par un empattement aplati, taraudé pour recevoir une vis qui est enfoncée et goupillée dans une canne de deux pieds et demi de long. Un écrou à tête vidée et formant la pomme de la canne, empêche le cercle de vaciller.

Il y a des filets qui ne se ploient pas et dont le manche est inamovible, mais ils sont moins commodes à porter. Celui que nous indiquons se met sous le gilet, entre la chemise et les bretelles, et ne cause aucun embarras.

La pince est un fer à friser dont on retranche les masses, et auquel on soude deux anneaux ovales, tronqués carrément à leur extrémité, ayant environ quatre pouces et demi de long sur trois et demi dans sa plus grande largeur; chacun de ces anneaux est garni d'une gaze clair, bien tendue et bordée avec du ruban de fil. Les brucelles sont un instrument en fer ou en cuivre, à ressort doux, et servant à saisir les objets que l'on ne peut ou que l'on ne veut pas toucher avec les doigts; on préfère celles dont les horlogers font usage.

Les boîtes de chasse doivent avoir le couvercle doublé de liége bien uni et fixé avec de la gomme ou de la colle forte. La forme et les dimensions de ces boîtes varient selon le goût des personnes: il suffit seulement de faire observer que, le haut et le bas étant liégés, on doit donner à chaque boîte à peu près trois pouces de profondeur, afin que les épingles ne se touchent pas. Comme il peut arriver que l'on n'ait pas de quoi mettre toute sa chasse, on fera bien d'avoir un rond de liége collé sous la coiffe de son chapeau.

Les épingles (1) seront de différentes grosseurs, mais toujours longues de quatorze ou de seize lignes, attendu que, si elles étaient plus courtes, on s'exposerait à casser les pattes et même le corps des Papillons.

On voit des Papillons depuis le commencement du printemps jusqu'à la fin de l'automne; il y en a même en hiver; mais les mois, qui en fournissent le plus, sont ceux de juin et de juillet.

Certains Diurnes paraissent après le lever du soleil, d'autres ne se montrent que depuis dix heures du matin jusqu'à deux heures après midi. Ceux-ci volent pendant toute la journée, et ceux-là plus particulièrement vers le déclin du jour. La manière de voler varie presque autant que les races.

Les *Vanesses* s'écartent peu du lieu de leur naissance. La plupart des *Argynnis* et des *Nymphales* habitent les avenues et les carrefours des forêts. Les *Satyres* aiment en général les endroits secs et rocailleux, les *Piérides*, les *Coliades*, les *Polyommates*, les *Hespéries*, fréquentent les prés, les jardins, les clairières des bois.

Les *Smérinthes* du tilleul, du peuplier, Demi-Paon du saule, se trouvent sur le tronc ou le pied des arbres, et presque toujours du côté opposé à celui d'où vient le vent.

Les *Sphinx* du tithymale, de la vigne, de la garance, du troëne, etc., butinent le soir sur les fleurs des chèvre-feuilles; et le Sphinx à cornes de bœuf sur les belles-de-nuit. Les deux Sphinx à ailes transparentes, le Petit-Pourceau, le Moro-Sphinx, pompent, pendant le jour, le suc mielleux de la sauge des prés, des mauves, etc.

Les *Zygènes* (Sphinx Béliers) se tiennent sur les fleurs des scabieuses, des valérianes, des chardons, etc.

Les *Sésies* (Sphinx Mouches) s'attachent pour la plupart au bois pourri.

La *Procris* turquoise se suspend aux herbes des bois et des lieux secs, et part souvent à l'approche du chasseur, sans cependant s'éloigner beaucoup; mais il ne faut pas la perdre de vue.

Les *Hépiales* du houblon, Louvette, Patte-en-masse, volent, au crépuscule du soir, dans le voisinage des lieux humides, et s'annoncent par leur bourdonnement; elles ont les antennes beaucoup plus courtes que le corselet et les ailes oblongues.

Les *Bombyces* Grand-Paon, Petit-Paon, Feuille-Morte, Apparent, Queue Fourchue, etc., les *Ecailles* (arcties), Martre, Hébé, etc., les *Noctuelles*, dites Lichenées bleue, du chêne, du saule, etc., dorment pendant le jour sur l'écorce des arbres, sous les corniches. Certaines Noctuelles et particulièrement celles qui se nomment Hibous, se mettent derrière les volets des maisons de campagne.

Les *Callimorphes* Chinée, Dominula, du Séneçon, obscurée, aspergée; le *Lithosies* chouette, veuve, crible, etc.; les *Hyponomeutes* du fusain, du cerisier à grappes; les *Œcophores*, Linné, Roësel, Geoffroy; l'*Euplocame* charbonnier, les *Teignes* des grains, des pelleteries; les *Adèles*, Réaumur, Degéer, Latreille; les *Herminies* barbue, bécassine, trompette; les *Botys* de l'épi d'eau, de l'ortie; l'*Aglosse* de la graine; les *Crambus* incarnat des graminées, des pâturages; l'*Alucite* du chèvrefeuille; les *Phalènes* faucille, jaspée, céladon, soufrée à queue, citronnelle rouillée, fer de pique, papillonnaire, des genêts, du groseiller, à trois bandes, etc.; les *Ptérophores* brun et blanc; l'*Ornéode* en éventail, quittent leur retraite pour peu qu'on trouble leur repos.

Les *Pyrales* ou *Tordeuses* du chêne, du hêtre, tombent immobiles lorsqu'on secoue le feuillage sous lequel elles s'abritent. Il en est de même de la Callimorphe rosette, du Bombyce tortue, et de plusieurs Noctuelles.

Les *Galléries* de la cire, des alvéoles, naissent et s'accouplent dans les ruches. Leurs Chenilles se nourrissent de la cire des gâteaux, inquiètent les Abeilles, et ne les forcent que trop souvent à déserter leur demeure. Virgile, Georg. lib. 4, v. 246, appelle ces funestes insectes *Durum tineæ genus*. Aristote les a aussi connus, mais d'une manière imparfaite.

Les espèces d'hiver se réduisent à quelques Phalènes dont les femelles sont aptères ou plutôt n'ont que des moignons d'ailes. Telle est, par exemple, la Phalène hiémale de Degéer (*Phalæna brumata*, Linné), laquelle éclot vers la fin de décembre et dans le courant de janvier.

En général, les Papillons redoutent le vent et la pluie; ils sont beaucoup plus vifs par un beau soleil que par un temps à demi couvert.

Pour attraper un Diurne qui est posé, il faut s'en approcher doucement, et surtout lui dérober l'ombre du filet; s'il est par terre, on pose dessus cet instrument, puis on lève la gaze pour l'aider à monter. S'il est sur une plante, sur un tronc d'arbre ou contre un mur raboteux, on le prend en remontant, et on tourne de suite le fer pour que la poche se ferme.

Quand l'animal est captif, on le cerne dans un des coins du filet, puis on lui presse les côtés de la poitrine avec le pouce et l'index; après cela on le pique sur le milieu du corselet, de manière que la pointe de l'épingle sorte entre la seconde paire de pattes. On pique de même les autres Lépidoptères.

La pince vaut mieux que le filet pour prendre les *Sésies*, les *Teignes*, en un mot toutes les petites espèces.

Les *Smérinthes*, les *Sphynx* récemment éclos, les *Bombyces*, les *Ecailles*, les *Cossus*, les *Zeuzéres*, se laissent piquer sur la place. Les Lichénées, les Noctuelles crétées, quoique endormies, exigent plus de précaution, parce que l'épingle glisse

(1) Les épingles à insectes se vendent à l'Y, quai Saint-Michel, ou chez M. Dupont, marchand naturaliste, même quai à Paris. Pour le liége on en trouve généralement chez tous les bouchonniers, mais particulièrement chez madame veuve Chenault, également quai Saint-Michel.

presque toujours sur le corselet. Pour ne point les manquer, quelques chasseurs se servent d'un petit bâton dans lequel sont implantées trois aiguilles divergentes ou parallèles. Ce moyen réussit effectivement; mais outre qu'il fait plusieurs trous, il enlève les écailles et déchire les ailes, pour peu que l'insecte se débatte. On emploie avec plus de succès une petite palette de fer, faite comme l'une des branches de la pince et garnie de même. Ce nouvel instrument ne doit pas avoir plus de sept pouces de longueur, y compris le manche. Sa largeur est d'environ deux pouces.

Comme beaucoup de Diurnes passent la nuit sur les plantes et sur les fleurs, on peut aisément les prendre avec les doigts, avant leur lever ou aussitôt après leur coucher.

Quant à ceux qui résident sur la haute futaie, tels que les Sylvains et les Mars, on ne les voit guère paraître que lorsque la rosée est entièrement passée. Ils descendent en planant, et vont se reposer sur la fiente des bestiaux, sur les charognes. Ils recherchent aussi les ornières fangeuses et les arbres qui suintent; mais les allées couvertes de gazon leur déplaisent, à moins qu'ils n'y trouvent des excrémens. Si on les manque, il faut bien se garder de les poursuivre, parce qu'ils disparaîtraient sans retour; tandis qu'en restant tranquille, on est presque sûr qu'ils ne tarderont pas à revenir.

Une femelle est un excellent appât pour attirer des mâles. Si l'on s'en procure une, et qu'on la fixe avec une épingle sur une branche ou sur une tige, les mâles du voisinage s'empresseront bientôt de lui faire la cour.

Ce moyen réussit pour plusieurs Bombyces qui volent pendant le jour, et notamment pour le minime mâle, lequel a l'odorat si fin qu'il sent de très-loin la femelle; il pénètre même dans les maisons pour visiter celles qu'on y a élevées ou apportées du dehors. Si, parmi les espèces rares que l'on fait éclore chez soi, il y a des femelles avortées; il faut les attacher sur le végétal dont la Chenille se nourrit, afin d'avoir des mâles et des œufs fécondés.

La chasse à la lanterne est beaucoup plus vantée qu'elle ne devrait l'être, à peine procure-t-elle quelques Phalènes communes, lors même qu'on le fait aux époques les plus convenables et dans les endroits les plus propices.

Il vaut mieux chasser vers la brune, puisque c'est le moment ou les Crépusculaires et les Nocturnes se montrent le plus abondamment, et que d'ailleurs on voit encore assez clair pour les distinguer dans le filet.

De la préparation et de la conservation des Papillons.

Afin de jouir pleinement de la beauté des Papillons, on est dans l'usage de les étaler, c'est-à-dire de leur donner à peu près l'attitude qu'ils ont en volant. Cette opération ne peut avoir lieu qu'autant qu'ils conservent encore toute leur souplesse, ou qu'on la leur rend en les faisant ramollir.

Il est plusieurs manières de les faire ramollir; nous n'en indiquerons que deux; la première se réduit à mettre, avec un pinceau, de l'alcool ou esprit de vin rectifié sous la base des ailes. Cette liqueur opère de suite; mais il arrive assez souvent qu'elle dénature les couleurs, et surtout celles des espèces Nocturnes.

La seconde manière consiste à piquer les Papillons sur un rond de liége d'environ six lignes d'épaisseur; à mettre ce rond dans un assiette avec un peu d'eau froide, et à le couvrir d'une cloche de verre qui porte exactement sur le fond de l'assiette, afin de bien concentrer l'humidité (1); les Papillons qu'on enferme le soir sous cette cloche, sont ordinairement bons à étendre le lendemain dans la matinée. Si le corps d'un d'entre eux touchait le liége ou le grès, il faudrait le relever avec deux épingles croisées ou un petit morceau de bouchon, pour l'empêcher de se mouiller, car l'eau gâte les écailles. Pour étaler, on se sert de planchettes en bois tendre, au milieu desquelles il y a une rainure profonde au moins de six lignes, mais large en proportion de la grosseur du corps des individus qu'on veut développer. Ces planchettes doivent être entièrement planes, ne pas avoir de nœuds, et être divisées transversalement d'un bord à l'autre par des lignes parallèles entre elles. On enfonce dans le milieu de la rainure, et en alignement d'une des parallèles susdites, l'épingle qui traverse le corselet du Papillon; puis avec une aiguille très-fine, qu'on pique au dessous de la plus forte nervure près du corps, on conduit successivement les ailes supérieures jusqu'à ce que leur extrémité dépasse raisonnablement celle de la tête. On conduit de même les ailes inférieures jusqu'à ce qu'elles soient un peu recouvertes par les supérieures. Quand les quatre ailes sont bien en place, on les comprime avec deux bandes de papier ou de la carte lisse dont on arrête les extrémités sur le bois avec des épingles assez fortes. Après cela, on ôte l'aiguille de chaque aile, pour que les trous ne s'agrandissent pas en séchant. On arrange ensuite les pattes, les antennes et la trompe. Si le corps était trop enfoncé dans la rainure, il faudrait introduire vers son extrémité un petit morceau de liége, de moelle de sureau ou de coton. Les ailes des Diurnes étant libres, on peut, avec de la patience, les étaler sans les percer. Voici la manière de s'y prendre: lorsque le Papillon est établi dans la rainure, on attache par son extrémité antérieure une bande de papier, de façon qu'elle n'empêche pas l'aile supérieure de monter aussi haut qu'il est nécessaire; on fait mouvoir cette aile en la prenant légèrement au dessous de la première nervure avec la pointe d'une aiguille; et pour qu'elle ne se dérange pas,

(1) On peut, et ce moyen est encore plus commode, remplacer la rondelle de liége par du grès réduit en poudre et ensuite l'humecter légèrement avec de l'eau. Quelquefois ce ramollissement par l'eau altère les couleurs de certains Papillons, surtout lorsqu'elles sont brillantes, comme dans les Uranies, les Plusies, etc., mais on obvie à cela en remplaçant l'eau par de l'alcool.

on appuie la bande dessus avec l'index de la main gauche; on place ensuite l'aile inférieure, et on la retient en position en pesant un peu avec le pouce de la même main sur l'extrémité postérieure de la bande que l'on arrête avec une seconde épingle, on fait la même chose pour les deux ailes du côté opposé.

En étalant les Crépusculaires et les Nocturnes, on doit, autant que possible, faire passer le crin écailleux du dessus des secondes ailes dans la coulisse du dessous des premières; par ce moyen, on entraîne les deux ailes à la fois, et l'on est dispensé de piquer les inférieures.

Il ne faut pas étendre les papillons vivans, parce qu'ils abiment leur ailes par les efforts qu'ils font pour se dégager. Nous avons dit plus haut qu'on étouffait ces insectes en leur serrant les côtés de la poitrine; mais cela ne suffit pas pour faire mourir les grosses espèces de nuit, il est en outre nécessaire de passer dans une carte l'épingle qui leur traverse le corselet, et d'en faire rougir la pointe à une chandelle ou à une bougie. La carte sert à garantir les différentes parties du corps du contact de la lumière. Aussitôt après l'opération, l'épingle doit être changée, attendu qu'on ne peut plus l'enfoncer dans le liége sans qu'elle ne ploie.

On fait encore mourir les Lépidoptères, soit en les fixant sur le fond liégé d'une boîte métallique qu'on plonge dans l'eau bouillante, soit en les enfermant dans une boîte à coulisse ou l'on allume une mèche soufrée; mais ces deux moyens sont nuisibles, surtout le dernier (1).

Pour empêcher les Papillons qu'on prend à la chasse de se débattre, on leur passe dans la poitrine une épingle, de manière qu'elle se croise à angles droits avec celle qui traverse déjà le corselet; cela s'appelle mettre un frein. Si on étale les Papillons aussitôt qu'ils sont morts, il arrive presque toujours que les ailes portent l'empreinte des bandes de papier ou des morceaux de verre. Cet inconvénient n'a pas lieu lorsqu'on les étale après les avoir fait ramollir; d'ailleurs ils sont bien plutôt secs dans ce second cas que dans le premier.

Quand il y a beaucoup de piqûres sur les planchettes, il faut les effacer avec la queue d'un grattoir, afin que les ailes ne portent pas à faux et ne soient pas exposées à se déchirer.

Tant que les Papillons sont sur les bois à étaler, on doit les tenir soigneusement renfermés, pour les préserver de la poussière et des insectes destructeurs. Lorsqu'on les retire, nous recommandons d'y mettre tout le ménagement possible.

Si le corps, les antennes et les pattes viennent à se casser, on les rattachera avec de la gomme arabique que l'on fera fondre avec de l'eau chaude, et à laquelle on pourra ajouter un peu de sucre candi et de poudre à poudrer. C'est aussi cette gomme qu'il faut employer pour recoller les ailes.

Le corps de beaucoup de Papillons, et particulièrement des Smérinthes et des Bombyces mâles, tourne au gras. Le meilleur remède en pareille circonstance est de l'enduire en dessous d'une couche de blanc d'Espagne délayé dans l'eau, et de répéter ce procédé jusqu'à ce que la graisse soit absorbée (1). On fait ensuite tomber le blanc avec la pointe d'un canif. Nous avions d'abord cru que cet inconvénient n'existait que chez les individus qui ne s'étaient point accouplés; mais nous avons reconnu le contraire; la graisse réside sous le derme, et c'est en vain que l'on espère la détruire en enlevant les viscères.

Il faut laisser un reste de vie aux femelles des gros Papillons, pour qu'elles puissent se débarrasser de leurs œufs; car, quelque dextérité que l'on y mette, on ne parvient jamais à les vider sans défleurir l'abdomen.

Chaque amateur dispose ses Papillons suivant son goût: celui-ci se borne à en faire des tableaux de fantaisie et d'agrément; celui-là les classe avec méthode dans des boîtes ou dans un meuble renfermant des tiroirs vitrés et à châssis mobiles. On préfère les mettre séparément dans les cadres proportionnés à la taille des individus, mais combinés de manière à former par leur rapprochement un ensemble régulier. Ces petits cadres sont commodes et conviennent surtout lorsqu'on désire avoir l'histoire naturelle complète de chaque espèce; c'est-à-dire le Papillon, les œufs, la Chenille à différens âges, ses excrémens, la Chrysalide; enfin, jusqu'aux mouches et aux insectes qui piquent les Chenilles et les font périr.

Les tiroirs et les boîtes doivent avoir le fond garni de planches ou au moins de petits ronds de liége ou de sureau; il est bon que le papier qui tapisse leur intérieur soit collé avec de la colle délayée dans une décoction de coloquinte ou de quelque plante très-amère.

Lorsque les cadres sont attachés contre un mur, il faut les couvrir d'un rideau ou plutôt d'un étui en carton, parce que la lumière mange promptement les couleurs, surtout le vert et le rouge; il est de plus très-nécessaire qu'il n'y ait point d'humidité dans l'endroit où ils sont, car si la moisissure vient une fois à s'établir sur les Papillons, il est presque impossible de l'enlever.

En ouvrant sa collection, on doit bien prendre garde qu'il ne s'y introduise des Teignes. Leurs Chenilles sont plus funestes que les larves des Dermestes et des Anthrènes, en ce qu'elles roulent et lacèrent les ailes pour s'en faire un fourreau. La vrillette lisse et celle de la farine sont particulièrement à craindre, même au fort de l'hiver.

Si l'on aperçoit de la poussière sous un Papil-

(1) Il y a encore un autre moyen qui nous paraît plus simple et beaucoup plus commode de tuer les Lépidoptères (les grosses espèces surtout), le voici : Faites rougir à une bougie une aiguille assez longue dont l'extrémité postérieure ou la partie non pointue est fixée dans un bouchon de liége; lorsqu'elle est entièrement rouge, on prend le Papillon sous les ailes et on introduit sous les palpes cette aiguille en tâchant toujours de l'enfoncer le plus profondément possible dans le corps. Ce dernier moyen nous a paru assez efficace, car ordinairement le Papillon meurt instantanément.

(1) On emploie aussi et avec beaucoup plus de succès, de la terre de pipe délayée dans de l'eau.

lon, c'est un indice qu'il est attaqué. Il faut alors l'exposer, soit au soleil, soit à la chaleur d'un poêle, pour en faire sortir la larve et l'insecte; encore ce moyen est-il insuffisant à l'égard des Vrillettes. Plus les Papillons sont élevés sur l'épingle, moins ils sont sujets à être attaqués; on remonte ceux qui sont trop bas, en tournant doucement l'épingle; mais il faut, quelques minutes auparavant, humecter le dessus et le dessous du corselet avec un peu d'esprit de vin ou d'eau-de-vie.

Comme les boîtes ne ferment pas toujours hermétiquement ou qu'elles se déjettent, on mettra sous le couvercle une feuille de papier gris qui dépasse les bords et qui soit légèrement frottée d'huile de pétrole; on les lutera en outre, autour de la gorge, avec de la filasse imbibée de la même huile.

Les trous que les insectes destructeurs font au corps des Papillons, se bouchent avec un mélange de gomme arabique fondue et du papier gris haché, mélange auquel on a donné le nom de *Mystagogie.*

Si l'on achète des Papillons ou que l'on s'en procure en échange, on ne les ajoutera à sa collection qu'après les avoir enfermés pendant le temps qu'on jugera nécessaire, dans une boîte en fer-blanc, sorte de lazaret contenant de l'huile de pétrole, et ayant le couvercle doublé d'une planche de liége, maintenue par deux bandes soudées.

Malgré les préservatifs que nous venons d'indiquer, aucun, nous devons l'avouer, n'a répondu à notre attente d'une manière satisfaisante. En conséquence, nous avons renoncé à tout moyen préservatif, autre que des boîtes bien fermées que nous exposons une fois chaque année à une température de 100°, afin de détruire les insectes parasites qui pourraient y avoir pénétré. M. Boisduval, auquel nous empruntons le passage suivant, avait inventé en 1827, pour cette opération, une marmite appelée nécrentome, dont l'usage est adopté aujourd'hui par tous les entomologistes de Paris. Cet appareil, dont nous donnons ici la figure et la description, est fort simple et peut être comparé

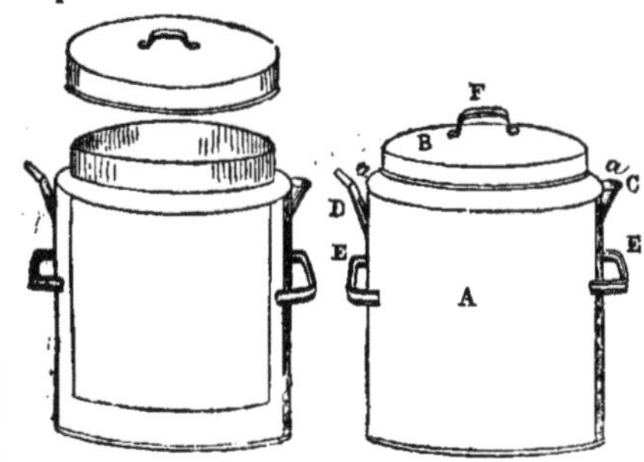

au bain-marie d'un alambic; A est le corps du nécrentome : il se compose de deux vases en fer-blanc ou autre métal, exactement de même forme, de manière à ce que l'un puisse entrer dans l'autre en laissant un pouce de distance tout autour, et deux pouces dans le fond. Ces deux vases doivent être soudés très-exactement et à demeure au point a a; B est le couvercle : il doit être ovale pour fermer le plus hermétiquement possible; E est une poignée qui sert à l'enlever pour l'ouvrir et le fermer; E E sont les deux poignées qui servent à prendre le nécrentôme. C'est un trou en forme d'entonnoir par lequel on introduit l'eau, et que l'on ferme avec un bouchon de liége lorsque l'appareil est en activité; D est un tuyau coudé par lequel la vapeur s'échappe pendant l'opération. Lorsque l'on veut faire usage de cet appareil, on introduit de l'eau par le point C, de manière à ce que l'intervalle entre les deux fonds soit à peu près rempli. On bouche le trou et on place l'appareil sur un fourneau pour que l'eau soit constamment en ébullition. On enlève le couvercle B pour placer les objets que l'on veut désinfecter; on referme l'appareil, au bout d'un quart d'heure on retire les boîtes. Ce temps est suffisant pour détruire tous les insectes ainsi que les œufs. La chaleur qu'éprouvent les objets soumis au nécrentome est environ de 100°, température de l'eau bouillante. Si l'on veut, on peut élever à un plus haut degrés, en augmentant la densité de l'eau par l'addition de sel commun. Il faut avoir soin de mettre de temps en temps un peu d'eau pour que l'appareil ne soit jamais à sec; sans cette précaution on s'exposerait à le dessouder et à brûler les insectes que l'on veut désinfecter. Cependant, malgré tous ces préservatifs, nous ne conseillons pas moins aux amateurs de visiter souvent leur collection, et surtout de la tenir avec la plus grande propreté.

Il est des personnes qui, pour transporter des Papillons, les mettent dans un papier plié en deux et collé sur les bords; et les empilent ensuite dans de petites caisses avec de l'étoupe et du coton. Ce moyen est extrêmement commode; mais il enlève les écailles et il aplatit tellement le corps qu'on ne peut pas lui faire reprendre sa forme primitive.

On fait voyager les Papillons sans risque, en les fixant bien dans des boîtes liégées, et en les rapprochant autant que possible, afin qu'ils occupent moins de place et se soutiennent réciproquement. Les grosses espèces ne doivent jamais être placées au couvercle, et il est nécessaire que leur corps soit arrêté sur les côtés avec de fortes épingles.

Manière de chercher et d'élever les Chenilles.

Pour avoir des Papillons d'une grande fraîcheur, il faut les élever de Chenilles. Il y a même beaucoup de Crépusculaires et de Nocturnes qu'on ne peut guère se procurer que par ce moyen.

La manière dont on élève le ver-à-soie est propre à donner une idée de l'éducation des autres Chenilles. L'essentiel est de les trouver et de connaître la nourriture qui leur convient. Nous allons donc essayer de guider l'amateur dans ses recherches; puis nous lui indiquerons les soins et les précautions à prendre pour parvenir à son but.

C'est dans le courant d'avril qu'il faut chercher les Chenilles de la plupart des Ecailles et des Callimorphes. On trouve, sur la *mille-feuille*, la Chenille de l'Hébé et celle de l'Ecaille brune ou civique; sur les *orties*, celle de la Martre et celle de l'Ecaille marbrée; sur le *plantain*, celle de l'Ecaille du même nom; sur le *cynoglosse officinal* et autres borraginées, celle de la Callimorphe Dominula.

Plus tardive que ses congénères, la Chenille de l'Écaille mouchetée ou pourprée vit principalement sur le genêt, et n'est bonne à prendre que vers la mi-mai, époque où l'on doit chercher les feuilles mortes du prunier, des arbres à fruits, du peuplier, ainsi que le Bombyce buveur, qui s'accommode presque de toutes les espèces de *bromes*. C'est encore à cette époque qu'il faut emporter chez soi la Chenille de la Lichénée du chêne, et celle de la Lichénée du saule, et leur donner à manger non le lichen, mais bien la feuille de ces arbres.

Les Chenilles des Nymphales grand et petit Mars, ont atteint le terme de leur croissance vers le commencement de juin. La première vit sur le *chêne*; la seconde sur le *peuplier*, le *saule*, le *marceau*, arbres qui fournissent dans le même temps une masse d'autres espèces. On n'oubliera pas non plus de visiter soigneusement le bouleau, pour avoir la Chenille du Bombyce versicolor, celle du Morio, et beaucoup d'arpenteuses qu'il serait trop long de citer ici. Le même mois ne doit pas s'écouler sans que l'on ait cherché la Chenille du Bombyce Petit-Paon, sur l'*épine*, la *ronce* et le *chêne*; celle de la Lichénée bleue sur le *peuplier blanc* et sur le *frêne*.

La fin de juillet est le moment le plus favorable à l'investigation des Chenilles de Sphinx, Chenilles très-reconnaissables à leur attitude, et à la corne plus ou moins prononcée qu'elles ont sur l'avant-dernier anneau du corps. On trouvera celle du Sphynx Atropos ou tête-de-mort, sur les *pommes de terre*, la *morelle douce-amère*, l'*amomum*, le *lyciet jasminoïde* et autres solanées; celle du Sphynx du troëne, sur les *lilas*, le *frêne*, le *troëne*, le *laurier-thym*, la *spirée à feuilles de saule*, la *lauréole commune*; celle du Sphynx à cornes de bœuf, sur le *liset* ou *petit liseron* qui croît le long des berges et dans les champs de haricots; celle du Sphynx du pin, sur le *pin laricio*; celle du Sphynx du tithymale, sur les *euphorbes à feuilles de cyprès* et *à feuilles de lin*; celle du Sphynx de la vigne et celle du Sphynx de l'énothère, sur les *épilobes des fossés*, et particulièrement sur celui à *feuilles étroites*; celle des Sphynx de la garance, Phénix, Livournien, Petit-Pourceau, Moro-Sphynx, Fuciforme, sur le *caille-lait jaune et blanc*; celle du Bombyliforme, sur les *chèvrefeuilles*. On prend aussi à cette époque, sur toutes les sortes de *Pieds-d'alouettes* et sur l'*aconit napel*, la Noctuelle incarnat si distinguée par ses couleurs.

Au mois d'août, la Chenille du Bombyce Grand-Paon quitte les *arbres à fruits*, l'*orme* et le *frêne*, etc., pour aller filer sa coque sous les parties saillantes des murs. Dans le même moment, les Chenilles des Smérinthes du tilleul, du peuplier, s'enterrent au pied de ces arbres; et celle du Smérinthe Demi-Paon dans le tronc des vieux saules.

Le mois de septembre offre entre autres les Chenilles des Nocturnes qui paraissent deux fois par an. Tels sont, par exemple, la Petite-Queue fourchue, la Porcelaine, le Bois-Veiné, le Hausse-Queue, la Découpée, le Museau, qu'on trouve sur le *saule* et sur le *peuplier*; les Noctuelles volant-doré et volant-argenté, dont la première vit sur l'*ortie*, la seconde sur la *fétuque des prés*. Comme il y a une infinité de Chenilles qu'on ne peut atteindre ou qui échappent à la vue, on aura d'abord recours aux deux moyens suivans: le premier consiste à étendre une nappe ou un parapluie sous les arbres, les haies et les buissons, puis à frapper fortement les branches avec un bâton; le second se réduit à faucher, c'est-à-dire à traîner de droite et de gauche son filet dans les arbres et sur les fleurs. C'est de cette manière qu'on se procure les Chenilles des Satyres, de beaucoup de Polyommates et de Zygènes. Il faudra ensuite examiner avec soin les feuilles roulées, pour avoir des Chenilles de Pyrales et d'Hespéries; les fruits verreux, pour y trouver celles de plusieurs espèces de Teignes. On regardera aussi sous les pierres et dans les cavités des écorces, parce qu'il s'y loge des Chenilles, des Noctuelles et des Phalènes. En général, tout ce qui est plante ou verdure doit fixer l'attention.

On présentera aux Chenilles qu'on aura recueillies en fauchant, les plantes sur lesquelles on aura promené son filet, et aux Chenilles trouvées sous les pierres, les plantes les plus voisines de ces mêmes pierres, jusqu'à ce qu'on sache quelles sont celles qui conviennent. Quant aux Chenilles prises sur le tronc des arbres, on leur offrira les feuilles et les lichens de ces arbres, parce qu'il peut y en avoir parmi elles qui vivent réellement de lichens. On est obligé de tâtonner davantage, si une Chenille a été trouvée accidentellement sur un autre végétal que celui qui lui est propre, et même on ne découvre pas toujours ce qu'elle mange.

Il est des Chenilles non polyphages, ou du moins regardées comme telles, qui, lorsqu'on les renferme avec d'autres, renoncent à leur nourriture habituelle pour adopter de préférence celle de leurs compagnes. La captivité leur ferait-elle trouver savoureux ce qu'elles paraissent dédaigner dans l'état de liberté?

Les Chenilles Lignivores ou qui vivent dans l'intérieur des arbres, comme celles du Cossus-gâte-bois et du Zeuzère coquette sont très-difficiles à élever. Il faut les mettre dans de la sciure et la renouveler de temps en temps; ou bien leur donner des racines que l'on tient au frais. On les nourrit avec des pommes, que l'on change lorsqu'elles sont pourries.

On élève bien plus difficilement encore la Chenille du Bombyce de la ronce; Chenille très-commune en automne, et connue dans quelques contrées sous le nom de trivial d'Anneau du diable.

Sur plus de deux cents individus que l'on ramasse, à peine en est-il un qui arrive à l'état parfait, quoique l'on ait la précaution de les exposer au grand air et de leur donner de la mousse pour s'abriter. Ils supportent très-bien l'hiver; mais ils meurent au printemps; on réussirait peut-être mieux en les plaçant dans un banc de gazon garni intérieurement de petit-trèfle et de quintefeuille.

Il ne faut pas laisser ensemble des Chenilles de différente nature, parce qu'il arrive fort souvent qu'elles s'entre-détruisent. Les Chenilles de la même espèce se nuisent déjà lorsqu'elles sont gênées par le nombre; celles des Smérinthes, par exemple, se coupent la queue les unes aux autres. Il est donc nécessaire d'avoir plusieurs boîtes de chasse, ou un gros étui de carton divisé en plusieurs compartimens et aéré aux extrémités et sur les côtés.

Comme les Chenilles de Sphinx, de Smérinthes et de Noctuelles, s'enterrent pour faire leur Chrysalide, il faut les élever dans des pots à fleur, à demi remplis de terre de bruyère, et couverts d'une gaze que l'on assujétit tout autour avec un cordon ou une ficelle. Nous recommandons la terre de bruyère, parce qu'elle n'est pas sujette à sécher comme celle de jardin. Quant aux Chenilles des Bombyces, on les enfermera dans des boîtes dont le couvercle aura presque autant de profondeur que la boîte même, parce qu'ayant de la tendance à y fixer leur coque, elles seraient continuellement dérangées sans cette précaution; on aura soin de supprimer une partie dudit couvercle et de la remplacer par de la gaze fixée avec de la colle.

Les pots et les boîtes ne seront point exposés au soleil, et l'on changera le manger deux fois par jour. On objectera peut-être qu'il serait plus commode de le mettre dans l'eau; cela est vrai; mais il ne faut point l'y laisser plus de vingt-quatre heures; car, passé ce terme, il devient trop aqueux et occasione des maladies funestes, telles que la dysenterie, la jaunisse, la muscardine ou moisissure. Il vaut donc bien mieux le renouveler souvent; d'ailleurs il y a certains alimens comme le saule, le peuplier, qui ne se conservent point dans l'eau, tandis qu'on les conserve tous, durant plusieurs jours, dans des vases hermétiquement fermés. Les feuilles et les herbes mouillées occasionent aussi des maladies. Il est donc à propos de les faire bien égoutter avant de les présenter aux Chenilles.

La *laitue* et la *romaine* plaisent beaucoup à quelques Chenilles d'Écailles; mais il faut éviter de leur en donner, parce qu'elles les relâchent trop et qu'elles influent presque toujours d'une manière peu avantageuse sur les couleurs du Papillon. Le *lamium* appelé improprement *ortie blanche*, leur plaît tout autant, et ne produit pas les mêmes effets.

On nettoiera fréquemment les boîtes et les pots ou il y a un certain nombre d'individus, par la raison que leurs excrémens en se moisissant, engendrent des exhalaisons nuisibles. On prendra garde surtout d'y laisser tomber du tabac: c'est un poison pour les Chenilles délicates.

Souvent une Chenille que l'on croit bien portante, recèle dans son sein des larves de Mouches ou d'Ichneumons. Ces larves rongent, non les viscères, mais la substance graisseuse de l'animal, et quand elles sont parvenues à leur grosseur, elles percent la peau et en sortent pour filer leur coque. Criblée alors de toute part et couverte d'une masse cotonneuse, la Chenille ne tarde pas à périr. Elle parvient cependant quelquefois à se métamorphoser; mais au bout d'un certain temps, les larves sortent de la Chrysalide qui périt également. Quand cette dernière ne renferme qu'un seul Ichneumon, il y reste ordinairement jusqu'à ce qu'il soit insecte parfait; c'est ainsi que l'on voit sortir quelquefois de la Chrysalide du Sphinx du troëne, un grand Ichneumon au lieu du Papillon que l'on attendait.

En général, on peut toucher les Chenilles avec sécurité, il en est seulement quelques unes qu'il ne faut pas prendre sans précaution. La Chenille du Bombyce queue fourchue, par exemple, lance, d'une ouverture placée entre la tête et la première paire de pattes, une liqueur âcre qui, lorsqu'elle entre dans les yeux, y excite une cuisson assez violente, mais momentanée. Les poils de quelques Chenilles poilues, et principalement des Processionnaires du Chêne et du Pin, causent, en pénétrant dans la peau, une démangeaison et même des élevures ou bulbes très-douloureuses. Les dépouilles de ces Chenilles sont surtout à craindre, attendu que les poils qui les entourent, étant plus secs et plus cassans, s'introduisent encore plus facilement dans l'épiderme.

Certaines Chenilles se laissent tomber lorsqu'elles entendent parler ou marcher auprès d'elles. Cette remarque nous en a fait trouver plusieurs, entre autres la Chenille de l'Écaille mouchetée (*purpurea*), chenille encore plus vive que celle de la Lubricipède, qui est également une Écaille; une chose que nous ne devons pas oublier de dire, c'est que l'on est à peu près sûr de trouver des Chenilles partout ou il y a des excrémens frais. Un observateur exercé reconnaît même les Chenilles à la forme de leurs excrémens, comme il reconnaît les Papillons à leur vol. Il faut avoir élevé la Chenille du Sphinx de la vigne, pour être convaincu que les excrémens sont plus gros que ceux de la Chenille du Sphinx à tête de mort, quoiqu'elle soit presque une fois plus petite que cette dernière.

Quand les Chenilles ont pris toute leur croissance, elles parcourent l'enceinte de leur demeure, jusqu'à ce qu'elles aient trouvé une place propre à leur métamorphose. Pour faciliter cette opération, on n'en laissera que trois ou quatre dans les pots d'une grandeur ordinaire, et on leur donnera de la mousse. Les Chenilles fileuses, à l'exception toutefois de celles qui auraient commencé convenablement leur coque, seront mises dans des cornets qui resteront ouverts, mais que l'on enfermera dans des boîtes, avec un peu de nourriture, en cas que quelques unes aient encore besoin de manger. Au bout de dix à douze jours, on coupera le bas des cornets, parce qu'il serait possible que le Papillon dût sortir par-là. Les Chenilles de Diurnes tétrapodes se suspendent, la tête en bas, au couvercle de la boîte; celles des hexapodes, s'attachent par la queue et par le milieu du corps, plutôt aux parois latérales qu'ailleurs, afin d'avoir la tête en haut. A l'exception de la Chenille du Cossus, laquelle, suivant Lyonet, passe au moins deux hivers avant de se mettre en Chrysalyde, les autres Chenilles de Lépidoptères se transforment dans l'espace de douze mois; mais le passage de l'état de la Chrysalide à l'état parfait, ne s'opère pas toujours aussi régulièrement. Certaines espèces, comme les Bombyces grand Paon et petit Paon, les Sphinx du troëne et des tithymales, restent quelquefois deux et même trois ans en Chrysalide. D'autres, ce qui est plus rare, n'y restent que quelques mois au-delà du terme ordinaire. Enfin il arrive que les Papillons d'une même ponte paraissent en deux fois, les uns dans l'année courante, les autres l'année d'ensuite. On peut, à l'aide d'une chaleur modérée, faire éclore des Papillons au milieu de l'hiver; mais on n'obtient que des individus étiolés. Ceux qui emploient des mottes de gazon pour couvrir des Chrysalides, doivent bien examiner auparavant si elles ne renferment pas de vers de terre; ces animaux font plus de mal qu'on ne le croirait.

Il faut déranger les Chrysalides le moins possible, et surtout n'y point toucher avant qu'elles ne soient bien raffermies. On aura soin de ne pas les tenir dans des endroits trop secs ou trop humides. Celles qui deviennent légères ou qui changent de couleur peu de temps après leur formation, ne valent ordinairement rien.

Quand les Papillons ne sont pas développés au bout de deux heures, il y a avortement. Si on les pique trop tôt, les ailes se crispent et ne reprennent pas leur forme, quelque moyen que l'on emploie pour la leur rendre. Il faut bien égoutter la liqueur qui sort par le trou de l'épingle, afin qu'elle ne se répande pas sur le corselet. Il faut aussi tâcher de le garantir du *meconium* ou liqueur que l'insecte rejette par la partie anale.

Manière de souffler les Chenilles.

Il y a différens procédés pour conserver les Chenilles, voici le plus sûr : Il nous a été communiqué par M. Daube, de Montpellier. Mettez de la braise dans un réchaud, et, lorsqu'elle est bien allumée, placez dessus un tube en tôle un peu fort, dont le diamètre serait de deux pouces et demi à trois pouces, sur dix de longueur (1); de la main gauche, vous saisissez la Chenille par la tête, vous la pressez peu à peu et vous répétez deux ou trois fois cette opération, afin de faire sortir par la partie anale tout ce qui est contenu dans l'intérieur de son corps. Si vous sentez encore dans l'intérieur quelque corps durs, vous roulez la peau sous vos doigts afin de les détacher et de les faire sortir. Quand elle est bien vidée, introduisez dans la partie anale un tuyau ou chalumeau de paille, taillé en biseau, et vous l'enfoncerez de deux à trois lignes au plus; ensuite vous le percez de part et d'autre avec une épingle, afin de le fixer dans l'intérieur et de retenir la peau qui est placée derrière; présentez ensuite la Chenille dans le tube qui est rouge, en la tenant sens-dessus-dessous, afin qu'elle prenne une position convenable; au bout d'une demi-minute environ soufflez dans le chalumeau, la Chenille se gonflera sur-le-champ; continuez de souffler, en tournant le chalumeau, jusqu'à ce que la Chenille soit sèche et qu'elle conserve bien sa forme. Une minute ordinairement suffit pour les plus grandes Chenilles.

(1) Il faut que les deux extrémités de ce tube soient à l'air libre.

Manière d'imprimer les Papillons.

Détachez adroitement les ailes avec des ciseaux, et tracez sur du papier de Hollande, le contour du corps et des antennes, puis celui des ailes. Fixez proprement ces dernières avec de l'eau gommée, en commençant par les supérieures, si c'est l'endroit que vous voulez avoir, et par les inférieures si c'est l'envers. Quand les ailes sont exactement en place, couvrez d'un morceau d'étoffe de laine; mettez une feuille de papier sur cette étoffe, et chargez le tout d'un objet bien uni à sa surface inférieure et pesant sept ou huit livres. Laissez ce poids environ une demi-journée; après cela, enlevez les ailes avec la pointe d'un canif; les écailles resteront attachées à la gomme, et vous aurez le dessus du Papillon, s'il a été collé en dessous, et le dessous s'il a été collé en dessus. L'eau gommée doit contenir un tiers de soude clarifiée. Raccordez ensuite le tout avec des couleurs à l'eau, et peignez le corps et les antennes.

Il faut toujours employer des individus frais et morts depuis très-peu de temps; car ceux qu'on fait ramollir subissent plus difficilement cette opération.

Tels sont les détails que nous avons cru devoir consigner dans cet article; puissent-ils être utiles aux personnes qui se livrent à l'étude des Lépidoptères, un des ordres les plus beaux de la classe des Insectes.

Explication des planches 454, 455, 456, 457, et 458.

Pl. 454, fig. 1. Papillon Machaon, pour montrer les diverses parties des ailes. — *m. c. n.* Côte ou bord antérieur. — *n. a.* Bord externe. — *d. a.* Bord inférieur ou postérieur. P. Cellule discoïdale (fermée). — *m. b. n.* Nervules. — *f.* Queue. — *o.* Angle anal. — *e.* Anus.

Fig. 2. Corps du même papillon, pour montrer en *a.* ses yeux. — *c.* Les antennes. — *d.* Les palpes, dont l'un est très-grossi. Fig. 2. D. *e.* Pattes antérieures. — *l.* Leur éperon. — *m.* Tarse terminé par deux crochets. — *f. g.* Pattes intermédiaires et postérieures. — *h.* Thorax ou corselet. — *i.* Abdomen. — *k.* Anus.

Fig. 3. Aile supérieure de Nymphale (*Limenitis populi*). — A. Nervure costale. — *b.* sous-costale. — *c.* médiane. — *d.* sous-médiane. — *e.* Anale. — *f.* Rameau récurrent unissant la médiane à la sous-médiane, et formant la cellule discoïdale. — 1. 2. 3. 4. 5. Nervules envoyées par les nervures précédentes.

Fig. 4. Aile inférieure de la même espèce. — *a*. Costale. — *b*. sous-costale. — *c*. médiane. — *e*. Anale. — *f*. Axillaire. Cette dernière n'est autre chose que la sixième nervule de la figure précédente, qui ici naît directement de la base. La cellule discoïdale est ouverte. — 1. 2. 3. 4. 5. Nervules.

Fig. 5. Ailes imaginaires de lépidoptère, pour l'explication des dessins que forment les couleurs. — *a*. Fascie ou bande articulée. — *b*. Fascie maculaire. — *b*. *b*. *b*. *b*. Fascies transversales de grandeurs diverses. — *c*. *c*. Fascie commune. — *d*. Fascie lancéolée. — *i*. Œil composé. — *k*. Pupille. Les cercles qui l'entourent sont les iris. — *l*. Iris imparfait en forme de croissant, que quelques auteurs nomment sourcil (supercilium). — *m*. Œil simple. — *n*. Œil simple à pupille en croissant. — *o*. Œil à pupille lancéolée. — *p*. Œil bi-pupillé. — *q*. Œil à deux pupilles de grandeur différente. — *r*. Œil double. — *s*. Anneau double. — *t*. Queue.

Fig. 6. Deux écailles prises sur la surface inférieure de la nymphale callisto, Cramer. Grossies 180 fois.

Fig. 7. Ecailles colorées prises sur l'aile inférieure de la Vanesse Io, ou Paon du jour. Grossies 180 fois.

Fig. 8 et 10. Ecailles colorées provenant de la surface supérieure des secondes ailes de la nymphale callisto. Grossies 180 fois.

Fig. 11. Ecaille prises sur un débris de papillon exotique; elle indique l'existence de trois lamelles, dont la supérieure est chargée de granulations (*b*), la deuxième de stries (*c*), et la troisième laisse voir des ondulations (*a*). Grossie 480 fois.

Fig. 12. Ecaille transparente d'un papillon exotique; elle présente des stries moniliformes régulières, dont les intervalles sont divisés en petits carrés allongés transversalement. Grossie 480 fois.

Fig. 13. Plumule du Polyommate argiolus. Grossie 300 fois.

Fig. 14. Plumule en cœur de la Piéride de la Rave, ou petit Papillon du Chou. Grossie 480 fois.

Fig. 15. Portion de l'aile supérieure de la Vanesse Atalante, le Vulcain, sur laquelle on aperçoit le trait des tuyaux d'implantation des écailles, vus comme corps opaque (*a*. *b*.), ainsi qu'une écaille (*c*) engagée dans son tuyau, la trace des sillons qui sont sur la membrane de l'aile se trouve indiquée. Grossissement 480.

Fig. 16. Tuyau d'implantation du pédicule *a*. de la fig 17, grossi 1,300 fois.

Fig. 17. Portion d'écaille de la Piéride de la Rave, offrant le trait des tubes squamulifères, appartenant soit aux écailles, soit aux plumules, tels qu'on les voit en observant comme corps transparent, a un grossissement de 480.

Fig. 18. Tuyau d'implantation hémisphérique, recevant le petit globe (*a*., fig. 14) des plumules de la Piéride de la Rave, grossi 1,300 fois.

Fig. 19. Tuyau d'implantation, avec pédicule rompu, des plumules du satyre faune, grossi 1,300 fois.

Fig. 20. Plumule du Satyre Moera, l'Ariane, grossie 300 fois.

Fig. 21. Plumule de la Piéride de l'Aubépine, le Gazé, grossie 480 fois.

Pl. 455, fig. 1. Ornithoptère de Durville, Guér.

Fig. 2 et 2 *a*. Chrysalide et Chenille de l'Ornithoptère Héticaon.

Pl. 456, fig. 1. Papillon Machaon. 1. *a*. et 1. *b*. Sa Chrysalide et sa Chenille.

Fig. 2. Papillon Podalire. 2 *a*. et 2 *b*. Sa Chrysalide et sa Chenille.

Pl. 457, fig. 1. Parnassius Apollon. 1. *a*, 1. *b*. Sa Chenille et sa Chrysalide.

Fig. 2. Thaïs Médésicaste. 2. *a*. 2. *b*. Sa Chenille et sa Chrysalyde, posées sur un rameau, de l'*Aristolochia pistolochia*, dont la Chenille se nourrit.

Pl. 458, fig. 1. Doritis apolline.

Fig. 2. Leptocircus curius.

Fig. 3. Eurychus cressida.

(H. L.)

PAPION. (MAM.) Nom de l'espèce type du genre CYNOCÉPHALE. (GUÉR.)

PAPOUS ou PAPOUAS. (MAM.) On désigne sous ce nom un rameau nègre qui habite le littoral des îles de Waigiou, de Salwaty, de Gammen, de Batteuta, de la Nouvelle-Guinée, de la Louisiane, de la Nouvelle-Bretagne, de la Nouvelle-Irlande, de Bouka, etc. (P. GARN.)

PAPOUS (terre des). (GÉOG. PHYS.) Nom donné au pays occupé par les Papouas, dans le nord-ouest de la Papouasie et des îles dites Papouas, qui se trouvent dans l'Océanie. Mais il ne faut pas confondre les Papouas véritables avec les Négro-Malais ou Négro-Papouas. Les Négro-Malais sont établis sur le littoral des îles Waigiou, Salwati, Gammen et Batenta, et le long de la côte de la Nouvelle-Guinée, depuis la pointe Sabelo jusqu'au cap de Dory. Selon MM. Quoy et Gaymard, qui, les premiers, les ont décrits, ces nègres constituent une espèce hybride, provenant, sans aucun doute, des Papouas ou des Malais. Ces Négro-Malais, dit M. Lesson, ont emprunté aux deux races dont nous venons de parler les habitudes qui les distinguent. C'est ainsi que plusieurs ont embrassé le mahométisme, et que d'autres ont conservé des Papouas le fétichisme et la manière de vivre; ces insulaires forment donc une sorte de peuple métis, placé naturellement sur les frontières de la Malaisie et de l'Australie. A l'égard des renseignemens topographiques, *voyez* les mots NOUVELLE-GUINÉE, NOUVELLE-HOLLANDE, et NOUVELLE-OCÉANIE. (A. R.)

PAPULES. (BOT. PHAN.) Petites vésicules ou glandes papillaires, contenues dans la matière parenchymateuse des feuilles, et paraissant contenir un liquide, comme dans quelques mésembrianthèmes, etc. *Voyez* PAPILLES. (C. LEM.)

PAPYRIER, *Papyrius*. (BOT. PHAN.) De Lamarck, dans ses Illustrations des genres, et Poiret, dans la partie botanique de l'Encyclopédie méthodique, ont eu le tort d'inscrire sous cette dénomination le genre de la famille des Urticées auquel L'Héritier avait, bien avant eux, imposé le nom d'un illustre botaniste, le nom du premier fondateur de la Société linnéenne de Paris. Nous en avons parlé dans notre premier vol., page 531 et 532, au mot BROUSSONNETIE (*voyez* ce mot). Le genre créé par L'Héritier est généralement adopté; nous ne citons donc ici le Papyrier des deux premiers botanistes nommés que pour le rayer de la nomenclature scientifique. On a également voulu l'appliquer au Papyrus; mais il a été rejeté. (T. D. B.)

PAPYRUS. (BOT. PHAN.) De la langue grecque ce mot est passé dans le langage ordinaire et dans la nomenclature botanique; il désigne l'espèce de Souchet que Linné appelait *Cyperus Papyrus*. Dupetit-Thouars a détaché cette plante du genre linnéen avec lequel elle a de nombreuses similitudes, mais dont elle s'éloigne par son port, par les deux petites écailles ou paillettes que porte l'ovaire, et a été par lui constituée type d'un genre particulier dans la famille des Cypéracées, appartenant à la Triandrie monogynie. Le genre *Papyrus* est bon et adopté. Voici les caractères de l'espèce la plus célèbre.

Plante herbacée des eaux peu profondes, tranquilles, pures et d'une température douce; elle est garnie de racines très-délicates quand elles sont jeunes, mais elles acquièrent avec l'âge une certaine dureté qu'augmente leur entrelacement. Elles partent d'un tubercule assez gros, rampent, s'étendent et jettent autour d'elles une grande quantité de radicelles qui soutiennent la plante contre l'impétuosité des vents ; tandis que du collet s'élèvent des hampes simples, très-droites, trigones, feuillées seulement à leur base, hautes depuis un jusqu'à quatre et même six mètres au-dessus du niveau de l'eau. Recouvertes d'une double pellicule, l'une blanchâtre et très-délicate, l'autre épaisse et d'un vert foncé ; grosses près du collet de dix à quatorze centimètres, quand dans la partie supérieure elles ont à peine vingt-sept millimètres de diamètre ; elles sont terminées par une large ombelle, appuyée sur une collerette de huit folioles, d'où s'échappent un grand nombre (de 330 à 380) de filamens sétacés, que Théophraste comparait à des cheveux, longs de trente à soixante centimètres, du plus beau vert, et se divisent en trois autres filamens plus courts et très-fins, pour retomber avec grâce de la même manière que les panaches, après avoir formé la collerette de l'ombellule. Celle-ci, composée à son tour de trois pédoncules courts, fournit plusieurs épillets alternes, tubulés, sessiles, aux écailles imbriquées sur deux rangs, et aux fleurs douces, soyeuses, molles, odorantes, se succédant les unes aux autres, ne se montrant jamais à la même hauteur ; elles sont munies de deux paillettes, et produisent une semence nue, triangulaire, d'abord verdâtre, puis brune, extrêmement petite. Le panache ne s'élève point droit, il est toujours incliné du côté le plus opposé aux grands vents. Les feuilles sont très-glabres, amplexicaules, engaînées, vertes en dessus, blanchâtres en dessous, avec angle saillant. (*Voyez* la pl. 459, fig. 1 de notre Atlas.)

Consignons ici une remarque curieuse : lorsque le Papyrus est sur pied, on arrache les filamens du panache avec une grande facilité ; il n'en est pas de même une fois que la plante est coupée et qu'elle sèche, on éprouve alors quelque peine à les séparer de l'ombelle. Complétement desséchée, on les enlève très-aisément et cependant en cet état ils ont encore assez de flexibilité pour pouvoir se plier sans se rompre. La hampe que j'ai reçue de la Sicile en 1828, offre encore, après dix ans, cette particularité.

D'après Lobel et Jean Bauhin, quelques botanistes avaient fait deux espèces du PAPYRUS USUEL, *Papyrus domesticus*, que je viens de décrire, l'une d'Egypte, l'autre de la Sicile : c'est une erreur, les deux individus sont identiquement la même plante, ainsi que ceux de l'île de Madagascar, des larges rives de l'Indus et du Gange, de même que ceux qui vivent au confluent du Tigre et de l'Euphrate. La plante d'Egypte que les anciens appelaient vulgairement *Papier du Nil*, portait en Grèce le nom de Παπύρος, et chez les vieux, comme chez les modernes Egyptiens, celui de *Berdi* ou *Babur*, comme elle est encore de nos jours désignée par les populations de la Syrie et de l'Abyssinie. De l'Ethiopie, elle est descendue dans la vallée du Nil, où elle se naturalisa bientôt et y fut cultivée sur le bord des lacs et des canaux dans lesquels le fleuve monte lors de ses crues annuelles, partout, en un mot, où les eaux étaient à l'abri du mouvement d'un courant rapide et de l'action des vagues que le vent soulevait avec force. Depuis 1704, le Papyrus est très-rare en Egypte, il n'a été rencontré par les botanistes de notre mémorable expédition, qu'autour du lac Menzaleh. Bruce l'a trouvé dans le lac Tsana et le Goodéro en Abyssinie, ainsi qu'aux rives du Jourdain et du lac Tibérias. Quant aux forêts admirées par Savary, près de Damiette, il a pris pour des Papyrus une espèce de Roseau, le *Calamus aromaticus*, Linn., qui s'y multiplie d'une manière étonnante.

La seconde plante de Papyrus, vulgairement dite *Pipero*, qui se voit dans les eaux de la Cyanée, près de Syracuse, fut envoyée en Sicile, à Hiéron, par Ptolémée-Evergète, son ami et son allié, c'est-à-dire qu'elle y compte aujourd'hui 2260 ans d'existence. Il faut remonter le cours sinueux de cette petite rivière, à travers des prairies verdoyantes agréablement coupées par de jolies collines, pour apercevoir les premiers Papyrus, qui sont petits et fort peu touffus ; ils grandissent à mesure que l'on se rapproche davantage de sa source, nommée dans le pays la *Pisma* ; là, ils sont très-élevés et dans toute leur beauté. Depuis la ruine de l'ancienne Syracuse, par les Romains, 212 ans avant l'ère vulgaire, jusqu'en l'année 1570 de cette ère, la plante demeura tout-à-fait ignorée des Siciliens. En 1764, un voyageur anglais, Giderfl et, leur apprit l'usage qu'on en faisait autrefois ; mais le papier qui se fabrique aujourd'hui à Syracuse, est bien loin de la perfection que présentait celui des anciens. Au lieu d'employer les pellicules de la hampe, on y coupe celle-ci par tranches minces que l'on place l'une à côté de l'autre, et on les enduit ensuite de colle pour les unir plus étroitement entre elles. Cet assemblage grossier, dont toutes les jonctions sont extrêmement sensibles, porte le nom de *Charta pipera* ; il est de couleur jaunâtre et sert tout au plus comme objet de curiosité. Les journaux anglais, et d'après eux ceux de France, nous ont annoncé, en mai 1835, qu'on était parvenu à préparer le Papyrus avec plus de soins et qu'on avait obtenu un papier pareil à celui des premiers Egyptiens. Je doute d'autant plus de cette assertion, que les mêmes feuilles placent à pareille époque la découverte de la plante aux environs de Syracuse, laquelle, comme nous venons de le voir, date de près de quatre siècles. Le journalisme, de la manière qu'on l'exploite depuis 1801, est une arène immense où le mensonge, l'ignorance, l'ambition et la fatuité, se disputent les palmes qui devraient appartenir au vrai mérite.

On a beaucoup écrit sur le Papyrus sans avoir la plante sous les yeux, sans consulter les exacts renseignemens recueillis par Théophraste, et consignés en son Histoire des plantes, liv. 4, chap. 9, et liv. 6, chap. 2 ; sans étudier les observations faites sur les lieux où la plante croît, par Guilandini ; l'on s'est contenté de suivre Pline qui a singulièrement embrouillé la matière, et l'on a de la sorte accru le désordre. J'ai rectifié la description botanique, et indiqué la situation géographique du célèbre Papyrus; disons maintenant un mot des procédés employés pour la fabrication du papier et l'usage que l'on faisait des autres parties de la plante.

Ne recherchons pas l'époque première de cette fabrication, elle est perdue pour l'histoire; les autorités les plus respectables et les plus antiques ne sont nullement d'accord sur ce point. Elles nous apprennent seulement que l'on enlevait les lames ou feuillets de la hampe (*voyez* dans notre planche 459, en *a* un fragment de cette hampe moitié grosseur naturelle, et en *b* le liber), lorsque la plante était fraîche et reconnue propre à donner un bon papier. Plus les lames offraient de largeur, plus on les estimait. On en mettait deux l'une sur l'autre, que l'on encollait selon la qualité que l'on désirait, tantôt avec l'eau bourbeuse du Nil, tantôt avec une préparation particulière, ou bien à l'aide de la viscosité naturelle à la plante que l'immersion dans l'eau développait suffisamment; on pressait ensuite pour rendre l'adhérence plus intime et le tissu plus uni; puis on faisait sécher au soleil, pour battre au marteau et polir enfin au moyen d'une dent d'ivoire.

D'après le rapport des auteurs copiés par Pline, une hampe fournissait au plus une vingtaine de lames d'une belle blancheur et de haute qualité. Nous savons aussi par lui que l'on possédait plusieurs sortes de papiers, dont les noms indiquaient la finesse et la bonté, et qu'un Romain, Fannius, était parvenu à le perfectionner. Jérome, l'un des pères de l'église, nous apprend, dans une lettre à Chromace, que l'Egypte continuait cependant à en fournir à la ville de Rome de son temps, c'est-à-dire au cinquième siècle de l'ère vulgaire. Les Papyrus que j'ai vus sortir des ruines d'Herculanum, sont aussi lisses, aussi bons et d'une contexture aussi fine que nos plus beaux papiers de chiffons.

Relativement aux autres propriétés économiques du Papyrus, nous savons que l'on mangeait, crue ou rôtie au four, la partie de la hampe la plus voisine du collet, là où elle est pleine d'un suc abondant, agréable. Cet emploi, remarqué par Hérodote et Théophraste, se pratiquait encore au seizième siècle, sous les yeux de Prosper Alpin et de Guilandini. La portion spongieuse et supérieure de la hampe servait à faire les mèches des flambeaux qu'on portait aux funérailles. Avec l'écorce qu'on rejetait dans la fabrication du papier, on préparait de grosses toiles et des tissus de diverses sortes; les parties les plus fines se réservaient pour tresser les couronnes naucratiques dont Athénée parle dans le XVe livre de ses Deipnosophistes. Le panache, réduit en étoupes, donnait de bons câbles pour les vaisseaux, d'excellentes cordes à puits, des nattes et même des ligatures pour les pansemens, ainsi que nous le voyons dans Columelle et Palladius. On brûlait les racines; elles n'ont jamais été recherchées comme alimentaires malgré l'assertion de Dioscorides et de ceux qui l'ont cité sans critique. Strabon s'est également trompé quand il a écrit que le Papyrus abondait sur tous les lacs de la Tyrrhénie et du pays des Volsques: il n'y a jamais existé.

C'est Poivre qui, le premier, nous a fait connaître le Papyrus de Madagascar, comme c'est à Prosper Alpin que l'on doit la première bonne figure de la plante d'Egypte. L'Amérique du sud nous a fourni deux espèces nouvelles; l'une, le *Papyrus odoratus*, de Kunth; l'autre, le *Papyrus comosa* du même botaniste. Elles croissent sur le bord des fleuves et aux lieux inondés. Il ne faut pas confondre avec la seconde espèce, le *Cyperus comosus* de Sibthorp, le Souchet des marais de Patras, il n'appartient point au genre qui nous occupe. Quant au *Papyrus odoratus*, il paraît que Gronovius l'avait déjà recueilli sur les fleuves de la Virginie, qu'on ne connaissait pas encore sa station dans l'Amérique du sud. (T. D. B.)

PAQUERETTE, *Bellis*. (BOT. PHAN.) Salut à la plante chérie qui, l'une des premières, appelle et fixe nos regards sur le tapis vert-tendre des prairies et des pâturages, où nos troupeaux vont puiser une nourriture nouvelle. Salut à la plante rustique dont le disque argenté nous marque, par son rapprochement, les heures à donner au repos, nous avertit de l'humidité pénétrante qu'il nous faut éviter pour conserver notre santé et celle des animaux associés aux travaux, à la prospérité de la maison rurale. Dis-nous, Paquerette jolie, ce que sont devenues les heures d'une innocente indifférence, où, mollement étendus sur la pelouse embaumée, nous nous amusions à te cueillir, à disposer en bouquets ta hampe nue, à suivre l'action qu'exercent sur toi l'aspect du soleil et les circonstances si variables de l'atmosphère, à te consulter, par l'enlèvement successif des rayons de ta fleur blanche et rosée, sur le degré actuel de l'affection des personnes aimées? La belle saison nous paraissait alors cent fois plus belle, nous étions dans l'âge des douces illusions, la triste et lente expérience n'était point encore venue nous obliger à voir les hommes et les choses sous un jour plus grave, j'allais dire plus sombre, plus affligeant. Apprends-nous pourquoi chaque année, au retour du printemps, nous prenons cependant plaisir à te revoir toujours fraîche, toujours joyeuse, et à te redemander nos premières erreurs. Ah! sans aucun doute, c'est que

> Des maux qui ne sont plus l'amertume s'efface,
> Et quand la main du temps en a loucit la trace,
> Le malheur est presque embelli.

Ainsi, remarquée dans les plaines, au sein de l'herbe naissante, comme transplantée dans nos jardins, où elle a récompensé par une brillante générosité les soins de la culture, la petite famille des Paquerettes procure à tous des jouissances prolongées; elle ouvre le drame de notre vie, et sa fleur orne notre dernière demeure. Non seulement l'horticulteur est parvenu à doubler les rayons de sa calathide; mais il en a obtenu de fort jolies variétés roses, rouges, pourpres, à cœur vert, panachées, et même une monstruosité prolifère, remarquable par les petites corbeilles pédonculées qui s'élèvent de la circonférence jaune du réceptacle. Toutes les Paquerettes forment de charmantes bordures et des petits massifs fort agréables, surtout lorsqu'on sait en mélanger artistement les nuances variées. Epanouies immédiatement après la fonte des neiges, elles se succèdent sans interruption les unes aux autres durant huit mois; les gelées seules les font disparaître. On les multiplie par l'éclat des racines que l'on sépare dès que les fleurs sont passées, c'est-à-dire en octobre et novembre; on plante dans une terre légère, bien amendée : cette dernière circonstance est importante, puisqu'elle influe beaucoup sur la beauté des fleurs. Tous les trois ans on espace les touffes devenues très-larges.

Dans nos jardins, comme aux champs, les Paquerettes sont des PLANTES MÉTÉORIQUES (*voy.* ce mot); elles s'ouvrent dès que les rayons solaires les frappent, elles se ferment du moment que le ciel se charge de nuages ou que le soleil touche à l'horizon occidental. On mange leurs feuilles et leurs bouquets en salade. Un agronome atrabilaire que l'on cite et copie trop souvent, parce qu'on ne sait pas l'apprécier à sa juste valeur, ignorant que les Paquerettes sont aimées des Chèvres et des Moutons, conseillait de les arracher de toutes les prairies comme repoussées de tous les animaux, et comme leur étant nuisibles.

Quant aux propriétés médicinales qu'on leur attribue, elles sont aussi contestables que l'assertion de Bosc. L'élégance des fleurs les a fait comparer à des perles par les troubadours et par les trouvères, de là le nom vulgaire de *Marguerites* qu'elles portent; de même que leur nom botanique *Bellis* vient du latin *Bellus*, qui signifie joli, mignon, tout agréable.

Ce genre est le type d'un groupe très-naturel que Cassini appelait Bellidées vraies; il fait partie de la Syngénésie superflue et de la famille des Corymbifères; il ne comprend plus aujourd'hui toutes les espèces que lui attribuèrent les botanistes du siècle dernier. La Billardière en a détaché trois pour composer ses genres *Brachycome*, *Lagenophora* et *Paquerina*, que nous avons dû passer sous silence comme trop peu connus et peut-être même comme assez mal fondés. Les espèces qui nous intéressent sont au nombre de trois, savoir : la *Bellis perennis*, la *B. annua* et la *B. sylvestris*, et de cinq si l'on adopte la *B. ramosa* et la *B. repens* de Lamarck. Toutes se trouvent spontanées en France.

La PAQUERETTE VIVACE ou petite Marguerite, *B. perennis*, L., se rencontre partout, dans les prés, les pâturages frais, le long des chemins, aux lieux incultes et abandonnés. Elle se propage par ses racines vivaces et fibreuses. Ses feuilles toutes radicales forment une rosette sur la terre; de leur sein s'élève une hampe grêle, haute de six à huit centimètres, portant une seule fleur à corolle radiée, à la circonférence, de fleurons d'un blanc pur que l'on voit souvent se teindre de nuances diverses depuis le rose tendre jusqu'au rouge le plus foncé, tandis que les fleurons du centre restent jaunes. La PAQUERETTE SAUVAGE, *B. sylvestris*, ne s'éloigne de la première espèce que par sa taille gigantesque, par ses feuilles à trois nervures, par ses fleurs beaucoup plus larges. Elle abonde dans le Portugal et se rencontre dans diverses localités du midi de la Frace. La PAQUERETTE ANNUELLE, *B. annua*, L. compte, de même que les précédentes, plusieurs variétés; ses racines capillaires, ses tiges, tantôt simples, tantôt ramifiées et un peu garnies dans le bas de petites feuilles alternes, dentées, quelquefois légèrement velues, la distinguent des deux autres, outre que sa fleur est plus petite et toujours blanche. La PAQUERETTE RAMEUSE, *B. ramosa*, présente une tige droite, branchue, haute de dix à douze centimètres, avec une fleur bleuâtre, comme celle de la PAQUERETTE RAMPANTE, *B. repens*, aux tiges toujours inclinées sur le sol, dont elles suivent constamment les ondulations. Ces deux dernières espèces sont annuelles et vivent dans nos départemens du midi. (T. D. B.)

PAQUES (Ile de). (GÉOGR. PHYS.) L'île de Pâques est située par 27° 9′ de latitude sud et par 111° 24′ 54″ de longitude ouest. Elle fut découverte en 1722; ce fut l'amiral hollandais Rogewen qui eut cet honneur, et comme ce fut le saint jour de Pâques qu'il aperçut l'île pour la première fois, il la nomma *Paassen* ou *Pâques*, en commémoration de cette grande solennité chrétienne. Les naturels l'appellent *Waihou*.

L'île de *Pâques* ou de *Waihou*, selon que l'on voudra lui donner son nom hollandais ou indigène, a été visitée par plusieurs voyageurs, et entre autres par Cook et Lapeyrouse, qui l'ont examinée avec soin et qui nous ont transmis sur elle des renseignemens assez détaillés. Ces deux illustres voyageurs passèrent l'un et l'autre plusieurs jours dans l'île, et les détails qu'ils donnent sur leur séjour et leurs observations, sont confirmés par les navigateurs qui leur ont succédé, et entre autres par le capitaine Beechey, qui affirme que rien n'est changé depuis ces célèbres marins. Cette île est située à deux mille milles des côtes du Chili, et à quinze cents milles des îles habitées les plus rapprochées, si l'on en excepte l'île Pitcairn. Sa forme est triangulaire; elle a neuf milles de longueur du nord-ouest au sud-est, neuf milles trois quarts de l'ouest-sud-ouest à l'est-sud-est, et treize milles du nord-est au sud-ouest. Son périmètre est de trente-six milles environ. Son point le plus élevé dépasse de douze cents pieds le niveau de la mer, et, par un beau temps, elle peut être aperçue de douze à quinze lieues. C'est à cette distance que l'on peut apercevoir les hautes montagnes qui recouvrent son sol. Forster, le savant qui accompagna le capitaine Cook dans son second voyage, en 1774, nous rapporte qne cette île est stérile, presque entièrement couverte de pierres brunes, noires et rougeâtres, et d'origine évidemment volcanique. La végétation y est fort maigre et sans vigueur. Elle se compose pour ainsi dire tout entière

tière d'un seul graminée qui croît par petites touffes, et dont la feuille est si glissante, que, lorsqu'on en rencontre dans sa marche, on a une peine infinie à s'y maintenir en équilibre. Dans d'autres parties de l'île, le sol présente un aspect ferrugineux, où la roche compacte et serrée ne permet à aucune plante, et même à aucune herbe, de germer et de pousser. A peine si toute la surface de l'île présente quelques arbres ou quelques arbrisseaux. Elle est d'une nudité désespérante. On voit cependant dans quelques parties des Mûriers à papier que les indigènes emploient comme à Taïti pour la fabrication des étoffes dont ils se servent; quelquefois aussi on voit des individus d'une espèce rabougrie de *Mimosa*, dont la tige épaisse de trois pouces atteint rarement sept pieds de hauteur. Du reste, pas une rivière, pas un ruisseau, pas même un torrent; les naturels, pour toute boisson, se contentent d'une eau fétide qu'ils puisent dans des mares. On conçoit, d'après cela, que cette île est de peu de secours pour les vaisseaux qui viennent y relâcher. Aussi le capitaine Cook affirme-t-il qu'il y en a peu que les vaisseaux puissent visiter plus inutilement. Comme le sol, dit-il, ne produit rien qu'à force de travail, on ne doit point supposer que les habitans plantent plus qu'ils n'ont besoin de récolter; et comme ils sont en fort petit nombre, ils ne peuvent avoir beaucoup de superflu à offrir aux étrangers.

En outre du peu de ressources qu'offre l'île de Pâques, sous le rapport des vivres et des denrées commerciales, il y a encore une autre raison qui rend cette île moins fréquentée que toute autre par les bâtimens qui naviguent dans ces parages. Cette raison, c'est le caractère plus qu'inhospitalier de ses habitans. Il est juste de dire que les nations civilisées sont peut-être pour quelque chose dans cette inhospitalité.

En effet, nous voyons dans la relation de leurs voyages, que Roggeween, Cook et Lapeyrouse y furent bien accueillis. Ces navigateurs y passèrent successivement plusieurs jours sans avoir aucunement à se plaindre de la réception qui leur était faite. Mais après la dernière visite de Lapeyrouse, des aventuriers européens, pêcheurs de phoques, ayant voulu faire dans cette île la presse aux hommes pour former une colonie sur un autre rivage, il en résulta que les naturels regardèrent tous les Européens comme des voleurs d'hommes, et qu'ils ont conçu contre eux une haine inquiète qui se traduit par des rixes violentes toutes les fois qu'un bâtiment européen vient à toucher l'île. C'est précisément ce qui arriva à Kotzebue et à Beechey, lorsqu'ils voulurent l'un et l'autre débarquer dans l'île de Pâques, le premier en 1816, et le second en 1826. Pour donner une idée exacte du caractère et de la manière d'agir des naturels, nous ne croyons pouvoir mieux faire que d'extraire du voyage du capitaine Beechey la relation de ses rapports avec l'île de Pâques.

« .... J'envoyai à terre deux chaloupes avec deux lieutenans, MM. Peard et Wainwright, pour qu'ils tâchassent de se concilier la bienveillance des habitans par quelques cadeaux et de nous rapporter des fruits et des légumes. Sans craindre précisément aucune hostilité, je fis armer les chaloupes comme mesure de précaution, et je joignis aux matelots qui les montaient plusieurs soldats de marine. Ainsi équipées, elles se mirent en route, tandis que *la Blossona* (nom du bâtiment monté par le capitaine Beechey) resta à quelque distance. Les insulaires s'étaient pendant ce temps-là réunis en grand nombre : on les voyait courir dans tous les sens, pleins de joie et de curiosité. Plusieurs, néanmoins, s'occupaient à lancer de grosses pierres vers un but.

Lorsque les chaloupes approchèrent, l'anxiété des naturels se manifesta par des acclamations qui couvrirent la voix des officiers, et avant qu'elles eussent gagné la rive, elles furent environnées par des centaines de nageurs, qui, s'accrochant au plat-bord, à l'arrière, au gouvernail, rendaient toute manœuvre impossible. Tous paraissaient bien disposés à notre égard, et nul n'était venu les mains vides. Ils offraient de vendre des bananes, des ignames, des pommes de terre, des nids d'oiseaux, des images de leurs dieux, et quelques uns même jetaient leur marchandise dans les chaloupes, laissant le prix à la discrétion des étrangers qui leur rendaient visite. Parmi les nageurs il y avait un grand nombre de nageuses qui, autant et plus que les hommes, désiraient monter dans les chaloupes, et employaient tous les moyens de persuasion pour décider nos marins à les y recevoir. Les barques étaient déjà tellement chargées par le poids de tous ceux qui s'y accrochaient, que pour leur sûreté personnelle, les équipages étaient forcés de recourir à l'usage des bâtons pour écarter les importuns. Les naturels ne se fâchaient aucunement des coups qu'ils recevaient, mais ils reprenaient leur place aussitôt que l'attention des marins était attirée sur quelque autre point. Il y avait précisément sur le plat-bord différens petits objets auxquels les nageurs attachaient beaucoup de prix; et comme les chaloupes tiraient beaucoup d'eau à cause de la multitude qu'elles traînaient autour d'elles, plusieurs de ces objets furent volés, malgré l'attention qu'y prenaient la plupart de nos gens qui ne pouvaient au surplus recouvrer aucun objet volé, attendu que chaque délinquant plongeait immédiatement avec beaucoup d'adresse et d'habileté.

»....... Nos marins effectuèrent leur débarquement, secondés par les naturels qui d'une main les aidaient à gravir sur les rochers, et de l'autre dévalisaient leurs poches. Ce n'était pas chose facile de pénétrer la foule épaisse qui couvrait le rivage, ni surtout de suivre le voleur à travers le labyrinthe de figures qui se formait autour de lui. Là encore, les objets volés furent donc perdus sans espoir, comme ceux qui étaient tombés entre les mains des nageurs.

» En tête de la multitude se trouvaient deux hommes portant des couronnes de plumes de Pélican, qui, s'ils n'étaient pas chefs, exerçaient du moins une certaine autorité, et qui, appuyés sur deux insulaires peints en noir de la tête aux pieds, cherchaient à nous ouvrir un passage en frappant avec des bâtons, mais en ayant soin de diriger tous leurs coups de manière à ce qu'aucun ne pût porter. Sans leur secours, il aurait été impossible de débarquer : la population ne s'effrayait guère des menaces; un mousquet même tourné sur elle ne l'effrayait plus dès qu'il était relevé, les armes à feu produisant moins d'effet que de l'eau jetée par des spectateurs qui désiraient laisser avancer nos gens.

» Le marin qui le premier mit pied à terre, et que cette circonstance fit probablement regarder comme un personnage de distinction, fut conduit au sommet d'une digue qui bordait le rivage, et là, invité à s'asseoir sur un large bloc de lave, au-delà duquel ses compagnons reçurent défense de passer. On tenta alors de former un cercle autour de lui; mais ce fut fort difficile, tous les insulaires se portant à la fois vers le même point. C'était une nuée de solliciteurs impatiens, bruyans, présentant des sacs vides, en demandant qu'on les leur remplit. A ce moment, on aperçut de *la Blossom* un naturel, chef sans doute, puisqu'il portait un manteau et une couronne de plumes, se diriger en toute hâte vers le lieu du débarquement, accompagné de plusieurs individus armés de bâtons courts. Cette apparence hostile, jointe au son d'un cor en coquillage qui, selon Cook, n'est jamais de bon augure, fit braquer à bord toutes les lunettes vers cette partie de l'île. Le chef en question reçut de M. Peard un beau présent dont il parut enchanté, et tout d'abord put faire croire que la paix ne serait pas troublée. Mais il arriva que notre officier eut bientôt distribué tous les cadeaux qu'il avait apportés avec lui. Comme il s'en revenait donc vers les chaloupes pour en chercher d'autres, les naturels, se méprenant sans doute sur ses intentions, se mirent à pousser d'effrayantes clameurs, et la confusion fut encore augmentée par les efforts que fit un soldat de marine pour recouvrer son chapeau qu'on venait de lui enlever. Les insulaires profitèrent du tumulte et redoublèrent leurs tentatives de rapine. Bref, ils devinrent si audacieux qu'on ne put douter plus long-temps de leurs intentions; ils dévalisaient notre monde sans le moindre scrupule, ce qui, joint au départ des femmes et à l'apparition des armes, décida avec raison M. Peard à ordonner aux matelots de retourner vers les chaloupes. Mais cet ordre dans sa bouche parut le signal de l'attaque : le chef lança une grosse pierre qui renversa M. Peard, et fut immédiatement suivie par une grêle de projectiles épaisse à obscurcir le jour. Les naturels qui étaient restés dans l'eau et autour des chaloupes rejoignirent immédiatement leurs camarades, qui s'étaient réfugiés derrière une éminence hors de la portée des mousquets.

» Les pierres, dont chacune pesait environ une livre, tombaient en nombre incroyable et avec une telle précision, que presque tous nos hommes furent plus ou moins grièvement blessés. On tira d'abord à poudre; mais cette longanimité ne servit qu'à augmenter leur fureur. La pluie de pierres redoubla, nos marins firent alors un feu sérieux. Le chef, qui excitait encore les insulaires, tomba frappé du premier coup. Terrifiés par cet exemple, les naturels n'osèrent plus quitter leurs retranchemens, et quoiqu'ils jetassent encore un grand nombre de pierres, on put remettre les chaloupes à flot, et les équipages revinrent à bord en leur entier....... »

On voit par cet extrait, qui, nous l'espérons, ne sera pas lu sans intérêt, que les habitans de l'île de Pâques ne sont pas d'un caractère fort aimable. Ils sont, au dire des voyageurs, de la même race que les habitans des îles de Taïti et de Tonga. Forster même, le compagnon de voyage de Cook, dont nous avons déjà parlé, affirme qu'ils parlent la même langue. Dans tous les cas, s'il y a eu migration, il n'en est plus resté aucun souvenir dans la mémoire des habitans. La race, quoiqu'elle soit sans grande apparence de force, est belle et bien proportionnée. Les femmes surtout ont les traits fort réguliers, une figure d'un ovale parfait, le front élevé et uni, l'œil noir et quelque peu enfoncé. Les hommes et les femmes, mais les femmes moins que les hommes, se couvrent de tatouages de la tête aux pieds, et rompent ainsi l'égalité de leur peau, qui, du reste, est d'une teinte moins foncée que celle des Malais. Le tatouage ne leur paraissant pas un enjolivement assez complet, ils en ornent le dessin de peintures rouges et blanches. Leurs demeures se composent de malheureuses cabanes formées au moyen de perches fichées en terre, dont ils joignent les extrémités supérieures et sur lesquelles ils placent quelques feuilles ou un peu de chaume, après avoir formé toutefois une espèce de quadrille au moyen de nouveaux bâtons superposés horizontalement. On voit combien cette population, qui au surplus n'est guère de plus de neuf cents habitans, vit misérablement.

On retrouve dans l'île des ruines qui semblent indiquer qu'elle a joui autrefois d'un état de prospérité et de civilisation assez avancé. C'est là un fait assez curieux que nous avons cru devoir rapporter avant de terminer cet article. Ainsi l'on retrouve dans différentes parties de l'île des restes de constructions solides, et bien plus que cela, des statues placées sur des piédestaux. Certes, ces statues ne peuvent être comparées en aucune façon aux merveilleux travaux de l'école grecque. C'est un genre de statuaire à part, défectueux dans beaucoup de ses parties et toujours colossal : plusieurs des morceaux existant encore forment des statues d'une trentaine de pieds de hauteur.

La nature de l'île de Pâques, l'étude géologique de son sol, l'aspect de sa surface ne peuvent laisser aucun doute sur les causes auxquelles on doit attribuer un pareil changement. Il est évidemment le résultat d'une révolution volcanique qui aura englouti villes et habitans, et n'aura laissé sur le sol que quelques débris épars, comme traces et vestiges d'une grandeur passée. (C. J.)

PAQUETTE. (BOT. PHAN.) Vulgairement on donne ce nom à la grande Marguerite, *Chrysanthemum leucanthemum*, L., qui est très-commune dans nos prairies, où ses grandes fleurs blanches tranchent agréablement sur le vert et le jaune de leurs longs gazons. Il est aussi synonyme de la Paquerette vivace, *Bellis perennis*, L., et de la Paquerolle, *Bellium bellidioides*, L., autre corymbifère qui a tout-à-fait l'aspect de cette dernière, et porte comme elle, une hampe uniflore, des feuilles radicales simples, très-entières, sessiles, spatulées et rassemblées en rosette, des fleurs à rayons blancs et disque jaune. Ce qui diffère les deux genres, c'est d'abord le calice de la Paquerolle qui est simple et ouvert, quand il est hémisphérique dans la Paquerette; ce sont les fleurs, qui s'épanouissent en juin, quand celles de la Paquerette paraissent avec les premiers jours du printemps, et même dans les journées rigoureuses de l'hiver; ce sont les semences, qui portent une aigrette de huit paillettes ou longs poils, tandis que celles de la Paquerette sont ovales et nues. (T. D. B.)

PARADIS ou PARADISIER, *Paradisea*. (OIS.) Ce nom, introduit par M. Duméril dans sa Zoologie analytique, s'applique à tous les oiseaux que l'on connaît sous la dénomination vulgaire d'Oiseau de Paradis, et doit lui être préféré en ce sens, qu'il est simple et qu'il correspond parfaitement à la synonymie latine donnée par Linné aux oiseaux dont nous allons faire l'histoire. C'est dire que nous adoptons le mot Paradis ou Paradisiers, et, comme les méthodistes modernes, nous lui conservons la signification générique.

Ce genre, que Cuvier, dans son Règne animal, a conservé tel que Linné l'avait établi, a subi de la part de quelques ornithologistes, de nombreuses modifications. Vieillot, le premier, voyant peut-être un peu trop de motifs à division dans les caractères des espèces, a cru devoir distinguer dans le genre Paradis de Linné, quatre groupes. Mais d'autres classificateurs plus modernes semblent avoir pris à tâche de se montrer au dessus de Vieillot, en fait de division. Pour eux, les Paradisiers forment non plus une section générique, telle que le comprenaient Linné et tous ses continuateurs, mais une famille subdivisible en cinq ou six genres. La manie des genres est le mal de notre époque. La grande raison d'après laquelle argumentent toujours les inventeurs de toutes ces nouvelles dénominations génériques dont sont encombrés les manuels et les méthodes ornithologiques, c'est que la science, depuis Linné, fait tous les jours d'immenses progrès, qu'elle s'enrichit de faits nouveaux, lesquels faits, ne pouvant entrer dans les cadres tracés par le grand maître, indiquent de nouveaux rapports entre les oiseaux, et nécessitent par cela même de nouvelles divisions.

Certes, nous ne prétendons pas qu'il faille en rester à la méthode de Linné. Les genres qu'il a conçus, par le seul fait des découvertes nouvelles, peuvent quelquefois ne plus suffire à une classification rationnelle; mais on ne devrait pas s'efforcer à voir dans de simples caractères spécifiques un motif suffisant pour l'établissement d'un genre nouveau. C'est, malheureusement pour la science, l'excès dans lequel tombent, de nos jours, presque tous les ornithologistes classificateurs, mais surtout les Anglais; car en France on se pique simplement de les imiter.

Quant à nous, nous adopterons le genre *Paradisea* tel que l'a créé Linné, et tel que Cuvier l'a admis, et nous lui conserverons aussi les distinctions que ce dernier y a introduites.

Les Paradisiers sont caractérisés par un bec droit, comprimé, fort, sans échancrures, et par des narines ouvertes; en outre, les plumes qui recouvrent ces dernières sont généralement courtes, serrées et veloutées.

Il n'est peut-être point d'oiseaux sur lesquels on ait fait autant de contes que sur les Paradisiers, comme il n'en est point qui aient fait commettre autant d'erreurs. Long temps leurs mœurs ont été fabuleuses. L'on trouve même encore des personnes dont l'esprit n'est point entièrement dégagé des traditions que nous ont léguées les premiers historiens des Oiseaux de Paradis. Ce qui avait puissamment contribué à faire adopter le merveilleux dont ces oiseaux ont été l'objet, c'est que leurs dépouilles, introduites en Europe par les navigateurs, n'offraient à l'examen aucune trace de pieds; dès-lors, de conjectures en conjectures, on arriva à affirmer que ces espèces en étaient privées, et, cette opinion admise, on crut à d'autres que nous allons faire connaître. Malgré le principe émis par Aristote, qu'il n'y avait point d'oiseaux sans pieds, on persista à croire que les Paradis faisaient exception. La cause qui avait donné lieu à l'erreur, fut aussi celle qui contribua à l'accréditer, et c'était naturel. Les marchands, pour leur donner plus de valeur, ajoutèrent aux fables qui avaient cours, et le merveilleux, pour lequel l'homme a une tendance si prononcée, tint lieu de la vérité. Mais c'est bien plus : des querelles s'élevèrent entre les écrivains d'alors, et Aldrovande, l'un de ceux qui soutenaient que les Oiseaux de Paradis n'avaient pas de pieds, maltraita, dit-on, Pigafette de ce qu'il osait avancer le contraire. Pigafette, pourtant, avait apporté en Europe, comme preuve de son opinion, un Manucaude sur lequel on constatait la présence de pieds. Mais l'erreur était enracinée, et il fallut que Jean de Laët, Marcgrave, Clusius, Wormius, Bontius, etc., vinssent confirmer, par de nouvelles preuves ou par de nouvelles affirmations, l'opinion de Pigafette, pour que l'on n'eût plus de doute à ce sujet, du moins dans le monde savant; car, parmi le peuple, l'erreur persista.

Il est même curieux de voir comment on chercha à expliquer ce fait singulier de l'absence des pieds chez des oiseaux qui n'en étaient point privés. Vigneul-Marville, dans ses Mélanges d'histoire et de littérature, en donna une raison fort singulière. « Comme ceux qu'on trouve morts au pied des arbres, dit-il en parlant du Manucaude, n'ont point de pieds, quelques naturalistes ont pensé que cet oiseau était privé de cette partie si nécessaire à tous les animaux ; mais la vérité est que les Fourmis ne manquent jamais, quand elles en rencontrent, de commencer par leur manger les jambes, et c'est ce qui fait que ceux que l'on envoie embaumés en Europe paraissent n'en avoir jamais eu. » Barrère, au contraire, admit que les Paradisiers ont les pieds si courts et tellement garnis de plumes jusqu'aux doigts, qu'on pourrait croire qu'ils n'en ont point du tout. Plus tard, l'on sut à quoi s'en tenir sur ce point, et l'on s'accorda généralement à reconnaître que si ces oiseaux arrivaient dans le commerce privés réellement de ces parties, c'est que les naturels des contrées d'où ils sont originaires, les leur arrachaient dans les préparations qu'ils leur faisaient subir.

Il paraîtrait certain, pourtant, que le merveilleux dont on s'est plu à environner les Paradis, n'a pas pris naissance sous notre ciel d'Europe. Il nous est arrivé avec les dépouilles de ces oiseaux. Les Européens n'ont fait qu'ajouter aux fables primitives transmises par les Indiens eux-mêmes. Ainsi il est à peu près positif que les prêtres mahométans, alors comme aujourd'hui source permanente de toute superstition, insinuèrent d'abord aux grands, c'est-à-dire aux chefs, et ensuite au peuple, que les *Manucaudiata* (Manucaudes), c'est-à-dire Oiseaux de Dieu, venaient de leur paradis. Pour colorer leur imposture, ils affirmèrent qu'ils ne vivaient que de la rosée du soleil, et que la mort seule pouvait les faire appartenir à la terre. Enfin ils surent persuader aux chefs que leurs plumes avaient pour vertu de rendre invulnérable, et les chefs portèrent sur eux des dépouilles de Manucaudes.

Depuis, on n'a fait que broder sur ce canevas d'absurdités. Lorsque l'imagination s'empare d'un sujet, l'on ne sait jamais quelles seront ses bornes. C'est ce qui est arrivé pour les Paradisiers. « Des volatiles que l'on croyait sans pieds, dit Vieillot, si étonnans par la richesse, par la forme, le luxe, la position, le jet de leurs plumes, ne devaient pas avoir la même manière de vivre que les autres. On leur chercha donc des mœurs et des habitudes analogues à leur prétendu physique. Acosta assura que, privés de la faculté de se percher et de se reposer à terre, ils se suspendaient aux arbres avec leurs filets, qu'ils n'avaient d'autre élément que l'air, qu'ils dormaient, s'accouplaient, pondaient et couvaient en volant. D'autres, pour rendre la chose plus vraisemblable, dirent que le mâle avait une cavité sur le dos, dans laquelle la femelle déposait ses œufs, et les couvait au moyen d'une autre cavité correspondante qu'elle avait dans l'abdomen, et que, pour assurer la situation de la couveuse, ils s'entrelaçaient par leurs longs filets. D'autres publièrent qu'ils se retiraient dans le paradis terrestre pour nicher et élever leurs petits, d'où leur est venu le nom qu'on leur a généralement imposé. Enfin quelques uns ont cru que la femelle plaçait ses œufs sous ses ailes, etc. »

Le fait est que les Oiseaux de Paradis ont depuis long-temps perdu tout ce merveilleux dont on s'était plu à les environner. S'ils attirent encore notre attention, si on les recherche, ce n'est plus à cause de l'intérêt qu'ils peuvent faire naître sous le rapport de leurs mœurs fabuleuses, mais bien à cause de leur beauté. On en a fait un objet de luxe. Distraits de la science, on aime à les retrouver sur la tête de nos coquettes ; car tout le monde sait que les Paradisiers sont pour elles une parure qui ne leur messied pas.

Les habitudes naturelles de ces oiseaux ne sont point encore parfaitement connues. Leur genre de nourriture, par exemple, est devenu la source d'une foule d'opinions diverses. Selon Tavernier, ils se nourrissent de muscades dont ils sont très-friands ; Bontin en fait des oiseaux de proie qui chassent et mangent les petits oiseaux, ce qui n'est pas très-probable d'après la structure de leurs pieds et de leur bec. Otton, Forster, Valentyn, ont avancé qu'ils vivaient de baies, et Linné d'insectes et surtout de grands Papillons. On les a dits aussi très-friands des épices; car ils ne s'écartent pas des contrées où elles croissent. D'après leur organisation, on serait porté à penser qu'ils sont insectivores et frugivores en même temps.

Parmi ceux dont on connaît un peu les mœurs, il en est qui fréquentent les buissons ; d'autres habitent les forêts, et nichent sur les arbres élevés. « Dans la saison des muscades, dit Vieillot, l'on voit ces oiseaux voler en troupes nombreuses, comme le font les Grives à l'époque des vendanges ; mais ils ne s'éloignent guère. L'archipel des Moluques et la Nouvelle-Guinée bornent leurs plus longs voyages. »

Les vrais Paradisiers, à côté desquels on plaçait des espèces qui appartenaient à d'autres genres, auxquels on les a rapportés ; les vrais Paradisiers, disons-nous, peuvent former plusieurs groupes. En les adoptant tels que Cuvier les a admis, nous aurons à distinguer :

1° *Les espèces qui ont les plumes des flancs effilés et singulièrement allongés en panaches plus longs que le corps, et de plus deux filets ébarbés adhérens au croupion, qui se prolongent autant et plus que les plumes des flancs.*

Ce groupe, dont Vieillot a fait, sous le nom de *Samalie*, une division de sa famille des Manucaudiates, renferme l'espèce la première connue en Europe, la plus commune de toutes, et sur laquelle on possède le plus de renseignemens relatifs aux mœurs : c'est l'Oiseau de Paradis émeraude, *Paradisea apoda*, Linn., que les Portugais appellent *Passacos de sol* (Oiseau de soleil) ; les habitans de Ternate, *Manuco Dewata* (Oiseau de Dieu), ou *Hurong papeia* (Oiseau des Papous), et qu'à Amboine et à Banda on nomme *Manu-Key-Aron* (Oiseau des îles Key et Aron). Nous l'avons représenté, pl. 459, fig. 2. Sa taille est celle du Merle ; il a tout le dessus de la tête et du cou d'un jaune clair, le tour du bec et la gorge vert d'émeraude chatoyant. C'est au mâle de cette espèce que l'art emprunte les longs faisceaux de plumes jaunâtres qu'il porte sur les flancs, pour en composer ces panaches dont les femmes aiment à orner leur tête. Vieillot, dans sa Galerie des Oiseaux, s'exprime ainsi qu'il suit, au sujet de ce Paradisier.

« Cette espèce reste dans les îles d'Aron pendant la mousson sèche ou de l'ouest, et retourne à la Nouvelle-Guinée au commencement de la mousson pluvieuse ou d'est. Elle voyage en bandes composées de trente à quarante individus, sous la conduite d'un autre oiseau qui vole toujours au dessus de la troupe. Ce chef est, dit Valentyn dans le Voyage de Forster, noir et tacheté de rouge; mais, jusqu'à présent, personne ne dit l'avoir vu en nature. Les Oiseaux de Paradis ne s'en séparent jamais, soit qu'ils volent, soit qu'ils se reposent; mais cet attachement pour leur guide cause quelquefois leur perte, quand il se repose à terre; car ils ne peuvent s'envoler que difficilement, à cause de la forme et de la disposition particulière de leurs plumes. Ils se perchent sur les grands arbres, particulièrement sur le Waringa à petites feuilles et à fruits rouges, dont ils se nourrissent (*Ficus benjamina*, Forster). L'étendue, la quantité, la longueur, la souplesse de leurs plumes hypochondriales, leur permettent bien de s'élever fort haut, les aident à se soutenir dans l'air, à le fendre avec la légèreté et la vitesse de l'hirondelle, ce qui les a fait désigner par le nom d'*Hirondelles de Ternate;* mais si le vent devient contraire, ce luxe de plumes nuit à la direction du vol, et alors ils n'évitent le danger qu'en s'élevant perpendiculairement dans une région d'air plus favorable, et ils continuent leur route. Quoiqu'ils prennent toujours leur vol contre la direction du vent, et qu'ils évitent les temps d'orage, ils sont quelquefois surpris d'une bourrasque; c'est alors qu'ils courent les plus grands dangers : leurs plumes longues et flexibles se bouleversent, s'enchevêtrent, l'oiseau ne peut plus voler; ses cris répétés annoncent sa détresse; il lutte en vain contre l'orage; son embarras augmente; la frayeur redouble l'impuissance de ses efforts, il chancelle et tombe. Les Indiens, attirés par ses cris, le saisissent ou le tuent, ou il n'échappe à la mort qu'en gagnant promptement une élévation d'où il peut reprendre son vol. »

La femelle a seulement les deux pennes intermédiaires de la queue plus courtes que celles du mâle.

L'Oiseau de Paradis rouge, *P. rubra*, Vieill., appartient également à cette section. Cette seconde espèce, que quelques ornithologistes croyaient être la même que celle dont nous venons de parler, se distingue surtout par la couleur rouge des faisceaux de plumes dont les flancs sont ornés, et par les filets de la queue, plus larges et concaves d'un côté. En outre, un noir velouté entoure la base du bec, et les plumes du synciput assez allongées pour simuler une petite huppe; celles du dessous du cou et du haut de la gorge, sont d'un vert doré; le dessus du cou, le haut du dos, le croupion, les côtés de la gorge et de la poitrine offrent des teintes jaunes.

On ne sait pas précisément dans quelle partie de l'Inde vit cet oiseau.

2° *Espèces dont les plumes des flancs ne dépassent pas la queue.*

Le Manucaude royal, *P. regia*, Linn., figuré dans notre Atlas, pl. 329, fig. 1, rentre dans ce groupe. Cet oiseau est un des plus beaux du genre, et à ce titre il mérite une description détaillée.

Une belle couleur orangée et veloutée occupe le sommet de la tête; le cou et la gorge sont d'un brun rougeâtre, brillant, satiné, mais plus foncé sur cette dernière partie, au bas de laquelle se trouve une raie transversale blanchâtre, suivie d'une large bande d'un vert d'émeraude, à reflets métalliques; de larges plumes grises à leur base et dans la plus grande partie de leur longueur, traversées ensuite par deux lignes, l'une blanche, l'autre d'un beau roux, et toutes terminées par une belle couleur de vert doré, occupent les hypochondres. Le dos, les tectrices supérieures et les pennes alaires sont d'un rouge velouté; les rectrices ont cette couleur; les deux longs filets qui tiennent lieu des deux pennes intermédiaires de la queue, et dont l'extrémité, garnie de barbes assez longues, est repliée en dedans sur elle-même, de manière à former un rond dont le centre est vide, sont dans ce point d'un vert d'émeraude à reflets dorés.

Ce bel oiseau, que l'on rencontre à Sop-elo-o, l'une des îles Aron, et particulièrement à Vood-Sir, pendant la mousson de l'ouest, est d'un naturel solitaire. Il ne se perche jamais sur les grands arbres, voltige de buissons en buissons, et se nourrit de baies rouges que produisent certains arbrisseaux. Les insulaires les prennent avec des lacets et au moyen de la glu qu'ils tirent du fruit à pain. Il paraîtrait que cet oiseau se reproduit dans la Nouvelle-Guinée, et qu'il ne serait que de passage, dans les îles que nous venons de nommer.

Le Magnifique, *P. magnifica*, Lath., qui se distingue par la couleur rouge-baie des plumes qui couvrent les parties supérieures du corps, et verte des parties inférieures et des flancs; par un faisceau de plumes jaune paille qui ornent les côtés du cou, et par un autre faisceau de même couleur, mais plus intense, qui se trouve vis-à-vis le pli de l'aile, se rapporte également à ce groupe.

Il a la même patrie que l'espèce précédente.

Vieillot le place dans la division des Samalies, et fait du Manucaude royal le type d'une division particulière.

3° *Espèces qui, avec les plumes effilées mais courtes des flancs, manquent de filets au croupion.* Ce sont les Sifilets (*Parotia*) de Vieillot.

La seule espèce qui compose cette section est le Sifilet a gorge dorée, *P. sentacea*, Shaw.; *P. aurea*, Gmel.; ainsi nommé à cause des filets qui partent, au nombre de trois, de chaque côté de la tête, en se dirigeant en arrière. Ces filets sont terminés par des bandes assez longues, et disposées en palette. Le sommet de la tête est orné d'une sorte de huppe, formée par des plumes qui s'élèvent de la base du bec, et tellement mélangée de noir et de blanc, que l'ensemble de ces couleurs présente un ton gris de perle. Des plumes noires, à barbes désunies, naissent sur les côtés du ventre; celles de la gorge, étroites à leur origine, larges à leur extrémité, sont d'un beau noir de velours dans le milieu, et de couleur d'or changeante en violet sur les côtés, avec des reflets de diverses nuances vertes. On remarque derrière la tête une sorte de collier pareil aux plumes de la gorge; la queue est d'une nuance du velours noir le plus riche et le plus moëlleux. Plusieurs de ses pennes ont des barbes longues, séparées et flottantes.

Il habite également la Nouvelle-Guinée.

4°. *Espèces qui n'ont ni filets ni prolongement aux plumes des flancs.* Vieillot en composait sa division des Lophorines. Cuvier ne compte dans ce groupe que deux espèces.

Le Superbe, *Parad. superba*, Lin., que les Papous nomment *Shagwa*, ou autrement Oiseau de Serghile, et que les naturels de Ternate et de Tidor, où on en fait un très-grand commerce, appellent *Suffo-o-Kokotoo* (Oiseau de Paradis noir).

Cette espèce est très-curieuse à cause de la direction qu'affectent quelques unes de ses plumes. Celles de la partie inférieure de la gorge, d'un vert bronzé, à reflets violets, s'étendent sur la poitrine, et simulent en s'écartant sur les côtés du ventre, dont elles laissent le milieu à découvert, une queue d'Hirondelle; le dos, le croupion, les ailes, les rectrices caudales et les tectrices offrent les mêmes nuances. De longues plumes qui ont l'éclat et le moëlleux du velours, semblent sortir des épaules, se relèvent tantôt très-haut, tantôt plus ou moins sur le dos, et s'inclinent en arrière en formant comme une espèce de mantelet, qui s'étend presque jusqu'au bout des ailes. Celles qu'on voit sur le dessus du bec et qui se présentent comme deux petites huppes, sont noires.

Les habitans de la Nouvelle-Guinée portent à Salawar cette espèce et les précédentes, dans des Bambous creux, après les avoir fait sécher à la fumée autour d'un bâton, et leur avoir ôté les entrailles, les ailes, la queue et les pieds.

La deuxième espèce que Cuvier rapporte encore dans cette section, est le Paradisier orangé, *Parad. aurea*, Shaw., que Gmelin plaçait parmi les Loriots, sous le nom de *Oriolus aureus*. Cet oiseau n'a aucun développement extraordinaire de plumage, et ne se fait reconnaître qu'au velouté des plumes qui couvrent ses narines. La livrée du mâle est généralement d'un orangé très-vif; la gorge et les premières rémiges seulement sont noires. Chez la femelle, l'orangé est remplacé par du brun.

Un oiseau que Latham et Gmelin confondaient parmi les Paradis, et que Cuvier classe dans le genre Merle, est l'Oiseau de Paradis noir, ou la Pie Paradis, *Parad. nigra*, Gmel., remarquable par une queue très-allongée, ce qui a autorisé, dans ces derniers temps, quelques ornithologistes, qui ont rendu cette espèce aux Paradisiers, à en faire un genre sous le nom d'Astrapie. (*Astrapia*). (Z. G.)

PARADOXIDE. (crust.) *Voyez* Trilobites.

PARADOXURE, *Paradoxurus*. (mamm.) M. F. Cuvier a établi sous ce nom qui signifie *queue singulière*, un genre adopté par son frère et quelques auteurs, mais que M. de Blainville ne sépare pas des Civettes, à la famille desquels ils se rapportent. Les Paradoxures sont des animaux voisins de ces derniers par le port, mais leurs formes sont plus trapues, leurs plantes des pieds plus dégarnies et sub plantigrades; leur démarche est de même rampante, leurs dents ont les mêmes caractères que celles des Zibeths et des Civettes, et diffèrent, par conséquent, de celle des Genettes, en ce que leur molaire postérieure de la mâchoire supérieure est arrondie et non transverse; toutes leurs dents sont, dans quelques cas, assez épaisses pour rappeler celles des animaux omnivores. C'est surtout à leur queue qu'on a emprunté leur principal trait caractéristique; mais, comme on l'a récemment fait remarquer, le caractère paradoxal de la queue du Paradoxure type était plutôt individuel. L'animal dont il s'agit (pl. 460, f. 1), pouvait la plier en spirale, quoiqu'elle ne fût pas complétement prenante. On avait même pensé que la queue, qui, dans ces espèces de l'Inde connues sous le nom de *Marte des Palmiers*, est toujours proportionnellement plus longue et plus grêle que dans les Genettes ordinaires, était, jusqu'à un certain point, préhensile comme cela a lieu dans les Kinkajous, genre qui ne laisse pas que d'avoir quelques rapports avec les Viverra Plantigrades, et comme sur l'individu qui a servi de type à l'espèce la mieux connue, la queue semblait s'enrouler latéralement en une sorte de spirale, disposition fort insolite dans les Mammifères, on en avait tiré le nom spécifique de *Viverra prehensilis* donné à une espèce, et celui de *Paradoxurus* imposé à la division considérée comme générique par M. F. Cuvier. Nous ne voyons pas cependant que cette particularité si remarquable se confirme; du moins, l'espèce actuellement vivante à la ménagerie du Muséum, et qui pourrait bien être celle que nous avons signalée sous le nom de *Viverra bondar* (pl. 460, fig. 2), n'offre dans sa queue rien de préhensile ni de spirale. Quoi qu'il en soit, cette division des Viverra, sauf l'absence de poche moschifère qui semble remplacée par une énorme glande de Cooper, n'offre dans tout le reste de l'organisation rien qui puisse la distinguer des espèces à tarses plus élevés et couverts de poils. Le nombre des vertèbres troncales est le même, treize costifères ou thoraciques et sept lombaires; et il n'y a aucune trace de clavicules, remplacées par un simple ligament partant du raphé trapèze deltoïdien. L'humérus est également percé d'un trou au condyle interne; les deux parties du canal intestinal sont séparées et distinctes par un cœcum conique, obtus, d'un pouce de longueur, ce qui n'a jamais lieu chez les véritables Plantigrades du genre *Ursus*, de

Linné (de Blainville, comptes rendus, Ac. sc., 1837, 2e sem., p. 591).

On a décrit dans ces derniers temps, M. Gray surtout, un nombre assez grand d'espèces de ce genre; M. Gray en admet douze. Mais toutes sont-elles bien distinctes? c'est ce que les descriptions trop abrégées qu'il en a données ne permet pas de juger. Quoi qu'il en soit, c'est de l'Inde seulement et des grandes îles voisines (Ceylan, Java, Sumatra, Luçon), que viennent ces animaux. L'Afrique, qui possède plusieurs espèces du genre Viverra, n'en a pas une seule de celles qu'on nomme Paradoxures, et Madagascar n'en a point encore fourni; car le Cryptoprocta, que M. Bennett rapporte à ce *Paradoxurus aureus* de M. F. Cuvier, étant plutôt l'Euplère, autre espèce de Viverra dont on ne saurait faire un Paradoxure, le doute émis par ce savant se trouve détruit. Les Paradoxures rappellent beaucoup les Genettes par leurs formes et par la mobilité de leur queue; elles ont aussi leurs mœurs, et sont sans doute des animaux nocturnes.

Parmi les espèces de ce genre nous citerons :

Le Paradoxure type, *P. typus*, F. Cuv., figuré dans l'Atlas de ce Dictionnaire, pl. 460, f. 1, d'après un dessin de M. Werner, fait sur l'animal même, que M. F. Cuvier admit, et qui provenait de Pondichery, où on l'appelle Pougouné. M. F. Cuvier en donne la description suivante : La longueur de son corps, du haut du museau à l'origine de la queue, est d'un pied sept pouces; sa tête a sept pouces et sa queue un pied sept pouces; sa hauteur est de huit à neuf pouces; sa couleur est d'un noir jaunâtre, c'est-à-dire que, vu de côté, de manière à n'apercevoir que l'extrémité des poils, il paraît noirâtre, tandis que, vu en face des poils et de manière à pénétrer jusqu'à la peau, il paraît jaunâtre. Sur le point jaunâtre, s'aperçoivent trois rangées de taches noirâtres de chaque côté de l'épine; et d'autres éparses sur les cuisses et les épaules, qui disparaissent sur ce fond noir en formant plusieurs bandes. Les membres sont noirs, mais la peau des tubercules des doigts est de couleur de chair; la queue est noire dans la seconde moitié de sa longueur, elle est de la couleur du corps dans l'autre moitié; et la tête est également de cette couleur, seulement elle pâlit vers le museau, et l'on voit une tache blanche au dessus de l'œil et une au dessous; l'oreille est noire, excepté le milieu de la face interne qui est couleur de chair, et son bord externe qui a un liseré blanc.

Cet animal est considéré par l'auteur comme de même espèce que la prétendue *Genette* dont parle Buffon, Suppl. II, pl. 47; il a été publié en 1821, sous le nom de Pougouné. On en a revu depuis plusieurs individus; mais leur queue bien que subpréhensile, n'était pas enroulée de la même manière. Leur couleur varie assez et l'on peut très-facilement faire plusieurs espèces des différentes variétés qu'ils présentent. Ceux de Java sont plus gris et leurs bandes n'existent pas; ils forment le *Bulan* de Raffles; *Viverra musanga* de M. Horsfield. Le *Viverra prehensilis* de M. de Blainville (Mammal. de Desmarest, 1820), est sans doute la variété continentale de la même espèce.

Paradoxure doré, *P. aureus*, a été distingué par M. F. Cuvier, d'après un individu jeune conservé dans l'alcool, et rapporté des collections de Hollande par G. Cuvier, et dont on ignore la patrie; la peau de cet animal a été préparée pour les galeries de Zoologie, et son crâne existe maintenant dans celle d'anatomie comparée. La taille de ce Viverra est celle d'un petit chat, et sa couleur un beau fauve doré répandu uniformément sur toutes les parties de son corps.

Paradoxure bondar, *Viverra bondar*, de Blainv., représenté dans notre Atlas, pl. 460, fig. 2. Fond du pelage fauve avec la pointe des grands poils noirs; une bande dorsale noire, ainsi que deux petites bandes étroites parallèles sur chaque flanc; les quatre pieds et le bout de la queue noirs; dimensions plus petites que la *Civette préhensile*. Habite le Bengale.

M. Jourdan a décrit sous le nom d'*Ambliodon doré* un animal que M. de Blainville rapporte aussi au groupe des Paradoxures; il a quelque chose de la dentition des Ratons; son pelage est fauve doré, sa taille égale à celle du Typus, et ses proportions plus robustes. On doit aussi à M. Jourdan la description d'un Paradoxure fort voisin du *Musanga* et originaire de Luçon; il est décrit ainsi que le précédent dans les comptes rendus de l'Académie des sciences pour 1837.

Les Paradoxures signalés par M. Gray, sont les suivans: *P. Faylinsonii*, *Trivirgatus*, *Binotatus*, *Leucopus*, *Pennantis*, *Dubius*, *Hermaphrodita*, *Pallasii*, *Crosii*, *Hamiltoni* et *Leucomastyx*.

Nous indiquerons à l'article *Viverra* de ce Dictionnaire la place que les Paradoxures doivent occuper parmi les autres animaux de ce grand genre. Il y sera aussi question des Hémigales, groupe assez voisin proposé depuis peu par M. Jourdan. (Gerv.)

PARAFFINE. (chim.) La Paraffine a été découverte par Reichenbach de Blansko, dans les produits de la distillation sèche des corps organiques. Elle existe dans le goudron des substances animales et végétales, dans celui du charbon de terre, et surtout dans celui du hêtre.

La Paraffine est un corps solide à la température ordinaire, cristallin, blanc, tendre, doux au toucher, fusible à 43° 3/4 centigrades, bouillant à une température peu élevée, distillant sans se décomposer, résistant à tous les agens chimiques, et de là son nom (*parùm affinis*); soluble dans les huiles, l'éther et l'alcool. Le potassium est sans action sur la Paraffine, etc. D'après M. Jules Gay-Lussac la Paraffine ne contient pas d'oxygène; elle paraît formée seulement de carbone et d'hydrogène.

On obtient la Paraffine en agitant l'huile de goudron pesante, distillée plusieurs fois, avec de petites proportions d'acide sulfurique concentré, jusqu'à ce qu'il fasse le quart ou le demi-volume du liquide oléagineux. On porte la température à cent degrés centigrades. On abandonne le mélange au repos pendant douze heures dans un lieu chauffé à 50°, etc. On trouve alors à la surface un liquide oléagineux, que l'on décante, et qui est une combinaison de Paraffine avec une huile. On le laisse figer, et l'on purifie la Paraffine par des lavages et l'expression dans du papier.

La Paraffine peut être d'une grande ressource comme moyen d'éclairage. On pourrait en fabriquer des bougies, des cierges, etc. (F. F.)

PARAGLOSSES, *Paraglossa.* (INS.) Dans les insectes, la languette est souvent assez variable : tantôt elle est entière, tantôt échancrée à son sommet, ou bifide et même trifide; son extrémité est, ou semblable au reste de la substance, ou plus coriace, et armée de quelques petites dents; elle est glabre ou garnie de poils, qui lui donnent l'apparence d'un pinceau; enfin, dans beaucoup d'insectes, surtout ceux qui sont carnassiers, elle porte à sa base, un de chaque côté, deux appendices membraneux comme elle, divergens et garnis de poils qui ont l'apparence d'oreillettes ou de petits pinceaux aplatis. Ce sont ces organes qui sont nommés Paraglosses, et ils sont surtout sensibles chez les Libellules, les Æshnes et les Hyménoptères. (H. L.)

PARAGRÊLES. (MÉTÉOR. et AGR.) Les orages purifient l'air, le rafraîchissent, et servent à arroser la terre dans les temps où, la rosée étant plus rare et les rayons solaires plus ardens, elle en a le plus besoin; mais lorsqu'ils portent la foudre dans leurs flancs et que celle-ci frappe, dissout, décompose, brûle les corps sur lesquels elle frappe, ils jettent la terreur dans toutes les âmes, les animaux eux-mêmes en sont inquiets, furieux. Les désastres des orages sont sans nombre et plus épouvantables encore quand, descendus de l'atmosphère supérieure, ils vomissent sur les campagnes des torrens de grêle, détruisent en un instant les justes espérances des cultivateurs, les ressources de plusieurs années dans toute une contrée, et changent en un lieu de misère et de désespoir les terres qui tout à l'heure offraient le piquant spectacle de la prospérité, de la joie et du plaisir. Les nuages qui donnent de la grêle se distinguent ordinairement par des signes certains : ils sont d'un blanc grisâtre, divisés de haut en bas par des sortes de raies, d'une couleur plus foncée, qu'on appelle *cordages* ou *cordons*, et ayant en général peu de largeur. Ils marchent avec rapidité, et sont toujours précédés par un roulement presque continuel de tonnerre.

L'âme, tristement affligée des malheurs que la grêle cause, demande à la science s'il ne lui serait pas possible de prévenir ces terribles météores, ou du moins d'en atténuer les pénibles effets. La science demeure muette, comme si la découverte de Franklin était encore à faire, ou bien elle vous montre dédaigneusement ces compagnies, inventées par l'aristocratie mercantile, qui n'assurent réellement pas et ne réparent point les dégâts causés. Il est fâcheux que l'établissement des paratonnerres exigent des sommes très-considérables; si l'on pouvait multiplier partout leurs aiguilles métalliques, on soutirerait sans cesse l'excédant du fluide électrique, l'on diminuerait l'intensité des orages, et l'on conduirait la foudre dans le sein de la terre, sans explosion comme sans danger, tandis que la grêle se dissolverait en neige ou en pluie.

Puisque les paratonnerres ne peuvent exister que sur les monumens publics et sur la demeure du riche, n'y aurait-il pas un moyen de les remplacer dans nos champs, sur nos chaumières, nos granges et nos écuries? Déjà l'on a proposé de diminuer la hauteur des tiges, et d'employer un fer beaucoup plus petit; mais la nécessité de rapprocher davantage les aiguilles, a détruit l'économie que l'on s'était promise. Ensuite on a offert l'exemple des paysans de Holo-Sacken, dans la Sudermanie suédoise, qui conjurent la foudre et la grêle en plaçant sur de hautes perches, plantées autour de leurs habitations, les vieux vases en fer devenus inutiles pour la cuisine. En 1801, le conseiller aulique Froidevaux, de Vienne en Autriche, pour empêcher la grêle et même les gelées nocturnes, imagina de construire un ballon de quatre à six mètres de circonférence, de le fixer à un cordeau de 195 à 650 mètres, et de le lancer dans les airs. Ce ballon, entouré de plusieurs demi-cercles en fil de fer minces, desquels partait une torsade de trois à quatre fils de fer descendant jusque dans le Danube, présentait sur chaque demi-cercle des petites pointes de fer pour absorber le fluide électrique : les frais en firent abandonner la singulière construction. En 1802, l'on essaya du procédé des paysans suédois à Albi et à Sorrèze, département du Tarn, sous la direction de Sébastien Lenormand; et, en 1816, dans une charmante vallée de la Bavière, aux environs de Munich, d'après les conseils de Benjamin Thomson, plus connu sous le nom orgueilleux de comte de Rumfort; mais ces tentatives n'eurent point les mêmes succès qu'en Sudermanie : j'en ignore le pourquoi.

Durant l'année 1819, un citoyen des États-Unis conseilla aux Américains l'emploi de longues barres de bois, de dix à douze mètres de haut, aiguës en leur sommet, enduites de goudron, et de les placer au sommet des montagnes ou sur la cîme des coteaux arides; ces perches, disait-il, attireront sur elles les nuages chargés de la grêle, qui glisseront inoffensifs le long de leurs tiges, et iront tomber sur des terres, qu'on me pardonne l'expression, dévouées pour le salut des autres. Cette idée ne séduisit personne, et cependant elle n'était point nouvelle; je la retrouve en effet dans une défense contenue en un capitulaire français de l'an 789. On y proscrit l'usage de planter de longues perches aiguës au milieu des champs, pour conjurer la grêle, et d'y appendre des billets : *nec chartas per perticas acutas appendent propter grandinem*, porte le texte.

En la même année 1819, un français, Lapostolle d'Amiens, inventa, dans le mois de septembre, un appareil mieux raisonné, peu coûteux, et qui, perfectionné immédiatement par le professeur

fesseur Thollard, de Tarbes, fut aussitôt mis en expériences publiques au pied des Pyrénées, dans les communes frappées par la grêle sept années sur dix (1). Le Paragrêle se préparait alors uniquement de la manière suivante. On choisissait une perche d'un bois quelconque, d'environ sept mètres de long, d'une grosseur propre à la rendre solide; on la dépouillait exactement de son écorce, afin de l'empêcher de pourrir ou de servir d'asile aux insectes, et l'on appliquait sur elle des cordons de paille de froment ou de seigle coupée dans un état de maturité parfaite. Pour préparer ces cordons, on humectait la paille d'eau de pluie, on la tressait ensuite au moyen de quatre cordons, composés chacun de trois petites nattes; on formait du tout une espèce de câble de trente-quatre millimètres de diamètre. Plus la corde était serrée, plus elle promettait de durer. Cette corde, enduite d'un vernis préparé avec la gomme élastique, dissoute dans de l'essence de térébenthine, s'attachait à la perche, d'abord à ses deux extrémités, au moyen d'un fil de laiton, ou mieux de cuivre rouge, de façon à ce qu'elle fût parfaitement tendue; puis, de cinquante en cinquante centimètres, on plaçait des liens de même métal. On fixait verticalement au centre de la corde de paille un petit cordonnet de lin écru (2), composé de dix à douze fils, et à la partie supérieure, une verge métallique en laiton, de cinq millimètres de diamètre environ, terminée en pointe, longue au moins de vingt-sept centimètres, et communiquant directement au cordonnet de lin. L'appareil, ainsi disposé, se fixait solidement au haut des habitations champêtres, sur des arbres, ou sur des pieux en chêne d'une longueur de deux mètres, enfoncés de moitié en terre. On plaçait les Paragrêles de vingt-six à trente-deux mètres de distance les uns des autres, en tout sens; chacun ne coûtait pas au-delà d'un à deux francs; sa durée estimée devoir être de douze à quinze ans, et ses effets s'étendre sur un rayon de treize à seize mètres et demi. L'on enlevait les Paragrêles après les moissons, pour les rétablir aux approches de l'équinoxe du printemps.

Toutes les communes paragrêlées furent préservées des désastres auxquels elles étaient habituellement exposées en 1821, 1822 et 1823, en 1825, 1826 et 1827. Les nuages de grêle se résolvaient en pluie dans les lieux paragrêlés, en flocons de neige aux extrémités, et en grêlons d'un diamètre varié partout où le paragrêlage n'avait pas été adopté. La température humide de 1824 n'ayant point permis aux orages de se former, elle a rendu les Paragrêles inutiles dans le département des Hautes-Pyrénées. On obtint les mêmes résultats dans diverses localités françaises, surtout dans le riche vignoble de Châblis, département de l'Yonne; en Suisse, en Savoie, en Bavière, aux environs de Munich et de Marck-Tristern; auprès de Trieste, en Lombardie, le Frioul, l'Istrie, la Carniole, la Dalmatie, etc., etc.

Bienenberg, propriétaire-cultivateur en Sibérie, imagina de se servir des Paragrêles pour préserver de la grêle ses arbres fruitiers; il les enveloppa de cordes de paille, et en fit aboutir l'extrémité dans un vase rempli d'eau de source. Un seul vase lui suffit pour toutes les tiges d'un même espalier; il le place au milieu, à quatre ou cinq mètres de distance, en évitant le voisinage d'un arbre dont les branches pourraient nuire à l'effet de la gelée sur l'eau contenue dans le vase. Ce préservatif lui a réussi, ainsi qu'aux horticulteurs de la Prusse et de la Pologne, qui l'adoptèrent; il a surtout été merveilleux pour les abricotiers, qui fleurissent de bonne heure, et sont plus exposés aux effets destructeurs des gelées tardives.

Pendant que cette application avait lieu dans le nord de l'Europe, dans le midi, surtout en Italie, on perfectionnait les machines-paragrêles, ou pour mieux dire on faisait usage du Paragrêle perfectionné par le savant Crud, propriétaire rural à Massa-Lombarda, près de Bologne. Il consiste 1° en une perche en bois de douze à treize mètres de haut, quelquefois seize mètres et demi, et toujours plus élevée que les arbres environnans. Quand il est trop difficile de se procurer des bois de cette dimension, on se sert avec succès des arbres eux-mêmes, que l'on coupe à une certaine élévation, pour implanter à leur sommet la perche, ou bien en la clouant après le tronc; 2° en une pointe métallique aiguë, fortement fixée à l'extrémité supérieure de la perche, qu'elle doit dépasser de treize à seize centimètres. Cette pointe doit être en laiton, et avoir un peu plus de deux millimètres de diamètre; 3° en un conducteur métallique, soit en fil de fer, comme plus économique; mais mieux en fil de cuivre ou de laiton, comme plus efficace, moins susceptible de détérioration, et s'oxidant plus difficilement. Son diamètre peut être de moins d'un millimètre. Ce conducteur se fixe à la base de la pointe métallique; il descend le long de la perche, à laquelle il tient de distance en distance par des anneaux de laiton implantés dans le bois; sa longueur dépasse celle de la perche de dix à douze décimètres, afin d'aller plonger dans le sol humide, pour faciliter la dispersion du fluide électrique. Là il est tortillé autour d'un petit bâton fiché en terre, pour qu'on ne puisse pas déranger sa direction verticale. Le Paragrêle, placé dans des endroits passagers, veut que sa base soit protégée par un buisson d'épines, afin de le défendre contre la main dévastatrice des enfans, contre les malintentionnés, et aussi pour que les imprudens n'en puissent approcher dans les momens d'orage. Cette dernière précaution est importante à prendre, et peut devenir, pour les maires, l'objet d'un avertissement dans les écoles, dans les familles, à l'époque du dressage des appareils.

(1) Ces communes sont celles de Aureilhan, Bazet, Boulères, Boulin, Bours, Castelvieilh, Collonges, Houre, Ibos, Laslades, Lizos, Oléac, Orleix, Oursbelille, Pouyastruc, Salles, Soues, Souyaux, toutes situées dans un canton au nord-est de Tarbes, département des Hautes-Pyrénées.

(2) De préférence au chanvre qui ne donne que des commotions; la paille unie au lin conduit parfaitement l'électricité.

Quel que soit l'appareil que l'on adopte, il est constant que plus l'aire munie de Paragrêles est considérable, plus il y a certitude de la préserver des orages et des funestes effets de la grêle. Dans une petite étendue, il faut rapprocher et élever davantage les appareils : un Paragrêle de seize mètres et demi de haut abrite un espace de trente-trois mètres de rayon, ou soixante-quatre mètres de diamètre. Il faut étudier les habitudes, ou pour mieux dire, la marche ordinaire des orages dans le canton que l'on veut défendre, et armer de Paragrêles plus élevés, plus enfoncés et plus avancés, la partie la plus rapprochée de celle où l'orage arrive communément. Il est inutile sans doute de dire que plus les Paragrêles sont élevés, plus les fils ont besoin d'être forts, et que l'on doit les tenir plus serrés et plus haut sur la périphérie que dans le centre. Si vous avez quelques points culminans ou des collines à quelque distance de vous, attachez-vous avec soin à ce qu'ils soient armés sur leur sommet : mais si vous habitez une vallée étroite et longue, serrée entre des côteaux, il est inutile d'y placer des verges, il vaut mieux armer le dos et les cimes qui vous environnent et qui vous flanquent.

Voici d'autres règles générales qu'il est bon de connaître. Des Paragrêles de huit à neuf mètres suffisent pour les terrains découverts et non boisés. Dans les lieux plantés d'arbres, ils doivent généralement s'élever de quelques décimètres au dessus des arbres les plus voisins, sur une circonférence de cent mètres de distance. On peut se servir du Peuplier pyramidal le plus élevé pour placer dessus un Paragrêle, qu'il devra dépasser de douze à seize décimètres, jamais d'un arbre fruitier ; car on courrait le risque d'endommager l'appareil lors de la cueillette des fruits. — Soixante-cinq centimètres est la moyenne pour l'enfoncement en terre des fils conducteurs ; moins, sur un terrain naturellement humide ; plus, dans un terrain sec. On les enveloppe d'un étui de roseau rempli de charbon pilé, bien serré, pour les abriter de la rouille.

Tous ces détails étaient nécessaires pour guider celui qui mettra son espoir dans les Paragrêles, et qui voudra, pour une modique somme, se préserver des affreux désastres de la grêle. — L'expérience m'a servi de guide, je l'expose ingénuement pour le profit de tous. Je plaide la cause du petit propriétaire et du cultivateur, que d'autres exploitent dans des vues d'intérêts personnels. Je désire que ma voix parle plus haut qu'eux.

(T. D. B.)

PARAGUAY. (GÉOGR. PHYS.) Jusqu'en 1808, époque où commencèrent les troubles qui agitèrent l'Amérique espagnole du sud, cet état formait, sous le nom de Paraguay, une des grandes provinces de la vice-royauté de la Plata. Le célèbre docteur Francia sut profiter de toutes les circonstances favorables que présentaient les événemens pour s'emparer de l'autorité suprême. Le plus grand succès couronna ses projets, et cet homme extraordinaire se trouve depuis plusieurs années investi de l'autorité absolue, qu'il exerce sous le titre de dictateur. On doit ajouter que depuis quelques années l'entrée dans cet état est fermée à tous les étrangers sans exception, sous peine d'être retenus prisonniers.

La longitude occidentale est entre le 56e et le 61e degrés, et la latitude australe est entre le 20e et le 28e. Le Paraguay est borné au nord par la république de Bolivia et l'empire du Brésil ; à l'est, par le Brésil ; au sud, par la confédération du Rio de la Plata ; à l'ouest, par le vaste pays du Grando-Chaco, occupé par des indigènes indépendans et regardé comme une partie intégrante du territoire de la confédération du Rio de la Plata.

Le Parana proprement dit, et le Paraguay, son affluent à la droite, sont les courans principaux de cet état ; le premier est la branche principale du grand fleuve nommé la Plata.

Le Paraguay offre généralement au géologue des des terrains tertiaires et des terrains plus modernes.

(A. R.)

PARAGUE, *Paragus.* (INS.) C'est un genre de l'ordre des Diptères, famille des Athéricères, tribu des Syrphies, qui a été établi par Latreille aux dépens des genres *Syrphus* de Panzer, *Pipiza* de Fallen, *Mulio* et *Scæva* de Fabricius. Ses principaux caractères génériques sont : Antennes presque de la longueur de la tête, séparées, mais ayant les deux premiers articles égaux ; une proéminence nasale. M. Macquart, dans le tome deuxième de son Histoire naturelle des Insectes diptères, caractérise ainsi ce genre : face convexe ; vertex très-allongé dans le mâle ; troisième article des antennes allongé ; style inséré entre la base et le milieu de cet article ; yeux velus, ordinairement rayés ; premier segment de l'abdomen assez grand ; deuxième et troisième à impression transversale. Les Paragues se distinguent des Psares qui en sont les plus voisins, parce que les antennes de ces derniers sont portées sur un pédoncule commun. Les genres Aphryse, Cératiphyse, Céric, Callicère, Sphécomie et Chrysotoxe, s'en distinguent parce que leurs antennes sont sensiblement plus longues que la tête ; enfin tous les autres genres de la tribu, tels que les Volucelles, Eristales, Syrphes, Milésies, etc., s'en éloignent parce que leurs antennes sont plus courtes que la tête. et par d'autres caractères qu'il est inutile d'énumérer ici, mais qui sont tirés de la tête et des ailes. Les Paragues sont des Diptères de moyenne taille ; leurs antennes sont avancées, droites, presque de la longueur de la tête, composées de trois articles ; les deux premiers sont courts, égaux ; le troisième ou la palette est plus long que les deux premiers réunis ; il est comprimé et porte une soie simple insérée un peu avant son milieu ; les yeux sont rapprochés et se réunissent un peu au dessus du vertex dans les mâles ; ils sont espacés dans les femelles, et on voit entre eux et sur le vertex trois petits yeux lisses disposés en triangle ; l'hypostome est lisse et peu convexe ; les ailes sont couchées sur le corps dans le repos ; elles n'ont point de cellule pédiforme ; l'abdomen est linéaire, convexe en dessus, concave en dessous; les pattes sont de longueur moyenne, avec les cuisses simples et le premier article des tarses postérieurs allongé et renflé. Ces Diptères se rencontrent dans les prairies, sur les fleurs. M. Macquart, dans son ouvrage ci-dessus cité, en décrit quatorze espèces qu'il partage ainsi :

A. Face d'un blanc jaunâtre, à bande noire dans la femelle; écusson ordinairement à extrémité blanche.

Le Parague bicolor, *P. bicolor*, Latr.; Gener. Crust. et Ins., tom. IV, pag. 326, Meig., n° 2; Macquart, ouvr. cit., tom. II, pag. 565; *Mulio bicolor*, Fabr.; Syst. antl., n° 10. Long de trois lignes; les antennes sont brunes; la tête est noire, lisse, avec deux lignes blanches à l'orbite antérieur des yeux; l'orbite postérieur est couvert d'un duvet argenté; le corselet est noir, luisant, avec les côtés couverts d'un duvet argenté; on lui voit deux petites lignes dorsales formées d'un semblable duvet; le bord postérieur de l'écusson est blanchâtre; les cuillerons et les balanciers sont jaunâtres; l'abdomen est noir; l'extrémité du premier segment, le second tout entier et la base du troisième ferrugineux; les pattes sont noires; l'extrémité des cuisses, toutes les jambes et les tarses intermédiaires d'un ferrugineux pâle; les ailes sont transparentes. La femelle a l'hypostome entièrement blanc; les quatre tarses antérieurs sont pâles, et la partie ferrugineuse de l'abdomen est mêlée d'un peu de brun. Cette espèce se trouve aux environs de Paris.

Le Parague arqué, *P. arcuatus*, Meig., n° 3, tab. 17, fig. 20 à 21; Macq., ouvr. cit., tom. I, pag. 65. Long de trois lignes et assez semblable à l'espèce précédente; les yeux sont à deux bandes grises; le deuxième segment de l'abdomen et la moitié antérieure du troisième sont testacés; les troisième, quatrième et cinquième sont à bande arquée et interrompue et couverts d'un duvet argenté dans le mâle comme dans la femelle. Se trouve dans le midi de la France.

Le Parague a quatre bandes, *P. quadrifasciatus*, Meig., n° 7; Macq., ouvr. cit., t. I, pag. 566. Long de trois lignes, de couleur noire, avec la face à bande étroite dans la femelle; les antennes sont fauves en dessous; les yeux sont à deux lignes grises; le thorax est à reflets verts, avec la moitié postérieure de l'écusson fauve; le deuxième et le troisième segment de l'abdomen à bande jaune, interrompue; le quatrième et le cinquième à bande blanchâtre, étroite; les pieds sont fauves; la base des cuisses est noire; les jambes sont annelées de brun dans le mâle comme dans la femelle. Cette espèce est assez rare.

AA. Face à bande noire dans le mâle comme dans la femelle; écusson entièrement noir.

Le Parague hémorrhoïdal, *P. hemorrhouidalis*, Meig., n° 10; Macq., ouvr. cit., tom. I, pag. 567. Long de deux lignes, de couleur noire, avec la face d'un jaune blanchâtre; le front est noir, avec les antennes brunes; l'extrémité de l'abdomen est de couleur rouge; les pieds sont fauves, avec les cuisses à base noire dans le mâle. Se trouve dans le midi de la France.

Le Paragué cuivreux, *P. æneus*, Meig., n° 11; Macq., ouvr. cit., tom. I, pag. 567. Long de deux lignes, assez semblable au précédent; d'un noir verdâtre, surtout au thorax; la bande de la face est étroite; les antennes sont un peu élargies. Habite la même localité que l'espèce précédente.

(H. L.)

PARALÉ, *Paralea*. (bot. phan.) Jusqu'à Richard, ce genre de plantes dicotylédones, à fleurs complètes, de la famille des Diospyrées ou Ebénacées, et de la polyandrie monogynie de Linné, établi par Aublet, était si peu connu et si mal décrit, que bon nombre d'auteurs l'omettaient sans scrupule; mais cet auteur, étudiant les beaux échantillons de cet arbre, rapportés de la Guyane par son père, a pu le décrire convenablement, et lui assigner des caractères certains, en prévenant toutefois qu'on devra peut être le réunir à l'*Embryopteris* de Gaertner, encore mal connu, et dont la fleur n'a pu être décrite d'une manière rationnelle. Selon Richard, Gaertner se trompe quand il dit que l'embryon de ce dernier genre est comme monocotylédon.

Voici la description de l'unique espèce, qui compose jusqu'ici le genre Paralea, et dont les caractères seront applicables au genre proprement dit.

Paralé de la Guyane, *P. Guyanensis*, Aubl., Rich. C'est tantôt un arbre et tantôt un arbuste, de trente pieds de hauteur, à rameaux allongés, épars, à écorce revêtue d'un duvet brunâtre, garnis de feuilles alternes, courtement pétiolées, ovales oblongues, aiguës, glabres et lisses à leur face supérieure, fermes, très-entières, d'un vert foncé, longues de six pouces et larges de trois; garnies à leur contour de poils nombreux, formant un duvet fauve et assez court. Les fleurs sont glomérulées, presque sessiles, polygames, monoïques; réunies dans l'aisselle des feuilles, de grandeur moyenne, d'un rouge ferrugineux, d'une odeur agréable, et munies à leur base de bractées tomenteuses et de couleur fauve. Périanthe double; l'extérieur monosépale, régulier, turbiné, presque campaniforme; partagé en quatre dents aiguës, dressées le long du périanthe interne, tomenteuses et fauves; celui-ci monopétale, régulier, tubuleux, court, un peu renflé, urcéolé, très-charnu, et terminé par un limbe plane, étalé à quatre lobes presque cordiformes, assez courts et incombans à leur base; quatorze à seize étamines (dix-huit selon d'autres), incluses, insérées au fond du tube, inégales, presque conjointes, à filets sétacés, dressés, à anthères continues au filets, dressées comme lui, grêles, aiguës, à deux loges. Le fruit, inconnu jusqu'à Richard, est une baie globuleuse, enveloppée par le périanthe externe, persistant, qui s'est beaucoup accru en affectant une forme quadrilatère et de la grosseur d'une prune environ. Le péricarpe en est coriace; la pulpe, d'une saveur assez agréable, et qu'on mange volontiers, est peu épaisse, et contient huit graines séparées les unes des autres par une mince couche de pulpe, convexes extérieurement et planes sur les deux faces latérales, à tégument mince, adhérent; l'endosperme corné, blanc, contient un embryon dressé, à radicule grêle, allongée et cylindracée.

Ce bel arbre croît dans les forêts humides de la Guyane, dans le Synnamary, à vingt lieues environ de la mer. Les Galibis le nomment *Parala.* On prétend que quand ils sont attaqués par la fièvre, ils la chassent en se lavant avec la décoction de ses feuilles.

Le Paralea est très-voisin du Diospyros, dont il diffère principalement par le nombre de ses étamines.

Malgré l'autorité du savant auteur dont nous avons ci-dessus analysé le travail, il résulte de son travail même des doutes sur l'établissement définitif de ce genre, par cette raison surtout qu'il dit lui-même qu'on devra peut-être le réunir à l'Embryoptère de Gaertner, genre à peu près inconnu ou au moins très-imparfaitement décrit jusqu'ici. *Videbimus.* (C. LEM.)

PARALEPIS, *Paralepis.* (POISS.) Genre fondé par Cuvier, mais qui diffère peu de celui des Sphyrœnes. C'est auprès de ces derniers qu'il doit naturellement prendre place. (*Voyez* SPHYRŒNE.) (ALPH. G.)

PARALLAXE. (ASTRON.) Il n'est pas un seul de nos lecteurs qui n'ait remarqué dans une belle et longue promenade la variation infinie d'aspects que présente le même site vu de différentes stations ou points de vue. L'ensemble du paysage se coordonne à chaque pas d'une manière différente; il se modifie à chaque instant. Tel arbre qui formait comme un plumet à cette maison, a changé de situation, et se trouve maintenant sur l'un des côtés, ombrageant un parterre de fleurs. Ces massifs, qui semblaient se toucher et marier leurs ombrages, sont au contraire séparés par de belles prairies magnifiquement arrosées par des eaux abondantes, dont tout à l'heure on ne soupçonnait pas même l'existence, et qui maintenant étalent aux yeux leur surface argentée. Si, dans sa promenade, le spectateur se dirige vers le nord, les objets, jetés à droite et à gauche de sa route sur son passage, et qui, pour lui, se trouvaient par conséquent au levant et au couchant, auront changé de position, et seront maintenant à son midi. A mesure cependant que ces objets seront plus éloignés de lui, ils lui paraîtront se mouvoir moins facilement, et leur forme variera avec moins de rapidité. La raison en est que nous rapportons la position de chaque objet à la surface d'une sphère imaginaire, dont le rayon est infini, et qui a notre œil pour centre. A mesure que nous avançons, nous entraînons avec nous cette sphère imaginaire, sur la surface de laquelle les différens objets que nous envisageons viennent se rapporter au moyen de nos rayons visuels, et dans des positions différentes, puisque le point de départ n'est plus le même. Plus les objets seront rapprochés, plus ils paraîtront marcher avec vitesse.

Ce mouvement peut facilement se mesurer au moyen de l'angle formé par les lignes qui joindraient l'objet regardé et les diverses stations de l'observateur; et c'est là précisément ce qu'on appelle *parallaxe.*

En astronomie, l'un des points de comparaison reste toujours fixe et immuable: c'est le centre de la terre; l'autre point, au contraire, peut varier à l'infini, puisque la position dépend du caprice de l'observateur, qui peut à sa volonté occuper successivement tous les points du globe. En astronomie, donc, on appelle Parallaxe d'un astre, l'angle compris entre les directions suivant lesquelles un astre serait vu simultanément du centre de la terre et d'un point de sa surface.

Pour que cette définition ne laisse aucun nuage dans notre esprit, aidons-nous d'une figure que nous allons expliquer de notre mieux, à l'aide d'un habile professeur, qui a traité cette matière d'une manière fort lucide.

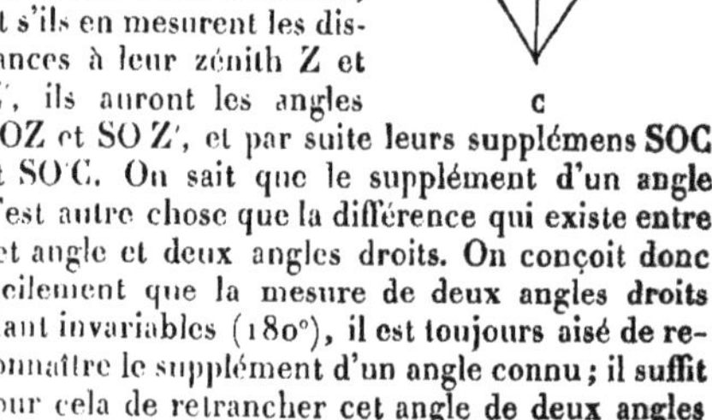

Soit S le soleil, la lune ou une planète; si deux spectateurs, placés en O et O' sous le même méridien EOO'K observent cet astre à son arrivée dans ce plan, l'un le verra suivant OS, et lui paraîtra situé au point où la sphère céleste est rencontrée par OS prolongé; l'autre verra cet astre suivant la direction O'S. Ainsi les observateurs le jugeront en un lieu différent du méridien céleste, et s'ils en mesurent les distances à leur zénith Z et Z', ils auront les angles SOZ et SO'Z', et par suite leurs supplémens SOC et SO'C. On sait que le supplément d'un angle n'est autre chose que la différence qui existe entre cet angle et deux angles droits. On conçoit donc facilement que la mesure de deux angles droits étant invariables (180°), il est toujours aisé de reconnaître le supplément d'un angle connu; il suffit pour cela de retrancher cet angle de deux angles droits.

Ainsi donc, les supplémens SOC et SO'C sont connus. On sait aussi que OC et O'C étant des rayons terrestres, ont environ 1433 lieues de longueur. De plus, en admettant que E'OO'K est un méridien, et que le point E se trouve sur l'équateur, les distances EO et EO' seront les latitudes des points O et O'. Il sera donc facile de connaître la distance OO', différence des deux latitudes, et cette distance étant la mesure de l'angle OCO', nous connaîtrons déjà les angles SOC, SO'C, OCO', et plus les côtés OC, O'C. Avec ces données, il nous sera facile de construire le quadrilatère SOCO'; pour cela il suffira de prolonger les lignes qui limiteront les angles connus SOC et SO'C, et leur point d'intersection donnera la position du point S. Maintenant, en joignant par une diagonale les points S et C, on aura l'angle OSC, qui n'est autre que la Parallaxe de l'astre S, par rapport à la station O, et l'angle O SC, qui sera la Parallaxe du même axe pour la station O'.

Comme on le voit, et ainsi que nous l'avons déjà fait observer, la parallaxe d'un astre est donc l'angle compris entre les directions suivant lesquelles un astre serait vu simultanément du centre de la terre et d'un point quelconque de sa surface. Nos lecteurs conçoivent combien la Parallaxe d'un astre donne facilement sa distance au centre de la terre. En effet, il suffira pour cela, le quadrilatère une fois construit, d'examiner combien le côté OC, qui n'est autre qu'un rayon terrestre, dont la mesure est connue, est contenu de fois dans la diagonale SC. Ce calcul bien simple donnera nécessairement la valeur de SC.

Remarquons ici cependant qu'il serait impossible de calculer exactement par cette méthode graphique la Parallaxe d'un astre. Les imperfections inévitables du dessin linéaire viendraient y mettre des obstacles insurmontables. Faisons observer aussi que pour faire comprendre à nos lecteurs le but de cette démonstration, nous avons beaucoup exagéré la grandeur des angles, qui, au lieu d'être très-ouverts, comme dans notre figure, sont au contraire très-aigus. Nous laissons donc à la géométrie le soin de résoudre ces difficultés, et nous nous contentons d'avoir donné une idée de la doctrine des parallaxes.

Lorsque l'astre observé se trouve situé au zénith de l'observateur, la Parallaxe devient nulle; et cela se conçoit. En effet, que le point S se confonde dans la figure, avec le point Z, il faudra nécessairement que l'angle OSC soit nul, puisque les deux lignes qui formaient ses côtés n'en forme plus qu'une seule. Au contraire, la Parallaxe atteindra son maximum, si l'astre observé est à l'horizon de l'observateur : ces vérités sont trop évidentes pour avoir besoin d'une démonstration plus étendue.

La Parallaxe du soleil est de 8° 6', et pour la lune, elle varie de 54' à 62'. Nous nous contenterons de ces deux exemples, en ajoutant toutefois que, pour calculer exactement la Parallaxe d'un astre, il faut avoir soin d'ajouter la réfraction à la hauteur observée, attendu que l'effet de la Parallaxe est contraire à l'effet de la réfraction.

Nous terminerons ici cet article, en engageant ceux de nos lecteurs qui voudraient avoir des notions plus étendues, à consulter les ouvrages publiés sur l'astronomie. (C. J.)

PARALLÈLES. (GÉOGR. PHYS.) On appelle ainsi les petits cercles que les étoiles semblent décrire parallèlement à l'équateur, en vertu du mouvement diurne. Or, comme les divers cercles célestes sont rapportés sur la surface de la terre, il y a donc des cercles terrestres qui sont parallèles à l'équateur terrestre : tels sont les Parallèles dont parlent ordinairement les voyageurs et les géographes.

En géologie, on a profité de ces expressions pour désigner des terrains qui se trouvent à un même niveau géologique. Par exemple, le terrain tertiaire des environs de Paris est parallèle à celui des environs de Londres, ou, si l'on veut, le terrain de Londres est le représentant de celui de Paris, quoique ces deux terrains ne soient point composés de roches semblables ; mais ils ont été formés à la même grande époque. (A. R.)

PARAMOECIE, *Paramœcium.* (ZOOP.) Zoophyte infusoire de l'ordre ces Homogènes (Cuv.), et formant dans le genre des Enchélides un sous-genre caractérisé par un corps plat et long. Il en a été déjà question dans ce Dictionnaire au mot INFUSOIRES (*voyez* ce mot). (V. M.)

PARANA (fleuve). (GÉOGR. PHYS.) Le Parana est un des plus grands fleuves de l'Amérique méridionale. Il prend sa source dans la partie sud de la province de Minas Geraes, non loin de Saint João d'el Rey ; en quittant cette province ; il sert de limites aux provinces de Goyaz, de San Paulo, et de Matto Grosso ; traverse le Brésil, touche au Brésil, pénètre dans les provinces de Corrientes, de Santa Fé, d'entre Rios, et vient former avec l'Uruguay le vaste Rio de la Plata, qui est plutôt, selon nous, un bras de mer qu'une rivière. On voit que ce cours d'eau est d'une grande importance, et par sa longueur et par les provinces qu'il traverse ; aussi est-ce avec raison que les géographes modernes le regardent comme la branche principale du Rio de la Plata.

Le Parana reçoit à sa droite le Pardo, rivière de la province de Matto Grosso, ainsi que le Yrincuna, le Paraguay, qui vient y verser ses eaux après avoir reçu le Pilco Mayu et le Vermego. Ces deux dernières rivières viennent de la république de Bolivia, et traversent le vaste territoire du grand Chaco, occupé par des sauvages indépendans. Le Parana reçoit encore, comme affluent, à sa droite, le Salado, ainsi nommé à cause du goût salé de ses eaux. Cette propriété lui vient des nombreux terrains salés qu'il traverse, terrains dont nous avons parlé dans notre article sur les Pampas.

Les principaux affluens du fleuve dont nous nous occupons, sont à sa gauche, le Mugy, le Tiété, l'Aguapey, et une foule de petites rivières qui ne méritent pas l'honneur d'une mention. La plupart des rives du Parana sont élevées, et les terrains qu'il baigne, riches d'une magnifique végétation, contiennent un grand nombre d'ossemens fossiles. Son cours n'est pas encore très-bien connu, et le voyageur moderne qui l'a parcouru le plus complétement, M. D'Orbigny, donne sur sa nature des renseignemens nombreux. Ses bords sont si peu habités, qu'à plusieurs reprises, dans des courses faites sur les contrées qui forment ses rives, M. D'Orbigny s'est perdu, et a souvent craint de ne pas retrouver son embarcation. Telles sont toutes ces contrées de l'Amérique, que la nature a faites si riches, et qui attendent encore que l'industrie humaine vienne rendre à la fertilité de leurs terres toute leur valeur et toute leur puissance. (C. J.)

PARANDRE, *Parandra*. (INS.) Genre de l'ordre des Coléoptères, section des Tétramères, famille des Platystomes, établi par Latreille et adopté par la plus grande partie des entomologistes, avec ces caractères: antennes presque moniliformes; labre très-petit; tarses allongés, mandibules fortes et dentées; corps légèrement aplati. Ce genre se distingue des autres de la même famille parce que leur corps est beaucoup plus déprimé. Les Uléiotes, Dendrophages et Passandres s'en éloignent en outre, parce que leurs antennes sont composées d'articles longs et obconiques. Les Cucujes ont le labre avancé et apparent. Une espèce de ce genre a été décrite par Degéer, qui, trompé par l'apparence d'articulation que l'on voit à la base du dernier article des tarses, l'a placée dans le genre Attelabe, faisant partie des Pentamères. Schœnherr, d'après Illiger, a commis la même erreur, mais il a désigné les Parandres sous le nom d'*Isourus*. Enfin, Fabricius les a mis, tantôt avec les Scarites, tantôt avec les Ténebrions. Les Parandres, tels que nous les adoptons, ont le corps allongé, peu déprimé; leur tête est déprimée, horizontale, presque aussi large que le corselet; les yeux sont allongés, un peu échancrés; les antennes sont courtes, insérées au devant des yeux, comprimées, composées de onze articles presque moniliformes; le dernier est oblong et terminé en pointe; le labre n'est pas saillant, et on a de la peine à l'apercevoir; les mandibules sont fortes, avancées, surtout dans les mâles, tantôt lunulées, tantôt triangulaires, ayant quelques dents au côté interne; les mâchoires n'offrent à leur extrémité qu'un seul lobe crustacé, presque cylindrique, un peu plus large et arrondi à son extrémité supérieure; les palpes sont courts, filiformes, et terminés par un article ovale; la lèvre est courte, large, entièrement crustacée; la languette est entière; le corselet est de la largeur des élytres, presque carré, et rebordé autour; l'écusson est petit et triangulaire; les élytres sont longues, débordées, et recouvrent les ailes et l'abdomen; les pattes sont robustes, un peu comprimées; les cuisses sont ovales, oblongues; les jambes, en forme de triangle allongé et renversé, sont terminées par un article aigu, avancé en manière de dent, et par deux épines situées à l'angle interne; les tarses sont longs; leur dernier article est très-allongé, globuleux à sa base ou renflé en forme de nœud représentant l'apparence d'un article; les trois premiers articles sont garnis, en dessous, d'une petite brosse qui paraît divisée longitudinalement en deux; le dernier est terminé par deux crochets simples, très-pointus, et présentant dans leur intervalle un petit appendice muni de deux soies divergentes. Ce genre a un peu d'analogie avec les Lucanes, quant au port et aux crochets, et à l'appendice du dernier article des tarses. Ils font le passage entre les Cucujes et les Spondyles. Généralement les espèces de ce genre sont propres à l'Amérique. On en connaît cinq à six parmi lesquelles nous citerons:

LA PARANDRE MACHELIÈRE, *P. maxillosa*, Déj. cat. longue de seize lignes; le corps est déprimé, d'un brun légèrement violacé très-brillant; les mandibules sont aussi longues que la tête et de couleur noire; les antennes sont d'un brun noirâtre; la tête est noire et présente dans son milieu une ligne enfoncée peu apparente et quelques petits points épars dans toute son étendue; le corselet est brun, bordé latéralement et se rétrécissant beaucoup à sa partie postérieure qui est à peine ponctuée; les élytres sont carrées, brunes, rebordées tout autour avec les épaules proéminentes dépassant la largeur du corselet et quelques petits points très-écartés visibles seulement à la loupe; les pattes sont d'un brun ferrugineux, très-brillant avec la base des jambes noirâtre ainsi que les crochets des tarses.

LA PARANDRE GLABRE, *P. glabra*, Latr., Schon. Syn. Ins.; *Attelabus glaber*, Degéer, Ins., tab. 4, pl. 13, fig. 14. *Scarites testaceus*, Fabr., longue de treize à quatorze lignes, entièrement testacée, luisante, finement pointillée; partie antérieure de la tête de couleur brune. Elle se trouve au Brésil.

LA PARANDRE LISSE, *P. lævis*, Latr. Schon., Syn. Insect.; longue de six à sept lignes, entièrement testacée, châtain clair, assez fortement ponctuée, un peu luisante; bouche brune; mandibules très-ponctuées, bidentées au côté interne, presque aussi longues que la tête et terminées en une pointe simple dans le mâle, plus courtes et fourchues à leur extrémité dans la femelle. Se trouve aux Antilles. (H. L.)

PARAPÉTALES. (BOT. PHAN.) Dénomination assez impropre et peu usitée, imposée par Link aux divisions de la corolle, affectant plus ou moins la forme des pétales, et situées tout à-fait intérieurement, comme cela a lieu dans un grand nombre de fleurs, où les étamines sont sujettes à se transformer en pétales. Ce sont ces fleurs que les jardiniers appellent doubles ou pleines, et qui ne sont que de véritables monstres; où la nature, par excès de nourriture dans le végétal, s'est plu à opérer des dégénérescences qui, cependant, il faut l'avouer, dans les Roses, les Œillets, les Pivoines, etc., offrent à l'œil, par la transformation des étamines en pétales et la multiplicité de ceux-ci, un coup d'œil magnifique. Parapétale, *parapetalum*, est formé de deux mots grecs qui signifient semblable à un pétale. Bon nombre de botanistes donnent aussi le nom de nectaire à ces dégénérescences; et c'est un grand tort, selon nous: ce nom devrait être réservé uniquement aux organes sécréteurs, que présentent les fleurs d'un grand nombre de végétaux. Telles sont les fleurs de l'*Ambrosinia*, des Fritillaires, de l'Hydrophylle, etc., ou au moins aux dégénérescences pétaloïdes qui sécrètent visiblement un liquide muco-sucré, comme les éperons des Valérianes, des Orchis, des Violettes, etc., etc. (C. LEM.)

PARAPHYSES. (BOT. CRYPT.) On désigne ainsi les tubes membraneux, souvent articulés qui, dans les Mousses, sont entremêlés soit avec les organes mâles, soit avec les organes femelles, et qui, dans les Champignons, sont mêlés aux thèques renfermant les graines. (F. F.)

PARAGUA. (ois.) Nom d'une espèce de Pénélope. (*Voyez* ce mot.)

PARASÉLÈNE. (météor.) On a vu à l'article Parhélie qu'on désigne sous ce nom des phénomènes qui apparaissent autour du soleil, et qui reproduisent l'image de cet astre. Or, si le phénomène est relatif à la lune, on a un Parasélène.

L'anthélie est un faux soleil qui se montre au point de l'horizon diamétralement opposé au soleil, et sur le cercle horizontal.

On donne le nom de *couronnes* à deux ou trois petits anneaux colorés, contigus entre eux et au soleil, qui en est le centre commun. Ces anneaux sont rouges à l'extérieur, et ils sont produits par la diffraction de la lumière solaire autour de gouttelettes d'eau.

Les halos sont des anneaux colorés intérieurement en rouge, et qui se forment autour du soleil comme centre. Ils sont dus à la distraction maxima des rayons solaires, qui ont traversé des faces inclinées de cristaux de glace.

Dans les régions polaires, le soleil se lève souvent avec une traînée lumineuse, placée au dessus. Quelquefois cette traînée est accompagnée d'une seconde traînée horizontale, s'étendant à droite et à gauche du soleil : tel est le phénomène appelé *croix*.

On désigne sous le nom de *lumière zodiacale*, une faible lumière qu'on aperçoit dans le voisinage du soleil, un peu après le coucher, et quelquefois avant le lever de cet astre. La couleur de la lumière zodiacale est blanche, et n'intercepte point la vue des étoiles qui se trouvent au-delà. Sa figure est celle d'une demi-lentille regardée de profil, et dont la base s'appuie sur l'équateur solaire; d'ailleurs, sa longueur est parfois telle qu'elle paraît sous-tendre un angle de plus de 90°. Tout semble annoncer que cette lumière est très-éloignée de l'atmosphère de la terre; quoi qu'il en soit, on ignore sa véritable cause.

On donne le nom de *feu Saint-Elme* à des aigrettes lumineuses qui, dans des temps orageux, paraissent à l'extrémité des objets élevés et terminés en pointes. Connaissant le pouvoir des pointes sur l'électricité atmosphérique, on expliquera aisément ce phénomène. Les feux follets sont des lumières semblables à des flammes qui voltigent dans l'air, à une petite distance du sol; on en attribue la cause à certains gaz. Enfin, on concevra plus ou moins facilement d'autres phénomènes lumineux connus sous les noms d'*étoiles filantes*, de *bolides*, etc. Au reste, nous parlerons des principaux à l'article Terre. (A. R.)

PARASITES, *Parasita.* (ins.) Sous ce nom on désigne le troisième, auparavant le second ordre de la classe des insectes. Cet ordre qui a été établi par Latreille dans les familles naturelles du Règne animal, correspond au grand genre *Pediculus* de Linné; les principaux caractères de cet ordre sont: pieds au nombre de six; métamorphoses nulles; quatre ou deux ocelles ou yeux lisses; bouche des uns constituée dans un museau avec un petit tube ou syphon inarticulé, rétractile; celle des autres, inférieure, composée de mandibules plus ou moins extérieures et en forme de crochets, de deux lèvres, de mâchoires cachées et quelquefois de palpes, mais très-peu apparens; œsophage occupant une grande partie de la tête; abdomen sans appendices mobiles sur les côtés, et non terminé par des soies articulées ni par une queue fourchue. Tous les insectes compris dans cet ordre vivent aux dépens de l'homme, de certains Mammifères et de quelques oiseaux sur lesquels ils se tiennent constamment fixés. Cet ordre a subi bien des changemens depuis sa fondation, et il a souvent changé de place dans les diverses méthodes. Ce qui va suivre a été emprunté au célèbre Latreille, qui a donné un court exposé de ses variations dans l'Encyclopédie méthodique. « J'avais établi, dit ce savant entomologiste, cette coupe, dans mon précis des caractères génériques des insectes, imprimé en 1796, et il formait alors le dixième ordre de cette classe d'animaux. Les Parasites ne se partageaient d'abord qu'en deux genres, dont l'un, celui des Ricins (Degéer), n'était qu'un démembrement de celui de Pou, *Pediculus* : Le docteur Leach a substitué la dénomination d'Anoplures, *Anoplura*, à celle des Parasites; il divise cet ordre en deux familles, les Pédiculides, *Pediculidea* (le genre Pou proprement dit), et les Nirmidés, *Nirmidea* (le genre Ricin de Degéer). La première se compose des genres Phthire, *Phthirus*, Hæmatopine, *Hæmatopinus*, et Pou *Pediculus*; et la seconde du genre Nirme, *Nirmus*, dénomination empruntée d'Hermann. Le professeur Nitzch, dans sa distribution générale des insectes épizoïques, faisant partie du magasin Entomologique de Germar, n'admet point cet ordre. La première de ces deux familles, ou le genre primitif des Ricins, est rapporté aux Orthoptères, et la seconde aux Hémiptères. Les Orthoptères épizoïques ou Mallophages comprennent les genres suivans : Philoptère, *Philopterus*, formé des sous-genres *Docophorus*, *Nirmus*, *Liperus*, *Goniodes*; 2° Trichodecte, *Trichodectes*; 3° Liothée, *Liotheum*, divisé en six sous-genres, *Calpocephalum*, *Menopon*, *Trinoton*, *Eureum*, *Lemobothrion*, *Physostomum*; 4° Gyrope, *Gyropus*.

» Les Hémiptères épizoïques ne sont composés que du genre Pou, *Pediculus*. L'exposition des caractères génériques donnés par ce naturaliste est fondé sur un grand nombre d'observations d'anatomie tant interne qu'externe. Il introduit quelques nouveaux termes, et il est le premier qui ait employé les dénominations de prothorax, de mésothorax et de métathorax. En rendant justice au mérite de ce travail, continue toujours Latreille, nous croyons cependant qu'on ne peut, dans une méthode naturelle, réunir ces animaux, soit avec les Orthoptères, soit avec les Hémiptères. Une telle confusion nous paraît même singulièrement bizarre. Fabricius, d'après les bases sur lesquelles il avait établi son système entomologique, a placé le genre *Pediculus* dans son ordre des Antliates ou celui des Diptères. Mais comme ces insectes sont sujets à des métamorphoses complètes, tandis que les Hémiptères n'en éprouvent que d'incomplètes, c'est pour ce motif, je présume, que M. Nitzch a transporté dans cet ordre le genre précédent. Mais nous ne voyons pas quels rapports peuvent avoir les Ricins avec les Orthoptères. Des insectes de cet ordre et du précédent sont, il est vrai, aptères; mais ce sont des anomalies; les Parasites, de même que les Acarus de Linné, autre famille des Parasites, mais dans une classe différente, appartiennent à une division d'animaux naturellement et constamment privés d'ailes. Telle a été leur dénomination primitive; car aucune espèce ne nous a offert jusqu'ici ni rudiment d'ailes, ni indice d'avortement de ces organes. Dans la méthode de M. Duméril (Considérations générales sur les insectes), le nom de Parasites ou de Rhinaptères est donné à sa première famille de son ordre des Aptères, la cinquante-cinquième de la classe: elle comprend les genres Puce, Pou, Smaridie, Tique, Lepte et Sarcopte; les quatre derniers appartiennent à notre ordre des Arachnides trachéennes. » Dans le troisième volume du Règne animal, Latreille composait son ordre des Parasites du grand genre Pou, *Pediculus* de Linné; il en a formé deux familles dans les familles nat. du Règne animal sous les noms de Mandibulés et Siphonculés. Dans la deuxième édition du Règne animal de Cuvier, il en fait son troisième ordre des Insectes; enfin dans son dernier ouvrage ou le cours d'Entomologie, l'ordre des Parasites est son deuxième ordre des Insectes, et il le caractérise ainsi: un museau, renfermant un suçoir exsertile, dans plusieurs. Un ou deux yeux lisses de chaque côté de la tête; corps nu, sans filets ni queue fourchue à son extrémité postérieure, déprimé; des pattes terminées par de forts crochets, ou en manière de pince, pour pouvoir se fixer sur d'autres animaux et y vivre.

Des métamorphoses complètes; larves apodes, nymphes inactives; bouche en forme de syphon inférieur dirigé en arrière, composé d'une gaîne bivalve, articulée, renfermant un suçoir de trois soies, avec deux écailles à sa base; corps très-comprimé, sautant; insectes Parasites.

Duméril, dans sa Zoologie analytique, désigne sous le nom de Parasites ou Rhinaptères, une famille d'Aptères ayant pour caractères: point de mâchoires ni d'ailes. Elle est composée des genres Puce, Pou et Tique. Dans un ouvrage postérieur il l'a augmenté de trois autres genres qui sont les Smaridies, les Leptes et les Sarcoptes. Enfin le nom de Parasites a été appliqué par Lepelletier de Saint-Fargeau et Audinet-Serville, à des Hyménoptères de la famille des Mellifères, dont les femelles, privées de palettes et de brosses pour la récolte du pollen, sont forcées de pondre dans le nid des espèces qui peuvent et savent le récolter. Cette différence dans les mœurs et dans l'organisation a déterminé ces deux entomologistes à admettre deux divisions dans la tribu des Andrenètes et des Apiaires, sous le nom de Parasites et de Récoltantes.

Les Parasites dans la dernière édition du Règne animal de Cuvier, comprennent les genres *Pediculus, Phthirus, Philopterus, Trichodectes, Liotheum* et *Giropus*. *Voy.* pour tous ces noms le mot Pou.

On nomme Parasites dans la classe des Crustacés les genres Cyame, Cymothoe, Dichelestion, Pandare, Argule, Nicothoé, et généralement tous les petits Crustacés qui vivent sur les Têtards de Grenouille et sur les poissons.

Dans la classe des Arachnides, ce mot peut s'appliquer à un grand nombre de genres tels que les Trombidiens, les Tiques, les Leptes, toutes ces petites Arachnides désignées sous le nom d'Acarus et même les Hydracnes, qui à l'état de larves vivent Parasites sur les insectes comme les Dytisques, les Nèpes, par exemple. Enfin on a donné ce nom à une foule d'insectes de genres bien différens. (H. L.)

PARASITES (plantes). (BOT. PHAN.) *Voyez* au mot PLANTE. (T. D. B.)

PARAT. (OIS.) Nom vulgaire du Moineau dans plusieurs cantons du midi de la France. La femelle est appelée *Pare* ou *Parotte*. (GUÉR.)

PARATONNERRE. (PHYS.) Nom donné au préservatif de la foudre, préservatif appuyé sur les expériences qui ont eu pour but d'attirer l'électricité des nues, de s'en rendre maître, et de la diriger, à l'aide de pointes métalliques établies exprès, dans le réservoir commun, le sol, avant qu'elle ait eu le temps d'éclater sur les édifices.

Dans le principe, les paratonnerres étaient de plusieurs formes; on en distinguait même d'*ascendans* et de *retombans*. L'invention des premiers était due à l'idée, qui du reste n'est pas sans fondement, que la foudre s'élève quelquefois de la terre vers les nues. Aujourd'hui on ne se sert plus généralement que des *paratonnerres tombans*, c'est-à-dire des tiges métalliques placées au sommet des édifices, et communiquant dans le sol par de longs conduits en fil de fer. — *Voyez* ÉLECTRICITÉ, où déjà nous avons parlé des PARATONNERRES, de leur construction, de leur nombre et de leur distance les uns des autres, selon la surface du bâtiment à préserver, etc. (F. F.)

PARCHEMIN. (BOT. PHAN.) On donne ce nom, d'ailleurs fort peu usité, à la pellicule mince et transparente (arille des botanistes) qui revêt extérieurement les graines du Café, ainsi que certains légumes (fruits des légumineuses), comme Pois, Haricots, Lentilles, qu'on appelle spécialement par cette raison avec ou sans parchemin; dans ces dernières sortes de graines, le Parchemin est alors le spermoderme ou épisperme des botanistes. (C. LEM.)

PARD. (MAM.) Ce nom, qui vient de *Pardus*, des Latins, a été appliqué à diverses grandes espèces de chats mouchetés, tels que le Jaguar et la Panthère. Celui que les fourreurs appellent particulièrement

culièrement CHAT-PARD, paraît être le Serval ou le Lynx. (GUÉR.)

PARDALOTE, *Pardalotus.* (OIS.) Les oiseaux actuellement connus sous ce nom étaient classés par Latham parmi les Manakins (*Pipra*). Vieillot les en a retiré pour en former un genre ou une division de l'ordre des Sylvains, genre que Cuvier a adopté dans son Règne animal, et qu'il place, avec la dénomination que Vieillot lui avait imposée (celle des Pardalotes), dans ses Passereaux dentirostres, entre les Falconelles et les Tyrans.

Les Pardalotes sont caractérisés par un bec très-court, un peu robuste, légèrement comprimé, à arète supérieure aiguë, arquée, et échancrée vers la pointe.

Ces oiseaux, très-peu nombreux en espèces, puisqu'on n'en connaît que trois ou quatre, sont encore à étudier sous le rapport des mœurs. On ne sait absolument rien de leurs habitudes naturelles. Tout ce que l'on peut dire *à priori*, d'après leur organisation, c'est que leur manière de vivre doit se rapprocher de celle des Insectivores. Nous devons donc nous borner à mentionner les espèces connues.

Le PARDALOTE HUPPÉ, *P. cristatus*, Vieill. Une huppe rouge orne sa tête. Sa gorge et toutes les parties inférieures sont d'un beau jaune, plus foncé sur le devant du cou et sur la poitrine. Sa tête, et les parties supérieures, sont généralement d'un vert olive plus ou moins jaunâtre; sa taille est à peu près de trois pouces.

Cette espèce habite le Brésil, d'où elle a été rapportée par Delalande.

Le PARDALOTE POINTILLÉ, *P. punctatus*, Vieill.; *Pipra punctata*, Lath. Nous l'avons figuré dans notre Atlas, pl. 461, fig. 1. Cette jolie petite espèce, qui habite la Nouvelle-Hollande, et dont la taille est la même que celle de la précédente, se distingue par son plumage pointillé de blanc sur un fond noir à la tête, la nuque, les ailes et la queue. Tout le dessous du corps est d'un blanc jaunâtre, avec une teinte rouge sur la poitrine; la partie inférieure du dos est d'un jaune terne, et le croupion rouge.

M. Temminck, dans ses planches coloriées, a fait connaître deux autres espèces : il décrit l'une sous le nom de *Pardalotus ornatus*, et l'autre sous celui de *Pardalotus percussus*. (Z. G.)

PARDANTHE, *Pardanthus.* (BOT. PHAN.) Genre de plantes monocotylédones de la famille des Iridées, tribu des Moréacées (étamines libres, corolle irrégulière, non ringente) et de la Triandrie monogynie de Linné, constitué par Ker sur une plante que Rheede avait d'abord décrite et figurée sous le nom malabare de *Belam-Canda* (nom adopté depuis par De Candolle dans les Liliacées de Redouté), réuni par Lamarck et autres aux Moræa, bien qu'Adanson, Mœnch et Medikus eussent adopté le genre de Rheede; aujourd'hui le nom de *Pardanthus* semble devoir définitivement lui rester, en dépit de toutes ces vicissitudes, si toutefois ce genre n'est pas de nouveau reporté parmi les Moræa, avec lesquels il a les rapports les plus frappans. C'est encore cette plante que Linné appelait *Ixia chinensis*, en faisant allusion à la forme rotacée de son Périanthe, qui lui rappelait la roue d'Ixion. Mais cette dénomination n'a pas prévalu, la plupart des *Ixia* ayant un périanthe tubuleux; et ce nom ayant été malgré cela adopté par tous les botanistes, on sent qu'il a perdu sa valeur significative. L'immortel législateur des sciences physiques n'aimait pas les mots vides de sens, et voulait que tous peignissent quelque chose à l'esprit. *Nomina vera*, dit-il dans sa Philosophie botanique, *plantis imponnere botanicis genuinis tantùm in potestate est.*

Nous venons de dire que le genre Pardanthus différait fort peu du Moræa. En effet, dans le premier, les stigmates ne sont point, comme dans le second, dilatés en pétales; ses graines sont revêtues d'une enveloppe épaisse, pulpeuse; elles sont insérées sur un réceptacle libre central, en forme de colonne, et n'adhèrent point à la paroi interne des cloisons valvaires. Ce tégument pulpeux et ce mode d'insertion des graines sont des caractères réellement différens des autres genres d'Iridées, à l'exception du *Gnosyris*, et peut-être du *Patersonia*, et qui pourraient motiver l'adoption du Pardanthus.

Quoi qu'il en soit, le Pardanthus de Ker, le Belamcanda de Rheede, etc., est une très-belle plante, qui croît abondamment dans les prés et les endroits humides de la Chine, de l'Inde et du Japon (d'autres auteurs disent dans des endroits sablonneux), où ses belles fleurs offrent un charmant coup d'œil; ce qui l'a fait transporter depuis long-temps en Europe, où nous la cultivons à l'envi dans nos serres, pour en admirer l'éclat et la structure élégante. Elles sont d'un jaune pourpré, parsemé de taches rouges; de là leur nom de *Pardanthus*, qui signifie en grec fleur de tigre, ou mieux fleur tigrée.

La racine est forte, charnue, tubéreuse, vivace, progressive, et produit plusieurs tiges assez grosses, creuses, et environnées à la base de feuilles engaînantes, cunéiformes, très-longues (d'un à deux pieds, et larges d'un pouce environ), les fleurs sont disposées en une sorte de panicule dont les ramifications supportent des fleurs en ombelles pédicellées et renfermées d'abord dans une spathe. Le périanthe offre six divisions, dont trois un peu plus grandes, étalées en roue, d'un beau rouge aurore, parsemées de taches purpurines; trois étamines rougeâtres, non foliacées; capsule globuleuse et contenant, insérées sur un réceptacle central, des graines noires, sphériques; le style est triangulaire, incliné; le stigmate a deux divisions. (C. LEM.)

PAREIRA BRAVA. (BOT. PHAN.) Nom donné par les Espagnols à une plante de l'Amérique méridionale, que Pison avait décrite et figurée sous le nom indien de *Caapeba*, et que les Portugais du Brésil nommaient *Cibo das Capras*, à cause des vertus qu'on lui supposait contre la morsure des serpens. Linné, qui n'adoptait point pour noms de genre les noms nationaux, nomma celui-ci

Cissampelos, qui signifie en grec vigne-lierre, dénomination imposée depuis long-temps au Liseron des champs par Fuchs, et qui n'a point prévalu (c'est aujourd'hui le *Convolvulus arvensis*). Ces deux diverses appellations sont conservées comme noms spécifiques, et données à deux espèces de Cissampelos, *C. pareira*, *C. caapeba*. Dans nos pharmacies, le nom de Pareira Brava était donné à la racine même de la plante. On l'apportait coupée en tranches minces; mais, bien que préconisée en Amérique, il ne paraît pas qu'elle jouisse chez nous d'un grand crédit pharmaceutique. (*Voyez* Cissampelos.) (C. Lem.)

PARELLE. (bot. crypt.) *Lichens*. La Parelle, appelée encore Orseille d'Auvergne, Orseille de terre, n'est autre que le *Lichen parellus* de Linné, le *Variolaria parella* de De Candolle, le *Scutellaria parella* de Hoffmann, le *Lecanora parella* d'Acharius, qui croît abondamment sur les rochers en Auvergne, et qui a l'aspect d'une croûte peu épaisse, peu saillante, d'une couleur blanche ou grise; de là les deux espèces de Parelle, la blanche et la grise. Cette dernière est la plus estimée.

La Parelle est une matière tinctoriale très-importante pour l'Auvergne et le Limousin. Les environs de Lyon, la Provence, le Languedoc et le Roussillon, récoltent également une assez grande quantité de ce Lichen; mais c'est principalement à Saint-Flour et à Limoges qu'on s'occupe de l'extraction de ces matières colorantes. A cet effet, on ramasse une quantité voulue de Parelle, on la pulvérise, on la tasse dans une caisse en bois de forme oblongue; puis on l'arrose à plusieurs reprises d'urine fermentée, en ayant soin d'agiter la masse totale chaque fois. Au bout de quelques jours, dix à douze, on transforme en pains toute la masse d'urine d'une belle couleur violette, on la fait sécher, et on la livre au commerce sous les noms d'Orseille de France ou Orseille de terre, pour la distinguer de celle que l'on prépare avec le véritable Lichen orseille ou Orseille des Canaries, et à laquelle M. Robiquet a donné le nom d'Orcine. (*Voyez* Lichens.)

Parmi les Lichens indigènes qui peuvent donner une matière colorante analogue à celle qui est fournie par la Parelle, le *Lichen tartareus* de Linné, qui est très-abondant en Suède et en Norwége, donne une quantité d'Orseille assez forte et d'assez belle qualité; beaucoup est importée en Écosse et en Angleterre. Toutefois, tous ces produits sont peu riches en principe colorant, et par conséquent inférieurs à ceux des Canaries. (F. F.)

PARENCHYME. (bot. phan.) *Parenchyma*, mot grec qui signifie chose répandue, étalée. Les anciens croyaient que la substance des viscères et de la chair en particulier était formée par un épanchement de sang. Dans les temps modernes, on a appliqué spécialement ce nom à la substance molle, spongieuse, ordinairement colorée en vert et formée de tissu cellulaire qui remplit les interstices que parcourent les vaisseaux propres des végétaux, principalement dans les feuilles où cette substance est quelquefois très-abondante, et cause ainsi une épaisseur remarquable, telle que dans les feuilles des Aloès, des Mésembrianthèmes, les tiges des Cactées (*Echinocactus*, *Melocactus*); ces derniers semblent en être entièrement formés), et une foule d'autres plantes. Toutes les parties herbacées des végétaux, les jeunes tiges, les fruits, le liber annuel de l'écorce, les organes floraux même, lui doivent leur consistance plus ou moins épaisse. (*Voyez*, pour plus de détails, le mot Tissu cellulaire.) (C. Lem.)

PARESSEUX. (zool.) On donne ce nom vulgaire à plusieurs animaux, tels que la larve d'une Mouche, l'oiseau nommé aussi Butor, et surtout le Bradype; mais ce nom n'est plus usité. (Guér.)

PARFUM. En grec θυμίαμα; en latin *odoramentum*, *suffimentum*, *suffimen*, et non pas *suffitus* comme on l'a avancé dans un autre dictionnaire. Le mot *suffitus*, qui est synonyme de *suffitio*, signifie l'action de parfumer; nous n'avons pas de mot, en français, pour exprimer cette action, si ce n'est quand le parfum se dégage en vapeur: alors on se sert quelquefois du terme général et peu juste de *fumigation*.

Il faut appeler Parfum (*per fumum* par le moyen de la fumée) toute substance qui donne lieu à des émanations agréables au sens de l'odorat. L'appellation latine correspondante à cette définition est *odoramentum*, chose bonne à odorer; le *suffimen* ou *suffimentum*, mot si souvent employé par Ovide, synonyme de *unguentum*, se rapporterait plus spécialement, selon nous, aux Parfums destinés à être appliqués au corps, c'est-à-dire à ce que nous appelons aujourd'hui *cosmétiques*.

Les critiques grammaticales ne sont pas toujours oiseuses: celle-ci, par exemple, nous met sur la voie de la division la plus simple de notre sujet. Il est évident que pour tout dire, il nous faudra parler des cosmétiques après avoir fait connaître les Parfums en général. Toutefois, afin de ne rien omettre, nous jeterons au préalable un coup d'œil rapide sur leur histoire qui se rattache partout à l'époque la plus brillante des nations chez lesquelles ils ont été en usage.

I. Historique.

Il en est des Parfums, comme de la plupart des choses dont l'homme se sert maintenant; on ne connaît pas leur premier inventeur. Il est certain qu'ils furent d'abord employés dans les temples. La coutume de brûler de l'encens ou des substances aromatiques dans les sacrifices, se retrouve chez toutes les nations de la terre. Dans la mythologie, quand les dieux se manifestent aux mortels, leur présence est signalée par les émanations les plus suaves; les nuages qui les apportent sur la terre sont toujours des nuages parfumés, « O divine odeur! j'ai entendu, déesse immortelle, que » vous me parliez, » dit Hippolyte mourant à Diane qui vient recueillir son dernier souffle (Euripide, Phèdre et Hippolyte, tragédie).

Pline, qui en sa qualité de romain, dédaignait une plus haute antiquité que l'époque de Troye, rappelle qu'au temps du vieux Priam, on se contentait, pour tout parfum, de brûler dans les temples du bois de cèdre et de citronnier, arbres très-commun dans la Natolie. « Et encore que » ces encensemens, ajoute le naturaliste, ne sentissent trop bon : pour cela néantmoins, ils ne se » vouloyent ayder de ius de roses qui toutesfois estait desià usité en ce temps-là, auquel on fesait » grand cas de l'huyle rosat. »

Selon le même auteur l'invention des Parfums doit être rapportée au temps de Darius. Après la défaite du Roi des Perses, Alexandre trouva dans ses dépouilles un superbe écrin rempli d'essences odorantes et qui servait à Darius de Parfumier (pour nous servir de l'expression du traducteur du Pinet). Le conquérant macédonien, que les délices de Babylone n'avaient point encore amolli, bien loin de faire servir le beau Parfumier de Darius au même usage, le consacra au génie d'Homère en y faisant renfermer soigneusement les ouvrages du prince des poètes.

Il faut rechercher plus haut que Darius et Alexandre et que le règne du vieux Priam l'histoire des premiers parfums. La prise de Troye se rapporte à l'année 1270 avant Jésus-Christ; tandis que la naissance de Moïse remonte trois cents ans plus haut à l'année 1571. Or, il est trop question de Parfums dans les livres saints, pour qu'il soit permis de croire qu'au temps de Moïse, c'était une chose toute nouvelle. Ne faut-il pas reconnaître au contraire que l'Egypte qui était probablement parvenue, dès cette époque même, à l'apogée de sa civilisation, avait su utiliser au profit de ses plaisirs les produits odorans que l'Arabie fournit encore aujourd'ui au reste du monde.

Quoi qu'il en soit, quand Moïse institua le culte du vrai dieu dans le désert, il comprit dans les accessoires des sacrifices un *autel des Parfums*, et il donna même la formule de plusieurs d'entre eux. Les uns étaient destinés à oindre les sacrificateurs et les victimes tandis que les autres étaient brûlés devant le *Saint des Saints*.

Facies quoque altare ad adolendum thymiama..... et adolebit incensum super eo Aaron, suave fragrans, mane..... et ad vesperum uret thymiama sempiternum....

.... Sume tibi aromata, primæ myrrhæ et electæ quingentos siclos, et cinnamomi medium, id est, ducentos quinquaginta siclos, calami similiter ducentos quinquaginta.

Casiæ autem quingentos siclos, in pondere sanctuarii, olei de olivetis mensuram hin :

Facies que unctionis oleum sanctum, unguentum compositum opere unguentarii.....

Aaron et filios ejus unges, sanctificabisque eos ut sacerdotio fungantur mihi.

Filiis quoque Israel dices: hoc oleum unctionis sanctum erit mihi in generationes vestras.

Caro hominis non ungetur ex eo, et juxta compositionem ejus non facietis aliud, quia sanctificatum est, et sanctum erit vobis.

Homo quicumque tale composuerit, et dederit ex eo alieno, exterminabitur de populo suo.

Dixitque Dominus ad Moysem : sume tibi aromata, stacten et onycha, galbanum boni odoris, et thus lucidissimum, æqualis ponderis erunt omnia :

Faciesque thymiama compositum opere unguentarii, mixtum diligenter, et purum, et sanctificatione dignissimum.

Cumque in tenuissimum pulverem universa contuderis, pones ex eo coram tabernaculo testimonii, in quo loco apparebo tibi. Sanctum sanctorum erit vobis thymiama.

Talem compositionem non facietis in usus vestros, quia sanctum est domino.

Homo quicumque fecerit simile, ut odore illius perfruatur, peribit de populis suis (Exodi, cap. xxx) (1).

Il est évident que la défense qui termine toutes les prescriptions eût été superflue, si déjà l'habitude de se parfumer n'avait pas été contractée par le peuple auquel Moïse destinait ses décrets. Et, en effet, il est probable que les Hébreux libres, sous la conduite de Moïse, tout en maudissant les oppresseurs dont ils venaient de secouer le joug, n'avaient point oublié complétement les pratiques de la vie égyptienne, qu'ils en avaient au contraire retenu les plus agréables, et que, selon les circonstances, ils se montraient plus ou moins enclins à les mettre en œuvre pour leur propre compte.

Quant aux Égyptiens, il suffit de voir au Louvre la multitude d'ustensiles qui servaient à leur toilette pour se convaincre que beaucoup de ces meubles étaient destinés à conserver des essences et des Parfums de plusieurs sortes, ainsi qu'à les brûler. Peut-on supposer d'ailleurs, qu'en prenant tant de soins des dépouilles mortelles des leurs, ils eussent négligé de combattre par des odeurs agréables les émanations qui malgré toutes les précautions qu'on y mettait devaient s'échapper des corps avant l'embaumement, surtout sous un soleil aussi ardent que celui qui éclaire la vallée du Nil.

Mais voici qui résout la question d'une manière péremptoire : on sait par Hérodote qu'il y avait trois sortes d'embaumemens ; que pour les riches,

(1) Vous ferez aussi un autel pour y brûler des parfums... Et Aaron y brûlera de l'encens d'excellente odeur, le matin... et le soir il y brûlera encore de l'encens.....

Prenez des aromates, le poids de cinq cents sicles, de la myrrhe la première, et la plus excellente, la moitié moins de cinnamome, c'est-à-dire le poids de deux cents cinquante sicles et de même, deux cent cinquante sicles de canne *aromatique*.

Cinq cents sicles de cannelle, au poids du sanctuaire, et une mesure de hin d'huile d'olive.

Vous ferez de toutes ces choses une huile sainte pour servir aux onctions, un Parfum composé selon l'art des parfumeurs.....

Vous en oindrez Aaron et ses fils et vous les sanctifierez, afin qu'ils exercent les fonctions de mon sacerdoce.

Vous direz aux enfans d'Israël : cette huile qui doit servir aux onctions me sera consacrée parmi vous et parmi les enfans qui naîtront de vous.

On n'en oindra pas la chair de l'homme, et vous n'en ferez point d'autre de même composition, parce qu'elle est sanctifiée, et vous la considérerez comme sainte.

Quiconque en composera de semblable, et en donnera à un étranger, sera exterminé du milieu de son peuple.

Le Seigneur dit encore à Moïse : prenez des aromates, du stacte, de l'onyx, du galbanum odoriférant et de l'encens le plus luisant, et que le tout soit de même poids.

Vous ferez un Parfum composé de toutes ces choses selon l'art du parfumeur, qui étant mêlé avec soin sera très-pur, et très-digne de m'être offert.

Et lorsque vous les aurez battues et réduites toutes en une poudre très-fine, vous en mettrez devant le tabernacle du témoignage qui est le lieu où je vous apparaîtrai. Ce Parfum vous deviendra saint et sacré.

Vous n'en composerez point de semblable pour votre usage, parce qu'il est consacré au Seigneur.

L'homme quel qu'il soit, qui en fera de même pour avoir le plaisir d'en sentir l'odeur, périra du milieu de son peuple.

(La Sainte Bible en latin et en français, édit. de Lefèvre, Paris, 1828.)

par exemple, on se servait de myrrhe pure broyée, de canelle et d'autres Parfums à l'exception d'encens.

Diodore de Sicile, confirmant le récit d'Hérodote, donne les détails suivans : on lave les viscères intérieurs, dit-il, avec du vin de Palme et des liqueurs odoriférantes. On enduit ensuite le corps pendant plus de trente jours avec de la gomme de cèdre, de la myrrhe, du cinnamome et d'autres Parfums qui non seulement contribuent à le conserver pendant très-long-temps, mais qui *lui font encore répandre une odeur très-suave.*

Un membre de la commission scientifique attaché, à l'expédition d'Egypte, M. Rouyer a confirmé par l'analyse le récit des deux historiens grecs que je viens de citer. Il a examiné les diverses sortes de Momies découvertes dans les puits de Saqqârah et il a trouvé que les plus précieuses, desséchées à l'aide de substances balsamiques et astringentes étaient remplies, tantôt d'un mélange de résines aromatiques, et d'autres fois d'asphalte ou de bitume pur (1).

« Les Momies remplies de résines aromatiques, dit-il, sont d'une couleur olivâtre ; la peau est sèche, flexible, semblable à un cuir tanné ; elle est un peu retirée sur elle-même et ne paraît former qu'un seul corps avec les fibres et les os ; les traits du visage sont reconnaissables et semblent être les mêmes que dans l'état de vie ; le ventre et la poitrine sont remplis d'un mélange de résines friables, en partie solubles dans l'esprit-de-vin : ces résines n'ont aucune odeur particulière capable de les faire reconnaître ; mais jetées sur des charbons ardens, elles répandent une fumée épaisse et une odeur fortement aromatique. »

Ainsi, plus de doute, les Égyptiens d'Hérodote de Diodore et de M. Rouyer connaissaient l'usage des Parfums ; il s'agit de savoir maintenant si ces Égyptiens-là ont été postérieurs aux Juifs ou s'ils les ont précédés. Plusieurs moyens se présentent à nous pour résoudre cette question. Grâces à la découverte de Champollion, concernant l'écriture hiéroglyphique, nous en avons un infaillible, c'est de consulter les inscriptions diverses qu'on a pu lire dans les chambres sépulcrales d'où on a extrait les Momies. L'infortuné Belzoni a donné dans la relation de son voyage en Égypte, la description d'un tombeau qu'il avait trouvé dans les environs de Thèbes. Ce tombeau était celui du roi Achencherrès-Ousireï, ou Pétosiris, le Busiris des Grecs, XIIe roi de la XVIIIe dynastie. Ce roi régna vers l'an 1597 avant Jésus-Christ, c'est-à-dire quarante ans environ avant la fondation de Troye ; cinquante ans avant que Cadmus s'établit dans la Béotie et enseignât aux Grecs l'écriture alphabétique ; vingt-six ans avant la naissance de Moïse.

Je tenais à pousser à bout cette chronologie, pour avoir la satisfaction de conclure contre Pline que l'usage des bonnes odeurs est antérieur à l'établissement du royaume de Troye par Dardanus.

Mais je n'en suis pas moins de l'avis du naturaliste romain, lorsqu'il prétend qu'il n'y a pas de plus grande superfluité que celle des Parfums. Bien est vray, disait-il, qu'il y a grande despense ès perles et ès pierres précieuses. Mais quoi ? c'est un domaine, car les héritiers y succèdent. Quant aux riches draps, ils sont de durée. Mais les Parfums ne durent rien, car ils s'esventent incontinent. Le plus qu'ils servent est de contraindre à regarder une femme parfumée passant par la rue, pour raison de son Parfum, quand bien on serait empesché ailleurs (Plin., Hist. nat., trad. du chev. du Pinet).

Je tire une autre conséquence de l'usage des Parfums, et cette conséquence n'est pas sans utilité pour l'historien. Je vois dans cet usage une preuve irréfragable de l'aisance des particuliers et de la richesse des nations. Quoi de plus capable, en effet, de servir de base à l'appréciation de cette richesse que les dépenses superflues auxquelles les citoyens s'assujettissent ; que si l'emploi des Parfums est général, il devient abusif, et ce n'est pas seulement la richesse qu'ils indiquent, c'est l'excès du luxe, c'est le luxe efféminé.

A Rome, sous les empereurs, il y avait des Parfums qui coûtaient plus de quatre cents deniers la livre ; somme énorme, si l'on considère que le denier valait dix livres de cuivre ou dix as. Malgré ce haut prix, on mettait la plus grande prodigalité dans leur emploi ; on se baignait dans les Parfums. Néron faisait arroser avec de l'eau de senteur les murailles de ses étuves, et Caligula ne prenait jamais de bain que sa baignoire ne fût bien lavée avec des Parfums liquides. Ces folles dépenses étaient imitées et surpassées peut-être par les courtisans et les gens riches. Si l'on considère le roman de Pétrone comme une satire, on supposera que c'est pour fronder un pareil travers qu'il représente au festin de Trimalcyon le plafond s'ouvrant pour laisser passer le dessert et pour arroser d'en haut tous les convives au moyen d'une pluie de Parfums. Néanmoins, ce fut un certain Marcus Othon qui enseigna à Néron comment il fallait s'y prendre pour parfumer les pieds ; apparemment que le fils d'Agrippine n'exhalait pas toujours une bonne odeur. A l'armée, le même luxe porta les officiers à parfumer leurs aigles et leurs drapeaux surtout aux jours de fête. Il faut dire aussi qu'on n'avait pas attendu le règne des empereurs pour s'adonner à cette superfluité ; car en l'an de Rome 565, Jules César et Licinius Crassus étant consul, après la défaite du roi Antiochus et la conquête d'Asie, on avait été obligé de défendre par un édit la vente dans Rome d'aucune composition étrangère, comprenant sous cette dénomination les Parfums et toute espèce de mélanges odorans. « Maintenant, dit Pline, on ne trouverait pas le vin bon, on ne prendrait même aucun autre breuvage, si auparavant on ne l'avait parfumé. L'abus est poussé si loin par certaines gens, qu'on les suit

(1) Les Momies remplies d'asphalte ou de bitume pur sont celles qui fournissent depuis si long-temps un produit utile à la peinture connu sous le nom de baume des Momies. On s'est même servi de cette substance comme d'un médicament auquel on attribuait des propriétés merveilleuses.

à la piste.» Lucius Plotius, banni de Rome par les triumvirs, étant allé se cacher à Salerne, l'odeur des Parfums dont il faisait excès mit ceux qui le poursuivaient sur ses traces et le fit découvrir. Les attirails relatifs aux Parfums étaient pour les matrones l'objet de la plus grande sollicitude quand elles allaient aux bains :

Balnea nocte subit; conchas et castra moveri
Nocte jubet.....
(JUVÉNAL, satire VI, vers 419.)

« Se rend-elle aux bains, dit Juvénal dans sa satire des femmes, à voir l'attirail qui la suit on dirait un décampement nocturne. » (trad. de Dussault.)

Les dames romaines de nos jours sont beaucoup plus réservées sur ce sujet; car non seulement elles n'usent d'aucun Parfum, mais il est de mode pour elles de s'évanouir à la moindre odeur. Tout Parfum est une *Mala aria* qui leur fait le même effet que les émanations stupéfiantes des marais pontins. Mais il y a chez elles un peu de mauvaise volonté, et je tiens pour certain qu'elles s'exagèrent la sensibilité de leurs nerfs; en effet, quand elles vont aux fêtes des ambassadeurs des puissances du nord, elles ne se plaignent pas de leurs vapeurs, quoique les représentans très-chrétiens ou très-catholiques ne se privent jamais du plaisir de respirer de bonnes odeurs. Les beautés de la ville sainte souffrent alors très-patiemment pendant toute la durée de la fête, et ce contraste doit rassurer les maris sur leur état lorsque par hasard elles se trouvent incommodées ailleurs.

Ceux qui voudraient des détails sur les Parfums des anciens et sur les cosmétiques, sur ce qu'ils appelaient *Mundus muliebris*, les trouveront en abondance dans Pline, dans Ovide et dans un livre moderne intitulé : *Rome au siècle d'Auguste*, par M. Ch. Desobry, ouvrage qui a fourni, dit-on, à l'auteur de Caligula, la fine fleur de son érudition.

Dans une chambre, enfant, prépare moi d'avance
Un bain volupteux, *tiède* et parfumé
Où l'on puisse dormir d'un sommeil embaumé.
(CALIGULA : prologue.)

Ovide, qui aimait beaucoup les Parfums et les cosmétiques, y mettait pourtant une grande réserve si l'on en juge par les conseils suivans qu'il adressait à la jeunesse de son temps.

.... Careant rubigine dentes
Nec vagus in laxâ pes tibi pelle natet.
Nec male deformet rigidos tonsura capillos :
Sit coma, sit doctâ barba resecta manu.
Et nihil emineant, et sit sinè sordibus ungues;
In que cavâ nullus sint tibi nare pilus.
Nec male odorati sit tristis anhelitus oris :
Nec tædant nares virque paterque gregis.

Ces vers n'ont pas besoin de traduction. Pour que la bouche ne fût point mauvaise, pour qu'une odeur semblable à celle qu'exhale le chef d'un troupeau de chèvres n'offensât point le nez, il fallait bien la corriger au moyen de Parfums.

Les conseils que le même poète donne aux femmes pour l'usage des cosmétiques, ne sont pas moins judicieux :

Non tamen expositas mensâ deprendat amator
Pyxidas.....
Quem non offendat toto fæx illita vultu
Cum fluit in tepidos pondere lapsa sinus?

« Qu'on ne trouve point les boites de vos onguens exposées sur la table..... Qui n'éprouverait du dégoût en voyant la liqueur épaisse dont votre visage est enduit se fondre et se répandre sur votre sein. »

Nec corâm mistas cervi sumsisse medullas,
Nec corâm dentes defricuisse probem.
Ista dabunt faciem; sed erunt deformia visu.

« N'employez point la moelle du cerf et ne nettoyez point vos dents en présence d'un étranger; ces moyens feront briller vos charmes, mais ils blesseraient la vue. »

Plus tard, dans son poème intitulé : *Remedium amoris*, il conseillera à celui qui voudra se guérir d'une folle passion de faire à l'objet de sa tendresse une visite inattendue :

Decipit hâc oculos ægide dives amor.
Improvisus ades; deprendes tutus inermem :
Infelix vitiis excidet illa suis.

«La parure est une brillante égide dont l'amour se sert pour fasciner les yeux. Arrivez chez elle à l'improviste, vous la surprendrez sans risque dépouillée de ses armes, et la malheureuse sera perdue par ses défauts seuls. »

Tum quoque, cum positis sua collinet ora venenis,
Ad dominæ vultus (nec pudor obstet) eas.
Pixidas invenies, et rerum mille colores;
Et fluere in tepidos œsypa lapsa sinus.

« Saisissez aussi le moment où elle se frottera le visage de pommades empoisonnées pour venir la voir; vous trouverez sur sa table des boites, des poudres et des pâtes de toutes les couleurs; et vous verrez les graisses se fondre et couler sur son sein. »

Puis se rappelant l'effet qu'un semblable spectacle avait produit sur lui quand il allait chez Phinée, il s'écrie par inspiration :

Illa tuas redolent, Phineu, medicamina mensas :
Non semel hinc stomacho nausea facta meo.

« Ces pommades ont l'odeur des mets qu'on servait sur ta table, Phinée; et plus d'une fois j'en ai eu le cœur soulevé. »

On voit par ces citations d'Ovide à quel point les matrones romaines de son temps s'adonnaient à l'usage des pommades et des onguens. Nous pouvons dire à la louange de notre époque que nos dames sont beaucoup plus délicates dans le choix de leurs moyens d'embellissement, et qu'à l'exception des princesses de théâtre qui sont obligées de combattre par des couleurs vives les effets déprimans de la lumière artificielle, il n'est guère de femme respectable qui cherche

A réparer des ans l'irréparable outrage,

et à déshonorer son enveloppe cutanée, par l'emploi abusif des cosmétiques gras.

A Rome, c'était chez les baigneurs et les barbiers *tonsores* qu'on trouvait les Parfums et qu'on se les appliquait. A Athènes, c'était dans les boutiques des parfumeurs qui étaient ouvertes à tout le monde comme nos cafés; c'est là principalement que le peuple athénien, grand amateur de nouvelles, de divagations et de plaisanteries, discutait avec bruit les intérêts de l'État, les anecdotes des familles, les vices et les ridicules des particuliers. On ne disait pas : allons chez le parfumeur; on disait : allons au Parfum, comme nous disons : allons au café.

« Les Athéniens se mettent au bain souvent après la promenade, dit Barthélemy dans son Voyage d'Anacharsis. Ils en sortent parfumés d'essences, et ces odeurs se mêlent avec celles dont ils ont soin de pénétrer leurs habits, qui prennent divers noms, suivant la différence de leur forme et de leur couleur. »

Pour mette fin à cet historique, nous dirons un mot de la manière dont les anciens composaient leurs Parfums.

Ovide a fait un petit poème intitulé : *De medicamine faciei* ; mais là il s'occupe uniquement des cosmétiques. C'est sans doute à ce poème qu'il fait allusion dans les vers suivans de son *Ars amatoria* :

Est mihi, quo dixi vestræ medicamina formæ,
Parvus, sed curâ grande libellus opus.
Hinc quoque præsidi m læsæ petitote figuræ :
Non est pro vestris ars mea rebus iners.

« J'ai traité des moyens d'embellir la figure, dans un petit livre qui tire un grand prix du soin que j'ai mis à le composer. Cherchez-y tous les secours dont vous aurez besoin pour réparer les défauts de la vôtre : mon art ne sera point inutile à vos attraits. »

Les substances dont le poète romain conseille l'emploi sont l'orge, l'ers (espèce de lentille), des œufs, des ognons de narcisse, de la gomme, du miel, de la céruse, de l'iris d'Illyrie, des nids d'Alcyon, de l'encens, de la myrrhe, du fenouil, de la rose, du sel ammoniac, de la crême d'orge, des pavots. Il donne un *modus faciendi* qui n'est sans doute pas celui de nos parfumeurs ; mais il croit si bien à l'efficacité de ses ingrédiens qu'il dit par forme d'encouragement :

Quæcumque afficiet tali medicamine vultum
Fulgebit speculo lævior ipsa suo.

« Vous paraitrez bien plus belle au miroir si vous faites usage de ma recette. »

Pline donne la nomenclature de tous les Parfums usités de son temps ; celui qu'on estimait le plus, et qui était appelé *Parfum royal* parce qu'on en attribuait la recette aux rois des Parthes, était composé des matières suivantes : on y faisait entrer de l'huile de Ben, du costus, de l'amome, du cinnamome, du spica vert, du marum ou petite marjolaine, de la mirrhe, de la cannelle, du storax, du laudanum, du baume liquide, du roseau odorant, du squinanthe, des fleurs de lambrusque, du fenouil, du souchet, de l'aspalathus, une espèce d'ombellifère (panax), du safran, des fleurs de troëne, de la grosse marjolaine, du miel clarifié et du vin.

On conservait ces mixtions dans des vases d'albâtre ou de terre ; on avait éprouvé que l'odeur se combinait avec l'huile et les corps gras beaucoup mieux qu'avec tout autre véhicule ; on croyait que la fermentation augmentait leur vertu, mais on ne les exposait pas pour cela au soleil, on les laissait fermenter à l'ombre et dans des vases de plomb.

II. Des diverses sortes de Parfums et de leur préparation.

L'art du parfumeur est toujours livré à l'empirisme ; il n'a pas encore retiré de la chimie pneumatique tous les avantages qu'il nous semble raisonnable d'en attendre. La découverte de l'esprit-de-vin lui a été d'un secours merveilleux ; les anciens ne connaissaient pas cette substance, qui sert de dissolvant et de véhicule conservateur à la plupart des aromes, et c'est une des raisons pour lesquelles leurs Parfums étaient si chers ; à cette exception près, je ne vois pas que les parfumeurs modernes aient songé seulement à s'appuyer sur les résultats multipliés que les travaux entrepris dans ces derniers temps sur la chimie organique ne pourraient manquer de leur fournir. Leurs *eaux de senteur* sont des mélanges assez médiocres ; leurs *pommades* des graisses quelquefois mal aromatisées ; et quant aux *savons* qu'ils parfument très souvent de la manière la plus offensante pour l'odorat, je ne sache pas à Paris d'artiste parfumeur qui ait jamais pu parvenir à leur donner la douceur et l'onctueux du savon blanc des apothicaires. Cet état de choses durera jusqu'à ce qu'un chimiste, homme de goût et d'instruction ait passé en revue toutes les substances qui entrent dans les attributions du parfumeur, qu'il ait étudié l'essence de leurs propriétés odorantes, qu'il ait soumis à des règles positives celles qui s'acquièrent par des amalgames et des combinaisons, et finalement qu'il ait déterminé la valeur des procédés employés et dont plusieurs n'ont pas d'autre fondement qu'une routine aveugle.

Le principe des odeurs, en général, réside dans les quatre classes de substances qui suivent. Ce sont, 1° des résines ; 2° des baumes ; 3° des gommes-résines ; 4° des huiles essentielles. On pourrait y ajouter une cinquième classe tirée de deux produits animaux qui sont le musc et l'ambre gris. Mais ces deux derniers corps n'ayant point encore été analysés convenablement ; il est très-possible que cette analyse, si elle est faite dans le but d'isoler le principe odorant finisse par classer ce dernier dans l'une ou l'autre des divisions précédentes.

I. *Résines.* Les résines sont des substances qui exsudent naturellement de certains arbres ou qu'on en fait couler par des incisions du tronc. Elles sont presque toujours unies à des huiles essentielles qui les ramollissent et qui leur donnent même un aspect demi-liquide. On n'en trouve point de pures dans le commerce. M. Unvendorben a prouvé qu'une résine du commerce était un mélange composé de plusieurs résines distinctes, quelquefois au nombre de cinq. L'on parvient à les isoler en les traitant successivement par plusieurs agens tels que l'alcool, l'éther, l'huile de pétrole, la térébenthine, l'acétate de cuivre, les solutions de potasse et de soude, etc.

Il n'y a qu'une seule résine, une résine liquide, qu'on appelle *baume de la Mecque et de la Judée* qui soit employée dans l'art du parfumeur. Ce Parfum est fourni par un petit arbre *lamyris opobalsamum* que l'on cultive en Judée et en Egypte, mais qui est indigène de l'Arabie-Heureuse. On obtient le baume de la Mecque au moyen d'incisions faites au tronc et aux branches de l'*amyris* ; on l'extrait aussi en faisant bouillir dans l'eau les feuilles et les rameaux du même arbre. Celui que l'on se procure par ce dernier moyen est le seul que l'on trouve dans le commerce; il est plus fluide que la térébenthine; mais en vieillissant, il jaunit, s'épaissit et finit par devenir tout-à-fait solide: à l'état récent il est blanchâtre et trouble, son odeur est très-agréable; mais celui qui s'écoule par incision est regardé avec raison comme infiniment supérieur. Il est tellement estimé chez les Turcs, que le sultan se le réserve exclusivement pour son usage, et il l'envoie même en cadeau aux souverains. Il est d'un jaune clair très-fluide et son odeur suave est infiniment agréable.

Mis en contact avec l'alcool, le baume de la Mecque s'y dissout presque entièrement, à l'exception d'un très-petit résidu blanc que Vauquelin regarde comme une résine particulière. Cette dissolution dans l'alcool constitue à elle seule un Parfum des plus précieux.

II. *Baumes.* Les Baumes fournissent à l'art du parfumeur un plus grand nombre de matériaux. L'analyse chimique démontre dans leur composition, de la résine, de l'acide benzoïque, de l'huile essentielle et quelques autres matières. Nous ne parlerons ici que du benjoin, du liquidambar, du baume du Pérou et du Storax.

Benjoin. Ce Parfum s'extrait d'un arbre de la famille des Ébénacées, nommé par Dryander *Styrax benjoin*, qui croît à Sumatra, à Java et dans le royaume de Siam. Il s'écoule aussi des incisions pratiquées au tronc et aux branches. Il est d'abord liquide et blanchâtre; mais il ne tarde pas à se solidifier et à prendre de la couleur au contact de l'air. Dans le commerce, on le trouve en masses solides, plus ou moins volumineuses et d'un brun rougeâtre. Le benjoin a une odeur très-suave; il se dissout complétement dans l'alcool, un peu moins bien dans l'éther, en très-petite partie dans les huiles grasses et volatiles. Il contient 18 pour cent d'acide benzoïque que Stolze a trouvé le moyen d'extraire de la manière suivante: on dissout le benjoin dans trois parties d'alcool; on y ajoute ensuite peu à peu une dissolution de cristaux de carbonate de soude dans huit parties d'eau et trois parties d'alcool, en ayant soin de s'arrêter lorsque l'acide benzoïque est saturé: cela fait, on étend la liqueur de deux parties d'eau et l'on distille le tout. A mesure que l'alcool se volatilise, la résine du benjoin se dépose, et l'acide benzoïque reste tout entier dissous, en combinaison avec la soude dont on le sépare par l'acide chlorhydrique ou muriatique. Il y a un autre moyen moins parfait, mais plus court, d'obtenir l'acide benzoïque. On le projette sur des charbons ardens; il se fond, brûle en laissant dégager une fumée blanche et épaisse. Cette fumée, reçue et condensée dans des vases froids forme des cristaux blancs qui sont l'acide benzoïque, qu'il faut purifier par une seconde sublimation afin de le priver de l'huile empyreumatique qu'il contient.

Le benjoin dissous dans l'alcool porte le nom de teinture de benjoin; lorsqu'on le mêle à l'eau, il produit une liqueur trouble qui constitue ce qu'on appelle *lait virginal*, cosmétique excellent, qui, stimulant légèrement la peau, lui donne de la fermeté, du poli et de la douceur.

Liquidambar. Ce baume provient du *Liquidambar styraciflua*, arbre originaire du Mexique, de la Louisiane et de la Virginie. Il y en a de liquide comme de l'huile et de mou comme de la thérébentine très-épaisse. L'huile de Liquidambar est transparente, d'un jaune ambré, d'une odeur agréable, mais forte. Le Liquidambar mou est blanchâtre, opaque et d'une odeur plus suave que le précédent. Il se solidifie et acquiert de la transparence avec le temps par le contact de l'air.

Baume du Pérou. On tire ce Parfum du *Miroxylon peruiferum*, qui croît au Pérou et au Mexique; on l'obtient également, soit par l'incision du tronc, soit par l'évaporation de la décoction de l'écorce et des branches. Le baume d'incision est très-rare; il est connu dans le commerce sous le nom de *baume en coque*, parce qu'on l'apporte dans les enveloppes du fruit du cocotier. Il est brun, peu transparent, d'une consistance semblable à celle de la thérébentine épaissie, mais d'une odeur fine et suave toute particulière. Le baume obtenu par décoction s'appelle *baume noir du Pérou;* il est plus commun que le précédent, translucide, rouge-brun très-foncé, et semblable, quant à sa consistance, à du sirop bien cuit; son odeur est plus forte que celle du baume en coque.

Storax. Ce baume est solide; on croit qu'il provient par incision du *Styrax officinale* qui croît en Syrie. Les Grecs l'appelaient *Styrax calamite* à cause des feuilles ou des tiges de roseau dans lesquelles on avait l'habitude de le conserver. Le plus estimé forme des larmes blanches opaques, molles et réunies en masse. Son odeur est suave, mais forte.

Baume de Tolu. Celui-ci est le produit, toujours par incision, du *Mirospermum toluiferum*, qui croît en Amérique, aux environs de Tolu et de Carthagène. A l'état récent, il est liquide; mais il acquiert peu à peu de la consistance, se prend en masse et finit même par devenir cassant. Son odeur est suave, sa couleur fauve, son aspect grenu et cristallin et sa transparence légère. Il se dissout en totalité dans l'alcool, l'éther et les huiles essentielles.

III. *Gommes résines.* Il y a des cas où une incision faite aux tiges, aux branches et même aux racines de certains végétaux, en fait découler un suc laiteux qui se durcit peu à peu à l'air et que les chimistes regardent comme formé de résine et d'huile essentielle tenue en suspension dans de l'eau chargée de gomme et quelquefois de plusieurs autres matières végétales. C'est d'un produit analogue qu'on retire, par exemple, le caoutchouc, la bassorine, l'amidon, la cire et diverses matières salines. Ces sortes de mélanges ont reçu le nom de *gomme-résine.* Les gommes résines quelles qu'elles soient, sont contenues dans les vaisseaux propres des végétaux, d'où on les retire par l'incision ou par l'évaporation. Nous ne parlerons ici que de la myrrhe et de l'oliban.

Myrrhe. L'arbre qui produit ce Parfum est mal

connu ; on suppose que c'est une espèce d'*Amyris* ou de *Mimosa*, et qu'il croît en Arabie et en Abyssinie. Quoi qu'il en soit, la myrrhe se trouve dans le commerce en larmes de différentes grosseurs d'un rouge brun, demi-transparentes, fragiles, brillantes à la cassure, grasses et huileuses au pilon; son odeur est forte et aromatique. Comme Parfum, elle était plus estimée dans les anciens temps que de nos jours. On sait qu'elle fut apportée en présent au fils de la Vierge par l'un des rois mages.

Oliban ou encens. On en vend de deux sortes : l'encens de l'Inde et l'encens d'Afrique. Le premier est en larmes arrondies jaunes ou rougeâtres, demi opaques, fragiles, farineuses à la surface, aromatiques, parfumant l'air, au loin, de leur odeur, quand on les projette sur des charbons ardens. Cet encens nous vient de Calcutta et est produit par le *Boswellia serrata*, arbre originaire du Bengale. Celui-ci est le plus estimé.

L'encens d'Afrique est en larmes plus petites, contenant un grand nombre de marrons rougeâtres faciles à ramollir entre les doigts et mêlés de débris d'écorce et d'une grande quantité de petits cristaux de spath calcaire. Il a les mêmes propriétés aromatiques, mais à un plus faible degré que le précédent. On ne sait pas encore bien quel est l'arbre qui le produit; on a cru pendant longtemps qu'il provenait des *Juniperus lycia* et *thurifera*.

Le dissolvant naturel de tous les Parfums dont nous venons de faire connaître l'origine est l'alcool, qui permet de les mélanger intimement les uns avec les autres, de les modifier réciproquement et d'en composer des variétés infinies susceptibles de plaire aux odorats les plus différens.

IV. *Huiles essentielles.* Nous nous contenterons de rappeler ici les principes sur lesquels repose la préparation des essences. Ceux qui voudraient des détails les trouveront au mot Huile de ce Dictionnaire pittoresque d'Histoire naturelle, où tout ce qui est relatif à chaque espèce a été dit avec assez de clarté et de précision.

Les huiles essentielles ou volatiles diffèrent complétement des huiles fines ou grasses. Celles-ci sont: 1° insolubles dans l'eau, et 2° peu solubles dans l'alcool, mais 3° elles se dissolvent très-bien dans l'éther; 4° de plus, elles ont la propriété de se combiner avec les alcalis et de former ainsi un corps nouveau, qui est le savon.

Les huiles essentielles ou volatiles, au contraire, 1° sont sensiblement solubles dans l'eau, sont même susceptibles de se mêler à ce liquide dans une plus grande proportion, lorsqu'on les triture préalablement avec du sucre ; 2° elles se dissolvent en totalité dans l'alcool rectifié, ainsi que dans l'éther; 3° elles ne sont point susceptibles de se combiner avec des alcalis, et par conséquent on ne peut pas les employer à faire des savons.

D'autres caractères distinguent aussi les huiles essentielles des huiles fixes. Les premières sont âcres, caustiques, très-odorantes, sans viscosité, volatiles et inflammables par l'approche d'un corps en combustion. Les dernières sont douces, presque inodores, visqueuses, et ne s'enflamment point avec la même facilité.

Le mélange d'une huile essentielle avec de l'eau prend le nom d'eau aromatique ou de senteur. Si on se sert de l'alcool pour dissolvant, on a un esprit ou une teinture. Tels sont l'eau de lavande, l'esprit de lavande, etc.

C'est à l'huile essentielle que les végétaux doivent leurs Parfums. Cette huile est répandue dans toutes leurs parties, dans les feuilles, dans les fleurs, dans les tiges, quelquefois dans les racines, moins souvent dans les graines.

La plupart des huiles essentielles s'obtiennent par la distillation ; mais il y en a d'autres qui sont tellement fugaces, qu'on ne peut pas les préparer par le même moyen. Telles sont l'essence de jasmin, de lis, de tubéreuse, de violette, etc. Pour ces dernières, on met en usage le procédé suivant.

On étend, au fond d'une boîte en fer-blanc, un drap de laine blanche, imprégné d'huile de *ben* (*Moringa oleifera* de Lamarck), ou d'huile d'olive ; on le recouvre d'un lit de fleurs, dont on veut obtenir l'huile essentielle ; sur ces fleurs on étend un deuxième morceau de laine également imbibé d'huile comme le précédent, et recouvert d'un nouveau lit de fleurs. On continue ainsi à mettre les fleurs par couches interrompues par des morceaux de laine, jusqu'à ce que la boîte soit remplie, et on comprime le tout au moyen du couvercle de la boîte. Au bout de vingt-quatre heures, on retire les fleurs et on les remplace par d'autres disposées comme les premières, et qu'on renouvelle jusqu'à ce que l'huile de ben ou l'huile d'olive soit bien chargée d'odeur. Cela fait, on met les morceaux de drap dans l'alcool, on les exprime bien, et on distille au bain-marie ce mélange d'alcool et d'huile odorante; l'alcool se volatilise et se rend dans le récipient chargé de l'odeur des fleurs sur lesquelles on a opéré.

L'huile essentielle d'amandes amères est un produit de l'art, elle ne préexiste pas dans les semences qui servent à la préparer; elle provient d'une réaction qui s'effectue à l'aide de la chaleur par le concours de l'eau. Il faut d'abord priver les amandes de l'huile fixe qu'elles contiennent, en les comprimant fortement. Il résulte de cette pression un *tourteau* ou gâteau qu'on pulvérise grossièrement et qu'on soumet à la distillation sur l'eau, en disposant les choses de manière que la vapeur aqueuse, à mesure qu'elle se produit, soit forcée de le traverser. Les premières portions d'eau vaporisée entraînent beaucoup d'huile essentielle qui tombe au fond du récipient. Cette abondance diminue peu à peu, puis la liqueur distillée devient laiteuse, puis enfin elle passe tout-à-fait blanche.

L'essence d'amandes amères ainsi obtenue est d'une couleur jaune peu intense, d'une saveur âcre, brûlante, d'une odeur pénétrante, agréable qui ressemble à celle de l'acide cyanhydrique (prussique ou hydrocyanique). En cet état, elle renferme, outre la matière huileuse qui en constitue

tue

tue la plus grande partie, un peu d'eau, des traces de matière colorante, une certaine quantité d'acide cyanhydrique et quand elle a été exposée à l'air, de l'acide benzoïque.

Pour obtenir l'essence d'amandes amères dans un état de pureté parfaite, il faut la soumettre à l'opération suivante : on la mêle avec de l'hydrate de potasse et une dissolution de chlorure de fer ; on agite le tout fortement ; on le soumet à la distillation ; on décante l'eau du produit distillé avec une pipette ; on rectifie l'huile qui reste après ces diverses manipulations sur de la chaux vive en poudre dans un appareil bien sec, et l'on obtient ainsi un composé défini qui est l'essence d'amandes amères pure, et que MM. Wohler et Liebig regardent comme un hydrure d'un radical ternaire auquel ils ont donné le nom de *Benzoïle*. Ainsi donc l'huile essentielle d'amandes amères bien pure ne serait qu'un *hydrure de benzoïle*.

Mais l'histoire du Benzoïle se lie aux théories les plus élevées de la philosophie chimique, et comme il n'a point été question de ce nouveau corps au mot qui le concerne ; nous nous permettrons une courte digression pour remplir la lacune à laquelle le silence du Dictionnaire a donné lieu. D'ailleurs, les considérations scientifiques qui vont suivre, nous fourniront une de ces circonstances que nous n'évitons jamais, que nous recherchons toujours au contraire, de relever la trivialité des sujets qui tombent dans les attributions des écrivains qui s'occupent d'hygiène.

C'est depuis bien peu de temps que les idées dont nous allons parler se sont fait jour dans la science.

On sait que la chimie minérale compte cinquante-quatre élémens ou corps simples, à l'aide desquels on explique la formation de tous les corps connus du règne inorganique. Ces élémens sont tels, en ce sens seulement qu'on n'a pas encore pu les décomposer. Mais s'il arrivait qu'un jour l'oxygène ou le soufre, par exemple, qui sont des corps simples dans l'état actuel de la science, fussent décomposés, et qu'on prouvât qu'ils sont formés d'autres corps, ils ne seraient plus regardés comme des élémens. Quoi qu'il en soit, dans l'état actuel des choses, lorsqu'on analyse un corps composé de plusieurs des élémens dont nous venons de parler, il est à peu près toujours possible, en reprenant les élémens du corps analysé, de le reconstruire et de le ramener à son premier état. Tels sont le pouvoir et l'exactitude de la chimie minérale.

La chimie organique est dans une position bien différente ; les corps qui lui sont soumis sont excessivement variés de forme et de propriété, et pourtant, lorsqu'on en vient à une analyse profonde, on les trouve tous formés seulement de charbon, d'hydrogène, d'oxygène et d'un quatrième élément, l'azote, qui vient s'y ajouter quelquefois. Comment la nature parvient-elle, avec ces quatre élémens seulement, à produire des combinaisons aussi variées que celles qui composent le règne organique ? Voici la réponse de la chimie moderne à cette importante question :

Ce n'est pas par une combinaison directe de ces quatre élémens ; mais il y a entre la formation d'un composé naturel et ces élémens une combinaison intermédiaire qui donne lieu à la formation de corps composés jouissant de toutes les propriétés des corps élémentaires eux-mêmes.

Dans la chimie minérale, on voit le chlore et l'oxygène jouer un rôle particulier, tandis que les métaux en jouent un autre ; mais les uns et les autres sont élémentaires.

Dans la chimie organique, ce sont de nouveaux corps dont les uns jouent le rôle de l'oxygène et du chlore, et dont les autres se comportent comme des métaux, quoiqu'en définitive ces nouveaux corps ne soient composés que de charbon, d'hydrogène, d'oxygène et d'azote.

Le cyanogène, dit M. Dumas, l'amide, le benzoïle, les radicaux de l'ammoniaque, des corps gras, des alcools et des corps analogues, voilà les vrais élémens sur lesquels la chimie organique opère, et non point les élémens définitifs, charbon hydrogène, oxygène, azote, élémens qui n'apparaissent qu'alors que toute trace d'origine organique a disparu.

» Pour nous, ajoute-t-il, la chimie minérale embrasse tous les corps qui résultent de la combinaison directe des élémens proprement dits.

» La chimie organique, au contraire, doit réunir tous les êtres formés par des corps composés fonctionnant comme le feraient des élémens.

» Dans la chimie minérale, les radicaux sont simples ; en chimie organique, les radicaux sont composés, voilà toute la différence. Les lois de combinaison, les lois de réaction sont d'ailleurs les mêmes dans ces deux branches de la chimie. » (*Voyez* Note sur l'état actuel de la chimie organique ; par MM. Dumas et Liebig. Compte-rendu des séances de l'Académie des sciences, tome V, page 569.)

Les savans qui ont adopté cette manière de voir y entrevoient les résultats les plus merveilleux. Ils espèrent que les mystères de la végétation, les mystères de la vie animale se dévoileront à leurs yeux ; qu'ils saisiront la clef de toutes ces modifications de la matière si promptes, si brusques, si singulières, qui se passent dans les animaux ou les plantes ; bien plus, qu'ils trouveront le moyen de les imiter dans leurs laboratoires.

Sans doute les résultats qu'on peut attendre de cette nouvelle voie ouverte à la chimie organique peuvent devenir puissans ; mais il me semble qu'avant d'affirmer qu'on peut espérer d'imiter dans des laboratoires les modifications de la matière qui se passent dans les animaux ou les plantes, il faudrait être bien sûr que la vie, l'élément vital, n'entre pas pour la plus grande part dans ces modifications. Or ce dernier point ne me paraît pas devoir faire question, et voici pourquoi.

Les corps qui composent le règne organique ont une façon d'être qu'il faut détruire avant tout, pour que la chimie puisse appliquer ses moyens à leur étude; l'analyse est essentiellement destructive de la forme; or, dans un corps organique, *la forme*, comme l'a très-bien dit Cuvier, *est en quelque sorte plus essentielle que la matière*. C'est parce que la forme n'est pas essentielle au minéral que l'analyse le saisit dans la plénitude de son existence; on ne tue pas un minéral pour le décomposer, aucun de ses élémens n'échappe à l'observation, de façon que, ainsi qu'il a été dit plus haut, si on les reprend tous et qu'on les présente de nouveau aux combinaisons que l'analyse avait détruites, on obtient le corps primitif. Mais pour décomposer un corps organique, il faut l'arracher à sa condition fondamentale, à son état de vie; il faut le priver de son élément le plus actif, il faut le tuer. Ceci, je le répète, me paraît devoir être, dans l'état actuel des choses, un obstacle insurmontable qui empêchera toujours qu'on imite dans les laboratoires les innombrables formations de la nature vivante et animée.

V. *Parfums tirés du Règne animal.* Le Règne animal fournit deux Parfums qui sont le musc et l'ambre gris.

Musc. Substance particulière sécrétée dans une poche située sous le ventre d'une espèce de Chevrotin d'Asie (*Moschus moschiferus*). Dans l'animal vivant, le musc est demi-liquide; peu à peu il devient consistant et prend un aspect brunâtre. Il est très-rare que l'on trouve du musc pur dans le commerce, presque toujours il est mêlé à des graisses ou à des résines, avec du sang, avec le foie haché de l'animal. L'odeur qu'il répand est particulière, excessivement forte et pénétrante, la plus expansive que l'on connaisse. Cette expansibilité est telle qu'un seul grain de musc suffit pour répandre une très-forte odeur dans un grand espace pendant plusieurs années.

Le musc pur, projeté sur des charbons ardens, se consume entièrement à la manière des substances résineuses. S'il laisse un résidu après la combustion, c'est une preuve de sa falsification. Dans son plus grand état de pureté, il présente des grumeaux et ressemble assez bien à du sang coagulé et corrompu; il est onctueux au toucher.

L'odeur du musc se retrouve dans plusieurs autres animaux. La Civette est une espèce de musc. Le Pécari a sur le dos une poche qui sécrète une liqueur musquée; l'Ondatra, le Desman ont des productions analogues; le Blaireau, la Fouine, le Rat musqué, la chair du Crocodile, celle du Buffle, de la Huppe, la liqueur des Poulpes, une espèce de Tipule présentent, dans certains cas, une odeur de musc très-manifeste.

Le principe de l'odeur de musc se retrouve aussi dans une foule de végétaux qui ont même été caractérisés par cette circonstance. Tels sont les suivans : *Adoxa moschatellina*, *Hyacinthus muscharius*, *Allium moschatum*, *Centaurea moschata*, *Geranium moschatum*; *Malva moschata*, *Hibiscus moschatus*, *Adianthus moschatus*, *Rosa moschata*, *Myristica moschata*, etc. Mais il y a aussi d'autres plantes qui, sans avoir été caractérisées par cette odeur dans aucune nomenclature, ne l'en présentent pas moins à un très-haut degré; la plus remarquable, sous ce rapport, est une espèce d'Aster en arbre (*Aster argophyllus*, Labill.) dont les feuilles argentées en dessous sentent le musc d'une manière étonnante (Mérat).

Enfin, quelques uns ont prétendu qu'il y avait même des terres musquées; voici probablement ce qui a donné lieu à cette opinion :

Il y a aux environs d'Amboine et en plusieurs autres lieux de l'Inde un arbre nommé *Nanaris*, dont il n'a point été question à ce mot dans le Dictionnaire pittoresque d'Histoire naturelle, mais qui sera l'objet d'un article botanique sous le nom de *Pimela oleosa*, qui lui a été donné par Loureiro dans la Flore de la Cochinchine. L'écorce de cet arbre est imprégnée au plus haut degré d'une huile essentielle qui rappelle l'odeur du musc et de l'ambre; cette huile coule d'elle-même, et en si grande abondance, qu'on peut la recueillir. Si on ne la ramasse pas, elle se répand autour du tronc et elle communique à la terre qu'elle imbibe une odeur parfumée qui persiste long-temps après que l'arbre a été détruit. Voilà ce qui a fait croire aux habitans du pays que cette odeur était naturelle à la terre, et les voyageurs qui n'y regardent pas toujours de bien près, ont consigné cette opinion dans le recueil de leurs contes.

L'huile de Nanaris est jaunâtre, claire, transparente, et son odeur suave, quoique musquée, la fait rechercher des beautés du pays qui s'en oignent fort agréablement les cheveux. Nous signalons cette huile à nos parfumeurs comme un objet tout-à-fait digne de fixer l'attention des vrais artistes et d'occuper un rang distingué dans le catalogue des produits de leur laboratoire.

Mais revenons au véritable musc : son odeur crue incommode le plus grand nombre. Quelques personnes seulement, et je suis de ce nombre, s'y complaisent et ne s'en privent même que pour ne pas importuner la membrane olfactive de leurs voisins. Il est cependant des moyens de rendre ce Parfum plus supportable et même gracieux pour tout le monde, c'est de le mêler en très-petite quantité avec l'ambre gris. Cette dernière substance réprime l'énergie du musc, la rend moins pénétrante et l'adoucit sans pourtant la masquer.

Les Grecs et les Romains, qui se faisaient un Parfum précieux avec du *Muria*, espèce de saumure de poisson putréfié, n'ont point connu le musc.

En voyant l'odeur du musc répandue dans un si grand nombre de corps naturels, des trois règnes, il est impossible de ne pas croire que cette odeur réside dans un principe particulier et parfaitement distinct; et néanmoins la chimie organique ne sait rien là-dessus, elle signale dans le musc toutes sortes de choses, excepté celle qu'il serait bon d'y rencontrer. On prétend que l'analyse de cette substance est très-difficile à faire, parce que, depuis que la chimie fait des analyses, l'on n'a pas encore pu s'en procurer dans un état parfait de pureté : est-ce bien là une raison?

Ambre gris. L'analyse de cette concrétion qui se

forme dans l'estomac ou l'intestin du Cachalot a eu pour résultat la découverte d'une substance particulière à laquelle on a donné le nom d'*Ambréine*, et qui se dissout entièrement dans l'alcool, l'éther, les huiles essentielles et les huiles fixes. On obtient l'ambréine sous forme de houppes blanches et déliées en traitant l'ambre gris à chaud par l'alcool d'une densité de 0,827, en filtrant la liqueur et en l'abandonnant à elle-même.

La facilité avec laquelle l'ambre gris et le musc cèdent leurs principes à la plupart des dissolvans rend ces deux Parfums excessivement maniables ; aussi les parfumeurs les font-ils entrer dans toutes sortes de combinaisons.

III. *De l'usage des Parfums et de leurs inconvéniens; des cosmétiques. Formules diverses.*

Les physiologistes ont mis la sensation de l'odorat dans la classe des sensations nutritives, sur la même ligne que le goût. L'odorat doit occuper un rang plus distingué : c'est le sens des passions douces, le seul qui ait le pouvoir de provoquer cette langueur délicieuse qui conduit à la volupté. « Entourez-moi de fleurs, *fulcite me floribus*, dit la Sunamite du Cantique des cantiques, *quia amore langueo*, parce que je languis d'amour. » Et son bien-aimé, la voyant arriver de loin, s'écrie à son approche : « Quelle est cette beauté qui monte du désert comme une colonne de fumée de myrrhe, d'encens et des Parfums les plus précieux. *Quæ est ista quæ ascendit per desertum, sicut virgula fumi ex aromatibus myrrhæ, et thuris, et universi pulveris pigmentarii?* » De nos jours encore les beautés de l'Orient passent leur vie dans des bocages embaumés, et les Parfums dont elles s'inondent peuvent seuls réveiller la langueur de leurs sens énervés par la mollesse et l'oisiveté. C'est ainsi que le duc de Richelieu, dans les derniers temps de sa vie, soutenait encore sa vigueur, en s'entourant d'une atmosphère odorante que des soufflets versaient à grands flots dans ses appartemens.

Mais ici une question se présente. Que faut-il préférer de l'odeur naturelle des fleurs ou des Parfums fabriqués par l'art? Rien, certes, n'est plus agréable que de respirer l'air embaumé du soir quand, selon l'expression de M. de Lamartine,

Le soleil a cédé l'empire
A la pâle reine des nuits;
Le sein des fleurs demi-fermées
S'ouvre, et de vapeurs embaumées
En ce moment remplit les airs;
Et du soir la brise légère
Des plus doux parfums de la terre
A son tour embaume les mers.
(*Le Golfe de Baya.*)

Qui serait insensible aux délices dont on jouit à la chute du jour dans une prairie émaillée de fleurs ou dans un bocage planté d'arbustes odoriférans, alors que, la chaleur n'étant ni trop forte ni trop faible, les huiles volatiles des plantes s'exhalent avec lenteur, sans se dissiper, et forment autour des buissons une atmosphère parfumée? Le même effet se produit aussi après des pluies de courte durée et peu abondantes ; l'humidité, imbibant les corolles, pénètre leur tissu délicat, et en expulse le principe huileux qui constitue les odeurs.

Mais gardez-vous de séparer la rose de sa tige, d'arracher le jasmin à son buisson pour enfermer l'un et l'autre dans l'étroit réduit d'un boudoir ; ces Parfums si suaves à l'air libre, quand vous voulez les emprisonner dans l'atmosphère concentrée d'un petit appartement, se changent en poisons subtils qui nuisent à la santé et qui peuvent même trancher le fil de la vie.

Ce langage vous étonne, mon cher lecteur, permettez-moi de l'appuyer du moins par une autorité. Selon l'auteur de la Phytographie médicale, les effluves que répandent les végétaux attaquent le système nerveux d'une manière parfois si pernicieuse, qu'ils peuvent causer la mort aux personnes douées d'une grande irritabilité, si elles ne sont promptement secourues ; le danger est surtout imminent lorsqu'on passe la nuit dans des chambres closes où l'on a mis une grande quantité de fleurs. Les fastes de l'art ne contiennent que trop d'exemples de cette espèce d'aphyxie.

Madame....., d'un tempérament irritable, avait éprouvé dans la journée des maux de nerfs accompagnés d'une chaleur interne très-vive; pour calmer cet état d'irritation, elle fit préparer, à huit heures du soir, un bain dans une pièce où l'on avait placé une grande quantité de jonquilles. A peine fut-elle dans l'eau qu'une sorte d'engourdissement s'empara de tous ses membres et affaiblit tellement ses facultés, qu'elle fut dans l'impuissance d'appeler du secours. Sa femme de chambre, qui était venue lui apporter une tasse d'infusion de fleurs de tilleul, boisson qu'elle prenait ordinairement dans le bain, la trouva dans un état de raideur tétanique et la crut morte. Aux cris répétés que poussa cette domestique, plusieurs personnes de la maison accoururent, et Madame.... fut retirée du bain, privée de toute espèce de sentiment. Je crus moi-même (c'est l'auteur de la Phytographie qui parle), au premier aspect, que son état ne laissait aucune espérance; toutes les fonctions vitales paraissaient éteintes. Cependant, cette malheureuse dame ayant été transportée dans une pièce plus commode et plus aérée, je fis pratiquer des frictions sur toute l'habitude du corps, d'abord avec des linges chauds et ensuite avec de l'alcool camphré; ce moyen irritant fut continué pendant près d'une demi-heure sans aucun succès, et l'on était sur le point de quitter prise, lorsque, ayant exploré la région du cœur, je crus sentir quelques légers mouvemens. Je fis continuer les frictions, et bientôt une réaction vitale inattendue fit complétement cesser cet état d'asphyxie ou de mort apparente; toutefois la malade fut atteinte cinq ou six jours après d'une fièvre pernicieuse, double-tierce, masquée sous la forme de métrite, et dont le troisième accès se développa avec un caractère alarmant; le quinquina combiné avec l'opium prévint le quatrième paroxysme que tout annonçait devoir être mortel.

Le même auteur cite encore l'observation suivante qui n'offre pas moins d'intérêt.

Mad. L....... avait laissé par mégarde sur sa table de travail un flacon d'essence de rose débouché; occupée à terminer une broderie, elle respirait avec plaisir l'odeur suave qui s'exhalait de ce flacon. Mais au bout de quelque temps, elle éprouva une sorte de langueur et de malaise qui furent bientôt suivis d'une faiblesse générale avec syncope. Du vinaigre et de l'alcali volatil, mis en évaporation sous ses narines, firent cesser cet état fâcheux; mais peu de temps après, ayant voulu faire quelques pas dans sa chambre, elle éprouva des vertiges et s'évanouit. J'arrivai près de la malade à huit heures du soir, et j'observai les signes suivans: nausées, toux faible, convulsive, spasmes légers des muscles de la face, distorsion de la bouche, regard fixe, visage décomposé, langueur générale, oppression, faiblesse de la vue avec une sorte d'erreur d'optique qui lui faisait voir tous les objets environnans dans un mouvement continuel.

Mon premier soin fut de faire renouveler l'air et de prescrire des frictions sur les membres avec du vinaigre afin de rétablir la circulation. On administra plusieurs cuillerées d'une potion excitante préparée avec quatre onces d'eau de menthe, deux onces de suc de citron, une once de sirop d'écorces d'orange, un gros d'éther sulfurique. Ces premiers moyens diminuèrent l'atonie générale et la nuit fut assez tranquille. Toutefois la malade eut dans la matinée des mouvemens nerveux, fut plusieurs fois sur le point de s'évanouir; pendant plusieurs jours, elle éprouva une faiblesse mentale avec céphalalgie et tremblement presque continuel dans les membres inférieurs; l'usage des boissons acidulées et de la potion excitante à laquelle je fis ajouter un demi-gros de poudre de valériane, dissipa ces symptômes.

Le docteur Remer parle aussi de deux jeunes personnes qui furent asphyxiées, l'une en laissant des tubéreuses dans sa chambre à coucher, et l'autre une grande quantité de fleurs de violette sur sa table.

Les personnes qui sont frappées par l'impression délétère des corps odorans éprouvent d'abord de l'engourdissement et parfois une sorte de langueur voluptueuse avec une propension plus ou moins forte au sommeil. Quelquefois ces premiers signes sont suivis de nausées, de céphalalgie, de vertiges, de mouvemens nerveux, du trouble de la vue, d'oppression, de battemens de cœur, d'une prostration générale des forces, d'évanouissemens, de syncope, d'un état comateux et autres phénomènes propres à l'asphyxie. Quelquefois aussi l'impression de ces effluves ou émanations est si légère que l'on n'éprouve qu'un peu de pesanteur et d'embarras dans la tête.

Le plus souvent il suffit d'éloigner les causes nuisibles en ouvrant la croisée de l'appartement pour faire cesser l'état de malaise que l'on éprouve; mais lorsque les molécules odorantes ont exercé une action vive sur le cerveau et sur les nerfs, il faut employer le plus promptement possible les boissons acidulées avec le vinaigre ou le suc de citron. On frictionne en même temps les membres et l'épine dorsale avec l'eau-de-vie camphrée et l'eau de mélisse ou autres liqueurs alcooliques. Si le malade est jeune et d'un tempérament pléthorique, si le pouls est dur, si les carotides battent avec violence, s'il a les lèvres gonflées et livides, on pratiquera une saignée du pied, ou bien on appliquera douze sangsues sur le trajet des veines jugulaires, et l'on donnera pour boisson de la limonade nitrée. On fera en même temps sur le corps des aspersions de vinaigre affaibli avec de l'eau froide. Mais il faut observer que, dans beaucoup de cas, le malade se trouve dans un état d'asthénie indirecte, et que les déplétions sanguines produisent alors un effet pernicieux, en diminuant de plus en plus l'excitabilité. Ainsi, il convient le plus souvent d'insister sur les frictions faites avec l'acide acéteux (vinaigre) ou l'alcool. On donne en même temps des potions excitantes, où l'on fait entrer l'eau de menthe, la teinture de valériane, l'éther sulfurique, l'ammoniaque, etc.

Ce qui rend les émanations des fleurs dangereuses dans les appartemens, ce ne sont pas les odeurs qu'elles répandent, mais l'acide carbonique qu'elles exhalent, qui est le résultat de la décomposition de toutes les parties des végétaux et qui vient altérer la pureté chimique de l'air. Il se passe alors quelque chose d'analogue à ce qui a lieu dans une salle de spectacle qui ne serait pas convenablement ventilée, et où la respiration de la multitude tend sans cesse à diminuer l'oxygène de l'air qu'elle remplace par de l'acide carbonique.

Les Parfums fabriqués par l'art n'ont pas le même inconvénient. Les liqueurs ou les poudres qui les constituent ne laissent échapper que le principe des odeurs; il n'y a point alors production de gaz délétère et par cette raison même je les crois sans danger, à moins qu'il n'y ait un véritable excès dans leur emploi comme dans la seconde observation empruntée à l'auteur de la Phytographie médicale, et dans laquelle le Parfum avait agi sur le système nerveux. Quel mal, en effet, peut produire une goutte d'essence répandue sur un mouchoir, surtout quand on y met de la discrétion; car il ne faut pas en agir en cela comme les dames romaines du temps de Juvénal; leurs mouchoirs, au dire de ce poète, embaumés des plus précieux Parfums de l'Arabie et de l'Inde, étaient plus insupportables que l'haleine des bêtes au combat desquelles elles assistaient.

Au reste, il y a un moyen de Parfumer son linge qui est préférable aux essences, c'est de le laisser séjourner dans un double coussin rempli d'aromates de toute espèce. Ce coussin lui communique une odeur douce et suave qui flatte et réjouit sans qu'on ait rien à craindre pour ses nerfs, ni pour ceux des autres.

Puisque nous parlons de mouchoirs, qu'il nous soit permis de dire un mot concernant leur hygiène. Trois matières différentes sont employées à leur fabrication: ce sont le coton, la soie et le fil. Je ne sais pas de quoi étaient composés les *Sudaria setaba* dont parle Catulle, à qui on en avait dérobé plusieurs qui lui avaient été envoyés en présent par ses amis Fabulus et Veranius :

. . . . . Mihi linteum remitte :
. . . .
Nam sudaria setaba ex Iberis
Miserunt mihi muneri Fabulus
Et Veranius. . . . .

Tout ce que l'on sait à cet égard, c'est qu'ils furent long-temps fabriqués à Setabis, petite ville de l'ancienne Ibérie, ce qui les avait fait appeler *Setabes*, nom que leur conservèrent les Maures, parmi lesquels la mode en fut laissée par les Romains.

Quoi qu'il en soit, on attribue aux mouchoirs de coton l'inconvénient d'échauffer le nez, d'y faire venir des cuissons, des rougeurs, des boutons. Il est certain que les Orientaux en portent toujours deux pour leur usage; l'un est en mousseline et par conséquent en coton, et c'est avec celui-là qu'ils s'essuient, l'autre est en lin, et il leur sert pour se moucher. Nos dames, au reste, savent très-bien faire cette distinction; elles n'ignorent pas que le coton enlève beaucoup mieux que tout autre tissu la crasse et l'enduit gras dont le visage se couvre chez les personnes même les plus esclaves de la propreté. Cependant quand le visage est atteint de rougeurs, il vaut mieux se servir d'une toile très-douce que de la mousseline la plus serrée.

Les mouchoirs en soie ou les foulards qui l'emportent aujourd'hui ont un désavantage qu'on ne remarque point assez; c'est qu'étant fabriqués avec une substance animale, ils peuvent devenir plus facilement que les mouchoirs de fil et de coton les excipiens des diverses semences d'affections contagieuses, et sous ce rapport il faut mettre la soie sur la même ligne que la laine. D'ailleurs ils essuient fort mal la sueur parce que leur tissu n'est pas du tout absorbant.

Quant aux mouchoirs de toile, ils sont de tout point préférables, pourvu toutefois que leur tissu ne soit pas trop grossier.

Ceux que l'on présentait tous les matins, au nombre de trois, à Louis XIV, sur un *salve* de vermeil étaient en *point* comme les mouchoirs de l'auguste épouse de l'homme appelé par un poète allemand, le moucheur universel, *plebis et orbis emunctor*, lequel, sachant qu'ils coûtaient 90 fr. la pièce, dit en riant à la dame du palais qui venait de le lui apprendre : « Madame, vous devriez en dérober un par semaine, cela bonifierait vos appointemens. » (Mém. pour servir à l'hist. d'un homme célèbre, p. 13.)

Mais cette somme étonnante pour l'époque, est fort ordinaire aujourd'hui, tant le luxe des mouchoirs a repris de l'empire, et il n'est pas rare de voir aux mains de nos dames des mouchoirs d'une valeur aussi grande que celle des mouchoirs des princes de l'Asie. On raconte que l'un de ces princes, étant au bain et badinant avec son médecin, qu'il traitait avec une familiarité affectueuse, désira qu'il mît à prix quelques grands de sa cour, qu'il lui désigna; après quoi il lui dit : Et moi, combien m'estimez-vous? Trente sequins (le sequin vaut 11 fr. 95 cent.). — Vous n'y pensez pas : mon mouchoir seul vaut cela. — Aussi est-ce y compris le mouchoir, répliqua le médecin, qui était sûr des bontés de son patron.

Mais revenons aux Parfums. Henri III, si jaloux de son teint et de la blancheur de ses mains, qu'il couchait avec un masque et des gants préparés, avait des mouchoirs qui, dit-on, annonçaient sa présence une lieue à la ronde. Sous son règne et sous le règne de son successeur, d'un caractère si différent, l'art des empoisonnemens, apporté d'Italie, était si redoutable, qu'on en craignait les effets jusque dans les mouchoirs. On se souvient de la fin cruelle de la belle Gabrielle, dont on attribua la mort à cette paire de gants soi-disant empoisonnés qui lui avaient été remis à son arrivée chez Zamet. « Personne, dit Percy, n'ose plus maintenant répéter ce conte. »

L'emploi le plus habituel et peut-être le plus convenable des Parfums, est sous forme de cosmétiques, en prenant ce mot dans le sens de son étymologie (κοσμός, beauté, κοσμέω, j'embellis), et en l'appliquant à toute composition destinée à l'embellissement du corps. Si l'espace et le temps nous le permettaient, nous aimerions à entrer à ce sujet dans quelques détails scientifiques dont nous trouverions d'abondans matériaux dans une thèse de concours du docteur Ménière. Mais l'obligation où nous sommes d'en finir promptement nous réduit à la nécessité de ne parler ici que de l'application.

Cosmétiques relatifs a la tête. 1° *Cheveux*. Le cuir chevelu est l'objet d'une dépuration très-abondante. Sous ce rapport, il n'exige que des soins de propreté. Il est des personnes qui ont les cheveux naturellement lisses et souples, et il suffit d'un peu d'eau pour leur conserver cette souplesse et ce brillant que l'on recherche en eux; quand on veut leur donner le lustre qui leur manque, on se sert avec avantage d'une liqueur légèrement gommeuse que l'on obtient en faisant macérer pendant quelques heures des graines de coing dans de l'eau.

Si les cheveux sont arides et secs, il faut les enduire de temps à autre avec la pommade suivante :

Pommade dite à la moelle de bœuf.

Prenez : Moelle de bœuf préparée, c'est-à-dire débarrassée de tous les filamens qui s'y rencontrent, 2 onces.
Graisse de veau que les parfumeurs appellent corps de veau, 2 onces.
Baume du Pérou, liquide, 1 gros.
Vanille, 1 demi-gros.
Huile de noisettes ou d'amandes douces, 2 gros.
Chauffez le tout au bain-marie pendant une demi-heure, passez et battez dans une terrine avec un pilon de bois.

Le baume du Pérou et la vanille ne sont là que pour aromatiser la pommade, que l'on peut varier à l'infini en diversifiant ses propriétés odorantes par tel ou tel autre Parfum que celui que nous indiquons. Quant à la pommade elle-même, elle sert de base à toutes les préparations de ce genre que les parfumeurs vendent un très-haut prix.

Les parfumeurs ont chacun leur recette pour l'entretien de la chevelure : voici quelques unes de celles qui ont été le plus vantées.

Huile de Macassar.

Huile de ben; 15 livres.
Huile de noisettes; 8 livres.
Esprit de vin; 2 livres.
Essence de bergamotte.
Teinture de musc; de chaque, 3 onces.
Esprit de Portugal; 2 onces.
Essence de roses; 2 gros.
Orcanette, quantité suffisante.
Tenez en contact pendant huit jours; filtrez.

Huile des Célèbes.

Huile d'olives surfine, 1 litre.
Cannelle concassée, 1 once.
Bois de santal citron, 1 once 1/2.
Faites digérer pendant vingt-quatre heures; filtrez, ajoutez essence de Portugal, 4 gros.

Huile Philocome.

Moelle de bœuf.
Huile de noisettes.
Huile d'amandes douces, parties égales.
Faites fondre au bain-marie, passez à travers une étamine, aromatisez à volonté.

Depuis quelque temps on s'est beaucoup occupé des moyens d'arrêter la chute des cheveux; on a même prétendu avoir découvert celui de les reproduire et de regarnir les têtes les plus chauves. Je n'ai pas eu l'occasion de voir de près les faits que l'on a cités ; mais je suis loin de regarder la chose comme tout-à-fait impossible. Ne voit-on pas des figures naturellement imberbes se couvrir d'un poil très-abondant, surtout à un certain âge et passé une certaine époque ; n'a-t-on pas vu aussi des poils se développer à la suite des maladies les plus diverses dans des parties du corps qui n'en étaient point pourvues auparavant? La nature a donc la puissance de faire croître des cheveux à toutes les époques de la vie et dans toutes les régions du corps. Pourquoi lui refuserait-on celle d'en faire revenir là où dans l'état normal il doit y en avoir beaucoup? La difficulté consiste à lui arracher son secret, et c'est là le but des observations du physiologiste (1).

Au reste, voici un cas dans lequel la réparation de la chevelure a été manifeste pour moi. Une jeune personne de dix-huit ans avait perdu sans cause connue une partie de la sienne. Tout un côté de la tête au dessus de l'oreille droite s'était dépouillé insensiblement, et le derme crânien était devenu aussi net et aussi lisse que la peau du bras. On conseilla à cette personne de se servir d'une pommade composée avec parties égales de bourgeons de noyer et d'axonge. Au bout de six mois ses cheveux étaient revenus sur la partie dénudée avec autant d'abondance que partout ailleurs. Ce fait s'étant passé sous mes yeux, j'ai désiré le contrôler par d'autres. Un de mes excellens amis, M. Gustave Allier, eut la complaisance de dépouiller un noyer de tous ses bourgeons pour me fournir un moyen de faire préparer la pommade pareille à celle de la jeune fille, en y mettant pour condition qu'il aurait la faculté de s'en servir lui-même si jamais il lui prenait envie de faire disparaître les larges clairières qui se font remarquer sur son coronal et sur la partie supérieure de ses pariétaux. J'ai vainement attendu jusqu'à ce jour qu'il voulût bien commencer son expérience; car malgré l'admiration que l'on a pour les beaux cheveux et le grand nombre de têtes chauves qui se rencontrent, je n'ai pas eu l'occasion d'observer de près un second fait pareil à celui que j'ai rapporté ci-dessus.

On recherche aussi beaucoup les moyens d'empêcher les cheveux de blanchir et de leur restituer leur couleur primitive, quand l'âge ou certaines maladies la leur ont fait perdre; mais il n'existe rien que l'hygiène puisse conseiller sans danger. Les personnes qui ne peuvent point résister au désir d'avoir des cheveux noirs se servent pour cela de pommades noires qui sont composées de corps gras et de poudres de cette couleur; mais la sueur et la chaleur sont des obstacles insurmontables qui empêchent que cette couleur artificielle soit durable. D'autres se servent imprudemment de nitrate d'argent fondu qui se vend pour cet usage chez les parfumeurs, sous les noms variés d'eau de Perse, eau d'Egypte, eau de Chypre, eau d'Ebène. Voici plusieurs observations relatives à l'emploi de cette liqueur.

Une dame, au rapport de M. Deleschamps, ayant voulu se teindre les cheveux avec de l'eau de Perse, eut le triple désagrément de ne pas les noircir entièrement, de colorer en noir plusieurs parties de sa peau, et d'être en proie à une céphalalgie très-intense.

M. Planche, dans une séance de l'Académie de médecine, a donné connaissance du fait suivant : un individu qui avait employé du nitrate d'argent liquide pour se noircir les favoris, éprouva une inflammation vive avec gonflement de la joue.

Dans la même séance, M. Lodibert rappela que Buttini avait vu des méningites aiguës (inflammation des membranes du cerveau) succéder à l'emploi du nitrate d'argent mis en usage pour noircir les cheveux.

Le nommé S. A....., garçon épicier, avait des cheveux de couleur rouge; voulant les faire passer à la couleur noire, et ayant entendu parler d'une brosse qui jouissait de cette propriété, il voulut l'acheter; mais l'usage qu'il en fit ayant déterminé chez lui un érysipèle qui eut des suites assez graves, il porta plainte contre le coiffeur, qui fut appelé devant le juge d'instruction. Ce dernier, qui était M. Portalis, confia par une ordonnance, à MM. Marc et Chevallier, le soin de rechercher si la brosse vendue était susceptible de produire des accidens graves. La brosse ayant été examinée, on trouva qu'elle consistait en une bouteille de ferblanc dont le goulot renversé s'adaptait au support sur lequel les crins étaient fixés, de façon qu'on pouvait à volonté imprégner les crins de la liqueur

(1) Une dame âgée de soixante ans avait les cheveux blancs. A la suite d'une chute où la tête porta contre un des piliers d'une église, elle se fit une blessure profonde à la bosse pariétale droite. Lorsque la blessure fut cicatrisée, il lui poussa de nouveaux cheveux parfaitement noirs, qu'elle conserva jusqu'à l'âge de soixante dix-sept ans, époque à laquelle elle mourut.

contenue dans le vase. L'analyse démontra que cette dernière était composée de

Chaux, 30 grammes.
Oxide de plomb, 2, 40 centigrammes.
Silice, 0, 7.
Eau, quantité non déterminée.
Essence de Portugal, *idem.*

L'oxyde de plomb, la chaux, le nitrate d'argent agissent de la même manière. Le cuir chevelu étant le siége habituel d'une transpiration plus ou moins prononcée, et le cosmésique exerçant sur lui une action styptique, cette transpiration entravée ou même arrêtée peut, ainsi qu'il en existe des exemples, entraîner les plus graves accidens.

Terminons par le fait suivant. Un officier dont les cheveux étaient noirs, tandis que ses favoris avaient une couleur rouge, se détermina à faire teindre en noir ses favoris; il consulta à ce sujet un homme qui lui vendit une pommade ayant la propriété de faire noircir les poils; mais à peine en eut-il fait usage, qu'un érysipèle se déclara sur les parties où la pommade avait été appliquée.

J'ai entendu quelquefois conseiller la poudre d'iris pour sécher les cheveux trop humides: voici à ce sujet une observation qui peut faire comprendre la valeur d'un pareil conseil.

Une demoiselle de dix-huit ans, d'une très-bonne santé, gaie, vive, aimable, ayant voulu en user, eut des maux de tête auxquels on fit peu d'attention et qu'on ne songea pas à attribuer à la poudre d'iris. Un soir d'été, étant à la campagne, ses cheveux étant baignés de sueur, elle employa une grande quantité de poudre d'iris et la conserva dans ses cheveux en se couchant: elle ne dormit point, se plaignit de céphalalgie et parut plus active et irritable. Cependant elle voulut monter à cheval; elle y mit de l'opiniâtreté, malgré les observations de sa mère et lança son cheval; mais la promenade ne fut pas longue, il fallut rentrer et faire une maladie de trois mois, pendant laquelle elle eut des attaques de nerfs, des convulsions, un délire érotique et finalement une folie du genre des manies, pour la guérison de laquelle ont eut recours au médecin des fous, à M. Esquirol.

2° *Visage.* Le meilleur cosmétique pour le visage, c'est l'eau pure légèrement aromatisée avec l'un des Parfums dont nous parlerons plus loin. Cependant, quand la peau est hâlée ou échauffée par le soleil, on peut employer sans inconvénient l'une des deux compositions suivantes.

Pommade pour le teint, dite cold-cream.

Prenez : Blanc de baleine, demi-once.
Cire blanche, demi-once.
Huile d'amandes douces, 5 onces.
Teinture de baume de tolu, 1 gros.
Eau de roses, ou de laurier-cerise, ou toute autre eau parfumée, 5 onces.

On fait fondre au bain-marie le blanc de baleine, et la cire dans l'huile; on ajoute la teinture de Tolu à l'eau de roses pour en faire une espèce de lait virginal, et on introduit le tout peu à peu dans la masse en l'agitant continuellement avec un pilon dans un mortier ou une terrine vernissée.

Ces sortes de pommades en crème qui contiennent de l'eau ne se conservent pas long-temps sans rancir.

On enduit le visage de cette pommade, on l'y laisse séjourner pendant quelques minutes, et on s'essuie avec un linge bien fin, en ayant soin de ne pas irriter la peau par une sorte de friction.

Lait virginal.

Prenez : Benjoin concassé, 6 onces.
Storax calamite, 5 onces.
Gérofles, 1 once.
Cannelle, 1 once.
Musc, 5 grains.
Ambre gris, 20 grains.
Alcool, 8 livres.

Faites digérer à l'étuve chauffée à 36° ou 40° pendant quinze jours et filtrez.

Quelques gouttes de cette teinture mises dans de l'eau lui donnent un aspect laiteux et lui communiquent le Parfum le plus suave. Cette eau est excellente pour se laver le visage, le cou et toutes les surfaces de la peau exposées au contact de l'air. La formule suivante peut être employée au même usage.

Eau de miel.

Alcool rectifié, 3 livres.
Miel blanc,
Coriandre, de chaque, 8 onces.
Vanille, 3 onces.
Ecorces récentes de citron, 1 once.
Gérofles, 6 gros.
Muscades,
Storax calamite,
Benjoin, de chaque, 4 gros.
Esprit de roses,
Esprit de fleurs d'oranger, de chaque, 5 onces.

Concassez les substances qui ont besoin d'être divisées. Faites macérer, distillez et ajoutez ensuite les esprits de rose et de fleurs d'oranger, enfin mêlez au tout

Musc, 2 grains.
Ambre gris, 20 grains.

Et filtrez.

Lorsque les lèvres sont gercées, on les enduit le soir avant de se coucher avec la pommade suivante, qui peut servir aussi pour les excoriations du nez, provoquées par le coryza (rhume de cerveau), et pour les gerçures des bouts du sein des nourrices.

Pommade pour les lèvres.

Huile de noisettes, 4 onces.
Cire blanche, 1 once et demie.
Carmin fin, 15 grains.
Essence de roses, 18 gouttes.

Faites fondre au bain marie la cire blanche dans l'huile, introduisez y le carmin en le triturant avec soin dans un mortier de porcelaine; ajoutez de l'huile de roses avant que la pommade soit refroidie, et coulez le tout dans des boites de bois.

Les personnes qui sont obligées de se servir de fards peuvent sans danger employer les formules suivantes.

Blanc de fard.

Talc de Venise bien choisi et réduit en poudre fine, 1 livre.
Vinaigre distillé, 2 livres.

On met le talc avec le vinaigre dans un matras, on laisse pendant quinze jours, en ayant soin de remuer de temps en temps; on filtre et on lave avec de l'eau distillée, jusqu'à ce qu'elle sorte sans saveur aucune.

On broie alors avec un peu d'eau et de blanc de baleine, 2 onces; on place la pâte encore liquide dans les pots, et l'on fait sécher bien à l'abri de la poussière.

Fard liquide.

Fleurs mondées de géranium sanguineum, 1 livre.
Alcool à 36°, 2 livres.

Faites macérer quinze jours à l'ombre; exprimez et lavez le marc avec 2 livres d'eau en deux fois, réunissez les liqueurs et filtrez. On est dans l'usage d'aromatiser légèrement et à la rose.

Rouge d'Andrinople.

Faites macérer pendant huit jours dans l'alcool le coton teint avec le rouge de carthame, exprimez, filtrez, et ajoutez 1 once de vinaigre distillé par 4 onces d'alcool coloré. Aromatisez à l'ambre. C'est le rouge d'Andrinople liquide.

Rouge végétal.

Blanc de fard préparé comme ci-dessus, 1 livre.
Blanc de baleine, 2 onces.
Rouge de carthame récemment obtenu et bien lavé, 1/2 once.

Broyez le tout ensemble avec un peu d'eau distillée, et mettez la pâte dans des pots spécialement destinés à cet usage. On fait sécher à l'étuve.

5° *Bouche et dents.* C'est ici le cas de rappeler les deux vers d'Ovide :

. . . . . Careant rubigine dentes
. . . .
Nec male odorati sit tristis anhelitus oris.

Mais d'un côté les dentistes ignorent complétement à quoi tient ce *rubigo* qu'ils appellent tartre dentaire. Et de l'autre côté les médecins ne sauraient point dire, dans le plus grand nombre de cas, où est la cause de la mauvaise haleine, *tristis anhelitus.*

On regarde le tartre dentaire comme le produit d'une sécrétion particulière des gencives, d'autres croient qu'il résulte d'un dépôt formé par la salive. Il s'attache aux dents et il s'insinue entre la gencive et leurs racines qu'il déchausse. Lorsqu'on le laisse s'amasser il devient très-dur et semble faire corps avec la dent. Les concrétions de ce genre, en acquérant du volume et de la dureté, irritent et même ulcèrent les joues, les lèvres et la langue; elles déchaussent les dents, les font sortir de leur alvéole, et entretiennent un suintement purulent et infect des gencives. Les soins de propreté et l'usage de l'une des préparations suivantes suffisent pour prévenir la formation de ces concrétions; lorsqu'elles sont formées, il faut avoir recours au dentiste pour les enlever.

L'haleine est le résultat de la respiration; c'est l'air qui sort des poumons dans l'*expiration.* Dans l'enfance, l'haleine développe une odeur légèrement acide; à l'époque de la puberté, cette odeur est douce, pleine de fraîcheur, *enivrante :* c'est l'haleine chantée par les poètes amoureux. Mais ce privilége d'une haleine enivrante et fraiche est exclusif aux personnes qui jouissent d'une bonne santé et qui sont habituées à une nourriture douce plus végétale qu'animale.

L'usage continuel des viandes et du vin contribue plus que toute autre chose à donner à l'haleine une odeur forte qui se développe de plus en plus avec l'âge.

L'haleine fétide est presque toujours le résultat de quelque maladie qui a son siége dans les fosses nasales, dans la bouche, dans les poumons ou dans l'estomac. On ne peut faire disparaître cette fétidité qu'en attaquant sa cause. Pourquoi voit-on tant de personnes conserver, à plaisir pour ainsi dire, leur mauvaise haleine, lorsqu'il leur suffirait de nétoyer leur bouche, d'enlever le tartre qui déchausse leurs dents, qui ulcère leurs gencives et qui amène plus ou moins promptement la carie, toutes causes puissantes et souvent uniques de fétidité.

Il y a pourtant de mauvaises haleines dont on ne peut pas découvrir la source, parce qu'elles existent chez des personnes qui ont la bouche très-propre et dont la santé est très-florissante en apparence. Ces personnes n'ont pas d'autre moyen de déguiser cette mauvaise odeur que de tenir constamment dans leur bouche des substances aromatiques telles que l'angélique, des pastilles de menthe, de l'écorce d'orange et de citron. Mais il faut aussi qu'elles évitent de parler aux gens sous le nez et qu'elles aient soin au contraire de tenir conversation à distance.

Les recettes pour l'entretien de la bouche et des dents sont innombrables. Nous bornons notre choix aux trois suivantes.

Eau de Botot.

Gérofles, 1 gros.
Gaïac, 1 gros 1/2.
Camphre,
Cochenille,
Kinkina,
Anis vert, de chaque, 1 gros.
Opium, 4 grains.
Essence de menthe, 1 gros.
Alcool fin, à 24°, 1 livre.

Concassez les substances; faites-les digérer pendant huit jours dans l'alcool; ajoutez l'essence de menthe et filtrez.

Poudre dentifrice dite de Charlard.

Crême de tartre, 12 onces.
Corail en poudre impalpable,
Laque carminée,
Corne de cerf calcinée, de chaque, 4 onces.
Essence de menthe ou de gérofles, 1/2 à 1 gros.
Mêlez exactement.

Opiat.

Corne de cerf calcinée, 4 onces.
Crême de tartre, 1 once 1/2.
Alun calciné, 1 gros 48 grains.
Sel de tartre, 1/2 once.
Cochenille en poudre, 1/2 once.
Iris de Florence en poudre, 1 once.
Miel écumé, 1 livre 4 onces.
Essence de menthe, ou de gérofles, ou de roses, 40 gouttes.

On porphyrise avec soin toutes les poudres, excepté le sel de tartre, qu'on ajoute avec le miel dépuré, après l'avoir dissout dans 1 once d'eau de roses.

Cosmétiques relatifs a l'entretien de l'enveloppe cutanée. Les meilleurs cosmétiques en ce genre sont les lois de l'hygiène bien observées. L'âge blanchit les cheveux les plus noirs, imprime des rides sur le front de la beauté, décolore les visages les plus frais, attriste les plus rians; et les maladies comme les écarts de régime produisent encore plus rapidement que l'âge tous ces effets désastreux. Si les femmes n'ont pas assez de philosophie pour accepter patiemment les conditions d'un long âge, qui pourtant ne sont pas sans bénéfice, pourquoi en est-il si peu qui s'appliquent à éviter les causes de maladie et qui ne se laissent pas aller aux écarts de régime? Or, tous les écarts de régime ne consistent point dans l'abus des alimens, il en est de plusieurs espèces, en voici un par exemple qui exerce sur la santé du beau sexe une influence trop marquée pour que nous puissions nous abstenir d'en parler : c'est

l'impression

l'impression du froid sur un cou nu. La mode, le désir de plaire en montrant de belles épaules et un cou de cygne, ont fait échancrer outre mesure cette partie du vêtement destinée à les couvrir. Quelle femme de bon ton oserait se présenter dans un bal, dans une soirée, dans un spectacle, sans avoir ses charmes à demi découverts et exposés sans obstacle aux regards avides de ses amoureux poursuivans? On dirait à voir les femmes à demi nues, que Tartufe n'a jamais passé par là ; dans mainte occasion cependant, le mouchoir du *pauvre homme* est d'un fort bon usage; non pas, comme il le dit, que

Par de pareils objets les âmes sont blessées ;

mais c'est que le corps en souffre, et que ces charmes si frais, si agaçans, ont bientôt perdu leur éclat et leurs belles formes, par le contact de l'air froid succédant ainsi rapidement à une température plus ou moins élevée. On sort d'un salon où la foule était grande, et par conséquent la température chaude et la respiration difficile ; on se présente au grand air, dont l'impression subite frappe la figure animée ; tandis que d'un autre côté ce même air se précipite avec violence dans les poumons avides de respirer. Comment une transition si brusque ne serait-elle pas la cause d'un grand nombre de maladies? le plus souvent elle ne cause qu'une angine légère et on n'y fait point attention; mais cette angine persiste, elle devient chronique, et ce n'est pas seulement une gêne dans la déglutition que l'on éprouve, ce sont des vapeurs infectes dont le malade est un véritable foyer.

Il n'est point de recettes qu'on n'ait proposées pour effacer les rides de la peau. Si cette membrane a perdu seulement sa souplesse et son brillant chez une personne encore jeune, on peut les lui rendre par quelques lotions douces ou des embrocations onctueuses. Les pommades de concombre, de cacao, de baume de la Mecque, le lait virginal remplissent assez bien un pareil but. Mais gardez-vous de croire à l'efficacité de la plupart des compositions vantées par les charlatans; elles sont dangereuses par les suites qu'elles amènent. Nous en avons analysé un très-grand nombre : presque toutes celles dont nous avons trouvé l'indication dans les journaux, contiennent des substances métalliques répercussives qui sont susceptibles de causer les maladies internes les plus graves, et surtout des phthisies pulmonaires, des maux d'estomac, des flueurs blanches, des ophthalmies, etc., etc.

Quand la santé est parfaite, quand la peau est dans un état naturel, le meilleur de tous les cosmétiques, c'est le bain pris à une température moyenne. Il sert alors à nétoyer la surface du corps des concrétions qui s'y accumulent par suite de la sueur et de la poussière, et qui, en bouchant les pores de la peau, peuvent l'irriter et donner lieu à des maladies plus ou moins dangereuses, mais surtout à des dartres et à des boutons de diverse nature. La propreté qui commande le bain, a donc ici un effet salutaire immédiat : mais le bain tempéré a aussi un autre effet qui n'est pas moins précieux : c'est d'assouplir les organes, de détruire leur raideur, et par conséquent de reposer les membres fatigués. Cette action secondaire est principalement due à l'absorption des molécules aqueuses qui viennent s'interposer dans les tissus et répandre dans tout le corps une douce fraîcheur. Les vaisseaux étant plus souples se dilatent avec plus de facilité, le cœur a moins de peine à y faire pénétrer le sang, ses mouvemens en deviennent moins énergiques, et par conséquent la circulation générale, sans être ralentie, se trouve modérée.

Le bain froid produit un résultat d'une autre nature, il détermine une constriction, un resserrement de la peau d'autant plus intense que l'eau est plus froide. Ce resserrement de la peau se communique également aux autres tissus et principalement aux muscles; de là résulte un surcroît de force et un besoin d'agir qui se manifeste promptement. Pris dans une mesure convenable et quand il n'y a point de contre-indication, le bain froid raffermit les tissus, augmente l'activité du système digestif; il convient surtout aux personnes dont la peau est lâche, molle, qui ont les tissus flasques, et chez lesquelles toutes les fonctions languissent dans une funeste inertie.

Les savons dont on se sert dans le bain ont pour objet spécial de nettoyer la peau en se combinant avec l'excrétion onctueuse que les cryptes muqueuses de cette membrane exhalent continuellement. Mais on emploie aussi des esprits de diverses sortes, des vinaigres, des pâtes sèches ou molles. Nous donnons ci-après les formules les plus agréables et surtout les plus innocentes.

Savons.

Les parfumeurs ne font point le savon; mais, par des manipulations ingénieuses, ils le présentent sous des formes très-variées et appropriées aux usages de la toilette.

On obtient les savons mous et transparens en faisant fondre le savon blanc du commerce à plusieurs reprises dans des eaux distillées aromatiques et alcooliques.

Les savons de potasse et de graisse sont ceux qui se prêtent le mieux à ces manipulations ; on ajoute ordinairement du sel marin dans les eaux de dissolution ; cette addition doit donner de la solidité au savon en changeant une partie de la base de potasse en base de soude.

Savon de toilette.

Savon blanc, 2 livres.
Blanc de baleine, 4 onces.
Fiel de bœuf, 2 onces.
Miel de Narbonne, 4 onces.
Essence de romarin, 2 onces.
Suc de citrons, n° 6.
Oléo-saccharum de citron, 4 onces.
Alcoolat, esprit de roses, 3 onces.
Alcoolat de Portugal, 3 onces.

Faites fondre à un feu doux dans une terrine vernissée, le savon et le blanc de baleine; délayez le miel dans le fiel de bœuf et passez; recevez dans la terrine en faisant un mélange exact; ajoutez l'essence de romarin à l'oléo-saccharum dissous dans le suc de citrons filtré, les esprits de roses et de Portugal. Mêlez rapidement et hors du feu. Lorsque la masse reprend assez de consistance, on la divise en pains de forme convenable.

Essence de savon.

Alcool à 22°, 1 litre.
Savon blanc émincé, 12 onces.
Sel de tartre, 1 once.
Faites dissoudre à une douce chaleur; aromatisez avec quelques gouttes d'une huile volatile quelconque. Filtrez.

Une très-petite quantité de cette liqueur fait mousser l'eau considérablement et est très-commode pour faire la barbe.

Savon de Windsor.

C'est du savon blanc du commerce purifié par sa fonte réitérée plusieurs fois dans une certaine quantité d'eaux aromatiques, comme eau distillée de roses ou de fleurs d'oranger, etc. On passe à travers un linge pour séparer toute espèce d'impureté, on parfume avec quelque essence; celles d'anis, de menthe, sont assez recherchées. On divise en petits pains carrés; depuis quelque temps on les met dans des moules qui, adoucissant les angles en rendent l'usage plus agréable.

Vinaigres.[1]

Les vinaigres sont tous astringens, et en cette qualité ils donnent plus de fermeté aux parties avec lesquelles on les met en contact. Mais les personnes qui ont la peau sensible et très-facile à se couvrir de petits boutons ou de rougeurs doivent s'en abstenir, malgré le bon effet apparent que quelques unes en retirent, le vinaigre agissant dans ce cas comme un répercussif.

Vinaigre au storax.

Teinture alcoolique de storax, 6 onces.
Vinaigre distillé, 8 onces.
Mêlez et filtrez.

Vinaigre virginal.

Alcool fin, c'est-à-dire sans odeur.
Vinaigre distillé fort.
Benjoin, parties égales.
On tient en contact, à une température douce, et en agitant souvent le mélange pendant quinze jours, et on filtre.

Quelques gouttes de ce liquide ajoutées à l'eau nécessaire pour la toilette la rend laiteuse, lui communique un Parfum charmant et des propriétés toniques très-recherchées.

Vinaigre rosat.

Vinaigre distillé fort, 4 litres.
Pétales de roses à cent feuilles.
Idem de roses musquées, 12 livres et demie.
On laisse macérer pendant quinze jours, on exprime le marc, on filtre la liqueur: si la liqueur n'est point assez parfumée, on y ajoute quelques gouttes d'essence de roses. On est dans l'usage de colorer ce vinaigre en rouge, ce qui s'obtient par l'addition d'une petite quantité de pétales frais de giroflée appelée quarantaine.

Vinaigre anglais.

Acide acétique très-concentré, 2 onces.
Teinture d'ambre, 24 grains.
Essence de lavande, 1/2 gros.
— de romarin, 24 grains.
— de gérofle, 28 grains.
— de cannelle, 4 gouttes.
Baume du Pérou liquide, 16 gouttes.
Mêlez.

Eau de Cologne par mélange des essences.

Alcool rectifié, 2 livres et demie.
Essence de bergamote, 6 gros.
— de fleurs d'oranger et néroli, 1/2 gros.
— de cédrat, 48 grains.
— de citron, 48 grains.
— de Portugal, 3 gros.
— de romarin, 18 grains.
Mêlez, laissez en contact quelques jours, filtrez. Si les essences ont été bien choisies, cette recette très-simple produit une eau aromatique excellente.

Autre.

Alcool fin, 3 livres.
Essence de citron.
— de cédrat.
— de bergamotte.
— de romarin, de chaque 1 gros.
Néroli, 1/2 gros.
Portugal, 18 gouttes.
Essence de gérofles, 6 gouttes.
Mêlez, filtrez.
On varie à l'infini ces recettes. Dans quelques unes on ajoute une petite quantité d'ambre gris et même de musc; mais ce n'est plus de l'eau de Cologne.

Eau de Cologne par distillation.

Feuilles sèches de mélisse.
— de marjolaine.
— de thym.
— de romarin.
— d'hysope.
— d'absynthe, de chaque 1 once.
Fleurs de lavande, 2 onces.
Racine d'angélique, 1 once.
Cardamome mineur, 2 onces.
Baies de genièvre sèches, 1 once.
Semences d'anis.
— de carvi.
— de cumin.
— de fenouil, de chaque 2 onces.
Cannelle fine.
Muscades, de chaque 2 onces.
Gérofle, 1 once.
Ecorces récentes de citron, 2 onces.
Huile volatile de bergamote, 1 gros.
Alcool à 22°, 16 livres.
On fait macérer quelques jours les substances au bain-marie, puis on distille et l'on conserve. Plus elle vieillit, meilleure elle est.

Esprit de lavande ou eau-de-vie de lavande.

Fleurs fraîches de lavande, 2 onces.
Eau-de-vie fine à 22°, 1 litre.
On laisse en macération pendant un mois, on passe, on exprime fortement et on filtre.

12 grains d'ambre gris divisés avec un peu de sucre et mis en macération avec les fleurs, donnent ce qu'on appelle eau-de-vie de lavande ambrée.

Comme on a toujours de la teinture saturée d'ambre que les parfumeurs appellent essence d'ambre, on peut ajouter 1 gros de cette teinture à un litre d'eau-de-vie de lavande ordinaire et on aura l'eau-de-vie de lavande ambrée.

Pâte d'amandes.

Amandes amères, 12 onces.
Farine de riz, 7 onces.
— de fèves, 3 onces.
Poudre d'iris de Florence, 1 once.
Sous-carbonate de potasse (sel de tartre), 1/2 once.
Essence de jasmin (alcool de), 3 onces.
— de roses, 2 gouttes.
— de fleurs d'oranger (neroli), 2 gouttes.
Les amandes mondées, essuyées, on les pile dans un mortier de marbre, en y ajoutant peu à peu les farines de riz et de fèves et la poudre d'iris.
On fait dissoudre le sel de tartre dans un peu d'eau de roses, on introduit petit à petit et en battant toujours l'esprit de jasmin, dans lequel on a mis les essences, et si la masse n'a pas acquis la consistance convenable, on y ajoute encore quantité suffisante d'eau de roses.

Autre.

Poudre d'amandes amères, 8 onces.
Huile d'amandes douces, 12 onces.
Savon blanc, 8 onces.
Blanc de baleine, 4 onces.
Talc en poudre impalpable, 4 onces.
Essence de roses, 1 gros.

On fait fondre au bain marie le savon et le blanc de baleine dans l'huile, on verse dans un mortier de marbre chauffé, on y ajoute la poudre d'amandes et de talc; lorsque le mélange est parfait, on ajoute l'essence.

C'est la recette de la pâte dite axérazine de Bazin; la couleur qu'on lui donne avec 2 gros de cinabre en poudre est une chose très-vicieuse et capable de nuire.

Pâte de lotus.

Farine blanche d'amandes douces, 9 onces.
Huile d'amandes douces, 6 onces.
Miel blanc, 3 onces.
Jaune d'œufs, n° 8.
Eau de mélilot, 4 onces.
Esprit de lavande ambré, 1 once.
Essence de sassafras, 1 gros.
Sous-borate de soude, 2 gros.

On fait dissoudre le borate de soude dans l'eau distillée de mélilot, on y fait fondre le miel; on verse le tout sur la farine d'amandes pilée dans un mortier de marbre; on ajoute peu à peu l'huile, puis les jaunes d'œufs; on bat pour faire une pâte bien homogène, bien liée; on ajoute l'esprit de lavande et l'essence de sassafras.

Pâte sèche, dite serkis du sérail.

Poudre d'amandes douces, 10 livres.
Farine de seigle, 6 livres.
Fécule de pommes de terre, 6 livres.
Huile de jasmin, 8 onces.
— de fleurs d'oranger, 8 onces.
— de roses, 8 onces.
Baume du Pérou liquide, 6 onces.
Essence de musc (c'est de la teinture), 4 onces.
— de roses (vraie), 60 grains.
— de cannelle, 60 grains.

On mêle dans une grande terrine les huiles grasses aux essences, puis on ajoute les poudres; on brasse avec soin et l'on passe à travers un tamis fin.

On colore si l'on veut avec 1 once 1/2 de cochenille en poudre très-fine.

Cette pâte est des plus agréables.

Les formules suivantes sont destinées à parfumer le linge et les appartemens.

Parfums secs pour cassolettes, sachets.

Musc, 2 grains.
Benjoin
Cascarille, de chaque 1 gros.
Storax calamite.
Iris de Florence, de chaque 4 gros.
Gérofles.
Cannelle, de chaque 3 gros.
Pétales de roses rouges.
— de grenadier.
— de lavande.
— de camomille romaine, de chaque 4 gros.
Macis, 1/2 gros.
Essence de lavande
— de bergamotte.
— de gérofles, de chaque 12 gouttes.
— de canelle, 6 gouttes.
— de roses, 10 gouttes.

Toutes les substances sèches sont divisées et bien dépoudrées en les faisant passer sur un tamis de crin, on ajoute les pétales de fleurs séchés avec soin et qui doivent être dans leur plus bel éclat, puis on verse les essences en les mêlant à toutes le parties, et on conserve dans des bocaux bien fermés et à l'abri de la lumière.

Autre pour sachets de bains.

Fleurs de roses de Provins.
— de roses musquées.
— d'œillets musqués, de chaque 4 onces.
Fleurs de lavande.
— de romarin, de chaque 2 onces.
Racine d'iris en poudre grossière, 2 onces.
Storax calamite, 1 once.

On mêle ces substances et on les enferme dans de petits sacs de toile; on peut les varier aussi à l'infini; mais il faut éviter avec soin d'y mettre de l'ambre ou du musc.

Ces deux dernières recettes sont excellentes pour faire des doubles coussins pour parfumer le linge.

Pastilles du sérail, clous fumans.

Benjoin, 3 onces et demie.
Storax calamite, 6 gros.
Baume du Pérou, 1 once.
Cascarille, 1 once.
Gérofles, 3 gros.
Charbon de tilleul, 8 onces et demie.
Nitre, 7 gros.
Cannelle, 3 gros.
Néroli, 1 gros et demi.
Teinture de musc, 1 gros et demi.
Gomme adragant.
Eau, quantité suffisante pour faire une pâte.

Toutes les substances réduites en poudre fine, on en compose une pâte au moyen du mucilage de gomme adragant; on les moule en forme de petits cônes, on fait sécher à une très-douce température. On conserve dans des vases fermés.

Autre pour cassolettes.

Mastic en petites larmes.
Myrrhe divisée.
Storax divisé.
Oliban en petites larmes.
Sucre concassé.
Baies de genièvre concassées, de chaque 1 once et demie.

Il faut se rappeler que les Parfums ne purifient pas l'air, qu'ils masquent seulement les mauvaises odeurs. S'il s'agissait seulement de purifier un lieu quelconque et d'en chasser des odeurs désagréables; comme ces odeurs sont presque toujours le résultat de la décomposition de certaines matières organiques, il faudrait d'abord faire des aspersions de chlorure liquide ou faire dégager du chlore en nature, renouveler l'air au bout d'un certain temps, quand on supposerait que le chlore se serait combiné avec les miasmes qu'on veut détruire, et l'on procéderait ensuite aux fumigations avec les Parfums que nous venons d'indiquer. (G. G. de Caux.)

PARHÉLIE. (météor.) Ce phénomène météorologique, qu'on appelle indifféremment Parhélies ou faux-soleils, est fort rare; il y a même peu de physiciens de notre époque qui aient été à même de jouir une fois de la vue de ce singulier spectacle. Quoique nos lecteurs ne soient peut-être pas appelés dans tout le cours de leur vie à voir de leurs yeux des Parhélies, nous pensons cependant qu'ils ne liront pas sans intérêt la description qui en a été donnée par des témoins oculaires, et rapportée par M. Biot dans un ouvrage fort estimé, comme tous ceux publiés par cet illustre savant.

Les Parhélies consistent dans l'apparition simultanée de plusieurs soleils, images fantastiques du soleil véritable. Ces images, toujours unies entre elles par un grand cercle blanc et horizontal, sont toujours situées à la même hauteur, sur l'horizon, que le soleil lui-même; de sorte qu'à mesure que le soleil s'élève ou s'abaisse, ce cercle s'élève ou s'abaisse, en maintenant toujours son pôle au zénith; son demi-diamètre apparent demeure donc toujours égal à la distance du soleil au zénith. Les faces de chaque Parhélie tournées vers le soleil, présentent toujours les couleurs de l'arc-en-ciel, tandis qu'au contraire, les faces opposées au soleil, ainsi que le cercle sur lequel reposent ces diverses images, restent blancs. Il y a pourtant quelquefois une exception, et l'on voit les parties de ce cercle avoisinant l'astre prendre elles-mêmes les couleurs de l'arc-en-ciel. Il résulte de cette double observation qu'il y a ici des effets produits par deux causes différentes, à savoir la réfraction et la réflexion. On sait en effet que la lumière, en passant d'un milieu moins dense dans un milieu plus dense (en d'autres termes, quand il y a réfraction), tend à se décomposer, tandis qu'au contraire, lorsqu'elle arrive sur un corps opaque, en d'autres termes lorsqu'il y a réflexion, elle est rendue telle qu'elle est reçue, c'est-à-dire parfaitement blanche.

Le phénomène n'est pas encore tout-à-fait complet, lorsqu'il est parvenu à ce point; en outre de ce grand cercle et des images solaires dont nous avons déjà parlé, il arrive encore que le soleil s'entoure successivement de plusieurs cercles ou couronnes concentriques qui offrent les couleurs de l'arc-en-ciel, et que, sur plusieurs points de ces différens cercles, on voit naître de nouveaux arcs, dont l'ouverture est toujours tournée vers le soleil, puisque pour chacun d'eux cet astre forme toujours le centre. Ce fut en 1661, le 20 février, que le savant Hévelius observa à Dantzick la plus belle apparition de ce phénomène météorologique; et c'est d'après la description qu'il en a faite, que Huyghens en donna l'explication que nous allons rapporter ici.

Huyghens considère, pour rendre compte des Parhélies, la nature de ce grand cercle blanc, horizontal, qui entoure le zénith, et sur lequel se trouve toujours le vrai soleil. La blancheur de ce cercle, uniformément constatée dans toutes les observations de ce genre, indique qu'il est produit par réflexion; alors le problème se réduit à ceci : Supposant un moment un nombre infini de corpuscules suspendus dans l'air, quelle forme faut-il leur attribuer pour que les rayons solaires réfléchis sur leurs surfaces forment toujours avec l'horizon le même angle que les rayons incidens dont ils dérivent? Il est évident que cette condition ne peut être remplie qu'en donnant aux corpuscules la forme de petits cylindres verticaux; et en effet, si l'on suppose que le soleil éclaire une infinité de petits cylindres, il en résultera nécessairement un cercle blanc horizontal qui aura son pôle au zénith, et dont le demi-diamètre sera le complément de la hauteur du soleil sur l'horizon. Maintenant, pour satisfaire au phénomène des soleils colorés qui paraissent de part et d'autre du soleil véritable, il suffit de supposer ces cylindres formés d'une partie extérieure transparente et d'un noyau opaque; car alors, par une réfraction latérale, opérée perpendiculairement à leur axe, ils produiront un effet analogue à celui des globules de grêle dans les couronnes, et avec plus d'éclat encore, à cause de leur forme allongée et du parallélisme de leur disposition, d'où résulteront les apparences des soleils colorés. Enfin, si l'on suppose, comme il est très-vraisemblable, que les extrémités de ces cylindres soient l'un et l'autre arrondies, ils produiront dans ce sens les effets résultant de la sphéricité, et de là pourront naître les couronnes colorées concentriques au soleil véritable. Or, Descartes assure dans le Livre des Météores, qu'il a quelquefois observé de pareils cylindres de grêle, renfermant un noyau intérieur, neigeux, opaque et pareillement cylindrique. Enfin, Huyghens a pour ainsi dire imité cette formation par l'expérience, en plaçant à diverses distances angulaires de son œil et du soleil un cylindre de verre mince rempli d'eau, avec un noyau cylindrique opaque dans l'intérieur, et il a vu se réaliser ainsi par l'expérience tous les phénomènes que le calcul lui avait indiqués. Il a également montré comment ces calculs représentaient avec fidélité les circonstances caractériques du phénomène. Mais, pour atteindre les derniers détails de l'observation d'Hévélius, il lui a fallu distribuer dans l'atmosphère, sous beaucoup de positions diverses, les corpuscules cylindriques et globulaires qu'il avait imaginés. Cette complication, qui paraît inhérente à ce genre de phénomènes, ne doit pas être une raison de rejeter l'idée d'Huyghens, mais plutôt un encouragement à observer exactement leurs apparences, pour pouvoir les lui comparer. La loi de la double réfraction, si longtemps méconnue, nous a appris qu'il ne fallait pas traiter légèrement les spéculations d'un génie si élevé, et Newton lui-même paraît les avoir adoptées dans cette circonstance, puisqu'en parlant des Parhélies dans son Optique, il renvoie à l'explication d'Huyghens (Pouillet). (C. J.)

PARIÉTAIRE, *Parietaria*, L. (BOT. PHAN.) Une trentaine d'espèces herbacées, bien ou mal connues, sont inscrites dans ce genre de la Tétrandrie monogynie et de la famille des Urticées; plusieurs, indigènes aux contrées intertropicales, appartiennent évidemment au genre *Urtica*, dont les Pariétaires vraies s'éloignent fort peu quand on ne considère que la fleur; mais elles en diffèrent essentiellement par leurs feuilles simples, le plus souvent alternes, toujours dépourvues des poils glanduleux que présentent celles des Orties. Nous en possédons quelques espèces; la plus commune est la PARIÉTAIRE OFFICINALE, *P. officinalis*, que l'on trouve dans les lieux humides et ombragés, voisins des habitations, le long des haies, dans les fentes des vieux murs, sur les décombres. Ses propriétés contre les maladies des voies urinaires, quand elle est prise à l'état d'extrait, l'ont fait admettre dans les jardins comme plante médicinale. Certains auteurs nient ces propriétés, d'autres les admettent; je suis de ce dernier nombre, et l'expérience me donne le droit d'en vanter l'usage. Le nitrate de potasse, que contient le suc des tiges venues dans les fentes des murs, le rend éminemment émollient et diurétique. Aurélianus mettait cette plante au nombre des remèdes héroïques contre l'éléphantiasis.

On nomme vulgairement la Pariétaire Casse-pierre et Perce-muraille. Olivier de Serres nous apprend que nos aïeux l'appelaient encore Perdicon, de ce que les Perdrix en mangent volontiers le fruit, et Helxine, parce que sa semence luisante, ovoïde, s'attache aux vêtemens. Le cultivateur ne tire point d'autre parti de cette plante, qui pullule autour de lui, qu'en la faisant servir à augmenter la masse des fumiers. Aucun de nos animaux domestiques n'en mange les feuilles, et il est faux que, étendues dedans ou dessus les tas de blé, elles en éloignent les charançons. Je n'ai trouvé cette assertion que dans les livres des compilateurs, et jamais dans les croyances des agriculteurs, même les moins éclairés.

Un fait singulier, plus certain et souvent observé, c'est celui de l'élasticité des étamines de la Pariétaire officinale. Lorsqu'on touche ces organes avec une épingle, principalement à l'époque de la fécondation, ou bien en écartant les quatre divisions recourbées du calice qui les entourent, aussitôt leurs filets, qui demeurent reployés dans la fleur, se dressent, et par suite de ce mouvement brusque, tout mécanique, les anthères brisent leurs deux loges, et laissent échapper au loin le pollen qu'elles contiennent; il affecte, en cet instant, la forme d'un petit nuage assez transparent.

La racine de cette plante est fibreuse et vivace; elle donne naissance à des tiges d'un vert rougeâtre, succulentes, cylindriques et légèrement velues, hautes de quarante centimètres au plus, souvent divisées dès la base en rameaux étalés, ensuite redressés. Les feuilles sont ovales-lancéolées, alternes, luisantes en dessous; les fleurs petites, herbacées, réunies plusieurs ensemble, tantôt assises le long des tiges et des rameaux, tantôt pelotonnées dans l'aisselle des feuilles supérieures. On les voit épanouies depuis le mois de juin jusqu'en septembre; à ces fleurs succèdent des semences solitaires, ovales, brunes, contenues dans un calice partiel.

On fait peu d'attention à la Pariétaire de Judée, *P. judaica*, à la Pariétaire de Crète, *P. cretica*, et à la Pariétaire du Portugal, *P. lusitanica*, qui vivent en pleine terre dans nos départemens du Midi. (T. d. B.)

PARIÉTAL. (anat.) On appelle ainsi un os pair situé sur les parties latérales de la tête, et qui concourt à former la boîte osseuse du crâne. Les pariétaux s'articulent entre eux, et chacun d'eux s'articule avec le frontal, le temporal et l'occipital. (*Voyez* Squelette.) (A. D.)

PARIME. (géog. phys.) Cette chaîne de montagnes, qui donne naissance à l'Orénoque, forme un des systèmes les plus considérables de la partie orientale de l'Amérique méridionale; elle est surtout remarquable sous le rapport géologique.

La Sierra Parime, avec les chaînes qui en dépendent, occupe du sud au nord l'espace qui est compris entre le 3e et le 8e parallèle au nord de l'équateur, et de l'est à l'ouest celui qui s'étend depuis le 66e degré jusqu'au 71e de longitude occidentale du méridien de Paris. Restreinte dans ces limites, elle a environ 125 lieues de longueur; mais il est à remarquer que comme elle occupe un vaste espace de forme trapézoïdal, circonscrit par le cours de l'Orénoque, sa longueur réelle est plus considérable que son étendue de l'est à l'ouest. Elle ne forme pas une chaîne continue, mais une suite de montagnes séparées les unes des autres par des plaines et des savanes qu'arrosent de nombreux cours d'eau qui en descendent, tels que la Caura, le Padamo, le Venituari, etc., tous affluens de l'Orénoque, dont ces hauteurs se tiennent toujours à quelque distance, excepté dans quelques endroits où la Parime envoie jusque dans le lit du fleuve des arêtes qui forment les rapides du Torno et de la Roca del Inferno.

La hauteur moyenne de la Parime est de 800 à 900 toises; mais le point le plus élevé est le mont Duida, situé sous le 3e degré 15 minutes de latitude septentrionale, et sous le 68e degré 30 minutes de longitude occidentale. Il a 1300 toises d'élévation; l'Orénoque en baigne le pied méridional. Cette cime a cela de particulier que, vers le commencement et la fin de la saison des pluies, elle jette de petites flammes. Sur la rive opposée de l'Orénoque, c'est-à-dire sur la gauche du fleuve, une montagne moins importante présente aussi le même phénomène. A quelle cause doit-on l'attribuer? Est-ce à l'électricité, ainsi que semblerait le faire croire la saison pluvieuse dans laquelle il se manifeste? C'est ce que, faute d'une série complète d'observations, il est difficile de décider.

Nature des roches de la Parime. Cette chaîne est généralement granitique. M. de Humboldt y a observé, dans le granite, quelques couleurs qui renferment des cristaux isolés d'amphibole, comme on l'a aussi remarqué dans celui des Pyrénées et dans celui de la Haute-Égypte.

Le gneiss qui repose sur le granite de la Parime est généralement métallifère.

Sur le gneiss, s'appuie un granite stratifié, c'est-à-dire disposé régulièrement par lits, ainsi qu'on le remarque dans la partie septentrionale de cette chaîne. A son extrémité occidentale, ce granite passe à une roche amphibolique. Au pic de Duida, c'est une Pegmatite (*voyez* ce mot).

Ce serait à tort que l'on attribuerait les flammes qui sortent fréquemment de cette montagne aux feux souterrains: il n'existe, ni dans la Duida, ni dans toute la chaîne de la Parime, aucun produit volcanique.

A l'exception de quelques Quartzites (*voyez* ce mot), M. de Humboldt n'a observé dans les montagnes de la Sierra Parime aucun dépôt appartenant aux terrains appelés intermédiaires, secondaires et tertiaires. Presque partout on voit le gneiss sur le granite. Seulement, dans les parties septentrionales et occidentales que longe le cours de l'Orénoque en serpentant autour de la chaîne, on remarque çà et là sur le granite, et quelquefois sur le gneiss, des dépôts peu importans d'un conglomérat ancien composé de gneiss, de quartz, et quelquefois de feldspath, réunis par un ciment brun-olivâtre, argileux et compacte, à cassure conchoïde, qui prend en certains endroits la texture du jaspe.

« Le granite, dit M. de Humboldt, et le gneiss qui le supporte, forment, là où de petites plaines séparent les montagnes entre elles, au milieu des forêts et d'une végétation vigoureuse, des bancs de roches nues, dépourvues de terreau, ayant plus de 25,000 toises carrées, et s'élevant à peine de trois à quatre pouces au dessus du sol environnant. »

Peuplades qui habitent le groupe de la Parime. Ces Indiens, presque tous pauvres et errans dans les montagnes, n'ont été soumis par aucun des peuples civilisés voisins des bords de l'Orénoque. Ils sont robustes et d'un appétit déréglé; leur caractère est farouche, cruel et vindicatif; aussi, selon les rapports des voyageurs, sont-ils anthropophages. C'est avec une sorte de joie féroce qu'ils se repaissent de la chair de leurs ennemis.

D'autres peuplades qui habitent les bords des rivières, se voient si complétemont privées d'alimens lorsque la saison des pluies, qui dure deux ou trois mois, vient inonder leurs plaines, qu'elles sont forcées, dit-on, d'apaiser le besoin de remplir leur estomac en avalant tous les jours des quantités considérables d'une argile fine et onctueuse, qu'elles mêlent probablement à quelques débris de végétaux; car il serait difficile de croire que cette terre seule pût leur servir de nourriture. (J. H.)

PARIPENNÉ, *Paripennatus.* (BOT. PHAN.) Cette dénomination s'applique aux feuilles composées, c'est-à-dire à celles qui, sur un pétiole commun, portent des folioles opposées, ou, pour parler plus exactement, disposées par paire, en nombre plus ou moins grand, et ne sont pas terminées par une seule foliole isolée, que l'on appelle impaire, ni même par une vrille. Ce nom est donc le contraire de celui d'impari-penné, et tous deux sont une abréviation commode de penné avec ou sans impaire. Les *Cicer arietinum*, *Orobus tuberosus*, *Ceratonia siliqua* (le Caroubier), *Cassia acutifolia* (le Séné), etc., ont leurs feuilles paripennées. (C. LEM.)

PARIS (Bassin de). (GÉOL.) Quoique le Dictionnaire pittoresque d'Histoire naturelle n'ait donné, jusqu'ici, aucune description des divers bassins géologiques de France, celui des environs de Paris étant devenu tout-à-fait classique, depuis que M. Alexandre Brongniart a publié son ouvrage monumental intitulé : Description géologique des environs de Paris, nous avons été chargé d'en faire l'objet de cet article.

Depuis la publication de l'ouvrage cité plus haut, la science s'est enrichie de nombreux travaux sur les terrains parisiens.

Appelé nous-même à faire beaucoup d'excursions géologiques aux environs de la capitale, nous avons aussi été assez heureux pour constater plusieurs faits nouveaux; en sorte qu'un travail complet sur cette matière demanderait, aujourd'hui, beaucoup plus de développement que ne nous le permet le cadre très-restreint qui nous est tracé. Nous nous bornerons donc à exposer ce qu'il y a de plus saillant dans la description des divers terrains parisiens, en partant du plus inférieur et en traitant successivement de tous les étages figurés dans notre coupe (pl. 462), que nous nous sommes efforcé de rendre aussi complète que possible, en y plaçant tous les détails que son format nous a permis d'y introduire.

Dans sa géologie du bassin de Paris (1), M. Brongniart a groupé les divers terrains en formations alternatives d'eau douce et marines; mais de nouvelles recherches ayant démontré, depuis, que plusieurs de ces formations présentent souvent des mélanges de coquilles marines et d'eau douce, ainsi qu'on le reconnaîtra, par exemple, pour le calcaire grossier, nous avons cru devoir former nos divisions de terrains, en nous appuyant, comme M. le professeur Cordier, d'abord, sur leurs caractères minéralogiques, puis sur ceux que présentent les débris de corps organiques disséminés dans ces terrains. Nos divisions sont donc tout-à-fait en rapport avec celles établies par M. Cordier, pour la collection de roches des environs de Paris, exposée au Muséum d'Histoire naturelle, et qu'on verra plus que triplée dans la nouvelle galerie de géologie.

I. TERRAINS DE LA PÉRIODE CRAYEUSE.

(*Terrains secondaires.*)

RÉGION CRAYEUSE.

La Craie est le plus ancien et par suite le plus inférieur de tous les terrains connus qui constituent le bassin parisien; aussi ne la voit-on à nu que sur un petit nombre de points.

---

(1) M. Brongniart a déterminé, ainsi qu'il suit, la circonscription des limites du bassin géologique de Paris :

« Le bassin de la Seine est séparé, pendant un assez grand espace, de celui de la Loire par une vaste plaine élevée, dont la plus grande partie porte vulgairement le nom de Beauce, et dont la portion moyenne et la plus sèche s'étend, du nord-ouest au sud-est, sur un espace de plus de quarante lieues, depuis Courville jusqu'à Montargis.

» Cette plaine s'appuie vers le nord-ouest à un pays plus élevé qu'elle, et surtout beaucoup plus coupé, dont les rivières d'Eure, d'Aure, d'Illon, de Rille, d'Orne, de Mayenne, de Sarthe, d'Huine et de Loire tirent leurs sources. Ce pays, dont la partie la plus élevée, qui est entre Seez et Mortagne, formait autrefois la province de Perche et une partie de la Basse-Normandie, appartient aujourd'hui au département de l'Orne.

» La ligne de séparation physique de la Beauce et du Perche passe à peu près par les villes de Bouneval, Alluye, Iliers, Courville, Pontgouin et Verneuil.

» De tous les autres côtés, la plaine de Beauce domine ce qui l'entoure.

» Sa chute du côté de la Loire ne nous intéresse pas pour notre objet.

» Celle qui est du côté de la Seine se fait par deux lignes, dont l'une, à l'occident, regarde l'Eure, et l'autre à l'orient, regarde immédiatement la Seine.

» La première va de Dreux vers Mantes; l'autre part d'auprès de Mantes, passe par Marly, Meudon, Palaiseau, Marcoussy, la Ferté-Alais, Fontainebleau, Nemours, etc.

» Mais il ne faut pas se représenter ces deux lignes comme droites ou uniformes : elles sont au contraire sans cesse inégales, déchirées, de manière que si cette vaste plaine était entourée d'eau, ses bords offriraient des golfes, des caps, des détroits et seraient partout environnés d'îles et d'îlots.

» Ainsi, dans nos environs, la longue montagne où sont les bois de Saint-Cloud, de Ville-d'Avray, de Marly et des Aluets, et qui s'étend depuis Saint-Cloud jusqu'au confluent de la rivière de Mauldre dans la Seine, ferait une île séparée du reste par le détroit où est aujourd'hui Versailles, par la petite vallée de Sèvres, et par la grande vallée du parc de Versailles.

» L'autre montagne, en forme de feuille de figuier, qui porte Bellevue, Meudon, les bois de Verrière, ceux de Chaville, formerait une seconde île séparée du continent par la vallée de Bièvre et par celle des coteaux de Jouy.

» Mais ensuite, depuis Saint-Cyr jusqu'à Orléans, il n'y a plus d'interruption complète, quoique les vallées où coulent les rivières de Bièvre, d'Ivette, d'Orges, d'Étampes, d'Essonne et de Loing entament profondément le continent du

C'est un carbonate de chaux, généralement d'une grande blancheur, dont les molécules sont toujours d'une extrême ténuité. Il forme des masses presque homogènes d'une très-grande épaisseur. Ces divers caractères et quelques autres, sensibles surtout près du centre du bassin, ont amené M. C. Prévost à dire que la craie blanche est un dépôt pélagien formé loin des rivages, dans une mer tranquille et profonde; que c'est le dernier sédiment abandonné par des eaux qui, déjà, dans un long trajet avaient laissé déposer les particules grossières et pesantes délayées par elles ou qu'elles tenaient en suspension; et qu'enfin, le lieu où se formait ce dépôt était à l'abri de toute grande agitation, n'éprouvant pas les influences perturbatrices des courans qui changent et bouleversent, sans cesse, les sédimens formés près des rivages et sous les eaux peu profondes.

Loin de présenter une surface horizontale, la craie forme, au contraire, sur certains points, des buttes et des collines (Meudon, Montereau, etc.), quelquefois assez élevées. L'épaisseur en est si considérable, vers le centre du bassin de Paris, que le puits artésien commencé à l'abattoir de Grenelle, quoiqu'ayant atteint l'immense profondeur d'environ 1250 pieds, n'a pas encore complétement traversé la masse de craie.

La craie ne se divise point en couches ou assises à l'instar du calcaire grossier; elle présente, seulement, des lits de silex pyromaque (pierre à fusil), tantôt en rognons de forme souvent bizarre, tantôt en plaques plus ou moins épaisses; lits généralement assez rapprochés les uns des autres, dans la partie supérieure de la Craie, mais qui deviennent moins abondans à mesure qu'on pénètre plus profondément dans ce terrain.

La craie pure est complétement impropre à la végétation; aussi les points du sol où elle se montre à nu sont-ils d'une grande stérilité. Elle se mêle le plus souvent avec un sable siliceux extrêmement fin, qu'on enlève par le lavage. On n'y trouve, aux environs de Paris, que deux espèces minérales qui sont: 1° de la pyrite, tantôt en petits globules, tantôt incrustant des corps organisés; 2° de la strontiane sulfatée, variété apotome.

Quant aux débris de corps organisés, ils y sont très-nombreux, et, pour la plupart, propres à ce dépôt. Les espèces les plus caractéristiques sont les suivantes :

RADIAIRES.

Asterias aurantiaca (articulation). *Ananchytes ovata*, Lamk. *Spatangus cor anguinum*, Lamk.

CONCHIFÈRES.

Ostrea vesicularis, Lamk. *Catillus Cuvieri*, Al. Brong. *Crania parisiensis*, Def. *Pecten Quinquecostatus*, Sow. *Plagiostoma spinosa*, Sow. *Mytilus lævis*, Def. *Terebratula Defrancii*, A. Br. *Terebratula plicatilis*, Sow. *Terebratula cornea*, Sow.

MOLLUSQUES.

Trochus Basteroti, Al. Brong. *Belemnites mucronatus*, Schlot.

Indépendamment de ces fossiles, tous assez communs à Meudon et à Bougival, nous avons découvert, dans la même craie blanche de Meudon: 1° Une cérite bien caractérisée, mais dont l'espèce n'a pu être déterminée; 2° quelques fragmens de poissons; 3° une partie de mâchoire garnie de ses dents et quelques autres os d'un très-grand Saurien analogue au *Mosasaurus Hoffmanni* de la craie de Maestricht; 4° une Tortue marine d'environ quinze pouces de long, reptile qui n'avait point encore été cité comme appartenant à la Craie.

La Craie blanche est fort usitée dans les arts, tant à l'état naturel qu'à l'état de Craie lavée. Dans le premier cas, elle ne sert guère qu'à la fabrication des crayons blancs. Dans le second, elle est livrée au commerce sous forme de petits pains ou cylindres auxquels on donne le nom de *Blanc d'Espagne* ou de *Blanc de Troye*, et qui se prêtent à des usages très-multipliés, entrant pour beaucoup, par exemple, dans la fabrication des couleurs grossières, etc., etc.

A Meudon et dans quelques autres localités (Port-Marly, environs de Fontainebleau), la craie blanche passe, dans sa partie supérieure, à une craie endurcie et d'une couleur plus ou moins jaunâtre, par suite d'infiltrations tertiaires. Cette craie, perforée de longues tubulures, et assez

---

côté de l'est; celle de Vesgre, de Voise et d'Eure, du côté de l'ouest.

» La partie de la côte la plus déchirée, celle qui présenterait le plus d'écueils et d'îlots, est celle qui porte vulgairement le nom de Gâtinais français, et surtout sa portion qui comprend la forêt de Fontainebleau.

» Les pentes de cet immense plateau sont en général assez rapides, et tous les escarpemens qu'on y voit, ainsi que ceux des vallées, et les puits que l'on creuse dans le haut pays, montrent que sa nature physique est la même partout, et qu'elle est formée d'une masse prodigieuse de sable fin qui recouvre toute cette surface, passant sur tous les autres terrains ou plateaux inférieurs sur lesquels cette grande plaine domine.

» Sa côte, qui regarde la Seine, depuis la Mauldre jusqu'à Nemours, formera donc la limite naturelle du bassin que nous avons à examiner.

» De dessous ces deux extrémités, c'est-à-dire vers la Mauldre, et un peu au-delà de Nemours, sortent immédiatement deux portions d'un plateau de craie qui s'étend en tous sens, et à une grande distance, pour former toute la Haute-Normandie, la Picardie et la Champagne.

» Les bords intérieurs de cette grande ceinture, lesquels passent, du côté de l'est, par Montereau, Sezanne, Epernay; de celui de l'ouest, par Montfort, Mantes, Gisors, Chaumont, pour se rapprocher de Compiègne, et qui font au nord-est un angle considérable qui embrasse tout le Laonnais, complètent, avec la côte sableuse que nous venons de décrire, la limite naturelle de notre bassin.

» Mais il y a cette différence, que le plateau sableux qui vient de la Beauce, est supérieur à tous les autres, et par conséquent le plus moderne, et qu'il finit entièrement le long de la côte que nous avons marquée, tandis qu'au contraire le plateau de craie est naturellement plus ancien et inférieur à tous les autres; qu'il ne fait que cesser de paraître au dehors, le long de la ligne de circuit que nous venons d'indiquer; mais que, loin d'y finir, il s'enfonce visiblement sous les supérieurs, qu'on le retrouve partout où l'on creuse ces derniers assez profondément, et que même il s'y relève dans quelques endroits, et s'y reproduit, pour ainsi dire, en les perçant.

» On peut donc se représenter que les matériaux qui composent le bassin de Paris, dans le sens où nous le limitons, ont été déposés dans un vaste espace creux, dans une espèce de golfe dont les côtés étaient de craie.

» Ce golfe faisait peut-être un cercle entier, une espèce de grand lac; mais nous ne pouvons pas le savoir, attendu que ses bords, du côté sud-ouest, ont été recouverts, ainsi que les matériaux qu'ils contenaient, par le grand plateau sableux dont nous avons parlé d'abord. »

dure pour être exploitée comme pierre à bâtir, contient fort peu de rognons de silex pyromaque, généralement plus rubannés que ceux de la craie blanche.

Les coquilles les plus communes dans cette partie sont le *Belemnites mucronatus* et l'*Ananchytes ovata*; mais nous y avons trouvé en outre quelques autres fossiles qui, tout en étant propres à la craie, n'avaient pas encore été cités dans celle des environs de Paris. Telles sont, par exemple, le *Cardium hillanum*, Sow.; diverses espèces de *Nucula*, de *Pleurotomaria*, de *Solarium*, de *Turritella*, et enfin des *Hamites rotundus*, Sow., dont on ne soupçonnait pas l'existence dans le bassin parisien; car l'unique gisement de cette dernière coquille paraissait être dans des couches inférieures à la craie blanche, et particulièrement dans l'étage des grès verts.

Quoiqu'il ait été découvert un grand nombre d'espèces de coquilles fossiles dans la région crayeuse, aucune jusqu'à présent, suivant M. Deshayes, n'a été retrouvée dans les divers autres terrains que nous allons successivement décrire, et qui tous se sont déposés sur la craie. Ce dépôt est donc très-bien caractérisé, et parfaitement distinct de ceux qui le recouvrent.

II. TERRAINS DE LA PÉRIODE PALÆOTHÉRIENNE.

(Terrains tertiaires.)

§ I. TERRAIN DU CALCAIRE PISOLITHIQUE.

Placé entre la craie et l'argile plastique, ce calcaire marin a été signalé pour la première fois en 1834 par M. Élie de Beaumont, qui en a formé une dépendance de la craie; mais une large tranchée faite à la colline de Meudon nous ayant permis d'étudier d'une manière très-minutieuse ce nouvel étage, nous avons été conduit à le classer dans la période palæothérienne (ou tertiaire).

Le terrain en question consiste, à Meudon, en deux bancs de calcaire, séparés par une couche mince de marne feuilletée à *Pecten* comprimé, et ayant en tout, sur ce point, environ deux mètres d'épaisseur. Ce calcaire est blanchâtre ou jaunâtre, le plus souvent peu agrégé, et d'une texture grossière. Il agglutine quelquefois beaucoup de débris de polypiers, de radiaires, de coquilles, et semble caractérisé en certains endroits par la présence d'un grand nombre de grains de pisolithe, d'où la dénomination de *Calcaire pisolithique* que nous avons proposé d'assigner à ce terrain.

Voici la liste des corps organisés que nous y avons trouvés :

ZOOPHYTES.

Orbitolites plana (polypier caractéristique du calcaire grossier moyen). *Turbinolia elliptica*, A. Br. *Flustra*. *Eschara*.

RADIAIRES.

Spatangus dont l'analogue se trouve dans le calcaire grossier de Grignon. Pointes de *Cidaris*. Articulations d'Astérie.

ANNÉLIDES.

Dentalium. *Serpula*.

CONCHIFÈRES.

Crassatella tumida, var. B, Lamk. *Corbula*. *Corbis lamellosa*, Lamk. *Lucina grata*, Def. *Lucina contorta*. Def. *Cytherea obliqua*. Desh. *Venus obliqua*, Lamk. *Corbula gallica*, Lamk. *Cardium porulosum*, Lamk. *Cardium granulosum* Lamk. *Cardium rugosum*, Lamk. *Cardium obliquum*, Lamk. *Cucullæa crassatina*, Lamk. *Arca biangula*, Lamk. *Arca rudis*, Desh. *Arca barbatula*, Lamk. *Arca filigrana*, Desh. *Chama*. *Modiola cordata*, Lamk. *Lima inflata*. *Lima* (nouvelle espèce, qui se rapproche du *Lima spatulata*). *Solen*.

MOLLUSQUES.

Hipponix cornucopiæ, Def. *Calyptræa trochiformis*, Lamk. *Natica patula*, Desh. *Nerita angiostoma*, Desh. *Delphinula* ou *Turbo*. *Solarium patulum*, Lamk. *Trochus subcarinatus*, Lamk. *Turritella imbricataria*, var. C, Lamk. *Turritella* (autre espèce indéterminable). *Cerithium giganteum*, Lamk. *Cerithium semicostatum*, Desh. *Fusus*. *Oliva branderi*, Sow. *Cypræa*. *Pleurotomaria concava*, Desh. *Nautilus*. *Milliolites* (très-nombreuses).

POISSONS.

Dents de requins.

La liste qu'on vient de voir prouve que ce calcaire marin renferme plus de quarante espèces de coquilles bien déterminées, ayant toutes une parfaite analogie avec celles du calcaire grossier, sans mélange aucun des fossiles de la craie. Il nous semble donc, comme à la plupart des géologues (MM. Cordier, C. Prévost, d'Omalius d'Halloy, etc.) qui ont observé ce calcaire, que, par la nature de ses fossiles, non moins que par son gisement presque transgressif sur la craie qui lui est inférieure, ce nouveau terrain n'est qu'une dépendance du grand système du calcaire grossier au milieu duquel se trouve intercalée, à différens étages, la formation d'argile plastique avec ou sans lignite.

Le caractère pisolithique du nouveau calcaire de Meudon se retrouve aux environs de Paris dans diverses autres couches de calcaire analogue, savoir :

1° A Bougival, au Port-Marly et à Vigny, points que M. Élie de Beaumont a déjà signalés, en les comparant à la craie de Maestricht.

2° A Laversine, près de Beauvais, où l'on voit un petit lambeau de calcaire coquillier placé en stratification discordante sur la craie, et dont la Société géologique de France s'est occupée avec beaucoup d'intérêt lors des séances extraordinaires qu'elle a tenues en 1830 dans le département de l'Oise. Ce dépôt étant isolé, et n'étant recouvert d'aucun terrain, il ne fut pas possible alors d'en déterminer l'âge véritable; mais depuis M. Élie de Beaumont en a parfaitement indiqué la vraie position géologique, et nous-même, après avoir comparé plusieurs échantillons de ce lambeau avec le nouveau calcaire de Meudon, nous avons reconnu que la texture de ces deux roches, comme les espèces de fossiles qu'elles renferment, en établissent la parfaite analogie.

3° Aux environs de Montereau, où nous avons constaté en 1837 l'existence de quinze grandes carrières de calcaire pisolithique. Ce calcaire, devenant très-dur vers sa partie inférieure, n'est exploité que jusqu'à une profondeur de dix à douze pieds; mais il paraît avoir une puissance bien plus considérable. Ce nouveau terrain n'avait encore été cité que sur quelques points de la partie nord-ouest du bassin de Paris. Il est d'autant plus curieux de le voir s'étendre jusque près de Montereau,

tereau, et sans doute aussi sur toute cette extrémité sud-est du bassin parisien, que dans cette région le terrain du calcaire grossier, si puissant aux environs de la capitale, y semble complétement remplacé par un travertin ou calcaire d'eau douce, et que jusqu'alors aucune couche importante de calcaire marin tertiaire n'y avait été vue.

4° Enfin l'examen d'une suite de roches recueillies par M. Viquesnel au Mont-Aimé, à une lieue des Vertus et au nord d'Épernay (Marne), vient de nous démontrer que le calcaire pisolithique existe encore dans cette localité, où il semble atteindre une puissance de plus de vingt mètres.

Ces divers exemples suffisent pour montrer qu'une ou plusieurs couches de calcaire marin, d'une épaisseur notable, existent, très-probablement, sous toute la formation d'argile plastique du bassin des environs de Paris, ce qui prouve qu'après la dénudation de la craie, les terrains de ce bassin ont commencé par un étage entièrement marin et non par un étage formé par l'eau douce, ainsi qu'on l'avait constamment admis jusqu'à présent.

§ 2. Terrain de l'argile plastique.

Nous distinguons, dans ce terrain, quatre assises qui sont, en partant de la partie inférieure, 1° conglomérat à os de mammifères et lignites inférieurs; 2° argile plastique proprement dite; 3° sable, grès et poudingue, 4° argile à lignites :

1° *Conglomérat à os de mammifères et lignites inférieurs.* Dans la géologie des environs de Paris, l'argile plastique, considérée en masse, a été présentée comme composée à sa partie inférieure d'argile sensiblement pure et ne contenant point de débris organiques, mais une tranche découverte en 1836, au Bas-Meudon, au lieu dit les Montalets, nous a permis d'observer, au dessous d'un puissant dépôt d'argile plastique proprement dite, et immédiatement au dessus du calcaire pisolithique, plusieurs couches dont personne n'avait encore fait mention.

Le premier banc, ou le plus inférieur, est composé d'argile plastique et de marne feuilletée, enveloppant ordinairement de nombreux rognons ou fragments de craie et de calcaire pisolithique arrachés aux terrains inférieurs et qui constituent un véritable conglomérat. A la base de cette couche sont des rognons quelquefois plus gros que la tête, composés de calcaire pisolithique endurci, avec Milliolites et quelques nodules de strontiane sulfatée fibreuse. On y voit aussi quelques rognons de silex de la craie. La puissance et la nature de ce banc de conglomérat varient beaucoup : tantôt les rognons plus ou moins nombreux n'ont pas été réunis par un ciment; tantôt, au contraire, ils sont parfaitement cimentés, soit par de l'argile plastique presque pure, soit par de la marne mêlée de végétaux et de cristaux de gypse lenticulaire.

Au dessus de ce banc de conglomérat s'élèvent des couches successives d'argile plastique légèrement effervescente, renfermant le plus souvent une très-grande quantité de cristaux de gypse lenticulaire, ou confusément cristallisé. Ces couches, mêlées parfois de sable ferrugineux avec veines et nodules d'hydrate de fer friable et de pyrite ordinaire, passent à un lit de véritable lignite pyritifère, dont l'épaisseur varie d'un à trois pieds. On y trouve encore quelques cristaux de gypse lenticulaire, ainsi que des Anodontes et de très-grosses Paludines.

Nous avons trouvé, dans le banc du conglomérat, un assez grand nombre de corps organisés dont voici l'énumération :

A. RADIAIRES ET COQUILLES MARINES PROVENANT DE LA CRAIE.

Ananchytes ovata, Lamk. *Catillus Cuvieri*, Brong. *Ostrea vesicularis*, Lamk. *Belemnites mucronatus*, Schlot.

B. COQUILLES D'EAU DOUCE CONTEMPORAINES DU CONGLOMÉRAT.

Anodonta Cordierii, Ch. d'Orb. *Anodonta antiqua*, Ch. d'Orb. *Cyclas* (espèce indéterminable). *Paludina lenta* (grosse espèce qui se trouve aussi dans les lignites du Soissonnais). *Planorbis*.

C. POISSONS.

Divers os de poissons indéterminables.

D. REPTILES PRÉSUMÉS FLUVIATILES ET TERRESTRES.

Crocodile (plusieurs dents et un fragment de mâchoire). *Tortues* (plusieurs os de *Trionyx* et d'*Emys*). *Mosasaurus* (trois dents et une tête ou partie supérieure de l'humérus d'un grand saurien très-voisin du *Mosasaurus* ou *Monitor* de la craie de Maëstricht.

Nous y avons aussi trouvé un coprolithe renfermant de petits fragmens de poissons, et appartenant probablement à l'un des reptiles cités.

E. MAMMIFÈRES TERRESTRES ENTRAINÉS PAR LE COURS D'EAU FLUVIALE.

†. Pachydermes.

1. *Anthracotherium* (grande espèce). { Deux dents molaires inférieures postérieures. Deux dents molaires inférieures antérieures. Une dent molaire supérieure antérieure. Dent canine. Cinq dents incisives latérales.

2. *Anthracotherium* (très-petite espèce). { Dent molaire supérieure. Dent incisive.

3. *Lophiodon*. { Dent molaire inférieure. Dent canine inférieure gauche. Tête supérieure d'une côte.

††. Carnassiers.

1. *Loutre*. Une dent molaire inférieure carnassière.
2. *Renard*. { Dent incisive latérale supérieure gauche. Dent molaire postérieure.
3. *Civette*. Dent molaire supérieure antérieure.

†††. Rongeurs.

Écureuil? Dent incisive supérieure.
2. Dent incisive de rongeur indéterminable.

En examinant attentivement ces fossiles de nature et d'origine si différentes, il nous semble qu'on peut expliquer assez naturellement leur réunion, qui peut paraître étrange au premier abord; et cette explication nous est fournie non seulement par la théorie des affluens, due à M. Constant Prévost, à l'aide de laquelle il a expliqué si clairement l'origine d'autres dépôts du bassin parisien; mais encore par l'explication que M. Desnoyers a donnée de l'existence d'ossemens de mammifères terrestres dans les faluns marins de la Loire. On voit en effet réunis dans le conglomérat que nous venons de décrire des corps organisés marins, fluviatiles et terrestres.

On est d'abord conduit à se demander si l'on doit considérer les coquilles marines, qui toutes sont des espèces de la craie, comme ayant été arrachées à ce terrain antérieur, ou comme ayant survécu à la catastrophe qui a séparé d'une manière ordinairement si tranchée, la formation crayeuse et les terrains tertiaires. Nous pensons qu'il faut les considérer comme ayant été arrachées, ainsi qu'une partie des galets qu'elles accompagnent, au terrain crayeux préexistant, traversé par les eaux fluviales qui ont formé ce conglomérat.

On pourra s'étonner de ne pas trouver, dans ce conglomérat, des fossiles du calcaire pisolithique qui lui est inférieur; mais, indépendamment de ce que des recherches ultérieures pourront en faire découvrir, peut-être ces coquilles ne se sont-elles pas rencontrées sur le trajet du cours d'eau fluviale. Jusqu'ici nous n'y avons trouvé qu'une Cérite et un Polypier dont l'espèce n'a pu être déterminée; et il nous est impossible de dire s'ils ont été arrachés au calcaire pisolithique ou à la craie.

Quant aux coquilles fluviatiles et aux reptiles probablement de même origine, nous ne doutons pas qu'ils aient vécu dans les eaux douces qui doivent avoir formé ce dépôt.

Relativement aux mammifères, il ont dû nécessairement être entraînés par le courant fluvial. Leur présence au dessous de l'argile plastique proprement dite nous paraît être d'un grand intérêt; car elle démontre, d'une manière positive, que ces animaux ont vécu avant la formation du conglomérat dont il s'agit (1) c'est-à-dire à une époque beaucoup plus ancienne qu'on ne le supposait généralement. En effet, les seuls restes de mammifères trouvés dans les couches inférieures du terrain parisien étaient un assez grand nombre d'ossemens, tant d'*Anoplotherium* que de *Lophiodon* et de *Palæotherium* découverts par M. E. Robert, dans le calcaire grossier de Nanterre, et deux fragments d'os vraisemblablement aussi de Lophiodon que Cuvier a cités comme ayant été retirés du lignite du Laonnais, dont l'âge est encore incertain pour quelques géologues.

Ces derniers faits avaient déjà modifié l'opinion que Cuvier s'était formée relativement à la profondeur à laquelle les débris de mammifères pouvaient être trouvés dans les terrains des environs de Paris et qu'il présumait ne jamais descendre au dessous du gypse.

D'après ce que nous venons d'exposer, il faudra maintenant reconnaître que ces animaux vivaient dès l'époque où commencèrent à se déposer les premières couches de l'argile plastique qui supporte toute la série des terrains parisiens.

Or, ce fait relatif à l'ancienneté des mammifères une fois admis et bien constaté, il ne paraîtra plus aussi difficile d'admettre également quelques cas exceptionnels, sur lesquels les géologues ont déjà beaucoup discuté et qui tendent à reculer encore bien davantage l'existence de ces animaux. L'un est relatif aux débris de *Didelphis Bucklandii* signalés dans le *calcaire oolithique* de Stonesfield (Oxfordshire) et dont le gisement, en apparence si anomal, a donné lieu à de longues incertitudes qui commencent à disparaître. Un second fait est celui des empreintes de pas d'animaux observés dans le *grès bigarré* de Hildburghausen en Saxe et que plusieurs naturalistes attribuent à des pas de mammifères ou de reptiles, tandis que d'autres, au contraire, n'y voient que des empreintes végétales. Enfin le troisième fait (et le plus important), a rapport aux os de pachydermes que M. le professeur Hugi a trouvés dans le *calcaire portlandien* de Soleure (Suisse).

De ces différentes observations rapprochées des nôtres, ne peut-on pas conclure, non seulement que les mammifères existaient dans le commencement de la période tertiaire, mais même antérieurement à cette période, et que des recherches ultérieures pourront en faire découvrir un bien plus grand nombre?

Argile plastique proprement dite.

Cette argile, composée presque uniquement d'alumine, de silice et d'eau, est infusible et ne fait point effervescence dans les acides. M. Brongniart l'a nommée *plastique*, parce qu'elle se délaie aisément dans l'eau et qu'elle reçoit et conserve facilement les formes qu'on lui imprime; aussi est-elle fort employée à faire de la faïence et surtout de la poterie.

L'argile plastique présente des couleurs assez variées; elle est blanchâtre, jaunâtre (à Montereau, à Moret, à Abondant, etc.), grisâtre bleuâtre, rougeâtre, noirâtre (à Vanvres, à Meudon, à Auteuil, à Gentilly, à Marly, etc.). Elle contient parfois, accidentellement, quelques traces de magnésie, de chaux et de fer oxidé, des cristaux de gypse et des nodules de sulfure de fer (sperkise).

A Vanvres et à Vaugirard, nous avons découcouvert, en 1837, une variété d'argile intéressante en ce qu'elle renferme une multitude de petits globules de carbonate de fer, mêlé d'une très-faible partie de silice et de carbonate de magnésie. Si l'on observe ces globules au microscope ou avec une loupe un peu forte, on reconnaît qu'ils sont cristallins, demi-translucides, et composés chacun d'une multitude de petits cristaux accolés. Ils ont tous un diamètre égal et renferment à leur centre un petit noyau mobile et creux lui-même. Ces derniers caractères nous font penser que ces globules sont des moules imparfaits de corps or-

(1) Cette couche de conglomérat a rarement plus de six et huit pouces d'épaisseur, mais elle existe sur une grande étendue. Dans la belle crayère des Montalets (au Bas-Meudon), appartenant à M. Langlois, une ouverture faite au toit de l'une des nombreuses galeries, nous a permis de voir le conglomérat à plus de soixante pieds au dessous du sol et évidemment recouvert par toute la masse d'argile plastique et du calcaire grossier. C'est sur ce point et à la partie la plus inférieure du conglomérat, que nous avons trouvé plusieurs des dents en question.

ganiques et probablement des graines de *Chara*.

L'argile qui contient ce minerai, que M. Duval vient aussi de découvrir à Arcueil, forme une couche de trois à six pouces d'épaisseur placée entre l'argile sableuse et l'argile plastique proprement dite. Lorsqu'on met cette roche dans de l'eau, elle se désagrége presque aussitôt, et l'on obtient alors très-facilement, par le lavage, les globules métalliques en question, parfaitement isolés et dans l'énorme proportion de 45 pour 100 en poids. Ce carbonate de fer pourrait donc être exploité avec beaucoup d'avantage, si le banc dans lequel il se trouve devenait un peu plus puissant.

Le dépôt d'argile plastique proprement dite, dans lequel il n'a point encore été trouvé de corps organisés bien authentiques, varie beaucoup d'épaisseur par suite de l'inégalité du sol sur lequel il repose; tantôt il n'atteint pas un mètre d'épaisseur, tantôt il a une puissance de plus de quinze mètres.

Sables, grès et poudingues de l'argile plastique.

Dans diverses localités du bassin parisien, notamment aux environs de Fontainebleau, on voit au dessus de l'argile plastique une assise quelquefois très-puissante de sable quartzeux à grains plus ou moins fins. A Montereau, où le sable atteint une épaisseur de cinq à huit mètres; il en existe de très-blanc, de bleuâtre, de verdâtre et de jaunâtre, par suite d'infiltrations ferrugineuses. Sur plusieurs points (à Montereau, à Pimard, à Villemer, à Paley), il est couronné par une si grande quantité de rognons de fer hydroxidé qu'on a pu anciennement l'y exploiter.

Quelquefois ces sables renferment beaucoup de galets de silex pyromaque brunâtre ou rougeâtre, provenant de la craie et liés assez souvent par un ciment siliceux qui en forme de véritables poudingues. Ces galets et ces poudingues ont une puissance de plus de dix mètres aux environs de Nemours. Dans certains cas, leur puissance est même bien plus considérable, puisque, suivant M. de Roys, l'assise en question a été traversée sur vingt-deux mètres, près de Villemer, sans qu'on en ait atteint la limite. Indépendamment des poudingues, les sables de l'argile plastique contiennent fréquemment des blocs de grès parfois isolés sur le sol, et qui, aux environs de Saint-Ange, ont jusqu'à plus de dix pieds de diamètre.

Argile à lignite.

Cette assise, qui ne se montre que sur certains points, a été nommée par les ouvriers *fausses glaises*, et *argile figuline* par M. Brongniart. Elle repose sur l'argile plastique proprement dite, dont elle est presque toujours séparée par une couche de sable plus ou moins épaisse. Elle est ordinairement sableuse, contient quelquefois un grand nombre de débris de corps organisés, et présente, dans quelques localités (le Soissonnais, etc.), diverses alternances de couches d'argile, de lignite et de bois souvent pyriteux et plus ou moins carbonisé, ce qui lui a valu les noms de *cendre pyriteuse*, de *terre houille*, de *jayet*, de *houille sèche*, etc.

Les géologues ont déjà beaucoup discuté et ne sont pas encore tous d'accord sur la question de savoir si l'argile à lignite, si développée à la surface du sol aux environs de Soissons, de Laon, d'Epernay, est subordonnée au calcaire grossier et même au gypse, ou si, pour la formation et pour la position, elle est réellement analogue au terrain d'argile plastique des environs de la capitale. Nous partageons cette dernière opinion, émise d'abord par M. Brongniart, et corroborée depuis par MM. Elie de Beaumont, d'Archiac, Huot et Raulin. Un fait qui nous porte à croire à l'identité de position de ces deux dépôts est la présence incontestable de véritables couches de lignite à la partie supérieure de l'argile plastique des environs de Paris.

Ainsi, dans un puits creusé en 1836 près de la barrière de Fontainebleau, afin d'y exploiter l'argile plastique, nous avons vu et fait connaître un banc de lignite de quatre à cinq pieds d'épaisseur, reposant immédiatement au dessus d'une masse de vingt à trente pieds d'argile plastique très-pyritifère et recouvert par le terrain de sables quartzeux glauconifères qui supporte lui-même une puissante formation de calcaire grossier. Ce lignite est pétri de graines, de feuilles et de tiges de végétaux parmi lesquels se trouvent des rameaux de conifères.

Des forages pratiqués à Marly et Auteuil ont également fait reconnaître, après avoir traversé tout le calcaire grossier et au dessus de l'argile plastique, des couches de sable et d'argile brune à lignite contenant dans cette dernière localité, des nodules de succin et de phosphate de chaux, des cristaux de phosphate de fer et de strontiane sulfatée apotôme, de la webstérite, de la pyrite en grande quantité, des ossemens d'animaux vertébrés, et enfin beaucoup de fragmens de coquilles pyritisés qui paraissent appartenir à des Paludines, Ampullaires et Limnées.

L'argile à lignite contient ordinairement à sa partie inférieure des corps organisés non marins; mais, vers sa partie supérieure, elle présente souvent un mélange ou quelquefois même une alternance d'animaux d'eau douce ou terrestres et d'animaux marins (Epernay). Voici, d'après M. Brongniart, la liste des corps organisés qu'on trouve le plus fréquemment dans ce terrain.

1° COQUILLES D'EAU DOUCE ET TERRESTRES.

Planorbis rotundatus, A. Br. *Planorbis punctum*, Defr. *Planorbis Prevostinus*, Desh. *Physa antiqua*, Defr. *Limnæa longiscuta*, A. Br. *Paludina virgula*, Defer. *Paludina indistincta*, Defr. *Paludina unicolor*, Oliv. *Paludina Desmarestii*, Prévost. *Paludina conica*, Prév. *Paludina ambigua*, Prév. *Melania triticea*, Defr. *Melanopsis buccinoidea*, Poiret. *Melanopsis costata*, Oliv. *Nerita globulus*, Desh. *Nerita pisiformis*, Defr. *Nerita sobrina*, Defr. *Cyrena antiqua*, Defr. *Cyrena tellinoïdes*, Defr. *Cyrena cuneiformis*, Sow.

2° COQUILLES MARINES DU MÉLANGE DES COUCHES SUPÉRIEURES.

Cerithium funatum, Sow. *Cerithium melanoides*, Sow. *Ampullaria depressa*, Lam. *Ostrea bellovacina*, Desh. *Ostrea incerta*, Defr.

3° VÉGÉTAUX FOSSILES.

Exogenites (indéterminables). *Phyllites multinervis*, Ad. Br. *Endogenites echinatus*, Ad. Br.

§ III. Terrain des sables quartzeux glauconifères.

Quelques géologues ont rapporté ces sables au terrain du calcaire grossier, qu'ils supportent ordinairement, tandis que d'autres ont été tentés de les rattacher au terrain d'argile plastique au dessus duquel ils reposent. Quant à nous, ils ne nous semblent pas avoir encore été assez bien étudiés pour qu'il soit possible aujourd'hui de leur assigner une position bien certaine; néanmoins, les caractères minéralogiques et conchyliologiques qu'ils présentent nous déterminent à en former, avec M. Cordier et peut-être provisoirement, un étage particulier.

Cet étage est composé de sables quartzeux, plus ou moins mélangés de grains verts de silicate de fer (dit glauconie), renfermant quelquefois du bois silicifié (Valmondois) et alternant souvent avec un sable quartzeux mêlé de parties ferrugineuses. Il contient ordinairement dans sa partie inférieure des masses de grès plus ou moins parsemé de petits grains verts. On y trouve aussi accidentellement des parties argileuses et calcaires.

Les sables glauconifères n'ont en général, aux environs de la capitale, qu'une assez faible épaisseur; mais dans quelques localités du bassin parisien, notamment à Laon, ils acquièrent jusqu'à vingt-six mètres de puissance.

Ce terrain renferme un grand nombre de dents de Squales, de Nummulites et d'autres débris de corps organisés. Pour en donner une idée, il nous suffira de rappeler que M. d'Archiac a recueilli, dans les seuls sables de la montagne de Laon, cent quarante-quatre espèces de fossiles, savoir : quatre-vingt-cinq espèces d'univalves, trente-sept de bivalves, sept espèces de Céphalopodes, deux de Dentales, une de Radiaires, plusieurs de Polypiers, etc. Parmi ces espèces, quarante-quatre appartiennent exclusivement aux sables glauconifères; les autres sont communes au calcaire grossier moyen.

§ IV. Terrain du calcaire grossier.

Ce terrain, très-développé aux environs de Paris, où il constitue une grande partie de la surface du sol, est composé d'une multitude de couches de calcaire grossier, plus ou moins dur, alternant avec de petits lits de marne. Ces couches varient beaucoup d'épaisseur d'un lieu à un autre; souvent même plusieurs manquent; mais, ainsi que l'a fait observer M. Brongniart, elles conservent toujours le même ordre de superposition, c'est-à-dire que celle qui est supérieure sur un point ne devient point inférieure sur un autre. Pour rendre plus facile l'étude de ces diverses couches, on en a formé trois étages ou groupes parfaitement caractérisés par les fossiles qu'ils contiennent.

1° *Etage inférieur.*

Cet étage est formé d'une ou de plusieurs couches de calcaire plus ou moins mêlé de grains verts de silicate de fer, et quelquefois de gros grains de quartz. Quand le siliciate de fer abonde, la masse devient friable et constitue la roche à laquelle M. Brongniart a donné le nom de *glauconie grossière* (calcaire chlorité de quelques géologues).

L'étage inférieur, dont une partie est exploitée pour la bâtisse, présente une puissance moyenne de cinq à six mètres; il contient un nombre assez considérable de Polypiers et de coquilles fossiles généralement bien conservées, se détachant facilement, et dont beaucoup présentent encore l'éclat nacré de leur test. Voici la liste des espèces qu'on y trouve le plus fréquemment :

Astræa (plusieurs genres). *Turbinolia elliptica*, Al. Br. *Turbinolia crispa*, Lamk. *Turbinolia sulcata*, Lamk. *Reteporites digitalis*, Lamk. *Lunulites radiata*, Lamk. *Fungia Guettardi*, Br. *Lucina lamellosa*, Lamk. *Cardium porulosum*, Lamk. *Crassatella tumida*, Lamk. *Voluta cythara*, Lamk. *Turritella imbricataria*, Lamk. *Cerithium giganteum*, Lamk. *Nummulites lævigata* (en grand nombre). *Nautilus Lamarckii*, Desh.

2° *Étage moyen.*

Il est composé de plusieurs bancs de calcaire renfermant une multitude de coquilles fossiles, et tellement pétri de Milliolites que la couche paraît quelquefois en être entièrement formée. A la partie supérieure de cet étage est un calcaire d'un gris ou d'un jaune verdâtre, auquel les carriers donnent ordinairement le nom de *banc vert*. Ce banc se continue, en présentant à peu près les mêmes caractères, depuis Châtillon jusqu'à Gentilly, Meudon, Bougival, Villepreux, Grignon et Saillancourt, c'est-à-dire sur une étendue de plus de dix lieues. Il renferme fréquemment, à sa partie inférieure, des végétaux non marins (*Culmites*, *Phyllites*, *Flabellites*, *Equisetum*, *Zostera*) mêlés avec des coquilles marines et des *Orbitolites plana*. Ce polypier, qui ressemble un peu aux *Nummulites*, est des plus caractéristiques de l'étage moyen.

Vers la région supérieure de ce second étage, M. Desnoyers a signalé, dès 1824, l'existence d'un véritable lit de lignite que, depuis cette époque, nous avons eu l'occasion de bien étudier sur plusieurs points (à Gentilly, à Bicêtre, à Vaugirard et à Passy) où l'on a creusé des puits pour l'extraction du calcaire grossier. L'assise fluvio-marine dont dépend ce lignite, est placée immédiatement au dessous du banc vert, et a d'un à cinq pieds de puissance. Elle est généralement composée d'une marne feuilletée arénacée, alternant avec de petits lits de sable dans lesquels sont des silex pétris de coquilles marines, parfois agatisées, et de coquilles d'eau douce en plus petit nombre. Au dessus de ces silex viennent des marnes brunâtres, marbrées de jaune, contenant un très-grand nombre de végétaux, et qui passent successivement à un lit de lignite. L'assise en question, et quelquefois même le calcaire qui la supporte et qui la recouvre, présentent un mélange intime de coquilles marines, terrestres et d'eau douce, telles que des *Natica*, *Cerithium*, *Venus*, *Mytilus*, *Auricula*, *Paludina*, *Limnæa*,

Planorbis. Nous rapportons aux silex de cette assise ceux qui forment un banc à la partie supérieure du calcaire grossier moyen de Sèvres et d'une multitude d'autres lieux où, s'ils ne contiennent aucune coquille d'eau douce, ils présentent du moins les mêmes espèces marines silicifiées.

Les divers bancs de calcaire grossier moyen ont ensemble une puissance d'environ huit à dix mètres (Vaugirard, Saillancourt). Voici la liste des principaux fossiles de cet étage, auquel correspond le fameux banc coquillier de Grignon où l'on a reconnu plus de six cents espèces de coquilles fossiles.

Orbitolites plana. *Cardita avicularia*, Lamk. *Cardium aviculare*, Desh. *Pectunculus pulvinatus*, Lamk. *Cytherea nitidula*, Lamk. *Cytherea elegans*, Lamk. *Calyptræa trochiformis*, Lamk. *Voluta harpula*, Lamk. *Terebellum convolutum*, Lamk. *Turritella imbricataria*, Lamk. *Cerithium* (plusieurs espèces, mais jamais le *Cerithium lapidum*, caractéristique de l'étage supérieur). *Milliolites* (très-abondantes).

3° *Étage supérieur*.

Cet étage, moins riche en débris de corps organisés que les deux précédens, est composé de diverses couches de calcaire plus ou moins dur, renfermant principalement une multitude de cérites et de lucines des pierres, et contenant beaucoup moins de Milliolites que l'étage moyen.

A la partie supérieure de ce groupe est une couche assez dure connue sous le nom de *roche*, laquelle fournit de très-bonne pierre à bâtir. C'est dans ce banc qu'en 1828 M. E. Robert a découvert les ossemens de *Palæotherium*, de *Lophiodon* et d'*Anoplotherium* dont nous avons déjà fait mention en traitant du conglomérat de l'argile plastique. Ces os, très-nombreux, sont associés à diverses espèces de coquilles marines et à des végétaux dicotylédons appartenant probablement à la famille des Palmiers. A Passy, on a aussi découvert des débris fossiles de mammifères et de reptiles dans un gisement analogue à celui de Nanterre.

Voici la liste des fossiles les plus caractéristiques de cet étage:

Cardium lima, Lamk. *Lucina saxorum*, Lamk. *Ampullaria spirata*, Lamk. *Cerithium lapidum*, Lamk. *Cerithium tuberculatum*, Lamk. *Cerithium mutabile*, Lamk. *Cerithium petricolum*, Lamk.

§ V. TERRAIN DES CALCAIRES FRAGILES.

(*Caillasses* des ouvriers.)

Ce terrain, qui jusqu'ici n'avait encore été décrit que comme une dépendance de l'étage supérieur du calcaire grossier, en a été séparé par M. Cordier à raison des caractères minéralogiques et du peu de consistance qu'il présente. En effet, il se distingue facilement, au premier coup d'œil, du calcaire grossier supérieur qu'il recouvre presque toujours, 1° par son aspect *brisaillé*; 2° par le peu de fossiles qu'il contient; 3° par ses lits de marne, de sable et de quartz grenu et carrié. Cette marne renferme de nombreuses pseudomorphoses ou épigénies de gypse lenticulaire, tantôt en quartz, tantôt en carbonate de chaux (Gentilly, Vaugirard). Le quartz carrié y forme souvent des rognons géodiques tapissés de cristaux de carbonate de chaux inverse avec quartz hyalin bipyramidé (Neuilly, Gentilly), et quelquefois des cristaux de fluorite.

Aux caractères qui précèdent, on peut ajouter: 1° que le terrain dont il s'agit contient un ou deux lits de calcaire fibreux très-remarquables (Nanterre); 2° que quelques unes de ses parties ont l'aspect crétacé (ex. le calcaire crétacé, ou *tripoli*, exploité à Nanterre); 3° qu'enfin plusieurs de ses couches présentent un mélange de coquilles d'eau douce et marines, telles que *Cyclostoma mumia*, *Paludina*, *Potamides*, *Natica*, *Corbula*, etc.

§ VI. TERRAIN DES SABLES ET GRÈS DITS DE BEAUCHAMP.

Ces grès et ces sables sont réunis, par la plupart des géologues, au terrain du calcaire grossier et des calcaires fragiles, dont ils représenteraient, dans cette hypothèse, la partie supérieure; mais nous avons cru devoir les en séparer, en nous appuyant toujours sur les caractères minéralogiques qui forment la base de la classification que nous adoptons.

Ce terrain recouvre presque partout les deux étages de calcaires précédens; il est composé d'une masse quelquefois très-épaisse de sable, tantôt d'un blanc grisâtre, tantôt coloré en rouge par des infiltrations ferrugineuses. Ces sables contiennent ordinairement, à leur partie supérieure, des rognons, ou même des bancs de grès ayant assez souvent un aspect lustré, et qui devient, par places, un peu calcarifère. Les sables renferment en outre sur quelques points (Valmondois) non seulement des silex roulés, mais aussi des galets qui semblent avoir été arrachés à la partie supérieure du calcaire grossier, et qui ont été perforés par des coquilles térébrantes.

Les grès dont il s'agit sont exploités depuis long-temps pour le pavage sur plusieurs points de Beauchamp; aussi est-ce dans cette localité des environs de Paris que les géologues vont le plus fréquemment étudier ce terrain qu'on y voit à découvert sur une épaisseur de cinq à six mètres. A la Chapelle, près Senlis, il atteint une puissance de huit à quinze mètres; et enfin, à Valmondois, il a, suivant M. Huot, jusqu'à plus de quarante mètres d'épaisseur.

L'âge véritable des grès dits de Beauchamp étant resté long-temps douteux, et les géologues parisiens ayant, très-rarement, la facilité d'étudier la manière d'être de ce groupe à son point de contact avec les terrains qui le recouvrent, nous avons saisi avec empressement l'occasion qui nous en a été fournie lors de la tranchée ouverte dans la plaine de Monceaux, à l'effet d'y établir le chemin de fer qui conduit de Paris à Saint-Germain.

Voici les couches que nous y avons reconnues, en allant de bas en haut, à partir des grès et sables qui recouvrent les caillasses.

1° Sable verdâtre légèrement calcarifère et argilifère, renfermant des rognons et un petit lit de grès coquillier. Ce banc correspond aux grès et sables de Beauchamp.

2° Calcaire d'un gris jaunâtre, assez compacte, non coquillier, passant inférieurement à un calcaire friable sablonneux et très-coquillier (*Cerithium lapidum*, *Natica mutabilis*, *Melania hordeacea*, *Calyptræa trochiformis*, *Cytherea elegans*, *Venericardia*, etc.)

3° Calcaire d'un gris jaunâtre, assez compacte, non coquillier, contenant un grand nombre de rognons de calcaire, tantôt carrié, tantôt caverneux ou spathique, et quelquefois quartzifère.

4° Plusieurs petits lits de marne feuilletée et de calcaire argilifère d'un blanc grisâtre, ne contenant point, à notre connaissance, de coquilles, mais dont l'aspect indique néanmoins une origine d'eau douce.

5° Sable verdâtre marneux, plus ou moins friable, contenant un grand nombre de coquilles marines et des rognons de calcaire strontianien coquillier (*Avicula fragilis*, *Cerithium mutabile*, *Fusus subcarinatus*, *Fistulana*, *Chama*, etc.)

6° Marne blanche pulvérulente et sable renfermant des silex en plaques et des géodes de quartz grenu carrié calcarifère.

7° Marne endurcie strontianienne, verdâtre, plus ou moins compacte, se divisant à l'intérieur, en nombreux retraits, et dont les surfaces naturelles sont polies et enduites de dendrites.

8° Petites couches de marne feuilletée, en partie magnésienne.

9° Plus de treize mètres de calcaire ou de marne, ne contenant que des coquilles d'eau douce (travertin ou calcaire siliceux inférieur).

Enfin au dessus de ce dépôt commence le terrain gypseux.

On voit, d'après ce qui précède, d'abord que l'étage des grès est quelquefois composé à sa partie supérieure de plusieurs couches de calcaire marin, et ensuite qu'il existe un passage insensible entre ce terrain marin et le terrain d'eau douce ou de travertin qui le recouvre. Mais si l'âge des grès de Mouceaux est très-facile à établir, il est loin d'en être de même dans plusieurs localités où ils ne sont recouverts d'aucun terrain : ainsi, par exemple, les grès de Lisy-sur-Ourcq, si riches en débris de crustacés, et dans lesquels on trouve en outre un très-grand nombre de *Lenticulites variolaria*, ont été et sont encore considérés, par plusieurs géologues, comme correspondant aux grès supérieurs (dits grès de Fontainebleau), tandis que d'autres, et tout récemment encore M. d'Archiac, ont prouvé, suivant nous, d'une manière évidente, qu'ils sont inférieurs au gypse, et qu'ils appartiennent décidément aux grès dits de Beauchamp.

Ce terrain renferme un nombre prodigieux de débris de corps organisés qui y sont inégalement répandus (Beauchamp, Pierrelaie, Triel). M. d'Archiac, qui vient de faire un mémoire fort intéressant sur cet étage, y a reconnu trois cent vingt et une espèces de Mollusques. Sur ce nombre, cent soixante-six se retrouvent dans les étages tertiaires inférieurs, et cent cinquante-cinq sont propres aux grès dits de Beauchamp. Voici la liste des espèces les plus caractéristiques indiquées par M. d'Archiac :

Corbula angulata, Lamk. *Cyrena deperdita*, Desh. *Cytherea cuneata*, Desh. *Venus solida*, Desh. *Venericardia complanata*, Desh. *Pectunculus depressus*, Desh. *Ostrea cucullaris*, Lamk. *Ostrea arenaria*. *Trochus patellatus*, Desh. *Cerithium mutabile*, Lamk. *Cerithium Hericarti*, Desh. *Cerithium thiarella*, Desh. *Cerithium Cordieri*, Desh. *Cerithium pleurotomoides*, Lamk. *Cerithium Lamarckii*, Desh. *Fusus minax*, Lamk. *Oliva Laumontiana*, Lamk. *Lenticulites variolaria*.

Parmi les espèces qui se montrent constamment dans cet étage, tout en se retrouvant néanmoins dans d'autres, on remarque surtout les suivantes :

Mactra semisulcata. *Corbula minuta*, Desh. *Corbula striata*, Lamk. *Lucina saxorum*, Lamk. *Cytherea elegans*, Lamk. *Cytherea lævigata*, Lamk. *Cytherea nitidula*, Lamk. *Cardium obliquum*, Lamk. *Nucula deltoidea*, Lamk. *Melania hordeacea*, Lamk. *Melania lactea*, Lamk. *Natica labellata*, Lamk. *Cerithium subula*, Desh. *Cerithium tricarinatum*, Lamk. *Cerithium lapidum*, Lamk. *Ancillaria buccinoides*, Lamk.

§ VII. Terrain du travertin inférieur.

(*Calcaire siliceux*, *ou calcaire d'eau douce*.)

La dénomination de *Calcaire siliceux* pouvant donner une fausse idée de la nature de ce terrain, puisque, dans plusieurs localités, il en existe d'énormes masses sans silice, nous l'avons remplacée par celle de *Travertin* déjà donnée à une roche des environs de Rome. Depuis plusieurs années M. Cordier a, d'ailleurs, adopté ce nom, pour désigner, dans son Cours de géologie, les divers étages de calcaire siliceux (ou d'eau douce) des environs de Paris.

Le travertin inférieur, sur les points où il existe, est placé au dessous du terrain gypseux ou des marnes qui le représentent quelquefois.

N'ayant pu être, avant 1836, étudié aux environs de Paris, que sur une très-faible épaisseur, ce travertin était resté imparfaitement connu dans sa composition ; mais la tranchée du chemin de fer de Monceaux l'ayant mis à découvert sur une puissance de neuf mètres, nous en avons pris et publié une coupe très-détaillée qui a constaté divers faits nouveaux.

Dans cette coupe on voit le travertin inférieur placé d'une manière évidente entre les grès dits de Beauchamp et la partie inférieure du terrain gypseux. Voici, en résumé, en quoi consistent les trente et un lits que nous y avons reconnus, au dessus des grès, en allant de bas en haut :

1° Plusieurs couches de sable, de marne et d'argile établissant un passage entre les grès et le travertin ;

2° Diverses alternances de marne et de magnésite, avec nombreuses plaquettes de silex résinite noirâtre, *Cyclostoma mumia* comprimés et *Paludina*.

3° Banc puissant de calcaire marneux, avec os de mammifères d'espèces perdues et coquilles d'eau douce dont la liste sera donnée ci-après ;

4° Six lits de marne et d'argile calcarifère, avec nombreuses coquilles d'eau douce ;

5° Calcaire avec graines et tiges de *Chara*, feuilles comprimées de *Typha*, *Paludina*, *Limnæa* et débris de poissons indéterminables ;

6° Nouvelles alternances de marne et de magnésite, avec silex, *Paludina*, *Cyclostoma mumia*, etc.

7° Banc assez puissant de calcaire, tantôt siliceux, tantôt marneux et quelquefois bréchiforme, renfermant souvent des rognons de silex ménilite passant au silex nectique, et fréquemment entourés de magnésite d'une couleur gris rosâtre ou brunâtre. Ce calcaire, et parfois même les ménilites, sont pétris de graines de *Chara medicaginula* et de coquilles d'eau douce, telles que *Planorbis*, *Limnæa*, *Paludina*. C'est dans cette couche que nous avons découvert les trois nouvelles espèces de Paludines décrites et figurées dans une notice par nous publiée sur ce terrain.

8° Enfin, au dessus du calcaire précédent viennent encore plusieurs lits de marne et de magnésite recouverts par des couches appartenant à la formation du gypse.

Dans certaines localités le calcaire travertin est beaucoup plus siliceux qu'à Monceaux; la matière quartzeuse y est à l'état tantôt de calcédoine, tantôt de silex ménilite de diverses nuances, ou de silex cacholong (Valvins). A Saint Ouen il se change, par suite de décomposition, en matière spongieuse surnageant sur l'eau, et connue sous le nom de *quartz nectique*. Enfin, à Valvins, le calcaire d'eau douce moyen contient peu de silex, et au contraire de nombreuses géodes tapissées de cristaux de carbonate de chaux.

Dans quelques endroits Montereau) il est couronné par des meulières bien caractérisées, mais seulement moins nombreuses que celles qui accompagnent les travertins moyen et supérieur.

Le travertin inférieur s'étend beaucoup au nord de Paris; on le voit à Beauchamp, à Moisselles, à Maffliers, etc.; mais c'est surtout dans la Brie qu'il acquiert sa plus grande puissance; et nous devons faire remarquer qu'il est d'autant plus développé, que les terrains inférieurs et le gypse le sont moins. Ce développement devient surtout prodigieux quand les terrains des § III, IV, V et VI manquent complétement, comme il arrive aux environs de Melun, de Montereau, de Fontainebleau, etc.

Ainsi, par exemple, près de Moret, ce terrain atteint une puissance de quarante mètres, et semble à Melun en avoir une bien plus considérable.

Lorsque le travertin est à nu à la surface du sol, il est quelquefois très-difficile de reconnaître auquel des trois étages (inférieur, moyen ou supérieur) il appartient, ou, en d'autres termes, s'il est inférieur ou supérieur au gypse qui n'est souvent représenté que par une légère couche de marne, ou enfin s'il est supérieur au grès dit de Fontainebleau, dont nous allons parler.

Ainsi le calcaire de Champigny, quoique fort étudié, était censé correspondre à celui de Saint-Ouen, lorsqu'en 1831 M. Dufrénoy a démontré qu'il faut l'assimiler au travertin moyen; c'est-à-dire qu'il est supérieur au terrain gypseux, et inférieur au grès de Fontainebleau.

L'âge des calcaires de Château-Landon a été également l'objet d'une longue controverse. Un habile géologue, M. Élie de Beaumont, a écrit que ce calcaire, souvent bitumineux, est supérieur aux grès de Fontainebleau, opinion que partage M. Huot, tandis que MM. Brongniart, C. Prévost et d'Archiac ont fait de nombreuses coupes tendant à prouver qu'il est inférieur au gypse; ce qui le rapporterait à l'étage que nous décrivons.

M. de Roys, qui a aussi étudié cette localité, pense qu'on a eu tort en n'y signalant qu'une seule masse de travertin; il dit y avoir vu les trois étages (inférieur, moyen, supérieur), le premier très-développé, les deux autres seulement rudimentaires.

Quant à nous, n'ayant pas encore eu l'occasion de visiter Château-Landon, nous ne pouvons émettre aucune opinion à cet égard.

Avant les détails que nous avons donnés sur les diverses couches de la tranchée de Monceaux, dont celles de Saint-Ouen sont un prolongement, on n'avait découvert dans le travertin inférieur que trois ou quatre espèces de coquilles d'eau douce : on n'y avait point encore signalé de débris de mammifères, de poissons ni de végétaux.

Voici la liste de tous les corps organisés que nous y avons trouvés.

VÉGÉTAUX.

Tiges et graines de *Chara medicaginula*, Leman. (*Gyrogonites medicaginula*, Lam.) *Typha* (feuilles comprimées).

MOLLUSQUES.

Limnæa longiscata, Brong. *Planorbis rotundatus*, Brong. *Planorbis lens*, Brong. *Planorbis incersus*, Desh. *Paludina pyramidalis*, Desh. *Paludina elongata*, C. D'Orb. *Paludina varicosa*, C. D'Orb. *Paludina cyclostomiformis*, C. D'Orb. *Paludina pusilla*, Desh. (*Bulimus pusillus*, Br.) *Paludina terebra*, Desh. (*Bulimus terebra*, Br.) *Cyclostoma mumia*, Lam.

POISSONS.

Débris indéterminables.

OISEAUX.

Plusieurs os non déterminés.

MAMMIFÈRES.

Palæotherium minus, Cuv. *Dichobunes* (sous-genre d'*Anoplotherium*, Cuv.)

Dans le Travertin inférieur de Provins, on a trouvé de plus des os de Lophiodon et quelques dents de reptiles voisins des Crocodiles.

§ VIII. Terrain gypseux.

Comme nous l'avons indiqué sur notre coupe, ce terrain est placé immédiatement au dessus du travertin inférieur. On le rencontre dans la plupart des buttes et des collines des environs de Paris (Meudon, Montmorency, Mont-Valérien, Chaumont, Ménilmontant, Meaux, Triel, etc.); mais la localité la plus intéressante pour la série complète des couches est, sans contredit, la butte de Montmartre, devenue classique pour l'étude de cette partie des terrains parisiens.

Quelques géologues divisent les diverses couches de gypse de Montmartre en deux masses; mais, partageant à cet égard l'opinion de la majorité, nous les subdivisons en trois, dans le seul but de conserver la distinction établie par tous les carriers; car il n'existe réellement aucune différence bien marquée entre la seconde et la troisième masse.

La *troisième masse* (*basse masse* des ouvriers) est composée de vingt à trente couches de marne et de diverses variétés de gypse, ayant, en tout, une puissance de dix mètres.

L'une des couches de marne de cette troisième masse est digne de remarque en ce qu'on y a trouvé (à la partie de la butte Montmartre nommée *Hutte au garde*), 1° des groupes de pyramides quadrangulaires produites par le retrait et signalées, pour la première fois, par MM. Desmarets et Constant Prévost; 2° un grand nombre de coquilles marines, d'espèces analogues à celles du calcaire grossier (*Calyptræa trochiformis*, *Turritella imbricataria*, *Crassatella lamellosa*,

Cardium porulosum, *Corbula gallica*, etc.) ainsi que des polypiers, des spatangues, des crabes, des dents de squales et des arêtes de poissons.

On a découvert, en outre, vers la partie inférieure de la troisième masse de gypse (à la hutte au garde), quelques végétaux qu'on suppose être des *Fucus*, et deux petits lits de véritable calcaire grossier marin, séparés par un banc de gypse contenant lui-même des coquilles marines.

La *seconde masse*, dans laquelle il n'a encore été trouvé aucun débris de coquille, à environ de 8 à 9 mètres d'épaisseur. Elle est composée d'une nombreuse alternance de lits de gypse, soit grenu, soit cristallisé, et de marnes comprenant la marne marbrée très-feuilletée qui se vend à Paris sous le nom de *pierre à détacher*. Ce dernier lit contient quelques rognons épars de strontiane sulfatée compacte.

La *première masse* (la supérieure) est la plus importante, tant pour la puissance que pour les corps organisés qu'elle contient.

Elle commence par un dépôt gypseux de 15 à 20 mètres de puissance, que les ouvriers nomment *haute masse*. On distingue, dans ce dépôt, un grand nombre de bancs à chacun desquels les carriers donnent un nom particulier, comme les *fleurs*, les *hauts-piliers*, les *crottes d'âne*, les *fusils*, etc. Ils sont principalement composés de gypse saccharoïde et de gypse sélénite (ou cristallisé). L'un des lits inférieurs (les fusils), renferme des sphéroïdes de silex qui semblent pénétrés par la matière gypseuse.

Au dessus de ces bancs de gypse sont plusieurs couches alternatives de marne et de gypse marneux (nommées *les chiens*), dans lesquelles on a trouvé d'énormes troncs d'arbres monocotylédones, transformés en silex et appartenant au genre *Endogenites* (*End. echinatus*, Ad. Br.).

Cette première masse, où l'on a reconnu un très-petit nombre de coquilles d'eau douce, est parfaitement caractérisée par la multitude d'ossements qu'on y trouve journellement, et dont il n'existe aucun vestige dans celles qui lui sont inférieures. Ces ossemens, comme on sait, appartiennent à des espèces perdues de mammifères, d'oiseaux, de reptiles et de poissons d'eau douce, décrits par Cuvier. Les principaux sont :

MAMMIFÈRES PACHYDERMES.

Palæotherium magnum. Palæotherium medium. Palæotherium crassum. Palæotherium latum. Palæotherium curtum. Palæotherium minus. Palæotherium minimum. Anoplotherium commune. Anoplotherium secundarium. Anoplotherium gracile. Anoplotherium leporinum. Anoplotherium murinum. Anoplotherium obliquum. Chæropotame, voisin du genre *Dichobunes*, *Adapis*.

MAMMIFÈRES CARNASSIERS.

Chien. Raton. Civette. Sarigues.

OISEAUX.

Trois ou quatre espèces.

REPTILES.

Un *Trionyx*, un *Crocodile*, etc.

POISSONS.

Brochet, *Spare*, etc.

Plusieurs substances minérales ont été reconnues dans le terrain gypseux du bassin de Paris; ce sont : 1° du Manganèse qui s'y présente, parfois, en petits mamelons, et plus souvent, sous forme de dendrites ou de taches noires; 2° du fer hydraté qui donne une teinte ocreuse aux parties de couches dans lesquelles il se trouve; 3° du soufre concrétionné en très-petite quantité; 4° du carbonate de chaux concrétionné (albâtre calcaire) qu'on trouve, en abondance, entre certaines couches de gypse où elles ont été sans doute formées à la manière des stalactites et des stalagmites qu'on voit dans la plupart des cavernes; c'est-à-dire que des eaux se sont infiltrées en découlant de la superficie du sol et qu'en pénétrant successivement les diverses couches marneuses qui recouvrent le gypse, elles se sont chargées de carbonate de chaux qu'elles ont déposé dans les premières cavités qu'elles ont rencontrées. 5° Enfin, nous avons signalé, le premier, l'existence de nombreux prismes de quartz hyalin implantés dans la variété de gypse, de Thorigny et de Lagny-sur-Marne, connu sous le nom d'*albâtre gypseux*.

Cet albâtre, généralement compacte et d'une grande blancheur, sert à faire de charmans objets d'ornement. Quant au gypse ordinaire, on sait qu'après avoir été réduit en plâtre, il se prête à une foule d'usages. Celui des environs de Paris est d'autant plus précieux, qu'il joint les avantages de la chaux à ceux du plâtre.

§ IX. Terrain des marnes supérieures au gypse et du travertin moyen.

Les masses de gypse qui forment l'objet du paragraphe précédent sont, tantôt recouvertes, tantôt remplacées par des marnes fluvio-marines, variant beaucoup de composition et surtout de puissance.

Montmartre est encore la localité des environs de Paris où ce terrain est le plus développé. On y voit environ trente-une couches de marnes, divisées en marnes fluviatiles et en marnes marines entre lesquelles s'intercale le travertin moyen. Nous allons indiquer les principaux caractères de ces trois assises.

Marnes fluviatiles.

Ces marnes, à Montmartre, reposent immédiatement sur le terrain gypseux ; elles commencent, en allant de bas en haut, par quatorze couches de marne légèrement gypseuses, contenant, à leur partie supérieure, des débris de poissons et quelques coquilles d'eau douce. Ces lits coquilliers correspondent à ceux qui sont à Pantin, si riches en Limnées, en Bulimes et en Planorbes.

Au dessus de cette première série de couches on voit, à Montmartre, cinq autres lits de marne de cinq à six mètres de puissance, ne contenant point de gypse, et dont les deux plus inférieurs présentent beaucoup d'intérêt; ce sont :

1° Une marne jaune feuilletée, d'environ un mètre de puissance, qui renferme, dans sa partie inférieure, une multitude de coquilles auxquelles on a donné les noms de *Cytherea convexa* et de *Cytherea plana*; mais M. Deshayes pense qu'elles appartiennent au genre *Glauconomya* de M. Gray, dont les espèces vivent dans les rivières de l'Inde; en sorte que ces prétendues cythérées, au lieu d'être des coquilles marines, ainsi qu'on le supposait jusqu'ici, seraient des coquilles d'eau douce, ce qui aurait, pour conséquence, de faire monter les marnes fluviatiles beaucoup plus haut que cette couche considérée comme le commencement de la formation marine supérieure au gypse. Ces coquilles sont, le plus souvent, accompagnées de Potamides; de Paludines; de petits corps en spirale, pris pour des Spirorbes, et qui sont probablement des Planorbes; de Cloportes; de crustacés nommés *Cypris faba*, que M. La Joye a retrouvés à Melun; et enfin, de débris de poissons voisins des Cyprins.

Ce lit coquillier est remarquable en ce qu'il se présente sur une étendue de douze à quinze lieues, en conservant toujours à peu près la même épaisseur; aussi les géologues le considèrent-ils comme tout-à-fait caractéristique.

2° Une marne d'un vert jaunâtre reposant sur la couche précédente, sous une puissance de quatre mètres. Cette marne est employée, dans quelques localités (Melun, etc.), à la fabrication des tuiles, des briques et même de la poterie. Elle renferme un assez grand nombre de rognons géodiques calcaires, dont l'intérieur est tapissé de cristaux de carbonate de chaux. On y trouve aussi des rognons de célestine (ou sulfate de strontiane), calcarifère, terreuse, présentant, assez souvent, dans leur intérieur, des retraits prismatiques sur les parois desquels sont implantés des cristaux aciculaires de célestine. Quand ces rognons sont un peu riches en strontiane, les artificiers s'en servent pour colorer quelques unes de leurs pièces en beau rouge.

La marne verte dont il s'agit caractérise encore mieux que la précédente l'étage que nous décrivons; c'est le banc le plus constant, comme le plus apparent; aussi les géologues le regardent-ils comme un excellent horizon géognostique des plus propres à faire reconnaître les terrains gypseux dont il est souvent le seul représentant dans la Brie.

Travertin moyen.

Les travaux exécutés à Pantin pour la construction des nouveaux forts, ont mis à nu un banc de calcaire d'eau douce (ou calc. siliceux) contenant beaucoup de coquilles fluviatiles et des rognons de silex brunâtre. Ce banc, qui a deux à trois mètres de puissance, est placé entre les marnes à coquilles fluviatiles précédentes et les marnes marines sur lesquelles reposent les grès dits de Fontainebleau; il forme, pour nous, le dernier dépôt ou le dépôt supérieur de l'assise des marnes et calcaire d'eau douce qui recouvre ordinairement le gypse (1). Or ce fait étant bien constaté, il devient facile maintenant de fixer rigoureusement la position du banc de calcaire d'eau douce (ou calcaire siliceux) qui, dans une foule de localités de la Brie (Melun, Montereau, Saint-Ange, Valvins, Champigny, Butte-du-Griffon, etc.), est placé immédiatement au dessous du grès supérieur, et au dessus d'une marne verdâtre ou jaunâtre. En effet, il est évident que ce travertin correspond parfaitement à celui de Pantin. Seulement le terrain gypseux, ainsi que les assises de marnes fluviatiles et marines, si développées à Pantin, et surtout à Montmartre, ne sont guère représentées dans la Brie, que par une ou deux couches peu épaisses de marnes, qu'on peut rapporter, généralement, au puissant banc de marne verte strontianienne de Montmartre.

Le travertin moyen de la Brie, dont la puissance dépasse rarement six mètres, renferme sur quelques points (à Melun, etc.), beaucoup de Limnées, de Planorbes et de petites Paludines. M. de Roys y a signalé, en outre (à Treusy), des graines de Palmier et une Hélice fossile qu'il rapporte à l'*Helix globulosa* de Zieten.

Ce travertin, quelquefois un peu bitumineux, contient, aussi sur quelques points, des nodules de fer hydroxidé; mais ce qui le rend bien plus intéressant, c'est qu'il est presque partout (à Rubrette, à Melun, à Montereau, à Train, à la Cour de France, à la Ferté-sous-Jouarre, etc.) couronné par des meulières qu'on exploite ainsi que le travertin et qui fournissent dans quelques lieux (la Ferté-sous-Jouarre, Montmirail), de très-bonnes meules de moulin.

Ces meulières, comme aussi celles qui existent au-dessus des grès et des sables dits de Fontainebleau, étant presque toujours à la surface du sol, on les a toutes confondues, jusqu'en 1833, avec les meulières supérieures. Mais à cette époque, M. Dufrénoy a parfaitement constaté qu'il en existe deux assises entre lesquelles s'intercalent les grès supérieurs; et, maintenant il faut en ajouter une troisième, pour celles qu'on trouve, en très-petit nombre, dans le travertin inférieur. Ainsi les meulières, comme les calcaires d'eau douce pourront désormais être divisées en inférieures en moyennes et en supérieures.

Les meulières moyennes diffèrent, en général, des meulières supérieures, en ce qu'elles sont, presque toujours, légèrement calcarifères, passant même, souvent, d'une manière insensible au calcaire travertin qu'elles recouvrent sur quelques points. Cela se voit très-bien, par exemple, à Melun, où M. La Joye nous a fait remarquer une variété de meulière très-curieuse par la multitude de végétaux indéterminables dont elle semble être presque uniquement composée.

(1) Notre coupe ayant été gravée avant l'entière rédaction de cet article, le travertin moyen s'y trouve placé, à tort, au milieu des marnes marines. Ce qui nous a conduit à commettre cette erreur, c'est qu'alors nous ignorions que les prétendues Cytherées, placées au dessous du travertin de Pantin, fussent réellement des coquilles fluviatiles et non des coquilles marines.

Nous terminerons la description de cette assise en rappelant que les calcaires siliceux, ou d'eau douce, de Champigny, considérés, d'abord, par M. Brongniart, comme inférieurs au terrain gypseux, ont été depuis rapportés, avec certitude, par M. Dufrénoy, au travertin moyen. Les calcaires d'eau douce de cette localité se présentent en masses non stratifiées, souvent pénétrées de silice, dans lesquelles on n'a point découvert de corps organisés; elles renferment, vers leur partie inférieure, des infiltrations assez nombreuses de calcaire spathique ou de calcédoine de diverses couleurs, formant souvent des géodes tapissées de cristaux de quartz. Le calcaire d'eau douce moyen de Champigny s'emploie à faire de la chaux maigre de très-bonne qualité.

Marnes marines.

Les marnes marines forment, à Montmartre, dix à douze couches plus ou moins calcaires ou argilifères, ayant environ quatre mètres de puissance. Elles renferment presque toutes des coquilles marines de diverses genres, mais surtout des Huîtres très-abondantes dans les couches supérieures qui deviennent, par fois, sablonneuses de manière à établir un passage entre elles-mêmes et les masses de grès (dit de Fontainebleau) qui les recouvre.

MM. Cordier et de la Jonquère ont signalé, il y a déjà long-temps, entre deux lits de ces Huîtres, une couche extrêmement mince, pétrie de petites Paludines (*Paludina thermalis*); ce qui parut alors d'autant plus remarquable, qu'on ne connaissait pas, comme maintenant, une multitude d'exemples du mélange des coquilles marines et des coquilles d'eau douce.

Ces marnes marines se retrouvent, avec quelques modifications, à Pantin et dans beaucoup d'autres localités (Buteau, Provins, Larchant, Saint-Ange, etc.); elles deviennent, sur quelques points, si calcaires et si compactes (Montmartre, Argenteuil, Montmorency, Moulignon, etc.) qu'on a cru pouvoir les employer pour la lithographie.

A Versailles, où cette assise existe aussi, MM. C. Prévost et Huot y ont retrouvé les groupes remarquables de pyramides quadrangulaires formés par retrait, que nous avons déjà cités dans la troisième masse de gypse de Montmartre.

Dans son nouveau cours élémentaire de géologie, M. Huot indique à Neaufle le vieux, près de Rambouillet, un banc de calcaire marin, d'un mètre d'épaisseur, appartenant à l'assise que nous décrivons, et qui peut être exploité comme pierre de taille. Ce qui rend surtout ce banc remarquable, c'est qu'il renferme un très-grand nombre de Milliolites que nous avons déjà vues en abondance dans le calcaire grossier. M. Huot ayant ajouté que, Neaufle-le-Vieux est la seule localité des environs de Paris, où il connaisse des Milliolites entre les grès dits de Fontainebleau, et les marnes vertes, nous rappellerons que, dans une course géologique faite, dès 1836, avec M. Elie de Beaumont, nous avons recueilli ensemble, à la cour de France, près Juvisy, des échantillons de calcaire à Milliolites placés entre un petit lit d'huîtres inférieur aux grès et un banc assez puissant de travertin moyen. Enfin, nous avons aussi trouvé ces petits fossiles dans le banc d'Huîtres de Montmartre, et MM. La Joye et de Roys, l'ont de même signalé dans un gisement analogue, le premier à Larchant et le second à Saint-Ange, près de Moret.

Voici la liste des principales espèces de fossiles reconnues dans l'assise des marnes marines supérieures au gypse.

Ostrea hippopus, Lamk. *Ostrea longirostris*, Desh. *Ostrea cochlearia*, Lamk. *Ostrea cyathula*, Lamk. *Ostrea spatulata*, Lamk. *Ostrea linguata*, Lamk. *Cytherea elegans*, Lamk. *Cytherea semisulcata*, Lamk. *Cardium obliquum*, Lamk. *Nucula margaritacea*, Lamk. *Natica patula* (très-caractéristique), Desh. *Cerithium plicatum*. *Cerithium cinctum*. *Milliolites*.

§ X. TERRAIN DES SABLES ET GRÈS DITS DE FONTAINEBLEAU,

(ou des sables et grès marins supérieurs.)

Ce terrain marin, reposant sur le précédent, constitue presque tous les sommets des buttes, plateaux et collines du bassin parisien (exemple Montmartre, le mont Valérien, Meudon, Fontainebleau, etc.) On pourrait, suivant M. Brongniart, le subdiviser en deux parties; l'une inférieure, souvent micacée, dans laquelle il n'a pas été trouvé de fossiles en place; l'autre, supérieure, non micacée, mais contenant beaucoup de coquilles marines.

La partie inférieure est généralement composée d'une puissante masse de sable quartzeux, tantôt plus ou moins jaunâtre ou rougeâtre, renfermant, quelquefois, une très-grande quantité de paillettes de mica (Feucherolles, Herleville, butte de Picardie, près de Versailles, etc.), tantôt très-blanc (Fontainebleau, Etampes) et exploité, alors, pour la fabrication du verre, de la porcelaine, etc.

Lorsque ces deux sortes de sables se trouvent réunis sur un même point, ils constituent des assises distinctes auxquelles on n'attribue pas le même mode de formation. Les sables micacés, placés à la partie la plus inférieure, sont considérés comme un dépôt de transport, tandis que les sables ordinaires, ainsi que les blocs et bancs de grès qu'ils supportent, semblent, au contraire, résulter d'une précipitation chimique.

Les bancs de grès, qui gisent dans la partie supérieure de ce terrain, sont d'une épaisseur très-variable. Ils présentent des surfaces rarement parallèles et sont, par suite, très-amincis, sur certains points. Il en résulte qu'un cours d'eau étant venu entraîner le sable sur lequel ils reposaient, ces bancs de grès ont dû se séparer en blocs nombreux qui, en perdant leur point d'appui, ont roulé sur le flanc des collines qu'ils couronnaient; c'est en effet ce qui s'observe très-bien dans quelques localités, notamment à Fontainebleau où la disposition de ces blocs est vraiment pittoresque.

Avec les grès, souvent colorés en rouge, par des infiltrations ferrugineuses, se trouvent ordinairement des lits très-minces de rognons irréguliers de fer hydroxidé sablonneux (Montmorency, Montagne de Train, mont Valérien) associé, dans certains cas, à d'autres substances métalliques.

En effet, M. Brongniart a lu à l'académie des sciences, en 1836, une note constatant que M. le duc de Luynes a observé, aux environs d'Orsay et de Palaiseau, des grès noirs dont l'analyse faite par M. Malagutti, a indiqué les résultats suivans :

Silice à l'état de sable. . . .	6,936
Deutoxide de Manganèse. . .	1,642
Peroxide de fer	0,748
Oxide de Cobalt.	0,008
Alumine.	0,202
Eau.	0,463
Traces de cuivre et d'arsenic	. . . .
	10,099.

Ce grès manganésifère, contenant de l'oxide de cobalt non encore signalé aux environs de Paris, forme à Orsay des veines plus ou moins épaisses dans les bancs de grès ordinaire. Au dessus des grès de la montagne de Train, près Moret, nous avons recueilli des rognons de grès noirs manganésifères semblables à celui d'Orsay et dans lequel se trouve peut-être aussi de l'oxide de cobalt.

Les grès sont loin d'être agrégés d'une manière uniforme. De l'état friable, on les voit passer successivement, dans la même masse, d'abord au grès dur ordinaire exploité pour le pavage des rues de Paris et des routes environnantes; puis, quelquefois, à un grès presque compacte, nommé *grès lustré* (Daumont et Belloy, Seine et Oise). Cette dernière variété est remarquable par sa légère translucidité, son éclat gras et luisant, sa cassure conchoïde, etc.

Sur quelques points de la forêt de Fontainebleau (carrières de Belle croix), la partie supérieure des grès a été complètement pénétrée d'infiltrations de carbonate de chaux. C'est de cette variété de grès calcarifère que proviennent les beaux groupes de cristaux rhomboèdriques qu'on possède dans presque toutes les collections de minéralogie. Ces cristaux sont, généralement, considérés comme le résultat d'une pseudomorphose de grès en carbonate de chaux inverse; mais M. Huot a cherché récemment à démontrer *qu'ils sont réellement cristallisés et qu'ils ont dû cette propriété au carbonate de chaux mêlé au sable blanc dans lequel ils se sont formés.*

Indépendamment de ces cristaux, le grès de Fontainebleau présente des concrétions de formes, parfois, si bizarres que l'une d'elles trouvée en 1823, près de Moret, a été prise pour un homme antédiluvien, pétrifié avec son cheval, et vendue comme telle plusieurs milliers de francs.

La partie supérieure des grès de quelques localités (Montmartre, Pantin, Nanteuil, le Haudoin) et quelquefois même les sables (Lorrez, Buteau), contiennent une assez grande quantité de coquilles marines, dont plusieurs sont analogues à celles des marnes supérieures au gypse. La liste suivante fera connaître, d'après M. Brongniart, les principales espèces reconnues dans ce terrain dont la puissance atteint jusqu'à près de 50 mètres:

Ostrea flabellula, Lamk. *Corbula rugosa*, Lamk. *Cytherea nitidula*, Lamk. *Cytherea lævigata*, Lamk. *Cytherea elegans*, Lamk. *Donax retusa*. Desh. *Crassatella compressa*, Lamk. *Pectunculus pulvinatus*, Lamk. *Melania costellata*, Lamk. *Cerithium cristatum*, Lamk. *Cerithium lamellosum*, Brug. *Cerithium mutabile*, Lamk. *Fusus longævus*, Lamk. *Oliva mitreola*, Lamk.

§ XI. Terrain du travertin supérieur (*ou calcaire d'eau douce supérieur*).

Ce terrain, complétement d'eau douce, est composé, dans son plus grand développement (ainsi que l'indique notre coupe), de deux assises de travertin séparées par des argiles à meulières.

L'assise inférieure repose immédiatement sur les sables et grès dits de Fontainebleau. Très-souvent elle n'est indiquée que par des rognons de calcaires disséminés sur le sable (Rubrette, montagne de Train); mais, dans quelques localités, elle constitue de véritables bancs. Ainsi dans la forêt de Fontainebleau sur la route de Paris, ce dépôt de calcaire lacustre, exploité, s'y présente avec une puissance de 10 mètres. On y reconnaît une quinzaine de couches dont quelques unes très-bitumineuses et contenant, la plupart, des coquilles d'eau douce (Limnées, Planorbes).

Les couches supérieures de cette assise de travertin sont, parfois, imprégnées de silice qui donne, à certaines parties du calcaire, un aspect meuliériforme, ce qui a également lieu pour les travertins inférieurs et moyens déjà décrits. Les divers étages de calcaire lacustre ou d'eau douce des environs de Paris, présentent un autre caractère commun dont nous n'avons pas encore parlé. Ils sont fréquemment, criblés de petites tubulures sinueuses, perpendiculaires aux couches, et qu'on suppose avoir été produites par un dégagement de gaz à travers la matière calcaire encore à l'état pâteux.

Sur quelques uns des points les plus élevés de la Brie, le dépôt de travertin précédent est recouvert d'argiles, verdâtres, jaunâtres ou blanchâtres, avec sable ferrugineux.

Au dessus de ces mêmes argiles M. Constant Prévost a signalé, en 1837, (aux buttes de Fromont de Rumont et de Bromeilles, près de Malesherbes) l'existence d'une nouvelle assise de travertin, renfermant beaucoup d'*hélix*, et qu'il considère comme le calcaire supérieur de la Beauce; mais, dans une multitude de localités des environs de Paris (Meudon, Limours, Orsay, etc.), il ne reste plus que quelques témoins de ces deux assises de calcaire d'eau douce ou même elles manquent complétement et le terrain du travertin supérieur n'est plus représenté que par les argiles dont nous venons de parler.

Elles ont reçu la dénomination d'*argiles à meulières*, parce qu'en effet elles enveloppent, ordinairement, dans toute leur masse des silex meulières presque toujours à l'état de fragmens ou de blocs disposés sans ordre et provenant, sans doute, de bancs brisés par des causes qui ne sont pas encore parfaitement connues.

Les silex meulières, ainsi nommés parce qu'ils fournissent (au village des Mollières, près Rambouillet) de très-bonnes meules à moulin (ils sont aussi fort employés pour la construction), se présentent sous des couleurs et sous un aspect très-variés. Le plus ordinairement ils sont rougeâtres et caverneux; ce sont les *meulières* proprement dites qui ne contiennent point de fossiles et dont les variétés blanchâtres ou bleuâtres sont les plus estimées; mais il existe, en outre, beaucoup de silex meulières (ou *molaires*) compactes, tantôt blanchâtres ou jaunâtres, tantôt bleuâtres ou verdâtres.

Ces meulières compactes renferment de nombreuses coquilles univalves, toutes d'eau douce ou terrestres, telles que des Limnées, des Planorbes, des Cyclostomes, etc. (Montmorency, Triel). On y trouve, aussi, beaucoup de végétaux, notamment des graines de Chara (ou Gyrogonites) végétal, que nous voyons croître encore actuellement dans les eaux douces peu profondes. Les principaux fossiles du Terrain de travertin supérieur sont d'après M. Brongniart :

VÉGÉTAUX.

Chara medicaginula, Leman. (*Gyrogonite*, Leman.) *Chara helicteres*, Ad. Brong. *Nymphœa arethusæ*, Ad. Brong. *Carpolithes* (plusieurs espèces). *Exogenites* (plusieurs espèces). *Lycopodites squammatus*, Ad. Brong.

MOLLUSQUES.

Cyclostoma elegans antiquum, Brong. *Potamides Lamarckii*, Brong. *Planorbis rotundatus*, Brong. *Planorbis cornu*, Brong. *Planorbis Prevostinus*, Brongn. *Limnœa cornea*, Brong. *Limnœa fabula*, Brong. *Limnœa ventricosa*, Brong. *Limnœa inflata*, Brong. *Bulimus pygmœus*, Brong. (*Paludina pygmœa*, Desh.) *Bulimus terebra*, Brong. (*Paludina terebra*, Desh.) *Pupa Francii*. *Helix Lemani*, Brong. *Helix Desmarestina*, Brong.

III. TERRAINS DE LA PÉRIODE ALLUVIALE.

§ I. TERRAIN DU GRAND ATTÉRISSEMENT DILUVIEN.

Cet étage, que M. Brongniart a nommé terrain de transport (*diluvium* ou terrain diluvien de quelques géologues), est, ainsi que l'a dit ce savant, antérieur aux temps historiques et, probablement, à la dernière révolution qui a donné à nos contrées leur forme et leur étendue actuelle.

Il est situé sur des points que n'atteignent plus nos cours d'eau (la Seine, la Marne, etc.), qui ne peuvent d'ailleurs, dans leurs plus grands débordemens entraîner que des masses de roches très-peu volumineuses comparativement à celles que renferme le terrain diluvien.

Placé immédiatement au dessous de la terre végétale sous une puissance qui varie entre deux et huit mètres ce terrain est généralement composé de sables, de graviers, de nombreux cailloux roulés, constatant un transport violent et rapide. On y trouve aussi des blocs erratiques de grès et de meulières souvent si considérables qu'on aurait peine à concevoir un cours d'eau assez puissant pour les avoir charriés où nous les voyons aujourd'hui; ainsi, par exemple, des travaux exécutés, non loin du pont de Sèvres, ont fait trouver, dans le dépôt de gravier, un grand nombre de blocs dont plusieurs avaient jusqu'à douze mètres cube; et maintenant on y voit encore, à la surface du sol, plusieurs de ces blocs qui ont plus de deux mètres de diamètre.

Parmi les graviers et galets transportés, quelquefois à de très-grandes distances, dans le sens du cours d'eau de la Seine, on reconnaît des débris 1° de presque toutes les roches qui constituent les divers terrains parisiens (grès de Fontainebleau, calcaire d'eau douce de la Brie, calcaire grossier, meulières, silex de la craie, etc.), 2° de calcaire compacte lithographique, arrachés évidemment, aux terrains jurassiques de la Bourgogne; 3° de roches primordiales (granite, gneiss, syénite, protogyne, etc.), que M. Elie de Beaumont a signalées comme identiques avec les roches constituant les montagnes du Morvan, d'où, par conséquent, elles ont dû être entraînées par les eaux, en suivant la vallée de l'Yonne qui, à Montereau, se réunit à celle de la Seine.

Ce terrain se voit dans une foule de localités des environs de Paris, il nous suffira de citer le bois de Boulogne, la forêt de Saint-Germain, les plaines de Grenelle, de Nanterre, etc.

Indépendamment de ce dépôt de galets que M. Brongniart a nommé terrain détritique, le terrain du grand attérissement diluvien comprend les couches de limon qui ont comblé certaines cavités ou vallées anciennes à la place desquelles on voit, aujourd'hui, des plateaux beaucoup plus élevés que le lit de la Seine.

Tel est par exemple le curieux dépôt découvert dans la forêt de Bondy près de Sevran à l'époque où le creusement du canal de l'Ourcq y a fait pratiquer une profonde tranchée. On a trouvé, dans ce limon, avec de gros troncs d'arbres, des os d'Eléphant, du grand Elan d'Irlande (*Cervus giganteus*) et d'autres quadrupèdes appartenant, soit à des espèces perdues soit à des genres qui ne vivent plus dans nos contrées; mais, jusqu'ici, l'on n'a découvert, dans ce terrain, aucun débris d'ossemens humains, ni d'objets fabriqués par la main des hommes.

§ II. TERRAIN DES ALLUVIONS FLUVIATILES.

Ce terrain a, quant à sa composition minérale, quelqu'analogie avec le terrain précédent; mais il en diffère beaucoup quant à son âge et à sa position géologique.

En effet, il a commencé à se déposer postérieurement au grand cataclysme auquel nos contrées doivent leur configuration actuelle. Il continue à se former tous les jours, sous nos yeux, et constitue le fond de nos vallées.

Les alluvions fluviatiles sont principalement composées de sables fins et de limon ou matière marneuse souvent noirâtre, provenant des terrains antérieurs et tenus plus ou moins de temps, en suspension dans les cours d'eau qui les ont transportées où nous les voyons aujourd'hui.

Ce terrain, dont dépendent les amas de tourbe (accumulation de végétaux herbacés) qu'on voit sur quelques points, où séjournent les eaux, renferme de nombreux débris non pétrifiés d'animaux et de végétaux, vivant encore dans nos contrées. On y trouve, aussi, des ossemens humains et beaucoup d'objets façonnés de main d'hommes. Tel est par exemple la pirogue déterrée en 1808 dans l'île des Cygnes lorsqu'on y creusait les fondations du pont de Grenelle.

Comme exemple de ce terrain, le plus superficiel du sol parisien, on peut citer : 1° le lit et les rives de la Seine et de la Marne. 2° Presque toutes les petites îles que forment ces rivières; 3° Enfin la vallée d'Essone qui présente un beau dépôt de tourbe exploitée comme combustible et dans laquelle on a trouvé des débris d'animaux, tels que des os et des défenses de sanglier, des bois de cerf et de chevreuil, des coquilles fluviatiles, etc.

En terminant ici notre article sur le bassin géologique de Paris, nous rappelerons que le peu d'espace qui nous était accordé ne nous a pas permis de mentionner une multitude de détails qui devront trouver place dans un traité complet sur cette matière. Par le même motif, nous n'avons pas cru devoir faire l'historique des nombreuses hypothèses à l'aide desquelles les géologues ont cherché à expliquer tous les faits que nous avons mentionnés; néanmoins nous en avons dit quelques mots et nous espérons avoir atteint notre but, qui était de présenter une description abrégée, mais à la hauteur des connaissances actuelles, des divers terrains parisiens qui, bien qu'étudiés depuis fort longtemps par les géologues de la capitale, donnent encore lieu chaque année à des découvertes intéressantes, qui très-probablement ne seront pas de longtemps épuisées. (Ch. d'Orbigny.)

PARISETTE, *Paris*. (bot. phan.) Genre de plantes monocotylédones de la famille des Asparaginées, selon le plus grand nombre des botanistes, et de l'Octandrie tétragynie de Linné. Cependant plusieurs de ses caractères l'éloignent assez suffisamment de cette famille et ont engagé récemment un auteur moderne, (Dumortier) à en faire le type d'une nouvelle famille, dans laquelle il réunit à ce genre le *Trillium* et le *Gyromia*, et qu'il place non loin des Nelumbonées de Decandolle. Déjà Loiseleur de Long-Champs avait fait pressentir cet utile changement en la réunissant aux Asphodélées. Ce n'est point ici le lieu de discuter les objections qu'on pourrait élever contre cette nouvelle famille, les bornes de ce livre nous en empêchent; nous nous contenterons d'ajouter qu'elle nous semble heureusement inventée et assez naturelle; seulement sa place n'est point encore suffisamment déterminée.

Les Parisettes sont des plantes herbacées, grêles, peu élevées, à feuilles verticillées, à tige simple et terminée par une seule fleur. Elles sont peu intéressantes et sont douées de qualités fort suspectes. On en connaît à peine quatre à cinq espèces dont une seule croît en France et que nous allons décrire. Voici d'abord les caractères du genre.

Périanthe double (unique selon quelques uns), l'extérieur quadrifide; l'intérieur à quatre divisions (le nombre des divisions du double périanthe varient de trois, six, sept à huit et même neuf; souvent on en compte cinq; ceci se voit surtout dans l'espèce Européenne); huit étamines; quatre pistils; fruit bacciforme à quatre loges polyspermes, renfermant chacune six à huit graines disposées sur deux rangs.

Parisette a quatre feuilles, *Paris quadrifolia*, Linn. Vulgairement herbe à Paris, raisin de Renard, étrangle-loup. Racine horizontale, un peu noueuse, vivace, garnie de quelques fibrilles, produisant une tige droite, très-simple, nue inférieurement, glabre, haute de six à dix pouces ou à peine plus, et portant au sommet quatre (quelquefois cinq, six, sept et huit ou même seulement trois) feuilles disposées en un seul verticille, elliptiques, acuminées, rétrécies à la base, très-entières et marquées de cinq nervures très-fines; du centre de ce verticille s'élève un pédoncule (continuation régulière de la tige ou hampe) simple, haut de deux pouces environ et terminé par une fleur unique; périanthe double, de couleur verdâtre et de grandeur moyenne; l'extérieur composé (ordinairement) de quatre folioles (sépales) lancéolées et dépassant en longueur les pétales; l'intérieur de quatre divisions (pétales) linéaires; étamines en nombre double des pétales, à anthères linéaires adnées à la partie moyenne des filamens; ovaire supère, globuleux, tétragone, portant quatre styles à stigmates simples; pour fruit une baie, d'un noir violacé à quatre loges polyspermes, dont les graines sont disposées sur deux rangs.

La Parisette à quatre feuilles croît spontanément en France et en Europe sur les côteaux boisés et montueux. On la trouve fréquemment aux environs de Paris, à Bondy, Montmorency, Meudon, etc.

Les anciens auteurs se sont beaucoup occupés de cette plante, à laquelle ils attribuaient faussement de grandes vertus. Pena et Lobel en préconisaient l'emploi, comme antidote contre les poisons corrosifs. D'autres la recommandaient contre la folie, la peste, l'épilepsie, etc. Aujourd'hui, où on juge plus sainement des choses, on a à peu près abandonné l'emploi de cette plante, à laquelle on reconnaît cependant des qualités actives, mais suspectes, et qui demanderaient de nouvelles et sévères expérimentations, par exemple, on soupçonne qu'elle est narcotique. Toute la plante en effet exhale une odeur un peu nauséeuse; tous les bestiaux la repoussent à l'exception, dit-on, des moutons, et Gesner prétend même qu'elle est un poison pour la gent gallinacée. Cependant on a donné avec succès ses feuilles réduites en poudre, à la dose d'un scrupule, à des enfans de dix à douze ans, contre la coqueluche, mais il est mieux dans l'état actuel de nos connaissances, de s'abstenir de l'employer; du moins jusqu'à ce que la chimie nous ait éclairé sur les principes immédiats qu'elle recèle. (C. Lem.)

PARISIOLLE, *Trillium* (bot. phan.) Les régions septentrionales du continent américain nous ont fourni sous ce nom un genre de plantes monocotylédonées, à fleurs incomplètes, de l'Hexandrie trigynie et de la famille des Asparaginées. On les cultive dans quelques jardins de l'Europe plutôt comme sujets de curiosité que comme végétaux d'ornement ou même d'agrément. Les Parisiolles sont munies de racines blanches, vivaces, charnues, tubéreuses, avec beaucoup de petites fibres; d'une hampe nue dont la hauteur varie de seize à vingt centimètres, terminée dans sa partie supérieure par un bouquet de trois feuilles d'un vert foncé, disposées en verticille, du centre duquel s'élève une seule fleur plus ou moins grande. Les signes caractéristiques de cette fleur sont d'offrir constamment le nombre trois dans chacune de ses parties: un calice ouvert à trois divisions alternes, extrêmemement étroites; une corolle à trois pétales entourant un ovaire à trois loges, obrond et supère; six étamines; trois styles surmontés par trois stigmates; une baie obronde, succulente, triloculaire et polisperme; semences arrondies et brunes.

Long-temps confondues avec les Solanées, d'après Bauhin, Plukenet, Morison, etc., les Parisiolles ont été constituées en genre et nommées *Trillium* par Miller; elles ont été d'abord appelées *Paris* par Gronovius et par le législateur de la botanique moderne; puis, le genre du célèbre horticulteur anglais a été depuis adopté par Linné, par Persoon et à leur exemple par tous les botanistes. Les Parisiolles se plaisent dans les bois ombragés et dans tous les lieux frais. Nous en connaissons cinq espèces, la Parisiolle penchée, *T. cernuum*, L. à la fleur d'un vert blanchâtre en dehors et d'un pourpre foncé en dedans; elle se montre en avril. La Parisiolle droite, *T. erectum*, L. dont la hampe plus élevée part d'un bulbe arrondi; sa fleur est aussi plus grande et ses divisions sont aiguës. La Parisiolle a baie oblongue, *T. erythrocarpum* de Michaux, se fait remarquer par son fruit d'un rouge vif écarlate; elle provient de la baie de Hudson et des hautes montagnes du Canada. La Parisiolle naine, *T. pusillum* du même botaniste, est la plus petite du genre et son calice, comme les pétales de sa corolle sont d'une couleur de chair très-douce. L'espèce la première cultivée et la plus répandue, la Parisiolle sessile, *T. sessile*, abonde dans les deux Carolines, la Virginie et la Pensylvanie. Sa hampe empourprée porte trois larges feuilles maculées de blanc comme celle de la Pulmonaire, *Pulmonaria officinalis*, L., terminées en pointes, prenant une situation horizontale et se courbant un peu en dessous; elles sont d'un vert assez foncé et servent de berceau à une fleur sessile dont le calice est verdâtre, strié, sali de rouge obscur, tandis que ses pétales longs, étroits à la base, élargis vers le sommet, se montrent d'un rouge foncé, sur lequel tranche le violet de ses six étamines presque pétaliformes. La baie qui lui succède est d'un pourpre noirâtre.

On multiplie les Parisiolles de graines, qu'il faut avoir le soin de mettre en terre aussitôt après leur maturité. La hampe disparaît entièrement en juillet. (T. d. B.)

PARKIE, *Parkia*. (bot. phan.) Genre fort intéressant de la famille des Mimosées (démembrement très-rationnel de celle des légumineuses, qui n'existe pour ainsi dire plus, et qui a été divisée en plusieurs autres très-naturelles; celle qui la remplace exactement est la famille des Papilionacées ou Légumineuses) établi par le savant Robert Brown, sur l'*Inga biglobosa* de Wildenow et probablement aussi celui de Palissot de Beauvois (Flore d'Oware), et qu'il caractérise ainsi:

Périanthe double; l'extérieur longuement cylindracé, glabres, à trois divisions inégales, imbriquées avant la floraison; l'intérieur à cinq segmens égaux, connivens, tomenteux, dépassant à peine les divisions calicinales; étamines au nombre de dix, subhypogynes, monadelphes à la base; fruit (légume) polysperme, coriace, indéhiscent, rempli d'une pulpe farineuse et comestible, graines comprimées, à hile linéaire, allongé.

Les Parkies ont des arbres dépourvus d'épines, à feuilles bipennées, à pennules nombreuses, multifoliolées, accompagnées de petites stipules, à fleurs disposées en épis pédonculés, oblongs, pourvus vers leur milieu d'un étranglement qui fit donner à la plante le nom qu'elle porte. Ce genre, qui rappelle à la mémoire le célèbre voyageur Mungo-Parck, ne contient jusqu'ici que l'espèce que nous allons décrire.

Parkie d'Afrique, *Parkia africana*, R. Brown, Observ., pl. coll. b. Oudn. Rich. Guill, et Perr., Fl. Seneg. *Ingla biglobosa*, Paliss. Beauv. Willd.

Grand et bel arbre de quarante à cinquante pieds de hauteur, à rameaux forts, diffus, dont l'écorce de couleur cendrée, est couverte de cicatrices; feuilles composées de quinze à vingt paires de pinnules et au-delà, formées elles-mêmes d'un très-grand nombre de folioles très-petites, linéaires, obtuses, glabres, inégales à la base, pubescentes en dessous; pétiole commun tomenteux, pourvu d'une glande notable à la base et d'une autre au sommet; épis de fleurs très-gros, oblongs, cylindriques vers la base et pourvus au milieu d'un double renflement globuleux qui les fait paraître comme étranglés; pédoncules axillaires et terminaux, pendans, longs quelquefois de trois pieds; fleurs d'un beau pourpre; légume pédicellé, allongé, étroit, légèrement comprimé, falciforme, de douze à seize pouces de long sur six à sept lignes de large; cotylédons épais, farineux et comestibles.

Cet arbre vraiment remarquable fut d'abord découvert et décrit par Palissot de Beauvois, qui l'observa dans le royaume d'Oware. Plusieurs autres voyageurs le retrouvèrent depuis, entre autres MM. Leprieur et Perrotet, sur les bords de la Gambie; tout récemment le major Clapperton et Caillié l'ont rencontré dans la Nigritie centrale, dont les habitans lui donnent le nom de Néété ou Nédé, et Nesnetty. Voici ce qu'en dit particulièrement M. Perrotet. «Le Parkia est l'une des plan-

» tes les plus agréables à l'œil; ses fleurs forment » des boules d'un rouge éclatant, rétrécies à la » base et semblables aux pompons militaires, La » partie cylindracée de ce pompon ne se compose » que de fleurs mâles par avortement. Les fruits » renferment une pulpe jaunâtre, sucrée, entourant » les graines. Celles-ci sont ovales et contiennent » des cotylédons farineux, comme les graines de nos » légumineuses comestibles. La pulpe est recher- » chée par les nègres Mandingues qui en prépa- » rent une boisson rafraîchissante fort agréable. »

Selon M. Caillié, les nègres font un grand usage des graines de cet arbre, qu'ils font torrifier, et boivent en infusion, en guise de café. Clapperton rapporte qu'on les fait fermenter dans l'eau après les avoir torréfiées et concassées, et que, dès que la putréfaction commence, on les lave avec soin et on en fabrique des gâteaux dont on se sert comme assaisonnement pour toutes sortes de mets. (C. Lem.)

PARKINSONIE, *Parkinsonia*. (bot. phan.) Le sous-ordre des Césalpiniées, créé par Decandolle dans la famille si nombreuse des Légumineuses, a été dans ces derniers temps érigé lui-même en famille distincte, et non sans raison par Bartling, et adopté comme telle par beaucoup de botanistes, sous le nom même du sous-ordre; l'auteur en outre l'a partagée en deux sections, les Césalpiniées vraies et les Geoffroyées; cette dernière section avait aussi été indiquée par Decandolle comme tribu. Tout en reconnaissant que Bartling a été souvent heureux et naturel dans ses coupes, et comme ce n'est point ici le lieu de discuter leur plus ou moins de mérite, nous nous contenterons de blâmer ici le nom appliqué à sa première classe, les Calophytes, nom vague et sans portée; que signifie en effet le mot *belle plante*, traduction littérale de Calophytes; ce nom est selon nous un non-sens; il y a certes autant de belles plantes dans les autres classes que dans celle-ci; mais revenons à notre sujet.

Le Parkinsonia, qui fait partie de la famille (ou sous-ordre parmi les Légumineuses ou Papilionacées comme on voudra) des Césalpinées, a été fondé par Plumier et adopté par Linné (qui le plaçait dans sa Décandrie monogynie) et tous les auteurs qui l'ont suivi. Il est limité jusqu'ici à une seule espèce fort intéressante que nous allons décrire.

Voici d'abord les caractères constitutifs du genre (et de la plante en particulier).

Périgone (même chose que Périanthe) double; l'externe de cinq sépales égaux, ouverts et réfléchis, caducs, colorés, légèrement soudés à la base; l'interne de cinq pétales, planes, ovales, très-ouverts, le supérieur arrondi, longuement onguiculé et dressé, les quatre inférieurs subsessiles; dix étamines subdéclinées, un peu plus longues que l'onglet du pétale supérieur; ovaire, cylindrique; style filiforme, un peu ascendant, à stigmate obtus; légume linéaire-oblong; acuminé aux deux extrémités, bivalve, toruleux vers les graines, comprimé entre elles; graines oblongues, à endoplèvre renflé; radicule ovale; cotylédons oblongs, hile linéaire.

La seule Parkinsonie connue est un grand arbrisseau à feuilles pinnées, à rameaux épineux, indigène dans l'Amérique méridionale; c'est la

Parkinsonie épineuse, *Parkinsonia aculeata*, Linn. Jacq. Arbrisseau de huit à douze pieds et plus de hauteur, à tronc dressé, porteur de rameaux nombreux effilés et flexibles, dont le bois est blanc et cassant, munis de nombreuses épines (ou aiguillons) rectilignes, solitaires ou ternées; feuilles fasciculées, pinnées, multifoliolées, simples; pétiole commun long d'un pied et plus; folioles petites, oblongues, opposées, ovales, diminuant de grandeur en raison de leur proximité du sommet du pétiole particulier; fleurs très-belles, très-remarquables, rappelant un peu celles des *Poinciana*, et disposées en grappes simples, axillaires, lâches, terminales subdécemflores (portant dix fleurs environ). Elles exhalent une odeur assez agréable; leur périanthe externe est urcéolé, les pétales un peu ridés, jaunes, le supérieur panaché d'un beau rouge, les étamines un peu velues à la base; le légume long, aigu, comprimé, à deux valves est remarquable par les étranglemens qui le rendent toruleux.

En Amérique et particulièrement dans les Antilles, on se sert fréquemment de ce bel arbrisseau pour en former des haies, des clotures, non seulement fort solides, impénétrables, à cause de la fréquence et de la force de leurs longues épines, mais inappréciables surtout par le charmant aspect qu'elles présentent, étant couvertes de fleurs en toutes saisons. Elles ont en outre le mérite fort grand de prendre très-vite un grand accroissement. (C. Lem.)

PARMACELLE, *Parmacella*. (moll.) Ce genre établi par Cuvier (Ann. du Muséum, t. V, p. 442), a été placé par lui dans l'ordre des Pulmonés à côté des Limaces dont il diffère fort peu, autant par les caractères extérieurs que par la structure intérieure. Ce genre dont on ne connaissait, lorsqu'il fut créé, qu'une espèce apportée, par Olivier, de la Mésopotamie, s'est enrichi depuis de deux autres. Un peu plus tard, M. de Férussac en décrivit du Brésil une nouvelle, dont il a fait faire à M. de Blainville une excellente anatomie publiée dans son grand ouvrage sur les Mollusques, et dernièrement enfin une espèce nouvelle et d'Europe vient d'être publiée dans le Magasin zoologique de M. E. Guérin-Méneville, par MM. Webb et Vanbeneden; les caractères assignés au genre par les auteurs, sont: corps ovale, assez peu bombé, largement gastéropode, couvert d'une peau épaisse formant dans le tiers moyen du dos un disque charnu, ovale, libre en avant, dont la partie postérieure contient une très-petite coquille qui montre déjà un commencement de spire; orifice pulmonaire au bord droit et postérieur du disque; anus du même côté sous le bord libre de la même partie; orifice de l'appareil générateur unique en arrière du tentacule droit; quatre tentacules qui entrent et qui sortent à la manière de ceux des

Limaces. Les mœurs de ces animaux paraissent parfaitement semblables à celle de nos Limaces; ils sont herbivores et terrestres. Nous allons décrire les trois espèces connues.

Parmacelle d'Ollivier, *Parmacella Ollivieri.* Cuv. Ainsi nommée du nom du voyageur qui l'a découverte, elle a été la première du genre connue, et c'est elle par conséquent qui en est le type. La partie postérieure est amincie, carénée dans son milieu; le bouclier est libre antérieurement, et en avant de lui, sur le dos, se dirigeant sous la tête, règnent trois sillons parallèles dont celui du milieu est double. La couleur de cette espèce n'a pas été désignée, altérée qu'elle a dû être par l'alcool dans lequel on l'avait conservée.

Parmacelle de Taunay, *P. Taunaisii*, Férus. Cette espèce, qui vient du Brésil, se distingue des deux autres par l'absence de sillon sur la partie antérieure du dos et par la brièveté de l'extrémité postérieure, qui n'est jamais carénée.

Parmacelle Valencienne, *P. Valenciennii.* C'est le nom que lui ont donné Webb et Vanbeneden, dans le Magasin zool., 1836, cl. V, pl. 75, 76. Elle a été trouvée en Portugal sur les collines calcaires qui sont derrière Lisbonne; elle paraît se nourrir des jeunes pousses du *cochlearia acaulis*, qui vient en abondance dans ces collines. Cette espèce est d'un jaune un peu rougeâtre; la queue est courte, tranchante; la coquille est mince, fragile, spatulée, olivâtre; les sillons du dos de l'animal ne sont plus parallèles; les externes, bientôt après leur naissance, se contournent vers le pied, d'où ils remontent vers la tête pour se terminer comme dans la Parmacelle d'Ollivier. Nous avons reproduit la figure du Magasin de zoologie, dans notre Atlas, pl. 463, fig. 1, a, b. (Gerv.)

PARMÉLIACÉES. (bot. crypt.) Lichens. Famille établie par lui et renfermant les Lichens foliacés des auteurs.

Dans les Parméliacées, le thalle est à surfaces dissemblables; il est appliqué ou étendu en folioles membraneuses; plongé dans l'eau, il ne devient point gélatineux; l'apothécie est scultelloïde, marginé et libre sur ses bords.

Les Parméliacées vivent sur les roches, les écorces, les pierres, etc., où elles adhèrent fortement par l'intermède de crampons fibrillaires qui pénètrent plus ou moins profondément dans les anfractuosités des corps qui leur servent de support.

Les Parméliacées sont divisées en deux sous-ordres, les *Imbricaires* et les *Stictes*, et ces deux sous-ordres renferment quatre genres, les *Parmelia* et les *Circinaria* pour le premier sous-ordre, et les *Sticta* et les *Peurocarpon* pour le second. Les espèces qui constituent les *Imbricaires* sont disposées en rosettes, leurs folioles divergent du centre à la circonférence, et leur surface inférieure n'offre pas de cyphelles; les *Stictes*, au contraire, se présentent sous forme de larges expansions lobées, arrondies; leur surface inférieure est munie de cyphelles ou de taches discoïdes. (F. F.)

PARMÉLIE, *Parmelia.* (bot. crypt.) Lichens. Les caractères du genre Parmélie, créé par Acharius et adopté par Fée, sont les suivans: thalle membraneux, cartilagineux ou coriace, disposé en rosettes, formé de laciniures lobées, muni de fibrilles en dessous, quelquefois presque nu; apothécie orbiculaire (scutelle), sous-urcéolé, ayant une marge plus ou moins apparente, une lame poligère discolore; il est attaché au centre et libre vers sa circonférence.

Les Parmélies vivent ordinairement sur les végétaux qui commencent à se décomposer; il est rare qu'on les rencontre sur la terre et sur les feuilles vivantes. L'Europe, l'Amérique septentrionale fournissent un grand nombre de ces Lichens. Plusieurs sont employés comme matière tinctoriale; nous ne citerons que les deux suivans:

1° Parmélie des Rochers, *Parmelia saxatilis* de Acharius, qui se présente sous forme de rosettes sur les vieux troncs d'arbres et aussi, mais plus rarement, sur les pierres, dont le thalle est grisâtre, rude, marqué d'enfoncemens disposés en réseau, fibrilleux et noir en dessous; qui a des laciniures imbriquées, sinuées, lobées, planes et dilatées, des apothécies éparses et roussâtres, une marge crénelée, etc. Suivant une opinion ancienne et erronée, cette espèce était l'usnée de crâne humain, usnée qui jouissait de grandes vertus médicinales, surtout quand elle provenait de crânes appartenant à des suppliciés abandonnés à l'air infect des fourches patibulaires. Inutile de dire que le temps a fait justice d'une aussi grossière absurdité.

2° La Parmélie glandulifère, *Parmelia glandulifera* de Fée, qui a un thalle imbriqué, divisé à l'infini, sous-orbiculaire, cendré et fibrilleux inférieurement; des laciniures étroites, linéaires, glabres, fendues sur leurs extrémités, recouvertes de glandules très-noires; des apothécies fixées au centre; un disque brunâtre, presque plane, à marge grisâtre, glandulaire, etc. Cette espèce, très-commune sur les écorces du *Quinquina condaminea* est très-voisine de la *Parmelia coronata* de Fée.

La création du genre *Parmelia*, un des plus importans, sans contredit, de la famille des Lichens, et dans lequel rentrent presque en totalité les genres *Lobaria* et *Imbricaria* de Decandolle, *Squamaria*, *Prora*, *Lobaria*, *Placodium* et *Plastima* d'Hoffmann, *Imbricaria*, *Physcia* et *Lobaria* de Schreber, renverse, dit M. Fée, les idées propres à perfectionner la loi des analogies, et confond ensemble tous les Lichens. En effet, ajoute M. Fée, sans nier la possibilité des transformations établies par Meyer, ces transformations sont-elles assez nombreuses pour en faire des genres? peut-on les admettre toutes? Les travaux nombreux auxquels elles ont donné lieu enrichissent-ils la science? Non; car tous les Lichens sont loin d'être connus; non encore, car depuis l'immortel Linné jusqu'à nos jours, beaucoup de méthodes proposées ont été détruites, beaucoup de genres établis ont été renversés. (F. F.)

PARMAPHORE, *Parmaphorus.* (moll.) Ce genre

genre de Mollusque gastéropodes, créé par M. de Blainville et classé par lui dans l'ordre des Cervico-branches, a été rapporté par Cuvier dans l'ordre des Scutibranches. Denis de Montfort le sépara le premier des Patelles sous le nom de Pavois (*Scutus*); mais M. de Blainville créa véritablement le genre, en le faisant connaître d'après son anatomie et ses véritables rapports zoologiques; il est aujourd'hui généralement adopté. Les naturalistes de l'astrolabe ayant eu à examiner un assez grand nombre de ces animaux, dont ils ont donné de bonnes figures et d'excellens détails anatomiques, ne diffèrent pas sur les caractères du genre assigné par le savant professeur; ils ajoutent seulement des particularités qu'il n'était pas donné à M. de Blainville de connaître. Voici ces caractères : corps épais, ovale, peu bombé, couvert à la partie supérieure du dos d'une coquille antérieure à bords retenus dans un repli de la peau; le manteau dépasse tout le corps se repliant même sur la coquille qu'elle recouvre latéralement dans une assez grande étendue; la tête est grosse, à mufle saillant en forme de trompe, ovale, portant à sa base deux gros et assez longs tubercules au côté externe desquels se trouvent les yeux sur deux renflemens cylindriques; la coquille est allongée, déprimée, clypéiforme, à sommet bien postmédial, à bords latéraux, droits, parallèles, le postérieur arrondi, l'antérieur plus ou moins échancré; elle recouvre les organes digestifs, le cœur et la cavité respiratoire; celle-ci est tout-à-fait placée antérieurement et même en partie sous un repli du manteau; elle est largement ouverte en avant et elle renferme deux branchies palmiformes, entre lesquelles un peu à droite s'ouvrent l'anus et l'oviducte. L'appareil digestif est assez compliqué comme dans les autres gastéropodes. Quant aux organes générateurs, on ne connaît encore que les organes femelles l'ovaire et l'oviducte; la verge et le testicule n'ont point été découverts : serait-ce que ces animaux ont les sexes séparés sur des individus différens, et qu'on n'aurait eu à observer que des femelles, ou bien faut-il supposer que les observations anatomiques n'ont pas été complètes jusqu'à aujourd'hui, toujours est-il que pour ce genre, comme pour le genre Patelle dont il est si voisin, les auteurs admettent l'hermaphrodysme complet.

Le pied est ovalaire, épais sans rainure marginale.

Ces Mollusques sont très-apathiques; on les trouve dans les mers australes, principalement sur les côtes de la Nouvelle-Hollande, de la Nouvelle Irlande; ils fuient la lumière, vivent sous les pierres des rivages, et paraissent se nourrir de diverses productions marines de Thalassiophytes, de Polypiers flexibles. Nous décrirons les espèces les plus connues.

PARMAPHORE AUSTRAL, *P. australis* (Lam.), *P. elongatus* (Blainv.). Cette espèce a été bien étudiée par Quoy et Gaimard, qui en ont donné une figure et une excellente description dans la Zoologie du voyage de l'Astrolabe. L'animal est noir excepté le dessous du pied qui est jaune, il a trois pouces de longueur sur une largeur d'un pouce et demi; la coquille égale à peu près la longueur du corps, elle est ovale, presque plane surtout en arrière, grisâtre en dessus, d'un beau blanc en dessous. De la Nouvelle-Hollande.

P. BOMBÉ, *P. convexus* (Quoy et Gaim.), caractérisé ainsi : coquille allongée, ovale, comprimée latéralement, très-convexe, de couleur blanche, la partie inférieure parsemée de taches d'un jaune doré.

P. RACCOURCI, *P. breviculus*. (Blainv.) M. Blainville donne ce nom à une espèce par opposition à la Parmaphore allongée. L'animal est plus court, ramassé, élargi postérieurement.

On trouve dans les environs de Paris, à l'état fossile, des coquilles que l'on a rapportées au Parmaphore allongé; elles sont en effet allongées, lisses, minces, fragiles, ovales, et présentent sur la face supérieure des rayons plus ou moins marqués dirigés du sommet vers le bord postérieur.

(RICHAUD.)

PARMENTIÈRE. (BOT. PHAN et AGR.) François de Neufchâteau, qui rendit de grands services à l'agriculture nationale, a le premier proposé aux botanistes et aux cultivateurs d'imposer ce nom au précieux tubercule que l'on désigne communément sous celui de POMME DE TERRE (*voy.* ce mot). Les botanistes et les horticoles, si prompts à créer des genres quand il s'agit de fixer les regards d'un riche ou d'un homme puissant, sont demeurés sourds; le mot nouveau n'a été accepté que par un petit nombre de cultivateurs, quoiqu'il fût destiné à consacrer un acte de reconnaissance, à récompenser notre illustre Parmentier (que je m'honorerai toujours d'avoir eu pour guide et pour ami), des philanthropiques efforts qu'il n'a cessé de faire dans la vue d'assurer à jamais au monde civilisé la conquête de la Pomme de terre. Il l'a répandue dans toutes les localités, principalement les moins favorisées de la nature; il a popularisé l'emploi de ses tubercules nourriciers; il a su tout faire pour asseoir cette solanée au rang qu'elle occupe aujourd'hui, comme éminemment utile, comme l'insurmontable digue opposée désormais au torrent dévastateur des disettes que soulevèrent si souvent contre les peuples une atroce politique, de monstrueux accaparemens et la cupidité de quelques misérables privilégiés. Nous plaçons ici ces lignes pour attester l'ingratitude des uns, la sottise des autres, et témoigner le profond regret que nous cause l'obligation de céder à la tyrannie de l'usage et par suite de négliger un mot aussi noble, aussi juste que celui de Parmentière pour nous servir d'une expression aussi ridicule qu'elle est essentiellement vicieuse.

(T. D. B.)

PARNASSE (mont). (GÉOGR. PHYS.) Cette élévation, célèbre dans l'antiquité, est nommée actuellement mont Liacoura; elle est située dans l'ancienne Phocide, et elle fait partie du système slavo-hellénique ou des alpes orientales; au reste, elle n'atteint que 2240 mètres ; elle est donc loin de pouvoir être regardée comme le point culminant des protubérances que les Grecs avaient tous les jours sous les yeux. Les anciens s'étaient appuyés sur d'autres considérations pour accorder au mont Parnasse la célébrité dont il jouissait dans le monde poétique. Le Liacoura présente 10 sommets, et parmi ceux-ci deux principaux, nommés l'un Hyampea et l'autre Thitorea : il est probable dès-lors que les Grecs y avaient fixé pour cette raison le séjour d'Apollon et des neuf Muses ; ainsi, chaque point était un représentant d'un membre de la famille de la poésie. On sait que chez nous encore et chez tous les peuples qui ont eu des relations de sciences, au figuré le mont Parnasse a conservé la même acception qu'il avait dans l'antiquité.

On remarque sur le flanc méridional de Liacoura le village de Castri, qui occupe l'emplacement de Delphes, près de la fontaine de Castalie ; elle jaillit d'un rocher dans lequel on a creusé autrefois un bassin carré encore bien conservé. Le mont Parnasse ne conserve point la neige en été ; il est même accessible pendant l'hiver. (A. R.)

PARNASSIE, *Parnassia*, L. (BOT. PHAN.) Sept petites plantes vivaces, dicotylédonées, à tiges simples et parfois légèrement rameuses vers le sommet, aux feuilles alternes sans stipules, aux fleurs assez grandes, blanches, épanouies à la fin de l'été, constituent ce genre de la Pentandrie tétragynie ; elles habitent les lieux humides, et comme l'espèce la plus commune se trouvait abondamment au pied de même qu'au sommet du mont Parnasse, ainsi que nous l'apprend Dioscorides; c'est de là que le genre a pris le nom qu'il porte. On l'appelle aussi vulgairement *Gazon du Parnasse*, parce que ses espèces servent à la confection et à l'ornement des gazons dans les jardins paysagers, où elles se multiplient rapidement d'elles-mêmes par leurs semences, pourvu que le sol soit très-frais et qu'on les y porte avec la motte.

La place du genre *Parnassia* dans la classification dite naturelle, n'est point encore fixée. Adanson l'inscrit parmi les Cistinées, De Jussieu parmi les Droséracées, Tristan parmi les Violariées, Batsch parmi les Hypéricées, Biria parmi les Renonculacées, et Loiseleur Deslongchamps, adoptant ce dernier sentiment, fondé non seulement sur le port des Parnassies, et sur les singuliers corps que présentent leurs fleurs, mais encore sur le suc âcre et caustique que toutes renferment, assure que ces diverses circonstances doivent décider à les placer immédiatement après les Ellébores. Sans aucun doute, les Parnassies montrent des affinités avec les différens groupes que l'on cite ; mais, à mon sens, elles sont plus nombreuses et plus solides avec le genre *Elleborus* qu'avec tous les autres. Au surplus, voici les caractères du genre *Parnassia*.

Calice à cinq sépales égaux, persistans ; en face de chaque sépale est un corps particulier, épais, jaunâtre, élargi, plane, que Linné nommait Nectaire, et qui n'est à proprement parler qu'une étamine avortée, bordée de filamens très-variables et terminés par un petit globe. Corolle à cinq pétales insérés sous le pistil, quelquefois aussi accompagnés d'un même corps que les sépales ; cinq étamines dressées, dont le filament court est surmonté d'une anthère introrse, à deux loges, s'ouvrant par un sillon longitudinal. L'ovaire est libre, supère, ovoïde, sessile, à style nul, à deux et quatre stigmates épais, persistans. Capsule uniloculaire, globuleuse, s'ouvrant en quatre valves dans sa partie supérieure, et contenant des graines très-nombreuses, recouvertes d'un tissu spongieux, transparent, que certains auteurs ont pris à tort pour un arille, et sous lequel on trouve un embryon cylindrique.

Nous ne possédons en Europe qu'une espèce, c'est la PARNASSIE DES MARAIS, *P. palustris*, de Linné, *P. europæa* de Persoon, *P. vulgaris*, de Dumont de Courset. Sa racine fibreuse donne naissance à une ou plusieurs tiges droites, hautes de vingt à vingt-sept centimètres, garnies de feuilles radicales, pétiolées, cordiformes, très-glabres comme toute la plante; les caulinaires amplexicaules. Chaque tige est terminée par une fleur solitaire, blanche, assez grande, d'une forme agréable et enrichie d'aigrettes d'or, qui lui assigne un rang parmi les plantes d'ornement durant les mois de juillet à septembre. On la trouve dans les prés marécageux, de même que sur les coteaux crayeux et arides. Cette espèce a figuré jadis parmi les plantes médicinales. Cordus et quelques botanistes de son époque (le dix-septième siècle), la croyant utile dans les maladies du foie, lui avaient donné le surnom d'*Hépatique blanche* et d'*Hépatique noble;* depuis on a vanté son suc propre comme ophthalmique, et ses semences comme diurétiques et astringentes; mais aujourd'hui, toutes ces propriétés se sont évanouies devant l'examen chimique.

Je ne parlerai pas de la *Parnassia ovata* que l'on rencontre spontanée dans la Sibérie; mais des cinq espèces de l'Amérique septentrionale, je choisirai la *Parnassia asarifolia*, de Michaux, parce qu'elle réussit très-bien en France, et que sa beauté mérite une mention particulière. La racine cylindrique et rampante de cette espèce, que nous figurons dans notre Atlas, pl. 458, fig. 4, est hérissée de fibres. Sa tige grêle et brune s'élance du centre des feuilles radicales, qui sont réniformes, d'un vert tendre, et rapprochées en touffes; elle porte, vers le milieu de sa hauteur (vingt à trente centimètres), une feuille fendue en deux lobes, et à son sommet une très-jolie fleur blanche, plus grande que celle de l'espèce commune, et qui dure autant qu'elle. (T. D. B.)

PARNASSIEN. *Voyez* PAPILLON.

PARNOPÈS, *Parnopes*. (INS.) Genre de l'ordre des Hyménoptères, section des Térébrans, famille des Pupivores, tribu des Chrysides, établi par Latreille qui le caractérise ainsi : mâchoires et lèvre très-longues, formant une promuscide fléchie en dessous; palpes très-petits, de deux articles; abdomen composé à l'extérieur, dans les mâles, de quatre segmens, et de trois dans les femelles; le terminal apparent, plus grand que les autres dans les deux sexes. Ce genre que l'on avait confondu avec les Chrysis, s'en distingue cependant par le prolongement extraordinaire de ses mâchoires et de sa lèvre, la petitesse de ses palpes et le nombre de leurs articles; les autres genres de la tribu des Chrysides en sont séparés par les mêmes caractères. La tête des Parnopès est étroite, transversale, à peu près de la largeur du corselet; elle porte trois petits yeux lisses placés en triangle sur le vertex; les antennes sont filiformes, coudées, vibratiles, insérées près de la bouche, composées de treize articles dans les deux sexes; les mâchoires et la lèvre sont très-longues, linéaires, et forment, réunies, une sorte de trompe fléchie en dessous; la lèvre est bifide; les palpes sont très-courts, peu distincts, de deux articles; la partie moyenne du métathorax s'avance en une pointe scutelliforme; les écailles des ailes sont grandes, arrondies et convexes; les ailes supérieures ont une cellule radiale et une cellule cubitale, toutes deux incomplètes; deux cellules discoïdales distinctes, savoir: la première et la seconde supérieures; la discoïdale inférieure non tracée; l'abdomen est convexe en dessus, concave en dessous, composé de deux segmens outre celui qui compose la partie anale, dans les femelles, et en ayant un de plus dans les mâles; la partie anale est très-grande et forme à elle seule plus de la moitié de l'abdomen; il est finement dentelé sur les bords, avec un enfoncement transversal à sa partie postérieure, sans lignes de points enfoncés; les femelles ont une tarrière rétractile dont l'extrémité reste toujours un peu saillante, même dans le repos, et un aiguillon rétractile ayant la sortie un peu avant l'extrémité de la tarière; les tarses sont fortement ciliés et propres à fouir, dans les femelles. L'espèce qui est regardée comme type de ce genre est:

Le PARNOPÈS INCARNAT, *P. carnea*, Latr. Fabr. Ross. Faun. etrusc., tom. 2, tab. 8, fig. 5; *Chrysis carnea*, Coqueb. Illustr. Icon., tab. 14, fig. 11; long de près de six lignes; les antennes sont noires; la tête est verte, avec un petit duvet argenté et luisant près de la bouche en dessus; le corselet est chagriné, vert, avec les angles postérieurs saillans; l'écusson est proéminent et obtus; l'abdomen est d'un rouge de chair, avec le premier anneau vert. Cet Hyménoptère, qui est assez remarquable, se trouve dans les départemens méridionaux de la France, en Espagne et en Italie; on l'a trouvé aussi aux environs de Paris, au bois de Boulogne, dans les lieux secs et sablonneux; c'est Latreille qui a découvert les métamorphoses de cette espèce. La femelle fait sa ponte dans les trous assez profonds que le Bembex à bec (*Rostrata*, Fabr.) femelle creuse dans les terres légères et sablonneuses, et au fond desquels il empile les cadavres des *Syrphus*, *Taons*, *Bombilles*, et autres Diptères destinés à nourrir ses larves. Le Parnopès épie l'instant ou le Bembex est éloigné du nid qu'il a préparé à sa famille; il y pénètre et y place ses œufs. Les Larves auxquelles ils donnent naissance, consomment probablement les provisions qu'elles y trouvent, et dévorent peut-être encore les larves du Bembex. Si celui-ci aperçoit l'ennemi de sa postérité, il fond sur lui avec impétuosité pour le percer de son aiguillon; mais le Parnopès se met en boule comme les Tatous et les Hérissons, et oppose à son adversaire la peau dure qui recouvre son corps, comme un bouclier impénétrable. Cet hyménoptère a le vol court; il se pose souvent. Nous avons représenté le Parnopès incarnat dans notre Atlas, pl. 465, fig. 2. (H. L.)

PAROI. (ANAT.) On donne ce nom en anatomie aux parties qui forment les limites de certaines cavités, qui les circonscrivent. (A. D.)

PAROLE, en latin *Verbum*. On prétend que ce mot dérive du latin *Parabola*: le fait est que en supprimant *ab* vous avez *Parola* qui est l'expression italienne; en élidant l'*o* et en échangeant les places respectives des lettres *l* et *r*, on a le terme espagnol qui est *Palabra*.

La parole est l'attribut exclusif de l'homme, le signe caractéristique de sa puissance; le véritable Labarum de son empire sur la nature; et ce signal de domination est en même temps son moyen de conquête le plus puissant et le plus certain.

La Parole est le résultat de l'action du tuyau vocal sur la voix produite par la glotte; c'est la voix articulée.

Parce qu'une mère effrayera ses petits à la vue d'un danger et les forcera à la retraite, parce que des chiens chasseront de race; il n'est pas permis de dire que cela se fait chez les animaux au moyen d'*instructions orales*.

Les oiseaux voyageurs, tels que les Oies, les Grues, les Canards, les Cygnes, se dirigent avec un ordre admirable.

Les Abeilles exécutent dans leurs ruches les actes les plus divers et les plus étonnans: elles ont des sentinelles à certaines portes; elles s'imposent des corvées; elles montent la garde auprès de la reine; elles ourdissent un complot, pour qu'à jour fixe tous les Bourdons soient égorgés; enfin, dès que le nouvel essaim est adulte, il reçoit l'ordre irrévocable d'abandonner la ruche-mère et d'aller chercher fortune ailleurs.

Aucun de ces phénomènes ne peut avoir lieu dit-on, si vous ne supposez pas aux Oies, aux Grues, aux Cignes, aux Canards, aux Abeilles, etc., l'usage et par conséquent la possession de la Parole.

Il semble étrange, au premier aperçu, ajoute-t-on, de se figurer des êtres à quatre pieds et à museau pointu, s'entretenant les uns les autres et se transmettant leurs idées: on ne comprend rien à leurs cris, dont la monotonie seule nous frappe. Mais si l'on fait attention à ce que nous éprouvons lorsque nous entendons parler une langue étrangère, l'anglais, par exemple, qui n'est qu'un sifflement continuel, ou bien le glapissement grossier des hordes de la Nouvelle-Hollande, on s'étonnera peu de l'*inintelligibilité* du langage des animaux, qui n'est pour nous qu'une suite de sons grossiers et inappréciables.

Mais voici le point le plus curieux de l'opinion que nous exposons : il n'est pas douteux, pense-t-on, que si l'on étudiait l'action des organes de la Parole dans les diverses classes d'animaux; si surtout l'on observait attentivement *par quels moyens ils se communiquent leurs idées*, il est probable que l'on pourrait suivre dans l'échelle des êtres, et relativement au langage, une dégradation successive, analogue à celle qu'on observe pour toutes les actions organiques; et l'on pourrait ainsi procéder par des nuances insensibles de l'européen, dont la langue, à raison de sa civilisation, de l'universalité de ses idées, est la plus exacte et la plus nombreuse, jusqu'à l'animal le plus dépourvu des moyens de se faire entendre. Nous jugeons, en général, trop superficiellement des facultés intellectuelles des animaux. Peut-être qu'un examen plus approfondi nous ferait découvrir que, sous le rapport de l'intelligence et des actes qui la décèlent, les animaux sont moins éloignés de l'homme que notre orgueil ne nous porte à le croire, et que surtout la transition qui existe entre nous et les animaux a lieu graduellement et non par un saut brusque et incalculable, ainsi qu'on est habitué à le penser, en attribuant à l'instinct ce qui paraît si bien appartenir à l'intelligence et au raisonnement.

Il suit de l'opinion que nous venons de faire connaître que si l'Huître n'a pas la parole, c'est parce qu'étant capable de se suffire à elle-même pour son entretien et sa reproduction, elle reste attachée à son rocher, enfermée dans sa coquille, vivant pour son compte, dans l'égoïsme le plus complet et ne se souciant nullement d'entretenir conversation avec les Oursins et les Bulimes qui l'avoisinent quelquefois par hasard; mais si elle ne parle pas, elle réfléchit du moins, pas au même degré que l'homme, sans aucun doute, autant qu'il lui est nécessaire pourtant afin de songer à ouvrir sa coquille et renouveler son eau quand elle a consommé sa provision.

Les Singes, qui sont plus voisins de l'homme, pensent beaucoup plus que l'huître; mais ils ne parlent pas davantage en ce sens que leur langage n'a rien qui se rapporte à notre langage humain. Et, en effet, ils n'ont jamais eu la Parole; à quoi cela tient-il? on a dit que la cause unique de leur incapacité à cet égard était exclusivement organique. Ils ont un larynx, une glotte, un tuyau vocal, une langue, et tout cela ne peut pas leur servir à parler comme nous. Ces organes sont-ils mal conformés ou différemment conformés, et, en admettant qu'il en soit ainsi, cette circonstance est-elle unique et suffisante?

Les Perroquets sont bien mieux partagés que les Singes, car ils apprennent très-facilement à parler comme nous. Qu'est-ce qui leur manque pour penser de même et pour donner aux articulations de leur voix, à leur Parole, une valeur légale à la valeur des accens humains. Ici la conformation organique n'est point en défaut assurement; qu'est-ce qui manque donc? hélas! c'est la tête. Donnez au Perroquet la tête du Singe, donnez au Singe les organes vocaux et linguaux du Perroquet, et vous aurez la parole dans toute sa valeur et peut-être avec toute sa puissance.

Tout cela a été dit avec réflexion et écrit avec conscience... O faiblesse humaine! quand on considère les aberrations auxquelles ton influence conduit certains esprits, on est bien forcé de convenir que les raisonnemens de la bête sont parfois plus judicieux que les raisonnemens humains!

Mais convenons donc une fois pour toutes que la Parole humaine diffère essentiellement en un point du moins de la Parole des animaux. Pour l'homme, la Parole est un élément de perfectibilité; tandis que pour la bête la Parole n'a jamais été qu'un accident. Le perroquet qui parle dans sa cage n'a jamais appris à ses petits à parler comme lui; il ne leur a jamais transmis par la Parole les connaissances qu'il avait acquises lui-même de ce côté-là.

Quoi qu'il en soit, la voix simple est le résultat de l'action de la glotte; la voix modulée et le chant sont dus aux modifications imposées par certains mouvemens musculaires au tuyau vocal, c'est-à-dire au conduit par lequel la voix se produit au dehors. La Parole résulte uniquement de l'action des lèvres et de la langue sur la voix, à son passage dans la bouche.

Les divers organes de cette dernière portion du tuyau vocal s'emparent du son aussitôt qu'il est émis par la voix, et lui donnent, pour ainsi dire, une forme particulière variable à tous égards, mais qui dépend surtout du génie et du caractère de chaque peuple, ou, pour parler un langage plus conforme à la physiologie, qui est soumise aux influences générales des races d'abord, ensuite des climats, enfin des habitudes. Mais, avant de rechercher à quoi doit être attribué le génie varié des langues, essayons de déterminer les conditions physiologiques de la formation de la Parole; et, au risque de rappeler une scène du *Bourgeois gentilhomme*, disons comment se forment les voyelles et les consonnes (1).

Les sons destinés à exprimer les sensations subites de plaisir, de douleur, sont les plus simples; leur production ne donne lieu à aucun effort des organes vocaux, et l'instinct les fait naître, plutôt que la volonté. Ces sons, les plus naturels à l'homme, et regardés justement comme fondamentaux, ont pris le nom de *voyelles*, et l'on peut dire avec quelque raison que tout l'artifice du langage est renfermé dans les diverses modifications qui leur sont imprimées.

Si l'on ouvre la bouche, la langue étant abandonnée à elle-même, le son produit alors sera la voyelle *a;* pour donner naissance à l'*e*, il suffit que le corps de la langue s'élève pour s'appliquer contre le palais, et pour donner ainsi moins d'étendue à la cavité buccale; l'*i*, dont le son est encore

(1) Lorsque Molière, dit fort bien Diderot, plaisantait les grammairiens, il abandonnait le caractère de philosophe, et il ne prenait pas garde qu'il donnait des soufflets aux auteurs qu'il respectait le plus, sur la joue du bourgeois gentilhomme.

moins plein, exige que le tuyau vocal soit rétréci le plus possible, soit au moyen de la langue dont la pointe s'applique fortement contre les dents inférieures, pour que sa partie charnue reflue plus aisément vers le palais, soit par les dents qui se rapprochent. Pour l'*o*, même mécanisme que pour l'*a*; de plus, les lèvres se portent en avant, de manière à arrondir l'ouverture de la bouche. Enfin, si les lèvres se rapprochent encore davantage en se fronçant, l'air traverse le tuyau vocal en sifflant, et donne au son qu'il apporte la modification marquée par la voyelle *u*.

Les consonnes exigent pour leur production des combinaisons plus nombreuses, plus difficiles et variables à tous égards. On peut les ranger dans deux catégories. Dans la première, qui comprend les lettres *f*, *h*, *l*, *m*, *n*, *r*, *s*, *x*, les consonnes sont exprimées par la manière différente dont la langue, les lèvres, et les autres parties de la bouche interrompent et arrêtent le son de certaines voyelles (nous ne parlons pas du *z*, qui n'est qu'une *s* adoucie). Dans la seconde catégorie se trouvent les consonnes *b*, *c*, *d*, *g*, *k*, *p*, *q*, *t*, *v*, qui sont produites par les modifications que la bouche imprime aux sons à l'instant où la voix les produit.

Dirons-nous par quel mécanisme s'articule chaque consonne en particulier? Mais leur prononciation est si différente, non seulement selon les nations, mais encore selon les diverses portions d'un même peuple, que nos observations n'auraient aucun caractère général, et partant seraient sans utilité.

Ces lettres n'entrent pas dans la langue de tous les peuples. En effet, les Américains indigènes qui sont dans l'usage de se percer les lèvres et d'y porter de gros anneaux suspendus, n'ont point dans leur alphabet les lettres *b*, *p*, *m*, *f*, dont la prononciation exige évidemment l'action des lèvres. La langue chinoise manque de la lettre *r*, soit que le mouvement rude nécessaire pour la produire ne s'accorde pas avec la mollesse de ce peuple, soit que, comme Haller le prétend avec beaucoup plus de fondement, les Chinois, en raison de leurs dents supérieures très-avancées, par rapport aux dents inférieures, doivent trouver beaucoup de difficulté à prononcer cette lettre, qui demande que la langue s'applique sur les dents de la mâchoire supérieure.

Un coup d'œil comparatif jeté sur l'alphabet des divers peuples, démontre que si les voyelles, comme sons fondamentaux, se retrouvent assez généralement dans toutes les langues, l'articulation des consonnes est soumise à de grandes variations, dont il faut chercher la cause dans l'influence exercée sur l'organisation par le climat, l'air, les lieux, les eaux, le genre de vie; c'est en effet dans l'appréciation de ces circonstances variées qu'on trouve le génie des langues.

La langue des peuples sauvages contraste par sa rudesse avec celle des peuples civilisés, qui est toujours remarquable par un plus grand nombre d'articulations liquides. Lorsque l'excès de la civilisation ou d'autres causes adoucissent le caractère d'un peuple, au point de l'amollir, la langue participe à ce relâchement. Ainsi, les mots empruntés par les Italiens à la langue latine, ont perdu, dans leur bouche, cet accent mâle et pur qui caractérisait la vigueur et la fermeté des anciens Romains, comme la douceur et l'élégance efféminée de la langue italienne est un signe certain du peu d'énergie et de la mollesse du peuple dégénéré qui la parle.

Le même contraste existe entre l'accent des peuples du nord et celui des peuples du midi. Il semble, dit M. Richerand, que les peuples des pays froids soient engagés à user des consonnes préférablement aux voyelles, parce que leur prononciation n'exige point un égal degré d'ouverture de la bouche et ne donne pas lieu, par conséquent, à l'admission continuelle d'un air glacé dans les organes pulmonaires. Les voyelles abondent au contraire dans les idiomes des habitans du sud.

On voit combien il serait nécessaire, si l'on voulait approfondir les langues, de bien connaître les mouvemens de chaque partie de la bouche affectés aux articulations, ainsi que les causes qui peuvent les influencer d'une manière plus ou moins marquée. Ces notions une fois acquises, on pourrait préciser jusqu'à un certain point les caractères de la langue naturelle, si la question de l'origine des langues présentait un degré d'utilité assez grand pour mériter qu'on en cherchât la solution. Il nous semble que, dans cette solution, pourraient entrer comme élémens principaux : 1° l'ordre généalogique des sons et des articulations fixé par l'anatomie; 2° l'ordre des objets par rapport aux besoins fixé par la philosophie; 3° les mots enfantins qui sont identiques dans la plupart des langues; 4° les interjections qui, destinées à exprimer les sensations agréables ou pénibles, sont représentées également par des sons similaires; 5° enfin, les sons imitatifs.

Telles seraient les bases de la langue naturelle, considérée d'une manière philosophique : toutefois, il resterait encore à savoir par quels moyens cette langue aurait été d'abord mise en usage, et il est bien probable que le résultat de toute recherche faite dans un pareil but amenerait à conclure que l'établissement des langues par des moyens purement humains, est une chose impossible, et nous ferait dire avec Rousseau, que *la Parole a été nécessaire pour établir l'usage de la Parole.*

Il n'y a pas si loin d'une pareille opinion au texte de Moïse, à la fois historien et législateur des Juifs : « Dieu, » dit-il, dans la *Genèse*, chap. II, versets 19-20, « ayant formé de limon tous les » animaux de la terre et tous les oiseaux du ciel, les » amena à Adam, afin que celui-ci leur donnât un » nom, et le nom que donna Adam à toute espèce » vivante est en effet le nom véritable de cette es» pèce.... et Adam donna des noms à tous les êtres » animés, à tous les oiseaux et à toutes les bêtes de » la terre. »

Quoi qu'il en soit d'une semblable question, pour la solution de laquelle nous n'avons et ne pouvons avoir aucune donnée positive, il nous sera toujours difficile de concevoir deux individus humains existant simultanément et condamnés au silence absolu, faute de savoir se servir des organes de la Parole; nous croyons, au contraire, que comme tous les organes, ceux de la Parole n'ont reçu d'autre éducation que celle qui suit leur développement, et comme dès l'origine l'œil a été destiné à voir, l'oreille à entendre, la main à palper et à saisir, le cerveau à servir d'instrument à l'intelligence, de même la langue et les organes vocaux ont été affectés à l'expression des sentimens et de la pensée, et il n'y a pas de doute que de tout temps cette destination n'ait été remplie. Mais en voilà bien assez sur des questions spéculatives.

Pour terminer tout ce qui regarde la voix et la Parole, disons deux mots d'une anomalie singulière dans l'exercice de cette fonction, anomalie qui a reçu le nom d'*engastrimisme*, vulgairement de *ventriloquie*.

On donne le nom d'*engastrimisme* à la faculté qu'ont certaines personnes de produire une voix sourde et profonde qui semble venir de loin, faculté que l'on a cru long-temps être due à un organe vocal particulier situé dans le bas-ventre du *ventriloque*.

L'art du *ventriloque* était connu chez les anciens, car Hippocrate en parle; et si de nos jours, où le progrès des lumières donne à la fourberie et à la malice moins de prise sur la crédulité, les prestiges de l'engastrimisthe trouvent encore des dupes, ne peut-on pas croire, avec quelque fondement, que ce fût là tout le secret des oracles? Quoi qu'il en soit, voici la manière dont on doit expliquer l'effet prétendu merveilleux de l'*engastrimisme*.

Il faut d'abord se rappeler quelques unes des lois du son, qui est plus ou moins intense, selon qu'il vient de près ou de loin, qui nous semble grêle ou plein selon les milieux qu'il traverse pour arriver jusqu'à nos oreilles. Il est aisé de concevoir que l'art du ventriloque sera d'autant plus étonnant qu'il imitera plus parfaitement toutes les modifications connues du son. C'est ainsi qu'après nous avoir parlé avec sa voix ordinaire, il nous surprendra très-aisément en prenant tout à coup et sans aucune apparence de transition, un ton de voix sourd, faible et comme lointain. Il suffit pour cela d'avoir reçu de la nature un organe vocal étendu, flexible, et surtout très-exercé.

L'exercice fait ici presque tout. Si l'*engastrimisthe* paraît observer le silence, c'est qu'habitué à conserver dans sa poitrine une grande masse d'air, il ne l'expulse, en parlant, qu'en très-petite quantité, le laissant filer, en quelque sorte, par une expiration lente et prolongée. Du reste, il n'est pas vrai qu'il puisse parler sans tenir la bouche ouverte et sans quelques mouvemens obligés des lèvres; mais ici toute l'habileté consiste à cacher ces mouvemens, en leur donnant le moins d'étendue possible, et en rendant la physionomie aussi immobile que celle d'un aveugle.

Quant à la direction que la voix du ventriloque semble prendre, comme lorsqu'elle paraît venir de la cave, du grenier, d'une pièce voisine ou de la rue, c'est un effet purement illusoire, favorisé par la précaution que prend l'*engastrimisthe*, de se tourner vers l'endroit d'où la voix est supposée sortir, d'y diriger ainsi notre vue et notre attention, et de forcer en quelque sorte notre oreille prévenue à y rapporter la voix factice qu'elle en attend par avance.

Tels sont les moyens employés par le ventriloque pour fasciner notre imagination et nos oreilles. Cet art, comme nous l'avons déjà dit, a dû être une grande cause de la crédulité des anciens pour les oracles; de nos jours, ce n'est plus qu'un objet de curiosité et d'amusement.

Si le temps et l'espace nous le permettaient, nous rechercherions maintenant à quelles causes peut être due la privation de la parole, chez des individus qui ont les organes vocaux bien conformés; nous trouverions que le mutisme de naissance a constamment la surdité pour cause, et que si les instrumens de la voix et de la parole restent dans l'inaction, c'est parce que l'enfant sourd ignore qu'il a en eux un moyen de communiquer ses pensées: c'est ce qui faisait dire à l'abbé Sicard que, chez les sourds-muets, l'absence de la Parole méritait moins le nom de mutisme que celui de silence. (G. G. de Caux.)

PARONYCHIÉES, *Paronychieæ*. (bot. phan.) Le genre Paronychia de Tournefort, avait été rétabli par de Jussieu et séparé du genre *Illecebrum*, auquel il avait été réuni par Linné, qui n'avait pas eu égard à un caractère qui devait naturellement l'en éloigner: celui de ses feuilles stipulées; mais le second de ces auteurs l'avait laissé à la suite de l'Illecebrum, dans une section distincte de la famille des Amaranthacées. M. de Saint-Hilaire ayant, plus récemment, étudié avec soin les plantes de cette section, observa qu'elle avait les étamines insérées au calice et qu'on pouvait à la rigueur considérer comme des pétales les squamules intérieures alternant avec les étamines, et crut, sur l'indication de ces caractères, pouvoir proposer la Nouvelle famille des Paronychiées, dont le *Paronychia* devait être le type, et auquel il réunissait dès-lors, plusieurs autres genres, en la reportant à la classe des Péripétalées.

R. Brown déjà avait fait pressentir la nécessité de la création de cette famille, en observant que plusieurs genres renfermés dans les Amaranthacées et les Caryophyllées avaient l'embryon et le périsperme tout-à-fait semblables, mais que leurs étamines étaient insérées sous le pistil. M. de Jussieu propose de placer cette famille immédiatement avant les Caryophyllées. Ce rapport nous étonne, car elle s'en éloigne beaucoup par ses caractères et son facies particulier, tandis qu'en la plaçant entre les Portulacées et les Crassulacées, comme l'a fait Decandolle dans son Prodrome, on satisfait, autant que la science le permet aujourd'hui, aux affinités naturelles; car on ne peut se le dissimuler (*voyez* Paronique); cette nouvelle famille n'est pas définitivement constituée, et plus tard, d'après un examen consciencieux et sévère, elle subira de nouveaux démembremens, si toutefois même, son existence est conservée. Comme ce n'est point ici le lieu de discuter des points obscurs de la science, nous nous contenterons d'analyser soigneusement les caractères actuels, qui l'ont fondée provisoirement.

Decandolle a divisé cette famille litigieuse en sept tribus distinctes, qui plus tard pourront disparaître ou former de nouvelles familles; ce sont: (nous traduisons simplement.)

* Tribu I. *Les Téléphiées.*

Calice quinquéfide; pétales et étamines cinq, insérés au bas du calice; trois styles libres ou un peu soudés à la base; feuilles alternes stipulacées.

** Tribu II. *Les Illécébrées.*

Calice quinquéfide; pétales cinq ou nuls; deux à cinq étamines insérées au bas du calice; trois styles libres on un peu soudés, capsule indéhiscente, monosperme; funicule allongé et portant au sommet une graine appendue; herbes rarement suffrutescentes; feuilles opposées, aiguës, à stipules scarieuses.

*** Tribu III. *Les Polycarpées.*

Calice quinquéfide; pétales cinq ou nuls; étamines une à cinq insérées au bas du calice; styles deux ou trois, tantôt libres, tantôt soudés à la base; capsule uniloculaire, polysperme; semences fixées à un placenta central; herbes ou sous-arbrisseaux à feuilles opposées, à stipules scarieuses. Dans cette tribu, les étamines sont presque hypogynes dans le *Polycarpon*, le sont tout-à-fait dans le *Polycarpea*, le *Stipulicida* et l'*Ortegia*, qui ont des rapports avec les Caryophyllées, mais paraissent plutôt appartenir aux Paronychiées, par leur extérieur, la présence de stipules, les étamines et le nombre de pétales à peine distincts.

**** Tribu IV. *Les Pollichiées.*

Calice à cinq dents, tube urcéolé; une ou deux étamines insérées à la gorge; pétales nuls; stigmate bifide; utricule indéhiscent (évalve) monosperme. Bractées (calice?) prenant un grand développement après l'anthèse, charnues et imitant une baie; plantes suffrutiqueuses, à feuilles stipulacées, opposées, subverticillées.

***** Tribu V. *Les Scléranthées.*

Calice quadri ou quinquéfide, à tube urcéolé; pétales nuls; étamines une à dix, insérées à la gorge; deux styles ou un seul émarginé au sommet; utricule membraneux, monosperme, recouvert par le tube du calice persistant (*indurato*); semence, pourvue d'un long funicule, s'élevant du fond de la logette à sommet recourbé; herbes à feuilles opposées, sans stipules.

****** Tribu VI. *Les Quériacées.*

Calice à cinq divisions; pétales nuls; dix étamines insérées sur le calice; capsule trivalve; une semence pendant à un long funicule qui s'élève du centre; herbes, à feuilles opposées, sans stipules.

******* Tribu VII. *Les Miniartiées, partie des Scléranthées.*

Calice à cinq divisions; pétales nuls ou fort peu apparens; trois à dix étamines insérées au bas du calice; trois styles; capsule uniloculaire, s'ouvrant par trois valves; graines nombreuses, fixées à un placenta central; herbes propres au midi de l'Europe, à feuilles opposées, non stipulées.

Tel est le tableau que le savant Génevois donne de cette famille, et d'où l'on peut conclure, comme nous l'avons fait pressentir plus haut, qu'il reste beaucoup à faire, pour les botanistes qui se donneront la peine de l'étudier consciencieusement. Nous avons fait ce travail pour l'avantage de nos lecteurs, qui nous pardonneront sans doute de nous être un peu étendu, à cause de la difficulté même du sujet; et maintenant pour la terminer, nous rapporterons les caractères généraux des Paronychiées.

Paronychiées, Saint-Hil.

Illécébrées, Rob. B. *Chenopod.* aff., etc. Jussieu. Périgone (calice) monosépale à cinq divisions, très-rarement à trois ou quatre, soudées, tantôt à la base (périgone à cinq divisions), tantôt à la partie moyenne (périg. quinquéfide) ou vers le sommet (périg. à cinq dents). Pétales fort petits, squammiformes, ressemblant à des étamines stériles, insérées entre les lobes du tube, ordinairement en nombre égal aux sépales, rarement nuls ou transformés en étamines surabondantes; étamines insérées au tube du calice, ou plus rarement peut-être sur le torus et exactement avant les divisions calicinales, même dans les genres à pétales, en nombre égal aux sépales, ou moindre par avortement, à ce qu'il paraît, ou double par les métamorphoses pétaloïdes; filamens distincts anthères biloculaires; ovaire libre; deux ou trois styles, tantôt libres dès la base, tantôt plus ou moins soudés; fruit sec, petit, le plus souvent membraneux, quelquefois indéhiscent, sans valves apparentes, quelquefois à trois valves; semences rares ou nombreuses, fixées à un placenta central, ou solitaires, appendues à un long funicule qui s'élève du fond de la logette; albumen un peu farineux; embryon cylindracé, périphérique ou courbé latéralement, à radicule tournée vers le hile, et muni de deux petits cotylédons.

Les Paronychiées sont des plantes herbacées, très rameuses et rarement même suffrutescentes, à feuilles ordinairement opposées, rarement alternes et quelquefois disposées en faux verticilles, par la présence de beaucoup de folioles axillaires, ou rassemblées par paquets sur les rameaux, tantôt nues, tantôt munies des deux côtés de stipules scarieuses. Elles sont en outre petites, sessiles et très-entières. Les fleurs sont petites, ordinairement d'un blanc verdâtre, ici sessiles dans les aisselles, là disposées de diverses manières en cymes terminales, et accompagnées de bractées analogues aux stipules.

Cette famille demande beaucoup de circonspection pour être convenablement caractérisée (*ordo certè distinguendus*, dit Decandolle.) Elle diffère des Portulacées par les étamines opposées aux lobes du calice, et non alternes ou disposées sans symétrie; des Caryophyllées, par ses pétales et ses étamines le plus souvent périgynes (deux genres cependant sont périgynes parmi les Caryophyllées, tels sont le *Larbrea*, Saint-Hil. et l'*Adenarium*, Rafin.) par ses étamines égales au sommet au nombre des pétales et jamais doubles, par ses feuilles quelquefois alternes; des Amaranthacées par les étamines périgynes et la présence ordinaire de pétales.

Enfin les Paronychiées offrent évidemment de grands rapports avec les trois ordres ci-dessus nommés, et par cette raison invalident toute la méthode, du moins dans ce qui regarde la série dicotylédone. Dans l'ordre linéaire, elles se trouvent assez bien placées entre les Portulacées, avec lesquelles elles ont beaucoup de rapports et les Crassulacées, qui s'en rapprochent par le port, et dont le Tillæa établirait les affinités naturelles.

(C. Lem.)

PARONYQUE, *Paronychia*. (BOT. PHAN.) Genre de plantes exogènes (Dicotylédones) polypétales, consacré par Tournefort, placé par M. de Jussieu dans les Amaranthacées, puis dans les Illécébrinées, par Robert Brown, et enfin élevé au rang de famille, par M. Auguste Saint-Hilaire, qui l'en a fait le type, sous le nom de Paronychiées (*voy.* ce mot). Il appartient à la Pentandrie Monogynie de Linné, qui le réunissait à l'*Illecebrum*, mais il se distingue facilement de ce genre, en ce que ses feuilles sont stipulées. Decandolle, dans son Prodrome, adopte aussi la famille des Paronychiées et en divise le type en trois sections, les Chétonychiées, les Eunychiées et les Acanthonychiées. Le nom de *Paronychia* exprime en grec cette espèce d'abcès qui vient aux ongles, et qu'on connaît vulgairement sous le nom de mal d'aventure et de panaris; par extension on a donné ce nom aux plantes, dont on se servait extérieurement pour le guérir. Les anciens auteurs, jusqu'à Tournefort, le donnaient à des plantes fort différentes: ainsi Lobel et Dodoëns l'appliquaient au *Draba verna*, plante du groupe des Crucifères; Gesner à un autre de la même famille, l'*Arabis thaliana*, Daléchamps au *Saxifraga tridactylites*, etc., etc.

Voici les caractères de ce genre.

Périgone double; l'externe de cinq sépales, non renflés à la partie moyenne extérieure, un peu acuminés, subcucullés, persistans et membraneux à leurs bords. L'interne nul ou plutôt composé de cinq squamules linéaires alternant avec les sépales; cinq étamines, fertiles (quelques auteurs prennent pour des étamines stériles les cinq squamules du périanthe interne), à filamens capillaires; un style bifide (deux selon d'autres) à deux stigmates obtus, ovaire supère; capsule arrondie, monosperme, indéhiscente ou à cinq valves, et recouverte par le périanthe externe.

Les Paronyques sont de petites plantes herbacées, ou à peine suffrutescentes, à tiges le plus souvent couchées, à rameaux très-nombreux, étalés, diffus, à feuilles entières, opposées, munies de stipules scarieuses sur les deux faces, et disposées par paires entre les feuilles, à fleurs disposées en cyme ou en glomerules, petites et de peu d'effet. On en connaît au moins une vingtaine, dont aucune n'offre d'intérêt sous les rapports économiques ou pharmaceutiques, malgré l'autorité des anciens, qui, au reste et très-probablement, entendaient par ce nom une tout autre plante, et qui croissent dans l'ancien et le nouveau monde; on ne connaît encore aucun représentant de ce genre dans la Nouvelle-Hollande. Cinq ou six sont indigènes dans notre France, ce sont:

§ Ier. *Divisions du périgone externe, membraneuses, à dos se terminant en arête; squamules à peu près nulles; fleurs en cyme.*

* Chétonychiées. D. C.

Paronyque a fleurs en cyme, *Paronychia cymosa*, D. C. Lam. *Illecebrum cymosum*, Linn. Tige droite, peu élevée, pubescente, haute de trois pouces environ, munie de rameaux divariqués, opposés ou verticillés par quatre; feuilles linéaires subcylindriques, glabres, terminées en arêtes, verticillées par quatre et accompagnées de très-petites stipules; fleurs blanchâtres, fort petites, disposées en cymules (qu'on nous passe ce diminutif pour son utilité) étalées, terminales ou latérales; sépales terminés en une longue arête; bractées fort courtes. Cette petite plante est assez commune dans tout le midi de la France; elle fleurit en mai et est annuelle.

§ II. *Divisions du périanthe externe égales, non dilatées en arêtes au sommet, mucronées ou à peine pointues; fleurs rassemblées dans les aisselles des feuilles.*

** Eunychiées. D. C.

2° Paronyque hérissée, *Paronychia echinata*, Lam. D. C. *Illecebrum echinatum*, Desf. Lois. Tige grêle, pubescente, rameuse, haute de trois à dix pouces, un peu couchée à la base; feuilles ovales, lancéolées, aiguës, glabres, opposées, rudes, un peu dentelées en scie sur les bords, une fois ou deux plus longues que les stipules; celles-ci aiguës, dilatées à la base, bractées fort petites; fleurs verdâtres disposées en paquets axillaires, sessiles, à divisions calicinales se terminant en longues arêtes subdivariquées; cette plante est annuelle et croit spontanément, dans les endroits sablonneux sur le bord de la mer, du midi de la France, en Provence, en Corse, dans la Sicile, le Portugal, etc.; elle fleurit en mai et juin. Elle a été aussi recueillie dans le nord de l'Afrique, à Bone, à Oran.

Paronyque a feuille de bistorte (Renouée), *Paronychia polygonifolia*, D. C. *Illecebrum poly-*

gonifolium, Vill. Plante haute à peine de deux à quatre pouces; tiges nombreuses, étalées, couchées par terre, garnies de feuilles ovales-oblongues, étroites, aiguës, glabriuscules, non mucronées, un peu rudes, ciliées et dentelées légèrement sur les bords, souvent plus courtes que les stipules; celles-ci membraneuses, lancéolées, luisantes; fleurs réunies en glomérules axillaires, ou en têtes terminales, hérissées de poils courts, dépassées par des bractées acuminées et brillantes; cette Paronyque fleurit en juin et juillet; elle est vivace et croît sur les montagnes du Dauphiné, en Espagne, dans les îles Baléares, etc.

4° PARONYQUE ARGENTÉE, *Paronychia argentea*, Lam., *Illecebrum Paronychia*, Linn. *Illeceb. italicum*, Vill. Plante souvent de la hauteur d'un pied, à tiges étalées, couchées à la base, et redressées ensuite, garnies de feuilles ovales-lancéolées, aiguës, presque glabres, acuminées, à bords légèrement ciliés-dentelés, plus longues que les stipules qui sont élargies à la base; fleurs ramassées en glomérules axillaires ou terminales, environnées de bractées plus grandes qu'elles, argentées, ovales-acuminées, et dépassées par la pointe des feuilles supérieures; folioles calycinales courtement aristées. On connaît une variété de cette plante à feuilles glabres, arrondies. Elle est vivace, fleurit en mai et juin et croît dans les endroits pierreux du midi de la France, dans les Pyrénées, la Corse, dans le nord de l'Afrique.

5° PARONYQUE A FLEURS EN TÊTE, *Paronychia capitata*, Lam. *Illecebrum capitatum*, Linn., haute de deux à trois pouces environ; tiges d'abord couchées, puis un peu ascendantes, raides, rameuses, pubescentes, garnies de feuilles étroites, ovales-lancéolées, acuminées, carénées, tomenteuses, ciliées au sommet, un peu hérissées, moins longues que les stipules, qui sont lancéolées, aiguës et bifides; divisions périanthoïdes herbacées, lancéolées, inégales, non mucronées et comme hérissées; fleurs réunies en sortes de petits capitules terminaux et enveloppés de bractées, ovales, lancéolées, acuminées, argentées, transparentes, dépassant en longueur les feuilles supérieures. Cette plante est vivace, elle fleurit en mai et juin, et se trouve croissant spontanément sur les collines sèches dans le midi de la France, près de Perpignan, de Narbonne, de Prades, etc.

6° PARONYQUE A FEUILLES DE SERPOLET, *Paronychia serpillifolia*, Lam., D. C. *Illecebrum*, S. Vill. Tiges très-rameuses, longues de trois à six pouces, noueuses, étalées, rampantes; feuilles obovales, planes, un peu charnues, à bords ciliés, ne dépassant pas en longueur les stipules linéaires acuminées, membraneuses, argentées, souvent fendues en deux; fleurs verdâtres terminales, velues, entièrement enveloppées par les bractées argentées, fort grandes, comme tronquées au sommet et courtement acuminées; divisions calycinales mutiques, lancéolées, inégales. Elle se trouve le long des torrens dans les Alpes et les Pyrénées, sur les rives du Drac, de la Durance, etc., etc.; elle fleurit en juin et juillet; vivace ou même quelquefois semi-ligneuse.

Aucune des Paronyques de la section des Acanthonychiées, ne se trouve en France. Ce genre, au reste, a été jusqu'ici, malgré les travaux d'Auguste Saint-Hilaire, assez peu étudié et mal observé; plusieurs d'entre elles semblent devoir former des genres particuliers et distincts. Il serait à désirer que des botanistes du midi, entreprissent sur les lieux cette étude intéressante et négligée. (C. LEM.)

PAROPSIDE, *Paropsis*. (INS.) Ce genre, qui appartient à l'ordre des Coléoptères, section des Tétramères, famille des Cycliques, tribu des Chrysomélines, a été établi par Ollivier et adopté par la plupart des entomologistes avec ces caractères : dernier article des palpes maxillaires presque en hache; corselet transversal; corps hémisphérique ou en ovale court. Ces insectes se distinguent des Eumolpes, parce que ceux-ci ont le corps allongé et le dernier article des palpes ovoïde. Les Colaspis en sont distingués par les mêmes caractères; les Chrysomèles, qui s'en rapprochent le plus, en sont cependant séparées par la forme de leur corps qui est plus ovale et par leurs palpes qui ne sont pas terminés par un article en hache. Enfin, les Lamprosomes, Chlamydes et Chlytres s'en éloignent par leurs antennes en scie. Latreille avait senti, long-temps avant Olivier, que ces insectes ne pouvaient pas être confondus avec les Chrysomèles; il n'osa pas en faire un genre, mais il les plaça dans une division des Chrysomélides, à laquelle il donne le nom de *Coccinelloïdes*. Marsham, dans le deuxième volume des Actes de la Société Linnéenne de Londres, en a formé un genre sous le nom de *Notoclea*, et en même temps Ollivier, ne connaissant pas son travail, a établi avec les mêmes insectes son genre Paropside, qui a prévalu, et qui signifie en grec *écuelle, petit plat.* La tête des Paropsides est penchée en avant et forme un angle obtus avec le corselet; les antennes sont minces, filiformes, presque de la longueur du corps, insérées au devant des yeux, près de la bouche, composées de onze articles, dont le premier plus long, un peu renflé, le second court, les autres un peu turbinés et à peu près égaux entre eux; le labre est coriace, presque membraneux, court, légèrement échancré; les mandibules sont courtes, carénées, creusées intérieurement, terminées par deux dents égales, obtuses; les mâchoires sont membraneuses, courtes, bifides; les palpes maxillaires sont un peu plus longs que les labiaux, composés de quatre articles; le premier très-court, le second allongé, un peu renflé à l'extrémité, le troisième conique, le dernier large, triangulaire et sécuriforme; les palpes labiaux ont quatre articles; le premier court, le second allongé, conique, et le troisième ovale-oblong; la lèvre est membraneuse, courte et trilobée; le corselet est large, convexe, très-échancré en devant, arrondi postérieurement; l'écusson est petit et triangulaire, et les élytres sont très-convexes, plus grandes que l'abdomen qu'elles embrassent un peu sur les côtés; les pattes sont de longueur moyenne; les tarses sont courts, assez larges, avec le pénultième article bilobé. Ce genre se compose environ d'une trentaine d'espèces, et dont la plupart sont propres à la Nouvelle-Hollande et à la mer du Sud. C'est par erreur qu'Ollivier y a joint une espèce européenne qui n'est que la *Chrysomela flavicans* des auteurs. Les mœurs des Paropsides sont inconnues. D'après le rapport des voyageurs, on les trouve sur les plantes comme les Chrysomèles.

Paropside atomaire, *P. atomaria*, Oliv., Ent., tom. V, pag. 598, n° 1, pl. 1, fig. 1; *Notoclea atomaria*, Marsh., Trans. of society Lin. Lond., vol. IX, pag. 236, tab. 24, fig. 3; Enc., pl. 371, fig. 1 a d. Longue de cinq lignes, d'un testacé pâle; antennes de la même couleur, avec la base plus pâle; labre jaune; tête finement pointillée, ayant un sillon transversal arqué, du milieu duquel naît une ligne longitudinale enfoncée, traversant la partie postérieure de la tête; corselet peu pointu sur son disque; les côtés un peu déprimés, profondément ponctués; élytres chagrinées, chargées d'un grand nombre de points bruns enfoncés et de rides transversales irrégulières; dessus du corps et pattes d'une nuance plus foncée. Cette espèce a pour patrie la Nouvelle-Hollande. (H. L.)

PAROPSIE, *Paropsia*. (bot. phan.) Genre de plantes exogènes fondé par Dupetit-Thouars sur une plante qu'il a trouvée à Madagascar, et que les auteurs placent avec doute parmi la famille des Passiflorées. De Candolle, en effet, paraît penser qu'elle pourrait fort bien former une famille particulière dont elle serait le type. Elle offre d'ailleurs beaucoup plus de rapports avec les Flacourtianées et les Violariées qu'avec celle où on l'a placée. Le botaniste génevois en fait toutefois le type d'une section de cette famille, sous le nom de Paropsiées, en y réunissant un genre qui paraît aussi fort voisin, le *Smeathmannia* de Banks, et qu'il caractérise ainsi : *Paropsiées*. Cinq pétales; ovaire sessile; cirrhes nulles; tiges non grimpantes.

Ce genre appartient à la Monadelphie pentandrie monogynie de Linné; il se compose jusqu'ici d'une seule espèce, dont voici les caractères et la description :

Genre Paropsie, *Paropsia noronha*, Dupetit-Thouars. Périgone double; l'extérieur à cinq divisions ovales, l'intérieur à cinq pétales insérés à la base de celui-ci; cinq étamines brièvement monadelphes à la base; anthères dressées; ovaire sessile, supère; un style; trois stigmates; appendice coronal composé de filamens capillaires, tomenteux, en ordre simple, mais disposé en cinq phalanges et insérés à la base du calice; une capsule vésiculaire à une seule loge, à trois valves; semences dont l'arille est comestible.

Espèce unique.

Paropsie comestible, *Paropsia edulis*, Dupetit-Thouars, Nov. gen., Madag. Arbrisseau de cinq ou six pieds de hauteur, garni de rameaux peu divisés, élancés, portant des feuilles ovales-oblongues, légèrement dentées sur leurs bords, alternes, courtement pétiolées, longues de trois ou quatre pouces environ, sur un pouce et plus de largeur, glabres et terminées par une pointe mousse; fleurs réunies par paquets dans les aisselles des feuilles; pédicelles fasciculés; leur périgone externe partagé en cinq découpures ovales, pubescentes; l'intérieur en cinq également, mais plus courtes que celles de l'extérieur et lancéolées-aiguës; ovaire simple, sessile (caractère qui l'éloigne surtout des Passiflorées vraies); style court, surmonté de trois stigmates pédicellés, fruit renflé en une capsule vésiculaire, tomenteuse, à trois lobes obtus, à trois valves et à une seule loge; graines peu nombreuses, disposées en deux séries sur les parois de la capsule, et oblongues, comprimées, entourées d'une arille blanchâtre, charnue, transparente, bursiforme et bonne à manger; embryon horizontal à cotylédons foliacés.

Cette plante est indigène dans les îles australes de l'Afrique, et particulièrement à Madagascar. (C. Lem.)

PAROS. (géogr. phys.) Cette île de l'Archipel est une des plus célèbres parmi les Cyclades. Elle a porté jadis plusieurs autres noms, tels que ceux de *Pactie*, *Minoïs*, *Démétrias*, *Zacynthe*, *Yrie*, *Hilyessa*, *Kavarnis*. Son nom actuel lui vient, selon Pline, de celui d'un fils de Jason.

Paros est située à deux lieues au sud de l'île de Naxos par 22° de longitude et 47° de latitude. Sa largeur est de trois lieues et demie, sa longueur de quatre lieues et demie; comme elle est un peu ovale, sa circonférence est d'environ quatorze lieues.

Cette île est célèbre par sa richesse, par le courage de ses habitans, par ses antiques carrières de marbre, et pour avoir vu naître Phidias et Praxitèle. Sa population ne s'élève qu'à deux ou trois mille habitans répartis dans plusieurs jolis villages dont le principal est Parkia, ou plutôt Parakia que l'on décore du titre de ville.

Constitution géognostique. — La constitution géognostique de Paros n'est bien connue que depuis la description que notre collaborateur M. Virlet en a donnée, dans la relation de l'expédition scientifique de Morée, à laquelle nous empruntons ce que nous allons en dire.

Paros, comme la petite île d'*Antiparos*, qui n'en est séparée que par un canal étroit, est composée de gneiss, de micaschistes et surtout de calcaires grenus, parmi lesquels on trouve les beaux marbres statuaires qui ont servi au ciseau antique à tailler l'Apollon du Belvédère, la Vénus de Médicis et tous ces chefs-d'œuvre que l'art des modernes n'a encore pu atteindre. Elle supporte des montagnes assez élevées, où l'on voit des gneiss d'un beau blanc nacré, puis de jaunâtres et gris-noirâtres très-quartzeux passant à des micaschistes de même couleur, aussi quelquefois quartzeux et affectant alors des formes bacilaires. On y trouve également des micaschistes gris satinés, un peu onctueux, avec quelques cristaux assez rares de fer sulfuré. Ces roches schisteuses sont associées à des diorites granitoïdes à feldspath décomposé très-abondant et à structure fragmentaire, dont les surfaces sont couvertes d'un enduit d'un brun métallique dû à de l'oxide de manganèse. On y trouve aussi des diorites schisteuses avec des lits de quartz et d'épidote verdâtre renfermant des noyaux de titane oxidé rouge. On rencontre à la surface du sol des fragmens plus ou moins gros de manganèse oxidé : ce qui annonce qu'il existe dans ces roches probablement en filons. Mais nous le répétons, la roche dominante est le calcaire grenu, souvent d'une blancheur éclatante, quelquefois un peu translucide, à reflet nacré, et d'autres fois d'une teinte tirant un peu sur le jaunâtre. Il occupe les trois quarts de la suface de l'île. Toutes les constructions, telles que les églises, les habitations et les murs qui entourent les propriétés, sont faites de ce beau marbre. Mais les variétés d'un blanc jaunâtre, si recherchées par les anciens statuaires parce qu'elles se rapprochent un peu du ton des chairs, paraissent se réduire à quelques bancs qui ont surtout été exploités sur le mont Kapresso, l'ancien Marpesse. Les carrières aujourd'hui abandonnées et encombrées par des déblais sont situées à environ trois milles de Pérakia.

Le relief de l'île de Paros est, suivant M. Virlet, le résultat, non d'un seul système de soulèvement, mais bien de la combinaison de plusieurs. et, bien que la direction des couches soit généralement du nord-ouest au sud-est, c'est le système du nord au sud qui domine. (J. H.)

PAROT. (OIS.) Nom vulgaire du Rossignol de murailles. (GUÉR.)

PAROTIDE. (ANAT.) On donne ce nom à la plus volumineuse des glandes salivaires. (*Voyez* GLANDES.) (A. D.)

PARRAQUAS, *Ortalida.* (OIS.) Genre d'Oiseaux de la famille des Alectors, établi par Merrem aux dépens des Yacous ou Pénélopes, dont ils ne diffèrent que parce qu'ils n'ont pas de nu à la gorge et autour des yeux; en outre, leur tête est complétement emplumée. Tels sont les principaux caractères qui ont servi à établir cette division.

Les Parraquas se rapprochent des Pénélopes, non seulement par leurs caractères extérieurs, mais encore par leurs mœurs; aussi nous réservons-nous, lorsque nous traiterons de ces derniers, de donner quelques détails généraux qui seront par conséquent applicables aux espèces que nous allons faire connaître.

Le type de cette division est le PARRAQUA PROPREMENT DIT, *O. Parraqua*, Merr. La synonymie de cette espèce est considérable. Linné, Brisson, Gmelin, Buffon, de Humboldt, la plaçaient parmi les Faisans; Barrère en a fait un Catraca, Sonnini un Pénélope, et presque tous ces auteurs lui ont donné une synonymie différente. Le nom de Parraqua, qui pourtant lui a été généralement donné et qu'il conserve, lui vient des syllabes qu'il articule par son cri. Ce qui le distingue, c'est une huppe rousse; un plumage fauve-olivâtre en dessus et cendré-olivâtre en dessous; des tempes nues et pourprées; deux traits nus et de couleur rouge qui aboutissent à la mandibule inférieure, et des rectrices latérales terminées de roux. Au reste, il paraîtrait que cet oiseau varie beaucoup par les teintes de son plumage.

Le Parraqua, dit-on, habite les forêts des côtes et rarement l'intérieur des pays où on les trouve. Suivant quelques auteurs, il serait répandu au Brésil, au Paraguay et à la Guyane. Sa voix est forte, rauque et désagréable. Sa nourriture consiste en fruits et en graines sauvages, et, comme les Pénélopes, il est susceptible de s'apprivoiser.

M. Goudot a communiqué à M. Lesson la description d'une seconde espèce à laquelle ce dernier donne le nom de PARRAQUA DE GOUDOT, *Ortalida Goudotii.* « On trouve encore, dit M. Goudot, dans les mêmes lieux que le Pénélope aburri (sur les montagnes de la Nouvelle Grenade), un autre Pénélope que les habitans appellent *Uava*, et qui me paraît être distingué par le manque de nudité du dessous de la gorge. Sa longueur totale est de vingt-trois pouces.

» Le bec est noirâtre, brun à sa pointe; la mandibule supérieure porte un pouce cinq lignes; la cire et la membrane nue du tour des yeux sont bleues; tout le plumage supérieur est brun, à reflets vert foncé (ou mieux d'un verdâtre très-foncé); les plumes de la gorge sont grises; le bas du cou, le ventre et le bas-ventre, ainsi que les cuisses, sont couverts de plumes rousses; on ne remarque point de huppe à cette espèce.

» Cet oiseau, que l'on observe dans les montagues de Quindin, se trouve dans les lieux fréquentés par les *Pavas aburridas*; on ne le rencontre jamais ailleurs. »

Une troisième espèce publiée par M. Lesson, dans les Suites à Buffon, est le PARRAQUA MAILLÉ, *Ortalida squamata*, Less. Il a, comme le Catraca, le tour des yeux nu et deux bandelettes de peau dénudée sur la gorge, séparées par une ligne de poils noirs; une sorte de petite huppe peu apparente couvre l'occiput; la gorge, la tête, les joues et le haut du cou sont de couleur marron; le dos et les ailes sont d'un gris foncé; les plumes de la poitrine sont squameuses, c'est-à-dire taillées en rond, brunes à leur centre et bordées de gris-cendré clair; le ventre et les flancs de cette dernière couleur.

L'Amérique méridionale est la patrie de cet oiseau. (Z. G.)

PART. On désigne sous ce nom l'acte par lequel est expulsé le produit de la conception. On emploie aussi quelquefois le même mot pour désigner le produit de la conception lui même. (*Voy.* ACCOUCHEMENT.) (A. D.)

PARTHÉNIE, *Parthenium.* (BOT. PHAN.) Linné avait consacré ce nom en le donnant au genre *Partheniastrum* de Nissole (*Chysterophorus* de Vaillant), et que d'anciens botanistes avaient appliqué à différentes espèces de matricaires, entre autres à la camomille romaine. Mais un caractère essentiel, l'existence de deux appendices filiformes sur les côtés de la graine, et qui l'entourent comme d'une aile marginale en se détachant par la base, ce caractère avait été négligé ou inaperçu par ces auteurs et observé depuis par les botanistes espagnols Cavanilles et Ortéga. Ces derniers créèrent chacun de leur côté un genre nouveau sur cette même plante, et le nommèrent, l'un *Villanova*, et l'autre *Argyrochæta*, auxquels Palissot de Beauvois substitua plus tard celui de *Trichospermum*. Cassini pense avec raison qu'à la place de toutes ces appellations, on devrait simplement rétablir l'ancienne dénomination de *Partheniastrum*.

Cet auteur plaçait le genre *Parthenium* dans l'ordre des Synanthérées, dans sa tribu des Hélianthées, section des Hélianthées-Coréopsidées. Nous nous servirons de sa savante description générique, en en corrigeant un peu les expressions scientifiques, un peu bizarres et outrées quelquefois, mais pour le classement, nous suivrons le travail de De Candolle dans son Prodrome, qui lui-même s'est servi du beau et savant travail de Lessing.

Synanthérées ou Composées.

Tribu des *Sénécionidées;* sous-tribu des *Mélamponidées.*

Septième division, les *Parthéniées.* Genre *Parthenium.*

Définition : tribu quatrième, les *Sénécionidées.*

Style cylindracé au sommet, bifide supérieurement dans les fleurs hermaphrodites; divisions stigmataires (*rami*, D. C.) linéaires-allongées, en pinceau au sommet, tantôt tronquées, tantôt se terminant en cône court ou en un petit appendice allongé, étroit et hispidulé; séries stigmataires (stigmate proprement dit) un peu élargies un peu saillantes, et s'étendant jusqu'au pinceau ou jusqu'à l'origine du cône ou de l'appendice; corolle du disque régulière, transparente; pollen globuleux, un peu hérissé.

Sous-tribu première, les *Mélamponidées.*

Toutes les fleurs unisexuelles, aucune hermaphrodite, mâle ou femelle dans différentes plantes (dioïques), ou dans les capitules divers des mêmes plantes (hétérocéphales), ou dans ces capitules mêmes (monoïques); anthères écaudées; réceptacle ordinairement paléacé; aigrette jamais soyeuse.

Septième division, les *Parthéniées.*

Capitules monoïques radiés; akènes de la couronne obcomprimés ou plus rarement trigones; ligules tardivement caduques.

Genre Parthénie, *Parthenium*, Lin. (Maintenant nous laisserons parler Cassini comme nous l'avons promis plus haut.)

Calathide courtement radiée; fleurs du disque nombreuses, mâles, régulières; couronne unisériée, de cinq fleurs femelles ligulées; péricline hémisphérique, égal aux fleurs du disque, formé de dix squames bisériées, appliquées, à peu près égales en longueur; les cinq extérieures ovales, aiguës, coriaces, foliacées; les cinq intérieures plus larges, suborbiculaires, presque membraneuses; clinanthe cylindracé ou conoïdal, garni de squamelles presque aussi longues que les fleurs, embrassantes ou demi-enveloppantes, membraneuses, élargies de bas en haut, à sommet tronqué et frangé ou hérissé de poils en chapelet; les squamelles extérieures plus larges que les intérieures.

Fleurs du disque, Faux ovaire presque nul; corolle à tube cylindracé, verdâtre; limbe plus court et plus large que le tube, cylindracé, blanc, divisé au sommet en quatre ou cinq lobes courts, dressés; étamines à filets greffés à la partie inférieure seulement du tube de la corolle; article anthérifère court, un peu enflé; anthères noirâtres, à peine cohérentes avant la fleuraison, mais entregreffées pendant la fleuraison; pollen blanc; style masculin simple, indivis, ayant sa partie supérieure garnie de quelques collecteurs filiformes, et son sommet conique, obtus, à peine bifide ou bilobé. *Fleurs de la couronne*: ovaire obcomprimé, obovale ou obcordiforme, glabre, lisse, bordé d'un bourrelet sur chacune de ses deux arêtes latérales, et portant un nectaire sur son aréole apicilaire; aigrette composée de deux squamellules opposées, latérales, paléiformes ou triquètres, larges, en forme d'ailes, submembraneuses ou subpétaloïdes, nues, continues à l'ovaire; corolle anomale, à tube court et gros, vert, presque continu à l'ovaire; languette blanche, courte, large, presque obcordiforme, à sommet échancré ou bilobé; style féminin, portant deux stigmatophores divergens, arqués en dehors, demi-cylindriques, obtus au sommet, glabres, dont la face intérieure plane est couverte de deux bourrelets stigmatiques, contigus inférieurement, confluens supérieurement, très-épais, finement poncticulés.

A ces caractères assez longuement (et en style non très-châtié) exposés, le savant auteur en ajoute un principal qui avait échappé selon lui à la plupart des botanistes. Voici en quoi il consiste: chaque ovaire de la couronne, comprimé sur les deux faces, est bordé latéralement d'un bourrelet cylindrique, coriace, greffé base à base avec la squamelle contiguë, qui enveloppe la fleur voisine; à une certaine époque, les deux bourrelets latéraux de l'ovaire se détachent de sa partie inférieure en continuant d'adhérer au sommet, tandis que leur base ne fait toujours qu'une avec celles des deux squamelles contiguës. Il résulte de cette singulière disposition, ajoute l'auteur, que l'ovaire semble pourvu de deux appendices filiformes, qui partent du sommet, descendent le long des deux côtés, et dont chacun porte à son extrémité la base d'une fleur mâle enveloppée de sa squamelle.

Le lecteur, sachant combien l'étude des Synanthérées est complexe et difficile, nous saura gré sans doute de nous être un peu étendus au sujet de ce genre. Voici comment De Candolle le caractérise :

Capitule multiflore hétérogame; fleurs de la couronne au nombre de cinq, disposées sur un seul rang, femelles, ligulées; celles du disque tubuleuses, quinquédentées, mâles par l'avortement du style; involucre hémisphérique, bisérié, à squames externes ovales, les internes suborbiculaires; réceptacle conique ou cylindracé, à paillettes semi-amplexicaules. membraneuses, élargies au sommet; fleurs mâles à étamines insérées au bas du tube, à anthères à peine cohérentes dans la jeunesse; style indivis; fleurs femelles; ligules courtes, obcordiformes; divisions du style obtuses, semi-cylindriques; akènes un peu comprimées, lisses, ceintes d'un bord calleux, adhérent des deux côtés à la base par des squames contiguës et se séparant enfin de l'ovaire; aigrette bisquamellée, à squamelles en forme d'arêtes ou suborbiculaires.

Les Parthénies sont des herbes ou des sous-arbrisseaux d'un aspect blanchâtre et cotonneux, croissant dans le Nouveau-Monde, à feuilles alternes, dont les capitules blancs sont disposés en panicules fastigiées. On en connaît cinq ou six espèces, dont voici les diagnoses abrégées.

Section Ire. *Partheniastrum.*

Squamelles de l'aigrette ténues, très-courtes ou même nulles; feuilles indivises.

1° **Parthénie frutiqueuse**, *Parthenium fruticosum*, Less. Tige frutiqueuse; feuilles pétiolées, triangulaires, aiguës, subcordiformes à la base ou à limbe décurrent sur le pétiole, scabres, dentées; squamules de l'involucre très-obtuses, disposées sur trois rangs. Plante semi-ligneuse, découverte à Mexico et à la Plan del Rio.

2° **Parthénie tomenteuse**, *Parthenium tomentosum*, Andrieux? Tige frutiqueuse, garnie de feuilles pétiolées, ovales, un peu aiguës, à limbe non décurrent en pétiole, à bords fortement dentés, à face supérieure veloutée, et blanchâtres-tomenteuses sous les pétioles et les jeunes rameaux; panicules corymbiformes, formées de nombreux capitules; involucres à squamules sur deux rangs; celles de l'intérieur très-obtuses; akènes sans aigrettes. Découverte entre Oaxaca et Mitla, province de Mexico, par Andrieux.

3° **Parthénie à feuilles entières**, *Parthenium integrifolium*, Lin. Tige herbacée, garnie de feuilles ovales, rudes, inégalement dentées ou un peu découpées à la base; les inférieures à limbe décurrent sur le pétiole; les supérieures amplexicaules; squamules extérieurs de l'involucre un peu aiguës. Trouvée vivace sur les montagnes de la Virginie, de la Caroline et de la Géorgie.

Section II. *Parthenichæta.*

Aigrette à deux arêtes longues, raides; feuilles obtuses, sinuées-pinnatifides.

4° **Parthénie très-rameuse**, *Parthenium ramosissimum*, Berland.? Caule frutescente, très-rameuse; feuilles obovales, obtusément sinuées, blanchâtres-laineuses; squamules de l'involucre très-obtuses; akènes obovés, pubères, surmontés de deux arêtes dressées, allongées. Plante presque ligneuse, trouvée par Berlandier à Saint-Louis de Potosi, province du Mexique, et qui peut-être formera un genre différent. (D. C. Prod.)

5° **Parthénie blanche**, *Parthenium incanum*, H. B. et K. Nov. gen. Tige herbacée, couverte tout entière d'un duvet blanchâtre, garnie de feuilles obtusément sinuées-pinnatifides, à lobes inférieurs découpés-dentés, le terminal trilobé; squamelles de l'involucre toutes très-obtuses; arêtes de l'akène recourbées-subdivergentes. Trouvée par Berlandier sur les montagnes auprès de la ville de Mexico.

Section III. *Argyrochæta.*

Squamelles de l'aigrette ovales-oblongues, obtuses, membraneuses; feuilles bipinnatifides.

6° **Parthénie hystérophore**, *Parthenium hysterophorus*, Lin. (On devrait bien écrire *Hysterophorum* par respect pour la grammaire, qu'en général les auteurs respectent trop peu.) Plante herbacée, couverte d'un léger duvet, hispidule à la base, blanchâtre au sommet, à feuilles diversement bipinnatifides; squamules de l'involucre aiguës. Commune dans les endroits les plus chauds de l'Amérique, à Mexico, dans le Texas, la province de Léon, dans les îles de la Trinité, de Saint-Thomas, de Cuba, de la Jamaïque, etc.

Le *Parthenium luteum*, Spreng., est le *Guizotia oleifera.* (C. Lem.)

PARTHÉNOPE *Parthenope.* (crust.) Genre de l'ordre des Décapodes, famille des Brachyures, tribu des Parthénopiens, établi par Fabricius et adopté par la plupart des Carcinologistes. Les caractères distinctifs de ce genre sont principalement dans la disposition des antennes externes, dont l'article basilaire ne se soude pas aux parties voisines, mais atteint presque le front, et dont le second article, plus de moitié plus court que le premier, se loge dans le hiatus de l'angle orbitaire inférieur; dans la petitesse de ce hiatus qui fait communiquer l'orbite avec la fossette antennaire; dans la forme régulièrement triangulaire de la carapace et dans l'existence de sept articles distincts dans l'abdomen des deux sexes.

Le genre Parthénope, tel que Fabricius l'avait établi, se composait d'un assez grand nombre d'espèces; mais depuis il a été beaucoup restreint et divisé en d'autres genres par le docteur Leach. Le genre Parthénope proprement dit de cet auteur, ne renferme maintenant qu'une seule espèce.

Le **Parthénope horrible**, *Parthenope horrida*, Leach, Zool. misc., t. 2, pl. 98. *Cancer horridus*, Linné, Mus. Lud. Ulr., p. 442, représenté dans notre Atlas, pl. 463, fig. 3, d'après la belle figure de l'Iconographie de M. Guérin-Méneville. La carapace est pentagonale beaucoup plus longue que large, horizontale, fortement bosselée, et tuberculeuse en dessus; le rostre court, triangulaire, est armé en dessous d'une forte dent inter-antennaire; les orbites sont circulaires, avec une fissure sur le bord supérieur; les bords latéro-antérieurs de la carapace sont très-obliques et armés d'épines; les pattes antérieures sont très-grandes, de grosseur inégale, et couvertes de gros tubercules spinifères; les pinces sont peu comprimées et peu infléchies. Les pattes des quatre paires suivantes sont hérissées, jusqu'à l'origine du tarse, d'épines aiguës et très-grandes, formant une rangée en dessus et deux en dessous; la couleur est grisâtre; le test a l'aspect d'une pierre cariée; la longueur égale environ deux ou trois pouces. Cette espèce se trouve dans l'océan Indien et Atlantique. M. Guérin, dans son Iconographie du règne animal de Cuvier, Crustacés, pl, 7, fig. 1, en a donné une très-bonne figure. Aux dépens du genre Parthénope, *Parthenope*, ont été formés les genres suivans:

Genre Eumédon, *Eumedonus*, Edwards. Chez ce genre, la carapace est presque pentagonale, avec le bouclier dorsal rejeté en avant, et elle ne dépasse guère le niveau des pattes de la troisième paire. Le corps est déprimé; le rostre très large et avancé, n'est divisé que vers son extrémité; les yeux sont très-courts, et leur pédoncule remplit entièrement les orbites qui sont circulaires; les antennes internes se reploient très-obliquement en dehors, et les externes sont peu développées; leur premier article ne concourt pas notablement à la formation de la paroi inférieure de l'orbite; leur tige mobile naît dans la fente que laissent entre eux les deux angles internes de cette cavité, et leur article terminal est court. Chez le mâle, les pattes thoraciques de la première paire sont grosses et beaucoup plus longues que les suivantes; toutes celles-ci sont un peu comprimées; et leur troisième article est surmonté d'une crête qui ne se voit pas distinctement sur les autres articles; les pattes de la seconde paire sont un peu plus courtes que celle de la troisième; et celles de la cinquième paire, qui sont presque aussi longues que les quatrièmes, au lieu d'être placées sur le même niveau qu'elles, sont insérées au dessus de manière à les recouvrir en partie. L'abdomen du mâle se compose de sept articles, dont les deux premiers se voient à la face dorsale du corps en avant de la carapace. L'espèce, type de cette nouvelle coupe générique, est:

L'Eumédon nègre, *E. niger*, Edw., Hist. nat. des Crust., tom. I, p. 350, pl. 15, fig. 17. Cette espèce est remarquable par le prolongement qu'elle présente de chaque côté de la carapace; ces pointes sont dirigées en dehors et leur base occupe toute la région hépatique; la face supérieure de la carapace présente quelques dépressions, et est recouverte, comme tout le reste du corps, de petites granulations miliaires; le rostre est très-large, petit, largement échancré au bout, et d'environ le tiers de la longueur de celle de la carapace en entier; les pattes antérieures sont armées d'une forte épine qui occupe le bord inférieur du carpe, et de deux petites pointes placées sur le bord supérieur de la main qui est un peu renflée; les pinces sont garnies de quelques dents arrondies, et elles ne sont pas sensiblement recourbées en dedans; les autres pattes sont légèrement poilues; la couleur générale est d'un noir bronzé. Se trouve sur les côtes de Chine.

Genre Eurynome, *Eurynome*, Leach., *Parthenope*, Latr. *Cancer*, Penn. La carapace a presque la forme d'un triangle à base arrondie; elle est fortement bosselée et recouverte d'aspérités. Le rostre est horizontal et divisé en deux cornes triangulaires. Les yeux sont petits; les orbites sont profondes; leur bord supérieur est très-saillant, et séparé de l'angle externe par une fente. Les antennes internes se reploient longitudinalement; le premier article des externes se termine à l'angle interne de l'orbite, et porte l'article suivant au bord supérieur de son extrémité, de manière que la tige mobile de ces antennes, qui se prolonge sous le rostre, paraît naître du canthus interne des yeux. L'épistome est à peu près carré, et le troisième article des pattes-mâchoires externes fortement dilaté en dehors. Le plastron sternal est à peu près ovalaire, et sa suture médiane occupe les deux derniers anneaux thoraciques. Les pattes de la première paire ne sont guère plus grosses que les suivantes; chez le mâle elles sont longues, tandis que chez la femelle elles sont très-courtes, mais moins cependant que celles de la seconde paire; les pattes suivantes diminuent progressivement de longueur; l'abdomen dans les deux sexes est composé de sept articles. La seule espèce connue est:

L'Eurynome rugueux, *E. aspera*, Leach. Malac. Brit., pl. 17, Guérin, Iconogr. du Règne anim. de Cuv. Crust., pl. 7, fig. 4, Edw., Hist. nat. des Crust., tome 1, p. 351, pl. 15, fig. 18. *Cancer aspera*, Pennant, tome IV, pl. 9, fig. 20; la carapace est à régions très-distinctes, rugueuse, avec une grosse dent triangulaire à l'angle externe de l'orbite et trois ou quatre plus petites le long du bord latéral sur la région branchiale; la tige mobile des antennes externes est très-courte, ses deux premiers articles sont très-petits. Les pattes antérieures tuberculeuses et un peu comprimées, sont presque droites chez la femelle, et avec la pince recourbée en dedans chez le mâle; les pattes suivantes sont rugueuses et garnies d'une crête qui est plus marquée sur le troisième article; la couleur est rosée avec des teintes bleuâtres. La longueur égale environ un pouce et demi. Cette espèce se trouve à d'assez grandes profondeurs sur les côtes de Noirmoutier et de la Manche.

Genre Lambre, *Lambrus*, Leach., *Parthenope*, Desm. Latr. *Maïa*, Bosc. *Cancer*, Herbst. Ce genre se distingue des précédens par la longueur excessive de ses pattes antérieures et par la forme de sa carapace; elle est en général à peu près aussi longue que large, arrondie sur les côtés, et rétrécie en avant; les régions branchiales sont très-développées, renflées et séparées de la portion moyenne de la carapace par un sillon profond; la région stomacale au contraire est très-étroite; enfin la face supérieure et les bords du test sont toujours plus ou moins tuberculeux ou épineux; le rostre est petit, mais assez avancé; les yeux sont parfaitement rétractiles, et les orbites presque circulaires; les parois de cette cavité présentent une fissure sur leur bord supérieur et un hiatus large et profond au dessous du canthus interne des yeux; les antennes externes se reploient obliquement, et les fossettes qui les logent se continuent en général sans interruption avec les orbites; car l'espace qui sépare du front l'angle interne du bord orbitaire inférieur est loin d'être rempli par le pédoncule des antennes externes. Le premier article de ces appendices est extrêmement petit et guère plus long que large; le second est plus allongé, mais il n'atteint presque jamais le front, et s'avance entre l'article basilaire de l'antenne interne et le bord interne de la paroi inférieure de l'orbite; enfin le troisième article naît dans l'hiatus qui occupe l'angle interne de cette cavité, et le quatrième ou filet terminal est très-court; l'épistome est peu développé, et beaucoup plus large que long; les régions ptérygostomiennes sont presque triangulaires; le plastron sternal est beaucoup plus long que large; les pattes de la première paire sont au moins deux fois et demie aussi longues que la portion post-frontale de la carapace, et souvent elles ont plus de deux fois cette longueur; elles s'étendent à angle droit de chaque côté du corps, ne diffèrent pas sensiblement entre elles et sont toujours plus ou moins triangulaires; enfin, la pince qui les termine est petite et brusquement recourbée en bas et en dedans, de manière à former un angle avec le reste de la main. Les pattes suivantes sont courtes et grêles; leur longueur diminue progressivement, et celles de la seconde paire ne sont jamais plus de moitié aussi longues que les premières. L'abdomen de la femelle présente quelquefois six articles; chez le mâle, les troisième, quatrième et cinquième anneaux sont plus ou moins intimement soudés entre eux, de manière que cette partie du corps ne se compose que de cinq articles distincts; quelquefois il n'en n'existe même que quatre.

Ces Crustacés vivent parmi les rochers et à d'assez grandes profondeurs, ils habitent la Méditerranée et l'océan Indien. M. Edwards, dans son histoire naturelle des Crustacés, tome I, p. 35, divise de la manière suivante les espèces renfermées dans le genre *Lambrus*.

A. Espèces dont la carapace est à peu près aussi longue que large; carapace rugueuse, couverte en dessus d'épines ou de tubercules; pattes des quatre dernières paires, ayant le troisième article armé d'épines.

Lambre longimane, *L. longimanus*, Leach, Linn., Trans., t. II, p. 310, *Parthenope longimana*, Fabr., Suppl., p. 353. Le rostre est extrêmement petit, à peine saillant, horizontal et formé de trois dents; la carapace est presque circulaire, garnie en dessus d'épines simples et de tubercules; les bords latéraux sont armés d'épines très-longues et légèrement rameuses; les mains sont triangulaires, presque lisses sur la face supérieure, garnies d'épines rameuses sur le bord supérieur, et de grosses dents pointues, et à bords dentelés sur le bord externe. On aperçoit aussi quelques épines très-courtes sur les bords supérieurs et inférieurs du troisième article des pattes des quatre dernières paires; la longueur égale environ un pouce. Cette espèce se trouve à Pondichéry et à Amboine.

a. Espèces dont les quatre dernières pattes sont sans épines.

Lambre front anguleux, *P. angulifrons*, Edw., Hist. nat. des Crust., t. I, p. 355, *Lambrus montgrandis*, Roux, Crust. de la Méditerr., pl. 25, fig. 1 à 6. *Parthenope angulifrons*, Latr., Encycl. méthod., t. X, p. 15; la face supérieure des mains est très-épineuse; la carapace est couverte de tubercules arrondis; le front est triangulaire, horizontal et creusé en dessous en gouttière longitudinale; les pattes antérieures dentelées sur les bords externes et supérieurs, sont lisses en dessous et en dedans; le bord de la carapace et des pattes de la cinquième paire sont garnis de poils; les deuxième et troisième articles de l'abdomen sont carénés. Cette espèce, qui a un pouce de longueur, se trouve dans le golfe de Naples et sur les côtes siciliennes.

a. a. Espèces dont la carapace est presque entièrement lisse en dessus.

Lambre Masséna, *Lambrus Massena*, Roux, Crust. de la Méditerr., pl. 23, fig. 7 à 12. La carapace est presque lisse, à peine tuberculeuse en dessus, et dentée sur les bords latéraux; le rostre est presque horizontal, large, triangulaire, entier sur ses bords, et creusé en gouttière supérieurement; les pattes antérieures sont inégales, de longueur médiocre; l'une d'elles est très-renflée vers le bout; les mains sont quadrangulaires, plus ou moins dentelées sur les bords, et à peu près lisses sur leurs diverses faces; le troisième article des pattes présente quelques épines; l'abdomen du mâle est composé seulement de quatre articles distincts. La couleur est rouge-brun; la longueur égale environ un pouce. Habite les rochers volcaniques des côtes de la Sicile.

B. Espèces dont la carapace est beaucoup plus large que longue.

b. Face supérieure des mains hérissée d'épines plus ou moins rameuses, et leurs bords supérieurs et internes armés d'épines semblables entre elles et ni comprimées, ni réunies en crête.

Lambre de la Méditerranée, *L. mediterraneus*, Roux, Crust. de la Méditerr., pl. 1, fig. 1. *Eurynome Aldrovandi*, Risso, Hist. nat. de l'Europe mérid., tome V, p. 22.

Les pattes des quatre dernières paires sont garnies d'épines sur les bords supérieur et inférieur du troisième article. La carapace est rugueuse, comme cariée et garnie de tubercules et d'épines simples; le rostre est très-petit et denté sur les côtés; les mains sont triangulaires et renflées vers le bout; leur bord supérieur, leur bord externe et leur face supérieure sont armés d'épines dont plusieurs sont légèrement rameuses, et leur face inférieure est couverte de petits tubercules granulés qui cessent à l'origine des doigts; la couleur est rougeâtre, la longueur est de près de deux pouces.

Cette espèce se trouve dans la rade de Toulon, dans les eaux de Nice, parmi les rochers coralligères.

b. b. Espèces dont la face supérieure des mains est plus ou moins lisse, et ne portant jamais d'épines ; leurs bords supérieur et externe étant armés de dents comprimées et disposées de manière à former une crête.

Lambre saisisseur, *L. prensor*, Edw., Hist. nat. des Crust., t. I, p. 358, *Parthenope regina*, Fabr. Suppl., p. 353. Les bords latéro-postérieurs de la carapace sont armés de deux petites épines et d'une troisième extrêmement grande, semblable à celle qui termine le bord latéro-antérieur. La carapace déprimée et granuleuse, est dentée en avant; les mains sont dentées sur les bords et légèrement épineuses à leur face supérieure. Se trouve aux Indes orientales.

Enfin le dernier genre est celui de Cryptopodie, *Cryptopodia*, Edw., *Calappa*, Bosc, Latr. Œthra, Latr., Desm. La carapace est légèrement bombée et a la forme d'un triangle très-large, très-court et à base arrondie; elle est presque deux fois aussi large que longue, mais cette grande largeur ne dépend pas du corps lui-même; elle est due à l'existence d'un prolongement lamelleux qui entoure les trois quarts postérieurs du bouclier dorsal; en arrière ce prolongement s'étend très-loin au-delà de l'insertion de l'abdomen, mais c'est surtout sur les parties latérales qu'il est considérable, car il y forme de chaque côté une énorme voûte qui cache complètement les pattes des quatre dernières paires; le rostre est triangulaire, horizontal et assez avancé; les yeux sont très-petits et complètement rétractiles; les antennes internes ont la même forme que chez les Œthres; leur premier article est quadrilatère, et leur tige se reploie presque longitudinalement. Le premier article des antennes externes est très-petit; le second est un peu plus long et atteint jusqu'au front; le troisième est logé presque en entier dans la fente qui existe entre le front et l'angle interne du bord orbitaire inférieur; enfin la tige terminale, qui naît aussi du canthus interne des yeux, est extrêmement courte; l'épistome est un peu plus large que long; le second article des pieds-mâchoires externes se termine antérieurement par un bord presque droit, et le troisième, qui est carré, présente en avant une échancrure qui occupe plutôt son bord interne et antérieur, et qui donne insertion à l'article suivant; le plastron sternal est beaucoup plus long que large; les pattes de la première paire sont très-grandes et à peu près prismatiques; les suivantes sont très-petites et presque de même longueur, elles dépassent à peine la voûte qui les recouvre; enfin l'abdomen se compose chez la femelle de sept articles. L'espèce, type de ce nouveau genre, est la

Cryptopodie voutée, *C. fornicata*, Edw., Hist. nat. des Crust., t. I, p. 362, *Parthenope fornicata*, Fabr., Suppl., p. 352; la carapace est lisse en dessus et dentelée sur les bords; le rostre est entier, aussi long que large; les pattes antérieures sont environ une fois et demie aussi longues que la carapace; leur troisième article est très-dilaté postérieurement, et armé d'épines sur le bord antérieur; les mains sont armées en dessus d'une forte rangée d'épines; les pattes des quatre dernières paires sont garnies en dessus et en dessous d'une crête dentelée presque tout le long de leur troisième article. Se trouve dans l'océan Indien. (H. L.)

PARTHÉNOPIENS, *Parthenopii*. (crust.) Tribu de l'ordre des Décapodes, famille des Brachyures, établie par M. Edwards, dans son Histoire naturelle des Crustacés, tom. I, p. 347. Cette tribu correspond à peu près au genre Parthénope, tel que Fabricius l'avait créé, et établit le passage entre les Maïas et les Cyclométopes. La carapace des Crustacés qui composent cette tribu est ordinairement triangulaire, et guères plus longue que large; généralement, ses bords latéro-antérieurs suivent la même direction que les bords du rostre; mais quelquefois les parties latérales de la carapace sont arrondies; sa surface est presque toujours bosselée et tuberculeuse; le rostre est en général petit et entier, ou seulement échancré au bout; les yeux sont presque toujours parfaitement rétractiles; l'article basilaire des antennes externes présente quelquefois la même disposition que chez les Maïas; mais dans la grande majorité des cas, il en est tout autrement; cet article est petit, et ne se soude pas aux parties voisines du test; son bord externe ne concourt pas à former la paroi orbitaire inférieure; la tige mobile de ces antennes est courte, et prend naissance dans un hiatus de l'angle orbitaire interne; l'épistome est beaucoup plus large que long, et la forme des pattes-mâchoires externes est à peu près la même que chez les Maïas; les pattes antérieures sont très-développées, et s'écartent presque à angle droit du corps; chez les mâles, elles sont toujours plus de deux fois aussi longues que la portion post-frontale de la carapace, et quelquefois elles ont quatre fois cette longueur; la main est presque toujours triangulaire, et la pince brusquement recourbée en bas, de manière que son axe forme un angle très-marqué avec celui de la main; les pattes suivantes sont au contraire courtes; en général, celles de la seconde paire ont moins d'une fois et demie la longueur de la portion post-frontale de la carapace, et les autres diminuent progressivement; l'abdomen présente encore des différences assez grandes dans le nombre des articles distincts que l'on compte chez le mâle, tandis que chez la femelle le nombre est toujours de sept. Les Parthénopiens habitent des parages très-variés; on en trouve dans la Manche, dans la Méditerranée, dans l'océan Indien, etc. Leurs mœurs sont à peine connues. Cette tribu comprend cinq genres qui sont ceux de *Parthénope*, *Eumédon*, *Eurynome*, *Lambre* et *Cryptopodie*, dont il a été fait mention plus haut. (H. L.)

PAS D'ANE. (bot. phan.) Nom vulgaire du *Tussilago farfara*, Lin.

PASIMAQUE, *Pasimachus*. (ins.) Ce genre, qui appartient à l'ordre des Coléoptères, section des Pentamères, famille des Carnassiers, tribu des Carabiques bipartis de Latreille, a été établi par Bonelli et adopté par tous les entomophiles. Les caractères de ce genre sont : menton articulé, court, presque plan et fortement trilobé; lèvre supérieure

périeure courte et dentelée; mandibules grandes, larges, aplaties, peu avancées, fortement dentées intérieurement; dernier article des palpes labiaux grossissant un peu vers l'extrémité et presque conique; antennes presque filiformes; le premier article assez grand; les autres plus petits et presque égaux; corps large et aplati; corselet large, plan, presque cordiforme, échancré postérieurement; jambes antérieures faiblement palmées. Les Pasimaques avaient été confondus avec les Scarites par Fabricius; mais ils s'en distinguent par plusieurs caractères importans. Dans les Scarites, le corps est plus allongé, le corselet est en croissant, et les mâchoires sont arquées et crochues à leur extrémité. Les Siagones sont séparées des Pasimaques par leur menton, qui recouvre presque tout le dessus de la tête jusqu'au labre; les carènes en sont séparées par leurs palpes extérieurs qui sont dilatés à leur extrémité; la tête des Pasimaques est grande, presque aussi large que le corselet, plane et presque carrée; les mandibules sont à peu près de la longueur de la tête; les mâchoires sont obtuses, sans onglet mobile à l'extrémité et non arquées dans cette partie; la lèvre est articulée à sa base, coriace, courte, large, concave, velue postérieurement et dépassant à peine le menton; la languette est arrondie à son sommet et terminée par deux soies; les antennes sont insérées dans le coin interne de l'œil; les yeux sont petits, arrondis et peu saillans; ses pattes sont de longueur moyenne. Les Pasimaques sont des insectes d'assez grande taille, d'une couleur noire légèrement bleue ou violette sur les côtés, et d'une forme large et aplatie qui a quelques rapports avec celle de certains Abax. Ce genre renferme environ quatre ou cinq espèces toutes propres à l'Amérique septentrionale. Nous citerons comme la plus remarquable :

Le Pasimaque déprimé, *P. depressus*, Dej., Sp. des Coléopt.,, tom. I, pag. 416; *Scarites depressus*, Oliv., III, 36, pag. 5, n° 1, tab. 2, fig. 15; Sch. syn. Insect., tom. I, pag. 126, n° 1; Palisot de Beauvois, Insectes d'Afrique et d'Amérique, pag. 106, tab. 15, fig. 3. Cette espèce est longue de douze à quatorze lignes, noire, brillante en dessus, avec les bords du corselet plus ou moins bleuâtres; les élytres sont très-lisses, diminuant insensiblement vers l'extrémité, qui est peu arrondie; elles ont une ligne de très-petits points élevés le long des bords extérieurs; le dessous du corps et les pattes sont d'un noir un peu moins brillant que le dessus. (H. L.)

PASIPHÉE, *Pasiphæa*. (crust.) Ce genre, qui appartient à l'ordre des Décapodes, famille des Macroures, tribu des Salicoques, a été établi par Savigny (Mém. sur les anim. sans vert., Part. I, fasc. 1, pag. 50), et a été adopté par M. Edwards dans son Hist. nat. des Crust., tom. II, pag. 424. Ses principaux caractères sont : corps très-comprimé; abdomen très-allongé; rostre très-court et simple. Ce genre comprend des Crustacés qui établissent à plusieurs égards le passage entre les Pénées et les Sergestes, et qui sont remarquables par l'aplatissement latéral de leur corps. Leur rostre est très-court ou même rudimentaire, et la carapace beaucoup plus étroite en avant qu'en arrière; les yeux sont médiocres et dirigés en avant; le pédoncule des antennes internes est grêle et terminé par deux filets multiarticulés, dont l'un est assez long; les antennes externes sont insérées au dessous des précédentes et n'offrent rien de remarquable; les mandibules sont fortement dentées et dépourvues de tiges palpiformes; les pieds-mâchoires externes sont très-longs, grêles et pédiformes; à leur base se trouve un palpe lamelleux et cilié, semblable à celui qui se voit dans le genre Pénée; les pattes thoraciques portent aussi suspendu au côté externe de leur article basilaire un appendice lamelleux assez long et de même forme, mais membraneux et peu ou point cilié; les pattes des deux premières paires sont assez grosses, à peu près de même longueur, armées d'épines sur leur troisième article, et terminées par une main didactyle; dont les pinces sont grêles et garnies d'une série d'épines acérées sur le bord préhensile; les pattes des trois paires suivantes sont très-grêles et plus ou moins natatoires; en général, sinon toujours, celles de l'avant-dernière paire sont de beaucoup plus courtes; l'abdomen est très-long et fort comprimé; les fausses pattes du premier anneau se terminent par une seule lame, mais celles des quatre paires suivantes portent chacune deux lames natatoires courtes et peu ciliées; le sixième anneau abdominal est très-long, et le septième court et triangulaire; les lames externes de la nageoire caudale sont grandes et rétrécies vers le bout. Ce genre renferme trois espèces, parmi lesquelles nous citerons comme les plus remarquables :

La Pasiphée de Savigny, *P. Savignyi*, Leach, Mus. brit. of Lond., Edw., ouvr. cit., tom. II, pag. 426. Le rostre est rudimentaire et représenté seulement par une petite épine qui ne dépasse pas le bord antérieur de la carapace; les pattes de la deuxième paire sont notablement plus longues que celles de la première, et sont armées sur le bord inférieur de cinq ou six épines acérées et éloignées entre elles; les pattes de la première paire sont beaucoup plus courtes que celles des deux paires voisines et ont le pénultième article garni sur le bord interne d'une espèce de brosse composée de poils raides et crochus; celles de la cinquième paire sont terminées par un article ovalaire très-court et cilié tout autour; les lames externes de la nageoire caudale sont beaucoup plus longues que celles de la paire interne, qui à leur tour dépassent de beaucoup la pièce médiane. La patrie de cette espèce est inconnue.

Pasiphée sivado, *P. sivado*, Sav., Latr., Edw., ouvr. cit., tom. II, pag. 426; *Alphæus sivado*, Risso, Crust. de Nice, pag. 94, pl. 3, fig. 4. Elle est longue d'environ deux pouces et demi, d'un blanc nacré, transparent et bordé de rouge; les quatre serres sont rougeâtres avec l'article précédent; le corps garni inférieurement d'une série de dents très-fines et les doigts allongés; le feuillet intermédiaire de la nageoire postérieure de ce dernier segment abdominal offre un sillon longitudinal et se termine en pointe tronquée et bordée d'une rangée de spinules; la nageoire est pointillée de rouge. Suivant M. Risso, la femelle fait sa ponte en juin et juillet; ses œufs sont nacrés. Cette espèce, qui a été représentée par M. Guérin dans son Iconographie du Règne animal de Cuvier, Crust., pl. 22, fig. 3, se trouve assez communément sur les côtes de Nice. Elle sert de pâture à une infinité de poissons. (H. L.)

PASPALE, *Paspalum*. (BOT. PHAN.) Quand Linné créa ce genre de plantes monocotylédonées et qu'il l'inscrivait dans sa famille naturelle des Graminées et dans la Triandrie digynie, il ne manqua point, malgré le peu d'intérêt réel qu'il offre, de lui assigner des caractères qui en liaient toutes les espèces entre elles. Cependant, depuis ce grand législateur de la science végétale, plusieurs botanistes se sont crus suffisamment autorisés à distraire plusieurs de ces espèces pour les ériger types de genres nouveaux; on a fait justice de ces innovations, et les faux genres *Axonopus*, *Ceresia*, *Cynodon*, *Syntherisma*, etc., sont rentrés dans le néant: l'on a maintenu le genre linnéen tel qu'il avait été d'abord admis.

Ses caractères sont de renfermer des plantes herbacées annuelles ou vivaces, aux chaumes articulés, garnis de feuilles linéaires et de fleurs sessiles, disposées en épis simples, souvent unilatéraux, sur plusieurs rangées longitudinales. Les épillets sont uniflores, à deux valves membraneuses; quelquefois on remarque auprès d'elles le rudiment d'une troisième valve. Trois étamines à filamens capillaires; ovaire supère, terminé par deux styles, ayant chacun un stigmate pénicilliforme et coloré. Aux balles adhèrent une graine arrondie, convexe d'un côté, plate de l'autre.

Parmi les quatre-vingt-dix espèces de Paspales, presque toutes indigènes aux régions intertropicales, quatre habitent dans une grande partie de l'Europe et abondent en France, savoir: le PASPALE SANGUIN, *P. sanguinale*, que l'on rencontre tous les ans au milieu des champs cultivés et aux lieux sablonneux; le PASPALE CILIÉ, *P. ciliatum*, que l'on crut particulier à la Chine jusqu'en 1818, que Requien le découvrit spontané sur les rives de la Durance aux environs d'Avignon; le PASPALE GLABRE, *P. glabrum*, et le PASPALE DACTYLE, *P. dactylon*, vivaces dans nos champs. Les bestiaux mangent ce dernier quand on a le soin d'en briser les tiges sous le pilon et de le leur donner uni à de l'avoine.

On cultive par curiosité deux espèces qui nous sont venues du Pérou: le PASPALE STOLONIFÈRE, *P. racemosum*, dont le chaume couché, chargé de stolons à sa base, porte de jolis épillets d'abord blancs, puis rougeâtres, et le PASPALE MEMBRANEUX, *P. membranaceum*, que Persoon appelait *Ceresia elegans*, fort belle espèce, remarquable surtout par son axe commun ou rachis extrêmement élargi, comme naviculaire, et par le duvet soyeux, du blanc le plus pur, très-abondant, qui environne les fleurs.

A Pondichéry et dans quelques autres localités de l'Inde on mange les graines mondées du PASPALE FROMENTACÉ, *P. frumentaceum*, de Rottboel. Les brames regardent le PASPALE A LONGUES FLEURS, *P. longiflorum*, Willd., comme sacré, tandis qu'en Afrique le suc que l'on en retire, étant mêlé à une décoction de riz et d'huile de cocotier, sert à apaiser les maux d'yeux et de gencives.

Le genre Paspale est très-voisin du genre Panis. Ce dernier ne diffère du premier que par ses épillets biflores. (T. D. B.)

PASSAGES DES ROCHES. (GÉOLOG.) Les Passages d'une roche à une autre, sont des accidens très-communs et très-utiles à bien constater; il arrive même que certaines roches se montrent plus généralement sous une forme intermédiaire entre une espèce et une autre, que comme une espèce présentant tous ses caractères essentiels; cela a surtout lieu dans les alternatives répétées de plusieurs roches.

Parmi les principales questions que doit se poser le géologue qui étudie un pays, nous citerons les suivantes. La transaction d'une roche à une autre s'établit-elle au moyen de différences dans les proportions ou la nature de ses parties constituantes? Une de ces dernières devient-elle tellement abondante qu'elle donne à la roche un autre aspect, ou qu'elle la fait passer à une autre espèce? Un des élémens d'une roche est-il remplacé en partie ou en totalité par un nouveau minéral, et disparaît-il entièrement dans la transmutation de cette roche en une autre? Des portions d'une roche pénètrent-elles dans celles d'une masse voisine; dans ce cas y a-t-il Passage véritable ou fusion seulement accidentelle? Des changemens de structure sont-ils la source de la transition, ou bien cette dernière n'est-elle que le produit d'un enchevêtrement mutuel de deux roches, ou de l'action réciproque d'une roche sur l'autre? Quels changemens pareil genre de phénomène fait-il éprouver à la roche, relativement à son état ou à quelques unes de ses parties constituantes? Certaines roches, telles que des gneiss, des micaschistes, des talcschistes, etc., n'offrent-elles pas très-fréquemment une espèce d'oscillation dans les caractères, en passant irrégulièrement à d'autres masses?

La consolidation des roches à pâte cristalline, ou formée par voie de cristallation, est due à ce dernier procédé; dans les autres masses sédimentaires ou fragmentaires, la consolidation s'est opérée d'un côté par le tassement, et de l'autre par diverses infiltrations dont les principales ont été des eaux chargées de carbonate de chaux, de silice, d'hydrate de silice, d'hydrate d'oxyde de fer ou de manganèse.

La plupart des roches sédimentaires ayant été formées sous l'eau de mer, quelques savans ont pensé qu'on devait y retrouver une petite quantité de matières salines; mais le lavage des infiltrations des eaux superficielles a dû les enlever depuis long temps.

Jusqu'ici on n'a pas étudié suffisamment les modifications occasionées dans les roches stratifiées ou massives par le Passage ou le voisinage des roches plutoniques. Grâce aux anciens volcanistes et à l'école huttonienne, la presque totalité des géologues actuels reconnaissent certaines altérations très-singulières produites par la voie ignée, telle que le Passage du calcaire compacte au calcaire grenu, la transmutation d'une marne en une roche jaspoïde, d'une roche feldspathique en une alunite, etc.; mais il ne règne point la même unanimité d'opinions sur d'autres changemens, tout aussi réels et importans; et une partie des véritables altérations ignées est prise encore pour des effets de décompositions. Telle est la divergence d'idées qui caractérise en ce moment les différentes écoles géologiques, et sépare d une manière tranchée l'ancienne école volcanique d'avec la nouvelle.

D'après cette dernière, la voie ignée, c'est-à-dire l'action plus ou moins longue et forte de la chaleur avec ou sans épanchement de la lave à la surface du sol, et l'action de certains gaz acides et de différentes matières terreuses ou métalliques à l'état de gaz ou de sublimation, ont donné lieu à plusieurs changemens dont nous allons parler soit immédiatement, soit en provoquant ou favorisant le jeu des affinités électrochimiques.

La décoloration des roches a été produite surtout par des gaz acides, et elle s'observe aussi bien dans les dépôts stratifiés que dans les dépôts non stratifiés. On la trouve souvent dans le voisinage des roches ignées, en filons ou culots, et dans celui des filons métallifères, ou remplis de certains minéraux. Ainsi, un filon basaltique traversant du basalte aura pour murs une roche d'une teinte particulière, etc. Mais il arrive aussi que les causes productrices de ce phénomène ne sont pas visibles; en effet, des talschistes seront décolorés sans traces de roches ignées; un dyke de trapp, une faille, etc., n'aura pu se montrer au jour que çà et là; or, entre les points où l'accident est bien manifeste, on observera des bandes de roches décolorées. Au reste, de telles modifications sont le plus souvent négligées ou attribuées à la décomposition des pyrites ou d'autres substances.

Les gaz acides qui paraissent avoir généralement occasioné la décoloration, sont l'acide sulfureux, l'acide chlorhydrique, l'acide carbonique et l'acide sulfhydrique, auxquels il faut ajouter les acides fluorique, borique, phosphorique, et probablement les acides métalliques, tels que l'acide arsenique, chromique et molybdique.

La décoloration communique aux roches des teintes blanches, rougeâtres ou violâtres, couleurs qui sont arrangées souvent en zones, et dont les premières, indiquant une action plus forte, sont ordinairement plus voisines de la cause décolorante que les dernières.

Certaines roches ont pris une teinte foncée par suite d'une modification ignée particulière. On dirait quelquefois qu'un deutoxyde de fer ou un peroxyde de manganèse les a pénétrées, tandis qu'ailleurs ce serait le carbone qui les aurait colorées. L'uniformité de la teinte noire des roches de certaines parties des Alpes est d'autant plus remarquable, que, dans d'autres localités, des couleurs très-claires sont le propre des mêmes dépôts. C'est encore là un point de géogénie sur lequel on n'est pas d'accord, les uns voulant lier cette coloration aux bouleversemens éprouvés par les couches stratifiées alpines, les autres n'y voyant qu'un accident local du dépôt, lors de sa formation neptunienne. Il n'en est pas de même de la plupart des colorations métalliques, parce qu'elles se rencontrent le plus souvent à côté ou non loin des masses ignées.

Il y a des roches stratifiées qui offrent des zones ou des bandes colorées en rouge, probablement par le tritoxyde de fer. La cause de cet accident a été attribuée, suivant des géologues, à une imprégnation ignée, comme dans le cas de schistes rouges de certaines localités, qui n'ont paru être que le prolongement d'un filon plutonique ou métallique. A côté de filons de mélaphyres ou de basaltes, on a observé dans les couches du trias des lignes ferrugineuses de teintes gris foncé ou noires, ce qui provient du changement du carbonate d'oxydule de fer ou d'oxyde de fer avec ou sans eau, en oxydule de fer noir.

Le fendillement, bien différent du retrait des masses, est une manifestation particulière de l'action ignée, qui est rarement associée avec des épanchemens plutoniques en rapport avec le phénomène en question, tandis qu'il est un accident concomitant des redressemens et des failles. Le fendillement dénote une force considérable, qui nécessite la supposition de l'action réitérée du gaz comprimé. Il est évident que la production d'une telle quantité de diverses fentes a dû exiger l'application de la même force dans les directions très différentes, et il est de toute impossibilité de rattacher les grands accidens de fendillemens aux petits, ou les réseaux de fendillemens à ceux de soulèvemens, de redressemens et d'affaissemens. Ces derniers phénomènes ont produit des fentes nombreuses; la plupart des vallées et un certain nombre de filons métallifères ou pierreux en sont les preuves; mais les réseaux de fendillemens n'ont pas eu une cause aussi brusque.

Les masses ont été d'abord traversées de grandes fentes, les parties détachées ont glissé en partie les unes sur les autres; d'autres ont eu même, pendant quelque temps, un mouvement alternatif d'ascension et de descente par l'effet de l'échappement des gaz agissant comme dans une machine à vapeur; et ainsi se sont formées des fentes remplies en partie de matières pulvérulentes et de parois polies et striées. Ces premiers changemens opérés, les causes modifiantes ont cessé d'agir, ou bien un autre travail igné ou électro-chimique a commencé ou a tapissé de minéraux une partie des fentes. Mais lorsque les causes de fendillemens ont continué du temps que pareils accidens avaient lieu, la force des gaz, aidés par la chaleur, a trouvé le moyen de pratiquer latéralement aux grandes fentes ou ailleurs une foule d'autres passages aux fluides élastiques. Les calcaires ou les schistes fendillés n'ont rien de commun avec les mêmes roches ayant éprouvé des retraits, et plus tard des infiltrations calcaires. Si des phénomènes électriques peuvent avoir concouru à la production des fendillemens, il nous semble que cela doit avoir été surtout dans les cas de réseaux des fentes en partie remplies de substances minérales.

Un fendillement particulier produit par la voie ignée, est celui qui occasione dans les roches traversées par les roches plutoniques une espèce de clivage parallèle aux surfaces de ces dernières. Ainsi, un filon basaltique dans le grès bigarré aura des épontes altérées et divisées par des fentes en plaques parallèles au filon. Nous supposons qu'on doit attribuer à un semblable accident certains clivages contraires à la stratification. Quoique les éruptions ignées ne soient pas toujours visibles, on comprend qu'un tel fendillement peut avoir lieu par le rehaussement et le refroidissement graduel des masses, et que les fentes sont seulement parallèles à la surface incandescente qui les produit. Suivant que ces dernières coupent les plans de stratification sous des angles droits ou plus ou moins aigus, les couches se trouvent divisées en parties cubiques ou rhomboédriques.

La perte du lustre ou de l'éclat d'une roche est une modification ignée qu'on observe surtout au contact des masses plutoniques, ou qui affecte d'une manière anomale et inexplicable de grandes masses de roches, sans qu'on puisse apercevoir près d'elles des éruptions ignées. Cet accident doit dépendre quelquefois du refroidissement des masses, qui ont été plus ou moins chauffées ou fondues. Ailleurs il peut avoir été aussi produit en partie par l'introduction de matières disséminées dans la roche en très-petites particules.

L'endurcissement des roches stratifiées par la voie ignée est un phénomène sur lequel l'école huttonienne a fort appuyé; mais il a trouvé beaucoup d'incrédules, parce que les disciples d'Hutton ont manqué souvent de connaissances minéralogiques, et ont cité comme exemple de leur proposition, des roches endurcies par des infiltrations calcaires, ou même des silex cornés. Cet accident est plus facile à connaître dans la nature par un certain faciès de compacité des roches, qu'à décrire minutieusement. Dans plusieurs cas, la pâte compacte des roches a subi une demi-fusion; d'autres fois, les débris composant une roche arénacée semblent avoir été fondus au moins sur leurs bords, et assez souvent des élémens de la roche ignée adjacente se sont introduits dans la masse endurcie. C'est, en général, un accident de contact ou de fragmens empâtés dans une roche ignée; il ne prend de l'étendue que dans les schistes cristallins, où certaines portions ont été endurcies par une longue exposition aux effets de de la chaleur et des émanations ignées. Ainsi, beaucoup de grès sont devenus des quartz près des roches trappéennes; des schistes anciens offrent une compacité et un aspect particulier dans le voisinage des siénites, des porphyres ou des trapps; ce sont des roches cuites, en termes vulgaires.

Les mêmes agens, et surtout la chaleur, ont produit encore la désagrégation ou la transition d'une roche compacte ou cristalline à une masse en quelque sorte arénacée; c'est un accident qu'on voit sous des laves assez modernes, et qu'il faut tâcher de distinguer de la véritable décomposition. Quelquefois les parties composant la roche désagrégée sont colorées par un oxyde de fer ou de manganèse; ou bien, si la pâte est feldspathique, elle est devenue stéatiteuse; il y a donc eu séparation et altération des élémens. Ainsi un filon basaltique empâtera des fragmens désagrégés et noirâtres de granite ou de grès; un filon granitoïde dans un granite sera accompagné d'épontes séatiteuses, etc. Certains tripolis ne sont que des roches désagrégées, et quelquefois alunifères ou imprégnées de silice.

Au contact des masses plutoniques récentes et des couches neptuniennes, ou dans les débris des dernières roches développées par les premières, on observe quelquefois des parties frittées ou vitreuses. Ces deux modifications dépendent non seulement de l'intensité de la chaleur et de sa plus ou moins longue application, mais encore du genre de refroidissement. Ainsi, un filon basaltique traversant du basalte ou des phonolithes, a quelquefois des salbandes ou épontes demi-vitreuses. Des fragmens d'argiles renfermés dans un basalte, un phonolithe ou un diorite, sont devenus jaspoïdes ou vitreux; des débris de grès placés de la même manière, sont frittés, etc.

Des boursoufflures ou des scories résultent aussi çà et là du contact des roches ignées et stratifiées. Des fragmens empâtés dans un trapp, un basalte, un trachyte, etc., se trouvent dans ce cas; mais c'est un petit accident, comparativement à la plupart des précédens, à l'exception cependant des boursoufflures qu'on remarque sur d'assez grandes étendues dans les schistes anciens altérés et traversés par des filons de schaalstein.

Au contact des roches plutoniques récentes, et surtout des basaltes, les grès, les marnes et les argiles sont changés quelquefois en masses endurcies et divisées en prismes. Alors, les feuillets de la roche sont soudés ensemble; il y a une demi-fusion et un refroidissement particulier. Les parois des hauts fourneaux présentent à tout instant de pareils accidens; personne n'entretient de doutes sur ce point de géogénie. Un semblable accident nous est offert par des grès bigarrés, par des basaltes, par des schistes anciens impressionnés, près des roches feldspathiques, par certaines masses de grès, etc.

La chaleur plutonique a privé diverses roches d'une partie de leurs élémens. Par exemple, dans le voisinage de trapps ou de porphyre, les roches carbonifères ont perdu une partie de leur bitume; la houille s'est changée en anthracite ou en coke;

l'anthracite est devenu de la plombagine. Quelquefois le coke, l'anthracite ou le graphite ont pris une structure prismée plus ou moins parfaite. Cet accident, dont l'analogue se montre dans les hauts fourneaux, est un fait géogénique reconnu enfin par tous les géologues.

Dans certains lieux, le calcaire compacte, empâté dans des brèches basaltiques, est passé à l'état de chaux vive et d'un silicate de chaux, de manière qu'il ne fait plus d'effervescence avec les acides. La silice provient, dans ce cas, de vapeurs aqueuses chaudes, ou bien du sable mêlé mécaniquement au calcaire. M. Turner a montré que, sous une forte pression, les vapeurs aqueuses très-chaudes sont capables de corroder des roches feldspathiques dans lesquelles il entre des alcalis et de la silice. Devrait-on faire rentrer aussi dans ce genre d'altération l'origine des teintes blanches de certaines roches qu'on voit dans les Alpes? La formation du pétrole s'y rattacherait-elle du moins quelquefois? Les roches arénacées charbonneuses ou à plantes fossiles auraient-elles pu être modifiées de manière à produire des gneiss graphiteux, ou au moins des roches quartzeuses à graphite? Le diamant serait-il dû à une pareille opération, mais lente, de la chaleur, ou serait-il plutôt le résultat d'une action électro-chimique?

Une chaleur continue sous une certaine pression, et un refroidessement varié, sont capables de modifier très-diversement la texture d'une roche. MM. Garney et Hausmann ont constaté aussi que le calcaire compact employé dans la construction intérieure des hauts fourneaux de Suède, prenait quelquefois une texture grenue. Or, une pareille chaleur étant accompagnée d'émanations gazeuses particulières, on peut comprendre la formation de produits très-divers par la voie ignée.

Le premier terme, dans le changement de texture d'une masse, est sa transmutation en une roche jaspoïde ou silicifiée, souvent imprégnée d'oxyde de fer, de manganèse, ou même de protoxyde de fer. Il semblerait que des vapeurs chaudes, chargées de silice, ont été quelquefois en jeu dans la production des masses jaspoïdes, qui sont en général jaunes, rouges, noirâtres, verdâtres ou violâtres. Ailleurs, le refroidissement particulier des roches en fusion paraît leur avoir donné l'aspect de jaspe. Il est assez singulier que ces roches, au lieu d'être en contact avec des masses ignées, se trouvent ainsi à quelque distance d'elles en amas ou bancs réguliers. Or, comme entre pareils jaspes et les roches ignées il y a des schistes en apparence peu ou point altérés, certains géologues en concluent que les roches jaspoïdes, au contact des serpentines de l'époque du groupe crétacique, ne sont pas des altérations ignées, et à plus forte raison ils reportent la même incrédulité sur l'origine des roches semblables situés près des trapps du terrain houiller ou carbonifère, ainsi que sur celles de divers schistes siliceux ou novaculites. Mais toutes ces roches jaspoïdes ont exigé l'application de certains agens, aussi bien qu'une nature particulière. Qu'y a-t-il donc d'étonnant que çà et là elles soient séparées des masses ignées par des schistes ou des roches peu favorables à la production du jaspe? Ces dernières masses n'ont-elles pas pu être affectées, et n'ont-elles pas pu retourner, par des circonstances particulières, à leur état originaire? N'observe-t-on pas généralement beaucoup de caprices dans les effets du contact igné et volcanique? Il y a des schistes silicifiés par les eaux thermales, des dépôts de roches jaspoïdes formées sous les eaux, au moyen de l'introduction de la silice dans la masse du liquide; mais cela n'empêche pas d'admettre aussi des jaspes d'origine ignée, roches qui étaient originairement surtout des matières argileuses et feldspathiques, et quelquefois un peu calcarifères.

Les roches calcaires nous offrent dans leur texture un second terme de modification ignée. Ainsi, des calcaires compactes ou terreux passent à un calcaire compacte coloré, translucide, sublamellaire, puis à un marbre souvent nuagé, enfin à une véritable roche grenue, le marbre statuaire. La craie d'Irlande est changée en calcaire translucide, et nuagé au contact des filons de basalte, ou même seulement à quelque distance d'un pareil accident, tandis qu'ailleurs la craie est devenue un marbre grenu bleuâtre. Des fragmens de calcaires crétaciques ou oolitiques empâtés dans la brèche du mélaphyre du val de Rif, à Predazzo, sont passés à l'état grenu. Le calcaire compacte ancien de Framom et de Schirmeck est transformé en calcaire sublamellaire et lamellaire à fer oligiste, dans le voisinage des porphyres et de trapps feldspathiques. Le calcaire du lias avec les gryphées arquées est devenu du calcaire grenu, sans fossiles, près de la syénite de l'île de Sky et dans les Pyrénées. Le calcaire jurassique inférieur et le muschelkalk sont passés à un marbre serpentineux et à un marbre statuaire à côté du mélaphyre granitoïde de Predazzo. Les calcaires liasiques ou jurassiques du Dauphiné ont pris une texture grenue près des granites qui les ont soulevés. Le calcaire jurassique inférieur des Grisons est changé en cipolin et en roche talqueuse, ou en cipolin amygdalin, et il a perdu presque tous ses fossiles près des granites de l'Albula, roche qui, comme dans le Dauphiné, a l'air de déborder sur le sol secondaire.

Si déjà cet exposé des effets de la voie ignée fait apercevoir que le changement de texture dans les roches est accompagné de la production de nouveaux minéraux accidentels, nous n'avons point encore épuisé la série des modifications. Le marbre nuagé, imprégné de talc compact, conduit insensiblement à Predazzo au marbre à nids de talc lamelleux; en même temps apparaissent les idocrases et les pyroxènes gehlénites. A côté du diorite de Pouzac, près de Bagnères, le calcaire ancien et le schiste sont passés, l'un au marbre ou à une roche désagrégée, et l'autre à la mâcline ou à une masse argiloïde tout-à-fait singulière. A l'île d'Anglesca, des argiles schisteuses sont devenues jaspoïdes, et empâtent des grenats à côté de roches trappéennes. En France, des agrégats viennent à contenir du minerai à côté du granite et du porphyre. Dans le Bannat, des filons syénitiques ont changé le calcaire ancien en roche grenue à grenats et minerais de cuivre, de fer, etc. A Glentilt, en Ecosse, des calcaires sont tranformés en roches grenues à grammatite, etc., à côté de la syénite, roche qui, dans une autre localité, imprègne le calcaire même de matière feldspathique et siliceuse. Dans certains volcans de l'Eifel, comme au Hohenfels, M. Mitscherlich a observé la production ignée du mica dans les phyllades modifiés. Près des filons granitiques, le micaschiste se trouve pétri de tourmaline, comme, par exemple, à Nantes. Autour d'amas granitiques, les phyllades au contact sont devenus mâclifères ou amphiboliques, ou bien ils sont isolés des granites par des roches quartzifères et talqueuses ou chloriteuses. Les grauwckes sont séparées des granites par une zone plus ou moins complète et large de quartzite, de roche schorl ou de hornfels. Il y a un passage non interrompu de roches arénacées fossilifères aux hornfels, et ces roches passent de leur côté çà et là aux gneiss.

D'une autre part, il y a dans les Alpes et en Bretagne, un passage incontestable entre des schistes fossilifères et des séries de talcschistes et des masses talqueuses ou micacées et quartzeuses ou calcarifères. Des alternats et des passages pareils se montrent jusque dans les roches qui sont de l'âge crétacé; des fossiles échappés à la destruction attestent irrévocablement la nature originaire de ces masses. M. Studer a découvert des micaschistes grenatifères à bélemnites, au mont Luckmanier; il y a des talcschistes bélemnitifères à Nuffenen; des calcaires à nautiles alternent aussi avec des roches talqueuses de la Tarentaise, etc. Les gneiss, micaschistes, talcschistes, les stéaschistes, ne seraient donc, d'après ces données, que des dépôts neptuniens, modifiés diversement par un travail igné lent, qui aurait contribué plus ou moins à changer leur contexture, en même temps qu'il y produisait de nouveaux composés (1). La chaleur, diminuant la force de la cohésion, et l'introduction de nouveaux élémens, auraient favorisé le jeu des nouvelles affinités chimiques, sous la forme de sublimation ou de gaz. La production des alternats de schistes cristallins divers serait due autant à ces dernières substances introduites, qu'à la différence des élémens des roches sédimentaires. La formation des schistes cristallins aurait eu lieu à tous les âges géologiques, et serait intermédiaire entre les véritables dépôts neptuniens et les dépôts ignés; leur structure, plus ou moins feuilletée, serait encore un reste de leur forme originaire, et le dernier terme de modification serait la production de roches ayant perdu tout-à-fait ou presque totalement leur structure schisteuse, pour devenir granitoïdes ou semi-granitoïdes. Ainsi s'expliqueraient beaucoup d'alternatives de schistes cristallins, avec une des roches amphiboliques, feldspathiques et talqueuses, auxquelles les premiers passent d'une telle manière, qu'il est impossible d'y voir des roches traversées par des éruptions ignées. On est obligé de reconnaître que ce sont des produits d'altérations locales.

Il reste encore à parler de quatre modes particuliers de modifications produites dans les roches stratifiées par la chaleur et l'introduction de diverses matières. La première est la conversion du calcaire en gypse, au moyen de dégagemens plutoniques d'acide sulfureux. Cet accident est mis en évidence d'abord par le gisement bizarre des amas et des filons qui sont ou à côté de masses ignées ou au milieu d'elles, ou bien ils semblent liés à de grands accidens de dislocation. Ensuite, de tels gypses présentent un mélange tout-à-fait hétérogène de carbonate et de sulfate de chaux; on peut même suivre la transmutation de l'une de ces substances dans l'autre. Le premier terme consiste en de petites fentes tapissées de gypse, puis elles augmentent, leurs parois deviennent gypseuses, et enfin, presque tout ce qui était calcaire est changé en gypse : les parties argileuses restent seules intactes. Ces gypses renferment souvent du quartz hyalin cristallisé, attestant la présence de vapeurs chaudes siliceuses; de plus, il y a du fer oligiste, d'autres substances métalliques, de l'anhydrite et des fragmens de roches soulevées. En un mot, pareils gypses sont accompagnés de la production de singulières roches calcaires ou dolomitiques cellulaires, tantôt à cavités très-angulaires et en partie remplies d'argile marneuse, tantôt à druses tapissées de carbonate de chaux et de magnésie, tantôt enfin elles sont silicifiées.

Le gypse calcarifère ou la sélénite déposée en couches ou en amas par des eaux, ne présente point toutes ces circonstances accessoires, et il en est de même des petites masses de gypse qui proviennent de la décomposition du carbonate de chaux par l'acide sulfurique dérivé de la décomposition de pyrites. Lorsque l'acide sulfureux a agi sur des roches alumineuses, des feldspaths ou des phyllades, outre des décolorations, il y a formation de divers sels alumineux, et quand le fer était présent, il est aussi entré comme base dans des produits semblables. Certaines îles de l'Archipel nous offrent de beaux exemples de ce travail incessant des gaz acides.

Des roches chloritifères ne semblent être que les résultats d'immenses éruptions boueuses ou salines, qui auraient eu lieu sous les eaux de la mer, ou dont les élémens auraient été repris et déposés régulièrement par le liquide marin. Au contraire, le sel gemme igné accompagne souvent le gypse dans les terrains calcaires disloqués ou tourmentés, et il se trouve communément au milieu des substances argileuses, dont probablement une grande partie est sortie de la terre, en même temps que ces émanations salines. Il renferme quelquefois

(1) *Voyez* mon Mémoire intitulé : Etudes géologiques faites aux environs de Quimper et sur quelques autres points de la France occidentale.

plus ou moins d'hydrogène carboné. Si l'on s'imagine qu'une grande dislocation du sol ait lieu sous la mer, les redressemens et les écartemens des masses qui en résulteront devront produire des vides dans l'écorce du globe, et peut-être des enfoncemens séparés de l'Océan. Or, supposant que l'eau de la mer ait trouvé accès dans quelques unes de ces cavités, au moyen du fendillement du sol, la chaleur ignée aura dû tendre à faire évaporer le liquide, tandis que celui-ci, ainsi que les vapeurs aqueuses, auront dû délayer les parties peu dures des roches voisines. Alors il a pu arriver que cette pâte saline soit restée en place et se soit durcie, ou bien elle a pu être poussée vers la surface, par suite d'autres phénomènes de dislocation ou de contraction. Voilà du moins une manière théorique d'envisager le phénomène, si toutefois la composition différente de l'eau de mer actuelle avec celle des argiles muriatifères, ne force pas d'attribuer à tous ou à certains sels gemmes une origine ignée plus immédiate.

Les sectateurs d'Hutton nous avaient bien parlé des calcaires compactes devenus grenus et mélangés de talc ou de serpentine; mais aucun d'eux n'avait prétendu que le carbonate de chaux fût devenu un carbonate de chaux et de magnésie, au moyen de vapeurs chargées de cette dernière terre. C'est à Arduino et surtout à M. de Buch, qu'on doit la théorie de la dolomisation qui a excité tant de rumeur parmi les chimistes. Il n'en reste pas moins vrai qu'au contact de certaines roches ignées, les calcaires contiennent quelquefois du carbonate de magnésie, tantôt sous la forme de mélange, tantôt combiné avec le carbonate de chaux; d'une autre part, la série des terrains présente presque à toutes les époques des couches bien stratifiées, soit calcaires, soit arénacées, qui sont composées en tout ou en partie de carbonate de chaux, mélangé de carbonate de magnésie ou d'une combinaison de ces deux sels. D'après les connaissances chimiques actuelles, il est assez difficile d'expliquer la formation neptunienne de ces derniers mélanges et de ces combinaisons des deux carbonates; mais il est encore plus difficile d'admettre leur origine ignée dans le premier cas. C'est pour le moment une hérésie en chimie d'énoncer que la magnésie vaporisée entre en combinaison avec l'acide carbonique, et puis avec le carbonate de chaux, ou plutôt que l'acide carbonique forme ainsi un sel par une combinaison double. D'autre part, on sait qu'un excès d'acide rend le carbonate de chaux et de magnésie solubles dans l'eau. Or, dans les époques géologiques assez reculées, aucun acide ne paraît avoir été plus abondant que l'acide carbonique; donc il a pu se former du calcaire magnésien et des dolomies par la voie aqueuse. Il ne resterait plus qu'à découvrir la source d'une si grande quantité de magnésie; or, je crois que son origine ignée est étayée par la masse des roches talqueuses et magnésiennes vomies du sein de la terre; de manière qu'en reconnaissant des dépôts magnésiens neptuniens, on est ramené involontairement à l'idée de la formation immédiate d'autres roches magnésiennes, au moyen de la voie ignée. Confondre les deux classes de produits semblables, prétendre que les calcaires magnésiens ou dolomitiques se trouvent toujours près de grands dépôts ignés, ou sur les côtes de grandes failles ou de dislocations; avancer que ces roches n'existent qu'au fond des vallées, qu'elles ne sont jamais stratifiées, qu'elles n'offrent jamais de fossiles, et que les vacuoles, les cavernes et certaines formes bizarres sont leurs caractères essentiels, c'est se laisser séduire et aveugler par une théorie peut-être spécieuse pour certains cas. En effet, les exceptions à ces règles sont aussi nombreuses que les exemples en leur faveur.

La nature emploie dans ses laboratoires l'eau, le calorique et l'électricité, et elle sait créer souvent les mêmes produits par deux ou même trois voies différentes. Ainsi, puisque la chimie ne peut pas encore expliquer convenablement l'origine ignée des calcaires magnésiens et des dolomies, ne tranchons pas la question, et contentons-nous d'avancer qu'un bon nombre de roches de ce genre paraissent vraiment devoir leur composition particulière à des effets immédiats ou subséquens de l'action ignée.

Dans les pays à couches redressées et disloquées, certaines couches oolitiques, quelquefois un peu modifiées et rapprochées du lias par quelques auteurs, présentent des impressions de plantes changées en talc. De plus, la distribution du carbonate de magnésie est souvent concomitante des fendillemens. Or, ce dernier accident semble lier aux dolomies la scaglia aussi bien que le calcaire compacte. De grandes séries de couches stratifiées, parfaitement horizontales, très-peu inclinées sur des étendues considérables, et placées sur d'autres masses nullement dérangées ou modifiées, seront toujours pour nous des dépôts formés sous les eaux, et si par hasard ce sont des calcaires magnésiens ou des dolomies, nous n'irons jamais supposer une dolomisation ayant eu lieu latéralement ou de bas en haut. Du moins, nous ne voyons pas encore de faits qui viennent étayer l'idée d'une action si bizarre; on comprendrait encore mieux par ce qui arrive dans les sublimations qu'une montagne calcaire fût changée en dolomie par des imprégnations magnésiennes gazeuses, sans que sa base fût altérée visiblement partout; mais il nous paraît impossible de supposer une pareille action s'exerçant latéralement sur une étendue de plusieurs lieues, et préférablement sur telle couche que sur telle autre.

Récemment, les partisans outrés de la dolomisation ignée ont voulu étayer leur opinion de la silice pulvérulente qui remplit des cellulosités dans certaines dolomies; mais celle des quartznectiques de Saint-Ouen montre que la voie aqueuse est tout aussi capable de produire ce dépôt que la voie ignée.

M. Élie de Beaumont a dernièrement fait un travail auquel il a été conduit par l'hypothèse de la formation à la faveur de l'épigénie des anhydrites, des gypses et des dolomies. Nous allons en donner le résumé.

Les géologues qui ont cherché à se rendre compte de l'origine des anhydrites, des gypses et des dolomies, dit M. de Beaumont, ont été conduits, depuis un certain nombre d'années, à recourir, pour une partie de ces roches, à l'hypothèse d'une épigénie.

Ces hypothèses d'épigénie, traduites dans le langage rigoureux des formules atomistiques, ont conduit à des résultats numériques dont la comparaison avec les faits observés offre un moyen de contrôle pour ces mêmes hypothèses. L'épigénie à laquelle peut être attribuée l'origine de l'anhydrite, consiste en ce que, dans tous les atomes dont se composait une masse calcaire, l'atome d'acide carbonique a été remplacé par un atome d'acide sulfurique; de sorte que chaque atome $Ca\,C$ de carbonate de chaux dont le poids était 632,456, est devenu un atome de sulfate de chaux $Ca\,S$ pesant 857,184. De là il résulte que chaque mètre cube de calcaire dont le poids est de 2,750 kilogrammes aura produit 3,727 kilogrammes d'anhydrite. Or, comme la pesanteur spécifique de l'anhydrite est de 2,9, 3727 kilogrammes de cette substance occuperont un volume de $1^{m},2852^{c}$. Ainsi, l'hypothèse de l'épigénie entraîne comme conséquence celle d'un gonflement dans le rapport de 1 à 1,2852, ou de $\frac{285}{1000}$. La congélation de l'eau est accompagnée d'une gonflement de $\frac{71}{1000}$ seulement, et ce gonflement suffit pour faire crever les vases les plus solides. Le gonflement presque quatre fois aussi considérable d'un calcaire changé en anhydrite doit de même avoir fait éclater et avoir soulevé les parties superposées de l'écorce terrestre, circonstance qui s'accorde de la manière la plus frappante avec le gisement de l'anhydrite en amas des Alpes et des Pyrénées, qui occupe généralement des centres de dislocation plus ou moins complétement analogues à des cratères de soulèvement.

Si un atome de calcaire est changé en un atome de gypse hydraté $Ca\,S + 2H$ qui pèse 1082,143, il doit en résulter un gonflement bien plus grand encore. La pesanteur spécifique du gypse étant 2,332, un mètre cube de calcaire qui pèse 2750 kilogrammes, donnera 4705 kilogrammes de gypse, qui occuperont un volume de $2^{m},0177$; ainsi, le gonflement sera de plus de moitié. Ce résultat est également en accord avec la position ordinaire des gypses des Alpes et des Pyrénées, dans des centres de dislocation, et même avec celui des gypses des marnes irisées dont les amas se présentent généralement avec des formes et des positions indiquant une sorte de force éruptive, qui du reste pourrait déjà résulter de la seule introduction de l'eau dans de l'anhydrite contemporaine du terrain. M. Élie de Beaumont a fait connaître depuis long-temps qu'on voit constamment les couches des marnes irisées s'arquer et se contourner d'une manière souvent très-brusque autour de ces amas. Cette disposition, dont la constance est remarquable, lui avait même paru une des circonstances qui méritent le plus d'être prises en considération par les géologues qui s'occuperaient de remonter à l'origine des gypses que présentent les marnes irisées.

L'hypothèse qui attribue à une épigénie l'origine des dolomies caverneuses et fendillées, telles que celles du Tyrol et de Nice, se prête de même au contrôle des calculs atomistiques. *Une partie* des Polypiers qui existent dans le système silurien, se trouvent à l'état de dolomie cristalline et caverneuse, et ont cependant conservé leur forme générale et même des traces reconnaissables des dessins délicats de leur surface. Ces Polypiers, primitivement calcaires, ont donc *évidemment* subi une épigénie qui, *quel que puisse avoir été l'agent chimique* qui l'a produite, a amené une légère diminution plutôt qu'une grande augmentation de volume. On satisfera pleinement à cette condition en supposant que l'épigénie qu'a eue à subir la substance calcaire primitive de ces polypiers a eu finalement pour résultat de remplacer chaque double atome de carbonate de chaux $Ca\,C + Ca\,C$ pesant 1264,912 par un atome de dolomie $Ca\,C + Ma\,C$, pesant 1167,246. Dans ce mode d'épigénie, 1 mètre cube de calcaire pesant 2750 kilogrammes aura donné $2537^{k},6$ de dolomie; et la pesanteur spécifique de la dolomie étant 2,878, ces $2537^{k},6$ auront occupé un volume de $0^{m},88175$. Ainsi, il y aura eu *retrait*, et les interstices laissés par l'épigénie auront eu un volume $0^{m},11825$ ou d'environ $\frac{12}{100}$ de celui de la masse calcaire transformée. Ce résultat répond pleinement à l'état caverneux de la dolomie des polypiers de Gérolstein, et de plus il répond aussi à l'état si remarquablement caverneux et fendillé de ces masses colossales de dolomie du Tyrol, de Lugano, de la Franconie, etc., pour lesquelles l'hypothèse de l'épigénie a été proposée depuis long-temps par M. Léopold de Buch.

Peut-être existe-t-il aussi des dolomies d'une origine purement sédimentaire; on pourrait du moins en citer qui ne présentent pas ces caractères de cavernosité, de fendillement général qui se remarquent si éminemment dans celles dont nous venons de parler, et on a depuis long-temps cité comme exemples de cette autre classe de roches, les calcaires magnésifères qui se trouvent dans les marnes irisées répandues autour des Vosges.

Quelques géologues avaient pensé que les dolomies cristallines qui s'observent dans diverses parties des alpes du Tyrol, pourraient n'être que des dolomies stratiformes et compactes dont l'état d'agrégation aurait été modifié comme celui des calcaires compactes changés en marbres statuaires par l'influence de la chaleur.

Mais cette théorie ne rendrait aucun compte du caractère essentiel qui distingue les dolomies des calcaires saccharoïdes, et qui consiste en ce que ces derniers forment *des masses pleines*, tandis que les dolomies dont il s'agit sont à la fois *criblées de cellulosités irrégulières qui forment un de leurs caractères minéralogiques, et sont traversées par de nombreuses fentes*, qui donnent une forme

toute

toute spéciale aux montagnes qui en sont composées, et permettent de les reconnaître même à une grande distance, ainsi qu'on peut en juger par *le portrait* parfaitement fidèle que M. de Buch a donné du Langkoffel dans la vallée de Grœden.

La vallée de Fassa, contiguë à celle de Grœden, est couronnée de différens côtés par des colosses et des obélisques de dolomie, dont l'aspect contraste presque autant avec celui des calcaires saccharoïdes du vallon delle Selle et des Canzacoli près de Predazzo, qu'avec celui des calcaires compactes et bien stratifiés de quelques autres parties de la vallée; et c'est en cherchant à me rendre raison de cette différence de manière d'être que M. Élie de Beaumont a été conduit à exécuter les calculs précédens.

Nous n'avons plus qu'à parler des imprégnations métallifères qu'on observe au contact des roches stratifiées et des roches massives. C'est encore un de ces points théoriques de controverse entre les géologues, parce qu'on veut toujours être trop exclusif dans ses idées, ou qu'on est encore entiché de la théorie anti-chimique de Werner. Une partie des nids et des petits filons de minerais ne sont que des accidens d'infiltrations aqueuses : cela paraît positif, mais il y en a d'autres qui sont des effets de sublimation ignée ou bien des produits d'affinités électro-chimiques mises en jeu par la chaleur et la présence de certains élémens. Comme nous avons vu divers minéraux relégués dans les roches modifiés au point de leur contact avec les masses ignées, de même il est incontestable que des nids ou des petits filons de minerais se trouvent dans une position semblable. Si l'ancienne activité volcanique est attestée par les eaux thermales et certaines eaux minérales placées sur de pareils contacts, les dépôts minerais nous indiquent l'effet d'une chaleur et d'un travail prolongé.

La décomposition des masses minérales a lieu au moyen de l'air, des gaz, de l'eau et des affinités électro-chimiques de leurs différens élémens. Suivant M. Becquerel, ces effets peuvent être le résultat de deux modes particuliers d'action, l'un électro-chimique, et l'autre chimique pur. Lorsqu'un corps réagit sur un autre, celui qui joue le rôle d'acide, prend l'électricité positive, et celui qui se comporte comme alcali, l'électricité négative; il y a un simple rétablissement d'équilibre, sans production de courant; mais quand ces deux corps communiquent avec un troisième corps suffisamment bon conducteur, il en résulte un courant et des effets électro-chimiques. Pour la production d'actions lentes semblables, il faut qu'un des trois corps au moins soit liquide, et si l'un est mauvais conducteur, l'action capillaire vient suppléer au défaut de conductibilité.

Les produits de la décomposition sont très-variés. Les nitrates de potasse, de chaux et de magnésie, les sulfates de chaux, de magnésie, d'ammoniaque ou de soude, le carbonate de soude, le chlorure de sodium, l'alun, le soufre, etc., sont les substances qui se forment à la surface du sol, aux dépens des matières qu'elles recouvrent et de l'air ou de l'humidité qui vient en contact avec elles. Dans les mines et les filons métallifères on rencontre les produits métallifères suivans : l'allophane, le soufre sous la forme de cuivre pyriteux ou pulvérulent, provenant de la décomposition du cuivre, du fer ou du plomb sulfuré; la sélénite, le sulfate de soude et de magnésie, le sulfate double de fer et d'alumine sur les roches pyriteuses et alumineuses; le sulfate et l'oxysulfure de zinc provenant de la blende; l'hydrate de peroxyde de fer dérivant des pyrites magnétiques, surtout de celles qui sont aurifères; le fer hydraté compacte et terreux, provenant du fer sulfuré et conservant sa forme; certaines hématites fibreuses ou esquilleuses, ainsi que le fer hydraté pulvérulent, provenant du carbonate de fer; le fer oxydé résinoïde provenant du fer arsénical; le fer phosphaté cristallisé et terreux provenant du fer hydraté; le fer arsénité vert-pâle provenant des pyrites arsénicales; le plomb carbonaté noir ou blanc, oxydé, gris et sulfaté, provenant de la galène; le plomb oxydé rouge, provenant du plomb carbonaté ou sulfuré; le cuivre oxydé noir ou protoxyde; le cuivre carbonaté vert ou malachite, provenant du cuivre sulfuré; la chaux arséniatée; le cobalt arséniaté pulvérulent; le cobalt sulfaté provenant du cobalt sulfuré; l'antimoine oxydé provenant de l'antimoine sulfuré; le peroxyde de manganèse; le nickel oxydé et l'arsenic oxydé provenant du nickel arsénical; le bismuth oxydé provenant du bismuth natif; l'urane oxydé sulfaté; l'urane oxydulé sulfaté; l'urane oxydé carbonaté provenant de l'urane oxydulé; enfin, les minerais stalactitiformes de fer et de cuivre sulfuré, de calamine et de manganèse oxydé brun et rouge.

Les décompositions subies par les roches ne sont pas aussi facilement indiquées que celles des minéraux. L'anhydrite devient du gypse en se combinant avec l'eau; des roches alumineuses se changent petit à petit en alun. Les roches cristallines ou agrégées, dans lesquelles il y a beaucoup de flespath, sont plus aptes à se décomposer que d'autres; ainsi on voit des pegmatites, des granites, des gneiss, des porphyres, passer à un état plus ou moins parfait de kaolin ou de désagrégation, des roches doléritiques ou basaltiques passer à la wacke, des diorites devenir stéatiteuses, des phonolithes perdre leur dureté et leur éclat. Enfin, toutes les roches devenues argiloïdes, émettent, par la friction et le souffle, une odeur particulière.

M. Fournet explique la formation du kaolin par l'action de l'eau contenant de l'acide carbonique, qui réagit sur les silicates en changeant l'élément électro-négatif et s'emparant des bases les plus solubles. De son côté, M. Forchhammer croit voir dans le kaolin l'action de vapeurs aqueuses chaudes sur des roches granitoïdes. Il prétend que les argiles bleues du Danemarck proviennent de la destruction de roches semblables existant en Scandinavie; il a trouvé même du cérium dans ces argiles où le mica n'est plus indiqué que par des particules brillantes.

Si le quartz ne subit qu'une désagrégation, le mica, l'amphibole, le pyroxène, sont aptes à se décomposer et produisent aussi des taches ou donnent un aspect particulier aux roches dans lesquelles ces minéraux abondent. Un bon exemple de ce genre nous est offert par les pyroxènes verts de certaines dolérites feldspathiques d'Edimbourg ou du palatinat du Rhin, dont la couleur passe, à l'air, au brunâtre. Certaines zoolithes ne sont probablement que des produits de la décomposition des roches qui les contiennent ou qui sont près de ces dépôts. La terre verte des roches trappéennes dérive, en grande partie du pyroxène décomposé et transporté par des filtrations aqueuses; aussi faut-il bien la distinguer des chlorites dites terreuses qui tapissent des druses et qui semblent être de véritables produits de sublimation.

Des phyllades, comme divers porphyres, se décomposent en argiles; des calcaires foncés deviennent blanchâtres, et ils se réduisent même extérieurement en une pâte terreuse ou en une craie blanche; enfin, sur le rivage des mers, les calcaires sont corrodés par l'action du chlorure de sodium contenu dans les vapeurs s'élevant de la mer. Il y a formation de chloroxi-carbonate de chaux et de soude, sel qui ensuite est dissous et entraîné par les eaux pluviales. Sur les plateaux ou les sommités calcaires, on observe souvent des érosions très-singulières. En partie elles ont les formes déchiquetées de celles que je viens de signaler sur le bord de la mer; mais plus habituellement ce sont des cannelures plus ou moins profondes, avec de nombreuses perforations sous la forme de petits puits à contours arrondis. Ordinairement de nombreux fendillemens et même des fentes réelles accompagnent ce genre particulier de décomposition, qu'on ne peut mieux comparer qu'à une surface calcaire sur laquelle aurait coulé un acide. Il paraîtrait qu'on doit quelquefois rechercher l'origine de telles érosions dans la sortie de terre de grandes masses d'eaux acidulées; alors il y a des fentes, et les cannelures partent de ces dernières. Plus souvent c'est une érosion produite lentement par l'acide carbonique des eaux pluviales ou de celles résultant de la fonte des neiges.

La décomposition est souvent difficile à distinguer dans l'altération ignée; l'une et l'autre produisent des décolorations ou changemens dans la texture des roches, et même des désagrégations. Ainsi les murs des filons métallifères offrent des décolorations et des modifications de texture qui, parfois, ne sont que l'effet d'infiltration d'eaux chargées de particules de fer ou d'eaux sulfureuses. La forme de la stéatite ou du kaolin que prennent certaines roches, peut aussi bien provenir d'altérations ignées que de décompositions se continuant encore aujourd'hui. Il est donc nécessaire de bien examiner toutes les circonstances accessoires, et de s'assurer de l'étendue ainsi que de la position des parties décomposées, avant de se prononcer sur leur origine.

La désagrégation est loin d'être toujours un effet chimique; au contraire, ce n'est souvent qu'un effet de l'introduction de l'eau dans les interstices de la roche et de l'expansion produite par sa congélation subite; or cet accident est confondu généralement, à tort, avec les décompositions véritables.

La décomposition procède plus ou moins rapidement suivant que le pays est humide ou sec; si les marbres de la Grèce ne sont encore que jaunes, sous le ciel de l'Inde l'humidité ne permet pas une conservation aussi longue. Lorsqu'une roche est composée, un seul de ses élémens se décomposant, toute la masse peut être apte à se décomposer, comme cela arrive dans différens grès et granites. Des dégagemens d'acide carbonique jouent peut-être un rôle dans la décomposition des sommités de certaines montagnes schisteuses et granitiques. Un aglomérat calcaire de ciment se trouvant dans le voisinage de matières organiques en état de putréfaction, l'acide carbonique de la chaux carbonatée est remplacé petit à petit par l'acide nitrique, et le passage du calcaire au salpêtre occasione la désagrégation de la roche.

La décomposition et la désagrégation ont-elles lieu plus activement dans les grandes hauteurs que dans les gorges profondes où la température change souvent et très-rapidement? La décomposition est-elle précédée d'une espèce de désagrégation, ou est-elle purement une action chimique? Jusqu'à quelles profondeurs s'étendent ces modifications? Toute la masse de la roche en est-elle atteinte, ou bien est-elle restreinte à quelques uns de ses élémens ou de ses minéraux accidentels? Y a-t-il destruction complète de ces derniers, et production de vides, ou bien n'est-ce qu'un changement dans leur nature chimique? Les morceaux angulaires dans lesquels la roche a été divisée par la désagrégation mécanique, ont-ils une tendance à prendre des formes globulaires et à se déliter en croûtes concentriques? La roche perd-elle petit à petit certains élémens, et s'y opère-t-il de nouvelles combinaisons? Observe-t-on des indications de décoloration par les acides? quels sont leurs effets? N'ont-elles produit que des teintes rubanées, ou les roches sont-elles devenues plus légères et poreuses? La même roche présente-t-elle beaucoup de variétés dans sa décomposition? Quant aux roches dissemblables, quelle différence produit sur la décomposition la diversité d'agrégation, de composition mécanique et chimique? Quelles parties d'une roche mélangée sont les plus aptes à se décomposer? Les unes restent-elles intactes, tandis que d'autres changent plus ou moins d'aspect et de nature? Une roche fragmentaire est-elle d'autant plus sujette à se décomposer que son ciment est plus abondant? Quelles sont les décompositions d'une roche dans le voisinage d'amas ou de filons métallifères? Quels sont les derniers produits de la décomposition de différentes roches? Jusqu'à quel point la terre végétale peut-elle être dite résulter d'une pareille transmutation? Les diverses espèces de roches comme celles en apparence identiques, ne présentent-elles pas à cet égard des particularités singulières? Telles sont les dernières questions importantes que le géologue doit se faire quand il étudie un pays.

En terminant cet article qui était de nature à demander un développement beaucoup plus étendu, si le but du Dictionnaire nous l'avait permis, nous renverrons le lecteur aux mots Roches et Terrains et enfin à l'excellent Manuel du géologue voyageur de M. Boué, livre auquel nous avons emprunté la majeure partie de notre article Passage des Roches.

(A. R.)

PASSALE, *Passalus*. (ins.) Genre de l'ordre des Coléoptères, section des Pentamères, famille des Lamellicornes, tribu des Passalides, d'abord créé sous le nom de *Cupes* par Illiger et changé ensuite en celui de Passale par Fabricius et qui a été adopté par tous les entomologistes malgré l'autorité du nom d'Illiger. Ce genre peut être ainsi caractérisé : Antennes seulement courbées, ayant les six derniers articles susceptibles d'être feuilletés au côté interne; labre saillant; mandibules munies vers leur milieu d'une dent mobile; mâchoire cornée, unguiculée; palpes de quatre articles; lèvre entièrement contenue dans une échancrure du menton; palpes de trois articles; élytres brusquement rétrécies à leur base, et paraissant séparées du corselet par un grand intervalle. Tels sont les principaux caractères qui distinguent ce genre des autres de la tribu.

Les insectes composant le genre Passale étaient peu connus; cependant MM. Lepelletier de St-Fargeau et Serville ont été les premiers qui ont divisé dans l'Encyclopédie méthodique le genre Passale en trois tribus. Vint ensuite M. Mac-Leay, qui forma sur deux petites espèces de ce genre une nouvelle coupe générique qu'il désigna sous le nom de *Paxilus*, mais qui n'a pas été adoptée, ainsi que celle nommée *Hexaphilus* par M. Gray dans l'ouvrage intitulé Animal Kingdom. Enfin M. Percheron étudia avec soin les insectes composant le genre *Passalus*, et, après un examen rigoureux, il n'a pas cru devoir adopter les genres de MM. Mac-Leay et Gray, en ce que ces nouvelles coupes génériques ont été établies sur des caractères trop peu sensibles pour pouvoir être admises. Ce même naturaliste, auquel la science est déjà redevable de plusieurs travaux importans sur l'Entomologie, a publié sur ces insectes une excellente monographie accompagnée de figures représentant les principaux caractères spécifiques de chaque espèce.

Les Passales, dit M. Percheron, auquel nous empruntons les détails qui suivent, sont des insectes de couleur très-foncée, presque noire, brillans, trois fois plus longs que larges, droits sur les côtés, arrondis à leurs deux extrémités, méplats. Les espèces varient beaucoup pour la taille. La tête a la forme d'un parallélogramme transversal, dont les côtés et le bord antérieur sont armés d'angles plus ou moins nombreux et saillans, et la surface couverte de carènes et de tubercules. Cette surface présente dans son milieu un enfoncement séparé des yeux par deux portions fortement élevées, anguleuses sur leur longueur, et venant, à leur extrémité, former les deux angles du bord antérieur de la tête : c'est le disque, partie qui est toujours terminée postérieurement en demi-cercle irrégulier, au milieu de laquelle se trouve un tubercule variable en grandeur et à la base duquel sont presque toujours accolés deux autres petits tubercules. Ensuite on aperçoit deux carènes, s'écartant pour former un triangle dont le bord antérieur de la tête représente la base. Le labre est corné, fortement ponctué, chargé de poils raides, surtout à son extrémité, attaché inférieurement au chaperon par des ligamens lâches, et susceptibles d'extension et de rétraction, de sorte que, dans la même espèce, il peut présenter des variations de longueur notables. Les mandibules sont très-fortes, carrées, allongées, courbées vers leur côté interne; elles sont évidées et munies d'un mamelon en dessus, garnies intérieurement de quatre groupes de dents aiguës et tranchantes. Le premier groupe, celui de l'extrémité, se compose le plus souvent de trois dents et quelquefois de deux; le second groupe se compose d'une forte dent aiguë, et quelquefois d'un mamelon inférieur. Le troisième n'est composé que d'une seule dent, plate, échancrée dans sa largeur, et remarquable en ce qu'elle n'est pas une partie intégrante de la mandibule; car cette dent est mobile de bas en haut, pénètre profondément dans cette dernière par une ouverture ronde, donnant passage à un crochet aussi long, mais plus gros en épaisseur que la dent elle-même, recourbé en haut, et auquel sont fixés des muscles puissans qui la font agir. Enfin le quatrième groupe se compose d'une forte dent à plusieurs arêtes transverses. Les mâchoires sont allongées, très cornées, minces, onguiculées, armées d'un onglet courbe, aigu; à l'endroit où s'opère l'élargissement, sont insérés le lobe terminal de la mâchoire, et au dessous le palpe : le premier est fusiforme, ayant sa partie interne ainsi que celle de la mâchoire, ciliées de poils raides; le palpe est de quatre articles, presque aussi longs que la mâchoire et le lobe terminal pris ensemble; les articles qui composent les palpes sont au nombre de trois et hérissés de quelques poils raides. La lèvre enchâssée dans le menton est arrondie, bidentée antérieurement, avec sa surface carénée au milieu et sur les côtés; de plus, elle est fortement rugueuse et offre en bas deux grands enfoncemens arrondis où sont insérés les palpes; ces derniers sont de trois articles et offrent entre eux des différences assez sensibles. Le menton, qui est cordiforme, échancré supérieurement, reçoit la lèvre et l'embrasse presque entièrement. Les antennes sont de dix articles : le premier est le plus long, en forme de massue; les trois suivans, égalant ensemble à peine le premier, sont cylindriques, presque égaux entre eux; le cinquième est plus long que les suivans, qui sont ensuite presque égaux, excepté le dernier; tous les six sont susceptibles de devenir foliacés au côté interne; mais les trois derniers sont toujours ceux où ce développement acquiert le plus d'extension : l'antenne entière est courbée en demi-cercle, surtout à son extrémité. Le corselet présente habituellement en dessus la forme d'un carré plus large que long, plus ou moins bombé ou aplati, dont les contours varient. On remarque en dessus trois impressions différentes; une longue au milieu, c'est le sillon dorsal, les fossettes latérales, situées des deux côtés, un peu plus bas que le milieu de la longueur du corselet, enfin le sillon marginal, dont la terminaison avance plus ou moins sur le bord antérieur et offre des variations bonnes à observer. Les bords latéraux du corselet sont tranchans; son sternum est élevé en carène aiguë; son bord antérieur est fortement échancré pour recevoir la tête, et au milieu de l'échancrure s'avance un lobe sous forme arrondie qui se termine ensuite en pointe obtuse postérieurement. Le corselet est souvent velu à ses côtés inférieurs, vis-à-vis les élytres, et les poils dont il est garni, ainsi que les autres parties du corps, sont toujours de couleur fauve plus ou moins intense. Les pattes antérieures ont une hanche transversale; un court trochanter est soudé au fémur, lequel est méplat; les tibias à leur jonction avec le fémur, sont armés d'une dent robuste; ils sont dilatés et terminés par une dent double à leur extrémité; au côté interne, et avant l'extrémité, est une entaille carrée, à la hauteur de laquelle sont insérés une épine mobile et le tarse. Ce dernier est de cinq articles, dont le premier est claviforme; les trois suivans presque égaux, cylindriques; le dernier y compris les crochets, aussi long que les quatre précédens, claviforme, tronqué brusquement à son extrémité. Les crochets sont au nombre de deux et sont de même, que les autres articles, garnis de poils. Le corps offre un rétrécissement considérable formé par des pièces du mésothorax; les élytres y sont attachées auprès du corselet, mais sont, à cet endroit, aussi étroites que le reste du rétrécissement; enfin entre leur point d'attache est l'écusson, qui est triangulaire, et que les anciens avaient toujours négligé parce qu'ils pensaient que les élytres ne commençaient qu'à l'endroit où elles ont toute leur largeur : en effet, après le rétrécissement dont nous venons de parler, les élytres s'élèvent carrément, en se dilatant brusquement extérieurement, pour recouvrir tout le corps; elles sont alors aussi larges que le corselet, droites des deux côtés, avec une très légère dilatation après la moitié de leur longueur; la réunion de leur extrémité présente un demi-cercle assez régulier : elles sont ordinairement méplates dans la portion avoisinant la suture, tombent ensuite sur les côtés plus ou moins brusquement; elles sont toujours ornées de stries longitudinales en nombre fixe, plus ou moins chargées de points enfoncés. A leur extrémité les élytres présentent une dépression brusque qui s'étend jusqu'à leur bord anal; la partie humérale est souvent garnie de poils très-serrés. Les parties postérieures du thorax offrent un méso-sternum triangulaire, irrégulier, ayant à sa partie supérieure deux fossettes accentifères que j'ai appelées fossettes méso-sternales. Un méso-sternum très-grand, égalant les cinq anneaux apparens de l'abdomen; dans son milieu, on remarque un espace plat et serré, ayant la forme d'un écusson; les deux places qui avoisinent sa partie basse sont, ou lisses ou ponctuées; des deux côtés, au long des élytres, sont deux longues impressions, qui sont pour moi des cicatrices abdominales, dont on peut tirer divers points de reconnaissance; les anneaux de l'abdomen sont égaux entre eux; les deux dernières paires de pattes sont de forme identique entre elles; les fémurs sont méplats, légèrement cambrés; les tibias sont quadrangulaires, s'élargissant insensiblement vers leur extrémité, terminés par des pointes aiguës, deux épines mobiles et le tarse, qui est pareil à celui des pattes antérieures; leur côté postérieur est souvent garni de deux rangs de poils longs et serrés.

La différence des sexes dans les Passales a été, jusqu'à présent, un problème, et ce n'est qu'après mille efforts que je suis parvenu à le résoudre *à priori* à cause de l'état de dessication des espèces qui étaient alors à ma disposition. Cependant j'ai pu reconnaître dans des individus l'armure copulatrice du mâle. Cette pièce est formée de trois espèces de segmens coriaces, cylindriques, unis par des parties tendineuses; le dernier de ces segmens est fixé à une espèce d'arcade cornée dont l'extrémité des deux branches vient s'attacher près de l'anus, et laisse libre deux petites lames coriaces, foliacées, triangulaires, qui y sont jointes. Les différences extérieures sont assez sensibles; les femelles ont seulement la tête et le corselet moins développés en hauteur et tout ce qui est angle, éminence, corne, etc., est moins développé. Enfin l'auteur pour compléter son travail a figuré une larve et une nymphe, il les rapporte au *P. punctiger* de Lepelletier et Serville. Cette larve et cette nymphe présentent les plus grands rapports avec celles des Lamellicornes. La tête de la larve offre un labre saillant, deux mandibules bidentées, deux mâchoires ayant un lobe terminal mobile et un palpe de deux articles, une lèvre et deux palpes de deux articles; les antennes, presque rudimentaires, sont de deux articles implantés sur une espèce de disque membraneux; le premier article est cylindrique, plus court que large; le second, fusiforme, forme à lui seul l'antenne. Les pattes offrent la structure ordinaire; un fémur légèrement claviforme, un tibia et un seul crochet remplaçant le tarse; mais une particularité tout-à-fait remarquable, c'est que la paire de pattes postérieures manque totalement, et est remplacée par deux petits tubercules pointus, garnis de deux petites épines dures. La nymphe n'offre rien de remarquable.

Les auteurs ne s'accordent pas sur leurs mœurs, et cependant tous ont peut-être raison. Voilà, du disparate de leurs rapports, ce que l'on peut conclure : c'est que quelques espèces vivent sous les écorces d'arbres, d'autres se trouvent sous les détritus des végétaux, et principalement sous les amas des cannes à sucre qui sortent du moulin;

d'autres enfin vivent dans l'intérieur des vieux troncs d'arbres, excepté l'espèce appelée vulgairement *Cornutus*, que quelques observations indiquent comme vivant de la dernière manière, on ne sait à quelle espèce au juste rapporter telles ou telles mœurs, attendu que les voyageurs n'ont pas indiqué d'une manière précise les espèces qu'ils avaient observées.

Les Passales sont des insectes propres aux contrées chaudes de toutes les parties du monde, l'Europe exceptée. M. Percheron a divisé les espèces qui composent ce genre en quatre divisions qui sont : les Passales Hexaphiles, Pentaphylles, Tétraphylles et Triphylles. Parmi ces espèces qui sont au nombre de quarante-neuf, nous citerons comme étant les plus remarquables.

Le Passale de Leach, *P. Leachii*, Percher. Monogr. des Pass., p. 37, pl. 3, fig. 2. *Passalus Leachii*, Mac-Leay, hor. Ent., p. 106, édit. de Paris, 1833. *Passalus brasiliensis*, Lepell. et Serv. Encycl. méth., t. 10, p. 21. Guér. Dict. class., t. 13, p. 90. Longueur huit lignes. Corps déprimé, lisse. Disque de la tête lisse; sur le vertex, un tubercule conique, déprimé, accompagné à sa base de deux autres plus petits; de l'extrémité antérieure du tubercule s'avancent en divergeant deux carènes dentelées sur leur longueur, allant aboutir au bord du chaperon, où elles forment deux dents aiguës; l'espace du chaperon compris entre ces deux carènes est droit, et forme avec elles le troisième côté du triangle équilatéral; l'espace qu'il renferme est parsemée de quelques lunules enfoncées; le labre est carré, peu échancré. Les mandibules sont courbes; la lèvre s'articule avec le menton par une ligne sinuée; le menton est très-peu ponctué; les fossettes gulaires sont grandes, ovoïdes, posées transversalement. Les antennes sont pentaphylles; le dernier article renflé dans son milieu. Le corselet est carré; les angles antérieurs sont aigus; le sillon dorsal atteint les deux extrémités du corselet; les fossettes latérales sont nulles; mais les côtés du corselet sont très-chargés de points sur toute leur partie inclinée; il en est de même du sillon marginal, qui n'offre ni avancemens ni dilatation du côté de la tête; les fossettes méso-sternales sont en forme de larmes, disposées presque perpendiculairement; le disque du méta-sternum est accompagné, à droite et à gauche, de points assez nombreux; les cicatrices abdominales sont filiformes, rugueuses. Les élytres ont leurs stries latérales chargées de points ronds espacés entre eux; ces points sont peu marqués sur les stries dorsales. Cette espèce se trouve assez communément dans l'Amérique intertropicale.

Le Passale bicolore, *P. bicolor*, Fabr. system. Eleuth., t. 2, p. 256, n° 6. Illig. archiv. de Wiedm. 1, 2, p. 104, 2. Percheron, ouvr. cit., p. 69, pl. 5, fig. 3. Corps très-déprimé. Disque de la tête ponctué; sur le vertex un petit tubercule donne naissance à sa base, à deux petites carènes transversales, et à son extrémité, à trois autres, dont l'intermédiaire droite; le bord du chaperon est armé de cinq épines, dont les deux premières forment la terminaison des carènes les plus longues et celles du milieu à peine sensibles; le labre est à peine échancré antérieurement. Les mandibules sont courbes; les deux dentelures supérieures sont les plus apparentes; la lèvre s'articule avec le menton par une ligne sinueuse; celui-ci est chargé en entier de quelques gros points disséminés; les fossettes gulaires ont la forme d'un V placé obliquement. Les antennes ont leurs feuillets courts, gros, le dernier est pyriforme. Le corselet est carré, plus large que haut; les angles sont relevés, aigus; le sillon dorsal est peu profond, atteignant les deux extrémités du corselet; les fossettes latérales sont petites, rondes, profondes; le sillon marginal se confond dans les ponctuations qui couvrent largement les côtés du corselet; l'écusson est lisse; les fossettes méso-sternales sont oblongues, rugueuses, placées presque perpendiculairement; le disque du méso-sternum est accompagné, sur toute la longueur de ses deux côtés, de ponctuations; les cicatrices marginales sont presque de même largeur partout; rugueuses; toutes les stries des élytres sont ponctuées, mais les latérales le sont plus profondément, à points serrés; aucune partie du corps n'offre de villosité remarquable. Se trouve à Java.

Le Passale interrompu, *P. interruptus*, Fabr. Entom. System., tom. I, p. 240, n° 1. Percheron, Monogr. des Pass., p. 42, pl. 1, fig. 1 à 2, représenté dans notre Atlas, pl. 465, fig. 4. Long de dix-huit à vingt-quatre lignes; le corps est lisse, déprimé; le disque de la tête est rugueux; du vertex s'élève un tubercule conique, presque libre à son extrémité, accompagné à la base de deux autres tubercules très-petits; le bord antérieur du tubercule principal est coupé presque perpendiculairement; du bas partent en divergeant deux carènes finement dentelées sur leur longueur, réunies par une impression peu profonde vers leur milieu, aboutissant presque au bord du chaperon; le bord de ce dernier est large, avec un petit sinus à son milieu et deux dents un peu avant la terminaison des carènes du dessus de la tête; les angles antérieurs des bords élevés de la tête sont aussi fortement épineux; le labre est grand, finement ponctué, échancré; les mandibules sont peu courbées, bidentées à leur extrémité; la lèvre s'articule avec le menton par une ligne sinuée; les lobes de celui-ci sont seuls ponctués; les fossettes gulaires sont petites, ovalaires, placées obliquement, rugueuses; les antennes sont triphylles; le dernier article est plus court, épais, lunulaire; le corselet est plus large que haut, rétréci à sa partie antérieure; les angles sont relevés, aigus, le sillon dorsal atteint les deux extrémités; les fossettes marginales sont petites, irrégulières, profondes, chargées de quelques points; le sillon marginal est très-ponctué; il ne se dilate pas en arrière de la tête; mais, après avoir suivi un instant le bord antérieur du corselet, il s'en détache pour le suivre autant de temps parallèlement; les angles inférieurs du corselet sont fortement garnis de poils roux; les fossettes méso-sternales sont en forme de larmes renversées, disposées presque horizontalement; le disque du méso-sternum est accompagné, à droite et à gauche de son extrémité, de beaucoup de petits points agglomérés; les cicatrices abdominales sont de largeur moyenne, un peu dilatées près de leur extrémité, tronquées obliquement, velues; les élytres ont leurs stries dorsales presque entièrement lisses, du moins près du corselet; mais sur la partie latérale elles sont ponctuées de points moyens serrés; toute la partie humérale et les tibias intermédiaires sont fortement couverts de poils fauves.

Les auteurs anciens, dit M. Percheron, ayant confondu toutes les espèces sous le nom de *Passalus interruptus*, il est bien difficile, jusqu'à Fabricius, de déterminer les espèces qu'ils ont voulu décrire; mais Fabricius, ayant ajouté à sa description qu'il était de la grandeur du *Passalus emarginatus*, a permis d'appliquer ce nom d'une manière certaine à une des espèces qui pouvaient se disputer ce nom. Quant aux auteurs plus anciens, la taille des figures, et la localité quelquefois, peuvent seules guider; aussi les synonymies anciennes sont-elles tout-à-fait arbitraires.

Cette espèce est commune à Caïenne et dans toute l'Amérique intertropicale; l'une des plus belles espèces de ce genre est le *Passalus Goryi*, Melly, décrit et figuré dans le Magasin de zoologie, 1835, cl. IX, pl. 36. Il est long de trois pouces, noir; antennes garnies de longs poils bruns; le premier article très-gros et renflé; les deuxième, troisième et quatrième arrondis; les quatrième, cinquième et sixième renflés, et les trois derniers en lames; tête munie de trois tubercules; celui du milieu conique et aigu; les yeux très-petits, d'un gris fauve, et en partie recouverts d'une projection de tubercules; corselet plus large que la base de la tête, fortement marqué au centre, déprimé sur les côtés; élytres arrondies à la base, convexes, fortement marquées de stries ponctuées; les trois premières lignes striées, garnies de poils bruns; jambes très-fortes; celles de devant armées postérieurement de six dents aiguës; tarses composés de quatre articles égaux et arrondis, et d'un crochet fortement renflé à la base. Cette espèce a été trouvée au Guatimala.

(H. L.)

PASSANDRE, *Passandra*. (INS.) Genre de l'ordre des Coléoptères, section des Tétramères, famille des Platystomes, établi par Dalmann, et adopté par Schonnherr et Latreille. Les caractères de ce genre sont: antennes filiformes, un peu plus longues que la moitié du corps, insérées près de la base des mandibules, de onze articles, le premier grand, épais, presque ovale; le second très-court, globuleux, les suivans presque égaux, obconiques, un peu comprimés, presque en scie, un peu ciliés intérieurement; le dernier ovale, globuleux, tronqué obliquement; mandibules grandes, fortes, cornées, presque triangulaires, arrondies extérieurement, presque bidentées à leur partie interne (ces dents obtuses) entières à leur extrémité; mâchoires linéaires, entières; palpes inégaux, filiformes, les maxillaires beaucoup plus longs que les mâchoires, de quatre articles, le premier court, le second et le troisième allongés, presque cylindriques; le dernier encore plus long, plus épais, arqué, arrondi à son extrémité; les labiaux plus courts, de trois articles; lèvre cornée, bifide; divisions latérales de la lèvre et de la languette linéaires, étroites et écartées. Les Cucujes sont bien distincts du genre Passandre, parce que leurs antennes sont moniliformes; les Uléiotes en sont séparés par leurs palpes maxillaires qui sont coniques et terminés en pointe, ce qui n'a pas lieu chez les Passandres. L'espèce qui sert de type à ce genre est:

Le PASSANDRE SIX-STRIES, *P. sex-striata*, Schonh., Synon. Insect., t. 1, part. 3, append. p. 146, pl. 6, fig. 3 (Lepell. de Saint-Farg. et Serv., Encycl. méth.). Cette espèce est longue de quatorze lignes; son corps est lisse, luisant, déprimé, d'un roux brun en dessous; ses antennes sont noires; le corselet est d'un ferrugineux obscur; les élytres sont d'une couleur marron foncé; elles ont chacune trois stries. Se trouve à Sierra-Leone.

(H. L.)

PASSE. (ZOOL. BOT.) Ce mot, dit M. Bory de Saint-Vincent, désigne, dans quelques cantons de la France, la Fauvette d'hiver. Il vient évidemment de *Passer*, d'où Passerat, Passereau, etc. On y a ajouté, selon les divers cantons, des épithètes variées; ainsi PASSE-BUSE, PASSE-PRIVÉE, PASSE-SOURDE et PASSE-BUISSONNIÈRE sont synonymes.

Le mot PASSE a également été donné à plusieurs autres animaux, et même à des plantes qu'on suppose surpasser en beauté ou en force les objets auxquels on les comparait, et dont on faisait une épithète. Ainsi on a appelé:

PASSE-BLEU. (OIS.) Une espèce de Friquet de Cayenne.

PASSE DE CANARIE. (OIS.) Le Serin.

PASSE-FLEUR. (BOT.) L'*Agrostemma coronaria* et l'*Anemone pulsatilla*.

PASSE-FLEUR SAUVAGE. (BOT.) Le *Lychnis dioïca*.

PASSE-FOLLE. (OIS.) Une Mouette d'Amérique.

PASSE-LANGUE. (BOT.) Une variété de raisins.

PASSE-MUSC. (MAM.) Le Chevrotain moschifère.

PASSE-PIERRE. (BOT.) Le *Crithmum maritimum*.

PASSE-POMME. (BOT.) Plusieurs variétés de pommes.

PASSE-RAGE. (OIS. BOT.) Une Outarde et un Lépidier.

PASSE-ROSE. (BOT.) L'*Alcea rosea* et Passe-rose parisienne, l'*Agrostemma coronaria*.

PASSE-ROUX. (BOT.) La Mâche du genre *Valerianella*.

PASSE-SATIN. (BOT.) La *Lunaria rediviva*.

PASSE-SAULE. (OIS.) Le *Fringilla montana*.

PASSE-SOLITAIRE. (OIS.) Le *Turdus solitarius*.

PASSE VERT. (OIS.) Le *Tangara cyanea*.

(GUÉR.)

PASSE-PEINTRE. (BOT. PHAN.) On donne ce nom à plusieurs espèces de fleurs panachées, et à la Rose à cent feuilles, que l'on n'est point encore parvenu à rendre gracieusement et en toute vérité, ni en dessin, ni en peinture, malgré le talent incontestable de Van-Spaendonck et de Van-Daël, si heureux pour toute autre fleur; malgré la facilité de Redouté, que l'on a peut-être trop vite surnommé le Peintre des Roses. L'on nomme aussi plus particulièrement Passe-Peintre, parce qu'elle fait le désespoir des peintres, une jolie espèce de Saxifrage, la *Saxifraga umbrosa*, L., dont les larges rosettes, étalées sur la terre, sont surmontées d'une charmante panicule de fleurs blanches, avec et sans points rouges. (T. D. B.)

PASSERAGE, *Lepidium*. (BOT. PHAN.) Placées dans la famille des Crucifères, auprès des genres *Cochlearia*, *Coronopus*, *Iberis* et *Thlaspi*, les Passerages se distinguent, 1° des Cransons par leurs valves carénées, opposées à la cloison, assises sur le disque et non pas arrondies; 2° des Coronopes par ces mêmes valves qui sont déhiscentes; 3° des Ibérides par la forme régulière de leurs quatre pétales toujours égaux, 4° et des Tabourets par leur silicule ovale, entière au sommet et non échancrée. Elles forment un genre de la Tétradynamie siliculeuse, renfermant des plantes, pour la plupart herbacées, à feuilles alternes, entières ou découpées, à fleurs petites, ordinairement blanches, disposées en corymbe ou en grappe terminale, lesquelles donnent naissance à des graines ovales, renfermées dans une silicule où elles se trouvent deux ensemble, le plus souvent une, rarement huit à douze.

Ce genre, simplement indiqué au mot Lépidier (mot de création nouvelle et d'autant plus inutile que nous possédons depuis des siècles un nom propre connu plus généralement); ce genre, dis je, est très-riche en espèces, dont une dixaine au plus sont spontanées en France. Toutes ont des propriétés économiques et médicinales importantes.

On a dernièrement vanté, sous le nom de *Lépidine*, et comme un excellent fébrifuge, le principe amer contenu dans les tiges, les racines et les fruits de la petite Passerage, ou PASSERAGE GRAMINIFORME, *L. iberis*; l'on estime même que cette substance pourrait prendre place à côté du sulfate de quinine et de la salicine, dont la découverte est due à M. Leroux, pharmacien à Vitry-le-Français, département de la Marne. Sans doute l'observation et l'expérience cliniques confirmeront plus tard les propriétés thérapeutiques de la Lépidine, que l'on doit au zèle infatigable et éclairé du même pharmacien; le petit nombre de faits recueillis jusqu'à ce jour, nous en font naître l'espoir bien fondé.

Dans quelques localités françaises, on ramasse les feuilles de la grande Passerage, ou PASSERAGE A LARGES FEUILLES, *L. latifolium*, qui croît aux lieux humides et ombragés, ainsi que sur le bord des rivières, pour en exprimer le suc, le mêler avec du vinaigre et le faire servir à l'assaisonnement des viandes. En Danemarck, ce sont celles de la première qui sont recherchées pour cet usage. Les Indiens mangent les feuilles de la PASSERAGE DE VIRGINIE, *L. virginicum*, qui abonde encore plus dans leur pays qu'en Amérique et aux Antilles. Aux îles Sandwich, nous apprend Forster, la PASSERAGE ENIVRANTE, *L. piscidium*, est employée pour amener les poissons à la surface des eaux et rendre leur capture plus facile, plus abondante; il nous dit aussi qu'aux îles de l'Océanie, dans la Nouvelle-Zélande en particulier, la PASSERAGE HUILEUSE, *L. oleraceum*, est estimée comme un puissant anti-scorbutique. Dans nos départemens du midi, les feuilles de la PASSERAGE COUCHÉE, *L. procumbens*, qui sont peu nombreuses, très-entières, surtout les supérieures, jouissent de la même réputation.

Une espèce précieuse dans les habitations infestées par les Punaises de lit, c'est la PASSERAGE A FEUILLES ÉTROITES, *L. ruderale*, dont De Candolle fait maladroitement un Tabouret sous la dénomination de *Thlaspi tenuifolium*. Cette espèce annuelle, dont les fleurs très-petites sont quelquefois sans pétales, a la propriété d'attirer l'insecte lors même qu'elle est desséchée. On en place la tige rameuse entre deux feuilles de papier pliées, que l'on met le soir sous un matelas, et le lendemain en ouvrant le papier, on y trouve des essaims de Punaises collés aux branches, aux feuilles et même aux silicules; les œufs y sont mêlés aux insectes morts et à ceux qui ne sont qu'engourdis. Je connais des appartemens qui, au moyen de cette Passerage, ont été purgés en très-peu de temps et pour toujours quand de nouveaux locataires, aussi soigneux, n'apportaient point avec leurs meubles de ces insectes incommodes et puans.

On cultive généralement sous le nom de Cresson alenois ou Nasitort, la PASSERAGE DES JARDINS, *Lepidium sativum*, que l'on sème d'ordinaire en bordure tous les quinze jours, pendant les mois de mai à septembre. Cette espèce, que l'on croit originaire de l'Asie, et que notre célèbre entomologiste Olivier a trouvée sauvage en Perse, dure peu, demande beaucoup d'ombre, une terre fraîche et humide; elle vient vite, abondamment et est d'un fort bel effet par les feuilles pinnatifides, frisées et dorées qui couvrent sa tige rameuse. Ses fleurs blanches, très-petites, sont disposées en corymbe terminal. On la mange en salade au printemps et surtout en été; on l'emploie dans les cuisines, et l'art de guérir la vante comme un bon anti-scorbutique, comme un puissant diurétique. On pourrait admettre de même dans nos cultures la PASSERAGE A LARGES FEUILLES, *L. latifolium*; mais elle a le défaut d'être extrêmement traçante; sa racine allongée et vivace produit de nombreux drageons qui s'étendent jusqu'à cinq mètres et nuisent aux plantes qui végètent auprès d'eux. La saveur âcre, piquante, aromatique de la racine et des feuilles rappelle celle réunie de la moutarde et du poivre.

Autrefois on attribuait aux plantes de ce genre, particulièrement à la dernière espèce que je viens de citer, la propriété de guérir de la rage; c'est de là même qu'est venu leur nom vulgaire; mais des essais suivis sous diverses latitudes ont mis au néant cette prétendue vertu. Presque tous les bestiaux mangent les Passerages. (T. D. B.)

PASSEREAU, PASSERON, PASSEROUN, PASSIÈRE. (ois.) Noms vulgaires du Moineau franc en divers cantons de la France. *V.* MOINEAU. (GUÉR.)

PASSEREAUX, *Passeres*. (ois.) De tous les ordres dont se compose la deuxième classe des Vertébrés, celui que concourent à former les Passereaux est un des moins naturels, aussi c'est de tous celui qui a subi le plus de variations. Les caractères linnéens conduisaient à introduire dans cet ordre des espèces qu'on en a séparées avec raison et à en éloigner d'autres qui ont tous les attributs des vrais Passereaux. Les essais tentés par les méthodistes successeurs de Linné, à l'effet de modifier cet ordre, ont peut-être été un peu plus heureux; car on ne saurait nier que les démembremens qu'on lui a fait subir, sans le rendre plus naturel, ne l'aient simplifié au point d'en rendre la conception plus facile. Les Passereaux, en effet, sont des oiseaux qui ont pour caractères généraux le doigt externe uni à celui du milieu dans une étendue plus ou moins considérable. Voici comment Cuvier, dont nous suivons la méthode, s'explique à l'égard de cet ordre.

« Il est le plus nombreux de toute la classe, dit-il; son caractère semble d'abord purement négatif, car il embrasse tous les oiseaux qui ne sont ni nageurs, ni échâssiers, ni grimpeurs, ni rapaces, ni gallinacés. Cependant, en les comparant, on saisit bientôt entre eux une grande ressemblance de structure, et surtout des passages tellement insensibles d'un genre à l'autre, qu'il est difficile d'y établir des subdivisions.

» Ils n'ont ni le volume des oiseaux de proie ni le régime déterminé des Gallinacés ou des oiseaux d'eau; les insectes, les fruits, les grains, fournissent à leur nourriture; les grains d'autant plus exclusivement que leur bec est plus gros, les insectes qu'il est plus grêle. Ceux qui l'ont fort poursuivent même les petits oiseaux.

» Leur estomac est en forme de gésier musculeux; ils ont généralement deux très-petits cœcums; c'est parmi eux qu'on trouve les oiseaux chanteurs et les larynx inférieurs les plus compliqués. La longueur proportionnelle de leurs ailes et l'étendue de leur vue sont aussi variables que leur genre de vie. »

D'après la forme qu'affectent les pieds des Passereaux, Cuvier a fait dans cet ordre deux divisions. Dans la première et la plus nombreuse, il place toutes les espèces dont le doigt externe est réuni à l'interne, seulement par une ou par deux phalanges. Cette division se compose de quatre familles : les DENTIROSTRES, les FISSIROSTRES, les CONIROSTRES et les TÉNUIROSTRES.

La seconde et la plus petite division des Passereaux comprend ceux où le doigt externe, presque aussi long que celui du milieu, lui est uni jusqu'à l'avant-dernière articulation. Cuvier n'en a fait qu'un seul groupe, celui des SYNDACTYLES.

Nous renvoyons pour les subdivisions en genres de toutes ces familles aux mots DENTIROSTRES, FISSIROSTRES, etc. (Z. G.)

PASSERET, PASSETIER. (ois.) Nom vulgaire de l'Émerillon dans quelques provinces. *V.* ÉMÉRILLON. (GUÉR.)

PASSERINE, *Passerina*. (ois.) Le genre Bruant (*Emberiza*), dans lequel quelques ornithologistes font entrer des oiseaux dont la face inférieure de la mandibule supérieure est munie d'un tubercule osseux, indistinctement avec d'autres chez lesquels ce caractère manque, a été modifié par Vieillot. Cet auteur a distingué les vrais Bruans, c'est-à-dire ceux que caractérise le tubercule dont nous venons de parler, de ceux qui, avec les caractères généraux des Bruans, n'ont pourtant point ce tubercule, et c'est à ces derniers qu'il a donné le nom de Passerine. Ils se distinguent par un bec conique, entier, un peu robuste, droit, rétréci vers le bout, à bords inférieurs quelquefois supérieurs, fléchis en dedans, mais principalement par la mandibule supérieure couvrant, au moins à sa base, les bords de l'inférieure et dépourvue de tubercules.

« Les Passerines, dit Vieillot, ne seront pas moins des Bruans pour les ornithologistes qui n'attachent aucune importance à cet attribut (d'avoir la mâchoire sans tubercule), parce que, disent-ils, on ne le voit pas quand le bec est formé, ou qui n'en parlent pas, comme l'a fait Linné, pour qui toutes les Passerines sont des *Emberiza*. Cependant il y a encore d'autres différences dans la conformation du bec de celles-là et des Bruans, mais moins tranchées, qu'on saisit néanmoins assez facilement quand on compare ces oiseaux en nature. »

Ces oiseaux se trouvent habituellement les uns sur les arbres, les autres à terre; tous se nourrissent de petites graines entières ou dépouillées de leur péricarpe et d'insectes. Les uns nichent sur les arbres, d'autres dans les buissons, les herbes, les halliers. Le nombre de leurs pontes, composées de trois, de quatre ou de cinq œufs, dépend de la température du pays qu'ils habitent. Lorsque les petits sont éclos, les parens les nourrissent avec des insectes, des chenilles et des vermisseaux.

Trente-deux espèces environ composent la division des Passerines et appartiennent pour la plupart à l'Amérique. Nous ne citerons que :

La PASSERINE NOMPAREILLE ou le PASSE, *Passerina ciris*, Vieill., qui peut prendre place parmi les beaux oiseaux, à cause de la richesse de son vêtement. Le mâle a la tête couverte d'une sorte de camail violet, lequel camail s'étend au dessous des yeux, descend sur la partie supérieure et les côtés du cou et revient sur la gorge. En outre, le devant du cou, les parties postérieures, le croupion et les couvertures de la queue sont d'un rouge éclatant; le dos est quelquefois de même couleur, mais le plus souvent il est varié de vert tendre et d'olivâtre obscur; les grandes tectrices alaires sont vertes et les petites d'un bleu violet; les pennes des ailes et de la queue d'un rouge brun.

La femelle a des couleurs moins brillantes; elle est généralement d'un vert foncé en dessus et d'un vert olive en dessous; les jeunes portent la même livrée avant la première mue.

Le Passe, que les Français ont ainsi appelé à cause

cause du camail violet que nous venons de signaler, est un oiseau d'un caractère doux et familier, qui en captivité se nourrit comme les Serins, bien qu'il soit plus délicat que ces derniers. On a constaté qu'ils aimaient beaucoup à placer leur nid sur les orangers. A un riche plumage le mâle réunit un chant agréable qui, selon Vieillot, aurait les plus grands rapports avec celui de notre Fauvette à tête noire. « Mais, dit-il, il est moins fort et plus agréable dans un appartement. »

Les Passes sont très-communs dans les Florides et à la Louisiane, plus rares dans la Caroline méridionale, où ils se tiennent à vingt, trente milles et plus des rivages de la mer; mais ils ne s'adonnent pas plus au nord. Les Espagnols les appellent *Mariposa*, et les Anglais *Nompareil*. (Z. G.)

PASSERINE, *Passerina*. (BOT. PHAN.) Genre de plantes exogènes fondé par Linné, qui lui a imposé ce nom en faisant allusion à la forme de ses semences (*Passer*, signifie un petit oiseau), et qui a été depuis adopté par tous les botanistes pour un groupe de plantes appartenant à la famille des Thymélées de Jussieu (Péristaminie, Juss. et Monochlamidées de Dec.), et à l'Octandrie Monogynie de Linné; voici ses caractères principaux:

Périgone unique (quelquefois le Périgone intérieur est remplacé par des écailles pétaloïdes, qui naissent de la gorge du Périgone externe, et qui lui donnent la forme d'une corolle polypétale, (Thymélées), infondibuliforme, monophylle, pétaliforme, partagé à son orifice en quatre lobes ovales; huit étamines à filamens sétacés, insérés sur le tube près de son orifice, souvent saillantes ou ne dépassant pas les lobes et terminées par des anthères droites; ovaire supère, enveloppé par le tube périgonal, et surmonté d'un style filiforme, un peu latéral, terminé par un stigmate en tête, velu; une petite capsule uniloculaire et monosperme.

Les Passerines sont des arbrisseaux ou même des arbustes, à feuilles sessiles, éparses, entières, à fleurs axillaires, de médiocre grandeur et faiblement colorées. Beaucoup d'auteurs les ont confondues avec les Daphnés, avec lesquels elles ont les plus grands rapports. On en connaît au-delà de vingt espèces, dont les plus remarquables sont particulières à l'Afrique méridionale, au cap de Bonne Espérance, les autres dans le nord de ce continent et dans les parties méridionales de l'Europe. On en trouve aussi quelques espèces dans la Nouvelle Hollande. Sept croissent dans le midi de la France, ce sont:

1° Passerine dioïque, *Passerina dioïca*, Ram. D. C. Lois. Arbrisseau de trois à cinq pieds de hauteur, divisé dès sa base, en rameaux nombreux, étalés, diffus, à écorce marquée d'une foule de cicatricules, formées par la chute des anciennes feuilles; celles-ci, nombreuses, imbriquées, oblongues, élargies vers le sommet, glabres des deux côtés, aiguës, tendres, serrées, ponctuées en dessous; fleurs jaunes, très-glabres, axillaires, sessiles, souvent géminées, rarement solitaires, plus longues que les feuilles, dioïques ou hermaphrodites, sans bractées; périanthe tubuleux, à lobes lancéolés; cet arbrisseau croît dans les Pyrénées, sur les roches calcaires et même, dit-on, dans les vallées; elle fleurit en avril et en mai.

2° Passerine des neiges, *Passerina nivalis*, Ram. D. C. Lois. Tiges tortueuses, étalées, rameuses peu ou point cicatrisées; feuilles coriaces, luisantes, linéaires oblongues, obtuses, glabres, non élargies vers le sommet, quelquefois hérissées de poils épars; fleurs d'un jaune verdâtre, dioïques ou hermaphrodites, axillaires, solitaires et munies de bractées; périanthe tubuleux, à lobes ovales. Se trouve sur le sommet des Pyrénées, dans les pays basques, vers les sources de la Garonne, etc.; elle fleurit en mai et en septembre.

3° Passerine de Thomas, *Passerina Thomasii*, Digby. Tiges ligneuses, dressées, rameuses, garnies de feuilles coriaces, linéaires, lancéolées, un peu spatulées, acuminées, très-glabres; périgone tubuleux, hérissé, à divisions ovales; fleurs axillaires, sessiles, géminées ou ternées, munies de bractées; croît sur les montagnes de la Corse, où elle a été trouvée par Ph. Thomas, à qui elle a été dédiée. Soleirol l'indique sur le mont Coscione (Mutel).

4° Passerine Tarton-Raire, *Passerina Tarton-Raira*, D. C. Suppl. Daphne, alii. Petit arbrisseau de deux pieds de hauteur environ; tiges droites, hérissées, rameuses, pubescentes, garnies de feuilles ovales-lancéolées, comme elliptiques, soyeuses, d'un blanc argenté; fleurs jaunâtres ou blanchâtres, sessiles, latérales, solitaires, ou agrégées dans les aisselles des feuilles, ou même quelquefois à nu sur les rameaux, et entourées d'écailles à la base. Le calice est pubescent, à lobes ovales. Cette plante croît naturellement dans les parties méridionales de la France, en Corse, en Espagne, en Portugal, en Italie, etc., dans les endroits secs, pierreux et arides; elle fleurit de mai à juillet.

D'anciens auteurs, Pena et Lobel, disent que ce nom de Tarton-Raira, a été donné à cette Passerine par les Provençaux, à cause des vertus purgatives, qu'ils lui attribuaient. Clusius assure même que les Maures de Grenade s'en servaient pour se purger. Dans ces derniers temps, on a voulu s'assurer de ce fait, et après des expériences répétées, on a trouvé que la décoction de ses feuilles jouissait réellement de la vertu purgative, mais à un faible degré, de sorte qu'on a renoncé à son emploi.

5° Passerine velue, *Passerina hirsuta*. Linn. et alii. Tige dressée, garnie de rameaux nombreux, couverts d'un duvet blanchâtre, très-abondant, surtout dans les jeunes pousses: feuilles petites, nombreuses, ovales, imbriquées, comme charnues, glabres et vertes en dessus, très-cotonneuses en dessous; fleurs assez petites, sessiles, jaunâtres intérieurement, blanchâtres et tomenteuses à l'extérieur, réunies dans les aisselles des feuilles supérieures, tantôt hermaphrodites, tantôt dioïques ou monoïques; périgone hérissé en dehors, presque campaniforme, à divisions ovales; cet arbrisseau se trouve dans les endroits pierreux du midi de la France, vers les bords de la mer, etc., en Corse, en Espagne, dans l'Afrique septentrionale, etc. On en a trouvé près de Marseille une variété remarquable, dont les feuilles sont plus grandes et cotonneuses des deux côtés.

6° Passerine des teinturiers, *Passerina tinctoria*, Pourret, Lapeyr., etc. Petit arbrisseau de trois pieds environ de hauteur, droit ferme, à rameaux assez nombreux, serrés, pubescens, surtout dans le jeune âge, garnis de feuilles imbriquées, linéaires-lancéolées, couvertes d'un long duvet très-fin et en dessous, pendant la jeunesse, puis comme pulvérulentes; fleurs jaunes, axillaires, presque solitaires, munies de deux bractées; en fleurs tout l'hiver. Elle se trouve sur les frontières de la Catalogne et les revers méridionaux du pays Basque, jusqu'à Pampelune, selon Pourret.

7° Passerine thymélée, *Passerina thymelæa*, D. C. Suppl. Daphne, Thym., Linn., etc. Sous-arbrisseau à peine haut de huit à dix pouces et souvent beaucoup moins, à tiges nombreuses, simples, garnies de feuilles ovales-lancéolées, sessiles, glabres, ou à peine pubescentes, comme glauques, aiguës; fleurs jaunâtres, sessiles, axillaires, solitaires, ou réunies deux ou trois ensemble; périgone longuement tubulé, velu, à lobes linéaires; se trouve communément dans les provinces qui bordent la Méditerranée, en Espagne, en Italie; fleurit de février à avril.

D'anciens auteurs rapportent qu'un demi-gros de feuilles de cette Thymélée, réduites en poudre, purge avec violence, et cause de cruelles tranchées; cette expérience, à ce qu'il paraît, n'a pas été répétée dans ces derniers temps. On sait seulement que ces mêmes feuilles en décoction, sont à peine purgatives, et que l'on peut les employer de cette manière sans le moindre danger.

(C. Lem.)

PASSE-VELOURS, *Celosia*, L. (bot. phan. et horticult.) Sous ce nom fort ancien et que l'on trouve inscrit dans tous nos livres de culture, nous possédons un très-beau genre de plantes dicotylédonées, créé par Linné, et par lui appelé *Celosia*, mot tiré du grec κήλεος, qui signifie brillant, enchanteur, qui captive. Quelques auteurs ont, depuis quelques années, traduit ce mot par Célosie. Aussi est-ce celui qui se trouve indiqué t. I, p. 126.

Le genre Passe-Velours appartient à la Pentandrie monogynie et à la première section de la famille des Amarantacées. Il renferme une quarantaine d'espèces, toutes annuelles et herbacées, d'un grand éclat lorsque leurs beaux épis sont en fleurs, inodores, très-sensibles au froid, et cependant persistantes quand, cueillies en pleine floraison, on les met à sécher, avant la maturité des graines, et on les tient dans un lieu abrité de l'humidité. Quoique originaires des régions intertropicales, les Passe-velours prospèrent en pleine terre dans nos départemens du Midi; deux seules paient les soins qu'elles exigent depuis le 46e degré de latitude septentrionale jusqu'au 80e; mais elles demandent à y être semées sur couche, tenues en pot jusqu'à ce que la jeune pousse ait acquis huit à dix centimètres de haut, puis transplantées à demeure sur une terre bien fumée et parfaitement exposée, ou mieux encore repiquées en d'autres pots, pour être placées sur des gradins, où elles brillent de toute leur splendeur, et rentrées aux premières approches du froid.

Ces deux espèces sont: 1° le Passe-velours crête de coq, *Celosia cristata*, L., que l'on connaît aussi sous les noms d'Amarante des jardiniers et Fleur de jalousie. Au seizième siècle, nous apprend Olivier de Serres, on l'appelait Passe-velours immortel. Cette plante, qui vient de l'Inde, et se trouve aussi dans toutes les parties chaudes du continent américain, a les racines annuelles; sa tige, cannelée, haute de trente-deux à cinquante centimètres, quelquefois d'un et deux mètres, monte en pyramide et devient seulement rameuse en sa partie supérieure; elle se garnit de feuilles alternes, ovales-oblongues, sessiles, assez larges, et d'un beau vert. Sur des pédoncules cylindriques, un peu striés, reposent des fleurs très-petites, épanouies de juin à septembre, très-nombreuses, et disposées en épis oblongs, larges, très-gros, se conservant durant plus de deux mois, pour donner ensuite naissance à une capsule polysperme, s'ouvrant en travers et contenant des graines fort menues, d'un beau noir luisant. La couleur des fleurs de cette espèce, le plus ordinairement d'un incarnat éclatant, varie singulièrement et d'une manière fort agréable, du pourpre au blanc, et du jaune au panaché. Ce dernier diffère, tantôt par la bigarrure de deux nuances, tantôt par leur plus ou moins d'intensité. Les fleurs varient encore dans leurs formes et leurs plissures, comme aussi par la régularité ou la bizarrerie de leurs crêtes, qui sont parfois plumeuses.

2° Le Passe-velours écarlate, *Celosia coccinea*, L. ou Fleur des amoureux. Cette espèce, originaire de la Chine, a, de même que la précédente, ses racines annuelles; ses tiges striées, hautes au plus de soixante-dix à cent centimètres, portent des feuilles dentées, des panicules terminales, dont les fleurs, toutes d'un très-beau rouge, sont à crêtes ou bien plumeuses; elles s'épanouissent en juillet, août et septembre.

On multiplie ces deux espèces par le moyen des graines qui viennent très-bien sous la latitude de Paris. La récolte doit s'en faire à mesure qu'elles mûrissent: ce sont les fleurs des plus beaux pieds et surtout celles placées au bas de la crête qui fournissent les meilleures. Les autres paraissent stériles. Ces graines, mises en terre, lèvent en trois jours, quand le choix a été bien fait. Les Passe-velours sont fort sujets à dégénérer.

Divers amateurs cultivent en serre chaude le Passe-velours argenté, *C. argentea*, de la Chine, dont les fleurs sont d'un blanc pur; le Passe-velours paniculé, *C. paniculata*, de la Jamaïque, qui se décore d'épis alternes, d'un jaune pâle et soyeux; le Passe-velours rameux, *C. castrensis*, de l'Inde, chez qui les tiges sont basses, très-rameuses, et couvertes de fleurs verdâtres; enfin le Passe-velours nodiflore, *C. nodiflora*, également originaire de l'Inde, aux fleurs en épis globuleux et latéraux. Ces espèces sont trop peu répandues et exigent une trop haute et trop constante chaleur pour nous en occuper davantage.

Olivier de Serres appelle encore Passe-velours deux plantes de genres très-différens; l'une, le Passe-velours branchu est l'Amarante à queue de Renard, *Amaranthus caudatus*, L.; l'autre, le Passe-velours jaune est le Souci des jardins, *Calendula officinalis*, L. (T. d. B.)

PASSIFLORE, *Passiflora*, L. (bot. phan.) Un très-grand nombre d'espèces, toutes étrangères à l'ancien continent, et paraissant appartenir presque exclusivement aux contrées chaudes de l'Amérique, constituent ce genre de la Monadelphie pentandrie (1), devenu type de la famille des Passiflorées. Elles sont herbacées ou sous-frutescentes, sarmenteuses, grimpantes et pourvues de vrilles axillaires, au moyen desquelles elles s'accrochent à tous les corps élevés placés dans leur voisinage. Les feuilles qui décorent les tiges souples et déliées varient de figure, les unes sont entières, les autres élégamment lobées ou palmées, d'une dimension peu considérable, constamment alternes et accompagnées de stipules. Les fleurs monoclines et axillaires, se montrent, tantôt solitaires, tantôt deux ou trois ensemble, à l'extrémité d'un pédoncule articulé muni d'une colerette à trois folioles. Calice libre, en forme de coupe, entier à la base, présentant à son limbe cinq divisions très-profondes, pointues et égales. Corolle à cinq pétales, alternes, avec les divisions calicinales, insérées à la gorge du calice, colorés. Triple couronne d'organes filamenteux, disposés en trois séries étagées de manière que la plus extérieure dépasse en longueur celle intérieure, annelés de couleurs variées, blanches et bleues, rouges, jaunes, violettes ou bien empourprées. Cinq étamines dont les filets, très-divergens, sont distincts dans la partie supérieure, réunis et confondus au sommet du pédicule cylindrique qui s'élève du centre de la fleur et constitue le pistil. Anthères oblongues, vacillantes, biloculaires, quoique, chacune des deux loges se trouvant divisée longitudinalement par le connectif, elles paraissent quadriloculaires. Ovaire libre, ovoïde ou globuleux, à une seule loge, contenant un grand nombre d'ovules, surmonté de trois styles épaissis vers le sommet, ayant chacun son stigmate renflé, claviforme. Fruits très-variables dans la grosseur et la figure, mais le plus souvent semblables à un œuf, offrant les plus vives couleurs, pendant aux branches entre les feuilles d'un beau vert tendre, et dont plusieurs sont remplis d'une pulpe sucrée, avec saveur acidulée. Graines nombreuses et comprimées, enveloppées d'une grille et attachées par trois filets à la paroi interne du fruit.

Toutes les Passiflores sont remarquables par leur aspect singulier, par la beauté de leurs fleurs, souvent odorantes, d'une courte durée, il est vrai, mais tous les jours de nouveaux boutons s'entr'ouvrent, s'épanouissent et remplacent la corolle qu'un second soleil ne verra point rayonner. Dans les régions lointaines où elles croissent naturellement, on voit les petites espèces grimper sur les buissons, celles de moyenne dimension se presser autour des arbrisseaux, les plus longues atteindre jusqu'au sommet des plus grands arbres. Dans nos pays elles sont l'objet des soins et de l'admiration des amateurs; ornement des serres tempérées, elles y tapissent les murs, descendent en guirlandes légères et forment des couronnes de verdure que, durant quatre mois de l'année, viennent émailler de grandes et brillantes fleurs.

On les a nommées *Passiflores*, *fleurs de passion* et *Passionnaires*, parce que, à l'époque de leur découverte, les premiers navigateurs crurent trouver dans les styles, les étamines et la couronne enveloppant les organes sexuels une certaine ressemblance avec les instrumens du supplice souffert par le législateur des Chrétiens. Le nom français *Grenadille* que le vulgaire leur impose vient de l'espagnol et exprime que le fruit, principalement des deux espèces qui ont été les premières connues, a la forme d'une grenade et que sa pulpe agréable est bonne à manger.

En 1569, le professeur espagnol, Nicolas Monardes, en décrivant la Passiflore couleur de chair, *Passiflora incarnata*, L. contribua singulièrement à la répandre en Europe. Originaire de la Virginie et des parties montagneuses du Pérou, elle manifesta bientôt la faculté de résister au froid de la France et à se multiplier par marcottes. Elle réussit parfaitement dans nos contrées méridionales; dans celles plus au nord, elle perdait ses tiges en hiver et jusqu'à ses racines, si l'on n'avait pas la précaution de la retirer en orangerie. Ses fleurs, lavées de pourpre et d'un violet foncé, faisaient les délices des horticulteurs, quand, en 1625, elles durent céder la place à la Passiflore bleue, *Passiflora cœrulea*, L. qui, quoique née au Brésil, vit très-bien en plein air aux environs de Paris, lorsque ses tiges, devenues ligneuses, sont appuyées contre un mur tourné vers le soleil du midi, pourvu que durant la rigoureuse saison, on couvre ses racines de terreau et qu'on abrite ses tiges de la gelée au moyen de quelques nattes en paille ou d'un canevas étendu droit devant elle à quelques centimètres de distance. Ses fleurs, très-nombreuses et d'un bleu violet, commencent de s'épanouir en juin et continuent sans interruption jusqu'à la fin de l'automne; il leur succède des fruits de la grosseur d'un œuf, bons à manger et d'une couleur jaune-orangée. Je l'ai vue, mariée à un Peuplier blanc, produire un fort bel effet par le contraste du vert luisant et foncé de ses feuilles avec le vert blanchâtre du *Populus alba*.

(1) Linné plaçait ce genre dans la Gynandrie, c'est-à-dire parmi les plantes qui ont les étamines portées par le pistil; mais cette disposition a été changée par Cavanilles; il a reconnu que les organes mâles ne sont point attachés sur l'organe femelle, mais au dessous de lui et à son support. Tous les botanistes ont depuis transporté les Passiflores dans la Monadelphie.

Quelques espèces ont une végétation si puissante, qu'elles donnent dans le cours d'une année des tiges de quinze à vingt mètres de long. De ce nombre je nommerai la PASSIFLORE AILÉE, *P. alata*, apportée des Antilles en France, en 1804, et que l'on greffe avec succès sur la Grenadille bleue; la PASSIFLORE PÉDALÉE, *P. multiformis*, L., qui porte, au dire de Plumier, des fruits de la grosseur et de la figure d'une pomme de reinette, d'un vert clair, marbré de points encore plus clairs; la PASSIFLORE A GRAPPES, *P. racemosa*, aux fleurs d'une belle couleur rouge, disposées vingt à trente ensemble sur des grappes élégantes qui pendent tandis que le pédoncule floral est dressé; la PASSIFLORE QUADRANGULAIRE, *P. quadrangularis*, cultivée par les Karaïbes à cause de ses grandes fleurs très-odorantes, mais qui a le double inconvénient d'attirer en foule les Loirs, amateurs de ses fruits jaunes, très-parfumés et gros comme des petits Melons, et les Serpens qui se placent de préférence à l'ombre de son épais feuillage pour épier leur proie; enfin la PASSIFLORE A FEUILLES DE LAURIER, *P. laurifolia*, de Cayenne et de la Martinique, dont les belles fleurs blanches, pourprées et violettes flattent beaucoup la vue, et dont les fruits, semblables à des citrons, fournissent une pulpe aigrelette très-recherchée comme fébrifuge.

Il en est quelques unes chez qui les fleurs et les fruits sont infiniment petits: telles sont la PASSIFLORE MULTIFLORE, *P. multiflora*, de Haïti, aux fleurs ramassées dans les aisselles des feuilles et aux baies globuleuses, violettes à l'époque de la maturité; la PASSIFLORE JAUNE, *P. lutea*, de la Virginie, dont les pédoncules grêles et pubescens, portent une fleur, d'un vert jaunâtre, dépourvue de colerette; la PASSIFLORE A FEUILLES DE LIERRE, *P. hederæfolia*, qui a ses fleurs et ses fruits violets, fort petits; la PASSIFLORE A FRUITS NOIRS, *P. nigra*, des environs de Carthagène, etc.

D'autres sont dépourvues de vrilles, comme la PASSIFLORE HÉTÉROPHYLLE, *P. heterophylla*, de l'île de Haïti, au lieu dit les Anses à pittes; ou bien couvertes de poils roussâtres, terminés la plupart par une glande visqueuse, répandant une odeur désagréable, comme la PASSIFLORE FÉTIDE, *P. fœtida*, des Antilles et du Pérou.

Chez presque toutes les espèces, les fleurs se développent avec le jour en faisant entendre un bruit assez semblable au mouvement d'une montre; les stigmates et les étamines se présentent successivement à mesure que les lanières de la couronne se séparent et leur livrent passage; chaque anthère, repliée en dedans, se rejette en dessus et semble acquérir tout à coup un accroissement de près de six millimètres. Lors du parfait développement, c'est-à-dire après dix minutes, le bruit cesse; tant que le soleil n'est pas au dessus de l'horizon, le calice demeure recourbé en dehors; mais dès que l'astre vivificateur a frappé la plante de ses rayons, les divisions se dressent, la fleur prend la forme d'une coupe, les stigmates se rapprochent, les étamines forcent l'anthère à s'ouvrir, le pollen imprègne le pistil, le mystère de la reproduction est consommé; la fleur perd ensuite tout son éclat, se flétrit et tombe.

Nous offrons en notre Atlas, pl. 464, fig. 1, le portrait d'une charmante espèce publiée pour la première fois dans le Traité élémentaire de botanique et de physiologie végétale; elle est intermédiaire entre la Passiflore bleue et l'incarnate; comme ces deux plantes elle est originaire du Brésil. Je l'ai dédiée à ma fille sous le nom de *Passiflora Uraniæ*. Ses tiges flexibles, cylindriques, irrégulièrement fléchies en zigzag et volubiles, de six à dix mètres de long, sont cendrées dans le bas, d'un vert rougeâtre et presque violet, plus elles se rapprochent de leur extrémité supérieure. A chaque articulation et du centre de deux stipules foliacées, contournées, cordiformes, sort une feuille, une vrille et une fleur. Les feuilles sont en cœur à la base, divisées en trois lobes à peu près égaux dans le haut, rarement dentées en scie à leurs bords, d'un vert jaunâtre en dessus, pâles et légèrement glauques en dessous. Les vrilles sont d'abord simples, puis roulées en spires. Chaque fleur est composée d'un involucre composé de trois larges bractées arrondies, rosées, veinées finement d'un rouge carmin et d'un calice à cinq divisions concaves en dedans, ayant, sur leur partie moyenne extérieure, une carène d'un beau rose que termine un crochet en sa partie libre. La corolle est d'un rouge brun à reflets bleuâtres; ses pétales d'un rose lilacé se montrent légèrement gauffrés au centre. Les filets nectarifères de la couronne sont accentués de blanc et de violet, et terminés par cette première couleur. Près de l'extrémité des filamens, on remarque un anneau d'un très-beau bleu. Le disque, d'un pourpre très-foncé, est entouré de filets du centre desquels s'élève le support des organes fécondateurs. La colonne de ces organes présente sur un fond verdâtre des taches sanguines; les étamines, d'un vert pâle, ont deux larges bandes longitudinales d'un beau jaune, et sont terminées par des antennes oblongues, vacillantes, à deux loges. L'ovaire, de la forme et de la couleur d'une olive, est surmonté de ses trois styles en tête et d'un vert semblable à celui des feuilles. La fleur s'est épanouie pour la première fois, sous mes yeux, à Paris, en 1826. Bertero, de qui je tiens cette belle plante, m'apprit que le fruit, gros comme un œuf de Perdrix, est parfaitement rond et d'un jaune orangé.

Au commencement de cet article j'ai dit que la plus grande partie des quatre-vingt-dix espèces connues appartenaient au nouvel hémisphère. Voici celles indigènes à l'ancien. Commerson a découvert aux îles Mascareigne et Maurice la *Passiflora mauritiana*, dont on fait des berceaux impénétrables aux rayons du soleil; dans la seconde de ces deux îles, sur un piton peu élevé qu'on nomme la butte des Papayers, elle couvre tous les arbres de manière à les étouffer. Dupetit-Thouars la place entre la *Passiflora alata* et la *P. quadrangularis*. Deux autres espèces nous sont venues de l'Australasie; l'une, naturelle à l'île de Norfolk, la *Passiflora aurantia;* l'autre de la Nouvelle-Hollande, la *Passiflora violacea*. Les longs rameaux de toutes les deux, pendans en guirlandes élégantes, s'ornent de fleurs qui se succèdent sans interruption durant six mois de l'année comme chez leurs congénères.

La présence ou l'absence d'un involucre, d'ordinaire composé de trois folioles, a fourni la séparation des nombreuses espèces de Passiflores en deux sections. Les espèces dépourvues d'involucre ont toutes le calice à cinq divisions profondes et les pédoncules absolument nus ou munis de quelques petites écailles éparses qui pourraient être regardées comme des linéamens d'involucre. Les autres chez lesquelles cette réunion de folioles plus ou moins grandes, est très-apparente ont aussi le calice à cinq divisions; l'involucre se montre inséré sur le pédoncule à quelques millimètres de distance de la fleur, et quelquefois fixé au bas.

Généralement les fruits des Passiflores sont un mets agréable, et l'enveloppe de plusieurs, principalement de la *Passiflora pomiformis* sert à faire des petites boîtes et des tabatières; mais la pulpe de la *Passiflora cirrhiflora*, dangereuse pour l'homme, est mortelle pour les Poules et les Cochons qui en mangent. Outre cette différence dans les propriétés, cette plante des bois de la Guiane se fait encore remarquer par un point particulier de son organisation: elle est la seule connue jusqu'ici chez qui le pédoncule réunit les fleurs et la vrille, et qui offre en quelque manière l'aspect d'une vrille portant les fleurs. C'est de cette circonstance que de Jussieu a tiré le nom qu'il lui a imposé. (T. D. B.)

PASSIFLORÉES, *Passifloreæ*. (BOT. PHAN.) Ainsi que nous venons de le voir le genre *Passiflora* sert de type à cette famille, créée, en 1805, par Antoine Laurent de Jussieu. Les nombreuses espèces accumulées dans ce genre, ayant été soumises à un examen plus rigoureux, ont fourni plusieurs genres bien tranchés propres à donner de la consistance à la nouvelle famille. De la sorte, les Passiflorées ont formé un groupe régulier, auquel est venu naturellement s'associer le *Murucuia*, que Tournefort avait déjà détaché des Grenadilles, à cause de sa couronne intérieure tubulée et non découpée en lanières.

Dans ses fragmens d'une méthode naturelle, Linné plaçait les Passiflorées parmi les Cucurbitacées, mais seulement en forme d'appendice et non pas comme en faisant partie intégrante, et en ce point il est encore suivi par divers botanistes. Cependant, Bernard de Jussieu crut pouvoir les réunir en un seul groupe avec les Géraniers, les Oxalides, les Vignes, les Savoniers et les Ménispermées; Adanson les inscrivait parmi les Capparidées. Quelques autres les rapprochent, tantôt des Euphorbiacées ou des Violacées, tantôt des Portulacées ou des Loasées. Sans aucun doute, les Passiflorées ont de très-grandes affinités avec les Cucurbitacées; mais, il faut en convenir, elles s'en éloignent par les stipules qui accompagnent toujours leurs feuilles, par les fleurs qui sont monoclines, par la corolle essentiellement polypétale, par la couronne placée autour des organes sexuels, par la forme des anthères, par l'ovaire qui est libre et muni d'un support, et par les graines à périsperme charnu. Plus tard on leur assignera leur véritable place dans la série des ordres naturels, quand une fois on possédera de bonnes monographies sur chaque famille, et qu'une révision consciencieuse sera faite de toutes les découvertes réelles ou fausses et des innovations dont on encombre les diverses parties de la botanique: c'est ce qui me détermine à laisser les Passiflorées dans la classe des Idiogynes entre les Euphorbiacées et les Cucurbitacées.

Voici maintenant les caractères de la famille et le nom des genres qui la constituent.

Les Passiflorées sont des plantes herbacées ou sous-frutescentes, à tiges sarmenteuses, munies de vrilles extra-axillaires; feuilles alternes, quelquefois simples, le plus ordinairement lobées et portées sur des pétioles nus ou glanduleux, ayant à leur base deux stipules; fleurs souvent très-grandes, solitaires ou réunies parfois plusieurs ensemble, et ce qui est plus rare disposées en épi terminal; calice monosépale, turbiné ou longuement tubuleux, à cinq et dix divisions plus ou moins profondes, parfois colorées; corolle à cinq pétales distinctes et autant d'étamines aux anthères oblongues, biloculaires, s'ouvrant par un sillon longitudinal, et élevées sur des filets réunis inférieurement en un lobe qui recouvre le support du pistil; ovaire libre contenant un grand nombre d'ovules, à une seule loge et situé au dessus du fond de la fleur. Trois ou quatre styles et autant de stigmates; fruit charnu intérieurement, à écorce solide, et à graines nombreuses.

Outre les genres *Passiflora* et *Murucuia* nommés en tête de cet article, la famille des Passiflorées renferme les genres *Malesherbia* de Dombey, *Tacsonia* de Jussieu, *Kolbia* de Palisot de Beauvois, *Deidamia* et *Paropsia* de Dupetit-Thouars. On y joint aussi le *Modecca* de Rheede, le *Zucca* de Commerson, le *Cœrua* de Forskael et le *Lagenula* de Loureiro, Quelques auteurs lui donnent encore le genre Papayer, mais j'ai dit plus haut, page 34, les motifs qui doivent décider à le laisser parmi les Cucurbitacées. (T. D. B.)

PASSIONS, de *patior*, je souffre, je suis passif. Selon le Dictionnaire de l'Académie française, les Passions sont des *mouvemens de l'âme*: c'est là une forme de langage peu précise. Qu'est-ce qu'un mouvement de l'âme?

Toute Passion est le résultat d'un sentiment énergique dominant l'intelligence et provoquant la volonté à une série d'actes dirigés dans un but spécial.

Mais qu'est-ce qu'un sentiment énergique? Faut-il regarder le mot *sentiment* comme synonyme de *sensation*? Dans ce cas, les Passions seraient le résultat de la sensation; il y a là une portion de la vérité.

D'autres disent: les Passions sont les mouvemens du cœur. Q'est-ce que le cœur selon ces philosophes? C'est sans doute l'âme considérée sous le rapport de ses affections les plus matérielles : ce n'est pas le cœur physiologique, l'organe central de la circulation.

Tout cela est peu sévère et surtout peu complet; mais il y a en tout un peu de vérité. Dans cette dernière opinion, par exemple, on a attribué les Passions aux mouvemens du cœur, parce que le premier effet des mouvemens provoqués par une Passion vive, c'est une oppression, une gêne, un serrement qu'on ressent, sous le cœur, au creux de l'estomac, à l'endroit appelé par les anatomistes *centre phrénique*, que Vanhelmont avait choisi pour le siége de son archée. Cette opinion au reste que l'ame, le foyer de la vie a son siége au creux de l'estomac date de la plus haute antiquité. Lucrèce l'a traduite en beaux vers, quand il a dit dans son poëme philosophique *de la nature des choses*

> Idque situm mediâ regione in pectoris hæret :
> Hic exsultat enim pavor, ac metus, hæc loca circùm
> Lætitiæ mulcent....

Il y a des Passions purement animales; il y en a aussi qui sont purement intellectuelles; enfin il y en a d'autres qui sont mixtes et qui tiennent le milieu en quelque sorte des Passions intellectuelles et des Passions animales.

Quant aux causes des Passions, les physiologistes ont accusé le plaisir et la douleur. On désire l'un on craint l'autre; du désir à l'amour, de la crainte à la haine et à toutes les affections qui en dérivent il y a véritablement liaison. Mais le plaisir et la douleur sont des moyens que la nature emploie pour la conservation des êtres organisés et vivans : nous sommes attirés vers ce qui nous plaît comme vers un objet nécessaire à notre existence; nous repoussons ce qui nous déplait comme un objet capable de la compromettre : d'où il suit que le plaisir et la douleur, le désir et la crainte, la haine et l'amour, etc., ont une même source, le besoin de sa propre conservation, l'intérêt personnel, l'amour de soi, l'amour-propre. Telle est la théorie physiologique des passions, qui a été adoptée par les partisans de l'école de la sensation, école de Locke et de Condillac, de Cabanis et de Dugald Stewart, puisqu'on veut élever cet écossais au rang d'un chef d'école.

En forçant les analogies on peut fort bien ramener aussi les Passions intellectuelles à cette théorie. On peut dire, par exemple, que l'ambition, l'amour de la gloire, etc., ayant pour objet une satisfaction quelconque, reconnaissent pour cause le plaisir. Mais il y aura toujours une grande différence entre le plaisir de l'amour et celui de la gloire, entre le plaisir que nous procure une douce chaleur et celui que nous cause la vue d'un ami. L'un est physique et l'autre moral, et la raison de tous les deux se trouve nécessairement dans le point de rencontre qui lie le principe moral au principe physique.

Les physiologistes connaissent parfaitement le principe physique, c'est l'organisation : or, en ramenant toutes les Passions à la sensation, on tombe dans le domaine de la physiologie. Mais si vous admettez des Passions morales, et je crois impossible de les nier, il faut leur chercher une autre cause que la sensation, un autre domaine que la physiologie; le domaine de l'intelligence, de la volonté, de la pensée, le domaine de tous les actes intellectuels et moraux.

Quand il s'agit de l'homme, quelque question que l'on étudie, on se trouve inévitablement entraîné à admettre deux points de départ; les phénomènes dits physiologiques ou physiques, et les phénomènes intellectuels. L'un est déterminé par le jeu de l'organisation, c'est incontestable, c'est bien connu; mais l'autre, où siége-t-il ?.... On n'en sait rien...., toujours est-il qu'il siége. (*Voy.* Mémoire.)

On s'est demandé si les bêtes avaient des Passions : il n'y a pas de doute; seulement leurs Passions sont toujours liées au plaisir ou à la douleur qui est la conséquence de toute organisation vitale. Ne leur en demandez pas d'autres, et ce n'est pas l'intelligence qui les provoque, c'est l'instinct :

> Formicis sua bilis inest, et muribus ira.
> (Lucrèce.)

> Omne adeò genus in terris hominumque ferarumque,
> Et genus æquoreum, pecudes, pictæque volucres,
> In furias ignemque ruunt; amor omnibus idem.
> (Virgile.)

Nous croyons inutile de faire ici une nomenclature ou une classification des Passions; c'est l'affaire de la morale et de la psychologie.

La sagesse antique consistait à modérer ses Passions, à les combattre, à les vaincre en les opposant les unes aux autres, à se tenir dans un juste milieu entre leurs excès. Horace disait :

> Æquam memento rebus in arduis
> Servare mentem, non secus in bonis
> Ab insolenti temperatam
> Lætitiâ.....

Ce conseil est absurde, s'il est exclusif. Heureux l'homme qui sait vaincre ses mauvaises Passions, et malheureux celui qui n'a pas de Passions! L'homme sans Passions est un être nul; la science moderne a parfois aussi cela de bon, c'est qu'elle aide à faire justice des lieux communs aussi bien que des préjugés. Mais beaucoup de gens sont comme notre Horace, ils se laissent prendre facilement aux lieux communs de la morale, sans doute parce qu'ils portent plus d'attention à la forme qu'au fond.

Un moraliste moderne, le duc de Larochefoucauld, a fait relativement aux Passions, en philosophie, ce que les métaphysiciens ont fait plus tard en recourant à la sensation. Il a ramené toutes les Passions de l'homme à l'amour propre et à l'intéret personnel. Cette doctrine exclusive est également fausse et funeste dans les deux cas.

La philosophie de la sensation est une philosophie radicalement matérialiste.

La morale de l'intérêt personnel est la plus détestable de toutes les immoralités.

Cette philosophie de la sensation a fait imprimer les absurdités les plus inouïes. Un homme sérieux, doué par état d'une grande raison, car il s'occupe de la restituer à ceux qui l'ont perdue, se met à étudier Socrate; il lui demande compte de son démon, et la conclusion de ses recherches se résume en une accusation de folie intentée à celui que l'antiquité vénéra comme le plus sage de tous les mortels. Mais à quels signes donc distinguera-t-on la sagesse, et quelle en sera la mesure?

Si l'auteur des Maximes avait traité le même sujet, il aurait conclu en faveur de l'amour propre.

Il n'est pas question de faire des phrases ni du sentiment; mais quand au récit d'une belle action vous avez le cœur ému, ce n'est pas l'intérêt personnel qui se montre, et les jouissances organiques n'y sont pour rien.

Et cette ardeur de connaître, cette Passion de la vérité qui a développé de tout temps les grands génies, des génies même qui se sont ignorés, est-ce à l'amour propre ou à la sensation que vous le rapporterez, ou faudra-t-il accuser aussi des folies partielles?

Le plus grand nombre des Passions tient au physique, nous l'avons déjà dit; elles ont alors leur excitant dans les besoins organiques; mais même dans ce cas leur véritable fondement est dans le moral.

Il y a quelques années le suicide était devenu une espèce de Passion, c'était bien là une folie passagère. A ce propos on écrivit sur cette question morale de la mort volontaire: les médecins conclurent en disant que la médecine ne possédait aucun remède pour combattre ce qu'ils regardaient comme une affection morbide. Mais la théorie la plus curieuse qui fut mise en avant à ce propos, fut celle qui consistait à dire que le suicide n'ayant pas d'autre cause que l'imitation, il fallait, pour tout remède, bien se garder de fournir des a imens à l'imitation en portant à la connaissance du public les faits qui avaient rapport au suicide.

En reproduisant cette nouvelle et vraiment curieuse théorie du suicide, les journaux ne s'arrêtèrent point à en signaler l'absurdité. Un critique dont la pensée est souvent juste et qui toujours sait lui donner un tour spirituel et piquant fut le seul qui dit là-dessus des choses sensées. Il démontra fort bien dans un feuilleton du *Journal des Débats* que la vanité, la plus sotte de toutes les Passions, était la cause manifeste de la mort volontaire de tous ces jeunes gens, qui s'étant crus des Lamartine au sortir du berceau, et ayant vainement cherché long-temps un imprimeur pour leurs chefs-d'œuvre de quinze ans, poursuivaient la gloire poétique à travers la mort, rimaient un dernier soupir adressé à la patrie ingrate, et se consolaient en pensant que ce soupir du moins serait imprimé. N'imprimez pas leurs vers, disait le critique, privez-les de ce bénéfice de leur mort volontaire, puisque leur orgueil fatal n'a pas d'autre ressource; flétrissez la lâcheté de tous ceux qui ne savent pas supporter la vie, et vous en retiendrez plus d'un sur le bord de l'abîme.

Le critique avait raison, l'orgueil est la plus impitoyable de toutes les Passions humaines, et les flétrissures de la lâcheté doivent être l'un de ses plus énergiques contrepoisons; mais tous ceux qui se tuaient à l'époque dont je parle, n'avaient pas des vers à faire imprimer, ni peut-être aucune autre espèce d'orgueil à satisfaire. Les uns, ceux qui voulaient raisonner ce dernier acte de leur volonté pervertie, insultant à la Providence, foulant aux pieds ses décrets éternels, se disaient: « La vie m'a été donnée comme un bien, je l'abandonne dès que pour moi elle n'est qu'un mal. » C'étaient des voyageurs fatigués chez lesquels la lassitude avait amené un fatal découragement et qui renonçaient ainsi aux joies de l'arrivée, pour n'avoir pas à supporter les peines du chemin qu'il leur restait à parcourir.

Les autres.... Oh! les autres!.... Dans un accès de délire funeste, ils avaient commenté, chacun à leur manière, la maxime abominable:

Post mortem nihil est, ipsaque mors nihil.

Ils avaient froidement calculé l'équation de leur existence, en chargeant de signes négatifs le terme qui représente la vie, et en fixant l'inconnue à zéro. Malheureux! qui ne voulaient pas croire que cette inconnue était toute leur valeur, et qu'au-delà du tombeau, c'était à compter entre eux et l'arbitre souverain de toute destinée humaine. Mais les uns et les autres, avant de faire ces raisonnemens et ces équations, avaient éteint dans leur cœur la flamme du sentiment religieux, qui seule eût pu les retenir dans le devoir. Telle était la véritable cause du mal.

Et au fond, quand on y réfléchit, peut-on s'étonner que le sentiment religieux soit étouffé dans quelques consciences. Depuis plus d'un demi-siècle, tout pousse à la neutralisation de son influence sublime. Matérialisme dans les doctrines; égoïsme des intérêts positifs; protection inconsidérée, irréfléchie, exclusive pour tout ce qui s'applique au bien-être animal; négligence affectée des besoins de la moralité; abandon même des croyances paternelles, rien n'y a manqué. Voilà la vie qu'on a faite aux sociétés modernes. Étonnez-vous après cela que quelques uns s'en dégoûtent et l'abandonnent de gaîté de cœur. Ils brisent la coupe parce que la boisson est amère, et qu'ils désespèrent de la voir s'adoucir jamais, ni en deçà du tombeau ni au-delà. (G. G. de Caux.)

PASTEL, *Isatis tinctoria*, L. (bot. phan. et agr.) Nom d'une plante herbacée connue vulgairement sous ceux de Guède, Guesde et de Wouède, corruption du mot *Waid* des anciens Germains; elle appartient à la Tétradynamie siliculeuse et à un genre de la famille des Crucifères, qui compte une vingtaine d'espèces pour la plupart spontanées sur les Alpes et dans le bassin oriental de la Méditerranée, ainsi que dans les régions voisines du Caucase, de la mer Noire et de la mer Caspienne. C'est à ces pays que certains auteurs prétendent limiter le Pastel des teinturiers, qui doit nous occuper essentiellement; mais il est certain qu'il habite les localités calcaires et pierreuses de l'Europe, depuis les côtes maritimes de la Grèce et de l'Italie, de la France et de l'Espagne, jusqu'aux confins de la mer Baltique. Les vieux Grecs l'appelaient *Isatis hemeros* (ἰσάτις ἥμερος), et les Celtes nos pères, tantôt *Wadda*, tantôt *Glass*, d'où les Romains ont dit *Glastum sativum*. Le mot Pastel est employé dans des chartes du onzième siècle de l'ère vulgaire. On nommait alors les gâteaux de Pastel *Pastella*, et la couleur *Pastelure*.

De la racine pivotante du *Pastel*, qui est fusiforme, très-fibreuse et bisannuelle, s'élève une tige droite, cylindrique, blanchâtre, velue, très-rameuse à son sommet, haute d'un mètre et garnie de feuilles un peu glauques, alternes, entières, légèrement dentées, ovales ou oblongues, presque glabres; les inférieures sont pétiolées, lancéolées et fort grandes, tandis que les supérieures sont amplexicaules, sagittées, et prolongées à leur base en deux oreillettes. Une panicule de fleurs jaunes très-nombreuses, soutenues sur des pédicelles filiformes, décore l'extrémité de la tige et des rameaux. Ces fleurs, épanouies en avril, mai et juin, sont composées d'un calice à quatre folioles égales et étalées; d'une corolle à quatre pétales entiers, à six étamines, dont deux plus courtes, ayant leurs filets libres et dépourvus de dents; d'un ovaire supère, aplati, surmonté d'un style à stigmate épais. Le fruit qui succède à cet appareil est une silicule en cœur allongé, pendante, très-glabre, acuminée à la base, très-obtuse et presque spatulée au sommet, trois fois plus longue que large, monosperme, à deux valves carénées, et assez semblable au fruit du Frêne. Cette silicule est verte d'abord, mais elle devient violacée, brune et même noire à mesure qu'elle approche de la maturité parfaite. La graine qu'elle contient est oblongue, violette, conservant assez long-temps sa propriété végétative et levant dix à douze jours après qu'elle est semée. (*Voy.* dans l'Atlas, notre pl. 464, fig. 2.)

Le Pastel vient partout, depuis les côtes maritimes jusqu'au pied des hautes montagnes, où il ne craint point les plus fortes gelées. On le confie aux sols les plus ingrats quand on le destine pour fourrage; mais lorsqu'on le cultive afin d'en extraire la partie colorante, les terres à blé, celles où l'on a récolté du lin, ou celles nouvellement défrichées et profondes, sont préférées comme les plus convenables à l'accomplissement des diverses phases de sa végétation, pourvu qu'elles ne soient ni argileuses ni trop humides. Il faut au moins trois labours pour disposer le terrain à recevoir la graine, et si l'on veut la voir prospérer et donner des feuilles de première qualité, l'on doit fumer largement. Les fumiers de substances animales sont les meilleurs; la plante y puise vraisemblablement le carbone azoté dont elle est saturée. Le Pastel, semé dans le mois de novembre, végète durant tout l'hiver. Le plus communément le temps du semis est aux premiers jours de février; cette opération se recule de près de deux mois en Italie, afin de faire coïncider la récolte avec l'époque nécessaire à la préparation de la substance colorante. La plantule sort de terre dix à douze jours après le semis. Aux premiers instans, elle a toute l'apparence du Cynoglosse, *Cynoglossum officinale*, L. Au bout d'un mois, elle se garnit de cinq à six feuilles qui montent vite; comme elle a dès lors acquis de la force, elle n'exige d'autre travail que d'être débarrassée des mauvaises herbes; cependant quelques légers binages donnés de temps en temps favorisent beaucoup sa végétation. Les premières feuilles se soutiennent droites tant qu'elles sont vertes; elles commencent à mûrir vers le milieu de juin, suivant le climat; et l'on connait qu'elles sont à point par leur affaissement, par l'odeur forte et pénétrante qu'elles exhalent et par leur couleur jaune nuancée de violet : cette couleur est aussi l'indice que les tiges vont pousser et monter en graine.

Il est très-important de récolter les feuilles par un temps serein, bien sec, et avec un soleil assez fort pour les obliger, lorsqu'elles sont exposées à son action, à perdre l'eau de végétation qui nuirait à la bonté de la substance colorante. S'il pleut, ou si le temps est humide, il faut différer l'opération, laquelle se fait de trois manières. On ramasse les feuilles à la main, comme on en agit pour les épinards, en ayant la double attention de ne pas blesser le collet de la racine qui est appelé à donner de nouvelles feuilles et de rejeter celles qui seraient altérées par le brouillard ou qui présenteraient des taches jaunes. Quelques personnes empoignent la tige près de terre et la coupent après l'avoir tordue; d'autres la fauchent, ce qui est le mieux. On peut faire trois et même quatre coupes, suivant que la saison favorise davantage la végétation du Pastel et suivant la fertilité du sol. L'intervalle entre chacune est de trente à trente-cinq jours. Les deux premières sont abondantes et de bonne qualité, la troisième est la plus estimée, la quatrième est inférieure, on la nomme *Marochin* ou petit Pastel, et doit être interdite dans le mélange des récoltes précédentes : les anciens réglemens le proscrivaient impérativement.

Quand la plante est destinée à fournir de la graine pour le semis des années suivantes, on se contente de deux récoltes. On l'a vantée comme fournissant une prairie perpétuelle, qu'elle entretient naturellement par la chute successive de ses graines, et comme très-propre à maintenir les Brebis dans un état habituel de santé, de force et de vigueur. Il est peu de plantes qui plaisent autant aux bestiaux, sa saveur piquante éveille et soutient leur appétit. On l'a inscrite aussi parmi les plantes médicinales, comme résolutive, vulnéraire, astringente, et comme article de toilette; les femmes du nord de l'Europe s'en servaient autrefois pour teindre en noir leur chevelure blonde et quelques autres parties de leur corps.

Mais aucune propriété du Pastel n'a été plus vulgaire ni connue plus généralement que celle de donner, par la fermentation, un principe colorant superbe, solide, pour teindre les étoffes. Démocrite est le plus ancien Grec qui en fasse mention, comme Théophraste nous l'apprend en son Traité du sentiment. Les Celtes et les Gaulois, au rapport de Strabon, obtenaient des couleurs pourprées ou violettes, en mêlant ensemble la Garance et le

Pastel.

Pastel. La culture de cette dernière plante, sous le rapport de la teinture, était encore des plus riches et des plus étendues en France au moment où la préférence fut accordée à l'indigo que l'Amérique, découverte en 1498, expédiait déjà par masses au commerce européen. Elle se conserva jusqu'à la fin du seizième siècle dans plusieurs de nos localités, en particulier sur le territoire actuel des départemens du Calvados, de la Haute-Garonne, de l'Aude, du Tarn, de Tarn-et-Garonne, de l'Hérault, du Gard, etc. Nulle part elle ne fut plus brillante que dans le Lauraguais, ses produits y étaient d'une si haute qualité que le pays en reçut le surnom de *Pays de Cocagne* (1), et la plante celui d'*Herbe lauraguaise*. C'était là que l'Angleterre, la Flandre, le Portugal et l'Espagne venaient journellement faire leurs provisions; aussi y vit-on long-temps de grandes fortunes et en sortir ces riches marchands auxquels la ville de Toulouse doit ses plus beaux édifices. Malgré la peine de mort prononcée, en 1609, contre quiconque emploierait l'Indigo, que l'on appelait alors *Indé* (drogue fausse et pernicieuse); les teinturiers de Lyon furent les premiers à le rechercher et à faire perdre au Pastel la suprématie dont il jouissait depuis tant de siècles. On commença par ne plus se servir de la plante nationale que comme excipient pour dégager et donner de la solidité à la couleur de l'indigo; l'on perdit bientôt de vue les procédés consacrés par le temps; l'on décrédita tellement l'usage du Pastel, que non seulement on nia la possibilité d'en obtenir une belle couleur bleue, bien unie, mais la quantité qui se vendait en 1382 pour le prix alors très-considérable de dix livres (puisqu'elle égalait le prix de quatorze hectolitres de pur froment) était refusée en 1620 pour dix sous. L'avilissement du prix rendit inutiles les précautions autrefois recommandées pour la cueillette des feuilles, et pour graduer les fermentations nécessaires à l'entier développement du principe colorant qu'elles contiennent.

Près de deux siècles s'écoulèrent sans que l'on cherchât à réveiller cette industrie. Cependant la politique de l'Angleterre envers la France ayant obligé cette dernière à fermer ses ports et à suspendre toutes relations commerciales avec la première, le sentiment national reporta les idées vers la culture du Pastel. En 1810, des essais nombreux ont été faits dans presque tous les départemens pour tirer parti de cette plante tinctoriale. Partout des expériences comparatives ont eu lieu; la culture mieux dirigée par les progrès de plusieurs branches du premier des arts; la manipulation singulièrement améliorée et la chimie prouvèrent bientôt que le bleu du Pastel, traité convenablement, ne le cède nullement en qualité, comme en solidité, au bleu de l'Indigo. L'on acquit de plus la certitude qu'en trempant deux fois la laine, la soie, le fil ou le coton dans la teinture du Pastel, on obtenait une couleur plus foncée, tout aussi belle, tout aussi brillante que celle de la plante exotique.

Autrefois on fabriquait des coques avec les feuilles du Pastel, et on les employait avec l'Indigo pour monter les cuves destinées à teindre en bleu; les coques facilitaient, il est vrai, la fermentation et ajoutaient la couleur qu'elles contiennent à celle de la plante apportée par le commerce de l'Inde ou des Antilles; mais il est, depuis 1812, reconnu qu'il y a plus d'avantages pour le propriétaire rural d'extraire les molécules colorantes du Pastel que de convertir ses feuilles en coques. Consignons ici les deux méthodes les plus promptes et les plus certaines pour opérer; elles aideront quiconque voudra lutter contre l'Indigo et conserver à la France une spéculation agricole et industrielle qu'il est honteux de négliger. Pourquoi, en effet, mendier à l'étranger ce que la nature a placé tout près de nous?

On dépose dans un cuvier les feuilles fraîches que l'on a cueillies au degré de maturité et de pureté convenables; on les range de manière à ce qu'elles ne soient pressées sur aucun point, et que leur répartition soit partout aussi égale que possible. On couvre le cuvier d'une claie d'osier ou d'un réseau en fil à larges mailles, et l'on place dessus un gros tissu de laine. L'appareil ainsi disposé, l'on verse sur les feuilles de l'eau bouillante à cent degrés centigrades; elle se répand également sur toute la masse, et l'on continue jusqu'à ce que les feuilles en soient couvertes. On laisse agir le liquide durant cinq ou six minutes au plus, puis on soutire en ouvrant le robinet du cuvier, et l'on fait couler à travers un gros tamis dans une autre cuve appelée *Reposoir*. La lessive, pour être de bon aloi, doit avoir la couleur du vin blanc nouveau très-chargé; on l'agite durant vingt minutes, alors il se manifeste une fleurée brillante et des veines bleues très-abondantes et très-larges.

La fécule du Pastel est plus ou moins formée dans la feuille, selon que celle-ci est plus ou moins avancée en sa végétation; elle n'est pas également soluble dans l'eau à ses diverses périodes, et elle ne l'est pas du tout lorsqu'elle est à l'état d'un bleu noir, comme chez les feuilles parvenues à parfaite maturité. Le moment le plus favorable pour opérer la cueillette est entre le seizième et le dix-huitième jour de sa végétation; si l'on attendait que les bords fussent nuancés par le bleu, la fécule, étant alors arrivée à un haut degré de maturation, ne se dissout plus complétement, et pour l'obtenir, il faut l'extraire par la fermentation. A cet effet, on remplit aux trois quarts le cuvier, et l'on y assujettit les feuilles pour qu'elles restent immergées par l'eau chaude, versée sur elles à vingt-deux ou vingt-quatre degrés centigrades. (Plus chaude, l'eau ferait tourner à la couleur jaunâtre; on obtiendrait, dans ce cas, de la fécule bleue, mais elle serait de qualité inférieure.) En peu de temps la fermentation s'opère, des bulles d'air de couleur blanchâtre montent à la surface et y crèvent; le

(1) Ce mot, qui signifie aujourd'hui pays d'abondance, de joie et de plaisirs, indiquait alors, non seulement le Pastel, mais encore le pays où on le trouvait le plus cultivé, où il était le centre du commerce immense du Pastel en coque ou Cocagne.

travail se termine en dix-huit heures; alors l'eau présente une couleur jaune-citron, tandis que sa surface est couverte d'une légère pellicule verdâtre et irisée. On soutire et l'on fait passer successivement dans le baquet de repos et dans celui du battage, où la fécule se précipite. Elle est très-pure, et de la plus grande beauté.

Que vous adoptiez l'une ou l'autre de ces deux méthodes, précipitez la fécule tenue en suspension ou en dissolution dans l'eau, ce qui s'opère par le battage; elle ne tarde pas à prendre la couleur bleue qui lui est propre. On commence le battage dans l'eau d'infusion dès que la chaleur est tombée entre soixante et cinquante-deux degrés du thermomètre centigrade. Aussitôt que les écumes cessent de se teindre en bleu, qu'elles restent blanches ou passent à une couleur rougeâtre, c'est un indice que l'opération touche à sa fin. Par le battage, la couleur de l'eau qui était celle du vin blanc brunit de plus en plus. Le battage est parfait, lorsque, en versant de la liqueur dans un verre, elle se montre d'un brun uniforme. Laissez alors reposer; la fécule se précipite en grains au fond du baquet. Huit à dix heures suffisent; soutirez et mettez à sécher.

Si l'on opère sur les feuilles du Pastel avec de l'eau froide, par macération ou par fermentation, le battage ne suffit pas, il faut recourir à l'eau de chaux, jusqu'à ce que la couleur arrive au jaune verdâtre. L'eau de chaux détermine et accélère la destruction d'une partie du mucilage d'indigo, dans le même temps qu'elle pousse à la formation de l'acide carbonique auquel elle s'unit pendant que l'autre partie du mucilage s'organise en fécule avec ces mêmes matériaux.

Nous lisons dans le vieux Traité sur les teintures, par Dubartas (§ 155), que « le bon Pastel augmente toujours de force et de substance pendant six et sept, voire jusqu'à dix ans, s'il est du meilleur ». On le dispose en boules du poids d'un demi-kilogramme, auxquelles on donne la forme allongée, ou bien on le divise par petits carrés et on le livre aux teinturiers.

Plusieurs espèces d'Altises, vulgairement appelées tantôt Négrils et tantôt Puces des herbes, se jettent sur les feuilles du Pastel et les rongent; en les saupoudrant de cendres ou mieux encore de chaux vive, on les abrite, non seulement des attaques de ces insectes, mais encore des Urédinées qui les couvrent de petites pustules jaunes. (T. D. B.)

PASTENADE et PASTENAGUE. (BOT. PHAN.) Noms vulgaires du Panais cultivé. (*Voy.* PANAIS.) (GUÉR.)

PASTENAGUE, *Pastinaca.* (POISS.) Plusieurs rapports d'organisation ont suffi à beaucoup d'auteurs, et particulièrement à Linné, pour confondre les espèces de ce genre avec les Raies proprement dites. Le mot Pastenague est d'origine grecque et signifie Tourterelle. Ce genre, érigé par Adanson, est compris dans la nombreuse famille des Sélaciens ou Plagiostomes de Duméril, à cause de la disposition de la bouche, qui est située transversalement au dessous du museau. A ce caractère il faut également ajouter que la queue des individus qui constituent le genre Pastenague est armée d'un aiguillon dentelé en scie des deux côtés, et que leurs dents sont toutes minces et serrées en quinconce. Enfin une tête enveloppée, comme dans les Raies ordinaires, par les pectorales, qui forment un disque en général très-obtus, achève de déterminer la forme des animaux qui font le sujet de notre article. La plupart des espèces qui constituent ce genre ont été jusqu'ici encore peu étudiées par les naturalistes. L'espèce la plus vulgaire et la plus connue est la Raie, que les auteurs ont nommée *Raia pastinaca.* La queue sans nageoire, mais armée d'un aiguillon dentelé en scie, est un caractère suffisant pour reconnaître ce poisson; son corps est couvert d'une peau lisse, enduite d'une matière gluante; sa tête se termine en pointe; son disque est rond, ses yeux gros, relevés, l'iris doré, la prunelle noire; de petites dents obtuses garnissent ses mâchoires; la queue est longue, et l'aiguillon dont elle est douée la rend très-redoutable aux pêcheurs qui ne saisiraient pas ce poisson avec de grandes précautions. Ce piquant est une arme, en effet, dont la blessure est assez grave pour que les pêcheurs prétendent qu'elle est venimeuse; mais comme cet aiguillon n'est percé d'aucun conduit, et que d'ailleurs il n'y a dans son voisinage aucune glande qui puisse produire le poison, il est certain que sa blessure ne peut devenir dangereuse que par la déchirure que cet aiguillon ou piquant occasione dans la plaie. Ce cartilagineux vit le plus habituellement dans la vase; son corps est d'un jaune noirâtre par dessus, d'un blanc sale en dessous; les individus qu'on prend ne dépassent pas le poids de douze à quinze livres; leur chair est grasse, huileuse et de mauvais goût; ils se pêchent plus fréquemment au mois de juillet. La seconde espèce de ce genre qui mérite de fixer plus particulièrement notre attention, est la *Pastenague séphen*, dont la queue est munie d'une large membrane et le dos garni de tubercules serrés; c'est la queue de cette espèce qui fournit la plus grande partie du galuchat du commerce, et qui porte communément le nom impropre de Peau de Requin. (ALPH. G.)

PASTÈQUE. (BOT. PHAN.) Nom d'une espèce de Courge cultivée dans le midi de la France et dont la pulpe est rouge, douce et très-agréable à manger. (*Voy.* COURGE.) (GUÉR.)

PASTEUR, *Nomæus.* (POISS.) Sous-genre de la famille des Scombéroïdes établi par Cuvier (Règne animal), renfermant des espèces qui ont les plus grands rapports avec les Sérioles, mais dont les ventrales extrêmement grandes et larges, attachées au ventre par leur bord interne, leur donnent un caractère particulier. Ce sont de très-petits poissons des eaux douces d'Amérique, dont un, le *Nomæus Mauritii* de Cuvier, argenté, à bandes transverses noires sur le dos. Le *Pasteur tacheté*, du même auteur, et le *Pasteur péronien*, n'offrent rien de remarquable. (ALPH. GUICH.)

PATAGONIE. (GÉOGR. PHYS.) La Patagonie a été long-temps pour les grandes personnes ce que l'île de Gulliver est pour les enfans : un pays de merveilles et de prodiges. Tout le monde sait, en effet, que jusqu'à ces derniers temps, on a regardé la Patagonie comme étant une terre habitée par des géans qui n'avaient rien moins que sept à huit pieds de hauteur. Magellan, le célèbre voyageur qui, en 1620, consomma avec tant de bonheur la grande révolution géographique commencée par Christophe Colomb et Vasco de Gama, en découvrant le passage des deux Océans, fut le premier qui souleva la question de la stature gigantesque des Patagons. Cette opinion ne trouva aucun contradicteur jusqu'en 1762, époque à laquelle un auteur espagnol fort estimé, Bernardo Ibenez de Echavarri, rétablit à peu près les faits sous leur véritable aspect. Cependant il ne put détruire totalement les idées merveilleuses que l'on avait sur la taille des Patagons, et nous voyons encore, après lui, un célèbre voyageur anglais, le commodore Byron, soutenir avec tout son équipage, l'opinion émise précédemment sur les habitans de la Patagonie; enfin, il ne fallut rien moins que la puissante voix des Carteret et des Bougainville pour détruire une fausse idée qu'au premier abord il paraissait bien facile de renverser, puisqu'il s'agissait de l'observation d'un fait; et qui, malgré cela, grâce à l'amour du merveilleux qui consacre et perpétue tant d'erreurs, est demeurée une croyance solide et bien établie pendant de nombreuses années. A quoi peut tenir une pareille opinion, enracinée ainsi dans l'esprit des hommes pendant plus d'un siècle? Certes, on ne peut supposer que des hommes comme Magellan et Byron se soient plu à tromper leurs contemporains. Ils avaient fait assez de choses merveilleuses sans avoir besoin de recourir au mensonge pour frapper d'étonnement le siècle qu'ils ont illustré. Ainsi, quand le bon chevalier Pigafetta, l'historien du Voyage de Magellan écrit en toutes lettres, en parlant d'un Patagon, que cet *homme était si grand, que notre tête touchait à peine à sa ceinture*, ce ne peut être sans quelque raison. Je veux bien que, frappé de cette haute stature, et pour rendre l'impression qu'elle lui avait faite, il ait un peu exagéré les dimensions de son interlocuteur; mais de là à un renseignement tout-à-fait inexact, il y a une grande distance. Nous avons d'autant moins le droit de traiter ainsi l'opinion émise par l'historien de Magellan, que toutes les autres indications qu'il donne sur le pays ont été trouvées justes et sans erreurs par les voyageurs qui l'ont suivi. Ainsi, il décrit parfaitement le Rio de la Plata, et détruit l'opinion erronée qui faisait de ce fleuve un canal de communication avec la mer du Sud. Ses observations d'histoire naturelle ne manquent pas de vérité : on reconnaît dans les *Oies* qu'il trouve au port Désiré, les Pingouins, qu'on y rencontre encore aujourd'hui, et dans les *Loups*, les *Veaux marins* ou *Phoques*. L'*animal étrange* dont la peau sert de vêtement aux géans est bien aussi le Guanaço, et le Nandu est bien le même animal que l'Autruche du Nouveau-Monde. Comment donc supposer dans Magellan un pur mensonge accepté successivement par les Byron, les Cook et les Forster? Ne faut-il pas mieux chercher une cause à leur opinion; et, en partant de ce principe, que dans toutes les peuplades sauvages l'homme le plus fort est nécessairement le maître, admettre que tous les hommes patagons avec lesquels ces célèbres voyageurs eurent des relations, étaient les plus grands de leur race? Ajoutez à cela l'ample vêtement de fourrure avec lequel ces hommes avaient et ont encore l'habitude de se couvrir, et voilà l'opinion de Magellan réhabilitée en ce sens, qu'il n'a fait des observations que sur un petit nombre d'individus, sans voir l'ensemble de la nation. Aujourd'hui cette opinion a été singulièrement modifiée par les observations postérieures, et de nos jours, M. D'Orbigny, qui a visité ces contrées, fait des Patagons des hommes de notre taille. Voici ce qu'il en dit.

« Le gigantesque fantôme de ces fameux Patagons de sept à huit pieds de haut, décrit par les anciens voyageurs, s'est évanoui pour moi. J'ai vu là des Patagons, encore très-grands, sans doute, comparativement aux autres races américaines, mais qui pourtant n'ont rien d'extraordinaire, même pour nous; car, sur plus de six cents individus observés, le plus grand n'avait que cinq pieds onze pouces de France, et je crois pouvoir évaluer leur taille moyenne à cinq pieds quatre pouces. Peut-être la manière dont ils se drapent avec de grandes pièces de fourrures, expliquerait-elle l'ancienne erreur. Dans tous les cas, nul doute que mes Patagons ne soient la nation qu'ont vue les premiers navigateurs; car eux-mêmes m'ont assuré qu'ils faisaient tous les ans des voyages aux côtes du sud, et qu'ils ne connaissaient à la pointe de l'Amérique d'autre nation que celle qui habite la Terre de Feu. »

Ainsi donc, les Patagons ne peuvent plus être classés comme une race privilégiée, douée d'une stature particulière : ce sont des hommes tout comme les autres hommes, peut-être un peu plus grands que le restant de la race américaine, mais sans que cette différence soit assez prononcée pour qu'il soit loisible d'en faire une classe à part.

Maintenant que nous voilà fixés sur ce point, que nous avons été entraînés à traiter un peu trop tôt peut-être, revenons à la Patagonie, et voyons si les voyageurs modernes pourront nous fournir quelques détails sur ce pays presqu'inconnu.

Au nord, il est assez difficile d'assigner les limites de la Patagonie; chaque jour les états du Rio de la Plata envahissent quelques parties du vaste territoire de la Patagonie, en formant des établissemens qui seront un jour d'une grande importance. De tous les autres côtés, ses limites sont en revanche bien déterminées, puisque c'est la mer qui l'entoure. Le célèbre voyageur M. de Humboldt estime que la Patagonie doit acquérir un jour une haute importance. Il signale le golfe Saint-Georges ou la baie Saint-Julien, comme le point le plus avantageux pour établir une communication entre les deux Océans, et déshérite ainsi la partie supérieure de l'Amérique méridionale de l'avantage qu'elle trouverait à la section de l'ithsme de Panama.

La direction des côtes de la Patagonie varie : dans une première partie, du 36° 41', au 52° 21' de latitude sud, c'est-à-dire, du cap Saint-Antoine au cap Blanc, elle court vers le sud-ouest; du cap Blanc au Rio de las Gallegos, la direction devient sud-sud-ouest; puis enfin, du Rio de las Gallegos au cap des Vierges, elle tourne au sud-est.

Si les côtes varient de direction, comme nous venons de le voir, leur forme et leur élévation sont aussi très-différentes. Ainsi tout le littoral est très-découpé, et forme une foule de petits golfes, de baies, d'anses de toutes espèces; ainsi, la terre est basse, dangereuse pour les vaisseaux, jusqu'au 44e degré : à ce point, elle s'élève subitement jusqu'à la baie Saint-Julien; elle redevient alors basse, sans fond, et avec peu de rivage jusqu'au port Sainte-Croix; de ce dernier point au Rio de las Gallegos, la côte n'est ni basse ni haute; puis elle s'abaisse tout-à-fait jusqu'au cap des Vierges, où elle se relève de nouveau. Maintenant, si nous venons à examiner les côtes méridionales qui forment avec la Terre de Feu le détroit de Magellan, nous le trouverons très-découpé et d'une manière très-irrégulière dans toute son étendue, et formant par conséquent une grande quantité de baies et de ports, dont la majeure partie est sûre, et présente en abondance de bonne eau, du bois, du poisson, et de nombreux coquillages. Cook, le célèbre voyageur, affirme que si on n'avait à y supporter parfois des coups de vent assez rudes, ce passage serait de beaucoup préférable au cap Horn. Cook appuie cette opinion sur ce que, au cap Horn, on est obligé de supporter des froids excessivement rigoureux, et qu'on n'y trouve aucune des ressources que fournit en abondance les côtes méridionales de la Patagonie.

Ce détroit de Magellan est fort étendu; il occupe presque six degrés. Comme nous l'avons dit tout à l'heure, ses côtes sont fort découpées; resserré entre la Patagonie et la Terre de Feu, il est presque constamment exposé à des vents très-violens du sud-ouest à l'ouest-sud-ouest ou au sud-sud-ouest. Son entrée est formée par un premier goulet de très-peu de largeur, puisqu'à cet endroit les deux rivages opposés ne sont distans que de quatre à cinq milles anglais au plus. Le passage en est fort difficile, et souvent les navigateurs sont obligés d'essayer à plusieurs reprises pour le traverser. La côte y est élevée jusqu'à la baie de Saint-Grégoire, qui forme un excellent ancrage à l'abri des vents que nous avons désignés tout à l'heure comme soufflant presque continuellement dans ces parages.

Le second goulet, formé par l'île de Nassau et le cap Grégoire, n'a pas plus de largeur que le premier, et est plus long. On lui donne treize milles anglais de longueur, et quatre à cinq milles de large. Il a été différemment nommé par les Anglais et les Espagnols : les premiers l'ont appelé Saint-Barthélemy et les seconds Saint-Simon. Après ce second goulet, vient un passage fort dangereux, celui qui se trouve entre l'île Elisabeth et l'île des Pingouins. L'île Elisabeth est fort extraordinaire dans ses formes; elle est très-élevée, et âpre, mais très-plate à son sommet, et couverte de verdure dans plusieurs parties de sa surface. De la pointe Noire, en passant par la baie de l'Eau douce jusqu'au port de la Famine, toutes les côtes de la Patagonie présentent le même aspect : des forêts impénétrables. Le cap Froward, qui est situé au milieu du détroit de Magellan, est la pointe la plus méridionale des terres américaines. De ce cap, on arrive au port Galant; de là au cap de la Providence, d'où on arrive au cap Pilar et au havre de la Séparation; du cap de la Providence au cap de la Victoire, qui se trouve à l'extrémité occidentale du détroit, se trouve une espèce d'archipel, relevé pour la première fois avec exactitude en 1826 par le capitaine du vaisseau anglais le Beagle. Il y a une immense baie formant une rade ouverte, dont les deux côtés présentent trois îles basses et très-plates. Son côté septentrional est peu profond, et l'intérieur du pays offre beaucoup de terrains inondés, de cataractes et de grandes flaques d'eau. Cette rade n'est indiquée sur aucune carte.

De la baie de Saint-Georges au cap de la Victoire, on ne compte pas moins de trois cents milles de côtes.

Maintenant que nous avons parcouru les côtes de Patagonie, voyons si nous pourrons donner quelques renseignemens sur l'intérieur de ce pays, à peu près inconnu.

Le premier voyage par terre qui fut entrepris dans cette vaste contrée, est celui d'un gouverneur du Paraguay, nommé Saavedra, qui, au commencement du dix-septième siècle, fit la conquête du Parana, découvrit le Chaco, et pénétra par terre jusqu'au détroit de Magellan. Après cette belle expédition, il fut fait prisonnier avec ses compagnons, se sauva d'entre les mains des Indiens avec un rare bonheur, et revint affranchir dans un second voyage les intrépides Espagnols qui l'avaient suivi dans sa première course. Vers la même époque, de zélés missionnaires faisant partie de la mission de *Nuestra Senora de Nahuelhuani y de la Laguna*, pénétrèrent aussi dans l'intérieur des terres, et l'un d'eux, D. Basilio Villarino, remonta deux fois le Rio Negro jusqu'à sa source, et fut assassiné, à ce qu'on dit, à la fin de sa seconde exploration, par des Indiens. En général, les renseignemens fournis sur ce pays étaient peu complets au commencement du siècle dernier, en y comprenant même le travail du père Falconer, l'ouvrage le plus estimé sur ce sujet.

M. D'Orbigny, dont les récentes observations qu'il a faites sur ce pays, ont levé bien des doutes, n'a pu, cependant, explorer entièrement un pays aussi vaste et aussi difficile à parcourir. Il résulte des études qu'il a faites sur les peuples de ces contrées, que les habitans de la Patagonie se composent de trois races distinctes, savoir : les Tchuelches ou Patagons, qui habitent depuis le détroit de Magellan jusqu'au Rio Negro; 2° les Puelches, depuis le Rio Negro jusqu'au Colorado; 3° enfin, les nombreuses tribus des Araucanos, qui prennent les noms de Pampas, Pehueuches, Huilliches, etc., etc., suivant les contrées qu'ils habitent.

Quelque chose d'assez singulier, c'est qu'il a retrouvé dans les pratiques religieuses de ces peuples, quelque ressemblance avec le paganisme de la Grèce.

Ainsi, comme en Grèce, on trouve deux génies, le bienfaisant et le malfaisant; comme en Grèce, on trouve des oracles et des sybilles; et l'on immole des chevaux sur la tombe du défunt, comme en Grèce on immolait des coursiers sur la tombe d'Achille. Il est vraiment curieux de trouver ainsi des usages presque semblables et chez le peuple le plus policé de l'Orient et chez le peuple le plus sauvage de l'Occident.

Quant à la Patagonie, elle est en grande partie couverte de Pampas et de Campos. Vers le sud, cependant, on trouve de belles forêts, et à l'occident, commence ce grand et vaste système des Cordillières, qui étend ses nombreux rameaux sur les deux Amériques, en formant comme la colonne vertébrale de ce magnifique continent. Cette chaîne de montagnes contient en Patagonie plusieurs volcans assez importans, parmi lesquels nous citerons comme le plus puissant, le volcan de Saint-Clément. Les cours d'eau ne sont pas nombreux; cependant, plusieurs ne sont pas sans importance, et pour appuyer cette opinion, il nous suffira de nommer le Colorado, le Rio Negro, le Camarones, le Secunda. Il est à penser que des explorations plus suivies en feront découvrir encore de nouveaux, et permettront de fixer d'une manière définitive le cours encore indécis de plusieurs d'entre eux. Presque tout le terrain est salé, et on trouve de nombreuses mines de sel minéral qu'on exploite avec succès.

Voilà tout ce que nous dirons sur ce pays; nous aurions pu donner quelques autres renseignemens sur la nature et les habitudes des Patagons; mais nous en avons dit assez pour que nos lecteurs puissent se faire une idée des mœurs de ces peuples, et nous les renvoyons, s'ils veulent en connaître davantage, au grand ouvrage que M. D'Orbigny publie sur l'Amérique du Sud, ainsi qu'aux nombreux voyageurs anglais et français qui ont visité ces côtes depuis un siècle. (C. J.)

PATAGONS. (MAM.) Race d'hommes sur laquelle on a débité les contes les plus ridicules et qui habite l'extrémité de l'Amérique connue sons le nom de PATAGONIE. (*Voy.* ce mot et l'article HOMME.) (GUÉR.)

PATAS. (MAMM.) C'est le nom d'un singe rentrant dans le sous-genre des Guenons Semnopithèques et qui vit au Sénégal et en Abyssinie. Les auteurs systématiques l'appellent *Simia rubra*. Il faut en rapprocher, comme le fait remarquer M. de Blainville, le *Cercopithecus pyrrhonotos* de MM. Hemprich et Ehrenberg, qui même ne s'en distingue peut-être pas comme espèce. On a donné à ce dernier pour nom vulgaire celui de *Nisnas*, il est de l'Abyssinie; M. Ehrenberg admet que c'est à tort que divers auteurs l'ont pris pour le Patas. (GERV.)

PATATE, *Convolvulus batatas*, L. (BOT. et AGR.) En étudiant le genre Liseron, l'on a vu, tom. IV, pag. 469 à 471, que plusieurs des espèces qui le composent fournissent des racines nourrissantes, mais aucunes n'ont le bouquet agréable de la Patate, si digne à tant d'égards de l'attention du cultivateur et de la sensualité des gastronomes. Cette plante vivace, originaire des régions intertropicales de l'un et l'autre hémisphère, est désignée par quelques voyageurs anglais sous les noms bizarres de *Artichaut de l'Inde* et de *Truffe douce;* à Madagascar, on l'appelle *Cambare;* à la côte du Malabar, *Kappa Kelengu;* chez les Brames, *Cananga;* en Chine, *Hoan-xy;* chez les Nègres des côtes de l'Afrique, *Maby*. Aux Antilles, on la nomme improprement *Inhame* et plus généralement, d'après les Portugais, *Batates*. Le nom que nous adoptons est celui de *Patatas* que les Indiens, les Africains de l'intérieur et les anciens Péruviens nous ont transmis.

Certains auteurs ont, depuis quelques années, transporté la Patate du genre *Convolvulus* dans celui *Ipomœa*, fondés sur ce que le style bifide est terminé par deux stigmates globuleux, caractère assigné par Linné aux Liserons, tandis que le stigmate des Quamoclits est constamment simple et en tête. Choisy, de Genève, a voulu aller plus loin encore, en faisant de la Patate un genre particulier, intermédiaire entre les deux, sans se douter que la Patate a les plus grands rapports avec le Jalap, qui est et sera toujours un *Convolvulus*. Si les novateurs avaient, à l'instar de Kunth, remarqué que les Quamoclits diffèrent essentiellement des Liserons, en ce qu'ils ont les étamines saillans hors du tube, ils n'auraient point donné cette nouvelle preuve de la légèreté de leurs remarques et de l'inutilité de leurs changemens.

Nous ne connaissons véritablement qu'une seule espèce de Patate; toutes celles que les marchands et les horticulteurs désignent comme telles ne sont, ainsi qu'il en arrive pour la Solanée parmentière, que de simples variétés, dont la nature rampante ou volubile des tiges, la forme, la grosseur, les qualités et la couleur des tubercules dépendent uniquement de la nature du climat et du mode de culture. Celles de ces variétés les plus vantées sont : 1° la jaune des Antilles et de Malaga que l'on croit originaire de la Chine; ses tubercules sont jaunâtres, ovales-allongés avec pellicule mince, très-lisse et à chair peu sucrée, farineuse et légèrement savonneuse; 2° la blanche de l'Inde et de Madagascar aux tubercules sphériques, de haute qualité; 3° la grosse blanche des îles du cap Vert et de l'Afrique intérieure qui fournit des tubercules oblongs, très-farineux et fort sucrés; 4° la sanguine du Malabar donnant des tubercules fusiformes, à demi tronqués, et marbrés en dedans; 5° la grosse rose dédiée à Robert, botaniste-cultivateur à Toulon, qui la cultive depuis une trentaine d'années; 6° la rouge de Haïti et de la Caroline, une des moins productives, mais des plus précoces; 7° la Patate douce de la Barbarie ou Inhame de la Guadeloupe, dont les tiges montent aux arbres comme le Houblon, et dont les tubercules sont très-gros et oblongs; 8° la grosse mignonne, variété de création nouvelle aux énormes tubercules; 9° enfin la Patate de Feuillée connue depuis 1711 sous le nom de Patate à feuilles palmées du Pérou et du Chili, dont les tubercules sont ovales-arrondis.

Décrivons maintenant la plante. Du collet partent, d'une part, deux sortes de racines, les premières traçantes, peu nombreuses, les secondes fusiformes, s'enfonçant assez profondément et fournissant des tubercules plus ou moins gros, le plus ordinairement allongés (*voyez* la planche 513, figure 4); tandis que, de l'autre part, sortent des tiges sous-ligneuses dans leur patrie, herbacées ailleurs, vertes, lactescentes, plus ou moins longues (elles atteignent jusqu'à deux et trois mètres), très-rameuses, velues, articulées et traînantes: quelquefois elles sont volubiles, d'autres fois elles ne le sont que par étiolement, comme il arrive à diverses espèces de Liserons. Les tiges s'enracinent à chaque nœud, dès que celui-ci touche au sol ou qu'il en est très-rapproché. Les feuilles, alternes, longuement pétiolées, affectent toutes les formes connues. Sur la même tige il n'est point rare d'en voir de cordiformes, de hastées, de plus ou moins lobées et incisées, d'obrondes, de sagittées, avec cinq nervures; les primordiales sont d'ordinaire entières. C'est près du pétiole que se présente, sous forme d'une stipule glanduleuse, le rudiment des racines adventives. Les fleurs, qui décorent le pédoncule commun né dans l'aisselle de chaque feuille, sont bisexuées, réunies de six à vingt ensemble, et petites (*voy.* la pl. 465, fig. 1 de notre Atlas); la grappe qu'elles offrent est étagée; chaque fleur étant placée au sommet d'un pédoncule particulier, long quelquefois de douze centimètres; elle est éphémère, comme celle de plusieurs autres Liserons, dure au plus une demi-journée, qu'elle éclose sous l'influence solaire ou pendant la nuit, et elles se succèdent l'une à l'autre, assez souvent après vingt-quatre heures d'intervalle. La corolle est monopétale, infundibuliforme, resserrée en sa moitié inférieure en un tube cylindrique, deux fois plus long que le calice, qui est persistant, et divisé en cinq folioles profondes et inégales. Le limbe n'est point arrondi, à cause des dix angles, cinq saillans et cinq rentrans, laissés par les plis de l'inflorescence; le blanc lavé de rose violacé qui le pare flatte agréablement l'œil; vu en opposition avec le soleil cette couleur est magnifiquement empourprée. Les étamines, au nombre de cinq, sont, de même que celles de tous les *Convolvulus*, inégales, moins longues que le tube, d'un blanc pur, ainsi que leurs anthères droites, oblongues et biloculaires; les filets de ces organes masculins, élargis à la base, se montrent chargés d'un duvet violet que la transparence de la corolle permet aisément de distinguer. Le pistil, un peu plus long que les trois plus grandes étamines, est terminé par un stigmate épais, à deux lobes. A ce superbe appareil succède, comme dans le *Convolvulus jalapa*, une capsule lisse, ovale-arrondie, sèche et cassante, enveloppée par le calice persistant, à trois valves et partagée en trois loges qui contiennent chacune une ou deux graines brunes, oblongues, recouvertes d'un léger duvet roussâtre. (Je me suis étendu dans cette description, non seulement pour compléter celle donnée plus haut, tom. IV, pag. 470; mais encore pour rectifier celle que l'on trouve dans tous les ouvrages de botanique, même les plus récens.)

Personne ne conteste les nombreuses propriétés économiques de la Patate; elle est appétissante et nutritive pour l'homme, auquel elle offre un aliment fort sain, très-agréable, et dans ses tubercules, dans ses feuilles et dans les sommités de ses jeunes tiges que l'on prépare de la même manière que les épinards, les asperges et les petits pois. La fécule contenue en ses tubercules passe pour une des meilleures et des plus parfaites. Le sucre qu'on en retire est cristallisable comme celui de Canne et de Betterave; il y abonde d'autant plus, que le sol n'a été ni peu ni trop humide; dans les terres sèches, il passe à l'état de farine. Toutes les parties de la Patate fournissent une excellente pâture aux bestiaux, principalement aux Vaches laitières; les Porcs se jettent dessus avec une grande avidité; les Poules et les Dindons les aiment aussi beaucoup. On dit qu'elles affaiblissent les Chevaux. Les tubercules ne causent jamais de mal, même aux estomacs les plus délicats; verts, on peut les manger; pourris, ils exhalent une odeur égale à celle de la frangipane. Les gourmets les font simplement cuire au four, ou mieux encore à la vapeur, comme cela se pratiquait déjà au dix-septième siècle aux Antilles, ainsi que nous l'apprend le père Dutertre. Mêlés à un assaisonnement quelconque, ils perdent leur goût et leur bonté, surtout quand on les coupe par tranches minces, qu'on les met à frire au saindoux avec des viandes ou qu'on les réduit en purée. On m'assure que, cuite et écrasée, la Patate peut être unie au Froment, et qu'elle donne un pain excellent; cependant je suis éloigné de conseiller cet emploi.

Sous le rapport médical, la Patate est recommandée comme la nourriture la mieux appropriée aux enfans, aux vieillards, aux malades et aux convalescens. On en fait aussi usage comme moyen curatif tant à l'intérieur qu'à l'extérieur. On profite encore de son principe sucré pour préparer une boisson fermentée que le père Dutertre, déjà cité, nous dit avoir été prise pour du vin clairet et que les Nègres appellent *Maby*, du même nom que le tubercule porte dans leur patrie.

Généralement on estime que cette plante est connue en Europe depuis 1597. Sa culture sous les zones intertropicales remonte à la plus haute antiquité; depuis 1754, de nombreux essais ont été tentés à diverses époques pour l'introduire en France. L'Espagne, le Portugal et l'Italie méridionale sont plus heureux que nous, elle y date de trois siècles environ. Ce qui a contribué singulièrement à nous priver de la Patate, ce sont les méthodes adoptées et préconisées jusqu'ici; très-coûteuses et d'une grande exigence, elles ont dégoûté les plus intrépides. Cependant quelques succès ont été obtenus en bonne exposition bien avant 1780 à Toulouse, par Picot de la Peyrouse et Ferrière; aux environs de Dax, par Parmentier, et à Versailles, par Lemonnier. Le froid rigoureux de 1789 a été fatal aux Patates. La culture fut reprise par André Thouin au Jardin des plantes de Paris; en 1798, sous les yeux de Joséphine à la Malmaison, et par Dupuy, jardinier à Bordeaux; en 1812, par Faujas de Saint-Fond, dans le département de la Drôme; en 1804, à Saint-Cloud, et depuis dans divers établissemens publics et privés. La presque nullité des produits et le prix élevé auquel on était obligé de tenir les tubercules en rendirent la consommation très-exiguë et aucunement profitable. D'ailleurs, on était généralement persuadé que la Patate ne pouvait réussir que médiocrement en France, et jamais d'une manière satisfaisante sous la climature de Paris. Nous allons maintenant voir le contraire.

Un Français qui, durant plus de vingt années consécutives, s'est livré à cette culture prédilectionnelle dans le nord de l'Italie et dans nos départemens du sud-est, vient de nous prouver que la Patate prospère en France comme sous les zones intertropicales; qu'il n'est aucun végétal qui se prête aussi bien qu'elle à la multiplication du plant, et qui, après sa reprise accélérée ou son prompt enracinement, soit aussi peu exigeant, aussi facile, et qui s'accommode mieux de la culture agreste, même sous le 49e degré de latitude-nord. M. Vallet de Villeneuve appuie cette assertion sur ses cultures à Paris depuis 1834, et sur un traité *ex professo* qu'il vient de publier sous le titre de : Manuel pour la culture en pleine terre des Patates (1), et qui doit désormais servir de guide à quiconque voudra se livrer à leur culture.

Toutes les sortes de terres conviennent à la Patate; elle réussit cependant mieux en plaine, sur un sol profond, naturellement frais, et plus particulièrement sur les terrains d'alluvions récentes. Aux pays légèrement accentués, où elle trouve la même nature, elle demande de plus une exposition méridienne et des engrais consommés. Un bon terreau végétal lui fait produire des tubercules d'un excellent goût. Les graines mûrissant rarement en France, on n'a point recours à la voie des semis. On multiplie les Patates par leurs stolons et par boutures obtenues des coulans courts, irrégulièrement articulés et tardifs que les Créoles appellent *Bois de Patates*. Ce double mode a déterminé M. Vallet à diviser en deux groupes les nombreuses variétés, les *Stolonifères* et les *Pollonifères* ou plus convenablement *Drageonifères*. On élève, de février à mars, les plantules dans une bache à melons, pour les mettre en pleine terre quand le thermomètre indique quinze degrés centigrades au lever du soleil; elles ont alors la force nécessaire pour résister à une basse température et à l'excès d'humidité atmosphérique. On les butte. Cette culture réussit à merveille dans les terres arrosées par irrigation et dans les lieux de nature sablonneuse constamment humectés par les rosées abondantes de la nuit. M. Vallet entre dans les plus grands détails pour diriger le cultivateur; nous ne pouvons point le suivre dans toutes les pratiques qu'il recommande, il faut le lire avec soin.

Nul doute, les procédés indiqués sont lents, mais ils sont certains; ils ne doivent donc point rebuter; plus tard ils se simplifieront d'eux-mêmes. C'est avec de la patience et un travail assidu que nous avons conquis une foule de végétaux utiles : c'est de la sorte que la Vigne, la Pomme de terre, le Topinambour, le Maïz, les Dalhias, etc., sont maintenant aussi vigoureux, aussi productifs, au nord comme au midi de la France, que dans leur pays natal. La Patate prospère aujourd'hui d'une manière très-brillante en Corse, surtout auprès d'Ajaccio. En trois et quatre mois elle y atteint son entière perfection.

Les tubercules des diverses variétés de Patate ne se comportent pas tous de même; tantôt ils se renflent à peu de distance du sol et sont ramassés les uns auprès des autres; tantôt ils se tiennent à une grande profondeur et fort éloignés entre eux. D'après le mode de culture adopté par M. Vallet, ils obéissent au cultivateur, acquièrent, comme dans les terres sablonneuses des Antilles, un volume très-considérable et donnent des produits qui paraîtraient exagérés si l'expérience n'était point là pour les justifier incontinent. On obtient des tubercules du poids de dix kilogrammes.

Ordinairement la récolte a lieu dans le mois de juillet, trois ou quatre jours après avoir coupé les tiges à trente centimètres du sol pour les administrer aux bestiaux. Lorsqu'on a deux récoltes, la seconde a lieu en octobre; alors on livre à la consommation les tubercules de la première, et l'on conserve ceux de la seconde pour l'hiver. A cet effet, on les ressuie parfaitement, on les débarrasse de la terre en les brossant avec soin, puis on les enferme en des caisses hermétiquement closes, en les stratifiant par couches de menues graines, telles que celles de la luzerne, du lin, du petit millet, du trèfle, etc. On met ensemble vingt-cinq kilogrammes de tubercules, et l'on place ses caisses en lieu sec, peu et même point éclairé; à Paris, l'on doit chauffer journellement le local. De la sorte, ils passent la mauvaise saison sans éprouver la moindre altération; ceux, au contraire, qu'on laisse exposés à l'air se détériorent promptement, et ce qui est fort remarquable, ils dénoncent leur triste état en exhalant une odeur en tout semblable à celle de l'essence de rose la plus parfaite.

Il importe au cultivateur de faire la chasse aux Mulots, aux Souris, et principalement à la Courtillière, qui sont très-friands des tubercules de la Patate.

(1) Paris, 1838, brochure in-8° de 156 pages, avec trois planches de format atlantique. Prix 5 fr. Chez madame Huzard, imprimeur-libraire.

Abusivement on donne quelquefois le nom de Patate à la pomme de terre ; cette erreur nous est venue des Anglais, qui appellent les deux plantes *Patatoes*. Aux îles Maurice et de Mascareigne, les Créoles donnent le nom de Patate Durand au Liseron à feuilles épaisses et bilobées, *Convolvulus pes capræ*, L., à cause d'un pêcheur du pays qui se servait des longues tiges traînantes de cette plante pour attirer les Crustacés et les petits poissons.

(T. D. B.)

PATELLE, *Patella*. (MOLL.) Genre de mollusques Gastéropodes fort intéressant non seulement par son étendue, mais par des caractères zoologiques et quelques particularités de mœurs, que nous allons faire connaître successivement.

Les Grecs donnaient aux animaux qui le composent les noms de *Lepas*, de *Lepis* d'après quelques auteurs, qui signifieraient, le premier, rocher, le second, écaille, éminence; noms qui sont reproduits dans quelques auteurs plus modernes. Les Latins les désignèrent sous celui de *Patella*, petit plat, adopté et consacré par Linné; enfin dans le midi de la France, sur les côtes de Provence spécialement, on les appelle *Arapède*, dont l'étymologie, quelque peu importante qu'elle puisse être, paraît exprimer un fait remarquable dans ces animaux, et semble signifier, cramponé, fixé avec force par le pied.

Ce genre, fort anciennement connu, désigné même par les Grecs comme nous l'avons dit, n'a été bien déterminé que par Lamarck. Linné le divisait en plusieurs sections, mais il y laissait confondus des genres bien distincts, tels que : les *Cabochons*, les *Ombrelles*, les *Lingules*, les *Fissurelles*, les *Emarginules*, les *Parmaphores*, etc., genres qui ont été séparés depuis par différens auteurs. Ainsi épuré, le genre Patelle est encore bien vaste, peut-être subira-t-il de nouvelles modifications quand il sera mieux connu; mais il semble aujourd'hui assez naturel, pour que ces modifications, si elles sont apportées, ne soient que légères. Sa place zoologique n'est pas la même pour tous les naturalistes; M. de Blainville en fait, sous le nom de Rétifères, une famille à part dans les Cervicobranches; et Cuvier en compose avec l'Oscabrion, la famille des Cyclobranches, dernière famille des Gastéropodes, précédant immédiatement les Acéphales testacés dont il se rapproche naturellement sous plusieurs points de vue, comme nous le verrons plus bas.

Ses caractères génériques sont : corps plus ou moins circulaire, plus ou moins conique en dessus, pourvu d'un large pied ovale ou rond, dépassé dans toute sa circonférence par les bords du manteau plus ou moins frangés; la tête est distincte, portant deux tentacules coniques contractiles, à la base externe desquels sont les yeux; les branchies, d'après Cuvier, sont formées par une série complète de plis membraneux, verticaux dans la ligne de jonction du manteau avec le pied. La coquille est conique ovale ou circulaire à sommet droit ou recourbé en avant, toujours symétrique, et son bord est horizontal et complet; la cavité de cette coquille est simple, plus ou moins profonde, offrant une impression musculaire en fer à cheval, dont l'écartement est en avant.

M. de Blainville, avons-nous dit, a assigné une place particulière au genre dont nous parlons, et voici sur quoi il s'est fondé : les branchies ne seraient pas pour lui les organes que Cuvier a désignés sous ce nom et qui sont placés autour du corps de l'animal; il ne détermine pas les usages de ceux-ci; mais il place l'appareil respiratoire sous forme de réseau, dans une cavité située en dessus de la tête, cavité dans laquelle s'ouvrent un peu à droite l'anus et l'oviducte, et qui correspond d'ailleurs exactement à la cavité respiratrice d'un grand nombre de Gastéropodes; cependant, aucune expérience directe et bien concluante n'étant venue corroborer l'opinion de M. de Blainville, celle de Cuvier semble prévaloir et est généralement adoptée.

Sans entrer maintenant dans des détails anatomiques fort étendus, pour lesquels nous renvoyons aux ouvrages de Cuvier et Blainville, nous indiquerons ce que l'organisation de ces animaux présente de plus saillant. Cette organisation est en général assez simple; le pied, fort épais, est composé, comme dans les autres Gastéropodes, de deux ordres de fibres; mais ici les unes inférieures et longitudinales sont faibles et ne permettent à l'animal qu'une progression difficile, lente et pénible, tandis que les autres, supérieures et verticales, sont fortes et puissantes et viennent se fixer au pourtour de la coquille, surtout à l'impression que l'on y remarque en dessous et en avant; c'est par la contraction de ces dernières fibres que l'animal fait le vide et se fixe si puissamment aux rochers. La tête est bien distincte par une espèce de col qui la sépare du corps, elle est formée à peu près tout entière par la masse buccale, dont la lèvre supérieure est armée d'une dent cornée et semi-lunaire; la langue, hérissée de spinules, égale trois à quatre fois la longueur du corps, se repliant profondément dans son intérieur; l'intestin est fort long, à circonvolutions nombreuses et liées les unes aux autres par le foie très-développé et placé au dessus de l'estomac dans la partie supérieure du corps. L'ovaire, dans son plus grand développement, est aussi fort considérable et se trouve au dessous de l'estomac, immédiatement au dessus du pied qu'il recouvre dans la plus grande partie de son étendue. Le cœur est transversal, oblique, fort grand, à une seule oreillette large et antérieure; le système nerveux, enfin, est formé de deux ganglions principaux sus-œsophagiens et ne présente rien de particulier, si ce n'est que les nerfs qui se rendent au pied sont plus nombreux et plus multipliés. L'étude de l'appareil générateur n'a présenté encore que l'ovaire et l'oviducte comme dans les Parmaphores et les genres voisins : cependant l'hermaphrodisme paraît être ici bien constaté et devenir en même temps à peu près nécessaire : la difficulté du rapprochement de ces animaux est extrême, leur progression étant des plus lentes et des plus incertaines; en effet, lorsqu'ils qu'ils marchent on ne le reconnaît guère à leurs mouvemens, mais plutôt à l'éloignement du bord antérieur de la coquille du plan sur lequel ils sont appuyés. Ils vivent attachés aux rochers des rivages où ils forment souvent des aggrégations notables et toujours de manière à n'être pas constamment submergés, ni trop long-temps hors de l'eau. Lorsque la roche est assez tendre, on voit des individus se construire des espèces de niches ou ils s'enfoncent, et qu'ils ne quittent que fort rarement. D'ailleurs M. d'Orbigny, auquel on doit les détails les plus exacts sur les mœurs des Patelles, a remarqué qu'elles reviennent constamment à la place qu'elles ont primitivement adoptée. Pour les détacher, il faut user de certaines précautions, les surprendre pour ainsi dire, en introduisant brusquement un corps quelconque entre leur pied et la surface où elles adhèrent; si elles sont prévenues, elles déterminent par la contraction musculaire une adhérence telle que l'on casse la coquille plutôt que de détacher l'animal.

Ces mollusques servent de nourriture presque partout, et partout aussi seulement à la classe pauvre; car leur chair est coriace et craque sous la dent, comme du cartilage, ce qui tient sans doute à la dureté qu'acquiert le pied et à l'étendue de ce pied.

Leur nourriture n'est pas bien déterminée encore : elle doit consister en des matières organiques diverses, que la mer entraîne continuellement. M. de Blainville a trouvé cependant dans l'estomac de quelques individus des matières terreuses : ce ne peut être là leur nourriture habituelle. Dans tous les cas, si ces alimens n'influent en rien sur la dureté des chairs de l'animal, la consistance coriace de celles-ci ne saurait nullement être corrigée par la présence de ces matières terreuses quand elle a lieu.

Comme on le voit, les Patelles, par leurs mœurs et même un peu par leur organisation, se rapprochent des Acéphales testacés, vers lesquels elles tendent à établir un passage naturel; car elles sont devenues à peu près immobiles, et leur hermaphrodisme est généralement reconnu. Cependant on n'a découvert jusqu'ici que les organes femelles. Il reste donc encore des études à faire sur l'appareil générateur, sur la fécondation; car enfin l'hermaphrodisme ne saurait exclure la présence d'un des organes sexuels : peut-être trouvera-t-on dans la masse ovarique une substance particulière qui pourrait tout expliquer. Enfin, pour terminer tout ce qui est relatif aux mœurs générales des Patelles, nous dirons que l'on ignore aussi si elles sont Ovipares ou Vivipares : espérons que des travaux ultérieurs éclairciront la plupart de ces difficultés.

On trouve des Patelles dans toutes les mers et sur toutes les côtes où il y a des roches nues. « Le nombre des espèces de ce genre, dit M. de Blainville (Dict. des sc. nat.), est extrêmement considérable et fort difficile à caractériser en peu de mots; aussi ne peut-on les reconnaître sans figures, et cela d'autant moins que les conchyliologistes qui s'en sont occupés de ce genre paraissent l'avoir fait sans principe et n'ont pas même essayé d'en ranger les espèces dans un ordre quelconque. » Nous adopterons ici les divisions que propose M. de Blainville, et nous avouerons en même temps que ce genre serait bien digne d'une monographie et à plus d'un titre.

Nous ne saurions ici donner une description complète de la plupart des espèces, même des principales; nous donnerons le caractère des groupes, et nous ne ferons le plus souvent qu'indiquer les espèces en caractérisant brièvement les plus remarquables.

1° Espèces à sommet plus ou moins antérieur, striées plus ou moins finement, peu ou point côtelées.

PATELLE CYMBULAIRE, *P. cymbularia*, Lamark. La coquille est ovale, élargie, non carénée, à sommet très-antérieur; les bords de l'ouverture sont ondés et semblent légèrement crénelés ou festonnés; l'intérieur est d'un nacré brillant. Deux pouces de longueur.

PATELLE TRANSPARENTE, *P. pellucida*, Linné. Cette coquille, qui habite les mers d'Europe, est de couleur de corne, mince, ovale, et remarquable par des rayons bleuâtres et comme interrompus.

PATELLE FERRUGINEUSE, *P. ferruginea*, Sow. Cette espèce a le sommet abaissé et collé contre le disque qui est d'un gris blanchâtre; le bord en dehors est bleuâtre et d'une belle teinte marron en dedans. Elle a deux pouces de longueur, et vient de la Nouvelle-Hollande.

PATELLE ROSE, *P. ombella*, Lamk. C'est une des plus jolies espèces de nos collections, où elle est assez commune; elle est diaphane, blanche, sillonnée, rose. Adanson l'a décrite sous le nom de Libot. Elle vient d'Afrique.

PATELLE ÉCAILLE DE TORTUE, *P. testudinaria*, Linné. Grande, recherchée; test poli, transparent, taché de rouge-brun, sur un fond jaune-écaille. Des mers australes.

PATELLE PECTINÉE, *P. pectinata*, Linné. De la Méditerranée. Elle est hérissée de côtes nombreuses et tuberculeuses.

PATELLE EN BATEAU, *P. compressa*, Linné. Cette coquille est des mieux caractérisées et des plus remarquables; très-grande, l'intérieur est de couleur blanche, la surface extérieure d'un jaune d'ocre fort beau; elle est en outre très-comprimée, comme son nom l'indique. Dans le jeune âge, cette espèce serait ponctuée de jaune. Des mers de l'Inde.

2° Espèces généralement très-déprimées, plus larges en arrière qu'en avant, et presque constamment striées.

PATELLE EN CUILLER, *P. cochlear*, Linné. Elle offre au plus haut degré les caractères du groupe; une couleur blanche en dessous, jaune ou roussâtre en dessus, et en dessous de la partie étroite, un canal.

PATELLE RAYONNANTE, *P. radians*, Gmel. Cette espèce est garnie de stries rudes, nombreuses, denticulant le bord; le sommet en arrière du tiers antérieur et bien marqué; la surface inférieure d'une nacre argentée et quelquefois dorée. De la Nouvelle-Zélande et de la Terre de Feu.

On peut rapprocher de cette espèce celles que les naturalistes de *l'Astrolabe* ont publiées sous le nom de Patelle argentée, *P. argentea*, de Patelle stellulaire, *P. stellularia*.

3° Espèces plus ou moins déprimées, à côtes carénées lobant la circonférence en étoile.

Patelle en étoile, *P. saccharina*, Lam. Coquille épaisse, à sept grosses côtes arrondies, dépassant le bord et le découpant, d'ailleurs déprimée, verdâtre en dehors, blanche en dedans, la face de l'animal est marquée de points noirs et bruns. De l'Inde.

Patelle œil de rubis, *P. granatina*, Lamk. Blanche, avec des bords tachetés de brun en zigzag; le sommet brun, entouré d'arêtes de diverses couleurs; stries nombreuses et épineuses. On la trouve dans les Antilles.

Patelle œil de bouc, *P. oculus granularis*, Lam. Brune et garnie de stries armées d'épines blanches imbriquées. Elle habite les côtes d'Espagne et d'Afrique.

4° Espèces pectinées, plus ou moins évidemment côtelées, les côtes arrondies.

Patelle de Lasi, *P. lasiana*, Lam. Elle a quatre pouces de diamètre; est ovale, oblongue, à côtes égales, aplaties sur le dos; la couleur est d'un blanc grisâtre, radiée entre les côtes de rayons jaunâtres, bruns; le limbe est bleuâtre et nacré. Elle vient de Maroc. Nous citerons encore la Patelle du Pérou, qui vient du port du roi Georges, et la Patelle de Madagascar, *P. madagascarensis*, qui est caractérisée par son impression musculaire élargie en fer de hache à ses deux extrémités.

5° Espèces plus ou moins coniques, à sommet subcentral vertical, peu ou point striées, mais jamais côtelées.

Patelle vulgaire, *P. vulgata*, Linné. Elle est peu anguleuse, a les stries, au nombre de quatorze, fort peu marquées; le bord dilaté; la couleur grise, avec des taches ou des fascies brunes. Elle se trouve dans toutes les mers de l'Europe et de l'Inde; cependant nous ne la croyons nulle part aussi commune que dans l'Archipel grec où la plupart des rochers qui avoisinent les côtes en sont exactement recouverts. C'est l'espèce que l'on mange plus communément; on s'en sert aussi comme appât pour prendre les poissons à la ligne. Nous l'avons représentée pl. 465, fig. 2.

P. flammée, *P. flammea*, Gmel., remarquable par ses flammules brunes sur un fond rougeâtre.

6° Espèces plus ou moins coniques, à sommet subcentral, vertical; peu ou point striées, mais jamais côtelées.

P. tuberculifère, *P. tuberculifera*, Lam. Coquille ovale, assez convexe; sommet assez aigu, subcentral; des côtes aiguës, bien formées, séparées par des stries très-fines, et portant plus ou moins de tubercules à la partie inférieure. Couleur d'un gris roussâtre. Patrie inconnue. (Richaud.)

PATELLOIDE, *Patelloïda* (moll.) Le nom de Patelloïdes, *Patelloïdea*, a d'abord été appliqué par M. de Blainville à une famille de Mollusques Céphaliens ou Gastéropodes comprenant les genres Ombrelle, Siphonaire et Tylodine. Depuis lors, MM. Quoy et Gaimard (Zoologie du voyage de l'Astrolabe, t. III, p. 349), ont imposé la dénomination très-peu différente de *Patelloïda*, à un genre de Mollusques de la même classe que les Patelloïdes de M. de Blainville, et peu éloignés de celles-ci, mais qui s'en distinguent surtout parce qu'ils sont unisexées et non bisexées Monoïques; aussi dans son cours de philosophie zoologie (p. 61, 1836), le savant que nous venons de citer les place-t-il avec les Phaliothides et les Cabochons dans son ordre des scutibranches. Les Patelloïdes dont le nom indiquent quelles sont fort semblables aux Patelles ont la même coquille que celles-ci, et quant aux autres parties, elles s'en éloignent très-peu; mais un caractère important de leur appareil respiratoire les en fait aisément distinguer. En effet, leurs branchies au lieu de former comme celles des Patelles un cercle de lamelles entre le pied et le manteau, se sont réunies en une seule branchie fort petite placée au côté de la tête et visible à l'extérieur. Cette branchie unique comme dans les mono-pleurobranches, a la forme d'un peigne à deux rangs de lames; elle se dirige obliquement de gauche à droite et sa pointe pend au dessous du tentacule droit.

La coquille des Patelloïdes diffère fort peu de celle des vrais Patelles; elle est mince, fragile, à sommet plus porté en avant, mais elle peut être bombée, conique ou fortement étoilée comme celle des Patelles.

MM. Quoy et Gaimard décrivent douze espèces de Patelloïdes toutes étrangères à nos mers: ce sont: *P. fragilis*, de la Passe des Français dans la baie des Tasman et de la baie des îles à la Nouvelle-Zélande; *P. striata*, de la plage de Licoupang sur l'île Célèbes; *P. flammea*, de la rade de Hobart-Town à la terre de Van-Diemen, et de l'île de Guame aux Mariannes; *P. conoïdea*, du port du Roi-Georges à la Nouvelle-Hollande; *P. stellaris*, du havre de Carteret à la Nouvelle-Irlande; *P. elongata*, du port Roi-Georges; *P. pileopsis*, des îles de la Passe des Français, à la Nouvelle-Zélande; *P. squamosa*, de l'île de France; *P. septiformis*, du port du Roi-Georges; *P. orbicularis*, de l'île Vanikoro et d'Amboine; *P. punctata*, du port du Roi-Georges; *P. rugosa*, de la rade d'Amboine. Toutes ces espèces sont données comme nouvelles pour la science, sauf la première, qui paraît avoir été indiquée par Chemnetz, pl. 197, fig. 1921.

D'après M. Cantraine, Eschscholtz, dans la partie de son travail qui a été publié par M. Ratkhe, indique ce genre sous le nom d'*Acmea*.

Ces animaux ne sont jamais aussi communs que les vraies Patelles. Nous avons vu que les localités qui ont fourni des Patelloïdes aux créateurs de ce genre sont fort éloignées de nos côtes; toutefois M. Quoy ne doute pas que nous ne possédions aussi des espèces de ce genre. Nous devons en avoir sur nos côtes, ajoute ce célèbre zoologiste, et il ne serait point étonnant que la petite Patelle, qui porte le nom de Klealand, en fût une. Ce soupçon est aujourd'hui confirmé. M. Cantraine indique en effet des Patelloïdes dans la Méditerranée, et nous verrons plus bas qu'un mollusque, signalé par MM. Audouin et Edwards sur nos côtes de l'Océan est aussi de ce genre.

Patelloïda pectinata, c'est le *Patella pectinata* des auteurs, qui est de la Méditerranée où Gmelin et M. de Lamarck l'ont déjà indiquée; M. Cantraine en fait une Patelloïde ainsi que du *P. virginea* de Muller, et il désigne sous le nom de *P. vitrea* une autre espèce qu'on rencontre assez fréquemment dans la Méditerranée, et qui est aussi à l'état fossile dans les terrains tertiaires. C'est d'après lui l'*Ancylus Gussonii* de M. Costa, qui l'a confondue avec les Ancyles d'eau douce. La même erreur a, dit-il, été commise par M. Bronn, son *Ancylus auctus* s'y rapportant aussi.

Dans leur Histoire du littoral de la France, t. I, p. 144, MM. Audouin et Edwards annoncent la découverte d'un mollusque monopleurobranche fort voisin des Patelles, qu'ils considèrent comme formant un genre nouveau. Ces savans s'expriment ainsi: « On trouve dans ces mêmes parages (Saint-Malo), et fixées sur les pierres, des petites Patelles roses dont nous avions déjà rencontré plusieurs échantillons en draguant sur les bancs d'huîtres, et dont l'examen nous a dévoilé un fait que nous croyons important, parce qu'il est une preuve plus irrécusable peut-être qu'aucune autre que l'étude des coquilles, séparées des animaux qui les construisent, peut conduire à des rapprochemens erronés. En effet, l'observation attentive de l'animal de cette petite coquille, nous a montré qu'il différait surtout de celui des Patelles, en ce qu'il était pourvu d'une cavité antérieure renfermant une branchie, ce qui le rapproche beaucoup des Cabochons. Quant à la coquille elle est exactement semblable à celle des Patelles, et il n'existe aucune dépression ni aucun sillon qui puisse, comme chez les Siphonaires, servir de caractère pour l'en distinguer. » Ajoutons que M. Bouchard-Chantereaux, ainsi qu'il nous le dit dans son catalogue des mollusques du Boulonnais, a trouvé le même mollusque sur le littoral qu'il exploite. Il se l'est procuré appliqué sur les valves du *pecten maximus* et sur les corps sous-marins rapportés par les filets des pêcheurs. (GERV.)

PATENOTTIER. (BOT. PHAN.) L'un des noms vulgaires du STAPHYLIER (*voyez* ce mot).

PATHÉTIQUE. (ANAT.) *V.* MUSCLES et NERFS.

PATHOLOGIE. La physiologie a pour objet l'état normal des êtres organisés et vivans. La Pathologie rend compte de leur état anormal ou de maladie. L'état physiologique et l'état pathologique sont donc dépendans l'un et l'autre de l'état de vie, et c'est à ce dernier mot que nous traiterons de tout ce qui est relatif à la Pathologie. (*V.* VIE.) (G. G. DE CAUX.)

PATTE. (ZOOL. BOT.) Ce mot, que Bory de Saint-Vincent écrit PATE et qui signifie proprement les membres locomoteurs dans les animaux, a été donné par les jardiniers aux racines de quelques fleurs d'ornement, par lesquelles on reproduit ces fleurs; ainsi l'on dit Pattes d'Anémones, mais l'on dit aussi Griffes de Renoncules.

Le mot PATTE est encore devenu spécifique en beaucoup de cas, dans le langage vulgaire, ainsi l'on a appelé:

PATTE D'ARAIGNÉE. (BOT.) La Nigelle.

PATTE DE CRAPAUD. (MOLL.) Le *Murex hamosus.*

PATTE ÉTENDUE. (INS.) Le *Bombyx pudibunda.*

PATTE DE LAPIN. (BOT.) L'Orpin velu et le Trèfle des champs.

PATTE DE LIÈVRE. (BOT.) Un Plantain et le Trèfle rouge.

PATTE DE LION. (BOT.) L'Alchimille et le *Filago leontopodium.*

PATTE DE LOUP. (BOT.) Le Lycope vulgaire.

PATTE D'OIE. (MOLL.) Une espèce de Rostellaire et le *Strombus pes pelecani.* (BOT.) Les espèces les plus vulgaires de Chénopodes.

PATTE DE GRIFFON. (BOT.) L'*Helleborus fœtidus.*

PATTE D'OURS. (BOT.) L'*Acanthus mollis.*

PATTE PELUE. (INS.) La Calandre du blé. (GUÉR.)

PATURAGES. (AGR.) Sous cette dénomination générale, on confond souvent ensemble les lieux où les animaux paissent librement, et la *Pâture* comprenant, non seulement l'herbe, mais encore le fourrage sec, les grains et les racines qu'ils mangent.

Les *Pâturages*, que d'autres appellent aussi herbages, sont de trois sortes, savoir: 1° les prairies naturelles et les prairies artificielles, qui seront plus bas le sujet d'un examen tout particulier (*v.* au mot PRAIRIES); 2° les *chaumes*, espaces de peu d'étendue, situés au sommet des hautes montagnes, où l'on conduit durant cinq mois (du 15 mai aux premiers jours d'octobre) les bêtes à grosses cornes, qui y fournissent les chalets de lait, de beurre et de fromages excellens, ainsi que les troupeaux transhumans (*voy.* aux mots CAMARGUE, CRAU, TROUPEAUX et VOSGES); 3° et les *Pacages*, situés dans les bois et les forêts où l'herbe est abondante et propre à l'engraissement des bestiaux.

Les Pâturages étant, comme l'a dit Rozier, la table où les animaux domestiques sont invités, il importe d'étudier la nature de ceux qui conviennent de préférence aux différentes espèces. Il les faut étendus pour le Cheval et placés sur un terrain où les herbes ont plus de sels que de sucs. Les Vaches et les Bœufs les demandent riches, frais sans être humides; l'Ane et la Chèvre les veulent plutôt tout-à-fait secs et au plein soleil; les Mulets ne s'éloignent pas de cette manière de vivre, mais il leur faut une nourriture plus substantielle; les bêtes à laine préfèrent les Pâturages des hautes montagnes, dont les herbes sont plus odorantes, plus courtes et plus aérées.

Une ferme a besoin de bons Pâturages placés auprès d'elle, afin que les animaux puissent, en cas de chaleur excessive, de pluie, d'orage, ou de tout autre météore fâcheux, rentrer de suite à la maison et reprendre l'air quand l'intempérie a cessé. Le triomphe de l'agriculture est dans la possession de Pâturages bien tenus, divisés avec entente pour en avoir toute l'année, et sur lesquels l'œil du maître domine, de manière à s'assurer à tout instant de la conduite, de la tenue et de la nourriture de ses plus chers auxiliaires.

On renouvelle les Pâturages tous les six, huit ou dix ans, selon leur nature mauvaise, bonne ou excellente, en calculant l'espèce des végétaux à y semer, d'après les lois physiologiques que nous développerons plus bas (*voy.* au mot PHYSIOLOGIE APPLIQUÉE AUX ANIMAUX DOMESTIQUES), et d'après les quantités d'azote que chaque plante renferme : ce que nous dirons en parlant des PRAIRIES, *voy.* ce mot. (T. D. B.)

PATURIN, *Poa.* (BOT. PHAN.) Genre de plantes monocotylédones, appartenant à la Monohypogynie de Jussieu et aux Endogènes phanérogames de De Candolle, à la vaste famille des Graminées du système naturel, tribu des Festucacées de Kunth, à la Triandrie digynie du système sexuel et formé par Linné. Voici ses principaux caractères constitutifs : L'épicène (involucre) formée de deux glumes mutiques contenant plusieurs fleurons réunis en un épillet distique, comprimé, ovale-arrondi, composé de deux à vingt fleurs entourées de poils à la base, chacune composée de deux balles ovales, concaves, dépourvues d'arêtes et le plus souvent obtuses (ou deux sépales membraneux, sans arêtes, l'inférieur ovale, caréné, ordinairement transparent au bord, embrassant le supérieur à deux carènes; deux bractées sans pointes ni arêtes, Mut.); trois étamines; un ovaire supère glabre, arrondi, surmonté de deux styles velus, réfléchis, à stigmates plumeux (quelquefois courts ou nuls, les styles? Koch), sortant à la base de la fleur.

Les Paturins sont des plantes herbacées, annuelles ou vivaces, à feuilles longues, linéaires, engaînantes à la base, et dont les fleurs vertes, réunies en épillets nombreux, multiflores, forment des sortes de panicules plus ou moins rameuses. On en connaît près de deux cents espèces, dont l'Europe en possède un assez grand nombre. En général, ces plantes sont recherchées par les bestiaux, pour lesquels, réunies en prairie, elles forment un excellent fourrage. Beaucoup d'espèces sont même cultivées dans ce but. Parmi celles qui croissent en France, nous décrirons les suivantes entre les dix-sept signalées :

Epillets de trois à cinq fleurs, rarement de cinq à dix, distantes, pubescentes à la base; spatule (ou glume) inférieure à cinq nervures (rarement une ou sept).

Genre *Poa.*

PATURIN ANNUEL, *Poa annua*, Lin., Kunth, etc. Racines fibreuses; une ou plusieurs tiges comprimées (chaumes) un peu coudées à leurs articulations, rarement tout-à-fait droites, obliques, diffuses, quelquefois radicantes à la base; feuilles planes, glabres; les radicales nombreuses et disposées en gazon; les caulinaires munies dès l'orifice de la gaîne d'une membrane oblongue, un peu aiguë, toutes obtuses, assez courtes; panicule verdâtre ou rougeâtre, presque unilatérale, puis divariquée, à pédoncules floraux lisses, communément géminés, ouverts, à angles presque droits, et portant des épillets comprimés, très-obtus, oblongs-ovales, formés de trois à cinq fleurs, rarement de sept, et presque nues; glume inférieure à cinq nervures, pubescente sur le dos dans la moitié inférieure, un peu poilue à la base. Une variété produit des pédoncules courts, ordinairement solitaires et pubescens, portant des épillets lancéolés très-élégans, composés de six à sept fleurs presque glabres. Cette plante a encore produit d'autres variétés inutiles à mentionner ici.

Elle est fort commune dans les champs, les lieux cultivés, le long des chemins, des haies, etc. Tous les bestiaux la paissent avec empressement, et si elle s'élevait davantage (elle n'a que cinq à six pouces de haut ou à peine plus), on en pourrait composer d'excellens pâturages; mais elle est ainsi de peu de produit. On dit cependant qu'elle est cultivée en grand dans quelques parties de l'Angleterre pour faire paître en vert et sur place.

PATURIN ÉLÉGANT, *Poa elegans*, D. C.; *Laxa*, Hænke, etc. Racines fibreuses, vivaces, produisant un grand nombre de feuilles radicales et formant un épais gazon; chaumes de trois à six pouces de hauteur, dressés, un peu comprimés; feuilles très-étroites, à languettes allongées, lancéolées-aiguës; panicules contractées, se recourbant vers la terre, oblongues, à rameaux (pédoncules) filiformes, géminés ou solitaires, glabres, dressés, flexueux; épillets ovales, ordinairement triflores (quelquefois deux ou quatre fleurs); fleurs libres, comme ovales-lancéolées, très-pubescentes au bord et à la base, à nervures peu distinctes. Variété à chaumes de six à neuf pouces de haut, très-grêles; pédoncules capillaires, flexueux, ordinairement solitaires. Fleurs panachées de vert, de blanc et de violet.

Ce joli Pâturin croît sur les sommités des Alpes, au mont de Lans; dans les Pyrénées, au mont Marboré, etc., dans les pâturages de montagnes.

PATURIN BULBEUX, *Poa bulbosa*, Lin., Vaill., etc. Racines fibreuses, vivaces; feuilles radicales, courtes, rassemblées en faisceaux, épaissies à la base, et formant d'épais gazons; chaumes dressés, renflés en bulbe à la base, garnis en cet endroit de feuilles nombreuses, courtes, étroites, glabres, planes, dont la gaîne est munie à son orifice d'une petite membrane blanche, nue supérieurement; panicules presque unilatérales, oblongues, lâches, à rameaux un peu rudes, géminés; épillets ovales, aigus, verdâtres ou un peu rougeâtres, composés de trois à sept fleurs (oblongues, lancéolées, à bords et à dos couverts d'un duvet épais, réunies par une laine longue et abondante, *Longe protrahenda*, K.). Variété à fleurs vivipares, allongées en forme de feuilles, P. *B. vivipara*, Host. Fleurs verdâtres ou mêlées de violet, luisantes.

Croît dans les champs et les pâturages montueux, sur le bord des champs; vivace, et fleurit en mai et juin.

Paturin des prés, *Poa pratensis*, Lin. Racines vivaces, fibreuses, un peu rampantes, produisant des stolons allongés; chaumes dressés d'un à deux pieds de hauteur, garnies de feuilles planes, les supérieures bien plus courtes que leurs gaînes, à languettes courtes et tronquées; panicule égale, diffuse, à rameaux semi-verticillés ordinairement par cinq, scabres, nus à la base; épillets ovales-oblongs, composés de trois à cinq fleurs presque imbriquées, cohérentes à la base par des poils laineux très-longs et très-abondans; glume inférieure soyeuse sur le dos, à cinq nervures; la moyenne et les deux latérales soyeuses vers la moitié inférieure et saillantes en carène aiguë; languettes inférieures très-courtes; la supérieure un peu plus longue. Cette plante a produit un grand nombre de variétés que nous passerons sous silence; fleurs vertes ou mêlées de pourpre. Cette espèce fleurit en mai et juillet; elle est commune dans les prés, les champs, sur les montagnes. C'est une des meilleures graminées pour la nourriture des bestiaux. Les pâturages où elle est abondante donnent un foin cher et recherché. Elle aime les terrains gras et légèrement humides.

Paturin des bois, *Poa nemoralis*, Lin., Leers. Racines vivaces, un peu rampantes, et formant gazon; chaumes de un à deux pieds de hauteur, très-grêles, un peu comprimés; feuilles divergentes, étroites, ordinairement repliées à la base, munies de languettes tronquées, presque nulles, à gaînes glabres; panicules régulières ou presque unilatérales, allongées, étalées pendant la floraison, peu garnies, à rameaux allongés, géminés ou ternés, ou même demi-verticillés; épillets lancéolés, de deux à cinq fleurs carénées, à trois nervures peu sensibles, un peu soyeuses à la base sur le dos et les bords; axe rude ou pubescent en dehors, jamais glabre; fleurs vertes ou panachées de pourpre. Ce Paturin a produit un grand nombre de variétés; il croît dans les bois, sur les coteaux, les rochers, les montagnes, dans les Alpes, etc.

Paturin petit, *Poa minor*, Gaud.; *Supina*, Panzer, etc. Racines fibreuses, vivaces, à peine gazonnantes; chaumes de trois à neuf pouces de hauteur, filiformes, presque dressés; feuilles étroites, linéaires; les inférieures pourvues d'une languette courte et obtuse; celles des supérieures allongées, aiguës; panicule ordinairement contractée presque en grappe, penchante, mobile, à pédoncules capillaires, presque lisses, solitaires ou géminés, non flexueux; bractées une fois plus courtes que l'épillet, ovale-oblong, composé de quatre à six fleurs lancéolées, très-soyeuses sur le dos, dans la moitié inférieure, et abondamment velues sur les bords près de la base; fleurs élégamment panachées, en juillet et août. Sommets des Alpes, dans les fissures des rochers, les prés pierreux.

Paturin a feuilles distiques, *Poa distichophylla*, Gaud.; *P. cenisia*, All., D. C., etc. Racine rampante et s'allongeant en longs stolons; chaumes jeunes ou stériles, retombans, couverts de feuilles de trois à cinq pouces de long, distiques, molles, rudes au toucher sur les bords; chaumes fertiles de huit à quinze pouces de hauteur, redressés, nus pendant un long espace au sommet; languettes saillantes, obtuses, les inférieures à peu près aussi longues que les supérieures; panicules de trois à quatre pouces de longueur, régulières, oblongues, flexueuses, un peu contractées, plus lâches à l'extrémité, à pédoncules demi-dressés, un peu rudes, portant des fleurs presque dès la base; épillets ovales oblongs, formés de trois à cinq fleurs aiguës, très-soyeuses sur le dos et sur les bords dans la moitié inférieure, et garnies à la base d'une laine très-longue, et marquées de cinq nervures, dont la moyenne un peu effacée; fleurs élégamment panachées de vert, de violet et de blanc, en juillet et août. Ce Paturin croît dans les Alpes, le long des torrens, dans les montagnes du Dauphiné, etc.; vivace.

Paturin fertile, *Poa fertilis*, Host., Koch, etc. Racine fibreuse, vivace, en gazon; chaumes de deux et trois pieds de hauteur, inclinés, un peu radicans à la base, puis dressés, grêles, presque cylindriques, lisses ou à peine rudes, mais garnis d'une foule de petites aspérités qu'on peut distinguer à la loupe; feuilles étroites, d'une ligne de large ou même moins, planes, très-aiguës, rudes sur les bords et en dessous, surtout au sommet, plissées en oreillettes à la base, égalant leurs gaînes presque lisses, munies de languettes obtuses; panicules de quatre à huit pouces de long, régulières, pyramidales, à rameaux allongés, rudes, nus dans un long espace vers le bas; épillets longs de deux lignes, ovales-lancéolés, composés ordinairement de deux à trois fleurs à peine carénées et nerveuses, réunies à la base par des poils longs et peu nombreux; axe de l'épillet glabre; fleurs vertes, souvent mélangées de pourpre. On connaît plusieurs variétés de ce Paturin, qui fleurit en juillet et août.

Il se plaît dans les endroits marécageux, les fossés, les marais, aux environs de Grenoble, de Besançon, de Strasbourg, etc., et même dans le midi.

La plupart des espèces ci-dessus décrites se trouvent aussi dans les environs de Paris, particulièrement le *Poa annua*, qui se rencontre même dans les rues un peu désertes. Nous avons profité en grande partie, pour ces descriptions, de la Flore française de Mutel, et en nous bornant à ce petit nombre, nous devons dire que ces plantes (et les graminées en général) se confondent tellement par le petit nombre de caractères réellement distincts qui séparent les genres eux-mêmes, que l'étude en est extrêmement difficile et obscure, malgré les excellens travaux de quelques savans infatigables. (C. Lem.)

PATURON. (MAM.) Partie de la jambe du cheval entre le boulet et la couronne.

PATURON, POTIRON ou POTURON. (BOT.) On donne ces noms vulgaires à des Champignons mangeables qui viennent dans les pâturages, ou à de grosses variétés de Citrouilles ou de Courges. (GUÉR.)

PAULLINIE, *Paullinia*. (BOT. PHAN.) Toutes les espèces de ce genre de la famille des Sapindacées et de l'Octandrie digynie, sont des lianes appartenant aux contrées intertropicales, très-abondantes dans l'Amérique du sud, qui lancent leurs tiges sarmenteuses et flexibles sur les végétaux ligneux qui croissent auprès d'elles, s'entortillent autour de leurs troncs et de leurs branches, et aidées des vrilles dont leurs grappes paniculées sont munies, elles montent ainsi jusqu'à dix et quatorze mètres de haut. Toutes ont dans leurs diverses parties un facies parfaitement semblable, ce qui avait déterminé Linné à réunir ensemble les deux genres que Plumier appelait *Cururu*, d'un nom vulgaire américain, et *Serjanea*, de celui d'un botaniste français (Philippe Sergeant, de Calais). Depuis, Schumacker a revu les deux genres, les a examinés, dit-il, avec un soin tout-à-fait scrupuleux, et il a rétabli la fondation de Plumier, appuyée sur la considération du fruit pyriforme, qui est trigone et dépourvu d'ailes membraneuses dans l'un, et à trois coques dans l'autre, avec de larges membranes au sommet. Les botanistes actuels ont adopté cette division, malgré le peu d'importance qu'elle mérite réellement; elle repose en effet sur de simples appendices qui, d'une part, ne déterminent aucun changement au caractère essentiel de la fructification, et qui, de l'autre se retrouvent également, un peu plus étroites, il est vrai, sur les pétioles de plusieurs espèces, ainsi que sur les angles des capsules. Je citerai pour exemple les *Paullinia pinnata* des Antilles et du Brésil, dont la capsule, d'un rouge écarlate, a ses angles fortement élargis; la *Paullinia vespertilio*, chez qui chaque suture de fruit est garnie d'une aile anguleuse, peu saillante, plus large vers le sommet, et terminée par une sorte de bec aigu, filiforme; la *Paullinia thalictrifolia*, pourvue de trois ailes peu à peu élargies, écartées vers la sommité, etc.

Les Paullinies sont peu répandues dans nos serres; leur port incommode, leurs fleurs petites, blanches, en panicule ou en grappes, imitant celles du Groseiller, sans effet, ne sont point rachetés par le beau vert de leurs feuilles alternes, pétiolées, ailées ou ternées, avec impaire, et généralement d'une grandeur médiocre.

Plusieurs d'entre elles ont des propriétés médicinales qui les font rechercher dans les forêts qu'elles habitent. Ainsi, l'écorce pulvérisée de la *Paullinia africana* fournit aux peuplades de la Sénégambie un moyen pour arrêter les hémorrhagies, les douleurs de côté; celle de la *Paullinia asiatica*, L., est estimée un excellent fébrifuge à Mascareigne; la *Paullinia mexicana*, L., a, dit-on, les vertus de la Salsepareille; la *Paullinia triternata* est employée aux Antilles comme un bon sudorifique. Avec le suc de la *Paullinia sorbilis* de Martius, réduit en extrait, on guérit au Brésil les maladies des voies urinaires.

Quelques autres espèces sont vénéneuses; à leur tête on place la *Paullinia australis*, des rives de l'Uruguay; les semences de la *Paullinia cururu*, ou liane à scie; les feuilles de la *Paullinia noxia*, les racines de la *Paullinia pinnata*, etc. (T. D. B.)

PAULLINIÉES. (BOT. PHAN.) Kunth appelle ainsi la première section des Sapindacées, qu'il compose des genres *Cardiospermum* de Linné; *Paullinia* de Schumacker; *Serjania* de Plumier, et *Urvillea* de Kunth. Nous renvoyons au mot SAPINDACÉES le complément des observations que nous faisions tout à l'heure en traitant du genre type de cette division. (T. D. B.)

PAUPIÈRES. On distingue sous ce nom les deux voiles mobiles qui sont destinés à recouvrir le globe de l'œil. (*Voyez* ŒIL.) (A. D.)

PAUSSE, *Paussus*. (INS.) Genre de Coléoptères, section des Tétramères, famille des Xylophages, tribu des Paussides, établi par Linné et adopté par tous les entomologistes avec ces caractères : antennes composées de deux articles, dont le dernier très-grand, tantôt irrégulier, denté ou croché, tantôt régulier, presque ovale ou orbiculaire. Ce genre se distingue de celui de Téraptère (*Terapterus*), parce que, dans ce dernier, les antennes ont dix articles et sont perfoliées. Le corps des Pausses est oblong et aplati : leur tête est presque de la largeur du corselet, à peu près carrée, déprimée, rétrécie postérieurement en une espèce de cou distinct. Les antennes sont insérées au-dessus de la bouche, rapprochées, composées de deux articles. Le labre est presque coriace, petit, transverse et carré. Les mandibules sont petites, cornées, allongées, comprimées; leur extrémité est pointue et un peu lunulée. Les mâchoires sont terminées en manière de dents arquées, pointues, ayant une dentelure à l'extrémité. Les palpes sont coniques, courts et épais; les maxillaires sont de quatre articles, les labiaux de trois. Le corselet est plus étroit que le corps, presque carré, brusquement plus élevé à sa partie antérieure et dilaté sur les côtés. L'écusson est petit, triangulaire, peu apparent. Les élytres forment un carré long, et laissent à découvert l'extrémité de l'abdomen. Elles sont unies, planes, sans rebord, et recouvrent deux ailes membraneuses. L'abdomen est carré; les pattes sont courtes, comprimées; les jambes antérieures sont sans épines sensibles à leur extrémité; les postérieures sont assez larges. Ces insectes doivent avoir les mêmes mœurs que les autres genres de leur famille, ils vivent dans les bois comme eux. On soupçonne que les espèces pourvues de dents ou de crochets aux antennes, s'en servent pour se suspendre. M. Westwood, auquel la science est redevable d'un grand nombre de travaux sur l'entomologie, a publié dans le dernier volume des Transactions de la société Linnéenne de Londres, un mémoire très-étendu sur la famille des Paussides, *Paussidæ*. Ce genre, comme on le sait, renfermait un très-petit nombre d'espèces, mais depuis on en a découvert beaucoup d'autres, et les caractères mieux étudiés ont permis à M. Westwood d'établir plusieurs nouvelles coupes génériques. Afin d'avoir une idée plus exacte de ce travail, nous allons reproduire, mais brièvement, les caractères des nouveaux genres établis par M. Westwood. Le premier genre qui se présente à notre examen est celui de :

Genre PENTAPLATARTHRUS, West., c'est-à-dire cinq articles aplatis aux antennes.

P. PAUSSOÏDE, *P. paussoïdes*, West., Trans. de la sociét. Lin. de Londres, tom. XVI, tab. 33, p. 679, fig. 1 à 14, représenté dans notre Atlas, pl. 465, fig. 3. Il est long de trois lignes et demie. Le corps est entièrement d'un roux bleuâtre; la tête est petite, ponctuée; les antennes sont d'un brun roussâtre avec le premier et le second articles un peu ponctués et les suivans très-lisses; le corselet est lisse, brillant, avec ses bords antérieurs avancés en une épine courte et obtuse, en forme de capuchon à sa partie antérieure avec le disque central profondément excavé, ayant dans le milieu une grande élévation arrondie antérieurement et échancrée postérieurement, formant un comble vers les côtés du corselet, avec une carène longitudinale vers le bord postérieur et une ligne de chaque côté, parallèle avec le bord latéral. Les élytres sont saillantes, ponctuées avec les points disposés vers la suture en lignes obscures; les pattes sont brunes. Se trouve en Afrique.

Genre PAUSSE, *Paussus*. Ce genre renferme un assez grand nombre d'espèces, car M. Westwood, dans son ouvrage ci-dessus cité, en décrit quatorze, qui sont : *Paussus microcephalus*, Lin., Westw. tab. 23, fig. 21, p. 631, qui est le type du genre, *P. Linnæi*, Westw., fig. 22 à 24, p. 634, *P. ruber*, Thunb., Westw. p. 635, *P. excavatus*, Westw., p. 637, fig. 56 à 57, *habit. in Senegaliâ*. *P. rufitarsis*, Westw., p. 638, fig. 25 27, *P. thoracicus*, Donovare, Westw. p. 640, fig. 28 à 30, *habitat in Indiâ orient. P. Fichtelii*, Donov., Westw. p. 641, fig. 31 à 33, *habitat in Indiâ orient. P. pilicornis*, Donov., Westw. p. 643, fig. 34, *habitat in Indiâ orient. P. sphærocerus*, Afzelius, Westw. p. 643, fig. 35, *habitat in Sierra Leone. P. armatus*, Dej., Westw. p. 645, fig. 62 à 64, *habitat in Senegaliâ. P. affinis*, Westw., p. 646, fig. 36 à 37, *P. lineatus*, Thunb., Westw. p. 647, fig. 38, *habitat in Caput Bonæ Spei. P. Hardwickii*, Westw., p. 649, fig. 39 à 40, *habitat in Lepaliâ, Ind. orient. P. ruficollis*, Fabr., Westw. p. 650. Parmi les plus remarquables nous citerons :

Le PAUSSE MICROCÉPHALE, *P. microcephalus*, Linn., Afzel., act. soc. Lin. de Lond., t. IV, p. 18, tab. 22; Herbst., Coléopt. 4, tab. 39, fig. 6, a, b. Le corps est long de deux à trois lignes, d'un brun noirâtre; le dernier article des antennes est irrégulier, rétréci à sa base en manière de pédoncule; son côté extérieur est quadridenté et prolongé en dessous en un crochet unidenté; le milieu du corselet présente un enfoncement profond; les jambes postérieures sont plus longues que les autres, un peu rétrécies vers leur extrémité. Cette espèce se trouve en Afrique. Nous avons représenté son corselet et sa tête, pl. 465, fig. 5.

M. Guérin-Méneville vient de décrire une nouvelle espèce, voisine de celle-ci; c'est son PAUSSE DE JOUSSELIN, *P. Jousselinii*, Guér., Revue zoologique, février 1838, p. 21; il est long de trois lignes; son corps est d'un brun foncé presque noir, avec l'abdomen et l'extrémité des élytres ferrugineux; tête petite, ayant un sillon longitudinal en avant et trois tubercules en forme de cornes sur le vertex; antennes rugueuses avec le premier article grand, presque carré; le second, ou la massue, subcylindrique, trois fois plus long que le premier, un peu rétréci au milieu; ayant en dedans et à la base un appendice tronqué, et, près de l'extrémité, trois fortes dents aiguës; corselet divisé en deux par un profond étranglement, ayant une profonde excavation longitudinale au milieu, et deux taches orangées, produites par un fin duvet, placées de chaque côté et presque au fond de l'étranglement transversal; élytres lisses, avec une petite dent dilatée près de l'extrémité; pattes rugueuses comme les antennes. Cette espèce a été trouvée au Pègue, au bord de la rivière Yrrawady, à une journée de Rangoun; il était posé sur un tronc de palmier.

Le PAUSSE CORNU, *P. cornutus*, Chevrol, Mag. de zool., 1832, classe IX, page 49; il est long de dix millimètres, brillant, d'un rouge couleur de poix. Tête arrondie, ayant dans son milieu une petite corne épaisse à la base, noirâtre. Chaperon arrondi en avant, creusé en dessus et marqué d'une petite ligne peu enfoncée. Yeux cendrés, étroits; corselet deux fois aussi long que large, velu sur ses bords, lisse, angulaire à sa partie antérieure. Écusson moyen, triangulaire. Élytres larges, tronquées, s'arrondissant à l'extrémité, couvertes de quelques gros points, peu enfoncés; dessous du corps d'une couleur plus claire; abdomen finement ponctué : le premier segment en occupe la plus grande partie; près de l'insertion de la cuisse postérieure, une petite strie arquée, formée de points également espacées; les deuxième et troisième étroits, transverses; quatrième grand, à peine échancré à son sommet : de cette partie sortent deux filets recourbés; pattes d'un brun noirâtre, extrémité des jambes élargie, tronquée, munie de deux épines raides; tarses joints entre eux, diminuant de grosseur jusqu'au dernier; quatrième article de la longueur des autres ensemble, ayant deux crochets arqués apposés avec une petite pelotte au milieu de chacun d'eux. La patrie de cette espèce est le Sénégal.

M. Chevrolat a distingué une autre espèce, très-voisine, qu'il nomme *P. curvicornis* dans la Revue zoologique. Cette espèce vient aussi du Sénégal.

LE PAUSSE DE FICHTEL, *P. Fichtelii*, Donov., Westw., p. 641, pl. 33. Cette espèce est testacée, avec les élytres brunes, les côtés, la base et la partie antérieure sont rougeâtres ; le thorax est divisé en deux en dessus en avant ; la massue des antennes est oblongue avec le côté interne pointu et le côté externe excavé, la cavité est pyriforme avec les bords dentelés. Habite les Indes orientales.

Genre *Hylotorus*, Dalm. Latr., Westw. Le corps est assez déprimé, court, obtus ; la tête est large, enfoncée postérieurement dans le thorax, ayant deux ocelles distincts ; les antennes sont à peine plus longues que la tête, avec le premier article court, large et échancré dans le milieu ; le second est petit, globuleux, inséré dans l'échancrure du premier ; le dernier est grand, ovale, lancéolé, comprimé et convexe en dessous. L'espèce seule connue et type de ce genre, est :

L'Hylotore bucéphale, *H. bucephalus*, Westw., p. 654, fig. 41 à 42, *Paussus bucephalus*, Gyllenh. Schonh., représenté dans notre Atlas, pl. 465, fig. 7. Le corps est d'un jaune testacé, pâle, glabre ; la tête a une ligne imprimée sur le front et deux ocelles ; les antennes sont de la même couleur que le corps ; le corselet est inégal en dessus et présente dans son milieu une strie profonde et plusieurs autres antérieurement et postérieurement ; les élytres sont jaunâtres, brillantes et lisses ; les ailes sont brunes, hyalines ; le corps est testacé en dessus et ponctué ; les pattes sont pâles. Trouvé à Sierra Leone (Afrique).

Genre Platyrhopalus, Westw., c'est-à-dire massue élargie, caractère tiré de la forme des antennes, qui sont grandes, avec leur premier article comprimé, échancré obliquement à son extrémité, suivi d'un autre plus petit, globuleux, enfoncé dans l'échancrure du premier sur lequel repose le dernier article qui est grand, plus fortement déprimé et tronqué à la base. Ce genre renferme six espèces dont quelques unes sont douteuses ; le *Platyrhopalus denticornis*, Westw. ; *Paussus denticornis*, Donov., p. 657, fig. 43 à 48. *Habitat in Indiâ orientali*, le *Pl. ? lævifrons*, Westw., *Paussus lævifrons*, Déj., p. 661, fig. 65 à 67. *Habit. in Africâ occid., Senegaliâ*, le *Plat. ? dentifrons*, Westw., *Paussus dentifrons*, Déj., p. 662, fig. 68 à 70, *habitat in Senegaliâ*, le *Pl. ? aplustrifer*, Westw., p. 664, fig. 51, le *Pl. unicolor*, Westw., p. 659, pl. 23, fig. 49, *Paussus denticornis*, Meg. Illig. Mag. 3, p. 113, *Habit. in Indiâ orient.* et le *Pl. Melleii*, Westw., p. 683. *Habit. in Malabariâ.*

Nous décrirons comme étant la plus remarquable de toutes ces espèces :

Le Platyrhopale de Melley, *P. Melleii*, Westw., ouvr. cit., Guér., Iconogr. du Règne animal, figure reproduite dans notre Atlas, planche 465, figure 6. Cette espèce est brune, large, convexe, finement ponctuée, brillante, un peu velue, avec le thorax et la tête un peu penchés ; la tête est petite, légèrement brillante et échancrée antérieurement ; les yeux sont grands, un peu saillans ; les antennes ont leur dernier article assez grand, comprimé et échancré au côté externe antérieurement ; les palpes maxillaires sont grands ; les palpes labiaux sont cylindriques, velus, avec le quatrième article un peu plus grand que le dernier ; le thorax est court, transverse, avec la tête presque du double plus large ; les côtés latéraux sont arrondis, la partie postérieure est courte, moins distincte, beaucoup plus étroite et séparée de la partie postérieure par une ligne transverse, presque droite et peu élevée ; élytres brun-châtain, finement ponctuées, brillantes, peu velues, convexes et plus larges que le thorax, presque carrées ; l'abdomen est à peine plus long que les élytres ; les pieds sont courts, très-larges, déprimés ; les tarses sont courts, cylindriques, ciliés et de cinq articles distincts. Cette espèce a été trouvée à Malabar.

Genre Céraptère. Ce genre renferme deux espèces, le *C. latipes*, Swed., p. 669, et le *C. Macleaii*, Donov., Westw., p. 688. Se trouve à la Nouvelle-Hollande. Pour plus de détails, *voyez* l'article Céraptère.

Genre Trochoïde, *Trochoideus*, Westw. *Paussus*, Dalm., nommé ainsi à cause des élytres arrondies à leur sommet. Le corps est convexe ; la tête est presque triangulaire, mais cependant tronquée à son extrémité ; les antennes sont insérées sur le sommet de la tête avec la massue très-grande ; les ocelles sont nuls. Le corselet est plus large que long, convexe, avec les angles antérieurs arrondis ; les élytres sont convexes, ovales ; les pattes sont assez courtes ; les jambes sont mutiques, comprimées, les postérieures un peu courbées ; les tarses sont grêles, de quatre articles. L'espèce type de cette nouvelle coupe générique est le :

Trochoïde croisé, *Trochoideus cruciatus*, Westw. p. 675, fig. 58 à 59 ; *Paussus cruciatus*, Dalm., long d'une ligne et demie ; le corps est ferrugineux ; la tête est lisse, brunâtre ; les yeux sont blancs avec une tache rousse ; le corselet est brunâtre, légèrement pubescent avec le bord latéral et le dos d'un roux ferrugineux ; les élytres sont d'un jaune ferrugineux avec une bande transversale dans leur milieu, brune sur le dos et noirâtre sur les côtés, et vers l'extrémité une bande d'un brun noirâtre avec la suture d'un roux brunâtre formant une croix avec la bande médiane ; chaque élytre est situé auprès de la suture ; le ventre est sans points, mais couvert d'un duvet très-court ; les pattes sont ferrugineuses avec les cuisses plus obscures. La patrie de cette espèce est inconnue.

M. Guérin-Méneville a fait connaître une nouvelle espèce de ce genre, dans la Revue zoologique, février 1838, p. 22, c'est :

Le Trochoïde de Desjardins, *T. Dejardinsii*, Guér. ; long de quatre lignes ; cet insecte est d'un brun marron, couvert d'un fin duvet jaunâtre ; la bouche, les antennes et les pattes sont fauves ; sa tête est large, sans rétrécissement postérieur, avec les yeux saillans et le chaperon et le labre plus étroits et assez avancés pour couvrir les mandibules ; les antennes sont composées de quatre articles, dont le dernier forme une massue beaucoup plus longue que les trois premiers ; mais dans les deux individus que M. Guérin Ménesville a observés, l'un des deux a cette massue beaucoup plus épaisse et semble être le mâle; le premier article est plus long que les deux suivans réunis, arrondi, épaissi en avant; dans le mâle et la femelle le second article est triangulaire, aussi long que large; le troisième est semblable au second, chez la femelle; mais dans le mâle il est très-dilaté en arrière et forme la base de la massue, qui est aplatie, à peine deux fois aussi longue que large, tandis que chez la femelle cette même massue est plus étroite, moins aplatie, et qu'elle a au moins trois fois sa largeur dans sa longueur; les palpes maxillaires sont assez longs et paraissent formés de trois articles dont le premier est court, le second un peu plus long et épais, et le troisième encore un peu plus long que le second, conique, terminé en pointe; les palpes labiaux sont très-courts et terminés par un article largement obconique et creusé au milieu; le corselet est en forme de cœur, tronqué des deux côtés; l'écusson est triangulaire, plus large que long; les élytres sont ovalaires, arrondies au bout, un peu bordées; les pattes sont courtes, avec les tarses de cinq articles. Cette espèce a été trouvée à l'île Maurice.

Enfin M. Westwood termine son excellent travail par l'établissement d'un nouveau genre, *Megadeuterus* (μέγας, *magnus*, et δεύτερος, *secundus*), faisant ainsi allusion à la grandeur du second article des antennes pour y placer le *Paussus flavicornis* de Fabricius, insecte très-anormal, originaire de Java, et que le célèbre Latreille, dans ses familles Naturelles, p. 359, a colloqué dans les Mélyrites. Cet insecte a cinq articles aux tarses, et M. Westwood qui l'éloigne des *Paussus*, pense qu'il doit se rapprocher des TÉLÉPHORES. (H. L.)

PAUSSIDES, *Paussidi.* (INS.) Famille de la tribu des Xylophages qui a été établie par Latreille et à laquelle M. Westwood donne le nom de PAUSSIDES, *Paussidæ.* Les caractères sont : corps oblong, pointu antérieurement; tête petite, triangulaire, globuleuse, prolongée; antennes grandes, épaisses, tantôt de deux articles, dont le dernier très grand, aplati, presque triangulaire, ou ovoïde, tantôt de dix et entièrement perfoliés; palpes grands, coriaces, inégaux; lèvre grande, coriacée, plane, divisée en deux; élytres carrées postérieurement; pieds égaux, courts, comprimés; tarses courts, avec des articles entiers; abdomen plus large que le thorax et plus long que les élytres. Les insectes qui composent cette famille sont tous exotiques, petits, légèrement coriaces et d'une longueur de deux à cinq lignes au plus. Cette famille ne comprenait autrefois que deux genres, mais elle a beaucoup été augmentée par le travail de M. Westwood.

Voici les principaux caractères que cet auteur assigne à chacun des genres qui la composent.

Elytres sub-carrées; palpes labiaux allongés,	antennes bi-articulées.	tête cachée par le thorax (deux ocelles)....		*Hylothorus.*
		tête (ocelles nuls) munie d'un cou,	palpes labiaux avec le dernier article allongé.	*Paussus.*
			palpes labiaux avec les articles égaux.	*Platyrhopalus.*
	antennes de dix articles..............			*Cerapterus.*
	antennes de six articles..............			*Pentaplatarthrus.*
Elytres sub-ovales...	palpes labiaux très-courts..............			*Trochoideus.*

On verra tous ces différens mots à l'article PAUSSE. (H. L.)

PAUXI, *Aurax.* (OIS.) Cuvier, dans son Règne animal, tout en adoptant le genre ALECTOR (*voy.* ce mot) de Merrem, a cru devoir introduire dans ce genre plusieurs subdivisions au nombre desquelles se trouve celle des Pauxis, c'est-à-dire celle que concourent à former des oiseaux qui, avec les caractères principaux assignés à la section générique des Alectors, se distinguent pourtant par la présence, sur la membrane qui embrasse la base du bec et sur la plus grande partie de la tête, de plumes courtes et serrées comme du velours. Vieillot place les Pauxis dans sa première section de son genre Houo, et Temminck leur a trouvé des caractères qui les différenciaient suffisamment de ces derniers, pour convertir le sous-genre établi par Cuvier, en genre. Malgré les connaissances profondes que M. Temminck a des oiseaux, et la juste application qu'il fait ordinairement de ces connaissances à leur classification, l'on ne saurait cependant, dans cette circonstance adopter sa manière de voir; car les Hoccos et les Pauxis ne diffèrent déjà pas entre eux d'une manière tellement sensible qu'on doive les distinguer génériquement : les uns et les autres peuvent tout au plus former deux subdivisions du même genre. Leurs habitudes naturelles et leur genre de vie sont les mêmes.

Cuvier mentionne deux espèces de Pauxis, toutes deux appartenant au Nouveau-Monde. La plus commune est celle que Buffon, dans son Histoire naturelle des oiseaux, a décrite sous le nom de PIERRE DE CAÏENNE, c'est le *Ourax Pauxi* de Linné et de la plupart des ornithologistes modernes. Nous l'avons représenté dans notre Atlas, pl. 466, fig. 1.

Son plumage est généralement d'un noir lustré et bleuâtre taché de blanc sur l'abdomen et à l'extrémité de la queue. En outre, cet oiseau se distingue par un tubercule (plus grand chez le mâle que chez la femelle) de couleur bleue, pyriforme, adhérent par son sommet à la base du bec, et incliné légèrement en arrière. Ce tubercule, dont la surface est parsemée de rainures, a, malgré les cellules nombreuses dont il est creusé, la dureté de la pierre, ce qui semble autoriser la dénomination d'*Oiseau-pierre* qu'on lui a donnée, et ensuite celle de Pierre, sous laquelle on l'a également fait connaître. Les Mexicains les désignent par le nom de Pauxi. Celui sous lequel Buffon l'a décrit, est, selon Vieillot, très-impropre, vu que cet oiseau ne se trouve point à Caïenne, ni même, à ce qu'il paraît, dans la Guyane française. « En effet, poursuit-il, Funini, qui a pénétré très-loin dans l'intérieur de cette contrée, et qui en a parcouru les régions solitaires et inhabitées, nous assure ne l'y avoir jamais rencontré, et que de plus les naturels qu'il a interrogés lui ont dit qu'il leur était absolument inconnu. Quoiqu'on en ait vu plusieurs en captivité dans la Guyane, ce n'est pas un motif de les en croire indigènes, puisqu'ils y ont été apportés du Mexique. Il paraît même qu'on ne retrouve pas cette espèce au Pérou ni au Brésil, attendu que les voyageurs qui ont visité ces parties de l'Amérique, n'en font aucune mention.»

Le Pauxi-pierre, d'après Fernandez, qui en a étudié les mœurs, se perche sur les arbres; puis à la manière des Gallinacés il fait ses pontes à terre, conduit comme eux ses petits et a pour les rappeler un cri à peu près semblable à celui du Faisan. La nourriture des jeunes consiste en insectes; dans un âge plus avancé, ils la font de fruits et de graines. Quoique d'un naturel peu farouche et lourd, le Pauxi ne se laisse ni prendre ni toucher.

On connaît une dernière espèce de Pauxi si peu différente de celle dont il vient d'être question, que Marcgrave avait pu la considérer comme variété : c'est le MITU DU BRÉSIL, *Mitu Brasiliensium*. Marcg.; *Ourax Mitu*, Temm., chez lequel le tubercule de la base du bec est remplacé par une crête saillante, et le blanc de la poitrine et de la queue par une couleur marron.

Cet oiseau a la faculté de détendre brusquement les pennes de sa queue et de les épanouir en roue à peu près comme le fait le Dindon. Ainsi que le Pauxi-pierre, il aime à se percher sur les arbres, et comme lui, il est d'un caractère doux et pesant. (Z. G.)

PAVÉ. (MOLL.) Les marchands donnent ce nom vulgaire au *Conus eburneus*. Ils appellent PAVÉ D'ITALIE le *Conus testellatus*, L. (GUÉR.)

PAVÉ DES GÉANS. (GÉOLOG.) Le prodigieux entassement de colonnes basaltiques auquel on a donné le nom bizarre de Pavé ou de Chaussée des Géans, est au bord de la mer, à une demi-lieue au nord de Bushmills. Si cette masse, d'une structure particulière, dans laquelle la nature semble avoir suivi, sur une vaste échelle, les procédés de nos architectes; si ces colonnes prismatiques, formées de basaltes et symétriquement réunies; si ces apparences de constructions, dont le but serait incompréhensible, pouvaient être attribuées aux travaux de l'homme, on serait fondé à croire que la race capable d'exécuter de telles entreprises fut supérieure à celle d'aujourd'hui. L'existence des anciens géans ne serait plus douteuse; il faudrait également convenir que ces hommes d'autrefois ne furent point aussi habiles qu'ils étaient forts, et que les constructions dites cyclopéennes indiquent à peine l'enfance des arts : on ne peut même les comparer aux pyramides d'Egypte, monumens gigantesques élevés par des hommes de stature très-ordinaire. D'ailleurs, on attribue volontiers aux géans l'emploi de la force sans intelligence, et aux fées ou aux démons les difficultés vaincues par des moyens inconnus.

Mais abandonnons le domaine de la fable, et revenons à la réalité, c'est-à-dire à la description de la Chaussée des géans. Le terrain basaltique se prolonge fort loin sous les eaux de la mer. Le basalte se montre encore en plusieurs lieux aux environs de la grande Chaussée, et forme ce que les habitans nomment de petites chaussées. Quelquefois aussi le basalte a pénétré dans l'intérieur des roches calcaires qui constituent les falaises de cette côte. Presque partout les colonnes prismatiques sont en contact par leurs faces latérales, en sorte que leur assemblage ne laisse aucun vide. On observe néanmoins quelques colonnes isolées, mais très-rapprochées, et composées comme les autres de masses superposées. On remarque principalement un groupe de ce genre sur l'une des faces de la montagne, dont la Chaussée des Géans est un contrefort : les colonnes y décroissent avec une régularité qui a fait donner le nom d'orgues à leur ensemble.

Les sections des prismes basaltiques ne sont ni égales, ni irrégulières; on en voit à quatre, cinq, six côtés, ou en plus grand nombre, sans que ces figures paraissent soumises à une loi déterminable; il ne faut donc pas chercher dans cette chaussée la régularité qu'on observe dans le carrelage des appartemens, ni la belle distribution des alvéoles dans une ruche : tout l'espace a été mis à profit; mais, après y avoir tracé des contours de polygones qui couvrent toute une section horizontale, l'agent constructeur de cette masse a fait passer des plans verticaux par chacun des côtés des polygones, et il en est résulté les prismes juxtaposés d'aujourd'hui.

Les falaises adjacentes à la Chaussée méritent également de fixer l'attention de l'observateur. Vues à la distance d'un quart de lieue, de l'autre côté d'une petite baie, à l'est, elles montrent vers leur base une bande noire d'une soixantaine de pieds de hauteur, divisée verticalement par des raies rouges, et surmontée d'un cordon de pierre rouge; une seconde bande noire de dix pieds de hauteur, traversée par des raies rouges, comme du bas, s'élève sur ce cordon, et supporte elle-même une autre bande de pierre de vingt pieds de haut. Sur les assises horizontales, des prismes de basalte s'élèvent jusqu'au sommet de l'escarpement : c'est ce qu'on nomme les cheminées.

La falaise se prolonge à plus d'une lieue au-delà de la Chaussée, et les cheminées diminuent de hauteur à mesure qu'elles s'éloignent du centre du terrain basaltique.

Les volcans éteints de la France, de l'Italie, de l'Allemagne et d'autres pays, présentent des faits analogues à ceux qu'on observe sur cette côte d'Irlande. Parmi les plus curieux de France, nous citerons le volcan de Chenavari (Ardèche) et la belle colonnade basaltique que l'on voit près d'Entraigues (même département). De plus, on sait que la Chaussée des Géans et les dépôts semblables sont dus aux phénomènes ignés; on sait aussi que les formes dont nous venons de parler sont le résultat du refroidissement et du retrait des masses basaltiques, et qu'on a en quelque sorte une espèce de cristallisation en grand et propre à ces roches. Au reste, *voyez* le mot BASALTE. (A. R.)

PAVETTE, *Pavetta*, L. (BOT. PHAN.) Rheede a le premier fait connaître, il y a tout à l'heure près de deux siècles, la plante qui sert de type au genre créé par Linné sous le nom de *Pavetta*. Ce genre de la Tétrandrie monogynie et de la famille des Rubiacées est tellement voisin des genres *Ixora* et *Psycothria*, que Lamarck, Andrew, Dumont de Courset et Poiret se sont crus suffisamment autorisés à réunir la Pavette tantôt dans le premier, tantôt dans le second de ces deux genres. Cependant, l'autorité de Linné a prévalu, et maintenant tous les botanistes raisonnables considèrent ces trois genres comme des genres distincts.

Le genre *Pavetta* est composé d'un petit nombre d'espèces indigènes à l'Inde, à la Cochinchine, aux îles de l'archipel voisin de leurs côtes, à l'Afrique méridionale et occidentale. Ce sont des arbustes et des arbrisseaux à rameaux et feuilles opposés, à fleurs généralement blanches, formant panicule feuillée, dont les caractères sont d'avoir : 1° le calice très-petit, monophylle, divisé en quatre dents presque obtuses; 2° la corolle monopétale, infundibuliforme, à tube grêle, plusieurs fois plus long que le calice, velu à son orifice, au limbe étalé, découpé en quatre divisions oblongues, aiguës et profondes; 3° les étamines, au nombre de quatre, insérées à l'orifice du tube corollaire, terminées par des anthères linéaires, noirâtres, presque sessiles, de la longueur à peu près des découpures du limbe, et portées sur des filamens très-courts; 4° l'ovaire infère, surmonté en dedans du calice par un petit disque tétragone, au centre duquel s'élève un style filiforme une fois plus long que le tube de la corolle, avec stigmate alongé, verdâtre, velu, légèrement renflé, simple ou à peine échancré en son sommet; 5° et d'une baie pisiforme, globuleuse, à deux loges, dont une avorte constamment et dont l'autre renferme une seule graine, laquelle est plane, sillonnée sur une face, convexe sur l'autre.

Une seule espèce est cultivée en Europe depuis les trois premières années du dix-neuvième siècle : c'est la PAVETTE DE L'INDE, *Pavetta indica*, L., que Rheede a décrite et figurée sous le nom de Pavate dans sa Flore du Malabar, t. V, p. 19, pl. 10. Arbuste d'un à deux mètres de haut, il a les racines rameuses, la tige divisée en rameaux glabres, garnis de feuilles d'un vert luisant en dessus, légèrement pubescentes en dessous, et munies de stipules très-courtes. Ses fleurs blanches disposées au sommet des rameaux ou dans les aisselles des feuilles supérieures, sont portées sur des pédoncules étalés en cyme, et forment dans leur ensemble une jolie panicule feuillée; elles s'épanouissent une grande partie de l'été, et répandent autour d'elles une odeur agréable. Il leur succède parfois des fruits qu'on peut semer sur couche et sous châssis. D'ailleurs, la plante se multiplie volontiers de marcottes et de boutures. Il faut la rentrer en serre tempérée durant la mauvaise saison. Dans le pays où elle croît spontanément, on emploie les racines comme diurétiques contre les hydropisies; les feuilles infusées dans l'huile de Palmier, servent de liniment sur les dartres, ou bien cuites dans l'eau comme fomentations émollientes.

Thunberg et Linné fils ont inscrit dans le genre qui nous occupe, et sous le nom de PAVETTE DE LA CAFRERIE, *Pavetta cafra*, le *Crinita capensis* de Houttuyn; de son côté, Swartz a nommé *Pavetta pentandra* un charmant arbuste des Antilles découvert par Plumier, qui faisait auparavant partie des Psychotres. (T. D. B.)

PAVIER, *Pavia*, Boerh. (BOT. PHAN.) Des arbres de troisième grandeur, originaires du continent américain, surtout de sa partie septentrionale, qui sont propres à la décoration de nos bosquets, et supportant assez bien la rigueur de nos hivers, avaient fourni à Boerhaave l'occasion de payer un tribut à Pierre Paaw, directeur du jardin botanique de Leyde, de 1601 à 1617, époque de sa mort. Les Paviers différant à peine des Marronniers par la forme et la disposition du feuillage, par leurs épis floraux, Linné supprima le genre et le comprit dans celui des *Æsculus*; mais il fut justement rétabli par De Lamarck et par Ventenat, et depuis eux adopté par tous les botanistes modernes. Ce genre fait partie de l'Heptandrie monogynie et de la famille des Hippocastanées. Il est composé de huit à dix espèces aux racines traçantes, aux tiges peu élevées, quelquefois buissonneuses, aux belles feuilles opposées, digitées, offrant un nombre variable de folioles légèrement pétiolées, et aux jolies fleurs irrégulières, qui s'épanouissent au printemps, sont disposées en panaches droits, et présentent les caractères suivans : calice monophylle, tubuleux, divisé à son orifice en cinq petites dents; corolle à quatre pétales inégaux, dressés et rapprochés, les deux supérieurs plus étroits; sept étamines (quelquefois six et même huit) inégales, saillantes, à filamens légèrement courbés dans le haut et terminés par des anthères biloculaires droites et ovales; ovaire supère terminé par un style droit, cylindrique, un peu tubulé, avec stigmate en tête; capsule coriace, pyriforme, arrondie, épaisse, sans aiguillons, à piquans, à trois valves et à trois loges, dont une ou deux avortent le plus souvent. Chaque loge contient deux semences, dont une avorte d'habitude; la semence est globuleuse, presque semblable à celles du Marronnier, comme elle marquée d'une tache cendrée assez grande; sa fécule peut être employée avec succès dans les arts.

L'espèce qui fut la première introduite dans nos jardins est le PAVIER JAUNE, *P. flava*, grand arbre des montagnes de la Caroline septentrionale, aux feuilles toujours digitées, dont les cinq folioles oblongues, pédicellées, sont d'un vert obscur. Ses fleurs, disposées en bouquets touffus, d'un jaune pâle très-agréable, s'épanouissent en mai.

Le Pavier rouge, *P. rubra*, du Brésil et de la Floride, monte à cinq et six mètres, se fait remarquer par la teinte rougeâtre de la sommité des tiges, du pétiole et de la nervure principale des feuilles, et surtout par ses beaux épis de fleurs d'un rouge éclatant. Entre cette espèce et la précédente, Michaux place le Pavier hybride, *P. hybrida*, dont le calice et la corolle, d'un rouge pâle, sont parsemés de poils glanduleux de la même couleur.

Une autre espèce, découverte par le même botaniste en 1792, dans la Géorgie d'Amérique, sur les bords de la Savannah, est représentée dans notre Atlas, pl. 466, fig. 2. Le Pavier a grands épis, *P. macrostachya*, par la beauté de son port, l'élégance et la longueur de ses grappes pyramidales et odorantes, la beauté de ses fleurs blanches, les plus petites du genre, qui demeurent épanouies jusqu'à la fin de l'été, l'excellence de ses fruits que l'on mange, soit crus, soit rôtis, et qui réunissent au goût de la noisette la bonté de la châtaigne, s'est promptement répandu dans nos jardins, où il se multiplie facilement de semences, de marcottes et de rejetons que produisent abondamment ses racines traçantes. En son jeune âge, cet arbrisseau forme une sorte de buisson; mais il élève bientôt sa tige droite à trois et quatre mètres et davantage; il se divise en rameaux recouverts d'une écorce lisse, cendrée, puis un peu rougeâtre, chargés de feuilles d'un vert sombre en dessus, cotonneuses en dessous, composées de cinq à sept folioles ovales-lancéolées, aiguës, inégales entre elles et finement dentées. Sur une partie des fleurs, celles inférieures, on trouve des ovaires bien conformés; chez les supérieures, ils sont avortés et seulement rudimentaires. En *a* nous avons représenté la fleur; en *b* la capsule entière, et en *c* une graine. Ces trois figures sont de grandeur naturelle; quant à la branche, elle est réduite au quart.

Les Paviers, qui se montrent avec tant d'éclat dans nos bosquets, poussent très-rapidement et se chargent de leurs beaux épis de fleurs dès la quatrième, et au plus tard à la cinquième année du semis. Quand on les greffe sur Marronnier, ainsi que le pratiquent encore quelques jardiniers maladroits, il ont une pauvre apparence, et leurs fleurs sont beaucoup moins belles. (T. d. B.)

PAVILLON. (zool. bot.) On donne ce nom à une partie extérieure de l'Oreille (*voy. ce* mot). En botanique, ce mot désigne la partie d'une fleur papilionacée nommée aussi *Étendart*.

Pavillon de Hollande. L'Agathine de Lamarck, qui était le *Bulla fasciata*, Lin.

Pavillon du Prince. Le *Bulimus perversus*.

Pavillon d'Orange. Une Volute. (Guér.)

PAVONE, *Pavonia*. (zooph. polyp.) M. Eudes Deslongchamps caractérise ainsi ce genre de l'ordre des Méandrinées : polypier pierreux, fixé, frondescent, à lobes aplatis, subfoliacés, droits et ascendans, ayant les deux surfaces garnies de sillons ou de rides stellifères; étoiles lamelleuses, sériales, sessiles, plus ou moins imparfaites. Les Pavones se trouvent dans les mers intertropicales, on ne connaît point les animaux qui les forment. Les espèces rapportées à ce genre sont : les *Pavonia agaricites*, *cristata*, *lactuca*, *boletiformis*, *divaricata*, *plicata*, *obtusangula*, *frondifera*. (Guér.)

PAVONIE. (ins.) Sous-genre de Lépidoptères réuni au genre Morphon (*voyez* ce mot). (Guér.)

PAVONIE, *Pavonia*. (bot. phan.) Ce genre, établi par Ruiz et Pavon, faisant double emploi avec un autre du même nom de la famille des Malvacées, Jussieu en a latinisé le nom vulgaire de Laurel du Chili, et c'est aujourd'hi le *Laurelia*. Nous avons, à l'article Monimiées, en établissant les caractères de cette famille, rappelé que le célèbre botaniste anglais, Robert Brown l'avait divisée en deux nouvelles, constituées de cette manière; les Amborées : anthères s'ouvrant par un sillon longitudinal; graines renversées; genres : *Ambora*, *Monimia*, *Ruizia*. Les Athérospermées : anthères s'ouvrant de la base au sommet, au moyen d'une valvule; graines dressées; genres : *Pavonia* (*Laurelia*), *Atherosperma*, *Citrosma*. Nous avons fait connaître les caractères des Monimiées; voici, comme nous l'avons promis (*voy.* Monimiées), ceux des Athérospermées. Périanthe double; l'externe (involucre) est composé de deux divisions caduques; l'interne (calice ou périanthe externe proprement dit) campanulé, à huit divisions; dix à vingt étamines et plus insérées au centre de celui-ci, à filamens stériles, squamiformes; à la base deux appendices irrégulièrement sphériques, à surface glanduleuse; anthères s'ouvrant par le moyen d'une sorte de valvule, qui s'ouvre de la base au sommet; dans les fleurs femelles, ovaires nombreux, à styles simples, velus; capsules en même nombre, monospermes, velues et surmontées chacune du style persistant et plumeux. Dans cette famille, le périanthe interne (calice, selon d'autres) augmente de volume, prend la forme d'un involucre (qui a la forme de celui du figuier) resserré par le haut et renfermant à l'intérieur les graines ou capsules plongées dans une pulpe charnue. L'embryon est placé à la base du périsperme. On voit par l'énumération de ces caractères que ces deux familles ont encore besoin d'une sévère révision pour être définitivement constituées. Peut-être aussi devra-t-on les réunir en une seule.

Voici maintenant la description du *Laurelia*. Les caractères de cette plante étant ceux de la famille que nous venons de décrire, nous y renvoyons le lecteur.

Laurelia aromatica, Poir., Juss.; *Pavonia*, Ruiz et Pavon. Grand et bel arbre du Chili, à rameaux garnis de feuilles opposées, lancéolées, entières, exhalant, quand elles sont froissées entre les doigts, une odeur aromatique agréable; fleurs monoïques, disposées sur des pédoncules communs qui sortent de l'aisselle des feuilles; périanthe divisé en sept ou treize lobes égaux (ou même plus) disposés sur plusieurs rangs; filamens staminaux pourvus de deux petites glandes à la base et environnés de plusieurs squames; anthères appliquées à la partie supérieure du filet et déhiscentes par le moyen d'une valve de la base au sommet; chaque ovaire produit une semence petite, velue; après la fécondation, le calice augmente de volume et se partage en quatre parties qui se renversent et laissent les semences à découvert.

Cet arbre est remarquable par sa belle verdure. Son bois est employé pour les constructions et la menuiserie. Dans l'art culinaire, on emploie, dit-on, ses feuilles comme assaisonnement.

(C. LEM.)

PAVONINE, *Pavonina*. (MOLL.) Nom d'un genre de FORAMINIFÈRES (*voy.* ce mot) ne comprenant qu'une espèce des côtes de Madagascar.

(GERV.)

PAVOT, *Papaver*, L. (BOT. PHAN. et AGR.) Type de la famille des Papavéracées, le genre Pavot appartient à la Polyandrie monogynie; il offre plusieurs espèces qui sont en même temps un objet de culture utile et une source d'agrémens pour l'amateur des jardins. Avant de les considérer sous ce double point de vue, disons les caractères botaniques qui les distinguent de leurs congénères, et inscrivons les phénomènes singuliers qu'elles offrent au savant investigateur.

Une vingtaine d'espèces composent le genre: ce sont en général des plantes herbacées, annuelles ou vivaces, aux racines brunes et fusiformes; aux tiges cylindriques, souvent remplies d'un suc blanc et laiteux, les unes lisses, les autres couvertes de poils très-rudes; aux feuilles alternes, amplexicaules, sinuées et pinnatifides; aux fleurs terminales, grandes, penchées avant leur épanouissement, et doublant avec la plus grande facilité par la culture. La fleur offre un calice arrondi, à deux sépales ovales, concaves, très-caducs; une corolle de quatre pétales plus grands que le calice, arrondis, ouverts, plissés et chiffonnés durant l'inflorescence; des étamines fort nombreuses, à filamens courts, inégaux, hypogynes, terminés par des anthères oblongues et droites; ovaire supère, libre, ovoïde, à une seule loge contenant une grande quantité d'ovules très-petits; point de style; stigmate en forme de disque, frangé et marqué de lignes disposées comme les rayons d'une roue, persistant. La capsule est oblongue, ovale-arrondie, ou globuleuse, lisse ou hérissée, à une seule loge, univalve, s'ouvrant à son sommet, au dessous du stigmate, par autant de trous que celui-ci présente de lobes; elle est de plus polysperme, divisée à l'intérieur en plusieurs placentas longitudinaux; graines extrêmement fines, réniformes, striées, noires ou blanchâtres, chez lesquelles, ainsi que Gaertner l'a fort bien remarqué, l'intéreur se montre entièrement occupé par un périsperme charnu; l'embryon est très-petit, placé vers l'ombilic dans une petite cavité, et la radicule plus longue que les cotylédons. Linné a compté jusqu'à trente-deux mille graines sur un seul pied.

Parfois, surtout dans l'espèce la plus commune, le calice est formé de huit sépales au lieu de deux. Dans les espèces sauvages, il est rare que les étamines se touchent, et malgré leur grand nombre, les anthères s'isolent exactement les unes des autres, se tiennent à des distances à peu près égales, et simulent les rayons d'une sphère. Cet arrangement n'est point l'effet du hasard, mais bien le résultat d'une loi qui prouve, selon l'expression de Grew, que l'arithmétique de la nature est toujours d'accord avec sa géométrie. Les feuilles et leurs supports, quand elles sont parvenues à leur parfait développement, s'écartent aussi de manière à ne pas se toucher; mais ici, pour que le phénomène ait toute sa régularité, le temps doit être calme et serein.

Selon que la capsule est lisse et glabre, ou hérissée, on range les espèces du genre Pavot sous deux catégories. On en a séparé celles chez qui l'ovaire est surmonté par un style court, se roulant en spirale après la fécondation, et portant de quatre à six stigmates distincts et disposés en rayons, pour en former le genre *Meconopsis*, dont il a été parlé plus haut, t. V, p. 107.

Espèces. Voici, parmi les véritables espèces de Pavot, celles qui croissent spontanément en France, ou qui réclament plus particulièrement notre attention. Je les range selon les deux circonstances qui les distinguent.

I. *Capsules lisses.* 1° Le PAVOT BLANC ou des jardins, *Papaver somniferum*, L., plante vivace, que l'on croit originaire de l'Orient, mais qui se trouve naturellement sur les rochers de l'Europe méridionale, cultivée dans presque tous les jardins comme plante d'ornement, et dans plusieurs de nos départemens situés au Nord comme plante oléagineuse. On lui connaît trois variétés, deux admises par les botanistes, l'une aux capsules ovoïdes et aux graines blanchâtres, l'autre dont les capsules sont globuleuses et dont les graines varient du gris au noir; la troisième, créée par les horticulteurs, est à fleurs doubles de toutes couleurs et mélangées; 2° le PAVOT COQUELICOT, *P. rhœas*, L., plante annuelle, qui pullule sur les terres cultivées, principalement dans les champs de blé, où son abondance s'oppose nécessairement à la croissance des céréales, et fournit l'indice certain d'un mauvais terrain. Introduite dans les jardins, elle y double bientôt, et sa corolle, d'un rouge ponceau très-vif, avec une tache noire à la base de chaque pétale, s'y nuance le plus souvent d'une manière très-heureuse; 3° le PAVOT PARVIFLORE, *P. dubium*, L., également annuel, habitant les champs sablonneux, produit une tige haute de soixante à quatre-vingts centimètres, qui porte à l'extrémité de chaque rameau de petites fleurs solitaires, d'un rouge pâle; 4° le PAVOT D'ORIENT, *P. orientale*, L., rapporté de l'Arménie par Tournefort, en 1700; il abonde dans la Thébaïde, et je l'ai trouvé spontané dans plusieurs contrées de l'Italie méridionale. Cette plante est vivace, elle orne les jardins par sa fleur, large de huit à dix centimètres, du rouge le plus éclatant, qui s'épanouit en juin dans nos climats, en pleine terre, et par sa capsule violette, sur laquelle tranchent d'une manière fort agréable les rayons verts et un peu crépus du stigmate; 5° le Pavot a bractées, *P. bracteatum* (Lindley), la plus belle espèce du genre, plus grande que la précédente, vivace comme elle, et dont les fleurs, d'une large dimension, brillent d'un ponceau très-vif; 6° et le Pavot a fleurs nombreuses, *P. floribundum* (Desfontaines), rapporté de l'Arménie par Tournefort. Sa tige droite, haute de soixante centimètres, est couronnée, ainsi que ses rameaux, de fleurs rouges penchées avant leur épanouissement, se succédant plusieurs mois de suite.

II. *Capsules hérissées.* Les espèces du second groupe sont les suivantes : le Pavot a tige nue, *P. nudicaule*, L., que l'on croit originaire de la Sibérie, qui porte des corolles ordinairement jaunes, quelquefois blanches, et qui est annuel, ainsi que le Pavot hybride, *P. hybridum*, L., commun dans nos champs et remarquable par ses petites fleurs rouges, sur lesquelles se détachent leurs étamines violettes, et lors de l'acte reproducteur par le pollen bleu d'azur que répandent les anthères. Sa capsule ovoïde est hérissée, dans toute son étendue, de poils raides et jaunâtres. Le Pavot des Alpes, *P. alpinum*, L., qui vit dans les fentes des rochers et aux lieux pierreux des hautes montagnes, est vivace, donne sur une tige velue, haute au plus de seize centimètres, des petites fleurs blanc-jaunâtres. Le Pavot argémoné, *P. argemone*, L., est annuel et produit des capsules grêles, oblongues, obscurément tétragones ou pentagones, et en forme de massue. Le Pavot des Pyrénées, *P. aurantiacum* (Lapeyrouse), aux feuilles fortement hérissées de poils, aux fleurs d'une jaune citrin, passant à l'orangé par la dessiccation. Il habite les sommités des Pyrénées.

Culture. On cultive diverses espèces de Pavots dans les champs et dans les jardins. La première culture a pour objet de retirer du Pavot somnifère la graine destinée à donner ce qu'on appelle l'huile d'olive du pauvre, ou l'Oliette, sur laquelle j'ai précédemment fourni une note étendue (*voyez* au t. V, p. 222 et 225), et d'obliger la variété blanche à fournir les têtes ou capsules employées aux usages pharmaceutiques.

Depuis long-temps cette double culture est pratiquée dans le département du Nord; les seuls arrondissemens de Lille, Douai et Cambray, comptent plus de trois mille hectares destinés à cette branche d'industrie agricole. Elle n'est point difficile; la plante vient dans les terrains argileux comme dans les sablonneux; le sol veut être rendu meuble par des labours plus ou moins répétés, suivis et précédés même de hersages. Il y a des circonstances où le cultivateur doit casser les mottes : le temps, la localité, l'expérience, sont en ce cas des guides qu'il faut écouter. On donne au premier labour de seize à vingt centimètres de profondeur, les autres peuvent être plus superficiels. Après le premier et le second, dans le département du Nord, on répand de la gadoue sur la terre; en Hollande, on préfère la bouse de vache délayée dans de l'eau ou de l'urine. Si l'on a bien fumé d'avance, cet engrais n'est point nécessaire. On sème à la volée (je préférerais en rayons ou en lignes régulières) aux premiers jours du printemps, ou bien au mois de septembre ou d'octobre, après avoir mêlé la graine avec le quadruple de sable ou de sciure de bois parfaitement sèche. Six kilogrammes de graines suffisent pour un hectare. A la seconde année, on en répand beaucoup moins, et l'on enterre en passant et repassant la herse armée de fagots. Lorsqu'après le semis il survient une pluie douce, la graine s'enfonce d'elle-même. Elle lève en peu de jours. La plante pousse de fortes racines pivotantes, donne des tiges qui montent parfois d'un à deux mètres. Le champ ensemencé avant l'hiver reçoit un binage à la fin de cette saison, puis un second et un troisième, s'il en est besoin, lorsque les tiges ont pris consistance. On attend, pour soumettre à cette opération les semis du printemps, que les plants soient bien développés. Aux environs de Lille, ce sont des femmes qui sont chargées du premier binage; elles se traînent à genoux et arrachent à la main les herbes parasites; les deux autres binages appartiennent aux hommes, de crainte que l'ampleur et le mouvement des jupons ne rompent les tiges. C'est alors qu'on réduit les plants à la quantité convenable, pour que les pieds conservés soient distans les uns des autres de vingt à trente centimètres en tous sens. La récolte pour l'huile se fait aussitôt que les capsules prennent une teinte blonde ou jaunâtre, puis on brûle les tiges, dont les cendres sont précieuses pour les lessives et pour l'amendement des terres. La récolte pour la médecine doit, au contraire, avoir lieu avant que les capsules aient atteint leur parfait dessèchement. Le Pavot n'effrite le sol que là où l'on néglige la voie des engrais et des assolemens bien entendus. Dans nos deux départemens du Rhin, cette plante succède aux Navets; dans celui de la Meurthe, au Rutabaga; dans celui du Nord, aux céréales; ailleurs, il remplace toutes les productions qui ont été détruites par l'hiver. En Allemagne, on cultive ensemble le Pavot et la Carotte.

Je ne dirai qu'un mot de la culture des Pavots au sein des jardins. Si les tiges, les feuilles et les boutons ne répandaient pas une odeur nauséabonde lorsqu'on les touche, si les fleurs étaient parfumées comme celles de la Rose, le Pavot serait sans contredit une de nos plantes d'ornement les plus agréables et les plus recherchées. Cependant, l'amélioration sensible qu'il a reçue des mains de l'horticulteur, en obligeant, par des soins minutieux et une patience à toute épreuve, les étamines à se métamorphoser en pétales, a rendu cette plante digne de figurer, même avec plus d'éclat que la Renoncule, dans les parterres, les vastes plates-bandes et les longues bordures. Chaque fleur, il est vrai, dure peu; le jour qui la voit naître la transmet rarement au jour suivant. On est dédommagé de cette jouissance passagère, par le développement successif des autres corolles portées sur la même tige, par la variété des couleurs, par la beauté des formes.

Ici, comme aux champs, il faut aux Pavots

une terre douce et substantielle ; l'espèce la plus exigeante à cet égard, c'est le Pavot oriental ; mais aucune aussi ne produit un plus piquant effet par son volume et son étendue. Les semis faits avant l'hiver donnent beaucoup plus de fleurs que ceux des mois de février, mars ou avril ; je dirai même que ces derniers réussissent difficilement. Semez sur place, les Pavots ne souffrent point la transplantation, à moins qu'on ne les enlève avec la motte entière attachée à leurs racines ; détruisez les herbes parasites autour d'eux, et supprimez les pieds surnuméraires lorsque la tige s'élance du milieu des feuilles radicales.

Les Mulots sont très-friands des racines ; les Cloportes détruisent la plantule dès qu'elle sort de terre ; d'autres insectes recherchent les graines avec une sorte d'acharnement ; les oiseaux à long bec en dévorent quelques unes, mais ils se jettent plus volontiers sur les insectes rassemblés autour d'elle.

Propriétés économiques. Nous avons dit les qualités de l'huile obtenue des graines de Pavots, laquelle m'a prouvé, durant la rigueur de janvier dernier (1838), ne point se coaguler à douze et seize degrés centigrades de froid. Cette graine, regardée comme alimentaire par les Grecs et les Latins, torréfiée et pétrie avec du miel et de la farine de froment, servait aux Romains à confectionner une sorte de massepain auquel ils donnaient le nom de *Vescum*, comme nous l'apprend le chantre des Géorgiques. Aux environs de Saint-Quentin, département de l'Aisne, on mange encore aujourd'hui des gâteaux à peu près semblables, qui sont un mets délicat, mais difficile à garder. En Lithuanie et en Hongrie, au pied du Caucase et dans tout l'Orient, la graine de Pavot entre dans les pâtisseries et les préparations culinaires. En Italie, à Gènes particulièrement, on fait de petites dragées appétées par les femmes et les enfans. De la graine dont on a exprimé l'huile, on obtient un tourteau qui sert merveilleusement à la nourriture des vaches, des cochons, des volailles et des Oiseaux difficiles à élever, tels que le rossignol. Mêlée au pain, cette graine ne provoque pas au sommeil. Van Swieten et Alston en ont mangé sans en rien ressentir. On dit que son action est plus sensible en Perse et dans l'Inde ; je ne le crois nullement, et les renseignemens que j'ai recueillis de mes correspondans m'autorisent à rejeter cette assertion, aussi fausse que celle méchamment répandue sur l'huile de Pavot.

Avec le suc laiteux extrait des feuilles, des tiges et des capsules du Pavot d'Orient, on prépare le meilleur opium. Des expériences faites à Londres en 1797 par Ball ; à Chenonceaux, département d'Indre et-Loire, en 1805, par le docteur Bretonneau ; à Paris, en 1808, par le docteur Loiseleur-Deslongchamps, ont démontré la possibilité de retirer non seulement de cette plante cultivée dans nos climats, mais encore du Pavot des jardins, soit l'opium en larmes, comme on l'obtient en Perse, en Turquie, en Asie mineure et en Arabie, soit différens extraits, propres à remplacer dans la pratique de la médecine ceux que le commerce nous rapporte à grands frais de ces contrées éloignées.

Nous avons vu plus haut, t. VI, p. 358 à 363, les soins que les Asiatiques apportent à la récolte de la substance blanche qui sort des capsules encore vertes, incisées et laissées sur la tige. Le premier opium que l'on obtient de la sorte, sous forme de gelée gluante et granuleuse, possède au plus haut point sa vertu narcotique. On mêle quelque larmes avec l'extrait retiré de la racine, des feuilles et des fleurs du Chanvre, ainsi que je l'ai dit en traitant de cette plante (t. II, p. 87), pour obtenir le Hachich ou Hachichin, un de ces poisons que les Orientaux voluptueux appellent bienfaisans, et dont ils font un usage journalier pour se procurer, après leurs repas, des extases prolongées, afin, selon leur emphatique expression, de connaître à l'avance les jouissances célestes promises par le prophète. Pour tout autre que des hommes façonnés à toutes les exigeances du despotisme, à la bassesse, à l'entière nullité qu'ils imposent, le Hachich est un véritable poison, surtout dans les climats tempérés. Non seulement il ôte à la pensée ses nobles facultés, il l'assaillit d'hallucinations étranges, fantastiques, mais il détermine la manifestation des vrais symptômes d'une congestion cérébrale, et, en raison du tempérament ou de la force de l'habitude, il finit par produire l'atonie morale, le désordre de l'esprit, par amener la fureur, les convulsions et la mort, si l'on n'a de suite recours à une saignée abondante. Dans les premiers jours de 1837, la ville de Marseille a pu calculer les funestes effets du Hachich, par l'imprudence de plusieurs jeunes gens qui désiraient connaître les féeries enfantées par son usage. Nous rappelons ce fait pour l'instruction de ceux qui voudraient agir comme eux.

Nomenclature vulgaire. Sous le nom vulgaire de PAVOT CORNU, l'on entend parler de la Glaucienne à fleurs jaunes, *Glaucium luteum*, dont il a été parlé t. III, p. 443 ; et de l'Hypécoon couché, *Hypecoum procumbens*, dans nos départemens du Midi, qui donnent l'une et l'autre un suc jaune que l'on dit narcotique. On appelle PAVOT ÉPINEUX, l'Argémone du Mexique, *Argemone mexicana*, mentionnée en notre t. I, p. 270. (T. D. B.)

PAYS-BAS. (GÉOGR. PHYS.) Voici un pays qui a éprouvé de bien grandes vicissitudes politiques et qui a été le théâtre d'un bien grand nombre de révolutions. D'abord ce n'était que les Provinces-Unies, qu'on appelait souvent, mais improprement, la Hollande, du nom de la province la plus considérable ; plus tard, après les guerres civiles des Pays-Bas, nous voyons les Provinces-Unies conquérir les pays de la généralité ou des états généraux ; puis vient le tour des Pays-Bas autrichiens : et après tout cela, toutes les modifications qu'a fait subir à ce pays la domination française : d'abord érigé en république, puis en royauté, après en vice-royauté, enfin englobé dans l'empire français, jusqu'en 1815, époque à laquelle le congrès de Vienne vint rendre à ce pays une existence indépendante en créant le royaume des Pays-Bas, formé de la Hollande, de la Belgique et du duché de Luxembourg. Quelque raison qu'il y eût pour elle de se contenter de la part qui lui fut faite à cette époque, cette contrée se trouvait trop voisine de la France, pour ne pas sentir le contre-coup de la révolution de juillet. Aussi voyons-nous la Belgique se soulever contre la Hollande, demander une existence indépendante et l'obtenir par la grande protection de la France. Qu'elle ait bien ou mal fait, c'est ce que nous ne saurions juger : telle n'est pas notre mission. Il nous importe seulement de constater le fait de la séparation de la Belgique et de la Hollande. Cependant, pour traiter plus complétement l'article géographique des Pays-Bas, nous nous contenterons d'avoir indiqué ici la séparation existante aujourd'hui, et nous reprendrons les Pays-Bas tels qu'ils étaient constitués avant la révolution belge.

Les Pays-Bas comprenaient alors :

1° Les pays qui formaient les sept Provinces-Unies ou provinces souveraines, étroitement liguées entre elles : ces sept provinces étaient la Hollande, la Gueldre, la Zélande, l'Utrecht, la Frise, l'Over-Yssel et la Groningue; la petite province de Drenthe ne formait pas de république particulière, mais, selon Büsching, elle était sous la protection de celle de Groningue.

2° Les pays de la Généralité ou des États-Généraux ainsi nommés, parce qu'ayant été conquis par les Provinces-Unies pendant les guerres civiles des Pays-Bas, ils étaient administrés par les États-Généraux ; leurs habitans n'avaient aucune part au gouvernement ni aux priviléges dont jouissaient les sept provinces unies. Ces pays comprenaient le Brabant septentrional, et plusieurs districts où se trouvaient les villes de Bois-le-Duc, Oosterhout, Tilburg, Eindhoven, Helmont, Osch, Grave, Kuik, Ravenstein, Meck, Breda, Willemstadt, Steenbergen, Berg-op-Zoom, et les forts de Lillo et de Kruischanz; le district de Maëstricht et le petit comté de Wrohenhove; une partie du duché de Limbourg, où se trouvaient Fauquemont, Dalem et Gulpeu; une partie de la Gueldre supérieure, où étaient Venlo et le fort de Hefauswerd; une partie de la Flandre où étaient situés l'Écluse, Aardenburg, Ysendyk sur l'île de Kadzand, Hulst, Axel et Sao-le-Grand.

3° Les Pays-Bas autrichiens, ainsi nommés, parce que depuis 1714, ils appartenaient à la maison d'Autriche; ils renfermaient neuf des dix-sept anciennes provinces des Pays-Bas, quoique sous le rapport administratif, on n'en comptât que sept seulement, savoir : les comtés de Flandre, de Hainaut et de Namur; le duché de Brabant, avec la seigneurie de Malines et le marquisat d'Anvers, les duchés de Limbourg et de Luxembourg et une portion du duché de Gueldre.

4° Les pays qui faisaient partie de l'Empire Germanique; ils embrassaient tout l'évêché souverain de Liége et la plus grande partie de l'abbaye souveraine de Stablo.

5° Les pays qui appartenaient à la France; ce ne sont que des fractions de territoire cédées par cette puissance en 1815, savoir : Marienbourg, Phillipeville et Chimay, détachés du ci-devant Hainaut français, et le petit duché de Bouillon du ci-devant gouvernement général de Metz. (Balbi.)

Maintenant que nos lecteurs sont fixés sur l'étendue et la disposition des différentes provinces qui constituent ou plutôt qui constituaient les Pays-Bas, examinons avec eux les fleuves qui arrosent son sol, les îles qui se trouvent sur ses côtes, enfin les montagnes jetées à sa superficie. Après avoir reconnu comment la nature a traité cette partie de la vieille Europe, nous examinerons comment la main des hommes est venue modifier la nature.

Quoique les Pays-Bas soient de peu d'étendue, ils présentent cependant un assez grand nombre de fleuves d'une véritable importance. Baignés au nord et à l'ouest par la mer du nord, ils sont comme le rendez-vous des cours d'eau qui, de l'Allemagne ou du nord de la France, viennent chercher le vaste réservoir de l'Océan. N'offrant dans leur plus grande longueur depuis la frontière méridionale de Chimay, jusqu'à l'embouchure de l'Ems, qu'une étendue de 236 milles, et dans leur plus grande largeur, depuis Furnes jusqu'à l'Our dans le grand-duché de Luxembourg, qu'une ligne de 143 milles, ils n'en sont pas moins arrosés par une vingtaine de cours d'eau, fleuves ou rivières.

Ainsi, l'Escaut sort du territoire français, traverse le Hainaut, la Flandre orientale, baigne Tournay, Gand, Dandermonde, Anvers, et les forts de Lillo et de Bath, se partage alors en deux branches, dont l'une porte le nom de branche orientale et l'autre de branche occidentale; cette dernière porte quelquefois la dénomination de Hont. Ce sont ces deux branches qui à leur embouchure, forment ces îles qui composent la Zélande. L'Escaut a plusieurs affluens considérables; à sa droite, c'est la Dender, le Ruppll grossi de la Dyle et des deux Nèthes; à gauche la Lys, qui, ainsi que les deux Nèthes, avait donné son nom à un département, pendant l'occupation française.

Après l'Escaut, vient la Meuse, qui sort aussi de France, où elle donne son nom à un département, parcourt les provinces de Namur, de Liége, de Limbourg, de Gueldre, du Brabant septentrional, et de la Hollande méridionale, baigne Namur, Liége, Maëstricht, Roermonde, Venlo, et qui après s'être divisée et subdivisée à l'infini, se reforme en deux bras pour se jeter dans la mer du Nord. Ses principaux affluens à sa droite, sont l'Ourthe et la Roër; à sa gauche, la Sambre qui va baigner Charleroi. La Meuse subit une transformation dont il est bon de parler ici; cette rivière, qui reçoit les deux principales branches du Rhin, le Leck et le Wahal, quitte son nom de Meuse pour prendre celui de Merwe, après sa jonction avec le Wahal; puis, comme fatiguée de son nouveau nom, elle le quitte bientôt pour reprendre son ancien vers son embouchure septentrionale. La

branche

branche méridionale change aussi de nom à la hauteur d'un petit village appelé Moordyk, prend cette dénomination jusqu'à son embouchure.

Vient enfin le RHIN, qui au sortir de l'Allemagne, pénètre dans les Pays-Bas, et se divise immédiatement en deux bras : le bras gauche prend le nom de Wahal, baigne dans sa course dirigée à l'ouest, la ville de Nimègue, et se réunit à la Meuse, comme nous l'avons déjà vu : le bras droit se subdivise en deux nouveaux bras ; l'un, celui de droite, qui court au nord et prend le nom d'Yssel : l'autre, celui de gauche, conserve le nom de Rhin, envoie une nouvelle branche à la Meuse sous le nom de Leck, et se dirigeant au nord, par Utrecht, forme encore un nouveau cours d'eau nommé Vecht. Enfin, épuisé par tant de divisions et de subdivisions, le Rhin va mourir à Leyde, où il n'a plus que la largeur d'un grand fossé. Ne pourrait-on pas voir dans cette vie du Rhin, si agitée, si tumultueuse à son début, et si pauvre, si infime à ses derniers instans, une image de la vie de ces jeunes hommes si prodigues dans leur jeunesse, de leur or et de leur santé, et qui, dans leurs vieux jours, quand ils en ont, languissent pauvres et souffreteux ?

Deux autres petites rivières, le Hunse qui traverse les provinces de Drenthe et de Groningue, et l'Ems, dont l'embouchure seule touche le royaume, termineront la liste des cours d'eau des Pays-Bas.

Des fleuves passons aux îles et voyons comment nous pourrons les classer. Les unes sont formées par les divers bras de la Meuse et de l'Escaut ; les autres se trouvent à l'entrée du Zuiderzée ou le long des côtes de la Frise. Leur position respective nous autorise à en faire deux groupes, le premier que nous appellerons Groupe méridional, se composera des îles Kadzand, nord, et sud-Beve-Walcheren, Tholen, Schouwen, Over-Flakee, Yoorn et Beyerland ; le second, qui prendra le nom de Groupe septentrional et où se trouveront les îles de Wieringer, Texel, Vl'eland, Ter-Schelling et Amelland.

Quant aux montagnes, elles sont si peu nombreuses et si peu importantes, que c'est à peine si elles méritent d'être mentionnées ici. Cependant, nous indiquerons qu'elles se rattachent à la chaîne des Ardennes dont elles sont une dépendance. Les plus hautes se trouvent dans le Luxembourg et ne s'élèvent pas à plus de 300 toises. Celles qui, par leur élévation, méritent d'être indiquées ici sont situées dans les provinces de Liége, de Namur et du Hainaut.

Nos lecteurs savent maintenant la manière dont la nature a traité les Pays-Bas : voyons maintenant ce qu'a fait la main des hommes, qui certes ne manquait pas d'occasion d'exercer en cette contrée son industrieuse intelligence.

En première ligne, viennent se placer ces admirables digues, la sauve-garde de ce pays contre la mer. Le nom même de ces contrées (Pays-Bas) fait connaître, en effet, leur situation particulière. Leur sol est de beaucoup inférieur au niveau de la mer du Nord et du Zuiderzée, de façon qu'il en résulterait nécessairement une inondation complète, si on n'avait pensé à les en préserver au moyen de ces constructions hydrauliques, vraiment gigantesques dans leurs proportions, et qui donnent au pays qu'elles protégent un caractère tout particulier. Tous les ans, les eaux de la mer apportent de nombreuses dégradations à ces immenses travaux, et tous les ans, l'industrie des habitans vient réparer à grands frais les dommages causés par les courans et les tempêtes. On conçoit sans peine cette constance dans les habitans, puisque c'est pour eux une question de vie ou de mort. Nous ne citerons pas ici toutes les digues élevées dans les Pays-Bas, nous nous contenterons de faire connaître la plus importante, la digue de West-Cappel. Elle est regardée comme la plus merveilleuse de ces jetées artificielles dues au génie de l'homme ; elle est située à l'extrémité de l'île de Walcheren, et sert à protéger la Zélande.

Toutes les provinces ne sont pourtant pas exposées à être ainsi envahies par la mer ; c'est un avantage réservé seulement à la Zélande, à la Frise, à la Groningue et à une partie de la Hollande. Les autres provinces des Pays-Bas sont exemptes de ce danger. On s'étonne souvent de l'insouciance du Napolitain, qui va construire sa chaumière sur les versans du Vésuve, sans penser à l'éruption prochaine qui viendra ensevelir sous sa lave brûlante, sa chaumière, sa fortune, et sa famille peut-être ; et personne ne songe à s'étonner de l'impassible sang froid du Hollandais, buvant son pot de bière et fumant sa pipe en face de l'inondation menaçante. Et cependant, le danger de l'inondation est peut-être plus imminent que celui de l'éruption. Pour l'éruption, il faut une cause pour ainsi dire surnaturelle ; l'ordre établi a besoin d'être ébranlé ; il faut qu'une grande et puissante secousse vienne remuer les entrailles de la terre, et arracher de son sein ces nuages de poussière, de fumée, de pierres, ces fleuves de laves ardentes et pressées qui annoncent à l'homme cette grande catastrophe. Pour l'inondation, au contraire, il ne faut rien de tout cela ; la tempête elle-même est inutile ; un trou de rat suffit pour couvrir d'eau les plus belles provinces des Pays-Bas ; nous pouvons même trouver quelque chose de moins qu'un rat ; ces nombreux annélides qu'on trouve au bord de la mer auront assez de puissance pour détruire l'ouvrage de l'homme, et renverser, sans conscience, il est vrai, ses gigantesques travaux. Aussi, le peuple, dans ce pays, comprend parfaitement le respect et le culte qu'il doit aux animaux bienfaisans, qui le débarrassent d'ennemis aussi importuns, et la cigogne trouve auprès de lui aide et protection. Se nourrissant, en effet, de ces vers si dangereux, elle met de grands obstacles à la dégradation des digues, et fait presque autant pour leur conservation que l'homme lui-même. Aussi trouve-t-on dans les lois du pays un édit qui la défend contre toute espèce d'outrage, et ordonne la peine du talion contre celui qui la mettrait à mort. Fière de cette protection intéressée, la cigogne se promène tranquille et rassurée au milieu des villages hollandais, et présente un curieux spectacle au voyageur, étonné de son air apprivoisé et de ses mœurs presque domestiques.

On conçoit sans peine que, dans un pays où il y a un tel abaissement du sol, et où l'eau se trouve par conséquent en grande abondance, on en ait tiré parti pour faire de nombreux canaux. Par leur moyen, on remplace pour ainsi dire les grandes routes; c'est même ainsi que sont établies les voies de communication dans les provinces septentrionales et dans les deux Hollandes, à de certaines heures, ces canaux sont parcourus par des barques particulières qui tiennent lieu de diligence, prenant des voyageurs pour une destination fixe qu'ils transportent moyennant salaire. Nous n'entrerons pas ici dans de nombreux détails et nous ne donnerons pas une description exacte de tous les canaux construits sur la surface du pays dont nous nous occupons. Nous nous abstiendrons de tout ce qui pourrait faire de cet article un traité de canalisation hollandaise et belge; nous indiquerons seulement les travaux hydrauliques les plus importans en ce genre.

Parmi eux nous citerons donc le canal du Nord, en Hollande, un des plus beaux ouvrages en ce genre : sa construction est toute moderne; il a été commencé et achevé sous le règne actuel, dans le but d'établir une communication directe entre Amsterdam et le port du Helder; les difficultés qu'on a eu à vaincre pour le construire ont considérablement élevé les dépenses d'établissement.

Le canal du nord de la Belgique est aussi fort important : destiné à unir l'Escaut à la Meuse ou Anvers à Venloo, il n'a été terminé que dernièrement, quoiqu'il fût commencé depuis longues années, puisque les premiers travaux remontent à l'époque de la domination française. Le canal de Liége doit unir cette ville à Wasserbillig, petit endroit sur la Moselle; le canal de Mons à Condé, ouvert en 1814; le canal de Bruxelles, qui établit une communication entre cette ville et Anvers; le canal de Terneuse, qui de Gand va à Terneuse; le canal d'Ostende, qui joint ce port de mer avec Gand, en passant par Bruges; c'est un des plus anciens et des plus beaux; enfin celui qui en passant par Groningue et Leeuvarden, s'étend de l'Ems à Harluigen, sur le Zuyderzée.

Nous nous arrêterons ici, dans cette nomenclature, pour parler d'un autre genre de voie de communication qui est destiné un jour à détrôner les canaux. Tous nos lecteurs ont déjà deviné que nous voulions parler des Chemins de fer. On sait que les chemins de fer sont formés de rails placés sur un plan horizontal, de manière que les divers wagons tirés par les locomotives au moyen de la vapeur peuvent exécuter sans obstacle la route qu'ils doivent parcourir. Il y a donc, en général, de grands travaux préparatoires à exécuter avant de placer les rails. Car toutes les fois que le terrain n'est pas parfaitement horizontal, il faut nécessairement le rendre tel. Or un pays où les canaux peuvent s'exécuter assez facilement puisqu'ils servent en général de routes, doit être nécessairement dans d'excellentes conditions pour être parcouru par des chemins de fer. Aussi plusieurs voies de communication de cette nature se sont déjà ouvertes sur le territoire des Pays-Bas. Nous citerons parmi elles, le chemin de fer d'Anvers à Bruxelles, sur lequel on fait douze lieues à l'heure.

Nous ne pouvons nous dispenser de donner ici quelques indications sur les diverses industries cultivées par les habitans des Pays-Bas. Tout le monde connaît les toiles de Hollande et de Flandre; les dentelles de Bruxelles, Malines, Gand, etc.; les cotons imprimés de Gand et de Bruxelles, les tapis de Tournay, pour lesquels Rubens et Raphaël dessinèrent des cartons; la cirerie de Harlem; le vermillon d'Amsterdam; les blanchisseries de Harlem et de Courtray, connues dans le monde entier; les papiers de la Hollande septentrionale; les draps de Verviers, de Leyde, de Malines; les carrosses de Bruxelles; les étoffes de soie de Harlem; les velours d'Utrecht; les tanneries de Maëstricht, Liége et Gand; les fabriques de tabac d'Amsterdam et de Rotterdam; la faïence de Tournay et de Delft; les pipes de Gouda; les aiguilles de Rotterdam et de Bois-le-Duc; les fabriques d'armes et la coutellerie de Liége et de Namur; les raffineries de sucre d'Amsterdam, de Rotterdam, de Dordrecht; celles de la première de ces villes occasionent un roulement de quarante millions de capitaux par an; les contrefaçons des livres de Bruxelles; la belle taille de diamans de cette ville; les ouvrages en fer, acier, cuivre et laiton de Namur et Liége. L'activité qui règne dans toutes ses manufactures enrichit considérablement le peuple de ces provinces, l'un des plus industrieux et des plus commerçans du monde.

Nous nous arrêterons ici; nous ne parlerons point des nombreuses colonies que possèdent les Pays-Bas; malgré les cessions considérables faites récemment par la Hollande, elle n'en possède pas moins une grande partie de l'Océanie; elle a aussi plusieurs possessions en Afrique et en Amérique. Nous renvoyons nos lecteurs, pour cette partie de notre sujet, aux différens articles de ce Dictionnaire qui en parlent. (C. J.)

PEAU. (anat.) *Voyez* Physiologie.

PEAU. (moll.) Ce nom est donné vulgairement et par les marchands à un grand nombre de coquilles distinguées entre elles par des épithètes; les noms les plus répandus sont :

Peau d'ane. Le *Cypræa flaveola*, L.

Peau de chagrin. *Conus varius* et *Granulatus*.

Peau de chat. Le *Cypræa fragilis*, L.

Peau de civette. Le *Conus obesus*, L.

Peau de lièvre. Le *Cypræa testudinaria*.

Peau de lion. Le *Strombus lentiginosus*, L.

Peau de serpent. Le *Turbo pellis serpentis*

l'*Helix pellis serpentis*, le *Conus testudineus*, le *Cypræa mauritiana*.

Peau de tigre. Le *Cypræa tigris*, etc., etc. (Guér.)

PEAUCIER. (anat.) *Cuticularis*, de *cutis*, peau. Le muscle Peaucier est placé superficiellement sur les parties latérales du cou ; il est aplati, large et quadrilatère. Ses fibres, toutes parallèles les unes aux autres, sont obliques de bas en haut. Elles naissent du tissu cellulaire qui couvre la partie antérieure et supérieure de la poitrine, passent au devant de la clavicule, et viennent s'attacher à la partie inférieure de la symphyse du menton à la ligne oblique externe de la mâchoire et à la commissure des lèvres. Le muscle Peaucier, plus ou moins développé chez les divers animaux, se trouve à l'état rudimentaire chez l'homme ; il abaisse la commissure des lèvres, et la porte en dehors ; il contribue aussi à l'abaissement de la mâchoire inférieure ; quand il se contracte, il fronce et traverse la peau du cou. (M. S. A.)

PECARI, *Dicotyles*. (mamm.) Nous avons vu à l'article Cochon que G. Cuvier avait, sous ce nom, séparé des autres espèces du genre Sus pour en former un genre particulier, le *Sus tajassu* de Linnæus, appelle aussi Pecari et dont il signale, d'après D'Azzara, deux espèces distinctes. Ces animaux, fort voisins des Cochons proprement dits, s'en distinguent néanmoins par quelques caractères ; leurs canines ne sortent pas de la bouche et ils manquent constamment de doigt externe aux pieds de derrière. Les os du métatarse et du carpe des grands doigts de ces animaux sont soudés comme chez les Ruminans en une espèce de canon, et leur estomac, divisé en plusieurs poches, leur donne de nouveaux rapports avec ces animaux. Ils sont encore remarquables par la présence à la région des lombes d'un pore cutané très-développé, sécrétant un mucus particulier et que d'abord on avait considéré comme l'orifice des voies urinaires, puis comme un second nombril. C'est pour faire allusion à cette interprétation que Cuvier a donné au genre dans lequel il place les Pecaris, le nom de *Dicotyles*, signifiant chez eux nombrils.

Les Pécaris sont communs dans l'Amérique méridionale où ils vivent par troupes souvent fort nombreuses. Ils n'ont pas été soumis en domesticité comme les Cochons ; mais il est facile de les apprivoiser, et comme ils reproduisent en captivité, il ne serait pas difficile de soumettre complétement leur race si le besoin s'en faisait sentir. Lorsqu'on les prend jeunes, dit D'Azzara, on rapporte que leur chair est bonne et qu'elle serait meilleure si on châtrait ces animaux ; mais qu'ils n'ont pas autant de graisse que le Porc ; ce qui n'est point étrange, et parce qu'ils ne sont point engraissés, et parce qu'ils sont toujours couverts d'une infinité de tiques qui abondent dans les bois.

On pourrait dire qu'ils manquent de queue, puisqu'ils l'ont si courte qu'on ne peut la voir qu'en la cherchant avec soin ; leurs soies sont assez grosses, et leur taille est à peu près celle des Cochons de Siam. Avec quelque soin ils reproduisent dans nos contrées.

Voici comment on a défini les deux espèces de Pécaris.

P. Tagnicati de D'Azzara, c'est-à-dire à mâchoire blanche. Cuvier l'appelle *Dic. labiatus*, il est brun avec les lèvres blanches.

P. Couré ou Tajassou, D'Az. *Dic. torquatus*, Cuvier. C'est de lui que parle Buffon ; il est un peu moins grand que le précédent, son poil est annelé de gris et de brun, et il a un collier blanchâtre allant obliquement de l'angle de la mâchoire inférieure sur l'épaule ; il est figuré dans l'Atlas de ce Dictionnaire, pl. 467, fig. 1. (Gerv.)

PÊCHE. (bot. phan. et agr.) Nom du fruit que porte le Pêcher. Il est presque sphérique, marqué sur l'un des côtés d'un sillon profond qui commence à l'attache du pédoncule et se continue, en diminuant, jusqu'au point où se trouvait placé le style. Sa grosseur varie beaucoup.

A la beauté de sa forme, à l'éclat de ses vives couleurs que rehausse un léger duvet, à la jouissance anticipée que sa vue procure, au parfum délicieux qu'elle répand, la Pêche réunit une chair délicate, une saveur sucrée, un goût vineux exquis, et toutes les hautes qualités des meilleurs fruits. Si elle ne convient pas à tous les estomacs, si pour quelques personnes elle est d'une digestion lente, pénible, la faute n'est point au fruit, mais à une fâcheuse disposition physique, particulière aux individus ; pour eux le moyen le plus sûr de tempérer ce que la Pêche a de trop froid, de trop humectant, c'est de la manger trempée dans du vin ou saupoudrée de beaucoup de sucre pulvérisé. Après ce petit conseil, détruisons une erreur.

On a dit, et presque tous les compilateurs répètent à l'envi, que la Pêche est vénéneuse dans la Perse, d'où elle est originaire : c'est un conte populaire, trop complaisamment accepté par Columelle, par lui consigné dans son poème sur la culture des jardins (*De re rustica*, X, 405), qui s'est perpétué jusqu'à nous, quoique, peu d'années après la publication de l'œuvre utile de l'illustre géopone, Pline l'ancien (*Hist. nat.*, XV, 12 et 13) eût démontré toute la fausseté d'une semblable assertion.

Ce qu'il y a d'incontestable, la Pêche, dans son pays natal, est loin d'avoir l'excellence qu'elle a acquise depuis dix-neuf siècles qu'on la possède en Europe ; elle y est petite, tardive, presque absolument sauvage, à moins qu'elle ne soit cultivée dans les jardins ; car alors elle est d'une saveur agréable en novembre quand elle est mûre, tandis que chez nous elle s'est tellement améliorée qu'elle a positivement changé de nature. Au rapport des deux autorités citées tout à l'heure, en Espagne et en Italie elle demeura toujours petite, seulement elle devança l'époque de sa maturité ; mais à peine fut-elle cultivée dans les Gaules, qu'elle y prit du volume, une robe nouvelle, et une succulence toute particulière.

De là la distinction horticole, mais non botanique, de ce fruit en PÊCHES A CHAIR FERME et en PÊCHES FONDANTES. Les amateurs et les pépiniéristes appellent improprement les premières *Alberges* et *Pavies* (1); dans nos départemens du sud-est, on désigne les premières sous la dénomination vulgaire, mais plus convenable, de *Pesseguys durans;* elles sont préférées chez tous les peuples méridionaux, où elles ont véritablement un goût parfait et où leur chair demeure adhérente au noyau. Les secondes, *Pesseguys moulans*, moins désireuses de grandes chaleurs et surtout de chaleurs continues, jouissent dans nos départemens du centre et dans ceux placés sous la climature de Paris, d'une eau très-sucrée, d'une chair tendre, friande, quittant volontiers et la peau et le noyau, d'un parfum suave et d'une saveur exquise.

Entre ces deux principales espèces, toujours horticulturalement prises, viennent se placer deux autres, le BRUGNON et la PÊCHE VIOLETTE; l'un, remarquable par sa peau lisse, unie, luisante, par sa chair moins ferme que celle des Pavies, plus que celle de la Pêche proprement dite, et par l'adhérence du noyau; l'autre, à peau d'un rouge violacé, lisse, également sans duvet, à chair moins fondante que celle de la Pêche proprement dite et quittant comme elle le noyau.

Il serait fort difficile de dire quel a été le type primitif des nombreuses variétés répandues aujourd'hui dans nos jardins; cependant je ne crois pas trop m'éloigner de la vérité en regardant comme telle la Pêche ordinaire des vignes, que l'on ne greffe point, et qui se perpétue toujours la même par le semis de son noyau. C'est elle que j'ai vu non seulement cultivée au sein des vignobles, mais encore totalement abandonnée à la nature dans nos départemens du sud-est, sous les noms de Passegré, Pessigre, Persec, Pességuier, Perciquier, Persais, etc., suivant la disparité d'idiomes en usage dans le midi. Son fruit est moins gros que celui de la Pavie; sa couleur, ordinairement jaune, quelquefois blanche, est rehaussée par de nombreux points rouge-brun. Aux pays chauds, sa chair est très-juteuse; dans ceux qui sont tempérés, le suc se montre légèrement acide; le noyau se détache et paraît souvent gâté ou rongé par les larves d'insectes, malgré l'acide prussique contenu dans l'amande.

La cueillette des Pêches veut être faite quand elles ont atteint leur maturité parfaite. On reconnaît aisément ce moment quand elles se montrent tout-à-fait jaunes autour du pédoncule, d'un beau rouge sur le côté frappé par le soleil, et quand leur peau devient fine et transparente : c'est une mauvaise manière de les tâter pour s'assurer si elles sont mûres, cela les gâte toujours. On les enlève de la branche en les enveloppant de tous les doigts de la main, et en prenant toutes les précautions convenables pour ne point les meurtrir; on les place doucement sur des corbeilles plates, garnies de feuilles de vignes et sur lesquelles on les range sans les presser les unes auprès des autres, jamais dessus. Ainsi portées à la maison, les Pêches se mettent du côté de la queue ou pédoncule sur des tablettes bien propres et dans un lieu frais. On les y laisse quelques heures, et même trois ou quatre jours, selon la température actuelle, pour que leur principe sucré se développe : elles sont alors meilleures à manger crues. Veut-on en garder plus long-temps? on les dépose en une cave point humide, très-saine; elles peuvent y demeurer quinze jours sans rien perdre de leur saveur ni de leur parfum; mais gardez-vous de les porter dans une glacière, ainsi que le conseillent certains auteurs; peu d'heures suffisent pour les y dénaturer totalement.

Toute Pêche destinée à être conservée se fait cuire, sécher ou confire. Cuite, on la prépare en compote et en marmelade, mais il faut convenir que sous cette forme les Pêches sont loin de justifier la suprématie de leurs fruits mangés crus. Séchées au four ou bien au soleil, les Pavies réussissent mieux que la Pêche fondante. On les confit à l'eau-de-vie avec du sucre, dans le moût de raisin aromatisé avec de la cannelle en poudre; mais alors il faut les prendre un peu fermes, entières, sans les peler ni les fendre. Quelques personnes préparent les Pavies au vinaigre de la même manière que les Cornichons. Pilées dans une auge en bois, puis exposées à la fermentation vineuse, les Pêches donnent beaucoup d'eau-de-vie et sont d'un produit considérable pour certaines localités. Des amandes, qui sont naturellement amères, on obtient une huile douce, quand on les traite convenablement; cette huile a eu jadis de la vogue, on l'employait surtout en médecine; mais on l'a bientôt abandonnée, ses vertus étant complétement idéales.

Sans aucun doute on ne s'attend pas à trouver ici la pédantesque et ridicule nomenclature des Pêches, vantées aujourd'hui sous la dénomination de Belle-de-Vitry, Grosse-Mignonne, Teint-Doux, Transparente, Galande, Sanguinole, Belle-Beauté, Admirable-Jaune, Avant-Pêche, Merlicouton, Veloutée-de-Merlet, Pêche-Cerise, Pêche-Noix, Sandalie-Hermaphrodite, Téton de Vénus, etc. Il me serait positivement impossible de leur assigner des caractères bien distincts; toutes sont des variétés de variétés. Quelques unes ont un mérite réel, un fort joli bouquet; mais elles demandent un soin si particulier, que l'erreur d'un moment détruit tout le charme. D'ailleurs, et, je le dis avec la plus intime conviction, leur réputation passera comme passa celle des Pêches incomparables de Corbeil, qu'on recherchait encore avec tant d'empressement, en 1613, au rapport du docteur La Framboisière et de Champier, et qui, quatre-vingts ans plus tard, en 1697, étaient tombées dans un tel discrédit, que La Quintinie les rangeait déjà parmi les plus mauvaises. (T. D. B.)

(1) Ces deux noms appartiennent aux fruits de l'Albergier ou Aubergier, qui fait partie des Abricotiers (*voyez* tom. Ier pag. 84) et du Pavier, décrit plus haut, pag. 203.

PÊCHER, *Persica*, Tournef. (BOT. PHAN. et AGR.) Arbrisseau venu de la Perse, appartenant à l'Icosandrie monogynie et à la famille des Rosacées ; il a de si grands rapports avec l'Amandier que Linné crut devoir n'en faire qu'une espèce de ce genre et lui donner le nom botanique de *Amygdalus persica ;* cependant en considérant le fruit de ces deux arbres, j'adopte le genre de Tournefort. En effet, le drupe vert de l'Amandier est sec, coriace, à noyau lisse, simplement parsemé de points ou pores épars, tandis que celui du Pêcher, comme nous venons de le voir, est charnu, coloré, plein de suc, d'une saveur agréable, contenant un noyau dur, marqué de crevasses profondes s'anastomosant irrégulièrement les unes avec les autres. Je n'ignore pas les conséquences que Knight tire des essais auxquels il s'est livré pour démontrer que l'Amandier et le Pêcher ne constituent qu'une seule et même espèce; que le premier, par une culture convenable, peut, après un grand nombre de générations, devenir un Pêcher de la meilleure espèce possible; mais je suis très-éloigné de les adopter, et, je le répète, l'identité des deux fruits n'est rien moins que prouvée à mes yeux. Je crois aux changemens apportés par la culture dans la forme et dans la qualité des fruits; admettre un changement de nature me semble une sottise que rien ne pourra jamais justifier.

Voici les caractères botaniques du genre *Persica.* Plantes ligneuses s'élevant peu, formant plutôt un buisson qu'un arbre de troisième grandeur parmi lesquels certains auteurs les inscrivent ; feuilles alternes, étroites, longues, accompagnées à l'origine du pétiole de deux stipules linéaires et caduques: fleurs disposées en une sorte de thyrse très-agréable, s'épanouissant avant l'apparition des feuilles; elles sont d'abord enveloppées de quelques écailles roussâtres, puis elles tombent aussitôt après l'union des deux sexes. Calice d'une seule pièce, caduc, tubulé inférieurement, évasé dans sa partie supérieure, et partagé en cinq découpures obtuses. Corolle rose composée de cinq pétales ovales-oblongs ou ovales-arrondis, de vingt à trente étamines insérées sur le calice, et dont les filamens blancs ou roses, un peu courbés par le bas, portent des anthères ovales; ovaire libre, globuleux, surmonté d'un style simple, cylindrique et d'un stigmate en tête, se changeant en un drupe charnu, succulent, avec noyau fortement sillonné, dans lequel sont renfermées une ou deux semences oléagineuses, le plus souvent amères.

De Candolle avait prétendu fonder deux races distinctes dans le genre Pêcher, d'après la peau qui recouvre le fruit, laquelle est, selon les variétés, entièrement couverte de duvet, ou totalement lisse; mais cette différence, empruntée tout d'une pièce à Duhamel (que lui-même déclare uniquement due à la culture), ne pouvait être admise comme base scientifique ; aussi fut-elle rejetée d'un commun accord par tous les botanistes et abandonnée aux horticulteurs. On ne connaît positivement qu'une seule espèce, dont les nombreuses différences plus ou moins accidentelles forment les cinquante variétés cultivées en nos jardins. L'arbre a été découvert en Perse par Bruguière et Olivier; il s'y rencontre spontané ; nulle part, ni l'art de la greffe, ni celui de la taille, ne viennent aider à son parfait développement et ajouter au perfectionnement de ses produits. Cet arbre, qu'on introduisit, en 1800, dans l'orangerie du Jardin-des-plantes de Paris, et qui fut, six ans après, planté dans l'école des arbres fruitiers, n'est point une espèce particulière comme le crut André Thouin, mais bien le type essentiel du genre. Comparé aux variétés inscrites dans les catalogues sous les noms de Avant-Pêcher blanc, de Pêcher-Cerise, Pêcher-Nain, et à plusieurs autres, on suit aisément les modifications que le Pêcher dit d'Ispaham, *Persica ispahamensis*, éprouve par la culture, la différence de situation, de sol, de température. La plus frappante de toutes est un changement dans l'époque de la maturité des fruits qui, chez nous, est plus précoce, ainsi que dans la beauté et la suavité de ces mêmes fruits.

Le Pêcher, *Persica vulgaris*, Mill., offre des racines pivotantes, se divisant peu, munies d'un chevelu rare, sortant à peu de distance au dessous du collet, tandis qu'au dessus s'élève un tronc revêtu d'une écorce brunâtre, offrant un très-grand nombre de branches et de rameaux lisses, verts, souvent rougis du côté qui regarde le soleil; ses feuilles sont munies de deux à cinq petites glandes à leur base, dont l'aspect globuleux est parfois réniforme, creusé dans le centre. Les rameaux d'un an portent des fleurs au lieu même où l'année précédente on voyait des feuilles. Le diamètre de la corolle varie de quatorze à quarante millimètres ; il en est de même pour l'intensité de sa couleur qui du rose très-pâle arrive au rose le plus foncé, ainsi que pour la taille et la forme de ses pétales : tantôt on les voit petits et ovales-allongés, tantôt grands et presque ronds, plus ou moins creusés en cuiller, plus longs que larges, toujours entiers en leur bord. Cet arbre croît rapidement, quand on a su ménager ses racines.

En semant le noyau, peu de temps après l'avoir séparé de la pulpe qui le recouvre, il lève au printemps suivant et présente des jets d'un mètre à un mètre et demi à la fin de l'automne. Si le sol est doux, substantiel, profond, et l'exposition bien choisie (celle du midi est précieuse sous la zone de Paris, celle du couchant peut convenir à quelques variétés, mais celle du nord est mauvaise pour toutes), vous aurez constamment des fruits bien mûrs, acquérant toujours la saveur, l'eau, le parfum, qui caractérisent une Pêche de haute qualité. Les variétés hâtives, telles que la Madelaine et la petite Mignonne, auxquelles on demande de bonne heure une récolte bien conditionnée, ainsi que celles que l'on élève pour être tardives, ont besoin de jouir de toute l'amplitude des rayons solaires; aussi doit-on les placer en plein midi; l'arbre que l'on veut ménager et conserver long-temps, se place au levant; son écorce n'y est point sujette, comme dans l'autre exposition, à se lever et à fournir asile à des myriades d'insectes qui le dégradent de plus en plus.

On cultive le Pêcher en plein vent et en espalier. En l'un et l'autre cas, on le plante à huit mètres de distance en tous sens dans les bons terrains et à six sur les autres. Le pied en espalier se tient à seize centimètres du mur et incliné de manière à ce que sa tige s'appuie contre celui-ci. La méthode de culture adoptée par les habitans de Montreuil, près de Vincennes, est la meilleure à suivre en la modifiant un peu pour ce qui concerne la taille. Cette culture du reste y est portée à une si haute perfection qu'il est impossible de traiter le Pêcher d'une manière plus ingénieuse, d'en obtenir de plus beaux et de plus succulens produits. J'en réserve les détails pour mon grand ouvrage sur l'agriculture nationale; je les ai suivis avec autant d'intérêt que de soin, et je me suis convaincu que tout ce qui a été publié jusqu'ici est fort incomplet: je regrette que leur étendue et la nature de ce Dictionnaire ne permettent pas de les donner ici. Je dirai donc seulement que le Pêcher greffé sur Amandier planté en un sol sec et sablonneux, dans une bonne exposition, devient plus grand, et est supérieur à celui qui n'est pas marié, mais que, greffé sur Abricotier, il rapporte, au bout de deux ans, des fruits d'une plus haute qualité. Le moins productif est le Pêcher greffé sur Prunier de gros damas et placé dans une terre forte et fraîche. Dès que l'arbre est planté, et que ses racines ont été bien examinées, l'on coupe sa tête à quatre, cinq et six yeux au dessus de la greffe, avant que la sève entre en mouvement; chacun des yeux pousse ordinairement son bourgeon; lorsque ceux-ci se trouvent mal placés, qu'ils se présentent sur le devant ou le derrière de l'arbre, certains pépiniéristes les suppriment: cette pratique ne vaut rien, enlevez sans pitié les gourmands du sauvageon, mais respectez le reste jusqu'au moment de la taille: plus la plante comptera de feuilles, plus elle aura de moyens pour consolider la reprise des racines. Une fois la première année écoulée formez la tête, le moment est convenable.

L'opération a lieu dans les premières journées du printemps; elle se fait en choisissant deux des branches les plus saines, les plus vigoureuses et le plus favorablement placées pour servir de base à son espalier et former le V très-ouvert sous le nom de bras primitifs: l'essentiel est de les trouver en opposition l'une de l'autre des deux côtés du pied de l'arbre et parallèles au mur; puis on coupe, avec une serpette bien acérée, le plus près possible de la tige, et sans laisser le moindre chicot, tous les rameaux qui doivent perpétuer l'arbre. On palisse avec une grande régularité les branches laissées à droite et à gauche dans la vue de former deux bras correspondans aux deux premiers, en ayant surtout soin d'incliner moins la branche la plus faible, pour qu'elle puisse faire ensuite équilibre avec la plus forte. On lie contre le treillage au moyen du jonc, du sparte ou de menus brins d'osier, ou bien à l'aide d'une lanière d'étoffe, dite *loque*; en enveloppant chaque branche et en la fixant au mur avec un clou. La plus grande attention est nécessaire pour respecter les feuilles, ainsi que les yeux des rameaux et pour éviter de contourner ou de couder trop brusquement.

Au commencement de la troisième année on opère la seconde taille afin d'établir les branches montantes que l'on coupe au dessus du cinquième œil, et les branches descendantes qui doivent l'être au troisième. Quand on veut, selon l'expression de Montaigne, « au lieu d'outrager l'arbre, se borner à lui donner des soins » on ne taille point, on arque simplement; on dérobe ainsi ses Pêchers à la funeste action des gelées tardives, à l'inclémence d'une température mal assise ou par trop capricieuse; on évite aux yeux le spectacle hideux et difforme que ces arbres présentent à l'approche de l'automne jaunissante alors qu'ils sont dépouillés de leurs feuilles, de ce manteau qui couvre leurs infirmités; on obtient enfin avec certitude et plus de produit et des fruits plus beaux, plus succulens. Arquez donc, assurez donc le triomphe de la direction horizontale et arquée; mais cessez de recourir à l'emploi de la serpette; fermez l'oreille à ceux qui vous recommandent de tailler tous les ans et d'abattre sans pitié la branche dont vous aurez une fois obtenu du fruit. La serpette ne doit vous servir qu'à supprimer les branches mortes ou mourantes.

Le Pêcher en plein vent croît plus rapidement, et fructifie avec plus de promptitude lorsqu'on le tient en buisson; il dure peu, cela est vrai, mais comme il se renouvelle aisément de noyau et qu'il rapporte à sa quatrième année, on ne peut appeler fâcheuse cette circonstance sous la climature de Paris, car, sous le ciel du midi, où elle est pratiquée; les Pêchers en buisson vivent cinquante et soixante ans, donnant toujours d'excellens fruits.

Plusieurs maladies attaquent le Pêcher. La Cloque se manifeste par la dégradation des feuilles et des jeunes rameaux qu'elle recroqueville et contourne en divers sens; elle est due, non pas à une alternative subite de forte chaleur et de froid pénétrant, ainsi qu'on le dit ordinairement, mais bien à la présence des Pucerons et à celle des Fourmis que ces derniers attirent. Le Puceron du Pêcher, *Aphis persica*, n'est pas constant dans la contrée qu'il ravage une année; il émigre et ne revient souvent au point d'où il est parti que plusieurs années après.

La Gomme est une maladie propre aux arbres fruitiers à noyau, susceptible de les attaquer dans toutes les saisons où leur sève est en mouvement; elle consiste dans l'extravasation du suc propre qui se coagule, entre le bois et l'écorce, sur le tronc et sur les branches. Pour la prévenir, il convient de supprimer la surabondance des fruits, d'arroser et de donner un léger engrais; il faut en outre enlever la gomme avant qu'elle ne durcisse et lorsqu'elle se montre altérée, retrancher jusqu'au vif la place qu'elle occupe et couvrir la plaie d'un appareil de terre et de bouze de Vache.

On appelle Brûlure la maladie sollicitée par l'action trop vive et trop long-temps prolongée d'un rayon solaire, laquelle en dilatant la sève a forcé l'écorce à se fendiller, à se désorganiser et à tomber. On ne guérit point cette maladie, mais on la prévient en évitant toute exposition brûlante.

La larve du Hanneton, qui ronge ou coupe les racines, la présence d'insectes dans les parties les plus tendres de l'arbre, une terre usée, impénétrable aux pluies, ou trop humide, le voisinage du tuf et de l'argile que le pivot atteint, sont pour le Pêcher autant de circonstances qui l'exposent à la Jaunisse. Il perd sa belle et vigoureuse verdure, ses feuilles tombent avant le temps, la sommité de ses jeunes rameaux se dessèche, son bois devient fragile, ses fruits sont insipides, les yeux avortent, et si le mal n'est point attaqué dès qu'il se manifeste, l'arbre ne tarde pas à périr. Le mal connu dans sa cause, il est facile d'y porter remède; l'expérience est le guide le plus sûr et le seul qui puisse réellement ramener la vigueur et la beauté là où tout menace d'une mort certaine.

Il n'en est pas de même pour la Rouille qui survient aux feuilles à la suite des pluies qui ont lieu vers la fin du printemps ou pendant l'été : je ne lui connais aucun remède, si ce n'est d'enlever avec précaution toutes les feuilles dont le parenchyme porte les signes de l'érosion.

On ne connaît pas bien encore la cause déterminante de cette autre maladie que les horticulteurs et les pépiniéristes nomment indistinctement le Blanc, la Lèpre, le Meunier, et qui couvre les feuilles, les jeunes rameaux et même les fruits d'une sorte de duvet farineux, plus dans les années pluvieuses que dans celles qui sont sèches; j'espère la découvrir plus tard, mais aujourd'hui mes études ne me permettent pas de prononcer d'une manière assez positive.

Pour ce qui a trait au noir ou maladie de la Punaise, il paraît que l'huile est le remède le plus efficace. En effet, l'expérience m'a démontré que des Pêchers enduits d'une couche d'huile de navette sont abrités contre la Punaise, et que ce corps gras n'empêche nullement la transpiration qui se fait par les pores et autres petits canaux.

Le bois du Pêcher en espalier n'est d'aucun usage, tandis que celui du Pêcher à plein vent est dur; son grain fin, prenant un poli régulier, le rend l'un des plus beaux que l'ébéniste puisse employer en placage. Le contact de l'air n'altère nullement sa couleur, il ajoute au contraire à la beauté de ses veines larges, bien prononcées, d'un superbe rouge brun entremêlées d'autres lignes d'une couleur avoisinant beaucoup celle du tabac d'Espagne. On le débite en feuilles pendant qu'il est vert, afin de l'empêcher de se gercer; très-sec, il est excellent pour le four. Des jeunes branches, hachées et cuites, on obtient une nuance de canelle claire que la laine prend facilement et garde long-temps. Le bois du noyau produit un bain rosé à odeur de vanille qui teint la laine en nankin solide et fort riche. (T. D. B.)

PECHSTEIN. (MIN.) On donne ce nom allemand, qui signifie *Pierre de poix*, à deux substances minérales; l'une appartenant aux feldspath, l'autre à l'opale; la première est fusible et la plupart du temps porphyritique; de plus, comme l'indique son nom, son aspect est résineux. Ce feldspath appartient aux terrains de grès houiller et de grès rouge, et se compose d'environ

Silice	72,93;
Alumine	12,28;
Soude	2,03;
Chaux	1,09;
Oxide de fer	2,01;

L'autre substance porte aussi le nom d'opale résinoïde (silex résinite, quarz résinite), elle présente comme la précédente un aspect résineux, mais elle est infusible et jouit de toutes les propriétés de l'Opale (*voyez* ce mot). (J. H.)

PECTINÉ. (ANAT.) *Pectineus* ou *Pectinalis*, du mot latin *pecten*, le pubis. Muscle placé à la partie interne et supérieure de la cuisse. Il est allongé, aplati, triangulaire. Il se fixe en haut sur le devant de l'os pubis, et se termine en bas par un tendon aplati à la partie interne et supérieure du fémur. Ce muscle fléchit la cuisse sur le bassin, la porte dans l'adduction et dans la rotation en dehors. Il peut aussi fléchir le bassin sur la cuisse, lorsque les fémurs sont fortement fixés. (M.S.A.)

PECTINIBRANCHES. (MOLL.) G. Cuvier donne ce nom au sixième des ordres établis par lui dans la classe des Mollusques gastéropodes, et qui comprend les nombreux genres Toupie, Sabot, Paludine, Monodonte, Phasianelle, Buccin, Rocher, etc., qui sont pour M. de Blainville la sous-classe des Dioïques, parce qu'ils ont les sexes séparés sur deux sortes d'individus, les uns mâles et les autres femelles; les branchies de la plupart ont la forme de peignes, ce qui justifie le nom que leur imposait Cuvier. (GERV.)

PECTINITES. (MOLL.) C'est le nom des Peignes fossiles. (GUÉR.)

PECTORAL, *Pectoralis*, de *pectus*, la poitrine. (ANAT.) On donne ce nom, 1° à des muscles qui s'attachent en grande partie sur la région antérieure de la poitrine, 2° à la cavité thoracique ou Pectorale qui renferme les poumons, le cœur, etc.; 3° aux remèdes regardés comme propres à combattre les maladies des poumons et de la poitrine. Il a déjà été question, à l'article MÉDECINE, des préparations Pectorales, et à l'article HYGIÈNE, de tout ce qui peut avoir rapport aux affections thoraciques; aussi ne donnons-nous pas ici la thérapeutique des maladies de poitrine. Quant à ce qui a rapport à la cavité Pectorale, il en sera question au mot THORAX. Il nous reste donc à faire connaître dans cet article la disposition, les rapports et les fonctions des muscles Pectoraux, tant chez l'homme que chez les animaux. Les muscles que nous allons décrire se trouvent placés symétriquement sur les côtés du tronc.

MUSCLE GRAND PECTORAL.

Chez l'homme, ce muscle est large, aplati, triangulaire, placé à la partie antérieure de la poitrine, au devant de l'aisselle. Il s'attache, d'une part, au moyen des fibres aponévrotiques, à la moitié interne du bord antérieur de la clavicule, de la face antérieure du sternum, aux cartilages des six premières vraies côtes, et de l'autre il se termine par un fort tendon, lequel s'insère au bord antérieur de la coulisse bicipitale de l'humérus. Le grand Pectoral est spécialement destiné à mouvoir le bras et peut lui imprimer différens mouvemens. Si le bras est pendant sur les côtés du corps, il le porte en dedans et un peu en avant. Lorsque le bras est levé, il l'abaisse et le porte en dedans; il peut aussi le porter dans la rotation en dedans. Si l'humérus est élevé et fixé, le grand Pectoral entraîne le tronc vers l'extrémité supérieure, et dans ce cas, il devient muscle dilatateur de la poitrine ou muscle inspirateur. C'est surtout chez les personnes asthmatiques que les grands Pectoraux changent momentanément de rôle : les malades trouvent du soulagement et semblent respirer avec plus de facilité lorsqu'ils appuient les mains ou les coudes sur un point fixe. Il est facile, en effet, de se rendre compte de ce qui se passe alors : les épaules et les bras sont portés en haut; les grands Pectoraux trouvent un point d'appui solide sur les humérus, et la poitrine peut se dilater plus librement par suite de l'action des muscles Pectoraux.

Chez les Mammifères, le grand Pectoral est généralement plus charnu et composé de faisceaux plus distincts.

Dans le Dauphin, d'après Cuvier, et chez les Mammifères qui n'ont point de clavicules parfaites, il y a une première portion sternale qui va perpendiculairement à la ligne âpre de l'humérus, et qui forme avec la portion correspondante de l'autre côté ce que l'on appelle le muscle commun aux deux bras; c'est lui qui produit l'entrecroisement des jambes de devant. C'est ce muscle commun qui, dans le Cheval, produit le croisement des deux avant-bras que les écuyers nomment chevaller.

Dans la Taupe, le grand Pectoral est d'une épaisseur extraordinaire et presque aussi grand que dans les oiseaux. Il est formé de six portions qui toutes s'attachent à la face antérieure de la portion carrée de l'humérus. Quatre de ces portions viennent du sternum, la cinquième vient de la clavicule, et la sixième va transversalement d'un bras à l'autre.

Le muscle analogue au grand Pectoral est formé de trois portions, ou plutôt de trois muscles bien distincts dans les Chauve-souris.

Dans les oiseaux, il y a trois muscles Pectoraux tous attachés à leur énorme sternum et agissant sur la tête de l'humérus.

Le grand Pectoral, qui à lui seul pèse plus que tous les autres muscles de l'oiseau pris ensemble, s'attache à la fourchette, à la grande crête du sternum et aux dernières côtes; il s'insère à la ligne âpre très-saillante de l'humérus. C'est par son moyen que les oiseaux donnent les violens coups d'ailes nécessaires pour le vol.

Le moyen Pectoral, par sa singulière disposition, abaisse le centre de gravité et empêche ainsi l'animal de culbuter dans l'air.

Il sera question du troisième muscle thoracique des oiseaux au paragraphe relatif au muscle petit Pectoral.

Dans les Reptiles, le grand Pectoral n'est point divisé en plusieurs plans; il forme un grand muscle qui s'étend de la pointe du sternum aux dernières côtes sternales et dont la forme est à peu près celle d'un éventail.

Dans la Tortue, l'analogue du grand Pectoral est composé de deux portions superficielles, dont l'une s'attache à une arête de la partie antérieure du plastron, et va s'insérer à la petite tubérosité de l'os du bras; l'autre est beaucoup plus étendue : elle s'attache à une grande partie de la face interne du plastron et s'insère aussi par un tendon aplati à la petite tubérosité de l'humérus; mais elle se continue par une aponévrose qui se répand en éventail sur la face inférieure du bras et même de l'avant-bras; elle unit son tendon à la précédente. Le muscle grand Pectoral de la Grenouille est formé de deux et quelquefois de trois portions placées l'une au devant de l'autre. Elles produisent autant de tendons qui s'insèrent sur les bords de la gouttière humérale.

MUSCLE PETIT PECTORAL.

Placé au dessous du grand Pectoral, à la partie antérieure et supérieure de la poitrine, il est aplati et triangulaire chez l'homme. Il s'attache par sa base, qui paraît dentelée au bord supérieur, et à la face externe de la troisième, quatrième et cinquième des vraies côtes, et de l'autre à la partie extérieure de l'apophyse coracoïde. Le petit Pectoral porte l'épaule en avant et en bas, et fait exécuter à cette partie un mouvement de rotation en vertu duquel son angle inférieur est porté en arrière, et l'extérieur abaissé. Lorsque l'épaule est fixée, il élève les côtes auxquelles il s'attache et concourt à la dilatation de la poitrine, ce qui le rend inspirateur.

Dans les Mammifères, le petit Pectoral manque chez les Carnivores, dans quelques rongeurs et dans les édentés. Le Cheval et le Cochon ont un muscle qui le remplace : il prend naissance sur les côtes par des digitations; dans l'Eléphant, il existe aussi sur la première côte, puis il va se rendre au bord antérieur de l'omoplate; mais il s'unit en passant aux fibres du grand Pectoral pour s'attacher en partie à l'humérus. Dans le Dauphin, il est remplacé par un muscle qui n'a qu'une digitation insérée sur le sternum vers l'extrémité antérieure : elle se fixe au dessus de la cavité humérale de l'omoplate. Ce muscle, dans les autres Mammifères, ne va que jusqu'à l'humérus, et se confond avec le grand Pectoral, dont il ne fait plus qu'une division. Dans quelques rongeurs, le Lapin, le Rat-Taupe, l'Agouti, on trouve un muscle mince, naissant sur l'aponévrose du sus-épineux, et s'insérant à l'os claviculaire, qu'on pourrait regarder comme l'analogue du petit Pectoral.

Dans les Oiseaux, le petit Pectoral s'attache à l'angle latéral du sternum et à la base de l'os co-

racoïde,

racoïde, se porte sous la tête de l'humérus, et rapproche cet os du corps.

Dans les reptiles, il n'y a point de muscles analogues au petit Pectoral. (M. S. A.)

PECTORALES PÉDICULÉES. (POISS.) Cuvier désigne ainsi sa treizième famille de l'ordre des Acanthoptérygiens. *Voy.* POISSONS. (GUÉR.)

PÉDÈRE, *Pæderus.* (INS.) Ce genre, qui appartient à l'ordre des Coléoptères, section des Pentamères, famille des Brachélytres, tribu des Longipalpes, a été établi par Fabricius et adopté par Latreille et tous les entomologistes. Ses caractères principaux sont : antennes insérées devant les yeux, grossissant insensiblement; mandibules dentées au côté interne, avec la pointe simple ou entière; palpes paraissant être terminés en massue, le troisième article étant renflé. Ces insectes diffèrent des Evesthœtes et des Stènes, parce que ceux-ci ont les antennes terminées par une massue bien distincte. Le corps des Pédères est allongé; leur tête est à peu près de la largeur du corselet, auquel elle tient par un col étroit et fort court; les yeux sont arrondis et médiocrement saillans; les antennes sont longues, grêles, et vont à peine en grossissant vers l'extrémité; elles sont composées de onze articles et insérées sous un rebord de la tête, en avant des yeux, à la base des mandibules; leurs articles sont allongés; le premier et le troisième sont plus grands que les suivans; ceux-ci sont égaux entre eux; le dernier est tronqué un peu obliquement; la lèvre supérieure est très-large, courte, cornée, légèrement échancrée à la partie antérieure; les mandibules sont grandes, cornées, arquées, aiguës et armées de plusieurs dents au milieu de leur partie interne; les mâchoires sont robustes, cornées et bifides; la division interne est courte, pointue, ciliée latéralement; les palpes maxillaires sont beaucoup plus grands que les labiaux, presque de la longueur de la tête, composés de quatre articles dont le premier est court, le second très long, le troisième allongé et renflé à son extrémité, et le dernier petit, mince, très-court et à peine apparent; la lèvre inférieure est étroite, plus ou moins avancée, coriace, entière ou presque échancrée à son extrémité; les palpes sont courts, filiformes et composés de trois articles; le corselet est convexe, arrondi ou ovale, et quelquefois carré, avec les angles obtus; il est sans rebords sur les côtés; l'écusson est très petit; les élytres sont courtes, convexes, rebordées; elles couvrent deux ailes membraneuses, repliées, et laissent à nu la partie supérieure de l'abdomen; les pattes sont simples et de grandeur moyenne; les quatre premiers articles des tarses antérieurs sont assez fortement dilatés dans les deux sexes, cordiformes et garnis de poils courts et serrés en dessous; le pénultième des quatre postérieurs est bifide; le pénultième arceau central est légèrement échancré, et profondément canaliculé jusqu'à sa base dans les mâles, entier et coupé carrément dans les femelles. Ces insectes se trouvent dans les lieux humides. Ils ont un *facies* qui les fait distinguer au premier coup d'œil de tous les autres Staphyliniens. Ce genre est assez nombreux en espèces : presque toutes sont d'Europe. Nous citerons comme les plus remarquables et comme se rencontrant le plus communément :

Le P. RIVERAIN, *P. riparius*, Fabr. Syst. Eleut. II, 608; le Staphylin rouge, à tête noire et à étuis bleus, Geoffr. Ins. des env. de Paris, t. I, p. 369. *Staphylinus riparius*, Linné. Long de trois lignes, tête d'un noir brillant, suborbiculaire, un peu plus large que le prothorax dans les deux sexes, très-lisse, avec les côtés et le bord interne des yeux finement ponctués, et une impression transversale un peu rugueuse entre ces derniers; palpes maxillaires sétacés, obscurs à leur extrémité; mandibules et les quatre premiers articles des antennes sétacés; celles-ci subfiliformes; yeux oblongs, assez saillans et longitudinaux; prothorax d'un jaune ferrugineux, un peu plus long que large, légèrement sinué sur les côtés, arrondi aux quatre angles, très-lisse, avec quelques points très-petits et quelques poils rares sur les côtés; écusson très-petit, triangulaire, rugueux, de la couleur des élytres; celles-ci d'un bleu clair plus ou moins verdâtre, allongées, coupées obliquement à leur extrémité, couvertes de points enfoncés assez gros et confluens, et légèrement pubescentes; abdomen peu allongé, lisse; les quatre premiers segmens glabres et d'un jaune ferrugineux, les autres d'un noir bleuâtre et légèrement pubescens tant en dessus qu'en dessous; poitrine d'un noir bleuâtre, avec l'extrémité des cuisses bleuâtre; jambes mutiques. Cette espèce se trouve assez communément dans toute l'Europe; nous l'avons représentée pl. 467, fig. 2.

Le P. LITTORAL, *P. littoralis*, Grav. Monogr. Micr. 143. Taille du précédent, auquel il ressemble beaucoup, mais dont il est bien distinct; même disposition de couleurs; tête plus forte, plus carrée, couverte de points enfoncés bien marqués et peu serrés sur les côtés, sans ligne tranversale entre les yeux; mandibules d'un brun noirâtre; antennes plus courtes, à articles moins allongés, grossissant insensiblement à leur extrémité; yeux plus gros, un peu moins saillans; prothorax plus large, sensiblement plus étroit à sa base qu'antérieurement, plus convexe, avec deux rangées discoïdales de points enfoncés assez gros et peu marqués et quelques autres épars près des bords latéraux; élytres plus courtes et plus fortement ponctuées; cuisses plus bleuâtres à leur extrémité; tout le corps est en outre couvert de poils assez longs et rares, qui sont beaucoup moins visibles chez le *Riparius.* Cette espèce est plus commune que la précédente et habite la même localité. (H. L.)

PEDÉRIE, *Pæderia.* (BOT. PHAN.) Ce genre de plantes exogènes a été établi par Linné, qui l'insérait dans sa Pentandrie monogynie. Dans la méthode naturelle, il appartient à la vaste famille des Rubiacées, tribu des Pédériées, de De Candolle (Lygodisodéacées, Bartl.), à laquelle ce savant botaniste applique les caractères suivans : Fruit biloculaire, indéhiscent, à peine charnu, dont l'écorce (péricarpe, tube du périanthe externe persistant) se sépare facilement des carpelles (les deux parties du fruit); ceux-ci comprimés, pendant d'un axe filiforme; albumen charnu.

Les Pédéries sont des sous-arbrisseaux grimpans, à feuilles opposées, à stipules interpétiolaires.

Aux caractères généraux de la tribu, nous joignons ceux que le botaniste génevois assigne au genre dont cet article est l'objet.

Périanthe double; l'externe en tube ovale, à limbe court, quinquéfide, persistant; l'interne infondibuliforme (en entonnoir), velu intérieurement, à cinq lobes pliés pendant l'estivation (dispositions diverses des enveloppes florales); cinq étamines, avortant quelquefois, insérées vers le milieu du tube du périanthe interne, et dont les anthères paraissent presque sessiles; style non saillant, à stigmate bifide; baie petite, ovale, globuleuse, à enveloppe fragile, biloculaire, disperme; albumen charnu; embryon droit, à radicule cylindrique, infère, à cotylédons grands, foliacés, planes, à plumule très-peu apparente.

Les Pédéries sont des arbrisseaux grimpans, ou rarement dressés par eux-mêmes, à feuilles opposées, pétiolées, ovales-lancéolées ou cordiformes-aiguës; stipules de part et d'autre solitaires; pédoncules terminaux ou axillaires, rameux, disposés en une sorte de corymbe; fleurs petites, blanches, souvent dioïques par avortement.

Nous en décrirons quelques espèces choisies parmi les individus grimpans qui appartiennent bien à ce genre; car rien n'est moins certain que ceux qui sont dressés par eux-mêmes se rapportent aux Pédéries, et, dans le doute, nous nous abstiendrons d'en décrire.

Pédérie fétide, *Pæderia fœtida*, Linn. Lam. Plante ligneuse inférieurement et poussant de longs sarmens, grêles, souples, rameux, couverts de feuilles, se roulant autour des branches d'arbres qu'ils rencontrent, grimpant partout où ils peuvent s'accrocher, et se trouvant fréquemment dans les haies. Ses feuilles sont oblongues, lancéolées, glabres, cordiformes à la base, aiguës, molles et vertes sur les deux faces; stipules intermédiaires, très-petites, aiguës, dilatées à la base, fleurs petites, blanches, disposées en panicules axillaires, rarement terminales, opposées, courtes et peu garnies; à la base des ramifications pédonculaires, se trouvent de très-petites bractées; le tube périanthoïde est velu intérieurement et terminé par un limbe étroit, à peine étalé; anthères incluses; baie ovale, un peu comprimée. Cette plante croît dans les Indes orientales, aux îles Moluques, au Japon. Elle exhale de toutes ses parties une odeur désagréable et principalement quand on en froisse les feuilles entre les doigts. C'est la mieux connue.

Pédérie courbée, *Pæderia recurva*, Roxb. Flore ind. Plante ligneuse, sarmenteuse, grimpante, à feuilles lancéolées, acuminées, glabres; anthères incluses; baie arrondie, sèche et comme striée, de la forme et de la couleur des groseilles rouges. Commune sur les collines dans les Indes orientales, près de Chittagong.

Pédérie tomenteuse, *Pæderia tomentosa*, Blum. Ligneuse; feuilles ovales-cordiformes, aiguës, tomenteuses inférieurement; panicules axillaires et terminales, allongées, feuillées; commune sur les montagnes boisées de Java, où elle grimpe et s'accroche partout comme les précédentes.

Pédérie verticillée, *Pæderia verticillata*, Blum. Ligneuse et grimpante comme ses congénères; feuilles verticillées-ternées, elliptiques, oblongues, glabres, acuminées; panicules allongées, terminales, axillaires et feuillées. Croît dans les endroits montagneux, près de Salak, île de Java. (C. Lem.)

PÉDICELLE, PÉDICELLULE, *Pedicellus*, *Pedicellulus*. (bot. phan.) Diminutifs divers de Pédoncule. On donne ces noms aux dernières divisions d'un Pédoncule composé, dans les genres d'inflorescence qui en sont pourvus, tels que l'ombelle, le corymbe, le verticille, la cyme, etc. Dans les Cryptogames, on appelle ainsi le support immédiat des urnes dans les Mousses (Thécaphore des auteurs *Cryptogamologistes*); c'est encore le synonyme de stipe, dans les Champignons gymnocarpes, etc.; voyez Pédicule, Pédoncule.

Pédicellé, se dit d'une fleur ou de tout autre organe porté sur un Pédicelle; Pédicellulé quand il est porté sur une ramification de celui-ci. Dans les Synanthérées, M. Cassini employait le nom de Pédicellule pour un support filiforme qui s'enchâsse dans une cavité du clinanthe, et dont l'extrémité supérieure s'insère au centre de l'aréole basilaire. Quand l'ovaire est sessile, le Pédicellule manque nécessairement. L'auteur fait encore remarquer qu'il ne confond pas cet organe avec ce qu'il nomme *le pied de l'ovaire*, qui n'est en effet qu'un prolongement de celui-ci. (C. Lem.)

PÉDICULAIRE, *Pedicularis*. (bot. phan.) Linn. Genre de plantes dicotylédones monopétales, de la Didynamie angiospermie du système sexuel et de la famille des Rhinanthées de Jussieu (Personées, Scrofularinées, Pédiculaires, Mélampyracées, etc., divers.) Rob. Brown, en réunissant, non sans raison, les Pédiculaires et les Scrofulariées de Jussieu sous la dénomination commune de Scrofularinées, a divisé cette famille assez naturelle en deux sections, qui ont conservé les anciens noms cités (*Pediculares* et *Scrofulariæ*), et a compris le genre de plantes dont il s'agit dans la première. Il vaudrait mieux alors regarder les Rhinanthées comme devant se fondre avec les Pédiculaires. Nous devons faire remarquer en passant, combien tous ces futiles changemens synonymiques de familles, créés le plus souvent sans la moindre nécessité et par pur amour-propre de l'écrivain, sont nuisibles à la science, qu'ils rendent stationnaire, au lieu d'en reculer les bornes; pour le seul genre Pédiculaire, nous aurions pu citer au moins dix à douze familles, tribus ou sous-tribus, dans lesquelles il a été rangé, avec plus ou moins d'opportunité et de raison. (Dumortier, lui seul, a créé dix tribus dans la famille des Rhinanthidées.)

Voici ses caractères constitutifs : Périanthe double ; l'extérieur monophylle, ventru, quinquéfide, l'intérieur tubuleux, monopétale, à deux lèvres, dont la supérieure est comprimée, dressée, en forme de casque, et souvent échancrée au sommet ; l'inférieure plane, élargie, partagée en trois lobes obtus, dont le médian plus étroit ; quatre étamines, dont deux plus longues que les autres ; ovaire supère, arrondi, terminé par un style filiforme, dépassant un peu les étamines et portant un stigmate globuleux ; il lui succède une capsule presque sphérique, comme mucronée, à cause du style persistant, à deux loges, divisées par une cloison opposée aux valves et renfermant peu de graines, globuleuses, et recouvertes d'un test souvent membraneux.

Les Pédiculaires sont des plantes herbacées, ordinairement à racines vivaces, à feuilles le plus souvent ailées et pinnatifides, à fleurs disposées en épis terminaux, blanches, rouges ou jaunes, et d'un assez agréable aspect. On en connaît près de soixante espèces dont le tiers environ croît naturellement en France. Elles appartiennent toutes aux montagnes alpines les plus hautes, ou aux climats froids. Très-peu descendent dans les plaines ; une ou deux seulement croissent aux environs de Paris.

Nous nous contenterons de décrire quelques espèces françaises ; elles sont toutes curieuses et importantes à connaître.

§ I. *Feuilles verticillées.*

1° P. À VERTICILLES, *P. verticillata*, Linn. Jacq. Plante à racines vivaces ; tiges de deux à huit pouces et plus de hauteur, simples, dressées, un peu velues, portant de distance en distance trois à quatre feuilles verticillées, pinnatifides, à pinnules oblongues, obtuses, dentées ; le périanthe extérieur est hérissé, divisé en cinq lobes courts, très-entiers ; le casque ou lèvre supérieure de l'interne est très-obtus ; fleurs rouges disposées en un épi court et serré, en juin et juillet. Elle croît dans les prés des Alpes françaises, dans les Cévennes et sur les hautes montagnes de l'Europe.

§ II. *Feuilles éparses, lèvre supérieure du périanthe interne terminée en bec.*

2° P. À BEC, *P. rostrata*, Linn. Racines vivaces à fibrilles renflées vers le milieu ; tiges de deux à six pouces et même quelquefois d'un pied de haut, couchées d'abord, puis redressées, glabres, ou à peine couvertes d'un court duvet, sur une ou deux lignes, décurrentes le long des tiges, qui sont en outre simples ou portant de un à trois rameaux allongés, distans, garnis de feuilles de deux à cinq pouces de long, sur six à douze lignes de large, profondément pinnatifides, à pinnules doublement dentées ; périanthe externe, tubuleux, atténué à la base, couvert d'un léger duvet, divisé en cinq lobes foliacés, pinnés, inégalement crénelés, recourbés au sommet et trois fois aussi courts que le tube ; périanthe interne, tubuleux, à peine saillant, très-glabre inférieurement, et terminé par un casque courbé, acuminé en un long bec tronqué ; étamines inférieures barbues ; capsule obliquement acuminée, une fois plus longue que le périanthe externe ; fleurs d'un beau rose vif ou lilas à casque plus foncé, portées sur des pédoncules, et réunies de trois à sept en épis lâches, s'épanouissant en juillet et août.

Cette jolie plante se trouve dans les endroits humides des Hautes-Alpes.

3° P. DES PYRÉNÉES, *P. pyrenaïca*, Gay (*gyroflexa*, D. C., *incarnata*, etc., alii, non Jacq.), Racines vivaces ; tiges de deux à neuf pouces de hauteur, couchées d'abord à la base, puis redressées, glabres, à l'exception de deux lignes tomenteuses, décurrentes le long des tiges, qui sont garnies de feuilles doublement pinnatifides-ailées, à pinnules incisées, dentées (celles qui enveloppent les fleurs (bractées) persistantes) portées sur des pétioles laineux supérieurement et sur les bords en une ligne qui se perd sur la tige ; fleurs purpurines ordinairement au nombre de neuf à onze, rarement plus ou moins, presque sessiles et appliquées sur la tige en formant un épi de trois à quatre pouces de long ; périanthe externe campanulé, renflé et muni de dents ciliées à la base, très-glabre extérieurement, veiné de noir ; lèvre supérieure de l'interne terminée en un bec assez allongé, rempli intérieurement, au point d'insertion des filets, de longs poils serrés et dressés, qui revêtent aussi la base de ceux-ci.

Cette espèce, bien décrite et distinguée par Gay, croît à six mille pieds de hauteur dans les Pyrénées, où elle fleurit l'été ; elle diffère de la Pédiculaire à bec par son périanthe externe campaniforme, arrondi à sa base et muni de dents, par ses étamines très-barbues à la base, par ses fleurs presque sessiles, etc., etc. Elle est aussi très-distincte de la P. À FEUILLES D'ASPLENIUM, en ce que celle-ci a ses étamines glabres, ses tiges et son périgone externe couverts de laine, ses feuilles plus étroites, à pinnules comme triangulaires.

4° P. POURPRE-NOIRE, *P. atrorubens*, Schleich., D. C. Plante d'un pied de hauteur, dressée, glabre à la base, à racines vivaces ; feuilles profondément pinnatifides ; pinnules incisées-dentées ; périanthe externe oblong, tomenteux, à cinq divisions lancéolées, linéaires, entières, dentelées au sommet, la cinquième très-petite ; lèvre supérieure du périgone interne se terminant en un bec court, tronqué et comme trilobé ; les deux filamens des étamines plus longs, velus supérieurement ; fleurs d'un pourpre très-foncé, presque noir, disposées en un épi serré de trois pouces environ de longueur, épanouies en juillet et août. Cette remarquable espèce croît près du monastère sur le mont Saint-Bernard, sur le La Baux, etc.

* *Fleurs jaunâtres ou blanchâtres.*

5° P. DE BARRELIER, *Pedicularis Barrelierii*, Reich., *P. ascendens*, Gaud. Plante presque glabre dans toutes ses parties, à racines vivaces, à tiges dressées, fermes, élancées; feuilles profondément bipinnatifides, à pinnules dentées, étroites; périanthe externe, tubuleux, à cinq dents presque égales, très-entières, lancéolées-acuminées, couvertes d'un léger duvet sur les bords; lèvre supérieure de l'interne arquée, terminée en un bec grêle, dentelé, échancré; bractées supérieures tri ou quinquéfides, à laciniures latérales très-entières; fleurs blanchâtres, assez petites, sur un épi peu garni à sa base, et épanouies en août. Croît dans les sommités escarpées et inaccessibles des Alpes.

6° Pédiculaire tubéreuse, *Pedicularis tuberosa*, Linn. Vill. D. C. *P. ascendens*, Hopp. Tige haute de huit à douze pouces, ascendante, grêle, tomenteuse, presque nue dans sa longueur, et portant une ou deux feuilles bipinnatifides, à sinus très-profonds, à pinnules dentées; périanthe externe pubescent, campanulé, partagé jusqu'à son milieu en cinq lobes, droits, incisés-dentés; lèvre supérieure de l'interne rétrécie, et terminée brusquement en un bec linéaire, allongé, tronqué, échancré; filamens des étamines plus longs, barbus et velus supérieurement; bractées supérieures trifides, à segmens incisés-dentés; fleurs jaunâtres, grandes, disposées en épi court et serré, s'épanouissant en juillet et août. Endroits humides et élevés des Alpes.

§ 3. *Feuilles éparses, lèvre supérieure* (casque) *obtuse et tronquée, non terminée en bec.*

7° P. des marais, *P. palustris*, Linn. Vulgairement la Pédiculaire, l'Herbe aux Pous. Plante annuelle; tige rameuse, dressée, souvent étalée à la base, haute de six à douze pouces (quelquefois, mais rarement, vingt-quatre), feuilles profondément pinnatifides, à pinnules ovales, glabres, confluentes au sommet, à bords comme cartilagineux, blanchâtres, obtus; fleurs axillaires, réunies vers le haut et sessiles; périanthe externe rugueux, renflé, ovale, presque divisé en deux lèvres frangées, crispées; lèvre supérieure de l'interne obtuse, grosse, tronquée, bidentée, deux fois plus longue que le périanthe externe; fleurs pourpres en mai; cette plante se trouve dans les bois humides et marécageux, aux environs de Paris, à Meudon, Neuilly-sur-Marne, Ville-d'Avray, etc. Elle paraît posséder quelques vertus assez actives; plusieurs praticiens l'emploient pour détruire les Pous (de là son nom, *Pediculus* en latin signifie Pou) et pour déterger les ulcères invétérés, à cause de ses propriétés caustiques. On s'en sert en décoction, ou fraîche et pilée (Mérat). Vivace.

8° P. des forêts, *P. sylvatica*, Linn. Tige annuelle ordinairement étalée à sa base, rarement dressée, très-ramifiée, haute de trois à six pouces, glabre, garnie de feuilles profondément pinnatifides, à pinnules ovales, confluentes au sommet, glabres, marquées de dents comme cartilagineuses en leurs bords, blanchâtres, aiguës; fleurs axillaires, éparses sur la tige; périanthe externe rugueux, très-renflé, à cinq segmens irréguliers et inégaux, dont quatre plus grands, dentés-incisés; lèvre supérieure de l'interne, tronquée, bidentée, à dents aiguës, grêle, trois fois plus longue que l'externe; fleurs d'un rouge pâle, rarement blanches, grandes, en mai et juin. Elle se trouve dans les marais et les bois humides, dans toute la France et aux environs de Paris, à Sénart, Meudon, Sèvres, etc.

** *Tiges très-simples ; fleurs roses ou rouges.*

9° P. rose, *P. rosea*, Jacq. Plante vivace de deux à trois pouces de haut, glabre, garnie de feuilles longues de deux pouces, sur trois ou quatre lignes de large, ailées-pinnatifides, à laciniures entières, ou munies d'une à trois dents aiguës; périanthe externe, velu, à cinq lobes courts, très-entiers, étroits, inégaux; lèvre supérieure droite, allongée, subfalciforme, non dentée, obtuse, glabre; bractées pinnatifides, dentées, un peu plus longues que le périanthe externe; fleurs roses en épi court et serré; juillet et août. Mutel cite une variété de cette espèce, haute de près d'un pied, avec une racine de la même longueur; elle porte de nombreuses feuilles, longues de cinq pouces... Il la nomme *Vesula*... est-ce une espèce distincte? Dans celle-ci l'épi est lâche, étroit et très-allongé.

*** *Tiges très-simples; fleurs jaunes.*

10° P. a fleurs panachées, *Pedicularis versicolor*, Wahl. Reich, *P. flammea*, Willd. D. C. Lois., etc.; vivace; tiges hautes de deux à six pouces, dressées, raides, souvent très-simples, garnies de feuilles petites, pinnatifides, à pinnules ovales-arrondies, serrées, doublement crénelées, un peu imbriquées; périanthe externe, tubuleux, campanulé, velu, à cinq dents très-entières, inégales, lancéolées, recourbées au sommet, et garnies de crénelures; lèvre supérieure du périanthe interne, droit, subfalciforme, non dentée, obtuse, glabre, tronquée; fleurs jaunes, marquées vers l'extrémité (casque) de deux taches pourpres; juin et juillet, se trouve dans les prés humides, dans les fentes des rochers, sur les Alpes du Valais, de la Suisse, etc., etc., près de Barcelonnette.

11° Pédiculaire chevelue, *Pedicularis comosa*, Linn. Racines vivaces à fibrilles latérales, fasciculées, renflées à l'extrémité; tiges de huit à dix pouces de hauteur; feuilles bipinnatifides, à pinnules dentées, terminées en un filet sétacé, raide, comme épineux; périgone externe pubescent, membraneux, transparent, à nervures vertes, à cinq dents très-courtes, très-entières, velues sur les angles, ovales, obtuses; lèvre supérieure de l'interne falciforme, terminée presque en un bec court, tronqué, formant deux dents inclinées; fleurs d'un blanc jaunâtre, ou même d'un jaune citrin, en juin et juillet; croît dans les Alpes dauphinoises, dans la vallée du Lautaret, etc., etc.

12° Pédiculaire a épi feuillé, *Pedicularis foliosa*, Linn. Jacq. Racine simple, napiforme, vivace; tige d'un à deux pieds de hauteur, ferme, dressée, portant des feuilles très-grandes, bipinnatifides, à découpures lancéolées, pinnées, acuminées, dentées; périanthe externe oblique, campanulé, entier, velu, à cinq dents anguleuses, très-entières, dont la supérieure plus grande, toutes beaucoup plus courtes que le tube; tous les filamens des étamines très-barbus au sommet, lèvre du périanthe interne, velue supérieurement, assez droite, obtuse; fleurs jaune de soufre, en un épi long, épais, et entremêlé de bractées profondément découpées, comme pinnatifides-décomposées; se trouve dans les Alpes dauphinoises, à la grande Chartreuse, etc., etc.; juillet.

Jussieu rapporte que G. Bauhin prétendait que le nom de Pédiculaire avait été donné à des plantes qui, mêlées aux herbes des pâturages, dévéloppaient de la vermine chez les animaux qui y paissaient. Aujourd'hui cette opinion semble entièrement erronée, et on attribue (sans plus de raison, selon nous) cet effet à l'humidité de certains pâturages. Plusieurs Pédiculaires et Rhinanthus (*voyez* ce nom), peuvent aussi le produire. La Staphisaigre (*voyez* ce nom), *Delphinium Staphisagria*, avait été nommée *Pedicularis* par Cordus, mais parce qu'elle produit un effet contraire; car on se sert de ses graines pilées, continue Jussieu, en l'appliquant sur la tête des enfans pour détruire les Pous. N'en déplaise à l'illustre savant, nous pensons que cette préparation peut fort bien tuer les Pous, mais elle doit aussi causer des accidens fâcheux sur le système cutané, si tendre surtout dans les enfans, et la prudence veut que les parens (pour lesquels nous écrivons ces lignes) s'abstiennent absolument de ce moyen dangereux; la Staphisaigre, comme toutes les autres Dauphinelles et les Aconits, étant regardée comme un poison violent. L'Hellébore pied de Griffon, *Helleborus fœtidus*, était aussi nommé par Tragus, Pédiculaire fétide. (C. Lem.)

PÉDICULE, *Pediculus* (petit pied). (bot. phan.) Les supports de divers organes dans les végétaux, prennent le nom de Pédicules; tels sont, par exemple, ceux des aigrettes dans les Synanthérées, ceux des urnes dans les Mousses, des apothécions dans certains Lichens; on appelle aussi Pédicule le support du chapeau des Champignons, plus proprement dit Stipe. On voit que cette appellation est à peu près synonyme de celle de Pédicelle. On les emploie souvent indifféremment l'une pour l'autre, ce qui est évidemment une faute, puique le Pédicelle (*voy.* ce mot) est la première ramification du Pédoncule. Pédiculé, se dit des organes portés sur un Pédicule, ainsi on dit : glande pédiculée, ovaire pédiculé, etc. *Voyez* Pédoncule. (C. Lem.)

PÉDICULÉS. (poiss.) Cette famille, quoique peu nombreuse en espèces, est loin d'être naturelle. Elle comprend des genres si différens dans leur ensemble, qu'on serait étonné de les voir réunis, si on n'en connaissait l'organisation et les rapports, qui se ressemblent parfaitement. Mais comme ces deux parties sont les plus importantes, cette considération seule a suffi pour déterminer leur réunion en une seule famille. Leur corps est court, large et aplati; leur peau est dépourvue d'écailles; leur gueule excessivement fendue, dans quelques espèces plus particulièrement; leurs nageoires pectorales sont supportées par deux bras, soutenus chacun par les deux os analogues au cubitus et radius des animaux vertébrés; leur tête est hérissée d'épines et leur museau garni de barbillons plus ou moins allongés.

Le savant Cuvier mentionne dans cette famille, qui répond à celle des Lophies de plusieurs auteurs, les genres Baudroie, Chironecte, Malthée et Batracoïdes. (Alph. Guich.)

PÉDILANTHE, *Pedilanthus.* (bot. phan.) Neck. Poit. Genre de plantes de la famille des Euphorbiacées, tribu des Euphorbiées proprement dites, de la méthode naturelle et de la Monœcie monandrie du système sexuel, créé par Necker, qui l'a séparé du genre Euphorbe, avec lequel il avait été confondu. Depuis cet auteur il a été adopté par d'autres botanistes. Voici ses caractères constitutifs : Fleurs monoïques (mâles) nombreuses, nues, renfermées dans un même involucre; une seule fleur femelle centrale; toutes pédicellées; involucre en forme de sabot, resserré à son orifice, ventru à sa base, glandulifère à l'intérieur, avec son ouverture béante surmontée d'une lèvre voûtée; fleurs mâles : une étamine unique, articulée sur un pédicule, à anthère didyme; fleur femelle; un style unique, à stigmate à trois divisions bifides (ce qui le fait paraître à six); ovaire à trois loges uniovulées; capsule tricoque.

Les Pédilanthes ont de très-grands rapports avec les Euphorbes. Ce sont des arbrisseaux lactescens, rameux, inermes, couverts de feuilles alternes, entières, charnues, portées sur des pétioles courts, munis de deux glandes à la base. Les fleurs sont terminales, réunies dans des involucres rouges portés sur des pédoncules communs, qui sont entourés à leur base d'une sorte de collerette de bractées foliacées.

Adrien de Jussieu admet trois espèces dans ce genre, dont deux appartiennent aux Antilles et l'autre à l'Inde. Nous ne décrirons que la mieux connue, qui est aussi la principale. Elle croît aux Antilles, dans l'Amérique méridionale, à Cumana, à la Havane, où les indigènes l'appellent *Poponito.* Elle fleurit d'avril à juin. C'est le :

Pédilanthe tithymaloïde, *Pedilanthus tithymaloïdes*, Neck. *Euphorbia tithymaloïdes*, Linn. Jacq. *Crepidaria myrtifolia*, How. Arbrisseau à tiges cylindriques, à rameaux glabres, alternes, portant des feuilles alternes, à pétioles courts, à limbe en ovale renversé, rétrécies en coin à la base, un peu cuspidées, glabres, entières, épaisses, longues de deux pouces environ sur un de largeur. Les fleurs sont terminales dans des involucres monophylles, bilabiés, en forme de sabot, rouges, triangulaires, glabres, prolongés à leur base en une membrane naviculaire, allongée; les pédoncules communs sont un peu pubescens; la lèvre supérieure comprimée, échancrée, l'inférieure bifide; les découpures sont planes, arrondies, en forme d'ailes, et imitent une sorte de bec tronqué d'où sortent le style et les étamines; cette ouverture est béante, triangulaire; deux glandes arrondies sont situées au fond de l'involucre; les fleurs mâles sont fasciculées, réunies au nombre de seize ou dix-huit et consistent en une étamine unique, à filament court, articulé sur un pédicule couvert de poils, à anthères rouges, bilobés; l'ovaire porté sur un pédicule allongé est saillant, comme triangulaire, pubescent; le style est épais, allongé, cylindrique, à trois stigmates bifides, purpurins. Il succède à l'ovaire, une capsule cylindrique à trois coques monospermes.

Cet arbrisseau croît dans les bois ombragés des pays indiqués. Il découle de toutes ses parties et principalement de ses tiges et de ses rameaux, un suc abondant, qui, malgré son âcreté brûlante et produisant des pustules sur la peau, n'en est pas moins employé, selon Jacquin, comme antisyphilitique et contre la suppression des menstrues.

On le cultive dans ce but près de la Havane, où les Espagnols le nomment Dictamne royal, selon Kunth. (C. Lem.)

PÉDINE, *Pedinus*. (ins.) Ce genre, qui appartient à l'ordre des Coléoptères, section des Tétramères, famille des Mélasomes, tribu des Blapsides, a été établi par Latreille avec les caractères suivans: Chaperon profondément échancré à son bord antérieur et ayant un lobe très-petit reçu dans cette échancrure; antennes grenues et insensiblement plus grosses vers le bout; jambes antérieures souvent larges et triangulaires; stries molles; point d'ailes. Les Platyscèles s'en distingnent, parce qu'ils n'ont point d'échancrure au menton et que leur écusson est moins distinct que celui des Pédines. Les Blaps, Misolampes, Oxures et Asides ont tous les tarses semblables dans les deux sexes, tandis que les antérieurs des mâles, chez les Pédines, ont plusieurs articles dilatés. Ces insectes ont la tête ovale, à moitié enfoncée dans le corselet et plus étroite que lui; les antennes sont filiformes, de onze articles; le troisième seulement moitié plus long que le second et n'ayant pas deux fois la longueur du quatrième; les suivans, jusqu'au septième, sont obconiques; les deux suivans sont turbinés et presque globuleux; le dernier a au moins la longueur du précédent et est arrondi à son extrémité; le labre est coriace, très-court, transverse, entier ou un peu échancré; les mandibules sont bifides; les mâchoires sont munies d'une dent cornée à leur côté interne; les palpes sont terminés par un article beaucoup plus grand, comprimé, triangulaire ou sécuriforme, surtout dans les maxillaires: ceux-ci sont composés de quatre articles, les autres de trois; la lèvre est légèrement échancrée; les yeux sont peu saillans; le corps est ovale, court, plus ou moins déprimé; le corselet est à peine plus large que les élytres, transverse, échancré en devant; l'écusson est distinct; les élytres sont réunies et embrassent peu ou point les côtés de l'abdomen; les pattes sont fortes, avec les jambes souvent dilatées vers leur extrémité, surtout les antérieures; les tarses des pattes antérieures ont plusieurs de leurs articles dilatés dans les mâles. Ces insectes ont été placés dans un grand nombre de genres différens par les auteurs; plusieurs de leurs espèces, et souvent toutes, ont été rangées dans les genres Blaps, Tenébrion, Opatre, Platynote et Hélops. Dans ces derniers temps, Dejean (Catalogue des Coléoptères) a formé à leurs dépens plusieurs genres basés sur le nombre d'articles dilatés des pattes antérieures. Mais ces genres, établis sans caractères, ont été réunis par Latreille à ses Pédines, tels que nous les présentons ici. Les Pédines se trouvent dans les lieux secs et arides des pays chauds. On les rencontre sur le sable, sous les pierres, etc. Les espèces qui composent ce genre sont assez nombreuses; elles ont été distribuées en deux divisions, ainsi qu'il suit:

I. Bords latéraux du corselet presque droits postérieurement, sans rétrécissement brusque, formant de chaque côté, sur le bord postérieur, un angle presque droit.

Le P. fémoral, *P. femoralis*, Latr.; *Blaps femoralis*, Fabr., le mâle; *Blaps dermestoïdes*, Fabr., la femelle; *Tenebrio femoralis*, Lin.; le Ténébrion à stries jumelles, Geoffr., Ins. des env. de Paris, Panz., Faun. germ., fasc. 39, figure 5. Long de quatre à cinq lignes et de couleur entièrement noire; les élytres présentent huit stries ponctuées, disposées par paires; les tarses antérieurs ont les trois premiers articles dilatés dans les mâles; les jambes antérieures et intermédiaires sont dilatées; les cuisses sont canaliculées en dessous. Cette espèce se trouve assez communément aux environs de Paris.

II. Bords latéraux du corselet arqués, ayant un rétrécissement brusque, très-marqué avant l'angle postérieur.

Le P. gibbeux, *P. gibbosus*, Fabr.; *Opatrum gibbum*, Fabr., Oliv., Panz., Faun. germ., fasc. 39, figure 4. Long de trois lignes; d'une couleur brune-noirâtre; la tête et le corselet sont finement pointillés; les élytres ont chacune huit stries ponctuées dont les intervalles sont un peu convexes et pointillés; les jambes antérieures sont dilatées à l'extrémité; les second et troisième articles des tarses de ces jambes sont dilatés. On trouve cette espèce dans le midi de la France et sur les bords de nos côtes méditerranéennes. (H. L.)

PÉDIPALPES, *Pedipalpi*. (arachn.) C'est une famille de l'ordre des Pulmonaires, qui a été établie par Latreille et qui lui donne pour caractères: quatre spiracules ou bouches aériennes dans tous; palpes en forme de bras ou de serres, sans aucun appendice relatif à la génération dans aucun sexe; dent mobile des Chélicères sans ouverture propre au passage d'une liqueur vénéneuse; abdomen toujours revêtu d'un derme coriace ou assez ferme, annelé, sans filière au bout. Cette famille renferme les genres suivans: *Phrynus*, *Thelyphonus*, *Buthus*, *Scorpio*. (H. L.)

PÉDONCULE, *Pedunculus*. (bot. phan.) Le Pédoncule porte les fleurs comme le pétiole les feuilles. « Les fleurs, dit Mirbel, sont attachées aux

» rameaux, aux tiges, aux feuilles, aux racines, » quelquefois immédiatement, d'autres fois par l'in- » termédiaire d'un support privé de feuilles. Ce » support est un Pédoncule ; les dernières divisions » d'un Pédoncule sont des Pédicelles. »

Les divisions d'un Pédicelle sont des Pédicellules (*voyez* ces mots). Cet organe présente une assez grande diversité de caractères, et alors il prend autant de noms différens qu'il offre de natures diverses; ainsi, lorsqu'il part immédiatement de la racine, il prend le nom de Hampe, comme dans les Pissenlits, les Jacinthes, les Narcisses, les Tulipes; il garde ce nom dans un grand nombre de Liliacées, d'Asphodélées, etc. La hampe, dans la rigueur de la définition de ce mot, doit être dépourvue de feuilles; cependant, quand celles-ci sont petites, colorées, sans pétioles et engaînantes, la hampe conserve son nom; mais alors ces feuilles florales sont dites bractées, comme on en voit dans les Aloës, les Iridées, etc.

Tout Pédoncule qui porte plusieurs fleurs dans sa longueur, soit immédiatement, soit par l'intermédiaire de ramifications plus ou moins multipliées, quand il est nu, reçoit le nom d'axe. S'il est enveloppé d'une spathe, il se nomme Spadix, comme chez les *Arum*, les *Caladium*, les *Pothos*, les Palmiers, etc. Toutes les fleurs en épi sont portées sur des axes, ou rafles; tels sont les Plantains, les Bananiers; les Lilas, etc.

Dans les Synanthérées, le Pédoncule étant terminal et élargi en une sorte de disque ou plateau, qui porte les fleurs sans pédicelles apparens, prend le nom de Clinanthe, comme dans les *Zinnia*, *Rudbeckia*, *Helianthus*, etc., etc.

Dans le *Zinnia* le clinanthe est convexe, celui de l'*Ambora* est creusé en coupe; celui du Figuier est dilaté à sa partie moyenne et fermé à son sommet, ce qui le fait ressembler à une poire (Mirbel).

Le Pédoncule, dans sa situation, sa direction, sa forme, sa consistance, sa longueur, sa composition, sa florifération, sa vestiture, etc., varie nécessairement selon chaque genre, chaque espèce de plante. Ainsi, par exemple, selon l'ordre des mots que nous venons de citer, il peut être dit : cylindrique, sillonné, filiforme, capillaire, anguleux, géniculé; raide, débile, nutant, rétrofléchi, spiralé; très-long, très-court; simple, composé, primaire (quand il est le principal support), secondaire (premières divisions ou pédicelles), tertiaire (secondes divisions ou pédicellules), propre, partiel, dichotome, uniflore, biflore, triflore, multiflore, etc., nu, tomenteux, pileux, etc. Le Pédoncule peut encore être dit : radical ou caulinaire, selon qu'il part des racines ou des tiges, etc.; ces différens modes qu'il affecte, constituent en partie ce qu'on nomme l'inflorescence.

(C. Lem.)

PÉGASE, *Pegasus*. (poiss.) Les Pégases forment un genre peu nombreux en espèces dans la famille des Lophobranches, et sont très-remarquables par leur conformation générale et surtout par la disposition de leurs nageoires pectorales qui sont assez larges, assez développées pour les soutenir pendant un certain temps dans l'air. C'est cette faculté, que l'on observe également dans les Dactyloptères et les Exocets, qui a engagé sans doute Linné à donner au genre qui fait le sujet de cet article, le nom de Pégase, que les naturalistes conservent aujourd'hui. Du reste, ce sont des animaux à corps large, déprimé, couvert de plaques osseuses, comme dans les Hippocampes et les Solénostomes, à museau saillant, terminé par une bouche excessivement petite, située à la partie inférieure de la tête et rappelant un peu celle de l'Esturgeon par sa protractilité (pl. 467, f. 3 a). Leurs ventrales sont remplacées par de simples filamens, et leurs mâchoires armées de petites dents. Ce sont de petits poissons dont les plus grands n'ont pas plus de trois à quatre pouces de longueur, et qui tous appartiennent à la mer des Indes. Les espèces de Pégases sont au nombre de quatre seulement, parmi lesquelles nous citerons comme type générique, le P. dragon, *Pegasus draco*, figuré à la planche 467, figure 3, de notre Atlas. Ce poisson, qui vit de frai et de petits vers, n'a guère plus de trois pouces de longueur; le Dragon mérite en effet, par ses petites manœuvres, le nom spécifique qui lui a été donné; il offre des habitudes très-analogues à celles du Dactyloptère, de l'Exocet; il joint à la singularité de sa forme, la faculté de s'élancer hors des eaux en les frappant avec ses larges pectorales, et peut comme eux voltiger à leur surface pendant quelques instans. Son museau est saillant (fig. 3, a), son corps cuirassé, sa bouche petite, placée à la base de la tête au lieu d'être à son extrémité.

Le Pégase volant, le *P. natans* et le *P. laternarius*, dont le museau est garni de six rangées longitudinales de dentelures, sont les trois autres espèces du genre Pégase. (Alph. G.)

PEGMATITE. (minér.) Roche composée d'orthose lamellaire et de quartz; mais le mica et la tourmaline s'y trouvent fréquemment; d'autres fois encore on y voit des grenats, des topazes, des béryls, des cymophanes, etc.

On donne le nom de Pegmatite graphique à celle dans laquelle le quartz est comme fiché dans le feldspath, où il forme des lignes brisées qui simulent les caractères hébraïques. D'autres fois le quartz n'est qu'en grains dans la Pegmatite, et alors la roche porte le nom de Petunzé.

La couleur de l'orthose est souvent blanchâtre et celle du quartz grise, ou bien l'orthose est brunâtre ou rougeâtre. C'est à la décomposition de la Pegmatite qu'est due l'origine du Kaolin. *Voy.* au reste ce que nous en avons dit à l'article Orthose.

On trouve la Pegmatite en filons, en veines, en amas et en petites masses dans les granites, les gneiss et aussi dans les mica-schistes et quelques autres roches anciennes. La Pegmatite nous porte à concevoir deux modes principaux de formation. D'abord elle provient évidemment d'injections venant du centre de la terre à sa surface, qui ont eu lieu postérieurement au dépôt des masses traversées et qui ont, au contact, plus ou moins modifié ces dernières. Ensuite diverses Pegmatites nous montrent qu'elles résultent du mode de refroidissement des roches dans lesquelles elles se trouvent, et qu'ainsi elles proviennent d'une cristallisation qui a pu s'opérer facilement dans des endroits où il y avait des vides, comme on l'observe dans des substances qui, par le refroidissement, cristallisent en certains points. (A. R.)

PÉGOMYIE, *Pegomyia.* (INS.) M. Robineau Desvoidy a donné ce nom à un genre de Diptères de la tribu des Muscides, reconnaissable, suivant M. Macquart, aux caractères suivans : Style des antennes tomenteux ou légèrement velu ; abdomen ordinairement cylindrique (testacé), à appendices inférieurs (mâle) ; cuillerons fort petits, ailes allongées. Les Pégomyies, poursuit M. Macquart, fort remarquables sous la forme de larve, le sont fort peu à l'état adulte, et ne se font reconnaître qu'à leurs ailes allongées, leurs cuillerons encore plus petits que dans les genres précédens, et leur couleur ferrugineuse, caractères qui les rapprochent des tribus suivantes, tandis que le front étroit des mâles les retient parmi les Anthomyzides. Le berceau de ces Diptères est placé dans l'intérieur des feuilles, entre les surfaces membraneuses qui les recouvrent. Le parenchyme qui en occupe l'intérieur sert d'aliment aux larves qui sont destinées à vivre en mineuses, ainsi que les a appelées Réaumur ; les unes sont solitaires, les autres en société et trouvant la sécurité, le vivre et le couvert dans les galeries qu'elles se creusent en prenant leur nourriture. Ce sont particulièrement la jusquiame, l'oseille, le chardon, qui nourrissent ces larves dont l'organisation est adaptée à ce genre de vie. Assez semblables à celles des Mouches proprement dites, elles ont la tête pointue et la bouche munie de deux pièces cornées qui agissent l'une sur l'autre pour ronger le parenchyme.

On connaît environ seize espèces de ce genre ; nous décrirons la plus connue.

P. DE LA JUSQUIAME, *P. hyoscyami*, Rob. Desv., Macq., Réaum., tom. III. Elle est longue de deux lignes, d'un cendré clair ; la face et les côtés du front sont blancs ; ce dernier a une bande noire ; les palpes sont fauves, avec l'extrémité noire ; les antennes sont noires, à base rouge ; le thorax est cendré, à reflets noirs, avec trois bandes obscures peu distinctes ; l'abdomen est cendré ; les pieds fauves ; tarses bruns ; ailes hyalines. Cette espèce vit solitaire dans les feuilles de la jusquiame noire, aux environs de Paris. (GUÉR.)

PÉGOT, *Motacilla alpina.* (OIS.) Gmel. ; *Accentor alpinus*, Bechst. Dans la méthode de Cuvier, l'oiseau que l'on connaît vulgairement sous ce nom, appartient au genre Fauvette. Bechstein l'en a séparé pour en faire le type de sa division des Accenteurs, division que Vieillot et Temminck ont adoptée.

Quoique le Pégot ait été mentionné à l'article Fauvette, nous croyons cependant, au mot qui le concerne spécialement, devoir entrer dans quelques nouveaux détails relatifs à ses habitudes naturelles. Ce qui nous détermine à le faire, c'est que cet oiseau compte parmi les espèces dites de France, et que, par conséquent, un intérêt assez vif s'y attache ; mais nous devons faire précéder l'histoire de ses mœurs par sa description. Il a la tête, la poitrine et le dos d'un gris cendré, marqué, sur le haut de cette dernière partie, de grandes taches brunes ; la gorge blanche, variée de brun ; le ventre et les flancs d'un roussâtre mêlé de blanc et de gris ; les pennes des ailes et de la queue noires ; mais liserées de cendré, et les petites tectrices alaires terminées par une tache blanche. La femelle ne diffère du mâle que par des teintes plus ternes.

La dénomination de Fauvette des Alpes, que Buffon donnait à cet oiseau (actuellement Accenteur ou Pégot des Alpes), vient de ce qu'on le rencontre communément sur les hautes montagnes qui portent ce nom. C'est là, en effet, que le Pégot est le plus abondant. Les Alpes ne sont pourtant pas les seules parties montueuses de l'Europe qu'il fréquente ; les Pyrénées, les chaînes de montagnes de la Suisse et de l'Italie, sont également pour lui des lieux dans lesquels il se plaît. Les pointes des rochers les plus élevés, les plus solitaires et les plus arides sont sa demeure habituelle durant la belle saison. C'est là qu'il trouve sa nourriture, qui consiste en insectes et en petites graines, et c'est là aussi qu'il accomplit l'acte de la reproduction. A cet effet, après avoir choisi, à l'abri du vent du nord, dont il paraît redouter la violence, un creux de rocher ou une anfractuosité convenable, il construit avec de la mousse et du gramen un nid peu profond et circulaire dans lequel la femelle pond cinq ou six œufs de couleur verdâtre. Quelquefois il niche sous les toits des habitations qui sont situées sur les montagnes.

Mais lorsque l'hiver couvre de neiges les monts escarpés sur lesquels il vit le plus habituellement, lorsque, pendant la même saison, des tempêtes violentes et des ouragans se font sentir, alors le Pégot abandonne le sommet des montagnes pour descendre dans une région plus abritée. Il gagne les vallées dont il fait son habitation passagère, car bientôt son instinct le reportera de nouveau sur les rochers dont il aime à dominer les plus hauts points.

Le Pégot a dans ses mœurs quelque chose de bien singulier qu'il faut sans doute attribuer à l'état d'isolement dans lequel il vit. Comme presque tous les oiseaux qui habitent les lieux que ne fréquente point l'homme et qui ne sont point chassés, celui dont nous parlons est si confiant, si peu farouche, qu'on peut l'approcher de très-près. Les enfans mêmes, à ce qu'il paraît, et d'après Picot-Lapeyrouse (Journal de physique, juin 1779), s'amuseraient à les poursuivre et à les tuer à coups de pierres. Il n'est pas de piéges dans lesquels il ne donne. Enfin, son peu de défiance ressemble tellement à de la stupidité, qu'on lui a donné le nom de Pégot ou de Pec, ce qui, dans les montagnes du Haut-Comminge, signifie, en langage vulgaire, un imbécile.

A des mœurs douces, le Pégot joint un caractère taciturne ; il n'a qu'un petit cri d'appel qu'il

fait

fait entendre de temps à autre, et qui ressemble à celui de la Lavandière. Ce n'est point un oiseau qui se plaise à être seul; pendant une grande partie de l'année, il vit en société et forme de petites troupes. Comme les Motteux, et en général tous les oiseaux saxicoles, ils se posent de préférence à terre, sur les pierres et rarement sur les arbres; ils courent avec vitesse et filent à la manière des Perdrix, c'est-à-dire qu'ils marchent en courant et non en sautillant comme les Fauvettes.

Picot-Lapeyrouse, que nous citions tantôt, rapporte que les voyageurs rencontrent souvent sur le sommet des montagnes des Pégots posés à terre deux à deux et quelquefois grimpant le long des rochers en s'aidant de leurs ailes. Il dit aussi que ces oiseaux ne peuvent s'habituer à vivre captifs, et que tous ceux qu'il avait voulu élever en cage étaient morts peu de temps après.

Les ornithologistes rapprochent des Pégots et classent dans la même division (celle des Accenteurs), une espèce que l'on connaît sous le nom de Mouchet, mais plus vulgairement sous celui de TRAÎNE-BUISSON (*voy.* ce dernier mot). C'est également à côté de ces deux espèces qu'ils placent l'ACCENTEUR MONTAGNARD, *Accentor montanellus*, oiseau découvert par Pallas en Crimée et dans la Sibérie orientale, et dont les habitudes naturelles sont à peu près les mêmes que celles du Pégot des Alpes. (Z. G.)

PEIGNE, *Pecten*. (MOLL.) Ce genre, adopté par tous les zoologistes, comprend un nombre considérable d'espèces de Mollusques bivalves, répandus dans toutes les mers, et qui appartiennent à l'ordre des Lamellibranches subostracés. Linné ne le distinguait pas de son genre *Ostrea*. Voici comment on le caractérise :

Corps plus ou moins comprimé, orbiculaire; le manteau garni d'un seul cordon de papilles tentaculaires et de petits disques oculiformes, perlés, pédonculés, régulièrement espacés entre eux; un rudiment de pied canaliculé et un byssus; bouche entourée d'appendices charnus, irrégulièrement ramifiés.

Coquille libre, régulière, mince, solide, équivalve, équilatérale, auriculée, à bord oral droit; les sommets contigus; charnière sans dents; une membrane ligamenteuse dans toute la longueur de la charnière, outre un ligament court, épais, presque tout-à-fait interne, qui remplit une fossette triangulaire sous le sommet; une seule impression musculaire subcentrale.

M. de Blainville remarque que, tantôt c'est la valve droite qui est inférieure et plane, tantôt au contraire la gauche.

Les habitudes de ces Mollusques sont assez semblables à celles des Moules; mais ils sont en général plus libres. Jamais ils ne s'enfoncent dans le sable; ils vivent au contraire au fond de la mer, car tous sont marins, appliqués comme les Huîtres par une seule valve, mais non fixés. Certaines espèces qui ont un byssus ne changent probablement jamais de place; mais on assure que les autres sont susceptibles de se mouvoir et qu'elles peuvent s'élever dans les eaux, même jusqu'à la surface de celles-ci, en agitant les deux valves de leur coquille. Sur les côtes, on mange les grandes espèces de ce genre, mais c'est une nourriture grossière et qui n'est usitée que par les classes peu fortunées. La valve creuse des Peignes est quelquefois employée pour servir de plat; c'est elle aussi qu'on voyait figurer sur les habits des pèlerins.

Les espèces de Peignes de nos côtes sont assez variées. M. Peyraudeau, qui a étudié sur les côtes de la Corse celles que nous en avons dans la Méditerranée, en cite dix-huit dont voici les noms :

P. DE SAINT-JACQUES, *P. Jacobæus*; P. SILLONNÉE, *P. sulcatus*; P. UNICOLOR; P. VIERGE, *P. virgo*; P. GIBECIÈRE, *P. pes felis*; P. CÔTES DISTANTES, *P. distans*; P. GRIS, *P. griseus*; P. TRANSPARENT, *P. pellucidus*; P. DÉGÉNÉRÉ, *P. pusio*; P. VARIÉ, *P. varius*; P. COURBÉ, *P. inflexus*; P. DE DUMAS, *P. Dumasii*; P. DE BORN, *P. Bornii*; P. GLABRE, *P. glaber*; P. OPERCULAIRE, *P. opercularis*; P. D'AUDOUIN, *P. Audouinii*; P. DE BRUÉ, *P. Bruei*. Voici les espèces les plus communes sur nos côtes de la Manche et de l'Océan : P. CÔTES RONDES, *P. maximus*; on le vend sur les marchés sous le nom de *Palourde*; P. OPERCULAIRE, *P. opercularis*; P. RAYÉ, *P. lineatus*; P. DU NORD, *P. islandicus*; P. VARIÉ, *P. varius*. Lamarck cite encore le *P. pusio*, etc. Les fossiles sont également fort nombreux.

Nous décrirons parmi les vivans le P. DE SAINT-JACQUES, *P. Jacobæus*, représenté dans notre Atlas, pl. 468, fig. 1. Il se trouve surtout dans la Méditerranée; il se distingue par ses côtes striées longitudinalement en dessus et lisses sur les côtés; il est du reste fort voisin du PEIGNE A CÔTES RONDES, *Pecten maximus*. Ce Peigne est fort commun sur les côtes de la Galice, où la superstition en avait fait l'ornement du camail en cuir que portaient les vagabonds fainéans qui allaient autrefois en pélerinage à Saint-Jacques de Compostelle. Les valves de Peignes et surtout la valve concave sont employées à divers usages. (GERV.)

PEINTADE, *Numida*. (OIS.) Caractérisées par une tête nue, que surmonte une crête calleuse ou une huppe de plumes; des caroncules charnus et pendans sur les côtés de la base de la mandibule inférieure, et des tarses dépourvus d'éperons; les Peintades formaient pour Linné, dans l'ordre des Gallinacés, un genre que tous les ornithologistes ont conservé, en lui assignant les mêmes caractères. Les espèces qui composent ce genre appartiennent exclusivement à l'Afrique. Transportées dans les autres parties du monde, elles s'y sont propagées avec la plus grande facilité; car, quoiqu'enlevées à la haute température de leur pays natal, elles peuvent cependant supporter aisément les froids des autres climats : il est pourtant vrai de dire que nulle part en Europe elles ne vivent à l'état sauvage. Seulement il paraîtrait qu'en Amérique, où les Génois en ont fait passer dès l'an 1508, elles se sont tellement acclimatées, que, dans diverses colonies, elles errent en liberté au sein des bois et des savanes. Donner les habitudes naturelles de l'espèce la plus commune, ce sera indiquer celles des autres; car elles ont une telle similitude de mœurs, qu'on peut, sous ce rapport, les comprendre dans une histoire générale.

La Peintade proprement dite, *Numida meleagris*, Lin.; la seule espèce qui vive dans nos basses-cours, au milieu de nos autres oiseaux domestiques; celle que nous avons représentée dans notre Atlas, pl. 468, fig. 2, se distingue par une protubérance frontale légèrement inclinée en arrière et généralement d'un bleu rougeâtre; les barbillons pendans à la base du bec, bleuâtres et bordés de rouge vif dans le mâle, sont entièrement de cette dernière couleur dans la femelle; le haut du cou est dénudé de plumes, mais couvert par des sortes de poils noirâtres, dont la direction se fait dans le sens contraire à celui que prennent les plumes ordinaires; le haut du cou est de couleur rougeâtre mêlée de bleuâtre; les plumes qui entourent le bas de cette partie sont d'un cendré violet; le fond du plumage noir, mais rayé par des stries cendrées, est entièrement couvert de taches blanches ayant une forme ronde. Ces taches jetées avec une certaine uniformité sur le corps de cet oiseau, rappellent la fable que l'on trouve dans la Mythologie des anciens Grecs. Un peuple dont l'imagination s'était exercée à créer et à peupler un Olympe; un peuple porté par son organisation à tout poétiser, à tout diviniser devait nécessairement trouver dans la Peintade que la nature avait placée sous le même ciel, un être d'origine fabuleuse. Cet oiseau fut pour lui l'emblème de l'attachement fraternel. « Les sœurs de Méléagre, fils d'Œnée et roi de Calydon, dit l'Histoire mythologique des Grecs, pleurèrent tant la mort de leur frère, qu'elles furent victimes de l'amitié fraternelle; mais Diane les changea en oiseaux et voulut que leur robe portât l'empreinte des larmes qu'elles avaient versées. » C'est comme conséquence de cette fiction que la Peintade portait chez les Grecs le nom de *Méléagride*, nom qu'Aristote même lui a conservé. Celui que les modernes lui ont imposé et sous lequel nous la connaissons, viendrait, au dire de quelques auteurs, de ce que les taches de son plumage semblent, par la régularité de leur disposition, avoir été placées par la main d'un peintre.

Mais la dénomination de Peintade, qui paraît avoir prévalu, n'est pourtant pas la seule que les Européens aient donnée à cet oiseau. On le trouve encore cité dans les ouvrages sous celles de Poule-peinte, Poule d'Afrique, de Numidie, de Pharaon, etc. Belon la nomme encore Perdrix des terres unies. Quelques modernes l'ont aussi appelé Poule perlée. Tous ces divers noms viennent, comme on peut le voir, ou de l'aspect extérieur de cet oiseau et de ses mœurs que nous allons faire connaître, ou des pays d'où il est originaire.

Il n'est peut-être pas d'oiseaux qui par leurs habitudes naturelles se rapprochent autant des Perdrix que les Peintades. On a quelquefois comparé, sous le rapport des mœurs, les premières avec les Poules; mais certainement la comparaison avec les Peintades eût été plus heureuse. En effet, les unes sont des Gallinacés au port lourd, à la démarche le plus généralement lente; elles ont en outre dans leurs caractères extérieurs des différences notables; leur queue, par exemple, relève et se dispose en toit; les autres, au contraire, sont légères à la course, ont un port bien plus gracieux, leur dos voûté donne à leur corps une forme toute particulière que tend à exagérer encore une queue penchée vers le sol. Les Peintades et les Perdrix sont sur tous ces points semblables entre elles. Mais c'est surtout relativement aux habitudes que ces oiseaux peuvent être comparés. Ce sont les mêmes allures, le même mode d'être. Les personnes qui ont étudié les mœurs des Peintades sur des individus renfermés dans nos étroites basses-cours, loin des circonstances qui les rapprochent de l'état de nature, ne les ont vues que turbulentes, inquiètes, impatientes, elles n'ont été frappées que de leurs cris aigus et désagréables lorsqu'ils sont trop souvent répétés; elles les auront surprises dans leur moment de colère et de jalousie; les auront vues se battre entre elles et les autres oiseaux domestiques renfermés avec elles; mais autre chose est de les étudier presque à l'état de liberté, de les suivre dans les vastes parcs où quelques riches propriétaires les élèvent pour leurs plaisirs. Là elles ne sont plus contraintes, reprennent leur naturel, et si elles conservent leur humeur querelleuse, ce n'est plus pour l'exercer sur des Poules ou des Dindons, mais sur leurs semblables, encore ce caractère ne se manifeste-t-il bien qu'à l'époque des amours. Ordinairement elles vivent par troupes composées de plusieurs femelles pour un seul mâle ou deux au plus. Elles ont des heures marquées pendant lesquelles elles pourvoient à leur subsistance. C'est pour l'ordinaire le matin et le soir qu'on les voit courir dans les halliers, dans les buissons, pour chercher leur nourriture ou se rendre au lieu habituel dans lequel elles trouvent celle que la main de l'homme leur fournit. Si pendant qu'elles sont occupées à la recherche de leurs alimens, ce que, nous le répétons, elles font toujours de compagnie, un objet quelconque les effraie, elles font entendre à plusieurs reprises un petit cri rauque, lèvent la tête, restent quelques instans dans une immobilité complète, et si la cause de leur effroi s'est évanouie en même temps qu'elle a été produite, alors on les voit se livrer de nouveau à leur occupation; si au contraire elle persiste, soudain elles baissent la tête, penchent leur corps en avant et courent avec une vitesse extraordinaire. De temps à autre elles interrompent brusquement leur course, s'arrêtent et regardent. D'autres fois, au lieu de courir, elles prennent leur essor toutes en masse et vont arrêter leur vol à une très-petite distance du lieu d'où elles sont parties. Indépendamment du cri perçant et désagréable que le mâle fait entendre, soit pour rassembler ses femelles, soit pour exprimer la passion que l'époque des amours réveille en lui, les Peintades ont un autre cri bien moins bruyant qu'elles répètent fréquemment même dans le repos. Et maintenant si nous mettions à côté de ces habitudes celles des Perdrix et surtout de la Perdrix grise (*Perdix cinerea*), nous verrions qu'elles ne diffèrent presque en rien. On pourrait donc, avec raison, non seulement admettre une ressemblance entre les mœurs de ces dernières et des Peintades ; mais encore, comme au reste l'ont fait Linné et Vieillot, rapprocher les genres que ces oiseaux forment.

C'est principalement de la Numidie que les Peintades sont originaires ; de là, le nom de Poule de Numidie qu'on leur a donné. Les parcs fertiles de l'Arabie en nourrissent également des troupes considérables, et, d'après Niébuhr, elles sont si nombreuses dans les montagnes près du Tahama, que les enfans les abattent à coups de pierre, les prennent et les vendent en ville.

Leur chair a la réputation d'être un mets très-savoureux ; cependant il paraîtrait qu'elle n'est pas du goût de la majorité, à en juger par le peu de commerce que l'on fait de ces oiseaux. Le Faisan, qui jouit d'une préférence si bien méritée, est élevé partout ; or, si comme on le dit, le fumet de la Peintade est si délicieux, si son manger est si agréable, pourquoi ne figure-t-elle pas sur une table, au même titre que le Faisan? Cela tient, nous le répétons, à ce que tout le monde n'est probablement pas assez gourmand pour trouver de la bonté dans sa chair. Les Romains de la décadence, chez lesquels toute chose nouvelle et coûteuse était objet de luxe, les Romains, nos maîtres en sensualité, faisaient, dit-on, leurs délices de cet oiseau, qu'ils payaient fort cher et qu'ils élevaient avec le plus grand soin. Mais les Romains mettaient quelquefois tant d'ostentation dans la manière de présenter un repas, qu'on ne sait réellement pas si c'est par goût qu'ils mangeaient des Peintades, ou par vanité d'avoir sur leur table des oiseaux qui étaient alors fort coûteux. Au reste, nous avons vu qu'il en était de même pour les Paons ; ils les offraient dans leurs repas non pas tant parce que leur chair avait quelque chose de supérieur à la chair de tout autre Gallinacé, mais plutôt parce qu'ils les payaient environ huit ou neuf cents sesterces.

Les Peintades que l'on élève en Europe conservent toujours un peu de leur naturel sauvage ; elles aiment la liberté et veulent de grands espaces à parcourir. Si elles n'y sont contraintes, elles préféreront toujours pour pondre, les buissons, les halliers, au poulailler. Elles sont d'ordinaire très-fécondes ; car elles peuvent fournir jusqu'à cent œufs, si elles sont au milieu d'une nourriture abondante. Dans l'état de nature le nombre des produits pondus est bien moindre et ne s'élève guère qu'à huit ou dix. Comme ceux de la Poule, les œufs des Peintades sont très-bons à manger.

L'on prétend que la femelle Peintade est très-impatiente lorsqu'elle couve, qu'elle est même peu soucieuse de sa progéniture ; voilà pourquoi l'on fait généralement élever les Peintadeaux (c'est ainsi qu'on nomme les jeunes), par des Poules ou des Dindes. Après leur éclosion, ces oiseaux ne portent encore rien de la livrée qui les caractérise plus tard et sont comme tous les jeunes Gallinacés, couverts d'un duvet mou et soyeux. Comme eux aussi et surtout comme les jeunes Faisans, les Dindonneaux et les Paonneaux, ils sont excessivement délicats. Leur première nourriture consiste en de très-petites graines et en œufs de fourmis.

On a quelquefois croisé des Peintades avec des Poules, et l'on a obtenu pour résultat des oiseaux métis incapables de se reproduire.

L'influence des climats dans lesquels on a transporté les Peintades, a fait subir à leur plumage des variations nombreuses. Il n'est pas rare d'en trouver dont les couleurs sont totalement altérées. La ménagerie du Muséum de Paris en possédait il y a quelques années (et peut-être même les possède-t-elle encore), qui étaient entièrement blanches. On en rencontre aussi dont le fond du plumage est d'un bleu noirâtre ; d'autres ont un large plastron blanc sur la poitrine ; d'autres encore sont d'un gris blanchâtre semé de larges taches blanches.

Une espèce tellement voisine de celle dont nous venons de faire l'histoire, au point que quelques auteurs ont pu la considérer comme n'en différant pas, est la Peintade mitrée, *Numida mitrata*, Lath., ainsi nommée à cause de la protubérance conique relevée en forme de mitre au dessus de sa tête. Mais, bien qu'elle soit originaire des mêmes contrées et qu'elle ait la taille, les formes et presque la couleur de la précédente, elle ne saurait cependant être confondue ; car, outre le caractère distinctif de sa crête calleuse, elle a encore, indépendamment des caroncules charnues qui ornent la base du bec, une peau nue et pendante comme celle du Dindon ; le haut de son cou est nu et bleu ; son plumage parsemé en dessus de taches blanches plus grandes que celles de la Peintade commune, et en dessous rayé en ondes.

Nous décrirons encore comme espèce bien distincte la Peintade huppée, *Numida cristata*, Pall. Ce que l'on constate d'abord chez elle, c'est l'absence de caroncules charnues et de crête calleuse. Relativement aux premières, une sorte de pli membraneux en tient lieu ; quant au tubercule, il est remplacé par une huppe de plumes épaisses et un peu recourbées en avant ; la couleur de ces plumes est noire. A défaut de cette huppe, la tête serait nue comme l'est en grande partie le cou, où l'on voit seulement un duvet très-clair ; cette dernière partie ainsi dénudée, est d'un bleu obscur en dessus et d'un rouge de sang en dessous ; son plumage est généralement noir avec des taches d'un blanc bleuâtre sur la moitié postérieure du corps ; la queue est coupée par quelques bandes blanchâtres ; les pennes des ailes sont brunes.

Selon Marcgrave, cette espèce a été apportée de Sierra-Leone, et d'après Temminck, elle se trouve aussi dans l'intérieur des terres de la Guyane et au cap de Bonne-Espérance, dans le pays des grands Namaquois, où elle vit en bandes de quelques centaines, composées de plusieurs couvées réunies. Le cri de cette Peintade est discordant et sinistre, et elle le fait entendre plus fréquemment au lever et au coucher du soleil.

L'on ne comptait dans le genre Peintade que les trois espèces dont nous venons de faire mention ; mais vers ces dernières années M. Lichtenstein a donné la description d'une quatrième espèce qu'il nomme *Numida ptylorhynca*, à cause d'une petite touffe de tiges courtes, presque sans barbes et ressemblant par conséquent à des poils, touffe qu'elle porte sur la base du bec. Indépendamment de ce caractère elle se distingue par un casque très-petit. M. Guérin a donné une figure de cette Peintade dans son Iconographie du Règne animal de Cuvier. (Z. G.)

PELAGE. (zool.) C'est le nom que l'on donne à l'ensemble des poils des Mammifères lesquels ont conservé leur apparence ordinaire. La nature du Pelage fournit de bons caractères pour la confirmation du groupe naturel, et ses couleurs sont souvent fort utiles pour la distinction des espèces et des races, quoique dans beaucoup de cas elles soient sujettes à des variations individuelles. M. F. Cuvier a nommé Pelage du mot grec πελαγός, qui qui veut dire mer, un des groupes établis par lui dans le genre des Phoques (*voyez* ce mot). (Gerv.)

PÉLAGIENS, *Pelagii*. (ois.) La nature n'a point doué des mêmes habitudes, ni placé dans les mêmes circonstances, l'immense quantité d'oiseaux qui peuple notre globe. Les uns sont constamment fixés au sol ; les autres n'y font que des poses passagères et semblent avoir choisi pour domaines, les airs ; ceux-ci fréquentent les rivages, s'avancent même sur les eaux à des distances plus ou moins considérables, mais toujours, soit en nageant, soit en plongeant ; ceux-là, par une puissance de vol incroyable, s'égarent entre le ciel et la mer, et, semblables à ces espèces que nous voyons sans relâche voltiger autour de nos habitations, on les surprend ne s'abattant sur les ondes que pour prendre un repos momentané. C'est à ces derniers que l'on a donné le nom de Pélagiens, précisément à cause des habitudes constantes qu'ils ont de tenir la haute mer. Toutes les espèces qui méritent d'être comprises sous cette dénomination; presque toutes celles que Cuvier fait entrer dans sa famille des Palmipèdes longipennes ou grands-voiliers, telles, par exemple, que les Pétrels, les Albatros, les Mouettes, les Stercoraires, les Sternes, les Becs-en-ciseau, et une partie de celles que le même auteur classe dans ses Palmipèdes totipalmes, telles que les Frégates, les Fous, les Paille-en-queue, etc., toutes ces espèces, disons-nous, ne sont pourtant point, si nous pouvons dire, Pélagiennes au même degré. Les unes s'éloignent des côtes à plus de deux cents lieues; les autres ne se retrouvent déjà plus à quinze ou vingt lieues au large ; celles-ci font des poses fréquentes sur les eaux, celles-là paraissent être ennemies du repos; mais toutes ont cela de commun qu'après avoir erré durant le jour, sur l'immensité des mers, elles gagnent une côte qui leur est connue pour y passer la nuit. Et ici nous citerons un fait qui nous a été rapporté par un de nos amis, fait qui démontrera combien sont indéterminées les limites dans lesquelles un oiseau Pélagien peut exercer son industrie. Il a constaté qu'un Damier (espèce du genre Petrel) a suivi pendant quinze jours au moins le navire sur lequel il était. Il a commencé à le voir à peu près au travers de la Trinité et ne l'a perdu qu'après avoir doublé le Cap. Tous les soirs il quittait les alentours du bord pour reparaître tous les matins. Ce qui le rendait reconnaissable au point de ne pouvoir le confondre, et de ne pouvoir l'oublier, c'est qu'il avait une patte cassée ; il était donc extrêmement facile de constater tous les jours sa présence ou son absence. Eh bien ! nous le répétons, cet oiseau a fait avec le navire qu'il n'abandonnait qu'au crépuscule et qu'il savait retrouver au lever du jour, tout le trajet qui sépare la Trinité du Cap. Un autre fait qui a été exprimé avant nous, mais dont nous avons été à même de nous convaincre, c'est que les oiseaux Pélagiens, quelques uns du moins sinon tous, n'abandonnent un navire qu'ils suivent, que quelque temps après le coucher du soseil. Leur vue alors paraît être aussi perçante qu'auparavant; car ils fondent avec la même célérité sur l'appât qu'on leur jette ou sur les animaux marins que la vague soulève.

On est loin encore de pouvoir donner de tous les oiseaux Pélagiens une histoire naturelle complète, leurs habitudes ne pouvant être saisies qu'en passant et dans des conditions qui sont toujours les mêmes. Les circonstances dans lesquelles se fait la reproduction d'un grand nombre sont encore inconnues ; or personne n'ignore que la reproduction dans l'histoire des mœurs n'est ni la moins essentielle à connaître, ni la moins intéressante. Soit que l'occasion n'ait point été offerte aux voyageurs de faire des observations à cet égard, soit que les écueils sur lesquels ces oiseaux se retirent soient un obstacle à cette étude, il n'en est pas moins vrai que l'on ne connaît bien des espèces Pélagiennes, que leur vie errante. MM. Quoy et Gaimard, dans la partie zoologique du voyage de l'Astrobabe, ont donné sur les oiseaux dont nous parlons des observations fort étendues et fort curieuses. Jusqu'à ce jour aucun voyageur n'avait autant qu'eux porté l'attention sur les plus petits détails de mœurs de ces mêmes oiseaux. L'on a déjà, au mot Albatros, consigné quelques unes de leurs observations; l'article Petrel sera une nouvelle occasion de revenir sur les habitudes des Palmipèdes Pélagiens. Nous renvoyons donc à ces mots pour plus de détails.

On a également donné le nom de Pélagiens à des Poissons et à des Mollusques marins que l'on ne rencontre qu'en pleine mer, fort loin de la côte et jamais sur celle-ci. (Z. G.)

PELAMYDE. (rept.) Sous-genre d'Hydrophides (*voyez* ce mot). (Guér.)

PÉLARGONION, *Pelargonium*. (bot. phan.) Ainsi que nous l'avons dit en traitant de la famille des Géraniacées (*voyez* ce mot, t. III, p. 409), à laquelle les Pélargonions appartiennent, ce genre a été constitué par L'Héritier, d'abord pour débarrasser le genre *Geranium* du grand nombre d'espèces qui le surchargeaient, ensuite pour tirer parti des différences très-remarquables présentées par les fleurs constamment irrégulières du *Pelargonium*, et par les étamines qui, sur dix filets, en ont toujours au moins trois, plus rarement cinq, stériles affectant la forme d'écailles ou de dents, et par leurs feuilles, qui sont opposées. Burmann avait entrepris la réforme du genre *Geranium;* mais il était réservé au botaniste français de la compléter et de la faire adopter. Je sais bien que Poiret l'a critiquée, en la déclarant fausse, arbitraire, et même contraire aux vrais principes de la science. Je ne partage point ce sentiment, et je suis persuadé que Linné vivant sanctionnerait l'utile et régulier changement. Le genre qui va nous occuper est, en effet, un des plus naturels. Les Pélargonions ont pour trait de conformité avec les Géraniers d'avoir un fruit très-allongé, assez semblable à la tête d'un oiseau à long bec; chez les Géraniers, il se rapproche davantage du bec de la Grue; chez les Pélargonions, de celui de la Cigogne. C'est pour cette raison que Burmann a donné à ces derniers le nom de *Pelargonium*, du mot πελαργὸς, que l'oiseau portait chez les vieux Grecs, à cause des deux couleurs de son plumage, πελὸς, noir, et ἀργὸς, blanc.

Tous les Pélargonions, à très-peu d'exceptions près, sont originaires de l'Afrique méridionale, et plus particulièrement du cap de Bonne-Espérance. Dans son *Nomenclator botanicus*, Ernest Stendal en compte plus de deux cent cinquante véritables espèces, que l'élégance et la beauté de leurs fleurs appellent dans nos cultures comme plantes d'ornement. Elles se multiplient aisément de graines semées sur couche au printemps, et de boutures faites à pareille époque ou même dans le courant de l'été. Toutes redoutent les rigueurs de l'hiver autant que l'humidité stagnante; elles aiment le grand jour et ne craignent nullement les rayons solaires d'une exposition méridienne. Leurs caractères sont d'offrir des plantes dicotylédonées herbacées, à racines tubéreuses, dont les tiges ont souvent la consistance ligneuse, quoique charnues, surtout près de l'insertion des feuilles, où elles forment des sortes d'articulations. Les feuilles qui les décorent varient infiniment depuis la feuille ronde jusqu'à la feuille la plus composée à pinnules linéaires; des poils glanduleux les recouvrent sur l'une et l'autre page, et sécrètent une liqueur visqueuse odorante, fort désagréable chez un grand nombre d'espèces, musquée dans quelques unes, aussi suave que la Rose sur quelques autres. Fleurs complètes, polypétalées, généralement parfumées, séduisantes, embellies des couleurs les plus vives, et disposées en petits bouquets tant au sommet des tiges qu'à l'extrémité de leurs nombreux rameaux; plus la terre qui les nourrit est divisée avec du sable et du bon terreau que l'on a retiré des substances animales, plus on obtient de fleurs, mais aussi plus on expose la plante à souffrir du froid et à périr promptement. Durant l'inflorescence, les pétales sont enroulés les uns sur les autres. Lors de l'épanouissement, on voit un calice à cinq divisions, la supérieure plongeant dans l'intérieur du pédoncule au moyen d'un petit tube capillaire; une corolle composée de cinq pétales irréguliers; dix filamens inégaux, réunis par la base en un seul corps; sept et quelquefois cinq portent une anthère ovoïde, allongée, versatile; un ovaire supère, à cinq angles; un style persistant, pyramidal, terminé par cinq stigmates; pareil nombre de capsules uniloculaires, renfermant une ou deux semences ovales-oblongues, pointues par le bas. Chaque capsule est prolongée par une longue arête velue sur sa face interne; les cinq réunies autour du style offrent, comme il a été dit, une certaine conformité avec le bec de la Cigogne; elles se séparent à l'époque de la maturité des graines, en se tordant en spirale de bas en haut.

Ainsi qu'on le voit par cette série de caractères, les Pélargonions font partie de la Monadelphie décandrie de Linné. Pour mieux faire connaître les nombreuses espèces du genre, je n'adopterai point les sections créées par R. Sweet, Lindley, De Candolle, et par l'auteur de l'*Hortus britannicus*, parce qu'ils ont le plus souvent écrit sur des espèces abâtardies, et confondu de simples hybrides avec des variétés plus ou moins accidentelles; mais je les rangerai sous deux catégories fort distinctes : les espèces herbacées ou à peine sous-frutescentes, et les espèces qui tiennent positivement à la nature du sous-arbrisseau. Je parlerai seulement de celles que j'ai cultivées.

§ I. *Espèces herbacées.*

Cette section compte un petit nombre d'espèces. Voici les trois principales.

Le Pélargonion tricolore, *Pelargonium tricolor*, Willd. Charmante petite espèce introduite en Europe, dans l'année 1744, par Francis Masson, horticulteur anglais envoyé au cap de Bonne-Espérance pour y colliger des plantes nouvelles. Sa tige, à peine sous-frutescente, se divise en quelques branches velues, de couleur cendrée-vineuse, cylindriques et droites, terminées par des feuilles oblongues, lancéolées, rassemblées en faisceau, opposées, portées par un pétiole long, menu, du milieu desquelles on voit en mai deux et trois fleurs s'élever, présenter une corolle semblable à celle de la Pensée, et demeurer épanouie pendant tout l'été. Des cinq pétales, deux (les supérieurs), sont d'un beau rouge éclatant, veiné de carmin, et munis à la base d'une tache noire semée de proéminences luisantes, charbonnées; les trois pétales inférieurs d'un blanc de neige, quelquefois légèrement couverts de stries carminées. Pourquoi faut-il qu'avec une aussi belle fleur la plante laisse sur les doigts qui la touchent une odeur fort peu agréable? C'est qu'à la jouissance est attaché quelque chose d'amer.

Mieux favorisé, le P. odorant, *P. odorantissimum*, Ait., est garni de feuilles agréablement odorantes, réunies en touffe, douces au toucher, et cordiformes, partant d'une souche radicale qui donne des tiges charnues, très-grosses, hautes au plus de seize centimètres. Les fleurs naissent sur des pédoncules grêles, fourchus, très-longs, terminés par cinq petits rayons environ, munis à leur base d'un involucre à six folioles; la corolle est petite, blanche, ou couleur de rose tendre.

Sur une racine composée de plusieurs tubercules, le Pélargonion de Cornuti, *P. triste*, pousse une tige très-courte et presque nulle, qui porte des feuilles opposées, inégales de grandeur, longues, vertes, très-découpées, deux fois ailées et à folioles pinnatifides. De juin à septembre, dix à quinze fleurs, agglomérées en une ombelle, étalent une corolle de couleur de soufre sale, marquée de trois lignes brun pourpre, pâles et séparées sur les deux pétales les plus grands (qui sont les supérieurs), foncées, élargies, et confondues dans leur milieu sur les trois petits pétales ou inférieurs. Pendant la nuit, ces fleurs répandent une odeur agréable de girofle et de cannelle : c'est une compensation à la tristesse de leur robe. Une propriété plus importante est que l'on peut manger ses tubercules arrondis et enfilés comme des chapelets. Les Hottentots s'en nourrissent avec une sorte de plaisir. Cette espèce est cultivée en France depuis 1630; nous en devons l'introduction à René Morin, botaniste collecteur. La première distinction et la première figure ont été publiées en 1635 par Jacques Cornuti, professeur de botanique à Paris.

§ II. *Espèces frutescentes.*

Dans cette section se trouvent réunies les plus belles espèces du genre, celles qui à l'élégance des formes, du port et du feuillage joignent les fleurs les plus grandes et les plus variées en couleurs. Ce sont aussi les plus nombreuses, les plus riches en hybrides et les plus recherchées.

En tête je citerai le Pélargonion élégant, *P. formosum*, Desf., rapporté du Cap en 1795. Sa tige, droite et rameuse, monte à un mètre de haut. Les feuilles sont grandes, arrondies, alternes, bordées de cinq à sept angles peu profonds, inégalement dentées, presque glabres en dessus, pubesbescentes en dessous sur la nervure, et plus particulièrement sur le pétiole. Fixées en ombelle, munie à sa base d'une collerette de sept à neuf folioles lancéolées, les fleurs, dont la corolle est blanche, grande et légèrement odorante, sont placées, au nombre de cinq à sept, quelquefois plus, à l'extrémité d'un long pédoncule cylindrique et pubescent. Des cinq pétales qui constituent la corolle, les deux supérieurs offrent au milieu de leur robe, d'un blanc pur, de larges veines plumeuses d'un pourpre foncé sur une tache du plus beau rouge. Le blanc uniforme des trois pétales inférieurs est égayé par les anthères rouges des sept étamines, par le bleu des stigmates et les folioles vertes du calice.

Une autre espèce non moins remarquable, et que l'on voit représentée dans la pl. 469, fig. 2 de notre Atlas, le Pélargonion à très-grandes fleurs, *P. macranthon*, Sweet, s'élève à soixante-dix centimètres, forme un petit buisson garni de feuilles d'un vert assez foncé, partagées presque jusqu'à moitié en cinq lobes égaux, bordés de dents aiguës, et accompagnées, à leur base, de stipules oblongues et obtuses. Les fleurs qui le décorent sont les plus grandes de tout le genre; on les voit réunies trois, cinq et sept ensemble sur une collerette de cinq à six folioles presque ovales et ciliées en leurs bords; le blanc de leurs pétales est des plus purs, les deux supérieurs élégamment marquées de veines d'un pourpre très-éclatant, et les trois inférieurs, à l'époque de la fécondation, saupoudrés d'un rouge vermillon, versé sur eux par les sept anthères qui se pressent contre le style dont les cinq stigmates linéaires sont amoureusement agités.

Sur la même planche, fig. 1, nous donnons le portrait du Pélargonion dédié à John Davey, horticulteur anglais, *Pelargonium Daveyanum*, Sweet, qui se couvre abondamment de fleurs d'un rouge éclatant, deux et quatre ensemble, depuis le mois de juin jusqu'aux derniers jours d'août. Les deux pétales les plus grands, d'un pourpre foncé, sont élégamment ornés de veines noirâtres, épanouies comme les rameaux d'un arbuste dépouillé de son feuillage.

Pendant l'année 1796, Andrews fit connaître le Pélargonion à cinq taches, *P. quinquevulnerum*, du Cap, qui s'est promptement répandu dans les collections des amateurs. Sa tige brune, presque ligneuse, couverte d'aspérités qui sont les vestiges des anciennes feuilles, arrive assez ordinairement à un mètre de haut; le joli vert de son feuillage, très-découpé, fait regretter qu'il soit si peu abondant. La corolle étale, depuis le mois de juillet, souvent jusqu'au milieu d'octobre, les lames étroites de ses cinq pétales d'un pourpre velouté, que borde un liseré blanc, et relève de plus en plus la beauté de ses congénères à fleurs blanches ou rouges. Les deux pétales supérieurs ont, en outre, à leur base une tache blanchâtre traversée par d'élégantes lignes empourprées.

On ne me pardonnerait pas si je n'inscrivais pas ici, 1° le superbe Pélargonion sanguin, *P. sanguineum*, que nous possédons depuis 1816. Quoique ses fleurs, commençant à paraître en juin et se succédant sans interruption jusqu'à la fin d'octobre, répandent une odeur peu agréable; elles rachètent ce désagrément par la richesse de leur couleur rouge, traversée par une tache allongée du plus beau pourpre, et par les bouquets qu'elles forment à l'extrémité du long pédoncule qui naît à l'opposé de ses feuilles ailées; 2° le Pélargonion aiguillonné, *P. echinatum*, Curt., dont la tige et les rameaux sont chargés d'aiguillons recourbés, formés par les anciennes stipules, persistantes après la chute des feuilles. Les fleurs qu'il donne durant cinq mois, égaient l'œil par la blancheur éclatante de leur corolle et les jolies taches d'un très-beau rouge qui se montrent, cinq à six, sur les deux pétales supérieurs; nous le cultivons depuis 1789, qu'il a été apporté en France; 3° enfin, le Pélargonion rose, *P. capitatum*, Ait., aux fleurs d'un rouge clair, réunies six à huit en une sorte de tête, demeurant épanouies dès les premières heures du mois de mai jusqu'à l'approche des gelées. Toutes les parties de la plante exhalent une odeur de rose qui plaît et séduit, surtout quand on les froisse légèrement entre les doigts. Son feuillage répond par son élégance à l'intérêt que réclame cette espèce, une des premières introduites dans nos cultures.

Je ne connais que le PÉLARGONION EN CAPUCHON, *P. cucullatum*, Cav., qui soit employé comme plante émolliente en son pays. C'est une belle espèce au large feuillage, roulé presque en entonnoir, et dont l'ombelle présente cinq grandes fleurs pourpre-violet d'un aspect très-agréable. (T. D. B.)

PÉLASGIE, *Pelasgia.* (OIS.) Bien que dans le courant de cet ouvrage on ait généralement adopté les noms de genre proposés par Cuvier dans son Règne animal, on n'a pas toujours dû cependant s'en tenir rigoureusement à la nomenclature de ce savant, et cela toutes les fois que, par suite des progrès de la science, une dénomination générique heureuse et suffisamment motivée par des caractères distinctifs, a été introduite par les auteurs modernes dans une classe quelconque de la série zoologique. Cette fois, si nous traitons du mot Pélasgie, ce n'est point pour adopter le genre, auquel dans ces derniers temps on a attaché sa signification; mais simplement pour tenir nos lecteurs au courant des innovations que l'on introduit d'une manière un peu trop abusive dans la science.

Jusqu'à ce jour l'on n'avait point encore pensé à distraire du genre Hirondelle si bien caractérisé et si naturel, les espèces dont les pennes de la queue se terminent en pointe, pour en faire un genre à part. Tous les ornithologistes n'avaient vu dans cette particularité qu'un fait spécial, et nullement un motif suffisant pour qu'on fut autorisé à les séparer génériquement. Mais des hommes scientifiques, ce qu'il est plus difficile encore de se persuader, ont fait tout nouvellement cette scission et ont composé de l'*Hirundo Pelasgia* et de l'*Hirundo aucta*, un genre qui a pour caractère unique des pennes caudales terminées en pointe. Nous l'avons dit ailleurs : si les novateurs continuent à prendre en considération de pareils caractères nous aurons bientôt en ornithologie plus de genres que nous n'avons d'espèces. (Z. G.)

PÉLATES, *Pelates.* (POISS.) Les Pélates sont des poissons étrangers de la famille des Percoïdes, tous remarquables par des couleurs vives, éclatantes, disposées en lignes longitudinales noirâtres, et qui se fondent admirablement avec la belle couleur argentée qui règne sur toutes les parties de leur corps. Le genre qui nous occupe forme une troisième subdivision de Thérapons, qui se distingue par une dorsale moins échancrée, plus égale, et par la terminaison de l'opercule en deux pointes faibles et à peine sensibles. Cette subdivision ou en d'autres termes, les Pélates, ont aussi pour caractère commun avec les Thérapons, un corps oblong, une tête médiocre, et un museau obtus. Mais leur bouche est peu fendue, garnie de dents très-fines, pointues, faisant velours.

Cuvier énumère trois espèces ou variétés dans ce genre, toutes originaires de l'Océanie. Péron a observé dans les petites rivières du port Jackson qui se jettent dans la mer, une espèce de Pélates à laquelle on a donné le nom de *quadrilineatus*, ou poisson à quatre lignes, pour désigner le nombre de bandes noirâtres qui règnent longitudinalement sur un fond argenté; ce poisson est long de six pouces. On a également trouvé dans les mêmes mers; le Cinq-lignes, *Pelates quinquelineatus;* ses côtés sont argentés et présentent chacun cinq raies longitudinales; le nombre de ces raies ou lignes désigne le principal caractère qui le sépare des deux autres espèces dont nous parlerons dans cet article; l'individu est plus long que le précédent, il a près de huit pouces. Une troisième espèce rapportée des îles Sandwich est le Pélate à six lignes, *Pelates sexlineatus.* La couleur générale de son corps est argentée, relevée par trois bandes longitudinales noires et placées de chaque côté de son corps; ce sont ces bandes noires, observées sur plusieurs individus, qui ont fait donner à ces poissons le nom spécifique sous lequel on les désigne. (ALPH. GUICH.)

PÉLÉCANOIDE, *Halodroma.* (OIS.) Lacépède et Illiger, le premier sous la dénomination de Pélécanoïde et le second sous celle de Halodroma, ont formé dans l'ordre des Palmipèdes, un petit genre auquel on assigne les caractères suivans: Bec court, droit, comprimé, tranchant et sillonné longitudinalement, à pointe un peu recourbée; à la mandibule inférieure une petite poche dilatable; narines superficielles distinctes; pieds courts, seulement trois doigts dirigés en avant, palmés, la peau et les ongles nus.

Cuvier, dans son Règne animal, et Temminck, dans son Manuel d'ornithologie, ont adopté cette petite section générique. Vieillot en a fait une sous division de son genre Pétrel.

La seule espèce connue est le PÉTREL PÉLÉCANOÏDE ou PLONGEUR, *Procellaria urinatrix*, Linn. Tout son plumage, d'un beau noir en dessus, est blanc en dessous, à l'exception du haut de la gorge qui est noir; son bec est de cette couleur, mais seulement à la base et à la pointe, le milieu et les côtés de la mandibule inférieure étant blancs; ses pieds sont d'un vert bleuâtre, et les membranes qui unissent ses doigts sont noires; sa taille est de huit pouces environ.

Tout ce que l'on connaît de ses habitudes naturelles se réduit à fort peu de choses: l'on sait pourtant qu'il est très-habile plongeur, ce qui ferait supposer qu'à la manière des Cormorans il poursuit sa proie dans l'eau.

Il habite en troupes nombreuses les mers Pacifique et Australe, et il est connu à la Nouvelle-Zélande sous le nom de *Tee-Tee.* (Z. G.)

PÉLÉCIE, *Pelecium.* (INS.) Ce genre, qui appartient à l'ordre des Coléoptères, section des Pentamères, famille des Carnassiers, tribu des Carabiques, a été établi par Kirby et adopté par

Latreille, qui le place près des Panagées dans son Règne animal. Il se distingue des autres genres voisins, par les caractères suivans: Tête déprimée, ayant un cou distinct; antennes filiformes insérées vers la base des mandibules, sous un petit rebord de la tête, composées de onze articles, le premier et le dernier plus grands que les autres; labre court, creusé au milieu; mandibules grandes, sans dentelures, se croisant dans leur milieu; palpes extérieurs ayant le dernier article grand, sécuriforme, presque triangulaire; les maxillaires extérieurs de quatre articles, les labiaux de trois; palpes maxillaires internes de deux articles, le dernier fort grand, courbe, grossissant insensiblement de la base à l'extrémité; lèvre échancrée à son extrémité et portant deux petites pointes; corselet presque carré, ses bords latéraux arrondis; sa partie postérieure presque aussi large que l'antérieure et ne se rétrécissant pas subitement avant sa jonction avec les élytres; élytres convexes, entières, réunies et embrassant un peu l'abdomen; point d'ailes; pattes fortes, de longueur moyenne; jambes antérieures échancrées au côté interne; les deux tarses antérieurs ayant leurs quatre premiers articles dilatés, et velus en dessous dans les mâles. Ce genre se composait autrefois d'une seule espèce; mais depuis, il a été enrichi de deux autres, l'une provenant du Brésil et décrite par M. Guérin-Méneville, dans le Magasin de zoologie, 1831, cl. IX, pl. 23, sous le nom de *P. refulgens*, Guér., et l'autre recueillie par M. d'Orbigny, dans son voyage dans l'Amérique méridionale, et que M. Brullé a désignée sous le nom de *P. violaceum*, Brullé, Voy. de D'Orbigny, Ins., pl. 3, fig. 8.

Le P. CYANIPÈDE, *P. cyanipes*, Kirby, Trans. Linn., t. 12, tab. 21, fig. 1; long de sept à huit lignes; les antennes sont entièrement noires, leurs quatre premiers articles ayant un reflet bleuâtre; la tête est lisse, d'un noir bleuâtre, ayant deux enfoncemens sur le front; le corselet est lisse, d'un noir bleuâtre; l'abdomen est noir ainsi que les élytres, celles-ci profondément sillonnées, et leur bord extérieur ayant une ligne de points enfoncés; les pattes sont bleuâtres; les tarses sont noirs, garnis de poils roux. Cette espèce a été trouvée au Brésil par M. Auguste de Saint-Hilaire.

(H. L.)

PÉLÉCINE, *Pelecinus*. (INS.) Ce genre, qui appartient à l'ordre des Hyménoptères, section des Térébrans, famille des Pupivores, tribu des Évaniales, a été établi par Latreille avec ces caractères: Antennes filiformes; abdomen inséré à l'extrémité postérieure et inférieure du corselet, filiforme et très-long; languette à trois divisions. Ce genre se distingue des Évanies, parce que ceux-ci ont l'abdomen extrêmement petit, comprimé et pédiculé; les Fœnes ont la tête portée sur un cou, et l'abdomen en forme de massue. Enfin, les Paxyllomes et les Aulaques ont l'abdomen ellipsoïde et les jambes toujours grêles, ce qui n'a pas lieu chez les Pélécines. L'espèce qui sert de type à ce genre, a été décrite par Drury, qui lui a donné le nom d'*Ichneumon policerator*. On en connaît encore une autre; toutes deux sont propres à l'Amérique. La tête des Pélécines est plus large que longue, et sans cou apparent; on voit sur le vertex trois petits yeux lisses, disposés en triangle; les antennes sont très-grêles, de quatorze articles dont le premier gros, le second très-court et les autres cylindriques; le labre est grand et membraneux, demi-circulaire et entier; les mandibules sont fortes et dentées; les palpes maxillaires sont beaucoup plus longs que les labiaux, presque sétacés et composés de six articles; les labiaux sont de quatre articles à peu près égaux; la languette est trifide avec sa division médiane plus étroite; le corselet est assez long; le métathorax forme à peu près la moitié de sa longueur; les ailes inférieures n'ont point de nervures distinctes; les supérieures ont, outre la nervure du bord antérieur, une autre nervure qui part du point épais et se bifurque en se dirigeant vers l'extrémité de l'aile; de la partie de cette nervure qui précède la bifurcation, part une autre nervure qui remonte d'abord vers la base de l'aile et redescend ensuite pour atteindre le bord postérieur. De la base de l'aile part une autre nervure qui émet deux principaux rameaux, dont l'un rejoint la côte et l'autre le bord postérieur; dans l'angle formé par le rameau qui rejoint la côte et la nervure dont nous parlons, se trouve une petite cellule mal terminée, qui est la première cellule discoïdale; la seconde cellule discoïdale existe aussi, la discoïdale inférieure n'est pas tracée; l'abdomen est long et composé de cinq segmens, outre la partie anale; les jambes postérieures sont quelquefois en massue; le premier article des tarses est beaucoup plus court que les suivans. Les mœurs de ces insectes nous sont encore inconnues. Le Pélécine polycérateur, *P. polycerator*, Latr. Fabr. *Ichneumon polycerator*, Fabr. Drury, Guér., Icon. du règne animal, Ins., pl. 65, fig. 3; entièrement noir; l'abdomen est très-long, filiforme et arqué. Cette espèce se trouve dans l'Amérique septentrionale et au Brésil. Nous reproduisons dans notre Atlas, pl. 469, fig. 3, la figure de l'Iconographie.

Le PÉLÉCINE EN MASSUE, *P. clavator*, Latr., Dict. d'hist. nat., édit. 2ᵉ. Cette espèce est longue de huit lignes, toute noire; le corselet est d'un rougeâtre foncé; l'abdomen est en massue et tient au corselet par un long pédicule. Se trouve dans les mêmes localités que l'espèce précédente.

(H. L.)

PÉLÉCOPHORE, *Pelecophorus*. (INS.) Genre de l'ordre des Coléoptères, section des Pentamères, famille des Serricornes, tribu des Mélyrides, mentionné par Latreille dans ses familles du Règne animal, et que Dejean avait établi dans sa collection sans en publier les caractères. Latreille le distingue des autres genres de la tribu par les caractères suivans: Palpes maxillaires terminés par un article plus grand, sécuriforme; antennes sensiblement plus grosses vers leur extrémité; premier article des tarses fort court. Ce genre se

compose

compose de petites espèces des îles de France et de Bourbon, qui ont le port des Dasytes. L'espèce qui peut être citée comme type du genre est :

Le P. D'ILLIGER, *P. Illigeri*, Sch., t. I, part. 2, p. 53, n° 6, pl. 4, fig. 7. Il est long de deux lignes et demie; son corps est ovale-oblong, d'un noir bronzé, brillant, profondément ponctué; ses antennes sont plus longues que le corselet, ferrugineuses à leur base, grossissant vers leur extrémité, noires et un peu pubescentes dans cette partie; les côtés du corselet sont blanchâtres; on voit deux bandes sinueuses de cette couleur sur les élytres; le dessous du corps et des cuisses est d'un brun noirâtre, un peu pubescent; les jambes et les tarses sont pâles; les palpes sont d'un ferrugineux pâle. Cette espèce se trouve à l'Ile-de-France.

M. Guérin-Méneville a figuré les caractères de ce genre et en a fait connaître une espèce nouvelle, dans son Iconographie du Règne animal, Ins., pl. 15, fig. 6. Cette espèce porte le nom de *P. nigrolineata*, Guér.; elle vient aussi de l'île Maurice et lui a été envoyée par M. Julien Desjardins. (H. L.)

PÉLÉCOTOME, *Pelecotomus*. (INS.) Ce genre, qui appartient à l'ordre des Coléoptères, section des Hétéromères, famille des Trachélides, tribu des Mordellones, a été établi par Escher dans les Mémoires de la Société impériale des naturalistes de Moscou, et a été ensuite adopté par Latreille. Les caractères de ce genre sont : antennes en panache simple; labre carré; écusson apparent; crochets des tarses dentelés en peigne intérieurement; élytres de la longueur du corps, peu rétrécies. Il se distingue des Ripiphores, parce que ceux-ci ont l'écusson caché sous un prolongement du corselet, et que leurs élytres sont fortement rétrécies en arrière; les antennes des Ripiphores mâles ont leur panache composé, c'est-à-dire que chaque article jette deux rameaux, tandis que dans les Pélécotomes ils n'en fournissent qu'un. Les Myodites sont distingués des Pélécophores par les mêmes caractères. Les genres Mordelle, Anaspe et Scraptie, se distinguent des Pélécophores, parce que leurs antennes sont tout au plus dentées en scie dans les mâles. Le corps des Pélécophores est étroit, allongé et comprimé latéralement; la tête est fortement inclinée sous le corselet, avec les yeux grands, rapprochés en avant, un peu échancrés pour l'insertion des antennes. Celles-ci sont insérées au devant des yeux, près de la bouche; elles sont composées de onze articles, dont les premier et troisième longs, les second et quatrième courts; les sept derniers formant un éventail ou panache simple, chaque article n'émettant qu'un seul rameau, beaucoup plus court dans les femelles et figurant seulement une large dent de scie; les palpes sont filiformes; le corselet est rétréci en avant, avec trois prolongemens dont deux latéraux et un au milieu; l'écusson est petit, triangulaire et très apparent; les élytres sont longues, et vont un peu en se rétrécissant vers leur extrémité; les intermédiaires en ont [illegible] dont l'intérieure plus grande, les postérieures ont deux épines égales; les tarses sont filiformes avec le premier et le dernier article allongés. Les mœurs de ces insectes nous sont inconnues; ce genre se compose de cinq ou six espèces; nous citerons comme type le PÉLÉCOTOME MOSCOVITE, *P. mosquense*, Fisch. (loc. cit., t. II, p. 393, pl. 18, fig. 1), Latr. *Ripiphorus fennicus*, Payk. Faun. suec., tom. II, p. 178, n° 2. Long de trois lignes; tête et corselet noirs, couverts d'un duvet soyeux gris-jaunâtre; antennes noires; élytres d'un brun roussâtre, un peu écartées l'une de l'autre à l'extrémité; poitrine et abdomen noirs; pattes d'un brun roussâtre. Cette espèce se trouve dans le nord de l'Europe, aux environs de Moscou. Les autres espèces, *Pelecotoma Leachii* et *Latreillii*, sont du Brésil. Quant au *Pelecotoma Dufourii* de Latreille, il forme un autre genre, que M. Guérin-Méneville a distingué et dont il a publié les caractères dans le Genera des Insectes, Ier livre, pl. 2. Ce genre, qu'il nomme ÉVANIOCÈRE, a pour type le *P. Dufourii* et une autre espèce qu'il a publiée dans son Iconographie du Règne animal (pl. 34, fig. 6), sous le nom de P. Frivaldskii, Sturm. (H. L.)

PÈLERIN, *Selache*. (POISS.) Ces animaux, de la famille des Sélaciens de Cuvier, ou Plagiostomes de Duméril, ont été classés par Linné dans son genre des Squales, et en ont été extraits par Cuvier, qui, dans la nécessité où il était de diviser une famille aussi nombreuse que celle des Sélaciens, en a fait un genre ou plutôt un sous-genre bien naturel. La grandeur des ouvertures de leurs branchies, ou, pour nous expliquer plus clairement, de leurs ouïes, qui sont assez grandes pour entourer totalement le cou, est la seule circonstance qui ait engagé Cuvier le premier à séparer les poissons décrits dans cet article des véritables Squales, et c'est aussi à cause de cette ampleur, de cette grandeur, qu'il a donné à ces cartilagineux le nom générique de Pèlerin. Ce sont d'ailleurs des poissons qui ressemblent au Requin par la forme de leur corps allongé, par une queue grosse et charnue, et par des pectorales de grandeur médiocre; ils ont encore la plus grande analogie avec ces derniers par leur peau, privée totalement d'écailles, mais couverte de petits grains; et par leur genre de vie et de mœurs, qui sont lourdes, et qui n'ont rien de la férocité propre aux Squales; enfin, leur museau proéminent, leurs narines non prolongées en sillon, et leur nageoire caudale finissant en pointe, achèvent d'en déterminer la forme. Ces animaux, ou plutôt cet animal, car il n'y en a véritablement qu'une seule espèce connue, surpasse le Requin en grandeur, aussi bien que tous les autres Squales (il y en a des individus de plus de trente pieds). De cette dimension démesurée, vient le nom spécifique de Squale très-grand, *Squalus maximus*, qui lui a été donné par Linné. Cet individu, quoique moins renommé que le Requin par sa férocité, doit cependant être très-redoutable si on considère l'agilité de ses mouvemens et la grandeur de sa taille, qui, comme nous venons de le dire plus haut, excède quelquefois trente pieds; et comme il est très-rare dans les mers du Nord, on a été moins souvent témoin de ses actions de férocité, et ses habitudes sont beaucoup moins connues. Mais continuons cet aperçu, en disant quelque chose des caractères spécifiques du poisson qui fait le sujet de cet article. La forme générale de son corps est celle d'un fuseau, sa tête est petite et conique, son museau court, assez obtus, relevé à son extrémité, lisse et percé d'un assez grand nombre de pores, d'où suinte une humeur sanguinolente; les ouvertures branchiales sont, comme dans la plupart des autres Squales, cinq de chaque côté, et sont surtout remarquables par leur grandeur démesurée, comme nous l'avons fait remarquer dans la description générique que nous en avons donnée; les nageoires pectorales sont médiocres, comparativement avec la grandeur totale de l'animal, les ventrales également de même taille, et absolument de même forme, c'est-à-dire triangulaires; les nageoires du dos sont au nombre de deux. La première, beaucoup plus grande, plus élevée que la seconde, qui est arrondie à son extrémité; enfin, le corps se termine par une grande nageoire caudale, remarquable par une fossette semi-lunaire, analogue à celle qui se voit chez d'autres espèces de Sélaciens; du reste, la nageoire caudale se divise en deux grands lobes, dont le supérieur d'un tiers plus long que l'inférieur; l'ouverture de la gueule de l'animal est située, comme dans le plus grand nombre des Squales, à la partie inférieure de la tête; les mâchoires sont garnies l'une et l'autre d'un très-grand nombre de petites dents, coniques et sans dentelures. La peau du *Squalus maximus* est épaisse, d'une couleur presque uniforme sur toutes les parties du corps et des nageoires, c'est-à-dire d'un brun noirâtre. Enfin, avant que de terminer cet article, nous ferons remarquer, pour ce qui est de ses mœurs, que c'est toujours à la suite de grandes tempêtes que les individus de ce genre arrivent dans nos mers; nous ajouterons que c'est à ce qu'il paraît vers l'équinoxe d'automne qu'ils abandonnent les mers du Nord, où ces grands Squales sont relégués; quant à la cause qui les détermine à les quitter, si l'on fait attention que l'on n'a point encore vu de femelles, et que les individus mâles que l'on a eu l'occasion d'examiner se sont toujours trouvés avoir les organes de la génération gorgés de liqueur séminale, il paraît que c'est à la poursuite, et peut-être mieux à la recherche des femelles, que ces poissons, à l'époque du frai, se sont égarés dans nos mers.

Lesueur a publié dans le second volume du Journal de l'Académie des Sciences naturelles de Philadelphie, p. 343, et figuré une seconde espèce de Pèlerin qu'il nomme *Squalus elephas*, et qui diffère principalement du *Squalus maximus*, selon lui, par la force de ses dents, qui, au lieu d'être coniques, sont comprimées. Cette espèce est douteuse. (ALPH. GUICH.)

PÉLICAN, *Pelecanus* et *Onocrotalus*. (OIS.) Pour Linné, tous les oiseaux Palmipèdes qui, avec les quatre doigts joints ensemble par une membrane, offraient encore pour caractère principal une partie de la face dénuée de plumes, tous ces oiseaux composaient son grand genre *Pelecanus*. Cuvier, dans son Règne animal, a conservé cette division; seulement il a cru devoir y introduire plusieurs subdivisions et distinguer les Pélicans du méthodiste suédois, en Pélicans proprement dits, en Cormorans, en Cormorans proprement dits, en Frégates et en Fous. Les quatre dernières subdivisions dont il a été question ailleurs, ne devant plus nous occuper ici, nous n'aurons à étudier que les Pélicans proprement dits que quelques auteurs considèrent comme formant un genre qu'ils caractérisent ainsi qu'il suit : Bec long, droit, large, très-déprimé; mandibule supérieure très-aplatie, terminée par un onglet très-fort, comprimé et très-crochu; mandibule inférieure formée par deux branches osseuses, déprimées, flexibles, réunies à la pointe; de ces deux branches pend une peau en forme de sac; face et gorge nues; narines basales, fendues longitudinalement; pieds forts, courts, composés de trois doigts devant et d'un pouce, réunis par une seule membrane; tous ces doigts, à l'exception du médian, sont armés d'ongles dentelés. Ces caractères, sauf le dernier, peuvent très-bien se lire sur les figures que nous donnons à la planche 470, fig. 1.

Quatre espèces composent le genre Pélican; toutes sont d'une taille forte et d'un port lourd. Les fleuves, les lacs et les côtes maritimes sont les lieux qu'elles fréquentent indistinctement. Nageurs habiles et voiliers excellens, les Pélicans se servent de ces deux moyens pour faire la chasse aux poissons dont ils font leur nourriture. Une faculté qui leur est commune avec les Anhinga, les Frégates, les Paille-en-queue, etc., est celle de pouvoir se percher sur les arbres, malgré la conformation de leurs pieds. Leurs habitudes naturelles sont les mêmes, nous pouvons par conséquent rattacher tout ce que l'on sait à cet égard, à l'histoire de l'espèce la plus commune, du PÉLICAN BLANC, *Pelecanus onocrotalus*, Lin.

Cet oiseau, que nous représentons dans notre Atlas, pl. ci-dessus indiquée, est d'un beau blanc nuancé de rose clair sur toutes les parties de son plumage; les rémiges seules sont noires. La partie postérieure de sa tête est ornée d'un bouquet de plumes longues et effilées; la peau nue de sa face est d'un blanc rose et celle qui pend sous le bec en forme de poche, d'un jaune clair. Sa taille varie de cinq à six pieds. Ces attributs sont ceux des vieux individus; car les jeunes, d'un et même de deux ans, ont un plumage sali par une couleur cendrée et leurs parties nues ont des teintes livides. Ce sont ces différences d'âge qui avaient induit en erreur les naturalistes et qui leur avaient fait considérer le jeune comme une espèce à part, à laquelle ils donnaient le nom de PÉLICAN BRUN, *Pelecanus fuscus*, Gmel. Ce double emploi n'a disparu qu'avec les progrès de la science.

Le Pélican blanc dont on n'entend jamais prononcer le nom sans se souvenir aussitôt de la fable à laquelle il a donné lieu et dont nous parlerons tantôt, le Pélican blanc, disons-nous, de même que tous ses congénères, devait à cause de son organisation particulière attirer l'attention des observateurs; aussi connaît-on ses mœurs dans leurs plus minutieux détails. Sonnini, durant son voyage en Égypte, a même poussé l'observation jusqu'à constater sa manière de voler. Il a remarqué que le vol de cet oiseau est entrecoupé, c'est-à-dire qu'il bat des ailes huit à dix fois de suite, puis il plane, ensuite il bat des ailes de nouveau et ainsi alternativement durant la durée de son vol. Ce mode de progression dans l'air ne saurait mieux être comparé qu'à celui des Faucons et des Aigles, avec cette différence pourtant que le nombre des battemens d'ailes, chez ces derniers, est excessivement variable.

Le vol facile et soutenu d'un oiseau, dont la taille égale et surpasse même celle du Cygne, dont le poids, au dire de Gesner et d'Aldrovande, est de vingt-quatre à vingt-six livres, aurait lieu d'étonner, si la connaissance que nous avons prise de quelques faits particuliers à cette classe d'animaux n'expliquait cette faculté. Les leviers et les puissances qui mettent les oiseaux en mouvement sont presque portés chez le Pélican à leur summum de développement. Chez lui l'aile est étendue, aiguë, assez étroite, et les muscles pectoraux très-forts; mais s'il est vrai qu'une cause d'allégement et par conséquent d'un vol plus aisé, soit dans la structure intime des os, s'il est vrai que moins le tissu de ces organes est compacte, plus l'espèce est voilière, l'on pourrait de la seule inspection du squelette du Pélican, induire que cet oiseau doit être doué d'une haute puissance de vol; car tous ses os sont parcourus par un vaste canal aérien. Ce fait, qui est commun à tous les oiseaux, mais dans des proportions plus ou moins grandes, n'avait point échappé aux anciens; seulement ils voyaient en lui quelque chose de singulier. Aldrovande, que nous citions tout à l'heure, et le père Dutertre, étaient surpris de trouver des os aussi forts et aussi transparens, entièrement creux et absolument dépourvus de moëlle. Toujours est-il que le Pélican a un vol très-léger eu égard à sa taille.

Nous ne donnerons pas comme preuves les voyages de long cours qu'il entreprend, mais nous citerons les évolutions qu'il exécute lorsqu'il exerce son industrie à la surface des eaux. Si nous voulions faire une étude comparative de la manière dont les différentes espèces qui fréquentent la mer, les étangs ou les fleuves, et qui se nourrissent généralement de poissons, font la chasse à leur proie, nous verrions que les Hérons, par exemple, se posent les pieds dans l'eau et attendent patiemment qu'elle vienne à portée de leur bec; que les Harles s'avancent à la nage et plongent après elle; que les Martins-Pêcheurs la guettent du haut d'une branche et fondent d'aplomb sur elle lorsqu'ils la jugent facile à saisir, ou la cherchent en planant à quelque distance de la surface des fleuves, et que le Cormoran, destructeur par excellence des poissons, fond quelquefois du haut des airs comme le ferait un oiseau de rapine, sur la proie qu'il a aperçue un instant et qu'il poursuit avec une rapidité étonnante jusqu'au sein des eaux. Nous serions conduit par-là à constater que le Pélican emploie à peu près à lui seul tous les divers moyens que mettent en usage les oiseaux que nous venons de citer. Il n'attend jamais sa proie au passage comme le fait le Héron; mais il la cherche en nageant comme les Harles et plonge presque tout son corps pour la saisir; d'autres fois il rase la surface de l'eau; se balance comme le Martin-Pêcheur à une élévation médiocre; se précipite violemment sur elle, se relève, puis retombe encore et continue cette évolution jusqu'à ce que la poche dont nous avons parlé et dans laquelle il entasse sa capture ne puisse plus rien contenir; d'autres fois encore il s'élève à une prodigieuse hauteur et fond dessus à la manière du Cormoran, mais sans jamais poursuivre comme celui-ci au fond de l'eau, la proie qu'il convoitait du haut des airs.

Le Pélican a ses heures de repos et ses heures de chasse ou de pêche. Le matin et le soir sont les époques du jour pendant lesquelles il exerce son industrie. Pour ce faire, il choisit toujours un lieu où le poisson abonde, et quand le produit de sa pêche est assez considérable pour emplir une partie de son estomac et la capacité de son sac, alors il se retire sur un point connu du rivage, provoque la régurgitation du contenu de sa poche (1), en pressant cet organe contre sa poitrine, s'en repaît jusqu'à satiété et digère dans le repos jusqu'à ce que des besoins nouveaux viennent l'avertir que le moment est venu de faire sa pêche habituelle du soir. Alors recommencent les évolutions dont nous venons de parler.

Buffon a pensé que l'on pourrait mettre à profit cet instinct du Pélican pour la pêche en le dressant à la manière des Cormorans. Sans doute cette idée est heureuse; l'on tirerait du Pélican des avantages d'autant plus grands, qu'il pourrait dans une seule pêche faire une provision plus considérable de poissons; mais la difficulté est dans l'exécution, et il est probable que la grande voracité de cet oiseau sera toujours un obstacle à la réussite d'un semblable projet. Nous ne sachons pas qu'on ait tenté de l'exécuter, et si quelques personnes ont prétendu que les Chinois et quelques peuplades sauvages de l'Amérique dressaient ces

(1) Cette poche, susceptible de s'étendre au point de contenir vingt pintes d'eau, est, selon Vieillot, composée de deux peaux : l'interne est contiguë à la membrane de l'œsophage, l'externe n'est qu'une extension de la peau du cou. Les rides qui la plissent servent à retirer le sac lorsqu'étant vide il devient flasque. Pour que l'oiseau ne soit point suffoqué lorsqu'il ouvre à l'eau ce sac tout entier, la trachée-artère quitte alors les vertèbres du cou, se jette en devant, et, s'attachant sous cette poche, y cause un gonflement très-sensible; en même temps deux muscles en anneaux resserrent l'apophyse de manière à le fermer tout entier à l'eau.

Il paraîtrait, d'après le rapport du père Labat, que, dans quelques contrées de l'Amérique, on emploie la peau de la poche du Pélican à différens usages; quelques peuplades s'en font des sortes de bonnets; d'autres, en la laissant adhérente à la portion inférieure du bec, s'en servent pour jeter l'eau de leurs pirogues. C'est également avec cette peau que les matelots européens qui fréquentent les parages où ces animaux sont communs, font des sacs à tabac, auxquels ils donnent le nom de *blagues*.

oiseaux à la pêche, c'est qu'elles ont été, sans nul doute induites en erreur. Les Chinois et les peuples dont on parle tirent profit seulement du Cormoran.

Si dans l'état de liberté le Pélican se nourrit exclusivement de poissons, on le voit, lorsqu'il est au pouvoir de l'homme, forcé sans doute par la nécessité, quelquefois plus impérieuse que le naturel, s'accommoder alors de mets bien différens. Cependant quelques auteurs ont avancé que libre ou captif, cet oiseau ne mangeait que du poisson vivant et qu'il refusait toute proie qui était morte. Les personnes qui ont avancé un pareil fait, avaient probablement leurs raisons; mais Vieillot dit bien positivement que le Pélican captif mange des rats et d'autres petits quadrupèdes, ce qui, certes, est loin de ressembler aux poissons, et nous-même avons vu il y a quelques années à l'hôpital maritime de Toulon, un Pélican que l'on nourrissait quelquefois, il est vrai, avec du poisson, mais auquel on donnait plus souvent encore une espèce de pâtée composée avec de la viande crue ou cuite, du pain, des herbes même, etc., pâtée dont il s'accommodait fort bien, ce qui ferait croire que si quelques individus ont refusé toute autre nourriture que celle dont ils se repaissent lorsqu'ils sont libres, il en est d'autres qui ont fini par se contenter de celle qu'on leur présentait.

C'est sur les rochers voisins de l'eau que le Pélican va faire ses pontes. Il paraîtrait qu'il ne se donne pas toujours la peine de construire un nid, et que le plus souvent il se contente de déposer ses œufs qui sont au nombre de deux à cinq, à plate terre ou dans une légère excavation qu'il garnit grossièrement de quelques brins d'herbe. C'est ce qui nous est confirmé par Sonnerat et le père Labat. Ce dernier, dans le huitième volume de son nouveau voyage aux îles de l'Amérique, rapporte qu'il a trouvé jusqu'à vingt œufs sous une femelle de Pélican. Il dit en outre que lorsqu'il passait près de cette couveuse, elle ne bougeait pas de dessus ses œufs, mais qu'elle se contentait de lui lancer quelques coups de bec comme pour l'avertir de se détourner.

Le même auteur raconte qu'un jour il prit deux jeunes de cette couvée, qu'il les attacha ensemble avec une ficelle par le pied à un piquet, et qu'ainsi il pouvait chaque jour se procurer le plaisir d'examiner la tendresse et les soins de la mère à leur apporter une ample provision de nourriture dans son vaste sac, qu'elle dégorgeait près d'eux. Il dit qu'à la fin ces deux individus étaient devenus si familiers avec lui, que non seulement ils permettaient qu'il les touchât, mais qu'ils prenaient même de sa main quelques petits poissons qu'il leur présentait. Ces oiseaux étaient si malpropres, que, malgré leur grande familiarité et le vif désir qu'il avait de les garder, il ne put jamais se déterminer à les emporter avec lui.

Il n'est pas un oiseau qui ne montre, à l'égard de ses petits, le même attachement que le Pélican, et cependant c'est ce dernier que l'on cite comme offrant l'exemple le plus admirable de l'amour maternel. Le dévouement du Phénicoptère, qui se précipite au milieu des flammes pour en arracher sa progéniture (fable tombée en désuétude depuis qu'on en a tant d'autres à conter), n'est rien en comparaison de celui du Pélican. Il y a bien dans l'un et dans l'autre cas le sacrifice de soi, mais le premier agit aveuglément, il meurt comme toute mère qui, n'écoutant que son amour, se jeterait tête baissée au milieu de l'incendie où ses enfans vont périr; tandis que le second ne s'immole que parce qu'il sait que ses petits, menacés de mourir, vont retourner à la vie. Le sacrifice d'un oiseau qui se perce la poitrine pour que le sang qui en coulera devienne salutaire à ses petits, a donc quelque chose de supérieur à celui qui n'est qu'aveugle. Voilà pourquoi le Pélican est cité comme le plus parfait modèle de l'amour maternel ou paternel.

Nous ne pensons pas qu'il soit nécessaire d'avertir nos lecteurs que rien n'est plus faux que ce prétendu sacrifice. Ils ne doivent voir dans cette fable qu'une allégorie très-ingénieuse dont l'invention ne date pas de fort loin, car nous soupçonnons l'église de l'avoir la première mise en circulation; or, l'église, comme tout le monde le sait, n'a pas une date fort reculée. Nos soupçons sont fondés sur des documens que nous avons pu recueillir. Il est à peu près certain pour nous, que c'est du sein de l'église qu'est sorti le premier tableau représentant l'immolation du Pélican. Il n'est pas rare même de trouver encore dans les cathédrales de nos villes de France, des peintures anciennes reproduisant ce sacrifice. Or, quel en est le sens véritable? Ces peintures ne sont-elles que l'expression d'un fait? Non sans doute, il y a plus. Il y a l'idée qui s'y rattache, le sens allégorique dont nous parlions tantôt. Le Pélican ainsi représenté, c'est le Christ s'immolant pour la grande famille, pour l'humanité, c'est le Christ dont le sang préservera l'homme de la mort éternelle. La pureté du Christ est représentée dans le Pélican par la blancheur du plumage, car le blanc est l'emblème de la pureté, et le prétendu amour de l'oiseau dont il est question, pour ses petits, n'est rien autre que l'amour du fils de Dieu pour le genre humain. Voilà tout le tableau; voilà tout ce qu'on doit y voir et considérer le fait en lui-même comme quelque chose d'excessivement fabuleux. Le Pélican ne se perce la poitrine, pour nourrir de son sang ses petits, que dans les productions dont l'invention est de l'église, du moins telle est notre croyance.

Le Pélican ou *Onocrotale* comme l'appelaient les anciens, à cause de la grande ressemblance que sa voix a avec celle de l'âne, a, comme tous les oiseaux qui se nourrissent exclusivement de poissons, une chair qui répugne au goût et à l'odorat; dans le Livre des Septante elle était rangée parmi les viandes impures (1).

C'est dans les contrées orientales de l'Europe

(1) Deutéronome, chap. XIV, vers. 19.

que le Pélican ordinaire vit habituellement. Il est très-commun sur les rivières et sur les lacs de la Hongrie et de la Russie; on le trouve aussi en assez grand nombre sur le Danube. Quoique rare en France, on l'y rencontre pourtant quelquefois, mais ce n'est jamais que très-accidentellement. Il habite également dans le nord de l'Amérique jusqu'à la baie d'Hudson, et dans le sud jusqu'aux terres australes. Il porte dans les contrées de l'Iaik, le nom de *Baba*, ce qui signifie vieille femme dans le langage du pays.

Le genre Pélican comporte beaucoup de doubles emplois. Quelques individus donnés comme espèces par les auteurs, ne sont que des variétés d'âge d'une seule et même espèce. Cependant, outre celle dont il vient d'être fait mention, l'on en compte encore trois autres bien distinctes.

Le Pélican brun, *Pelecanus fuscus*, Lin. Sa taille est inférieure à celle du Pélican commun. Il a la tête et le cou variés de blanc et de cendré, tout le plumage d'un brun gris marqué de blanchâtre sur le milieu des plumes qui couvrent le dos; les grandes pennes des ailes noires; les secondaires brunes; le bec verdâtre à sa base, bleuâtre dans le milieu et rouge à son extrémité, la poche d'un bleu cendré rayé de rougeâtre.

Cette espèce se trouve dans les grandes îles des Antilles et à la Caroline du sud.

Le Pélican a lunettes, *Pelecanus conspicillatus*, Tem. La dénomination de cet oiseau, celle de Pélican à lunettes sous lequel Temminck l'a fait connaître, lui vient de la peau nue qui embrasse l'œil dans une assez large étendue et dont la forme à peu près circulaire rappelle plus ou moins celle de l'instrument dont il porte le nom. Sa taille est un peu plus forte que celle du Pélican commun; tout son plumage est blanc, légèrement teint de roussâtre sur la poitrine, seulement les tectrices moyennes, les scapulaires, les rémiges et les rectrices sont noires; la membrane de la poche est jaunâtre.

Le cou et la tête blancs chez les vieux individus, sont dans le jeune âge couverts de plumes duveteuses cendrées.

Cette espèce habite les Terres australes.

Tout récemment, en Europe, on a découvert une quatrième espèce à laquelle on a donné le nom de Pélican crêpu, *Pelecanus crispus* ou mieux *comatus*. Tout son plumage est blanc, nuancé de roux sur la poitrine; les tiges des plumes qui couvrent le dos et les ailes sont noires; l'espace nu qui entoure l'œil et qui s'étend sur le bec est beaucoup plus étroit que dans les autres espèces; en outre, les plumes de la tête et de la partie supérieure du cou se crispent, se croisent entre elles de manière à former une touffe assez volumineuse, c'est ce qui lui a valu le nom qu'elle porte.

Ce Pélican, dont la taille égale à peu près celle du Pélican blanc, a été rencontré dans la Moldavie. (Z. G.)

PÉLIDNE, *Pelidna*. (ois.) Dans la méthode de Cuvier, cette dénomination est employée pour désigner un genre de la famille des Échâssiers longirostres. Cette division, établie aux dépens des *Scolopax* de Linné ou des *Tringa* de Brisson, a pour type une espèce européenne que les auteurs ont fait connaître sous les noms différens d'Alouette de mer ordinaire, de Brunette, de Cincle, etc. M. Temminck, dans son Manuel d'ornithologie, l'a rapportée parmi les Bécasseaux (*Tringa*) sous le nom de Bécasseau brunette, et c'est d'après cet ornithologiste, que, dans le premier volume de notre Dictionnaire (p. 415, Ire col.), on a laissé cet oiseau dans les Bécasseaux proprement dits, desquels on ne peut véritablement pas le séparer.

Les Pélidnes ou Alouettes de mer, ont pour Cuvier tous les caractères des Maubèches (*voy.* ce mot), avec cette différence pourtant que leur bec est plus long que celui de ces derniers et que la bordure de leurs pieds est à peine sensible. Tels sont les seuls signes différentiels qui servent à distinguer cette section.

Les deux espèces dont elle est formée (*Tringa variabilis* et *Tringa rufescens*) ayant été indiquées et décrites à l'article Bécasseau, nous nous bornerons à ajouter ici quelques détails sur les mœurs de ces oiseaux.

L'espèce que généralement par toute la France où elle est très-commune lors de son double passage au printemps et en automne, l'on connaît sous le nom d'Alouette de mer, à cause de l'analogie que son plumage offre avec celui de l'Alouette des champs, fréquente les marais, les bords de la mer, des rivières et des étangs. Elle vit ordinairement par petites bandes qui cherchent ensemble dans le limon ou dans le sable des petits insectes et des vers dont ils font leur nourriture habituelle. Lorsque l'époque des pontes arrive, les couples se forment et alors a lieu la dispersion des bandes. C'est dans l'herbe, au milieu d'un nid grossièrement fait, que cet oiseau dépose trois ou quatre œufs d'un vert blanchâtre avec de grandes et de petites taches brunes. Les petits dès leur naissance suivent leur mère et cherchent avec elle les alimens qui leur conviennent. Girardin rapporte que lorsqu'un chasseur a tué un de ces oiseaux, ceux qui lui survivent, au lieu de prendre la fuite, s'empressent au contraire de voltiger autour de son cadavre. Enfin l'Alouette de mer, soit qu'elle marche ou qu'elle demeure posée, laisse apercevoir un mouvement continuel de la queue.

Quoique Vieillot n'ait donné aucuns détails sur les habitudes de l'espèce qu'il a décrite sous le nom de Tringa roussâtre, espèce que l'on trouve à la Louisiane, il est à présumer qu'elles diffèrent fort peu de celles du Bécasseau brunette ou Alouette de mer ordinaire. (Z. G.)

PÉLIOSANTHE, *Peliosanthes*. (bot. phan.) Andr. Genre de plantes fort singulières, monocotylédones, rangé jusqu'ici dans la famille des Colchicacées de De Candolle (Mélanthacées de R. Brown) et de l'Hexandrie monogynie de Linné, offrant pour caractères distinctifs : un périanthe unique, marcescent, infundibuliforme, ou plutôt un peu rotacé, quinquélobé, à orifice garni d'une sorte d'appendice en forme de cloison perforée et ceintrée en voute; six anthères presque sessiles, ovoïdes-introrses, insérées au bord de l'appendice; ovaire adhérent en partie au tube périanthoïde, se rétrécissant au sommet et portant un style court, pyramidal, trisillonné; il lui succède une baie triloculaire dans chaque loge monosperme ou disperme (fruit mal connu).

Les Péliosanthes sont des plantes herbacées fort peu nombreuses en espèces, et propres aux climats intertropicaux. On n'en connait assez bien que deux espèces, dont l'une appartient aux Indes et l'autre à l'Amérique. Nous allons les décrire.

P. TETA, *P. teta*, Andr. Teta est le nom que les habitans du Bengale donnent à cette plante, qui est herbacée, vivace, de trois décimètres environ de hauteur; sa racine est composée de fibres épaisses, fusiformes, qui partent d'un centre commun, d'où s'élèvent plusieurs feuilles radicales, lancéolées, glabres, entières, longues de huit à dix pouces, larges de deux, aiguës, se rétrécissant à leur base, où elles se serrent en faisceau, en un pétiole canaliculé, qui s'épanouit en un limbe multinervé et plissé longitudinalement, les plis convergeant au sommet. Du milieu d'elles sort une hampe haute d'un pied et plus, un peu anguleuse, glabre, portant à un point de sa longueur une petite feuille lancéolée (sorte de bractée avortée), étroite; au sommet de cette hampe, des fleurs nombreuses, inodores, sessiles, agglomérées par faisceau de quatre à cinq, et formant une grappe allongée, garnie de petites bractées ovales d'un bleu verdâtre, membraneuses à leurs bords. Le périanthe est une sorte de tube très-évasé, demi-infère, en cône renversé, marcescent, dont le limbe d'un vert glauque, bleuâtre sur les bords, est à six divisions rotacées; l'orifice du tube est fermé par un processus transversal bleuâtre, circulaire et percé d'une ouverture au milieu; ce processus, qu'Andrews appelait un nectaire, est formé par les filets de six étamines qui s'insèrent à l'entrée du tube et se dirigent vers le centre de la fleur, de sorte que leurs bords forment la petite ouverture; anthères biloculaires, didymes, ovoïdes et introrses; ovaire triloculaire contenant deux ovules collatéraux dans chaque logette; le style très-court, en pyramide tronquée, creusée de trois sillons, s'élève jusqu'au niveau de l'ouverture du processus transversal; baie supère, formée de trois carpelles uniloculaires, monospermes par avortement, oblongs et réunis inférieurement par l'intermédiaire du réceptacle qui se prolonge et communique avec le style. La patrie de cette plante singulière est l'Inde. On la cultive en serre chaude dans les jardins où elle n'a pas encore fructifié.

P. NAINE, *P. humilis*, Andr. Des racines à peu près semblables à celles de la précédente donnent naissance à plusieurs feuilles étalées, ovales-lancéolées, acuminées, rétrécies en pétiole à la base, longues de trois pouces environ, larges d'un pouce et demi, glabres et marquées de sept nervures; d'entre elles sort à peine une hampe courte, haute de deux pouces au plus, simple, droite, munie de bractées blanchâtres, lancéolées, égalant les fleurs en longueur. Celles-ci sont réunies en une grappe fort courte, touffue, de forme ovale; elles sont portées sur de très-petits pédicelles; leur périanthe est petit, verdâtre, bordé de blanc, à six découpures rotacées, arrondies, obtuses, un peu échancrées, rarement aiguës; le processus transversal est épais, très-court et porte à son orifice des anthères que l'extrême brièveté des filets fait paraître sessiles; style court; baie à trois logettes ordinairement monospermes.

Cette plante, originaire de l'île du Prince de Galles, a été trouvée aussi, dit-on, en Amérique. Elle est loin d'égaler en beauté l'espèce précédente; aussi est-elle négligée généralement par les amateurs.

Dans l'état actuel de la science, ce genre paraît assez bien placé parmi les Mélanthacées ou Colchicacées; mais comme il diffère assez par son organisation des genres qui composent celles-ci, il est probable qu'il en sera séparé et formera peut-être une famille distincte lorsqu'il sera mieux étudié. Il faut ajouter que son port le rapproche un peu des *Veratrum* et des *Helonias*. (C. LEM.)

PÉLOGONE, *Pelogonus*. (INS.) Genre de l'ordre des Hémiptères, section des Hétéroptères, famille des Géocorises, tribu des Oculées, établi par Latreille, qui lui avait d'abord donné le nom d'Ochterus déjà employé. MM. Audouin et Brullé, dans leur ouvrage ayant pour titre : Histoire naturelle des Insectes, placent ce genre dans leur famille des Galguliens. Les caractères de ce genre sont : antennes courtes, repliées sous les yeux; corps court et arrondi, avec un écusson assez grand; toutes les pattes semblables. Ce dernier caractère suffit pour distinguer ce genre des Leptopes et des Acanthies, qui forment avec lui la tribu des Oculées. Dans ces deux genres, les pattes antérieures sont ravisseuses, et les antennes sont beaucoup plus longues. Le corps des Pélogones est ovale, arrondi et déprimé; la tête est plus étroite que le corselet; les yeux sont grands, saillans, subtrigones, échancrés supérieurement; on voit deux petits yeux lisses sur le vertex; les antennes sont insérées dans le coin interne et inférieur des yeux, sans cavité au dessous destinée à les recevoir; elles sont filiformes, de la longueur de la tête, composées de quatre articles; les deux premiers plus courts; celui de la base cylindrique; le second un peu plus gros, comme cylindrique, et le dernier un peu plus court que le second; le labre est petit, trigone, un peu plus large que long; le bec est infléchi en dessous, droit, atteignant les cuisses postérieures, plus épais à la base, cylindrico-conique à son extrémité qui est grêle et très-pointue. Il est formé de quatre articles; les deux premiers plus épais, courts, ressemblant à des anneaux; celui de la base plus grand que le second; le troisième très-long, peu distinctement canaliculé; le dernier court, conique, très-pointu; les soies du suçoir sont très-longues; le corselet est plus large que long, demi-circulaire; son bord postérieur est un peu plus large et un peu sinué; l'écusson est grand, trigone; les cuisses sont allongées, ovales; les jambes grêles, cylindriques et un peu épineuses, et les tarses courts et filiformes; les antérieurs ont leur premier article très-court; les quatre postérieurs n'ont que deux articles distincts, de longueur égale, celui de la base paraissant articulé. Ce genre semble faire le passage des Hémiptères hydrocorises à ceux qui vivent hors de l'eau. Les différens auteurs qui en ont parlé jusqu'ici les ont placés avec ces derniers, à l'exception de M. Burmeister, qui leur a assigné leur véritable place en les rangeant avec les Galgules, ainsi que l'avait proposé M. L. Dufour dans son intéressant ouvrage sur l'anatomie des Hémiptères. Leurs antennes situées sous les yeux, comme dans ces derniers, par un article presque globuleux; leur chaperon relevé et saillant; leurs jambes grêles comme celles des Galgules, et surtout les postérieures, plus longues que les autres, sont des points de ressemblance qu'il est impossible de ne pas reconnaître dans la seule espèce de Galgule qui se trouve en Europe. Les antennes ne se terminent cependant pas par un article en bouton; mais il est ovalaire, et les deux derniers sont plus grêles que les autres et à peu près d'égale longueur : les antennes ne sont pas logées, comme celles des Galgules, dans une fossette profonde; les yeux des Pélogones ne sont pas saillans comme ceux des Galgules; ces insectes ont d'ailleurs plus de rapports avec les Mononyx qu'avec les Galgules proprement dits; mais rien n'est plus facile que de les distinguer les uns des autres par la longueur de leur bec qui s'étend au-delà des pattes de derrière, tandis qu'il est fort court dans les Galgules et les Mononyx.

Les Pélogones ne se rapprochent pas seulement de ces derniers insectes sous le point de vue de leur structure extérieure, ils en sont encore très-voisins par leur manière de vivre. D'après M. Léon Dufour, qui a observé l'espèce du midi de la France, cet insecte est essentiellement riverain; il doit se nourrir en suçant des animalcules; il court assez vite, et s'échappe en sautant lorsqu'on veut le saisir; sa larve, un peu moins grande et plus arrondie que l'insecte parfait, a la même structure, à l'exception des organes du vol; il faut presser la terre sous les pieds, à différentes reprises, comme on le fait pour certaines espèces de Coléoptères de la famille des Hélophoriens. Cette larve ne saute pas comme l'insecte parfait; elle a les bords du chaperon un peu relevés et garnis de cils ou de poils rudes. Cette organisation, bien plus visible encore dans les Galgules, indique suffisamment qu'elle fait sa demeure dans le sable. La seule espèce connue en France est :

Le P. BORDÉ, *P. marginatus*, Latr., Aud. et Brull., ouvr. cit., tom. IX, p. 277, pl. 23, fig. 1. La couleur de cette espèce est d'un brun foncé qui représente un reflet de couleur olive et comme veloutée sur le corps; elle a le bord du chaperon et la partie de la lèvre supérieure qui lui est analogue d'une couleur jaune-orangée, ainsi que les bords relevés du corselet, les pattes et l'extrémité de l'abdomen; le bec est ferrugineux dans une grande partie de sa longueur. On remarque, en outre, une tache jaunâtre en arrière du corselet et tout près de l'écusson; enfin, les élytres sont marquées de quelques points ou taches transparentes d'un blanc comme laiteux; ces taches sont plus nombreuses à l'extrémité que sur les bords latéraux. Cette petite espèce a environ dix lignes de longueur sur un peu plus d'une ligne de largeur; elle se trouve dans les parties méridionales de l'Europe, et fut découverte pour la première fois aux environs de Bordeaux, par M. d'Argelas; Latreille l'a retrouvée depuis dans les environs de Brive, et M. L. Dufour, qui a fait l'histoire de ses habitudes et de son anatomie, l'a rencontrée près de Nîmes, et assez fréquemment depuis, sur les bords de l'Adour et les ruisseaux marécageux de Saint-Sever, dans le département des Landes. Ce même observateur l'a prise aussi dans plusieurs parties de l'Espagne, et nous apprend qu'elle cohabite avec le Tridactyle varié, petit insecte de l'ordre des Orthoptères.

A la suite du genre *Pelogonus*, nous en ferons connaître un autre qui a été désigné sous le nom de LEPTOPE, *Leptopus*, et qui a été placé par MM. Audouin et Brullé dans leur famille des Leptopodiens. Ses caractères sont : antennes insérées au devant des yeux, au bord interne de la tête, plus longues que le corselet, sétacées, glabres, composées de quatre articles, dont le premier, le plus court, est seul un peu renflé, et dont le troisième est le plus long de tous; bec arqué, court, ne dépassant pas l'origine des pattes antérieures, composé de deux articles apparens, plus ou moins épineux sur les côtés; yeux tout-à-fait latéraux, grands, très-saillans, ovales, réniformes; deux ocelles placés sur un tubercule commun; pattes ambulatoires fort grêles; cuisses antérieures plus grosses que les autres, pyramidales, garnies de piquans en dessous; membrane des hémélytres parcourue par quatre ou cinq nervures simples, longitudinales, dont les deux plus internes sont rarement confluentes et forment aussi une cellule allongée; corps ovalaire; tête avec le vertex déprimé; corselet comme divisé en deux portions presque égales par une empreinte transversale; écusson largement triangulaire, de médiocre grandeur; hémélytres coriacéo-membraneuses.

Les Leptopes sont des Hémiptères de petite taille, que la quantité de leurs pattes intermédiaires et postérieures rend très-agiles à la course; ils ne sautent point; mais doués par la grosseur et le développement de leurs yeux d'une vue étendue, ils sont prompts à s'envoler aussitôt qu'on approche d'eux; ils sont insectivores et organisés pour saisir des proies vivantes, ainsi que le témoignent les piquans qui garnissent et leur bec et les pattes antérieures; ils habitent les lieux secs et ne paraissent que dans la saison la plus chaude de l'année; quoique le Leptope littoral se trouve sur les bords des rivières, il est facile de se convaincre que, quand bien même l'observation du reste de ses habitudes ne l'apprendrait pas, il n'est point destiné à vivre dans les lieux humides; il n'offre pas, en effet, à la surface de son corps, ce duvet serré, soyeux et imperméable propres aux insectes qui fréquentent les lieux aquatiques ou marécageux. L'espèce littorale n'habite que les rives essentiellement caillouteuses, et c'est toujours sur les pierres plus ou moins entassées loin de l'humidité qu'elle se tient en embuscade.

Le L. LITTORAL, *L. littoralis*, L. Dufour, Ann. de la soc. ent., tom. II, pag. 109, pl. 6 B, fig. 2. La tête, à cause de la grosseur et de la saillie de ses yeux, paraît élevée au dessus du plan du corselet; on y observe quelques poils raides, soit en dessus, soit en dessous; les antennes ont une finesse capillaire; elles sont glabres, d'une teinte obscure, mais plus pâles à leur base; le dernier article est de la longueur du second; mais le troisième est le plus grand de tous; le bec est d'un roux pâle et n'a paru à M. L. Dufour composé que de deux articles; le premier de ceux-ci, qui est le plus long, est fort remarquable par les deux épines longues, raides et étroites qui garnissent chacun de ses bords; ces épines ne sont pas des poils ordinaires; elles sont d'une texture cornée comme le bec et ne semblent qu'un prolongement latéral de la substance de celui-ci. C'est le seul Hémiptère, à ma connaissance, dit M. Dufour, dont le bec soit ainsi armé; l'article terminal de celui-ci est plus large, triangulaire, très-acéré, et ses côtés offrent aussi deux spinules, mais bien moins prononcées que les précédentes; les yeux sont glabres, bien distinctement réticulés; les ocelles sont implantés, comme enchatonnés sur les côtés d'un très-petit tubercule rond, glabre et roussâtre, situé près du bord postérieur de la tête; le corselet, un peu atténué en avant, a des poils raides et en même temps une villosité molle, grisâtre, dans les individus frais et bien conservés; son lobe antérieur a une fossette dorsale plus ou moins marquée, et dans l'insecte vivant, on distingue des points enfoncés, disposés en série près de son bord céphalique; les flancs du prothorax présentent un trait fort singulier, c'est l'existence, tout près de l'insertion des pattes antérieures, d'une sorte d'écaille tuberculiforme, qui semble destinée à servir de point d'appui à la cuisse dans ses grands mouvemens; cette écaille est assez saillante pour dérober le passage du prothorax, et elle est armée en avant d'une courte spinule; l'écusson est triangulaire, pointu, noirâtre, glabre, parfois un peu roussâtre à sa pointe; les hémélytres dépassent en longueur l'abdomen; elles sont d'un gris cendré, avec des mouchetures irrégulières noirâtres; la loupe y découvre des poils noirs fort courts, redressés, bulbeux à leur origine, et une série de ceux-ci déborde un peu la marge extérieure de l'hémélytre : quand on regarde contre le jour la partie coriacée de celle-ci, on la voit comme criblée de petits points subdiaphanes; la partie membraneuse de l'hémélytre est bien distinctement limitée; elle est parcourue par des nervures longitudinales simples, presque parallèles, dont le nombre et la disposition m'ont présenté. Des différences suivant les individus du point de confluence par un pétiole assez long, qui va gagner le bord postérieur de la membrane hémelytrale; les pattes sont pâles, avec une tache annulaire brune peu prononcée, près de l'extrémité tibiale des cuisses; les antérieures ont les cuisses bien plus grosses que les autres, pyramidales, atténuées vers leur extrémité antérieure, et munies, ainsi que le tibia, d'un appareil de préhension qui forme un des traits les plus saillans de cette espèce; le bord inférieur de ces cuisses est armé d'une double rangée d'épines alternativement plus longues, et indépendamment de celles-là, on en compte trois ou quatre à la face antérieure seulement de leur moitié tibiale; les tibias de ces mêmes pattes sont aussi garnis en dedans de trois paires d'épines semblables; les autres pattes sont inermes, glabres, ou munies aux tibias et aux tarses de poils microscopiques; les tarses m'ont paru de deux articles seulement, et sont d'autant moins longs qu'ils appartiennent aux pattes antérieures.

Cette espèce habite les cailloux secs de la grève de l'Adour, près de Saint-Sever, et je l'ai rencontrée aussi dans des localités semblables, aux bords de l'Ebre, en Espagne. Elle paraît en été. Sa petitesse et sa couleur, qui est celle des pierres au milieu desquelles elle se tient, la dérobent à la vue. Quand le soleil est ardent, elle s'envole à la moindre approche, comme les Cicindèles, ou bien elle se précipite dans les interstices des cailloux; le temps couvert est le plus favorable pour la chasse de cet insecte; alors en appuyant sur lui le doigt mouillé, on peut s'en saisir.

Le L. OEIL HÉRISSÉ, *L. echinops*, L. Dufour, ouvr. cit., pl. 6 B, fig. 2. Les poils raides qui hérissent les yeux, les ocelles et l'écusson, ainsi que l'absence des piquans au premier article du bec, sont des traits qui distinguent cette espèce; les mouchetures des hémélytres ont aussi une disposition différente dans celle-ci; il n'est pas rare qu'elles forment une bande transverse vers le milieu et une oblique vers la base; la structure générale du corps, la forme, la composition des antennes et du bec, la grosseur, la saillie des yeux, la configuration des pattes, dont les antérieures sont ravisseuses par les piquans qui les garnissent, et par la grosseur des cuisses, tous ces faits appartiennent au signalement générique. Cette espèce a été trouvée dans les montagnes et sous les rochers en Espagne et aux environs de Tudela et de Tafalla.

Le L. LAINEUX, *L. lanosus*, L. Dufour, ouvr. cit., tom. III, pag. 334, pl. 5, fig. 2. La couleur ardoisée de cet insecte, l'épaisseur du duvet cotonneux dont sont revêtues toutes les parties de son corps, excepté le ventre et les pattes, le font aisément reconnaître; le bord de ses élytres, leur extrémité, et quatre ou cinq taches sur leur partie solide, sont d'un blanc légèrement jaunâtre, qui est aussi la couleur des pattes et de l'origine du bec; le reste de celui-ci et les tarses sont bruns; l'abdomen est d'un brun luisant, avec le bord des segmens jaunâtre. Cette espèce, qui est longue de deux lignes et demie, a été trouvée aux environs de Saint-Sever.

(H. L.)

PÉLOPÉE.

PÉLOPÉE, *Pelopæus.* (INS.) Genre de l'ordre des Hyménoptères, section des Porte-aiguillons, famille des Fouisseurs, tribu des Sphégides, établi par Latreille aux dépens du genre Sphæx des auteurs, et auquel il donne pour caractères : Antennes insérées au milieu de la face de la tête; chaperon à diamètres presque égaux; mandibules sans dents au côté interne; extrémité des mâchoires en partie membraneuse; palpes maxillaires beaucoup plus longs que les labiaux. Ce genre se distingue des Podies, qui en sont les plus voisins, parce que, dans ces derniers, les mâchoires sont entièrement coriaces, que le chaperon est plus large que long, et que les palpes sont presque d'égale longueur. Les Dolichures, Sphæx, Chlorions, Ammophiles et Miscus, ont des mandibules dentées intérieurement; ce qui suffit pour les distinguer des Pélopées. La tête des Pélopées est comprimée, plane en devant et soyeuse; elle a trois petits yeux lisses, les antennes sont assez courtes, filiformes, et un peu roulées en spirale à leur extrémité; les divisions de la languette sont courtes; le corselet est légèrement rétréci en devant; son premier segment est court et transversal; le second est obtus postérieurement; les ailes sont courtes et n'atteignent pas l'extrémité de l'abdomen; les supérieures ont une longue cellule radiale et quatre cellules cubitales; l'abdomen est ovalaire, globuleux, composé de cinq segmens outre la partie anale dans les femelles, en ayant un de plus dans les mâles; il tient au corselet par un long pédicule formé par la partie antérieure du premier segment, qui s'évase ensuite brusquement; les pattes sont longues, les postérieures surtout.

Les Pélopées se trouvent dans les pays chauds; leurs mœurs sont très-remarquables. Ces insectes construisent des nids de terre, qu'ils placent, comme les Hirondelles, dans les angles des murailles, au plafond des chambres et des greniers : ces nids sont arrondis, globuleux, formés d'un cordon tournant en spirale, et présentant sur le côté inférieur deux ou trois rangées de trous, de manière que ce nid ressemble à un instrument connu sous le nom de sifflet de chaudronnier. Ces trous forment l'entrée d'autant de cellules, dans lesquelles l'insecte place une Araignée, un Diptère ou tout autre insecte, et un œuf; il bouche ensuite ce trou avec de la terre. Quand l'œuf est éclos, la larve qui en naît dévore les insectes qui ont été déposés pour lui servir de nourriture, et se change ensuite en nymphe. L'insecte parfait ne tarde pas à briser le couvercle de sa loge et à s'échapper. L'espèce sur laquelle cette observation a été souvent faite en Provence, est :

Le PÉLOPÉE TOURNEUR, *P. spirifex*, Latr.; *Sphæx spirifex* et *Sphex ægyptia*, Linn.; *Pepsis spirifex*, Illig. Elle est longue de douze à quinze lignes, d'une belle couleur noire, avec le filet de l'abdomen et les pattes de couleur jaune. Ce genre renferme environ une dixaine d'espèces, dont plusieurs sont propres à l'Amérique et aux Indes. (H. L.)

PÉLOR, *Pelor.* (POISS.) Cuvier a établi ce genre d'Acanthoptérygiens, avec quelques espèces du grand genre Scorpène de Linné. Ce nom dérive du grec, et signifie poisson difforme ou monstrueux; il désigne également un genre de la famille des Joues-cuirassées. Au nombre des caractères qui servent à reconnaître le genre Pélor, les plus importans sont une dorsale indivise et des dents palatines, qui le rapprochent des Apistes, et particulièrement des Synancées, qui, comme celui-ci, ont le corps sans écailles, des rayons libres sous les pectorales, une tête comprimée en avant, des yeux saillans et rapprochés, des épines dorsales, hautes et presque libres à leur extrémité; du reste, les formes bizarres de ces poissons, leur aspect hideux, suffiraient pour les distinguer de tous les autres poissons compris dans la famille des Joues-cuirassées. Ils ne sont pas moins remarquables par cette singulière laideur que par la jolie disposition de leurs couleurs; la mer des Indes est leur séjour; ils sont peu nombreux : la première espèce qui se présente à notre examen est le PÉLOR FILAMENTEUX, *Pelor filamentosum*, ainsi appelé à cause de la forme que prennent les deux premiers rayons de sa pectorale, qui se terminent en une longue soie. Son corps est allongé, son ventre renflé, son dos élevé au dessus de sa tête, qui est petite, et dont le profil concave, interrompu par la saillie des yeux, se renfle pour former la bouche qui le termine; tout ce poisson est enveloppé d'une peau molle, hérissée en différens endroits de filamens plats et déchiquetés; on le représente gris, marbré de taches brunes, et tout semé de petits points blancs, comme s'il était un peu saupoudré de farine; indépendamment des taches brunes qu'on observe sur son corps, le crâne, l'opercule et la tête sont parsemés de taches blanches et noires, toutes de différentes grandeurs. Cette espèce demeure petite, elle ne passe guère huit ou dix pouces; sa nourriture consiste en de petits crustacés. La seconde espèce, le PÉLOR TACHETÉ, *Pelor maculatum*, ressemble parfaitement à l'espèce précédente, avec cette différence, que les premiers rayons de sa pectorale ne se prolongent pas en filets. Le nom de *maculatum* annonce que sa couleur est noirâtre, mouchetée et piquetée; trois grandes parties blanches se montrent sur la dorsale, et trois taches également blanches, rondes, occupent la partie supérieure de l'animal; le ventre est rayé et moucheté de blanc; il ne parvient d'ordinaire qu'à sept ou huit pouces de longueur. Les habitans de Waigiou le nomment *Inoff.* On prend au fort Praslin, à la Nouvelle-Irlande, une troisième espèce de Pélor extrêmement semblable au second pour les formes; Pallas l'a décrit sous le nom de *Scorpæna didactyla.* Ce Pélor est d'un brun obscur pointillé de gris, et blanchâtre en dessous. Aussi lui a-t-on donné le nom de *Pelor obscurum;* enfin, les mers du Japon et de Chine, nourrissent le Pélor Japonais, *Pelor japonicum*, circonstance qui a servi à indiquer son nom spécifique. Ses formes sont plus allongées que les autres, ses pectorales manquent de filamens flexibles; mais les deux rayons inférieurs y sont, comme dans les autres espèces, plus longs que ceux qui les précèdent, simples, et libres sur les trois quarts de leur longueur. Ce poisson est tout pointillé et vermiculé de brun. Sa longueur est de neuf pouces. (ALPH. GUICH.)

PÉLORIE. (BOT. PHAN.) Fleurs habituellement irrégulières qui, par une cause non encore expliquée ou connue, deviennent régulières. Ce phénomène fort curieux que Linné a le premier observé, a reçu de lui le nom de *Pélorie;* on aurait tort de le classer parmi les monstruosités, puisqu'il est constant qu'on peut le propager par la voie des boutures, jamais par celui des graines; ce que l'on n'obtient point des monstruosités proprement dites (*voyez* t. V, p. 439 et 440). Ainsi que nous l'avons déjà dit (*voyez* t. IV, p. 455), la Pélorie est due, à nos yeux au moins, à une déviation dans la marche des sucs, et par conséquent à un changement dans l'organisation de la fleur, déterminé par un contact trop direct avec des végétaux cultivés, ou bien à la suite de lésions causées par la dent des animaux, le fer des instrumens ou par la pression des pieds. La Pélorie s'observe très-fréquemment chez les diverses espèces de Linaires, surtout dans l'espèce la plus commune, *Linaria arvensis.* La fleur, au lieu de présenter une corolle personnée pourvue d'un seul éperon, porte une corolle tubuleuse à cinq dents, avec deux, trois, quatre, cinq, et plus rarement six éperons. (J'en ai recueilli des échantillons qui présentent ces divers cas; ils font partie de mon herbier.) La Pélorie se montre aussi, mais plus ou moins complète, sur la Linaire bâtarde, *L. spuria.* Elle est assez commune chez les Labiées, notamment sur les Crapaudines velue et glauque, *Sideritis hirsuta* et *S. glauca*, qui habitent nos départemens méridionaux, ainsi que sur plusieurs espèces exotiques du genre *Dracocephalum.* (T. D. B.)

PELOTE. (ANAT. ZOOL.) Ce mot a plusieurs significations qui sont très-usitées en histoire naturelle. On dit d'un cheval qui a une marque blanche sur le front, et que l'on nomme autrement *étoilé*, ce cheval est marqué en tête, il a la Pelote. En chirurgie, on donne le nom de Pelote à une espèce de coussinet que l'on forme avec du crin, de la laine, etc. La forme, le volume et la dureté des Pelotes, varient suivant l'usage auquel on les destine. Elles sont le plus ordinairement employées pour comprimer les artères des membres, afin d'arrêter le cours du sang, et entrent dans la composition des bandages herniaires. On donne encore ce nom aux parties membraneuses qui sont situées à l'extrémité des tarses des INSECTES (*voy.* ce mot). (M. S. A.)

PELTAIRE, *Peltaria.* (BOT. PHAN.) Linné plaçait ce genre naturellement dans la Tétradynamie siliculeuse de son Système sexuel; il appartient au vaste groupe des Crucifères, tribu des Alyssinées, D. C. Il a été ensuite adopté par tous les botanistes modernes. Voici ces caractères essentiels, tels qu'ils ont été établis dans ces derniers temps : périanthe double; l'externe composé de quatre segmens ovales, concaves, colorés, caducs, étalés et égaux à la base; l'interne, de quatre pétales à limbe ovale, entiers, opposés en croix; six étamines à filamens subulés, dépourvus de dents, dont quatre plus longs et deux plus courts, terminés par des anthères simples; un ovaire supère, arrondi, comprimé, surmonté d'un style court, porteur d'un stigmate obtus, punctiforme et persistant; une silicule entière, obovale ou semi-orbiculaire, plane, à bords comme cartilagineux, à deux valves planes, indéhiscentes, à une seule loge par avortement de la cloison, renfermant une à trois graines, à placenta nerviforme, les graines pendantes et souvent solitaires par avortement.

Les Peltaires sont toutes des plantes herbacées, glabres, vivaces ou annuelles, à feuilles alternes, les radicales pétiolées, ovales, les caulinaires sessiles, sagittées-amplexicaules, à fleurs blanches, disposées en grappe. On n'en connaît encore que trois espèces, et propres à l'ancien continent. Nous allons les décrire tout à l'heure. On ne sait trop pour quelle raison dans ces derniers temps Crantz, Médicus et Necker ont voulu imposer à ce genre, universellement adopté, le nom nouveau de Boadschia. Au premier aspect, il semble devoir être placé près de la section de l'*Isatis*, nommée par De Candolle *Sameraria;* mais dans celle-ci, les valves de la silicule sont pourvues d'une carène et sont extrêmement comprimées; la cloison est linéaire, tandis qu'au contraire, dans le *Peltaria* elles sont très-planes et parallèles. Quelques botanistes ont été induits en erreur par cette similitude apparente, le *Peltaria Garcini* de Burmann est un *Isatis;* le *P. capensis* de Linné fils est un *Heliophila.* De Candolle place le *Peltaria* près du *Clypeola*, tribu des Alyssinées, à cause de son fruit uniloculaire; mais ses étamines, dont les filets sont glabres et entiers, l'en éloignent suffisamment. Il s'éloigne également du *Ricotia* par son périanthe, dont les divisions ne sont ni dressées, ni renflées en sac à la base, etc.

1° *P. alliacea*, Linn. Jacq. Cette plante, froissée entre les doigts, exhale une forte odeur d'ail. Racine fibreuse, vivace; tige droite, cylindrique, un peu rameuse dans le haut, très-glabre, ainsi que toute la plante, haute d'un pied environ; feuilles radicales longuement pétiolées, ovales arrondies, souvent onduleuses sur les bords et légèrement cordiformes à la base; les caulinaires sagittées, ou ovales lancéolées, sessiles amplexicaules. Fleurs blanches, petites, nombreues, pédonculées, disposées, au sommet des tiges et des rameaux, en plusieurs groupes, formant par leur réunion une sorte de panicule; silicules pendantes, portées par des pédoncules très-grêles. Cette plante croît dans les endroits ombragés, dans les bois, en Autriche, en Transylvanie, dans tout l'orient de l'Europe, en Syrie, etc.

2° *P. angustifolia*, D. C., plante vivace; feuilles caulinaires inférieures pétiolées, les supérieures linéaires; silicules ovales-orbiculées, planes, courtes, comprimées, bi-ovulées, et monospermes par avortement. Cette plante se trouve en Syrie, près de Damas, D. C. Prod.

3° *P. glastifolia*, D. C., plante annuelle, des

contrées orientales. Feuilles caulinaires sagittées-amplexicaules; fleurs petites; silicules planiuscules, coriaces, un peu rugueuses, orbiculées, comprimées, monospermes, D. C. Prod. (C. Lem.)

PELURE D'OGNON. (moll.) Les marchands de coquilles appellent ainsi une espèce d'Anomie (*Anomia cepa*) fort commune sur nos côtes. (Gerv.)

PELVIEN, PELVIENNE, de *pelvis*, bassin. (anat.) On a donné ce nom à diverses parties. On appelle cavité Pelvienne, la cavité du bassin; face Pelvienne de l'os iliaque, celle qui correspond à la cavité pelvienne; membres Pelviens, les membres inférieurs ou abdominaux; artères Pelviennes, aponévroses Pelviennes, pour désigner des organes qui ont des rapports à cette partie du squelette que l'on nomme bassin. (*Voyez* Squelette.) (M. S. A.)

PEMPHÉRIDE, *Pempheris*. (poiss.) Le nom de Pemphéride, que Cuvier consacre à ce genre, est une de ces nombreuses dénominations de poissons que l'on trouve dans les auteurs anciens, sans aucun caractère indicatif. Ce nom n'est que dans Athénée, qui l'a tiré de Numénius, où il désignait un petit poisson. Ces caractères extérieurs suffisent pour faire reconnaître les Pemphérides parmi les autres espèces de la famille des Squamipennes; leur tête grosse, leur œil grand, leur corps allongé recouvert de grandes écailles, une dorsale courte, avancée sur le dos, et leur anale longue et étendue le long de la partie inférieure du poisson, les séparent très-nettement de tous les autres Squammipennes.

Les espèces de ce genre ne sont pas très-nombreuses : indépendamment de la Pemphéride commune, dont nous parlerons tout à l'heure, se trouve la Pemphéride d'Otaïti, *Pempheris otaitensis*, de Cuvier, qui se distingue par son corps très-comprimé, et surtout par la tache de la base de la pectorale et le noir du bord antérieur de sa dorsale; la Pemphéride du Bengale, *P. mangula*, Cuv., qui vient du Bengale, et dont la couleur est rougeâtre, légèrement mêlé de doré, avec les nageoires d'un jaune rougeâtre : l'individu est long de six pouces; la Pemphéride de Vanicolo, *P. vanicolensis*, Cuv., qui vit à Vanicolo, et dont les formes sont les mêmes qu'aux espèces précédentes, et les couleurs d'un rouge cuivre sur le corps, jaunâtre aux nageoires, et sans tache a la pectorale. Enfin, la Pemphéride commune, ou d'Oualan, *P. oualensis*, Cuv., a le corps très-élevé, les mâchoires garnies de dents en velours, la langue lisse, pointue et assez libre à son extrémité; son corps est couvert de grandes écailles, lisses, demi-circulaires, l'anale et la base de la caudale en sont couvertes; mais il n'y en a point sur les autres nageoires. Ce poisson est argenté, teint de brun vers le dos; ses écailles argentées sont pointillées de brun, la base de la pectorale est entourée d'une tache noire en dessus et en dessous. L'individu a près de neuf pouces. On le nomme à l'île Oualan *Tou-té-tou*. (Alph. Guich.)

PENDULE. (phys.) On appelle Pendule un corps pesant suspendu à un point fixe par un fil ou par une tige de métal. Le Pendule est simple ou composé; celui que nous venons de définir constitue le Pendule composé. Quant au Pendule simple, il n'est autre chose qu'une très-petite balle métallique attachée par un fil tellement fin, que, par la pensée ou par abstraction, on peut le considérer comme sans masse ou sans poids.

Mis en action par la force ou l'action de la terre, le Pendule décrit, par un mouvement de va-et-vient, un arc de cercle qui représente à peu près un plan incliné sur lequel roule ou descend un corps pesant. Le Pendule sera ici le corps pesant.

Chaque mouvement du Pendule, c'est-à-dire chaque élévation du point le plus haut d'un côté au point le plus haut de l'autre s'appelle oscillation, et l'arc de cercle décrit dans chaque mouvement se nomme amplitude de l'oscillation.

La vitesse du Pendule va en augmentant, jusqu'au point le plus bas de son trajet, et c'est à cette augmentation que l'on doit attribuer la cause qui empêche le Pendule de s'arrêter dans sa position verticale, et qui le fait remonter de l'autre côté à une distance égale à celle d'où il est parti pour descendre. Cette vitesse et cet isochronisme restent les mêmes tant que l'attraction de la terre, la résistance de l'air et le frottement du fil ne les ont pas diminués ou détruits.

De ce que nous venons de dire, et de ce principe qui veut « que la vitesse acquise ou perdue par un corps qui descend ou monte ne dépende que de la hauteur de la verticale », il résulte que les vitesses sont les mêmes pour des points symétriquement opposés, et que, par conséquent, le Pendule met autant de temps à remonter qu'à descendre. Cependant, le Pendule n'a pas un mouvement perpétuel : nous avons vu pourquoi tout à l'heure.

Une chose très-remarquable dans les mouvemens du Pendule, c'est que les oscillations ont, non pas exactement, mathématiquement, mais sensiblement, la même durée, quoique leur amplitude diminue. Cela tient à deux choses : 1° à l'intensité de l'attraction de la terre; 2° à la longueur du Pendule. Dans le premier cas, le Pendule oscillera d'autant plus vite, que l'attraction sera plus grande; dans le second, les mouvemens seront d'autant plus rapides, que le Pendule sera plus court. Tout le monde sait qu'en remontant ou en redescendant le balancier d'une pendule, on avance ou on retarde celle-ci à volonté. Un Pendule réduit au quart de sa longueur (1) donne une oscillation moitié plus courte; s'il est neuf fois moins long, il oscille trois fois plus vite. Pour battre des secondes, le Pendule doit avoir, à Paris, 0,^{m}993846 de longueur; il n'aura que 248 millimètres pour battre des demi-secondes.

La durée de l'oscillation du Pendule est tou-

(1) La longueur du Pendule se mesure du point d'attache du fil ou de la tige de suspension au centre de la balle métallique.

jours la même, quels que soient la nature et le poids de la substance qui a servi à le composer; ainsi, un Pendule de cire ou d'ivoir marche aussi vite qu'un autre qui est en plomb ou en platine, pourvu toutefois que les longueurs soient exactement les mêmes. La chute des corps dans le vide, chute qui a lieu absolument dans le même temps, que les corps soient de la plume, de la laine ou du fer, vient à l'appui de cette vérité, si bien démontrée d'ailleurs par les belles expériences de Newton, de Borda, et de M. Besser.

De même que le Pendule sert à calculer la vitesse avec laquelle un corps tombe dans le vide, de même il peut servir à mesurer l'intensité de l'attraction de la terre dans les différens lieux, car on sait que la vitesse de cet instrument augmente avec l'intensité de l'attraction. Richer a vu qu'à Cayenne le Pendule devait être raccourci pour battre les secondes; Bouguer s'est assuré que la même chose devait être faite à Saint-Domingue, à Quito, etc.; l'attraction est donc moindre dans les lieux que nous venons de citer qu'à Paris; elle l'est en effet, et cette force va sans cesse en diminuant depuis le pôle jusqu'à l'équateur. La diminution, entre ces deux distances, est d'un deux centièmes.

L'usage le plus remarquable et le plus ordinaire du Pendule est son application à la mesure du temps. Déjà Galilée, en 1602, avait conçu l'idée d'utiliser la régularité de cet instrument pour les observations astronomiques et physiques; mais c'est principalement à Huyghens qu'on doit son emploi dans les horloges. Cet emploi date de 1650.

L'horloge, comme chacun le sait, est une réunion de plusieurs roues qui s'engrènent les unes dans les autres, et qui présentent une quantité de dents égale à une des divisions dans lesquelles on veut partager le temps. Ces diverses roues sont disposées de manière qu'une d'elles étant mise en mouvement, toutes les autres marchent en même temps. Autour de l'axe d'une des roues, roue dite de rencontre, est enroulé un cercle qui supporte le poids qui fait marcher toutes les roues, et qui les ferait marcher trop précipitamment, si sa marche n'était régularisée par un Pendule.

La roue de rencontre diffère des autres par la manière avec laquelle elle est taillée, et par les deux palettes qui sont fixées au Pendule, et qui dirigent son mouvement. Enfin, au haut du Pendule se trouve une espèce d'ancre (échappement) dont les dents arrêtent celles de la roue de rencontre. Ces détails étant bien compris, voici ce qui arrive.

Le Pendule étant dans une position verticale et en repos, les deux extrémités de l'échappement s'interposent entre les dents de la roue de rencontre, et arrêtent ses mouvemens. Vient-on à écarter le Pendule de sa verticale, la roue, devenue libre, marche, entraînée qu'elle est par le poids qui lui est suspendu, jusqu'à ce qu'une nouvelle interposition des extrémités de l'échappement vienne à l'arrêter. Mais cet arrêt n'a point lieu; la vitesse acquise par le Pendule lui faisant parcourir un arc de cercle égal à celui qu'il a déjà parcouru en est la cause: il y a donc un nouvel échappement, le poids fait tourner la roue, et ainsi de suite.

Il reste encore une autre condition à remplir pour donner aux horloges toute la régularité qu'elles sont susceptibles d'avoir; c'est celle qui a pour but de s'opposer aux variations continuelles de température sur la terre, variations qui, agissant continuellement aussi sur les différens corps de la nature, en dilatent ou diminuent le volume ou la longueur.

Pour remédier aux inconvéniens causés par l'allongement ou le raccourcissement du Pendule fait d'un seul et même métal, les artistes et les savans ont combiné les diverses parties de la tige du Pendule, de manière à compenser les effets de la chaleur et du froid; ils ont imaginé ce qu'ils ont appelé le Pendule compensateur, Pendule formé de métaux sur lesquels les dilatations se font en sens inverse; ces métaux sont le fer et le cuivre.

Graham, célèbre horloger anglais, avait proposé pour tige d'un Pendule un tube de verre en partie de rempli de mercure. Ce métal étant plus dilatable que le verre, il s'ensuivait que son augmentation de volume compensait l'allongement du verre. Ce Pendule n'est point usité en France. On a également abandonné, comme étant trop volumineux, celui que Julien Leroi, horloger à Paris, avait construit avec un tube de laiton et une tige de fer. Enfin, on a imaginé, comme système exact de chronométrie, de placer en travers du Pendule des lames doubles de cuivre et de platine intimement fixées les unes aux autres.

Bréguet, dont la réputation est européenne, a fait de ces lames appliquées, dites lames compensatrices, une heureuse application dans la construction d'un thermomètre dont la sensibilité est extrême. Cet instrument est une hélice formée de trois lames métalliques (argent, or et platine) très-minces (un cinquantième de millimètre), inégalement dilatables et superposées. L'hélice est fixée par le haut à un support en laiton, qui, par sa forme, la laisse dans un isolement parfait, son extrémité inférieure porte une aiguille horizontale équilibrée par un poids. Par le fait de l'inégale dilatabilité des métaux qui la composent, l'hélice se tord ou se détord, suivant les variations de la température, et fait parcourir à l'aiguille qui lui est attachée les différentes divisions d'un cercle horizontal et évidée à son centre, afin que l'air puisse se renouveler autour de l'hélice.

Dans les montres, le régulateur des mouvemens est un balancier mu par un ressort spiral aux bouts duquel on a fixé des lames compensatrices terminées par des masses en or. *Voyez* OSCILLATIONS. (F. F.)

PENDULINE, *Parus pendulinus*. (OIS.) Espèce de Mésange que l'on a prise pour type de la section des RÉMIZ (*voy.* ce mot). (Z. G.)

PÉNÉACÉES, *Penæaceæ*. (BOT. PHAN.) Sw. Famille nouvelle de plantes phanérogames proposée par Sweet, dont le *Penæa* serait le type, et que l'on plaçait autrefois, avec doute cependant, parmi les Epacridées, avec lequel il avait en effet peu de rapports génériques. Cette famille paraît avoir été généralement adoptée par tous les botanistes. Comme ses caractères sont entièrement ceux du genre Pénée, nous y renvoyons le lecteur.

(C. Lem.)

PÉNÉE, *Penæa*. (bot. phan.) Plum. Le père Plumier avait d'abord donné ce nom à un arbrisseau que Linné, dans la suite, réunit au *genre Polygala*. Cet auteur créa plus tard, sous cet ancien nom, un autre genre qu'il plaça dans sa Tétrandrie monogynie, et que l'on croyait pouvoir colloquer dans la famille des Epacridées; mais il paraît devoir être le type d'une nouvelle famille que Sweet a proposé dans son *Horticus britannicus*, sous le nom de Pénéacées.

Voici les caractères du genre qui pourront être en partie ceux de la famille.

Un périanthe double; l'externe consistant en deux folioles ciliées, glutineuses, opposées, bractéiformes et caduques; l'interne campanulé, deux fois plus long que l'externe, à quatre divisions courtes, linéaires, obtuses et réfléchies; quatre étamines insérées au sommet du tube du périanthe intérieur et alternant avec les divisions de celui-ci; ovaire supérieur tétragone, surmonté d'un style filiforme, muni d'un stigmate en tête ou quadrilobé; une capsule à quatre loges dispermes s'ouvrant par autant de valves munies de cloisons à leur milieu.

Les *Penæa* forment un genre assez naturel qui se compose de dix à douze espèces élégantes, peu élevées (arbrisseaux), produisant toutes un suc gommo-résineux particulier, et appartenant pour la plupart aux environs du cap de Bonne-Espérance, cette riche contrée que l'Europe a su tant de fois mettre à contribution pour s'approprier les magnifiques végétaux qu'elle produit. Le reste croît en Ethiopie et dans les vastes contrées de l'Afrique intertropicale. La partie inférieure des tiges de ces arbrisseaux est scabre à cause de la chute des feuilles dont les vestiges subsistent; celles-ci sont sessiles, opposées en croix et presque imbriquées sur quatre rangs; les supérieures placées dans le voisinage des fleurs, comme squamiformes et colorées; les fleurs sont sessiles, terminales, solitaires ou réunies en faisceau.

Nous allons décrire quelques unes des principales espèces de ce joli genre, dont la plus remarquable est :

P. sarcocolla, Lin. Joli petit arbrisseau d'une hauteur de deux pieds environ, indigène au cap de Bonne-Espérance, à tige droite, à rameaux alternes; les supérieurs dichotomes; feuilles nombreuses, sessiles, petites, opposées, comme imbriquées sur quatre rangs, ovales, glabres, entières, un peu mucronées au sommet; fleurs sessiles, réunies en faisceau à l'extrémité de chaque rameau; les deux divisions périanthoïdes extérieures ciliées, glutineuses, plus grandes que les feuilles florales qui les accompagnent; périanthe interne, dépassant l'externe, à divisions linéaires, obtuses, réfléchies; style subulé.

Il découle de toutes les parties de ce végétal, et principalement des périanthes extérieurs, un suc gommo-résineux auquel on a donné le nom de Sarcocolle, ou vulgairement colle-chair; ce produit immédiat paraît aussi être sécrété par d'autres espèces du même genre, et très-probablement, entre autres, par le *Penæa mucronata*, L., qui croît en Ethiopie et en Perse. Ce qui donne quelque probabilité à cette opinion, c'est que nos officines pharmaceutiques tiraient autrefois cette drogue de ces contrées. La Sarcocolle se compose de petits grains luisans, jaunâtres ou rougeâtres, assez semblables à des grains de sable, ou encore de grumeaux plus gros, assez friables, résultant de l'agglomération de ces mêmes grains. Elle est inodore, d'une saveur d'abord un peu douceâtre, amère, puis enfin âcre et désagréable. Soumise à l'action de la flamme d'une bougie, elle se boursoufle et s'enflamme bientôt. L'eau et surtout l'alcool la dissolvent presque entièrement. Plusieurs anciens chimistes considéraient cette substance comme intermédiaire entre la gomme et le sucre, et Pelletier, qui l'analysa avec soin, lui assignait la composition suivante :

Sarcocolline.	65	30
Gomme.	4	60
Matière gélatineuse ayant de l'analogie avec la Bassorine.	3	30
Matières ligneuses.	26	80
	100	00

La Sarcocolline, principe particulier, *sui generis*, auxquel la Sarcocolle doit toutes ses propriétés, est soluble dans quarante parties d'eau froide, et dans environ vingt-cinq d'eau bouillante. Sa dissolution, saturée à chaud, précipite par le refroidissement une partie de la Sarcocolline sous la forme d'un liquide ayant l'apparence d'un sirop que l'eau ne peut plus dissoudre. Les anciens praticiens, et les Arabes en particulier, administraient intérieurement la Sarcocolle comme purgatif dans quelques cas graves; elle était aussi employée fréquemment pour déterger les ulcères, pour raffermir et coller les chairs; de là son nom vulgaire. D'autres anciens attribuaient à cette substance des vertus tout opposées. Sérapion disait qu'elle ulcérait les intestins et qu'elle causait même la calvitie. Hoffman en défendait l'usage à l'intérieur. Quelques uns recommandaient d'en prendre infusée dans du lait d'ânesse pour guérir l'ophthalmie ou fluxion des yeux. De nos jours, son emploi paraît à peu près généralement abandonné.

P. mucronée, *P. mucronata*, Lin. Cette plante se distingue facilement de la précédente par ses feuilles cordiformes, fortement mucronées au sommet, par ses périanthes extérieurs glabres, non ciliés. Elle ne s'élève qu'à un pied de hauteur ou à peine plus; ses tiges sont de couleur cendrée, à rameaux diffus, comme verticillés. Les fleurs sont réunies en faisceaux et sessiles à l'extrémité des rameaux, où elles sont enveloppées de feuilles florales colorées ou bractées. Les divisions du périanthe extérieur sont petites, linéaires, concaves, aiguës; l'intérieur est trois fois plus long que l'extérieur, et presque infundibuliforme, à divisions ovales, aiguës, beaucoup plus courtes que le tube. Cet arbrisseau croît au Sénégal et au cap de Bonne-Espérance.

P. ÉCAILLEUSE, *P. squamosa*, Lin. Arbrisseau d'un pied de hauteur environ, à rameaux presque verticillés, un peu tétragones, garnis de feuilles imbriquées, sessiles, ovales, assez charnues, rétrécies en coin à la base, un peu glanduleuses au sommet, et disposées sur quatre rangs; fleurs terminales, sessiles, fasciculées, accompagnées de feuilles florales, rangées en une sorte d'épi, plus grandes que les autres, ciliées et glutineuses à leurs bords; les deux folioles périanthoïdes externes, ovales et inégales, et dépassées par le tube du périanthe interne. Croît au cap de Bonne-Espérance.

P. BRUNE, *P. fuscata*, Lin. Bergius a confondu cet arbrissoau du Cap avec le Sarcocollier vrai. Ses tiges sont très-peu élevées, cylindriques, très-rameuses, à jeunes rameaux glabres, anguleux, dichotomes; ses feuilles sont ovées-rhomboïdales, étalées, aiguës, très-lisses, à peine longues de trois lignes, et portées sur de très-courts pétioles; les fleurs courtement pédonculées sont un peu fasciculées; les deux divisions calicinales linéaires, caduques, entourées de quelques feuilles florales colorées; le tube du périanthe interne est verdâtre; ses divisions purpurines, courtes, peu ouvertes; les étamines ont leurs filamens très-courts, leurs anthères pyramidales; l'ovaire est oblong; le style subulé, ne dépassant pas les étamines; le stigmate plan, quadrilobé.

Telles sont les espèces principales et bien connues du genre *Penæa*. (C. LEM.)

PÉNÉE, *Penæus*. (CRUST.) C'est un genre de l'ordre des Décapodes, famille des Brachyures, tribu des Salicoques, établi par Fabricius et adopté par Latreille et tous les carcinologistes avec ces caractères : les six pieds antérieurs didactyles; base des pieds n'ayant que de très-petits appendices; palpes mandibulaires foliacés et relevés; test ferme et mince. Ce genre ne diffère des Sténopes de Latreille que par la base des pieds de ceux-ci dépourvue d'appendices, et dont les palpes mandibulaires ne sont pas relevés. Les Alphées, Nika, Palémons et autres genres, s'en distinguent parce qu'ils n'ont que les quatre pieds antérieurs didactyles. Olivier avait confondu les Penées avec les Palémons. La carapace chez ce genre est garnie en dessus d'une crête médiane plus ou moins longue, qui se continue en avant avec un rostre à peu près droit, lamelleux et dentelé; on y remarque de chaque côté, près de l'insertion des antennes supérieures, une grosse dent et un sillon longitudinal, courbe, qui circonscrit latéralement la région stomacale, et donne naissance, vers son milieu à un autre sillon oblique qui descend le long de la partie antérieure de la région stomacale; presque toujours il existe aussi une épine au point de jonction du sillon stomacal et du sillon de la région branchiale, et quelquefois on voit une petite crête entre le premier de ces sillons et la crête basilaire du rostre; les yeux sont gros et arrondis; le premier article des antennes supérieures est très-grand et excavé en dessus, de manière à former une cavité qui loge les yeux; son bord externe est armé d'une dent, et son bord interne porte un petit appendice lamelleux et cilié qui se recourbe en haut et en dehors. Les deux derniers articles du pédoncule sont cylindriques et très-courts; enfin ces organes se terminent par des filamens dont la longueur varie. Les antennes externes ne présentent rien de remarquables; les mandibules sont pourvues d'un palpe lamelleux très-large; les pieds-mâchoires des deux dernières paires portent un palpe foliacé très-long et multi-articulé, et sont pourvus aussi d'un appendice flabelliforme qui remonte entre les branchies; les pieds-mâchoires externes sont longs, grêles et pédiformes; les pattes thoraciques des quatre premières paires sont également pourvues d'une pointe qui remonte dans la cavité branchiale comme chez les Ecrevisses, et à la base de toutes les pattes se trouve un petit appendice lamelleux, analogue au palpe des pieds-mâchoires; les pattes des trois premières paires sont terminées par une petite main didactyle, et augmentent progressivement de longueur d'avant en arrière; les pattes des deux dernières paires sont monodactyles et de longueur médiocre; l'abdomen est extrêmement grand et très-comprimé; sa moitié supérieure est surmontée d'une crête médiane plus ou moins marquée; les fausses pattes sont plus encaissées par les lames latérales de l'abdomen, et se terminent par deux lames ciliées d'inégale longueur; la nageoire caudale est grande, sa lame médiane est triangulaire, et creusée en dessous d'un sillon médian; les branchies sont disposées en faisceaux comme chez les Homards; elles sont au nombre de dix-huit de chaque côté, et entre chaque faisceau se trouve l'appendice flabelliforme de la patte situé en dessous. Ce genre, qui se compose de onze à douze espèces, a été ainsi partagé par M. Edwards dans le tome deuxième de son Histoire naturelle des Crustacés.

A. Espèces ayant les antennes terminées par des filets très-courts.

a. Un sillon médian s'étendant de la baie du rostre au bord postérieur de la carapace.

La PÉNÉE CARAMOTE, *P. caramote*, Desm., Consid. génér. sur les Crust., p. 255, Edw., Hist. nat. des Crust., t. 2, p. 413; *Palæmon sulcatus*, Oliv., Encycl. méth., t. VIII, p. 661, *Penæus sulcatus*, Lamch., Hist. nat. des Anim. sans vert., t. V, p. 206; elle est longue d'environ sept pouces; le rostre moins long que le pédoncule des antennes supérieures, est un peu courbé en haut, armé en dessus d'une douzaine de dents assez fortes, en dessous d'une seule située un peu au devant des yeux, enfin garnie de chaque côté d'une crête qui se continue en arrière jusque vers le bord postérieur de la carapace, et forme ainsi de chaque côté de la crête médiane un sillon longitudinal très-profond; un troisième sillon moins large, mais plus élevé, sépare ces deux sillons dans la moitié postérieure de la carapace, et fait suite à la base du rostre. Il y a une dent très-forte sur le bord antérieur de la carapace au dessus de l'insertion des antennes, une seconde beaucoup plus petite entre celle-ci est le rostre, et une troisième en arrière du sillon latéral situé à la base de la première; les yeux sont très-gros et très-courts; les filets terminaux des antennes supérieures sont extrêmement petits, moins longs que les deux derniers articles de pédoncule. La base des pattes des trois premières paires est armée de fortes épines; la lame médiane de la nageoire caudale est armée à son extrémité de trois épines dont la médiane est la plus forte; couleur de chair mêlée de rose tendre. Cette espèce se tient dans les profondeurs de la mer; la femelle pond en été des œufs rougeâtres; on la trouve sur nos côtes méditerranéennes.

aa. Point de sillon médian entre la base du rostre et le bord postérieur de la carapace.

La P. sétifère, *P. setiferus*, Edw., ouvr. cité, t. II, p. 414; *Palæmon setiferus*, Oliv., Encycl., t. VIII, p. 660, pl. 291; *Penæus fluviatilis*, Say, Journ. of the acad. of Philadelph., t. I, p. 236. Cette espèce égale sept pouces; le rostre de la longueur de la lame des antennes externes, est droit, styliforme au bout, armé de deux épines en dessous et de neuf à dix dents en dessus, se continuant en arrière avec une crête mince, qui occupe la moitié postérieure de la carapace, et garni sur les côtés d'une petite crête qui ne se prolonge pas au-delà de la région stomacale. Il n'y a point de petites dents au dessus de la base des yeux, qui sont très-gros et portés sur des pédoncules assez longs; les filets lamelleux des antennes supérieures ont environ la moitié de la longueur du pédoncule qui les porte; le filet multiarticulé des antennes externes est excessivement long; il n'y a point d'épines à l'extrémité de la lame médiane de la nageoire caudale. On trouve souvent cette espèce en nombre très-considérable à l'embouchure des fleuves de la Floride.

B. Espèces ayant les antennes supérieures terminées par des filets plus longs que la carapace.

La P. membraneuse, *P. membranaceus*, Fabr., Suppl., Ent. Syst., p. 419, Edw., ouvr. cité, t. II, p. 417; elle est longue de trois pouces; la carapace est légérement carénée dans toute sa longueur; le rostre est un peu relevé, lamelleux, ne dépassant pas les yeux, armé en dessus de cinq à six dents assez grosses, et cilié en dessus; les yeux sont gros et courts; les filets terminaux des antennes supérieures sont beaucoup plus longs que la carapace; l'un est grêle et cylindrique, l'autre gros, aplati et cilié en dedans; les antennes externes sont médiocres; les pattes sont courtes; celles de la troisième paire ne dépassent qu'à peine le pédoncule des antennes supérieures; la lame médiane de la nageoire caudale est allongée et armée d'une paire d'épines latérales près de sa pointe. Cette espèce habite la Méditerranée.

(H. L.)

PÉNÉEN. (terrain) (géolog.) M. d'Omalius d'Halloy a désigné ainsi des associations de roches, qui sont parfois réunies avec le terrain triasique sous la dénomination de groupe du Grès rouge ou New red sandstone, et qui ont aussi été appelées Kupferschiefer, du nom d'un système particulier qui, dans la Thuringe, forme la partie moyenne de ce terrain.

M. Brongniart, qui adopta la dénomination de terrain Pénéen, lors de la publication de son travail de 1829, en a détourné le sens; car il l'applique uniquement au Zechstein, et il place le Todtliegende dans son terrain rudimentaire.

(A. R.)

PÉNÉLOPE, *Penelope*. (ois.) Le nom de Pénélope que nous substituons, avec Temminck, à celui de Guans ou d'Yacous que Buffon, Cuvier et Vieillot donnent à des oiseaux du nouveau continent, sert à désigner, dans l'ordre des Gallinacés, un genre caractérisé par un bec médiocre, nu à la base, plus large que haut, presque droit, fléchi à la pointe; par des narines médianes percées dans la cire et à demi fermées; des tarses grêles plus longs que le doigt du milieu, et surtout, ce qui le différencie de celui que forment les Parraquas dont nous avons parlé dans un article précédent, c'est une peau nue sous la gorge et l'absence de plumes à l'entour des yeux.

Les Pénélopes, que l'on nomme aussi Marails ou Marayes, Jac, Jacu, etc., sont des oiseaux qui appartiennent exclusivement à l'Amérique méridionale; ils sont confinés dans les régions intertropicales et tempérées. Leurs mœurs sont généralement assez bien connues. Comme tous les oiseaux de l'ordre auquel ils appartiennent, ils vivent en petites familles et ont des habitudes communes à tous les Gallinacés.

Les Yacous ou Pénélopes et les Parraquas, que quelques méthodistes, Linné entre autres, comprenaient dans le même genre, à cause de la grande affinité qu'ils ont entre eux, et que nous ne devons par conséquent pas séparer, ainsi que nous l'avons dit ailleurs, dans les détails historiques que nous allons donner de leurs habitudes naturelles, peuvent être considérés, à cause de leur forme générale, comme les représentans des Faisans dans le Nouveau-Monde.

D'Azzara, le premier et le seul ornithologiste qui les ait étudiés avec soin, rapporte que ces oiseaux ont un vol bas, horizontal et de peu d'étendue. M. Lesson a pu constater ce fait dans les environs de Sainte-Catherine au Brésil. Dans leur marche, ils s'aident de leurs ailes, ce qui accélère beaucoup leurs mouvemens. Ils choisissent assez communément, pour se percher, les branches les plus basses, aiment les broussailles, et comme les

Ménures, ils se cachent pendant le jour dans les arbres les plus touffus. Le matin et le soir sont les époques de la journée qu'ils préfèrent pour vaquer à leurs besoins; alors on les voit se rendre sur la lisière des bois, mais sans jamais s'engager bien avant dans les lieux découverts. Leur nourriture consiste en grains, en bourgeons, en fruits, en pousses d'herbes. Ils ont un cri tout particulier, dont la syllabe *pi* donne une idée assez parfaite. Ce cri, ils l'articulent d'une manière aiguë, prolongée, mais basse, sans ouvrir le bec, et comme par les narines. Comme les Hoccos, à chaque mouvement qu'ils font en avant, leur queue s'élargit faiblement. Un fait pour lequel on a émis des opinions contradictoires est celui qui a rapport à la manière dont ces oiseaux boivent. Vieillot a avancé qu'ils le font à la manière des Pigeons, c'est-à-dire en plongeant une seule fois leur bec dans l'eau et en avalant par plusieurs aspirations successives tout le liquide dont ils ont besoin, tandis que d'autres auteurs prétendent que leur manière de boire consiste à prendre une gorgée d'eau dans la mandibule inférieure et à lever la tête pour en faciliter la déglutition, absolument comme font les Poules. Sans nous rendre juge d'une question pour laquelle nous n'avons point d'élémens de solution, nous dirons cependant que nous sommes porté à penser que ce dernier moyen est celui que les Pénélopes emploient; ils sont trop Gallinacés pour qu'il puisse en être autrement.

On a encore remarqué que, durant leur sommeil, ils ont les jambes pliées et la tête sur la poitrine. Ils construisent sur un arbre touffu, et avec des bûchettes, un nid presque plat. Leur ponte est ordinairement de trois à huit œufs.

Ces oiseaux, que l'on peut aisément élever en domesticité, ont une chair qui ne le cède en rien à celle de nos meilleurs Faisans.

Les espèces qui composent le genre Pénélope, au nombre de six, ne se distinguent entre elles que par de légères nuances. Nous n'avons à examiner ici que celles qui, dans la méthode de Cuvier, composent la division des Guans, les Parraquas ayant été mentionnés dans un article spécial.

Le Pénélope guan, *P. cristata*, Lath., décrit par Buffon sous le nom de Yacou, porte une huppe d'un vert roussâtre à reflets métalliques. Cette teinte est celle de tout son plumage, si l'on en excepte le croupion et l'abdomen qui sont châtains, et les taches blanches qui ornent son cou et sa poitrine; le nu de la région temporale est violâtre; la gorge et la membrane longitudinale de la même couleur et poilues. (*Voy.* notre Atlas, pl. 470, fig. 2.) Chez la femelle, la huppe est très-petite.

Cette espèce, dont les habitudes sont douces et timides, se trouve au Brésil, à la Guiane, au Mexique, et le plus souvent dans l'intérieur des terres.

Le P. Marail, *P. Marail*, Gmel., dont le plumage, d'un vert à reflets métalliques, est cependant plus foncé que celui du précédent; la partie nue des régions orbitaire et temporale est d'un rouge pâle; la gorge et la membrane qu'on y remarque de la même couleur que chez le Pénélope Guan; comme lui aussi il a la poitrine et le cou tachetés de blanc. Ces deux espèces offrent plusieurs points d'analogie qui les avaient fait confondre.

Chez le Marail, une conformation particulière de la trachée, conformation qui rappelle celle du Phonygame, détermine le cri rauque que cet oiseau fait entendre, surtout au lever du soleil, et que le mot *Ma-raye* (d'où son nom) rend assez bien. Les créoles estiment beaucoup sa chair.

Il habite les bois les plus isolés de la Guiane.

Le P. Yacuhu, *P. obscura*, Illig. Cet oiseau diffère des précédens en ce qu'il n'a pas de huppe; il a en outre le cou et l'occiput teints de noir; le devant du cou, le dos et les ailes de noirâtre tacheté de blanc; le croupion, le ventre et les flancs marron; la queue et les rémiges brunes; la région oculaire noire; la gorge et la membrane longitudinale rouges.

Cette espèce a été décrite par d'Azzara comme appartenant au Paraguay. Sur les rivages du fleuve de la Plata, on l'appelle *Pabo di monte*, ou Dindon des montagnes; son cri imite la syllabe *Yac.*

Le P. Peoa, *P. superciliaris*, Illig., a l'occiput d'un noir fauve; le dos d'un cendré verdâtre; les rémiges vertes, bordées de gris; les tectrices également vertes, mais liserées de fauve; le ventre et le croupion roux; la région temporale violâtre, et la membrane gutturale rouge, comme chez l'espèce précédente.

Le Peoa vit au Brésil et dans le Haut-Para, où il est connu des naturels sous le nom de *Yacu Peoa.*

Le P. siffleur, *P. pipile*, Lath., ainsi nommé à cause du cri qu'il fait entendre; a la tête surmontée d'une huppe blanchâtre; tout son plumage est généralement d'un noir violâtre; le cou, la poitrine et les tectrices alaires sont seulement ponctués de blanc; la membrane de la gorge est bleue et poilue; la même couleur se remarque à la partie nue qui entoure l'œil.

Ce Pénélope est assez commun dans la Guiane, surtout dans les lieux humides qui avoisinent les grands fleuves. On le retrouve au Brésil, mais avec un plumage dont les couleurs ont des reflets métalliques.

M. Lesson pense que c'est à cette espèce qu'il faut rapporter celle que d'Azzara a décrite sous le nom de *Yacou apeti.* Cet oiseau, qui habite les forêts éloignées des établissemens européens, par les 24 à 25e degrés de latitude sud, a un petit cri qui peut être rendu par la syllabe *pi.*

Le P. aburri, *P. aburri*, Goudot. Cette espèce, dont M. Goudot a donné une excellente description, se distingue de ses congénères par une sorte d'appendice charnu pendant sous la gorge, long d'un pouce et demi environ et de la grosseur d'un tuyau de plume. Cet appendice, d'un blanc jaunâtre sur sa longueur, mais rougeâtre à son extrémité, est attenant à la peau nue de la gorge, qui

elle-même

elle-même est jaunâtre; tout son plumage est d'un vert très-foncé, à reflets bronzés, à l'exception des plumes des joues et du dessus du bec, qui sont noires, et des plumes de l'abdomen qui ont une couleur brune. La tête est ornée d'une huppe.

« Dans les environs de la ville de Muzo, dit M. Goudot, on connaît cet oiseau sous le nom de *Pavo-ò-guali*. Les habitans des environs de Bogota et de la vallée du Cauca le désignent sous celui de *Pava burri*, ou mieux *Aburri aburrida*, ce qui, lorsque la prononciation en est lente, exprime assez bien son cri.

» Cette espèce vit solitaire, se perche sur les grands arbres, vole peu, et se laisse facilement approcher à la portée du fusil : je ne l'ai jamais vue à terre. Les fruits des lauriers, des Ardisiacées, des Aralies, composent sa nourriture; son nid est formé d'un amas de feuilles sèches déposées entre les fourches des arbres; la ponte est de trois œufs blancs, d'un pouce huit lignes de diamètre; la femelle les couve. Ces oiseaux sont très-communs dans les montagnes du Quindiu, entre Ilague et Carthago : leurs chants sont les derniers qui se font entendre lorsque la nuit arrive; ce sont aussi les premiers qui annoncent l'aube du jour. »

(Z. G.)

PÉNÉROPLE, *Peneroplis*. (MOLL.?) C'est un des nombreux genres qu'on a établis parmi les Foraminifères; on le doit à Denys de Montfort.

(GERV.)

PÉNIL, *pectin pubes*, l'os pubis. (ANAT.) Éminence située au devant du pubis, au dessus des organes de la génération, dans l'un et l'autre sexe. A l'époque de la puberté, le Pénil se couvre de poils; chez la femme, il porte plus particulièrement le nom de *Mont de Vénus*, et est plus développé que chez l'homme. (M. S. A.)

PÉNINSULE. (GÉOGR. PHYS.) Péninsule vient de deux mots latins, *pené*, presque, et *insula*, île. La Péninsule est donc une presqu'île. Nos lecteurs comprennent sans peine ce que veut dire presqu'île : c'est une certaine étendue de terre entourée d'eau de tous côtés, excepté par un seul qui tient au continent au moyen d'une langue de terre qu'on appelle isthme. Souvent on désigne par le mot de Péninsule l'Espagne, quoiqu'à notre avis cette dénomination soit fort impropre : il nous semble en effet qu'une Péninsule jointe au continent par un isthme d'une aussi grande largeur que la partie de terre qui joint l'Espagne à la France, isthme qui, au lieu de présenter un abaissement du sol, signe caractéristique des isthmes, offre une chaîne de montagnes telle que les Pyrénées, il nous semble qu'une pareille Péninsule n'en est point une, et peut être classée avec raison parmi les parties les plus réelles du corps continental. Cependant, comme l'usage a consacré cette dénomination, nous avons cru devoir l'indiquer ici.

(C. J.)

PÉNIS. (ANAT.) Mot latin qu'on a fait passer dans la langue française comme synonyme de Membre viril ou de Verge. Nous parlerons d'abord de la position du Pénis, qui varie selon les espèces; nous dirons ensuite quel est l'arrangement de ses parties constituantes.

Position, forme et volume du Pénis dans les Mammifères. Chez l'Homme, les Singes et les Chauve-souris, il est en avant, et peut changer de direction. Il tient à la partie antérieure et inférieure des os du bassin par un ou deux ligamens suspenseurs; il est libre dans le reste de son étendue, et renfermé dans un fourreau qui n'est que le prolongement de la peau, libre aussi en ce point et détaché du ventre.

D'autres fois, le Pénis continue son chemin d'arrière en avant, en longeant l'abdomen jusqu'auprès de l'ombilic. La peau qui lui sert de fourreau le tient appliqué aux parois de l'abdomen. Elle est affermie dans cette position par un tissu cellulaire dont l'épaisseur est en rapport avec le poids qu'elle peut avoir. Les Carnassiers, les Pachydermes, les Ruminans, les Solipèdes, les Amphibies, sont dans ce cas. Chez l'Eléphant, où cet organe est très-lourd, un ligament très-solide remplace le tissu cellulaire. L'orifice de son fourreau est alors plus ou moins près de l'ombilic, et lorsqu'elle est très-longue, il faut qu'elle fasse plusieurs inflexions en différens sens pour s'y renfermer; celle de l'Eléphant décrit dans le fourreau un double *S* italique. Dans le Chameau, le Dromadaire et les Chats, son extrémité est repliée en arrière, ce qui fait que ces animaux lancent leur urine dans cette direction; ce n'est que dans l'acte reproducteur qu'elle se redresse et se porte en avant.

Dans les Cabiais, les Agoutis et la Marmotte, le Pénis, après s'être avancé jusqu'en dehors du bassin et en dessous, se replie sous la peau pour revenir sur lui-même et se rapprocher de l'anus; l'orifice du prépuce est dans ce cas très-peu en avant de la terminaison inférieure du canal digestif.

Enfin, chez beaucoup de Rongeurs, tels que les Rats, les Campagnols, les Loirs, les Gerboises, les Lièvres et tous les Didelphes, le Pénis se porte directement en arrière jusque près de l'anus, en sorte que l'orifice du prépuce se trouve immédiatement au devant de ce dernier.

La forme générale du Pénis ne varie pas moins que sa position et sa longueur : il est grêle dans le Sanglier et les Ruminans; gras et cylindrique dans les Solipèdes, l'Eléphant et le Lamentin; gras, conique et aplati chez le Dauphin; cylindrique ou à peu près chez les Quadrumanes et les Rongeurs.

Elémens constituans du Pénis. Il se compose d'un corps fibro-vasculaire appelé corps caverneux, qui est le siége du phénomène de l'érection, auquel se joint, dans quelques espèces, un os dit pénial; d'un canal qui commence à la vessie et se termine à l'extrémité de la verge, canal destiné à donner passage à l'urine et au fluide fécondant, et qui porte le nom d'urèthre; d'une extrémité diversement configurée, pourvue d'une grande sensibilité, et qu'on appelle le gland; de muscles destinés à le mouvoir ou à opérer la contraction de quelques unes de ses parties; enfin, de vaisseaux sanguins, qui le raidissent en se gonflant, de nerfs qui lui communiquent une sensibilité exquise, et de vaisseaux lymphatiques.

Corps caverneux. Leurs élémens sont les mêmes dans tous les animaux; ils forment la plus grande partie du Pénis, et leur conformation particulière explique parfaitement le phénomène de l'érection. Ils sont au nombre de deux, en forme de demi-cylindres, dont la réunion constitue un seul corps presque rond, le long et au dessous duquel règne une rainure large dans laquelle se place le canal de l'urèthre. Les corps caverneux sont formés, dans toute leur étendue, par un tissu inextricable de vaisseaux sanguins capables de prendre avec rapidité une très-grande extension dans tous les sens par l'afflux du sang qui vient y aboutir, et qui se vide aussi promptement par le retrait instantané de ce même liquide.

Le sang, dit Cuvier, à qui nous empruntons ces détails anatomiques, ne s'épanche point pendant l'érection dans de véritables cellules, formant, comme on le dit, des cavités intermédiaires entre les vaisseaux et les artères : c'est un fait dont nous nous sommes convaincus par la dissection du Pénis de l'éléphant. Le corps caverneux de cette énorme verge est rempli en très-grande partie de rameaux veineux qui ont entre eux de si larges et de si fréquentes anastomoses, dont les parois se confondent et s'ouvrent si souvent par les nombreuses communications, qu'il en résulte dans quelques endroits une apparence celluleuse.

En comparant cette structure avec celle d'autres Pénis successivement plus petits; en passant, par exemple, de l'Eléphant au Cheval, de celui-ci au Marsouin, au Chameau, au Bœuf, au Bouc, etc., il nous a paru démontré qu'elle était la même dans tous les Mammifères, c'est-à-dire composée essentiellement d'un tissu très-compliqué de ramifications de vaisseaux sanguins, et particulièrement de veines. Lorsque l'on fait une dissection longitudinale du corps caverneux, on distingue facilement les principaux rameaux de celles-ci, qui suivent la longueur de la verge, rapprochée de sa paroi dorsale.

Os pénial. Cet os existe chez les Quadrumanes, les Chéroptères, les Digitigrades, à l'exception de l'Hyène; chez les Rongeurs, les Phoques et les Cétacés.

Il forme la plus grande partie du Pénis chez les Ours, les Rats, le Blaireau, les Chiens, la Loutre, les Martes. Il n'en constitue que la plus petite portion chez les Chats, l'Ichneumon et la plupart des Rongeurs. Il est très-volumineux chez la Baleine, et il pénètre jusque dans le gland, où il est renflé en forme de massue.

Urèthre. Nous décrirons ce canal dans tous ses détails chez l'homme seulement, l'anatomie comparée ne donnant d'ailleurs que des variétés peu importantes de calibre et de structure.

Comme nous l'avons déjà dit, l'urèthre est un canal qui donne passage à l'urine et au fluide fécondant. Il commence au col de la vessie, traverse la PROSTATE (*voyez* ce mot), passe au devant des glandes de Cooper, et se fixe au bord inférieur des corps caverneux. Arrivé au gland, il le traverse en entrant par la base et sortant par le sommet. A son débouché dans la vessie, l'urèthre se termine par une éminence à laquelle on a donné le nom de crête uréthrale, ou *verumontanus.* C'est sur les côtés et au sommet de cette crête que s'ouvrent les canaux éjaculateurs dont les orifices, percés obliquement, sont quelquefois peu sensibles. On remarque aux environs plusieurs autres parties qui sont les orifices des canaux par lesquels la glande prostate vient verser le produit de sa sécrétion. Les conduits des glandes de Cooper s'ouvrent plus bas par deux petits orifices séparés.

Les maladies dont le canal de l'urèthre est le siége, ont porté l'attention des anatomistes et des chirurgiens sur la véritable structure de ce canal, et sur sa direction. M. Amussat a démontré le premier qu'il ne faisait point de courbures, qu'il était droit ou presque droit, même chez les jeunes sujets, lorsque le rectum est vide et la verge dirigée en avant et en haut. En établissant cette vérité, M. Amussat a rendu possible l'usage des sondes droites, et provoqué ainsi, sinon tout-à-fait accompli, la découverte de la plus belle opération chirurgicale des temps modernes : le broiement de la pierre de la vessie.

Gland. Rien de plus varié que la forme et la composition du gland chez les Mammifères. Il est probable que cette forme et cette composition ont été adaptées à la sensibilité des organes femelles, qui sans doute est spéciale dans chaque espèce. Cet organe en effet joue le principal rôle dans l'accouplement. (Voir pour plus de détails l'Anatomie comparée de Cuvier.)

Muscles du Pénis. Ces muscles ont pour objet, soit de comprimer le canal de l'urèthre, pour accélérer le cours du liquide fécondant, soit d'amener la verge au dehors, soit enfin de la maintenir dans la direction nécessitée par l'acte de l'accouplement.

Vaisseaux et nerfs du Pénis. Nous avons parlé de la disposition des vaisseaux sanguins et de leur grand nombre, à propos du corps caverneux; quant aux nerfs, leur nombre et leur grandeur ne sont pas moins remarquables et parfaitement en rapport avec la grande sensibilité de l'organe. Selon Cuvier, ils enveloppent de nombreux fils les veines dorsales de la verge, ce qui est un indice certain du rôle actif qu'ils jouent dans le phénomène de l'érection, en donnant à ces vaisseaux une contractilité très-énergique. Il y a aussi un grand nombre de vaisseaux lymphatiques qui vont se terminer sur le prépuce. (M. S. A.)

PENNATULE, *Pennatula.* (ZOOPH.) Genre de l'ordre des Polypiers nageurs, caractérisé, suivant Cuvier, par un corps commun, libre de toute adhérence, de forme régulière et constante, et pouvant

me et aussi par l'action combinée de ses polypes. Ce corps est charnu, susceptible de se contracter ou de se dilater dans ses diverses parties au moyen de couches fibreuses qui entrent dans sa composition; son axe renferme une tige pierreuse, simple; les polypes ont généralement huit bras.

On connaît plusieurs espèces de Pennatules; toutes sont phosphoriques. Nous citerons les suivantes :

Pennatule plume, Cuv., vulgairement connue sous ce dernier nom à cause de la ressemblance qu'elle a en effet avec une plume; la partie du polypier qui ne porte pas de polype étant cylindrique et terminée en une pointe mousse, tandis que le reste supporte de chaque côté des sortes d'ailes, ou d'expansions longues et larges, dans l'intérieur desquelles se trouvent des épines qui servent à les supporter et entre lesquelles sortent les polypes : elles se rencontrent dans l'Océan et la Méditerranée.

P. rouge, *P. rubra*, *P. phosphorea*, Gm., Albinus. Elle a la tige, entre les barbes, très-rude par derrière, excepté sur la ligne qui parcourt sa longueur. Elle se rencontre surtout dans la Méditerranée.

P. grise, *P. grisea*, Gm. Elle est plus grande que la précédente, a des barbes plus larges, plus épineuses, et une tige plus lisse; sa couleur est bleuâtre, avec la base d'un beau jaune orangé. Elle se trouve sur les côtes de la Méditerranée. Nous l'avons représentée dans notre Atlas, pl. 471, fig. 1.

(V. M.)

PENNÉ ou PINNÉ, *Pennatus*. (bot. phan.) On ajoute l'épithète Pennées aux feuilles composées, c'est-à-dire ayant un nombre indéterminé de folioles disposées le long d'un pétiole commun, à peu près comme les barbes d'une plume sur leur support. Les feuilles dites Pennées sont ainsi divisées d'après la disposition des folioles : feuille impari-pennée, celle qui, outre ses folioles latérales, est terminée par une foliole unique, *Folium impari-pennatum;* feuille pari-pennée, celle qui est dépourvue de cette foliole terminale; on la dit aussi Pennée sans impaire; *Folium pari-pennatum*, *Abrupti-pennatum*, telles sont celles du *Cicer arietinum*, pois chiche, *Orobus tuberosus*, etc.; feuille alterni pennée, *Folium alternè-pennatum* : celles dont les folioles, au lieu d'être placées vis-à-vis, alternent entre elles, *Spondias monbin*, *Juglans regia*, etc.; feuille oppositi-pennée, *Folium oppositè-pennatum*, celle dont les folioles sont opposées, c'est le plus grand nombre des feuilles composées, *Bursera gummifera*, *Mimosa pudica*, *Cæsalpinia pectinata*, etc., etc. Dans les feuilles pari-pennée et abrupti-pennée, la différence est que la première peut être terminée par une vrille, tandis que la seconde se termine brusquement; le pois bisaille, *Pisum arvense*, a des feuilles paripennées terminées par une vrille; la liane à réglisse, *Abrus precatorius*, les a brusquement terminées; feuille pennée-décroissante, *F. decrescentè-pennatum*, comme dans les *Fraxinus excelsior*, *Robinia pseudo-acacia;* les genres *Rosa*, *Juglans*, etc., dont les folioles diminuent insensiblement de la base au sommet, *Vicia sepium*, etc.

Cet adjectif s'ajoute encore à une foule d'autres dénominations, pour désigner des ramifications, des dichotomies, etc., ayant l'apparence et la disposition des barbes de plumes. Il serait trop long de les définir; nous nous contenterons d'en citer quelques unes, l'intelligence du lecteur suppléera à notre silence; ainsi on dit : Pennaticisé, Pennatifide, Pennatilobé, Pennatipartite, Pennatiséqué, Penniforme, Penninervé, etc.

(C. Lem.)

PENNES. (ois.) Ce nom que Buffon a introduit dans la science, a été généralement adopté pour désigner ces plumes longues, résistantes, qui s'implantent sur les membres antérieurs et sur la dernière vertèbre coccygienne. C'est au moyen de ces plumes, dont l'ensemble constitue l'aile ou la queue, que le vol s'exécute. Nous parlerons plus au long des Pennes à l'article général Plumes (*voy.* ce mot).

(Z. G.)

PÉNOMBRE. (astron.) Nos lecteurs n'ont pas oublié ce que nous avons dit sur les éclipses de lune : ils se rappellent sans doute que pour que l'éclipse soit totale, il est indispensable que la lune occupe le point de son orbite appelé nœud, au moment où elle se trouve en opposition. Mais nous avons ajouté en même temps que si cette condition était *sine quâ non* dans le cas de l'éclipse totale, il n'en était pas de même pour les éclipses partielles, et qu'il suffisait dans ce dernier cas que la lune s'approchât de son nœud. Pour nous rendre compte de ce fait, examinons quelle sera la forme de l'ombre projetée dans l'espace par la terre.

Si la terre était de même grandeur que le soleil, son ombre aurait une forme cylindrique; mais comme elle est plus petite et qu'elle est ronde, son ombre sera conique. Voilà déjà un premier point résolu. D'un autre côté, comme les rayons qui partent des bords du soleil, et qui vont raser l'autre bord de la terre, déterminent un espace dans lequel on ne saurait entièrement apercevoir cet astre, et où ne parviennent que les rayons émanés d'une partie plus ou moins grande de son disque, il en résulte que cet espace n'est ni tout-à-fait obscur, ni tout-à-fait éclairé, et qu'un corps qu'on y supposerait placé, serait moins éclairé que partout ailleurs. Cet espace, d'ailleurs, aura aussi la forme d'un cône, puisqu'il est le produit de l'ombre d'une sphère; mais ce cône sera en sens inverse de l'ombre pure de la terre. C'est là ce qu'on appelle Pénombre (*pene-umbra*). Il est facile de se procurer une image de ce phénomène, en soumettant un corps opaque à l'action instantanée de deux lumières plus éloignées l'une de l'autre que le corps n'est large. Son ombre se divisera nécessairement en deux parties bien distinctes : la première très-noire, si les corps environnans réfléchissent peu, ce sera l'ombre pure; la seconde, plus faible et plus étendue, ce sera la Pénombre. Pour que nos lecteurs se rendent bien compte de ce fait, nous leur en donnons ici une figure : S représente le soleil; T, la terre; O, l'ombre, et PP, les deux Pénombres.

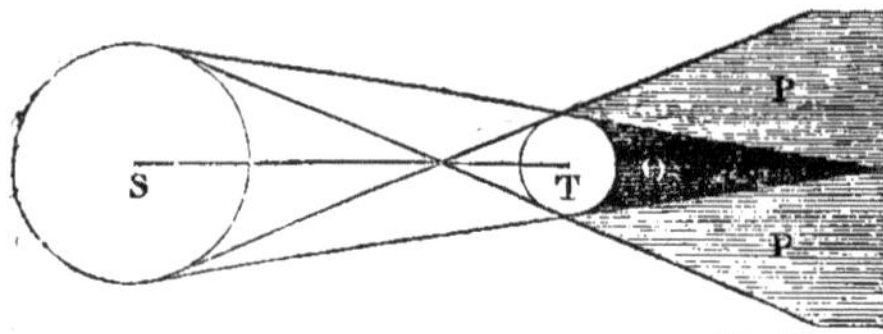

(C. J.)

PENSÉE. (BOT. PHAN.) Nom horticole donné à plusieurs espèces du genre *Viola*, que nous examinerons plus bas (*voyez* au mot VIOLETTE) ; mais que l'on réserve particulièrement à la Violette tricolore et à celle à grandes fleurs, originaire des Alpes et des Pyrénées, très-recherchée pour l'ornement des jardins. La première est annuelle et la seconde vivace, bravant nos climats les plus rigoureux. (T. D. B.)

PENTAGYNIE, *Pentagynia.* Dans le système sexuel de Linné, la Pentagynie comprenait toutes les plantes dont les fleurs ont cinq pistils, ou cinq styles, ou cinq stigmates sessiles, et conséquemment cinq ovaires, distincts, mais soudés entre eux. Cet ordre ne fait toutefois partie que des cinquième, dixième, onzième, douzième et treizième classes. Parmi les plantes dont les fleurs ont cinq styles, nous citerons les suivantes : *Statice*, *Lychnis*, *Pyrus*, *Aquilegia*, *Amaranthus*, *Cannabis*, etc. Pentagyne se dit des fleurs qui ont cinq styles. Ce mot a Pentagynique pour synonyme. Ainsi, les fleurs du *Coriaria* sont des Pentagynes. (*Voyez* les mots MÉTHODES, SYSTÈMES.) (C. LEM.)

PENTAMÈRES, *Pentamera.* (INS.) Sous ce nom a été désignée par Duméril la première section de l'ordre des Coléoptères, laquelle renferme tous les Insectes qui ont cinq articles à tous les tarses. Latreille divise ainsi cette section :

I. Deux palpes à chaque mâchoire, de manière qu'en y comprenant les deux de la lèvre, ces insectes en ont six; extrémité des mâchoires armée, soit en forme de crochet inarticulé, soit armée d'un onglet à pointe dure et aiguë, qui s'articule avec son sommet.

Cette division comprend une seule famille, les CARNASSIERS (*voyez* ce mot).

II. Un seul palpe à chaque mâchoire; extrémité supérieure de ces derniers organes n'étant jamais armée.

Cette division comprend cinq familles : les BRACHÉLYTRES, les SERRICORNES, les CLAVICORNES, les PALPICORNES et les LAMELLICORNES. (*Voyez* tous ces mots et INSECTES.) (H. L.)

PENTANDRIE, *Pentandria.* (BOT. PHAN.) Cinquième classe du système sexuel linnéen, comprenant toutes les plantes hermaphrodites dont les fleurs enserrent cinq étamines distinctes. Cette classe renferme une très-grande quantité de plantes, de familles et de genres fort différens, entre autres familles, ce sont : les Solanées, les Borraginées, les Ombellifères, les Synanthérées, les Gentianées, etc. Elle est divisée en six ordres principaux : Pentandrie monogynie, *Heliotropium*, *Myosotis*, *Anagallis*, *Lysimachia*, etc. ; Pentandrie digynie, *Plumeria*, *Stapelia*, *Hoya*, *Gentiana*, etc. ; Pentandrie trigynie, *Rhus*, *Sambucus*, *Tamarix*, *Beta;* Pentandrie tétragynie, *Parnassia;* Pentandrie pentagynie, *Aralia*, *Pilocarpus*, *Drosera*, *Statice;* Pentandrie polygynie, *Myosurus*, *Xanthorrhiza*, *Schizandra*. (*Voyez* les mots MÉTHODES, SYSTÈMES.) (C. LEM.)

PENTAPÈTE, *Pentapetes*, L. (BOT. PHAN.) Genre de la Monadelphie dodécandrie, d'abord compris dans la famille des Malvacées, puis transporté dans celle très-contestable des Byttnériacées. Il a été fondé par Linné sur une belle plante suffrutescente, vivant spontanée dans l'Inde et dans les îles qui l'avoisinent, cultivée en Chine et dans la Cochinchine comme plante d'ornement, le PENTAPÈTE A FLEURS ROUGES, *P. phœnicea.* Cette superbe espèce a la tige droite, rameuse, bisannuelle, haute d'un mètre, garnie de feuilles alternes, fort longues, étroites, lancéolées, presque hastées, dentées, d'un vert assez foncé, et munies de deux stipules caduques. Elle se décore en août de fleurs écarlates, campanulées, à pétales arrondis, réunies deux ensemble ou parfois solitaires à l'extrémité de pédoncules courts, sortant des aisselles des feuilles, se tenant courbés pendant que dure l'épanouissement, relevés dès que l'acte fécondateur est consommé. Le fruit est globuleux, à cinq capsules réunies en une seule.

Le genre est composé de trois autres espèces, il est très-voisin du genre *Dombeya*, dont il a été fait mention t. II, p. 572, et inscrit par Kunth dans la section qui porte son nom. Les Pentapètes ont pour caractères essentiels : 1° un calice simple, coriace, obrond, à cinq divisions profondes, et entouré d'un involucelle à trois folioles rougeâtres, lancéolées, placées d'un seul côté, et caduques; 2° une corolle campanulée, ouverte, formée de quatre pétales, légèrement arrondis dans le haut, terminés en onglet par le bas, et soudés au tube qui porte les filamens des vingt étamines; 3° quinze de ces étamines sont fertiles, les cinq autres sont ternées parmi les cinq stériles qui sont en lanières et du plus beau carmin; les anthères droites, jaunâtres, sagittées; 4° ovaire infère, muni d'un style simple, divisé en cinq stigmates épaissis; 5° capsule ligneuse, ovale ou en massue, enveloppée par le calice intérieur, tomenteuse, à cinq loges et autant de valves polyspermes; 6° semences nombreuses, oblongues, comprimées, agrandies par une aile membraneuse.

Voici le nom des trois espèces indiquées.

Le PENTAPÈTE EN OMBELLE, *P. erythroxylon*, L., arbrisseau de l'île Napoléon ou Sainte-Hélène, dont les feuilles cordiformes et les rameaux sont cotonneux et couverts de points ferrugineux. Il a de très-grandes fleurs rouges, de même que

Le PENTAPÈTE A FEUILLES D'ÉRABLE, *P. aceri-*

folia, de Cavanilles; il est originaire de l'Inde, où sa tige arborescente est garnie de feuilles d'un vert tendre, attachées sur de courts pétioles.

Le PENTAPÈTE A FEUILLES DE LIÉGE, *P. suberifolia*, Cav., du même pays, se distingue de ses congénères par ses fleurs blanches en dedans, cotonneuses en dehors, peu nombreuses et disposées en grappes terminales. (T. D. B.)

PENTASTOME, *Pentastoma*. (ZOOPH INTEST.) Nom donné mal à propos aux Vers intestinaux que Cuvier a fait connaître sous celui de LINGUATULES (*voyez* ce mot). (GUÉR.)

PENTATOME, *Pentatoma*. (INS.) C'est un genre de l'ordre des Hémiptères, section des Hétéroptères, famille des Géocorises, tribu des Longilabres, qui a été établi par Olivier aux dépens du grand genre Cimex de Linné, et adopté par Latreille et tous les entomologistes avec ces caractères : Antennes filiformes, composées de cinq articles; gaîne du suçoir de quatre articles; labre long, tubulé et strié transversalement en dessus; deux ocelles; corps court, ovale et arrondi; écusson ne recouvrant pas tout l'abdomen. Fabricius, dans son Entomologie systématique, avait conservé à ce genre le nom de Cimex. Dans ses autres ouvrages, il en a dispersé les espèces dans ses genres Édessa, Halis, Œlia et Cydnus. Olivier, en établissant le genre Pentatome, y avait fait entrer les espèces que Lamarck en a séparées le premier sous le nom générique de Scutellère. Tout récemment M. Delaporte, dans un Essai sur une classification de l'ordre des Hémiptères et qui a été inséré dans le Magasin de zoologie de M. Guérin-Méneville, forme avec les Pentatomes un groupe qu'il désigne sous le nom de Pentatomites, établit un assez grand nombre de nouvelles coupes génériques, et fait entrer dans ce groupe les genres : *Phlœa*, Lep. et Sev., *Dryptœcephala*, Lap., *Discocephala*, Lap., *Phyllocephala*, Lap., *Aspongopus*, Lap., *Rhaphigaster*, Lap., *Tessaratoma*, Lep. et Serv., *Oncomeris*, Lap., *Pentatoma*, Latr., *Cydnus*, Fabr., *Acanthosoma*, Curtis, *Edessa*, Fabr., *Agapophyta*, Guér., *Dinidor*, Latr., *Halys*, Fabr., *Atelocera*, Lap., *Megarhynchus*, Lap., *Œlia*, Fabr. M. Burmeister confond les Pentatomes avec les Scutellères et établit un groupe sous le nom de Écussonnés, *Scutati*, qui renferment trente-deux espèces génériques; enfin MM. Audouin et Brullé, dans leur ouvrage sur l'Histoire naturelle des insectes, confondent aussi les Pentatomes avec les Scutellères et forment avec ces derniers une famille qu'ils désignent sous le nom de Scutellériens; mais ces auteurs n'adoptent pas tous les genres que conservent MM. Delaporte et Burmeister ou qui ont été établis par eux.

Les Pentatomes se distinguent facilement des Scutellères, parce que, dans ces derniers, l'écusson recouvre tout l'abdomen. Les Tessératomes ont quatre articles aux antennes; les Phlœa se distinguent par leurs antennes de trois articles; les Lygées, Corées, etc., sont bien distinguées des Pentatomes, parce que leurs antennes n'ont aussi que quatre articles, et qu'elles sont plus grosses au bout. Le corps des Pentatomes est assez déprimé en dessus; leur tête est petite et reçue postérieurement dans une échancrure placée au bord antérieur du corselet; les yeux sont saillans et globuleux; on voit, sur la partie postérieure de la tête, deux petits yeux lisses; les antennes sont plus courtes que le corps, insérées de chaque côté au devant des yeux; le labre prend naissance à l'extrémité antérieure du chaperon et recouvre la base du suçoir; celui-ci est formé de quatre raies; les deux inférieures se réunissent en une seule un peu au-delà de leur origine; ce suçoir est renfermé dans une gaîne nommée bec, divisée en quatre articles distincts; les premiers de ces articles sont logés en grande partie dans une coulisse longitudinale au dessous de la tête; le corselet est beaucoup plus large que long, rétréci en devant, dilaté en arrière; l'écusson est très-grand, triangulaire; l'abdomen est composé de six segmens, outre la partie anale; ces organes ont, de chaque côté, un stigmate un peu rebordé; celui de l'anus est plus petit; l'anus des femelles est sillonné longitudinalement dans son milieu; celui des mâles est entier et sans sillon longitudinal; les jambes sont dépourvues d'épines terminales; les tarses sont courts, presque cylindriques, de trois articles, dont le second est plus court que les autres; le dernier est terminé par deux crochets recourbés ayant une pelote bilobée dans leur entre-deux.

M. L. Dufour, auquel la science est redevable d'un grand nombre de travaux très-intéressans sur la classe des insectes, a étudié l'anatomie interne des Hémiptères et s'exprime ainsi au sujet du genre qui nous occupe dans son travail, ayant pour titre : Recherches anatomiques et physiologiques sur les Hémiptères. Dans les diverses espèces du genre Pentatome dont j'ai fait la dissection, l'appareil salivaire offre, à peu de chose près, la même structure, la même organisation que celui des Scutellères; la différence la plus appréciable est relative à la forme de la glande proprement dite; le lobe postérieur de celle-ci ne présente des digitations que dans la Pentatome du gratteron, placée par Fabricius dans son genre Edessa : encore ces digitations sont-elles fort courtes et disposées au nombre de trois de chaque côté de ce lobe. Celui-ci est très-simple dans les autres espèces, mais tantôt dilaté à sa base et terminé en une queue plus ou moins allongée, comme dans les *P. grise*, *rufipède*, du *genévrier*, des *baies* et *ornée;* tantôt cylindrique d'un bout à l'autre, ou semblable à un boyau, comme dans les *P. dissemblable* et *émeraude*. Du reste, cette configuration présente encore quelques légères différences, suivant certaines conditions difficiles à déterminer. Quant aux conduits excréteurs ou efférens, ils sont absolument les mêmes que dans le genre *Scutellera*. Les bourses salivaires sont évidemment au nombre de deux paires dans le *P. rufipède* et des baies, et d'une seule dans les autres espèces. Les bourses les plus internes, les plus rapprochées de l'axe du corps, sont plus courtes que les autres, ordinairement droites, et prolongées jusqu'à l'origine de la cavité abdominale. Elles m'ont paru d'une même venue, cylindroïdes dans la première de ces deux espèces, et très-distinctement atténuées, vers leur insertion, en un col capillaire dans la seconde.

Des organes générateurs mâles. Dans la *Pentatoma dissimilis*, le mâle diffère de la femelle par une plus petite stature, et parce que le dernier segment de l'abdomen a une large échancrure, arrondie et profonde, et est concave en dessus pour loger l'armure copulatrice.

Les testicules ne diffèrent guère quant à la forme, de ceux des Scutellères. Placés comme eux sous les viscères de la digestion, et fixés à la base de la cavité abdominale par de nombreuses brides trachéennes, ils forment deux corps tantôt ovales, tantôt oblongs, suivant leur degré de turgescence; le plus souvent étranglés vers leur base et se regardant par celle-ci. La tunique testiculaire qui les revêt est aussi fortement colorée en rouge orangé ou en écarlate, et parcourue par des broderies vasculaires. Quoiqu'ils ne présentent extérieurement aucune trace de division, on reconnaît néanmoins, en la disséquant avec soin, que chacun d'eux est comme formé par un faisceau de capsules séminifiques allongées dont je n'ai pu déterminer le nombre, parce qu'elles sont confondues. Ces capsules ont une enveloppe propre, lavée de rouge, qui m'a paru le dédoublement de la tunique testiculaire, et j'ai bien remarqué que des fines trachéoles s'insinuaient entre elles. Le sperme qu'elles renferment est blanchâtre. Le conduit déférent, filiforme, rouge, et bien plus long que les testicules, est à son origine collé entre la base de celui-ci, qu'il déborde un peu comme un bourrelet. Il se fléchit en une double sinuosité, et va s'insérer à la naissance du canal éjaculateur, en se rapprochant de son congénère sans s'unir à lui. Avant cette insertion il présente un petit renflement oblong, décoloré, précédé d'une légère contracture. Les vésicules séminales sont fort compliquées, et il faut une patience éprouvée pour mettre en évidence leur disposition et leurs connexions. On peut les diviser en trois ordres. On en voit d'abord une impaire fort considérable sous l'aspect d'un vaste sac transversal, le plus souvent réniforme, quelquefois bilobé, suivant certaines conditions génératives. Ce sac, plus ou moins rempli d'une humeur limpide, visqueuse, cache en grande partie les autres vésicules. Celles ci sont tubuleuses, disposées en arbuscules ramifiés qu'il n'est pas facile d'isoler. Les antérieures, plus courtes, plus petites, plus nombreuses, plus inextricables, ont leur insertion aux conduits déférens, dans cette légère contracture que j'ai dit précéder un renflement terminal de ceux-ci. Elles forment, pour chaque côté, un faisceau à plusieurs branches aboutissant à un tronc commun, court et étroit. La liqueur séminale qu'elles contiennent est blanche, opaque, et m'a paru plus élaborée. Les vésicules tubulaires postérieures sont constituées par un groupe bien plus simple de conduits, dont quelques uns sont divisés en une ou plusieurs digitations. Elles s'implantent, par un pédicule commun fort court, de chaque côté du bulbe du canal éjaculateur, et sont pleines d'une humeur spermatique limpide. Le canal éjaculateur se renfle, dès son origine, en un bulbe allongé, claviforme, d'une consistance comme calleuse, et sensiblement courbé. Ce bulbe reçoit à son bout antérieur les deux conduits déférens; un peu au dessous de ce bout s'abouche le grand sac terminal, et de chaque côté, vers sa partie moyenne, a lieu l'insertion des vésicules tubulaires postérieures. Le canal en question devient filiforme après le bulbe, et pénètre sous le rectum pour s'enfoncer dans l'armure de la verge. Celle-ci est une capsule cornée, inerte, arrondie, avec une échancrure semi-lunaire en arrière.

Pentatoma grisea. On reconnaîtra le mâle à ce que l'armure copulatrice, logée dans le dernier segment de l'abdomen, présente, vue en dessous, une dépression semi-lunaire dont les angles sont obtus, brièvement velus, et dont la ligne intermédiaire a une petite échancrure médiane et quelques inégalités peu marquées.

Quoique cet insecte se rencontre fréquemment dans nos contrées, quoiqu'il soit le premier géocorise qui apparaisse au printemps, puisque dès les premiers jours de mars il me fournissait ordinairement l'occasion de reprendre mes investigations anatomiques, j'avais vainement cherché, pendant plusieurs années consécutives, à le disséquer dans les conditions favorables à l'étude de ses organes mâles de la génération. Dans les diverses saisons où les Pentatomes offraient ces organes dans un état de turgescence spermatique plus ou moins prononcé, je trouvais constamment les testicules de celle-ci ratatinés, flétris, déformés, sans parenchyme appréciable, et les vésicules séminales libres, affaissées, inextricables. Ce n'est que tout récemment, en novembre 1829, que j'ai enfin pu constater d'une manière positive la forme et la structure de l'appareil génital mâle de la *P. grisea*. J'en ai tiré la conséquence assez naturelle que l'accouplement de cette espèce a lieu beaucoup plus tard que celui des Géocorises, et à l'époque dont je viens de parler, on peut aussi, sans trop hasarder, tirer cette autre conséquence que, puisqu'on rencontre cet insecte à la fin de l'hiver avec les organes génitaux flétris, c'est que vraisemblablement il franchit cette saison et qu'il hiberne.

Les testicules, mollement assis sur une couche épaisse de grumeaux adipeux blancs, et d'un rouge éclatant rehaussé de broderies nacrées, ressemblent trait pour trait à ceux de la *P. dissimilis*. Je puis en dire autant des conduits déférens, des vésicules séminales et du canal éjaculateur; en sorte que la description de toutes ces parties serait un véritable double emploi.

C'est encore ici le même plan d'organisation dans la *P. ornata* pour l'appareil génital mâle.

La seule différence un peu remarquable que m'ait fournie son étude consiste dans une forme plus oblongue du testicule, qui dans quelques cas de turgescence spermatique, est dénudé, à son extrémité, de sa tunique rouge, et présente alors la trace de deux capsules séminifiques accolées, dont l'une déborderait un peu l'autre en longueur; le canal éjaculateur débute par un bulbe ovale.

Des organes générateurs femelles. Dans la *P. grisea*, les pièces ovulaires sont aussi au nombre de sept, mais sensiblement plus développées, moins serrées entre elles, plus distinctes que dans le genre précédent; les lèvres de la vulve sont velues, déprimées plutôt que convexes; les pièces postérieures où celles qui flanquent la partie anale, nullement inclinées l'une vers l'autre et bien plus grandes que dans les Scutellères, sont carénées dans le milieu et se terminent par une pointe en épine, velue, qui fait saillie au-delà du dernier segment dorsal de l'abdomen; les plaques latérales des pièces intermédiaires sont bien moins obliques que dans les Géocorises, et leur extrémité dépasse, sous la forme d'une dent velue, le bout de l'abdomen; la plaque médiane est bien distincte et en carré long. On reconnaît visiblement qu'elle est formée de deux articles, le basilaire plus large, et en partie caché par les lèvres de la vulve.

Chacun des ovaires de notre Pentatome se compose, ainsi que celui de la plupart des espèces de ce genre soumises à mes investigations anatomiques, de sept gaines ovigères bi ou triloculaires, dont la forme, la texture et la disposition sont les mêmes que dans les Scutellères; les ovulaires sont ovoïdes-pointus; les cols des ovaires se terminent par une collerette frangée, semblable à celle de la Scutellère maure, mais un peu plus développée; l'oviducte est dilaté, ovalaire; la glande sébifique se compose des mêmes parties essentielles que celle de la Scutellère rayée, et je vais me livrer à l'examen de sa texture intime. Avant d'exposer celle-ci, il est bon de se rappeler que la *P. grise*, ainsi que la plupart des espèces de ce genre et des genres voisins, en perdant ses œufs, non seulement les fixe, au moyen d'une colle ou d'une gomme noire, sur le support, mais qu'elle les enduit d'un vernis imperméable, gris de perle, irisé ou métallique. Ce vernis n'existe pas dans les œufs renfermés dans l'ovaire, quoique parvenus à terme. Ceux-ci sont alors jaunâtres et paraissent plus grands qu'après avoir été pondus. La collerette frangée serait-elle l'organe qui sécrète spécialement la gomme noire qui colle les œufs sur leur support, et la glande sébifique serait-elle celle qui fournit le vernis qui les enduit? c'est une double question que je n'oserais pas résoudre définitivement, quoique j'incline pour l'affirmative. Quoi qu'il en puisse être, l'organe, qui dans l'appareil sébifique paraît plus essentiellement sécréteur, se présente sous la forme extérieure d'un bouton ou plutôt d'un gland pédicellé situé à l'extrémité du réservoir, et penché, couché sur lui. Ce gland, ovalaire, avec un bourrelet assez prononcé à sa base, qui imite la capsule de ce fruit, ressemble, au premier aspect, à cause de la pellucidité de son tissu, à un corps utriculaire. Mais un examen plus attentif fait reconnaître que ces parois sont charnues, épaisses, d'une consistance presque écailleuse; et on distingue au travers, à la faveur de la loupe, un axe intérieur d'une nuance plus obscure, qui n'atteint pas tout-à-fait le bout du gland. Si, après une macération de quelques heures, on cherche à constater par la dissection la structure intime de ce gland sécréteur, on trouve que son axe est une capsule centrale jaunâtre, opaque, d'un tissu fibro-membraneux; la tunique charnue, qui enveloppe cette capsule, adhère à toute sa surface, de manière qu'on ne peut point parvenir à l'en dégager complétement. C'est sans doute à cause de cela que la capsule paraît, au microscope, comme velue. Quand on poursuit cette dissection jusque dans le pédicelle, on découvre, vers le milieu de celui-ci, qui offre le même tissu fibro-membraneux que la capsule elle-même, une sorte de godet ou de bourrelet circulaire, ayant la forme d'une virole enfilée par le pédicelle. Ce dernier doit être considéré comme un conduit efférent destiné à transmettre au réservoir l'humeur sécrétée.

Le réservoir de l'humeur sébacée est un corps ellipsoïdal assez grand, muni d'un pédicule, revêtu extérieurement par un pannicule charnu, contractile, semi pellucide, plus ou moins ridé, inégal ou plissé, suivant son degré de dilatation. Cette première tunique musculeuse enveloppe un sac central, une vessie d'un tissu serré, blanchâtre, d'une consistance élastique, d'une surface lisse ou très-finement striée, peu ou point adhérente à l'enveloppe. La semi-transparence des parois de cette vessie permet d'apercevoir dans son centre un axe linéaire sétacé d'une teinte brunâtre. Lorsqu'on isole ce dernier en déchirant l'enveloppe, et qu'on le soumet à une forte lentille du microscope, on s'assure que c'est une tige tubuleuse de texture coriacée, renflée à son bout antérieur où s'insère le conduit afférent du gland sécréteur, et terminée à l'extrémité opposée en pointe de lancette tronquée. Cette pointe s'engage dans l'origine du canal excréteur ou pédicelle du réservoir. C'est indubitablement par ce tube capillaire que se filtre peu à peu le vernis dont la Pentatome enduit ses œufs en se servant de sa pointe acérée comme d'un pinceau.

La *P. grise*, en pondant ses œufs, les dispose de manière à ce qu'ils soient contigus, mais jamais entassés; ils ont une couleur gris de perle, une forme ovalaire ou plutôt en court cylindre, dont le bout collé sur le support est tronqué, tandis que l'autre est arrondi en segment de sphère. Ce dernier, observé à la loupe, offre une ligne circulaire qui circonscrit une opercule en calotte. Celui-ci se détache lors de la naissance de la larve, et le limbe de l'ouverture est bordé de cils fort petits que le microscope met en évidence, et qui sont destinés à retenir le couvercle avant l'époque de la maturité de l'œuf. L'appareil vulvaire dans la *P. Smaragdula*, ne présente, comparativement à celui de la *P. grise*, que de légères différences purement scientifiques. Les pièces sont un peu moins développées: les postérieures et les latérales des intermédiaires ne forment point une saillie, et ne se terminent pas en une pointe. Les ovaires ont aussi sept gaînes ovigères chacun; mais ces gaînes, dans l'état de fécondation, m'ont paru quinquéloculaires, et les ovulaires se terminent par un bouton en forme d'olive. L'appareil sébifique est organisé comme celui de l'espèce précédente, mais avec quelques différences spécifiques dont voici les principales: le réservoir est un peu plus court, plus gros, et son conduit excréteur est légèrement bulbeux à son origine. L'organe chargé plus spécialement de la sécrétion se présente sous l'apparence extérieure d'une sorte de caroncule irrégulièrement crénelée et presque sessile. Mais, par la dissection, on trouve que cette partie incluse, qui a la forme d'un gland, est ici bien plus courte, tandis que la cupule, ou le bourrelet de sa base, est proportionnellement plus grosse que dans l'espèce précédente. Le conduit efférent de ce gland sécréteur ne m'a pas offert le godet ou la virole qui caractérise celui de cette dernière Pentatome. Quant au tube sétacé qui forme l'axe du réservoir, il est le même à peu près que dans la *P. grise*. Dans la *P. baccarum*, les seules différences que j'aie observées dans l'examen comparatif de l'appareil génital de la femelle de ce Géocoride avec celui des précédens, sont des gaînes ovigères bi ou triloculaires, et des œufs d'une forme ellipsoïdale, excisés et échancrés sur un des côtés. Ces œufs n'acquièrent cette configuration que lorsqu'ils sont bien à terme; car, avant cette époque, ils paraissent simplement ovales dans la gaîne. Dans la *P. ornata*, les lèvres de la vulve sont plus grandes et plus convexes; les autres pièces ne forment point de saillie dentiforme, et la plaque médiane est évidemment composée de deux articles. Les diverses espèces de Pentatomes que j'ai disséquées ont toutes sept gaînes ovigères à chaque ovaire. La *P. ornée* fait seule exception à cette règle; elle n'en a très-positivement que six. Ces gaînes ont du reste une conformation et une texture qui ne diffèrent point de celles que je viens de décrire. Le calice de l'ovaire est bien plus distinct que dans les Géocorises précédens. L'oviducte est dilaté et d'une forme ovalaire. Une double collerette frangée, presque confondue en une seule, le précède, et les vaisseaux tubuleux qui le constituent sont, les uns simples, les autres bi ou trifides. La glande sébifique, moins développée que celle de la *P. grise*, est d'ailleurs organisée sur le même plan. Les œufs de la *P. ornée* ont une forme et une structure tout-à-fait élégantes; rangés en séries pressées et contiguës, ils représentent de courts cylindres tronqués, et ne ressemblent pas mal à de petits barillets placés debout. Ils varient par la couleur; souvent ils sont d'un noir plombé, uniforme d'un côté, tandis que de l'autre, ils présentent dans le milieu une large bande transversale blanche, au centre de laquelle il n'est pas rare de voir un gros point noir qui imite la bonde du baril; l'opercule n'est pas bombée comme dans la P. grise; il est plane, noir, avec un cercle autour et un point blanc au centre; le contour de la coque ou l'opercule est enchâssé, et bordé de cils courts, régulièrement espacés comme dans le Péristome de l'urne de certaines mousses.

Les larves des Pentatomes ne diffèrent de l'insecte parfait que parce qu'elles n'ont ni ailes ni élytres. Les Nymphes ont des fourreaux dans lesquels sont renfermées ces parties. Les changemens de l'état de ces insectes sont accompagnés d'une mue générale. Sous leurs différens états, les Pentatomes se nourrissent de la sève des végétaux qu'elles pompent avec leur suçoir. Quelques espèces attaquent les insectes et même les espèces de leur propre genre, pour en sucer les parties molles. Presque toutes exhalent une odeur extrêmement désagréable, très-pénétrante, et qui se communique aux objets que l'insecte a touchés. Les œufs des Pentatomes sont déposés sur les feuilles ou sur les tiges des végétaux; ils sont placés par plaques très-régulières, réunis ensemble au moyen d'une liqueur muqueuse et très-tenace. Ces œufs ont souvent des couleurs très-agréables.

Les espèces de ce genre, généralement connues sous le nom vulgaire de Punaises des bois, sont très-nombreuses. On en trouve dans toutes les parties du monde et sous les climats les plus opposés pour la température. Parmi les espèces qui se trouvent aux environs de Paris, nous citerons:

La P. RUFIPÈDE, *P. rufipes*, Latr., *Cimex rufipes*, Linn. Fabr.; Wolf., Iconog., Cimic. Fasc. 1, t. I, fig. 9; longue de sept lignes; corps ovale, d'un brun foncé et très-ponctué en dessus; extrémité postérieure de l'écusson, dessous du corps et pattes rougeâtres; angles du corselet formant des ailerons arrondis en devant et unis par derrière. Cette espèce se trouve très-communément aux environs de Paris.

La P. DES POTAGERS, *P. oleracea*, Latr., *Cimex oleracea*, Lin., Fabr., Stoll., Punaises, pl. 5, fig. 52 et 53; Wolf., ouvr. cit., Fasc. 1, tab. 2, fig. 16; la Punaise verte à raies et taches rouges ou blanches, Geoffr., Hist. des Ins. des environs de Paris; longue de trois lignes; d'un vert bleuâtre luisant, avec une ligne sur le corselet, une tache sur l'écusson et une autre sur chaque élytre blanche ou rouge; très-commune aux environs de Paris.

La P. GRISE, *P. grisea*, Latr., *Cimex griseus*, Fabr., Panzer., fasc. 33, pl. 19; elle est longue de six lignes; quatrième et cinquième articles des antennes mi-partis blancs et noirs; le troisième souvent blanchâtre à sa base; membrane des hémélytres ordinairement marquée de points brunâtres; écusson blanc, sale à sa pointe, et deux points noirâtres avant celles-ci; elle habite Saint-Sever, dans

dans les lieux incultes. Nous en avons parlé à l'art. OCYPTÈRE et représentée pl. 415, fig. 2 *d*.

La P. DU GÉNEVRIER, *P. juniperina*, Latr., *Cimex juniperinus*, Linn. Fabr. Panzer, fasc. 33, fig. 16. La Punaise verte, Geoffr., Ins. des env. de Paris, t. I, p. 164; longue de cinq lignes; région dorsale de l'abdomen très-noire, avec une fine bordure jaune; membrane des hémélytres d'un blanc diaphane, comme vernissée; bord externe noirâtre en dessous; écusson le plus souvent jaunâtre à sa pointe. Se trouve aux environs de Paris et à Saint-Sever.

La P. DISSEMBLABLE, *P. dissimilis*, L. Dufour, *Cimex dissimilis*, Fabr., Panzer, fasc. 33, fig. 15; longue de cinq lignes; d'un vert un peu obscur, couvert de points enfoncés, noirs; la couleur rougeâtre des antennes, des pattes et du ventre, s'affaiblit beaucoup par la dessiccation; ailes enfumées; quelquefois les pattes d'un jaune pâle, avec les tarses ferrugineux; région de la partie anale souvent de cette dernière couleur; fréquente les jardins de Saint-Sever. (H. L.)

PENTZIE, *Pentzia*. (BOT. PHAN.) Thumb. Thumberg a créé sous ce nom un genre de plantes dicotylédones qui appartient à la Syngénésie égale de Linné (et non à la Syngénésie superflue, comme l'avaient indiqué plusieurs auteurs, qui s'étaient fiés à la description incomplète de Thumberg) et au vaste groupe des Synanthérées, tribu des Sénécionidées (Anthémidées-Chrysanthémées, groupe des Tanacétées de Cassini). Linné rapportait ce genre au *Gnaphalium;* Lhéritier, au *Tanacetum;* Persoon, au *Balsamita*. Cassini, en admettant ce genre, pense cependant qu'il ne diffère du *Balsamita*, que par son aigrette fort haute et en forme d'étui.

Nous allons laisser cet auteur établir lui-même les caractères de ce genre, un des plus remarquables de cette immense famille, dans sa langue botanique un peu forcée.

« Calathide incouronnée, équaliflore, multi- » flore, régulariflore, androgyniflore; péricline » égal aux fleurs, subturbiné, formé de squames » irrégulièrement imbriquées, appliquées, oblon- » gues, subcoriacées, scarieuses sur les bords, pour- » vues au sommet d'un appendice innappliqué, ar- » rondi, scarieux, clinanthe plan, portant quelques » fimbrilles éparses, filiformes; ovaires oblongs, » glabres, munis d'un bourrelet basilaire; aigrette » stéphanoïde, presque aussi haute que l'ovaire, en » forme d'étui cylindrique, membraneuse, coriace, » irrégulièrement découpée au sommet. »

Les Pentzies sont au nombre de douze environ, aujourd'hui bien connues. Ce sont de petits arbrisseaux du cap de Bonne-Espérance, à tiges raides, très-rameuses, et plus ou moins blanchâtres, à feuilles alternes, rapprochées, diversement incisées ou dentées, à capitules terminaux jaunes, solitaires ou disposés en corymbes.

Nous citerons parmi ces espèces et comme étant la plus anciennement connue :

La P. FLABELLIFORME OU EN ÉVENTAIL, *P. flabelliformis*, Willd.; *P. crenata*, Thumb.; *Gnaphalium flabelliforme*, L.; *Tanacetum flab.*, Lhérit. Arbuste élégant, rameux, remarquable par ses feuilles alternes, pétiolées, à limbe triangulaire, muni de sept nervures disposées en éventail, de plus, cunéiforme, subtomenteux, blanchâtre, comme tronqué au sommet, qui est découpé en sept dents arrondies; pétiole grêle, aussi long que les feuilles (dix lignes); calathides nombreuses, portées sur de longs pédoncules simples, grêles, tomenteux, et formant à l'extrémité des rameaux un petit corymbe régulier, ombelliforme; fleurs jaunes. De Candolle pense que les auteurs confondent ici plusieurs espèces. (C. LEM.)

PÉPÉRINE. (MIN.) Roche à base d'apparence simple, composée de vacke à texture bréchiforme, celluleuse, graveleuse, arénacée et terreuse.

Cette roche forme des amas, des couches et des filons. Elle est ordinairement friable ou meuble et tendre. Elle a un aspect terne, une couleur grisâtre, brunâtre, rougeâtre ou jaunâtre.

La Pépérine renferme presque constamment des fragmens d'autres substances, notamment de la ponce, de la téphrine, de la leucostine, du basalte, du mica, de l'aimant, de l'amphygène, du feldspath, du calcaire, etc.

La Pépérine appartient aux terrains volcaniques et basaltiques; mais elle se lie souvent avec des terrains de sédimens supérieurs.

Les variétés connues sous les noms de Pouzzolane et de Trass, sont employées pour faire des mortiers remarquables par leur solidité, et qui sont très-recherchés pour les constructions hydrauliques. (A. R.)

PÉPÉRITE. (MINÉR.) Nom donné par certains géologues à la Pépérine en général, ou bien à une variété de cette dernière roche. (A. R.)

PÉPÉROMIE, *Peperomia*. (BOT. PHAN.) Genre créé par Ruiz et Pavon dans la Diandrie monogynie et la famille des Pipéracées aux dépens du genre Poivrier. On a dit qu'il était purement factice et que l'on pouvait indifféremment l'admettre ou le rejeter; mais les botanistes actuels ont fait justice de cette singulière assertion, en adoptant le genre *Peperomia* légalement constitué et dont les caractères sont assez tranchés pour détacher les diverses espèces du genre Piper, avec lequel elles ont été long-temps confondues. Chez les Poivriers, comme nous le verrons plus bas (*voy.* au mot POIVRIER), les étamines sont en nombre indéterminé et supportant des anthères biloculaires; l'organe femelle est terminé par un stigmate à trois divisions, quelquefois plus, tandis que les Pépéromies offrent seulement deux étamines aux anthères sessiles, uniloculaires, et un stigmate simple, point divisé.

Voici l'ensemble des caractères du genre *Peperomia*. Plantes dicotylédonées, herbacées, plus ou moins odorantes, souvent à feuilles grasses, épaisses, alternes, opposées ou verticillées, à fleurs en chaton. Les spadices cylindriques et terminaux, tantôt solitaires, tantôt géminés ou en plus grand nombre, quelquefois formant des grappes ou des panicules assises dans l'aisselle des feuilles, entièrement couverts de fleurs soutenues les unes auprès des autres par de très-petites écailles ; deux étamines partant de la base des ovaires et surmontées par des anthères presque sessiles; ovaire supère ; style très-peu apparent, avec stigmate simple et indivis, baie charnue, globuleuse, à une seule loge , renfermant une seule semence très-petite et ronde.

Selon que les espèces présentent une tige à feuilles alternes, à feuilles opposées ou verticillées, ou bien qu'on les déclare acaules, on les divise en deux sections. J'adopte cette coupe pour les feuilles seulement, mais je la rejette pour les tiges : il n'y a réellement aucune plante acaule dans les deux grandes tribus de Monocotylédonées et Dicotylédonées ; on n'en trouve que chez les productions d'un ordre inférieur, telles que les champignons , les lichens , etc. , et l'adjectif *acaulis*, donné comme nom spécifique, est une faute grave. En effet, les plantes qui paraissent privées de tiges ne le sont qu'aux yeux de ceux qui connaissent la botanique sous un seul point de vue, ou qui l'étudient simplement dans les livres et les herbiers. Toutes ont une tige plus ou moins apparente ; cet organe se montre dans la plénitude de sa puissance dès que le végétal est placé sur un terrain propice, ou que la culture s'en empare. D'après cette observation, je considère les espèces de Pépéromies comme offrant trois sections distinctes, selon que les feuilles qui les décorent alternent sur la tige ou bien qu'elles soient opposées ou disposées en verticilles.

I. *Espèces à feuilles alternes.* — Ces espèces habitent la partie méridionale du continent américain, et plus particulièrement les montagnes des Andes et les lieux ombragés du Pérou. Les unes ont les racines fibreuses, les autres à tubercules. Parmi les premières, on distingue la P. AILÉE, *P. alata*, qui présente une tige purpurine à ses articulations , bordée de membranes courtes, en forme d'ailes , d'où elle a reçu le nom qu'elle porte dans les nomenclatures botaniques; la P. PILEUSE , *P. pilosa*, dont les feuilles ponctuées en dessous sont entièrement chargées de poils sur leur page supérieure et sur leurs bords ; la P. GRIMPANTE, *P. scandens*, qui s'attache aux arbres voisins ou rampe tristement quand elle ne trouve pas un appui ; la P. A PLUSIEURS GRAPPES, *P. polybotrya*, chez qui les épis sont réunis en panicule terminale et solitaire; la P. STOLONIFÈRE , *P. stolonifera*, fournissant des rejets rampans comme le fraisier; la P. A TROIS ÉPIS , *P. tristachya*, etc. Les espèces qui sont munies de tubercules jaunes et arrondis, de la grosseur d'un pois dans la P. OMBILIQUÉE, *P. umbilicata*, abondante aux environs de Lima et sur les montagnes du Mexique; ils ont la grosseur d'une noix, une odeur très-pénétrante dans la P. UMA , *P. macrorrhiza*, etc.

II. *Espèces à feuilles opposées.* — Parmi celles-ci je nommerai seulement la P. ACUMINÉE , *P. obliqua*, aux tiges herbacées, tendres, noueuses, et qui sont terminées par des épis droits, solitaires et cylindriques ; la P. A FEUILLES OBTUSES, *P. obtusifolia*, qui porte des feuilles assez semblables à celles du Pourpier et que l'on ramasse sur les troncs d'arbres abattus, sur les rochers mousseux des îles Maurice et Mascareigne : c'est peut-être la seule espèce appartenant à l'ancien hémisphère ; la P. CILIÉE, *P. ciliata*, vivant sur les arbres; la P. DE LOXA, *P. loxensis*, que l'on recueille sur le tronc des quinquinas, etc.

III. *Espèces à feuilles verticillées.* — Dans la P. A FEUILLES FLORIFÈRES, *P. foliifera*, les feuilles se montrent au sommet d'une tige droite, marquées de lignes purpurines, réunies, au nombre de sept à huit, en un seul verticille; on en trouve plusieurs à chaque nœud dans la P. A ÉPIS TOUFFUS, *P. congesta*; chaque verticille ne compte que quatre à six feuilles sur la P. DICHOTOME, *P. microphylla*; elles sont constamment au nombre de six sur la P. A FEUILLES DE GAILLET , *P. galioides*, etc.

Au Pérou, l'on recherche la P. A FEUILLES INÉGALES, *P. inæqualifolia*, comme condimentaire; à Haïti l'on administre comme sternutatoire le suc gommo-résineux de la P. MACULÉE, *P. maculosa*, que l'on fait macérer dans du vinaigre ; aux Antilles, on appelle Baume des chasseurs, la P. A FEUILLES RONDES, *P. rotundifolia*, parce qu'elle est réputée vulnéraire; au Brésil, on mêle la graine pulvérisée de la P. A OMBELLE, *P. umbellata*, avec de la graisse pour l'appliquer sur les tumeurs que l'on veut faire aboutir ; la décoction de ses feuilles et de ses bourgeons y est recommandée contre le scorbut, et l'huile essentielle que l'on retire de la graine est administrée sur du sucre dans les atonies de l'estomac, etc. (T. D. B.)

PEPIN. (BOT. PHAN.) On applique improprement ce nom à différentes espèces de graines contenues dans la pulpe sucrée de plusieurs de nos fruits, tels que pommes, poires, raisins, groseilles, nèfles, etc. Les graines des raisins, des groseilles, des nèfles, etc., sont des *nucules*, et l'on doit réserver le nom de Pepin proprement dit aux graines des pommes et des poires ; ces graines sont couvertes d'une tunique propre, épaisse et coriace, noire à sa maturité. En botanique, le fruit de la Vigne (le grain de raisin) prend le nom de *Nucalanium*, ou plus ordinairement de *Baie*; le fruit du Groseiller, est une *Baie* (proprement dite); du Pommier, du Poirier, une *Pomme*; du Pêcher, de l'Abricotier, de l'Amandier, du Cerisier, du Prunier, etc., un *Drupe*; celui de l'Oranger, du Citronnier, est un *Hesperidium*, etc. *Voy.* FRUIT. (C. LEM.)

PÉPITE. (MINÉR. et GÉOL.) On appelle Pépites des morceaux d'or roulés que l'on trouve dans les dépôts d'alluvion. L'or du Mexique provient surtout des terrains de cette espèce dont on l'extrait par le lavage ; on en a découvert dans la vallée du rio Hiaqui, et plus au nord on a trouvé des Pépites pesant jusqu'à cinq ou six livres.

Tout l'or qui vient de la Nouvelle-Grenade provient de terrains de transport.

Au Choco, la rivière la plus riche est le rio Andageda, qui renfermait un morceau pesant 25 livres.

Il existe dans l'Afrique des terrains d'alluvion aurifères, principalement dans le Kordofan, près de l'Abyssinie, dans la partie occidentale aux environs de Bambouk; l'or que l'on tire de ces deux endroits se vend à Maroc, à Fez, à Alger; sur la côte sud-est, en face de Madagascar, on en trouve en assez grande quantité; on prétend même que sur cette côte était bâtie Ophir, d'où Salomon tirait de l'or.

L'Asie est riche en dépôts d'alluvion aurifères; on trouve dans la Cochinchine des morceaux pesant 2 onces et plus.

Les grandes îles de la Malaisie renferment des sables aurifères. On a découvert à Sumatra une Pépite du poids de 9 onces.

Enfin on connaît en Europe des sables aurifères; L'Espagne en fournissait, et la Transylvanie et la Hongrie en tirent un revenu assez considérable; mais il y a un peu plus de vingt ans, on a découvert sur le versant occidental des monts Ourals des sables aurifères très-productifs; c'est sur le lavage de ceux-ci que nous allons nous appesantir. C'est au hasard que l'on dut cette découverte : un ouvrier, occupé à réparer une digue rompue, s'aperçut que la vase amoncelée contenait une assez grande quantité d'or; il en fit son rapport à un intendant, et dès-lors commença en Russie le lavage des sables aurifères. On les recueille, on les place sur des gradins échelonnés, puis on fait passer un cours d'eau qui enlève le sable et laisse les parties les plus pesantes, c'est-à-dire les paillettes et les Pépites d'or, qui, dans ce pays, pèsent depuis 5, 6, 7 onces, jusqu'à 8, 10 et 16 livres. Depuis on a appliqué au lavage des sables aurifères les forces que nous offre l'hydraulique, et le travail est devenu plus facile et plus productif. Les lavages commencèrent en 1813 sur les terres de M. Jacorleff, et en 1824 ils produisaient environ 663 kilogrammes; en 1822, ils furent établis chez la comtesse Strogonoff, 1823, chez M. Démidoff, qui recueille de 6 à 700 kilogrammes.

De l'autre côté des monts Ourals, on a découvert des lavages considérables. A une dixaine de lieues de Trokhotourié se trouve un dépôt très-considérable; c'est dans le lit de la Tavianka que se trouve le dépôt le plus productif; il se compose de trois couches : la première, épaisse de 20 à 90 centimètres, est formée de tourbe. L'or ne se trouve qu'au point de contact de la première avec la seconde, qui a un mètre 25 centimètres et se compose de sables argileux; c'est à la partie inférieure que se trouvent les grains les plus volumineux; la troisième couche se compose de sable brun-rougeâtre qui contient jusqu'à 4 livres d'or pour 16 kilogrammes 37 myriagrammes; ce dépôt a 233 mètres de long sur 26 de large; son épaisseur est d'environ 89 centimètres; il peut donc contenir environ 2,130 kilogrammes d'or.

On a trouvé dans les monts Salaïr des sables aurifères qui couvrent environ 10 lieues; le versant des monts Ourals en présente sur une longueur de 250 lieues et une largeur de 5 à 7; il suffira de lever le gazon pour trouver de l'argile et du sable contenant de l'or.

La richesse de ces lavages d'or a fait presque abandonner les filons; mais il en sera comme des autres, elles s'épuiseront, et les autres exploitations reprendront. (J. H.)

PÉPLIDE, *Peplis.* (BOT. PHAN.) Lin. Genre de plantes dicotylédones fondé par Linné sur une plante que Dillen avait d'abord nommé *Portula*, Micheli *Glaucoïdes*, et Adanson *Chabrea*. La majorité des botanistes ayant adopté le nom qui fut créé par Linné, les caractères du *Peplis* le firent placer dans la famille des Lythrariées de Jussieu, tribu des Salicariées, et dans l'Hexandrie monogynie du Système sexuel. Le type de ce genre est une petite plante fort commune dans tous les endroits humides et marécageux de l'Europe. Nous la décrirons tout à l'heure; voici les caractères essentiels du genre :

Un double périgone; l'externe campanulé, monophylle, à limbe divisé au sommet en douze dents, dont six larges, dressées, et six alternes, ovales, tubulées et étalées; l'interne formé de six pétales très-petits, caducs, insérés à l'orifice du tube périanthoïde extérieur, et quelquefois nuls; six étamines alternant avec les pétales, à filamens courts, placés devant les lobes les plus larges du périanthe externe, et terminés par des anthères un peu arrondies; style très-court, à peine apparent, terminé par un stigmate orbiculaire; ovaire supère; capsule cordiforme, biloculaire, entourée par le périanthe extérieur persistant, à deux loges polyspermes.

Les Péplides sont des herbes rameuses, annuelles, à feuilles entières, opposées, à fleurs axillaires, sessiles, petites, solitaires. On en connaît trois espèces, dont l'une croît en Russie, l'autre dans le nord de l'Afrique, et la dernière partout en Europe. Ce sont des plantes insignifiantes sous tous les rapports; aussi nous contenterons-nous de décrire l'espèce européenne, que l'on peut trouver aux environs de Paris, à Sèvres, Meudon, Tournons, etc., partout où l'eau a séjourné quelque temps, ou sur le bord des étangs, le long des ruisseaux, etc. Elle fleurit tout l'été, n'est d'aucun usage, et les bestiaux mêmes la rejettent en paissant ou la refusent; c'est :

P. POURPIÈRE, *P. portula*, Lin., etc. Racine fibreuse, annuelle; divisée dès sa naissance en rameaux étalés, rampans, longs de cinq à six pouces, garnis de feuilles opposées, pétiolées, ovales-arrondies ou cunéiformes, un peu spatulées et charnues, parfaitement glabres ainsi que toute la plante; fleurs petites, d'un blanc verdâtre ou un peu rougeâtre, presque sessiles et solitaires dans les aisselles des feuilles; périanthe externe coloré, l'interne blanc et souvent nul, fleurit en juin et juillet; capsules luisantes, polyspermes. (C. LEM.)

PÉPON. (BOT. PHAN.) Sous cette dénomination on connaît d'abord une espèce très-intéressante du genre COURGE, que nous avons décrite au deuxième volume de ce Dictionnaire, pag. 333; ensuite, selon le mot proposé par Gaertner, le fruit pulpeux propre aux vraies Cucurbitacées, aux Nymphéacées, aux Passiflorées et aux Hydrocharidées, qu'il conviendrait peut-être mieux, avec C. Richard, d'appeler Péponide pour éviter toute erreur et un double emploi dans la nomenclature botanique.

La Péponide est divisée intérieurement en plusieurs loges éparses, rayonnant, poussant d'une manière élastique fort remarquable les graines vers la circonférence, pour, chez quelques espèces, les lancer au loin quand elles ont atteint leur entière maturité. La partie centrale se détruit souvent à cette même époque et laisse une cavité plus ou moins irrégulière, dont le Potiron, *Pepo macrocarpus*, fournit presque habituellement des exemples. Cette même partie reste constamment pleine et charnue dans la Pastèque, *Cucurbita citrullus*, si suave, si rafraîchissante et si agréable à manger sous le ciel brûlant de l'Italie méridionale. La Péponide est turbinée dans l'Anglourie des Chinois, *Trichosantes anguina;* fusiforme dans le Chaté d'Egypte, *Cucumis chate;* globuleuse ou pyriforme dans les Passiflorées; ligneuse et en forme de bouteille dans la Gourde, *Cucurbita lagenaria;* contournée dans le Concombre serpentin, *Cucumis anguinus;* réticulée dans le Melon de Honfleur que l'on prise d'autant plus qu'il est mieux brodé. Elle est hérissée de poils dans le Concombre sauvage, *Momordica claterium*, et de pointes dans le Concombre des prophètes, *Cucumis prophetarum.* Dans la Pomme de merveille, *Momordica balsamina*, et dans le Concombre qui présente quatre angles saillans, aigus et tranchans, *Cucumis acutangulus*, la Péponide s'ouvre par un appendice operculaire. (T. d. B.

PEPSIS, *Pepsis.* (ins.) Ce genre, qui appartient à l'ordre des Hyménoptères, section des Porte-Aiguillons, famille des Fouisseurs, tribu des Pompiliens, a été établi par Fabricius aux dépens du genre Sphex de Linné, et dans lequel cet auteur avait placé beaucoup d'espèces qui appartiennent à d'autres genres. Latreille a écarté toutes ces espèces, et son genre Pepsis est ainsi caractérisé : Palpes presque d'égale longueur; les deux derniers articles des maxillaires et le dernier des labiaux beaucoup plus courts que les précédens; languette profondément bifide, à lobes étroits et aigus. Ce genre se distingue des Pompiles qui en sont très-voisins parce que ceux-ci ont les palpes maxillaires beaucoup plus longs que les labiaux et pendans; les derniers articles de ces palpes ne diffèrent que très-peu en longueur avec les premiers; enfin leur languette est simplement échancrée et est profondément bifide. Les Céropales et les Apores sont séparés des Pepsis par les mêmes caractères. La tête des Pepsis est comprimée, de la largeur du corselet; elle a trois petits yeux lisses, en triangle et placés sur le vertex; les antennes sont longues, presque sétacées, rapprochées à la base; leurs articles sont cylindriques; dans les femelles les derniers articles se roulent en spirale; le labre est semi-circulaire, saillant, adhérent au bord antérieur du chaperon; le premier segment du corselet est de même largeur que le second, en carré transversal et prolongé latéralement jusqu'aux ailes; les ailes supérieures ont une cellule radiale, oblongue, s'avançant moins près du bord postérieur que la troisième cubitale; et quatre cellules cubitales; la première presque aussi longue que les deux suivantes réunies; la seconde recevant vers la base la première nervure récurrente; la troisième, plus petite que toutes les autres, se rétrécissant vers la radiale, et recevant près de son milieu la deuxième nervure récurrente; la quatrième à peine commencée; l'abdomen est brièvement pétiolé, ovalaire, composé de cinq segmens outre la partie anale dans les femelles et de six dans les mâles. Les pattes sont longues, les postérieures surtout; les jambes sont finement dentées à leurs parties extérieures; ces dentelures sont moins prononcées dans les mâles; les tarses sont à articles allongés, le dernier est terminé par deux crochets simples dans les mâles, bifides dans les femelles et munis d'une pelote dans l'entre-deux. Ces Hyménoptères sont tous propres à l'Amérique équinoxiale, ils sont remarquables pour leurs couleurs changeantes et veloutées. C'est dans ce genre que l'on voit les plus grands Hyménoptères connus; leurs ailes sont presque toujours colorées en noir bleuâtre, soit orangé, roux ou aurore. On connaît plus de vingt-cinq espèces de ce genre, parmi lesquelles nous citerons :

Le P. marginé, *P. marginatus*, Palis. de Beauv. Ins. d'Afriq. et d'Amér., p. 94, Hyménop., pl. 2, fig. 2, fem. fig. 3, mâle. Réaum. Ins., tome VI, pl. 28, fig. 1. Cette espèce est longue de deux pouces; son corps est d'un noir velouté; les antennes sont brunes; le premier article est noir, un peu caréné en dessous; la partie anale est revêtue, surtout dans son milieu, de grands poils d'un brun roussâtre; les ailes sont opaques, d'un roux ferrugineux, avec un peu de noir à leur base, et une bande de même couleur qui s'étend sur tout le bord interne et va en s'élargissant vers l'extrémité. Le mâle ne diffère de la femelle que par sa taille qui est un peu plus petite. Cette espèce, qui vole souvent autour des Palmiers, a pour patrie Saint-Domingue.

Le P. a bordure, *P. limbata*, Guér. Voy. de la Coquille, zool., t. II, part. 2, Ire div., p. 255. Cet insecte est long de trente-sept millimètres, d'un noir bleu, ayant la tête et le corselet couverts de poils noirs; les antennes sont d'un noir brun avec le premier article bleuâtre; les ailes sont d'un jaune fauve avec le bout et le bord interne bruns. Ce Pepsis vient du Chili, nous l'avons représenté dans notre Atlas, pl. 471, fig. 2.

PEPRILUS. (poiss.) Genre fondé par Cuvier aux dépens de celui des Stromatées, et que nous étudierons à l'article Stromatée de ce Dictionnaire. (Alph. Guich.)

PÉRAMÈLE, *Perameles.* (mam.) M. E. Geoffroy donne ce nom, qui veut dire blaireau à poche, à des animaux didelphes de l'Océanie et de la Nouvelle-Hollande, encore peu connus dans leurs mœurs, et dont on distingue plusieurs espèces;

ils sont fouisseurs, et sont aussi disposés pour courir avec facilité et même pour sauter, leurs membres postérieurs étant plus développés que les antérieurs. Ils ont les poils assez raides et rappelant ceux des Tenrecs, avec les dents desquels leur système dentaire a aussi quelque analogie. Les Péramèles sont de petite taille. L'espèce type du genre est le PÉRAMÈLE A MUSEAU POINTU, *P. nasutus*, Geoff. Cet animal est représenté dans notre Atlas, pl. 471, fig. 3; Cuvier lui rapporte le P. DE BOUGAINVILLE, décrit par MM. Quoy et Gaimard.

Le *Perameles nasutus* est ainsi nommé à cause de l'allongement de sa tête, de son museau effilé, et de son nez qui se prolonge au-delà de la mâchoire; son pelage est gris-brun en dessus et blanc en dessous. Il est de la taille d'un lapin de garenne.

Une autre espèce du même groupe est le *Perameles obesus*: sa tête est assez courte et son chanfrein arqué. M. Geoffroy en fait le type du genre qu'il nomme Isoodon, dénomination qui a été depuis appliquée par M. Say au genre Capromys de Desmarest. (GERV.)

PERCE (ZOOL. BOT.) De la propriété réelle ou imaginaire, dit Bory de Saint-Vincent, qu'ont certains animaux et même des plantes, de percer des corps ou le sol qui les nourrit, ou quelque partie de la substance des corps. On a appelé :

PERCE-BOSSE. (BOT.) Des Buplèvres.

PERCE-MOUSSE. (BOT. CRYPT.) Le Polytric commun.

PERCE-MURAILLE. (BOT.) Traduit dans le midi de la France par Tauque-mur ou Trauque-mot, la Pariétaire officinale.

PERCE-NEIGE. (BOT.) Le *Leucoium vernum* et le *Galanthus nivalis*.

PERCE-OREILLE. (INS.) Les Forficules.

PERCE-PIED. (BOT.) L'*Aphanes arvensis*.

PERCE-PIERRE. (POISS. et BOT.) La Blennie baveuse et le Bacile, *Crithmum maritimum*.

PERCE-POT. (OIS.) La Sitelle.

PERCE-RAT. (POISS.) Les Raies, *Raja pastinaca* et *Aquila*.

PERCE-ROCHE. (ANNÉL.) Les Térébelles.

PERCE-TERRE. (BOT. CRYPT.) Le Nostoc commun. (GUÉR.)

PERCE-BOIS ou TÉRÉDYLES. (INS.) Nom donné par M. Duméril à une famille de Coléoptères qui renferme les genres VRILLETTE, PANACHE, PTINE, MÉLASIS et LYMEXYLON. (GUÉR.

PERCEPTION, *perceptio*, de *percipere*, concevoir, recevoir (PHYS.), sensation qu'a le cerveau d'une impression faite sur un des organes des sens. Il sera question, au mot PHYSIOLOGIE, de tout ce qui est relatif aux perceptions générales. (M. S. A.)

PERCHE, *Perca*. (POISS.) Les Poissons que l'on appelle ainsi appartiennent à la famille des Percoïdes, qui emprunte son nom du genre qui fait le sujet de cet article. Les Perches forment un genre très-naturel parmi les Poissons à nageoires épineuses ou acanthoptérygiens; elles se ressemblent toutes par les principaux traits de leur organisation et de leurs mœurs, et ne diffèrent que par des particularités peu importantes. Elles ont le corps oblong, couvert d'écailles dures et rudes au toucher; le palais est garni de dents diversement disposées; l'opercule ou le préopercule sont dentelés ou épineux. On peut admettre parmi le grand genre Perche de Linné seize groupes principaux, dans lesquels ces animaux viennent se ranger suivant l'importance de leurs caractères et leur degré de perfection; telles sont les Perches proprement dites : les Bars, les Varioles, les Centropomes, les Candres ou vulgairement les Brochets perches, les Hurons, les Étélis, les Niphons, les Enoploses, les Diploprions, les Apogons, les Ambases, les Cheilodiptères, les Pomatomes, les Aprons, et enfin les Grammistes, qui forment le type d'autant de sous-genres particuliers. Aujourd'hui la dénomination de Perche est exclusivement réservée aux espèces chez lesquelles on observe des ventrales placées sous les pectorales, et qu'on pourrait appeler percoïdes thoraciques; sept rayons à la membrane branchiostége, deux dorsales rapprochées, des dents en velours; du reste, un préopercule dentelé, une opercule osseuse, terminée par deux ou trois pointes, comme dans les *Serrans*, vulgairement Perches de mer, achèvent de déterminer la forme des animaux qui nous occupent. Tout le monde connaît dans le nombre la PERCHE COMMUNE, *Perca fluviatilis*, représentée à la planche 272, fig. 1, de notre Atlas, qui est en même temps l'un de nos meilleurs et de nos plus beaux Poissons d'eau douce. Elle est répandue dans toute l'Europe et dans une grande partie de l'Asie. On la trouve depuis l'Italie jusqu'en Suède. Il y en a beaucoup dans la Grande-Bretagne. On la pêche également dans toute la Russie d'Europe et d'Asie, et les rivières qui se jettent dans la mer Glaciale, dans la mer Baltique, dans la mer Noire et dans la mer Caspienne, en nourrissent toutes également. Les Perches se plaisent beaucoup dans les lacs, les ruisseaux d'eau vive et les rivières; elles remontent plutôt vers les sources qu'elles ne descendent vers les profondeurs; et c'est d'ordinaire à deux ou trois pieds sous l'eau qu'on est le plus sûr de les prendre. Les joncs, les roseaux, les attirent volontiers, surtout lorsqu'elles doivent frayer. Leurs habitudes ne sont pas sociables, même lorsqu'il y en a en grand nombre dans un étang ou dans une rivière; chacune a son allure à part, et elles ne forment point de grandes troupes; elles nagent avec beaucoup de rapidité. Dans une eau dormante on les voit rester long-temps presqu'immobiles, puis se porter tout d'un coup et avec une grande rapidité à quelque distance, pour y reprendre leur immobilité. Les Perches vivent de proie; elles ne peuvent attaquer avec avantage que de petits animaux; mais elles se jettent avec avidité, non seulement sur de très-jeunes Poissons, mais encore sur de petites Couleuvres et de jeunes Grenouilles; elles se nourrissent aussi quelquefois de Vers, d'Insectes qui nagent ou qui volent à la surface de l'eau, de petits Crustacés, et, ainsi que nous l'avons déjà dit, de petits poissons; et comme leur voracité est extrême, elles ne mettent pas toujours dans le choix de leur proie les précautions nécessaires; aussi l'Epinoche leur donne souvent la mort, parce que, redressant ses épines au moment où elles veulent l'avaler, il les fait pénétrer dans le palais de la Perche, qui, dès-lors, ne pouvant ni les avaler ni les rejeter, ni fermer la bouche, finit par mourir de faim; lorsqu'elles peuvent facilement se procurer la nourriture qui leur est nécessaire, et qu'elles vivent dans les eaux qui leur sont le plus favorables, elles sont d'un goût exquis, leur chair est blanche, ferme et très-salubre. Les Perches se mangent frites; plus grandes, on les fait cuire au court-bouillon ou griller. Les Perches fraient dès l'âge de trois ans et lorsqu'elles peuvent avoir six pouces de longueur; mais on ne sait pas combien d'années elles peuvent mettre à atteindre toute leur croissance; dans nos environs, elles ne passent guère quinze à dix-huit pouces. C'est au printemps qu'elles cherchent à déposer ou féconder leurs œufs; mais leur ponte est toujours retardée lorsqu'elles vivent dans les eaux qui ne reçoivent que lentement l'influence de la chaleur. Lorsque le moment est venu de se défaire de leurs œufs, la femelle se frotte contre les corps durs; on dit même qu'elle fait entrer la pointe d'un jonc ou d'un roseau dans son oviducte, et attire ainsi une partie du fluide glaireux qui enveloppe ses œufs; s'éloignant alors par des mouvemens sinueux, elle file en quelque sorte ce fluide et l'allonge en un long cordon semblable à ceux des œufs de Grenouille, et qui a quelquefois plus de six pieds, mais qui est replié sur lui-même en divers sens, de manière à former des réseaux ou des pelotons. Ces œufs sont de la grosseur des graines de Pavot; leur nombre varie suivant les individus, et même selon quelques circonstances particulières et passagères. Dans une Perche de deux livres, l'ovaire pèse jusqu'à sept ou huit onces, et le nombre des œufs y va, selon quelques observateurs, à près de 281,000, et selon M. Picot, à près d'un million. Cette différence peut tenir à l'âge, car les vieilles Perches paraissent en contenir plus que les petites, puisque les œufs des unes et des autres ont la même grandeur. A Paris, les mâles sont beaucoup moins nombreux, c'est à peine, au dire des pêcheurs, si l'on en prend un sur cinquante femelles; il arrive de là que beaucoup d'œufs ne sont pas fécondés, ce qui expliquerait pourquoi une espèce qui en produit tant, n'est pas plus multipliée. Mais cette inégalité dans le nombre des individus de chaque sexe n'a pas lieu partout: il y a tant de mâles dans le lac de Harlem, qu'un certain village, nommé Lisse, est renommé par un mets que l'on y prépare avec des laitances de Perches. Quelques pêcheurs prétendent que les troupes de Perches ont toujours un conducteur, qui se reconnaît à ce que ses opercules sont dépouillés de leur épiderme, et transparens; de sorte que l'on voit les ouïes au travers; et ils attribuent cette conformation à ce que cet individu ou conducteur est plus exposé que les autres à différens contacts.

On prend les Perches de plusieurs manières: on les pêche pendant l'hiver au coleret, et pendant l'été avec un autre filet qui ressemble beaucoup au tramail, et que l'on nomme filet à Perches. On a remarqué que, lorsque ces poissons entrent dans le filet, ils nagent avec tant de vélocité, qu'ils se donnent des coups violens contre les mailles, s'étourdissent, se renversent sur le dos, et flottent comme morts; mais l'hameçon est l'instrument le plus favorable à la pêche de ces animaux; on le garnit ordinairement d'un très-petit poisson ou d'un lombric. Les pêcheurs ne sont pas les seuls ennemis que les Perches doivent redouter; elles deviennent la proie, non seulement des grands Poissons, mais encore des Canards, des Plongeons, et d'autres oiseaux d'eau qui leur font une chasse très-active. Néanmoins, comme ces animaux sont beaucoup mieux armés pour leur défense que certains poissons d'eau douce, pour peu qu'ils aient grandi, leurs épines doivent effrayer les poissons voraces; aussi dit-on qu'alors le Brochet ne les attaque plus, quoique les petites Perches soient l'un des appâts qui l'attirent avec le plus de force.

Elles craignent le tonnerre et la gelée, et elles ont leurs ennemis intérieurs, car on compte jusqu'à sept espèces de Vers qui vivent à leurs dépens; d'ailleurs leur vie est dure; en effet, on dit que l'on peut les transporter dans de la paille sèche à soixante milles, et qu'elles survivent à ce long voyage. On en apporte à Paris du fond du Bourbonnais, dans des bateaux à réservoirs pleins d'eau. Dans le nord, et plus particulièrement en Laponie, dont le pays nourrit un très-grand nombre de Perches, les habitans se servent de la peau de ces animaux pour faire une colle qui leur est très-utile, et qu'on dit très-solide; à cet effet, ils la font macérer pour la dépouiller de ses écailles, et la cuisent jusqu'à ce qu'elle ait pris la consistance d'une gelée, après quoi ils la laissent refroidir. C'est par le moyen de cette substance que les Lapons donnent beaucoup de dureté à leurs arcs, qu'ils font de Bouleau. On pourrait probablement en fabriquer de semblable avec la peau d'une infinité d'autres Poissons. Il arrive dans plusieurs circonstances que quelques accidens particuliers peuvent agir sur les parties osseuses, ou plutôt sur les muscles de ces animaux, de manière à fléchir et courber leur épine du dos, et prennent alors une sorte de bosse qui les rend monstrueuses. Mais parmi les différentes maladies auxquelles elles sont exposées, de même que presque toutes les autres espèces de Poissons, il en est une qui produit un effet singulier. Elles gagnent cette maladie lorsqu'elles séjournent long-temps dans une eau dont la surface est gelée; elles deviennent alors enflées à un tel degré, que l'estomac se gonfle, et sort en forme de sac hors de la bouche, et elles périssent au bout de quelques jours, si l'on ne perce pas avec une épingle cette poche; un gonflement semblable a également lieu quelquefois à l'extrémité du tube intestinal, occasioné par la dilatation de l'air de la vessie natatoire; mais ces-

accidens n'arrivent point dans les lieux où les eaux ont moins de profondeur, et où l'air de la vessie ne peut être autant comprimé. On dit qu'il suffit que l'animal ait été touché par la corde avec laquelle on tire le filet, pour qu'il éprouve ce renversement de l'estomac; et en effet, il y a cause suffisante pour qu'il ait lieu, sitôt que la peur détermine l'animal à venir trop rapidement vers la surface de l'eau. Comme le fait remarquer Jurine, à cinquante brasses, le poisson est sous le poids de plus de onze atmosphères; lorsque ce poids vient à cesser tout à coup, l'air se dilate plus vite qu'il ne peut être résorbé, et dans les Perches, comme dans la plupart des Poissons, il n'y a point d'issue ouverte vers l'œsophage ou vers l'estomac.

Maintenant que nous venons d'indiquer quelques particularités relatives à ces animaux, examinons quels sont les traits spécifiques qui leur appartiennent. Les Perches en général ont le corps un peu comprimé, ovale, rétréci vers la tête, dont le museau se termine en une pointe mousse, et vers la queue, qui est presque cylindrique; le dos et le ventre sont obtus dans toute leur longueur; la nuque descend par une ligne d'abord un peu convexe et qui devient un peu concave pour former le front; les mâchoires à peu près égales en longueur, et l'ouverture de la gueule ne fait guère plus d'un quart de la longueur de la tête. Les dents qui garnissent les deux mâchoires sont petites, mais pointues; d'autres dents sont répandues sur le palais; la première pièce de chaque opercule est dentelée; le préopercule se termine en une sorte de pointe aiguë, et toute l'opercule est couverte de petites écailles; des écailles dures, dentelées et fortement attachées à la peau, recouvrent le corps et la queue; la première dorsale commence sur le dos, ses rayons sont courts, forts et pointus; la seconde dorsale s'élève à peu près autant que la première; mais elle est d'un tiers moins longue; son premier rayon est épineux, grêle et de moitié moins haut que le premier de ceux qui le suivent; tous ceux-ci, au nombre de treize, sont mous, articulés et branchus. La Perche attire les regards par la nature et la disposition de ses couleurs : l'éclat doré de ses flancs, le vert-brun de son dos, les six ou sept bandes foncées qui se détachent sur l'une et l'autre couleur, la marque noire de sa première dorsale, enfin la belle teinte rouge de ses ventrales et de son anale, la font distinguer dans les eaux claires qu'elle habite de préférence, surtout lorsqu'un beau soleil fait briller et contraster davantage les teintes diverses dont elle est ornée.

La Perche ne parvient guère, dans les contrées tempérées, et particulièrement dans celles que nous habitons, qu'à la longueur de six ou sept décimètres, et elle pèse alors deux kilogrammes; mais, dans les pays les plus rapprochés du nord, elle présente des dimensions bien plus considérables. On en a pêché en Angleterre du poids de quatre ou cinq kilogrammes. On en trouve, en Sibérie et dans la Laponie, d'une grandeur telle, que plusieurs écrivains les ont nommées monstrueuses. (Alph. Guich.)

PERCHEQUEUE. (ois.) C'est l'un des noms vulgaires de la Mésange à longue queue. (*Voyez* Mésange.) (Guér.)

PERCHEUSE. (ois.) Nom vulgaire de l'Alouette farlouse. (*Voyez* Alouette.) (Guér.)

PERCIS, *Percis*. (poiss.) Cuvier nomme ainsi, d'après Bloch, des espèces de Poissons acanthoptérygiens, reconnaissables à leur corps rond, allongé, elles ont de plus le museau obtus, la tête déprimée, les joues renflées, la mâchoire inférieure plus avancée que la supérieure; plusieurs dents en crochets, parmi celles de leurs mâchoires, distinguent encore les Percis: du reste, leur première dorsale épineuse est petite, tandis que la seconde, qui n'est pas très-bien séparée, occupe presque toute la longueur du corps; leur opercule est muni d'épines, et le préopercule montre quelques dentelures.

Tous ces caractères, dont l'ensemble détermine bien un genre particulier dans la famille des Percoïdes, se sont rencontrés dans une douzaine d'espèces de la mer des Indes.

L'une de ces espèces, très-bien connues, a été nommée par Bloch Percis nébuleux, *Percis nebulosa;* sa tête est déprimée; sa bouche un peu protractile quand elle se ferme, et les deux mâchoires sont garnies d'un rang de dents longues, pointues, courbées et un peu séparées les unes des autres, et en arrière, dans le milieu, une bande en velours; les écailles qui le recouvrent sont petites, molles, arrondies à leur extrémité; la distribution remarquable des couleurs dont ce poisson est orné lui a valu ce nom. On voit sur chaque côté du corps de l'animal une suite de grandes taches brunes et nébuleuses; celles placées au dessus de la ligne latérale sont plus grandes, de forme à peu près carrée, avec des interruptions dans le milieu; la première dorsale est d'un beau noir, avec un trait vertical blanc en avant de sa troisième épine; une seconde tache blanche qui suit celle dont nous venons de parler; la seconde dorsale est blanche, avec quatre petites taches brunes dans chaque intervalle de rayons. On voit aussi des lignes blanches en travers de la caudale; les autres nageoires n'ont point de taches. La longueur ordinaire de l'animal est de six à huit pouces.

Une autre espèce, très-voisine de celle-là, est le Percis tacheté, *Percis maculata*, Bl., Schn., pl. 38; sa parure est moins riche que celle du Nébuleux; mais elle est peut-être plus élégante, tant la couleur gris-jaunâtre qu'elle montre se marie agréablement avec une suite de grandes taches rondes d'un brun-noir, occupant la partie inférieure; de petites taches de même couleur sont semées sur sa tête et ses opercules, et il y a au devant de chaque œil quatre lignes longitudinales, et sur la dorsale et l'anale, cinq ou six bandes verticales brunes. Ce tacheté parvient à la grandeur du nébuleux. Les autres espèces de Percis ne nous offrent rien de bien remarquable pour que nous puissions les mentionner; bornons-nous seulement à dire que ce sont des espèces de petite taille, toutes originaires des Indes, qui ont des couleurs vives et des formes élégantes, à quelques égards, et en même temps singulières.

(Alph. Guich.)

PERCNOPTÈRE, *Neophron*. (ois.) Savigny, le premier, a distingué des vrais Vautours et sous la dénomination latine de *Neophron*, une petite section qui ne renferme encore qu'une espèce. L'établissement de cette section que Cuvier adopte dans sa méthode ornithologique, est motivé par des caractères assez distinctifs. En effet les Percnoptères diffèrent des autres espèces du genre Vautour, par leur tête nue seulement en devant; leur cou garni de plumes; leur bec grêle à mandibule supérieure plus longue que l'inférieure et très-crochue; des narines longitudinales comme celles des Sarcoramphes et non point transversales.

Ainsi que nous l'avons dit, cette division ne comprend qu'une seule espèce qui est le Percnoptère d'Égypte, *Vultur percnopterus*, Lin. La synonymie de cet oiseau est une des plus compliquée. La cause en est due aux variations que son plumage subit suivant l'âge des individus et le sexe, d'où est résulté une foule d'espèces purement nominales. Buffon le désigne sous les trois noms de Petit-Vautour, Vautour de Malte, Vautour d'Égypte; Brisson sous ceux de Vautour brun et Vautour d'Égypte; Belon l'appelle Sacre égyptien; Picot de Lapeyrouse, Alimoche ou Vilain; Levaillant, Ourigourap; et ainsi d'une foule d'autres auteurs qui tous ont donné une synonymie différente suivant les différences d'âge et de sexe qu'ils considéraient comme espèces, et auxquelles ils appliquaient des dénominations distinctives. Pour les Français qui fréquentent l'Égypte, cet oiseau ne porte plus le nom de Vautour ou de Pércnoptère, etc., mais celui de *Poule de Pharaon*; les Turcs l'appellent *Akbohax*, ce qui signifie le *Père-Blanc*, et les Egyptiens *Bachamad*.

Le Pércnoptère des anciens, dans son plumage parfait, a le sinciput, le tour des yeux et les joues jusqu'aux oreilles, d'une couleur safranée, plus vive à la base du bec, la gorge garnie d'un duvet rare et fin, qui laisse apercevoir la peau, jaunâtre, ridée et susceptible d'une grande extension; l'occiput et tout le cou sont couverts de plumes longues effilées et blanches; le corps est généralement de cette couleur; les grandes pennes des ailes toutes noires. Le plumage de la femelle est d'un brun sombre; celui des jeunes est mélangé de gris blanc sale.

Cet oiseau, que l'on rencontre en France, sur les Alpes et les Pyrénées, mais plus communément en Égypte où il est, si l'on peut dire, dans sa vraie patrie, a été célèbre, et l'est même encore, chez les Egyptiens, à cause des services qu'il leur rend en les débarrassant des immondices dont la corruption deviendrait pernicieuse à la santé, surtout dans un climat chaud. Il est de fait que dans les environs du Caire (1), c'est presque un crime de tuer ces Vautours; aussi sont-ils, dans ces endroits, très-peu farouches. On les voit même sur les terrasses des maisons, dans les villes les plus populeuses et les plus bruyantes, n'être point inquiets et vivre en toute sécurité au milieu des hommes qui non seulement ne cherchent point à leur nuire, mais qui s'empressent même de les nourrir.

Le Pércnoptère fréquente encore les déserts où ils se nourrit des cadavres des animaux qui périssent dans ces vastes solitudes. Son appétit pour les charognes les plus puantes, dont il fait presque sa nourriture exclusive, car rarement et seulement quand un besoin excessif le presse, il attaque les petits quadrupèdes vivans; son appétit pour les charognes, fait qu'il conserve constamment en lui une odeur infecte. L'on prétend même que lorsqu'il est mort, sa putréfaction est plus prompte que celle de tout autre oiseau. En Syrie et dans quelques autres contrées de la Turquie où l'homme ne lui accorde plus sa protection, il est bien moins nombreux qu'en Egypte; tandis qu'au contraire on le retrouve très-abondant sur les bords de la rivière d'Orange et chez les grands Namaquois précisément à cause de l'attachement que les peuples de ces contrées paraissent lui témoigner, en ne cherchant point à lui nuire.

Cet oiseau que l'on rencontre également dans la Norwége, en Espagne, en Sardaigne, à Malte, aux îles Canaries et dans l'Inde, place son nid dans les crevasses des rochers et presque toujours dans une position inaccessible. Sa ponte est de deux à quatre œufs. Les petits naissent couverts de duvets et sont long-temps nourri par les parens avant de pouvoir eux-mêmes pourvoir à leur subsistance.

(Z. G.)

PERCOIDES. (poiss.) Ce nom, qui désigne la première famille des Acanthoptérygiens, ne s'applique pas seulement aux poissons que nous appelons vulgairement Perches, mais encore à un grand nombre d'espèces étrangères qui ont avec les nôtres des rapports d'habitudes et d'organisation. Cette famille se distingue par un corps oblong plus ou moins comprimé, couvert d'écailles généralement dures et rudes au toucher, dont l'opercule où le préopercule est dentelé ou épineux, et dont les mâchoires, le palais et les os pharyngiens sont garnis de dents diversement disposées; le plus souvent les ventrales sont subbrachiennes, c'est-à-dire suspendues aux os de l'épaule; point de barbillons; les nageoires toujours au nombre de sept, et quelquefois de huit. A l'intérieur un estomac, un pylore, un canal intestinal petit, un foie médiocre, une vessie natatoire; tel est l'ensemble de la conformation propre à la famille dont la Perche est le type. Dans le plus grand nombre des Perches ces caractères se joignent à la beauté des couleurs dont les unes font

(1) Sonnini, dans son Voyage en Égypte, dit, en parlant du Caire, que dans cette ville les terrasses des maisons étaient couvertes de Milans et de Corneilles, qui y vivaient dans une entière sécurité, et dont les cris aigus et les croassemens se mêlaient au tumulte d'une populace agitée et criarde. Le dégoûtant Vautour, ajoute-t-il, le Pércnoptère des naturalistes, augmentait cette singulière et lugubre association.

l'ornement

l'ornement de nos lacs et de nos rivières, et les autres les délices de nos tables. Leur chair, généralement ferme et tendre, fournit un aliment aussi agréable que salutaire à la santé; partout on les recherche comme aliment. Cette famille ne comprenait autrefois qu'un seul genre, mais depuis quelque temps le nombre d'espèces s'est tellement augmenté, que, pour se reconnaître parmi tant d'êtres différens, il a fallu la diviser en plusieurs petites tribus, d'après la position des ventrales par rapport aux pectorales; ce sont les Percoïdes proprement dites, les Trachinoïdes et les Mullès.

(ALPH. GUICH.)

PERÇOIR. (MOLL.) C'est le nom vulgaire et marchand du *Murex strigillatum*, Lin. (GUÉR.)

PERCOPHIS, *Percophis*. (POISS.) Les Percophis tiennent, ainsi que leur nom l'indique, et des Perches et des Serpens; des Perches par la force de leur système épineux, par leurs habitudes et par leur corps couvert d'écailles dures; des seconds par leur forme générale et par l'aplatissement de leur tête; une mâchoire inférieure, dans l'état de repos, plus longue que la supérieure, un corps grêle et allongé, des dents longues et crochues, des yeux grands et la longueur de la première dorsale et de l'anale, tels sont les caractères zoologiques qui distinguent les Percophis des autres genres de la famille des Percoïdes.

Ce genre se compose d'une seule espèce, PERCOPHIS DU BRÉSIL, *Percophis Brasilianus* de Cuvier. C'est un petit poisson à corps allongé et cylindrique, à bouche fendue jusque sous l'œil, à mâchoires pointues en avant, garnies l'une et l'autre de dents crochues et pointues.

La couleur de ce poisson paraît d'un gris brun foncé en dessus, d'un gris argenté en dessous. L'individu est long de treize à quinze pouces. Il a été découvert au Brésil par les naturalistes de l'expédition Frécinet. (ALPH. GUICH.)

PERDIGAL. (OIS.) Nom provençal et languedocien du Perdreau.

PERDREAU. (OIS.) Jeune âge de la PERDRIX (*voy.* ce mot). (GUÉR.)

PERDRIX, *Perdix*. (OIS.) Le grand genre *Tetrao*, dont la caractéristique si large, *Supercilia nuda*, *papillosa*, donnée par son illustre auteur, permettait de considérer, comme pouvant indistinctement en faire partie, toutes les espèces gallinacées chez lesquelles un espace nu ou mamelonné et coloré le plus souvent en rouge, occupe le dessus de l'œil en forme de sourcil; ce genre, dans lequel quelques auteurs modernes ont cru trouver les élémens de huit ou neuf autres genres (qu'on nous permettra de passer sous silence), a été conservé par Cuvier. Mais le savant auteur du Règne animal l'a admis dans sa méthode avec des modifications que Gmelin, dans la treizième édition du *Systema naturæ*, avait senties et en partie signalées. Il a divisé les Tétrao de Linné en plusieurs sous-genres, parmi lesquels il distingue les Coqs de bruyère, les Lagopèdes, les Gangas ou Attagens et les Perdrix, qu'il subdivise en Francolins, en Perdrix ordinaires, en Cailles et en Colins.

Vieillot et Temminck ont employé pour les Perdrix, qu'ils ne considèrent plus avec Cuvier, comme une division des *Tétrao* de Linné, mais comme pouvant former un genre à part, les mêmes subdivisions. Ces ornithologistes donnent pour caractères à leur section générique : un bec nu à sa base, fort ou grêle, court, à mandibule supérieure voûtée et fortement inclinée vers la pointe; des narines percées sur les côtés de la base du bec et à demi closes par une membrane renflée et nue; des doigts antérieurs réunis à leur base par une membrane, le postérieur libre et ne portant à terre que par son extrémité; des ailes arrondies, obtuses, courtes et concaves; une queue composée de douze à dix-huit pennes courtes et inclinées.

Maintenant c'est en ayant égard à la présence ou à l'absence d'un tubercule ou d'un ergot aux tarses, à la présence ou à l'absence de plumes à la région sourcilière, et à la longueur des pennes de l'aile, que les subdivisions ont été établies. Nous n'avons à traiter ici que de celle dans laquelle les Perdrix proprement dites sont comprises. Les trois autres, dont il a été question aux articles CAILLES, COLINS et FRANCOLINS (*voy.* ces mots), ne doivent nous occuper que d'une manière indirecte, et seulement sous le rapport des mœurs considérées génériquement, c'est-à-dire dans leur ensemble chez tous les oiseaux que l'on réunit sous la même dénomination, celle de Perdrix.

Tous ont des habitudes plus ou moins terrestres. S'il en est quelques uns qui aiment les lisières des bois, qui se perchent même sur les grandes branches des arbres, les autres se plaisent de préférence dans les lieux découverts; ils fréquentent, selon leur instinct, les pays de plaines ou de montagnes. Au reste, la nature a imprimé à tous un caractère commun, celui de se reproduire dans des circonstances tout-à-fait analogues. C'est à terre, dans une touffe d'herbe, contre une pierre ou sous un buisson, qu'ils établissent leur nid; les œufs qu'ils y pondent sont nombreux, et le mâle ne soulage jamais sa femelle dans les soins assidus de l'incubation; seulement, lorsque les petits sont éclos, il se joint quelquefois à elle pour les conduire et leur indiquer leur nourriture. Ceux-ci naissent couverts d'un épais duvet, quittent le nid, et suivent leurs parens peu d'instans après avoir abandonné leur coquille.

Les Perdrix ont encore de commun un vol bas, droit, précipité, mais pénible; une marche facile, posée, quand rien ne les inquiète, et une course rapide lorsqu'elles sont poursuivies. Elles vivent, suivant la saison, de semences, de graines, de plantes bulbeuses, d'insectes ou de vers. Toutes fournissent à l'homme une chair délicate et recherchée; aussi leur fait-on une chasse assidue. Il n'est pas de moyens qui n'aient été mis en usage pour les capturer. Ces moyens, qui appartiennent à l'histoire des chasses, ne doivent point nous occuper dans celle des Perdrix.

En général, très-multipliés, relativement à la destruction énorme qu'on en fait tous les jours, ces oiseaux passent une grande partie de l'année en familles, et vivent ordinairement par couples durant la saison des amours. Rarement ils s'écartent des lieux qui les ont vus naître; cependant quelques espèces passent d'un pays dans un autre, et entreprennent même de fort longs voyages. En faisant l'histoire particulière des espèces que renferme la section des Perdrix proprement dites, section qui est caractérisée par *des tarses lisses ou munis d'un tubercule calleux*, nous aurons souvent à revenir et à ajouter à ces détails généraux.

Les quatre espèces de Perdrix que l'on donne comme faisant partie des oiseaux d'Europe, se rencontrent dans les limites de la France. Elles n'y sont pas, il s'en faut, également communes; l'une d'elles ne s'y trouve même que très-accidentellement et seulement dans le voisinage du pays où elle est assez abondante; mais il suffit qu'on ait signalé cette dernière dans quelques provinces méridionales du littoral méditerranéen pour que nous nous croyions autorisé à dire que nous possédons sur notre sol les quatre espèces qui vivent en Europe. Nous allons successivement les faire connaître avant de passer à quelques unes de celles qui habitent les autres parties du monde.

La Perdrix Bartavelle, *Perdix saxatilis*, Meyer, et *græca*, Briss. Belon, dans son ouvrage intitulé : De la Nature des Oiseaux, fait connaître cette espèce sous le nom de Perdrix grecque, nom que quelques auteurs lui ont même conservé. Les rapports que cet oiseau a avec la Perdrix rouge, dont nous parlerons plus bas, sont assez grands pour que des méthodistes justement célèbres, tels que Gmelin, par exemple, aient cru devoir considérer cette dernière comme une variété de la Bartavelle. Cependant elles diffèrent et par la taille et par la distribution de certaines couleurs dans le plumage.

La Perdrix Bartavelle, dont on a déjà parlé, mais sur laquelle nous devons revenir, tant pour la rattacher à la place qui lui convient que pour compléter son histoire, a toutes les plumes des parties supérieures et des côtés du cou d'un gris cendré légèrement nuancé de rougeâtre sur le dos; les joues, la gorge et le devant du cou d'un blanc pur encadré par une bande noire qui prend naissance au front, passe sur les yeux et descend sur les parties supérieure et antérieure du cou; les plumes qui recouvrent les flancs cendrées, marquées d'une double raie noire, et la plupart terminées de brun rougeâtre; l'abdomen jaunâtre; le bec, la région orbitaire et les pieds sont rouges. Elle a de longueur totale quinze pouces.

La femelle, ordinairement plus petite d'un pouce que le mâle, se distingue encore de celui-ci par des teintes moins pures et par une bande noire plus étroite.

Cette espèce varie du blanc pur au blanc sale, par tout le corps, ou simplement distribué par plaques plus ou moins nombreuses.

Buffon pense que c'est à la Bartavelle que doit être rapporté tout ce que les anciens ont dit de la Perdrix. « Aristote, ajoute-t-il (et c'est Aristote qui a fourni tous les documens que n'ont fait que copier ses successeurs), devait mieux connaître la Perdrix grecque qu'aucune autre, et ne pouvait guère connaître que des Perdrix rouges, puisque ce sont les seules qui se trouvent dans la Grèce, dans les îles de la Méditerranée, et, selon toute apparence, dans la partie de l'Asie conquise par Alexandre, laquelle est à peu près située sous le même climat que la Grèce et la Méditerranée. » Il est de fait que cette opinion, basée, comme on le voit, sur la présence, dans l'Archipel, des Perdrix rouges, et surtout de la Bartavelle, qui, au rapport des voyageurs, y est infiniment plus nombreuse qu'aucune autre espèce; cette opinion est assez fondée. Au reste, elle paraît d'autant plus susceptible d'admission que les observations de Belon sur la Bartavelle, observations qui ont été faites sur les lieux où cet oiseau est très-commun, sont généralement d'accord avec ce qu'Aristote a dit des Perdrix.

On est surpris de voir que la plupart des faits qu'Aristote a consignés dans l'histoire des oiseaux dont il est question, n'aient le plus souvent trouvé que des incrédules et jamais un contradicteur de bonne foi, qui, opposant aux faits émis par lui des faits mieux recueillis et rigoureusement discutés, fît rejeter sans appel ce que l'on s'accordait à considérer comme inexact et fabuleux. Mais ce qu'il y a de plus surprenant encore, c'est que ceux-là même qui étaient contraires aux opinions du philosophe grec, et ceux aussi qui le défendaient (car tous les ornithologistes ne lui ont point été opposés, et il appartenait au savant collaborateur de Buffon de démontrer qu'Aristote, tout en exagérant quelquefois, n'avait rien émis qui fût totalement en désaccord avec les mœurs et le naturel des Perdrix), les uns et les autres, disons-nous, n'ont point pensé à employer les élémens de solution qu'ils avaient sous la main. De part et d'autre, on s'en est presque exclusivement rapporté à ce qu'avaient dit les auteurs antérieurs, et peut-être un peu trop à un sentiment personnel. Ce qui le prouve, c'est que l'on ne trouve dans aucun ouvrage, depuis Belon, rien de nouveau concernant les habitudes naturelles de la Bartavelle; l'on n'a fait faire aucun pas à l'histoire de ses mœurs; l'on n'a pas ajouté le plus petit fait à ceux déjà connus, et l'on s'est contenté de contredire et d'élaguer ceux qui, dans l'ouvrage d'Aristote, impliquaient contradiction et entretenaient trop manifestement l'erreur; et pourtant, la Bartavelle, sans être trop commune en Europe, est assez abondante dans quelques pays, tels que les Alpes méridionales, le Tyrol, la Suisse, l'Italie, et même la France, pour qu'il y ait possibilité de l'observer dans sa vie errante.

Malgré le vide que certains faits de détails non encore appréciés laissent exister dans l'histoire de cette espèce, l'on possède cependant la connaissance du plus grand nombre de ses habitudes. L'on sait qu'elle se plaît généralement sur les lieux élevés, arides et rocailleux; et ce qui en est la démonstration, c'est sa présence sur les hautes montagnes du Jura, des Alpes, du Tyrol, etc.; qu'elle ne descend dans les plaines ou dans des régions moins élevées que pendant l'époque des amours. C'est là qu'elle pond, dans un nid négligemment fait avec quelques feuilles sèches, et caché entre les racines des grands arbres, sous des pierres ou dans la mousse qui recouvre les rocs, de quinze à vingt œufs d'un blanc jaunâtre, légèrement tachés de jaune roussâtre. Durant l'hiver, il paraîtrait aussi qu'elle abandonne le haut des montagnes pour se rapprocher des plaines.

L'on sait également que la Bartavelle est, plus qu'aucun autre oiseau, très-ardente en amour; aussi les Grecs en faisaient-ils le symbole de la lubricité: *Unde salacitatis venereæ symbolum* (1). Les mâles se battent entre eux avec un acharnement remarquable, pour la possession des femelles, et c'est pendant l'époque où ces combats ont lieu, c'est-à-dire lorsque les pariades se font, que leur chant est plus fort et plus fréquent.

Cette passion qui s'éveille et qui veut être satisfaite, ce besoin ardent qui porte les mâles vers les femelles, est souvent funeste aux premiers; car, enivrés par l'espoir des jouissances qui les attendent, ils donnent aveuglément dans le piége où les attire le chant d'une femelle.

Au rapport d'Aristote, la Bartavelle produit avec la Poule ordinaire des individus féconds, et, comme celle-ci, couve des œufs qui lui sont étrangers. Ce dernier fait avait déjà été exprimé par l'auteur des Lamentations, dans les termes que voici: « *Perdix fovit quæ non peperit* (2). »

Comme cet oiseau est fort estimé à cause de sa chair, qui passe pour être meilleure que celle de la Perdrix rouge, on a plus d'une fois tenté d'en peupler des parcs ou des volières, afin d'en multiplier l'espèce; mais ces tentatives ont toujours été infructueuses. Enlevée à ses montagnes, aux circonstances naturelles dont elle ne s'écarte jamais, elle languit et meurt. Cependant il paraîtrait que, selon le climat, cet oiseau s'habitue plus facilement à la captivité: car Sonnini, dans l'historique de son Voyage en Egypte, rapporte qu'à Aboukir, dans la maison de *Mallüm Yousef* (maître Joseph), il a vu deux Bartavelles qu'on nourrissait en domesticité. « Nos hôtes, ajoute-t-il, nous dirent que ces oiseaux passaient à Aboukir et qu'il n'était pas difficile d'en prendre, même de vivans. » Ce qui ferait encore supposer que cette espèce, que l'on voit sédentaire dans certaines localités, est au contraire de passage dans d'autres.

En France, la Bartavelle vit sur les montagnes du Jura et des Pyrénées. Delarbre, dans son Histoire des animaux d'Auvergne, la donne comme se trouvant dans cette ancienne province, aux environs de la ville d'Ardes, dans le canton de Formental, et Polydore Roux, dans son Ornithologie provençale, la cite comme appartenant à la Provence.

La Perdrix rouge, *Perdix rubra*, Briss., que l'on a aussi appelée Perdrix rouge d'Europe, pour la distinguer de la Bartavelle et de la Perdrix de roche, mesure de douze à treize pouces. Ses plumes sont généralement par dessus le corps d'un brun roussâtre assez uniforme, seulement au front et sur le haut de la tête, ce brun se charge de cendré; du haut de la racine du bec partent deux bandes, l'une blanche, qui s'étend jusqu'à l'occiput, où elle s'arrête, et l'autre noire, embrasse la partie nue qui entoure l'œil, suit la direction de la précédente; mais parvenue derrière l'oreille, elle se dirige en bas et en avant du cou pour encadrer le blanc pur de la gorge et des joues; les cotés et le devant du cou sont parsemés de taches noires plus ou moins grandes; sur la poitrine se dessine un large espace d'un cendré bleuâtre, et tout l'abdomen est lavé d'un roux très-léger; les larges plumes des flancs sont coupées par des bandes blanches et noires, et terminées par un large croissant roux. Le bec, le tour des yeux et les pieds sont entièrement rouges. Nous l'avons représentée pl. 473, fig. 1 (mâle). La femelle (même pl., fig. 1 *a*) se distingue, non seulement par ses teintes moins prononcées, mais encore par l'absence, chez elle, d'un tubercule aux tarses. Cet attribut appartient exclusivement aux mâles. Comme avant la première mue il ne se montre point encore chez les jeunes, il est très-difficile alors de distinguer les sexes, d'autant plus que les Perdreaux portent une livrée qui est commune à tous les individus. Cette livrée est remplacée par le plumage des adultes; mais dans cet état, les jeunes conservent encore un caractère qui les fait aisément reconnaître, et qu'on peut facilement constater lorsqu'on veut s'assurer si l'oiseau que l'on a sous les yeux est vieux ou jeune. Ce caractère consiste dans l'acuité de la première des pennes de l'aile et dans la teinte blanchâtre qui termine presque toutes ces pennes.

La Perdrix rouge est, comme la précédente, sujette à des variétés accidentelles. On en voit de totalement blanches, avec une nuance roussâtre sur quelques parties du corps, et d'autres dont le plumage offre seulement de larges taches blanches plus ou moins régulièrement distribuées.

Nous pourrions, à l'égard de la Perdrix rouge, répéter ce que tantôt nous disions de la Bartavelle: l'histoire de ses mœurs a été faite avec une négligence d'autant plus impardonnable, que cette espèce est plus commune et beaucoup plus répandue dans la France que celle dont nous venons de parler. Nous pourrions même dire que quelques erreurs, légères à la vérité, se sont glissées dans les ouvrages par suite d'une observation mal faite, et se sont perpétuées jusqu'à nous, précisément à cause de cette facilité qu'ont les auteurs à se copier les uns les autres, sans prendre la peine de constater si le fait que l'on emprunte à son voisin est vrai, ou s'il est susceptible d'être modifié. Depuis Buffon, on a écrit bien des volumes sur les oiseaux, et trop souvent peut-être, à propos des Perdrix, on s'est contenté de répéter ce qu'en avait dit Buffon, par conséquent le vrai et le faux; car, ainsi que nous espérons le démontrer, Buffon

(1) Scaliger, *in Aristotel. de Plantis.*
(2) Jérémie, *Prophéties*, cap. XVII, 11.

ou son collaborateur Guénaud de Montbeillard, n'ont pas toujours été heureux au point de ne recueillir et de ne consigner que des faits bien observés.

La Perdrix rouge, que nous avons abondamment en France dans presque tous les départemens méridionaux, et qu'on est même parvenu à élever dans quelques uns de ceux du nord (1), quoique son naturel soit opposé à la température d'un climat trop froid; la Perdrix rouge, disons-nous, aime les lieux accidentés; il lui faut des coteaux rapprochés les uns des autres, des gorges, des vallons. Rarement elle fréquente les bois de haute futaie, et rarement aussi elle s'égare dans la plaine. Dans les grands bois, son vol serait borné, et dans la plaine, elle serait hors de sa sphère; ce n'est pas qu'on ne l'y rencontre quelquefois, mais c'est rare: chaque espèce est retenue dans les limites que la nature lui a posées. C'est donc en général sur les coteaux couverts de bruyère, de chênes nains, de vignes, en un mot de toutes sortes d'arbres qui n'acquièrent pas une taille élevée, que la Perdrix rouge se tient de préférence. Là elle se fait des habitudes, a ses cantons de prédilection qu'elle n'abandonne que quand la nécessité l'y force et dans lesquels elle revient constamment. Ces cantons sont ceux où elle est née, ou bien encore ceux qui lui offrent les circonstances les plus favorables à son existence.

Ce qu'il y a de bien remarquable, c'est que par ses goûts qui la portent à vivre plutôt dans tel lieu que dans tel autre, la Perdrix rouge est intermédiaire à la Bartavelle et à la Perdrix grise. Nous savons que la première ne se plaît habituellement que sur les collines élevées et arides; nous dirons plus bas que la seconde demeure plus fréquemment dans les lieux de plaine. Eh bien! la Perdrix rouge ne fréquente ceux-ci que d'une manière transitoire, si l'on peut employer cette expression, et ne se porte jamais sur le sommet des hautes montagnes. Il est des limites au-delà desquelles on ne la rencontre que très-rarement. Si les petits accidens de terrains sur lesquels elle vit et qu'elle visite alternativement sont à proximité d'une grande colline, elle se rend quelquefois sur le penchant de celle-ci, mais elle ne le remonte jamais entièrement: les régions intermédiaires lui plaisent beaucoup plus que toute autre.

C'est par suite de l'habitude qu'elle se fait de visiter tels ou tels lieux, et de la connaissance qu'elle prend de ces lieux, d'où elle ne s'écarte, nous le répétons, que très-accidentellement, que la Perdrix rouge a ce que les chasseurs appellent ses remises, c'est-à-dire des points vers lesquels, lorsqu'on la poursuit, elle se rend avec une constance remarquable. Il suffit, lorsqu'elle s'élève, de constater la direction qu'elle prend, pour être à peu près assuré qu'on va la retrouver vers telle partie d'un autre coteau, bien cependant qu'on ne l'ait point vue s'y arrêter. Pourtant lorsqu'elle est pressée trop vigoureusement, elle perd sa voie, s'égare dans des contrées qui lui sont inconnues, et dans ce cas devient presque toujours la proie du chasseur.

La marche ou la course sont les moyens que cette espèce met ordinairement en usage pour se transporter d'un endroit dans un autre; elle n'emploie le vol que pour franchir des distances assez grandes, et lorsque la nécessité l'exige. Son allure, grave comme celle de tous les Gallinacés, devient légère et gracieuse lorsqu'elle précipite le pas. Tantôt elle relève sa tête avec fierté, tantôt elle l'abaisse de manière à la mettre, avec son corps, dans un plan tout-à-fait horizontal; d'autres fois sa marche est rampante; c'est surtout lorsqu'elle est chassée qu'elle agit de la sorte. Alors on la voit dans les sentiers battus, qu'elle parcourt de préférence, dans les guérets, dont elle suit les sillons, ou dans les champs de chaume, piétiner avec une vélocité extraordinaire. Elle court en rasant la terre; s'arrête pour épier tous les mouvemens de l'objet qui cause son effroi, puis court encore, et ne se décide enfin à prendre son essor qu'alors que le danger est imminent. Mais si la Perdrix croit devoir, par la fuite, éviter l'approche de l'homme, son instinct semble lui commander au contraire, lorsqu'elle aperçoit un oiseau de proie, de se mettre en évidence le moins possible. Alors elle se condamne à une inaction complète, se blottit sous une touffe d'herbe, contre une pierre, etc., et ne reprend confiance qu'après que l'oiseau rapace, qu'elle a continuellement suivi de l'œil, s'est éloigné d'elle. Il arrive cependant que celui-ci la découvre et s'apprête à fondre sur elle. Dans cette circonstance, elle sait quelquefois éviter le péril qui la menace en prenant son essor pour se précipiter dans une touffe d'arbres ou dans le buisson le plus prochain. Cette retraite est pour elle un lieu sûr qui la soustrait aux griffes du Faucon ou de la Buse, mais qui la livre aux mains de l'homme, si celui-ci, témoin de sa fuite précipitée, se porte vers le lieu de sa demeure actuelle. Sa frayeur est telle, que tous les moyens que l'on pourrait employer afin de la déterminer à partir, seraient inutiles. Elle demeure comme stupéfaite au milieu des broussailles qui lui servent d'asile, et se laisse prendre sans faire la moindre résistance. On nous a cité plusieurs faits de ce genre; une fois nous en avons été nous-même témoin, de sorte qu'à cet égard nous ne saurions conserver le moindre doute. C'est bien plus, nous avons vu une Perdrix rouge qui n'avait pas été assez heureuse pour échapper à l'Épervier qui la chassait, mais qu'on avait arrachée des serres de celui-ci, assez à temps pour qu'elle n'eût encore ni contusion ni profonde blessure; nous avons vu cette Perdrix, dans l'instant même qui a suivi sa délivrance, rester sans mouvemens. Son œil était grandement ouvert, sa respiration était très-active; mais ses jambes et ses ailes paraissaient comme enchaî-

(1) Nous avons vu il y a quelques années à Ferrières (petit village situé à quelques lieues de Paris), dans le domaine attenant à la maison de campagne du capitaliste Rotschild, plusieurs compagnies de Perdrix rouges qui, placées là pour servir à des plaisirs destructeurs, semblaient y prospérer à merveille.

nés. On la poussait du pied, elle se laissait faire; on l'élevait à une certaine hauteur, puis on l'abandonnait, et elle tombait comme un corps inerte, sans que ses ailes s'étendissent pour adoucir sa chute.

Les effets de la peur, sur l'oiseau dont nous parlons, sont très-profonds, comme on le voit par les exemples cités. Ce qu'il y avait d'instinct ou d'intelligence chez lui s'éteint lorsqu'il est menacé de tomber sous la serre d'un oiseau de proie. Mais tous ses ennemis naturels ne font pas sur lui la même impression. Nous avons dit que l'approche de l'homme la faisait fuir; il en est de même pour le Chien, et si le Renard la détermine quelquefois à d'autres actes, ce n'est, on peut le dire, que dans des cas très-exceptionnels. Ainsi on l'a vu éviter les poursuites de ce dernier, en se perchant, contre ses habitudes, sur les grandes branches des arbres.

On a débité bien des fables sur la prétendue fascination que le Renard exerce sur les oiseaux, mais particulièrement sur les Perdrix. Sans entrer à ce sujet dans des détails qui nous éloigneraient de notre but; sans raconter la manière dont ce Mammifère fait la chasse à ces Gallinacés (ce dont nous aurons à nous occuper plus tard au mot Renard, comme appartenant à l'histoire des mœurs de ce Carnassier), nous devons pourtant dire qu'à la vue de cet ennemi, le plus acharné et le plus redoutable après l'homme, les Perdrix se rassemblent, poussent un certain cri de détresse, qu'elles ne font entendre que dans cette circonstance, se pressent les unes contre les autres, partent toutes en même temps, se groupent de nouveau lorsqu'elles s'abattent, pour repartir si le Renard persiste à les poursuivre. On dirait que leur salut dépend du maintien de la réunion qu'elles forment. Si le Renard parvient à les disperser, c'en est fait; l'une d'elles doit infailliblement périr si elle ne trouve une retraite où celui-ci ne puisse l'atteindre; car, négligeant les autres pour celle qui s'égare, il s'attachera à elle jusqu'à ce qu'elle tombe sous sa dent ou qu'il en perde la voie, ce qui est rare.

Le vol de la Perdrix rouge, brusque, bruyant, rapide (1), est d'ordinaire peu soutenu et peu élevé. Lorsqu'elle part, c'est toujours avec un battement d'aile si fort, qu'on ne peut se défendre non pas d'un mouvement de frayeur, mais de surprise. On croit difficilement à un pareil effet produit sur l'homme par le vol d'un oiseau; nous-mêmes serions peut-être un peu incrédule sur ce point, si nous n'avions plus d'une fois éprouvé ce dont nous parlons, et si des chasseurs de profession ne nous avaient assuré qu'ils n'ont cessé de ressentir la même impression, que par suite d'une longue habitude. C'est surtout pendant le mois de septembre que ce bruit, auquel il se mêle alors un petit sifflement bien sensible, par suite de la mue de quelques pennes de l'aile, acquiert le plus d'extension; et comme, durant ce mois, cet oiseau a pris tout son développement et un embonpoint qu'il n'a pas dans toute autre saison, on a dit que la Perdrix rouge n'était jamais aussi bonne que lorsqu'elle sifflait.

On aurait une idée fausse de la manière dont la Perdrix dirige son vol, quand elle veut se transporter d'un point vers un autre point, si, sous ce rapport, on la comparait à tout autre oiseau. Lorsqu'elle part du milieu d'un bois taillis, elle commènce par s'élever à quelques pieds au dessus des arbres, non pas perpendiculairement comme le fait la Bécasse que l'on surprend dans les mêmes circonstances, mais obliquement; puis elle file droit et de telle sorte, que son vol, qui, dans les premiers temps, semblant se soutenir au dessus des arbres, toujours à la même distance du sol finit, lorsqu'elle s'approche de la claire-voie où elle va s'arrêter, par décliner de plus en plus jusqu'au moment où ses pieds touchent de nouveau la terre. Si d'un coteau elle veut se rendre sur un autre coteau, elle ne le fait pas par un vol direct, que représenterait une ligne horizontale; mais en suivant tous les contours qu'elle rencontre pour arriver au lieu vers lequel elle tend, et de manière à décrire une ou plusieurs courbes continues et plus ou moins fortes; on dirait qu'elle est attirée constamment vers le sol, et qu'il ne lui est pas donné de s'élever à une hauteur de plus de vingt pieds. Rarement la Perdrix rouge dirige son vol vers le sommet des coteaux qu'elle fréquente, elle en suit les flancs, les escarpemens, et gagne toujours plus ou moins les bas-fonds. Le contraire a lieu lorsqu'elle est jetée; alors elle remonte en courant, et quelquefois jusqu'au plus haut du coteau. Les chasseurs possèdent parfaitement la connaissance de ces habitudes; aussi vont-ils attendre une Perdrix bien au dessus de l'endroit où elle est tombée, au lieu d'aller la chercher dans cet endroit même.

Nous avons dit que la marche ou la course étaient les moyens locomoteurs que cet oiseau emploie le plus ordinairement, mais qu'il mettait également en usage le vol, lorsque les circonstances l'exigeaient. Or, la poursuite qu'on lui fait; l'éloignement de ses compagnes qui la rappellent; les cris d'une femelle pendant les pariades; la distance qui la sépare du champ dans lequel elle va habituellement pâturer, sont autant de circonstances qui la déterminent à faire usage du vol.

On a avancé, et cette opinion n'a encore été contredite par personne, que les Perdrix rouges étaient moins sociables que les Perdrix grises. Nous l'avouons, en prenant acte de cette opinion que nous trouvons dans les ouvrages les plus estimés, nous sommes poussé moins par le désir de combattre ce que nos devanciers ont dit, que par celui de rétablir la vérité qu'ils ont un peu méconnue par défaut d'observation. Appelé à faire l'histoire des mœurs des Perdrix, nous devons,

(1) Ce qui prouve la rapidité avec laquelle la Perdrix rouge vole, c'est que, lorsqu'on la tire au travers, surtout au moment où elle est bien lancée, c'est-à-dire lorsqu'elle a déjà parcouru un trajet d'environ une cinquantaine de pieds, au lieu de rester sur place (comme on dit en terme de chasse), elle va quelquefois tomber à vingt ou trente pas du point où elle a été mortellement atteinte, par le seul effet de la force impulsive qui la portait en avant.

lorsque nos recherches sur ces oiseaux nous ont conduit à des résultats autres que ceux que l'on connaît, en donner avis à nos lecteurs. Au reste, comme ce sont des faits que nous apportons, pour les mettre en opposition avec d'autres faits, l'on adoptera ou l'on rejètera ceux que l'on jugera être bien ou mal observés. Nous ne prétendons nullement imposer notre manière de voir; nous ne voulons que l'exprimer.

Les Perdrix rouges, a-t-on dit, sont moins sociables que les Perdrix grises. Si par le mot sociable on avait voulu faire entendre qu'elles forment des sociétés moins nombreuses que ces dernières, rien ne serait plus vrai; car celles-ci sont sans comparaison beaucoup plus communes que les rouges; mais ce n'est point là le sens qu'on a attaché à ce mot. Ce qu'on a voulu dire, c'est que les Perdrix dont actuellement nous parlons, sont bien moins portées que les grises à vivre en société, qu'elles ont de la tendance à s'isoler les unes des autres. Cependant nous avons vu les individus d'une même couvée et quelquefois ceux qui provenaient de deux pontes différentes, demeurer constamment unis depuis l'époque de leur éclosion jusqu'en décembre et même plus tard. Il arrive souvent qu'à l'ouverture des chasses on détruit presque en entier une compagnie, dans ce cas, si le mâle et la femelle ont été tués et qu'il ne reste plus que trois ou quatre Perdreaux, ceux-ci se joignent à une autre couvée; mais si au contraire l'un des parens survit, et qu'il soit assez heureux pour échapper long-temps encore à la mort qui dans cette saison le poursuit tous les jours, les trois ou quatre restes d'une nombreuse famille ne l'abandonneront point, le reconnaîtront toujours pour leur guide, et l'on pourra être persuadé, si leur nombre ne diminue pas de nouveau par suite d'un accident pareil à celui qui a enlevé les premiers, de les retrouver unis et dans les mêmes cantons pendant au moins huit mois de l'année. Il en est de même pour les compagnies qui n'ont point été touchées; elles resteraient indéfiniment dans la même intelligence, dans le même attachement, si un sentiment plus fort que l'instinct de sociabilité ne venait les désunir. Ce sentiment est celui de l'amour. Les couples se forment, la société se rompt.

Or, ce seul fait d'une réunion d'individus de la même espèce qui ne se séparent que pour se reproduire, doit, ce nous semble, être une forte présomption en faveur du naturel sociable de ces mêmes individus, et cela d'autant mieux que la société que forment ceux qu'on leur dit supérieurs sous le rapport de l'attachement mutuel, n'est ni plus durable ni plus constante. Oui, disent les partisans de l'opinion contraire, les Perdrix rouges et les Perdrix grises se réunissent par compagnies; mais les premières sont moins sociables que les secondes, en ce sens qu'elles se tiennent plus éloignées les unes des autres; qu'elles ne partent pas toutes à la fois; qu'elles prennent souvent leur essor de différens côtés, et qu'elles montrent beaucoup moins d'empressement à se rappeler. Or, tous ces argumens, comme nous espérons le démontrer, ne sont que le résultat d'une observation mal faite. Ces deux espèces diffèrent si peu entre elles eu égard à leur sociabilité, qu'en vérité, ce que l'on dit de l'une pourrait également s'appliquer à l'autre. Pour avancer que les Perdrix rouges se tiennent plus éloignées entre elles que ne le font les grises, il faut avoir porté une attention peu soutenue sur les habitudes des unes et des autres, ou bien il faut les avoir étudiées placées dans des circonstances toujours différentes. Les arbres, les pierres, les bruyères, au milieu desquels vivent les Perdrix rouges, sont autant d'obstacles qui bornent la vue et ne permettent pas de juger sainement des rapports qu'elles peuvent avoir entre elles; mais que l'on profite, pour bien apprécier ce fait, de l'instant où toute une compagnie se jette dans un champ découvert pour y chercher sa nourriture, et l'on verra tous les individus qui la composent, parcourir ce champ les uns suivant les autres.

Au reste, nous avons encore le moyen de juger de la sociabilité des Perdrix rouges, par les traces irrécusables qu'elles laissent sur la terre. L'on sait qu'elles se plaisent à se rouler dans la poussière et que cette action continue détermine une excavation plus ou moins profonde. Eh bien! il est très-ordinaire de rencontrer trois, quatre, six de ces cavités, si voisines les unes des autres, qu'elles se confondent par leur circonférence: ce sont, nous le disons avec intention, tout autant de points qu'occupaient des individus différens. Et puis une autre preuve est celle qui se tire des excrémens qu'elles ont laissés sur le lieu où elles ont passé la nuit. Ils y sont en petit tas si rapprochés, qu'il doit rester démontré pour quiconque aura été témoin de ce fait, que, si les rapports qui existent entre plusieurs individus sont la démonstration de leur sociabilité, les Perdrix rouges doivent être excessivement sociables; car ici des preuves témoignent encore en faveur du peu de distance qu'elles laissent entre elles.

Voyons maintenant s'il est vrai qu'elles ne partent pas toutes à la fois.

Pour qu'une étude de mœurs soit rigoureusement dans les limites du vrai, il faut, avant tout, se placer vis-à-vis de l'animal dont on veut connaître les habitudes, dans de certaines conditions, et cela pour que cet animal ne soit pas contraint dans ses actes; l'on doit également tenir compte des circonstances extérieures. En ayant égard aux premiers, on pourrait dire que les Perdrix rouges ne partent pas toutes à la fois, si réellement on les voyait arriver séparément et après quelques instans d'intervalle, dans les environs du lieu où l'on est en observation; mais nous avons dit plus haut que le contraire arrive. Or, puisqu'on les voit se jeter toutes en même temps sur un point quelconque du sol, il faut logiquement admettre, après ce que nous avons rapporté de leur manière de voler, que toutes, en même temps, ont également pris leur essor, et cette conséquence est d'autant plus naturelle, qu'ici elles agissent spontanément; leur départ n'ayant pas été provoqué par l'approche d'un ennemi.

Mais si l'on veut juger de leurs actes, en dehors des conditions nécessaires pour bien les apprécier, par exemple, lorsque la présence de l'homme les détermine, alors on voit que la manière dont s'effectue leur départ est variable selon les circonstances au milieu desquelles elles se trouvent. Tantôt, quel que soit leur nombre, et quelle que soit l'époque de la journée, elles partent toutes ensemble, et c'est lorsqu'on les surprend dans un endroit découvert, ou bien, le matin et le soir lorsqu'elles courent sur les coteaux à travers les bruyères. Dans ces cas leur essor est simultané. Tantôt au contraire, leur départ s'effectue, si l'on peut dire, d'une manière intermittente. C'est durant les fortes chaleurs de l'été, lorsqu'elles chôment, qu'elles reposent à l'ombre que leur offrent les arbres, les buissons, que ce fait se présente assez fréquemment et plus fréquemment encore, lorsqu'après un premier vol, on s'empresse de les rejoindre et qu'on les force ainsi à prendre une seconde fois leur volée: alors celles qui sont assez à découvert pour apercevoir l'ennemi qui les cherche, partent les premières, et celles auxquelles la frayeur ou la fatigue d'un trajet assez long, a fait choisir pour retraite les buissons des alentours, ne se décident à suivre leur exemple, qu'au moment d'être forcées. Il en résulte que celles-ci, au nombre de trois, quatre, n'importe, non seulement peuvent ne pas prendre la direction que leurs compagnes ont prise, mais encore gagner elles-mêmes des points différens. Voilà probablement ce qui aura fait avancer, d'une manière générale, que les Perdrix rouges ne partaient pas toutes à la fois et ne prenaient pas leur essor du même côté.

Ces faits que l'on a cru devoir indiquer comme preuves du peu de sociabilité de ces gallinacés, ont d'autant moins de valeur, qu'ils se répètent d'une manière identique chez les Perdrix grises auxquelles on a voulu les comparer. Tous les chasseurs savent qu'il n'est pas constant de voir celles-ci partir toujours ensemble, et surtout de les voir prendre la même direction. Nous croyons donc qu'en observant bien rigoureusement et en ayant égard aux circonstances, l'on peut être conduit à dire que ces deux espèces sont sociables au même degré; car, dans les conditions ordinaires de leur vie, leurs rapports mutuels sont les mêmes, et, quoi qu'on en ait dit, les unes ne sont pas plus empressées à se rappeler lorsqu'elles sont dispersées, que les autres. En effet, les Perdrix rouges comme les Perdrix grises, surtout depuis juin jusqu'en octobre, ne tardent pas, lorsqu'on vient de les diviser, à faire entendre leur voix. Les vieux, mâle ou femelle, réclament les jeunes, et les jeunes répondent par des piaulemens, ou, lorsqu'ils sont assez forts, par un chant qui, sans avoir tout l'éclat de celui des parens, en a pourtant le caractère. Ce chant dans le mâle consiste à peu près dans les syllabes que voici: *kac*, *kac*, *kac*, *kac-karo*, *karackackaro*, *karackackaro*, *kac*, *kac*. La femelle répète seulement plusieurs fois de suite la syllabe *kackaro*, bien que, pour appeler ses petits, elle ait un cri semblable au *kac*, *kac* qui précède toujours le chant du mâle.

Il n'est peut-être pas d'oiseaux dont les habitudes naturelles soient aussi réglées, aussi constantes que celles des gallinacés: c'est dire que nous devons retrouver chez les Perdrix cette régularité et cette constance. Elles ont des heures pour vaquer à la recherche de leur nourriture et des momens de loisir. Le matin, dès le point du jour, on les entend caqueter. Cet indice de leur réveil est aussi le signal de leur départ; car bientôt on les voit s'élever pour se rendre d'une seule volée, dans un champ cultivé, où elles trouveront de quoi contenter leur premier appétit. Ici le naturel craintif et défiant des Perdrix rouges commence à se déceler; lorsqu'elles se jettent, elles ont garde de se mettre tout de suite en évidence, de se livrer immédiatement à la recherche des substances dont elles s'alimentent. Loin de là, elles n'ont pas sitôt touché le sol, qu'elles se rasent de manière à disparaître entièrement. En vain chercherait-on alors à les découvrir; leur immobilité ne peut trahir leur présence; mais peu à peu on les voit relever la tête, puis le corps, et enfin se mettre en mouvement: c'est qu'elles ont pris confiance, en s'assurant par la vue, que rien dans les environs ne pourra les troubler. Le moindre objet qu'elles n'ont pas l'habitude de voir, le moindre bruit les tient en émoi et les détermine à demeurer plus long-temps rasées, ou à repartir pour un autre canton. Lorsqu'elles sont suffisamment repues, elles volent ou courent se désaltérer à la source voisine, après quoi elles regagnent les coteaux et les bois. Durant la belle saison, elles abandonnent ordinairement les lieux cultivés vers dix heures du matin pour n'y reparaître qu'entre trois et quatre heures; c'est alors le moment de leur second repas. Pendant l'hiver, leur nourriture étant plus rare, on les voit plus long-temps occupées à la chercher, et il en résulte que toute la journée se passe presque dans cette occupation. Aussitôt que le jour commence à décliner, elles se retirent sur les lieux élevés qu'elles fréquentent, rôdent long-temps et en cacabant de temps à autre, avant de faire choix d'une place où elles puissent convenablement passer la nuit; puis, lorsque ce choix est fait, elles se rapprochent et se livrent au repos. Ce qu'il y a de remarquable, c'est que jamais elles ne reviennent le lendemain au soir, précisément sur le même point où la veille elles ont couché; c'est toujours ou dans les environs, ou même dans un tout autre canton. Nous devons dire aussi, que loin de chercher pendant la nuit un abri sous les grands arbres, elles paraissent au contraire s'en écarter avec soin. En effet, elles choisissent de préférence au milieu d'un bois, d'un taillis, les espaces plus ou moins vastes que recouvrent seulement des thyms, des romarins, en un mot de forts petits arbustes; les lieux pierreux et rocailleux leur conviennent également bien.

Si les Perdrix rouges étaient aussi multipliées que certains oiseaux de nos contrées méridionales,

les profits qu'on en retire comme aliment ne compenseraient peut-être pas les dégâts qu'elles pourraient faire aux céréales. Pendant les semailles elles cherchent le grain resté sur terre et savent découvrir celui qui est enfoui ; lorsque le blé, l'orge, etc., commencent à germer, elles en rasent quelquefois la tige mieux que ne le font les Lièvres, et lorsque la maturité de ces semences arrive, elles s'attaquent aux épis. Dans les pays de vignobles on reconnaît aisément les coteaux qu'elles fréquentent, aux dégâts qu'elles font des raisins dont elles sont très-friandes. Les Perdrix rouges, au besoin, se nourrissent aussi de très-petites limaces, d'herbes et d'insectes.

Avec le retour des beaux jours naît le besoin de se reproduire; alors les oiseaux dont il est question, sous l'influence de ce besoin, rompent toute société, pour ne plus former que des couples. Mais ces nouveaux liens n'ont pas lieu sans qu'il y ait querelle et quelquefois combats. C'est ordinairement en février que les pariades commencent. A cette époque les mâles, que des désirs naissans maîtrisent, paraissent avoir un naturel bien moins sauvage qu'auparavant; peut-être encore l'ardeur qui les transporte leur fait-elle oublier ou leur cache-t-elle le danger; car, le matin, au lever du soleil, lorsque, juchés sur une élévation, ils font entendre leurs cris d'appel, on peut, avec quelques précautions, les approcher d'assez près, sans qu'ils cessent de cacaber, chose que, dans toute autre saison, l'on ne pourrait faire.

L'on a dit que, le moment de la ponte venu, et l'acte copulateur étant consommé, les mâles abandonnaient leurs femelles, et se réunissaient à ceux qui n'avaient pu s'accoupler, pour former des compagnies assez nombreuses. Nous n'oserions affirmer que ce dernier fait soit vrai; car il ne nous est jamais arrivé de rencontrer des compagnies ainsi composées; mais ce que nous pouvons dire, c'est que les mâles que nous avons pu observer nous ont paru assez attachés à leurs femelles. Durant l'incubation on les entendait dans les environs du nid et après l'éclosion des petits, on les retrouvait assez souvent avec les femelles, occupés du soin de la famille. Par exemple, ils sont étrangers au choix que la couveuse fait du lieu où elle place son nid et à la construction de celui-ci. Ces soins appartiennent à la femelle. En effet, c'est elle seule qui choisit, dans une exposition heureuse, soit dans les blés, les broussailles, les bruyères, etc., un lieu convenable, et amasse, dans la légère excavation qu'elle y pratique avec ses pieds ou avec son bec, quelques brins d'herbes et quelques feuilles sèches. C'est dans ce nid grossièrement construit, qu'elle pond de douze à vingt œufs, d'un jaune sale parsemé d'un grand nombre de taches rousses et de petits points cendrés. La durée de l'incubation est de dix-huit à vingt jours, selon que les circonstances extérieures sont propres à hâter ou à retarder le développement. Les jeunes, auxquels on donne le nom de *Perdreaux*, en naissant, suivent déjà leur mère; mais ils ne peuvent encore voler. A défaut de cette faculté, qu'ils acquerront plus tard, ils savent, en courant et en se cachant dans les murailles, entre les pierres, sous les buissons, éviter le danger qui les menace. A un signal de la mère, on les voit, tantôt se blottir et tantôt fuir à pas précipités, en s'aidant de leurs membres antérieurs qu'ils agitent. Avec quelle sollicitude celle-ci veille sur sa famille! Elle est trop faible pour la défendre contre ses ennemis naturels, mais elle l'avertit du moindre péril et la détermine à le fuir. C'est elle qui indique à ses poussins leur première nourriture; c'est elle qui les réchauffe sous ses ailes; c'est elle qui les conduit par tous les sentiers du canton où ils sont nés. Enfin c'est elle qui semble fortifier en eux ce naturel défiant et craintif qui les caractérise. La part que le mâle prend aux soins de sa progéniture n'est pas moins active que celle de la femelle; car c'est lui qui, par ses cris, avertit quelquefois du danger, et donne le signal de la fuite en partant le premier.

Un fait que nous devons mentionner, est celui qui a trait à la manière dont se comportent les Perdreaux, lorsque, sous la conduite de leurs parens, ils vont boire. En ce moment, la prudence paraît présider à leurs actes. Ils ne s'avancent pas étourdiment et tous en masse de l'abreuvoir, ainsi que le font la plupart des oiseaux; mais ils courent, s'arrêtent, épient, et lorsqu'ils ont acquis la certitude que rien ne viendra les troubler ni les surprendre, ils approchent de plus en plus de l'eau, jusqu'à la distance de huit, dix ou quinze pas. Alors trois ou quatre individus, ayant à leur tête le mâle ou la femelle, se détachent de la bande et viennent apaiser leur soif, pendant que les autres demeurent en observation. Après qu'ils ont bu, ils se retirent pour faire place à quelques autres, qui à leur tour s'éloigneront pour laisser approcher les derniers. Lorsque tous ont satisfait à leur besoin, ils prennent leur volée, ou font usage de la marche dans leur retraite. Ce fait nous a été confirmé, bien des fois, par plus d'un témoin oculaire.

Eh bien! malgré ce naturel sauvage, défiant et craintif, les Perdrix rouges se familiarisent aisément et paraissent regretter fort peu la perte de leur liberté. D'après le témoignage de Tournefort (Voyage au Levant, tom. I), il paraîtrait que dans l'île de Scio on élève des compagnies de Perdrix rouges et qu'on les conduit pâturer dans la campagne, comme chez nous on conduit les Moutons ou les Dindons. Vieillot pense que ce pourrait bien être des Bartavelles et non des Perdrix rouges, avec lesquelles on les a si long-temps confondues, que les insulaires élèvent; mais comme Tournefort ajoute que près de Grasse, en Provence, il avait vu un homme qui conduisait un troupeau de ces oiseaux, lesquels étaient tellement familiers qu'il les prenait à la main et les caressait alternativement, la supposition de Vieillot tombe nécessairement; car les contrées de la Provence que cite Tournefort, nourrissent excessivement peu de Bartavelles, et par contraire beaucoup de Perdrix rouges. Au reste, quand bien même ces preuves de la facilité avec laquelle les oiseaux dont il est question s'apprivoisent, n'existeraient pas, il resterait toujours dé-

montré

montré pour nous que l'homme peut profondément modifier leur naturel ; car nous avons vu un couple de Perdrix rouges qui était bien moins sauvage que ne le sont certaines Poules, et qui suivait celui qui l'avait élevé, accourait à sa voix, errait librement partout, etc. Les jeunes surtout, s'ils ne périssent d'ennui dans une cage étroite, se familiarisent aisément.

La Perdrix dont nous venons de faire l'histoire a une distribution géographique (du moins en Europe) bien plus restreinte que celle de la Perdrix grise. Les conditions d'existence et de reproduction ne pouvant lui être offertes par les pays du nord, il en résulte qu'elle est reléguée dans les contrées méridionales. En France même, où M. Temminck dit, mais à tort, qu'elle habite les plaines, on ne la trouve déjà plus dans les départemens du nord : elle est assez commune dans certaines contrées de l'Espagne, de l'Italie, très-rare en Suisse, et totalement étrangère à l'Allemagne, à la Hollande et à l'Angleterre. En Asie et en Afrique, elle paraît bien plus répandue qu'en Europe.

La Perdrix de roche ou Gamba, *Perdix petrosa*, Lath., que Buffon a désignée sous la dénomination de Perdrix rouge de Barbarie, est la plus petite des espèces européennes. Latham en faisait une variété de la Perdrix rouge, dont pourtant elle se distingue, non seulement par la taille, mais encore par les couleurs et leur distribution. Elle a le front, le haut de la tête et la nuque d'un marron foncé, qui se dilate sur les côtés du cou en un large collier varié de taches blanches ; les plumes de la région parotique rousses ; la gorge, les tempes, et un large sourcil d'un cendré bleuâtre ; les parties supérieures d'un cendré roux ; la poitrine grisâtre ; l'abdomen brun-clair, et les plumes des flancs coupées par une large bande mi-partie blanche et rousse qu'accompagne, sur les deux côtés, une autre bande noire très-étroite, sont terminées de roux. En outre, les tectrices alaires offrent huit ou dix taches d'un beau bleu de turquoise bordé d'orange.

La femelle a des couleurs moins vives. Comme les espèces précédemment décrites, celle-ci est sujette à des variétés accidentelles.

Au reste, ses mœurs, du moins ce que l'on en sait, car on les connaît assez peu jusqu'à ce jour, rappellent celles de la Bartavelle. Elle aime les montagnes arides et rocailleuses, vit d'insectes et de semences, et pond dans un nid grossièrement fait, qu'elle place sous les buissons, en des lieux le plus souvent déserts et montueux, mais quelquefois dans les champs, de dix à quinze œufs d'un jaune sale, parsemés de petits points d'un jaune verdâtre.

Cette espèce habite les contrées montueuses de l'Espagne, les îles Mayorque et Minorque, la Corse, la Sicile, la Calabre, Malte, les environs de la Gambie en Afrique, et selon Temminck, les bords du Niger au Sénégal. On la rencontre très-accidentellement dans la France méridionale, le long de la Méditerranée.

La Perdrix grise, *Perdix cinerea*, Lath., que nous représentons pl. 473, fig. 2, sans contredit l'une des plus répandues en Europe et par conséquent des plus connues, se distingue assez de celles que nous venons de décrire et que l'on rassemble ordinairement sous la dénomination commune de Perdrix rouges, par son plumage qui est roux clair au front, sur les côtés de la tête et à la gorge ; brun roussâtre, varié de traits longitudinaux jaunâtres sur la tête, strié ou tacheté de cendré, de roux et de noir, sur toutes les parties du corps, ainsi que sur le bas du cou et sur la poitrine où le cendré est plus répandu ; d'un brun roux-marron disposé en croissant sur le haut de l'abdomen, qui est d'un blanc sale ; et surtout par la couleur du bec et des pieds qui est d'un brun grisâtre, au lieu d'être rouge comme dans les espèces précédentes.

La femelle, également figurée pl. 473, fig. 2 a, n'a point le roux du front et de la gorge aussi étendu ; chez elle, les stries de la tête prennent la forme de taches ; le marron de la poitrine disposé en fer à cheval manque, et toutes ses couleurs sont en général plus foncées. Les jeunes, avant leur première mue, ont tout le plumage d'un brun jaunâtre coupé de bandes et de raies d'un brun noirâtre.

Les variétés accidentelles ou locales auxquelles la Perdrix grise est sujette, ont souvent induit en erreur les ornithologistes, en ce sens qu'ils ont pu prendre quelques unes de ces variétés pour des espèces distinctes. Tantôt elle est d'un blanc pur, tantôt ce blanc n'occupe qu'une certaine partie du corps ou se distribue par plaques ; d'autres fois toutes les couleurs sont faiblement ébauchées sur un fond jaunâtre ; d'autres fois encore elle est d'un roux marron plus ou moins foncé, avec des taches irrégulières jaunâtres ; a la tête, le cou, le haut de la poitrine d'un jaune roussâtre, et dans ce cas, c'est la Perdrix de montagne de Buffon (*Perdix montana*, Lath.). Dans quelques localités, elle forme une variété constante que caractérise une taille un peu plus petite que celle de l'espèce type et des couleurs beaucoup plus pâles et plus jaunâtres. Cette variété, considérée comme telle par Temminck, aurait, dit-on, l'humeur voyageuse, opinion sur laquelle d'autres auteurs se sont principalement appuyés pour la distinguer d'une manière spécifique, sous les divers noms de *petite Perdrix*, *Perdrix de passage*, *Perdrix de Damas*, etc. Quoi qu'il en soit de ces sentimens opposés, il n'est pas moins vrai de dire que la Perdrix grise offre de nombreuses variétés.

Si nous voulions entrer dans tous les détails relatifs aux habitudes naturelles de cette espèce, nous aurions à répéter bien souvent ce que nous avons dit de la Perdrix rouge. En effet, comme celle-ci, elle vit en famille jusqu'à l'époque des pariades ; demeure habituellement dans les cantons où elle est née ; marche et court plus souvent qu'elle ne vole : comme la Perdrix rouge, son instinct de conservation lui dicte des moyens de salut divers, selon qu'elle est poursuivie par l'homme, par un Mammifère carnassier ou par un oiseau de proie ;

elle en a l'allure, la démarche leste et gracieuse et le naturel timide; comme elle, on l'entend appeler ses compagnes dispersées; elle vit des mêmes alimens, est réglée dans ses besoins, fait ses pariades à la même époque ou à peu près, se dispute et se bat de même pour la possession d'une femelle, pond à peu près le même nombre d'œufs, mais d'un cendré verdâtre terne au lieu d'être d'un jaune tacheté de roux, comme ceux de la Perdrix rouge; a pour ses petits le même attachement, et fait leur éducation de la même manière; en un mot, la Perdrix grise, sous le rapport des mœurs et des habitudes naturelles, ne diffère de la Perdrix rouge que par quelques particularités que nous allons faire connaître.

D'abord l'habitat, et c'est déjà un grand point différentiel, n'est pas le même. Il ne faut pas à la Perdrix grise des lieux accidentés, montueux, couverts de bruyères et d'arbres de moyenne grandeur; elle ne se plaît, au contraire, que dans la plaine campagne, au milieu des blés, des avoines, des orges, des prairies artificielles, des grandes herbes enfin. Si elle se réfugie dans les vignes, dans les taillis, c'est qu'elle y est forcée par la poursuite d'un ennemi. Elle se fait pourtant une habitude, surtout durant l'hiver, de visiter et de choisir pour retraite ces bosquets factices plantés par la main de l'homme, auxquels on donne le nom de remises. Là elle va chercher, lorsque les blés lui manquent et que les prairies ont été fauchées, un abri contre l'ardeur trop violente du soleil ou contre l'intempérie des saisons. Ce n'est pas qu'on ne la rencontre également sur des élévations; mais ces élévations sont toujours couronnées de plaines, et c'est de celles-ci qu'elle fait son habitat. Hors le temps qu'elle emploie à la recherche de sa nourriture, la Perdrix rouge, avons-nous dit, ne s'écarte pas des coteaux, tandis qu'on peut être persuadé par avance qu'on trouvera constamment la Perdrix grise dans un terrain dont l'étendue, quelque variable qu'elle puisse être, constitue ce qu'on nomme une plate terre. Il n'y a bien que la variété de passage, celle à laquelle on a donné le nom de Perdrix de Damas, qui paraisse vivre plutôt dans des lieux montueux et arides que dans tout autre parage. Il est même probable que ce changement d'habitation contribue beaucoup à produire et à entretenir cette variété.

Quoi qu'il en soit, c'est dans les lieux de plaine où ses goûts la poussent continuellement, que la Perdrix grise se fait ses habitudes. Non seulement elle y passe d'ordinaire toute la journée, mais elle ne les quitte même pas la nuit. Le soir, au soleil couchant, elle fait entendre son chant de rappel (si toutefois on peut appeler chant, un cri guttural dur et sec qui consiste à peu près dans la syllabe *Kirlah* plusieurs fois répétée), à l'arrivée de la nuit, disons-nous, elle fait entendre ce chant, auquel se rendent les individus égarés, et on la voit alors chercher avec ses compagnes dans les blés voisins, dans les luzernes ou dans les chaumes, une place où elle puisse reposer. Mais ce gîte n'est pas toujours pour les Perdrix grises un lieu de sûreté; car la Belette, la Fouine ou le Renard, dans leurs excursions nocturnes, les y surprennent bien souvent et assouvissent sur l'une d'elles leur appétit sanguinaire; et l'homme, ce destructeur par excellence de tout ce qui peut flatter sa sensualité, leur est encore plus funeste, puisqu'à lui seul, il peut, dans une seule nuit, capturer quatre ou cinq compagnies entières (1).

Ce n'est point seulement par l'habitat et par le chant que la Perdrix grise se différencie de la rouge, mais encore par son vol, qui est moins bruyant et généralement moins soutenu et moins élevé. Nous disons généralement, car nous n'ignorons pas qu'il est des cas dans lesquels elle parcourt en volant des distances considérables; par exemple, lorsqu'elle est trop vigoureusement poursuivie : quelquefois aussi les grands arbres qu'elle rencontre dans son trajet la forcent à élever son vol; mais pour l'ordinaire, et ces circonstances à part, l'on peut dire que la Perdrix grise vole moins long-temps et moins haut que la rouge.

Elle paraît avoir aussi un caractère moins sauvage. On la voit se rapprocher davantage des lieux habités par l'homme et se familiariser plus aisément avec lui lorsqu'elle est en captivité. C'est au point que Gérardin a pu penser qu'il ne serait pas difficile de faire de cette Perdrix un oiseau domestique et de l'introduire dans nos basses-cours. « Il ne s'agirait pour cela, dit-il, que d'employer les moyens que nous avons vu mettre en usage par un religieux de la chartreuse de Beauserville, près de Nancy. » Les détails qu'il donne de ces moyens, renferment quelques faits relatifs aux mœurs de cette espèce, et nous allons les reproduire : ce sera indiquer en même temps ce qu'il convient de faire pour élever avantageusement les jeunes Perdreaux.

« On apporta à ce religieux, continue-t-il, une couvée de Perdreaux qui n'étaient âgés que de quelques jours; il les éleva sans Poule, avec des précautions qu'à la vérité tout le monde n'aurait ni le loisir ni la patience de prendre : il les tenait chaudement dans une petite caisse, qu'il avait garnie à cet effet d'une peau d'agneau; il ne les en faisait sortir, lors de leur première enfance, que dans un endroit chaud où il avait répandu sur le plancher des larves que l'on nomme vulgairement œufs de fourmis, qu'il mêlait avec du terreau sec, afin de procurer à ces petits animaux le plaisir de le gratter avec leurs pieds pour y chercher leur nourriture.

» Devenus plus forts, et lorsque le temps n'était point nébuleux, il les sortait dans le petit jardin de sa cellule, et là, ces charmans petits hôtes passaient une partie de la journée; puis il les faisait

(1) On nous a parlé de deux panoteurs (c'est ainsi qu'on appelle ceux qui, au moyen d'immenses filets, exercent leur industrie nocturne dans les champs où ils ont remarqué à la chute du jour quelques compagnies de Perdrix) qui, dans l'espace d'une semaine, avaient fait passer à Paris plus de mille paires de Perdrix grises. Avec de pareils moyens de chasse, cette espèce diminuerait considérablement, si les hommes que l'on prépose à la garde des propriétés, et par conséquent du gibier, n'arrêtaient souvent l'exécution de ces moyens, par leur surveillance active.

rentrer dans leur caisse vers le déclin du jour; enfin il leur donna, dans un endroit à couvert de la pluie, une gerbe de blé, une d'orge et une autre d'avoine qui leur servaient de retraite et de pâture.

» Cette aimable famille devint si apprivoisée avec son père nourricier, que non seulement elle le suivait comme le ferait un chien, mais que lorsqu'il s'asseyait dans son jardin, aussitôt chaque individu se disputait le plaisir d'être un des premiers sur lui; ils ne craignaient et ne fuyaient pas même la vue des étrangers qui venaient fréquemment visiter ce religieux.

» Après l'hiver, le moment de la pariade arriva: des querelles s'élevèrent parmi les mâles; mais on remarqua que, l'éducation ayant adouci leurs mœurs, leurs combats étaient moins fréquens et moins opiniâtres. Quand les couples furent assortis, ce religieux les distribua à ses amis, et ne se réserva que celui dont le mâle lui avait constamment donné des preuves d'attachement.

» Pour faciliter la nichée de ce couple privilégié, il avait eu la précaution de semer un petit carré de blé où ces oiseaux pouvaient se retirer. La femelle y fit sa ponte, et pendant tout le temps de l'incubation, le mâle rôdait sans cesse autour de ce petit champ avec un air d'inquiétude; et lorsqu'on s'en approchait de trop près, fût-ce même son hôte hospitalier, il accourait d'un air menaçant, la tête haute, les ailes à demi étendues et le corps fort relevé. »

Ces faits sont intéressans non seulement en ce qu'ils témoignent du degré d'éducation dont les Perdrix grises sont susceptibles; mais en ce qu'ils prouvent que ces oiseaux se reproduisent facilement en domesticité lorsque, toutefois, on a eu le soin de les placer dans des circonstances favorables.

Ce dont nous n'avons point fait mention dans l'histoire de la Perdrix rouge, parce que dans l'étude que nous avons faite des mœurs de cette espèce, notre attention n'a jamais porté sur ce point, c'est que, d'après des observateurs dignes de foi, le mâle de la Perdrix grise qui, avant la ponte suivait toujours sa femelle et ne partait jamais qu'après elle, agit d'une manière tout-à-fait contraire lorsque, après l'éclosion de sa famille, il partage avec la couveuse le soin de l'élever. Alors il prend sa volée le premier, en poussant un certain cri qu'il ne fait entendre que dans cette époque; mais on dirait qu'il ne fuit ainsi que pour sauver ses petits en donnant le change à son ennemi; car il s'arrête à une petite distance et ne s'éloigne qu'à pas lents. La femelle, qui part après lui et toujours dans une autre direction, s'éloigne beaucoup plus; mais, à peine s'est-elle abattue, qu'elle revient en courant le long des sillons, s'approche de ses petits qui, incapables encore de pouvoir prendre leur essor, se sont blottis dans l'herbe, chacun de leur côté, les rassemble et s'enfuit avec eux.

On a avancé que, bien que la Perdrix grise fût d'un naturel plus doux que la rouge, qu'elle se familiarisât et s'apprivoisât plus aisément, cependant on n'en avait jamais formé de troupeaux qui pussent se laisser conduire comme ces dernières. Un exemple puisé dans l'ouvrage d'un auteur ancien, va nous fournir la preuve du contraire. Willughby, dans son Ornithologie, rapporte qu'un particulier de Sussex était parvenu à apprivoiser une couvée entière de Perdrix grises qu'il menait partout en les chassant devant lui. Au rapport de l'auteur anglais, il paraît même que le possesseur de cette compagnie gagna un pari en conduisant ainsi ces oiseaux jusqu'à Londres.

« Les Perdrix grises, dit Temminck, sont sédentaires dans quelques contrées; dans d'autres elles reviennent chaque année. Le manque ou l'abondance de nourriture déterminent seuls les voyages; dans ce cas deux ou trois couvées se réunissent et vont chercher dans d'autres parages les substances dont elles se nourrissent pendant l'hiver. Ces prétendues Perdrix de passage dont on s'est servi pour faire une espèce distincte, ne sont, en effet, que des Perdrix grises qui pendant l'été ont habité les hauteurs et les lieux arides, et qui pressées par le besoin vont chercher d'autres climats. »

Répandue dans toute l'Europe, la Perdrix grise ne se plaît point également bien dans tous les pays. L'Europe centrale est sa vraie patrie; car c'est en Allemagne, dans le nord de la France, dans la Belgique et dans quelques provinces de la Hollande, que l'espèce est plus multipliée que partout ailleurs. On la voit aussi dans le nord de la Turquie, et on l'a trouvée de passage en Égypte. Le nombre plus ou moins grand de cet oiseau ne varie seulement pas d'une contrée à l'autre, mais sa taille et le goût de sa chair (ce qui d'ailleurs arrive pour tout autre animal), offrent des différences bien marquées suivant les lieux.

Les espèces étrangères que l'on a rapportées au groupe des Perdrix proprement dites, seraient assez nombreuses si toutes pouvaient rester dans ce groupe; mais les affinités des unes avec les Francolins, des autres avec les Colins et les Cailles, doivent, comme l'a fait Cuvier, les faire rentrer dans ces différentes sections. Les espèces bien déterminées que nous citerons sont :

La Perdrix a gorge rousse, *Perdix gularis*, Temm. Elle a la tête et le haut du cou d'un brun olive; l'œil entre deux bandes blanches; la gorge d'une couleur de rouille roussâtre; les plumes de la poitrine olivâtres avec un trait longitudinal blanc; l'abdomen d'un blanc roussâtre soyeux, et toutes les plumes du dos, du croupion et des ailes, blanches sur leur tige, coupées transversalement par trois ou quatre bandes jaunâtres, sont bordées de noir.

Cette Perdrix se trouve aux Indes dans les environs de Calcutta. Quelques ornithologistes en ont fait un Francolin.

La Perdrix de Heyi, *Perdix Heyi*, Temm. Généralement d'un gris cendré clair, par dessus le corps, plus ou moins nuancé d'isabelle au dos, aux tectrices alaires, et de brunâtre sur la tête et les rémiges; d'un brun rougeâtre en dessous, avec les plumes des flancs bordées extérieurement de noirâtre; en outre un trait blanc occupe la région oculaire; son bec est jaune et ses pieds cendrés. La femelle diffère par l'absence du trait oculaire et par un plumage rayé de brun.

On assigne pour patrie à cette espèce, l'Arabie.

La PERDRIX BRUNE, *Perdix fusca*, Vieill. D'un brun chocolat moucheté et strié de blanc à la tête, à la gorge, au cou, au dos, au croupion, sur les tectrices alaires et les rémiges secondaires; d'un brun roussâtre en forme de plaque sur la poitrine, et d'un brun noirâtre sur tout le reste des parties inférieures; le bec et les pieds sont rouges. La femelle a du blanc à la poitrine et sur les parties postérieures.

Elle vit au Sénégal.

La PERDRIX OCULÉE, *Perdix oculea*, Temm. Cette espèce doit probablement son nom à la tache ronde et noire qui termine les plumes qui couvrent ses cuisses. Elle a toutes les parties supérieures, noires, rayées transversalement de bleu et de roux vif sur le croupion et la queue; la tête, le cou et la poitrine d'un brun rougeâtre, avec des bandes transversales noires sur les flancs; les tectrices alaires cendrées, verdâtres, tachetées de noir; l'abdomen blanc; le bec et les pieds bruns. De l'Inde.

On a encore décrit comme appartenant à ce groupe, la PERDRIX AYENNE-HEM, ou Caille de Java, *Perdix javanica*, Lath. La PERDRIX DE GINGI, *Perdix gingica*, Lath., etc. Cuvier rapporte la première aux Francolins et la deuxième aux Cailles.

Le nom de Perdrix a également été donné à des espèces des genres Pigeon, Ganga, Tinamou, etc. (Z. G.)

PERDRIX. (MOLL.) On a donné ce nom vulgaire à quelques espèces de Tonnes dont la columelle est perforée à la base et qui ont le bord droit de l'ouverture toujours tranchant et sans bourrelet à l'intérieur. Les marchands donnent encore ce nom à diverses coquilles; ainsi ils appellent :

PETITE PERDRIX GRISE, une Porcelaine, la *Cypræa eroso*.

PERDRIX ROUGE, une Natice, la *Natica convena*, et une Agatine, l'*Achatina perdix*, dont les variétés portent les noms de PERDRIX VIOLETTE, BLEUE, ou PERDRIX DE JUDA. (GUÉR.)

PERENGO. (OIS.) C'est l'un des noms vulgaires du Bizet, dans le midi de la France. *Voy.* PIGEON. (GUÉR.)

PERFOLIÉ, PERFOLIÉES. (ZOOL. BOT.) Chez les insectes ce mot sert à désigner des antennes dont les articles, aplatis du sommet à la base, semblent comme enfilés par le milieu. En botanique, on appelle feuilles Perfoliées celles qui sont opposées et dont les bases sont soudées ensemble de manière à entourer complétement la tige, comme on en a un exemple dans le Chèvre-feuille. (GUÉR.)

PERGULAIRE, *Pergularia*. (BOT. PHAN.) Linné, fondateur de ce genre, le plaça dans la Pentandrie monogynie (et mieux digynie, comme on le verra par l'énumération des caractères génériques). Il appartient à la famille des Asclépiadées de Robert Brown (démembrement de celle des Apocynées de Jussieu), et offre pour caractères essentiels : Périanthe double : l'externe à cinq divisions; l'interne hypocratériforme, à tube urcéolé, cylindrique, plus long que le périanthe extérieur, à limbe plane, quinquélobé; masses polliniques céréacées, dressées, fixées à la base (R. B.); cinq écailles à demi sagittées; cinq anthères sessiles, enfoncées dans les portions tronquées du stigmate (Poiret); stigmate mutique; follicules renflés, lisses; graines aigrettées (R. B.); deux ovaires acuminés; point de style; un grand stigmate élargi et tronqué; deux follicules rudes, ovales-oblongs; les semences couronnées par une longue aigrette (Poiret).

A ces caractères nous devons en ajouter, pour donner une connaissance, autant complète que possible, non seulement du genre dont il s'agit, mais encore de la famille des Asclépiadées, et de la sous-tribu où il doit être colloqué, nous devons en ajouter, disons-nous, quelques autres principaux; par exemple, les corpuscules du stigmate (écailles? P.), au nombre de cinq, sont divisibles en deux parties au moyen d'un sillon longitudinal, et portent à la base ou de chaque côté un processus auquel est fixée une masse pollinique; les anthères sont terminées par une membrane; la couronne staminale est à cinq folioles comprimées, indivises au sommet, et pourvues à leur face interne d'un petit appendice (Guill.).

Les Pergulaires sont des plantes suffrutescentes, volubiles, à feuilles larges et comme membraneuses; à fleurs jaunes, très-odorantes, et disposées en cymes ou en panicules axillaires. Toutes croissent dans les contrées orientales de l'Asie. On n'est pas encore d'accord sur les espèces qui doivent composer ce genre, et plusieurs espèces n'y sont portées qu'avec doute, à l'exception peut-être de deux ou trois, qui sont : la Pergulaire très-odorante, la Pergulaire petite, la tomenteuse, etc. (C. LEM.)

PÉRIANTHE, *Perianthium*. (BOT. PHAN.) Dénomination formée de deux mots grecs, qui signifient : *autour de la fleur*. Linné s'en servit le premier pour désigner toutes les espèces de calices et d'involucres qui enserrent les organes générateurs ou la fleur proprement dite. Ensuite les botanistes s'en servirent en l'appliquant aux enveloppes immédiates de la fleur, le calice et la corolle.

Le Périanthe, dit aussi *Périgone*, s'applique aujourd'hui nettement à ces deux organes, et par cette raison, il est dit simple ou double. Il est un prolongement immédiat du pédoncule, enserre directement les organes de la génération, et ne peut jamais être confondu, par sa consistance, son insertion, et plus souvent sa couleur propre, avec toutes autres enveloppes florales, moins immédiates, telles que les bractées, les spathes et les involucres. Quand le périanthe est simple, c'est-à-dire unique, il est monosépale ou polysépale (monophylle ou polyphylle, même dénomination); dans le premier cas ses divisions s'arrêtent à un point quelconque avant d'arriver à la base, dans le second, elles arrivent jusqu'à la base où chacune s'insère sur le *torus*, ou sommité du pédoncule, et prend le nom de sépale. On peut voir un grand nombre d'exemples de cette sorte dans la famille des Liliacées, *Lilium*, *Tulipa*, etc., des Caryophyllées, l'Œillet, etc., chez lesquels, après l'épanouissement, chaque sépale se flétrit et tombe séparément. L'exemple contraire se remarque dans d'autres Liliacées, comme l'*Hemerocallis*, l'*Agave*, *Aloë*, etc. Les Labiées, les Bignoniacées, etc., où le Périanthe tombe tout d'une piece, et dans quelques espèces de ces dernières, avant même de se flétrir. On concevra facilement, soit que les divisions périanthoïdes soient soudées plus ou moins intimement ou séparées nettement, que l'analogie entre elles est frappante, et que la nature de ces organes ne peut les séparer ; cette vérité est frappante, quand on compare entre eux les Périanthes diversement formés de familles opposées.

Le Périanthe double est dit externe et interne : le Périanthe interne étant, comme nous l'avons dit, le prolongement expansé (qu'on me pardonne ce mot nouveau) du pédoncule, reste comme lui, le plus ordinairement de nature foliacée ; l'interne est la continuité expansée du corps ligneux qui se prolonge de la tige sous l'enveloppe foliacée du pédoncule, et vient s'épanouir immédiatement autour des organes générateurs, en se parant le plus souvent des plus vives couleurs. C'est la corolle des anciens auteurs.

Mais dans un très-grand nombre de fleurs, ces organes ne sont pas toujours réguliers, et souvent leur forme est tout-à-fait anomale, telles sont les fleurs des *Capucines*, des *Antirrhinum*, des *Linaires*, des *Aconits*, des *Dauphinelles*, dont les unes imitent grossièrement le mufle d'un animal (ce qui leur a fait donner leur nom vulgaire), et les autres sont pourvues d'un long appendice coloré, que l'on a nommé cornet ou éperon. La nigelle, l'ancolie, sont célèbres par l'irrégularité de leurs fleurs, d'ailleurs si belles. Parmi ces anomalies, il faut ranger les lamelles du Nérium, et tout ce qu'on a désigné sous le nom de nectaires, de couronnes, de fossettes, de capuchons, de labelles, etc., etc. (C. Lem.)

PÉRIBOLA. (moll.) Adanson, célèbre botaniste et l'un des auteurs qui se sont occupés avec le plus de succès des animaux mollusques, a établi sous ce nom un genre de Gastéropodes voisins, de son aveu même, des Porcelaines, mais distincts de celles-ci par la forme de leur coquille. Bruguière a le premier reconnu que les Périboles n'étaient autres que de jeunes Porcelaines, et tous les malacologistes ont adopté son opinion. M. de Blainville, qui avait d'abord refusé de s'y rendre à cause de la grande confiance que méritent les travaux d'Adanson, fait connaître dans les additions à son Manuel de Malacologie, p. 625, et à l'article *Péribole* du Dictionnaire des Sciences naturelles, que l'erreur d'Adanson lui est présentement démontrée. (Gerv.)

PÉRICARDE, *Pericardium*. (anat.) Le Péricarde est un sac membraneux qui enveloppe le cœur et les troncs artériels et veineux qui en sortent ou qui s'y rendent. Il est composé d'une membrane intérieure qui est de nature séreuse. Le péricarde retient le cœur en position et facilite ses mouvemens au moyen d'une quantité plus ou moins considérable de sérosité qu'il renferme. *Voy.* pour plus de détails au mot Thorax, *Viscères thoraciques*. (M. S. A.)

PÉRICARPE, *Pericarpium*. (bot. phan.) On entend spécialement par Péricarpe, cette enveloppe de quelque nature qu'elle soit, qui renferme les graines. Ce n'est autre chose que l'ovaire qui a pris après la fécondation un développement plus ou moins considérable, et que l'on a comparé non sans raison à la matrice des animaux. On conçoit facilement que la nature du Péricarpe varie nécessairement selon les genres et même selon les espèces différentes des végétaux ; mais il n'en est pas que la théorie de la science ne puisse ramener par la pensée à l'unité d'organisation. Cette opinion, au premier abord, peut sembler un paradoxe, mais par l'application et la synthèse, elle devient une vérité, quelque différence extrême qu'on aperçoive d'abord entre les fruits des Pomacées, par exemple, et celui des Légumineuses ; vérité rendue évidente dans un beau travail sur le péricarpe, que Mirbel a fait insérer dans le Dictionnaire des Sciences naturelles, tome trente-huitième, et dont nous donnerons l'analyse en faveur de ceux de nos lecteurs qui n'auraient pas le loisir de le consulter dans ce livre.

Voici comme le savant auteur procède à son unité de rapprochement. Le Péricarpe du Haricot (légume) est formé de deux valves soudées bord à bord ; l'une des sutures regarde la fleur, et l'autre répond à son axe ; le placentaire formé des vaisseaux nourriciers, se prolonge dans leur longueur et porte nécessairement les graines. Au moment de la déhiscence, il se divise en deux nervules, attachées à chaque valve, en sorte qu'elles divisent les graines (c'est le filet des Haricots, comme on dit vulgairement et qu'on arrache en les écossant) ; « que les sutures ne soient pas apparentes, dit ce botaniste, et que les valves restent unies, cela ne change pas la nature du péricarpe. Que la coque, charnue à la superficie, ait intérieurement une doublure d'une substance dure et coriace, c'est un accident de peu d'importance. Que deux, trois, quatre, cinq, vingt, trente coques naissent d'une seule fleur, ce n'est évidemment que la répétition d'un même type : l'unité d'organisation subsiste toujours. Que ces coques, au lieu d'être séparées les unes des autres, soient rapprochées et soudées côte à côte, cette réunion n'affecte en aucune façon la structure de chaque coque en particulier. Qu'il n'y ait qu'une graine ou qu'il y en ait cent, deux cents, mille ; une si grande différence dans le nombre des graines, ne fait pas que les boîtes qui les contiennent, soient essentiellement différentes. Mais, au lieu de nous borner à l'exposition de quelques idées générales, examinons les faits, et nous nous

» convaincrons que la coque du haricot peut être » proposée comme le type d'un très-grand nombre » de Péricarpes. » Le Prunier produit une coque arrondie, pulpeuse, marquée d'un sillon longitudinal sur la partie correspondante à l'axe idéal de la fleur; elle porte intérieurement une doublure ligneuse (noyau) formée de deux valves solidement soudées par leurs bords. Les vaisseaux nourriciers viennent se joindre aux vaisseaux conducteurs dans le noyau, en suivant la même direction que le sillon extérieur de l'enveloppe charnue. Ce Péricarpe, à une seule loge, contenant une ou deux graines, est absolument identique avec ceux de ses congénères, le Pêcher, le Cerisier, l'Abricotier, etc.

L'auteur cherche ensuite à signaler la ressemblance qui existe rationnellement malgré leurs dissemblances extérieures, entre ces péricarpes et ceux des légumineuses, et voici comme il y parvient. La coque de la Casse, *Cassia fistula*, etc., formée de deux valves comme celle du haricot, renferme beaucoup de graines et reste close. Les deux valves de l'*Anthyllis* s'ouvrent et ne portent qu'une ou deux graines. On reconnaît deux valves indéhiscentes dans le noyau ligneux du *Detarium*, qui est pulpeux et ne contient qu'une graine. Ainsi, les péricarpes du Haricot, de la Casse, de l'*Anthyllis*, du *Detarium* et de toutes les Légumineuses, offrent une analogie incontestable, et la ressemblance de celui du dernier avec ceux des Pomacées (Prunier, Pêcher) est en même temps frappante. Plusieurs Helléboracées et Renonculacées (Aconit, Ancolie, Dauphinelle, etc.) ont un péricarpe qui ne diffère de celui des Légumineuses qu'en ce qu'il a plusieurs coques; on retrouvera dans celles-ci à peu près la même structure, qui se rencontrera aussi avec plus ou moins de netteté dans plusieurs autres familles, telles que les Crassulacées, les Magnoliers, les Alismacées, etc., et même dans quelques genres des Rosacées (*Rubus*, *Spiræa*, etc.). Le genre Colchique a son péricarpe composé de trois coques entourant l'axe floral, et soudées ensemble par leur axe interne, tandis que dans la Dauphinelle, elles sont libres. La Nigelle a cinq coques soudées presque jusqu'au sommet partagé en cinq cornes, lesquelles indiquent suffisamment leur nombre. Les trois coques du Péricarpe du *Bulbocodium* sont intimement soudées dans toute leur longueur et ne deviennent apparentes qu'au moment de la déhiscence. Ce fait est commun à un grand nombre de plantes de familles très-différentes, et chaque coque, ou ne s'ouvre pas, ou se partage en deux valves, ou s'ouvre simplement par l'angle correspondant à l'axe du Péricarpe, et cette différence provient du plus ou du moins d'union intime dans la suture de leurs valves, comme cela a lieu dans le *Hura crepitans*, l'Euphorbe, des Légumineuses, des Ombellifères; dans ces dernières le Péricarpe ne s'ouvre pas. Dans les Péricarpes formés de la réunion intime de plusieurs coques soudées ensemble, on concevra facilement que l'union des cloisons convergentes qui divisent la cavité interne, soit telle, que ces coques ne puissent se séparer; alors elles se déchirent à l'extérieur, ou une suture longitudinale se rompt et permet la dissémination des graines. C'est ce qui a lieu dans les Liliacées, quelques Malvacées, les Bruyères, etc. Dans le dernier cas, les botanistes disent qu'il y a autant de valves que de cloisons, chaque valve porte une cloison le long de sa ligne médiane; mais selon le savant auteur, il y aurait là une grave erreur. « En ce que » les panneaux dont se compose la paroi du Péri- » carpe, et par la désunion desquels il s'ouvre, » sont constitués chacun par les deux bords an- » térieurs, libres et divergens de deux valves conti- » guës appartenant à deux coques voisines, et que » les cloisons ne sont que les portions rentrantes et » unies par couple de ces mêmes valves. Il suit de » là, ajoute-t-il, que pour l'anatomiste, les Péri- » carpes dont il s'agit, ont le double de valves qu'il » y a de coques, et par conséquent de cloisons. »

En enlevant la pulpe qui masque l'organisation de certains Péricarpes, on reconnaît bientôt l'identité de structure. Le Péricarpe du Néflier renferme cinq petites coques dures, ligneuses, disposées autour de l'axe du fruit et de forme irrégulière. Chacune est formée de deux valves soudées par leurs bords, et qui peuvent être séparées comme celles des huîtres. La pomme, organisée de même, a ses cinq coques faites de valves minces élastiques, comme des lames de corne. Le nombre de coques ne saurait altérer la physionomie du péricarpe; celui de l'Alisier a deux, trois, quatre ou cinq coques; le Sorbier n'en a jamais que trois; tous deux sont très-voisins du pommier, et leurs coques sont semblables.

Un Péricarpe peut avoir des valves et des loges et n'avoir cependant pas de coques. Les coques seulement existent quand les bords des valves rentrant vers l'axe du Péricarpe, s'y rencontrent ou sont très-près de s'y réunir. Le Péricarpe des Crucifères (silique ou silicule) est souvent formé de deux valves soudées bord à bord. Le placentaire élargi, mince, parallèle aux valves, forme une cloison qui partage la cavité interne en deux loges. Une nervule, qui fait corps avec les sutures, le borde de chaque côté et porte une série de graines, disposée de façon qu'une série est dans une loge et l'autre dans l'autre, et offre néanmoins une symétrie parfaite. « Si le placentaire, observe » l'auteur, au lieu d'être élargi en cloison, se ré- » duisait à ses deux nervules ouvertes en châssis, » il est clair que la silique des Crucifères, de même » que celle de la Chélidoine, n'aurait qu'une loge. » Comment donc admettre, sans exception, que » les valves des siliques forment des coques? Ce » mot *Coques* appliqué aux valves très-larges et » très-aplaties du *Lunaria* pourrait paraître étrange. » On voit encore par cet exemple que les cloisons » ne sont pas toujours produites par des valves ren- » trantes. »

Tout Péricarpe à une seule loge, à plusieurs valves, paraît manquer de coques. Les valves réunies autour de l'axe, qu'elles rencontrent au sommet (avant la maturité) et à la base du Péricarpe, se joignent par leurs bords comme les douves d'un tonneau, mais en adhérant entre elles, avant la déhiscence. Le *Gypsophila*, le *Cerastium*, etc., offrent un exemple de cette structure. L'auteur avoue qu'il pourrait citer beaucoup d'autres exemples, et qu'il ne mentionne ces deux genres qu'avec doute, malgré les apparences qui l'engagent à les proposer.

Dans l'étude des fruits, il insiste pour ne pas perdre de vue que souvent l'ovaire s'altère et change de nature et d'aspect en se développant. Tel Péricarpe, en effet, qui n'a qu'une loge, provient d'un ovaire qui en avait plusieurs, mais dont les cloisons, s'oblitérant peu à peu, ont disparu tout-à-fait ensuite. Ces cloisons adhérant d'abord aux sutures n'étaient probablement que les parties rentrantes des valves, et le Péricarpe alors ne serait qu'un assemblage de coques soudées entre elles.

On conçoit, par ce court exposé, toute la difficulté et en même temps toute l'importance de l'étude du Péricarpe. Nous renvoyons le lecteur studieux aux mots FRUIT, OVAIRE, OVULE, etc., pour d'autres détails que cet article ne saurait comporter, en lui rappelant que le mot Fruit est l'ensemble de ces divers organes.

L'auteur, en terminant, fait observer judicieusement qu'il est impossible de concevoir la structure du fruit, si d'abord on n'admet pas comme principe incontestable qu'une fleur ne donne qu'un Péricarpe, quels que soient d'ailleurs le nombre et la disposition des coques qu'elle produit; que, par une opinion contraire, les analogies même les plus saillantes seraient repoussées, et l'esprit serait entraîné dans des contradictions manifestes. Par une conséquence nécessaire du principe posé, une fleur n'a jamais qu'un ovaire, puisque celui ci précède le Péricarpe qui n'en est qu'un plus grand développement, et par cette même raison, le style et le stigmate, qui ne sont que le prolongement de l'ovaire, sont soumis à la même loi d'unité, quelles que soient leurs divisions.

Il faut convenir que cette théorie qui semble s'éloigner de la pratique banale est aussi ingénieuse que savante, en même temps qu'elle est conforme aux lois de la nature. Il faudrait un livre entier pour en développer tout le mérite et toute la vérité.

Le Péricarpe, quant à sa superficie, peut être dit : glabre, *Pastinaca*, *Coriandrum;* verruqueux, *Tragopogon undulatum*, etc.; ridé, *Geranium robertianum*, etc.; quant à sa pubescence : velouté, le Pêcher, etc.; velu, *Pæonia lobata*, etc.; quant à son armure : écailleux, *Calamus*, *Sagus*, etc.; spinelleux, *Datura stramonium*, etc.; quant à sa substance : membranacé, *Salsola tragus*, *Colutea* (le Baguenaudier), etc.; ligneux, *Lecythis*, le Courbaril, etc.; pulpeux, le Groseiller, le Pêcher, etc.; charnu, le Pommier, le Poirier, etc.

Les cloisons, les sutures, le placentaire et toutes les autres parties qui composent l'ensemble d'un Péricarpe empruntent nécessairement leurs noms spécifiques de leur différentes dispositions, de leur forme, de leur partibilité, etc. (C. LEM.)

PÉRICÈRE, *Pericera*. (CRUST.) Ce genre, qui appartient à l'ordre des Décapodes, famille des Brachyures, a été créé par Latreille aux dépens de celui des Pises, et se place dans le Règne animal de Cuvier dans sa tribu des Quadrilatères. M. Edwards, qui a adopté ce genre dans son Histoire naturelle des Crustacés, le range dans sa tribu des Macères. Voici, d'après ce dernier auteur, les caractères qui distinguent ce genre de celui des Pises. La carapace de ces Crustacés est très-allongée, plus ou moins triangulaire, un peu bombée et inégale en dessus; le rostre est horizontal, formé par deux grandes cornes coniques, acérées et ordinairement divergentes; le front est très-large et occupe à peu près deux fois autant d'espace que la base du rostre ; les orbites sont circulaires, très-petits et extrêmement profonds; ils sont dirigés directement en dehors et remplis en entier par les pédoncules oculaires, qui y sont renfermés comme dans une gaîne, les dépassent à peine, et ne peuvent se reployer ni en avant ni en arrière ; leur bord supérieur est très-avancé et présente une fissure ; l'article basilaire des antennes externes est extrêmement grand et présente à peu près les mêmes dispositions que chez les Mécipages ; car il est beaucoup plus large en avant qu'en arrière et se termine en avant par un rebord transversal très-étendu, qui se soude au front sur les côtés du rostre ; la position de la tige mobile des antennes externes varie un peu; elle s'insère tantôt sous le rostre, tantôt un peu en dehors du bord latéral de ce prolongement, mais toujours très-près de la fossette antennaire et très-loin de l'orbite; la disposition des pieds-mâchoires externes, ainsi que celle du plastron sternal des pattes et de l'abdomen, est à peu près la même que chez les Pises. Les espèces qui composent ce genre sont au nombre de quatre et ont été ainsi sudivisées par M. Edwards.

A. Espèces dont les angles antérieurs du bord orbitaire supérieur se prolongent en une forte épine qui dépasse de beaucoup l'article basilaire des antennes externes.

La P. CORNUE, *P. cornuta*, Edw., Hist. nat. des Crust., tom. I, pag. 335 ; *Cancer cornudo*, Herbst, pl. 29, fig. 6; *Maia taurus*, Lamk., Hist. des anim. sans vert., tom. V, pl. 242. Longueur, trois à quatre pouces; les cornes du rostre sont styliformes, très-divergentes et égales en longueur à la largeur du front ; la carapace est inégale et sans épines notables à la face supérieure, mais armée sur les bords d'une ceinture d'épines grosses, très-longues et aiguës, dont une est placée sur les régions hépatiques, trois sur les branchiales, et une impaire sur la région intestinale ; l'article basilaire des antennes externes est armé en avant d'une petite épine qui ne dépasse pas le front ; le deuxième article cylindrique est grêle, allongé et inséré sur le rostre ; le troisième article n'ayant pas la moitié de la longueur du second ; les pattes antérieures sont cylindriques, de la grandeur ou un peu plus fortes et plus grosses que les suivantes ; les bras sont épineux; les pinces sont très-grêles; les pattes suivantes sont médiocres, celles de la seconde paire n'ayant pas une fois et demie la longueur de la portion post-frontale de la carapace; le corps est couvert d'un duvet brunâtre. Habite la mer des Antilles.

B. Espèces dont la dent terminale de l'article basilaire des antennes externes dépasse de beaucoup l'angle antérieur du bord orbitaire supérieur.

La P. A TROIS ÉPINES, *P. trispinosa*, Edw., ouvr. cit., tom. I, pag. 326; *P. trispinosa*, Latr., Encycl. méth., tom. X, pag. 142. Longueur, un pouce et demi; la portion postérieure de la carapace est armée de trois fortes épines, dont deux latérales et une médiane dirigées en arrière; la forme générale de cette espèce diffère peu de celle de la *Pisa armata*; seulement les bosselures de la carapace sont moins élevées; le front est plus large, et le rostre plus court; les angles antérieur et extérieur des orbites sont très-obtus; la tige mobile des antennes externes s'insère immédiatement au dessous du bord latéral du rostre; enfin les pattes de la seconde paire sont de la longueur de la portion post-frontale de la carapace seulement, et leur troisième article est un peu noduleux vers le bout; le corps est couvert d'un duvet jaunâtre très-court. Cette espèce, qui a été figurée par M. Guérin-Méneville dans son Iconogr. du Règn. anim. de Cuv., Crust., pl. 8, fig. 3. Habite la même localité que l'espèce précédente. (H. L.)

PÉRICHÈZE, *Perichetium*. (BOT. CRYPT.) M. Ad. Brongniart désigne aussi dans la famille des Mousses à fleurs terminales, l'espèce d'involucre que forment les feuilles flavoles, et qui ressemble assez aux bractées des plantes phanérogames. Le Périchèze, et non pas *Périchet* ou *Péricher*, comme l'ont écrit ou prononcé quelques auteurs, enveloppe tout à la fois des ovaires et des anthères, ou bien l'un ou l'autre de ces organes seulement.

PERIDIUM. (BOT. CRYPT.) Nom donné par M. Ad. Brongniart à l'enveloppe fibreuse, coriace ou membraneuse des sporules dans les familles des Lycoperdacées, des Hypoxylons et quelques Mucédinées. Cette enveloppe ou involucre est formée de filamens entrecroisés dans tous les sens, laissant quelquefois des intervalles dans leur partie centrale pour recevoir les porules: toutefois, ces dernières n'occupent pas toujours une cavité centrale particulière; on les trouve assez souvent éparses dans l'intervalle des filamens. (F. F.)

PÉRIDOT (Chrysolite, Olivin, Hyalosidérite, Sidéroclepte). (MIN.) Substance dont on représente la composition par la formule $(MgO,FeO)^3SiO^3$, et dans laquelle la magnésie s'est trouvée en quantité beaucoup plus considérable que l'oxyde de fer, mais où ce dernier n'a jamais manqué.

Le Péridot est infusible au chalumeau et inattaquable par les acides; il cristallise en prismes rectangulaires, modifiés sur les arêtes latérales par une ou plusieurs faces, ainsi que sur les arêtes des bases et sur les angles solides. La hauteur et les côtés du prisme primitif pouvant être supposés dans le rapport des nombres 25,14,11, il se montre aussi sous la forme de cristaux arrondis, de blocs, de noyaux et de grains, tantôt libres, tantôt agrégés.

Pesant de 3,3 à 3,4, rayant fortement le verre et presque le quartz.

Le Péridot est transparent ou translucide; il a un éclat vitreux, la couleur ordinairement verdâtre passant au jaunâtre.

Le Péridot se trouve dans le terrain basaltique, qui n'en est presque jamais dépourvu; il existe aussi dans le terrain volcanique, mais il y est très-rare; on en a cependant observé à Almafi, au Vésuve, à Capo di Bove, à Albano, à Bracciano, à Némi, dans les Etats romains, et à Lancerotte, aux îles Canaries.

Les noms de Limbilite et de Chusite ont été donnés à des Péridots altérés par le passage de l'oxyde ferreux à l'état d'oxyde ferrique et d'hydrate ferrique, et qui sont devenus jaunâtres, brunâtres, rougeâtres, en présentant une série de passages de l'état vitreux à l'état terreux. (A. R.)

PÉRIGONE, *Perigonium*. (BOT. PHAN.) L'enveloppe immédiate des organes générateurs chez les végétaux, a reçu de De Candolle le nom de Périgone (proposé d'abord par Ehrhart) pour éviter, à ce qu'il paraît, l'ambiguité du mot Périanthe, inventé et employé généralement avant lui pour désigner le même objet. Il est évident que ces deux mots ont absolument la même signification et peuvent être employés l'un pour l'autre. De Candolle donna de plus le nom de Tépales (*Tepala*) aux divisions libres ou soudées de l'enveloppe florale, par analogie avec les mots Sépales et Pétales.

Quoique ces diverses dénominations aient été proposées par un si grand botaniste, nous lui imputerions à tort ce néologisme tout-à-fait surabondant, et nous ferons observer que cette multiplicité de mots inutiles est une *superfétation* déplorable dans la science qu'elle surcharge, sans l'éclairer davantage. Le mot Périanthe, en effet, répondait à tous les besoins et sauvait le descripteur de l'embarras et du doute, lors de l'absence ou de la présence d'une enveloppe simple ou double ou des organes qui paraissent les remplacer dans certains végétaux, doute qui résultait inévitablement de la définition même des mots Calice et Corolle. (*V*. PÉRIANTHE, CALICE, COROLLE, PÉTALE, SÉPALE, etc.)

(C. LEM.)

PÉRIGYNE ou PÉRIGYNIQUE, *Perigynus*. (BOT. PHAN.) (En grec, autour de la femme.) Se dit des organes périanthoïdes et génitaux mâles qui s'insèrent sur la paroi interne du périanthe, au dessus du point d'insertion de l'ovaire; c'est le cas de ces organes dans les familles des Thymélées, Rosacées, Légumineuses, Myrtacées, etc. On dit de ces familles qu'elles ont un périanthe staminifère, des étamines Périgynes.

On donne le nom de Périgynie à cette disposition des étamines autour du pistil ou de l'ovaire (*Perigynia*).

Necker, pour désigner le périanthe externe, lui

donnait

donnait le nom de Périgynandre extérieur (autour du mâle), et à l'interne celui de Périgynandre intérieur. Il donnait encore à l'involucre des Synanthérées le nom de Périgynandre commun. Ces dénominations n'ont pas prévalu, par cette raison que les enveloppes florales n'entourent pas seulement les étamines, mais aussi le pistil.

Périgyne et Périgynie, au contraire, ont été généralement adoptés, parce qu'ils expriment un caractère de la plus haute importance pour la classification des plantes.

Lamark donne le nom de Périgonion à l'urcéole, sorte de petite vessie membraneuse ou cartilagineuse, qui, dans les Carex, enveloppe l'ovaire et est percée à son sommet pour laisser passer le style. (C. Lem.)

PÉRIHÉLIE. (astron.) Expression dont se servent les astronomes pour indiquer qu'un corps céleste se trouve près du soleil, ou bien qu'il a atteint le point de sa courbe le plus voisin du soleil, par opposition au mot Aphélie, qui exprime la plus grande distance de ce même corps au soleil. (A. R.)

PÉRIKLINE. (min.) Sous ce nom, le minéralogiste allemand Breithaupt a décrit une des espèces minérales du sous-genre Feldspath, qui a pour caractères principaux, d'être susceptible d'un double clivage sur les faces latérales du prisme, qui est la forme sous laquelle elle cristallise. Elle est insoluble dans les acides et est composée, suivant M. Breithaupt, d'un atome de trisilicate alcalin, combiné avec trois atomes de trisilicate d'alumine. Cette substance se trouve près de Zoblitz en Saxe, dans les montagnes connues sous le nom d'Ersgebirge, où elle forme avec l'amphibole une variété de syénite au milieu de la Serpentine.

Nous devons toutefois faire remarquer ici que la Périkline a été considérée par M. Beudant comme appartenant à l'espèce Albite (*voy.* ce mot). Elle en a en effet les principes constituans, car elle offre à l'analyse environ 68 parties de silice, 19 d'alumine, 10 de soude, 2 de potasse, et quelques traces de chaux. (J. H.)

PÉRILAMPE, *Perilampus.* (ins.) Ce genre, qui appartient à l'ordre des Hyménoptères, section des Térébrans, famille des Pupivores, tribu des Chalcidites, a été établi par Latreille avec ces caractères : mandibules presque carrées, à dents très-fortes et au nombre de trois dans l'une et deux dans l'autre; tige des antennes, ou la massue, courte et en fuseau. Ce genre se distingue des Cléonymes et des Spalangies, parce que ceux-ci ont les mandibules bidentées. Les Ptéromales, qui sont les plus voisins, en sont cependant séparés, parce que la tige de leurs antennes est allongée, cylindrique, et que les dentelures de leurs mandibules sont plus petites. Enfin les genres Encyrte, Platygastre, Scélion et Téléas s'en éloignent par leurs mandibules terminées en une pointe simple et sans dentelures. Le corps des Périlampes est court et gros; leur tête est grosse; elle a une profonde cavité frontale qui sétend jusqu'aux yeux lisses et reçoit les antennes dans le repos; le chaperon est distinct, et l'on voit sur le vertex les trois petits yeux lisses qui sont gros, saillans et placés en ligne droite sur son bord antérieur; les palpes sont très-courts; le segment antérieur du corselet est très-étroit et ne forme qu'un rebord transverso-linéaire; l'écusson est très-grand; les rides supérieures n'ont qu'une seule nervure sensible, laquelle partant de la base de l'aile, sans toucher au bord extérieur, se recourbe ensuite pour rejoindre ce bord qu'elle suit jusque sous ce milieu, et émet intérieurement, avant de disparattre, un petit rameau élargi à son extrémité, qui commence la cellule radiale sans l'achever; on ne voit pas d'autre cellule dans l'aile; les ailes inférieures ont une nervure semblable à celle des supérieures, mais qui n'émet point de rameau; l'abdomen est court, rhomboïdal; les pattes sont assez fortes, de longueur moyenne; toutes les cuisses sont simples. Les espèces de ce genre sont peu nombreuses; elles vivent dans leur premier état aux dépens de différentes larves et surtout de celles qui sont la cause du développement des Galles. L'espèce qui peut être regardée comme type du genre est :

Le Périlampe violet, *P. violaceus*, Latr.; *Diplolepis ruficornis*, Fabr.; Coqueb. Illustr. Iconogr., Ins., I, tab. 1, fig. 8, la femelle; *Diplolepis violaceus*, Fabr., le mâle; *Chalcis violacea*, Panzer, Faun. germ., tab. 88, fig. 15, le mâle. Cette espèce est longue de deux lignes; la tête et le corselet sont noirs; les antennes sont entièrement rousses; l'abdomen est d'un bleu brillant; les ailes sont transparentes; les pattes sont d'un noir bleuâtre, avec une partie des jambes et les tarses jaunes (femelle). Le mâle a un reflet métallique sur la tête et le corselet; les antennes sont brunes et l'abdomen violet; les pattes ont un peu plus de jaune que dans la femelle. Cette espèce habite les environs de Paris et s'y trouve assez communément. (H. L.)

PÉRINÉE, *Perinæum.* (anat.) Quelques anatomistes désignent sous le nom de Périnée, d'après l'acception étymologique, seulement la région génitale, ou l'espace compris entre les organes génitaux et l'anus; les chirurgiens modernes ont donné à la région périnéale beaucoup plus d'étendue, et regardent comme bien différentes les limites du Périnée chez l'un et chez l'autre sexe.

La région périnéale présente deux faces, l'une cutanée, l'autre péritonéale : la première est concave transversalement et convexe en arrière; elle se présente sous la forme d'une rigole longitudinale sur laquelle le raphé médian est très-marqué; on y trouve les ouvertures de terminaison des organes digestifs, urinaires et génitaux. La face péritonéale plus ou moins éloignée de la précédente présente des dépressions péritonéales variables. Cette région, à proprement parler, n'a pas de squelette; des os et des ligamens la circonscrivent seulement. On y trouve des muscles intrinsèques et extrinsèques, des artères nombreuses et importantes à connaître, surtout par les chirurgiens; des veines et des nerfs qui suivent en général le trajet des artères; des vaisseaux lymphatiques qui sont superficiels ou profonds; les premiers se portent dans les ganglions inguinaux; les seconds rentrent dans le bassin et se rendent dans les ganglions hypogastriques; enfin trois aponévroses remarquables du tissu cellulaire plus ou moins dense occupent la région périnéale.

La région du Périnée se forme par la réunion médiane de deux parties primitivement séparées; ses ouvertures normales peuvent être considérées comme des restes réguliers de cette séparation première. Avant deux mois de vie intrà-utérine, le Périnée, fendu en deux parts, est semblable dans les deux sexes, non distincts eux-mêmes. Ce développement sert à expliquer les oblitérations ou les réunions anormales des ouvertures périnéales et les cas d'hermaphrodisme toujours imparfaits dans notre espèce. (M. S. A.)

PÉRIOLA. (BOT. CRYPT.) Lycoperdacées. Genre établi par Fries, qui appartient à la tribu des Sclérotiées, et dont voici les caractères : tubercules privés de racines, arrondis ou irréguliers, homogènes, charnus ou gélatineux dans leur intérieur, recouverts d'une écorce mince, laquelle écorce a la propriété de se changer en une villosité persistante; sporules éparses vers la surface.

Le genre *Periola*, qui se rapproche beaucoup des genres *Acinula* de Fries, et Xyloma de De Candolle, a pour type le *Sclerotium hirsutum*, plante extrêmement petite, qui croît sur les vieux troncs des arbres ou sur les végétaux que l'on conserve dans les caves. Ce *Sclerotium* se rencontre surtout sur le *Rhizomorpha subcorticalis*, qui vit sur vieux troncs des hêtres. Là il se présente sous forme de tubercules d'une couleur jaune ocrée.

On connaît encore deux *Periola*, le *pubescens* et le *tomentosa* : le premier se trouve sur les agarics qui sont en putréfaction, le second sur les pommes de terre que l'on garde dans les caves. (F. F.)

PÉRIOPHTALME, *Periophtalmus*. (POISS.) Nom général sous lequel Schneider comprend tous les poissons de la famille des Gobioïdes, dont les yeux sont tout-à-fait rapprochés l'un de l'autre et garnis à leur bord inférieur d'une membrane ou paupière qui les recouvre, circonstance d'où les auteurs ont tiré ce nom de Périophthalme, qui signifie yeux membraneux. Leur corps est allongé, leur tête médiocre, arrondie, entièrement couverte d'écailles; du reste, ce sont des animaux qui se reconnaissent à leurs ventrales thoraciques réunies, soit dans toute leur longueur, soit au moins vers leurs bases, en un seul disque creux, et formant plus ou moins l'entonnoir; leurs nageoires pectorales sont également couvertes d'écailles sur plus de la moitié de leur longueur, ce qui leur donne l'air d'être portées sur une espèce de bras; enfin l'ouverture de leurs ouïes étant plus étroite encore que celle des Gobies avec lesquels ils ont été longtemps confondus, leur permet de vivre plus longtemps hors de l'eau; aussi aux Moluques leur patrie, on les voit souvent ramper sur la vase pour échapper à leurs ennemis ou pour atteindre les petits Crustacés dont ils font leur nourriture principale.

Ce sont des poissons petits ou médiocres des eaux douces des deux continens, dont l'un, le PÉRIOPHTALME PAPILLON, figuré par Bloch, édition de Schneider, pl. 14, est remarquable par sa couleur brune parsemée de taches obscures, avec une série de petits points blancs qui règnent longitudinalement sur la partie supérieure de la nageoire du dos; le *Periophtalmus Schlosseri* de Pallas, et le *Perirophtalmus Kœlrauteri*, appartiennent au genre dont il est question. (ALPH. G.)

PÉRIOSTE, *Periosteum*. (ANAT.) Membrane fibreuse, blanche, résistante, qui environne les os de toutes parts, excepté les dents à leur couronne, et les endroits des autres os qui sont recouverts de cartilages. La face externe du Périoste est unie d'une manière plus ou moins intime aux parties voisines par du tissu cellulaire. Sa face interne recouvre les os dont elle remplit avec exactitude tous les enfoncemens. Le Périoste est uni aux os par de petits prolongemens fibreux, et surtout par une quantité prodigieuse de vaisseaux qui pénètrent dans leur substance. Cette enveloppe fibreuse unit les os aux parties voisines; il sert à leur accroissement, soit en fournissant par sa face interne une exsudation albumineuse qui devient cartilagineuse et finit par s'ossifier, soit en soutenant les vaisseaux qui les pénètrent pour leur porter les matériaux de leur nutrition. (M. S. A.)

PÉRIPATE, *Peripatus*. (ENTOMOZOAIRES) Le genre dont il va être question n'est pas connu depuis long-temps des naturalistes. On en doit la distinction à M. Lansdown Guilding qui l'a caractérisé dans un travail sur les Mollusques des îles Caraïbes. Quoiqu'il l'ait fait connaître le premier, et que le nom de *Peripatus* qu'il lui impose doive être adopté, il paraît d'après ce que nous apprend M. I. S. Gray (1), que Sloane pendant son excursion à la Jamaïque, s'était déjà procuré l'espèce sur laquelle il repose. Le sujet qui a fait partie de la collection de Sloane et qui est actuellement au *British museum*, à Londre, aurait reçu de Shaw le nom inédit de *Nereis pedata*, et Leach en aurait fait un genre particulier sous la dénomination de *Hunara shavianum* également restée manuscrite.

Les caractères du Péripate sont assez singuliers, et comme ils tiennent en même temps de ceux de deux groupes d'animaux que beaucoup d'auteurs placent assez loin l'un de l'autre dans leur classification, il n'a pas été facile d'assigner la place qu'il doit occuper. Toutefois l'opinion de M. Guilding, qui en ferait une classe parmi les Malacozoaires, n'a pas besoin d'être combattue, le Péripate appartient au type des animaux articulés, et il est évident que ses affinités sont plutôt avec les Myriapodes et les Annélides à soies ou Chétopodes, que M. de Blainville place l'un après l'autre dans la série des animaux articulés qu'avec aucun autre groupe de cette dernière catégorie. C'est donc une forme intermédiaire à ces deux groupes, et comme

(1) Blainville, Cours de la Faculté des Sciences, Écho du Monde savant, et, d'après ses notes manuscrites, Gervais, Ann. Sc. nat., 2e série, t. VIII, p. 38; et Hollard, Nouveaux Élémens de Zoologie, p. 143.

il n'appartient réellement à aucun d'eux, le naturaliste que nous venons de citer admet dans ses cours une nouvelle classe d'Entomozoaires sous le nom de Malacopèdes, et à laquelle il rapporte le prétendu mollusque.

Avant d'arriver à l'énoncé des caractères que présentent les Péripates, nous devons rappeler que les naturalistes qui se sont les premiers occupés de ces animaux, ont aussitôt reconnu le peu de fondement qu'offrait la détermination de M. Guilding. M. Lesson (1) pense qu'ils sont plutôt voisins des Annélides, et M. Mac-Leay (2) qui en parle d'une manière transitoire dans une note publiée depuis plusieurs années, dit aussi qu'ils ont des rapports avec les vers et en même temps avec les Myriapodes.

D'autres personnes se sont arrêtées à les ranger parmi les Annélides. C'est ainsi que MM. Audouin et Edwards (3) en font une famille parmi les Annélides errantes (partie des Chétopodes Blainv.), en les laissant à peu près au milieu de ces animaux, c'est-à-dire fort loin des Myriapodes, qui dans un ouvrage plus récent de M. Milne Edwards (4) sont comme pour Latreille un ordre de la classe des insectes. Depuis lors M. Wiegman (5) s'est encore occupé des Péripates sous le même point de vue et tout en admettant la manière de voir de MM. Audouin et Edwards, il rapproche ces animaux du genre Arctiscon de Shrank, très-bien figuré dans l'*Isis* pour 1834, et qui a pour type le Tardigrade de Spallanzani, opinion qui n'est pas à l'abri de toute critique.

M. de Blainville définit ainsi les Malacopodes et le genre unique qu'ils comprennent encore.

Corps articulé, mou, contractile, allongé subcylindrique, faiblement atténué et obtus aux deux extrémités; tête peu distincte formée d'un seul anneau; orifices du canal intestinal simples, médians, infrà-terminaux; bouche longitudinale, bilabiée (MM. Audouin et Milne Edwards font connaître que dans l'individu qu'ils ont étudié ils ont reconnu une petite trompe armée de mâchoires bien développées); organes de la génération bisexuels, on ne les connaît que chez la femelle où ils ont leur orifice médian infère un peu en avant de l'anus. Appendices céphaliques formés par une paire de tentacules subannelés et subrétractiles, coniques-aigus; yeux sessiles situés à la base extérieure des précédens; pieds (sans cirrhes ni branchies) mous, similaires, uniramés formés par un mamelon assez saillant, articulé, pourvu de soies courtes uniforme à son extrémité.

M. de Blainville, dans un mémoire manuscrit qu'il a bien voulu nous communiquer, s'exprime ainsi au sujet du genre Peripate: « L'auteur qui a établi ce genre le regarde comme appartenant au type des Malacozoaires, dans lequel il en fait cependant une classe particulière sous le nom de *Polypoda*; mais il est évident que ce n'est pas à ce type qu'il doit être rapporté, même en se bornant à l'examen superficiel et à plus forte raison en étudiant l'organisation.

» Le corps est évidemment vermiforme, quoique en général assez peu allongé; sa coupe est subcylindrique ou du moins ovale, un peu déprimée, peut-être cependant un peu plus en dessous qu'en dessus; il est un peu atténué vers les extrémités, plus en arrière qu'en avant où il est comme tronqué; quoiqu'il ne soit pas aussi évidemment articulé que dans les Myriapodes et même que dans la plupart des Chétopodes, il est cependant aisé de voir que la peau est plus molle et plus tuberculeuse dans les endroits que dans d'autres où doivent plus spécialement s'exécuter les mouvemens, de manière qu'elle est au moins annelée.

» Les anneaux du corps sont du reste généralement assez peu nombreux, et la nouvelle espèce que je décris (*Peripatus brevis*) n'en a même que dix-sept, sans compter, il est vrai, ni la partie céphalique ni la caudale.

» La tête est peu distincte et formée par un seul anneau, au moins aussi long que les deux suivans pris ensemble. Il n'y a pas d'anneaux trachéens distincts non plus que de thoraciques, abdominaux ni coccygiens; tous sont entièrement semblables, si ce n'est en longueur et en largeur où ils diffèrent un peu, et tous en effet sont pourvus d'appendices semblables.

» Les deux orifices du canal intestinal sont sur la ligne médiane subterminaux et infères.

» L'antérieur ou la bouche est en fente de forme longitudinale, située vers le milieu de l'anneau céphalique, à sa face inférieure, et pourvue de lèvres latérales dont les tubercules cutanés simulent des espèces de dents extérieures.

» L'orifice postérieur, ou l'anus, est beaucoup plus petit et est également inférieur, mais il est tout-à-fait terminal; il n'est pourvu d'aucun appendice.

» La terminaison des organes de la génération qui sont séparés sur deux individus différens, se fait, ou moins pour le sexe femelle, par un orifice unique, et par conséquent médian, situé en avant de l'anus.

» Quant aux appendices:

» La tête est pourvue d'une paire de tentacules simples, coniques, assez longs, annelés ou subarticulés et grossièrement rétractiles; ils sont implantés de chaque côté du bord frontal ou antérieur.

» On remarque à la partie externe de leur base, et par conséquent de chaque côté, un stemmate ou un point pseudo-oculaire formé par un petit disque cordé, un peu convexe et simple.

» Les pieds ou appendices des anneaux du tronc sont tous parfaitement similaires et même presque de la même dimension quand on y regarde peu attentivement. Ils semblent n'être formés que par une sorte de mamelon à l'extrémité duquel sont de petits crochets; mais en les étudiant plus atten-

(1) Bulletin universel, par le baron de Ferussac.
(2) Zoological journal.
(3) Ann. Sc. nat., et Hist. nat. du littoral de la France, t. II, p. 274.
(4) Elémens de Zoologie, p. 965.
(5) Archives.

tivement, on voit que ces mamelons sont réellement formés de trois ou quatre articulations fort courtes et rugiformes, pouvant presque rentrer les unes dans les autres comme les tubes d'une lunette d'opéra, et dont le dernier, bien plus étroit, est terminé par un élargissement bilobé, avec une paire de crochets arqués et cornés entre les deux lobes; en sorte que ce pied ressemble un peu à celui de certains insectes hexapodes.

» L'anatomie des Péripates est aussi toute particulière et ne convient exactement à aucun groupe connu.

L'enveloppe cutanée est assez épaisse, assez solide et même résistante. En dehors, elle est couverte de très-petits tubertules cornés, disposés par séries transverses, et donnant au corps la disposition annelée dont il est parlé plus haut; elle ne m'a pas paru devoir être muqueuse à l'état vivant. En dedans, elle est doublée, avec adhérence par une lame de fibres musculaires d'aspect assez soyeux et d'une assez grande résistance. Cette lame est du reste composée de deux couches de fibres, les unes moins nombreuses, transverses et internes, les autres, au contraire, longitudinales et partagées en muscles dorsaux, ventraux et latéraux, à peu près comme dans tous les Entomozoaires, ce qui fait supposer que le mode de locomotion est analogue.

» Le canal intestinal est complet et libre, du moins à ce qu'il m'a paru, dans la cavité formée par l'enveloppe cutanée. Très-étroit à l'orifice buccal, il s'élargit à peu de distance de l'extrémité antérieure et conserve à peu près le même diamètre jusqu'à l'anus, où il se rétrécit de nouveau pour s'ouvrir à l'extérieur. Il ne forme, du reste, aucune circonvolution, et l'on ne peut y distinguer nettement les parties que l'on a désignées chez les animaux supérieurs sous les noms d'œsophage, d'estomac, d'intestins grêle et gros, de rectum, etc. : tout est véritablement *estomac* ou *rectum;* les parois en sont excessivement minces, elles sont boursoufflées, et je n'ai pu distinguer aucun organe hépatique, soit libre, soit adhérent.»

M. Wiegman considère comme des pattes atrophiées les deux organes que MM. Guilding, de Blainville, Audouin et Edwards signalent comme des yeux. Les Péripates ont été principalement trouvés dans l'Amérique méridionale. Ils vivent sous les herbes, dans les endroits humides des grandes forêts. M. Guilding a trouvé à Saint-Vincent, l'une des Antilles, l'unique exemplaire qu'il ait eu en sa possession. Cet Entomozoaire était parmi des plantes recueillies par l'auteur au pied du mont Bonhomme. C'est de la Jamaïque, ainsi que nous l'avons dit, que l'exemplaire de la collection de Sloane avait été rapporté; celui qu'a vu M. Mac-Leay était de Cuba, et MM. Audouin et Milne Edwards ont rédigé, d'après un Péripate trouvé à Caïenne par M. Lacordaire, les détails qu'ils ont publiés sur ce genre. M. Lacordaire l'a pris sous des bois pourris, enfoncés dans la vase sur les bords de la rivière d'Appronage, à trois lieues de son embouchure; les eaux étaient de nature saumâtre. C'est en Colombie que le Péripate étudié par M. Wiegman a été trouvé, et nous avons publié, comme se rapportant à un animal du même genre, un passage d'une lettre adressée de San Carlos de Chiloë (Chili) à M. de Blainville, par M. Gay. Ce Péripate a dix-neuf paires de pattes; il est terrestre et vit dans les bois sous les troncs d'arbres pourris. Est-ce une espèce différente de celle de M. Guilding? c'est ce qui ne pourra être admis que lorsqu'il aura été possible de comparer des individus recueillis au Chili à la figure et à la description de l'auteur anglais. Quant aux autres exemplaires donnés comme étant aussi de même espèce, la question n'est pas plus facile à résoudre, quoique l'on doive remarquer avec M. Wiegman que la figure donnée par MM. Audouin et Edwards diffère de celle qu'a publiée Guilding.

Quoi qu'il en soit, nous donnerons jusqu'à plus ample informé la synonymie suivante :

Péripate iuliforme, *P. iuliformis*, représenté dans notre Atlas, pl. 472, fig. 2; Guilding, Zool. journ., II, pag. 444, pl. 14, 1826, Isis, 188; Aud. et Edw., Ann. sc. nat.; Gray, Zoolog. miscell., pl. 6, 1831; Wiegmann, Archiv. fur naturg., 1837, pag. 195.

D'après M. Guilding, il est brun-noir, annelé de jaune, à ventre brun rosé, avec le corps tuberculeux et une ligne dorsale noire. Sa longueur est de trois pouces et sa largeur de trois lignes; il marche quelquefois en rétrogradant, et lorsqu'il est irrité, une liqueur glutineuse suinte de sa bouche.

M. Gay avait donné à l'animal que M. de Blainville et nous considérons comme un Péripate, le nom de *Venilia Blainvillii.*

Péripate, court, *P. brevis*, de Blainville, Ann. sc. nat., 2ᵉ série, VII, pag. 38, note 2.

Corps subfusiforme, chagriné, pourvu de quatorze paires de pattes; noir-velouté en dessus, blanc-jaunâtre en dessous, longueur totale, en comprenant les antennes, quarante-trois millimètres; plus grande largeur, quatre millimètres.

Animal terrestre recueilli par M. Goudot pendant une excursion à la montagne de la Table, Cap de Bonne-Espérance.

Le seul individu que M. de Blainville ait vu de cette espèce, et d'après lequel ont été rédigés les détails que nous avons donnés ci-dessus, d'après lui, a été trouvé en décembre 1829 sous une pierre dans une localité ombragée. Son corps n'était pas muqueux à sa surface comme celui des Limaces dont il a un peu l'aspect; les pattes sont blanchâtres. Lorsqu'on irrite le Péripate, il éjacule assez loin par la bouche une liqueur transparente, incolore, qui se solidifie presque instantanément et prend les caractères du caoutchouc; cette substance n'a aucun mauvais goût. Quand on prend ce petit animal, il se met en boule comme le Lampyris femelle. (Gerv.)

PÉRIPLOQUE, *Periploca*, L. (bot. phan.) Césalpin, considérant un arbrisseau sarmenteux qui croît spontanément dans l'archipel grec et voulant lui imposer un nom convenable, emprunta à la langue d'Homère le mot περιπλέκω, qui exprime parfaitement la propriété qu'a la plante de s'enrouler autour des arbres et des autres corps voisins. Linné adopta le nom pour le genre de la Pentandrie digynie, famille des Apocinées, auquel l'arbrisseau devait servir de type. Placé entre les genres *Pergularia* et *Cynanchum*, celui qui nous occupe présente pour caractères essentiels un calice petit, persistant, à cinq dents ovales et aiguës; une corole monopétale, hypogyne, en roue, dont le limbe est partagé en cinq découpures profondes, oblongues. Cette corolle est munie à l'entrée de la gorge d'un anneau placé autour des organes de la fécondation et divisé en cinq appendices linéaires. Les cinq étamines aux filamens courts, velus, portent des anthères droites, formant la voûte au dessus de l'organe femelle et barbues sur le dos. L'ovaire, à deux lobes réunis, est surmonté de deux styles très-courts, connivens, et terminé par un stigmate pentagone, en tête, avec cinq masses polliniques qui demeurent appliquées contre lui lorsqu'on écarte les étamines avec précaution; il lui succède deux follicules grandes, oblongues, ventrues, à une loge polysperme et à une seule valve, dont les graines nombreuses, imbriquées, sont couronnées par une aigrette de poils mous, d'une grande blancheur, et fixées à un placenta longitudinal, filiforme. Au moment de la fécondation, qui se fait à huis clos, la voûte se brise, les valves de chaque loge des anthères s'ouvrent par la partie interne et versent le pollen sur le stigmate dont les cinq lobes bâillent.

Quoique le genre *Periploca* compte seize espèces, il est peu de genre qui ait été mutilé d'une manière aussi barbare; à peine si la manie de tout changer, de tout remanier lui laisse deux représentans; personne n'a porté plus loin cette fureur aveugle que Robert Brown, il en arrache huit espèces pour en créer des genres nouveaux plus ou moins irréguliers, et se procurer le sot plaisir de surcharger la nomenclature d'une foule de noms fastidieux, inutiles. Une révision est donc devenue nécessaire, il faut fixer les limites des Périploques et rendre au genre ce qui lui a été enlevé. Je ne parlerai que de l'espèce type, parce que je l'ai observée aux localités mêmes qu'elle affectionne. Les autres vivent dans l'Inde, aux îles Mascareigne et Maurice, et au cap de Bonne-Espérance: je dirai seulement les propriétés médicinales de quelques unes. Le Périploque de Coromandel, *P. emetica*, Retz, présente dans sa racine un puissant vomitif; à Ceylan on emploie sous le nom de salsepareille de l'Inde la racine du *Periploca indica*; dans le même pays on mange les jeunes pousses du *Periploca esculenta*, L.; les Indiens recherchent la racine du *Periploca sylvestris*, Retz, pour l'appliquer, réduite en poudre, sur la plaie faite par la morsure des Serpens, en même temps qu'ils l'administrent à l'intérieur sous forme de décoction pour exciter une prompte évacuation de l'estomac et des intestins. Le commerce livre sous le nom Scammonée de Smyrne ou de Maurice, les racines des deux espèces; *Periploca sæcamonma*, L. et *P. mauritiana*, Poiret, etc., etc.

Le Périploque grec, *P. græca*, L. lance sa tige grimpante et ses rameaux flexibles à une hauteur de huit à douze mètres, et s'entortille autour des arbres placés dans son voisinage. Il peuple les haies de la Grèce et des contrées situées près de la Méditerranée et de la mer Caspienne; on l'admet dans les jardins comme plante d'ornement, où il sert surtout à cacher les murs, à former des berceaux, à couvrir des tonnelles, et à garnir des arcades. Munie d'un feuillage ovale obtus ou bien ovale-lancéolé, d'un vert gai; décorée de fleurs vert-jaunâtres en dehors, purpurines en dedans, disposées au sommet des rameaux sur un pédoncule dichotome, et formant des bouquets du plus bel effet, qui s'épanouissent aux premières journées de juin, cette plante dicotylédonée serait très-intéressante, puisqu'elle craint peu le froid; mais, elle a l'inconvénient d'étendre ses racines au loin quand elle rencontre une terre labourée; mais elle répand un suc laiteux très-caustique qui tue les Chiens, les Loups, etc., et produit dans l'économie animale tous les désordres du poison. Ses feuilles très-purgatives sont quelquefois et très-imprudemment mêlées à celles du séné; appliquées à l'extérieur, elles passent pour être résolutives. Le Périploque grec aime une situation chaude; on le cultive dans quelques jardins de nos départemens du midi, de même que le Périploque a feuilles étroites, *P. angustifolia*, Labill., que l'on trouve sur les hauteurs de l'Atlas, dans la Syrie et même aux Canaries. Ses fleurs, semblables à celles de la précédente espèce, exhalent une odeur susceptible de causer de violens maux de tête et même le délire. Sa tige monte au plus d'un à trois mètres. (T. d. B.)

PÉRISPERME, *Perispermum*. (bot. phan.) Le périsperme, ou albumen, ou endosperme, est cette partie de l'amande dans la graine, qui enveloppe l'embryon, ou l'accompagne, n'a avec lui aucune continuité de vaisseaux ou de tissus, peut facilement s'en séparer, et est formé ordinairement de tissu cellulaire, dont les mailles lâches renferment une fécule amylacée ou un mucilage épais, dont la substance nourrit l'embryon avant son développement et pendant la germination. On compare, dit avec raison Mirbel, la nourriture que l'embryon tire du Périsperme, à celle que le fœtus du poulet tire du *vitellus*, partie de l'œuf connue vulgairement sous le nom de jaune d'œuf.

La fécule ou le mucilage du périsperme est insoluble dans l'eau avant la germination; mais quand des circonstances favorables à ce grand acte se présentent, chaleur, oxygène et humidité, alors cette substance se modifie; elle devient soluble, se liquéfie pour ainsi dire et sert d'aliment à la plante future.

Le Périsperme présente beaucoup de caractères différens, et quelquefois manque tout-à-fait; son absence ou sa présence, sa consistance même, offrent de bons caractères aux botanistes pour la classification. Il existe quelquefois une telle adhérence entre lui et le tegmen, par la continuité de tissus communs, que quelques botanistes ont cru, mais à tort, que ce dernier manquait dans quelques graines, comme dans les *Ricinia*, les *Salsola*, etc.

Dans les Labiées, un grand nombre de Borraginées, de Légumineuses; dans les Rosacées, les Méliacées, les Thymélées, le Périsperme est si mince, qu'on l'a pris long temps pour une tunique séminale. Toutefois comme les graines de ces végétaux ont un tegmen, et que les vaisseaux funiculaires s'y arrêtent, il est difficile aujourd'hui de ne pas reconnaître que ces graines sont périspermées (Mirbel).

On étudie le Périsperme sous le rapport de sa position, de sa substance, de sa division, de sa grandeur et de sa couleur.

Sa position: central, lorsqu'il forme dans la graine une masse entourée par l'embryon; Nyctaginées, *Cuscuta europæa*, *silene;* périphérique, lorsqu'il enveloppe l'embryon, au lieu d'être enveloppé par lui; le plus grand nombre de plantes, les Conifères, etc.

Unilatéral, quand il se porte tout d'un côté et l'embryon de l'autre; les Graminées, Blés, Seigle, Orge, etc.

Sa substance: sec, toutes les Graminées; farineux, les mêmes et les Nyctaginées, notamment le *Mirabilis jalappa*, etc.; oléagineux, gras au toucher et pouvant fournir de l'huile par l'expression, *Nissa sylvatica*, Euphorbiacées, etc., mucilagineux, ayant la consistance gommeuse et molle, *Convolvulus*, etc., pelliculaire, formé d'une lame mince ou pellicule, Labiées, Prunier, Amandier, etc., charnu, Euphorbiacées, etc.; corné, tenace, de nature sèche, ligneuse, comme de la corne, les Palmiers, Rubiacées, *Asarum*, etc. Il est enfin coriace, transparent, opaque, etc.

Division: lobé, trilobé, *Coccoloba*, *Lontarus*, etc., quinquélobé, *Aquilicia*, etc.

Grandeur: grand, relativement à la taille de l'embryon, les Graminées, les Palmiers, *Aconitum*, et quelques Renonculacées, etc., épais, ayant une épaisseur notable, Graminées, *Hydrophyllum*, *Sterculia*, etc., mince, la plupart des graines, Thymélées, Labiées, Rosacées.

Couleur: blanc, album, la plupart des graines, etc., vert, *Viscum album*.

Creux offrant une cavité intérieure autre que celle où est logé l'embryon, *Cocos*, *Myristica*, etc., chiffonné, plissé en différens sens comme l'embryon, *Convolvulus*, etc., hilifère, portant immédiatement le hile: Conifères.

Les familles des Ombellifères, des Renonculacées, des Helléboracées, des Graminées, des Conifères, etc., etc., n'ont jusqu'ici offert aucun genre, aucune espèce, qui manquât de périsperme. Au contraire, chez les vrais Aurantiacées, les Crucifères, les Alismacées, etc., aucun genre ni aucune espèce jusqu'ici connue n'a montré cet organe. Dans quelques familles, telles que les Borraginées et les Légumineuses, le Périsperme devient tellement mince, en passant d'un genre et d'une espèce à l'autre, qu'il finit par disparaître totalement (Observation de Mirbel).

Dans plusieurs mémoires M. Richard a employé le mot Périsperme pour désigner les enveloppes de la graine, on lui a enfin substitué celui d'épisperme. C'est encore un exemple de cette confusion de mots, qu'on ne saurait trop éviter dans l'intérêt de la science. (C. Lem.)

PÉRISPORANGE, *Perisporangium*. (bot. crypt.) Nom donné par quelques auteurs à la partie du fruit des Cryptogames, et qui serait l'analogue du péricarpe des fruits des Phanérogames. (F. F.)

PÉRISTALTIQUE. (physiol.) On appelle mouvement Péristaltique celui par lequel les intestins, en se contractant sur eux-mêmes, favorisent la progression des alimens et la dejection. (M. S. A.)

PÉRISTAPHYLIN, *Peristaphylinus*. (anat.) On a donné ce nom à deux des muscles du palais, savoir:

1° Le muscle Péristaphylin interne. Il est petit, étroit, presque rond supérieurement, son insertion en haut, se fait sur la face inférieure du rocher et sur le cartilage de la trompe d'Eustachi; en bas il se termine dans l'épaisseur du voile du palais. Il a pour usage de relever le voile du palais.

2° Le muscle Péristaphylin externe ou inférieur s'attache en haut sur une partie de l'os sphénoïde et sur la trompe d'Eustachi, en bas il se fixe sur l'os palatin et va se perdre dans l'épaisseur du voile du palais. Ce muscle tend le voile du palais, et par-là s'oppose au passage des alimens dans les fosses nasales lors de la déglutition. (M. S. A.)

PÉRISTÉDION. (poiss.) Sous ce nom Lacépède a proposé l'établissement d'un genre qui a pour type le *Trigla cataphracta*, Linné. Ce genre qui a de très-grands rapports avec les Trigles, prendra place à ce dernier article. (*Voy.* Trigle.) (Alph. Guich.)

PÉRISTELLÉS. (moll.) Nom d'une famille proposée par M. d'Orbigny pour les deux genres Ischyosarcolithe et Bélemnite. *Voy.* ces mots. (Guér.)

PÉRISTOTE, *Circumpressio*. (physiol.) Compression circulaire, action Péristaltique. *Voy.* Péristaltique. (M. S. A.)

PÉRISTOME, *Peristomium*. (bot. crypt.) Mousses. Dénomination imposée au r bord membraneux ou aux rangs de dents et de cils qui entourent le plus souvent l'orifice de la capsule des mousses. (F. F.)

PÉRITOINE. (anat.) Le Péritoine est une membrane séreuse, mince, translucide, perspirable, d'un trajet très-compliqué qui revêt d'une part les parois de la cavité abdominale et se prolonge de l'autre sur des organes qui y sont contenus, les enveloppe en tout ou en partie, les soutient et forme un grand nombre de replis que nous indiquerons plus bas. Considéré chez l'homme, le Péritoine représente un sac clos de toutes parts, si ce n'est chez la femme, à l'endroit des orifices abdominaux des deux trompes de Fallope, où il se continue avec la membrane muqueuse de ces conduits. Il résulte de la disposition anatomique du Péritoine que la face externe de cette membrane séreuse isole les uns des autres et enveloppe plus ou moins complètement les viscères de l'abdomen, et que sa face interne, partout en contact avec elle-même, lisse et humectée de sérosité, ne renferme aucun organe.

Pour faciliter l'étude du Péritoine, les anatomistes considèrent cette membrane dans les diverses régions de l'abdomen, et dans chaque région ils établissent un point de départ arbitraire afin de mieux suivre et de mieux décrire tous les replis, tous les ligamens, et la disposition des diverses poches péritonéales.

1° *Région mésogastrique* ou *ombilicale*. Le Péritoine étant supposé partir de la ligne blanche, tapisse la face postérieure de la paroi abdominale antérieure, les flancs, mais bientôt rencontre à droite et à gauche les vaisseaux et nerfs qui se rendent aux portions d'intestins nommées colons ascendant et descendant, se réfléchit sur eux, recouvre la partie des deux colons que nous venons d'indiquer, s'applique sur la face interne des vaisseaux, en s'adossant à lui-même pour former les replis nommés mésocolons lombaires droit et gauche, arrivé sur les côtés de la colonne vertébrale, après avoir recouvert les uretères, les vaisseaux spermatiques et rénaux, la veine-cave et l'aorte, rencontre les vaisseaux qui vont à l'intestin grêle, se réfléchit sur eux et vient former, en s'appliquant contre lui-même le mésentère, vaste repli péritonéal qui sert à fixer la plus grande portion du canal digestif.

2° *Région hypogastrique*. Le Péritoine, partant de l'ombilic, trouve en descendant, l'ouraque et les artères ombilicales, sur lesquelles il forme trois replis qui continuent jusque dans la région inguinale, où ils constituent les fossettes inguinales externe et interne. Bientôt la membrane péritonéale arrivée dans l'excavation pelvienne rencontre la vessie, dont elle tapisse le sommet et une portion des faces latérales et de la face postérieure; dans cet endroit, elle se termine en cul-de-sac et se réfléchit sur le rectum, en formant deux plicatures nommées ligamens postérieurs de la vessie, tapisse les faces antérieures et latérales du rectum, donne naissance derrière lui à un repli appelé mésorectum, remonte ensuite au devant de la colonne vertébrale, rencontre les vaisseaux et nerfs qui se dirigent vers l'intestin grêle, se réfléchit sur eux et vient se réunir à la portion mésogastrique. Chez la femme, la partie latérale de la portion hypogastrique constitue un repli considérable auquel on a donné le nom de ligament large. Ce repli, joint à celui du côté opposé, forme une cloison transversale qui partage cette cavité en deux parties. Les ligamens larges résultant de l'adossement de deux feuillets entre lesquels se trouvent supérieurement les trompes de Fallope, qui sont situées dans le bord libre de ces replis; puis au dessous et en avant, le ligament rond, et en arrière l'ovaire. Ces deux derniers organes donnent naissance à deux petits replis qu'on appelle ailerons.

A droite et à gauche, en descendant dans les régions iliaques, le Péritoine forme autour de l'*S* du colon et du cœcum deux replis qui sont le méso-cœcum et le mésocolon iliaque.

3° *Région épigastrique*. Examiné dans l'hypochondre gauche, le péritoine tapisse la face postérieure de la paroi abdominale antérieure, remonte sur le diaphragme, recouvre sa face inférieure, rencontre les vaisseaux qui vont à la rate, réfléchit sur leur face postérieure, puis sur les faces extérieure, externe, antérieure et moitié interne de la rate, sur la face externe des vaisseaux courts, d'où il se porte à la partie renflée de l'estomac, et se continue avec le feuillet antérieur du grand Epiploon (*voy.* ce mot).

Dans l'épigastre, la membrane péritonéale revêt la face inférieure du diaphragme, arrive sur la face supérieure du foie, en formant, entre son bord mousse et le diaphragme, un pli très-court qui porte le nom de ligament coronaire du foie, se réfléchit sur la face supérieure du foie, constitue à gauche le ligament triangulaire gauche, tapisse les parties supérieure et inférieure du lobe gauche, rencontre l'œsophage et vient tapisser la face antérieure de l'estomac, se confondant avec la portion précédente. Dans l'hypochondre droit, le Péritoine se réfléchit du diaphragme sur le bord postérieur du foie, constitue le ligament triangulaire droit, recouvre la face supérieure de l'organe, rencontre le cordon résultant de l'oblitération de la veine ombilicale, forme en cet endroit un repli appelé ligament de la veine ombilicale, et qui, se continuant sur le foie, prend le nom de ligament supérieur du foie. Après avoir tapissé toute la face convexe, le bord tranchant, une partie de la face concave du foie, le fond de la vésicule biliaire, la face inférieure de cette vésicule, il se réunit au Péritoine du côté droit, pour se porter sur la face antérieure de l'estomac; de là il descend jusqu'à la partie inférieure de l'abdomen, se recourbe de bas en haut jusqu'au bord convexe du colon transverse, passe derrière et se dirige vers la colonne vertébrale pour former le feuillet inférieur du mésocolon transverse. Immédiatement au dessous du col de la vésicule biliaire, le Péritoine s'enfonce dans une ouverture appelée hiatus de Winslow. Cette ouverture, de forme triangulaire, correspond en arrière à la colonne vertébrale, supérieurement au foie, antérieurement à la vésicule biliaire et aux vaisseaux excréteurs du foie. Lorsque le Péritoine est entré par l'hiatus, il revêt la face postérieure de l'estomac, s'adosse le long de la grande courbure avec le feuillet que nous avons vu recouvrir la face antérieure du ventricule, pour former le feuillet extérieur de cette portion péritonéale, qui a reçu le nom de grand épiploon : ce feuillet antérieur descend jusqu'à la partie inférieure du bassin, se recourbe, remonte vers l'arc du colon, en constituant le feuillet postérieur du grand épiploon; arrivé près de l'intestin, au lieu de passer derrière, comme dans le cas précédent, il passe au devant; forme le feuillet supérieur du mésocolon transverse, et vient sortir par l'hiatus de Winslow. Dans ce trajet, le Péritoine forme les parois d'une cavité à laquelle on a donné le nom d'arrière-cavité des épiploons.

Il y a d'autres replis du Péritoine qui portent aussi le nom d'épiploon; mais comme il a été question de ces replis à l'article Epiploon, nous ne croyons pas devoir les décrire dans cet article déjà fort long et fort aride, surtout pour les personnes qui n'ont point suivi, le scalpel à la main, le trajet des membranes séreuses.

Le Péritoine jouit d'un haut degré d'extensibilité, de manière qu'il ne se déchire pas, même lorsqu'il se trouve distendu beaucoup, soit subitement, soit peu à peu. Il est redevable de cette propriété à la solidité considérable qui le caractérise dans l'état normal. Sa force n'est pas la même partout En général, le feuillet externe est bien plus fort, plus solide et plus épais que l'interne. C'est à la région lombaire et à sa partie inférieure et antérieure qu'il est le plus fort et à sa partie supérieure qu'il est le plus faible.

Les connexions, en général peu intimes, qui l'unissent aux parois de l'abdomen, lui permettent de céder facilement lorsqu'il vient à être tiraillé, de sorte que sa situation et ses rapports avec les parties voisines changent dans une étendue plus ou moins considérable quand les organes sécréteurs du sperme descendent dans le scrotum, lorsqu'il s'établit une hernie, et dans les cas de grossesse ou d'hydropisie ascite.

Le Péritoine, ainsi que toutes les membranes séreuses, est souvent le siége d'une inflammation plus ou moins étendue, qui devient la source d'adhérences plus ou moins larges et solides. Les phlegmasies ont aussi pour résultat de produire, soit dans son feuillet externe, soit dans son feuillet interne, une induration ou épaississement souvent très-considérable, et qui peut aller jusqu'à plusieurs lignes. Cette altération est surtout déterminée par l'inflammation qui se prolonge beaucoup. On peut en rapprocher une autre qui dépend de la même cause et qui appartient presque en propre au Péritoine : c'est le développement sur sa face interne d'une multitude de petites élévations semblables à celles de la miliaire.

Il se développe quelquefois des masses de graisse considérables à la face interne du Péritoine, même chez les sujets qui n'ont pas beaucoup d'embonpoint. Le grand épiploon offre surtout des exemples fréquens de cette anomalie, et l'on a vu alors son poids s'élever jusqu'à trente livres.

Les ossifications sont rares à la face interne du Péritoine, mais on en rencontre très-souvent, de distance en distance, dans son feuillet interne, notamment à la surface de la rate. L'épiploon offre quelquefois une dégénérescence semblable.

Il n'est pas rare de trouver, sur les deux faces du Péritoine et dans les épiploons, des kystes séreux et des amas plus ou moins considérables d'hydatides. Les kystes séreux se détachent quelquefois et deviennent flottans.

Le feuillet externe, plus souvent l'interne, en particulier les épiploons et les mésentères, sont assez fréquemment le siége de formations accidentelles de substances blanchâtres plus ou moins solides, qu'on a décrites sous les noms d'athéromes, de stéatomes, etc., et qui acquièrent souvent un poids de quarante livres et plus.

En bornant ici ce qui est relatif à l'homme, nous dirons seulement que les replis du Péritoine, surtout les épiploons, sont très peu développés chez le jeune fœtus. C'est au point que le grand épiploon se montre à peine vers le deuxième mois de la gestation; plus tard il semble végéter de la grande courbure de l'estomac et de l'arc du colon vers la partie inférieure du bassin, en formant deux portions isolées; à cette époque, l'arrière-cavité s'abouche directement avec l'arc du colon; bientôt les deux portions isolées s'allongent l'une vers l'autre, la réunion s'opère et le grand épiploon est formé. Quant à la structure du Péritoine, cette membrane est essentiellement composée du tissu cellulaire et d'un grand nombre de vaisseaux absorbans; il a des vaisseaux sanguins qui lui viennent des différentes parties qu'il recouvre ou qui l'avoisinent; on ne lui connaît point de filets nerveux qui lui soient propres, et cependant on ne saurait nier leur existence d'une manière positive.

Si de l'homme nous passons aux animaux, nous voyons que le Péritoine, ou du moins une membrane analogue, existe dans tous les Vertébrés, que cette membrane est généralement blanche, délicate, transparente et sans couleur dans les Mammifères et les Oiseaux, noire dans les Reptiles et les Poissons, et souvent argentée dans ces derniers. La densité et l'épaisseur du Péritoine varient aussi suivant les diverses classes d'animaux dont nous venons de parler. A ces variétés de couleur, de consistance et d'épaisseur, se rattachent les rapports généraux du Péritoine, rapports qui diffèrent d'une manière remarquable dans les quatre classes des animaux vertébrés. C'est sous le point de vue général que nous allons faire connaître, d'après l'illustre Cuvier, quelle est l'importance de la membrane séreuse péritonéale, et quels sont ses usages chez les divers animaux.

Les rapports du Péritoine diffèrent dans les quatre classes des animaux vertébrés, suivant que les différens viscères qu'il enveloppe chez l'homme sont séparés par un diaphragme ou par quelque autre cloison de ceux de la circulation et de la respiration, comme cela a lieu dans les Mammifères et les Poissons, ou que tous ses viscères sont contenus dans une même cavité, comme dans les Oiseaux et les Reptiles. Dans le premier cas, une membrane analogue au Péritoine, mais qui en est entièrement séparée, tapisse la cavité du thorax et revêt les organes qui y sont renfermés; le Péritoine seul est distribué dans l'abdomen. Dans ce dernier cas, le Péritoine et la plèvre paraissent confondus, ainsi que la cavité abdominale et thoracique, et ne forment qu'une seule membrane. La disposition de cette membrane commune a quelque chose de particulier dans les oiseaux. Elle

y forme

y forme de grandes cellules, dont une partie sont vides et les autres remplies par des viscères; ces cellules communiquent avec les poumons et se remplissent ou se vident d'air dans l'inspiration et l'expiration.

Le Péritoine des Tortues, parmi les Chéloniens, semble diviser en plusieurs autres la cavité commune du thorax et de l'abdomen; on peut y distinguer: 1° la cavité des poumons; 2° celle du cœur ou du péricarde; 3° celle des viscères abdominaux qui renferme l'estomac, le foie, les intestins, la vessie et les organes générateurs internes. Les parois forment en avant, en recouvrant le foie, une sorte de diaphragme membraneux qui le sépare du cœur, et elles ferment en arrière la cavité du bassin; elles fournissent de plus les mésentères.

La distribution du Péritoine des Poissons est en général analogue à celle qu'il présente dans les Mammifères. Cependant les prolongemens qu'il envoie aux viscères sont quelquefois comme déchirés, réduits à de simples filets et conséquemment très-incomplets.

La cavité péritonéale est loin d'offrir les caractères anatomiques que Bichat lui assigne. Ce grand anatomiste, en effet, a dit que le propre des membranes séreuses est de former des sacs sans ouverture, et cependant nous voyons que les trompes utérines établissent chez tous les Mammifères une communication plus ou moins large entre l'utérus et la cavité péritonéale; que les cellules formées par le Péritoine des oiseaux communiquent d'une part avec les bronches, et d'autre part avec les cavités des os dans lesquelles cet air pénètre; que dans les Chéloniens, parmi les Reptiles, c'est avec des canaux qui vont dans la verge chez le mâle, et le clitoris chez les femelles, que la cavité du Péritoine communique (1). Enfin, chez les Poissons, la plupart des Chondroptérygiens et quelques Poissons osseux, il y a des orifices de chaque côté de l'anus qui permettent aux liquides contenus dans la cavité péritonéale de sortir, et au fluide ambiant de pénétrer dans l'abdomen.

Ce peu d'exemples suffira pour prouver qu'on ne peut avoir une idée complète des propriétés constitutives d'un organe quelconque, qu'après l'avoir comparé dans tous les animaux où il existe. Aussi, c'est d'après ces vues générales surtout que sera exécutée notre Anatomie comparée faisant partie du Traité élémentaire d'Histoire naturelle que nous publions avec M. Guérin-Méneville.

Quant aux replis du Péritoine, considéré chez les divers animaux, nous ne parlerons dans cet article que du grand épiploon et des membranes graisseuses dans les espèces qui hivernent. On sait que l'étendue du grand épiploon n'est pas à beaucoup près la même dans les différens individus de l'espèce humaine; qu'il y a une différence moins marquée dans les autres Mammifères, surtout pour les individus d'une même espèce.

Les lames du grand épiploon n'ont pas toujours la même origine et les mêmes rapports que dans l'homme, et les différences qui existent à cet égard viennent particulièrement de la présence ou du défaut d'une membrane transverse.

Dans les Ruminans à cornes, la cavité du grand épiploon est extrêmement grande; elle renferme les quatre estomacs, le duodénum et le pancréas. La partie libre de ce grand repli péritonéal contient assez généralement beaucoup de graisse dans les Mammifères comme dans l'homme; mais cette circonstance varie beaucoup, suivant l'âge, la saison et même la manière de vivre.

Ainsi l'épiploon est très-chargé de graisse en hiver, dans les animaux qui restent engourdis pendant cette saison, et n'en conservent que fort peu en été. Celui des Herbivores est en général plus graisseux que celui des Carnassiers. La graisse s'amasse dans cette partie, comme dans beaucoup d'autres, chez ceux qui se donnent peu d'exercice, tandis qu'elle en est entièrement dépourvue dans les animaux dont le genre de vie est très-actif.

On retrouve autour des gros intestins des Mammifères herbivores les petits appendices graisseux qui existent dans l'homme; mais ils manquent généralement dans les Carnassiers.

Plusieurs des Mammifères qui passent l'hiver dans l'engourdissement, tels que la Marmotte des Alpes, le Boback, ou la Marmotte de Pologne, les Spermophiles, les Loirs, les Gerboises, ont un grand épiploon et deux autres appendices analogues, qui tiennent aux lombes, recouvrent les intestins sur les côtés et s'étendent quelquefois jusqu'à l'ombilic. Les épiploons latéraux sont garnis en hiver, ainsi que le grand, d'une graisse très-épaisse; ils fournissent tous trois dans cette saison une enveloppe graisseuse aux intestins qui contribue sans doute puissamment à y retenir la chaleur naturelle, à empêcher l'accès du froid, et à suppléer au défaut d'alimens. Il est cependant remarquable, comme le fait observer Cuvier, que tous les animaux qui hivernent ne sont pas pourvus de ces prolongemens accessoires, et surtout qu'on ne les trouve pas dans toutes les espèces du même genre quoique de mêmes mœurs.

Cependant on trouve chez les Ophidiens et chez les Sauriens de véritables membranes graisseuses entièrement développées.

Dans la classe des Poissons, il est aussi très-fréquent de trouver les replis du Péritoine, qui servent de mésentère, chargés d'une grande proportion de graisse.

Ces provisions de graisse accumulée quelque part, donnent à l'animal chez lequel elles ont lieu la faculté de se passer d'alimens aussi long-temps qu'elles ne sont pas épuisées. Leur histoire se lie, sous ce rapport, non seulement avec celle de l'engourdissement pendant l'hiver, ainsi que nous venons de l'exposer dans cet article, mais encore

(1) Nous avions d'abord cru, M. Isidore et moi, que les Crustacés avaient de semblables canaux; mais un examen [illegible], et de nombreuses et nouvelles dissections, nous [illegible] conduit à réfuter plus tard les faits publiés en 1828. (Voir, pour plus de détails à ce sujet, le nº 3 de la Revue zoologique par [illegible] cuviérienne, que publie M. Guérin-Méneville.

avec la faculté de ne faire de repas qu'à de longs intervalles et de les faire moins copieux, malgré une grande activité. Tel est l'usage des loupes dorsales graisseuses du Chameau ou de la loupe de même nature du Dromadaire. (M. S. A.)

PERLE, *Perla.* (INS.) Ce genre, qui appartient à l'ordre des Névroptères, famille des Plicipennes, tribu des Perlides, a été établi par Geoffroy aux dépens des Phryganes de Linné, adopté ensuite par Latreille et tous les entomologistes, avec ces caractères : Tarses de trois articles; ailes couchées horizontalement sur le corps; premier segment du tronc grand, sous la forme du corselet; antennes sétacées, multiarticulées; mandibules presque membraneuses; labre peu apparent; deux longs filets à la partie anale. Ce genre, auquel Fabricius avait donné le nom de Semblis, était confondu avec les Nemoures avant Latreille; mais ces derniers diffèrent des Perles par leur labre très-apparent, leurs mandibules cornées et les articles de leurs tarses presque également longs; leur abdomen ne présente que deux soies au bout. Plusieurs auteurs ont confondu les Perles avec les Phryganes; mais celles-ci s'en éloignent par plusieurs caractères qui les ont fait placer dans une famille différente. (*Voy.* PLICIPENNES.) Le corps des Perles est allongé, étroit et aplati; leur tête est penchée, aplatie, et de la largeur du corps; les yeux sont un peu ovalaires; on voit entre eux trois petits yeux lisses disposés en triangle; les antennes sont longues, sétacées, composées d'un grand nombre d'articles courts et cylindriques; elles sont très-écartées à leur insertion; le labre est peu apparent, transverso-linéaire; les mandibules sont presque membraneuses; les mâchoires sont nues et membraneuses; leurs palpes sont presque sétacés, saillans, de quatre articles; les labiaux n'en ont que trois; la lèvre inférieure a deux divisions; le corselet est carré et aplati; les ailes sont longues, couchées et croisées horizontalement sur le corps; l'abdomen est déprimé; son dernier segment est terminé dans les deux sexes par deux filets longs, multiarticulés, antenniformes et distans; les pattes sont de longueur moyenne; le premier article des tarses et le second sont très-courts; le dernier est fort allongé, muni de deux crochets et d'une pelote dans l'entre-deux.

Les larves de ces insectes et leurs métamorphoses ont été connues des auteurs modernes mais généralement fort mal décrites, et c'est à M. Pictet, qui a fait une étude particulière de l'ordre des Névroptères, que la science est redevable d'un travail sur les larves et les métamorphoses des Perles, travail qui a jeté un grand jour sur l'histoire de ces insectes qui nous était encore entièrement inconnue. Tous les auteurs qui ont parlé des larves des Perles, dit cet entomologiste distingué, les ont décrites comme subissant des métamorphoses analogues à celles des Phryganes, c'est-à-dire se filant des étuis recouverts de diverses matières, et ils ont dit que ces Perles étaient entièrement différentes à l'état de larve de ce qu'elles sont à l'état parfait. D'un autre côté, j'avais montré dans un travail que j'ai fait sur les insectes composant le genre Nemoure, que les larves de ces mêmes insectes sont constamment nues et qu'elles diffèrent essentiellement de la nymphe, parce que celle-ci a des rudimens d'ailes qui manquent à ces larves. Si donc ces deux faits étaient exacts, il en résulterait évidemment que les Nemoures et les Perles devraient former deux genres beaucoup plus distans l'un de l'autre qu'on ne l'avait cru jusqu'à présent; car, quoique les caractères tirés des métamorphoses ne doivent pas être mis en première ligne, quand il s'agit de fonder de grandes divisions d'ordres ou de sous-ordres, il n'en est pas moins vrai que pour l'établissement des familles naturelles, on doit aussi invoquer ces caractères pour confirmer ceux tirés de l'insecte parfait. Si l'on compare entre elles les Perles et les Nemoures, on sera frappé de leur grande analogie, surtout s'il s'agit des petites espèces de Perles. Les antennes, les pattes, les ailes sont les mêmes; les organes de la bouche sont composés des mêmes parties, semblablement disposées, et les légères variations de formes qu'elles présentent ne sont guère plus grandes entre les Perles et les Nemoures qu'entre les espèces de l'un ou l'autre de ces deux genres. La seule différence réelle et constante repose sur un caractère bien peu important; ainsi les Perles ont des soies caudales presque aussi longues que les antennes, tandis que les Nemoures ont l'abdomen simple ou terminé tout au plus par des appendices qui n'excèdent pas en longueur le dernier anneau. On comprendra facilement qu'en raison de cette analogie, j'ai dû croire qu'il s'était glissé quelqu'erreur dans l'histoire des métamorphoses des Perles. En suivant de près ces insectes, j'ai découvert leurs larves qui m'ont fourni une pleine confirmation de ce que je viens de dire; en effet, ces larves sont comme celles des Nemoures, constamment nues, et subissent comme elles des métamorphoses incomplètes.

Ce que j'avance ici sera peut-être accueilli avec quelque défiance par les naturalistes, quand ils sauront surtout que les métamorphoses des Perles ont été décrites comme analogues à celles des Phryganes par la plupart des maîtres de la science: Réaumur, Geoffroy, Olivier, Fabricius, Latreille, etc., mais je présente mes observations avec une pleine certitude, les ayant vérifiées plusieurs fois sur six espèces. Il ne sera pas sans intérêt de rechercher comment cette erreur s'est introduite dans la science, et cette recherche démontrera avec quelle prudence il faut s'appuyer sur des faits qui n'ont été observés que d'une manière incomplète.

Réaumur est le premier auteur qui ait fait mention des métamorphoses des Perles, et c'est par lui que l'erreur a commencé, ses successeurs l'ont ensuite propagée et aggravée. Réaumur, en effet, n'ayant pas une pleine certitude des faits qu'il mettait en avant, les a exposés avec doute. Après avoir décrit une larve vivant dans un fourreau tout-à-fait analogue à celui des Phryganes, il ajoute « qu'il a lieu de croire qu'elle se transforme en une Mouche », qu'on reconnaît à la description devoir être une Perle; puis il donne la raison qui le lui fait croire. « Une de ces Mouches, dit-il, est née dans une cloche couverte de gaze et à moitié pleine d'eau, dans laquelle M. l'abbé Nollet avait mis ou cru avoir mis nos petites Teignes à fourreaux. On voit, par ces paroles, que Réaumur admet la possibilité d'une erreur, car il ne parle que d'une seule observation faite d'une manière incomplète et par un autre que par lui. Et cependant ces paroles ont suffi pour que tous les naturalistes qui sont venus ensuite aient attribué aux Perles les métamorphoses complètes des Phryganes. Geoffroy, observateur ordinairement si exact, s'en est entièrement rapporté à Réaumur: il applique aux larves des Perles la description des larves des Phryganes, et il est facile de voir qu'il n'a ni élevé ni vu éclore les premières. Après lui, Olivier, Fabricius ont copié l'erreur, et il n'est pas étonnant que, se fiant à de telles autorités, les naturalistes plus modernes aient admis le fait comme hors de doute, et que MM. Latreille et Duméril aient donné pour caractère aux Perles d'avoir des métamorphoses complètes. Mais la description qui va suivre montrera évidemment que les Perles ont des métamorphoses incomplètes, et que leurs larves se rapprochent beaucoup de celles des Nemoures. On verra en même temps que ces deux genres s'éloignent beaucoup des Phryganes, avec lesquelles Linné et Lamarck les avaient réunis; car à ce caractère des métamorphoses se joint encore celui des organes masticateurs, les Phryganes n'ayant pas de mandibules et les Perles ainsi que les Nemoures en étant pourvues. Le corps de ces larves est divisé en trois parties : la tête, le thorax et l'abdomen. La tête est grande, invisible et porte deux antennes; le thorax est composé de trois anneaux bien distincts qui ont chacun une paire de pattes : les deux derniers ont en outre dans la Nymphe des rudimens d'ailes. L'abdomen est conique, de grandeur médiocre et terminé par deux soies. La tête est, en général, large, et les organes masticateurs se rapprochent beaucoup de ceux des Nemoures. Le labre est transversal, les mandibules sont grosses et courtes, terminées par plusieurs dents; les mâchoires sont plus acérées, recouvertes sur leur dos par un appendice long et triarticulé; le palpe est à cinq articles, dont les deux premiers très-courts; la lèvre inférieure est profondément bilobée et les palpes labiaux ont trois articles. Les antennes, qui sont en soie, naissent devant les yeux. Il y a trois petits yeux lisses sur le sommet de la tête; le thorax est composé, 1° du prothorax ou corselet, qui est à peu près carré au dessus, à bords un peu arrondis. Il porte les pattes antérieures, qui sont composées d'une hanche courte, suivie d'un petit trochanter, d'une cuisse aplatie, ellipsoïde, large, d'une jambe mince et d'un tarse composé de deux articles peu visibles dans la larve, et terminé par deux crochets; 2° du mésothorax et 3° du métathorax, qui ont la même forme, et qui sont quadrangulaires, avec les deux angles postérieurs un peu prolongés en arrière, et s'allongeant à mesure que les ailes croissent, car ils en renferment les rudimens. Ils portent les pattes moyennes et postérieures assez semblables aux antérieures, mais un peu plus longues. Les trois anneaux du thorax portent aussi les organes respiratoires externes. Nous trouvons ici, suivant toujours M. Pictet, la même différence que j'ai signalés dans les Nemoures, c'est-à-dire parmi nos Perles, les trois premières espèces ont des organes respiratoires externes, tandis que les deux dernières en manquent tout-à-fait. Voilà donc encore un nouveau cas de cette singulière diversité entre les espèces d'un même genre, diversité que, pour le dire en passant, j'ai retrouvée à un degré très-remarquable dans la famille des Phryganides. Dans toutes les espèces de Perles dont les larves ont des organes respiratoires externes, ces organes existent de la même manière. Ils naissent sous le thorax et sous la peau molle qui unit un anneau à l'anneau suivant. On en trouve six disposés par paires. La première paire se voit entre le prothorax et le mésothorax, la seconde entre celui-ci et le métathorax, et la troisième en arrière de ce dernier. Ils naissent un peu en dessous et sur les parties latérales, et flottent sur les côtés du thorax. On voit que ces organes ne sont pas dans la même position chez les Perles que chez les Nemoures; en effet, dans celles-ci, nous les avons vus uniquement sous le prothorax, vers son bord antérieur. Leur forme n'est pas moins différente que leur position; car au lieu d'être des tubes coniques ou des espèces de cæcums, chacun d'eux est composé, chez les Perles, d'une touffe de filets minces formant des faisceaux assez considérables. Au premier abord, ces touffes paraissent naître d'un point unique : mais si on les examine à la loupe, on ne tarde pas à reconnaître que chaque faisceau se compose de trois touffes ayant chacune une origine distincte; mais vers leur proximité, les filets qui les constituent se mêlent et se croisent. Aucun de ces filets n'est rameux. Leur couleur varie du blanc au jaune fauve. C'est le seul exemple qu'on ait jusqu'ici des organes respiratoires externes de cette forme; on ne connaissait encore dans les Névroptères, que ceux des Phryganes et des Nemoures, qui, nous venons de le dire, sont des espèces de tubes naissant chacun d'un point distinct, et ceux de quelques autres, et particulièrement des Éphémères, disposés en lamelles. Chaque filet est trop mince et trop opaque pour que j'aie pu m'assurer si les trachées s'y ramifiaient, mais il me paraît évident qu'ils servent à la respiration. L'abdomen est conique, composé de faisceaux courts et emboîtés, dont les plus larges sont en avant. Aucun ne porte d'appendices, à l'exception du dernier terminé par deux longs filets coniques qui persistent dans les trois états. On voit que ce caractère, qui différencie les Perles et les Nemoures, à l'état parfait, les rapproche au contraire à l'état de larve; car les larves et les nymphes des Nemoures en sont également pourvues.

Ces larves vivent toutes dans les eaux courantes; je les ai trouvées dans le Rhône ou dans l'Arve; elles préfèrent même en général les endroits où le courant est plus fort et où l'eau se brise contre les pierres; elles marchent à la façon de certains reptiles; c'est-à-dire en traînant leur ventre sur le sol; leur démarche est beaucoup plus lente que celle des Éphémères; elles se tiennent volontiers sous les pierres, sont carnassières, mais peuvent rester très-long-temps sans prendre de nourriture; je les ai souvent vues se fixer sur une pierre à l'aide de leurs pattes, et là se balancer long-temps sans que j'aie pu reconnaître le but de ce singulier mouvement; elles éclosent au printemps ou en été, et passent l'hiver à l'état de larves. Pour se métamorphoser, elles montent sur une pierre ou sur une plante et se fixent à l'aide de leurs six pattes; bientôt la peau se fend en dessus et elles en sortent après quelques efforts; elles peuvent aussi éclore dans l'eau, mais le plus souvent elles s'en éloignent et vont sur le rivage; on en trouve souvent les dépouilles et l'insecte parfait en grande quantité. A la suite de ces intéressantes observations, M. Pictet décrit six espèces parmi lesquelles quatre sont nouvelles. Nous citerons comme les plus remarquables :

La Perle bordée, *P. marginata*, Panz. 7e livr. Pictet, Ann. des Sc. nat., tom. 28, pl. 5, fig. 1 à 2, représentée dans notre atlas, pl. 472, fig. 3. *Semblis marginata*, Fabr., Ent. syst., t. II, p. 73, n° 7; *Phryganea maxima*, Scopol., Ent. carn., p. 269, n° 705. La tête est fauve, un peu rougeâtre, bordée de brun; les yeux lisses sont noirs et l'espace triangulaire compris entre eux est brun; les antennes sont entièrement noirâtres; le corselet est brun, marqué dans son milieu d'un sillon et mélangé de taches allongées, irrégulières, fauves, très-peu visibles sur l'insecte sec; le mésothorax est brun en dessus et bordé de fauve; le métathorax est entièrement brun en dessus; tout le corps est en dessus d'un fauve grisâtre, la partie antérieure des segmens du thorax est plus foncée en avant; les ailes sont transparentes, avec une teinte d'un jaune brunâtre, les nervures sont noires; la nervure offre deux bifurcations; les pattes sont brunâtres, avec les jambes plus claires; l'abdomen est fauve en dessus, grisâtre sur les bords; quelquefois les lignes latérales et la ligne inférieure sont sensiblement plus foncées que le reste. Les soies caudales sont fauves, noirâtres à l'extrémité. Le mâle ne diffère de la femelle que par sa taille qui est plus petite.

La larve est remarquable par sa jolie couleur jaune citron sur laquelle se dessinent des taches noires très-bien marquées; la tête a quelques traits noirs sur son sommet et sur le front; elle porte des antennes fauves; les yeux sont noirs; le corselet est encadré de noir et a trois lignes longitudinales de la même couleur; les deux autres segmens de l'abdomen sont aussi jaunes, tachés de noir; ces deux segmens portent les rudimens d'ailes. Ces rudimens, à la partie latérale et postérieure du segment, sont fauves et courts, à l'état de larve proprement dit; puis ils augmentent; alors l'insecte est à l'état de nymphe, et ils deviennent noirs quand l'insecte est près de paraître; les soies abdominales sont d'un brun clair rougeâtre. Ces larves vivent dans les rivières, sous les pierres : elles sont abondantes dans l'Arve et éclosent à la fin du printemps.

La Perle grosse tête, *P. cephalotes*, Curtis, British, Entom., t. IV, pl 150; Pictet, ouvr. cit., tom. 28, pl. 6, fig. 1 à 3. Cette espèce se distingue de la précédente par sa tête sensiblement plus large et de couleur plus foncée, par son corselet profondément rugueux, fuligineux, avec une raie jaune canaliculée au milieu. Le mésothorax et le métathorax, qui sont d'un brun foncé, présentent sur leur milieu un prolongement de cette raie jaune, mais peu marquée; l'abdomen est gris, avec l'extrémité plus foncée; les soies caudales sont noires; les pattes sont fuligineuses; les ailes sont transparentes; mais un peu plus brunâtres, surtout au bord antérieur; la première nervure ne se bifurque qu'une fois; la seconde est aussi bifurquée; la larve de cette espèce est aussi bien différente de la précédente; sa tête et son prothorax sont plus larges, les rudimens d'ailes sont plus prononcés, ses cuisses sont moins larges et moins ciliées; le fond de la couleur est un brun un peu violacé; la tête, le thorax et l'abdomen sont marqués de nombreuses taches noires offrant au reste quelque analogie avec l'espèce précédente, si l'on compare ces taches claires ou fauves qui font la base de la couleur de celle-ci; les organes respiratoires externes sont d'un blanc argenté; les filets de la queue sont rougeâtres; les pattes sont fauves avec la base de la jambe noire. Cette espèce, moins commune que la précédente, se trouve dans l'Arve, a les mêmes mœurs et éclot au commencement de l'été.

La Perle verdatre, *P. virescens*, Pictet, ouvr. cité, tom. 28, pl. 6, fig. 8 à 10; la couleur de cette espèce est très-claire; la tête est d'un jaune paille, avec les yeux à réseaux et les yeux lisses, noirs; les antennes sont fauves; le corselet est de même couleur, avec les parties latérales grisâtres; il est bordé de noir en avant et en arrière; l'abdomen est fauve, avec le milieu de la partie supérieure d'un noir grisâtre; les pattes et les soies caudales sont fauves; les ailes sont verdâtres, très-transparentes; la larve de cette espèce est très-jolie; le fond de sa couleur est un jaune citron; la tête est fauve antérieurement et a une ligne transversale noire; le corselet est bordé de noir et a deux points peu marqués au milieu; les rudimens d'ailes sont moins découpés que dans les grandes espèces; le thorax ne porte aucun organe respiratoire externe; les anneaux de l'abdomen sont bordés de noir et ont un petit point de la même couleur à leur partie supérieure. Ces larves se trouvent dans l'Arve; elles vivent comme les précédentes; elles sont très-communes et éclosent au mois d'avril.

La Perle noire, *P. nigra*, Pictet, ouvr. cité,

tom. 28, pl. 6, fig. 11 à 13. Cette espèce est mince et a les pattes et les antennes fines et longues; elle est entièrement noire; ses ailes sont grisâtres, transparentes à l'extrémité, mais opaques à leur base; elle est difficile à saisir sans la gâter, vole peu et court très-vite sur les pierres des bords des rivières; la larve est petite et mince; elle varie beaucoup de couleur pendant le cours de sa vie. A l'état de larve proprement dit, elle est d'un fauve presque uniforme, avec les articles du thorax carrés, les deux derniers étant marqués en dessus d'une tache fauve en forme de V. Lorsque viennent les rudimens d'ailes, sa couleur devient plus foncée, et quand elle est à la fin de la vie de nymphe, le corselet est noir en dessus, les taches en V sont d'un brun très-foncé, les rudimens d'ailes sont noirs, très-apparens et développés, et l'on voit les points noirs sur l'abdomen. Ces larves vivent dans l'Arve; leur démarche est très-remarquable; elles marchent à la façon des reptiles en faisant décrire des sinuosités à leur abdomen; elles éclosent au mois d'avril. (H. L.)

PERLE et PERLIÈRE. (MOLL.) La coquille qu'on désigne vulgairement sous le nom de Perlière, est connue des naturalistes sous celui d'Avicule mère Perle, *Avicula margaritifera*. (*Voy.* AVICULE pour la description de la coquille.) C'est principalement de cette espèce que sortent les productions animales connues sous le nom de Perles.

Les Perles sont des corps de forme très-variable ayant en tout la nature des coquilles, c'est-à-dire du carbonate de chaux avec un peu de matière animale. Ces productions animales se forment toujours dans l'intérieur des coquilles, soit adhérentes à la coquille, soit libres dans l'intérieur même du manteau de l'animal. Dans le premier cas, la coquille qui entoure l'animal ayant été blessée ou percée par des Mollusques carnassiers, a besoin de refaire la partie altérée; pour cela l'animal sécrète une quantité de matière tellement abondante, qu'il se forme à cet endroit un amas de couches non plus lisses, mais irrégulièrement appliquées et formant le plus souvent des granulations qui, augmentant graduellement, forment au bout d'un certain temps des tubercules assez gros nommés Perles. Dans le second cas, c'est lorsque quelque corps étranger a pénétré dans l'intérieur même du Mollusque, que celui-ci sécrète en plus grande abondance sa matière nacrée. Cette substance, déposée par couches, entoure bientôt le corps qui devient le noyau d'une Perle; généralement ces Perles sont plus belles et plus rondes que les premières, aussi la valeur d'une Perle qui n'était pas adhérente surpasse-t-elle de beaucoup celle qui avait tenu par un de ses côtés, quoique les nègres polissent même avec de la poudre de Perles ces dernières.

Les auteurs anciens ont raconté quelques fables à l'égard de ces productions. Pline et Dioscoride croyaient que les Perles étaient le produit de la rosée, et un autre auteur, que c'étaient les œufs des femelles.

Il est bien prouvé aujourd'hui que les Perles sont le produit d'une maladie de l'animal.

On trouve des Perles dans un grand nombre de coquilles; mais c'est principalement, après les Avicules Mères-Perles, dans les Mulettes d'Europe (*unio margaritifera*) qu'on en rencontre en plus grande abondance. Linné avait eu l'idée de former des Perlières artificielles en Suède; se fondant sur l'observation rapportée plus haut, que la production des Perles est le résultat de blessures qui provoquent des irritations chez l'animal, il employa ce moyen; mais les produits n'étant pas en rapport avec les frais, il abandonna son projet. Les Perles qui ont le plus de renommée en Europe sont celles qu'on trouve dans le lac Tay en Écosse. Elles sont quelquefois très-grosses et d'une grande valeur; il en est plusieurs qui ornent la couronne d'Angleterre. Les Romains connaissaient ce lac qui déjà alors était renommé pour ces productions (1).

Le commerce des Perles paraît être de la plus haute antiquité. On sait que de temps immémorial les princes d'Orient recherchaient cet ornement, en paraient leurs vêtemens et leurs armes. De nos jours ces productions ne sont pas moins recherchées. Les coquilles marines qui fournissent les Perles existent dans presque toutes les mers, mais les bancs les plus riches sont ceux qui sont situés près de Ceylan. Le plus considérable occupe, dit-on, un espace de vingt milles; nous allons rapporter la description qu'en a faite un des savans les plus illustres de nos jours.

Pour ne pas détruire inutilement un grand nombre d'individus d'avicules, le banc est pour ainsi dire partagé en coupes réglées, à peu près comme les bancs de corail sur la côte de Sicile, c'est-à-dire qu'on le sépare en sept parties qu'on exploite successivement chaque année. Dans les premiers jours de février, époque à laquelle commence la pêche pour finir en avril, toutes les barques qui doivent y être employées se rassemblent dans la baie de Condatchy. A dix heures du soir, au signal donné par le canon, les barques partent ensemble, de manière à être sur le banc où se fait la pêche, à la pointe du jour où elle commence; chaque barque est montée par vingt hommes, outre le patron, dont dix rameurs et dix plongeurs. Ceux-ci, habitués dès l'enfance, se partagent en deux bandes, de cinq chacune, qui plongent et se reposent alternativement. Chacun est pourvu d'un filet en forme de sac, pour y mettre les Perlières, d'une corde à laquelle est attachée une pierre pour faciliter la descente, et, en-

(1) On pourrait aussi en récolter en France, si l'on faisait des recherches dans nos grandes rivières ou dans leurs affluens. Nous possédons une Perle qui nous a été donnée par madame Bruyère, et qu'on a trouvée dans de gros *Unios* d'une rivière affluent de l'Allier. On nous a assuré que ces Perles ne sont pas très-rares, et que plusieurs joailliers de Lyon s'en procurent assez souvent, et les vendent comme des Perles d'Orient : celle que madame Bruyère nous a donnée a près de deux lignes de diamètre; elle doit avoir été produite dans le manteau de l'unio qui la contenait, car elle est parfaitement ronde. (GUÉR.)

fin, d'une autre corde, dont une extrémité reste dans la barque, et dont il se sert lorsqu'il veut remonter. Au moment où il va plonger, il prend entre les doigts du pied droit la corde où est la pierre, entre les autres son filet, saisit sa corde d'appel de la main droite, et en même temps qu'il se bouche les narines avec la gauche. Arrivé promptement au fond de l'eau, quelquefois à la profondeur de quatre à dix brasses, il accroche son filet à son cou et travaille avec la main droite à arracher les coquilles, dont il le remplit. Au bout de deux, quelquefois de quatre et même six minutes, ce qui est fort rare, il se fait remonter, en tirant sa corde d'appel, par les hommes qui sont restés dans la barque. Chaque plongeur peut répéter jusqu'à cinquante fois par jour la même opération, en rapportant chaque fois une cinquantaine de coquilles, mais quelquefois en rendant le sang par le nez et les oreilles. La pêche continue ainsi jusqu'à midi, où un nouveau coup de canon rappelle les barques au point de leur départ; là on fait déposer les coquilles dans des puits d'un ou deux pieds de profondeur, ou sur des nattes dans des espaces carrés, entourés de palissades. Au bout de quelque temps, quand les animaux sont morts, ce qu'on juge à l'ouverture de la coquille, on cherche attentivement dans celle-ci et dans l'animal lui-même, c'est-à-dire dans les lobes de son manteau, quelquefois même en le faisant bouillir, les Perles libres qui pourraient s'y trouver.

Les Perles s'altèrent facilement, surtout lorsqu'elles sont portées par certaines personnes sur la peau, elles perdent alors leur éclat. On a cru qu'on pouvait leur rendre cet éclat en les faisant avaler par des Pigeons, mais Redi rapporte qu'ayant fait avaler douze grains de Perles à un Pigeon, elles avaient diminué d'un tiers en vingt heures.

Cet auteur rapporte aussi qu'à l'ouverture des tombeaux où les filles de Stilicon avaient été enterrées avec leurs ornemens, on trouva tous les ornemens en bon état, à l'exception des Perles qui s'écrasaient facilement sous les doigts.

Quoique les Perles soient très-altérables, elles ne le sont pas assez pour laisser croire ce qu'on dit de Cléopâtre, qui, dans l'intention de dépenser une somme beaucoup plus considérable que ne l'avait fait Antoine dans ses repas les plus somptueux, où toutes les richesses de l'Orient avaient été prodiguées, prit une de ses Perles d'une valeur considérable, la mit dans du vinaigre où on prétend qu'elle se dissolvit, et ensuite l'avala.

Les Perles fausses sont fabriquées à Paris avec de petites bulles de verre dans lesquelles on coule de l'essence d'Orient, produite avec la substance nacrée du poisson nommé Able (*voy.* ce mot).

(L. Rouss.)

PERLIÈRE. (bot. phan.) Nom vulgaire donné à plusieurs espèces de plantes fort différentes. Ce nom a été donné à l'*Aloë margaritifera* (*Haworthia*), au *Gremil officinal*, au *Gnaphalium maritimum*, etc. (Lem.)

PERLITE. (Perlstein, Obsidienne perlée, Stigmite perlaire). (minér.) Roche à base d'apparence simple, dont la composition n'est pas bien connue. L'analyse d'un échantillon de Telkebanya a donné à Klaproth 0,755 de silice, 0,120 d'alumine, 0,045 de potasse, 0,005 de chaux et 0,016 d'oxide ferreux, où l'on pourrait voir un minéral simple de la formule $5Al\,Si^6 + 3K\,Si^3$; mais on doit mettre peu d'importance à cette considération, parce que d'autres analyses présentent des proportions différentes.

Fusible au chalumeau avec boursoufflement, en une fritte blanche. Formant des amas et des masses non stratifiées, peut-être des filons, présentant souvent un assemblage de grains plus ou moins gros, à texture quelquefois globuleuse, d'autresfois radiée (on a fait de ces derniers une espèce particulière sous le nom de Sphérolite, laquelle a d'ailleurs la même composition que celle citée ci-dessus). Passant d'autres fois aux textures grenue et compacte. Pesant 2,548; très-fragile. Éclat ordinairement nacré, d'autresfois vitreux, quelquefois terne; couleur blanchâtre, grisâtre, verdâtre.

La Perlite renferme quelquefois de petits cristaux de feld-spath et des paillettes de mica; ce qui lui donne la texture porphyroïde.

Elle paraît appartenir exclusivement aux terrains trachytiques. Elle est notamment très-commune en Hongrie. (A. R.)

PERMENTON. (bot. phan.) Nom vulgaire donné dans les Canaries au *Solanum vespertilio*, d'Aiton. (C. Lem.)

PERNE, *Perna*. (moll.) Les Pernes sont des mollusques acéphales, lamellibranches, de la famille des Margaritacées de M. de Blainville et de celles de Malléacés de Lamarck.

Ces mollusques ont pour caractères: animaux extrêmement comprimés, ayant les bords du manteau libres dans toute sa circonférence, ayant un byssus; un seul muscle abducteur. La coquille est régulière, lamelleuse, subéquivalve, très-comprimée et baillante à la partie antérieure du bord inférieur; la charnière est droite, sans dents, le ligament est simple et inséré dans une série de sillons longitudinaux et parallèles.

Toutes les espèces de ce genre appartiennent aux mers des pays chauds. On peut citer parmi les plus communes la Perne fémorale, *Perna femoralis*. Lamarck, animaux sans vertèbres, t. VI, page 140. Cette espèce est allongée, étroite, avec un prolongement auriculaire plus ou moins prononcé à l'extrémité antérieure du bord supérieur.

La P. bigorne, *Perna isognomum*, Lam. Lin., représentée dans notre atlas, pl. 472, fig. 4. Dans le jeune âge cette coquille n'est point auriculée. On la connaît vulgairement sous le nom d'Equerre. Dans l'état adulte la coquille est allongée, droite ou un peu courbée; elle est pourvue à l'extrémité du bord dorsal ou supérieur d'une auricule quelquefois très-longue, et sur laquelle se prolonge la charnière, qui quelquefois a jusqu'à vingt-quatre sillons; on trouve ordinairement cette coquille dans l'océan Indien.

La P. sellaire, *P. ephippium*. L. Gmel., Lam.;

représentée dans notre Atlas, pl. 472, fig. 5. Cette coquille est assez grande, très-plate et à bords très-aigus; elle est toujours écailleuse au dehors et son intérieur est formé d'une nacre violette qui est très-belle. On voit au Muséum un groupe de cette espèce qui est de la plus grande beauté; chaque coquille s'est fixée par son byssus à une autre coquille, et elles forment ainsi une masse très-volumineuse, car il n'y a pas moins de deux cents de ces coquilles réunies. Les Antilles sont principalement la patrie de cette espèce de Perne.

Ce genre de coquilles se retrouve à l'état fossile. On en rencontre des espèces dans les couches les plus anciennes de la craie; l'une d'elles, la PERNE MAXILLÉE, *Perna maxillata*, Lamarck, a quelquefois jusqu'à six pouces de large. On la trouve à Bologne et dans plusieurs autres endroits de l'Italie. (L. Rouss.)

PÉRONÉE. (ANAT.) *Voy.* SQUELETTE.

PÉRONIE, *Peronia*. (MOLL.) M. de Blainville établit ce genre aux dépens de celui de Onchidies et il y place, sous le nom de Péronie de l'Ile-de-France, l'espèce que G. Cuvier a décrite dans les Annales du Muséum, t. V, pl. 6. *Voy.* ONCHIDIE. (GERV.)

PÉROT. (OIS.) L'un des noms vulgaires des Perroquets; on donne aussi ce nom au Rossignol des murailles. (GUÉR.)

PÉROU. (GÉOG. et HIST. NAT.) Depuis que l'Amérique du sud a proclamé son indépendance, la ci-devant vice-royauté du Pérou a été divisée en deux états, la république du Pérou, qui occupe le Bas-Pérou, et celle de Bolivia, ou Haut-Pérou.

La république du Pérou est bornée, au nord, par le golfe de Guayaquil et la Colombie; au sud, par la Bolivie; à l'est, par le vaste empire du Brésil et la Bolivie; enfin à l'ouest par le grand Océan.

Cette république est divisée en sept départemens: 1° Lima; 2° Arequipa; 3° Puno; 4° Cuzco; 5° Ayacucho; 6° Junin; 7° Libertad (Liberté).

Resserrée entre l'Océan et les Andes, qui là sont particulièrement remarquables par le fameux pic du Chimborazo, cette partie de l'Amérique méridionale n'est en général composée que de plaines couvertes de sables arides, véritables déserts; on ne voit de végétation que dans les terrains qui bordent le cours des eaux.

On ne compte au Pérou que sept rivières qui toutes sont de fort peu d'importance: 1° le Chira; 2° le Piura; 3° le Lambayeque; 4° le Santa; 5° le Rimac; 6° l'Oconna; 7° le Quilca. Quant au grand fleuve des Amazones, bien qu'il prenne sa source dans le Pérou, comme le supposent la plupart des géographes (contre l'avis du savant M. Balbi, qui lui fait prendre son origine dans la Bolivie), on ne peut pas raisonnablement le considérer comme appartenant à ce territoire.

Bien que la nature de cet ouvrage ne comporte pas de longs détails géographiques, nous sommes néanmoins contraints de donner une esquisse des villes de Lima et de Payta, nos considérations sur l'histoire naturelle embrassant les environs de ces villes.

Lima, capitale du Pérou, est arrosée par le Rimac qui la traverse; fondée par le conquérant Pizarre, en 1530, elle a été depuis lors renversée par des tremblemens de terre et plusieurs fois rebâtie.

Située dans une immense plaine, cette cité des rois est loin d'offrir la splendeur qu'on s'attend à y trouver d'après les relations des voyageurs qui nous ont précédé.

Ses rues, longues et larges, se coupent toutes à angles droits; elles sont arrosées par de petits canaux qui viennent de la rivière le Rimac.

Sur l'ancienne place royale, maintenant la grande place (*Plaza major*), se voit une belle fontaine d'airain. La cathédrale dont on admire l'élégante architecture et le superbe perron, est construite sur l'un des côtés de cette place. Le palais du président de la république, anciennement la résidence du vice-roi, monument qui ne répond pas à la grandeur et à la magnificence qu'on attendrait de la capitale du Nouveau-Monde, occupe un autre côté de la place royale. Enfin les deux autres côtés forment les *Portales*, galeries où viennent à l'issue de la grand'messe se promener les dames revêtues de leur *Tapadas*, costume qui dessine les contours gracieux de leur taille.

De riches boutiques ornent les galeries qui rappellent un peu le Palais-Royal de Paris ou la place Saint-Marc à Venise. C'est au milieu que se tient le marché principal de la ville.

Les maisons de Lima sont basses, à un seul étage; plusieurs ont de larges balcons.

Lima a sept paroisses, quinze monastères, dix-huit couvens d'hommes, dix-neuf de femmes, huit hôpitaux, une bibliothèque qui renferme, dit-on, huit mille volumes, un hôtel des monnaies, une université, plusieurs colléges et quelques pensionnats de jeunes demoiselles, et une salle de spectacle.

A deux lieues de Lima est située la bourgade de Callao, port de mer où se fait tout le commerce de Lima, dont elle est en quelque sorte une dépendance. Cette place, un des points importans du Pérou, est défendue du côté de la rade par de très-belles fortifications connues généralement sous le nom de Château de Callao.

Aperçu sur l'Histoire naturelle des environs.

Quelle tristesse répandue en général sur le sol péruvien! Les montagnes sont arides, escarpées et sans verdure, sauf quelques Solanées et des Cactus. La terre, il est vrai, renferme dans son sein d'immenses trésors; mais à sa surface, ce qui fait le charme du spectacle de la nature est refusé aux habitans de Lima et de Callao; toutefois, dans l'immense plaine qui sépare ces deux villes, il se trouve des prairies arrosées de nombreux ruisseaux dont les bords sont ombragés d'arbustes qu'animent le chant des oiseaux et les rapides mouvemens d'Oiseaux-mouches ornés de brillans reflets métalliques.

Le botaniste a bientôt recueilli les fleurs champêtres qui croissent dans ces prés. Ce n'est pas là ces coteaux du Chili avec leur belle et riche végétation. C'est une aridité dont l'aspect monotone cause un ennui mortel.

Sur les côtés de la promenade dite la Nouvelle-Alaméda, près de Lima, qu'ornent des milliers de capucines dont la fleur ressort avec éclat au milieu de la verdure des plantes voisines, se voient aussi plusieurs grands jardins produisant les diverses espèces de fruits et de légumes qui approvisionnent les marchés de Lima et de Callao. On y cultive des arbres fruitiers des tropiques joints à ceux qui ont été importés d'Europe; des pruniers, des oliviers, des ceps de vigne, des orangers, des goyaviers, des avocatiers, etc., etc., et en légumes, des pommes de terre, des patates douces, des melons, des pastèques, etc., etc.

La terre n'est jamais, dit-on, arrosée par des pluies. (Dans une de mes promenades à Lima, j'ai reçu cependant une petite averse.) Une brume épaisse (nommée *Garua*) qui ne s'élève pas avant dix à onze heures, humecte suffisamment la terre; elle contribue aussi beaucoup à tempérer les ardeurs du soleil.

Pendant notre court séjour à Callao, nous n'avons vu qu'une seule espèce de quadrupèdes à l'état sauvage; c'est un Campagnol à pelage gris. Les grands quadrupèdes, tels que les Lamas, les Guanacos, les Vigognes, les Jaguars, etc., habitent les forêts des Andes.

Nous nous sommes procuré trente-et-une espèces différentes d'oiseaux, et nous en avons aperçu plusieurs autres qu'il nous a été impossible de tuer.

Il y a deux espèces de Vautours, l'Urubu et un Vautour à corps et tête noirs. Il est défendu de les chasser sous peine d'une amende, parce qu'elles rendent le service de manger les charognes et les immondices que par paresse on laisse croupir dans le voisinage des maisons. Dans les oiseaux de proie nocturnes, nous nous sommes procuré la Chevêche grise qui y est très-commune.

L'ordre des Passereaux est très-nombreux, à leur tête se placent le Gros-bec cardinal (*Tangara rubra*), l'Étourneau blanche raie à couleurs moins vives qu'au Chili et aux Malouines. La brillante famille des Gobe-mouches nous a offert cinq espèces différentes.

1° Le Gobe-mouche rubin (*Muscicapa coronata*), que nous avons déjà trouvé à Sainte-Catherine du Brésil; 2° un Gobe-mouche brun-noirâtre; 3° un Gobe-mouche fauve; 4° un petit Gobe-mouche à huppe blanche; 5° un Gobe-mouche jaune-verdâtre.

Une espèce d'Alouette pipi.

On rencontre deux espèces d'Hirondelles de terre, l'une à ventre roux et l'autre à ventre blanc.

Parmi les Conirostres figurent une espèce de Bruant, un Moineau de couleur ardoisée, un Chardonneret d'un jaune brillant qui fait ressortir le noir foncé des ailes, un Gros-bec gris à tache brune sous le cou (*Pyrrhula Telasco*, Garn. et Less.). Cet oiseau est de la grosseur du Bouvreuil à ventre roux de Caïenne; un Fournier brun qui habite l'île Saint-Laurent.

Diverses espèces d'Oiseaux-mouches et Colibris brillant des plus vives couleurs abondent dans la vaste plaine de Callao à Lima. Les plus intéressans sont un Colibri dont le cou d'un beau violet présente des reflets bleuâtres; un Oiseau-mouche qui n'en diffère que par deux longs brins qu'il a à la queue (*Orthorynchus cora*, Garn. et Less.). Les autres sont un Oiseau-mouche à ventre fauve; l'oiseau-mouche commun est celui que nous avons nommé l'Amazili (*Trochilus amazilia*, G. et L.).

Le long des nombreux ruisseaux qui serpentent dans cette plaine, on voit quelques Martins-Pêcheurs. Nous n'en avons tué qu'une seule espèce qui ressemble au Camaronero de Commerson, ses couleurs sont d'un vert métallique en dessus et blanches en dessous.

Dans les grands arbres qui bordent la Nouvelle-Alaméda, nous tuâmes une nouvelle espèce d'Ani que nous avons nommé Ani de Lascases (*Crotophaga Lascasii*, Garn. et Less.), il ne diffère de celui des Savanes que par la forme de son bec.

L'ordre des Gallinacées nous a fourni trois espèces de Tourterelles; 1° la Tourterelle commune; 2° la gracieuse Tourterelle Cotcotzin, enfin une troisième espèce qui ne diffère de la précédente dont elle a du reste toute la livrée que par la couleur jaune de son bec.

Les Échassiers ne nous ont pas paru très-nombreux: la Maubèche australe et le Chevalier aux pieds jaunes et aux pieds courts sont les seuls oiseaux de cet ordre que nous en ayons vus.

Parmi les Palmipèdes figurent avec distinction l'élégante Hirondelle de mer *Sterna inca*, G. et L., et le Cormoran que nous avons dédié à notre ami le docteur Gaimard. Ce Cormoran est remarquable par ses pieds et son bec rouges et le vert aigue-marine de son iris. Nous nous sommes en outre procuré deux autres espèces de Cormorans, un à ventre blanc et un autre tout noir. Ce dernier a beaucoup de rapport quant au plumage avec le Cormoran oreillard (*Carbo leucotis*); mais le nôtre est plus grand, plus gros et a le bec double de longueur.

Nous avons vu plusieurs Manchots à lunettes, des Mouettes à tête cendrée, des Sternes (*Tschegrava* et *Kaketkaka*), des Fous blancs, des Cormorans nigauds et des Pélicans bruns, qui se tiennent généralement sur l'île de Saint-Laurent. Cette île est remarquable par les rochers qui la bordent que recouvre une couche épaisse d'une matière blanche nommée *Guana*, qu'on attribue à la fiente des oiseaux.

Il ne nous reste plus pour terminer notre esquisse ornithologique qu'à signaler une espèce de Palmipède que nous vîmes voler en troupe avant d'entrer dans la rade de Callao. Cet oiseau, dont nous n'avons tué qu'un seul, forme le nouveau genre Pouffinure, publié dans la Zoologie de la Coquille, mon collègue, M. Lesson, a donné à l'espèce unique de ce genre le nom de Pouffinure de Garnot.

M. Lesson

M. Lesson s'est procuré quelques Sauriens et deux espèces de Serpens très-venimeux. Les eaux douces lui ont offert une espèce de Planorbe qui ressemble à celles de France. Sur les côtes il a recueilli des Concholepas, des Crépidules, des Oscabrions, des Pecten rouges et des Oursins, etc., etc. De brillans Zoophytes; des milliers de Crevettes d'une extrême ténuité et qui donnent à la mer une teinte rouge de sang dans une très-grande étendue, se rencontrent aussi sur les côtes du Pérou. Le soir ces teintes rouges répandent une très-vive clarté (phosphorescence).

Payta est une petite ville bâtie sur le bord de la mer au fond d'une baie peu profonde et dont le mouillage est excellent; c'était la plus riche place des Espagnols de l'Amérique du sud, lorsque, en novembre 1741, Anson la réduisit en cendres. Elle a dans son voisinage le bourg de Colan également construit dans les sables à une distance de deux à trois lieues de la rivière qui fournit de l'eau à ces deux localités. Ce bourg est habité par des Indiens du caractère physique et moral desquels nous allons tracer quelques traits.

L'Indien péruvien est d'une stature au dessous de la moyenne (de quatre pieds onze pouces à cinq pieds deux pouces), les traits de sa physionomie sont réguliers et bien dessinés. La figure des hommes est généralement plus agréable que celle des femmes. Celles-ci sont proportionnellement plus petites de taille; leurs jambes sont mal faites et fortement arquées.

Tout annonce dans les naturels de ces contrées la bonté. La douceur de leurs mœurs est peinte sur leur visage. Paisibles et heureux avant la conquête du Nouveau-Monde, les Péruviens vivaient sous des lois sagement ordonnées et méritaient un sort moins barbare que celui qu'ils ont éprouvé de la part de leurs sanguinaires conquérans. Ils sont fidèles à leurs devoirs. Les fils se montrent très-respectueux envers leurs pères; ils observent très-religieusement le culte divin, ils sacrifient tout pour l'ornement de leur église.

Si l'on doit juger des Péruviens qui habitent l'intérieur par ceux que le voisinage des villes maritimes rend plus civilisés, on ne peut s'en former qu'une opinion très-favorable. Vivant depuis long-temps sous la puissance des Espagnols, ils s'en sont en quelque sorte appropriés le genre de vie, et ils ont pris les mêmes habitudes. Les femmes, à l'imitation des dames espagnoles, laissent flotter sur leurs épaules leur longue chevelure tressée. Elles portent une robe de laine noire faite comme un peignoir ou mieux comme les sarraux que l'on met aux enfans en bas âge dans nos pays.

Les hommes vêtus comme les matelots espagnols, c'est-à-dire d'une veste, portent leurs cheveux très-longs. Les Indiens nous ont paru industrieux et laborieux, nous avons vu des vases en argent artistement travaillés par eux. Beaucoup savent parfaitement lire et écrire.

Quoique appartenant à la même race jaune, variété américaine, les Péruviens et les Araucanos diffèrent beaucoup entre eux, sauf la couleur bronzée de la peau, qui est commune aux deux peuples. Les Araucanos sont grands, quoique trapus, fort bien musclés, tandis que les Péruviens sont plus grêles et d'une petite stature. Dans les premiers la face est large et pleine, plus arrondie en bas que vers le haut; l'expression est féroce, tandis que la figure des Péruviens exprime la douceur et est d'ailleurs plus régulière.

Un mot sur la médecine au Pérou.

Rien n'est plus avili au Pérou que la médecine qui est confiée aux soins de misérables charlatans. Cette noble profession est abandonnée aux gens de couleur, et les blancs dédaignent de s'en occuper. Quelques médecins européens voulurent y exercer leur art; mais, n'ayant obtenu aucune considération, ils ne balancèrent pas à y renoncer. A Payta un frère que l'on pourrait qualifier d'ignorantin, possède, à ce qu'il dit, un remède bon pour guérir toutes les maladies. Il n'est pas parvenu jusqu'à ce jour à le mettre en réputation, quoiqu'il le vende un quadruple l'once et que généralement on juge de la bonté des choses par leur cherté. Il nous engagea à le lui acheter en nous faisant la faveur de nous le laisser à huit piastres; mais, voyant que nous n'étions pas très-empressés de le posséder, il se décida à nous l'offrir à deux piastres afin que nous en fissions l'épreuve et que nous pussions instruire l'univers entier d'une aussi précieuse découverte. M. Lesson, qui en a vu des échantillons, pense que ce remède est composé d'un suc analogue au styrax et à l'opium. Malgré son prétendu talent, le bon frère n'est jamais consulté par les habitans, qui l'appellent *Bouro* ou *Bruta* (mot qui signifie Ane).

Les maladies qui règnent le plus ordinairement dans le pays et que nous avons eu occasion de traiter, tant en ville qu'à bord, sont des affections syphilitiques, des ophthalmies produites par la réverbération du soleil sur le sable, des gastrites, des entérites, des flueurs blanches et surtout des dysenteries. Cette dernière maladie, faute de soin, prend un caractère chronique. La petite-vérole y fait aussi d'effrayans ravages. Lorsqu'un malade paraît avoir peu de chances de guérison, il est généralement abandonné à lui-même.

Une dame qui vint de Piura pour me consulter, m'a dit avoir été atteinte dans le temps d'une fièvre jaune (maladie que j'ai eu l'occasion d'observer dans mes précédens voyages aux Antilles). Les divers symptômes qu'elle m'a énumérés me portent à croire qu'effectivement elle a été en proie à cette cruelle maladie; cependant je ne voudrais pas dire affirmativement que c'était bien une fièvre jaune. On dit que cette maladie n'a jamais été observée avant ce cas sporadique. Cette dame dut son salut à l'usage d'une plante extrêmement amère connue dans le pays sous le nom de *Chininga* (*Unanuca febrifuga*, Ruiz et Pavon).

Aperçu sur l'histoire naturelle des environs de Payta.

Les environs de Payta et de Colan, à la distance

de quatre à cinq lieues, n'offrent que des sables arides. Du sommet des hautes montagnes qui dominent Payta, la vue seule de l'océan Pacifique peut vous arracher pour quelques instans à la tristesse qu'inspirent ces lieux. De vastes bassins, précipices affreux, profondément sillonnés, se voient sur les bords de la route escarpée qui conduit à la rivière où on va chercher l'eau nécessaire à Payta. La route qui mène à Piura n'est pas meilleure. De distance en distance, on voit s'élever de faibles acacias qui bravent les ardeurs du soleil; rarement arrosés, ils ne peuvent prendre d'accroissement. Sur les bords de la mer, nous vîmes quelques Ficoïdes. Celui qui ne pénètre pas dans l'intérieur du Pérou ne peut avoir qu'une triste idée de la végétation de ce pays.

M. d'Urville ne se serait procuré qu'un très-petit nombre de plantes, s'il n'eût pas fait un petit voyage sur le bord *del rio de Chira* (de la rivière de Chira). Ruiz et Pavon, auteurs de la Flore péruvienne, n'auraient offert aux botanistes qu'un mince catalogue s'ils n'eussent visité que les côtes. Ils n'auraient point mentionné la riche famille des Quinquinas, qui n'habite que les Andes. Le Pérou a été exploré par des célébrités en botanique. M. de Jussieu, en 1756, qui avait étudié avec soin les plantes de cette contrée, a eu la douleur de perdre les fruits de ses travaux, son domestique lui ayant volé la caisse qui renfermait les dessins et les échantillons, s'imaginant qu'elle était remplie d'or.

Les sables de Payta ne présentent d'intérêt qu'au géologiste, qui trouve à chaque instant sous ses pas diverses coquilles fossiles. M. Lesson en a déposé au Musée de très-beaux échantillons.

Sur les belles plages des bords de la mer, nous trouvâmes plusieurs espèces de coquillages : nous citerons plus particulièrement la Vénus armée (*Concha Veneris*) et la belle et rare *Natica glauca*. La baie n'est pas très poissonneuse; les poissons n'y sont point délicats; ce sont des Pastenagues, des Tétraodons, des Rhinobates, etc., etc. Les Crustacés sont très-abondans.

Nous ne vîmes aucun quadrupède. On dit qu'aux environs de Piura il en existe diverses espèces. Quelques personnes en voyant le Kangourou figuré dans l'Atlas de Péron, nous dirent que cet animal existait dans les environs de Piura. C'est, sans nul doute, une Gerboise.

Des troupes nombreuses de Phoques et d'énormes Baleines se voient dans le voisinage de la côte, depuis Lima jusqu'à Payta.

Les Vautours urubu à tête rouge et noire sont très-nombreux. Parmi les Passereaux, nous n'avons recueilli qu'une seule espèce du genre Bec-fin, un Motteux, dont le plumage est aussi sombre que la terre sur laquelle il court.

La petite Aigrette blanche, le Tantale d'Amérique et la Spatule rose aux brillans iris orangés et jaunes vivent en troupes sur la côte nord-nord-est de la baie.

Les Courlieux, les Chevaliers, de grandes et de petites Maubèches, que les habitans appellent *Perdix*, marchent avec vitesse sur tous les points de la côte. On voit aussi quelques Huîtriers blancs et noirs.

Parmi les Palmipèdes, nous vîmes des Mouettes à manteau noir et d'autres à tête grise, une grande et une petite sterne à bec et pieds noirs, le Cormoran noir et le Pêcheur par excellence, le Pélican : ce dernier, dont le plumage est brun nuancé de légères teintes grisâtres, offre peu de différences relativement aux sexes. Le mâle se distingue par une ligne blanche autour du cou.

Ce qui constitue la richesse du Pérou, ce sont les pierres précieuses et les mines abondantes d'or, d'argent, de mercure, de cuivre et de plomb, que le sol renferme dans son sein. Avant la révolution, qui a entravé les travaux des mines, on exploitait dans le bas Pérou 70 mines et lavages d'or, 680 mines d'argent, 4 de mercure, 4 de cuivre et 12 de plomb. Les filons argentifères de Micuipampa produisaient annuellement environ 16,000 kilogrammes et ceux de Huantagaya, près du port d'Iquique, 20,000 kilogrammes. On y a trouvé des masses d'agent natif pesant plus de 8 quintaux. On trouve encore dans la république du Pérou des mines d'étain et de sel gemme. On ne cite que deux volcans importans dans ce territoire, le Guagua, dans le département d'Aréquipa, et le Schama. (*Voy.* HOMME.) (P. G.)

PERRICHES, *Psittacus*. (OIS.) Ce nom a été employé par Buffon pour désigner certaine espèce de Perroquet à queue courte du continent. Ce nom, actuellement rayé de la science, a été remplacé par celui de Psittacules. (*Voyez* au mot PERROQUET.) (Z. G.)

PERROQUET, *Psittacus*. (OIS.) Si l'homme n'avait jamais eu en vue que ses avantages ou ses besoins physiques, des divers animaux que nourrit notre globe, le Chien, le Chat, le Cheval, la Poule, le Pigeon, etc., eussent probablement été les seuls qu'il eût cherché à retenir auprès de lui, parce que seuls ils lui rendent des services réels. Mais, en dehors de ses besoins, et sans doute par pure satisfaction morale, il a voulu avoir sous les yeux des êtres qui, par leur pétulance, leur gaîté, leur chant, leur caquetage ou leur beauté, fussent pour lui des sujets de distraction. Ceux qui réunissaient le plus de ces qualités étaient sans contredit les oiseaux, aussi dans presque tous les temps et tous les lieux, y a-t-il eu parmi eux des privilégiés auxquels l'homme a fait partager son toit et ses alimens, ou pour lesquels il a inventé de petits logemens commodes et abondamment pourvus d'une nourriture convenable au naturel des captifs. Ce goût, nous dirons mieux, cet amour pour certains oiseaux, est aujourd'hui si généralement répandu, qu'on le rencontre dans tous les pays civilisés de la terre. Ce n'est point ici le lieu d'entrer dans des considérations à ce sujet; nous devons seulement dire que les espèces qu'on a toujours convoitées avec le plus d'ardeur, sont celles qui, par suite de leur organisation, et par leurs fréquens rapports avec l'espèce humaine, peuvent retenir et répéter d'une manière plus ou moins altérée, divers sons articulés empruntés au langage humain; en un mot, pour nous servir d'une expression populaire fort impropre, les espèces qui parlent. C'est à leur tête que se placent toutes ou presque toutes celles qui composent la nombreuse famille dont nous allons faire l'histoire, celle des Perroquets. Ces oiseaux, en effet, ayant plus que les autres la faculté de reproduire par la voix les mots dont on a chargé leur mémoire, ont dû, plus que tous les autres aussi, piquer la curiosité de l'homme et être pour lui les premiers des oiseaux, comme il avait fait des Singes les premiers des Mammifères.

Maintenant, comme question préalable, et avant de donner aucuns détails généraux relatifs à l'histoire des mœurs ou du genre de vie des Perroquets; avant de dire jusqu'à quel point leur éducation est possible, nous devons entrer dans quelques considérations touchant certains points anatomiques importans, et dire quels sont les caractères zoologiques qui distinguent les Perroquets des autres oiseaux de la classe à laquelle ils appartiennent.

Dans la méthode de Cuvier, les Perroquets, formant, dans l'ordre des Grimpeurs, un grand genre subdivisé en plusieurs sous-genres que nous exposerons plus bas en décrivant les principales espèces qui s'y rapportent. Les caractères principaux sont tirés du bec, qui est gros, dur, solide, arrondi de toutes parts, entouré à sa base d'une membrane où sont percées les narines, et de la langue qui est épaisse, charnue, arrondie et quelquefois terminée par un faisceau de fibres cartilagineuses ou formée par un petit gland corné.

Avec ces caractères génériques, les Perroquets possèdent au plus haut degré tous ceux de l'ordre auquel ils appartiennent. Leurs doigts au nombre de quatre, armés d'ongles forts et robustes sont opposés deux à deux; les antérieurs sont réunis à leur base par une membrane étroite et les postérieurs entièrement libres; leurs tarses, ordinairement revêtus d'une peau grasse et écailleuse, sont généralement fort courts, fait qui se trouve en rapport avec l'habitude qu'ont ces oiseaux de grimper. Dans quelques espèces, pourtant, ils s'allongent d'une manière sensible comme cela a surtout lieu pour la Perruche Ingambe. Leurs ailes offrent en général le type obtus ou sur-obtus, et leur queue plus ou moins longue affecte des formes différentes. C'est même d'après ces différences dans la longueur et la disposition des rectrices, que les subdivisions ont été, en partie, établies.

Une particularité assez remarquable chez les Perroquets est celle qui a trait à la mobilité de la mandibule supérieure; elle est articulée sur le front de telle sorte qu'on peut la voir s'élever par exemple lorsqu'ils bâillent ou qu'ils triturent un corps quelconque, de manière à former avec le frontal presque un angle rentrant. Ce n'est pas que chez les oiseaux en général, le même fait ne se présente; mais les Perroquets en offrent l'exemple le plus saillant. Cette mobilité de la mâchoire supérieure, la forme générale du bec, celle de la langue et la structure du larynx, contribuent puissamment à faciliter à ces oiseaux l'imitation de la voix humaine.

Quant à leur faciès, il est ordinairement lourd, surtout chez les Perroquets proprement dits; leur tête, que contribue à rendre encore plus volumineuse un bec quelquefois énorme, est portée par un cou très-court et assez épais, ce qui, joint à un corps plus ou moins robuste, donne à ces espèces une apparence peu svelte. Cependant il en est quelques unes telles que la Perruche à collier et plusieurs autres à longue queue, dont les formes ne manquent ni d'élégance ni de finesse.

Confinés dans les contrées les plus chaudes du globe, les Perroquets, sans avoir un plumage à éclats métalliques, sont pourtant parés de couleurs presque toujours pures et brillantes, les mâles adultes principalement; car les femelles et surtout les jeunes, quelquefois jusqu'à leur seconde ou troisième mue, diffèrent considérablement sous ce rapport. Les teintes dominantes dans le plumage des oiseaux dont il est question, sont d'abord le vert, puis le rouge, ensuite le bleu et enfin le jaune.

Si du faciès nous passons à quelques points d'organisation intérieure, nous trouverons des particularités assez remarquables; ainsi, si nous bornons notre étude à la langue et au larynx, ce qui nous intéresse le plus en ce moment, à cause du rôle que ces organes jouent dans le mécanisme de la voix, nous verrons que la première, plus épaisse, plus charnue, plus molle et plus mobile dans les Perroquets proprement dits, que dans aucun autre oiseau, est recouverte d'une peau souvent très-fine et sèche, et se trouve pourvue de papilles disposées longitudinalement, selon M. de Blainville, sur une espèce de disque antérieur, soutenu par un demi-anneau corné, lesquelles papilles sont sous-jacentes à un pigmentum que recouvre un épiderme extrêmement mince.

La même organisation est loin de se répéter sur toutes les espèces du genre Perroquet; la langue des Microglosses, par exemple, offre des caractères dont nous aurons à parler, et celle de quelques individus de la Nouvelle-Hollande et des îles de la mer du Sud, se trouve terminée par un faisceau en couronne formé par des sortes de poils ou filamens cartilagineux que M. de Blainville est porté à considérer, comme des papilles, à cause de la grosseur des nerfs qui s'y rendent.

Quant au larynx, sa structure, assez peu différente de celle du plus grand nombre d'oiseaux (*voy.* LARYNX), se présente cependant dans des conditions (chez l'Amazone tête-jaune par exemple) que Cuvier a signalées fort au long. Nous ne devons point entrer dans tous les détails qu'il a donnés à cet égard; seulement nous dirons que des trois paires de muscles dont il a constaté la présence, l'une a pour usage de relâcher l'ouverture de la glotte et les deux autres de la fermer, mais de tendre en même temps, par un mécanisme particulier, la membrane tympaniforme, ce qui, suivant lui, contribue à rendre le son plus aigu.

Enfin les Perroquets, comme tous les oiseaux

granivores ou frugivores, ont un jabot assez développé, un gésier musculeux et des intestins très-longs, mais dépourvus de cœcums.

Après ces considérations rapides concernant quelques caractères zoologiques et organiques des Perroquets, il nous reste à traiter des habitudes naturelles de ces singuliers oiseaux, de leur distribution géographique dans les différentes contrées du globe, et de la manière dont quelques auteurs ont cru devoir les classer afin d'en rendre l'étude plus facile.

Les Perroquets, que les anciens ont peu connus, les pays dans lesquels ils sont confinés n'étant point encore découverts ou conquis, sont des grimpeurs par excellence, toutefois ils grimpent, non plus à la manière des Pics en s'aidant de leur queue et par mouvemens brusques et saccadés, mais en se servant de leur bec. Chez tous les autres oiseaux qui font partie de la même classe et qui sont doués de la même faculté, l'action de parcourir un tronc d'arbre de bas en haut ou de haut en bas, pourrait en quelque sorte être comparée à une espèce de progression terrestre; car elle s'exécute au moyen de sauts; or le saut est le mode locomoteur qu'un grand nombre d'oiseaux qui ont des habitudes terrestres, mettent en usage. Mais chez les Perroquets l'action de grimper s'exécute, nous le répétons d'une manière bien différente et le bec est, à cet effet, pour eux un organe tout aussi nécessaire que le sont les pieds ; il leur sert même quelquefois de point d'appui lorsqu'ils marchent; leurs mouvemens sont alors si lents, si pénibles, qu'on les voit de temps à autre poser à terre la pointe et même le dos de leur mandibule supérieure. Lorsqu'ils veulent parvenir à une hauteur quelconque, ils saisissent d'abord avec leur bec une partie de la branche sur laquelle ils tendent à s'élever, et y posent ensuite les pieds l'un après l'autre ; s'ils tiennent entre leurs mandibules un objet quelconque qu'ils désirent emporter, dans ce cas, au lieu de faire usage, comme à l'ordinaire, de la pointe du bec pour avoir un premier point d'appui, ils inclinent fortement la tête en avant et s'appuient sur la branche qu'ils veulent atteindre par le dessous de leur mâchoire inférieure. Au contraire, lorsqu'ils veulent descendre, ce qu'ils font toujours la tête en bas, c'est le dos de la mandibule supérieure qu'ils posent sur la branche, comme moyen de soutien.

Pour se transporter à de certaines distances, les Perroquets emploient le mode de locomotion ordinaire aux oiseaux, c'est-à-dire le vol. Vivant pour l'ordinaire dans les bois de haute futaie très-touffus et quelquefois sur les confins des lieux défrichés dont ils détruisent les produits, ils n'ont que de courts espaces à parcourir; on les voit se porter d'une branche à une autre et ne prendre un vol soutenu qu'alors qu'ils sont poursuivis; leurs battemens d'ailes sont fréquens et alternatifs, d'après ce que rapporte d'Azzara. « Ils ne les agitent pas, dit-il, toutes deux à la fois, mais l'une après l'autre, comme par un mouvement tremblotant. » Les Perroquets, les petites espèces surtout, volent assez vite bien, qu'ils ne soient pas trop organisés pour un vol rapide, et quoiqu'ils aient de la peine à prendre leur essor ; il est même des espèces qui émigrent, et qui parcourent plusieurs centaines de lieues chaque année ; mais à peine cite-t-on quelques rares exemples de ce genre. En général, les Perroquets sont sédentaires ; il en est même qui ont des cantons fort restreints d'où ils ne sortent jamais.

Le vol et l'action de grimper sont sans doute les seuls moyens locomoteurs dont les Perroquets font usage, dans l'état de nature. La marche doit leur être aussi peu familière qu'elle l'est aux Hirondelles. Il est probable que les Perroquets ne descendent à terre que très-accidentellement et seulement lorsqu'ils y sont forcés par les circonstances; leur démarche est si lente, elle se fait par un balancement du corps si embarrassé, qu'il est impossible de croire qu'ils abandonnent fréquemment les arbres où sont tous leurs besoins pour descendre à terre; cependant il est quelques espèces (la Perruche Ingambe, par exemple), qui avec des tarses plus allongés, des doigts moins longs et des ongles moins crochus, marchent à terre avec assez de vitesse et ne se perchent même jamais.

Les fruits du bananier, du goyavier, du caféier, du palmier, du limonier, sont la nourriture favorite des Perroquets. Ce qu'ils recherchent le plus dans ces fruits, c'est le noyau; car ils n'attaquent souvent la pulpe que pour arriver jusqu'à lui; lorsqu'ils l'ont saisi, ils l'appuient contre la voûte que forme la mandibule supérieure, le tournent et le retournent de manière à lui faire prendre une position convenable; puis, lorsqu'il est placé de telle façon que le bord tranchant de la mandibule inférieure puisse efficacement agir sur lui, ils le brisent ou en écartent les valves par un effort musculaire qui rapproche les mâchoires. L'amande une fois extraite et recueillie dans le bec, ils l'épluchent, en rejettent toutes les enveloppes et commencent à la dépecer. Comme les plus petits Granivores triturateurs, ils n'avalent jamais une amande ou une graine que par fragmens excessivement petits, lesquels fragmens ont été préalablement palpés ou goûtés par la langue avant de passer dans l'œsophage. Durant toute cette opération ils se servent très-adroitement d'un de leurs pieds, soit pour faire prendre au corps saisi par le bec une position convenable, surtout lorsque ce corps a un certain volume, soit pour retenir la masse alimentaire pendant qu'ils triturent le fragment qu'ils viennent d'en détacher : alors, posés sur un seul pied, l'autre leur tient lieu de main, ils l'avancent du bec, le retirent, le ramènent de nouveau avec une adresse et une facilité admirables, et de manière à ce que l'objet saisi se présente de côté pour que le bec puisse le déchirer plus facilement. Lorsque l'aliment est trop petit, l'un des pieds devenant inutile, les mandibules seules fonctionnent.

La nourriture des Perroquets réduits en captivité consiste en semences de végétaux, et surtout en celle du chenevis, pour laquelle ils montrent beaucoup de goût. Au reste, ils sont alors à peu près omnivores, aiment les amandes douces, les noisettes, le pain, la viande cuite et quelquefois crue. L'on prétend que ceux à qui l'on donne des os à ronger prennent un goût très-prononcé pour les substances animales; mais surtout pour les tendons, les ligamens et autres parties un peu résistantes. Il paraîtrait même qu'à quelques individus ce genre de nourriture fait contracter l'habitude, de s'arracher les plumes pour en sucer la base, ce qui devient pour eux un besoin si impérieux, qu'ils finissent par se déplumer entièrement, partout où le bec peut atteindre, sans même laisser le moindre brin de duvet. Les pennes alaires et caudales, implantées trop profondément et dont l'extraction serait trop douloureuse, sont seules respectées. Desmarest dit avoir vu, appartenant à Ch. Latreille, une Amazone à tête blanche, dont le corps était aussi nu que celui d'un Poulet prêt à mettre à la broche. Ce Perroquet, depuis plus de quatre ans dans cet état, avait supporté les froids de deux hivers très-rigoureux, sans que sa santé en eût souffert. Il serait bien certain, d'après Vieillot, que l'habitude qu'ont quelques Perroquets de se déplumer, ne tiendrait pas toujours au régime animal auquel on les a soumis, mais à une démangeaison qui leur survient et qui les force à s'arracher les plumes.

Le persil et les amandes amères sont pour les Perroquets un poison violent. Les amandes amères renfermant de l'acide hydrocyanique, l'on conçoit leur action sur ces animaux; mais il est bien plus difficile de s'expliquer comment le persil que l'on fait manger impunément à beaucoup d'autres oiseaux, peut devenir un poison pour les Perroquets.

En liberté, l'eau est leur boisson habituelle; ils boivent peu à la fois, mais fréquemment, et ils le font en levant légèrement la tête comme les Passereaux. En domesticité on les habitue quelquefois à boire du vin, auquel ils prennent goût; leur babil et leur gaîté semble même s'accroître lorsqu'ils se sont abreuvés de cette boisson. Vivant dans des pays chauds, ils éprouvent une véritable jouissance à se rouler dans l'eau: plusieurs fois par jour ils se baignent; c'est pour eux un besoin tel que dans nos climats et pendant l'hiver par une température très-basse, ils cherchent encore à le satisfaire.

L'époque des pontes est pour les Perroquets une cause d'isolement; alors il n'y a plus de liaison étroite qu'entre le mâle et la femelle; dans tout autre temps ils vivent en troupes plus ou moins nombreuses. Dans le repos ou dans l'agitation, ils font entendre un caquetage continuel; c'est surtout le soir, au coucher du soleil, lorsqu'ils se réunissent dans les bois les plus fourrés et d'un accès difficile, pour y passer la nuit, que leurs criailleries deviennent étourdissantes. Leur réveil, qui a lieu au lever du jour, est également annoncé par leur voix criarde. Leur sommeil très-léger est souvent accompagné de rêves; car on les entend parfois pousser, au milieu de la nuit, de petits cris. Leurs habitudes sont constantes, et le départ du lieu où ils ont pris du repos s'effectue toujours de la même manière. Les bandes se reconstituent, prennent leur essor et se dirigent vers les cantons où elles ont coutume de passer la journée. Ces oiseaux poussent ordinairement des criailleries en volant, avons-nous dit; mais les auteurs qui les ont étudiés dans l'état de liberté, avancent que lorsqu'ils se portent vers des lieux plantés d'orangers ou ensemencés d'où on cherche à les éloigner, ils le font sans jeter aucun cri et se repaissent en gardant le même silence; on dirait qu'ils ont la conscience que leur voix pourrait bien les trahir. Défians et soupçonneux lorsqu'ils sont seuls, on les voit agir avec plus d'abandon et de confiance lorsqu'ils sont réunis. Au reste, la compagnie de leurs semblables étant pour eux un besoin, il n'est pas ordinaire de surprendre des individus seuls et isolés.

Les Perroquets sont monogames et le couple demeure constamment uni; du moins, c'est ce qui a lieu pour la plupart des espèces. Dans le plus grand nombre des cas les œufs sont déposés dans des trous d'arbres pourris ou dans des cavités de rochers, sur des détritus de bois vermoulu ou des feuilles sèches, et d'autres fois ils sont pondus dans un véritable nid grossièrement fait avec de petits rameaux à la bifurcation des grosses branches, souvent près du tronc et toujours à une certaine hauteur. Les pontes se renouvellent plusieurs fois dans l'année, et les œufs, de volume différent selon les espèces (1), mais généralement ovoïdes, courts, à pôles égaux et d'une seule couleur uniformément blanche, sont ordinairement de deux à quatre par couvée. Les petits en naissant sont complétement nus, et leur tête est alors si grosse, que le corps semble n'en être qu'une dépendance; c'est au point qu'ils sont long-temps sans avoir la force de la remuer. Peu à peu ils se couvrent de duvet, et ce n'est qu'au bout de trois mois qu'ils sont totalement revêtus de plumes; ils n'abandonnent leurs parens qu'à l'époque des pariades, ce qui a lieu pour eux à la fin de leur première mue.

Il est des oiseaux étrangers que l'on a cherché vainement à faire reproduire dans nos climats; les conditions de température leur sont trop défavorables. Long-temps on avait cru qu'il en serait de même pour les Perroquets; mais les résultats ont fait preuve du contraire. Sans parler de ceux qui naquirent à Rome en 1801 et bien antérieurement en 1740 et 1774 dans d'autres parties de l'Europe, nous nous bornerons à mentionner quelques résultats obtenus à une époque bien plus rapprochée de nous, sur une paire d'Aras bleus qui vivait à Caen. M. Lamouroux nous fournira les détails de ces résultats.

Ces Aras, depuis le mois de mars 1818, jusqu'à la fin d'août 1822, ce qui comprend un espace de quatre ans et demi, ont pondu soixante-deux œufs en neuf pontes. Dans ce nombre, vingt-cinq œufs

(1) Les œufs du Perroquet gris et de l'Amazone égalent par leur volume ceux du Pigeon bizet.

ont produit des petits, dont dix seulement sont morts; les autres ont vécu et se sont parfaitement acclimatés. Ils pondaient indifféremment dans toutes les saisons, et leurs pontes ont été plus fréquentes et plus productives dans les dernières années que dans les premières; le nombre des œufs dans le nid variait, et il y en avait jusqu'à six ensemble. L'on a vu ces Aras nourrir quatre petits à la fois; le terme de l'éclosion était comme chez la Poule de vingt à vingt-cinq jours. Les petits se couvraient du quinzième au vingt-cinquième jour d'un duvet très-touffu, doux et d'un gris d'ardoise blanchâtre; vers le trentième jour les plumes commençaient à paraître et mettaient deux mois à prendre tout leur accroissement. Au sixième mois le plumage avait toute sa beauté, mais les jeunes n'atteignaient la taille des parens que dans le douzième ou le quinzième mois environ. Dès l'âge de trois mois ils quittaient le nid et commençaient à manger seuls; jusqu'à cette époque, le père et la mère les nourrissaient en leur dégorgeant des alimens dans le bec à la manière des Pigeons.

Pour que ces oiseaux fussent dans des circonstances favorables, on avait eu soin de leur préparer une sorte de nid qui consistait en un petit baril percé, vers le tiers de la hauteur, d'un trou de six pouces environ de diamètre. Le fond de ce baril était garni d'une couche de sciure de bois, épaisse de trois pouces, et c'est là-dessus que les œufs étaient pondus et couvés.

Depuis les observations de M. Lamouroux, de petites Perruches à collier du Sénégal et des Perruches pavouanes sont nées à Paris, dans des creux qu'on avait pratiqués à de grosses bûches.

Tous les Perroquets, quel que soit l'âge auquel on les prend, sont susceptibles de se familiariser; mais, ainsi que cela a lieu pour tous les animaux qui naissent en liberté, les jeunes pris au nid ou peu de temps après leur sortie, s'apprivoisent toujours plus aisément et s'attachent davantage; ceux qu'on apporte en Europe sont en général des jeunes enlevés à leurs parens et élevés dans leur pays natal. Cependant on ne fait pas moins une chasse assidue aux adultes. « Les naturels du Paraguay, dit d'Azzara, prennent les Perroquets d'une manière qui peut-être paraîtra peu croyable: ils attachent un ou deux morceaux de bois à un arbre dont les fruits plaisent à ces oiseaux; ils mettent un bâton ou deux en travers, depuis ces morceaux de bois jusqu'à l'arbre, et ils forment avec des feuilles de palmier, une cabane assez grande pour qu'un chasseur puisse s'y cacher; celui-ci a un Perroquet privé qui, par ses cris, appelle ceux des forêts, qui ne manquent pas d'arriver à la voix du prisonnier. Alors le chasseur, sans perdre de temps, leur passe au cou un nœud coulant attaché au bout d'une longue baguette qu'il fait mouvoir depuis sa cabane; et s'il a quatre ou six de ces baguettes, il prend autant de Perroquets, parce qu'il ne les retire pas sans que chacune d'elles ait saisi un oiseau, et que ces oiseaux ne cherchent pas à s'évader avant d'être serrés par le lacet. Les mêmes Indiens font aussi la chasse aux Perroquets avec des flèches, et lorsqu'ils veulent les avoir vivans, ils mettent à la pointe de leurs flèches un bouton, afin de les étourdir sans les tuer. D'autres fois on les prend lorsqu'ils sont ivres après avoir mangé des graines du cotonnier en arbre.

Le père Labat, dans son Voyage aux îles de l'Amérique, rend également compte de la manière ingénieuse, selon lui, dont les Caraïbes s'emparent des Perroquets. « Je ne parle pas, dit-il, des petits qu'ils prennent au nid, mais des grands. Ils observent sur le soir les arbres où il s'en perche le plus grand nombre, et quand la nuit est venue, ils portent aux environs de l'arbre des charbons allumés, sur lesquels ils mettent de la gomme avec du piment vert. Cela fait une fumée épaisse qui étourdit de telle sorte ces pauvres animaux, qu'ils tombent à terre comme s'ils étaient ivres ou à demi morts; ils les prennent alors, leur lient les pieds et les ailes, et les font revenir en leur jetant de l'eau sur la tête. Quand les arbres sont trop hauts pour que la fumée y puisse arriver et faire l'effet qu'ils prétendent, ils accommodent des conis (1) au bout de quelques grands roseaux ou de quelques longues perches, ils y mettent du feu, de la gomme et du piment, ils les approchent le plus qu'ils peuvent des oiseaux et les enivrent encore plus facilement.

Bien que ces Perroquets pris adultes soient d'ordinaire très-farouches et méchans, cependant les naturels parviennent à les apprivoiser en fort peu de temps. Les moyens qu'ils emploient sont très-simples: ils consistent à leur donner ce qu'on appelle des *Camouflets de tabac*, c'est-à-dire à leur souffler, par petites bouffées, de la fumée de tabac; ils tombent dans un état d'ivresse tel, qu'on peut alors les toucher sans danger, et lorsque l'effet de la fumée n'a plus lieu, on commence à apercevoir en eux un changement, car ils sont déjà bien moins violens. Pourtant il arrive quelquefois que leur caractère ne s'adoucit pas assez, alors on réitère la même opération. On parvient également à les soumettre en les immergeant dans l'eau très-froide, qu'ils redoutent beaucoup. Pour les rendre tout-à-fait obéissans et doux, on passe des châtimens aux récompenses; on les flatte de la voix et de la main, on les gourmande, on leur donne des choses dont on les sait très-friands. On agit de même à l'égard de ceux qui, depuis long-temps captifs, donnent de temps à autres des signes de méchanceté; et de ceux qui, par caprice ou par antipathie, cherchent à mordre lorsqu'on les approche. Il paraît que l'audace que l'on montre, le parler haut, leur en imposent singulièrement et les rendent sinon doux, du moins soumis.

L'on a dit qu'en général les mâles Perroquets s'attachent aux femmes de préférence; que, doux pour elles, ils sont méchans pour les hommes, et que c'est le contraire pour les femelles. « Cette assertion est fondée, dit Vieillot; car j'en

(1) On donne le nom de *conis* à l'enveloppe solide du fruit du Calebassier lorsqu'il est vide.

ai eu la preuve dans un Perroquet cendré mâle que je ne pouvais toucher sans m'être muni de gros gants de cuir, et qui obéissait en tous points, à ma femme, et l'accablait de caresses, tandis qu'une femelle de la même espèce avait pour moi le plus grand attachement. » Mais Vieillot conclut fort prudemment que ce sont là des faits qu'on ne doit point généraliser; car d'autres personnes ont observé le contraire; toujours est-il que les Perroquets sont des oiseaux dont on doit se méfier. « On dirait, écrit Valmont de Bomare dans son Dictionnaire d'Histoire naturelle, que les Perroquets éprouvent un besoin de se servir de leur bec pour rompre et pour briser; ce défaut est plus grand dans les Kakatoës et dans les Aras que dans aucune autre espèce. En liberté ils dévastent les arbres, ils les dépouillent de feuilles et de fruits en pure perte et par une sorte de divertissement ou d'occupation, tandis qu'ils consomment peu pour leurs vrais besoins. Dans l'état de domesticité ils endommagent les meubles et tout ce qu'ils trouvent à leur portée; si on les enferme ou si on les retient par une chaîne sur leur bâton pour empêcher leurs dégâts, ils étourdissent par leurs cris qu'ils redoublent avec l'ennui que leur cause l'inaction, et ils tournent le besoin qu'ils ont de se servir de leur bec contre la cage qui les retient enfermés ou le bâton qui les supporte, quelquefois contre eux-mêmes, et ils s'arrachent alors des plumes pour les rompre et les briser. Le plus sûr moyen de calmer et de prévenir leurs cris est de leur abandonner et de leur fournir en quantité suffisante des morceaux de bois médiocrement durs, sur lesquels ils exercent et satisfont le besoin de se servir de leur bec. »

L'influence de l'homme sur les êtres qui l'approchent change leur naturel et leurs penchans. Ceci est de toute évidence pour les Perroquets; car nous avons vu qu'elle pouvait les faire passer du caractère le plus farouche et le plus méchant, à la soumission et à la douceur; mais l'influence de l'homme peut aussi modifier quelques unes de leurs facultés, et tout le monde sait jusqu'à quel point l'éducation agit sur les oiseaux dont nous parlons. Il en est qui, vrais esclaves de leur maître, se couchent sur le dos à un signal qu'il fait et ne se relèvent qu'à leur commandement; d'autres apprennent à faire l'exercice avec un bâton en dansant d'une manière plus ou moins grotesque. Mais ce qui surtout a lieu de nous étonner de leur part, c'est l'imitation de tous les bruits qu'ils entendent; le miaulement du Chat, l'aboiement du Chien, les divers cris des oiseaux, sont quelquefois répétés par eux avec une fidélité surprenante; ils sifflent des airs, et récitent des phrases dont on a chargé leur mémoire. Les Perroquets gris, connus sous le nom de Jacos, et les Perroquets amazones ou verts sont les plus remarquables sous ce rapport: les mots sortent distinctement de leur bouche si l'on peut ainsi dire. Willougby parle, d'après Clusius, d'un Perroquet qui, lorsqu'on lui disait: *Riez, Perroquet, riez*, riait effectivement, et s'écriait l'instant d'après avec un grand éclat: *O le grand sot qui me fait rire!* Buffon dit en avoir vu un autre qui avait vieilli avec son maître, et qui étant accoutumé à ne plus guère entendre que ces mots: *je suis malade*; lorsqu'on lui demandait *qu'as-tu, Perroquet*, répondait d'un ton douloureux et en s'étendant sur le foyer, *je suis malade*. Nous pourrions citer une foule d'exemples de réponses faites par des Perroquets, qui surprennent par leur justesse ou leur à-propos: toutefois cependant les mots qu'ils savent sont prononcés au hasard et presque toujours ils répondent *blanc* quand on leur demande *noir*. Ce sont de purs imitateurs, privés d'une véritable intelligence, de l'idée de relation entre le mot qu'ils prononcent, le geste qu'ils font, et la chose que la parole ou le geste représentent. « Ce talent, dit Buffon, ne suppose dans le Perroquet aucune supériorité sur les autres oiseaux, sinon qu'ayant plus éminemment qu'aucun d'eux cette facilité d'imiter la parole, il doit avoir le sens de l'ouïe et les organes de la voix plus analogues à ceux de l'homme; et ce rapport de conformité, qui dans le Perroquet est au plus haut degré, se trouve, à quelque nuance près, dans plusieurs autres oiseaux dont la langue est grosse, arrondie, et de la même forme à peu près que celle du Perroquet.»

Toutes les espèces n'ont pas la même aptitude à apprendre; il en est même auxquelles la nature a refusé le pouvoir de l'imitation: de ce nombre sont les Kakatoës, les Microglosses et quelques autres. Les premiers font d'inutiles efforts pour répéter ce qu'on leur dit, et les seconds sont dans l'impuissance de pouvoir même articuler des sons.

Un fait généralement admis par tout le monde est que les Perroquets ont une vie de longue durée. On trouve cité dans beaucoup d'ouvrages les termes atteints par une foule d'espèces. Ainsi les Mémoires de l'Académie royale des sciences de Paris (1747), rapportent qu'on a vu à Florence, chez la grande-duchesse, un Perroquet qui a vécu plus de cent dix années. Apporté en 1633, il était mort en 1743, et durant tout ce laps de temps il était demeuré en la possession de la même famille pendant plusieurs générations. Frich avoue qu'il lui en est mort un âgé de quarante ans; au rapport de Buffon, le Perroquet cendré ou Jaco en vivrait quarante-trois; enfin Vieillot dit en avoir vu un à la Bastide, près de Bordeaux, qui avait quatre-vingts ans; il avait tous les signes de la décrépitude, était hideux à voir et n'avait plus sur lui qu'un duvet assez peu épais. Les Perruches ont une vie moins longue; à peine si elles peuvent atteindre la trentième année. De ces divers exemples on a voulu conclure que, terme moyen, les Perroquets vivaient une quarantaine d'années et les Perruches une vingtaine. Mais peut-on bien raisonnablement juger de la durée de la vie de tel ou tel animal, d'après des individus réduits en captivité et par conséquent placés dans des circonstances plus ou moins favorables, plus ou moins changeantes et dont l'influence sur l'organisation peut être profonde? que les Perroquets vivent longtemps, c'est là un fait démontré; mais que le terme moyen de leur existence soit de quarante années environ, c'est ce que l'on ne peut dire.

Les Perroquets que l'homme élève ne meurent pas toujours de vieillesse; une foule de maladies viennent souvent les assaillir dans les cages étroites où on les retient, et le défaut de mouvement auquel ils sont condamnés est presque toujours la source de ces maladies; la goutte vient les tourmenter, l'épilepsie les attaque quelquefois et des aphthes et des ulcères se développent dans leur gorge qui les privent, sinon de la vie, du moins assez souvent de la faculté de parler. En effet, des Perroquets sont devenus muets à la suite de chancres qui leur étaient survenus. Ensuite la mue qui s'effectue chez eux d'une manière assez pénible et douloureuse parce que la température au milieu de laquelle ils se trouvent n'est pas favorable au développement des nouvelles plumes; la mue les fait quelquefois périr. Et ici nous devons condamner cette habitude qu'ont quelques personnes d'arracher les pennes des ailes de leur Perroquet, afin de les empêcher de s'envoler. Cette sorte de mue violente que l'on provoque, est d'autant plus funeste à ces oiseaux, qu'ils sont plus exposés, dans nos climats, à ne pas trouver ce degré de chaleur qui, dans les pays d'où ils sont originaires, favorise l'éruption des plumes dont un accident les dépouille ou qui tombent naturellement. Il est rare en Europe de voir les pennes que l'on a ainsi arrachées repousser, ou si cela a lieu, c'est d'une manière incomplète et toujours si lente, que souvent il faut toute une année avant que la nouvelle penne ait atteint deux pouces de longueur. Il en résulte pour l'oiseau un malaise continuel que l'on reconnaît aisément à son air triste et taciturne. Pour arriver au même but, c'est-à-dire pour empêcher que les Perroquets ne s'échappent, et pour le faire sans inconvéniens pour ces animaux, il suffit à chaque mue d'ébarber avec des ciseaux les cinq ou six premières pennes dans leur côté interne et dans les trois quarts seulement de leur longueur; l'air ne trouvant plus alors de résistance, c'est en vain que ces oiseaux essaient de prendre leur essor; ils ne peuvent plus s'envoler qu'à de très-petites distances, et se soutiennent cependant encore assez pour qu'en tombant ils ne soient pas susceptibles de se blesser, comme cela arrive très-souvent à ceux dont les pennes ont été arrachées.

Disons maintenant quelques mots de la distribution géographique des Perroquets. Leur habitat est en général sous la zône torride tant de l'ancien que du nouveau continent et dans l'Océanie. Le plus grand nombre se trouve sous les parallèles les plus rapprochés de l'équateur et quelques uns se répandent dans les deux hémisphères jusqu'à des latitudes très-élevées.

L'Amérique a ses espèces qui lui sont propres: c'est sans contredit dans le Brésil et la Guiane, patrie exclusive des Aras, que vit le plus grand nombre de Perroquets appartenant les uns à la division des Perruches, les autres à celle des Perroquets proprement dits, et d'autres enfin à celle des Psittacules. Le Paraguay en nourrit quelques uns; une seule espèce appartient à la terre des Patagons, comme il en existe une sur les terres Magellaniques. Les îles du golfe Mexique et le Chili, mais seulement sur la côte de la mer du Sud, ont aussi les leurs.

En Asie, les îles de l'Archipel Indien d'où nous viennent les plus belles espèces, les plus grandes et les plus remarquables par leurs formes, l'Indostan, la Chine et la Cochinchine, sont les contrées qu'habite aussi un très-grand nombre de Perroquets.

Dans l'Afrique on en rencontre également mais en moins grande quantité cependant, depuis le Sénégal jusque dans les forêts qui avoisinent le cap. On n'en voit point sur l'Atlas et dans tout le revers septentrional de cette chaîne de montagnes.

Les Perroquets ont encore pour patrie la Polynésie, la Nouvelle-Hollande, où, comme toutes les productions de ce sol, ils ont un caractère qui leur est propre, la Nouvelle-Zélande, les îles Macquaire et celles des Amis et de la Société.

Dans aucune contrée de l'Europe, sur aucun point du Groënland, de l'Islande, on n'a encore signalé une espèce qui appartînt à la grande famille des Perroquets. C'est dans les régions intertropicales du globe et surtout, ainsi que nous l'avons déjà dit, dans celles qui sont situées près de la ligne, qu'est confiné en général le plus grand nombre de ces oiseaux, qui, contre l'opinion jadis admise, sont également assez multipliés dans l'hémisphère sud.

Les essais de distribution méthodique des Perroquets sont nombreux. Lorsque la science ne s'était point encore enrichie de cette foule innombrable d'espèces que nous connaissons aujourd'hui, ces oiseaux, que distinguent d'une manière si nette les caractères dont nous avons parlé plus haut, formaient un seul genre dans lequel toutefois ils étaient distribués par sections et dans un certain ordre. Ainsi Linné, Frisch, Scopoli, Brisson, Scheffer, Latham, etc., sous la dénomination générique de Perroquet (*Psittacus*), comprenaient les diverses espèces qui portent les noms distinctifs d'Aras, de Perruches, de Kakatoës, etc. Mais aujourd'hui le genre *Psittacus* forme, pour beaucoup d'ornithologistes, la famille des Psittacées ou Psittacides, et les sections établies pour distinguer les divers groupes que comportait ce genre chez les auteurs que nous venons de citer, ont été converties en sections génériques. Ces groupes, ou plutôt ces genres, puisqu'on les a élevés à la dignité de genre, ont été dans ces derniers temps tellement multipliés, que l'on pourrait, si l'on voulait suivre les diverses méthodes modernes qui ont été proposées, en compter jusqu'à dix; le nombre des sous-genres ayant été porté au double. Pourtant, de l'aveu même des méthodistes actuels, toutes les espèces qui composent la famille des Perroquets ont entre elles des caractères si peu différentiels; elles se confondent par des nuances tellement insensibles, qu'il est bien difficile d'établir

blir des lignes de démarcations solides. C'est surtout à MM. Vigors et Horsfield, que l'ornithologie doit d'être encombrée d'une foule de genres de nouvelle création. « Ces genres, dit Desmarest, à propos de ceux qu'ils ont essayé d'introduire pour les Perroquets, ces genres ne sont fondés la plupart que sur des différences minutieuses, sans aucune valeur et sans aucun rapport évident avec le genre de vie des animaux dont on les compose. Quelques uns d'ailleurs n'ont de nouveaux que leurs noms; car ils correspondent exactement à des groupes secondaires qu'avaient très-bien distingués, mais sans leur attribuer plus d'importance qu'ils n'en méritaient, Brisson, Buffon, Vieillot, Levaillant, Illuk, et les naturalistes qui ont fait faire de vrais progrès à cette partie de la science ornithologique, sans la surcharger de dénominations nouvelles et inutiles. »

Buffon frappé des rapports différens qui existent entre tous les Perroquets originaires d'Afrique et des grandes Indes, comparés à ceux d'Amérique, ayant en outre constaté qu'aucune espèce naturelle des premières contrées n'habite ou ne se retrouve dans le Nouveau-Monde et réciproquement, a divisé les Perroquets en deux grandes classes, comme il l'a fait pour les Singes, guidé par les mêmes motifs. Dans la première il a fait entrer par conséquent toutes les espèces de l'ancien continent et dans la seconde celles du nouveau ; prenant ensuite chaque division, il a établi des subdivisions qui peuvent marcher parallèlement et se représenter les unes les autres. Ainsi les Kakatoës de l'ancien continent pourvus d'une huppe mobile, à queue courte et carrée, peuvent en quelque sorte être représentés par les Aras à joues nues, à queue aussi longue que le corps et à grande taille; les Perroquets proprement dits, à queue courte et égale par les Amazones à queue moyenne; les Loris par les Crick; les Loris Perruches à queue un peu plus longue que les Loris, par les Papegais; les Perruches à queue longue et égale par les Perriches dont les caractères sont les mêmes ; les Perruches à queue longue et inégale, par les Perriches à queue inégalement étagée; et les Perruches à queue courte, par les Touis ou Perriches à queue courte. Les couleurs du plumage qu'il faisait entrer en considération aidaient aussi à caractériser ces subdivisions. Buffon, ne connaissant point alors les espèces que l'on a découvertes plus tard dans l'Australasie, n'avait pu en faire mention dans cette méthode géographique, si nous pouvons ainsi dire.

Latham n'a établi que deux groupes pour les Perroquets; sans avoir égard à la patrie, il place dans l'un les espèces à queue égale, et dans l'autre celles dont la queue est étagée.

Levaillant, dans son excellente monographie des oiseaux dont il est question, n'a point, comme l'a fait Latham, tenu compte de la patrie; pour lui les Aras et les Kakatoës forment deux groupes distincts; réunissant ensuite les Perroquets, les Amazones, les Crick, les Papegais, sous le nom de Perroquets proprement dits, il conserve la dénomination de Perruches à toutes les espèces qui ont la queue étagée et les joues emplumées. Toutefois il subdivise celles-ci en Perruches-Aras, Perruches proprement dites, Perruches à queue en flèche et Perruches à large queue.

Cuvier a complétement adopté la classification de Levaillant à laquelle il joint deux sous-genres nouveaux : ceux que composent les Microglosses et les Pézophores. Il fait donc des Perroquets qu'il place immédiatement après les Toucans, dans son ordre des Grimpeurs, un genre qu'il subdivise d'après la forme de la queue et quelques autres caractères que nous ferons connaître, en cinq sous-genres, qui sont: les Aras, les Perruches, les Cacatoës, les Microglosses ou Perroquets à trompe et les Pézopores ou Perruches-ingambes. Maintenant c'est d'après l'affinité qu'ils présentent entre eux que les Perroquets appartenant à ces divers sous-genres ont été groupés.

Si nous avions à suivre une méthode autre que celle de Cuvier, peut-être aurions-nous adopté les divisions établies par Kuhl dans sa belle Monographie ayant pour titre : *Conspectus psittacorum, cum specierum definitionibus*, etc. Une analyse de ce travail, sans contredit le meilleur et le plus complet de tous ceux qui ont paru sur les Perroquets, nous entraînerait trop loin ; la faire en peu de mots serait en donner une idée incomplète, et nous préférons renvoyer nos lecteurs qui seraient désireux de le connaître au mémoire original qui se trouve inséré dans les nouveaux actes de l'Académie de Cæs. Carl.-Leop., tom. X, part. 1. Nous entrerons donc immédiatement dans l'exposé de la distribution méthodique des Perroquets et dans la description seulement des espèces les plus intéressantes, soit sous le rapport de la beauté du plumage, soit sous celui de l'éducation qu'elles peuvent acquérir; car si nous voulions les faire connaître toutes, nous aurions plus de deux cents espèces à décrire.

A. *Perroquets à longue queue étagée.*

Première subdivision. — Les Aras (*Ara*, Kuhl), caractérisés par des joues dénuées de plumes. Toutes les espèces connues appartiennent à l'Amérique; leur taille est en général grande et leur plumage brillant, ce qui les fait rechercher. Nous n'aurons point à parler de ces oiseaux dont il a été question dans le premier volume de ce Dictionnaire. (*Voy.* Ara.)

Deuxième subdivision. — Les Perruches (*Conurus*, Kuhl.), dont la queue est, comme dans les Aras, longue et étagée, et que des légères différences entre les espèces ont fait distribuer en plusieurs groupes. Cuvier, d'après Levaillant, les distingue en :

† Perruches-Aras.

Ce sont les espèces dont le tour de l'œil est nu. Vigors a fait de ce groupe son genre *Psittacara*, et d'autres ornithologistes, l'adoptant comme tel, lui ont seulement conservé la dénomination d'Arara donnée antérieurement par Spix. On compte parmi les plus remarquables

La Perruche-Ara pavouane, *Psitt. guyanensis*, Lin., nommée par Buffon Perruche pavouane. Elle est généralement d'un beau vert, avec du bleu verdâtre derrière la tête, du jaune lavé de vert à la face interne de l'aile et sous la queue, et du rouge sur les tectrices alaires; sa longueur mesurée de l'extrémité du bec à celle de la queue est de douze pouces environ. Quelques individus ont la tête, le cou et la gorge variés de plumes rouges.

Cette Perruche que l'on rencontre communément à la Guiane et aux Antilles, vit par bandes dans les forêts, durant le jour, et s'approche le soir et le matin seulement des prairies et des rivières. Les dégâts qu'elle fait dans les plantations de café sont considérables. D'une humeur babillarde et d'un caractère méchant, on la voit néanmoins attentive aux leçons qu'on lui donne. Levaillant en cite une qui récitait en entier le *Pater* en hollandais en se couchant sur le dos et joignant les doigts des deux pieds, comme nous joignons nos mains lorsque nous prions.

La Perruche-Ara patagone, *Psitt. patagonus*, Vieill. Le dos, le croupion, la poitrine, le ventre et les jambes sont d'un jaune un peu verdâtre, les pennes alaires et une partie des petites tectrices d'un bleu foncé; l'autre partie et les moyennes d'un jaune verdâtre; les grandes ainsi que le dessous des pennes alaires et caudales d'un noirâtre brillant; la tête en dessus et sur les côtés est d'un vert brun; le front d'un violet obscur; le dessus du cou et les scapulaires d'un brun verdâtre, et le devant du cou et le haut de la poitrine bruns. Cette espèce a près de dix-huit pouces de longueur totale.

Selon d'Azzara, on la rencontre depuis le 172e degré de latitude australe, jusqu'à la côte des Patagons. M. Garnot et Lesson l'ont trouvée au Chili; ils l'ont vue voler par bandes nombreuses qui traversaient la vaste baie de la Conception par le 36e degré de latitude sud. Les colons de ce pays la nomment *Cateita* et les *Araucanos talacaguano*. Son cri est aigre et ses mœurs sont sauvages.

La Perruche-Ara écaillée, *Psitt. squamosus*, Shaw, verte, avec l'abdomen, le croupion, la face inférieure de la queue et la région parotique rouge; la poitrine, un collier sur la nuque, le bord externe des pennes alaires bleuâtres, et le dessus de la queue d'un jaune vert.

D'après Shaw, cette espèce est de Surinam, et d'après Kuhl, on la trouve au Brésil.

La Perruche-Ara a bandeau rouge, *Psitt. vittatus*, Vaill., dont toutes les parties supérieures, les côtés du ventre et les joues sont vertes; la poitrine est d'un cendré jaunâtre avec des bandes transversales jaunes et noires; l'abdomen, le dessous des pennes caudales et les barbes internes de celles des ailes d'un brun pourpre; le front brun varié de quelques plumes rouges; les tectrices alaires et caudales vertes et la région parotique grisâtre; elle a six pouces de longueur totale.

Sa patrie est le Brésil.

Se groupent encore avec ces espèces, la Perruche-Ara versicolore, *Psitt. versicolor*, Lath., le *Psitt. solstitialis*, Lin., et les deux que Vigors, dans le *Zoological journal*, a décrit sous les noms de *Psitt. frontatus* et *Psitt. Lichtensteinii*.

L'Ara hyacinthe, placé par les ornithologistes dans la subdivision de ce nom, en a été retiré par M. Isodore Geoffroy pour prendre place à côté des espèces qui forment ce groupe.

†† Perruches à queue en flèche.

Leur caractère est d'avoir les deux pennes caudales médianes, beaucoup plus longues que les autres. C'est de ces Perruches que MM. Vigors et Horsfield ont fait leur genre Paleornis.

Parmi elles se trouve l'espèce la plus anciennement connue en Europe: la Perruche d'Alexandre, *Psitt. Alexandri*, Lin., que l'on s'accorde à considérer comme étant celle qu'Alexandre aurait rapportée des Indes. Il est de fait que c'est celle dont les auteurs anciens, tels que Pline, Apulée, Solin, etc., ont fait particulièrement mention. Nous l'avons représentée dans notre Atlas, pl. 474, fig. 1.

Elle est généralement partout le corps d'un vert assez intense sur le dos, mais plus clair sur toutes les parties inférieures; un collier d'un rose vif occupe la nuque et un demi-collier noir bien marqué situé sous la gorge, se dirige sur les côtés du cou; elle porte en outre au haut de l'aile une tache d'un rouge foncé. Elle a de longueur vingt pouces environ. La femelle (même planche, fig. 1 a), selon Levaillant, ne diffère en rien du mâle.

Les Indes orientales et particulièrement l'île de Ceylan sont les contrées qu'elle habite.

La Perruche a collier, *Psitt. torquatus*, Briss. C'est celle que Buffon appelle Perruche a collier rose. Vieillot l'a confondue avec la précédente; cependant elle s'en distingue par sa taille, qui est plus petite, par son collier qui est moins large, et par les couleurs moins intenses de son plumage. Elle est généralement par tout le corps d'un vert tendre uniforme; comme dans la Perruche d'Alexandre, le mâle porte un collier rose sur la nuque et un trait noir sur la gorge; un petit trait de même couleur occupe de chaque côté du front l'espace compris entre la narine et l'angle de l'œil; en outre, ce qu'on ne remarque pas dans l'espèce précédemment décrite, les plumes des joues se nuancent de violet. La femelle ne porte point de collier ni de noir sur la gorge.

Cette espèce que l'on trouve au Sénégal, dans l'Inde, au Bengale, ainsi que la précédente, sont de toutes, celles que l'on apporte en plus grand nombre, en Europe. La cause en est simple: plus dociles, plus intelligentes, plus faciles à apprivoiser que les autres, il est naturel que l'on mette plus d'empressement à les rechercher; leur voix est douce, agréable, et les mots qu'elles répètent sont très-bien articulés.

La Perruche a collier jaune, *Psitt. annulatus*, Bechst. Celle-ci a le dessus du corps d'un vert brillant et le dessous d'un vert très-jaune ; la tête d'un beau bleu tendre nuancé de brun au front sur les joues et la gorge, et un collier jaune très-marqué ; sa queue est plus longue que le corps et les deux pennes intermédiaires excessivement allongées, sont bleues terminés de blanc.

Elle est commune à Pondichéry.

La Perruche a poitrine rose, *Psitt. pondicerianus*, Lin., ou Perruche a moustaches de Buffon. Elle a toutes les parties supérieures d'un vert foncé, à l'exception de la tête qui est d'un joli gris de perle changeant en bleuâtre ou lilas tendre; le front est traversé par un trait noir, aboutissant de chaque côté au coin de l'œil, pendant qu'une large plaque noire, partant du côté de la mandibule inférieure, couvre la joue et s'y dessine circulairement; le devant du cou et la poitrine sont de couleur rose; et tout le reste des parties inférieures d'un vert mêlé de teintes jaunâtres.

On le trouve dans l'Inde aux environs de Pondichéry.

La Perruche des papous, *Psitt. papuensis*, Lin. Cette petite et gracieuse espèce a le front, les joues, la gorge, tout le cou, la poitrine, le ventre et les flancs d'un beau rouge de sang ; les scapulaires, les ailes, et la base de la face supérieure de la queue d'un vert obscur; une bande d'un noir bleu occupe le front et une tache de même couleur se voit sur la nuque; les pennes latérales de la queue bordées de jaune rougeâtre, et toutes les autres sont vertes terminées de jaune orangé; l'abdomen et le croupion sont noirs; elle a de longueur totale quatorze pouces et quatre lignes. Cet oiseau, qui habite la terre des Papous, est préparé par les Insulaires de la même manière que les oiseaux de paradis; c'est-à-dire qu'on le fait sécher dans un roseau après qu'on lui a arraché les ailes et les pattes. C'est dans cet état qu'il nous arrive en assez grand nombre.

La Perruche a longs brins, *Psitt. barbatulatus*, Bechst. Nous l'avons représentée pl. 474, fig. 2. Chez elle, le front et le dessus de la tête sont d'un beau vert luisant, l'occiput et le derrière du cou d'un rose violet; une moustache noire variée de quelques plumes vertes occupe les joues ; la gorge, tout le cou, le haut du dos et la poitrine, sont d'un vert gai très-brillant, qui jaunit un peu sur les flancs ; l'abdomen, le croupion, toutes les tectrices alaires, d'un vert plus intense; les pennes caudales, vues par leur face supérieure, sont vertes en dehors, et d'un jaune verdâtre, vus par la face inférieure; la mandibule supérieure est d'un rouge vermillon ; sa taille est de quatorze pouces.

Cette Perruche se rencontre sur plusieurs points des Indes orientales, et principalement à Malacca.

A ces espèces il faut joindre la Perruche du Bengale, *Psitt. bengalensis*, Lin. ; la Perruche a collier noir, *Psitt. erythrocephalus*, Lin.; la Perruche a bec rouge, *Psitt. rufirostris*, Lin. ; la Perruche a tête bleue, *Psitt. cyanocephalus*, dont MM. Horsfield et Vigors ont fait leur genre *Trichoglossus* à cause des soies qu'elle porte sous la pointe de la langue ; la Perruche des malais, *Psitt. malaccensis*, Gmel., etc.

††† Perruches à queue élargie vers le bout.

De ce groupe MM. Vigors et Horsfield ont fait un genre auquel ils donnent le nom de *Platycerius*. Une grande partie des espèces qui le composent habitent la Nouvelle-Hollande. Les plus remarquables sont :

La Perruche élégante ou de Pennant, *Psitt. elegans* et *Pennantii*, Lath. Cet oiseau dont les couleurs sont très-variables selon l'âge, mais que distingue toujours une tache bleue en forme de moustache qui occupe ses joues, a, dans son état parfait, la tête, le cou, la poitrine, l'abdomen, le croupion, les tectrices caudales supérieures et inférieures, d'un beau rouge moelleux ; les plumes qui recouvrent le dos noirâtres bordées de rouge ; les tectrices d'un bleu tendre violacé, en grande partie liserées de rouge, les rémiges d'un bleu foncé bordées extérieurement de bleu plus tendre, les rectrices sont de même couleur. Elle a de treize à quatorze pouces de longueur.

Cette Perruche, originaire de la Nouvelle-Hollande, vit dans les environs de la baie Botanique, où les colons lui donnent le nom de *Hourri*. D'après MM. Garnot et Lesson, elle vit en troupes dans les montagnes bleues et est peu défiante.

La Perruche noire, *Psitt. niger*, Lin. ; dont le nom indique la couleur; elle est partout le corps d'un noir brun, glacé de gris et mêlé de bleuâtre sur les ailes; sa taille égale celle de la précédente.

Elle habite l'île de Madagascar.

La Perruche Vasa, *Psitt. Vasa*, Shaw, d'un noir glacé de gris ou de brun. Sa taille est de vingt-un pouces.

Levaillant considère cette espèce comme faisant le passage des Cakatoës aux Perroquets. Elle habite les contrées méridionales de l'Afrique.

A l'Afrique appartient encore une grande espèce d'un plumage généralement brun avec un masque noir qui borde le front, et descend sur la gorge après avoir embrassé le devant des joues : c'est la Perruche mascarin ou le Mascarin, ainsi que le nomme Buffon, *Psitt. mascarinus*, Lin.

On le trouve à Madagascar et, même à ce qu'il paraît, à l'île Mascareigne.

La Perruche a ventre jaune, *Psitt. flavigaster*, Temm. Confondue par Levaillant avec la Perruche élégante par la raison qu'elle a comme celle-ci une moustache bleue qui occupe toute la joue; cette Perruche s'en distingue pourtant par le brun olivâtre varié de bleu qui colore les plumes du dos, les scapulaires et les petites tectrices ; par le bleu éclatant de ses épaulettes, et par le jaune olivâtre qui occupe tout le dessous du corps, le côté du cou et le dessus de la tête. En outre, elle a le front orné d'un bandeau étroit rouge.

On la trouve à la Nouvelle-Hollande.

La Perruche omnicolore, *Psitt. eximius*, Vaill. Avec des formes sveltes et élégantes la nature a donné à cette espèce une parure riche et variée,

Elle a la tête et le cou d'un beau rouge écarlate; la gorge d'un jaune clair; le dos olivâtre; les scapulaires et une grande partie des tectrices alaires, bleues et bordées d'un vert tendre; les rémiges d'un bleu vif éclatant; les pennes latérales de la queue de la même couleur, et ses intermédiaires d'un vert jaune, cette couleur se montre également sur la poitrine et le ventre; les tectrices caudales inférieures sont rouges; sa taille est de douze pouces.

Cette Perruche, que nous représentons pl. 475, fig. 1 et 1 a, est commune à la Nouvelle-Hollande. On la voit voler par petites troupes aux environs de Sidney et de Paramatta. Les colons la nomment *Ros-hill*, du lieu où elle fut vue pour la première fois.

La Perruche aux ailes rouges, *Psitt. erythropterus*, Lath. Cet oiseau n'est pas un des moins beaux de ce groupe à cause des couleurs pures qui ornent son plumage; sa tête, son cou, sa gorge, sa poitrine, et toutes ses parties inférieures sont d'un très-beau jaune jonquille; le haut du dos, les scapulaires, le haut de l'aile d'un vert foncé; les rémiges et les rectrices d'un vert plus clair, celles-ci se terminant par une grande tache jaune; chez elle encore le bord extérieur de l'aile est couvert par quelques plumes rouges, le bas du dos et le croupion sont d'un bleu de ciel très-pur.

Comme la précédente, elle a pour patrie la Nouvelle-Hollande.

Appartiennent encore à ce groupe quelques espèces qu'il serait trop long de décrire, tels sont: la Perruche a collier et croupion bleus, *P. scapulatus*, Bechst.; la Perruche de Tongataboo, *P. tabuensis*, Lath.; la Perruche gracieuse, *P. venustus*, Brown; la Perruche multicolore, *P. multicolor*, Tem.; etc.

†††† Perruches ordinaires, à queue étagée à peu près également.

Ce groupe comporte un très-grand nombre d'espèces, nous ne citerons que: la Perruche guarouba, *Psitt. guaruba*, Marcgr. Cet oiseau a été décrit par Marcgrave sous le nom spécifique qu'il porte; son corps est d'un jaune uniforme; la partie visible des rémiges, le bord externe des rectrices latérales et l'extrémité des rectrices intermédiaires sont bleues; quelques traits jaunes bordent les grandes tectrices alaires.

Cette espèce habite le Brésil.

La Perruche couronnée d'or, Buff. *Psitt. aureus*, Linn. Ce qui distingue surtout celle-ci est, ainsi que son nom l'indique, une couleur d'un jaune orange vif qui occupe le front et le dessus de la tête; elle a en outre les parties supérieures d'un vert foncé très-brillant, et les parties inférieures d'un vert clair; les plumes de la gorge et du haut du cou sont d'un rouge faible bordé de vert jaunâtre.

Même patrie que la précédente.

La Perruche zonaire, *Psitt. zonarius*, Shaw. Son plumage est généralement vert avec la tête, la face et les rémiges noires; un collier transversal derrière le cou et une large bande sur l'abdomen jaunes.

On la rencontre dans la Nouvelle-Hollande.

La Perruche a bouche d'or, *Psitt. chrysostomus*, Kuhl. Cette espèce originaire des mêmes pays que la précédente, a toutes les parties supérieures d'une couleur vert olive; le dessous du cou et de la poitrine d'un vert clair; le ventre, l'espace compris entre l'œil et le bec; le tour de celui-ci jaune; une étroite bande frontale, les tectrices, le dessus de la queue bleus; les pennes de cette dernière terminés de jaune, et les rémiges d'un noir chargé de bleu.

La Perruche a gorge rouge, *Psitt. incarnatus*, Gmel. Tout son plumage, d'un gros vert sur les parties supérieures, est d'un vert presque jaunâtre sur les inférieures, avec le dessous de la gorge et une partie des tectrices alaires d'un rouge foncé; le dessous de la queue est d'un vert jaunâtre.

Cette espèce, qui n'a que huit pouces et demi, est des Indes orientales.

La Perruche a épaulettes jaunes, *Psitt. xanthosomus*, Bechst. Elle est généralement d'un beau vert; mais la tête, le devant et le derrière du cou, la queue et les trois premières rémiges sont d'un beau bleu de turquoise; les tectrices moyennes et une partie des petites sont d'un jaune citron pur et éclatant; le bec est tout entier d'un rouge de sang.

Elle est de Ternate.

Nous nous bornerons à nommer celles que Cuvier rattache encore à ce groupe, ce sont: la Perruche a poitrine rose, *P. ponticerianus*, Lin.; la Perruche de la Louisiane, *P. ludovicianus*, Lin.; la Perruche a front jaune, *P. pertinax*, Lin.; la Perruche a front rouge, *P. canicularis*, Lin.: la Perruche cuivreuse, *P. æruginosus*, Lin.; la Perruche aux joues grises, *P. buccalis*, Bechst.; la Perruche aux aîles variées, *P. virescens*, Lin.; la Perruche sosové, *P. sosove*, Lin.; la Perruche souris, *P. murinus*, Lin.; la Perruche a face bleue, *P. capistratus*, Bechst.; la Perruche lori, *P. ornatus*, Lin.; la Perruche aux aîles chamarrées, *P. marginatus*, Lin.; la Perruche a bec couleur de sang, *P. macrorhynchus*, Lin.; la Perruche grand lori, *P. grandis*, Lin.; la Perruche écarlate, *P. borneus*, Lin.; la Perruche noire, *P. novæ Guineæ*, Lin.; la Perruche a bandeau rouge, *P. concinnus*, Shaw., la Perruche a face rouge, *P. pusillus*, Lath., que MM. Vigors et Horsfield placent dans leur sous-genre *Trichoglossus*, la Perruche Banks, *P. humeralis*, Bechst., dont les mêmes auteurs font le type de leur sous-genre *Nanodus*; la Perruche Latham, *P. discolor*, Vaill.; la Perruche ondulée, *P. undulatus*, Shaw, et la Perruche Edwards, *P. pulcellus*, Shaw. La plupart de ces espèces sont des Loris pour quelques auteurs.

††††† Cuvier propose encore de former un groupe pour les espèces à queue carrée dont les deux pennes du milieu s'allongent, mais dont la partie allongée n'a de barbes qu'au bout.

Ce groupe ne renfermerait qu'une espèce, qui est la PERRUCHE A RAQUETTES, *Psitt. setarius*, Temm. Ce joli oiseau est généralement vert; un croissant cramoisi et une calotte azurée occupent seulement l'occiput; le haut du manteau est jaune mêlé de rouge; les épaules sont bleues; le vert des ailes est mélangé de jaune; la queue est égale, verte, bleue sur les côtés; les deux pennes moyennes sont prolongées, filiformes, et terminées par une petite raquette. Sa taille est de onze pouces.

Elle habite Timor et les îles Philippines.

B. *Perroquets à queue courte et égale.*

Troisième subdivision. — Les KAKATOES (*Cacatua*, Briss.), pour lesquels on peut établir plusieurs sections, en ayant égard à l'absence ou à la présence d'une huppe sur la tête, à la forme et à la disposition de cette huppe. Cuvier les distingue ainsi qu'il suit;

† Espèces dont la tête est ornée d'une huppe de plumes longues, rangées sur deux lignes et mobiles.

Ce sont les vrais Kakatoës des auteurs, déjà décrits, tom. I, pag. 557, et tom. IV, pag. 280 et dont nous avons représenté les deux principaux types, pl. 273, fig. 2, et pl. 274, fig. 1. Nous n'avons par conséquent rien à ajouter à ce qui en a été dit.

†† Espèces à huppe plus simple, moins mobile, et composée de plumes larges et de longueur médiocre.

Découverts depuis peu à la Nouvelle-Hollande, ces Perroquets, dont la nourriture consiste principalement en racines, ont été pris par MM. Vigors et Horsfield pour types d'un genre auquel ils ont appliqué la dénomination de Calyptorhynque (*Calyptorhyncus*). Ce sont en général de grands oiseaux à plumage plus ou moins obscur.

Le premier connu est cette grande et belle espèce à laquelle le capitaine White donna le nom de KAKATOES DE BANKS, *Psitt. Banksii*, Lin. Sa longueur totale est de deux pieds trois pouces; sa couleur générale est le noir; sa huppe, placée sur le front et sur le sommet de la tête, est parsemée de petites taches jaunâtres qui se reproduisent sur les joues et les tectrices alaires; toutes les parties inférieures sont ondulées de jaunâtre, et les cinq pennes latérales de la queue sont marquées d'un grand nombre de traits transversaux et de points rouges.

Ce Perroquet, qui a été très-fidèlement représenté dans notre Atlas, pl. 477, fig. 2, appartient à la Nouvelle-Hollande.

Le KAKATOES FUNÉRAIRE, *Psitt. funereus*, Shaw. Il est d'un noir brun, avec la région parotique jaune, et une grande partie de ses pennes caudales d'une couleur jaunâtre marquée d'une multitude de petits points noirâtres.

Il vit dans les forêts des montagnes Bleues à la Nouvelle-Hollande. Au rapport de MM. Lesson et Garnot, cet oiseau sauvage et très-défiant vole en troupes dans les grands *Eucalyptus* des environs de Paramatta.

Le KAKATOES DE LEACH, *Psitt. Leachii*, Kuhl. Cet oiseau, qui approche beaucoup pour la taille du Kakatoës de Banks, a tout son plumage d'un noir foncé, avec des reflets bleus semblables à ceux qu'offre le plumage du Corbeau et sans mélange d'aucune autre couleur; seulement les cinq premières pennes de la queue ont leur partie moyenne rouge et sans points ni taches, et le bord extérieur de la paire externe noir. Il habite les mêmes contrées que les précédentes espèces.

††† Espèces qui n'ont pour huppe que quelques plumes pendantes et garnies seulement vers le bout de barbes effilées.

Le groupe se compose d'une seule espèce, qui est le KAKATOES A TÊTE ROUGE, *Psitt. galeatus*, Lath. Chez lui le plumage est d'un cendré noirâtre à reflets verts en dessus, avec le bord des plumes d'un blanc jaunâtre, plus pâle en dessous et ondulé de rougeâtre et de vert; rouge à la tête; ses pennes alaires et caudales sont noires. Il a la taille du Perroquet gris ou Jaco.

Cet oiseau se trouve à la Nouvelle-Hollande. Péron et Lesueur l'ont rencontré dans l'île de King, dans le détroit de Bass.

†††† Espèces dont la tête est dépourvue de huppe.

La couleur dominante du plumage et la taille des individus sont les caractères que l'on a pris en considération pour distinguer les espèces qu'on rapporte à cette division, division à laquelle appartiennent les Perroquets proprement dits, et dans laquelle, par conséquent, se rencontrent ceux que l'on recherche particulièrement à cause de la grande facilité qu'ils ont à parler. On les distingue de la manière suivante:

a. *Espèces à plumage où le gris domine* (Jacos).

C'est ici qu'il faudrait placer le PERROQUET GRIS ou JACO, *Psitt. erythacus*, Lin., décrit dans le tom. IV du Dictionnaire, pag. 251, et représenté pl. 263, fig. 1. C'est le seul connu qui appartienne à ce petit groupe.

b. *Espèces à plumage généralement vert* (Amazones, Cricks et Papegais).

Leur nombre est considérable. Parmi elles nous citerons le PERROQUET A JOUES BLEUES, *Psitt. cyanotis*, Temm. D'un vert brillant en dessus; d'un jaune verdâtre en dessous, avec du rouge brillant sur la face et du bleu foncé sur les joues; les tectrices alaires sont vertes, liserées de jaune; les rémiges bleues; la première paire des pennes caudales de cette couleur, et la deuxième paire rouge.

Il habite le Pérou.

Le Perroquet a tête et gorge bleues, *Psitt. menstruus*, Lath. C'est un Papegai dans la nomenclature de Buffon. Il a le ventre, le dos, les rémiges, les rectrices, verts; la tête, le cou, la gorge et la poitrine d'un beau bleu qui prend une teinte de pourpre sur cette dernière partie; une tache noire de chaque côté de la tête, et les tectrices caudales inférieures d'un beau rouge.

Ce Perroquet, qui habite la Guyane, est assez rare et peu recherché. On le trouve aussi au Paraguay, où il porte le nom de *Siy*, qui est l'expression de son cri. Il fait, dit-on, de grands dégâts dans les maïz.

Le Perroquet a bandeau rouge, *Psitt. dominicensis*, Lath. Il porte sur le front et entre les yeux un petit bandeau rouge; son plumage est généralement d'un vert sombre, comme écaillé de noirâtre sur le cou et le dos, et de rougeâtre sur la poitrine; les rémiges sont bleues.

De Saint-Domingue, où il est rare.

Le Perroquet Levaillant, *Psitt. Levaillantii*, Lath., désigné dans l'ouvrage de Levaillant sous le nom de Perroquet à franges souci. Il a le manteau et les tectrices supérieures d'un vert rembruni; l'abdomen, le croupion et les jambes d'un vert de mer brillant et lustré; les rémiges et les rectrices brunes, liserées de vert et le bord de l'aile frangé d'une couleur de souci; la tête, le cou et la poitrine d'un gris-brun olivâtre.

C'est la seule espèce de Perroquet proprement dit que Levaillant ait trouvée dans les forêts de la côte de l'est de Bonne-Espérance, à une quarantaine de lieues environ de ce cap, et de là jusque chez les Cafres. D'après ce naturaliste, ce Perroquet vit en grandes bandes et émigre du nord au sud et du sud au nord deux fois l'année, de manière à se rapprocher de la ligne dans le temps des moussons pluvieuses, et à passer la belle saison, c'est-à-dire celle des chaleurs, dans les forêts qui avoisinent le Cap. Ces oiseaux mangent à des heures réglées et ont grand soin de se laver deux fois par jour. Tous les matins, ceux du même canton s'assemblent sur un ou deux arbres morts et font entendre leurs cris au moment du lever du soleil. Pendant la chaleur du jour, ils se tiennent dans l'épaisseur des forêts, perchés tranquillement sur les branches des arbres.

Le Perroquet amazone, *Psitt. amazonicus*, Lath., représenté dans notre Atlas, pl. 475, fig. 2. Cet oiseau, dont nous signalerons plus bas les principales variétés, est avec le Perroquet jaco celui qui montre le plus d'aptitude à apprendre et le plus de facilité à s'exprimer; c'est un de ceux que l'on amène en Europe en plus grand nombre; aussi le voit-on communément partout.

Son plumage est généralement, dans son état de nature, d'un vert brillant; il porte sur le front un bandeau bleuâtre; la région oculaire, les joues, la gorge et les plumes des jambes sont jaunes; le poignet, le milieu des rémiges intermédiaires et les barbes internes des rectrices rouges. La femelle ne diffère du mâle qu'en ce qu'elle a du jaune sur le devant de la tête et que le poignet est vert au lieu d'être rouge.

La plupart des variétés dont cette espèce est susceptible sont produites par l'intromission de la couleur jaune en plus ou moins grande quantité dans le plumage. Par exemple, le Perroquet jaune de Buffon, dont le plumage est d'un jaune citron en dessus et d'un jaune verdâtre en dessous, est de ce nombre, comme aussi le Perroquet à épaulettes jaunes de Levaillant. Le plumage de celui-ci est vert; tout le devant de la tête, une partie du cou, les plumes des jambes, le poignet jaunes et le front blanc dans le mâle.

Une troisième variété a le plumage jonquille, avec toutes les plumes bordées de rouge; le front et les grandes pennes sont d'un gris de perle.

Certains individus verts ont le plumage du dos, du cou et du haut du ventre entremêlé tantôt de plumes rouges, tantôt de plumes jaunes. Ce sont ceux surtout que l'on a appelés Perroquets tapirés.

L'Amazone se trouve dans une grande partie de l'Amérique méridionale; il est surtout très-commun à la Guyane et à Surinam où il cause de grands dégâts dans les plantations.

Le Perroquet a tête blanche, *Psitt. leucocephalus*, Lin., l'un de ceux qui résistent le mieux aux rigueurs de nos climats, et l'un de ceux aussi que l'on apporte en Europe en assez grande quantité, se distingue, à l'état adulte, par la couleur blanche qui occupe la partie antérieure et supérieure de la tête et le tour des yeux, par le rouge des joues, de la gorge et du cou, et par le rouge pourpre qui colore l'abdomen et la base des pennes latérales de la queue. Tout le reste de son plumage est vert.

« Cette espèce, dit Vieillot, fréquente de préférence les cantons incultes; c'est pourquoi on la rencontre plus fréquemment dans la partie espagnole de Saint-Domingue que dans la partie française. L'intérieur des forêts est le lieu où elle se retire pour nicher, ce qu'elle fait dans un arbre creux ou près du tronc, sur la fourche des grosses branches.

» Ces oiseaux, naturellement très-criards, ne font jamais autant de bruit que lorsqu'ils sont réunis en bande, surtout vers le soir; ils annoncent leur présence sur les arbres quand ils se rendent d'une forêt dans une autre, non seulement par plusieurs cris aigus, mais encore par les débris des jeunes rameaux qu'ils se plaisent à tailler. Aussi défians que méchans, on les approche difficilement; ils ne peuvent s'accoutumer à l'esclavage; mais, pris dans le nid, ils s'apprivoisent facilement et deviennent très-familiers. Ils ont une grande aptitude à rendre d'un ton doux et agréable, les accens de la voix articulée; les petits ont un cri semblable à celui des jeunes Corneilles, et leur chair est très-bonne à manger; même celle des vieux n'est pas à dédaigner quand ils sont gras. »

La nature de cet ouvrage ne nous permettant pas de décrire les autres espèces, nous nous bornerons à en signaler encore quelques unes : le Perroquet a calotte bleue, *P. gramineus*, Lin.;

le P. Geoffroy, *P. Geoffroyi*, Levaill.; le P. vert, Buff., *P. sinensis*, Lin.; le P. accipitrin, *P. accipitrinus*, Lin.; le P. a front blanc, *P. albifrons*, Lath.; le P. meunier, *P. pulverulentus*, Gmel.; le P. a tête grise, *P. senegallus*, Lin.; le P. des cierges, *P. cactorum*, Wed.; le P. a face bleue, *P. havanensis*, Lin.; le P. de Dufresne, *P. Dufresnianus*, Kuhl; le P. a joues orangées, *P. autumnalis*, Lin.; le P. brun, *P. sordidus*, Lath.; le P. violet, *P. purpureus*, Lath.; le P. Nestor, *P. Nestor*, Lath., dont M. Lesson a fait le type d'un genre nouveau, etc.

c. *Espèces dont le fond du plumage est rouge et la queue un peu en coin.*

Ce sont les Loris de quelques auteurs dont M. Vigors a fait son genre *Lorius*. Par quelques uns de leurs caractères, ils se rapprochent des Perruches avec lesquelles plusieurs méthodistes les ont placés.

Le Perroquet-Lori unicolore, *Psitt. unicolor*, Levaill. D'un rouge qui, sur le dos, le croupion et la queue, est un peu plus cramoisi que partout ailleurs; les grandes pennes des ailes ont leur pointe d'un noir brun.

Cet oiseau est des Moluques.

Le Perroquet-Lori a collier, *Psitt. domicella*, Gmel. Cet oiseau a tout le corps et la queue d'un rouge foncé de sang, l'aile verte, le haut de la tête noir, le pli de l'aile d'un beau bleu, un demi-collier au bas du cou jaune, la région ophthalmique noire. Sa forme est lourde et sa taille n'est que de onze pouces environ.

Cette espèce, qui vit dans les mêmes contrées que la précédente, est fort estimée. Aublet rapporte qu'un individu apporté en France par le comte d'Estaing, répétait tout ce qu'il entendait pour la première fois.

Le Perroquet tricolore, *Psitt. lori*, Lin. C'est un des plus beaux de ce petit groupe : le nom de Tricolore, que Buffon lui a donné, vient des trois couleurs éclatantes qui ornent son plumage et qui frappent au premier coup d'œil. Un beau rouge domine sur le devant et les côtés du cou, sur les flancs, la partie inférieure du dos, le croupion et la moitié de la queue; un bleu d'azur colore le dessous du corps, les jambes et le haut du dos; l'aile est verte, ainsi que le milieu de la queue, dont l'extrémité est bleue liserée de violet; une calotte noire à reflets bleus couvre le sommet de la tête; le bec et les yeux sont d'un orangé pur.

Cet oiseau, que nous avons représenté pl. 476, fig. 2, joint la gentillesse à la beauté. Edwards en a vu un qui sifflait très-bien, prononçait distinctement différens mots, jouait avec la main qu'on lui présentait, et courait après les personnes en sautillant comme un Moineau. Le mot qu'il prononce le plus facilement est celui de *Lory*; il est très-commun aux Moluques.

Le Perroquet-Lori noir, *Psitt. garrulus*, Lin. Tout son corps est rouge, avec les ailes, l'extrémité de la queue et les plumes qui recouvrent les jambes vertes; les grandes tectrices alaires, le bord du poignet et une tache sur le haut du dos de couleur jaune; les barbes internes des rémiges rouges.

Il est d'une douceur et d'une familiarité étonnantes, aussi est-il très recherché dans l'Inde. On le trouve à Ternate, à Céram et à Java, où il est connu sous le nom de *Noira*. Les Portugais l'appellent *Noyras*.

Le Perroquet-Lori a queue bleue, *Psitt. cyanurus*, Shaw. Il a la queue, les scapulaires et l'abdomen bleus; les rémiges et quelques unes des tectrices d'un noir brun; tout le reste du plumage d'un rouge foncé.

On le rencontre à Bornéo.

d. *Espèces à taille très-petite et à queue très-courte.*

On les connaît généralement sous le nom de *Psittacules* : pour Buffon, c'étaient des *Loris*. Quelques auteurs en font un genre à part qu'ils fondent sur les seuls caractères fournis par la taille. Dans ces derniers temps, on a même distrait des Psittacules une espèce excessivement petite, pour en faire une division générique sous le nom de Micropsitte. Ces petits Perroquets, pour la plupart indistinctement appelés inséparables, semblent motiver cette dénomination en ce sens que le mâle et la femelle demeurent non seulement constamment unis, mais constamment aussi rapprochés l'un de l'autre. Parmi les plus remarquables nous citerons :

Le Psittacule toui-été, *Psitt. passerinus*, Lin. Il n'a que quatre pouces neuf lignes de longueur totale et a tout son plumage vert plus foncé en dessus qu'en dessous, avec quelques unes des tectrices alaires et le croupion bleus.

Il est très-commun au Brésil.

Le Psittacule tui, *Psitt. tui*, Lin. Tout son plumage est vert, sauf une tache qui s'étend du front jusqu'au sommet de la tête, et une autre petite tache placée derrière l'œil qui sont jaunes.

Cette espèce est de Guyane.

Le Psittacule a tête grise, *Psitt. canus*, Lin. Il a la tête, le cou et la poitrine d'un blanc à peine teint de gris et avec des reflets violacés; le ventre et la région anale d'un jaune verdâtre clair; le croupion vert; une bande sur la queue et les tectrices inférieures, noire; tout le reste du corps d'un vert brunâtre.

On le rencontre en Afrique, aux îles de France et de Madagascar.

Le Psittacule a tête rouge, *Psitt. pullarius*, Lin. Cette espèce est généralement verte; son croupion est bleu; sa gorge, le tour de la face et le sommet de la tête sont rouges; sa queue est de cette couleur, mais terminée par une bande transversale noire et verte; les couvertures inférieures des ailes sont noires et le bord du poignet est bleu.

Désigné communément sous les noms de Moineau de Guinée et de Moineau du Brésil, cet oiseau se trouve à la fois, à ce qu'on assure, en Guinée, en Ethiopie et à Java.

Le Psittacule d'Otaïti, *Psitt. taïtianus*, Lin.

Cette charmante espèce, dont la longueur totale est à peu près de cinq pouces et demi (taille que ne dépassent pas celles que nous venons de décrire), a le dessus de la tête, le derrière du cou, le manteau, les ailes et tout le dessus du corps d'un bleu foncé; la gorge, le dessous des yeux, le devant du cou et le haut de la poitrine blancs. Sa langue est terminée par un faisceau de poils ou de fibres cartilagineuses qui lui servent, dit-on, à tirer le suc des fruits dont elle fait sa nourriture.

Ce Psittacule se tient habituellement sur les cocotiers dans l'île d'Otaïti, où il est très commun. Il vole par bandes, est très-piaillard et s'habitue très-difficilement à vivre en domesticité. D'après Commerson, à qui on doit ces détails, il se nourrit de bananes. Les Taïtiens vénèrent cet oiseau, qui est très-commun dans toutes les îles de l'Archipel et de la Société, et lui donnent le nom de *Vini*.

Le Psittacule pygmée, *Psitt. pygmæus*, Quoy et Gaimard; décrite par ces naturalistes voyageurs sous le nom de Perruche pygmée. M. Lesson a fait de cette espèce son genre Micropsitte; mais, en supposant que cette coupe générique fût suffisamment motivée, c'est à MM. Quoy et Gaimard qu'il faudrait en reporter la priorité; car les premiers ils ont pensé qu'e le serait susceptible de former un genre distinct, caractérisé par quelques formes particulières dans le bec, les pattes et surtout la queue; celle-ci étant courte, large, très-légèrement arrondie et se rapprochant de celle des Grimpeurs par la forme de ses pennes, leur courbure, leur extrémité usée et pointue.

Cet oiseau, que nous représentons pl. 476, fig. 1 (le mâle) et fig. 1 a (la femelle), a de longueur totale trois pouces environ. Sa tête est d'un jaune sale, avec de légères stries rougeâtres sur le front; le dos est vert, de même que les grandes et les petites tectrices. Ces dernières sont tachetées de noirâtre; les grandes rémiges sont noires et bordées de vert; les pennes de la queue sont au nombre de dix; les deux intermédiaires, très-larges, sont d'un bleu de ciel foncé, avec une tache noire à leur extrémité; les tectrices caudales supérieures d'un beau vert, s'avancent presque jusqu'au bout de la queue; les inférieures sont jaunes; la gorge, la poitrine et le ventre sont d'un jaune verdâtre, et les plumes des joues rougeâtres.

« Ces oiseaux, disent MM. Quoy et Gaimard, proviennent du havre de Dorery, à la Nouvelle-Guinée. Ils furent tués (en parlant de ceux qu'ils ont rapportés de leur voyage autour du monde sur *l'Astrolabe*) par hasard par un de nos chasseurs qui tirait sur un autre oiseau; ils tombèrent en même temps, de sorte qu'on pourrait présumer que c'était l'époque de leurs amours. »

Quatrième subdivision. — Les Microglosses ou Perroquets a trompe (*Microglossus*, Geoffroy Saint-Hilaire) se distinguent de tous les autres Perroquets par un bec à mandibule supérieure énorme par rapport à l'inférieure, et par une langue de forme et de structure particulières, ce qui porte Vieillot à séparer ces oiseaux des Perroquets pour en faire une division qu'il place après les Touracos dans sa famille des Frugivores. La plupart des ornithologistes en font un genre distinct.

La seule espèce bien avouée qui appartient à cette section, est le Microglosse Goliath, *Psitt. Goliath*, Kuhl; *Microglossus aterrimus*, Vieill., ou Ara à trompe de Levaillant.

Ce singulier oiseau, que l'on a eu vivant à Paris, et que nous représentons pl. 477, fig. 1, porte une huppe composée de huppes nombreuses, longues, étroites, effilées, pointues et noirâtres; la peau nue des joues est de couleur bleue; le reste du plumage d'un noir lustré à reflets bleuâtres; le bec et les pieds sont d'un noir mat.

Sa langue, que Levaillant a comparée, mais à tort, à la trompe de l'Eléphant, et dont M. Geoffroy Saint-Hilaire a donné une excellente anatomie dans un mémoire lu à l'Académie des sciences et intitulé : Organes de la déglutition et du goût des Perroquets microglosses; sa langue, disons-nous, offre une particularité bien remarquable : elle est excessivement petite et consiste en une espèce de gland creusé à sa pointe et porté sur une sorte de pédicule mobile qui lui est fourni par l'appareil hyoïdien.

« J'avoue, dit M. Geoffroy Saint-Hilaire, à qui l'on doit la découverte de ce fait, que j'ai été très-étonné de ce résultat. On sait que ce qui distingue ces oiseaux du plus grand nombre des oiseaux, c'est la qualité charnue et le grand volume de leur langue : tout ample qu'est leur bec, celle ci en emplit toute la capacité; il n'est donc rien de plus remarquable que de voir que ce qui existe avec une si grande exagération dans une famille, présente tout à coup le contraire dans une de ses subdivisions. Cette langue est réduite aux plus petites dimensions, sans cependant rien perdre de son efficacité comme organe du goût; voilà ce dont il ne m'est pas permis de douter, et ce qui explique une habitude de l'oiseau rencontré par M. Levaillant et que j'ai pareillement constatée. Ces Perroquets émiettent tout ce qu'on leur donne et recueillent chaque miette sur le centre de leur langue, qui prend alors une forme de cuilleron. Il est évident qu'ils agissent ainsi par sensualité; car s'ils n'avaient en vue que de s'approvisionner et de remplir leur estomac, ils trouveraient à le faire à bien moins de frais et de fatigues.

» Comme tous les Perroquets, ils brisent sans difficulté les noix, les noisettes et toute espèce de noyaux; mais quand ils en ont détaché les amandes, il ne leur arrive pas, ainsi qu'à leurs congénères, de les écraser pour les avaler en gros fragmens : l'entrée de leur œsophage le permettrait cependant, puisque cette ouverture est assez grande pour que les amandes entières y puissent être reçues.

» Un Ara à trompe (Microglosse) a garde d'en agir ainsi. J'ai vu cet oiseau attentif à gruger tout ce qu'on lui donnait, du pain, du sucre, des amandes, et à toujours porter sur sa langue chaque parcelle qui se trouvait détachée, et il en faisait la déglutition, retenant la masse principale

entre

entre les tranchans des demi-becs, ou bien pour avoir sans embarras la jouissance entière de son appareil de déglutition, cette masse principale était reprise et conservée momentanément par une des pattes. »

Cette organisation de la langue, incapable, réduite comme elle l'est, de remplir l'immense étendue de leur bouche, est un obstacle, chez eux, à la reproduction des sons qu'ils entendent. Aussi Levaillant a-t-il toujours échoué dans sa tentative de faire articuler à ces oiseaux même les mots les plus faciles. Ils ne lui ont, dit-il, jamais paru porter la moindre attention à ses leçons.

En captivité, le Microglosse noir est un être doux, familier, qui court avec vitesse et se nourrit de pain et de graines. Il jette, surtout lorsqu'on l'approche, un cri qui peut se comparer à un croassement rauque. Ce cri paraît partir du larynx inférieur; car on ne voit dans sa langue aucun mouvement qui l'indique. Son bec ne reste pas toujours entr'ouvert, comme le dit Cuvier; car il le ferme hermétiquement lorsqu'il est dans l'inaction.

On le rencontre dans les Indes orientales, à l'île de Ceylan.

Les auteurs donnent encore comme douteuse une espèce dont le plumage est en tout semblable à celui du Microglosse Goliath, que nous venons de décrire, mais dont la taille est de moitié moins grande : c'est le MICROGLOSSE NOIR, *Psitt. aterrimus*, Gmel.; *Psitt. gigas*, Lath., que Buffon, dans son Histoire naturelle des Oiseaux, a décrit sous le nom de Kakatoës noir.

Il habite les mêmes contrées que l'espèce précédente.

c. *Perroquets à tarses élevés et à pieds propres à la marche.*

Cinquième subdivision. — Les PÉZOPORES (*Pezoporus*, Illig.), nommées aussi Perruches ingambes à cause des habitudes qu'elles ont de se tenir à terre pour y chercher leur nourriture et de marcher plus qu'elles ne volent et ne grimpent, faculté qui, chez ces espèces, est due à l'allongement que les tarses ont acquis et à la modification que leurs ongles ont subie. Ceux-ci, au lieu d'être recourbés comme dans les autres Perroquets, sont presque droits. Cette subdivision correspond au genre Pézopore, créé par Illiger dans son *Prodromus mammalium et avium*, genre qui maintenant est adopté par le plus grand nombre des ornithologistes.

Il ne renferme encore qu'une espèce originaire de la Terre de Diemen, espèce qui a été décrite au mot INGAMBE de ce Dictionnaire (tom. IV, pag. 150), et figurée à la pl. 244, fig. 1 de notre Atlas.

Tous les Perroquets qui ont été rangés par Desmarest dans cette subdivision, n'ayant aucun des caractères qui lui sont propres, doivent être rapportés aux subdivisions précédentes et surtout à celle des Perruches.

La famille des Perroquets si bien étudiée dans ces derniers temps et débarrassée d'une foule de doubles emplois, présente cependant encore quelques difficultés relatives à la détermination de certaines espèces. Un grand nombre de celles décrites dans les divers traités d'ornithologie, et dont on n'a plus qu'à constater l'existence ou l'identité sont devenues douteuses et ont été considérées quelquefois comme variétés d'âge ou de sexe; de sorte que malgré les importantes monographies du genre Perroquet, il reste encore à constater si certaines dénominations spécifiques créées pour les oiseaux appartenant à ce genre doivent être rayées de la nomenclature ornithologique ou conservées. (Z. G.)

PERRUCHES, *Psittacus.* (OIS.) Oiseaux de l'ordre des Grimpeurs et de la famille ou du genre des PERROQUETS (*voy.* ce mot). (Z. G.)

PERROTTÉTIE, *Perrottetia.* (BOT. PHAN.) D. C. De Candolle créait un genre de plantes légumineuses (Ann. sc. nat., 1825) en l'honneur de Perrottet, voyageur du Muséum de Paris, à qui l'on doit la possession de tant de plantes nouvelles belles et utiles, tant en herbier que vivantes, quand Kunth de son côté lui en avait également dédié une qu'il rapporta avec doute à la famille des Célastrinées de Rob. Brown (Rhamnées de Jussieu), et tous deux sous la dénomination de *Perrottetia.* Depuis, De Candolle (*Prodromus*, II, 395) dut réformer son genre et le réédifia sous le nom de *Nicolsonia.* Comme ce dernier genre est fort intéressant, et qu'il a été omis à l'ordre alphabétique, nous croyons devoir le décrire immédiatement avant le *Perrottetia*, pour être agréables à nos lecteurs. En voici les caractères constitutifs : périanthe double; l'externe à cinq divisions lancéolées, subulées et barbues; l'interne papilionacé, plus court que l'externe; étamines diadelphes (9 et 1); légume droit, exsert, composé de plusieurs articles comprimés, semi-orbiculaires, monospermes, déhiscens vers la convexité de la suture. Ce genre est un des nombreux démembremens de l'*Hedysarum* de Linné.

Les Nicolsonies sont des plantes herbacées appartenant toutes à l'Amérique, munies de feuilles unijuguées avec impaire, à folioles ovales ou oblongues, stipulées; les stipules, distinctes du pétiole, sont un peu scarieuses; les bractées semblables sont plus larges; les fleurs sont petites, d'un bleu pourpré, disposées en grappes terminales, dont l'ensemble forme une sorte de panicule; les pédicelles sont doubles dans l'aisselle des bractées. On en connaît jusqu'ici trois espèces dont les deux principales et les mieux connues sont :

La NICOLSONIE BARBUE, *Nicolsonia barbata*, D. C. (*Perrottetia b.*). Plante herbacée, dont les tiges sont longues, couchées, velues, garnies de feuilles alternes, pétiolées, unijuguées avec impaire, à folioles elliptiques oblongues, tomenteuses et un peu glauques en dessous, à pétioles pileux, à stipules membraneuses, ensiformes, presque sétacées au sommet; fleurs disposées en grappes axillaires, droites, terminales, solitaires, de la longueur des feuilles, accompagnées de bractées membraneuses, naviculaires, aiguës, aussi longues que les pédicelles; ceux-ci géminés, uniflores; périanthe externe divisé jusqu'à la moitié en cinq laciniures couvertes de longs poils ramifiés; l'interne petit, égalant à peine l'externe; légumes droits, comprimés, à deux articles (ou trois); articulations monospermes. Cette plante naît dans les endroits sablonneux ou arides de la Jamaïque et de Saint-Domingue. C'était l'*Hedysarum barbatum* de Linné.

La N. GENTILLE, *N. venustula*, D. C. (*Perrottetia*, Ven. du même, *Hedysarum venustulum*, Humb., L. K.). Cette espèce imite une sorte de petit arbuste touffu et gazonnant; ses tiges sont dressées, fruticuleuses, rameuses, longues de six pouces et plus, un peu pubescentes, munies de poils couchés; elles sont garnies de feuilles oblongues, elliptiques, soyeuses et glaucescentes inférieurement, unijuguées avec impaire, à folioles pédicellées, obtuses à leurs deux extrémités, entières, glabres, et d'un vert gai; stipules petites, brunes, lancéolées, subulées, ciliées, persistantes; pétioles pileux, appliqués; grappes florales courtes, solitaires, sessiles, terminales; fleurs pédicellées, solitaires ou géminées, accompagnées de bractées ovales-oblongues, acuminées, velues au milieu et sur les bords; périanthe externe couvert de poils mous, étalés, divisé en deux lèvres égales; la supérieure oblongue, concave, bifide au sommet; l'inférieure à trois laciniures lancéolées-aiguës, subulées, presque égales; le périanthe interne papilionacé, à étendard (pétale supérieur) ovale, arrondi, échancré, dépassant le calice; ailes plus courtes, ovales-oblongues, adhérentes à la carène; celle-ci égalant l'étendard et divisée en deux pièces; filamens des étamines bruns, persistans; ovaire linéaire, comprimé, soyeux, à pédicelle court; légume à deux ou trois articulations presque semi-orbiculaires, couvert de poils courts. Cette plante croît sur le penchant des monts Turimiquiri, province de Cumana. Le genre appartient à la Diadelphie décandrie de Linné.

Genre *Perrottetia*.

Comme nous l'avons dit plus haut, Kunth place ce genre avec doute dans la famille des Celastrinées, entre le *Celastrum* et l'*Evonymus* Pentandrie monogynie de Linné). Voici ses caractères : périanthe double; l'extérieur quinquéfide, régulier, persistant; l'intérieur composé de cinq pétales insér sous le disque (dépassant beaucoup l'externe en longueur), sessiles, ovales, persistans; cinq étamines insérées de même, libres, persistantes, alternant avec les pétales, à anthères arrondies-réniformes, biloculaires; disque (réceptacle) orbiculaire, placé au fond de la fleur; ovaire supère, plongé à demi dans le disque, biloculaire; deux ovules dans chaque logette; stigmate obtus, sessile; baie subglobuleuse, renfermant un ou deux osselets monospermes, un peu rugueux.

Ce genre ne renferme jusqu'aujourd'hui qu'une seule espèce.

C'est un arbrisseau inerme, à feuilles alternes, simples, non ponctuées, pétiolées, accompagnées de stipules géminées, à fleurs très-petites, sessiles, en fascicule serré; d'un pourpre foncé. Il a été trouvé en fleurs au mois d'octobre, sur le mont Quindiu, province de Popayan (Colombie) à la hauteur de 1300 toises.

PERROTTÉTIE DU MONT QUINDIU, *Perrottetia quindiensis*, K., *Plant. æquin.* Arbrisseau peu élevé, garni de rameaux glabres, cylindriques, d'un brun pourpre; feuilles alternes, pétiolées, oblongues, fortement acuminées, arrondies à la base, membraneuses, veineuses, réticulées, glabres, luisantes en dessus, plus pâles en dessous, de quatre à cinq pouces de long sur deux pouces à peu près de large, munies en leurs bords de dents écartées, de nervures jaunâtres et tomenteuses, ainsi que les pétioles, qui portent à leur base deux stipules lancéolées, glabres-aiguës, un peu courbées en faucille; les fleurs sont fort petites, d'un pourpre foncé, ramassées en paquets et disposées en panicules axillaires, solitaires, pédonculées, presque simples ou à ramifications presque opposées, très-étalées et munies de très-petites bractées; périanthe externe concave, un peu hérissé, à cinq lobes ovales, un peu aigus; les pétales de l'interne sessiles, beaucoup plus longs que les sépales de l'externe; et plans, ovales, acuminés; étamines moins longues que les pétales, qui sont ainsi qu'elles insérées sur un large disque orbiculaire. Nous avons décrit l'ovaire et le fruit peu connu encore, en traitant des caractères.

(C. LEM.)

PERSE. (GÉOGR. PHYS.) Ce vaste empire, jadis si puissant, ce royaume dont le chef faisait fouetter la mer pour la punir de son indocilité, est bien changé aujourd'hui. Envahie de tous côtés par d'ambitieux voisins, déchirée à l'intérieur par des guerres civiles, la Perse n'est plus que l'ombre de ce qu'elle fut autrefois. Au lieu de lancer d'immenses armées à la conquête de lointains pays, au lieu de chercher à former une monarchie presque universelle, les schahs de ces vastes et riches contrées, indignes héritiers des Cyrus et des Xerxès, épuisent leur patrie en guerres intestines, sans aucun profit pour leur gloire et leur honneur, et la race scythe qu'ils savaient autrefois contenir dans de justes limites, envahit chaque jour leur territoire et forme des provinces russes des plus belles contrées de la Perse. Nous ne trouverons donc pas la Perse aujourd'hui telle qu'elle fut dans des temps éloignés; la civilisation a fui loin de ce pays; ses beaux palais, ses grandes villes; ces puissans monarques qui n'eurent qu'Alexandre pour vainqueur, ces efforts remarquables d'une antique civilisation, tout cela a disparu; ainsi que l'a dit un illustre écrivain, le temps a fait un pas, et la face de la terre est renouvelée. Au lieu de tout cela, nous trouvons un peuple pauvre et misérable au milieu du plus beau pays, au lieu d'une civilisation avancée, nous trouvons un peuple sans industrie comme sans commerce ; au lieu de lois sages et utiles, le despotisme le plus brutal et le plus absolu ; enfin une organisation intérieure si malheureuse, qu'elle semble appeler la conquête et la domination étrangère. Voilà le pays dont nous parlerons dans cet article.

Faisons remarquer d'abord que cette vaste région embrasse toutes les contrées qui sont situées entre le bassin du Tigre et celui de l'Indus. C'est à tort qu'on lui conserve encore la dénomination générale de Perse ; car les rois actuels n'étendent réellement leur domination que sur la partie occidentale de ce vaste territoire. Le partage de la Perse remonte à l'an 1747 : ce fut à la mort de Tamas-Kouli-Khan qu'il eut lieu, et c'est à cette époque que se formèrent les quatre états indépendans de Kaboul ou des Afghans, de Hérat ou du Khorassan oriental, de la confédération des Beloutchi, enfin du royaume de Perse proprement dit ou d'Iran. Iran désignait, à l'époque de la domination des Darius et des Sapor, toutes les contrées situées entre la Mésopotamie et l'Inde, et Touran était le pays abandonné aux Scythes : il y avait entre Iran et Touran, comme on le voit, une opposition, afin qu'on ne pût jamais confondre le pays barbare et le pays civilisé : aujourd'hui, par une vanité un peu plaisante, le schah a voulu conserver ce nom au pays qu'il gouverne, et il a oublié, le pauvre monarque, que la civilisation a trahi son royaume et a passé aux Scythes.

L'islamisme est la religion dominante, non seulement dans le royaume de Perse ou d'Iran, mais encore dans les quatre états qui se sont formés de l'ancien territoire persan. Tous ne sont pas de la même secte, mais tous professent l'islamisme. Les uns sont chiites, les autres sunnites. D'autres encore (ce sont ceux des anciennes provinces de l'Inde) suivent la religion de Brahma ; on trouve encore quelques Parses ou Guèbres qui ont conservé l'antique croyance de Zoroastre ; enfin on rencontre quelques chrétiens en Arménie, des juifs, des sabéens, et dans les montagnes du Kaboul, l'idolatrie a encore des partisans.

Ainsi que nous l'avons déjà dit, la Perse est soumise au gouvernement le plus despotique et le plus brutal : c'est le pouvoir du sabre dans l'acception la plus étendue de ce mot ; rien ne vient modérer la volonté ou plutôt le caprice du chef ; tout lui appartient, depuis la terre jusqu'à la vie des hommes. Le gouvernement de Kaboul avait, avant le commencement de ce siècle, une organisation un peu plus régulière ; mais les dernières guerres de succession ont tout détruit, et aujourd'hui ce pays, comme les autres, est dans l'anarchie la plus profonde.

On conçoit sans peine que, dans une pareille situation, l'industrie et le commerce ne peuvent pas fleurir, et ce malheureux pays, si riche et si heureusement placé, ne sait tirer aucun parti de ses belles productions. C'est sans avantage pour lui qu'il produit des perles, de la soie, des chevaux, des chameaux, des peaux de chèvre et d'agneau, de l'ammoniaque, du naphthe, de l'ambre et des turquoises, du cuivre, du soufre, du riz, de la garance, des noix de galle, du safran, du raisin, des dattes, des pistaches, du tragacanthe, du salep, du coton, du tabac, des étoffes de soie et de coton, des châles, des draps, des tapis, des feutres, des maroquins, etc., etc. Tout cela reste enfoui dans la terre, ou sans valeur à sa surface.

Nous ne nous occuperons dans cet article que du royaume d'Iran ou Perse proprement dite, et nous allons commencer par indiquer quelles sont les limites qu'on peut lui assigner.

Le royaume d'Iran est situé entre les 42e et 59e degrés de longitude orientale et le 26e et 39e degrés de latitude sud. Au nord, il a pour voisins l'empire russe, auquel il s'est vu obligé de céder l'Arménie et le Khirvan, la mer Caspienne et les khanats de Khiva et de Boukhara, provinces du Turkestan. A l'est, il est borné par les anciennes provinces démembrées de la Perse, à savoir : les royaumes de Kaboul, de Hérat, et le Beloutchistan. Au sud, on trouve les golfes d'Oman et de Perse. A l'ouest, enfin, l'Asie ottomane ou Turquie d'Asie.

Quoiqu'il y ait de nombreux cours d'eau à la surface de l'Iran, aucun d'eux cependant ne figure parmi les grands fleuves du continent asiatique. Ils sont pour la plupart des affluens plus ou moins considérables, des grands cours qui arrosent les contrées voisines du pays dont nous nous occupons. Quelques uns vont se perdre dans les grands lacs sans issue, tels que la mer Caspienne. Parmi ces derniers, nous citerons le *Kour*, dont le principal affluent est l'*Aras*.

Le *Sefid-Roud* ou *Kizil-Ozen*, dont l'embouchure se trouve à la partie sud des côtes de la mer Caspienne, où il arrive après avoir traversé l'Irak-Adjemi, et avoir passé par Rondbar dans le Ghilan.

Le *Tedjen*, qui arrose le royaume de Hérat avant de venir dans l'Iran, traverse Serakhs et Nesa, et en sortant du khanat de Khiwa, se jette dans le golfe de Balkhan.

L'orographie de la Perse est trop peu connue pour que nous donnions de nombreux renseignemens sur les montagnes de ce pays ; nous nous contenterons de dire qu'elles se trouvent situées en général vers la partie occidentale : leur direction est du nord-ouest au sud-est ; elles forment ainsi une espèce de pente qui va toujours en s'abaissant et qui finit par se perdre dans des déserts de sable ; car la Perse ne manque pas de ces vastes plaines où pas un arbre ne protége le voyageur contre les rayons d'un soleil assez ardent pour donner 38° de chaleur. Tels sont les déserts de l'*Adjemi*, de *Kerman* et de *Mekran*.

La Perse offre un plateau assez élevé et qu'on pourrait nommer Plateau de l'Asie occidentale, puisqu'il comprend non seulement toutes les hautes plaines de la Perse, mais encore l'Arménie, la Haute-Géorgie, la plus grande partie de l'Adzerbidgian, le Kourdistan et la partie orientale de l'intérieur de l'Asie mineure. Ce plateau a de

500 à 1300 toises de hauteur, au dire des divers voyageurs qui ont parcouru ces lointaines contrées.

Comme le dit Maltebrun, la mer Caspienne, la mer Noire, la Méditerranée et les golfes Persique et Arabique forment, pour ainsi dire, de la contrée dont nous nous occupons, une vaste presqu'île, bien opposée par sa nature et par son climat à la région orientale du grand continent asiatique. Ainsi, tout l'orient de cette immense partie de l'ancien monde est en général humide, tandis que la partie occidentale est sèche et même aride en plusieurs endroits : dans l'une on remarque une grande constance dans les vents, et par conséquent une atmosphère pure et sereine; dans l'autre une grande variation dans les courans d'air, et ce qui en est la suite naturelle, un ciel orageux et des nuages; à l'orient, de nombreux et vastes cours d'eau qui se pressent à la surface du sol; des plateaux légèrement sablonneux et presque aussi élevés que les chaînes de montagnes qu'ils supportent; à l'occident, au contraire, quelques ruisseaux, pas de grands fleuves, mais en revanche, un grand nombre de lacs et d'amas d'eau sans écoulemens; des montagnes escarpées et des plaines marécageuses; enfin, pour cette dernière région, une température fort élevée, provenant du voisinage brûlant de l'Afrique et supérieure même à celle des pays les plus méridionaux de ce vaste continent. On voit combien la nature et le climat du pays dont nous entretenons nos lecteurs, sont différens de la nature et du climat des autres parties de l'Asie. Nos lecteurs comprendront sans peine, sans que nous fassions ici une énumération surabondante de tous les végétaux qui croissent à la surface de la partie orientale, qu'il doit y avoir entre eux et les végétaux de la partie occidentale une ligne de démarcation très-arrêtée, les produits d'un pays étant nécessairement la conséquence des efforts réunis de la nature et du climat.

Nous ne dirons rien sur le mode de gouvernement, sur les divisions politiques et sur les antiquités de ce grand pays, ces détails, quoique fort curieux, n'entrant pas dans le plan et les limites de ce Dictionnaire. (C. J.)

PERSEA. (BOT. PHAN.) En rapprochant les divers passages de l'Histoire des plantes et du Traité des causes dans lesquels Théophraste parle du Persea, nous apprenons que cet arbre se fait remarquer par le nombre, la longueur et la grosseur de ses racines, dont le bois très-dur était recherché pour en faire des statues, des tables et autres meubles semblables, ainsi que des barques, ajoute Hérodote. Originaire de l'Éthiopie, le Persea fut porté sur le sol de l'Égypte, puis de là introduit en Grèce, où il demeura quelque temps sans donner de fruits, puis il finit par s'y acclimater et y mûrir. Le Persea, nous dit encore l'illustre successeur d'Aristote, est un arbre élevé, d'une belle forme, dont le port, le feuillage et les ramifications ont une grande ressemblance avec le Poirier, sauf cette différence, que le dernier perd chaque année ses feuilles, tandis que le premier les conserve. Il donne beaucoup de fruits qui mûrissent en toute saison, principalement vers les équinoxes; leur grosseur égale celle d'une petite poire sauvage; ils sont oblongs, de couleur herbacée, renferment un noyau plus petit que celui des prunes, et d'une substance moins dure; leur pulpe est très-douce, d'une saveur agréable, d'une digestion facile, quoique moins appétissante que celle mangée en Égypte. Athénée nous annonce que de son temps, le Persea, qu'il appelle *Comaron*, se cultivait particulièrement autour des tombeaux. Galien assure aussi que son fruit est très-agréable, qu'il est fort estimé et que son parfum rappelle celui de la meilleure pomme.

Quant on considère ces renseignemens, que Pline et Dioscorides ont dénaturés, selon leur habitude, en confondant ensemble le Persea et le Pêcher, arbres de famille et de patrie différentes, on demeure surpris du peu d'attention que leur ont accordé les botanistes depuis le quinzième siècle. Leurs fautes sont même si grossières qu'on y croirait à peine, c'est ce qui me détermine à citer les principales. Césalpin a cru reconnaître la plante si bien décrite par Théophraste dans la Noix d'acajou, *Anacardium occidentale*, L., qui nous vient plus rarement de l'Asie méridionale, mais surtout de l'Amérique du sud. Mathioli, Daléchamp et jusqu'aux savans L'Écluse et Falconer, ont assuré qu'il s'agissait de l'Aguacate ou Poire d'avocat, *Laurus persea*, L., arbre indigène au continent central américain. Mahudel embrasse la même opinion, tout en donnant (tome III, pag. 181 à 187 des *Mémoires de l'Académie des inscriptions*) la figure de plusieurs monumens égyptiens où se voient des branches, des feuilles, le fruit naissant, le fruit mûr et le fruit ouvert du Persea. S'il avait comparé ces figures avec les rameaux, les feuilles et les fruits de l'Avocatier, il aurait combattu le sentiment qu'il épouse et se serait bien gardé de confondre les deux plantes ensemble.

Sprengel, Schreber et Billerbeck veulent que le Persea des anciens soit le Sébestier domestique, *Cordia mixa*, L., qui peuple, ainsi que le Sébestier à feuilles rudes, *C. sebestena*, les jardins de l'Égypte, dont le fruit n'est point mangeable, et dont le bois est blanc, très-mou, sans aucun usage. Delille Raffeneau, d'après le médecin arabe Abdallatif, se prononce pour le Lebbakh des Arabes, *Balanites ægyptiaca*, Desf., arbrisseau épineux apporté récemment sur les bords du Nil, ainsi que le prouve le nom vulgaire qu'on lui donne *Sagar el Kebli*, arbre des régions supérieures, c'est-à-dire de la Nubie et de l'Abyssinie. Bory de Saint-Vincent se prononce pour l'espèce de Laurier, *Laurus indica*, apportée de l'Inde à Rome en 1620, que l'on a depuis retrouvée à Madère et dans les Canaries, dont les fruits, d'un vert sombre, atteignent à peine la grosseur d'une aveline. Enfin A. L. de Jussieu et ses disciples, trompés par cette phrase de Dioscorides « le Persea était vénéneux en Perse, d'où il est origi-

« naire ; sa transplantation en Égypte l'a rendu salubre », ont affirmé que le Persea des anciens ne pouvait être et n'était réellement que le Pêcher !...

Au lieu de se mettre de la sorte à la torture pour expliquer un texte corrompu, pourquoi ne pas étudier la description si précise donnée par Théophraste et chercher parmi les arbres cultivés en Égypte dans le voisinage des tombeaux celui qui présente tous les caractères du Persea, un arbre à bois dur propre aux constructions, au fruit ayant l'odeur de la pomme? On aurait été, je pense, bien plus heureux en s'arrêtant au Napka, dont Prosper Alpin a donné une description qui coïncide de point en point avec celle du second chef des Péripatéticiens.

En effet, le Napka est véritablement de la taille d'un gros poirier, et sa manière de se ramifier, de même que la forme de ses feuilles, ont avec lui une assez grande similitude pour s'y méprendre au premier coup d'œil. Ses fruits mûrissent successivement; ils sont d'un vert jaunâtre, un peu colorés en rouge du côté qui regarde habituellement le soleil, et leur parfum est le même que celui de la pomme reinette. Le Napka est fréquemment encore de nos jours planté près des tombeaux; son bois s'emploie, à cause de sa force et de sa dureté, pour la fabrication des barques qui navignent sur le Nil, de même que pour les ouvrages qui demandent de la résistance. Le noyau contenu dans la pulpe du fruit est oblong et à deux loges. Comme on le voit, le rapprochement des deux plantes est complet, d'une identité parfaite, et l'on aurait le plus grand tort, parce que quelques savans ont échoué dans leurs recherches, d'oublier le Persea et de laisser une connaissance utile dans les ténèbres où la légèreté des uns, la fausse érudition des autres l'avaient plongée.

Maintenant il nous reste à dire que le Napka des Égyptiens modernes, ou le Persea de Théophraste appartient à la famille des Rhamnées, et qu'il porte dans le genre Jujubier le nom botanique de *Ziziphus spina Christi* selon Desfontaines, et de *Ziziphus napeca* selon de Lamarck. Linné l'inscrit sous le nom de *Rhamnus spina Christi*.

Plumier, croyant qu'on ne retrouverait point le Persea des anciens, s'empara du nom et l'appliqua à un arbre de la Dodécandrie monogynie et de la famille des Laurinées, connu dans l'Amérique méridionale sous le nom d'Avocatier, et qui est cultivée avec profusion dans toutes les Antilles et à Caïenne, à cause de la beauté de son port et principalement de la bonté de son fruit, que l'on mange comme le melon, coupé par tranches et assaisonné d'un peu de sel. L'Avocatier a été depuis réuni par Linné a son genre *Laurus*.

Gaertner fils et Kunth ont tenté de rétablir le genre fondé par Plumier, en se fondant sur des différences trop peu saillantes pour pouvoir être admises. Ces différences consistent dans les fleurs bisexuées, dans les divisions du limbe calicinal ordinairement persistantes et dans des anthères quadriloculaires. Le genre Persea est donc nul et doit demeurer essentiellement dans le genre *Laurus* comme le veut le législateur de la botanique moderne. Voyez au surplus ce que nous avons dit plus haut, t. IV, p. 364. (T. d. B.)

PERSIL, *Apium pet oselinum*. (BOT. PHAN. et HORTIC.) Cette plante, de la Pentandrie digynie et de la famille des Ombellifères, à peine indiquée à l'article ACHE, nom du genre auquel elle appartient (tome I, page 25), demande, comme plante culinaire, d'être étudiée avec d'autant plus de soin, que ses feuilles ressemblent à celles de la Ciguë, qui sont éminemment vénéneuses, et que souvent une inattention cause des accidens funestes. Il importe donc d'établir ici les moyens de distinguer les deux végétaux.

La racine du Persil est blanchâtre, bisannuelle, fusiforme, pivotante, ayant d'ordinaire cinq centimètres de circonférence; mais quelquefois le double, et plus rarement le triple; elle est, en outre, odorante, un peu âcre et très-échauffante. Sa tige, rameuse, très-striée, glabre et remplie de nœuds, monte à un mètre de haut, et porte des feuilles alternes, amplexicaules, deux fois ailées, à folioles radicales ovales et incisées, tandis que les caulinaires sont linéaires et entières, d'un vert agréable, luisant, sans tache aucune, et soutenues sur des pétioles pleins, exhalant une odeur douce, aromatique lorsqu'on les froisse entre les doigts; elles sont rassemblées en touffes, et font de la plante une jolie bordure pour les jardins. Les fleurs, disposées en ombelle terminale, garnie d'une collerette formée par une seule foliole, dont les ombellules ont une involucelle de trois à quatre folioles fort petites, étroites et presque unilatérales; elles s'épanouissent en juin et juillet; leur couleur est jaunâtre, et les semences qu'elles produisent sont ovales, striées, d'un vert jaunâtre.

Mettons de suite en parallèle la Ciguë; sa racine est également blanchâtre et fusiforme; mais la tige est creuse, couverte surtout dans sa partie inférieure de maculatures irrégulières d'un pourpre livide; les feuilles sont d'un vert noir, avec taches brunes; interrogées par les doigts et l'odorat, elles exhalent une odeur fetide. Tous les autres caractères sont ceux du Persil.

Il n'est pas un auteur qui ne répète, d'après d'autres, que cette dernière plante est originaire de l'île de Sardaigne, sans se douter qu'il consacre une vieille erreur. Le Persil croît spontanément dans les lieux ombragés de nos départemens du Midi, voisins de la Méditerranée, et dans toutes les localités qui bordent ce vaste bassin. Il fut connu et employé par les Égyptiens; Théophraste le nommait σέλινον, et les Grecs en couronnaient les vainqueurs aux jeux qui se célébraient tous les trois ans sous les voûtes antiques et verdoyantes de la forêt de Némée en Argolide. Les Romains estimaient le Persil, qu'ils appelaient *Apium*, propre à exalter l'imagination; aussi les poètes entouraient-ils leurs têtes de ses tiges foliacées, afin que l'odeur forte et pénétrante sollicitât agréablement leur cerveau. Horace et Virgile l'ont chanté comme l'ami de la poésie, et l'allient au myrte, arbuste déifié aux plaisirs.

La réputation du Persil était aussi grande médicalement prise. La racine était regardée comme diurétique, apéritive ; on l'a recommandée contre l'hydropisie, la jaunisse, les obstructions, la chlorose, et contre les maladies cutanées ; elle a même été célèbre comme puissant lithontriptique. Les semences ont été prescrites comme carminatives, comme diurétiques, et pour détruire la vermine de la tête ; leur infusion et leur eau distillée figuraient dans les anciennes pharmacopées. Les feuilles jouissaient aussi, pour les uns, de propriétés héroïques comme lactifuges et vulnéraires, comme moyen curatif des coups portés aux seins, des engorgemens, des tumeurs squirrheuses, etc. ; selon les autres (Hanneman, Mariotte, Boyle, Alston plus particulièrement), elles causent l'épilepsie et l'ophthalmie. Aujourd'hui, quoique les diverses parties du Persil exercent sur nos organes une action plus ou moins énergique, plus ou moins stimulante, l'art n'en retire réellement aucun parti décidément utile. Ses feuilles sont tout bonnement potagères, si non comme aliment, du moins comme assaisonnement nécessaire à presque tous les mets, depuis le simple et toujours succulent pot-au feu, jusqu'à la salade, et aux ragoûts les plus compliqués, qu'elles rendent plus piquans et plus flatteurs au goût et à l'estomac. Les Lièvres et les Lapins en sont très-friands, elles communiquent à leur chair un fumet agréable. Tous les animaux domestiques les aiment beaucoup, mais il faut que l'usage en soit modéré. Administrées aux bêtes à laine deux ou trois fois par semaine, elles les préservent de plusieurs maladies. Pour les oiseaux de basse-cour, surtout pour les Poules, les feuilles de Persil sont un poison dangereux.

Le Persil commun a fourni diverses variétés assez agréables : le *Persil à grandes feuilles*, sujet à avorter ; le *Persil frisé*, dont les folioles sont larges, crispées, et chez qui les semences jouent et ne donnent souvent que le Persil ordinaire dès la seconde année ; le *Persil panaché*, trop susceptible d'être saisi par la gelée ; le *Persil à grosses racines*, d'un grand produit ; ses feuilles sont beaucoup plus grandes que dans les autres variétés ; ses racines, approchant de la grosseur de la carotte, sont tendres et sucrées ; enfin, le *Persil fin*, qui présente dans ses feuilles radicales des folioles linéaires. Les racines de toutes ces variétés, particulièrement celle de la quatrième, ont assez de saveur et d'odeur pour entrer dans les soupes, les fritures et les ragoûts. On en fait peu d'usage en France, mais dans plusieurs parties de l'Allemagne, la Saxe en particulier, on en mange beaucoup. On les arrache à l'approche des froids, pour être déposées sur du sable, en un cellier, à l'abri des gelées.

Au besoin, le Persil s'accommode de toutes les sortes de terre ; mais il aime de préférence celle qui est fraiche, légère, profondément labourée, et sur laquelle on ne le cultive une seconde fois qu'après un certain laps de temps. Les fumiers trop gras nuisent à ses qualités et le privent de son odeur. La graine que l'on a recueillie sur les ombelles qui se sont développées les premières, et sont parvenues à complète maturité, se conserve trois ans ; passé ce terme, la germination est difficile, pour ne pas dire absolument nulle. On sème en toutes saisons ; mais plus particulièrement aux mois d'avril et de mai, à la volée, ou bien en rayons, et l'on enterre la graine à quatorze millimètres au plus. Elle est quarante jours avant de lever. La jeune plante n'exige d'autres soins que d'être sarclée. Dans les départemens méridionaux, on sème en février et l'on arrose souvent, afin d'éviter que le Persil ne devienne très-âcre, et que ses feuilles ne jaunissent ou soient peu abondantes. On coupe dès que la plante a cinq à six feuilles ; mais il faut éviter de le faire avec un couteau ; mieux vaut employer l'ongle. Cette coupe dure jusqu'aux gelées, et recommence au mois d'avril, jusqu'au moment où le Persil monte en graine.

Veut-on en conserver pour l'hiver ? A la fin d'août, de septembre ou d'octobre, suivant le climat, on cueille la quantité de feuilles jugée nécessaire pour l'approvisionnement, on les étend séparées les unes des autres sur des claies, en un lieu où règne un courant d'air ; elles s'y dessèchent peu à peu ; en les exposant au soleil, on les décolorerait. Une fois bien sèches, ces feuilles s'enferment dans des sacs de papier. Cette méthode est la plus simple et la meilleure.

Diverses plantes ombellifères portent le nom de Persil chez les horticoles : il est bon de les connaître pour les restituer à leurs genres respectifs. Ainsi, l'on appelle vulgairement

Persil d'ane, le Cerfeuil sauvage, *Chærophyllum sylvestre*, L.

Persil batard, l'Éthuse faux Persil, *Œthusa cynapium*, L.

Persil de bouc, le Boucage mineur, *Pimpinella saxifraga*, L.

Persil de cerf, le Peucédan persillé, *Athamanta oreoselinum*, L., qui croît dans les blés, et donne ses fleurs blanches en juillet.

Persil de chat, de chien et de crapaud, la Cicutaire des Marais, *Cicutaria virosa*, L. On donne aussi parfois ce nom à l'Éthuse faux Persil.

Persil de macédoine. Aux yeux du botaniste, cette plante est le *Bubon macedonicum*; pour l'horticole, comme elle réunit l'odeur aromatique du Persil, qu'elle sert aux mêmes usages, et qu'elle porte des feuilles absolument semblables, quoique leurs pétioles soient velus, il la nomme Persil et la cultive de même.

Persil des marais : l'Ache odorante, *Apium graveolens*; le Selin des prés humides, *Selinum palustre*, et la Berle à feuilles étroites qui peuple les ruisseaux, *Sium angustifolium*, portent ordinairement ce nom.

Persil des montagnes, la Livèche à feuilles d'Ache, *Ligusticum levisticum*, L., et le Selin des montagnes, *Selinum montanum*. L'Athamante des Pyrénées, *Athamanta libanotis*, L., est spécialement appelée PERSIL BLANC DES MONTAGNES, comme l'Athamante des cerfs, *Athamanta cervicaria*, est dite PERSIL NOIR DES MONTAGNES.

PERSIL DES ROCHERS, le Sison aromatique, *Sison amomum*, L.

PERSIL LAITEUX, l'Œnanthe safranée, *Œnanthe crocata*, et le Selin des marais, *Selinum palustre*.

PERSIL MARSIGOIN. Le Géranier de Robert, *Geranium robertianum*, porte ce nom, surtout aux environs d'Angers.

PERSIL ODORANT, l'Ache des montagnes, *Apium graveolens*, L.

PERSIL SAUVAGE et GROS PERSIL, le Maceron commun, *Smyrnium olusatrum*, L. (T. D. B.)

PERSISTANT, E, *Persistens*. (BOT. PHAN.) Non caduc. On donne cette épithète à tous les organes des végétaux qui dépassent, soit l'année, comme les feuilles, soit la période de germination, comme les cotylédons, soit la floraison ou la maturation des fruits, comme le périanthe, le style, les nectaires, etc.

Les feuilles sont persistantes dans nos climats septentrionaux, chez les arbres qu'on appelle *verts* par cette raison; les pins, les sapins, chez le lierre, l'alaterne, les daphnés, les pervenches, *Andromeda*, *Arbutus*, *Vaccinium*, *Taxus*, etc.

Les stipules sont Persistantes dans le *Coccoloba pubescens*, etc.; les spathes sont persistantes dans les *Arum*, les *Calla*; le périanthe externe est Persistant, soit qu'il se fane, *Anagallis*, *Rhinanthus*, les Borraginées, *Convolvulus*, *Hypericum androsæmum*, *Cucubalus bacciferus*, *Saxifraga*, *Rubus*, etc., soit qu'il prenne de l'accroissement lors de la maturation du fruit, *Physalis alkekengi*, *Rosa*, quelques Solanées; le perianthe interne, qui se dessèche seulement après l'épanouissement et sans se détacher, *Trientalis europæa*, *Erica*, *Campanula*, *Corrigiola*, *Trifolium procumbens*, quelques Solanées, *Cucumis*, etc.; on dit aussi alors ce périanthe marcescent; le nectaire, quand il subsiste après la maturation du fruit, *Cobæa scandens*, etc.; le style, qui survit à la fécondation; les Crucifères, les Geraniées, *Anemone pulsatilla*, *Ornithogallum*, *Buxus*, *Clematis*, etc.; la pann-externe du drupe (on appelle panne externe la partie extérieure, l'écorce, pour ainsi dire, du fruit, et pann-interne celle qui circonscrit la cavité péricarpienne), *Cocos nucifera*, etc.; les cloisons du péricarpe, dont les valves sont caduques, les Crucifères, etc.; le placentaire, subsistant entier, et sans divisions ou déchirement au moment de la déhiscence péricarpienne, *Ixia chinensis*, *Nemesia chamædrifolia*, *Digitalis*, *Polemonium*, *Rhododendrum*, *Swietenia mahogoni*, etc.; l'arête, filet qui surmonte les spathes et les spathellules des Graminées, *Polypogon*, *Bromus*, *Secale*, *Triticum*, etc. (C. LEM.)

PERSONNÉ, *Personatus*. (BOT. PHAN.) On dit que la fleur est Personnée quand le tube du périanthe interne allongé se termine en deux lèvres inégales, renflées et repliées, et représente par cette disposition plus ou moins grossièrement le mufle d'un animal, ce qui se voit dans les fleurs appelées vulgairement *Gueule de Lion*, *Gueule de Loup*, *Antirrhinum majus*, dans la *Fumeterre*, la *Linaire cymbalaire*, etc. On sait que les anciens appelaient *Persona* les masques grotesques et difformes dont on se servait au théâtre; de là le nom de Personné. Tournefort appliquait, en outre des plantes citées, ce nom de Personnées à des fleurs anomales qui n'avaient entre elles cependant aucun rapport d'organisation, si ce n'est par la forme à peu près semblable d'un périanthe interne bilabié, et qui appartenaient de plus à des familles bien différentes. *V.* PERSONNÉES, famille de plantes. (C. LEM.)

PERSONNÉES, *Personatæ*. (BOT. PHAN.) Plusieurs genres dont le périanthe interne est de la forme de celui décrit dans l'article précédent, ont été compris en une seule famille sous le même nom de *Personnées*, que M. de Jussieu de son côté avait nommée les *Scrofulaires*. Les principaux caractères des Personnées ou Scrofulaires, sont, outre le périanthe PERSONNÉ, d avoir un fruit capsulaire séparé intérieurement en deux loges par une cloison parallèle à ses deux valves. Robert Brown, depuis le travail de Jussieu a réuni sous le nom de *Scrofularinées*, non seulement les *Personnées* ou *Scrofulariées* de cet auteur, mais encore ses *Pédiculaires* ou Rhinanthacées. Cette famille, aujourd'hui telle qu'elle est constituée par le savant botaniste anglais, a été généralement adoptée sous le nom qu'il lui a imposé. Nous la décrirons à son ordre alphabétique. *Voy.* SCROFULARINÉES. (C. LEM.)

PERSOONIE, *Persoonia*, Smith. (BOT. PHAN.) En consacrant ce genre de la Tétrandrie monogynie et de la famille des Protéacées, à la mémoire de C. H. Persoon, le botaniste anglais a voulu non seulement rendre hommage à celui qui répandit une large lumière sur la mycologie, enrichit la science d'un *Sinopsis plantarum* réunissant toutes les plantes nouvelles découvertes dans le dix-neuvième siecle, mais encore faire retomber sur les hommes viles et jaloux du savant modeste et peu fortuné les calomnies et les tribulations de toutes sortes dont ils ont abreuvé ses vieux jours, l'isolement dans lequel il vécut et l'absence de tout souvenir alors qu'il quitta la vie le 17 juin 1837. Le genre *Persoonia*, fort voisin des *Brabeium* par les parties de sa fructification, en diffère, puisqu'il n'a ni son port, ni la disposition de ses feuilles presque verticillées, ni ses fleurs en épis; il est originaire de l'Océanie et comprend des arbrisseaux à feuilles simples, alternes, aux fleurs solitaires ou bien en grappes sortant de l'aisselle des feuilles, auxquelles succèdent des baies bonnes à manger.

Les caractères du genre sont d'avoir le calice nul; la corolle composée de quatre petales rapprochés en un tube renflé à sa naissance, très-ouverts à leur moitié supérieure et recourbés en arc; quatre étamines saillantes, fixées à la base des pétales; filamens courts, adhérens à la corolle par leur moitié inférieure; anthères linéaires, connivente, à double sillon; ovaire libre, ovale, ofrant quatre glandes globuleuses à sa base; style droit, subulé, persistant; stigmate obtus; baie à une seule loge monosperme; noix osseuse presque ronde.

Des diverses espèces connues et figurées par Andrews, Cavanilles et Ventenat, toutes originaires de la Nouvelle-Hollande et particulièrement de Botany-Bay, nous citerons seulement la Persoonie a feuilles de laurier, *P. laurina*, Smith, changée en *P. ferruginea* par Robert Brown; elle porte des feuilles ovales, coriaces, assez semblables à celles du laurier commun, et des fleurs jaunes, tomenteuses, presque toujours en grappes. La Persoonie a feuilles de saule, *P. salicina*, dont les feuilles sont oblongues, lancéolées et de moyenne grandeur, et les fleurs constamment en grappes; la Persoonie velue, *P. hirsuta*, Robert Brown, toute hérissée de poils et chez qui les feuilles linéaires se montrent roulées en leurs bords; la Persoonie linéaire, *P. linearis*, Andrews, bel arbrisseau toujours vert, haut d'un mètre et demi, ayant la tige droite, cylindrique, chargée de rameaux nombreux, très-rapprochés, presque verticillés, d'un brun rougeâtre; les feuilles sont éparses, linéaires, d'un vert foncé; les fleurs solitaires, d'un jaune jonquille, point odorantes. Ses baies, d'abord vertes, bleuissent et sont comestibles. Je l'ai vue à la Malmaison; elle y fut apportée, en 1800, de Botany-Bay, où elle fleurit en été.

On mange la pulpe du fruit ovale et rougeâtre que porte la Persoonie a feuilles de genévrier, *P. juniperina*, Labillardière, dont la tige rameuse, haute à peine de huit à dix centimètres, est couverte de feuilles un peu pileuses, terminées par une pointe piquante, et de fleurs jaunes solitaires. Cette espèce croît sur le flanc des collines, dans l'île de Diemen, et sur la côte australe de la Nouvelle-Hollande.

Avec le genre *Persoonia*, l'on réunit le *Linkia* de Cavanilles; mais on n'a pas généralement adopté l'opinion de Willdenow, qui lui rapporte le *Carapa* d'Aublet; je la rejette aussi: la plante de la Guyane forme un genre séparé dans la famille des Méliacées. On sait que le *Carapa* fournit à la marine une excellente mâture, et qu'on retire de ses semences une huile bonne à brûler, ayant la propriété de repousser les insectes, aussi les naturels de cette contrée intertropicale s'en enduisent-ils le corps et les cheveux pour se préserver de la piqûre de Moustiques. Kœnig et Schreber ont substitué le nom de *Xylocarpus* à celui de *Carapa*, qui doit être conservé comme primitif.

Michaux, ignorant la création du genre *Persoonia* par l'ami de Linné, avait imposé le nom du célèbre mycologue à des plantes par lui découvertes sur le sol américain, dans le même temps que Schreber les appelait *Marshallia*, Walther *Athanasia*, et Persoon *Trattenikia*: ce dernier nom a été adopté. (T. d. B.)

PERSPECTIVE. (moll.) C'est le nom vulgaire de plusieurs cadrans dont l'ombilic est largement ouvert et régulièrement conique; il s'applique cependant plus particulièrement au *Solarium perspectivum*, Lam. (*Voy.* Cadran.) (Guér.)

PERSPIRATION, *Perspiratio.* Transpiration insensible qui se fait continuellement à la surface de la peau ou des membranes. (*V.* Physiologie.) (M. S. A.)

PERVENCHE, *Vinca*, L. (bot. phan.) Au mois d'avril, quand tous les arbres sont encore totalement dépouillés et que l'émail des prés est caché sous les replis de l'inflorescence, les trois espèces du genre *Vinca*, les seules indigènes de l'Europe, reposent les yeux sur le tapis de fraîche verdure que fournissent leurs tiges très-longues, peu nombreuses et rampantes, et sur leurs fleurs bleues, violettes, blanches ou panachées, épanouies bien avant que le Merle et le Coucou aient fait entendre leurs voix, bien avant que l'Hirondelle, de retour dans le nid maternel, vienne nous assurer de la possession désormais acquise du printemps.

Le genre auquel les Pervenches appartiennent, fait partie de la Pentandrie monogynie; il est composé des plantes dicotylédonées à corolle hypogyne, inscrites dans la famille des Apocinées. On en connaît seulement neuf espèces: les trois de l'Europe, cinq croissant dans les régions intertropicales, et la neuvième, la plus belle de toutes, cultivée dans nos serres, est originaire de Madagascar. Elles sont immédiatement placées entre les Nérions, les Plumiéries et les Echites. Toutes se plaisent dans les lieux secs, à l'ombre des grands arbres, le long des murs exposés au nord et sous la voûte des rochers qu'elles garnissent volontiers. Quand on veut former avec elles des palissades denses fort jolies, il faut les attacher à des espaliers et les tailler au ciseau durant l'été, pour qu'elles se couvrent abondamment de fleurs à la fin de cette saison.

Jadis, elles jouissaient dans les officines, de propriétés, selon les uns, héroïques, pour rappeler la sécrétion du lait chez les nourrices; selon les autres, de nature au contraire à la faire cesser sans accident, et sous ce dernier rapport, l'opinion en grande vogue au dix-septième siècle se retrouve tout entière dans les campagnes. On leur attribuait des vertus plus puissantes encore, comme *Violette des sorciers;* mais elles se sont évanouies depuis les progrès de l'analyse chimique. Les seules propriétés avouées aujourd'hui existent dans les feuilles sèches, prises en infusion et même en décoction; de la sorte, elles modèrent les menstrues trop abondantes, les flux hémorrhoïdaux, la leucorrhée, la dysenterie, le crachement de sang: cette boisson est amère et astringente, on y ajoute un peu de sulfate de fer. Ces feuilles, fraîches et sèches, entrent dans la composition des vulnéraires suisses et de quelques préparations pharmaceutiques.

En prononçant le nom de la Pervenche, qui ne se rappelle point qu'elle était la fleur favorite de J.-J. Rousseau, qu'elle est attachée aux tendres souvenirs des Charmettes, des rochers de Meillerie, et qu'elle sert encore en Suisse, en

Toscane

Toscane et dans plusieurs localités de notre France chérie à décorer le tombeau de la jeune fille ravie au printemps de son âge. La Pervenche est le symbole de l'innocence et de la pudeur; de là le vieux nom français *Pucelage* qu'on lui donna jusqu'à la fin du seizième siècle. Simple comme la vierge des montagnes et des solitudes champêtres, cette plante modeste aime à se cacher; elle est l'emblème de la femme qui se plaît dans sa maison, s'appuie en toute confiance sur son époux, met en lui sa pompe, le bonheur de son existence, et prend plaisir, sous ses yeux, à élever ses enfans, à leur donner l'exemple des vertus domestiques, à démêler dans leurs traits, dans leurs habitudes, les traits et les habitudes de leur père. C'était pour graver ces préceptes au cœur et en l'esprit de la nouvelle épouse, que, dans quelques villages de la Belgique, on était autrefois, nous apprend Simon Pauli, dans l'habitude de répandre des fleurs et des feuilles de Pervenche sous les pas de la jeune fille qui, venant de contracter mariage, se rendait au domicile de son époux.

Donnons les caractères essentiels du genre, puis nous entrerons dans quelques détails sur les principales espèces.

Primitivement appelé *Pervinca* par Tragus, et adopté par Tournefort, puis *Vinca* par Brunfels, Gesner, Pena et Daléchamps, enfin sanctionné sous ce dernier nom par Linné, le genre Pervenche comprend des sous-arbrisseaux droits et raides, ou des plantes sarmenteuses, herbacées dans leur jeunesse, ligneuses quand elles sont bisannuelles ou vivaces; ils sont garnis de feuilles opposées, entières, persistantes, et s'ornent de fleurs axillaires, pédonculées, assez grandes et d'un joli aspect. Celles-ci sont composées d'un calice monophylle, persistant, à cinq segmens linéaires, profondément divisés; d'une corolle monopétale, hypocratériforme, au tube grêle, très-long, clos, un peu évasé, au limbe partagé en cinq découpures larges, planes, contournées, obtuses; de cinq étamines ayant leurs filets très-courts, aplatis, insérés dans le haut du tube, et portant des anthères jaunes, oblongues, aiguës, à deux loges écartées par le filet; de deux ovaires supères, munis à la base de deux glandes aussi grandes qu'eux, et dont les deux styles filiformes sont soudés en un seul, ainsi que leurs stigmates qui présentent en dessus la forme d'un urcéole, et en dessous celle d'un plateau orbiculaire. Le fruit qui succède à cet appareil consiste en deux follicules cylindriques, uniloculaires, oblongs, dressés, s'ouvrant longitudinalement par une seule valve, et contenant chacun plusieurs graines brunes, planes, oblongues, non aigrettées.

Notre Grande Pervenche, *Vinca major*, L., forme de grosses touffes dans les lieux ombragés et frais des haies, des buissons et des bois; elle est vivace, tantôt traînant sur le sol ses longs et sarmenteux rameaux qui s'y fixent de distance en distance par des racines, tantôt les dressant vers le ciel; ils restent, dans l'une et l'autre position, toujours verts, et produisent de grandes fleurs en avril, mai et juin. On l'admet dans les jardins pour couvrir les murs, les rocailles à l'ombre, et pour décorer les fabriques. Ses racines sont fibreuses et fortement traçantes.

Moins belle, mais plus agréable encore, la Petite Pervenche, *V. minor*, L., est assez commune dans les bois et les haies, surtout aux lieux montagneux; elle est vivace, étend au loin ses tiges grêles, rampantes, qui s'enracinent aussi de distance en distance, et fleurit aux mêmes époques que la précédente. Ses petites fleurs, d'un beau bleu d'azur, varient du pourpre ou bleu violâtre au rouge, et du blanc au jaune, se panachant quelquefois et doublant sans être aussi jolies que les simples, ont l'avantage de s'épanouir pour la seconde fois en automne. Elles ressemblent assez, quoique un peu plus grandes, aux fleurs du jasmin, mais elles n'ont point d'odeur. Cette plante aime à garnir les scissures des rochers, à vivre sur les plans inclinés et aux pieds des grands arbres qu'elle couvre d'un tapis vert luisant. Ni l'une ni l'autre espèce ne craint le froid; elles ne demandent aucun soin pour leur culture, si ce n'est quelques arrosemens durant les grandes sécheresses. On les multiplie par les tiges enracinées, par le déchirement des vieux pieds, opéré en automne, le temps étant pluvieux, ou mieux encore par leurs graines mises dans une terre très-maigre et sèche.

Une fort jolie espèce croît naturellement à Madagascar, à l'île Maurice, dans l'Inde, à la Cochinchine, au Japon, la Pervenche rose, *V. rosea*, L.; elle a été introduite en France, durant l'année 1756, et se trouve maintenant répandue dans tous les jardins, où elle commence à fleurir en juillet et août, et continue à donner des fleurs tout l'automne. Elle fructifie et passe les hivers en pleine terre dans nos départemens du midi; mais au nord, elle est stérile, exige encore d'être rentrée à l'approche des froids et tenue chaudement. Ce charmant sous-arbrisseau, qui monte parfois à un mètre de haut, laisse échapper de l'aisselle de ses feuilles supérieures, une, deux et quatre fleurs, unies ensemble, habituellement de couleur de chair, avec une petite tache plus foncée à leur centre, mais quelquefois d'un beau blanc avec une bande pourpre dans le milieu, demeurant épanouies la nuit et le jour, au sommet de la tige: il est souvent difficile de compter le nombre des fleurs. On en possède une variété à cœur vert. Les horticulteurs du midi propagent la Pervenche rose de semis faits au printemps sur une terre douce, légère et située sous un bon abri; ils repiquent dans des pots en mai, quand les plants ont atteint de cinq à huit centimètres de haut; ceux du nord et du climat de Paris ne pouvant jouir des mêmes avantages, la multiplient de marcottes ou de boutures sur couches, sous cloche ou sous châssis. Les plants fleurissent dans la même année, si la terre est substantielle et si l'on a soin de donner de fréquens arrosemens en été.

Si l'on veut teindre la laine en vigogne dorée et très-solide, l'on doit rechercher les rameaux sarmenteux de la grande Pervenche. Ceux de la petite Pervenche sont moins bons. On n'a pas encore essayé les tiges de la Pervenche rose.

(T. D. B.)

PESANTEUR. (PHYS.) La pesanteur, la masse et le poids ne sont pas la même chose. Par pesanteur on entend cette force qui fait que les corps matériels se portent sans cesse vers le centre de la terre. Cette force est, à l'égard des corps que nous venons de citer, ce que la gravité est aux corps célestes. En un mot, la pesanteur est une dépendance de l'attraction (*voy.* ce mot), puissance universelle qui semble régir toute la nature.

La masse d'un corps est l'expression du nombre des molécules matérielles entrant dans la composition de ce corps, et le poids est le produit de la masse multiplié par sa pesanteur agissant sur chaque molécule matérielle.

Bien que la masse d'un corps quelconque soit proportionnelle à son poids, les deux expressions masse et poids, ne sont pas synonymes, parce qu'une de ces deux quantités, le poids, varie, comme nous le dirons plus bas, avec la latitude des lieux et l'éloignement du centre de la terre.

La pesanteur est de deux sortes : absolue ou relative. Occupons-nous d'abord de la première.

Tous les corps tendent à se précipiter vers le centre de la terre; de cette propriété des corps résulte une pression constante sur les obstacles; la cause de cette tendance est appelée Pesanteur; donc la Pesanteur est la résultante des forces ou attractions exercées par toutes les molécules de la terre sur les corps terrestres et planétaires.

L'attraction terrestre étant en raison de la masse des molécules du globe, et celui-ci étant le plus volumineux des sphéroïdes à proximité, il en résulte que tous les corps de la terre sont entièrement soumis à la puissance attractive, et qu'ils restent toujours renfermés entre certaines limites dans ce que l'on appelle la sphère d'attraction du globe terrestre.

La Pesanteur n'est pas la même sur tous les points de la surface de la terre. Plus on s'éloigne de son point central, c'est-à-dire du point où convergent toutes les forces agissantes, plus la Pesanteur décroît; plus on s'en rapproche au contraire, plus elle augmente; en d'autres termes, les corps paraissent d'autant moins pesans qu'on s'éloigne davantage de l'équateur. De cette notion si simple, mais si incontestable, sur la force universelle qui régit les masses matérielles les plus considérables comme les plus faibles, on peut déterminer la configuration de la terre, avec la certitude qu'elle n'est point une sphère parfaite, et qu'elle est un peu aplatie vers le pôle; c'est ce que le calcul et l'astronomie paraissent avoir parfaitement démontré.

Si, comme nous venons de le dire, et comme cela existe réellement, la Pesanteur est une loi universelle à laquelle tous les corps matériels sont indistinctement soumis, on ne doit point admettre de corps impondérables. En effet, ces corps, ces fluides, comme on les appelle ordinairement, tout indivisibles, tout inappréciables qu'ils sont à nos sens, n'en sont pas moins des corps matériels, des corps pesans. Leur Pesanteur n'ayant pu encore être déterminée, on les appelle impondérables. La preuve que ces corps sont pesans, c'est que si par la pensée, on vient à supprimer le fluide environnant le globe terrestre, on les verra tous se précipiter à la manière des autres corps. Il en sera de cette expérience, toute fictive et toute imaginaire, ce qu'il en est avec l'expérience toute positive et toute matérielle des trois boules (une de plomb, une de bois, une de liége) qu'on laisse tomber à l'air libre et dans le vide. Dans le premier cas, la distance du point de départ au point de repos est parcourue dans des temps différens; dans le second cas la chute des trois boules se fait absolument dans le même temps. Si donc les fluides dits impondérables, s'éloignent de la terre au lieu de s'y précipiter, c'est que leur Pesanteur est moindre que celle de l'air atmosphérique.

Tout corps qui gravite ou qui tombe suit une direction ou une ligne qui est perpendiculaire à la surface des eaux stagnantes; cette ligne est la ligne verticale, la ligne ou le fil à plomb.

Tout mouvement d'un corps est uniformément accéléré. Ainsi, un corps qui parcourt dans nos régions quatre mètres neuf cents quatre millimètres dans la première seconde sexagésimale de sa chute, parcourra (la résistance de l'air ne l'arrêtant pas) trois fois le même espace dans la deuxième seconde, cinq fois dans la troisième, sept fois dans la quatrième, etc.

La rapidité avec laquelle s'exerce la progression des corps pesans, la résistance opposée par l'air à celle du corps léger, empêchent souvent la vue de pouvoir calculer la vitesse des uns et des autres. C'est pour obvier à cet inconvénient et pour pouvoir déterminer la vitesse de tous les corps, pesans ou légers qui sont mis en mouvement, qu'un célèbre physicien, Atwood, a imaginé une machine qui porte son nom, et dans laquelle les corps de Pesanteur à peu près semblable sont suspendus aux extrémités d'un fil passant sur une poulie très-mobile.

Dans la chute ou le mouvement des corps, on distingue l'équilibre stable et l'équilibre instable. Le premier est celui dans lequel un corps suspendu à un fil ou abandonné à lui-même, reste en repos après avoir pris une position déterminée par la Pesanteur de la somme de ses molécules; le second est celui dans lequel le corps se renverse quand il n'est appuyé que sur un point et que ce point n'est pas exactement le lieu où convergent toutes les forces attractives de ses molécules constituantes. Dans le premier cas, le poids du corps agit en pressant sur l'obstacle qui lui sert d'appui; dans le second, il agit au dessous de l'obstacle qui le soutient. Enfin, on appelle centre de gravité, la résultante de toutes les actions de la Pesanteur sur les molécules d'un corps.

Si dans un corps parfaitement symétrique, le centre de gravité est fixe et toujours placé au point où convergent toutes les forces de la Pesanteur, il n'en n'est pas de même dans les corps inégaux dans leur forme et dans le poids de leurs parties. Ainsi, on comprend parfaitement que dans un cube de marbre ou de plomb, le centre de gravité doive se rencontrer juste au milieu du cube, à moins que la disposition moléculaire de celui-ci ne soit pas parfaitement régulière; mais dans nos machines, chez les animaux, où les parties constituantes sont très-diverses, et les parties contenues très-variables dans leurs quantités, leur nature ou leurs propriétés, le centre de gravité est très-variable. Chez l'homme bien conformé et adulte, le centre de gravité se trouve placé, d'après les expériences de Borelli, en avant de la saillie que font la dernière vertèbre lombaire et la première de l'os sacrum dans un point intérieur qui paraît répondre à l'angle que feraient, en se rencontrant, deux lignes obliques prolongées, dans la direction des cols et des têtes de l'un et de l'autre fémur. Dans les voitures, machines les plus usitées comme moyen de transport, le centre de gravité doit être cherché au dessus ou au dessous de trois appuis entre lesquels tomberait une ligne verticale. La même chose a lieu dans les exercices nombreux auxquels se livrent habituellement l'homme et les animaux.

Le poids d'un corps, ou la somme totale des actions de la Pesanteur sur chacune de ses molécules, se mesure à l'aide d'instrumens appelés balance et connus de tout le monde. Il nous suffira de dire ici que ces instrumens sont extrêmement variables dans leur forme et leur emploi, qu'il en existe de tellement précis qu'un cinq-millionième de grain suffit pour les faire vaciller, et que leur extrême délicatesse tient, d'une part, à la bonne confection du couteau sur lequel repose le fléau, à la parfaite égalité des bras de celui-ci; d'une autre part, à la construction du fléau, construction dans laquelle le centre de gravité doit tomber plus bas que le point d'appui. Si cette dernière précaution a été négligée la balance est dite fausse, c'est-à-dire par trop mobile.

Quand on a des balances peu exactes ou douteuses, on a recours aux doubles pesées, opérations qui consistent à mettre un corps en équilibre avec une quantité suffisante de poids, à ôter le corps du plateau de la balance et à le remplacer par autant de poids qu'il est nécessaire pour rétablir le premier équilibre. La quantité de ces derniers poids étant égale à celle du premier, la pesée est juste.

Pesanteur spécifique. La Pesanteur spécifique, ou densité, n'est autre que le rapport qu'il y a entre le poids d'un corps et le volume de ce même corps. Ce rapport est un des meilleurs moyens que nous ayons de connaître les caractères physiques des nombreux et différens corps de la nature; car il nous fait pénétrer, pour ainsi dire, dans leur intérieur, et met à nu leur arrangement moléculaire.

Tout le monde sait qu'un morceau de plomb et un morceau de bois de forme et de volume semblables, ne pèsent pas autant l'un que l'autre, que le premier est beaucoup plus lourd que le second. Un fait de cette nature ne saurait être expliqué autrement que par la différence dans l'arrangement moléculaire des deux corps. Cette différence est réelle; les molécules du bois sont plus écartées les unes des autres que celles du plomb qui sont très-rapprochées. De là cette vérité en physique, que la densité (rapprochement des molécules matérielles) d'un corps est proportionnelle à sa Pesanteur spécifique (rapport du poids au volume).

Un moyen, très-simple en apparence, de déterminer la Pesanteur spécifique des corps, serait celui qui consisterait à peser d'abord le corps, à mesurer son volume et à diviser ensuite la première de ces deux quantités par la seconde; mais la grande diversité qu'il y a dans la configuration extérieure du corps, rend ce moyen ou cette méthode tout-à-fait impraticable. Il a donc fallu en chercher un autre, et c'est à un des plus illustres géomètres de l'antiquité que nous devons celui que l'on emploie depuis long-temps.

Archimède remarqua le premier qu'un corps solide plongé dans un liquide, perd de son poids une quantité égale au poids du volume du liquide déplacé, et le volume de celui-ci sera exactement celui du corps plongé. Tous les corps traités de la même manière donnent des résultats semblables.

Toutefois la Pesanteur spécifique n'est jamais mathématique. Il y a des irrégularités qui tiennent, les unes à l'imperfection de nos moyens, les autres à ce que les particules des corps ne sont jamais dans un état de contact parfait. Ces irrégularités sont légères, il est vrai, mais enfin elles existent, nous avons dû les faire remarquer.

Pour établir les différences ou les tables de Pesanteur spécifique, les physiciens ont pris l'eau distillée pour terme de comparaison; ce liquide étant de tous les corps celui qui remplit le mieux les conditions voulues. Ainsi, tout corps qui pèse deux, trois ou quatre fois plus qu'un pareil volume d'eau distillée, a une Pesanteur spécifique deux, trois ou quatre fois plus considérable que ce même liquide pris pour limite, et qu'on représente ordinairement par = 1000.

Pesanteur spécifique des solides. Quand on veut avoir la Pesanteur spécifique des solides on a recours à l'une des deux méthodes suivantes. Dans la première on se sert de la balance hydrostatique, balance qui ne diffère de la balance ordinaire que par deux petits crochets qui sont placés sous les plateaux et auxquels on suspend, à l'aide d'un crin, le corps que l'on veut peser. Dans la seconde on fait usage d'un flacon, à large ouverture, ou mieux d'un vase à bords droits que l'on ferme d'un plan de glace. Cela étant, voici comment on agit dans le premier procédé.

On fixe le corps que l'on veut peser au crin de l'un des plateaux; on pend le poids de ce corps à la manière ordinaire (le fil du plateau sur lequel on place le poids contre-balance celui auquel on attache le corps à peser). Le poids du corps étant connu, on le pèse de nouveau, mais en le plongeant dans l'eau ; on retranche la différence du second poids, et il ne reste plus qu'à faire les raisonnemens et calculs suivans : si le corps pesé dans l'air est représenté, par exemple, par 166 parties en poids, et que, pesé dans l'eau, il ne soit plus représenté que par 116 ; il est clair qu'un volume d'eau égal au sien en pèse 50. Maintenant, pour comparer ce poids observé avec celui de l'eau prise pour unité, on établit une règle de proportion sur la base suivante : la perte en poids du corps pesé dans l'eau est au poids de ce corps pesé dans l'air, comme le poids de l'eau représenté par 1000 est à la Pesanteur spécifique cherchée ; voici la formule : 50 : 166 : : 1,000 : 3,320. Le nombre 3,320, exprime la Pesanteur spécifique du corps.

Quand on veut se servir d'un vase à large ouverture pour avoir la Pesanteur spécifique d'un corps, on pèse le vase rempli d'eau ; on le pèse de nouveau avec le corps dont on veut connaître la densité ; on ôte de cette seconde pesée la différence de la première, et on a le poids exact du corps. Cela fait, on plonge le corps dans l'eau, un volume de ce liquide égal à celui du corps est chassé au dehors ; on établit la différence par une dernière pesée, et on a le poids spécifique du corps.

Les conditions à remplir, dans l'un et l'autre de ces procédés, pour arriver à des résultats exacts, sont les suivantes : 1° prendre de l'eau d'une densité invariable, c'est-à-dire de l'eau pure, de l'eau distillée ; 2° agir toujours à la même température, ou du moins préciser celle à laquelle on a opéré, afin de soumettre le calcul à faire aux lois de la dilatation de l'eau et des corps en général ; 3° enlever les portions d'air adhérentes à la surface du corps en soumettant ceux-ci à l'action de la machine pneumatique, ou à l'action de l'eau bouillante. Cette précaution est importante surtout pour les corps réduits en poudre.

Quand on a à déterminer la Pesanteur spécifique d'un corps qui est soluble dans l'eau, on pèse ce corps dans un liquide qui ne le dissout pas et dont on connaît la Pesanteur spécifique.

Le corps à peser est-il spongieux ? on le pèse d'abord dans l'air, sans qu'il soit saturé d'eau, puis dans l'air encore et dans l'eau ensuite ; quand il est saturé d'eau, on établit les différences des pesées, et on a la Pesanteur spécifique cherchée.

Enfin le corps est-il plus léger que l'eau ? on tient compte de la Pesanteur spécifique de la substance qui a servi à faciliter son immersion.

Pesanteur spécifique des liquides. On peut avoir la Pesanteur spécifique des liquides, 1° en suspendant un corps, un morceau de cristal par exemple, au dessous de l'un des plateaux de la balance hydrostatique, plongeant ce corps d'abord dans l'eau, puis dans un autre liquide, et comparant le poids des volumes des deux liquides. L'eau étant prise ici pour unité, on aura la densité cherchée en divisant ce que le cristal aura perdu de son poids dans le liquide donné, par la perte correspondante due à son immersion dans l'eau.

2° En tarant un flacon, le pesant plein d'eau et le pesant plein du liquide dont on veut connaître la Pesanteur spécifique, puis opérant comme ci-dessus.

3° Enfin on peut se servir de la balance hydrostatique ; mais à cet appareil dispendieux et embarrassant, et aux deux précédens, on préfère généralement l'usage des Hydromètres ou Aréomètres. *Voyez* Hydromètres.

Pesanteur spécifique des gaz. On détermine la Pesanteur spécifique des gaz ou fluides élastiques en pesant un ballon de capacité connue, d'abord vide d'air, puis plein du gaz dont on veut avoir la densité. On prend pour unité la Pesanteur spécifique d'un volume d'air déterminé d'avance, et on dresse des tables analogues à celles dont nous avons parlé à l'occasion des solides.

Dans ces opérations, comme dans les précédentes, il est important de tenir compte de la température à laquelle on agit. Il est également nécessaire de tenir compte de la pression atmosphérique ; l'élasticité des corps auxquels on a à faire rend cette précaution indispensable pour avoir des résultats exacts. (F. F.)

PESON. (moll.) Nom vulgaire d'une espèce du genre Hélice.

PESSE, *Hippuris*. (bot. phan.) Mot à mot queue de cheval en grec, à cause de l'aspect général de la plante, qui imite grossièrement une sorte de queue. Ce genre, placé d'abord par M. de Jussieu dans la famille des Éléagnées, est devenu le type d'une petite famille établie par Link, sous le nom d'Hippuridées (on ne sait trop pourquoi Mutel le place dans la famille des Haloragées de R. Brown, dans une tribu toutefois, à laquelle il donne le nom imposé par Link.) Il offre quelques rapports de forme avec les pins (d'où son nom français) par ses fleurs isolées entourées de squammes, et en diffère par son ovaire inférieur. Il appartient à la monandrie monogynie de Linné. Voici ses caractères constitutifs :

Périanthe unique, monophylle, très-court, squamiforme persistant ; étamine unique à filament droit très-court ; style latéral, subulé, logé dans un sillon de l'anthère ; celle-ci arrondie ; ovaire infère ; capsule monosperme, indéhiscente, couronnée par le limbe du Périanthe persistant.

Les Pesses sont des plantes aquatiques, à tiges simples, garnies de feuilles verticillées, à fleurs axillaires, et dont on connaît deux espèces indigènes en Europe, dont nous allons décrire la plus commune et aussi la plus remarquable.

P. vulgaire, Pesse d'eau, *H. vulgaris*, Linn. Tiges dressées, hautes d'un à deux pieds, simple, rarement ramifiées, si ce n'est dans les individus très-vigoureux, cylindriques, sillonnées, s'élevant à un pied environ au dessus de la surface de l'eau et offrant un peu l'aspect d'une prêle. Elle est garnie dans toute sa longueur de feuilles linéaires, faiblement lancéolées, blanchâtres à l'extrémité et disposées en verticilles au nombre de six à douze ou quinze, et souvent tordue en spirale dans sa partie aérienne, ainsi que les feuilles; fleurs petites, axillaires, sessiles, verdâtres ou blanchâtres, disposées également en verticilles et en même nombre que les feuilles. Les fleurs fertiles occupent la partie moyenne de la tige aérienne, ainsi que les fruits par conséquent; le sommet en est stérile ou occupé seulement par des fleurs femelles. Cette plante croît en France et dans la plus grande partie de l'Europe dans les eaux courantes, les étangs, les fossés remplis d'eau. Elle est vivace. On la trouve rarement aux environs de Paris, mais notamment dans la rivière d'Yères. On l'a fait passer dans un temps pour astringente, mais aujourd'hui son emploi est totalement abandonné. Quelques oiseaux aquatiques mangent, dit-on, ses graines, mais les bestiaux la dédaignent. Elle mériterait une place dans les pièces d'eau des grands jardins paysagers, qu'elle ornerait de ses longs panaches verts, ondoyans au dessus de la surface de l'eau.

(C. Lem.)

PÉTALE, *Petalum*. (bot. phan.) Lorsque le périanthe intérieur n'est pas formé d'une seule pièce (monophylle, monopétale), chacune des divisions, qui le composent alors, prend le nom de Pétales. Le nombre de Pétales est ordinairement, égal pour chaque fleur polypétale, non seulement pour tous les individus d'une même espèce, d'un même genre, mais même d'une famille entière; le Lis et toutes les Liliacées ont six pétales; la rose et toutes les rosacées ont cinq Pétales, les crucifères quatre, etc. Les fleurs qui par hasard ont moins de Pétales que leur type, doivent cette perte à l'avortement, comme celles chez lesquelles les pétales se montrent en plus grand nombre, soit par la métamorphose des étamines et même des styles en Pétales, doivent cette sorte de *superfétation* à une monstruosité extra-naturelle, à une végétation trop puissante, causée par un terrain trop riche; les roses, les pivoines, les œillets, giroflées, etc., sont dans ce cas, dans les jardins. Aux yeux du vulgaire, ces fleurs pleines, comme on les appelle, sont une grande beauté; aux yeux du botaniste philosophe, c'est une monstruosité qui lui déplaît et l'afflige en ce qu'elle dérange les lois de la nature, qu'il peut à peine reconnaître et étudier dans ces dégénérations.

On distingue dans le Pétale, l'onglet, la lame ou limbe et le bord. On appelle onglet le point qui s'insère soit au périanthe externe, soit à l'ovaire; quand il est apparent, on dit Pétale onguiculé; *Statice monopetala*, *Dianthus*, *Cheiranthus*, etc.; quand il est court, on le dit sessile; *Cissus*, *Elatine*, *Gipsophila*, etc. Le limbe est la partie épanchée, de consistance ordinairement molle et légère, de forme et de couleur extrêmement variables, dont la réunion réjouit tant la vue dans les végétaux. Nous dirons quelques mots sur leur direction, leur forme, leur division, etc. Direction : Les Pétales sont dressés, c'est-à-dire parallèles à l'axe floral : *Hermannia*, *Helicteres*, *Geum*, etc.; étalés : formant angle droit, au point d'insertion avec l'axe floral : *Rosa*, *Fragaria*, *Geum urbanum*, etc.; réfléchis, se renversant en dessous : *Aralia arborea*, etc. Forme : arrondis, *Silene armeria*, *Ranunculus bulbosus*, *Potentilla fruticosa*, etc. Ovales : *Pæonia anomala*, *Linum usitatissimum*, etc.; linéaires; les radiées, les mésembrianthèmes, *Fraxinus ornus*, *Chionanthus*, etc. Cordiformes; *Parnassia palustris*, *Geranium pyrenaïcum*, etc. Concaves; *Ruta graveolens*, *Rosa*, etc. Galéiformes (en casque) : *Aconitum*, etc. Éperonnés : *Viola*, etc. Bilabiés : tubulés avec le limbe à deux lèvres, *Nigella*, *Helleborus*, *Isopyrum*, etc., à cause du bord ondulés : *Geranium phlæum*, *Malpighia*, etc. Crenelés : *Dianthus caryophyllus*, etc. Ciliés, formés de fines lanières ou de poils ressemblans à des cils, *Tropæolum*, *Ruta*, etc. Frangés, *Cucubalus fimbriatus*, *Carallumu fimbriata*, etc. Division : bifides, *Draba verna*, etc.; trifides, *Hypecoum procumbens*, etc.; quadrifides. *Lychnis flos cuculi*, etc. Appendiculés : portant un appendice quelconque, situé ordinairement aux environs de l'onglet, *Silene*, *Kœlreuteria*, *Hypericum ægyptiacum*, etc.; uncinés : portant un appendice crochu au sommet, *Heisteria coccinea*, *Ximenia aculeata*, etc. Glandulifères : *Statice*, *Berberis*, *Ranunculus*, etc. Disposition dans la préfloraison; imbriqués, se recouvrant les uns les autres; *Rosa*, *Ranunculus*, etc. Chiffonnés, *Papaver*, *Punica*, etc., etc. (C. Lem.)

PÉTALITE. (min.) Substance minérale qui, d'après M. Beudant, offre des clivages parallèles aux pans d'un prisme rhomboïdal d'environ 137°, et 43°; mais qui, d'après M. de Léonhard, donne des clivages parallèles aux pans d'un prisme oblique à base de parallélogramme obliquangle; le plus distinct correspond à la face T, traces de clivages parallèlement à la face P; P || T = 84° environ; M || T = 63° à 61° 30'.

Elle raye l'apatite mais elle est rayée par le quarz; elle est un peu plus dure que le feldspath; sa poussière est blanche et sa pesanteur spécifique est de 2,44. Fusible au chalumeau comme le feldspath; fragmens échauffés offrant une phosphorescence bleuâtre; inattaquable par les acides; cassure conchoïde en petit ou esquilleuse; couleur blanchâtre. (A. R.)

PÉTALOCHIRE, *Petalochirus*. (ins.) Genre de l'ordre des Hémiptères, section des Hétéroptères, famille des Réduviens, créé par Palisot de Beauvois dans son ouvrage ayant pour titre : Insectes recueillis en Afrique et en Amérique. Les caractères assignés à ce genre par cet auteur sont : Antennes sétacées, composées de quatre articles; le dernier mince, barbu, plumeux; trompe arquée, composée de trois articles, placée entre deux appendices saillans qui terminent le crochet; corselet épineux, bilobé à sa partie antérieure; lobes tuberculés, garnis en dessous antérieurement, de deux appendices filiformes, prolongés, droits, obtus, entre lesquels se place la trompe; écusson épineux; jambes de devant dilatées, membraneuses; membrane élargie; ovale; anneaux de l'abdomen épineux postérieurement, à leur bord extérieur. Ce genre se distingue des Sténopodes Conorhines, Cimbes, Holotrichies, Lophocéphales et Holoptiles, parmi lesquels il a été placé par la forme de ses jambes de devant, qui sont élargies de chaque côté, de manière à offrir la figure d'un petit bouclier ou d'une feuille; en effet, c'est à cause de cette conformation que le nom de Pétalochire lui a été donné et dont l'étymologie est πέταλον, feuille, χείρ, main. On ne connaît encore que deux espèces, qui sont propres à l'Afrique.

Le P. VARIÉ, *P. variegatus*, Palis. de Beauvois, Ins. d'Afrique et d'Amérique, p. 13, pl. 1, fig. 1. Tête, trompe, crochet, élytres et pieds, variés de brun et de blanc sale; corselet épineux de chaque côté; écusson terminé par une épine relevée. Cette espèce a été trouvée dans les environs de Buonopozo, royaume d'Oware.

Le P. COULEUR DE ROUILLE, *P. rubiginosus*, Palisot de Beauvois, loc. cit., p. 14, pl. 1, fig. 2. Antennes, élytres et pieds d'un roux pâle, couleur de rouille; tête, corps et abdomen d'un brun noirâtre; corselet épineux de chaque côté, noirâtre en dessous, entouré d'une ligne jaune; écusson surmonté d'une épine droite. Cette espèce a été trouvée dans la même localité que la précédente. (H. L.)

PÉTARD. (INS.) On donne vulgairement ce nom aux Brachines qui, lorsqu'on les saisit, lancent par l'anus une vapeur particulière et très-âcre, produisant une petite crépitation plus ou moins bruyante suivant la grosseur de l'insecte. Quelques espèces des pays chauds, qui atteignent plus d'un pouce de longueur, produisent un vrai Pétard et la substance qui est ainsi sécrétée est si caustique qu'elle noircit la peau quand on cherche à prendre ces Insectes avec la main et que l'on provoque plusieurs décharges. *Voy.* BRACHINE. Plusieurs autres genres de Carabiques ont la même faculté. (GUÉR.)

PÉTASITE, *Petasites*. (BOT. PHAN.) Vulgairement la Chapelière. Genre de plantes dicotylédones formé aux dépens du *Tussilago Petasites* de Tournefort, par Desfontaines, dans sa Flore atlantique, et adopté depuis par tous les botanistes. Il appartient à la famille des Synanthérées ou Composées, tribu des Eupatoriées de Lessing (et à la tribu des Tussilaginées de Cassini, sous-tribu des Eupatoriées de Lessing), division des Pétasitées, qui comprend les quatre genres *Homogyne*, Cass., *Petasites*, Desfont., Tourn., *Adenocaulon*, Hook., et *Nardosmia*, Cass. (Syngénésie polygamie, séparée du Système sexuel de Linné.)

Cassini, qui a bien étudié ce genre, le caractérise ainsi, en prenant pour paradigme le *Petasites vulgaris* : subdioïque; calathide mâle à fleurs nombreuses, régulières, offrant ordinairement une à cinq fleurs femelles marginales, beaucoup plus courtes, à corolle tubuleuse, grêle, à ovaire ovulé, à aigrettes de squamellules nombreuses; péricline un peu inférieur aux fleurs, formé de squames à peu près égales, subunisériées, appliquées, oblongues, foliacées, membraneuses sur les bords; clinanthe plan et nu; faux ovaires privés d'ovule et portant une aigrette de squamellules peu nombreuses; corolles masculines régulières, à limbe large, campaniforme, divisé jusqu'à moitié en cinq lanières demi-lancéolées; style masculin terminé par un renflement qui s'élève au dessus du tube anthéral; calathide femelle à fleurs nombreuses, tubulées, offrant une à cinq fleurs mâles centrales, à corolle régulière, à faux ovaire demi-avorté; péricline cylindracé, inférieur aux fleurs, formé de squames à peu près égales, subunisériées, ovales, foliacées; clinanthe plan, inappendiculé; ovaires pédicellulés, oblongs, cylindriques, glabres, cannelés, munis d'un bourrelet basilaire, et contenant un ovule; aigrette composée de squamellules filiformes, à peine barbellulées, corolles féminines tubuleuses, grêles, dentées au sommet; hampes polycalathides.

Voici maintenant la définition de De Candolle : capitules multiflores, subdioïques; les *submasculins*, à rayon unisérié, à fleurs femelles peu nombreuses (une à cinq); corolle tubuleuse, grêle; ovaire ovulé; disque bisexuel, mais à ovaire masculin exovulé; corolle tubuleuse, un peu dilatée à la gorge et régulièrement quinquédentée; les *subfemelles*, à rayon multisérié, féminin, fertile; corolle filiforme, subtronquée; style saillant; disque à fleurs peu nombreuses (une à cinq), mâles; corolle à gorge dilatée, régulière, quinquédentée; réceptacle plan, nu; squames de l'involucre subunisériées, plus courtes que les fleurs, accompagnées souvent de bractéoles à la base; akènes cylindracés, glabres; aigrette pileuse, celle des mâles beaucoup plus que celle des femelles.

Les Pétasites sont des plantes herbacées, vivaces, appartenant à l'Europe et au nord de l'Afrique, croissant dans les endroits humides; les feuilles paraissent après l'épanouissement des fleurs; les radicales sont amples, pétiolées, réniformes ou cordiformes, dentées; la scape est le plus souvent tomenteuse, garnie de squames glabriuscules, membraneuses; l'inflorescence est en thyrse terminal, polycéphale, à pédicelles monocéphales, simples ou quelquefois ramifiés dans les capitules subfemelles, à fleurs blanchâtres ou légèrement pourprées. On en connaît quatre à cinq espèces; la principale et la plus connue est :

La P. COMMUNE, vulgairement la Chapelière (en raison de ce que ses feuilles épaisses et blanchâtres ressemblent grossièrement à du feutre), *P. vulgaris*, Desf., Flor. atl., Tussil. Pet., Willd. D. C., Fl. franç., etc. Plante herbacée, vivace, dont la tige souterraine, rampante, munie de racines fibreuses, produit au printemps une fausse hampe (scape) haute de huit à quinze pouces, simple, dressée, épaisse, glabre, blanchâtre, garnie de grandes bractées écailleuses (feuilles avortées), analogues à la base du pétiole des vraies feuilles, et dont presque toutes portent au sommet un appendice représentant le limbe avorté; feuilles paraissant après la floraison, grandes, cordées-réniformes, inégalement denticulées, un peu hispides et verdâtres supérieurement, blanchâtres et pubescentes en dessous, épaisses, échancrées à la base, qui forme deux oreillettes arrondies et rapprochées, assez longuement pétiolées; calathides nombreuses, réunies en thyrse ovoïde ou oblong, et terminal; chaque calathide composée de fleurs purpurines, portée sur un pédoncule ordinairement simple, court dans les mâles, long dans les femelles: Cette plante se trouve en Europe, en France, dans les lieux humides, aux bords des fossés, qui se remplissent d'eau pendant l'hiver, dans les prés humides, près de Paris, à Luzarches, près le moulin de Chamontel, etc., dans le nord de l'Afrique, etc.

Smith, et plus tard Watd, démontrèrent que le *Tussilago Petasites* de Linné (*Petasites vulgaris*, Desf.) est l'individu *submâle* du *Tussilago hybrida* du même auteur, qui doit être réuni au premier; les thyrses du premier sont ovoïdes à pédicelles simples, ceux du second sont allongés, à pédicelles la plupart ramifiés; l'individu mâle et l'individu femelle croissent dans le voisinage l'un de l'autre. Celui-ci s'élève toujours de douze à trente pouces de hauteur et celui-là seulement à huit. Watd. (C. Lem.)

PETAURUS. (MAM.) Nom latin des Phalangers volans. *Voy.* le mot PHALANGER. (Gerv.)

PETILIUM. (BOT. PHAN.) Linné avait d'abord donné ce nom à la plante nommée vulgairement *Couronne impériale*, qu'il réunit postérieurement au genre *Fritillaria;* depuis, les botanistes penchèrent à séparer cette plante du genre Fritillaire, et Adanson, dans cette pensée, proposait son nom spécifique *Imperialis* pour nom générique; mais comme il n'est pas régulier de prendre un nom spécifique adjectif (quoique ce précédent existe, et c'est une faute) pour en créer un nom générique, il serait à propos, si l'on adopte définitivement ce genre, de ressusciter le nom primitif de Linné. *Voy.* FRITILLAIRE pour la description de cette magnifique plante de nos contrées.

(C. Lem.)

PÉTIOLE, *Petiolus.* (BOT. PHAN.) On donne le nom de Pétiole à cet organe effilé, ordinairement cylindrique, plus ou moins long, qui unit la feuille à la tige ou à la branche. Mirbel le définit: partie inférieure de la feuille qui se resserre et prend la forme d'un support; le Pétiole est *simple* quand il ne se divise pas, mais si, comme dans les feuilles composées, il porte d'autres pétioles sur lesquels s'insèrent les folioles, on le nomme alors *Pétiole commun* ou primaire, et les seconds Pétioles prennent le nom de *Pétioles secondaires.* Si, sur ces seconds Pétioles ou Pétioles secondaires viennent s'insérer d'autres Pétioles, ces derniers alors prennent le nom de Pétiolules ou Pétioles tertiaires, et les premiers peuvent encore s'appeler Pétioles partiels.

Le Pétiole part, soit du collet, soit de la tige, soit de la branche, il renferme sous une enveloppe de tissu cellulaire, qui est un prolongement de la substance herbacée de l'écorce, des filets composés de trachées, de fausses trachées, et de vaisseaux poreux en communication directe avec l'étui médullaire et le liber (Mirbel). Richard définit ainsi la feuille et son Pétiole: les feuilles semblent formées par l'épanouissement d'un faisceau de fibres provenant de la tige; ces fibres, qui sont des vaisseaux, en se ramifiant diversement et en s'anastomosant entre elles, constituent une sorte de réseau, qui représente en quelque manière, le squelette de la feuille, et dont les mailles sont remplies par un tissu cellulaire plus ou moins abondant, qui tire son origine de l'enveloppe herbacée de la tige, lorsque ce faisceau de fibres caulinaires, qui par son épanouissement doit constituer la feuille, se divise et se ramifie aussitôt qu'il se sépare de la tige, la feuille lui est alors attachée sans le secours d'aucun support particulier, et est désignée sous le nom de *feuille sessile*, comme dans le *Rhinanthus crista galli*, *Sedum telephium*, etc., etc. Si, au contraire, ce faisceau se prolonge avant de se ramifier, il forme alors une espèce de pédicelle, nommé communément queue de la feuille et auquel on donne en botanique le nom de Pétiole. Dans ce cas, la feuille est dite pétiolée; c'est le plus grand nombre: *Tilia*, *Pyrus*, *Amygdalus*, *Citrus*, *Phaseolus*, etc., etc.

L'articulation pétiolaire, c'est-à-dire l'endroit du Pétiole qui s'articule avec la tige ou branche, offre un assez grand nombre de différences qu'il est important et curieux d'étudier. Ce point d'attache, comme on pourrait dire, est très-remarquable dans toutes les Légumineuses pour toutes les ramifications du Pétiole, qui leur permet ces mouvemens si extraordinaires de ginglymes, de torsion, de révolution même, qu'ils exécutent instantanément, soit à différentes heures du jour, comme cela se voit dans les *Mimosa*, les *Robinia*, *Cassia*, etc. Le développement de cette thèse nous entraînerait bien au-delà des limites que nous imposent ce livre; nous ne pouvons qu'inviter le lecteur à étudier ce travail curieux de la nature, dans le grand livre même qu'elle étale à tous les yeux.

Le Pétiole est dit: dichotome, quand il est divisé et subdivisé en Pétioles secondaires, tertiaires, etc., par bifurcation; trichotome, divisé ainsi par trifurcations. Dans les cas où les Pétioles partiels seraient munis à leur base de petites stipules ou stipelles, on les dit stipellés. Le Pétiole est cyrrhiforme: quand pour attacher une tige grimpante, il se contourne comme une vrille, *Clematis*, *Tropæolum*, etc.; cyrrhifère: *Cobæa scandens*, *Smilax horrida*, etc.; stipulifère: *Rosa*, *Ononis*, *Mespilus;* glandulifère: *Viburnum opulus*, *Prunus*, etc.; ailé ou marginé: portant de chaque côté une expansion foliacée plus ou moins large, qui est une continuation de la lame ou limbe: *Pisum*, *Citrus*, *Rhus capalinum*, etc.; engaînant: formant une gaîne autour de la tige ou de la hampe (la hampe étant dépourvue de feuilles, cela s'entend de sa base), *Cyperacées*, *Graminées*, *Musa*, *Canna*, etc.; enflé: creux et renflé; *Trapa na-*

tans, etc.; spinescent : se terminant en épine, *Robinia spinosa*, *Astragalus tragacantha*, etc.; enfin on dit le Pétiole cylindrique, claviforme, comprimé, etc., etc., selon les diverses formes qu'il peut affecter. (C. LEM.)

PETIT, PETITE. (ZOOL. BOT.) Cet adjectif est devenu le nom vulgaire sous lequel on désigne, avec quelques substantifs, diverses espèces d'animaux et de plantes; parmi l'innombrable quantité de ces noms, souvent très-impropres, nous allons choisir ceux qu'il est absolument nécessaire de connaître.

PETIT ANDROSACE. (BOT. CRYPT.) L'Agaric androsacé, Lin.

PETIT ANE. (MOLL.) La Porcelaine aselle.

PETIT BAUME. (BOT. PHAN.) Le Croton porte baume.

PETIT BOEUF. (OIS.) Le Roitelet.

PETIT BOIS. (BOT. PHAN.) Le Chèvrefeuille des Alpes.

PETIT BUTOR. (OIS.) Le Crabier de Mahon, jeune.

PETIT CHAT-HUANT. (OIS.) L'Effraie.

PETIT CERISIER D'HIVER. (BOT. PHAN.) Une Solanée, le *Solanum pseudo-capsicum*, Lin.

PETIT COLIBRI. (OIS.) Nom des Oiseaux-mouches.

PETIT COQ. (OIS.) Une espèce de Gobe-mouche qui a la queue arquée comme celle du Coq.

PETIT COQ DORÉ OU PETIT DORÉ. (OIS.) Le Roitelet.

PETIT CYPRÈS. (BOT.) L'Aurone et la Santoline.

PETIT DEUIL. La Mésange du Cap, un Chétodon parmi les Poissons, l'Hyponomeute evonymelle parmi les Lépidoptères, et parmi les Mollusques le *Turbo pica* de Linné.

PETIT DUC. (OIS.) Le Scops ou *Strix scops*, Lin.

PETIT GRIS. Un Ecureuil parmi les Mammifères, une Phalène parmi les Insectes lépidoptères.

PETIT GUILLERY OU PILLERY. (OIS.) Le Pinson de montagnes.

PETIT HIBOU. (OIS.) La Chevêche.

PETIT-HOUX. (BOT. PHAN.) Le Fragon.

PETIT MOINE. (OIS.) La Mésange charbonnière.

PETIT MONDE. (POISS.) Le Tétrodon ocellé.

PETIT MUGUET. (BOT. PHAN.) L'Aspérule odorante, L.

PETIT PAON. (INS.) Le Bombyce Petit paon.

PETIT PAON SAUVAGE (OIS.) Le Vanneau commun.

PETIT PASSEREAU. (OIS.) Le Friquet.

PETIT PIERROT. (OIS.) Le Pétrel pélagique.

PETIT ROI PATAU. (OIS.) Le Troglodyte.

PETIT TAILLEUR. (OIS.) Le *Sylvia sutoria* ou Orthotome.

PETIT TOUR. (OIS.) La Grive.

PETITE AIGRETTE. (OIS.) La Grue candide.

PETITE ALOUETTE DE MER. (OIS.) La Guignette.

PETITE ARDOCELLE. (OIS.) La Mésange bleue.

PETITE CHARBONNIÈRE. (OIS.) La Mésange noire.

PETITE CENTAURÉE. (BOT. PHAN.) La Gentiane centaurée.

PETITE CONSOUDE. (BOT. PHAN.) Le Pied-d'Alouette consoude.

PETITE DIGITALE. (BOT. PHAN.) La Gratiole officinale.

PETITE Joubarbe. (BOT. PHAN.) La Joubarbe âcre, *Sedum acre*, Lin.

PETITE MIAULE. (OIS.) La Mouette cendrée.

PETITE OREILLE DE MYDAS. (MOLL.) L'Auricule de Juda.

PETITE ORGE. (BOT. PHAN.) La Cévadille.

PETITE DE TERRE. (OIS.) Le Guignard, etc. (GUÉR.)

PETIT TÉTRAS ou COQ D'EAU. (OIS.) *Voy.* TÉTRAS.

PÉTIVÈRE, *Petiveria*. (BOT. PHAN.) Linné dédia ce genre à Pétiver, pharmacien anglais, auteur de plusieurs ouvrages de botanique et découvreur de la plante qui en est le type. Il appartient à la famille des Chénopodiacées de Rob. Br., Chenopodées, D. C., tribu des Chénopodées (Atriplicées de Jussieu), et à l'Hexandrie trigynie du botaniste suédois; voici ses caractères distinctifs : Périanthe unique, persistant, formé de quatre folioles linéaires; six à huit étamines à anthères simples; ovaire supère surmonté d'un style latéral, divisé à son sommet en plusieurs stigmates réunis en pinceau; capsule indéhiscente, monosperme, couronnée du périanthe et de quatre stigmates recourbés en crochet. On ne connaît encore qu'une espèce de ce genre, qui est :

La P. A ODEUR D'AIL, *P. alliacea*, Linn., Lam., etc. Vulgairement l'herbe aux poules de Guinée. C'est une plante suffrutiqueuse, répandant de toutes parts une odeur forte et pénétrante qui se rapproche de celle de l'ail. Ses racines sont fortes, tenaces, fibreuses et fort allongées, et s'étendant profondément dans le sol; elles produisent une ou plusieurs tiges, hautes de deux ou trois pieds, noueuses et ligneuses inférieurement, munies de feuilles alternes très-courtement, pétiolées, ovales-oblongues, rétrécies à leurs deux extrémités, très-entières, persistantes, longues de trois pouces environ, sur un pouce et demi de largeur, d'un vert foncé; les fleurs sont petites, sessiles, distantes, blanchâtres, peu apparentes, disposées en épis grêles axillaires et terminaux; le périanthe en est rude, à quatre divisions courtes et obtuses; les anthères sont oblongues, bifides à leurs deux extrémités; le style terminé par plusieurs stigmates réunis en pinceau, communique distinctement avec la base de l'ovaire par un sillon longitudinal; les capsules sont appliquées contre l'épi et contiennent chacune une semence obtuse, couronnée par quatre pointes en crochet, dont deux sont plus longues.

La Pétivère croît dans les prairies à la Jamaïque, à la Havane, sur le continent et dans la plupart des îles de l'Amérique. Comme elle supporte bien la sécheresse, tandis que les autres plantes sont brûlées par le soleil, elle se conserve verte et les bestiaux alors sont contraints de s'en nourrir.

Mais

Mais son odeur étant très-forte, le lait des vaches qui en mangent, participe de cette odeur alliacée, et la chair même des animaux dont on se nourrit en conserve un goût désagréable. Les habitans de ces contrées se servent de ces racines pour écarter de leurs vêtemens de laine les insectes qui les mangent, et l'odeur en est si forte, qu'elle reste encore long-temps aux mains qui les ont touchées. Aussi pour peu que cet usage soit assez général, ces gens revêtus de leurs habits doivent traîner partout une odeur qui paraît peu agréable.

(C. Lem.)

PÉTONCLE, *Pectunculus*. (moll.) Les conchyliologistes anciens donnaient indistinctement le nom de Pétoncles à toutes les coquilles bivalves. M. de Lamarck est le premier auteur qui ait réservé ce nom à un genre dont les caractères suivent : animal à corps arrondi plus ou moins comprimé; le manteau dépourvu de cirres et de tubes; un pied fourchu; les appendices buccaux linéaires; la coquille est orbiculaire, presque lenticulaire, équivalve, subéquilatérale, close; la charnière est arquée et pourvue de dents nombreuses, rangées en série; le ligament est extérieur.

Les Pétoncles sont des mollusques que l'on peut reconnaître facilement, non seulement par la forme orbiculaire de la coquille, mais encore par un grand nombre de dents sériales qui sont toujours disposées sur une ligne courbe. Ces coquilles habitent dans presque toutes les mers, et on les trouve fossiles dans beaucoup de pays. Elles commencent à se montrer dans les couches inférieures de la craie, et ensuite on les trouve en grande abondance dans les terrains tertiaires.

L'espèce la plus répandue dans nos mers est le Pétoncle flammulé, *Pectunculus pilosus*, Lamarck; animaux sans vertèbres, tom. VI, p. 49. On trouve cette coquille dans la Méditerranée, la Manche et l'océan Atlantique; elle est orbiculaire, assez grande, aplatie, finement treillisée; elle est toute parsemée de taches angulaires fauves, sur un fond blanc; à l'intérieur elle est blanche avec une large tache brune; son épiderme est brun, pileux, semblable à un velours, peu serré et à soies raides. Nous l'avons figurée dans notre atlas, pl. 478, fig. 1. On rencontre les autres espèces dans presque toutes les mers. (L. Rousseau.)

PÉTRÉE, *Petræa*, L. (bot. phan.) Un fort joli genre de la Didynamie angiospermie et de la famille des Verbénacées, a été appelé par Houston à conserver le souvenir du jeune Pétrée, mort en 1741, au moment où, après avoir recueilli toutes les plantes de l'Inde, il entreprenait la flore de cette riche contrée; il est peu nombreux. Le genre renferme des arbrisseaux grimpans, à feuilles simples, opposées, très-entières, et munis de fleurs monopétalées, rassemblées en longs épis axillaires ou terminaux, presque opposées les unes aux autres, et la plupart du temps accompagnées de bractées. Ces plantes dicotylédonées offrent pour caractères essentiels, un calice persistant, campanulé, très-grand, coloré, dont le limbe est double, extérieurement divisé en cinq segmens scarieux, longs et profonds, égaux et étalés, garni à son orifice de cinq écailles en forme de second calice; une corolle caduque, à tube court, à cinq lobes étalés, et beaucoup plus courte que le calice; quatre étamines didynames fort peu saillantes; ovaire supère; style simple, surmonté d'un stigmate presque capité; capsule à deux loges monospermes, entourée par le calice persistant.

Nous représentons dans notre Atlas, pl. 478, fig. 2, la plus belle espèce du genre, la Pétrée grimpante, *P. volubilis*, L. Cet arbrisseau, spontané à la Martinique, est fort recherché aux Antilles; on l'admet dans les serres, où il produit le plus charmant effet lorsque ses grappes longues, droites ou pendantes et terminales sont en pleine floraison. Sa tige rude, sarmenteuse et cylindrique, atteint jusqu'à huit et dix mètres; elle s'attache aux arbres et mêle à leurs rameaux ses feuilles opposées, ovales, légèrement lancéolées, entières, rudes sur les deux faces, longues de huit à dix centimètres et attachées à de courts pétioles. Les fleurs, d'une belle couleur bleue, quelquefois bleuâtres extérieurement, sont très-ouvertes, et présentent à l'intérieur le violet foncé de leurs pétales, au milieu duquel brille comme un point doré le sommet des quatre étamines. Je l'ai cultivée cette jolie plante, et c'est sur la nature vivante que fut exécuté le dessin d'après lequel notre planche a été faite; je n'ai pu obtenir le fruit.

Dans les vallées de l'Amérique méridionale, surtout dans celles qui font les délices du pays de Caracas, on trouve deux espèces de ce genre la Pétrée en arbre, *P. arborea*, Kunth, grand arbrisseau s'élevant à sept mètres sur un tronc à écorce lisse et cendrée; ses feuilles sont luisantes en dessus, à nervures saillantes en dessous et légèrement ondulées en leurs bords; ses fleurs sont violettes sur les divisions calicinales et pourpres sur leurs pétales; leur corolle est pubescente, et le limbe, partagé en cinq lobes obtus, porte une tache blanche à l'extrémité du lobe supérieur: cette espèce diffère de la première par sa tige arborescente, ses feuilles obovées, oblongues, et les divisions plus étroites du calice.

L'autre espèce, la Pétrée ridée, *P. rugosa*, également ainsi nommée par Kunth, s'en distingue à son tour par ses rameaux presque anguleux, ses feuilles elliptiques, arrondies au sommet, mucronées, un peu cordiformes à leur base; si elles se montrent ridées et d'un beau vert brillant en dessus, la page inférieure est toute hérissée; ses fleurs violacées sont réunies sur un épi droit, axillaire, lâche, terminal et solitaire; chacune d'elles est pourvue à sa base de bractées linéaires et hérissée. (T. d. B.)

PÉTREL, *Procellaria*, L. (ois.) Ordre des Palmipèdes, famille des Longipennes, Cuv.; famille des Syphorinins, Vieill. et Less. Les caractères généraux sont : bec plus ou moins long que la tête, dur, crochu, paraissant formé d'une pièce articulée à l'extrémité, arrondi en dessus, déprimé et élargi à la base; narines réunies en un seul tube couché sur la mandibule supérieure, ayant une ou deux ouvertures; pieds plus ou moins longs; tarses médiocres; trois doigts en avant, entièrement palmés; un ongle implanté dans le talon, représentant le doigt postérieur, ou absence complète de pouce; ailes très-allongées à première et deuxième rémiges les plus longues; queue, douze ou seize rectrices.

Les Pétrels sont de tous les oiseaux pélagiens ceux qui s'éloignent le plus des côtes. Ils ne viennent à terre que pour y faire leurs nids, qui sont composés de plantes marines. Ils choisissent à cet effet des crevasses dans les rochers qui avoisinent le bord du rivage. D'après les récits des voyageurs, ils n'y déposent qu'un seul œuf. Nous regrettons beaucoup que, dans nos nombreux voyages, nous n'ayons pas été à même de vérifier le fait. On dit qu'ils lancent sur ceux qui cherchent à s'emparer de leurs œufs, un suc huileux que contient leur estomac.

On voit des Pétrels dans toutes les mers; mais c'est principalement dans les hautes latitudes des mers australes, qu'ils sont le plus multipliés. Nous avons remarqué qu'ils étaient extrêmement rares lorsque nous abordions les tropiques.

Les Pétrels damiers et les Pélagiens sont ceux que signalent plus particulièrement les navigateurs.

On ne connaît pas le nombre des espèces que renferme ce genre d'oiseaux, la difficulté de mettre des embarcations à la mer pour aller les chercher, quand on les a tués, est et sera long-temps un puissant obstacle pour atteindre ce but.

L'apparition des Pétrels à la mer n'indique point au marin l'approche de la terre.

Ces oiseaux ont reçu la dénomination de Pétrels de l'habitude qu'ils ont de marcher sur l'eau en s'aidant de leurs ailes, ce qui les a fait comparer à saint Pierre. Leur vol est très-rapide et s'effectue presque toujours en planant; ils parcourent en peu d'heures des espaces immenses. Généralement ils volent avec plus de vitesse lorsque la mer est agitée par la tempête, dont ils n'annoncent pas la venue, comme beaucoup de voyageurs l'ont avancé.

Les Pétrels se nourrissent généralement de mollusques, de vers marins, de débris de cétacés, de poissons, etc. C'est en rasant la surface de la mer et même en plongeant qu'ils s'emparent de leur proie, si l'on en excepte le sous-genre Puffinure.

On divise les Pétrels en cinq sous-genres, 1° Pétrels proprement dits; 2° Pétrels hirondelles ou Thallassidromes; 3° Puffins; 4° Prions; 5° Puffinures ou Pélécanoïdes. Le premier sous-genre (Pétrels) est caractérisé par la forme que présente la mandibule inférieure, qui est droite et tronquée à son extrémité. Il comprend les espèces suivantes :

Le GRAND PÉTREL, le PÉTREL GÉANT, le BRISEUR D'OS, *Quebranta huessos* des Espagnols (*Procellaria gigantea*, Lat.), de la grosseur des Albatros, avec lesquels on le confond lorsqu'il vole, a la tête noirâtre; les parties supérieures blanchâtres avec des taches brunes; les côtés du col, la gorge et le dessous du corps blancs; les pieds d'un gris jaunâtre et les membranes noires.

Il habite les mers du Sud, le cap de Bonne-Espérance et les îles Malouines où nous en avons vu un très-grand nombre s'approcher des côtes pour faire la chasse aux Cormorans afin de s'emparer du poisson qu'ils viennent de pêcher.

P. FULMAR, Pétrel gris blanc, Pétrel de Saint-Kilda, *P. glacialis*, a le dos d'un gris clair satiné; le ventre blanc; le bec plombé dans la partie qui correspond au tube des narines; une tache noire à l'extrémité des mandibules dont l'inférieure tronquée est couleur de chair. A l'angle interne de l'œil il y a une petite tache noire; les pieds sont d'une couleur plombée avec un mélange d'un jaune très-pâle. Lorsque cet oiseau vole, on aperçoit près de l'extrémité des ailes deux taches blanches qui font ressortir le noir des extrémités des pennes ou rémiges. Mesuré du bec à la queue, ce Pétrel a seize pouces de longueur sur quatorze de circonférence; il a à peu près le volume d'un canard.

Il habite les mers polaires, les îles Britanniques, New-Yorck. Celui dont nous donnons la description a été pris à la ligne aux environs des îles Malouines; nous avions pensé d'abord que ce pouvait être une espèce inédite, mais un examen plus sévère nous a porté à le considérer comme étant un Pétrel fulmar.

P. DAMIER, Pétrel du cap, Pétrel tacheté, Pintado, L. *P. capensis*. Les Espagnols l'appellent *Pardalus*. Parties supérieures marquées symétriquement de taches blanches et noires, ce qui lui a valu son nom; sommet de la tête, dessus du col et rémiges noirs; ventre blanc; bec et pieds noirs; de la grosseur et du port d'un gros pigeon, d'où on l'a aussi appelé Pigeon de mer. Il habite les mers du sud, principalement les environs du Cap; nous avons vu des Damiers dans les parages de Buenos-Ayres, des îles Malouines, du cap Horn, et de la Nouvelle-Zélande. Il se repose souvent dans le sillage des navires où on le prend à la ligne.

Le Pétrel damier brun ou Pétrel atlantique, n'est, dit-on, qu'une variété.

P. HASITE, *P. hasita*, Temm. Sommet de la tête, dos, queue et ailes, brun noir; front, col et dessous du corps blancs. Ce Pétrel habite les mers de l'Inde.

P. A PETIT BEC, *P. brevirostris*. Le plumage de cet oiseau est entièrement d'un noir couleur de suie; sur les ailes et la queue la teinte est plus foncée; le bec court, très-recourbé, noir; les pieds jaunes.

P. DE LA DÉSOLATION, *P. desolata*, Lath. Parties supérieures brunes; gorge et dessous du corps blancs; poitrine noire. Il habite les mers de l'Inde. M. Lesson l'a trouvé dans l'archipel des Carolines.

P. COLOMBE, *P. turtur*, Banks, Forst. Parties supérieures d'un gris tendre; parties inférieures ou abdominales blanches; les ailes et la queue de couleur brune. Il habite les environs du cap de Bonne-Espérance; on le rencontre aussi dans les parages des îles Waigiou.

Deuxième sous-genre. Les P. HIRONDELLE ou THALASSIDROME, Vig., se distinguent par un bec plus court que ceux du genre précédent et par la hauteur de leurs jambes, ce sont généralement des espèces petites que l'on désigne sous le nom d'oiseaux de tempête ou Alcyons.

P. DE TEMPÊTE, *P. pelagica*, L. Briss., représenté dans notre Atlas, pl. 478, fig. 4. Oiseau de tempête, Buff. Tête, dos, ailes et queue, d'un noir fuligineux; croupion blanc; plumes scapulaires et pennes secondaires des ailes terminées de blanc; grandes pennes alaires et pennes caudales noires; bec et pieds noirs; queue carrée, ailes la dépassant fort peu; iris brun. Ce Pétrel est de la grosseur d'une alouette, est très-haut sur jambes. Il habite les mers d'Europe et les mers du sud. M. Ch. Bonaparte dit qu'on ne l'a jamais trouvé sur les côtes de l'Amérique septentrionale, bien que M. Temminck dise le contraire.

Il y a une variété de P. DE TEMPÊTE de la grosseur d'une grive, très-haute sur jambes. Elle est également toute brune, le croupion et le ventre exceptés qui sont blancs; une ligne brune sépare le ventre en deux parties; dix rémiges et dix rectrices; yeux saillans et iris brun foncé; glande lacrymale et nerf très volumineux.

On retrouve cette variété près du cap Horn des îles Malouines, etc. Qu'il y ait gros temps ou très-beau temps, ils vont de préférence dans le sillage des bâtimens. Ces oiseaux sont sensibles à la perte d'un de leurs compagnons de voyage; nous remarquâmes que lorsque nous prîmes un Pétrel qui n'avait été que blessé, les autres semblaient voltiger autour de lui à plusieurs reprises, sans doute pour le consoler; ceci expliquerait-il la grosseur de la glande lacrymale?

On voit dans les parages du cap Horn un oiseau double de ce Pétrel à manteau foncé, bleu sous le ventre, un peu noir sur le col; nous soupçonnons que c'est une nouvelle espèce de Pétrel pélagique.

P. DE LEACH, *P. Leachii*, Tem. D'Europe.

P. OCÉANIQUE, *P. oceanica*, Forst., Ch. Bonap., Pétrel à écharpe, Vieill. Des mers Australes.

P. FRÉGATE, *P. fregatta*, Lath. De l'Inde.

P. MARIN, *P. marina*, Lath. Des mers Australes.

P. DE WILSON, *P. Wilsonii*, Ch. Bonap. Des États-Unis.

Le sous-genre PUFFIN, *Puffinus*. Cuv. comprend les Pétrels dont le bout de la mandibule inférieure se recourbe vers le bas avec celui de la supérieure, et dont les narines tubuleuses s'ouvrent par deux trous; leur bec est généralement plus long que la tête.

PÉTREL PUFFIN, *P. puffinus*, *L. cinerea* de Gm., parties supérieures brun cendré; tête et dessous du col grisâtres; plumes alaires et caudales noires; parties inférieures blanches; bec jaune; pieds jaune livide; iris brun. Il habite presque toutes les mers à l'exception de l'Adriatique.

Le P. CENDRÉ, *Procellaria cinerea*, Forst. C'est le même.

P. PUFFIN BRUN, *P. æquinoctialis*, Lath. Plumage entièrement brun, noirâtre, à l'exception d'une tache blanche à la gorge; bec jaunâtre terminé de noir; pieds bruns. Il habite l'Océan méridional; on le rencontre fréquemment au cap.

P. LESSON, *P. Lessonii*, Garnot. Nous avons dédié ce joli Pétrel à notre compagnon de voyage, M. Lesson, connu par de nombreux travaux. Ce Pétrel du genre Puffin, a le corps de la grosseur d'un Pigeon, court et ramassé comme celui du Damier; le bec fort, médiocre, noir; la mandibule supérieure recourbée, convexe, présentant une rainure profonde entre l'extrémité et les narines; le sommet de la tête et le dessus du col d'un blanc grisâtre satiné, une tache noire en avant de l'œil et sur ses bords; l'iris brun foncé; le dessus du corps et de la queue d'un gris cendré, passant au milieu au brun foncé. Les couvertures des ailes brunes, les rémiges noires, la gorge légèrement grise; la poitrine, le ventre, les plumes anales d'un blanc pur; les pieds blanchâtres avec une légère teinte couleur de chair; la membrane est bordée de noir; les ongles sont minces, celui du pouce est conique et court. Cette espèce pourrait bien avoir une calotte noire à certaines époques de sa vie, ou avoir la tête et le col blancs le gris finissant par disparaître; envergure 36 pouces; longueur du bec à la queue 15 pouces; la première penne de l'aile est la plus longue; les ailes ne dépassent pas la queue, elles ont 11 pouces 6 lignes de longueur; les deux rectrices moyennes sont les plus longues.

Ce Pétrel se tient dans les parages du cap Horn et de la mer Pacifique par 52° de lat. sud, et 85° de long. ouest; nous l'avons pris à l'entrée de la baie de la Soledad (Malouines).

P. DE LA MER PACIFIQUE, *P. pacifica*, Garnot. Cette espèce, que nous croyons inédite, est un peu plus grosse que le Damier; les deux mandibules sont crochues, ce qui la range parmi les Puffins; manteau gris cendré, moiré; couvertures des ailes gris-noirâtre; tête, col et dessous du corps blancs; quelques taches gris-clair sur la tête; queue composée de douze pennes, les deux centrales plus longues, légèrement cendrées en dessus, le dessous des ailes est moins foncé que le dessus; bec moins long que la tête de 5 lignes, noir; pieds écussonnés, couleur de chair; bords extérieurs de la membrane, noirs; yeux brun foncé, entourés de plumes noirâtres; longueur de l'extrémité du bec au bout de la queue 15 pouces; la première penne des ailes est la plus longue. Cet oiseau, qui a beaucoup de rapports avec le Pétrel Lesson, habite les mêmes parages 52° lat. sud, 85° long. ouest, Grand-Océan austral.

P. OBSCUR, *P. obscura*, L. Vieill. Des mers du nord.

P. PUFFIN DE MANKO, *P. Anglorum*, Temm. Des mers du nord.

P. PUFFIN FULIGINEUX, *P. fuliginosa*. Les parages d'Otaïti.

P. puffin bec jaune, *P. chlororhynchus.*

S. Genre Prion, Lacep., *Pachyptila*, Illig. Narines séparées comme les Puffins; bec très-élargi à sa base; bords des mandibules garnis intérieurement de lames verticales, pointues, très-fines, analogues à celles des Canards; la mandibule supérieure se déjette un peu en dehors et présente en dedans un rebord saillant.

P. Prion bleu, Prion à bandes; *P. vitata et cœrulea*, Forst. Pétrel de Forster.

Ce Pétrel, d'un tiers plus gros que le pélagique, a le dessus du corps bleu cendré ou gris-bleu, plus foncé sur la tête et les ailes. On voit une bande noirâtre qui coupe en travers les ailes et le bas du dos, près de la naissance de la queue; l'extrémité de celle-ci offre cette même teinte bleu-foncé ou noirâtre; le dessous du corps et des ailes est blanc: on remarque au dessous de la queue une légère nuance bleue; le bec et les pieds sont bleu plombé; le milieu de la mandibule supérieure et le tube des narines noirâtres.

La queue présente seize pennes dont les moyennes sont un peu plus longues, ce qui la fait paraître arrondie; les ailes ne dépassent pas la queue; envergure 20 pouces, longueur totale de l'oiseau 11 pouces. Il habite les mers antarctiques en longeant les îles, Lesson, Garnot, Blosseville, etc. (Archipel de Schouten). Dans le Grand-Océan équinoxal, nous avons vu un Pétrel bleuâtre; serait-ce un Prion ou une espèce inédite?

S. Puffinure, *Puffinaria*, Garnot et Less. Pélécanoïde, Lacep.; *Haladrona*, Illig. Bec droit, crochu à l'extrémité comme les Puffins, composé de plusieurs pièces, plus long que la tête, garni de plumes à sa base jusqu'aux narines, qui, tournées en haut, ont la forme d'un cœur de carte à jouer. Une cloison sépare les deux conduits nasaux dans les Pélécanoïdes; il y a une poche dilatable qui n'existe pas dans les Puffinures. Pieds palmés courts, sans pouce ni ongle postérieurs; la deuxième rémige la plus longue; la queue est petite, dépassant fort peu les ailes. Le Puffinure semble tenir le milieu entre les Pétrels, dont il a à peu près le bec et les pieds, et les Grèbes, dont il a le port et l'habitude de plonger. D'après ces considérations nous étions portés à en faire un sous-genre des Pétrels sous le nom de Grebi-Pétrel. Nous lui avons préféré celui de Puffinure proposé par M. Lesson comme plus simple, et parce qu'il indique la liaison avec les Puffins et les Uria.

Le Pélécanoïde, *P. urinatrix*, Gm.; Pétrel pélécanoïde plongeur, Vieil. Son plumage est d'un brun noir sur le corps et blanc en dessous, excepté le haut de la gorge qui est noir; les taches sont d'un vert bleuâtre et les membranes noires; l'iris est d'un bleu sombre; le bec blanc vers le milieu et sur les côtés de la mandibule inférieure, est noir dans le reste. Il habite la mer Pacifique, la mer Australe, et les côtes de la Nouvelle-Zélande, où les naturels l'appelle Tée-Tée.

P. de Garnot, *P. Garnotii*, Lesson, Zool. de la Coq., pl. 46. Son plumage n'offre rien de brillant; le brun noirâtre du dos avec une teinte légèrement glacée de bleu, et tout le devant de son corps d'un blanc lustré, sont les deux couleurs dominantes. Il y a une très-légère teinte lustrée sur les côtés de la poitrine; son bec et ses pieds noirs. Il a huit pouces et demi de longueur. L'œil situé un peu au dessus de la commissure des mandibules a l'iris rouge brun. Cet oiseau est de la grosseur de la variété Pélagique. Il habite les mers Australes; nous en avons rencontré des volées considérables dans les parages de l'île de San-Gallant et de Lima.

Nous avons fait l'anatomie de plusieurs espèces de Pétrels, pendant notre Voyage autour du monde sur la corvette la Coquille. On trouvera le résultat de ce travail dans la partie zoologique de ce voyage, qui a été publié par M. Artus-Bertrand, libraire. Nous nous bornerons ici à donner comme exemple l'anatomie suivante, que nous avons faite sur l'espèce qui nous a été dédiée et dont la description précède.

Dimensions de l'oiseau.

	Pouces.	Lignes.
Longueur totale.	8	6
— du bec.	1	2
— de la tête, prise de l'extrémité du bec à l'occiput.	1	0
Distance de l'œil à l'angle de l'ouverture des mandibules.	0	6
Grosseur ou circonférence.	8	0
Envergure.	16	0
Longueur de l'aile.	5	0
— des pieds.	1	6
— de la queue.	1	6

Langue allongée, épaisse, dentelée sur les bords comme celle du *Procellaria urinatrix.*

Estomac vaste, occupe presque toute la cavité abdominale; mesuré de son orifice cardiaque au pylorique, il y a trois pouces et quelques lignes.

L'*intestin* forme plusieurs duplicatures ou replis; sa longueur est de vingt-et-un à vingt-deux pouces. Les deux cœcums sont à peine sensibles. Ayant fait l'ouverture de l'estomac, nous trouvâmes sa capacité pleine d'une matière huileuse grise. La surface interne de ce viscère est parsemée de follicules muqueux très-développés.

Le *gésier* très-petit est composé de fibres musculaires, qu'unit un tissu cellulaire peu serré.

Le *foie* peu volumineux est divisé en deux parties.

La *rate* est très-petite.

Le *pancréas* peu développé.

Les *testicules* arrondis, jaunes, de la grosseur d'un petit pois.

Le *larynx*, long de trois pouces, n'offre point de cloison dans la partie inférieure d'où nous pensons que le larynx inférieur n'existe pas; deux muscles s'y insèrent.

Le *cœur* est petit.

Le *sternum* a la forme d'un carré allongé un peu plus étroit à sa partie moyenne; l'extrémité claviculaire a ses deux angles latéraux légèrement arrondis; la base ou extrémité abdominale coupée presque carrément n'offre point d'échancrure.

Crête saillante.

Tels sont les Pétrels qui forment des espèces bien distinctes. Nous regrettons que nos recherches anatomiques ne soient pas plus étendues, mais, tout imparfaites qu'elles sont, nous espérons qu'elles seront de quelque utilité à la science.

(P. Garnot.)

PÉTRICOLE, *Petricola*. (moll.) Les coquilles que M. de Lamarck a nommées ainsi ont, comme quelques autres mollusques bivalves, l'habitude de se creuser des trous dans des pierres et d'y vivre; c'est principalement dans des calcaires tendres qui ne sont pas à de très-grandes profondeurs que ces mollusques se logent. Ces animaux ont été ainsi caractérisés par M. de Lamarck : coquille bivalve, subtrigone, transverse, inéquilatérale, à côté postérieur arrondi, l'antérieur atténué un peu bâillant; charnière pourvue le plus souvent de deux dents sur chaque valve.

Les Pétricoles sont des coquilles d'assez petite taille qu'on retrouve fossiles, mais en très-petit nombre et toujours dans des couches plus nouvelles que la craie. Ce genre ne contient que quelques espèces, dont deux appartiennent à nos mers. L'une d'elles, la P. lamelleuse, *Petricola lamellosa*, Lamarck. Se trouve dans la Méditeranée où elle habite les pierres et le bois pourri. C'est une coquille blanchâtre, ovale, trigone, oblique, couverte de lames transverses droites et légèrement réfléchies; l'intervalle qui les sépare est très-finement strié. (L. Rousseau.)

PÉTRIFICATION. (géol.) Opération de la nature par suite de laquelle, un corps organisé, a été changé en une véritable pierre tout en conservant sa forme première. On voit qu'il résulte de cette définition que les corps organisés pétrifiés devraient être rigoureusement distingués des corps organisés fossiles : en effet, dans ces derniers on retrouve plus ou moins de traces de la matière organique; les ossemens renferment encore du phosphate de chaux et presque toujours de la matière animale; les végétaux sont susceptibles de s'unir encore à l'oxygène de l'air par la combustion; tandis que dans les corps qui ont subi l'action de la Pétrification, aucune de ces conditions ne subsiste.

Si dans les études et les recherches géologiques on comprend sous le nom de fossiles, les corps pétrifiés et ceux qui ne le sont pas, c'est qu'il n'en résulte aucun inconvénient et que la présence du moule d'une coquille, c'est-à-dire d'un morceau de pierre qui a conservé exactement la forme de ce corps organisé, après sa destruction, atteste tout aussi bien la présence de cette coquille que la coquille elle-même la mieux conservée.

On peut distinguer deux sortes de Pétrifications : la Pétrification calcaire et la Pétrification siliceuse. La première a principalement fait sentir son action sur les coquilles des Mollusques, c'est pour cela que l'on trouve dans les différentes couches calcaires qui composent l'écorce du globe, une si grande quantité de moules intérieurs ou extérieurs de coquilles et de polypiers. La Pétrification siliceuse a agi aussi dans ces calcaires, quand il s'y est trouvé assez de silice pour que celle-ci pût se dissoudre dans un liquide qui a dû pénétrer les corps organisés : c'est ainsi que dans la craie, par exemple, on trouve un grand nombre de moules de coquilles changées en silex; mais en général ces moules siliceux sont moins abondans que les moules calcaires dans la nature.

La Pétrification siliceuse a principalement agi sur les végétaux : ainsi jamais ou presque jamais on ne trouve de plantes changées en carbonate de chaux, tandis que rien n'est plus commun que de trouver des troncs d'arbres métamorphosés en silex.

Le savant Haüy a donné une théorie fort simple de l'action de la Pétrification : suivant lui les Mollusques pétrifiés et les bois silicifiés ne sont que des Pseudomorphoses, c'est-à-dire de fausses formes prises par la matière calcaire et par la matière siliceuse, pendant qu'agissait le phénomène de la Pétrification, phénomène par lequel chaque molécule organique a été successivement remplacée par une molécule de calcaire ou de silice. On conçoit, par exemple, que les vides imperceptibles qui se forment pendant la décomposition du bois aient pu se remplir peu à peu d'un liquide chargé de silice et que de proche en proche la masse ligneuse ait été changée en une masse siliceuse. La marche de la Pétrification est tellement lente dans les bois dont il s'agit, que leur tissu fibreux s'est conservé dans toute son apparence et que l'on distingue parfaitement les monocotylédons et les dicotylédons; mais c'est une erreur de penser que l'on puisse reconnaître les espèces qui appartiennent à ces derniers.

Il ne faut pas confondre ce que l'on doit entendre par Pétrification, avec ces incrustations qui se forment au sein des eaux chargées de molécules calcaires. Ces dernières, qui étonnent le vulgaire et les esprits superficiels ne sont d'aucun intérêt pour celui qui cherche à surprendre les secrets de la nature : elles ne font que recouvrir les corps d'un sédiment qui en conserve plus ou moins fidèlement les formes. (*Voyez* Incrustations.)

(J. H.)

PÉTROLE (Bitume liquide, naphthe). (min.) Substance liquide, principalement composée de carbure dihydrique, c'est-à-dire d'une combinaison de 0,876 de carbone et de 0,124 hydrogène. ou $H^2 C$, plus ou moins mélangé d'autres matières, et notamment de malthe. S'enflammant avec facilité, soluble dans l'alcool, dissolvant les résines et l'asphalte, ayant ordinairement une odeur de goudron. Pesanteur spécifique variable, selon le degré de pureté, de 0,758 à 0,854; couleur variant du blanc jaunâtre au brun noirâtre. On appelle ordinairement naphthe, la variété d'un blanc jaunâtre; elle forme un liquide léger, très-volatil, qui s'enflamme avant que le corps en combustion l'ait touchée, mais qui s'épaissit et brunit lorsqu'elle demeure exposée au contact de l'air et de la lumière.

Le Pétrole, qui a beaucoup de rapports de composition avec le grisou, en a aussi par son gisement, car les sources de Pétrole se trouvent souvent dans les lieux où il se dégage du grisou. Parmi ces lieux, nous citerons les environs de Backu, sur les côtes de la mer Caspienne, les Apennins du Parmesan et du Modénois, Gabian en Languedoc, etc.

Le Pétrole est employé à l'éclairage, ainsi que pour la fabrication des vernis. On s'en sert aussi en médecine sous le nom d'huile de Gabian; mais les usages du Pétrole comme de toutes les autres matières bitumineuses telles que les bitumes, les naphthes, les schistes bitumineux, les grès bitumineux, les calcaires bitumineux, l'asphalte, etc., ont pris une extension prodigieuse depuis qu'une industrie nouvelle a employé ces substances au pavage des trottoirs, des routes, etc. (A. R.)

PÉTROMYSON. (POISS.) Nom scientifique du genre LAMPROIE (*voyez* ce mot).

(ALPH. GUICH.)

PETROSELINUM. (BOT. PHAN.) Nom que l'on donnait autrefois au *Persil cultivé*, *Apium petroselinum* de Linné. Aujourd'hui Hoffmann a séparé avec raison le genre *Persil*, du genre *Céleri;* le premier conserve le nom de *Petroselinum*, et le second celui d'*Apium*. (*Voyez* CÉLERI, PERSIL.) Les anciens botanistes donnaient ce nom de *Petroselinum* à la petite Ciguë, *Æthusa cynapium*, Linné, à l'Œnanthe aquatique, *Œnanthe fistulosa*, Linn., etc.; plantes qui offrent quelques ressemblances avec le *Petroselinum sativum*, Persil cultivé. Les anciens n'y regardaient pas de trop près.

(C. LEM.)

PÉTROSILEX ou FELDSPATH COMPACTE, *Syn. feldstein.* (MINER.) Le Pétrosilex uniforme est quelquefois coloré par du fer, et à cristaux imparfaits de quartz ou d'amphibole entourés d'une auréole étoilée; il renferme aussi accidentellement du talc, du mica, du grenat, des diallages. Mélangé de quartz il est difficilement fusible. Parmi les variétés nous citerons le Pétrosilex jaspoïde ou corné (une partie des Hornstones des Anglais), et le Pétrosilex zonaire de différentes couleurs.

Le PÉTROSILEX JADIEN ou JADE, est un mélange intime de feldspath et de talc.

Le PÉTROSILEX AMPHIBOLIQUE, est verdâtre et donne un verre brun noir.

Le PÉTROSILEX PYROXÉNIQUE ou l'APHANITE, est mélangé de terre verte et de pyroxène; il fond en verre noir; parmi les substances accidentelles, nous citerons les minéraux suivans: Datolite, Axinite, Idocrase, Asbeste, Prehenite blanche, Stilbite, etc.

Le PÉTROSILEX nommé TRAPP VARIOLAIRE, Syn. certains *Blaterstein*, offre des nœuds d'Épitote, de Spath calcaire, etc.

Le Pétrosilex est une roche d'origine ignée et qui se rapproche souvent beaucoup des eurites ou des porphyres; comme ceux-ci il se rencontre principalement dans les terrains qui se trouvent au dessous du terrain houiller. Mais, le Pétrosilex m'ayant fourni des exemples d'anomalies, et cela sur une grande échelle, aux environs de Quimper, je crois que le lecteur ne verra pas sans intérêt les traits les plus saillans dont j'ai parlé (1).

Après le dépôt de la formation talqueuse et même de certains grès, la terre a vomi une roche, anormale à la première inspection, et sur laquelle on a été plusieurs fois trompé, mais dont on débrouille aisément l'histoire, lorsqu'on l'étudie avec détail et sans idées systématiques conçues *à priori*. Cette roche, très-répandue autour de Quimper, est un Pétrosilex d'origine ignée, et que vraisemblablement l'on rencontre ailleurs avec des circonstances analogues (2). Elle forme presque en totalité la promenade S. de Quimper; elle commence au N.-E. de Roz-Maria, se dirige d'une part à l'E. vers Kerangall, et de l'autre au N.-O. sur Kermabeuzen, où elle se contourne et se rétrécit considérablement, après quoi elle s'élargit et va mourir en pointe au-delà de Saint-Conogan. Ainsi elle donne lieu, vis-à-vis de Quimper, à un monticule fortement escarpé et d'un aspect très-pittoresque; elle limite assez brusquement au S. toute la vallée de Cuzon, et figure une masse empreinte d'un caractère particulier. Elle est bornée au S. par une bande de mica-schiste, au S.-O. par le talc-schiste, à l'E. et à l'O. par le granite, roches qu'elle a modifiées au contact, de manière à les rendre méconnaissables. Il est présumable qu'elle s'étend au dessous du terrain houiller et qu'elle en tapisse le fond. Au reste, mon opinion est confirmée par la présence de cette roche, soit en bouton ou bien en filon presque tout autour de la formation carbonifère.

Lorsqu'on examine cette roche dans tous les détails, on reconnaît évidemment que les parties normales sont de véritables Pétrosilex (feldstein), et de plus en plus purs à mesure que l'on descend intérieurement dans la masse; au contraire à la surface, aux extrémités du massif, ou au contact d'autres roches, on ne peut plus donner au Pétrosilex un nom *sui generis*. Dans ce dernier cas on le voit généralement pénétrer les autres roches, et l'on reste convaincu de son origine ignée, quand on l'observe en filons dans le granite comme à Stanqvian, au S.-E. de Saint-Denis, au S. de Kerampensal, à Meizilien-Bras, etc. Tantôt ces filons se fondent avec la roche qu'ils ont traversée, tantôt, au contraire, ils n'y adhèrent point et offrent une surface assez lisse pour simuler un retrait qui se serait opéré par le refroidissement. J'ai voulu ensuite tâcher de découvrir la cause des anomalies dont j'ai parlé et me rendre compte de la position du Pétrosilex. Après avoir examiné avec un soin minutieux tous les gisemens de cette roche, et après avoir cassé un grand nombre d'échantillons, j'ai reconnu les faits suivans.

(1) Etudes géologiques faites aux environs de Quimper et sur quelques autres points de la France occidentale.

(2) Peut-être à Pont-Croix, auprès d'Auray et d'Ancenis, vers les Vosges, aux Echelles, aux monts Pentland, etc.

Au contact des talc-schistes le Pétrosilex passe à ces roches, ou à des roches phylladiennes; au contact des mica-schistes, il les rapproche du gneiss et du granite, et au contact de celui-ci il le fait passer au gneiss, à la pegmatite et au leptynite; mais dans les parties médianes de sa masse, le Pétrosilex reste toujours feldspath compacte (probablement de l'Orthose), c'est-à-dire un véritable Pétrosilex. La texture de cette formation change de couleur, et devient souvent phylladique, quelquefois porphyrique, euritique et grésiforme. Ainsi la roche de Pétrosilex pur, uniforme ou jaspoïde, passe à l'état de Pétrosilex jadien, de Pétrosilex quartzifère, d'eurite, de phyllade, de talc-schiste, de grès feldspathique et de talcortosite. Les couleurs varient aussi entre le vert, le bleu, le blanc et le brun. Sa structure paraît massive dans l'intérieur et pseudo-régulière à la surface, où elle se divise ordinairement en fragmens semi-schistoïdes, tandis qu'intérieurement elle est tenace, écailleuse et se sépare en rhomboèdres ou en prismes plus ou moins réguliers. Elle renferme beaucoup de sperkise, souvent en cristaux bien déterminés; dans les portions altérées elle contient de la limonite provenant de la décomposition de la sperkise, et cette circonstance lui donne quelquefois l'aspect zoné ou bigarré; elle est employée comme le granite à la réparation des routes.

D'après les résultats précédens, j'ai supposé que le mica-schiste, le granite, le talc-schiste du sable ou des assises de grès se trouvaient alors dans la localité, que le Pétrosilex s'était fait jour à travers ces roches, qu'il les avait modifiées principalement en leur introduisant du feldspath par une espèce de cémentation, peut-être aussi en fondant et en décomposant certaines substances; qu'il avait produit ainsi dans les parties extrêmes des roches plus ou moins différentes des masses normales; qu'il avait donné un nouveau relief au pays; et qu'enfin des influences extérieures et postérieures à ce phénomène avaient altéré les roches à la surface et avaient dénudé le sol en divers endroits.

En effet, des lambeaux de talc-schiste existent encore dans l'endroit où le Pétrosilex passe à cette roche; de plus, ils semblent avoir été pincés par le Pétrosilex, dont les filons dans les diverses roches sont placés de manière à montrer une injection qui diverge à partir du centre d'action.

La masse s'est fait jour d'abord à la place qu'occupe maintenant la montagne de la promenade de Quimper; ayant trouvé plus de résistance vers le S., elle s'est épanchée vers l'O., le N. et l'E.; ensuite les différens boutons qui paraissent ont peut être poussé plus tard, mais certainement à une époque voisine de celle qui est marquée par le grand phénomène.

Plusieurs personnes avaient pris ce Pétrosilex pour une pegmatite; une telle détermination est évidemment fausse; d'autres ont voulu y voir une roche de sédiment; cette dernière idée est aussi erronée, car, avec la meilleure volonté et même avec la doctrine neptunienne la plus fanatique, on ne peut apercevoir aucune stratification dans des coupes de trente-cinq mètres au moins de puissance. Tous les fendillemens irréguliers qui frappent de prime-abord l'attention de l'observateur, sont dus au refroidissement de la masse, aux mouvemens qu'a éprouvés le sol après l'apparition du Pétrosilex et à la décomposition de certaines parties de la roche feldspathique.

Depuis long temps j'avais pensé que ce Pétrosilex était arrivé avant le dépôt du terrain houiller: la grande quantité de feldspath, et surtout de feldspath réduit à l'état de kaolin qu'on rencontre dans cette formation carbonifère appuyait une pareille opinion, lorsque j'ai trouvé des boules du même Pétrosilex dans les poudingues houillers de Kereunteum. Voilà donc deux limites positives entre lesquelles l'âge du Pétrosilex est compris: d'une part nous avons le talc-schiste, des grès, et de l'autre le dépôt houiller.

Quoi qu'il en soit, la Bretagne et la Vendée nous montrent sur une grande échelle des dépôts qui se sont opérés dans le sein des eaux par une action, soit simplement mécanique, soit chimique, ou bien à la fois mécanique et chimique, et qui ensuite ont été modifiés par l'apparition de roches de formation ignée: tels sont, pour citer des exemples, les mica-schistes, les talc-schistes, et d'autres roches plus ou moins analogues à celles-ci, et renfermant ou ne renfermant pas de fossiles. La Bretagne elle-même nous fait voir des grauwacques ou des phyllades fossilifères passant à des talc-schistes bien cristallins, et provenant sans doute d'une modification ignée postérieure au dépôt. Dès-lors on a une nouvelle preuve de l'origine aqueuse des roches schisteuses cristallines, et des modifications qu'elles ont éprouvées ensuite pour arriver à leur état actuel. Néanmoins, il semble aussi que certaines roches sédimentaires ont pu, à la faveur de la pression, de nouvelles réactions chimiques, de courans électriques ou d'autres causes non ignées, acquérir une texture cristalline pareille à celle des talcschistes modifiés. Au reste, l'origine de ces anomalies est trahie généralement par les caractères que la nature semble avoir gravés exprès; de sorte que les géologues incrédules doivent aller lire dans son livre pour être convaincus; alors probablement tout mystère à leurs yeux ne sera plus qu'un enchaînement de faits ou de conséquences nécessaires des lois de la physique et de la chimie (1).

(A. R.)

PETUM ou PETUN. (BOT. PHAN.) C'est le nom que les indigènes du Brésil donnaient, lors de la découverte de ce pays, au tabac. Suivant un auteur (Monardez), il se nommait aussi *Picietl*, dans l'endroit même où on l'observa la première fois; malheureusement pour les amateurs d'ori-

(1) *Voyez* mon Traité de Géologie, 1 volume in-8°, avec 12 planches. Chez Méquignon-Marvis, libraire-éditeur, rue du Jardinet, 13, Paris.

gines étymologiques, il n'indique pas cet endroit. (C. Lem.)

PÉTUNIE, *Petunia*. (bot. phan.) Genre de plantes exogènes très-remarquable, appartenant à la famille des Solanées de Jussieu, tribu des Nicotianées (caractérisée par son périanthe externe persistant et son fruit sec) à la Pentandrie monogynie de Linné, et offrant les caractères distinctifs suivans : Périanthe double : l'externe à tube très-court, cylindrique ou ventru, à cinq divisions très-profondes, foliacées ; l'interne monophylle, tubulé ; le tube se rétrécissant vers le haut et s'épanouissant ensuite en un limbe plissé, à cinq lobes évasés, inégaux ; les trois inférieurs toujours plus grands que les supérieurs ; cinq étamines aussi inégales, incluses, insérées à la partie moyenne du tube ; ovaire supère inséré sur le disque, muni de chaque côté d'une dent unique vers la suture, et surmonté d'un style à stigmate en tête, bilobé ; capsule bivalve, à deux loges et renfermant de nombreuses graines, petites, arrondies, brunes.

On connaît trois à quatre espèces appartenant à ce genre, et toutes indigènes dans l'Amérique équatoriale. Son nom lui vient de Petun, qui est celui que les Brésiliens donnent à l'une des espèces, le *Petunia nyctaginiflora*. Ce sont des plantes herbacées bisannuelles ou à peine vivaces, à feuilles alternes, ovales-oblongues, quelquefois disposées par deux, et de qualités suspectes. Nous décrirons la plus remarquable.

Pétunie a fleurs de belles de nuit, *P. nyctaginiflora*, Juss. Cette belle plante, comme son nom spécifique l'indique, ressemble par son port, ses feuilles et surtout ses fleurs à la Belle de nuit (*Mirabilis Jalapa*, Linné). Ses tiges sont un peu charnues, cylindriques, velues, pubescentes, garnies de feuilles alternes courtement pétiolées, ovales-oblongues, légèrement acuminées, très-entières ; les supérieures ovales-cordiformes, un peu aiguës, pubescentes ; fleurs géminées ou ternées, ou même solitaires, portées sur des pédoncules axillaires, plus longs que les feuilles, à l'extrémité des rameaux ; périanthe externe velu, à cinq découpures très-profondes, linéaires, obtuses, presque égales, la cinquième inférieure un peu spatulée ; périanthe interne blanchâtre, long de deux pouces, un peu pubescent extérieurement, à tube cylindracé deux fois au moins plus long que le périanthe externe, rétréci au milieu et se dilatant au sommet en un limbe quinquélobé ; filamens staminaux de la longueur du tube ; anthères arrondies ; capsule s'ouvrant par le haut en deux valves, divisée intérieurement en deux loges par une cloison parallèle aux valves et portant sur leur partie médiane des semences très-petites et très-nombreuses. On doit la connaissance de cette plante à Commerson qui la découvrit aux environs de Buénos-Ayres. Quelques botanistes la confondaient avec les Nicotianes. (Ch. Lem.)

PÉTUNZÉ. (minér.). Roche composée de quartz et de feldspath à fragmens qui paraissent grenus pour d'autres détails, *voyez* le mot Pegmatite. (A. R.)

PEUCÉDANE, *Peucedanum*. (bot. phan.) Nom donné par Dioscoride à une plante que l'on ne saurait définir aujourd'hui, et dont le nom grec signifie : formé de poix, ou amer comme de la poix ; la racine du mot voulant dire : Pin. Les botanistes modernes (Tournefort le premier) l'ont imposé à un genre de plantes dicotylédones de la famille des Ombellifères d'Adanson et Jussieu, tribu des Peucédanées, dont il est le type (tribu des Peucédanées, section des Homalospermées, Prod. Dum.), et caractérisé ainsi par Kunth, qui l'a étudié et régularisé soigneusement.

Bord du périanthe externe quinquédenté ; pétales de l'interne obovés resserrés en une découpure fléchie échancrée ou presque entière ; fruit lenticulaire comprimé, à dos plan et ceint d'un bord aplani, dilaté ; méricarpes (fruits partiels des Ombellifères) par paires subéquidistantes (distance égale) dont trois intermédiaires filiformes, deux latérales, moins apparentes à bord dilaté, contiguës ou se réunissant en un seul ; vallécules (petits enfoncemens qui résultent de la saillie des côtes du péricarpe) univittées, les latérales une fois et demie ou deux fois vittées ; commissure (point de réunion des deux akènes) le plus souvent bivittées ; carpopodion (pédicelle du fruit) biparti ; semences planes antérieurement.

Les Peucédanes sont ordinairement des plantes herbacées, glabres, vivaces, garnies de feuilles une fois ou plusieurs fois pennatiséquées ou triséquées, à ombelles composées terminales ; l'involucre varie, et les involucelles sont polyphylles ; leurs fleurs sont blanches, ou jaunes, ou d'un jaune-verdâtre. Besser pense qu'il faut séparer les espèces à pétales obcordiformes, étroits à la base, des espèces à pétales ovales, larges à la base, entiers ou à peine échancrés ; selon lui, les premières forment le genre *Oreoselinum*, et les secondes le genre *Peucedanum*.

Ce genre renferme une quarantaine d'espèces environ, appartenant presque toutes à l'ancien continent, et dont quelques unes seront certainement séparées plus tard, après un plus mûr examen, pour être réunies à d'autres genres ou pour en former de nouveaux. Nous nous contenterons d'en décrire deux espèces bien connues, qui croissent en France et qui présentent quelque utilité.

P. officinale, *P. officinale*, Linn. Vulgairement Fenouil de Porc, queue de Cochon, etc. ; racines vivaces, à plusieurs têtes, de deux pieds de longueur environ (adulte) de la grosseur du bras ; tige de deux à quatre et même six pieds de hauteur, cylindrique, rameuse, garnie de feuilles trois et quatre fois ailées (pétioles trois ou quatre fois dichotomes) à folioles linéaires allongées, acuminées, sessiles ; gaînes des feuilles supérieures herbacées, étroites, à découpures ternées ou nulles ; fleurs jaunes disposées en ombelles lâches, ouvertes ; folioles de l'involucre au nombre de deux ou trois, très-fines, caduques ; celles des involucelvolucelles une fois moins longues que les rayons des ombelles partielles; elle fleurit en juin et juillet et croît en Alsace, dans le midi de la France, en Italie, etc.; sa racine râpée fraîche, ou le suc qu'on en extrayait étaient autrefois employés comme moyen curatif contre la paralysie, l'épilepsie, les maladies des nerfs; aujourd'hui l'usage en est à peu près abandonné. Les Porcs recherchent ses racines avec avidité, et lorsqu'elle est commune dans un pré, où elle nuit au fourrage, par la hauteur de ses tiges et l'ampleur de ses feuilles, ceux ci en ont bientôt fait justice, d'autant mieux que les bestiaux les dédaignent. Le *Peucedanum gallicum*, de Tournefort, est nommé *P. parisiense*, par Decandolle. Cette espèce croît en France dans les forêts où les grands bois ombragés; on la trouve près de Paris dans les bois de Meudon, Sèvres, Bondy, etc. (C. Lem.)

PEUMO, *Peumus*, (bot. phan.) Les Indigènes du Chili donnent le nom de Peumo à plusieurs espèces d'arbres, qui constituent le genre dont nous allons nous occuper. Molina en le créant n'a fait qu'en latiniser la terminaison, et y admettait quatre espèces distinctes dont il citait bon nombre de variétés. Il le rangeait dans l'Hexandrie monogynie du système sexuel, et Jussieu, qui l'adopta dans son *Genera plantarum*, sans lui assigner une place définitive, le rapprochait cependant de l'Elæodendron de Jacquin, qui fait partie de la famille des Célastrinées de Rob. Brown. Le père Feuillée décrivit ensuite une des espèces de *Peumus*, à laquelle il donna le nom de *Boldus* qu'adopta ensuite comme genre, Adanson. Plus tard encore Ruiz et Pavon nommèrent cette même plante *Ruizia* dans leur flore du Chili; dénomination qui ne fut point adoptée puisque Cavanilles de son côté créait un genre *Ruizia* en l'honneur de Ruiz. Il résulte de tout ceci que le genre *Peumus* de Molina doit subsister de préférence et de droit à tous autres créés postérieurement. Voici ses caractères constitutifs.

Périanthe double; l'externe à six divisions; l'interne composé de six pétales presque arrondis, plus courts que les divisions calicinales; six étamines dont les filets sont subulés, aussi longs que les sépales du périanthe externe et terminés par des anthères jaunâtres et sagittées; ovaire supère, presque arrondi, surmonté d'un style qui se renfle insensiblement de la base au sommet, portant un stigmate obliquement comprimé; le fruit est un drupe de la forme et de la grosseur d'une olive, renfermant un noyau dur et monosperme. On voit que la place de ce genre dans les familles naturelles n'est point encore définitive.

Selon l'auteur, les *Peumos* sont de très-grands arbres à feuilles alternes (opposées dans le P. Boldu), entières ou dentées, persistantes et aromatiques, à fleurs blanches ou roses, assez apparentes. Les fruits de quelques espèces se mangent (*P. rubra*, *alba*, *balda* et *mammosa*); à cet effet, on les fait tremper dans de l'eau seulement tiède; car plus chaude, l'eau les gâterait et les rendrait amers; la pulpe en est blanche, butyreuse et d'un goût agréable. Le noyau contient beaucoup d'huile qui pourrait être avantageusement utilisée; leur écorce sert dans la teinture et dans le tannage des cuirs. Il est à remarquer que sous tous les rapports, les *Peumos* mériteraient d'être mieux étudiés qu'ils ne l'ont été jusqu'aujourd'hui. Voici en quelques mots la description d'une ou deux espèces:

P. a fruits rouges, *P. rubra*, Mol. C'est un arbre très-élevé dont les rameaux sont garnis de feuilles alternes, pétiolées, ovales, dentées en leurs bords, à peu près semblables à celles du Charme. Les fruits sont ovales, d'un beau rouge. P. à fruits blancs, *P. alba*, Mol., moins élevé que le précédent à feuilles ovales, pétiolées, dentées, non entières; dans ces deux espèces le fruit est terminé par une sorte de mamelon. (C. Lem.)

PEUPLIER, *Populus*. (bot. phan. et agr.) Tout le monde connaît les arbres constituant ce genre de la Diœcie octandrie et de la famille des Amentacées; tout le monde sait aussi que les différentes espèces de Peupliers se plaisent dans les lieux frais et qu'on les cultive pour ornement et à cause de leur bois très-blanc, dont le grain est homogène, qui s'emploie à divers ouvrages, et qui fournit non seulement d'excellentes poutrelles pour la construction, mais encore à l'art du teinturier des couleurs solides. Cependant beaucoup de notions utiles, ignorées du plus grand nombre, nous autorisent à consacrer à ce genre l'espace nécessaire pour en rendre usuelles toutes les propriétés et combattre en même temps les reproches qu'on leur fait dans plus d'un livre d'agriculture. Qui croirait, par exemple, que Rougier-la-Bergerie, qui a rendu quelques services signalés à la maison rurale, ait osé les accuser d'avoir « dérangé toutes les anciennes traditions relativement aux arbres de prix qui » occupent le sol pendant une longue période » d'années; détruit des combinaisons sages et essentiellement paternelles; mis des illusions à la » place des réalités, et par suite précipité les mœurs » hors de la ligne de simplicité, en hâtant les progrès du luxe? » (Cours d'agriculture pratique, tom. IV, pag. 513 à 538.) Qui croirait, en un mot, que les pauvres Peupliers sont, aux yeux de leur nouveau détracteur, les arbres du siècle, par conséquent dignes de l'anathème le plus absolu? Un autre agronome va plus loin; il sollicite leur destruction, parce que, dit il, leur forme élevée attire la foudre et expose les habitations voisines à devenir la proie des flammes. Les assertions de Rougier-la-Bergerie sont tellement ridicules, qu'il suffit de les rapporter pour les stigmatiser; quant à la dernière, elle est d'autant plus fausse que je ne connais aucun fait qui puisse la justifier, même de loin, tandis que le contraire est démontré d'une manière irrévocable. En effet, jamais aucun Peuplier n'appela la foudre, pas même ceux dont la flèche pyramidale se balance dans les airs; jamais aucun ne fut sillonné par elle : cette propriété est due à la nature des racines qui, peu nombreuses et courtes, tracent fort peu et ne descendent pas jusqu'au sous-sol, je veux dire jusqu'à la terre constamment humide, et sont dès-lors de fort mauvais conducteurs.

Nos quatre espèces indigènes de Peupliers, augmentées par les deux que l'Asie nous a livrées, en ont vu plusieurs, spontanées sur le continent américain, s'associer avec elles et enrichir notre patrie d'arbres fort intéressans. Toutes méritent l'attention des cultivateurs et peuvent être rendues utiles sous de nombreux rapports, comme nous allons le voir en passant en revue les principales de ces diverses espèces. Donnons d'abord les caractères du genre.

Beaux arbres plus ou moins élevés, dont les jeunes bourgeons écailleux, enduits d'un suc visqueux et balsamique, fournissent, avant d'avoir des feuilles, des chatons cylindriques plus longs et moins serrés dans les individus femelles que dans les mâles; les uns et les autres sont composés d'écailles uniflores, pédiculées et découpées, avec calice très-petit, en tube tronqué obliquement, solitaire sur une écaille. Les fleurs mâles ont de huit à trente étamines, attachées au fond du calice; leurs filets courts portent des anthères tétragones, oblongues et saillantes. Les fleurs femelles présentent un ovaire ceint à sa base par le calice, avec un style très-court, terminé par quatre stigmates presque sessiles; capsules à deux valves et biloculaires, renfermant chacune plusieurs graines chargées d'une houppe cotonneuse que les petits oiseaux recherchent pour la construction de leurs nids. On a voulu s'en servir pour faire de la toile; malgré les brillantes assertions du célèbre Pallas, cette fallacieuse industrie a été promptement abandonnée.

Quinze jours ou un mois après la floraison, c'est-à-dire dans les premiers jours d'avril, les feuilles se montrent; elles sont alternes, larges, relativement à la longueur, quelquefois plus larges que longues, cordiformes et triangulaires, arrondies, ovales, inégalement dentées et portées sur des pétioles comprimés latéralement, surtout vers le sommet où l'on observe souvent deux glandes. Les feuilles jouissent d'une extrême mobilité, les unes semblent argentées, les autres d'un vert plus ou moins foncé; le moindre mouvement de l'air les agite. De leur nombre, Robert Estienne déduit le nom que les Peupliers ont reçu; de leur bruissement habituel Bullet veut que vienne le nom latin *Populus* comme celui de *Peuple* qu'on leur donnait généralement jusqu'au seizième siècle et que l'on conserve encore dans quelques localités, les auteurs ayant, selon lui, cherché à l'exprimer en rappelant l'agitation constante du peuple. Ce qu'il y a de très-certain, c'est que l'origine et l'étymologie de ces noms sont complétement inconnues.

Les Peupliers croissent très-rapidement, s'acclimatent avec facilité, reprenant de boutures que l'on appelle *plançons* quand elles ont deux mètres, et *pousses de l'année* que l'on arrache au pied de l'arbre. On est dans l'usage de les ébrancher jusqu'auprès du tronc; ce procédé leur nuit singulièrement, d'abord en ce qu'il oblige l'écorce à se séparer du bois et par conséquent à offrir à des myriades d'insectes un asile assuré, puis en ce qu'il détermine des érosions qui ouvrent à l'eau de pluie passage jusqu'au cœur du bois. Il ne faut pas non plus croire que tout Peuplier planté hors d'une terre humide ou voisine des eaux, soit un arbre perdu; j'en ai vu beaucoup placés sur un sol aride et élevé, où ils végétaient de prime abord avec beaucoup de peine, acquérir, en l'espace d'une année, une force et une vigueur remarquables, parce que l'on avait, par pur effet du hasard, jeté du sable à bâtir à leurs pieds. L'expérience faite, depuis cette observation, sur une Peupleraie chétive, a merveilleusement réussi; je la recommande avec certitude de succès.

On divise les espèces de ce genre en *Peupliers blancs*, dont les feuilles sont blanches, pour ainsi dire, argentées, sur la page inférieure, et qui comptent huit étamines, et en *Peupliers noirs*, ayant leurs jeunes pousses lisses et glabres, les feuilles brunes, avec douze étamines et plus. Les premiers comprennent le Peuplier ypréau, le Grisard, le Tremble, le Peuplier argenté, etc.; les seconds le Peuplier franc, le pyramidal, le Liard et le Porte-colliers, etc. Je m'arrête à celles-ci comme les plus répandues ou comme méritant le plus de l'être.

I. Une espèce que l'on rencontre partout dans les forêts et quelquefois aux lieux secs et montueux, le Peuplier ypréau, ou Peuplier blanc, *Populus alba*, L., est un grand et bel arbre dont le tronc s'élève jusqu'à trente mètres de haut sur un mètre et plus de diamètre par le bas. Il forme de superbes avenues et produit, isolément dans les jardins paysagers, un effet très-pittoresque. Son écorce, lisse, blanchâtre, ne devient raboteuse qu'à la longue; ses rameaux, cylindriques, rouges ou bruns et cotonneux, sont garnis de feuilles orbiculaires-ovales, anguleuses-sinuées, couvertes en dessous d'un duvet abondant et argenté, tandis que la page supérieure est d'un vert blanchâtre et luisant. Il croit très-rapidement et montre une prédilection marquée pour les rives du Rhône. A partir, en effet, de la source de ce fleuve jusqu'à son embouchure, le Peuplier blanc l'accompagne toujours; les plus beaux individus que je connaisse existent dans l'île de Valabrègues, près de Tarascon. Il constitue la dot des filles dans plusieurs parties de nos départemens du nord, dans la Flandre, et surtout aux environs d'Ypres. A leur naissance, ou dans la première année qui suit cette époque mémorable, leur père, pour peu qu'il ait d'aisance, met en terre un millier de petits plançons; de la sorte, arrivées à l'âge d'entrer en ménage, elles ont une valeur réelle de vingt à trente mille francs. Le bois de cette espèce équivaut pour l'intérieur à celui du sapin; on le rabote sans bavure, et il procure des planches très-belles, très-solides pour les boiseries; avec ses copeaux, l'on prépare des tissus fort délicats et surtout cette sorte de chapeaux de paille que le commerce vend sous le nom de sparterie.

II. Confondu comme simple variété du précédent, le Peuplier grisard, Abèle ou Franc-Picard, *P. canescens*, Willd., est une espèce parfaitement distincte. Il s'élève moins, ses rameaux sont plus droits, les feuilles plus petites, moins dentées, arrondies, non lobées, chargées d'un duvet plus court, moins abondant, de couleur grise, d'où l'arbre a pris le nom qu'il porte. Ses chatons ont deux fois la longueur de ceux du Peuplier blanc, et sont composés d'écailles brunes, très-velues, tandis qu'elles se montrent jaunâtres sur les autres.

III. Aux expositions froides des bois montagneux, on voit le Peuplier tremble, *P. tremula*, L., ainsi nommé parce que le plus léger zéphyr agite ses feuilles presque rondes, dentelées, lisses des deux côtés, d'un vert cendré, suspendues à un long pétiole très aplati à son sommet. On l'appelle aussi *Libyque*, de ce que, selon quelques auteurs, il est originaire de la Libye, ce qui est faux, puisque cet arbre existe spontané dans presque toutes les contrées moyennes de l'Europe. L'air sauvage de ce Peuplier, haut de douze à quatorze mètres, le mouvement perpétuel et la couleur de son feuillage, contrastent très-bien lorsque le Tremble est mêlé à d'autres arbres; seul et isolé, il produit peu d'effet; il n'aime à étendre ses racines que dans les fentes des rochers, sous des blocs de pierres; quand elles sont trop gênées, elles tracent à fleur de terre. Sa tige droite n'acquiert jamais une grosseur proportionnée à son élévation; elle donne des fleurs plus hâtivement que les autres espèces de Peupliers, et se dessèche promptement sous les arbres de haute futaie; elle tombe, mais elle laisse après elle une foule de rejetons qui manifestent une vigueur remarquable et ne tardent pas à s'emparer du terrain après une coupe réglée. A trente ans, un Tremble vaut moitié plus qu'un Chêne du même âge; il croît avantageusement jusqu'à soixante, alors il a d'ordinaire deux mètres de tour : c'est le moment de l'abattre. Son bois est trop tendre pour être employé; il se consume rapidement au feu, répand peu de chaleur, mais il fournit un excellent charbon.

Au sein des forêts, les Daims, les Chevreuils broutent volontiers les feuilles et les jeunes pousses du Tremble; les animaux domestiques les aiment aussi quand elles sont vertes; j'en ai obtenu le plus brillant avantage comme nourriture d'hiver, administrées avec une pointe de sel. Il faut les recueillir en saison convenable, les faire sécher et les abriter de toute humidité.

IV. Le Peuplier argenté, *P. heterophylla*, L., nous est venu de l'Amérique septentrionale dans l'année 1765; c'est un très-grand arbre croissant dans un sol sableux, aride, situé le long des eaux courantes, où il monte à une hauteur de vingt-deux à vingt-six mètres, sur un diamètre d'un mètre au plus. Les feuilles qui décorent ses jeunes pousses et ses rameaux cylindriques, se montrent d'abord chargées d'un coton très-épais, d'une blancheur éblouissante; mais, à mesure qu'elles prennent leur développement très-remarquable, la page supérieure devient lisse, d'un vert terne, tandis que l'inférieure garde un léger duvet le long des nervures. Elles sont régulièrement cordiformes, légèrement dentées, attachées à des pétioles non glanduleux, presque cylindriques; elles acquièrent une grande dimension, qui varie quelquefois de seize à cinquante centimètres de large, et de vingt-sept à soixante-cinq de long; elles produisent beaucoup d'effet dans les jardins paysagers. L'arbre y remplace avantageusement, surtout dans les départemens du nord, le Peuplier de la Caroline, *P. angulata*, L., qui ne peut y soutenir les froids rigoureux, et périt dès que le mercure descend à sept degrés centigrades au dessous de zéro. Son accroissement est également rapide. Son bois est tendre, léger, jaunâtre ou tirant sur le rouge dans le cœur; en son pays natal, on n'en fait aucun usage.

V. Sous le nom de Peuplier noir, on connaît, depuis de longs siècles, le Peuplier franc, *P. nigra*, L., que l'on trouve également dans la majeure partie de l'Europe et de l'Amérique du nord; il habite en France les lieux humides des forêts et les berges des fossés d'écoulement, où il prend une taille assez élevée. Son tronc est droit, revêtu d'une écorce blanc-grisâtre. De ses bourgeons glutineux, balsamifères et jaune-pâles, sortent des branches qui se dirigent obliquement au lieu de se presser contre la tige; les feuilles qu'elles portent, assez grandes (cinq à huit centimètres de long sur autant de large), acuminées, d'un vert foncé luisant en dessus, deltoïdes, c'est-à-dire pointues au sommet, dilatées sur les côtés, et terminées vers le pétiole en angle très-obtus, n'offrent point de glandes à leur base. Les chatons sont grêles et plus courts que dans les autres espèces. Son bois sert à plusieurs usages; on en retire de la volige, des pièces de charpente pour les chaumières; dans quelques localités, il est employé pour la fabrication des sabots; il n'a de valeur réelle qu'âgé de trente à cinquante ans. Tschoudy nous a assuré, en 1798, avoir retiré pour cent francs de planches, sept stères de bois de chauffage, et trois cents fagots d'un Peuplier franc planté en 1768 près d'un vivier à Colombé, aux environs de Metz. A la même époque, un propriétaire rural du département de l'Hérault m'apprit avoir, dans cette dernière année, converti en peupleraie un terrain jusqu'alors demeuré stérile; pour la somme de six mille francs, il acheta et fit planter vingt-quatre mille boutures ou plançons. Vingt ans après, en ajoutant aux frais de mise hors les intérêts à six pour cent, il tripla ses frais; mais à partir de l'année suivante, il retirait annuellement de la vente vingt-quatre mille francs, ce qui lui procura, au bout de dix ans, un bénéfice net de cent vingt-deux mille francs. Une semblable manière de placer ses fonds est plus sûre, plus innocente, plus honorable que ne le sont aujourd'hui toutes les brillantes promesses de nos spéculateurs industriels.

Une variété du Peuplier franc, vulgairement appelée *Osier blanc*, se cultive en têtards pour convertir en liens ses jeunes rameaux, qui sont très-flexibles. Elle a les feuilles plus profondément dentées et un peu ondulées sur les bords. Il ne faut pas la confondre avec le Peuplier a grandes dents, *P. grandidentata* de Michaux et Persoon, grand arbre du Bas-Canada, qui vit également sur les lieux élevés et dans le voisinage des marais; il convient dans les jardins paysagers, où ses feuilles d'un beau vert ont les nervures épaisses et rouges On le greffe sur le Peuplier ypréau, avec lequel il a de grands rapports, mais dont il se distingue par son feuillage ovale durant les premières années, puis presque deltoïde et entièrement glabre. Le tronc est couvert d'une écorce lisse et verdâtre.

VI. Distingué non seulement par sa taille élancée, son port majestueux et pittoresque, sa flèche si droite qui de loin annonce le toit paternel, mais encore par son feuillage du vert le plus agréable et le plus gai, conservant son éclat jusques à la dernière saison, et par la disposition que ses branches prennent, du bas de la tige à son sommet, de se rapprocher toujours du tronc et de monter en ligne droite, le Peuplier pyramidal, *O. fastigiata*, L., est improprement appelé Peuplier d'Italie, puisqu'il n'est point originaire de cette célèbre Péninsule (1), mais bien du mont Ararat et du Caucase. De cette région élevée il fut introduit en Italie à une époque fort ancienne, peut-être au temps de la grande irruption des Pélasges. De Reigemortes apporta les premiers individus en France dans l'année 1749; il les planta le long du canal près de Montargis. Ce bel arbre vient également bien dans les terrains riches, féconds et baignés par les eaux courantes, que dans les lieux secs, profondément sablonneux, où presque toutes nos espèces indigènes ne font que languir; sa végétation y est au moins le double plus forte et plus prompte. Les terrains marécageux lui sont contraires; il y reste petit, maigre, mal feuillé, et finit par y périr. Sa culture est d'un très-grand avantage pour le propriétaire qui s'y livre; elle lui fournit, en premier lieu, au commencement de l'automne, une dépouille abondante propre à la nourriture hivernale du jeune bétail, surtout des bêtes à laine. En second lieu, quand l'arbre, arrivé à sa vingt-troisième feuille, offre un tronc assez fort pour être divisé en poutres, poutrelles, solives ou bien en planches; en troisième lieu, les prairies, closes par un rideau de Peupliers pyramidaux, même plantés à deux mètres de distance l'un de l'autre, donnent tous les ans un très-bon foin appété par tous les animaux de la ferme, puis des regains de la plus grande beauté.

Comme arbre d'ornement, le Peuplier pyramidal est une véritable conquête; sa haute colonne de verdure agrandit l'horizon, communique à l'architecture son grandiose, dirige la marche du voyageur en même temps qu'il modère la violence des ouragans destructeurs, et qu'il influe avantageusement sur la salubrité et la température de l'air ambiant. Nous l'avons consacré gardien des tombeaux, et comme tels on citera toujours les Peupliers de l'île où les cendres de l'auteur d'Emile reposèrent seulement seize années pour aller de là se perdre sous les sombres voûtes du Panthéon. Comme plante économique, le feuillage du Peuplier pyramidal, coupé du 10 août au 10 septembre, est excellent pour les Veaux et les Moutons; son menu bois sert de combustible et de rames pour les haricots, les dolics, les pois, etc.; sa tige parfaitement droite a l'avantage précieux de pouvoir être employée peu de temps après qu'elle est débitée; elle fait peu de retrait, ne se tourmente pas, est facile à travailler, se varlope très-bien et prend un beau poli; elle n'est pas seulement propre aux petites charpentes, à la boiserie légère et aux emballages, ainsi qu'on le dit d'ordinaire, elle a aussi d'autres propriétés que j'ai vues très-vantées et justement estimées en Grèce, en Italie et dans nos départemens méridionaux, où cet arbre est éminemment plus beau, plus fort, plus précieux que dans les régions septentrionales. Dans le département de la Charente inférieure on en tire des planches minces, appelées *Tulles*, pour couvrir les maisons: elles durent long-temps. Son écorce et ses jeunes rameaux fournissent à la teinture un jaune très-bon teint. Cet arbre monte de vingt-six à trente-deux et même à quarante mètres de haut.

Rozier se prononça contre le Peuplier pyramidal; c'était autant dans le but d'arrêter la main de l'enthousiaste qui voulait le substituer partout aux arbres indigènes, vieux témoins des siècles passés, que pour blâmer ce que Fougeroux de Bondaroy disait d'exagéré contre cet arbre; en agriculture, la mode est aussi dangereuse dans son exaltation que la routine et l'inexpérience le sont dans leur entêtement.

VII. En 1772 on a rapporté des environs de Québec le Peuplier liard, *P. candicans*, Ait., que les habitans des États-Unis prennent plaisir à planter devant leurs maisons de la ville et de la campagne, pour ornement et pour les abriter durant l'été contre les ardeurs du soleil. Il s'élève à quatorze mètres, répand une odeur balsamique, présente un bois difficile à fendre, léger, servant aux Canadiens à faire des pirogues; il est garni de feuilles ovales-oblongues, finement dentées, d'un vert sombre et comme vernisées. Je n'ai pu découvrir d'autre étymologie au nom imposé à cet arbre, que dans l'usage où l'on est chez les vignerons des contrées méridionales de se servir de ses rameaux simples pour lier la vigne.

VIII. Le Peuplier porte-colliers, *P. monilifera*, Willd. (dont on fait à tort deux espèces, l'une la femelle sous les noms de Peuplier du Canada et Bois-coton des Mandanes, *P. canadensis*, Michaux; l'autre, le mâle, sous ceux de Peuplier suisse et de Peuplier de Virginie, *P. virginiana*, Desfontaines), est un fort bel arbre qui peuple les rives du Missisipi et du Missouri, depuis leurs

(1) Quand je lis dans la Flore du département de la Côte d'Or, par Lorrey, de Dijon, que le Peuplier pyramidal est moins commun en Italie que partout ailleurs, je prierai l'auteur d'aller visiter les rives du Pô, les plaines de la Lombardie, toute la Toscane et les autres contrées pittoresques de la péninsule. Ces belles contrées dementent son assertion.

sources jusqu'à leurs embouchures. Sa végétation très rapide lui fait atteindre de trente à trente-cinq mètres d'élévation sur un tronc de trois, quatre et parfois cinq de circonférence (1). Les branches étendues horizontalement sont ornées d'un feuillage épais, d'un vert foncé, plus long que large, et de chatons pendans, le long desquels sont disposées, comme des perles enfilées, des capsules un peu coniques. Depuis près d'un demi-siècle on multiplie cet arbre avec profusion dans certaines parties de la France; on l'y préfère au Peuplier pyramidal, quoique d'un aspect moins pittoresque, parce qu'on a remarqué qu'il acquérait plus promptement que lui la grosseur désirable pour être exploité. Le Jardin-des-plantes de Paris en possédait une fort belle allée plantée en 1777 par André Thoüin; elle a été abattue en 1820. Les boutures du Peuplier monilifère donnent toujours des pieds courbés à leur base; cette courbure disparaissant par la suite, il ne faut point s'en inquiéter. Le bois est très-estimé.

Avant de mettre fin à cet article disons l'emploi médical que l'on fait des produits de certains Peupliers. Monardès avait beaucoup vanté contre les affections hystériques, les rhumatismes chroniques et les diverses sortes de tumeurs, les deux résines du PEUPLIER BAUMIER, *P. balsamifera*, L.; l'une en coque coulant spontanément de l'arbre, d'une couleur jaune pâle, à odeur suave, un peu ambrée et d'une saveur amère; l'autre, plus commune, blanchâtre ou rousse et d'une odeur moins agréable, mais elles sont hors d'usage aujourd'hui prises à l'intérieur; elles ne servent qu'à l'extérieur comme tonique pour fortifier l'organe digestif, calmer les vomissemens, et pour cicatriser les ulcères. Les Russes des bords de l'Irkutz mettent à infuser les bourgeons de cet arbre dans l'alcool, et estiment singulièrement la liqueur distillée qu'ils en obtiennent: ils les recommandent dans le scorbut. Avec l'humeur visqueuse qu'exsudent au printemps les bourgeons du PEUPLIER NOIR, *P. nigra*, L., on prépare l'onguent Populeum. L'écorce du Peuplier tremble et celle du PEUPLIER FAUX TREMBLE, *P. tremuloïdes*, Michaux, le *P. lævigata* de Aiton, s'administre comme fébrifuge dans la Sibérie et aux États-Unis; les feuilles du Peuplier grisard sont indiquées aussi comme fébrifuges, etc., etc. (T. D. B.)

PÉZIZE, *Peziza*, (BOT. CRYPT.) Champignons. Le mot Pézize, du mot *Peziza*, donné par Pline à un Champignon sans racine et sans tige, est appliqué aujourd'hui à tous les vrais Champignons qui ont les séminules renfermées dans des *thèques* ou petits sacs membraneux, lesquels petits sacs, réunis en grand nombre à la manière des fils du velours, à la surface supérieure de la masse charnue du Champignon, forment la membrane fructifère de ce dernier. La disposition de cette membrane fructifère caractérise très-bien la tribu des Helvellacées, et la forme concave et cupulaire que prennent les bords de cette même membrane encore jeune, distingue les Pézizoïdées.

M. Adolphe Brongniart, dans le Dictionnaire classique d'Histoire naturelle, caractérise ainsi le jeune Pézize: Champignons charnus ou de consistance analogue à de la cire, en forme de cupule sessile ou pédicellée, d'abord presque close, ensuite plus ou moins ouverte, couverte supérieurement par une membrane fructifère, lisse, composée de thèques assez grandes, fixes et persistantes, entremêlées de paraphyses, répandant les séminules au dehors sous forme d'une poussière très-fine.

Les Pézizes varient beaucoup par leur taille, leur consistance et leur forme. Subdivisées en un grand nombre de sous-genres et de sections, voici, d'après Fries, les trois tribus naturelles dans lesquelles on les range et on les étudie: les Aleuries, les Lachnées et les Phialées.

Les premières, *Aleuria*, ont pour caractères des capsules charnues, assez molles, couvertes d'une poussière glauque, etc. Ces plantes sont généralement grandes, peu régulières et croissent sur la terre. Leurs principales espèces sont 1° le *Peziza acetabulum* de Bulliard, Champignon à cupule profonde, d'un à deux pouces de large et d'une couleur fauve brunâtre; 2° le *Peziza aurantia*, de la Flor. dan., ou *Coccinea* de Bulliard, qui est remarquable par sa belle couleur orangée; 3° le *Peziza cochleata* de Bulliard, qui a une forme contournée et irrégulière, et trois à quatre pouces de grandeur; 4° le *Peziza aculeus*, le plus grand des Champignons connus, qui a été observé à Java, figuré dans les actes de l'Académie de Stockholm, année 1804, table Ire, et que l'on reconnaît à sa consistance molle, sa texture membraneuse, son élévation de trois pieds environ, son stipe de douze à dix-huit pouces de haut, et la forme d'une coupe de deux pieds de large qu'il présente dans sa partie supérieure.

La seconde tribu, les *Lachnea*, qui sont plus petites que les précédentes et qui croissent sur les végétaux morts, se reconnaissent à leurs cupules charnues, membraneuses ou le plus souvent de consistance de cire, à leur aspect velu, etc. Comme espèces les plus remarquables, nous énumérerons, 1° le *Peziza scutellata* de Bulliard, qui a une belle couleur rouge; 2° le *Peziza ciliata* du même, dont les bords sont très-élégamment ciliés; 3° le *Peziza clandestina*, toujours du même auteur, qui a une très-belle couleur blanche, et que Hedwig a appelée pour cela *Peziza nivea*.

Enfin les *Phialea*, troisième tribu des Pézizes, ont des cupules incomplétement closes par une membrane continue à l'épiderme externe. Ces cupules sont petites, glabres, etc., d'un aspect et d'une consistance de cire. Les Phialées croissent sur les végétaux morts ou mourans; leur couleur est extrêmement variable, et leur nombre très-grand. Beaucoup de ces Champignons sont figurés

(1) Varennes de Fenille cite un pied qu'il observa à Moret, près de Fontainebleau, lequel, dans l'espace de onze années, avait acquis un mètre et demi de tour, et dont les branches s'étendaient à peu près de cinq mètres en tous sens. Une pareille croissance est vraiment extraordinaire, et doit fixer l'attention des cultivateurs.

dans les ouvrages de Bulliard, de Sowerby et dans la *Flora danica*, etc.

Comme espèces pouvant servir de type à la tribu des Phialées et qui ont été représentées par Bulliard, nons citerons, 1° le *Peziza fructigena*, qui est assez commun sur les fruits du hêtre et de quelques autres cupulifères, qui a une couleur jaune, des cupules longuement pédicellées, etc.; 2° le *Peziza coronata*, Pézize à cupule blanchâtre et dentelée sur les bords; 3° le *Peziza cyathoidea*, que l'on trouve sur les rameaux morts; 4° le *Peziza lenticularis*, qui a des cupules petites, jaunes, et qui vit habituellement sur les vieux troncs d'arbres.

Tels sont les noms et les caractères des principales espèces de Pézizes prises parmi les trois cents et quelques unes que l'on connaît maintenant, non comprises les espèces exotiques. Parmi ces nombreux Champignons, quelques uns, les plus grands, pourraient peut-être être servis sur nos tables; mais ceux-là étant les moins communs, on ne les a point encore utilisés comme alimens.

La Pézize figurée dans notre Atlas, pl. 479, fig. 1, est celle que Persoon a dédiée à Mougeot, *Peziza Mougeotii*; elle est très-petite et d'un beau rouge aurore. On la trouve sur les écorces des arbres, dans toute la France. (F. F.)

PÉZOPORES, *Pezoporus*, (OIS.) Dans son *Prodromus mammalium et avium*, Illiger a établi sous ce nom un genre qui a pour type la Perruche ingambe, *Psittacus formosus*, Lath., décrite au mot INGAMBE, et figurée à la planche 244, fig. 1. Avec Cuvier nous considérons cette espèce comme devant former seulement une sous-division du genre PERROQUET (*voy.* ce mot). (Z. G.)

PHACIDIACÉES, *Hypoxylées*. (BOT. CRYPT.) Les Phacidiacées constituent la première section des Pyrénomycètes de Fries, et la seconde tribu de la famille des Hypoxylées, tribu qui rapproche les SPHÉRIES (vraies Hypoxylées) des Champignons en forme de cupule ou PÉZIZES, et surtout du COENANGIUM. A cette tribu se rattachent les genres: *Hysterium*, de Tode (*Hysterium* et *Hypoderma* de Decandolle); *Phacidium*, *Actidium*, *Phytisma* de Fries; *Glonium* de Muhlenb. (*Solenarium* de Spreng.), etc.

Les caractères des Phacidiacées sont: un réceptacle s'ouvrant en plusieurs fentes ou valves, et présentant un disque étalé, composé de thèques fixées régulièrement; une consistance dure et ligneuse, un *habitat* sur les bois morts et assez souvent sur les plantes vivaces. (F. F.)

PHACIDIE, *Phacidium*, Hypoxylées. (BOT. CRYPT.) Toutes les espèces du genre *Phacidium*, genre créé par Fries et admis par presque tous les mycologistes allemands, et qui faisaient partie des genres *Hysterium*, *Xyloma*, et *Peziza*, sont très-petites; elles croissent sur les rameaux et les feuilles mortes; leurs réceptacles sont sessiles, arrondis, déprimés, composés d'une seule substance, d'abord fermés, s'ouvrant ensuite du centre vers la circonférence en plusieurs valves ou lanières parfaitement libres et distinctes du disque formé par la membrane fructifère. Les thèques qui composent cette membrane sont droites, fixées par leur base et entremêlées de paraphyses.

Le genre *Triblidium* de Fries, quoiqu'admis par la plupart des mycologistes, diffère très-peu de celui dont nous venons de donner les caractères des espèces.

Sous le rapport de leur mode de développement, ou plutôt, des parties des végétaux où les Phacidies prennent naissance, on a divisé ces plantes en trois séries distinctes: celles qui croissent sur l'épiderme, celles qui croissent sous l'épiderme, et celles qui croissent dans l'épaisseur même de l'épiderme. La plus importante des espèces qui appartiennent à la première série a été indiquée par Mongeot, sous le nom de *Phacidium phœnicis*; c'est la même que M. Poiteau a observée ensuite sur les dattiers que l'on cultive dans les serres, et qu'il a décrite sous le nom de *Graphiola*.

Dans la seconde se trouvent toutes les espèces qui ont été décrites par De Candolle comme des *Xyloma*; les plus remarquables sont les *Phacidium* ou *Xyloma pini*, *Phacidium* ou *Xyloma ledi*, *Phacidium* ou *Xyloma multivalva*. Cette dernière abonde surtout sur les feuilles mortes et desséchées du houx.

Dans la troisième série, nous citerons, comme espèce la plus curieuse et la plus commune, le *Phacidium coronatum* de Fries, ou *Xyloma pezizoïdes* de Persoon, qui croît sur les feuilles mortes du chêne et de plusieurs autres arbres des forêts, même en Amérique. (F. F.)

PHACOCHÈRE, *Phacochœrus*. (MAMM.) Ce nom, qui signifie Cochon à verrue, a été donné par M. F. Cuvier à des animaux du genre des Cochons (*Sus*), parce qu'ils ont de chaque côté de la joue une excroissance de chair cartilagineuse qui représente une verrue. Assez semblable par sa forme extérieure au Sanglier commun, le Phacochère, ou du moins l'espèce qu'on a nommée Ph. Aroïa, ou Éthyopien, *Sus africanus*, ou *æthyopicus*, représenté dans notre Atlas, planche 328, en diffère cependant par quelques points de son organisation et par son naturel. Ses membres plus trapus offrent une masse plus grossièrement taillée et en harmonie avec le caractère farouche de ce quadrupède; la forme de sa tête garnie de lobes de peaux pendans, ses yeux extrêmement rapprochés et entourés d'expansions charnues et de nombreuses callosités, concourent à rendre hideuse l'expression de sa physionomie, et donnent à ses traits un aspect repoussant que nul animal n'inspire à un aussi haut degré; la brutalité de son caractère ne dément point les disgracieuses proportions de ses organes; aussi féroce que laid, cet animal est extrêmement redoutable, tant par la force de ses défenses dont les supérieures ont quelquefois sept à huit pouces de longueur, que par l'agilité de sa course qui lui a valu des Hottentots le nom de Coureur.

Ces animaux ont été long-temps séparés en deux espèces différentes sous le nom de Sangliers du cap Vert, et Sangliers d'Éthiopie (dénomination impropre puisqu'ils habitent le même continent). La forme de leur tête, qui n'est pas exactement semblable, paraissait légitimer cette distinction, mais Fréd. Cuvier les a réunis en une seule espèce. Le climat brûlant de l'Afrique est la patrie de ces animaux, on ne les trouve que dans cette partie du monde, depuis l'Égypte et la Barbarie jusqu'au cap de Bonne-Espérance, où les Hollandais les désignent sous le nom de Cochon sauvage.

Durant ses premières années, le Phacochère est susceptible de s'apprivoiser, la vivacité de ses mouvemens plaît et intéresse; mais en avançant en âge toute sa gaîté disparaît, il recherche la solitude et éloigne de lui tout ce qui pourrait la troubler. Ne vivant que de fruits et de racines, sa frugalité l'empêche de rechercher sa nourriture dans les lieux habités; il a un odorat si pénétrant qu'il lui sert à reconnaître à une grande profondeur les racines qu'il déterre pour soutenir son existence.

Cet animal a plus de quatre pieds depuis le bout du museau jusqu'à l'origine de la queue, sa hauteur entre les épaules est d'un peu plus de deux pieds, et sa queue est de dix pouces environ. Sa hure n'est pas terminée en pointe comme celle du Sanglier; elle est au contraire fort large et aplatie; ses yeux, fort petits, sont placés presqu'en haut de son front et à fleur de tête; les soies qui recouvrent son cou cachent ses oreilles; de chaque côté de ses joues s'élève comme une seconde paire d'oreilles (ce qui l'a fait surnommer Cochon à quatre oreilles); au dessous de ces lambeaux sont deux protubérances osseuses qui servent à l'animal pour frapper à droite et à gauche; il est armé en outre de quatre longues défenses, les inférieures s'appliquent si exactement sur les supérieures quand la bouche est fermée, qu'elles ne paraissent former avec elle qu'une seule dent; son corps est parsemé de poils peu abondans; cependant le cou, le derrière de la tête et les épaules sont couvertes de soies grises et brunes très-épaisses et fort longues.

La solitude dans laquelle se retire sans cesse cet animal n'a permis jusqu'à présent que de l'observer fort imparfaitement, aussi les mœurs ne sont-elles point connues. (E. Fornier.)

PHÆCASION, *Phæcasium*. (bot. phan.) Dénomination grecque qui signifie littéralement belle chaussure. Cassini appliqua ce nom de son invention à un genre de plantes de la famille des Synanthérées, qu'il plaça dans sa tribu des Lactucées, section des Lactucées crépidées, entre les genres *Crepis* et *Intybellia*. Reichenbach adopta ce genre, mais d'autres botanistes, et De Candolle entre autres, le laissèrent réuni au *Crepis* (dont il avait été séparé), bien que, selon Cassini, il s'en éloigne suffisamment par la forme et la structure de son péricline et surtout par ses squamelles surnuméraires appliquées. Pour quelques anciens botanistes, le *Phæcasium* était un *Hieracium*; pour Tournefort, Lamarck, c'était un *Chondrilla*; pour Villars, un *Lampsana*; pour un grand nombre d'autres modernes, un *Prenanthus*. Dans le Prodrome du botaniste génevois, on le trouve réuni au *Crepis*, que ce savant partage en plusieurs sections, dont une sous le nom de *Phæcasium*, qui ne contient absolument que le *Crepis pulchra*, précisément le type du genre de Cassini.

Quoi qu'il en soit de toutes ces vicissitudes, voici comme le célèbre synanthérographe établissait les caractères de son *Phæcasium*, qui, selon lui, se distingue de tous les genres auxquels on l'avait rapporté par des différences génériques essentielles (et qu'il serait trop long d'énumérer ici).

Calathide incouronnée, radiatiforme, plurisériée, à fleurs nombreuses, fendues, androgynes; péricline subcylindracé, inférieur aux fleurs, formé de dix à douze squames subunisériées, se recouvrant par les bords, égales, appliquées, oblongues, obtuses au sommet, carénées, membraneuses sur les bords; la base du péricline entourée d'environ cinq squamules surnuméraires, subunisériées, à peu près égales, entièrement et parfaitement appliquées, courtes, larges, ovales, subcordiformes, obtuses au sommet, carénées, épaisses et charnues à la base, membraneuses sur les bords; clinanthe plan, absolument nu; fruit long, cylindracé, un peu aminci vers le sommet, finement strié; aigrette longue, blanche, molle, composée de squamellules nombreuses, inégales, filiformes, très-fines, à peine barbellulées; corolle munie de poils nombreux, longs, fins, flexueux, occupant le haut du tube et le bas du limbe.

Le *Phæcasium* ne contient qu'une espèce que nous allons décrire (le genre *Crepis*, auquel De Candolle l'a réuni, en contient près de quatre-vingts).

Phæcasion faux lampsane, *P. lampsanoïdes*, H. Cassini; *Crepis pulchra*, Lin. (Ces deux mots signifient également *Belle chaussure*, dont, comme nous l'avons dit, *Phæcasium* est une traduction littérale.) C'est une plante herbacée, annuelle, dont la tige, haute d'environ trois pieds, est glabre, cannelée, feuillée lâchement, paniculée au sommet et simple à la base; ses feuilles radicales sont roncinées, atténuées à la base, en pétiole, un peu rudes au toucher, longues de sept à huit pouces sur deux de large; les caulinaires sont ovales-lancéolées, sagittées, dentées à la base ou entières; les calathides composées de fleurs jaunes, sont petites, terminales, paniculées, à péricline cylindrique, lisse; squames extérieures de l'involucre (péricline) peu nombreuses, aiguës, courtes, scarieuses sur les bords; ces calathides sont tout-à-fait analogues à celles de la lampsane, si ce n'est que les ovaires dans l'espèce ici décrite sont aigrettés. Cette plante croît sur le bord des champs et des chemins, sur les collines, dans les endroits pierreux, les décombres, dans presque toute l'Europe, en France, aux environs de Paris, à Crosne, Saint-Cloud, etc. Elle fleurit en juin et juillet. (C. Lem.)

PHÆNICOCÈRE, *Phænicocerus*. (ins.) Genre de l'ordre des Coléoptères, famille des Longicornes, tribu des Cérambycins, créé par Latreille et adopté par Serville dans sa nouvelle classification des Longicornes. Ce genre se distingue de tous ceux de la famille par les quatre palpes égaux; par l'article terminal cylindro-conique, non comprimé et tronqué à l'extrémité; par le corselet cylindrique, mutique, ponctué, guère plus long que la tête; par les antennes velues, de douze articles, plus courtes que le corps et filiformes dans les femelles; ces articles assez courts, ceux qui suivent le troisième ayant leur extrémité prolongée en une petite dent à sa partie antérieure; antennes à peu près de la longueur du corps dans les mâles, chaque article, à partir du troisième, émettant latéralement un très-grand rameau linéaire; tous ces rameaux réunis formant une sorte de long panache; élytres fort longues, linéaires, tronquées à leur extrémité; angles de la troncature peu aigus dans les femelles, prolongés en épine dans les mâles; écusson petit, en triangle curviligne; pattes courtes; cuisses point en massue; corps allongé, cylindrique. Ce genre renferme plusieurs espèces d'une taille assez grande; elles sont excessivement rares et paraissent propres à l'Amérique méridionale.

P. de Dejean, *P. Dejeanii*, Latr., Règn. anim. de Cuv., tom. V, pag. 113; Serv., Nouv. classific. des Longic., Ann. de la Soc. entom. de France, tom. III, pag. 29; *Psygmatocerus Wagleri*, Perty, *Delect. anim. art. quæ per Bresil.*, Spix et Martins, Colleger, pag. 88, pl. 17, fig. 10, représenté dans notre Atlas, pl. 479, fig. 2. Long de quinze à seize lignes; corps brunâtre revêtu d'un duvet roussâtre; tête et corselet fortement ponctués, presque rugueux et très-pubescens; élytres d'un jaune testacé, couvertes d'un duvet plus fin et plus soyeux que sur les autres parties du corps, très-finement pointillées, avec leur bord extérieur et leur bord sutural d'un brun foncé, et les angles de la partie tronquée prolongés en une épine noire très-aiguë et un peu relevée; pattes d'un jaune testacé guère plus foncé que la couleur des élytres. Du Brésil; bords du fleuve des Amazones.

P. col arrondi, *P. rotundicollis*, Serv., Nouv. classific. des Longic., Ann. de la Soc. entomol. de France, tom. III, pag. 29. Longueur, quinze lignes. Cette espèce ne diffère du mâle précédent que par ses élytres bien plus fortement ponctuées et presque glabres; les angles de leur troncature ne sont pas prolongés en épine, mais presque obtus. Elle a été trouvée au Brésil. (H. L.)

PHALACRE, *Phalacrus*. (ins.) Ce genre, qui appartient à l'ordre des Coléoptères, section des Tétramères, famille des Clavipalpes, a été établi par Paykull et adopté par Latreille, qui lui donne pour caractères: corps presque hémisphérique; massue des antennes de trois articles. Ce genre se distingue facilement des Languries, qui ont le corps linéaire et la massue des antennes de cinq articles; les Erotyles et les Triplex en sont bien séparés par le dernier article de leurs palpes maxillaires qui est transversal et presque en forme de croissant, tandis qu'il est plus ou moins ovalaire chez les Phalacres. Ces insectes ont été confondus avec les Sphéridies par Fabricius et quelques autres naturalistes. Geoffroy et Olivier leur ont donné le nom d'Anthrybe; le dernier de ces naturalistes ayant désigné sous le nom de Macrocéphale les Anthrybes de Latreille. Dans son système des Eleuthérates, Fabricius a imité Illiger en réunissant les Phalacres et les Anisotomes.

Les Phalacres sont des insectes très-petits; leur corps est très-bombé, court, hémisphérique, luisant, et ne se contracte pas en boule, les antennes sont terminées en massue perfoliée, biarticulée, avec le dernier article conique, plus long que le précédent; les mandibules sont rétrécies, arquées, avec deux fortes dents à leur extrémité; les palpes sont filiformes, avec leur dernier article plus long, cylindrico-ovale; les pattes sont comprimées, avec les tarses composés de quatre articles dont le pénultième est trilobé. On trouve les Phalacres sur les fleurs semi-flosculeuses et autres; ils passent l'hiver sous les écorces des arbres ou sous la mousse, et il est probable que c'est dans ces lieux que leurs métamorphoses ont lieu. Ces insectes sont en général d'une couleur brune ou noire; ils ont la démarche très-preste, et on a de la peine à les retenir entre les doigts, à raison de leur poli qui les fait glisser facilement. On connaît six à sept espèces de ce genre presque toutes propres aux environs de Paris; parmi ces dernières nous citerons:

Le P. brillant, *P. coruscus*, Payk., Faun. suec., tom. III, p. 438, n° 1; Gyllenh., Ins. suec., tom. I, part. 3, p. 447, n° 1; *Sphæridium fimetarium*, Fabr. Cette espèce longue d'une ligne a le corps ovale, convexe, d'un noir brillant; les élytres sont lisses avec une seule strie placée vers la suture; les pattes sont de la couleur du corps; les tarses sont cendrés, un peu velus. Suivant M. Guérin, le Phalacre bicolore a été décrit par Olivier, d'après Geoffroy, sous le nom d'*Anthribus bimaculatus*. C'est l'Anthribe à deux points rouges de Geoffroy. (H. L.)

PHALANGES. (anat.) Les doigts sont formés chacun par une série de petits os longs, articulés bout à bout et auxquels on donne le nom de Phalanges. Le pouce n'en compte que deux, mais les autres doigts en ont trois. La première celle qui s'articule avec les os du métacarpe, dont la main est formée dans sa partie la plus large, conserve le nom de Phalange; celui de Phalangine a été donné à celle qui suit, et enfin on nomme Phalangette la troisième ou plus petite sur laquelle l'ongle repose. La description de ces petits os doit être évidemment renvoyée au mot Squelette. Nous dirons seulement ici que leurs articulations très-mobiles favorisent beaucoup les mouvemens si nécessaires et si multipliés de la main, et que ces mouvemens s'exécutent à l'aide des tendons grêles et minces qui terminent les muscles fléchisseurs et extenseurs de l'avant-bras, et s'insèrent sur l'une ou l'autre de ces Phalanges. (*V.* Squelette.) (P. Garnot.)

PHALANGER, *Phalangista*. (mamm.) Le nom de Phalanger a été donné à des animaux didelphes à cause d'un caractère que Daubenton leur croyait propre, mais qui pourtant se reproduit dans plusieurs espèces de Marsupiaux, tels que les Kangu-

roos

roos et les Potoroos, ce caractère est d'avoir les deux doigts qui suivent le pouce réunis ensemble par la peau jusqu'à la dernière phalange, en sorte que ce double doigt forme une fourche dont chaque branche est armée d'un ongle.

Ces animaux, auxquels Buffon n'assignait pour patrie que l'Amérique, parce que le premier qu'il a observé lui avait été envoyé, par erreur, pour un rat de Surinam, c'est ainsi que les Américains nomment les Sarigues; ils se trouvent aux îles d'Asie, à la Nouvelle-Hollande et à la Tasmanie. On en connaît de plusieurs grandeurs et couleurs, que la dénomination de *Didelphis orientalis* embrasse tous.

Les caractères zoologiques des Phalangers sont, un pelage cotonneux, crépu, très-fourni et serré; les poils sont rudes et grossiers. Une tête arrondie à museau obtus, à chanfrein légèrement arqué; les oreilles variables, un peu longues chez les Phalangers de la Nouvelle-Hollande, courtes et souvent peu apparentes dans les couscous des Moluques. Leurs yeux sont grands et saillans, la pupille ronde se ferme entièrement à une vive lumière, particularité qui fait supposer chez ces animaux des habitudes nocturnes. Leurs pieds sont pentadactyles, les antérieurs munis d'ongles forts et crochus. Les deux doigts des pieds postérieurs qui sont unis par la peau jusqu'à la dernière phalange, sont égaux, mais beaucoup plus courts que les quatrième et cinquième. Le pouce est très-grand, opposable, mais privé d'ongle, et tellement éloigné des autres doigts, qu'il a l'air dirigé en arrière presque comme celui des oiseaux. Leur queue est toujours enroulante, les uns l'ont en grande partie écailleuse, d'autres l'ont nue au bout ou couverte de poils; ils ont aussi une poche abdominale renfermant quatre mamelles. C'est dans cette poche, ample chez les femelles, que s'achève le développement des fœtus. Chez le mâle, est un scrotum suspendu à un long pédicule et une verge dirigée en arrière.

Valentin, le voyageur qui nous parle avec le plus de détails de ces singuliers mammifères, dit qu'ils vivent au fond des bois, sur des arbres épais dont ils mangent les feuilles et les fruits, que leur timidité est extrême et que dans leur effroi ils répandent une urine très-fétide. Lesson, dans son article Phalanger du Dictionnaire classique d'Histoire naturelle, attribue cette mauvaise odeur à un appareil glanduleux placé au pourtour de l'anus; il ajoute que souvent dans les immenses forêts des Moluques et de la Nouvelle-Guinée, ils ont été, lui et ses compagnons, saisis par cette odeur fétide qui les avertissait de la présence de ces animaux que dérobait à leur vue un feuillage pressé et très-touffu; et cependant, malgré cette puanteur, les Nègres de la Nouvelle-Irlande en mangent la chair après l'avoir fait griller sur des charbons ardens; c'est un aliment qui leur est très-agréable; aussi pour cet usage ils en détruisent un très-grand nombre et sans beaucoup de peine. Les dents de ces animaux étant chez eux un très-faible moyen de défense et n'ayant guère que leurs ongles à opposer à leurs ennemis, ce n'est que dans la fuite qu'ils trouvent leur salut. C'est ordinairement sur les arbres où ils grimpent avec beaucoup d'agilité, qu'ils cherchent un refuge, et là, quand ils voient un homme, ils se suspendent par la queue, et l'on parvient en les fixant, à les faire tomber de lassitude. Leurs mouvemens en captivité annoncent une grande paresse, car ils ne s'animent que lorsqu'ils sont contrariés. Alors ils grognent en sifflant à la manière des chats et cherchent à mordre, cependant en domesticité, lorsqu'ils y sont dès le jeune âge, ils montrent beaucoup de douceur dans le caractère. Ils recherchent toujours l'obscurité et la lumière paraît les affecter considérablement.

Le système dentaire, étudié par M. F. Cuvier dans plusieurs espèces, notamment le Phalanger tacheté et le Phalanger roux, présente à la mâchoire supérieure six incisives, quatre canines et dix mâchelières, dont deux fausses molaires et huit molaires; dix-huit à la mâchoire inférieure dont deux incisives, plus longues du double que les supérieures, couchées en avant et tranchantes comme celles des rongeurs; point de canines et seize mâchelières, dont huit fausses molaires et huit molaires. Toutes les molaires sont formées de quatre tubercules disposés par paires, et leur forme générale est allongée, excepté la fausse molaire, voisine des vraies molaires aux deux mâchoires, qui est une dent épaisse, triangulaire et pointue, les autres sont rudimentaires. Les incisives moyennes supérieures dépassent les quatre autres et sont un peu crochues. Les incisives inférieures sont fort longues et fort épaisses, et les deux qui suivent de chaque côté, sortent à peine des gencives. Les canines sont rondes, crochues, et les antérieures sont plus grandes que les postérieures.

Leur régime est en grande partie frugivore, aussi leurs intestins et surtout leur cœcum sont-ils plus longs que dans les Sarigues. M. Garnot ayant disséqué un Couscou tacheté, nous nous servirons du résultat de son travail pour résumer les traits les plus saillans de l'organisation de ce genre.

« Le squelette a treize vertèbres dorsales, treize côtes, sept vraies et six fausses. Le sternum est composé de sept pièces; six vertèbres lombaires et vingt neuf caudales. Les os marsupiaux ont neuf lignes de longueur; la langue est charnue, légèrement rugueuse sur sa face supérieure, ayant un espace quadrilatère noir à la base, long de sept lignes. Le thorax est étroit en avant, s'élargissant inférieurement, de la forme d'un cône tronqué, ayant cinq pouces et demi dans sa plus grande dimension; sa longueur y compris l'appendice xyphoïde est de trois pouces quatre lignes; le sternum est étroit, l'abdomen est ample, plus large à sa partie moyenne qu'à ses extrémités; l'inférieure surtout est rétrécie; l'estomac occupe toute la région épigastrique et s'étend un peu dans l'hypochondre gauche; le foie est divisé en cinq lobes inégaux dont deux sont beaucoup plus grands et échancrés; la vésicule du fiel est ample, très-distendue, logée entre le grand lobe droit et le troisième, et cachée par eux; la rate est petite, allongée, rétrécie à l'une de ses extrémités; les intestins forment de nombreuses circonvolutions; le cœcum est long de dix-huit pouces, ample et terminé par un appendice vermiforme; les intestins grêles ont de cent douze à cent quinze pouces de longueur; les reins sont peu volumineux; ils ont de quinze à seize lignes de longueur; les urétères en ont cinq; la vessie est allongée, pyriforme; la verge est placée derrière le scrotum, et le gland est surmonté d'un prépuce pointu. Ce genre comprend une vingtaine d'espèces qui sont réparties dans deux divisions qui constituent deux sous-genres ainsi qu'il suit.

Première division. Les Phalangers proprement dits. (*Balantia*, Illig.) Les principales espèces sont:

P. renard, *P. vulpina, didelphis, vulpina et lemurina*, Shaw.; *Wha-Tapoua-Roo*, White, It., p. 278, et avec une très-bonne figure; le *Bruno*, Vicq d'Azyr, Anat.; *Vulpine Opossum* des Anglais.

Sa taille est à peu près celle du Chat domestique, ses formes sont, en général, plus dégagées que dans les autres espèces de ce genre; ses oreilles sont plus longues, et sa queue plus grosse et plus touffue; la couleur générale du corps est le gris brun ardoisé. Une sorte de collier fauve vif entoure le cou; le ventre est fauve-roux clair canelle. Les oreilles sont triangulaires, pointues, nues en dedans et recouvertes en dehors de poils de la couleur du dos. Un trait noir contourne le bout du museau, deux cercles bruns entourent les yeux. La queue n'est nue que dans une courte et étroite étendue à son extrémité et en dessous; elle est de la longueur du corps, garnie de longs poils, d'un gris brun ardoisé à son origine, et d'un noir profond dans tout le reste de son étendue. Les poils cotonneux forment la presque totalité du pelage, les poils soyeux sont noirs, rares et disposés à claire voie; la base de tous ces poils est plus ou moins grise, puis roussâtre, et leur pointe paraît couverte d'un certain lustre ou reflet argentin; la base de la queue est d'un brun marron; les joues, la gorge, la poitrine et la région marsupiale, sont d'un roux jaunâtre; le reste des parties inférieures, ainsi que la face interne des membres, sont jaunâtres. Les jeunes sont d'un gris clair; les extrémités sont roussâtres. Cette espèce habite les côtes orientales et méridionales de la Nouvelle-Hollande; Temminck croit qu'il se trouve aussi à Sumatra.

P. oursin, *P. ursina*, Temminck. C'est Temminck qui le premier a décrit cet animal qui lui a été rapporté par le voyageur néerlandais Reinwardt. Tout ce que nous en dirons sera extrait de la Monographie du savant naturaliste hollandais. Sa taille est à peu près celle de la Civette; ses oreilles sont très-courtes, cachées, très-poilues partout; sa queue, de la longueur du corps et de la tête, est poilue dans plus de la moitié de sa longueur; la partie nue est couverte de rugosités et de rides très-marquées, toujours noirâtres partout; la tête et le chanfrein à peu près d'une venue; le pelage est plus fourni et plus serré que dans les autres Couscous; il est plus rude et plus grossier sur le corps, ras sur la tête, long et frisé sur les oreilles; sa couleur est noirâtre ou fauve; les poils soyeux sont noirs; ceux du dessus du corps ont cette dernière teinte; la face, le cou, la poitrine et les parties inférieures sans distinction sont d'un fauve roussâtre; la touffe qui revêt les oreilles est d'un roux jaunâtre; la partie nue du museau, celles des extrémités, les ongles et la partie nue et rugueuse de la queue sont noirs; le pelage des jeunes sujets est plus clair; celui des vieux est d'un noir parfait, sans tache ni raie; la longueur du corps des adultes est de trois pieds quatre à six pouces; la queue a de dix-neuf jusqu'à vingt pouces; la hauteur moyenne, neuf à dix pouces. Sa patrie est l'île des Célèbes, où les habitans mangent sa chair.

P. nain, *P. nana*, Geoffr., Desm., 415, Temm., Monogr., pag. 9. Le premier individu de cette espèce a été rapporté par Péron de l'île Maria, îlot dépendant de la terre de Niémen. Ce célèbre voyageur la mentionne sous le nom de Dasyures (*Voyage* aux *Terres australes*, tom. II, pag. 162); il l'obtint par échange d'un sauvage qui se disposait à le tuer pour le manger. Ce Phalanger est de la grosseur d'une Souris; il a cinq pouces de longueur, en y comprenant la queue qui a deux pouces six lignes; le pelage en dessus est d'un gris légèrement teint de roussâtre; la lèvre supérieure est garnie de poils blancs, et les yeux sont entourés d'un cercle brun; les oreilles sont courtes, arrondies, poilues; les parties inférieures et le dedans des membres sont blancs; la queue est grêle, à poils plus longs à sa base qu'à l'extrémité, où ils sont ras; le système dentaire est le même que dans les Phalangers blanc et tacheté. On n'a aucun renseignement sur ses mœurs. Le Muséum d'Histoire naturelle en possède un monté.

P. a grosse queue, *Cuscus macrourus*, Less. et Garn., Zool., pl. 6, pag. 156. Cette espèce a été trouvée sur les bords de la baie d'Offak, dans la grande île de Waigiou, par MM. Less. et Garn. Nous avons déjà fait de larges emprunts à ces savans voyageurs naturalistes, et la description que nous donnons ici leur est due tout entière. Ce Couscou n'a que douze pouces huit lignes du bout du museau à l'origine de la queue, et celle-ci a dix-sept pouces. Il est recouvert d'un feutre épais et grossier d'où sortent abondamment des poils soyeux et noirs. Les dents ne diffèrent point du Phalanger tacheté dont elles ont la forme (*voy.* la description de l'Appareil dentaire au commencement de cet article), seulement les deux incisives supérieures sont plus rapprochées; celles d'en bas, plus élargies, sont plus obliques en avant. Au lieu de trois fausses molaires à la mâchoire inférieure, il n'y en a que deux; les oreilles sont un peu plus saillantes que dans les Couscous tachetés; le front, le chanfrein sont tout d'une venue; le museau est pointu et effilé et a quelque chose de celui des Makis; le pourtour des yeux est brun; les poils des oreilles sont blancs, ainsi que la gorge et le dessous du cou; tout le corps est en général d'un gris cendré ondé de brunâtre; les poils de la queue sont cendré-roussâtre, et noirs à leur pointe; le ventre et le dedans des cuisses sont blanchâtres; les poils qui revêtent les doigts sont noirs; les ongles sont jaunes.

P. BLANC, *P. alba*, Geoffr., *P. rufa*, Desm., 412; *Didelphis orientalis*, L.; Phalanger femelle, Buff., pl. 10; *Cocscoe*, Valentin? *P. cavifrons*, Temm., pag. 17, Garn., Atl., pl. 7, pag. 158. Le mâle de cette espèce de Phalanger est parfaitement blanc, même chez les jeunes sujets; la femelle est fauve, avec une seule raie sur le dos; sa taille est celle d'un Lapin adulte; les oreilles distinctes, demi-circulaires, poilues à leur face externe, nues à leur face interne; le sommet du crâne n'est guère plus élevé que le bord supérieur des arcades zygomatiques; le chanfrein horizontal; la robe, chez les mâles complétement adultes, est légèrement teintée de roux et marquée d'une raie longitudinale plus foncée sur le dos; les doigts sont un peu velus; les ongles sont noirs; la femelle est très-facile à reconnaître, même chez les jeunes sujets; une seule raie, partant du front et se prolongeant sur la ligne moyenne de la nuque du dos, vient aboutir à quelque distance de la croupe; la couleur des poils qui forment cette raie est toujours plus foncée que le reste du pelage; le menton, toutes les parties inférieures du corps et de la face interne des membres sont dans tous les âges et dans les deux sexes, d'un blanc légèrement lavé de cendré clair; la région de la poche est roussâtre, la partie nue de la queue est jaunâtre dans l'adulte et blanchâtre dans les jeunes. La longueur totale des individus mâles est de deux pieds dix pouces, rarement trois pieds; la queue a quatorze ou quinze pouces; les plus grandes femelles ont deux pieds six pouces. Nous avons représenté cette espèce, pl. 479, fig. 3.

Le Phalanger blanc, nommé Kapoune par les nègres de la Nouvelle-Irlande, est très-commun au port Praslin. Temminck indique pour patrie à cette espèce les îles de Banda et d'Amboine.

Deuxième division. Les PHALANGERS VOLANS, *Petaurus*, Shaw, *Petaurista*, Cuv., Geoffr., Illig. Ceux-ci, originaires de la Nouvelle-Hollande et de la Tasmanie, n'ont pas la queue prenante; mais ils sont pourvus d'une membrane qui s'étend sur les flancs depuis les membres antérieurs jusqu'aux postérieurs. Cette disposition, qui se rencontre chez les Polatouches (analogie qui les a fait confondre primitivement avec ces Rongeurs), leur a mérité le nom de Phalangers volans ou Phalangers acrobates, parce qu'elle favorise le saut de ceux qui en sont pourvus, en présentant à l'air une plus grande surface sans un plus grand poids. Un naturaliste distingué, M. Fréd. Cuvier, dans la classification de ces animaux, n'ayant considéré cette disposition que comme un caractère d'un ordre secondaire, fait reposer ses principales divisions sur la structure des dents. Cette manière de voir n'étant pas celle du plus grand nombre, nous avons cru devoir, dans cet article, diviser le genre Phalanger en deux groupes; le premier, décrit plus haut, comprend tous les Phalangers à queue prenante, et celui-ci les Phalangers volans. Les caractères zoologiques de ce second groupe sont: une tête médiocrement allongée; des oreilles moyennes, dressées; des pieds pentadactyles à ongles comprimés, recourbés, robustes, excepté au pouce, qui est sans ongle et opposable; les deux doigts internes, qui sont unis par la peau, sont égaux, mais beaucoup plus courts que les deux autres; enfin la peau des flancs qui constitue le parachute; une poche abdominale très-spacieuse chez les femelles; une queue longue et couverte de poils, tantôt épars et tantôt distiques; l'appareil dentaire présente à la mâchoire supérieure six incisives; absence complète de canines; seize molaires, y compris les fausses molaires, qui sont au nombre de huit; à la mâchoire inférieure deux incisives; canines nulles, ou quelquefois deux rudimentaires de chaque côté et quatorze molaires; au total, trente-huit, sans compter les deux canines anormales de la mâchoire inférieure, qui n'existent que dans le jeune âge. Nous n'avons avancé que bien peu de chose sur les mœurs des Phalangers à queue prenante; ceux des Phalangers volans ou *Petaurus* nous sont encore moins connus. Au dire des voyageurs, ce sont des animaux nocturnes qui habitent les forêts de la Nouvelle-Hollande, où ils sautent de branche en branche, en s'aidant de leurs parachutes pour soutenir leur élan; que leur genre de nourriture doit principalement consister en insectes ou en feuilles; car on sait que la Nouvelle-Hollande ne produit aucun fruit. Ils sont très-communs. Les naturels de cette partie du monde en détruisent beaucoup, dans le double but de manger la chair et de faire avec leur peau de petits manteaux employés par les femmes pour voiler leurs parties naturelles et leur épaules. Leur fourrure est tellement belle qu'elle pourrait être utile dans les arts et former une branche de commerce de beaucoup d'extension.

P. TAGUANOÏDE, *P. taguanoïdes*, Shaw, Gen. zool., pl. 112; *Petaurista taguanoïdes*, Desm., M. sp. 416. Le Taguanoïde est la plus grande des espèces de ce genre. Il a vingt pouces du bout du museau à l'origine de la queue, et celle-ci a dix-huit pouces; la tête est petite, les oreilles grandes et velues, de forme ovale; la queue est ronde à sa base et plus touffue à son extrémité; toutes les parties supérieures du corps sont d'un gris brun qui devient plus foncé sur la tête et sur la face externe des membres; des poils dorés, mêlés aux autres, se font remarquer sur le chanfrein; le menton est brun; le cou, la gorge et la poitrine blanchâtres, ainsi qu'une ligne sur la surface interne des membres antérieurs, les pieds sont presque noirs et ont les doigts des membres postérieurs garnis de poils. Son pelage est en général d'une finesse et d'une douceur extrêmes; il est très-épais, très-long, principalement sur le dos. Ce *Petaurus* a pour patrie les environs du port Jackson et de la Baie botanique, à la Nouvelle-Hollande.

P. SCIURIEN, *P. sciureus*, Desm.; Sp. Mamm. 419; *Didelphis Sciurea*, Shaw., pl. 11. Le Sciurien a environ sept pouces du bout du museau à l'origine de la queue, celle-ci en a neuf à dix; sa taille svelte et ses formes élégantes lui donnent l'allure de l'Écureuil; son pelage est gris en dessus, blanc en dessous, une ligne dorsale presque noire règne du bout du nez jusqu'à l'extrémité de la queue. Des poils blancs bordent la membrane des flancs dans toute son étendue et couvrent toutes les parties inférieures du corps; la tête est d'un gris jaunâtre avec une tache brune sur le chanfrein qui prend naissance à la base des oreilles et se prolonge jusqu'au devant des yeux qui sont gros et saillans; les oreilles sont velues et ont à leur base une petite tache brunâtre; le menton et la face interne des membres sont blanchâtres; la queue est ronde et garnie de poils très-fournis partout; la membrane des flancs s'étend jusque sur le doigt externe des pattes de devant. Il habite la Nouvelle-Hollande et l'île déserte de Norfolck.

P. DE PÉRON, *P. Peronii*, Desm., Mamm. Sp., 420. Ce *Petaurus* est de la taille de l'Écureuil d'Europe; son caractère le plus distinctif est d'avoir la membrane des flancs terminée au coude au lieu de se porter au poignet comme dans le Taguanoïde, ou jusque sur le doigt extérieur comme dans le Pétauriste Sciurien; son pelage est généralement brun en dessus et blanchâtre en dessous; le museau est teint de fauve; les oreilles très pointues, brunes en dessus, blanches à leur base en dedans, cette couleur s'étend un peu sur les joues, en se fondant avec le brun du reste de la tête; la queue est ronde, un peu plus longue que le corps, de couleur brune terminée par un demi-pouce de blanc jaunâtre bien tranché. Il paraît avoir été rapporté de la Nouvelle-Hollande par Péron.

P. PYGMÉE, *P. pygmæus*, Desm., Dict. d'hist. nat.; *Didelphis pygmæa*, Shaw. 114. Ce joli petit animal est de la taille d'une Souris, il a les formes plus ramassées que les autres Pétauristes, et la membrane des flancs terminée au coude comme dans le Pétauriste de Péron. Le pelage des parties supérieures est d'un gris uniforme légèrement lavé de roussâtre; les yeux sont entourés d'un brun clair; toutes les parties inférieures et même la tête en entier, et le dessous des membranes, sont d'un blanc pur. Cette espèce habite aussi la Nouvelle-Hollande. Nous l'avons figuré pl. 479, fig. 5.

P. A VENTRE JAUNE, *P. flaviventer*, Desm., Nouv. Dict. d'hist. nat., deuxième édition, tome 25, page 403, représenté dans notre Atlas, pl. 479, fig. 4. Cette espèce, qui n'est considérée par Lesson que comme une variété du *Petaurus* à grande queue, est décrite par Desmarets de la manière suivante:

« Parties supérieures d'un gris teinté de fauve, » et passant au brun-marron sur la ligne dorsale, » les bords de la membrane des flancs et la face » externe des quatre membres; tête couleur du » dos, mais un peu plus foncée en dessus; dessus » et côtés du cou, poitrine, ventre et face interne » des quatre membres, d'un fauve blanchâtre; » queue d'un brun marron uniforme, touffue et » ronde. Sa patrie est la Nouvelle-Hollande. »

(FR. GUY.)

PHALANGÈRE, *Phalangium*, Tournef. (BOT. PHAN.) Sous cette dénomination Matthioli, et d'après lui tous les botanistes jusques à Tournefort et même Adanson, avaient adopté un genre de l'Hexandrie monogynie et de la famille des Liliacées, que Linné crut devoir réunir dans une section distincte du genre *Anthericum*. Pour le rétablir Aiton et de Jussieu se sont fondés, non seulement sur le caractère tiré de l'attache du filet nu, rapproché, élargi de chaque étamine et des feuilles planes, mais encore sur la germination en tout semblable à celle de l'Asphodèle, dont les Phalangères s'éloignent sous d'autres rapports.

Les caractères du genre sont d'offrir des plantes monocotylédonées vivaces, à racines fasciculées ou fibreuses, à tiges herbacées, à feuilles linéaires, souvent toutes radicales, et à fleurs ordinairement blanches ou purpurines, jamais jaunes, disposées en grappe terminale rameuse, d'un fort bel aspect. Ces fleurs, privées d'un calice proprement dit, ont la corolle monopétale campaniforme, à six divisions oblongues très-profondes et très-minces; les étamines, au nombre de six, sont portées sur des filets libres, glabres, filiformes, immédiatement insérés sous l'ovaire, et couronnés par de très-petites anthères oblongues; l'ovaire est supère, libre, à trois loges polyspermes, surmonté d'un style simple de la longueur de la corolle et que termine un stigmate obtus, à peine trilobé. Il leur succède une capsule ovale-oblongue, triangulaire, à trois loges s'ouvrant en trois valves et dans lesquelles sont renfermées plusieurs semences anguleuses.

Parmi le grand nombre d'espèces qui constituent le genre *Phalangium*, presque toutes originaires du cap de Bonne-Espérance, il en est cinq croissant spontanément en France, sur deux desquelles les fleurs se montrent presque de la grandeur du Lis blanc; chez les deux autres, elles sont beaucoup plus petites; celles de la dernière se font remarquer par leurs couleurs.

Vulgairement appelée Lis de Saint-Bruno, la PHALANGÈRE LILIFORME, *P. liliastrum* (Poiret), se trouve indigène sur les montagnes de nos départemens du sud-est, en Suisse, en Allemagne, en Italie, et se cultive depuis fort long-temps dans les jardins à une exposition un peu ombragée et fraîche; mais comme elle craint les fortes gelées, surtout lorsqu'il n'y a pas de neige, on a le soin, durant les hivers rigoureux, de la couvrir avec de la paille ou mieux encore avec de la litière. Ses racines, formées d'un faisceau de fibres charnues, donnent naissance à six ou huit feuilles planes, linéaires, à peine canaliculées, aiguës, très-glabres, de même que toute la plante, à peu près aussi longues que les hampes, à la base desquelles elles sont toutes placées. Les hampes droites, simples, cylindriques, montent de trente deux à quarante centimètres, et présentent à leur sommet quatre ou cinq fleurs chez les individus sauvages, dix à quinze chez ceux que l'on cultive, de la forme, de la couleur du lis, mais inodores et moitié moins grandes, tournées du même côté, munies à leur base de bractées foliacées et disposées en une fort jolie grappe simple. Les étamines y sont dirigées vers le bas. Cette espèce contribue à l'ornement des jardins durant tout le mois de juin et quelquefois une partie de celui de juillet.

On jouit dans le même temps de la Phalangère a feuilles graminées, *P. liliago* (Schreber!), spontanée aux bois des montagnes alpines de la France. Du sein des nombreuses feuilles, disposées en faisceau, qui partent des racines, semblables à celles de la précédente espèce, s'élève une hampe très-simple, haute de cinquante centimètres, garnie à son sommet de dix-huit fleurs blanches, écartées, larges de quarante millimètres; les supérieures rapprochées, et portées sur de courts pédoncules. Le pistil est sensiblement incliné, les étamines sont dirigées vers le bas et les divisions de la corolle très-étalées. Les fleurs sont fort jolies. La Phalangère liliforme et celle à feuilles graminées, *P. graminifolium*, sont faciles à cultiver, elles demandent seulement une terre légère et substantielle. On les multiplie de semence et plus promptement par la séparation des racines, que les feuilles étant fanées.

Quant aux deux autres espèces indigènes à la France, la Phalangère rameuse, *P. ramosum*, est garnie de feuilles, disposées en gazon d'un vert foncé, du milieu desquelles s'élèvent des fleurs blanches placées sur des hampes fort courtes, peu rameuses, et la Phalangère tardive, *P. serotinum*, à la hampe grêle, munie de trois ou quatre écailles foliacées, très-petites, terminée par une seule fleur blanche à six divisions ovales-oblongues, étalées, jaunes en leur onglet et avec quelques veines rougeâtres. L'une et l'autre habitent les hautes montagnes de l'est et du midi. J'ai trouvé la première dans les forêts de Fontainebleau et de Saint-Germain.

Une espèce, également de pleine terre, que l'on rencontre plus particulièrement dans les landes et les bois sablonneux de nos départemens de l'ouest et du sud; elle mérite plus d'attention qu'on ne lui en donne d'ordinaire: c'est la Phalangère a deux couleurs, *P. bicolor* (Desfontaines). Ses fleurs sont d'un rose violet à l'extérieur et d'un blanc de lait à l'intérieur; elles forment une panicule terminale d'un bel effet, mais, il faut le dire, inodore et de peu de durée. Ses racines, qui sont des fibres épaisses et charnues, émettent chaque année des feuilles longues, étroites et très-planes, ce qui avait déterminé Linné à la nommer *Anthericum planifolium*. Je l'ai ramassée auprès du Mans, à la Flèche et dans la forêt de Chambiers près de Durtal, département de Maine-et-Loire.

Il me faut encore citer ici l'espèce que nous avons reçue de la Nouvelle-Hollande, en 1800, parce qu'elle sert de transition naturelle du genre qui nous occupe au genre *Anthericum*, par la circonstance singulière du filet de ses étamines lequel est glabre dans sa moitié inférieure, tandis que l'autre moitié supérieure se montre velue. Cette espèce est la Phalangère a mille fleurs, *Phalangium milleflorum*, D. C. Ses feuilles radicales longues, à demi pliées, pointues, glabres et d'un vert foncé, ouvrent passage à une hampe grêle, cylindrique, simple, nue, qu'embrassent deux autres feuilles plus courtes que les premières. La hampe est terminée par une grande panicule couverte d'un grand nombre de petites fleurs d'un blanc sale.

Les vieux Grecs appelaient les Phalangères de ce nom parce qu'ils les estimaient héroïques contre la morsure d'une espèce d'Arachnide qu'ils nommaient aussi Φαλάγγιον, *Phalangium*. Rien ne justifie aujourd'hui cette propriété. (T. d. B.)

PHALANGIENS, *Phalangista*. (arachn.) Dans le Règne animal de Cuvier, Latreille désigne sous ce nom une famille de l'ordre des Trachéennes à laquelle il a assigné pour caractères: Huit pieds dans tous; chélicères ou mandibules très-apparentes, soit découvertes ou avancées, soit recouvertes par un museau en forme de chaperon voûté, de deux ou trois articles, terminés par deux doigts; palpes grêles, filiformes, terminés par un petit crochet; abdomen généralement plissé ou annelé, du moins en dessous. Dans son dernier ouvrage ou le Cours d'entomologie, cette famille est la deuxième de son ordre des Trachéennes. Cette famille ne se composait autrefois que de deux genres, mais depuis elle a été beaucoup augmentée par MM. Kirby, L. Dufour, Perty, Hope, Guérin-Méneville. Les genres qu'elle renferme maintenant sont les suivans: *Gonyleptes*, *Ostracidium*, *Eusarcus*, *Stygnus*, *Goniosoma*, *Dolichoscelis*, *Cosmetus*, *Discosoma*, *Phalangium*, *Cæculus*, *Cryptostemma* et *Trogulus*. Pour tous ces mots nous renvoyons seulement à celui de Faucheur ou *Phalangium* qui a déjà été traité dans ce Dictionnaire, et pour que nos lecteurs aient une idée plus complète de cette famille intéressante, nous allons donner un aperçu des nouvelles coupes génériques qui y ont été créées.

Genre Gonylepte, *Gonyleptes*, Kirby. Le céphalothorax est trianguliforme, épineux postérieurement; les yeux sont portés sur un tubercule commun; les palpes sont épineux, terminés par un ongle robuste, avec les deux derniers articles presque ovalaires et presque de grandeur égale; les hanches des deux pieds postérieurs sont fort grandes, soudées et formant une plaque sous le corps; ces pieds sont en outre éloignés des autres et rejetés en arrière; l'abdomen est plus ou moins caché par le céphalothorax.

G. a pointes, *G. aculeatus*, Kirby. Trans. de la sociét. Linn. de Lond., tom. XII, p. 452. Long de six lignes; le corps est glabre, lisse, obscur, d'un brun roussâtre; le tubercule portant les yeux est élevé, pointu, incliné; le céphalothorax est sombre en dessous, nébuleux transversalement, terminé postérieurement dans son milieu par une épine robuste, courbée, pointue, bidentée à sa base du côté gauche, et unidentée du côté droit; les pieds sont pâles; les hanches sont brunes; les pénultièmes articles pectinés postérieurement, avec un peigne à six dents; les postérieurs armés extérieurement d'une épine très-robuste, bidentée; les fémurs de derrière sont bruns, noduleux, armés à leur base d'une épine très-robuste, obtuse et de plusieurs autres beaucoup plus petites; les genoux sont bi-épineux intérieurement; les tibias de derrière avec les deux premiers articles noduleux, et épineux intérieurement; l'abdomen est rétréci entre les hanches. Se trouve au Brésil.

Espèces appartenant à ce genre : *Gonyleptes horridus*, Kirby, ouvr. cit., p. 152, pl. 22, fig. 16; *Gonyleptes scaber*, ibid., ouvr. cit., p. 453; *Gonyleptes spinipes*, Perty, Delect. anim. articulat. de MM. Spix et Martius, p. 205, pl. 39, fig. 12; *Gonyleptes armatus*, ibid., ouvr. cit., p. 205, pl. 39, fig. 13; *Gonyleptes asper*, ibid., ouvr. cit., p. 202; *Gonyleptes curvispina*, ibid., ouvr. cit., p. 202; *Gonyleptes elegans*, ibid., ouvr. cit., p. 202. Le Faucheur acanthope, qui a été décrit et figuré dans le Voyage de l'Uranie et de la Physicienne, p. 5 et 6, pl. 82, fig. 2, mâle, 3, femelle, appartient au genre *Gonyleptes*; il en est de même pour le Faucheur acanthure, qui a été figuré dans l'Atlas du Dict. d'Hist. nat., pl. 60.

M. Guérin-Méneville a fait connaître plusieurs autres espèces de Gonyleptes, dans son Iconographie du Règne animal (Arachn., pl. 4), l'une d'elles, qu'il nomme *G. curvipes* et dont nous reproduisons la figure dans notre Atlas, pl. 540, fig. 1, est du Chili et du Pérou. Ce Gonylepte est d'un brun roussâtre, avec les bords du céphalothorax plus fauves et grenus. Il a aussi des séries transversales de granulations en arrière du céphalothorax et sur l'abdomen qui est en partie caché. Les pattes sont plus pâles, à l'exception des dernières qui sont brunes. Les hanches de celles-ci ont en dehors une grande épine courbée et fortement dentée en dessous. Le trochanter est armé de forts tubercules. La cuisse est très-arquée en dedans et en haut (pl. 540, fig. 1, *x*), avec une forte épine au côté interne et des épines moins longues et dirigées en dessous au bout, etc. La fig. 1 *a* offre son corps vu de profil. 1 *b*, le même vu en dessous. 1 *c*, *id.*, vu en avant pour montrer les chélicères en *y*.

Une autre espèce, seulement décrite par M. Guérin-Méneville, est son *G. flavipalpis*, figuré pour la première fois dans notre Atlas, pl. 540, fig. 2. C'est une des plus grandes espèces du genre; les palpes, les chélicères et les pieds antérieurs sont d'un jaune pâle piquetés de brun. Le céphalothorax est de forme triangulaire, brun-roussâtre varié de lignes jaunâtres; il a en avant deux épines jaunes dirigées en haut et à la base externe desquelles sont placés les yeux; on voit deux épines semblables et brunes près du bord postérieur. Les pattes des seconde et troisième paires sont brunes, plus pâles au bout; les hanches des dernières pattes sont très-grandes, terminées en arrière par deux fortes épines, l'une dirigée en dedans et étant la plus grande, l'autre dirigée en arrière et un peu au côté externe. Le trochanter est bi-épineux en dehors, la cuisse est grande, un peu arquée, granuleuse, avec une seule petite épine à l'extrémité et au côté interne, les deux articles suivans et le commencement du troisième ont une série de petites épines au côté externe. Le bout de ce dernier article et les tarses sont jaunâtres. Le dessous est jaune, plus pâle vers la bouche. Du Brésil. La fig. 2 *a* offre son corps vu de profil.

Genre Ostracidium, Perty. Les palpes sont plus courts que le corps; le pénultième article et le dernier épineux : celui-ci armé à son extrémité d'une forte épine recourbée; les chélicères sont courtes; le céphalothorax est déprimé, glabre, clypéiforme, couvert de petites granulations, étroit antérieurement, dilaté postérieurement, arrondi sur les côtés, tronqué à sa partie postérieure et mutique; la partie antérieure où les six pattes sont insérées, est séparée de la postérieure par une impression profondément marquée; de chaque côté est la tige oculifère, avec deux petits yeux dont les deux médians granuleux; les pieds sont peu allongés; les antérieurs sont éloignés des postérieurs; ces derniers ayant leurs hanches peu épaisses, couvertes de petites aspérités et denticulées; l'abdomen est entièrement caché par les plis du céphalothorax. L'espèce type de ce genre est :

Ostracidium fuscum, Perty, ouvr. cit., p. 206, pl. 40, fig. 1, reproduit dans notre Atlas, pl. 539, fig. 1. Long de quatre lignes et demie; le céphalothorax est fauve, avec les yeux de couleur soufre et deux lignes transverses assez profondément marquées; les palpes sont d'un jaune pâle; les pattes sont fauves avec les tarses pâles; en dessous il est d'un fauve légèrement olivâtre. Trouvé près du Rio-Négro. Sa chélicère est figurée grossie et isolée, fig. 1, *a*.

Genre Eusarcus, Perty. Les palpes sont plus longs que la moitié du corps avec le pénultième et dernier article épineux, celui-ci onguiculé; les chélicères y sont jointes et glabres; la tige oculifère est épineuse ou tuberculée; les deux yeux sont placés extérieurement à la base des tubercules; le corps est ovale en dessus, épais, convexe, étroit antérieurement; le céphalothorax est profondément sillonné transversalement par la troisième paire de pattes, dilaté postérieurement et armé en dessus à sa partie postérieure de deux tubercules ou d'une seule épine; l'abdomen prolongé par la partie céphalothoracique, forme en dessus deux segmens, et montre en dessous cinq ou six plis; les pattes sont inégales; la première paire est la plus courte, la seconde est plus longue que la troisième, enfin la quatrième paire est la plus longue de toutes; cette dernière paire est éloignée des autres, avec les hanches mutiques plus épaisses que les précédentes.

Espèces. *Eusarcus grandis*, Perty, ouvr. cit.,

p. 206, pl. 40, fig. 2, reproduit dans notre Atlas, pl. 539, fig. 2. Longueur, cinq lignes et demie; les chélicères sont glabres, d'un gris testacé (fig. 2 *b*); les palpes sont de même couleur; les yeux sont noirs, avec deux tubercules au milieu (fig. 2 *a*); le céphalothorax est d'un fauve ferrugineux, glabre obscur, avec deux points élevés postérieurement; l'abdomen est inné avec le céphalothorax, le dessus ayant trois cercles élevés indiquant les segmens; en dessous il est d'un ferrugineux couleur de sang, avec six plis abdominaux; les pattes sont d'un ferrugineux sale; les antérieures plus pâles; les hanches postérieures sont mutiques. Trouvé dans la province de Piauchia.

Eusarcus pumilio, ibid., ouvr. cit., p. 205; *Eusarcus armatus*, ibid., ouvr. cit., p. 205; *Eusarcus muticus*, ibid., ouvr. cit., p. 205.

Genre Stygnus, Perty. Les palpes sont plus longs que le corps avec les pénultième et dernier articles épineux; celui-ci uni avec le précédent et onguiculé; les chélicères sont éloignées du corps, très-grandes, épaisses, glabres et luisantes; les deux yeux sont écartés avec une épine intermédiaire; le céphalothorax est subquadriforme, mutique postérieurement et sur les côtés, avec deux épines élevées et pointues dans le milieu; l'abdomen est entièrement caché et présente en dessus des vestiges de deux ou trois segmens et en dessous quelques plis; les pieds sont inégaux, peu allongés; la première paire est courte et grêle; la seconde plus allongée que la troisième est aussi très-grêle; la troisième a ses articles, surtout les premiers, un peu moins grêles; enfin la quatrième paire, qui est la plus longue de toutes, est éloignée des autres et formée d'articles beaucoup plus robustes, avec les hanches épaisses et légèrement épineuses. La seule espèce connue est :

Stygnus armatus, Perty, ouvr. cit., p. 207, pl. 40, fig. 3. Longueur, quatre lignes; les chélicères sont très-glabres, luisantes, châtain; les palpes sont sétacés; le céphalothorax est d'un fauve ferrugineux, avec les deux yeux très-éloignés et une épine intermédiaire élevée; deux épines postérieures droites, et deux horizontales plus petites; les pattes antérieures sont d'un fauve couleur châtain; les postérieures sont ferrugineuses, avec les hanches noueuses à leur extrémité, et deux séries de petites épines. Trouvé près du Rio-Négro.

Genre Goniosoma, Perty. Les palpes sont de la longueur du corps, peu épais, avec les pénultième et dernier articles épineux; celui ci onguiculé; les chélicères sont robustes, unies à la bouche; la tige oculifère est très-épineuse; les deux yeux sont placés extérieurement à la base des épines; le céphalothorax est subtriangulaire, profondément sillonné transversalement à son insertion par la troisième paire de pattes; déprimé, avec les épines très-courtes sur les côtés latéraux, et armé dans son milieu d'épines droites, assez grandes; l'abdomen est caché par une grande partie du céphalothorax, et offre seulement trois plis; les pattes sont inégales, très-allongées; les postérieures assez éloignées des autres, avec les hanches mutiques et allongées; la première paire de pattes est très-courte et grêle; la seconde ensuite est plus allongée que la troisième, la quatrième est la plus courte de toutes.

Goniosoma varium, Perty, ouvr. cit., p. 208, pl. 40, fig. 4, reproduit dans notre Atlas, pl. 539, fig. 3. Longueur, cinq lignes; les chélicères sont lisses, couvertes de poils (fig. 3 *a*); les palpes sont sétacés; les yeux sont petits, jaunes, pellucides, avec deux petites épines élevées; le céphalothorax est d'un brun ferrugineux sale, avec des taches et quelques lignes bleues, armé postérieurement de deux épines élevées; en dessous il est roussâtre, glabre; les plis de l'abdomen, cachés sous le céphalothorax, sont verdâtres; les pattes sont d'un brun ferrugineux, plus pâles vers les tarses. Cette espèce a été trouvée près du fleuve des Amazones.

Espèces appartenant à ce genre : *Goniosoma squalidum*, *ferrugineum*, *sulphureum*, *conspersum*, *viridum*, *patruele*, *modestum*, *versicolor*, *junceum*, *obscurum*, Perty, ouvr. cit., p. 202. Toutes ces espèces ont été trouvées au Brésil.

Genre Dolichoscelis, Hope. Le corps est triangulaire en dessous, déprimé, avec les angles antérieurs arrondis, tuberculé en dessus avec les bords latéraux épais; le céphalothorax est arrondi en avant avec sa partie antérieure armée à la base de deux cornes oculifères (pl. 540, fig. 3 *a*); les yeux sont presque arrondis; les mandibules de deux articles, sont attachées à un court pédicule ayant le premier article triangulaire, dilaté à son sommet; le second ovale, en forme de pince; les palpes sont composés de cinq articles recourbés; le premier article est très-petit; le second presque trois fois plus grand, épineux au côté interne; le troisième égalant à peine la moitié du précédent, épais à son sommet; le quatrième cylindrique, plus épais à sa base, avec son sommet rétréci, armé de petites épines serrées, en forme de soies; le dernier ovale, déprimé, épineux, armé antérieurement d'un ongle long, recourbé et pointu (fig. 3 *b*); les pieds sont au nombre de huit; les antérieurs très courts, presque trois fois plus longs que les postérieurs; les pénultièmes du double plus longs que les antérieurs; les postérieurs très-allongés, pas très-éloignés les uns des autres, mais six fois plus longs que les antérieurs; les tibias sont composés de trois articles; le premier plus épais, le second plus long, le troisième très-allongé; tous les tarses sont onguiculés, de onze articles; le premier égalant les quatre suivans, les autres diminuant de grandeur. L'espèce type de ce genre est le :

Dolichoscelis Haworthii, Hope, Trans. Linn. soc. of Lond., t. XVII, p. 799, pl. 16, fig. 1 à 5, reproduit dans notre Atlas, pl. 540, fig. 3. De couleur jaune; la partie antérieure ayant une corne droite, oculifère, de chaque côté, avec les bords postérieurs très-allongés; le céphalothorax est profondément émarginé, avec une corne droite de chaque côté, oculifère; les yeux sont d'une couleur plus obscure; le corps est jaune, bordé, ayant le bord extérieur élevé, l'intérieur armé de tubercules jaunâtres; le dessous est de même couleur; le disque est convexe dans le milieu, couvert de tubercules jaunâtres, très-nombreux; l'abdomen est très-court, libre; les pieds sont au nombre de huit, inégaux; la quatrième paire est la plus longue, la seconde ensuite, la troisième après, enfin la première est la plus courte; les genoux de toutes ces pattes sont épais. Cette espèce a le Brésil pour patrie. La figure 3 *c* représente son corps vu en dessous et grossi.

Genre Cosmetus, Perty. Les palpes sont plus longs que le corps, comprimés, mutiques, appliqués sur les chélicères, l'animal se reposant, celles-ci les mettant à couvert; le tubercule oculifère est mutique; le céphalothorax est trianguliforme, légèrement convexe, mutique postérieurement sur les côtés, et armé de deux épines dans son milieu; tous les pieds sont inégaux, grêles; les postérieurs sont éloignés des autres, avec les hanches à peine épaisses et mutiques.

Cosmetus pictus, Perty, Delect. anim. articul. de MM. Spix et Martius, p. 208, pl. 40, fig. 5. Long de trois lignes; entièrement ferrugineux, avec les palpes et les pattes plus pâles; les yeux sont noirs; le céphalothorax antérieurement présente la figure d'un V qui est de couleur jaune et ponctué de noir; postérieurement sont des points jaunes dispersés, avec deux épines élevées; le dessous est ferrugineux, sans taches. Cette espèce a été trouvée près du Rio-Négro.

Les autres espèces sont *Cosmetus bipunctatus*, *conspersus*, *lagenarius*, *Andreæ*, f. *flavus*, *varius*, *marginalis*; toutes ces espèces ont pour patrie le Brésil.

Genre Discosoma, Perty. Les palpes sont du double plus courts que le corps, mutiques, déprimés, placés sur les chélicères, l'animal se reposant et les recouvrant; les chélicères sont placées sur la bouche; les yeux sont au nombre de deux, placés sur un tubercule qui se voit à peine; le céphalothorax est discoïdal, un peu convexe, mutique; l'abdomen est presque caché sous le céphalothorax, offrant en dessus un segment et un vestige du second, et en dessous quelques plis; les pieds sont très-allongés, grêles, semblables; les postérieurs éloignés des autres, avec les hanches mutiques.

Discosoma cinctum, Perty, Delect. Anim. art., pl. 40, fig. 6, reproduit dans notre Atlas, pl. 539, fig. 4. Long de deux lignes un quart; le corps est entièrement d'un gris brun, glabre, avec le bord du céphalothorax entièrement blanc; les palpes et les pattes sont plus pâles, ces dernières ayant leur dernier article couvert de poils. Elle a été trouvée à Bahia.

Ici vient se placer le genre *Phalangium* dont il a été question à l'article Faucheur (*voy.* ce mot).

Genre Trogulus, *Trogulus*, Latr., *Phalangium*, Lin., *Acarus*, Scopoli. Les parties de la bouche sont situées dans un enfoncement que recouvre le prolongement antérieur de l'enveloppe du corps; ce dernier est très-aplati, dur; les yeux sont écartés l'un de l'autre et peu sessiles; leurs pattes sont proportionnellement plus courtes que celles des Faucheurs, et leurs tarses n'ont pas au-delà de six articles. L'espèce qui a servi de type à ce genre est :

Trogulus nepæiformis, Latr., Gener. Crust. et Ins., tom. 1, pag. 142, tab. 6, fig. 1; *Acarus nepeformis*, Scopoli, Entom. carn., n° 1070; *Phalangium carinatum*, Fabr., Entom. system., t. II, pag. 431. Le corps est ellipsoïde, d'un cendré terreux, chagriné; l'avancement antérieur du céphalothorax est triangulaire; les palpes sont forts, petits; on ne distingue pas d'anneaux à sa partie inférieure; les tarses sont de quatre articles, dont le premier, un peu renflé à son extrémité avec l'angle extérieur, prolongé en forme d'épine. Cette espèce, figurée par M. Guérin-Méneville dans son Iconographie du Règn. anim. de Cuvier, Arachn., pl. 4, fig. 6. Nous reproduisons une portion de ces figures dans notre Atlas, pl. 539, fig. 5. La figure 5 *a* offre son corps vu en dessous et grossi; nous avons montré, fig. 5 *b*, la partie antérieure de son céphalothorax, avec les yeux et les hanches des premières pattes. Se trouve sous les pierres, particulièrement dans la France méridionale.

Genre Cœcule, *Cæculus*, Léon Dufour. La bouche est cachée avec la lèvre et les mandibules sous le chaperon; la lèvre est semi-circulaire; les mandibules placées sur la lèvre sont oblongues, petites, terminées par un ongle simple; les palpes sont nuls; les yeux sont invisibles; les pieds sont ambulatoires et au nombre de huit, insérés sur les côtés latéraux du tronc, les antérieurs étant un peu plus longs; les tarses sont uni-articulés, armés de deux ongles; le corps est ovale, déprimé, coriace, glabre, pourvu d'un thorax en bouclier; l'abdomen ne se distingue du thorax que parce qu'il ne donne pas insertion aux pattes, et que l'arête latérale du tronc ne s'y continue pas; la seule espèce connue est :

Cæculus echinipes, L. Dufour, Ann. des Sc. nat., tom. XXV, p. 289, pl. 9, fig. 1 à 3; figure reproduite dans notre Atlas, pl. 539, fig. 6; longueur une ligne; le corps est noir, ovale, déprimé, et d'une consistance uniformément coriacée; le tronc, ou cette partie du corps qui donne attache aux pattes et qui recèle la bouche, est plus grand que l'abdomen, dont aucun étranglement ne le distingue et avec lequel il se continue; il présente en dessus, et à peu près dans sa moitié antérieure, une sorte de plaque unie, plane, ou légèrement déprimée, de texture un peu plus serrée, qui forme comme un simulacre de corselet; elle se prolonge en avant en un lobe arrondi semblable à un chaperon, et ce trait offre une analogie frappante avec celui qui caractérise le genre Trogulus. Mais, malgré des explorations soigneusement réitérées avec les secours des plus forts verres amplifians, M. L. Dufour n'a pu découvrir à cette Arachnide la moindre trace d'yeux; dans sa moitié postérieure, le tronc présente en dehors,

de

de chaque côté, un pli saillant, longitudinal, une sorte d'arête; la bouche est tout-à-fait inférieure et placée sous le chaperon comme dans le genre Trogule, mais un peu plus en arrière et dans la position naturelle de l'Arachnide; elle est absolument invisible. Quand on observe celle-ci renversée sur le dos, on voit que la bouche forme une saillie comme un museau court; on y aperçoit distinctement une lèvre demi-circulaire, de même texture que le reste du corps, séparée du plastron sternal par une articulation linéaire qui lui permet un mouvement borné d'élévation et d'abaissement. Cette lèvre, légèrement concave en dessous, et vraisemblablement convexe en dessus, est le support, le réceptacle, des autres parties de la bouche; deux mandibules petites, oblongues, y sont logées, non didactyles, mais terminées par un seul crochet. Au reste l'extrême petitesse de la bouche n'a pas permis à M. L. Dufour de constater très-rigoureusement la conformation des mandibules; des soies assez longues, raides, très-distinctes les unes des autres, garnissent soit le contour de la lèvre, soit le voisinage de la bouche. M. L. Dufour, malgré les recherches les plus minutieuses, n'a pu apercevoir de palpes; il ne faut pas prendre pour tels deux soies grêles, inarticulées, qui débordent le contour du chaperon et qui ont leurs insertions un peu en arrière de ce contour, non loin de la bouche; ces soies ne diffèrent que par un peu plus de longueur de celles que j'ai dit garnir les environs de la bouche; elles sont raides, cornées, et un peu susceptibles de mouvement; les pattes sont uniquement ambulatoires, au nombre de huit, d'une composition uniforme pour toutes, et remarquables par les soies de diverses configurations qui les hérissent; leur longueur est médiocre; les antérieures sont un peu plus longues que les autres qui sont égales entre elles; la région antérieure ou pectorale du tronc présente une structure analogue à celle des Phalangiens; on y voit de chaque côté quatre plis allongés, conoïdes, bien moins saillans que dans les Faucheurs, et assez semblables sous ce rapport à ceux du Trogule. Ces plis, que la plupart des entomologistes désignent sous le nom de hanches, ne sont pas des articles postérieurs dépendant des pattes, mais de simples reliefs simplement immobiles, fournis par le segment pectoral. La véritable hanche ne consiste qu'en un seul article assez grand, plus gros même que la cuisse; elle est tout-à-fait découverte, et son insertion a lieu immédiatement sur le bord latéral du tronc; celle des quatre pattes de devant présente au côté interne ou antérieur une soie ovale, spatulée, roussâtre, implantée sur une saillie conoïde; la hanche de la troisième paire offre une apophyse latérale; la cuisse ressemble à la jambe des Phalangiens, car elle se compose de deux pièces à peu près semblables, étroitement contiguës bout à bout, dont la première est un peu plus courte que l'autre; elle est obscurément tétragone, et les angles des arêtes sont bordés de soies raides, cornées, d'un roux testacé, qui diffèrent entre elles par leur configuration; le côté interne des deux paires antérieures est garni de cinq à six piquans, longs et grêles, implantés sur une espèce de bulbe conoïde bien prononcé; le côté externe en a de semblables, mais moins nombreux et moins apparens. Ces longs piquans bulbeux ne s'observent pas aux autres cuisses, et servent sans doute à l'Arachnide à saisir ou à enlacer sa proie. D'autres soies courtes, ovales, spatulées, garnissent les bords et les arêtes de ces cuisses et des autres; la jambe moins grosse que la cuisse et presque aussi longue qu'elle, est d'une seule pièce; les quatre antérieures présentent à droite et à gauche trois piquans bulbeux et des soies ovales spatulées, les quatre postérieures offrent de ces dernières au côté interne et des soies non bulbeuses; le tarse n'est que d'un seul article allongé, plus grêle et plus court que la jambe, bordé de cils simples. Ce dernier caractère distingue ce genre des précédens; les tarses se terminent tous par deux ongles très-simples, médiocrement arqués, mais bien distincts, insérés au bout même du tarse et non sur le côté; l'abdomen est plus court que le tronc, il ne se distingue guère de celui-ci que parce qu'il ne donne pas insertion aux pattes, et que l'arête latérale du tronc ne s'y continue pas; il offre à son origine comme un segment transversal, et ensuite quelques rides à peine distinctes; son extrémité est légèrement échancrée; il est noir en dessus et d'un roux testacé en dessous. Cette dernière couleur s'étend à la ligne médiane de la poitrine. Cette espèce a été trouvée sous les pierres dans les montagnes arides de Moxente, aux confins méridionaux du royaume de Valence.

Enfin le dernier genre est celui de CRYPTOSTEMME, *Cryptostemma*, qui a été établi par M. Guérin-Méneville dans sa Revue zoologique, et qui appartient par son organisation à la tribu des Phalangiens; il est très-voisin du genre *Trogulus;* comme lui il a l'extrémité antérieure du céphalothorax avancée en forme de chaperon, mais M. Guérin n'a pu lui voir aucune trace d'yeux, et les antennes-pinces sont saillantes, en forme de pattes, et plus courtes que celles-ci. Le céphalothorax est distinct de l'abdomen, de forme carrée; les pattes sont très-inégales en longueur, aplaties, terminées par des tarses de quatre ou cinq articles grenus, dont le dernier est le plus grand; la seconde paire est la plus longue, ensuite la troisième, puis la quatrième, et enfin la première qui est la plus courte; l'abdomen est de la longueur du céphalothorax, deux fois plus long, aplati et un peu enfoncé en dessus, convexe en dessous, et paraissant divisé en quatre segmens. L'espèce type de ce genre est:

Cryptostemma Westermannii, Guér., Revue zool., n° 1, janvier 1838, p. 11. Cette espèce est longue de trois lignes; son corps et ses pattes sont d'un gris terreux, couverts de nombreuses aspérités; le chaperon est plus large en avant, rebordé, avec un faible sillon longitudinal au milieu; le céphalothorax est un peu bombé, rebordé sur les côtés et en arrière, avec un sillon longitudinal au milieu, beaucoup plus profond en arrière, et une forte impression oblique de chaque côté ; l'abdomen est à bords très-relevés, avec deux impressions obliques à la base de chaque segment. Cette espèce a été trouvée en Guinée ; elle est figurée pour la première fois dans notre Atlas, pl. 539, fig. 7 *a*, représente la partie antérieure de son corps, pour montrer le chaperon surbaissé et ne portant aucune trace d'yeux. (H. L.)

PHALANGISTE. (MAM.) On donne quelquefois ce nom aux PHALANGERS (*voy.* ce mot).

PHALANGISTE. (INS.) Nom d'une espèce de Coléoptère du genre GÉOTRUPE (*voy.* ce mot).

PHALANGIUM. (ARACHN.) Nom latin du genre FAUCHEUR (*voy.* ce mot).

PHALARIS. (OIS.) Les anciens donnaient ce nom au FOULQUE (*voy.* ce mot). (GUÉR.)

PHALARIDE, *Phalaris.* (BOT. PHAN.) Communément Alpiste, genre de la famille des Graminées, dont on a brièvement décrit quelques espèces dans ce Dictionnaire. (*Voyez* ALPISTE.) Ici nous donnerons les caractères du genre, qui ont été omis par mégarde, en traitant cet article, à son ordre alphabétique.

Phalaris est un nom grec donné par Pline à une plante que l'on croit être le Millet des oiseaux (nous ne discuterons point cette opinion, car déjà plusieurs fois nous nous sommes prononcé contre ce genre d'érudition, presque futile selon nous). Linné exhuma ce nom, et l'appliqua à un genre de Graminées dont les graines de quelques espèces peuvent servir également de nourriture à la gent ailée. Kunth a composé, dans la famille des Graminées, une section des Phalaridées, dont le *Phalaris* est le type, et qu'il a ainsi caractérisée : épillets hermaphrodites, polygames ou rarement monoïques, tantôt uniflores, ou portant un rudiment stipitiforme d'une autre fleur supérieure ; tantôt biflores ; chaque fleur alors mâle ou hermaphrodite ; tantôt bitriflores ; une fleur terminale fertile, les autres incomplètes ; glumes ordinairement égales ; paillettes souvent brillantes et persistant avec le fruit ; styles ou stigmates allongés le plus souvent. Cette section se rapproche beaucoup des Oryzées, des Agrostidées et des Avénacées. Voici maintenant les caractères du Phalaris proprement dit :

Epillets triflores, dont les deux fleurs inférieures squamiformes, très-petites, neutres, la supérieure hermaphrodite ; deux glumes naviculaires, très-souvent ailées sur la carène, et presque égales ; deux paillettes naviculaires, mutiques ; l'inférieure plus grande et enveloppant la supérieure ; deux squamules glabres ; trois étamines ; ovaire sessile ; deux styles à stigmates plumeux ; caryopse oblongue, comprimée, lenticulaire, libre entre les paillettes, qui se referment étroitement.

Les Phalarides sont des herbes vivaces, à feuilles planes, à panicules en épis, serrées ou diffuses, à épillets pédicellés, et appartenant pour la plupart à la région méditerranéenne occidentale, une autre au Népaul, une seconde à l'Amérique tropicale, une troisième au Chili, un petit nombre enfin à l'Amérique boréale. (*Voyez* ALPISTE.) (C. LEM.)

PHALAROPE, *Phalaropus.* (OIS.) Brisson a le premier distingué, sous ce nom de genre, des oiseaux que caractérisent un bec droit presque rond, sillonné en dessus, grêle, pointu, à mandibule supérieure légèrement recourbée vers la pointe ; des narines basales, linéaires, situées dans un sillon ; des doigts au nombre de quatre, trois en devant et un en arrière ; les premiers réunis par une membrane qui s'étend jusqu'à la première articulation, et qui se festonne ensuite sur les bords jusqu'à leur extrémité, le pouce libre, mais articulé au dedans.

Plusieurs coupes ont été faites dans ce genre, par les auteurs modernes, de telle sorte qu'aujourd'hui la nomenclature ornithologique s'est grossie, pour les seuls Phalaropes, de deux dénominations nouvelles. Cuvier, dans sa nombreuse famille des longirostres échassiers, a conservé le nom générique imposé par Brisson, pour l'espèce que Buffon a décrite sous celui de Phalarope à festons dentés (*Phalaropus lobatus*, Lath.) et a fait de la deuxième espèce connue (du Phalarope cendré ou hyperborée), sa division des Lobipèdes. Vieillot, établissant la même coupe, a seulement remplacé par le mot de Crymophile celui de Phalarope conservé à la première espèce, et a affecté ce dernier aux Lobipèdes de Cuvier. Ch. Bonaparte, prenant pour type une troisième espèce qui avait été décrite dans ces derniers temps par Vieillot (*Phalaropus frenatus*), a cru devoir en créer une section subgénérique, sous le nom de *Holopodius.* Ainsi voilà trois oiseaux, distincts à peine par de légères différences tirées du bec et possédant au reste tous les caractères du genre, qui ont donné lieu à trois divisions. Temminck, avec bien plus de raison, ce nous semble, n'en a fait qu'un genre auquel il maintient la dénomination donnée par Brisson.

Jusqu'à ce jour l'on possède peu de détails sur les mœurs des Phalaropes. Tout ce que l'on peut dire d'une manière générale, c'est que, habiles nageurs, ils voguent sur l'onde avec une légèreté et une grâce admirables. S'ils se plaisent au balancement des vagues, ils aiment également bien les eaux tranquilles. En effet, la mer avec sa houle et les lacs avec leur calme, sont les lieux qu'ils fréquentent indifféremment, bien cependant qu'ils paraissent préférer les eaux saumâtres et salées, aux eaux douces. Là, ils cherchent tantôt à la surface des flots, tantôt sur les bords du rivage, les petits insectes et les vers marins dont ils font leur nourriture ; ils marchent et courent beaucoup moins bien qu'ils ne nagent, aussi vont-ils rarement à terre. L'époque durant laquelle on les y voit le plus fréquemment est celle de leur reproduction, car c'est dans les herbes, dans les prairies, mais toujours à proximité des eaux qu'ils vont faire leurs pontes.

La double mue à laquelle ces oiseaux sont soumis, les différences de colorations qui existent suivant l'âge, ont quelquefois donné lieu à des espèces purement nominales. Celles que l'on sait exister bien positivement, variant légèrement entre elles par la forme du bec, peuvent être distinguées ainsi qu'il suit :

1° Espèces à bec grêle déprimé seulement à la base (genre Lobipède de Cuvier).

PHALAROPE A HAUSSE-COL, *P. hyperboreus*, Lath. Cet oiseau dont nous ne décrirons que la livrée de noces, a environ sept pouces de longueur totale; il est d'un gris cendré foncé sur la tête et les côtés de la poitrine, tandis que les côtés et le devant du cou sont d'un roux vif; la gorge, le milieu de la poitrine et les autres parties inférieures sont d'un blanc pur, seulement les flancs offrent de grandes taches cendrées; les tectrices alaires et les deux rectrices intermédiaires sont noires, les latérales ont une bordure blanche.

Cette espèce pond trois ou quatre œufs d'un olivâtre très-foncé, parsemé de nombreuses taches noires si rapprochées, que la couleur du fond paraît à peine. Elle fréquente les plages qui bordent les lacs du cercle arctique; est très-commune au nord de l'Écosse, en Laponie, dans les Orcades et les Hébrides; fait ses passages sur les côtes de la Baltique, et visite très-rarement les lacs de la Suisse et accidentellement ceux d'Allemagne et de Hollande.

2° Espèces à bec déprimé jusqu'au bout (genre Crymophyle de Vieillot).

P. PLATYRHYNQUE, *P. platyrhyncus*, Temm. Il mesure un pouce de plus que le précédent. Toutes les parties supérieures, en hiver, sont cendrées, avec une légère teinte bleuâtre sur le dos, les scapulaires et le croupion; une bande noire qui prend origine vers les yeux et se dirige sur la nuque, offre la même nuance. Toutes les parties inférieures, le front et les côtés du cou sont d'un blanc pur; l'aile est traversée par une bande de même couleur. Dans cet état c'est le PHALAROPE GRIS (*Phalaropus lobatus*) de quelques auteurs. Sa livrée, en été, passe au noir flambé de fauve en dessus, et au roussâtre en dessous.

Accidentellement de passage dans l'Europe tempérée, ce Phalarope vit communément dans les parties orientales du nord de l'Europe, en Sibérie, et sur les bords de la baie d'Hudson. Il est probable qu'il se propage dans les lieux qu'il habite, mais on n'a aucuns détails sur les pontes.

3° Espèces à bec grêle, long et un peu fléchi à la pointe (sous-genre *Holopodius* de Ch. Bonaparte).

P. BRIDÉ, *P. frenatus*, Vieill. De la taille du Phalarope à hausse-col, il en diffère pourtant par une bande noire qui s'étend en forme de bride depuis l'angle intérieur de l'œil jusqu'aux épaules, en parcourant les côtés du cou. Au reste, tout le dessus de son corps est cendré, et le dessous d'un blanc pur; les ailes, les pieds et le bec sont noirs.

Wilson, ornithologiste américain, a le premier fait connaître cette espèce. Elle habite le Sénégal. (Z. G.)

PHALÈNE, *Phalæna*. (INS.) C'est un genre de l'ordre des Lépidoptères, famille des Nocturnes, tribu des Phalénites, créé par Linné, et qui comprenait sous cette dénomination tous les Lépidoptères nocturnes : mais Latreille, voyant que ce genre ne pouvait rester ainsi, l'a beaucoup restreint, et maintenant, à la période où nous sommes, le genre Phalène n'existe plus, par suite des innovations des entomologistes modernes; cependant, sentant qu'on ne pouvait l'anéantir entièrement sans altérer la classification linnéenne, on a cru devoir le réserver et le colloquer à une tribu qui a été désignée sous le nom de Phalénites; mais comme dans ce Dictionnaire on a suivi autant que possible la classification de la dernière édition du Règne animal de Cuvier, nous conserverons le genre *Phalæna*, que nous caractérisons ainsi, d'après Latreille : Antennes assez courtes, sétacées, multiarticulées, tantôt simples, tantôt pectinées ou plumeuses, soit dans les deux sexes, soit seulement dans les mâles; langue souvent petite, peu cornée; palpes inférieurs cachant totalement les supérieurs, presque cylindriques ou coniques, courts et recouverts uniformément de petites écailles; tête petite; corps ordinairement grêle; ailes grandes, étendues horizontalement dans le repos, toutes les quatre ayant, dans ce cas, des teintes ou des dessins qui leur sont communs, ou disposées (dans le repos) en toit très-écrasé, n'ayant plus ordinairement sur les inférieures que des teintes moins foncées que celles des ailes supérieures; Chenilles arpenteuses, ayant dix pattes. Ce genre, ainsi caractérisé, diffère des Métrocampes de Latreille, parce que la Chenille de la seule espèce de ce genre a douze pattes. Les Hybernies en sont séparées, parce que leurs femelles ne peuvent voler, étant aptères ou semi-aptères.

Plus haut, nous avons dit que Linné comprenait sous le nom de *Phalæna* tous les Lépidoptères nocturnes de Latreille. Cependant, il a été obligé de diviser son grand genre Phalène, et il l'a fait ainsi : 1° *Attacus;* ailes écartées; ils sont pectinicornes ou séticornes. Cette division renferme des Bombyx et des Noctuelles de Fabricius; 2° *Bombyx;* ailes en recouvrement; antennes pectinées; 3° *Noctua*, ailes en recouvrement, antennes sétacées ou pectinées; les Hépiales, les Cossus et les Noctuelles de Fabricius; 4° *Géomètres;* ailes écartées, horizontales dans le repos. Ce sont les Phalènes de Fabricius; elles sont pectinicornes ou séticornes. Les quatre divisions suivantes ont les ailes arrondies; 5° *Tortrices rouleuses;* ailes très-obtuses, comme tronquées; bord extérieur courbe. Ce sont les Pyrales de Fabricius; 6° *Pyrales;* ailes formant par leur réunion une figure deltoïde fourchue ou en queue d'Hirondelle; 7° *Tineæ;* ailes en rouleau, presque cylindriques; un toupet. Les Teignes de Fabricius et la plus grande partie des nouveaux genres qu'il a publiés à la suite de celui des Phalènes, dans le Supplément de son Entomologie systématique; 8° *Alucites;* ailes digitées, fendues jusqu'à leur base. Ce sont les Ptérophores de Geoffroy et de Fabricius.

Geoffroy a donné le nom de Phalènes aux Bombyx, Hépiales, Cossus, Noctuelles, Phalènes et Rouleuses ou Pyrales. Degéer n'a fait que retrancher du genre *Phalæna* de Linné les Ptérophores qu'il nomme Phalènes tipules. Il partage les Phalènes en cinq familles. Dans le Catalogue des Lépidoptères de Vienne, les Phalènes sont désignées, comme dans Linné, sous le nom de Géomètres : elles y sont divisées en quinze petites familles. Fabricius partage son genre Phalène, qui renferme la division des Géomètres de Linné, en trois sections, Pectinicornes, Séticornes et *Forficata*, ou ailes terminées en manière de queue d'Hirondelle. Dans le Supplément de son Entomologie systématique, il a restreint la dernière section, en réunissant plusieurs des espèces qu'elle contenait aux *Crambus*; dans la Méthode de Latreille; le genre *Phalæna* de Linné forme la famille des Nocturnes, qu'il divise en huit tribus. Lamarck forme avec les Phalènes, dont les Chenilles ont douze pattes, le genre Campée, qui n'est composé que de deux Phalènes et de sept Noctuelles. Enfin M. Duponchel, dans son Histoire naturelle des Lépidoptères d'Europe, adopte la tribu des Phalénites dans laquelle il reconnaît quarante-huit coupes génériques, dont vingt-neuf ont été établies par lui.

Les Phalènes sont des Lépidoptères nocturnes qui n'atteignent généralement que des petites et moyennes tailles; elles ressemblent à de petits Bombyx à corps plus grêle et plus allongé. Le plus grand nombre des espèces ne volent qu'après le coucher du soleil : on les voit alors voltiger près des haies et dans les allées des bois; malheur à celle qui est rencontrée par quelque Libellule! elle est bientôt prise, car son vol lourd lui interdit une fuite précipitée. C'est le plus souvent pendant le jour que les mâles vont à la recherche de leurs femelles : on voit cependant que ce n'est pas la vue qui les dirige, car ils heurtent indistinctement tous les objets qu'ils rencontrent; cependant ils arrivent assez directement à leurs femelles, probablement guidés par l'odorat, qui est si fin chez quelques Lépidoptères nocturnes, qu'ils viennent chercher leurs femelles à des distances considérables, guidés seulement par ce sens. Il paraît aussi que les femelles des Phalènes, ainsi que celles de plusieurs autres Nocturnes, font sortir de leur corps des émanations qui guident les mâles. Ces émanations doivent cesser dès qu'elles sont fécondées; car on ne voit plus arriver de mâles après que l'accouplement a eu lieu.

Les Chenilles des Phalènes ont dix pattes; on remarque en avant les six pattes écailleuses; les autres sont membraneuses et placées vers l'extrémité du corps. Ces Chenilles marchent d'une manière très-différente de celle à seize pattes. Lorsqu'elles veulent changer de place, elles approchent leurs pattes intermédiaires des pattes écailleuses, en élevant le milieu de leur corps; de sorte que cette partie forme en l'air une espèce de boucle. Quand les pattes de derrière sont fixées, elles allongent leur corps, portent leur tête en avant et fixent leurs pattes antérieures pour rapprocher d'elles la partie postérieure de leur corps et faire un autre pas. Par ce mouvement, les Chenilles semblent mesurer le terrain qu'elles parcourent; de là le nom d'Arpenteuses ou de Géomètres qu'on leur a donné. Ces Chenilles se tiennent sur les branches des arbres d'une manière très-singulière : quand elles ne mangent pas ou qu'elles ont peur, elles prennent diverses attitudes qui exigent une grande force musculaire. Celle qui leur est la plus familière est de se tenir debout sur une branche et d'avoir l'aspect d'un petit bâton. Pour cet effet, elles cramponnent leurs pattes postérieures sur une petite branche, ayant le corps élevé verticalement, et restent ainsi immobiles pendant des heures entières. Les Arpenteuses filent continuellement une soie qui les tient attachées à la plante sur laquelle elles vivent. Vient-on à les effrayer en touchant la feuille sur laquelle elles sont, aussitôt elles se laissent tomber; mais elles ne descendent pas jusqu'à terre, ayant toujours une corde prête à les soutenir en l'air et qu'elles peuvent allonger à volonté. Cette corde est un fil de soie très-fin qui a assez de force pour les porter; elles ne marchent jamais sans laisser, sur le terrain où elles passent, un fil qu'elles attachent à chaque pas qu'elles font. Ce fil se dévide de la filière d'une longueur égale à celle des mouvemens qu'a faits la tête de la Chenille en marchant : il est toujours attaché près de l'endroit où elles se trouvent, et tient par l'autre bout à la filière. C'est au moyen de cette soie qu'elles descendent des plus grands arbres jusqu'à terre, et qu'elles remontent sans marcher, manœuvre qu'elles exécutent assez promptement; elles saisissent ce brin de soie avec les pattes intermédiaires entre lesquelles elles le rassemblent en paquet à mesure qu'elles avancent; quand elles sont arrivées à l'endroit où elles voulaient aller, elles le cassent et en débarrassent leurs pattes; elles filent de nouveau lorsqu'elles se remettent en marche.

Presque toutes les Arpenteuses sont lisses et ont le corps allongé, mince et cylindrique; plusieurs ont sur le dos, et quelquefois sur les côtés, des éminences ou tubérosités qui ressemblent aux nœuds ou bourgeons d'une petite branche. Le mois de mai et le commencement de juin sont l'époque de l'année où l'on trouve le plus de ces Chenilles sur les arbres; les chênes, qui en nourrissent une grande variété d'espèces, en sont quelquefois tout rongés. On les voit beaucoup moins sur les plantes herbacées. Quelques Arpenteuses, après s'être montrées au printemps, reparaissent en automne; mais le plus grand nombre n'a qu'une seule génération par an. On remarque parmi ces Chenilles les différens modes de transformation qui sont disséminés dans les autres familles des Lépidoptères, et la majeure partie des Arpenteuses entre dans la terre pour se changer en chrysalide. Parmi ces Chenilles, les unes subissent toutes leurs métamorphoses dans le courant de l'été, et c'est le plus grand nombre; les autres ne deviennent insectes parfaits qu'en automne ou au printemps suivant, quelques unes enfin ne donnent leurs papillons qu'en hiver, c'est-à-dire dans les mois de décembre et de février. Telles sont les espèces dont les femelles sont aptères ou n'ont que des rudimens d'ailes.

Ce genre, qui renferme un très-grand nombre d'espèces, a été, comme nous l'avons déjà dit plus haut, partagé en quarante-huit coupes génériques. Nous ne pouvons décrire toutes ces coupes, qui au reste ont été indiquées au mot Phalénites; seulement nous exposerons les principales. Les entomologistes modernes ont une manière de distinguer, au nom seul, si le mâle d'une Phalène a les antennes pectinées ou sétacées. Le nom des premières finit toujours en *aria*, tandis que celui des autres est terminé en *ata*.

Chenilles à quatorze pattes.

Rumia, Dup., *Geometra*, Lin., *Phalène*, Geoffr., *Eunomos*, Traits. Antennes simples dans les deux sexes; bord terminal des ailes inférieures formant un angle obtus au milieu; dernier article des palpes très-court et dépassant à peine le chaperon; trompe longue et assez épaisse à sa base; Chenilles à corps allongé et cylindrique et à tête noire, avec un tubercule très-élevé sur le sixième anneau, se métamorphosant dans un léger tissu entre les feuilles. La seule espèce connue est :

La Rumie de l'alisier, *R. cratægata*, Dup., Hist. nat. des Lépid. d'Europe, tom. VII, p. 119, pl. 141, fig. 1; la Phalène de l'Alisier, Devill.; la Citronelle rouillée, Geoffr., tom. II, pag. 139, n° 59. Envergure, dix-sept à dix-huit lignes; les quatre ailes, tant en dessus qu'en dessous, sont d'un beau jaune citron, avec trois taches couleur rouille le long de la côte des supérieures, savoir : une près de la base, une au milieu qui est marquée d'un croissant d'argent, et la troisième à l'extrémité de l'aile; celle-ci est plus grande que les autres et de forme anguleuse; chaque aile est en outre traversée par deux lignes onduleuses noirâtres et à peine marquées avec un point de la même couleur au centre des inférieures; la frange très-étroite, est ponctuée de ferrugineux; la tête et le corps sont du même jaune que les ailes, et les antennes légèrement ferrugineuses (Atlas, pl. 482, fig. 1).

La Chenille (fig. 1, *b*, *c*) est cylindrique, avec un tubercule bifide et très-élevé sur le sixième anneau; elle s'amincit un peu depuis ce tubercule jusqu'à la tête, qui est petite et ronde; sa couleur générale varie beaucoup : elle est tantôt verte, avec le ventre bleuâtre; la tête et le tubercule dont nous venons de parler d'un jaune fauve, et les incisions des anneaux jaunâtres; ou elle est entièrement d'un brun violâtre, mélangé de ferrugineux, avec les deux extrémités d'un bleu ardoisé; ou enfin elle est grise, avec des petites lignes jaunâtres, interrompues par des taches ferrugineuses et des points noirs. Cette Chenille diffère de toutes les Arpenteuses connues par le nombre de ses pattes qui est de quatorze, ce qui ne l'empêche pas de marcher le dos arqué et en rapprochant les deux extrémités, comme celles qui en ont dix, attendu que les quatre intermédiaires qu'elle a de plus qu'elles sont trop courtes pour cet usage; mais elle peut néanmoins les allonger assez pour qu'elles lui servent à se cramponner sur le pétiole des feuilles pendant quelle mange ou lorsqu'elle est en repos.

On trouve cette Chenille à des époques indéterminées sur l'Alisier (*Cratægus aria*), l'Aubépine (*Cratægus oxyacantha*), le Prunellier (*Prunus spinosa*), et autres arbres analogues. Elle se renferme dans un léger cocon de couleur cendrée, et placé entre les feuilles, pour se changer en une chrysalide (fig. 1, *a*) d'un brun foncé, d'où l'insecte parfait ne sort ordinairement qu'au bout de six mois. La Rumie de l'Alisier habite de préférence les bois humides : elle se montre le plus communément au commencement de mai et dans le milieu de juillet.

Chenilles à douze pattes.

Métrocampe, Latr., Dup., Géomètre, Lin., Phalène, Geoffr., Bombyx, Esp. antennes pectinées dans les mâles, et simples dans les femelles; les quatre ailes, tantôt anguleuses, tantôt arrondies; mais les supérieures toujours avec deux raies transversales, et les inférieures avec une seule qui correspond exactement à celle des deux premières qui est la plus près du bord terminal; palpes grêles et dépassant à peine le chaperon; trompe longue; chenilles nues et quelquefois garnies çà et là de petits poils courts, à corps allongé et en dessous aplati, avec la tête obtuse ou arrondie, se métamorphosant dans un tissu mince, tantôt dans la terre ou à sa superficie, tantôt sur les arbres ou entre les feuilles. Quatre espèces composent ce genre. Nous citerons comme lui servant de type :

Le Métrocampe perlée, *M. margaritaria*, Dup., ouvr. cit., t. VII, p. 125, pl. 141, fig. 2; *Geometra margaritaria*, Hubn.; la Phalène gris de perle, Encycl.; le Céladon, Geoffr. Envergure, dix-sept à vingt lignes; les quatre ailes sont anguleuses et légèrement dentelées; elles sont en dessous d'un vert très-tendre et qui se change en gris de perle peu de temps après la mort de l'insecte. Les premières ailes ont, à l'extrémité de leur angle supérieur, un petit point rouge et sont partagées en trois parties égales par deux raies transversales presque droites et parallèles entre elles, d'un vert brun et bordé de blanc, une seule raie semblable traverse les secondes ailes et semble être la continuation de celle des deux premières qui est le plus près du bord extérieur; la frange est blanchâtre; le dessous des quatre ailes est entièrement d'un vert blanchâtre; la tête et le corps sont de la couleur des ailes, ainsi que les antennes (pl. 482, fig. 3).

La Chenille (fig. 3, *a*, *b*) est tantôt d'un gris d'écorce avec les trois premiers anneaux roussâtres, et tantôt d'un brun noirâtre avec deux points blancs sur le dos de chaque anneau. On remarque en outre quelques poils épars çà et là sur le corps de cette dernière variété; toutes deux sont garnies latéralement d'une frange de poils courts et serrés. On la trouve sur le Charme (*Carpinus betulus*) et le Chêne (*Quercus robur*); on la voit pour la première fois en mai et juin, et pour la seconde en automne. La Chrysalide est d'un brun rougeâtre. Cette espèce vitassez communément dans les forêts du nord de la France.

Chenilles à dix pattes.

EUNOMOS, Treits. Dup.; antennes pectinées dans les mâles, et simples dans les femelles; corselet large et très-velu; les quatre ailes inégalement dentelées, c'est-à-dire ayant chacune une dent qui dépasse les autres au milieu de leur bord terminal; palpes un peu inclinés et dépassant le chaperon; trompe grêle et débordant à peine les palpes; chenilles plus ou moins allongées, et ressemblant par la forme et la couleur à de petites branches d'arbres, leur corps étant garni çà et là d'excroissances ou de nœuds formant des bourgeons; tête aplatie verticalement, légèrement échancrée dans le haut et ne débordant pas le premier anneau; leur transformation a lieu généralement dans un léger tissu quelquefois sur terre, et le plus souvent entre les feuilles. Ce genre renferme onze espèces.

L'EUNOMOS DE L'AUNE, *E. alnaria*, Treits. Dup., ouvr. cit., t. VII, p. 139, pl. 142, fig. 1, 2, *Geometra alnaria*, Hubn. *Phalæna alnaria*, Fuessly. Envergure dix-neuf à vingt lignes; le fond des quatre ailes en dessus est d'un jaune d'ocre, plus vif vers les bords que sur le reste de leur surface, et parsemé d'atomes ou de points ferrugineux moins nombreux et moins marqués au centre que vers les extrémités; sur quelques individus, et principalement sur les femelles, on voit en outre une lunule brune à peine marquée au centre de chaque aile, et deux lignes transversales et divergentes de points ferrugineux qui se confondent sur les supérieures; les pointes de la dentelure des quatre ailes sont d'un brun noir et la frange d'un brun jaunâtre; le dessous des quatre ailes diffère du dessus, 1° en ce que le sommet des ailes supérieures et toute la surface des inférieures ont une teinte rosée; 2° en ce que les points ferrugineux et les quatre lunules centrales sont beaucoup plus marquées qu'en dessus; la tête et la partie supérieure du corselet sont d'un jaune fauve, tandis que le reste du corps et les antennes participent de la couleur des ailes (Atlas, planche 482, figure 2). La Chenille (figure 2, *b*) dans l'état de repos ressemble absolument à une petite branche d'aune; elle est d'un gris cendré mélangé de brun et de verdâtre, avec la tête et les pieds jaunâtres, et plusieurs tubercules en forme de bourgeons, dont un sur le dos du sixième anneau, un également sur le dos du huitième, et deux placés latéralement sur le septième, enfin le onzième anneau est surmonté d'un tubercule bifide dont les pointes s'inclinent vers la partie anale. Cette Chenille est très-lente dans ses mouvemens, et balance long-temps avant de changer de place; cependant elle se remue vivement si elle sent quelque corps l'approcher, et cherche à l'écarter en frappant de droite à gauche; elle ne vit pas seulement sur l'aune comme son nom l'indique, mais aussi sur l'orme, le tilleul, le chêne, le noisetier, etc. On la trouve parvenue à toute sa taille au commencement de juillet; elle ne tarde pas alors à se renfermer entre des feuilles dans un léger tissu en forme de réseau, pour s'y changer en une Chrysalide (fig. 2, *a*) effilée, d'un gris jaunâtre, avec les incisures de l'abdomen vertes, et l'insecte parfait sort un mois six semaines après, c'est-à-dire dans le courant d'août. Cette espèce, qui est commune aux environs de Paris, se trouve sur les troncs des Ormes au moment de l'éclosion.

ANGERONA, Dup. *Eunomos*, Treits. Corselet étroit et peu velu; les ailes inférieures seules légèrement dentelées, avec une échancrure au milieu de leur bord terminal: palpes très-minces et n'atteignant pas jusqu'au chaperon; trompe longue, antennes très-pectinées chez le mâle et simples chez la femelle. Chenille tuberculée sur les quatrième et huitième anneaux, et s'amincissant vers la partie antérieure, avec la tête petite et dirigée en avant. La transformation a lieu dans un léger tissu entre les feuilles. La seule espèce connue est:

L'ANGÉRONE DU PRUNIER, *An. prunaria*, Dup., ouvr. cit., t. VII, p. 181, pl. 147, fig. 104; Phalène du noisetier, Dégéer; envergure dix-huit à vingt lignes. Cette espèce offre deux variétés et nous citerons comme étant la plus commune l'Angérone du prunier; les quatre ailes du mâle tant en dessus qu'en dessous, sont d'un beau jaune orangé, et plus ou moins chargées de petites stries noires, avec un croissant, ou plutôt une ligne peu courbe de cette dernière couleur sur le disque de chacune d'elles, et leur frange entrecoupée de noir; la tête, le corps et les antennes sont de la couleur des ailes; la femelle ne diffère du mâle que parce que chez elle la couleur orangée est remplacée par du jaune d'ocre.

La seconde variété a été désignée sous le nom de *Corylaria*.

La Chenille est de forme très-allongée, et va en s'amincissant du côté de la tête, qui est petite et dirigée en avant; elle est tantôt d'un brun noirâtre et tantôt couleur d'ocre, avec quelques lignes brunes; elle a deux tubercules bifides, sur le quatrième anneau, et l'autre sur le huitième; ces deux tubercules sont rougeâtres dans la variété brune, et de la couleur du reste du corps dans la variété jaune; celui du huitième anneau est beaucoup plus élevé que l'autre et présente deux pointes bien distinctes. Indépendamment de ces deux tubercules, on remarque deux petites cornes sur le pénultième anneau. Cette Chenille vit sur un très-grand nombre d'arbres, mais principalement sur le Prunier domestique (*Prunus domestica*), le Prunellier (*Prunus spinosa*), le Coudrier (*Corylus avellana*), le Charme (*Carpinus betulus*), et l'Orme (*Ulmus campestris*). Elle sort de l'œuf en septembre, passe l'hiver engourdie sous de la mousse ou dans quelques fentes d'arbres, et n'atteint toute sa croissance que vers la fin de mai de l'année suivante. A cette époque elle se renferme entre des feuilles qu'elle attache ensemble par quelques fils, et dont elle tapisse l'intérieur d'un léger tissu pour s'y changer en une chrysalide d'un brun rouge, avec l'enveloppe des ailes noire, et le Papillon en sort trois semaines après, c'est-à-dire à la fin de juin ou au commencement de juillet. Cette espèce, qui paraît répandue dans toute l'Europe, est très-commune en France.

Geometra, Treits. Dup., *Phalæna*, Geoffroy; antennes pectinées dans les mâles et simples dans les femelles; corselet étroit et peu velu; ailes inférieures seules légèrement dentelées; palpes droits et dépassant le chaperon, avec leur dernier article nu et très-distinct; trompe peu saillante; Chenilles courtes et d'égale grosseur dans leur longueur, avec la tête arrondie et plusieurs tubercules ou pointes charnues sur les anneaux intermédiaires; transformation dans un cocon transparent entre les feuilles. Deux espèces sont renfermées dans ce genre.

La Géomètre papillonaire, *G. papilionaria*, Treits. Dup., ouvr. cit., t. VII, p. 261, pl. 151, fig. 1. *Phalæna papilionaria*, Fabr.; la Phalène papillon, Encycl. méth.; envergure deux pouces; cette espèce est une des plus grandes de la tribu des Phalénites; les quatre ailes sont d'un beau vert de pré, avec deux rangées transverses et parallèles de petites lunules blanches sur chacune d'elles. Ces lunules, qui par leur réunion se convertissent quelquefois en bandes ondulées, sont placées entre le bord et le centre de chaque aile, et sont plus ou moins bien marquées suivant les individus. On voit en outre une troisième raie blanche transverse près de la base sur les ailes supérieures, et un croissant d'un vert plus foncé, mais plus rarement bien marqué, au centre de chaque aile; les lunules ou lignes dont nous venons de parler ne paraissent qu'en dessus; la tête et le corps sont du même vert que les ailes; les antennes et les pattes sont jaunâtres (pl. 482, fig. 4).

La Chenille est assez grosse relativement à sa longueur, un peu ridée longitudinalement, d'un vert clair en dessus et foncé en dessous, avec une ligne jaune latérale qui sépare ces deux nuances; son corps est garni de plusieurs pointes charnues, rouges à l'extrémité, et placées sur les premier, cinquième, sixième, septième et huitième anneaux. Ces pointes sont au nombre de deux très-rapprochées sur chacun desdits anneaux, excepté sur le sixième, où il n'y en a qu'une, plus longue que les autres; le dernier anneau est d'un rouge ferrugineux; et l'on voit une rangée de petites taches de cette couleur au milieu des deux qui précèdent. Enfin la tête est jaune, petite, arrondie et cachée en partie sous le premier anneau. Cette Chenille, dont les mouvemens sont lents, vit sur le Bouleau (*Betula alba*), l'Aune (*Alnus viscosa*), le Hêtre (*Fagus sylvatica*), le Noisetier (*Corylus avellana*), et quelquefois sur le Genêt à balais (*Genista scoparia*). On la trouve pour la première fois en mai et juin, et pour la seconde en août et septembre. Les Chenilles de la première génération donnent leur Papillon à la fin de juin ou au commencement de juillet, et celles de la seconde au mois de mai suivant, après avoir passé l'hiver en chrysalide. Celle-ci est allongée, de couleur feuille morte, avec l'enveloppe des ailes plus foncée; elle est renfermée dans un cocon transparent entre les feuilles. Cette espèce n'est pas rare dans les parties humides des bois, où il y a beaucoup d'aunes et de hêtres, surtout à sa première apparition, c'est-à-dire à la fin de juin et au commencement de juillet; mais pour la voir voler en certaine quantité, il faut un temps très-serein et attendre que le soleil soit couché.

Amphidasis, Treits. Dup.; antennes pectinées dans les mâles et simples dans les femelles; bord terminal des ailes simple ou entier; corselet large et laineux; ailes épaisses et petites relativement au corps; tête enfoncée sous le corselet; abdomen gros et conique; palpes velus et ne dépassant pas le chaperon; trompe nulle ou presque nulle; femelles ailées; chenilles longues, cylindriques, garnies de tubercules en forme de bourgeons, et ayant la tête plate et plus ou moins échancrée dans sa partie supérieure. Chrysalide nue dans la terre. Trois espèces composent ce genre.

L'Amphidase du bouleau, *A. betularia*, Treist. Dup., ouvr. cit., t. VII, p. 271, pl 133, fig. 1, 2. *Geometra betularia*, Linn. La Phalène blanche tachetée de noir, Degéer, t. I, p. 334; envergure dix-huit à vingt lignes; les quatre ailes de la femelle, tant en dessus qu'en dessous, sont d'un blanc de crème et parsemées d'une multitude de petits points noirs plus ou moins serrés, suivant les individus, et dont plusieurs forment quelquefois, par leur réunion, des lignes transverses en zigzag, mais mal écrites; les ailes supérieures sont en outre marquées, le long de la côte, de cinq taches noires, dont celle qui avoisine le sommet est plus large que les autres; les secondes ailes sont aussi marquées de plusieurs taches noires près de leur bord inférieur, et d'un croissant noir au centre. Enfin la frange des quatre ailes est entrecoupée de noir; la tête est entièrement blanche dans sa partie supérieure, avec le chaperon brun; le corselet et l'abdomen sont ponctués de noir comme les ailes, avec un collier noir sur le premier, et deux taches noires très-rapprochées sur le second; ces deux taches sont placées sur le deuxième segment; les antennes et les pattes sont annelées de noir et de blanc.

Le mâle ne diffère de la femelle, quant à la couleur, que parce que les ailes sont ordinairement moins ponctuées et tachetées de noir, surtout les inférieures; de plus, il est d'une taille infiniment plus petite; ses antennes ne sont pas pectinées jusqu'à leur sommet, mais terminées par un fil.

On trouve la Chenille, depuis juillet jusqu'en octobre, sur le Bouleau blanc (*Betula alba*), sur différentes sortes de Saules et de Peupliers, sur le Chêne ordinaire (*Quercus robur*), mais principalement sur l'Orme (*Ulmus campestris*). Le fond de sa couleur varie suivant qu'elle vit sur l'un ou l'autre de ces arbres; elle est couleur d'ocre sur le bouleau, d'un vert tirant sur le jaune, avec une ligne dorsale couleur de rouille, sur le saule et le peuplier, d'un jaune brun sur l'orme, et d'un gris cendré sur le chêne; sa forme est cylindrique et très-allongée, avec les trois premiers anneaux un peu plus renflés que ceux qui suivent, et quatre verrues dont deux placées latéralement sur le huitième, et deux très-rapprochées et moins saillantes sur le onzième; sa tête est échancrée dans le haut, en forme de cœur, et très-plate par devant, avec un enfoncement linéaire dans le milieu de sa longueur; elle est d'un brun clair et marquée d'un angle ou V noir. Dans la variété verte, les verrues dont nous venons de parler sont blanches et ornées de brun noir; dans les autres elles sont grises ou jaunâtres, et également ornées de brun noir. Cette Chenille s'enfonce en terre sans former de coque, pour se changer en chrysalide d'un brun marron luisant, avec une pointe assez longue et très-effilée à l'anus; le Papillon n'en sort ordinairement qu'au printemps suivant; cependant des individus plus hâtifs se développent quelquefois en septembre. Cette espèce se trouve dans toute la France et n'est pas rare aux environs de Paris.

Hibernia, Latreille, Dup. *Geometra*, Linn., *Phalæna*, Geoffr., *Fidonia*, Treits. Antennes pectinées dans les mâles et simples dans les femelles; barbules des premières ailes extrêmement fines; bord des ailes simple et entier; corselet étroit et squameux; ailes supérieures plus colorées que les inférieures: palpes très-courts et n'atteignant pas jusqu'au chaperon; trompe nulle ou presque nulle; pattes très-longues; femelles aptères ou n'ayant que des moignons ou rudimens d'ailes; Chenilles lisses, sans tubercules, à peu près d'égale grosseur dans leur longueur, et à tête arrondie; elles se forment une coque dans la terre ou à sa superficie pour se chrysalider.

L'Hibernie défeuillée, *H. defoliaria*, Dup., ouvr. cit., t. VII, p. 304, pl. 155, fig. 3 à 5; *Geometra defoliaria*, Linn. La Phalène défeuillante, Encycl.; envergure dix-sept à dix-huit lignes. Cette espèce présente un assez grand nombre de variétés, celle qui est la plus commune, a le dessus des ailes supérieures d'un jaune d'ocre clair pointillé de brun, avec deux bandes transverses d'un jaune fauve mélangé de ferrugineux, l'une près de leur base et l'autre entre leur centre et leur extrémité; la première, qui forme un coude est bordée extérieurement d'un ligne de points noirâtres; la seconde est sinueuse et bordée du côté interne par une raie presque noire et du côté opposé par plusieurs taches brunes; on voit en outre un point noir au milieu de l'intervalle qui sépare ces deux bandes. Enfin la bande est jaune et entrecoupée de brun foncé; les ailes inférieures sont en dessus d'un jaune pâle, et finement pointillées de gris roussâtre, avec un point central noirâtre; le dessous des quatre ailes ne diffère du dessus que par l'absence des bandes des ailes supérieures; la tête, le corps et les antennes sont d'un jaune fauve.

La seconde variété ne diffère de la précédente que parce que les deux bandes des ailes supérieures se trouvent absorbées par l'intensité de la couleur du fond, qui est d'un jaune fauve foncé pointillé de brun; le dessus est semblable au dessous; la femelle est entièrement aptère et très-volumineuse relativement à l'autre sexe, elle n'est nullement velue et sa forme est allongée; elle est entièrement couleur d'ocre, avec trois rangées de gros points noirs sur l'abdomen, entre lesquels il y en a de plus petits; le corselet est marqué de quatre points noirs; la tête est moitié jaune et noire: les pattes et les antennes sont très-longues et annelées de jaune et de noir.

La Chenille diffère un peu de ses congénères par le renflement de ses anneaux, dont les incisions paraissent plus profondes; elle est d'un rouge brun ou ferrugineux sur le dos, avec les jointures grises et une bande longitudinale d'un jaune soufre de chaque côté du corps, sur laquelle on voit à chaque articulation une tache de rouille avec un petit point blanc au milieu. Cette bande ne s'étend que depuis et compris le quatrième anneau jusqu'au dixième inclusivement, de sorte que les trois premiers et les deux derniers sont entièrement d'un rouge brun comme le dos. Toutefois le douzième anneau est d'une nuance plus claire, ainsi que la tête, qui est échancrée en cœur dans sa partie supérieure; les pattes sont également d'un rouge brun.

On trouve fréquemment cette Chenille en mai et juin sur les arbres fruitiers, où elle vit solitaire; on la trouve aussi sur le tilleul, le chêne, le charme, le bouleau, l'aubépine et autres arbres des bois. Son attitude est particulière dans l'état de repos: fixée par les pattes de derrière, elle tient la partie intermédiaire de son corps courbée en arc, en redressant seulement sa tête et ses trois premiers anneaux, dont les pattes sont alors très-écartées l'une de l'autre. Lorsqu'elle est parvenue à toute sa taille, elle descend à terre, où elle se creuse un trou qu'elle tapisse de fils de soie pour s'y transformer en une chrysalide effilée, d'un rouge brun, avec une pointe très-fine à l'anus. L'insecte parfait se développe, tantôt en automne, tantôt au printemps suivant. Les Chenilles de cette espèce sont tellement communes certaines années, qu'elles sont un véritable fléau pour les arbres fruitiers sur lesquels elles vivent, et dont il est d'autant plus difficile de les débarrasser, qu'on ne s'aperçoit de leur existence que lorsqu'elles sont répandues une à une sur chaque feuille. Secouer fortement l'arbre qui en est infecté pour les faire tomber et les écraser ensuite, serait sans doute le moyen le plus expéditif de les détruire; mais on ne peut l'employer à l'égard d'arbres fruitiers. Heureusement il en est un autre plus efficace, mais qui ne peut produire son effet que l'année suivante, c'est d'enduire le bas du tronc de ces arbres d'une matière gluante au commencement de l'automne et du printemps, c'est-à-dire aux deux époques où éclosent les Phalènes dont il s'agit. Les femelles étant dépourvues d'ailes, sont obligées de grimper le long de la tige pour arriver jusqu'aux feuilles et y déposer leurs œufs après avoir été fécondées par les mâles; elles meurent alors empêtrées dans cette glu avant d'avoir pu propager leur espèce. Or, par la destruction d'une seule

seule femelle, on empêche la naissance de trois cents Chenilles au moins. Cette espèce est très-commune.

FIDONIA. Treits. Antennes pectinées dans les mâles et simples dans les femelles; bord terminal des ailes simple et entier; corselet étroit et squameux; les quatre ailes parsemées d'atomes ou de points plus ou moins gros, et formant souvent par leur réunion des raies plus ou moins distinctes; palpes plus ou moins courts et garnis de longs poils; trompe plus ou moins courte et quelquefois nulle; antennes très-plumeuses dans les mâles des principales espèces; Chenille à corps cylindrique et allongé et à tête ronde: chrysalide tantôt nue dans la terre, tantôt contenue dans un léger cocon à sa superficie. Ce genre comprend vingt-six espèces.

La FIDONIE PLUMET, *F. plumistaria*, Treist., Dup., ouvr. cit., tom. VII, pag. 410, pl. 164, fig. 1, *Geometra plumistaria*, Borkh. La Phalène à plumet, Encycl., représentée dans notre Atlas, pl. 481, fig. 3. Envergure, dix-huit lignes; les ailes supérieures du mâle sont le plus ordinairement en dessous d'un jaune pâle, avec quatre bandes transverses de gros points noirs agglomérés entre lesquels sont épars çà et là d'autres points noirs plus petits; la frange est noire et précédée d'une rangée de petites taches carrées d'un jaune souci sur un fond noir; le dessous de ces mêmes ailes est d'un jaune souci, avec une série de petits points noirs à leur extrémité, et plusieurs taches également noires le long de la côte, lesquelles correspondent aux bandes du dessus; les ailes inférieures sont en dessus d'un jaune souci plus ou moins vif, et traversées au milieu par une raie noire arquée et un peu ondulée, et plus bas par une rangée de points noirs également arquée; leur base est en outre parsemée de points noirs de diverses grosseurs; enfin leur frange est également noire; le dessous de ces mêmes ailes est d'un jaune pâle avec un grand nombre de gros points noirs, dont plusieurs correspondent à ceux du dessus; la tête est noire, avec un point jaune entre les deux yeux; le corselet est également noir, ainsi que l'abdomen, avec trois taches jaunes sur leurs bords; les antennes, qui sont très-plumeuses, ont leur côte blanche et leurs barbules noires; la femelle, abstraction faite de ses antennes, qui sont filiformes, diffère du mâle par le fond de ses ailes supérieures, qui est blanc en dessus, en même temps que ses ailes inférieures sont d'un jaune souci moins vif que celles du mâle. Cette espèce se trouve trè-communément dans le midi de la France, principalement aux environs de Nîmes et de Montpellier.

DOSITHEA, Dup. Antennes ciliées dans les mâles et simples dans les femelles; bord terminal des ailes simple et entier; corselet étroit et squameux; les quatre ailes marquées d'un point à leur centre sur un fond uni, et traversées vers leur extrémité par une ligne sinueuse et accompagnée ordinairement de taches confluentes; palpes très-courts; trompe longue; Chenilles et chrysalides inconnues.

Ce genre renferme quatorze espèces qui ont été divisées en cinq groupes.

La DOSITHÉE ORNÉE, *D. ornataria*, Dup., ouvr. cit., tom. VIII, pag. 45, pl. 173, fig. 1; *Geometra ornataria*, Esp., tom. V; *Phalæna ornata*, Fabr., représentée dans notre Atlas, pl. 481, fig. 4, Ent. Envergure, dix lignes; les quatre ailes sont blanches en dessus, avec un point noir discoïdal sur chacune d'elles; elles sont traversées, savoir: près de la base, par deux lignes grises ondées, souvent à peine marquées, dont une passe sur le point dont nous venons de parler, près du bord terminal, par deux bandes sinueuses et maculaires, dont celle qui précède immédiatement la frange est entièrement grise; l'autre se compose de huit lunules, dont quatre d'un gris bleuâtre et quatre d'un brun roussâtre; ces huit lunules sont bordées du côté externe par une ligne noire ondulée, et sont disposées de manière qu'aux deux premières qui sont grises en partant du sommet de l'aile, il en succède deux autres, et ainsi de suite jusqu'au bord interne; la frange, légèrement dentelée, est entrecoupée de gris et de blanc, et traversée dans sa longueur par deux lignes noires interrompues; le dessous des quatre ailes ressemble au dessus, excepté que les bandes en sont moins marquées, et que la base supérieure des ailes est grise; la tête et le corps sont blancs, et les antennes roussâtres. Cette description concerne les deux sexes, qui ne diffèrent entre eux que par la forme de l'abdomen et des antennes. Cette espèce est commune dans tous les bois, principalement ceux en buissons. Elle vole pour la première fois en mai et juin, et pour la seconde en août et en septembre. Ses premiers états ne sont pas connus.

URAPTÉRYX, Dup., Fabr. Antennes simples dans les deux sexes; angle supérieur des premières ailes très-aigu; milieu du bord terminal des secondes ailes prolongé en queue tronquée; dernier article des palpes très-petit et ne dépassant pas le chaperon, qui est large et velu; trompe très-longue; Chenilles glabres, ridées longitudinalement, avec la tête plate et deux tubercules latéraux vers le milieu du corps; chrysalide fusiforme contenue dans une coque revêtue de débris de feuilles et suspendue aux branches par de longs fils. L'espèce type de ce genre est:

L'URAPTÉRYX DU SUREAU, *Urapteryx sambucata*, Dup., ouvr. cit., tom. VIII, pl. 184, fig. 1; *Phalæna geometra sambucata*, Lin.; la Soufrée à queue, Geoffr.; la Phalène soufrée, Latr., représentée dans notre Atlas, pl. 481, fig. 2. Envergure, vingt-quatre à vingt-huit lignes; les quatre ailes sont en dessus d'un jaune soufre et parsemées de légers atomes d'un gris verdâtre, avec trois lignes transverses d'un fauve obscur, dont deux sur les supérieures et une sur les inférieures; les deux premières sont presque droites, très-espacées et peu divergentes, et dans le milieu de l'intervalle qui les sépare, on voit un petit trait en croissant de la même couleur qu'elles; la troisième ligne est un peu flexueuse et se dirige vers l'angle anal sans l'atteindre ; on voit en outre à la base de la queue des ailes inférieures deux petites taches dont l'extérieure est oculée et à prunelle ferrugineuse ; l'autre, entièrement brune, est beaucoup plus petite et manque quelquefois ; enfin la frange est jaune aux ailes supérieures, et ferrugineuse aux ailes inférieures ; le dessous des quatre ailes est d'un jaune soufre uni, qui laisse à peine apercevoir les trois lignes du dessus ; la tête et les antennes sont fauves ; le corselet et l'abdomen sont de la couleur des ailes. Cette description s'applique aux deux sexes. La Chenille (f. 2 *b*) est très-allongée, d'un brun canelle ou couleur d'écorce, et ridée longitudinalement, avec trois tubercules, dont deux placés latéralement sur le sixième anneau, et l'autre sur le dos du neuvième ; elle vit sur plusieurs espèces d'arbres, mais principalement sur le sureau noir (*Sambucus nigra*). On la trouve en mai, et son Papillon paraît en juillet ou à la fin de juin ; sa chrysalide, de la même couleur que la Chenille, est de forme très-allongée, avec un enfoncement de chaque côté du corps, et contenue dans une coque revêtue de débris de feuilles qui la font ressembler à un paquet de feuilles sèches ; cette coque est suspendue par de longs fils à une branche d'arbre, comme le nid de la Mésange penduline, de sorte qu'elle est balancée par le moindre vent. L'*Urapteryx sambucata* est répandue dans toute l'Europe, et vole principalement dans les jardins après le coucher du soleil ; il est rare de la rencontrer pendant le jour. Elle est assez commune aux environs de Paris.

Zerena, Treitsch., Dup. Antennes simples dans les deux sexes ; bord terminal des ailes supérieures simple ou entier ; les quatre ailes traversées vers leur milieu par une ou deux rangées de points très-rapprochés, et dont plusieurs forment des taches par leur réunion ; abdomen ponctué ; palpes très-courts ; trompe longue et roulée seulement à son extrémité ; Chenilles peu allongées, cylindriques, d'égale grosseur dans leur longueur, sans tubercules, et garnies de poils rares et courts ; chrysalides suspendues par quelques fils entre les feuilles. Ce genre se compose de quatre ou cinq espèces.

Zérène du groseiller, *Z. grossulariata*, Dup., ouvr. cit., tom. II, pag. 278, pl. 187, fig. 1 ; *Phalæna geometra*, Lin., la Phalène du groseiller, Latr., Dict. d'Hist. nat., tom. XXV, pag. 489 ; la Mouchetée, Geoffr., tom. II, pag. 136, représentée dans notre Atlas, pl. 481, fig. 1. Envergure seize lignes ; les quatre ailes sont en dessous d'un blanc légèrement roux ; les supérieures sont traversées par deux bandes d'un jaune fauve, bordées des deux côtés par de gros points noirs, dont plusieurs se réunissent ; la première placée près de la base, est courte et arquée, et l'autre, traversant l'aile un peu au-delà de son milieu, est légèrement sinueuse ; entre ces deux bandes, on voit plusieurs points noirs, dont quelques uns forment par leur réunion une assez grande tache qui se joint à la côte ; enfin une série de gros points noirs borde le contour desdites ailes ; les ailes inférieures sont également bordées par une série de points semblables, et sont marquées sur le reste de leur surface de plusieurs autres points, dont le nombre varie sur chaque individu ; le dessous ne diffère du dessus que par l'absence des deux bandes jaunes dont nous avons parlé plus haut ; la tête et les antennes sont noires ; le corselet et l'abdomen sont d'un jaune fauve et tachetés de noir ; on compte cinq rangées de points noirs sur l'abdomen, dont une dorsale et quatre latérales. Cette description concerne les deux sexes. La Chenille (fig. 1 *c*) est blanchâtre pour le fond de la couleur, excepté sur les trois premiers anneaux qui sont verdâtres ; sur le dos règne une série de taches noires inégalement espacées, dont les intermédiaires sont presque carrées, et de chaque côté du corps et près des stigmates, on voit une bande interrompue par les incisions des anneaux, d'un jaune safran, et placée entre les deux séries de petits points noirs d'inégale grosseur ; tout le corps est garni de petits poils courts ; la tête est d'un noir luisant ; les pattes écailleuses sont noires et les autres jaunes. Cette Chenille vit sur diverses espèces de groseillers, mais principalement sur celui à maquereaux (*Ribes grossularia*), et le rouge (*Ribes rubrum*). On la rencontre aussi quelquefois sur le prunier (*Prunus spinosa*) et même sur l'Amandier (*Amygdalus communis*), suivant Devillers. Elle se multiplie quelquefois tellement dans les jardins qu'elle est très-nuisible aux arbrisseaux sur lesquels elle vit. Le plus sûr moyen de la détruire est de se défaire des feuilles tombées où elle reste engourdie ; car, sortant de l'œuf en septembre, elle hiverne, continue de croître au printemps suivant, et ne se change en chrysalide que vers la fin de juin ; celle-ci (fig. 1 *a*), d'abord d'un jaune brillant, ne tarde pas à passer au brun marron, même au noir, et les incisions des anneaux conservent seules leur couleur primitive. Cette chrysalide est suspendue par des fils attachés çà et là entre les feuilles ; le Papillon en sort au bout de trois ou quatre semaines, c'est-à-dire à la fin de juillet ou au commencement d'août. Cette espèce est commune dans tous les endroits où l'on cultive cet arbrisseau. Elle paraît répandue dans toute l'Europe.

Mélanthia, Dup. ; *Zerena*, *Acidalia* et *Cidaria*, Treits. Antennes simples dans les deux sexes ; bord terminal des ailes simple ou entier ; tête, corselet et base des premières ailes d'une couleur plus foncée que le reste ; palpes très-courts ; trompe longue ; Chenilles effilées, sans tubercules et à tête aplatie ; chrysalide allongée, contenue tantôt dans un léger tissu entre des feuilles, et tantôt nue dans la terre. Ce genre renferme neuf espèces, et a été divisé en deux petits groupes.

Mélanthie de la ronce, *M. albiciliata*, Dup., ouvr. cit., tom. II, pag. 254, pl. 188, fig. 4. *Zerena albiciliata*, Treits. ; *Phalæna geometra albiciliata*, Lin. ; la Blanchâtre, Devill. ; la Phalène de la ronce, Encycl. méthod., tom. X, pag. 81, n° 32. Envergure, quatorze lignes ; les quatre ailes sont en dessus d'un blanc de lait ; les supérieures ont à leur base une bande ou plutôt une grande tache d'un brun marron, bordée de roux extérieurement et traversée par trois lignes ondulées bleuâtres, et vers leur sommet on voit une seconde tache de même couleur, d'où descend une double ligne ondulée noire ou grise, qui se termine par une petite tache brune au bord interne; l'extrémité des mêmes ailes est bordée par une bande d'un gris bleuâtre, précédée d'une série de lunules de cette couleur; une bande et des lunules semblables bordent également l'extrémité des ailes inférieures qui sont aussi traversées par une double ligne grise ou noire comme les ailes inférieures, et qui du reste sont entièrement blanches; enfin on remarque un point noir, mais souvent à peine marqué, sur le disque de chacune des quatre ailes, dont le dessous ressemble au dessus, excepté que les bandes et les taches en sont moins foncées; les antennes, la tête et le corselet sont d'un brun noir mélangé de roux; l'abdomen est gris, avec une tache brune sur les deux premiers anneaux. Cette description convient aux deux sexes.

La Chenille vit solitaire sur la Ronce bleuâtre (*Rubus cœsius*) et le Framboisier (*Rubus idœus*). On la trouve depuis juillet jusqu'en septembre. Sa tête est assez aplatie, son corps un peu comprimé en avant, plus épais en arrière et s'amincissant progressivement en avant; la peau est plissée sur les côtés; les pattes anales et les caudales sont fort écartées l'une de l'autre; sur les trois premiers et les deux derniers anneaux la couleur est d'un vert d'herbe clair; sur les intermédiaires elle tourne davantage au vert de mer, et en dessous elle devient d'un vert jaunâtre; de chaque côté de la tête et des trois premiers anneaux, on voit une ligne ponctuée d'un rouge carmin; une ligne semblable commence au dessus des pattes abdominales, et se prolonge jusqu'à l'extrémité des pattes anales, lesquelles sont également entourées du même rouge sur leur face postérieure; sur le dos du quatrième anneau et des cinq suivans, et près des jointures, on voit une tache triangulaire d'un rouge carmin, dont le sommet se dirige vers la tête; des deux côtés des premier et troisième anneaux, on voit un point de la même couleur dans les plis de la peau; enfin les pattes sont d'un vert jaunâtre. Cette Chenille se change dans la terre. Sa chrysalide est d'un brun luisant sur l'enveloppe des ailes, ainsi que sur les anneaux postérieurs, et d'un brun d'ocre sombre sur le reste du corps. Cette chrysalide passe l'hiver, et le papillon n'en sort qu'en mai ou juin de l'année suivante et même en juillet. Cette espèce se trouve dans les endroits humides des bois. Elle n'est pas rare aux environs de Paris; elle a été trouvée plusieurs fois à Meudon, dans les premiers jours de juillet, près du carrefour de la Garenne, par le savant M. Duponchel.

ANAITIS, Duponch. *Geometra*, Linn. *Phalæna*, Geoffr. *Aspilates* et *Larentia*, Treits. Antennes simples dans les deux sexes; bord terminal des ailes supérieures simple ou entier; ailes supérieures seules traversées par un grand nombre de lignes parallèles, anguleuses ou ondées, et séparées trois par trois; chaperon très-proéminent et cependant dépassé par les palpes; trompe longue; chenille lisse, sans tubercules, et de forme un peu aplatie; chrysalide avec le fourreau de la trompe très-allongé, reposant nue sur la terre ou dans des feuilles sèches.

ANAITE TRIPLE-RAIE, *Anaitis plagiata*, Duponch., ouvr. cit., t. I, pl. 195, fig. 2 et 3. *Larentia plagiata*, Treits. *Geometra Phalæna plagiata*, Linn. La Rayée, Devill. La Rayure à trois raies, Geoffr., t. II, p. 148, p. 375, n° 601. Phalène triple raie, Encycl. méth., t. X, p. 78, n° 21. Envergure quatorze à dix-sept lignes; les ailes supérieures sont en dessus d'un gris de souris, avec trois bandes transversales plus ou moins ondées, et composées chacune de trois lignes brunes, moins marquées à celle qui avoisine la base jusqu'aux deux autres; ces trois bandes se terminent à la côte, chacune par une tache brune, et celle du centre présente aussi une tache dans le milieu de sa longueur; l'espace qui sépare la dernière bande du bord terminal est traversé par trois lignes grises ondulées, ou un trait oblique ferrugineux qui descend de l'angle supérieur et s'avance jusqu'à cette même bande; une petite ligne noirâtre est placée sur le disque de chaque aile; enfin la frange est grise et ponctuée de blanc; le dessus des ailes inférieures et le dessous des quatre ailes sont d'un blanc roussâtre et légèrement teintes de brun sur les bords; les antennes, la tête et le corselet sont du même gris que les ailes supérieures, et l'abdomen participe de la couleur des ailes inférieures. Cette espèce varie beaucoup pour la taille, et l'on rencontre des individus chez lesquels les deux dernières bandes des ailes supérieures, ordinairement parallèles, se rapprochent au point de se toucher un peu avant d'arriver au bord interne. La Chenille est de forme un peu aplatie et de la longueur d'un pouce, lorsqu'elle est parvenue à toute sa taille. Elle est d'un brun cuivreux, avec trois lignes longitudinales, dont une dorsale d'un brun foncé, et deux latérales étroites d'un jaune clair. On trouve cette Chenille sur le Millepertuis perforé (*Hypericum perforatum*), dont elle attaque de préférence les fleurs en boutons. Elle se transforme sur terre dans des feuilles sèches sans former de coque, et son Papillon paraît depuis juin jusqu'à la fin de juillet et d'août. Sa chrysalide est très-mince, d'un brun jaune, avec l'enveloppe des ailes terminée par une longue pointe détachée de l'abdomen. Cette espèce est commune dans tous les bois, et se repose fréquemment contre le tronc des arbres qui bordent les chemins.

AMATHIA, Duponch. *Geometra*, Linn. *Phalæna*, Geoffr. *Acidalia*, Treits. *Lobophora*, Curtis. Antennes simples dans les deux sexes; bord terminal des ailes simple ou entier; ailes supérieures seules, traversées par un grand nombre de lignes parallèles, ondulées et séparées par bandes; palpes très-courts; trompe longue; ailes inférieures des mâles ayant vers leur naissance, et du côté interne, deux petits appendices formant comme une troisième paire d'ailes rudimentaires; Chenilles lisses, à tête plate, échancrée ou bifide dans sa partie supérieure, et avec deux pointes au dessus de la partie anale; chrysalide nue dans la terre.

L'Amathie hexaptère, *A. hexaptera*, Dup., ouvr. cit., t. VIII, p. 488, pl. 205, fig. 1. *Acidalia hexaptera*, Treits. *Phalæna geometra hexaptera*, Linn. Phalène du hêtre, Devill. Phalène hexaptérate, Encycl., t. X, p. 83 n° 42. Envergure, douze à treize lignes. Il est rare de rencontrer deux individus semblables dans cette espèce qui varie beaucoup. Les ailes supérieures en dessus sont plus ou moins chargées d'atomes d'un gris foncé sur un fond blanchâtre, avec un grand nombre de lignes ondulées d'un gris noirâtre, plus ou moins marquées, et un petit croissant noir sur leur disque; mais ce qui la distingue principalement de ses congénères, dans les individus bien écrits, c'est une large bande d'un brun noirâtre placée à la base des dites ailes et traversée par deux raies ondulées blanchâtres; une autre bande de même couleur se remarque à leur extrémité, mais cette bande s'oblitère dans le milieu de sa longueur et n'est traversée que par une seule ligne blanchâtre; enfin la frange, précédée d'une ligne de points séparés deux par deux, est blanche et entrecoupée de gris brun; les ailes inférieures en dessus sont blanches avec leur extrémité légèrement lavée de gris; le dessous des quatre ailes est blanc avec leur extrémité légèrement chargée d'atomes gris et un petit point noir ou brun sur le disque de chacune d'elles; la tête et le corps sont gris, et les antennes annelées de blanc et de gris. Dans cette espèce la sixième paire d'ailes, qui distingue le mâle, est plus grande que dans les trois autres du même genre. La Chenille est d'un beau vert avec une ligne longitudinale d'un jaune soufre de chaque côté du corps et deux pointes de cette même couleur sur l'extrémité du dernier anneau; sa tête est bifurquée, et les deux points qui la surmontent sont également jaunes. Cette Chenille vit sur différentes espèces de saules et de peupliers. A la fin de juin elle s'enferme dans la terre pour se changer en chrysalide, et le Papillon ne se développe qu'au printemps de l'année suivante, et plus ou moins tôt suivant que cette saison est plus ou moins précoce. Cette espèce se trouve partout, elle n'est pas rare aux environs de Paris.

Tanagra, Duponch. *Geometra*, Linn. *Phalæna*, Geoffr. *Psodos* et *Minoa*, Treits. Ailes simples dans les deux sexes; bord terminal des ailes simple ou entier; angle supérieur des premières ailes arrondi; corps long et mince; palpes courts; Chenilles effilées en forme de tige ou de pédoncule; chrysalide contenue dans un léger tissu sur la terre. Ce genre renferme deux espèces, nous citerons comme étant la plus remarquable :

La Tanagre du cerfeuil, *T. chærophyllata*, Dup., ouvr. cit., t. VIII, p. 524, pl. 207, fig. 4. *Minoa chærophyllata*, Treits. *Phalæna geometra chærophyllata*, Linn. La Phalène du cerfeuil, Devill. Envergure treize lignes; elle est entièrement d'un noir ferrugineux tant en dessus qu'en dessous à l'exception d'une petite partie de la frange qui est blanche au sommet des ailes supérieures. La Chenille paraît deux fois, en mai et à la fin de juillet. Elle vit sur le Cerfeuil sauvage (*Chærophyllum sylvestre*), et parfois en si grand nombre que cette plante en est totalement dépouillée. Sa forme est effilée et sa couleur d'un vert velouté uni. Elle se transforme en chrysalide dans un léger tissu, et donne son Papillon au bout de quatorze à vingt jours. Cette Phalène ne se trouve que sur les montagnes d'une certaine élévation, où elle est extrêmement commune, surtout dans les champs de seigle. Elle tient ses ailes relevées comme les Lépidoptères diurnes dans l'état de repos, et le mâle voltige sans cesse sur les fleurs en plein soleil.

(H. L.)

PHALÉNITES, *Phalenites*. (ins.) C'est une tribu de l'ordre des Lépidoptères, famille des Nocturnes, qui se composait primitivement des Phalènes proprement dites ou Géomètres et des Platyptérix; mais Latreille, auquel est due la création de cette tribu, en ayant retranché ces derniers, se borne maintenant aux premières, dont voici les caractères que nous empruntons à M. Duponchel auquel la science est redevable de l'excellente suite de l'Histoire naturelle des Lépidoptères, commencée par Godard : ailes entières ou sans fissures, généralement moins solides et plus grandes relativement au corps que celles des Bombycites et des Noctuélites, étendues horizontalement ou en toit large et écrasé, dans l'état de repos, les supérieures manquant des deux taches ordinaires (l'orbiculaire et la réniforme) qui distinguent les Noctuélites, et les inférieures étant peu plissées au bord interne, lesquelles sont cachées par les supérieures; antennes sétacées, tantôt simples dans les deux sexes, tantôt pectinées ou ciliées dans les mâles seulement; palpes inférieurs couvrant toujours les supérieurs, de forme peu variée, souvent très-velus et avançant très-peu au-delà du chaperon lorsqu'ils le dépassent; trompe grêle, plus souvent membraneuse que cornée, plus ou moins saillante dans la majeure partie des espèces, et nulle ou presque nulle dans les autres; corselet plus souvent velu que squameux, et jamais huppé ni crêté; abdomen généralement long et grêle, excepté chez certaines femelles; Chenilles nues ou garnies seulement de poils rares, et toujours arpenteuses; quel que soit le nombre de leurs pattes, qui varie de dix à quatorze, y compris les anales, qui ne manquent jamais, parce que dans celles qui en ont plus de dix (et c'est le plus petit nombre), les six premières et les quatre dernières seules servent à la progression, les intermédiaires étant trop courtes pour cet usage; mode de transformation très-varié.

M. Latreille, dit le célèbre continuateur de l'Histoire naturelle des Lépidoptères d'Europe, dans ses Familles naturelles du Règne animal, ne divise la tribu des Phalénites qu'en trois genres, savoir : les Métrocampes, dont les Chenilles ont douze pattes; les Phalènes, dont les Chenilles ont dix pattes, et les deux sexes ont des ailes propres au vol, et les Hibernies, dont les Chenilles ont également dix pattes, mais dont les femelles, étant aptères ou semi-aptères, ne peuvent voler. Ces trois genres sont évidemment insuffisans pour y rapporter les sept cents espèces de Phalènes environ que l'on connaît, et dont cinq cents au moins appartiennent à l'Europe. Sans doute l'illustre savant qui les a établies en aurait augmenté le nombre, si, plus occupé de grands aperçus que de détails, il avait eu le loisir d'étudier cette tribu de Lépidoptères avec l'attention minutieuse que peuvent avoir ceux qui n'embrassent pas comme lui toutes les parties de l'entomologie. M. Treitschke, qui ne décrit que trois cent quarante Phalènes d'Europe, les répartit sur dix-neuf genres formés en grande partie, comme il le dit lui-même, d'après les familles du Catalogue systématique de Vienne. Prévenu en faveur de sa classification, je m'étais proposé de l'introduire sans changement dans cet ouvrage; mais par l'application que j'en ai faite à ma collection, j'ai reconnu que l'auteur comprend dans ces genres une foule d'espèces qui n'en ont pas les caractères, et que le dix-neuvième ou dernier, qu'il appelle *Idœa*, se compose des espèces les plus disparates, telles que la *Dealbata*, la *Calabraria*, l'*Ornataria*, etc.; en sorte qu'on pourrait croire qu'il y a réuni toutes celles qui n'ont pu trouver place dans les dix-huit genres précédens, sans s'embarrasser si elles avaient la moindre analogie entre elles. Cependant, à l'exception de ce genre, qui doit être considéré comme nul, les autres m'ont paru reposer sur des bases certaines, et j'ai cru ne pouvoir mieux faire que de les conserver, mais en les restreignant aux espèces qui s'y rapportent réellement. En conséquence, j'ai dû, de mon côté, établir de nouvelles coupes génériques pour suppléer à l'insuffisance de celles de l'entomologiste allemand. En dernière analyse, après avoir bien examiné et comparé entre elles plus de quatre cents espèces de Phalénites, leur tribu m'a paru susceptible d'être divisée en quarante-huit genres pour la formation desquels j'ai étudié ces insectes, non seulement dans l'état parfait, mais sous celui de Chenilles, toutes les fois que ces dernières m'ont été communiquées.

Nous allons donner ici le tableau renfermant les quarante-huit genres qui composent la tribu des Phalénites; nous ne mentionnons les Chenilles que relativement au nombre de leurs pattes, qui ont servi à M. Duponchel à partager ces Lépidoptères en trois grandes divisions; et quant aux coupes génériques, nous nous bornons à en exposer les caractères de l'insecte parfait, attendu qu'ils suffisent seuls pour rapporter chaque espèce à son genre, ceux fournis par les Chenilles ne servant qu'à les confirmer. Ainsi, pour connaître ces derniers, il faut consulter la description de chaque genre qui précède celle des espèces qui s'y rapportent et qui se trouve exposée, pour les plus importans du moins, à l'article PHALÈNE.

Division des Phalénites en quarante sous-genres, d'après la méthode de M. Duponchel.

I. Chenilles à quatorze pattes.

A. Antennes pectinées ou ciliées dans les mâles, et simples dans les femelles.

(On n'a pas encore trouvé d'espèce qui se rapporte à cette subdivision.)

B. Antennes simples dans les deux sexes.

Bord terminal des ailes inférieures formant un angle obtus au milieu; dernier article des palpes très-court et dépassant à peine le chaperon; trompe longue et assez épaisse à sa base . . . . Genres. 1 RUMIA. (type *Cratœgata.*)

II. Chenilles à douze pattes.

A. Antennes pectinées et ciliées dans les mâles, et simples dans les femelles.

Les quatre ailes tantôt anguleuses, tantôt arrondies; mais les supérieures toujours avec deux raies tranversales, et les inférieures avec une seule, qui correspond exactement à celle des deux premières, qui est la plus près du bord abdominal; palpes grêles et dépassant à peine le chaperon; trompe longue . . . . 2 MÉTROCAMPE. (*Margaritaria.*)

B. Antennes simples dans les deux sexes.

(On n'a pas encore trouvé d'espèce qui se rapporte à cette division.)

III. Chenilles à dix pattes.

A. Antennes pectinées et ciliées dans les mâles et simples dans les femelles.

a. Bord terminal des ailes anguleux ou dentelé.

† Corselet large et très-velu.

Les quatre ailes irrégulièrement dentelées, c'est-à-dire ayant chacune une dent qui dépasse les autres au milieu de leur bord terminal; palpes un peu inclinés et dépassant le chaperon; trompe grêle et débordant à peine les palpes. . . . . 3 ENNOMOS. (*Alniaria.*)

Les quatre ailes légèrement dentelées, avec un point au centre de chacune d'elles; deux raies transversales et divergentes sur les supérieures, et une seule sur les inférieures . . . . {
palpes très-velus et ne dépassant pas le chaperon; trompe très apparente, quoique grêle; antennes du mâle plumeuses. . 4 HIMERA. (*Pennaria.*)
dernier article des palpes aigu, et dépassant le chaperon; trompe nulle. . . . . 5 CROCALIS. (*Elinguaria.*)

†† Corselet étroit et peu velu.

Les ailes inférieures seules légèrement dentelées, avec une échancrure au milieu de leur bord terminal; palpes très-minces, et n'atteignant pas jusqu'au chaperon; trompe longue. . . . . 6 ANGERONA. (*Prunaria.*)

Les ailes supérieures proportionnellement plus étroites que les inférieures, et coupées carrément à leur extrémité; palpes épais et séparant à peine le chaperon; trompe longue. 7 EURYMÈNE. (*Dolabraria.*)

Les premières ailes fortement échancrées au dessous de leur angle supérieur; les secondes ailes arrondies; palpes dépassant le chaperon, avec leur dernier article large et déprimé; trompe longue. . . . . 8 AVENTIA. (*Flexularia.*)

Les premières ailes légèrement échancrées au dessous de leur angle supérieur; milieu des bords des secondes ailes, formant un angle plus ou moins aigu; chaperon avancé et dépassé par les palpes, qui sont connivens à leur extrémité. . . . . 9 PHILOBIA. (*Notataria.*)

Bord terminal des ailes inférieures plus ou moins échancré et sinué; palpes bien distincts et dépassant le chaperon; trompe longue. . . . . 10 ÉPIONE (*Parallelaria.*)

Angle supérieur des ailes très-aigu, et milieu du bord terminal des secondes ailes, formant la pointe; dernier article des palpes très-aigu, et dépassant le chaperon; trompe assez longue. 11 TIMANDRA. (*Amataria.*)

Angle supérieur des premières ailes plus ou moins aigu, et milieu du bord terminal des secondes ailes, formant la pointe dans le plus grand nombre des espèces; palpes grêles et dépassant le chaperon, trompe saillante. 12 HEMITHEA. (*Æsticaria.*)

Les ailes inférieures seules légèrement dentelées; palpes droits et dépassant le chaperon avec leur dernier article très-distinct; trompe peu saillante. . . . . 13 GEOMETRA. (*Papilionaria.*)

b. Bord terminal des ailes supérieures simple ou entier.

† Corselet large et laineux.

Ailes épaisses et petites relativement au corps; tête enfoncée sous le corselet; palpes velus et ne dépassant pas le chaperon: trompe nulle, ou presque nulle. . . . .
- Femelles ailées. . 14 AMPHIDASIS. (*Prodromaria.*)
- Femelles aptères. 15 NYSSIA. (*Zonaria*).

Ailes minces et grandes relativement au corps: palpes velus et ne dépassant pas le chaperon; trompe nulle et presque nulle. Femelles aptères . . . . 16 PHIGALIA. (*Pilosaria.*)

†† Corselet étroit et squameux.

Ailes supérieures plus colorées que les antérieures; palpes très-courts et n'atteignant pas jusqu'au chaperon; trompe nulle ou presque nulle; pattes très-longs. Femelles aptères ou n'ayant que des moignons ou des rudimens d'ailes. . . . . 17 HIBERNIA. (*Defoliaria.*)

Les quatre ailes également colorées et traversée par des lignes en zigzag sur un fond nébuleux; frange des ailes plus ou moins festonnée; palpes courts et débordant à peine le chaperon; trompe longue; antennes des mâles terminées par un fil. . . . . 18 BOARMIA. (*Roboraria.*)

Les quatre ailes pulvérentes: les supérieures marquées le long de la tête de trois à quatre taches, qui donnent naissance à autant de lignes à peine marquées; palpes dépassant à peine le chaperon; trompe longue. 19 HALIA. (*Wavaria.*)

Les quatre ailes parsemées d'atomes ou de points plus ou moins gros, et formant par leur réunion des raies plus ou moins distinctes; palpes plus ou moins courts et souvent garnis de poils; trompe plus ou moins courte et quelquefois nulle; antennes très-plumeuses dans les mâles des principales espèces. . . . 20 FIDONIA. (*Plumistaria.*)

Ailes supérieures étroites; tête surmontée d'une touffe de poils terminée en pointe; palpes courts et obtus; trompe presque nulle; antennes des mâles très-plumeuses. . . . . . 21 LIGIA. (*Jourdanaria.*)

Les quatre ailes pulvérulentes, avec une bande transversale sur le milieu des supérieures; palpes aigus et dépassant un peu le chaperon; trompe courte . . . . 22 NUMERIA. (*Pulveraria.*)

Les quatre ailes traversées par des raies dont le nombre varie de deux à quatre, sur un pulvérulent; palpes dépassant très-peu le chaperon; trompe très-longue . . . . . . 23 CABERA. (*Strigillaria.*)

Fond des quatre ailes pulvérulent, avec une ligne transversale et un omicron plus ou moins bien marqué au centre de chacune d'elles, sur le plus grand nombre des espèces; palpes grêles, très-inclinés, ne dépassant pas le chaperon; trompe longue. . . . 24 EPHYRA. (*Pendularia.*)

Les quatre ailes marquées d'un point à leur centre, sur un fond uni, et traversées vers leur extrémité par une ligne sinueuse, et accompagnée ordinairement de taches confluentes, palpes très-longs; antennes plutôt ciliées que pectinées dans les mâles. . . . . 25 DOSITHEA. (*Ornataria.*)

Les quatre ailes traversées par des lignes parallèles, tantôt droites, tantôt ondulées ou sinuées, et dont le nombre varie de trois à cinq, sur un fond uni; un point au milieu de chaque aile sur le plus grand nombre des espèces; palpes très-courts; trompe longue; antennes ciliées dans les mâles. . . . . . . 26 ACIDALIA. (*Strigaria.*)

Les premières ailes traversées diagonalement par une ou deux raies, qui partent de angle supérieur; les secondes ailes ayant à peu près la même forme que les premières; palpes aigus et dépassant le chaperon; pattes très longues; trompe très-apparente. . . . . 27 ASPILATES. (*Gilvaria.*)

Les quatre ailes traversées vers le milieu par une bande étroite, qui se partage souvent en deux lignes; antennes et pattes très-longues; palpes obtus et ne dépassant pas le chaperon; trompe longue . . . . 28 PELLONIA. (*Vibicaria.*)

Les quatre ailes d'une seule couleur, tantôt très-claire, tantôt très-foncée; palpes courts et velus; trompe très-longue. . . . . 29 CLEOGENE. (*Tinctaria.*)

Ailes supérieures avec un point entre deux lignes transversales, presque droites et peu divergentes; palpes aigus et dépassant le chaperon; trompe longue. . . . . 30 PHASIANE. (*Palumbaria.*)

Ailes supérieures ayant au milieu une bande transversale composée de plusieurs lignes ou soies parallèles, et plus ou moins ondulée; palpes longs et aigus; trompe longue.. . . . 31 EUBOLIA. (*Mensuraria.*)

B. Antennes simples dans les deux sexes.

a. Bord terminal des ailes anguleux ou dentelé.

Angle supérieur des premières ailes très-aigu; milieu du bord terminal des secondes ailes prolongé en queue tronquée; dernier article des pattes très-petit, et ne dépassant pas le chaperon, qui est très-large et velu; trompe très-longue. . . . . 32 OURAPTERIX. (*Sambucata.*)

Frange des quatre ailes plus ou moins dentelée ou festonnée; les supérieures traversées par deux lignes dentelées, et les inférieures par une seule; une tache orbiculaire au centre de chaque aile; corps long et mince; palpes courts et obtus; trompe longue. . . . 33 GNOPHOS. (*Furvata.*)

Bord terminal des ailes simple ou entier.

† Ailes tachetées ou mouchetées.

Les quatre ailes parsemées de petites taches irrégulières, tant en dessus qu'en dessous, sur un fond clair; palpes longs et velus; trompe longue. . . . . 34 VENILIA. (*Maculata.*)

Les quatre ailes traversées au milieu par deux rangées de points très-rapprochés, et dont plusieurs forment des taches par leur réunion; abdomen ponctué; palpes très-courts; trompe longue et roulée seulement à son extrémité . . . . 35 ZERENE. (*Glossulariata.*)

Un point au centre de chaque aile, indépendamment d'autres taches qui varient suivant chaque espèce; palpes très-courts; trompe très-longue. . . . . 36 CORYCIA. (*Temerata.*)

†† Ailes fasciées.

Tête, corselet et base des premières ailes d'une couleur plus foncée que le reste; palpes très-courts; trompe longue . . . . 37 MELANTHIA. (*Procellata.*)

Les quatre ailes terminées par une bande plus ou moins interrompue; dernier article des palpes très-aigu et dépassant à peine le chaperon; trompe longue . . . . 38 MELANIPPE. (*Hastata.*)

Ailes supérieures traversées au milieu par une bande plus ou moins large, et formant toujours un ou plusieurs angles saillans du côté externe; palpes dépassant le chaperon; trompe longue. . . . . 39 CIDARIA. (*Fulvata.*)

††† Ailes rayées ou lignées.

Ailes supérieures seules traversées par un grand nombre de lignes parallèles, anguleuses et séparées trois par trois; chaperon très-proéminent, et dépassé néanmoins par les palpes; trompe courte . . . . 40 ANAÏTIS. (*Plagiata.*)

Les quatre ailes traversées par un grand nombre de lignes parallèles, ondulées, anguleuses et dentelées, et plus marquées sur les supérieures que sur les inférieures; palpes longs et dépassant le chaperon; trompe longue. 41 LARENTIA. (*Dubitata.*)

Ailes supérieures seules traversées par un grand nombre de lignes parallèles, ondulées et séparées par des bandes; palpes très-courts; trompe longue; ailes inférieures des mâles de plusieurs espèces ayant vers leur naissance et du côté interne un appendice qui a la forme d'une troisième paire d'ailes rudimentaires. . . . . 42 AMATHIA. (*Sexalata.*)

Ailes supérieures elliptiques ou lancéolées;

les inférieures ovalaires; palpes longs et déprimés; trompe longue. . . . . 43 Chesias. (*Spartiata.*)

Les quatre ailes marquées de lignes longitudinales et transversales ou réticulées; palpes très-courts; trompe longue . . . . 44 Strenia. (*Clathrata.*)

†††† Ailes à fond uni.

Angle supérieur des premières ailes arrondi; corps long et mince; palpes courts; trompe longue. . . . . 45 Tanagra. (*Chærophyllata.*)

Fond des ailes noir; palpes très-velus et dépassant le chaperon; trompe longue, corps mince.. . . . . 46 Psodos. (*Equestrata.*)

Nervures des ailes très fortes; abdomen long et linéaire; dernier article des palpes très-aigu et dépassant le chaperon; trompe très-longue. . . . . 47 Siona. (*Dealbata.*)

Les quatre ailes unicolores tant en dessus qu'en dessous; les inférieures très-arrondies; palpes courts; trompe longue . . . . 48 Minoa. (*Euphorbiata.*)

(H. L.)

PHALÉRIE, *Phaleria.* (ins.) Ce genre, qui appartient à l'ordre des Coléoptères, section des Hétéromères, famille des Taxicornes, tribu des Diapériales, a été établi par Latreille avec ces caractères: antennes insérées sous un rebord de la tête, grossissant insensiblement, et ne commençant à être perfoliées que vers le cinquième ou le sixième article; dernier article des palpes maxillaires plus grand que les précédens et presque en forme de triangle renversé; jambes antérieures le plus souvent triangulaires et propres à fouir; corps ordinairement plus bombé, déprimé, ovale ou en carré allongé. Ce genre, très-voisin des Diapères, en diffère cependant par plusieurs caractères assez faciles à saisir; dans les Diapères, la massue des antennes, ou la partie perfoliée, commence au quatrième article; les jambes antérieures ne sont pas épineuses et propres à fouir, et le corps est plus bombé; les palpes maxillaires des Diapères sont terminés par un article de la même grandeur que les précédens. Les Eustrophes, Léiodes, Tetratomes et Orchésies, en sont bien distingués, parce que leurs antennes sont insérées à nu et non sous un rebord de la tête; les Epitrages, Cnodalons et Elédones en sont séparés par leurs antennes, dont les derniers articles sont un peu dilatés d'un côté et en forme de dents de scie. Linné, Fabricius et quelques autres entomologistes ont confondu les Phalériers avec les Ténébrions; Fabricius en a même placé quelques espèces avec les Mycétophages et les Trogossites; la tête des Phaléries est souvent tuberculée ou cornue en dessus dans les mâles; les mandibules n'avancent pas au-delà du labre; les mâchoires ont leur division externe obtrigone et plus grande; la lèvre est nue, coriace, échancrée; le menton est presque cordiforme, plus large à l'extrémité; le corselet est transverse, carré; l'écusson est distinct; les pattes sont fortes, avec les jambes antérieures allongées, trigones, plus larges vers leur extrémité, souvent dentées; leurs tarses sont courts. On trouve les Phaléries sous les écorces des arbres ou dans les sables des côtes maritimes. Les espèces qui composent ce genre sont assez nombreuses; leurs larves nous sont inconnues; la forme plus ou moins allongée du corps a servi à établir deux divisions dans ce genre; Megerle a formé avec celles de la première division le genre *Uloma.*

I. Corps ovale oblong.

La Phalérie culinaire, *P. culinaria*, Latr.; *Tenebrio culinaris*, Linn., Fabr., Oliv., Entom., tab. 3, Tenebr., p. 12, n° 14, pl. 1, fig. 13; Panz. Faun. germ., fasc. 9, fig. 1. Elle est longue de quatre à cinq lignes; les antennes et le corps sont d'un fauve marron luisant; la tête et le corselet sont pointillés, ce dernier rebordé latéralement; les élytres sont rebordées, ayant chacune neuf stries assez profondes et pointillées; les jambes antérieures et intermédiaires sont dentelées. Cette espèce, qui est assez commune, se trouve dans le nord de l'Europe et aux environs de Paris.

II. Corps en ovale court, presque hémisphérique.

La Phalérie bimaculée, *P. bimaculata*, Latr., *Tenebrio bimaculatus*, Herbst. Elle est longue de deux lignes et demie; le dessous du corps et les pattes sont fauves; le dessus est plus clair; les antennes sont d'un fauve clair; les élytres présentent neuf stries peu marquées, finement pointillées; leurs intervalles sont peu sensiblement ponctués; il y a une tache brune, plus ou moins apparente, sur le milieu de chaque élytre. Cette espèce se trouve sur les côtes maritimes de France, dans le sable. (H. L.)

PHALLOIDÉES, (bot. crypt.) *Champignon.* Plantes remarquables, qui se rapprochent beaucoup des vrais champignons, que Fries a placées à la suite des Lycoperdacées, section des Angiogastres, et pour lesquelles M. Ad. Brongniart a créé une division dans la tribu des Clathracées.

Pendant long-temps on a confondu sous le nom de *Phallus* tous les genres qui appartenaient au groupe des Phalloïdées; ces genres étaient l'*Hymenophallus* de Nees, le *Phallus Hysurus* de Fries, l'*Aseroe* de Labillardière.

Parmi les genres peu connus que l'on peut ranger dans ce même groupe, nous citerons le *Cynicus*, *Dicterium* et *OEdicia* de Rafinesque, le *Spadonia* de Fries et le *Battarea* de Persoon. (F. F.)

PHALLUS. (bot. crypt.) *Champignons.* Le genre *Phallus*, placé parmi les vrais Champignons par Adolphe Brongniart, à la suite des Lycoperdacées par Fries, appartient au groupe des Phalloïdées de la tribu des Clathracées du premier auteur cité. Ses caractères sont: une volva sessile, membraneuse, de la forme et de l'aspect d'un œuf de Poule quand le Champignon est encore très-jeune, se divisant en lanières à mesure que celui-ci (le Champignon) se développe: de la base de cette volva part une racine longue et pivotante; dans son intérieur se trouve une matière gélatineuse, abondante et épaisse.

Le stipe des vrais *Phallus* ne se développe qu'après la rupture de la volva; son développement est rapide et comme élastique; quand il est complet, il est cylindroïde, renflé dans son milieu, fistuleux, réticulé à sa surface, celluleux dans son intérieur et perforé à son sommet. Du pourtour de cet orifice, qui est garni d'un rebord saillant, tombe un chapeau qui a la forme d'une cloche, qui entoure la partie supérieure du stipe, mais qui n'y adhère pas. L'extérieur du chapeau est creusé de cellules assez profondes dans lesquelles s'amasse une matière verte, d'abord solide, puis bientôt liquide, gluante et d'une odeur excessivement fétide, comme cadavéreuse. Cette matière ne paraît être autre chose qu'un nombre considérable de seminules. Telles sont les caractères du *Phallus impudicus*, espèce très-commune en Europe, qui constitue à elle seule la tribu appelée *Ityphallus* par Fries, que l'on trouve dans les bois très-couverts, dans les grandes futaies surtout, au milieu des mousses.

Le genre *Phallus* renferme trois autres tribus. Dans l'une de ces trois tribus, qui ne diffère de la précédente qu'en ce que la surface externe du chapeau n'est pas réticulée, et que Fries a appelée *Lejophallus*, se trouvent le *Phallus Hadriani* de Ventenat, qui croît dans les sables de la Hollande, et le *Phallus rubicundus*, qui a été découvert par Bosc dans la Caroline du sud. Ces deux espèces sont peu connues.

Dans une autre tribu sont rangées deux ou trois espèces seulement. Ces espèces habitent les pays chauds; elles se distinguent à leur cloche qui est réticulée à la manière d'une dentelle, et qui descend du sommet du stipe au dessous de la base du chapeau jusqu'au dessus de la volva. L'espèce la plus connue, la plus remarquable et la plus élégante de cette tribu est le *Phallus indusiatus* de Ventenat, qui habite l'Amérique équinoxiale, et même la Caroline et la Pensylvanie, et dont M. Turpin a donné une très-belle figure que l'on peut voir dans l'Essai d'une classification naturelle des Champignons, par M. Adolphe Brongniart, et qui se trouve représentée dans notre Atlas, pl. 480, fig. 1.

A cette même tribu, appelée *Hymenophallus*, se rapportent également le *Phallus dæmonum* de Rumphius, et le *Phallus duplicatus* de Bosc. C'est cette dernière espèce qui a fait donner le nom de la tribu.

Enfin la dernière tribu des *Phallus* ou les *Cynophallus*, espèces qui se distinguent par l'absence de la perforation au sommet du stipe, par l'adhérence du chapeau, par la forme tuberculeuse, la couleur d'abord verte, puis rouge foncé de celui-ci, etc. Les *Cynophallus* ne répandent pas de mauvaise odeur; elles croissent en Europe sur les troncs d'arbres qui entrent en décomposition, et elles sont assez rares. Le genre *Phallus* est inusité. Il est probable que ses espèces produiraient des effets délétères si on les mangeait. (F. F.)

PHALLUSIE, *Phallusia*. (ZOOP. POLYP.) Nouveau genre établi par Savigny aux dépens des Ascidies, et rangé par cet auteur dans la famille des Téthyes, division des Téthyes simples, avec les caractères suivans : corps sessile, à enveloppe gélatineuse et cartilagineuse; orifice branchial s'ouvrant d'ordinaire en huit à neuf rayons; l'orifice anal en six rayons; sac branchial non plissé, parvenant au fond ou presque au fond de la tunique, surmonté d'un cercle de filets tentaculaires toujours simples; les mailles du tissu respiratoire pourvues à chaque angle de bourses en forme de papilles; abdomen plus ou moins latéral; foie nul; une côte cylindrique s'étendant du pylore à l'anus; ovaire unique, situé dans l'abdomen.

Le genre *Phallusia* se rapproche beaucoup des Boltenies et des Cynthies, et surtout des Clavellines. Il diffère surtout des premières et des secondes par le nombre plus grand des rayons qu'il a à ses orifices, et du troisième, par son corps sessile et non pédiculé; par son orifice branchial, qui offre généralement huit à neuf rayons; par son tissu respiratoire, qui est pourvu de papilles, et enfin par quelques autres caractères que nous négligerons d'indiquer.

Savigny a groupé dans les trois tribus suivantes, les espèces assez nombreuses du genre *Phallusia*. Dans la première tribu, les P. PIRENÆ, qui ont pour caractères : une tunique droite, un sac branchial également droit, d'une longueur égale à celle de la tunique, ne dépassant point ou très-peu les viscères de l'abdomen, un estomac non retourné et non appliqué sur l'intestin, se trouvent : 1° La P. CANNELÉE, *P. sulcata* de Savigny, qui est la même que l'*Ascidia fusca* de Cuvier, et que l'on trouve dans la mer Rouge attachée aux madrépores par de nombreux jets sortant de sa base. Cette espèce a un à deux pouces de grandeur; 2° la P. NÈGRE, *P. nigra* de Savigny, qui habite également la mer Rouge, qui est fortement attachée aux rochers, aux coquillages ou à d'autres corps sous-marins, et qui est grande de deux à trois pouces; 3° la P. ARABE, *P. arabica* de Savigny, qui n'a que dix à douze lignes de grandeur, que l'on rencontre encore dans la mer Rouge et qui est adhérente aux madrépores; 4° enfin la P. TURQUE, *P. turcica* de Savigny, qui n'a que deux pouces de grandeur et qui croît dans le même lieu et après les mêmes corps que la précédente.

La seconde tribu, les PHALLUSIÆ SIMPLICES, celles qui se distinguent par une tunique retroussée à sa base et retenue par ce pli à une arête intérieure de l'enveloppe; par un sac branchial, de la longueur de la tunique, qui se recourbe pour pénétrer dans le repli de cette tunique, et qui dépasse sensiblement les viscères de l'abdomen, par un estomac retourné et appliqué sur la masse des intestins, renferme les espèces suivantes : 1° la PHALLUSIE RECLUSE, *Phallusia monachus* de Savigny, ou *Ascidia monachus* de Cuvier, que l'on trouve communément dans nos mers et qui est grande de deux à trois pouces; 2° la PHALLUSIE MAMELONNÉE, *Phallusia mamillata* de Savigny, *Ascidia mamillata* de Cuvier, qui habite l'Océan et la Méditerranée, qui a une couleur jaune-clair, et cinq à six pouces de hauteur.

Enfin dans la troisième tribu, les PHALLUSIÆ CIONÆ, Phallusies à tunique droite, à sac branchial droit, plus court que la tunique et dépassé par les viscères abdominaux, se trouvent classées, 1° la PHALLUSIE INTESTINALE, *Phallusia intestinalis* de Savigny, *Ascidia intestinalis* de Linné, de

Cuvier,

Cuvier, de Lamarck, *Mentula marina* de Redi, etc., espèce qui vit par groupes sur les rochers et que l'on rencontre dans l'Océan et la Méditerranée; 2° la PHALLUSIE CANINE, *Phallusia canina* de Savigny, *Ascidia canina* de Muller, que l'on trouve en Norwége sur les tiges des Fucus. (F. F.)

PHANÉE, *Phanæus*. (INS.) C'est un genre de l'ordre des Coléoptères, section des Pentamères, famille des Lamellicornes, tribu des Scarabæïdes coprophages, établi par Mac Leay (Horæ Entom.) aux dépens du genre Bousier de Fabricius, d'Olivier et de Latreille, et adopté par ce dernier auteur. (Fam. nat.) Les caractères distinctifs de ce genre sont: les quatre jambes postérieures courtes, sensiblement dilatées et plus épaisses à leur extrémité; corps déprimé en dessus. Ce genre se distingue des Ateuchus, Gymnopleures, Hybomes et Sysiphes, parce que, dans ceux-ci, les quatre jambes postérieures sont presque cylindriques et n'offrent pas de renflemens. Les Bousiers proprement dits ont le corps convexe en dessus; enfin, les Onthophages qui en sont les plus voisins, se distinguent des Phanées, parce que leurs antennes ont le premier article de la massue simple, et laissant libre le second et le troisième; ce qui n'a pas lieu dans le genre que nous décrivons; la tête des Phanées est toujours cornue ou portant des éminences; les antennes sont composées de neuf articles; les trois derniers forment une massue, dont le premier article renferme et resserre les deux derniers; le corselet est toujours excavé en devant et souvent cornu ou tuberculé. Ce genre, dont le nom vient d'un verbe grec qui signifie briller, a retiré du genre Bousier de Latreille presque toutes les espèces métalliques du Nouveau-Monde; leur taille est ordinairement grande ou moyenne. Ils vivent généralement dans les fientes dont ils font des provisions pour leurs larves, mais quelques grandes espèces telles que le *Phanæus lancifer*, ne se trouvent que sous les petits animaux morts, elles se creusent des trous quelquefois très-profonds sous ces cadavres en putréfaction.

On connaît près de cinquante espèces de *Phanæus*, toutes plus ou moins ornées de couleurs vives et métalliques très-brillantes. En général, les mâles ont la tête et le corcelet armés de cornes et de protubérances plus ou moins saillantes, tandis que les femelles en sont dépourvues; mais les sexes de quelques unes des plus grandes espèces ne peuvent être distinguées ainsi parce que les femelles sont aussi armées que les mâles; M. Guérin-Méneville, dans le texte de l'Iconographie du Règne animal, s'aidant de l'observation de M. Brullé, qui a reconnu que les femelles seules des *Phanæus* avaient des tarses aux jambes, a beaucoup restreint le nombre des espèces; ainsi, suivant lui, les *Phanæus ducalis*, *ensifer*, *principalis*, *lancifer*, *heros* et *miles* des auteurs et des collecteurs, n'en font plus que deux espèces, comme on le verra plus bas.

PHANÉE ENSIFER, *P. ensifer*, Germar. Le mâle est le *P. ducalis*, Delaporte (Buffon, Dumesnil) ou *principalis* de quelques collections. Les deux sexes sont très-bien figurés dans l'ouvrage de Perty (Delect. anim. art. *Bras.*, pl. 8, fig. 10-11). Du Brésil.

PHANÉE LANCIFER, Fab., Oliv. Le mâle est le *P. heros*, Dej., Delaporte (Buff., Dumesnil). Le *P. miles* du même ouvrage n'en est qu'une variété plus petite. De Caïenne.

Nous avons représenté dans notre Atlas, pl. 480, fig. 5, une belle espèce nouvelle que M. Guérin fait connaître dans le texte de son Iconographie, et à laquelle M. Gory a donné le nom suivant.

PHANÉE DE BUÉNOS-AYRES, *P. bonariensis*, Gory, Guér., Iconogra. du Règne animal, texte. Long de 37, large de 24 millim. D'un beau vert brillant; tête noire avec les côtés seulement verts; chaperon ayant deux petites dents arrondies au milieu; vertex armé d'un grande corne noire un peu courbée en arrière, quatre fois plus longue que la tête, atteignant le sommet du corselet, et ayant une faible échancrure en arrière et vers l'extrémité; corselet élargi de chaque côté, assez finement rugueux avec une large et profonde excavation en avant et au milieu, deux fortes dents vers le haut et sur les côtés de cette excavation, et une grande saillie au milieu, creusée en gouttière en dessus, fortement relevée sur les côtés; élytres très-rugueuses, ayant de fortes côtes plus marquées vers la base et presque effacées vers l'extrémité, dans l'intervalle desquelles on voit de forts plis transverses; dessous, côté du corselet et pattes garnis de longs cils roux; pattes noires avec le milieu des cuisses vert. Habite Buénos-Ayres, Corrientes, le Paraguay.

PHANÉE MIMAS, *P. mimas*, Fab., Oliv., représenté dans notre Atlas, pl. 480, fig. 2; long de 28 à 30 millimètres, vert, avec les côtés du corselet, des élytres et les cuisses intermédiaires et postérieures d'un cuivreux doré; la tête offre deux rides transversales dont la seconde, dans le mâle, est armée latéralement de deux cornes assez courtes; le corselet présente dans ce sexe une très-grande élévation dans son milieu, terminée en avant par quatre tubercules; les élytres sont profondément striées; le dessus du corselet, la poitrine et les pattes antérieures sont noirs. Il est très-commun à Caïenne et au Brésil; c'est l'un des plus brillans du genre; mais celui qui les surpasse tous est le Phanée que MM. Guérin-Méneville et Chevrolat ont publié sous le nom de *Phanæus imperator*, dans l'Iconographie du Règne animal. Cet insecte ressemble assez au précédent; mais l'or est répandu avec profusion sur tout son corps et sur la moitié postérieure de ses élytres. Il vient des frontières du Paraguay et de Corrientes, et a été découvert par MM. d'Orbigny et Lacordaire.

PHANÉE BOUCHER, *P. carnifex*, Fab., Oliv.; long de 13 à 15 millimètres, rugueux, vert; tête avec une corne comprimée noire et arquée; corselet d'un rouge cuivreux, doré sur ses bords antérieurs, très-aplati en dessus, formant une espèce de plaque inclinée en avant, ses angles postérieurs relevés en pointe ; élytres guillochées, avec quelques petites côtes élevées. La femelle diffère par l'absence de la corne sur la tête, le manque de plaque sur le corselet, celui-ci a une petite carène transversale en avant. Ce Phanée habite l'Amérique du nord. (H. L.)

PHANÈRE. (ANAT.) Ce mot, fait du grec φανερός, qui signifie apparent, a été employé pour désigner de petits organes folliculaires appartenant à l'enveloppe extérieure de l'animal, composés comme les Cryptes avec lesquels ils offrent la plus grande analogie, et fournissant un produit excrété solide, calcaire ou corné, de forme variable, lequel produit reste constamment à la surface de l'animal, de manière à être toujours visible. C'est par la nature de ce produit, auquel on donne le nom de poils, de plumes ou d'écailles, selon qu'on l'examine dans tel ou tel animal, que le Phanère se différencie du Crypte, ici la partie sécrétée étant versée sous forme plus ou moins liquide à la surface de l'enveloppe de l'animal.

Deux choses bien distinctes entrent dans la composition du Phanère : la partie productrice ou le bulbe, et la partie produite. Le bulbe plus ou moins profondément situé, a dans sa structure trois couches principales : une externe fibreuse, une vasculaire et une troisième nerveuse. Ce bulbe renferme dans son intérieur une matière plus ou moins pulpeuse émanée du système vasculaire, matière qui, selon M. de Blainville, est vivante et sensible, du moins tant qu'elle reçoit des vaisseaux et des nerfs, et par conséquent en continuité avec le reste de l'organisation. C'est cette pulpe qui excrète de la superficie la partie morte et externe du Phanère, ou la *partie produite*. Celle-ci est si évidemment morte, qu'elle peut être reproduite tant que le bulbe et surtout la pulpe existent et reçoivent des vaisseaux et des nerfs.

Maintenant par des modifications spéciales d'un Phanère peut résulter un organe des sens plus ou moins perfectionné, ou bien un organe offensif ou mécanique, tels qu'une dent, ou encore un simple organe de protection, comme un poil, une plume, une corne, etc.

Nous avons dû passer rapidement sur tous ces détails, parce qu'en parlant des plumes en général. (*Voy.* au mot PLUMES.) Nous aurons à y revenir. (Z. G.)

PHANÉROGAME et PHANÉROGAMIE. (BOT.) L'expression Phanérogamie, totalement opposée aux termes Agamie (c'est-à-dire plantes dont les organes reproducteurs d'une finesse extrême n'ont pas encore permis à la science de constater l'existence d'une manière irrécusable) et Cryptogamie (végétaux chez lesquels les noces sont invisibles à l'œil nu), est composée de deux mots grecs φανερός, *apparent*, *ostensible*, *public*, et γάμος, *noce*, *mariage ;* elle indique les végétaux pourvus d'organes sexuels visibles et bien connus, dont la fécondation est manifeste et la reproduction opérée par leurs ovules imprégnés de pollen que les anthères leur transmettent, et que le stigmate, après l'avoir combiné avec la liqueur visqueuse de ses mamelons intérieurs, laisse couler à travers le canal du style. Les Phanérogames sont les plus nombreux de tous les végétaux. On les divise en *Monoclines* ou, comme on le dit vulgairement, Hermaphrodites, quand les étamines et le pistil se trouvent réunis dans la même fleur, et en *Diclines* ou unisexués, quand les deux organes sont séparés, occupant chacun une fleur isolée sur le même pied ou sur deux individus distincts.

La Phanérogamie embrasse vingt-trois classes dans la méthode linnéenne, sur lesquelles dix se distinguent par le nombre rigoureux et constant de leurs étamines, savoir : *Monandrie*, une étamine libre et un pistil ; *Diandrie*, deux étamines libres et un pistil ; *Triandrie*, trois étamines libres avec un pistil ; *Tétrandrie*, quatre étamines libres avec un pistil ; *Pentandrie*, cinq étamines libres et un seul pistil ; *Hexandrie*, six étamines libres et un seul pistil ; *Heptandrie*, sept étamines libres et un pistil ; *Octandrie*, huit étamines libres et un pistil ; *Ennéandrie*, neuf étamines libres et un pistil ; *Décandrie*, dix étamines libres et un seul pistil.

Ils ne sont pas si nettement tranchés les trois grands groupes primordiaux du Règne végétal que je viens de nommer (Agamie, Cryptogamie et Phanérogamie), que leurs limites soient invariables. Nous en avons la preuve dans le second de ces groupes qui réclame à l'Agamie les Mousses, les Lycopodiacées, les Filicées ou Fougères, et les Naïadées qu'on lui attribue maladroitement, puisque les plantes constituant ces quatre familles offrent toutes positivement un cotylédon. Ensuite il nous est démontré que l'on doit détacher de la Cryptogamie, pour les restituer à la Phanérogamie, les Pipéritées, les Aroïdées, les Typhacées, les Cypéracées, les Graminées et les Palmiers chez lesquels les organes mâles sont visibles et insérés sous, autour ou sur l'ovaire. Nous avions déjà, au mot FAMILLES NATURELLES (tom. III, pag. 162), fait sentir le besoin de revoir le groupe de la Cryptogamie ; au mot MONOCOTYLÉDONÉES (tom. V, pag. 394), ce travail a été développé et établi d'une manière assez détaillée pour que chacun puisse en saisir toute l'importance.

Nous ne saurions trop blâmer Latreille d'avoir emprunté le mot Phanérogame pour le transporter à l'une des grandes branches de la classe des Mollusques : il appartient au règne végétal et ne doit point recevoir une autre valeur scientifique. Chacune des trois grandes divisions sous lesquelles sont rangées les productions de la nature (règne minéral, règne végétal et règne animal) doit avoir, je le répète, son vocabulaire particulier, ses expressions propres et tranchées, afin d'éviter toute équivoque et toute confusion, afin d'étouffer les moindres germes de l'anarchie et rendre l'étude aussi simple, aussi facile que possible. (*V.* au surplus ce que nous avons dit plus haut, tom. VI, pag. 105 à 107, de cet abus de fraîche date, en traitant de la NOMENCLATURE.) Si Latreille avait besoin d'exprimer par un seul trait la division des Mollusques renfermant ceux qui offrent les deux sexes, soit sur le même individu, soit séparément, pourquoi n'a-t-il pas ramassé le mot *Phénogame*, que la manie de tout changer avait fait imaginer à Mirbel, mais que les botanistes ont rejeté comme double emploi de Phanérogame créé par Linné et généralement adopté? (T. D. B.)

PHAQUE, *Phaca*. (BOT. PHAN.) On trouve cette dénomination grecque dans Dioscoride, appliquée, dit-on, à la Lentille. Linné l'imposa à un genre de plantes exogènes de la famille des Légumineuses papilionacées (tribu des Lotées, sous-tribu des Astragallées) et de la Diadelphie décandrie de son Système sexuel; depuis cet auteur, tous les botanistes ont adopté le genre *Phaca* dont voici les caractères essentiels : périanthe double ; l'externe monophylle, à cinq dents, dont les deux supérieures plus éloignées; l'interne papilionacé, à cinq pétales dont l'étendard plus long que les ailes et la carène, qui est obtuse; dix étamines diadelphes; style imberbe, à stigmate capité; ovaire supère; légume uniloculaire, polysperme, un peu renflé, à suture supérieure, séminifère, gonflée, et courtement pédicellé dans le périanthe externe.

Les Phaques sont des plantes herbacées, annuelles ou vivaces, à feuilles alternes, imparipennées, munies à leur base de stipules distinctes du pétiole, à fleurs disposées en épis axillaires et terminaux. On en connaît quinze ou seize espèces dont la majeure partie appartient à l'ancien continent; nous décrirons seulement :

La PHAQUE DES ALPES, *Phaca alpina*, Jacq. Tige dressée, rameuse, cylindrique, pubescente, haute d'un pied et plus, garnie de feuilles, composée de dix-sept à vingt-trois folioles oblongues, lancéolées-obtuses, légèrement velues, mucronées; les pétioles sont accompagnés de stipules linéaires, lancéolées, petites, tomenteuses; les fleurs sont d'un jaune pâle, pédicellées, accompagnées de bractées sétacées, et disposées en grappes allongées; leur périanthe externe est à cinq dents étroites, profondes, et garni de poils noirâtres; les légumes sont presque transparens, comprimés, semi-ovales-aigus, glabriuscules, garnis aussi de poils noirâtres dans la jeunesse. Cette plante croît dans les montagnes escarpées des Alpes, des Pyrénées, de la Sibérie. Elle est vivace et fleurit en juin et août. (C. LEM.)

PHARAONE. (MOLL.) Espèce du genre Turbo que les anciens conchyliologistes appelaient *Cochlæa Pharaonis*, et que les marchands désignent sous le nom de *Bouton de camisole*. Voy. TURBO. (GUÉR.)

PHARYNGIENS. (POISS.) *Voy.* l'article LABYRINTHIFORME de ce Dictionnaire.

PHARMACOLITHE. (MIN.) Ce nom a été donné à une combinaison naturelle de chaux et d'arsenic que les Allemands nomment aussi *Arsenizite*. La Pharmacolithe est blanche et quelquefois rosée; elle cristallise dans le système rhomboédrique; l'acide nitrique l'attaque, et sa composition est environ cinquante parties d'acide arsénique, vingt-cinq de chaux et vingt-quatre d'eau.

Cette substance se trouve en filons dans les roches abondantes en minerais d'arsenic : elle y est tantôt cristallisée en prismes ou en dodécaèdres, et souvent en petites aiguilles extrêmement minces qui se groupent de différentes manières. (J. H.)

PHARYNX. (ANAT.) Synonyme d'arrière-bouche ou gosier. C'est une espèce de vestibule dans lequel viennent s'ouvrir l'œsophage, les fosses nasales, la trompe d'Eustache et le larynx. Il est situé entre la base du crâne et l'œsophage, au devant de la colonne vertébrale. Le Pharynx, formé à l'extérieur d'une tunique musculeuse, est revêtu à l'intérieur par une membrane muqueuse, laquelle se continue en haut avec la membrane pituitaire, au milieu, avec celle de la bouche, en bas, avec celle du Pharynx et de l'œsophage et sur les côtés, avec celle des trompes d'Eustache. Cette membrane a une teinte rouge très-prononcée; elle est lisse, dépourvue de villosités, et n'offre que quelques inégalités dues à la présence de follicules mucipares. La couche musculeuse du Pharynx est composée des muscles constricteurs, stylo-pharyngiens et pharyngo-staphylins. Les vaisseaux et les nerfs du Pharynx ont reçu le nom de Pharyngiens. Le Pharynx donne passage à l'air pendant la respiration, et aux alimens lors de la déglutition. (M. S. A.)

PHASCOGALE, *Phascogale*. (MAM.) Les Phascogales forment un groupe de Mammifères didelphes séparé des DASYURES (*voy.* ce mot, tom. II, pag. 472), par M. Temminck, et ils se distinguent surtout par les deux incisives intermédiaires de la mâchoire supérieure, plus grandes que les autres; ils ont en outre sept molaires de chaque côté des deux mâchoires, en tout quarante-six dents, ce qui tient à la présence, sur chaque rangée, d'une fausse molaire de plus. Ces animaux, comme les Dasyures, sont de l'Australie. On en distingue quatre espèces. Les deux plus récemment connues ont été décrites par M. Waterhouse dans les procès-verbaux de la Société zoologique : ce sont les *Phascogale flavipes* de la Nouvelle-Galles du Sud, et *P. marina* du même pays. Les deux autres ont été plus anciennement connues. L'une décrite par Shaw, sous le nom de *Didelphis penicellata*, et qu'on appelle aujourd'hui *Ph. penicellata*, vit sur les arbres et se trouve en plusieurs endroits de la Nouvelle-Hollande. Sa taille dépasse un peu celle du Surmulot; sa queue est très-touffue à sa pointe, et son pelage, uniformément cendré, est court, laineux et très-touffu; en dessous, il est blanchâtre. La quatrième espèce a été signalée par M. E. Geoffroy, c'est le *Phascogale minima*, *Dasyurus minimus* de ce naturaliste. Elle est moindre que le Lérot d'Europe, à pelage cotonneux, fort épais et d'un rouge uniforme. On la trouve en Tasmanie (terre de Van Diémen). (GERV.)

PHASCOLARCTOS, *Phascolarctos*. (MAM.) Nous avons vu à l'article KOALA de ce Dictionnaire, tom. IV, pag. 500, qu'il est peu probable que l'animal auquel M. de Blainville a donné ce nom diffère de celui que Goldfuss et G. Cuvier ont depuis lors appelé *Lipurus*. Voici ce que M. de Blainville dit de son Phascolarctos.

« ...... Je crois cependant devoir donner l'indication d'un nouveau genre d'animaux didelphes que j'ai provisoirement nommé *Phascolarctos*, en attendant que M. Geoffroy, auquel j'ai remis ma description et les figures qui l'accompagnent, ait bien voulu revoir mon travail et le rendre digne, par sa coopération, d'entrer dans son grand ouvrage sur les animaux marsupiaux. Intermédiaire aux genres Phalanger, Kanguroo et Phascolome, ses caractères principaux sont : six incisives supérieures; les deux intermédiaires beaucoup plus longues ; deux inférieures, comme dans les Kanguroos; quatre intermédiaires petites en haut et deux en bas; quatre molaires à quatre tubercules de chaque côté des deux mâchoires; cinq points en avant, séparés en deux paquets opposables; l'intérieur de deux; cinq en arrière; le pouce très-gros, opposable, sans ongle; les deux suivans plus petits et réunis jusqu'à l'ongle; la queue extrêmement courte; de la grosseur d'un Chien médiocre. Cet animal a le poil long, touffu, grossier, brun-chocolat; il a le port et la démarche d'un petit Ours; il grimpe aux arbres avec beaucoup de facilité : on le nomme *Kolak* ou *Koala* dans le voisinage de la rivière Vapaum, dans la Nouvelle-Hollande. » (Gerv.)

PHASCOLOME, *Phascolomys*. (mamm.) Péron et Lesueur ont rapporté de leur voyage aux terres australes ce curieux Mammifère et ils lui ont donné dans l'Atlas de leur ouvrage, le nom de Wombat, sous lequel on l'a depuis lors indiqué dans presque tous les ouvrages. Le nom générique de *Phascolomys*, signifiant Rat à bourse, a été imposé au Wombat par M. E. Geoffroy, qui en fit un genre particulier et changea plus tard cette dénomination en celle de *Wombatus*. Le Wombat est de la taille d'un Chien ordinaire; son corps est ramassé, sa tête élargie, ses doigts armés d'ongles crochus, allongés et propres à fouir; il y en a cinq aux pieds de devant et quatre seulement aux postérieurs où le pouce manque; la queue est presque nulle.

Le système dentaire de ces animaux est très-curieux en ce qu'il rappelle complétement celui des Rongeurs. En effet, il n'y a pas de canines, et les deux incisives de chaque mâchoire sont, de même que chez ces derniers, séparés des molaires par un espace vide ou barre. Il y a cinq molaires de chaque côté des deux mâchoires; ajoutons que malgré cette disposition du système dentaire, les Phascolomes n'en ont pas moins le condyle de la mâchoire transverse, ce qui a d'ailleurs également lieu chez tous les Didelphes, qu'ils aient un régime carnivore, insectivere ou herbivore comme les Phascolomes.

Une seule espèce compose ce genre, c'est le Phascolome Wombat, très-bien figuré par M. Lesueur dans l'Atlas qui lui est commun avec Péron, et aussi dans le premier cahier des Études progressives d'un naturaliste, par M. E. Geoffroy. Le Wombat paraît être un animal assez stupide, mais fort doux; son pelage est grossier, d'un brun gris uniforme plus ou moins foncé; il vit de substance végétale, et comme sa chair est, dit-on, assez délicate, il serait à désirer qu'on pût l'acclimater en France, ce qui serait fort peu difficile. Cet animal est représenté dans notre Atlas, pl. 480, fig. 4. On le trouve à l'île King, dans le détroit de Baso (Australie) et dans les îles Furneaux. Illiger donne au genre que comprend cette espèce le nom d'Amblocis. (Gerv.)

PHASÉOLE, *Phaseolus*. (bot. phan.) Nom latin du Haricot, d'où dérivent les vieux mots français Fasiole, Fayol, Fayaut; les matelots donnent encore ce dernier nom au légume dont il s'agit. On a traité des plantes qui produisent ce légume, au mot Haricot. (C. Lem.)

PHASIANELLE, *Phasianella*. (moll.) M. de Lamarck est le premier auteur qui ait désigné sous ce nom des Mollusques confondus avant lui dans le grand genre Turbo de Linné. M. Cuvier, après ce naturaliste, a fait et publié l'anatomie de ce Mollusque, qui, suivant ces belles recherches, a pu être caractérisé ainsi : animal spiral, ayant un pied ovale, trachélien, pourvu d'un appendice orné de filamens sur chaque face; la tête, bordée en avant par une espèce de voile formé par une double lèvre bifide et frangée, est ornée de deux tentacules allongés et coniques, et les yeux sont placés sur deux pédoncules courts à la partie interne de la base; la bouche est située entre deux lèvres verticales, et il y a à l'intérieur un ruban lingual héri-sé et prolongé en spirale dans la cavité abdominale; l'anus est placé au bord antérieur droit de la cavité branchiale, et les branchies sont formées par deux peignes placés l'un en dessus, l'autre en dessous d'une cloison partageant cette cavité branchiale.

La coquille qui enveloppe cet animal est ovale ou conique, solide, à ouverture entière ovale, plus longue que large, à bords désunis supérieurement, le droit tranchant non réfléchi; la columelle est lisse, comprimée, atténuée à sa base, et l'animal est pourvu d'un opercule calcaire subspiré à l'une des extrémités et fermant complétement l'ouverture de la coquille.

Quoique les Phasianelles aient été séparées des Turbos par M. de Lamarck, il n'est pas hors de doute que ces Mollusques n'y doivent rentrer et former seulement une division de ce grand genre.

Les coquilles de ces Mollusques étaient très-rares avant le voyage aux terres australes entrepris sous les ordres du capitaine Baudin : l'une d'elles alors fut vendue plus de quinze cents francs. Les naturalistes de cette expédition en ayant rapporté plusieurs, elles baissèrent de prix, et enfin après le voyage de l'Astrolabe, elles devinrent tout-à-fait communes. On trouve ces coquilles en abondance au port Western, dans le détroit de Bass, où elles couvrent les plages sablonneuses de cette vaste enceinte. A chaque marée, un grand nombre d'individus restent sur le rivage et sont à sec plusieurs heures; mais ils fuient la chaleur et vont chercher les lieux humides; ils se réunissent quelquefois en si grand nombre, que M. Quoy rapporte qu'il en a trouvé plus de soixante-seize sous un seul fucus : on trouve toujours les coquilles des Phasianelles lisses; jamais elles n'ont sur leur test de corps étrangers; c'est au mouvement continuel de l'animal qu'elles doivent de n'être pas couvertes, soit de Serpules, soit de Fustres ou autres animaux qui encroûtent et détruisent les coquilles. Ces animaux sont aussi très voraces, et on s'en empare facilement en plaçant des filets avec des appâts de chair au fond de l'eau.

La plus grande espèce connue du genre Phasianelle est la PHASIANELLE BULIMOÏDE, *Phasianella bulimoïdes*, Lamck. C'est cette jolie espèce que nous avons figurée avec son animal dans cet Atlas, pl. 483, fig. 2.

Ce beau Mollusque est très-commun à la Nouvelle-Hollande; il est remarquable surtout parce que les animaux sont toujours d'un très-beau vert dans presque toutes leurs parties.

Quelques petites espèces de ce genre habitent dans la Méditerranée, et on rencontre dans nos terrains tertiaires quelques espèces qui sont encore très-incomplétement déterminées. (L. ROUSSEAU.)

PHASIE, *Phasia.* (INS.) Genre de l'ordre des Diptères, famille des Athéricères, tribu des Muscides, établi par Latreille, et ayant pour caractères, suivant lui : une trompe distincte; cuillerons grands, couvrant la majeure partie des balanciers: ailes grandes, écartées, un peu élevées; antennes écartées entre elles à la base, presque parallèles, de la longueur environ de la moitié de celle de la face antérieure de la tête; abdomen le plus souvent déprimé. Ce genre se distingue des Lispes, parce que dans ceux-ci les palpes s'élargissent en cuiller, ce qui n'a pas lieu chez les Phasies. Les Echynomies, les Ocyptères, Mouches et Achias, s'en éloignent parce que leurs antennes sont aussi longues que la face antérieure de la tête. Les Métopies et les Mélanophores en sont distinguées, parce que leurs antennes, qui sont contiguës à leur naissance et vont en divergeant. Ce genre, établi d'abord par Latreille, a reçu ensuite de Fabricius le nom de *Therva*, que Latreille avait déjà assigné à un autre genre de Diptères; Rossi et Panzer avaient placé quelques espèces de Phasies avec leurs Syrphus. Panzer en avait aussi placé avec son genre *Musca*; enfin Linné les confondait dans ses Conops. On trouve les Phasies sur les fleurs; elles aiment surtout les Ombellifères; ces Muscides s'envolent avec difficulté, mais leur vol est cependant assez rapide. La forme de l'abdomen varie dans les espèces; celles qui appartiennent à l'Europe ont presque toutes l'abdomen aplati, composé de cinq segmens, outre la partie anale; d'autres espèces, presque toutes de l'Amérique du nord, ont l'abdomen presque cylindrique; leurs jambes postérieures souvent garnies d'une frange de cils imitant les barbes d'une plume : une espèce de cette division habite la France méridionale, mais ses jambes sont simples. Les mœurs et les métamorphoses de ces Diptères sont inconnues.

I. Abdomen presque demi-circulaire ou en demi-ovale, fort déprimé; ailes ordinairement élargies à leur base extérieure.

La PHASIE A AILES ÉPAISSES, *P. crassipennis*, Latr.; *Thereva crassipennis*, Fabr., Panz., Faun. germ., fasc. 74, n° 3, représentée dans notre Atlas, pl. 485, fig. 1. Longue de six lignes; les palpes sont ferrugineux; la face est blanchâtre; le front est jaune, avec une bande d'un fauve brun; les antennes sont brunes, à base souvent fauve; le thorax est à duvet ferrugineux et à bandes brunes, avec l'extrémité noire; l'abdomen est fauve, à large bande dorsale noire, n'atteignant pas ordinairement l'extrémité; les pieds sont fauves; les tarses sont noirs; les cuillerons sont fauves; les ailes sont à base ferrugineuse; les bords et la tache centrale sont de couleur brune. Cette espèce se trouve aux environs de Paris.

II. Abdomen presque cylindrique; bord extérieur des ailes ordinairement droit, de la base jusque passé le milieu.

La PHASIE HIRTIPÈDE, *P. hirtipes*, Latr.; *Thereva hirtipes*, Fabr. Elle est longue de deux lignes et demie; le thorax est d'un noir foncé, avec les extrémités antérieures et latérales un peu brunes; l'abdomen est fauve, avec l'extrémité postérieure d'un noir foncé; les ailes sont de cette dernière couleur, avec le bord interne blanc; les pieds sont noirs; les jambes postérieures sont ciliées. Cette espèce habite la Caroline. (H. L.)

PHASME, *Phasma.* (INS.) C'est un genre de l'ordre des Orthoptères, famille des Spectres (Phasmiens, Aud. et Brull.), qui a été établi par Stoll, adopté ensuite par Latreille et une grande partie des entomologistes. Ce genre comprenait autrefois un assez grand nombre d'espèces, mais depuis il a été beaucoup restreint; et nous ferons connaître dans cet article tous les genres nouveaux qui ont été formés à ses dépens. Pour cela nous suivrons ce qui a été indiqué par MM. Audouin et Brullé dans leur ouvrage ayant pour titre : Histoire naturelle des Insectes. Confondus d'abord avec les Mantes, parmi lesquelles Linné, Fabricius, Olivier et quelques autres auteurs les avaient placés, les Phasmes, disent ces auteurs, furent isolés pour la première fois par Stoll, qui leur donna d'abord le nom de Spectre. Il y substitua dans la table du même ouvrage, celui de Phasma, beaucoup plus convenable et qui fut généralement adopté. Dans l'origine, Linné avait compris les Phasmes dans le grand genre *Gryllus*. Fabricius en fit des Mantes dans ses premiers ouvrages, mais il adopta ensuite la séparation proposée par Stoll sous le nom de Phasme, et Lamarck fut le seul qui lui conserva le nom de Spectre. Ce genre ne se composait, dans l'origine, que d'une vingtaine d'espèces; mais, leurs formes étant très-variées, les premiers auteurs qui s'en occupèrent, y établirent plusieurs divisions afin de rendre leur détermination plus facile : tels furent Stoll, dont nous avons déjà parlé, et M. Lichtenstein, qui présenta une monographie complète de ce genre. Ce dernier auteur, cependant, ne mentionne que les espèces qu'il avait vues; on doit du moins le supposer, car il n'en a pas décrit un aussi grand nombre que Stoll, bien qu'il en ait présenté deux ou trois nouvelles. Latreille ne donna pas à la classification de ces insectes une attention digne de leur importance. Il les plaça dans tous ses ouvrages à la suite des Mantes, sans les élever au même rang que celles-ci, dont il fit tantôt une famille, et tantôt le grand genre Mante, ce qui, dans sa manière de voir, est tout-à-fait équivoque. Ce savant ne sépara même des Phasmes que le seul genre des Phyllies, déjà établi par Illiger et qui renferme des insectes essentiellement différens. Les Phasmes, en général, furent partagés en plusieurs genres dans l'Encyclopédie méthodique, par Lepelletier de Saint-Fargeau et Audinet-Serville. Ces deux naturalistes s'appuyèrent sur la présence ou l'absence des ocelles, caractère qui n'offre pas assez d'importance pour séparer les Phasmes en deux grandes divisions. Ceux qui leur offrirent des ocelles constituèrent les Phasmes proprement dits; les autres furent partagés d'après la présence ou l'absence des organes du vol. Les proportions du premier segment thoracique leur servirent à distinguer les genres *Phyllie*, *Prisope*, *Cladoxère* et *Cyphocrane*, dont les trois derniers leur sont propres; mais les Cyphocranes offrant souvent des ocelles, sont dès-lors mal placés dans cette seconde division. Parmi les espèces aptères, nous ne trouvons que deux genres, celui de Bactérie, d'une part, dont les antennes sont longues, et celui de Bacille, de l'autre, chez lesquels ces organes sont très-courts. Bien que plusieurs des caractères employés par ces deux auteurs ne puissent plus l'être aujourd'hui d'une manière absolue, les genres qu'ils établirent sont bien fondés, et nous les conservons tous. Latreille, dans un de ses derniers ouvrages, adopta la classification présentée dans l'Encyclopédie; mais, n'ayant point vérifié les caractères énoncés, il conserva la division tirée des ocelles. Il se servit de l'état aptère ou ailé des espèces pour les placer dans deux sections différentes; en un mot, il n'ajouta rien à ce qu'avaient fait ses devanciers, et ne corrigea pas leurs erreurs. Dans un travail où l'ordre entier des Orthoptères est passé en revue sous le rapport de la classification, M. Audinet-Serville présenta les Phasmes comme une famille distincte, sous le nom de Spectres; il se conforma à ce qu'il avait déjà fait avec M. de Saint-Fargeau dans l'Encyclopédie méthodique, et établit seulement un genre nouveau sous le nom de *Xérosome*. Jusqu'ici les Phasmes avaient été divisés d'une manière naturelle et propre à séparer les espèces qui présentaient entre elles des caractères trop anomaux. Les Bactéries se composaient de tous les Phasmiens à corps long et grêle, à antennes longues et minces, et qui n'ont pas offert jusqu'ici les organes du vol. Les Bacilles renfermaient une ou deux espèces à antennes courtes et moniliformes, mais qui, par le reste, ressemblent aux Bactéries. Les Phyllies, séparées depuis longtemps par Illiger, offraient, dans la forme différente de leurs antennes, de leurs élytres et de leurs ailes, suivant le sexe auquel elles appartiennent, des caractères suffisans pour les faire reconnaître. Les Prisopes, avec leur forme large et aplatie, leurs segmens thoraciques presque carrés, leurs grandes ailes et surtout la forme des articles de leurs palpes, que l'on n'a pas encore signalée, pouvaient être admis sans difficulté. Les Xérosomes, voisines des Prisopes, n'ayant pas leurs ailes développées, leurs élytres longues et contournées, ni surtout leurs segmens du thorax de forme courte et carrée, ne pouvaient se rapporter à ceux-ci ni aux autres genres. Les Cyphocranes, renferment les genres de cette famille et même de tous les Orthoptères, avec leur mésothorax si long, leurs ailes plus courtes que le corps, formaient un groupe des plus naturels. Les Cladoxères à corps cylindrique et étroit, ressemblaient aux Bactéries, en ce qu'on les connaissait plutôt à l'état aptère qu'à l'état d'insectes ailés; mais outre qu'ils acquièrent les organes du vol, ils ont dans leurs antennes aussi longues que le corps, un caractère suffisant pour être séparés des autres Phasmiens. Enfin les Phasmes proprement dits formaient encore un des groupes les plus tranchés et les plus naturels, à cause de leurs antennes aussi longues ou même plus longues que le corps, et de leurs élytres très-courtes, cachant à peine la base des ailes, qui, de leur côté, pouvaient aisément couvrir toute la longueur de l'abdomen. Cette classification n'offrait que l'inconvénient d'être appuyée sur le caractère inexact de la présence ou de l'absence des ocelles; mais on pouvait d'ailleurs reconnaître aisément les genres de la petite famille des Phasmiens. Cependant, quelques espèces apportées récemment du continent australien, nécessitèrent l'établissement de divisions nouvelles, que M. Gray fit connaître dans un premier fascicule d'insectes de ce pays. Ce même naturaliste ayant publié, peu de temps après, une Monographie de toute la famille des Phasmiens, où il introduisit encore de nouvelles coupes, et dans laquelle il rappela celles de l'ouvrage précédent, nous les comprendrons l'une et l'autre dans le résumé que nous allons en faire. L'auteur anglais, ayant eu l'occasion de connaître un plus grand nombre de Phasmes qu'aucun de ses prédécesseurs, se trouva dans l'impossibilité de les rapporter tous au petit nombre de genres établis avant lui. Il reconnut que les organes de la bouche offrent chez tous ces insectes une conformité qui permet à peine d'en faire usage pour les subdiviser; mais, se croyant affranchi par-là de l'obligation imposée au naturaliste, s'il veut être compris, de s'appuyer sur des caractères certains, il forma des groupes différens de tout ce qui lui offrit quelque forme nouvelle dans une ou plusieurs des parties du corps. Les caractères qui distinguent ces genres sont tirés des variations de forme du corps en général, et plusieurs de ces caractères ne sont propres, selon nous, qu'à distinguer les espèces. Faute d'avoir reconnu les sexes, M. Gray rangea dans ce genre particulier certains mâles (Sténomorphes), ce qui ne l'empêcha pas, dans sa description générique, de parler des deux sexes. Il prit pour base de sa classification un caractère dont on ne peut attendre, non seulement des groupes, mais encore des divisions commodes pour l'étude; nous voulons dire l'état aptère ou ailé des Phasmiens. Il en existe encore un très-grand nombre dont on ne saurait dire si elles sont à l'état de larve ou d'insecte parfait, que nous admettrons comme réellement aptères, et qui ont tant d'analogie avec les espèces ailées, qu'on ne saurait les séparer sans violer les rapports naturels. C'est ainsi, pour ne citer qu'un exemple, que les Hétéroptéryx sont très-éloignés des Eurycanthes, tandis qu'il est à peine certain que les deux genres puissent être séparés. D'ailleurs, un des genres aptères de M. Gray (Acanthodère) pourrait bien ne se composer que de larves d'un genre ailé. La première division établie par M. Gray, dans la famille des Phasmiens, et qui se compose d'espèces privées d'ailes, porte le nom d'Aptérophasmines. Elles se subdivisent suivant que les antennes sont plus longues ou plus courtes que le thorax; suivant que le métathorax est très-court ou qu'il est allongé. Les pattes épineuses, d'une part, ou comprimées, de l'autre; celles qui sont nues et qui offrent les membranes de la longueur même de ces pattes; l'état lisse et tuberculeux de la surface du thorax; enfin le développement égal ou inégal des pattes dans les deux sexes, tels sont les caractères qui servent à distinguer ces genres. Sur douze que renferme cette division, quatre nous semblent à adopter dans l'état actuel de la science; il est vrai que plusieurs d'entre eux, tels que ceux de *Diaphéromère*, *Anisomorphe*, *Lonchode* et *Hétéronémie*, ne nous sont connus que par des figures ou par des descriptions trop courtes. Nous conserverons ici les Eurycanthes de M. Boisduval, les Bactéries et les Bacilles déjà mentionnés, et les Pachymorphes, établis par M. Gray; mais nous réunirons aux Bactéries les Cladomorphes, les Prisomères, et provisoirement les quatre genres que nous venons de nommer. Les Acanthodères seront pour nous des larves mâles de Cyphocranes, et enfin les Lénocères seront réunis aux Bacilles, attendu la divergence d'opinion qui existe entre les auteurs sur le nombre d'articles dont se composent les antennes. La seconde division des Phasmiens, ou celle des Ptérophasmines, renferme vingt autres genres de la méthode de M. Gray. Nous y voyons d'abord des espèces où le mésothorax est bien plus court que l'abdomen. Tels sont les *Perlamorphes*, qui ont des ailes et point d'élytres; les Phasmes, qui ont les élytres courtes; les Xérosomes, déjà publiées, ainsi que les précédens, par M. Serville, et qui en diffèrent par leurs ailes plus courtes; enfin les *Dinelytron*, où les élytres sont longues. Puis viennent des espèces à pattes élargies, tels que les Prisopes de M. Serville, auprès desquels se placent, sous le nom de Platytèles, les Phasmes dont l'abdomen est élargi vers le bout; les *Ectatosomes*, chez lesquels trois segmens sont aussi élargis; les Phyllies, dont les ailes sont courtes dans les femelles, et longues, au contraire, dans les mâles. Un genre qui fait une division à lui seul, celui de *Tropidodère*, a les quatre pattes de derrière élargies; ceux de Podacanthe, de Xérodère et d'Hétéroptéryx, ont les pattes épineuses et simples. Avant d'aller plus loin, examinons séparément chacun de ces différens genres. Les Phasmes, les Perlamorphes, les Xérosomes, et peut-être les Dinelytron, s'ils ne sont pas un double emploi du précédent, peuvent être adoptés avec avantage. Nous en dirons autant des Prisopes; mais quant aux Platytèles, ils avoisinent beaucoup les Ectasomes; ces deux genres et ceux de Podacanthe, de Tropidodère et peut-être de Xérodère, semblent devoir n'en former qu'un seul, dans lequel les antennes sont courtes chez les femelle, longues et velues chez les mâles. Les Phyllies forment un genre naturel, comme nous l'avons dit plus haut; mais les Hétéroptéryx semblent ne différer des Eurycanthes que par la présence des organes du vol. Arrivons maintenant aux espèces où le mésothorax est long, mais non pas, comme le dit M. Gray, aussi long que l'abdomen. Nous y voyons d'abord les Dyaphérodes et les Aplopes; les premiers ne sont connus jusqu'ici qu'à l'état de nymphe, et les seconds doivent peut-être former un genre à part, à cause du peu de longueur des organes du vol. Les espèces qui ont les ailes presque égales dans les deux sexes, forment les genres Cyphocrane, Platycrane, Acrophylle, Sténomorphe, Cladoxère et Phybalosome. On peut comprendre, sous le nom de Cyphocrane, tous ceux de l'auteur anglais, et de plus les genres Platycrane et Acrophyle, dépourvus de tous caractères, ses Cténomorphes, formés sur des mâles, ses Acanthodères, qui ne sont peut-être que des larves, et enfin ses Diaphérodes, qui sont les Cyphocranes imparfaits, c'est-à-dire à l'état de larve ou de nymphe. Il reste enfin les Cladoxères dont nous avons parlé plus haut, et les Phibalosomes, que nous ne pourrions distinguer des Cyphocranes que par la longueur de l'oviducte.

Nous le rapporterons à ce genre jusqu'à ce que nous les connaissions à l'état parfait; ils nous semblent surtout avoisiner les Acrophylles. Maintenant que nous avons exposé le résultat des travaux publiés jusqu'à ce jour sur les Phasmes en général, nous allons faire connaître d'une manière succincte les genres qui ont été formés aux dépens de celui de Phasma.

Genre CYPHOCRANE, *Cyphocrana*, Serville; antennes longues, celles des mâles filiformes, velues et plus longues que le thorax; celles des femelles aussi longues que la tête et le thorax réunis; élytres n'ayant pas le quart de la longueur des ailes dans les mâles et au moins la moitié dans les femelles; ailes atteignant à peu près les trois quarts de la longueur de l'abdomen dans les mâles et guère que les deux tiers dans les femelles; mésothorax hérissé de tubercules plus saillans chez les mâles que chez les femelles; oviducte ne dépassant pas l'abdomen; premier article des tarses bien moins long que les suivans.

Le Cyphocrane Goliath, *C. Goliath*, Aud. et Brull., ouvr. cit., tom. IX, p. 105, *Acrophylla goliath*, Gray, Sinops. of Phasmid., p. 39; corps verdâtre; tête ayant quatre bandes longitudinales d'un blanc jaunâtre; antennes jaunâtres, variées de vert; le milieu du prothorax et les côtés du mésothorax ayant dans toute leur longueur une bande de la même couleur que celles de la tête; thorax ayant en dessous des bourrelets saillans, colorés en vert foncé; mésothorax un peu épineux ou tuberculeux; élytres vertes en dessus avec deux taches blanchâtres à leur base, dont l'extérieure s'étend sur la nervure longitudinale du milieu: ces taches sont plus allongées dans les mâles et forment deux bandes longitudinales; ailes d'un vert clair supérieurement, d'un rouge de sang inférieurement et en outre bordées de cette couleur supérieurement; pattes jaunes, variées de vert, garnies d'épines nombreuses; abdomen vert, bordé d'une bande jaune qui en dessus se prolonge en une ligne droite. Habite la Nouvelle-Hollande.

Genre Aplope, *Aplopus*, Gray; corps linéaire assez long; ailes courtes n'ayant que le quart de l'abdomen; élytres encore moitié plus longues; pattes épineuses; articles des palpes larges; oviducte dépassant de beaucoup l'abdomen.

L'Aplope anguleux, *A. angulatus*, Gray; *Phasma angulata*, Stoll; *Cyphocrana microptera*, Serv.; long de cinq pouces; corps jaunâtre; tête ayant une corne à la base de chaque antenne; mésothorax tuberculeux ou épineux; élytres noirâtres avec leur bord supérieur de même couleur, mais bien plus foncé; ailes ayant leur partie coriace noirâtre avec une tache blanche à la base; la partie transparente réticulée par des petites lignes noires; pattes grisâtres, dentelées; abdomen jaunâtre; oviducte plus coloré. Se trouve à Amboine.

Genre Bactérie, *Bacteria*, Latr.; corps long, étroit, filiforme, dépourvu d'élytres et d'ailes; antennes plus longues que le thorax et d'une extrême ténuité; métathorax très-long; tarses ayant le premier et le dernier article plus large que les intermédiaires; oviducte des femelles dépassant ordinairement un peu l'abdomen.

La Bactérie a feuille, *B. Phyllina*, Aud. et Brull., ouvr. cit., tom. IX, pag. 108, pl. 8, *Cladomorphus Phyllinus*, Gray, Sinops. of Phasmid., p. 15, représenté dans notre Atlas, pl. 484, fig. 1; long de plus de sept pouces, jaunâtre à l'état sec, ou, à l'état frais, d'un roux obscur, parsemé de petites taches irrégulières et nombreuses dont la couleur est blanchâtre; les trois segmens du thorax couverts de tubercules nombreux; couleur des antennes rousse à la partie supérieure et noirâtre à la partie opposée; excepté les deux premiers articles qui sont d'une couleur entièrement rousse; pattes armées d'un grand nombre de petites épines très-courtes; d'autres épines plus longues formant une série longitudinale à la face inférieure des quatre jambes de derrière. Ces mêmes jambes, offrant en dessus, vers le milieu de leur surface supérieure, un petit lobe membraneux qui se divise quelquefois en deux parties; cuisses intermédiaires armées vers leur base de deux fortes épines; cuisses postérieures n'en offrant qu'une seule, placée au côté extérieur; cuisses et jambes de devant ayant leurs angles un peu membraneux; premier article de leur tarse offrant une carène membraneuse qui se remarque aussi sur le même article des tarses postérieurs où elle est moins élevée. Quatrième segment de l'abdomen présentant à son bord postérieur une petite membrane lobée et surmontée de deux lignes élevées, qui disparaît entièrement. Se trouve assez communément au Brésil.

Genre Cladoxère, *Cladoxerus*, Serv.; corps très-étroit, cylindrique; antennes extrêmement fines et atteignant la longueur du corps; élytres très-courtes; ailes petites, ne couvrant guère que la moitié de l'abdomen; pattes très-longues et grêles; tarses ayant leur premier article plus long que tous les autres réunis.

Le Cladoxère grêle, *C. gracilis*, Lepellet. et Serv.; long de trois pouces; corps brunâtre; tête petite, se rétrécissant vers le corselet avec quelques petites lignes d'un jaune sale; thorax glabre; élytres ayant leur bord extérieur d'un blanc verdâtre; ailes transparentes avec leur partie coriace d'un vert clair; pattes longues, minces, de couleur grisâtre, les antérieures de la longueur du corps; abdomen linéaire, lisse, sans taches. Habite le Brésil.

Genre Bacille, *Bacillus*, Latr.; aptère; antennes très-courtes, grenues, composées d'un nombre d'articles qui n'excède pas douze; le premier de ces articles large; le second court et étroit; les suivans presque égaux entre eux, le dernier seulement presque aussi long que les trois ou quatre précédens; abdomen muni de deux appendices terminaux très-courts; pattes de longueur inégale, les antérieures très-longues et les intermédiaires plus courtes que les postérieures; tarses ayant leur premier article au moins aussi long que tous les autres réunis.

Le Bacille granulé, *B. granulatus*, Brull. Expéd. Scient. de Mor., Ins., n° 48, pl. 29, fig. 6; d'un vert pâle et quelquefois entièrement brun; thorax parsemé de plusieurs carènes ou lignes saillantes, et les quatre cuisses postérieures ayant en dessus, vers l'extrémité, deux épines courtes, triangulaires; une ligne longitudinale, peu élevée, parcourt l'insecte en dessus dans toute sa longueur. Habite le midi de la France et la Provence en particulier.

Le Bacille de Rossi, *B. Rossii*, Aud. et Brull., *Phasma Rossii*, Fabr., représenté dans notre Atlas, plr 484, fig. 2; corps d'un jaune verdâtre; tête oblongue; prothorax lisse, de la longueur de la tête; mésothorax et prothorax aussi longs l'un que l'autre, un peu granuleux et carénés dans leur milieu; pattes grêles; les cuisses intermédiaires et postérieures striées et armées de quelques épines; abdomen de la longueur du thorax, un peu renflé dans son milieu, et couleur verdâtre sans aucune taches. Se trouve dans l'Italie et dans la France méridionale.

Genre Pachymorphe, *Pachymorpha*, Gray; corps

corps cylindrique, caréné dans le milieu; antennes courtes, de douze articles, les dix derniers de la même longueur avec leurs côtés anguleux; pattes presque égales en longueur, les intermédiaires seulement un peu plus courtes; tarses ayant le premier et le dernier articles assez longs et les trois intermédiaires plus courts; abdomen dépourvu de folioles, celui des femelles ayant leur dernier anneau supérieur se prolongeant sur l'oviducte.

Le Pachymorphe raboteux, *P. squalida*, Gray: Sinops of Phasmid., p. 21; corps assez épais, d'un brun noirâtre mélangé de blanc; tête ayant deux petites cornes; antennes ayant environ quatre lignes de long; prothorax court, mésothorax et métathorax rugueux, le dernier plus court que le premier; pattes courtes, assez robustes, armées de quelques épines; abdomen rugueux, aussi long que le reste du corps; se trouve dans l'Australasie. L'espèce que nous avons figurée dans notre Atlas, pl. 485, fig. 2, est le Pachymorphe titan ou le *Diura titan* de Gray, Sinops of Phasmid, part. 1, pl. 4. Cette espèce a pour patrie la Nouvelle-Hollande. Cet insecte remarquable a le corps d'un brun roux avec la tête, le cou et les pattes d'un vert sombre; les tarses antérieurs ont leurs premiers articles tachés de jaune orangé; les élytres et le bord antérieur des ailes sont d'un beau vert taché de jaune; la base des ailes et la partie intérieure de leur portion verte, sont tachées de rouge; le reste de la surface des ailes est brun taché de gris pâle.

Genre Eurycanthe, *Eurycantha*, Boisd.; pattes insérées en dehors, par suite de la largeur du prothorax, de manière que la tête peut aisément se loger entre elles quand elles sont étendues; de plus, elles sont courtes et robustes; leurs cuisses postérieures, grosses et un peu plus longues que les autres, acquièrent dans les mâles une grosseur démesurée; tarses ayant le dernier article aussi long que tous les précédens réunis; antennes dans l'un et l'autre sexe, sétacées et presque aussi longues que les trois segmens du thorax; abdomen cylindrique, étroit dans le mâle, large et plat dans la femelle, se terminant dans celle-ci par deux plaques étroites, longues et voûtées, appliquées l'une au dessous de l'autre, et formant un oviducte complet. Ces insectes ne sont encore connus qu'à l'état de larve.

L'Eurycanthe horrible, *E. horrida*, Boisd., Voy. de l'Astrolab., Ent., pl. 10, fig. 2, représenté dans notre Atlas, pl. 483, fig, 2; long de 4 pouces 1/4, de forme un peu aplatie; couleur variant du brun au noir; les deux côtés de son corps sont carénés et armés de fortes épines le long de cette carène; on en remarque aussi quelques unes sur la tête; presque tous les segmens de l'abdomen offrant en dessous, vers leur bord postérieur, deux tubercules ou deux petites épines; les pattes surmontées de plusieurs carènes qui supportent quelques épines courtes; pattes de derrière étant les mieux armées, et les cuisses de cette paire de pattes ayant en dessous, dans la femelle, une série d'épines assez courtes qui sont remplacées dans le mâle par trois gros aiguillons, dont le dernier très-fort et un peu arqué; épines des jambes postérieures rares, mais fortes et aiguës. Habite l'Océanie.

Genre Tropidodère, *Tropidoderus*, Gray; corps long, ailé; antennes beaucoup plus longues que le thorax, surtout dans les mâles, composées dans ces derniers d'articles assez longs, cylindriques et velus, et dans les femelles d'articles plus courts et glabres; mésothorax presqu'aussi court que le prothorax; ailes presque aussi longues que l'abdomen; élytres atteignant la moitié de la longueur des ailes dans les femelles, mais beaucoup plus courtes et pointues dans les mâles; pattes peu allongées, ayant leurs tarses à articles inégaux, diminuant de grosseur depuis le premier jusqu'au dernier.

Le Tropidodère typhon, *T. Typhon*, *Podacanthus typhon*, Gray, Ent. of. Austr., fasc. 1, planche 2. Long de cinq pouces; corps d'un jaune rosé; tête lisse; antennes velues dans le mâle et atteignant environ la longueur des deux tiers du corps, glabres et un peu plus longues que le thorax dans la femelle; mésothorax court avec plusieurs rangées d'épines acérées, disposées assez régulièrement; élytres verdâtres, un peu plus roses à leur base surtout chez les mâles; ailes grandes, leur partie coriace rose dans le mâle, presque verte dans la femelle; leur partie transparente entièrement diaphane avec les nervures roses; pattes couleur de chair un peu colorée; les cuisses des intermédiaires et des postérieures armées de deux rangées de petites épines très-aiguës; abdomen étroit, de couleur jaunâtre, avec les folioles très-longues, arrondies à leur extrémité. Se trouve à la Nouvelle-Hollande.

Genre Prisope, *Prisopus*, Serv.; corps large et déprimé supérieurement; antennes longues et filiformes; thorax plat et large en dessous; articles des palpes arrondis au lieu d'être anguleux; ailes longues pouvant couvrir l'abdomen en entier; élytres atteignant environ la longueur des deux tiers des ailes; abdomen plat et muni d'une membrane; pattes courtes, dilatées en une membrane hérissée d'épines latéralement.

Le Prisope flabelliforme, *P. flabelliformis*, Gray, Sinops of Phasmid., p. 27; *Phasma flabelliformis*, Stoll.; long de trois pouces; corps grisâtre; tête carrée, large, ayant deux épines dans son milieu; ailes grandes, leur partie coriace rose à la base et à l'extrémité avec une tache noirâtre au milieu; leur partie inférieure transparente, réticulée par un grand nombre de petites lignes brunes; pattes brunâtres, ridées, le bord des membranes épineux et velu; abdomen large, brunâtre, plus long que le thorax. Habite Amboine.

Genre Phyllie, *Phyllium*, Illig. *Voy.* Phyllie.

Genre Xérosome, *Xerosoma*, Serv.; corps ailé, tuberculeux; antennes longues, sétacées; mésothorax une fois plus long que le prothorax; thorax large; élytres très-courtes, ovales, couvrant seulement les deux premiers anneaux de l'abdomen; ailes n'atteignant guère que les trois quarts de la longueur de l'abdomen; ce dernier large et aplati.

Le Xérosome canaliculé, *X. canaliculatum*, Serv., Rev. méth. des Orth., p. 34 et 35; long de deux pouces trois lignes; corps d'un brun noirâtre; tête d'une couleur plus claire, raboteuse, profondément canaliculée au milieu, tuberculée sur les côtés et postérieurement; thorax inégal, tuberculé; prothorax ayant deux paquets d'épines recourbées, placées au bord postérieur; élytres vertes, rugueuses; ailes brunes, variées par un grand nombre de taches blanches transparentes, de forme carrée et de grandeur inégale; leur partie coriace de la même couleur que celle des élytres; pattes brunâtres; cuisses un peu dentelées en dessous, surtout les antérieures.

Genre Phasme, *Phasma*, Latr.; corps très-étroit, ailé; tête petite, carrée; antennes sétacées, plus longues que le corps; mésothorax à peine plus long que le prothorax; ailes très développées, aussi longues que l'abdomen; élytres très-courtes dans les deux sexes, atteignant à peine la base des ailes; pattes simples, très-grêles; abdomen linéaire, arrondi.

Le Phasme bioculé, *P. bioculatum*, Stoll., pl. 20, fig. 76; long de trois pouces; corps d'un brun sombre; tête légèrement ridée; thorax granuleux; élytres très-courtes, carénées dans leur milieu; la partie supérieure noire et l'inférieure brune; ailes brunes dans toute leur étendue, la partie coriace plus colorée; pattes brunes, grêles, sans épines; abdomen arrondi, beaucoup plus long que le thorax. Se trouve au Brésil.

Genre Perlamorphe, *Perlamorpha*, Gray; corps ailé, assez robuste; tête large; antennes aussi longues que dans les Phasmes; prothorax sinueux; mésothorax de la longueur du segment précédent et de forme carrée; ailes grandes, couvrant entièrement l'abdomen; élytres tout-à-fait nulles; cuisses antérieures sans échancrures.

Le Perlamorphe hiéroglyphique, *P. hieroglyphyca*, Gray, Sinops of Phasmid., p. 920; long de deux pouces; corps verdâtre; tête carrée, marquée de quelques lignes peu apparentes; prothorax sinueux, creusé transversalement dans son milieu avec deux tubercules à sa partie antérieure et quelques lignes longitudinales peu visibles comme celles de la tête; mésothorax légèrement ridé; ailes ayant leur partie coriace d'un beau vert tendre avec une multitude de petites taches d'un noir brillant; leur partie intérieure grise, sans taches; toutes les pattes arrondies, de couleur vert-sombre, annelées de brun; abdomen d'un jaune verdâtre. Se trouve dans l'île de Java. (H. L.)

PHASQUE, *Phascum*. (bot. crypt.) *Mousses*. Genre fondé dans le principe par Linné, et qui, depuis, n'a subi que très-peu de changemens.

Les Phasques sont de très-petites Mousses à tige ordinairement très-courte, quelquefois cependant un peu rameuse et plus allongée, et quelquefois aussi tellement courte qu'elle paraît manquer; alors on ne voit que les feuilles florales ou périchœtiales. A la base de la tige percent, dans plusieurs espèces, et particulièrement dans le *Phascum serratum*, des filamens confervoïdes, rameux, articulés, que l'on ne trouve habituellement que dans le jeune âge des végétaux de ce genre. Les feuilles sont petites, réticulées, marquées d'une nervure terminée en pointe, quelquefois dentelées, quelquefois imbriquées et contournées autour de la capsule; celle-ci est ovale, sans apophyse, excepté dans le *Phascum splanchnoïdes*; de plus elle est terminale et sessile, ou faiblement pédicellée, excepté dans quelques espèces; dans ce cas la plante ressemble à un *Gymnostomum* ou à un *Weissia*. L'opercule est soudé à la capsule de manière à ne jamais s'en séparer; à la maturité le pédicelle de la capsule se rompt, la capsule se détache, et des parois de la rupture s'échappent des séminules généralement peu nombreuses. La coiffe est très-petite, elle a la forme d'un capuchon et se détache de très-bonne heure. La columelle, assez longue dans les *Phascum rectum* et *Curvicollum*, est très-courte dans la plupart des autres espèces.

Des vingt-et-une à vingt-deux espèces de Mousses appartenant au genre *Phascum*, aucune ne croît dans les lieux très-secs ou très-humides; toutes se plaisent sur les terrains sablonneux et frais ou sur les terrains argileux. (F. F.)

PHATAGEN ou PHATAGIN. (mam.) Nom vulgaire d'une espèce de Pangolin (*voy.* ce mot). (Guér.)

PHÉBALIE, *Phebalium*. (bot. phan.) Ventenat, fondateur de ce genre (jardin de la Malmaison), le place dans la famille des Rutacées (Decandrie monogynie de Linné) et lui assigne les caractères suivans : Périanthe double; l'externe presque entier, formé de cinq ou six sépales; l'interne de cinq ou six pétales sessiles, insérés à la base de l'externe et écailleux extérieurement avec lui; dix ou douze étamines à filamens glabres, cylindriques ou subulés, à anthères terminales, échancrées; un style; capsule surmontée du périanthe externe, quinquéloculaire, quinquévalve, oligosperme.

Ce genre, limité d'abord à deux espèces par Ventenat, a été ensuite revu et augmenté de plusieurs autres nouvelles ou retranchées du genre Ériostemon de Smith, par Adrien de Jussieu, qui les a distribuées en deux sections. Dans la première, les Phébalies sont tomenteuses, les feuilles ovaliformes, le périanthe externe très-peu apparent, le stigmate a cinq lobes plus larges que le style. Deux espèces nouvelles, décrites par l'auteur, y sont rapportées : *P. correæfolium* et *hexapetalum*. Dans la seconde, elles sont à feuilles étroites, parsemées de petites écailles; le périanthe externe est un peu plus apparent, le sommet du style est presque égal au stigmate. A. de Jussieu y range cinq espèces, dont les trois premières sont nouvelles, nommées et décrites par lui, ce sont : *P. salicifolium*, *anceps*, *eleagnifolium*, puis, l'*Eriostomon squameum* de Labillardière (Nouv.-Holl.), *P. Billardierii*, Juss., et l'espèce de Ventenat que nous décrirons plus bas; description qui suffira pour donner une idée juste de ce genre de plantes; enfin une espèce douteuse, *P. diosmeum*.

Les Phébalies sont des arbrisseaux écailleux, à feuilles alternes, simples, entières, à fleurs disposées en corymbes terminaux, tous exotiques et croissant à la Nouvelle-Hollande ou au cap de Bonne-Espérance. Voici la description d'une des principales espèces.

P. ÉCAILLEUSE, *P. squamosum*, Vent., Hort., Malm. Arbrisseau à rameaux de couleur cendrée, parsemés au sommet de petites écailles arrondies d'un brun roussâtre; branches nombreuses, un peu dressées, garnies de feuilles alternes, rapprochées, pétiolées, linéaires, lancéolées, entières, un peu mucronées, glabres, ponctuées, d'un vert foncé sur la page supérieure, blanchâtres et écailleuses sur l'inférieure, longues d'environ un pouce sur une largeur de deux lignes, portées sur de très-courts pétioles, et répandant une odeur aromatique lorsqu'on les froisse entre les doigts. Les fleurs sont disposées en une sorte d'ombelle ou de corymbe terminal; elles sont jaunes, portées sur des pédicelles courts et écailleux; le périanthe externe en est fort petit; l'interne formé de cinq pétales, étalés, un peu onguiculés, couverts d'écailles peltées, orbiculaires; les étamines sont au nombre de dix, et dépassent le périanthe; l'ovaire est à cinq sillons profonds; il lui succède une capsule à cinq loges (ou coques) monospermes. La patrie de cette plante est la Nouvelle-Hollande, où elle croît sur les montagnes de la partie orientale. (C. LEM.)

PHÉLIPPÉE, *Phelippea*. (BOT. PHAN.) Tournefort, créateur de ce genre, le dédia à MM. Phelippeaux, dont l'un, sous Louis XIV, se montra le protecteur des sciences et des arts. Linné le réunissait aux Lathræa, Wildenow aux Orobanches, mais Desfontaines, dans sa *Flora atlantica*, le rétablit, en insistant sur les différences qu'il présente avec ces dernières par son port, la grandeur, la forme et les belles couleurs de ces fleurs. Thunberg de son côté avait formé un genre *Phelippea*, qui, d'après le sentiment de Jussieu, doit être réuni au *Cytinus*. Voici les caractères du *Phelippea*, qui subsiste d'après les raisons que nous venons d'énoncer : Genre de plantes exogènes, à fleurs complètes et irrégulières de la famille des Orobanchées, de Ventenat (que quelques auteurs réunissent encore aux Pédiculaires ou Personnées), didynamie angiospermie de Linné; périanthe double; l'externe quinquélobé, persistant; l'interne monopétale, irrégulier, tubulé, un peu arqué, à limbe court dont les cinq lobes arrondis, presque égaux; quatre étamines didynames, à anthères velues, bilobées; ovaire supère; un style, terminé par un stigmate épais, bifide; capsule ovale, bivalve, polysperme.

Les Phélippées sont des plantes herbacées, charnues, vivaces par les turions de leur base radicale, à tiges couvertes d'écailles foliacées, à très-belles fleurs de diverses couleurs. Elles ne paraissent pas vivre en parasites, comme les Orobanches vraies ou les Lathrées. Sur sept ou huit espèces connues aujourd'hui et toutes fort intéressantes, voici la description d'une des principales.

P. A FLEURS ÉCARLATES, *P. coccinea*, Poir., *P. cocc.* Willd., etc. Plante herbacée, haute de huit à dix pouces et plus, de la grosseur du petit doigt, simple, garnie de feuilles alternes, distantes, obtuses, embrassantes à la base, et seulement au nombre de quatre à cinq; fleurs solitaires, dépourvues de bractées, nutantes pendant l'épanouissement, puis redressées pour la fructification. Leur périanthe externe est campanulé, profondément divisé en cinq lobes lancéolés inégaux, dont trois plus allongés et plus larges; l'interne est d'une belle couleur pourpre, renflé vers son orifice, qui est partagé en deux lèvres, et dont le limbe est à cinq découpures oblongues et obtuses. Cette belle plante a été trouvée en Sibérie sur les bords de la mer Caspienne. (C. LEM.)

PHELLANDRIE, *Phellandrium*. (BOT. PHAN.) Genre de plantes exogènes de la famille des Ombellifères, créé par Linné et réuni depuis au genre *OEnanthe* par Lamarck, dans la Flore française. Le genre linnéen, qui n'a pas été adopté, ne comprenait qu'une espèce qui a été décrite dans ce Dictionnaire sous le nom d'*OEnanthe Phellandrie*. Aux détails donnés par notre collaborateur, nous en ajouterons de purement économiques ou pharmaceutiques, mais assez importans à connaître.

La Phellandrie est bien une plante suspecte, mais cependant aujourd'hui on s'accorde à ne plus la regarder comme essentiellement vénéneuse, puisqu'on voit les Bœufs manger impunément ses feuilles. Cependant les autres bestiaux la repoussent, et les Chevaux, dit-on, en éprouvent une paraplégie mortelle, que Linné attribuait à la présence d'un Charançon (peut-être l'*Hylobius abietis* que nous y avons trouvé au Raincy, près Paris). Les médecins, malgré ses qualités suspectes, l'ont souvent employée et l'emploient encore quelquefois pour combattre les fièvres intermittentes. En Allemagne, on l'a préconisée contre les ulcères invétérés et les cancers. Dernièrement on la recommandait encore contre la phthisie pulmonaire. Il paraît que, données à faibles doses, ses graines (ce sont elles qu'on emploie) ont réellement de la vertu, mais qu'à doses plus fortes (au-delà de quatre ou cinq gros?), elles peuvent causer des vertiges, l'hémoptysie, etc. C'est une plante commune, qui croît dans toute la France et aux environs de Paris, où on la trouve dans les mares, les ruisseaux, etc. (C. LEM.)

PHÈNE, *Phene*. (OIS.) Savigny a créé ce nom du genre que Vieillot a adopté dans sa méthode, pour des espèces de Vautours que l'on connaît plus généralement et que l'on a décrits dans ce Dictionnaire, sous la dénomination de GYPAÈTE (voy. ce mot). (Z. G.)

PHENGODE, *Phengodes*. (INS.) Genre de Coléoptères fondé par Hoffmansegg pour quelques Lampyres exotiques dont les antennes sont barbues, plumeuses, et composées d'un grand nombre d'articles. Du reste, la forme du corps et les habitudes de ces insectes sont semblables à celles des Lampyres. (Guér.)

PHÉNICOPTÈRE, *Phœnicopterus*. (ois.) Dénomination générique formée pour les oiseaux que l'on connaît sous celle, peu scientifique, de Flammant (*voy.* ce mot). (Z. G.)

PHÉNOMÈNE. (phys.) Nom donné à toute action, à tout mouvement, à tout effet appréciable à nos sens. On désigne encore ainsi tout ce qui se passe d'extraordinaire dans l'air ou dans l'espace qui nous environne, et tout ce qui paraît nouveau ou qui tient aux réactions des corps de la nature les uns sur les autres. Une aurore boréale, une éclipse, une étoile filante, le développement de l'électricité, le tonnerre qui gronde, la foudre qui éclate, etc., sont des phénomènes physiques et météorologiques; la production d'un gaz, le dégagement du calorique, de la lumière, quand deux ou plusieurs corps sont en contact, se combinent ou se détruisent pour donner naissance à de nouveaux corps, sont des phénomènes chimiques; enfin tout ce qui se présente de remarquable dans un organe ou dans une fonction quelconque de notre économie, saine ou malade; est encore un phénomène que la physiologie, l'anatomie et la médecine expliquent d'une manière plus ou moins exacte. (F. F.)

PHIBALURE, *Phibalura*. (ois.) Petit sous-genre établi dans l'ordre des Passereaux dentirostres à côté des Drongos, dont ils ont la plupart des caractères. Pour Vieillot, qui a créé cette division, les Phibalures forment un genre que distinguent un bec très-court, mais robuste, à mandibule supérieure arquée et échancrée vers la pointe; des narines petites, basales et recouvertes par une membrane; des ailes sur-aiguës et une queue fourchue.

Une seule espèce du Brésil appartient à cette division, c'est le Phibalure a bec jaune, *P. flavirostris*, Vieill. Il a le sommet de la tête, les rémiges et les rectrices noirs; l'occiput et la gorge roux; le devant du cou et de la poitrine noir et blanc; des taches de ces deux couleurs sur le haut du ventre; les parties supérieures du cou et du corps variées de roux et de noir; le bec et les pieds jaunes. On ne connaît rien de ses habitudes naturelles. (Z. G.)

PHILADELPHE, *Philadelphus*, L. (bot. phan.) Dodoens, Lobel, L'Ecluse et Tournefort donnaient aux espèces qui constituent ce genre de l'Icosandrie monogynie et de la famille des Myrtacées, le nom de *Syringa*. Gaspar Bauhin, croyant reconnaître en elles l'arbrisseau que les anciens recherchaient pour faire des bouquets et tresser des couronnes, leur restitua le nom poétique de *Philadelphus* qu'il portait chez les Grecs; Linné l'adopta; depuis lui, tous les botanistes l'ont accepté. Quoique je sois fort éloigné d'épouser l'opinion du célèbre auteur du *Pinax*, et que j'estime qu'il s'agit, dans les textes d'Athénée (*Déipnosophistes*, liv. XV, chap. 3) et d'Apollodore (*Parthiques*, liv. IV), plutôt du Jasmin que du Seringa, je n'en conserve pas moins le mot linnéen.

Le nom *Philadelphus* a été imposé à l'arbrisseau qui nous occupe, parce que ses rameaux, naturellement éloignés les uns des autres, ont une tendance à se rapprocher, à s'entrelacer, et par suite à s'étendre étroitement unis et à se propager ensemble. Le phénomène est encore plus sensible entre deux pieds placés à peu de distance l'un de l'autre.

Deux espèces sont généralement répandues : la première, indigène des pays tempérés de l'Europe et de l'Asie, est le Philadelphe odorant, *P. coronarius*, L. On le trouve dans nos jardins depuis le seizième siècle; il croît sur les Alpes, dans les vallées de la Suisse, de la Savoie, du Piémont, sous les vastes forêts de hêtres du Caucase, et sur les rives du Phase dans la Colchide. C'est un arbrisseau très-rustique et fort touffu, de deux et trois mètres de haut, dont les tiges droites, fistuleuses, sont recouvertes d'une écorce brune ou violacée qui tombe chaque année à l'époque de la floraison, et est remplacée peu de temps après par une seconde écorce prenant bientôt la même teinte. Ses feuilles sont largement dentées, d'un vert foncé, et ont l'odeur ainsi que le goût du Concombre. Vers la fin de mai, et durant tout le mois de juin, ses fleurs blanches, très-odorantes, et beaucoup trop, senties de près; respirées de loin, elles sont plus agréables et ont quelque chose qui rappelle la fleur de l'Oranger; elles forment de jolis corymbes à l'extrémité de tous les petits rameaux, auxquels succèdent des capsules globuleuses, quadrivalves, qui s'ouvrent et répandent leurs nombreuses graines avant les derniers jours de l'été.

Plusieurs variétés existent dans nos cultures : celle qui porte des fleurs doubles; celle dont le feuillage est panaché; celle, beaucoup plus petite en toutes ses parties, qui ne fleurit que très-rarement et donne fort peu de fleurs. Toutes fournissent de charmans massifs pour les bosquets.

Comme la précédente, la deuxième espèce, le Philadelphe inodore, *P. inodorus*, L., est un arbrisseau ayant le même port. Ses feuilles sont si finement dentées et tellement éloignées les unes des autres qu'il faut une certaine attention pour les remarquer. Les fleurs sont beaucoup plus blanches, lustrées et grandes; mais, comme le nom l'indique, elles ne répandent aucune odeur. La plante, spontanée près des cataractes du fleuve Savannah qui descend des monts Alléghanys (Amérique du centre), a été apportée en Europe durant l'année 1734. Jusqu'en 1788, elle était délicate, mais elle s'est depuis parfaitement naturalisée chez nous; elle résiste en pleine terre à nos hivers les plus rigoureux, quand elle est cultivée sur une terre légère et franche.

Une troisième espèce, le Philadelphe pubescent, *P. pubescens*, originaire de l'Amérique septentrionale, est introduite dans nos cultures depuis 1815, où elle se multiplie comme la seconde espèce. Elle monte à deux mètres, donne des fleurs dépourvues d'odeur, blanches, assez grandes, et a reçu son nom des feuilles aiguës qui la garnissent et sont fortement pubescentes en dessous. On doit la découverte de cette espèce à John Fraser, horticulteur anglais, qui explora, il y a vingt-cinq ans, l'Amérique du nord.

Quant aux huit autres espèces connues, elles sont encore étrangères à nos jardins. Toutes sont inodores et complètent les caractères du genre *Philadelphus*, qui sont de fournir de jolis arbrisseaux, à feuilles opposées, à fleurs axillaires, disposées de six à dix, au sommet des rameaux, en petites grappes interrompues. Ces fleurs sont composées d'un calice turbiné, à quatre divisions persistantes, insérées sur le bord externe de la partie supérieure de l'ovaire; d'une corolle de quatre pétales ovales, beaucoup plus grands que les folioles calicinales, et alternes entre elles; de vingt, trente et quarante étamines libres, distinctes, portées sur des filets inégaux, blancs, plus courts que la corolle, insérés sur un cercle glanduleux bordant la surface supérieure de l'ovaire, et couronnés par une anthère jaune, ovale-arrondie, à deux loges; d'un ovaire infère, surmonté d'un style cylindrique, avec un stigmate quadrifide. Le fruit est une capsule ovale, séminifère, à quatre loges, à quatre valves polyspermes, dont les semences nombreuses, très-menues, allongées, recouvertes d'un tégument celluleux.

(T. D. B.)

PHILADELPHÉES, *Philadelpheæ*. (BOT. PHAN.) Le botaniste anglais, Don, a proposé, en 1826, l'établissement de cette petite famille que De Candolle a cru devoir adopter, fondés l'un et l'autre sur ce que les deux genres *Philadelphus* et *Decumaria*, qui la composent, offrent des feuilles non ponctuées, parfois entières et parfois dentées; des fleurs ayant leur style cylindrique, distinct, et produisant des graines recouvertes d'une sorte d'arille celluleux. Ces légères différences, que je ne trouve pas toujours constantes, ne me paraissent point de nature à distraire ces deux genres de la famille des Myrtacées, à laquelle ils appartiennent nécessairement. Je rejette donc la nouvelle famille comme une coupure inutile. (T. D. B.)

PHILANDRE, *Philander*. (MAM.) Ce nom signifie *Ami de l'homme;* Buffon l'a imposé comme générique aux Didelphes ou Sarigues, ce qui a été quelquefois accepté. (GERV.)

PHILANTHE, *Philanthus*. (INS.) Ce genre qui appartient à l'ordre des Hyménoptères, section des Porte-aiguillons, famille des Fouisseurs, tribu des Crabronites, a été établi par Fabricius aux dépens du genre *Vespa* de Geoffroy et d'Olivier, et a pour caractères: antennes insérées au milieu de la face antérieure de la tête; chaperon bilobé; abdomen non rétréci brusquement à sa base, à anneaux entiers et non rétrécis à leur base; quatre cellules cubitales complètes et sessiles. Ce genre, ainsi caractérisé, est facile à distinguer des Cercéris, qui en sont les plus voisins, parce que ceux-ci ont tous les segmens de l'abdomen rétrécis à leur base, et que leur cellule cubitale est pétiolée. Les Psens s'en éloignent par leur chaperon presque carré et point trilobé, et par leur abdomen qui est pédiculé. Enfin, les genres Crabron, Pemphredon, Melline, Goryte et autres de la même tribu, en sont bien séparés par leurs antennes qui sont insérées près de la bouche. Rossi avait confondu ces insectes avec les Crabrons. Jurine en a formé son genre Semblephile, et il a donné le nom de Philanthe aux Cercéris de Latreille; la tête des Philanthes est grande; les yeux sont un peu échancrés intérieurement; les antennes ne sont pas coudées; elles ne sont guère plus longues que la tête, grossissant brusquement et sont composées de treize articles serrés dans les mâles, et de douze dans les femelles; le labre est carré, quadridenté antérieurement; les mandibules sont étroites, arquées et sans saillies au côté interne; les palpes sont courts et filiformes; le corselet a son premier segment très-court; les ailes supérieures ont une cellule radiale pointue aux deux extrémités; les seconde et troisième cellules cubitales recouvrent chacune une nervure récurrente; l'abdomen est ovale, composé de cinq segmens; les pattes sont fortes, ciliées et comme épineuses.

Les Philanthes femelles creusent leur nid dans le sable; il consiste en un trou dans lequel elles déposent des insectes qu'elles ont piqués avec leur aiguillon et auxquels il reste encore un souffle de vie; lorsque le nid est suffisamment garni de proie, la femelle y pond un œuf et ferme le trou; elles en font ainsi autant qu'elles ont d'œufs à pondre. Une espèce de ce genre (*Philanthus apivorus*) prend nos Abeilles ouvrières pour garnir son nid; aussi en fait-elle une très-grande consommation, puisque chaque femelle a au moins cinq ou six œufs à pondre, et qu'il lui faut le même nombre d'Abeilles. Latreille a compté, sur un espace de terrain, d'à peu près cent pieds de longueur, une soixantaine de femelles occupées à nidifier, ce qui donne une consommation de plus de trois cents Abeilles. On voit, par ce calcul, que ces Hyménoptères sont très-nuisibles à la culture des ruches en détruisant une très-grande quantité d'ouvrières; d'autres Philanthes emploient diverses espèces d'insectes pour approvisionner leurs nids. Ce sont des Andrènes, des Charançons, etc. Les larves des Philanthes éclosent quelque temps après que les œufs ont été pondus; elles consomment en quelques jours la proie qui a été mise à leur portée. Ces larves sont blanchâtres, molles, convexes en dessus, un peu aplaties en dessous, amincies vers la partie anale; leur corps est composé de douze segmens espacés par des étranglemens sensibles, avec des bourrelets latéraux; les stigmates sont posés de chaque côté des segmens et très-apparens; la bouche est formée d'une espèce de bec armé de deux petits crochets. Ces larves sont arrivées à toute leur grandeur dans l'espace de trois semaines; elles se forment alors une coque qui paraît composée d'une matière visqueuse desséchée et formant une membrane flexible; cette coque imite une bouteille à goulot fort court. La larve reste sous cette forme pendant plusieurs mois, et ne se change en nymphe que vers la fin de l'hiver. On trouve les Philanthes dans les lieux secs et sablonneux; ils se tiennent aux environs des fleurs où ils espèrent trouver une proie facile à saisir. Ils se nourrissent aussi du miel des fleurs; les mâles sont très-ardens en amour; on les voit se précipiter sur leurs femelles au moment où elles entrent dans leurs nids tenant péniblement dans leurs pattes un insecte qu'elles viennent de prendre; ils se joignent à elles avec tant de violence, qu'ils roulent souvent sur le sable dans un espace de plusieurs pieds. Ce genre n'est pas très-nombreux en espèces, et parmi les plus remarquables qui se trouvent aux environs de Paris, nous citerons:

Le Philanthe apivore, *P. apivorus*, Latr., Hist. nat. des Fourmis, p. 307, pl. 12, fig. 2; *Philanthus pictus*, Fabr.; Panz.; la Guêpe à anneaux bordés de jaune, Geoffr., *Semblephilus pictus*, Jurine; longue de six ou sept lignes; les antennes sont noires; la tête est noire, avec une tache antérieure et une ligne échancrée sur le front, jaunes; le thorax est noir, luisant, un peu pubescent, avec le bord antérieur du premier segment, un point au devant de chaque, leur attache et une ligne de l'écusson, jaunes; l'abdomen est jaune, luisant, finement ponctué, avec la base du premier anneau, le bord antérieur des trois des quatre suivans, noirs en dessous; les pattes sont jaunes, avec les hanches et la moitié inférieure des cuisses noires; les ailes supérieures ont la côte et les nervures roussâtres (femelle); le mâle diffère de la femelle en ce qu'il est d'un quart environ plus petit. Cet insecte a été représenté dans notre Atlas, pl. 485, fig. 3. (H. L.)

PHILÉDON, *Philedon*. (ois.) Confondus jusque vers ces derniers temps avec les Promerops, les Guêpiers, les Mainates, les Grimpereaux, les Merles et les Souimangas; les Philédons forment aujourd'hui un genre distinct caractérisé par un bec médiocre, un peu convexe en dessus, fléchi et aigu à la pointe ou se forme une très-légère échancrure, ou bien à pointe unie et déprimé à sa base; des narines latérales, ovoïdes, grandes et couvertes par une écaille cartilagineuse; une langue longue, un peu extensible, terminée par un pinceau de filamens cartilagineux.

Le nom de Philédon, employé par Cuvier comme nom de genre, avait été proposé par Commerson comme dénomination spéciale du *Merops moluccensis*, oiseau qui, nous le verrons, appartient à la section générique dont nous parlons. Vieillot a décrit les Philédons sous le nom de Polochion, et M. Lesson, dans son Manuel d'ornithologie, a adopté pour eux celui de Mellisugue, dénomination qui n'est que la traduction de Meliphaga ou mangeurs de miel, que Lewin leur a donné. Quelle que soit la nomenclature que l'on adopte pour ces oiseaux, toujours est-il qu'ils forment aujourd'hui pour tous les auteurs un genre bien caractérisé. Cependant quelques unes des espèces qu'on y rapporte ont besoin d'être mieux connues sous le rapport de leurs habitudes naturelles, pour que l'on puisse réellement décider si elles doivent définitivement rester dans cette section ou rentrer dans une autre.

Tout ce qu'on connaît des mœurs et du genre de vie des Philédons se réduit à fort peu de choses; car l'on ne sait rien autre sinon que parmi eux il en est qui se nourrissent de miel, que d'autres sont très-babillards et très-courageux, et qu'il en est quelques uns dont le ramage est harmonieux. Toutes les espèces connues (et leur nombre s'élève à peu près à une trentaine) appartiennent à l'Australasie et aux Grandes-Indes.

On peut, d'après les affinités que les différentes espèces ont entre elles, établir trois groupes dans le genre Philédon et les distinguer de la manière suivante:

1° *Espèces qui ont à la base du bec des pendeloques charnues.*

Le Philédon a pendeloques (*Philedon carunculatus*) ou Pie à pendeloques de Daudice, *Corvus paradoxus*. C'est le même que le *Merops carunculatus* de Latham. Cet oiseau, ainsi que sa synonimie l'indique, placé par les uns dans le genre Corbeau et par les autres dans celui que forment les Guêpiers, a sur chaque côté de la tête, des caroncules pendantes, longues de dix lignes, cylindriques, noirâtres à leur sommet, et orangées dans tout le reste de leur étendue; le dessus du corps brun; le milieu du ventre jaune; les rémiges noirâtres; les rectrices, à l'exception des latérales qui sont blanches à leur extrémité, de même couleur; tout le reste du plumage en dessous d'un blanc sale.

Cet oiseau dont Vieillot a fait le type de sa division des Créadiens, est très-nombreux à la Nouvelle-Zélande où il se plaît sur les bords de la mer. Il est si courageux qu'il met en fuite des oiseaux beaucoup plus forts et plus grands que lui. Il est, dit-on, grand babillard et fait entendre à chaque instant divers cris, dont les naturels ont tiré le nom de *Goo-gwarneek* qu'ils lui ont imposé. Sa nourriture consiste en insectes; mais parmi ceux-ci il préfère ceux qui sucent le miel des différentes sortes de plantes nommées *Banksia*.

Une deuxième et une troisième espèces qui rentrent dans ce groupe sont: l'une, celle que Daudin a décrit sous le nom de Geai caronculé, Latham et Gmelin sous celui d'Étourneau caronculé (*Sturnus carunculatus*), et l'autre celle dont ces deux derniers auteurs ont fait un grimpereau sous la dénomination de *Certhia carunculata*. La première a ses caroncules orangées et le plumage généralement noir, le dos et les couvertures des ailes de couleur ferrugineuse. Il habite la Nouvelle-Zélande et a un chant très-faible. La seconde d'un brun olivâtre en dessus; à gorge et haut du cou orangés; à poitrine ferrugineuse et ventre cendré; vit à Tonga-Taboo, l'une des îles de la mer du sud.

2° *Espèces privées de caroncules et à joues dénudées de plumes.*

Le Philédon noir et jaune, *Phil. phrygius*,

Merops phrygius, Lath. Généralement noir, avec les plumes de la poitrine, du dos, du ventre, et et les tectrices alaires, bordées d'un jaune doré.

On le trouve à la Nouvelle-Hollande.

Le Philédon goruck, *Phil. goruck*, *Merops chrysopterus*, Lath. Connu dans la Nouvelle-Galles du sud sous le nom de *Goo-gwarneck*. Cet oiseau très-vif et très-courageux est souvent aux prises avec une espèce de Perroquet à ventre bleu (*Psittacus hæmatopus*), et c'est toujours avec avantage qu'il lui dispute le miel dont il fait sa principale nourriture: souvent deux seuls individus suffisent pour mettre en fuite des troupes nombreuses de Perroquets.

Il a l'espace entre l'œil et le bec, et la peau nue des joues, d'une teinte rougeâtre; la tête, le dessus et le dessous du corps, les tectrices alaires et la queue d'un vert foncé rembruni; la plupart des plumes sont frangées et terminées de blanc, et ont dans leur milieu une raie étroite et longitudinale de même couleur.

Le Philédon polochion, *Phil. moluccensis*, *Merops moluccensis*. Gmel. Cet oiseau que Buffon a fait connaître sous le nom de Polochion, a le derrière de la tête varié de blanc; quelques plumes de la gorge argentées à leur sommet; les joues noires et le reste du plumage généralement d'un gris cendré.

Son nom exprime le cri qu'il ne cesse de répéter lorsqu'il est perché sur les plus hautes branches des arbres. Ce cri est moins propre à égayer le silence des forêts, qu'à distraire par une idée agréable, car le mot qu'il imite exactement, est usité dans l'idiome moluquois, et signifie *donner des baisers*. On le trouve à Bonro, l'une des îles des Moluques.

3° *Espèces qui n'ont ni caroncule, ni partie nue sur la face.*

Parmi elles il en est chez lesquelles on observe de singulières dispositions dans le plumage; de ce nombre sont:

Le Philédon a cravate frisée, *Phil. Novæ Zelandiæ* ou *Merops cincinnatus*, Lath. Son plumage est d'un noir verdâtre très-brillant sur quelques parties du corps; un croissant d'un beau bleu forme un large demi-collier sur le devant du cou, dont les plumes sont longues, effilées et frisées à leur pointe; elles portent chacune un trait blanc dans leur milieu, et celles des côtés sont d'un blanc pur, ainsi que les grandes couvertures des ailes; les tectrices caudales supérieures offrent une belle couleur bleue. Il a de longueur totale dix pouces.

Les naturels de la Nouvelle-Zélande, qui donnent à cet oiseau le nom de *Kogo*, ont pour lui la plus grande vénération, qui leur est inspirée par son beau plumage, sa voix harmonieuse et sa chair délicate et savoureuse. Les navigateurs anglais le connaissent sous la dénomination de *Poï brid*.

M. Swainson a décrit sous le nom de *Melliphaga auricomis* ou Philédon a oreilles d'or, une deuxième espèce qui se rapporte à ce petit groupe.

Mais le plus grand nombre de Philédons dépourvus de caroncules et sans parties dénudées de plumes, n'ont point d'ornemens pareils à ceux de ces deux espèces. Nous décrirons seulement parmi eux:

Le Philédon grivelé, *Phil. maculatus*; *Melliphaga maculata*, Temm. Son plumage est olivâtre, foncé sur le dos, plus clair sur la tête: il a les joues brunâtres; une tache jaune sur les oreilles; un trait d'un blanc pur à la commissure du bec; les rémiges sont jaune-olivâtre taché de brun au centre de chaque plume.

Il habite la Nouvelle-Hollande.

Le Philédon de Duméril, *Phil. Dumerilii*, Lesson. Cet oiseau, que l'on rencontre à la Nouvelle-Zélande a tout le plumage d'un vert olivâtre, à l'exception des plumes des flancs qui sont d'un jaune doré, et de celles de la face, qui offrent une teinte d'un bleu violet.

Une foule d'autres espèces trop peu intéressantes pour qu'il soit nécessaire de les mentionner se rapportent encore à ce groupe. (Z. G.)

PHILÉRÈME, *Phileremus*. (ins.) Ce genre qui appartient à l'ordre des Hyménoptères, section des Porte-aiguillons, famille des Mellifères, tribu des Apiaires, a été établi par Latreille aux dépens du genre Epiale de Fabricius; ses caractères principaux sont: labre longitudinal, en triangle allongé et tronqué; point de brosses au ventre ni de houppes aux pieds pour recueillir le pollen; corps simplement pubescent; mandibules étroites; palpes maxillaires de deux articles; écusson sans épines latérales; paraglosses longs et étroits. Ce genre se distingue des Ammobates qui en sont les plus voisines, parce que celles-ci ont six articles aux palpes maxillaires. Les Célyoxydes, ayant comme les Philérèmes deux articles à ces mêmes palpes, en sont cependant distinguées parce qu'elles ont l'écusson armé de deux épines. Les genres Pasite, Epéole, Nomade, Oxée, Crocise et Mélecte, en sont bien séparés par leur labre qui est court, presque demi-circulaire ou semi-ovale. Les Cératines, Hériades, Anthidies, Osmies, Mégachiles, etc., ont les paraglosses toujours fort courts; leur ventre est toujours garni de brosses soyeuses; les antennes des Philérèmes sont courtes, filiformes, un peu brisées, s'écartant l'une de l'autre de la base à l'extrémité, et composées de douze articles dans les femelles et treize dans les mâles; le labre est incliné perpendiculairement sous les mandibules, rétréci vers sa pointe; les mandibules sont étroites, pointues, unidentées au côté interne; le thorax est court; l'écusson est muni de deux petits tubercules, mais sans épines latérales; les ailes supérieures ont une cellule radiale, courte, appendiculée, aiguë à sa base ainsi qu'à son extrémité, celle-ci écartée du bord extérieur, et trois cellules cubitales dont la seconde reçoit deux nervures récurrentes; l'abdomen est court, conique, composé de cinq segmens outre la partie anale, dans les femelles et en ayant un de plus dans les mâles; les pattes sont courtes, avec les quatre premières jambes munies d'une épine simple à leur extrémité; les jambes postérieures en ont deux. Ces Hyménoptères fréquentent les lieux secs et sablonneux. Ce genre est peu nombreux en espèces et celle que l'on rencontre aux environs de Paris est :

Le Philérème ponctué, *P. punctatus*, Latr.; *Epeolus punctatus*, Fabr., Syst. Piez., p. 389, numéro 2. Il est long de deux lignes; les antennes sont noires; la tête et le corselet sont fortement ponctués, noirs, avec un duvet couché de couleur argentée; l'abdomen est brun ferrugineux; ses côtés sont plus obscurs et portent des taches formées par des poils couchés blanchâtres; les cuisses sont noires avec leur extrémité et les jambes ferrugineuses, ces dernières ayant un anneau noir dans leur milieu; les tarses sont ferrugineux; les ailes sont brunes, avec une tache transparente dans la partie caractéristique. Cette espèce se trouve vers la fin de l'été ou au commencement de l'automne; la femelle dépose ses œufs dans le nid des Andrènes et des Halictes. (H. L.)

PHILESTOURNE. (ois.) Nom de genre proposé dans ces derniers temps par M. Isidore Geoffroy Saint-Hilaire, pour un oiseau que l'on confond ordinairement avec les Étourneaux, sous la dénomination spécifique d'Étourneau caronculé (*Sturnus carunculatus*), et que Cuvier rapporte aux Philédons. Nous avons dû par conséquent le décrire en traitant de ces derniers. (*Voy.* au mot Philédon.) (Z. G.)

PHILEURE, *Phileurus*. (ins.) C'est un genre de l'ordre des Coléoptères, section des Pentamères, famille des Lamellicornes, tribu des Scarabéides xylophiles de Latreille, qui a été établi par ce célèbre entomologiste avec les caractères suivans : Massue des antennes plicatile, composée de feuillets allongés; corps ovoïde; côté extérieur des mandibules sans crénelures ni dents; mâchoires cornées, dentées; corps déprimé; thorax dilaté et arrondi sur les côtés. Ce genre se distingue des Oryctès et des Scarabées, parce que ceux-ci ont toujours le corps convexe; les Scarabées en sont encore séparés par leurs mandibules dont le côté extérieur est denté; les Trox et les Œgialies ont le labre saillant, ce qui n'a pas lieu chez les Phileures; les Hexodons et les Rutèles ont le chaperon carré, tandis qu'il est trigone dans les premiers. Ces insectes sont tous propres aux contrées chaudes de l'Amérique. Ce genre renferme environ sept à huit espèces parmi lesquelles nous citerons comme la plus remarquable et comme type :

Le Phileure didyme, *P. didymus*, Latr.; *Geotrupes didymus*, Fabr.; Drury, Ins., t. I, pl. 32, fig. 3; *Scarabæus didymus*, Oliv.; Palis. de Beauv. (Ins. d'Afriq. et d'Amér., Coléopt., pl. 1, b, fig. 3). Long de vingt-huit lignes; le corps est entièrement noir, luisant, et présente un duvet ferrugineux sur certaines parties de dessous, et de petits poils raides de même couleur, bordant le devant du thorax; la tête est striée irrégulièrement, avec les trois pointes du chaperon assez élevées; la partie antérieure du thorax est irrégulièrement striée, le reste un peu ponctué; il y a un tubercule relevé placé sur le milieu de la partie antérieure; il y a aussi un sillon profond ponctué, longitudinal, finissant par une dépression plus forte et plus large, atteignant la base du tubercule; les élytres ont des stries profondes, très-ponctuées; entre celle qui accompagne la suture et la seconde, se trouvent des points enfoncés qui ne forment pas une strie régulière. L'Amérique méridionale est la patrie de cette espèce. (H. L.)

PHILIPPINES (iles). (géog. phys.) Les îles Philippines sont situées entre le 132e et le 145e degrés de longitude, et le 6e et le 19e degrés de latitude nord. Placées dans la mer des Indes, elles sont à l'orient de l'Asie sous la zône torride, entre l'équateur et le tropique du cancer. Ce fut Magellan qui les découvrit en 1521, et ce grand navigateur y perdit la vie. Connues d'abord sous le nom d'îles Manilles, elles prirent bientôt le nom de Philippines, parce que les Espagnols s'y établirent d'une manière définitive sous le règne de Philippe II : ils voulurent consacrer leur prise de possession en donnant à cette nouvelle colonie le nom de leur souverain. Trois peuples différens les habitaient alors; les Noirs, les Malais, et enfin les Bisayas et Pintados.

Les individus de la race noire étaient d'une indépendance sans bornes. Pour s'affranchir de toute espèce d'autorité, ils vivaient dans les montagnes, dans les rochers, dans les bois, d'une manière sauvage. Leurs chasses et les racines qu'ils arrachaient à la terre, telle était leur seule nourriture. Le chef de la famille avait pourtant une certaine influence sur leurs actions et leur conduite; mais cette influence était si bornée qu'elle ne pouvait être regardée comme constituant un gouvernement.

Les Malais occupaient les côtes, et, ainsi qu'ils le disaient eux-mêmes, ils étaient émigrés des îles de Bornéo et de la terre ferme de Malaca.

Le rapprochement entre les mœurs et les habitudes des Bisayas et des Pintados, et les mœurs et les habitudes de ceux de Macassar, où se trouvent aussi des peuples qui se peignent le corps de plusieurs couleurs, ont fait penser que cette troisième race d'habitans provenaient des Célèbes.

En outre de ces différens peuples on trouvait et on trouve encore de nombreux individus de race chinoise, japonaise, siamoise, cochinchinoise, etc.

On comprend que ces îles doivent être par conséquent partagées entre ces différens peuples. Aussi, nous dirons ici qu'il y a dans ce vaste archipel deux parties distinctes, la partie soumise aux Espagnols, et la partie entièrement indépendante. Nous n'indiquerons pas ces différentes divisions parce qu'il nous faudrait prendre une à une les mille et quelques îles qui composent l'archipel et faire connaître dans chacune d'elles ce qui est soumis aux Espagnols et ce qui est indépendant; cette manière de procéder nous conduirait à dépasser de beaucoup les limites dans lesquelles doit se tenir cet article; nous nous contenterons donc de dire que les Espagnols sont loin d'être seuls et uniques possesseurs de l'Archipel et que de nombreuses tribus viennent en partager avec eux la souveraineté.

La plus grande de ces îles est MANILLE ou Luçon; nous renvoyons nos lecteurs pour plus amples renseignemens à l'article publié sous ce titre dans ce Dictionnaire.

Celle qui par son étendue est la plus importante après Manille est l'île de Magindanao, qu'on nomme aussi Mindanao, Melindino. Puis vient l'île de Palawan ou Paragoa, celle de Samar, celle de Leyte, etc., etc.

On trouve souvent dans les terrains de cet archipel du basalte, des laves, des scories, du fer fondu, de la pierre friable remplie de débris des règnes animal et végétal; une grande quantité de soufre tenu en fusion, tant par l'action des volcans déjà éteints que par l'action de ceux qui brûlent encore. Le climat, qui est chaud et humide, entretient, du reste, une merveilleuse fécondité dans toute l'étendue des Philippines : la végétation y est magnifique et les arbres offrent pendant toute l'année une verdure qui repose la vue, et un feuillage qui protége par son ombre contre les ardens rayons d'un soleil intertropical. Nos lecteurs ont déjà deviné que le ciel de cet archipel était la patrie de violens orages, et que les tempêtes souterraines, en se joignant aux tempêtes aériennes, venaient souvent jeter le désordre et la désolation au milieu de ces riches campagnes.

De nombreux animaux, spéciaux à ces contrées, habitent les Philippines; on y trouve une grande quantité de singes, beaucoup de cerfs, de sangliers et de chèvres sauvages qui ont de grands rapports avec celles que l'on rencontre à Sumatra. Parmi les richesses minéralogiques, on doit citer le fer et le cuivre, dont la qualité égale l'abondance. Les montagnes renferment aussi de nombreuses mines d'or.

Toutes les possessions espagnoles de l'Archipel forment une capitainerie générale, régie par un gouverneur qui habite Manille. Ces îles pourraient être d'un puissant secours pour la mère-patrie, si les Espagnols en savaient tirer tout le parti qu'elles peuvent produire. (C. J.)

PHILLANTHE, *Anthochæra.* (OIS.) Cette dénomination générique de création nouvelle a été proposée par MM. Vigors et Horsfield pour un oiseau dont Vieillot avait, avant eux, fait son genre Dilophe (*Dilophus*), oiseau que quelques ornithologistes ont confondu avec les Corbeaux, et que, d'après l'auteur du Règne animal, on doit rapporter au genre PHILÉDON (*voy.* ce mot). (Z. G.)

PHILODROME, *Philodromus.* (ARACHN.) C'est un genre de l'ordre des Pulmonaires, famille des Fileuses, de la section des Marcheuses et de la tribu des Vagabondes qui a été établi par Walckenaër et adopté par Latreille dans la deuxième édition du Règne animal de Cuvier. Ses caractères distinctifs sont : Yeux au nombre de huit, presque égaux entre eux, occupant le devant du céphalothorax, placés sur deux lignes en croissant, sessiles, ou n'étant pas portés sur des tubercules ou des éminences de la tête; lèvre triangulaire, terminée en pointe arrondie, ou coupée à son extrémité; mâchoires étroites, allongées, cylindroïdes, inclinées sur la lèvre, rapprochées à leur extrémité; mandibules cylindroïdes ou cunéiformes; pattes articulées pour être étendues latéralement, allongées, propres à la course, presque égales entre elles. Tels sont les principaux caractères de ce genre qui a la plus grande analogie avec celui de Thomise, car c'est avec ce dernier que les Philodromes ont leurs plus étroites et plus nombreuses affinités. La première famille des Philodromes, celle des cancroïdes longipèdes, a les yeux et la bouche des Thomies, et la forme de l'abdomen des Thomies cancroïdes. Les deux familles de Crabes simples et cancroïdes, quoique placées dans des genres différens, ne semblent distinguées que par les organes du mouvement, dont la diversité produit à la vérité de notables variétés dans les habitudes et l'aspect; mais les Philodromes s'éloignent des Thomises pour se rapprocher du genre Délène par la lèvre tronquée des Filipèdes, et du genre Olios par ce même caractère, et les mandibules cylindroïdes de leurs trois dernières familles; par les mâchoires peu inclinées sur la lèvre, et creusées intérieurement et extérieurement, le *Philodromus rufus* lie encore plus étroitement ces deux genres; enfin la lèvre ovale ou semi-circulaire des deux dernières familles de Philodromes, et la forme de l'abdomen de ces dernières rapprochent aussi ce genre de celui de Sparasse. Par la quatrième race de sa dernière famille, ce genre, au moyen de la ligne presque droite des yeux antérieurs, se rapproche de la Dolomède admirable. Peut-être est-ce cette raison qui avait engagé Perty à donner au genre qu'il voulait former de cette race le nom de Thaumasia, mais, par les caractères des articles, le genre Philodrome se distingue et se sépare, sans ambiguité, de tous les genres que nous venons de nommer, comme de ceux qui ont des affinités avec ceux-ci. Les Aranéides qui composent ce genre, courent avec rapidité, les pattes étendues latéralement, épiant leur proie, tendant des fils solitaires pour la retenir, se cachant dans des fentes, ou dans des feuilles pour faire leur ponte.

Walckenaër, dans le tome Ier de son Histoire naturelle des insectes aptères, établit dans ce genre quatre familles, lesquelles renferment un plus ou moins grand nombre de races.

Première famille. Les Crabes longipèdes, *Cancroides longipedes.*

Le céphalothorax est aplati, large à sa partie antérieure; l'abdomen est court, et très-large à sa partie postérieure; les deux paires intermédiaires de pattes sont les plus allongées; la lèvre est terminée en pointe arrondie; les mandibules sont cunéiformes.

Le PHILODROME TIGRÉ, *P. tigrinus*, Walck., Hist. des ins. apt., t. I, p. 551. Les pattes sont fines, rougeâtres, marquées de brun et de points fins de même couleur; l'abdomen est déprimé, large à sa partie postérieure, coupé en ligne droite à sa partie antérieure, pointue vers la partie anale et paraissant pentagonale; le dessus est revêtu de poils roux, bruns et blancs brillans, qui présentent l'aspect d'une peau tigrée; les côtés sont bordés de brun. Se rencontre assez communément aux environs de Paris.

Deuxième famille. Les Filipèdes, *Filipedes*.

Le céphalothorax est aplati, large et cordiforme; les pattes de la deuxième paire sont les plus longues, ensuite la première; la troisième est la plus courte; la lèvre est triangulaire, tronquée; les mâchoires sont bombées ou coudées à leur base, très-inclinées sur la lèvre; les mandibules sont cylindroïdes.

Le Philodrome pale, *P. pallidus*, Walck., ouvr. cit., p. 554. Le céphalothorax est plus large que l'abdomen, de couleur pâle, grisâtre; l'abdomen est ovoïde, allongé, déprimé, plus large dans son milieu, pointu vers la partie anale, ayant à la partie antérieure et proche le céphalothorax une légère échancrure ou un petit renfoncement; on aperçoit de chaque côté deux taches d'un noir très-vif; le dessous, les palpes et les pattes sont d'un jaune pâle. Se trouve en France.

Troisième famille. Les Vigilantes, *Vigilantes*.

Le céphalothorax est arrondi, convexe; la deuxième paire de pattes est la plus longue, la première ensuite; la quatrième est la plus courte; la lèvre est triangulaire, arrondie à son extrémité; les mâchoires sont très-inclinées sur la lèvre, amincies vers leurs extrémités, bombées à leur base; les mandibules sont cylindroïdes.

Le Philodrome cespiticole, *P. cespiticola*, Walck., ouvr. cit., p. 555. Le céphalothorax est brun sur les côtés, fauve pâle dans sa partie médiane; les pattes sont fauves; l'abdomen est ovale, plus large dans son milieu, jaunâtre ou d'un fauve brun, avec les côtés et le milieu d'un brun rougeâtre, la bande brune du milieu cunéiforme, ayant huit taches blanches ou jaunes, dont les deux premières plus grandes sont ovales et disposées parallèlement; les six autres diminuent de grandeur et sont inclinées en chevrons disjoints; le mâle diffère de la femelle en ce qu'il est d'un noir verdâtre; la bande du milieu est entourée de deux taches ovales blanches à la partie supérieure, et derrière sont quatre traits petits, transversaux, de couleur blanchâtre. Se trouve dans les environs de Paris, de Berlin et dans le département du Calvados.

Quatrième famille. Les Surveillantes, *Custodientes*.

Le céphalothorax est arrondi; l'abdomen est allongé; la seconde paire de pattes est la plus longue, la quatrième ensuite, la troisième est la plus courte; les yeux sont à croissans à cornes très-aiguës; les postérieurs latéraux sont très-reculés en arrière; les intermédiaires postérieurs sont rapprochés entre eux ou rentrés dans l'intérieur du croissant, de manière à former un carré avec les antérieurs intermédiaires, ou un croissant se composant de trois ou quatre lignes d'yeux; la lèvre est courte, semi-circulaire; les mâchoires sont très-inclinées sur la lèvre, et bombées à leur base; les mandibules sont cylindriques.

Le Philodrome rhombifère, *P. rhombiferus*, Walck., ouvr. cité, p. 559, représenté dans notre Atlas, pl. 484, fig. 3. Les yeux latéraux antérieurs sont un peu plus gros que les antérieurs intermédiaires qui sont très-petits: l'abdomen est ovoïde, ponctué à sa partie postérieure, rouge ou fauve gris en dessus, et ayant un rhombe ou trapèze noir ou brun à la partie antérieure du dos; il y a des poils rangés de chaque côté, dépassant le duvet du corps, noirs à leur base, et gris à leur extrémité; en dessous il est d'un rouge plus pâle, avec trois lignes longitudinales qui se réunissent en angle à la partie anale; le mâle diffère peu de la femelle; il a seulement l'abdomen plus petit, et les pattes plus allongées. Habite la France, la Suède et l'Égypte. (H. L.)

PHILOMÈLE, *Philomela*. (ois.) Ce nom poétique que les anciens nous ont transmis, s'applique à la Fauvette Rossignol. (*Voy.* Rossignol.) (Z. G.)

PHILOSCIE, *Philoscia*. (crust.) Ce genre, qui appartient à l'ordre des Isopodes, à la huitième famille, les Cloportides, *Oniscides*, Cours d'entomologie, a été établi par Latreille aux dépens du grand genre *Oniscus* de Fabricius. Ses principaux caractères sont: Antennes extérieures découvertes à leur base, de huit articles; les intermédiaires non distinctes; corps ovale, à segmens transversés au nombre de sept; queue formée de six segmens, brusquement plus étroits que le corps; les quatre appendices styliformes bien apparens et presque égaux entre eux; les extérieurs étant néanmoins un peu plus longs que les intermédiaires. Ce genre se distingue des Ligies, parce que ceux-ci n'ont que sept articles aux antennes, et que leur abdomen n'est terminé que par deux queues. Les Cloportes s'en distinguent par leurs antennes extérieures insérées sur des rebords latéraux de la tête. Enfin les Porcellions et les Armadilles ne peuvent être confondus avec les Philoscies, parce que les antennes de ceux-là sont seulement de sept articles. Le type de ce genre est:

La Philoscie des mousses, *P. muscorum*, Latr., Lamck. *Oniscus muscorum*, Scopoli; Cloporte des mousses, Oliv., Encycl. *Oniscus muscorum*, Cuvier, Journ. d'hist. nat., t. II, p. 21, tab. 26, fig. 6 à 8; Coqueb., Illustr., etc., dec. 1, tab. 6, fig. 12. Dessus du corps d'un cendré brun, parsemé de petits traits et de petits points gris ou jaunâtres; dessous blanchâtre; pattes ayant quelques traits obscurs. Cette espèce est très-commune en France dans les lieux humides, sous les mousses, les feuilles tombées à terre. (H. L.)

PHILOSOPHIE NATURELLE. *Voy.* Systèmes.

PHIPPSIE, *Phippsia*, R. Brown. (bot. phan.) Genre de plantes endogènes, de la famille des Graminées (Glumacées de Bartl.), créé par Robert Brown (d'après Trin.), et dont le type est l'*Agrostis algida* de Wahlenberg. Ce genre a été adopté par Kunth dans son bel ouvrage sur cette famille. Voici comme le savant anglais le caractérise : épillets uniflores ; deux glumes membraneuses, concaves, mutiques, très-petites, inégales ; l'inférieure très-petite, sans nervure apparente, quelquefois caduque, la supérieure obscurément uninervée ; deux paillettes membraneuses, mutiques ; l'inférieure concave, obscurément trinervée, un peu aiguë ; la supérieure plus courte, binervée, bicarénée, tri ou quadridentée au sommet ; deux squamules très-petites, membranacées, entières ; une à trois étamines ; ovaire sessile ; deux stigmates sessiles, pileux ; le fruit est un caryopse oblong et cylindrique.

Le genre Phippsie se réduit à une seule espèce, la *Phippsia algida*. C'est une Graminée aquatique, petite, gazonnante, glabre, à chaumes dressés, un peu rameux à la base, garnis de feuilles linéaires, planes, à fleurs disposées en panicules simples ; à rameaux et à pédicelles semi-verticillés et fasciculés, à épillets pédicellés et continus aux pédicelles. Elle croît en Suède, en Norwége, en Laponie, etc., aux environs du pôle arctique. (C. Lem.)

PHLÉE, *Phlœa*. (ins.) Genre de l'ordre des Hémiptères, section des Hétéroptères, famille des Aradiens, établi par Lepelletier et Serville, dans le tome X de l'Encyclopédie méthodique, et adopté par MM. Audouin et Brullé dans leur Histoire naturelle des Insectes. Les caractères sont : Antennes filiformes, assez longues, très-écartées à leur base, insérées de chaque côté de la tête, composées de trois articles, coudés après le premier ; celui-ci, le plus grand de tous, cylindrique, s'amincissant vers sa base ; le second grossissant un peu vers l'extrémité ; le troisième plus gros que le précédent, à peu près de la même grandeur, presque cylindrique ; labre long, très-étroit, presque aciculaire, prenant naissance à l'extrémité antérieure du chaperon, recouvrant la base du suçoir et dépassant le premier article du bec ; bec de quatre articles distincts, renfermant un suçoir de quatre soies ; le premier de ces articles logé en grande partie dans une coulisse longitudinale du dessous de la tête ; tête assez grande, déprimée, triangulaire ; yeux globuleux, saillans en dessous et en dessus de la tête : deux petits yeux lisses placés un de chaque côté entre les yeux à réseau et fort près d'eux ; corps déprimé, garni tout autour d'appendices membraneux ; corselet beaucoup plus large que long, se rétrécissant en devant à partir de son milieu ; écusson grand, triangulaire ; abdomen composé de quatre segmens, outre la partie anale, ces segmens et la partie anale ayant de chaque côté un stigmate très-apparent ; anus des mâles entier, sans sillon longitudinal, paraissant en dessus et en dessous ; pattes de longueur moyenne ; tarses courts, presque cylindriques, composés de trois articles, le second plus court que les autres ; le dernier terminé par deux crochets recourbés, sans pelotes apparentes au milieu.

Après les Tingis doivent se placer les Phlées que l'aspect inégal et la surface rugueuse de leur corps aplati ont fait comparer à une écorce ; ils sont entourés d'un rebord large et mince, presque membraneux, comme dans la plupart des Tingis, et ont l'écusson découvert comme dans le dernier sous-genre de ces insectes ; mais ils se distinguent de tous les groupes de cette famille, sans exception, par leurs antennes formées de trois articles ; leur bec, presque aussi long que le corps, et reçu dans un sillon qui s'étend jusqu'au dernier segment de l'abdomen, et la forme aplatie de leur corps, indiquent chez eux les habitudes analogues à celles des Tingis ; mais les Phlées vivent dans les parties équinoxiales de l'Amérique, et leurs allures n'ont pas encore été observées par les naturalistes ; on sait seulement qu'elles se tiennent sous les écorces des arbres. Le type de ce genre est :

La Phlée écorce, *P. corticalis*, Drury, Aud. et Brull., ouvr. cit., tom. IX, pag. 344, fig. 4 ; *Phlœa cassidoides*, Lepellet. et Serv, Encycl. méthod., tom. X, pag. 111 ; Guér., Icon., R. A., pl. 55, fig. 5, reproduite dans notre Atlas, pl. 485, fig. 4. Longue de dix lignes ; tête triangulaire, indépendamment des deux appendices qui la bordent en avant des yeux, et qui sont échancrés sur les côtés, coupés presque carrément en avant ; yeux paraissant en dessus et en dessous de la tête ; antennes fauves ; leur premier article brun ; le dernier, velu, est fauve, très-long, dépassant le milieu de l'abdomen, se logeant de toute sa longueur dans une coulisse assez profonde ; premier segment du corselet portant un appendice latéral, grand, taillé presque carrément à sa partie extérieure ; second segment n'ayant qu'un appendice fort étroit ; on voit une petite épine au dessous de cet appendice ; troisième segment du corselet et le premier de l'abdomen bordés par un appendice qui dépend des élytres, mais n'en n'ayant pas qui leur soient propres ; les second, troisième, quatrième segmens de l'abdomen et la partie anale en ayant un de chaque côté ; écusson grand, s'étendant jusque sur la base de la membrane des élytres, un peu caréné dans son milieu, s'élargissant un peu vers son extrémité qui est arrondie et calleuse ; membrane des élytres semi-transparente, laissant à découvert une partie de l'anus et tous les appendices membraneux de l'abdomen ; dessus du corps, à l'exception de la membrane des élytres, d'un blanc sale, ponctué et chargé de tubercules assez lisses, roux, ordinairement entourés de brun ; dessous du corps (les appendices exceptés) noir ; pattes d'un blanc sale, avec quelques tubercules et les cuisses de couleur noire. Cette espèce a été trouvée au Brésil. (H. L.)

PHLÉOLE ou plutôt **FLÉOLE**, *Phleum*, L. (bot. phan.) Petit genre de la Triandrie digynie et de la famille des Graminées. On a beaucoup trop étendu le nombre de ses espèces, puisque, en les soumettant à un examen rigoureux, on retrouve parmi elles des individus appartenant aux genres *Alopecurus* et *Phalaris*, entre lesquels il est naturellement placé ; aux genres *Paspalum*, *Ægilops* et *Cynosurus*, dont il est plus ou moins éloigné, etc. Les Phléoles se plaisent dans les champs, sur le bord des chemins, et au sommet des hautes montagnes; ils abondent plus encore au midi qu'aux régions septentrionales. Des douze espèces connues, aucune ne tapisse plus communément nos prairies naturelles, surtout celles qui reposent sur un sol léger et humide, que le PHLÉOLE DES PRÉS, *P. pratense*, L. Il est vivace; son chaume droit, articulé, très-garni de feuilles d'un beau vert, s'élève à un mètre et plus; un épi cylindrique, serré, un peu grêle, et long de huit à quatorze centimètres, le termine assez gracieusement, et présente des bales petites, tronquées, acuminées, sessiles, ciliées, à deux valves, et munies de deux dents. Lorsqu'il est en fleurs, cet épi paraît tout violet ou tout rose.

Quoique les bestiaux broutent avec plaisir le Phléole, qu'il contribue à donner de la qualité aux fourrages, qu'il se conserve long-temps sain, qu'il n'ait point le défaut de se réduire en poussière sur le fenil ou grenier à foin, et qu'il égale en bonté les Paturins, surtout le *Poa fertilis* et le *Poa angustifolia*, il ne vaut pas la peine d'être cultivé séparément. On l'a cependant essayé; l'on a même été plus loin: on l'a vanté, sous le nom de *Thimoty* des Anglais, comme devant remplacer à lui seul toutes les autres herbes de nos prairies. Des agriculteurs ont cru sur parole les grainetiers et les sociétés qui se sont rendues les tristes échos d'une assertion aussi erronée, aussi mensongère; ils ont payé chèrement le piége tendu à leur bonne foi. Pour éviter la même déception à d'autres, disons-leur que le Phléole des prés n'est tendre et agréable aux animaux domestiques que lorsqu'il est jeune; une fois qu'il a poussé son épi, il devient dur; alors son foin ne convient guère plus qu'aux Chevaux et aux Cochons; le Bœuf et la Vache le dédaignent. Cette Graminée pousse tard et ne donne qu'une coupe, que l'on peut faucher et battre ensuite. Elle produit beaucoup de semence qui ne s'égrène pas facilement; elle est très-petite, et il en faut au plus un kilogramme pour ensemencer un hectare.

Je connais une variété, venue originairement de l'Amérique septentrionale, plus vigoureuse que notre espèce indigène et dont l'épi est très-serré. Je l'estime être le véritable Thimoty, que les Anglais ont laissé dégénérer chez eux faute de renouveler la graine en la demandant à sa terre natale. (T. D. B.)

PHLOGISTIQUE. (CHIM.) Avant Lavoisier, on s'imaginait que les corps ne brûlaient qu'en perdant un principe insaisissable auquel on donnait le nom de *Phlogistique;* d'où il résulte qu'avant cet illustre chimiste, les corps combustibles étaient considérés comme des combinaisons de *Phlogistique* et de ce que nous appelons aujourd'hui *oxides* et *acides*.

Toutes les fois que le Phlogistique se dégageait d'un corps, il y avait combustion, disait Stahl, auteur de la théorie du Phlogistique, et le corps cessait d'être combustible. Toutes les fois, au contraire, qu'il y avait absorption du Phlogistique par un corps incombustible, celui-ci devenait combustible.

Si cette théorie eût été vraie, les corps métalliques, en brûlant, eussent perdu de leur poids, et leur combustion eût pu se faire sans le contact de l'air. Mais il en est tout-à-fait différemment. Les corps sont plus pesans après qu'avant leur combustion, et celle-ci ne peut s'effectuer qu'avec le contact de l'air. Toutefois la théorie du Phlogistique, tout erronée qu'elle est, n'en fait pas moins beaucoup d'honneur au génie de son inventeur. Elle a servi de lien entre les faits épars de la chimie ancienne et ceux de la chimie moderne, et si Stahl eût pesé les corps qu'il brûlait, après ses opérations, son Phlogistique n'eût été autre chose que l'oxygène.

La théorie du Phlogistique, qui permettait jusqu'à un certain point d'expliquer les phénomènes de la combustion, dura plus d'un demi-siècle. Son renversement ne se fit pas sans de vives oppositions, et les plus célèbres chimistes de l'époque ne craignirent pas de s'en faire les ardens défenseurs. Toutefois cette théorie subit quelques restrictions, quelques modifications, au nombre desquelles on en trouve d'extrêmement absurdes. Enfin le Phlogistique finit par être considéré comme la matière fondamentale du feu. Wallérius, chimiste suédois, soutint cette opinion; Macquer, au contraire, le compara à la matière de la lumière.

Au milieu des discussions nombreuses qui se renouvelaient sans cesse à l'occasion de la théorie tout hypothétique de Stahl, et qui imprimaient à la chimie une direction tout-à-fait scientifique, un chimiste écossais, Joseph Black, établit des vues nouvelles sur la chaleur. Déjà, en 1750, ce savant aussi habile que modeste, avait découvert l'acide carbonique et marqué la différence qu'il y a entre les alcalis caustiques et les alcalis doux (carbonates). Ses expériences lui avaient même permis d'expliquer la cause des différentes formes d'agrégation des corps, et c'est à cette occasion qu'il développa la théorie de la chaleur libre et de la chaleur combinée. Mais ce ne fut qu'en 1763 qu'il fit connaître son travail sur cette théorie, travail qui, du reste, avait été commencé et souvent répété depuis, comme moyen de confirmation et de développement, avec Watt son ami et son collègue.

Aux travaux de Black et de Watt, succédèrent ceux de Crawford et de Priestley, en Angleterre, de Payen, de Lavoisier, en France, de Schéele, en Suède, etc., travaux qui démontrèrent jusqu'à l'évidence que la théorie de Stahl ne pouvait donner l'explication du phénomène de l'oxidation, et que la transformation des métaux en oxides ou en acides, loin d'avoir lieu avec perte dans le poids des corps combustibles, s'effectuait, au contraire, avec augmentation du nombre des molécules matérielles. Il fallut donc chercher d'autres théories que celles de Stahl. Schéele, à qui nous devons la connaissance de la composition de l'air, celle des différences que présentent entre eux le gaz azote, le gaz oxygène et l'acide carbonique, fut bien près de trouver cette explication; mais l'honneur de cette découverte ne devait pas lui appartenir; il était réservé à un chimiste français, à notre savant Lavoisier.

Lavoisier prouva, par de nombreuses et belles recherches sur la nature et la cause de l'oxidation et de l'acidification des corps combustibles, que l'oxygène, loin de se combiner avec le Phlogistique, comme le disait Schéele, pour se dégager ensuite sous forme de calorique et de lumière, était absorbé, et que son absorption augmentait d'autant le poids du corps qui avait subi la combustion. De là la nouvelle direction imprimée à la science par le vaste génie du chimiste français; de là aussi la nouvelle théorie qu'il établit en 1789, théorie qui, dans le principe, fut appelée *anti-phlogistique*, puis *pneumatique*. (F. F.)

PHLOIOTRIBES, *Phloiotribes*. (INS.) Genre de l'ordre des Coléoptères, section des Pentamères, familles des Xylophages, tribu des Scolytaires, établi par Latreille, et qui diffère de tous les autres genres de sa tribu, parce que ses antennes, au lieu d'être terminées par une massue solide et ovoïde, finissent en une massue composée de trois feuillets très-longs, linéaires, formant l'éventail à la manière des Scarabéides. Ce genre a été confondu avec les Scolytes par Olivier. Fabricius ne l'a pas distingué de ses Hylésines. La tête des Phloiotribes est peu rétrécie en devant; les yeux sont allongés, étroits; les antennes sont plus longues que la tête et le corselet; le labre est étroit, peu avancé et légèrement échancré; les mandibules sont courtes, épaisses, ponctuées, presque dentées; les mâchoires sont coriaces, comprimées, très-velues extérieurement; les palpes sont très-courts, presque égaux, distincts, plus gros à leur base; les maxillaires sont de quatre articles; les labiaux de trois; la lèvre est petite et ne paraît que comme un tubercule placé sur la base du menton; le corps est ovale, cylindrique, convexe; le corselet est convexe; les jambes sont comprimées, et les tarses ont leur pénultième article bifide. On connaît trois à quatre espèces de Phloiotribes; l'une d'elles a été le sujet d'un mémoire de Bernard, qui a fait connaître le tort notable qu'elle fait aux oliviers dans le midi de la France.

Le P. DE L'OLIVIER, *P. oleæ*, Latr., Guér., Icon., R. A., pl. 40, fig. 4, reproduit dans notre Atlas, pl. 487, fig. 1, 1 a. Son antenne très-grossie; *Hylesinus oleæ*, Fabr.: *Scolytus oleæ*, Oliv., Entomol., tom. IV, Scolyt., pag. 13, n° 21, pl. 2, fig. 21; *Scolytus scaraboides*, Bern., Mém. d'hist. nat., tom. II, pag. 271. Cette espèce est longue d'une ligne et demie; son corps est noir, couvert d'un duvet cendré plus clairsemé à l'extrémité des élytres; celles-ci ont des stries peu marquées; les antennes sont fauves et les pattes brunes. Se trouve assez communément dans le midi de la France. (H. L.)

PHLOMIDE, *Phlomis*, L. (BOT. PHAN.) Genre de la Didynamie gymnospermie et de la famille des Labiées, duquel on a retranché les espèces qui constituent le genre Agripaume, *Leonurus* (dont on a fait Léonure), à cause de la différence réelle qu'elles présentent dans leurs anthères et dans la structure du stigmate; mais il a été soumis à d'autres réformes par Desfontaines, Robert Brown et Mœnch, qui ne sont point aussi justes. Je suis certain qu'après un mûr examen, on reformera les genres *Leucas* de Burmann et *Leonitis* de Robert Brown, comme on a rejeté le genre *Phlomoïdes* de Mœnch, vicieux par sa dénomination et par ses caractères futiles.

Les Phlomides sont nombreuses et offrent de fort belles plantes, tantôt à tiges herbacées, tantôt frutescentes, aux feuilles larges, opposées, cotonneuses, dentées en scie ou crénelées; leurs grandes fleurs sont disposées par verticilles dans les aisselles des feuilles supérieures ou de bractées qui leur ressemblent; elles y forment des espèces d'épis jaunes, blancs ou empourprés, d'un aspect agréable. Voici leurs caractères génériques: calice monophylle, tubuleux, à cinq angles et à cinq dents; corolle monopétale, bilabiée, le casque ou lèvre supérieure velu, formant la voûte, comprimé latéralement en carène, échancré ou bifide; la lèvre inférieure à trois lobes dont celui du centre est plus grand et échancré; quatre étamines didynames aux filets recourbés, cachés sous le casque et terminés par des anthères à deux lobes très-écartés, quelquefois ponctués; quatre ovaires du milieu desquels s'élève un style filiforme, avec stigmate à deux branches, la supérieure très-courte; quatre graines nues au fond du calice, qui est persistant.

Trois espèces croissent en France, les autres sont des pays chauds, et plusieurs figurent dans nos cultures de pleine terre comme ornement.

Aux lieux secs, pierreux et stériles de nos départemens du midi les plus voisins de la Méditerranée, est très-commune la PHLOMIDE LYCHNITE, *Phlomis lychnitis*, L., assez jolie espèce, aux grandes fleurs jaunes, verticillées par six et disposées en un épi interrompu.

Cependant je lui préfère la PHLOMIDE FRUTESCENTE, *P. fruticosa*, L., que l'on désigne vulgairement sous les noms de Arbre de sauge et Sauge de Jérusalem. Elle est originaire du Portugal; on la trouve aussi spontanée en Espagne, dans la Sicile, l'Italie méridionale et quelques parties de nos départemens du sud. Elle fournit un buisson aux branches cendrées, toujours vertes, bien touffu, haut d'un mètre environ; ses nombreux rameaux, opposés, sont couverts d'un duvet jaunâtre. Ses feuilles sont cordiformes, obtuses, entières ou fort légèrement dentées, verdâtres, veloutées et blanchâtres en dessous. Les fleurs qui le décorent sont d'un beau jaune, très-éclatantes, grandes, réunies douze à vingt ensemble en un et parfois deux verticilles au sommet des rameaux ou dans les aisselles des feuilles supérieures: on les voit épanouies en mai, juin, juillet, août et septembre. Cette belle plante est cultivée dans nos jardins; mais elle redoute les hivers rigoureux du climat de Paris, sous lequel il convient de la couvrir et surtout de la tenir contre les murs exposés au midi, dans une terre légère. On l'y multiplie de graines semées sur couche et sous châssis, où de bonne heure on habitue les pousses peu à peu au grand air. La Phlomide frutescente a produit plusieurs variétés, remarquables tant sous le rapport de la grandeur, que sous celui de la forme des feuilles, qui sont, chez les unes, plus larges, d'un vert jaunâtre, et plus ou moins cotonneuses; chez les autres, oblongues, étroites, plus ou moins pétiolées et d'un vert foncé.

Une espèce vulgaire dans tout le midi de la France et de l'Europe, la Phlomide herbe du vent, *P. herba venti*, L., donne des tiges en partie couchées de quarante centimètres de long, qui se dressent à l'époque de la floraison. Sur son feuillage vert en dessus, blanchâtre en dessous, se détachent des fleurs d'un rouge vif, disposées en verticilles rapprochés en tête terminale. A la fin de l'automne, la plante desséchée devient le jouet des vents; ils la roulent au loin, la pelotonnent, et comme le Chardon roulant dans nos champs, l'Anastatique dans les terrains sablonneux et arides de l'Egypte et de la Syrie (*voy.* aux mots Anastatique et Panicaut), ils l'accumulent en tas dans les ravins, au pied des coteaux, à l'entrée des bois, au fond des étroites vallées, où les pauvres vont la ramasser pour la brûler ou pour chauffer le four.

Depuis un siècle et demi nous avons été demander au cap de Bonne-Espérance la Phlomide léonure, *P. leonurus*, L., représentée dans notre Atlas, pl. 486, fig. 1. C'est un des plus magnifiques ornemens de nos jardins par la grandeur, le nombre et l'éclat de ses fleurs qui se succèdent en plein air depuis la fin d'août jusqu'à la fin de novembre, et se prolongent davantage rentrées, aux approches de l'hiver, au sein de l'orangerie. La Phlomide léonure ou Queue de Lion, monte sa tige frutescente jusqu'à deux mètres de haut, en se divisant en rameaux, dont les plus jeunes sont en partie herbacés, pubescens, profondément sillonnés, droits, quadrangulaires, aux angles arrondis. Elle est garnie de feuilles d'un vert foncé, lancéolées, un peu velues et nerveuses en dessous. Quarante à cinquante corolles longues, étroites, d'un bel écarlate ou d'un jaune orangé tirant sur le rouge de feu, se montrent le long des tiges par verticilles écartés et dans la partie supérieure des rameaux en un superbe épi interrompu, ce qui lui donne l'aspect d'une queue, οὐρά, de lion, λέων, d'où l'on a tiré son nom spécifique *Leonurus*. C'est l'espèce qui produit le plus d'effet de tout le genre. On la multiplie fort aisément de graines et pour en jouir de suite on préfère les boutures que l'on fait en mai ou plutôt en juillet lorsque la plante a bien aoûté ses jeunes pousses; il faut la tenir dans de grands pots et la changer de terre tous les ans; elle croit avec une si grande vigueur, que, sans cette double précaution, la plante languit et les fleurs avortent. Elle demande aussi beaucoup d'arrosemens durant le cours de l'été.

Toutes les espèces qui donnent des graines en France, préfèrent les semis aux boutures; leurs tiges en sont plus belles et leurs fleurs plus abondantes. Sous ce point de vue, je recommande particulièrement la Phlomide a fleurs pourpres, *P. purpurea*, L., originaire du Portugal, digne rivale de la Phlomide frutescente, dont elle a le port, quoique moins ligneuse. Son duvet blanc et la couleur de ses corolles tranchent agréablement quand elles sont placées l'une près de l'autre; la Phlomide naine, *P. leonitis*, L., toujours verte; la Phlomide laciniée, *P. laciniata*, L., que Tournefort nous rapporta des plaines de l'Orient: c'est une belle plante, haute d'un mètre, revêtue d'un duvet lanugineux et de grandes feuilles persistantes toutes vertes, irrégulièrement laciniées, remarquable par ses grandes fleurs blanchâtres, disposées par huit et dix en verticille, formant dans leur union un bel épi interrompu, et accompagnées à leur base de bractées lancéolées-linéaires laineuses, comme les calices; la Phlomide d'Italie, *P. italica* (Smith), aux fleurs jaunes, avec une tache purpurine, verticillées cinq et six ensemble; les bractées très-épaisses et obtuses qui les enveloppent à leur base sont plus courtes que le calice évasé d'où elles sortent; enfin la Phlomide tubéreuse, *P. tuberosa*, L., l'une des plus agréables après la Phlomide léonure; elle est originaire de la Sibérie; elle a les racines vivaces et formées de petits tubercules que l'on sépare tous les trois ans afin de multiplier la plante, dont le feuillage vert foncé rehausse d'assez grandes fleurs de couleur violacée, qui se succèdent depuis les premiers jours de juin jusqu'à la fin de septembre.

Aucune de ces jolies plantes n'a d'utilité réelle; ce sont des végétaux d'ornement, aussi agréables à la vue par leur port et leur feuillage que par l'élégance et la variété de leurs fleurs. Elles viennent assez bien dans tous les terrains et se prêtent volontiers aux exigences de l'horticulteur.

(T. d. B.)

PHLOX, *Phlox* (bot. phan.) A l'exception d'une seule espèce qui croît abondamment sur les rochers sauvages de la Sibérie et de la Daourie (le *Phlox siberica*, L.), toutes les autres, au nombre de plus de trente, sont originaires du continent américain et plus particulièrement de l'Amérique septentrionale. Ce genre appartient à la Pentandrie monogynie; il fait partie de la famille des Polémoniacées, et a reçu de Linné le nom que les vieux Grecs donnaient à une des fleurs qu'ils tressaient en couronnes. Le mot φλόξ, signifiant *flamme*, exprime bien la couleur vive des corolles dont sont parés les bouquets de quelques unes de ces espèces admises en nos jardins comme plantes d'ornement, sur le bord des eaux, le long des allées et des plates-bandes, etc.

Ce sont des plantes dicotylédonées ne craignant ni le froid ni le chaud, qui se plaisent partout, mais qui recherchent de préférence les terrains frais, un peu argileux. Elles forment des touffes plus ou moins épaisses, herbacées ou suffrutescentes, hautes de trente à quarante centimètres et atteignant souvent de un à deux mètres. Leurs racines sont fibreuses, s'étendent beaucoup et s'emparent de la place si l'on n'a pas le soin de les séparer et même de les enlever tous les deux ans. Les tiges droites, parfois un peu rameuses, se garnissent de feuilles opposées dans le bas, alternes vers le sommet, simples, et d'un beau vert. Les branches et les rameaux, toujours axillaires, quelquefois opposés, sont terminés, depuis le mois de juin jusqu'à la fin d'octobre, par des gerbes bien fournies ou par des corymbes paniculés aux fleurs élégantes, de couleurs variées, tantôt roses ou purpurines, tantôt bleues, légèrement violettes ou lilas, et plus rarement blanches. Ces gerbes florifères produisent un fort bel effet.

Tous les Phlox offrent les caractères suivans : Calice persistant, tubuleux, un peu long, d'une seule pièce, les cinq divisions apparentes (plus ou moins profondes, aiguës, membraneuses sur leurs bords), qui le composent, sont réunies par une membrane diaphane et quelquefois colorée; corolle hypocratériforme au long tube, un peu courbe, bien coloré, s'évasant en cinq lobes obtus, qui s'ouvrent horizontalement, et dont le côté droit est caché sous le lobe voisin; cinq étamines inégales, non saillantes, à anthères droites, sagittées, jaunes, portées sur des filets blancs, déliés, dont la plus grande partie est adnée, c'est-à-dire engagée dans la substance du tube; ovaire supère, trilobé, conique, style blanc, filiforme, de la longueur du tube, mais moins élevé que quelques unes des étamines, stigmate à trois divisions; capsule ovoïde, trigone, à trois loges et autant de valves; une semence ovale et brune dans chaque loge.

Nuttall avait détaché du genre *Phlox* deux espèces originaires du Chili et que l'on trouve aussi dans les environs de Buénos-Ayres, pour constituer son genre *Collomia*; mais ces deux plantes, observées d'abord et bien nommées par l'exact Cavanilles, appartiennent essentiellement au genre qui nous occupe; les différences sur lesquelles le botaniste américain s'appuyait sont si légères que son genre n'a pu être adopté, même par les novateurs de l'école actuelle. Les deux espèces ont repris et leur place et leurs noms (*Phlox linearis* et *Phlox pinnata*) dans la série naturelle du genre.

Parmi les autres espèces, il en est quelques unes dignes d'être mentionnées ici comme les plus remarquables. Ce sont aussi celles que l'on multiplie le plus aisément de graines, et celles qui produisent le meilleur effet dans les jardins; car, sous le rapport de l'utilité réelle, je ne pourrais en citer aucune.

L'espèce la plus hâtive est le Phlox divergent, *P. divaricata*, L. Dès le mois d'avril et jusqu'au mois de juin, époque où les autres se montrent en pleine floraison, ses grandes fleurs d'un joli gris de lin, disposées en grappes lâches et terminales, se succèdent sans interruption. Ses tiges basses, grêles, en partie tombantes ou couchées, s'élèvent au plus à quarante centimètres; ses rameaux divergens ou divariqués, et écartés, portent des feuilles courtes, ovales, étroites, pointues et légèrement velues. Elle [illegible]st originaire de la Virginie et est cultivée en France [illegible]puis 1730.

Deux années après, nous av[illegible]ons reçu de la Caroline le Phlox paniculé, *P. panicu[illegible]ta*, L., l'une des plus belles espèces de tout le genre. Ses tiges nombreuses, droites, glabres, hautes d'un mè[illegible]re et plus, sont garnies de feuilles lancéolées, sessiles, finement denticulées et glabres en leurs bords. Les fleurs, d'un pourpre violet, variant du lilas tendre au blanc pur, s'épanouissent en août et septembre; elles sont réunies en une ample panicule, composée de corymbes particuliers qui terminent chaque rameau. L'on obtient de cette espèce une variété très-accidentelle aux feuilles panachées: ces panachures ne tiennent pas. Chez elle les divisions de la corolle sont arrondies.

On les trouve presque émoussées sur le Phlox ondulé, *P. undulata* (Aiton), que certains auteurs regardent comme une simple variété de l'espèce précédente; malgré le peu de différence qui se remarque entre elles, je l'adopte comme espèce. Ses feuilles sont constamment oblongues-lancéolées, ondulées et rudes en leurs bords; ses panicules sont plus étalées et ses fleurs plus grandes, d'une vive couleur purpurine, bleue ou bleuâtre.

Michaux regarde aussi comme une simple variété du Phlox paniculé, le Phlox blanc, *P. suaveolens* (Aiton), dont la tige et les feuilles d'un vert jaunâtre contrastent singulièrement avec l'extrême blancheur des corolles qui exhalent, en juin et juillet, une odeur suave qu'on respire avec délices. J'avoue que ce rapprochement ne me paraît point heureux et que C. Richard, l'éditeur de la *Flora boreali-americana*, a doublement tort en le rapportant au Phlox maculé, *P. maculata*, L., avec lequel il n'a aucun rapport par le port des tiges qui sont moins élevées, par les feuilles qui n'offrent aucune maculature, et par les fleurs chez qui la couleur blanche est constante.

Vers la fin du dix-huitième siècle, le Phlox sous-ligneux, *P. suffruticosa*, Willd., a été introduit dans nos jardins. Il conserve ses tiges pendant l'hiver; elles sont ligneuses à leur base, trifides à leur partie supérieure, très-rameuses, grisâtres, chargées de feuilles luisantes sur leurs deux faces, d'un très-beau vert et sans nervures sensibles. De belles fleurs bleues, légèrement odorantes, décorent les branches et les rameaux depuis le mois de juin jusqu'en octobre; elles se montrent aussi d'un pourpre-violet très-brillant. Cette espèce, qui craint les fortes gelées, demande l'exposition du levant, une terre substantielle, légère, entretenue humide, pour donner, en pleine terre, des racines étendues et propres à la propager aisément.

Quoique encore peu répandu, le Phlox acuminé, *P. acuminata* (Sims), mérite une mention. Ses tiges, hautes d'un mètre, simples dans le bas, plus ou moins rameuses vers leur sommité, portent des fleurs nombreuses, d'une belle couleur lilas, avec un peu de pourpre dans le centre, disposées en une magnifique et large panicule, qui s'épanouissent en septembre et octobre, alors que leurs congénères deviennent de plus en plus rares.

A ses pieds, de même qu'auprès des espèces précédentes, je place le PHLOX RAMPANT, *P. reptans* de Michaux ou *P. stolonifera* de Curtis, pour y former en tous temps, au moyen de ses tiges (les unes couchées, rampantes et poussant des rejets, les autres droites, simples, chargées de feuilles nombreuses presque spatulées), de larges tapis d'un beau vert, que des petits bouquets égayeront au printemps par cinq à six fleurs d'un lilas violet ou d'un bleu pâle, odorantes et de la grandeur de celles de la petite Pervenche, *Vinca minor*. Cette jolie espèce croît abondamment sur la chaîne des monts Alléghanys. (T. D. B.)

PHOCÉNINE. (CHIM.) Substance découverte par Chevreul, et obtenue en dissolvant de l'huile de marsouin dans de l'alcool chaud, laissant refroidir, décantant la liqueur (l'alcool) qui surnage après vingt-quatre heures de repos, et distillant cette liqueur. La matière huileuse qui reste dans la cornue, traitée par l'alcool froid, donne la Phocénine, substance complétement liquide à 17°, d'une odeur peu prononcée, qui rappelle celle de l'acide Phocénique et de l'éther, soluble en grande partie dans l'alcool, très-saponifiable, etc. La Phocénine est sans usage. (F. F.)

PHODILE, *Phodilus*. (OIS.) Nom de genre proposé par M. Isidore Geoffroy, pour une espèce du genre Chouette et de la section des Effraies. (*Voy.* CHOUETTE.) (Z. G.)

PHOENICOCÈRE. *V.* PHÆNICOCÈRE.

PHOENICOPTÈRES. (OIS.) *Voyez* FLAMANT.

PHOENIX. (ZOOL.) Synonyme du PARADISIER (*voy.* ce mot), et nom d'une espèce du genre Sphinx (*Sphinx celerio*, L.). *Voy.* SPHINX.

En botanique ce nom a été donné au Dattier. (GUÉR.)

PHOLADAIRES. (MOLL.) M. de Lamarck a établi sous ce nom une petite famille de coquilles bivalves composée seulement de deux genres, les Pholades et les Gastrochènes. Cette famille est ainsi caractérisée : Coquille dépourvue d'un fourreau tubulé, soit très-bâillante antérieurement, soit munie de pièces accessoires étrangères à ses valves.

Les naturalistes qui se sont occupés de cette partie de l'histoire naturelle, n'ont pas adopté cette famille, et M. Deshayes, pensant que les Gastrochènes sont de véritables Fistulanes, les sépare des Pholades pour les réunir à ce genre. Il croit devoir réunir les Pholades avec les Tarets et les Térédines et former avec ces trois genres une famille naturelle.

Nous allons nous occuper dans l'article suivant de décrire le genre Pholade et de faire connaître les principaux caractères d'organisation que présentent ces singuliers mollusques.

PHOLADE, *Pholas*. (MOLL.) Les Pholades, qui, comme on l'a vu, appartiennent à la famille des Pholadaires de Lamarck, forment un genre de Mollusques dont le corps est épais, peu allongé, subcylindrique ou conique, dont le manteau forme en dessus un lobe qui déborde les sommets et dont l'ouverture antérieure laisse passer deux tubes qui sont le plus souvent réunis et entourés d'une peau commune. L'un de ces tubes sert à prendre l'eau qui alimente l'animal, et l'autre à rejeter cette eau. De l'ouverture postérieure de la coquille sort un pied court, très-épais et aplati à son extrémité. La coquille des Pholades est mince, d'une couleur lactée, couverte sur toute la surface de stries; elle a la forme d'un ovale allongé, est équivalve, inéquilatérale, et les deux parties de la coquille, ou valves, ne se joignent qu'au milieu des bords de cette coquille. Les sommets sont peu marqués et sont toujours recouverts par deux pièces de même structure que la coquille, qui sont formées par les lobes dorsaux du manteau.

Cette coquille n'a pas de dents à la charnière; mais elle a sous les crochets une pièce calcaire comprimée et recourbée. Le ligament aussi n'existe pas; mais il est remplacé par le pli du manteau qui déborde les sommets, et qui, comme nous l'avons vu, s'étend et supporte des pièces calcaires. Il n'y a qu'un seul muscle adducteur, qui est plus ou moins postérieur, et l'impression du manteau est profondément sinueuse et se prolonge jusqu'à la partie antérieure de la coquille.

Les Pholades sont toutes des coquilles marines et rivicoles. Adanson assure que ces Mollusques peuvent vivre dans l'eau douce, et cet auteur célèbre dit qu'il en a trouvé dans le Niger à une hauteur où la mer ne monte que quelques mois de l'année. Ce fait ne doit plus nous étonner aujourd'hui que nous savons qu'un grand nombre de Mollusques vivent tout aussi bien dans l'eau douce que dans l'eau salée. Les Huîtres, les Moules, les Cérites, les Vénus et un grand nombre d'autres animaux nous offrent de pareils faits qu'on retrouve aussi parmi les Poissons.

Les Pholades vivent constamment enfoncées dans des trous qu'elles se creusent, soit dans la pierre, soit dans l'argile ou les vieux bois; elles sont toujours le pied et la bouche en bas et les tubes en haut. Leurs mouvemens consistent à s'abaisser et à s'élever dans le tube qui est toujours peu profond.

Deux opinions ont été émises pour expliquer de quelle manière ces animaux perforent les corps où ils se logent : la première est celle qui veut que le frottement continuel de l'animal sur le corps qu'il habite, et la macération produite par l'eau de l'animal sur ces mêmes corps suffisent pour les attendrir et faire que ces mouvemens puissent enlever successivement ces couches à mesure qu'elles se forment. Cette opinion, émise par M. de Blainville, n'a pas toujours été adoptée; la seconde est celle qui suppose que ces animaux sont pourvus d'un acide qui décompose les corps sur lesquels ils sont fixés. Il est très-probable, en effet, que ces animaux ont un acide dont ils se servent pour attendrir les corps; mais il est certain que le mouvement continuel de l'animal leur sert beaucoup pour percer des trous. Il est un autre fait encore inexpliqué chez ces animaux, et sans doute plus difficile encore

core à résoudre que la perforation ; c'est la phosphorescence de ces animaux : pas de Mollusques, en effet, sont aussi lumineux, et on rapporte même que les personnes qui les mangent crues au milieu de l'obscurité paraissent avaler du phosphore.

Les Pholades se nourrissent de petits animaux qui sont amenés par l'eau dans les tubes ; mais la manière dont ces animaux se reproduisent nous est encore inconnue.

Les Pholades étaient connues des anciens. Pline en fait mention et leur donne le nom de *Concha longa*. Rondelet et Aldrovande, naturalistes de la renaissance, ont conservé ce nom pour des animaux voisins des Lutraires. Lister, après eux, employa pour désigner ces animaux le nom de Pholade, et assigna à ce genre des rapports naturels. Aussi, sauf la description d'un plus grand nombre d'espèces, il n'a rien été changé depuis l'établissement de ce genre.

Si nous devons à Lister d'avoir établi le genre Pholade, nous devons à M. Cuvier et à M. Lamarck de lui avoir assigné sa véritable place dans la série animale, c'est-à-dire à la fin des coquilles bivalves, et non pas, comme le croyaient les anciens naturalistes, avec les coquilles multivalves.

Les Pholades habitent en grande abondance sur les côtes de l'Océan, de la Manche et de la Méditerranée ; plusieurs belles espèces se trouvent aussi en Amérique.

Les espèces qui vivent dans nos mers se creusent des trous dans les pierres, dans les vieux bois ou dans l'argile. Les espèces de la Méditerranée sont très-recherchées pour servir de nourriture ; les anciens, dit-on, les parquaient. Elles atteignent dans cette mer une assez grande dimension puisqu'il en est qui ont jusqu'à cinq pouces de longueur ; aussi les Romains, comme tout porte à le croire, les réunissaient-ils pour les engraisser. M. Desmarest père a cru pouvoir expliquer comment les colonnes du temple de *Jupiter Serapis*, à Pouzzole, qui est de beaucoup supérieur au niveau de la mer, ont pu être percées par des Pholades. Ce savant pense que cet endroit a servi de réservoir pour mettre les poissons de mer et aussi pour déposer ces Mollusques qui étaient très-recherchés ; leur séjour constant dans ces lieux expliquerait comment ces colonnes ont été perforées par ces animaux. Cette observation, si elle pouvait être confirmée, détruirait les hypothèses des géologues qui prétendent que la mer, par un bouleversement, est venue baigner pendant long-temps les colonnes de ce temple, et qu'ensuite elle a abandonné ces lieux.

Nous connaissons déjà un bon nombre d'espèces de Pholades ; les principales sont :

La Pholade datte, *P. dactylus*, Lin., Gmel., Encycl., pl. 168, fig. 2 4. Cette espèce est très-commune dans la Méditerranée ; elle a jusqu'à cinq pouces de longueur. On la mange sur toutes les côtes de cette mer.

La P. grande taille, *P. costata*, Lin., Encycl., pl. 119, fig. 1 2. Cette espèce est la plus grande du genre ; elle habite les côtes d'Amérique. Elle est ovale-oblongue, arrondie et garnie de côtes membraneuses et denticulées ; sa couleur est blanc de lait. Nous avons représenté cette espèce dans notre Atlas, pl. 487, fig. 3. Dans la figure qui est ici, la coquille est ouverte pour montrer l'intérieur ; mais les lames calcaires qui sont sous les nattes ont disparu ; les plaques qui joignent les deux valves et qui se trouvent à la surface manquent aussi.

La seconde espèce que nous avons figurée dans notre Atlas, pl. 487, fig. 2, est :

La P. calleuse, *P. callosa*, Lamk. Cette espèce est aussi ovale-oblongue, garnie de nombreuses stries, comme crépues en avant et presque nulles en arrière, et ayant sur les sommets une callosité globuleuse. On trouve cette Pholade dans l'Océan. Sa couleur est presque comme celle de toutes les Pholades, d'un blanc pur. Cette espèce n'a pas plus de deux pouces de long ; elle vit, comme les précédentes, dans les pierres.

Nous n'avons encore que très-peu d'espèces fossiles de Pholades, et c'est à M. Deshayes que nous devons la connaissance de quelques espèces venant du bassin de Paris ; la principale est :

La P. conoïde, *P. conoidea*, Deshayes. Cette espèce est très-petite ; elle n'a pas plus de sept à huit millimètres de longueur. Elle a été découverte à Valmondois avec deux autres espèces.

(L. Rousseau.)

PHOLADOMYE, *Pholadomya*. (moll.) Le genre Pholadomye se compose de coquilles fossiles qui pour la plupart ont des rapports avec les Pholades et avec les Myes, et qui étaient rangées tantôt dans un genre, tantôt dans un autre. Sowerby, qui le premier a fait figurer et qui a donné à cette coquille le nom qu'elle porte aujourd'hui, a rendu un véritable service en caractérisant ce genre de Mollusques bivalves. Une seule espèce vivante est connue, et c'est sur cette espèce qu'on a pu caractériser ainsi ce genre : Coquille très-mince, très-transparente, blanche, transverse, ventrue, ovale, inéquilatérale, ayant le côté antérieur plus obtus et plus court ; cette coquille est bâillante des deux côtés, mais plus au côté postérieur qu'au côté antérieur ; la charnière a une petite fossette allongée, subtrigone, et une nymphe marginale saillante sur chaque valve ; le ligament est externe, court et inséré sur les nymphes à leur face externe, et il y a deux impressions musculaires très-peu distinctes ; ces impressions sont jointes par une profonde sinuosité de l'impression palléable ; les crochets sont très-rapprochés, comme nous l'avons vu ; ces coquilles sont très-minces ; elles sont le plus ordinairement ornées de côtes ou de rides plus ou moins nombreuses, qui tantôt sont longitudinales et tantôt transversales ; la minceur du test est telle que ces stries se reproduisent à l'intérieur et que les Moules de ces coquilles ont aussi ces stries.

Le genre Pholadomye intéresse à la fois les conchyliologistes et les géologues. Ces derniers surtout, avant l'établissement de ce genre, étaient très-embarrassés pour déterminer des fossiles qui caractérisent certains terrains et qui étaient rejetés dans plusieurs genres avec lesquels ils n'avaient que peu de rapports. La seule espèce vivante qui soit connue dans ce genre est celle qui a servi à le caractériser ; c'est

La PHOLADOMYE BLANCHE, *Pholadomya candida*, Sowerby, *Genera*, etc., n° 19. Elle vient de Tortola ; elle est très-rare, et la seule valve que le Muséum possède a été achetée trois cents francs. (L. ROUSSEAU.)

PHOLIDOTE, *Pholidota*, Lind. (BOT. PHAN.) Genre de plantes endogènes de la famille des Orchidées de R. Brown, tribu des Pleurothallées de Lindley (Gynandrie monogynie de Linné), établi par Lindley pour des plantes épiphytes de l'Inde, à rhizome cornu, articulé, ou produisant de faux bulbes, à feuilles plissées, à fleurs disposées en épis terminaux, le plus souvent imbriqués et penchés. Ce genre a été établi sous le nom de *Ptilocnema* par Don et de *Crinonia* par Blume. En voici les caractères : Divisions périgonales conniventes en une sorte de globe, libre ; les extérieures un peu plus grandes que les intérieures ; labelle libre, parallèle à la colonne génitalifère, cucullé ou turbiné, trilobé ou indivis ; colonnes génitalifères continues à l'ovaire, semi-cylindriques ou ailées, à clinanthe cucullé ; anthères biloculaires, à deux ou quatre valves ; les antérieures libres par déhiscence ; masses polliniques au nombre de quatre, globuleuses, distinctes.

La seule espèce connue est nommée *Pholidota imbricata* par Hooker. C'est une plante parasite, ayant sa racine fibreuse ; sa tige ou hampe renflée à sa base en un gros bulbe, enveloppée de quelques écailles, et donnant naissance à une seule feuille très-longue, elliptique, lancéolée, roulée à sa base, aiguë au sommet, marquée d'environ sept nervures longitudinales et parallèles. Du sommet du bulbe naît une hampe simple, grêle, longue de plus d'un pied, nue à sa base, terminée par un long épi de fleurs. Ces fleurs sont accompagnées chacune à leur base de larges bractées qui les cachent entièrement avant leur épanouissement, se recouvrent et sont imbriquées ; de là le nom spécifique de cette plante. (C. LEM.)

PHOLIDOTE, *Pholidotus*. (INS.) Genre de Coléoptères établi aux dépens des Lamprimes, et dont il a été question quand on a traité de ce genre. Nous avons figuré le *Pholidotus Humboldtii* dans notre Atlas, pl. 486, fig. 2, et il est décrit à l'article LAMPRIME (*voy.* ce mot). (H. L.)

PHOLQUE, *Pholcus*. (ARACHN.) C'est un genre de l'ordre des Pulmonaires, famille des Aranéides, section des Dipneumones, tribu des Inéquitèles (Filitèles, Walck.), qui a été établi par Walckenaër et adopté par Latreille, avec ces caractères : Yeux au nombre de huit, presque égaux entre eux, groupés sur une éminence antérieure du céphalothorax par deux et par trois ; deux yeux intermédiaires antérieurs rapprochés ; trois yeux latéraux plus gros, très-rapprochés, connivens et groupés en triangle de chaque côté des petits yeux intermédiaires, et un peu plus reculés que ceux-ci ; lèvre grande, resserrée à sa base, dilatée dans son milieu, arrondie à son extrémité ; mâchoires étroites, allongées, cylindriques, légèrement creusées et amincies à leur extrémité externe, inclinées sur la lèvre et contiguës ; pattes très-longues et minces ; la première paire est la plus allongée, la seconde ensuite, la troisième est la plus courte. Les Pholques se distinguent de tous les genres d'Aranéides par le placement de leurs yeux groupés latéralement au nombre de trois, et avec deux yeux intermédiaires. Ce caractère, leur céphalothorax plat, et la longueur de leurs pattes fines, autre caractère qui leur est commun avec le genre *Artema*, établit une affinité entre l'ordre des Aranéides et ceux des Phrynéides et des Phalangides, deux autres ordres aptères acérés, suivant M. Walckenaër, que tant d'autres rapports plus importans séparent des Aranéides. C'est avec le genre Artème qui suit immédiatement que le genre Pholque a les affinités les plus intimes, surtout par la première famille du genre *Artema*, dont les yeux latéraux non connivens sont cependant rapprochés en triangle ; et toutes ces Aranéides se rapprochent des Thiridions, et surtout de ceux de la famille des Longipèdes de la Nouvelle-Hollande, qui par leurs pattes et leurs mâchoires allongées et leurs yeux latéraux connivens forment le chaînon intermédiaire qui unit les trois genres. Les Aranéides qui forment le genre Pholque sont presque sédentaires et forment une sorte de réseau très-lâche, composé de fils flottans ou très-écartés, très-fins, tendus sur plusieurs plans différens, agglutinant leurs œufs en une masse ronde et nue qu'aucun tissu ne recouvre, et les transportant aussi entre leurs mandibules.

M. Walckenaër, dans le tome I de son Histoire naturelle des Insectes aptères, distribue le genre *Pholcus* en deux familles :

Première Famille. Les Cylindroïdes.

Abdomen cylindroïde, plus gros à sa partie postérieure.

Le P. PHALANGIOIDE, *P. phalangioides*, Walck., ouvr. cit., tom. I, pag. 652 ; l'Araignée domestique à longues pattes, Geoffr., Ins. des envir. de Paris, tom. II, 651, n° 17. Le céphalothorax est orbiculaire, d'un gris pâle et transparent, avec des taches plus obscures, à bandeau allongé et anguleux, prolongé perpendiculairement ; les pattes sont livides, rembrunies à leurs principales articulations et entourées chacune d'un anneau blanchâtre ; l'abdomen est allongé, cylindrique, grossissant un peu vers la partie anale, nu, mou, d'un blanc terne, transparent, avec une bande longitudinale, ramifiée, pâle, qui atteint aux deux tiers du dos ; les côtés sont gris, marqués de taches noires. Le mâle est semblable à la femelle ; il a seulement l'abdomen plus cylindrique et plus grêle, et des taches brunes sur le dos ; son digital est singulièrement renflé, et présente un organe très-compliqué ; trois conjoncteurs surnuméraires, dont deux en pointe et un dilaté en éventail, accompagnent le conjoncteur principal; l'épigyne, dans la femelle, a un oviducte longitudinal, porté sur un cuilleron saillant, mais non très-prolongé; sa masse d'œufs est rouge et agglutinée, et on voit l'Aranéide marcher avec cette masse vers le milieu de juin, mais avec peu de vivacité. Elle vibre avec violence sur les fils qu'elle a tendus dès qu'on y touche.

Cette espèce est très-commune en France, dans les maisons et dans les lieux humides et abandonnés. C'est cette Araignée que Pline désigne quand il dit (lib. 29, ch. 56, 12) : « *Albugines quoque dicitur tollere, inunctione araneus candidus longissimis ac tenuissimis pedibus contritus in oleo vetere.* » Nous l'avons représentée dans notre Atlas, pl. 487, fig. 4. 4 *a* représente le céphalothorax vu en devant pour montrer les yeux. 4 *b* offre les mandibules et les mâchoires avec leurs palpes.

Deuxième famille. Les Allongées coniques.

L'abdomen est allongé; les yeux latéraux sont connivens.

Le P. A QUEUE, *P. caudatus*, L. Dufour, Ann. génér. des sc. phys., pag. 52, n° 5, pl. 76, fig. 2. Les palpes, chez le mâle adulte, sont très-compliqués; le troisième article est renflé et cambré; le quatrième se continue par deux crochets inégaux; l'abdomen est allongé, diminue graduellement vers son extrémité et se prolonge en queue au-delà de la partie anale, qui forme en dessous, avec les filières, une saillie conoïde; en dessus il est d'un gris argenté, avec quelques traits obliques, peu apparens de chaque côté, quelquefois d'un gris uniforme; le plastron sternal et le milieu du ventre sont de couleur noire; les pattes sont pâles et velues, avec un anneau plus clair à l'extrémité des jambes et des cuisses. Se trouve dans les fentes de rochers du royaume de Valence.

(H. L.)

PHONOLITE. (MIN.) (Synonymes, Klingstein, Clinkstone). Roche composée de feldspath compacte et de fer titané; elle est sonore, brunâtre, brun-jaunâtre et noirâtre, et à cassure esquilleuse. Parmi les variétés, nous citerons les variétés communes, variolaires, cellulaires, schistoïdes et les honestones.

Les minéraux accidentels qu'on trouve dans les Phonolites sont: l'amphibole, le mica, la haïcyne, le sphène; on y voit aussi de petits filons de natrolite, de spath calcaire, de fer hydraté, etc.

Les Phonolites qui sont intimement liées aux leucostines sont, comme celles-ci, d'origine ignée. Les unes et les autres se sont fait jour principalement à l'époque du groupe palœothériique (terrains tertiaires). (A. R.)

PHONYGAME, *Phonygama.* (OIS.) Less., Calybés, *Chalybeus*, Cuv.; *Paradisœa*, L.; *Cracticus*, Vieill., ordre des Passereaux, famille des Dentirostres, Cuv. Ce genre, voisin des Cassicans auquel il appartient par ses principaux caractères, n'aurait pas dû en être séparé, pour simplifier la science.

Caractères. Bec robuste, plus long que la tête, élevé, élargi à la base, comprimé sur les côtés, à arête très-convexe entamant le front, à pointe recourbée et dentée; fosses nasales profondes, recouvertes d'une membrane perforée dans son centre par les narines que recouvrent en partie des plumes veloutées; tarses robustes, écussonnés; ongle du pouce très-fort; troisième rémige la plus longue; queue arrondie, composée de douze rectrices.

On en connaît trois espèces.

P. DE KERAUDREN, *P. Keraudrenii*, Less.; Cassican de Keraudren, *Barita Keraudrenii*, Garn. et Less., Zool. de la Coq., pl. 13; Calybé corné, *Chalybeus cornutus*, Cuv. Plumage vert foncé à reflets métalliques dorés; les plumes qui recouvrent la tête, les joues et les narines sont très-courtes, veloutées; deux huppes pointues sortent des parties latérales de l'occiput; les plumes qui le composent sont effilées; bec et pieds noirs; la trachée-artère se replie trois fois en cercle avant d'entrer dans les poumons. La conformation de cet organe permet à cet oiseau de produire des sons comme ceux du cor. Il possède à un très-haut degré le don de moduler des sons agréables et de filer toutes les notes de la gamme. Il habite les forêts de la Nouvelle-Guinée. Les naturels l'appellent Issape ou Mansinème. Nous l'avons représenté dans notre Atlas, pl. 486, fig. 3, 3 *a*, offre sa trachée-artère.

P. CALYBÉ, *P. chalybeus*, *Chalybeus paradisœus*, Cuv.; *Paradisœus viridis*, Gmel., Enl. 634. Plumes de la tête et du cou comme du velours frisé, à reflets métalliques vert-bleuâtre doré. Les Papous le dessèchent à la fumée, ce qui produit sans doute le frisement des plumes.

Il habite la Nouvelle-Guinée.

P. NOIR, *P. ater*, Garnot et Lesson, Zool. de la Coq. Le plumage est entièrement d'un vert bleuâtre métallique ayant l'éclat du fer poli suivant les reflets de la lumière; l'iris est rouge de corail, ainsi que les jambes et le bec.

Le Calybé vit solitaire dans les forêts de la Nouvelle-Guinée. Les Papous le nomment Mansinème.

(P. G.)

PHOQUE, *Phoca.* (MAMM.) Les animaux qui forment ce groupe intéressant de la classe des Mammifères sont tous marins et bien connus des navigateurs sous les noms de Lions, Bœufs, Veaux, Vaches, Éléphans, etc., de mer, imposés aux diverses espèces qu'ils comprennent selon les rapports qu'on a cru leur reconnaître avec les quadrupèdes terrestres ainsi nommés. Les mœurs des Phoques et leur organisation méritent une étude spéciale à cause des particularités qui les distinguent, et ces animaux méritent encore d'être étudiés avec soin à cause de la branche importante de commerce à laquelle donne lieu l'exploitation des produits qu'on en retire: leur peau est assez souvent employée, surtout dans certains pays, et leur huile n'est pas moins recherchée que celle des Cétacés.

Voyons d'abord à quel ordre de la classe des

Mammifères ces animaux appartiennent. Chacun sait qu'ils sont Monodelphes, c'est-à-dire que leur mode de génération, analogue à celui des Mammifères ordinaires, les éloigne tout d'abord des Didelphes et des Marsupiaux ou Ornithodelphes, avec lesquels, sous ce point de vue, personne n'a jamais été tenté de les placer; du moins c'est généralement avec les Carnassiers qu'on les range et, pour MM. de Blainville et G. Cuvier, ils forment dans l'ordre de ces derniers une famille particulière sous le nom d'Amphibies ou Pinnigrades. Anciennement on les mettait à côté des autres animaux aquatiques (Cétacés et Lamantins), et c'est à peu près de cette manière que les disposent Blumenbach, Duméril et aussi G. Cuvier, dans son Tableau élémentaire de l'histoire des animaux. L'opinion précédente a prévalu, mais toutefois, et M. de Blainville fait aussi cette remarque, on ne doit pas se dissimuler que s'ils ont beaucoup d'affinités avec les Carnassiers proprement dits, ils se lient aussi d'une manière évidente aux Insectivores et même aux Édentés, soit terrestres (Tatous, etc.), soit aquatiques (Cétacés). Le Morse, dont il a été question dans un article spécial de ce Dictionnaire, est un animal de la même famille que les Phoques, très-facile à distinguer de ces derniers par l'énorme développement de ses deux incisives supérieures, qui constituent de véritables défenses.

Les Phoques sont des animaux aquatiques et qui exécutent dans l'eau, non pas comme le font les Cétacés, la totalité de leurs actes, mais une grande partie de ces derniers. Nous avons dit qu'on ne les trouvait que dans les eaux de la mer, parce qu'en effet il n'y en a pas de véritablement fluviatiles, comme cela serait pour quelques Dauphins. Plusieurs espèces vivent cependant à l'embouchure des grandes rivières, et tous sont littoraux, et se rendent souvent sur le rivage, soit pour s'y reposer, soit pour s'y accoupler ou pour allaiter leurs petits. Leur forme est plus ou moins allongée, plus ou moins ichthyoïde, comme celle des Vertébrés aquatiques, et leurs membres disposés en rames sont remarquables par leur raccourcissement; dispositions qui se voient d'une manière manifeste dans leur squelette, et qui les font aisément reconnaître des divers os qui peuvent leur avoir appartenu; leurs vertèbres sont nombreuses, et la substance qui se trouve entre chacune d'elles est plus abondante que chez les espèces terrestres, et présente pour chaque cartilage intervertébral une cavité centrale remplie d'une pulpe rougeâtre, ce qui donne à la colonne épinière une grande mobilité; aussi leurs mouvemens s'exécutent-ils dans l'eau avec une grande facilité; lorsqu'ils viennent à terre, ils sont beaucoup plus gênés; les uns cheminent par les contractions et oscillations de leur corps et en appliquant leurs membres antérieurs sur leurs flancs, ils serpentent pour ainsi dire; d'autres se soutiennent sur leurs pattes et, avec de pénibles efforts, qui ressemblent parfaitement aux ondulations des Chenilles, ils avancent en traînant la partie postérieure de leurs corps; c'est ainsi que progressent les Otaries et les Phoques à trompe; les Phoques de nos côtes ont au contraire l'autre mode de locomotion sur le sol; leur queue est courte et pour ainsi dire carrée entre les deux pattes postérieures disposées en rames verticales comme la queue des poissons; leurs dents sont de trois sortes, incisives, canines et molaires, mais variables pour le nombre, et n'ayant plus dans la régularité de leur forme cette fixité remarquable dans les dents des Carnassiers; leurs sens sont assez développés, ceux de la vue et de l'odorat surtout; leurs oreilles n'ont pas de conques externes dans beaucoup d'espèces, on donne aux Phoques qui sont pourvus de ces parties de perfectionnement sensitif le nom d'Otaries.

Les oreilles, les dents, la forme du crâne, et par suite celle du corps, varient beaucoup dans les diverses espèces de Phoques; aussi est il facile de les employer pour arriver à la distinction de ces animaux : mais l'âge leur imprime des variations qui rendent parfois fort difficile de reconnaître le jeune âge et l'adulte d'une même espèce. Plusieurs varient même selon le sexe et même selon les époques de l'année; aussi leur connaissance est-elle encore peu avancée, ce qui tient également à l'insuffisance des débris qui représentent ces animaux dans nos collections. Toutefois les Phoques ont été le sujet de travaux importans, publiés surtout par Fabricius, et dans ces derniers temps par MM. de Blainville, G. et F. Cuvier, Nilsson et quelques autres. M. de Blainville a le premier distingué plusieurs groupes parmi les Phoques, mais en leur accordant le simple rang de sections ou sous-genres. Ces groupes sont des genres distincts pour MM. F. Cuvier et Nilsson, qui en ont d'ailleurs accru le nombre.

M. F. Cuvier nomme Calocéphales, en latin *Colocephalus*, les espèces qui ont le crâne et la dentition du Phoque commun et dont les caractères se résument ainsi :

Mâchelières formées principalement d'une grande pointe placée au milieu, d'une plus petite située antérieurement, et de deux également plus petites placées postérieurement; boîte cérébrale bombée sur les côtés, aplatie au sommet, de légères rugosités sur les crêtes occipitales; 34 dents, $\frac{6}{4}$ incis., $\frac{1}{1}$ can., $\frac{5}{5}$ mol.

Le Phoque commun, *Phoca vitulina*, représenté dans notre Atlas, pl. 489, fig. 1, est le type de cette section. On le trouve sur nos côtes et sur celles d'Europe, depuis l'Espagne jusqu'au cap Nord; il est aussi de celles d'Islande et même d'Amérique. M. F. Cuvier, qui distingue trois espèces de Phoques sur notre littoral, donne pour caractères au *Ph. vitulina* proprement dit, une couleur gris-jaunâtre, marquée de taches irrégulières, noirâtres, et trois pieds environ de longueur totale. Quand l'animal sort de l'eau, toute la partie supérieure de son corps et de sa tête, ses membres postérieurs et sa queue sont d'un gris d'ardoise; le gris de la ligne moyenne, le long du dos, de la queue et des pattes, est uniforme, celui des côtés du corps se compose de nombreuses petites taches rondes, sur un fond un peu plus pâle et jaunâtre. Toutes les parties inférieures sont de cette dernière teinte. Lorsque ce pelage est entièrement sec, on ne voit plus de gris que sur la ligne moyenne où se trouve aussi un petit nombre de taches répandues irrégulièrement, tout le reste du corps est entièrement jaunâtre. Il paraît qu'en vieillissant les teintes diminuent d'intensité et que le pelage devient blanchâtre.

Lepechin a décrit sous le nom de *Ph. leporina*, Phoque Lièvre, un animal du même groupe, propre aux mers boréales, mais auquel M. F. Cuvier rapporte un Phoque de la Manche, représenté dans son Histoire des Mammifères.

Cette espèce a jusqu'à six pieds de longueur, et sa couleur est uniformément jaune pâle, excepté sur le cou, où se trouve une bande transversale noire; les jeunes ont le dos garni d'un très-grand nombre de petites taches noirâtres, sur un fond gris jaunâtre, et qui forment une ligne le long de l'épine; la bande du cou paraît ne se montrer que lorsque les taches du dos s'effacent, et celles-ci ne se voient que lorsque l'animal est mouillé.

Le même auteur appelle PHOQUE MARBRE, *Calocephalus discolor*, un autre Phoque pris sur nos côtes et qui a été vu ainsi que les précédens à la Ménagerie du Muséum. Il était très-jeune; sa taille était celle du Phoque commun, mais il en différait beaucoup par les couleurs; tout le fond de son pelage était d'un gris très-foncé, veiné de lignes blanchâtres, irrégulières, qui formaient principalement sur le dos et les flancs une sorte de marbrure, et le dessus se distinguait mieux lorsque l'animal était dans l'eau que lorsqu'il était sec.

Les autres Phoques de cette catégorie sont aussi de l'océan Atlantique et de la mer Glaciale : on en distingue plusieurs espèces, mais leurs caractères sont loin d'être également bien établis.

Un autre groupe est celui des STÉNORHYNQUES, *Stenorynchus*, qui ne comprend que la seule espèce des mers Australes, que M. de Blainville a le premier décrit sous le nom de *Phoca leptonyx*. Ce Phoque a le crâne allongé et les dents au nombre de trente-deux, les molaires étant profondément découpées; ses ongles sont fort petits, surtout aux pieds de derrière, et son pelage est gris en dessus avec des vergetures jaunâtres sur les côtés du dos et blanc-jaunâtre en dessous; les soies des moustaches sont rondes et courtes.

Le *Phoca leptonyx* a de sept à neuf pieds de longueur totale.

Le PELAGE, *Pelagius*, F. Cuv., ne comprennent également qu'une seule espèce, le PHOQUE MOINE, *Phoca monachus*, de la Méditerranée et surtout de l'Adriatique, dont le squelette est représenté dans notre Atlas, pl. 488, fig. 1; sa tête est moins allongée que dans le précédent, et ses dents au nombre de trente-deux ont les mâchelières épaisses et coniques, n'ayant en avant et en arrière que de petites pointes rudimentaires. Ce Phoque a été nommé par Buffon Phoque à ventre blanc; sa couleur est brun-noirâtre en dessus et blanche en dessous, ses moustaches sont lisses et sa longueur égale sept ou huit pieds. Peut-être faut-il considérer comme ne différant pas de cette espèce le Phoque indiqué par Poiret comme fréquentant les côtes de la Barbarie.

Le nom de STEMMATOPES, *Stemmatopus*, a été donné comme générique à un groupe composé du seul *Phoca mitrata* des côtes de l'Amérique septentrionale et de celles du Groënland. Celui-ci est surtout remarquable par le boursoufflement dont est susceptible, à l'époque des amours, la peau qui entoure les narines des individus mâles. Les Stemmatopes ont trente dents seulement, leur mâchoire inférieure n'ayant qu'une paire d'incisives au lieu de deux, caractères qui est également celui des Phoques à trompe, types du genre MACRORHINE, *Macrorhinus*.

Toutefois ceux-ci s'éloignent plus encore des premiers groupes; la paire externe de leurs incisives supérieures est crochue et semblable à des canines, et leurs mâchelières sont à racines simples, mais plus fortes que les couronnes, qui ressemblent à un manchon pédonculé. Le crâne prend un volume considérable et une grande force.

Le PHOQUE A TROMPE, *Phoca leonina*, Lin., Atlas, pl. 489, fig. 2; appelé aussi *Phoca proboscides*, est la seule espèce authentique de ce groupe; il vit dans les mers du Sud, principalement sur les côtes de Patagonie et aux Malouines. Les pêcheurs américains lui font une chasse assidue et le nomment Lion marin; dans ces Phoques le nez des mâles se prolonge en une sorte de trompe, molle, érectile à l'époque des amours; le pelage est très-ras et d'un gris assez clair. Les mâles surpassent au moins du double les femelles en grandeur; quelques uns ont jusqu'à dix-huit ou vingt pieds de long, et quelquefois plus. Et nous estimons, disent MM. Quoy et Gaimard, a plus de deux mille livres la pesanteur de celui que la Providence sembla nous envoyer le lendemain de notre naufrage: « Étendu sur les bords d'un petit étang d'eau douce, non loin du rivage de la mer, il paraissait s'y être traîné pour y mourir péniblement; pendant plusieurs jours il servit à la nourriture de cent vingt personnes. »

On rencontre ces animaux par troupes de cent cinquante à deux cents, et dans ce nombre il y a infiniment plus de femelles que de mâles. Les parages qu'ils fréquentent le plus sont ceux de la côte de Patagonie et des îles Malouines. Ils viennent s'accoupler à terre vers le mois d'octobre et retournent à la mer en mars. Pendant le reste de l'année on en trouve néanmoins encore quelques uns qui fréquentent la terre, mais ils y séjournent peu. Les femelles ont coutume de précéder les mâles; dans l'accouplement elles se renversent sur le dos; chacune d'elles fait un petit seulement à chaque portée, et celui-ci tette deux ou trois mois. On dit que dans la saison des amours les vieux et gros mâles chassent les jeunes qui reviennent ensuite lorsque les premiers se sont retirés.

C'est seulement pour sa graisse qu'on fait la chasse à cette espèce ; car sa peau, manquant de ténacité, est peu consistante et se dessèche promptement.

Ainsi que le remarque M. F. Cuvier, toutes les espèces de Phoques qui suivent offrent dans la forme de leur tête osseuse un caractère spécial et qui pourrait les faire réunir en un seul groupe. Ces animaux sont aussi les seuls de tous ceux que nous avons à étudier qui soient pourvus d'oreilles. Aussi, ayant égard à ce caractère seul, Péron les réunissait-il en un seul genre sous la dénomination d'Otaries. On ne trouve pas d'Otaries dans les mers d'Europe non plus que sur les côtes de l'Amérique septentrionale qui sont baignées par l'océan Atlantique; mais il y en a déjà sur celles du cap de Bonne-Espérance, et vers la partie correspondante du continent américain. L'Australie, la mer du Sud et même les côtes du Japon ont aussi des Otaries.

M. F. Cuvier a établi deux genres parmi ces animaux, les *Arctocephales* ou Otaries à tête d'Ours, et le *Platyrhyuques*, dont le crâne est aplati et déprimé.

Ces derniers comprennent le Phoque à crinière, *Phoca subata*, donné, mais avec doute par M. F. Cuvier, sous le nom de *Ph. leonina* qui appartient au Macrorhine. Ce Phoque, connu des pêcheurs sous le nom de Phoque à crins, est en général plus petit que le précédent, bien que les mâles soient plus forts que les femelles, dont ils se distinguent par leur crinière qui est rousse. Ils sont rares, tandis que les femelles sont plus nombreuses encore que dans le *Phoca leonina*. Ces Phoques, au rapport du capitaine Orne, cité par MM. Quoy et Gaimard, diffèrent peu de ceux que l'on trouve dans le nord de l'Amérique et dans le golfe de Finlande. Ils viennent s'accoupler à terre vers le mois de novembre, et c'est alors la meilleure saison pour les chasser. Le mâle défend sa femelle avec fureur; loin de fuir, il est souvent l'agresseur, et il y a quelquefois du danger à l'attaquer. On a vu un homme avoir une portion de la jambe enlevée par la morsure d'un de ces animaux.

La couleur générale de cette espèce est un gris sale comme celle du Phoque à trompe, mais les poils sont plus serrés. Dans les arts on se sert de leur peau pour faire des souliers, des selles, etc. Lorsqu'elle est fraîchement enlevée, les matelots en font sur-le-champ une sorte de chaussure économique dont le poil est en dedans.

Leur graisse a fort peu d'épaisseur et sous ce rapport ils offrent peu d'avantages aux pêcheurs. On trouve cette espèce sur la côte Atlantique de l'Amérique du sud et aux îles Malouines. Ainsi que la précédente, elle a servi à établir plusieurs espèces nominales dont la détermination n'est pas toujours facile. M. de Blainville lui rapporte entre autres le *Phoca molosoma* de M. Lesson. Ce dernier naturaliste, pour rendre moins obscure la synonymie de ces animaux, a changé les noms de toutes les espèces décrites, innovation qui n'a pas dû être adoptée, le résultat ne pouvant être que contraire à celui que son auteur se flattait d'en obtenir. M. de Blainville ne distingue pas les Arctocéphales des Platyrinques, parce qu'il est difficile d'établir une limite tranchée entre ces deux groupes, et il leur laisse comme dénomination de sous-genre celle que Péron leur avait d'abord donnée; avec eux se place sans doute le Phoque a fourrure, le plus petit et en même temps le plus précieux des Phoques qui habitent les terres australes. Nous ne savons dire à laquelle des espèces décrites il appartient.

Le museau est plus allongé que dans ceux que nous venons de citer, et les dents sont beaucoup plus pointues; leur pelage est d'un brun foncé, quelquefois fauve et mélangé de poils dont l'extrémité est blanchâtre; du reste, leur couleur varie avec l'âge; car elle est noire chez les jeunes, un peu grise et mélangée de blanc dans les vieux. Avant l'âge de six mois les jeunes ne sont pas revêtus de ce poil sous-jacent, court, serré, foncé et laineux qui constitue la fourrure et fait tout le prix que l'on attache à la recherche de ces animaux; aussi quand la pêche est heureuse, ne tue-t-on pas les jeunes qui n'ont pas encore toutes les qualités requises.

Le Phoque à fourrure est très-vorace et vit presque exclusivement de poisson. Les pêcheurs prétendent que les gros individus dévorent les plus jeunes; il s'accouple en été, et les petits tettent très-long-temps. On ne les voit jamais, dans l'enfoncement des baies, venir se reposer sur le rivage; c'est sur les rochers d'un accès difficile et battus par la mer qu'il faut aller les surprendre.

Phoque cendré, *Phoca cinerea*. Péron a le premier parlé de cette espèce, et MM. Quoy et Gaimard, dans leur voyage de l'Astrolabe, nous l'ont fait connaître avec plus de détails.

Ces Otaries sont d'assez grande taille; les adultes ont en effet de huit à dix pieds de longueur. Tout le pelage en dessous est uniformément grisâtre; cette couleur devient plus claire sur le museau; le menton, les aisselles; les côtés de la partie inférieure du corps sont roux, et les oreilles sont noirâtres à leur pointe; les membres postérieurs sont presque noirs et les antérieurs d'un brun foncé tirant un peu sur le rougeâtre; Les poils de la tête et du cou sont longs, rudes et grossiers, ceux des autres parties sont plus courts et plus serrés, leur couleur cendrée résulte d'un mélange de ces poils dont les uns sont d'un blanc jaunâtre et les autres noirâtres; en les écartant, on voit un feutre roux peu épais; les barbes sont fortes et jaunâtres. L'Otarie cendrée habite le port Western, à l'extrémité méridionale de la Nouvelle-Hollande, dans le détroit de Bass.

Phoque austral, *Phoca australis*, Quoy et Gaim. Astrolabe, t. I, p. 93, pl. 14-15 (Atlas, pl. 488, fig. 2). Cette espèce, plus petite que la précédente, vit dans les mêmes parages, sur un autre point de la côte méridionale de la Nouvelle-Hollande; elle provient du port du roi Georges.

Tout le dessus de son corps jusqu'à l'origine de sa queue est d'un gris qui, sous un certain jour, a des reflets jaunâtres; ce gris devient plus clair sur le cou et passe au blanc sale sur la tête, les joues, l'œil et les côtés du museau; le bout du nez est noirâtre; les moustaches sont blanches, fortes et aplaties; tout le dessous du corps est jaunâtre clair en avant et d'un roux de veau en arrière. La ligne de démarcation entre cette teinte et la couleur grise qui occupe le dos, a lieu sur les flancs d'une manière tranchée; les membres sont roux clair en dessus et presque noirs en dessous dans les deux tiers de leur étendue; les antérieurs se terminent un peu en pointe arrondie. Ce qui distingue encore cette espèce, c'est qu'il n'y a nul feutre au bas des poils.

Les Phoques, comme tous les Mammifères marins, ont le système vasculaire très-développé, aussi lorsqu'ils sont blessés perdent-ils une quantité fort considérable de sang. On a supposé qu'ils devaient la faculté de plonger à la persistance du trou de Botal, mais on sait que cette communication s'obstrue chez eux ainsi que chez les autres Mammifères.

Nous terminerons ce que nous avons à dire sur les Phoques en donnant une idée de la manière dont les Anglo-Américains en font la pêche, et pour cela, nous ne pouvons mieux faire que de reproduire, d'après les naturalistes de l'*Uranie*, le journal de M. Dubaut, officier de l'expédition, qui a vécu pendant plusieurs semaines parmi ces pêcheurs.

Les navires destinés pour cet armement sont du port de trois cents tonneaux environ et solidement construits; tout y est installé avec la plus grande économie; par cette raison les fonds du navire sont doublés en bois; l'armement se compose, outre le grément très-simple et solide, de barriques pour mettre l'huile, de six yoles armées comme pour la pêche de la Baleine et d'un petit bâtiment de quarante tonneaux, mis en botte à bord, et monté aux Malouines lors de l'arrivée. L'équipage du navire *the General-Knox*, capitaine Orne, était de vingt-quatre hommes. On estimait à cent vingt mille piastres la mise dehors de son expédition.

Ce capitaine, après être allé aux îles Kerguelen, où il ne trouva rien, était venu aux Malouines, et avait choisi l'île Westpoint pour son entrepôt. Dans ce lieu paisible et sûr, son navire solidement amarré, il avait fait ôter ses voiles, amener ses vergues, et enfin mettre à l'abri tout ce qui n'est point utile dans un port. Quoiqu'il eût dix fourneaux à bord, attendu qu'il devait pêcher la Baleine, il en établit aussi à terre.

Pendant ce temps-là, le petit bâtiment, très-fin et très-léger, avec deux hommes d'équipage et deux yoles, allait le long des côtes à la recherche des Phoques; dès qu'il en apercevait à terre, il expédiait ses embarcations et se mettait à l'abri dans la baie la plus voisine pour les y attendre. Dans le beau temps il laissait des hommes sur les rochers que fréquentent les Phoques à fourrure.

Quand le navire pourvoyeur était chargé, c'est-à-dire qu'il avait embarqué la graisse, coupée par gros morceaux, de deux cents Phoques et plus, ce qui donne de quatre-vingts à cent barils d'huile, il revenait à Westpoint (1). La graisse mise dans les yoles et transportée à la grève, était placée de suite dans les barriques installées sur un quai de pierres, entre la mer et les fourneaux.

Retirée de la barrique, cette graisse était étendue sur une longue table. Là, après en avoir ôté toutes les parties charnues, on la divisait en petits morceaux qui étaient reçus dans un baquet placé sous une table, et d'où ils sortaient pour être jetés dans la chaudière; on enlève le tissu cellulaire qui, desséché, vient flotter à la surface, et il sert à entretenir le feu, car on n'emploie point d'autre combustible.

L'économie est dans toutes ces sortes d'armemens, et les matelots sont à la part; ce qui ne peut être autrement lorsqu'on veut assurer le succès d'une entreprise fondée sur des travaux aussi pénibles; deux et quelquefois trois années suffisent à peine pour compléter la cargaison, moitié en huile, le reste en fourrures.

Pendant les hivers, qui sont très-longs, la pêche est suspendue. Ce n'est que lorsque les premiers rayons du soleil du printemps viennent frapper les rochers et fondre les neiges, que les Phoques commencent à reparaître. Les pêcheurs qui jusque-là ont consommé leurs vivres dans l'inaction, reprennent leurs travaux accoutumés; mais à cette époque ils sont dédommagés de l'espèce d'abstinence qu'ils ont été obligés de faire par la quantité de gibier de toutes sortes qui revient sur ces îles; des milliers d'œufs d'Albatros, d'Oies, de Canes, etc., leur fournissent une nourriture aussi saine qu'abondante. Le reste de l'année, le gibier est assez commun pour qu'on ne touche presque pas aux vivres de campagne. Les provisions d'hiver peuvent aussi être recueillies sur cette terre; avec de gros Chiens, dressés à la chasse des Bœufs, on s'en procure facilement pour faire des salaisons. Une petite île adjacente est tellement remplie de Cochons sauvages, qu'on rapporta à MM. Quoy et Gaimard, qu'un navire américain y était allé seulement pour faire une cargaison de trois mille peaux de ces animaux.

L'huile des Phoques est consommée aux États-Unis. Les fourrures s'exportent en Chine, où on les échange pour du thé, etc.

La chasse des Phoques ne se fait plus qu'avec de très-grandes difficultés, tant on a détruit de ces animaux, et le reste épouvanté remonte vers des terres inconnues jusque sous les glaces polaires. C'est pour la même raison que les Baleines deviennent rares dans l'océan Atlantique.

Les Anglais, les Américains, exercés à ces pêches, ont beaucoup de peine, dit-on, à compléter leurs chargemens. Les Phoques ont aussi abandonné les côtes de la Flasmanie (Van-Diemen) et

(1) Le baril est composé de trente-et-un galons et demi (119 litres environ), et le galon d'huile vaut une demi-piastre.

ils ont fui sur les côtes occidentales de la Nouvelle-Hollande; on en pêche encore près des îles du Japon ainsi que dans les parages de la Californie, du Kamtschatka et des îles Kouriles.

Nous avons vu que si les Phoques voisins du Phoque commun sont tous de l'hémisphère boréal et surtout de la mer Glaciale, les Otaries ou Phoques à oreilles sont plus volontiers du pôle sud, bien que dans le Grand-Océan, on en trouve jusqu'au Japon et au Kamtschatka. Il ne paraît pas exister d'animaux de ce groupe dans la mer des Indes, et il n'en a pas non plus été signalé dans le golfe Persique non plus que dans la mer Rouge. Une seule espèce est de la Méditerranée, et Pallas assure qu'il y a aussi dans la mer Caspienne un Phoque. Ce témoignage est appuyé de celui de M. Ehrenberg; mais l'espèce qu'il indique a besoin d'être décrite avec détails.

G. Cuvier a indiqué dans les terrains tertiaires plusieurs débris fossiles du même genre.

(GERV.)

PHORE, *Phora.* (INS.) Genre de l'ordre des Diptères, section des Proboscides, famille des Athéricères, tribu des Muscides, établi par Latreille, adopté par Macquart, et ayant pour caractères suivant ce dernier auteur: front muni de deux soies dirigées en arrière; dernier article des antennes globuleux; pieds garnis de soies; ailes ciliées; nervure marginale le plus souvent bifurquée à l'extrémité; sous-marginale atteignant l'extrémité de l'aile; médiaires ordinairement droites. Ce genre se distingue au premier coup d'œil des autres genres de la tribu, par l'insertion des antennes très-près de la bouche, et par ses palpes qui sont toujours extérieurs, ce qui n'a lieu dans aucun autre. Le genre Phore a été distingué par Meigen et par Schellemberg, qui lui ont donné le nom de *Trineura* et de *Phosa*. Fabricius a confondu les espèces dans son genre Téphritis.

Ce genre est fort nombreux en espèces; elles sont petites et ordinairement de couleur noire. Macquart, dans le tome II de son Histoire naturelle des Diptères, partage les espèces qui composent ce genre en plusieurs divisions très-naturelles, mais qu'il serait trop long d'exposer ici. Parmi ces espèces, nous citerons seulement :

La PHORE THORACIQUE, *P. thoracica*, Latr. Génér. Crust. et Ins., t. IV, p. 360, tab. 15, fig. 12; *Trinevra thoracica*, Tall., n° 3; longue de deux lignes et demie; noire; front muni d'un rang transversal de six soies dirigées en avant; palpes larges, ferrugineux; antennes brunes, à extrémité quelquefois fauve; thorax testacé; côtés bruns; pieds ferrugineux; tiers postérieur des ailes brunâtre; bord extérieur à cils courts dans le mâle comme dans la femelle. Se trouve en France.

La PHORE TRÈS-NOIRE, *P. aterrima*, Latr., Génér. Crust. et Ins., t. IV, p. 360; Meig., n° 37; *Trinerra atra*, Tall., n° 17; *Tephritis atervima*, Fab., Syst. antl., n° 35; longue d'une ligne; d'un noir velouté dans le mâle, mat dans la femelle; yeux pourpres à l'état de vie; pieds noirs; jambes intermédiaires armées de pointes longues dans le mâle, assez courtes dans la femelle; ailes hyalines; côte ciliée. Cette espèce est assez commune.

La PHORE DU DAUCUS, *P. dauci*, Meig., n° 34, longue d'une ligne et demie; de couleur noire; pieds testacés; jambes et tarses antérieurs jaunes; ailes hyalines. Cette espèce se trouve sur les fleurs du *Daucus*, au mois de septembre.

(H. L.)

PHORMION, *Phormium*, L. (BOT. PHAN. et AGR.) Nous ne connaissons qu'une seule espèce de ce genre de l'Hexandrie monogynie et de la famille des Asphodélées. De Lamarck contesta la création de ce genre et voulut le rapporter au genre voisin *Lachenalia*; mais le *Phormium* s'en distingue positivement et par son port et par ses capsules qui ne sont point ailées, par la disposition de ses fleurs et par la figure, la couleur et la germination de ses graines. (*Voy.* au tome IV, page 309). Sa place se trouve naturellement marquée entre la Jacinthe élevée du Cap, *Hyacinthus elatus*, L. (le *Drimia elata*, de Jacquin), et la Lachénalie en forme de lance, également du Cap, *Lachenalia lanceæfolia*, Willd.

I. *Description botanique.* L'espèce unique, le PHORMION TEXTILE, *Phormium tenax*, est une plante vivace, poussant, à la manière des Iridées, des touffes larges, comprimées et formant éventail; sa racine charnue, tubéreuse, irrégulière, remplie de nodosités, est terminée par des radicules chevelues, très-déliées et rameuses. Elle fournit un grand nombre d'œilletons, lesquels donnent, à leur tour, naissance à des touffes plus ou moins garnies, plus ou moins vigoureuses. (Elle est représentée en notre Atlas, pl. 490, fig. 1.)

Engaînées les unes dans les autres, les feuilles ont une consistance sèche, filamenteuse, et offrent à leur sommet une pointe aiguë. Ces feuilles sont fermes, épaisses, très-glabres, droites, nombreuses et distiques, c'est-à-dire disposées sur deux rangs opposés l'un à l'autre et dont la réunion présente une surface plane; elles se font en outre remarquer par la côte saillante, très-dure, tranchante, d'un rouge sanguin, qu'elles ont sur le dos, et principalement par la régularité, par la direction longitudinale de leurs stries très fines, assez semblables à celles du Pandanus, dont on fait de jolies nattes. Le nombre des stries varie, selon la largeur de la feuille, de cinquante à cent vingt et cent soixante de l'arête à la marge. Chaque feuille est terminée sur ses bords et dans toute sa longueur, par un liseré d'un rouge sanguin aussi vif que celui de la nervure dorsale.

La couleur des feuilles est en dessus d'un beau vert tendre, tirant un peu sur le jaune; en dessous, elle est d'un vert argenté. A la base de chaque feuille, on voit une membrane déchirée, blanchâtre, qui se sépare du liseré, alors d'une teinte bistre très-prononcée, mais qui se confond bientôt avec lui; à mesure qu'il s'élève, ce liseré reprend sa belle couleur pour ne la perdre que lorsque la feuille se détruit.

Quand on fait une ou plusieurs blessures aux

feuilles du Phormion textile, il en sort un suc inodore, insipide, transparent, couleur paille, presque semblable à la gomme arabique. Je n'ai pu jusqu'ici l'employer utilement.

Du centre de la touffe monte majestueusement, d'abord à un mètre, puis jusqu'à trois et même quatre mètres de haut, une hampe feuillée à sa base, nue ensuite, enfin rameuse et paniculée dans sa partie supérieure. Le pédoncule terminal porte de une à quinze fleurs très-belles, dont le calice, profondément sexfide, sert de support à une corolle composée de six pétales, dont trois (les intérieurs) sont d'un jaune doré, et les trois autres (les extérieurs embrassant les précédens) d'un jaune pâle, avec des stries vertes très-prononcées. Les pétales varient encore de formes; les premiers ou ceux qui occupent la partie extérieure, sont courts et carénés; les seconds, au contraire, sont plus longs, à sommet un peu obtus, échancré et légèrement réfléchi. L'ovaire est supère, trigone, et se termine par un long style, surmonté d'un stigmate trianguleux. Des six étamines, trois sont plus courtes, aux filets d'un rouge aurore, s'élargissant vers la base et sont couronnées par des anthères sagittées, d'un fort beau jaune. (La figure 2 représente une fleur entière, un quart de la grandeur naturelle; la figure 3 montre l'ovaire avec son style et son stigmate auquel, par erreur, le graveur a donné la forme ronde; la figure 4 montre l'ovaire coupé pour faire voir la place des ovules.)

La capsule qui succède à cet appareil floral est trigone, quelquefois torse, de six à douze centimètres de longueur sur environ dix à vingt millimètres de grosseur; elle est d'abord d'une couleur vert-jaunâtre; mais à l'époque de la maturité parfaite, cette teinte s'altère et devient d'un bistre foncé. La capsule (fig. 5) est composée de trois valves polyspermes, ayant chacune à l'extérieur un léger sillon dans le milieu de leur largeur, d'où partent des deux côtés des stries légèrement obliques, formant des angles, dont le sommet, ordinairement aigu, est tourné vers la base des valves. Au dedans de la capsule, une arête saillante, portant les graines et correspondant au petit sillon de l'extérieur, monte de l'intérieur des valves et suit le milieu de chacune d'elles. La proximité des trois arêtes, au centre du fruit, le divise en trois parties, dans lesquelles les graines sont imbriquées les unes sur les autres.

Les graines se font remarquer par leur nombre, leur couleur noire très-luisante, et leurs ondulations plus ou moins grandes; elles sont charnues, comprimées, plates, imparfaitement ovales, très-minces en leurs bords, longues de douze à seize millimètres et larges de quatre à huit. Disposées en épis dans la capsule, elles conservent l'indicateur de leur attache vers le bout le plus arrondi, où l'amande, portant l'embryon, prend naissance, et sont terminées à l'autre bout par une pointe ordinairement un peu oblique, près de laquelle s'échappe la plantule. L'embryon est monocotylédoné et d'une couleur jaune-succin. En pressant la graine on en retire un corps gras d'une odeur nauséabonde. Malgré l'existence de ce corps gras, quand les graines ont atteint leur véritable point de maturité parfaite, elles conservent durant deux années leur faculté reproductive. Mises en terre, elles donnent signe de vie après vingt ou quarante-cinq jours, selon la nature du terrain, l'exposition et la température de l'année. Leur germination offre un phénomène fort singulier. En sortant de la graine, la plumule s'élance d'abord verticalement jusqu'au niveau du sol; là, elle se coude, redescend profondément en terre pour y enfoncer une racine pivotante; puis, remontant sur elle-même, elle forme un léger renflement blanchâtre à quelques millimètres du sol, et pousse hors de terre une première feuille verdâtre qui est suivie peu de temps après d'une autre feuille s'engaînant avec la première. Ces feuilles primordiales offrent déjà, à leur partie extérieure, l'arête rougeâtre et sur leurs bords le liséré que nous avons observé sur les feuilles dans la vigueur de leur végétation.

Variété. Il existe une variété de cette plante. Elle se distingue du type de son espèce, d'abord par des feuilles plus petites et offrant à leur base un pétiole de quatre à cinq centimètres de long; ensuite, par la couleur de la fleur qui est d'un rouge foncé. Elle est encore très-peu connue. Les semis nous en procureront sans doute diverses autres.

II. *Historique.* Le Phormion textile est originaire des deux longues îles de l'Océanie, découvertes en 1642, que les géographes appellent la Nouvelle-Zélande, et qui sont situées vers le pôle antarctique, entre le 33ᵉ et le 47ᵉ degré de latitude méridionale, dans un climat froid, sujet aux tempêtes, ayant en beaucoup de localités une grande similitude avec le climat septentrional de la France. Il s'y plaît aux terrains humides. On le trouve aussi très-abondamment dans l'île de Norfolk, et sans aucun doute en diverses autres îles de l'archipel Océanique, particulièrement sur les côtes et dans les vallées voisines de la mer.

Cette plante a été apportée pour la première fois en Europe par Joseph Banks, naturaliste anglais, lors de son retour de l'Océanie. Il en a donné une description très-abrégée, en 1776, dans la relation du second Voyage de Cook autour du monde (tom. I, page 443 de l'édition anglaise, tome III, page 257, de la traduction française), en la désignant sous le nom très-impropre de *Flox plant of New-Zeland*, Lin de la Nouvelle-Zélande, quoiqu'elle n'eût pas le moindre rapport botanique, aucune sorte de ressemblance, même éloignée, avec notre lin cultivé. Jean et Georges Forster lui imposèrent, en 1777, le nom de *Phormium tenax;* Gaertner voulut le changer en celui de *Chlamidia tenacissima;* mais Linné a consacré le premier nom vraiment botanique, et c'est celui que l'on a généralement adopté.

Banks adressa des graines de cette plante à tous les jardins botaniques de l'Europe, mais aucune ne leva ; elles avaient perdu toute faculté germinative durant la traversée. Ce ne fut qu'en 1799 que Aiton, directeur des Jardins de Kew, en adressa un jeune pied au jardin des plantes de Paris : c'était le premier que l'on voyait en France ; mais il n'y a point fleuri jusqu'ici. Nous douterions encore de la possibilité d'en obtenir fleurs et graines, sans les dix pieds en pleine végétation rapportés, en 1803, par les botanistes qui montaient la corvette le Naturaliste, lors de la mémorable expédition nationale aux terres australes. Ces pieds et les œilletons que l'on put leur demander furent distribués sous différentes latitudes l'année suivante. Le Phormion prospéra partout, particulièrement dans les départemens de la Drôme, de l'Hérault, du Var, des Bouches-du-Rhône, de la Corse et chez quelques amateurs distingués du nord-ouest les plus voisins de nos côtes. Un semblable succès décida d'essayer à le mettre en pleine terre. Ce premier degré d'acclimatation réussit au nord comme au midi. Huit ans s'écoulèrent, et nulle part on ne le voyait fleurir ; on commençait même à renoncer à cet espoir, lorsqu'au mois de mai 1812, les premières fleurs vues en Europe commencèrent à se montrer à Saint-Fond, département de la Drôme, chez de Freycinet, le père de l'un des officiers du Naturaliste. Elles se sont épanouies du 9 au 14 juin suivant, au nombre de cent neuf sur la même hampe ; elles n'ont point donné de graines, quoiqu'elles fussent dans le meilleur état possible et qu'elles eussent été soignées avec la plus grande attention.

Ce second degré d'acclimatation réveilla l'espoir d'une conquête utile à l'économie rurale et industrielle ; on redoubla de zèle pour multiplier le *Phormium*, et l'on entrevit la possibilité de l'approprier enfin à notre agriculture. Je ne fus pas un des derniers à prendre part à cette œuvre pie. Je l'ai cultivé pendant plusieurs années avec un plein succès sous la climature de Paris, et c'est le résultat de mes observations pratiques que j'ai publié en 1825 (brochure in-8°, avec une planche gravée). Je me proposais de la soumettre à de nouvelles expériences lorsque l'hiver rigoureux de 1830 est venu compléter les pertes que m'avaient fait éprouver les froids non moins excessifs de 1820. Cette plante réussit aujourd'hui parfaitement dans le riche bassin de Cherbourg ; elle y a fleuri pour la première fois en juillet 1822, et fructifié deux mois après chez feu Cachin, mort inspecteur-général des travaux maritimes, auquel j'avais donné un de mes rejetons ; divers propriétaires en ont reçu des œilletons qui rivalisent en beauté avec les nombreux individus cultivés par Cachin. En mai 1823, le Phormion textile a fleuri sur la presqu'île de Saint-Maudrier, prés de Toulon, département du Var ; il y a donné des graines mûres en août suivant.

De semblables résultats assurent définitivement l'acquisition de cette plante et sa naturalisation complète dans nos parties baignées par les eaux de la Méditerranée.

III. *Propriétés et usages.* Quand elles sont parfaitement mûres, c'est-à-dire au mois de septembre, on retire des feuilles du *Phormium tenax* un fil très-délié, qui tient le premier rang entre toutes les fibres végétales connues et employées au tissage ou bien à faire des cordes. La Billardière, qui, en 1793, étudia cette plante dans les lieux où elle est indigène, s'est livré dix ans après, à Paris, à des expériences suivies pour juger de sa force et de son extensibilité ; elles ont été faites comparativement avec des fils de l'Aloës pitte, du Lin et du Chanvre : il en est résulté que le Phormion textile se rapproche le plus de la puissance de la soie, et qu'il est plus susceptible que le Chanvre et le Lin de soutenir long-temps, sans se rompre, un poids très-lourd et encore augmenté par degrés.

Dans des recherches suivies durant seize années, le fil du *Phormium tenax* s'est aussi constamment montré à mes yeux plus fort, 1° que celui de l'Agave, *Agave americana*, d'une contexture vigoureuse, d'une belle couleur blanche, et sur lequel les influences atmosphériques n'exercent aucune action sensible ; 2° que celui de l'Abutilon, *Sida abutilon*, dont les cordages sont employés de préférence chez les Chinois à cause de leur bon marché ; 3° que celui du Bananier abaca, *Musa abaca*, qui fournit aux indigènes de Manille des tissus très-beaux et très-fins ; 4° enfin que celui de l'Apocin chanvrier, *Apocinum cannabinum*, aux fibres soyeuses donnant une filasse très-forte.

Toutes les fibres du végétal qui nous occupe sont réunies ensemble par une sorte de gluten très-tenace et par une pulpe gommo-résineuse. On parvient à les en dépouiller assez aisément par le rouissage dans une eau courante ou de lessive, ou mieux encore par le procédé du décreusage de la soie ; on lave ensuite, et par des battages successifs on les rend propres à être employées. La macération ni le battage n'altèrent aucunement les filamens ; ils leur donnent, au contraire, de l'éclat, de la souplesse, et permettent d'en obtenir une filasse très-belle, d'une blancheur élatante, à reflets argentés, comme la soie du Bombyx fileur, comme le long duvet de l'Asclépiade de Syrie, *Asclepias syriaca*.

Avec les feuilles, coupées par lanières de trente-quatre centimètres de large (qu'ils nouent simplement ensemble, les indigènes de la Nouvelle-Zélande et de l'île de Norfolck font, sans autre préparation, des nattes et des filets de pêche dont quelques uns sont d'une dimension extraordinaire. Avec les fibres faiblement macérées, il préparent des lignes, des cordages, des canevas d'une grande force, ainsi que des câbles excellens d'un volume moindre que ceux de nos meilleurs chanvres, beaucoup plus légers, présentant moins de prise à la dérive, moins sujets à rompre dans les contours, demeurant des années entières sous l'eau sans la moindre altération, et chez qui la durée égale la vigueur et la souplesse. C'est pour le pays une branche importante de commerce avec les Anglais, les Américains et les peuples de l'Océanie. Depuis 1788, une manufacture anglaise, établie dans l'île de Norfolk, s'est emparée de ce genre de spéculation pour préparer des toiles à voiles, des câbles et des cordages qu'elle livre à la marine.

Les indigènes retirent aussi du *Phormium tenax* une filasse qu'ils emploient à la fabrication des tissus de toutes les sortes, dont le coup d'œil satiné et la finesse rivalisent, sans exagération aucune, avec nos plus belles étoffes. Je possède une partie du manteau d'un chef zélandais, artistement travaillé, réunissant à la légèreté, la fraîcheur et l'élégance; il prouve combien cette branche d'industrie est perfectionnée dans le pays.

Par la simple macération des feuilles et quelques battages, j'ai obtenu des cordes très-bonnes, d'une couleur blonde, la substance gommo-résineuse voilant encore la blancheur éclatante de la filasse; et par le procédé du décreusage de la soie, j'ai eu du fil assez beau, d'une grande force, que l'on a converti en jolis cordonnets, en tresses, en rubans, etc. Un mécanicien de Dijon est parvenu, en 1824, à tirer de la filasse un fil d'une finesse telle qu'il donne une longueur de soixante mille mètres au demi-kilogramme, et qui, pris de court (terme de pratique), ne se rompt que sous un effort répondant à un poids de vingt-sept décagrammes. Ce fil est propre à pouvoir être travaillé en plein air, avantage que n'offre point le fil de lin, lequel a besoin de l'atmosphère humide des caves pour atteindre à la finesse du fil à batiste. Quand le fil du Phormion, destiné à faire de la dentelle, n'a point acquis la blancheur de la soie, on peut très-aisément la lui donner par le savonnage, ou simplement encore en le mettant sur le pré.

En considérant ces nombreux avantages, dont nous devrions être tous également jaloux d'enrichir notre patrie, du moins celles de nos localités voisines de la mer, on doit s'étonner du peu de zèle que les sociétés d'agriculture apportent à encourager la multiplication du *Phormium*. Nous avons acquis la certitude qu'il réussit très-bien chez nous. Pourquoi porter les récompenses sur des monstruosités horticoles? pourquoi tant de faveurs accordées à des objets de peu de valeur, au lieu de conquérir un végétal appelé à donner une nouvelle vie à notre marine, à nos tissus domestiques? Je vais terminer ma tâche en montrant que la culture du Phormion est des plus simples, et par-là décider nos agriculteurs à s'emparer de ce moyen d'augmenter les ressources de la maison rurale, à assainir les laisses que l'Océan abandonne, à donner de la stabilité aux sables de nos plages maritimes.

IV. *Culture*. Quoique habitant des bords humides et sablonneux de la mer, le *Phormium tenax* se plaît sur les collines, dans les vallées et au voisinage des lagunes, pourvu toutefois que le sol repose sur une terre graveleuse ou sablonneuse, légèrement humide, mais nullement marécageuse, comme on l'a dit et écrit dans plusieurs ouvrages même tout récens. Placé non loin d'une eau courante, il réussit merveilleusement; il y fournit en même temps de belles touffes, riches en feuilles d'une grande taille, et des graines de bonne qualité. Planté dans un lieu convenable et exposé au midi, il redoute peu nos hivers ordinaires, ni les chaleurs précoces, durables et même excessives, ni les autres intempéries. Les gels et dégels successifs le font souffrir, du moins sous le 49e degré latitude-nord. Du reste, le Phormion est, à proprement dire, une plante très-rustique, qui demande à être abandonnée à elle-même. Il a, sur nos plages de la Méditerranée, supporté, sans aucun abri, les froids rigoureux de 1820, qui firent descendre le mercure à 14 degrés centigrades au dessous de zéro. Plusieurs touffes que j'élevais en pleine terre à cette époque n'en ont point souffert sous le climat de Paris, tandis que d'autres aussi belles, aussi vigoureuses, ont succombé; les premières sont ensuite devenues victimes de l'hiver non moins cruel de 1830.

Le givre et la neige lui nuisent; je le préservais de leur fâcheuse influence en établissant un chapeau de paille au dessus de la ligne des touffes, et en plaçant devant elles, à cinquante centimètres de distance des pieds, un grand filet à larges mailles, fait avec les fibres corticales du chanvre simplement nouées ensemble.

Ainsi que je l'ai dit au § II, on multiplie le Phormion par l'éclat des œilletons qui poussent sans cesse en abondance de son collet et que l'on sépare au printemps; mais il est bon de le faire avec modération; leur enlèvement apauvrit la plante-mère et contrarie singulièrement la floraison et surtout la fructification. Il faut aider à la reprise des rejetons en les tenant dans des pots remplis de terre de bruyère : lorsqu'ils ont assez de force, on les met en pleine terre. L'expérience m'a prouvé qu'ils périssent infailliblement quand on les place trop près d'une pièce d'eau, où ils sont souvent et long-temps submergés durant le cours de l'hiver.

La voie du semis est la plus lente, mais aussi la plus sûre et la meilleure. Les semences réussissent très-bien dans un sable fin, doux, blanc et tenu humide par une mousse fraîche dont on le recouvre. C'est pour avoir négligé cette méthode que furent perdus les semis par moi faits, en septembre et octobre 1813, dans les dunes qui, de la rive droite de la Loire, s'étendent jusqu'à l'embouchure de la Vilaine, et dans les sables qui, de la rive gauche de ce fleuve, descendent au cap Mindin et sur la plage de Paimbeuf. Les semences prospèrent aussi sur une terre noire et légère. En les repiquant, il convient de les placer dans le voisinage des saules-pleureurs, des acacias et autres arbres à feuillage léger. (T. D. B.)

PHOSGÈNE (CHIM.) Gaz découvert en 1812 par le docteur John Davi, désigné plus exactement par M. Tomson sous le nom de *gaz acide chloroxicarbonique*, et formé d'un volume égal de chlore (gaz acide muriatique oxygéné) et d'oxide de carbone. Le Phosgène est très-dense, de nature acide, incolore, d'une odeur suffocante et analogue à celle du chlorure d'azote, provoquant la sécrétion des larmes et causant de la douleur; il éteint les corps en combustion, n'est décomposé par aucun des corps combustibles non métalliques, est sans action sur l'oxygène, du moins par l'étincelle électrique, est soluble dans l'alcool, ne répand aucune vapeur à l'air libre, etc., etc. Son nom signifie *produit par la lumière*. (F. F.)

PHOSPHATES. (CHIM.) Sels résultant de la combinaison de l'acide phosphorique avec les bases. Cinq espèces de Phosphates sont connues : 1° les *Phosphates neutres*, ceux dans lesquels Dulong et Berzélius ont trouvé que l'oxygène de l'acide était à l'oxygène de la base, comme 5 est à 2; 2° les *Sesquiphosphates*, qui contiennent une fois et demie plus d'acide que les Phosphates neutres; 3° les *Biphosphates*, qui en contiennent deux fois plus; 4° les *Phosphates sesquibasiques*, qui renferment une fois et demie plus de base que les Phosphates neutres; 5° les *Phosphates bibasiques*, qui renferment deux fois plus de base que les Phosphates neutres.

D'après Mitscherlich, la composition atomique des Phosphates est tellement semblable à celle des arséniates, que, connaissant l'histoire des derniers, on connaît celle des premiers; voici, du reste, les conséquences que le savant chimiste de Berlin a tirées de ses expériences, c'est que : 1° le même nombre d'atomes combinés de la même manière produit la même forme cristalline; 2° la même forme cristalline est indépendante de la nature chimique des atomes et n'est déterminée que par le nombre et la position relative des atomes.

Tous les Phosphates à base de potasse, de soude et d'ammoniaque sont solubles; tous les autres Phosphates, qui sont naturellement insolubles dans l'eau, s'y dissolvent, si on ajoute un excès de leur acide dans la liqueur; tous les Phosphates neutres, celui d'ammoniaque excepté, sont indécomposables par la chaleur. Chauffés avec du charbon, les Phosphates neutres métalliques se transforment en phosphores et en sous-phosphates; les Phosphates donnent du phosphore, etc.

Beaucoup de Phosphates existent dans la nature; beaucoup sont préparés dans les arts et les laboratoires; nous ne nous occuperons ici que des premiers; mais avant, rapportons encore quelques unes des principales propriétés des Phosphates.

Tous les Phosphates sont solides ; le bore paraît devoir se comporter avec quelques uns d'eux comme le charbon ; nous en dirons autant de l'hydrogène, du phosphore, du soufre. Le baryte, la strontiane, troublent les solutés aqueux de Phosphates de potasse, de soude et d'ammoniaque, etc.; tous les oxacides forts décomposent en partie les Phosphates et les transforment en sels acides.

P. DE CHAUX. Des onze Phosphates ou sous-phosphates naturels, celui de chaux est le plus commun. En effet, il entre pour près des deux cinquièmes dans les os de tous les animaux, organes formés en outre de gélatine, de carbonate de chaux, de Phosphate de magnésie, etc. Presque toutes les matières animales, toutes les graines céréales, contiennent plus ou moins de Phosphate de chaux; des calculs vésicaux en sont souvent entièrement formés. A Logrosan, dans l'Estrémadure, ce sel constitue des collines entières et tellement considérables qu'on l'emploie dans ce pays comme pierre à bâtir. Enfin, sous forme cristalline assez variée, il est connu sous les noms d'*Apathite* et de *Chrysolite*, pierres que l'on trouve dans les minerais de la Saxe et de la Bohème, dans les filons de roches anciennes, à Saint-Gothard, et dans les produits volcaniques des monts Capara, près le cap de Gates, en Espagne.

P. DE PLOMB. Sel neutre, souvent mélangé d'acide arsénique, ou plutôt d'arséniate de plomb, que l'on trouve dans les mines de sulfure de plomb à Huelgaët et à la Croix, en France. Ses cristaux sont des prismes hexaèdres réguliers plus ou moins modifiés; sa couleur varie entre le vert, le brun et le jaune.

P. DE SOUDE. Ce Phosphate existe dans les matières animales, dans l'urine principalement, où il est combiné avec le Phosphate d'ammoniaque.

P. AMMONIACO-MAGNÉSIEN. Il existe dans l'urine humaine à l'état de calcul. Les intestins des chevaux contiennent également des calculs fort considérables formés du même sel.

P. DE MAGNÉSIE. Les graines céréales, les os, le sang, la wagnérite, renferment le Phosphate de magnésie uni à d'autres sels.

P. DE POTASSE. On ne le rencontre ordinairement que dans quelques graines.

P. DE FER. On le trouve, 1° à l'état cristallin (cristaux prismatiques, rectangulaires, de couleur bleue) dans les mines de Sainte-Agnès, en Cornouailles, dans les roches de micaschiste, dans les produits volcaniques de l'île Bourbon, etc.; 2° en masses terreuses, blanchâtres dans leur intérieur, à l'île de France; 3° sous forme pulvérulente, dans les argiles des derniers terrains, celles qui ont renfermé des matières organiques : ces matières lui ont probablement donné naissance.

P. DE MANGANÈSE ET DE FER. Il a été découvert, il y a bientôt trente ans, aux environs de Limoges, au milieu des granites. Sa couleur est brune et quelquefois rougeâtre.

P. DE CUIVRE. Il se rencontre dans certaines mines de cuivre, et particulièrement à Rheinbreitenbach; sur les bords du Rhin, à Libethen en Hongrie. Sa forme est tantôt mamelonée, tantôt cristalline (cristaux prismatiques, rhomboïdaux, droits); sa couleur est verte, etc.

P. D'ALUMINE. Parmi les espèces de Phosphates d'alumine, il en existe plusieurs : on connaît partout la Wavellite, substance que l'on rencontre en petits globules composés de fibres qui vont en divergeant du centre à la circonférence, et à la surface desquels se trouvent quelquefois des cristaux en prismes rhomboïdaux, à sommets dièdres.

P. D'URANE. On le trouve, 1° à Autun, en lames carrées, souvent groupées les unes sur les autres, de couleur jaune; 2° en Angleterre et en Sibérie, où sa disposition est la même et sa couleur verte;

dans ce dernier cas, il renferme du Phosphate de cuivre. (F. F.)

PHOSPHITES. (CHIM.) Sels qui résultent de la combinaison de l'acide phosphoreux avec les bases. Ainsi que les phosphates, les Phosphites sont tantôt neutres, tantôt acides, tantôt alcalins ; peu sont bien connus, et tous sont sans usage.

Projetés sur des charbons ardens, ceux qui sont acides produisent une belle flamme jaune : cette couleur va sans cesse en diminuant d'intensité si les sels sont neutres ou alcalins.

Chauffés en vases clos, ils dégagent de l'hydrogène phosphoré, du phosphore en petite quantité, et le résidu est un sous-phosphate d'un jaune fauve : la couleur de ce sous-phosphate est inaltérable.

Les Phosphites de potasse, de soude et d'ammoniaque sont déliquescens, solubles dans l'eau, insolubles dans l'alcool ; les autres Phosphites métalliques sont insolubles, ou du moins très-peu solubles.

Le Phosphite de soude cristallise en rhomboïdes qui se rapprochent un peu du cube ; celui de potasse ne cristallise pas ; ceux de strontiane et de baryte ne prennent une forme régulière qu'après que leur soluté a été soumis à une évaporation spontanée. Telles sont les principales propriétés des Phosphites. (F. F.)

PHOSPHORE. (CHIM.) C'est en cherchant la pierre philosophale que Brandt découvrit le Phosphore. Ce métalloïde des chimistes modernes, ce corps, lumineux par lui-même, brûlant avec une énergie sans pareille, fut trouvé en 1669, époque à laquelle l'alchimiste de Hambourg espérait transformer en or et en argent les métaux qu'il appelait *vils et imparfaits*, et auxquels il ajoutait de l'extrait d'urine.

Un échantillon fut de suite envoyé à Kunkel, chimiste allemand, puis montré à Kraft, de Dresde, ami de Kunkel. Kraft acheta le secret de cette curieuse découverte moyennant deux cents dollars. Kunkel, n'ayant pu savoir de ce dernier le mode de préparation du Phosphore, se mit à l'œuvre, fit de nombreuses expériences, qui d'abord furent infructueuses, mais qui eurent un plein succès en 1674, et en 1679, dit on, entre les mains de Boyle. Toutefois, la préparation du Phosphore ne fut bien connue qu'en 1737 ; un étranger l'exécuta en présence de quatre commissaires nommés par l'Académie, Hellot, Duffay, Geoffroy et Duhamel, et ce n'est que depuis un siècle qu'elle est devenue publique.

Pendant long-temps, le mode d'extraction du Phosphore fut tel que Hellot le décrivit dans les Mémoires de l'Académie (année 1737), tel que Rouelle le répéta dans ses cours publics, c'est-à-dire qu'il consistait à calciner fortement dans une cornue de grès le produit sec de l'évaporation de l'urine putréfiée. Un peu plus tard, par le conseil de Margraff, on ajouta un sel de plomb à l'urine ; mais, le produit de l'opération étant toujours très-peu considérable, on abandonna le moyen indiqué par Margraff, et on arriva, en 1769, époque à laquelle Gahn découvrit le Phosphore dans les os, au procédé que nous décrirons dans un instant, et qui diffère peu de celui de Gahn et de Schéele. Les propriétés du Phosphore furent recherchées et étudiées par un très-grand nombre de chimistes. Pelletier nous le fit connaître combiné avec le soufre et beaucoup de métaux ; Lavoisier, Dulong et Davy, avec l'oxygène ; Berzélius, Thénard, avec les bases, etc. Avant d'énumérer les principales propriétés du Phosphore, voyons où se trouve et comment on obtient ce corps, un des plus remarquables de tous ceux qui appartiennent à l'étude de la chimie minérale.

Le Phosphore ne se trouve point libre dans la nature ; il existe combiné avec l'oxygène dans les acides métalliques et quelques sels, et particulièrement dans le phosphate de chaux, qui constitue la charpente osseuse des animaux, dans la laitance de carpe, la matière cérébrale, celle des nerfs, etc. C'est ordinairement du phosphate de chaux qu'on extrait le Phosphore.

Pour cela on prend des os de Bœuf ou de Mouton ; on les fait brûler pour en détruire la matière animale. De noirs que les os deviennent d'abord, ils passent assez promptement au blanc, puis ils sont tout-à-fait friables ; c'est alors qu'ils sont *calcinés* ou transformés en un mélange d'environ soixante-seize à soixante-dix-sept parties de sous-phosphate de chaux, de vingt parties de carbonate de chaux, et d'une petite quantité d'autres sels. Cette opération préliminaire terminée, on pile les os, on les passe au tamis, on les délaie dans une terrine de grès ou dans un baquet de bois, avec deux fois leur poids d'eau, de manière à en faire une bouillie bien homogène, sur laquelle on verse peu à peu dix mille parties d'acide sulfurique marquant soixante-six degrés à l'aréomètre de Baumé, pour douze mille parties d'os calcinés. La masse, qui a dû être agitée continuellement avec une spatule de bois pendant l'addition de l'acide, s'échauffe peu à peu, laisse dégager beaucoup de gaz et devient presque solide.

On ajoute une nouvelle quantité d'eau pour ramener le mélange à l'état de pâte molle, et on abandonne le tout à lui-même pendant vingt-quatre heures, pour faciliter la réaction de l'acide sulfurique.

On lave ensuite la masse à plusieurs reprises avec de l'eau, jusqu'à ce que les dernières portions de celles-ci ne soient plus sensiblement acides ; on met le mélange liquide qui provient des lavages dans une chaudière de plomb ou de cuivre, et on l'évapore jusqu'à la consistance d'un sirop peu épais ; on laisse refroidir complétement, on décante pour séparer le sulfate de chaux déposé, on lave ce dernier avec de l'eau froide, on réunit l'eau de lavage au premier liquide décanté, et on évapore le tout jusqu'à consistance de miel.

Le produit ainsi obtenu est d'environ quatre mille parties. A ce produit on mêle mille parties de charbon végétal réduit en poudre fine, on place le mélange dans une chaudière en fer, et on le dessèche complétement. Pour cela, il est nécessaire de chauffer le fond de la chaudière jusqu'au rouge, et d'agiter fréquemment la masse, sans quoi la totalité de l'eau pourrait très-bien ne pas être évaporée. C'est de ce produit ainsi desséché, de couleur noire, que l'on peut conserver indéfiniment dans des vases hermétiquement fermés, que l'on retire le Phosphore.

A cet effet, on introduit une quantité voulue du produit ci-dessus dans une cornue de grès lutée (on remplit la cornue jusqu'aux neuf dixièmes environ de sa capacité); on place la cornue dans un bon fourneau à réverbère, on garnit avec de l'argile l'espace compris entre le fourneau et le col de la cornue, auquel on adapte une large allonge en cuivre recourbée : cette allonge doit plonger dans un bocal en verre contenant de l'eau et fermé à la partie supérieure par un bouchon de liége percé de trous, l'un assez grand pour laisser passer le bec de l'allonge, et le deuxième beaucoup plus petit, destiné à recevoir un tube d'un mètre environ de longueur, sur un diamètre de huit à dix millimètres; ce dernier tube est destiné à donner issue aux vapeurs non condensables. L'allonge ne doit plonger que très-peu dans l'eau du flacon, de manière seulement à intercepter le contact entre l'air extérieur et l'intérieur de l'appareil. Il faut, qu'en cas d'absorption, le liquide ne puisse pas remonter jusque dans la cornue; enfin le vase en verre qui sert de récipient doit être placé dans une terrine contenant de l'eau, tant afin d'éviter les accidens qui pourraient résulter de la rupture du récipient, que pour pouvoir le rafraîchir à volonté.

Tout étant ainsi disposé, et les luts étant bien secs, on chauffe avec soin et progressivement la cornue, de manière à la porter au rouge dans l'espace de trois heures environ. Dès cette époque, il se produit un dégagement de gaz. Quelques heures après, le Phosphore commence à paraître. Le dégagement de gaz dure jusqu'à la fin de l'opération, et suivant que ce dégagement est plus ou moins rapide, il indique la marche active ou lente de l'opération, et sert de guide à l'opérateur pour ralentir ou activer le feu.

Le Phosphore se réunit dans la partie inférieure du récipient, sous forme liquide; il a une couleur jaunâtre dans le commencement, et brune sur la fin de l'opération, à raison des impuretés qu'il entraîne avec lui.

On peut ainsi, d'une opération bien conduite, qui doit durer de vingt à vingt-quatre heures, retirer environ deux livres dix onces de Phosphore brut.

On purifie le Phosphore brut de la manière suivante : on le place dans une peau de Chamois, on en fait un nouet que l'on serre fortement avec plusieurs tours de bonne ficelle, on plonge ce nouet dans de l'eau à 50° environ; le Phosphore fond; on saisit alors le nouet, sans le sortir de l'eau, avec des pinces de fer ou de bois, et on le tord sur lui-même; cette pression détermine la filtration du Phosphore au travers des pores de la peau; il tombe en petites gouttelettes qui se réunissent au fond de l'eau en une masse liquide, presque incolore; les impuretés restent dans l'intérieur de la peau, mélangées encore d'une petite quantité de Phosphore pur.

Le Phosphore purifié est mis ensuite sous forme de petits cylindres; on choisit, à cet effet, des tubes de verre de six à huit décimètres de longueur, d'un diamètre de cinq à six millimètres, et sensiblement coniques.

On met le Phosphore dans une terrine contenant de l'eau chaude; lorsqu'il est fondu, on y plonge, par une de ses extrémités, l'un des tubes ci-dessus indiqués; l'opérateur, aspirant avec précaution par l'extrémité la plus étroite, force le Phosphore liquide à monter. Lorsque le tube est rempli aux quatre cinquièmes environ de sa longueur, l'opérateur ferme avec l'index l'extrémité inférieure du tube et porte celui-ci presque plein de Phosphore dans un vase plein d'eau froide et assez profond pour que le tube y plonge tout entier. Le Phosphore, en se refroidissant, se solidifie; il ne s'agit plus que de le faire sortir du tube. On y parvient aisément à l'aide d'une légère secousse imprimée au tube, ou à l'aide d'une petite tige de fer qu'on introduit par l'extrémité la plus étroite du tube. Tel est le mode d'extraction du Phosphore, mode qui se trouve indiqué dans le *Codex* qui vient d'être réimprimé tout récemment (1837), et auquel nous n'avons absolument rien changé. Pourquoi, d'ailleurs, apporter des modifications à ce qui est bien dit et bien décrit, et comment aurions-nous eu la prétention de faire mieux que les savans et habiles collaborateurs de la Nouvelle Pharmacopée française?

Une fois obtenu, le Phosphore doit être conservé sous l'eau privée d'air par l'ébullition, et contenue dans des flacons bien fermés et abrités du contact de la lumière. Ses propriétés physiques sont les suivantes : il est solide, insipide, très-flexible, facile à rayer et à couper; son odeur, faible, rappelle celle du gaz hydrogène ordinaire ou celle de l'arsenic en vapeur; il est tantôt incolore et complétement transparent, tantôt légèrement jaunâtre et demi-transparent: enfin on en trouve de noir et de totalement opaque. Placé dans l'obscurité, et en contact immédiat avec l'air atmosphérique, il est toujours lumineux; de là le nom de *porte-lumière* qu'on lui a donné.

Propriétés chimiques. Soumis à une température de 43° et même au dessous, le Phosphore fond très-facilement; chauffé plus fortement, jusqu'à 60 et 70°, par exemple, et refroidi subitement, il prend une couleur noire; sa couleur jaune et sa transparence ne changent pas si son refroidissement se fait lentement; enfin, son refroidissement étant modéré, le Phosphore prend quelquefois un aspect corné. Tels sont les divers phénomènes qui ont été observés pour la première fois par M. Thénard, non sur toute espèce de Phosphore, mais sur celui qui avait été soumis à sept ou huit distillations successives.

Le Phosphore se colore en rouge sous l'influence

des rayons solaires; cette coloration, observée pour la première fois par Vogel, a lieu dans le vide comme dans le gaz hydrogène, le gaz azote, etc., et aussi à la lumière diffuse; seulement la production du phénomène est plus lente dans ce dernier cas.

Mis en contact avec le gaz oxygène, le Phosphore ne brûle et ne se transforme en acide hypophosphorique qu'autant que la pression atmosphérique vient à diminuer de 76 centimètres à 5 à 10 centimètres; si le Phosphore a été fondu avant que d'être mis en contact avec le gaz oxygène, l'action est extrêmement rapide; en très-peu de temps, tout le gaz est absorbé, solidifié; il y a production d'acide phosphorique, dégagement de beaucoup de chaleur, et production de lumière tellement vive que l'œil en est ébloui.

Le Phosphore peut se combiner avec l'hydrogène, le soufre, le sélénium, le chlore, le brome, l'iode, beaucoup de métaux, etc., et donner naissance à des Phosphures (*voy.* ce mot).

Dans les laboratoires de chimie, le Phosphore est employé à l'analyse de l'air et à la fabrication de quelques produits particuliers, mais peu nombreux. Dans les arts industriels, on en prépare des Briquets (*voy.* ce mot) et des allumettes dites *chimiques* ou *physiques*. Celles que l'on voit aujourd'hui en si grande quantité dans les rues de Paris, sont faites avec de petits morceaux de sapin ordinaire, ou de petites mèches cirées, au bout desquels adhère une faible proportion d'un mélange de chlorate de potasse (8 onces), de soufre sublimé (4 onces), de lycopode (2 onces), et de succin (2 gros), auquel on ajoute un peu de Phosphore. Le tout est rendu homogène et adhérent à l'aide d'un peu d'eau et de gomme arabique. Tout récemment on a essayé de faire des allumettes en cire dites *balsamiques* et *antispasmodiques*, et cela en ajoutant à la cire fondue de la cascarille, du benjoin pulvérisé, un peu de charbon et de sel de nitre, également réduits en poudre fine. Nous ne serions pas étonnés d'entendre bientôt crier et vendre cette nouvelle invention sous la protection et la recommandation de l'Académie de médecine (que ne vend-on pas sous le patronage supposé de cette savante société ?) et sous le monopole d'un brevet d'invention. C'est avec peine que nous signalons l'insouciance des académiciens de la rue de Poitiers, pour l'effronterie avec laquelle quelques intrigans exploitent impunément leurs noms et leurs réputations.

Les pharmaciens préparent avec le Phosphore quelques médicamens extrêmement actifs, et qu'il n'appartient qu'aux personnes de l'art d'ordonner et d'administrer aux malades. Les affections de la moelle épinière, les paralysies qui en dépendent, etc., ont souvent cédé à des frictions faites avec des mélanges alcooliques, gras ou éthérés, ayant pour base le corps que nous venons d'étudier. (F. F.)

PHOSPHORE DE BAUDOUIN. (chim.) Nom donné au nitrate de chaux anhydre. (F. F.)

PHOSPHORE DE BOLOGNE. (chim.) C'est ainsi que l'on désigne quelquefois la baryte sulfatée, pulvérisée, réduite en pâte avec de la gomme adragante, calcinée avec du charbon et exposée au soleil. (F. F.)

PHOSPHORE DE HOMBERG. (chim.) C'est le chlorure de calcium mélangé d'un peu de chaux. (F. F.)

PHOSPHORESCENCE DE LA MER. *Voyez* Mer et Noctiluque.

PHOSPHOVINATES. (chim.) Sels formés d'acide phosphorique et d'alcool, ou d'éther, suivant M. Liebig, et d'une base. Ces sels, encore peu connus, sont inusités. (F. F.)

PHOSPHURE. (chim.) Combinaison du phosphore et d'un corps métallique. Les propriétés de ces produits chimiques, entrevus d'abord par Margraff, puis étudiés par Pelletier, sont les suivantes: tous les Phosphures métalliques sont solides, inodores, brillans, cristallisables, cassans, insipides, excepté ceux dits alcalins et terreux qui décomposent l'eau à la température ordinaire.

Soumis à l'action de la chaleur, ils sont très-fusibles, surtout si le métal qu'ils contiennent l'est peu, et *vice versa*.

Si on élève la température, jusqu'au rouge par exemple, les Phosphures se décomposent. A froid, l'oxygène est sans action sur eux, mais il n'en est pas de même quand on vient à chauffer: il y a alors absorption de l'oxygène et de la part du Phosphure, et de la part du métal.

L'eau décompose plusieurs Phosphures et principalement ceux à base alcaline et à base terreuse. Aussitôt que ceux-ci sont mis en contact avec l'eau, il y a décomposition du phosphore et de l'eau, formation de protoxide de potassium, etc., de gaz sesquiphosphure d'hydrogène qui s'enflamme à mesure qu'il se dégage et qu'il rencontre de l'air atmosphérique.

Tous les Phosphures sont le produit de l'art. Aucun n'est employé en médecine. (F. F.)

PHOXICHILE, *Phoxichilus*. (arachn.) Ce genre, qui appartient à l'ordre des Trachéennes, famille des Pycnogonides, a été établi par Latreille avec les caractères suivans: Point de palpes, deux mandibules, pieds fort longs. Ces Arachnides diffèrent des Pycnogonides, parce que ceux-ci n'ont ni mandibules ni palpes, et que leurs pattes sont courtes et de longueur moyenne. Les Nymphores sont distingués des Phoxichiles parce qu'ils ont des palpes. Du reste, ces deux derniers genres ont les plus grands rapports entre eux quant à l'organisation; seulement le premier segment du corps des Phoxichiles n'est point rétréci postérieurement en manière de col; il est court, transversal; de sorte que les deux pattes antérieures et celles qui, dans la femelle, portent les œufs, sont insérées près de la base du siphon, et que les yeux sont dès-lors plus antérieurs. On connaît trois ou quatre espèces de ce genre; la mieux connue est celle qui a été décrite par Latreille dans la deuxième édition du Dictionnaire d'histoire naturelle.

Le Phoxichile phalangioïde, *Phoxichilus pha-*

langioïdes, Latr., ouvr. cité. Cette espèce est longue de cinq lignes, d'un brun obscur, avec les pattes environ trois fois plus longues, un peu velues et tuberculées. Elle a été rapportée par Péron et Lesueur, qui l'ont trouvée dans les mers de l'Océanie.

On peut rapporter à ce genre les *Pycnogonum spinipes* d'Othon Fabricius, sa variété du *P. grossipes*, sans antennes ; les *Phalangium aculeatum*, *spinosum*, de Montagu (Linn., Trans.), le *Nymphon femoratum* des actes de la Société d'hist. nat. de Copenhague (1797) ; le *Nymphon hirtum* de Fabricius, qui peut-être ne diffère pas des *Phalangium spinipes*, *spinosum*, cités plus haut.

(H. L.)

PHRÉNOLOGIE. Suivant son étymologie grecque, ce mot signifie, discours sur l'esprit, ou mieux, histoire de l'intellect. Le mot de Phrénologie n'est entré que depuis environ vingt ans dans le Vocabulaire scientifique. Il se présente mieux, au reste, que celui de Cranoscopie ou de Cranioscopie, qui tout d'abord servit à désigner le système fondé par Gall. Cette dernière expression veut dire seulement examen du crâne, et n'entraîne tout au plus que l'idée du procédé dont les phrénologues se servent pour démontrer quelques uns des résultats de leurs recherches. La Phrénologie est la science, la Cranioscopie est le moyen d'étude.

En fondant sa doctrine, Gall lui donna pour objet la connaissance des fonctions du cerveau et des facultés intellectuelles. Spurzheim, sans définir la Phrénologie, s'est appliqué à faire connaître les diverses parties qu'elle embrasse ; leurs successeurs se sont évertués, au contraire, à préciser les élémens de ce qu'ils appellent la science phrénologique ; mais leurs définitions, bien que semblables au fond, présentent cependant certaines modifications progressives qui semblent avoir été dictées par la nécessité de répondre à de vigoureuses attaques, à de puissantes objections.

Lorsque l'anatomiste allemand jeta les premières bases de la doctrine qu'il voulait édifier, il vit en peu de temps se rassembler autour de lui un grand nombre d'adeptes, parce que toute théorie nouvelle ne manque jamais de partisans ; mais en même temps il souleva de puissantes passions, de redoutables adversaires, car tout système qui s'établit compte bientôt autant d'ennemis qu'il a de défenseurs.

Un des premiers reproches qui lui furent adressés, c'est de n'être que la reproduction d'idées vieillies et tombées dans l'oubli ; une des premières objections avec lesquelles il repoussa ce reproche, fut que l'antiquité même des opinions qu'il ravivait et développait, les rendait plus probables et qu'on devait croire aux vérités qu'il annonçait, puisque déjà elles avaient été entrevues par les plus grands génies des temps anciens.

En effet, presque tous les philosophes admettaient jusque-là que les différentes facultés avaient des siéges distincts. S'appuyant de certains phénomènes physiologiques, et jugeant sur l'ébranlement que telle passion fait éprouver à tel ou tel organe, ils assignaient à chacune de ces passions dans chacun de ces organes, une sorte de trône où seules elles régnaient : le courage occupait le cœur ; la colère, le foie ; la joie, la rate. En cela on voit qu'ils avaient été moins discrets, que les phrénologues qui ont renfermé les diverses facultés dans les limites du cerveau en indiquant seulement à chacune une place séparée dans cet organe.

Hippocrate avait placé le siége de l'âme tantôt au cerveau, tantôt au cœur, tantôt au diaphragme. Le cerveau, toutefois, eut toujours une prééminence manifeste, et on lui donna en partage les plus nobles fonctions. Dès ce temps même on crut, au moins d'une manière générale, aux divers organes cérébraux : ainsi l'on plaça le sens commun dans les ventricules antérieurs, la mémoire dans les ventricules supérieurs, et le jugement au milieu. Les Arabes reproduisirent les mêmes idées, en les étendant, en les embellissant de leurs commentaires. Cette opinion transmise traditionnellement fut encore développée par Albert Legrand, qui la présenta presque avec tous les détails qu'elle a acquis aujourd'hui et indiqua même certains organes particuliers de l'intelligence, qu'il figura dans des planches assez bonnes pour le temps. Bien plus récemment, Willis plaça le sens commun dans les corps cannelés, l'imagination dans le corps calleux, et la mémoire dans la substance cervicale. (Dict. des sc. méd.) Descartes, Bonnet, Boërhaave, Van-Swieten, Lancisi, Morgagni, Haller, s'efforcèrent de découvrir et d'indiquer le siége de l'âme et des diverses facultés ; les physiologistes les plus célèbres des temps modernes reconnurent aussi la diversité des organes cérébraux, mais sans oser en assigner les limites. On voit donc que c'est avec raison que Gall s'appuyait des plus illustres autorités dans la science ; mais il est également facile de voir que son système ne pouvait être présenté comme nouveau qu'autant qu'il étendait prodigieusement les limites des hypothèses offertes jusque-là, et qu'il s'efforçait de démontrer matériellement ce que d'autres s'étaient contentés d'indiquer par le raisonnement.

On ne dispute plus aujourd'hui sur la question de savoir si le cerveau est réellement l'instrument des actes intellectuels et moraux de l'homme ; on ne doute plus que ce ne soit l'appareil organique à l'aide duquel se manifestent les facultés de l'âme. Tout animal, en effet, n'a d'actes intellectuels et moraux qu'autant qu'il a un cerveau ; dans chacun la sphère morale et intellectuelle paraît être en raison du degré de composition du cerveau ; dans chacun, l'examen des facultés intellectuelles ne commence que lorsque le cerveau a éprouvé ses développemens ; si le cerveau est altéré directement ou indirectement, il y a perversion ou même suspension des facultés intellectuelles et morales, *manie*, *délire* ; si le cerveau n'éprouve pas ses développemens, mais reste petit, imparfait, l'exercice des facultés intellectuelles et

morales,

morales n'est jamais possible, il y a *imbécillité*, *idiotisme*. Les physiologistes modernes admettent tous ces divers points, dont la conséquence inévitable est que le cerveau doit être considéré comme l'organe des facultés intellectuelles et morales. Les phrénologistes sont en cela d'accord avec les physiologistes et les philosophes de notre temps, et ils en déduisent que, si le cerveau est l'appareil organique de la fonction morale, il est naturel de penser qu'il y aura toujours rapport entre la structure de cet organe et le caractère des actes intellectuels et moraux, et que, selon qu'il aura une structure simple ou compliquée, la sphère morale d'un animal sera bornée ou étendue. En admettant cette proposition, il resterait à démontrer quelle structure spéciale du cerveau coïncide avec tel ensemble de facultés intellectuelles et morales. Jusqu'ici on n'avait eu égard pour l'établir qu'au volume et à la masse du cerveau, composée dans la série des animaux et chez les différens hommes soit d'une manière absolue, soit dans ses rapports avec le volume de tout le corps ou du reste du système nerveux. Les sculpteurs grecs nous ont représenté le Jupiter olympien avec une large tête; Hercule et le gladiateur avec un crâne rétréci. Aristote et Érasistrate avaient établi que dans l'échelle des êtres animés, le cerveau croissait ou décroissait suivant la même progression que l'intelligence; qu'ainsi le cerveau de l'homme, qui est l'être intelligent par excellence, est absolument plus gros que celui d'aucun autre animal. En reconnaissant depuis que ce fait était inexact, on a dit que si la masse cérébrale de l'homme n'était pas la plus grosse, comparée à celle de certains animaux, son volume était le plus considérable relativement au corps humain. Wrisberg et Sœmmering ayant encore démontré la fausseté de cette assertion, on en est arrivé à comparer seulement le volume du cerveau à celui du reste du système nerveux et à dire que l'homme était de tous les animaux celui qui a le plus gros cerveau comparativement à la masse de ses nerfs, de sa moelle spinale et de son grand sympathique. Pour apprécier par un calcul rigoureux le volume de la masse cérébrale, plusieurs méthodes ont été employées. Camper, dans un autre but, démontra que le rapport inverse du crâne et de la face donnait la mesure de l'intelligence dans les animaux et dans l'homme. La mesure de l'*angle facial* qu'il imagina, celle de l'*angle occipital* de Daubenton, le *parallèle des aires* de la face de Cuvier, sont autant de moyens d'appréciation de la masse et du volume de cerveau. Nous devons donc, avant d'aller plus loin dans l'exposé de la doctrine phrénologique, indiquer, en quelques mots, ces moyens divinatoires qui lui servent de première base. Toutefois, pour ne pas revenir sur ce que nous avons dit ailleurs (*voy.* Angle facial), nous nous contenterons de donner ici l'explication des planches que nous avons fait graver à ce sujet et dont la seule étude nous épargnera beaucoup d'espace, et nous évitera beaucoup de redites.

1° Détermination de la ligne faciale de Camper et de l'angle qu'elle forme avec la ligne basilaire.

Pl. 491. Soit un crâne quelconque : tirez une ligne AB (fig. 1, 2, 3 et 4) passant par la base des fosses nasales N et par le trou auditif O; menez la perpendiculaire IA prolongée en G et passant par l'extrémité de la mâchoire supérieure L; menez une seconde perpendiculaire KB prolongée en H et passant par X le point le plus saillant de l'occiput en arrière. Du point C sinciput tirez la ligne IK parallèle à AB; du point E extrémité de la mâchoire inférieure, menez GEH parallèle à AB. La tête se trouve comprise dans deux parallélogrammes ABIK, ABGH ayant un côté commun AB. *Observations.* 1° Dans l'Orang-Outang, fig. 1, le parallélogramme ABGH renfermant les mâchoires, comparé au parallélogramme ABIK renfermant la boîte crânienne est relativement plus grand que dans les figures 2, 3 et 4. Dans ces dernières figures, la progression de ce parallélogramme est descendante en allant de la fig. 2 à la fig. 4, de la race nègre au beau idéal des Grecs; 2° le parallélogramme supérieur ABIK, circonscrivant la boîte crânienne, est dans une condition inverse, c'est-à-dire qu'il devient de plus en plus grand comparativement au parallélogramme inférieur ABGH à mesure qu'on l'élève de l'Orang-Outang au beau idéal; 3° en menant du point R qui indique la saillie du front au point L qui forme la saillie des mâchoires, une droite LRF, cette droite coupera AB en un point N et formera avec elle un angle qui varie dans les quatre figures ci-dessus. Dans le crâne de l'Orang-Outang, l'angle FNB est de 58°. Dans le crâne du nègre, le même angle est ouvert de 70°. Dans la figure 3, le côté du même angle FN se confond avec la perpendiculaire IA, l'angle est droit et marque par conséquent 90°. Enfin dans la figure 4, qui est le profil d'une tête antique, le même côté de l'angle FNB tombe en dehors de la perpendiculaire IA, et il est par conséquent plus grand que l'angle droit, il mesure 95°. Dans les têtes du bas, fig. 2 et 3, remarquez la ligne faciale LF parallèle à la ligne de l'oreille PQ : Camper observe que la direction de l'oreille est toujours dans le sens de la ligne faciale. C'est une observation négligée par les artistes grecs comme on le voit à la tête du bas, fig. 4.

Pl. 492. Mêmes figures que celles 2, 3 et 4 de la planche précédente, vues de face pour montrer les rapports de leurs diverses parties, dépendant de l'ouverture de leur angle facial respectif. Soit AB ligne basilaire passant par la base des fosses nasales et par le trou auditif; élevez les perpendiculaires AC, BD; tirez CD au synciput parallèle à AB; vous aurez un quadrilatère qui sera plus ou moins rempli selon que les têtes appartiendront à une race plus ou moins élevée. Dans la fig. I, qui représente le crâne d'un Kalmouk, il n'y a que les pommettes qui viennent à la rencontre des lignes CA, DB. Dans la fig. 2, race européenne, ce ne sont plus les pommettes, ces deux lignes sont cotoyées par une assez grande étendue des faces latérales du crâne. Enfin dans la figure 3, qui est le crâne supposé de l'Apollon pythien, le cotoiement est encore plus prolongé. De plus, la ligne CD est repoussée en CD' par le soulèvement de la voûte crânienne, résultant d'une masse encéphalique plus volumineuse en tous sens. Pour construire avec justesse le quadrilatère dont nous venons de parler, il faut poser la tête de manière que la ligne PQ perpendiculaire à AB et passant par le milieu du nez et des lèvres, divise AB en deux parties égales.

Pl. 493 (fig. 1). Tête d'enfant comparée à la fig. 2, tête de vieillard, pour montrer la différence de leur angle facial respectif BAD. Cet angle est toujours droit chez l'enfant et c'est ce développement qui donne à toutes les figures enfantines un air si gracieux et si noble. Mais ce caractère tient chez eux non au volume du cerveau, mais au peu de développement de la mâchoire supérieure que l'absence de dents tient encore dans le recul. L'angle facial de l'enfance ne peut donc point servir de base à aucune détermination concernant le volume du cerveau; ce n'est là qu'un fait anatomique tout-à-fait transitoire. A mesure que les dents poussent, le diamètre des mâchoires s'agrandit et la ligne faciale se déprime d'autant, comme on le voit en BA, fig. 2. Comparez aussi dans les deux lignes CE à AD; elles sont à peu près égales dans la fig. 1, tandis que dans la tête du vieillard, fig. 2, AD est de beaucoup plus grand que CE et cet agrandissement s'est fait de E en A beaucoup plus que de E en D, c'est-à-dire au profit de la partie antérieure du cerveau, de cette partie qu'on regarde comme le siége des facultés intellectuelles et morales qui constituent le caractère inévitable et exclusif de l'humanité.

2° *Détermination de la capacité cérébrale par Daubenton.*

Pl. 493 (fig. 3, 4, 5, 6). Le développement des sinus frontaux qui ne se manifeste par aucun signe extérieur, diminue de beaucoup la valeur des données fournies par la méthode de Camper. Pour éviter cette cause d'erreur, Daubenton veut que l'on prenne pour base de la mesure du cerveau, deux lignes, dont la première AB, passe 1° par le milieu de la partie postérieure du bord du grand trou occipital, et 2° par la partie inférieure du bord de l'orbite; tandis que la seconde CD tombe perpendiculairement entre les deux condyles de l'occipital, sur une troisième ligne EF qui suit la direction du plan du grand trou occipital O. La rencontre de ces deux lignes, en effet, mesure un angle qui paraît de plus en plus grand selon que la partie antérieure du cerveau est plus développée, c'est-à-dire selon qu'on se rapproche davantage de l'homme. Dans le crâne du chien, fig. 3, cet angle est très-aigu. Il l'est un peu moins dans le crâne du maki, espèce de singe, fig. 2. Il est déjà bien ouvert dans la figure 5 qui représente un crâne d'orang-outang. Enfin il est presque droit dans le crâne de l'homme, fig. 6.

Aux modes de mensuration de Camper et de Daubenton, Cuvier ajoute que dans l'homme, la hauteur de la face, sans la mâchoire inférieure, est à peu près égale à celle du front; sa largeur aux pommettes est à sa hauteur comme 3 à 2. Le diamètre antéro-postérieur du crâne est au plus grand diamètre transverse derrière les tempes comme 5 à 4. La profondeur de la face sur la base du crâne est à peu près égale à sa hauteur.

Mais on peut découvrir des rapports plus importans que ceux de l'angle facial, en considérant le crâne et la face dans une coupe verticale et longitudinale de la tête. Relativement à leur proportion respective, le crâne occupe, dans cette coupe, une aire tantôt plus grande, tantôt moindre, tantôt à peu près égale à celle qu'occupe la face. Dans l'européen, l'aire de la coupe du crâne est à peu près quadruple de celle de la face, en n'y comprenant pas la mâchoire inférieure. Dans le nègre, le crâne restant le même, l'aire de la coupe de la face augmente d'environ un cinquième : elle n'augmente que d'un dixième dans le Kalmouk. Pour ce qui concerne leur figure, la coupe du crâne de l'homme, si on en continuait la courbe en dessous, depuis le trou occipital jusqu'à la racine du nez, formerait un ovale un peu plus étroit en avant, et dont le grand axe serait à peu près parallèle au plancher des narines, ou du moins très-peu incliné en arrière, et se rapporterait au petit comme 5 : 4. Mais cette courbure est remplacée dans l'espace indiquée ci-dessus et qui forme la limite du crâne et de la face, par une ligne irrégulière qui forme un angle saillant au dedans de cet ovale. La coupe de la face est un triangle dont le plus grand côté est celui qui touche au crâne et le moindre celui qui répond au dehors. L'angle que celui-ci fait avec le troisième côté ou le palais est précisément l'angle facial.

On peut aussi considérer la coupe verticale transversale du crâne, c'est-à-dire celle qui se fait par un plan perpendiculaire à son grand axe, et par le milieu des fosses moyennes. Elle forme dans l'homme une portion très-considérable d'un cercle dont il ne manque qu'un segment vers le bas, qui fait un peu moins du tiers de la circonférence. Le crâne du nègre est un peu plus plat sur les côtés que celui de l'européen, parce que ses fosses temporales sont plus grandes et plus enfoncées; cela lui rétrécit le visage par le haut, mais il s'élargit par en bas à cause de la proéminence des pommettes.

Ces remarques qui servent encore à donner la proportion du crâne et de la face, présentent comme toutes celles qui précèdent sur les proportions du crâne et de la face, un grand intérêt puisque dans tous les mammifères, le cerveau se moule dans la cavité du crâne qu'il remplit exactement; en sorte que la connaissance de la partie osseuse donne au moins celle de la forme extérieure du cerveau.

Daubenton et Cuvier ne diffèrent de Camper que par leur manière de mesurer le même rapport; au reste, tous ces savans ont une pensée commune, savoir que le volume du cerveau indique la capacité intellectuelle et affective; or, cette pensée renferme implicitement la proposition suivante : le cerveau est l'organe des facultés de tout genre. Mais à cette considération de volume de cerveau, qu'ils regardent comme accessoire, Gall et Spurzheim ont ajouté la proposition suivante, qu'il faut regarder comme l'idée mère de leur système : c'est que le cerveau est un composé d'autant de systèmes nerveux particuliers, d'autant d'autres cerveaux, s'il est permis de parler ainsi, qu'il y a de facultés intellectuelles et morales primitives, et que, dans chaque animal, il se compose d'autant de parties que l'animal doit avoir de facultés dans sa sphère intellectuelle et morale. Chaque faculté a dans le cerveau une partie nerveuse affectée à sa production, de même que chaque sens a son système nerveux spécial. La seule différence, c'est que, les systèmes nerveux des sens étant séparés, on ne peut en nier l'existence distincte ; tandis que les systèmes nerveux du cerveau étant confondus de manière à ne former qu'une seule masse, leur existence séparée ne peut pas être mécaniquement reconnue. Ainsi, comme nous venons de le dire, l'idée fondamentale de la Phrénologie est donc, 1° *la pluralité des organes cérébraux* ou la *localisation des facultés* qui correspondent à ces organes ; 2° *une division nouvelle* de ces facultés.

Nous placerons successivement sous les yeux de nos lecteurs les argumens apportés à l'appui de leur doctrine par Gall et Spurzheim ou par ceux qui les ont suivis dans la route qu'ils ont tracée, et les objections avec lesquelles ce système a été combattu.

» Les preuves sur lesquelles Gall et Spurzheim appuient la proposition de la division du cerveau en autant de centres ou organes qu'il y a de facultés sont puisées dans l'anatomie, dans la physiologie et dans l'étude de l'homme malade. Ainsi, disent-ils, pour commencer par les preuves *anatomiques*, il n'est pas douteux que les cerveaux ne se compliquent graduellement dans les espèces animales, et cette complication progressive ne peut consister qu'en de nouvelles parties, de nouveaux systèmes nerveux qui se surajoutent à ceux qui existaient d'abord. Les différences de structure que l'on observe dans les cerveaux des animaux correspondent toujours aux différences que ces animaux présentent dans leur psychologie ; et n'est-ce pas là une preuve que ces différences dans l'organe sont ce qui produit les différences dans la fonction ?

» Les preuves physiologiques sont plus nombreuses encore, 1° puisqu'on peut établir des distinctions dans les facultés de l'âme et de l'esprit ; il doit y en avoir dans les organes. Si l'on admet en effet la pluralité des facultés, comme on le fait toujours, il faut bien admettre celle des instrumens. De même que chaque sens externe a son organe, de même chaque faculté interne a le sien ; 2° évidemment certains animaux ont des facultés que d'autres ne possèdent pas ; ces derniers, cependant, ont de même un cerveau : il faut donc bien que dans les premiers le cerveau ait quelques parties qui manquent dans celui des seconds ; 3° dans les individus d'une même espèce, on observe mille variétés psychologiques : tous les hommes, par exemple, bien qu'ayant les qualités générales de l'humanité, diffèrent par leurs facultés intellectuelles et morales : or, si le cerveau est un organe unique, il faut attribuer ces différences à quelques modifications dans la forme générale de ce viscère ; et il est sans contredit plus facile d'en rendre raison en les rapportant à des différences dans des parties isolées du cerveau ; 4° dans un même individu, un homme, par exemple, les facultés intellectuelles et morales ne sont jamais toutes au même degré ; tandis que l'une est prédominante, une autre peut être faible : comment concevoir encore ce fait dans l'idée que le cerveau est un organe unique ? et, au contraire, ne l'explique-t-il pas aisément dans l'hypothèse de la pluralité des organes du cerveau, l'organe de la première faculté étant plus volumineux proportionnellement, et celui de la seconde l'étant moins ? 5° dans un même individu toutes les facultés n'apparaissent pas en même temps, et ne se perdent pas non plus en même temps : comment concevoir encore les variétés morales des âges dans l'hypothèse que le cerveau est un organe unique ? dans l'hypothèse de Gall et Spurzheim cela devient plus facile ; car on voit qu'aussi les différentes parties du cerveau ne croissent pas et ne décroissent pas simultanément ; 6° enfin, on sait que lorsque notre esprit est fatigué par un genre d'occupation, souvent un nouveau travail, loin d'ajouter à la fatigue, lui apporte du délassement ; il semble qu'alors c'est un autre organe que l'on fait agir, de même qu'on peut encore exercer un des sens après en avoir fatigué un autre. »

» Quant aux preuves *pathologiques*, elles se tirent de la considération des maladies de l'esprit comme les *physiologiques* se tiraient de l'observation de l'exercice libre et sain des facultés de l'âme. Ainsi l'on connaît des aliénations qui ne portent que sur un seul genre d'idées, et qui sont jointes à de la raison sur tout le reste ; ces aliénations qu'on appelle monomanies, le plus souvent sont le produit d'une idée opiniâtre qui a constamment poursuivi le malade, et très-souvent aussi le meilleur moyen de les guérir est de leur substituer une autre idée, qui vient croiser la première, ou même la dominer à son tour. De même souvent, une altération physique du cerveau ne modifie qu'une faculté. S'il est évident encore que la vieillesse n'émousse pas aussi promptement et au même degré toutes les facultés, il est vrai que l'idiotisme ne porte pas également sur toutes. Or, tous ces faits ne peuvent s'expliquer encore dans l'idée de l'unité du cerveau.

Ainsi, comme on le voit, la conclusion de ce que nous venons d'établir, c'est que :

1° Les penchans et les facultés des hommes sont innés.

2° Que l'exercice de nos instincts, de nos penchans, de nos facultés intellectuelles et de nos qualités morales, quel que soit d'ailleurs le principe auquel on les rapporte, est soumis à l'influence des conditions matérielles et organiques.

3° Que le cerveau est l'organe de tous nos instincts, nos penchans, nos sentimens, nos aptitudes, nos facultés intellectuelles et de toutes nos qualités morales.

4° Enfin que chacun de nos instincts, de nos penchans, de nos sentimens, de nos talens, et chacune de nos facultés intellectuelles et morales, a, dans le cerveau, une partie qui lui est spécialement affectée, un siége déterminé, et que ces diverses parties forment comme autant de petits cerveaux ou d'organes particuliers.

Cette pluralité des organes étant admise, les phrénologistes prétendent de plus que le développement de ces diverses parties se manifeste à la surface extérieure de la tête, par des signes ou des protubérances visibles et palpables, de sorte que, par l'examen de ces protubérances ou bosses, on peut reconnaître, au tact ou à la vue, les dispositions et les qualités intellectuelles et morales propres à chaque individu.

Les philosophes ou les physiologistes qui, avant Gall, avaient admis cette pluralité des organes cérébraux, cherchaient, suivant les idées anciennes, le siége de l'attention, du jugement, de la mémoire, de l'imagination, de la volonté, etc.; Gall n'admet pas l'attention, le jugement, la mémoire, etc., comme facultés fondamentales; ce ne sont que des abstractions, des qualités générales s'appliquant à toutes les facultés fondamentales; car la mémoire, quant à son objet, varie d'individu à individu : l'un retient bien les mots, l'autre les faits, les lieux, les formes ou les nombres, etc. De même pour le jugement, tel raisonne bien, voit bien les rapports en peinture, qui déraisonne en mathématiques; ce qui frappe l'attention d'un homme est vu par un autre sans être remarqué. Vaucanson, dit-on, devint mécanicien en voyant une pendule; bien d'autres ont vu des pendules sans y gagner ni le goût ni le talent de la mécanique; la pomme de Newton ne pouvait dévoiler qu'à lui le système du monde. Croit-on qu'un mathématicien, un savant, doit son génie à un livre tombé par hasard entre ses mains, comme on le raconte de plusieurs hommes illustres? ces hommes avaient dans le cerveau l'organe pour lequel le livre n'a été qu'une occasion. L'attention d'un chien est excitée par un lapin, l'attention du lapin par une touffe de serpolet, etc. (Harmon. physiol. par Baudet-Dulary.)

Ainsi l'attention, le jugement, la mémoire, l'imagination, sont des modes d'action de chaque faculté ou de chaque organe en particulier; mais quelles sont les facultés fondamentales?

Gall, après bien des incertitudes, des modifications, avait fixé le nombre des facultés à vingt-sept, correspondant à vingt-sept organes encéphaliques, sans compter ceux des cinq sens chargés seulement de fournir des matériaux aux premiers.

Spurzheim, disciple et collaborateur de Gall, a fait au système de son maître de nouvelles corrections que celui-ci ne voulut jamais sanctionner et porté à trente-cinq le nombre des facultés et des organes. D'autres phrénologistes sont venus depuis ajouter à ce nombre, mais la classification de Spurzheim est aujourd'hui la seule adoptée.

» Spurzheim partage en deux sections toutes les facultés de l'âme et de l'esprit, les *affectives* et les *intellectuelles*. En cela il est d'accord avec les métaphysiciens et les idéologues. Les premières fondent pour l'homme et les animaux des instincts, des penchans, des sentimens qui les portent à agir en de certaines directions, ayant leur source au dedans de nous; étant dans leur activité, indépendantes de la volonté, elles éclatent spontanément, comme les sensations physiques de la faim, de la soif, ne s'apprennent pas, mais se sentent, et constituent les affections de l'âme. Les secondes, au contraire, donnent à l'homme la connaissance du monde extérieur et de lui-même; leur but spécial est de connaître, et c'est à elle qu'on rapporte ce qu'on appelle l'entendement.

Les facultés affectives se subdivisent elles-mêmes en deux ordres, ce que Spurzheim appelle les *penchans* et ce qu'il appelle les *sentimens*. Il est difficile d'exprimer quel caractère distinctif sépare ces deux ordres de facultés affectives; Spurzheim dit seulement que les penchans ne consistent qu'en un désir, une inclination, un instinct; tandis que les sentimens ont en eux quelque chose de plus, comportent en même temps une émotion particulière de l'âme, qu'il faut absolument sentir soi-même pour qu'on la connaisse. Les penchans sont au nombre de neuf, l'*amativité*, la *philogéniture*, l'*habitativité*, l'*affectionivité*, la *combattivité*, la *destructivité*, la *constructivité*, la *convoitivité* et la *sécrétivité*. » Sans nous arrêter à ce que cette nomenclature a de bizarre, donnons en peu de mots l'histoire de quelques uns de ces penchans, afin de mettre nos lecteurs en mesure de s'expliquer les autres.

Ainsi le penchant de l'*amativité* est cet instinct qui sollicite, dans chaque espèce animale les individus de sexe différent à se rapprocher dans la vue de la reproduction. Sa nécessité est évidente, puisqu'il est à la conservation de l'espèce ce que la sensation de la faim est à la conservation de l'individu. On ne peut guère douter non plus que ce penchant ne soit inné; lorsqu'on le voit n'éclater dans les divers animaux, qu'à une époque déterminée, quelque diverses que soient les circonstances extérieures; lorsqu'on le voit tant différer dans ces animaux sous le rapport de son degré d'énergie; lorsqu'il peut seul être très-actif ou très-languissant, au milieu de l'inactivité des autres facultés, etc.

Enfin son siége est dans le cervelet : du moins voici les preuves sur lesquelles Gall et Spurzheim appuient ce dernier fait; c'est que, dans toutes les observations comparatives de cerveaux qu'ils ont faites, ils ont toujours vu le cervelet être dans les divers animaux, et dans les divers hommes, en rapport de volume avec l'énergie du penchant; que chez ceux où le penchant était faible, le cervelet était petit, et réciproquement; que d'ailleurs le penchant ne commence à se faire sentir que lorsque le cervelet a son développement, à l'âge de puberté; qu'on l'exalte en excitant le cervelet, qu'on l'anéantit en détruisant cette partie cérébrale, et qu'enfin la castration prématurée arrête les développemens accoutumés du cervelet.

De même le penchant de la *philogéniture* est cet autre instinct qui attache les pères et les mères des animaux à leurs petits, et qui est la source de l'amour maternel. On ne peut non plus contester la nécessité d'un tel penchant dans l'économie générale des animaux. Son innéité éclate également quand on voit les animaux, bien que généralement soumis aux mêmes circonstances extérieures, tant différer à son égard: certaines espèces animales, en effet, n'éprouvent jamais cet instinct; dans d'autres espèces, les femelles seules le présentent; et enfin, dans d'autres les femelles et les mâles le montrent également. Enfin, son siége est dans les lobes postérieurs du cerveau; du moins Gall et Spurzheim ont toujours trouvé, dans les animaux, cette portion cérébrale, developpée en raison de l'énergie des penchans, c'est-à-dire manquant dans ceux qui ne l'ont pas, existant, au contraire, mais faible, dans ceux qui ont le penchant à un faible degré, et très-volumineuse, au contraire, dans ceux qui ont cet instinct prédominant.

Ces considérations se représentent lorsqu'il s'agit de tous les autres penchans. Ainsi celui de l'*habitativité* est l'instinct du séjour, cet instinct inné qui fait qu'un animal habite de préférence et souvent exclusivement telle région de la terre, de l'air ou des eaux. Le penchant de la *constructivité* est celui en vertu duquel certains animaux se construisent, comme cela est, par exemple, dans le lapin qui se creuse des terriers, par opposition au lièvre qui, quoique appartenant à une espèce voisine, ne le fait pas. L'*affectionivité* est cet instinct qui attache, indépendamment de tout calcul, de toute réflexion, un individu à un autre, un animal à un autre, et qui est peut-être la source de l'état de société, de l'état de mariage dans lequel vivent certains animaux. On ne peut guère méconnaître, en effet, que l'état de société, celui du mariage, ne soient des institutions de la nature, des effets de penchans innés, puisqu'on voit certains animaux en jouir par opposition à d'autres qui en sont incapables; bien que les uns et les autres soient dans des circonstances extérieures semblables. La *combattivité* est cet autre instinct qui dispose certains animaux à se battre, toutes les fois que leur intérêt personnel peut l'exiger, et on ne peut guère en effet méconnaître que, sous ce rapport encore, les animaux se partagent en ceux qui n'ayant pas ce penchant, sont pacifiques et doux, et en ceux qui, au contraire, battent en réponse à la plus légère attaque. Enfin les penchans de la *destructivité*, de la *convoitivité*, de la *sécrétivité*, de Spurzheim, sont ceux que Gall avait appelés penchans du meurtre, du vol et de la ruse. Au premier se rapporte l'instinct qui sollicite tout animal carnivore à donner la mort à l'être qui doit faire sa proie, et chacun sait que les animaux diffèrent beaucoup entre eux sous le rapport de leur disposition douce ou sanguinaire. Au second se rattache cette disposition native qu'a tout être de s'approprier ce qui peut lui convenir, disposition innée, sur laquelle repose, en dernière analyse, le sentiment de la propriété, et qu'enfin la législation a dû nécessairement renfermer chez l'homme en de certaines limites, pour que la force n'en devienne pas l'unique arbitre. Enfin le troisième est la disposition en vertu de laquelle un animal use toujours de ruse pour parvenir à ses fins, et chacun encore sait à cet égard que chaque animal a ses ruses particulières, qui sont trop constantes dans chaque espèce, pour que l'impression n'en soit pas innée (Journ. comp. des sc. méd.). Nous croyons inutile de pousser plus loin ces indications; mais nous croyons devoir prévenir nos lecteurs que, pour éviter de nous égarer dans l'exposition du système de Gall et de Spurzheim, nous avons suivi mot à mot celles qui ont été données par eux ou par leurs plus fervens disciples. Il nous reste encore à leur emprunter l'histoire des moyens par lesquels les deux anatomistes allemands sont arrivés à la découverte des différens organes du cerveau.

Pour éviter les dissidences si nombreuses et si subtiles des métaphysiciens et des idéologues, Gall et Spurzheim ont suivi les idées vulgaires des gens du monde, et, ayant égard aux occupations favorites, aux vocations diverses des hommes, à ces dispositions en vertu desquelles on dit qu'un tel est né mathématicien, musicien ou poète, etc., ils ont examiné avec soin les têtes des personnes qui avaient ces qualités prédominantes et ont cherché à découvrir quelque partie du cerveau qui, chez elles, fût proéminente aussi, et qu'on pût regarder comme l'organe, le système nerveux de cette faculté. C'est en multipliant à l'infini ces recherches tout empiriques, tant sur les divers hommes que sur les animaux; en la faisant surtout sur les hommes à génie, c'est-à-dire qui ont une faculté quelconque prédominante; sur les maniaques, les idiots de naissance: c'est, en un mot, en suivant cette voie, tout expérimentale et d'observation, qu'ils ont été conduits à spécifier dans le cerveau de l'homme un certain nombre d'organes, de systèmes nerveux particuliers, affectés chacun à la production d'une faculté intellectuelle et morale particulière.

Mais cet examen de la périphérie du crâne ne pouvait avoir lieu chez les hommes vivans qu'à travers le crâne et les tégumens de la tête; et comme on pouvait nier qu'il fût possible ainsi d'apprécier l'état et la surface du cerveau, les fondateurs de la science phrénologique établissent que, le crâne étant fait pour le cerveau, c'est le cerveau qui décide toujours de la direction dans laquelle se fait l'ossification du crâne, de sorte que cette enveloppe osseuse offre toujours une représentation fidèle de la masse encéphalique qu'elle renferme. C'est donc sur ce principe qu'ils fondent, ainsi que nous l'avons dit, la possibilité de la cranioscopie, c'est-à-dire de l'art de deviner les divers degrés de développement des différens organes du cerveau, et par conséquent les divers degrés d'énergie des facultés de l'âme et de l'esprit, par l'examen du crâne et de l'extérieur de la tête.

Nous avons donné plus haut la classification de ces facultés; pour qu'elle puisse être convenablement saisie dans son ensemble, nous la reproduisons ici dans un tableau où les deux ordres dans lesquels elles sont rangées se divisent chacun en deux genres.

Tableau systématique des facultés de l'homme, selon la phrénologie du docteur Spurzheim (1).

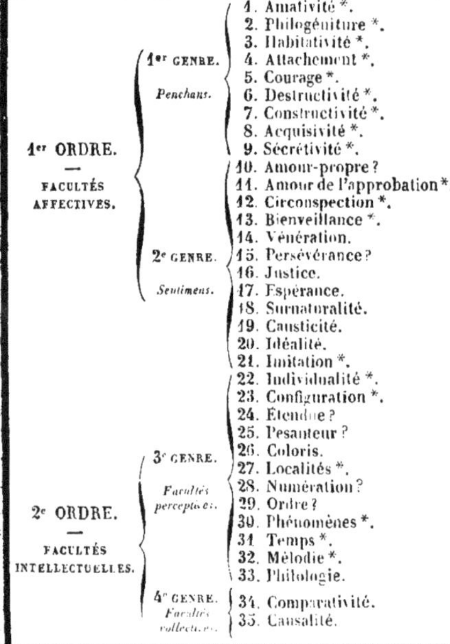

1er ORDRE. — FACULTÉS AFFECTIVES.	1er GENRE. *Penchans.*	1. Amativité *.
		2. Philogéniture *.
		3. Habitativité *.
		4. Attachement *.
		5. Courage *.
		6. Destructivité *.
		7. Constructivité *.
		8. Acquisivité *.
		9. Sécrétivité *.
	2e GENRE. *Sentimens.*	10. Amour-propre ?
		11. Amour de l'approbation *.
		12. Circonspection *.
		13. Bienveillance *.
		14. Vénération.
		15. Persévérance ?
		16. Justice.
		17. Espérance.
		18. Surnaturalité.
		19. Causticité.
		20. Idéalité.
		21. Imitation *.
2e ORDRE. — FACULTÉS INTELLECTUELLES.	3e GENRE. *Facultés perceptives.*	22. Individualité *.
		23. Configuration *.
		24. Etendue ?
		25. Pesanteur ?
		26. Coloris.
		27. Localités *.
		28. Numération ?
		29. Ordre ?
		30. Phénomènes *.
		31 Temps *.
		32. Mélodie *.
		33. Philologie.
	4e GENRE. *Facultés collectives.*	34. Comparativité.
		35. Causalité.

Pour nous guider dans l'application de la théorie qui comprend la classification de ces facultés et les moyens de les reconnaître par la Cranoscopie, nous partagerons avec Gall et Spurzheim la surface du crâne en neuf régions; trois sur la ligne médiane, la basilaire, la coronale et celle qui est intermédiaire à ces deux-là, et trois autres de chaque côté, savoir, la frontale, l'occipitale et la latérale.

Les planches que nous avons fait graver pour l'intelligence de cet article, reproduisent cette division du crâne par région; les numéros indicateurs servent à désigner les facultés qui correspondent à chacune des parties circonscrites par un trait. (Planche 494, fig. 1, 2, 3.)

A. Penchans. 1, amativité; 2, philogéniture; 3, habitativité; 4, affectionivité; 5, combattivité; 6, destructivité; 7, sécrétivité; 8, acquisivité; 9, constructivité.

B. Sentimens. 10, estime de soi; 11, approbativité; 12, circonspection; 13, bienveillance; 14, vénération; 15, fermeté; 16, conscienciosité; 17, espérance; 18, merveillosité; 19, idéalité; 20, gaîté; 21, imitation.

C. Facultés perceptives. 22, individualité; 23, configuration; 24, étendue; 25, pesanteur et résistance; 26, coloris; 27, localité; 28, calcul; 29, ordre; 30, éventualité; 31, temps; 32, tons; 33, langage.

D. Facultés collectives. 34, comparaison; 35, causalité.

Dans les figures 4, 5, 6 et 7, nous avons reproduit quelques unes des applications faites par les phrénologistes dans l'examen des têtes des hommes de génie.

Fig. 4. Profil de Buffon; prééminence des organes du langage (33), du coloris (26); saillie médiocre des parties antérieures et supérieures qui constituent les penseurs profonds (Gall).

Fig. 5. Crâne de Descartes appartenant au Jardin du roi. Gall y signalait les organes du calcul (28), de l'amour-propre (10), non apparent sur le dessin, de l'étendue (24).

Fig. 6. Portrait de Gluck. Organe des tons (32), sens de l'imitation (21).

Fig. 7. Plâtre du crâne de Raphaël qui est déposé à Rome. Gall, dans ses cours, signalait sur cette tête les trois organes suivans : amour physique ou amativité (1), mécanique (25), ambition (9).

Nous avons suivi pas à pas et presque mot à mot les fondateurs de l'évangile phrénologique, ou leurs apôtres, dans l'exposition que nous venons de faire; nous devons maintenant poser en regard les objections auxquelles cette doctrine a donné lieu. Parmi ces objections, les unes se présentent avec toute la sévérité scientifique que comporte le sujet, les autres, pour être moins sérieuses, n'en sont pas moins logiques et moins pressantes. Nous choisirons dans les unes et dans les autres celles qui nous paraissent être les plus concluantes et sans prétendre les faire valoir ou les affaiblir, nous nous contenterons de les opposer, dans un ordre convenable, aux argumens des phrénologues, en laissant nos lecteurs décider entre ces derniers et leurs adversaires.

L'anatomie et la physiologie comparées, la pathologie, sont autant de sources où nous puiserons, en empruntant aux travaux les plus recommandables sur ce sujet tout ce qui nous paraîtra s'y rattacher le plus directement.

Nous avons vu qu'on était généralement d'accord sur ce point, que le cerveau est l'organe des facultés de tout genre; que ces facultés sont fonctions du cerveau, comme la respiration est fonction du poumon.

Nous avons vu qu'il n'y avait point de dissidence

(1) Les noms accompagnés d'un astérisque indiquent les organes communs à l'homme et aux animaux. Les autres sont propres à l'homme : quelques uns sont douteux.

sur cet autre point, que la masse cérébrale entrait dans cette loi générale, mais non pas absolue, qui veut que le volume des organes sains, muscles et viscères, soit en rapport direct avec l'énergie de leurs fonctions; enfin il n'est pas contestable non plus que, si l'on compare les diverses classes d'animaux entre eux, en laissant de côté les Invertébrés, on arrive encore à cette conclusion, que d'une classe à l'autre le développement encéphalique suit la même progression que les facultés. Mais au-delà commence la discussion. En effet, si les hémisphères cérébraux sont le siége des facultés affectives et intellectuelles, n'existe-t-il pas entre ces facultés et certains organes autres que le cerveau, des rapports intimes et constans? Par exemple, si d'une classe à l'autre de Vertébrés, les suggestions des viscères deviennent plus fréquentes et plus impérieuses, les sens et les moyens d'action sur le monde extérieur plus énergiques; qu'en même temps le cerveau et son activité se développent : de telle sorte que ces progressions diverses soient simultanées et nécessairement liées, il deviendra bien plus difficile d'assigner aux penchans et aux aptitudes un siége qui semble être diffus dans toute l'économie. C'est là le terrain sur lequel ont combattu les philosophes et les physiologistes; les uns ont mis l'instinct carnassier dans certaines conditions du tube digestif, dans la puissance des armes offensives, et l'humeur pacifique dans des conditions contraires; d'autres ont fait dépendre l'intelligence de la perfection des sens. Tandis que Galien avait tout subordonné aux facultés de l'âme, Gall a tout fait dépendre du cerveau : penchans, sentimens, intelligence. L'examen des faits a conduit beaucoup de physiologistes à reconnaître que les viscères, les sens, les moyens d'action, concourent avec le cerveau aux manifestations morales. Ainsi, c'est par la muqueuse gastrique que l'économie exprime le besoin de la faim, qui aboutit à l'encéphale par l'intermédiaire du nerf pneumo-gastrique; ainsi l'état morbide du tube digestif modifie ou change, tant qu'il existe, les dispositions intellectuelles. On sent combien ces observations de tous les instans donnent de poids à l'opinion qui refuse d'admettre la multiplicité des organes dans le cerveau et la localisation des facultés.

L'attention, long-temps soutenue sur un même objet, fatigue; on se délasse, au contraire, en la portant successivement sur plusieurs. Comment expliquer ce phénomène singulier, si l'on n'admet des organes différens de l'intelligence, dont l'un se repose, tandis que l'autre est en action? Voilà, ainsi que nous l'avons déjà vu, ce que dit la Phrénologie, et cette solution du problème est si simple, et paraît d'abord si satisfaisante, qu'elle a entraîné tous les physiologistes. Cependant, disent MM. Bérard et Montègre, en se laissant aller aux conséquences rigoureuses de ce principe, on serait forcé de multiplier les organes à l'infini, car de combien d'espèces diverses peuvent être les occupations successives par lesquelles on peut se délasser. Il n'y a pas de raison pour s'arrêter. Bien plus, on obtient ce résultat en changeant non de sujet de méditation, mais seulement d'auteur qui en traite : dira-t-on qu'il y a des organes particuliers pour toutes ces légères nuances. Quand on réfléchit aux faits de ce genre, on voit bientôt que le problème n'est nullement résolu, que les difficultés mêmes sont augmentées, et qu'il en est qui détruisent cette explication. On est convaincu alors que la véritable théorie de ce point de la doctrine tient à autre chose qu'à la différence des organes, que c'est une loi essentielle de la sensibilité. Si on consulte, à cet égard, ce qui arrive aux sens externes, on voit que les mêmes sons fatiguent et endorment l'ouïe, que réveille leur variété; on sait que l'œil aussi se fatigue et ne distingue plus l'objet qu'il fixe trop long-temps; on sait enfin que l'uniformité de saveur émousse le goût et que les mets variés lui redonnent une activité nouvelle. Encore une fois, c'est là une loi de la sensibilité, et comme il n'est rien qui appartienne plus à la sensibilité que la pensée, la Phrénologie ne peut tirer aucun avantage de la théorie séduisante qu'elle avait donnée du délassement qu'on éprouve, lorsque l'attention s'est fatiguée sur un objet et qu'on la porte successivement sur plusieurs autres.

Sans doute aussi les hommes ne possèdent pas au même degré les mêmes facultés; peut-être même serait-il vrai de dire qu'il y a autant de nuances, à cet égard, qu'il y a d'individus; les phrénologistes expliquent encore ces degrés différens par la diversité des organes et la prédominance relative de certains d'entre eux. Mais ici les mêmes objections se présentent : les modifications d'une même faculté sont infinies, faudra-t-il admettre autant d'organes? Et si l'on explique certaines nuances par de légères modifications du même organe, pourquoi ne pas les expliquer toutes ainsi? Il est évident qu'il y a là identité. Mais bien plus, ne sait-on pas qu'un point donné de l'organisation peut être très sensible à certains stimulans et ne pas l'être à d'autres; que chaque organe a une foule de goûts, d'affections; que si l'on prend l'estomac pour exemple, on voit que tel individu digère les fruits sucrés et ne digère pas les fruits acides, qu'il accepte, sans trouble, tels alimens animaux et n'en pourrait digérer d'autres; faudra-t-il admettre autant d'organes différens dans le même estomac, autant de petits estomacs qu'il y a de goûts, d'idiosyncrasies de cet organe. Or, tous les organes, tous les sens, présentent des phénomènes analogues : c'est donc encore ici une loi générale de la sensibilité : tout ce qui est relatif à l'instinct varié des animaux, tient à la même loi, s'explique par elle et non par des organes différens.

Un des plus rigoureux argumens de la Phrénologie, c'est qu'on ne peut expliquer les aliénations partielles que par la multiplicité des organes cérébraux; mais il est facile de voir qu'il faudrait de même ici multiplier ces organes à l'infini, si l'on suit ce raisonnement dans toutes ses conséquences, puisque les monomanies sont innombrables. Les malades qui se croient changés en animaux, ou qui s'imaginent en voir courir, danser, voltiger autour d'eux, ont ils dans le cerveau des organes correspondans à chacun de ces genres de manie? Poinsinet, l'auteur du *Cercle*, qu'une mystification rend monomaniaque, et auquel ses amis ont persuadé qu'il est appelé à servir d'*écran* chez un souverain du nord; Mallebranche, qui croit toujours voir un gigot suspendu à son nez, avaient donc dans le cerveau des organes qui correspondaient à ces idées bizarres? Dans plusieurs de ces monomanies, la mémoire seule est perdue; dans d'autres c'est le jugement qui est perverti, dans d'autres encore, c'est l'imagination ou l'attention; cela résulte des observations de tous les jours, et cependant nous avons dit que la métaphysique du docteur Gall n'admettait pas ces facultés générales, et par conséquent n'avait pu leur assigner d'organes particuliers. Tous les sens, d'ailleurs, ne sont-ils pas sujets à des hallucinations singulières, à des manies partielles, est-ce à dire pour cela qu'il y a divers organes des sens dans un seul? Il suffit, disent encore les auteurs que nous avons déjà cités, de rapprocher tous ces faits pour concevoir qu'on doit les rapporter toujours, non à la différence des organes, mais à une loi essentielle de la sensibilité, qui dans un même organe peut revêtir mille formes différentes.

Pourquoi, disent les phrénologistes, lorsque chaque fonction a son organe particulier, que le foie sécrète la bile, les parotides la salive; que les muscles déplacent le corps; pourquoi, lorsque chaque sensation a également un organe distinct, les fonctions intellectuelles n'auraient-elles pas le leur? Cette analogie, prise dans l'ensemble des fonctions, paraît d'abord très-propre à convaincre; mais elle disparaît comme tous les argumens précédens lorsqu'on l'examine avec soin et surtout lorsqu'on arrive aux détails. Voici comment MM. Bérard et Montègre, auxquels nous empruntons une partie de cette réfutation, ont répondu à cette prétendue identité sur laquelle cette question est fondée. La machine animale agit sur la matière ou reçoit son action de diverses façons : il fallait donc des organes matériels pour appliquer à des buts différens les forces vivantes; le corps devait être rapproché ou éloigné de tout ce qui l'environne : il fallait donc des organes particuliers pour remplir cette fonction, et ces organes devaient être proportionnés, par leur nombre et leur structure, aux mouvemens divers de la machine. Chacun des fluides de notre corps a sa nature propre : il fallait donc des organes différens pour produire dans le sang ces diverses transformations. Les causes des sensations sont matérielles : il fallait donc des organes matériels qui missent l'animal en rapport avec ces causes; sans organes, il était impossible que cette action des unes sur les autres eût lieu : or la modification physique qui produit le son n'est pas celle qui produit la lumière; elle a ses lois propres; ainsi un même organe ne pouvait pas voir et entendre. Si l'on examine la mécanique de chaque sens, on se convaincra qu'elle est admirablement proportionnée à la cause de la sensation et à ses lois. L'œil, considéré dans la partie mécanique qui est au devant de la membrane sensible (rétine), est un instrument d'optique qui réunit et concentre les rayons lumineux pour en augmenter l'effet. L'oreille présente au devant de la membrane sensible un appareil d'acoustique qui donne de l'intensité au son. Le sens de l'odorat présente des cornets, des anfractuosités, placés à l'entrée des voies de la respiration, qui augmentent l'étendue des surfaces, et multiplient les contacts des corpuscules odorans, si fugaces et si incoercibles par leur nature : l'exercice de ce sens devient d'un usage plus étendu par le passage continuel de l'air et des émanations qui pénètrent dans la poitrine. L'organe du goût est d'une structure plus simple, mais toujours sur le même plan; les glandes salivaires sont ici l'auxiliaire; le fluide qu'elles fournissent atténue les molécules sapides, les liquéfie pour qu'elles agissent mieux; le tact est encore plus simple : cependant la main surtout, par ses divisions digitales si flexibles et si mobiles, est son organe auxiliaire. Appliquons ces idées aux fonctions de l'intelligence. L'animal a des sensations par la voie des organes; il peut porter à son gré son attention sur ces sensations, il peut n'en considérer qu'une partie; ainsi il abstrait, il analyse, il crée des idées plus ou moins générales; l'attention libre et volontaire sur les sensations, les transforme en idées, comme le démontre l'analyse expérimentale de l'entendement : on voit bien que la transformation des sensations en idées n'est nullement analogue aux transformations du sang en bile, en salive, etc. Ici il n'y a qu'un seul acte, l'attention libre et volontaire; les variétés de son application rendent raison de toutes les connaissances si nombreuses que l'homme peut acquérir. Cette attention libre et volontaire ne ressemble pas à l'acte forcé de la vie qui produit une humeur. En supposant donc que le *moi* ait besoin d'un instrument pour agir, il faut toujours admettre que l'acte de la volonté, quoi que puisse être cet acte, est antérieur à l'acte organique; l'un est cause, l'autre est effet; l'un est puissance, l'autre instrument : il est donc un moment où le *moi* agit par lui-même, modifie les organes, loin d'être modifié par eux; ainsi, en multipliant les organes intermédiaires entre le *moi* et la manifestation de ses actes, on ne fait que reculer la difficulté, on ne la résout pas : loin de la simplifier, on l'augmente. On est, à la fin, forcé d'en venir à une action première du moi, antérieure à tout acte organique. Pourquoi ne pas y arriver tout de suite et sans détours? Pressés par de pareils raisonnemens, les phrénologistes prononcent enfin le mot *âme*. Que devient alors le système des penchans innés? Sans doute on ne leur adressera plus le reproche de fatalisme, puisqu'ils s'y sont soustraits en proclamant hautement : *Que l'organe ne donne que la disposition à l'acte, que cette disposition n'entraîne pas nécessairement l'exercice, et que l'âme réagit;* mais s'ils admettent ainsi que quelquefois l'âme agit indépendamment des organes,

nes, pourquoi n'en serait-il pas toujours de même?

Si les qualités intellectuelles et morales d'un individu dépendent du développement relatif des organes appropriés à ces qualités, cet individu exercerait toujours ces facultés à peu près comme un automate ou une machine qui vont dès qu'ils sont montés. Les causes extérieures seraient sans influence : le poète fera toujours des vers, le musicien de la musique, etc. D'un autre côté, l'éducation a la plus grande influence, même sur les plus grands hommes; les motifs moraux sont les causes de la plupart de nos actes : il faut donc ametttre que le moral agit souvent par lui-même et sans organes; mais alors, qu'a-t-il besoin de cet appareil d'organes distincts et séparés? On voit qu'il y a ici une sorte de contradiction évidente. Il n'y a pas de milieu, ou il faut admettre que les actes moraux sont toujours involontaires ou forcés, ce que personne n'a jamais osé soutenir, ou que le *moi* agit souvent par lui-même sans avoir des organes particuliers; et s'il agit souvent ainsi une fois encore, pourquoi n'agirait-il pas toujours de même? Tout ce que disent les faits, c'est que, pour que l'intégrité des fonctions morales ait lieu, il faut celle des organes, surtout celle du cerveau; que d'après les liens qui unissent le moral au physique dans le plan des lois primordiales, les lésions de l'un amènent celles de l'autre, et *vice versâ;* que l'activité de l'une des fonctions vitales soutient et anime l'activité de l'autre dans les fonctions animales : ils sont unis, mais non pas confondus; ils réagissent l'un sur l'autre.

Les différentes parties dont est composé le cerveau, soit dans ses surfaces, soit dans sa profondeur, les éminences qu'il présente à l'extérieur ont été autant de raisons pour appuyer la division de cet organe en plusieurs; mais lorsqu'on étudie la masse encéphalique, on se persuade bientôt que les parties que les anatomistes lui assignent dans sa description ne sont pas des organes distincts et séparés, mais des sinuosités, des bosselures qui marquent les faces des hémisphères. On voit qu'on ne peut admettre aucune division tranchante dans cet ensemble, et cette disposition anatomique repousse toute idée de division d'organes. Cette unité anatomique entraîne nécessairement l'idée de l'unité de fonctions cérébrales. Et d'ailleurs, est-ce que les divers lobes du poumon sont des organes distincts, est-ce que les grains des glandes conglobées peuvent être regardés comme ayant des fonctions différentes.

Les penchans innés sur lesquels repose la doctrine phrénologique ont été combattus par les philosophes et par Locke surtout, en son école. Ainsi on a admis un organe pour les mathématiques; mais s'ensuit-il que ce peuple sauvage, dont parle La Condamine, et qui ne savait compter que jusqu'à trois, n'avait dans le cerveau qu'un organe analogue? Quelle différence, a-t-on dit, entre un paysan et un mathématicien! Les enfans ne savent pas compter, quelques individus l'apprennent tard et l'apprennent bien; dira-t-on que le maître qui les enseigne leur donne un organe? Le vol peut-il avoir un organe particulier? Le vol n'est pas plus dans la nature que l'idée de propriété. Cette idée est le résultat de la raison humaine calculant ses véritables intérêts. Des expériences et l'observation des faits pathologiques ont démontré que le cerveau peut être détruit successivement dans toutes ses parties, les fonctions de la vie animale se maintenant, du moins pendant un certain temps, ce qui démontre que toutes les portions du système nerveux peuvent, jusqu'à un certain point, se suppléer mutuellement les unes les autres. (Dict. des sc. médic.)

C'est surtout à l'anatomie comparée que les phrénologistes ont demandé des appuis à leur système; mais ces appuis leur ont souvent failli, et souvent aussi cette science qu'ils invoquaient comme auxiliaire est venue leur porter les plus rudes coups. Tandis qu'ils montraient sur le crâne de l'Hirondelle voyageuse la protubérance qu'on avait observée sur le crâne du capitaine Cook, ils trouvaient sur les animaux enclins à la férocité les bosses de la mansuétude ou des facultés éminemment affectives. Nous ne pouvons entrer dans l'examen de tous les démentis que la Phrénologie a reçus de l'anatomie comparée; mais nous ferons encore ici un choix, et nous citerons de préférence les exemples les plus propres à porter la conviction dans les esprits.

Tout récemment, M. Lafargue, élève interne des hôpitaux de Paris, a publié sur ce sujet un mémoire du plus haut intérêt et auquel nous ne voyons pas qu'on ait répondu d'une manière satisfaisante. Nous reproduirons ici quelques uns des faits les plus concluans qu'il contient, en regrettant de laisser de côté une grande partie de son travail.

Si l'on observe le crâne des animaux rongeurs, et surtout de ceux qu'on nomme petits rongeurs, les Souris, les Rats, les Taupes, on voit qu'ils devraient plus que les autres Mammifères éprouver l'amour des petits, l'amitié, parce qu'ils ont le crâne et le cerveau plus large en arrière que partout ailleurs. S'il est difficile de démontrer que cette assertion est fausse, par cela même qu'on n'a pas de notions exactes sur les mœurs des Rats et des Souris, est-il possible d'en établir la vérité autrement que par une hypothèse? Mais que deviendrait alors cette supposition, si des considérations anatomiques, donnant constamment les mêmes résultats, lorsqu'on les poursuit dans diverses classes d'animaux, démontrent que la forme du crâne s'explique par un fait moins obscur que leurs habitudes morales, par un fait mécanique, c'est-à-dire par leur mode de station. Ces considérations nous entraîneraient au-delà des limites qui nous sont fixées, mais nous devons les signaler et inviter ceux qu'elles intéresseraient à les étudier dans le Recueil des travaux de la Société royale de médecine de Bordeaux.

La forme conique du crâne qu'on observe chez certains Rongeurs n'existe pas chez tous. Ainsi dans le Lapin, le Lièvre, le Cabiai, où la face n'est pas sur la même ligne que le crâne, ce dernier est plus renflé vers les tempes que partout ailleurs; donc, ces animaux devraient être plus courageux, plus féroces que ceux que nous venons de nommer. Mais qui ne sait que le Lièvre et le Lapin sont doux et timides, et que certains Rats, dont le crâne est développé pour les affections douces, sont assez sanguinaires pour dévaster les colombiers, en égorgeant les jeunes Pigeons?

Le crâne du Castor est surtout remarquable par le renflement des tempes et la dépression des autres parties (*voy.* planche 325 (496 *bis*), fig. 4), et les organes propres aux carnivores sont certainement aussi développés chez lui, que chez eux, et, cependant, qui prétendra jamais que le Castor soit féroce ou meurtrier. Si la Phrénologie n'explique pas la forme du crâne du Lapin, la mécanique nous l'explique par la hauteur des extrémités de cet animal qui porte, quand il le veut, la tête aussi élevée que les grands Mammifères, et qui par suite ne doit pas l'avoir conique (*voy.* même pl. fig. 5).

On n'a dit nulle part que le Castor fût meurtrier, mais il coupe, en sciant, les branches les plus fortes; ce qui suppose chez cet animal, une grande énergie de la mastication. Eh bien! dans le Castor, la mâchoire, aussi large à sa base que dans les Carnassiers de même taille, est forte, épaisse, et mue par un muscle crotaphyte puissant; de là la largeur des tempes. Si le Castor ne prouve pas que l'instinct du meurtre s'exprime par la saillie des tempes, il prouve encore moins la réalité du siége phrénologique de la *constructivité*, puisque la dépression de la partie externe du frontal contraste, chez lui, avec la convexité de la région écailleuse. En présence d'un pareil fait, est-il possible d'admettre, sur la foi du docteur Gall, que chaque instinct peut être apprécié par une conformation spéciale du cerveau et du crâne?

La Gerboise partage les paisibles habitudes de la plupart des Rongeurs, et cependant son crâne a une forme spéciale, et en quelque sorte carrée, qui diffère également de celle des Souris et des Lapins. La station de la Gerboise étant bipède, comme celle de l'homme, la centralité du trou occipital exigeait que le poids du cerveau fût uniformément réparti autour du point d'appui où devait tomber le centre de gravité. De là la forme du crâne insaisissable pour la Phrénologie, très-docile, au contraire, aux lois de la mécanique par lesquelles l'auteur que nous citons explique la conformation de l'enveloppe osseuse du cerveau. Les Rongeurs constituent un groupe naturel si réfractaire à la Phrénologie, qu'ils suffisent seuls pour établir cette assertion. Toujours la mécanique générale ou partielle explique la forme du crâne, qui, souvent ne s'accorde en rien avec les localisations.

Si nous étendons aux Carnassiers les remarques faites par l'auteur sur les animaux rongeurs, nous voyons que le crâne des Belettes, des Putois, est large, en arrière, étroit vers les tempes. Or, qui pourra prétendre que ces animaux sont très portés à l'amitié? Ce ne sont certainement pas les chasseurs qui manient leurs furets avec la plus grande précaution de peur d'en être mordus. Personne n'avancera que la Belette n'est pas sanguinaire: et, cependant, le rétrécissement des tempes contraste, chez elle, avec la largeur du crâne plus en arrière. Ces formes qui se prêtent si mal aux interprétations des phrénologistes et aux localisations qu'ils indiquent, s'accordent très-bien, au contraire, avec l'aptitude des petits Carnassiers dont il s'agit, et qui sont très-bas sur leurs extrémités. Si l'on compare la tête d'un Furet à celle d'un Lapin, le Lapin l'emporte de beaucoup par le développement phrénologique des penchans carnassiers. La dépression des tempes est encore plus considérable, et cependant, le Furet, comme le Tigre, égorge au-delà de ses besoins, et n'abandonne le poulailler que quand il n'y a plus de victimes à immoler.

Les Carnassiers-types sont tous remarquables par la violence de leur naturel, dont les manifestations portent un caractère commun et ne varient que du plus au moins. Observez qu'à ces variations, on ne voit pas correspondre des différences dans le rapport des tempes aux autres parties du crâne: le Barbet a la même proportion du meurtre que l'Hyène. Quelles que soient d'ailleurs les facultés ajoutées aux instincts primitifs, amitié, circonspection, sociabilité, le rapport des diverses régions entre elles est invariable. L'apparition des sentimens nouveaux répond à un accroissement de l'encéphale dans sa totalité, et non pas à l'accroissement isolé d'une de ces régions; l'expression de ce changement est la diminution des crêtes, et l'accroissement simultané de toute la cavité cérébrale, y compris la région écailleuse. Ajoutons encore que dans les Carnassiers-types, les parties latérales et postérieures du cerveau, étant comprises sous un renflement uniforme, situé en avant de la crête occipitale, il est impossible d'assigner à l'amour des petits, à l'amitié, à la circonspection, un siége spécial prouvé par une saillie propre aux animaux circonspects, fidèles, etc., etc. Le Tigre et le Chien diffèrent par les proportions de l'encéphale à la masse du corps, et non par les proportions des diverses parties du cerveau. Si les localisations du docteur Gall étaient vraies, ces deux animaux devraient avoir le même naturel, puisque dans l'un, le rapport des divers penchans entre eux serait le même que dans l'autre.

Cette partie du travail de M. Lafargue ébranle fortement, comme on voit, les localisations de l'habitativité, de l'amour des petits, de l'amitié, de la ruse, du meurtre, de la pugnacité, de la circonspection, du sens constructeur.

Mais continuons à suivre cet auteur: dans les pachydermes, le Cheval paraît se distinguer par la vanité, l'émulation, et l'Ane par la constance, sentimens qu'on a placés à cette partie du cerveau qui correspond à la voûte des pariétaux. Il faut ici une *translocalisation;* car, vu l'existence d'une crête pariétale, les pariétaux ont perdu leur face supérieure. Si l'on place ailleurs les facultés dont il s'agit, on tombe dans le vague, et voici pourquoi : toute la surface cérébrale est semblable à elle-même, quant à l'organisation, et ses diverses parties ne diffèrent que par leur situation respective. Or, si l'on admet que telle partie est dévolue à telle fonction particulière, comme cette partie ne se distingue des autres que par sa position, je demande à quel signe on pourra la reconnaître, quand cette position sera changée. Il résulte de ces observations que le Cheval et l'Ane sont privés des sentimens qui font la base proverbiale de leur caractère, et cela parce qu'ils ont une crête pariétale, destinée à un muscle crotaphyte très-puissant. Voilà sans doute une circonstance fâcheuse puisqu'elle constitue deux *têtes antiphrénologiques*.

Si nous prenons des exemples dans les ruminans nous découvrons que

Le Chameau diffère beaucoup par la forme de son crâne de celle des autres animaux de la même classe : 1° par une crête pariétale; 2° par la longueur du diamètre bi-temporal, moindre que dans les Carnassiers, mais beaucoup plus grand que dans les autres ruminans. D'après la Phrénologie, cet animal devrait être plus courageux, plus féroce qu'aucun de ces derniers, que le Buffle, par exemple. Eh bien ! de tous les animaux herbivores, c'est le plus anciennement domestique, parce qu'il est naturellement le plus docile.

Dans les quadrumanes, le crâne des Lémuriens réunit la plupart des caractères du crâne des petits Carnassiers, et se distingue surtout par le renflement des tempes. Cependant le Mococo (*lemur cotta*) a les mœurs douces, et, bien qu'il ressemble beaucoup aux Singes, il n'en a pas la malice.

Au contraire, le Mandrill est féroce et les Guenons sont malicieuses; eh bien ! le Mandrill a les tempes resserrées, et les Guenons, n'ayant pas de crête occipitale, se distinguent par le développement des organes de l'amitié, de l'amour des petits. Le Mandrill féroce, les Guenons méchantes, n'ont pas une mâchoire large et sans angle; aussi n'ont-ils pas le renflement des tempes aussi prononcé que les Lémuriens et les Carnassiers.

Passons à l'instinct générateur et à l'organe auquel on l'attribue :

1° Tous les oiseaux ont un grand cervelet, mais le Coq ne l'a pas plus grand que les autres; 2° parmi les poissons, les *silures* l'ont fort développé, bien que l'instinct générateur soit dépourvu du caractère passionné que l'on trouve dans les Ophidiens et les Batraciens, qui n'ont pas de cervelet selon les uns, et l'ont très-rudimentaire selon les autres; 3° dans les Mammifères adultes, la proportion du cervelet suit constamment celle du cerveau; d'où il résulte que, chez tous, le penchant générateur devrait avoir la même force relative; la position de l'occipital, qui fuit obliquement en avant et en bas chez la plupart d'entre eux, met dans l'impossibilité d'apprécier, à l'extérieur, autre chose que le volume des muscles. Or, comment le docteur Gall a-t-il pu apprécier, non seulement la masse du cervelet dans l'homme, mais encore les différences qu'il offre dans les animaux, suivant qu'ils sont entiers ou castrats. Il invoque à l'appui de son hypothèse, l'expérience des marchands de bestiaux, qui regardent, comme les plus propres à la génération, les Taureaux dont la nuque est large et robuste. Mais il est bien positif que les marchands de bestiaux n'attachent d'importance à la force de la nuque, que parce qu'elle est l'indice de la vigueur de l'animal et le plus sûr garant d'une robuste postérité.

Deux observations encore : le sens des localités existe à un très-haut degré chez les Chiens, et, cependant, la partie antérieure du lobe cérébral, où se trouve son organe, est très-étroite; bien plus, le volume de cet organe ne saurait être apprécié par le crâne à cause du sinus frontal; par conséquent les phrénologistes ne doivent jamais l'avoir bien apprécié chez ces animaux. L'instinct *d'imitation* est très-prononcé chez les Singes, et cependant en examinant un grand nombre de crânes appartenant à ces animaux, on se convaincra que la conformation de la partie supérieure externe du frontal, ne présente rien de particulier qui indique plutôt cette faculté que la vénération, la bienveillance, l'idéalité. Évidemment, ici, il faudrait avoir *la foi* pour saisir la moindre saillie ou le moindre élargissement en rapport avec l'instinct imitateur. Une conclusion rigoureuse peut donc être tirée de tout ceci c'est que : *l'anatomie comparée fait mentir les localisations sur lesquelles repose toute la Phrénologie.* (*Voyez* les planches 496 *bis* et 496 *ter* représentant des crânes de mammifères et des crânes d'oiseaux.)

Si nous sortons de l'anatomie comparée et que nous suivions le rude joûteur que nous venons d'opposer aux sectateurs de la doctrine de Gall, dans l'examen du crâne humain, nous lui verrons porter à cette doctrine des coups aussi assurés et aussi irrésistibles. Le crâne humain, dit-il, porte imprimés à la surface l'attitude, le caractère général du *faciès* et l'intelligence. En effet, la centralité du trou occipital annonce que la station bipède est seule naturelle à l'homme, et le rapport du crâne avec le rachis, entraîne, comme conséquence, la diminution des muscles redresseurs de la tête, si vigoureux chez les quadrupèdes, et par suite la disparition de la crête occipitale, réduite à une ligne courbe, peu saillante. En même temps le cerveau acquiert des dimensions considérables, et le volume de la face se réduit; le crâne correspond à cette double circonstance, et se développe à l'avantage de la cavité par un travail d'ossification perdu pour la face. Aussi les deux insertions du crotaphyte, confondues en une même crête, chez les Carnassiers, sont, chez l'homme parallèles dans toute leur longueur, très écartées, à peine exprimées par une ligne peu saillante. Il résulte, de leur situation respective, que la face supérieure des pariétaux, nulle dans les Jaguars et les Tigres, étroite et triangulaire chez le Barbet, quadrilatère, bombée, mais étroite encore chez les Singes, acquiert, chez l'homme, des dimensions considérables, et forme la majeure partie de la voute du crâne. La région frontale concourt aussi à l'ampliation de la cavité crânienne, car elle se développe pour le cerveau, à mesure que le sinus frontal perd de ses dimensions.

De toutes ces formes partielles, résulte le crâne humain caractérisé : 1° par l'absence de la crête occipitale, la centralité du trou occipital, indices de la station bipède; 2° par l'étroitesse du sinus frontal, l'éloignement, le parallélisme, le peu de saillie des insertions des crotaphytes, le développement de la voute des pariétaux, indice du volume augmenté du cerveau et de la puissance diminuée de la face. Le crâne humain, comme celui des Carnassiers, porte donc, inscrite à sa surface, et, sous les mêmes signes, l'attitude, la physionomie, l'intelligence, le *geste* et la *pensée*.

L'intelligence, l'attitude, la physionomie générale, ont des connexions nécessaires et constantes, au point qu'une variation notable dans l'attitude ou dans le volume des mâchoires, serait incompatible avec la capacité du crâne humain et par conséquent avec le volume du cerveau. Dans l'homme comme dans les animaux, les formes du crâne sont donc liées à des conditions mécaniques. C'est ce qu'il est aisé d'établir pour l'espèce en général. Mais toutes les variations que ces formes éprouvent d'un individu à l'autre, correspondent-elles à des variations semblables dans la mécanique du tronc ou de la face? Les différentes races humaines ont à la fois un port spécial et une forme de tête particulière. Il suffit de comparer le nègre au blanc, pour se convaincre de cette vérité. La race caucasique, elle-même, présente, de nation à nation, de faibles diversités d'attitude et de conformation de tête en même temps, c'est ce que l'on voit si l'on rapproche un Français d'un Anglais.

Enfin les formes de tête varient dans un même peuple, en même temps que le port d'un individu à l'autre.

Mais s'il est facile de saisir, entre les hommes, des différences de crâne et d'attitude, il n'est pas possible d'analyser cette dernière assez exactement, pour le faire servir à l'explication des crânes: la diversité est trop grande et les variations anatomiques qui en résultent sont tout-à-fait insaisissables. Si l'on ne peut donc appliquer la mécanique à l'appréciation de la Phrénologie, en raison des diversités individuelles, on arrive à des résultats plus satisfaisans en s'en tenant à l'observation des faits.

Le docteur Lafargue, dans le travail duquel nous puisons si abondamment, assure avoir scrupuleusement examiné la collection des têtes que l'on trouve au Jardin des plantes, avec l'indication des mœurs et de la destinée des sujets auxquels elles ont appartenu, et sur la plupart d'entre elles il affirme n'avoir pu saisir la configuration que supposait l'intelligence ou le caractère. Nous pouvons à notre tour déclarer que de semblables recherches faites sur la même collection ou sur divers crânes d'individus qui avaient eu une célébrité funeste ou glorieuse, nous n'avons que rarement constaté les remarques faites par la Phrénologie ou trouvé les signes évidens des facultés attribuées à ces individus. « J'ai été frappé, dit le médecin que nous venons de nommer, par le crâne d'un acteur qui s'était suicidé, parce qu'il n'avait pu réussir dans sa profession; au lieu de trouver un grand développement de la partie moyenne des pariétaux où l'on a placé l'amour-propre, le désir de l'approbation, je n'ai vu qu'une voûte pariétale déprimée et un front fuyant. La dépression du front et la saillie des mâchoires sont remarquables dans quelques crânes d'assassins; mais je n'ai pas vu que les tempes fussent proportionnellement plus grandes que chez beaucoup d'idiots dont le caractère est très-paisible. Je viens d'examiner un enfant de treize ans, remarquable par la largeur de sa face, la saillie des pommettes et la conformation de la mâchoire inférieure, qui, fort étroite au menton, s'élargit brusquement en arrière et présente un angle moins prononcé que chez la plupart des enfans du même âge; le crâne est large d'une tempe à l'autre. Cet enfant est loin d'être idiot, mais il a l'air fort niais et fort lourd, comprend tout de travers et rit pour la moindre cause. Du reste, il est d'une docilité presque ridicule, et, malgré sa force physique, il ne querelle jamais ses camarades. » Nous pourrions ou multiplier les exemples, car on fait chaque jour des observations semblables, mais ajoute le docteur Lafargue, les phrénologistes féconds en subterfuges, invoquent l'éducation, les circonstances, qui ont arrêté l'explosion des instincts. Ils attribuent à l'action de plusieurs facultés l'accomplissement d'un acte, dont la cause organique n'est point exprimée par le crâne. Mais ils n'ont pas ces ressources, quand un assassin, élevé comme tout le monde, tue pour le plaisir de tuer; car chez celui-là il faut que le crâne soit caractérisé ou que la Phrénologie soit fausse. Eh bien! le crâne de cet homme qui a tué, par plaisir, deux enfans inconnus, a le front mal développé; mais la proportion des tempes n'est pas plus forte que dans la plupart des têtes. Veut-on une preuve assez récente de l'incertitude des localisations? la voici : La Société phrénologique avait expliqué tout Lacenaire, tout Fieschi, par leur crâne; un physiologiste qui professe à l'École de Paris, avec le plus grand succès, n'a pu, malgré tous ses efforts, expliquer ni Lacenaire, assassin audacieux, ni Fieschi, lâche dénonciateur. M. Lélut a trouvé de plus que ce dernier n'avait pas d'amour-propre, ni de vanité à l'extérieur du crâne : Fieschi n'était cependant pas un homme très-modeste, comme il l'a prouvé pendant son procès.

Il est une portion du crâne et du cerveau dont le développement est souvent en rapport avec l'intelligence : c'est la région frontale. Est-ce une preuve du siége précis de l'intelligence dans cette région ? Non ; mais l'expression ordinaire du rapport du crâne à la face, qui mesure la puissance intellectuelle, porte sur le coronal qui est élevé ou déprimé, suivant que la proportion du cerveau est plus grande ou plus petite. Ainsi la Phrénologie dit vrai, lorsqu'elle mesure l'intelligence par le front; elle dit faux, lorsqu'elle circonscrit dans cette région certaines facultés éminentes.

La puissance morale se compose de penchans primitifs, de sentimens et d'aptitudes intellectuelles. Les premiers se lient d'une manière immédiate à la vie organique, sont exercés par des cerveaux peu volumineux; les seconds, exigeant des combinaisons plus nombreuses, n'apparaisent qu'aux degrés supérieurs de l'évolution de cet organe. Les uns et les autres ne sauraient être assignés à des portions distinctes de l'encéphale. Voilà tout ce qu'il est possible d'établir, à moins qu'on ne torde les faits pour en exprimer des conséquences forcées.

Si l'on cherche avec soin la valeur des preuves que la Phrénologie emprunte à la pathologie, on trouve encore que les assertions le plus souvent répétées sont aussi le plus souvent contredites par les observations de tous les jours. Ainsi on a remarqué qu'un grand nombre d'affections du cervelet, coïncidaient avec une vive excitation des organes génitaux, mais pour que la Phrénologie pût tirer quelqu'appui de cette coïncidence, il faudrait que cette excitation fût constamment ou tout au moins très-fréquemment la compagne des maladies de la portion cérébelleuse de l'encéphale ; or, à côté de vingt faits favorables au rapport qu'on dit exister entre la maladie et le phénomène dont nous venons de parler, il en existe trente dans lesquels ce rapport n'a pu être observé. Ce n'est pas tout, l'excitation de l'appareil génital se montre tout aussi fréquemment dans les lésions de divers autres points du cerveau. Dans l'hystérie, les douleurs se font plutôt sentir à la partie supérieure ou antérieure que dans la région occipitale occupée par le cervelet. Des luxations de la colonne vertébrale et par conséquent des compressions de la moelle épinière ont déterminé plus fréquemment encore le satyriasis. On peut donc conclure de ceci que l'irritation de l'appareil génital est un phénomène exceptionnel dans les maladies du cervelet, qu'il n'est point spécial à ces dernières puisqu'il est plus fréquent dans celles de la moelle ; que, plus constant même, il ne prouverait rien pour la spécialité phrénologique du cervelet; et qu'ainsi l'anatomie pathologique ne prête pas son appui à la localisation du penchant générateur. Mais qu'on poursuive cette tâche dans les divers organes signalés par la Phrénologie et le plus ordinairement on ne rencontrera pas, dans la lésion de ces organes, le trouble dans les facultés auxquelles ils ont été affectés. Ainsi tantôt une altération manifeste des régions cérébrales indiquées comme le siége de l'amitié, de l'amour des enfans, n'occasione que des désordres d'ensemble, tantôt on remarque une affection spéciale, comme symptôme d'une altération siégeant ailleurs que dans l'organe phrénologique de cette affection. Par exemple, et ce fait est constaté, un homme meurt, après avoir présenté pendant trois mois, pour tout symptôme, une *irascibilité* extraordinaire : l'autopsie découvre un ramollissement de la portion du cerveau assignée à l'*affectionivité*. Les faits pathologiques, en un mot, se pressent pour contredire à chaque pas la localisation des organes et désespérer les propagateurs de la doctrine de Gall et de Spurzheim.

La science est bien assez puissante, sans doute, pour renverser l'édifice élevé par les phrénologistes; mais grave et pesante dans son allure, elle ne saurait plaire au plus grand nombre et ne s'adresse guère qu'à quelques initiés; souvent, d'ailleurs, elle ne peut opposer que des hypothèses à des hypothèses, et l'on exige d'elle plus qu'elle ne peut promettre. Aussi n'est-ce pas dans la science que la doctrine de Gall a trouvé de plus redoutables adversaires.

Lorsque l'anatomie et la physiologie comparées, lorsque la pathologie venaient démontrer la fausseté des *localisations* et ruiner ainsi à sa base le colosse érigé par les crânologues, la critique, armée à la légère, l'attaquant de ses traits acérés, le faisait tomber sous les coups du ridicule et montrait aux yeux de tous que ce colosse n'avait que des pieds d'argile. Nous ne reproduirons pas ici tous les traits mordans, toutes les plaisanteries plus ou moins heureuses qui, depuis sa révélation, ont été lancés contre le système que nous avons exposé; mais nous ne pouvons nous dispenser de rappeler ici quelques passages empruntés à l'un des hommes qui brilla le plus dans cette lutte opiniâtre : nous voulons parler du célèbre critique Hoffmann. Dans ce procès, encore pendant, et que nous soumettons au jugement de nos lecteurs, il nous paraît indispensable de mettre au moins sous leurs yeux toutes les pièces principales. Puisque Spurzheim, disait le redoutable critique, est forcé d'admettre avec nous une âme spirituelle, voyons comment nous arrangerons cette âme avec des organes bien matériels qui commandent nos penchans, qui produisent nos sentimens et qui nous accordent ou nous refusent les facultés intellectu[illegible] âme est fort embarrassante ; car si d[illegible] nerveuses donnent les penchans, [illegible]s de l'intelligence, le rôle de l'âme se[illegible]en, à moins qu'on ne considère notre c[illegible]mme une république fédérative d'âmes [illegible], dont l'âme spirituelle est le présiden[illegible] raisonnement bien simple auquel, ajo[illegible] je ne prévois pas qu'on puisse répondre : si les organes qui nous donnent les penchans, nous fournissent en même temps les moyens d'exécuter tous les actes que ces penchans sollicitent, l'âme est absolument inutile, et au lieu de l'admettre, Spurzheim devait la renvoyer dans la région des chimères; si, au contraire, les organes donnent des penchans sans fournir aucun moyen d'exécution, il faut que chaque organe, celui de la *destructivité*, par exemple, avertisse mon âme que je veux manger une Perdrix, et que mon âme commande à mes muscles tous les mouvemens nécessaires pour tuer la Perdrix et pour la manger. Or, si on ne sait pas comment une âme peut contracter des muscles, on concevra plus difficilement encore comment un organe du cerveau peut agir sur l'âme qui agit ensuite sur mes muscles, et détermine leurs mouvemens. Il y a donc ici deux difficultés au lieu d'une ; le système fait donc reculer la science au lieu de la faire avancer.

Mais peut-être, en nous débarrassant de cette âme, trouverons-nous une solution plus facile. Essayons : me voilà donc sans âme et avec mes trente-cinq organes qui sont fichés à la circonférence de mon cerveau comme des clous de gérofle dans un citron ; ma bosse de *combattivité* me met flamberge en main, ma bosse de *circonspection* me dit : rengaîne ; mon numéro 6 me crie : tue ; mon numéro 15, celui de la bienveillance, veut que je caresse ; la protubérance de l'*amour-propre* me rend fier comme un Castillan ; celle de la *révération* me rend humble comme un solliciteur. Quel charivari dans ma tête ! et il n'y a plus d'âme pour y mettre le holà ! Rappelons donc vite cette âme qui, après tout, est moins embarrassante, et chassons les trente-cinq législateurs démagogues qui mettent l'anarchie dans mon cerveau.

Parcourons maintenant quelques uns de ces beaux organes et voyons sur quelle base Spurzheim les établit. La Perdrix dont nous venons de parler, n'est pas une plaisanterie, mais une transition ; car il est question de tuer pour se nourrir. J'écarte à dessein toutes les vilaines conséquences que l'on peut tirer d'un organe du meurtre considéré comme une source de plaisir. Jusqu'ici nous avons cru que pour avoir le désir de tuer des animaux et de les manger, il suffisait que la nature nous eût donné des mains pour abattre et saisir une proie, des dents incisives pour couper la chair, des canines pour la déchirer, des molaires pour la broyer, un estomac propre à la digérer. Spurzheim prétend que cela ne suffit pas, et que nous avons nécessairement un organe cérébral qui nous donne ce penchant et qui indique le moyen de le satisfaire. Voici une phrase curieuse, écoutez bien : « Le Tigre et le Chat ont des dents et des griffes ; mais un penchant intérieur fait usage de ces instrumens, tandis qu'une Brebis pourrait les employer. » Mais, monsieur le do[illegible] quand la Brebis aurait trente-six protubé[illegible] au lieu de trente-cinq, comment ferait-elle [illegible] des griffes qu'elle n'a pas ? comment coupe[illegible] et déchirerait-elle des chairs quand sa mâ[illegible] supérieure n'a point de dents incisives, et quand la nature lui a refusé des dents canines ? Comment, dirai-je ensuite, un homme d'esprit aussi instruit que Spurzheim prétend-il fonder un système sur de pareils raisonnemens ?

Après une phrase aussi originale, nous pouvons bien parler de l'*amour-propre ;* l'organe qui en est la source et le siége est situé dans la partie postérieure et supérieure de la tête : « Ceux qui éprouvent ce sentiment tiennent, suivant Spurzheim, la tête levée en arrière. » J'avoue que je ne vois pas pourquoi ; car cet organe se trouvant sur la déclivité postérieure du crâne, plus on lève la tête, plus l'organe est abaissé, et l'on ne conçoit pas qu'un orgueilleux abaisse par fierté l'organe de l'orgueil. Gall était plus raisonnable lorsque, confondant la hauteur morale avec la hauteur physique, il disait que les orgueilleux avaient la même protubérance que les Chèvres, parce que les Chèvres aiment à grimper sur les hauteurs : ce calembourg physiologique valait bien la fierté qui se manifeste en s'abaissant.

De l'amour-propre, passons à l'amour maternel. On sait, depuis que les phrénologistes l'ont proclamé, que l'amour des mères pour leurs enfans est déterminé par un organe cérébral marqué n° 2 dans la Crânologie de Gall et dans celle de Spurzheim, et que la saillie ou la dépression de cette protubérance indique une vive tendresse ou une indifférence absolue. Ainsi le plus doux des sentimens n'est plus qu'une fatalité. On a demandé à Gall de quelle nature était la bosse d'une mère qui, ayant deux enfans, idolâtrait l'un et haïssait l'autre : le docteur s'est gratté occiput et sinciput et n'a jamais pu trouver la solution de cette difficulté. M. Spurzheim n'a pas même abordé cette question embarrassante. Mais l'objection est incomplète, car elle ne présente qu'un choix entre deux individus. L'argument sera bien plus fort si l'on demande quelle est la protubérance d'une mère qui aime avec passion et orgueil son premier enfant, qui le voit ensuite avec indifférence quand il en est survenu un second, et finit par le haïr lorsque, devenu trop grand, il indique trop l'âge de la mère. Comment une bosse du crâne, comment un organe s'abaissent-ils selon les fantaisies, les torts ou les caprices d'une mère ? Si la mère aime en conservant la protubérance, si elle aime ne l'ayant pas, que devient le système des organes cérébraux ?

Il y a loin d'aimer ses enfans à aimer le bien d'autrui ; aussi ne doit-on pas chercher de transition pour passer de l'amour maternel à l'amour du vol. Gall lui avait donné ce nom qui est le nom propre ; M. Spurzheim, en l'adoucissant, n'a produit qu'un équivoque. Convoitise ou *convoitivité* peut se prendre pour le désir de posséder ce qu'un autre possède, ou simplement pour le désir d'en avoir autant. Tout comme un autre, je désire ce qui me convient ; mais cela ne signifie pas que je veuille l'enlever au légitime possesseur. Soyons donc francs, et rétablissons la bosse du vol qui joue un si beau rôle dans la crâniologie. Vous dites que c'est un organe donné par la nature à certains hommes et à certains animaux : il se manifeste par une saillie du crâne, et le crâne une fois bossué, ne revient plus sur lui-même quand la bosse a vieilli et qu'elle s'est endurcie. Tâchons donc de résoudre la difficulté que je vais vous soumettre : presque tous les peuples sauvages sont enclins au vol ; toutes les îles de la mer du Sud nourrissent des voleurs très-subtils. Les rois mêmes de ces peuplades ne sont pas, à cet égard, plus honnêtes gens que leurs sujets. Je me souviens très-bien que le roi Tambouraï-Kamaïdé vola des clous au capitaine Cook, et que la reine Obéréa, ayant volé l'habit et la veste de M. Banks, eut cependant la délicatesse de lui laisser sa culotte.

Or, quand ces peuples se civilisent, le nombre des voleurs diminue considérablement. Comment donc une institution, comment la volonté d'un législateur abaisse-t-elle une bosse du crâne? Que devient la portion du cerveau qui a été créée tout exprès pour nous donner une si belle inclination. Si d'un autre côté vous confondez la *convoitivité* avec le vol, tous les enfans sont voleurs; dès qu'un enfant voit une chose qui lui plaît, ses premiers mots sont, *je la veux*, et il la prend si on ne s'y oppose. Cependant la plupart de ces enfans apprennent à connaître la propriété et se corrigent. A quoi sert donc la bosse, et pourquoi la nature fait-elle les frais d'une construction qui va devenir inutile?

Ce n'est pas tout, s'il faut un organe du cerveau pour manger de la viande, pourquoi n'y en a-t-il pas pour manger de l'herbe? Un bœuf a-t-il plus de discernement que l'homme? Pourquoi n'a-t-il pas besoin de protubérance pour choisir la luzerne, le trèfle, tandis que, sans sa bosse, un pauvre loup mourrait de faim près d'un mouton? Pourquoi aussi, parmi les hommes, les uns ont-ils la bosse et d'autres ne l'ont-ils pas, tandis que tous les loups, tous les lions, tous les tigres et tous les chats, sans exception, sont doués du même organe? Hoffmann n'a pas seulement combattu sur ce terrain la doctrine phrénologique, il a montré aussi tout ce qu'il y avait de dangereux dans cette doctrine. C'est en vain que Gall et ses successeurs, pour échapper au reproche de fatalisme et de matérialisme, ont désavoué les *penchans irrésistibles*, conséquences inévitables de la prédominance de tels ou tels organes cérébraux; c'est en vain qu'adoucissant leur langage, ils ont remplacé par l'expression de *dispositions innées*, ces terribles *penchans* qui leur attiraient tant d'ennemis; Hoffmann établit très-bien que la ressemblance est trop grande pour qu'on échappe par des mots aux reproches que mérite un tel système. Je ne suivrai pas, dit le critique que nous citons, le docteur dans ses preuves; je me contenterai de rapporter les exemples qu'il a donnés à l'appui de sa doctrine; ces petites histoires instructives et amusantes mettront en état de juger si les désirs excités par nos organes nous donnent des penchans irrésistibles ou de simples dispositions.

Gall rapporte que le fils d'un apothicaire avait de si belles dispositions au meurtre ou au carnage, que, malgré la bonne éducation qu'il avait reçue, malgré tous les conseils et tous les efforts possibles, il se fit garçon de bourreau, uniquement pour avoir le plaisir d'étrangler son prochain.

Un autre jeune homme, fils d'un négociant, avait reçu de la nature la même bosse et les mêmes désirs, mais il ne fut pas si heureux; les places de bourreau étaient apparemment fort recherchées et fort rares: il fut réduit à se faire boucher pour exercer au moins sur des animaux un talent dont il aurait bien voulu faire usage sur ses frères et sur ses amis. Le plaisir était moins vif sans doute, mais il se répétait plus souvent; il y avait presque compensation.

Le docteur a encore connu en Hollande *un fort honnête homme incapable de faire le moindre tort à qui que ce fût*, qui comptait aussi au nombre des plus douces jouissances le spectacle du meurtre et du carnage: aux exécutions publiques cet honnête homme recherchait la première place. Un abbé strasbourgeois qui avait la même disposition, après avoir lardé et brûlé de jeunes écoliers, ses camarades, se fit prêtre et tua deux sacristains. Il y avait à Vienne un voleur tellement incorrigible, que l'empereur Joseph Ier, convaincu de l'irrésistibilité de son penchant, se contenta de le faire enfermer à perpétuité.

Dans la même ville, le docteur Gall a vu un jeune homme qui avait cédé à la même disposition naturelle, et, à l'inspection de son crâne, il conseilla aux parens de l'enfermer pour la vie. Cet arrêt parut barbare: une prison perpétuelle pour une seule faute; quelle cruauté! Mais bientôt la vérité du pronostic se vérifia, et le jeune homme avait un penchant irrésistible.

Un vieillard qui avait toujours eu la même fantaisie et qui l'avait souvent satisfaite, se trouvait à l'article de la mort. Un prêtre est appelé, et dans le moment où il exhorte le vieux pécheur à se repentir de ses nombreuses fautes, il s'aperçoit que le moribond tire son bras du lit et l'étend pour voler la tabatière du confesseur.... Ces anecdotes ont-elles d'autre but que de démontrer l'irrésistibilité des penchans? Comment échapper alors aux conséquences de ses penchans irrésistibles?

Mais quoi! répond le docteur Gall, veut-on nier qu'il y ait des penchans? la vertu elle-même n'est-elle pas une disposition? qu'importe donc que ces dispositions, bonnes ou mauvaises, proviennent immédiatement de l'âme, ou médiatement par le moyen des organes du cerveau?

Si cette explication est spécieuse, nous sentirons bientôt qu'elle n'est pas aussi juste. L'âme échappe à nos sens; nous ignorerons toujours comment elle agit sur nos organes, et comme nous ne connaissons pas l'intensité de son action, nous pouvons toujours espérer de vaincre le penchant vicieux que nous attribuons à cette cause métaphysique. Mais un organe matériel et sensible nous effraie bien autrement. Le malheureux qui se sent une disposition au vol, aura sans cesse la main sur la terrible bosse, et si, après des efforts de vertu, il ne sent pas diminuer la fatale protubérance, il se croira une victime dévouée au crime, et cessera d'avoir des remords, parce qu'il croira n'avoir plus de liberté. Que sera-ce donc si des hommes font cette épreuve sur leurs voisins, leurs parens, leurs enfans? Ainsi, malgré les sacrifices du docteur Gall, sa doctrine purgée de l'irrésistibilité, va trouver encore de nombreux adversaires.

Le moraliste se présente et lui dit: ne posez plus en principe que *toute faculté d'un être animé dérive de son organisation.* Un organe matériel ne peut influer que sur les mouvemens physiques et mécaniques, et puisque vous admettez *l'âme spirituelle*, n'est-il pas plus raisonnable d'attribuer mes facultés *intellectuelles* à cette *intelligence*, qui est l'âme, que d'en chercher la source dans un organe matériel?

Au moraliste se joint une mère de famille qui ne veut pas devoir ses vertus à un organe du cerveau: elle sent bien son cerveau travailler quand elle réfléchit, quand elle médite, mais ce n'est point là qu'elle éprouve les émotions de l'amour maternel. Je veux aimer avec mon cœur, dit elle, et je veux avoir quelque mérite à aimer.

Le physicien vient à son tour et dit au docteur: vous avez fait faire un pas à la science, si votre physiologie du cerveau est constatée; mais qu'importe que le cerveau soit une membrane plissée, comme vous le dites, ou un assemblage de conduits fistuleux, comme le veut Malpighi, si vous n'expliquez pas comment cette même membrane produit des effets si différens. Est-ce une substance homogène? varie-t-elle de forme et de nature? si elle varie ce n'est donc plus partout cette même membrane plissée; si elle est de même dans toute la substance cérébrale, pourquoi lui attribuez-vous des fonctions si opposées?

Le métaphysicien a bien d'autres objections à lui faire, et il est bien fort, puisque *l'âme est reconnue.* Il dira donc: l'histoire de l'âme était déjà assez embrouillée sans que vous vinssiez y apporter une difficulté de plus. Jamais je n'ai pu concevoir comment la volonté émanée de mon âme pouvait faire mouvoir mes membres ou même mon petit doigt, et voilà qu'au lieu d'un obstacle vous m'en opposez deux insurmontables? Il faut maintenant que j'explique comment mon âme commande à mon organe du cerveau de me donner une disposition, en vertu de laquelle ma volonté fera mouvoir les muscles de ma jambe ou de mon bras. Voyez quelle série de choses inexplicables! J'adopterai votre doctrine quand elle me présentera une difficulté de moins et non pas un embarras de plus.

Arrive enfin le logicien, qui n'est pas plus content que les autres. On me présente, dit-il, un système fondé sur des *dispositions innées*, et dans la nomenclature je trouve des facultés qui ne sont pas des dispositions. Vous supposez que j'ai des organes matériels pour toutes mes facultés, parce que j'en ai pour voir et pour entendre, mais il n'y a point là de similitude. Les sens sont des *propriétés* et non pas des dispositions. On entend, bon gré, malgré soi, quand on n'est pas sourd; et l'on est touché, soit qu'on le veuille, soit qu'on ne le veuille pas: ce sont des propriétés inhérentes aux corps organisés, et non pas des dispositions qui supposent toujours la liberté du choix. Vos trente-cinq dispositions des organes ne sont pas moins confuses; j'y trouve des facultés actives mêlées à de simples affections. J'agis dans les opérations de l'esprit, et je ne suis que passif dans la joie, la crainte et la douleur. Les facultés ne sont donc pas toujours des penchans, les penchans des dispositions, ni les dispositions des affections? et cependant vous rangez tout cela sous une dénomination commune, et vous placez dans la même boîte toutes ces choses incohérentes, quoique leur action se fasse sentir dans des endroits très-différens. Donnez-moi des principes exprimés en termes clairs, exempts d'ambiguïté, et n'employez pas les mêmes termes pour exprimer ces qualités qui n'ont aucun rapport: sans cette précaution, je ne pourrai vous croire, parce que je ne pourrai vous comprendre.

Là ne se bornent pas sans doute les spirituelles objections du critique, mais celles que nous avons choisies sont sans réplique, et nous ne croyons pas par cela même qu'il soit utile de les multiplier.

Nous avons déjà vu, dans le cours de cet article, combien il était difficile, et bien souvent impossible, de trouver sur le crâne, après la mort, les empreintes des facultés prédominantes qui distinguaient un individu pendant sa vie. Nous avons vu combien la science phrénologique se montrait docile aux explications, complaisante, élastique lorsqu'elle trouvait une tête rebelle aux localisations des organes. Examine-t-elle la tête de Vito-Mangiamele, qui calcule si merveilleusement, et qui n'a pas la bosse des mathématiques; elle vous dira que, pour arriver à des calculs si abstraits, si compliqués, il faut le concours de la causalité et de la configuration dont elle trouve alors les organes fortement prononcés chez le jeune berger mathématicien. A-t-elle à examiner la tête de Fieschi, voyez comme elle se tourmente pour expliquer son caractère et son crime. Aussi a-t-on dit avec raison que ce qui s'oppose aux progrès de la Phrénologie, c'est la préoccupation des adeptes qui comblent de bonne foi, sans doute, les dépressions visibles à tous par des saillies visibles pour eux seuls; c'est, quand une bosse leur manque, de la remplacer aussitôt par une autre; et, pour Lacenaire, par exemple, quand l'organe du meurtre est en défaut, de faire jouer quelque ficelle éloignée, celle de la vanité et de l'égoïsme. Le cerveau dans leur main est aussi malléable que la cire. La vérité est un métal plus dur, elle est peu flexible, et elle se brise entre les mains de ceux qui la tourmentent ainsi. N'avons-nous pas vu récemment encore cette facilité d'explication lorsqu'il s'est agi d'expliquer la vie entière d'un de nos plus grands diplomates par l'inspection de son crâne et les propagateurs n'ont-ils pas publié bien haut que les belles proportions de cette tête lui donnaient quelque ressemblance avec celle de Napoléon, et que tous deux, en effet, avaient voulu dominer le monde, l'un du fond de son cabinet, l'autre les armes à la main. De tels rapprochemens ne sont pas dignes de la gravité de la science, et tout système qui reposera sur d'aussi frêles appuis sera sans cesse menacé de ruine.

Gall

Gall a choisi, parmi les illustrations de tout genre, une série de têtes qu'il a fait mouler et dont la collection existe aujourd'hui au Musée du Jardin du roi. Nous ne supposons pas, qu'en recueillant ainsi toutes celles qu'il a trouvées favorables à son système, il ait écarté celles qui se prêtaient mal à ses vues; mais il nous a paru que même, dans ce choix, fait avec soin et discernement, on trouvait tant de vides, de lacunes, de contradictions, de désappointemens, lorsqu'on cherchait sur ces crânes les secrets de l'existence de chacun des personnages dont on connaissait l'histoire, qu'en vérité il était impossible d'invoquer, dans le plus grand nombre des cas, de tels témoignages à l'appui de la Phrénologie.

Nous avons fait dessiner plusieurs de ces moules, nous avons fait représenter quelques uns des personnages célèbres qui figurent dans cette collection et dans les planches que nous avons consacrées à les reproduire, nous nous sommes attaché surtout à mettre en évidence les protubérances signalées sur ces diverses têtes. Il nous serait impossible, à moins d'étendre considérablement cet article, de mettre en regard les données phrénologiques et la biographie de chacun des personnages dont il s'agit. Nous laisserons ce travail à nos lecteurs et nous nous contenterons ici des explications fournies par Gall ou Spurzheim, en ajoutant seulement quelques observations.

Planche 494, fig. 4.

Buffon. Éducabilité, mémoire des mots, bel-esprit, rapport des espaces, coloris, poésie. Aucune de ces facultés peut-elle expliquer sa vie si connue et la magie de son style, si riche et si pompeux? Il manquait, il est vrai, de patience et d'organes physiques pour bien observer; mais aussi comme chaque observation faisait naître de hautes pensées! Il affectait, on le sait, dans sa vie privée, trop de représentation et de trivialité dans la conversation; mais en même temps il mettait un soin excessif à travailler ses écrits; un de ses manuscrits fut recopié onze fois.

Descartes (fig. 5). Éducabilité, rapport de l'espace, calcul, amour-propre. Est-ce par amour-propre seulement que Descartes, persécuté dans sa patrie, refusa ensuite d'y rentrer, lorsque la cour l'y rappelait, en lui faisant les offres les plus brillantes?

Gluck (fig. 6). Musique.

Raphael (fig. 7). Ambition, mécanique, amour physique. Ainsi Raphaël n'a pas une seule des facultés qui font les grands peintres!

Planche 495, fig. 1.

Stassart (baron). Vanité, fierté, courage, fermeté, éducabilité, organe des faits, absence du sens de propriété. La tête du baron de Stassart est une de celles qui se prêtent le mieux aux observations phrénologiques; toutefois, s'il est possible d'expliquer, par les protubérances qu'elle présente, l'administrateur ferme jusqu'à la rudesse, l'homme courageux qui brava les flots de la Durance lors de l'inondation qui en a détruit les digues, le fonctionnaire désintéressé qui refusa dix mille ducats que, dans leur reconnaissance, lui offraient les habitans de Kœnigsberg, en leur répondant : voudriez-vous donc, messieurs, me faire rougir d'un acte de justice? il n'est guère possible de retrouver, en l'examinant, l'écrivain fécond et varié, l'homme qui rassemblait péniblement les faits historiques en même temps qu'il rimait des idylles et des fables.

Goethe (fig. 2). Sagacité, comparaison. L'auteur de Werther n'a-t-il donc que de la sagacité et que le pouvoir de comparer? On trouve en lui, dit un de ses biographes, une grande profondeur d'idées, la grâce qui naît de l'imagination, une sensibilité parfois fantastique. Le génie de Gœthe ayant embrassé toutes les parties de la littérature, les sciences physiques, l'histoire naturelle et les beaux-arts, il a publié des ouvrages en tous genres : chansons, ballades, poëmes épiques, tragédies, opéras, comédies, proverbes, romans. Gœthe était de plus un excellent ami. La crânioscopie n'a point expliqué Gœthe.

Barett d'Édimbourg (fig. 3). Éventualité. Il s'est occupé avec prédilection de chronologie. Il savait, il citait, sans erreur, les dates de tous les faits de l'histoire, celle de la publication d'un grand nombre d'ouvrages. Spurzheim, qui n'admet pas la mémoire au nombre des facultés, a trouvé sur cette tête l'organe de l'*éventualité*.

Bouhours (la fille) (fig. 4). Rixe, ruse, vol, instinct carnassier. Elle fut condamnée à mort pour avoir assassiné et volé plusieurs de ses amans; elle portait toujours des habits d'homme, et exerçait la profession de coiffeur. Sa figure était douce, ses habitudes polies et gracieuses; elle se faisait remarquer surtout par son esprit et sa gaîté, et affectait une grande indépendance.

Wurmzer (fig. 5). Courage, amitié. Wurmzer, dans sa longue carrière, a déployé, de l'aveu des meilleurs généraux, autre chose que du courage; et ses conceptions stratégiques, pour n'avoir pas toujours été couronnées de succès, n'en font pas moins honneur à son génie. Certes, il fallait en avoir pour résister souvent avec avantage à des capitaines tels que Pichegru, Moreau et Napoléon.

Destainières (fig. 6). Organes du mysticisme, vanité, fierté, visionnaire et fort crédule.

Planche 496, fig. 1.

Portlonden (poète et acteur). Mimique, faible développement de l'organe, d'où dérive l'instinct de sa propre défense.

Unterberger (fig. 2). Mémoire verbale prodigieuse, penchant très-fort pour l'amour physique.

Ceracchi (fig. 3). Fierté, instinct carnassier. Statuaire italien distingué, condamné à mort à Paris, pour avoir tenté d'assassiner Napoléon, dont il admirait le génie. Son caractère était noble, il était surtout distingué par ses vertus et l'amour de la liberté.

Voleur prussien (fig. 4). Penchant irrésistible au vol.

Bréguet (fig. 5). Mécanique, sens des rapports des nombres, circonspection. Chez cet homme, qui fut si généreux envers les ouvriers habiles, les artistes pauvres et distingués, la Phrénologie n'a trouvé que les hautes facultés de son intelligence; elle ne nous apprend rien sur les qualités de son cœur.

Gresset (fig. 6). Gaîté, saillies, poésie, ruse, fierté. Il est facile de voir ici combien la science phrénologique s'est montré complaisante en étudiant Gresset dans quelques uns de ses ouvrages, plutôt que dans sa vie entière. Sa versatilité de caractère, son égoïsme, son esprit rancuneux, n'ont laissé comme on le voit aucune empreinte sur ce crâne, que Gall nous a donné comme un exemple concluant. Et cependant, qui ne sait que Gresset, d'abord jésuite, écrit le poëme de Vert-Vert; qu'il donne des pièces au théâtre, puis l'abandonne, et bientôt le dénigre avec acharnement. Pourvu d'une charge lucrative, il chante les douceurs de la retraite et de la médiocrité; témoin ces vers si connus :

Heureux qui dans la paix secrète
D'une libre et sûre retraite
Vit ignorant, content de peu;
Et qui ne se voit plus sans cesse
Jouet de l'aveugle déesse
Ou dupe de l'aveugle dieu.

Cependant, du fond de cette province, où l'obscurité lui paraît un si grand bien, il brigue les honneurs littéraires, et, dans son discours à Suard, épanche tout le fiel que depuis long-temps il y amassait.

A ces exemples que nous avons rapportés, pour ne refuser à la Phrénologie aucun des argumens sur lesquels elle s'appuie, nous pourrions en opposer de nombreux dans lesquels l'examen crânoscopique n'a rien révélé des qualités éminentes ou des facultés perverses qui, pendant leur existence, signalaient les individus. Il nous a suffi d'en indiquer plus haut quelques uns (Vito-Mangiamele, Fieschi, Lacenaire, etc.); mais nous avons hâte de terminer cette discussion, à laquelle nous avons, du reste, pris peu de part, nous contentant de mettre les adversaires en présence et appelant nos lecteurs à juger la légitimité des coups qu'ils s'adressaient réciproquement.

Disons cependant en finissant que, renfermée dans certaines limites, la Phrénologie pouvait éclairer plusieurs points de la science de l'homme, qu'au-delà de ces bornes elle se perd dans des détails et dans des applications forcées; que ce qui retarde ses progrès, est la croyance où elle est de sa propre infaillibilité; que son plus grand tort est de ne pas avoir attendu les faits et de s'être tout d'abord constituée science, quand chaque jour ces faits sont venus impitoyablement lui donner des démentis. (P. G.)

PHRIGANE ou FRIGANE, pour Phrygane (*v.* ce mot).

PHRONIME, *Phronima.* (crust.) Genre de l'ordre des Amphipodes, famille des Hypérines du Cours d'entomologie établi par Latreille et adopté par la plus grande partie des carcinologistes. Les principaux caractères de ce genre sont : Deux antennes; tête très-grosse; la cinquième paire de pieds, en comptant les quatre pieds-mâchoires postérieurs, beaucoup plus grands que les autres, et terminée par une main didactyle; six sacs vésiculeux entre les dernières pattes. Ces crustacés sont distingués de tous les autres genres de la tribu des Crevettines, parce qu'ils n'ont que deux antennes, tandis que ces derniers en ont quatre. Une espèce de ce singulier Crustacé avait d'abord été découverte par Forskal, qui lui avait donné le nom de *Cancer sedentarius.* Risso en a découvert une autre, et enfin tout récemment M. Guérin-Méneville en a décrit une troisième sous le nom de *Phronima atlantica* que nous ferons connaître. Les deux premières espèces habitent dans l'intérieur du corps de diverses espèces d'animaux, surtout des Radiaires, tels que les Béroés et les Pyrosomes. M. Guérin-Méneville a possédé un individu de la Phronime sédentaire qui était logé dans l'estomac d'un Rhizostome. Suivant Risso, ces Crustacés se nourrissent d'animalcules. D'après un passage de ce naturaliste (Hist. des Crust. de Nice), il semblerait que ces Crustacés abandonnent leur gîte pour habiter les vases du fond de la mer, et qu'ils peuvent s'introduire dans les Radiaires où on les trouve, et en sortir à volonté. Car il dit « qu'ils voyagent dans des nacelles vivantes, et que néanmoins, lorsqu'ils veulent plonger, ils rentrent au gîte et se laissent tomber par le seul effet de leur pesanteur. La tête des Phronimes est très-grande, cordiforme et verticale; le corps est très-mou, étroit et long; la queue est plus mince que le corps et terminée par six stylets allongés et fourchus au bout, pourvus en dessous de quatre ou six pattes natatoires disposées par paires, sous les troisième, quatrième et cinquième anneaux; les pattes des quatre premières paires sont préhensiles; celle de la cinquième paire sont terminées par une grosse main didactyle bien formée; les pattes des deux dernières paires sont didactyles; les deux antennes sont sétacées, très-courtes, composées d'un petit nombre d'articles; les quatre premiers pieds sont en forme de petits bras comprimés, finissant en pointes, et dentés en dessous; les deux antérieurs sont plus petits et annexés à la tête; il y a six sacs vésiculeux divisés en trois paires et placés à la base interne des six derniers pieds. Parmi les trois espèces que ce genre renferme, nous citerons :

La Phonime sédentaire, *P. sedentaria*, Latr., Risso, Crust. de Nice, p. 120; *Gammarus sedentarius*, Herbst. Le corps est mou, transparent, nacré et ponctué de rougeâtre; le thorax est lisse, formé de plusieurs segmens; la tête est grosse, proboscidiforme, plane sur le devant, arrondie au sommet et pointillée de rouge sur les côtés; les yeux sont noirs, sessiles; les pattes sont tachetées de rouge brique; la troisième paire est fort longue à articles épars, terminées par des pinces arquées, inégales; les deux dernières paires sont courtes et dentelées sur le second article; l'abdomen est convexe et composé de quatre segmens terminés en pointe; la pièce de l'extrémité de la queue sert de support aux appendices bifides qui les terminent. Cette espèce, suivant Risso, vit dans l'intérieur du corps des animaux radiaires des genres Pyrosome et Béroé. Elle se trouve aux environs de Nice.

La Phronime atlantique, *P. atlantica*, Guér., Mag. de zool., cl. VII, pl. 25, fig. 4, et Iconogr. R. a., pl. 25, fig. 4, reproduite dans notre Atlas, pl. 497, fig. 1. 1 *a*, la même espèce renfermée dans un Béroé; 1 *b*, sa queue. Cette espèce est assez semblable à la précédente pour la forme générale; mais elle en diffère par la main de la cinquième paire de ses pieds. Dans la Phronime sédentaire, le doigt immobile est armé à la base d'une dent simple, et le doigt mobile en a également une très-forte, située au milieu. Cette espèce se trouve dans l'océan Atlantique. (H. L.)

PHROSINE, *Phrosina*. (crust.) C'est un genre qui appartient à l'ordre des Amphipodes, à la troisième famille des Hypérines du Cours d'entomologie, qui a été établi par Risso dans le Journal de physique, et auquel Latreille avait donné le nom de Dactylocère dans ses manuscrits. Les caractères de ce genre sont : Les deux antennes supérieures grandes et en forme de cuiller; les inférieures sétacées et très-petites. Les deux pattes proprement dites monodactyles, formées de cinq articles aplatis; la première paire courte, mince, crochue; la seconde un peu moins longue que la troisième; la quatrième fort grande, avec un premier article large, ovale, les deux suivans triangulaires; le quatrième ovale, épineux, et le dernier long, aigu, arqué, falciforme; cinquième paire de pieds plus courte que la précédente, mais de même forme; corps oblong, un peu arqué, un peu arrondi sur les côtés, à segmens crustacés, transverses; tête prolongée sur le devant, en forme de museau; queue composée de cinq segmens, presque quadrangulaires, terminée par deux lames oblongues, ciliées, et une plaque intermédiaire courte, aplatie, et arrondie au bout. Ce genre renferme deux espèces qui sont propres à la mer de Nice.

La Phrosine en croissant, *P. semilunata*, Risso, Journ. de phys., octob. 1822, pag. 245. Longue de sept à huit lignes; corps oblong, jaunâtre antérieurement, rouge postérieurement; tête pourvue de deux petites cornes, qui forment une espèce de croissant; yeux petits. Se trouve aux environs de Nice. Elle se tient dans les endroits où la mer est profonde et où le fond est sablonneux.

La Phrosine gros-œil, *P. macrophthalma*, Risso, ouvr. cit. Cette espèce ne présente point de cornes; son corps est d'un rouge violet, et ses yeux sont très-grands. Elle est moitié moins grande que la précédente. Risso l'a trouvée sur le Pyrosome élégant, dans les mois de février et de juillet. (H. L.)

PHRYGANE, *Phryganœa*. (ins.) Ce genre, qui appartient à l'ordre des Névroptères, section des Filicornes, famille des Phryganides de Latreille, a été primitivement créé par Linné, qui l'avait divisé en deux sections; Geoffroy l'a adopté en grande partie, et il a formé avec la première division de Linné son genre Perle, *Perla* (*voy.* ce mot). Ce deux genres ont été adoptés par tous les entomologistes; seulement dans ces derniers temps, Dalman et Latreille ont extrait du genre Phrygane de Geoffroy, quelques espèces avec lesquelles ils ont formé, le premier les genres Hydroptile et Mystacide, et le second le genre Séricostome; enfin M. Pictet a aussi établi trois nouvelles coupes génériques qu'il a désignées sous les noms de Trichostome, Rhyacophile et Hydropsyche. Les caractères du genre Phrygane, ainsi restreint, sont exprimés de la manière suivante par Latreille : ailes inférieures larges et plissées; tarses à cinq articles; mandibules presque nulles; antennes longues, sétacées; quatre palpes sétacés, les antérieurs longs, à cinq articles. Ce genre se distingue des Hydroptiles, parce que ceux-ci n'ont pas les ailes inférieures plus larges que les supérieures; les Mystacides en sont distingués par leurs antennes; enfin les Séricostomes en sont bien séparés, parce que, dans l'un des sexes, les palpes maxillaires sont relevés, très-larges ou fort dilatés transversalement; et se réunissent pour former à ces insectes une sorte de museau. Les Phryganes ressemblent au premier coup d'œil à de petits Lépidoptères, surtout à de petites Phalènes; cette ressemblance a engagé Réaumur à les nommer Mouches papillonées. Ces insectes semblent, en effet, faire le passage des Névroptères aux Lépidoptères, et surtout à ceux dont les larves s'enveloppent dans un fourreau. La tête des Phryganes est plus large que longue et placée sur le cou, de manière qu'on ne voit que la partie occipitale; des deux côtés sont les yeux, qui sont très-grands, arrondis et saillans; entre les yeux naissent les antennes; ces organes sont le plus souvent en forme de soie, c'est-à-dire allongés et plus minces à l'extrémité qu'à la base; cependant, dans les Hydroptiles, les antennes sont en fil; le premier anneau est à peu près cylindrico-obconique, allongé, et porte le second, qui est court; les autres sont en général peu marqués et vont en augmentant de longueur à mesure qu'on s'éloigne de la base. Les Séricostomes et Trichostomes sont remarquables par leur premier anneau fort, long et velu; les Mystacides et les Hydropsychés à larves à branchies, par la longueur de leurs antennes, qui, dans quelques espèces, dépassent deux à trois fois celle du corps; les yeux à réseaux sont gros, saillans, et des deux côtés de la tête; les petits yeux lisses sont au nombre de trois; deux sont situés sur l'occiput, en arrière des antennes et entre les yeux; l'autre se trouve entre la base des antennes; le chaperon est petit, arrondi, situé dans l'échancrure de l'épicrâne et beaucoup plus étroit que lui; le labre est encore plus petit, au moins trois fois plus long que large, un peu lancéolé, c'est-à-dire plus étroit à sa base qu'aux deux tiers de sa longueur; il se termine en pointe; les mandibules sont nulles; les mâchoires sont composées d'une pièce basilaire à peu près carrée, du corps de la mâchoire qui est arrondi, obtus, court, d'une seule pièce et cilié en son bord externe et antérieur, et enfin du palpe; les palpes maxillaires sont des organes très-importans; le premier et le second article de ces organes sont en général courts (dans les mâles des Phryganes propres seulement); le premier, le troisième et le quatrième des femelles et le second des mâles sont allongés, cylindriques, et le dernier est celui dont la forme varie le plus; ovoïde allongé dans les Phryganes propres; il est en forme de filament grêle dans les Hydropsychés et les Psychomies; ces palpes sont ordinairement couverts de quelques poils courts et invisibles à l'œil nu; mais dans les Mystacides, ils sont hérissés d'un grand nombre de poils longs et serrés. Dans les Séricostomes, chaque article prend la forme d'une capsule à peu près semblable à un verre de montre; ces capsules sont, dans le sens vertical, appliquées l'une contre l'autre par leurs concavités, et forment ainsi une forte boîte dont l'intérieur est garni, dans quelques espèces, de poils longs et soyeux qui sortent par la fente que laissent entre elles ces deux capsules. Cette singulière disposition n'existe que dans le mâle, et la femelle a des palpes maxillaires à cinq articles, comme dans les autres Phryganides; la lèvre inférieure est en dessous des mâchoires et assez intimement unie avec elles par sa partie molle; elle est arrondie, quelquefois un peu échancrée; elle porte les deux palpes labiaux; chacun d'eux a trois articles : le premier court, le second long et cylindrique, le troisième ovoïde, allongé et un peu plus gros; le thorax est composé de trois anneaux : le prothorax, le mésothorax et le métathorax; le prothorax ou corselet est très-court; il porte la première paire de pattes; la hanche de ces pattes est assez allongée; la cuisse est la partie la plus longue, et elle est plus mince que la hanche; la jambe, un peu plus courte, porte ordinairement quelques épines; le tarse est composé de cinq articles minces, obconiques, allongés, qui varient de longueur suivant les espèces, le mésothorax offre en dessus à peu près la forme d'un triangle, dont la base serait contre le corselet, et dont la pointe émoussée se dirigerait en arrière; vu latéralement, il est extrêmement haut et étroit, et offre aussi la figure d'un triangle, mais plus allongé, et dont le petit côté serait en haut et la pointe en bas; sur ce petit côté naît l'aile, et sur la pointe la seconde paire de pattes; le métathorax offre en dessus un rectangle transversal et présente de côté la même conformation que le mésothorax; de sorte que la réunion de ces deux anneaux formant le thorax, présente une forme assez remarquable; ce thorax est très-allongé dans le sens vertical et comprimé; les naissances des pattes se trouvent très-rapprochées, parce que les deux pointes des triangles viennent converger ensemble; la seconde paire de pattes ressemble en général à la première. Dans les Hydropsychés, les tarses de la seconde paire sont aplatis dans les femelles, déprimés, un peu arrondis et ciliés en leurs bords. Cette forme est surtout remarquable dans le premier article qui est le plus grand; ils vont en diminuant jusqu'au quatrième qui est très-court, mais encore aplati; le cinquième est, comme à l'ordinaire, obconique et terminé par deux crochets. Cette disposition rappelle un peu les tarses des insectes aquatiques; elle a ceci de particulier qu'elle ne se retrouve que dans la femelle; le mâle a les tarses minces et cylindriques. Je n'ai d'ailleurs remarqué, dit M. Pictet, auquel nous empruntons ces observations, cette particularité que dans les pattes de la seconde paire; la troisième paire de pattes ressemble beaucoup aux deux premières et est en général la plus longue; la jambe est ordinairement encore plus courte à proportion des autres parties, et le tarse très-long, surtout son premier article; cette troisième paire est aussi plus chargée de poils ou d'épines que les deux autres; chaque article porte quelques poils forts et est terminé le plus souvent par deux épines; les ailes supérieures sont fortes et membraneuses, un peu coriacées; elles ne sont jamais chargées de plumes, comme dans les Lépidoptères, mais portent quelquefois des poils aussi sur les parties membraneuses; elles sont toujours tendues et ne se plissent jamais; quand l'animal est en repos, elles forment un toit au dessus du corps, et se recouvrent ordinairement un peu par leur partie médiane; leur forme varie, ainsi que nous le verrons en parlant des genres; mais elles sont en général arrondies au bout ou forment un angle obtus, et leur totalité ne représente pas mal un secteur de cercle; tantôt le bord est entier, tantôt il est cilié; les nervures varient aussi; il y a en général quatre à cinq branches qui partent en rayonnant de la base de l'aile, et dont le plus grand nombre se bifurque, quelques unes même deux fois. Au point de bifurcation, on voit dans quelques ailes des nervures transversales qui servent à anastomoser deux ensemble; mais on ne retrouve jamais de ces cellules carrées, si nombreuses dans les autres Névroptères; les ailes inférieures diffèrent des supérieures par de nombreux caractères : elles sont généralement plus minces et plus transparentes; leur forme est à peu près le quart d'une ellipse dont le demi-grand axe serait parallèle à l'aile supérieure, et le demi-petit axe au corps; les nervures en sont plus simples et moins bifurquées; mais leur principale différence consiste en ce que les ailes inférieures sont plissées dans l'état de repos; ces plis rayonnent de la base de l'aile afin que, quand elles sont fermées, elles soient cachées par les supérieures; il y a cependant deux genres qui n'ont pas les ailes inférieures plissées (Psychomes et Hydroptiles); mais le nom de Plicipennes que ce caractère avait fait donner à la famille est défectueux, parce qu'il n'est pas général; les ailes, tant inférieures que supérieures, sont quelquefois diversement colorées; cependant les inférieures le sont rarement; l'abdomen est légèrement comprimé, un peu courbé de dessus en dessous; il est composé de neuf anneaux simples et sans appendices transversaux; le dernier anneau offre seul quelques particularités sur lesquelles nous reviendrons en parlant des organes générateurs. Maintenant que nous avons fait connaître le système tégumentaire de l'insecte parfait, nous allons passer à celui de la larve. Toutes les larves de Phryganes sont composées d'une tête, d'un thorax formé de trois anneaux, et d'un abdomen qui en a neuf; la tête est située à la partie antérieure; elle est généralement dirigée un peu obliquement en avant et en bas; les organes de la bouche sont plus simples que dans la plupart des insectes parfaits; plusieurs parties sont réduites à un état rudimentaire ou sont employées à des usages différens de ceux auxquels elles servent d'ordinaire. Nous avons trouvé aussi dans l'insecte parfait une bouche incomplète, mais alors elle l'est par l'absence de quelques organes, et ce qu'il y a de remarquable, c'est que la nymphe est celui des trois états qui présente la bouche la plus parfaite; les pièces buccales sont en général fortes et courtes dans cette larve; on peut y distinguer les quatre principaux organes qu'on remarque dans les insectes, savoir: le labre, les mandibules, les mâchoires et la lèvre inférieure ou le menton. La lèvre inférieure est terminée par un appendice qui est la filière. Cet organe est donc appelé à des fonctions toutes différentes de celles qu'il remplit dans la plupart des insectes; aussi ne devons-nous pas nous étonner qu'il s'éloigne beaucoup de la forme normale; des deux côtés du tronc par où sort le fil, on voit deux très-petites pointes légèrement écailleuses; on doit peut-être les regarder comme les analogues des palpes labiaux qui sans cela manqueraient entièrement.

Un caractère commun à toutes les larves de Phryganides, c'est que les trois anneaux du thorax sont parfaitement distincts. Ces anneaux présentent entre eux des différences plus ou moins marquées suivant les divers genres, et plus sensibles en général dans les larves à étuis que dans celles qui n'en ont pas; le thorax ne porte pas d'autres appendices que les pattes; on n'y voit jamais d'organes respiratoires externes; car ils sont toujours situés sur l'abdomen.

Le prothorax est en général plus étroit, il est formé en dessus d'une partie toujours écailleuse; quelquefois il est à peu près égal en avant et en arrière, mais le plus souvent il est rétréci postérieurement; sa partie antérieure est une espèce de cavité cotyloïde qui reçoit la tête; ses bords sont infléchis en dessous de manière à protéger le haut des flancs; en dessous ce corselet n'est jamais écailleux, aussi les pièces qui le composent sont-elles indistinctes et confondues en une peau continue; les pattes du corselet sont en général les plus courtes et les plus fortes; la cuisse est renflée et sinueuse; la jambe est forte et épaisse, courbée en sens inverse de la cuisse; le tarse a trois phalanges; cette forme des pattes du corselet se retrouve dans tous les genres de la famille. Les Phryganes propres présentent un organe qui ne se retrouve pas dans les autres genres; c'est une petite corne située entre les deux jambes du corselet. Cette corne mince, terminée en pointe et un peu recourbée, avait été décrite par Réaumur, qui crut à sa forme y reconnaître la filière; mais, en faisant l'anatomie des vaisseaux sétifères, dit M. Pictet, je ne les ai vus dans aucune espèce aboutir ailleurs qu'à la lèvre inférieure que nous avons décrite ci-dessus comme étant la vraie filière; le mésothorax est en général un peu plus large que le corselet et varie plus que lui. Le métathorax présente en partie les mêmes variations que le mésothorax; il est moins écailleux et plus large, et ses couleurs commencent à se rapprocher de l'abdomen. Les pattes postérieures s'insèrent sur cet anneau; elles sont, comme nous l'avons dit, presque toujours les plus longues. L'abdomen des larves de Phryganes est en général très-considérable. Dans les Phryganes à étuis, il est mou et blanc, car il est en quelque sorte étiolé par l'absence de la lumière; mais dans les Hydropsychés et Rhyacophiles, il se colore toujours plus ou moins de diverses couleurs et notamment de gris, de vert et d'un peu de pourpre. Il est constamment composé de neuf anneaux réunis ensemble et au mésothorax sans étranglement. Ce dernier est toujours plus petit et porte deux crochets. Ces crochets servent puissamment à la larve pour la retenir dans son étui, et offrir un point de résistance quand elle veut attirer à elle des matériaux pesans. Si on veut la faire sortir du fond de son étui en la tirant par sa partie antérieure, on la brisera par le milieu plutôt que de faire lâcher prise à ses crochets. Les autres larves à étuis ne présentent pas en général de bien grandes différences d'avec les Phryganes propres, par les crochets du dernier anneau, qui sont cependant en général un peu plus courts. La larve du *Sericostoma collare* et de quelques espèces voisines est remarquable parce que le crochet n'est composé que de deux parties, savoir d'une pièce basilaire analogue à celle des Phryganes, sur laquelle se fixe une autre pièce, forte et recourbée, terminée latéralement par deux pointes solides qui forment aussi un double crochet. Dans les larves sans étuis, la forme du dernier anneau est très-différente; il est constamment plus mince et plus long, et les crochets sont portés sur de plus grands pédicelles. Cette organisation se lie avec leur manière de vivre; car, tandis que les larves à étuis peuvent se retenir au moyen de crochets courts, les larves sans étuis qui vivent dans des retraites dont l'intérieur est très-inégal, devaient avoir des organes susceptibles de plus grands mouvemens. Dans les Rhyacophiles, le dernier anneau est petit et les appendices qu'il porte sont assez compliqués. Le corps de l'anneau lui-même se partage en deux branches, de l'extrémité de chacune d'elles naissent deux appendices juxta-posés. Chacun de ces appendices est composé d'une pièce cylindrique et d'un crochet. L'appendice interne, qui est situé un peu plus bas que l'externe, est très-arqué et tranchant; la première pièce et le crochet sont tous deux fortement dentelés en scie à leur partie inférieure et concave. On voit combien cette organisation diffère de celles des larves à étuis. Dans les Hydropsychés il y a des différences notables entre les larves à branchies et les larves sans branchies. Dans ces dernières l'organisation est très-simple; le dernier anneau est court, triangulaire et fort; de chaque côté deux pièces basilaires cylindriques et allongées, écailleuses; puis on trouve une pièce en forme d'ovale oblong, dirigée dans le même sens que la précédente; sur son extrémité est articulé un crochet allongé et légèrement arqué. Dans les larves à branchies, le dernier anneau a des formes très différentes de celles que nous avons vues jusqu'à présent. Ce dernier anneau long et étroit, semble d'abord n'être qu'un prolongement du pénultième; il forme un cylindre charnu terminé par un bourrelet hérissé de poils courts. Après lui vient encore un petit espace cylindrique et charnu, puis l'ouverture de la partie anale, par laquelle on voit quelquefois sortir des filets blanchâtres et mous; de chaque côté de l'anus partent deux grandes pièces, aplaties et velues, longues, terminées en dedans par une belle touffe de poils et en dessous par le crochet qui est articulé sur une petite base. Ce crochet est court et courbé. Dans l'état de vie la larve remue continuellement cet appareil, et elle peut par ce moyen se cramponner avec beaucoup de force. Lorque la larve est près de se métamorphoser, elle est, ainsi que nous l'avons fait remarquer, très-chargée de graisse qui doit lui fournir de la nourriture pendant son état de nymphe. Cette graisse distend son abdomen et lui donne une couleur jaune opaque; son canal intestinal est aussi en général rempli de matières alimentaires. Le premier soin de la larve pour effectuer son changement est de fermer son étui au moyen d'une grille ou de divers corps étrangers. Au bout de quelques jours, on commence à voir sur son corps quelques indices de métamorphoses; ces indices consistent en ce que le dessus du thorax, venant à se distendre, rejette les pattes en dehors en éloignant leurs bases; en même temps la seconde paire de pattes est rejetée en avant et se rapproche de la première, tandis que la dernière paire se dirige vers l'abdomen. La larve est à cette époque entièrement immobile, et les membres ne peuvent plus exécuter de mouvemens volontaires. Cet écartement des pattes, rejetées en avant et en arrière, s'explique facilement par l'accroissement des nouveaux organes de la nymphe et notamment de ses pattes postérieures et de ses ailes, qui, gênées dans la larve, la repoussent, la distendent, et finissent par la rompre. Cette rupture s'annonce par des petites fentes qui paraissent aux environs des pattes, et l'on voit les tégumens de la larve se détacher par plaques. Il faut remarquer ici la différence totale qui existe entre ce changement d'état qui nous occupe et celui de la nymphe, qui devient insecte parfait; dans ce dernier cas, la peau reste entière et complète et est séparée de la nouvelle par une espèce d'emphysème ou d'insufflation; tandis que dans le passage de l'état de larve à l'état de nymphe, cette peau tombe par fragmens et est simplement rompue par la distension des organes situés au dessous d'elle. Cette différence dans le mode de changement, tient à ce que la larve diffère beaucoup plus de la nymphe que celle-ci de l'insecte parfait. En effet, la nymphe a la même forme de tête, de thorax et d'abdomen que la Phrygane, ses antennes et ses pattes sont de même longueur et de même forme; ses ailes seules subissent une augmentation de surface, qui même n'est produite que par un simple déplissement. Mais si l'on compare cette même nymphe et la larve, on verra que cette dernière n'a pas d'antennes, aucun rudiment d'ailes, et que ses pattes minces et courtes naissent d'une manière très-différente. Le même mode ne pouvait donc pas avoir lieu pour ces deux métamorphoses, et l'on devait s'attendre à trouver entre elles de grandes différences. Lorsque la peau de la larve est entièrement tombée, et que la nymphe se trouve à nu, celle-ci est encore pendant quelque temps molle et délicate; peu à peu cependant elle se durcit et, par ses mouvemens, elle rejette tous les débris de la peau vers l'extrémité inférieure de l'étui, où ils ne tardent pas à être décomposés et entraînés par l'eau qui entre par les trous des grilles. Dans les Rhyacophiles où nous avons vu une double enveloppe, ces mêmes fragmens de peau ne peuvent pas en sortir et on les retrouve encore quand la Phrygane est éclose. La grande différence que nous avons reconnue entre les organes de la larve et ceux de la nymphe, rendait intéressant de rechercher quelle est la relation des anciennes parties et des nouvelles; pour cela il faut chercher une larve dont la peau soit près de tomber, ce qu'on reconnaîtra aux caractères que nous avons donnés ci-dessus, savoir l'écartement des pattes et le commencement des fentes; couchant alors cette larve sur le dos, il faut inciser avec beaucoup de précaution la peau tout le long du sternum, mais en prenant garde de ne couper que celle de la larve, et de ne pas endommager celle de la nymphe qui est située en dessous. Si la préparation réussit, on pourra enlever cette première enveloppe et on trouvera en dessous les parties de la nymphe dans la position où elles se sont formées, et il sera facile de voir leur relation avec les organes externes de la larve; les pattes de la nymphe ont déjà une longueur égale à celles de la Phrygane, mais elles sont enroulées et molles. Leur origine, en effet, étant très-près du lieu de leur terminaison, elles ont dû décrire de grandes sinuosités. On y voit très-difficilement les séparations des diverses parties, et la patte paraît composée d'une seule pièce; les articles des tarses s'aperçoivent en partie; ils sont terminés par un bourrelet mou et arrondi qui ne laisse pas voir les crochets qu'ils présentaient dans l'insecte parfait. Quant à leur relation avec les pattes de la larve, il y a ceci de remarquable qu'elles n'y sont point contenues; mais qu'au contraire, l'extrémité du tarse de la nymphe arrive dans la hanche de la larve, où on la voit un peu par transparence. Il y a donc relation entre les anciennes pattes et les nouvelles, en ce sens, que chacune vient aboutir à sa correspondante; mais, en même temps il y a cette grande différence d'avec le passage de la nymphe à l'insecte parfait, que les muscles de l'ancienne jambe ne sont aucunement les muscles de la nouvelle et que la formation de ces nouveaux organes est tout-à-fait indépendante des anciens; de ceci il résulte une circonstance que nous avons déjà laissé entrevoir, c'est-à-dire que la nymphe est très-agile et mobile jusqu'au moment de sa métamorphose; tandis que, pendant les derniers jours de sa vie, la larve est complétement incapable de se mouvoir. A côté des deux dernières paires de pattes et en dehors d'elles on trouve, sous la peau de la larve, les rudimens des ailes encore informes, ovales, et présentant quelques plis confus. Une préparation analogue consistant à inciser la peau de la larve sur l'épicrâne et à la ramener des deux côtés, montre comment les antennes sont contenues sous cette peau; elles naissent vers le bord antérieur et interne de l'œil et sont pliées en une double spirale formant deux courbes en sens contraire l'une de l'autre; c'est-à dire que l'antenne gauche s'enroule d'abord de droite à gauche et l'antenne droite de gauche à droite, et que, vers leur milieu, elles se replient pour retourner sur elles-mêmes. Ces antennes sont molles et n'offrent aucune trace d'anneaux; quant à l'abdomen, il se sépare de celui de la larve par un simple changement de peau; chaque sac respiratoire se retire de l'épiderme qui l'enveloppait comme un étui et qui reste à l'ancienne peau. Lorsque la nymphe offre quelque partie qui manque à la larve, telles que barbes latérales, crochets, etc.; ces parties sont déjà formées en dessous et simplement recouvertes par la peau qui tombe; tel est le développement des organes externes de la Phrygane; nous avons vu comment d'abord sous la forme de larve, elle est éminemment bien organisée pour se nourrir et croître; nous avons vu comment elle passe à un état de repos où ses formes se modifient, et enfin comment elle en sort sous l'apparence d'un insecte ailé.

Le système nerveux des Phryganides offre peu de variation; sa disposition générale est à peu près la même dans les différens genres qui composent cette famille, et ses changemens sont peu considérables dans les trois états de larve, de nymphe et d'insecte parfait. Cependant il faut en excepter le ganglion sus-œsophagien ou le cerveau qui change de forme et de grandeur dans le passage de l'état de larve à l'état de nymphe. Les organes digestifs de la Phrygane sont beaucoup moins considérables que ceux de la larve; mais en même temps ils présentent un degré de complication plus grand et se rapprochent davantage du type normal des insectes; ils offrent une conformation de ce principe, qui est fréquent dans toute la série zoologique, que l'animal augmente de complication à mesure qu'il s'élève dans l'échelle des êtres, et à mesure qu'il avance dans son développement fœtal; ainsi voyons-nous le même insecte passer d'un état où il n'a qu'un estomac à un état où il en a trois, et on voit aussi combien la suite de ces développemens jette de jour sur la vraie détermination de chaque organe; en voyant la larve, on prendrait facilement pour le gésier ce qui n'est que l'origine des intestins grêles, et ce n'est que l'analogie qui peut faire reconnaître ceux-ci et la formation des estomacs.

Les organes internes de la respiration des larves de Phryganides diffèrent très-peu de ceux des Chenilles; aussi on trouve sur les lignes latérales du corps, deux grands troncs principaux, qui s'étendent depuis la tête jusqu'à la jonction du premier anneau avec l'avant-dernier. Ces troncs sont petits eu égard à la grandeur de l'insecte; ils sont blancs, argentés, et de la consistance ordinaire des trachées; dans chaque anneau ils fournissent des branches trachéennes nombreuses, qui naissent ordinairement par paquets, de manière que leur origine commune est à peu près à l'endroit où se joignent deux anneaux consécutifs. De ce point naissent ordinairement trois faisceaux; le premier est composé de trachées qui se rendent aux organes du dos; le second se ramifie dans les muscles du ventre; enfin les branches du troisième vont se répandre sur les organes digestifs. Outre ces faisceaux, on voit quelques rameaux qui joignent les troncs principaux avec les organes respiratoires externes.

Dans le plus grand nombre des larves de Phryganides propres, on voit sur l'abdomen, en dessus et en dessous, des espèces de sacs ou cœcums. Ces sacs dont la longueur ordinaire dépasse un peu la moitié de la largeur de l'abdomen, sont d'un blanc mat, quelquefois un peu violacé; ils sont fixés par leur extrémité ouverte, et celle fermée est flottante; leur position est transversale. Ces sacs ne manquent pas sur la ligne latérale; ceux du dos sont un peu en dessus de cette ligne et ceux du ventre en dessous. On peut en ouvrant l'insecte par dessous et en détachant avec soin les muscles droits du ventre voir les trachées pénétrer dans ces sacs; elles ne paraissent pas s'y ramifier beaucoup, autant au moins qu'on peut en juger par la transparence. Ces sacs respiratoires sont couverts d'un prolongement de la peau, de manière que dans la mue qui a lieu lors du passage à l'état de nymphe; l'ancienne dépouille présente ces appendices avec leur même forme qu'avant le changement; le nombre de ces sacs varie; M. Pictet n'en a jamais vu sur le premier anneau abdominal, sauf dans quelques Séricostomes; le second en a ordinairement peu; le troisième et le quatrième sont ceux qui en ont le plus, c'est-à-dire ordinairement six en dessus et autant en dessous; leur nombre diminue ensuite, de sorte que ce dernier anneau n'en a jamais et que l'avant-dernier rarement. On n'en trouve jamais sur le thorax. La description que nous venons de donner de la position et de la forme des organes respiratoires externes ne peut s'appliquer qu'aux Phryganes propres; car dans les autres genres, ces formes sont très-variées. Ce n'est guère que dans la larve qui se dispose à passer à l'état de nymphe, que l'on commence à voir, dans le cinquième anneau abdominal des femelles, un commencement d'ovaires sous la forme d'un petit corps allongé, terminé par deux fils très-fins, dont le supérieur se perd dans le tissu adipeux, et dont l'inférieur, que l'auteur de ces observations n'a pu suivre, va vraisemblablement rejoindre les organes contenus dans le dernier anneau. On voit en même temps se développer, dans ce dernier anneau, les autres parties qui composent les organes génitaux; savoir pour le mâle, les vésicules séminales et les vaisseaux spermatiques, et pour la femelle, les vésicules vaginales et la poche copulatrice. Dès que la nymphe est formée, ces organes croissent rapidement; les ovaires s'allongent, et, sans dépasser supérieurement le cinquième anneau, viennent joindre les vésicules par des canaux très-courts. Ces ovaires, d'abord étroits, prennent ensuite un grand développement, et l'on voit les œufs d'une manière très-distincte.

Les œufs sont renfermés dans des boules de gelée tantôt arrondies, tantôt aplaties et irrégulières. Cette gelée est une sécrétion produite par quelqu'un des vaisseaux qui ont leur ouverture vers l'oviducte. Quand la Phrygane pond des œufs, ils en sont déjà enveloppés et réunis en une seule masse; mais l'aspect de cette gelée est à cette époque tout différent de ce qu'il sera plus tard; ce n'est en quelque sorte qu'un tissu spongieux, presque sec, ridé, compact, n'ayant guère qu'une à deux lignes de diamètre dans les plus grandes Phryganes; l'insecte laisse tomber dans l'eau ce paquet qui se fixe sur quelque pierre ou sur quelque feuille, et là son tissu s'imprègne d'eau, se développe, devient transparent, et il acquiert jusqu'à quatre lignes de diamètre; on commence alors à voir les œufs enfermés dans une véritable gelée. On les trouve ordinairement fixés aux pierres qui ne sont pas loin de la surface du bord de l'eau; quelquefois les bords des rivières en sont couverts au point que le fond en prend une teinte verdâtre; tantôt ils sont en dessus de la pierre, tantôt en dessous ou latéralement; la consistance de cette gelée varie suivant les espèces; dans les unes elle est parfaitement transparente, et ne saurait être mieux comparée qu'à l'humeur vitrée de l'œil; dans d'autres elle est un peu opaque vers le bord et légèrement colorée; les Séricostomes et les Rhyacophiles l'ont généralement verdâtre. Cette matière est vraisemblablement destinée à maintenir l'œuf humide quand il n'est pas dans l'eau; ainsi les Phryganes pondent souvent des œufs sur des pierres qui, à sec en été, seraient couvertes d'eau dans le temps où les œufs éclosent. Cette circonstance peut en partie expliquer comment il arrive qu'il y ait des larves dans les fossés qui sont privés d'eau pendant tout l'été, fait qui devait étonner quand on pense à la courte durée de la vie de la Phrygane parfaite; les petites larves naissent peu de temps après la ponte, et passent l'hiver à l'état de larve pour devenir insecte parfait dans la belle saison, à des époques qui varient suivant les espèces, mais qui sont assez constantes dans chacune; elles éclosent dans la gelée et y vivent plusieurs jours; elles sont à cette époque presque imperceptibles et semblables à des petites lignes noires; les coques des œufs restent dans cette gelée qui se détruit peu à peu quand elle n'est plus nécessaire; deux ou trois jours après la naissance, la jeune larve sort de la gelée où elle éclot et commence immédiatement à se fabriquer de très-petits étuis, proportionnés à sa grandeur, employant déjà les matériaux caractéristiques de son espèce.

Les larves de Phryganes sont toutes aquatiques; on en trouve dans presque toutes les eaux douces; chaque espèce affectionne certaines localités, aussi les unes aiment les eaux courantes, d'autres les eaux stagnantes; ces larves sont généralement herbivores; les grandes espèces mangent toute la feuille en commençant par le bord, mais les petites ne peuvent pas faire de même, et se contentent d'en couper le parenchyme en laissant les nervures intactes. En outre, presque toutes les larves de Phryganides mangent les autres insectes aquatiques, quand elles en trouvent l'occasion, et même elles se jettent souvent sur leurs pareilles, quand celles-ci sont dépouillées de leur étui; elles sont assez voraces proportionnellement à leur grandeur; elles peuvent cependant vivre très-longtemps sans manger. Le point le plus intéressant de l'histoire de ces larves est ce qui tient aux étuis; ils varient beaucoup de forme, et leurs principales variations sont dues aux matières étrangères qui les recouvrent; matières dans le choix desquelles entrent pour peu de chose l'élégance et la grâce. Il est à remarquer, à cet égard, que les espèces qui se servent de pierres et de sable pour les construire ont, à cause de l'uniformité de ses matériaux, des étuis d'une forme plus régulière et plus constantes que celles qui emploient des matières végétales; en effet, ce sont ou des brins d'herbes, ou des petits morceaux de bois, ou des feuilles, en général tout morceau de plante qui se trouve dans l'eau par un accident quelconque. Il y a des espèces qui se servent volontiers de coquilles, dans lesquelles il arrive souvent que le mollusque n'est pas mort, et continue à vivre dans cette nouvelle position. Ce qu'il y a de commun à tous les étuis, c'est qu'ils sont formés d'un tissu fin et assez fort, produit par une soie que l'animal fait sortir de sa filière et qui se durcit promptement en acquérant une telle solidité, qu'on a souvent de peine à la rompre. Cet étui est toujours très-régulier et cylindrique, ordinairement plus large en avant qu'en arrière, quelquefois cependant égal aux deux bouts, souvent un peu arqué. L'étui soyeux ne se forme pas isolément et indépendamment des matières qui le recouvrent; mais il résulte de ce que chaque corps, qui vient s'ajouter à ceux qui sont déjà placés, leur est joint par des fils attachés en dedans. La larve a soin que, quelque irrégulier que soit l'extérieur, l'intérieur en soit toujours parfaitement lisse. Pour bien voir la fabrication de ces étuis, il ne suffit pas d'examiner des larves en liberté et vivant dans les ruisseaux, il faut encore en élever et les faire travailler sous ses yeux; mais, pour conserver long-temps les larves de Phryganes en captivité, il faut beaucoup de précautions; certaines espèces vivent facilement, mais il en est d'autres qu'on ne peut élever qu'à force de soin. On doit éviter d'en mettre en trop grand nombre dans le même vase, qu'on aura toujours soin de laisser ouvert et à l'abri de la grande chaleur; il faut surtout que l'eau reste limpide, et pour cela on doit la renouveler souvent; car, s'il vient à périr une seule larve, il arrive souvent qu'elle corrompt l'eau et fait périr toutes les autres. Le moment où les larves meurent le plus facilement et où il faut redoubler de soins, c'est quand elles passent à l'état de nymphes. Pour faire sortir une larve de son étui il faut employer certaines précautions; car, si on la tirait par la tête, elle se cramponnerait si fortement avec ses crochets abdominaux, qu'on ne pourrait pas la retirer entière, et si on fend l'étui longitudinalement, on peut facilement la blesser. Le meilleur moyen est de pousser par derrière avec une pointe émoussée ou une tête d'épingle; elle avance ainsi peu à peu et finit par sortir, la pression sur le dernier anneau l'empêche de se servir de ses crochets. Si l'on met une larve ainsi sortie à côté de son étui, elle tâchera d'y rentrer, ce qu'elle fera le plus souvent par l'extrémité antérieure, en sorte qu'au premier moment elle sera en sens inverse de son ancienne position. Si l'étui est exactement cylindrique, ce qui est rare, elle restera dans cette position; mais pour peu qu'il soit conique, elle cherchera à se retourner. Il y a des espèces dont l'étui est large ou susceptible d'un peu de dilatation; alors la larve réussira et se retrouvera dans la bonne position; ainsi les étuis irréguliers composés de végétaux permettent en général à l'animal de se retourner; mais si l'étui est de pierres et du diamètre de la larve, comme cela arrive souvent, elle est obligée de rester dans cette position; dans ce cas elle coupe circulairement le petit bout, le reconstruit du même diamètre que celui de l'autre extrémité, et rend ainsi son étui cylindrique. La larve ne rentre presque jamais immédiatement dans son étui; elle tourne autour et l'examine avec soin avant que de s'y mettre; elle reprend à peu près aussi volontiers un autre étui de la même espèce que le sien propre; mais pour peu que le nouveau soit d'une autre forme ou d'une autre grosseur que le sien, elle préfère le reconstruire. Il y a des espèces dans lesquelles l'étui est si large que le Phrygane s'y retourne fréquemment et qu'elle n'a pas pour ainsi dire de préférence pour un côté plutôt que pour l'autre. Si après avoir sorti une larve de son étui, on la met dans un vase avec des matériaux, on la verra s'en fabriquer un autre. Cette fabrication fort intéressante mérite que nous nous y arrêtions quelques momens. La larve ainsi nue se promène dans tout le vase pour reconnaître le terrain et choisir un endroit propre à confectionner cet étui. Les larves qui travaillent le plus volontiers sont celles qui se font des étuis de pierres, parce que ce sont elles à qui l'on peut le plus facilement fournir les matériaux qui leur conviennent; la larve choisit deux ou trois pierres assez grandes et plates et en fait une voûte mince, soutenue par des fils de soie, au dessous de laquelle elle se loge. Ce premier point accompli, on la voit successivement prendre une pierre avec les pattes et la présenter comme un maçon le ferait, cherchant à ce qu'elle rencontre exactement dans les intervalles et à ce que la surface soit lisse à l'intérieur; quand elle est contente de sa position, elle l'attache par des fils de soie aux pierres voisines; ces fils se collent aux pierres, et, continus de l'une à l'autre, ils les retiennent ensemble; elle fait la même chose pour chaque pierre, en se tenant toujours en dedans de son ouvrage et se tournant successivement, de manière à avoir entre les pattes la pierre qu'elle pose; elle reste dans cette position environ cinq ou six heures à faire un étui, en sortant le moins possible et se contentant de s'étendre un peu en avant pour saisir les pierres qui lui conviennent. Si la larve se sert d'autres matériaux, la fabrication de l'étui est la même, mais en général moins longue, attendu leur plus grande surface. On remarquera presque toujours que la larve commence par la partie postérieure, et qu'ensuite elle avance peu à peu. Il arrive quelquefois qu'elle fait d'abord son étui trop long, surtout s'il est herbacé; alors se sentant gênée, elle en coupe une partie. Pendant toute sa vie la larve est obligée de réparer son étui. Vers la fin de sa vie la larve a encore d'autres précautions à prendre, car la nymphe, vu la mollesse de ses organes et son impossibilité de fuir, serait à la merci de ses ennemis, si elle n'avait pas plus de précaution que la larve; aussi peu de temps avant de se métamorphoser celle-ci s'enferme dans son étui et le bouche. Cette clôture de l'étui a lieu de différentes manières; dans quelques espèces la larve fait aux deux bouts une grille ou tamis de la même soie que l'étui. Cette grille assez régulière, composée de fils peu serrés, laissant entre eux des jours, et dans une position perpendiculaire de l'axe, ferme l'ouverture sans empêcher l'eau de passer, et l'insecte à l'abri se métamorphose en nymphe. Quelquefois la grille n'est pas le seul préservatif, et la larve dispose obliquement des brins de bois, de feuilles et des pierres qui défendent l'entrée. Ces objets, retenus par des fils de soie, ne sont pas assez serrés pour empêcher l'eau de passer; en dessous de ce premier appareil on trouve quelquefois la vraie grille, mais souvent il suffit et en tient lieu; quelques espèces ferment leurs étuis avec une seule pierre plate. Outre ces précautions la larve a encore soin de fixer son étui à quelque corps solide. Les espèces qui vivent dans des fossés ou étangs n'en ont pas besoin; aussi voit-on souvent des étuis grillés flotter ou déposés au fond; mais toutes les espèces qui vivent dans les eaux courantes doivent s'attacher; les larves fixent ordinairement leur étui par son bord antérieur à une pierre, à des plantes, quelquefois à d'autres larves; elles ont soin dans cette opération de ne pas boucher entièrement l'ouverture, afin que l'eau puisse se renouveler; aussi les voit-on le plus souvent attachées obliquement. Toutes les larves de Phryganides ne font pas d'étuis, telles sont celles des genres Hydropsyché et Rhyacophile, mais comme elles ont besoin de protection, elles se construisent des abris momentanés. Dans cette construction on retrouve les mêmes différences d'espèce à espèce que dans les Phryganes propres, et en même temps la même unité de travail dans la même espèce. Le principe général de construction est au reste toujours le même, c'est-à-dire que ces abris sont formés de matériaux étrangers unis et retenus ensemble par des soies que file la larve; mais au lieu d'employer de petits matériaux et de les fixer sur un étui cylindrique, un des côtés de l'abri est presque toujours adossé à quelque corps beaucoup trop pesant pour être déplacé par la larve, et cet étui n'est donc plus comparable ni pour la nature, ni pour l'usage à ceux des Phryganes propres.

Nous venons de voir comment la larve se prépare à ce changement d'état qui doit lui donner la forme de nymphe. Elle reste trois à quatre jours, quelquefois plus, dans l'étui grillé, et au bout de ce temps le changement a lieu de la manière que nous avons décrite ci-dessus. La nymphe est libre dans l'étui, sauf dans les Rhyacophiles où elle est revêtue d'une double enveloppe. Cette nymphe est immobile, et son seul mouvement est une oscillation de l'abdomen presque constante. Elle reste dans cet état quinze à vingt jours; après ce temps elle ouvre l'étui, en coupant la grille avec ses mandibules. A cette époque ses membres ont pris de la consistance, aussi peut-elle se mouvoir dans l'eau au moyen des pattes intermédiaires que nous avons vu être ciliées de poils noirs assez forts, qui en font des rames. Elle nage à la manière des Notonectes, c'est-à-dire le dos en dessous en se servant de ses pattes comme avirons. Ces nymphes sont très-agiles et nagent avec une grande rapidité. Elles vont en général chercher un endroit sec pour éclore, et là elles étendent leurs membres et reprennent la position ordinaire le dos en dessus. Au bout de quelques instans la peau se fend par une sorte d'emphysème, se détache du corps et se fend sur le dos; l'insecte ailé sort par cette ouverture en dégageant d'abord le corselet, puis la tête ensuite, les antennes, les pattes et les ailes. Pendant ce temps l'abdomen fait beaucoup de mouvemens, et la peau dégagée de la partie antérieure du corps le laisse sortir aussi. La Phrygane ainsi dépouillée est l'insecte parfait, et elle n'a plus de changement de peau à subir avant sa mort.

Au moment ou naît la Phrygane, elle est encore pâle et molle, et n'acquiert son entière coloration que quelques heures après. Elle est très-vite en état de voler; mais en général, elle ne s'éloigne pas beaucoup du voisinage des eaux. On voit voler les Phryganes surtout le soir, au dessus des ruisseaux, principalement là où ils sont calmes. Dans le jour elles se tiennent volontiers sous les feuilles dans les buissons et aussi sur les murs et les troncs d'arbres. Certaines espèces sont quelquefois si nombreuses, qu'elles forment des nuages au dessus des rivières. L'apparition des Phryganes diffère suivant les espèces. Il y en a qui naissent dans le mois d'avril, un grand nombre naît en mai, juin et juillet, quelques unes ne naissent qu'en automne; le mois d'août est l'époque où l'on en voit le moins. La durée totale de leur vie est d'environ un an, dont la plus grande partie à l'état de larve. Peu de temps après être écloses, les Phryganes s'accouplent, puis pondent leurs œufs sur les pierres des ruisseaux. Quelques espèces portent vers l'abdomen un paquet verdâtre qui renferme ces œufs dans une gelée très-dense à cette époque, mais qui devient transparente dès qu'elle est imbibée d'eau. La Phrygane meurt après cette ponte, car sa tâche est accomplie, et l'organisation imparfaite de ses organes nutritifs ne lui permet pas une longue vie à l'état parfait.

Maintenant que nous avons exposé tous les divers états que doit subir la Phrygane avant d'arriver insecte parfait, nous allons passer aux espèces qui composent ce genre et nous exposerons aussi toutes les nouvelles coupes génériques qui ont été faites aux dépens de celle de Phrygane proprement dite.

Les caractères du genre Phrygane sont les suivans: ailes supérieures ayant des nervures transversales vers la bifurcation des nervures principales; ailes inférieures plissées; antennes en soie de la longueur du corps ou des ailes; palpes maxillaires peu velus, ceux du mâle à trois articles et ceux de la femelle à cinq; le dernier article ovoïde, plus court que la réunion des deux précédens. Ce genre renferme un assez grand nombre d'espèces; M. Pictet dans son travail en décrit trente et une espèces appartenant au bassin du Léman. Ces insectes se trouvent ordinairement au bord des eaux, mais s'en écartent en général plus que les autres Phryganides. Les larves se font toutes des étuis mobiles, de diverses formes et matières; elles ont une tête et un thorax écailleux et des pattes médiocres; leurs organes respiratoires naissent isolés et sont en général couchés transversalement sur le dos et le ventre. Parmi toutes ces espèces, nous citerons comme étant la plus remarquable:

La P. FAUVE, *P. striata*, Fab. entom. syst. tom. II, p. 75; Latr., Hist. nat. des ins., t. XIII, p. 87, n° 3; Pictet, Recherches sur l'hist. nat. des Phryganes, p. 132, pl. 6, fig. 1; longueur huit lignes. La tête est fauve, chargée de quelques poils de la même couleur; les yeux sont noirs; les antennes sont de la couleur de la tête, sans taches et égalant les ailes en longueur; les palpes sont peu velus; le thorax est brunâtre, avec deux taches latérales, qui font paraître le milieu plus clair: l'abdomen est fauve, un peu foncé à l'extrémité postérieure; les ailes supérieures ont leurs bords arrondis; elles sont larges, d'un fauve un peu marbré par un mélange de petites taches plus obscures; cette couleur devient plus foncée dans le voisinage du bord interne de l'aile, qui est lui-même d'un fauve beaucoup plus clair, de manière que quand les ailes sont fermées, leur partie qui couvre l'abdomen forme une tache claire en forme de triangle allongé, entourée de toutes parts de brun; les nervures sont fauves; les ailes inférieures sont larges, plissées, transparentes et irisées; les pattes sont fauves et leurs épines noires.

La larve de cette espèce est grosse, sa tête et son thorax sont bruns, avec une bande longitudinale noire sur le corselet; le mésothorax et le métathorax ont quelques points noirs; les pattes sont courtes et brunâtres; l'abdomen est fauve avec des sacs respiratoires peu nombreux; l'étui est primitivement composé de feuilles, mais à mesure qu'elle grandit la larve le répare et l'augmente avec des pierres, de sorte qu'il finit pres que toujours par être entièrement pierreux. Ces pierres sont à peu près égales, et l'étui a environ dix à douze lignes de longueur; mais quand la larve veut se métamorphoser elle l'allonge beaucoup avec des pierres plus grosses et le ferme; ces étuis ainsi fermés ont jusqu'à dix huit lignes de longueur. La manière dont la larve passe à l'état de nymphe mérite d'être remarquée; elle a coutume de s'enfoncer verticalement dans la vase qui forme le fond du ruisseau, jusqu'à ce que l'on ne voie plus que les dernières pierres par lesquelles l'étui est fermé; pour cela la larve se retourne dans l'étui, passe sa tête et ses pattes par le petit bout et creuse un trou, après quoi elle reprend sa position ordinaire. A ce moment la larve se transforme, et trois semaines environ après que l'étui a été enterré, la nymphe sort et éclot vers la fin de juin ou les premiers jours de juillet.

La P. GRANDE, *P. grandis*, Rœs. Ins. 11, cl. 2, XVII; représentée dans notre Atlas, pl. 497, fig. 2, 2 *a*, 2 *b*; les antennes sont de la longueur du corps; les ailes supérieures sont d'un brun grisâtre, avec des taches cendrées, une raie longitudinale noire, et deux ou trois points blancs à leur extrémité. Cette espèce est la plus grande de notre pays; le tuyau de la larve est revêtu de petits fragmens d'écorces de matières ligneuses, disposés horizontalement.

MYSTACIDE, *Mystacide*. Ce genre a été créé par Latreille, et ses caractères distinctifs sont: ailes supérieures allongées et étroites, ayant quelques nervures transversales; ailes inférieures très-plissées; antennes en soie, minces, plus longues que les ailes; palpes maxillaires à cinq articles dans les deux sexes, longs et velus; les larves se font des étuis mobiles, minces et allongés; quelques unes d'entre elles se distinguent à leurs pattes postérieures très-allongées; les filets respiratoires sont en général courts: ils naissent par touffes en dessus et en dessous des lignes latérales de l'abdomen. Ce genre renferme environ une douzaine d'espèces.

M. A DEUX BANDES, *M. bifasciata*, Fourc. Entom. Par. tom. II, p. 358, n° 17, Pict., ouvr. cit., p. 166, pl. 12, fig. 5; longueur quatre lignes et demie; la tête, le corps et les palpes sont d'un noir brillant; les antennes sont annelées de noir vif et de blanc très-pur; les ailes supérieures sont noires, brillantes, et ont chacune quatre à cinq taches blanches, dont deux sur le bord interne forment, en se réunissant avec celles de l'autre aile quand l'insecte est en repos, deux bandes transversales blanches; vers l'angle du bord antérieur on trouve encore deux ou trois taches blanches quelquefois peu visibles; les ailes inférieures sont grises, obscures; les cuisses sont blanchâtres à la base et grises à l'extrémité; le contraire a lieu pour les jambes, et les tarses sont blancs, annelés de brun; la larve de cette espèce a la tête et le thorax d'un jaune pâle; sur la tête on voit une série de points noirs formant un cercle presque complet; les anneaux du thorax sont bordés de noir et ont des poils de la même couleur; l'abdomen est verdâtre et les filets respiratoires courts et rares; les pattes sont jaunes, avec des poils noirs, les postérieures sont très-longues. Ces larves se font des étuis cylindro-coniques, un peu recourbés, composés de sable fin et de petites pierres; elles habitent les eaux courantes et se fixent aux pierres; elles sont difficiles à trouver à cause de leur petitesse et de la couleur de leur étui, qui se confond avec le sable; l'insecte parfait aime à voltiger le soir au dessus des eaux à surface unie; elles éclosent au mois de septembre.

TRICHOSTOME, *Trichostoma*. Ce genre a été établi par M. Pictet avec ces caractères: Ailes supérieures courtes, manquant de nervures transversales; ailes inférieures peu plissées; antennes courtes et grosses, à premier article fort velu; palpes maxillaires du mâle à trois articles, le dernier en forme de massue, portant des poils plus épais à l'extrémité qu'à la base; leurs larves se distinguent parce que leur corselet et leur mésothorax ont leurs angles antérieurs prolongés en avant, sous la forme de pointes; du reste, elles ressemblent à celles des Séricostomes; les filets respiratoires sont courts et peu nombreux; elles se font toutes des étuis mobiles, aplatis, plus larges qu'ils ne sont hauts, et garnis ordinairement sur les côtés de pierres beaucoup plus grosses que celles qui en forment le corps; elles vivent sous les pierres dans les eaux courantes.

T. CHEVELU, *T. capillatum*, Pictet, ouvr. cit., p. 175, pl. 15, fig. 8; longueur cinq lignes; la tête et les antennes sont d'un fauve clair; le premier anneau de celles-ci est couvert de poils jaunes; le corps est d'un gris bleuâtre, avec des poils fauves en dessus; les ailes sont fauves avec des petits poils dorés très-courts; leur bord est cilié de poils bruns; les pattes sont jaunes; la larve de cette espèce a la tête et le corselet grisâtres, chagrinés de noir; les angles antérieurs du mésothorax sont fortement prolongés en pointes; on voit sur le corselet une tache blanchâtre et deux points noirs sur le mésothorax; le premier anneau abdominal est gris, mais les autres sont fauves; les filets respiratoires sont courts; les pattes sont brunâtres. Ces larves se font des étuis plats; ces étuis sont composés de petites pierres fortement unies et serrées, et des deux côtés de l'étui on voit ordinairement des pierres plus grosses; elles vivent dans les eaux claires et courantes, se fixent aux pierres, et quand elles veulent se métamorphoser, ferment l'ouverture de leur étui avec une petite pierre plate; elles éclosent au mois de juillet et ne sont pas rares aux environs de Genève.

SÉRICOSTOME, *Sericostoma*. Sous ce nom Latreille désigne un genre dont les ailes supérieures sont sans nervures transversales; les ailes inférieures sont petites et peu plissées; les antennes sont grosses et courtes, à premier anneau fort et long; les palpes maxillaires du mâle, réduits à la forme de cuillerons, se réunissent en museau arrondi; les larves ressemblent à celles des Mystacides par la brièveté des filets respiratoires; mais leurs pattes postérieures sont courtes; la tête et le prothorax sont ordinairement seuls écailleux, et les deux autres anneaux du thorax participent le plus souvent à la couleur et à la consistance de l'abdomen; les Séricostomes se font des étuis mobiles: ils sont de forme conique plus ou moins recourbés et composés de sable ou de petites pierres; les larves vivent dans les eaux courantes et les insectes parfaits s'éloignent peu du bord. Ce genre est très-peu nombreux en espèces; nous citerons comme étant la plus remarquable:

Le S. TACHÉ, *P. maculatum*, Geoffr., Hist. des Ins., tom. II, pag. 248, n° 16; Latr., Hist. des Ins., tom. XIII, pag. 89, n° 15; Pict., ouvr. cité, pag. 180, pl. 14, fig. 4. Long de trois lignes; la tête, le corps et les antennes sont noirs; cette couleur est cachée par des poils fauves sur la tête et sur le corselet; les ailes supérieures sont grises, avec des taches jaunes plus ou moins prononcées; les ailes inférieures sont grises, sans taches; les pattes sont fauves. La larve de cette espèce a la tête et le prothorax bruns, avec des taches d'un fauve rougeâtre; les pattes sont de même couleur et l'abdomen est vert; elles font des étuis composés de sable et de petites pierres; mais ils diffèrent des précédens en ce qu'ils sont droits et pointus. Ces larves vivent dans les eaux courantes; elles sont très-abondantes dans le Rhône, peu après sa sortie de Genève; on les trouve par milliers, lorsque les eaux de ce fleuve, commençant à baisser, les déposent sur les bords; elles se fixent aux pierres, font peu de mouvemens, et éclosent au mois de juin. L'insecte parfait forme quelquefois de véritables nuages sur les bords du Rhône.

RHYACOPHILE, *Rhyacophila*. Genre établi par Pictet, avec ces caractères: ailes supérieures sans nervures transversales; ailes inférieures étroites, de la même forme que les supérieures et presque pas plissées; antennes médiocres; palpes maxillaires à cinq articles dans les deux sexes; le second presque aussi court que le premier; le dernier ovoïde; abdomen souvent terminé par des appendices cornés. Ce genre renferme des espèces très-nombreuses et difficiles à distinguer avec précision; les larves vivent dans les eaux courantes; elles ne se font jamais d'étuis mobiles; les unes ont des organes respiratoires externes; d'autres en sont privées; toutes les nymphes sont protégées par une double enveloppe; l'une plus interne, écailleuse, produit de quelque sécrétion, et l'autre soyeuse, externe, filée, comme dans les genres précédens, et recouverte de pierres ou autres corps étrangers.

R. AZURÉ, *R. azurea*, Lin., Syst. nat., édit. XII, tom. II, pag. 909, n° 12; Fabr., Entom. syst., tom. II, pag. 79, n° 21; Latr., Hist. nat. des Ins., tom. XIII, pag. 90, n° 18; Pictet, ouvr. cit., pag. 193, pl. 16, fig. 16. Longue de deux lignes et demie; elle est d'un noir assez brillant; la tête et le corps sont tout entiers de cette couleur; les antennes sont courtes et grosses; d'un brun foncé; les ailes supérieures sont noires, brillantes, ciliées de longs poils de la même couleur, et leur partie postérieure présente des reflets bleus très-marqués; les pattes sont fauves. Cette espèce se trouve au bord des torrens.

HYDROPSYCHÉ, *Hydropsyche*, Pictet. Les caractères distinctifs de cette nouvelle coupe générique sont: ailes supérieures sans nervures transversales; ailes inférieures plissées; antennes minces, quelquefois assez longues; palpes maxillaires à cinq articles dans les deux sexes; le dernier presque aussi long que la réunion des quatre autres, et en forme de filament. Ce genre comprend des espèces nombreuses, dont les larves vivent presque toujours dans les eaux courantes; on les trouve abondamment dans les rivières; aucune larve de ce genre ne se fait d'étuis mobiles; elles vivent toutes dans des retraites qu'elles se construisent avec des pierres ou des débris de végétaux retenus par des soies; quelquefois même dans un simple réseau soyeux entouré de vase; les nymphes habitent aussi dans des maisons immobiles; elles ne sont enveloppées que de la soie sécrétée par la larve et n'ont pas la double membrane qui caractérise celle du genre précédent. Ce genre a été divisé en deux sections.

I. Antennes très-minces, un peu plus longues que les ailes; larves pourvues de houppes respiratoires.

H. A ANTENNES MINCES, *H. tenuicornis*, Pictet, ouvr. cité, pag. 203, pl. 17, fig. 2. Longue de cinq lignes; elle est d'un gris foncé; les taches fauves des ailes sont peu prononcées, et les points noirs sont petits, de manière que toute l'aile a une teinte obscure; les inférieures sont d'un gris noirâtre; les pattes sont d'un fauve grisâtre; la larve est de couleur noire et assez grosse; les taches orangées de la tête sont réduites à trois; les houppes respiratoires sont d'une couleur orangée, et les pattes fauves. Elle vit dans les ruisseaux et éclot au printemps.

II. Antennes de grosseur médiocre, plus courtes que les ailes; larves dépourvues d'organes respiratoires externes.

H. DES VILLES, *H. urbana*, Pictet, ouvr. cit., pag. 215, pl 19, fig. 15. Longue de trois lignes; elle est remarquable par la petitesse de son thorax et de son abdomen; la tête et le corps sont d'un fauve clair, avec le dessus un peu plus foncé: les antennes sont annelées de fauve et de brun clair; les palpes sont noirâtres; les ailes supérieures, très-étroites à leur base, sont fauves et sans taches, à nervures peu marquées; les pattes sont d'un jaune pâle; la larve de cette espèce vit dans le Rhône; l'insecte parfait est très-abondant en été sur les murs des maisons de Genève et sur les vitres de fenêtres.

PSYCHOMIE, *Psychomia*, Latr. Ailes supérieures étroites, pointues, sans nervures transversales; ailes inférieures semblables aux supérieures, non plissées; antennes médiocres, en soie; palpes maxillaires à cinq articles dans les deux sexes; le dernier allongé, en forme de filament. Les larves des espèces qui composent ce genre sont inconnues.

P. A ANTENNES ANNELÉES, *P. annulicornis*, Pict., ouvr. cit., pag. 222, pl. 20, fig. 7. La tête est brune, avec les yeux noirs; elle porte des palpes bruns et des antennes assez grosses, joliment annelées de brun et de fauve clair; le thorax est brun en dessus et fauve sur les flancs; les ailes supérieures sont brunes, irisées, un peu velues, avec le bord antérieur légèrement fauve; les inférieures sont grises, très-velues, et les pattes sont fauves. Cette espèce se trouve en été aux environs de Genève.

HYDROPTILE, *Hydroptila*, Dalm. Ailes supérieures minces, pointues, très-velues, à nervures peu distinctes; ailes inférieures semblables aux supérieures, non plissées; antennes courtes, filiformes; palpes maxillaires à cinq articles dans les deux sexes; le dernier ovoïde; les larves habitent dans des étuis aplatis en forme de rein, ouverts aux deux extrémités par une simple fente, en sorte que quand la larve se retire dans l'intérieur, l'étui est fermé; il est composé d'une soie solide et de quelques petits grains de sable; les larves sont remarquables par la grandeur de leur abdomen, comparée à celle du thorax et de la tête; elles manquent d'organes respiratoires externes, et les pattes sont petites; la nymphe ne présente pas des différences sensibles d'avec celles des autres genres; quand les larves veulent se métamorphoser, elles se fixent aux pierres des ruisseaux, et l'ouverture de l'étui se referme. Ce genre renferme trois espèces.

H. A BELLES ANTENNES, *H. pulchricornis*, Pict., ouvr. cit., pag. 224, pl. 20, fig. 10. Longue d'une ligne et demie; le corps est noir; on remarque sur la tête une tache blanche entre les bases des antennes; celles-ci sont fauves, avec leur milieu d'un noir brun, et l'extrémité de la même couleur; les ailes supérieures sont grisâtres, avec des points blancs formant par leur réunion quatre bandes blanches discontinues et souvent peu apparentes; les pattes sont fauves; la larve a sa tête et son thorax bruns, très-minces; l'abdomen est vert, très-renflé, surtout les cinquième, sixième et septième anneaux; les troisième, quatrième, cinquième et sixième, ont en dessus une petite plaque écailleuse brune: le dernier est terminé par deux crochets courts; les pattes sont très-petites, de la couleur du thorax. Cette espèce se fait des étuis en forme de rein, et vit appliquée aux pierres dans les eaux courantes des environs de Genève. (H. L.)

PHRYGANIDES, *Phryganides*. (INS.) M. Pictet, dans son estimable travail ayant pour titre: Recherches pour servir à l'Histoire des Phryganides, désigne sous ce nom une famille de l'ordre des Névroptères, à laquelle l'illustre Latreille avait donné celui de Plicipennes. La famille des Phryganides, telle que l'admet M. Pictet, correspond exactement au genre *Phryganea* de De Géer, Geoffroi, Fabricius, Olivier; aux *Plicipennes* de Latreille et aux *Trichoptera* de Leach et de Kirby. Elle forme une partie du genre *Phryganea* de Linné, de la famille des *Agnathes* de Duméril et des *Phryganides* de De Lamarck. On peut assigner à cette famille les caractères suivans:

La tête est transversale, plus large que longue; les yeux grands et réticulés. On voit sur le front deux petits yeux lisses. Les antennes naissent entre les yeux, égalent au moins le corps en longueur, et quelquefois le dépassent de beaucoup; les anneaux en sont peu marqués et très-nombreux. La bouche est située à la partie inférieure de la tête. Le labre est infléchi, médiocre; les mandibules nulles; les palpes sont au nombre de quatre, les maxillaires toujours à cinq articles dans les femelles, les labiaux à trois; le dernier article de ceux-ci est toujours ovoïde, allongé, et celui des maxillaires varie suivant les genres. Les ailes sont en toit, serrées contre le corps; les antérieures demi-coriacées, colorées, souvent hérissées de poils; transparentes, rarement colorées, et presque toujours plissées en longueur. Le thorax est plus haut que large, le corselet sous la forme de collier; l'abdomen un peu comprimé, tronqué à l'extrémité. Les pieds sont longs et portent quelques épines; les tarses ont tous cinq articles allongés, le dernier est armé de deux crochets. La larve est aquatique; la tête est écailleuse, le corps composé de douze anneaux, dont les trois premiers coriacés. Le dernier anneau est toujours armé de deux crochets. On voit sur l'abdomen des sacs respiratoires dont la forme et la position varient beaucoup. Ces larves se font ordinairement des étuis en soie, recouverts de diverses matières qu'elles traînent avec elles. Quelques unes sont nues une grande partie de leur vie, et se font seulement des abris immobiles. La Nymphe est de celles que Latreille appelle « à métamorphoses parfaites » (*artus solutæ*); elle est enfermée dans l'étui, ressemble beaucoup à l'insecte parfait, et porte à la partie antérieure de la tête deux crochets. Lorsqu'elle est éclose, elle sort de l'étui, et nage vers un endroit sec, où sa peau se fend et laisse sortir la Phrygane.

Les Phryganides sont nombreuses en Europe, dans le nord plutôt que dans le midi. Leurs larves étant toutes aquatiques, on les trouve surtout sur les bords des ruisseaux, lacs, étangs, rivières. Elles volent principalement le soir, et quelquefois en très-grandes masses. Les genres renfermés dans cette famille sont au nombre de huit, ils sont ainsi classés.

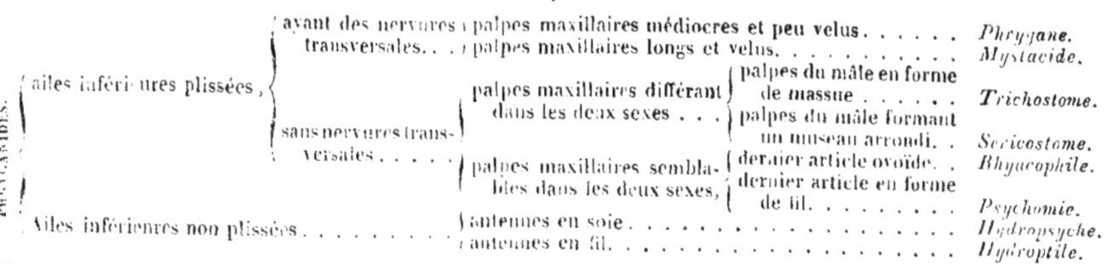

PHRYGANIDES.
- ailes inférieures plissées,
  - ayant des nervures transversales.
    - palpes maxillaires médiocres et peu velus . . . . . . *Phrygane.*
    - palpes maxillaires longs et velus . . . . *Mystacide.*
  - sans nervures transversales . . . . .
    - palpes maxillaires différant dans les deux sexes . . .
      - palpes du mâle en forme de massue . . . . . . *Trichostome.*
      - palpes du mâle formant un museau arrondi. . *Sericostome.*
    - palpes maxillaires semblables dans les deux sexes,
      - dernier article ovoïde. . *Rhyacophile.*
      - dernier article en forme de fil. . . . . *Psychomie.*
- Ailes inférieures non plissées . . . .
  - antennes en soie . . . . *Hydropsyche.*
  - antennes en fil. . . . . *Hydroptile.*

Cette classification, comme on le voit, a été faite d'après les caractères tirés des ailes. On a donné une idée des principaux de ces sous-genres à l'article PHRYGANE. (H. L.)

PHRYNE, *Phrynus*. (ARACHN.) Ce genre, qui appartient à l'ordre des Pulmonaires, famille des Tarentules, a été établi par Olivier, placé par Linné et Pallas dans leur genre *Phalangium*, et que Fabricius, d'après Brown, avait nommé *Tarentula*, nom qui n'a pas été adopté, puisqu'une araignée du genre Lycose le porte. Les Phrynes ont pour caractères essentiels : corps très-aplati, corselet ou tronc large, presque en forme de croissant ; abdomen sans queue ; les deux tarses antérieurs très-longs, très-menus, semblables à des antennes en forme de soie. Ce genre se distingue de celui de Thélyphone, qui compose avec lui la tribu des Tarentules, parce que, dans le dernier, l'abdomen est terminé par une soie articulée formant une queue. Le corps des Phrynes est très-aplati, entièrement revêtu d'une peau assez ferme, avec le corselet presque lunulé ou réniforme. Les palpes n'ont aucun appendice au bout, relatif aux différences sexuelles. Leur langue est cornée, et s'avance en forme de dard entre les mâchoires. Leur abdomen est annelé ; les yeux sont disposés en trois groupes, savoir : deux au milieu, portés sur un tubercule, et trois de chaque côté formant un triangle.

Ces Arachnides sont propres aux contrées chaudes de l'Amérique et de l'Asie. M. Guérin-Méneville en a reçu quelques unes de l'île de Saint-Domingue, par les soins de M. Déjardin. Ce voyageur dit les avoir trouvées dans les détritus des vieux troncs d'arbres pourris. Les nègres de ce pays les craignent beaucoup ; mais M. Déjardin n'a jamais eu occasion de s'assurer si leur morsure est réellement dangereuse. Herbst a publié une monographie de ce genre, dans laquelle il fait connaître plusieurs espèces. Depuis, d'autres espèces ont été décrites, l'une par M. Guérin-Méneville, dans ses Élémens de Zoologie, et l'autre, par Perty, dans le Voyage de Spix et Martius au Brésil. Parmi les plus remarquables, nous citerons :

LE PHRYNE RÉNIFORME, *P. reniformis*, Latr. ; *Tarentula reniformis*, Fabr., Entom. syst., t. II, p. 432 ; Herbst, Monogr. de Phalang., tab. 3, fig. 1 ; Pallas, Spicil. zool., fasc. 9, pl. 33, tab. 3, fig. 3 à 4. Cette espèce est d'un brun marron. Les palpes sont de la longueur du corps, avec les second et troisième articles comprimés, armés au côté interne d'épines ; il y en a cinq ou six à l'extrémité du troisième, qui est un peu dilaté. Cette espèce se trouve à Caïenne et dans quelques unes des Antilles. M. Guérin-Méneville en a donné une bonne figure dans son Règne animal de Cuvier, Arachn., pl. 3, fig. 1.

LE PHRYNE EN CROISSANT, *P. lunatus*, Latr., Hist. nat. des Crust. et des Insect., t. VII, p. 136 ; *Tarentula lunata*, Fabr. ; *Phalangium lunatum*, Herbst, tab. 3 ; Pall., Spicil. zool., fasc. 9, tab. 3, fig. 5 à 6. Cette espèce est remarquable par la longueur de ses bras, qui est triple de celle du corps, et elle se distingue de la précédente, en ce que le troisième article et le quatrième, l'extrémité de celui-ci excepté, n'ont pas d'épines remarquables ; ces articles sont très-longs.

LE PHRYNE VARIÉ, *P. variegatus*, Perty, Delect. Anim. articul., p. 200, pl. 39, fig. 10. Les chélicères sont ferrugineuses ; les palpes sont de la même couleur ; le second article est denticulé, court ; le troisième est allongé, prismatique en dessus, denté ; le quatrième anguleux, à peine plus court que le précédent, armé à son extrémité de trois épines allongées ; le cinquième est unguiforme, bifide. Les yeux sont seulement au nombre de six, deux situés antérieurement sur le tubercule médian, et deux autres situés de chaque côté du céphalothorax, très-rapprochés. Le céphalothorax est cordiforme en dedans, presque aussi long que large, ferrugineux, varié de roux, avec quelques impressions en forme d'X. L'abdomen est d'un ferrugineux ocracé varié de fauve, avec le dessous d'un fauve ocracé. Les pieds-palpes sont plus longs que les pieds, ferrugineux ; les pieds sont d'une couleur d'ocre ferrugineux, avec les cuisses annelées de jaune. Cette espèce a été trouvée près du fleuve des Amazones.

M. Guérin-Méneville a représenté cette espèce dans le Traité élémentaire d'Histoire naturelle qu'il publie avec M. Martin-Saint-Ange. Nous reproduisons sa figure dans notre Atlas, pl. 497, fig. 3. L'individu qu'il possède lui a été cédé par

M. Buquet, comme venant de Java. M. Guérin pense avec raison qu'il y a erreur d'habitation, car l'on ne connaît pas de Phrynes de l'ancien monde. (H. L.)

PHTHANITE. (MIN.) (Jaspe schisteux, kieselschiefer.) Cette roche se distingue du véritable Jaspe par sa texture schistoïde, et de plus il renferme souvent d'autres substances que le Jaspe, car on y trouve généralement du talc; ses couleurs sont ordinairement le noir et le gris, quelquefois le rouge et le vert. Le Phthanite forme des couches, des rognons, des filons, des amas et des fragmens. On le rencontre principalement dans les terrains inférieurs, où il est souvent intercallé dans le calcaire et le talcschiste.

On se sert quelquefois, comme pierre de touche, d'une variété noire schisto-compacte, nommée lydienne ou lydischerstein; mais on préfère en général pour cet usage d'autres substances noires qui appartiennent aux roches amphiboliques et pyroxéniques. (A. R.)

PHTHORE. (CHIM.) *Voyez* FLUOR.

PHTHYRE, *Phthyrus.* (INS.) *Voyez* POU.

PHTHYROPHAGES. (ZOOL.) On donne ce nom à quelques races nègres et hottentotes qui mangent les poux. (GUÉR.)

PHYCIS, *Phycis.* (POISS.) Ce petit genre, de la famille des Gadoïdes dans la classification de Cuvier, ne diffère des Morues ainsi que des autres espèces de cette famille, que par des ventrales d'un seul rayon, souvent fourchu. D'ailleurs, leur tête est grosse, leur menton porte un barbillon, et leur dos deux nageoires, dont la seconde est excessivement longue.

L'espèce la plus anciennement connue de ce genre est le *Phycis mediterraneus,* nommé Molle, ou Tanche de mer, *Phycis tinca,* Schneider. Cette espèce a le corps oblong, d'un gris noirâtre sur le dos, et d'un argenté bleuâtre sur l'abdomen; la mâchoire supérieure est plus avancée que l'inférieure, qui est garnie d'un barbillon; la première dorsale est ronde, et plus élevée que l'autre; elles sont noirâtres, lisérées de blanc; les ventrales ont chacune un seul rayon fourchu. La longueur de ce poisson s'étend jusqu'à sept diamètres. Il habite les profondeurs. On en prend beaucoup en mai et en novembre. Sa chair est délicate.

Une autre espèce, qu'on pêche également dans la Méditerranée, est le *Phycis blennoïdes* de Schneider, ou *Blennius gadoïdes* de Risso, vulgairement dite le Merlus barbu. Les couleurs qui ornent sa jugulaire présentent le brillant aspect de l'argent. Son corps est un peu arrondi, la tête rouge, les yeux grands, la mâchoire supérieure plus avancée que l'inférieure, celle-ci ornée d'un petit barbillon. La première nageoire dorsale haute, et son premier rayon très-allongé; elle est tachetée de noir à la sommité; les jugulaires ou ventrales deux fois plus longues que la tête. Le Barbu atteint quatre décimètres de longueur. On en prend dans nos mers toute l'année, et très-communément. Sa chair est rougeâtre et d'un goût exquis.

(ALPH. GUICH.)

PHYCOSTÈME, *Phycostemon.* (BOT. PHAN.) Littéralement en grec, étamine défigurée. M. Turpin a donné ce nom à des organes qu'il regarde comme des étamines dégénérées et analogues aux nectaires de Linné, au disque d'Adanson, aux glandes ovariennes de Desvaux. C'est encore, selon le même auteur, une sorte de bourrelet qui se trouve faisant corps avec l'ovaire, avant le développement de celui-ci, comme on le remarque dans le *Solandra grandiflora*, *Cerbera thevetia*, etc. Cet organe est encore peu connu et mériterait une étude spéciale, comme on le voit d'après le rapprochement ci-dessus; en effet, une étamine dégénérée ne saurait en aucune façon être assimilée au bourrelet ovarien signalé. (C. LEM.)

PHYLIQUE, *Phylica*, L. (BOT. PHAN.) Quoiqu'elles ne soient remarquables ni par de brillantes couleurs, ni par la beauté, la dimension et le parfum de leurs fleurs, les nombreuses espèces du genre *Phylica*, que l'on trouve inscrites dans la Pentandrie monogynie et la famille des Rhamnées, ont obtenu promptement accès dans nos jardins, où elles exigent la terre de bruyère et l'orangerie dès l'approche de la rigoureuse saison. Elles se recommandent, non seulement comme plantes exotiques, mais encore à cause de leur port élégant, de leur feuillage constamment vert, de leur joli buisson chargé de fleurs durant tout l'hiver, et pour la facilité qu'elles ont à se multiplier en automne de marcottes, de boutures, et au printemps par la voie des semis.

Ce sont des sous-arbrisseaux, rarement des arbustes, presque tous originaires du cap de Bonne-Espérance, ayant le port des Bruyères, et formant des buissons très-épais; leurs tiges se ramifient beaucoup; elles sont couvertes de feuilles alternes, petites, éparses, persistantes, quelquefois imbriquées, assez souvent velues et blanchâtres sur la page inférieure. Les fleurs très-petites, réunies en boules ovoïdes, globuleuses, au sommet des rameaux, et accompagnées d'un involucre formé d'un nombre variable de bractées, sont composées d'un calice monosépale, tubuleux, quinquéfide; d'une corolle à cinq petits pétales en forme d'écailles, plus courts que le calice, linéaires, creusés en cuiller dans leur moitié supérieure, rétrécis en onglet dans le reste de leur longueur; de cinq étamines aux filets courts, insérés devant les pétales et avec eux sur une sorte de disque occupant le fond du calice; les anthères sont arrondies, terminales, à deux loges. A l'ovaire, qui est supère, presque globuleux, également placé sur le disque, surmonté de trois styles très-courts, connivens, presque nuls, terminés chacun par un stigmate simple, il succède une capsule globuleuse, à trois coques monospermes, anguleuses, s'ouvrant en dedans. La semence est solitaire dans chaque coque et portée sur un filet court, charnu, que l'on désigne sous le nom de funicule, ou podosperme selon Claude Richard.

De toutes les espèces de Phyliques connues, et le nombre en est fort grand, une seule est généralement cultivée à Paris et dans presque tous les jardins de France sous la fausse dénomination de Bruyère du Cap : c'est la PHYLIQUE A FEUILLES DE BRUYÈRE, *P. ericoïdes*, L. Petit sous-arbrisseau de trente à soixante-dix centimètres, très-buissonneux, et dont les jeunes rameaux sont couverts dans toute leur longueur de petites feuilles fort nombreuses, linéaires, rapprochées, comme imbriquées ; supérieurement d'un vert foncé, elles se montrent blanchâtres et glauques inférieurement. Les fleurs exhalent une très-légère odeur ; elles sont disposées en petites têtes terminales à l'extrémité des rameaux, et enveloppées d'un duvet cotonneux d'une grande blancheur.

Parmi les autres espèces, les plus répandues sont : 1° la PHYLIQUE PLUMEUSE, *P. plumosa* (de Lamarck), remarquable par les longs poils soyeux et blancs dont ses feuilles assez longues sont chargées ; ils couvrent aussi les grosses têtes de fleurs que l'on trouve au sommet des rameaux et laissent à peine voir la corolle qui est frangée et épanouie en juin ; 2° la PHYLIQUE ORIENTALE, *P. orientalis*, dont on ignore véritablement la patrie ; elle monte à un mètre, donne ses petites fleurs blanchâtres en octobre et novembre, et se cultive en France depuis 1810 ; 3° la PHYLIQUE BICOLORE, *P. bicolor*, L., des plaines sablonneuses du Cap ; ses rameaux effilés, de couleur roussâtre, sont couverts dans leur jeunesse d'un duvet blanc, et ses fleurs blanches sont marquées sur le dos d'un rouge assez vif ; 4° et la PHYLIQUE AXILLAIRE, *P. axillaris* (Lamarck), jolie espèce aux fleurs jaune de rouille naissant à l'aisselle des feuilles, et montant à l'extrémité des rameaux, où elles forment, par leur rapprochement des épis courts et lâches. (T. D. B.)

PHYLLADE (schiste argileux). (MIN.) Roche à base d'apparence simple, principalement composée de divers silicates d'alumine, fusible au chalumeau, perdant ordinairement sa cohérence par l'exposition aux influences météoriques, et se transformant en argile, c'est-à-dire en une terre faisant pâte avec l'eau.

Le Phyllade forme des couches à texture ordinairement schisto-compacte, à feuillets communément droits, non susceptibles d'une division indéfinie ; mais il donne souvent de petits polyèdres terminés par des faces qui ne présentent aucun indice de division ultérieure. Il offre quelquefois, mais rarement, la texture compacte et la cassure droite sans apparence de division feuilletée.

Le Phyllade est généralement tendre ; néanmoins il devient dur par son passage aux roches quartzeuses. Il est souvent terne et quelquefois luisant : il est grisâtre, brunâtre, rougeâtre, verdâtre, jaunâtre, uni, bigarré, etc.

On nomme Phyllade pailleté celui qui renferme des paillettes de mica ; ferrifère celui qui contient de l'oligiste ou de la limonite en quantité très-notable ; car il recèle toujours ou presque toujours un peu d'oxide de fer ; bituminifère celui qui renferme des matières charbonneuses ou bitumineuses ; alors il est ordinairement de couleur noire, et ressemble extérieurement à la houille schistoïde, à laquelle il passe aussi ; mâclifère celui qui contient des cristaux de la variété d'andalousite appelée mâcle.

Le Phyllade est très-abondant dans les terrains inférieurs aux terrains triasiques et notamment dans les terrains que nous nommons par cette raison phylladiques, qui comprennent les parties inférieures des terrains intermédiaires ou de transition d'autrefois. (A. R.)

PHYLLANTHE, *Phyllanthus*. (BOT. PHAN.) Ce genre, créé par Linné, a subi quelques vicissitudes. Quelques espèces en ont été retirées pour former des genres particuliers ou pour être réunies à d'autres. Le *Phyllanthus emblica*, Lin., célèbre par ses fruits appelés *Mirobolans emblics*, qui servent à tanner les cuirs, à les verdir, à faire de l'encre, etc., est devenu par Gaertner le genre *Emblica* ; le *Phyllanthus latifolius* a été réuni au *Xylophylla*, etc. Tel qu'il est composé aujourd'hui, le genre *Phyllanthus* contient encore au-delà de soixante-dix espèces. Adanson, sur quelques unes, avait fondé son genre *Niruri*, et Aublet son genre *Conami*.

Le *Phyllanthus* appartient à la famille des Euphorbiacées, et est le type d'une des tribus que M. Adrien de Jussieu y a établies. Voici ses caractères essentiels : fleurs monoïques ou rarement dioïques ; périanthe unique, calicinal, à trois ou six divisions profondes ; fleurs mâles ; trois étamines, ou rarement un plus grand nombre, à filamens soudés en colonne, entourée à sa base de cinq ou six glandules ; fleurs femelles ; disque membraneux ou entouré de cinq ou six glandules hypogynes ; ovaires à trois loges bi-ovulées ; trois styles, ordinairement bifides et quelquefois soudés à la base ; six stigmates ; une capsule à trois coques bivalves et renfermant chacune deux semences.

Les Phyllantes sont des arbres ou des arbrisseaux, et rarement des herbes, à feuilles alternes, stipulées, tantôt grandes et veinées, tantôt ordinairement petites, alternes, distiques ; leurs fleurs sont axillaires, subsolitaires, et le plus souvent fasciculées ; ces fascicules sont unisexués, bractéolés, ou composés d'un petit nombre de fleurs femelles, entremêlées d'un plus grand nombre de fleurs mâles, accompagnées de bractées nombreuses, pointues et persistantes ; la plupart sont indigènes de la zône équatoriale, ou dépassent à peine les tropiques. Voici la description d'une espèce qui suffira pour donner au lecteur une idée de ce genre.

P. DU BRÉSIL, CONAMI, *P. Brasiliensis*, Poir., Encycl., Conami du Brésil, Aublet, etc., vulgairement bois à enivrer. Arbrisseau de six à dix pieds de hauteur, à branches couvertes d'une écorce rude et verdâtre, divisée en rameaux grêles, effilés, garnis de feuilles alternes, pétiolées, glabres, entières, ovales-subcordiformes, d'un vert pâle, accompagnées de stipules opposées, fort petites ; fleurs axillaires, pédonculées, fort petites, inclinées, munies de bractées arrondies ; Périanthe à six divisions verdâtres, aiguës, conniventes à leur

leur base; disque ovarien environné à sa base de six glandes courtes, obtuses; capsule à trois loges et à six valves, formant extérieurement six côtes distinctes et marquées d'autant de sillons.

Cet arbre est indigène au Brésil, où il est commun à Para; les créoles lui donnent le nom de *Conami-Para*, qu'ils donnent également à toutes les plantes dont on se sert pour enivrer les poissons. Dans ce dessein, voici comment on s'y prend : on pile les jeunes rameaux de conami bien chargés de feuilles, qu'on jette aussitôt dans la rivière ou le lac où on veut pêcher; quelques instans après, les poissons flottent enivrés à la surface, où on n'a plus que la peine de les choisir. Il serait intéressant pour la science que les chimistes étudiassent cette singulière vertu dont on pourrait sans doute tirer un meilleur parti. (C. Lem.)

PHYLLIDE, *Phyllis*, Linn. (bot. phan.) Genre de plantes exogènes de la famille des Rubiacées, tribu des Anthospermées (Cham et Schlecht), de la Pentandrie monogynie du système sexuel, offrant pour caractères constitutifs : un périanthe double; l'externe à tube court, obovale, comprimé, à limbe peu apparent; l'interne courtement tubulé, à limbe étalé, à cinq lobes profonds; cinq étamines à anthères sessiles insérées à la gorge du périanthe interne; style presque nul, à deux stigmates; capsule obovale, comprimée, une au sommet, s'ouvrant en deux péricarpes monospermes (d'après Gaertner) suspendus à un axe filiforme central (comme dans le Knoxia et les Ombellifères) (axe nul, d'après A. Richard), à semence dressée, à albumen charnu, à embryon droit, dorsal, à radicule filiforme, à cotylédons foliacés, cordiformes.

Les Phyllides sont des arbrisseaux à rameaux glabres, cylindriques, garnis de feuilles acuminées, opposées ou verticillées par trois ou quatre, accompagnées de stipules membraneuses soudées aux pétioles, s'allongeant en un grand nombre de soies filiformes. Les fleurs disposées en une panicule composée terminale, sont petites et d'un blanc verdâtre. On n'en connaît qu'une espèce, qui est :

P. nobla, *P. nobla*, Lin., Spec., Lamck., Illust., etc. Arbrisseau à tige souple, verdâtre, de trois pieds et plus de hauteur, rameuse au sommet, garnie de feuilles opposées ou verticillées trois ou quatre ensemble, presque sessiles, lancéolées, étroites, entières, rétrécies aux deux extrémités, d'un beau vert, luisantes en dessus, longues de quatre pouces environ et munies à leur base de stipules dentées, caduques, membraneuses, divisées au sommet en soies nombreuses et allongées; fleurs petites, de couleur herbacée, d'un brun foncé après la floraison, disposées en panicules corymbiformes, axillaires, lâches, à ramifications accompagnées à la base de deux petites bractées; périanthe interne à cinq lobes très-profonds, fortement réfléchis, couvrant l'ovaire entier. Les semences sont planes en dedans, convexes et anguleuses en dehors. Cette plante est indigène aux îles Canaries, d'où elle a été transportée en Europe, où on la cultive dans quelques jardins. Conservant son feuillage lustré pendant l'hiver, elle y produit sous ce rapport un effet assez agréable; mais elle demande une exposition abritée pour résister aux grands froids. (C. Lem.)

PHYLLIDIE, *Phyllidia*. (moll.) On désigne sous ce nom un beau Mollusque de la mer des Indes, que M. Cuvier fit connaître en 1804, et dont il donna une belle anatomie qui a été publiée dans le tome V des Annales du Muséum.

Les Phyllidies sont des Mollusques marins qui ont un pied très-large; ils sont revêtus d'un manteau très-épais, coriace et tuberculeux, qui est parsemé, tantôt d'une belle couleur jaune, tantôt d'un beau noir de velours. Ce manteau déborde le pied dans toute sa circonférence, et il y a entre lui et le pied un large sillon profond qui entoure l'animal. Ce sillon est couvert sur toute la circonférence, excepté à l'endroit de la tête, d'une série de lames branchiales perpendiculaires. La bouche est garnie de chaque côté d'un tentacule, et à la partie moyenne du corps on voit un petit orifice qui est l'anus. Au côté droit est une autre ouverture pour les organes de la génération. Ces organes sont dans le sillon où sont placées les branchies.

Les Phyllidies sont des animaux extrêmement coriaces tellement apathiques, que M. Quoy rapporte qu'on ne leur a jamais vu faire le moindre mouvement, et qu'ils paraissent comme morts. Ce qui distingue surtout ces animaux, c'est la mauvaise odeur qu'ils exhalent; trois espèces seulement composent ce genre. La plus grande, et celle sur laquelle M. Cuvier a pu caractériser ce genre, est :

La Phyllidie trois lignes, *Phyllidia trilineata*, Cuv., Annales du Muséum, tom. V, pag. 268, pl. 18, fig. 1-4. Cette espèce est très-distincte, parce qu'elle a sur le dos trois lignes dorsales qui sont tuberculeuses, ces tubercules étant jaunes, le reste des lignes bleu, la peau d'un beau noir. Les deux autres espèces sont beaucoup plus petites et beaucoup moins colorées. Nous avons reproduit cette espèce dans notre Atlas, pl. 498, fig. 1, d'après la belle figure donnée par M. Quoy dans le voyage de *l'Astrolabe*, figure dessinée par ce savant sur un individu vivant, au havre Carteret, à la Nouvelle-Irlande

La Phyllidie noire et blanche, *Phyllidia albonigra*, du même auteur, que nous avons figurée pl. 498, fig. 2, est beaucoup plus petite, allongée, rétrécie, noirâtre et irrégulièrement tachée de blanc. Il l'a prise sur les récifs de l'île Tonga. (Louis Rousseau.)

PHYLLIE, *Phyllium*. (ins.) Ce genre, qui appartient à l'ordre des Orthoptères, famille des Spectres, a été établi par Illiger aux dépens du genre *Mantis* de Linné et des autres auteurs, et adopté par la plupart des entomologistes. Les caractères de ce genre sont : corps très-aplati, membraneux, large; élytres imitant des feuilles; premier segment du corselet cordiforme. Ce genre se distingue facilement des autres genres de sa famille, les Phasmes, Bactéries et Bacilles, parce que ces derniers ont le corps filiforme ou linéaire, et plus ou moins semblable à un bâton; la tête des Phyllies est avancée, allongée, arrondie postérieurement; les yeux sont petits; les yeux lisses sont souvent peu distincts; les antennes sont insérées devant les yeux, plus près de la bouche que du milieu de la tête. Suivant Latreille, les antennes des mâles sont longues, grêles, sétacées, et composées d'un grand nombre d'articles presque cylindriques (Atlas, pl. 499 bis, fig. 1 b); celles des femelles sont plus courtes que la tête, coniques, grenues et de neuf articles (pl. 549, fig. 1 c). Cette grande différence avait induit Latreille en erreur, et il avait formé une espèce distincte (*Longicornis*) avec le mâle de la Phyllie feuille-sèche. Les palpes des Phyllies sont très-comprimés; le corselet est formé de trois segmens; le premier déprimé, en forme de cœur; le second et le troisième formant ensemble un triangle tronqué antérieurement; les pattes antérieures ne sont pas ravisseuses; elles sont comprimées; toutes les cuisses sont comprimées, avec un appendice membraneux à leur partie intérieure et extérieure; les jambes s'appliquent, dans le repos, au côté interne de la cuisse et sous son appendice; les tarses ont cinq articles, et leurs crochets sont munis, dans leur entre deux, d'une palette très-apparente; l'abdomen est large, ovale, déprimé, membraneux et comme vide; les élytres et les ailes, lorsqu'elles existent, sont couchées horizontalement sur le corps.

Les Phyllies habitent les contrées chaudes des Indes orientales; leur forme extraordinaire les a fait remarquer de tous les voyageurs, et l'on assure que les habitans des îles Séchelles les élèvent pour les vendre aux amateurs ou marchands d'histoire naturelle. La forme aplatie de leur corps, et surtout la manière dont les élytres sont disposées, leur donnent l'apparence de feuilles; placées sur un oranger ou un laurier, l'entomologiste le plus accoutumé à observer aura de la peine, au premier coup d'œil, à les découvrir, d'autant plus qu'elles sont toutes d'une belle couleur verte. Parmi elles nous citerons, comme étant les plus remarquables:

La Phyllie feuille-sèche, *P. siccifolia*, Illig., Latr., *Mantis siccifolia*, Lin., Fabr., Stoll., Sp. 7, 24, 26; Roes., Ins., 2, tab. 175, 4 à 5, représentée dans notre Atlas, pl. 549, fig. 1. Elle est longue de plus de trois pouces, très-aplatie, d'un vert pâle ou jaunâtre; le corselet est court, dentelé sur les bords; les feuillets des cuisses sont aussi dentelés. La femelle a les étuis de la longueur de l'abdomen; les ailes manquent. Le mâle est plus étroit et plus allongé; les étuis sont courts, et les ailes aussi longues que l'abdomen. Nous avons représenté une nymphe de ce sexe dans notre Atlas, pl. 549, fig. 1 a. Cette espèce se trouve aux grandes Indes et dans plusieurs îles de l'océan Indien. (H. L.)

PHYLLIROÉ, *Phylliroe*. (MOLL.) Ce genre a été découvert par Péron et Lesueur, et décrit dans leur Mémoire sur l'ordre des Ptéropodes (Annales du Muséum, tom. IV, pag. 65). Ces auteurs rangent ce Mollusque parmi les Ptéropodes, et presque tous les naturalistes qui n'ont connu ce genre que par la description ont fait de même. M. de Blainville, qui a eu entre ses mains le seul individu connu de ce genre, en a changé la caractéristique et en a formé à lui seul la famille des Psilosomes.

Voici comment cet auteur décrit ce genre: corps nu, libre, très-comprimé ou beaucoup plus haut qu'épais, terminé en arrière par une sorte de nageoire verticale; céphalothorax petit, pourvu d'une paire d'appendices natatoires triangulaires, comprimés et simulant des espèces de longs tentacules ou de branchies; bouche subterminale, en fer à cheval, avec une trompe courte et rétractile; anus au côté droit du corps; orifice des organes de la génération unique du même côté, et plus antérieur que l'anus.

M. Quoy, qui a pu observer ces animaux à l'état frais, nous apprend que le système nerveux est un des plus considérables qu'offrent les Mollusques: il se compose de quatre ganglions principaux sous-œsophagiens; on voit partir des antérieurs un filet qui se porte dans chacune des cornes, y forme un plexus donnant naissance à deux filets nerveux qui se terminent à l'extrémité de ces sortes d'appendices; d'autres nerfs vont à l'œsophage; mais les plus nombreux se répandent dans la partie postérieure du corps. Nous avions même (dit cet auteur) de la peine à croire, tant ils sont en grand nombre, que ce sont autant de nerfs, s'ils ne se divisaient constamment sous des angles très-aigus, ce que ne font presque jamais les vaisseaux.

Ces animaux sont très-petits et n'atteignent qu'un pouce de longueur; ils sont extrêmement apathiques et d'une mollesse très-grande; il n'ont ni position régulière ni direction fixe dans leurs mouvemens, et nagent dans tous les sens.

L'espèce décrite par Péron et sur laquelle a été établi ce genre est le Phylliroé bucéphale, *Phylliroe bucephalum*, Péron et Lesueur, Annales du Muséum, tom. XV, pag. 65, pl. 1, fig. 1-2, représentée dans notre Atlas, pl. 549 bis, fig. 2. Elle est transparente et vient des côtes de Nice. (Louis Rousseau.)

PHYLLOCARIS. (BOT. CRYPT.) *Lichens*. Genre établi par A. Fée, avec les caractères suivans: Thalle crustacé, uniforme, orbiculaire, formé de rameaux divergens, confluens et appliqués; apothécies épars, noirs, perforés, à marge obtuse, intérieurement homogènes; ramifications épaisses, arrondies, lobées, ondulées, soudées entre elles comme dans les *Placcidium*: ces ramifications ont un diamètre qui varie d'une à deux lignes; apothécions distincts, épars, assez gros et perforés.

Deux espèces ont été décrites par l'auteur du genre Phyllocaris; ces espèces sont le Phyllocaris plane et le Phyllocaris élégant.

La première de ces deux espèces, le *Phyllocaris complanata* de Fée, qui croît dans l'île d'Haïti, sur les feuilles de divers arbres, se reconnaît à son thalle crustacé, figuré, orbiculaire, aplati, d'un vert jaunâtre, plus mince dans le centre que sur le pourtour, destructible dans l'âge avancé de la plante; à ses apothécies centraux, etc.

La seconde espèce, le *Phyllocaris elegans* de Fée, que l'on trouve sur les feuilles des arbres de l'île de France, a pour caractères : le thalle crustacé, figuré, lobé, luisant, et d'un vert blanchâtre; les apothécies très-petits, épars et perforés. (F. F.)

PHYLLOCÈRE, *Phyllocerus*. (INS.) Genre de l'ordre des Coléoptères, famille des Serricornes, tribu des Buprestides, établi par Lepelletier de Saint-Fargeau et Audinet-Serville, sur un insecte appartenant au comte Dejean, et auquel cet entomologiste avait donné ce nom dans sa collection. Le genre a été adopté par Latreille, et a été ainsi caractérisé par les auteurs que nous avons cités plus haut : premier article des antennes renflé en devant, coupé obliquement à son extrémité; le second petit, un peu renflé à sa partie antérieure; le troisième grand, égalant le premier en longueur; le quatrième plus grand que les suivans, mais plus petit que le troisième; les six suivans petits, portant chacun sur leur partie supérieure un appendice latéral aplati, denté en scie de l'autre côté; le onzième ou dernier allongé, cylindrique, portant un appendice comme les précédens; corselet absolument conformé comme celui du genre Elater. Ce genre se distingue des Cérophytes par les antennes, qui sont tout autrement conformées dans ce dernier genre. Les Mélasis ont le corselet globuleux et le corps plus cylindrique. L'espèce qui sert de type à ce genre est :

Le P. FLAVIPENNE, *P. flavipennis*, Lepelletier de Saint-Fargeau et Audinet-Serville, Encycl. méthod., tom. X, pag. 116; Dejean, Cat. des Coléoptères. Cette espèce est longue de dix-huit millimètres, couverte d'un léger duvet rougeâtre; ses élytres sont d'un châtain clair, très-finement pointillées et striées; les stries sont ponctuées depuis leur milieu jusqu'à l'extrémité. Cet insecte a été trouvé par le comte Dejean dans l'île de Curzala en Dalmatie. Elle n'avait pas encore été figurée, si ce n'est dans l'Iconographie du Règne animal, où M. Guérin-Méneville avait représenté son antenne.

Le même naturaliste a fait connaître une seconde espèce dans la Revue zoologique par la Société cuviérienne, n° 1, janvier, 1838, pag. 13. Il la nomme P. DE SPINOLA, *P. Spinolæ*, et la décrit ainsi : Longue de treize millimètres; corps et élytres entièrement noirs, couverts d'un très-fin duvet à reflets soyeux et jaunes, et de très-petits points enfoncés; élytres ayant des côtes peu élevées et assez larges. Cet insecte a été trouvé en Sicile.

Ces deux insectes, encore fort rares dans les collections, ont été représentés dans notre Atlas, pl. 498, fig. 3 et 4. La figure 3 offre le *Phyllocerus Spinolæ* de grandeur naturelle; 3 *a* son antenne grossie, et 3 *b* l'un de ses tarses; 4 est la figure du *Phyllocerus flavipennis*, également de grandeur naturelle. (H. L.)

PHYLLODOCE, *Phyllodoce*. (ANN.) C'est un genre qui appartient à l'ordre des Néréidies, famille des Néréides, section des Néréides glycériennes, créé par Savigny dans le grand ouvrage d'Égypte (système des Annélides), et ayant pour caractères : Trompe couronnée de tentacules à son orifice; antennes égales; première, deuxième, troisième et quatrième paires de pieds converties en huit cirrhes tentaculaires; cirrhes supérieurs et inférieurs des autres pieds, comprimés, en forme de feuillets, non rétractiles; point d'autres branchies. MM. Audouin et Edwards, dans leur ouvrage ayant pour titre : Recherches pour servir à l'histoire naturelle du littoral de la France, placent ce genre dans leur tribu des Néréidiens tentaculés et dans leur quatrième famille ou celle des Néréidiens.

Les espèces qui composent le genre Phyllodoce ressemblent sous plusieurs rapports aux Syllis, mais il est facile au premier coup d'œil, de les distinguer de ces Annélides, ainsi que de la presque totalité des animaux de la même classe, car leur corps, allongé et à peu près linéaire, est recouvert de chaque côté par une espèce de bordure élevée et lamelleuse, formée par la réunion d'une multitude de petites écailles, ou plutôt de folioles membraneuses qui se recouvrent les unes les autres. Cette disposition curieuse rappelle celle des Sigalions et de la plupart des autres Aphrodisiens; mais elle dépend d'un mode d'organisation très-différent; chez ces dernières Annélides, ce sont des espèces de disques fixés sur le dos de l'animal par leur face inférieure et existant quelquefois conjointement avec un cirrhe supérieur long et filiforme; chez les Phyllodoces c'est, au contraire, ce cirrhe lui-même qui s'est élargi en forme de feuille, et qui est fixé au pied par son bord inférieur. L'aspect des Nephtys et de quelques Néréides pourrait les faire confondre avec les Phyllodoces; car, chez les premiers, les pieds sont bordés de lamelles membraneuses, et, chez les seconds, la base du cirrhe supérieur s'élargit quelquefois de manière à constituer une grande feuille membraneuse; mais chez toutes ces Annélides, les pieds sont divisés en deux rames, et pourvues de languettes branchiales, tandis que, chez les Phyllodoces, ces organes ne sont formés que par une seule rame et ne portent pas de branchies proprement dites.

Toutes les Phyllodoces ont le corps presque linéaire, très-allongé, à peu près cylindrique et formé d'un grand nombre d'anneaux; la tête de ces animaux est petite et plutôt globuleuse que conique; les yeux, dont on n'aperçoit en général qu'une paire, occupent sa face supérieure, et les antennes mitoyennes et externes sont fixées sur son bord antérieur. Les appendices sont très-petits, subulés et semblables entre eux; l'antenne médiane, lorsqu'elle existe, est placée un peu plus en arrière que les latérales, et ressemble à un petit tubercule conique fixé sur la partie supérieure de la tête. L'ouverture buccale est pourvue, comme à l'ordinaire, d'une grande trompe claviforme qui est divisée en deux segmens et couronnée, à son extrémité, de petits tentacules; à l'intérieur elle ne présente aucune trace de mâchoires. Les appendices des premiers anneaux du corps sont convertis en cirrhes tentaculaires; en général, ils sont réunis en groupes de chaque côté de la tête, et le segment qui les porte n'offre point de trace de division; mais d'autres fois ils sont disposés en série de chaque côté du corps et portés sur trois anneaux distincts; quant à leur nombre, il est ordinairement de huit. Les appendices de tous les anneaux suivans, à l'exception du dernier, sont semblables entre eux et ont la forme de pieds ambulatoires; chacune présente une seule rame garnie de deux cirrhes et terminée par un faisceau de soies, derrière lequel on distingue un lobule membraneux plus ou moins profondément échancré vers le milieu, les soies sont armées d'un appendice mobile et entourent un acicule qui ne présente rien de remarquable. Le cirrhe dorsal, n'a point, comme chez la plupart des Annélides, la forme d'un tentacule subulé, mais bien celle d'un lobe aplati et semblable à une feuille dont la surface est légèrement incisée; la grandeur et la forme de ces lamelles membraneuses varient suivant les espèces, mais leur sommet n'est jamais très-échancré; elles sont beaucoup plus larges à leur base que vers leur extrémité, et en s'infléchissant les unes sur les autres, elles forment une espèce de bordure qui recouvre les parties latérales du corps et la presque totalité du pied. Le cirrhe ventral, inséré à la face inférieure du pied, est beaucoup moins grand que le cirre dorsal; en général, sa forme est à peu près la même; dans quelques espèces, cependant, il est beaucoup moins lamelleux, mais il n'est jamais filiforme et subulé. On ne voit aucune trace de branchies proprement dites. Enfin les appendices du dernier anneau du corps constituent deux filets stylaires qui sont dirigés en arrière.

La Phyllodoce lamelleuse, *P. laminosa*, Savigny, loc. cit., p. 43; Aud. et Edw., ouvr. cit., p. 222, p. V a, fig. 1 à 8. Cette Annélide, que M. de Savigny a décrite le premier, est une des espèces les plus grandes de nos côtes. Sa longueur est quelquefois d'environ deux pieds, mais sa largeur n'excède guère quatre lignes; elle est également remarquable par la beauté de ses couleurs. A l'état de vie, les larges cirrhes foliacés qui garnissent le côté de son corps sont d'un beau vert, et son dos, bien qu'il offre la même teinte générale, brille d'un éclat métallique et présente toutes les nuances variées de l'iris. Conservée dans l'esprit de vin, elle prend une couleur brune avec des reflets pourpres très-riches.

Cette espèce se trouve sous les pierres à très-basse mer, et paraît habiter de préférence les localités où le sable est fin et dépourvu de vase. Elle existe en grande abondance aux environs de La Rochelle et à l'île de Noirmoutier; elle se trouve aussi à Nice.

Le genre Phyllodoce renferme encore plusieurs espèces connues d'une manière plus ou moins incomplète et dont quelques unes n'ont pas encore été rencontrées sur les côtes de France. De ce nombre sont la *Nereis lamelligera* de Pallas et la *Phyllodoce de Paretto* que M. de Blainville a figurée dans l'Atlas du Dict. des sc. nat., mais dont il n'a pas donné la description. Cette dernière est très-voisine de la Phyllodoce lamelleuse, et devra peut-être ne pas en être distinguée; il paraîtrait cependant que les antennes sont plus longues, que les cirrhes tentaculaires sont plus courts, et que le corps, au lieu d'être vert, est d'un beau brun.

(H. L.)

PHYLLOSOME, *Phyllosoma.* (CRUST.) C'est un genre de Crustacés qui appartient à l'ordre des Stomapodes, à la troisième famille les Bipeltés, *Bipeltata* du Cours d'entomologie, et qui a été établi par Leach, adopté par Latreille et tous les carcinologistes avec ces caractères : Corps aplati, membraneux et diaphane; thoracide divisée en deux boucliers dont l'antérieur très-grand, plus ou moins ovale, formant la tête, et dentelé; second, répondant à l'alvithorax, ou portant les pieds-mâchoires et les cinq paires de pieds, transversal et anguleux dans son contour; pieds à l'exception des deux derniers pieds-mâchoires postérieurs, grêles, filiformes et très-longs; les autres pieds-mâchoires très-petits et tronqués; post-abdomen très-petit; point d'écailles à la base des antennes latérales; antennes intermédiaires n'offrant que deux filets. On connaissait depuis long-temps une espèce de ce genre qui avait été figurée et décrite dans le journal allemand *Der natur forcher*, sous le nom de *Cancer cassideus.* Leach fit connaître plusieurs autres espèces de ces Crustacés, et constitua le genre Phyllosome, dans une notice sur les animaux recueillis par Joseph Cranch, naturaliste de l'expédition anglaise envoyée pour découvrir les sources de la rivière du Zaïre en Afrique. Depuis ce travail, Quoy et Gaimard ont fait connaître d'autres espèces de ce genre qu'ils ont observées dans leur Voyage autour du monde. M. Guérin-Méneville a fait une étude spéciale de ces singuliers Crustacés, et en a présenté à l'Académie des sciences une monographie qui a été insérée dans le Magasin de zoologie. Enfin M. Edwards, dans le tome II de son Histoire naturelle des Crustacés, a aussi fait connaître quelques espèces nouvelles. Nous avons emprunté à M. Guérin-Méneville les détails intéressans qui suivent.

Le corps de ces singuliers Crustacés se divise en trois parties distinctes, la tête, le thorax et l'abdomen; il est formé de deux lames arrondies, minces, plates et transparentes, et auxquelles M. Latreille a donné le nom de Boucliers. La première lame, ou le bouclier antérieur représentant la tête, porte en avant les yeux et les antennes; il s'articule au dessus du second bouclier, n'y étant fixé que par la ligne médiane, et présente vers son milieu dans les uns, et le plus souvent au tiers postérieur, à l'endroit où il a commencé à se joindre au second, un petit tubercule qui est la bouche; le second bouclier, représentant le thorax, donne attache aux pieds-mâchoires, à dix pattes et à l'abdomen;

celui-ci est formé de cinq segmens, dont les quatre premiers portent deux appendices natatoires divisés en deux lames de forme variable, le dernier donnant attache à une nageoire composée de cinq feuillets; le bouclier antérieur est toujours de forme arrondie, quelquefois plus large que long, d'autres fois échancré en avant; mais le plus souvent il est allongé, rétréci en avant et terminé en pointe; les yeux et les quatre antennes forment un groupe situé sur la ligne médiane, à l'extrémité antérieure de ce bouclier; ces organes sont placés sur une même ligne transversale chez les uns et à des hauteurs diverses chez les autres; les yeux sont insérés fort près l'un de l'autre sur une petite éminence; ils sont assez gros, globuleux ou en forme de reins, et portés sur un pédicule composé de deux articles, dont le premier est fort long et le second beaucoup plus court et élargi pour donner attache à l'œil; cette tige est articulée à sa base, et semble jouir de la faculté d'être dirigée à la volonté de l'animal; l'œil est toujours d'un beau bleu dans l'état de vie; les antennes sont au nombre de quatre, deux antérieures et deux extérieures; les antennes antérieures prennent attache très-près des yeux, immédiatement à leur côté extérieur, elles sont toujours composées de trois articles dont les longueurs relatives varient suivant les espèces, et terminées par deux filets ciliés, égaux chez quelques espèces et inégaux chez d'autres. Les antennes externes varient beaucoup; dans les uns, elles se composent de six articles, et sont au moins aussi longues et souvent plus longues que les yeux, filiformes et terminées en massue, tandis que dans d'autres elles semblent n'être formées que d'une seule pièce plus courte que les yeux; dans cette circonstance, elles sont aplaties comme le corps du crustacé, et présentent, vers leur milieu une dilatation pointue, et dirigée en dehors. La bouche forme un mamelon globuleux, composé de plusieurs pièces très-rapprochées les unes des autres, et dont voici la description : A la partie supérieure du mamelon, on observe un tubercule membraneux très-saillant, globuleux, s'élargissant vers le bas, et presque tronqué dans cet endroit; ce tubercule, par sa forme et sa position, rappelle assez le labre des Squilles; à la suite de ce labre, on trouve deux mandibules assez grandes, très-crochues, et dont l'extrémité paraît être d'une consistance plus solide; cette partie est plate, contournée comme une aile de moulin, et coupée carrément à l'angle supérieur, on voit une forte épine, et il y en a trois plus petites à l'angle inférieur; la partie tranchante et presque droite qui forme l'intervalle entre ces épines, est armée d'un grand nombre de dentelures aiguës, spiniformes et disposées en dents de peigne. Ces mandibules sont appliquées contre le labre. Au dessous de ces mandibules est située la languette ou lèvre supérieure; elle est membraneuse, formée d'une seule pièce, arrondie sur ses bords et très-profondément échancrée dans son milieu. On trouve ensuite comme appliquées sur cette languette, les premières mâchoires qui sont membraneuses et transparentes; elles forment le coude comme les mandibules; mais leur extrémité courbée est divisée en deux lobes assez longs, ciliés, et dont le premier ou supérieur est terminé par trois fortes épines dentelées, tandis que le second n'en a que deux. Jusqu'à présent nous avons retrouvé les mêmes parties qui composent la bouche des Squilles, et ces parties semblent bien disposées à la manducation; mais nous ne voyons pas les secondes mâchoires de ces dernières, celles qui terminent leur bouche, et qui sont foliacées et divisées en quatre articulations. La bouche du Phyllosome est complète et semble avoir une paire de mâchoires de moins; mais on retrouve cependant des parties qui les représentent quoique ne remplissant pas les mêmes fonctions; ces pièces sont situées un peu au dessous des premières mâchoires, sur les bords libres du second bouclier, précisément à l'endroit où il commence à se distinguer du premier. Ce sont deux petites lames en forme d'oreilles, aplaties, quelquefois entières, d'autres fois échancrées en avant et en arrière, et bordées de poils très-fins; ces lames ne nous ont pas paru articulées, elles ressemblent à des prolongemens du deuxième bouclier. Immédiatement après les deuxièmes mâchoires, on aperçoit deux autres petites pièces semblables, mais plus petites et que M. Guérin-Méneville compare aux pieds-mâchoires de la seconde paire. Ces pièces sont suivies des deuxièmes pieds-mâchoires analogues aux grands bras ou pinces des Squilles; ils sont portés sur une petite hanche, et se composent de trois articulations dans quelques espèces, et de quatre dans d'autres; le dernier article atteint ordinairement la hauteur du labre; il est toujours terminé par un crochet recourbé en dedans, qui représente le grand angle des mêmes pieds dans les Squilles, et il a, à la partie interne et en opposition avec ce crochet, de longs poils raides qui s'agglomèrent quand l'animal est desséché. Une chose remarquable chez quelques espèces de ce genre, c'est que les deuxièmes pieds-mâchoires sont composés de quatre articles dans les espèces à antennes externes multi-articulées, et qu'alors il y a à l'extrémité du premier une pièce composée d'un pédoncule d'un seul article et terminée par un fouet divisé en un grand nombre d'anneaux ciliés intérieurement, tandis que chez les Phyllosomes à antennes externes courtes et d'une pièce, ces deuxièmes pieds-mâchoires n'ont que trois articulations, et sont privés de ce fouet; on aperçoit seulement vers la base du premier article et à sa partie externe, un petit appendice qui semble marquer l'endroit où auraient dû se trouver une articulation et un fouet. Une particularité remarquable que l'on observe aux pieds-mâchoires de tous les Phyllosomes, c'est que la partie comparée à la hanche par M. Guérin-Méneville est toujours munie extérieurement, et un peu en dessous, d'un petit appendice aplati et divisé en deux lames, analogues à celles du dessous de la queue. Les troisièmes pieds-mâchoires sont insérés beaucoup plus loin des seconds que ceux-ci ne le sont de la bouche; ils dépassent de beaucoup la hauteur des yeux, et ressemblent aux pattes proprement dites, au premier aspect. Les pattes proprement dites, au nombre de dix, sont distribuées à des distances égales autour du second bouclier; elles sont toutes composées de quatre articulations, outre la banche, et terminées, à l'exception de la dernière paire, chez quelques espèces, par un crochet plus ou moins grand, recourbé en dedans, et armé de cils : elles ont à l'extrémité du premier article un appareil flagelliforme semblable à celui qu'on observe aux pied-smâchoires de quelques espèces, et il n'y a que les postérieurs qui en soient privées quand elles sont très-petites. Dans cette circonstance, on observe à la base de ces derniers un appendice prenant attache sur le devant de la hanche, en forme conique, et comparable à la tige inarticulée placée à la base des derniers pieds des squilles, et que l'on présume être les organes de la génération. Ces petites pattes dépassent rarement la longueur de la queue, tandis que les autres sont toujours plus longues que le corps, quelquefois armées d'épines et de poils aux articulations et dans toute leur longueur. La queue, ou l'abdomen, est composée de cinq segmens bien distincts, transversaux et légèrement dilatés à leurs bords extérieurs; les quatre premiers ont chacun en dessous deux appendices natatoires composés d'une tige et de deux lames foliacées, arrondies, entières dans les uns, et dont l'interne est appendicée dans d'autres. Le dernier segment est terminé par cinq feuillets, dont un impair, placé au milieu et immobile, affectant diverses formes, et deux de chaque côté portés sur un article radical, et ayant la faculté de se glisser l'un au dessous de l'autre; le feuillet externe semble divisé en deux pièces, dont l'antérieure, très-petite, est terminée par une légère épine qui fait saillie au bord externe. Cette queue, ou abdomen, est quelquefois bien distincte du thorax, beaucoup plus étroit que lui et de même largeur à ses deux extrémités; d'autres fois elle est aussi large que le thorax à sa base et va en diminuant vers l'extrémité.

Les mœurs de ces Crustacés sont entièrement inconnues, on sait seulement, par le rapport des voyageurs, qu'ils se trouvent à la surface de la mer, et qu'ils y nagent lentement en agitant les appendices flagelliformes de leurs pattes. Ils sont transparens comme du verre, et on ne pourrait les apercevoir dans l'eau, si leurs yeux d'un beau bleu ne les décélaient pas.

Les Phyllosomes se rencontrent dans toutes les mers des pays chauds; ils semblent s'être dispersés indifféremment, car on trouve les mêmes espèces dans les mers d'Afrique, des Indes et de la Polynésie; cependant, d'après les échantillons rapportés par M. Lesson, il paraîtrait que ces Crustacés sont plus communs dans les mers de la Nouvelle-Hollande et de la Nouvelle-Guinée que partout ailleurs.

M. Guérin-Méneville, dans son travail ci-dessus cité, distribue les espèces qui composent le genre Phyllosome en deux grandes divisions, ainsi qu'il suit.

A. Antennes externes cylindriques, plus longues que les pédicules oculaires, composées de six articulations; pieds postérieurs très-courts; deuxièmes pieds-mâchoires de quatre articles; les troisièmes de cinq, avec un fouet; point d'épines dentelées à leur avant-dernier article.

Phyllosome longicorne, *P. longicornis*, Guér., Mag. zool., ann. 1833, cl. VII, pl. 6, reproduite dans notre Atlas, pl. 498, fig. 5. Il est long de près de dix-huit lignes et large de près de sept. Les antennes externes ont près de dix-huit lignes de longueur, terminées par un article à peine plus épais que le précédent et très-peu renflé vers le bout. Des mers de la Nouvelle-Hollande et de la Nouvelle-Guinée. La fig. 5 *a* représente la bouche de ce Crustacé, grossie; 5 *b*, l'antenne; 5 *c*, troisième pied-mâchoire.

Le Phyllosome semblable, *P. affinis*, Guér., Mag. de zool., ann. 1833, pl. 8, fig. 2. Long de dix lignes et large de quatorzelignes. Cette espèce est généralement plus petite que la précédente; ses antennes extérieures ont un peu plus de trois lignes, et ne dépassent pas la longueur des yeux; elles sont terminées en pointe sans aucun renflement; le bouclier antérieur ressemble entièrement à celui du Phyllosome commun; toutes ses autres parties sont aussi semblables, mais les deuxièmes mâchoires sont à peine échancrées au bord antérieur, quoiqu'elles soient très-prolongées en arrière, et les premiers pieds-mâchoires sont tellement petits et rudimentaires, qu'on les aperçoit à peine au devant des deuxièmes mâchoires; ils sont entiers et sans labres ni échancrures; la nageoire du dernier segment de la queue est beaucoup plus courte; sa lame intermédiaire atteignant à peine deux fois la longueur du segment qui la précède. Habite les mers de la Nouvelle-Hollande et de la Nouvelle-Guinée.

Le Phyllosome de Freycinet, *P. Freycinetii*, Guér., Magas. de zool., ann. 1833, pl. 9, fig. 1, et Voyage de Duperrey. Long de dix-sept lignes et large de sept et demie. Les antennes externes de cette espèce ont six lignes de long, et dépassent les yeux de plus de la moitié de leur longueur; le premier bouclier est plus large antérieurement, arrondi à ce point, et terminé en arrière en pointe; sa bouche est située dans le milieu de la longueur du premier bouclier; elle est très-éloignée des deuxièmes mâchoires et des pieds-mâchoires, et semble isolée et séparée entièrement des autres pièces; les premiers pieds-mâchoires sont assez grands, divisés en trois lobes, dont l'intermédiaire plus long et les autres égaux; l'extrémité des deuxièmes pieds-mâchoires atteint à peine la bouche; la queue est presque de la longueur du second bouclier; les angles postérieurs de ses segmens sont terminés en pointe aiguë, surtout ceux du dernier, et les feuillets externes de la nageoire ont une petite épine en dehors et vers l'extrémité postérieure. Se trouve dans les mers de la Nouvelle-Guinée.

B. Antennes externes pointues, aplaties, plus courtes que les pédicules oculaires, ne paraissant formées que d'une seule pièce, et ayant au côté externe de la base un appendice en pointe; deuxièmes pieds mâchoires de trois articles; les troisièmes de cinq; sans fouet; des épines dentelées à l'extrémité externe de leur avant-dernier article.

Le Phyllosome a larges cornes, *P. laticornis*, Leach., *Cancer cassideus*. Der naturf., Guér. Monogr. mag. zool. et Voy. de Duperrey, zool., t. II, part. 2, page 44, pl. 5, fig. 1; figure reproduite dans notre Atlas, pl. 499. fig. 1. Cette espèce est la plus grande connue, elle a plus de deux pouces et demi de longueur et sa plus grande largeur est de neuf lignes; ses antennes externes ont à peine cinq lignes de long; elles sont aplaties comme le reste du corps, d'une seule pièce, large en bas, se dilatant extérieurement en une pointe qui remonte vers la tige principale; les yeux dépassent de beaucoup la longueur des antennes, ils sont de forme ordinaire; le premier bouclier est plus large en avant qu'en arrière; son bord antérieur est presque droit et le postérieur finit en un lobe arrondi; les deuxièmes mâchoires sont grandes, bilobées en avant, et ayant le lobe postérieur un peu plus long que le premier (pl. 499, fig. 2). Cet individu a été pris par M. Lesson dans les mers de la Nouvelle-Guinée.

Le Phyllosome brévicorne, *P. brevicornis*, Leach, Journ. de phys., Latr., Encycl. méthod., tome X, p. 119, pl. 354, fig. 3, Guérin, Magas. de zool., ann. 1833, pl. 10 et 11, fig. 1, diffère surtout du précédent par ses antennes extérieures, qui sont minces, sans élargissement à leur base, et ayant le lobe externe très-petit et peu saillant (pl. 499, fig. 3).

Cette espèce varie pour la taille; elle est assez commune; on la trouve dans les mers d'Afrique, de la Nouvelle-Hollande et des Grandes-Indes.

Le Phyllosome de Duperrey, *P. Duperreyi*, Guér., Mag. de zool., pl. 12; il est long de seize lignes et large de treize; les antennes externes sont aplaties et larges à la base; leur extrémité atteint presque la hauteur des yeux; les antennes internes sont aussi longues que les yeux; leurs filets terminaux sont recourbés en dehors, et l'interne beaucoup plus étroit, est plus long que l'extérieur; le bouclier antérieur est presque aussi long que large, de forme carrée, avec les bords arrondis et la partie postérieure échancrée; les deuxièmes mâchoires sont très-grandes, avec le lobe externe antérieur prolongé et pointu, et le lobe postérieur grand, recourbé en dedans; les premiers pieds-mâchoires sont assez grands, divisés en deux lobes, dont l'antérieur pointu et le postérieur presque carré; les deuxièmes pieds-mâchoires dépassent la hauteur de la bouche; et les troisièmes sont d'une longueur presque double de celle du premier bouclier, qu'ils dépassent de beaucoup; les premières pattes sont moins longues que les pieds-mâchoires; les trois paires suivantes sont à peu près de la même grandeur; toutes ces pattes sont armées d'épines aux articulations, et leurs divisions sont garnies de poils de diverses grandeurs; les pattes postérieures sont petites; elles dépassent un peu la longueur de la queue; le bouclier postérieur est beaucoup moins large que le précédent, presque carré; la queue est de la même longueur à sa naissance; elle diminue d'une manière très-sensible postérieurement, et les segmens sont transversaux; les appendices des quatre premiers sont assez longs, bifides à l'extrémité, et ne présentent pas de traces d'articulations; leurs deux branches sont accolées l'une contre l'autre; la lame intermédiaire de la nageoire terminale est plus large que longue, les côtés descendent presque droit, se terminent par un petit angle aigu, et son bord postérieur circonscrit entre ces deux angles, est arrondi et sinueux de chaque côté; les lames des côtés sont grandes, de forme carrée et à angles arrondis. Cette espèce a été trouvée au port Jackson.

Le Phyllosome de la Méditerranée, *P. Mediterranea*, Guér., Mag. de zool, pl. 15, fig. 3; *Chrysoma Mediterranea*, Risso, Hist. de l'Europe mérid., t. V, p. 88, pl. 3, fig. 9. Cette espèce est très-intéressante à cause de son habitation, elle est longue d'un pouce et large de neuf lignes. Voici la description qu'en donne M. Risso; le corps est ovale en travers, mince, très-aplati, foliacé, transparent, lisse, traversé de quatre lignes à peine apparentes, qui s'étendent de la circonférence au centre; les antennes extérieures sont solides, bi-articulées, ornées d'une pointe en dehors; les inférieures, moins longues, ont chacune cinq articles inégaux; celui du sommet a deux filets inégaux; les yeux en massue sont facettés, noirâtres, situés sur un support étroit, à six articulations presque égales; la bouche est arrondie, jaunâtre, située au bas du disque ellipsoïde avec un petit pied-mâchoire bifide de chaque côté; la queue est subcordiforme, plus étroite que le corselet, diminuant insensiblement vers l'extrémité réunie au corps, traversée vers son milieu de six segmens dont le dernier terminé par cinq petites nageoires arrondies, les deux intermédiaires armés d'une pointe; elle est munie en dessous de trois paires d'appendices latéraux, avec cinq pointes aiguës de chaque côté; les pattes, au nombre de cinq paires, sont subtiles, translucides, tachées de rouge, composées chacune de cinq articles inégaux, les deux premiers garnis d'un aiguillon; entre le troisième et le quatrième article, se trouvent de longs appendices plumeux, ciliés, très-mobiles; le dernier article finit par un seul crochet; la dernière paire de pattes courte, quadri-articulée.

Le Phyllosome de la Méditerranée, dit le même auteur, est transparent comme le cristal le plus pur et a l'apparence d'une lame de mica. Sa vivacité, ajoute-t-il, est extraordinaire; il vit longtemps hors de l'eau en agitant continuellement les appendices plumeux de ses cuisses; sa natation est gracieuse; il remue sans cesse les pieds, et ouvre de temps en temps sa bouche; sa nourriture doit consister en molécules médullaires qu'on trouve si abondamment dans toutes nos eaux, à la surface desquelles il se montre durant les jours de calme parfait, et son apparition a ordinairement lieu en juin et juillet. Nous avons représenté ce Phyllosome dans notre Atlas, pl. 498, fig. 6; voyez pour les autres espèces la Monographie de M. Guérin-Méneville, insérée dans son Magasin de zoologie, année 1835. (H. L.)

PHYLLURE, *Phyllurus.* (REPT.) *Voy.* GECKO.

PHYMATE, *Phymata.* (INS.) Genre de l'ordre des Hémiptères, section des Hétéroptères, famille des Géocorides (des Aradiens, Am. et Brull.), tribu des Membraneuses, établi par Latreille, et auquel il donne pour caractères : Pattes antérieures ravisseuses; antennes en massue, se logeant dans une cavité sous le bord du corselet; celui-ci prolongé en un écusson ne recouvrant qu'une partie du dessus de l'abdomen. Ce genre faisait partie du grand genre Cimex de Linné, Geoffroy, Degéer, etc. Fabricius, qui aimait à s'approprier la nomenclature, changea le nom assigné par Latreille, et lui imposa arbitrairement le nom de *Syrtis.* Les Phymates diffèrent des Macrocéphales qui en sont les plus voisins, parce que dans ces dernières Punaises les antennes sont toujours à nu et ne se logent pas dans une cavité du corselet. Ces deux genres se distinguent aisément de tous les autres de la tribu par leurs pattes ravisseuses, ce qui n'a lieu dans aucun de ces genres. Le corps des Phymates est aplati, membaneux; ses bords latéraux sont élevés, dentelés et comme rongés; leurs antennes sont courtes, rapprochées à leur base, reçues dans des cavités latérales du corselet, insérées sous un chaperon fourchu, au dessous de l'origine du bec, et composées de quatre articles, dont le dernier plus grand, en forme de bouton allongé; le bec est court, triarticulé, engaîné à sa base avec le labre; celui-ci est court et sans stries; les yeux sont petits, globuleux; les deux petits yeux lisses sont placés plus haut, que les yeux à réseau, assez près l'un de l'autre; l'écusson est petit, triangulaire, pointu, caréné dans toute sa longueur; les élytres sont beaucoup plus étroites que l'abdomen et reçues dans un enfoncement dorsal de ce dernier; l'abdomen est en forme de nacelle rhomboïdale; ses bords latéraux sont élevés angulairement. Les auteurs, se répétant les uns les autres, et sans doute induits en erreur en invoquant à l'aide l'analogie, ont avancé que les tarses des Phymates étaient composés de trois articles. Il n'y en a réellement que deux, au moins dans l'espèce européenne; le premier est petit, fort court, difficile à mettre en évidence, parce qu'il est caché par les poils qui garnissent l'extrémité tarsienne du tibia; le second, très-long, cylindrique, se termine par deux crochets ou ongles simples, médiocrement arqués, dépourvus de pelotes; les pattes antérieures sont ravisseuses, c'est-à-dire conformées de manière à exercer la préhension sur une proie vivante; ce qui fait présumer que ces Hémiptères font la chasse à de faibles et petits insectes qu'ils sucent. Ces pattes, courtes et robustes, sont en forme de serre monodactyle de Crustacés; elles se composent 1° d'une hanche de deux articles, dont celui qui se fixe au corps est bien plus long, cylindrique, garni à son bord inférieur d'aspérités, tandis que le second, fort petit, s'implante sur la face interne de la cuisse, près de l'extrémité postérieure de celle-ci : ce mode d'articulation à pivot donne une grande latitude aux mouvemens; 2° d'une cuisse élargie en raquette triangulaire, hérissée à son bord supérieur d'aspérités qui correspondent à celles du premier article de la hanche. A la faveur de cette structure, la cuisse, en se contractant sur la hanche, saisit et serre fortement une proie, entre ces aspérités, pour la rapprocher du bec. Le bord antérieur de la cuisse est taillé en biseau tranchant, et se termine inférieurement par une dent pointue; 3° d'une pièce en forme d'ongle ou d'ergot long et arqué, qui tient lieu de tarse et de tibia, et qui dans la rétraction se courbe sur le côté interne du bord antérieur de la cuisse, en formant la pince avec la dent qui termine ce bord; ainsi cet angle n'est reçu ni dans une rainure ni dans un canal comme on l'a avancé. Le bord correspondant de la cuisse est, ainsi que nous l'avons déjà dit plus haut, taillé en biseau, et cette configuration est très-propre à favoriser l'acte préhensif. Le canal alimentaire du Phymate crassipède n'a pas plus de deux fois et demie la longueur de son corps. L'œsophage, capillaire dès sa sortie de la tête, se dilate ensuite en une portion conoïde qui n'a pas paru à M. L. Dufour distincte du ventricule chilifique par une coarctation. Celui-ci est allongé, replié, boursoufflé, à peu près d'un même diamètre dans toute son étendue, c'est-à-dire sans distinction ni d'estomac, ni de portion filiforme, ni de seconde partie gastrique. Les vaisseaux hépatiques, incolores, très-entortillés, et non sensiblement variqueux, sont au nombre de deux, s'abouchant par quatre insertions isolées autour de l'extrémité postérieure du ventricule chylifique. L'intestin destiné au séjour des matières fécales, est une poche dilatée, conoïde, amincie en arrière pour la formation de l'anus.

Les signes extérieurs qui servent à distinguer les sexes dans le genre *Phymata*, sont assez curieux. Dans le mâle, l'armure copulatrice est tout-à-fait extérieure et enchatonnée dans le centre du dernier segment ventral de l'abdomen. Elle y circonscrit un espace en ovale régulier, saillant, convexe, légèrement caréné dans la ligne médiane, et d'une texture analogue à celle du segment lui-même. La situation aussi inférieure de cette armure fait naître l'idée d'un mode d'accouplement différent de celui de beaucoup de Géocorides. Dans la Phymate femelle, l'abdomen est tronqué net au même point de la région ventrale indiqué pour le mâle. Cette troncature, formée par les pièces ovalaires, est tout-à-fait indépendante du dernier segment stigmatifère, et débordé par l'aile que forment les parois abdominales. On

n'aperçoit

n'aperçoit dans cet insecte aucune trace d'aricapte; en sorte que, sous ce point de vue, la transition des *Miris* et des *Capsus* aux Phymates est des plus brusques. La composition, et surtout la disposition des plaques ovalaires sont très-différentes de celles des deux premiers genres. Ces plaques sont au nombre de trois seulement, dont deux latérales et une médiane. Cette dernière, bien plus large que les autres, est glabre, lisse, triangulaire, et la pointe du triangle est dirigée en avant. Les latérales, étroites et obliques à l'axe du corps sont couvertes d'aspérités. L'ouverture extérieure du vagin est transversale et tout-à-fait antérieure.

Ces insectes attrapent de petites mouches et d'autres petits insectes avec leurs pattes antérieures et les sucent; ils vivent ordinairement sur les fleurs, dans les bois.

Le Phymate a grosses pattes, *P. crassipes*, Aud. et Brull., Hist. nat. des ins., tom. IX, p. 347, pl. 26, fig. 5; *Acanthia crassipes*, Fabr., Ent. syst., t. IV; *Syrtis crassipes*, Ejusd. syst. Rheyng., p. 121, représenté dans notre Atlas, pl. 500, fig. 1; 1 *a*, son antenne grossie. Longue de quatre lignes. Elle est brune en dessus et d'un jaune plus ou moins roux en dessous; ses pattes et ses antennes sont de même couleur; les quatre premiers segmens de son abdomen sont bruns sur les côtés; les trois premiers ont leur bord d'un blanc ou d'un jaune d'ivoire et marqué de quelques points noirs; sa tête est bifide en avant et son corselet présente en dessus des lignes longitudinales élevées et des sillons dans leur intervalle. Cette espèce est assez rare aux environs de Paris, elle vole avec agilité, et n'exhale, quand on l'irrite, aucune odeur appréciable.

Les Macrocéphales, *Macrocephalus*, Swederus. Les antennes sont très-courtes, épaisses, formées d'articles globuleux, excepté le dernier qui est ovalaire; l'écusson qui recouvre tout le corps; tels sont les caractères qui séparent au premier coup d'œil ce sous-genre du précédent. Les antennes ne sont plus logées, comme chez celui-ci, dans un sillon du corselet, car la tête est trop longue pour qu'elle puisse même y atteindre. L'abdomen est moins élargi que dans le genre précédent, et les organes du vol sont cachés sous l'écusson, comme dans les Scutellaires. Tel est:

Le M. cimicoïde, *M. cimicoides*, Swed., Mém. de l'Acad. des sc. de Stock., ann. 1787, p. 180, pl. 8; Aud. et Brull., Hist. nat. des ins., tom. IX, p. 348, pl. 26, fig. 6; *Syrtis manicata*, Fabr., Syst. Rhyng., p. 123. La couleur est d'un roux brun, plus claire sous le ventre et les pattes. Il se reconnaît surtout à la présence d'une tache allongée d'un jaune d'ivoire, située à la base de l'écusson: la forme et la grandeur de cette tache offrent plusieurs variations. Cet insecte se trouve dans l'Amérique du nord, dans la Colombie et au Brésil. Il est long de quatre lignes et au-delà et large d'une et demie à deux lignes. Il est représenté (grossi) dans notre Atlas, pl. 500, fig. 2; 2 *a*, fig. 2 *a* offre son antenne grossie. (H. L.)

PHYSALE, pour Physalie. *V.* ce mot.

PHYSALIDE, *Physalis*, L. (bot. phan.) Plus connu sous le nom d'Alkékenge que lui donna Tournefort, et sous celui très-ancien de Coqueret qu'il porte vulgairement, ce genre de la Pentandrie monogynie et de la famille des Solanées est composé de nombreuses espèces (on en compte plus de cinquante) vivant spontanément autour du bassin de la Méditerranée et dans les parties intertropicales de l'un et l'autre hémisphère. Presque généralement herbacées, elles sont annuelles ou vivaces; quelques unes se montrent ligneuses; mais toutes demeurent petites; les plus basses dépassent à peine vingt centimètres; les plus hautes arrivent de soixante-dix à quatre-vingts; celle qui peut être regardée comme la géante du genre, la Physalide de Campèche, *P. arborescens*, élève sa tige rameuse et toujours verte à un mètre et demi.

Les caractères de ce genre sont les suivans: Calice divisé à moitié en cinq divisions aiguës, persistant et acquérant un grand accroissement après la fleuraison. Dans quelques espèces, il est simplement denté, ce qui avait déterminé Moench à les séparer de leurs congénères pour en créer un genre séparé. Personne n'a adopté cette coupure. Corolle rotacée, quinquéfide, au tube court, contenant cinq étamines moins longues que la corolle, portées sur des filets rapprochés, à anthères droites, oblongues, conniventes; ovaire arrondi, avec style de la longueur des étamines et stigmates obtus; baie globuleuse, rouge, biloculaire, enfermée dans le calice qui dès-lors est agrandi, renflé, clos, pentagone, en forme de vessie, et coloré en rouge. Les semences sont nombreuses, réniformes, aplaties et brunes.

On mange le fruit de plusieurs espèces, quoique appartenant à une famille qui n'est pas des plus innocentes, entre autres celui de la Physalide des Barbades, *P. barbadensis*, L., qui porte des fleurs jaunes avec des taches brunes de la baie de la Physalide pubescente, *P. pubescens*, L., dont on fait au Chili des confitures fort recherchées ainsi que celles de l'espèce la plus commune, qui sera le sujet d'un examen plus particulier. Les feuilles, les fleurs et les racines de presque toutes sont estimées apéritives, prises en infusion; dans l'Inde, la racine de la Physalide flexueuse, *P. flexuosa*, L., est employée contre les obstructions, et ses feuilles, trempées de l'huile de ricin, sont recommandées, à l'extérieur, sur les tumeurs charbonneuses. Aux Antilles, on les applique sur les érysipèles de mauvais caractère. La *Physalis somnifera*, L., que l'on trouve dans tout l'Orient, en Espagne et au Mexique, est une plante éminemment vénéneuse; je suis peiné de la voir admise dans les serres tempérées; comme elle n'a rien de séduisant par les formes, ni par le feuillage, ni par ses petites fleurs d'un jaune pâle, on devrait éviter de la cultiver. Les anciens Egyptiens s'en servaient dans l'embaumement de leurs momies, sans doute parce qu'elle a la propriété d'éloigner les Dermestes, les Mites et autres insectes destructeurs.

Aucune espèce ne produit d'effet agréable ; elles se multiplient par leurs graines qui mûrissent dans nos climats. Une seule se fait remarquer par ses gros fruits, c'est la *Physalis philadelphica* (de Lamarck) ; ils simulent les plus belles cerises et sont d'un très-beau rouge.

Une espèce que l'on eût sans doute admis dans les jardins, c'est la PHYSALIDE ALKEKENGE, *P. alkekengi*, si elle eût été moins commune dans les lieux ombragés, les terrains gras et frais, dans nos bois taillis et nos vignes, où ses baies attirent les yeux en août et septembre. Cette plante très-traçante se propage beaucoup et est difficile à détruire une fois qu'elle s'est emparée d'un sol approprié à sa constitution. Ses racines articulées, grêles et fibreuses, donnent des tiges herbacées, hautes de trente à quarante centimètres, branchues, d'un vert rougeâtre, légèrement velues ; elles sont garnies de feuilles entières, aiguës, ovales, réunies deux à deux, et portées sur de longs pétioles. Les fleurs paraissent en juin et juillet ; elles sont d'un blanc sale, solitaires, axillaires, monopétales, en roue et à tube très-court ; il leur succède des baies acidules, un peu amères, auxquelles on donne vulgairement les noms de *Mirabelle de Corse* ou bien de *Cerise d'hiver*, et que l'on mange comme rafraîchissantes et légèrement anodines.

Toutes les propriétés que les anciens, surtout Galien, et les modernes leur attribuent contre les rétentions d'urine et la colique néphrétique ou gastrite, se réduisent à fort peu de chose aujourd'hui, elles sont identiquement les mêmes que celles de tous les fruits légèrement acides, tels que la fraise, l'orange, le citron, etc., quoiqu'on s'en serve avec succès dans l'œdème et les leucophlegmasies qui surviennent après les fièvres intermittentes. J'ajouterai ici une remarque fort juste de Gilibert : c'est parce que les fruits des alkékenges et des autres Physalides sont aigrelets que l'on peut les manger sans crainte. La nature sait détruire le principe vénéneux des narcotiques en le réunissant aux acides : aussi toutes les Solanées cessent-elles d'être poisons lorsque leurs fruits sont aigrelets.

Les fermières ramassent avec soin les baies du Coqueret alkékenge pour donner au beurre la couleur qui lui manque. (T. D. B.)

PHYSALIE, *Physalus*. (MOLL.) Les Physalies sont des animaux pelagiens qui, au premier aspect, ont assez l'air d'une vessie gonflée, de forme allongée ou irrégulièrement ovalaire, et à laquelle seraient attachés des appendices mous et filamenteux. Les marins leur donnent en conséquence les noms de *Galères*, *Frégates*, *Vaisseaux de guerre*, *Physalies*, *Vessies de mer*, etc., et aussi celui d'*Orties de mer*, à cause de la sensation douloureuse et comparable à celles qu'occasionent les orties, que ces animaux font éprouver quand on les touche. Leur nom de *Physalus* leur a été imposé comme générique par Osbeck ; mais elles avaient antérieurement été signalés sous celui d'*Arethusa* par Brown. Les auteurs ne sont pas d'accord sur la place qu'il faut leur assigner. C'est ainsi que d'abord on les mettait parmi les Holothuries, puis avec les Méduses, et que G. Cuvier les rangeait, dans sa première édition, dans les Acalèphes hydrostatiques, avec ces mêmes Méduses ; mais M. de Blainville a publié un mémoire pour démontrer que ce sont des animaux mollusques, opinion que Cuvier ne croit pas devoir admettre, puisque dans la deuxième édition du Règne animal, faisant allusion au travail de son collègue, M. de Blainville, il dit des Physalies, auxquelles il conserve leur ancienne place dans la série zoologique : « Je me suis assuré de cette absence de tout organe intérieur compliqué sur de grands et nombreux individus, en sorte que je ne puis admettre l'idée présentée récemment, que la Physalie pourrait être un Mollusque. » III, 285, 1830.

Les Physalies consistent, dit-il, en une très grande vessie oblongue, relevée en dessus d'une crête saillante, oblique et ridée, et garnie en dessous, vers l'une de ses extrémités, d'un grand nombre de productions cylindriques, charnues, qui communiquent avec la vessie et se terminent diversement. Les mitoyennes portent des groupes plus ou moins nombreux de petits filamens ; les latérales se bifurquent seulement en deux filets, l'un desquels se prolonge souvent beaucoup ; une des extrémités de la vessie paraît avoir un très-petit bassin : mais à l'intérieur on ne trouve pour tout intestin qu'une autre vessie à parois plus minces, et qui a des cœcums se prolongeant en partie dans les cavités de la crête. Du reste, nul système nerveux, ni circulateur, ni glanduleux.

M. de Blainville dit au contraire des mêmes animaux : le corps d'une Physalie est ordinairement ovale, plus ou moins allongé, plus obtus à une extrémité qu'à l'autre, qui même se prolonge en une sorte de trompe relevée un peu à sa terminaison. A cette extrémité, on voit souvent aisément, mais quelquefois plus difficilement, deux tubercules ou mamelons, dont l'un est plus terminal que l'autre. Ils sont percés d'une ouverture étoilée ou plissée d'une manière très-serrée, en sorte qu'il est assez difficile d'y introduire de l'air et d'insuffler ainsi le corps de l'animal. Sur un des côtés du corps, et obliquement dirigée de l'extrémité biforée à l'autre, est une crête membraneuse, assez épaisse, comme denticulée, ou mieux festonnée à son bord supérieur, et de chaque côté de laquelle on voit deux espèces de cannelures évidemment formées par des vaisseaux intérieurs. Cette crête, que nous allons voir n'être qu'une véritable branchie, est susceptible d'un grand nombre de variations dans son étendue et son développement en hauteur, principalement dans les individus conservés dans l'esprit-de-vin. On en trouve même quelquefois où elle est presque entièrement rentrée, et ne paraît plus que par un bourrelet plus brun qui reste à la surface du corps de l'animal.

A son extrémité la plus épaisse, ou à l'opposé des deux orifices, est un faisceau d'organes filamenteux, quelquefois cylindroïdes, fusiformes, terminés dans un certain état de développement par un petit bourrelet percé d'un orifice, et ces organes sont en nombre variable, sans disposition évidemment paire et encore moins radiaire. Je n'ai réellement jamais trouvé deux individus semblables, sous ce rapport, pas plus que dans la composition d'un faisceau d'organes analogues, et en général bien plus compliqués dans leur forme et dans leur nombre, qui occupent une plus ou moins grande partie du côté inférieur de la Physalie. C'est cette masse que la plupart des personnes qui ont observé des Physalies ont regardée comme composée d'organes analogues aux tentacules ou aux cirrhes des Méduses. On peut y distinguer réellement trois ou quatre espèces d'appendices cœcaux, tous également vésiculeux. Dans l'individu que je décris comme le plus complet de ceux que j'ai vus, il y avait d'abord, et assez rapproché du groupe précédent, un faisceau d'appendices de même forme que ceux de celui-ci. On pouvait y distinguer quelque chose de pair, c'est-à-dire un partage en deux divisions, l'une à droite et l'autre à gauche, d'un seul appendice médian, beaucoup plus gros, ayant lui-même à sa base un faisceau de cœcums plus courts, portés sur un seul pédoncule. La disposition paire était beaucoup plus sensible encore pour l'autre partie du faisceau inférieur. En effet, outre un très-grand nombre d'appendices cœcaux ordinaires, il y avait à droite et à gauche de la ligne médiane, un appendice beaucoup plus gros, bien plus allongé, en forme de trompe, quoique de même structure que les autres, et du côté externe de la base duquel sortait un filament d'une longueur extrêmement considérable, finement plissée en travers et qui semblait ne pouvoir atteindre toute l'extension dont il était susceptible, à cause d'une membrane étroite qui en retenait les plis dans toute sa longueur, comme le mésentère le fait à l'intestin grêle des Mammifères.

M. de Blainville pensait à cette époque (1825) que l'organisation des Physalies les rapprochait des Ascidies et des Biphores; mais depuis lors (1828 et 1834, Actinologie), il a reconnu que ce rapprochement était erroné : en effet, dit-il alors, il nous a été facile de voir dans ces animaux une bouche à l'extrémité d'une sorte de prolongement antérieur du corps, un anus latéral vers la partie postérieure, un pied ou organe locomoteur dans ce qu'on nomme la crête ou le voile, des branchies dans les longs filamens diversiformes qui sont placés sur toute la partie postérieure du dos, dans la ligne opposée à celle qu'occupe le pied : enfin nous avons reconnu la terminaison des organes de la locomotion dans deux orifices fort rapprochés qui se montrent au côté gauche du corps, à la racine de la partie proboscidiforme. D'après cela, nous en avons conclu que les Physalies étaient des animaux mollusques nageant renversés à la manière des Eolides, des Cavolines, des Glaucus et de beaucoup d'autres genres de la même famille. Dans le peu qu'il nous a été possible de voir de leur organisation, nous avons parfaitement reconnu les deux enveloppes animales, l'une pour la peau, l'autre pour l'estomac, celle-ci étant susceptible de se gonfler d'air par la disposition du sphincter de la bouche. Nous croyons aussi avoir remarqué une plaque hépatique des vaisseaux et l'organe central de la circulation.

On trouve des Physalies dans l'océan Atlantique, dans la mer du Sud, etc. Le nombre des espèces que l'on doit admettre parmi ces animaux n'est pas encore fixé : quelques auteurs en admettent six, et d'après MM. Quoy et Gaimard, il n'en existerait que deux, dont l'une, plus grande, abonde dans l'océan Atlantique, représentée dans notre Atlas, pl. 501, l'autre, plus petite, à crête à peine colorée, se rencontre dans la mer du sud. La fig. 1, pl. 502, représente, d'après M. Lesson, la Physalie de l'océan Pacifique austral non décrite par ce naturaliste, et la figure 2, la Physalie des Açores qui est dans le même cas. Ces animaux sont variés de jolies couleurs bleues ou vertes; ils atteignent quelquefois de grandes dimensions, et M. Quoy parle d'un individu dont les tentacules n'avaient pas moins de quinze à vingt pieds de longueur. Ces animaux viennent à la surface de la mer quand le temps est calme, et ils emploient leur crête comme une voile. Ils sont phosphorescens, et, comme nous l'avons dit, ils produisent, lorsqu'on les touche, une sensation que l'on a comparée à celle de piqûres d'orties. M. Rilesius s'est assuré que cette sensation est due à de petits poils de couleur rose dont est chargé le mucus qui recouvre les Physalies, et qui s'introduisent dans les pores de la peau. Un jour qu'il s'était fortement brûlé en maniant les tentacules d'une Physalie, après avoir essayé inutilement de calmer la douleur au moyen du vinaigre étendu, d'eau salpêtrée, de sel, d'acide sulfurique étendu, ou d'ammoniaque, il ne put réussir à peu près complétement qu'en employant de fréquentes lotions sur les parties douloureuses avec de l'eau de savon, après toutefois avoir préalablement enlevé les petits poils à l'aide d'une pince. Le même observateur rapporte qu'un vase qui avait renfermé une Physalie vivante, n'ayant pas été suffisamment nettoyé, il se brûla les lèvres, le nez et les joues en se servant de ce vase pour se laver.

MM. Leclancher et Robert pensent que les Physalies font, dans beaucoup de cas, leur pâture des Spirules, et ils ainsi expliquent l'extrême rareté de ces derniers animaux entiers dans les parages où leurs coquilles sont si nombreuses.

Il y a des Physalies dans la Méditerranée, et l'on en pêche quelquefois après les tempêtes sur nos côtes de l'océan; mais elles ne s'y voient que d'une manière accidentelle. Ces animaux sont surtout communs, au large, dans les mers des pays chauds. (GERV.)

PHYSALOPTÈRE, *Physaloptera*. (ZOOL. INT.) Genre de l'ordre des Nématoïdes. Les caractères de ce genre sont les suivans : corps cylindrique, élastique, atténué aux deux extrémités, mais plus en avant qu'en arrière; peu volumineux, épais, et peu allongé ; bouche orbiculaire, simple dans quelques espèces, garnie de papilles dans d'autres; queue du mâle un peu infléchie dans la plupart des espèces, et munie de chaque côté d'une membrane qui a la forme d'une vésicule tantôt aplatie, tantôt renflée, transparente sur la région dorsale. Ces vésicules offrent à l'observation cinq à six rayons transversaux, d'un blanc mat et qui paraissent prendre naissance d'un long cordon qui existe dans l'intérieur du corps; verge unique, sortant d'un tube, placé entre les deux vésicules caudales; tête quelquefois nue, quelquefois garnie de petites membranes latérales; le plan musculaires externe est transversal, très-mince; l'interne est longitudinal, épais et partout continu; intestin droit et fort gros; vaisseaux génitaux mâles et femelles peu considérables; vulve située vers le tiers antérieur du corps.

On connaît peu d'espèces appartenant au genre Physaloptère, elles sont ovipares, ont beaucoup de rapports avec les Spiroptères et les Strongles, et ont été trouvées dans l'estomac et les intestins d'un petit nombre de Mammifères, d'Oiseaux et de Reptiles. Ces Physaloptères offrent aussi quelque analogie, par le cordon longitudinal qui parcourt toute la longueur du diamètre transversal de leur corps, avec les Ascarides. Rudolphi a rapporté à ce genre les *Physaloptera clausa*, *turgida*, *dilatata*, *alata*, *strongylina*, *abbreviata*, *retusa*.

(F. F.)

PHYSARUM (BOT. CRYPT.) *Lycoperdacées*. Ce genre, établi par Persoon pour réunir quelques espèces rangées auparavant dans les genres *Trichia*, *Sphærocarpus* et *Reticularia* de Bulliard, et *Didymium* de Schræder, a été ainsi caractérisé par Link ; Peridium globuleux, oblong ou évasé, simple ou double, tantôt sessile et lisse, tantôt sessile et écailleux, tantôt granuleux, tantôt enfin stipité; placé sur une membrane apparente d'abord, puis qui disparaît; point de columelle; filamens nuls ou fixés vers la base interne; sporidies agglomérées.

On connaît jusqu'à cinquante espèces de Physarum. Toutes se développent sur le bois et l'écorce des arbres morts; elles sont très-petites et assez semblables par leur port aux *Trichia* et aux *Diderma*. (F. F.)

PHYSCIA. (BOT. CRYPT.) *Lichens*. Ce sous-genre, établi par Acharius, et admis comme genre par De Candolle, avait pour caractères un thalle membraneux et foliacé, libre, glabre et cilié sur ses bords, divisé en laciniures étroites, disposées en bouquets ou en plaques, portant sur les bords des scutelles, sessiles ou pédiculées. Les *Physcia* se trouvent maintenant décrites dans les genres CÉTRARIA, PARMÉLIA, RAMALINA, etc. (F. F.)

PHYSE, *Physa*. (MOLL.) Le genre Physe n'est bien connu des naturalistes que depuis les observations faites sur les Mollusques de ce genre par M. Draparnaud; avant ce célèbre auteur, et quoiqu'Adanson l'ait publié sous le nom *Bulin*, on n'en avait presque jamais fait mention. C'est donc à Draparnaud que l'on doit le nom de Physe. Ces Mollusques sont très-petits; ils habitent les eaux douces et nagent avec une grande facilité; on les caractérise ainsi : animal très-semblable à celui des Lymnées, mais dont les tentacules sont subconiques, élargis à la base ; le manteau tantôt digité, tantôt simple sur les bords ayant la facilité de se recourber en dessus et d'entourer la coquille.

La coquille est enroulée à gauche, c'est-à-dire en sens contraire de presque toutes les coquilles; elle est ovale, oblongue et à spire saillante; son ouverture est longitudinale et rétrécie supérieurement; la columelle est torse, et le bord droit est très-mince et tranchant; le Mollusque est dépourvu d'opercule. Les animaux de ces coquilles respirent par des poumons, et sont connus sous le nom de Pulmonés aquatiques.

Les Physes sont assez nombreuses en espèces : on n'a d'abord connu que l'espèce qui habite nos eaux douces, puis l'Amérique en a fourni plusieurs autres; enfin aujourd'hui nous avons près de huit espèces dans ce genre. Celle qui habite nos eaux douces et qu'on trouve dans presque toute l'Europe est : la PHYSE DES FONTAINES, *Physa fontinalis*, Draparnaud, Mollusques terrestres et fluviatiles de France, pl. 3, fig. 7-8. Cette petite coquille est ovale ventrue, transparente, courte, d'une couleur approchant du jaune foncé. Nous avons aux environs de Paris une espèce fossile que M. Deshayes a fait connaître et qu'il a nommée PHYSE COLUMNAIRE, *Physa columnaris*, Desh. Description des coquilles fossiles des environs de Paris, tome II, p. 90, pl. 10, fig. 11-12. Cette espèce est toute lisse, polie, et composée de sept à huit tours de spire qui sont séparés par une suture simple et peu profonde; l'ouverture est ovale et a le côté postérieur aigu ; la lèvre est mince et la columelle est lisse. On trouve ce beau fossile dans les couches des marnes calcaires qui sont près d'Épernay. On vient de découvrir une autre Physe fossile qui est beaucoup plus grande que toutes les espèces connues jusqu'à ce jour; c'est la PHYSE GÉANTE, *Physa gigantea*, Michaud, publiée dans le Magasin de zoologie de M. Guérin-Meneville, année 1837, cl. 5, pl. 82; elle vient du calcaire siliceux du département de la Marne.

(LOUIS ROUSSEAU.)

PHYSETER. (MAMM.) Nom latin des animaux du genre CACHALOT. *Voyez* ce mot. (GERV.)

PHYSIOLOGIE. La physiologie a pour objet l'étude des fonctions des êtres organisés.

Les médecins et les naturalistes sont jusqu'à ce jour presque les seuls qui se soient occupés d'étudier l'organisation humaine. Tandis que l'homme moral a été l'objet des travaux des philosophes de tous les temps, l'homme physique, quoique plus accessible à notre investigation, n'a excité qu'une médiocre et tardive curiosité. Sa connaissance eût pourtant été féconde en résultats pratiques; le moral de l'homme eût été mieux apprécié : n'est-ce pas en marchant dans les voies de la nature qu'on pouvait espérer d'entrer dans celles de la vérité?

Mais les philosophes, oubliant que la nature morale de l'homme ne se développe qu'après sa nature physique, dédaignèrent l'étude de l'organisme, comme indigne de leurs contemplations. Le savoir humain, disait le chancelier Bacon, ressemble à une pyramide dont l'observation et l'expérience font la base, et dont la métaphysique est le sommet. C'est surtout dans leurs études de l'homme, que les philosophes voulurent faire reposer la pyramide sur le sommet. Aussi, que résulta-t-il d'un pareil renversement? L'esprit humain erra de système en système, ne rencontrant aucune idée fixe qui pût lui servir de base et de point de départ pour des découvertes ultérieures.

Cette manie ridicule de ne voir l'homme que dans des abstractions, passa de la tête des philosophes dans celle des médecins; et si le sublime génie d'Hippocrate dirigea les esprits vers l'observation, la fureur dogmatisante de ses successeurs eut bientôt replongé la science de l'homme dans le chaos des hypothèses et des systèmes.

Plus tard, sous les auspices d'Alexandre-le-Grand, Aristote, en jetant les fondemens de l'histoire naturelle, ouvrit à l'observation une nouvelle carrière. Par la comparaison judicieuse des faits, il s'éleva à des considérations générales d'un ordre supérieur, et imprima ainsi à ses travaux un caractère de solidité que le temps n'a pu ébranler. Malheureusement, l'impétuosité de son génie l'entraîna dans des écarts qui eurent pour la science les résultats les plus funestes. En voulant remonter aux causes premières, il se jeta dans le vague et l'abstraction, et les formes matérielles qu'il attacha au raisonnement, dont il fit pour ainsi dire une mécanique, habituèrent l'esprit humain à se payer de mots.

Après le philosophe de Stagyre, quelques médecins s'efforcent de marcher sur ses traces, en prenant l'observation pour guide, et leurs travaux communiquent une impulsion puissante à l'anatomie humaine.

Plus tard, Galien, doué d'un vaste génie et d'une profonde érudition, fait refleurir les principes d'Hippocrate; mais, trop imbu des écrits d'Aristote, il abandonne aussi le champ de l'observation pour tomber dans l'esprit de système. Ses théories donnèrent naissance à une secte qui domina long-temps la science d'une manière exclusive. Pendant quatorze siècles les médecins jurèrent par Galien, comme les philosophes et les théologiens par Aristote. Il semble, selon l'expression de Laharpe, que les bornes de l'esprit de ces grands hommes fussent celles de l'esprit humain.

Lorsqu'après l'irruption des barbares en Europe, les sciences commencèrent à secouer le joug qui avait comprimé leur essor, la philosophie d'Aristote, qui contribua d'abord à leur développement, arrêta ensuite leurs progrès : l'esprit humain se régénérait en quelque sorte; il n'était pas assez mûr pour discerner ce qu'il y avait de bien dans les écrits du stagyrite. Aussi, toutes les connaissances humaines devinrent-elles un tissu bizarre de subtilités et de sophismes.

Peu à peu, cependant, grâce à l'énergie de quelques esprits supérieurs, et surtout au succès de la réformation religieuse, la routine et les vieux préjugés firent place à l'observation et à l'expérience. L'étude de l'homme ne tarda pas à faire de rapides progrès. Déjà la physiologie se recommandait par quelques vérités incontestables. La circulation du sang, entrevue par Servet et Césalpin, avait été démontrée par Hervey.

Le joug de l'autorité des anciens ne tarda pas à être brisé. Bacon, Descartes, parurent presqu'en même temps sur l'horizon des sciences naturelles, comme deux astres brillans destinés à chasser pour jamais les ténèbres qui les enveloppaient. Le premier, après avoir analysé l'esprit humain, démontra ce qu'il pourrait dans chaque science, si une fois il s'appuyait sur l'expérience et l'observation. Le second, rattachant tous les phénomènes de la nature à un système nouveau, parvint à substituer son autorité à celle d'Aristote.

L'impulsion était donnée, l'étude de la nature reposa dès-lors sur une base solide et inébranlable. On recueillit les faits, les observations se multiplièrent, et les sciences naturelles furent moins en butte à l'erreur, parce que les systèmes qui eussent pu la propager, n'ayant d'autre objet que l'interprétation des faits, s'écroulaient aussitôt qu'une observation nouvelle venait démontrer que la nature ne se prêtait pas à leurs explications; bien plus, les systèmes contribuèrent eux-mêmes à faire mieux ressortir quelques vérités; c'est ainsi que Borelli, en voulant expliquer tous les phénomènes de la vie par les lois de la mécanique, prouve que la mécanique entre pour quelque chose dans leur production. Il en fut de même de Vanhelmont, de Wahl, de Boërhaave, d'Hoffmann, etc.; leurs théories, sans être l'expression de la nature, contribuèrent néanmoins à avancer la connaissance de l'homme. Enfin, la Physiologie était désormais montée au rang des sciences.

Haller recueillit tous les faits positifs dont elle pouvait s'enrichir; il discuta d'une manière approfondie toutes les hypothèses qui embarrassaient sa marche, et rendit en quelque sorte cette science impérissable, en élevant en son honneur un ouvrage destiné à faire l'admiration de plusieurs siècles.

Cependant, Bordeu et Barthez cherchaient à rattacher tous les phénomènes vitaux à une puissance vitale particulière. L'époque était arrivée où la Physiologie allait devenir quelque chose de plus qu'une science purement physique. La gloire d'un tel perfectionnement était réservée à Bichat. « Il saisit l'homme au premier moment de son existence, le sépara de la matière inorganique, le conduisit, à travers mille obstacles, au dernier terme de son existence, et montra, par des expériences frappantes de vérité, comment cette existence est détruite (Miguel, éloge de Bichat). » En effet, Bichat ouvrit à la Physiologie une ère nouvelle, et les travaux de tous les physiologistes qui sont venus après lui n'ont eu pour but que le développement de ses principes, leur modification ou leur extension.

Toutefois, il s'en faut que l'étude de l'homme ait été complétée. Plusieurs circonstances du mécanisme de la vie restent encore couvertes d'un voile épais. Qui nous révélera le mystère de l'intelligence? Si quelque voie peut conduire à la pénétrer, sans doute celle de l'observation est la plus sûre. Mais ici n'est-il pas à craindre que seules, l'observation et l'expérience ne soient totalement impuissantes? Les physiologistes modernes ne se sont-ils pas trop isolés des idéologues? Il est dans la métaphysique de hautes questions qui ont de nombreux points de contact avec la Physiologie; plusieurs idéologues en cherchent même la solution dans cette science. Pourquoi donc les physiologistes ont-ils évité de les traiter?

Nous avons tenté de remplir cette lacune, les discussions dans lesquelles nous sommes entrés relativement aux sensations, exigeraient des forces supérieures aux nôtres; mais nous osons espérer du moins qu'on nous saura gré de la franchise avec laquelle nous les avons abordées. Il était difficile, dans les bornes étroites qui nous sont prescrites, de développer avec l'étendue et la clarté convenables, les nombreuses vérités qui ressortent du simple rapprochement entre l'homme physique et l'homme moral : il eût fallu pour cela plus de talent et d'expérience qu'il ne nous est donné d'en avoir.

Cet article étant, par la nature de la collection dans laquelle il entre, destiné surtout aux gens du monde, nous avons dû, dans les détails anatomiques obligés, nous servir des expressions les plus simples, expressions qui sont quelquefois éloignées du langage ordinaire de la science. En cela nous n'avons eu en vue qu'une plus grande clarté. Du reste, dans l'analyse des fonctions, nous nous sommes toujours appuyés de l'autorité des maîtres qui ont le plus contribué à l'avancement de la science. Considérée d'une manière générale, la Physiologie s'occupe de tous les phénomènes de la vie ou de toutes les actions organiques; c'est-à-dire qu'elle comprend la connaissance du siége, du mécanisme et des lois des fonctions.

On la divise en Physiologie végétale, Physiologie animale ou comparée et Physiologie humaine, selon qu'elle s'occupe d'une manière spéciale des végétaux, des animaux ou de l'homme. Il ne sera question dans cet article que de la Physiologie humaine et comparée. La plume élégante de notre collaborateur M. Thiébault de Berneaud, tracera l'histoire des phénomènes remarquables qui ont lieu dans le règne végétal.

La Physiologie humaine comprend d'une manière générale la science qui traite des fonctions des organes. L'étude comparative des divers appareils de fonctions est ce que l'on a nommé Physiologie des tempéramens. La Physiologie des passions traite de l'homme sous le point de vue moral, et non sous le rapport des organes matériels de son enveloppe corporelle. On a aussi fait une Physiologie de la *liberté* et une Physiologie philosophique; mais comme il serait trop long d'entrer dans les détails relatifs à chacune de ces subdivisions, nous renvoyons aux articles PASSION, TEMPÉRAMENT, SYSTÈMES, pour ne traiter dans cet article que des fonctions des divers organes, tant chez l'homme que chez les animaux.

Placé au degré le plus élevé de l'échelle des êtres, l'homme, renfermant en lui seul toutes les combinaisons organiques de la nature, est l'être dont la vie est la plus complète, et par conséquent, en étudiant la Physiologie humaine, on apprend forcément la Physiologie de tous les autres êtres.

Notre but n'est point de descendre ici dans les détails d'un examen comparatif des divers degrés de l'échelle animale, nous y verrions la vie, d'abord réduite à sa plus simple expression, se compliquer et se perfectionner en remontant vers l'homme, où elle étale tous ses trésors et manifeste ses actes merveilleux.

Mais il est bon de jeter un coup d'œil sur l'organisation avant d'entrer dans l'étude des lois auxquelles elle est soumise. Comment comprendrions-nous les fonctions vitales si nous n'avions une idée des instrumens qui les accomplissent?

APERÇU ANATOMIQUE DE L'HOMME.

La base essentielle de toute organisation consiste dans un mélange de parties *solides* et de parties *fluides*. Le nombre, la combinaison, la forme, etc., des unes et des autres, sont en raison de la plus ou moins grande perfection des êtres. Énumérons rapidement celles qui constituent l'homme.

Solides. Au nombre des *solides*, dans le corps humain, se trouvent en première ligne les *os*, dont le tissu résistant forme une sorte de charpente. Ils sont destinés à soutenir les autres organes, dont ils déterminent les positions respectives, en leur fournissant des points d'insertion. Leur configuration générale donne le premier type, la première idée de la forme humaine. Ainsi ils s'arrondissent en voûtes, se creusent en bassins, s'élèvent en colonnes et en pyramides, selon qu'ils doivent former ou la tête, ou la poitrine, ou les membres, etc.

Viennent ensuite les *muscles*, qui sont ce qu'on appelle vulgairement la *chair*. C'est à ces organes qu'est confiée l'exécution de tous les mouvemens, fonction qu'ils remplissent, tantôt isolément, lorsque le mouvement est simple, tantôt en se réunissant pour se prêter un secours mutuel, lorsque le mouvement est composé. Les muscles entourent les *os*, auxquels ils sont unis par des liens très-forts et très-étroits, et ils contribuent surtout à donner au corps humain ces formes arrondies qui sont pleines de grâce et de majesté.

Après les os et les muscles, qui dessinent l'homme et qui sont répandus par tout le corps, nous trouvons les *viscères*, organes essentiels à la vie, contenus dans de grandes cavités, où ils sont protégés par les os, dont la dureté repousse les violences extérieures qui pourraient troubler leur mécanisme ou en altérer les produits.

Ainsi, dans l'extrémité supérieure du tronc, qui commande tout le corps, se trouve logé le *cerveau*, organe principal, qui exerce une influence considérable sur les autres. Défendu par la voûte épaisse du *crâne*, il envoie de toutes parts des agens fidèles (les nerfs) qui viennent lui rendre un compte exact de ce qui se passe tant au dedans qu'au dehors, et c'est d'après les impresssions qu'ils lui transmettent et sur lesquelles il réagit, qu'il détermine les mouvemens propres à retenir ou à éloigner les objets de ces sensations, selon qu'ils sont ou amis ou ennemis.

Dans la *poitrine*, position inférieure, mais non moins fortifiée, palpite le *cœur*, espèce de pompe foulante, organe double qui est le centre de la circulation. D'une part, il attire les *humeurs* de toutes les parties du corps, et les envoie dans les *poumons*, où elles sont soumises à l'action vivifiante de l'air; de l'autre, il les reprend, ainsi élaborées et changées en *sang*, pour les faire circuler dans l'économie et alimenter tous les organes.

Autour du cœur, qu'ils embrassent, se meuvent dans la même cavité, comme deux grands soufflets, les poumons, dont la charge est d'attirer l'air atmosphérique pour le mettre en contact avec les humeurs, qui s'emparent de l'un de ses principes constituans, et le transforment ainsi en un fluide essentiellement nutritif.

Plus bas, sous le diaphragme, muscle large transversalement posé entre la poitrine et l'abdomen, qu'il sépare, se trouvent tous les viscères qui ont pour objet l'élaboration des alimens ou la ségrégation de leurs principes nutritifs, des matières hétérogènes auxquelles ils sont mêlés.

Tels sont :

L'estomac, sac membraneux, destiné à opérer dans la matière alimentaire le premier changement; à côté et au dessus, le foie, viscère très-volumineux, chargé de la préparation d'une humeur particulière appelée *bile*, dont l'usage est de se mêler aux alimens et d'en faciliter la digestion; le canal intestinal, qui fait suite à l'estomac, et où les alimens se promènent, soumis à l'action d'une multitude de petits vaisseaux, dont les bouches béantes leur soutirent peu à peu tous les matériaux réparateurs, jusqu'à ce qu'enfin ils soient rejetés par l'anus, extrémité inférieure du tube digestif, après avoir été épuisés dans leur trajet. Ce canal est reployé sur lui-même, ramassé en paquet et flottant dans le bas-ventre, où il est contenu sans être gêné.

Derrière ces organes, et sur les deux côtés de la colonne vertébrale, principal soutien de la charpente osseuse, on trouve deux petits viscères qu'on appelle les reins. Ils servent à séparer du sang, l'humeur connue sous le nom d'*urine*. Cette humeur, à travers deux conduits qui lui sont propres, va se rendre dans la vessie, réservoir particulier, situé dans la partie inférieure du bas-ventre (autrement le bassin), pour être de là expulsée au dehors par un canal, de forme variable, selon les sexes.

Les intervalles que tous ces solides laissent entre eux, sont remplis par un tissu appelé *cellulaire*, qui, par sa nature compressible, molle, lanugineuse, semble destiné à servir de coussin à tous nos organes. Le tissu cellulaire comble en effet tous les interstices; son élasticité facilite les mouvemens en rétablissant, dans leur état primitif, les parties dont la situation était changée par le seul effet de leur jeu. Sa présence sous la peau, où il fournit une couche plus ou moins épaisse qui enveloppe tout le corps, dissimule les inégalités qu'offrirait cette membrane, si elle était appliquée immédiatement sur la chair. Le tissu cellulaire contribue donc à donner au corps de l'homme cette rondeur et ce poli qui le distinguent des autres animaux. Mais ce ne sont pas là ses seuls usages; il plonge dans la substance intime de tous nos organes, sert de lien à leurs parties et leur fournit une trame qui est un de leurs élémens essentiels.

Bien d'autres solides entrent encore dans la composition du corps humain; nous les décrirons à mesure que l'explication de leurs usages deviendra nécessaire à l'étude des phénomènes vitaux.

Fluides. Les fluides ou humeurs étaient essentiels à la nutrition; c'est sous cette forme seule que les substances alimentaires pouvaient circuler au milieu des parties solides, et les pénétrer intimement.

Les fluides constituent la plus grande partie du corps; leur masse est bien supérieure à celle des solides. Des expérimentateurs ont trouvé que la proportion entre les premiers et les seconds était de 6 à 1; d'autres ont dit de 9 à 1, et même davantage; mais plusieurs raisons, inutiles à présenter ici, empêchent de déterminer ce rapport d'une manière exacte. Quoi qu'il en soit, les principales humeurs, dans l'ordre de leur formation, sont :

Le chyle, premier produit de la digestion;

La lymphe;

Le sang veineux.

Après un trajet plus ou moins long, dans leurs vaisseaux propres, ces trois humeurs confluent dans un même canal, pour aller simultanément au cœur, qui les lance vers les poumons, où elles sont transformées en une humeur nouvelle, appelée sang artériel, fluide essentiellement nutritif.

Porté dans toutes les parties, qu'il alimente, le sang artériel va former, dans des organes spéciaux, des humeurs nouvelles, destinées, les unes à différens usages dans le corps, et les autres à être rejetées comme résidus de la nutrition, résidus dont la présence serait nuisible à l'économie. Au nombre des premières se trouvent :

1° La graisse, véritable huile fixe, dont les usages sont relatifs à l'intégrité physique des parties qu'elle avoisine, et à la conservation de leur température. On peut aussi la considérer comme un dépôt précieux, que la nature prévoyante met en réserve pendant la santé, pour servir à réparer les pertes occasionées dans le corps par les maladies.

2° L'humeur exhalée par les membranes séreuses, sorte de tissus légers qui tapissent les trois grandes cavités : la tête, la poitrine et l'abdomen, où nous avons vu que les viscères essentiels à la vie étaient contenus. L'usage de ces membranes est de préserver ces organes d'un froissement trop dur, nuisible à l'exercice de leurs fonctions, et de faciliter, par une lubréfaction non interrompue, le mouvement nécessaire à leur jeu.

3° Le suc médullaire ou la moelle, servant, d'une manière qui nous est inconnue, à la nutrition des os.

4° La synovie, humeur visqueuse qui s'épanche dans les articulations, dont elle enduit les surfaces pour en faciliter le glissement.

5° Les larmes, destinées à conserver à l'œil le poli nécessaire au libre passage des rayons lumineux, et à favoriser le mouvement des paupières.

6°, 7°, 8° La salive, la bile, le suc pancréatique, dont l'usage est d'aider à l'élaboration des alimens.

9° Le sperme, fluide générateur.

10° Enfin, le lait, aliment de l'enfant.

Au nombre des humeurs considérées exclusivement comme des résidus de la nutrition, nous ne mentionnerons ici que :

1° La matière de la transpiration insensible, dont l'augmentation constitue la sueur.

2° L'urine.

Telles sont les humeurs du corps qu'il était indispensable de signaler avant de passer outre. Nous parlerons des fluides qui restent à connaître, à mesure que leur étude sera nécessaire à l'intelligence des fonctions dont l'ensemble constitue la vie.

Nous avons dit au mot MÉTHODE comment nous comprenions l'étude de la Physiologie; c'est ce plan que nous allons suivre.

FONCTION NUTRITIVE. — DE LA DIGESTION.

On peut définir la digestion : une fonction par laquelle des substances étrangères introduites dans un organe particulier de l'être vivant, sont transformées en un fluide propre à le nourrir.

Ce que nous avons à dire sur la digestion se rapporte 1° aux matériaux qu'elle emploie, 2° au mécanisme qui l'accomplit, 3° aux phénomènes qui en résultent.

Matériaux de la digestion. Les matériaux de la digestion sont les alimens et les boissons. Il n'est peut-être pas aussi aisé qu'il paraît au premier abord, de distinguer les uns des autres, parce que de même qu'il existe des alimens liquides, de même aussi il y a des boissons nourrissantes. Peut-être serait-il plus rationnel de distinguer les matériaux de la digestion, selon l'influence qu'ils exercent sur l'estomac, et selon qu'ils possèdent plus ou moins de principes nutritifs?

Les alimens sont ou végétaux ou animaux, le règne minéral ne fournissant que des assaisonnemens, des médicamens ou des poisons. Les naturalistes ont nommé *carnivores* les animaux qui se nourrissent des seconds; *herbivores* ceux qui ne mangent que les premiers. Et comme l'homme a le privilége de digérer également les uns et les autres, ils l'ont considéré avec raison comme omnivore. Nous disons avec raison, nous mettant en cela en opposition avec les philosophes, qui tantôt en ont fait un carnivore, et tantôt l'ont condamné à ne vivre que de végétaux, parce qu'il jouit, ainsi que nous le verrons plus bas, d'un appareil digestif mixte, qui n'est ni celui de l'herbivore ni celui du carnivore. Mais peu importe, dans la condition actuelle de l'homme, le sentiment des philosophes à cet égard, le fait nous suffit, et c'est sur lui que nous devons baser nos observations.

Par cela seul que les matières étrangères doivent, pour alimenter un être, s'assimiler avec ses organes, on conçoit que plus elles auront de rapports avec sa substance, moins il faudra d'efforts, de la part de cet être, pour leur faire perdre leurs caractères hétérogènes, les transformer en un fluide nutritif, et se les identifier. D'où il suit que les végétaux étant plus éloignés de l'organisation animale que les animaux eux-mêmes, doivent être moins nourrissans, c'est-à-dire présenter, sous un même volume, moins de parties nutritives. L'on peut donc regarder comme une règle générale que plus il y aura d'analogie entre l'être qui se nourrit et les substances dont il se nourrit, plus la digestion sera facile, prompte et avantageuse. Cette conséquence, que présente le seul raisonnement, est conforme non seulement à l'expérience, mais encore aux résultats fournis par l'analyse chimique des deux espèces de fluides que la digestion extrait des substances végétales et des substances animales.

Pour ce qui est de l'expérience, elle est journalière, et l'histoire des jours maigres consacrés par les lois de l'église, ainsi que celle des couvens, où la diète végétale était scrupuleusement observée, viennent corroborer notre assertion.

Quant à l'analyse chimique, MM. Marcet et Magendie ont obtenu, dans des travaux séparés, ce résultat analogue, que la matière réparatrice, produite par le régime végétal, est infiniment moins riche et moins abondante que celle tirée du Règne animal.

Quelle que soit la nature de nos alimens, l'essence de nos organes est toujours la même, ce qui semblerait prouver que la matière alimentaire est identique dans quelque classe d'êtres qu'elle soit puisée. C'est ce qui a engagé plusieurs chimistes à faire des recherches pour en déterminer la composition intime; mais leurs résultats n'ont rien offert de satisfaisant, parce que la chimie, capable seulement de décomposer des substances inorganiques, est tout-à-fait impuissante pour l'analyse des corps qui ont eu vie; et quand elle a déterminé les quantités relatives d'azote, de carbone et d'hydrogène qui entrent dans la composition de ces derniers, son pouvoir ne saurait aller plus loin; vainement elle tenterait de recomposer, à l'aide de ces mêmes substances et de tous les élémens organiques possibles, les parties animales

ou

ou végétales facilement divisées par ses creusets, et de faire, à leur égard, ce qu'elle fait sur la matière inorganique qu'elle analyse et recompose à son gré.

Ceci nous conduit à parler des diverses préparations que subissent les substances alimentaires, avant leur ingestion dans l'estomac. Comme la plupart de nos alimens présentent trop de cohésion dans leurs parties pour que nos organes puissent les élaborer sans peine, il a fallu chercher les moyens de les attendrir, de les ramollir par l'action du feu; on sait, en effet, que le calorique s'interpose entre les molécules des corps, les divise, les écarte et les dispose à de nouvelles combinaisons. Cet agent a même paru tellement énergique, qu'il a fourni à nos organes le moyen de digérer des substances essentiellement réfractaires à leur action. Mais l'art de la cuisine doit se borner à rendre les alimens à la fois plus agréables, plus sains et plus digestibles. Ce n'est point dépriser une science que de parler de ses applications pratiques; c'est pourquoi nous nous empressons de reconnaître ici les services que la chimie a rendus à l'art des Beauvilliers.

Destinées, dans l'origine, à n'agir que sur les matériaux de la digestion, les boissons ont ensuite été dirigées sur les organes eux-mêmes. D'abord auxiliaires nécessaires des alimens solides, elles sont devenues un moyen puissant d'activer la force digestive, et des liquides spiritueux, par conséquent excitans, ont été substitués à l'eau pure, boisson salutaire, mais insuffisante, dans la condition organique que l'homme s'est faite lui-même.

Le genre d'alimens et de boissons qu'il faut prendre est presque partout déterminé par la nature du climat. L'action pénétrante du froid oblige les peuples du nord à chercher, dans des boissons et des alimens échauffans, une chaleur vitale plus énergique. Les Lapons et les Samoïèdes ne mangent leur poisson qu'après que la fermentation putride y a développé une grande quantité de calorique. Qui ne sait que la quantité de spiritueux indispensable au repas d'un Russe suffirait pour brûler les entrailles d'un habitant de nos provinces méridionales.

Il serait peut-être convenable de parler ici de la faim et de la soif; nous nous bornerons à remarquer qu'il ne peut y avoir de bonne digestion qui n'ait été précédée de ces deux sensations. La raison en est simple. La faim est, pour notre corps, un moyen d'exprimer le besoin qu'il a de se réparer et de prendre des alimens; or il est clair que, hors certains cas de maladie où tous les phénomènes naturels se croisent et se confondent, vouloir donner des alimens, quand ce sentiment n'existe pas, c'est obliger l'estomac à digérer à contretemps, c'est abuser de ses forces, et par suite le rendre inhabile à remplir ses importantes fonctions.

APERÇU ANATOMIQUE DES ORGANES DIGESTIFS.

Tous les phénomènes de la digestion se passent dans le trajet d'un canal qui s'étend depuis la bouche jusqu'à l'anus. Ce canal n'est pas uniforme; il présente de grandes et de nombreuses différences qu'il est important de noter.

Son entrée, d'abord étroite, s'agrandit tout d'un coup pour former une cavité ovalaire appelée *bouche*, dont les parties antérieures et latérales, circonscrites par les lèvres et les joues, sont garnies intérieurement de petits os blancs très-durs appelés *dents*.

Les dents sont de trois sortes :

1° Celles qu'on nomme *incisives*, situées sur le devant, au nombre de quatre à chaque mâchoire, présentent une extrémité tranchante, et se croisent à la manière de ciseaux dans le rapprochement des deux mâchoires.

2° Les laniaires ou canines ont une forme de cône aigu, analogue à leur usage, qui est de déchirer les substances alimentaires.

3° Enfin, les molaires ayant une surface large, hérissée de pointes émoussées, opèrent une trituration complète.

Dans cette même cavité se trouve encore la langue, qui goûte les alimens et leur sert de guide, et les glandes salivaires qui aident la division de ces derniers, en les humectant continuellement, au moyen du fluide qu'elles préparent.

Après s'être élargi pour loger les organes dont nous venons de parler, le canal alimentaire se rétrécit peu à peu; il forme le pharynx, lieu de passage, espèce de vestibule, et vient prendre le nom d'*œsophage a*, pl. 504, un peu au dessous du milieu du cou. Sa forme alors est celle d'un cylindre un peu aplati. Il descend ainsi, appuyé sur la colonne vertébrale, en passant derrière le cœur, à travers la poitrine, jusqu'au dessous du diaphragme M, pl. 505, dans l'abdomen, où il se dilate de nouveau pour former l'estomac E, grand réservoir, posé transversalement dans le bas-ventre au dessous et au devant du foie, et assez semblable à une cornue. C'est là que les alimens subissent la seconde et la plus importante préparation.

Le canal alimentaire quitte l'estomac en formant une espèce d'entonnoir renversé, et marquant les limites de cet organe, au moyen d'un anneau nommé *pylore* G, fig. 504; il se continue immédiatement avec les intestins grêles, ainsi qualifiés à cause de leur étroitesse; c'est vers le milieu du premier d'entre ces intestins, appelé *duodénum* à cause de sa longueur qui n'est que de douze travers de doigt, voy. H, que, pour aider à la formation du chyle, se rendent la bile et le suc pancréatique, au moyen des conduits *d* et *i*.

Les deux autres intestins grêles L M, le *jéjunum* et l'*iléon*, formant seuls, par leur longueur, la moitié du canal alimentaire, sont ramassés en paquet pour être plus aisément contenus et fixés à la colonne vertébrale, au moyen d'une espèce de fraise ou d'éventail ouvert, qu'on a appelé *Mésentère*. (*V.* PÉRITOINE.) Dans leur intérieur s'ouvrent les innombrables bouches des vaisseaux absorbans qui y puisent le chyle.

L'iléon, le dernier des intestins grêles, vient se

terminer au cœcum N, où le canal alimentaire se dilate de nouveau pour former une poche, terminée par un prolongement O, que l'on nomme *appendice vermiforme* ou cœcal et dans laquelle les alimens, épuisés dans tout le trajet qu'ils viennent de parcourir, commencent à devenir matières fécales. Il est même à remarquer qu'une fois arrivé au cœcum, le bol alimentaire ne peut plus remonter dans l'iléon, parce que cet intestin se termine par une espèce de boutonnière qui se ferme au moyen de la distension des parois du cœcum. Aussi, les lavemens qu'on pousse dans les gros intestins ne dépassent-ils jamais cette limite, qui a été si plaisamment appelée *barrière* ou *valvule des apothicaires*.

Le cœcum se continue avec le colon P (d'où dérive le mot de colique). La nature, qui ne veut rien perdre, a établi dans cette portion du canal alimentaire, dont la longueur est considérable, puisque le paquet intestinal se trouve enveloppé dans ses contours, des cellules qui retardent la marche des alimens, et donnent ainsi aux vaisseax absorbans, peu nombreux, existans dans le colon, la facilité d'exprimer le peu de chyle qui leur reste.

Enfin, le colon vient s'emboucher dans le rectum, dernière modification du canal alimentaire, où les alimens viennent se déposer en dernier lieu, après avoir acquis, en traversant le précédent intestin P P, tous les caractères des matières fécales. C'est de là que le résidu de la digestion est expulsé par l'anus.

L'étude du canal digestif est toujours en rapport avec la nature des alimens dont les animaux se nourrissent. Chez l'herbivore, dont l'estomac est toujours très-ample et souvent multiple, *voyez* fig. I, pl. 507, sa longueur est de quinze à dix-sept fois celle de tout le corps; le tube digestif porte quatre-vingt-six pieds du pylore à l'anus. Chez le Carnivore, il est court, étroit; et, pour ne parler que du Loup, on n'y compte dans les mêmes limites que dix-sept pieds d'étendue. L'homme, qui est carnivore par le fait, l'est aussi par son organisation: la longueur de son tube digestif est de cinq à six fois celle du corps. La raison de toutes ses différences repose sur la nature de l'alimentation. Il était nécessaire, en effet, que les substances animales dont la digestion est plus facile et plus prompte, et qu'un trop long séjour eût exposées à la décomposition putride, parcourussent avec rapidité l'intestin du carnivore. Par la raison contraire, les alimens végétaux avaient besoin de séjourner plus long-temps dans l'intestin de l'herbivore, comme s'assimilant plus lentement à sa substance.

Dans toute son étendue, le canal alimentaire est tapissé d'une membrane muqueuse, qui verse continuellement à sa surface interne une humeur propre à faciliter le glissement des substances alimentaires. L'élasticité dont toute la portion intestinale surtout est douée, lui permet de se dilater selon les circonstances. Il jouit aussi dans cette partie de plusieurs sortes de mouvemens, et la contractilité organique sensible s'exerce, soit dans le sens de sa longueur, soit partiellement, selon sa largeur. Ce dernier mouvement qui s'exécute par des fibres charnues, circulaires, prend toujours naissance au pylore, d'où il se communique successivement, et d'une fibre à l'autre jusqu'à l'anus: on l'a nommé mouvement péristaltique; son but est d'empêcher, par l'impulsion graduée qu'il leur imprime par derrière, toute stase ou séjour trop prolongé des matières alimentaires. Il existe un troisième mouvement appelé antipéristaltique, parce qu'il est opposé au précédent, commençant à l'anus pour se terminer au pylore, d'où il se continue souvent, et produit le vomissement; mais le plus ordinairement ce n'est qu'un symptôme de maladie, qu'on ne saurait regarder comme un phénomène physiologique.

Phénomènes de la digestion. Parmi les phénomènes de la digestion, les uns la précèdent et la préparent, d'autres lui doivent leur naissance, d'autres enfin lui sont consécutifs.

Phénomènes antérieurs à la digestion. Ils sont au nombre de quatre, savoir: la préhension des alimens, la mastication, l'insalivation, et la déglutition. Les trois premiers étant essentiellement liés dans leur action, nous les expliquerons simultanément. Le dernier exigera, pour être compris, une attention plus grande et des détails plus étendus.

Préhension, mastication et insalivation des alimens. On désigne sous le nom de *préhension des alimens*, l'action par laquelle les animaux portent ou appliquent les alimens à leur bouche, pour les ingérer. A cet égard, l'homme est doué d'un organe particulier merveilleusement conformé pour saisir ou embrasser les corps; tout chez lui semble calculé pour que la main et le bras remplissent cet office. Chez la plupart des animaux, au contraire, c'est la bouche qui s'applique sur les alimens.

Toutefois cette préhension varie selon que les alimens sont liquides ou solides. Dans le premier cas, les lèvres prennent la part la plus active à cette action, et il serait même bien souvent difficile, quoique ce ne serait pas absolument impossible de saisir les boissons sans leur secours.

L'aliment, avant d'être englouti, a besoin d'être divisé et humecté, c'est ce qu'effectuent la mastication et l'insalivation. Des os exécutent la première action, tandis que la seconde est confiée à des glandes.

Aux mouvemens d'élévation et d'abaissement de la mâchoire inférieure, qui opèrent l'ouverture et l'occlusion de la bouche, se joignent des mouvemens latéraux, au moyen desquels les dents molaires glissent les unes sur les autres, et triturent ou broient ainsi les substances que les incisives et les laniaires avaient tranchées ou déchirées.

Cependant les glandes salivaires, excitées d'abord par le désir, ensuite par la présence des alimens, fournissent une plus grande quantité de salive qui humecte ceux-ci, les ramollit et contribue à en faire une pâte d'une consistance moyenne et telle que l'estomac puisse en accomplir immédiatement la dissolution. Les joues, les lèvres et la langue aident beaucoup cette fabrication, en cela qu'elles retiennent les alimens dans la bouche, les ramènent sous les dents, les mélangent avec la salive, jusqu'à ce qu'étant convenablement préparés, la luette juge à propos de leur livrer passage dans le pharynx. Quelquefois, lorsque l'appétit est très violent, la mastication est incomplète, parce que l'estomac est pressé de digérer; mais alors la digestion en est d'autant plus difficile. Aussi une lenteur mesurée est-elle ici plus salutaire qu'une trop ardente précipitation. Ce précepte contient toute la sagesse gastronomique.

Quant à la production de la salive, elle est toujours en rapport avec la nature sèche ou humide des alimens, ainsi qu'avec leur saveur; on sait combien influe sur elle l'idée seule d'un mets délicat; sa vue fait, comme on dit, *venir l'eau à la bouche.*

Déglutition. Aussitôt que les alimens ont été bien mâchés, que la salive, en les pénétrant intimement, en a lié toutes les parties, la langue, parcourant les parois de la bouche, les ramasse, et en forme un bol pour les faire parvenir au pharynx, d'où ils glissent dans l'estomac à travers l'œsophage : c'est ce qui constitue la déglutition, action dont la simplicité apparente nécessite pourtant un mécanisme assez compliqué.

Le pharynx, comme il a déjà été dit, est une espèce de vestibule ayant la forme d'un entonnoir dont la partie évasée regarde la bouche. Dans ce vestibule viennent s'ouvrir, 1° les arrière-narines; 2° le larynx ou canal aérien; 3° l'œsophage qui est parallèle à ce dernier; 4° enfin l'arrière-bouche.

De ces quatre passages, un seul, celui de l'œsophage, est permis aux alimens: or, voici de quelle manière la nature y dirige leur marche.

La partie postérieure de la langue, qu'on appelle sa base, repose sur une lame cartilagineuse nommée épiglotte, servant à boucher exactement le canal aérien, ce qui a lieu lorsque la langue, relevant sa pointe et l'appliquant fortement contre la voûte du palais, abaisse en même temps sa base et présente aux alimens un plan incliné sur lequel ils glissent aisément en passant sur l'ouverture laryngienne. S'il arrive qu'un rire subit, nécessitant l'élévation de l'épiglotte, permette alors l'introduction, dans le larynx, de quelques parcelles alimentaires, une respiration convulsive excitée par ce corps étranger les projette subitement au dehors.

D'un autre côté, un prolongement membraneux, continuation des membranes revêtant l'intérieur des narines et la voûte palatine s'applique sur les arrière-narines et intercepte de ce côté toute communication avec le pharynx: ce prolongement est appelé *voile du palais.*

Reste donc l'ouverture postérieure de la bouche, d'où la langue repousse les alimens et l'ouverture œsophagienne, où ils sont contraints de s'engloutir.

De l'œsophage, les alimens cheminent peu à peu jusque dans l'estomac, poussés par les fibres circulaires de ce conduit, qui se contractent de proche en proche, et aidés de leur propre poids; mais cette dernière cause de la progression des alimens n'est pas irrésistible, puisque l'on voit, parmi les hommes, des bateleurs avaler toutes sortes de substances liquides ou solides, le corps étant totalement renversé; et parmi les animaux, la plupart des quadrupèdes faire, contre les lois de la gravitation, cheminer les boissons dans leur long œsophage.

Telle est, à peu de chose près, la manière dont se fait la déglutition dans les cas ordinaires. Cette action est plus difficile à accomplir sur les boissons que sur les alimens solides, parce que les parties constituantes d'un liquide, tendant toujours à s'écarter, sont plus difficiles à ramasser et à manier, si l'on peut dire, avec la langue. Souvent des personnes malades avalent encore assez aisément des alimens, tandis que toute ingestion de boissons leur est impossible.

Phénomènes digestifs proprement dits. Cet article contient trois paragraphes: le premier est relatif aux phénomènes digestifs dont l'estomac est le siége; le second, à ceux qui se passent dans le duodenum; le troisième, comprendra les phénomènes qui se manifestent dans les intestins grêles.

Digestion stomacale. Nous avons suivi la progression des alimens, et les changemens qu'ils subissent depuis la bouche jusqu'à l'estomac. Les altérations auxquelles ils sont soumis dans cet organe, ont donné lieu à diverses opinions que nous discuterons succinctement, en fixant l'attention sur celle qui renferme le plus d'élémens de certitude et de vérité.

Rappelons ici la forme de l'estomac, que nous avons dit semblable à une cornue ou cornemuse. L'estomac est couché en travers dans le bas-ventre, sa grande extrémité, *voyez* pl. 503, regardant la partie latérale E gauche du corps, et sa petite extrémité tournée du côté opposé. Celle-ci se recourbe sur la grande, de manière que la surface inférieure de l'estomac est convexe, et la supérieure, qui lui est opposée, concave. L'ouverture qui lui sert de communication avec l'œsophage, et par laquelle les alimens pénètrent, se nomme *cardia.* Elle répond à la surface concave de ce viscère, en se rapprochant plus de la grosse extrémité que de la petite. Le pylore, issue par laquelle les alimens, suffisemment élaborés dans l'estomac, s'engagent dans le duodenum, est situé dans le côté droit, au bout de la petite extrémité.

Remarquons ici qu'au-delà du cardia, dans le côté gauche, il n'y a qu'un cul-de-sac, au fond duquel les alimens, étant parvenus, sont obligés de rétrograder pour aller chercher une issue à l'extrémité droite où se trouve le pylore. La grandeur de ce cul-de-sac est toujours en rapport avec la nature des alimens. Très-développé chez les herbivores, il est rétréci chez les carnassiers, au point de ne présenter qu'un faible vestige.

L'estomac cède par l'ampliation de ses parois et se laisse distendre par la matière alimentaire; mais, aussitôt qu'elle y a été introduite en quantité suffisante, l'une et l'autre de ses ouvertures se ferment et ne permettent aux alimens ni de remonter dans l'œsophage ni de passer dans les intestins; alors s'accomplit le phénomène de la chymification, qui consiste à donner à la pâte alimentaire une nature identique propre à fournir un chyle homogène. Tout appétit cesse, l'affluence de la salive dans la bouche diminue, et la déglutition devient pénible, même impossible. Un léger frisson se fait sentir, la chaleur se concentre sur la région de l'estomac, la circulation est accélérée; les mouvemens respiratoires sont précipités et courts, ce qui tient à l'état de plénitude de l'estomac. En effet, ce viscère, en gonflant le bas-ventre, élève aussi le diaphragme, qui vient comprimer les poumons, et s'opposer à leur développement ordinaire.

Rien de plus propre à la conversion des alimens en pâte chymeuse, que cette concentration de la chaleur sur l'estomac; et, si, comme il est prouvé, cette circonstance ne produit pas à elle seule ce grand changement, toujours est-il certain que rien ne saurait mieux le favoriser. Quoi qu'il en soit, voici comment il s'oppère, nous rapporterons ensuite les diverses raisons par lesquelles on a voulu l'expliquer.

Les parois de l'estomac s'appliquent sur les alimens qu'elles embrassent étroitement. Cette contraction fixe et immobile, appelée par Galien *péristole*, se soutient pendant tout le temps nécessaire à la chymification. Cette opération s'effectue successivement de la périphérie au centre de la masse alimentaire, par couches concentriques, de l'épaisseur d'une ligne environ. A mesure qu'une couche chymeuse est formée, le mouvement de péristole la fait glisser vers le pylore, avec d'autant plus de facilité, que le chyme est une pâte beaucoup moins consistante et plus liquide que le bol alimentaire. Cette couche étant expulsée, l'estomac se resserre sur celle qui était subjacente, laquelle, étant élaborée, fuit à son tour, et ce mécanisme se continue de la même manière, jusqu'à ce que tous les alimens contenus dans l'estomac soient entièrement chymifiés. C'est ainsi que le chyme se forme autour des parois de l'estomac; car jamais ce fluide ne s'est trouvé dans le centre de la matière alimentaire.

La chymification commence à s'opérer une heure et demie environ, après l'ingestion des alimens, et l'on peut évaluer sa durée de quatre à cinq heures pour un repas ordinaire; car ici la différence du temps est toujours en raison de la nature et de la quantité des alimens.

Les physiologistes de tous les âges ont été partagés de sentiment sur l'étendue et l'essence de la digestion stomacale: on en a cherché la cause première, 1° dans la coction; 2° dans la fermentation, 3° dans la putréfaction; 4° dans la trituration; 5° dans la macération; 6° dans la dissolution chimique, et l'on semble s'être accordé à la trouver dans la dissolution vitale.

La coction est tout-à-fait inadmissible, parce que l'estomac est incapable de résister au degré de chaleur (celui de l'ébullition), que l'on croyait nécessaire pour faire changer les alimens de nature; le fait de l'augmentation de chaleur par la fièvre, qui trouble les digestions, suffisait seul, pour détruire cette théorie, la plus ancienne de toutes.

La fermentation, imaginée à une époque où le chimisme avait envahi tous les esprits, trouva par cette raison des partisans, mais elle croula aussitôt qu'il fut constaté que rien de semblable à un ferment ne se trouvait dans l'estomac, et que le produit de la digestion différait absolument des produits de quelque espèce de fermentation que ce soit.

Bientôt les mécaniciens substituèrent à cette théorie celle de la trituration. Elle repose sur ce qui avait été observé chez les oiseaux gallinacés, dont le gésier, remplaçant les organes de la mastication, agit avec tant de force, qu'il pulvérise les corps les plus durs. Cette circonstance conduisit Pitcairn à estimer la force de l'estomac, chez l'homme à 12,951 livres; mais ce faux calcul fut détruit par Spallanzani et par Réaumur, qui démontrèrent que, même chez les animaux à estomac musculeux, et capables par conséquent d'une force de trituration énorme, ce moyen mécanique n'était qu'accessoire à la digestion. En effet, rien ne le prouve d'une manière plus évidente que l'expérience suivante. On introduisit dans un tube de métal criblé de trous, des alimens bien divisés, l'on fit avaler ce tube à un granivore; et les alimens, quoique soustraits à toute pression de la part de l'estomac, n'en furent pas moins bien digérés.

Haller voulut que la digestion ne consistât que dans le ramollissement des alimens par les divers fluides contenus dans l'estomac, ou qui y arrivaient du dehors comme la salive, les boissons et la perspiration viscérale. Mais il est aisé de voir, qu'une macération n'étant qu'une dissolution, quelque parfaite que cette dissolution puisse être, on y retrouvera toujours les principes divers des alimens, pris séparément. Or, le chyme est d'une nature identique, quelque aliment qui l'ait fourni.

Quant à la dissolution chimique que les expériences de Spallanzani avaient tant contribué à faire adopter, et dont le suc gastrique était l'agent, un examen bien attentif et des expériences nouvelles ont démontré le peu de solidité de cette théorie. M. Chaussier n'a jamais pu effectuer les digestions artificielles, annoncées par Spallanzani; et Montègre a prouvé jusqu'à l'évidence que le suc gastrique n'avait aucune propriété dissolvante.

La chymification n'est donc ni une opération chimique, ni une macération, ni une trituration, ni une fermentation, ni une coction absolue, mais tout prouve qu'elle s'effectue avec le secours de ces divers moyens réunis. Il est aisé de voir, en effet, que la digestion est un phénomène composé, produit par les forces qui régissent les fluides vivans ou l'affinité vitale; et par le concours de la motilité et de la sensibilité, aidées d'une certaine élévation de température.

L'action des fluides ou de l'affinité vitale est spécialement démontrée, 1° par les sécrétions de l'estomac, sécrétion dont la quantité est en rapport avec la durée du travail digestif, et la qualité avec celle des alimens; 2° par la nécessité des boissons, par les sucs inhérens aux alimens et par la salive; 3° par l'air que nous avalons pendant l'acte de la mastication. Cet ensemble de fluides pénètre les alimens, en écarte les molécules, les délaye et ramène leurs principes ainsi divisés à une combinaison nouvelle toute particulière et toujours à peu près identique, quelle que soit la nature de la matière alimentaire.

Il est également incontestable que la motilité entre dans la ligne des causes efficientes de la digestion; et sans parler des mouvemens du diaphragme et des viscères du bas-ventre, qui facilitent certainement cette fonction, rien ne prouve mieux l'influence de cette force vitale, que l'action péristaltique de l'estomac qui, par une espèce de balancement, porte alternativement les alimens de la petite extrémité à la grande. On sait d'ailleurs combien d'avantages l'on retire après les repas, des exercices généraux, tels que la marche, la course, la promenade, etc.

Quant à la sensibilité et à l'élévation de la température, l'expérience démontre d'un côté que les alimens qui déplaisent à l'estomac, sont rejetés aussitôt sans altération, et que ceux au contraire qui le flattent sont digérés avec facilité; de l'autre, elle prouve aussi que le froid extérieur, appliqué sur ce viscère, suspend son action, tandis qu'une chaleur modérée l'accélère.

C'est à cet ensemble de causes soumises aux lois de la vie et tout-à-fait distinctes des causes physiques, que M. Chaussier et quelques physiologistes ont donné le nom de *dissolution vitale*. Ce produit de la digestion ne saurait être effectué, ni même conservé par aucune affinité chimique, et telle est notre impuissance dans tout ce qui tient à la vie, qu'après avoir suivi quelques instans la marche de la nature dans l'accomplissement de ses phénomènes, arrive un point où ses actions, toutes matérielles, échappent à nos moyens trop grossiers d'investigation.

A mesure que le chyme se forme, la compression graduée de l'estomac le chasse vers le pylore, où se trouve une valvule qui paraît avoir pour objet de juger si les alimens ont subi, dans cet organe, la préparation nécessaire pour passer dans le duodénum; l'usage de cette valvule est analogue à celui de la luette pour la mastication. L'estomac se vide ainsi peu à peu, et cinq à six heures suffisent pour que la chymification soit accomplie.

Élaboration du chyme dans le duodénum ou *chylification*. Les alimens, ainsi élaborés par l'estomac, arrivent, comme nous venons de le voir, dans le duodénum, intestin qui commence au pylore, et finit à douze travers de doigt environ de cette ouverture; ce nouvel estomac (car, bien qu'il n'en ait pas la forme, il en acquiert presque le développement, et ses fonctions sont autant et peut-être plus importantes), est remarquable par des villosités très-prononcées à sa surface intérieure, et par deux orifices séparés, se confondant quelquefois, qui sont la terminaison des conduits de la bile et du suc pancréatique, fluides digestifs dont il importe de connaître la formation et les usages.

Le premier, la bile, est fabriqué par le foie, viscère très-volumineux, situé immédiatement sous le diaphragme auquel il est adhérent, et dont, par conséquent, il suit tous les mouvemens. En comparant la grosseur de cet organe avec la petite quantité de bile qu'il fournit, il est impossible de ne pas penser qu'il ait d'autres usages, opinion qui acquiert un nouveau degré de certitude, lorsque l'on considère qu'il reçoit des vaisseaux sanguins de deux ordres, comme nous le verrons au chapitre des sécrétions, où nous nous arrêterons, d'une manière spéciale, sur cette fonction multiple, considérée dans les divers organes qui l'exécutent. Il nous suffit de dire ici que la fabrication de la bile a lieu dans le tissu intime du foie, qu'elle est prise par tous les petits vaisseaux sécréteurs, qui la conduisent dans un tronc commun, appelé *conduit hépatique*, d'où elle est versée, soit dans le duodenum, par le moyen du canal cholédoque, qui semble être la continuation du canal hépatique, soit, dans la vésicule biliaire, par le canal cystique. La direction et les rapports de ce dernier conduit avec le canal hépatique semblent rendre difficile la progression de la bile dans la vésicule qui sert de réservoir à cette humeur, dans l'intervalle des digestions, progression qui ne saurait avoir lieu que d'une manière rétrograde, ascensionnelle et en opposition directe avec les lois de la gravitation. Les auteurs sont divisés sur l'explication de ce fait incontestable, et leurs raisons me paraissent inutiles à rapporter ici. Du reste, ils s'accordent à reconnaître que la bile va se mettre en dépôt dans la vésicule biliaire, qui se vide entièrement lors de la chylification. La quantité accumulée est toujours en rapport direct avec l'intervalle plus ou moins long des digestions, et plus cette humeur séjourne dans la vésicule, plus elle devient épaisse, amère et de couleur foncée.

Le second fluide, qui est le suc pancréatique, se forme dans le pancréas, organe glanduleux, d'une forme plate et oblongue. La structure de cet organe, analogue à celle des glandes salivaires, a fait présumer qu'il remplissait des fonctions identiques; son produit a même été, par cette raison, considéré comme une espèce de salive, fluide très-peu différent en effet du suc pancréatique, par ses propriétés physiques et chimiques. Quoi qu'il en soit, le conduit de cette dernière humeur s'unit au canal cholédoque et vient s'ouvrir avec lui, comme il a été dit ci-dessus, dans le duodénum, à cinq travers de deigt de distance environ du pylore.

La pâte chymeuse, en arrivant dans le duodenum, distend ses parois, les irrite et provoque l'arrivée, dans le duodénum, des deux fluides dont nous venons de parler, lesquels, versés à plein canal sur le chyme, le pénètrent, le fluidifient et séparent le chyle de tout ce qui n'est pas nutritif. Cette séparation est favorisée par les mêmes circonstances qui ont influé sur le changement des alimens en chyme dans l'estomac, savoir: les mouvemens, la sensibilité organique et la température. Quant à la nature intime de l'action par laquelle le suc extrait du chyme est changé en chyle, elle est entièrement inconnue; on sait seulement qu'elle se passe dans les dernières radicules des vaisseaux chylifères, puisqu'on ne trouve réellement du chyle, qu'après que, préalablement soumis à l'élaboration du fluide pancréatico-biliaire, le suc chymeux les a traversés.

Phénomènes digestifs dans les intestins grêles. Le duodénum est fixé derrière l'estomac; les intestins grêles, jéjunum et iléon, qui en sont la continuation, sont, au contraire, flottans dans la cavité abdominale, dont ils occupent la plus grande place. Cette partie du canal intestinal est repliée sur elle-même, de manière à présenter un grand nombre de courbures attachées à un lien membraneux commun, ayant la forme d'une fraise ou d'un éventail développé, et soutenant les vaisseaux et les nerfs qui se rendent au jéjunum et à l'iléon. Ce lien, qui porte le nom de mésentère, loge particulièrement les conduits du chyle, qui rampent entre les deux lames dont son tissu est formé, et qui viennent s'ouvrir à la surface intérieure des intestins grêles, principalement dans les replis circulaires qu'on y remarque. Ces replis ou valvules retardent par leur saillie le cours de la matière nutritive, qui, partie du duodénum, s'avance ainsi lentement dans le jéjunum, ensuite dans l'iléon, où les sucoirs chyleux, très-multipliés, lui soutirent sans interruption le chyle abondant qu'elle charrie avec elle.

Cependant le mouvement de péristole pousse par derrière la masse chymeuse, dont la progression est aussi beaucoup aidée par des mucosites abondantes, exhalées à la surface interne des intestins. Cette masse arrive ainsi tout épuisée, après un temps plus ou moins long, dans le cœcum. Mais, avant de parler des changemens qu'elle va éprouver dans cette nouvelle division du canal digestif, examinons ceux auxquels elle a donné lieu, dans son trajet à travers le jéjunum et l'iléon.

D'abord, plus le chyme s'éloigne du duodénum, plus il s'épuise et plus il devient jaune; mais une observation bien plus importante, c'est le développement qui se fait alors dans l'intérieur du jéjunum de certains produits gazeux, appelés *vents* ou *gaz* intestinaux. Ils accompagnent toujours la chylification chez l'homme, et les chimistes ont découvert, dans l'analyse qu'ils en ont faite, des proportions variées d'azote, d'acide carbonique et de gaz hydrogène pur. Du reste, l'origine de ces gaz est complétement ignorée, et, en ce qui la concerne, on est réduit à de simples conjectures. M. Hallé avait voulu établir qu'ils étaient toujours le produit de l'animalisation des substances végétales, et sa théorie de cette action moléculaire reposait entièrement sur leur formation.

Phénomènes consécutifs de la digestion. Ces phénomènes sont de deux sortes : le premier consiste dans l'excrétion des résidus solides de la digestion, et il porte le nom de *défécation;* le second regarde l'expulsion des résidus liquides de cette même fonction, et il porte le nom de *sécrétion urinaire*, nous ne parlerons ici que de la défécation, renvoyant au chapitre où il sera traité des sécrétions en particulier, l'examen de celle de l'urine.

Défécation. Le chyme arrivé à l'extrémité de l'iléon se rend dans le cœcum, gros intestin qui lui fait suite. De mou, de peu odorant qu'il était, il acquiert dans cette poche, après un certain temps, une grande dureté et une mauvaise odeur, toujours analogue à la nature des alimens; car il est d'observation que les matières stercorales des herbivores répugnent très-peu à l'odorat, tandis que, chez les carnassiers, la fétidité en est insupportable.

Tout concourt à faire penser que les gros intestins ne sont que des réservoirs destinés, par la nature, à contenir les matières pendant un certain temps, afin de nous épargner l'incommodité dégoûtante de les rendre sans cesse ; car une fois arrivées dans le cœcum, elles ne changent plus de caractère dans leur trajet jusqu'au rectum; elles n'acquièrent qu'une plus grande dureté, ce qui prouve seulement que les vaisseaux absorbans qui s'ouvrent çà et là dans le colon, achèvent de pomper, dans ce résidu, le peu de suc que peuvent lui avoir laissé les intestins grêles. Ici leur marche avait besoin d'être favorisée plus que partout ailleurs, tant à cause de leur consistance toujours croissante, que des courbures nombreuses et des cellules multipliées que présente le colon, et dans lesquelles se moulent les excrémens. C'est pour cela que l'intestin exhale des mucosités abondantes, qui, enveloppant de toutes parts les matières fécales, augmentent leur glissement, et préservent ses membranes de l'irritation trop grande qu'aurait pu causer leur contact immédiat.

Il se développe aussi dans les gros intestins des gaz, tels que l'acide carbonique et l'azote, mais plus particulièrement l'hydrogène carboné et sulfuré. Les chimistes ne sont pas d'accord sur la quantité d'acide carbonique, qui, suivant les uns, augmente, et suivant les autres, diminue à mesure que l'on s'éloigne de l'estomac.

Le mouvement péristaltique se continuant tout le long du canal intestinal, pousse toujours par derrière les *fèces* vers le rectum, dans la cavité duquel ils s'accumulent jusqu'à ce que leur expulsion soit devenue nécessaire. Ce besoin se manifeste sans doute aussitôt que la présence prolongée des excrémens incommode assez le rectum pour produire sur lui une irritation, et le porter à se contracter; les physiologistes ont expliqué la fréquence de ce besoin chez les enfans, par la sensibilité plus vive du conduit intestinal. Ce besoin, une fois manifesté, devient bientôt irrésistible; or, voici comment il est rempli. Le dia phragme s'abaissant, pousse les viscères vers le bassin, tandis que les muscles du bas-ventre se portant en arrière, compriment les gros intestins, distendus par les fèces. D'un autre côté, les muscles du fondement soutiennent, par leur contraction, l'effort du diaphragme, et se réfléchissant en quelque sorte sur le rectum, forcent l'excrément à franchir l'anus, ouverture au travers de laquelle il se moule, comme dans une filière.

L'excrétion stercorale semble être soumise dans l'état normal, quant à ce qui regarde sa périodicité, à l'influence de l'habitude; toutefois, plus active dans la première période de la vie, elle se ralentit avec l'âge, et il arrive une certaine époque où le ventre est devenu, comme on dit, paresseux.

L'expulsion des gaz dont nous avons parlé, accompagne et précède presque toujours celle des matières fécales; quelquefois, cependant, ces fluides se montrent isolés, tantôt bruyans, tantôt discrets; mais il est rare qu'ils n'indiquent point une digestion pénible.

Nous devrions actuellement décrire avec détails la variété qu'on remarque pour cette fonction chez les herbivores ruminans, les carnassiers, etc.: mais comme il a déjà été question à l'article INTESTIN de tout ce qui est relatif à l'appareil digestif de ces animaux, nous y renvoyons le lecteur afin d'éviter les répétitions. Toutefois, la pl. 507 que nous donnons ici servira de complément à ce qui a été dit relativement aux diverses poches stomacales et au tube digestif des ruminans.

ABSORPTION.

Nous venons de voir comment s'était formé le fluide nutritif; l'absorption va nous montrer par quel mécanisme il est saisi pour être soumis à des élaborations nouvelles, avant d'être assimilé, c'est-à-dire changé en la substance propre de chaque organe.

Cette fonction, uniforme chez les animaux les plus bas, où elle effectue immédiatement la nutrition, est multiple chez l'homme, en ce sens qu'elle s'exerce sur des substances variées. Elle est externe ou interne, selon que celles-ci viennent du dehors, ou qu'elles résultent des mouvemens de décomposition par lesquels le corps est sans cesse travaillé. Nous traiterons dans autant de sections, 1° des matériaux de l'absorption, 2° de ses organes, 3° de ses phénomènes.

MATÉRIAUX DE L'ABSORPTION.

Au premier rang des matériaux de l'absorption, on compte, 1° la matière élémentaire, élaborée par l'estomac et le duodénum, et les boissons qu'il faut bien distinguer, puisqu'un grand nombre ne veulent pas qu'elles arrivent au sang, sous forme de chyle; 2° l'air: mais la manière très-compliquée dont l'absorption de ce fluide s'opère, et l'importance de son résultat pour la formation du sang, ont nécessité un appareil organique distinct, et une fonction spéciale que nous avons dit s'appeler *respiration*, et dont il sera traité immédiatement après la fonction qui nous occupe; 3° les molécules du corps qui, étant usées, se détachent des parties qu'elles formaient pour faire place aux nouveaux sucs fournis par la digestion. L'absorption qui s'en empare a été nommée par Hunter *interstitielle;* c'est elle qui maintient l'équilibre entre la décomposition et la composition; 4° enfin généralement tous les sucs ou fluides qui entrent dans l'organisation complexe de l'homme: tels sont la synovie, la graisse, le suc médullaire, les humeurs de l'œil, etc., etc.

De ces matériaux de l'absorption il en est qui servent immédiatement à la nutrition; d'autres sont des débris, des restes de cette même nutrition, que la nature reprend pour les soumettre à une révision nouvelle, en conséquence de laquelle les parties utiles sont soustraites, et les autres poussées vers les émonctoires. Quelques uns, après avoir rempli des usages particuliers, comme la synovie, qui sert à rendre glissantes les articulations, ne sont absorbés que pour que leur quantité, sans cesse renouvelée par les sécrétions, ne croisse pas indéfiniment. Il en est enfin qui, comme la graisse mise en dépôt par la nature pour servir d'aliment au corps pendant les maladies, ne sont saisis par l'absorption que dans des circonstances particulières.

ORGANES DE L'ABSORPTION.

L'appareil qui effectue la fonction d'absorption porte le nom d'*appareil lymphatique;* il s'aide dans son action, du secours d'une autre espèce d'organes appelés *veines*.

On a nommé *chylifères* les vaisseaux lymphatiques chargés spécialement de l'absorption du chyle; et *lymphatiques proprement dits*, ceux qui exécutent l'absorption interstitielle ainsi que les autres. Quant aux veines, plusieurs physiologistes ont voulu leur attribuer un rôle particulier dans la fonction qui nous occupe, celui d'absorber les boissons. Mais avant de rapporter les raisons sur lesquelles ils fondent un pareil sentiment, étudions d'une manière générale les organes auxquels la fonction est dévolue.

Les vaisseaux chylifères prennent naissance à la surface interne du canal digestif et surtout à celle des intestins grêles, où ils sont en grand nombre. Très-déliés à leur origine, ils se rendent à travers l'épaisseur du mésentère dans des troncs communs assez volumineux, qui tous viennent aboutir dans le canal thoracique; leur couleur blanc de lait, pendant la digestion, leur avait fait donner le nom de *veines lactées*.

Les vaisseaux lymphatiques proprement dits

prennent naissance à la surface et dans la profondeur de toutes nos parties, où, en se repliant plusieurs fois sur eux-mêmes, ils forment un réseau à mailles très-serrées. Peu à peu ils se réunissent pour former plusieurs troncs communs qui ont toujours une direction flexueuse et des communications très-multipliées entre eux. De distance en distance, ils forment, en se groupant par paquets, de petits corps ovoïdes appelés *ganglions*, où les matériaux qu'ils charrient sont soumis à un travail particulier. Les organes glanduleux, répandus dans toutes nos parties, se remarquent en plus grand nombre dans les creux du jarret et de l'aisselle, aux plis de l'aine et du coude, etc.

Après un trajet d'autant plus long que leurs courbures sont plus multipliées, les vaisseaux lymphatiques, de même que les vaisseaux chylifères se rendent dans le canal thoracique.

Ce canal qui prend son origine à la partie supérieure du bas-ventre à l'endroit où les troncs chylifères se réunissent avec les troncs lymphatiques des parties inférieures, présente en ce même endroit un renflement, une espèce d'ampoule qui a reçu le nom de *cisterna chyli* ou *réservoir de Pecquet*. Il traverse le diaphragme pour entrer dans la poitrine en s'appuyant sur la colonne dorsale. Arrivé à la partie supérieure de la poitrine, il passe derrière l'œsophage pour aller aboutir à une grosse veine appelée *sous-clavière gauche*, parce qu'elle est située sous la clavicule de ce même côté. Le canal thoracique reçoit successivement dans son trajet le long de la colonne vertébrale, les troncs lymphatiques du bas-ventre, de la poitrine et de la tête.

Nous avons dit que l'absorption était effectuée par l'appareil lymphatique, aidé du secours des veines; il convient donc de dire ici quelque chose de l'action de ces vaisseaux, en ce qui les concerne, dans la fonction qui nous occupe.

Avant qu'on eût découvert les lymphatiques, les veines étaient regardées comme les seuls agens de l'absorption. Il paraissait probable que des organes dont l'usage évident était de reprendre dans toutes les parties du corps les restes du sang qui avait servi à la nutrition, y puisassent en même temps tous les matériaux de la décomposition. En effet, ces vaisseaux rampent en grand nombre et en se subdivisant à l'infini dans l'épaisseur du mésentère, où leurs ramifications capillaires portent le nom de *veines mésaraïques*. Mais lorsqu'on eut constaté l'existence des lymphatiques et des chylifères, il fut bien prouvé que l'absorption des alimens était effectuée par un système organique spécial.

Cependant un fait physiologique dont l'anatomie ne pouvait donner la solution, n'en était que plus inexplicable; c'était l'absorption si rapide des boissons. On sait en effet que, très-peu de temps après les repas, l'urine participe, d'une certaine manière, aux qualités des boissons ingérées, tandis que l'absorption du chyle ne commence à se faire que deux heures au moins après que la digestion a commencé. Comment pourrait-on croire alors que les liquides suivent la même route que les produits de la digestion des solides? De là, l'opinion de plusieurs physiologistes qui attribuent aux veines mésaraïques l'absorption des boissons. MM. Ribes et Magendie appuient cette opinion de leurs expériences qui n'infirment point les faits sur lesquels se base le sentiment de leurs adversaires, et la question reste encore indécise. Si, cependant, on voulait la trancher, tout prouverait, il nous semble, que les veines mésaraïques et les chylifères concourent également à l'absorption des boissons, puisque d'abord les raisons alléguées de part et d'autre ont une égale valeur et ne permettent point conséquemment d'être exclusifs, et qu'ensuite le but particulier des boissons dans l'économie est également rempli, soit qu'elles y entrent par l'estomac, soit qu'elles y pénètrent par la peau, comme on l'a vu, dans certains cas, où des matelots, privés d'eau douce, sont parvenus à étancher la soif, en trempant leurs vêtemens dans la mer.

Phénomènes de l'absorption. Cette section comprendra deux articles : le premier aura trait aux phénomènes qui résultent de l'absorption des substances venues du dehors; dans le second, nous examinerons ceux que manifeste l'absorption interstitielle.

Phénomènes qui accompagnent l'absorption externe. Cette absorption s'exerce, dans le canal alimentaire sur les alimens ou les boissons, et à la surface de la peau et des membranes muqueuses sur les substances étrangères, avec lesquelles ces membranes sont accidentellement mises en contact.

On a nommé *digestive*, l'absorption qui s'exerce dans le canal alimentaire; elle fabrique réellement le chyle, et elle ne consiste pas seulement dans une action de pompement, mais dans une véritable élaboration de la matière sur laquelle elle s'exerce. Car il est démontré qu'on ne trouve de chyle que dans les vaisseaux chylifères, et que le suc extrait de la masse chymeuse, à quelque point de l'intestin qu'on le prenne, est tout-à-fait différent du fluide chyleux.

Le chyle est d'un blanc de lait, d'une consistance variable, d'une odeur analogue à celle du sperme, d'une saveur douce, entièrement différente de celle des alimens. Il est plus pesant que l'eau distillée, mais moins que le sang. Si on l'abandonne à lui-même, il se sépare en deux parties; 1° en sérum albumineux, que tout porte à croire semblable au sérum du sang : au moins la chimie y retrouve-t-elle tous les sels qui appartiennent à celui-ci; 2° en caillot fibrineux d'une matière colorante blanche qui prend, par le contact de l'air, un aspect rosé assez vif.

Toutefois, cette composition du chyle varie à quelques égards, et spécialement selon la nature des alimens.

On a rattaché à plusieurs causes le phénomène de la progression du chyle. La première est l'action même d'absorption, qui pompant et fabricant sans cesse un nouveau fluide, pousse nécessairement celui qui était déjà dans le vaisseau, et l'amène peu à peu dans le canal thoracique. La seconde

conde cause de cette action est une contraction particulière de l'appareil chylifère dont, il est vrai, l'anatomie ne démontre pas le principe; mais on le déduit, 1° du phénomène physique de la capillarité; 2° du jet dardé par un chylifère, lorsqu'on l'ouvre sur un animal vivant; 3° enfin de ce que les chylifères se trouvent vides dans toute leur étendue, par suite d'une abstinence prolongée. Toutefois il n'est pas plus possible d'apprécier rigoureusement le phénomène de la circulation du chyle, que celui de son absorption; seulement l'on ne peut contester la réalité de ces actions, puisque l'on voit et l'endroit où elles commencent, et celui où elles finissent, et le résultat qu'elles produisent.

Nous avons dit à quels débats avait donné lieu l'absorption des boissons, et nous avons fait connaître notre sentiment à ce sujet. Nous ferons observer ici qu'elle présentera toujours avec l'absorption du chyle, une différence notable. Ce dernier fluide, en effet, ne peut être saisi et élaboré que par l'appareil chylifère, tandis que l'absorption des boissons peut avoir lieu par les veines mésaraïques, comme par tout appareil lymphatique quel qu'il soit; c'est ainsi qu'elle s'effectue par la peau, etc.

On a observé que lorsqu'on se promenait par un temps humide, le poids du corps était augmenté; que la sécrétion des urines l'était aussi après un bain prolongé; que lorsqu'on habitait un appartement peint récemment avec l'huile essentielle de térébenthine, les urines contractaient une odeur de violette, etc., etc. Ces faits bien constatés, et plusieurs autres, prouvent évidemment que la surface du corps jouit d'une propriété absorbante, ce qui, du reste, se trouve confirmé par l'anatomie, qui démontre, dans la peau, des vaisseaux lymphatiques fort nombreux. La science qui a pour objet la cure des maladies, la thérapeutique, a trouvé dans cette propriété un nouveau moyen d'introduire dans le corps des substances médicamenteuses, et pour n'en citer qu'un exemple, on n'a long-temps employé contre la syphilis que les frictions mercurielles.

Cette absorption, qu'on a nommée *cutanée*, est d'autant plus facile, que l'enveloppe extérieure de la peau est plus mince; et l'épiderme semble, en effet, destiné autant à interrompre cette fonction qui, à la peau, est continue, qu'à modérer l'impression que cette membrane reçoit des corps étrangers qui l'environnent. Aussi l'entière ablation de l'épiderme permet-elle à l'absorption de s'exercer dans les parties du corps où son action est tout-à-fait insolite. C'est une vérité assez souvent démontrée par l'expérience. Plus d'un accoucheur, n'ayant au doigt qu'une égratignure fort légère, a contracté des maladies, par le seul fait du toucher pratiqué sur des personnes infectées de quelque vice dans les humeurs.

Du reste, l'absorption cutanée est, comme toutes les autres, modifiée par une foule de circonstances, dont les principales sont dues à la différence des sexes, et à la faiblesse plus ou moins grande de chaque individu. Ainsi, elle est plus active chez les femmes, dont la constitution est, d'ailleurs, singulièrement influencée par le système lymphatique, qui domine chez elles tous les autres tissus. Toutefois, l'absorption ne s'exécute même alors qu'en ramollissant les lames de l'épiderme, comme cela a lieu dans le bain, ou bien en les soulevant par des frottemens. En irritant les orifices des vaisseaux lymphatiques, ces frottemens leur donnent un degré d'activité capable de résister à tous les obstacles que pourrait opposer à l'absorption la pesanteur des corps.

Il est une autre membrane que, par analogie, on a quelquefois nommée *peau intérieure;* elle revêt toutes les cavités de notre corps qui ont des communications avec l'extérieur, et, conséquemment, sa surface est quelquefois mise en contact avec des corps étrangers. Les anatomistes l'ont appelée *membrane muqueuse*, parce qu'elle exhale sans cesse des mucosités qui ont pour objet d'entretenir sa souplesse, de faciliter le passage des corps étrangers, et de la garantir en même temps de leur impression. Elle tapisse tous les endroits soumis au contact de l'air, comme les fosses nasales, le larynx, les bronches et leurs dernières ramifications. Elle s'étend depuis la bouche jusqu'à l'anus, pour revêtir tout l'intérieur du canal digestif. Elle s'enfonce dans la vessie, en prenant naissance à l'orifice externe du canal urinaire; elle pénètre enfin dans la matrice par le vagin.

Cette peau intérieure se continue aux ouvertures naturelles avec la peau proprement dite, sans que toutefois leurs caractères physiques permettent de les confondre; la ligne de démarcation qui les sépare est bien apparente aux lèvres, où la couleur d'un rouge vif de la membrane muqueuse, tranche tout à coup avec le rouge pâle de la peau.

L'absorption muqueuse est beaucoup plus active que l'absorption cutanée, par la raison que l'organe qui en est l'agent n'est pas empêché dans son action par une espèce d'écorce, telle que l'épiderme à l'égard de la peau. On sait avec quelle rapidité se communique l'infection vénérienne dans un contact impur; on sait aussi combien sont fréquentes les maladies ocasionées par des atomes métalliques, par des matières odorantes, et par des principes délétères qui pénètrent dans le poumon avec l'air, et ne produisent de fâcheux résultats que parce qu'ils sont évidemment absorbés par le tissu muqueux.

Phénomènes dus à l'absorption interne. L'absorption interne reprend, comme nous l'avons dit ci-dessus, les débris qui résultent de la continuelle destruction de nos parties, c'est-à-dire les mollécules qui abandonnent les organes après avoir servi à leur nutrition. Elle recueille également tous les sucs préparés par les sécrétions qui, ayant servi aux usages auxquels la nature les avait destinés, ne sont plus propres qu'à être rejetés. Ici se sont renouvelées les mêmes dissidences que pour l'absorption des boissons.

On a demandé si les vaisseaux lymphatiques seuls, ou les veines seules, effectuaient les absorptions internes, ou bien ces deux ordres de vaisseaux à la fois. Les auteurs de l'un et de l'autre des deux premiers sentimens ont cherché à les établir par des expériences qui, toutes négatives et indirectes, ont bien démontré que la fonction s'accomplit par l'ordre de vaisseaux que chacun assigne, mais sans prouver que le système vasculaire, présenté par leurs adversaires, n'y contribue pas. Les raisonnemens sur lesquels s'est fondée chaque opinion sont les mêmes, et rien n'a été dit au profit de l'une, qui n'ait pu être allégué en faveur de l'autre.

Il est donc raisonnable de croire que les deux systèmes de vaisseaux concourent au même résultat, d'autant plus que les deux fluides qu'ils élaborent et charrient, sont également destinés à la formation du sang.

Il serait peut-être nécessaire de parler ici de la composition de la lymphe; mais cette humeur est si peu différente du chyle, que l'on y a retrouvé à peu près les mêmes élémens. Il importe beaucoup plus de connaître son origine. La lymphe est une humeur formée de toutes pièces, de matériaux saisis dans la profondeur de toutes les parties, et de la réunion de tous les sucs nécessités par l'organisation complexe de l'homme, lesquels sucs versés dans des surfaces qui n'ont aucune communication au dehors, augmenteraient indéfiniment si l'absorption ne les reprenait à mesure que la sécrétion les a produits. Il est bien évident que le résultat d'une réunion de fluides si disparates et qui n'ont rien de commun que la source d'où ils proviennent, c'est-à-dire le sang, ne saurait présenter une composition spéciale *sui generis*, comme la lymphe, si elle n'était élaborée par les organes qui la recueillent et par ceux qui la charrient.

Il s'en faut toutefois que les physiologistes s'accordent sur cette origine multiple de la lymphe. En effet, les uns pensent qu'elle consiste seulement dans les sucs sécrétés, d'autres y ajoutent les élémens usés qui constituent les organes. Une troisième opinion enfin, la fait consister seulement dans la partie séreuse du sang qui, arrivée aux dernières extrémités des vaisseaux particuliers dans lesquels il circule, s'engagerait dans les vaisseaux lymphatiques au lieu d'être reprise par les veines.

Ce qu'il y a de certain, c'est que n'existant point en dejà des absorbans qui la recueillent, la lymphe est visible, immédiatement après qu'elle a franchi les radicules de ces vaisseaux. Elle s'avance alors à travers les nombreux ganglions qui lui servent de point de repos, où, après s'être sans doute perfectionnée, elle se rend, soit dans le canal thoracique où nous avons vu qu'elle se mêlait avec le chyle, soit dans un grand vaisseau lymphatique, situé sur la colonne vertébrale du côté opposé au canal thoracique et aboutissant dans la veine sous-clavière droite, qui lui correspond.

Ici se termine ce que nous avions à dire sur l'absorption. Nous l'avons vue recueillant les produits de la digestion et les résidus de l'économie pour les soumettre à une révision et faire servir les uns et les autres à la formation du sang; nous verrons dans le chapitre qui traite de la respiration, comment s'accomplit la fabrication de ce fluide.

De la circulation.

La circulation est cette fonction au moyen de laquelle le fluide nutritif, changé en sang dans l'acte de la respiration, est conduit par des canaux particuliers dans la profondeur de toutes les parties, d'où son résidu est repris par un autre ordre de vaisseaux, pour être soumis de nouveau au contact vivifiant de l'air dans les poumons. Le fluide nutritif décrit donc un véritable cercle dont le point de départ est au poumon. C'est dans cet organe que le sang est fait, et que sont transportés les matériaux qui doivent servir à son élaboration : toutefois ce n'est point là que nous le saisirons pour le suivre dans tout son trajet. Il est un autre organe regardé spécialement comme le centre de la circulation. En effet, les veines ne portent pas directement aux poumons le produit des absorptions, le sang artériel n'est pas non plus lancé directement des poumons dans toutes les parties; mais ces deux fluides viennent se rendre au cœur, qui leur donnant par ses contractions le mouvement de progression nécessaire, les envoie chacun à leur destination respective. L'histoire du cœur peut donc servir d'introduction à celle de la circulation. Nous la trouvons exposée avec tout les détails convenable à l'article Cœur de ce Dictionnaire; aussi nous n'y reviendrons pas dans ce chapitre. Nous ne parlerons pas non plus de tout ce qui est relatif à la circulation du sang dans les artères, dans le système capillaire, dans les veines, et des modifications que subit la circulation du sang chez le fœtus, ce serait revenir sur ce qui a déjà été dit, par notre collaborateur et ami M. Martin Saint-Ange, à l'article Circulation, où se trouve exposé avec bonheur et talent ce qui a trait à la circulation du fœtus de l'homme.

De la respiration.

Parmi les changement que le sang éprouve en parcourant nos divers organes, il n'en est point de plus essentiels et de plus remarquables que ceux que lui imprime l'air qui entre et sort alternativement des poumons pendant l'acte respiratoire. Nous rappellerons ici que le sang que les veines rapportent au cœur, et que le ventricule droit envoie dans l'organe pulmonaire est rouge foncé, qu'il contient de l'acide carbonique, que si on l'abandonne à lui-même, il se coagule lentement, et laisse séparer une grande proportion de sérosité. Celui que les veines pulmonaires rapportent aux cavités gauches du cœur, et qui est porté dans toutes les parties du corps par le moyen des artères, est au contraire d'un rouge vermeil; il contient plus de globules d'hémato-ies, de fibrine et moins d'albumine; sa température est plus élevée d'un degré (32 Réaumur), sa capacité, pour le calorique, et sa pesanteur spécifique, sont un peu au dessous de celle du sang veineux; enfin il est plus facilement coagulable, et laisse séparer une moindre quantité de sérum. Toutes ces différences qu'il est si facile d'apercevoir, tiennent aux modifications qu'il a éprouvées en se mettant en contact avec l'air atmosphérique.

La fonction de la respiration est peut-être un des phénomènes les plus généraux des corps organisés. Quelque différens en effet que soient les moyens à l'aide desquels cette fonction s'opère, l'acte essentiel qui la constitue, c'est-à-dire, le contact de l'air atmosphérique avec les fluides du corps organisé, d'où l'abération vivifiante de ces fluides, cet acte se retrouve dans tous les êtres du règne organique. Les végétaux respirent, absorbent l'air atmosphérique et par la face supérieure de leurs feuilles, et pour quelques uns, le cactus, par exemple, par la partie verte de leur écorce: de là naît le cambium, le liquide nutritif des végétaux. Tous les animaux respirent, quelques uns paraissent faire exception à cette règle. Ainsi les hydatides, les vers intestinaux, qui sont entièrement dénués d'air respirable, mais il paraît que, par le contact de leur sang avec celui de l'animal dans lequel ils vivent, la transformation vivifiante de leur suc nutritif est opérée, de même que le sang du fœtus est animalisé par celui de sa mère dans le placenta.

Si nous jetons un coup d'œil sur la physiologie comparée de cette fonction, nous voyons que dans les animaux les plus inférieurs les zoophytes, la respiration s'opère par la surface du corps tout entière, et non par des vaisseaux particuliers; l'air atmosphérique, de même que l'aliment, pénètre l'épaisseur de leurs tissus, et agit sur les humeurs dont leurs corps est en partie composé.

Dans un degré plus élevé, les insectes, on trouve que leurs corps est traversé par un grand nombre de petits conduits que l'on nomme trachées, par lesquels l'air s'introduit pour venir se mettre en contact avec les liquides nourriciers. Selon Sprengel, les orifices de ses trachées seraient munies d'un tissus contractile.

Dans les classes plus élevées, on trouve des organes plus compliqués et qui sont modifiés selon le milieu dans lequel vit l'animal. Ceux qui restent dans l'eau respirent par des branchies. La petite quantité d'air qui se trouve dissoute dans l'eau vient seule vivifier le sang pulmonaire. Les animaux vertébrés qui vivent dans l'air respirent à l'aide de poumons, organes vésiculeux, à larges ampoules, dans les animaux à sang-froid, à cavités petites et innombrables, dans les Mammifères et les oiseaux. Considérés sous le rapport de la respiration, ces derniers animaux tiennent le premier rang parmi les êtres. Chez eux non seulement les poumons se prolongent dans l'abdomen par divers sacs membraneux; mais outre ces appendices, les os eux-mêmes sont percés de cavités qui communiquent avec les poumons; et comme l'étendue de la respiration est proportionnée à la grandeur de ce réceptacle pneumatique, les oiseaux sont de tous les animaux, ceux qui consomment une plus grande quantité d'oxigène.

Dans l'homme et dans tous les animaux à sang chaud, dont le cœur a deux ventricules et deux oreillettes, le sang qui a été porté dans tous les organes par les artères, et rapporté par les veines au cœur, ne peut y retourner sans avoir préliminairement traversé les poumons. Nous allons étudier cet organe chez l'homme.

Le poumon reçoit d'un côté l'air, agent de la respiration, et de l'autre, le fluide nutritif qui doit être soumis à son action et converti en sang. Il était donc nécessaire que ce viscère fût pénétré, nonseulement par le canal qui apporte l'air, mais encore par les vaisseaux qui charrient le fluide nutritif, et en effet, ces deux conduits constituent, par leurs ramifications infinies, diversement entrelacées, l'organe pulmonaire dont la forme est moulée sur la cavité qui le contient. L'air entre dans le poumon et en sort par le même canal; le fluide nutritif, au contraire, y arrivant d'une manière non interrompue, il a fallu un autre ordre de vaisseaux pour le retirer à mesure que sa sanguification s'est effectuée. C'est ce conduit qu'on a appelé *veine pulmonaire*. Disons un mot de chacun de ces trois principes constituans de l'organe de la respiration.

Le conduit aérien *e* prend d'abord le nom de *trachée-artère*, pl. 505. Il communique à l'extérieur par le larynx, *a*, *a*, organe de la voix, que nous décrirons en son lieu, par le pharynx et par la bouche, ou bien par le nez. A son entrée dans la poitrine, la trachée-artère se divise en deux gros canaux *i*, *f*, qu'on appelle *bronches*, dont les ramifications, multipliées à l'infini, vont occuper les deux côtés de la poitrine, laissant entre elles un espace quadrilatère, destiné à loger le cœur.

L'artère pulmonaire *h* forme le deuxième élément organique spécial du poumon. Ce vaisseau prend naissance au cœur, où les veines ont, en dernier ressort, versé les produits des diverses absorptions. Ainsi que la trachée-artère, l'artère pulmonaire se partage, et bientôt après avoir quitté le cœur, elle se prolonge en deux branches qui vont s'accoler à chaque bronche sans se confondre avec elles, et de manière à pouvoir toujours être distinguées l'une de l'autre. Lorsqu'enfin les ramifications de l'artère pulmonaire sont devenues capillaires, cette artère concourt à former le tissu de l'organe.

Enfin les veines pulmonaires *g* naissent dans le poumon, à tous les points où le fluide nutritif, en contact avec l'air, est transformé en sang. Leurs radicules sont alors aussi peu perceptibles que les ramifications bronchiques et artérielles; mais peu à peu elles se réunissent en veinules, qui, s'abouchant à leur tour, forment quatre gros troncs par lesquels elles viennent en dernier résultat s'ouvrir dans le cœur.

Il faut ajouter à ces élémens du poumon les vaisseaux qui effectuent la nutrition propre de l'organe, les nerfs qui lui donnent la sensibilité spéciale, et un peu de tissu cellulaire tout-à-fait semblable à celui qui entre dans la composition de plusieurs autres organes. Quant à la disposition respective qu'affectent toutes ces parties les unes à l'égard des autres, les anatomistes ont fait jusqu'ici de vains efforts pour la connaître. On sait seulement que des injections poussées par les troncs d'un des conduits ont toujours pénétré dans les autres, et que par conséquent, il y a communication entre eux.

Pour rendre plus libres les mouvemens que nécessite l'entrée de l'air dans la poitrine, et pour garantir en même temps l'organe pulmonaire du mauvais effet des frottemens contre les parois osseuses, cette cavité est tapissée par une membrane séreuse, la plèvre, qui, se réfléchissant sur les poumons, les enveloppe sans les contenir. C'est par sa surface externe que la plèvre est adhérente aux parois de la poitrine et aux poumons, tandis que la face interne, contiguë à elle-même, est continuellement arrosée par une sérosité qui facilite le glissement des organes. Par sa disposition, la plèvre sert également à fixer le poumon dans la place qui lui est assignée.

Mécanisme de la respiration. L'air pénètre dans les poumons, et au bout d'un certain temps, il en sort après avoir servi à la fabrication du sang, en y abandonnant un de ses principes. L'acte par lequel a lieu l'introduction du fluide atmosphérique se nomme *inspiration ;* celui par lequel s'effectue sa sortie porte le nom d'*expiration.* L'étude de ces deux phénomènes nous suffira pour parvenir à la connaissance du mécanisme de la respiration.

Inspiration. Aussitôt que se fait sentir le besoin d'inspirer, qui, bien différent de la sensation de la faim, exige qu'on le satisfasse sans délai, la poitrine, écartant ses parois, augmente sa capacité, et l'air se précipite dans les ramifications des bronches. Voici comment s'opère cette dilatation de la poitrine. Le diaphragme formant sa base se contracte, sa surface, de convexe qu'elle était, devient plane et même concave, ce qui détermine l'agrandissement de la cavité thoracique dans la direction de son diamètre vertical ; tel est le premier et le plus souvent l'unique procédé par lequel s'effectue l'inspiration, à moins que des circonstances particulières ne nécessitent pour ce premier acte respiratoire un développement plus grand. Dans ce cas, les côtes et le sternum sont soulevés et la poitrine est agrandie dans le sens de ses diamètres transversaux et d'avant en arrière. Le fait de l'élévation et de l'abaissement alternatifs des côtes est incontestable ; tous les physiologistes ont dû l'admettre ; mais ils diffèrent entre eux par la manière dont ils ont voulu l'expliquer. Il serait sans intérêt de consigner ici leurs diverses opinions à ce sujet : nous ne dirons rien non plus de leurs débats sur la question de savoir si le poumon joue un rôle passif ou actif dans le phénomène qui nous occupe. Ce qu'il y a de certain, c'est que la capacité interne du thorax étant augmentée, le poumon qui lui est contigu se dilate aussi, et l'air intérieur vient le pénétrer par le seul fait de l'équilibre auquel il est soumis et à peu près de la même manière qu'il entre dans un soufflet dont on écarte les branches.

L'inspiration ne sert pas seulement à l'introduction du fluide atmosphérique dans la poitrine, elle concourt encore à l'accomplissement de beaucoup d'autres fonctions. C'est ainsi qu'elle porte à l'odorat les matériaux de la sensation, et qu'elle joue un rôle assez important dans un grand nombre de phénomènes de la locomotion, pendant lesquels la poitrine devient un point d'appui d'autant plus résistant qu'elle est pénétrée d'une plus grande quantité d'air. Le bâillement doit aussi sa naissance à une inspiration plus ample, plus profonde et plus involontaire que la respiration ordinaire.

Expiration. Puisque la dilatation de la poitrine y fait introduire de l'air, on comprendra que son rétrécissement, en comprimant le poumon, doit en opérer l'expulsion. Les puissances musculaires participent rarement à cet effet, qui, le plus souvent, est passif, et ne consiste que dans la cessation d'action des agens producteurs de l'inspiration. Le diaphragme cessant de se contracter se relève dans le thorax et en rétrécit l'étendue du haut en bas. D'un autre côté, par le seul relâchement des muscles qui avaient contribué au développement du mouvement inspiratoire, les côtes s'abaissent et rétrécissent la poitrine transversalement. Ce n'est que dans les expirations prolongées et en quelque sorte forcées, comme dans le chant, que la compression du poumon est augmentée par certains muscles dont la contraction amène un abaissement plus considérable des côtes.

L'air expulsé des poumons, traverse la trachée-artère, puis la bouche ou les fosses nasales; mais comme par ses propriétés, il s'était chargé dans la poitrine des sérosités formées par la perspiration pulmonaire, il les abandonne en se refroidissant, comme on peut le voir, en hiver surtout, où l'air expiré s'échappe de la bouche ou du nez, sous la forme de vapeur.

D'après la manière dont les vaisseaux qui apportent le fluide nutritif au poumon sont accolés aux bronches et en suivent la distribution, on conçoit aisément que leur calibre est diminué pendant l'expiration, et qu'au contraire dans l'inspiration, les ramifications bronchiques étant développées et distendues par l'air, les mêmes vaisseaux se déploient sur toute leur longueur et ouvrent au sang un passage libre et facile.

L'inspiration et l'expiration se succèdent sans cesse, depuis le commencement de la vie jusqu'à la mort; aussi, dans la langue de tous les peuples, ces deux mots vivre et respirer sont-ils synonymes.

On a voulu évaluer le nombre des mouvemens respiratoires qui s'exécutent pendant un temps donné ; mais il n'est guère possible de compter sur l'exactitude d'un pareil calcul, puisque l'âge, le sexe, les individualités, les maladies et une foule d'autres circonstances qui ne sont pas appréciables, en modifient sans cesse les données. En prenant pour terme moyen 20 respirations par minute, on a 28,800 respirations en un jour, et en supposant que, comme on l'a dit, chaque inspiration introduise dans le poumon 655 centimètres cubes d'air, on aura 13,100 centimètres cubes d'air inspiré par minute, 786 décimètres par heure et 18,864 décimètres ou 24 kilogrammes par jour.

PHÉNOMÈNES DE LA RESPIRATION.

Le chyle, la lymphe et le sang veineux, mêlés ensemble, sont les matériaux soumis dans les poumons au contact de l'air; et la signification, c'est-à-dire la transformation de ces trois humeurs en sang propre à la nutrition est la conséquence immédiate de ce contact. L'essence de cette opération est trop moléculaire et nos organes trop grossiers, pour qu'il nous soit possible de la pénétrer. Toutefois comme il est facile d'en recueillir les produits, profitons des lumières que nous fournira leur analyse.

On sait quelle est la composition de l'air atmosphérique. Au sortir des poumons, ce fluide est privé d'une portion considérable d'oxigène : il est, en outre, altéré par une certaine quantité d'acide carbonique qu'il entraîne avec lui dans l'expiration. Arrêtons-nous un instant sur ces deux circonstances capitales.

Il est d'abord bien prouvé que l'air atmosphérique ne sert à la respiration qu'autant qu'il contient de l'oxigène dans un état de mélange, et de manière à pouvoir le céder avec facilité; car tout animal périt dans un air qui n'est pas renouvelé, de même que dans le vide : ensuite il existe beaucoup de gaz qui, quoique plus riches en oxygène que l'air atmosphérique, ne sont cependant pas respirables, parce qu'ils cèdent difficilement ce principe. Enfin, une expérience directe a démontré que les animaux que l'on isole sous une cloche remplie d'oxygène pur, vivent plus long-temps que ceux placés sous une cloche qui ne contient que de l'air atmosphérique.

La respirabilité de l'air dépendant uniquement de la présence du gaz oxygène, il a semblé utile de constater la quantité de ce gaz consumé dans chaque inspiration; mais les auteurs qui se sont occupés d'une semblable recherche ont varié dans les résultats qu'ils ont obtenus. La respiration n'étant pas la même chez tous les individus et se proportionnant toujours à la vitalité propre à chacun d'eux, on a dû trouver autant de différences que d'individus sur lesquels on a expérimenté; c'est ainsi que Goodwyn a pu établir que sur 18 parties d'oxygène, 13 étaient absorbées, et que MM. Davy et Gay-Lussac n'en ont compté que 3 et même 2.

L'air expiré contient une quantité bien plus grande d'acide carbonique que l'air inspiré. Il suffit pour s'en convaincre de laisser un animal sous une cloche, assez de temps pour qu'il y périsse : si l'on analyse, après sa mort, l'air contenu dans la cloche, on trouve que l'oxygène, dont il est en grande partie privé, est remplacé par l'acide carbonique. On sait combien ce gaz est délétère. La respiration est impossible dans un air qui en contiendrait seulement 15 parties, quelque riche qu'il soit d'ailleurs en oxygène : c'est ce qui explique la mort de l'animal sous la cloche, avant que tout l'oxygène soit épuisé. Une question se présente ici : dans la respiration, l'air perd-il quelques parties de son principe azote, et ce gaz contribue-t-il à la fonction respiratoire autrement que par ses propriétés négatives? Priestley ainsi que MM. Cuvier et Davy sont pour l'affirmative; Allen et Pépis sont d'un avis contraire; et Berthollet, exagérant sans doute l'opinion de ces derniers, a soutenu que non seulement l'azote ne s'employait point dans l'inspiration, mais encore que sa quantité était augmentée dans l'air expiré. Depuis, MM. de Humboldt et Provençal ont constaté l'absorption de l'azote chez les poissons; mais ils n'ont rien décidé à l'égard des mammifères et de l'homme.

L'expiration amène aussi au dehors une certaine quantité de sérosité animale, que les chimistes ont voulu évaluer; mais ils n'ont pas été plus heureux dans cette appréciation que dans celle des autres élémens de l'air expiré.

Avant de terminer ce que nous avions à dire de l'air, il convient de remarquer que souvent quelques uns des principes qui étaient en suspension sont absorbés par les poumons : c'est ce qui a lieu, comme nous l'avons déjà dit, quand on respire un air chargé d'essence de térébenthine. L'absorption de cette essence ne tarde pas à devenir sensible, et sa présence est manifestée par l'odeur de violette, qu'elle communique aux urines. Ne sait-on pas aussi que les maladies contagieuses se propagent le plus ordinairement par la voie de la respiration?

Ainsi, comme on le voit, dans l'acte de la respiration, l'air a perdu une grande portion de son oxygène, et a laissé absorber quelques uns des autres principes qu'il tenait en suspension, en même temps qu'il s'est chargé d'une quantité proportionnée d'acide carbonique et de sérosité animale. Il nous reste maintenant à examiner les changemens qui se sont opérés dans le fluide nutritif. Ces changemens sont d'une haute importance, si l'on en juge par les effets qui se manifestent dans le fluide, lorsqu'il a été sanguifié.

D'abord, ce fluide n'est plus noir comme auparavant, il est devenu vermeil, rutilant, écumeux, plus léger et plus chaud de deux degrés : il est devenu sang artériel, et c'est à lui seul qu'on pourra appliquer avec vérité ces paroles de Moïse : *Anima omnis carnis in sanguine est*. Car désormais il aura pour destination d'alimenter les organes et de porter la vie dans toutes les parties.

Nous ne nous arrêterons point ici à exposer les expériences ingénieuses qui ont été faites pour prouver que la transformation du fluide veineux en sang artériel, est produite par le contact de l'air. Cette opinion, qui aujourd'hui a triomphé de tous les débats auxquels la sanguification a donné lieu, est devenue incontestable. Elle ressort fort bien des phénomènes qui s'observent dans les asphyxies. On appelle de ce nom toute interruption de la respiration, peu importe par quel obstacle cette fonction se trouve interrompue. Or, toutes les fois que l'asphyxie a lieu, le fluide veineux n'éprouve aucun changement dans le poumon, et les vaisseaux dans lesquels, pendant la respiration circulait le sang artériel, se remplissent peu à peu d'un liquide noir, et tout semblable au fluide veineux et comme lui impropre à la nutrition, puisque la mort ne tarde point à survenir chez les asphyxiés.

Telle est l'influence de la respiration, d'un côté sur le fluide atmosphérique, de l'autre sur les produits de l'absorption. L'imperfection de nos sens, l'impossibilité de percevoir l'acte sanguifiant, l'ignorance où nous sommes des rapports qui existent entre les extrémités capillaires des bronches, de l'artère pulmonaire et des veines pulmonaires, nous rendent à jamais impossible toute appréciation intuitive de l'action par laquelle se fait le sang. Quant aux rapports qui peuvent exister entre l'absorption de l'oxygène et la production de l'acide carbonique et de la sérosité, phénomènes que l'on doit regarder comme capitaux dans la respiration, nous n'avons aucun moyen de les connaître d'une manière directe : tout ici se borne à des conjectures d'après lesquelles la respiration concourrait à la sanguification, d'abord en fournissant au fluide à sanguifier un élément particulier, l'oxygène, ensuite en dépurant ce fluide de quelques uns de ses principes, l'acide carbonique et l'eau.

Les efforts des chimistes pour obtenir un résultat précis à cet égard, ont été jusqu'à présent tout-à fait impuissans : ils n'ont servi qu'à établir une théorie foncièrement erronée, qui a déjà donné lieu à de nombreuses variations. Son moindre défaut est de soumettre aux lois de la matière inorganique une des fonctions dont l'influence est des plus immédiates sur l'entretien de la vie dans les corps organisés. Il nous suffira d'exposer cette théorie pour montrer combien il s'en faut qu'elle fournisse des explications complètes ou même à peu près satisfaisantes.

Les chimistes ont assimilé la respiration à la combustion. Il existe, entre ces deux phénomènes des analogies assez directes et assez frappantes pour faire penser qu'entre eux tout est commun. En effet, toute combustion exige le contact de l'air, et consume une partie de l'oxygène de l'air dans lequel elle a lieu; elle cesse bientôt si ce fluide n'est pas renouvelé; elle s'arrête avant que tout l'oxygène soit épuisé, ce qui est dû à l'acide carbonique, qu'elle dégage. Or, si nous analysons les phénomènes de la combustion, les affinités nous démontrent que le carbone et l'hydrogène du corps qui brûle, se combinent avec l'oxygène de l'air, d'où il résulte formation d'acide carbonique et d'eau; que la production de la chaleur est due également à l'oxygène, qui, de l'état d'un gaz très-rare passant en partie à l'état d'un gaz beaucoup plus dense, et en partie à l'état d'un liquide, laisse dégager tout le calorique qui n'a point été nécessaire à la formation des nouvelles matières dans lesquelles il est entré. C'est ainsi, a-t-on dit, que, dans la respiration, l'oxygène enlevé à l'air *inspiré* se combine avec le carbone et l'hydrogène du sang veineux, et forme l'acide carbonique et l'eau qui se trouve dans l'air *expiré*.

Rien de plus simple sans doute qu'une pareille théorie : elle a même cela de séduisant, qu'elle expliquerait l'origine de la chaleur animale : et, à cet égard, il faut reconnaître qu'elle n'est pas entièrement éloignée de la vérité; mais si nous descendions à des détails qu'il serait trop long et peut-être superflu de rapporter, nous nous convaincrions qu'elle n'est que spécieuse, et qu'elle n'a fait que signaler l'élément par lequel l'air est utile à la respiration. Ainsi, pour ne parler que de l'inexactitude de la comparaison établie par les chimistes, nous ferons remarquer que la respiration entretient le corps qui respire, tandis que la combustion détruit celui qui brûle; que la respiration n'emploie jamais qu'une quantité déterminée d'oxygène, tandis que la combustion est d'autant plus vive, que cet élément est plus abondant.

C'est ici le lieu de parler de la chaleur animale, de cette propriété de tous les corps vivans de se maintenir constamment dans une même température, quel que soit le milieu où ils se trouvent placés, propriété qui rend l'homme capable de supporter sans beaucoup de peine des degrés excessifs de froid ou de chaud, de vivre, par exemple, en Sibérie, où le thermomètre baisse quelquefois jusqu'à 70°, et, sur les bords du Niger, où il s'élève jusqu'à 48°. Il est prouvé que, dans de certaines circonstances, mais sans que l'on doive rien en conclure, en général, pour l'organisation humaine, l'homme peut résister momentanément et avec facilité à un degré de chaleur beaucoup plus fort. Un homme, connu sous le nom de l'*Espagnol incombustible*, se lavait les pieds, les mains et même la figure avec de l'huile échauffée à plus de 80°. Il s'appliquait, sans crainte et sans aucune apparence de douleur, sur la plante des pieds, une barre de fer chauffée au rouge-cerise; il promenait une chandelle allumée sur la partie postérieure de sa jambe, depuis le talon jusqu'au jarret, sans qu'il en résultât aucune altération de la peau. On a observé que la circulation était accélérée, et que son pouls, qui, dans l'état ordinaire, ne battait que soixante-quinze fois environ par minute, donnait jusqu'à cent quarante pulsations pendant ces expériences. La plupart des médecins qui en furent témoins, attribuèrent l'étonnante faculté de l'Espagnol à l'habitude et à une idiosyncrasie. L'habitude pouvait bien en effet être mise au nombre des causes; mais elle n'était pas la seule. Le docteur Sémentini, persuadé que cette faculté était bien accrue par l'interposition d'un corps étranger entre la peau et le corps incandescent, trouva qu'une solution saturée d'alun donnait au corps cette propriété, surtout lorsqu'après en avoir fait usage, on se frottait avec du savon dur, et il répéta en effet sur lui-même toutes les expériences de l'Espagnol.

La théorie de la chaleur animale repose, en grande partie, sur l'absorption de l'oxygène dans la respiration. Ce n'est pas toutefois qu'on doive comparer, comme font les chimistes, le poumon à un foyer constamment embrasé : le fait seul de sa température, qui n'est pas sensiblement plus élevée que celle des autres organes, s'oppose à l'admission d'une opinion semblable. Mais, sans vouloir donner l'explication d'un phénomène qui, par cela seul qu'il est soumis aux lois de la vie, ne saurait être confondu avec les phénomènes que manifestent les corps inorganiques, ne doit-on pas présumer que, si l'oxygène est éminemment propre à développer la chaleur dans tous les corps, il doit être un des principes qui la font naître et l'entretiennent dans l'homme et dans les animaux. C'est aussi, en dernier résultat, ce que démontrent les diverses expériences qui ont été faites.

M. Despretz a réfuté l'opinion de M. Brodie, voulant, d'après Hippocrate et avec Barthez, que la respiration eût plutôt pour effet de refroidir le corps que de l'échauffer. Il a prouvé par des expériences directes, consignées dans un mémoire sur la chaleur animale, couronné en 1823 par l'Académie des sciences, que la principale cause de cette chaleur est dans l'absorption de l'oxygène de l'air, qui en produit au moins les sept dixièmes, et que le surplus est dû à l'assimilation, au mouvement du sang et au frottement des diverses parties.

Quant à l'assimilation, un grand nombre de médecins, et surtout les vitalistes, admettent cette fonction comme la principale et même la seule source de la chaleur animale. Cette opinion a été présentée sous un nouveau jour par M. Contanceau. « En écartant toute théorie, on peut s'en » tenir, dit-il, au fait chimique du dégagement » de calorique qui a lieu dans les combinaisons » moléculaires, fait peu généralement connu et » dont on n'a encore tenté aucune application à la » théorie de la chaleur animale. Je le crois suffisant » pour rendre raison de la calorification, résultat » constant de toutes les combinaisons assimilatri- » ces qui ont lieu dans le système capillaire ; et, » en lui attribuant une semblable influence sur un » phénomène vital, je ne crains point de sacrifier » les vrais principes de la physiologie à la déplo- » rable influence des systèmes chimiques dont elle » a eu tant à souffrir. La calorification demeure » toujours placée sous la dépendance immédiate » des forces vitales, qui en règlent l'exercice sui- » vant l'état et les besoins de l'organisme. »

Le sentiment de MM. Chaussier et Adelon se rapproche beaucoup de celui que nous venons de rapporter : ils admettent, en effet, que chaque organe dégage le calorique qui détermine sa température propre, en reconnaissant, toutefois, qu'en dernière analyse, ce calorique a dû être puisé au dehors du corps par les voies de la digestion et plus probablement de la respiration, fonction ayant pour aliment un gaz, c'est-à-dire un corps très-riche en calorique. Mais ces autorités, toute respectables qu'elles sont, ne sauraient à nos yeux balancer le mérite des expériences de M. Despretz, expériences dont la certitude a acquis, d'ailleurs, une nouvelle force par la sanction imposante qu'elles ont reçue du premier corps savant.

Quoi qu'il en soit de l'origine de la chaleur animale, son effet constant se manifeste au dehors par l'évaporation des fluides qui s'exhalent à la surface de la peau, tantôt sous la forme de la respiration insensible, quand la chaleur est modérée, tantôt sous l'apparence de gouttelettes qui constituent la sueur, quand le dégagement du calorique est abondant. Tel est aussi le moyen dont se sert la nature, pour soustraire au corps l'excédant du calorique nécessaire à l'entretien de sa température spéciale. Rien n'est plus propre, en effet, à produire un refroidissement considérable que l'évaporisation ; c'est en l'excitant de diverses manières qu'on obtient de la glace au cœur de l'été. Franklin rapporte que les moissonneurs de la Pensylvanie, exposés à un soleil ardent, en sont rarement incommodés, pourvu qu'ils entretiennent la sueur en buvant fréquemment d'une liqueur spiritueuse et très-évaporable ; mais si la sueur s'arrête, ils succombent subitement à l'excès de la chaleur, à moins que cette excrétion ne soit promptement rétablie. S'il est difficile de supporter dans un bain ordinaire une chaleur de 34° à 35°, c'est qu'alors l'évaporation ne saurait avoir lieu ; c'est par la raison contraire qu'on voit beaucoup de personnes peu incommodées dans une étuve, dont la température s'élève jusqu'à 48 et même à 50 degrés.

Ainsi, l'homme trouve dans la chaleur, elle-même, un remède à son excès ; lorsqu'un surcroît de froid se fait sentir, la respiration s'accélère, une plus grande quantité d'oxygène est absorbée ; le cœur excité par un sang plus promptement renouvelé, multiplie ses contractions, les combinaisons assimilatrices se trouvent augmentées et la chaleur se dégage en plus grande quantité. Est-ce la chaleur qui l'emporte ? l'évaporation plus considérable de la matière de la transpiration amène bientôt un salutaire refroidissement.

On voit que la production du froid dans le corps de l'homme est un phénomène purement physique et que, pour l'expliquer, il n'est pas plus nécessaire d'avoir recours à une fonction nouvelle que pour expliquer la chaleur dont nous avons vu que la source se trouve dans la fonction que nous venons de décrire.

Tels sont, en nous résumant, les importans phénomènes qui naissent de la respiration. Elle élabore le produit des absorptions, le change en un fluide véritablement nutritif, et entretient dans le corps une température favorable à l'accomplissement de toutes les fonctions. Nous allons voir comment le sang artériel, par le moyen d'une fonction spéciale qui a reçu le nom de circulation, est distribué à chaque organe pour servir à sa nutrition.

De la nutrition.

Deux idées bien distinctes sont attachées au mot nutrition. Dans sa première acception, il exprime l'ensemble des fonctions qui ont pour but l'entretien ou le renouvellement du corps, et, sous ce rapport, la digestion, l'absorption, la respiration, la circulation, etc., sont dites, d'un nom commun, fonctions de nutrition; dans la seconde, ce mot s'applique spécialement à la fonction par laquelle les diverses parties du corps saisissent, dans le sang artériel, les élémens nécessaires à leur conservation, se les approprient, et les convertissent en leur propre substance, c'est-à-dire se les assimilent. Cette fonction forme donc, en quelque sorte, le complément du mécanisme de la conservation matérielle de l'homme.

Les fonctions que nous avons décrites ont pour but de composer le fluide nutritif à l'aide de matériaux pris au dehors, de lui faire subir diverses préparations, et de l'amener dans tous les organes. Il s'agit maintenant d'apprécier l'action par laquelle chaque organe, chaque partie du corps va s'approprier ce fluide, et réparer avec lui sa propre substance.

Pour qu'un organe puisse se renouveler ainsi, il faut qu'il laisse échapper une partie des matériaux qui le composaient, et que l'usage de la vie a détériorés, car sans cela son volume croîtrait indéfiniment. De là deux actions bien distinctes dans la nutrition proprement dite; 1° l'action de composition, par laquelle l'organe puise dans le sang artériel les élémens qui lui sont propres; 2° l'action de décomposition, par laquelle cet organe se débarrasse de ceux qui ont déjà servi à sa conservation. Ces deux actions opposées ne s'équilibrent que chez les adultes; car dans le premier âge, c'est le mouvement de composition qui domine, tandis que dans la vieillesse, c'est le mouvement de décomposition.

Ces deux actions constantes de l'économie animale, furent démontrées, pour la première fois, par des expériences directes que le hasard fit faire à un chirurgien anglais nommé Belchier. Ayant mangé d'un cochon dont les os étaient rouges, et qui avait été nourri par un teinturier, Belchier pensa que cette couleur pouvait être due à des substances colorées en rouge, qui s'étaient mêlées avec les alimens dont le cochon avait été nourri. Cette explication l'amenait à conclure que, dans un même animal, les os devaient se montrer tantôt rouges, tantôt blancs, selon que les alimens dont il userait, seraient colorés ou non. Divers essais qu'il fit dans ce but, justifièrent complétement cette conjecture. Duhamel en France, et plusieurs autres médecins en Allemagne et en Italie, la confirmèrent par des expériences nouvelles, d'autant plus concluantes, qu'elles étaient dirigées sur des os, organes les plus durs de l'économie. A combien plus forte raison les conséquences qui en découlaient devaient-elles être vraies, relativement aux autres parties du corps, essentiellement moins solides et plus pénétrables.

Mais en voulant aller plus loin, et, comme il arrive le plus souvent, à force de travailler cette découverte, on en exagéra les résultats et l'on en tira des conséquences outrées. Il est une époque de la vie à laquelle nos organes, par l'effet continu de ces renouvellemens partiels, ne doivent plus conserver aucun des matériaux qui les formaient d'abord; rien n'est plus certain, et pour nous servir ici d'une comparaison ingénieuse empruntée à M. Richerand, notre corps est semblable au vaisseau des Argonautes, qui, radoubé mille fois dans sa traversée, ne conservait plus, au terme de sa course, aucune pièce de sa construction première. On voulut savoir à quelle époque précise ce renouvellement pouvait être entier dans l'économie animale; les uns disent tous les sept ans, les autres tous les trois ans; la raison de cette différence est aisée à concevoir. Sur quoi baser ici les expériences et les calculs? Comment établir la mesure de ce qu'il faut pour la composition? et, dans le cas où l'on serait parvenu à le faire pour un organe et pour un court espace de temps, comment apprécier avec exactitude les influences exercées sur la nutrition, par le sexe, les tempéramens, les idiosyncrasies et par le cortége infini des circonstances individuelles? Mais revenons à la fonction; esquissons avec exactitude ses traits les plus connus, et selon la marche analytique que nous avons suivie jusqu'à présent, étudions d'abord l'organe qui l'accomplit; nous chercherons ensuite par quel mécanisme elle s'effectue, ou quelle est l'essence des actes de composition et de décomposition que nous avons reconnus être manifestés par cette fonction.

Appareil de la nutrition.

La nutrition s'effectue dans l'intimité de nos organes, dans tous les points de la substance propre à chacun; car la composition de nos organes n'est point identique, et c'est ce qu'on a voulu exprimer en disant le parenchyme d'un organe, au lieu de dire sa substance ou son tissu. C'est donc dans le parenchyme que s'opère la nutrition. La composition du parenchyme est loin d'être entièrement connue; c'est une question d'anatomie transcendante, qui donnera lieu à de longs débats, si toutefois on parvient jamais à la résoudre complétement. On ne saurait pourtant mettre en doute que la trame de toutes nos parties n'admette dans sa composition du tissu cellulaire, des vaisseaux et des nerfs; car, 1° on y rencontre ce premier élément; 2° toutes nos parties sont traversées par des vaisseaux capillaires de tous genres, et il eût été difficile que la nutrition s'y opérât sans un appareil vasculaire; 3° enfin, il suffit de la moindre altération organique pour développer une grande sensibilité dans celles même de nos parties qui, dans l'état normal, paraissaient dépourvues de nerfs. On peut donc dire que tous les parenchymes sont formés par une trame cellulo-vasculo-nerveuse; et telle est, à cet égard, l'opinion de Bichat, semblable, à quelques légères différences près, à celle de MM. Chaussier et Cuvier.

Maintenant, quelle est la disposition respective qu'affectent ces élémens dans l'intimité de nos parties? Nos sens, quelque exercés qu'ils soient, ne peuvent rien nous apprendre de positif à cet égard : nous savons seulement, à n'en pas douter, que le parenchyme diffère dans chaque partie. Comment pourrons-nous dès lors apprécier la fonction dont nous traitons, si nous ignorons ainsi l'organe qui l'accomplit? Mais si nous ne pouvons pas dire ce qu'elle est, nous dirons du moins ce qu'elle n'est pas et quels résultats elle produit.

Action de composition. C'est par cette action que le parenchyme s'assimile une portion du sang artériel qui le pénètre et le renouvelle. Un mouvement moléculaire imperceptible à nos sens a lieu dans les systèmes capillaires, là où les artères qui apportent les matériaux de la fonction et les veines qui en retirent les débris ont acquis un tel degré de ténuité que toute l'inspection de ces canaux est impossible. On est obligé de reconnaître que le parenchyme réagit sur le sang artériel de manière à se l'approprier, à fabriquer avec lui sa substance propre : c'est ce que prouve, en effet, la cessation de la vie dans une partie où une cause quelconque a empêché la circulation; c'est ce que prouve aussi l'altération que subit le sang après son passage à travers les organes. Le sang arrose les parenchymes, et ceux-ci sont renouvelés; voilà tout ce qu'on sait; mais quel rapport lie ces deux phénomènes? comment se succèdent-ils? on l'ignore. On ne peut que signaler à cet égard une différence; c'est que dans certains organes toutes les parties du sang sont assimilables, tandis que d'autres n'admettent que la partie séreuse de ce fluide.

Les hypothèses pour expliquer le mystère de la composition de nos parties sont des plus futiles. Qu'est-ce qu'une imbibition, une affinité, une incrustation, une coagulation effectuée par la chaleur? que signifient ces explications d'autant plus étrangères à la vie, qu'elles sont empruntées à des sciences qui ne s'occupent que de corps inorganiques? Rien de semblable n'a lieu dans la composition des organes, qui est une action élaboratrice essentiellement organique et vitale, dont le produit toujours identique ne change de nature que lorsque l'organe qui l'effectue, a subi quelque modification dans son mode particulier de vie.

Si d'un côté ce sont les parenchymes qui réagissent sur le fluide nutritif, pour opérer leur renouvellement propre, et que de l'autre, les parenchymes soient différens selon les organes qu'ils forment, il faut nécessairement en conclure que la nutrition n'est pas la même dans des parties qui ne sont point identiques, car d'une organisation différente doit résulter une élaboration différente, et par suite une substance diverse, et c'est ce qui a lieu en effet. Ainsi dans les os, c'est un élément osseux qui se forme, dans les muscles, un élément musculaire, dans le cerveau, un élément nerveux, et tous ces élémens sont des produits divers, résultant d'un même sang; preuve nouvelle que pour les extraire, ou plutôt les obtenir de ce fluide, les parenchymes se livrent à une action élaboratrice quelconque, dont la chimie ne saurait donner l'explication.

Si l'on demande maintenant en combien de temps s'opère cette conversion du sang en la substance des organes, quoiqu'il soit difficile de répondre d'après des faits directs, nous sommes portés à penser que cette action est instantanée, parce qu'elle s'effectue dans les vaisseaux capillaires, sur un fluide nutritif qui a acquis le plus grand degré de ténuité. Toutefois pour obtenir une solution plus satisfaisante, il faudrait connaître le degré de rapidité de la circulation capillaire; mais l'on sait seulement que cette rapidité n'est pas la même dans tous les organes, et qu'elle est variable dans chacun d'eux, selon mille circonstances.

Action de décomposition. Par cette action, tous les organes se débarrassent des matériaux usés qui avaient servi à les former, et qui cèdent leur place aux matériaux nouveaux apportés par la composition. Nous avons parlé plus haut de la fonction qui reprend ces matériaux. C'est cette absorption qui a, tour à tour, été appelée *interstitielle*, *décomposante* et *organique*. Par la décomposition, des organes entiers devenus inutiles disparaissent, par elle aussi sont absorbées ces tumeurs accidentelles qu'un état de maladie développe quelquefois.

Il est donc vrai de dire que dans tous les parenchymes se trouvent béantes une multitude de bouches de vaisseaux absorbans, chargés de recueillir les debris de la nutrition. Or, nous savons que ces vaisseaux ne peuvent être que des lymphatiques ou des veines, et probablement les uns et les autres ensemble, ainsi que nous l'avons dit, au paragraphe DE L'ABSORPTION, à propos de cette question, si l'absorption interstitielle est exclusivement départie aux vaisseaux lymphatiques ou bien aux radicules veineuses.

L'action de décomposition est tout aussi moléculaire que l'action de composition, il est conséquemment impossible de la saisir; mais comme il est certain qu'elle modifie les matériaux, puisqu'elle leur donne une forme toute nouvelle, qu'elle les transmute, par exemple, en lymphe et en sang veineux, on peut dire qu'elle est élaboratrice, et qu'elle n'a ni rapport ni analogie avec un fait chimique quelconque. Ainsi dans la nutrition, si le sang artériel a été échangé en la substance des organes, les débris de ces derniers organes ont formé la lymphe et le sang veineux. Que deviennent maintenant ces débris organiques? Nous avons vu qu'ils n'étaient pas rejetés immédiatement, puisque nous savons qu'ils se mêlent un chyle pour aller avec lui se présenter dans le poumon au contact de l'oxygène et former le sang artériel? Pourquoi la nature ne les a-t-elle pas dirigés d'abord vers les organes sécréteurs afin d'en opérer l'expulsion immédiate? Il est difficile de pénétrer le motif d'une pareille disposition. « La nature, disent MM. Chaussier et Adelon, a-t-elle voulu par là ne rien rejeter hors de l'économie, avant de l'avoir soumis à une révision sévère et d'en avoir retiré tout ce qui pouvait encore s'y trouver d'utile? Ou bien, au contraire, les matériaux retirés des organes, traversent-ils le poumon et tout le système artériel impunément et ne sont-ils reconnus, si l'on peut s'exprimer ainsi, que par les organes excréteurs qui en opèrent le triage? » Ici, il semble impossible d'obtenir une solution.

Peut-on, du moins, savoir, quelles sont les molécules des organes que reprend la décomposition? Il est vraisemblable qu'elle s'empare des plus anciennes, celles que la continuité de la vie a détériorées, car les parties constituantes de nos organes font un certain séjour dans l'économie, ainsi que le prouvent les expériences de Belchier et de Duhamel, qui ont reconnu que la matière colorante des os ne disparaissait qu'après un certain temps. Il en est de la décomposition comme de la composition, elle est différente dans chaque organe, parce que la structure des parenchymes nutritifs n'est point la même. De plus, il est des organes dans lesquels elle est plus rapide, d'autres où elle est plus lente, selon la différence du tissu où elle s'effectue, selon l'âge, le tempérament, les idiosyncrasies, etc...

Telles sont les deux actions du concours desquelles résulte la nutrition, fonction merveilleuse, où d'un côté un même fluide est changé en mille organes différens, tandis que de l'autre, la substance usée de ces mêmes organes se transforme toujours dans les mêmes fluides. La moindre modification de cette fonction donne lieu à des maladies nombreuses qui ont pour effet de changer le tissu de nos organes. C'est par une aberration de la nutrition, que les parties molles s'ossifient, et que le parenchyme osseux se carnifie, phénomènes qu'on a désignés sous le nom de *tissus accidentels.*

L'analyse que nous venons de présenter de cette fonction, suffit pour prouver combien il serait difficile, pour ne pas dire impossible, de déterminer la nature intime du principe nutritif qui va alimenter nos organes; toute recherche dans ce but ne conduirait à aucun résultat certain par l'impossibilité absolue de fixer un point de départ pour les expériences nécessaires. Aussi, tout ce qu'on connaît à cet égard, se réduit-il à de simples conjectures. Pour nous, qui nous proposons de ne rassembler que des vérités acquises à la science, nous avons dû nous interdire toute discussion, d'où il ne ressortirait que des probabilités.

Au point où nous sommes arrivés, il ne nous reste plus, pour compléter l'histoire des fonctions nutritives, qu'à étudier la sécrétion, fonction multiple, sous le rapport de ses organes et sous celui de ses produits.

DES SÉCRÉTIONS.

La sécrétion est une fonction par laquelle certains organes fabriquent, avec le sang artériel, des humeurs nouvelles, dont les unes ont divers usages dans l'économie, et les autres, représentant les débris de la nutrition, sont rejetées comme inutiles.

Les premières portent le nom de *récrémentitielles*; les autres sont appelées *excrémentitielles.* Cette distinction marquera la division de notre travail sur la fonction. Nous examinerons d'abord les sécrétions dont le but est la fabrication de fluides récrémentitiels; ensuite nous passerons à la description de celles qui fournissent les humeurs excrémentitielles. Mais il convient auparavant de jeter un coup d'œil rapide sur la nature des organes qui préparent les uns et les autres.

ORGANES SÉCRÉTEURS.

Il existe trois sortes d'appareils sécrétoires : les organes exhalans, les follicules et les glandes.

1° Les organes sécréteurs exhalans ont une forme membraneuse, c'est-à-dire large et mince; à leur surface viennent s'ouvrir librement les orifices chargés de verser l'humeur qu'ils ont fabriquée. Ces organes sécréteurs sont les plus simples; ce qui a porté quelques auteurs à penser que, pour eux, la fonction ne consistait que dans la filtration, à travers les porosités des artères, d'une liqueur toute formée dans le sang. Nous avons assez dit ce qu'il fallait penser de ces explications physiques transportées dans la physiologie. Toute sécrétion, quelque simple qu'elle soit, est une action entièrement dépendante des lois de l'organisation et de la vie, et exige, pour le moins, le concours de deux sortes de vaisseaux; les uns qui apportent le sang artériel, les autres qui reprennent le fluide sécrété. Dans l'exhalation, ces deux systèmes vasculaires sont réduits à leur plus simple expression, c'est-à-dire qu'il semble que le vaisseau capillaire sanguin verse lui-même à son orifice le fluide sécrété; mais, s'il admet à ses extrémités un fluide différent du sang, il est bien évident que ce n'est plus un vaisseau sanguin : aussi lui a-t-on donné alors le nom de vaisseau exhalant, et cela est d'autant plus fondé, que, son action n'étant plus la même, sa structure doit nécessairement varier. Le caractère de l'exhalation consiste donc dans l'absence de tout intermédiaire entre le vaisseau artériel apportant les matériaux de la fonction, et le conduit chargé d'en recueillir les produits.

Les organes sécréteurs exhalans sont assez multipliés dans le corps humain où ils tapissent des surfaces très-étendues, comme les cavités du crâne, de la poitrine, du bas-ventre, etc.

2° Les follicules sont des organes sécréteurs un peu plus compliqués que ceux que nous venons d'examiner. Ce sont des ampoules, des espèces de bouteilles, dont le fond est arrondi et le goulot très-court, toujours situées dans l'épaisseur de la peau et des membranes muqueuses. Ces ampoules ont leur fond appliqué sur les parties recouvertes par la peau ou les membranes muqueuses, et leur goulot ou orifice vient s'ouvrir à la surface de ces mêmes organes, tantôt directement, d'autres fois par l'intermédiaire d'un petit canal très-court, appelé *lacune*.

Ainsi la différence entre le sécréteur exhalant et le follicule résulte de ce que, dans ce dernier, le vaisseau qui amène le sang artériel et celui qui saisit l'humeur sécrétée, forment en s'abouchant, un organe intermédiaire à tous les deux.

Les follicules sécrètent une humeur onctueuse, linifiante destinée à lubrifier des surfaces toujours en contact avec des corps étrangers. Ils sont d'autant plus nombreux, que les organes qu'ils lubrifient et auxquels ils adhèrent, occupent de très-larges surfaces.

3° On donne le nom de *glande* à un organe sécréteur, encore plus composé que le follicule. Ici les deux systèmes vasculaires que nous avons dit constituer les organes sécréteurs se contournent, se disposent d'une manière toute particulière, et forment évidemment un organe intermédiaire entre le vaisseau afférent et celui qui est chargé d'exporter l'humeur fabriquée.

La structure des glandes est très-compliquée. Les vaisseaux afférens et efférens se pelotonnent avec des nerfs dans une trame celluleuse, constituant leur parenchyme. Elles sont quelquefois entourées d'une membrane, et leur produit est toujours versé par un canal excréteur, isolé et distinct.

Les glandes ont été l'objet de beaucoup de recherches faites dans le but de déterminer la forme respective qu'affectent leurs élémens constituans. On a reconnu que le système vasculaire sanguin pénètre dans la glande, tantôt par plusieurs branches, tantôt au moyen d'un seul tronc. On a saisi les radicules du vaisseau sécréteur; on les a vues se réunir en troncs de plus en plus gros et venir former un canal excréteur, dont l'isolement caractérise la glande. Il entre également dans leur composition des artères nourricières, des veines et des vaisseaux lymphatiques, qui, tout en reprenant les débris de la nutrition, emportent de l'organe la portion de sang qui n'a point servi à la sécrétion. L'entrée de ces vaisseaux dans la glande et leur sortie ont lieu par un même endroit. Les nerfs, en pénétrant dans le tissu glandulaire, embrassent les artères, qu'ils accompagnent dans leurs ramifications. Tous ces élémens organiques sont liés ensemble par un tissu cellulaire plus ou moins abondant. Quant à la disposition qu'ils affectent dans l'intimité de l'organe, suivant les uns, ils se réunissent à leurs extrémités pour former des lobules, des petits grains, et l'aspect de la glande est favorable à cette opinion; les autres veulent qu'il y ait des cellules intermédiaires aux deux vaisseaux afférent et efférent qui forment l'élément principal de la glande, et c'est dans ces cellules que serait déposé le sang contenant les matériaux de la sécrétion, et que les vaisseaux sécréteurs viendraient ensuite faire et puiser l'humeur sécrétée; mais on ne saurait démontrer exactement que les choses se passent ainsi, et il n'y a d'incontestable que l'abouchement du système vasculaire sanguin et du système vasculaire sécréteur.

L'économie humaine renferme un certain nombre de glandes; on compte les glandes salivaires qui font la salive; le foie et le pancréas qui fabriquent la bile et le suc pancréatique, les reins qui sécrètent l'urine; les testicules qui font le sperme, et les glandes mammaires qui font le lait. Quelques uns regardent aussi comme une glande l'ovaire, qui fournirait chez la femme l'œuf et la substance particulière par laquelle elle concourt à la génération.

SÉCRÉTION DES HUMEURS RÉCRÉMENTITIELLES.

Les humeurs récrémentitielles sont fabriquées par des organes exhalans qui les versent dans des cavités intérieures, n'ayant aucune communication au dehors. Elles servent d'abord à la partie sur laquelle elles sont versées, et elles concourent ensuite à la formation de la lymphe et du sang veineux. Elles sont le produit de cinq espèces de sécrétion dont nous allons faire un examen rapide.

1° *Sécrétion des sucs séreux.* Ces sucs sont dus aux plus simples des organes sécréteurs, aux organes exhalans. Les membranes qui les produisent sont appelées *membranes séreuses*, elles tapissent toutes les grandes cavités de notre corps ainsi que leurs dépendances. L'arachnoïde, dans le crâne et le canal vertébral; la plèvre, dans la poitrine; le péricarde, qui enveloppe le cœur; le péritoine, qui tapisse tout le bas-ventre; et la tunique vaginale, qui enveloppe le testicule et qui est une dépendance du péritoine, sont autant de membranes qui fabriquent les sucs séreux. Elles enveloppent les organes comme le ferait un bonnet double, de sorte que la moitié de leur surface externe s'applique sur les viscères, et l'autre moitié sur les parois des cavités; leur surface interne étant ainsi contiguë à elle-même : au reste, c'est dans celle-ci que s'épanchent les fluides séreux. La texture de ces membranes est très-mince, elles sont transparentes et leur fond est celluleux; c'est dans leur trame que les artères, devenues capillaires, se continuent avec les vaisseaux sécréteurs exhalans.

Les sucs séreux ressemblent beaucoup au sérum du sang. Dans l'état naturel, ils sont absorbés aussitôt que leur usage est rempli; mais lorsque, par une cause quelconque, cet équilibre de l'exhalation et de l'absorption se trouve détruit, leur amas constitue cette classe de maladies si fréquentes connues sous le nom d'hydropisies.

1° *Sécrétion de la synovie.* La synovie est une humeur grasse versée dans l'intérieur de toutes les articulations mobiles, où elle enduit la surface des os et facilite leur mouvement. Bichat a démontré que cette humeur était versée sur les surfaces articulaires, par une membrane particulière, ayant une grande analogie avec les membranes séreuses, et à laquelle il donne le nom de *membrane synoviale*. La synovie est donc formée par des membranes synoviales, de la même manière que les sucs séreux par les membranes séreuses. Cette humeur est diaphane, incolore, très-visqueuse, peu odorante, et a présenté à l'analyse sur cent parties, 80,40 eau, 4,62 albumine, 11,86 matière fibreuse, 1,75 muriate de soude, 0,71 soude, 0,70 phosphate de chaux. Cette humeur, comme les sucs séreux, forme quelquefois, par son amas, des hydropisies articulaires.

3° *Sécrétions opérées par le tissu cellulaire.* Ce solide organique, qui remplit tous les vides que nos organes laissent entre eux, sécrète deux humeurs particulières qui sont, la sérosité cellulaire et la graisse.

La première ressemble aux sucs séreux, elle se présente en forme de fumée, s'exhalant de l'intérieur ouvert de tout animal récemment tué. Lorsque son absorption est empêchée par quelque cause, il se forme des infiltrations qui, en devenant générales, prennent le nom d'*anasarque*, maladie très-fréquente chez les vieillards et chez les individus d'un tempérament lymphatique.

La graisse est également un produit du tissu cellulaire. Les anatomistes ne paraissent pas encore bien d'accord sur la manière dont s'opère sa sécrétion. Bichat a admis un ordre de vaisseaux exhalans, chargés de la fabriquer; tandis que Malpighi voulait que le tissu cellulaire fût le siége de follicules graisseux. Les recherches de W. Hunter et de A. Monro, ont donné beaucoup de poids à cette dernière opinion, qui est aujourd'hui celle d'un grand nombre d'anatomistes. Selon eux, le tissu graisseux, qu'ils appellent *tissu adipeux*, serait de deux sortes : le tissu *adipeux commun*, et celui des os, qui prend le nom de *médullaire*. L'un et l'autre se composent d'une multitude de vésicules agglomérées, réunies en grains plus volumineux, qui à leur tour, forment de petites masses arrondies, séparées par des sillons plus ou moins profonds. Ces derniers ont d'une ligne à un demi pouce de diamètre. Les grains sont plus petits encore : les vésicules ne se voient qu'au microscope; Monro estime leur diamètre à un six centième ou à un huit centième de pouce. Ces vésicules ne semblent pas communiquer entre elles; lorsqu'on les incise, la graisse ne s'écoule que de celles qui ont été ouvertes. Sur le vivant, ce fluide n'obéit pas à la pression, ni aux lois de la pesanteur. Au reste, les parois de ces vésicules sont excessivement minces; leur transparence laisse apercevoir la couleur jaunâtre de la graisse; on ne peut se faire une idée de la membrane qui les constitue, qu'en incisant cette membrane et en voyant la graisse s'en écouler. Elles semblent formées de la même substance que le tissu cellulaire, mais dans un état différent. Le tissu adipeux reçoit des vaisseaux sanguins; la disposition de ces vaisseaux a été très-bien représentée par Mascagni. Ils sont logés dans les intervalles des espèces de lobes qu'offre le tissu; leurs rameaux se ploient entre les grains adipeux; leurs dernières ramifications entre les vésicules elles-mêmes. Ils pénètrent ces différentes parties par un point peu étendu de leur surface, ce qui fait paraître chacune d'elles comme suspendue à un pédicule vasculaire. On ne connaît point de vaisseaux lymphatiques ni de nerfs dans le tissu adipeux. (Béclard.)

Ainsi la graisse serait sécrétée et déposée dans des vésicules. Mais que deviennent les petits organes sécréteurs, dans l'état de maigreur qui, à la suite des maladies, succède à un grand embonpoint? Il faut donc admettre qu'ils sont absorbés avec la graisse qu'ils contiennent, et qu'ils se reforment ensuite quand cette humeur vient de nouveau se déposer dans le tissu cellulaire. Pour lever cette difficulté, W. Hunter assure que dans l'état de maigreur, le tissu cellulaire conserve un aspect particulier qu'il doit aux vésicules affaissées dont il est rempli.

Quoi qu'il en soit de la manière dont se fabrique la graisse, cette espèce d'huile animale varie suivant les sexes, les individus, les âges, les tempéramens, etc. Abondante dans certaines parties du corps elle manque dans d'autres. Elle est jaune, inodore, se coagulant à la température de 25 à 15 degrés, elle est composée, selon M. Chevreul, de deux élémens auxquels ce chimiste a donné les noms d'*oléine* et de *stéarine*.

La graisse prédomine chez les individus faibles. Sa plus importante destination est, sans doute, de fournir aux besoins du corps, dans ces circonstances difficiles où nos organes sont empêchés de puiser au dehors des matériaux de nutrition, et elle peut être regardée alors comme l'un des principes constitutifs les plus riches de la lymphe et du sang veineux. La graisse contribue aussi à conserver au corps la température qui lui est propre; déposée à l'extrémité des doigts, elle sert de point d'appui à la peau, dans l'exercice du tact.

La moelle est une espèce de graisse qui se dépose dans le canal des os longs; on explique sa formation de la même manière que celle de la graisse, dont elle ne diffère que par une plus grande fluidité. En admettant des vésicules médullaires, on conçoit mieux comment la moelle est suspendue, sans couler dans les cellules nombreuses du tissu spongieux qui remplit les canaux osseux. Ses usages paraissent être relatifs à la nutrition des os. Presque insensible dans l'état de santé, le tissu médullaire jouit d'une grande sensibilité dans les maladies dont les os sont le siége.

4° Nous verrons, en décrivant l'organe de la vue, que le globe de l'œil contient plusieurs humeurs dont on est loin de connaître le mode de formation. Jusqu'à ces derniers temps, on avait pensé qu'elles étaient dues à des membranes séreuses; mais M. Ribes a établi, dans un beau travail, consigné dans le Dictionnaire des Sciences Médicales, que ces humeurs étaient le produit de ces petits replis membraneux, connus sous le nom de *procès ciliaires*, que cet habile anatomiste considère comme un assemblage de vaisseaux sécréteurs.

Il existe aussi dans l'intérieur de l'oreille une liqueur spéciale, appelée *lymphe de Cotugno*, du nom de l'anatomiste italien qui l'a découverte et qui paraît être le véhicule des oscillations sonores;

elle est produite, sans doute, par la membrane qui tapisse la cavité où elle est contenue.

Telles sont les diverses humeurs récrémentitielles que l'on trouve dans le corps de l'homme. Nous parlerons, en son lieu de celles que contient l'œuf humain et la vésicule ombilicale. Nous ne disons rien de ces autres humeurs qui, selon certains physiologistes, seraient sécrétées par la surface interne de tous les systèmes vasculaires, et qui auraient pour usage de lubrifier ces conduits et de les défendre du contact des fluides qui y circulent? L'existence d'une humeur semblable n'est pas assez prouvée, pour que nous croyions utile de nous en occuper.

SÉCRÉTIONS EXCRÉMENTITIELLES.

Cette section comprendra la sécrétion urinaire, celles de la peau et des membranes muqueuses, celle de la salive, du suc pancréatique, de la bile; nous parlerons de la fabrication du sperme, du lait et des menstrues, au chapitre où il sera question de la fonction de la génération, de l'histoire de laquelle ces sécrétions ne sauraient être distraites.

Sécrétion urinaire. Le mécanisme de cette sécrétion est trop compliqué, pour que nous puissions nous dispenser de jeter un coup d'œil rapide sur la disposition anatomique des organes multipliés qui l'effectuent.

Remarquons d'abord ici une différence bien frappante. Dans les sécrétions que nous venons d'examiner, le vaisseau excréteur n'était point séparé du vaisseau afférent. Ici, au contraire, non-seulement nous trouvons un organe intermédiaire entre ces deux systèmes élémentaires constitutifs de tout appareil sécréteur, mais encore il existe un appareil spécial des plus compliqués, dont l'unique fonction est de pousser au dehors l'humeur sécrétée excrémentitielle.

La fabrication de l'urine est confiée à deux glandes d'un certain volume, ayant une forme oblongue assez semblable à celle d'une fève de haricot, et portant le nom de *reins*. Ces glandes, situées sur les deux côtés de la colonne vertébrale, dans l'abdomen, ont une couleur rouge foncée et une consistance assez ferme; leur milieu présente une scissure dirigée du côté de la colonne vertébrale, et donnant passage aux vaisseaux qui vont se distribuer dans leur substance. Leur parenchyme est composé ainsi qu'il suit :

Au niveau des reins l'artère aorte projette à angle droit une artère très-grosse qui aborde directement chaque rein, dans le tissu duquel elle se ramifie à l'infini. Aux endroits où se termine l'artère rénale et conséquemment dans la substance intime de l'organe; naissent les radicules d'un canal excréteur, dont les rameaux successivement réunis, viennent aboutir à une même cavité, qui a reçu le nom de *bassinet*. Là naissent aussi des vaisseaux lympathiques, et des radicules veineuses, ayant pour office de retirer le résidu du sang qui a alimenté la sécrétion. Enfin, des nerfs de plusieurs sortes, formant un réseau autour de l'artère rénale, la suivent dans ses ramifications.

Ces divers élémens liés ensemble par une trame cellulaire, constituent le parenchyme des reins, qui présente à l'inspection trois substances bien distinctes. La première, située à l'extérieur et appelée *corticale*, offre moins de consistance que les deux autres, et semble formée par les ramifications de l'artère rénale. La moyenne, moins rouge, n'est qu'un assemblage de petits tubes rassemblés en faisceaux, ayant l'apparence de petits cônes dont le sommet regarde le bassinet. La dernière ou l'interne porte le nom de *mamillaire*, parce qu'elle est formée par la réunion des sommets des tubes de la substance moyenne qu'on nomme *mamelons*, et dont le nombre varie, depuis cinq jusqu'à dix-huit. Ces mamelons viennent s'aboucher dans des calices qui se réunissent à leur tour, pour former le bassinet. Tel est l'organe sécréteur de l'urine. Voyons ce qui compose l'appareil excréteur de cette humeur.

Du fond de chaque bassinet, naissent sous la forme d'entonnoirs, deux tuyaux de la grosseur d'une plume à écrire, qui, en se rapprochant dans leur trajet assez long, viennent s'ouvrir, par un orifice étroit à l'intérieur d'une poche, située dans l'excavation du bassin.

Cette poche musculo-membraneuse est la vessie, dont la capacité, variable à beaucoup d'égards, peut cependant contenir dans l'adulte de six à huit onces de liquide. La forme de cet organe, quand il est distendu, est ovoïde, conique. On y distingue deux parties principales : 1° le bas-fond, où viennent s'emboucher les urétères; il est tourné vers la partie postérieure du bassin; 2° le col situé à la partie antérieure; il a la forme d'un goulot assez large, se rétrécit peu à peu et donne naissance au canal de l'urètre. La vessie est fixée, en partie, par le péritoine qui la recouvre en arrière, en partie par les replis de cette membrane séreuse, fortifiés par les artères ombilicales qui sont oblitérées. Ce réservoir est composé de deux membranes principales; la première, musculeuse, est très-épaisse dans quelques endroits, où elle forme des colonnes charnues, très-mince dans d'autres, où, venant à manquer quelquefois tout-à-fait, elle présente des cellules très-marquées : la seconde est une membrane muqueuse qui tapisse aussi les reins, les urétères et le canal de l'urètre.

C'est par l'urètre que l'urine est rejetée de la vessie. Chez l'homme ce canal a une étendue de dix à douze pouces; il est moins long chez la femme. Il naît du col de la vessie, et se termine à l'extrémité de la verge, où il amène aussi le fluide spermatique, dans l'acte générateur. Sa portion la plus large est à son origine où elle prend le nom de *prostatique*; c'est dans cette partie, dont la longueur est de quinze à dix-huit lignes, que viennent s'ouvrir les conduits particuliers du sperme. La portion prostatique se continue avec la membraneuse, qui est longue d'un pouce et qui est plus étroite que les autres. Enfin, le canal de l'urètre s'achève par la portion spongieuse qui en forme les trois quarts, et qui est entièrement logée dans la verge, où elle se termine dans ce qu'on appelle le *gland*. Nous aurons, ailleurs, l'occasion d'entrer dans de plus amples détails, sur tout ce qui a rapport à la verge qui, comprenant la dernière partie du canal de l'urètre, complète le nombre des organes employés à sécréter et à excréter l'urine. Disons maintenant comment a lieu la fonction.

Le rein en est l'organe sécrétoire, et c'est dans sa substance corticale, qui est la plus extérieure, que s'opère la fabrication de l'urine; en effet, dans cette substance se terminent les ramifications de l'artère rénale, et l'urine s'y fait remarquer, lorsque cette partie du rein se trouve blessée. Cette humeur filtre ensuite par la substance tubuleuse, et coule goutte à goutte dans le bassinet, d'où elle descend par les urétères dans la vessie. L'urine ne sort de ce réservoir qu'après y avoir demeuré quelque temps, et tout dans l'organe est disposé de manière à y faciliter son séjour; car, d'un côté, elle ne peut point remonter dans les uretères, d'abord, parce que les lois de la gravitation s'y opposent, ensuite parce que ces canaux, avant de s'ouvrir dans l'intérieur de l'organe, rampent l'espace d'un demi-pouce entre ses membranes, et n'y pénètrent que par une ouverture oblique très-étroite, et recouverte en outre d'un repli de la membrane muqueuse, repli que l'urine est obligée de soulever pour tomber dans son réservoir. Cela est si vrai, que des injections poussées avec force par le canal de l'urètre dans la vessie, n'ont jamais pénétré dans les urétères. D'un autre côté, l'urine ne peut pas non plus couler par le canal de l'urètre; car, non seulement le fond de la vessie est situé plus bas que son col, mais encore ce col est fermé par des fibres circulaires qui l'entourent, de sorte qu'il faut un effort volontaire pour effectuer l'excrétion.

L'urine s'accumule donc dans la vessie, où, soit par son abondance, soit par l'âcreté qu'elle y contracte, elle détermine le besoin de l'excréter.

Alors la vessie se contracte, c'est-à dire qu'elle diminue ses diamètres dans tous les sens : cette contraction a lieu par le raccourcissement des fibres qui composent la membrane musculaire dont nous avons vu que cette poche était en partie formée; ainsi est surmonté l'obstacle que les fibres du col opposaient à la sortie de l'urine. Comme cette excrétion est soumise à la volonté, la vessie est, pour l'ordinaire, aidée dans ses efforts par l'action des muscles du bas-ventre, qui en comprimant les viscères contenus dans cette cavité, agissent sur elle d'une manière médiate.

Dans cette action, le canal de l'urètre n'est pas tout-à-fait passif, et lorsque l'excrétion touche à sa fin, divers muscles qui l'entourent poussent le reste du fluide et rétablissent par leur contraction l'occlusion de la vessie. Il était d'autant plus nécessaire qu'un réservoir spécial fût ménagé pour l'urine, que cette humeur, filtrée goutte à goutte à travers les reins, nous eût, par son émission continuelle, assujétis à une incommodité dégoûtante. C'est ici le lieu de parler de la nature de ce fluide et de rechercher à quoi peut être utile son excrétion.

L'urine est un liquide jaune d'une saveur salée, d'une pesanteur spécifique, un peu supérieure à celle de l'eau. L'analyse qu'en a faite M. Berzelius y a démontré, sur mille parties : eau 933,00; urée 30,10; sulfate de potasse 3,71; sulfate de soude 3,16; phosphate de soude 2,94; sel marin 4,45; phosphate d'ammoniaque 1,65; hydrochlorate d'ammoniaque 1,50; acide lactique libre, lactate d'ammoniaque, matière animale soluble dans l'alcool, et qui accompagne ordinairement des matières animales insolubles dans l'alcool, mais qu'on ne peut séparer de la matière précédente, 17,14; phosphate terreux, avec un vestige de chaux, 1,00; acide urique 1,00; mucus de la vessie 0,32; enfin silice 0,03. On voit, par cette analyse, combien est compliquée la composition de l'urine. Quelques uns de ces principes se séparent assez facilement, et on sait qu'il suffit de laisser quelques heures cette humeur en repos, pour qu'il se dépose sur les parois du vase un sédiment jaunâtre qui est de l'acide urique. Il faut peu de temps aussi pour que l'urée se décompose et pour qu'il se forme de l'ammoniaque. Les élémens qui constituent l'urine se désunissent quelquefois avec tant de facilité dans la vessie, dans les urétères, et même dans les reins, qu'ils cèdent à des combinaisons nouvelles et donnent lieu à la formation de calculs, d'où résultent des maladies terribles, telles que la *gravelle* et la *pierre*. Et qu'on n'aille pas croire qu'il faille le concours d'un grand nombre de circonstances, pour donner naissance à ces concrétions; il est aujourd'hui bien démontré qu'il existe entre les principes constituans de cette humeur quinze combinaisons possibles, dont chacune en particulier a été réalisée plus ou moins fréquemment.

De toutes les humeurs sécrétées, l'urine est la plus abondante : sa quantité peut être évaluée de trois à quatre livres par jour. Du reste, elle est variable sous tous les rapports; elle est surtout soumise aux influences de l'âge, du sexe, de la constitution, des climats et des saisons. En général, elle est toujours solidaire des autres sécrétions excrémentitielles : ainsi, elle est rare quand celles-ci sont abondantes, qu'il y a hydropisie, anasarque, etc. Son apparence et sa composition sont différentes dans les diverses périodes des maladies. La sécrétion de l'urine est aussi modifiée par les alimens et par certaines substances; les asperges, la térébenthine lui communiquent une odeur particulière; la rhubarbe, la garance, changent sa couleur, etc.....

La rapidité avec laquelle les boissons, dont l'abondance influe toujours sur la quantité de l'urine, viennent se rendre dans la vessie, avait fait soupçonner qu'il existait un canal direct de l'estomac à la vessie. On ne pouvait pas concevoir que les liquides ingérés fissent avec tant de promptitude le long trajet de la circulation; mais c'est en vain qu'on a recherché le canal présumé. Il faut donc reconnaître que les boissons ne parviennent aux reins que par la voie de la circulation; et la facilité de la sécrétion, la grosseur de l'artère rénale, qui distribue dans le rein la huitième partie du sang, son trajet très-court, enfin la rapidité de la circulation, motivent suffisamment cette opinion; toutefois, quelques physiologistes, trouvant le trajet encore trop long, ont admis que les veines étaient les seuls agens de l'absorption des boissons. Nous avons dit ailleurs ce que nous pensions de cette opinion, par laquelle on refuse aux chylifères une part qui, d'après la destination spéciale de ces vaisseaux, semble devoir être considérable dans la fonction d'absorption.

L'urine n'est sans contredit qu'une humeur décomposante; elle donne à l'économie le moyen de se débarrasser des matières étrangères et des débris de la nutrition.

Humeurs qui ne sont rejetées qu'après avoir rempli divers usages dans l'économie. Les humeurs dont nous allons parler sont évidemment destinées, avant leur excrétion, à remplir un usage particulier à l'égard des parties sur lesquelles elles sont versées; elles ne constituent une déperdition pour le corps, qu'en raison de l'emploi auquel elles ont été appliquées; sous ce rapport, elles ne doivent être regardées que comme accessoirement décomposantes.

Ces humeurs, quant à leurs usages, peuvent être rapportées à quatre divisions : 1° elles linifient les parties sur lesquelles elles sont versées, et leur conservent leur liant; 2° elles aident à la digestion; 3° elles concourent à la génération; 4° elles entretiennent la température propre du corps.

Humeurs linifiantes. De ce genre sont : l'humeur sébacée, les mucus et les larmes.

1° L'humeur sébacée est une graisse sécrétée par des follicules situés sous la peau, principalement aux endroits où cette membrane fait des plis et est exposée à plus de frottemens, ainsi qu'aux endroits où elle est recouverte de poils. Cette humeur se répand sur l'épiderme et sur les poils, dont elle entretient la souplesse et le poli. Mêlée aux corpuscules extérieurs, elle constitue la matière grasse dont nos vêtemens s'imprègnent. L'humeur sébacée, fortement odorante chez le nègre et chez certains individus qui exhalent une odeur de bouc, est en plus ou moins grande quantité, plus ou moins fluide, plus ou moins colorée, selon les divers endroits de la peau dans lesquels elle se répand. Jaune et abondante, dans l'oreille, elle y prend le nom de *cérumen;* aux paupières, elle est la *chassie.* Sa quantité est aussi plus grande aux aines, aux aisselles et à la peau du crâne; sa suppression est d'autant plus dangereuse, que, comme humeur excrémentitielle, elle dépure le sang des matières étrangères qui lui sont mêlées, et concourt ainsi à la décomposition. Il est évident dès lors que c'est sur sa production que doivent être basées les règles de cosmétique à suivre, et que les substances appliquées sur la peau, devront avoir des qualités différentes, selon que cette membrane sera ou trop souple ou trop sèche; c'est-à-dire, selon que l'humeur sébacée sera trop abondante ou trop rare.

2° *Sécrétions muqueuses.* Elles sont également opérées par des follicules qui se trouvent en plus ou moins grand nombre, dans l'épaisseur des membranes muqueuses; leurs produits portent le nom de *mucus.* Ils diffèrent peu entre eux, dans quelque partie qu'on les examine, excepté pour les usages secondaires qu'ils remplissent à l'égard des membranes à la surface desquelles ils sont versés. C'est ainsi que le mucus nasal, après avoir entretenu la membrane olfactive dans l'état d'humidité nécessaire à sa fonction, favorise le sens de l'odorat, en appliquant sur cette membrane, la molécule odorante.

On conçoit de quelle utilité doit être, dans l'économie, cette sécrétion qui a lieu sur des surfaces continuellement en contact avec des corps étrangers, puisqu'elle sert à favoriser le glissement de ces derniers, dans la bouche, l'œsophage, l'estomac et les intestins, et empêche l'action exsiccative de l'air, sur la muqueuse des bronches.

L'excrétion des mucus ne suit pas immédiatement sa sécrétion, mais ce n'est que lorsque ces humeurs sont en certaines quantités sur les membranes, que le besoin de les expulser se manifeste. Le mucus nasal est chassé au moyen d'une forte expiration qu'on appelle le *moucher.* Lorsque ce mucus est surabondant, l'air poussé avec vitesse par les fosses nasales, l'en détache et l'expulse. Il en est de même du *cracher,* avec la seule différence que l'air est alors poussé par la bouche, afin d'entraîner avec lui les mucosités du larynx et des bronches.

La quantité des mucus est variable selon une foule de circonstances; l'inflammation des membranes muqueuses augmente beaucoup leur sécrétion. On sait combien est abondant le mucus nasal dans cette affection, si fréquente, que le vulgaire désigne sous le nom si impropre de *rhume de cerveau*, et qui n'est qu'une irritation de la muqueuse olfactive, irritation que les médecins ont appelée *coryza.* Dans les rhumes proprement dits, l'expectoration est d'autant plus considérable que la muqueuse bronchique a été plus profondément enflammée.

3° *Sécrétion des larmes.* Nous dirons ce qui est relatif à cette sécrétion, quand nous décrirons l'organe de la vue.

Sécrétions dont les produits servent à la digestion. De ce genre sont : la *sécrétion salivaire*, la *sécrétion pancréatique*, et la *sécrétion biliaire.*

1° *Salive.* Trois glandes situées de chaque côté de la bouche, et portant les noms de *parotides sublinguales* et *maxillaires*, sécrètent cette humeur dont nous avons expliqué les usages, au paragraphe DE LA DIGESTION. Nous nous bornerons à indiquer ici son analyse. M. Berzélius a trouvé qu'elle contenait, sur mille parties, savoir : eau 992,9; matière animale particulière 2,9; mucus 1,4; muriate de potasse et de soude 1,7.

2° *Suc pancréatique.* Cette sécrétion ne semble différer de la précédente que par le lieu qu'elle occupe, et la matière sur laquelle elle agit, la salive étant fabriquée à l'entrée de la bouche, et versée sur les alimens avant qu'ils soient élaborés, et le suc pancréatique étant sécrété dans le bas-ventre et versé dans le duodénum, sur le bol alimentaire, lorsqu'il a déjà subi, non seulement une préparation, mais encore une transformation.

3° *Sécrétion de la bile.* Nous traiterons ici avec quelque détail, de la fabrication de la bile, non seulement parce que ce fluide est d'une grande importance dans la chylification des alimens, et que son organe est un des plus volumineux du corps, mais encore parce que l'anomalie circulatoire dont il est le siége a donné lieu à des débats qui ne sont point encore terminés, et qui méritent quelque attention de notre part. Pour être plus clair dans l'exposition de la sécrétion biliaire, décrivons d'abord son appareil, nous ferons ensuite connaître son mécanisme.

A. *Considérations anatomiques sur l'appareil biliaire.* Cet appareil se compose d'une glande, le foie et d'un conduit excréteur, le canal hépatique, qui en retire le produit, pour le porter dans un réservoir appelé *vésicule biliaire*, par l'intermédiaire du canal cystique, ou directement, au moyen du canal cholédoque, dans le duodénum, où il sert à la digestion.

a. Le foie est la plus volumineuse de toutes les glandes. Elle remplit, chez l'homme, tout le côté droit du bas-ventre où elle est située immédiatement sous le diaphragme. Son tissu d'une couleur brune rougeâtre, est très-dense, très-pesant, très-facile à déchirer. Le foie se divise en trois portions, qu'on désigne sous les noms de *lobe droit*, *lobe gauche* et *lobe de Spigel*, ce dernier situé entre les deux autres. Comme toutes les glandes, le foie a pour élémens; 1° un système vasculaire sanguin, que nous allons voir être de deux sortes (l'artère hépatique et la veine porte), apportant les matériaux de la sécrétion; 2° un autre système vasculaire faisant et emportant le fluide sécrété; 3° plus, les principes constituans de toute partie vivante, savoir: des vaisseaux sanguins nutritifs, des vaisseaux lymphatiques, des nerfs et du tissu cellulaire liant entre elles toutes ces parties, de manière à en former un parenchyme dont l'apparence poreuse, granulée, permet de distinguer aisément les communications des vaisseaux qui entrent dans sa composition intime. Le foie est enveloppé par une membrane extérieure fibreuse, appelée *capsule de Glisson*, et qui, bien qu'assez mince, ne laisse pas que d'être apparente dans les endroits où elle existe seule, c'est-à-dire, partout où le foie n'est pas recouvert par l'enveloppe commune à tous les viscères du bas-ventre, le péritoine.

b. Des radicules très-déliées naissent dans la profondeur de l'organe, se réunissent peu à peu et viennent former un tronc commun. Ce tronc commun est le canal hépatique, ayant un diamètre d'une ligne et demie sur une longueur d'un à deux pouces.

c. La vésicule biliaire est une petite poche pyriforme, membraneuse, située à la face inférieure du foie, et destinée à tenir en dépôt une portion de bile; son intérieur est garni d'une foule de petites aspérités qu'on avait prises pour des follicules.

d. Le canal cystique prend naissance au col de la vésicule biliaire : il est garni de plusieurs valvules. Sa longueur est à peu près égale à celle du canal hépatique, auquel il se réunit, en formant avec lui un angle très-aigu.

e. De leur jonction résulte le canal cholédoque, qui, après avoir parcouru un trajet de trois pouces à trois pouces et demi de long, vient, de concert avec le canal pancréatique, auquel il s'abouche quelquefois, s'engager obliquement dans les deux tuniques du duodénum, entre lesquelles il rampe avant de s'ouvrir dans son intérieur.

Quelques physiologistes (et ce sont ceux qui veulent que le sang de la veine-porte fournisse les matériaux de la bile), ajoutent encore à cet appareil biliaire un organe particulier appelé la *rate*. La rate fournit la moitié du sang, qui pénètre dans le foie par la veine-porte. Ce viscère est assez gros : il est également situé dans le bas-ventre, du côté opposé à celui du foie au dessus du rein gauche. Longue de quatre pouces et demi, sur une épaisseur de deux pouces et demi, sa masse pèse huit onces. La rate est d'une couleur noirâtre, d'une consistance mollasse, spongieuse; ses usages sont ignorés : les plus judicieux pensent que c'est un ganglion sanguin. Elle est formée, 1° de l'artère splénique, qui se ramifie dans le tissu de cet organe, qu'elle semble constituer exclusivement; 2° de la veine splénique, qui va s'aboucher avec la veine-porte, dont elle forme la moitié. (Il est à remarquer que ces deux vaisseaux, l'artère et la veine spléniques, ne sont point ici disposés de la même manière que dans les organes glanduleux; en effet, les injections, poussées dans l'artère, pénètrent avec difficulté dans les radicules de la veine); 3° de vaisseaux lymphatiques, qui ne paraissent pas pénétrer dans l'intimité de l'organe; 4° de nerfs; 5° de tissu cellulaire, lien de tous ces principes; 6° d'une membrane extérieure, qui plonge dans l'intérieur de l'organe, fournit une gaîne à l'artère et à la veine spléniques, et isole ainsi ces vaisseaux du tissu propre de la rate; 7° enfin on regarde aussi comme partie intégrante de la rate un sang particulier, qui n'est ni celui de la veine, ni celui de l'artère spléniques. Il est stagnant dans l'organe, se trouve contenu dans un système capillaire intermédiaire à l'artère et à la veine, et on l'obtient en exprimant le tissu très-compressible de cet organe. Du reste, la sensibilité de la rate est si obtuse, qu'on peut la couper sans douleur chez les Chiens, et que ces animaux se la rongent impunément.

Tels sont les organes qu'on regarde comme chargés de la sécrétion biliaire : il n'y a de doute à cet égard que pour la rate; car il n'est pas directement

tement prouvé qu'elle joue, dans la fonction, le rôle qu'on a voulu lui attribuer.

Mécanisme de la sécrétion biliaire. Il est certain que c'est le foie qui est l'organe sécréteur. Mais les matériaux lui sont-ils amenés par l'artère hépatique, ou bien par la veine-porte? Pour résoudre cette question, il faudrait connaître les usages de la rate, et ces usages ne sont pas encore bien déterminés. D'après l'opinion qui fait de la rate un ganglion sanguin, ce ganglion exercerait une action élaboratrice sur le sang, de même que les ganglions lymphatiques en exercent une sur la lymphe. Il est vrai que le sang de la veine splénique est différent de celui des autres veines, qu'il est plus aqueux, plus albumineux, plus noir, plus onctueux et moins coagulable; mais pour quelles fins ce ganglion élaborerait-il le sang? Serait-ce pour la fabrication du sang artériel, ou bien pour la fabrication de la bile? Dans ce cas, l'absence de la rate devrait amener quelques changemens dans les conduits du foie. C'est pour éclaircir ce point de la question, que M. Dupuytren a pratiqué l'extirpation de cet organe sur quarante chiens à la fois; mais il n'en est résulté aucune lumière. On a vu seulement que cet organe n'était pas essentiel à la vie; car les animaux qui ont pu supporter l'opération ont été guéris au bout de vingt jours, et n'ont ensuite rien présenté d'extraordinaire dans leurs fonctions nutritives, si ce n'est, pendant les premiers jours, un appétit vorace, qu'on pouvait d'autant mieux attribuer au régime auquel on les avait soumis, pour éloigner tous les accidens qui eussent pu entraver la guérison, que cet appétit est promptement revenu à son état naturel.

La plupart des physiologistes n'en ont pas moins admis que la rate faisait subir au sang une préparation nécessaire à la fabrication de la bile. Ainsi se trouverait en partie résolue la première question, savoir : lequel des deux vaisseaux, de la veine-porte ou de l'artère hépatique fournit les matériaux de la sécrétion. Ils veulent en effet que la bile soit faite aux dépens du sang de la veine-porte; mais les raisons qu'ils donnent ne constituent point une démonstration rigoureuse : il en est même que l'on pourrait invoquer en faveur de l'opinion qui fait provenir la bile du sang de l'artère hépatique. La question est donc encore indécise. M. Magendie seul, tranchant la difficulté, pense que la bile est formée par ces deux ordres de vaisseaux à la fois.

L'obscurité qui enveloppe le mécanisme de la sécrétion biliaire s'étend aussi à quelques points de son excrètion. La bile parvenue, soit par l'action contractile des sécréteurs, soit par les mouvemens de la respiration, jusqu'au canal hépatique, coule-t-elle d'une manière non interrompue dans le duodénum (ce que semble prouver la présence continuelle d'une certaine quantité de cette humeur dans le tube alimentaire), et dans ce cas comment se rend-elle du foie dans la vésicule du fiel hors le temps de la digestion, et comment aussi cette vésicule se vide-t-elle lorsque cette fonction s'exécute? Ou bien la bile ne coule-t-elle dans le canal alimentaire que pendant la chylification, et alors comment détruire les faits qui prouvent que la bile coule sans interruption dans cet organe, ainsi que M. Magendie la expérimenté sur des chiens, où il a vu cette humeur sourdre de l'orifice de ce canal deux fois par minute environ, intervalle nécessaire sans doute pour que la sécrétion ait lieu? Du reste, les partisans de l'une et de l'autre opinion admettent que la bile va se mettre en dépôt dans la vésicule biliaire, et qu'ensuite cette vésicule se vide au moment de la chylification. En séjournant dans ce réservoir, cette humeur s'épaissit et forme quelquefois des calculs appelés biliaires.

Nous avons parlé ailleurs des usages de la bile; il ne nous reste plus qu'à donner sa composition. La bile de l'homme contient, d'après M. Thénard, sur 1100 parties, 1000 d'eau, 42 d'albumine, 41 de substance résineuse, 2 à 10 de matière jaune, 5 à 6 de soude libre, 4 à 5 de phosphate, d'hydrochlorate et de sulfate de soude, de phosphate de chaux et d'oxide de fer. Plus récemment on y a découvert une certaine quantité de picromel.

Sécrétions excrémentitielles génitales. Ces sécrétions sont au nombre de trois, savoir : la sécrétion du sperme, la sécrétion du lait, et la sécrétion des menstrues. Comme elles appartiennent à la génération, nous n'en parlerons pas ici.

Sécrétions excrémentitielles ayant pour objet l'entretien de la température du corps. Ces sécrétions, qui agissent en absorbant le calorique prédominant, sont de deux sortes : les unes sont produites à la peau, où elles forment la perspiration cutanée et la sueur; les autres sont produites à la surface des membranes muqueuses et constituent les perspirations muqueuses.

1° (*a*) *Perspiration cutanée*, appelée aussi *transpiration insensible.* Dans l'état de santé, elle est l'excrétion la plus abondante, et celle qui soulage le plus. Son but, dans l'économie, est de dépurer le sang, de concourir ainsi à la décomposition et de servir en même temps à l'entretien de la température du corps. C'est un fluide vaporeux très-visible dans certains cas, comme lorsqu'on applique une partie de la peau à la surface d'une glace ou de tout autre corps bien poli; quelquefois même, en hiver principalement, on la voit se dégager en fumée.

La perspiration cutanée forme donc autour du corps une sorte d'atmosphère particulière que l'air dissout et que les vêtemens absorbent. Elle est produite par les nombreux vaisseaux exhalans qui entrent dans la composition de la peau et qui aboutissant à sa surface externe immédiatement au dessous du derme, la rejettent d'une manière continue, par un mécanisme commun à toutes les exhalations.

On a fait beaucoup de recherches dans le but d'évaluer la quantité de la perspiration cutanée : Sanctorius, à Venise, s'établit pendant trente ans dans une balance, pesant avec exactitude, d'un côté toute la nourriture qu'il prenait, et de l'autre, le produit de ses excrétions sensibles; les comparant ensuite entre elles, lorsque son corps était revenu à un poids qu'il avait primitivement noté, il considérait comme transpiration insensible tout ce qui manquait aux excrétions pour égaler les ingestions. Il crut voir de la sorte que la transpiration insensible constituait à elle seule les cinq huitièmes de nos pertes. Dodart en France, Robinson en Écosse, Gorter en Hollande, Linnings dans la Caroline méridionale, expérimentant sur les mêmes bases, obtinrent tous des résultats différens, et il devait en être ainsi non seulement parce que le procédé employé était tout-à-fait défectueux, puisque l'on ne tenait point compte de l'air respiré, mais encore parce que cette fonction, comme toutes les autres, varie à l'infini par l'effet de mille circonstances dont on chercherait en vain à apprécier rigoureusement l'influence sur la peau.

Toutefois, ces expériences furent utiles, en ce qu'elles servirent à faire connaître d'une manière générale les variations que la perspiration cutanée présente selon les âges, les climats et les saisons. Ainsi, l'on reconnut que dans la vieillesse l'urine prédominait, que dans l'enfance c'était la perspiration cutanée; que pendant les mois chauds, la perspiration est à l'urine dans le rapport de cinq à trois; dans les mois froids, de deux à trois. Avril, mai, octobre, novembre, décembre, donnèrent des rapports égaux entre ces deux excrétions. Lavoisier et Séguin, qui expérimentèrent les derniers sur cette matière, reconnurent que la plus forte quantité de transpiration, est de trente-deux grains par minute; trois onces deux gros quarante-huit grains par heures; cinq livres par jour. La moindre quantité est de onze grains par minute; une livre onze onces quatre gros par jour. Elle est à son *minimum* pendant la digestion, et à son *maximum* après l'accomplissement de cette fonction: les mauvaises digestions diminuent la transpiration, le poids du corps est plus grand pendant quelques jours; mais à mesure que la santé se rétablit, il revient à son état primitif. Les expériences de Lavoisier et de Séguin furent plus précises, en ce qu'elles conduisirent à séparer la perspiration cutanée de la perspiration pulmonaire; ce qui n'avait pas été fait avant eux.

Il était pourtant aisé de prévoir que, quelque rigoureux que fussent les calculs, il ne serait jamais possible d'apprécier, avec quelque certitude, la quantité positive de la transpiration insensible, parce que rien n'est plus variable que cette sécrétion: l'âge, le sexe, les tempéramens, les climats, les saisons et les idiosyncrasies la modifient singulièrement. Ainsi elle est abondante et acidule chez l'enfant, médiocre et musquée chez le pubère, âcre et rare chez le vieillard; elle est en plus grande quantité dans l'homme que dans la femme, chez qui elle est acidule, à l'époque des règles.

Comme la sécrétion de l'urine, celle de la transpiration a pour objet spécial d'accomplir la décomposition du corps. Si l'on considère, d'un côté, que la transpiration est l'excrétion la plus abondante dans l'état de santé, qu'elle est la plus ordinaire aux gens forts; que d'un autre côté, la peau, qui en est le siége, reçoit les influences les plus grandes et du dehors par la température, et du dedans par les sympathies qui l'unissent avec les divers organes, on concevra aisément que son trouble doit être regardé comme la cause fréquente d'un grande nombre de maladies.

Il est probable que la transpiration insensible varie aussi sous le rapport de la qualité de sa matière. On sait que les sels qu'elle contient sont d'autant plus abondans, que l'urine est moins chargée d'acide phosphorique. Delà la nécessité d'étriller les animaux domestiques pour détacher ces sels de la peau, sur laquelle ils s'arrêtent; dans l'état sauvage, ils savent s'en délivrer eux-mêmes. Ces sels étant moins abondans chez l'homme, le linge blanc et des bains, par intervalles, suffisent pour les enlever.

b. La sueur n'est que la transpiration dans un état d'exaltation. L'accélération de la circulation en est toujours la cause prochaine. Donc tout ce qui tend à précipiter la circulation générale, comme la course, et toute espèce d'efforts, contribuera à produire la sueur. Il en est de même de l'excitation de la peau, soit directe, soit sympathique, comme un air chaud, l'application du feu, les frictions, etc. Les lieux où la sueur se montre le plus ordinairement sont les mains, les pieds, les aisselles, les aines, le front. La sueur est d'autant plus facile qu'on est plus jeune; cette excrétion, comme toutes les autres, est spécialement subordonnée aux idiosyncrasies; aussi, tandis que tel individu sue avec une grande facilité, tel autre ne peut jamais suer.

La sueur est bien évidemment destinée à aider à la décomposition du corps en épurant le sang, mais ce n'est point son seul usage, et nous avons vu, au chapitre de le respiration, que ce phénomène avait également pour but d'entretenir le corps dans sa température spéciale. La sueur que la moindre excitation peut produire est une preuve de l'extrême sensibilité de la peau: elle est d'un secours fréquent dans le traitement des maladies où elle fournit au médecin un grand moyen de dérivation.

2° *Perspirations muqueuses.* Il existe entre les membranes muqueuses et la peau de très-grandes analogies, tant sous le rapport de leur texture que sous celui de leurs sécrétions. Toutes ces membranes perspirent aussi sous forme d'*halitus* ou de vapeur, une matière dont la composition chimique est la même que celle de la transpiration cutanée; cette perspiration est susceptible d'augmentation sous l'influence de divers excitans; elle prend alors la forme d'un liquide plus ou moins consistant. Il est très-probable que chaque membrane muqueuse est le siége d'une perspiration différente. Celle qui a le plus fixé l'attention est la perspiration pulmonaire, dont Lavoisier et Séguin ont cherché à apprécier les produits, comme ils l'ont fait pour la perspiration cutanée.

Ici finit l'histoire des sécrétions, et avec elle celle des fonctions nutritives. Les phénomènes qui nous restent à étudier sont d'un ordre plus relevé. Jusqu'ici la vie, telle que nous l'avons vue, est tout intérieure : elle se borne à l'accroissement et au décroissement du corps. Dans l'histoire des fonctions de relation, nous verrons l'homme se multiplier, si on peut le dire, en s'appropriant en quelque sorte tous les objets extérieurs pour les faire servir, non plus au développement de son corps, mais bien à celui de son intelligence et à l'agrandissement de l'empire qu'il exerce sur le globe.

DES FONCTIONS DE RELATION EN GÉNÉRAL.

Au nombre des phénomènes qui distinguent le végétal de l'animal, se trouvent la sensibilité, la locomotivité ou faculté de se mouvoir, et la voix.

Chez le végétal, la nature seule et sans aucune espèce de concours effectue les rapports des autres êtres qui sont nécessaires à sa nutrition et à sa reproduction, en sorte que c'est irrésistiblement et sans conscience de ce qu'il fait que le végétal absorbe dans le sol auquel il est fixé les matériaux nutritifs qui sont à sa portée. C'est aussi sans aucune perception et d'une manière également irrésistible que la reproduction s'effectue chez lui ; souvent même c'est un agent étranger qui saisit la poussière séminale fabriquée par les étamines et la porte sur le pistil qu'elle doit féconder.

L'animal, au contraire, parcourant le globe en dominateur, choisit à son gré les alimens dont il doit se nourrir, et, quand il en sent le besoin, se rapproche de son semblable, qui par la différence de sexe doit concourir à l'acte conservateur de l'espèce.

Mais la volonté dont il jouit est entièrement soumise à la sensibilité ; car l'animal ne peut vouloir un objet dont il n'a pas la conscience, et cette conscience peut seulement résulter de l'impression que cet objet a faite sur lui. Se connaître lui-même et connaître les êtres avec lesquels il doit se créer des rapports, est donc la conséquence immédiate de la non-fixation de l'animal à un lieu déterminé sur la terre.

S'il a fallu que l'animal sentît les rapports pour les vouloir, il n'a pas moins été indispensable qu'il se mût pour les effectuer, d'où la sensibilité et la locomotivité, par lesquelles, d'un côté, il sent ses besoins et perçoit les impressions que les corps extérieurs font sur lui, tandis que de l'autre il se meut dans le milieu qu'il habite et se rapproche ou s'éloigne des autres êtres suivant qu'il lui convient.

La sensibilité et la locomotivité, fonctions des plus importantes, président à tous les actes nécessaires de l'économie. Elles ont d'autant plus d'influence sur la production de ces actes, que l'individu est plus élevé sur l'échelle de l'animalité. Il est même un degré où la locomotivité n'effectue point à elle seule les rapports des êtres. Les animaux peuvent alors correspondre sans mettre en jeu les organes de la locomotion. La voix, fonction nouvelle, leur est donnée pour communiquer entre eux sans la participation de toute autre espèce d'organes, même celui de la vue, l'air remplissant en quelque sorte l'office de la lumière et fournissant des moyens précieux de manifester les plus légères impressions.

DES SENSATIONS.

Le système nerveux est l'agent spécial de la sensibilité, c'est donc par l'étude des organes qu'il constitue que nous devons commencer l'étude des sensations.

Le système nerveux se divise en deux grandes sections, dont l'une embrasse tout ce qui a rapport à la vie nutritive, et l'autre, tout ce qui se rattache à la vie de relation. Ce dernier est la source de la sensibilité proprement dite ; il anime les organes des sens, de la locomotion et de la voix, tandis que le second dispense aux viscères qui accomplissent la nutrition cette sensibilité obscure, non perceptible, qui les excite à remplir leurs fonctions.

Nous parlerons d'abord du système nerveux de la vie nutritive, parce qu'ayant commencé par étudier les phénomènes que cette vie manifeste, nous n'aurons plus à y revenir quand nous nous serons rendu compte de l'influence des nerfs dont elle dépend.

SYSTÈME NERVEUX DE LA VIE DE NUTRITION.

Étendu sur les deux côtés de la colonne vertébrale, depuis le bassin jusqu'à l'extrémité supérieure du tronc, le système nerveux de la vie nutritive qu'on appelle aussi *nerf grand sympathique*, se présente sous la forme de deux cordons interceptés dans leur longueur par plusieurs renflemens auxquels on a donné le nom de *ganglions*. Ces renflemens sont remarquables, d'une part, par les filets qui s'en détachent, pour se porter vers les organes de la vie de nutrition, comme le cœur, le foie, l'estomac, les organes urinaires et génitaux, etc., et de l'autre, par de nouveaux filets qui, aboutissant directement au canal creusé dans la colonne vertébrale, se confondent avec la *moelle épinière*, qui, comme nous le verrons, constitue l'un des principaux moteurs des phénomènes de relation.

Cette disposition a donné lieu à deux manières de considérer les fonctions du grand sympathique. Selon les uns, de même que toute autre sensibilité, l'influence nerveuse qui régit les fonctions viscérales dériverait de l'encéphale : les rameaux qui se rendent de la moelle épinière aux ganglions, ne seraient alors que les conducteurs de cette influence, ou, si on le préfère, les racines du grand sympathique, tandis que les ganglions auraient pour usage de la modifier, et de lui faire prendre les caractères spéciaux qu'elle manifeste dans les organes nutritifs. D'après une opinion contraire, chaque ganglion serait un centre nerveux particulier capable de fabriquer un agent nerveux spécial, et de le distribuer aux organes ; dans cette hypothèse, les filets nerveux qui se rendent du grand sympathique à la moelle épinière ne sont que de simples agens de communication et de correspondance.

Ce qu'il y a de certain, c'est que, malgré cette correspondance, les organes de la vie nutritive sont soustraits à l'empire de la volonté. Il est vrai de dire aussi que si une disposition semblable donne lieu à des influences réciproques, ces influences, inaperçues dans l'état de santé, ne se manifestent que pendant les maladies, et déterminent alors la perception de la douleur dans des parties qui ne jouissaient que de la sensibilité organique.

Toutefois les viscères, qui ont pour objet la nutrition, ne sont pas tous exclusivement soumis à l'influence du grand sympathique. Le diaphragme, la vessie et le rectum, etc., forment une grande exception à cette loi qui régit les autres organes, puisqu'ils reçoivent à la fois des filets sympathiques et des filets cérébraux. Aussi l'influence cérébrale a-t-elle sur leur action quelque pouvoir, de même que sur la respiration et sur l'excrétion de l'urine, fonctions qui ne sont volontaires que jusqu'à un certain point : la volonté s'opposant à l'action de ces organes, ne tarde pas à être vaincue, et jamais elle ne résiste, sans que l'économie entière souffre plus ou moins de cette résistance.

Il est aisé de voir que, si les deux systèmes nerveux sont isolés et indépendans l'un de l'autre, dans quelques uns de leurs actes, ils sont étroitement liés dans d'autres; tant il est vrai de dire que la nature n'a jamais enfreint cette loi de l'unité, qui ressort de ses ouvrages les plus compliqués, comme de ses ouvrages les plus simples, loi de perfection dont l'observation, dans les ouvrages de l'homme, fonde le caractère distinctif du génie.

Bornons ici notre examen du système nerveux de la vie de nutrition. Nous avons exposé, à cet égard, ce que la science présente de plus avéré, ou de plus probable; des recherches ultérieures à celles que nous venons de signaler, n'ont rien produit de positif, et il y a tout lieu de croire qu'en ce point, comme en plusieurs autres de la Physiologie, il est beaucoup de choses qui ne seront pas de long-temps éclaircies. Quant à ce qui est relatif au système nerveux de la vie de relation, nous renvoyons aux articles Cerveau, Encéphale, Nerfs, Moelle épinière.

De l'innervation. Fonctions cérébrales. L'innervation est un nom collectif qui sert à désigner toutes les fonctions du système nerveux. Tous les phénomènes de la vie sont soumis d'une manière plus ou moins directe à son empire. C'est par son intermédiaire que sont manifestées les opérations mentales les plus élevées. On ne sait rien sur la manière dont elle est produite; cependant, on croit généralement que le système nerveux est l'organe formateur et conducteur d'un agent impondérable, analogue à l'agent électrique ou galvanique; telle est l'opinion de Reil, Aldini, de M. de Humboldt, et surtout de Cuvier. Cet agent explique, en effet, tous les phénomènes de l'innervation. On conçoit ainsi l'analogie qui existe entre l'action nerveuse engourdissante des poissons électriques et les phénomènes galvaniques d'une part, et l'action nerveuse ordinaire, de l'autre. On comprend comment il est possible de déterminer des phénomènes galvaniques, avec des nerfs et des muscles seuls; comment on peut déterminer des contractions musculaires, l'action chymifiante de l'estomac, l'action respiratoire du poumon, etc., en remplaçant l'influence nerveuse, par l'action galvanique.

Rolando, considérant cette opinion comme très-vraisemblable, a cherché la source de l'agent nerveux de la contraction dans le cervelet qui, à raison de ses lames, lui a paru devoir agir à la manière d'une pile de Volta. Il a prétendu également que la sensation était effectuée par un mouvement moléculaire de la pulpe nerveuse.

Si cette manière d'être de l'innervation était bien démontrée, elle fournirait la base la plus solide au magnétisme; car, en admettant qu'elle est analogue au fluide électrique, on serait obligé de reconnaître qu'elle peut passer d'un individu à un autre, et c'est là ce que prétendent les partisans du magnétisme.

L'innervation s'affaiblit par le travail des sens et de l'encéphale, et surtout par la douleur. Le repos, l'alimentation et le sommeil la réparent. M. Béclard pense que son énergie est relative à la masse du système nerveux tout entier, et de ses parties, et surtout à la masse de la substance grise qui est la plus vasculaire. Elle persiste quelque temps après la mort, dans les nerfs et dans les muscles.

Mais il convient de parler d'une manière plus précise, des phénomènes de l'innervation, et de traiter des fonctions qui résultent de l'action des diverses parties de l'encéphale.

Dans l'étude des fonctions nutritives, nous avons pu apprécier directement l'action des organes affectés à leur production; ainsi nous avons senti les battemens du cœur, aperçu le mouvement péristaltique de l'estomac et des intestins, etc. Les fonctions cérébrales ne nous sont manifestées que par leur résultat; car il n'a été donné à aucun de nos sens, de saisir le mécanisme si délicat qui les effectue. Cela posé, voici ce que l'on remarque : si la communication entre l'encéphale et une partie sensible et mouvante, se trouve interrompue par une cause quelconque, soit par la division du nerf conducteur de la sensation et de la volition, soit par une maladie, soit enfin par l'application d'une substance qui aurait la propriété de détruire l'action nerveuse; d'un côté, l'encéphale n'éprouve aucune sensation dans cette partie, de l'autre, la volonté est impuissante à y produire des mouvemens.

La sensation est nulle aussi, lorsque l'encéphale est plongé dans le sommeil, engourdi par l'opium, ou qu'une lésion quelconque a empêché son action, quelle que soit d'ailleurs l'intégrité de la partie qui reçoit l'impression, et celle du nerf chargé de la transmettre. On sait encore que l'attention fait paraître très-intenses des sensations qui sont le résultat d'impressions faibles; et il est même des cas, comme dans les rêves, où les sensations sont produites sans aucune cause déterminante, sans aucune impression réelle. Les mêmes raisons font aussi rapporter le siége de la volition à l'encéphale : l'état de convulsion résultant dans un plus ou moins grand nombre de muscles d'une irritation quelconque de cet organe n'établissent-elles point ce fait jusqu'à l'évidence? Il est donc incontestable que l'encéphale est l'organe qui perçoit toutes les sensations, et le point de départ de tous les mouvemens volontaires.

Quelle est maintenant la partie de l'encéphale qui perçoit les sensations, et qui exécute les volitions? Les expériences les plus récentes, faites par les docteurs Rolando et Flourens, établissent d'une manière certaine que ce sont les hémisphères cérébraux, jusqu'au lieu où nous avons vu les tubercules quadrijumeaux adhérer à la moelle allongée; car, lorsqu'il y a interruption de communication entre ces parties et le reste du corps, il n'existe point de perception, et toute irritation au dessus de ce point ne détermine pas de contractions convulsives.

Le cerveau est aussi l'organe matériel de l'intelligence; c'est à son action qu'il faut attribuer la manifestation des actes intellectuels et moraux. En effet, 1° il est prouvé, par des observations nombreuses de maladies et par beaucoup d'expériences faites sur les animaux vivans, que le moral est perverti, si cet organe est altéré d'une manière directe ou sympathique; ce qui n'a pas lieu dans les affections les plus graves des autres parties du corps, comme on le voit pour les maladies mortelles du cœur, de l'estomac et du poumon, où les fonctions intellectuelles s'exécutent d'une manière si libre, que le malade assiste réellement à sa destruction; 2° la capacité intellectuelle d'un individu est toujours en rapport avec le développement de son encéphale, et l'on sait à cet égard combien est grande la différence entre le petit cerveau de l'idiot et l'encéphale volumineux de l'homme de génie; 3° Il y a toujours coïncidence entre les divers degrés du développement de cet organe et l'intelligence. Ainsi l'intelligence s'accroît dans le premier âge à mesure que le cerveau se développe; elle s'affaiblit dans le dernier, en raison de l'affaissement de cet organe; 4° comme tous les autres organes, l'encéphale est modifié par le régime, le climat, les institutions, etc. Ces modifications en amènent toujours de pareilles dans les phénomènes intellectuels et moraux, de sorte que l'on peut expliquer les différences nationales par le développement varié que les influences diverses ont fait subir aux cerveaux individuels des peuples; 5° enfin, l'anatomie et la Physiologie comparées ont démontré que si, parmi les animaux, il y a des différences dans leurs facultés instinctives, ces différences sont toujours en raison du développement de leur système nerveux encéphalique, de sorte que, s'il était possible de constater exactement les différences qui existent entre l'encéphale des animaux de chaque échelle et celui de l'homme, on pourrait préciser la condition matérielle qui constitue en lui l'humanité. C'est ainsi que la sphère relative, la psychologie de chaque être, est déterminée d'avance par le degré de développement que la nature a assigné à son système nerveux; et il faut bien qu'il en soit ainsi; car autrement, où trouver les bases de la législation et de la morale?

De tous ces faits, et de beaucoup d'autres que nous négligeons de rassembler ici, il résulte évidemment que le cerveau seul est l'organe matériel affecté à la production des actes intellectuels et moraux.

Cette opinion, généralement admise, a subi néanmoins quelques modifications, et Bichat, entre autres, a voulu assigner le siége des facultés affectives, au système nerveux de la vie nutritive, se fondant principalement sur ce que les phénomènes des passions se rapportent aux organes de cette vie, ainsi que cela a lieu, par exemple, dans une émotion subite où le cœur et l'estomac éprouvent une gêne et une constriction relatives à la vivacité de cette émotion. Mais, comme le dit très-bien M. Adelon, il a pris ici l'effet pour la cause; sans doute, le cœur presse ses battemens dans la colère, mais les jambes ne manquent-elles pas dans la peur? et si l'on rapporte la colère au cœur, il faudrait donc rapporter aussi la peur aux jambes.

M. Broussais, tout en reconnaissant que les passions affectives ont leur siége dans l'encéphale, s'est rapproché néanmoins de la manière de voir de Bichat, en disant que l'instinct et les passions ont leur source dans les besoins des organes. « Il » n'y a point de passions, dit-il, sans une foule de » sensations rapportées aux viscères, et toutes ces » sensations sont fondées sur nos besoins, c'est-à- » dire sur notre instinct. » (Phys., pag. 166.) Or voici comment il explique la production des sensations à l'occasion des besoins. « Un aliment se » présente au sens de la vue, de l'ouïe, de l'odorat; si l'estomac en a besoin, la perception est » agréable, et le désir de s'approprier l'aliment se » développe avec énergie; si l'estomac est rempli, » ou bien s'il est malade, la perception est désagréable, l'aliment inspire de la répugnance, et » le centre de perception (le cerveau) détermine » ou tend à déterminer des mouvemens propres à » l'éloigner. Mais, continue-t-il, pour que ce jugement ait lieu, il est indispensable que l'impression perçue par les sens externes et transmise par » les nerfs au centre de relation (le cerveau), soit à » l'instant réfléchie par celui-ci dans les viscères, » et ce n'est pas seulement, ajoute-t-il, dans les » viscères que ces impressions intéressent qu'elles » sont réfléchies, mais encore dans tous les viscères à la fois. »

Pour faire sentir toute l'insuffisance d'une pareille théorie, il suffit de l'appliquer à un exemple, comme l'a fait le docteur Miquel.

« Une pomme frappe ma vue : l'impression faite sur ma rétine est transmise au centre de relation (le cerveau); celui-ci, ne sachant que faire de cette impression, puisqu'elle n'a encore pour lui aucune valeur, la renvoie, par le moyen des nerfs, dans tous les viscères à la fois. Le poumon n'y fait aucune attention; le cœur ne la connaît pas; le foie ne répond rien; la rate, pas plus que le foie; les organes génitaux sont muets; les intestins se soulèvent à peine, mais l'estomac reconnaît la pomme et crie au cerveau : elle est pour moi; alors, seulement, le cerveau la reconnaît lui-même et ordonne à la main de s'en saisir, à la mâchoire de la triturer, et aux muscles du pharynx de l'avaler. Mettez un livre à la place de la pomme; quel est le viscère qui le demandera pour lui? » On sent bien que nous ne suivrons pas plus loin M. Broussais dans ses idées sur les passions, fondées par lui sur des besoins ainsi analysés.

Au reste, cette idée de chercher dans les organes nutritifs des fondemens au moral n'est pas neuve, et Cabanis l'avait déjà développée avec un grand talent dans son bel ouvrage des Rapports du physique et du moral. Reconnaissant l'impossibilité d'expliquer tous les phénomènes du moral, uniquement avec les impressions des sens, et voulant, conformément à l'opinion généralement admise, que le cerveau ne pût engendrer les actes moraux sans des impressions antécédentes, il avait reconnu une seconde classe d'impressions sous le titre d'*impressions internes*, occasionées par l'action des organes intérieurs, laquelle action devenait ainsi une nouvelle source de matériaux du moral. Mais avec un pareil principe, on ne voit pas pourquoi les animaux qui ont des organes intérieurs et des sens internes comme l'homme, n'auraient point comme lui un moral. Ensuite, ces impressions suffisent-elles pour expliquer tous les actes intellectuels? Non; car il est bien certain que la production de ces actes a quelquefois lieu sans impressions antécédentes. Tout ce que Cabanis a dit à cet égard ne regarde et ne peut regarder que les effets du tempérament sur le moral, et l'on aurait tort de vouloir, comme il l'a fait, mettre cette influence au rang des conditions organiques fondamentales du moral. Mais il est temps d'arriver à une question qui a beaucoup occupé les esprits, dans ces derniers temps surtout où les découvertes anatomiques ont fait croire un instant qu'elle ne tarderait point à être complétement résolue.

Est-ce le cerveau tout entier qui agit dans la manifestation des actes de l'intelligence et du moral, ou bien chacun de ces actes a-t-il dans cet organe une partie affectée à sa production?

La solution de cette question en suppose nécessairement une autre subsidiaire qu'on n'a point encore pu et qu'on ne pourra jamais résoudre. C'est celle de savoir quelles sont les actions générales auxquelles se livre le cerveau, quel est le jeu de ses parties, pour produire les beaux phénomènes de l'entendement?

En supposant que ce soit un mouvement, on demandera toujours quelle différence il y a entre le mouvement moléculaire, duquel naît le souvenir, et celui qui effectue la perception? et si l'innervation est due, comme on tend à le croire aujourd'hui, à un fluide nerveux analogue aux fluides électrique et galvanique, où sont nos moyens de connaître l'essence de ce fluide dans le cerveau plutôt que dans la matière inorganique? D'ailleurs nous avons vu, en étudiant la digestion, la respiration, etc., que le dernier acte de ces fonctions toutes matérielles, l'acte organique et vital qui en accomplit le but, était insaisissable par nos sens, à plus forte raison, le mécanisme des opérations les plus sublimes de l'organisation, celui des actes de l'intelligence, nous sera-t-il inconnu?

En effet, qu'a-t-on aperçu, lorsque le cerveau, accidentellement mis à nu, a permis de l'observer pendant qu'il remplit ses fonctions? Rien, absolument rien; car on ne comptera pas pour quelque chose l'injection légère de son tissu, qu'on a, sans raison, attribuée à une forte contention d'esprit, tandis qu'elle n'était, sans doute, que le résultat de l'irritation communiquée à la substance de l'encéphale par la lésion qui avait intéressé ses enveloppes. On peut donc affirmer avec certitude qu'on ne pourra jamais connaître en quoi consiste l'action qui accomplit les phénomènes de l'entendement; et, cette question restant insoluble, sur quoi fondera-t-on celle de la pluralité des organes dans l'encéphale?

Dominé par cette idée, qu'il y a dans le cerveau autant d'organes que de facultés dans l'entendement, idée admise sur plusieurs raisons qui, comme nous le dirons plus bas, sont loin de constituer une démonstration, M. Gall conçut la possibilité de déterminer les unes et les autres. On voit déjà, d'après ce que nous avons dit ci-dessus, combien il eût été inutile de chercher à spécifier les caractères anatomiques de chacun de ces organes présumés, afin de remonter directement aux facultés que, dans son hypothèse, il était forcé de leur attribuer. Dès qu'il eut reconnu qu'une pareille route était impraticable, il se rejeta sur les facultés, pour en venir de là aux organes; ainsi l'anatomie ne lui étant d'aucun secours, ce fut à la métaphysique qu'il voulut emprunter ses premières bases.

Mais, de ce côté, que de difficultés nouvelles à vaincre; les métaphysiciens n'étaient point d'accord entre eux sur le nombre et les caractères des facultés de l'entendement; ainsi, quand il voulut déterminer les organes de la mémoire, du jugement et de l'imagination, etc., facultés admises par la plupart des philosophes, ses recherches furent-elles toujours sans résultats?

Le physiologiste allemand fut donc réduit à se créer une métaphysique nouvelle, à l'aide de laquelle il pût parvenir à la solution du problème qu'il s'était proposé. Pour ne pas échouer dans cette tentative, il n'eût fallu rien moins qu'une de ces inspirations qui semblent être l'instinct du génie. En effet, que pouvait ici l'observation qui, regardée avec raison comme la base solide de toutes les sciences, avait été jusqu'alors constamment impuissante dans la métaphysique. Dans cet état d'hésitation et de perplexité qui précède toujours les travaux hasardeux, et qui, quelquefois, est un avant-coureur, même un présage des grandes découvertes, M. Gall se dirigea tout à coup vers les idées les plus vulgaires.

On dit assez généralement d'un homme qui cultive la poésie avec succès : *Cet homme est né poète.* M. Gall prit l'aptitude à la poésie, pour une faculté distincte, et reconnut dans ce même homme l'existence d'un organe séparé, destiné à l'accomplissement de cette faculté. Tel fut son point de départ.

Mais, dans cette route nouvelle, M. Gall n'a d'autre guide que lui-même, et il est d'autant plus exposé à s'égarer, que, s'il se détourne un seul instant de son but, il lui sera impossible de se retrouver sur ce terrein mouvant et non encore battu. Suivons ce savant dans ses excursions ; il croit voir bientôt que la tête du poète présente des différences sensibles avec celle des hommes ordinaires, et après un grand nombre de recherches sur des crânes et des plâtres d'une origine certaine, il pense avoir reconnu la condition organique essentielle qui fait le poète. Mêmes recherches sur le musicien, sur le mathématicien, etc., même résultat, c'est-à-dire que M. Gall distingue la configuration de la tête du musicien, du mathématicien, etc....., et ainsi de suite, prenant toujours pour des facultés, les dispositions prédominantes des individus, et attribuant à chacune de ces prétendues facultés une place bien marquée dans l'encéphale.

En continuant de la sorte, il admet un nombre assez considérable de facultés correspondantes chacune à une organisation différente de l'encéphale, ainsi que cela a été établi à l'article PHRÉNOLOGIE.

La seule chose qui, en définitive, résulte des travaux de tous les physiologistes sur le système nerveux, c'est 1° que l'encéphale est le rendez-vous de toutes les sensations, le point de départ de toutes les volitions et l'organe matériel unique de l'intelligence ; 2° que l'on a de fortes raisons de présumer que les hémisphères cérébraux sont la seule partie de l'encéphale affectée à l'intelligence, sans que l'on ait aucun moyen de connaître *à priori* quelle est l'action intime à laquelle se livre cet organe dans la production des divers actes moraux.

DES SENS.

Nous avons vu que toute sensation exige pour son accomplissement trois actes essentiels, savoir : 1° l'impression ; 2° la transmission de cette impression au centre ; 3° la perception de l'impression par ce même centre : ce n'est que le mécanisme du premier de ces actes qu'il nous sera donné de connaître jusqu'à un certain point, c'est-à-dire l'action d'impression, ou, en d'autres termes, l'application des corps extérieurs à nos organes.

Or cette application est différente selon la diversité des objets qui nous impressionnent.

Tantôt ils se mettent en contact presque immédiat avec nos nerfs, comme dans le sens du toucher, de la gustation, de l'olfaction ; d'autres fois il existe un appareil assez compliqué qui s'interpose entre le nerf et le sujet de l'impression, comme cela a lieu pour les sens de l'ouïe et de la vue.

Quelques physiologistes, et Cabanis surtout, ont pensé que tous les sens pouvaient se réduire au tact dont ils ne seraient alors que des modifications. Cette opinion s'accorde parfaitement avec les procédés ordinaires de la nature, qui, dans toutes ses œuvres, avec de petits moyens, produit de grands effets : elle est plus probable surtout que le sentiment de Buffon et de quelques autres qui croient qu'il existe depuis six jusqu'à huit sens, et qui prétendent même que nous pourrions en avoir davantage, au grand profit de notre intelligence et de la plénitude de notre vie. « Que sçait-on si le » genre humain faict quelque sottise, à faute de » quelque sens, et que, par ce défaut, la plupart du » visage des choses nous soit caché ? Que sçait-on » si les difficultés que nous trouvons en plusieurs » ouvrages de nature viennent de là ? Et si plusieurs » effets des animaux qui excèdent notre capacité, » sont produits par la faute de quelque sens que » nous ayons à dire ? Et si aulcuns d'entre eux ont » une vie plus pleine par ce moyen et entière que la » nôtre. » (MONTAIGNE.)

C'est dommage, Garo, que tu n'es point entré
Au conseil de celui que prêche ton curé. (LAFONTAINE.)

Il nous suffit d'avoir les moyens de connaître tout ce que les corps peuvent avoir en eux de qualités utiles pour nous, et les cinq sens que nous possédons atteignent parfaitement un pareil but ; laissons donc de côté ces discussions hypothétiques qui, toutes bizarres qu'elles sont, n'ont pas même le mérite futile de contenter une impatiente curiosité. Tel est le propre de la vanité humaine : peu satisfaite des réalités bornées qui l'entourent, elle s'emporte dans la sphère des possibilités, où les illusions dont elle se nourrit se changent bientôt en chimères.

Mais venons-en au mécanisme des sens, et, pour aller du simple au composé, commençons par l'étude du toucher.

Le toucher, ou le tact, car ces deux mots sont synonymes, quoiqu'on ait voulu les distinguer, est une fonction de la peau. Il a lieu sur toute sa surface, toutefois plus ou moins parfaitement dans chacune de ses parties, selon la configuration plus ou moins favorable qu'elles présentent. C'est ainsi que le tact, obscur à la plante des pieds et au talon, est parfait à la main, où il s'exerce le plus ordinairement.

Le sens du toucher est le plus général, et il n'est aucun être doué de la vie qui n'en jouisse conformément à ses besoins. Les oiseaux ne forment point une exception ; car les plumes dont ils sont recouverts ne les empêchent pas de sentir jusqu'aux moindres variations atmosphériques. L'oiseau de mer, déployant ses ailes, décrivant de longs circuits sur les flots, montant et descendant avec les vagues, aux approches d'un orage, est regardé par le navigateur comme le messager des vents et des tempêtes.

Avant de parler des usages du tact ou du toucher, il convient de décrire l'organe qui en est le siége; or cet organe, c'est la peau.

ANATOMIE DE LA PEAU.

La structure de la peau est encore bien peu connue, malgré les travaux de beaucoup d'hommes célèbres. Notre ignorance du nombre des élémens organiques du tissu cutané et de leur disposition a naturellement donné naissance à des opinions erronées sur plusieurs des fonctions de l'enveloppe tégumentaire; car, sans anatomie exacte, il n'y a pas de Physiologie rigoureuse. Depuis Malpighi jusqu'à Gautier, on a reconnu, en général, quatre parties plus ou moins distinctes dans l'enveloppe tégumentaire : le derme, le corps papillaire, le tissu muqueux de Malpighi et l'épiderme. La nature et les rapports de ces diverses parties entre elles ayant échappé aux moyens ordinaires d'investigation, chaque auteur a substitué une hypothèse aux lumières que lui refusait l'anatomie, ce qui n'a fait qu'embarrasser la question au lieu de la résoudre.

Parmi les nombreux auteurs qui ont fait des travaux sur la structure de la peau, nous citerons MM. Delle Chiaje et Mozon, qui ont publié des travaux intéressans sur la composition anatomique de l'épiderme, et plus récemment encore MM. Breschet et Roussel de Vauzème. Ces derniers anatomistes surtout ont jeté un grand jour sur les questions physiologiques de la peau; aussi allons-nous emprunter à leur travail tout ce qui est relatif à la structure de la peau.

Parties constituantes de la peau.

1° *Derme*. Canevas cellulaire, dense, fibreuse, enveloppant et protégeant les vaisseaux capillaires sanguins, les vaisseaux lymphatiques, les filets nerveux et le parenchyme des autres organes contenus dans la peau.

2° *Papilles*. Organe du tact, terminaison du système nerveux, développé sous forme de mamelons légèrement fléchis, dont le sommet est terminé en pointe mousse et caché sous plusieurs enveloppes sur la baleine, le sommet des papilles est olivâtre, tandis qu'il est conique chez l'homme.

3° *Appareil diapnogène, organes de la sécrétion et de l'excrétion de la sueur*. Composé d'un parenchyme glanduleux et de canaux sudorifiques ou hidrophores.

L'organe parenchymateux ou sécrétoire est renfermé dans le derme, et donne naissance à des canaux excréteurs disposés en spirales, qui passent entre les mamelons du tissu papillaire et se dirigent obliquement pour s'ouvrir à la surface extérieure de l'épiderme.

4° *Appareil d'exhalation ou canaux absorbans*. Ces canaux ressemblent, sous plusieurs rapports, aux vaisseaux lymphatiques; ils sont situés dans la matière cornée ou corps muqueux qui forme la couche la plus extérieure de la peau, car la cuticule ou feuillet épidermique n'est qu'une dépendance de la matière cornée. Ces canaux exhalans paraissent être dépourvus de bouches ou ouvertures d'absorption; leur origine serait en cul-de-sac ou petits renflemens sans formes. Bien qu'on voie les exhalans commencer vers la couche la plus superficielle de la cuticule, cependant rien n'est plus difficile que de distinguer leur origine. Par leur autre extrémité, les canaux communiquent avec un lacis de vaisseaux que l'on croit être des lymphatiques entremêlés de veines.

5° *Organes producteurs de la matière muqueuse ou appareil blennogène*, composé 1° d'un parenchyme glanduleux ou organe de sécrétion situé dans l'épaisseur du derme; 2° de canaux excréteurs qui sortent de l'organe précédent et déposent la matière muqueuse entre les papilles.

6° *Appareil producteur de la matière colorante ou appareil chromatogène*. Composé d'un parenchyme glanduleux ou de sécrétion, situé un peu au dessous des papilles, et offrant des canaux excréteurs particuliers qui versent, à la surface du derme le principe colorant qui se mêle à la matière cornée ou muqueuse, molle et diffluante. De ce mélange résulte le prétendu corps réticulaire de Malpighi et l'épiderme ou cuticule. On doit considérer aussi comme produits par ce double appareil, les cornes, les écailles, les piquans, les poils, les soies, les crins, les cheveux, la laine, les sabots, les ongles, etc.

Après avoir examiné successivement toutes les régions de l'enveloppe cutanée de l'homme, MM. Breschet et Roussel de Vaugème ont reconnu que la peau du talon offrait, par l'épaisseur du derme et du tissu corné, le développement le plus favorable à l'étude. C'est pour cela qu'ils ont circonscrit leurs recherches dans cette partie se réservant plus tard d'indiquer la cause anatomique des nombreuses variétés de formes que revêts la peau dans les diverses régions du corps. Comme il serait trop long d'exposer ici toutes les recherches importantes des auteurs que nous venons de citer, nous indiquerons du moins en résumé, les principaux résultats auxquels ils sont arrivés.

1° Il existe réellement un appareil d'exhalation composé de canaux hydrophores ou sudorifères disposés en spirale ouvert à la surface de la peau par une de leurs extrémités, et correspondant par l'autre extrémité au derme, dans un corps parenchymateux ou glanduleux.

2° Les canaux exhalans sont situés dans le corps muqueux constituant les couches épidermiques; que ces canaux absorbant paraissent être dépourvus d'orifices à leur extrémité;

3° Le milieu dans lequel ces canaux absorbans se répandent est au dessus de la face externe du derme;

4° La matière muqueuse qui, en se durcissant, forme les diverses couches épidermiques, est produite par un appareil particulier composé d'un organe principal comparable à une glande, correspondant

respondant à la partie la plus profonde du derme et d'un canal excréteur;

5° L'épiderme au tissu corné résultant de cette sécrétion et de son mélange avec la matière colorante est traversé par les canaux sudorifères, les canaux inhalans, les papilles nerveuses, etc. Les deux derniers ne s'ouvrent pas au dehors.

6° Un second appareil, situé vers la surface du derme, est chargé de la sécrétion de la matière colorante ou pigment. Cet appareil se compose aussi de glandules et de petits canaux excréteurs;

7° La matière sécrétée par cet appareil va se mêler à la matière cornée diffluente au corps muqueux de Malpighi, ainsi qu'à ses dépendances pour les colorer;

8° L'épiderme résultant de la sécrétion de la matière muqueuse, et de son mélange au pigment ou matière colorante, est disposé par couches successives. De cette disposition résultent les écailles de la couche superficielle ou épidermes de beaucoup d'auteurs;

9° L'appareil de la sensibilité se compose à la peau de papilles en éminences conoïdes formées essentiellement par les extrémités nerveuses, enveloppées par des couches épidermiques, et les filets nerveux parvenant sous ses gaînes nouvelles, se dépouillent de leur névrilemme, et finissent en s'anastomosant entre eux, pour former des arcades;

10° Dans ces papilles pénètre un petit vaisseau sanguin, bien inférieur par son volume aux filets nerveux qui sont très-apparens;

11° Les filets nerveux, quoique se séparant du névrilemme pour pénétrer sous les gaînes épidermiques, conservent une membrane propre.

12° Le derme est une trame fibreuse et vasculaire, dans laquelle sont contenus les organes de sécrétion et le commencement de leurs canaux excréteurs, l'origine des canaux exhalans et beaucoup de vaisseaux lymphatiques et sanguins. Ces derniers correspondent principalement aux deux faces de ce derme surtout à la face interne, et forment là des réseaux nombreux, une sorte de tissu érectile. Les vaisseaux sanguins ne pénètrent pas dans le corps muqueux ou substance cornée, et au-delà du derme, on ne voit de vaisseaux sanguins que dans les papilles, encore sont-ils très-déliés, en petit nombre et difficiles à distinguer; mais on aperçoit à l'aide de l'injection et de verres grossissans, des vaisseaux lymphatiques à la face externe du derme, dans les premières couches du corps muqueux et sur le contour des papilles disposées en réseaux dont les mailles sont plus ou moins serrées sans qu'on puisse leur reconnaître d'orifices de terminaison.

Quant à la couleur de la peau, elle est en raison du développement des autres parties du corps; dans toutes les races, elle est d'un blanc rosé à l'époque de la naissance; ce n'est qu'après et peu à peu qu'elle acquiert la couleur propre à chacune. On commence ordinairement à l'apercevoir le troisième jour; elle paraît alors autour des ongles, des yeux, de l'anus et des organes de la copulation; le septième jour la coloration est étendue partout, excepté aux régions palmaire et plantaire, qui restent blanchâtres. Pendant la première année, la couleur est peu intense, elle augmente ensuite et persiste pendant la plus grande partie de la vie, pour diminuer dans la vieillesse.

Cette coïncidence du développement du pigment avec celui de beaucoup d'autres parties, qui n'apparaissent qu'après la naissance, ne prouve-t-elle pas jusqu'à l'évidence que c'est une condition organique de l'individu, et non pas un effet de l'influence du soleil. C'est parce qu'il devait habiter sous un ciel brûlant, que le nègre a reçu de la nature les moyens de se garantir de son ardeur.

Nous ne nous arrêterons point à décrire ici les dépendances de la peau, telles que les ongles et les poils, regardés jusqu'à ce jour comme des productions de l'épiderme; mais un zoologiste distingué a émis sur la formation de ces diverses parties une opinion assez singulière, que nous ne ferons que citer ici; elle montrera d'ailleurs en passant quelle est la direction imprimée aujourd'hui à l'histoire naturelle, et spécialement à l'anatomie comparée, qui consiste, non plus à recueillir tous les traits distinctifs des animaux, mais à spécifier quels sont les organes qui peuvent être considérés comme de véritables élémens, quelques formes qu'ils affectent d'ailleurs. M. Blainville pense que le poil est le rudiment de toutes les parties constituantes de la peau et même des divers organes des sens, quelque composés qu'ils soient, comme l'œil et l'oreille. Il regarde les plumes, les ongles, les écailles, les cornes et même les dents, comme les poils composés. Nous laissons à nos lecteurs la liberté d'apprécier un pareil sentiment sur l'organisation animale; ce n'est que par un effort violent de notre esprit et même de notre imagination, que nous ne voyons dans l'œil et l'oreille, qu'un poil mieux organisé.

Maintenant que la peau nous est connue dans ses élémens constituans, examinons-la dans son ensemble et arrêtons-nous surtout aux parties les plus propres à effectuer la sensation du tact et du toucher. Elle forme les limites du corps, qu'elle recouvre dans son entier; elle est conséquemment toujours exposée au contact des corps étrangers. Elle est douce, souple, élastique, très-extensible et assez solide. Son épaisseur est de deux à trois lignes; elle varie en outre, selon les diverses parties du corps; elle est grande au crâne, moindre à la face; elle a beaucoup de finesse aux lèvres, aux paupières, au sein, au pénis, au scrotum. La peau, à la partie postérieure du tronc, est assez généralement deux fois plus épaisse qu'à la partie antérieure. Il en est de même de son adhérence aux parties sous-jacentes. Elle est surtout très-fixe à la paume de la main, à la plante des pieds et au nez. La différence qui existe dans la sensibilité de ses diverses parties, fait penser que les nerfs n'y sont pas également répandus. L'anatomie fait voir que ceux de la main, où le toucher est supérieur à toute autre région de la peau, sont plus gros que ceux des autres portions de cette membrane. Pour le système vasculaire, il est bien évident qu'il est des parties où les vaisseaux sanguins sont plus abondans, comme aux joues, où l'expansibilité dont ils jouissent, modifie singulièrement la coloration du visage, en attirant le sang, comme dans les affections de l'âme et dans les passions. Enfin, comme toutes les autres parties de l'organisation, la peau présente des différences selon les âges, les sexes, les tempéramens et les habitudes. Rude et comme raccornie chez le campagnard, elle est au contraire souple et très-sensible chez le citadin; molle, douce, fine, impressionnable, dépourvue de poils chez la femme; elle est ferme, résistante et plus garnie dans l'homme.

Mais nulle part la peau n'est, mieux qu'à la main, disposée pour effectuer la sensation du tact.

C'est à l'extrémité des doigts surtout que le toucher semble être le plus délicat; aussi les papilles nerveuses y sont-elles plus nombreuses et plus développées; elles y sont soutenues par un coussinet de tissu cellulaire qui s'appuie par sa face postérieure sur ces productions épidermiques, sur ces poils composés qu'on appelle *ongles*.

La peau est d'ailleurs à la main dans les mêmes conditions de structure que partout ailleurs; seulement elle est fortement tendue, fortement unie aux parties sous-jacentes, ne présentant aucune autre ride que les plis occasionés par les mouvemens de préhension.

Mécanisme du tact ou du toucher. Usages de ce sens. Rien n'est plus simple que le mécanisme de la sensation qui nous occupe; il suffit que le corps extérieur se trouve en contact immédiat avec quelqu'une de nos parties. La sensation est d'autant plus parfaite que la disposition de la peau est plus analogue à la forme du corps qui effectue l'impression, et que l'épiderme est moins épais: d'où il suit que la main, comme organe du toucher, nous donne une notion plus exacte qu'aucune autre partie, parce qu'elle réunit ces diverses conditions à un très-haut degré.

La forme, la consistance, les dimensions et la plupart des qualités générales des corps sont susceptibles d'être appréciées par le toucher; mais la notion que ce sens nous fait acquérir le plus directement; c'est celle de la température des corps. L'air extérieur étant sans cesse en contact immédiat avec quelque point de notre peau, il fait sur elle des impressions diverses, en raison des différens degrés de calorique qu'il contient, ce qui constitue les sensations de chaud et de froid que nous éprouvons continuellement, selon les saisons et les climats.

Nous avons vu, au paragraphe de la *Respiration*, que notre corps avait la propriété de dégager du calorique que les corps extérieurs lui enlèvent, en plus ou moins grande quantité, selon les circonstances environnantes. Toutes choses égales d'ailleurs, si l'air extérieur est plus chaud que nos organes, nous devons éprouver une sensation de chaleur; si, au contraire, sa température est inférieure à la nôtre, nous devons éprouver une sensation de froid. Or, dans nos climats, notre température est de trente-deux degrés, tandis que le milieu que nous habitons n'en a que de quinze à dix-huit dans les saisons tempérées, vingt-cinq au plus dans les chaleurs de l'été. Nous devrions donc toujours avoir froid. Mais d'abord, pour échapper à cette sensation, nous avons recours, dans certains cas au feu, et toujours aux vêtemens. De plus, notre corps s'est habitué à cette soustraction continuelle de calorique qu'il remplace au même instant, de telle sorte qu'une grande partie du calorique dégagé par nos organes se trouve destiné à faire les frais de la perte que nous fait éprouver l'abaissement constant de la température, dans le milieu que nous habitons. Cela posé, nous sommes atteints d'une sensation de chaleur toutes les fois que l'air nous soustrait moins de calorique que dans l'état moyen, et d'une sensation de froid lorsqu'il nous en soutire davantage. Ceci prouve que les sensations de froid et de chaud ne sont jamais que relatives, et que le toucher ne peut point nous donner la connaissance véritable de l'état des corps, sous le rapport du calorique spécifique qu'ils contiennent; nous apprenons seulement que tel corps est plus chaud ou plus froid que celui qui nous a impressionnés précédemment, selon qu'il nous a enlevé plus ou moins de calorique. Il suit encore de là qu'un corps nous paraît plus chaud ou plus froid, quoiqu'ayant la même température, selon qu'il est bon ou mauvais conducteur du calorique. C'est ainsi que le bois et le marbre nous donnent des sensations différentes quoiqu'ils se trouvent dans des circonstances parfaitement identiques, quant à leur température spéciale.

La notion de la température nous est acquise par toute la surface de la peau; il n'en est pas de même pour les autres qualités des corps, telles que leur configuration externe, leurs dimensions, leur consistance; la peau a besoin pour cela d'être disposée d'une manière plutôt que d'une autre, et nous avons vu qu'à la main elle réunissait les conditions les plus heureuses pour cet effet. Cette perfection de la main de l'homme a été remarquée dans tous les temps, et plusieurs philosophes n'avaient point douté de lui attribuer toute la source de notre intelligence; Buffon, lui-même, avait donné au toucher une prépondérance telle, qu'il prétendait que ce sens pouvait à lui seul remplacer tous les autres; il nous sera toujours difficile de concevoir, malgré les faits qu'on rapporte, comment un aveugle distinguera les couleurs, et pourquoi la nature qui ne fait rien d'inutile et qui procède toujours par les moyens les plus simples, aurait compliqué la mécanique de l'homme en lui donnant des organes dont son intelligence eût pu se passer.

Il est peu d'impressions indifférentes toutes les fois que le *moi* y est attentif. Un sentiment de plaisir ou de peine les accompagne toujours, circonstance nécessaire dans la condition où l'homme se trouve à l'égard des autres corps qu'il a besoin de connaître, pour effectuer avec eux les rapports nécessaires à sa conservation individuelle et à son bien-être. A cet égard, le toucher est un des sens les plus précieux. Certaines parties sont douées d'une sensibilité exquise qui est la source des plus grandes jouissances. Que la main se promène sur une surface arrondie et vivante en embrassant ses contours, la douceur de la peau, son poli, la chaleur halitueuse qu'elle dégage, la vie que ces circonstances y indiquent, font naître, non pas seulement dans la main, mais dans le corps entier, un doux frémissement, un sentiment de chaleur plein de délices; et pourtant, ce toucher n'est encore que le prélude d'un autre mille fois plus délicat, qui, lorsqu'il s'effectue, appelle dans les organes où il siége tout ce que l'être possède de sensibilité et de vie.

Nous ne releverons point ici les erreurs des philosophes et des métaphysiciens qui ont attribué au toucher le développement des facultés industrielles des animaux et de l'homme, en sorte que, selon leur opinion, les êtres seraient d'autant plus intelligens que leur toucher serait plus parfait; mais il est bien évident que le toucher n'est qu'un moyen de recevoir des impressions que l'intelligence met en œuvre, et que par conséquent plus l'intelligence sera grande, plus les résultats du toucher seront étendus. Il suffit, pour s'en convaincre, d'examiner ceux des animaux qui possèdent des organes du toucher assez bons, comme les Singes; sont-ils pour cela plus capables que d'autres d'aucun travail mécanique?.....

Comme tout ce qui tient à la vie, le toucher et le tact sont assujétis aux modifications de l'âge. Chez le vieillard, ce sens est considérablement détérioré; la graisse ayant disparu, le derme n'est plus soutenu par elle, il se plisse, devient flasque, et partant, moins propre à effectuer le toucher, tandis que, d'un autre côté, la sensibilité générale s'est bien affaiblie. L'habitude et l'exercice donnent ce sens une grande perfection; on sait combien il est exquis chez les aveugles.

Il devrait être actuellement question des sens du goût et de l'odorat; mais comme ces fonctions ont été exposées avec détails aux articles Gout et Olfaction, nous n'y reviendrons pas ici.

SENSATION DE L'OUÏE.

L'ouïe est le plus noble de tous les sens : c'est par son intermédiaire que la parole se transmet à travers les airs et que les relations les plus intimes s'établissent entre les êtres qui en sont doués. Qu'ils seraient faibles, nos moyens de communication, si nous étions réduits à l'expression très-souvent obscure et toujours insuffisante du geste! Mais, indépendamment de l'utilité immense que nous trouvons dans ce sens, qui, comme on l'a très-bien remarqué, devient le fondement de toute la puissance et de toute la grandeur de l'homme, par la facilité qu'il lui donne d'entrer en société de pensées avec ses semblables, la nature a encore attaché du plaisir à son exercice.

Quel charme peut être comparé à celui que portent dans notre âme les accens mélodieux d'une musique tour à tour sérieuse et badine, langoureuse et folâtre, douce et terrible, plaintive et menaçante, excitant la colère, enflammant le courage, comprimant la fureur, calmant la crainte; en un mot, dissipant le chagrin, l'inquiétude et l'ennui : tels sont les effets de cet art merveilleux, dont l'exploitation n'appartient qu'au génie.

Mais si des sons habilement combinés exercent un tel pouvoir sur l'imagination, il n'en est pas de même des bruits violens; ils affaiblissent la sensibilité de l'organe : il est rare que les artilleurs, ceux de mer surtout, où le bruit du canon est plus retentissant, conservent la finesse de l'oreille; souvent ils deviennent entièrement sourds.

L'usage et l'habitude perfectionnent beaucoup l'audition, comme on le voit pour les musiciens. Ce sens est sujet à des anomalies très-singulières : on connaît l'exemple de cette femme qui n'entendait le son de la voix que lorsqu'on faisait du bruit autour d'elle, en battant un tambour ou en faisant sonner une cloche. Chez un acteur, les sons de la voix produisaient une sensation confuse qui le faisait continuellement détonner toutes les fois qu'il voulait chanter dans le haut. Les mêmes sons, tirés d'un instrument, produisaient le même effet, si l'instrument n'était pas éloigné : à une certaine distance, la perception était nette. (Rostan.)

DE LA VISION.

L'objet de ce sens est la perception de la coloration des corps, et, par conséquent, de la lumière dont les couleurs ne sont que des modifications. Nous devons donc traiter, dans cet article, de l'appareil de la vision, de la théorie de l'impression et de la sensation elle-même, et renvoyer au mot Lumière pour ce qui resterait à dire sur les phénomènes physiques de la vision.

Appareil de la vision. L'œil situé à l'extérieur et à la partie supérieure de la face, est par sa position exposé à de nombreuses altérations. Aussi la nature a-t-elle pris les plus grandes précautions pour l'en garantir. Divers organes disposés autour de celui qui accomplit la vision servent, les uns à entretenir son poli, les autres à le soustraire, soit à l'influence d'une lumière trop vive, soit à l'action de l'air, et à le défendre des atteintes extérieures.

Ces parties que Haller appelait *Tutamina oculi*, sont d'abord les orbites, cavités irrégulièrement conoïdes, à la base desquelles le globe de l'œil se trouve logé. Elles sont assez larges pour permettre des insertions aux muscles destinées à le mouvoir. Leur sommet, percé d'un trou, pour le passage du nerf optique dont l'épanouissement va former la rétine, est en outre garni d'une quantité très-abondante de tissu cellulaire qui y forme un coussinet sur lequel le globe de l'œil repose en arrière. Leur base, qui est en avant, est coupée obliquement, disposition qui agrandit singulièrement le champ de la vision, en ce que les mouvemens de la tête ne sont pas toujours nécessaires pour voir les objets qui se trouvent à nos côtés. Les cavités orbitaires sont formées par des os très-résistans, et le globe de l'œil en est d'autant mieux protégé que leurs bords s'avancent sur les côtés et à la partie supérieure, pour constituer des angles saillans qui, par leur relief consistant, repoussent nécessairement les violences extérieures.

Pour soustraire les yeux, organes délicats de la lumière, à la trop grande excitation, la nature a tendu, devant la partie antérieure de leur globe, deux voiles mobiles désignés sous le nom de *paupières*. L'écartement qui les sépare, est pris le plus souvent, mais sans raison, pour mesure de la grandeur de l'œil. Leur bord libre est épais, résistant, garni de poils durs et solides, d'une couleur analogue à celle des cheveux et dont l'usage est d'empêcher que des insectes ou d'autres corps légers voltigeant dans l'atmosphère ne viennent s'insinuer entre le globe de l'œil et les voiles qui le recouvrent. Les cils de la paupière supérieure sont recourbés; leur convexité est en bas; les cils de la paupière inférieure sont disposés en sens inverse. Il résulte de là que lorsque les paupières sont rapprochées, les cils forment une espèce de grille qui ne laisse passer qu'une certaine quantité de lumière à la fois. Dans l'épaisseur des paupières on trouve aussi des follicules qui sécrètent une matière onctueuse, dont l'usage principal, selon M. Magendie, est de favoriser les frottemens de ces voiles sur le globe de l'œil. Lorsque cette humeur est abondante, elle constitue la chassie.

Au dessus des paupières, sur le bord supérieur des orbites, sont deux éminences recourbées sur elles-mêmes, garnies de poils dirigés de dedans en dehors. La couleur de ces poils est plus ou moins foncée; l'habitant du Midi les a noirs et épais. La grande mobilité dont jouissent les sourcils les rend propres à diminuer l'effet d'une lumière trop vive, en absorbant une partie de ses rayons. C'est pour cela que nous fronçons le sourcil en l'abaissant lorsqu'elle affecte désagréablement nos organes.

La partie interne des paupières est tapissée par la conjonctive, membrane muqueuse qui se réfléchit sur le globe de l'œil jusqu'à la circonférence de la cornée. Elle unit ce globe aux paupières; mais comme elle a plus d'étendue que les surfaces qu'elle recouvre, il résulte de là qu'elle n'empêche pas les mouvemens de l'œil. Elle sécrète une humeur albumineuse destinée à faciliter son glissement. L'inflammation de cette membrane constitue les ophthalmies.

Mais il entre encore dans les parties protectrices de l'œil un autre appareil compliqué, dont l'usage est assez important relativement au mécanisme de la vision. C'est l'appareil lacrymal.

A la partie supérieure, externe et antérieure de l'orbite, se trouve une glande égale en volume à une petite amande et logée dans une fossette que présente la voûte de l'orbite. Elle verse par six ou sept canaux excréteurs, à la surface de la conjonctive, une humeur abondante connue sous le nom de *larmes*. Les mouvemens alternatifs des paupières s'emparent de cette liqueur et la répandent par couches d'une égale épaisseur sur le globe de l'œil; là, une partie s'évapore par le contact de l'air, tandis que le reste est absorbé par les points lacrymaux, ouvertures très-étroites, toujours béantes, situées vis-à-vis l'une de l'autre sur le bord libre des deux paupières à une ligne et demie environ de leur union interne. Les points lacrymaux ne sont que les orifices de deux conduits du même nom qui, après s'être réunis, viennent s'ouvrir dans une poche membraneuse et ovalaire, située dans une gouttière qu'on remarque à la région interne de l'orbite. Cette gouttière se continue sous le nom de canal nasal avec un prolongement membraneux qui vient se terminer par un orifice très-étroit dans la partie inférieure des fosses nasales. Il résulte de cette disposition que l'excédant des larmes qui ont servi à lubrifier l'œil, vient se mêler au mucus nasal avec lequel elles sont excrétées.

On a cherché à expliquer l'absorption des larmes par les points lacrymaux, tantôt par une action vitale particulière analogue à une succion, tantôt par la théorie du syphon et des tubes capillaires. Ce qu'il y a de sûr, c'est qu'on en ignore le véritable mécanisme. Telles sont les parties nombreuses qui composent l'appareil de la vue. Il nous reste maintenant à apprécier l'ensemble de leur action et à découvrir comment se fait la vision.

Théorie de la vision. La théorie de la vision repose presque entièrement sur celle de la lumière: elle s'explique par les lois de la réfraction. Suivons un faisceau lumineux dans son trajet à travers les divers milieux de l'œil.

Les rayons lumineux qui tombent sur la surface de la cornée peuvent seuls servir à la vision; mais, comme cette membrane est très-polie, elle en réfléchit quelques uns qui contribuent à former le brillant de l'œil. En raison de sa forme convexe et de son peu d'épaisseur, la cornée rapproche les rayons de l'axe du faisceau et accroît ainsi l'intensité de la lumière qui la traverse.

Le faisceau lumineux se trouve dans l'humeur aqueuse : ce nouveau milieu étant plus dense que l'air, les rayons y divergent moins. Si leur éclat est trop vif, l'iris, en se contractant, diminue la grandeur de la pupille, et une grande partie des rayons lumineux tombe sur ce diaphragme, qui les réfléchit à travers la cornée et vient faire connaître au dehors sa couleur.

Le cristallin, en raison de sa forme lenticulaire, rassemble tous les rayons sur un point déterminé de la rétine, après avoir traversé préalablement le corps vitré, qui, moins dense que cette lentille, conserve aux rayons lumineux l'effet de réfraction qu'elle a produit. Relativement au cristallin, M. Magendie pense que la lumière qui passe près de sa circonférence, est réfractée d'une autre manière que la lumière qui passe par le centre, et que les mouvemens de resserrement et d'agrandissement de la pupille doivent avoir sur le mécanisme de la vision une influence particulière. La densité plus grande au centre du cristallin qu'à sa circonférence, rend cette opinion très-vraisemblable.

Quant au corps vitré, dont l'effet est presque nul

sur les rayons lumineux, son véritable et son plus important usage est de faire que la rétine ait une étendue considérable et que le champ de la vision soit ainsi agrandi.

Les rayons lumineux viennent donc figurer dans l'œil un cône dont la base correspond à la cornée, et le sommet à un point de la rétine. Ce point diffère selon la position que l'objet extérieur affecte à l'égard de l'œil, de sorte que les faisceaux lumineux partant d'un point placé à la hauteur du centre de l'œil, viendront occuper le centre de la rétine, et que ceux partant d'un point quelconque plus élevé se rendront dans sa partie inférieure, tandis que ceux qui viendront d'en bas occuperont la partie supérieure de cette membrane.

Il suivrait de là que les cônes lumineux envoyés par tous les points d'un objet, viendraient se croiser dans l'intérieur de l'œil, de manière à former sur la rétine une image renversée de l'objet opposé à l'œil : c'est ce que l'on pense assez généralement, d'après les expériences qui ont été répétées par M. Magendie. Mais pourquoi, les images se peignant à l'inverse sur notre rétine, voyons-nous les objets droits et dans la position qu'ils affectent réellement au dehors de nous? Voici comment le fameux George Berkley, évêque de Cloyne, explique un pareil phénomène.

« Quoique l'image de l'objet soit effectivement tracée au fond de l'œil dans une situation renversée; cependant l'âme doit naturellement, et sans le secours d'aucune expérience, les redresser, c'est-à-dire voir en haut l'extrémité supérieure, et voir en bas l'extrémité inférieure; et, en effet, ces termes de haut et de bas sont des termes relatifs, et qui n'ont de valeur que par le terme auquel nous les comparons, c'est-à-dire que nous jugeons en haut tout ce qui correspond à la voûte céleste, et en bas tout ce qui répond à la terre. Or, il est bien évident que le ciel se peint dans la partie inférieure du fond de l'œil, et que la terre se peint dans la partie supérieure : dès-lors nous rapportons à la voûte céleste l'extrémité de l'objet qui se peint dans la partie inférieure de l'œil, et nous rapportons à la terre l'extrémité qui se peint dans la partie la plus supérieure, c'est-à-dire que nous établissons naturellement entre ces deux extrémités la relation qu'elles ont, et que nous situons l'objet tel qu'il est réellement.

La rétine est la partie de l'œil qui reçoit l'impression, pour la transmettre au cerveau par le moyen du nerf optique, dont elle n'est qu'un épanouissement; la paralysie de cette membrane entraîne toujours la perte totale de la vue. Ce n'est point par un simple contact que la lumière agit sur la rétine : elle pénètre son tissu demi-transparent, et arrive sur la choroïde dont l'enduit noirâtre est chargé d'en absorber les rayons.

Cette opinion sur les usages de la rétine vient d'être combattue dans un mémoire récemment publié par M. Lebot, ingénieur au corps royal des ponts et chaussées, qui prétend que le corps vitré est le lieu des impressions des rayons lumineux, et que, par conséquent, la rétine n'est pas le siége immédiat de la vision. La preuve principale dont il appuie cette assertion, c'est qu'une surface plane ne peut point transmettre la sensation du relief, et qu'il faut pour cela un espace à trois dimensions. Une pareille raison est loin de constituer une démonstration.

D'après ce que nous venons de dire sur le mécanisme de la vision, il est aisé de voir qu'elle ne peut s'effectuer que sous certaines conditions indispensables.

D'abord il faut que l'objet soit éclairé dans une certaine proportion, en deçà de laquelle il n'ébranle pas suffisamment la rétine; s'il envoie une trop grande quantité de rayons lumineux, il produit un éblouissement qui empêche tout-à-fait la vision, comme cela arrive lorsque l'on veut fixer le disque du soleil.

La seconde condition, c'est que le passage des rayons lumineux, à travers les divers milieux de l'œil, ne soit point interrompu, comme cela a lieu dans les taies, qui rendent la cornée opaque, ou dans la cataracte, maladie par laquelle la transparence du cristallin est troublée, de même que dans la jaunisse, qui, colorant les humeurs de l'œil en jaune, fait voir au malade une teinte de la même couleur sur tous les objets qui l'entourent.

Il faut encore que chacun des cônes lumineux que l'objet regardé envoie, réunisse ses rayons précisément sur la rétine. Lorsque le foyer de ses rayons se trouve en deçà ou bien au-delà, il y a confusion. Les personnes affectées de myopie ont la cornée et le cristallin trop convexes; la force réfringente de ces milieux étant, par conséquent, plus grande, les rayons de chaque cône se réunissent et se croisent avant de tomber sur la rétine : d'où la nécessité des verres convexes, qui, imprimant un certain degré de divergence aux rayons de chaque cône, avant qu'ils ne tombent sur la cornée, les empêchent de se réunir trop tôt vers le fond de l'œil. Mais si les yeux sont affaissés par la sécheresse des membranes ou la diminution des humeurs, accident ordinaire aux vieillards et aux presbytes, les rayons de chaque cône n'ayant plus, le degré de convergence nécessaire, ne se trouvent pas encore réunis, lorsqu'ils arrivent sur la rétine. Cet inconvénient disparaît par l'usage de verres convexes, qui, donnant aux rayons le degré de convergence qu'ils ne peuvent pas recevoir dans l'œil, les forcent à se réunir exactement sur la rétine.

Beaucoup de myopes finissent par ne plus avoir besoin de verres : le dessèchement des membranes et la diminution des humeurs par les progrès de l'âge, effacent la convexité de l'œil, et font sur eux un effet contraire à celui qui a lieu chez les personnes dont le globe de l'œil était d'abord bien conformé.

Le point de distance auquel les objets s'aperçoivent distinctement, se nomme le *point visuel* : il est plus ou moins éloignée de l'œil, selon le degré de convexité de cet organe. Très-rapproché chez les myopes, il est, au contraire, à une assez grande distance de l'œil chez les presbytes. On a voulu expliquer comment il se peut faire que l'œil s'accommode jusqu'à un certain point à des distances autres que celle du point visuel ; on a cru en trouver la raison dans les mouvemens de dilatation et de resserrement de la pupille. En effet, lorsqu'on regarde un objet très-éloigné, l'iris se contracte ; et cette ouverture est agrandie ; le contraire a lieu lorsque l'objet est très-rapproché. Il résulte de là que, dans les deux cas, la rétine reçoit un nombre de rayons suffisant pour effectuer la vision. Mais, malgré la dilatation de la pupille, il est toujours un degré d'éloignement auquel l'objet ne peut plus être aperçu.

Les recherches qu'on a faites pour évaluer la portée de la vue, ont conduit aux résultats suivans : elle est pour les meilleurs yeux de 3436 fois le diamètre de l'objet éclairé par le soleil, de sorte que l'on cesse de voir un objet haut et large d'un pied, lorsqu'il est éloigné de 3436 pieds ; on cesse de voir un homme haut de cinq pieds, lorsqu'il est à la distance de 17,180 pieds, ou d'une lieue et d'un tiers de lieue; toutefois, ce calcul doit être réduit de beaucoup pour les vues ordinaires.

Il est une dernière circonstance essentielle pour que la vision s'effectue, c'est un juste degré de sensibilité dans la rétine, qui reçoit l'impression des corps, et dans le nerf optique, qui transmet cette impression au cerveau. Lorsque cette sensibilité est trop grande, l'œil supportant difficilement l'impression de la lumière, on ne peut voir les objets que dans un jour très-affaibli. Ceux qui sont atteints de cette affection, qui a reçu le nom de *nyctalopie*, jouissent de la faculté de voir, au milieu des ténèbres, la plus petite quantité de rayons étant suffisante pour ébranler leur organe. Lorsque cette sensibilité est obtuse, les malades ne peuvent voir qu'au grand jour. Cette affection est très-commune dans les pays froids, habituellement couverts de neige ; elle est souvent un symptôme précurseur de la goutte sereine.

L'action des deux yeux est nécessaire pour que la vision soit parfaite : aussi les mouvemens qu'ils exécutent dans leurs orbites sont-ils toujours simultanés. Lorsque, par quelque cause, cette correspondance d'action entre les muscles qui servent à les mouvoir, se trouve détruite, alors, les axes des deux yeux n'étant plus parallèles, l'individu est affecté de strabisme, il louche. Une force inégale des muscles de l'œil est une des causes les plus ordinaires de cette affection.

Si nous cherchons maintenant à apprécier les services que la sensation de la vue rend à l'intelligence, nous trouverons que la part qu'elle a dans son développement est assez grande. Toutefois, ce sens est sujet à beaucoup d'erreurs, et, seul, il eût été pour nous d'un bien faible secours, tant il est vrai que tout se lie dans l'homme, et qu'aucune action en lui n'est parfaitement indépendante. *Consentientia omnia.* (Hipp.)

Il existe des observations précieuses qui prouvent directement que l'exactitude de nos jugemens sur la distance, la grandeur, la forme, etc., des objets, n'est pas seulement le résultat d'un sens, mais de l'éducation et du concours de tous. L'histoire d'un aveugle-né, opéré par Cheselden, est trop curieuse et trop concluante à cet égard pour que nous nous dispensions de la citer ici.

« Ce chirurgien illustre, ayant fait l'opération de la cataracte à un aveugle de naissance, âgé de treize ans, et, ayant réussi à lui donner la vue, observa la manière dont le développement de ce sens se fit chez lui. Ce jeune homme, quoique aveugle, ne l'était pas absolument et entièrement ; comme la cécité provenait d'une cataracte, il était dans ce cas de la plupart des aveugles de cette espèce, qui peuvent toujours distinguer le jour de la nuit; il distinguait même à une forte lumière le noir, le blanc et le rouge vif, qu'on appelle écarlate. Mais il ne voyait ni n'entrevoyait en aucune façon la forme des choses. On ne lui fit l'opération d'abord que sur l'un des yeux. Lorsqu'il vit pour la première fois, il était si éloigné de pouvoir juger en aucune façon des distances, qu'il croyait que tous les objets indifféremment touchaient ses yeux (ce fut l'expression dont il se servit), comme les choses qu'il palpait, touchaient sa peau. Les objets qui lui étaient le plus agréables, étaient ceux dont la forme était unie et la figure régulière, quoiqu'il ne pût encore former aucun jugement sur leur forme, ni dire pourquoi ils lui paraissaient plus agréables que les autres. Il n'avait eu pendant le temps de son aveuglement que des idées si faibles des couleurs, qu'il pouvait distinguer alors à une forte lumière, qu'elles n'avaient pas laissé des traces suffisantes, pour qu'il pût les reconnaître; lorsqu'il les vit en effet, il disait que ces couleurs qu'il voyait n'étaient pas les mêmes qu'il avait vues autrefois, il ne connaissait la forme d'aucun objet, et il ne distinguait aucune chose d'une autre, quelque différentes qu'elles pussent être de figure ou de grandeur : lorsqu'on lui montrait les choses qu'il connaissait auparavant par le toucher, il les regardait avec attention, et les observait avec soin pour les reconnaître une autre fois; mais, comme il avait trop d'objets à retenir à la fois, il en oubliait la plus grande partie, et dans le commencement qu'il apprenait (comme il disait) à voir et à connaître les objets, il oubliait mille choses pour une qu'il retenait. Il était fort surpris que les objets qu'il avait le plus affectionnés ne fussent pas les plus agréables à ses yeux, et il s'attendait à trouver plus belles les personnes qu'il aimait le mieux. Il se passa plus de deux mois avant qu'il pût reconnaître que les tableaux représentaient des corps solides; jusqu'alors il ne les avait considérés que comme des plans différemment colorés, et des surfaces diversifiées par la variété des couleurs ; mais lorsqu'il commença à reconnaître que ces tableaux représentaient des corps solides, il s'attendait à trouver en effet des corps solides en touchant la toile du tableau, et il fut extrêmement étonné, lorsqu'en touchant les parties qui par la lumière et les ombres lui paraissaient rondes et inégales, il les trouva plates et unies comme le reste; il demandait quel était donc le sens qui le trompait, si c'était la vue ou si c'était le toucher. On lui montra alors un petit portrait de son père qui était dans la boîte de la montre de sa mère; il dit qu'il connaissait bien que c'était la ressemblance de son père; mais il demandait avec un grand étonnement comment il était possible qu'un visage aussi large pût tenir dans un si petit lieu, que cela lui paraissait aussi impossible, que de faire tenir un boisseau dans une pinte. Dans les commencemens il ne pouvait supporter qu'une très-petite lumière, et il voyait tous les objets extrêmement gros, mais à mesure qu'il voyait les choses plus grosses en effet, il jugeait les premières plus petites: il croyait qu'il n'y avait rien au-delà des limites de ce qu'il voyait; il savait bien que la chambre dans laquelle il était, ne faisait qu'une partie de la maison; cependant il ne pouvait concevoir comment la maison pouvait paraître plus grande que sa chambre. Avant qu'on lui eût fait l'opération, il n'espérait pas un grand plaisir du nouveau sens qu'on lui promettait, et il n'était touché que de l'avantage qu'il aurait de pouvoir apprendre à lire et à écrire; il disait, par exemple, qu'il ne pouvait pas avoir plus de plaisir à se promener dans le jardin, lorsqu'il aurait ce sens, qu'il n'en avait, parce qu'il se promenait librement et aisément et qu'il en connaissait tous les endroits; il avait même très-bien remarqué que son état de cécité lui avait donné un avantage sur les autres hommes, avantage qu'il conserva long-temps après avoir obtenu le sens de la vue et qui était d'aller la nuit plus aisément et plus sûrement que ceux qui voient. Mais lorsqu'il eut commencé à se servir de ce nouveau sens, il était transporté de joie, et il disait que chaque nouvel objet était un délice nouveau, et que son plaisir était si grand qu'il ne pouvait l'exprimer. Un an après, on le mena à Epsom, où la vue est très-belle et très-étendue, il parut enchanté de ce spectacle, et il appelait ce paysage une nouvelle façon de voir. On lui fit la même opération sur l'autre œil plus d'un an après la première, et elle réussit également; il vit d'abord de ce second œil les objets beaucoup plus grands qu'il ne les voyait de l'autre, mais cependant pas aussi grands qu'il les avait vus du premier œil, et lorsqu'il regardait le même objet des deux yeux à la fois, il disait que cet objet lui paraissait plus grand qu'avec son premier œil tout seul; mais il ne le voyait pas double ou du moins on ne put pas s'assurer qu'il eût vu d'abord les objets doubles, lorsqu'on lui eut procuré l'usage de son second œil.

M. Cheselden rapporte quelques autres exemples d'aveugles qui ne se souvenaient pas d'avoir jamais vu, et auxquels il avait fait la même opération, et il assure que lorsqu'ils commençaient à apprendre à voir, ils avaient dit les mêmes choses que le jeune homme dont nous venons de parler, mais à la vérité avec moins de détail, et qu'il avait observé surtout que, comme ils n'avaient jamais eu besoin de faire mouvoir leurs yeux pendant le temps de leur cécité, ils étaient fort embarrassés d'abord pour leur donner du mouvement, et pour les diriger sur un objet en particulier, et que ce n'était que peu à peu, par degrés et avec le temps qu'ils apprenaient à conduire leurs yeux, et à les diriger sur les objets qu'ils désiraient de considérer. »

Il devrait être actuellement question des organes de la locomotion, mais comme nous trouvons aux articles LOCOMOTION et MUSCLES tout ce qu'il y aurait d'important à dire à ce sujet, et qu'au mot SQUELETTE il sera question des organes passifs du mouvement, nous ne parlerons pas ici de la théorie du mouvement en général et du mouvement volontaire en particulier.

DES ATTITUDES.

Du coucher. Dans cette position, la base de sustentation est la plus étendue possible, et le centre de gravité en est très-près. Ces deux conditions de l'équilibre sont ici réunies à un si haut degré qu'il n'est aucune cause qui puisse le rompre. Aussi le coucher est-il l'attitude du repos, celle des personnes faibles, des malades; c'est l'attitude que l'on peut conserver le plus long-temps: elle n'exige aucun effort musculaire, et la peau est le seul organe qui se fatigue, encore n'est-ce qu'à la longue et quand la position a été long-temps la même. Alors cette membrane s'excorie et se gangrène dans les points où la pression est la plus forte, comme à la partie postérieure du bassin, inconvénient bien diminué, mais non totalement détruit par la mollesse et l'élasticité des lits.

Dans le coucher, le corps peut affecter quatre postures différentes, selon qu'il pose sur le dos, sur le ventre ou sur l'un des côtés; chacune d'elles est principalement relative à la plus ou moins grande facilité de la respiration. Mais ce motif est loin de les déterminer toujours; car ce n'est pas sur le dos qu'on repose le plus ordinairement, et cependant cette position est la plus favorable au développement de la poitrine, cette cavité n'étant alors comprimée qu'en arrière, où, comme on l'a déjà vu, les mouvemens d'ampliation sont à peine sensibles. Il n'y a guère que les enfans et les vieillards qui dorment couchés sur le dos, les premiers, parce qu'ils ne savent pas encore respirer (car la respiration s'apprend, pour ainsi dire, comme la mastication), et les seconds, parce que leurs muscles inspiratoires n'ont plus la force d'écarter les obstacles qui gêneraient la respiration, dans le coucher sur le ventre ou sur l'un des côtés.

Sur quoi donc se fonde la préférence que le plus grand nombre donne au côté droit du corps, dans le coucher? Nous croyons en trouver la raison dans les deux considérations suivantes. Nous avons déjà observé plus haut que tout état de repos était caractérisé par la flexion des membres, ainsi que des autres parties du corps; or il est clair que cette flexion ne peut avoir lieu, sans gêne, que sur les côtés. Maintenant si on se couche sur le côté gauche, il y a de la gêne, pour la digestion, parce que les alimens sont alors dirigés contre leur propre poids, l'orifice pylorique de l'estomac se trouvant dans le côté gauche; on ajoute aussi avec quelque raison, quoique plusieurs physiologistes ne l'admettent pas; que si l'on repose sur le côté gauche, le foie, viscère très-volumineux qui occupe le côté droit, pèse tout entier sur l'estomac et entraîne le diaphragme, d'où résultent une gêne et des tiraillemens qui empêchent de garder long-temps la même posture ou qui troublent le sommeil par des songes pénibles. C'est donc pour obvier à ces deux inconvéniens que l'on se couche le plus généralement sur le côté droit.

Le coucher sur le ventre n'a lieu que dans certains cas de maladies, dont il est même un signe caractéristique. Cette situation, en effet, est entièrement contre nature, la dilation de la poitrine étant empêchée dans l'endroit où la charpente osseuse est le plus mobile. A peine quelques personnes très-fortes peuvent-elles la supporter quelques instans, et s'il en est qui s'endorment ainsi, ce n'est pas sans fatigue ni sans oppression.

De l'attitude assise. Après le coucher, l'attitude assise est celle qui offre le plus de solidité. Elle nécessite néanmoins, pour le maintien de l'équilibre, des contractions musculaires qui diffèrent selon la manière dont on est assis. Lorsque le dos est appuyé, les muscles du cou sont les seuls qui fassent effort pour soutenir la tête dans sa rectitude. Si le dos n'est pas soutenu, alors la plupart des muscles postérieurs du tronc se contractent pour prévenir la chute en avant, et la fatigue ne tarde pas à être le résultat de cette permanence d'action. Dans l'attitude assise, la base de sustentation est encore assez large, puisqu'elle est représentée par le bassin, qui peut avoir plus ou moins d'étendue, selon le plus ou moins de volume des parties molles qui le recouvrent, c'est-à-dire des fesses; mais aussi il est impossible de se relever en conservant la rectitude du tronc, et il devient indispensable de porter le haut du corps en avant, jusqu'à ce que le poids de la partie inférieure du tronc se trouve compensé, et que la verticale passe par la plante des pieds.

Station debout. Dans cette position, le centre de gravité de tout le corps répond dans la cavité du bassin, et la base de sustentation est circonscrite par le parallélogramme qui renferme les deux pieds. Ici, le moindre effort suffit pour détruire l'équilibre, et ce n'est qu'en agrandissant la base de sustentation dans un sens plutôt que dans l'autre, selon la direction des forces, que l'on peut prévenir une chute; ajoutons à cela les mouvemens en quelque sorte automatiques, par lesquels nous ramenons la verticale dans la base de sustentation. C'est ainsi que, pour résister à une force qui tendrait à produire la chute en avant, nous avançons rapidement un pied; si notre corps penche vers la gauche, nous étendons subitement le bras droit; si une force tend à nous renverser en arrière, nous reculons un pied et nous portons le corps en avant.

La station appartient exclusivement à l'homme. C'est la position à laquelle sa structure anatomique le conduit irrésistiblement. Ses membres se fléchissent dans un sens tout-à-fait opposé à celui dans lequel se fléchissent ceux des quadrupèdes. Ses épaules et ses bras seraient trop faibles pour soutenir le poids de sa poitrine large, et de sa tête volumineuse et lourde, tandis que ses jambes, plus fortes qu'il ne serait besoin pour porter l'autre moitié du corps, donneraient, à cette partie inférieure, une position plus élevée que celle de la tête, ce qui mettrait de grands obstacles à l'exercice des fonctions, et occasionerait fréquemment des congestions cérébrales. Sans compter que la face est aplatie et que les yeux dirigés en avant seraient, dans la station quadrupède, forcément tournés vers la terre. Nous avons vu d'ailleurs que la main, bien loin d'être un organe de sustentation, était au contraire merveilleusement conformée pour la préhension des objets. On voit donc combien il serait bizarre à la fois et gratuit de prétendre, comme on l'a fait même de nos jours, que l'homme était destiné, par la nature, à marcher à quatre pieds.

Pour les quadrupèdes, il n'y a guère que l'ours et le singe qui affectent quelquefois la station bipède; mais, quoiqu'elle paraisse très-aisée pour ce dernier surtout, elle n'est pour lui ni la plus naturelle ni la plus commode; « et si un danger pressant l'oblige à fuir ou à sauter, dit très-élégamment M. Richerand, en retombant sur ses quatre pattes, il décèle bientôt sa véritable origine; il est réduit à sa juste mesure en quittant cette contenance étrangère qui en imposait; et l'on ne voit plus en lui qu'un animal, à qui son masque spécieux, ainsi qu'à beaucoup d'hommes, n'ajoute aucune vertu de plus. »

Nous ne dirons rien de la station sur un pied, que l'homme peut prendre quelquefois, c'est une situation toujours fatigante par l'inclinaison forcée du corps, du côté du membre qui appuie sur le sol, et par l'effort de contraction nécessaire pour maintenir cette inflexion latérale. Cette attitude devient encore plus difficile, si, au lieu d'appuyer sur le sol par toute l'étendue de la plante du pied, on ne le touche que par la pointe; il est impossible de la conserver au-delà de quelques instans.

DES MOUVEMENS.

Mouvemens partiels. Mouvemens de la tête et de ses parties. La tête exécute, dans tous les sens, sur le tronc, des mouvemens de flexion et d'extension qui, par leur combinaison, peuvent constituer des mouvemens de rotation à droite ou à gauche. Le plus ordinairement ils s'effectuent dans l'articulation de la tête, au moyen des deux premières vertèbres du cou, ce n'est que quand ils ont une certaine étendue que toutes les vertèbres cervicales y prennent part. Tantôt ces mouvemens ont pour objet de favoriser l'action des sens, tantôt ils servent de moyens d'expression: pour approuver, consentir ou refuser, il suffit d'un léger signe de tête.

Nous ne décrirons pas les mouvemens variés que les diverses parties de la face exécutent, et qui sont relatifs à la vision, à l'odorat, au goût, à la à la préhension des alimens, à la mastication, etc... Il convient, toutefois, de nous arrêter un instant sur ceux qui constituent la physionomie, et qui font du visage le véritable miroir de l'esprit.

Les yeux sont les parties les plus expressives; la direction de leur globe, l'ouverture plus ou moins grande des paupières se trouvent toujours en rapport avec l'état de tristesse ou de joie, d'agitation ou de calme où nous sommes. Il en est de même de la bouche et des lèvres, les passions se peignent aussi dans les formes variées qu'elles peuvent prendre.

La connaissance approfondie des mouvemens imprimés par les passions aux diverses parties de la face, constitue l'un des plus grands mérites de la peinture.

Lorsque les passions ne sont que passagères, les modifications qui les manifestent disparaissent ordinairement avec l'état qui les a fait naître. Mais si elles ont de la durée, la face s'habitue à cette expression forcée, les muscles qui l'effectuent acquièrent plus de volume, et une prépondérance d'action qui rend permanens les caractères de la passion, long-temps après qu'elle a cessé. Sous ce rapport, la physionomie offrirait un excellent moyen de connaître l'état intérieur, si la dissimulation et l'hypocrisie ne venaient quelquefois dompter la nature et la contraindre à rompre les sympathies et les liens nombreux qui enchaînent le physique au moral. On sait en effet que le visage de l'hypocrite jouit d'une imperturbale immobilité; ou plutôt il nous semble se plier à toutes les expressions, par cela seul qu'il n'en offre aucune; erreur d'autant plus facile à nos sens, que nous sommes irrésistiblement portés à croire que la physionomie se modèle toujours sur les sentimens.

Mouvemens des membres supérieurs et du tronc. Les mouvemens des membres supérieurs sont remarquables par leur variété et par la facilité avec laquelle ils s'effectuent. Les bras jouissent en effet d'une extrême mobilité réunie à une solidité assez grande. Les os qui les forment représentent toujours des leviers du troisième genre, qui, comme nous l'avons déjà dit, ne sont pas moins favorables à la rapidité des mouvemens, qu'à leur étendue; ils agissent aussi, dans certains cas, à la manière d'une courbe élastique, comme lorsque nous voulons lancer au loin un corps mobile, ou repousser un obstacle quelconque: le bras se fléchit d'abord, et, se raidissant ensuite, il déploie subitement toutes ses articulations.

Les mouvemens du tronc se réunissent à ceux des membres pour effectuer l'action de pousser. Tout le corps se plie entre l'obstacle et le sol, la colonne vertébrale représente alors une véritable courbe élastique dont le redressement successif fait avancer l'obstacle mobile. Dans ce cas, une extrémité du levier, représentée par les pieds, est fixée au sol où se trouve le point d'appui; la puissance dans tous les muscles, la résistance est dans le corps à déplacer.

En général, on peut ramener à la théorie des leviers, tous les genres de mouvemens que le corps de l'homme peut exécuter. Il existe sur la mécanique animale des traités particuliers, parmi lesquels nous devons mentionner plus particulièrement ici ceux de Borelli et de Barthez; c'est à ces ouvrages que nous renvoyons les lecteurs qui voudraient approfondir la théorie des mouvemens de l'homme et des divers animaux.

Mouvemens généraux. Nous nommons ainsi tous les mouvemens qui servent à transporter l'homme en masse, d'un lieu à un autre, de quelque manière que cette locomotion s'effectue, par la MARCHE (*v.* ce mot), la course, le saut ou le nager.

B. *Du saut.* — Le mécanisme du saut a donné lieu à plusieurs théories, dont la plus fondée et la plus simple est celle de Barthez que nous allons exposer. Elle repose entièrement sur la flexion préalable de toutes les articulations et sur leur extension subite. Ainsi, la tête et la poitrine sont dirigées en haut par l'extension brusque et le redressement de la colonne vertébrale; la totalité du tronc se porte dans le même sens par l'extension du bassin sur la cuisse; il en est de même de la cuisse sur la jambe, de la jambe sur le pied et du pied sur le sol. De ces actions réunies résulte une force de projection telle, que le corps se détache du sol et s'en éloigne à une distance égale à la différence entre cette force acquise et la force de pesanteur.

Il est aisé de voir que les parties qui agissent le plus dans le saut, sont les jambes; c'est là, en effet, que le poids à soulever est plus considérable. Aussi la facilité et la rapidité du saut sont-elles toujours en raison directe de l'énergie des muscles qui déterminent l'extension des jambes. Conformément à cette loi de la nature qui fait coïncider le développement d'une partie avec l'exercice auquel elle est soumise, on a remarqué que les danseurs les plus habiles, de même que les grands marcheurs, ont le mollet fortement dessiné, cette partie étant formée par la réunion des muscles qui opèrent l'extension de la jambe sur le pied.

Après avoir obéi à la force de projection qui a déterminé son ascension, le corps retombe par l'effet de sa propre pesanteur, présentant les mêmes phénomènes que tout autre corps qui obéit aux lois de la gravitation, verticalement, si sa direction a été verticale, obliquement et à la manière d'une bombe, c'est-à-dire, en décrivant une ligne parabolique, si sa direction a été oblique. Une course préparatoire augmente beaucoup l'étendue du saut en avant; lorsqu'on prend son élan, le corps acquiert une force d'impulsion bien supérieure à celle qu'il aurait eue s'il s'était élancé du sol en partant d'une situation fixe.

Les bras influent aussi sur la production du saut et sur son étendue, soit qu'ils fassent, selon les uns, l'office d'ailes, soit que, selon d'autres, les muscles qui servent à les élever exercent en même temps sur le tronc une traction en haut.

Si le sol est élastique, l'impulsion donnée au corps est bien plus grande; un sol mouvant, au contraire, rend le saut tout-à-fait impossible. Mais le sol naturel réagit-il sur les pieds ou ne favorise-t-il l'élévation du corps que par la résistance qu'il leur oppose ?

Dans les quadrupèdes, plus les extrémités qui appartiennent au train postérieur sont longues, plus le saut est facile. Cette circonstance rend raison des bonds prodigieux de l'écureuil et du lièvre. La sauterelle et la puce, que les Arabes appellent le *Père du saut*, ne sautent aussi loin et ne s'élèvent à une si grande hauteur, que par l'immense disproportion qui existe entre la longueur de leurs jambes postérieures et celle de leur corps. Chez les poissons le mécanisme du saut se rapproche davantage de l'action de la courbe élastique; c'est en ployant fortement leur corps et en le redressant avec énergie, que les truites remontent des courans rapides interrompus par des cataractes.

De la course. — Ce genre de progression résulte de la combinaison de la marche et du saut. Il y a toujours dans la course un moment où le corps est suspendu en l'air, circonstance qui la distingue de la marche rapide, dans laquelle le pied qui reste en arrière n'abandonne le sol que quand celui qui est en avant l'a touché.

Il est très-peu d'animaux plus favorablement construits que l'homme pour la course. Quelle vitesse est égale à celle du sauvage exercé, qui poursuit et atteint le gibier dont il veut se nourrir? On voit même en Europe des coureurs dont l'agilité est supérieure à celle du meilleur cheval.

Les coureurs présentent certains phénomènes sur lesquels il est bon de fixer notre attention. On les voit respirer avec une grande célérité, jeter en arrière la tête et les épaules, n'appuyer sur le sol que l'extrémité des pieds et balancer leurs bras de manière à les tenir dans une opposition constante avec leurs jambes. Tâchons de découvrir la raison en résulterait pour tous les viscères une secousse d'autant plus forte que la vitesse serait plus grande, inconvénient très-grave qui se fait très-peu sentir, s'il ne disparaît pas entièrement, lorsque les coureurs ne touchent le sol que du bout des pieds, les articulations nombreuses des os du tarse et du métatarse qui concourent à la formation du pied brisant alors le choc dans le lieu même où il s'est formé.

4° Enfin, le balancement des bras qui s'oppose au jeu des jambes, sert à maintenir l'équilibre et à assurer la progression.

Du nager. Quoique ce mode de progression ne soit pas naturel à l'homme, vu la pesanteur spécifique de son corps, cependant, comme il s'y livre accidentellement, nous présenterons quelques considérations sur la manière dont il s'effectue. Tout le mécanisme de cette progression réside dans l'action de frapper l'eau plus vite qu'elle ne peut fuir, afin qu'elle fournisse au corps une résistance suffisante pour le soutenir ou pour permettre son déplacement. Il suit de là que plus le nombre des points par lesquels le nageur touchera l'eau sera considérable, plus la résistance de ce liquide sera grande, parce qu'elle est toujours en raison de la masse d'eau que l'on déplace : c'est ce qui explique aussi la nécessité des mouvemens et des efforts non interrompus que le nageur exécute. Il en est cependant qui savent se rendre spécifiquement plus légers que l'eau et rester immobiles à sa surface; c'est une chose très-aisée pour les personnes abondamment pourvues de graisse; il leur suffit alors de faire pénétrer dans la poitrine une grande quantité d'air, dont la légèreté contrebalance la tendance qu'a le corps à plonger dans le liquide.

La structure des poissons est appropriée à la nature de l'élément qu'ils habitent. Leur corps, terminé par des angles saillans, divise facilement les colonnes de l'eau, et leur queue, semblable à un aviron, secondée par les nageoires, facilite et dirige leurs mouvemens. Mais, outre cela, ils ont dans leur corps, précisément à l'endroit où sa pesanteur spécifique vaincrait celle du liquide, une vessie natatoire correspondant au dos, qui les rend pour ainsi dire des corps flottans par eux-mêmes, de sorte que, pour nager, ces animaux n'ont que de légers efforts à produire.

DE LA VOIX ET DE LA PAROLE.

Nous avons vu précédemment comment l'homme effectuait d'une manière immédiate les rapports que sa conservation individuelle et son bien-être lui rendent nécessaires avec tout ce qui l'environne. Il a de plus en son pouvoir un moyen précieux de communiquer à distance avec ses semblables et d'établir avec eux des relations de l'ordre le plus élevé. Par la voix, en effet, l'homme s'isole du monde physique et se transporte dans un monde intellectuel et moral; au moyen de cette noble faculté, il produit au dehors ses affections et ses pensées, et la parole, ce sublime attribut de son organisation, ne fait du genre humain qu'une seule famille.

Pour mettre de l'ordre dans cette étude, qui est du plus haut intérêt, nous diviserons ce chapitre en deux sections. Dans la première, nous traiterons du mécanisme de la voix simple et de la voix modulée ou chant. Dans la seconde, nous ferons succinctement l'histoire de la parole.

DE LA VOIX.

Les progrès des sciences physiques ont jeté un si grand jour sur le mécanisme de la voix, que la théorie de sa production est aujourd'hui l'une des plus simples, et en même temps des plus satisfaisantes. Pour en rendre l'exposition aussi claire que possible, nous emprunterons à la physique les données qu'elle a fournies à la physiologie. Ces données sont toutes relatives à la production du son dans les instrumens à vent. Il convient donc, avant de décrire l'organe de la voix, de jeter un coup d'œil sur ceux de ces instrumens avec lesquels cet organe a le plus d'analogie.

Des instrumens à vent. Tout instrument à vent consiste dans un tuyau droit ou courbe, dans lequel les vibrations de l'air donnent lieu à la production du son.

Dans les instrumens à bouche, tels que le cor, la flûte, le flageolet, le tuyau d'orgue en flûte, c'est la colonne d'air contenue dans le tuyau qui est le corps sonore; elle produit des sons par des vibrations analogues aux vibrations longitudinales des cordes; et les connaissances de la physique sont si précises à cet égard, que l'on peut déterminer, par le calcul, le son que doit produire un instrument, si l'on connait les conditions physiques dans lesquelles il se trouve. Ces instrumens n'ont d'ailleurs que des rapports éloignés avec celui de la voix.

Le mécanisme des instrumens à anche n'est pas le même. La production du son s'y fait d'une manière différente et très-analogue à celle qui détermine l'émission de la voix. Ces instrumens qui sont le hautbois, le basson, le tuyau d'orgue à voix humaine, etc., sont formés de deux parties distinctes: l'anche et le corps ou tuyau.

L'anche consiste toujours dans une et quelquefois deux lames minces, fixes par un bout, libres par l'autre; elles sont susceptibles de se mouvoir rapidement, et c'est par leurs vibrations alternatives qui interceptent et permettent tour à tour le mouvement d'un courant d'air, que le son se trouve formé. Si la lame est longue et large comme dans le basson, les mouvemens sont étendus, lents, et les sons graves. Si elle est courte, au contraire, et étroite comme celle du hautbois, les variations plus rapides donnent lieu à la production des sons aigus. En dernière analyse, c'est l'anche seule qui produit et modifie les sons; aussi est-ce en comprimant la lame, dans un point plutôt que dans un autre, et en faisant varier ainsi sa longueur, que le musicien parvient à produire des sons différens avec le même instrument.

Le corps est un tuyau, à travers lequel passe le son produit par l'anche, et qui, étant ouvert par ses deux extrémités, n'influe pas tant sur le ton du son que son intensité et son timbre. Un même tuyau ne peut produire qu'un nombre déterminé de sons: s'il est long, il donne des sons graves; s'il est court, il donne des sons aigus. De là, la nécessité de modifier la longueur du corps du même instrument, pour que le musicien puisse à volonté passer du grave à l'aigu et *vice versâ*; c'est l'office que remplissent les trous percés sur la longueur du corps des clarinettes, des bassons, des hautbois, etc... Lorsque tous les trous sont fermés, l'instrument rend le son le plus bas, les sons deviennent aigus à mesure qu'on ouvre tel ou tel trou, ce qui produit le même effet que si l'on raccourcissait le corps de l'instrument. Il faut remarquer cependant qu'il est toujours nécessaire que le raccourcissement de l'anche, au moyen des lèvres, coïncide avec le raccourcissement du tuyau, parce que la production nette de tel son est toujours due à un rapport déterminé de l'anche et du tuyau. Toutes ces observations trouveront leur application dans la théorie de la voix, que nous allons exposer après que nous aurons préalablement décrit l'instrument vocal avec tous les détails nécessaires à l'intelligence de cet important phénomène.

Description de l'appareil vocal. L'appareil vocal se compose d'un seul organe qui a reçu le nom de *larynx* (*voyez* p. 505). Ce sont les vibrations que l'air éprouve en le traversant, à sa sortie du poumon, par l'expiration, qui donnent lieu à la production de la voix.

Nous avons dit, en traitant de la respiration, de quelle manière l'air pénétrait dans les poumons et en sortait. Nous allons revenir ici sur les dispositions particulières que présente le canal aérien, à son extrémité supérieure, en le prenant à l'endroit où il porte le nom de *trachée-artère*.

Cette partie du conduit de l'air se compose, dans toute sa longueur, de cerceaux cartilagineux, attachés les uns aux autres par des membranes remplissant les intervalles qu'ils laissent entre eux. Ces cerceaux ne forment pas un anneau complet, mais chacun est complété et achevé par une substance membraneuse formant, à la partie postérieure de la trachée-artère, une bande qui suit sa longueur; disposition d'autant plus importante, que cette partie du canal aérien est appliquée sur l'œsophage, dont les mouvemens de déglutition eussent pu être gênés par la dureté des anneaux cartilagineux.

Du côté qui regarde les poumons, la trachée-artère se divise en deux parties, qui prennent le nom de *bronches*, et s'engagent chacune dans le poumon correspondant, comme nous l'avons dit ailleurs.

A sa partie supérieure, elle se termine par différens cartilages dont l'assemblage forme le larynx. Le larynx est donc une continuation de la trachée-artère, et il constitue, par conséquent, une partie du canal aérien. Tâchons de saisir dans sa structure les conditions qui en font l'organe de la voix.

On appelle *lèvres de la glotte* les deux bords de cette fente. Ces lèvres vibrent dans la production de la voix, et c'est pour cela que M. Magendie a donné à la glotte le nom d'*anche humaine*. Nous verrons plus bas que cette dénomination n'est pas dépourvue de justesse. Les lèvres de la glotte, ou bien les cordes vocales, en d'autres termes, les ligamens thyro-arythénoïdiens, sont formés par deux muscles du même nom que ces ligamens recouvrent en leur adhérant avec force, et le tout est enveloppé par la membrane muqueuse qui tapisse la totalité des voies aériennes.

Au dessus et à quelque distance des lèvres de la glotte, se trouvent deux replis de la membrane muqueuse du larynx, dont la situation, parallèle à celle des cordes vocales, forme comme une seconde glotte au dessus de la première. Il résulte de là que le larynx présente une cavité assez spacieuse, dont la paroi inférieure est percée pour former la glotte, et qui fait que les lèvres de cette ouverture sont parfaitement isolées par leur côté supérieur.

Plusieurs muscles viennent aussi prendre leur insertion au larynx; destinés, les uns à mouvoir cet organe en totalité, comme à l'abaisser ou à l'élever, à le porter en avant et en arrière; les autres à changer les rapports respectifs de ses diverses parties. Ces derniers ont pour effet principal, dans leurs mouvemens, l'agrandissement de la glotte ou son rétrécissement, la tension ou le relâchement des cordes vocales.

Mécanisme de la formation du son vocal. — Plusieurs faits démontrent jusqu'à l'évidence que la voix se forme dans le larynx, et qu'elle est due au passage de l'air à travers la glotte dont il fait vibrer les lèvres. En effet, toutes les fois qu'une plaie faite à la trachée-artère détermine le passage de l'air à travers cette ouverture, la voix est perdue, tandis que, si la blessure existe au dessus du larynx, la parole seule est interceptée. Avant d'aller plus loin, tirons de ce fait deux conséquences : la première, qui sera fortifiée par ce que nous allons ajouter, c'est que la formation de la voix a lieu dans l'espace compris entre la trachée-artère et le pharynx, en un mot, dans le larynx; la seconde, c'est que la parole ne se forme pas dans le même lieu, puisqu'une blessure faite au dessus du larynx, tout en conservant la voix, détruit la parole.

En resserrant de proche en proche le lieu où se forme le son vocal, nous trouvons qu'il se perd constamment, lorsqu'il y a une blessure au dessus de la glotte; qu'il persiste, au contraire, dans tous les cas où le larynx a été blessé, quelque grande que soit la lésion, pourvu qu'elle se trouve au dessus de la glotte et que cette partie de l'organe ne soit pas endommagée. La glotte est donc la partie du larynx la plus essentielle à la production du son vocal. Maintenant veut-on une preuve directe que ce n'est que le passage de l'air à travers cette ouverture qui détermine l'émission de la voix? Si l'on prend le larynx d'un animal quelconque, et qu'on y pousse de l'air au moyen d'un soufflet par la trachée-artère, en ayant soin de comprimer cet organe, de manière que les lèvres de la glotte se touchent, à l'instant il se produira un son parfaitement analogue à celui de l'animal. Cette expérience, faite sur des larynx humains, a donné lieu à la production artificielle de la voix humaine.

M. Magendie rapporte aussi en preuve le cas singulier d'un homme qui avait une ouverture fistuleuse à la trachée-artère. Il ne pouvait parler qu'en serrant assez sa cravate, pour que l'air ne pût passer par la fistule. Il en était de même de ces malheureux qu'aux temps où la décolation n'était pas en usage, une main bienfaitrice arrachait à la mort, au moyen d'une incision faite à la trachée-artère : ils ne conservaient la vie qu'en perdant la voix, que, du reste, ils recouvraient aussitôt que la blessure était guérie.

Mais pouvons-nous apprécier exactement l'action à laquelle se livrent les diverses parties du larynx, pour effectuer la production du son vocal? La glotte est-elle formée par des cordes vocales, et par conséquent son action pourrait-elle être assimilée à celle d'un instrument à cordes; ou bien le larynx est-il un instrument à vent, et, dans ce cas, faut-il le ranger dans la catégorie de ceux à anches ou de ceux à bouche? Faisons la part des systèmes, et tâchons de reconnaître celui qui approche le plus de la vérité.

Ferrein, le premier, voulut que le larynx fût un instrument à cordes; son mémoire fit, dans le temps, beaucoup de bruit, et reçut presqu'un assentiment général, qu'il était loin de mériter. Cet auteurs compara les ligamens de la glotte aux cordes d'un instrument, et c'est même pour consacrer cette identité, qu'il leur donna le nom de *cordes vocales*. Le courant d'air était l'archet; le cartilage thyroïde, le point d'appui; les arythénoïdes, les chevilles; les muscles qui s'y insèrent, les puissances destinées à mouvoir ces chevilles. Il est aisé de voir combien une pareille hypothèse est peu propre à résoudre la question. En effet, les cordes, pour vibrer et produire des sons, doivent réunir certaines conditions indispensables, qui sont la sécheresse, la liberté, l'élasticité et un certain degré de tension. Mais, d'un côté, les lèvres de la glotte sont constamment lubréfiées par des mucosités, la membrane muqueuse qui les recouvre, les lie aux parties voisines, auxquelles elle s'applique aussi; d'un autre côté; ces ligamens n'ont qu'une faible consistance, et leur tension ne peut jamais être portée très-loin. Ainsi donc ce n'est point à un instrument à cordes que nous devons assimiler le larynx dans le mécanisme de la production du son vocal, et les physiologistes sont parfaitement d'accord à cet égard.

Toutefois, en reconnaissant que le larynx doit être considéré comme un instrument à vent, on se demande si c'est un instrument à bec ou à embouchure, c'est-à-dire un de ceux où la colonne d'air est le corps vibratile, ou si c'est un instrument à anche, c'est-à-dire un de ceux où le son est produit et modifié par des lames élastiques.

Aristote, Galien et les anciens voyaient dans le larynx un instrument à vent du genre de la trompette ou du cor, et ils prétendaient que l'air était primitivement le siége de vibrations sonores, et qu'il ne recevait point ses oscillations des corps vibratiles qu'il avait à traverser, mais que l'ouverture du détroit était la principale cause des diverses intonations du son. En adoptant une hypothèse semblable, Dodard a donné une explication plus satisfaisante, quand il a dit qu'il en était des sons de la glotte comme de ceux du sifflement, qui, formés évidemment dans la bouche, deviennent plus aigus à mesure qu'on rétrécit l'ouverture circulaire des lèvres, et que l'on avance la pointe de la langue vers le centre de cette ouverture, pour diminuer de plus en plus le passage de l'air. Mais il est une objection qui s'oppose à l'admission d'une semblable théorie, puisque la glotte ne sert pas à former les sons, mais seulement à les modifier : d'où vient qu'une ouverture, pratiquée immédiatement au dessous de cette partie du larynx, est un obstacle à l'émission de la voix?

Recherchons maintenant jusqu'à quel point peut être vraie l'opinion de ceux qui font de la glotte une espèce d'anche, et ici rapportons les expériences intéressantes faites par un habile physiologiste.

M. Magendie ayant mis à découvert la glotte d'un chien criard par une incision au dessus du cartilage thyroïde, a vu, 1° que, dans les sons graves, les ligamens de la glotte vibraient dans toute leur longueur, et que l'aix expiré sortait par toute l'étendue de la glotte; 2° qu'à mesure que les sons devenaient aigus, la glotte se resserrait dans sa partie antérieure, ses lèvres ne vibraient que dans leur partie postérieure; 3° enfin, que dans les sons très-aigus, les ligamens ne présentaient plus de vibrations qu'à leur extrémité arythénoïdienne, l'air expiré ne sortant alors que par cette portion de la glotte. Pour confirmer ces résultats, démontrés par l'inspection, il restait un moyen: c'était de s'assurer si le muscle qui se porte d'un arythénoïde à l'autre, et qui ferme la glotte dans sa partie postérieure, était l'agent principal des sons aigus: or la section des deux nerfs laryngés qui donnent le mouvement à ce muscle a fait perdre à l'animal tous ses sons aigus, et a fait contracter à sa voix une gravité habituelle qu'elle n'avait pas auparavant.

De tous ces faits, M. Magendie conclut que le larynx représente une anche à double lame, dont les tons sont d'autant plus aigus que les lames sont plus raccourcies, et d'autant plus graves, qu'elles sont plus longues; mais, quelque juste que paraisse cette analogie, il n'en conclut pas une identité complète. « En effet, dit-il, les anches ordinaires sont composées de lames rectangulaires, fixées par un côté, et libres par les trois autres, au lieu que, dans le larynx, les lames vibrantes, qui sont aussi à peu près rectangulaires, sont fixes par trois côtés et libres par un seul. En outre, on fait monter ou descendre les tons des anches ordinaires, en variant leur longueur. Dans les lames du larynx, c'est la largeur qui varie. Enfin jamais dans les instrumens de musique, on n'a employé d'anches dont les lames mobiles pussent varier, à chaque instant, d'épaisseur et d'élasticité, comme il arrive pour les ligamens de la glotte: en sorte que l'on conçoit bien, par aperçu, que le larynx peut produire la voix et en varier les tons à la manière des anches, mais sans pouvoir toutefois assigner rigoureusement toutes les particularités de son mode d'action. » Rien ne nous semble plus satisfaisant et plus précis qu'une pareille explication: elle est loin toutefois d'être généralement adoptée. Nous ne saurions voir pourquoi les vitalistes s'obstinent à regarder cette théorie de la voix comme trop mécanique. Dans l'ignorance absolue où nous nous trouvons de ce qui constitue l'essence de la vie, pourquoi ne pas nous arrêter aux circonstances et aux opinions qui nous donnent l'idée la plus approximative de son mécanisme? On croit avoir tout dit lorsqu'on a prononcé que le larynx est un instrument *sui generis*, éminemment vital, comme si quelqu'un se fût refusé à reconnaître que la production des sons vocaux soit dépendante de l'état de vie. On ne voit pas que cette manière de raisonner dispense de toute recherche; elle est peu propre à exciter le zèle des expérimentateurs, dont les travaux ont cependant contribué d'une manière très-puissante aux progrès de la physiologie.

M. Geoffroy Saint-Hilaire, voulant sans doute concilier les deux opinions qui règnent sur la théorie de la voix, comparée à celle des instrumens à vent, a admis que le larynx agissait le plus souvent comme un instrument à anche; mais qu'il présentait aussi quelquefois la disposition d'une flûte, disposition effectuée, selon lui, principalement par les cartilages arythénoïdes. Il a même prétendu, avec M. Serres, que le sommet mobile des cartilages arythénoïdes remplissait relativement à la production de la voix flûtée un usage analogue à celui des clefs dans les instrumens à vent.

FONCTIONS RELATIVES DU SOMMEIL.

Les phénomènes de la vie de nutrition se succèdent sans aucune interruption; le cœur pousse continuellement le sang vers toutes les parties du corps; les glandes sécrètent sans cesse le fluide dont la formation leur est dévolue; sans cesse les parties se composent et se décomposent, etc. Il n'en est pas de même des fonctions relatives. Après avoir prolongé quelque temps leur action, les organes qui sont chargés de les accomplir ont besoin du repos pour réparer les pertes occasionées par l'état de veille, et ce repos a reçu le nom de *sommeil*.

C'est donc sans aucun fondement que l'on a assimilé le sommeil à la mort, en disant qu'il en était l'image; car, dans cet état, il n'y a cessation d'action que de la part des organes de la vie de relation, tandis que les fonctions nutritives s'exercent alors avec plus de liberté et d'énergie. Il semble, comme le dit Hippocrate, que le sommeil soit un état d'effort des organes nutritifs: *Somnus labor visceribus.* « J'ai déjà observé, d'après Galien, dit Grimaud, que les hommes qui, après leurs repas, se livrent à des exercices violens, sont généralement affectés d'une faiblesse radicale, qui les rend très-sujets aux maladies malignes, et qui leur permet rarement d'atteindre le terme ordinaire de la vie. J'ai remarqué aussi qu'à raison de cette faiblesse, le sommeil chez eux est beaucoup plus profond, qu'il est aussi d'une nécessité plus pressante, et que ces hommes ne peuvent pas veiller plusieurs jours de suite, sans s'exposer à des maladies graves. »

Tout ce qui jette les organes de la vie extérieure dans une faiblesse relative, doit être une cause puissante de sommeil. Toute espèce de fatigue le provoque. Les bruits monotones, le silence, l'obscurité, l'inaction soutenue, etc...., influent beaucoup sur son apparition.

On ignore complétement la cause prochaine du sommeil. M. Martini pense que les forces vitales se reposent dans les organes de la vie de relation, pour s'exercer avec plus de suite et d'énergie dans les agens de la vie nutritive, destinés à réparer les pertes de l'incitabilité. « Il existe, dit-il, entre les divers systèmes, les divers appareils et les divers organes, une opposition en vertu de laquelle, lorsque les forces vitales sont très-actives d'un côté, elles semblent être, de l'autre, dans un repos complet. L'incitabilité se consume et se répare; mais, pour que cette réparation ait lieu, il faut que la chylification fournisse des principes nutritifs, et que la respiration maintienne le sang dans un état convenable; il faut, de plus, que quelques parties se reposent pendant un certain temps, pour qu'il n'y ait pas une trop grande perte de force, et pour que le principe vital ne soit pas occupé à un trop grand nombre d'actions. Le sommeil paraît avoir pour but de remplir toutes ces indications; il donne du repos aux organes des sens, et empêche une trop grande perte de leur incitabilité. Mais le système nerveux ne se repose pas tout entier pendant le sommeil: c'est seulement la portion qui préside aux actes de la vie animale (*de relation*), tandis que son action est momentanément suspendue, la partie qui appartient à la vie organique (*de nutrition*) continue d'agir, et même le peu de forces qui restent à l'autre portion semblent refluer sur elle. On voit combien l'opinion extrêmement probable du professeur de Turin se rapproche de celle de Grimaud et d'Hippocrate. Il suit de là, comme l'a remarqué Bichat, que la vie nutritive dure beaucoup plus que la vie de relation, en sorte que nous vivons au dedans presque le double de ce que nous existons au dehors.

Quoi qu'il en soit, quand le sommeil commence à s'appesantir, il survient des bâillemens fréquens; tous les organes de relation deviennent peu à peu insensibles à leurs excitans naturels, l'intelligence est paresseuse, la vue se trouble, les paupières se ferment, l'oreille n'est plus excitée par les sons, le toucher devient obtus; en un mot, les fonctions relatives sont entièrement suspendues.

Lorsque cette intermittence d'action dans la vie de relation est générale, le sommeil est parfait et presque toujours profond; mais le plus souvent quelques organes veillent, tandis que d'autres sont endormis, et c'est ce qui donne lieu aux rêves et au somnambulisme.

Il y a somnambulisme, lorsqu'à l'action conservée du cerveau se joint celle de la locomotion et de la voix. On a rassemblé une foule de faits curieux relatifs aux somnambules; il serait inutile de les rapporter ici. Il y a rêve seulement lorsque l'imagination, la mémoire et quelquefois le jugement sont dans un état de veille pendant que les autres facultés sont engourdies.

L'habitude influe beaucoup sur le caractère des rêves.

. . . . En songe, un orateur
En quatre points encor lasse son auditeur.
Bercé sur le rouet d'une rauque éloquence,
En songe un magistrat s'endort à l'audience;
En songe un homme en place, arrangeant son dédain,
Pour prendre des placets étend encor la main.
En songe, sur la scène, un acteur se déploie;
L'auteur poursuit sa rime et le chasseur sa proie;
Le grand voit des cordons, l'avare de l'argent,
Et Penthièvre ouvre encor sa main à l'indigent.
En songe un tendre ami revoit l'ami qu'il pleure.
Il reconnaît les lieux, il se rappelle l'heure
Où dans les pleurs muets, prolongeant ses adieux,
Immobile, long-temps il le suivit des yeux.

Delille, *Imagination.*

On a remarqué que certains songes pronostiquaient certaines maladies, et que certaines maladies ramenaient toujours les mêmes songes.

Si l'on se demande maintenant pourquoi l'époque du sommeil est, pour toute la nature, celle de la nuit, on en trouve aisément la raison dans l'absence de tous les excitans et surtout de la lumière, qui est le plus puissant de tous. Le faible éclat de la lumière artificielle dans un appartement nous empêche souvent de dormir, et l'apparition du jour n'est pas une des moindres causes du réveil. Ce n'est pas que dans les villes, on ne soit parvenu à intervertir cet ordre établi par la nature; mais aussi ce n'est qu'en s'entourant de toutes sortes de stimulans factices, que l'on chasse le sommeil pendant la nuit; et ce n'est aussi qu'en les éloignant et en se plongeant dans les ténèbres, que l'on parvient à le provoquer pendant le jour.

La durée du sommeil n'est pas toujours la même: elle varie surtout selon les âges; elle est longue dans l'enfance, courte dans la vieillesse; l'adulte dort de six à huit heures; au reste, le sommeil, comme tout ce qui tient aux fonctions animales, est soumis aux influences de l'habitude et des constitutions. Dans tous les cas, un sommeil trop court est nuisible autant et plus que s'il est prolongé.

Il est à remarquer que la durée du sommeil est, en quelque sorte, arbitraire, et qu'une volonté bien décidée fixe le réveil à un instant précis. « Voilà, dit Grimaud, une de ces connaissances intuitives qui sont dans l'âme, sans qu'elle puisse les apercevoir, parce qu'elle ne le doit point à l'exercice des sens, et que dès-lors elle ne peut se les représenter, se les figurer d'une manière grossière, et se les rendre le sujet de la réflexion, de l'imagination et de la mémoire. »

Voir pour tout complément de cet article le mot Génération.

Explication des planches.

Planche 503.

Disposition des viscères thoraciques et abdominaux. AB, les poumons; C, le cœur renfermé dans son enveloppe, le péricarde; *d*, la vésicule biliaire; E, l'estomac; F, le foie; G, le cœcum, origine du gros intestin; H, le colon transverse; I, l'épiploon qui recouvre les intestins grêles; J, la vessie; K, lambeau de peau du bas-ventre; L, gros vaisseaux qui vont au cœur ou qui en partent; MM, le diaphragme.

Planche 504.

Appareil digestif de l'homme. A, œsophage; B, le foie; C, la vésicule biliaire; *d*, le conduit cholédoque; *e*, les conduits hépatiques; F, l'estomac; G, le pylore; H, le duodénum; I, le conduit excréteur du pancréas; J, le pancréas; K, la rate; L, M, l'intestin grêle; N, le cœcum; O, l'appendice cœcal; P, P, le gros intestin; QQ', les reins; RR', les capsules surrénales; SS, les uretères; *tt*, les glandes du mésentère; U, la vessie; V, le conduit spermatique; *x*, la prostate; *z*, les vésicules spermatiques.

Planche 505.

Fig. 3. Trachée-artère vue par le plan antérieur. La trachée-artère et les bronches du côté gauche, sont représentées dépouillées de la membrane fibreuse, qui revêt leur contour cartilagineux, de manière à laisser voir les petites membranes ligamenteuses intermédiaires aux cerceaux. Les divisions bronchiques sont vues dans leurs rapports et leurs écartemens; elles sont entourées par le trait qui indique les limites du poumon. A droite on voit la forme, la structure et la disposition des trois lobes du poumon droit.

a, larynx; *cc*, grandes cornes des cartilages thyroïdes; *e*, trachée-artère; *f*, bronche gauche; *m*, subdivisions de la bronche gauche; *j*, lobe supérieur du poumon droit représentant la disposition des artères, celle des veines et celle des conduits aérifères; *k*, le lobe moyen; *l*, le lobe inférieur; *h*, l'artère pulmonaire; *g*, la veine pulmonaire.

Fig. 1. Disposition du larynx vu par sa face postérieure. Fig. *a*, les masses latérales et osseuses du larynx; *d*, le corps qui renferme la cavité laryngée; *b*, l'ouverture de la glotte; *a*, l'épiglotte; *e*, la trachée-artère; *cc*, grandes cornes des cartilages thyroïdes.

Fig. 2. Moitié droite du larynx vue par sa face interne. *a*, corde vocale; *b*, orifice du ventricule droit du larynx; *c*, os laryngé divisé; *o*, trachée-artère vue à l'intérieur.

Planche 506.

Disposition et rapports des conduits lactés chez la femme. *a*, *a*, épaisseur de la peau: *b*, *b*, lambeaux de peau renversé; *c*, *c*, *c*, épaisseur de la graisse qui se trouve logée dans les cellules *d*, *d*, de la glande mammaire; les conduits lactés sont mis à nu. Il y a ordinairement douze ou quinze conduits principaux qui reçoivent toutes les radicules de la glande, et qui vont s'ouvrir dans le mamelon.

Fig. F. Coupe sur la ligne médiane du mamelon: *a*, *a*, la peau, *e*, *e*, les conduits lactés; *x*, structure de la glande mammaire.

Planche 507.

Estomac de Ruminant.

Fig. 1 *a*. L'œsophage; *b*, *b*, *b*, la panse; *c*, le bonnet; *d*, le feuillet; *e*, la caillette; *f*, le pylore; *g*, l'intestin grêle; *h*, tronc commun où aboutit le suc pancréatique et la bile; *i*, glande pancréatique; *j*, canal hépatique; *k*, vésicule biliaire; *l*, *l*, vaisseaux biliaires.

Fig. *b'*. Portion de muqueuse de la panse.

Fig. *d'*. Portion de muqueuse du feuillet. Entre ces deux figures on voit le bonnet et la caillette ouverts pour montrer le conduit *o* et les valvules *ii*. Les autres lettres correspondent aux diverses parties que nous avons indiquées figure I.

Fig. D. Le feuillet ouvert: figure C, structure et disposition de l'intérieur du bonnet; *c*, portion grossie d'une cellule.

Planche 508.

Couleuvre à collier, femelle.

a, *a*. Trachée-artère; *b*, veine-cave supérieure gauche; *c*, veine-cave supérieure droite; *d*, glande thyroïde; *e*, oreillette gauche du cœur; *f*, oreillette droite; *h*, le cœur; *g*, *g*, l'estomac; *i*, la veine-cave inférieure: *j*, le poumon gauche rudimentaire; *k*, le poumon droit très-développé; *l*, *l*, le foie; *m*. la vésicule biliaire; *n*, la glande pancréatique; *o*, le duodénum suivi de l'intestin; *p*, *p*, les oviductes: *q*, les reins; *r*, les urétères; *s*, leurs orifices dans le cloaque; *t*, les œufs disposés comme les grains d'un chapelet, les uns à la suite des autres; *x*, les ouvertures des oviductes dans le cloaque.

Planche 509.

Fig. 1. D'après Cuvier, *Mémoires sur les Mollusques*. Anatomie de l'*Aplysia lamellus*. Tous les viscères de cet animal sont développés, étalés, et plusieurs sont ouverts; *c*, *c*, le collier vu par dessous; *g*, l'anus; *c*. sac muqueux, ouvert pour montrer ses plis, avec une portion ascendante de son conduit excréteur: la portion descendante est cachée ici sous le rectum; *h*, grande veine-cave qui suit la concavité des circonvolutions; *d*, autre veine-cave qui marche à la convexité des circonvolutions; *f*, canal de jonction entre ces deux veines, d'où naissent les artères pulmonaires antérieures; les latérales naissent de la veine *h*, au dessus du rectum et du canal excréteur du sac muqueux: au dessous du cœur *a*, se voit le tronc principal des veines pulmonaires ouvert; l'oreillette du cœur ouverte; le ventricule du cœur est ouvert, pour montrer les valvules à l'entrée; à l'autre extrémité se trouve l'origine de l'aorte, et la branche artérielle qui va à la tête: *i*, *i*, *i*, lobes du foie; au milieu est une portion de conduit biliaire ouvert; *u*, ovaire; *o*, oviducte, qui se continue avec la matrice *q*, par un filet très-mince; *r*, le testicule; *p*, sa portion la plus étroite, en bas est son conduit excréteur; *r*, la vessie et son conduit excréteur: *n'*, canal commun pour la matrice et le canal de la vessie qui reçoit les vésicules rameuses: *k'*. l'estomac, où il reçoit le conduit biliaire: *j*, intestin; *t*, glandes salivaires, avec leurs conduits excréteurs; *m*, œsophage; *M*, les muscles rétracteurs de la masse de la bouche; ceux qui font rentrer le pied; muscles des grands tentacules; muscles des petits tentacules; *z*, ganglion cérébral, suivi d'un grand ganglion nerveux inférieur; *y*, la verge et son muscle rétracteur.

Fig. 2. D'après Delle Chiaje. Anatomie de l'*Holothuria tubulosa*. *a*, œsophage naissant de l'orifice oral; *c*, prolongement de l'œsophage; *d*, circonvolutions intestinales; *e*, organes sexuels; *p*, leur ouverture; *o*, région de l'oviducte ou sexte masculin; *f*, mésentère; *n*, les oviductes; *i*, branche droite et adhérente de l'organe respiratoire; *h*, branche gauche et libre du même organe; *m*, branche accessoire de l'organe respiratoire gauche: *g*, cloaque entouré de fibres musculaires; *q*, vésicule centrale oblongue du système vasculaire externe; *r*, tentacules disposés autour de la bouche, avec leurs vaisseaux.

Fig. 3. Canal intestinal de la *Megalotrocha alba*; *a*, pharynx avec les larges dents, *b*, appendices supérieurs de l'intestin; *c*, appendice inférieur de l'intestin; *d*, gros intestins.

Fig. 4. Anatomie de l'*Hydatina serta*: *a*, pharynx, *b*, estomac et intestins; *c*, *d*, ovaires: *e*, *e*, glandes salivaires.

Fig. 5. D'après Trembley, le corps d'un polype commun avec de jeunes polypes qui y tiennent.

Fig. 6. Le même polype coupé en long.

Planche 510.

Fig. 1. La sangsue ouverte en long, par le côté tergal du canal alimentaire; *a*, suçoir de la bouche; *b*, cavité orale ouverte par le haut, dans laquelle on aperçoit l'orifice triangulaire de la bouche; *c*, muscles du pharynx: *d*, cavité pharyngienne; *e*, ganglion cérébral situé au dessus du pharynx; *f*, les parois perforées de l'estomac; *g*, chaîne ganglionnaire; en dehors sont les vésicules respiratoires; *i*, vaisseau latéral; *k*, pylore; *l*, dilatation au commencement de l'intestin; *m*, intestin; *n*, anus; *o*, suçoir oral; *p*, cavité stomacale; *q*, cœcums; *r*, parties génitales femelles; *s*, parties génitales mâles.

Fig. 1 *a*. Surface ventrale interne et grossie de la partie antérieure du corps d'une sangsue, après l'ablation de la membrane stomacale: *a*, vaisseaux latéraux: *b*, probablement les vésicules respiratoires, avec les anses vasculaires qui leur appartiennent *c*; *d*, paires de testicules; *e*, les deux épididymes ou vésicules séminales: *f*, gaîne de la verge; *h*, ovaires, communiquant à un petit utérus.

Fig. 1 *b*. Les parties génitales de la sangsue, représentées à part. *a*, gaîne de la verge ouverte, dans laquelle on aperçoit la verge filiforme *x*; *b*, épididymes; *c*, grand canal séminal; *d*, canal séminal; *e*, vagin ou cavité interne avec son issue *f*; *g*, ovaires, et les oviductes.

Fig. 2. D'après Bojanus. *Amphistoma subtriquetrum*, tiré des viscères du Castor. La figure le représente vu du côté tergal, grossi et ouvert. *a*, système nerveux; *b*, canal intestinal; *c*, organes génitaux mâles, dont le canal mince se partage postérieurement en deux plus grêles de chacun desquels part un faisceau de petits tubes séminifères *d*, terminés en cul-de-sac; entre ces vaisseaux séminifères on aperçoit l'oviducte, qui reçoit un amas grenu de germes d'œufs *e*, et se montre même actuellement gonflé par des œufs qu'il dirige vers l'ouverture génitale commune.

Fig. 3. D'après Westrumb, *De helminthibus acanthocephalis*. Anatomie d'un *Echinorhynchus proteus* mâle, provenant des viscères du Barbeau. *d*, la gaîne de la trompe; *f* organes testiculiformes; *h*, conduit excréteur de la vésicule séminale; *i*, petit tube terminé en pointe, espèce de verge; *k*, ligamens (Lemnisques).

Fig. 4. Echinorhynque géant mâle. *a*, la tête de la trompe avec ses crochets avec une portion de la trompe renfermée dans le corps; *b*, *b*, *e*, canaux latéraux; *c*, *d*, les testicules; *g*, canal membraneux que ces derniers organes envoient à l'extrémité postérieure de la trompe; *f*, les deux canaux déférens auxquels les testicules donnent naissance par leur partie postérieure et formant un canal unique qui résulte de la jonction des deux précédens avec dilatation du canal déférent, qui constituent la vésicule séminale; *g*, le penis; *h*, *h*, muscles rétracteurs; *i*, gaîne du pénis.

Fig. 5. Gruithuisen, *Acta Leopoldina*: la reproduction de la *Nais proboscidea* par scission. La figure ne représente que le segment où une jeune Naïde commence à se former dans l'abdomen de la vieille. L'intestin *a* n'est point encore complétement séparé de la portion intestinale qui reste au jeune animal *c*: la même remarque s'applique à l'artère qui marche sur l'intestin: en *b*, on aperçoit les yeux du jeune animal, et en *d*, la bouche de celui-ci.

Fig. 6. D'après Home, *Lectures on comparative anatomy*. Extrémité céphalique d'une Néréide, ouverte en dessous. *a*, bouche; *b*, estomac; *c*, les dents situées à l'entrée de l'estomac; *d*, cœcums; *e*, pylore dans lequel se trouve une sonde; *f*, intestin.

Fig. 7. *Ibid*. Canal alimentaire de l'Aphrodite, vu par dessous. *a*, estomac à parois cartilagineuses et le pharynx; *c*, *d*, canal intestinal, qui forme un appendice cœcal derrière l'estomac; les appendices cœcaux brameux de l'intestin ne sont point entièrement dessinés au côté inférieur.

Planche 511.

Fig. 1. Portion de peau du sein d'une jeune femme près du

mamelon. On voit les vaisseaux lymphatiques formant un réseau entre le derme et l'épiderme. Ses vaisseaux, de grandeur naturelle, ont été injectés au mercure.

Fig. 2. *a*, canal des vaisseaux inhalans; *b*, papilles; *c*, matière cornée. Les rameaux qui viennent du côté de l'épiderme s'abouchent dans le tronc commun.

Fig. 3. *a*, *a*, papilles humaines enveloppées dans leurs gaînes; *b*, matière cornée épidermique; *c*, derme.

Fig. 4. Peau humaine. *a*, derme; *b*, papilles; *c*, matière cornée soulevée en *d* pour faire voir son origine dans les sillons du derme entre les papilles. Les prolongemens déchirés correspondent aux canaux excréteurs de l'appareil chromatogène.

Fig. 5. *a*, organe sécréteur de la matière muqueuse; *b*, son canal excréteur; *c*, vaisseaux sanguins; *d*, petits grains blanchâtres qui l'entourent.

Fig. 6. Représentant l'appareil qui constitue le sans tactile chez l'homme. *a*, nerf entrant dans le derme où il devient capillaire; *b*, son entrée dans la papille; *c*, névrilème fourni par le derme; *d*, l'enveloppe propre du nerf; *c*, couche plus ou moins épaisse de matière cornée, organe de protection.

Fig. 7. Fragmens des petits filets ou canaux sudorifères, qu'on aperçoit en écartant du derme la couche de matière cornée vus au microscope et grossis.

Fig. 8, 9. Matière cornée de la Baleine telle qu'elle se présente à la vue, et indiquant la formation de la couche horizontale par la courbure des fibres perpendiculaires.

Fig. 10. Capuchon ou enveloppe propre d'une papille humaine.

Fig 11. Pied d'homme vu par dessous. A, face externe de l'épiderme au talon; *b*, lignes saillantes papillaires que séparent des fissures transversales (*c*) au milieu desquelles se trouve un pore sudatoire ou orifice extérieur d'un canal hydrophore; *d*, sillons parallèles aux lignes saillantes; E face intérieure de l'épiderme, moulée sur le derme et soulevée; *f*, série de trous qui reçoivent les papilles; *g*, petite cloison interpapillaire, ou saillie de la matière cornée interposée entre deux papilles bifides et percée de trous pour le passage de canaux sudorifères dont on voit quelques uns (*h*) sous forme de fils, pénétrés dans les infundibulum du derme; à côté se trouve une grande cloison, plus en relief que la précédente, reçue dans les sillons du derme; J, face extérieure du derme; *k*, lignes saillantes hérissées de papilles, le plus souvent deux à deux et entre lesquelles on aperçoit des ouvertures par où sortent des canaux sudorifères et entrent les vaisseaux inhalans; *m*, sillons du derme où se débouchent les canaux excréteurs de la matière cornée; N, face intérieure du derme criblée de trous pour le passage des vaisseaux sanguins, nerfs, glandes et vaisseaux lymphatiques; *o*, couche adipeuse sous-jacente au derme.

Fig. 12. *a*, une fibre simple de matière cornée grossie, appartenant à la Baleine, composée d'écailles placées les unes au dessus des autres sur un tissu muqueux aréolaire très-fin.

Fig. 13. Plusieurs écailles réunies et formant une trame.

Fig. 14. Peau de Baleine. *a*, derme; *b*, une partie de la matière cornée a été séparée du derme de vive force et reste comme entr'ouverte, pour faire voir la grande quantité de papilles nerveuses qui se dégagent de leur enveloppe comme d'un fourreau; le reste, *c*, montre les papilles libres et flottantes.

Fig. 15. Fragment de la face intérieure de l'épiderme en contact avec le derme. Cette figure est la même que celle de la lettre E dans la figure précédente, mais vue sous une forte loupe et desséchée; une couche supérieure de matière a été enlevée pour mieux montrer les perforations. C'est le canevas réticulaire de Malpighi. *a*, cloisons saillantes reçues dans les sillons du derme percées latéralement de petits trous pour le passage des vaisseaux lymphatiques; *b*, cloisons interpapillaires perforées par les canaux sudorifères; *c*, trous qui servent de gaine aux papilles.

Planche 512.

Fig. 1. Papille de Baleine sous le plus fort grossissement du microscope. On voit des stries qui se joignent à l'extrémité en demi-arceaux concentriques.

Fig. 2 *a*, organe chromatogène déchiré en deux endroits; *b* et *c*, pour faire voir la sortie des écailles qui s'y forment et les vaisseaux filiformes dont cet organe se compose; *d*, petits canaux excréteurs qui se déchirent quand on enlève la matière cornée; *e*, organe sécréteur du mucus qu'il verse au dessus de l'organe chromatogène; *f*, état fluide de la matière cornée, c'est-à-dire pigmenteux ou écailles flottant au milieu du mucus; *g*, couches de matière cornée qui se stratifient à droite et à gauche comme les barbes d'une plume et se condensent à mesure qu'elles deviennent plus extérieures.

Fig. 3. Figure composée. *a*, derme de Baleine; *b*, *b*, papilles; *c*, *c*, petits canaux excréteurs des écailles; *d*, fibre naissant de ces canaux et se courbant au dessus de ces canaux pour former la couche horizontale épidermique.

Fig. 4. Portion du canal thoracique, prise à la hauteur de la crosse de l'aorte, pour montrer très-distinctement la disposition des valvules; *a*, portion de ce canal dans ses proportions naturelles, ouverte sur toute sa longueur pour laisser voir les valvules; *b*, section de cette même portion du canal thoracique, mais grossie pour faire mieux voir la manière dont se comporte la membrane interne du vaisseau pour produire les valvules.

Fig. 5. Portions de vaisseaux lymphatiques pris à la partie interne et antérieure de la cuisse d'un homme adulte. *a*, *a*, portions de vaisseaux lymphatiques injectés au mercure puis desséchés; *b*, *b*, fraction du vaisseau *a*, *a*, et représentée beaucoup plus gros que nature; *c*, *c*, même vaisseau desséché, ouvert sur sa longueur et du même diamètre que le vaisseau *b*, *b*. Ces deux figures ont été faites pour montrer la disposition des valvules à l'extérieur et à l'intérieur du vaisseau.

On peut reconnaître sur la figure *c*, *c*, que ces valvules sont disposées par paires, qu'elles sont régulières, symétriques, en forme de panier de pigeon comme les valvules sygmoïdes de l'origine de l'aorte et de l'artère pulmonaire. Ces valvules sont manifestement formées par la membrane interne du vaisseau et ne dépendent pas d'un resserrement ou étranglement de toute l'épaisseur du tube vasculaire par un sphincter musculaire comme on l'a prétendu dans ces derniers temps.

Fig. 6. *a*, *a*, tiges nerveuses ou papilles de la peau de Baleine grossies; leur base est élargie et cannelée; *b*, papille avec sa gaine.

Fig. 7. *a*, groupes de papilles humaines vues au microscope; *b*, derme.

Fig 8. Composition d'une figure synthétique ou schema de la peau humaine. *a*, derme; *b*, matière cornée épidermique; *c*, vaisseaux et nerfs qui entrent dans le derme ou qui en sortent; *d*, intervalle rempli par les filamens capillaires; *e*, papilles nerveuses; *f*, organe sudorifère; *g*, son canal excréteur spiroïde qui traverse le derme, passe derrière les papilles et se fait jour dans un des pores de l'épiderme; *h*, vaisseaux inholans, naissant de la couche la plus extérieure de la matière cornée, se ramifiant et s'anastomosant avant de pénétrer dans le derme par les ouvertures qui donnent passage aux spires de l'organe sudorifère; *i*, organe chromatogène ou sécréteur des écailles. On n'en voit qu'une partie coupée, parce qu'il s'étend suivant la longueur des sillons. Ses canaux excréteurs s'ouvrent dans les sillons entre deux rangées de papilles; *j*, organe sécréteur du mucus; *k*, son canal excréteur aboutissant dans les sillons du derme entre les papilles. Là, ce mucus, mêlé d'écailles, d'abord fluide, se solidifie par couches successives à droite et à gauche comme on le voit sur la coupe de la peau faite en travers des sillons (*l*), mais dans la section longitudinale; *m*, ces couches présentent des séries de lignes droites superposées comme les feuillets d'un gâteau. C'est aussi de cette manière que le tissu corné se décompose par la macération. La face supérieure de l'épiderme présente des sillons, *n*, qui répondent à ceux du derme et des lignes saillantes papillaires, *o* séparées par des fissures transversales; *p*, au fond desquelles se trouvent les pores des canaux sudorifères.

Fig. 9. Organe sudorifère. *a*, derme; *b*, organe sécréteur glanduliforme vu en manière de sac oblong entouré d'un chevelu très-fin; *c*, canal excréteur en spirale qui passe entre les papilles, traverse la matière cornée épidermique et débouche dans les pores de la peau.

(G. G. de C.)

PHYSIOLOGIE APPLIQUÉE AUX ANIMAUX DOMESTIQUES. Dans deux articles précédens, j'ai dit (tome I, pag. 191) ce que l'on entend par le mot Animaux domestiques, et indiqué les points de vue sous lesquels il importe de considérer ces êtres utiles; je me suis ensuite occupé des soins qu'il convient de leur donner pour les maintenir constamment en santé, les abriter contre les causes qui peuvent leur nuire, et indiqué les moyens auxquels il faut recourir quand ils sont malades (tom. IV, pag. 88 à 91). Il me reste maintenant à m'occuper d'eux relativement à l'emploi bien entendu de leur intelligence et de leurs forces, des habitudes à leur imposer dans notre propre intérêt, et de ce que nous avons à faire pour

pour l'amélioration et la conservation des espèces, ainsi que pour prévenir leur dégénération. Ces divers renseignemens, d'une haute importance, nous sont fournis par l'étude des lois physiologiques; elles nous disent comment il faut nous y prendre pour placer l'animal dans les circonstances les plus favorables, afin de lui faire l'application des modifications commandées par les intérêts de l'agriculture et de l'industrie, sans rien déranger à l'harmonie organique. L'appréciation des lois de la Physiologie développe ainsi, en quelques pages, tout ce que renferme l'adage rural répété par tous les publicistes : les animaux domestiques constituent le levier du premier des arts; ils sont une source intarissable de causes agissant sur la rapidité et la régularité des opérations rurales, sur le développement et l'extension du commerce, sur la richesse et le bien-être de la société. Nous avons, comme on le voit, besoin d'en tirer parti, d'en faire d'infatigables auxiliaires, et de les payer largement de leurs services

On aurait tort d'induire d'un passage de Xénophon et d'un autre d'Aristote, relativement aux familles sauvages de Chevaux, d'Anes, de Taureaux, de Bêtes à laine, de Chèvres, de Chiens et de Pourceaux existantes de leur temps en Europe et en Asie, que la domestication de ceux de ces animaux associés à notre luxe et à nos travaux, remonte aujourd'hui à plus de vingt-trois siècles; les vieilles annales écrites ou monumentales de l'Éthiopie et de l'Égypte, de l'Inde et des peuples du Nord, prouvent qu'elle date d'une époque beaucoup plus reculée; l'on ne se tromperait même pas en la rapportant, avec nous, aux premiers jours où l'homme éprouva le besoin de vivre en familles agglomérées, où son propre intérêt lui fit naître l'idée de profiter des qualités originelles de certaines espèces, pour les faire servir à son profit et les harmoniser avec sa situation actuelle. D'un autre côté, les animaux eux-mêmes, appelés par l'instinct conservateur à se rapprocher de l'homme, lui ont offert les moyens de les subjuger, de les conduire, de les perfectionner, de les soumettre à des habitudes nouvelles. Sans ce premier pas, l'association n'eût jamais été possible; sans lui, vous n'auriez auprès de vous que des esclaves, que des êtres plus ou moins abrutis, toujours prêts à la révolte. Il faut donc le répéter ici, dans la vue de détruire une erreur accréditée : malgré la puissance du génie dont il est doué, l'homme ne change point les lois de la nature, encore moins il les détruit; il peut seulement en modifier l'action, poursuivre les conséquences de ces modifications pour les diriger à son gré, et une fois imprimées, pour les forcer à devenir transmissibles des parens aux petits et les rendre ainsi permanentes sans altération. Cette conquête est assez grande : c'est une victoire brillante dont les résultats attestent de longs et puissans efforts qu'il nous faut conserver.

J'ai déjà dit (tom. IV, pag. 88) que les mauvais traitemens envers les animaux sont un acte de lâcheté, de barbarie qui dénotent une âme vile, et sont propres à détruire le travail de la civilisation, tandis que les bons procédés le complètent et agrandissent le cercle des services que l'on peut demander à ces utiles auxiliaires. Sans doute lorsque l'animal, soit par dépravation ou par suite d'une surexcitation dangereuse, devient violent, opiniâtre et d'une indocilité complète, il faut recourir à quelques moyens énergiques pour le vaincre et le ramener à la soumission. Mais, pourquoi vous avilir vous-mêmes en vous livrant à des excès toujours blâmables, toujours indignes d'un être de raison? agissez par la faim d'abord, puis en satisfaisant l'appétit par de petites quantités, que vous augmenterez successivement à mesure que l'animal redeviendra docile. Joignez à cela quelques caresses, elles sollicitent vivement les sentimens affectueux; vous ferez ainsi bien plus vite et avec plus de succès que par la voie des châtimens.

A ces mots, je vois un sourire ironique s'arrêter sur les lèvres de ceux qui regardent les animaux comme de simples brutes, incapables d'éprouver d'autres besoins que ceux de la vie physique. Je ne chercherai point à les dissuader, ils sont trop loin de moi; je ne m'adresse qu'aux hommes sachant lire dans le grand livre de la nature. Eux, ils n'ignorent point que l'attachement de l'animal envers le maître qui le traite avec bonté, j'allais dire avec amitié, est plus sincère, plus profond que chez certains individus façonnés, par un odieux calcul qu'ils appellent de la finesse ou du savoir-faire, avec la ruse, l'ingratitude, l'envie de nuire, la cupidité, l'avarice, et tous les vices qu'enfantent l'égoïsme et la fausseté. Le Cheval et le Chien n'abandonnent jamais leur maître dans le danger, comme il arrive si souvent parmi les hommes qui se disent vos amis; le Bœuf et le Chameau, flattés par la main et par le chant de leur conducteur, prennent une allure plus gaie, font le double de besogne sans vues secrètes, sans projets hostiles. Il n'y a point d'arrière pensées non plus chez la Vache, qui descend des chaumes alpins, où elle est demeurée six mois, dans la joie qu'elle exprime d'une manière si touchante quand elle revoit le toît de la famille, quand elle entend la voix de son bienfaiteur. Le Chat lui-même, le plus indépendant de tous les animaux domestiques, recherche les caresses avec passion, jamais pour nous en punir. (Voyez au surplus les faits que nous avons rapportés aux mots CHAT, CHEVAL, CHÈVRE, CHIEN, COCHON, TAUREAU, VACHE.)

Une étude approfondie de l'entendement animal et de l'utile influence que notre raison peut exercer sur lui pour développer ses qualités physiques, et lui donner des qualités morales nouvelles, m'a mis en état d'apprécier les fruits de la domestication et d'en trouver, pour ainsi dire, tous les linéamens historiques, non seulement dans les écrivains de l'antiquité, mais encore dans la psychologie, si variée en ses nuances, si fugitive en ses impressions, si difficile à saisir en ses premiers actes d'imitation et de réminiscence, qui a monté si haut l'intelligence et la moralité de nos animaux domestiques. Je les ai consignés dans mon *Traité de l'éducation des animaux domestiques*, imprimé en 2 vol. in-12. Paris, 1820. En en donnant ici l'extrait, je profiterai des lumières que m'ont procurées de nouvelles méditations, des expériences suivies avec soin, et les renseignemens que m'ont fournis d'autres observateurs.

I. *Habitudes à donner aux animaux relativement à leur constitution physique.* — L'éducation des animaux tend à faciliter leur accroissement, à développer leurs forces, et à les amener, par un emploi sagement entendu, au point d'être constamment utiles. Tous ne le peuvent être de la même façon ni au même degré : la Chèvre et la Vache nous donnent du lait ; le Mouton nous présente sa riche toison ; le Bœuf, l'Ane, le Mulet et le Cheval nous prêtent la force de leurs muscles ; ils portent ou traînent des provisions ou des denrées, ou bien ils labourent les champs ; le Chien fidèle nous aide par sa vigilance active ; tous nous fournissent un engrais qui rend à la nature fatiguée ou maladroitement épuisée les principes de la fécondité ; tous contribuent à nos plaisirs comme à nos travaux. Mais l'énergie et la durée de ces divers services veulent être proportionnées à l'âge, à la puissance vitale, à la physiologie individuelle de chaque animal : c'est ce qu'il importe de savoir pour ne rien demander au-delà du permis.

Parvenu à sa troisième année, l'animal qu'on destine au labour ou bien au charriage, a, de fait, acquis tout son développement, et peut être mis au travail. Il ne faut pas l'y forcer tout d'un coup, mais l'y amener peu à peu par la patience et la douceur. Sans ce ménagement, il s'épuiserait avant le temps, il s'affaiblirait pour toujours, et finirait par périr au bout de quelques mois ; si on le maltraitait, il perdrait courage et ne ferait plus d'efforts, ou bien il s'irriterait au point d'en devenir furieux. Pour lui conserver sa vigueur, et la voir s'augmenter plus tard, il est donc indispensable de n'exiger que progressivement le service qu'on attend de lui. L'on commence par lui mettre sur la tête des cordes, des chaînes, une planche, et en même temps on le caresse, on lui donne du grain à manger dans la main. Ce manége étant répété durant quelques jours et plusieurs fois dans la journée, il ne tarde pas à s'y familiariser ; on lui passe alors un collier. Au bout de quelque temps, c'est le joug que l'on fixe sur la tête d'un couple au préalable bien assorti, mais on ne le laisse que peu d'instans. Le lendemain on l'assujétit plus long-temps, et progressivement on fait faire une promenade dans la cour, puis autour de l'habitation ; on donne une bûche à traîner, puis une poutre, et une herse ; enfin, on l'attèle à la charrue ou à la voiture pour une heure, pour deux, pour quatre, pour un jour, en ayant toujours soin de faire travailler le jeune animal avec des couples déjà dressés, et de ne pas exiger beaucoup durant les premiers mois. Ce n'est guère qu'après une année d'apprentissage que l'on peut imposer avec assurance le service ordinaire.

Chez le Bœuf et le Buffle l'épaisseur des os de la tête au dessus du front, les armes redoutables que la nature y a placées, la disposition à se servir constamment de cette partie, tant pour attaquer que pour se défendre, tout indique que c'est sur ce point qu'il faut chez eux faire porter le poids du travail. Si, voulant agir autrement, on emploie un collier, comme cela se pratique dans nos départemens du Haut et du Bas-Rhin, de la Moselle, du Puy-de-Dôme, du Cantal, de l'Isère, et dans les Cevennes, ou bien une bricole, des mors à brides, comme aux environs de Berne et de Fribourg, en Suisse, et à Rougham, dans le pays de Suffolk en Angleterre, on met l'animal dans l'impossibilité de déployer toutes ses forces. Les attelles du collier qui s'appuient sur le devant du garrot et sur le grand angle, froissant plusieurs parties molles et sensibles, ainsi que pesant sur les apophyses épineuses des vertèbres dorsales, occasionent des douleurs qui énervent et tuent à la longue. D'ailleurs, le collier est lourd, il gêne la marche, il s'adapte mal aux différentes formes que l'épaule affecte pendant le mouvement, et ne peut nullement convenir aux localités très-accentuées où il faut sans cesse monter et descendre, à moins qu'il ne soit très-petit, rembourré de crin, et exactement modelé sur le poitrail de l'animal qui doit le porter, ainsi qu'on en trouve chez les Flamands et dans quelques fermes de la Grande-Bretagne.

Le joug a des inconvéniens aussi grands ; le plus grave de tous est de priver la tête du balancement si favorable au mouvement de progression. Dans la vue de remédier à cet inconvénient, un habile cultivateur du département de Saône-et-Loire, Giraud de Montbellet, avait, en 1812, proposé de substituer au joug et au collier un harnais-bretelle, au moyen duquel le Cheval et l'Ane, le Bœuf et le Buffle jouissent de la plénitude de leurs mouvemens, traînent plus facilement les fardeaux et allongent davantage le pas. Le principe de ce harnais est le même que celui des porteurs à bras ou des gagne-petit. Deux écharpes croisées sur la poitrine et aboutissant chacune à un trait en sont les élémens. La sellette du harnais-bretelle n'est qu'un coussinet, d'où part un collier d'un simple cuir. A ce collier tient une martingale ; sur le point de jonction est un dé dans lequel passe la chaînette. Le trait est bifurqué, et la barre de la sous-ventrière divisée en trois parties. Du coussinet s'échappe une lanière de cuir, à laquelle on suspend un triangle portant d'une part le trait, de l'autre le contre-sanglon de la sous-ventrière. Les trois côtés du triangle sont terminés par autant d'anneaux qui reçoivent chacun une courroie redoublée. Une croupière maintient la sellette en place, et, pour faciliter le raccourcissement ou l'allongement suivant la tête de l'animal, les bras du collier et sa martingale sont partagés en contre-sanglons et en boucleteaux. Trois dés fixés sur la sellette servent à soutenir les rênes et le bridon. Pour adapter ce harnais à la limonière, on n'a besoin que d'y ajouter deux courroies de dossière, que l'on passe dans les dés des barres de la sous-ventrière. Quand l'animal donne dans les traits, aux premiers efforts la barre est attirée en arrière; elle entraînerait la sellette et la sous-ventrière, sans la résistance du collier et de la martingale. Au moyen de cette double action, le tirage se trouve distribué sur toute la circonférence de l'avant-main; il intéresse la masse entière du corps. La pression est constamment égale, et, quelle que soit la variété de position que le mouvement de progression imprime à l'épaule, le harnais s'y moule exactement sans déterminer de fatigue positive.

II. *Emploi des forces.* — Nous avons dit ailleurs (au mot HYGIÈNE) que l'exercice fortifie tous les organes en y entretenant sans cesse l'énergie vitale, qu'il concourt essentiellement à l'excellence et à la beauté de l'espèce, à la santé et à la conservation de l'individu; l'on conçoit qu'il ne doit pas être excessif; car il affaiblirait bientôt toute la machine; il ôterait aux organes le jeu et le ressort nécessaires pour maintenir l'équilibre parfait entre les différentes parties du corps. Ainsi que le défendait le législateur des Hébreux, il ne convient point d'atteler ensemble un Bœuf jeune avec un vieux, ou bien un Bœuf avec un Ane; l'inégalité des forces fait peser toute la charge sur le moins vigoureux. On a donc doublement tort, aux environs de Strasbourg, de mettre au même charriot un Bœuf et un Cheval, et surtout d'obliger le premier à prendre la gauche et de plus à porter le conducteur.

Rien de plus injuste que d'employer la Vache laitière ou la Chèvre à traîner de lourds fardeaux; c'est abuser doublement de leurs forces et les réduire à un état de servitude des plus barbares. Et le Chien et le Mouton, qui tous deux ne sont point organisés, comme ceux du pôle-nord dans l'un et l'autre hémisphère, pour des exercices aussi violens! La brutalité peut y contraindre ces pauvres animaux, mais qu'on me dise de bonne foi ce que l'on espère y gagner.

Il est des précautions à prendre selon les diverses saisons et à raison de l'emploi que l'on veut faire de la force des êtres qui nous servent si utilement. Ainsi, l'on arme leurs pieds de crampons quand la glace couvre le sol; ainsi, pour assurer leur marche sur le pavé, dans les lieux rocailleux, de même que pour leur alléger le poids de la fatigue, on garnit leurs pieds d'une chaussure en métal. Cet usage est très-ancien; il ne fut d'abord qu'un objet de pur ornement, mais bientôt on reconnut son importance pour le Cheval, l'Ane, le Mulet, le Bœuf, le Buffle et le Chameau. Les peuples du Midi employaient à cet effet une sorte de sabot, que l'on fixait autour de l'ongle ou même du paturon avec des courroies en cuir ou des lanières tressées de Sparte, *Stipa tenacissima*; le plus ordinairement ces courroies embrassaient la jambe jusqu'au genou. Des bas-reliefs découverts à Athènes et plusieurs camées (entre autres un figuré dans la collection de Stoch, pl. 169) suppléent au silence des auteurs parvenus jusqu'à nous, et nous enseignent comment se faisait chez les Grecs et chez les Romains l'opération de chausser le pied. C'est aux Scandinaves, qui furent très-habiles dans l'art de travailler le fer, que l'on doit les plaques façonnées en croissant employées pour être fixées à la sole à l'aide de clous également en fer, lesquelles sont adoptées généralement partout depuis le neuvième siècle de l'ère vulgaire, si l'on excepte cependant les Tatars, les Kosaques, les Persans et les Arabes, qui ne ferrent jamais les chevaux ni aucun de leurs animaux domestiques.

Pour ferrer un animal, il convient d'attendre qu'il ait atteint le terme de la croissance. Le Cheval doit avoir cinq ans; plus jeune, son pied n'est pas complétement formé; la corne n'a pas encore acquis la dureté qu'elle doit avoir; si on le chaussait alors, on l'exposerait à toutes sortes d'accidens, outre que l'on rendrait sa marche lourde et peu sûre. A deux ans l'Ane et le Buffle peuvent être ferrés; le Mulet, dans les pays chauds, à quatre ans et demi, à cinq dans les autres contrées; le Bœuf à vingt-quatre ou trente mois. La ferrure, intéressant la physiologie, est une branche essentielle de l'art vétérinaire; il est donc pénible de la voir presque généralement reléguée en des mains inhabiles et routinières. Quoique fort simple au premier coup d'œil, elle demande une étude toute particulière, et plus d'intelligence qu'on ne le croit ordinairement.

Dans la vue de maîtriser de plus en plus le caractère violent des animaux et de les rendre plus soumis au travail, on a recours à la castration, qui se fait alors que les organes destinés à être amputés n'ont pas encore pris leur entier développement. C'est un moyen barbare dont l'action grave produit des changemens physiologiques notables et rend l'esclavage plus honteux, plus révoltant. La castration imprime sur les mâles des stigmates plus profonds que chez les femelles. Le Cheval perd avec son hennissement bruyant et fier la noblesse des mouvemens, sa vivacité, son ardeur; ses muscles sont moins prononcés; les crins cessent d'onduler, les poils d'être ras; sa robe a beaucoup moins d'éclat. Le Taureau n'a plus ni ses mœurs rustiques ni sa voix profonde et prolongée; la pétulance qui le caractérise est remplacée par une grande mollesse, par une indolence assommante. Le Bélier dépose tristement ses cornes doublement contournées que les anciens avaient adoptées comme le signe du courage, de la force et de la puissance. Le Verrat n'a plus ses crochets et ses dents canines; le Coq son chant sonore qui annonce le point du jour, ni son regard vif et animé, ni son ergot si musculeux, etc. Tous voient jusqu'à leur nom changer; le Cheval est *Hongre;* le Veau s'appelle *Bouvillon;* le Taureau, *Bœuf;* le Bélier, *Mouton;* le Verrat, *Cochon;* le Coq, *Chapon*, etc. De toutes les femelles soumises à la castration, la Truie est celle qui la supporte le plus communément; elle subit l'amputation des ovaires et même celle des cornes de la matrice à trois et à six mois : plus tard avec moins de succès. L'Agnelle et la Génisse, la Pouliche et la Chienne ne se châtrent que très-rarement en France : cette opération est assez commune en Italie, mais beaucoup moins qu'en Angleterre, où pour la faire on attend que la femelle soit pleine. En Égypte, en Turquie, chez les peuples nomades de l'Asie, chez les Persans, les Espagnols et les Napolitains, la castration est regardée non seulement comme inutile, mais encore comme une pratique honteuse.

III. *Age et choix pour l'accouplement.* — Personne n'ignore qu'en semant les graines avant leur parfaite maturité, ou quand le temps les a détériorées, on n'en obtient que des plantes chétives, étiolées, sans valeur aucune, et dont les fruits, quand ils arrivent à terme, sont mal formés, dépouillés de toute qualité. Cela arrive également chez les animaux. Laissez-les obéir aux premières sollicitations de la nature, et vous n'aurez que des êtres informes, d'une faiblesse extrême, propres à entraîner promptement la dégénération de l'espèce. D'un autre côté, les petits des animaux trop âgés ou ruinés par le travail sont également languissans et sans nerf. Un Cheval, né d'un vieil étalon ou d'une jument voisine de l'âge du retour, montre, à travers une robe fraîche, les allures et les ébats de la jeunesse, des yeux caves, l'oreille basse, et tous les autres signes d'une faiblesse innée ; il n'a ni le feu ni l'impétuosité de celui qui a reçu le jour d'individus dans la force de l'âge ; il se casse de bonne heure, et si on l'appelle maladroitement à reproduire, non seulement on abrége de beaucoup sa vie, mais les êtres auxquels il aura donné l'existence seront mesquins, rabougris, dégradés, incapables de tout service, comme la femelle, devenue mère prématurément, se verra pour toujours condamnée à la stérilité la plus complète.

Il y a plusieurs autres causes de dégénération que l'on peut regarder ici comme l'effet du pâturage commun, là comme produite par la nature des herbages, des eaux et du climat. Sous ce dernier point de vue, je citerai, d'abord, les belles Vaches flamandes et suisses, si renommées par la quantité de lait qu'elles procurent, qui dégénèrent en fort peu de temps lorsqu'on les veut faire multiplier dans les environs de Paris ; puis, notre Bœuf, que l'on voit devenir de petite taille, perdre ses cornes et blanchir son poil coloré du moment qu'on le transporte dans l'Oelande ou la Gothie ; enfin, la Brebis-Mérinos, dont la riche toison est si belle, si longue et si soyeuse dans le midi de l'Europe, ne donne plus sous le ciel brûlant de l'Éthiopie qu'une laine forte, dure, noirâtre, et semblable au crin. L'humaine industrie échoue devant ces causes invincibles ; elle peut bien, pendant un certain temps, les forcer à changer ; mais à la plus légère négligence, elles reprennent aussitôt leur puissance. Il n'en est pas de même quand la dégénération provient de son fait ; elle creuse alors très-avant dans le type même de l'espèce ; elle y laisse une empreinte profonde que les années ni les soins n'effacent que très-lentement.

Dans l'état sauvage, les animaux éprouvent ordinairement les feux de l'amour à l'approche de la saison des fleurs, quand les prés et les bois parés de verdure s'enrichissent encore des parfums s'exhalant du sein de leurs brillantes corolles ; l'état de domesticité les y rend propres à presque toutes les époques de l'année. En général, c'est principalement en avril et mai que les femelles ont le plus de dispositions réelles à la reproduction. Il est des signes non équivoques de vigueur et de beauté qui dénoncent aussi le moment venu pour le mâle. Sa marche est fière et assurée ; son attitude, son expression prouvent qu'il a le sentiment de sa force et que son organisation est complète. Celui dont le front est armé de cornes, semble les aiguiser dans la vue de se mesurer avec ses rivaux. Les mâles des oiseaux sont très-bruyans ; ils chantent plus souvent, plus long-temps, avec plus d'âme ; ils se montrent tout prêts à combattre celui qui voudrait leur disputer la femelle de leur choix. A cette époque, il faut craindre d'irriter ou même de contrarier les mâles de toutes les espèces, même ceux qui, de leur nature, sont les plus timides. Tourmentés par des desirs impérieux, ils développent une énergie peu commune ; ils se montrent indifférens pour le danger ; ils bravent tout ; ils se précipitent en furieux sur les moindres obstacles, et deviennent parfois féroces, méconnaissant jusqu'à la voix du maître qui les nourrit.

Quant à la femelle, les symptômes indicateurs qu'elle est disposée à recevoir le mâle, sont une activité plus grande, une inquiétude extraordinaire, une surabondance de vie, et en même temps le manque d'appétit, des cris particuliers et souvent répétés. Un signe plus certain encore est l'irritation de la vulve et la présence de l'humeur épaisse, gluante qu'elle laisse suinter par intervalles.

Il ne faut pas croire, ainsi qu'on l'avance bien gratuitement, que les accouplemens dans l'état de liberté soient vagues et sans choix : il est des sortes de grâces que le mâle aime à trouver dans la femelle ; de même celle-ci, de son côté, veut le mâle le plus robuste. A l'égard des animaux domestiques, c'est aux propriétaires intelligens à décider du choix : cette tâche est très importante ; sur elle repose l'avenir de la maison rurale. On ne doit donc point permettre d'accouplement entre des individus affectés de tares, soit visibles, soit latentes, ou d'un défaut de conformation quelconque, ni entre ceux qui sont malades, ou sujets aux vers, ou bien entachés d'un vice de caractère ou d'infirmités héréditaires. Ainsi que les tares, les vices héréditaires vont toujours en empirant. La claudication et la cécité de naissance, les fluxions périodiques, les tics, le cornage dans le Cheval ; la pommelière et les affections de poitrine chez les Vaches ; la ladrerie dans les Porcs ; la maladie dite des Chiens chez les individus de cette espèce, etc., sont aussi de puissans motifs pour empêcher les accouplemens.

Un autre point essentiel est de proportionner la mâle avec la femelle, faute de quoi les produits résultant de l'accouplement n'ont point les qualités qui constituent les meilleures races. Un mâle dont le volume et la taille, la force musculaire, les dimensions de la poitrine, la forme de la tête et des membres sont de beaucoup supérieurs à ceux de la femelle, rend le part très-laborieux, quelquefois même mortel. Une trop grande différence entre le tempérament et les qualités du mâle, les formes du tronc et du bassin de la femelle, c'est-à-dire entre tout ce qui tient à la vie intérieure ou en reçoit les influences, serait, je le répète, nuisible aux petits. Ceux-ci pourraient bien, au premier abord, se présenter sous de belles apparences, mais ils ne tarderaient pas à décliner, à donner tous les signes de la faiblesse, de la médiocrité, et à montrer l'impossibilité d'en obtenir par la suite une progéniture passable. Cependant, comme l'observe Bourgelat, par l'union de deux animaux de régions différentes, on peut en quelque sorte compenser les défauts, surtout si l'on oppose les climats entre eux. Le mâle d'un pays chaud, nous apprend à son tour l'expérience, corrige les difformités ou les vices ordinaires à la femelle d'un pays froid; de même que la force motrice de l'individu provenant du nord est tempérée par la finesse de l'individu né dans le midi. Jamais on n'obtiendra de semblables résultats sur les races d'un même pays, qu'elles y restent fixes ou qu'on les transporte ailleurs. Il est de même notoire, qu'un mâle et une femelle nés en Angleterre et appareillés en France, ne donneront dans aucun temps d'aussi belles productions que si le mâle eût été assorti à une femelle d'origine française ou de tout autre pays. Aussi, règle générale : plus la température des pays où le mâle aura pris naissance sera éloignée de la patrie de la femelle, plus les formes seront parfaites, plus le tempérament de leurs fruits sera bon, plus les uns ou les autres auront de qualités physiques et morales.

De cette remarque découle la nécessité des croisemens. Pour se livrer à ce genre important de spéculation, il faut suivre des lois qu'on ne transgresse pas sans tomber en de graves inconvéniens. Ces lois embrassent la considération des qualités actuelles des races existantes, de la nature du sol et des pâturages, de l'influence climatérique, des ressources et des besoins agricoles. Nous avons observé sous le beau ciel de l'Italie méridionale une superbe race de bêtes à cornes, dite Hongroise; elle y subsiste sans mélange, depuis plus d'un siècle, et fournit les plus beaux et les meilleurs Bœufs connus; mais les Vaches en sont très-mauvaises laitières. Les cultivateurs de la Lombardie sont parvenus à détruire chez eux ce vice essentiel, en croisant la race hongroise avec celle des petits cantons de la Suisse; il est né de cette union d'excellentes Vaches gris-ardoise, à cornes longues, d'une grosseur extraordinaire, qu'on admire dans les riches et vastes prairies qui bordent les rives du Pô. C'est par de semblables combinaisons dans les croisemens que la Virginie s'est enrichie de superbes troupeaux, que la Hollande améliora singulièrement la race primitive de ses bêtes à laine, que l'Angleterre a fini par changer la race lourde de ses Chevaux de trait en la croisant avec le Cheval arabe.

Quand on est une fois parvenu à se procurer de bonnes races, on doit bien se garder de vouloir aller plus loin : le mieux étant toujours le premier anneau du mal; à force de chercher la perfection, on détruit les propriétés particulières à chaque individu, l'on altère jusqu'aux dernières nuances de force et de taille, de grâces et de légèreté, l'on n'obtient plus que des espèces bâtardes, équivoques, et l'on cause nécessairement un vide qu'il est ensuite très-difficile, pour ne ne pas dire impossible, de combler. Les bonnes races se soutiennent d'elles-mêmes, elles ne dégénèrent dans l'état domestique, comme rentrées dans l'état de nature, que par des croisemens indiscrets. Le Brésil nous en fournit une preuve remarquable : on y retrouve encore dans les Chevaux toutes les qualités de ces andalous que les Espagnols y portèrent il y a plusieurs siècles. Et sans sortir de notre patrie, le Cheval arabe, introduit par les Sarrazins dans les vastes landes qui s'étendent de la Gironde à l'Adour, se confondent à l'est avec les fertiles plaines d'Aire et de Villeneuve-de-Mézin et finissent à l'ouest avec les flots envahissans de la mer, se reconnaît encore dans les individus qui y vivent sauvages. Le Mérinos, transporté dans les pays les plus éloignés de sa patrie, en Suède, par exemple, se conserve sans recourir à d'autres moyens que des soins attentifs dans les accouplemens et dans l'entretien.

Avant de parler du croisement des espèces voisines les unes des autres, signalons une pratique vicieuse, recommandée cependant depuis Olivier de Serres par quelques agronomes, et que j'ai vue en usage dans certaines contrées. Je veux parler de cette sorte de loi que l'on fait aux cultivateurs crédules de tuer, à l'instant du part, même des meilleures femelles, les premiers nés obtenus d'un croisement, comme ne pouvant et ne devant jamais donner de beaux individus. Rien de plus erroné. Ce préjugé naquit dans les temps de la barbarie, et l'on conçoit difficilement qu'il compte encore aujourd'hui des partisans. On pourrait tout au plus rejeter les petits faibles, mal conformés, ainsi qu'en agissaient autrefois les Spartiates à l'égard de leurs enfans; mais le préjugé ne raisonne pas plus que le fanatisme, il n'admet aucune exception.

Toutes les fois que l'accouplement se fait entre des individus d'un genre voisin, rapprochés de plus en plus par l'instinct, les formes extérieures et l'organisation interne, on obtient des êtres intercalaires participant aux bonnes qualités de leurs auteurs. Ainsi, de l'union de l'Ane avec la Jument, on a obtenu le *Mulet;* du Cheval avec l'Anesse, le *Bardeau;* du Taureau avec la Buflesse, et du Buflle avec la Vache, une espèce bâtarde d'une force toute particulière, d'un tempérament excellent, sujette à moins de besoins, et qui s'accommode aisément de tous les climats. La Brebis, unie au Bouc, donne des Métis à poils rudes et longs, que l'on désigne aux Antilles sous le nom de *Chabins;* mais il n'est pas encore certain, quoi qu'en disent Athénée et Galien, que la Chèvre et le Bélier produisent des petits à laine molle et douce. Lorsqu'on s'est efforcé d'accoupler des espèces de genres étrangers les uns aux autres, il n'en est rien résulté quoi qu'en disent encore certains auteurs. C'est un mensonge que mes longues recherches me font un devoir de démasquer. On parle, entre autres, de *Jumarts*, provenant de l'accouplement adultère du Taureau et de la Jument, du Taureau et de l'Anesse, ou du Cheval et de la Vache, avec une assurance qui sollicite le sourire quand elle est le fruit d'une ignorance de bonne foi, et le mépris quand elle résulte de l'impudence, du besoin de mentir, ou de l'envie de violer toutes les lois de la nature et de la science pour légitimer une théorie fausse et sans valeur. Dans son Histoire des vallées du Piémont, Léger parle de Jumarts existant aux environs de Chambéry et dans les vallées du pays de Vaud et d'Aost. De Sutières (et non pas Bourgelat, comme on l'a dit) s'est persuadé en avoir vu dans nos départemens de la Loire, de l'Isère, du Rhône, etc., et même en avoir eu chez lui en 1792. Voici les termes dont il se sert à ce sujet dans l'introduction à la Feuille du Cultivateur, pag. 224 et 225. «Leur » force est extraordinaire; les plus lourds fardeaux » ne les rebutent pas; ils tirent au tombereau, à » la charrette; jamais ils ne reculent, et sont ex» cellens dans les chemins difficiles, rapides ou » dégradés. En un mot, ajoute-t-il encore, un Ju» mart, dans une ferme, est d'une bien grande » ressource: il économise beaucoup à son maître.» De Sutières a été trompé; on lui avait vendu un Bardeau à tête difforme, ou bien un Mulet d'un aspect bizarre, ou peut-être encore un Buffle abâtardi, et sans aller plus loin, il avait aveuglément adopté la fable qu'on lui avait débitée. Il n'y a point de Jumarts, il ne peut point en exister, l'énorme différence qu'il est si facile de reconnaître entre l'organisation intérieure et extérieure des deux espèces créatrices n'en permet point la possibilité.

Le Cheval, l'Ane, le Mulet, animaux solipèdes, sans cornes, n'ont qu'un seul estomac, tandis que les grosses bêtes à cornes ont quatre estomacs, et le pied fourchu. D'un autre côté, les organes de la génération n'ont aucune similitude.

Quelques naturalistes ont dit qu'il se trouvait des Jumarts en Egypte; malheureusement pour eux, cette assertion est démentie par les savans explorateurs qui firent partie de notre mémorable expédition dans ce vieux pays autrefois si hautement civilisé; malgré les recherches les plus minutieuses, ils n'ont pu non seulement en observer aucun, mais même obtenir sur leur prétendue existence des renseignemens satisfaisans. Moi-même, j'ai visité avec le plus grand soin les contrées de l'Europe où l'on assurait que vivaient des Jumarts, je suis entré dans les fermes où la crédulité paraissait avoir assis son funeste empire: il ne s'en est point présenté un seul à ma vue. Chacun en parlait comme d'un fait positif, comme d'une tradition respectable; mais personne ne put m'en faire toucher un seul; personne ne pouvait dire où cette introuvable monstruosité s'était montrée, ni nommer parmi les anciens du pays ceux qui devaient l'avoir vue. Les expériences de Vanhelmont, de Stahl, de Becker et de plusieurs autres sages investigateurs viennent à l'appui de nos remarques et m'empêchent d'en dire davantage.

A l'égard des oiseaux de basse-cour, on a rarement recours au croisement. La facilité de se procurer des œufs de l'espèce que l'on désire, dispense d'y recourir. Il n'est qu'un seul cas où l'on pourrait user de ce moyen avec avantage, ce serait celui où l'on n'aurait que des individus mâles ou femelles de l'espèce qu'on voudrait propager: alors on serait bien forcé d'associer ces individus à ceux de la race commune dont ils font partie ou du genre auquel ils appartiennent.

Disons un mot d'une loi qu'on a voulu dénaturer en en faisant la base d'un système. C'est celle qui, dans la vue d'avoir beaucoup de femelles, recommande de livrer les femelles à l'étalon, immédiatement après le part, de la soumettre de la sorte à plusieurs gestations consécutives, de choisir toujours les femelles parmi celles qui n'ont pas atteint ou qui ont dépassé l'époque de leur parfait développement. Rien de plus absurde, rien de plus contraire à la conservation des races, à la reproduction des formes, à la prospérité de l'agriculture. La surabondance des femelles est toujours due à des circonstances débilitantes: c'est un fait que les peuples ichthyophages rendent incontestable sous toutes les climatures. D'ailleurs, il est impossible de diriger la nature dans la formation exclusive de certain sexe; les tentatives que l'on a faites à ce sujet n'ont eu pour résultat que la dégénération et la ruine des animaux.

Les femelles âgées, parmi les quadrupèdes, entrent ordinairement en chaleur plus tôt que les jeunes, sans doute à cause des accouplemens antérieurs. On a de même remarqué qu'elles préfèrent surtout les mâles âgés aux jeunes. Elles ne recherchent point, quand elles sont maîtresses du choix, ceux qui les ont déjà servies; elles montrent même à cet égard une répugnance remarquable. Les Pigeons, parmi les animaux domestiques, sont les seuls capables d'un véritable attachement; pour eux, le choix du mâle comme celui de la femelle est invariable, j'allais dire un lien indissoluble, une union de cœur: elle est pour toute la vie. Dans certaines espèces, le Chien, le Chat, les oiseaux, par exemple, qui sont très-nerveux, et par conséquent très-irritables, le retour de la chaleur se manifeste habituellement deux fois l'année, au commencement du printemps et dans les premiers beaux jours de l'automne. Chez les Ruminans, elle n'a lieu le plus ordinairement qu'une seule fois; les Solipèdes, qui dépensent beaucoup de forces dans les travaux auxquels on les soumet, ne la voient quelquefois reparaître qu'après plusieurs années.

Une question nous est faite, à cet égard, en ce moment, il convient d'y répondre. Peut-on avancer ou retarder l'époque de la chaleur? L'une et l'autre tentative sont dangereuses. C'est aussi porter atteinte aux lois de la nature que de recourir aux substances aphrodisiaques, elles exercent sur les organes une action toujours fâcheuse. Une fois que la chaleur est déclarée, l'arrêter serait exposer les animaux à une foule d'accidens, leur causer des convulsions; ils tombent de l'épilepsie, et meurent dans un état de marasme épouvantable. C'est principalement chez les oiseaux que de pareils phénomènes sont très-sensibles; les organes de la vie ont une activité tellement grande dans cette belle classe d'animaux, que leurs maladies sont toutes généralement aiguës, inflammatoires et nerveuses.

On s'écarte parfois de la règle; dans des vues d'économie, on retarde plus ou moins la chaleur; mais pour réussir, il faut s'y prendre de très-bonne heure et recourir à des moyens sagement calculés, soit en tenant les mâles séparés des femelles, soit en retranchant aux uns et aux autres une portion de leurs alimens, soit enfin en leur imposant des exercices un peu violens et cependant ménagés avec quelques précautions.

Les propriétaires des départemens de la Haute-Loire, du Cantal, du Puy-de-Dôme, qui élèvent beaucoup de bêtes à cornes, ne mènent en général les Vaches au Taureau que durant les derniers jours de mai, afin que les Veaux, naissant neuf mois après, c'est-à-dire à l'approche du printemps, puissent jouir des herbages nouveaux. Certains fermiers en d'autres occasions font, au contraire, couvrir leurs Vaches en hiver, pour que les Veaux se fortifient dans les pâturages d'automne, pour qu'ils soient en état de résister aux froids de la saison suivante et supporter plus aisément une nourriture alors moins abondante et moins succulente. Le petit propriétaire retarde encore davantage l'époque de la gestation, puisqu'il fait en sorte que sa Vache vèle seulement au commencement de l'été, dans la vue qu'elle lui fournisse beaucoup de lait, qu'il vend ou consomme en nature, ou dont il fait du beurre ou du fromage. Quelles que soient les vues qui décident à de semblables résolutions, il est essentiel de faire coïncider l'époque du part avec celle de la plus grande abondance de nourriture convenable; il faut surtout éviter qu'il ait lieu durant les froides journées de l'hiver ou pendant les fortes chaleurs de l'été : les unes et les autres sont également pénibles pour la mère et contraires aux jeunes sujets.

IV. *Conception, gestation et part.* — La promptitude du mâle, la tranquillité de la femelle dans l'œuvre de la génération, sont un présage de sa perfection. Chez les Quadrupèdes, cet acte n'a d'influence que sur la portée qui le suit immédiatement; il n'en est pas de même pour les oiseaux, il suffit que le mâle coche une seule fois sa femelle pour assurer la fécondation d'un bon nombre d'œufs pondus même à des époques assez éloignées. Chez les insectes, un seul accouplement, surtout chez les Pucerons, est suffisant pour donner et propager la vie à huit générations, selon Bonnet, à onze, selon Auguste Duvau; mais ce nombre s'élève, selon les savantes observations de mon ami Kittel, de Aschaffembourg, professeur à Munich, à treize générations en ligne droite et descendante de la Puceronne mère à sa dernière fille, sans qu'il y ait besoin du contact des mâles. (*Voy.* le tom. V des Actes de la Société Linnéenne de Paris, p. 133 à 156.)

A-t-on des signes bien certains pour reconnaître que l'acte générateur est consommé d'une manière profitable? Non, le mystère est enveloppé d'un voile impénétrable à nos investigations, et les données recueillies jusqu'ici sont tellement insuffisantes qu'il est impossible de rien affirmer à cet égard. Cependant, il est probable que le vœu de la nature est rempli quand la chaleur cesse, quand les deux sexes mettent autant d'empressement à s'éviter qu'ils en apportaient auparavant à se rechercher, à s'appeler; quand, chez la femelle, aux mouvemens désordonnés d'un désir brûlant, d'un appétit insatiable, succède un froid convulsif, une sorte de saisissement spasmodique et surtout le besoin du repos. Ces indices plus ou moins tardifs, plus ou moins prononcés, sont encore trompeurs, puisque l'on remarque assez souvent des femelles pleines admettre itérativement et à diverses époques la saillie du mâle. Cette envie déréglée, de même que la difficulté de concevoir, tiennent le plus souvent à un vice d'organisation ou bien à un dérangement momentané, à une irritation des organes de la poitrine et du bas-ventre. L'avortement résulte quelquefois de la réitération de la monte, lorsqu'elle ne produit pas la superfétation.

Du moment que la femelle est reconnue pleine, on la sépare du mâle et l'on aide au développement insensible de l'embryon, au perfectionnement du fœtus, par un exercice doux, des alimens de bonne qualité, dont on augmente la quantité en raison de l'accroissement de la plénitude, mais de manière à ne pas causer la plus légère indigestion. Il est bon aussi, toutes les fois qu'on le peut sans inconvéniens, de laisser, durant tout le temps de la gestation, les femelles pleines libres, isolées, sans contrainte aucune. Le manque d'air pur et sans cesse renouvelé, une habitation trop exiguë, tenue malpropre, un état stationnaire, leur nuisent essentiellement : rien ne les dispose davantage à l'avortement.

Ne saignez point au commencement ni pendant la durée de la gestation, à moins qu'il n'y ait pléthore, surabondance de sang ou disposition à l'obésité. Dans le cas d'inflammation, la saignée est nécessaire, indispensable. Au surplus, elle ne convient qu'aux approches du part.

Il est également dangereux, pour s'assurer de la plénitude d'une femelle, de porter la main dans le rectum. Cette sorte d'investigation, recommandée très-inconsidérément par quelques vétérinaires, est un moyen violent, toujours nuisible, et qui cause tôt ou tard la mort de l'animal.

La durée de la gestation n'a pas de terme fixe; elle varie plus ou moins dans l'état normal. Des recherches ont été faites pour se rendre compte de cette irrégularité. On l'a successivement attribuée à l'âge, à la constitution des individus, au régime auquel on les soumet; mais il est constant aujourd'hui que ces causes n'influent en rien sur la durée ordinaire et les extrémités de la gestation. La différence des races, les intempéries des saisons, l'intensité des chaleurs ou des frimats, n'y contribuent pas davantage. Le volume et la force du fœtus en seraient plutôt l'effet que la cause; le sexe des petits et l'influence des phases de la lune sont des opinions vulgaires que rien ne légitime. On pourrait peut-être avec plus de raison trouver l'origine de ces variations dans le défaut d'extensibilité des parois de la matrice, si l'on avait des faits assez nombreux pour déterminer les degrés nécessaires de cette extensibilité dans les gestations régulières. Quelques cultivateurs m'ont assuré avoir remarqué que la durée de la grossesse était égale à neuf fois l'intervalle qui sépare le retour de la chaleur; mais cette observation curieuse, je n'ai pu la vérifier un nombre de fois suffisant, ni sur assez de femelles pour l'enregistrer ici comme un fait positif. J'appelle sur ce point les regards des grands propriétaires de bestiaux, des pâtres et des bergers instruits. En attendant, voici les termes les plus généralement constatés par les anciens comme par les modernes pour la durée de la gestation chez les Quadrupèdes et de l'incubation chez les Oiseaux.

ESPÈCES.		TERME		
		le plus faible.	le plus ordinaire.	le plus fort.
		jours.	jours.	jours.
Jument		287	330	419
Anesse		365	380	391
Vache		240	270	321
Bufflesse		281	308	335
Brebis		146	150	161
Chèvre		140	150	160
Truie		109	126	143
Chienne		55	60	63
Chatte		48	50	56
Lapine		20	28	35
Dinde couvant œufs de…	dindes	24	26	30
	cannes	24	27	30
	poules	17	24	28
Poule couvant	ses prop. œufs.	19	21	24
	œufs de cannes.	26	30	34
Canne		28	30	32
Oie		27	30	33
Pigeonne		16	18	20

Si, durant la gestation, vous faites peser sur les femelles toutes les exigences de la domesticité; si les alimens que vous leur distribuez sont de médiocre, et ce qui est pire encore, de mauvaise qualité; si vous les retenez obstinément à l'étable, il est à craindre que l'avortement ne se détermine promptement. Cet accident est parfois épizootique, surtout dans les cantons humides et dans les années où il y a beaucoup de brouillards. L'avortement se remarque plus souvent chez les Vaches que chez les autres animaux de la ferme, parce qu'on exige d'elles une sécrétion trop abondante de lait et qu'on n'a pas la probité de ne plus leur en demander deux mois au moins avant et autant après le part. Les Jumens sont, après la Vache, les femelles les plus sujettes à l'avortement; puis les Brebis et la Bufflesse; viennent ensuite les Truies, quoiqu'on accuse le trèfle vert, les choux, les raves et autres plantes qui développent beaucoup de gaz, de le leur occasioner souvent; les Chèvres l'éprouvent si rarement, qu'on en cite à peine un ou deux exemples au Mont-d'Or où elles sont très-abondantes. L'Anesse est encore plus rarement sujette à l'avortement, malgré les mauvais traitemens auxquels elle est d'habitude condamnée partout. La Chatte, même après des chutes assez graves, et la Chienne tenue avec soin, y sont également fort peu exposées. L'avortement n'épargne pas les oiseaux de basse-cour, et en particulier les Poules plus que les autres. Les œufs dont la coque est molle, et qu'on appelle d'ordinaire *œufs hardés* ou *clairs*, ne sont autres que des germes avortés, dont on ne peut espérer aucune production, en les soumettant à l'incubation. Il est aisé d'en acquérir la certitude en plaçant l'œuf entre l'œil et la lumière d'une chandelle; l'œuf hardé ne présente pas un point sombre au sommet du jaune à la partie la plus large d'une des extrémités.

Malgré le peu de connaissances positives qu'on a des véritables causes de l'avortement, et la difficulté d'en prévoir le retour chez quelques femelles, on peut cependant espérer le prévenir par des soins et un régime bien entendus. Lorsque l'avortement a eu lieu, la femelle a besoin d'être tenue chaudement et soumise à un régime austère; si le fœtus a vie, il importe à la santé de sa mère qu'on le fasse téter le plus long-temps possible. Les effets de l'avortement dissipés, on aura recours aux fortifians pour ranimer l'énergie de toutes les fonctions et rétablir l'harmonie qui doit régner entre elles.

Quand le terme de la gestation est rempli sans accidens et que le part est voisin, les femelles doivent être débarrassées de tout lien, et tenues seules dans un endroit sombre, tranquille, retiré, sain, où l'on a placé de bonne litière. En ce moment elles aiment à se cacher, à ne voir qu'une ou deux des personnes qui les approchent habituellement. Quelques frictions sèches ou bouchonnemens légers sur les reins, la croupe et les flancs, leur font plaisir; on peut aussi leur administrer avec avantage des lavemens d'eau tiède pour débarrasser les premières voies.

Le part est de deux sortes. Celui dans lequel le travail se fait par les seuls impulsions de la mère, est le plus fréquent; on le nomme *part régulier*. Celui qui réclame l'extraction artificielle du fœtus

est

est appelé *part contre nature*. Le premier est annoncé par des signes constans : le ventre s'affaisse, tombe et présente de ces espèces d'infiltrations dites *avant-laits* par les nourrisseurs ; les os du bassin se relâchent, les mamelles et la vulve se gonflent, les membres postérieurs dénoncent de l'embarras lorsqu'ils se meuvent, l'épine dorsale se courbe, et il sort par intervalles du vagin une humeur glaireuse. La bête est lourde, dans une grande agitation, mais rien n'indique un sentiment de vraie tristesse ; elle regarde sans cesse ses flancs, imprime à sa queue des mouvemens brusques, fréquens, et cherche une position commode ; tantôt elle se couche, plus souvent elle trépigne, tantôt elle soupire profondément, fiente et urine à chaque instant. De son côté, le fœtus aide aux efforts de sa mère ; par sa pression il oblige le col de la matrice à se dilater, l'éruption des eaux de l'amnios lubréfie ensuite toutes les parties intéressées, hâte la délivrance, que décident enfin une forte inspiration de la mère, et les contractions des muscles du ventre.

Toutes les fois que le fœtus présente la tête accompagnée des deux jambes de devant, sa sortie est très-favorable ; elle l'est également quand les deux jambes de derrière se montrent ensemble. On peut encore regarder le part comme très-naturel, lorsque la tête vient seule, quoique les épaules soient un point de résistance qui fatigue beaucoup la mère. Dans ces trois cas, la nature veut opérer seule ; aussi l'homme doit-il se dispenser de toute manœuvre quelconque. Ses soins sont inutiles, je dirai plus, ils deviendraient dangereux. Il ne faut pas non plus troubler la mère par des attentions importunes, par des médicamens superflus, par l'emploi de substances échauffantes, comme on le fait d'ordinaire : il suffit de lui fournir une ample litière, d'être toujours prêt afin de prévenir les accidens et d'y porter remède à temps.

Chez presque toutes les femelles vigoureuses, le part se fait lorsqu'elles se tiennent debout ; de là l'expression *mettre bas*. Elles fléchissent les jarrets, haussent la croupe ; dans ce double mouvement le sacrum en s'élevant agrandit l'ouverture du bassin ; et comme toutes les pièces osseuses du fœtus obéissent pour leur part et se moulent, pour ainsi dire, sur cette ouverture pour la franchir avec plus de facilité, le petit arrive à terre sans se faire aucun mal ; la secousse qu'il éprouve en tombant rompt le cordon ombilical et détermine la prompte sortie de l'arrière-faix. Du moment que la femelle se couche, il y a superfétation ou bien menace d'un travail extraordinaire. Dans les multipares, autrement dit chez les femelles portant plusieurs petits à la fois, la délivrance n'a lieu que lorsqu'elles sont couchées ; les fœtus sortent successivement suivant l'ordre de leur position ; un sujet chétif est d'ordinaire suivi d'un autre très-vigoureux, et celui-ci d'un sujet chétif ; le dernier venu, quoique conçu le premier et par conséquent l'aîné, est toujours le plus faible.

Dans les parts difficiles et toutes les fois que des douleurs insuffisantes en prolongent les résultats, il convient de fortifier la mère en lui donnant, de trois en trois heures, du pain grillé trempé dans du vin, du cidre ou de la bière, jamais dans du poiré. L'on renouvelle en même temps l'air et la litière ; on promène lentement la bête si le temps est beau, on la frotte avec un morceau de laine ou bien avec une poignée de foin menu. Si les obstacles augmentent, une saignée est avantageuse, mais gardez-vous surtout d'exciter la délivrance par des fouilles inconsidérées : la nature saura bien la débarrasser.

Le part contre nature est le plus souvent l'indice de la mort du fœtus, d'un vice de conformation, de l'extrême faiblesse ou du trop d'embonpoint de la mère, de la mauvaise position du fœtus ou du volume extraordinaire de sa tête. Dans l'un et l'autre cas, il est bon de recourir au médecin vétérinaire, sa présence est indispensable, lui seul est en état d'agir dans l'intérêt de la mère et de son fruit, de juger des moyens à employer pour arriver à une fin heureuse. Les empiriques ne manquent pas de se présenter, de promettre une réussite : ne vous y fiez point ; dans cette grave circonstance la plus légère faute peut tuer et la mère et le petit.

Tout le travail du part n'est réellement terminé que lorsque l'animal est délivré de l'arrière-faix ou *placenta* et *secondines* comme d'autres le nomment. Pour s'assurer s'il est sorti tout entier, on l'examine attentivement. C'est une masse charnue, spongieuse, qui, dans l'état normal, est close, fermée de toutes parts, et offrant la forme de la matrice ; elle est contournée en fer à cheval, elle a deux branches et un corps ; celui-ci est la partie la plus large, il répond à la pince du fer, et c'est précisément cet endroit que le fœtus déchire au moment de sa sortie. Le déchirement s'opère sans déperdition de substance, aussi l'on peut aisément s'assurer si la poche est entière en en rapprochant les bords les uns des autres.

Après le part naturel, les femelles demandent du repos, beaucoup de propreté, des alimens substantiels, d'abord administrés en petite quantité, puis un peu plus abondans, pour revenir ensuite au régime ordinaire. On ajoute des eaux blanches tièdes, de la litière fraîche, de légers bouchonnemens et une couverture de laine, si la saison est froide. Dans le part contre nature, le travail ayant été pénible, le simple régime diététique ne suffirait pas, on est obligé d'avoir recours à des breuvages fortifians, de faire des injections aromatiques plus ou moins réitérées et préparées, selon les indications fournies par le pouls et par l'odeur exhalée de la matrice, soit avec du vin miellé, soit avec l'infusion de fleurs de sureau, aiguisée d'un peu d'eau-de-vie.

Toutes les règles que nous venons de rapporter, tous les conseils qu'elles nous ont inspirées sont les conséquences des lois physiologiques et la plus simple expression des jeux de l'organisation ; leur constante application est un moyen certain d'enrichir la maison rurale, de multiplier les bonnes races de bestiaux et d'en retirer les plus grands avantages. Notre tâche est remplie, celle du cultivateur et du nourrisseur commence.

(T. D. B.)

PHYSIOLOGIE VÉGÉTALE. (BOT.) L'étude de la vie chez les plantes, son examen sous toutes les formes qu'elle affecte et dans les divers résultats qu'elle offre; la recherche attentive, j'allais dire minutieuse des fonctions auxquelles sont appelés les tissus et les autres organes; l'influence qu'exercent les milieux sur la végétation; celle réciproque des plantes sur les différentes espèces de gaz qu'elles contiennent et des gaz sur les plantes; la pondération des causes actuelles ou éloignées qui les déterminent et les effets qui produisent les altérations; les moyens de conservation et de transmission de l'existence: telles sont les hautes considérations auxquelles doit s'élever le botaniste qui veut pénétrer les secrets de la Physiologie végétale. Elle ne s'arrête donc point sa tâche difficile, importante, comme on le croit vulgairement, à l'inspection de la plante arrivée à son apogée, à l'époque brillante de la floraison ou bien à celle de la maturité de ses fruits; il doit prendre la vie à son origine, dans sa source et en suivre les actes pas à pas; ne rien négliger pour bien saisir tous les faits qu'il découvre, les enregistrer et les dessiner avec une fidélité religieuse; il lui faut fermer l'oreille aux insinuations des systèmes qui prétendent tout expliquer, et dire ingénuement, sans faste comme sans restrictions, les phénomènes marquant chacune des phases de l'évolution première de la plante, jusqu'au moment où, ayant parcouru le cercle imposé à son existence, elle cesse de végéter, jaunit, s'affaisse et restitue à la terre la totalité des élémens qu'elle en avait reçus. C'est pour n'avoir point suivi cette marche lente, essentiellement philosophique, que l'on a substitué le désordre à l'ordre, déshonoré la langue botanique par des expressions vicieuses ou plus qu'inutiles, et surchargé la nomenclature d'une foule d'espèces fausses, vues à des âges différens, dans des localités étrangères à leur constitution et dans des circonstances éventuelles. C'est ainsi que l'on a, par des explications forcées ou prématurées, violé les lois de la nature, les règles de la logique, et que l'on a ouvert l'arène aux théories les plus extravagantes, aux rêveries les plus bizarres, aux subtilités de tout genre.

Les anciens connaissaient quelques uns des faits les plus importans de la Physiologie végétale; mais ils n'ont jamais cherché à les expliquer, encore moins à les lier entre eux. Les opinions de Thalès, d'Empédoclès, d'Anaxagoras, quoique fondées sur des points de doctrine avoués encore aujourd'hui, n'ont eu positivement aucune influence sur la marche de la science; les observations d'Aristote et surtout celles de Théophraste, si piquantes, si mal appréciées même des botanistes, quoique indiquées avec autant de clarté que de précision, et le plus souvent d'une très-haute portée, étaient de nature à pousser fort loin nos connaissances (on peut en juger par le bien que produisent certaines données, servant de texte à des savans de fraîche date qui, loin d'avouer les ouvrages où ils vont puiser, profitent, pour se créer un nom qui s'effacera plus tard, de l'ignorance ou de la prétendue difficulté de comprendre les deux chefs du lycée, ignorance dans laquelle croupissent le plus grand nombre des botanistes modernes); mais les disciples de Théophraste, au lieu de suivre la route ouverte devant eux par leur maître, se sont livrés à des spéculations infructueuses; ils ont abandonné le champ fertile de l'investigation et mis au néant la science des choses.

Avec la découverte des verres lenticulaires, due à Drebbel et à Janssen, puis perfectionnés en 1660, par Hook, une nouvelle ère a lui pour la Physiologie végétale. Cesalpini a donné la première impulsion; Grew et Malpighi allèrent plus loin dans leurs observations pleines d'intérêt, de sagacité, d'originalité; l'on doit beaucoup à Hales, Bonnet, Vailiant, Adanson et surtout à Duhamel du Monceau, dont les infatigables expériences, fort longtemps méconnues des botanistes, sont devenues depuis quelques années pour le charlatanisme un moyen de plus d'en imposer même aux savans de profession. Il faut aussi nommer Linné, Hedwig, Priestley, Ingenhouze, Plenck, Spallanzani, Sennebier, Comparetti, Gærtner, Médicus, etc. Grâces à eux, depuis un quart de siècle environ, les investigations sont plus puissantes; elles le seront bien plus encore, quand nous aurons sur chacun des faits recueillis des dessins rigoureux, exécutés en présence de la nature elle-même. Linck et Meneghini en ont donné, depuis 1836, un bon exemple par la publication, le premier, de ses *Icones anatomico-botanicæ* (1), le second, par son bel ouvrage sur les Monocotylédonées.

Sans aucun doute, il est nécessaire dans un travail aussi délicat que celui de la Physiologie végétale, de recourir au microscope; le champ de l'ingénieux instrument agrandit celui de l'œil, multiplie ses ressources, lui donne une sorte de tact plus sûr, plus exquis pour mieux comprendre les rouages qui font mouvoir la mécanique végétale, pour pénétrer plus avant dans l'organisation intime, et pour saisir avec certitude les phénomènes qui échappent à la vue simple. Mais, il importe de ne point abuser du précieux auxiliaire, encore moins en faire la base indispensable de ses recherches: il est des limites qu'on ne franchit pas impunément, en voulant aller trop loin, on s'égare, le fil d'Ariadne se rompt, l'erreur surgit de toutes parts, d'illusions en illusions on tombe dans le gouffre, et l'œuvre entreprise, au lieu de servir utilement, devient pour l'homme inexpérimenté un fanal trompeur et dangereux.

Une preuve de l'égarement où l'imagination séduite entraîne celui qui n'étudie qu'à travers un

(1) Je citerai entre autres les belles planches qui représentent d'une manière si heureuse l'entrelacement des faisceaux ligneux qui descendent du bourgeon de la Canne à sucre, *Saccharum officinale*; la germination de diverses Monocotylédonées; les masses cellulaires épaissies de l'écorce du Bouleau, etc., etc.

microscope, c'est la double et fausse assertion 1° qu'il est impossible de séparer les plantes des animaux par aucun caractère absolu, 2° et que, dans les ordres les plus simples, placés au bas de l'échelle végétale, il se trouve des individus destinés à unir et confondre ensemble les deux règnes. La question soulevée primitivement en France par Bory Saint-Vincent, est encore un sujet de controverse surtout pour les botanistes allemands; elle sera résolue du moment que l'on voudra se persuader qu'un point sépare les plantes et les animaux. Ce point est immense, incommensurable, puisque là commence le mouvement de la locomotilité, propriété dont les végétaux sont tous privés, depuis le linéament le plus délié, premier essai d'organisation de la nature végétante, seul espace où l'existence spontanée proprement dite soit possible, jusqu'au chêne et à l'orme plusieurs fois séculaires, jusqu'au cèdre antique orgueil du Liban et au pin géant de la Corse et de l'Atlas (1). Les Bacillariées que l'on a déclaré former le véritable lien des deux règnes appartiennent, l'expérience nous l'a démontré, aux animaux d'un ordre inférieur, puisqu'elles se développent comme les Infusoires, c'est-à-dire par un simple accroissement en longueur et par la formation de ce que certains naturalistes appellent *Bourgeons séminiformes*. Elles n'ont donc aucun rapport avec les plantes microscopiques chez qui l'accroissement des cellules s'opère par la séparation.

Rien dans la Physiologie végétale ne ressemble positivement à la Physiologie animale, aussi les expressions de l'une ne conviennent point à l'autre, quoique l'on en ait adopté plusieurs dont la valeur relative est de toute nullité. L'on aperçoit bien quelque similitude dans le résultat de certaines fonctions; mais la différence est sensible; quelque légère qu'elle soit d'ailleurs, il ne convient pas de confondre ensemble la parité absolue et l'analogie. Il n'y a point d'identité réelle. On soutient le contraire dans certaines écoles; à mes yeux la chose est prouvée: les organes des animaux et le jeu des fonctions de leurs diverses parties constituantes étant mus et entretenus par des lois et des matériaux nutritifs absolument étrangers aux lois et aux matières nutritives qui régissent et entretiennent la vie végétale, la langue doit différencier entre les deux règnes, avoir pour chacun un cachet particulier, *sui generis*, afin d'éviter toute confusion.

Entrons maintenant en matière.

(1) On a voulu me citer, contre cette doctrine, les Anatifes, les Balanes, les Cirrhipèdes, les Acalèphes, les Huîtres, etc., comme ne jouissant pas de la motilité volontaire, condition essentielle, signe distinctif de tous les animaux. Je réponds à une pareille objection, qu'on ne peut regarder comme sérieuse, en mettant sous les yeux les belles investigations de Thomson (en 1830) et de Martin Saint-Ange (1835). Si les êtres cités perdent à une certaine époque la locomotion, c'est qu'ils ont alors atteint l'âge de la vieillesse, c'est qu'ils commencent sensiblement à se dégrader; car, dans leur jeunesse, quand ils jouissent de la plénitude de leur liberté primitive, ils se meuvent dans tous les sens, à l'aide de leurs pieds, qui sont pour eux des espèces de rames. Je soutiens donc que la motilité volontaire forme la ligne de démarcation positive des deux règnes, végétal et animal.

I. Fonctions vitales et habituelles des plantes. La plante, réduite à sa plus simple expression, est contenue tout entière dans un ovule jouissant de la faculté de naître, absorber, élaborer, assimiler, par conséquent de se nourrir, de sécréter, de croître, de se reproduire et de périr. Ces lois sont les mêmes pour les fibres rameuses, byssoïdes et primitives des Agarics, qui prennent naissance sous le sol humide de nos forêts (*v.* au mot Fibrillaire), comme pour les longs tubes membraneux, verdâtres, jaunes ou bruns, ridés, boursouflés et si diversement contournés de l'*Ulva intestinalis* (1), que l'on aperçoit à la surface des eaux saumâtres et stagnantes des laisses de mer, ainsi que sur les bords des parcs à huîtres; elles sont les mêmes pour les semences que nous cultivons avec tant de soins dans la vue de satisfaire à nos besoins, à nos plaisirs, à notre luxe, à nos relations commerciales, que pour l'arbre altier qui doit servir à la construction de nos maisons flottantes et braver les fureurs de l'Océan. Seulement les phénomènes auxquels ces lois donnent lieu se manifestent par deux modes particuliers, selon que les plantes appartiennent aux trois grandes tribus naturelles, celles qui sont évidemment dépourvues des corps cotylédonaires et celles qui sont munies d'un cotylédon ou de deux, jamais plus, quoiqu'en disent certains botanistes. (*Voy.* au mot Pin.)

Analysons chacune de ces lois, nous en apprécierons mieux les résultats, nous saurons quelles sont les fonctions vitales habituelles de tous les végétaux.

1° *Naître.* — Dès que l'élément reproducteur, parvenu à son entier développement et à son état de parfaite maturité, se trouve dans le milieu qui lui convient et que toutes les circonstances favorables sont réunies autour de lui, il se gonfle en tout ou en partie, sort de son inaction, s'éveille, s'anime et éprouve le besoin d'imprimer le mouvement progressif à la force vitale concentrée dans le germe qu'il renferme (*v.* au mot Germination.) Au bas de l'échelle végétale le premier acte de la vie se manifeste d'une manière vague encore obscure pour nous; on le reconnaît à l'existence de ces fils de couleurs différentes qui changent plusieurs fois de formes, deviennent des sporules et se comportent alors comme les plantes chez lesquelles l'action réciproque des sexes produit des semences ou graines. Dans ces dernières, plus palpables à nos sens, la germination s'opère dans l'obscurité par la rupture de l'épisperme; les sucs renfermés dans la graine, d'abord insipides, se changent bientôt en sucre, la végétation commence, l'embryon, dégagé peu à peu des liens qui le retenaient captif, cesse d'être plus ou moins oblique, plus ou moins droit, il tend sans cesse à se

(1) Cette plante a reçu son nom de Linné; il a été changé depuis par Roth, Sowerby, Dilewyn; trompés par des individus ramassés dans leur jeune âge, ils en ont fait une espèce distincte sous la dénomination de *Conferva paradoxa*, que Lamouroux appela depuis *Ulva confervoides*, etc.

développer, à marcher vers la surface du sol ; la radicule s'allonge de haut en bas, plonge dans le sein de la terre, tandis que la plumule se dresse vers le foyer atmosphérique et oblige les bords cotylédonaires à se séparer pour lui livrer passage. (*V.* aux mots Graine, Plumule et Radicule.)

2° *Absorber.* — A l'aide des mamelons ouverts à l'extrémité inférieure de la radicule, disons mieux à l'aide des racines et des fibres divisées et descendantes qui lui succèdent, ainsi que, plus tard, par les stomates des feuilles et des autres parties vertes, la plante attire à elle les substances qui lui sont propres et qui doivent la soutenir. Ces substances sont les molécules fournies d'abord par la silice, l'alumine et la chaux, à l'état de simple mélange, auxquels premiers élémens d'une terre fertile, viennent s'adjoindre souvent l'oxyde de fer et quelquefois la magnésie ; ensuite par les corps tombés en dissolution des êtres ayant eu vie, par l'eau qui pénètre le sol, qui le stimule, et par les gaz que l'air soutire, tient suspendus en vapeur, promène incessamment et qu'il pousse sans relâche les uns sur les autres. De leur côté, les feuilles et les autres parties vertes aspirent l'eau et les fluides aériformes qui remplissent la couche transparente dont notre globe est environné. Les matières solides, liquides ou gazeuses, absorbées avec une force prodigieuse par les racines et par le chevelu, montent dans toutes les parties de la plante ; celles qui lui viennent par l'entremise des feuilles suivent une route inverse ; elles pénètrent les organes, y subissent les modifications nécessaires pour servir de véhicule permanent et être converties en tissu végétal.

Tout le travail de l'absorption se fait dans le principe au collet de la plante (*voyez* Noeud vital) ; son foyer se prolonge et s'étend à mesure que la plante prend un plus grand accroissement. A son premier âge la plante demande beaucoup à la terre ; la succion est moins forte du moment que l'atmosphère se trouve sollicitée par les expansions foliacées et les autres parties vertes, à donner une partie des alimens qui doivent se combiner avec ceux puisés dans le sol et augmenter ainsi la masse des principes nutritifs.

Voici deux lois remarquables de l'absorption qu'il est bon de noter. Comme il n'y a pas de corps en dissolution dans l'eau distillée, il n'y a point d'absorption ; la plante n'y profite pas, elle périt bientôt si elle n'est point en communication directe avec l'air et la chaleur solaire. D'un autre côté, l'absorption est si puissante qu'on l'observe encore chez les végétaux qui ont perdu la majeure partie de leur poids par la dessiccation ; mais elle est totalement perdue quand la dessiccation est complète. La faculté vitale n'existant plus, l'absorption est impossible.

3° *Elaborer.* — L'absorption s'exerçant sans interruption et presque sans choix, s'en remet à l'élaboration pour repousser les matières inutiles ou nuisibles, et pour ne transmettre aux lois de la circulation que les portions susceptibles de contribuer à entretenir l'existence et servir à l'accroissement. Le mécanisme chimique de cette fonction, que l'on appelle d'ordinaire *digestion*, ne nous est pas encore entièrement connu, mais nous savons qu'il a besoin de l'action de la lumière exercée sur la cuticule, et qu'il détermine un mouvement de circulation sensible commençant avec l'intus-susception et se terminant par la nutrition et la sécrétion.

Si l'on était tenté de comparer cette circulation à celle des animaux, l'on reconnaîtrait de nouveau l'erreur signalée plus haut. Chez les animaux il existe un centre de départ, la cavité que l'on nomme estomac, où viennent aboutir deux systèmes vasculaires bien distincts, l'un portant le sang jusqu'aux extrémités du corps, l'autre qui le ramène sans cesse à sa source ; chez les plantes, au contraire, on ne découvre ni point spécial de départ, ni double système vasculaire. Des vaisseaux d'une même nature forment un réseau dont les mailles sont autant d'appareils circulatoires semblables, communiquant tous entre eux : il y a pour eux unité de mouvement tant que les parties vivent en commun, et mouvement propre à chaque partie quand elles sont une fois séparées. (*Voy.* au mot Bouture).

4° *Assimiler.* — Opération qui succède à l'élaboration et forme le premier degré de la nutrition ; elle agit sur les fluides circulans ; elle les approprie à la plante, et transforme en sa propre substance leurs molécules travaillées par l'élaboration. Les matières colorantes qui nagent dans les fluides colorés ne sont point dans le cas des fluides incolores, quoi qu'en disent Schultz et De Candolle ; il en est de même des substances âcres ou acerbes ; ces dernières font périr les racines. Mais, en mère prévoyante, la nature sollicite alors plusieurs racines aériennes ou adventives à sortir de la tige, comme on en voit sortir du chaume du Maïz lorsque les racines ont été détruites en terre par les insectes.

5° *Nourrir.* — Aussitôt que l'aliment de la plante est absorbé, il s'élève dans la tige, s'assimile, et sa transformation constitue le véritable acte de la nutrition. Au moyen de ces sucs distribués dans toutes les parties du végétal, les vaisseaux s'allongent, les tissus se dilatent, les portions les plus fluides s'évaporent, tandis que leurs bases solides s'épaississent et augmentent non seulement le volume, mais encore la taille de la plante. La nutrition commencée avec les premières impressions de la vie est un besoin qui la sollicite à chaque instant, même durant la saison des frimas que le végétal nous semble inactif. Ce besoin est plus exigeant au premier âge et aux époques de la floraison et de la fructification que pendant tout le cours de l'accroissement de la plante. On a dit le contraire, et, pour appuyer l'erreur, on a cité les Choux, le Tabac, le Pastel, la Solanée parmentière, qui, d'ordinaire, n'amènent pas leurs semences à maturité, et qui cependant épuisent singulièrement le sol, sans se douter que le cultivateur instruit remédie par de fréquens fumages, et empêche ainsi la terre de devenir une matrice inerte pour les semences qu'il doit lui confier après une récolte de Graminées. Une preuve plus convaincante du fait que j'expose, c'est la pratique où l'on est dans la maison rurale de faucher une pièce de plantes en fleurs pour les enfouir immédiatement : l'on n'attend point qu'elles montent en graine, la plante en vert restituant au sol plus qu'elle ne lui avait demandé.

6° *Sécréter.* — Action de filtrer les substances absorbées, de les extraire, de les désassimiler, de les séparer de la circulation générale, et d'en expulser spontanément les parties inutiles ou dont la présence pourrait nuire. Quant ces substances sont des fluides à l'état de vapeur, elles s'échappent par les stomates des organes foliacés; c'est ce qu'on nomme la *transpiration* ou émanation aqueuse des végétaux; se présentent-elles le jour, principalement sous l'action directe du soleil, comme des gaz ou fluides aériformes, c'est l'*expiration*; sortent-elles en fluides épais susceptibles de se condenser et de se solidifier, c'est l'*excrétion*.

La transpiration se manifeste par les gouttelettes limpides et brillantes que l'on voit le matin suspendues à la pointe des feuilles d'un grand nombre de Graminées, sur celles des Choux et d'autres végétaux. Quelquefois ces gouttellettes, généralement très-petites, se réunissent et donnent cette masse d'eau si fraîche, si bonne à boire renfermée dans les phyllodes ventrus des SARRACÉNIES et surtout dans le godet du NÉPENTHE (*voy.* ces deux mots). Ceux qui déclarent ou répètent que ces gouttellettes, que cette eau si chère aux voyageurs, proviennent de la rosée proprement dite, ajoutent une erreur grossière aux nombreuses erreurs encombrant le domaine de la science. Elles ne sont l'une et l'autre que la matière de la transpiration condensée par la fraîcheur de la nuit. Un temps sec et chaud favorise singulièrement cette sécrétion, tandis que la pluie, une atmosphère fortement chargée d'humidité en diminuent d'une manière très sensible la quantité, elles la rendent même nulle tout-à-fait. Musschenbroeck l'a prouvé le premier par des expériences concluantes. Hales a calculé que, à masse égale, elle est beaucoup plus forte que la transpiration de l'homme. De son côté, Sennebier nous apprend qu'elle est dans le rapport des deux tiers à la quantité d'eau absorbée par le végétal. La transpiration s'exécute avec d'autant plus d'activité que la plante est plus jeune et plus vigoureuse; lorsque la transpiration est trop abondante et qu'elle n'est plus en équilibre avec la succion exercée par les racines, la plante se fane, languit et périt dévorée par les ardeurs du soleil.

Quant à l'expiration, elle a lieu par le dégagement de bulles gazeuzes. Ce dégagement est très-considérable et sollicité par l'action de la lumière. Il cesse tout à coup et complétement durant les jours les plus chauds de l'été si l'astre radieux disparaît sous un épais nuage. Morren, de Louvain, a fait la même remarque tout le temps que dura la grande éclipse solaire du 18 mai 1836.

A son tour, l'excrétion est de nature très-variée. Ce sont des portions solides ou concrètes, telles que la manne fournie par le tronc de deux espèces de Frênes, par celui du Melèze et de diverses autres plantes (*voy.* tom. V, pag. 25); les résines qui coulent le long des tiges des arbres de la famille des Conifères, la gomme des rameaux, le miellat des feuilles, la cire du *Myrica cerifera*, du *Ceroxylon andicola*, l'huile des Labiées, le nectar des fleurs, l'efflorescence qui revêt d'une certaine poussière l'enveloppe de plusieurs fruits, etc., etc. Je dois nommer aussi le suc laiteux inflammable de l'*Euphorbia phosphorescens* (1) qui prend feu de lui-même, dégage pendant longtemps une immense colonne d'épaisse fumée, s'embrase et brûle avec une flamme vive, claire et bleuâtre.

Guettard a jeté un large rayon lumineux sur la structure et l'importance des glandes qui sont les organes sécréteurs des végétaux (*voy.* à ce sujet ce que nous avons dit tom. III, pag. 441 à 445). Dernièrement Griesselich voulut les réduire au simple rôle de réceptacle; mais une semblable opinion est manifestement réfutée par l'examen anatomique de ces organes (*voyez* la pl. 516, fig. 37 *c*).

7° *Croître.* — Les plantes croissent en longueur et en grosseur; les deux extrémités le font en sens inverse. La racine s'enfonce dans le sol, souvent à une grande profondeur, elle ne croit que par le bout; il en est de même de ses divisions les plus ténues appelées Radicelles (*voy.* l'Atlas, pl. 515, fig. 1-4). La tige s'élève en cherchant la lumière; elle s'étend et s'allonge à la fois dans tous les points; la pousse de la première année s'arrête à l'entrée de l'hiver de la seconde, en se terminant par un bourgeon. De ce moment, elle ne prend plus d'accroissement en longueur; elle grossit, et le nouveau jet qui part du bourgeon terminal au retour du printemps croît de la même manière que la pousse primitive dont elle est le prolongement. A la fin du deuxième hiver, la pousse de la seconde année s'arrête à son tour et devient, au signal de la belle saison, le support de la troisième pousse. L'évolution est la même à chaque pousse nouvelle.

Dans les plantes Monocotylédonées, l'accroissement en grosseur précède l'accroissement en longueur; chez les Dicotylédonées, le premier suit immédiatement le second. Ainsi que nous l'avons déjà vu (tom. V, pag, 594), des feuilles se développent de prime abord au collet de la racine des Monocotylédonées; le corps formé par la réunion des bases ou pétioles de ces feuilles, c'est-à-dire des groupes fibreux dont elles sont l'extension, grossit insensiblement; sa solidité augmente peu à peu; le stipe enfin monte au dessus de la surface du sol avec toute la grosseur qu'il doit avoir. Cette grosseur est, à quelques exceptions près, la même à la base et au sommet.

Pour les Dicotylédonées, les zônes d'accroisse-

(1) Cette plante arborescente croit aux environs d'Alagoas, non loin de la ville et du port de San-Francisco du Brésil; elle y forme des bosquets impénétrables qui couvrent chacun plus de trois cent vingt-cinq mètres de surface.

ment en grosseur adoptent la même marche que l'accroissement en longueur. L'un et l'autre y sont plus accélérés le jour que la nuit, plus rapides dans les plantes herbacées de huit heures du matin à deux heures de l'après-midi que durant la période suivante également de six heures. Chez les plantes ligneuses la première couche de bois reçoit, l'année suivante, une augmentation à l'intérieur de son écorce, et se trouve avoir, à la fin d'août, deux couches de bois et deux autres d'écorce. Le nombre des couches ligneuses égale celui des années, qui détermine l'âge: on compte un par il nombre de couches corticales. Les plantes herbacées ont les pousses trop vive pour s'arrêter ainsi et former des gemmes: cependant, quoique leurs tiges périssent chaque année, même lorsque la racine se montre vivace, on observe chez elles tout ce qui a lieu dans la pousse de la première année d'une plante ligneuse.

L'accroissement date de l'instant même où le premier élan est donné à la germination; il est d'abord lent, mais il devient rapide dès que la plante jouit de l'air atmosphérique. La plante est-elle placée sur un bon terrain? la végétation sera de moitié plus énergique que sur un mauvais. A un hiver pluvieux succède-t-il un printemps doux et un été chaud? l'accroissement sera beaucoup plus fort qu'après un hiver très-rigoureux.

8° *Se reproduire.* — Les Végétaux ont deux modes particuliers pour se reproduire : l'un par la voie des organes de la génération (*voy.* la pl. 515, fig. 24 à 29), l'autre par la section d'une partie du caudex, des racines ou des rameaux, laquelle est chargée de continuer l'être végétal. Nous avons développé ces procédés aux mots Graine, Greffe et Propagules; nous ajouterons ici que l'art s'est emparé du second mode pour l'exécuter avec plus de régularité. (*Voy.* aux mots Bouture, Greffe et Marcotte.)

9° *Périr.* — La vie a un terme qu'elle doit atteindre, puis cesser complétement. Elle est éphémère pour les plantes agames; d'autres la voient finir après quelques heures ou bien au bout d'un très-petit nombre de jours. Les végétaux herbacés, plus parfaits, naissent, végètent, fructifient et périssent dans le laps d'une année solaire, ou bien ils mettent deux ans ou à peu près pour parcourir le cercle de l'existence. Les plantes vivaces persistent davantage; elles perdent leurs tiges à la fin de l'été; mais, par la puissance de leurs racines, elles s'en décorent successivement de nouvelles pendant un nombre d'années qui n'excède guère la dixième. Les plantes ligneuses, acquérant avec le temps de la consistance, une solidité plus ou moins considérable, sont susceptibles de traverser plusieurs années et même de compter un siècle, quelquefois plusieurs. La vie se ralentit enfin; elle est, par la pourriture sèche, attaquée dans tous ses organes; il faut céder; un moment encore, et l'arbre géant, si long-temps admiré, si long-temps l'orgueil de tout le canton, ne sera plus qu'un triste amas de débris. Cependant, avant que la vie cesse sans retour dans les dernières molécules, elle réunit le peu de forces qui lui restent pour produire des Agames chez lesquelles la localité et la constitution atmosphérique modifient la forme, la consistance, la couleur, et jusqu'aux propriétés physiques. Après, il n'y a plus rien; la décomposition est complète.

II. Fonctions vitales temporaires. — Outre les fonctions habituelles que nous venons d'examiner rapidement, il en est de temporaires dont les époques et les alternatives dépendent du climat ou de la saison actuelle, de l'excès ou de l'absence du calorique. On peut les rapporter à quatre chefs principaux, savoir : 1° le changement de position, de la nuit au jour et du jour à la nuit, que subissent les feuilles et les fleurs munies de renflemens particuliers à la base de leurs pétioles ou de leurs pédoncules (*voy.* aux mots Horloge de Flore et Sommeil des Plantes); 2° la feuillaison ou l'effeuillaison faciles à remarquer tous les ans dans la plupart des plantes ligneuses; 3° les phénomènes qui précèdent, accompagnent, complètent et terminent la floraison (*voyez* tom. III, pag. 227 à 229); 4° enfin, l'acte de la génération depuis l'instant où commence le mariage des plantes, jusqu'à celui où le fruit est parfait (*voyez* même vol., pag. 368).

Les forces employées par les végétaux pour exécuter ces diverses fonctions paraissent surtout résulter de l'irritabilité, du degré de chaleur propre, de l'excitabilité déterminée par la vapeur et par la lumière; elles dépendent aussi de l'influence exercée par le froid. Examinons chacune de ces causes.

Irritabilité. — Déjà j'ai traité plus haut la manifestation de l'irritabilité chez les plantes. N'ayant rien à ajouter aux faits développés précédemment, on me permettra d'y renvoyer le lecteur (*voyez* le tom. IV, pag. 227 à 229).

Chaleur propre constante. — Avant d'entamer l'examen de cette cause incessante de la végétation, je désirerais savoir s'il est possible de connaître, par des expériences exactes, quel est le degré de chaleur propre que peuvent offrir les plantes, dans les différentes phases de leur existence, comparativement à la température de l'atmosphère environnante. Nous possédons quelques données sur celle que détermine la couleur durant la floraison, ainsi que nous le verrons tout à l'heure; mais la solution de ma question, plus étroitement encore liée aux travaux d'une culture soignée, demanderait qu'elle devînt pour un grand nombre de personnes intelligentes, l'objet d'une étude toute spéciale; car d'elle dépendent les soins à donner au végétal naissant, et ce que nous avons à faire pour le garantir plus tard des tristes effets du froid et de la gelée. Afin d'appeler d'autres botanistes, d'autres cultivateurs vers ce point de vue nouveau, vers ce but utile, voici quelques faits qu'il serait bon de suivre et de vérifier sous diverses latitudes.

Quand la température atmosphérique est à deux, cinq et six degrés au dessus du zéro de l'échelle centigrade, le bois vivace marque neuf et dix degrés. La chaleur propre du végétal est donc au minimum comme 2 est à 9. Il paraît qu'elle n'augmente et ne diminue pas selon les mêmes lois qui régissent l'atmosphère; elle se maintient, au contraire, dans une proportion presque moyenne entre la température élevée de l'atmosphère. Tant que celle-ci demeure au dessous de quatorze degrés, celle du végétal est constamment au dessus; si l'air libre est, au contraire, à plus de quatorze degrés, la température de la plante se place au dessous. Tout semble jusqu'ici prouver que cette dernière ne descend pas au dessous de neuf degrés, et qu'elle ne monte pas au dessus du dix-neuvième; tandis que la température atmosphérique s'élève, dans le même mois, depuis deux jusqu'à vingt six degrés.

Une autre remarque non moins curieuse nous apprend que la chaleur propre du végétal se maintient au même degré à toutes les époques du jour et durant plusieurs jours de suite. Si elle témoigne quelque velléité pour varier, ce n'est que très-lentement et de très-peu de degrés, lors même que la température atmosphérique marquerait un changement notable, comme de dix degrés en moins de six heures, ainsi que cela se voit parfois.

L'humidité trop long-temps continuée diminue sensiblement la température végétale; je l'ai vu, après une forte pluie qui dura quatorze heures de suite, descendre de trois degrés; tandis que le thermomètre à l'air libre n'éprouvait qu'une baisse de six degrés. Ce fait remarquable n'est point contredit par l'action, par l'irritabilité passagère qu'une ondée exerce sur la balle de la Folle-avoine, *Avena fatua*, sur les pédoncules du *Mnium hygrometricum*, sur les capsules des Géraniers, sur le volva du Vesseloup étoilé, *Lycoperdon stellatum*, etc.

Chaleur propre temporaire. — Je viens de citer, en passant, le degré de chaleur que la teinte de la corolle procure à la plante; il est bon de nous arrêter un moment sur ce point de Physiologie. Il est aussi curieux dans ses effets qu'intéressant pour les études d'application.

Murrey, partant des observations faites par William Herschell sur la température propre aux différens rayons du spectre solaire, s'est assuré dernièrement que, selon la couleur dominante du disque floral, la température de la plante est en rapport exact avec celle que présentent les mêmes couleurs fournies par le prisme. Aussi, d'après le résumé de son savant travail, calculé avec un thermomètre très-sensible dressé à l'échelle de Farenheit (que je réduis sur le thermomètre centigrade), nous savons maintenant que la température atmosphérique étant à 12° 22′ centigrades à l'ombre, celle du Pied-de-veau d'Afrique, *Calla æthiopica*, L. (dont Kunth a fait un *Richardia*), est de 12° 78′; celle de la Rose parfumée, *Rosa odorata*, de l'Amaryllis du port Jackson, *Amaryllis jacksonia*, de la Spirée du Japon, *Spiræa japonica*, atteint 15° 55′; celle de l'Anémone double, *Anemone hepatica*, marque 15° 92′.

Indiquons maintenant, toujours d'après le même observateur et d'après le thermomètre centigrade quelle est la température de plusieurs espèces choisies parmi celles dont les corolles sont blanches, bleues, jaunes ou rouges.

Fleurs blanches. — La température du Narcisse des bois, *Narcissus pseudo-narcissus*, en pleine floraison, arrive à 27° centigrades; celle de la Campanule inégalement ramifiée, *Campanula patulata*, à 19° 44′; celle du Framboisier, *Rubus idæus*, à 15° 56′; celle de la Pâquerette, *Bellis perennis*, à 11° 15′, etc. D'ordinaire, la chaleur propre temporaire des plantes à fleurs blanches est d'un degré ou deux au plus au dessous de l'état actuel du milieu ambiant.

Fleurs bleues. — La température de la Genitanelle, *Gentiana centaurium*, est de 25° centigrades; celle de l'Iris bleu, *Iris cærulea*, de 21° 11′; celle du Pied-d'alouette, *Delphinium Ajacis*, de 19° 44′; celle de la Clochette, *Campanula medium*, de 12° 78′, etc. D'ordinaire, un degré et même jusqu'à sept de plus que la température atmosphérique.

Fleurs jaunes. — La température du Pavot jaune, *Papaver cambricum*, parvient à 29° 44′; le Tournesol, *Helianthus annuus*, à 22° 78′; la Dent-de-lion, *Leondoton taraxacum*, à 17° 78′; le Lis des étangs, *Nuphar lutea*, à 14°, etc.; tandis que la température atmosphérique offre une différence au moins de 1 à 4°.

Fleurs rouges. — La température de la Pivoine des jardins, *Pæonia officinarum*, indique 31° 67′, quand celle de l'atmosphère est à 27° 22′; celle de l'Adonide à huit pétales, *Adonis autumnalis*, marque 22° 22′, quand l'air ambiant est à 21° 67′; celle de la Lychnide russe, *Lychnis chalcedonica*, donne 16° 11′, lorsque l'atmosphère porte seulement 12° 22′; celle de la Rose de Provins, *Rosa gallica*, s'élève à 4° 1/4 au dessus de la température atmosphérique, quand celle-ci est à 12° 78′, etc.

Comme on le voit, le jaune et le rouge sont les couleurs les plus actives; elles justifient les expériences de Morin rapportées tom. IV, pag. 509 et 510. Une autre conséquence que doivent produire ces observations diverses, c'est que la couleur peut mettre sur la voie pour juger des propriétés d'une plante, ou du moins elle nous fournit des données qu'il importe de ne point négliger. (Bien entendu que je parle ici des végétaux sur pied, vivant en plein air, et non pas d'individus tenus en esclavage dans une serre, encore moins d'échantillons renfermés en un herbier, quoique les couleurs fixes s'y conservent en grande partie dans toute leur intensité). Les couleurs qui passent aisément sont peu solides, et l'on doit en conclure, thèse générale, que les propriétés des plantes sur lesquelles on les trouve sont plus ou moins contestables. (*Voy.* au mot PRINCIPES DES VÉGÉTAUX.)

Action de la vapeur. — L'eau réduite à l'état de vapeur exerce une grande influence sur les différentes périodes de la végétation, particulièrement sur la germination; elle accélère d'une manière notable la production du phénomène. On en a une preuve remarquable sous les zônes intertropicales, où tous les matins, au lever du soleil, l'air est assez près de l'humidité extrême et ne s'en éloigne dans le reste de la journée que de 15° terme moyen. La végétation y est des plus riches et des plus variées; les fruits y deviennent exquis, et le ligneux s'y forme avec une promptitude et une force tout extraordinaires. Dans les serres chaudes on peut de la sorte modifier leur atmosphère artificielle en injectant l'eau dans les tuyaux de chaleur : les effets y sont les mêmes. Edwards et Colin se sont occupés d'expériences suivies pour déterminer cette action de la vapeur d'une manière à étendre les vues de la science et à donner des résultats frappans dans nos contrées. Ils ont rendu ainsi un véritable service, non seulement à la Physiologie végétale proprement dite, mais encore à l'horticulture. (*Voy.* au mot VAPEUR.)

Action de la lumière. — Ajoutons à ce qui a été dit plus haut sur cette matière (tom. IV, pag. 508) un fait acquis il y a peu de mois. Le nombre des jours qui séparent le premier développement aérien des plantes annuelles (le Froment, l'Orge, le Maïz, la Solanée parmentière entre autres) de l'époque où elles atteignent à leur parfaite maturité, est, dans chaque climat, en raison inverse de la température moyenne sous l'influence de laquelle la végétation a lieu; de sorte que le produit de ce nombre de jours est habituellement constant. Un semblable résultat, selon Boussingault, à qui nous le devons, n'est point seulement important en ce sens qu'il indique qu'une plante annuelle reçoit partout, sous les zônes les plus opposées, durant le cours de ses phases végétatives, une égale quantité de chaleur atmosphérique, mais il peut encore faire prévoir la possibilité de l'acclimater et même de la naturaliser dans toute contrée dont la température moyenne est bien connue. L'étude de ce fait nous apprend aussi que les végétaux demandent fort peu à la chaleur atmosphérique; il n'en est pas de même de la lumière. Quelle que soit son intensité, toujours ils la supportent très-volontiers, tandis qu'ils souffrent de la grande chaleur; le fluide qui remplit les cylindres vasculaires (*voy.* pl. 516, fig. 59) se dessèche et ils ne tardent pas à se briser. Une plante peut vivre, fleurir et même fructifier sans recevoir directement les rayons solaires; mais pour que cela soit, il faut qu'elle se trouve en un lieu où l'air puisse à chaque instant être renouvelé. Tenez-la en un lieu complétement obscur, elle se tourne d'abord vers le côté que le soleil parcourt, jamais du côté du nord; puis elle devient molle; ses feuilles sont rares et blanchissent; ses tiges s'allongent considérablement; elle n'a aucune vigueur, s'étiole dans toutes ses parties et tombe en pourriture. Trouve-t-elle, au contraire, dans cette prison une issue favorable? elle y tend sans cesse, s'y cramponne, rassemble vers elle tous ses efforts; elle aspire l'air, sollicite la lumière, se sature de ce qu'elle peut en obtenir; elle prend la teinte verte que solidifie la réfrangibilité des rayons solaires, et comme ses pores sont largement dilatés, elle reçoit une nouvelle vie, quand tous les élémens semblaient épuisés par sa position première.

Cependant, et le fait est constant, il y a parfois dans les végétaux une tendance à fuir la lumière; les vrilles des plantes grimpantes qui se portent vers les corps opaques voisins en sont un exemple. Knight a fait, en 1812, de curieuses remarques à ce sujet. Celles de Dutrochet, sur le côté éclairé et le côté obscur des tiges, me paraissent plus subtiles que concluantes. Elles n'ajoutent certainement rien au phénomène.

Action du froid. — Cette action ayant été traitée précédemment avec détail (*voy.* tom. III, p. 281 à 284), et mise en regard avec les observations que j'ai faites ou recueillies durant les mémorables hivers de 1820 et 1830, il convient d'y renvoyer le lecteur, et de revenir un instant sur nos pas pour examiner qu'elle est la composition chimique des végétaux.

III. COMPOSITION CHIMIQUE DES PLANTES. — En 1837, Chatin et Moquin-Tandon parvinrent simultanément à reconnaître qu'une loi de symétrie et d'association ou de formation centripète préside à la formation des plantes munies d'un ou deux cotylédons, tandis que la formation est centrifuge ou rayonnante, souvent irrégulière dans sa marche, pour les productions végétales inférieures. Ainsi les plantes sont assujéties dans leur développement à une loi commune aux animaux vertébrés et invertébrés; mais ce n'est pas un motif, ainsi que je l'ai dit plus haut, pour confondre ensemble les deux règnes. Je n'admets point, à l'instar de Bonnet, le système des préexistences organiques; je ne répète point non plus, avec Haller, que le cœur constitue l'action formatrice des animaux, puisque les progrès de la zoologie nous ont appris qu'il existe un grand nombre d'animaux dépourvus de cœur, et que cet organe n'est que de seconde formation; je soutiens que les élémens peuvent être régis par une même loi de formation, mais qu'il existe entre les deux règnes un espace intermédiaire qu'on ne remplira jamais, une scissure complète marquée par le mouvement volontaire chez les animaux, par l'absence, chez les plantes, de toute possibilité de locomotion et par le besoin d'une lumière active pour digérer.

L'ensemble de l'être végétant est formé par un tissu membraneux, continu, blanchâtre ou sans couleur, plus ou moins transparent, résultat d'une combinaison hygrométrique d'oxygène, d'hydrogène, de carbone et d'azote. Au moment où, brisant les liens qui retenaient le végétal captif sous les enveloppes de la graine, et qu'il est en train de se développer, la matière azotée qu'il contient est très-abondante; mais à mesure que l'accroissement s'opère, elle diminue sensiblement, sans cependant cesser de monter de l'extrémité des radicelles jusqu'aux dernières limites des parties aériennes, de se déposer sur toute l'étendue des conduits qu'elle parcourt sans aucune solution de continuité. Quand le travail de la floraison approche, la matière azotée s'accumule dans les organes prêts à se développer pour déterminer la

transformation

transformation des ovules en graines, pour aider à l'entretien et aux progrès successifs de l'être que l'union mystérieuse des deux sexes doit y vivifier.

Outre ces substances, on en trouve encore de minérales déposées dans les cellules des tissus; elles paraissent avoir été séparées de la nourriture durant le travail de la digestion. Ces substances sont : le calcaire pur qui se voit aux tiges du *Chara;* le carbonate de chaux à la page supérieure des feuilles de la Clandestine, *Lathræa clandestina*, de diférentes espèces de Saxifrages; le phosphate de chaux et de magnésie dans les racines du Nyctage aux grandes fleurs, *Mirabilis longiflora*, dans la tige de l'Aloès en arbre, *Aloe arborescens;* la silice dans les tiges de la Prêle d'hiver, *Equisetum hyemale*, du Bambou, *Bambusa arundinacea;* l'oxide de fer dans la partie herbacée de la Digitale empourprée, *Digitalis purpurea*; des cristaux prismatiques dans les Cactiers, aciculaires chez les Aroïdées et presque toutes les Monocotylédonées, en masses dans les Agavés, le Volant d'eau, *Myriophyllum verticillatum*, la Pontédérie en cœur, *Pontederia cordata*, etc. (1).

IV. Organes végétaux. — Le tissu des plantes affecte trois formes différentes, que l'on désigne par les mots suivans : tissu cellulaire, tissu ligneux, et tissu vasculaire. On leur donne aussi le nom d'*organes élémentaires;* leur combinaison variée produit ce qu'on appelle les *organes composés*. Nous allons examiner successivement les uns et les autres.

Tissu cellulaire. — Base fondamentale de tous les organes, le tissu cellulaire est composé de petites lamelles disposées dans tous les sens; il est percé d'un grand nombre de pores peu ou point apparens, formant des cellules aréolaires ou bien des tubes. Chaque cellule renferme une vésicule transparente, ronde ou oblongue. La vésicule est un individu distinct, adhérent à la vésicule placée près d'elle, et avec laquelle elle se trouve en contact immédiat. La membrane qui sépare les deux cellules voisines, quoique simple en apparence, est réellement double. Entre chaque cellule contigue on trouve une matière *sui generis*, sécrétée par les cloisons qu'on appelle *Matière inter-cellulaire;* elle manque chez toutes les jeunes plantes, mais elle se montre plus tard, non seulement dans les végétaux d'un ordre supérieur, mais encore chez ceux de l'ordre le plus inférieur. La réunion des vésicules forme une surface plane qui se nomme le *Parenchyme*. A son tour, celui-ci constitue toute la partie spongieuse de la moelle, la moelle elle-même, les rayons médullaires, le liber annuel de l'écorce, tout ce qui est interposé entre les nervures des feuilles, les organes de la floraison et la pulpe du fruit. Le parenchyme acquiert parfois une grande dureté, comme dans le noyau de certains fruits et l'enveloppe osseuse de quelques semences. Le parenchyme est plus ordinairement coloré en vert.

La fonction du tissu cellulaire n'est point de conduire dans toutes les directions les fluides que nous examinerons plus bas, mais bien de les recevoir très-lentement sur sa membrane entièrement perméable, et de les transmettre de même. Il a peu de consistance et se déchire facilement; les espaces vides ou lacunes qu'il présente souvent sont remplis d'air. C'est à la présence de ces lacunes que les végétaux destinés à vivre dans l'eau doivent la propriété d'y demeurer sans crainte de la macération qui les y menace incessamment. Le tissu cellulaire se reproduit de lui-même. Une cellule en engendre d'autres à sa surface intérieure, comme on l'a observé sur le *Chara*, sur le *Marchantia;* et à sa surface extérieure; mais, il faut le dire, ce second mode se suppose par analogie.

Une première modification que subit le tissu cellulaire, c'est de produire des petits cylindres tronqués, appliqués bout à bout et formant des tubes continus; l'extrémité de chaque cylindre s'engaîne l'une dans l'autre, comme on le voit à la pl. 516, fig. 38. A. Cette partie du tissu cellulaire a reçu tantôt le nom de *Vaisseaux ponctués*, tantôt celui de *Tissu vasiforme*. Son emploi est de charrier rapidement les fluides dans la direction du tissu ligneux; elle constitue ce qu'on appelle vulgairement *la porosité du bois*.

Tissu ligneux. — Seconde modification du tissu cellulaire : elle a lieu en filets ligneux chez les Monocotylédonées (pl. 516, fig. 42), et en couches ligneuses chez les Dicotylédonées (pl. 516, fig. 43 et 44); les cellules s'y montrent fort allongées et présentent une multitude de petits tubes parallèles entre eux (pl. 516, fig. 38. D); leurs parois sont opaques, épaissies, quelquefois même elles finissent par s'oblitérer entièrement. Linck appelle cette modification le *Tissu allongé*. Les tubes sont coniques à chaque extrémité et paraissent imperforés à l'œil, à cause de leur extrême finesse. Ils sont raides par suite de la densité de leurs parois. La fonction du tissu ligneux est de donner de la force à la structure végétale, et de servir de canaux pour la circulation des fluides pompés par les racines, et promenés jusqu'aux extrémités supérieures (pl. 516, fig. 41).

Tissu vasculaire. — Troisième modification du tissu cellulaire. Naguère désignée par le mot de *Trachées* et par celui de *Vaisseaux spiraux* ou *aériens*, selon l'expression de Grew (pl. 516, fig. 39), le tissu vasculaire consiste en filets cylindriques, transparens, creux et articulés, souvent écartés les uns des autres. Ils sont à parois amincies, allant en diminuant jusqu'à l'extrémité; ils se montrent en outre pourvus d'une fibre spirale, extrêmement élastique, engendrée dans leur intérieur, et jouissant de la propriété de se dérouler lorsqu'on l'allonge (même pl. et fig., lettres *a*, *b*, *c*). Jamais je ne les ai vus finir par devenir droits, ainsi que l'avance Hedwig.

Le tissu vasculaire n'existe que chez les plantes

(1) Turpin a voulu désigner par le mot *biforine* les cellules dans lesquelles on trouve plus spécialement ces cristaux et autres substances minérales. Ce mot nouveau a été justement critiqué par Meyer, et rejeté par la science.

portant les organes sexuels. L'air qu'il renferme offre de sept à huit pour cent d'oxygène de plus que l'air atmosphérique. Le bois, l'écorce, la racine, et généralement toutes les parties ayant une direction descendante, n'ont point de vaisseaux spiraux, si l'on excepte le bois, l'écorce, la moelle du Népenthe et les racines de quelques Monocotylédonées, chez qui ces vaisseaux prennent le nom de *mixtes*, selon l'expression de Mirbel. De Tristan a démontré dernièrement qu'une simple cellule peut devenir d'abord un tube clos, puis ce qu'il nomme une trachée. Les cellules d'une série se trouvant ainsi changées en de petites trachées, et tenant l'une à l'autre, finissent par constituer dans leur association une grande trachée complexe.

Cette première forme du tissu vasculaire se modifie légèrement en adoptant celle de conduits transparens, *fausses trachées* ou vaisseaux fendus et rayés (pl. 516, fig. 40, *a*) dont les parois sont coupées par des anneaux ou fentes transversales (même fig., *b*). Ces conduits, que l'on observe également dans les parties molles et lâches des végétaux, surtout chez les Fougères, les Lycopodiacées et dans le tissu des plantes herbacées, agissent comme les vaisseaux spiraux lorsqu'ils sont jeunes, et se remplissent de fluides aussitôt que leurs spires ramifiées, du moins en apparence, se montrent séparées.

Quoique nous sachions depuis long-temps que le tissu vasculaire, ainsi que les conduits transparens, se retrouvent dans les nervures des feuilles et dans les diverses modifications de la corolle, on croyait qu'ils ne servaient qu'à la circulation de l'air; ce n'est que depuis 1836 que Linck nous a fait connaître la nature de leurs fonctions. Ils charrient la sève nutritive. Les expériences de Gaudichaud ne laissent aucun doute à cet égard; elles sont parfaitement concluantes.

Les trois formes de tissu qui viennent d'être examinées, sont les seules élémentaires, les seules essentielles à la constitution végétale; il faut leur rapporter, comme simples modifications, 1° les *vaisseaux moniliformes* ou en chapelets, et vermiculaires de Tréviranus, ou entrecoupés de Bilderbyk (pl. 516, fig. 38 B); 2° ce que l'on appelle les *vaisseaux du latex*, ou membrane gélatineuse qui renferme les sporules de certaines plantes agames; 3° ainsi que les tubes simples servant de réservoirs au suc plus ou moins coloré, aux corps huileux, résineux, mucilagineux ou gommo-résineux que sécrètent les membranes, et que l'on nomme *vaisseaux propres* ou glandes lenticulaires (même pl., fig. 38 C).

Cuticule. Les tissus sont enveloppés d'une sorte de membrane dite la cuticule : c'est une couche externe de parenchyme, dont les vésicules sont comprimées et dans un état de cohésion qui les rend presque solides. Lisse, très-fine, transparente, quelquefois colorée, s'enlevant assez facilement de dessus les tiges et les rameaux de l'année, susceptible de supporter une forte dilatation sans se rompre, la cuticule sert à défendre du contact trop direct de l'air les parties intérieures du végétal, en même temps qu'elle en entretient la fraîcheur. Elle n'existe point sur le stigmate, ni sur les parties placées habituellement sous l'eau, mais sur ces dernières elle est remplacée par une pellicule extrêmement fine, inorganique et homogène.

Stomates. Sortes de pores ovales existant entre les parois des cellules du tissu sous-jacent, que l'on voit abonder sur les feuilles, particulièrement à leur page inférieure, sur les bractées, sur les tiges (pl. 516, fig. 37), jamais sur les racines, sur les plantes parasites non colorées, sur les parties submergées, ni sur les plantes dépourvues d'organes sexuels, ni dans celles qui sont succulentes. Les stomates se montrent généralement bordés par un petit bourrelet glanduleux (même pl. et fig., *b*), et servent à favoriser l'absorption et les sécrétions. Ils renvoient la lumière avec force quand ils en reçoivent les rayons (fig. 37 *a* portion grossie). Les poils (pl. 514, fig. 11 et 12) remplissent aussi les mêmes fonctions que les stomates.

Organes composés. Ainsi que nous l'avons dit tout à l'heure, les organes composés résultent de la combinaison variée des organes élémentaires entre eux. Les organes composés sont désignés sous les noms de *axe*, *embryon* et *bourgeon* pour les plantes donnant des fleurs, et de *propagules* pour les végétaux agames.

Axe. Ligne perpendiculaire fictive et pourtant matérielle, formée par le développement de la germination, ou, si l'on aime mieux, par deux mouvemens généraux, l'un terrestre ou descendant, l'autre ascendant ou aérien, c'est-à-dire de bas en haut, d'un côté par la direction que suivent les racines (pl. 513, fig. 1 à 8), et de l'autre par celles que prennent les corps qui s'échappent du collet de la plante (même pl., fig. 5). La partie de cette ligne qui se développe horizontalement est le système médullaire, dont le canal principal se trouve formé de vaisseaux spiraux, et dont les projections se présentent sous forme de rayons.

Embryon. Rudiment d'un nouvel être végétal déposé dans l'ovule, où il attend le travail mystérieux des organes sexuels pour sortir de son inertie et prendre le développement propre à son organisation. La semence est destinée à le protéger et à le nourrir (*voy.* au mot Graine). Il est composé du corps cotylédonaire, de la radicule ou axe descendant, du collet constituant le plan de leur séparation, de la plumule, qui est l'axe ascendant, et de la tigelle ou entre-nœud partant de la naissance même de la radicule et des points d'insertion des cotylédons, et unissant ensemble ces organes d'une manière si intime, qu'on la voit fort rarement aussi manifeste que dans le *Convolvulus jalapa* (*voy.* pl. 225, fig. 9), le *Scleranthus annuus* (même pl., fig. 17) et dans le *Momordicum elaterium*.

Bourgeon. Jeune plante produite sans l'intervention directe des sexes, renfermée dans des feuilles rudimentaires ou écailles, et qui se développe sur la tige (*voy.* tom. I, pag. 497 et 498).

Les semences propagent l'espèce, les bourgeons ne propagent que l'individu. Chez les uns comme chez les autres l'action vitale, qui leur est adhérente, une fois mise en jeu donne lieu à tous les phénomènes du développement, depuis celui des tissus, jusqu'à celui de l'axe. D'après les études auxquelles Gaudichaud s'est livré relativement à la vie végétale, les écailles, les feuilles (*voy.* pl. 514, fig. 10), les stipules (fig. 13), les bractées, les calices, les corolles (fig. 20 à 25), les étamines (fig. 20 *a* et 20 *b*), les pistils (fig. 20 *c*), etc., qui tous prennent naissance dans le bourgeon, ne sont que des modifications d'un seul organe primitif, dont l'embryon monocotylédoné est le type. Ce type se double pour les Dicotylédonées; mais, quoiqu'en disent certains botanistes, jamais il ne se triple, encore moins se quadruple et se quintuple. Selon Dupetit-Thouars et le savant observateur cité, le bourgeon ne reçoit d'en bas rien de solide, rien d'organisé; il crée de toute pièce les vaisseaux qui entrent dans sa composition (*voy.* au mot Greffe).

Propagule.—Les corpuscules pulvérulentes que Gærtner regardait comme des germes aphylles, et qui sont chargés de reproduire les familles végétales de la première tribu, diffèrent essentiellement de la graine; ils se détachent des plantes agames, à l'instar du bulbille qui part du bulbe, et, comme lui, propagent l'espèce dont ils proviennent. (*Voy.* aux mots Bulbe et Propagule.)

V. Harmonie des organes. En suivant philosophiquement les détails dans lesquels nous venons d'entrer, il est facile de voir que la plante tout entière est un corps harmoniquement organisé, où chaque partie, quelque mince qu'elle soit, remplit un rôle particulier, important, dont le but général est d'accélérer la naissance, le développement et la reproduction de l'être végétal. Quand il y a trouble dans les combinaisons réciproques de chaque partie, c'est que des circonstances extérieures ont empêché ou trop accéléré le mouvement imprimé à chacune d'elles. La plupart des organes ont une tendance plus ou moins manifeste d'abord à une formation symétrique pure dans l'ordre inférieur des plantes; elle s'élève déjà jusqu'à la formation concentrique sur les tiges des Jungermanniées et des Lycopodiacées; elle est évidente chez les Phanérogames. Cependant, ainsi que Mohl l'a fort bien remarqué, leur tige offre encore une tendance, faible à la vérité, à la formation symétrique. Celle-ci se retrouve dans les feuilles comme dans le thalle des Cryptogames; parfois on observe un retour vers elle de la part des branches, tandis que, dans la forme des feuilles qui ont atteint le plus haut degré de développement, plusieurs phénomènes démontrent la tendance du pétiole à s'élever à la formation concentrique.

Nous voici naturellement appelés à parler de la question élevée parmi les botanistes modernes, de savoir quels sont les végétaux qu'il faut considérer comme les plus parfaits. Si l'on s'arrêtait à considérer la perfection dans un organe individuel, on proclamerait, avec De Candolle, les Renonculacées comme les plus parfaites des plantes; mais si l'on veut un tout harmonieux des organes pris collectivement en un ensemble typique, on dira, avec Fries, 1° que plus est grand le nombre des degrés de métamorphoses par lesquelles une plante doit passer avant que son fruit se développe, plus aussi elle est parfaite; 2° que plus la métamorphose est grande, plus le végétal est parfait; 3° que les végétaux les plus parfaits ont donc la forme de fleur la plus régulière et la plus harmonieuse; 4° que ceux-là sont par conséquent plus parfaits, qui non seulement possèdent tous les organes, mais encore chez qui ceux-ci sont combinés le plus heureusement et le plus régulièrement possible; 5° que plus la nature a semblé mettre de sollicitude et faire d'efforts dans la formation et le développement de la graine, plus la plante est parfaite; 6° que les végétaux les plus parfaits sont ceux qui représentent de la manière la plus pure par la structure, la forme, les rapports numériques et les manifestations vitales, le type de leur section; 7° enfin que, si la forme typique est le résultat des rapports les plus généraux, il s'ensuit que les groupes les plus parfaits doivent être les plus nombreux et les plus étendus. D'après ces propositions fondamentales, Fries décide que les Composées sont les plantes les plus complétement développées.

Grew observa les formes très-variées de l'étui médullaire, mais il n'avait point saisi les rapports harmoniques de ces formes avec la disposition des rameaux et des feuilles. Nous en devons la connaissance à Palisot de Beauvois. Cette remarque est très-curieuse; elle doit être inscrite ici.

La forme de l'étui médullaire est en rapport constant, uniforme avec l'arrangement et la disposition des branches et des organes foliacés qui les décorent. En effet, dans les plantes à rameaux et à feuilles verticillés, comme le Sapin et les autres Conifères, l'aire de l'étui médullaire présente autant d'angles qu'il y a de rameaux à chaque étage et à chaque verticille. Dans les arbres où les feuilles sont opposées deux à deux, comme dans les Frênes, les Erables, etc., l'aire est oblongue; elle est triangulaire quand les feuilles naissent trois à trois à la même hauteur autour de la tige, comme dans le Nérion, *Nerium oleander*, la Verveine à thé, *Verbena triphylla*, etc. Lorsque les feuilles alternent et sont en hélice, de façon qu'il faut cinq feuilles pour accomplir le tour de la tige, comme dans le Chêne, l'Orme, etc., l'aire est pentagone; enfin si les feuilles affectent des sortes de spires, le nombre des angles de l'étui médullaire égale celui des feuilles dont se compose le mouvement spiral : ainsi l'étui médullaire du Tilleul a quatre angles, celui du Châtaignier, du Poirier et de presque tous les arbres fruitiers, en a cinq plus ou moins réguliers, etc.

VI. Relations de la plante avec le sol. Une question qui se rattache autant aux lois de la nutrition qu'à l'harmonie générale de toutes les parties de la plante, est celle de savoir quelles sont les relations du végétal avec le sol qui le nourrit. On a prétendu que les racines ne demandent à la terre qu'une seule substance; que cette substance est exclusivement nécessaire à la plante, et que lorsqu'elles avaient épuisé toute la quantité qui s'y trouvait, les semis analogues qui seraient confiés au même terrain ne pouvant en obtenir l'aliment propre, ne tarderaient point à souffrir et même à périr totalement. Les partisans de cette opinion ne désignent point la nature ni le nom de la substance; mais ils disent que les principes immédiats, tels que l'amidon, le sucre, la gomme, la résine, l'huile, le gluten, l'acide acétique, etc., qui sont les plus abondans chez les végétaux, se rencontrent aussi en plus grande quantité sur le sol pour favoriser leur développement et leur accroissement.

Un pareil système, dont le but ostensible est sans doute d'appeler la curiosité sur un des mystères de la vie végétale est de proposer des expériences, afin d'entrer, sous ce point de vue, en confidence avec la nature; un pareil système, disje, a trouvé des contradicteurs : je suis du nombre. Quoique je sache très-bien que le froment semé sur les montagnes ne vienne jamais dans un sol granitique, tandis qu'à la même hauteur, et même en des régions ou plus froides ou plus élevées, il croît abondamment; quoique l'observation m'ait appris, à n'en point douter, que les bruyères ne végètent pas aux lieux où le bois cesse de croître; que les gramens des prairies (tels que l'ivraie, le dactyle, les houques, les vulpins, etc.) ne prospèrent nullement, sans arrosage et défrichement, aux montagnes granitiques, quand, au contraire, ils poussent avec vigueur sur les montagnes calcaires ou volcaniques, qu'ils y poussent abondamment sans culture, et qu'ils y constituent les chaumes, ou, comme on les appelle ailleurs, les montagnes à engrais ou à herbages, je ne pense pas que la faculté modifiante et assimilatrice accordée aux germes puisse être limitée à une seule substance. Je ne puis l'admettre quand je calcule les rapports perpétuels de la tige avec la racine, et de celle-ci avec la plantule; quand je vois les gaz que les feuilles sont chargées d'aspirer et de sécréter pour les livrer ensuite à la tige; quand enfin je considère que les végétaux, privés de la faculté locomotrice, seraient condamnés à périr si la nature ou le cultivateur n'entouraient leurs semences des substances propres à leur nutrition. J'irai même plus loin, et je répéterai que c'est moins le retour de la végétation de la même plante que le retour de sa maturité qui fatigue le terrain, puisque, comme nous l'avons vu déjà, quand on coupe la récolte avant sa maturité, l'on ne s'aperçoit point de cet effet débilitant, j'allais écrire délétère, ou du moins qu'il est restreint à celui que doit produire généralement une végétation continuée malencontreusement sur le même sol. Les plantes fourragères, les chanvres, la canne à sucre, etc., peuvent être cités à l'appui.

J'explique le phénomène présenté sur les montagnes granitiques par le froment et les graminées délicates qui font les délices des bestiaux, par les considérations suivantes : le sable formé du détritus des granites est composé de cristaux de quartz et de feldspath, la plupart très-gros, et laissant entre eux beaucoup de vides, tellement que leurs molécules ont peu d'adhérence, et que l'humidité n'existant jamais dans les couches supérieures, elle se réunit dans celles inférieures, et augmente en intensité à mesure que l'on descend plus bas : d'où il suit que la première couche de terre, renfermant peu ou point d'humidité, ne gèle pas, mais bien la couche inférieure; en se congelant, celle-ci se dilate et soulève légèrement la première couche de terre; la gelée continue son action et atteint l'humidité inférieure, qui se consolide avec la première glace et y ajoute une nouvelle hauteur. Cette action se prolonge et finit par former à la surface de la terre une espèce de feutre couvert d'un poil dû à une multitude de colonnes de glace isolées ou groupées, la plupart légèrement courbes et ayant pour couronnement une petite surface de terrain. Au premier coup d'œil l'aspect du sol a peu changé; marchez dessus, l'empreinte des pieds s'y dessine en creux; une trace blanchâtre indique la rupture des petits cristaux de glace qui le soulevaient. Ce soulèvement de la terre déchire les petites racines des graminées; les plaies de cette nature sont incurables et entraînent la ruine totale de la plante. Dans les cantons argilo-calcaires, au contraire, la terre adhérente dans toutes ses molécules retient l'eau; lorsqu'elle gèle, tout gèle en masse, et dégèle de même, sans dérangement ni transposition. Les graminées n'y éprouvent donc point l'altération à laquelle elles sont sujettes sur les sols granitiques : elles s'y trouvent bien, aussi s'y montrent-elles avec luxe et vigueur.

On pourrait conclure de ces faits que les végétaux les plus propres à la nourriture de l'homme et des animaux ne croissent spontanément et ne se propagent que sur le sol calcaire. Il est, en effet, éminemment productif; la puissance végétative y est tellement active, que partout où il se montre parmi les autres élémens du globe, il y est accompagné de végétaux propres, que la nature y sème ou que l'homme y a colonisés. Mais contentons-nous d'exposer ce que nous avons observé et de désirer que l'art agricole, au perfectionnement duquel tendent tous nos travaux, en profite pour étendre ses expériences et ses résultats.

VII. Marche des fluides. Maintenant que nous connaissons le mécanisme de la vie végétale, cherchons, dans les circonstances de détail, à nous rendre compte de la nature et de la marche des fluides, et à découvrir, s'il est possible, la cause immédiate de leur ascension lente et graduée dans les divers organes de la plante. La sève, le cambium et le suc propre constituent les trois principaux fluides; nous leur ajouterons accidentellement l'électricité.

Sève. La sève est formée de toute la partie aqueuse absorbée par la plante : c'est une liqueur limpide, incolore, sans odeur sensible, d'une saveur tantôt fade ou douce, salée ou bien aigrelette, tantôt fournissant du sucre, dans l'Érable du Canada, *Acer saccharinum*, le Bouleau du pôle,

Betula saccharifera, etc., de l'acide gallique, chez les Chênes, du tannin sur le Hêtre, etc. La sève est fournie brute par les racines, et s'élabore au collet de la plante; elle tient en dissolution les véritables principes nutritifs qu'elle charrie avec activité dans les parties vertes et qu'elle dépose par un mouvement oscillatoire dans les organes à mesure qu'elle en traverse le tissu pour y remplacer les molécules digérées, et pour aider à l'accroissement. L'oscillation dépend de la pression atmosphérique, de la puissance du calorique et de la lumière versés par le soleil, et de la chaleur propre qui résulte du libre exercice de toutes les fonctions. La sève ne va point des racines à la moelle et de celle-ci à l'écorce, ainsi qu'on l'a cru long-temps, elle occupe les tubes en spirale (pl. 516, fig. 39), d'où elle se promène dans l'intérieur de la plante, en sature toutes les parties, et s'élève ainsi depuis le collet jusqu'à l'extrémité des derniers rameaux. Chemin faisant, elle s'enrichit de principes nouveaux; et une fois arrivée aux expansions foliacées, elle s'y dépouille de l'air atmosphérique qu'elle contient, d'une grande partie de son eau devenue surabondante, ainsi que des substances rendues inutiles à la nutrition. Puis après avoir éprouvé une élaboration toute particulière, elle acquiert des qualités nouvelles; après avoir suivi d'une manière plus ou moins étendue, plus ou moins régulière, une route inverse à la précédente, elle redescend des feuilles vers le collet et jusque dans les racines en traversant le liber, ou la partie végétante des couches corticales. (*Voy.* au mot Bois.) Dans le premier cas on l'appelle *sève ascendante*, dans le second *sève descendante*. L'ascension a lieu le jour et au soleil; la descension surtout la nuit et vers la fin de l'été. La sève est stagnante durant l'hiver, du moins sa marche est si lente qu'elle nous paraît telle; ses mouvemens les plus actifs et les mieux marqués se manifestent au printemps; pendant le reste de l'année, et jusqu'au moment de la descension, ils sont moins énergiques et plus ou moins accélérés selon les variations de la température et selon l'action directe et active des météores.

Plus bas nous reviendrons sur ce fluide. (*V.* au mot Sève). Nous rendrons alors compte des expériences faites pour arriver à la connaissance de ses évolutions et nous ferons connaître les appareils inventés dernièrement pour en étudier les lois.

Cambium. Substance mucilagineuse blanche, limpide, que Duhamel a reconnu être la sève dans son état le plus pur, le plus parfaitement élaboré, par conséquent devenue la matrice où se passent les phénomènes de la matière organisante (*v.* à ce sujet au tom. I, pag. 597). Grew pense que les tissus ont été d'abord du cambium, et cette savante induction est constatée aujourd'hui par les observations directes de Mirbel, lesquelles nous apprennent le rôle que joue ce mucilage dans plusieurs modifications très-curieuses de la vie végétale. Le cambium forme un dépôt composé de cellules d'une extrême délicatesse, aux parois blanchâtres, et comme on trouve dans ces cellules un cambium plus jeune, véritable miniature de l'autre, il est évident qu'il constitue une des parties essentielles du tissu cellulaire et qu'il est organisé de même. On le rencontre, en effet, dans les lacunes de ce tissu, où il donne naissance à des utricules qui se développent et s'emboîtent réciproquement, deviennent ainsi complexes et forment une masse ligneuse, dure et compacte. Le cambium existe chez tous les végétaux, mais en très-petite quantité dans les herbacés.

Suc propre. — Confondu par quelques physiologistes avec la sève et avec le cambium, dont il diffère positivement, le suc propre est un liquide ayant une couleur, une saveur et souvent une odeur très-marquées; il varie selon les espèces, tandis que les deux autres, la sève surtout, paraissent semblables dans toutes. Il coule le long des nervures de la page inférieure des feuilles et descend vers ou dans la racine en y pénétrant horizontalement par le centre de la tige.

Le suc propre est blanc de lait dans les Euphorbes, les Figuiers, la Laitue, les Apocinées et les autres Plantes lactescentes (*v.* ces mots); il est rouge dans l'Artichaut, la Sanguinaire, le Campêche, etc.; vert dans la Pervenche; jaune dans la Chélidoine, etc. Il est résineux dans les Conifères, les Balsamiers, le Lentisque, le Courbaril, etc.; gommeux dans les Cerisiers, les Pruniers, les Abricotiers, etc.; gommo-résineux dans l'Aloës succotrin, la Férule, le Genévrier lycien, etc. Le suc propre paraît résulter d'une élaboration de toutes les parties vertes. Il est étroitement lié à l'existence du végétal, puisque celui que l'on en prive par des incisions profondes et multipliées perd de sa force et de sa durée.

Fluide électrique. Le fluide très-subtil que l'on nomme électricité est répandu partout, il pénètre tous les corps, est promené sur la masse terrestre par les mouvemens oscillatoires, nombreux et très-variés, imprimés aux molécules que verse incessamment le fluide lumineux, et se dégage des divers gaz combinés entre eux. Il hâte singulièrement la germination et la floraison; il donne à toutes les parties de la plante soumise à son action directe une vigueur extraordinaire; il excite chez elle par son abondance une perturbation telle qu'il finit par épuiser ses forces et la faire périr. D'un autre côté, la végétation est une des grandes sources de l'électricité atmosphérique. Les arbres, à cause de leur nature et de l'humidité qu'ils contiennent, puis à cause de l'élévation de leur cîme, rapprochée davantage du nuage qui en est sursaturé, reçoivent une plus forte accumulation de ce fluide que les plantes herbacées; aussi dit-on vulgairement qu'ils attirent la foudre et que les plus élevés en sont habituellement frappés. Le fait est vrai pour le Chêne, l'Orme, le Noyer, le Châtaignier, etc., dont le pivot puise dans le sous-sol le plus profond une masse considérable d'humidité, et dont la tête large, arrondie, entretient autour d'eux une atmosphère aqueuse surabondante: aussi voit-on leurs troncs séculaires pour ainsi dire chaque jour sillonnés par la foudre; mais le fait est faux pour les Pins sylvestre et laricio, pour les Peupliers à la flèche droite, élancée, comme pour les Palmiers portant si haut leur corbeille verdoyante; les racines qui les attachent au sol sont peu nombreuses, coulent plutôt entre deux terres qu'elles ne pénètrent avant et soutirent fort peu d'humidité. La foudre les respecte; jamais ils n'offrent de ses traces qu'ils soient isolés ou bien réunis par groupes.

Considéré comme matière de la foudre, le fluide électrique a donné aux physiciens les moyens d'expliquer plusieurs phénomènes de météorologie; il n'en est pas de même de son action habituelle sur les végétaux; l'on ignore positivement comme il agit, comment il leur donne cette surabondance de vie qui en presse le développement, et comment il l'épuise plus vite. Si l'altération était la cause unique de l'ascension précipitée de la sève, on pourrait croire que l'électricité agit plus particulièrement sur elle, tout en doublant ou même en triplant le mouvement des autres fluides; mais l'attraction capillaire qui nous explique le phénomène de l'absorption par les racines, ne saurait rendre compte de la marche de la sève dans tout le corps végétal, puisque chez certaines plantes d'un assez grand diamètre, la sève s'élève bien au-delà des limites que lui assignerait la théorie du célèbre géomètre Laplace. L'attraction capillaire agit indubitablement, mais il y a d'autres moyens qui nous sont encore inconnus pour que la pénétration de la sève par l'électricité ait lieu. Il nous faut donc attendre d'autres lumières de la marche progressive des sciences, et les provoquer de tous nos vœux.

VIII. Motilité des plantes. — La plante étant obligée à demeurer constamment à l'endroit même où elle a pris naissance, et ses parties inférieures se trouvant enchâssées dans un milieu où elles vont puiser les élémens nécessaires à la végétation, les organes locomoteurs lui devenaient inutiles. Si quelques unes nous paraissent libres, flottantes sur le cristal des ondes, ou nageant dans leur sein, elles ne jouissent point pour cela du mouvement spontané; leurs parties supérieures sont seulement déplacées dans leur direction naturelle; elles obéissent au courant de l'eau qui les entraîne, tantôt vers un point, tantôt vers un autre; mais les parties inférieures ne cessent pas d'être fixes, de se trouver plongées dans le même milieu, d'être en contact permanent avec les mêmes élémens. Il en est de même du changement de position que l'on remarque dans les Orchidées; il n'est pas un véritable mouvement volontaire, puisque le bulbe qui lance ses feuilles et sa hampe à la surface du sol, s'est, par une loi particulière, développé sur les côtés du bulbe dont il a reçu la vie; il ne quitte pas ce point, il y végète et y meurt après avoir donné naissance à un autre bulbe qui agira de même à peu de distance de la place occupée par le premier individu. (*Voy.* au mot Orchide.)

Il n'y a pas plus de locomotion volontaire dans les semences munies d'aigrettes ou d'ailes, qu'il n'y en a dans la pelote de l'Anastatique quittant les sables brûlans de l'équateur pour chercher l'eau que lui refuse le désert, s'y plonger, s'y dilater, s'y étendre et y retrouver une vie presque entièrement éteinte (*voy.* tom. I, pag. 159). Ces semences, ainsi que la petite crucifère africaine, ont besoin d'une force étrangère pour quitter leur place natale.

Le mouvement d'incurvation spontanée du tissu cellulaire ou du tissu fibreux observé sur le *Stylidium graminifolium* réside dans le cylindre central de l'articulation et est dû à la présence d'une quantité de globules très-petits de fécule contenus dans des cellules très-fragiles occupant la partie supérieure de l'articulation (1).

Quant aux mouvemens de direction que manifeste la plante privée de la lumière; ceux d'oscillation que décrivent sans cesse le Sainfoin des bords du Gange, les anthères de la Grenadille, les étamines de l'Epine-vinette et de plusieurs autres végétaux, le labelle de quelques Orchidées; les mouvemens de nutation du suave Héliotrope que Joseph de Jussieu nous a rapporté du pays des Incas; ceux de plication de l'Attrape-mouche, des Acacies et de quelques autres Légumineuses; les mouvemens d'élasticité qui distinguent l'Aristoloche syphon, qui provoquent l'entier épanouissement des fleurs empourprées de l'Oxalide du Mexique, qui font éclater avec bruit les loges séminales du Sablier, etc. : tous ces mouvemens sont réels, incontestables; mais on aurait grand tort de les regarder comme volontaires; ils appartiennent à la puissance vitale, à cette excitabilité permanente sans laquelle aucune existence, aucun phénomène physiologique n'est possible.

C'est encore à elle qu'il faut attribuer l'expansion des fleurs et des feuilles sous l'influence stimulante de la lumière que l'on désigne par les mots Sommeil des plantes (*voyez* ce mot).

IX. Structure des parties externes des plantes. Comme je me propose de revenir sur ce sujet en traitant le mot Végétal, je finirai l'article Physiologie, uniquement consacré aux parties internes, par quelques mots destinés à le compléter pour le moment.

Les racines (*voyez* au mot Racine et la pl. 513, fig. 1 à 9) sont formées par les fibres divisées et descendantes de la radicule; elles n'ont point les vaisseaux spiraux, ni les bourgeons, ni les stomates que présentent les tiges; on ne leur voit point non plus d'épines ni d'aiguillons (pl. 514, fig. 15, 16 et 17), ni de vrilles (fig. 14), ni d'expansions foliacées (fig. 10 et 13). Les feuilles sont continues avec la tige et le tissu, recouvrant leurs nervures (pl. 515, fig. 30, 31 et 32) s'incruste graduellement des matières qui y sont déposées par la sève, durant l'acte de la digestion et celui de la sécrétion. (*Voyez* aussi au mot Feuille.) Les en-

(1) Cette observation toute récente appartient à Morren. Quoique éloignée de la théorie proposée par Dutrochet, qui veut que le mouvement se rapporte à l'incurvation du tissu cellulaire ou du tissu fibreux, elle fournit à la science un fait très-important.

veloppes florales (pl. 514, fig. 20 à 23) servent de lit nuptial aux organes sexuels (même planche, fig. 20 *a*, *b*, *c*, et pl. 515, fig. 24 à 29), dont l'union porte la vie dans les ovules (pl. 515, fig. 26 *c*) et crée le fruit, que nous examinons dans les diverses évolutions du Guy (même planche, fig. 34) et dans la capsule du Couratari (fig. 35; voir aussi tome III, page 224 et 290).

X. Légende des planches de Physiologie végétale. J'ai réservé pour ce paragraphe les détails particuliers simplement effleurés plus haut, dans la vue d'être en même temps plus rapide et plus laconique, et pour ne point entraver par de longues explications les phénomènes que j'avais à considérer et à expliquer.

I. *PLANCHE* 513.

1. Fig. Racine fusiforme, c'est-à-dire disposée à la manière d'un fuseau. Exemple : le Radis commun, *Raphanus sativus*, L. Cette racine représente aussi le pivot des plantes ligneuses.

2. Racine rameuse, forme la plus habituelle, non seulement chez les végétaux herbacés, mais encore chez les sous-ligneux et les plus complètement ligneux. Elle a inspiré le système ridicule et faux qui veut qu'en renversant la plante, les branches et les rameaux deviennent des racines proprement dites, tandis que celles-ci se couvrent de feuilles, de fleurs et de fruits, comme le font d'ordinaire les branches et les rameaux. L'étude des lois de la nature, que les auteurs systématiques font plier au gré de leurs caprices, de même que les juges et les avocats faussent le texte des lois écrites, aide à faire justice de semblables hypothèses. La racine diffère essentiellement de la tige par l'absence des cylindres vasculaires, de la moelle, des bourgeons et des stomates.

3. Racine napiforme. Large et presque plate au collet, elle se montre arrondie vers le centre, et se termine brusquement en pointe dans sa partie inférieure : le Navet cultivé, *Brassica napus*, L.

4. Racine tuberculiforme. Elle est composée de deux sortes de racines : les unes, dites *Radicelles*, se tiennent dans le voisinage du sol superficiel; les autres s'enfoncent plus ou moins profondément, en se renflant de distance en distance. Ces renflemens ovales ou arrondis, de la grosseur d'une noix le plus ordinairement, et rarement de celle d'une pomme, deviennent très-volumineux dans la Patate, *Convolvulus batatas*, L., offerte ici pour exemple.

5. Racine prismatique. Le Taminier tubéreux ou Pied d'éléphant, *Tamus elephantipes* de L'Héritier. La masse hémisphérique de cette racine brunâtre, de consistance subéreuse, rend un bruit sourd par la percussion; sa surface est divisée en mamelons prismatiques, aux angles tranchans, plus ou moins sinueux, et assez semblables au sommet des prismes basaltiques ayant éprouvé un retrait. Du collet de cette masse sortent les jeunes pousses qu'accompagnent les stipules (nº 13) radicales des anciennes tiges.

6. Bulbe simple du Pancratier safrané, *Pancratium croceum*, Ventenat. Il est représenté avec ses fibres épaisses qui lui servent de soutiens.

7. Bulbe didymé. On nomme ainsi celui qui offre deux bulbes arrondis, adhérens l'un à l'autre. Le premier nourrit seul la hampe; le second vit à ses dépens et le remplacera l'année suivante, en même temps qu'il donnera l'existence à un nouveau bulbe qui agira de même à son égard. Les Orchides, les Ophrides et les Elléborines ont leurs bulbes didymés. L'exemple est pris sur l'*Orchis fusca*, Willd.

8. Bulbe allongé, pointu, imitant assez bien, dans sa sommité, dans ses caïeux, ou par le prolongement de sa partie inférieure, une dent longue, d'où la Vioulte, l'*Erythronium dens canis* de nos hautes montagnes, a reçu le nom de Dent de chien menchetée. Sa jolie fleur parait au premier printemps, et nous donne l'assurance, quand elle s'épanouit, que la belle saison est désormais régnante. Les espèces d'Europe présentent la dent au sommet du bulbe et sur ses caïeux; les espèces du continent américain, au contraire, ne la portent qu'au bas du bulbe.

9. Bulbe écailleux. Les lames épaisses, plus ou moins larges ou étroites qui la constituent, sont imbriquées les unes contre les autres, c'est à-dire qu'elles sont placées comme le sont les tuiles sur un toit. Le bulbe écailleux de la figure est celui d'une plante parasite, l'*Orobanche nudiflora*, L.

II. *PLANCHE* 514.

10. Feuille simple de la Vigne, *Vitis vinifera*, L., dont le disque ou partie étalée présente des sinuosités plus ou moins profondes, arrondies, et dont les deux parties les plus saillantes ont reçu le nom de lobes.

11. Poils aigus. Sur les feuilles du Houblon, *Humulus lupulus*, L., on voit des poils qui, grossis cent fois, présentent comme deux longues pointes soudées ensemble par le gros bout, lequel est appuyé sur une petite base.

12. Soie bi-acuminée. Quand on observe à la loupe la page des feuilles du Malpighier piquant des Antilles, *Malpighia urens*, L., on les voit couvertes de soies bi-acuminées, semblables à celles figurées ici.

13. Stipule. Petite feuille accessoire, d'ordinaire membraneuse, naissant à la base d'une feuille proprement dite, au point même où s'insère le pétiole; les stipules sont vraies ou fausses. Les premières se montrent sur la tige ou le rameau comme nous le voyons ici sur une jeune pousse de Tilleul pubescent, *Tilia pubescens* d'Aiton, où la stipule est latérale et florale avec bractée; les secondes viennent sur le pétiole même de la feuille.

14. Cirrhe ou Vrille. Production propre à certaines plantes, dont la tige volubile s'accroche par son moyen aux corps placés dans le voisinage, s'entortille autour des arbres, en forme de spirale, ou glisse simplement le long de leurs branches. La cirrhe est une sorte de petit rameau nu, simple ou divisé, très-fibreux, contractile, s'enroulant sur lui-même, tantôt à son extrémité seulement, tantôt dans toute son étendue, et plus particulièrement dès son milieu : le Nandhirobe à feuilles de lierre des îles Karaïbes, *Nandhiroba hederacea* de Plumier (représenté dans la figure). La cirrhe est rameuse dans le Pois grec, *Lathyrus tingitanus*, L.

15. Épines. Production simple, ferme, dure, toujours terminée par une pointe droite, plus ou moins longue, plus ou moins aiguë, tirant son origine du bois même : le Genêt à grosses épines, commun en Afrique, *Genista ferox* de Desfontaines.

16. Aiguillons. Prolongement piquant solide, courbé, très-rarement droit. Il n'adhère qu'à l'écorce, et non pas au bois, comme les épines. La piqûre des aiguillons est très-douloureuse. L'aiguillon est simple, solitaire et courbé en dedans, sur le Rosier des haies, *Rosa sepium* de Thuillier (16. *a*); il est double ou biné sur la plupart des Mimoses; triple et courbé en dehors sur la Ronce commune, *Rubus fruticosus*, L. (16. *b*); réuni par groupe de quatre, cinq, six, sur un très-petit nombre de plantes.

17. Piquans ou Dards. Pointes aiguës, acérées, dont la piqûre produit un inflammation locale, subite, accompagnée d'enflure, causant une démangeaison insupportable et une cuisson douloureuse. Ces pointes sont parfois si petites, qu'on peut à peine les apercevoir; sur les Cactiers, elles se montrent distribuées par paquets, en forme d'étoiles; brunes et placées sur une petite touffe de duvet blanchâtre sur le Cierge du Péron, *Cactus peruvianus*, L.; fines, longues, jaunâtres, très-piquantes sur le *Cactus spinosissimus* de la Jamaïque, etc.

18. Involucre. Ce mot a trois significations, dont la nuance mérite d'être établie, pour en bien déterminer la valeur, non pas que l'involucre puisse fournir des caractères génériques, mais bien des points limitatifs propres à fixer chaque espèce. I. L'involucre est à proprement dire une enveloppe plus ou moins colorée, une espèce de bourse verte, violacée, rouge, etc., qui cache à l'œil de l'observateur les fleurs nombreuses d'une plante : tel est l'involucre régulier de la grosse Tulipe du Cap, *Hæmanthus coccineus*, Aiton (représenté dans la figure). Il est divisé le plus souvent en six, quelquefois en sept, et même jusqu'en neuf parties ovales, d'un très-beau rouge, ayant l'apparence de pétales, renfermant une vingtaine de fleurs d'un rouge plus vif encore, disposées en ombelles. — II. Dans le Larmille, *Coix lacryma*, et le Coqueluchiole, *Cornucopiæ*, deux genres de la famille des Graminées, l'involucre ne fait pas corps avec le fruit, comme dans le premier cas; il forme une petite urne plus ou moins renflée. Linné range ces deux sortes d'involucres parmi les calices; Necker a su véritablement leur assigner une propriété particulière. — III. Ici la signification de l'involucre est beaucoup trop étendue, le nom de collerette convient mieux, puisqu'on l'applique aux folioles formant une espèce de fraise à la base d'un pédoncule. J'en dis autant du mot Involucelle.

19. Position relative des divers organes de la fleur. Figure idéale, ou, si l'on aime mieux, conventionnelle pour rendre palpable à la pensée la situation relative des quatre parties principales d'une fleur complète. Le cercle extérieur (*a*) indique la place occupée par le calice; le second cercle (*b*) est celui de la corolle; le troisième (*c*), celui des

organes mâles ou étamines; le quatrième, placé positivement au centre (*d*), est celui de l'organe femelle ou pistil.

20. Fleur d'Amaryllis jaune, *Amaryllis lutea*, L. Fleur grande, régulière, sessile, monopétale, à six divisions profondes, munies de six petites écailles, et dont la limbe est égale; avant l'inflorescence, cette fleur est enfermée dans une spathe monophylle, diaphane, qui se fend pour lui livrer passage. Je représente la corolle étalée pour montrer comment les étamines sont attachées à la base de chacune des divisions, et pour faire voir le style assis au milieu de l'ovaire. Je donne séparément en *a* et *b* une étamine vue en dessus et vue en dessous, ainsi que l'organe femelle *c*, dont le style et le stigmate sont simples.

21. Fleur papilionacée. Cette fleur est composée d'une corolle, dont l'étendard (*a*) est grand, arrondi, redressé en arrière, et rétréci à sa base en onglet court (*b*); ses deux ailes (*c*) sont horizontales, plus grandes que la carène (*d*), qu'elles recouvrent en sa partie supérieure, et qui est elle-même creusée profondément en nacelle, formée de deux pétales rapprochés et étroitement unis dans toute leur étendue. L'exemple est pris sur le Psoralier non feuillé, *Psoralea aphylla*, L., remarquable par ses fleurs bleuâtres mêlées de blanc, à odeur suave, et que nous décrirons plus bas. (*Voyez* au mot Psoralier.)

22. Corolle de la Jacinthe d'Orient. Ainsi qu'on le voit, elle est tubulée, d'une seule pièce, infundibuliforme, ventrue dans sa partie inférieure, partagée dans la supérieure en six découpures oblongues, très-ouvertes, un peu réfléchies en dehors.

23. Tube corollaire du *Littæa geminiflora*. Il est prismatique jusqu'à l'ovaire, sa partie la plus forte; divisé supérieurement en six découpures; autour du pistil, qui occupe le centre, sont rangées six étamines couronnées par des anthères qui, de loin, ont l'apparence de pétales contournés.

III. *PLANCHE* 515.

24. Étamines décandres. Ces dix étamines sont très-distinctes chez un arbrisseau du Sénégal, le Saule à feuilles de Baguenaudier, *Salix coluteoides*, et montrent leurs filets grêles, inégaux, insérés au fond d'une glande cupuliforme, découpée en lobes irréguliers, garnie de poils soyeux, touffus et blancs. Chaque filet est surmonté par une anthère jaune, didyme, biloculaire.

25. (*Voy.* la fig. 26, en haut de la planche.) Étamines monadelphes, c'est-à-dire réunies les unes aux autres par leurs filamens, et formant une colonne ou tube cylindrique, plus large à sa base que dans sa partie supérieure, au sommet de laquelle se montrent les nombreuses étamines libres de la Mauve effilée, *Malva virgata*, de Cavanilles, qui fleurit dans nos jardins depuis le mois de juin jusqu'en septembre.

26. Pistil ou organe femelle, occupant presque toujours le centre de la fleur. En *a*, l'on voit le placentaire ou trophosperme, sur lequel les graines sont fixées; en *b*, est l'ovaire, en partie coupé, pour montrer les ovules, *c*; le style *d*, surmonté d'un stigmate, *e*, en tête.

27. Ovaire lobé et stigmate globuleux. La figure représente un ovaire ovoïde, coloré, supère, à quatre loges, surmonté d'un style filiforme, et terminé par un stigmate globuleux.

28. Connectif. Organe distinct du filet de l'étamine, servant à lier ensemble les deux compartimens ou loges dans lesquelles se forme et s'élabore la matière fécondante de l'anthère. Cette espèce de filament est charnue; d'ordinaire elle est si courte, qu'on ne la distingue point; quelquefois même elle manque tout-à-fait.

29. Pollen. Dans la figure *a*, le Pollen est représenté libre; en *b*, l'on voit une utricule pollinique lançant le fluide fécondant; en c, le Pollen est figuré agglutiné en masse.

30. Anatomie d'une feuille de Houx. Cette feuille est prise sur l'espèce commune, *Ilex aquifolium*, L. Quand son disque ou partie étalée est revêtu de son épiderme lisse, d'un beau vert, elle se montre ovale, ondulée, sinuée, ferme, garnie en ses bords d'épines acérées. Ici elle est dépouillée, non seulement de l'épiderme, mais encore des glandes placées au milieu des mailles et du parenchyme qui remplit tous les intervalles du feuillet cortical, afin de voir le réseau ligneux. Le pétiole, vulgairement appelé la *queue de la feuille*, se prolonge comme nervure principale ou côte médiane, en diminuant de grosseur de la base au sommet de la feuille; de distance en distance, il se ramifie en petits filets alternes, qui se portent vers les bords, et se subdivisent, à leur tour, en fibres très-délicates, allant obliquement ou horizontalement de l'une à l'autre, mais conservant toujours entre elles une connexion très-sensible (1).

31. Anatomie d'une feuille de Chêne. Elle est lyrée, appartient au Chêne roure, *Quercus robur*, et montre les nombreux pores qui partent avec régularité de la côte médiane et des petites côtes intermédiaires, pour remplir tout l'espace que limite la légère nervure ondulant sur tous les contours de la feuille.

32. Anatomie des trois folioles du Rosier lisse (*Rosa lævigata*, de Michaux). Dans l'état de végétation, les trois folioles persistantes de cette espèce, originaire du continent américain (et non pas de l'Inde ou de la Chine, comme on le dit dans quelques livres), sont très-glabres en dessus et en dessous, luisantes, très-vertes, bordées de dents simples et menues. Le nombre des pores qui couvrent l'espace d'une nervure à l'autre, offre un dessin régulier fort curieux à observer.

33. Capsule. Celle représentée en A appartient au Couratari, découvert par Aublet au sein des grands bois de la Guyane, *Couratari guianensis*. Sa forme est singulière; sèche, coriace, oblongue, presque en fourreau, elle se montre renflée en son milieu, parsemée de points sur un fond brun, dont la figure varie infiniment. Ses trois côtes longitudinales sont plus ou moins prononcées. La partie supérieure est fermée par un tubercule aplati (*a*).—Sous la lettre B, je donne la coupe longitudinale de cette même capsule, montrant (*b*) l'axe triangulaire qui la remplit et en ferme l'entrée; *c* les graines oblongues, aplaties, foliacées ou bordées d'une aile membraneuse qui remplissent les trois dépressions de l'axe, *d*.

34. Analyse physiologique du fruit du Gui. Toutes les parties de cette figure sont grossies; la ligne placée auprès des objets représentés indique leur hauteur naturelle. En *a*, est le drupe succulent du Gui, *Viscum album*, L., que l'on voit sur plusieurs de nos arbres et arbrisseaux; en *b*, le même coupé transversalement, pour montrer la situation de la graine et de l'embryon, rejeté ici sur le côté du périsperme; en *c* (au dessus de 34 *i*), la graine retirée du drupe : son tégument est blanchâtre et filandreux; en *d*, elle est coupée longitudinalement; le centre est occupé par l'embryon axillaire, renversé, environné d'un périsperme vert et charnu; en *e*, la même est dépouillée de son tégument. La base de la tige, *f*, paraît à nu, sous forme d'un mamelon; en *g*, l'embryon est retiré du périsperme; les cotylédons *h*, courts, épais, ovales, occupent la partie supérieure, tandis qu'à l'inférieure on remarque un mamelon (*i*) qui s'ouvrira, comme une bourse, au moment de la germination, et laissera échapper des petites racines destinées à s'implanter dans l'écorce de l'arbre sur lequel le Gui ira se développer (cette figure est donnée renversée). La figure 34 *i* offre une autre graine du même végétal, coupée longitudinalement, et contenant deux embryons. Ce phénomène n'est point rare; il a été observé pour la première fois par Duhamel du Monceau. Sous la lettre *k*, on trouve l'embryon développé. Les cotylédons *l* se sont élargis en feuilles; la tigelle *m* s'est allongée; sa base *n* s'est épanouie, étalée et collée à l'écorce d'un Pommier, sur lequel la germination a eu lieu. De petites racines ont percé cette écorce et ont gagné le liber. Sous la lettre *o* on revoit le même embryon coupé dans sa longueur, pour montrer la route que suivent les racines sorties de la base épanouie de la tigelle.

IV. *PLANCHE* 516.

35. Squelette du fruit de l'Érable. L'espèce choisie est l'Érable plane, *Acer platanoïdes*, L., qui croît spontanément sur les montagnes de nos départemens du Midi. Sa double capsule plane est surmontée de deux grandes ailes écartées en angle très-obtus, presque horizontales : on peut en suivre la construction très-aisément.

36. Vaisseaux nourriciers des cotylédons. Je prends pour exemple la graine de la Parnassie, *Parnassia palustris*, L., grossie et dépouillée de son tégument. On y voit quelle est la position de l'embryon et le jeu des tubes chargés de pourvoir à la nourriture des cotylédons.

37. Stomates. Petits orifices ou canaux naturels et sensibles par lesquels les végétaux aspirent l'air atmosphérique et les fluides nécessaires à leur accroissement, et par lesquels ils exhalent ceux qui ne leur servent plus à l'entretien de la vie, ou qui pourraient lui devenir nuisibles. On distingue trois sortes de stomates ou pores, les *stomates simples* (*a*), les *stomates membraneux* (*b*), et les *stomates glanduleux* (*c*). On inscrit aussi parmi les organes épidermiques des plantes, non seulement les Poils (*v.* les figures 11 et 12, pl. 514), mais encore les expan-

(1) Pour obtenir le dépouillement complet des parties molles et conserver le squelette d'une feuille, il faut la bien faire sécher, puis la frapper à petits coups droits et prolongés à l'aide d'une brosse dont les poils sont longs, raides et très-rapprochés. Je n'ai nul besoin d'ajouter qu'il faut agir avec habileté et légèreté. Une main grossière détruira tout.

sions

sions du tissu cellulaire appelées Épines, Aiguillons, Piquans. (*Voyez* même pl. les fig. 15, 16 et 17.)

38. Tubes. Ce sont les canaux dans lesquels circulent les liqueurs qui nourrissent les plantes. Les uns sont *ponctués*, A, c'est-à-dire criblés de pores rangés par séries transversales; plus les couches de la tige et des racines, des branches et des rameaux, sont rapprochées et dures, plus les stomates sont fins. Tout près de l'exemple donné, se trouve, en *a*, une portion très-grossie, pour faire voir que chaque pore est bordé d'un petit bourrelet glanduleux, qui renvoie la lumière avec force, lorsqu'il est frappé de ses rayons.

Les seconds, disposés *en chapelet* B, sont très-apparens dans les racines, à la naissance des branches, dans les bourrelets naturels et accidentels; ils consistent en tubes poreux, étranglés de distance en distance et coupés par des diaphragmes percés à la manière d'un crible. Duhamel appelle ces conduits *Vaisseaux séveux*, parce que les sucs propres les remplissent quelquefois, ainsi qu'on le remarque dans les arbres verts.

Les troisièmes, dits *Tubes propres*, C, sont des tubes simples, tortueux, assez courts, charnus, servant de réservoirs aux sécrétions des membranes. Ils ne présentent ni pores ni fentes apparentes, et sont fermés à leurs extrémités. Chez plusieurs espèces de Pins et de Sapins, ils sont charnus, tortueux, assez courts. Les plus petits de ces tubes, réunis en faisceaux, se divisent facilement dans leur longueur, en fils déliés, plus ou moins forts, selon les plantes dont on les extrait. On les retrouve non seulement sur les écorces de la moelle, mais encore chez les feuilles et même les pétales des fleurs. Les tubes propres sont enveloppés de stomates offrant le plus habituellement des hexagones, 37 *a*, semblables aux alvéoles des abeilles.

Les quatrièmes, ou *Vaisseaux allongés*, D, font partie du tissu cellulaire, formant des filets ligneux chez les plantes monocotylédonées, et constituent les couches ligneuses des plantes dicotylédonées. Les parois de ces petits tubes, parallèles entre eux, sont opaques, épaissies, quelquefois même elles s'oblitèrent entièrement.

39. Cylindres vasculaires, ou vaisseaux disposés en spirale. Ce sont des lames étroites, simples ou doubles, épaisses, argentées, souvent élastiques, roulées de droite à gauche, tantôt à simple spirale, *a*, tantôt à double hélice, *b*, quelquefois à triple spire, et placées autour de la moelle chez les Dicotylédonées, au centre des filets ligneux sur les Monocotylédonées. On les retrouve dans les nervures des feuilles, dans les corolles, mais elles n'existent point dans les racines. Les bords de ces lames, *c* (où ils sont très fortement grossis), se touchent de manière à ne laisser aucun vide entre eux, et cependant ils ne contractent point d'adhérence positive les uns avec les autres.

40. Conduits transparens. On les appelle aussi *Tubes fendus*, à cause des fentes transversales qui couvrent leurs faces. Nous les avons plus ou moins grossis en *a* et en *b*. Les conduits transparens se voient très-bien dans les végétaux ligneux dont le tissu du bois est lâche et mou. De même que les cylindres vasculaires, ils sont les principaux canaux de la sève qu'ils charrient d'une extrémité de la plante à l'autre, et qu'ils portent, à la faveur des stomates, dans toutes les parties latérales.

41. Disposition des stomates, des tubes, des cylindres vasculaires et des conduits transparens sur un fragment de vigne. Sur cette portion d'un cep de vigne, il est facile, d'après les figures précédentes, de distinguer et les pores et les fentes; de même qu'à la superficie on reconnaît les lambeaux du tissu qui entourait le gros tube, dont il n'était lui-même que la continuation.

42. Organisation interne des Monocotylédonées. L'exemple est pris sur une branche du Dragonnier bois-chandelle coupée verticalement. En *a* et *b*, l'on voit l'écorce, dont une partie *a* est desséchée; en *c* sont les filets ligneux endurcis, rapprochés, je devrais dire pressés les uns contre les autres, et quelques cylindres vasculaires *d* qui ne se déroulent plus; en *e*, l'on observe des filets ligneux plus tendres, chez lesquels les petits vaisseaux jouissent encore de toute leur élasticité.

43. Organisation interne des Dicotylédonées apétales. Cet exemple est pris sur une portion de racine du Plateau à fleurs jaunes, *Nuphar lutea*, que j'ai décrit t. VI, p. 155. En *a*, l'on voit l'écorce; en *b*, le tissu médullaire; en *c*, un cylindre ligneux; et en *d*, des rayons qui du centre se rendent à la circonférence. Cette organisation justifie pleinement ce que j'ai dit des Nymphéacées (même tome, page 169), et la nécessité de détacher cette petite famille de la grande division des Monocotylédonées, parmi lesquelles certains botanistes ont cru devoir l'inscrire, pour la rendre à la place qu'elle occupe réellement dans la chaîne végétale.

44. Organisation interne des plantes ligneuses. L'exemple est emprunté au cep de la Vigne. On y distingue, en *a*, l'écorce; en *b*, le corps ligneux, et en *c*, la moelle.

Si l'on veut compléter cet exemple, on peut recourir à la pl. 285, dans laquelle j'ai fait représenter le liber et un fragment d'écorce du Laget bois-dentelle. Là, sous une écorce d'un gris foncé, finement striée dans sa longueur, et entre elle et l'aubier, se montrent les couches corticales très-nombreuses qui se détachent les unes des autres, et sont anastomosées de manière à fournir un réseau clair, blanc, légèrement ondulé, d'une force et d'une régularité très-remarquables. Le bois que ce tissu recouvre est compacte, jaunâtre, avec une moelle d'un brun pâle. Il convient aussi de revoir la pl. 177 *bis*, consacrée à la germination.

(T. d. B.)

AVIS AU LECTEUR.

Une faute grave est échappée à la sagacité de nos correcteurs d'épreuves, à l'article *Physiologie*. Dans les remaniemens causés par les corrections d'auteur, le compositeur a oublié 19 lignes au 4ᵉ paragraphe de la page 498, tome VII. Nous rétablissons ce paragraphe à la fin de l'article *Physiologie végétale*, au lieu de le reporter à la fin de l'ouvrage, comme *errata*.

Les coureurs présentent certains phénomènes sur lesquels il est bon de fixer notre attention. On les voit respirer avec une grande célérité, jeter en arrière la tête et les épaules, n'appuyer sur le sol que l'extrémité des pieds et balancer leurs bras de manière à les tenir dans une opposition constante avec leurs jambes. Tâchons de découvrir la raison de ces circonstances. 1° Si les coureurs halètent et respirent fréquemment pendant de courts intervalles, c'est que la prompte répétition des mêmes mouvemens exige une contractilité très-vive dans les muscles qui meuvent les jambes, et que l'énergie de cette propriété vitale est proportionnée à l'étendue de la respiration et à la quantité d'oxygène dont le sang s'est chargé en traversant les poumons. 2° Les muscles qui portent la tête et les épaules en arrière, servent à donner à la poitrine une fixité qui rend cette cavité capable de fournir un point d'appui suffisant aux puissances qui retiennent le bassin et les lombes, et qui empêchent que ces parties présentent une base vacillante aux membres inférieurs. 3° Outre la perte de temps qu'occasionerait l'application de toute la plante du pied sur le sol, si à chaque pas le corps tombait sur le talon, il en résulterait pour tous les viscères une secousse d'autant plus forte que la vitesse serait plus grande, inconvénient très-grave qui se fait très-peu sentir, s'il ne disparaît pas entièrement, lorsque les coureurs ne touchent le sol que du bout des pieds, les articulations nombreuses des os du tarse et du métatarse qui concourent à la formation du pied brisant alors le choc dans le lieu même où il s'est formé. 4° Enfin, le balancement des bras qui s'oppose au jeu des jambes, sert à maintenir l'équilibre et à assurer la progression.

PHYSIONOMIE. Par ce mot, dérivé du grec φύσις, nature, et γνώμων, loi, on indique l'expression des traits du visage, des gestes et des attitudes du corps. Dans l'état de santé cette expression peut fournir de précieux indices sur le caractère des individus; dans l'état de maladie elle devient, pour le médecin, la source de nombreux enseignemens. Les anciens, dit Cabanis, avaient remarqué qu'à telles apparences extérieures, c'est-à-dire à telle physionomie, taille, proportion des membres, couleur de la peau, habitudes du corps, état des vaisseaux sanguins, correspondaient assez constamment telles dispositions de l'esprit ou telles passions particulières. C'est d'après cette remarque qu'ils ont décrit avec tant de précision les divers tempéramens et les circonstances physiologiques qui s'y rattachent. C'est par la Physionomie que s'y peignent toutes nos affections, soudaines ou permanentes, actuelles et passagères ou profondes et durables; c'est par elle que se projette au dehors notre âme tout entière, avec ses désirs, ses espérances et ses craintes, avec les épanouissemens de sa joie et les angoisses de ses douleurs, et les déchiremens de ses remords justement impitoyables. « Ton discours est écrit sur ton front, disait Marc-Aurèle, je l'ai lu avant que tu aies parlé. » Jules-César avait dit, lui aussi: Je ne crains pas la figure fleurie et brillante des Antoine et des Dolabella; mais je redoute ces faces maigres et sombres des Brutus et des Cassius. Ces deux empereurs connaissaient donc toute la puissance de l'expression faciale, et quant à Jules-César, l'histoire de sa mort a prouvé que la Physionomie de Brutus et de Cassius ne l'avait pas trompé.

On a donné le nom de Physionomie à la science qui a pour but l'étude de l'expression faciale et des diverses habitudes du corps: cette science renfermée dans de sages limites est ainsi que nous l'avons fait pressentir d'une incontestable utilité; mais si l'on prétendait que le physiognomoniste doit pénétrer toutes les pensées qui peuvent naître dans l'esprit de l'homme et préciser toutes les nuances de sentiment qu'il peut éprouver, ce serait, ainsi qu'on l'a très-bien dit, une orgueilleuse et folle présomption. A la divinité seule est donné de suivre, dans toutes leurs modifications, les actes du principe pensant. Mais n'est-ce pas déjà beaucoup que de saisir d'un coup d'œil rapide l'ensemble des signes les plus saillans que présente un individu, de déterminer, en général, le genre d'humeur, le fond de caractère, le degré d'aptitude et la maturité d'esprit que révèle l'ensemble de la Physionomie? C'est là tout ce que peut l'humaine intelligence. Distinguer la vertu du vice, la probité de la perfidie, la loyauté de l'hypocrisie, reconnaître le cœur obligeant et généreux, prêt à nous rendre service, de l'âme perverse qui se dispose à nous trahir, voilà le but de cette science, et il est assez beau pour qu'on cherche à l'atteindre en consacrant quelques loisirs à son étude. Combien de fois aussi le médecin observateur n'a-t-il pas trouvé dans la seule expression des traits de la face, le secret d'une maladie dont depuis long-temps il cherchait en vain la cause? C'est au trouble du visage d'Antiochus, bien plus qu'à l'agitation de son pouls, lorsque Stratonice paraissait devant lui, qu'Erasistrate reconnut son amour pour cette princesse.

La physiognomonie comme la phrénologie a donc pour objet la connaissance du caractère moral des individus; mais il s'en faut beaucoup que ces deux parties de la physiologie reposent sur des bases semblables.

Pour édifier la science phrénologique il a fallu renverser tout le système philosophique des anciens, si bien d'accord pourtant avec l'observation et la physiologie: ainsi pour les adeptes de cette science il n'y a plus de *mémoire*, d'*imagination*, de *jugement*, etc.; mais en revanche nous avons des organes pour la *constructivité* pour la *destructivité*, pour la *sécrétivité*, pour l'*acquisivité*, etc. La physiognomonie n'a pas besoin de créer pour les sentimens, les penchans, les sensations, d'ordre quelconque; elle se contente d'étudier les signes extérieurs qui révèlent leur existence. La phrénologie en donnant une nouvelle classification des facultés, a été obligée d'assigner à chacune un siége distinct dans le cerveau et de créer dans cet organe, dont la structure est cependant partout la même, des divisions arbitraires dont les limites ne sont pas appréciables aux recherches les plus exactes de l'anatomie; la physiognomonie, sans s'occuper du siége des passions, a constaté les traces qu'elles impriment à l'organisation humaine. La phrénologie, qui ne peut isoler les organes qu'elle dit reconnaître sur le cerveau nu, affiche la prétention de les distinguer à travers les membranes, à travers la voûte osseuse du crâne, à travers le cuir chevelu, et non seulement elle veut les distinguer, mais encore elle a l'orgueil de vouloir en arrêter ou en favoriser le développement. Les moyens divinatoires de la physiognomonie, sont d'une nature tellement vulgaire, d'une application tellement journalière, qu'ils sont pour ainsi dire à l'usage de tous et que leur vulgarité même est la preuve de la vérité du principe sur lequel ils reposent. Nous ne croyons pas utile de pousser plus loin ce parallèle; la suite de cet article démontrera suffisamment que les bases de la science physiognomonique sont pour la plupart du temps aussi solides que celles de la phrénologie paraissent peu raisonnables aux esprits les plus éclairés. Hatons-nous de dire, toutefois, que c'est à tort que Lavater, le premier, et tant d'autres depuis, se sont efforcés de tracer des préceptes, d'indiquer des bornes aux moyens de parvenir à la connaissance du caractère moral des individus; et que ce mot science, que nous venons de prononcer, a été assigné à l'ensemble de ces préceptes. La physiognomonie, fondée tout entière sur l'observation, dépend bien plus des qualités de celui qui observe, que de lois établies et positives; c'est une affaire de tact individuel, et l'on peut tout au plus guider par quelques principes généraux, mais non par des lois rigoureusement tracées, ce que l'idée de science entraîne toujours avec elle.

On a dit que l'homme seul possédait une Physionomie qui accuse naturellement ses sentimens, que les animaux n'ayant pas entre eux de véritable société morale, n'avaient pas besoin de Physionomie; que leurs actions, leurs voix découvrent assez à leurs semblables quelles passions les agitent. Il eût été plus exact de dire que chez eux l'expression des sensations qu'ils éprouvent, des intentions qu'ils manifestent, se renferme dans des limites plus étroites que chez l'homme. Il est impossible, en effet, de dénier au chien la faculté d'exprimer son attachement, sa soumission, sa crainte, sa joie, auprès du maître qu'il affectionne, comme sa défiance pour tout ce qui lui paraît suspect. Les singes, si voisins de notre espèce, ont une sorte de visage; il est vrai que celui-ci ne retrace guères que la colère, l'impudence, l'audace, la lubricité, la jalousie ou d'autres passions basses et furieuses; mais n'est-ce pas assez pour leur reconnaître une Physionomie? A l'espèce humaine seule a été départi le privilége d'exprimer les sentimens nobles et élevées, ces traits pénétrans qui vont à l'âme, qui peignent la grandeur, la générosité, la dignité d'un esprit pensant; mais à elle seule aussi a été donné de déguiser l'expression naïve des sentimens qu'elle éprouve. Aussi la physiognomonie serait-elle une science trompeuse et ferait-elle souvent prendre le fripon pour l'honnête homme, l'hypocrite pour l'homme vertueux, si elle prononçait sur ces traits fugitifs au lieu de chercher à connaître les dispositions naturelles de l'homme par l'ensemble de son organisation et le caractère qui doit en résulter. Dans l'enfance, la Physionomie ne révèle encore qu'un petit nombre de sensations; c'est chez l'homme fait qu'on peut seulement l'étudier avec fruit. Cette étude comprend, avons-nous dit, non seulement l'examen des traits du visage, mais encore les habitudes, la démarche, en un mot toutes les manifestations extérieures des individus. L'ensemble de ces manifestations qu'on peut appeler la mimique des sentimens du cœur humain, ne s'exerce qu'à l'aide de divers appareils d'organes: les os qui servent de soutiens au corps, en constituent la charpente, la partie solide et donnent attache aux muscles; les muscles, qui, en se contractant ou en s'épanouissant, impriment le mouvement à la charpente osseuse; les nerfs, organes de la sensibilité, qui donnent aux muscles la faculté d'exécuter leurs actions; les vaisseaux sanguins, artères et veines, et les vaisseaux lymphatiques, qui tous apportent le fluide vivifiant à ces masses solides ou en remportent les matériaux inutiles à la nutrition; le tissu cellulaire qui unit ces diverses parties entre elles, le tissu graisseux qui en arrondit les contours et en assouplit les mouvemens; enfin la peau qui les recouvre et leur forme avec ce dernier une sorte d'enveloppe protectrice.

Nous n'étudierons pas ces organes dans l'ensemble du corps, il nous faudrait faire ici l'histoire anatomique de l'homme; il nous suffira de signaler quelques indications que fournissent leurs proportions respectives, dont l'ensemble est dans chacune des régions du corps, comme aussi les différens actes qu'ils exécutent.

La TÊTE dans ses proportions relatives au corps, et par les rapports qui existent entre le crâne et la face, donne la mesure de l'intelligence de l'homme; s'il n'est pas démontré comme le prétend la phrénologie, que le cerveau, renfermé dans la cavité crânienne, soit un organe multiple, divisé en autant de parties qu'il y a de facultés, de penchans; du moins il est reconnu que la capacité intellectuelle est toujours en rapport avec le développement de son encéphale, et l'on sait à cet égard l'immense différence qui existe entre le petit cerveau de l'idiot et l'encéphale volumineux de l'homme de génie. La tête est donc le centre de nos facultés; elle n'est pas seulement le siége de l'esprit, elle est encore celui des organes des sens. Trop osseuse et trop charnue, elle est l'indice d'un esprit lourd et grossier; trop petite ou mal conformée, elle dénote la faiblesse et l'ineptie; dans de justes proportions, elle contribue à la beauté. Indépendamment du jeu particulier de chacune de ses parties, elle a par ses mouvemens, dans son ensemble, une part très-grande à la mimique de l'homme: c'est avec la tête que nous donnons ou refusons notre assentiment, que nous congédions, que nous appelons, que nous peignons la fierté, notre dignité offensée, que nous bravons, que nous défions.

Mais c'est surtout dans l'expression de la face que viennent se peindre avec énergie les mouvemens soudains de l'âme; c'est au jeu de ses nombreux organes qu'il faut avant tout attacher de l'importance lorsqu'on veut étudier la Physionomie. C'est là qu'elle réside d'abord; les autres parties du corps n'en sont pour ainsi dire que les accessoires. La multiplicité des parties qui la composent donne, de prime abord, l'idée du nombre considérable de fonctions qu'elle est appelée à remplir. Quatorze os entrent dans sa composition; un seul, la mâchoire inférieure, est mobile. Les muscles qui s'insèrent à ces os sont très-nombreux, et cette multiplicité est un des attributs de l'humanité. Le singe, qui est de tous les animaux celui dont la Physionomie est la plus expressive, ne possède, à proprement parler, qu'un seul muscle pour toute la face, et sa grimace, toujours à peu près la même, n'est variable seulement que dans son intensité. Tous les muscles dont il est ici question s'attachant d'un côté aux os, s'implantent exclusivement de l'autre, soit à d'autres muscles, soit à la peau, en sorte qu'ils entraînent toujours celle-ci dans leurs contractions, immédiatement quand ils s'y insèrent d'une manière directe, ou par l'intermédiaire des muscles auxquels ils vont se joindre; et ceci explique comment, par suite de certaines contractions fréquemment répétées, la peau conserve, par l'effet de l'habitude, des rides plus ou moins profondes qui ne sont que la trace des expressions les plus constantes de la Physionomie. Tous ces muscles se rapportent aux yeux, au nez, à la bouche, et c'est évidemment par la manière dont ces ouvertures naturelles sont modifiées par eux, que se manifeste la diversité d'expression. Les uns entraînent le globe de l'œil dans divers sens, les autres sont destinés au mouvement des paupières; l'un d'eux l'orbiculaire est jeté circulairement autour de ces voiles mobiles; quand il se contracte, comme ses fibres sont concentriques, il semble qu'en se raccourcissant, il devrait fermer l'œil en plissant la paupière inférieure et la supérieure à la manière d'un cordon de bourse; mais la nature a paré à cet inconvénient en tendant sur chacune d'elles deux lames cartilagineuses qui font l'office d'une pièce de carton ayant pour objet d'amener le rapprochement des deux paupières dans leur entier et sans plissement. De plus, comme le point fixe est à l'angle interne, la contraction des fibres amène nécessairement tout le muscle de dehors en dedans. C'est lorsque l'orbiculaire se contracte légèrement que se manifeste l'expression des sensations douces, voluptueuses ou extatiques; dans ces divers états de satisfaction intérieure, les paupières sont toujours à moitié closes. Mais il y a sous la partie supérieure de l'orbiculaire une languette musculaire qui règne le long et au dessous du sourcil, c'est à la contraction de ses fibres qu'est due, comme nous le verrons plus bas, l'expression principale des passions tristes ou haineuses.

Nous devons rapporter à la région des yeux le muscle occipito-frontal, dont la contraction relève la moitié supérieure de l'orbiculaire des paupières, les sourcils, la peau, la racine du nez, et, par conséquent, détermine sur le front ces plis horizontaux qui accompagnent toujours l'épanouissement des traits chez les personnes douées d'une gaîté habituelle. A la région du nez nous trouvons le muscle pyramidal qui dilate les narines en élevant les ailes du nez, le muscle triangulaire, qui comprime l'ouverture nasale, suivant quelques anatomistes, et la dilate, selon d'autres; puis l'élévateur commun de l'aile du nez et de la lèvre supérieure; son nom indique assez sa façon d'agir et son action exprime un dédain fortement prononcé. Nous voici parvenus à la région de la bouche qui est la mieux fournie des trois sous le rapport des moyens d'expression. Parmi les muscles qui servent à imprimer des mouvemens si divers à cette région, nous devons remarquer l'orbiculaire des lèvres qui ferme la bouche lorsqu'il agit à la façon d'un cordon de bourse: son action relative à la succion, à la préhension des alimens, au jeu des instrumens à vent, détermine aussi certaines expressions faciales, entre autres celle à laquelle on a donné le nom de *moue*, faire *la moue*. Le buccinateur, du mot *buccinare*, sonner de la trompette, est un muscle dont les fibres sont habituellement planes; mais elles deviennent courbes lorsque la bouche se remplit d'air, et si dans cet état elles se contractent, elles tendent à devenir droites et à chasser au dehors de la cavité buccale tous les corps solides, liquides ou gazeux, qui s'y rencontrent. Lorsque les joues ne sont pas distendues, le buccinateur allonge transversalement l'ouverture buccale, il plisse la peau de la joue d'une manière verticale, et c'est ce plissement, devenu permanent chez le vieillard, qui constitue l'une des principales rides de son visage. Le buccinateur remplit un rôle essentiel dans le jeu des instrumens à vent et dans la mastication, mais c'est surtout le *masseter* dont l'action est la plus puissante dans cette dernière fonction; il s'insère d'un côté à la mâchoire inférieure et de l'autre au bord inférieur de l'arcade zygomatique, en partie formée par l'os de la pommette, et par conséquent au dessus de la mâchoire supérieure. Ce muscle est très-prononcé chez les animaux carnassiers; c'est à l'habitude que les gastronomes ont contractée de le mettre en action plus souvent et plus long-temps que les hommes sobres qu'est due cette prédominance de la partie postérieure des joues, que l'on remarque chez eux. L'*élévateur propre de la lèvre supérieure* porte celle-ci un peu en dehors, tandis que le *canin* élève l'angle des lèvres et le porte un peu en dedans. Le *grand et le petit zygomatique*, le *peaucier*, sont destinés à l'expression du rire; une contraction légère des deux premiers produit dans ses nuances infinies toutes les variétés du sourire: le sourire de bienveillance et de protection, si agréable au solliciteur; le sourire de la pitié, si consolant pour le malheureux; le sourire de l'admiration, si précieux pour l'artiste; le sourire de l'amour, si doux pour le poursuivant de la beauté; le sourire du mépris, du dédain, de la raillerie, de l'insulte, du doute, de l'assurance; enfin le sourire tenace et convulsif de la vengeance et de la férocité. Le rire franc et décidé exige une contraction plus énergique des deux zygomatiques. Cette contraction fréquemment répétée, qui épanouit tous les traits du visage, finit à la longue par laisser sur la figure des personnes animées d'une gaîté facile cet air de satisfaction, de contentement qui prévient naturellement en leur faveur, parce qu'il est le signe le plus certain d'un caractère agréable, de l'habitude des émotions douces, et de la bonté du cœur.

C'est à une dépendance du peaucier que Santorini avait donné le nom de *risorius*, muscle rieur. Quant au muscle lui-même, dont une partie s'étend sur la face; il n'est chez l'homme qu'à l'état rudimentaire; c'est l'analogue du *pannicule charnu* des animaux, pannicule qui produit chez eux ces froncemens subits de la peau, par lesquels ils chassent les insectes qui viennent se reposer sur cette membrane, et se débarrassent de tous les corps légers qui s'y appliquent. Le muscle triangulaire ou abaisseur de l'angle des lèvres est l'antagoniste des muscles canin et grand zygomatique: il sert à l'expression de toutes les passions tristes. En abaissant, en effet, l'angle des lèvres, il entraîne avec lui le canin, produit ainsi la dépression de la peau sous-jacente, et donne à la figure cet air allongé qui dénote une tristesse habituelle. Le *carré du menton* abaisse ainsi que lui la lèvre inférieure; mais il la tend transversalement en raison de la direction oblique de ses fibres. La *houppe du menton* qui s'insère d'une part à la mâchoire inférieure et de l'autre à la peau, produit seulement, par la contraction de ses fibres courtes, le froncement de la peau du menton. Nous ne parlons pas des muscles qui font mouvoir la langue et qui servent à la succion, à la mastication, à la déglutition, à la parole, etc., beaucoup sont situés profondément et n'ont aucun rapport avec l'expression des traits de la figure.

La face est la partie extérieure de notre corps dans laquelle il se distribue le plus de nerfs, car indépendamment des cinq sens qu'elle contient (quoique le tact appartienne aussi aux autres parties) et de leurs nerfs, les rameaux de la troisième paire se distribuent à six muscles des yeux, à leurs paupières et aux tuniques mêmes de l'œil; la quatrième paire, ou pathétique, concourt pareillement à l'expression de cet organe délicat; la cinquième paire s'y distribue en trois branches à l'orbite, à la mâchoire, à la lèvre supérieure, sur le nez, les joues; enfin à la mâchoire inférieure; la portion dure de la septième paire se ramifie tant à la mâchoire et à la lèvre inférieure qu'aux parties de l'oreille externe, des tempes, etc. Tous ces nerfs viennent du cerveau : aussi ce dernier organe tient-il entièrement sous sa dépendance le système musculaire facial.

Les vaisseaux de la face lui sont fournis principalement par l'artère faciale, qui, née de la carotide externe, se divise en plusieurs branches, et par la veine faciale, qui donne de toutes parts des rameaux plus petits, mais beaucoup plus multipliés que ceux de l'artère. Une chose remarquable, c'est la facilité avec laquelle le sang pénètre le système capillaire de la face : une marche vive, un accès de fièvre, l'émotion de la pudeur, suffit pour augmenter rapidement la coloration naturelle des joues, sans qu'aucune autre partie du corps offre une teinte plus animée.

Après avoir fait connaître les divers systèmes d'organes qui concourent à l'expression si pittoresque des diverses parties de la tête, examinons le rôle que chacune d'elles est appelée à jouer dans les divers actes qui concourent à cette expression.

Les *cheveux* indiquent surtout le tempérament, la constitution physique de l'individu; ils donnent plutôt des indices sur le caractère de l'individu que sur les diverses passions qui l'agiteront accidentellement. On doit remarquer leur longueur, leur couleur, s'ils sont lisses, fins ou grossiers; on doit remarquer encore la façon dont ils sont projetés sur la tête, leur arrangement, etc. Longs, ils sont le signe d'un caractère efféminé, surtout s'ils sont plats. Rudes, noirs et crépus, ils supposent peu de susceptibilité nerveuse, mais un caractère âpre, sauvage et souvent audacieux; fins et soyeux ils préjugent presque toujours un caractère timide; plats et lisses, ils dénotent la faiblesse des facultés intellectuelles. La couleur rousse est, dit-on, l'indice d'un caractère ou tout-à-fait bon ou tout-à-fait méchant. Les cheveux bruns, si ordinaires aux tempéramens bilieux ou sanguins, appartiennent le plus souvent aux hommes irritables, vifs, gais, entreprenans, hasardeux, capables de grandes entreprises, mais emportés, colères et jaloux.

Le *front*. Lavater, qui a posé en principe que tout est homogène dans l'homme, que chaque partie et chaque partie de la partie conserve plus ou moins le caractère de l'ensemble, applique surtout cette règle générale à l'étude du front. La plus petite ride sur cette partie, dit-il, est analogue à la structure du front entier, ou en d'autres termes, elle est un effet de l'ensemble. Or il n'y a point d'effet sans cause, et chaque chose remonte à sa source. Tel le terroir, et tels les fruits qu'il produit : tel le front, et telles les rides qui s'y forment. Les fronts tout unis ne sont pas moins rares que les caractères entièrement bons ou entièrement méchans. Le trait le moins perceptible est encore une ligne physiognomique. Examinez les visages des imbéciles-nés, rien de plus parlant ou de plus frappant que les rides de leurs fronts; elles sont toujours en grand nombre, profondément tracées, croisées et entrecoupées. Les rides qu'imprime le souci diffèrent prodigieusement de celles qui sont l'effet de la joie. Dans une méditation curieuse, la peau du front se plisse tout autrement que dans la récréation.

Nous avons déjà dit que sa forme, son étendue, étaient la mesure de l'intelligence et que la phrénologie tirait de nombreuses inductions de la conformation de l'os frontal. Les physiognomonistes ont nommé cette partie du crâne la porte de l'âme, le siége de la pensée, le temple de la pudeur. La peau qui recouvre le front, sa tension, les plis qui le sillonnent font plus spécialement connaître les passions actuelles de l'âme, les habitudes de joie, de chagrin, de douceur ou d'irritabilité. Vu de profil, il est proéminent, perpendiculaire ou penché en arrière. Dans le premier cas, surtout s'il est étroit ou trop allongé, il annonce généralement un esprit faible et borné; dans le deuxième, et particulièrement s'il offre la forme d'un 7 perpendiculaire, on peut compter sur un grand fonds de jugement et de vivacité, mais aussi sur un cœur de glace; dans le troisième, il indique de l'imagination, de la délicatesse, si l'on veut, mais peu de jugement, et de la fougue s'il est fort déprimé. Une peau dure et épaisse qui recouvre le front indique en général la grossièreté, la brutalité et un esprit de peu d'étendue.

Parmi les fronts que représente la planche 520, il n'en est pas un qui soit assez uni ou d'un assez grand style pour que les rides seules nous inspirent du respect; mais il est vrai aussi que pour les rendre plus sensibles, le graveur les a un peu renforcées, et l'expression physiognomique souffre toujours quand les rides du front sont trop fortement prononcées, et surtout quand la contraction de la peau n'est pas un mouvement volontaire. Ces fronts appartiennent tous à des gens sensés. Difficultueux à l'excès, le 1 s'épuise en plans et en projets; le 2 a de la capacité et une mémoire étonnante, mais je ne lui trouve rien de grand; 3 est judicieux, sans beaucoup de pénétration; 4 a le plus de génie et le plus de raisonnement; à en juger par la forme et par les rides, 5 me paraît le plus sage des quatre suivans; le 6 est plus énergique, plus pénétrant, plus ferme, mais il est presque trop raisonnable; le 7 est un caractère d'airain qui a moins de réflexion et plus de force que les précédens. Il ne prend pas facilement des impressions, il y résiste long-temps et s'en défie; mais, une fois reçues, elles sont ineffaçables chez lui. Qu'il se garde donc bien d'adopter une idée, à moins d'en avoir suffisamment reconnu la vérité! Mon sentiment et mon expérience m'entraînent de préférence vers le 8. Pureté, générosité, sérénité, tranquillité et douceur, il a tout cela, et en outre un caractère aimant, quoiqu'il mettra dans ses attachemens plus de confiance que de chaleur. Quelle différence encore entre tous ces fronts et celui du n° 9! comme ce dernier est naturel, comme il nous met à notre aise! comme tout ce qui s'écarte de la nature nous fait souffrir, au lieu qu'une forme régulière nous plaît et nous réjouit. celle-ci ne s'élève pas jusqu'à la supériorité, mais elle dénote un jugement sain et net, une force productrice, les dons de la réflexion et de l'éloquence.

Les *sourcils*, considérés comme accessoires des yeux, ajoutent considérablement à l'expression de ceux-ci et révèlent quelquefois même des sentimens que le regard seul n'eût pas exprimés; c'est pour cela que Lebrun leur prête tant de puissance dans son Traité des passions. Lorsque les sourcils s'élèvent, ils décèlent l'orgueil, les passions cruelles; lorsqu'ils se rapprochent en s'abaissant, ils laissent deviner la défiance, l'astuce, la perfidie, la haine, un caractère sombre et misanthrope. Un homme sourcilleux est presque toujours un homme qui méprise et qu'on méprise; un homme qui pardonne difficilement une offense et qui est toujours prêt à la venger.

Les *yeux*. Est-il un sentiment de l'âme que les yeux n'expriment aussitôt, si la dissimulation la mieux calculée ne parvient à en dérober la manifestation? C'est une bien vieille métaphore que de dire que les yeux sont le miroir de l'âme; c'est par eux, en effet, que les passions les plus vives et les mouvemens les plus tumultueux comme les émotions les plus douces et les plus délicates se révèlent le mieux. Leurs couleurs les plus ordinaires sont l'orangé et le bleu ou leur mélange; les noirs et les bleus sont les plus beaux, parce que leur vivacité éclate davantage dans ces couleurs, qui d'ailleurs tranchent mieux sur le blanc. Les noirs ont plus de force et d'expression; les bleus plus de douceur et de finesse; sans exclure l'énergie, ils sont souvent plus affectueux; mais les premiers, dans les désirs que l'amour inspire, sont peut-être plus capables d'une mélancolie plus profonde et plus délicieuse. Les bruns annoncent toujours un esprit mâle et vigoureux. Les yeux gros, saillans, ouverts, coïncident toujours avec un *naturel* simple et sans malice, particulièrement s'ils sont gris; noirs, vifs et animés, on peut prévoir un tempérament ardent et colérique; petits et enfoncés, ils annoncent souvent une nature maligne et envieuse; abaissés et clignotans, ils sont le signe de l'humilité, de la pudeur; relevés et fixes, de l'orgueil, de l'impudence; mobiles, ils peuvent faire présager ou indiquent la folie. Lorsque les larmes les baignent facilement, mais sans explosion de chagrin, sans une grande abondance, on peut pressentir une âme faible, tendre, facile à émouvoir; lorsqu'elles coulent à torrent, la cause qui les a fait naître ne laissera pas la plupart du temps de longues ni de profondes traces. Le mouvement des paupières donne encore plus de valeur aux signes physiognomoniques que fournissent les yeux; on sait, par exemple, que les personnes fines et rusées ont coutume de tenir un œil, quelquefois les deux, à demi fermés; c'est d'ailleurs un signe de faiblesse, comme ce peut en être un de défiance et d'incertitude. Indépendamment d'autres traits caractéristiques, quelle différence entre le regard languissant et doux des femmes du Nord et celui des femmes espagnoles aux yeux noirs et voluptueux, ou celui de ces jeunes Italiennes aux yeux limpides, d'une nuance incertaine, à la fois verte et bleue, assez semblable à celle de l'aigue-marine.

C'est par les yeux enfin, d'où jaillit l'éclair de la pensée, que brillent l'intelligence, le feu du génie; c'est dans le regard que se peignent le courage et l'élévation du caractère. Le plaisir fait pétiller les yeux, le dépit les allume, la tristesse les abat, la crainte les agite, le désir les avance, le respect les abaisse, la tendresse les rend doux et pathétiques, le courroux les ouvre et les enflamme. L'œil s'éteint avec l'âme: ceux qui ont des yeux morts, ou des regards qui ne disent rien, montrent la nullité de leur esprit, la froideur de leur âme; il en est ainsi chez les animaux également. Le caractère du Lion, du Tigre, éclate dans leurs yeux étincelans de nuit; le Bœuf, la Carpe et les autres espèces stupides ont des yeux inanimés.

Le *nez* contribue surtout à l'expression du dédain, de l'ironie, de la satisfaction de soi-même. On peut être laid et avoir de beaux yeux, mais un beau nez est assez rare, et il suppose toujours une heureuse analogie dans les traits de la face, et on a dit aussi beaucoup de fixité dans le caractère: il donne à la Physionomie un air de grandeur et de noblesse remarquable. Un nez long et pointu passe pour un signe de sagacité et aussi de finesse et de ruse. Le nez court et obtus marque une simplicité d'esprit facile à duper et fort peu de prévoyance. Un nez petit, maigre et mobile, dénote un naturel moqueur; les gros nez sont un indice de pesanteur; car ils présagent la nature lymphatique de la complexion; les nez tortus passent pour des signes de travers de l'esprit; mais un nez aquilin, grand et nerveux, annonce la force et le courage; le nez épaté un penchant à la luxure.

Une *bouche* toujours béante, avec des lèvres épaisses, larges et saillantes, de même que chez les nègres, est le signe de la bêtise et de l'imprudence; une bouche bien close, enfoncée, avec les lèvres minces, se rapporte à un esprit dissimulé, fin, adroit, méchant, comme dans la tête de Tibère. La bouche large est un caractère masculin qui annonce le courage et la voracité, tandis qu'une petite bouche, naturelle chez les femmes, offre un indice contraire. La bouche peut être considérée comme le plus expressif et le plus mobile des agens de la Physionomie; gracieuse et ingénue, elle doit inspirer la confiance; il faut se défier au contraire de celle qui laisse, en s'entr'ouvrant, apercevoir une dent caustique et prête à mordre. C'est surtout dans l'action de rire que la bouche prend divers aspects dont l'observateur peut tirer de précieuses inductions; si le rire est simple, naturel, innocent, s'il éclate au moindre objet, ou au milieu d'une conversation enjouée, vous pouvez croire à la franchise, à la sincérité de celui qui s'y laisse aller; le rire contraint et affecté décèle l'homme perfide et méchant; mais il ne faut pas le confondre avec le sourire arraché à la douleur. Le sourire ironique peut n'exprimer que la malice, mais quelquefois il révèle la méchanceté; le sourire sardonique appartient à la haine. L'habitude de se mordre les lèvres est une preuve de perversité ou d'inquiétude; l'action de les tenir rapprochées en parlant indique la prétention, le défaut de loyauté et souvent un vice de l'éducation : les âmes froides et haineuses se reconnaissent au même signe.

Le *menton*, par sa forme, fournit à la physiognomonie des indices assez précieux. Regardé de profil, il paraît en arrière de la bouche, ou à son niveau, ou plus avancé. Dans le premier cas, il annonce toujours quelque chose de faible ou d'imparfait; dans le deuxième, il doit inspirer une certaine confiance, surtout s'il est garni d'une fossette d'une belle forme, qui prête du charme à la figure. Dans le troisième, il est toujours la marque d'un esprit actif et délié, à moins que l'avancement ne soit excessif et ne forme ce qu'on a appelé menton de galoche, qui est constamment un signe de pusillanimité et d'avarice. Lorsqu'un ou plusieurs replis de graisse garnissent le dessous de la mâchoire et doublent le menton, c'est la marque de la sensualité. Boileau, en traçant le portrait d'un prélat sensuel, a dit :

Son menton sur son sein descend à triple étage.

De grosses et larges mâchoires témoignent une grande pesanteur dans l'esprit; aussi a-t-on généralement admis ce dicton injurieux : *mâchoire*, *mâchoire d'âne*, *lourde mâchoire*. En effet, chez les individus dont la mâchoire proémine, le cerveau est rétréci à proportion du développement des os maxillaires.

La *barbe* qui couvre le menton sert encore au physionomiste pour découvrir le caractère des hommes. Une barbe rousse donne un aspect cruel, et les hommes à cheveux roux, avec des éphélides ou taches de rousseur sur la peau, passent en général pour avoir un méchant naturel; ils sont bilieux pour la plupart : quelquefois, au contraire, lorsqu'une barbe et des cheveux d'un blond ardent accompagnent un visage allongé et régulier, une noble figure, il donne à celle-ci un air de mansuétude et de grandeur que les peintres se sont plu à reproduire dans les belles têtes du Christ. Une barbe noire et épaisse marque la force et la violence (d'où l'idée qu'on a des barbes bleues); elle peut aussi être la preuve d'une grande sagesse, de raison et d'un esprit droit; aussi Dorine s'étonne-t-elle qu'Orgon puisse être dupe

Avec sa large barbe au milieu du visage.

Les *joues*. La coloration, l'embonpoint des joues contribuent beaucoup à l'expression des traits : ces parties de la figure humaine participent au rire, au sourire, à la tristesse, à certains appétits déréglés. La privation de jouissances les dessèche; les souffrances et le chagrin les écrasent; la rudesse et la bêtise les marquent de sillons grossiers; les travaux de l'esprit, les soucis, l'ennui, les sillonnent aussi, mais d'une manière moins marquée; flasques et pendantes, elles indiquent un tempérament lymphatique; fraîches, fermes et rosées, elles sont, au contraire, l'indice de l'innocence et d'une heureuse organisation : la frayeur les décolore; la pudeur, la timidité les colore d'un vif incarnat.

Le *cou*. Pour nous, le cou fait partie de la tête; il lui imprime, il en accompagne les mouvemens : les hommes peu énergiques, indolens, inclinent le cou et portent la tête penchée sur l'un des côtés; la curiosité le fait porter en avant. Un cou robuste et court, comme celui du Taureau, est une marque de vigueur; le cou allongé et mince, si naturel à la femme, annonce la timide délicatesse; trop allongé, il est un signe de sottise, de stupidité. Un cou raide peut faire croire à l'obstination, à la dureté. Le goître qui survient dans le bas âge accompagne souvent l'idiotisme ou tout au moins la faiblesse d'esprit.

Reprenons en quelques mots l'ensemble des données que nous venons de présenter afin de réduire à quelques traits principaux les détails dans lesquels nous avons été forcés d'entrer.

Les yeux et le front, ayant plus de rapport avec le cerveau, expriment les sentimens de l'âme, de l'esprit et de la pensée. Les joues, le nez et une partie de la bouche rendent surtout les passions physiques, les émotions, la mimique des douleurs et des voluptés corporelles. La bouche, les lèvres, le menton, correspondent principalement avec les organes de la nutrition, désignent les appétits, les voluptés, les concupiscences et autres affections animales.

Ce qu'on nomme Physionomies spirituelles et Physionomies sottes se peint surtout dans le dessin de la figure, dans les yeux, les sourcils, le front. Les douleurs du corps, la terreur, les sensations physiques, s'expriment par des grimaces ou les contorsions des joues ou de la bouche. Les appétits sensuels habitent sur les lèvres et se peignent à l'aide de contractions musculaires. Les couleurs de la Physionomie, la rougeur, la honte, le teint animé du désir, la pâleur de la crainte, les nuances livides du désespoir, les muscles gonflés et tendus dans la colère, relâchés dans l'abattement, suspendus dans l'étonnement, tordus dans l'indignation, disloqués dans le désespoir; la tête modérément penchée dans l'amour, tombante dans la tristesse, tendue en avant dans le désir, relevée et fière dans la colère, tout peint au vif les affections humaines, jusque dans les moindres traits. En effet, dans les passions expansives d'amour, de désir, de joie, d'amitié, de plaisir, d'espérance, de hardiesse, etc., toutes les parties s'avancent, se développent, s'étendent comme pour embrasser, saisir, envahir; tandis que dans la haine, la crainte, la tristesse, l'aversion, la douleur, le désespoir et la honte, tous les organes se resserrent, se retirent; les premières sont des affections de la jeunesse qui cherchent à s'épanouir : les secondes appartiennent surtout à la vieillesse qui se renferme en dedans d'elle-même. (Virey, Dict. des Sciences médicales.)

Du tronc. De sa belle conformation dépend le jeu des organes qu'il comprend, et par conséquent la santé, la force, une constitution plus ou moins solide, la facilité et la promptitude des mouvemens. Ses proportions, relativement à celles des extrémités et de la tête, donnent en général plus d'aplomb au corps, plus de grâce dans les diverses attitudes du corps.

De grosses *épaules*, comme celles d'Hercule, annoncent beaucoup de force, mais de la rusticité, de la simplicité dans l'intelligence; il en est de même d'une large *poitrine*. Au contraire, des épaules minces, serrées, avec une petite poitrine, promettent un esprit plus subtil, mais de la faiblesse et de l'efféminalion, parce que la vigueur corporelle tient éminemment à une grande respiration et à des poumons amples. Ainsi, les femmes qui ont le sein maigre ou exténué, sont délicates de complexion et froides; mais celles qui ont un gros sein, telles que les boiteuses, sont portées à l'amour.

Si le *ventre* est gros et proéminent, on doit toujours croire à la sensualité ou au penchant à l'oisiveté. D'un autre côté, les gens efflanqués, maigres et d'une taille effilée, sont aussi parfois lents, énervés, privés d'énergie; mais un ventre qui ne rentre point ou proémine peu, concourt, avec plusieurs des signes que nous avons indiqués, à donner une idée de l'activité, de la vivacité, de la vigueur d'un individu.

Les mouvemens raides et gênés du *bassin*, comme si toutes les pièces de cet appareil osseux étaient soudées ensemble, disposition qu'on remarque chez les vieilles filles, passent aux yeux de quelques auteurs comme un signe de malignité, et les femmes chez lesquelles on les remarque sont, dit-on, portées à la causticité, à l'envie, à la méchanceté. De larges hanches chez les femmes coïncident fréquemment avec le développement relatif du sein et fournissent des indications semblables.

De grosses et longues *extrémités*, avec un corps mince, constituent les naturels lents et bonaces, mais laborieux; tandis qu'un corps massif, qui a des membres minces et petits, a le caractère le plus vif, mais moins porté au travail. Un bras potelé, arrondi, sans saillie au coude, annonce toujours chez l'homme un caractère efféminé, peu propre aux travaux manuels et même aux travaux de l'esprit. Cette disposition chez la femme indique un cœur tendre, disposé aux douces émotions; lorsque chez elle, au contraire, les muscles se dessinent avec vigueur, que l'avant-bras est taillé presque carrément, que des grosses veines font saillie au pli du bras, elles peuvent être ardentes, passionnées, mais leur attachement ne sera pas de longue durée, et l'on ne doit jamais avec elles compter sur une constance à toute épreuve.

La *main*, cet instrument si parfait qui assure à l'homme toute sa prééminence sur le reste des animaux, est aussi l'interprète de ses pensées, l'agent le plus actif de ses conceptions; c'est sur la dextérité et la facilité de rapprocher le pouce des autres doigts que reposent tous les arts. Avec la main l'homme interroge, appelle, congédie, prie, menace, répond, blâme, encourage, flatte, absout, applaudit, etc., etc. Aussi attache-t-on beaucoup d'importance à sa forme, à sa coloration, à son embonpoint, à ses contours, à ses saillies, à la forme des ongles, à la longueur des doigts.

Une main courte et grasse, avec des ongles carrés et petits, est rarement l'indice d'une grande habileté et d'une grande étendue d'esprit. Des doigts longs et maigres articulés à une main sur laquelle se dessinent les os du carpe et du métacarpe, de grosses veines, des tendons, appartiennent ordinairement aux hommes vifs, impétueux, actifs, habiles, plus aptes aux travaux mécaniques qu'aux conceptions de l'intelligence, plus doués d'adresse que de génie, d'énergie que de force. Des doigts démesurément longs, avec de fortes saillies aux articulations, appartiennent assez souvent aux esprits parcimonieux, tenaces, opiniâtres. Un main très-large, très-vigoureuse, indice d'une grande force corporelle, est rarement l'attribut d'une heureuse intelligence. Les doigts effilés et maigres sont assez souvent le partage des femmes passionnées et jalouses. Des mains arrondies, potelées, blanches, aux ongles roses, creusées de gracieuses fossettes au dessus de l'articulation des doigts, dénotent, comme les bras arrondis, une grande disposition aux émotions tendres; si les ongles sont recourbés, crochus, le caractère est ordinairement fantasque, violent, capricieux. Les belles mains pour l'homme dénotent souvent un esprit élevé, un grand caractère, comme elles peuvent être l'indice d'une naissance distinguée. Les races nobles, qui se sont peu mêlées, ont assez bien conservé pour type la beauté des oreilles et des mains. Ali-Pacha disait à lord Byron qu'il eût facilement reconnu en lui l'homme de génie et de haute naissance à la beauté de ses mains et de ses oreilles.

Des *cuisses* et des *jambes* arrondies, avec des genoux inclinés en dedans, sont, pour les hommes, une preuve de leur peu de vigueur, de leur

caractère

caractère efféminé ; lorsque les muscles s'y dessinent largement, que le genou est petit, le mollet prononcé, on doit supposer, au contraire, une grande puissance dans la force corporelle, quelquefois aussi un grand courage et une âme fortement trempée. Des jambes grêles, mais qui ne pèchent que par le défaut d'embonpoint, indiquent ordinairement un esprit ardent, violent, emporté, mais assez peu ferme dans ses résolutions.

Beaucoup d'observateurs ont donné une grande attention à la dimension, à la forme du pied. Lorsque celui-ci est très-petit chez l'homme, et qu'en même temps la marche est sautillante, saccadée, on peut présager un esprit malin, piquant, plus fin, plus adroit que pénétrant et profond ; lorsqu'il est large et long à la fois, il ne faut attendre ni une grande intelligence ni une grande politesse dans le langage et dans les manières. D'une dimension bien proportionnée avec le reste du corps et plutôt petit qu'allongé, le pied, surtout, s'il est convexe à sa partie supérieure, concave à sa partie inférieure, appartient ordinairement aux hommes heureusement organisés sous le rapport physique comme sous le rapport moral. Les hypocrites et les lâches ont en général le pied plat ; et cette observation, devenue proverbiale, est une de celles qui ne trompent que rarement. Le fils d'Orgon appelle Tartuffe un pied plat ; et c'est le nom qu'on donne assez souvent à la poltronerie, à la couardise.

De l'ensemble des mouvemens des diverses parties du corps résultent les gestes, les attitudes, la démarche, dont l'observation doit être d'une si grande valeur pour le physiognomoniste.

Les individus qui prennent souvent un maintien propre à la passion qu'ils ressentent habituellement, contractent à la longue cette physionomie. S'ils sont enclins à certaines actions vicieuses ou vertueuses, ils en saisissent l'air sans y penser, et la plupart de nos affections impriment même profondément leurs traces sur la figure lorsqu'on les éprouve dans la jeunesse, parce qu'elles croissent et se déploient avec nos organes. Tout d'ailleurs, dit M. Virey, décèle les caractères, même par les plus petites choses : *Un sot ne prend pas son chapeau et ne se tient pas sur ses jambes comme un homme d'esprit.* J'aime à voir dans Plutarque et d'autres auteurs, Agésilas à cheval sur un bâton au milieu de ses enfans, Philopœmen fendre du bois, Aristide écrire son nom sur la coquille de l'ostracisme, Auguste enseigner l'alphabet à ses enfans : ces traits concourent à peindre les hommes.

Les mouvemens du corps sont toujours en rapport avec les sensations intérieures ; ainsi les personnes qui se courbent habituellement en marchant, et dont tous les mouvemens sont contraints et ramassés, comme chez les vieillards, ressemblent aux avaricieux et aux craintifs ; mais ceux qui se présentent ouvertement, tels que les jeunes gens qui se redressent, et dont tous les mouvemens sont larges, ont l'air libéral, généreux, sans crainte. Les naturels mâles prennent une démarche ferme, égale, assurée ; le pas incertain, mou, inégal, est propre aux tempéramens féminins. Marcher précipitamment, la tête levée, est une marque d'étourderie ; le contraire annonce la réflexion. Les hommes prétentieux, pleins de vanité, gonflés d'orgueil donnent à leur démarche une allure mesurée, compassée ; tandis que l'homme timide et modeste marche les yeux baissés. Les hommes d'un petit esprit, tracassiers trottent menu ; les hommes violens ont un pas rapide et inégal ; les flatteurs marchent en se balançant.

Des mouvemens brusques, fréquens, décèlent l'inquiétude du caractère, l'inconstance des désirs ; les hommes positifs, calculateurs ont les mouvemens lents et réfléchis ; ceux des paresseux vont jusqu'à la nonchalance. L'homme dont le jugement est exact, dont l'esprit est droit, ne s'échauffe que petit à petit dans ses mouvemens ; chez ceux qui ont plus d'imagination que de jugement, plus d'esprit que de raison, le mouvement est rapide, brusque, soudain, mais il s'épuise vite e se ralentit aussitôt.

Un esprit ingénieux, qui conçoit vivement et fortement, exprime ses pensées par des gestes pittoresques, toujours d'accord avec l'idée qu'il veut rendre. Les hommes à imagination ardente, chez lesquels les idées sont plus multipliées que bien ordonnées, devancent par un geste ce qu'ils vont dire. Les esprits faux et les sots peignent mal par leur pantomime la pensée qu'ils veulent rendre ; le geste arrive avant ou après, mais jamais en temps utile. Les gens faux, qui veulent persuader un fait inexact, faire passer un mensonge, multiplient les gestes ; les hommes, réservés discrets, n'en font presque pas. Il y a toujours quelque chose d'affecté, de théâtral dans le geste d'un homme prétentieux.

L'habillement et le genre de mise ont, en général, un très-grand rapport avec le caractère de l'homme ; il faut toutefois tenir compte à cet égard de la condition sociale et de l'état de fortune. Les femmes, et les hommes qui se rapprochent des premières par leur naturel, préfèrent, et sans s'en rendre compte, la couleur blanche ou claire des vêtemens ; mais les caractères graves choisissent volontiers les étoffes sombres et foncées. De même la jeunesse donne la préférence aux couleurs éclatantes, et la vieillesse aux nuances ternes et peu tranchantes. La négligence du costume marque la préoccupation : portée à l'extrême, le désordre ; la recherche, la prétention ; la simplicité et la propreté, surtout, l'ordre et la rectitude du jugement.

Devons-nous considérer la voix, la parole comme se rattachant à notre étude ? Elle s'harmonise si bien avec la mimique des sentimens du cœur humain, qu'il nous paraît utile de présenter les rapports qui existent entre eux. Le mot qu'on a prêté à l'un de nos diplomates : *La parole a été donnée à l'homme pour déguiser sa pensée* est vrai, en ce sens, qu'il n'est peut-être rien de plus facile, pour certains hommes habitués à la dissimulation, que d'exprimer par des paroles autre chose que leur pensée ; disons même en passant, que c'est une raison de croire que le personnage dont il s'agit n'a jamais tenu ce langage. La voix haute et grave dénote l'ardeur amoureuse, la force de complexion ; une voix grêle et aiguë indique le contraire, comme chez les femmes et les castrats. Les hommes mous, timides, ont la voix rauque et sourde ; les hommes irritables, colères l'ont claire et sonore. Une voix claire et criarde désigne une humeur irascible ; la voix nasillarde comme le son d'une cloche fêlée, une mauvaise constitution ; enfin, la voix cassée témoigne chez les femmes qu'elles ont passé l'âge d'être mères. La lenteur, la précipitation, l'incohérence du langage se rapportent à des caractères identiques. On dit : *Parle afin que je te connaisse*, et Plutarque trouvait plus d'indication du caractère dans les paroles lâchées sans préméditation que dans les traits de la physionomie. Les personnes qui grasseyent sont ordinairement mignardes et efféminées : les hommes durs prononcent fortement les sons les plus âpres. Dans le choix du chant que chacun préfère il y aurait aussi de bonnes indications à puiser, mais cela nous entraînerait trop loin. Le rire est bien plus encore un des élémens physiognomoniques dans lequel l'observateur doit chercher d'utiles renseignemens ; mais les signes qu'il fournit sont tellement connus que nous nous dispenserons d'en parler.

Cependant tous ces signes révélateurs du naturel, du penchant et des aptitudes ne peuvent être acceptés d'une manière absolue et pris pour guides dans l'étude de la physiognomonie, si l'on ne tient compte des nombreuses circonstances physiques et morales qui les modifient sans cesse. Ce serait une très-longue tâche que de parcourir l'histoire de ces causes ; mais notre sujet commande au moins que nous en traitions ici en quelques mots ; nous parlerons donc successivement des tempéramens, des sexes, des âges, du climat, des habitudes et des caractères physiognomoniques qu'il faut leur reconnaître.

Les *tempéramens* ont sur l'expression habituelle ou accidentelle de la physionomie une influence que tout le monde reconnaît ; la joie de l'homme sanguin n'est pas la joie du flegmatique ; la colère enfantine, vive et passagère de l'homme nerveux, ne peut se comparer à l'ardente fureur de l'homme au tempérament bilieux. Toutefois ici se présente une remarque que Cabanis a consignée dans son bel ouvrage de l'*Influence du physique sur le moral*, c'est qu'avec la Physionomie et les formes organiques ou physiognomoniques d'un tempérament, on peut avoir un tempérament différent, et dès-lors on comprend combien il faut de sagacité pour se tenir en garde contre les erreurs qu'on pourrait commettre.

Des extrémités nerveuses, épanouies au milieu d'un tissu cellulaire qui n'est ni dépourvu de sucs muqueux, ni surchargé d'humeurs inertes, et sur des membranes médiocrement tendues, doivent recevoir des impressions vives, rapides, faciles. Puisqu'elles sont faciles, elles doivent être variées ; puisqu'elles sont vives, elles doivent aussi s'effacer sans cesse mutuellement. Les mouvemens acquerront la même promptitude, la même facilité qui se manifeste dans les impressions. L'aisance des fonctions donnera un grand sentiment de bienveillance, les idées seront agréables et brillantes, les affections heureuses et douces ; mais les habitudes auront peu de fixité : il y aura quelque chose de léger et de mobile dans les affections de l'âme ; l'esprit manquera de profondeur et de force ; en un mot, ce sera le tempérament sanguin. Dans la prédominance du système bilieux, les impressions seront aussi rapides et aussi changeantes que dans la prédominance sanguine, mais chacune aura un degré plus considérable de force et d'énergie. De là résultent des idées et des affections plus absolues, plus exclusives, et en même temps aussi plus inconstantes. Le bilieux est tourmenté par un sentiment presque continuel d'inquiétude : le bien-être du sanguin lui est inconnu ; il n'a pour ainsi dire de repos que dans une excessive activité (Cabanis). Chez les flegmatiques, les mouvemens sont faibles et lents ; de là résulte une tendance générale de toutes les habitudes vers le repos. Comme les actions vitales n'éprouvent pas de grandes résistances à cause de la souplesse et de la flexibilité des parties, le flegmatique ne connaît pas cette inquiétude particulière au bilieux : son état habituel est le bien-être doux et tranquille. Il n'a ni la vivacité, ni la gaîté brillante, ni le caractère changeant du sanguin. Sa vie a quelque chose de médiocre et de borné : il sent, pense, agit lentement et peu. Mais il parvient avec prudence, et c'est lui qui a mis en honneur la maxime :

Médiocre et rampant, et l'on arrive à tout.

Les caractères du tempérament mélancolique sont une complexion sèche et froide, une taille mal prise, l'attitude courbée, le teint livide, plombé, le corps décharné, la poitrine étroite, les hypochondres gonflés, la peau rude et ridée, les traits sévères, les fibres rigides et tendues ; les mouvemens tardifs, raides ; le pouls dur et lent ; les cheveux sont noirs et plats ; la voix grave et obscure, la démarche circonspecte. Le mélancolique, morose, chagrin, mécontent de tout, pessimiste, rêveur, méditatif, fuit l'éclat, évite toute apparence et se retire en lui-même : solitaire, sobre, ennemi des plaisirs, on le trouve constant, modeste, profond, taciturne ; il aspire au repos, à la tranquillité, à la vie contemplative (Virey).

Ce n'est point ici le lieu de traiter des diverses circonstances physiologiques qui constituent les tempéramens : ces considérations appartiennent à un article spécial (*voyez* Tempérament), et nous y renvoyons.

Les *sexes* établissent dans l'espèce des différences si tranchées relativement à la Physionomie qu'il nous suffira de quelques indications ; l'homme bien constitué sera d'une contexture compacte et sèche, son regard sera fier, sa voix grave, sa démarche ferme, ses mouvemens vigoureux, assurés.

La femme, formée d'un tissu plus délicat, a les membres élégamment arrondis, la poitrine moins développée, mais potelée, les hanches plus larges et la peau douce et lisse; son regard est timide, sa voix est tendre, sa démarche est souple et légère, son maintien a plus de grâce. L'homme a ordinairement plus de franchise et plus de confiance, parce qu'il est robuste, et il a d'ordinaire plus d'élévation de cœur: tout chez lui se déploie librement au dehors; au contraire, on accuse l'être le plus délicat et le plus timide de dissimulation et d'artifice, et même de ruse, de fausseté, parce qu'il est le plus faible; qu'il se défie, qu'il désire beaucoup et qu'il ose peu: on l'accuse d'être envieux, intéressé, alors qu'on ne lui laisse que le second rang. Si l'homme est moins vindicatif, c'est parce qu'il est plus capable de se défendre; s'il est moins vain, moins médisant, c'est qu'il possède les biens plus réellement. La femme est curieuse et indiscrète, parce qu'elle connaît moins; elle agit par ses sentimens et ses passions, parce qu'elle ne devient forte qu'en se rendant faible. Il y a dans les manières de l'homme une certaine âpreté de mœurs; son cœur est plus dur et moins capable de soins, de vigilance que celui de la femme, qui est rempli d'une pitié douce, d'une sensibilité vive et affectueuse. Les femmes aux formes viriles sont, en général, pédantes, hautaines, luxurieuses; les hommes efféminés prennent plutôt les vices que les vertus du sexe dont leur constitution les rapproche. (*Voy.* HOMME et SEXES.)

La physionomie des femmes a plus de mobilité que celle des hommes: les manifestations en sont plus rapides, mais moins prononcées. Maîtrisant plus difficilement leurs impressions, les femmes ont, moins que les hommes, l'art de déguiser les signes extérieurs.

En montrant Claudius, Norceste dit à Hamlet:

Il n'est point troublé.

— Non; mais regarde ma mère,

lui répond Hamlet.

Les *âges* apportent d'immenses modifications dans les Physionomies humaines. Les traits ne se développent que successivement et prennent, avec le temps, l'unisson du caractère. La jeunesse correspond avec le rire et la joie; la vieillesse avec le chagrin et la tristesse; la fleur de l'âge avec l'amour, les passions vives, telles que la colère; dans l'âge adulte les traits deviennent plus prononcés, plus durs et enfin plus âpres; et, par une progression inévitable, ils se déforment dans la vieillesse. Quelquefois cette époque de la vie donne aux traits du visage un caractère de mansuétude, de bonté; un aspect vénérable qu'ils n'avaient pas présenté dans un âge précédent. Il résulte, dit M. Virey, trois nuances ou trois expressions distinctes dans la même figure, le *joli*, le *beau*, le *sublime* ou *sévère*. L'enfant est joli pour l'ordinaire; la femme, le jeune homme, à la fleur de leur âge, sont beaux, pour la plupart, chacun dans leur genre et relativement à leur forme; l'homme, dans sa force et sa virilité, tient du sublime par des traits plus fiers, par une Physionomie plus majestueuse et plus sévère.

Passons à l'influence des climats sur la Physionomie, et nous y trouverons encore une suite d'enseignemens que ne doit pas négliger celui qui se livre à l'étude des hommes et qui cherche à démêler dans leurs traits extérieurs leurs dispositions morales et le degré de confiance qu'il doit accorder à chacun d'eux.

Il suffit, dit Cabanis, de jeter un coup d'œil sur le tableau des différens climats, pour voir sous combien de formes variées, dépendantes des circonstances qui leur sont propres, la puissance de la vie semble prendre plaisir à s'y développer. Dans chaque importante division de notre globe, dans chaque grande variété d'une de ces divisions, prise au hasard, combien d'animaux qui ne se rencontrent pas ailleurs! quelle diversité de structure, d'instinct, d'habitudes! que de traits nouveaux ils offrent à l'observation, soit dans la manière de pourvoir à leurs besoins, soit dans le genre et dans le caractère de leurs facultés primitives, soit enfin dans la nature et dans la direction que prennent et ces facultés et ces besoins! L'influence du climat est surtout fortement marquée dans les changemens qu'en éprouvent les mêmes races: puisque non seulement cette influence s'exerce sur leurs qualités ou leurs dispositions intimes, mais qu'elle peut encore quelquefois effacer de leur structure extérieure et de leurs inclinations, ou de leur naturel, les traits qu'on avait cru les plus distinctifs. Le Cheval, le Chien, le Bœuf, sont en quelque sorte, d'autres espèces dans les différentes régions du globe: dans l'une, audacieux, fougueux, sauvages, farouches; dans l'autre doux, timides, sociables: ici l'on admire leur adresse, leur intelligence, la facilité avec laquelle ils se prêtent à l'éducation que l'on veut leur donner; là, malgré les soins les plus assidus, ils restent stupides, lourds, grossiers, comme le pays lui-même, insensibles aux caresses et rebelles à toutes les leçons. La taille de ces animaux, la forme de leurs membres, leur Physionomie, en un mot, toute leur apparence extérieure, dépend bien évidemment du sol qui les a produits, des impressions journalières qu'ils y reçoivent, du genre de vie qu'ils y mènent et surtout des alimens que la nature leur y fournit. Si la sensibilité de l'homme est, par rapport à celle de toutes les espèces animales connues, la plus souple et la plus mobile, on peut en conclure que tout ce qui peut agir sur les autres créatures vivantes agit, en général, d'une manière beaucoup plus forte sur lui. Nous ne tracerons pas ici les différences qui existent entre les diverses races humaines; ce sujet est traité plus convenablement dans un autre article de ce Dictionnaire, mais nous rappellerons seulement combien il y a de différences tranchées entre les diverses nations d'une même partie du globe. Combien n'est-il pas facile pour l'ordinaire, de reconnaître aux traits caractéristiques qui les distinguent, un Hollandais, un Anglais, un Italien, un Espagnol! En

France même n'existe-t-il pas des traits particuliers auxquels on peut reconnaître le Champenois, le Normand, le Breton, le Provençal! etc. Nous devons être sobres d'exemples dans cette partie de notre travail, et nous borner à signaler les faits principaux pour ne pas rappeler ici ce qui est dit ailleurs dans cet ouvrage; il nous suffira donc de rappeler que dans l'étude de la Physionomie humaine il faut d'abord faire la part des grandes modifications que les climats, comme les tempéramens, les sexes et les âges doivent apporter à l'organisation avant de déduire les conséquences rigoureuses de l'expression faciale des individus. La figure grave et taciturne d'un Hollandais peut cacher une âme tendre et expansive; la Physionomie mobile, joyeuse d'un habitant des contrées méridionales peut servir de masque à la misanthropie, à la haine profonde. En général, dans les régions froides, les hommes paraissent plus long-temps jeunes, parce que la végétation animale y est plus lente ainsi que la puberté; c'est tout le contraire sous les climats chauds, où les fonctions de la vie sont accélérées; aussi la vieillesse y est précoce et longue, comme la jeunesse se conserve jusqu'à une époque avancée chez les peuples des contrées froides. Tous les peuples qui vivent sur un terrain plat et bas comme les habitans de la Tourraine, de la Champagne et de la Flandre, ont non seulement un caractère plus simple et plus doux, mais encore des formes plus arrondies et moins marquées que les montagnards. Un sol aride ou seulement la chaleur sèche de l'air imprime aux Gascons, aux Languedociens, aux Provençaux, une vivacité, une gaîté inconnues dans le nord de l'Europe. Ces qualités se décèlent aussi bien dans les traits du visage que dans le maintien de la personne. Les lieux élevés et secs, exposés au vent et au froid rendent les corps allègres et velus, le naturel inconstant, actif, l'esprit vif et entreprenant. Dans les contrées dont les qualités sont opposées, les habitans prennent une Physionomie empâtée, avec de grosses chairs flasques, humides, des traits émoussés et un caractère analogue. Il est facile d'après ces données générales de saisir les nuances intermédiaires. Ce qu'il ne faut pas oublier c'est que les traits caractéristiques des indigènes d'une contrée se retrouvent, à certains degrés, chez les étrangers que les circonstances y font séjourner long-temps. De plus on trouvera, si l'on y prend garde, des figures nationales dans chaque climat et pour chaque peuple. En effet, les juifs portent le même caractère de tête dans toutes les contrées qu'ils habitent et depuis les âges les plus reculés; car ils ne se mêlent à aucun peuple par les mariages et les mœurs. Les nations grecques ont conservé en général de belles figures, et l'on remarque encore aujourd'hui de beaux profils grecs vers Marseille et dans plusieurs contrées de l'Italie, comme le type des visages maures, s'est conservé dans les populations espagnoles. Les Écossais ont une figure allongée, plusieurs Bretons offrent un crâne sphérique et un visage rond, tandis que les Anglais l'ont plus long en général. On peut comprendre d'après ce que nous avons dit des climats que les diverses températures qui résultent des saisons peuvent aussi accidentellement donner des expressions diverses à la Physionomie. Mais il est encore une circonstance qui rentre en partie dans l'histoire des climats, c'est celle du *régime*. La manière de vivre ne peut être la même sous les zônes froides, que dans les régions brûlées par le soleil et cette cause contribue avec les précédentes à modifier et l'organisation générale et les formes extérieures qui en résultent. Nous entendons seulement par régime l'emploi de certains alimens et de certaines boissons et nous ne faisons pas entrer dans cette dénomination, les travaux, les exercices du corps, etc., qui sont une autre source de modifications dans les physionomies. L'influence du régime exigé par le climat se confond nécessairement avec celle que ce dernier exerce sur la structure et le développement du corps; mais il est sous toutes les latitudes un régime individuel qui dépend de dispositions particulières, de penchans, d'habitudes, etc. Dans tous les pays on trouve des hommes sobres, dans tous aussi, on rencontre des hommes enclins à la gloutonnerie, à l'ivrognerie. Il sera facile de noter les traces que chacune de ces dispositions individuelles doit laisser sur l'ensemble de la Physionomie. Les grands mangeurs ont ordinairement l'esprit paresseux et lourd et tous leurs traits portent l'empreinte de la médiocrité de leur intelligence; l'ivrognerie défigure le visage; le regard, les lèvres, les rides de l'ivrogne expriment une soif impatiente et qu'il est impossible d'apaiser; l'usage immodéré du vin énerve et dégrade le moral, comme il dégrade le visage, l'air et tout le maintien.

Les *habitudes* agissent souvent sur nous, à notre insu, sans que nous nous rendions compte de leur puissance, sans que nous cherchions à nous y soustraire. Ces habitudes se rencontrent dans le langage, comme dans les diverses actions de l'homme, et si elles peuvent changer quelquefois l'expression ordinaire de la Physionomie, le plus ordinairement aussi elles viennent ajouter aux moyens divinatoires empruntés à celle-ci. Ces gestes, ces exclamations, ces attitudes, ces mots favoris qui reviennent fréquemment dans les actes de la vie, décèlent souvent l'état ordinaire de notre esprit. Les professions, en entraînant chaque jour les individus dans le même cercle d'actions ou de pensées, donnent ainsi des habitudes morales et physiques dont il est souvent impossible de se défendre. L'homme versé dans les sciences, qui a beaucoup vu, beaucoup étudié, beaucoup retenu, empruntera dans son langage des images ou des mots à ses diverses connaissances; celui, au contraire, qui se renferme dans une seule profession, qui en est peu distrait, en rappellera souvent ou les attitudes qu'elle exige, ou les pensées qu'elle développe en lui.

Nous avons vu jusqu'ici quels étaient les caractères généraux essentiels à connaître pour se livrer avec fruit à l'étude de la Physionomie; avant d'arriver aux applications de ces connaissances préliminaires et aux détails qu'elles comportent, nous devons dire un mot des mouvemens de l'âme qui agitent l'homme et que les traits du visage comme des habitudes du corps, sont destinées à traduire.

Les *passions* peuvent être rangées sous deux ordres différens, les passions gaies ou expansives, les passions tristes ou rétractives; dans les premières toutes les parties de l'organisation semblent s'épanouir, s'étendre, comme pour envahir, saisir, embrasser; dans les secondes elles semblent se dérober, se soustraire à tous les objets.

Dans la joie toutes les parties se dilatent, le visage s'épanouit, les joues s'écartent, une douce chaleur se répand dans tout le corps, la poitrine s'élargit, tout s'exhale au dehors; dans la tristesse ou le chagrin, qui est le propre de la complexion mélancolique et de la vieillesse, tout se retire, au contraire, au dedans; le visage se renfrogne, les joues se resserrent, la poitrine se rétrécit, les membres se concentrent, comme dans le froid. La première est une dilatation de la vie, elle engraisse le corps; la seconde, qui est sa concentration, le fait maigrir. Par la colère, l'âme s'échauffe et s'exalte, tandis qu'elle se glace et s'affaisse par la crainte. En effet, lorsque nous sommes irrités, le feu monte au visage, les joues se relèvent, tous les traits se tendent, la poitrine se gonfle, le cœur bouillonne, les membres se raidissent. Mais dans la crainte les mouvemens sont opposés aux précédens, les traits retombent, la figure s'abaisse, la poitrine s'affaisse, le cœur manque et se refroidit, tous les membres sont abattus.

Les autres passions, se composant pour la plupart de ces quatre primitives, participent de leurs traits physionomiques. L'amour et la haine étant des affections seulement relatives à des individus que l'on aime ou que l'on hait ne deviennent presque jamais constitutionnelles ou inhérentes à l'organisation comme les précédentes.

Dans l'amour et l'admiration, le front se dresse et s'avance; les yeux s'ouvrent, la paupière se lève. Dans la curiosité la bouche s'entrouvre, comme on voit des paysans ou des ignorans, regarder, la bouche béante, un spectacle nouveau pour eux. La joie, le rire, ferment à demi les yeux, élèvent les coins de la bouche, soulèvent les joues, ouvrent les ailes du nez et retirent toutes les parties sur les côtés et vers les régions supérieures. Au contraire, dans la tristesse et les pleurs les parties tendent vers le bas, la figure s'allonge, les lèvres s'abaissent. Les affections gaies aspirent vers le ciel; les passions tristes tendent vers la terre.

Si l'effroi se marque par une bouche excessivement ouverte et des yeux qui semblent sortir de la tête, le mépris rend le visage inégal : un œil s ferme et l'autre se détourne. La haine, la colère se témoignent encore par l'avancement de la lèvre inférieure qui emboîte la supérieure, en même temps que le front s'abaisse et se sillonne de rides. Dans l'envie, les sourcils viennent couvrir la racine du nez; l'œil disparaît sous eux, les dents grincent et les coins de la bouche s'ouvrent, le milieu demeurant fermé. Dans la jalousie, les sourcils se froncent, les yeux se tournent en dessous et les joues se contractent. Mais, comme nous l'avons vu, ce sont les yeux qu'il faut étudier pour deviner les sentimens les plus cachés. Il est rare qu'un scélérat soutienne hardiment son crime sans se déceler à l'observateur qui interroge son regard. On dit que les Chinois n'interrogent pas autrement les criminels.

Pour faire une heureuse application des principes que nous avons établis il ne suffira pas de les étudier et c'est ce qui nous a fait dire en commençant que la physiognomonie ne saurait être une science qu'il est possible de réduire à des règles fixes, mais qu'elle était le partage de certains individus privilégiés doués d'un tact particulier qui leur faisait apercevoir une foule de secrets cachés au plus grand nombre, saisir des nuances délicates et fugitives qui échappent au vulgaire des observateurs. Lavater, qui a écrit un si beau livre sur la physiognomonie, et qui, en recueillant tant de faits a édifié le plus vaste monument qu'on possède à cet égard, Lavater, disons-nous, ne se reconnaissait pas les qualités essentielles au physiognomoniste; mais il a sagement tracé le portrait de celui-ci. Il suffit, dit-il, d'avoir des yeux et des oreilles pour avoir des dispositions à la science physiognomonique; mais entre dix mille, pas un qui deviendra bon physionomiste; sans les avantages de la figure personne ne saurait le devenir. Les plus beaux peintres sont devenus aussi les plus grands peintres, Rubens, Van Dick, Raphaël, qui offrent trois degrés de beautés mâles, sont aussi trois génies de la peinture, mais chacun d'un ordre différent. Les physionomistes les mieux partagés du côté de l'extérieur seront toujours aussi les plus habiles. De même que l'homme vertueux est le mieux en état de juger de la vertu, l'homme droit, de ce qui est équitable et juste, de même ceux qui ont les plus beaux visages sont les plus capables de prononcer sur la beauté et la noblesse des Physionomies et de découvrir en même temps ce qu'elles ont d'ignoble et de défectueux. Si la beauté était moins rare parmi les hommes, peut-être la physiognomonie serait-elle plus accréditée.

Jadis, ceux qui étaient marqués de quelque défaut corporel, les aveugles, les boiteux, ceux qui avaient le nez écrasé, ou la taille contrefaite, n'osaient point approcher de l'autel du Seigneur. De même l'entrée du sanctuaire de la physiognomonie doit être fermée à tous ceux qui s'y présentent avec un cœur pervers, des yeux louches, un front mal conformé, une bouche de travers. Celui qui a dit on a pu dire sérieusement une fois dans sa vie : « Qu'importe la figure d'un homme? je m'arrête uniquement aux actions et non pas au visage »; celui qui a dit ou aurait pu dire : « Tous les fronts me paraissent égaux; je n'aperçois aucune différence entre les oreilles », ou quelque chose d'équivalent, ne deviendra jamais physionomiste. Celui qui voit un inconnu s'avancer vers lui pour demander un service ou pour traiter de quelque affaire, et qui n'éprouve pas au même instant quelque chose qui l'attire ou le repousse, un mouvement secret d'affection ou d'aversion, celui-là, dis-je, ne sera jamais physionomiste.

Celui qui préfère l'art à la vérité, et ce qu'on appelle *manière*, dans la peinture, à la correction du dessin, qui estime le travail presque surnaturel de Van der Werf, et l'ivoire de ses chairs plus qu'une tête du Gnide; celui qui n'aime point à rêver dans les paysages de Gessner, qui ne sent point dans les apôtres de Klopstock ce que l'humanité a de plus sublime, et l'Homme-Dieu dans son Christ auprès de Samma; celui qui ne voit dans Goethe qu'un bel-esprit, dans Haller qu'un écrivain dur; celui dont le cœur n'éprouve point une douce émotion à la vue de la tête d'Antinoüs, dont l'âme n'est point élevée par la sublimité d'Apollon, et qui ne la sent pas même d'après Winckelmann; celui qui, à l'aspect de ces ruines de l'ancienne perfection idéale de l'humanité, ne s'afflige point, presque jusqu'à verser des larmes, de la dégradation de l'homme, et de l'art son imitateur; celui qui, en examinant les antiques, n'aperçoit pas dans Cicéron une tête intelligente et lumineuse, dans César un caractère entreprenant, dans Solon une sagesse profonde, dans Brutus une fermeté inébranlable, dans Platon une sagesse divine; ou bien celui qui, considérant les médaillons modernes, ne voit pas au premier coup d'œil dans Montesquieu la plus haute sagacité dont l'homme puisse être doué, dans Locke un profond penseur, dans Voltaire le satirique le plus spirituel, celui-là, dis-je, ne deviendra jamais un physionomiste supportable. Celui qui n'éprouve pas un mouvement de respect lorsqu'il surprend quelqu'un faisant le bien sans se croire aperçu; celui que la voix de l'innocence, le regard ingénu de la pudeur non profanée, l'aspect d'un bel enfant qui dort dans le sein de sa mère, penchée sur lui et respirant sa douce haleine; celui que le serrement de main d'un ami fidèle et le langage de ses yeux attendris ne touchent pas; celui qui, indifférent sur tous ces obets, peut même en détourner la vue avec un rire moqueur, égorgera plutôt son père qu'il ne deviendra physionomiste.

Observer ou apercevoir les objets en les distinguant est l'âme de la physiognomonie; c'est proprement en quoi elle consiste. L'esprit d'observation, chez celui qui se livre à cette étude, doit être également subtil, prompt, sûr, étendu. Observer, faire attention, distinguer, découvrir les ressemblances et les dissemblances, les proportions et les disproportions, est l'ouvrage du jugement. Ainsi, sans un jugement exquis, le physionomiste ne pourra jamais ni observer avec justesse, ni arranger et composer ses observations et moins encore en déduire les conséquences. La physiognomonie est le jugement réduit en pratique, ou bien la logique des différences corporelles.

A une profonde sagacité le vrai physionomiste doit joindre une imagination vive et forte, un esprit prompt et subtil. Il lui faut de l'imagination pour s'imprimer tous les traits avec netteté et sans effort, pour se le rappeler facilement et aussi souvent qu'il le veut, pour classer leurs images dans sa tête, selon qu'il le juge à propos, et opérer sur elles avec autant d'aisance que si les objets étaient perdus et qu'il ne tînt qu'à lui de les transporter à son gré. Il doit avoir de l'esprit pour trouver la ressemblance des signes découverts avec d'autres objets. Par exemple, il aperçoit dans une tête et dans un front quelque chose de caractéristique; ces traits s'impriment aussitôt dans son imagination, et son esprit lui fournit des ressemblances qui aident à déterminer ces images et leur prêtent plus de signes et d'expression. Il doit être habile à saisir des approximations pour chaque trait caractéristique observé et en déterminer les degrés à l'aide de son esprit. L'esprit seul crée et forme le langage physiognomonique: sans une grande richesse de langage, personne ne deviendra un habile physionomiste; ainsi, non seulement il doit posséder sa langue à fond, il doit aussi être le créateur d'un langage nouveau, également précis, agréable, naturel et intelligible. Tous les règnes de la nature, toutes les nations, tous les ouvrages du génie, de l'art et du goût, tous les vocabulaires doivent fournir à ses besoins. S'il veut être sûr de ses jugemens, s'il veut que ses déterminations portent une empreinte de solidité, l'art du dessin lui devient indispensable. La dessin est la langue naturelle de la physiognomonie, sa première et sa plus sûre expression; c'est un puissant secours pour l'imagination, et l'unique moyen d'établir avec certitude, de désigner, de rendre sensibles une infinité de signes, d'expressions, de nuances qui ne sauraient être décrites par des mots. Nombre d'observations importantes doivent nécessairement échapper au physionomiste qui ne dessine point avec aisance, avec précision; il ne pourra ni les retenir ni les communiquer à d'autres.

Il doit connaître l'anatomie, la physiologie; mais la plus importante des connaissances qui lui sont nécessaires est, sans contredit, celle du cœur humain. Combien il doit être attentif à examiner, à observer et à dévoiler son propre cœur. Cette science, si difficile et si nécessaire, il devrait la posséder au plus haut degré de perfection possible: ce n'est qu'à proportion de la connaissance qu'il aura acquise de lui-même, qu'il sera capable de connaître les autres. Indépendamment de l'utilité générale qu'il y a d'étudier le cœur humain et surtout le sien propre, de connaître la filiation des penchans et des passions, leur affinité et leurs rapports, leurs symptômes et leurs déguisemens, une raison particulière oblige le physionomiste à se livrer à cette étude. En effet, les sensations que l'observateur éprouve en considérant quelque objet, ont certaines nuances dont il est singulièrement frappé et qui souvent n'existent que pour lui seul; car elles peuvent se rapporter entièrement à la constitution individuelle de ses facultés intellectuelles, et au point de vue particulier sous lequel il envisage tous les objets dans le monde physique et moral. De là vient qu'il fera nombre d'observations qui n'auront d'usage que pour lui, avec quelque vivacité qu'il les sente, il ne réussira que difficilement à les communiquer à d'autres. Cependant ces observations délicates auront certainement de l'influence sur les jugemens que portera le physionomiste. Ainsi, supposé qu'il se connaisse lui-même, il doit comparer le résultat de ses observations avec la façon de sentir qui lui est propre; il doit séparer ce qui est généralement accordé de ce qui peut être uniquement l'effet de la manière d'observer.

Quels indices, quels pressentimens chacun lit sur son propre visage toutes les fois qu'un mouvement déréglé s'élève dans le cœur; comme on est obligé de baisser les yeux, de détourner la tête, de fuir le regard des hommes et les reproches de son miroir! Combien on redoute l'épreuve de ses propres regards et l'œil pénétrant de ses semblables chaque fois qu'on surprend son cœur coupable de quelque artifice, soit envers lui-même, soit envers autrui! Comment reconnaîtrons-nous les signes de la bienveillance et de la charité, si nous-mêmes sommes dépourvus d'amour? Comment, si l'amour n'aiguise nos regards, pourrons-nous discerner l'empreinte de la vertu, l'expression d'un noble sentiment? Saurons-nous en démêler la trace sur un visage défiguré par accident, ou rebutant au premier coup d'œil? Si de viles passions assiégent notre âme, combien de faux jugemens elles nous dicteront! Nous lirons le crime sur des fronts où la vertu est écrite, nous supposerons chez les autres tous les vices dont notre conscience nous accuse. Celui qui a quelque ressemblance avec notre ennemi aura tous les défauts et tous les vices que notre amour-propre offensé suppose, peut-être faussement, à notre ennemi. Les beaux traits nous échapperont, les mauvais seront exagérés, et nous n'observerons que des caricatures et des difformités. Pour terminer ce portrait, disons que le physionomiste doit connaître le monde, fréquenter les hommes de tout état, les voir, les étudier dans toutes sortes de circonstances et de situations; une vie retirée ne saurait lui convenir. Les voyages, les relations étendues et variées, le commerce des artistes et des savans, celui des personnes très-vicieuses ou très-vertueuses, très-instruites ou très-bornées, et surtout celui des enfans; le goût des lettres, de la peinture et de tous les ouvrages de l'art : toutes ces ressources, et d'autres encore, sont pour lui d'un besoin indispensable. Tels sont, à peu près, les termes dans lesquels Lavater trace le portrait du physionomiste; telles sont les conditions, difficiles à remplir, qu'il exige pour se livrer avec fruit à l'étude de la science qu'il a voulu créer. Mais, empressons-nous de le dire, tous ceux qui n'élèveront pas la physiognomonie au rang des sciences, tous ceux qui ne chercheront dans la forme, les mouvemens des différentes parties du corps, que les rapports qui existent entre ceux-ci et le moral d'un individu, ses passions, ses besoins, ses désirs, ses souffrances, ceux-là, disons-nous, s'ils observent attentivement, s'ils sont doués surtout d'un tact particulier, plus difficile à bien définir qu'à comprendre, trouveront dans l'étude de la Physionomie humaine des révélations précieuses, des signes assez certains des mouvemens de l'âme et des facultés de l'esprit. Qu'ils examinent avec soin, qu'ils se défient des premières impressions, qu'ils ne s'en rapportent pas à un seul indice, qu'ils comparent en observant, et si leur jugement les égare quelquefois, sans qu'ils possèdent cependant toutes les qualités exigées par Lavater, il les conduira le plus ordinairement à la vérité. On a résumé en quelques mots la science du physionomiste en disant que tout son talent consistait à distinguer la réalité de l'affectation, quelque savante et soutenue qu'elle soit.

Il est, on le sait, des Physionomies qui se repoussent, il en est qui s'attirent : cette influence réciproque des Physionomies les unes sur les autres est un des points les plus curieux de cette étude; voici ce que dit Lavater à ce sujet : La conformité du système osseux suppose aussi celle des nerfs et des muscles. Il est vrai cependant que la différence de l'éducation peut affecter ceux-ci de manière qu'un œil expérimenté ne sera plus en état de trouver les points d'attraction. Mais rapprochez ces deux formes fondamentales qui se ressemblent, elles s'attireront mutuellement; écartez ensuite les entraves qui les gênaient, et bientôt la nature triomphera; bien plus, les visages même qui diffèrent par la forme fondamentale peuvent s'aimer, se communiquer, s'attirer, s'assimiler, et s'ils sont d'un caractère tendre, sensible, susceptible, cette conformité établira entre eux, avec le temps, un rapport de Physionomie qui n'en sera que plus frappant. L'assimilation m'a toujours paru plus frappante dans le cas où, sans aucune intervention étrangère, le hasard réunissait un génie purement communicatif et un génie purement fait pour recevoir, lesquels s'attachaient l'un à l'autre par inclination ou par besoin. Le premier avait-il épuisé tout son fonds, le second reçu tout ce qui lui était nécessaire, l'assimilation de leurs Physionomies cessait aussi. Elle avait atteint, pour ainsi dire, son *degré de satiété*.

En général, si, après avoir lu tout ce qu'on a écrit sur la Physiognomonie, on fait l'application de ses souvenirs à des hommes d'exception, on sera frappé, dit un de nos habiles écrivains, des résultats qu'elle peut offrir. Ces caractères tranchés et hardiment dessinés par la nature, fournissent des exemples éclatans, appréciables au premier coup d'œil. Il n'en sera pas de même pour les sujets médiocres. Leurs petites vertus et leurs petits vices sont mollement accusés sur des visages insignifians. Leur médiocrité résulte d'un ensemble de facultés vulgaires dont pas une n'est l'intelligence, pas une l'idiotisme. Diverses doses d'aptitude, dont pas une n'envahit précisément les autres, donnent au visage plusieurs expressions dont pas une n'est la principale et la dominante.

Comment prononcer sur de telles Physionomies, à moins d'une habileté et d'une patience excessives? Cependant, le bon Lavater, qui ne dédaigne rien et qui prend plaisir à relever et à encourager tout bon instinct, quelque peu développé qu'il soit, nous fait lire de force, sur ces visages sans attrait, la finesse, l'esprit d'ordre, le bon sens, la mémoire; s'il n'y trouve pas ces qualités, il y trouve à estimer la candeur, la douceur, la probité.

Après avoir indiqué les organes qui servent à l'expression physiognomonique; après avoir fait connaître les caractères principaux de cette expression et les rapports qu'ils ont avec les mouvemens de l'âme; après avoir examiné les modifications que leur font subir les diverses causes qui agissent constamment et le plus puissamment sur l'organisation humaine, comme les climats, les tempéramens, les âges, le sexe, les habitudes, il ne nous reste plus qu'à faire quelques applications particulières de ces connaissances générales et à montrer par des exemples combien l'étude de la Physionomie peut servir à l'intelligence du cœur humain.

Dans son immense ouvrage, Lavater a pu multiplier les exemples; nous, forcé de nous borner à quelques uns, nous les choisirons du moins parmi ceux que le fondateur de la physiognomonie a regardés comme des plus concluans, ou parmi ceux que nous fournissent des observations faites sur quelques uns de nos contemporains célèbres. Nous ne nous arrêterons pas à quelques preuves plus curieuses qui sont tirées du rapport que présentent la ressemblance de certaines têtes humaines avec celles de quelques animaux, et les penchans des individus qui offrent cette ressemblance avec l'instinct particulier des mêmes animaux.

Les anciens philosophes, et Aristote surtout, avaient en effet observé que chaque animal avait son instinct, comme le Renard a la finesse en partage, le Loup la férocité, le Cochon la stupidité, le Bouc la lubricité, etc., et ils supposèrent que les hommes, qui présentaient des traits analogues, devaient montrer les mêmes qualités; de là naquit ce système physiognomonique de comparaison avec les animaux, que l'on voit développé par Jean-Baptiste Porta, esquissé par le peintre Lebrun et que Grandville, l'un des plus spirituels artistes de notre temps, a reproduit avec tant d'originalité; mais ces analogies avec les animaux ne sont, suivant la remarque de M. Virey, que des indications tirées de trop loin et extrêmement vagues; car tel qui passera pour semblable au Lion pour sa figure, aura peut-être le cœur timide du Cerf. Aussi est-ce bien plutôt en rapprochant les individus, en les comparant, en voyant ce qu'ils offrent de commun dans leur physique et leur moral, que l'on parvient à s'assurer que telle complexion dispose à tel caractère naturel. Comparez, en effet, la figure d'un homme dont la probité vous sera connue ou le visage plein de candeur d'un jeune homme que les passions n'ont point encore agité à celui que nous avons fait représenter dans la planche 517, fig. 1; quelles différences immenses vous reconnaîtrez au premier coup d'œil. Ce regard, cette bouche entr'ouverte marquent visiblement un homme qui épie, qui est aux écoutes; ses pensées se promènent d'objet en objet, parce qu'il tend à s'assurer d'un point et veut y parvenir quoi qu'il en coûte. Ce long menton, un peu pointu, ou du moins fort saillant, fait présumer au physionomiste un homme fin et rusé, qui abusera de sa finesse et de son savoir-faire, au lieu de les employer au profit de la société. Mais le front et le nez annoncent tant de capacité, tant de raison, un esprit si réfléchi, qu'à les considérer seuls on ne pourrait en attendre que du bien. Ces traits sont ceux d'un honnête homme, dirait le physionomiste qui n'aurait vu ni l'œil, ni la bouche. Cette physionomie est celle d'un fripon, dira au premier coup d'œil un homme qui connaît le monde; c'est uniquement sur les lèvres, ou plutôt entre les lèvres, que gît la dépravation. Il y a des visages que la friponnerie ne défigure pas, parce que, portée à un certain degré, elle suppose toujours une tête forte et n'est alors que l'abus d'une faculté estimable.

Rapprochez de ce visage de fourbe la figure n° 2 de la même planche; c'est le portrait de Knipperdolling, le compagnon du fameux Jean de Leyde, roi des Anabatistes. Ce fanatique furieux et sanguinaire n'annonce-t-il pas, aussitôt qu'on le voit, un caractère dur, féroce, énergique, incapable de toute affection douce? A son approche on croit se sentir transporté dans une atmosphère épaisse où l'on respire avec peine. Rien de tels hommes ne nous invite à communiquer nos besoins, rien ne nous en fait attendre des consolations, des secours ou seulement l'intérêt de ce qui nous concerne. Tout, jusqu'à la barbe, porte un caractère de dureté, d'inflexibilité. La bonté n'a jamais imprimé sur ce visage la plus légère trace, et la scélératesse y est si frappante, qu'on ne saurait l'envisager sans éprouver un sentiment de haine et d'effroi. L'œil gauche de cette tête exprime beaucoup de sensualité, le nez de l'habileté et une fierté insolente, la bouche du mépris et une assurance fondée sur le sentiment de sa propre force.

Quand nous n'aurions jamais vu aucune figure qui ressemblât à celle représentée au n° 3 de la même planche, un premier sentiment ne nous avertirait-il pas d'abord qu'on n'en peut attendre ni générosité, ni tendresse, ni noblesse d'âme. Le *juif sordide* nous choquerait lors même que nous ne pourrions ni le comparer, ni lui donner un nom: cette tête est celle de *Judas Iscariote*, d'après Holbein.

N'est-ce pas aussi un des exemples les plus concluans pour le physionomiste que cette tête du satyrique et malin Sterne, que nous représente la figure 1re de la planche 518. Sans doute on n'y reconnaîtra pas un puissant génie prompt à tout pénétrer, à tout saisir, mais il est difficile de n'y pas voir l'observateur plein de finesse, plus borné

dans

dans son objet, mais plus profond par là même que d'esprit, de malice dans ses yeux, dans l'intervalle qui les sépare, dans le nez et dans la bouche de cette figure!

En donnant comme un type physiognomonique la tête d'un Transtévérain que nous avons reproduit dans la même planche, fig. 2, Lavater ajoute: La nature a marqué bien distinctement la ligne de séparation qui borne les facultés de cet être. Si elle n'avait donné au regard la vivacité la plus perçante, à la bouche une expression de sagesse et de candeur qui approche de la bonté, le caractère opiniâtre et dur de ce front d'airain, ces sourcils épais et fortement prononcés, ce nez qui annonce tant de force et d'action, nous causeraient un mouvement d'effroi. Elle avait besoin de mettre à l'endroit où elle l'a posée une telle borne, une telle clef de voûte; osera-t-on lui en demander la raison? Et qui oserait entreprendre de faire passer sur ce visage l'étourderie d'un jeune garçon, la délicatesse d'une fille, la sensibilité d'un poète amoureux, la timide réserve d'une matrone.

Jetez encore les yeux sur le n° 3 de la même planche: l'original ne doit-il pas être un homme prudent et clairvoyant, un esprit juste et conséquent. Sans atteindre le sublime, sans être un philosophe proprement, ni un génie poétique, il a dû avoir de l'érudition et des connaissances fort étendues. Résolu par caractère, il fera face à tout, et si on l'attaque, il saura défendre le terrain. Son front carré atteste une mémoire prodigieuse, beaucoup de bon sens, et une fermeté qui dégénérera plutôt en opiniâtreté qu'en dureté. Les fronts qui, dans l'ensemble, sont aussi proéminens que celui-ci, et qui aux rides près, approchent de la forme perpendiculaire, excluent généralement les nez aquilins, échancrés et retroussés, mais ils admettent presque toujours la lèvre d'en bas et un menton qui avancent, comme, par exemple, dans le portrait de Zwingle, le réformateur de la religion en Suisse, l'émule, le rival de Luther. Les gens ainsi conformés tiendront une place distinguée dans le cabinet et dans le conseil: on pourra les employer utilement à des discussions laborieuses, soit en littérature, soit en politique. Pour mieux sentir tout ce qu'il y a de puissance dans la Physionomie d'un tel homme, opposez la tête reproduite planche 520, figure 10. Tête de dévot dont l'attention est fortement excitée; ce visage a une expression de contentement, mais comme il doit vous paraître dénué de sagesse et d'énergie; la partie inférieure du nez a même un certain caractère d'imbécillité.

Parmi les hommes qui ont le plus illustré notre époque, il en est quelques uns dont le génie a brillé dans des carrières si différentes, que nous avons voulu opposer les uns aux autres, et comparer les caractères physionomiques que chacun présente. Dans la planche 519 de cet ouvrage nous avons donné les portraits de Napoléon, de Cuvier, de David le peintre et de M. Chateaubriand. Il est facile, au premier aspect, de remarquer les points de rapprochement qu'ils offrent entre eux, comme il est facile de noter aussi les traits différentiels par lesquels chacun d'eux se distingue. Tous, en effet, sont remarquables, par la vaste capacité de la tête, et aussi par la régularité du nez, du menton, l'expression des yeux, etc., et cependant aucun d'eux ne ressemble à l'autre. On a beaucoup étudié la tête de Napoléon sous le rapport phrénologique; on l'a longuement expliquée sous le rapport de la physiognomonie, et cette fois encore, disons-le, cette dernière science s'est trouvée d'accord avec le caractère du grand homme, tandis que les données fournies par la phrénologie sont loin d'être aussi satisfaisantes. Il nous est impossible, dans cet article, de démontrer la coïncidence évidente entre les signes physiognomoniques de la tête de Napoléon et les principales actions de la vie de ce grand homme: c'est là le sujet d'un livre à faire, et cette belle étude physiologique nous paraît digne des recherches et de l'attention des savans. Nous nous contenterons ici de copier textuellement ce qu'on a écrit à cet égard. Dans ce simple énoncé, dans cet exposé sèchement scientifique, nos lecteurs trouveront, nous n'en doutons pas, de nombreuses applications à faire aux événemens qui ont signalé l'existence de cet homme dont le puissant génie a pendant vingt ans imprimé au monde entier une si énergique impulsion.

Tempérament et constitutions. Né avec une constitution forte et heureuse, Napoléon était d'une stature un peu au dessus de la moyenne, d'une force musculaire à supporter les plus grandes fatigues; il avait une poitrine large, un sang bouillant, le pouls ferme, plus fréquent que rare, des organes d'un tissu compact et plein d'énergie, propres à communiquer une grande fermeté d'âme, beaucoup de vigueur d'esprit, et à braver toutes les influences qui peuvent altérer la santé ou menacer l'existence. Ses sens étaient fins, sans être assez délicats pour être trop facilement agités par les événemens qui peuvent traverser la vie; quoique souverainement irritable et d'une extrême sensibilité, il jouissait d'une force de volonté capable de maîtriser toutes ses sensations. Dans sa jeunesse il était d'un tempérament bilieux assez fortement prononcé; plus tard une certaine dose de phlegme vint adoucir les emportemens et les violences auxquels il était sujet suivant les lois de son organisation. Enfin il était sobre, chaste, tempérant, aimant le travail, avec une égale disposition à s'occuper de tout.

Physiognomonie. Soit qu'on porte ses regards sur le profil ou la face de cette tête, il faut convenir que l'on ne découvre aucun de ces traits qui annoncent des passions viles, basses ou flétrissantes; on y chercherait aussi inutilement la prévenance, la cordialité, la bonhomie, et cette mélancolie douce et touchante qui fait le charme des âmes sensibles; moins encore y trouverait-on cette gaîté franche, cet esprit souple et enjoué qui abonde en traits piquans et assaisonne d'un sel attique toutes les saillies qui lui échappent; cette figure est celle d'un lion; tout y peint la force, l'énergie, la vaillance et la magnanimité; l'absence des lignes flexibles et légèrement ondulées, la vigueur des contours et une certaine rigidité dans les traits, confirment à la fois cette assertion; cependant sa Physionomie n'a rien de dur, ni de cette âpre fierté qui repousse quiconque ose s'approcher d'elle; si elle n'excite point à la confiance et ne commande pas l'abandon, elle semble nous ennoblir et nous communiquer quelque chose de sa grandeur. Aimer et être aimé n'est pas précisément le fait d'un tel homme; il veut être admiré et obéi; il faut qu'il maîtrise tout et qu'on plie sous le poids de sa supériorité; c'est la nature qui l'a voulu ainsi. Qui oserait se jouer en sa présence? qui voudrait entreprendre de le gouverner et de lui communiquer des sentimens qu'il n'a pas? ce serait vouloir braver un volcan, remuer une montagne, diriger le soleil; toujours prompt à s'enflammer à la moindre contrariété, au moindre choc qu'il éprouve, l'orage au loin mugit, la foudre éclate et réduit tout en cendres; il n'est pourtant ni méchant ni féroce par caractère. Simple particulier, il eût été incapable de nuire et de commettre la plus légère injustice, mais souverain, il bouleverserait le reste du monde entier, pour ajouter à la gloire, à l'indépendance de son pays. Tandis qu'il respire librement et plane sans efforts sur tout ce qui l'entoure, ceux qui l'approchent sont accablés et presque anéantis par une puissance irrésistible qui les opprime; son regard perçant et réfléchi, qui épie tout, pénètre tout, déconcerte à l'instant le courtisan le plus délié et l'hypocrite le plus fin. Nul ne peut le détourner de son chemin, il va droit à son but. Sa Physionomie est vraiment celle d'un héros majestueux, qui pousse son penchant pour la gloire et la domination jusqu'au fanatisme; son profil dans son ensemble présage une âme brûlante, et le front n'est pas assez déprimé pour altérer sa force de raison; son nez indique en même temps une grande finesse de tact, et beaucoup de délicatesse de sentiment; sa forme, la masse et la position de ses sourcils décèle un esprit actif, remuant, déterminé, et qui ne laisse point à ses projets le temps de se refroidir; ses yeux ont tout vu, tout saisi, tout pénétré, tout compris sur-le-champ; c'est en parcourant au galop ses lignes de bataille, qu'il a reconnu tous les avantages et les désavantages que lui offre le terrain. Le court intervalle du nez à la bouche est un signe de prudence et de sagesse; ses yeux, la bouche et les lèvres légèrement saillantes, une véhémence d'impulsion à laquelle rien ne résiste; le menton caractérise la ruse et un léger penchant aux plaisirs sensuels. Enfin, les gestes, les attitudes, les mouvemens, les évolutions, confirment les mêmes dispositions. Ajoutons encore que toutes les qualités qui font de lui un guerrier accompli, le rendent encore un diplomate habile et un politique délié. Ainsi la physiognomonie et la cranoscopie s'accordent avec les actes de Napoléon, et montrent en lui un homme extraordinaire, d'une organisation et d'une capacité supérieures.

A côté de Napoléon, si nous plaçons ce vaste génie qui, suivant l'expression d'un auteur moderne, a porté la lumière dans le chaos impénétrable des mondes détruits, qui, à vingt-cinq ans, révolutionnait du fond d'une province les savans et la science, détrônait Linné, et présentait au monde étonné le système d'une science qu'Aristote, Vicq-d'Azir et Daubenton n'avaient qu'esquissée, Cuvier, enfin, nous verrons combien la différence qui existe entre ces deux têtes puissantes donne l'explication de la différence de leur destinée. Le front de Cuvier est moins large, moins beau que celui de Napoléon; mais cependant, malgré ce grand défaut physiognomonique, combien il est encore expressif! La forme de l'arcade surcilière, l'expression des yeux, le contour du nez, si remarquable dans cette physionomie caractéristique, ne sont-ils pas des signes que Lavater indique comme appartenant à une haute sagesse, et qui dénotent une application soutenue, une patience infatigable, une grande aptitude pour les recherches, les travaux ardus de la science; un ami de l'ordre, une âme inébranlable, douée de plus de solidité que d'imagination, de plus de profondeur et de fermeté que de sensibilité, mais recherchant toutefois l'approbation et les honneurs. Homme d'état ordinaire, mais administrateur intègre et laborieux, Cuvier ne laissera de nom que dans la science qui lui doit de si belles découvertes.

La physionomie de David n'est pas moins expressive que celles que nous venons d'examiner: le feu de ses regards, les dimensions du front, du nez, la saillie des orbites, dénotent chez lui un caractère fier, ardent, impétueux; il y a moins de profondeur, il y a plus d'imagination que chez Cuvier. Ce dernier a pu ranger avec ordre, classer méthodiquement; l'autre a dû créer d'un premier jet et se soumettre difficilement au joug même le plus léger: tous deux sont doués du talent d'observation; mais l'un saisira l'ensemble, les formes extérieures des objets qui frapperont ses yeux, l'autre les interrogera dans leur organisation, dans leurs détails. Ardent révolutionnaire, David a d'abord dépensé tout l'excès de son imagination dans les orages politiques, et l'on comprend que, jeune et emporté par la fougue d'un caractère ardent, cet homme ait pu, au milieu d'une assemblée publique prononcer les terribles paroles qu'on lui a tant reprochées: *Du sang et non des lois!* Mais plus tard, lorsqu'il reporta tout le feu de son imagination vers l'art sublime qu'il a illustré, on s'explique les nombreuses et brillantes conceptions de son génie, comme les défauts signalés dans ses ouvrages. Toutes les scènes que ce grand peintre a représentées sur la toile sont en général largement conçues; mais chacun des personnages, pris en particulier, a presque toujours quelque chose de théâtral et d'exagéré. On sait que David n'a jamais rien pu exécuter, lorsque d'avance on lui traçait un programme. Un tableau qui, dans sa jeunesse, lui avait été commandé par Louis XVI, ne fut jamais achevé, parce que son génie l'entraînait au-delà des limites qu'on lui avait prescrites.

La tête de M. de Chateaubriand est surtout remarquable par son défaut de proportion avec le reste du corps : c'est la tête d'un homme de six pieds, et cependant M. de Chateaubriand est de petite stature, et sa constitution est assez frêle. Son front est élevé, l'angle de la mâchoire inférieure est très-prononcé, ainsi que la portion extérieure du contour de l'œil. Le physionomiste devinera sans peine, dans l'expression des traits de M. de Chateaubriand, l'homme qui a su se placer sur l'une des cimes les plus élevées de la poésie. Cet illustre écrivain s'est peint, dit-on, dans René, et l'on sait que ce magnifique épisode est surtout remarquable par sa mélancolie harmonieuse et vraie, par la peinture profonde, quoique rapide, des souffrances intérieures du génie, par le tableau douloureux, mais vivement esquissé, du cœur qui répugne au présent, mais n'a point encore trouvé l'avenir qu'il doit souhaiter et poursuivre. Le regard de M. de Chateaubriand est vif, perspicace, son sourire a quelque chose de mélancolique, et l'on y remarque parfois un peu d'ironie. Dans l'ensemble de sa physionomie, on lit sans peine que l'illustre écrivain a le sentiment de sa supériorité et peut-être aussi cette opiniâtreté qui n'est un défaut grave que chez les hommes médiocres. Dans son maintien, M. de Chateaubriand paraît affaissé, fatigué, presque brisé : il ne sort de son attitude nonchalante que pour darder un regard puissant et de feu, ou pour murmurer à mi-voix quelques paroles bienveillantes ou pleines d'expression.

Dans le cadre restreint qui nous était donné, nous avons dû esquisser rapidement tout ce qui se rattache à notre sujet, et laisser surtout de côté tout ce qui a fait, ou doit faire, dans ce Dictionnaire, l'objet d'études spéciales ou d'articles séparés. Nous devons donc, pour compléter notre tâche, renvoyer aux mots Climats, Face, Homme, Passions, Physiologie, Sexe, Tempérament.

(P. G.)

PHYSIQUE. *Considérations générales. But et utilité de cette science.* Si l'étude des sciences naturelles ne faisait pas partie, depuis quelque temps, de l'instruction donnée dans tous les colléges, nous ferions tous nos efforts pour prouver l'utilité de cette étude, et dire qu'elle n'est plus maintenant un objet de simple curiosité, de simple amusement, mais bien une occupation sérieuse, et que les esprits les plus élevés, les hommes les plus graves y consacrent leurs loisirs. Nous dirions encore les jouissances intimes, le bonheur pur que l'on éprouve chaque fois qu'un pas nouveau dans la science dévoile à notre intelligence étonnée, un nouveau fait, un nouveau phénomène. Mais à quoi bon? Qui ne sait aujourd'hui que l'étude de la nature détruit les préjugés qui naissent et se perpétuent dans l'esprit d'un vulgaire ignorant; qu'elle prépare au voyageur, au citadin, au cultivateur, des plaisirs toujours nouveaux, toujours purs; qu'elle habitude à tenir compte des faits et à aimer la vérité; qu'elle réprime l'amour-propre de la jeunesse ; car celle-ci, cultivant les sciences exactes, se convainc à chaque instant qu'il lui reste encore beaucoup à apprendre, beaucoup à savoir. Qui ne sait encore que l'étude de la nature redresse les erreurs de l'esprit, élève les pensées de l'âme, calme les passions, anéantit l'orgueil, remplit la vie de charmes et de bonheur, qu'enfin peu de professions lui sont étrangères. En effet, les sciences, les arts, l'industrie, le commerce, puisent à chaque instant, et comme à pleines mains dans le trésor immense de la Physique, des notions, des actes, des applications utiles pour la vie commune, la santé publique, le bien-être général.

Le médecin apprend, en Physique, quelles sont les influences de l'air, des eaux et des lieux, sur le corps de l'homme sain ou malade. L'agriculteur y trouve les moyens d'améliorer les terres, les plantes et les animaux qui doivent un jour commencer et consolider sa fortune. Le manufacturier, le commerçant, qui ont quelques connaissances dans cette science, établissent, entretiennent et simplifient avec intelligence et économie leurs appareils de fabrication, perfectionnent leurs produits, agrandissent leurs opérations, anéantissent toutes les concurrences, ou luttent avantageusement avec elles. Enfin, le poète, l'historien, ne sauraient ignorer la Physique générale; c'est dans l'immense domaine de cette science que le génie brillant et élevé de la littérature trouve à chaque instant ses plus beaux tableaux, ses plus belles pensées.

L'utilité de la Physique étant incontestable, son étude devant faire partie de notre éducation première, voyons quelle est sa définition, en combien de branches distinctes elle se partage, et quel ordre on doit suivre pour ne rien oublier, ne rien négliger des nombreux faits qui la constituent.

Dans le langage des Grecs, les mots *Physique* et *Science de la nature* étaient synonymes; il en était de même chez les Latins des mots *Physique* et *Philosophie naturelle.* Aujourd'hui, la Physique, la Science de la nature, la Philosophie naturelle, ne sont plus qu'une seule et même chose, qu'une seule et même science, qu'un science qui renferme toutes les autres, en un mot qui embrasse toutes les connaissances humaines, soit naturelles, soit libérales. Cette question: il y a donc plusieurs sciences dans la nature? ne peut plus être faite maintenant, malgré les nombreuses coupures faites dans la philosophie naturelle. On voit de suite que, sans ces divisions, ces sections, ces coupures, l'étude de la nature serait impossible. Où trouver, en effet, un génie assez vaste, une intelligence assez étendue, un esprit assez sagace, une raison, une mémoire assez fortes pour étudier, comprendre et retenir tout ce qui a rapport aux sciences naturelles? Il a donc fallu scinder ces dernières pour en rendre l'étude non seulement plus simple et plus facile, mais encore plus directement et plus utilement applicable.

Les différentes branches ou parties distinctes dont se composent les sciences naturelles proprement dites, sont la Physique générale, la chimie, la minéralogie, la botanique, la zoologie, l'anatomie, la physiologie, etc. La Physique seule nous occupera ici.

Définition de la Physique. La Physique est cette partie des sciences naturelles qui s'occupe des changemens passagers que subissent les corps, soit par leur influence réciproque, soit par l'action de la lumière, de la chaleur, de l'électricité, etc. La Physique nous apprend encore les phénomènes de la nature, nous explique leurs causes, nous indique les relations et les dépendances de ces causes, recherche la construction de l'univers, etc. Pour y parvenir, dit le célèbre géomètre Maclaurin, on est toujours parti, jusqu'à Descartes inclusivement, d'un point erroné, de principes vagues, c'est-à-dire qu'on a toujours voulu expliquer les effets par leurs causes, et non les causes par leurs effets. Newton, au contraire, qui a pris une marche tout opposée, toute philosophique, est arrivé à la découverte des lois du mouvement des corps célestes en cherchant, dans les forces mêmes ou dans les causes employées par la nature pour produire ses différens et majestueux phénomènes, la démonstration de ces mêmes phénomènes. Pour ce grand physicien, d'ailleurs, rien ne doit être hypothétique; pour lui encore, tout ce qui ne se déduit pas des phénomènes est une hypothèse, et les hypothèses ne doivent pas être reçues dans la philosophie expérimentale.

Selon Pelletan, la Physique et la mécanique sont des sciences inséparables l'une de l'autre. Il n'y a point de phénomènes physiques qu'on ne puisse réduire à une question de mécanique, et il n'y a aucun fait de mécanique qui ne mérite le nom de phénomène physique.

La mécanique est la science des lois du mouvement et de l'équilibre: la Physique est l'étude de tous les phénomènes qui peuvent être directement accessibles aux sens, et plus ou moins susceptibles de mesure.

Les phénomènes attribués au calorique, tels que la dilatation, la condensation, le changement d'état des corps, etc.; ceux de la lumière, tels que l'émission ou l'ondulation, la réflexion, la réfraction, la diffraction, la polarisation, etc.; ceux de l'électricité, tels que la tension, la fulguration, l'attraction, la répulsion, les courans électriques, etc., sont évidemment des effets directement sensibles aux sens, mesurables, mesurés et même calculés. Tous ces phénomènes naissent des forces particulières, se manifestent par des mouvemens, sont enfin du ressort de la mécanique. Mais la Physique s'occupe aussi des propriétés des corps; ainsi elle traite de leur solidité, de leur liquidité, élasticité, porosité, dureté, etc. Eh bien! que sont toutes ces propriétés si ce n'est le résultat d'une cause ou d'une force quelconque? Qu'est-ce que l'élasticité d'un gaz, sinon la force avec laquelle il résiste à une action exercée sur lui, et avec laquelle il revient sur lui-même quand la cause comprimante cesse d'agir? Qu'est-ce que la tension d'un gaz, sinon la force répulsive avec laquelle ses molécules tendent à s'écarter? La preuve qu'il en est ainsi, c'est que les différens phénomènes produits par les propriétés des corps ne sont pas toujours les mêmes, qu'ils varient par plus ou par moins d'énergie, d'intensité, d'appréciation sensible à nos sens; qu'en un mot, ils ne sont que momentanés, susceptibles de varier selon le degré de force qui agit sur eux, qui les met en mouvement.

En chimie, les choses ne se passent pas toujours ainsi. Il est des phénomènes sensibles aux sens, par conséquent observables, qui ne sont dus qu'aux seules propriétés des corps, c'est-à-dire à des propriétés dont on ne connaît pas la cause, mais qui ne sont pas pour cela ce que l'on entendait, avant Newton, par *propriétés occultes*. A l'occasion de ces propriétés occultes, le grand physicien anglais que nous venons de citer, disait: « On a rendu un grand service aux sciences en supposant l'existence de principes ou de causes d'action dans les corps. »

Si, comme tout semble le prouver, la matière ne peut agir par elle-même; s'il est nécessaire qu'une cause, qu'une force quelconque, la mette en mouvement pour que tous les phénomènes de la nature soient produits, non seulement on ne peut plus séparer la mécanique de la Physique, mais il faut encore reconnaître que la première doit servir de base à la seconde.

La matière, venons-nous de dire, ne peut agir par elle même; une cause, une force est nécessaire, indispensable pour la mettre en mouvement. Quelle est cette cause, quelle est cette force ou cette puissance? . . . .

Certes ces questions sont de la plus haute et de la plus vaste étendue; c'est à peine si notre intelligence peut les comprendre; et pourtant, elles sont faites chaque jour. Notre esprit se plaît avec elles, il s'y attache, y revient sans cesse. C'est qu'en effet ces questions sont du domaine de la science; c'est que chacun de nous cherche à les étudier, à les expliquer. Les étudier, en tirer des conséquences, faire de ces conséquences des applications heureuses, utiles; oui, cela est possible, cela vous est permis, travailleurs ardens et courageux; mais les expliquer! mais empêcher que vos théories, que vos vérités d'aujourd'hui ne soient pas dans vingt ans, dans dix ans peut-être, des mensonges ou des erreurs semblables à tout ce qui a été dit et expliqué comme vrai avant vous! jamais. Les sciences n'ont aucune fin, aucune limite; elles s'étendent comme nos passions, comme nos besoins qui les ont créées, et ceux-ci sont sans frein. De même encore, que certains faits, que certains phénomènes dont les sciences s'occupent sont sans terme fixe, sans uniformité mathématique; de même enfin que quelques uns de ces phénomènes, qui ont été obscurs pendant des siècles entiers, peuvent ne plus se représenter, être remplacés par d'autres, de même les sciences ont besoin de se multiplier, de se modifier à l'infini, de se régénérer. Ainsi donc, devant la majorité des questions soulevées à l'occasion des jeux et des merveilles de la nature, abaissez votre orgueil, hommes vains et prétentieux! une barrière insurmontable se présente, c'est celle de la cause première, c'est celle qui vous a donné la vie, qui vous donnera la mort. C'est enfin ce que, chez tous les peuples, dans toutes les langues, on appelle *intelligence suprême, puissance divine,*

Division de la Physique. Les nombreuses et diverses parties qui sont du domaine de la Physique, peuvent être comprises dans les six grandes divisions suivantes:

1° Notions générales sur la matière, le mouvement et les machines simples. *V.* les mots Atomes, Corps, Matière, Molécules, etc.

2° De la chaleur; théorie des gaz et des vapeurs; hygromètre, hygrométrie, etc. *Voy.* Calorique, Gaz, Hygromètre, Vapeur, etc.

3° Atmosphère; baromètre, densité, pompe à air et à eau, machine à vapeur. *Voy.* Air, Atmosphère, Baromètre, Densité, Pesanteur, Vapeur.

4° Électricité, Galvanisme, Magnétisme, Phénomènes électro-dynamiques. *Voy.* ces mots dans leur ordre alphétique, et Électrodynamie dans l'historique de la Physique.

5° Acoustique, Optique. *Voy.* ces mots.

6° Météorologie, Source de la chaleur, Température du globe. *Voy.* ces mots.

Bien que les différentes parties qui composent la philosophie naturelle soient toutes indépendantes les unes des autres, que toutes peuvent être étudiées séparément, de là des physiciens astronomes, des physiciens qui ne s'occupent que d'électricité, d'autres du magnétisme, de l'optique, de l'acoustique, etc., l'ordre que nous suivrions, si nous avions à faire un ouvrage didactique, serait celui que nous venons d'indiquer. Mais ici, notre travail est tout différent. C'est à un résumé général, à un ensemble plutôt théorique que pratique de tout ce que l'histoire naturelle offre de merveilleux, d'intéressant et d'utile pour toutes les classes de la société que nous avons été appelé à concourir, et l'ordre adopté n'a pu être que celui de tous les travaux du même genre, l'ordre alphabétique. Aussi, dans tous nos articles, nous avons donné la définition et les propriétés générales des corps; nous nous sommes attaché à la théorie la plus simple, la plus claire et la plus précise des phénomènes; nous avons négligé les explications hasardées, les formules algébriques, non que ces dernières soient inutiles, loin de nous une pareille hérésie scientifique! mais parce que leur emploi, leur valeur mathématique ne sont pas connus de tout le monde. Dans notre historique, nous avons suivi la science pas à pas, et nous l'avons amenée par tous les degrés qu'elle a montés depuis sa naissance jusqu'à nos jours (1838).

Tous nos articles ont été traités, sinon comme ils devaient l'être, du moins avec tout le soin, toute la concision et l'indépendance dont nous sommes capable. Un autre, sans doute, eût été plus brillant, plus savant, un autre eût beaucoup mieux fait, mais il n'eût pas été plus exact et plus vrai, et c'est à être vrai, à être exact que nous avons mis toute notre attention. Puisse cette intention faire excuser la forme!

Histoire de la Physique. Coordonner tous les matériaux de la Physique et de ses différentes parties, sans faire l'historique de cette science, eût été une tâche, sinon impossible, du moins très-difficile à remplir. Tout ce qui a rapport à la science est extrêmement épars, et tous les faits qui s'y rattachent ne sont pas des vérités dans tous les lieux, dans tous les pays. Des divergences se rencontrent surtout dans les théories, dans les explications des phénomènes même les plus ordinaires. C'est ainsi qu'en France, pour expliquer tous les phénomènes observables de l'électricité, on admet, avec Coulomb, l'existence de deux fluides (le fluide résineux et le fluide vitré); qu'en Angleterre on partage l'opinion de Cavendish qui ne veut qu'un seul fluide; qu'ailleurs on se rend compte de tout au moyen des atmosphères électriques imaginés par Volta. S'agit-il de la lumière? les uns s'appuient sur la théorie de Newton; d'autres repoussent cette théorie et la regardent comme une chimère, etc. De là la division des esprits, le *statu quo* des méthodes, la stérilité des conséquences tirées des conclusions les plus fécondes; de là encore les pas rapides que fait une science dans un pays, les pas lents, nuls ou rétrogrades qu'elle fait dans un autre. Et pourtant! combien est grand le nombre de savans qui se sont occupés de la Physique! Combien sont riches les travaux antérieurs à notre époque! De quelle utilité n'ont-ils pas été pour les travaux modernes! Quelle brillante lumière n'ont-ils pas apportée dans l'explication des phénomènes les plus difficiles! un historique était donc nécessaire à notre article Physique, et voici l'ordre que nous y apporterons:

1° Progrès de la Physique depuis son origine jusqu'à Descartes;

2° Progrès de la Physique depuis Descartes jusqu'à Newton;

3° Progrès de la Physique depuis Newton jusqu'à la naissance de la chimie pneumatique;

4° Progrès de la Physique depuis la chimie pneumatique jusqu'à nos jours.

Chapitre Ier. — *De la Physique depuis son origine jusqu'à Descartes.*

§ Ier. Tous les philosophes, tous les hommes sérieux et capables d'une méditation profonde, savent que dans le cœur de leurs semblables existe le germe des passions, que dans leur esprit se trouvent l'imagination, l'intelligence. Tous savent encore que des passions naissent les grandes vertus, les grands crimes, et que de l'imagination sortent les réalités, les chimères. Si donc on faisait l'histoire politique du genre humain, on ne ferait autre chose que l'histoire du cœur humain, et l'histoire des sciences ne serait elle-même que l'histoire de l'esprit humain; en d'autres termes, le premier travail consacrerait les actions éclatantes des héros ou des criminels, le second élèverait des monumens durables aux savans de tous les temps, de tous les lieux. N'ayant point à traiter ici de l'histoire politique du monde, nous laisserons aux moralistes et aux publicistes le soin tout à la fois pénible et consolant de montrer à l'homme sa bassesse et sa grandeur ; nous nous contenterons, dans notre historique de la Physique, de lui montrer sa faiblesse et sa puissance ; nous dévoilerons à ses yeux, à son imagination, à son intelligence, tout ce qu'il a déjà fait par lui-même ; nous essaierons de lui faire comprendre tout ce qu'il est appelé à faire un jour en continuant l'étude et la culture des sciences, des arts et de l'industrie. Nous essaierons, avons-nous dit, et que pourrions-nous faire de plus? Qui peut prévoir, en effet, pour ne citer qu'un exemple, la fin et les applications possibles de cette force motrice qui, sous le nom de *vapeur*, va partout se multipliant et se répandant avec une promptitude presque égale à sa puissance ; qui, anéantissant les distances, détruisant les espaces, fera un jour, de tous les hommes, une seule et même famille ; de tous les lieux, de tous les pays un bazar unique, un rendez-vous universel où les habitans les plus éloignés les uns des autres, les plus dissemblables par les mœurs et les habitudes, se verront, s'entendront et se comprendront? L'esprit humain n'est-il pas vraiment étonné, comme frappé de vertige et d'orgueil à des pensées si belles, si vastes, si probables?

§ II. La Physique naquit en Egypte. Son existence réelle remonte à l'origine du monde ; car, aussitôt qu'il y eut des hommes sur la surface de la terre, leurs regards ont dû être frappés des phénomènes qui se passaient, soit autour d'eux, sur le globe qu'ils habitaient, soit au dessus d'eux, sous la voûte céleste qui les recouvrait.

Les premières observations faites sur la science qui va nous occuper n'ont été, comme on le présume d'avance, que des observations brutes, que des observations grossières et hasardées. En veut-on un exemple : qu'il nous suffise de dire que les premiers physiciens pensaient que les fleuves n'étaient autre chose que le résultat de la condensation de l'air dans les cavités souterraines. La vision, chez l'homme et chez les animaux, exerça tout d'abord la sagacité des physiciens. Nous en dirons autant des propriétés des végétaux et de leur influence sur l'économie animale.

La vertu attractive et répulsive de l'aimant fut connue des premiers physiciens ; par eux aussi la géométrie, la mécanique furent cultivées : les Pyramides d'Egypte parlent en faveur de cette vérité.

Leurs calculs sur la forme de la terre, qu'ils croyaient parfaitement ronde, sont inexacts.

Trente-six constellations étaient comptées par les Egyptiens, et leur année se composait de douze mois, auxquels ils ajoutaient cinq jours dits complémentaires. Le soleil et les étoiles étaient pour eux autant de foyers de chaleur et de lumière.

C'est en Egypte que Thalès et Pythagore allèrent puiser leurs premières connaissances sur les grands phénomènes de la nature. De là ces deux philosophes portèrent leur instruction, le premier à Milet, dans l'Ionie, le second à Crotone, en Italie.

§ III. *Ecoles de Thalès et de Pythagore. Progrès que la Physique fit dans ces deux écoles.* Thalès, un des sept sages de la Grèce, né à Milet, l'an 639 avant J.-C., et mort l'an 549, divisa, le premier, le ciel en cinq zones, mesura le soleil, disserta sur les équinoxes, prédit les éclipses de soleil, calcula le mouvement des astres, etc. ; mais beaucoup d'erreurs règnent dans ses écrits. C'est ainsi qu'il professait que l'eau était le principal élément de tous les corps de la nature ; que les propriétés de l'aimant, de l'ambre, rapprochaient ces corps des êtres animés ; qu'il n'y avait qu'un seul monde, etc.

A l'exception d'Anaximandre, que Diogène Laërce regarde comme étant l'inventeur de la sphère, d'Anaximène à qui Pline attribue les cadrans solaires, d'Anaxagore qui prédit la chute d'un météorite, les successeurs de Thalès, leurs travaux sur la Physique, ne méritent aucune attention de notre part. Nous en dirons autant de ce que Socrate, disciple d'Archelaüs, fit pour les progrès de la même science. Platon, au contraire, disciple de Socrate, réveilla le goût de la Physique parmi ses contemporains. Pour cela il fit des voyages en Italie et en Egypte, prit connaissance de tous les faits importans de la science, les réunit en un seul faisceau qu'il transporta ensuite à Athènes, où il fit des leçons publiques dans les jardins d'un certain Académus. Les leçons de Platon, assurent les historiens du temps, étaient un mélange heureux de morale et de Physique proprement dite ; à sa mort, des rois et des républiques élevèrent des monumens à sa mémoire. Platon était né 598 ans environ avant J.-C. Voyons ce qu'a fait ce grand philosophe.

Pour Platon, deux principes existaient : la matière et la forme. De ces principes naissaient cinq élémens : le feu, l'air, l'eau, la terre et l'éther. Pour lui encore il n'y a qu'un seul monde, créé et dirigé par une main divine ; la terre est placée au centre de l'univers, douée de mouvemens, entourée d'air, etc.; le soleil et les étoiles brillent d'une lumière qui leur est propre ; les corps sont pesans par eux-mêmes ; les animaux et les végétaux offrent quelques analogies ; le flux de la mer est le résultat d'un grand nombre de fleuves qui se précipitent dans l'Océan et gonflent ses eaux ; le reflux, la suspension du cours de ces mêmes eaux. Plus tard, Platon plaça le soleil au centre de l'univers ; le monde ne fut pour lui qu'un grand animal qui renfermait tous les autres ; enfin il connut les propriétés de l'aimant. Tel est le résumé analytique des connaissances de Platon sur la Physique : ces connaissances, comme on le voit, sont un mélange de choses erronées, de pensées vraies, d'idées gigantesques.

Aristote, disciple de Platon, génie inquiet, bouillant, passionné pour la gloire et la vérité, embrassa toutes les branches de la Philosophie naturelle. Son Histoire des Animaux est un ouvrage impérissable. Aristote naquit l'an 383 avant Jésus-Christ.

Aux deux principes de Platon, la *matière* et la *forme*, Aristote en ajouta un troisième, la *priva*.

tion. Ces trois principes combinés donnent les cinq élémens déjà nommés.

Pour Aristote, tous les corps matériels sont impénétrables, divisibles à l'infini; la pesanteur n'appartient qu'aux corps doués de mouvement; l'air est pesant; la terre est fixe; autour d'elle circulent le soleil et les planètes; le soleil est un globe immense de matière éthérée; les comètes sont des feux passagers qui naissent du sein de l'atmosphère; les vents ont pour cause le soleil qui rompt l'équilibre des colonnes fluides qui composent le même atmosphère; le son est le fait du mouvement de l'air, et l'écho la réflexion de ce fluide par une surface concave; les couleurs sont des qualités des corps indépendantes de l'organe de la vision. Quant aux idées d'Aristote sur les météores et sur les aurores boréales, nous les tairons par respect pour ce philosophe.

Après Aristote, peu de philosophes formés au lycée d'Athènes, méritent d'être cités. Nous arrivons donc de suite à Pythagore.

§ IV. *Ecole de Pythagore.* Pythagore naquit à l'île de Samos, et vécut 586 ans avant J.-C. Après de nombreux voyages qu'il fit de bonne heure et qui développèrent et agrandirent son instruction, il vint se fixer à Crotone. Là, le talent de persuasion qu'il possédait au plus haut degré fut mis dans tout son jour, et, dans son école, au milieu de ses disciples, il lui suffisait de parler pour convaincre tous ses auditeurs.

On sait que dans les nombres Pythagore crut trouver l'explication de tous les faits; pour lui le nombre *un* exprime le premier principe, le nombre *deux* l'inégalité, la divisibilité.

Selon Pythagore, la matière se compose de molécules qui ne diffèrent que par la forme; la chaleur est le principe de la vie; une goutte du cerveau, imbibée d'une vapeur chaude, engendre l'homme tout entier; cette même goutte, en se répandant, compose les os, les nerfs, les chairs, etc. La vision est le résultat de certaines espèces visibles qui émanent du corps. La terre, les astres sont sphériques. L'existence des antipodes, l'immobilité du soleil, la cause réelle des éclipses, la lumière réfléchie de la lune, tout cela est reconnu par Pythagore. Pour le même physicien, l'étoile du soir et celle du matin ne sont autre que Vénus, et tout est dans les nombres, les mesures et les proportions.

L'école qui succéda à celle de Pythagore fut non moins célèbre que les deux précédentes. Aucun des hommes qui s'y distinguèrent ne fut l'esclave du maître; tous se frayèrent eux-mêmes le chemin qu'ils devaient parcourir, mais non sans tomber, comme beaucoup de leurs prédécesseurs, dans les abîmes de l'erreur. Ces erreurs, nous ne les rappellerons pas ici, pas plus que les idées de Xénophane, d'Héraclite, de Parménide, d'Enpédocle, de Zénon, etc., sur la Physique. Mais nous dirons les travaux de Démocrite, né 400 ans environ avant J.-C., nous regretterons surtout ceux qu'il a publiés sur l'aimant. Nous en dirons autant de ceux qu'Architas, qui vivait 398 ans avant J.-C., a publiés sur la poulie et la vis, machines dont il est l'inventeur, et qui, à elles seules, suffisent pour rendre immortel le nom de leur auteur. Architas peut être aussi cité comme ayant beaucoup contribué à créer la mécanique. Enfin nous citerons Philolas, vivant 398 ans avant J.-C., qui démontra jusqu'à l'évidence la fixité du soleil et le mouvement de la terre déjà connu de Pythagore.

Ici encore, comme on le voit, la Physique est dans l'enfance, et les moyens employés pour sortir de cette enfance ou la fortifier, sont loin d'être suffisans. Mais la science ne peut s'établir autrement; ce n'est qu'à pas lents que se manifestent ses progrès, et ceux-ci, pour ne point être détruits, pour s'ériger en principes, en vérités durables, doivent s'appuyer sur l'observation et l'expérience, filles du temps et du jugement des hommes.

§ V. *Archimède.* Archimède, né à Syracuse, vers l'an 287 avant J.-C., enrichit la science de travaux importans, de découvertes heureuses. Il démontre les lois de l'équilibre des solides, celles qui fondent la théorie de l'inertie des liquides. Il démontre également le principe sur lequel repose l'invention de l'aréomètre. Il mesure la vitesse et la force des mouvemens, et pose, à ce sujet, les vérités suivantes : 1° la vitesse d'un corps en mouvement se mesure par le rapport de l'espace au temps; 2° la force qui anime ce corps se compose de sa vitesse combinée avec sa masse.

Archimède découvre le centre de gravité; en voici les principes :

1° L'équilibre existe entre deux points égaux, suspendus à des distances égales du point d'appui;

2° Si, les poids restant les mêmes, l'égalité des distances est détruite, l'équilibre est rompue en faveur du poids dont la distance est plus grande;

3° S'il y a équilibre entre des poids situés à certaines distances du point d'appui, l'augmentation d'un des poids suffit pour déterminer la rupture en faveur du poids augmenté. De ces principes ont été jetées pour la postérité, ces paroles mémorables du grand géomètre : Donnez-moi un point fixe dans l'espace et un levier, et je remuerai la terre à mon gré.

Nous devons encore au génie d'Archimède les poulies mobiles, machines qui, réunies entre elles, donnent des puissances devant lesquelles toutes les résistances doivent céder. Nous lui devons également la vis sans fin, vis qui sert à élever des fardeaux énormes et à puiser des eaux stagnantes quand on y ajoute un tuyau creux roulé en spirale; puis un grand nombre de leviers, la découverte de la pesanteur spécifique des corps, etc. Rappellerons-nous, à l'occasion de cette découverte, les paroles et l'action de ce grand philosophe au milieu de Syracuse? Dirons-nous qu'Archimède, préoccupé, en prenant un bain, du problème proposé par le roi Hiéron à l'occasion d'une couronne d'or soupçonnée altérée, résolut ce problème à la simple observation du poids que perdait son corps en se plongeant dans l'eau, et que, plein d'enthousiasme, il sortit de son bain, courut les rues de la ville non habillé, en criant : *Je l'ai trouvé ! je l'ai trouvé !* Pourquoi pas ? si nous abandonnons à la sagacité du lecteur la véracité d'un pareil récit.

§ VI. *Hipparque.* Après la mort d'Archimède, mort qui fut une grande calamité pour la Physique, parut Hipparque, de Nicée en Bithynie, habile physicien qui naquit 140 ans environ avant J.-C. et qui fit renaître dans la science toutes les espérances perdues depuis Archimède.

Sous Hipparque la Physique céleste se ranime, elle acquiert même de la force, de la gloire. Sous lui encore, l'année est fixée à 365 jours 5 heures 55 minutes 12 secondes. Depuis cette époque, la durée du siècle (36525 jours solaires) a augmenté de 365 minutes 25 secondes. La véritable révolution annuelle du soleil lui est connue ; il trace des tables exactes sur les mouvemens du soleil et de la lune ; il précise la distance de ces deux planètes à la terre.

D'après Hipparque, le soleil est distant de la terre, terme moyen, d'environ onze cents rayons terrestres ; la lune de cinquante-neuf rayons : ces résultats, un peu différens de ceux d'aujourd'hui, n'en font pas moins beaucoup d'honneur au génie du physicien de Syracuse.

Les successeurs d'Hipparque furent : Ctésibius qui vécut l'an 150 avant J.-C. Ce physicien fabriqua une orgue, inventa quelques pompes, etc. Héron, qui se distingua dans la mécanique, construisit une fontaine qui porte encore son nom aujourd'hui, et qui repose sur le principe de l'élasticité de l'air. Les noms que nous venons de rappeler ici, ainsi que ceux d'Architas et d'Archimède, méritaient, a dit Bacon, d'être burinés par l'histoire. En effet, les travaux de ces grands philosophes ont contribué de la manière la plus active à l'augmentation de notre puissance, au soulagement de notre faiblesse, à la variété de nos jouissances.

A Héron succédèrent Philon de Bysance, Possidonius, Cléomède. Le premier écrivit un traité de mécanique, le second mesura la terre, laissa une sphère assez exacte ; le troisième connut parfaitement les lois de la réfraction de la lumière, établit le rapport exact qu'il y a entre la grandeur de la terre et celle du soleil.

Rome n'a vu briller qu'un seul physicien, ce fut Lucrèce, écrivain plein de grâces mais sans vigueur, et qui ne fit rien pour l'avancement de la science.

§ VII. *Progrès de la Physique depuis le commencement de l'ère chrétienne jusqu'au septième siècle.* Avant le commencement du premier siècle de notre ère, Rome, venons-nous de dire, n'avait donné naissance qu'à un seul physicien, à Lucrèce. Mais dans le courant des dix premiers lustres de notre époque, d'autres noms s'illustrèrent dans Rome, la seule ville où la Physique était alors étudiée. Parmi ces noms nous trouvons celui de Sénèque, qui vint se fixer à Rome quinze ans environ avant la mort d'Auguste. Sénèque, né à Cordoue, ne s'occupa de Physique que sur ses vieux jours ; il mourut l'an 66 de notre ère. Ses travaux se portèrent principalement sur les tremblemens de terre, les eaux, les solides flottans employés dans un liquide quelconque, les météores, les comètes, le grossissement des verres, le prisme, l'élasticité de l'air atmosphérique, etc.

Pline, né à Vérone l'an 23 de notre ère, mort à l'âge de 65 ans, s'illustra à Rome après Sénèque. Son histoire de la nature est un chef-d'œuvre impérissable.

Pline a étudié le mécanisme du monde. Pour lui la forme de celui-ci est sphérique, ses mouvemens sont continuels; pour lui encore les astres occupent l'espace qu'il y a entre le ciel et la terre, le flux et reflux de la mer lui sont parfaitement connus. Il n'en est pas de même des feux souterrains, spectacle imposant dont il ne peut expliquer la cause et dont l'étude lui coûta la vie.

Après Pline vient Plutarque, né en Béotie vers le commencement du deuxième siècle de notre ère, et qui, comme ses prédécesseurs, eut Rome pour théâtre de ses belles et savantes recherches sur la réfraction qu'éprouve la lumière en passant de l'air dans l'eau, sur les figures exactes des astres, sur la cause des éclipses, des phases de la lune, etc.

Maintenant, si de Rome nous retournons par la pensée en Égypte, nous voyons la renaissance de la Physique céleste, Physique due aux travaux et aux soins de Ptolémée. Ptolémée naquit vers le commencement du deuxième siècle de l'ère chrétienne. Jeune encore, il eut la hardiesse ou plutôt la prétention, car il se trompa, de vouloir achever l'édifice astronomique commencé par Hipparque. Pour cela il plaça la terre au centre du monde, fit circuler autour d'elle tous les corps célestes, etc. Comme on le voit de suite, ce système planétaire fait peu d'honneur à son inventeur, mais celui-ci devait acquérir de la gloire, et il en acquit réellement en apportant d'heureux perfectionnemens dans la théorie de la lune, en dressant de nouveaux catalogues pour les étoiles, confirmant l'existence du mouvement rétrograde des points cardinaux, reconnaissant que la grandeur apparente des astres est différente à l'horizon et au zénith, etc.

Après Ptolémée, peu de savans méritent d'être cités ici. Nous en excepterons cependant Origène, qui réunit dans un seul ouvrage toutes les opinions des anciens relatives à la Physique ; Pappus et Théon qui vécurent dans le quatrième siècle et qui commentèrent l'Almageste ; Hypathia, fille de Théon, qui enseigna la Physique ; Proclus, qui vivait dans le cinquième siècle et qui, dit-on, au siége de Constantinople, embrasa les vaisseaux de Vitalion à l'aide d'un miroir ardent : déjà Archimède avait détruit par le même moyen la flotte de Marcellus au siége de Syracuse. Nous citerons encore Anthémius, qui fut un habile mécanicien et qui composa un miroir ardent avec vingt-quatre miroirs planes ; Boëce, qui fit deux horloges pour

le roi

le roi de Bourgogne, l'une solaire, l'autre hydraulique. Avant de passer aux progrès de la Physique pendant le septième siècle, disons que la fin du sixième vit s'établir, sur différens points élevés de quelques lieux habités, des machines toutes simples, toutes naturelles, nous voulons parler des moulins à vent, moulins dont l'idée première est attribuée à la France, selon les uns, à l'Orient, selon les autres. Selon quelques écrivains, les moulins à eau datent du milieu du sixième siècle.

§ VIII. *De la Physique depuis le septième siècle jusqu'au treizième.* L'incendie de la bibliothèque d'Alexandrie, arrivé l'an 641, par le fait des Arabes; le massacre de tous les savans de cette époque, replongèrent les sciences dans les noirs ténèbres d'où cette capitale célèbre les avait déjà retirés avec tant de luxe et tant de gloire. Aussi, le temps qui suivit cette déplorable catastrophe fut-il une suite de siècles de deuil et de stérilité. Toutefois la destruction des sciences n'était point irrévocablement jurée; le pays qui avait donné naissance aux auteurs du bouleversement de l'Orient, redevint peu à peu le refuge des savans proscrits, des études suspendues. La Physique reprit donc naissance en Arabie, mais cette renaissance fut faible et languissante; les savans qui s'en occupèrent avaient bien du zèle et de l'ardeur, mais ils étaient dépourvus de cette force, de cette volonté mâle et vigoureuse qui peut seule reculer les bornes d'une science.

Les Arabes, nous venons de le faire pressentir, n'ont, pendant long-temps, connu et pratiqué qu'une Physique grossière et contemplative. Ce ne fut que pendant le règne d'Almamon, calife de Bagdad, que les sciences brillèrent d'un nouvel éclat, que quelques découvertes importantes eurent lieu. A cette même époque aussi, l'an 814 de notre ère, les meilleurs ouvrages de la Grèce furent traduits, des récompenses furent accordées aux traducteurs, et le zèle des savans fut soutenu par Almamon lui-même, qui assistait à leurs réunions, à leurs conférences.

Les neuvième, dixième, onzième et douzième siècles ne nous offrent que des traducteurs peu importans; nous en excepterons cependant l'espagnol Alhasen, physicien à qui nous devons des réflexions saines et judicieuses sur la manière dont nous acquérons l'idée de la distance et de la grandeur apparente des objets; qui apprécia mieux qu'on ne l'avait fait avant lui les effets de la réfraction; qui reconnut que les couches atmosphériques diminuent de densité, à mesure qu'elles s'éloignent de la surface de la terre, qui démontra la cause des crépuscules, etc.

§ IX. *Progrès de la Physique depuis la fin du treizième siècle jusqu'à la fin du quinzième.* La fin du treizième siècle fut l'aurore des beaux jours de la Physique. Deux souverains, l'empereur Frédéric II et Alphonse X, roi de Castille, se déclarèrent et se portèrent les protecteurs de cette science. Sous l'influence du premier, les principaux ouvrages de Ptolémée furent traduits; le second appela autour de lui, de tous les points de l'Europe, des astronomes, des chrétiens, des juifs et des arabes qu'il défraya et logea magnifiquement. Alphonse fit lui-même des Tables dites alphonsines, qui devaient détruire tous les défauts de l'ancienne astronomie.

La fin du même siècle vit naître Albert-le-Grand, physicien allemand, doué d'un esprit vaste et très-actif, mais qui ne s'est véritablement distingué que dans l'art de construire des machines. Ses ouvrages ne sont que des commentaires diffus des idées d'Aristote. Dans ce même temps parurent encore Vitellion et Peccamus, physiciens qui s'illustrèrent par de bonnes observations sur l'optique; puis enfin le moine anglais Roger Bacon. Celui-ci, s'indignant du désordre qui régnait dans l'enseignement de la Physique, frondant trop ouvertement les opinions de ses contemporains, esclaves soumis aux opinions d'Aristote, se fit de puissans ennemis, fut considéré comme magicien, condamné au feu, etc.

Roger Bacon, plein d'amour pour le vrai, doué d'un esprit juste et profond, habitué de bonne heure à l'étude positive de la géométrie, fit de rapides progrès dans la Physique. La science lui doit des observations importantes sur les lois de la révolution du soleil, une étude assez complète des propriétés du fluide qui nous entoure, de judicieuses réflexions sur la réfraction astronomique, la grandeur apparente des objets, etc.

La sphère, la mécanique, la poudre à canon, le télescope, les verres à lunettes, occupèrent également Roger Bacon. Toutefois on lui refuse l'idée première du télescope, ainsi que l'invention de la poudre à canon et des verres de lunettes. Suivant Méad, la poudre à canon aurait été composée d'abord par un chimiste grec, nommé Marc, et les verres à lunettes doivent être attribués à un savant de Florence. Avec les mêmes verres, le même savant, d'après Manni, fit les lunettes appelées bésicles.

§ X. *Quatorzième siècle.* La boussole fut perfectionnée, mais non inventée, comme on le croit généralement, dans le quatorzième siècle. Au perfectionnement travaillèrent simultanément un Italien, un Anglais, un Allemand et un Français. Suivant Gaubit, la chimie connaissait et employait cet admirable et fidèle guide du navigateur plus de 2000 ans avant J.-C. Aristote a parlé de la boussole, dit Albert-le-Grand, et il est probable que cet instrument a été apporté de la Chine en Europe par un marchand vénitien.

§ XI. *Quinzième siècle.* Ce siècle est peu remarquable sous le rapport de l'importance et de l'éclat de ses découvertes; mais il eut l'avantage de voir naître un grand nombre de physiciens tous plus zélés les uns que les autres pour la science et ses progrès.

L'Allemagne cite avec orgueil Purback et Regio Montanus, qui ont laissé des ouvrages fort estimés sur les planètes, les poids, les mesures, la conduite des eaux, les miroirs ardens, etc.; Walther, qui étudia les effets de la réfraction, Copernic, etc.

§ XII. *Progrès de la Physique entre les mains de Copernic.* Copernic, né à Thorn, dans la Prusse polonaise, l'an 1473, mort en 1543, étudia à Bologne et à Rome. Le double mouvement de la terre lui fut connu; il trouva la différence des saisons dans le parallélisme de l'axe de la terre combiné avec son inclinaison au plan de l'écliptique. En 1543 il publia son système planétaire, ainsi que son livre sur la révolution du globe. Rhéticus, disciple de Copernic, à l'influence duquel nous devons le dernier ouvrage du physicien de Thorn, transforma en vérité physique, ce que ce maître n'avait donné que comme hypothèse, nous voulons parler du mouvement de la terre.

§ XIII. *Seizième siècle. Progrès de la Physique au commencement de ce siècle.* Dans ce siècle où l'Italie, après la prise de Constantinople, devint le refuge paisible des savans de la Grèce, des traducteurs et des commentateurs de tous les ouvrages écrits sur la Physique, nous avons à citer, comme physiciens pleins de zèle et d'intelligence, Pierre Ramus, qui professait au collége de France en 1530, et qui, devenu l'émule de Roger Bacon, eut à supporter, par suite de sa lutte avec les docteurs de l'université, tout ce que la lie des étudians peut imaginer d'infâme et d'atroce; le chancelier Bacon, né en 1509, et mort en 1578, puis Leonicus Thomacus, Piccolomini, Bernardin Baldi, Guillaume IV landgrave de Hesse, qui établit un observatoire à Cassel, en 1561, Christophe Rothman, Juste Birze, Michel Mœstlin, maître du célèbre Kepler, etc.

§ XIV. *Progrès de la Physique entre les mains de Tycho-Brahé.* L'illustre Tycho-Brahé, né à Knud-Sturp, en Danemarck, l'an 1546, mort l'an 1601, eut de très-bonne heure un goût décidé pour la Physique. A quatorze ans, l'argent de ses menus plaisirs servait à l'achat des livres dont il avait besoin pour l'étude de sa science favorite.

Tycho-Brahé construisit un assez grand nombre d'instrumens nouveaux, perfectionna ceux qu'il avait déjà, fit un nouveau catalogue d'étoiles, découvrit de nouvelles inégalités dans la lune, étendit les connaissances que l'on avait sur la réfraction, etc. En un mot, ce célèbre physicien fit beaucoup pour la science, et il était certainement bien au dessus de son époque; mais, dépourvu qu'il était de cet esprit philosophique qui dirige et rectifie le jugement, il apprécia mal les causes des beaux phénomènes de Physique générale.

§ XV. *Progrès de la Physique entre les mains de Fracastor, Stévin, Maurolyc, Porta, Gilbert*, etc. Cette époque fut une époque de rivalité entre les savans de l'Italie et les savans du nord de l'Europe. C'est pendant sa durée que Fracastor découvrit le principe de la décomposition du mouvement, que Stévin trouva le véritable rapport qu'il y a entre la puissance et le poids dans le plan incliné, quelle que soit d'ailleurs la direction de la puissance; que Maurolyc reprit, de son côté, l'examen des propriétés de la lumière, qu'il fit voir la véritable fonction du cristallin, et qu'il démontra que cette partie de l'organe de la vision avait pour but de réunir les rayons lumineux sur la rétine. Cette étude dévoila à Maurolyc la cause la plus ordinaire des défauts de la vue; elle lui enseigna aussi les moyens de remédier à ces défauts; ces moyens consistent, comme on le sait, dans l'usage des verres concaves pour les myopes, des verres convexes pour les presbytes.

Jean Porta découvre la chambre obscure; Vitellion, Flescher de Nassau, Antonio de Dominis, cherchent à expliquer la théorie de l'iris, ou arc-en-ciel; mais toutes leurs explications ne sont que des explications vagues et peu satisfaisantes. Il était réservé à Newton de donner la véritable explication du plus beau des météores que nous offre la nature. L'arc-en-ciel, a dit Newton, est dû à la différence de réfrangibilité des rayons lumineux; cette vérité, déjà ancienne, semble être née d'hier.

Le physicien anglais, Gilbert, né à Colchester, s'occupe avec succès du magnétisme et de l'électricité. Il fait voir que la force magnétique d'un aimant est divisible, que cette force augmente progressivement depuis l'équateur jusqu'au pôle, que le pôle marque sa limite d'accroissement; il donne les moyens de mesurer cette force, d'apprécier une armature, etc.; il distingue différentes espèces de feu, considère la terre comme un grand et magnifique aimant, démontre la nécessité du frottement pour développer l'électricité, etc.

On sait que l'aimant tire son nom de *Magnes* ou Magnétie, ville de l'Asie mineure; qu'un berger reconnut sa puissance attractive en sentant les clous de ses souliers adhérer à une roche sur laquelle il marchait et qui renfermait de l'aimant; que les Égyptiens connaissaient son attraction et sa répulsion; que Platon savait que l'aimant pouvait se communiquer, etc., etc.

Chapitre II. — *Progrès de la Physique depuis Descartes jusqu'à Newton.*

§ I. René Descartes, né à La Haye, en Touraine, le 31 mars 1496, est mort à la cour de la reine Christine, en 1560.

Animé du désir brûlant de pénétrer les secrets de la nature, poussé par la noblesse de son indépendance, par la force de son génie, Descartes renversa bientôt le joug honteux du péripatétisme. Pour cela il oublia tout ce qu'il avait appris, se traça un mode d'étude, examina les travaux des anciens, fit de nouvelles recherches, etc.; mais son imagination ardente et sans fruit lui fit connaître des erreurs qui diminuèrent sa gloire. Toutefois nous ne tairons pas ici les travaux d'un aussi grand physicien; tout imparfaits qu'ils sont, ils méritent d'être connus, car ils ont fait époque dans la science.

Si Descartes a connu les lois de l'inertie des corps, il a méconnu celles de la communication du mouvement. Il n'a pas eu non plus une idée bien exacte du mot *force*, et ses lois sur le choc manquent d'union et d'analogie; nous en excepterons cependant la cinquième qu'il a due au hasard, et qui lui a fait connaître la vérité. Cette circonstance pourrait étonner si on ne savait que Descartes était extrêmement fécond en conception, mais peu porté à faire des expériences, le seul moyen cependant de confirmer ou infirmer toute espèce de théorie, toute espèce de raisonnement.

Descartes tenta le premier d'arracher à la nature le secret du mécanisme planétaire. D'après lui, l'univers est un immense tourbillon dont le centre est occupé par le soleil. Ce tourbillon se compose d'autres tourbillons qui sont tous animés de différentes vitesses. Ces mêmes tourbillons emportent les planètes qui y sont plongées; quand celles-ci ont des satellites, elles sont placées au centre d'un tourbillon plus petit qui nage dans le grand, et dans lequel sont plongés les astres secondaires. Leur mouvement s'effectue suivant les mêmes lois qui règlent celui des planètes principales autour de l'astre qui nous éclaire. Tel est le système de Descartes, système qui, d'abord, eut de nombreux partisans, qui excita même l'enthousiasme, mais qui fut bientôt abandonné, comme entaché des plus graves erreurs.

Aux travaux déjà connus de Descartes, ajoutons encore les suivans qui sont non moins importans. Descartes connut le premier le lien étroit qui unit ensemble la nature céleste et la nature terrestre. Le premier aussi il attribua le mouvement de tous les corps matériels à une force dite centrifuge; enfin il fit voir que certains corps ne sont pesans que parce qu'ils sont entourés d'autres corps plus légers. Mais cette explication, tout ingénieuse, toute séduisante qu'elle est, n'a pu résister long-temps à l'épreuve de la réflexion, qui fait voir que tous les corps répandus dans l'espace obéissent à la force centrifuge.

A la géométrie, née en Grèce, Descartes réunit l'algèbre, née en Arabie, et de cette union est sortie une physique nouvelle, ou plutôt un instrument nouveau dont l'application, par le génie de Descartes, devint la source des découvertes les plus belles, des observations les plus judicieuses.

Descartes publie et explique le premier le phénomène de la réfraction de la lumière, mais c'est à tort qu'on lui avait attribué la découverte de cette réfraction; elle appartient à un physicien hollandais nommé Snellius.

Descartes a reconnu dans les verres sphériques une étendue de foyer qu'il a appelée *aberration de sphéricité* et qu'il a cherché à détruire en imaginant, dit-on, des verres elliptiques ou paraboliques; mais, que ces verres aient été fabriqués ou non, et il est probable qu'ils ne l'ont point été, ils n'ont apporté aucun avantage à la science.

Déjà nous avons vu que, d'après Antonio de Dominis, le phénomène de l'arc-en-ciel intérieur n'était autre chose que l'effet d'une seule réflexion du rayon solaire, précédée et suivie d'une réfraction. Cette explication est exacte. Il n'en est pas de même de l'explication donnée par le même physicien de l'arc-en-ciel extérieur; nous ne la rapporterons pas; nous dirons seulement celle de Descartes, qui est la seule exacte. L'arc-en-ciel extérieur, dit Descartes, est produit par deux réflexions du rayon solaire précédées et suivies d'une réfraction.

Descartes chercha encore à expliquer la grande variété de couleurs qui parent les bandes colorées de l'arc-en-ciel; mais c'est à Huyghens, comme nous le verrons plus tard, qu'est due la meilleure explication de ce brillant phénomène. Son explication des flux et reflux de la mer par la pression exercée par la lune sur la portion de l'atmosphère qui se trouve entre elle et la terre, n'est qu'une hypothèse peu facile à comprendre. Quoi qu'il en soit, peu de branches de la Physique ont échappé à l'étude et au génie de Descartes; mais aussi beaucoup d'erreurs ont été établies par lui sur la nature de l'air, sur celle de l'eau et des liquides en général; sur la salure de la mer, la cause du tonnerre, de la foudre, etc.

§ II. *Invention du télescope, du microscope et du thermomètre.* Tout le monde sait que des deux premiers instrumens, le télescope et le microscope, l'un diminue à nos yeux la distance des corps éloignés que nous voulons observer, l'autre augmente la grosseur de ces mêmes corps.

La Hollande est la patrie du télescope; l'origine de cet instrument date du dix-septième siècle. Le nom de l'inventeur est peu certain. Les uns l'attribuent à Jacques Métius, les autres à des enfans de Middelbourg, dont le père était lunetier. Ces enfans, s'amusant à regarder le coq placé sur le clocher de leur pays, avec deux verres, l'un concave, l'autre convexe, et ayant, par un heureux hasard, placé ces verres à une distance convenable l'un de l'autre, il en résulta un rapprochement qui les surprit beaucoup et qu'ils communiquèrent à leur père.

Borel assure que des deux lunetiers de Middelbourg, Zacharie Jam, et Jean Lapprey, un, sans désigner lequel, est l'inventeur du télescope.

La découverte du microscope est aussi ancienne que celle du télescope; elle est attribuée, par les uns, à Drebbel, physicien hollandais; par Borel, à Zacharie Jans. Cette assertion paraît la plus certaine. Quant au thermomètre, son invention, assure Libes, à qui nous devons beaucoup pour cet historique, revient de droit à Drebbel.

§ III. *Progrès de la Physique entre les mains de Galilée.* Tandis que Descartes rendait à l'esprit humain toute son indépendance en brisant le sceptre d'Aristote, Galilée donnait à la Physique une impulsion nouvelle en la dotant des plus brillantes découvertes.

Galilée connut bientôt l'invention du télescope. Cette connaissance l'amena à la construction d'une lunette qui grossissait trente-trois fois les objets; c'est avec cette lunette qu'il fit les découvertes dont nous allons parler, découvertes qui lui suscitèrent tant d'ennemis, et dont il se rétracta devant le Saint-Office afin d'échapper aux odieuses et infâmes persécutions dont il était victime.

Le 7 janvier 1620, Galilée, dirigeant sa lunette

vers Jupiter, découvrit les quatre satellites de cette planète, puis les phases de Vénus déjà annoncées par Copernic, les taches du soleil, le mouvement de Vénus autour du soleil, les inégalités de la lune, la ressemblance de celle-ci avec la terre, un grand nombre d'étoiles nouvelles dans la *voie lactée*, etc., etc.

Si la gloire de Galilée a beaucoup gagné en découvrant des mondes flottans dans les régions éthérées, son génie n'a pas moins grandi en éclairant du flambeau de l'expérience l'étude des phénomènes terrestres, en dissipant les préjugés nombreux de son époque, en détruisant les erreurs les plus grossières, enfin en dévoilant les vérités les plus hardies de la science. Voyons quelles ont été ces vérités.

Pendant plus de vingt siècles on a cru que, des corps *légers* et *pesans* admis dans la nature par Aristote, ceux qui avaient plus de masse devaient avoir plus de vitesse; cette erreur a été renversée par Galilée, qui établit, en principe, que la chute des corps, lente chez les uns, rapide chez les autres, tient plutôt à la différence de densité de ces corps qu'à la différence de leur masse; que les espaces parcourus suivent la série des nombres 1, 3, 5, 7, etc.; que ces espaces, pris au commencement de la chute du corps, sont toujours comme les carrés des temps écoulés. De ces principes a découlé la théorie du pendule et celle du mouvement des projectiles.

L'équilibre des solides a également occupé Galilée, ainsi que la pesanteur spécifique des corps, la pesanteur de l'air déjà annoncée par Aristote aux philosophes de son temps, et la composition des fluides, qu'il regarde comme formés de molécules sphériques glissant facilement les unes sur les autres.

Galilée faillit aussi découvrir la cause de l'ascension de l'eau dans les pompes aspirantes; mais nous venons de le dire, il a failli faire cette découverte. Sa réponse aux physiciens de Florence (La nature n'a horreur du vide que jusqu'à trente-deux pieds) étonnés de ce que l'eau ne montait pas à plus de trente-deux pieds dans les tuyaux de leurs pompes, prouve que sa sagacité fut ici en défaut. Torricelli, son élève, trouva la solution de ce singulier phénomène.

Galilée naquit à Pise, le 18 février 1564; il mourut en 1643.

§ IV. *Descartes et Galilée comparés ensemble.* Descartes, nous l'avons déjà dit, affranchit l'esprit humain de toute servitude; Galilée combla les précipices creusés dans la science par ses prédécesseurs.

Descartes rechercha les causes des brillans phénomènes de la nature; Galilée en étudia les effets.

Descartes devina les secrets de la nature; Galilée les apprit, les connut, les expliqua, du moins quelques uns.

Bref, Descartes pensa, chercha et ne trouva pas toujours; il s'égara même quelquefois, car il ne s'appuyait pas sur l'expérience; Galilée, au contraire, ami de l'expérience, trouva de suite ce que son génie avait conçu d'avance.

§ V. *Progrès de la Physique entre les mains de Képler.* Képler, né le 27 décembre 1571, à Viel, dans le duché de Vittemberg, et mort en 1631, s'occupa principalement de la vision, déjà étudiée par Maurolyc et Porta; il compara la chambre obscure de ce dernier avec l'organe de la vision lui-même : pour lui la prunelle de l'œil n'est autre que l'ouverture de la chambre, le cristallin en est le verre, et la rétine le plan où vont se peindre les objets.

Képler fit des efforts pour découvrir la loi de réfraction, mais il échoua; il fut plus heureux dans l'explication qu'il donna du télescope à deux verres et des effets d'optique de cet instrument, dans la forme qu'il assigna aux orbites des planètes, dans la théorie des lois qui président aux mouvemens de ces dernières, etc.

Képler partagea l'enthousiasme de Pythagore pour les nombres : un ouvrage fut publié par lui sur cet objet, en 1619. Dans cet ouvrage, entaché de frivolités, on trouve une vérité importante, celle qui détermine les rapports des diamètres des orbes des planètes aux temps de leurs révolutions.

Kepler a doué les comètes de la propriété de se mouvoir en ligne droite; mais il a commis là une erreur; il a également commis une erreur en pensant que les comètes étaient le résultat de l'épaississement du fluide éthéré répandu dans l'espace. Mais, hâtons-nous de le dire, toutes ces erreurs sont rachetées par la hardiesse que l'on trouve dans les recherches faites par ce physicien pour expliquer les causes des principaux phénomènes de la nature.

D'après Képler, le soleil est le modérateur suprême des corps célestes. Cet astre est doué d'une vertu motrice qui anime toutes les autres planètes, les enchaîne dans leurs orbites, etc. A la place du mot *motrice*, substituez celui d'*attraction*, et Képler enlève à Newton la gloire de sa découverte.

Képler compare la pesanteur des corps terrestres à la gravitation des planètes vers le soleil; il pense que l'action combinée du soleil et de la terre donne lieu aux irrégularités particulières de la lune, que l'attraction de cette dernière est la cause du flux et du reflux de la mer, que le soleil tourne sur lui-même, etc. Tels sont les nombreux travaux du physicien de Wittemberg, telles sont les nombreuses recherches qui ont stimulé sa sagacité, et qui nous prouvent que peu de branches de la science lui sont restées ignorées; on peut, en un mot, avancer, sans craindre de se tromper, que, sans Képler, la marche de Newton eût été moins rapide, moins riche des plus sublimes découvertes, et surtout moins brillante. Et pourtant, tous les dégoûts de la misère et de l'indigence ont abreuvé sa vieillesse. Pour prix des services rendus à son siècle, des progrès gigantesques qu'il fit faire à la science, Képler ne reçut qu'injustices, persécutions et disgrâces. En cela son sort fut presque semblable à celui du physicien italien, de Galilée, qui méritait des autels, et qui fut traîné dans les cachots.

§ VI. *Progrès de la Physique entre les mains de Torricelli, Pascal, Gassendi, Mersenne et quelques autres.* Torricelli, disciple de Galilée, né à Faenza le 1er octobre 1608, et mort à Florence le 25 du même mois 1647, eut idée le premier que le phénomène qui avait tant embarrassé les fontainiers de Florence, pouvait bien tenir à la pesanteur de l'air atmosphérique. Préoccupé de cette pensée, et voulant vérifier son soupçon, il fit l'expérience suivante : il prit un tube de verre d'environ trois pieds onze lignes de longueur, scellé par un bout et ouvert de l'autre. Il le remplit de mercure, le renversa ensuite, après avoir appliqué le doigt sur l'orifice, plaça le bout ouvert dans une cuvette pleine de mercure, retira le doigt, et vit à l'instant même le mercure descendre dans le tube et se fixer à la hauteur d'environ vingt-huit pouces. Certes on ne pouvait pas rigoureusement conclure de cette expérience que l'ascension de l'eau dans les pompes tenait à la pesanteur de l'air, mais on devait penser que la colonne de mercure, suspendue dans le tube, était contrebalancée par le poids de la colonne atmosphérique sur la surface du réservoir de mercure; c'est ce que fit Torricelli, et il eut raison. Tel a été le début de Torricelli dans la science.

Torricelli eut encore le premier l'idée du principe suivant, principe si ingénieux et si utile. « Lorsque deux poids sont placés ensemble, de manière qu'étant placés à volonté, leur centre de gravité commun ne s'élève ni ne s'abaisse, ils sont en équilibre dans toutes ces positions. »

A la théorie de Galilée sur le mouvement accéléré et sur celui des projectiles, Torricelli ajouta la vérité suivante : « Les paraboles que décrivent tous les projectiles lancés du même point, sous différens angles, avec la même force, sont renfermées dans une courbe qui est elle-même une parabole, et qui les touche. »

Enfin le même physicien posa les fondemens de la théorie du mouvement des fluides, et établit en principes que les vitesses dans leur écoulement étaient en rapport avec la racine carrée des pressions, etc.

§ VII. *Pascal.* Pascal, né à Clermont, en Auvergne, le 16 juin 1623, mort en 1653, s'empare, répète et varie la découverte de la suspension du mercure dans un tube fermé. Toutes les expériences qu'il fait à ce sujet ont pour effet de détruire le préjugé de l'horreur du vide.

La première des expériences de Pascal fut faite sur la montagne du Puy-de-Dôme, la seconde sur la tour Saint-Jacques-la-Boucherie à Paris, et la troisième dans une maison particulière haute de quatre-vingt-quatre marches. Dans les trois expériences, on vit que la colonne de mercure était moins élevée au sommet qu'à la base des trois points que nous venons de citer.

La pesanteur de l'air, ainsi bien établie, devint un des principes fondamentaux de la Physique, et ce principe, bien manié par Pascal, lui fit comprendre pourquoi on ne peut pas écarter, sans beaucoup de difficultés, les ailes d'un soufflet dont l'ouverture est fermée; il lui fit trouver aussi le moyen de mesurer les variations qu'éprouve la pression atmosphérique, etc.

Selon quelques auteurs, Descartes a revendiqué quelques unes des expériences de Pascal avec le tube de Torricelli; nous ne jugerons pas cette réclamation.

Pascal s'est encore occupé de l'équilibre des liquides. Dans les recherches et les expériences qu'il fit à ce sujet, il fit voir que tous les liquides pressent en vertu de leur hauteur perpendiculaire, quelle que soit leur quantité et la forme des vases qui les renferment; que l'eau s'élève à la hauteur de sa source ou de son réservoir; qu'un solide plongé dans un liquide y est pressé de toutes parts; que la pression qui s'exerce sur la base de ce solide est plus forte que celle qui s'exerce sur ses parois et sur sa face supérieure, etc., etc.

§ VIII. *Gassendi.* Gassendi, né à Champtercier, près de Digne, en 1592, mort le 25 octobre 1655, fut un défenseur ardent de la doctrine d'Epicure. Il fit école comme Descartes, son compatriote, et il y eut par conséquent des Gassendistes comme il y avait eu des Cartistes.

L'étude de la lumière occupa particulièrement Gassendi. Suivant ce physicien, ce corps impondérable est un composé d'atomes ou de molécules très-ténues, sphériques et extrêmement mobiles. La lumière se propage en ligne droite, sous forme de rayons divergens, et la clarté qu'elle répand s'affaiblit en raison directe du carré de la distance parcourue. Rencontre-t-elle des obstacles dans sa course rapide, elle se réfléchit ou se réfracte suivant une loi constante (*voy.* le mot Lumière), et ce sont ces réflexions et ces réfractions qui donnent naissance aux couleurs. A part cette erreur sur l'origine des couleurs, ne semble-t-il pas qu'on entend Newton s'exprimer par la bouche de Gassendi?

Gassendi s'occupa aussi de la nature et de la différence des sons, et si, à cette occasion, on peut lui reprocher son enthousiasme pour la doctrine des atomes, avec lesquels il expliquait le froid, le chaud, les odeurs, les saveurs, le son lui-même, bien qu'il connût parfaitement l'existence des ondes aériennes, on ne peut lui refuser d'avoir su distinguer la différence qu'il y a entre les sons graves et les sons aigus. Il vit que cette différence tenait au nombre des ondes aériennes produites dans un temps donné. Le nombre des ondes est-il grand? le son est aigu; est-il faible? le son est grave.

Gassendi fut un philosophe distingué, un observateur judicieux. C'est à lui qu'on doit attribuer la première observation du passage de Mercure sur le soleil. Nous terminerons ici la série des travaux et des expériences de Gassendi en faveur des progrès de la Physique.

§ IX. *Mersenne.* Mersenne, né en 1588, mort en 1648, fut élevé à la Flèche avec Descartes. La science lui doit un immense Recueil d'expériences et d'observations plus ou moins intéressantes sur le son, la chute des corps, l'écoulement des fluides, la résistance des solides, etc. Elle lui doit encore la première idée du télescope à réflexion, etc.

Avant d'arriver à Otto de Guerike, inventeur de la *machine pneumatique* (*voyez* pour la description de cette machine le mot PNEUMATIQUE), citons les noms de Rohant, de Pierre-Petit, de Riccioli, Grimaldi et Fabri, qui tous furent des physiciens pleins de sagacité, et bons observateurs.

§ X. *Otto de Guerike.* Otto de Guerike, bourgmestre de Magdebourg, est né en 1602; il mourut en 1686. C'est à lui que nous devons la machine pneumatique, machine qui par la suite a été si utile aux progrès de la Physique et de la chimie.

Le premier appareil d'Otto fut un tonneau plein d'eau, exactement fermé de toutes parts et muni d'une pompe aspirante pour retirer l'eau. Le second appareil fut le même tonneau, avec tous ses accessoires, renfermé dans un autre tonneau plus grand et également plein d'eau. Otto se servit ensuite de globes métalliques, de ballons de verre, etc.

C'est à Otto de Guerike que nous devons les deux *hémisphères de Magdebourg*, hémisphères qui sont connus de tout le monde maintenant, qui sont en métal, de forme concave, que l'on réunit ensemble à l'aide d'un cuir mouillé, dans lesquels on fait le vide par le moyen de la machine pneumatique, et que rien ne peut séparer si l'effort pour les désunir est fait dans une direction parfaitement uniforme et horizontale.

Avec la machine pneumatique, Otto prouva d'une manière à ne plus laisser aucun doute l'élasticité de l'air déjà annoncée par Sénèque. Pour cela, il plaça sous son appareil une vessie presque vide d'air et exactement fermée; il donna quelques coups de piston à la machine, et l'on vit tout aussitôt la vessie augmenter peu à peu de volume. Cette augmentation ne pouvait tenir à autre chose qu'à la distension de la petite quantité d'air renfermée dans la vessie.

Otto de Guerike démontra encore, toujours avec le même appareil, que l'air était absolument nécessaire à la formation et à la propagation du son, aux actes de la vie, de la respiration, de la combustion, etc. Placez, dit-il, une petite horloge à réveil sous la machine pneumatique, faites le vide, et vous n'entendrez plus le son de l'horloge. Laissez rentrer l'air sous la machine, vous entendrez le son. Si, à la place d'une horloge, vous placez des animaux dans le vide, ceux-ci ne tardent point à y être asphyxiés, à ne plus donner aucun signe de vie; une bougie allumée s'y éteint de suite, etc.

Otto s'est également occupé de l'étude de l'électricité, et, en substituant un globe de soufre au tube de verre dont Gibert se servait dans ses expériences, il prépara, sans aucun doute, les voies pour la construction de la *machine électrique*.

§ XI. *Kirker.* Les travaux de Kirker sur la Physique, travaux qui contribuèrent plus ou moins à l'avancement de la science, sont, en première ligne : plusieurs ouvrages *ex professo* généralement estimés, puis la construction d'un petit appareil tout-à-fait simple, tout-à-fait vulgaire maintenant, nous voulons parler de la *lanterne magique.* Nous devons encore à Kirker d'avoir établi d'une manière incontestable la possibilité de composer des miroirs brûlans, miroirs semblables ou analogues à ceux d'Archimède, que Descartes avait niés, et que Buffon retrouva.

Le phénomène de la déclinaison de l'aimant, phénomène qui avait toujours fait le désespoir des physiciens, fut étudié avec succès par Kirker. Ce même physicien imagina encore de remplacer le *porte-voix* par un miroir parabolique d'un grand diamètre. Dans ce nouveau mode de propagation des sons, les rayons sonores, venant d'une grande distance, arrivent parallèles au miroir qui les réfléchit à son foyer, et une personne située à ce point distingue parfaitement tous les sons, quoique bien éloignée du lieu de leur origine.

Diverses horloges furent aussi inventées par Kirker. Parmi ces horloges, nous distinguerons les deux suivantes : dans l'une, c'est un rayon lumineux réfléchi par un miroir qui indique l'h ure sur un cadran tracé sur le mur opposé au volet d'une chambre obscure; dans l'autre, c'est une boule de verre pleine d'eau qui réunit successivement les rayons solaires sur les divers points d'un cadran. Les rayons concentrés enflamment une matière combustible, et la détonnation marque les heures.

Kirker naquit en Allemagne en 1602; il est mort en 1680.

§ XII. *Sturmius et Schot.* Des nombreux prosélytes faits par Otto de Guerike, nous en nommerons deux seulement, Sturmius et Schot, comme étant ceux qui exercèrent le plus d'influence sur les progrès de la Physique, en répandant partout, dans leurs leçons comme dans leurs écrits, la doctrine de leur maître. Sturmius donna quelques détails curieux sur un projet de machine aérostatique qu'il attribua à François Lana.

§ XIII. *Progrès de la Physique entre les mains des physiciens de Florence.* Tandis qu'Otto de Guerike émerveillait l'Allemagne, sa patrie, par les nombreux secrets que son génie et ses expériences arrachaient chaque jour à la nature, l'Italie voyait avec peine l'isolement et la stérilité des savans qu'elle avait dans son sein.

Léopold, grand-duc de Toscane, sentant tout le mal d'un pareil état de choses, et voulant mettre un terme à l'arrêt que la Physique éprouvait dans ses progrès, fonda, en 1657, à Florence, le premier corps académique qui ait existé en Europe. Les premiers membres de cette société savante furent presque tous des disciples de Galilée, et si tous n'avaient pas le génie du maître, tous possédaient du moins son adresse à manier l'expérience. Voyons ce que firent les physiciens de Florence.

Presque tous s'occupèrent particulièrement de l'étude de l'air atmosphérique. La pesanteur et l'élasticité de celui-ci leur fut démontrée, non plus par la machine pneumatique d'Otto, mais par le tube de Torricelli auquel ils apportèrent quelques modifications. Ils étudièrent également la dureté ou plutôt la compressibilité de l'eau, sans augmentation de volume quand elle passe de l'état liquide à l'état solide, sa pesanteur spécifique quand elle est à l'état de glace, etc.

La dilatation des solides par le calorique, fixa encore l'attention des académiciens de Florence, ainsi que le thermomètre de Drebbel qu'ils modifièrent très-avantageusement.

A l'aide du pendule à secondes, ils calculèrent la marche rapide du son. Les ondes produites dans l'air par ce dernier, ainsi que par le choc ou le bruit, furent comparées aux ondes que produit une pierre lancée à la surface de l'eau. Selon ces philosophes, les ondes aériennes ont toujours la même vitesse, quelle que soit la grandeur ou la force du corps central qui les fait naître; la vitesse des ondes de l'eau varie suivant la largeur de la pierre et suivant la force qui l'a lancée. Les ondes aériennes consistent dans une dilatation et une condensation réciproques; les ondes de l'eau dans un flux et reflux successif et réciproque de ses molécules; enfin les ondes aériennes s'étendent dans tous les sens et dans toutes les directions; celles de l'eau, au contraire, ne peuvent se former et s'étendre au-delà de la surface du liquide.

La pesanteur spécifique de l'air, comparée à celle de l'eau, que Galilée représente par 1 pour l'air, par 400 pour l'eau; Mersenne par 1 et 1300; Riccioli par 1 et 10000, n'a pas été déterminée plus exactement par les membres de l'académie de Florence, qui indiquèrent 1 pour l'air et 1122 pour l'eau. Toutefois, disons que ce résultat, quoique loin encore de la vérité, est moins défectueux que les précédens.

L'hygromètrie fixa aussi l'attention des physiciens de Florence. L'instrument qu'ils construisirent à cet effet consistait en un vase de liége de forme conique, enduit de poix à l'intérieur, et revêtu extérieurement d'une lame de fer étamée. Nous ne nous occuperons pas ici de la théorie de cet instrument, nous dirons seulement que les défauts nombreux qu'il avait le firent promptement abandonner.

A l'hygromètre de Florence succéda celui du cardinal Cusa, qui consistait en un morceau de laine placé dans une balance, puis l'épi de blé proposé par Kirker, le nitrate de potasse calciné proposé par François Lana, puis enfin les cordes à boyau, les cordes de lin fortement tendues par un poids de cent livres, employées, les premières par Mersenne, les secondes par Boyle.

§ XIV. *Progrès de la Physique entre les mains de Boyle.* De l'Allemagne la machine d'Otto franchit bientôt les mers; l'Angleterre surtout lui offrit un asile favorable; et Boyle, né en Irlande, le 26 janvier 1617, fut le premier qui s'en servit dans son laboratoire, après toutefois lui avoir fait subir de grandes et utiles modifications.

D'abord, pour rendre le jeu de la machine allemande plus facile et moins fatigant, Boyle y adapta un cric; ce cric donna de suite à l'appareil plus de mobilité, plus de régularité. Il remplaça ensuite le récipient d'Otto par une cloche de verre. Avec ce nouvel instrument; car alors la métamorphose avait été presque complète, Boyle répète les expériences tentées avant lui sur la pesanteur et l'élasticité de l'air; il renouvelle l'asphyxie des animaux renfermés dans le vide, suspend la respiration, empêche la combustion, etc. Il trouve que l'air est le véhicule qui transmet les sons à des distances plus ou moins éloignées; il devine la propriété dissolvante de l'air, mais il ne la démontre pas.

Boyle s'occupe encore de l'eau, qu'il trouve élastique, par conséquent compressible; mais on sait aujourd'hui que, si cette propriété est admissible, elle ne l'est qu'à un bien faible degré. Dans tous les cas, voici l'expérience que Boyle a faite à ce sujet. Il prend un globe métallique creux, auquel est joint un tuyau recourbé dont l'orifice est très-étroit, et qui est connu sous le nom d'*éolipyle*. Il chauffe le globe; l'air, renfermé dans l'intérieur de ce globe, se dilate et s'échappe par le tuyau; il plonge promptement le tuyau dans l'eau, qui, cédant à la pression de l'air extérieur, s'introduit dans le globe, où elle trouve moins de résistance. Le globe étant en partie plein d'eau, il le soumet à l'action d'une forte chaleur; l'eau contenue se transforme bientôt en un fluide aériforme qui s'échappe avec violence par l'orifice du tuyau, et, lorsque Boyle dirige ce jet sur un charbon à peine embrasé, il voit avec surprise que la combustion augmente d'activité et d'énergie.

Boyle pèse séparément l'air, l'eau et le mercure; il trouve les rapports suivans entre ces différens corps: l'eau pesant 1000 dans une première expérience, 814 dans une seconde, l'air pèse 1, le mercure 13 $\frac{97}{121}$; mais ses procédés ne valent pas la balance hydrostatique des modernes; les résultats ne sont pas mathématiquement exacts.

L'électricité, le magnétisme, n'échappent point à l'esprit infatigable de Boyle. Ce même philosophe essaie de peser la flamme, mais il échoue dans toutes ses tentatives; il ne lui était pas donné de connaître la véritable cause de l'augmentation de poids dans les corps qu'il a soumis à l'acte de la combustion.

La rapide analyse que nous venons de faire des travaux de Boyle, nous fait voir que pendant longtemps l'étude de la Physique a été pour le philosophe irlandais le seul culte de son activité, la seule occupation de son esprit, le seul mobile de son vaste génie. Seul avec la nature et les instrumens de son cabinet, Boyle fut toujours exempt de passions et d'intérêts matériels. C'est au milieu de ses immenses et impérissables travaux, que Charles II est venu le trouver et le mettre à la tête de la société académique qu'il établit à Londres en 1659. Dès-lors, la solitude chérie du grand physicien, ses loisirs, son repos, sa fortune, tout fut abandonné, sacrifié aux devoirs et aux obligations que lui imposaient les honorables fonctions qui lui étaient si dignement et si justement imposées. Boyle trouva sa récompense dans la gloire qu'il répandit sur son paysage, les progrès qu'il fit faire à la raison, l'impulsion qu'il donna à la science.

§ XV. *Progrès de la Physique entre les mains de Huyghens, Wallis, Wren, Hook, Wall, Hevelius.* Les trois premiers physiciens que nous venons de nommer, tous trois membres de la Société royale de Londres, s'occupèrent avec succès des lois de la percussion. Ils virent dans leurs expériences que ces lois étaient modifiées suivant que les corps étaient élastiques ou non; que les corps élastiques choqués entre eux ont un mouvement double de celui qu'acquièrent les corps non élastiques, etc.

Huyghens, né à la Haye, le 24 avril 1629, mort le 5 juin 1695, démontra ce que Galilée avait vu, que les oscillations du pendule avaient la même durée. Pour arriver à cette démonstration, Huyghens construisit une machine composée d'un pendule et d'une roue dentée. A la partie supérieure du pendule, il adapta deux palettes en cuivre qui ne laissaient passer qu'une dent de la roue à chaque oscillation. Le mouvement de la roue est réglé sur celui du pendule. Si celui-ci a des oscillations régulières, les pas de la roue doivent l'être également. Cette nouvelle horloge fut présentée aux états de Hollande le 16 juin 1657; plus tard, elle reçut quelques modifications, car elle n'était pas parfaitement exacte.

Malgré les précautions, les calculs apportés dans la confection des pendules, on sait depuis 1669, et cette connaissance est due à Picard, que toujours les horloges retardent en été, avancent en hiver. Cette variation dans le nombre des oscillations tient à la dilatabilité que subissent tous les corps par l'action du calorique, à la constriction, au resserrement qu'ils éprouvent par suite d'un abaissement de température. Des moyens proposés pour s'opposer à cet inconvénient grave, celui de Julien Leroy, horloger à Paris, et Ellicor à Londres, est le plus ingénieux, le plus utile. Ce moyen consiste à former la verge du pendule de deux lames métalliques, l'un en fer, l'autre en cuivre, métaux qui augmentent inégalement par la chaleur. Le calcul a ensuite établi la longueur que l'on devrait donner à chaque lame.

A Descartes appartient, nous l'avons déjà dit, la connaissance première de la force centrifuge, mais à Huyghens revient l'honneur d'avoir, le premier, mesuré cette force, d'en avoir calculé les lois, et ces lois ont conduit Newton à dévoiler les mouvemens des corps célestes, à démontrer les principes de la gravitation.

Huyghens inventa le micromètre, confirma la découverte faite par Galilée des quatre satellites de Jupiter, reconnut l'anneau circulaire de Saturne, trouva plusieurs traits de ressemblance dans le mode de propagation du feu et de la lumière, propagation qui s'effectue par des ondes qui ont pour point central le corps sonore et le corps lumineux. Il étudia aussi le phénomène des couronnes et des parhélies déjà signalé par Aristote. L'augmentation du volume de l'eau qui passe de l'état liquide à l'état solide, dont Galilée avait déjà parlé, n'échappa pas à la sagacité de Huyghens. Enfin cet habile physicien ajouta de nouveaux perfectionnemens au baromètre déjà perfectionné par Descartes, en construisit un qu'il appella baromètre double et qui fut bientôt abandonné, bien qu'il fût préférable à celui de Descartes.

Hévélius, né à Dantzick en 1611, mort en 1687, s'occupa du perfectionnement du télescope, lui donna plus de puissance en augmentant la longueur du foyer, etc.; mais tous les instrumens du même genre qu'il construisit lui-même, ne grossissaient que moitié de ceux d'Huyghens, qui augmentaient de cent fois le volume des objets.

Hook (Robert), né à Freschwater, le 16 juillet 1638, mort le 3 mars 1703, inventa le ressort spiral qui sert à régler les montres; il perfectionna le microscope en augmentant le nombre des lentilles, et le rendit ainsi plus propre à l'examen et à l'étude minutieuse des objets les plus ténus.

Hook découvrit des taches sur Jupiter et sur Mars, soupçonna la rotation de ces planètes, rapprocha les principes de Descartes, Copernic et Kepler sur la cause des mouvemens qui animent les corps célestes, réunit ensemble tous ces préceptes, les analysa, les discuta et leur donna ainsi plus de force et de clarté; enfin il apporta quelques modifications au baromètre de Huyghens, inventa celui à cadran, etc.

Wall s'occupa de l'électricité, du mode de développement de ce fluide impondérable, et proposa, comme mode plus facile et plus grand, les morceaux de drap, la peau d'animaux dont on se sert habituellement aujourd'hui.

§ XVI. *Progrès de la Physique entre les mains de Cassini, Mariotte, Régis, Richer.* Jeune encore, Louis XIV sentant l'importance et l'utilité de l'étude des sciences physiques, mit à la disposition de l'Académie des sciences, créée en 1666, sous le ministère Colbert, tous les moyens, tous les instrumens nécessaires pour interroger la nature, pour dévoiler ses mystères. Perrault est appelé à élever l'Observatoire de Paris, chef-d'œuvre d'architecture française qui atteste tout à la fois le génie de celui qui en a dirigé l'exécution, et la munificence du souverain qui l'a ordonné.

Les premiers membres de l'Académie des sciences furent Carcavi, Roberval, Frenilli, Auzout, Picard, Buot, Mariotte, Richer, etc. A ces noms illustres vinrent s'ajouter, par l'influence de Louis XIV, ceux de Cassini, de Huyghens, de Roëmer.

Cassini (Dominique), né à Périnaldo, dans le comté de Nice, le 8 juin 1625, mort en 1712, se dépouilla promptement des vieilles erreurs et des préjugés qui souillaient son esprit et son génie. Il ne crut plus à l'astrologie et à la naissance fortuite des comètes. Il reconnut à celles-ci une marche constante, une régularité parfaite; il alla même

jusqu'à

jusqu'à calculer leurs mouvemens, prévoir leurs retours, etc.

Armé d'instrumens perfectionnés, Cassini découvre la forme elliptique des disques de Jupiter, évalue à un quinzième l'aplatissement de cette planète, reconnaît les bandes parallèles qui l'entourent, les quatre nouveaux satellites qui l'accompagnent, démontre son mouvement de rotation, annonce l'existence de la lumière du zodiaque, signale des taches sur Mars et sur Vénus, etc.

Tandis que Cassini fait une ample moisson de découvertes dans le ciel, Mariotte étudie ce qui se passe à la surface de la terre, rend sensibles, par des expériences délicates, les lois qui président à la communication du mouvement, soupçonne et démontre l'influence de l'air sur la chute des corps. Dans des expériences qu'il fait sous la machine pneumatique, il voit que deux plumes de duvet, de la même largeur et de la même longueur, placées dans le haut de deux tubes de verre, l'un plein d'air, l'autre vide d'air, mettent un temps différent pour parcourir la longueur des tubes placés verticalement. La plume, renfermée dans le tube plein d'air met trois fois plus de temps pour aller au fond que la plume placée dans le vide.

A tout ce que Torricelli, Pascal, Otto de Guerike, avaient dit de l'air atmosphérique, Mariotte trouve encore à ajouter de nouveau faits, de nouvelles découvertes. L'air, savait-on déjà, est pesant, élastique; Mariotte précise dans quelles proportions il peut se dilater, dans quelles proportions il peut se condenser.

A l'aide de la machine pneumatique, Mariotte fait voir que la pesanteur de l'air retarde l'ébullition de l'eau; que l'eau froide, placée dans le vide, dégage sous forme de bulles l'air qui s'y trouve interposé; que de l'eau tiède bout aussitôt qu'on la met sous la machine pneumatique, et que celle-ci est mise en action.

Mariotte s'occupe encore de la loi des vitesses dans l'écoulement des liquides; mais, comme il néglige la contracture de la veine fluide, il commet des erreurs dans le traité qu'il publie à ce sujet. Quoi qu'il en soit de cette légère critique, nous pouvons dire que dans tous ses travaux, dans toutes ses recherches, Mariotte fit toujours briller sa sagacité et son génie.

Auzout et *Picard*, morts, le premier en 1693, le second en 1684 (on ne connaît pas l'époque de leur naissance), se distinguèrent tous deux par des inventions qui eurent la plus grande influence sur les progrès de la Physique.

Auzout perfectionna le micromètre imaginé par Huyghens et modifié par le marquis de Malvasia. Il appliqua le télescope au quart de cercle astronomique, et cette application eut pour heureux résultat de faire voir plus exactement les astres que l'on veut observer et étudier.

Picard, déjà célèbre par des observations délicates sur plusieurs parties de la science, mesura un degré du méridien terrestre dans les environs de Paris. Il trouva que l'arc de ce méridien compris entre les parallèles de Malvoisine et de Sourdon, était de 68,430 toises, 3 pieds. L'arc céleste correspondant, mesuré par le même physicien, a été trouvé de 1 degré 11 minutes 57 secondes; d'où il résulte que la longueur d'un degré terrestre, par une latitude de 49 degrés 23 minutes, vaut 57,060 toises.

Roëmer, né à Copenhague le 27 septembre 1644, mort le 19 du même mois 1710, découvrit le mode de propagation de la lumière, propagation qui est successive, dit ce physicien. Cette découverte eut lieu à l'occasion d'observations faites sur les mouvemens du premier satellite de Jupiter. S'étant aperçu que dans certains temps le satellite sortait plus tard de l'ombre projetée par la planète, que dans d'autres il sortait plus tôt, Roëmer compara ces observations, et cette comparaison lui fit voir que le satellite sortait plus tard de l'ombre lorsque la terre s'éloignait de Jupiter, et plus tôt quand elle s'en approchait. Le même physicien en conclut que cette différence tenait à ce que la lumière mettait plus de temps à parcourir le premier espace que le second. Dès-lors il annonça aux savans que la propagation de la lumière n'était point instantanée, qu'elle mettait 11 minutes pour parcourir le diamètre de l'orbite terrestre. A cette occasion il prédit aussi quelques éclipses, etc.

Richer, mort en 1696 (on ne connaît pas la date de sa naissance), constata dans un voyage qu'il fit à Caïenne en 1672, 1° que la réfraction de la lumière solaire est à peu près la même à l'équateur qu'en France; 2° que l'aiguille aimantée, qui s'incline à Paris de 75° du côté du nord, s'incline encore à Caïenne, du même côté, de 50°; 3° que le pendule à secondes, long de 3 pouces 8 lignes 1/2 à Paris, est plus court à Caïenne de 1 ligne 1/4.

Régis, né dans le comté d'Agenois en 1632, fut le disciple de Descartes. Il publia un système général de philosophie comprenant la logique, la métaphysique, la morale et la Physique, qui fut fort estimé dans son temps; mais la chute complète des idées de Descartes entraîna celle du livre qui avait été fait d'après ses principes. La lutte injuste que ce même physicien eut avec Mallebranche sur la différence de grandeur des astres à l'horizon et au zénith, compromit le peu de gloire qu'il s'était acquise.

Chapitre III. — *Progrès de la Physique depuis Newton jusqu'à la naissance de la chimie pneumatique, c'est-à-dire jusqu'à la fin du dix-huitième siècle.*

§ I. *Isaac Newton*, né à Wolstrop le 25 décembre 1642, mort le 20 mars 1727, trouva à son début dans la science une route toute tracée, un champ vaste et étendu; mais ce champ, quoique déjà riche des plus belles et des plus heureuses découvertes, laissait encore beaucoup à faire et surtout à perfectionner. Newton résolut de combler les vides de la science, d'achever ce qui avait été si bien commencé. L'entreprise était hardie, hérissée des plus grandes difficultés, mais non au dessus de la plus haute capacité, du plus puissant génie que l'Angleterre ait produit. Nous allons en donner la preuve.

Déjà Descartes, Galilée et Huyghens se sont partagé la gloire de la découverte des principes qui président aux mouvemens des corps; mais ces physiciens n'avaient pas donné à cette découverte tout le degré de certitude, d'éclat et de généralité qui lui convenait; cette gloire était réservée à Newton, qui devine ou plutôt qui démontre que tous les corps de la nature tendent à se rapprocher les uns des autres en vertu d'une force qui est réciproque au carré de la distance, qu'il appelle *attraction*, et qui, quelle que soit la cause qui lui donne naissance, s'exerce sur chaque molécule matérielle. L'attraction proprement dite d'un corps n'est donc autre chose que la somme des attractions de toutes ses plus petites particules.

L'attraction est universelle, réciproque. La lune et la terre, le soleil et les planètes tendent les uns vers les autres, ou s'attirent les uns les autres avec des forces égales, parce qu'il n'y a jamais d'action sans réaction égale et opposée.

Newton étudie le mouvement curviligne des corps attirés par une force centrale; il émet des idées hardies et vraies sur la gravitation universelle et sur le système de l'univers; il réalise l'idée de Descartes de ramener à une cause unique les phénomènes célestes et les phénomènes terrestres; la cause qui produit les anomalies des mouvemens de la lune ne lui échappe pas; il explique, à l'aide des lois qui président à la gravitation et à l'équilibre des fluides, les raisons pour lesquelles il faut diminuer d'environ une ligne et un quart la longueur du pendule qui bat exactement des secondes à Paris, pour les lui faire battre à Caïenne. Newton soupçonne que la terre a la figure d'un sphéroïde aplati vers les pôles, que les marées sont dues au grand principe de l'attraction, etc.

Hipparque avait soupçonné que le mouvement des étoiles n'était qu'apparent, et que cette apparence était produite par la rétrogradation des points dans lesquels l'équateur coupe l'écliptique, mais il n'en avait pas donné la théorie; Newton remplit cette lacune.

Newton détruit l'incertitude des anciens sur la nature et le classement des comètes; il pense que les comètes ne sont pas des météores spontanément engendrés dans l'atmosphère, mais des astres dont la lumière et la chaleur ont une source commune, le soleil; il fait voir que l'éclat des comètes augmente lorsque la distance qui les sépare du soleil diminue; que les vapeurs qu'elles forment, quand elles sont trop près du soleil, constituent cette traînée lumineuse que l'on appelle *queue* des comètes, et qui, pendant si longtemps, a effrayé les populations.

Newton démontre que la résistance des fluides, connue par Galilée, Torricelli et Mariotte, tient à l'inertie des corps environnans, ambians ou adhérens. Une autre cause démontre encore le mouvement des fluides, c'est la cohésion, mais elle échappe à Newton. Coulomb l'a fait connaître comme nous le verrons plus tard.

La cause de l'élasticité de l'air dépend, dit Newton, de ce que le fluide atmosphérique se compose de molécules qui se repoussent mutuellement, et cela avec des forces centrifuges réciproques à la distance qui les sépare.

Newton construit avec l'huile de lin le premier thermomètre comparable qu'on ait eu dans la science.

L'étude de la lumière reçoit du génie créateur de Newton une étendue et une précision tout-à-fait nouvelles.

La lumière, comme nous l'avons dit (*voyez* Lumière), prend sa source dans le soleil et dans les étoiles. Ces astres sont l'immense réservoir où la nature puise à chaque instant les torrens de la matière fluide qui nous éclaire, nous échauffe, nous ranime et nous vivifie, et qui marche avec une rapidité si incroyable. Un rayon lumineux rencontre-t-il un obstacle, et cet obstacle est-il un corps opaque; il se relève sous un angle égal à celui de la chute. Le corps qui fait obstacle est-il diaphane? le rayon lumineux passe à travers avec plus ou moins de facilité, mais toujours, lorsque son incidence est oblique, il est forcé de changer sa route pour s'approcher ou s'éloigner de la perpendiculaire. Ces phénomènes, qui ont fait le désespoir des physiciens, n'ont été qu'un jeu pour le génie de Newton, qui bientôt les a attribués à l'influence de la force universelle qu'il a le premier démontrée et qu'il a appelée *attraction*.

Newton explique encore de la même manière, c'est-à-dire par l'action de la même force, les phénomènes de la réfraction et ceux de la réflexion; mais ici l'explication n'est pas complétement satisfaisante.

Le phénomène des couleurs n'échappe pas non plus à l'esprit investigateur de Newton. Qu'une des faces d'un prisme soit présentée, dit Newton, à un rayon solaire introduit dans une chambre obscure, on verra tout aussitôt le rayon se colorer, les couleurs se séparer, et aller peindre sur la muraille opposée à l'ouverture par laquelle la lumière aura pénétré, une image composée de sept couleurs bien tranchées, et cinq fois plus longues que larges. Cette dilatation, tout-à-fait contraire aux lois ordinaires de la réfraction, fait naître dans la tête de Newton l'idée que la lumière se compose d'un grand nombre de rayons différemment réfrangibles. Des expériences nouvelles et successives changent bientôt en certitude ce qui d'abord n'est qu'un soupçon; car toujours l'image ou *spectre solaire* se compose de bandes ayant la même intensité de couleur, le même ordre de classement.

Les phénomènes des lames et des anneaux colorés, de l'arc-en-ciel, de la transparence, de l'opacité, etc., ont tour à tour été l'objet de l'étude et de l'observation de Newton.

Tels ont été les impérissables travaux du célèbre physicien anglais; tels sont ses titres à la gloire, à l'immortalité. Peut-être son plan d'optique laisse-t-il quelque chose à désirer? mais l'intelligence humaine a des bornes, et, malgré l'étendue, l'immensité de celle de Newton, tout ce que ce profond philosophe a entrepris n'est pas absolument sans erreur, sans imperfection. Cependant Newton a été proclamé le chef et le maître de tous les savans de son pays; il devait l'être. Newton a été comparé à Descartes; mais, malgré l'éloquence de Fontenelle louant ces deux physiciens dans un discours académique, la réputation du dernier n'a rien gagné à la comparaison.

§ II. *Progrès de la Physique entre les mains de Halley, Flamsteed, Keil, Cotes, Smith, etc.* Malgré tout ce que nous venons de dire de Newton, de l'importance et de l'élévation de ses découvertes, de la portée des vérités théoriques et expérimentales qu'il répandit dans la science, sa philosophie succomba sous celle de Descartes, qui régnait despotiquement dans les écoles et dans les académies. Aussi n'est-ce qu'en Angleterre que nous allons, pour un instant, suivre l'accroissement de la Physique.

Halley, né à Londres en 1656, mort en 1742, fut l'ami de Newton. Doué d'un esprit plein d'étendue et de justesse, Halley sut apprécier et propager les découvertes de son illustre compatriote, en engageant ce dernier à publier son ouvrage sur les *principes*.

Jeune encore, Halley nous montra tout ce que peut une âme dominée par l'amour violent des expériences, des découvertes et de la vérité, en quittant, à la fleur de l'âge, ses parens, ses amis pour aller à l'île Sainte-Hélène, qui fut depuis le séjour et tombeau du plus grand capitaine du monde, observer une partie du ciel jusqu'alors inconnue.

Là, dans l'espace d'une seule année, Halley découvre la position de 350 étoiles australes, s'aperçoit que dans quatre endroits différens de l'île, l'aiguille aimantée ne décline pas; constate le passage entier de mercure sur le soleil, passage déjà observé par Gassendi, Huyghens et Hévélius.

De retour de Sainte-Hélène, Halley est nommé membre de la Société royale de Londres; et perfectionne la cloche du plongeur, prévoit que les variations des baromètres peuvent servir à indiquer le beau et le mauvais temps, trouve que l'eau qui passe de l'état solide à celui de l'ébullition se dilate de un vingt-sixième de son volume, donne quelques degrés de perfection à la théorie de la lune, développe la théorie de Newton sur les comètes, construit des tables astronomiques, etc. Enfin Halley succède, comme directeur de l'observatoire de Greenwich, à Flamsteed, né à Denby, dans le comté de Derby, le 19 août 1646, et mort le 30 décembre 1719.

Flamsteed augmenta considérablement le nombre des étoiles visibles, détermina la position respective de ces dernières, etc.

Keil, né en Écosse en 1671, mort en 1722, suivit l'exemple de Loke, qui faisait tous ses efforts pour diriger tous les esprits vers la philosophie newtonienne. Keil donne le premier, à Oxford, en 1704, des leçons publiques en faveur des idées et des opinions de Newton, et les expériences qu'il fait dans ses cours à ce sujet rendent populaires les vérités du grand physicien anglais sur les lois des mouvemens rectiligne et curviligne, sur celles de l'inertie des corps, soit solides, soit fluides, sur les principales propositions émises par Newton sur la nature de la lumière et des couleurs.

D'un autre côté, *Cotes*, professeur de Physique à l'université de Cambridge, donne des preuves de zèle et de talent dans les leçons brillantes qu'il fait sur les lois de la pression et de l'équilibre des fluides, sur les propriétés de l'air et les divers phénomènes qui en dépendent.

Au physicien Cotes, mort tout jeune en 1716, succéda, comme professeur à Cambridge, Robert Smith, qui publia les leçons de son prédécesseur, et un ouvrage fort estimé sur l'optique.

§ III. *Progrès de la Physique entre les mains de Hauksbée, Taylor, etc.* Dès son apparition, *Hauksbée* s'annonça comme un physicien d'une grande capacité. Ses premiers pas dans la science sont marqués par la modification qu'il apporte à la pompe de Boyle, la perfection qu'il donne à la machine de Papin, les expériences qu'il crut devoir faire pour détruire complètement le préjugé de l'horreur du vide qui dominait encore quelques esprits, la méthode rigoureuse qu'il apporta dans l'évaluation exacte du rapport qu'il y a entre le poids de l'air et celui d'un égal volume d'eau.

Hauksbée s'occupa aussi de la pesanteur spécifique de quelques métaux, de la dilatabilité de l'air, de la réfraction que la lumière éprouve en passant du vide dans l'air atmosphérique. Il vit, avec Halley, que les réfractions de la lumière étaient en raison directe des densités de l'air. Du reste, Lowthorp et Delisle avaient eu les mêmes résultats dans des expériences qui leur étaient particulières.

Ainsi qu'Otto de Guerike, Hauksbée fit des expériences sur les corps qui donnent de la lumière par le frottement. Il vit que l'ambre frotté contre la laine répand une lumière plus vive dans le vide que dans l'air, que la chaleur dégagée peut enflammer la laine; il vit encore qu'une boule de verre, frottée dans le vide contre la laine, offre une lumière d'une belle couleur pourpre, dont l'éclat et la vivacité diminuent à mesure qu'on laisse rentrer l'air.

Comme moyen de développement de l'électricité par le frottement, Hauksbée remplace le tube de verre de Gilbert, le globe de soufre d'Otto, par deux globes de verre, assujétis l'un dans l'autre, et mis en mouvement, soit dans le même sens, soit dans un sens opposé, à l'aide de deux roues.

Enhardi par des expériences difficiles et pleines de succès, Hauksbée continue d'interroger la nature, mais d'une manière plus pressante qu'il ne l'avait fait jusqu'alors. Aux difficultés nombreuses qui se présentèrent, il opposa sans cesse l'opiniâtreté la plus tenace. Cette conduite valut au savant physicien des découvertes nouvelles et de la plus haute importance. Il vit le premier les jets éclatans de la lumière qui s'élancent d'un globe de verre, des matières résineuses que l'on soumet au frottement. Le premier aussi il éprouva les sensations douloureuses que fait éprouver la flamme électrique, etc.

Hauksbée s'occupa encore de la résistance que l'air oppose aux corps tombans; il mesura cette résistance en présence de Newton et de Halley. Les expériences furent faites dans l'église de Saint-Paul à Londres. Il étudia également les modifications que le feu éprouve suivant la nature des divers milieux dans lesquels il se produit, dans lesquels il se propage, etc.

Ainsi que le lecteur l'a déjà deviné, les travaux de Hauksbée ont eu sur les progrès de la Physique la plus grande influence, et cependant Hauksbée n'a travaillé que douze à treize ans. Il mourut dans un âge peu avancé, en 1716.

Taylor, né en 1685, mort en 1731, détermina avec Hauksbée, son contemporain et son compatriote, dans quelle proportion la force magnétique perd de son intensité par rapport aux distances. Il étudia seul le nombre et les élémens dont se composent les vibrations produites par des cordes élastiques tendues; il compara ces cordes à des pendules sollicités par des forces attractives, et il s'aperçut que le nombre des vibrations qui s'effectuent dans un temps donné sont comme les racines carrées des tensions.

§ IV. *Progrès de la Physique entre les mains de Amontons, Sauveur, Homberg, Lahire*, etc. Si de l'Angleterre, qui tient dans ses mains, comme nous venons de le voir, le sceptre de la philosophie naturelle, nous parcourons les diverses contrées de l'Europe, nous voyons partout les esprits tendus et dirigés vers l'accroissement de la Physique. En France, *Amontons*, né à Paris en 1663, mort en 1705, se livre aux recherches et aux travaux suivans: émule de Mariotte, il mesure dans quel rapport l'élasticité de l'air est augmentée par la chaleur; il voit que cette augmentation est en rapport avec la densité.

Amontons reconnaît aussi que l'eau qui bout cesse de s'échauffer quelle que soit la durée de son ébullition. Il perfectionne le thermomètre à air de Drebbel, en invente un nouveau; il imagine aussi un nouveau baromètre, d'une forme conique, très-commode pour les gens de mer, mais qui n'est pas très-exact.

Avec la corne, Amontons construit un hygromètre qui n'est point non plus suffisamment exact et qui est abandonné. Il cherche aussi à apprécier, par des expériences nombreuses et délicates, la résistance causée par les frottemens dans les machines, celle qui résulte de la raideur des cordes forcées de se rouler sur un cylindre; peu d'exactitude se rencontre encore dans ses résultats.

Quoi qu'il en soit des insuccès que l'on rencontre dans quelques uns des travaux d'Amontons, ce physicien fut plein de zèle et d'ardeur pour la science, et il fit beaucoup pour elle. Il n'en fut pas ainsi de sa réputation et de ses intérêts. Livré tout entier à ses recherches, à ses expériences, Amontons négligea l'une et les autres, vécut dans une sorte d'obscurité, et sa découverte du télégraphe, que la jalousie étouffa dans son berceau pour renaître cinquante ans plus tard avec tous les caractères de justesse et d'utilité qui la distinguent, fut traitée de rêverie. Telle est trop souvent, il faut bien l'avouer! l'injustice et l'ingratitude des hommes envers ceux qui travaillent dans leurs intérêts, que beaucoup d'esprits supérieurs qui usent leur santé et leur vie, soit dans l'étude des sciences, soit dans le perfectionnement des arts, meurent dans le besoin et la misère, dupes de leur zèle désintéressé, victimes de leur dévouement tout philanthropique.

La première idée du télégraphe est due, venons-nous de dire, à Amontons, malheureux sourd dont parle Fontenelle, et qui, ayant échoué dans une expérience qui devait se faire dans le jardin des Médicis (aujourd'hui jardin des Plantes), devant le dauphin, mourut de désespoir et de misère. Cependant, Chappe passe, avec un de ses frères, pour l'inventeur du télégraphe. Danton en fit une communication solennelle à la convention, le 4 avril 1793; six mille francs furent votés pour une première expérience. Celle-ci fut faite le 12 juillet de la même année, sur l'un des pavillons de la barrière de l'Étoile; le 6 octobre suivant l'appareil fut brisé.

A cette époque, le télégraphe ne figurait que cent signaux; aujourd'hui il peut en représenter 512; 92 seulement sont employés.

En 1792, on abandonna, dans la construction des télégraphes, les cadrans pour les châssis que nous voyons aujourd'hui. Tout récemment encore une nouvelle modification vient d'être apportée; on a abaissé les bras ou manivelles de l'appareil, et on a mis à leur place, c'est-à-dire au sommet de la tige principale, ou châssis vertical, une lame très-mince et mobile.

En 1794, le télégraphe apporta à Paris la nouvelle d'une des premières victoires de la république, la prise de Condé : 47 lieues furent parcourues en 75 minutes.

Après Amontons, on cite un nommé Marcel qui, en 1702, s'occupa également des télégraphes; la première idée de Chappe ne date que de 1791. Enfin, comme dernière preuve que ce dernier n'est point le véritable inventeur de l'appareil important dont il est question, on sait qu'en 1788, Dupuis, l'auteur de l'Origine des cultes, correspondait à l'aide de signaux, de Belleville où il demeurait, avec Fortin, son ami, qui restait à Bagneux.

Les Arabes, les Asiatiques, firent usage des signaux : ils plaçaient ces derniers sur les tours ou les monts les plus élevés. Nous en dirons autant des Chinois, qui connurent avant nous l'imprimerie, la poudre à canon, la porcelaine, la boussole. Enfin, l'histoire rapporte que Tamerlan employait dans ses guerres, comme signaux de paix, de bataille ou de carnage, trois drapeaux : un blanc pour la paix, un rouge pour le combat, un noir pour la mort, sans aucune exception.

Après Amontons, les physiciens français, *Parens* et *Camus*, méritent d'être cités pour les considérations ingénieuses qu'ils ont publiées sur la théorie des frottemens. *Lahire*, *Hombert*, *Althwood* et *Sauveur* viennent ensuite. Le premier s'occupa de la mécanique, le second découvrit une sorte de phosphore, le troisième inventa un instrument propre à rendre sensibles les lois de la chute des corps, et le quatrième eut, pour la science des sons ou de la musique proprement dite, une passion bien difficile à comprendre, car Sauveur n'avait pas de justesse dans l'oreille, pas d'agrément, de flexibilité dans la voix.

§ V. *Progrès de la Physique entre les mains de Étienne Gray, Wheeler, Desaguilliers, Dufay*, etc. *Étienne Gray*, mort en 1736, se passionna pour l'électricité, branche de la Physique qui resta vingt ans stationnaire après les soins assidus que lui avait donnés Hauksbée.

Gray augmenta le nombre des corps que le frottement peut électriser, c'est ainsi que les plumes, les poils, la soie, la toile, le papier, le cuir, le bois, etc., préalablement chauffés, donnèrent des signes d'électricité. Il découvrit la communication de l'électricité, les bons et les mauvais conducteurs de ce fluide impondérable, le moyen de le développer dans les corps animés et dans les liquides, etc. Bref, Gray enrichit la science de découvertes importantes, mais il paya son tribut à l'humanité, car ses travaux sont entachés d'erreurs.

Wheeler partagea les travaux de Gray sur l'électricité; quelques uns de ses résultats sont un peu différens de ceux de son savant collaborateur.

Desaguilliers, né à la Rochelle en 1683, mort à Londres en 1743, embrassa avec transport la philosophie newtonienne, la défendit avec chaleur, l'enseigna dans ses leçons en Hollande et en Angleterre, enfin la répandit dans toute l'Europe, tant par les publications de ses cours, que par les traductions qui en furent faites.

Desaguilliers perfectionna la théorie des frottemens, mesura avec assez d'exactitude la résistance que fait naître la raideur des cordes dans les machines, donna le premier le nom de *conducteurs* aux corps qui s'électrisent par communication, et appela *électriques par eux-mêmes*, les corps dans lesquels l'électricité se développe par le frottement.

Dufay, physicien français, eut le premier l'idée d'approcher sa main du corps d'un homme qu'on venait d'électriser; une étincelle jaillit entre sa main et le corps touché. Le premier encore il reconnut deux sortes différentes d'électricité, une dite *vitrée*, l'autre *résineuse*. La première appartient au verre, au cristal de roche, aux pierres précieuses, à la laine, aux poils des animaux, etc.; la seconde à l'ambre, à la gomme laque, à la soie, au fil, au papier, etc.

§ VI. *Progrès de la Physique entre les mains de Leibnitz, Stahl, Boerhaave.* Tandis que Newton illustrait son siècle et l'Angleterre, sa patrie, Leibnitz, né à Leipsick, le 23 juin 1646, mort le 14 novembre 1716, se présentait dans la science avec un génie presque égal à celui de son prédécesseur.

A vingt-deux ans, Leibnitz publia un traité complet de Physique générale. Dans cet ouvrage, le physicien de Leipsick admet des forces vives dans la théorie des mouvemens des corps; il applique le principe des *causes finales* aux phénomènes de la réfraction de la lumière, etc. Nous n'entrerons ici dans aucune explication relative à ce principe des causes finales; nous dirons seulement que Leibnitz regardait comme conforme à la sagesse suprême qu'un rayon lumineux allât toujours d'un point à un autre par le chemin le plus facile, et il mesura la facilité de ce chemin par le rapport composé de sa longueur et de la résistance que le rayon éprouve dans le milieu où il se meut.

Leibnitz pense que la vapeur aqueuse répandue dans l'atmosphère augmente le poids de l'air, et que c'est à la présence de cette vapeur qu'on doit attribuer les variations du baromètre. Ramozzini et Réaumur partagèrent cette idée; mais Desaguilliers s'inscrivit contre les conséquences qu'on pouvait tirer du résultat des expériences de Leibnitz, et il eut raison.

Les actes de Leipsick renferment divers écrits de Leibnitz. Beaucoup de ces écrits sont pleins de raison et d'originalité; mais il y en a quelques uns qui se ressentent des subtilités métaphysiques pour lesquelles l'auteur eut un penchant décidé. Berlin doit à Leibnitz la société académique qu'elle possède encore, qui fut créée sous le règne de Frédéric Ier, et qui reçut en 1710 une forme régulière et légale.

Après Leibnitz, l'Allemagne s'énorgueillit des noms de *Stahl* et *Boerhaave*. Le premier, né en Franconie en 1660, mourut en 1734; le second naquit près de Leyde en 1668 et mourut en 1738.

Boerhaave admet, comme cause de la chaleur, un fluide particulier, matériel, très-léger, non appréciable à la balance, etc. Stahl admet le même fluide pour expliquer le phénomène de la chaleur et celui de la combustion. Selon ce dernier physicien, le fluide reconnu par Boerhaave est tantôt libre, tantôt combiné dans les corps. Dans la combustion c'est lui qui se dégage sous le nom de *phlogistique*. Cette doctrine, tout erronée qu'elle a été, n'en a pas moins été reçue avec enthousiasme, et répandue avec célérité dans toutes les écoles.

L'Allemagne n'ayant été étrangère à aucune des branches de la Physique, citons ceux de ses physiciens qui se distinguèrent le plus, soit par leurs travaux, soit par leurs découvertes.

D'abord nous voyons Boze, professeur à Wittemberg, perfectionner la machine électrique, substituer le globe de verre au tube de même nature employé par Hauksbée, ajouter à ce globe un conducteur métallique, faire passer l'électricité, par le moyen d'un jet d'eau, d'un homme à un autre, les deux hommes étant placés sur des gâteaux de résine et à soixante pas de distance. Déjà Gordon, professeur à Oxford, avait tiré, à l'aide de cylindres de verre, des étincelles assez fortes pour tuer des oiseaux, enflammer des matières combustibles, etc.

Après Boze, le docteur Ludolf, en 1744, enflamma de l'éther au moyen d'étincelles produites par le frottement d'un tube de verre, prouva que la lumière des baromètres était un phénomène électrique, etc. Winkler, professeur de langues à Leipsick, enflamma avec une étincelle tirée de son doigt, non seulement de l'éther, mais encore de l'eau-de-vie, de l'esprit de corne de cerf, qu'il avait préalablement fait chauffer.

Nous devons encore à la Physique allemande le spectacle de ces étoiles brillantes que fait naître l'électricité dans un disque métallique animé d'un mouvement de rotation très-rapide, et découpé en pointes également distantes du centre; plus, un instrument connu sous le nom de *carillon électrique*, etc.

§ VII. *Progrès de la Physique entre les mains de Farenheit, Réaumur, Delisle, s'Gravesande, Muschembrock*, etc. En 1724, *Farenheit*, physicien hollandais, inventa le thermomètre à mercure; il donna à cet instrument des termes fixes à l'aide d'un soluté de muriate d'ammoniaque et de l'eau bouillante; divisa son échelle en 212 parties égales, etc. Le 32° du thermomètre de Farenheit correspond au zéro de la glace fondante de quelques autres instrumens du même genre.

Farenheit perfectionna aussi l'aréomètre, instrument qui, dès le principe et jusqu'à lui, avait été défectueux.

Réaumur, né à la Rochelle en 1683, mort en 1757, remplaça le thermomètre hollandais par un autre qu'il construisit avec de l'alcool un peu affaibli et renfermé dans un tube de verre renflé par une de ses extrémités. Son point de départ, ou zéro, indiquait le froid de l'eau qui passe de l'état liquide à l'état solide. Son échelle était divisée en 82 parties. L'instrument de Réaumur eut un grand succès en France. Toutefois, celui dont on se sert encore habituellement aujourd'hui, diffère essentiellement de celui qui a été imaginé primitivement: 60° seulement composent l'échelle tout entière.

Delisle, né à Paris en 1688, mort en 1768, et membre de l'académie impériale de Saint-Pétersbourg, fondée en 1726, par Catherine Ire, impératrice de Russie, présenta à ses savans confrères en 1733, un thermomètre à mercure, de son invention. Cet instrument n'avait qu'un terme fixe, celui de la chaleur de l'eau bouillante où était placé le zéro. Les degrés de condensation au dessous de ce terme étaient des dix millièmes de la capacité de la boule et de la partie du tube qui se terminait au zéro, et le degré auquel se rapportait la température de la glace fondante était le 150° de l'échelle descendante.

Après Delisle vient le docteur Halles, né en 1677, mort en 1761, qui construisit aussi un thermomètre à l'alcool, qui s'occupa de dégager l'air fixe des corps où il est combiné, inventa les ventilateurs, etc.

Le hollandais *s'Gravesande*, né à Bois-le-Duc en 1688, mort à Leyde en 1742, propagea la doctrine de Newton dans les cours qu'il faisait à Leyde; il perfectionna la pompe pneumatique double, inventa une machine de compression et divers instrumens propres à rendre sensibles les lois de l'inertie, démontra les propriétés de la lumière avec une machine de son invention appelée *héliostate*, publia sous le titre modeste de Élémens de Physique, un recueil complet de toutes les branches de la science. Dans cet ouvrage, tous les principes de Newton sont présentés avec clarté et précision.

Muschembrock, né à Leyde en 1692, mort en 1761, suivit les traces de s'Gravesande, son compatriote, en se déclarant le partisan des idées de Newton. Il perfectionna la théorie des frottemens à l'aide d'un instrument de son invention qu'il appela *tribomètre*, fit des recherches intéressantes sur l'armure de l'aimant, détermina l'affaiblissement de la force magnétique sous le rapport de la distance, inventa le pyromètre, fit des observations sur les aurores boréales et sur diverses autres matières, découvrit en 1746, le petit instrument de Physique appelé *bouteille de Leyde.*

§ VIII. *Bouteille de Leyde.* La bouteille de Leyde, ainsi nommée pour rappeler le nom du lieu où elle a pris naissance, parcourut rapidement toutes les contrées de l'Europe. Elle reçut également, et en très-peu de temps, d'importantes et heureuses modifications. En 1746, Wilson augmenta sa force électrique en donnant à sa surface extérieure une enveloppe d'eau égale à celle de la surface intérieure. Les docteurs Bevis et Walson appliquèrent sur chacune de ses surfaces une feuille d'étain ou d'argent jusqu'à environ un pouce du bord, puis ils imaginèrent des jarres garnies de la même manière dans leurs surfaces, et communiquant ensemble de leur intérieur par des fils de fer, de leur extérieur avec le sol. (*V.* sa description à la fin de l'article.)

En 1746, Knight perfectionne les aimans artificiels imaginés par Savary. Knight ayant tenu secret ses moyens de construction et de perfectionnement, Duhamel et Antheaume, en France, Michell en Angleterre, après des recherches multipliées, et heureuses dans leurs résultats, composèrent des barreaux magnétiques aussi forts, aussi vigoureux que ceux du premier inventeur. Cette découverte donna aux physiciens la possibilité d'améliorer les aimans naturels, d'aimanter le fer et l'acier, de perfectionner la boussole, etc.

Michell fait des expériences pour connaître la loi de décroissement de la force magnétique sous le rapport de la distance. Il trouve que ce décroissement est en raison directe du carré de la distance.

§ IX. *Machine de Papin.* En 1682, Papin, médecin français, fait dissoudre des os dans une machine de son invention. Cette machine, qui porte le nom de son auteur, qui est établie de manière à pouvoir maintenir dans sa cavité une quantité donnée d'eau excessivement échauffée et en partie réduite en vapeur, a été, sans aucun doute, l'idée première des pompes à vapeur, pompes que l'on attribue généralement aux physiciens Savary, Newcomen et Cawley, mais surtout à Savary. L'idée première d'employer la vapeur comme force motrice, date, dit-on de 1793 seulement; elle est due à Dom Gonthey.

§ X. *Machines à vapeur.* On sait que les mouvemens de la pompe à vapeur prennent naissance dans le jeu d'un piston s'élevant et s'abaissant alternativement dans un cylindre creux qui communique avec une chaudière contenant de l'eau et soumise à l'action d'une forte chaleur. La vapeur aqueuse exerçant son action sur la partie inférieure du piston, détermine l'élévation de celui-ci dans le cylindre, et le piston descend ensuite par la pression de l'air atmosphérique.

Watt perfectionna la machine à vapeur en faisant servir la force élastique de l'eau vaporisée à l'élévation et à l'abaissement du piston. Mais cet emploi double de la vapeur ne put contrebalancer la grandeur des frottemens, la complication du mécanisme général de l'appareil, et surtout l'imperfection du vide opéré par le jet d'eau froide dont Watt fait usage pour condenser la vapeur. Cette imperfection était due à l'air contenu dans l'eau froide. Il était réservé à Cartwright d'apporter aux machines à vapeur le perfectionnement que nous leur connaissons. Pour cela, cet habile physicien compose les pistons entièrement de métal, de là diminution dans les frottemens; puis, pour faire le vide, il condense la vapeur en appliquant du froid sur les surfaces extérieures du réservoir qui la reçoit. (*Voyez* Vapeur.)

§ XI. *Progrès de la Physique entre les mains de Fontenelle, Demairan, Buffon, Castel, Nollet.* Les services rendus à la Physique par *Fontenelle* sont tous dans le charme et les agrémens qu'il sut jeter sur la route difficile de l'observation et de l'expérience. Doué d'une imagination vive et fleurie, l'auteur de la *Pluralité des mondes* eut un plein succès dans tout ce qu'il dit et tout ce qu'il écrivit sur la Physique. Les descriptions exactes et brillantes qu'il donna des plus beaux faits de la science rendirent leur étude agréable et accessible pour tout le monde. Bref, Fontenelle ne contribua au mouvement progressif de la Physique qu'en en parlant toujours avec un entraînement plein de chaleur et d'éloquence. Fontenelle, né le 11 février 1657, mourut le 9 janvier 1757.

Dorthons Demairan, né à Bézières en 1678, mort en 1771, proposa des conjectures ingénieuses, mais peu plausibles, pour expliquer les aurores boréales et la lumière zodiacale. Il fut plus heureux dans l'étude des phénomènes de la congélation. Il vit que la glace est formée de filets prismatiques adhérens les uns aux autres sous un angle de 60 à 120°, qu'entre ces prismes il y a des espaces, et que ces espaces expliquent d'une manière satisfaisante l'augmentation du volume de l'eau solidifiée.

Buffon, né le 7 septembre 1707, mort le 16 avril 1788, avait un esprit vaste, une imagination brillante, un amour ardent pour la gloire, un génie plein d'activité. Les sciences naturelles furent ses sciences favorites, et comme elles renferment toutes les autres, ou plutôt qu'il n'existe réellement qu'une science, la Physique ne fut point étrangère à l'un des plus grands naturalistes dont s'honore la France.

Buffon réalisa l'existence des miroirs ardens d'Archimède, généralisa la loi de dilatation des corps par l'action de la chaleur, fit des observations intéressantes sur les ombres colorées, découvrit des faits singuliers sur les couleurs accidentelles, proposa une hypothèse ingénieuse sur la formation des planètes, participa, avec le cardinal de Polignac, Sigorgne et Maupertuis, à l'établissement en France de la philosophie de Newton, philosophie qui était répandue en Hollande, professée en Allemagne, accueillie avec enthousiasme en Russie, et presque étouffée au milieu de nous, encore au milieu du dix-huitième siècle, par la doctrine de Descartes. Tels ont été les travaux du grand et immortel Buffon en faveur de la Physique.

Castel, né à Montpellier en 1668, mort en 1757, créa le *clavecin oculaire.* Cette invention n'a fait aucun honneur à son auteur; elle n'a servi qu'à faire voir tout ce que peut une imagination abandonnée à elle-même, et non soutenue par un jugement ferme et sévère.

Nollet, né à Pimpré, ci-devant diocèse de Noyon, le 17 novembre 1700, mort le 20 avril 1770, rendit la pompe pneumatique simple plus exacte et d'un usage plus facile en proportionnant la capacité du cylindre à sa grandeur, en employant pour le piston des matières propres à diminuer les frottemens, enfin en appliquant la force motrice d'une manière plus avantageuse.

La machine pneumatique double fixa aussi l'attention de Nollet. Il remplaça les deux robinets de la machine de s'Gravesande par un seul qui fit l'office de soupape; une roue fut ajoutée pour faire tourner le robinet, etc.

Déjà les physiciens d'Allemagne avaient fait servir l'électricité à accélérer le mouvement des fluides jaillissans, à hâter la végétation de quelques arbustes, etc. Nollet alla plus loin. Il fit voir que ce fluide impondérable augmentait la perspiration cutanée des animaux. Mais, de tous les services rendus à la science par le physicien de Pimpré, les plus grands et les plus importans sont, sans contredit, ceux que lui valurent les leçons toutes simples, toutes populaires, qu'il fit toujours avec le plus grand comme avec le plus constant courage.

A peu près à la même époque (1770 à 1775), on s'occupait en Angleterre de mesurer la vitesse des commotions électriques. Dans une première expérience, faite par le docteur Watson et quelques membres de la Société royale de Londres, l'électricité fut transmise à travers une longue chaîne conductrice dont la Tamise faisait partie. Les observateurs, situés des deux côtés du fleuve, ressentirent la commotion au même instant. Dans d'autres essais, la commotion parcourut une suite de conducteurs de deux mille pieds de longueur, par terre, et de huit mille pieds par eau, et les observateurs, placés aux extrémités, sentirent le coup absolument dans le même temps.

A la même époque encore, les professeurs allemands Klingstierna et Stroëma, ajoutèrent des frottoirs à la machine électrique; Ellicot imagina de mesurer la force de cette machine par le pouvoir qu'elle aurait d'élever un poids plus ou moins lourd, Nollet prétendit arriver au même résultat en tenant compte de l'angle formé par la divergence de deux fils électrisés et abandonnés à eux-mêmes; enfin, Waitz ajouta à l'appareil de Nollet, appareil qui n'était autre chose qu'un électromètre, deux petits poids qui régularisaient davantage la divergence des deux fils.

§ XII. *Progrès de la Physique entre les mains d'Euler, Daniel Bernoulli, Clairant, Bradley, Lacaille*, etc. Euler, né en 1707, mort en 1783, fut, comme Newton, un grand géomètre; mais il n'eut pas, comme ce dernier, les belles qualités qui distinguent le génie des sciences naturelles.

A la belle théorie de Newton sur l'origine de la lumière, théorie admise par presque tous les physiciens, *Euler* en proposa une fondée sur l'analogie qu'il y a entre le mode de transmission ou de propagation du son et du fluide lumineux. Cette théorie consistait dans un mouvement de vibration très-rapide imprimé à l'éther par les particules du corps lucide. Tout corps dont les molécules sont susceptibles de recevoir un mouvement de vibration assez vif pour exciter dans les milieux diaphanes qui l'environnent, ce tremblement rapide dans lequel consiste la lumière, a le pouvoir de produire des rayons, d'en envoyer suivant toutes sortes de directions; et la diversité des couleurs dépend exclusivement du nombre différent de vibrations, ou du nombre différent d'impressions qui se font dans un temps donné sur la rétine. Cette hypothèse, tout ingénieuse, toute séduisante qu'elle est, ne resta pas long-temps dans la science.

Euler s'occupa de la fabrication des lunettes. Il chercha dans cette fabrication à imiter la construction de l'œil. Cette imitation, on ne peut plus ingénieuse, fit disparaître, dans les lunettes ordinaires, le défaut de netteté de l'image principale. On sait que ce défaut de netteté n'avait point échappé à Newton, que ce grand physicien l'attribuait à la différence de réfrangibilité des rayons lumineux, et que c'était pour y remédier qu'il avait imaginé son télescope à réflexion. Toutefois, les tentatives d'Euler ne furent pas complétement heureuses dans leur résultat. Il en fut autrement des essais de Dollon, artiste distingué de Londres, qui réussit complétement en combinant ensemble deux verres, dont l'un est transparent et appelé *flint-glass*, l'autre verdâtre et nommé *crown-glass*. De là la fabrication des lunettes dites *achromatiques*, lunettes au travers desquelles on n'aperçoit aucune des nuances de l'iris, et dont la gloire de l'invention fut partagée entre Dollon et Euler.

Bernoulli. La géométrie est plus spécialement applicable à l'étude des phénomènes célestes, l'expérience à celle des phénomènes terrestres. Cette vérité fut, de bonne heure, profondément gravée dans l'esprit de Bernoulli; aussi ce savant physicien, compatriote d'Euler, né en 1700, et mort en 1782, fut un grand géomètre, un habile expérimentateur.

La science doit à Bernoulli d'avoir perfectionné la loi de Torricelli relative à la vitesse des écoulemens des fluides. Le physicien de Saint-Pétersbourg suppose tout simplement que la surface d'un liquide qui sort d'un vase par un orifice quelconque demeure toujours horizontal, et qu'en divisant la masse fluide en une infinité de couches parallèles à l'horizon, tous les points d'une même tranche descendent verticalement avec des vitesses égales.

Bernoulli établit encore, à l'aide de l'expérience et du calcul, une belle théorie sur les sons produits par les tuyaux d'orgue; enfin il donne aux boussoles d'inclinaison un nouveau degré de perfection.

L'ascension des liquides au dessus de leur niveau, dans les tubes capillaires, n'est point un fait isolé, sans principe, sans cause dans la science de la nature; c'est, au contraire, un fait lié à beaucoup d'autres, et les physiciens n'ont pu se dispenser d'en étudier les lois et les principes. Parmi les savans qui s'occupèrent de l'étude des phénomènes de la capillarité, Vossius, Borelli et Carré imaginèrent, chacun séparément, que les liqueurs, en s'insinuant dans les cavités étroites en espaces capillaires, diminuaient de pesanteur en vertu de l'adhérence qu'elles contractaient avec les parois intérieures du verre. Hauskbée pensait que l'eau qui se présente à l'orifice d'un tube capillaire est attirée par les parois du premier anneau de verre, etc. Ainsi que ce dernier physicien, Jurin regarda l'attraction comme l'agent principal des phénomènes d'ascension des liquides dans les tubes capillaires, et cette attraction a lieu entre les anneaux circulaires du verre et les liquides eux-mêmes. Toutes ces hypothèses sont renversées par l'expérience des gouttes d'eau que l'on fait descendre le long des parois extérieures d'un tube capillaire, et qui remontent dans sa capacité par l'orifice inférieur, à une hauteur au moins égale à celle qu'elles auraient atteinte si on eût plongé le tube dans l'eau.

Le célèbre géomètre *Clairant*, né en 1713, mort en 1765, ne fut pas plus heureux que les physiciens que nous venons de citer, dans l'explication qu'il donna des phénomènes de la capillarité. Il était réservé à Weibrecht d'en donner une plus simple, plus facile et plus satisfaisante. Voici cette explication réduite en termes aphoristiques :

1° Les molécules de l'eau s'attirent mutuellement;

2° L'eau est attirée par le verre;

3° L'attraction du verre pour l'eau est plus grande que celle de l'eau pour elle-même;

4° Les molécules de mercure s'attirent mutuellement;

5° Le verre a de l'attraction pour le mercure;

6° Le

6° Le verre a moins d'attraction pour le mercure que le mercure n'en a pour lui-même.

Bradley, né en 1692, mort en 1762, découvrit la véritable cause de l'aberration des étoiles et des phénomènes de la nutation. Il pensa que le premier de ces deux phénomènes était dû à la combinaison du mouvement progressif de la lumière avec le mouvement de la terre dans son orbite; que le second pouvait s'expliquer en attribuant un balancement à l'axe de la terre par rapport au plan de l'écliptique. Ces deux découvertes ont placé honorablement le nom de Bradley dans l'histoire de la Physique céleste.

Nous en dirons autant de *Bouguer* et *Lacaille*. Le premier, né en 1698, mort en 1758, perfectionna la théorie de la propagation de la lumière, fit des observations intéressantes sur les altérations que le voisinage des hautes montagnes fait éprouver au pendule, etc. Le second, né en 1713, mort en 1762, mesura, dans un voyage qu'il fit au cap de Bonne-Esperance, la longueur d'un degré terrestre, détermina avec précision les parallaxes horizontales du soleil et de la lune, etc. Le même physicien publia aussi divers ouvrages que l'on peut regarder comme des modèles de précision et de clarté.

§ XIII. *Progrès de la Physique entre les mains de Franklin, Æpinus, Canton, Beccaria*, etc. Pendant plus de cinquante ans, les faits nombreux appartenant à l'électricité proprement dite restèrent épars et isolés. Une main habile était nécessaire pour les rassembler, les unir, en composer un tout homogène digne de prendre place dans le grand cadre de la science. Beaucoup de physiciens s'occupèrent de cette tâche importante. Au premier rang se trouve Hauskbée, qui regarde l'air comme la principale cause des phénomènes électriques; Jallabert, qui les attribue à un fluide particulier qui a beaucoup d'analogie avec le fluide du feu; Wilson, qui pense que ces phénomènes sont produits par l'éther qui est plus ou moins dense dans les corps, suivant leur plus ou moins grande combustibilité; Nollet, qui les fait dépendre de deux sortes de matières fluides, l'une qui sort d'un conducteur électrisé, l'autre qui s'échappe des corps qu'on lui présente. Tel a été le peu de fixité des idées sur la nature de l'électricité quand apparut Franklin.

Benjamin Franklin, né à Boston dans la Nouvelle-Angleterre, en 1706, mort le 17 avril 1790, avait, sans s'en douter, le plus beau talent pour la Physique. Son génie fut surtout développé par le spectacle des beaux phénomènes de la bouteille de Leyde, et par les méditations profondes auxquelles il se livra.

Franklin, à la sagacité duquel nous devons les plus brillantes et les plus utiles découvertes, suppose et admet l'existence du *fluide électrique;* ce fluide existe partout; les molécules se repoussent; le verre résiste à son passage; tous les corps de la nature en sont plus ou moins chargés. Aussitôt qu'on frotte ces corps, l'équilibre électrique est rompu; les uns en ont plus, les autres moins. De là deux états d'électricité différente. Franklin en appelle une *électricité positive*, l'autre (l'électricité naturelle) reçoit le nom d'*électricité négative*. Cette dernière répond à l'*électricité résineuse* de Dufay, l'autre à son *électricité vitrée*.

Franklin fait, sur la bouteille de Leyde, les expériences les plus variées et les plus ingénieuses, afin d'expliquer et de démontrer la théorie de ce puissant appareil électrique.

Par des tentatives hardies et délicates, Franklin prouve l'analogie qu'il y a entre le tonnerre et l'électricité. Ces deux matières, dit le philosophe de Philadelphie, suivent les meilleurs conducteurs, enflamment les substances combustibles, fondent les métaux, tuent les animaux, renversent ou détruisent la polarité, etc.

Franklin et Roman soutirent l'électricité des nuages orageux à l'aide d'un cerf-volant. Dans l'expérience de Franklin, un fil de fer, terminé en pointe, est attaché à la queue du cerf-volant; dans celle de Roman, la corde du cerf-volant est entourée d'un fil métallique.

Un autre moyen, plus facile, plus commode pour soutirer l'électricité des nuages orageux, est encore imaginé par Franklin. Une barre de fer, terminée en pointe, est disposée près de son laboratoire; mais, nous devons le dire, des tentatives du même genre avaient déjà été faites; Daliban avait devancé Franklin et Roman dans des expériences faites à Marly-la-Ville, avec un barreau de fer de quarante pieds de longueur environ, placé sur une cabane. Un nuage orageux ayant passé près du barreau, de fortes étincelles s'en étaient échappées à l'approche d'un conducteur.

Delor, Marcus et Le Monier, en France; Canton, en Angleterre; Beccaria, en Italie; Richman, en Russie, firent, chacun de leur côté, des expériences analogues, et tout le monde sait que Richman périt le 6 août 1753, dans sa propre chambre, victime de son zèle pour la science.

Paratonnerre. Toutefois, si nous ne pouvons disconvenir que l'honneur des belles découvertes que nous venons de rapporter ne doive être partagé entre plusieurs physiciens, tous plus recommandables les uns que les autres, nous devons ne pas laisser ignorer à nos lecteurs que c'est à l'immortel Franklin qu'appartient l'idée première d'avoir fait servir à l'humanité la possibilité de soutirer à volonté le fluide électrique des nuages orageux, en imaginant ces longues tiges métalliques que l'on place sur tous les édifices un peu élevés, et que l'on nomme *paratonnerres*. (*Voyez* PARATONNERRE, TONNERRE.)

Tandis que Franklin s'immortalisait à Philadelphie par ses découvertes sur l'électricité, Kinnerlley, son ami, faisait à Boston des expériences qui confirmaient la découverte des deux électricités de Dufay, démontrait que ces électricités avaient de l'identité avec celle de Franklin, imaginait un thermomètre électrique à air, etc.

Malgré l'esprit sagace et ingénieux de Franklin, ce célèbre physicien ne put expliquer d'une manière satisfaisante le phénomène de répulsion que présentent deux corps doués de l'électricité négative. *Œpinus*, physicien russe, se chargea de cette difficulté, et si ce dernier ne la leva pas entièrement, en décomposant les forces qui se combinent dans la production des phénomènes électriques, il parvint du moins à donner une hypothèse beaucoup plus plausible que celle de son illustre prédécesseur.

La science doit encore à Œpinus d'autres expériences, également importantes, sur l'électricité. C'est lui aussi qui découvrit la propriété dont jouit la tourmaline de s'électriser à l'aide de la chaleur.

Wilson et *Canton* confirmèrent l'expérience d'Œpinus sur la tourmaline. Ils rencontrèrent ensuite la même propriété électrique dans diverses autres substances naturelles, telles que la topaze du Brésil, le borate de magnésie, l'oxide de zinc cristallisé, etc.

Canton prouva que le verre dépoli acquérait toujours par le frottement l'électricité négative; il inventa un électromètre atmosphérique, composa un amalgame (celui de mercure et d'étain) qui augmente beaucoup l'énergie de l'électricité, etc.

Au lieu d'un seul fluide admis jusqu'alors par tous les physiciens, pour expliquer les phénomènes électriques, Symmer, physicien anglais, admet l'existence de deux pouvoirs, de deux fluides. Cette hypothèse a obtenu la préférence sur celle de Franklin et d'Œpinus.

L'hypothèse de Symmer fut surtout appuyée par le père *Beccaria*, physicien italien qui fit des expériences à ce sujet, et à qui nous devons de savoir que l'eau, en petite quantité, est mauvais conducteur de l'électricité, tandis qu'en masse, le même liquide conduit parfaitement le fluide électrique.

Après Beccaria, les physiciens qui se sont le plus directement occupés de l'électricité, et qui méritent d'être cités, sont le père Ammersin, Wilson, déjà nommé, et Ramsden, fameux artiste de Londres.

Le premier prouva que le bois, séché et bouilli avec de l'huile de lin, était mauvais conducteur de l'électricité; de là la substitution des cylindres de buis aux globes de verre dans les machines électriques. Le second électrisa diverses substances à l'aide d'un fort courant, tel que celui d'un soufflet de forge. Enfin, nous devons au troisième d'avoir construit sur un plan nouveau une machine électrique qui a mérité et obtenu la préférence. C'est Ramsden qui substitua au globe de verre un plateau circulaire de même nature, qui tourne verticalement et frotte contre quatre coussins. Le conducteur est un tube de cuivre d'où sortent deux lignes horizontales qui aboutissent à environ un demi-pouce de distance du plateau. (*Voyez* à la fin de cet article la description de la machine électrique.)

§ XV. *Progrès de la Physique entre les mains de Leroy, Saussure, Montgolfier.* Nous devons à *Leroy* de savoir que l'air dissout d'autant plus d'eau, que sa température est plus élevée, sa pression ou densité plus grande, son déplacement plus rapide; que l'évaporation de l'eau dans l'atmosphère tient au refroidissement de l'air, ou plutôt à ses variations de température, etc.

Saussure, né à Genève, le 17 février 1740, mort en 1799, poursuivant les recherches et les expériences de Leroy, s'assure que l'air, chargé d'une certaine quantité d'eau en vapeur, devient plus élastique, d'une pesanteur spécifique moindre, etc.

Saussure construit avec le cheveu un hygromètre beaucoup plus exact que ceux de Mersenne, de Kirker, des académiciens de Florence, de Boyle, d'Amontons, de l'abbé Fontana, Leroy, etc. Il prend pour les deux termes de son instrument, dit *comparable*, l'humidité et la sécheresse extrêmes. (*Voyez* HYGROMÈTRE.) Avant Théodore de Saussure, Léonard de Vinci, dans le quinzième siècle; Folli de Poppi, dans le dix-septième, s'étaient également occupés d'hygrométrie, et avaient inventé des instrumens *ad hoc*.

Aérostats. Nous savons tous que l'idée première des *aérostats* ou *ballons*, corps plus légers que l'air, date du milieu du dix-septième siècle; qu'elle est due à François Lana, et que ce n'est qu'un siècle après qu'elle fut réalisée par les frères *Étienne* et *Joseph Montgolfier*, nés à Annonay, et morts, le premier, en 1799, le second, en 1810.

Les frères Montgolfier, réfléchissant sur l'ascension des vapeurs dans les plus hautes régions de l'atmosphère, imaginèrent d'enfermer un fluide plus léger que l'air dans des tissus également très-légers. Le fluide, choisi d'abord, fut le gaz hydrogène; le tissu fut du taffetas. Le gaz hydrogène fut ensuite abandonné, remplacé par de l'air fortement échauffé, puis repris et retenu dans des tissus en soie garnis de vernis à l'extérieur. Dans une première expérience, le ballon s'enleva avec une force de 600 livres. Dans une seconde, faite à Annonay, le 5 juin 1783, devant les états du Vivarais, le ballon avait une capacité de 2200 pieds cubes. En supposant la pesanteur spécifique de l'air, comparée à celle de l'eau, dans le rapport de 1 à 800, le ballon devait déplacer une masse d'air de 980 livres, la pesanteur de l'air intérieur étant à peu près la moitié de celle de l'air extérieur.

Le ballon pesait, avec le châssis, 500 livres; il ne restait plus que 480 livres de force ascensionnelle. Deux hommes suffirent pour le monter; mais comme il en fallait davantage pour le retenir, on abandonna le ballon à lui-même: celui-ci s'éleva à la hauteur de 1000 toises.

L'assemblée des états du Vivarais, pleine d'enthousiasme et d'admiration pour une expérience aussi curieuse qu'extraordinaire, envoya à Paris le procès-verbal de ce qui venait de se passer devant elle. La même expérience fut répétée par Étienne Montgolfier, le 12 septembre 1783, devant plusieurs commissaires de l'académie des sciences, et le 19 du même mois, à Versailles, devant le roi et toute la cour.

Encouragé par des succès aussi heureux, Montgolfier poursuivit et renouvela ses expériences;

mais avec des ballons beaucoup plus grands et d'une force ascensionnelle également plus grande. Une nacelle fut attachée au bas de la machine. Dans cette nacelle peuvent être déposées toutes les choses nécessaires à l'ascension ; des voyageurs peuvent également y monter. C'est ce que Pilâtre-Dérosier fit le premier le 15 octobre 1783. Ce hardi physicien s'éleva à 90 pieds de hauteur, et redescendit quelques minutes après sans accident. Malheureusement il ne devait pas en être toujours ainsi : Dérosier périt victime de son sang-froid et de son courage, le 13 juin 1785, dans un voyage qu'il voulut faire de Boulogne à Londres.

Telle a été la découverte des aérostats, découverte qui excita l'envie contre les frères Montgolfier, et à laquelle, l'un d'eux, Joseph Montgolfier, ne répondit qu'en dotant les arts et la mécanique du *bélier hydraulique*, force motrice de la plus grande et de la plus incontestable utilité.

§ XV. *Progrès de la Physique entre les mains de Coulomb. Coulomb*, né à Angoulême, en 1736, mort en 1806, voyant toute l'impulsion qu'il y avait dans les diverses parties de la science, trouvant également la théorie de la résistance des fluides incomplète, sentant encore le besoin de nouvelles expériences sur la théorie des frottemens, sur l'électricité et le magnétisme, éprouvant enfin l'indispensable nécessité de créer de nouveaux instrumens pour achever ce que beaucoup de ces prédécesseurs, tels que Hauskbée, Taylor, Dufay, Muschembroek, n'avaient qu'ébauché, s'abandonna de suite à la force de son génie, et se mit à l'œuvre sans reculer devant aucune difficulté.

A l'aide la *balance hydraulique*, instrument de son invention, Coulomb découvre les lois du magnétisme et de l'électricité ; il découvre que les attractions et les répulsions électriques suivent la loi inverse du carré de la distance.

Coulomb construit, avec la gomme laque, un électromètre supérieur à ceux de Hervey, Lana, Cavallo et Bennet. Il mesure la force de torsion avec exactitude, prouve que le fluide électrique ne pénètre pas l'intérieur des corps, que ce fluide se tient exclusivement à leur surface.

Pendant plus de vingt siècles, le fer a été considéré comme étant seul attirable par l'aimant. Coulomb démontre que tous les corps terrestres partagent la même propriété, avec ce, métal mais d'une manière très-inégale. Coulomb perfectionne la méthode d'Œpinus, méthode due d'abord à Michell, pour aimanter les barreaux d'acier ; il apprécie, avec plus d'exactitude que ne l'avaient fait Amontons et Desaguilliers, la résistance que les cordes opposent par leur raideur à l'effort qu'on fait pour les plier sur un cylindre ; il mesure la résistance que les fluides opposent au mouvement des corps, en vertu de la force de cohésion ; il admet pour l'explication de ces phénomènes magnétiques, un fluide magnétique analogue au fluide électrique, composé comme ce dernier de deux autres fluides, etc. Suivant Coulomb, tous les phénomènes magnétiques dépendent du jeu simultané de quatre forces, savoir : deux attractions et deux répulsions, lesquelles sont égales dans l'état naturel des corps. Coulomb calcule, par expérience, l'action journalière d'un homme, soit que celui-ci marche libre ou chargé d'un lourd fardeau ; il s'occupe de la boussole, indique d'une manière précise la longueur, la largeur et l'épaisseur que l'aiguille doit avoir pour être plus propre à recevoir la vertu magnétique. Il démontre que cette aiguille doit avoir environ douze pouces de longueur, un pouce de largeur, une ligne d'épaisseur, et la forme d'un losange. Tels ont été les travaux de Coulomb en faveur des progrès de la Physique. Cette esquisse rapide suffit pour faire voir que le vaste génie du philosophe français a embrassé tout l'empire de la science, tandis que Franklin, avec lequel on peut comparer Coulomb, ne s'est spécialement occupé que de l'électricité. Le philosophe de Philadelphie a fait faire, il est vrai, un pas immense à cette partie importante de la Physique, mais Coulomb a perfectionné tout ce qui a rapport à cette même électricité.

Chap. IV. — *Progrès de la Physique depuis la naissance de la chimie pneumatique jusqu'à nos jours. Priestley, Black, Cavendish.*

§ I. A la crainte, prélude naturel de quiconque pénètre pour la première fois dans le sanctuaire de la philosophie naturelle pour en connaître les secrets et les mystères, succèdent bientôt le courage d'affronter les difficultés, le désir de les vaincre, de les surmonter les unes après les autres. Mais pour arriver au but, il ne suffit pas d'avoir du zèle, de l'activité, du génie même ; les capacités de l'intelligence humaine ont des bornes, et ce sont ces bornes qui commandent l'impérieux partage de la science de la nature en branches diverses et plus ou moins nombreuses. Cette division eut donc lieu, avec des restrictions et des limites, bien entendu, restrictions et limites qui devaient être infranchissables selon les uns, non religieusement respectées selon les autres.

A la tête des savans qui franchirent les barrières de la science dont nous faisons ici l'historique, se trouvent Cavendish et Priestley, physiciens pleins de courage et de talent, et qui, les premiers, abordèrent le temple de la chimie.

Cavendisch, né à Londres le 10 octobre 1731, mort le 10 février 1811, s'occupa tout d'abord de l'examen des divers fluides élastiques que Boyle, Hale et Boerhaave avaient observés tour à tour, que Black, d'Édimbourg avait appelé *air fixe* dans les terres et les alcalis, et que Vanhelmont, disciple de Paracelse avait nommés *gaz*.

Cet habile physicien annonça, en 1766, à la Société royale de Londres, que l'*air* dit *fixe* est toujours le même, qu'il provienne ou non des alcalis, qu'on l'ait recueilli des puits ou des grottes, etc. ; que l'air inflammable retiré des métaux est le même également ; enfin que l'air fixe, l'air inflammable et l'air commun, se distinguent par des caractères et des propriétés qui leur sont propres.

Cavendish s'occupa encore de l'étude de la densité de la terre. Suivant lui, la densité moyenne de notre planète est à peu près cinq fois et demie aussi grande que celle de l'eau. Moskelim, successeur du célèbre Bradley à l'observatoire de Greenwich, qui se livra aux mêmes recherches, trouva cette densité quatre fois et demie seulement plus grande que celle de l'eau.

Cavendish, qui avait formé de l'eau de toutes pièces en faisant passer l'étincelle électrique à travers un mélange de gaz oxygène et de gaz hydrogène, fit servir l'électricité à combiner ensemble l'azote et l'oxygène, combinaison qui établit la différence qu'il y a entre l'acide nitreux et l'acide nitrique, qui jeta le plus grand jour sur les nitrières artificielles, qui fournit à Libes le moyen de donner sur les aurores boréales une explication assez satisfaisante, etc.

En imaginant un appareil capable de recueillir et de conserver les fluides élastiques, *Priestley* facilita et simplifia singulièrement ses recherches sur la nature du gaz. Son appareil n'est autre que la *cuve pneumatique* dont on fait un si fréquent usage en chimie.

Le premier gaz étudié par Priestley fut l'*air fixe* (gaz acide carbonique), que *Black* avait appris à retirer de la craie, dont le docteur Macbride avait reconnu les propriétés délétères, et avec lequel Bergman colorait en rouge les couleurs bleues végétales. Bergman appelait l'air fixe *acide aérien*.

Le même gaz fut découvert, en 1736, dans les eaux de Pyrmond, par le docteur Seip; en 1741, dans celles de Spa, par le docteur Brownrigg.

La présence de l'air fixe dans certaines eaux minérales donna à Priestley l'idée d'incorporer ce gaz dans de l'eau ordinaire, de préparer par conséquent des eaux minérales artificielles. A cet effet, il imagina un appareil que modifièrent peu à peu Nooth, Parker, Chaulnes, Magellan, Planche, etc.

Priestley, en faisant brûler une bougie dans une cloche pleine d'air et renversée sur l'eau, appela *air phlogistique* la portion de fluide électrique qui resta dans la cloche, et qui ne put entretenir la combustion de la bougie.

Priestley s'occupa encore de l'étude du gaz nitreux, du gaz inflammable; il proposa la végétation comme moyen de purifier l'air corrompu par la combustion et la respiration. Plus tard Ingenhouze, Sennebier et Fontana, par une longue suite de belles expériences, démontrèrent que les plantes frappées par la lumière solaire, transpirent l'air déphlogistiqué dont l'atmosphère s'empare pour se dédommager des sacrifices qu'elle ne cesse de faire en faveur de notre existence.

Enfin, Priestley essaya de préciser la pureté de l'air en le brûlant avec du gaz nitreux dans un appareil *ad hoc* appelé *Eudiomètre*. L'*Eudiomètre* a donc été créé par Priestley, puis perfectionné par Fontana, Landriani, Magellan, etc. Au gaz nitreux employé d'abord comme moyen eudiométrique, Séguin, Achard substituèrent le phosphore, Berthollet et Maccarthy les sulfures alcalins, Davy le nitrate de fer imprégné de gaz nitreux, Volta la combustion du gaz hydrogène. Mais terminons ici nos citations sur les innombrables et importantes recherches d'un des plus célèbres physiciens anglais.

Pendant les beaux travaux de Priestley, le docteur Walhs reconnaissait, en 1772, dans l'île de Rhé, l'existence de l'électricité dans un poisson appelé *Torpille*.

§ II. *Progrès de la Physique entre les mains de Schéele, Crawford*, etc. *Schéele*, physicien suédois, né le 9 décembre 1742, mort le 16 mai 1786, étudia la nature du feu, celle de la lumière et de la chaleur. Cette étude, jointe à la combustion du phosphore dans un tube de verre, l'amena à découvrir que l'air commun est composé de deux fluides élastiques; que l'un de ces fluides, qu'il nomme *air gâté*, *air corrompu*, est nuisible à la combustion, à la respiration, que l'autre, au contraire, qu'il appelle *air de feu*, entretient la combustion, la respiration. L'*air gâté* de Schéele est l'*air phlogistiqué* de Priestley, l'autre est l'*air déphlogistiqué* du même physicien. En réunissant les deux fluides, l'air gâté et l'air de feu, Schéele reconstitua l'air atmosphérique.

Schéele découvre le *calorique rayonnant*, en étudie les propriétés, etc. Black, Wilcke, Crawford, font la même découverte, dans le même temps et séparément. Cette découverte est loin des idées de Bacon et de Boerhaave, qui pensaient, le premier, que les phénomènes de la chaleur dépendaient exclusivement d'un mouvement vibratoire excité dans les plus petites parties des corps; le second, que les mêmes phénomènes étaient produits par un fluide d'une extrême subtilité.

La science doit encore à Schéele la découverte du gaz spathique ou gaz acide fluorique, des expériences propres à marquer la différence qui existe entre le calorique et la lumière, la décomposition de l'alcali volatil, etc.

Crawford, avons-nous dit, s'occupa de la chaleur rayonnante. Le même physicien fixa encore son attention sur la source de la chaleur animale, de ce principe qui anime à chaque instant les ressorts plus ou moins fragiles de nos organes; mais ses travaux à ce sujet ne sont que des ébauches que le temps doit compléter un jour.

§ III. *Progrès de la Physique entre les mains de Lavoisier, Bayen*, etc. *Bayen*, né en 1725, à Châlons-sur-Marne, mort en 1797, ébranla fortement la doctrine du phlogistique en démontrant, par expérience, que les chaux métalliques devaient l'augmentation de leur poids, non à la perte d'un de leurs élémens, mais bien à la fixation d'un des principes constituans de l'air atmosphérique.

Lavoisier, né à Paris le 6 août 1745, mort le 6 avril 1794, frappé du résultat des expériences de Bayen, et prévoyant de suite toute l'influence de ces mêmes résultats sur le domaine de la science, reprit les travaux de son savant compatriote, les soumit à des épreuves rigoureuses, et leur imprima, par son vaste talent, par son brillant génie, le double caractère de la certitude et de la fécondité.

Pendant long-temps les sels avaient été considérés comme autant de corps simples ; depuis deux siècles seulement, ces idées ont été détruites. Le renversement de ces dernières doit être attribué aux progrès successifs de la Physique et de la chimie. Aujourd'hui les sels sont des corps composés; leurs principes eux-mêmes ne sont pas des corps élémentaires : c'est ce qu'un des premiers Lavoisier entreprit de prouver, et c'est ce qu'il exécuta avec ce courage et cette dextérité qui assurent le succès.

Lavoisier fait brûler du phosphore sous une cloche renversée sur l'eau ; de l'acide phosphorique est formé. La même chose, c'est-à-dire une acidification, ayant lieu avec du soufre, du charbon, etc., et la proportion de principe respirable qui se trouve en moins dans l'air se retrouvant en plus dans le phosphore, le soufre, le charbon, etc., l'habile expérimentateur en conclut que l'*air vital* (nom donné d'abord à l'oxygène par Lavoisier) est le générateur des acides. Plus tard la science fut convaincue que l'oxygène seul ne jouissait pas de la propriété acidifiable ; mais, quoi qu'il en soit de ce fait, naturel dans toutes les sciences progressives, la conclusion que nous venons de rapporter ne fait pas moins le plus grand honneur au génie de Lavoisier.

Au moyen plein d'inconvéniens que Crawford avait imaginé pour mesurer la chaleur spécifique des corps, Lavoisier et Laplace proposent un instrument de leur invention qu'ils appellent *calorimètre*, qui est beaucoup plus exact, et qui peut servir, non seulement pour les solides et les liquides, mais encore pour les fluides aériformes. (*Voyez* CALORIMÈTRE.) Les mêmes physiciens annoncent les premiers que de l'électricité se développe dans les combinaisons chimiques. La même opinion est partagée ensuite par Avogrado, Davy, Becquerel, Pouillet, etc.

La remarque faite par Macquer et de Lamétherie, qu'une glace présentée à de l'air inflammable en ignition se couvrait de quelques traces d'humidité, fut un indice qui conduisit Cavendish à la décomposition de l'eau. Les premières expériences à ce sujet datent de 1781. Pourtant, ce ne fut que le 15 janvier 1784 qu'il fit part de ses travaux à la Société royale de Londres : ce retard explique l'opinion de certains auteurs qui ont attribué à Lavoisier ce qui appartient évidemment à Cavendish. Il est inutile d'observer ici que la décomposition de l'eau fut un nouveau fait en faveur de la chimie pneumatique, un nouveau coup mortel porté contre la théorie du phlogistique.

Lavoisier répète et confirme, par des expériences directes faites sur les animaux, les observations de Crawford qui, déjà, avaient fait voir que l'air qui entre dans les poumons pendant l'acte de la respiration en sort à l'état d'air fixe (acide carbonique).

Cigna, Séguin, Hamilton et Priestley font passer du gaz oxygène et du gaz hydrogène à travers du sang veineux et du sang artériel ; ils ont pour résultat une couleur livide pour le sang artériel mis en contact avec l'air inflammable (l'hydrogène), une couleur vermeille pour le sang veineux mis en contact avec le gaz oxygène. Tels étaient les immenses progrès de la Physique et de la chimie, quand Lavoisier conçut le projet hardi de changer le langage scientifique, devenu alors tout-à-fait incomplet et insuffisant pour exprimer les nouveaux faits, les nouvelles découvertes.

Lavoisier associa à sa brillante entreprise De Morveau, Berthollet et Fourcroy. Il est inutile de dire que le succès de la nouvelle nomenclature fut complet, et que l'Europe entière s'empressa de l'adopter. Mais si l'instabilité est un fait naturel, bien avéré, dans les choses morales comme dans les choses politiques, il y a également instabilité, et instabilité très-grande, dans les sciences naturelles. Celles-ci, en effet, faisant sans cesse de nouveaux progrès, marchant de découvertes en découvertes, ont besoin sans cesse de changer, de modifier leur langage, de l'approprier en un mot aux faits nouveaux, aux découvertes nouvelles. De là les changemens apportés depuis quelque temps dans la nomenclature chimique de Fourcroy, de là aussi les nombreuses modifications qui y seront apportées plus tard encore.

Après la mort de Lavoisier, qui périt sur l'échafaud, victime de l'anarchie et du vandalisme le plus honteux ; après la mort de Condorcet, qui se suicida pour échapper à ses bourreaux, le culte des sciences fut abandonné, profané ; les académies, les écoles furent fermées. A cette époque sanglante et mémorable, la morale, la raison, la justice, tout fut anéanti. L'esprit humain semblait être dans un délire furieux ; il n'y avait plus qu'à souffrir ou à périr ! un chaos effroyable régnait sur toute la France. Mais la gloire et l'avenir de celle-ci ne devaient pas périr aussi cruellement, aussi indignement. Le deuil général fut de courte durée, et bientôt l'autel des sciences, des arts et de la philosophie, se releva, radieux et triomphant, à côté de l'autel de la patrie.

§ IV. 1778. *Magnétisme animal.* Avec des gestes, quelques signes, un baquet magique, une baguette, de simples attouchemens, Mesmer gagna la confiance de beaucoup de personnes, tant par son savoir-faire que par le résultat des expériences les plus merveilleuses, les plus étonnantes. Cette confiance était-elle méritée ? l'a-t-elle été depuis que quelques esprits adroits et spéculateurs se sont mis à l'œuvre ? oui, sous le rapport de l'existence du fluide magnétique : non, sous le rapport des applications qu'on a voulu en faire.

L'homme seul éprouve les effets du magnétisme animal. Les animaux, l'enfance, les fous, les aliénés, n'en sont point atteints. Pourquoi cela ?

Le somnambulisme magnétique existe-t-il ? Personne ne peut le nier ; notre intelligence ne peut le comprendre, mais devons-nous comprendre tout ce qui se passe autour de nous ? Ce sont autant de questions pour la solution desquelles nous renvoyons au mot MAGNÉTISME ANIMAL.

§ V. *Galvanisme.* La découverte de l'électricité galvanique, attribuée généralement à *Louis Gal-*

vani, né à Bologne en 1737, mort le 5 décembre 1798, et due au hasard (*voyez* Galvanisme), est un fait qui remonte probablement à la plus haute antiquité. Sulzer en parla en 1767 dans sa Théorie générale du plaisir. En 1786, Cotugno eut occasion d'observer cette même électricité pendant qu'un de ses élèves disséquait une souris.

Quoi qu'il en soit de la date précise de l'origine de l'électricité magnétique, on sait que les phénomènes qui la caractérisent se manifestent toutes les fois que l'on place deux lames de différens métaux, l'une sur la langue, l'autre en dessous, de manière qu'elles dépassent le bout de cet organe. Du moment que les extrémités saillantes se touchent, on éprouve une saveur plus ou moins piquante, et souvent une sorte de bluette dans les yeux.

Suivant Galvani, il existe deux fluides particuliers dans le fluide galvanique. Vailli et Volta admirent ces deux fluides électriques. Volta plaça dans les nerfs le siége de l'électricité négative, dans les muscles celui de l'électricité positive. Le professeur Psaff ne partagea pas cette dernière opinion, il la combattit au contraire avec courage et la détruisit complétement. Volta s'était donc trompé. Le savant professeur de Pavie ne fut pas long-temps sans se dédommager amplement de son erreur; de brillans succès l'attendaient dans les tentatives curieuses auxquelles il se livra, dans les instrumens nouveaux qu'il inventa, les condensateurs qu'il créa pour accumuler les diverses électricités, les piles qu'il construisit et que l'on peut regarder comme autant de colonnes élevées par lui-même à sa propre gloire, à son immortalité. Bref, Volta fut le digne et heureux successeur du philosophe de Philadelphie, du bon et philanthrope Franklin.

Avec la pile de Volta, invention admirable et mère future des plus belles et des plus riches découvertes, invention qui fut accueillie partout avec le plus vif empressement, Ritter en Allemagne, Nicholson et Carlisle en Angleterre, séparèrent les élémens de l'eau; Davy, Gay Lussac, Thénard, Berzélius, placèrent parmi les corps composés un certain nombre de substances qui jusqu'alors avaient été considérées comme des substances simples. Enfin, avec le même agent physique, la sagacité des Wollaston, Van-Marum, Erman, Cruikshanks, Gautherot, etc., etc., fut mise en jeu, et les expériences les plus variées, les plus riches en résultats, furent exécutées dans les principales universités, écoles ou académies de l'Europe entière. Mais quittons pour un instant la Physique terrestre et voyons quels pas, depuis Newton, celle des régions dites célestes a faits entre les mains de Herschell, Lagrange, Laplace, Brisson, etc.

Herschell donne une plus grande dimension au télescope inventé ou plutôt exécuté pour la première fois par Galilée. Avec cet instrument, ainsi modifié, et il l'avait déjà été par Kepler, Rheita, Hévélius, Huyghens, Dominique Cassini, Newton, Gregori et Dullond, l'habile physicien anglais découvre deux nouveaux satellites de Saturne, une planète appelée Uranus, un grand nombre d'étoiles, etc. Il considère particulièrement celles qu'il nomme nébuleuses et qui paraissent avoir de l'analogie avec ce qu'Aristote désignait sous le nom de matière éthérée.

Le même instrument, entre les mains de Piazzi, Olbers, Harding, sert encore à découvrir Cérès, Pallas, Junon et Vesta; avec le télescope enfin *Lagrange* émet sur les comètes une opinion qui n'a pas eu l'assentiment de tous les physiciens, mais qui n'a diminué en rien la grandeur du nom célèbre que ce physicien a laissé dans la science.

Herschell fixa encore son attention sur la nature du soleil, sur la formation des corps célestes, etc. De toutes les découvertes, de toutes les conjectures qu'il laissa dans la science à l'occasion de ces importantes questions, nous dirons seulement qu'ainsi que Newton, Herschell constata que les rayons jaunes du spectre solaire éclairent plus fortement que tous les autres, que tous les rayons lumineux n'échauffent pas avec la même intensité, qu'il y en a quelques uns qui ne donnent que de la chaleur, d'autres de la lumière seulement, etc.

Avant Lowthorp, Hauksbée, on savait que la lumière, en passant obliquement du vide dans l'air, éprouvait une réfraction proportionnelle à sa densité; mais on ignorait si la force réfringente de l'air varie avec la température et l'état hygrométrique de ce dernier. Laplace décida ces questions. Il fit voir que l'influence de l'humidité de l'air sur la réfraction est tout-à-fait insensible, que cette réfraction est un peu modifiée quand l'air a une température supérieure à douze degrés, qu'elle ne l'est pas quand le thermomètre marque moins de douze degrés, etc.

Laplace dirigea aussi ses investigations du côté des phénomènes de la capillarité, phénomènes qui avaient fixé l'attention de Pascal au commencement du dix-septième siècle, puis celle de Weibreck, etc.

Quelqu'étroit que soit un tube, dit Laplace, ce tube a toujours une largeur sensible; tout liquide renfermé dans un tube a de l'action sur lui-même. C'est à cette action et non à l'attraction des molécules du liquide pour les parois du verre qui les renferme qu'est due la forme du ménisque concave ou convexe que prend la surface liquide. La surface des liquides renfermés dans des vases ou dans des tubes, mais surtout dans des tubes, ne peut être plane à cause de l'impénétrabilité des corps. L'action d'un liquide sur lui-même s'exerce perpendiculairement de dehors en dedans, mais cette action est différente de celle du plan. Quand la surface est concave, l'action est faible; celle-ci est plus forte quand la surface est convexe. La différence de ces deux forces est réciproque avec le rayon de la sphère et toujours très-petite par rapport à l'action du plan; en un mot, l'action du ménisque sur une colonne liquide qui occupe l'axe d'un tube capillaire est réciproque au diamètre du tube. Tels sont les principes que des expériences souvent répétées, un calcul rigoureux, ont fait établir par Laplace sur la capillarité.

Lalande, né à Bourg en Bresse, le 11 juillet 1732, mort à Paris le 4 avril 1807, cultiva pendant toute sa vie la Physique céleste. La science a été dotée par lui d'ouvrages utiles et populaires sur l'astronomie, d'élèves distingués parmi lesquels se placent honorablement Delambre, Burckhardt, le français Lalande, etc.

Brisson, mort le 23 juin 1806, succéda à Nollet comme professeur de Physique. Ainsi que son savant maître, il fit des leçons à la portée de tout le monde, rendit le goût de la science populaire; mais il eut sur ce dernier l'avantage et le bon esprit de la débarrasser de toutes les superfluités dont elle était surchargée. A Brisson et Nollet succédèrent Berthollet et Sigaud-Lafond, qui furent également des hommes de savoir, des professeurs de mérite.

A côté de la force d'attraction, force découverte par Newton, que Berthollet considère comme une force non uniforme, non constante dans ses effets, dépendante de la quantité de matière accumulée, de la pression, de la tendance à l'électricité, à l'efflorescence, etc. Guyton de Morveau en place une autre qu'il appelle Cohésion (*voy.* ce mot), qui n'exerce son action que sur des parties très-ténues, de nature semblable, etc.

Wedgwood construit avec l'argile un pyromètre bien supérieur à celui de Muschembroek, qui pendant long-temps fut connu seul dans la science. De Morveau en imagine un autre avec le platine, qui est encore plus sensible que celui de Wedgwood.

Deux forces, l'attraction et la répulsion à l'aide de la chaleur animaient les corps; Boyle en admet une troisième, la pression atmosphérique. Lavoisier, Cavallo, Leslie et Flaugergues confirment l'existence de cette troisième force.

De nouveaux fluides aériformes sont découverts, étudiés et ajoutés par les physiciens à ceux déjà signalés par Priestley, Black et Cavendish.

Ainsi que l'avaient fait Hauksbée, Amontons, Charles, Dalton, et beaucoup d'autres, Gay-Lussac mesure l'augmentation du volume et du ressort de l'air sous l'influence de la chaleur. Ce savant honorable en fait autant pour la plupart des gaz connus.

§ VI. *Progrès de la Physique entre les mains de Deluc, Pascal, Rumford, Bossut, Malus, Dubuat, Prony, Flaugergues, Chladni, Paradisi, Oersted*, etc., etc. A l'époque où nous sommes arrivés de l'histoire de la Physique, de ses progrès et des savans qui se sont le plus spécialement occupés de cette science, la connaissance des météores est encore dans un état de langueur et de faiblesse qui tient, non pas seulement à la difficulté des observations, à l'éloignement des lieux où se passent ces brillans phénomènes, mais encore aux variations diverses et multipliées de l'atmosphère. Les variations avaient bien, il est vrai, été mesurées avec des instrumens *ad hoc*, tels que les baromètres, les thermomètres, les hygromètres, etc.; mais les observations qui avaient été faites étaient isolées; elles n'avaient produit que des vérités pour ainsi dire stériles, que des faits qui avaient besoin d'être repris, étudiés et fécondés de nouveau pour faire loi dans la science. C'est ce qu'ont essayé de faire les physiciens dont les noms vont suivre.

Pour connaître aussi exactement que possible l'influence des variations de l'atmosphère sur la production des météores, *Deluc* crée de nouvelles méthodes d'observation, perfectionne les instrumens déjà connus. Ainsi que Fahrenheit l'avait fait, il construit un thermomètre à mercure; mais il a l'avantage sur ce dernier d'établir en principe que le métal employé a le privilége d'éprouver des dilatations égales par des additions d'égales quantités de calorique.

Avec un tube de verre ayant partout le même diamètre, le tube supérieur fermé, le tube inférieur recourbé en siphon, Deluc compose un baromètre bien supérieur, par sa précision, à tous ceux qui ont avaient imaginés auparavant.

Deluc fait également un hygromètre. A la place du cheveu employé par Saussure, il prend une bandelette de baleine: les deux instrumens présentent les mêmes inconvéniens, les mêmes avantages.

Pascal mesura la hauteur des montagnes avec le baromètre; ses expériences, faites sur le Puy de Dôme, datent de 1646. A peu près à la même époque, Borelli employa le baromètre pour prédire les changemens de temps. L'idée de Pascal fut fécondée par Perrier, qui prouva, par de nombreuses expériences, qu'une ligne de diminution dans la hauteur de la colonne barométrique correspond à une élévation de 75 pieds. Halley, qui s'est également occupé de la détermination de la hauteur des montagnes, et dont les essais ont eu des résultats plus exacts que ceux de Pascal, a démontré le premier que partout l'élévation est proportionnelle au logarithme de la rareté de l'air. Enfin les physiciens qui se sont livrés aux mêmes recherches après Perrier, Pascal et Halley, sont Lahire, Scheuchzer, Cassini, Daniel Bernoulli, Ramond, Dangas, Laplace, etc., etc. (*Voy* Nivellement barométrique.)

Rumford se livre à des expériences nouvelles pour expliquer les phénomènes de la chaleur; mais son habileté comme expérimentateur, et les résultats plus ou moins heureux auxquels il est arrivé, n'ont porté aucune atteinte à l'hypothèse de Boerhaave. On savait d'ailleurs que le frottement est une source de chaleur. Flescher, en Angleterre, Mollet, en France, avaient fait voir qu'un morceau de chiffon renfermé dans la culasse d'un fusil à vent, s'enflamme par la seule compression de l'air. Dessaignes et Saissy, en comprimant fortement des fluides aériformes, tels que l'oxygène, l'air atmosphérique, le gaz muriatique, etc., avaient remarqué que de la lumière et de la chaleur se développaient subitement. Quelques unes des expériences de Rumford, les dernières surtout, n'ont pas prouvé autre chose qu'on ne sût déjà: que le frottement ou la compression rapprochent les molécules des corps les unes des autres, que par ce rapprochement, du calorique se dégage dans une quantité proportionnelle à la rapidité du mouvement, que la température s'élève, etc.

Tous les corps de la nature ne sont pas également bons conducteurs du calorique. Le verre, la soie, la laine, la paille, le charbon, etc., sont mauvais conducteurs; les métaux, les tissus de lin, de chanvre, sont bons conducteurs. De là des applications on ne peut plus heureuses dans les arts, l'économie domestique, les vêtemens, etc. Rumford détermine ces différences de propagation du calorique. Il imagine à ce sujet un thermomètre extrêmement sensible qu'il nomme thermoscope, et que Leslie a cherché à remplacer par un autre, également avantageux, qu'il appelle *thermomètre différentiel*.

Bossut se livre à l'étude de l'écoulement des fluides, partie de la Physique dont Torricelli, Guglielmini, Mariotte, ont établi les bases. Il s'attache principalement à calculer les différences qui tiennent à la *veine fluide*, suivant que cette veine est formée dans des tuyaux additionnels, ou bien dans des ouvertures faites à un vase de peu d'épaisseur. Bossut étudie également le mode d'action des machines hydrauliques, la résistance que les fluides éprouvent dans les machines, etc.

Dubuat et *Prony* font des observations semblables.

Malus examine les différentes lois proposées pour expliquer le phénomène de la double réfraction de la lumière, réfraction que Bartholin a connue et a annoncée le premier, qu'il attribuait à la disposition des pores à travers lesquels la lumière était transmise. Il prouve, par des expériences précises, que la loi de Huyghens est la seule parfaite, bien que celle de Newton ait eu la préférence pendant plus de cent ans. Il fait voir encore qu'un rayon lumineux, réfléchi par une glace, acquiert des modifications semblables à celles qu'on lui communique quand, à l'exemple de Wollaston, on lui fait traverser un cristal de spath d'Islande. Ces modifications constituent ce qu'on appelle la *polarisation de la lumière*.

A l'occasion du phénomène de la double réfraction, Rochon ajoute, dans l'intérieur d'une lunette, un double prisme de cristal de roche. Cette addition transforme l'instrument en une sorte de *micromètre* qui est extrêmement avantageux pour mesurer les angles de l'astronomie ou les distances terrestres.

Flaugergues se livre à l'examen des phénomènes de la diffraction de la lumière, phénomènes déjà observés, d'abord par Grimaldi, puis par Newton. Flaugergues rattache aux mêmes principes de la diffraction l'important phénomène des *anneaux colorés* déjà expliqués d'une manière supérieure par Newton.

La *phosphorescence*, autre phénomène inconnu dans sa cause, exerce la sagacité de Dessaignes et Heinrich; mais, malgré les efforts des deux physiciens, tous les savans ne pensent pas que la phosphorescence soit due à un dégagement particulier du fluide lumineux.

Chladni passe en revue les progrès de la Physique des sons. Il admet dans les cordes sonores l'existence des *ondes* et des *nœuds* reconnus par Saussure. Il trouve dans les plaques élastiques des *vibrations* analogues à celles des cordes tendues. Sa théorie, à ce sujet, se rapproche beaucoup de celle de Pythagore, qui a été perfectionnée par Taylor, et dans laquelle on trouve le nombre des vibrations en rapport avec la longueur des cordes. La théorie de Chladni a encore de l'analogie avec celle de Daniel Bernoulli sur les sons produits par les tuyaux d'orgue.

Paradisi répète les expériences de Chladni, non plus en tenant la plaque de verre entre les mains, la couvrant de sable très-fin, et mettant celui-ci en mouvement par des vibrations imprimées à la plaque à l'aide d'un archet, mais en posant la plaque de manière que ses deux surfaces correspondent chacune à une pointe fixe; la plaque étant mise en vibration de la même manière que dans l'expérience précédente, des dessins s'y trouvent tracés par les pointes.

OErsted fait, à Copenhague, les mêmes expériences que Paradisi à Milan; mais ici les plaques ne sont plus en verre, mais en métal; le lycopode remplace le sable; les dessins formés sont appelés *figures acoustiques* par l'expérimentateur; enfin l'alcool est encore employé à la surface des plaques par le Physicien de Copenhague.

Le son est encore examiné, sous le rapport de son intensité, dans les différens fluides aériformes par Perolle. Le résultat des recherches de ce Physicien prouve que l'intensité du son augmente avec la densité des fluides dans lesquels il se produit.

Prévost étudie la marche du calorique dans les différens corps; Néris fait voir toute la puissance que l'on peut donner à l'électricité quand on l'accumule dans de fortes batteries; Van-Mons partage, avec les physiciens chimistes, l'opinion de Franklin sur l'électricité; de Lamétherie continue la publication du Journal de Physique; il apporte, dans ce travail difficile, une rare impartialité, un zèle digne du plus grand éloge.

Chap. V. — *Progrès de la Physique depuis 1810 jusqu'à 1838.*

Si nous nous reportons à la première partie de cet historique, et nous en sommes bien loin, nous nous rappelons avoir vu la science quitter l'Egypte, où elle avait pris naissance, pour passer en Grèce, où Thalès, Platon, Aristote, Pythagore, font les plus grands efforts pour soutenir et fortifier son enfance. Nous nous rappelons encore Archimède, Hipparque et Ptolomée faisant tous leurs efforts pour retarder une décadence que des circonstances malheureuses vinrent encore hâter; mais les moyens employés par les premiers philosophes que nous venons de citer, les belles découvertes, les intéressantes observations des savans n'ont pu empêcher la science de péricliter, de quitter Alexandrie, d'aller chercher dans l'Arabie une retraite qui, quoique paisible, a été peu favorable à son accroissement. En effet, le peu de génie des Arabes conserve aux vieilles erreurs d'Aristote tout leur crédit, tout leur empire, et, malgré les tentatives réunies de Roger Bacon dans le treizième siècle, de Copernic dans le seizième, le péripatétisme continue de régner en maître absolu sur les esprits et les écoles du temps. Enfin nous avons vu Pythagore dominant le système du monde et soumettant le mouvement des astres à des lois géométriques que Képler a déterminées; Copernic et Galilée établissant le système du monde sur des preuves rigoureuses; Newton faisant voir quelle est la force qui détermine le mouvement des astres, appliquant le calcul aux inégalités des planètes, etc.; Descartes, Gassendi, Huyghens, Mariotte, Otto de Guerike, Pascal, Torricelli et cent autres géomètres ou physiciciens qu'il faudrait également citer pour être juste envers tous les propagateurs de la science, tous les auteurs de découvertes utiles, imprimant à la Physique une marche des plus illustres et des plus rapides. Mais nous connaissons ce passé brillant de gloire et de renommée, voyons maintenant les progrès de la science depuis cinquante à soixante ans.

Dans un laps de temps de plus d'un demi-siècle, la Physique a fait des pas immenses; cela est incontestable. C'est à cette science, et à la manière de philosopher depuis Newton, que l'on doit la facilité avec laquelle on parvient à déterminer, calculer, prévoir même les lois de la plupart des phénomènes dont nous sommes sans cesse témoins. Aussi le nombre des suppositions gratuites et multipliées des anciens diminue-t-il tous les jours, et les lois de l'attraction, les propriétés du calorique, de la lumière et de l'électricité suffisent pour expliquer toute la nature inorganique. Des différentes branches des sciences naturelles, la Physique est donc celle qui a le plus de droits d'imposer sa méthode à toutes les autres. Considérée depuis ses élémens les plus simples jusqu'à ses parties les plus élevées, on voit qu'elle a trouvé le moyen de peser les corps aussi exactement que possible, et cela en se servant de la méthode dite des *doubles pesées* de Borda; qu'elle a perfectionné la construction du thermomètre, qu'elle a régularisé la marche de ce précieux instrument; qu'elle y a ajouté le baromètre, et qu'elle l'a ainsi rendu indispensable au physicien, au chimiste, au voyageur, qui veulent avoir des travaux précis, exacts, et tout-à-fait mathématiques.

Les progrès de la Physique ont été remarquables encore, comme nous le verrons, dans la connaissance et l'appréciation des lois qui président à la dilatation des solides, des liquides et des fluides aériformes, dans celles qui président à la formation des vapeurs, qui donnent la clef des phénomènes hygrométriques, capillaires, etc., etc.

Coulomb a expliqué les propriétés des corps appelés *élasticité*, *ressort*, *ébranlement*, *vibration*, etc. De ces ingénieuses et savantes explications sont sortis plusieurs instrumens de musique nouveaux, plusieurs procédés d'acoustique. L'étude de l'électricité, du magnétisme, de la chaleur, tous principes invisibles, intangibles, impondérables, a marché à pas de géant. Pour l'électricité, Coulomb détermine la loi de son action à distance, de sa déperdition dans l'air, de sa répartition dans les corps, de son partage dans ceux-ci. Un hasard heureux donne naissance, entre les mains de Galvani, à un fluide particulier que l'on reproduit chaque fois que l'on excite des organes véritables par le seul contact des muscles et des nerfs. Ce fluide, ce principe, c'est le *magnétisme*. Volta trouve dans ce principe l'indice d'un simple développement de l'électricité au contact des corps hétérogènes, et la chimie, la Physique, trouvent dans ce fait l'appareil expérimentateur le plus ingénieux et le plus énergique.

Coulomb fixe les lois de l'action, de la communication, de la distribution et de l'équilibre stable ou mobile du magnétisme. On observe la déclinaison de l'aiguille aimantée; on détermine son inclinaison, son intensité pour les diverses latitudes, etc.

La chaleur et la lumière, qui semblent avoir la même essence, offrent des rapports nouveaux et imprévus, des propriétés chimiques qui leur sont tantôt propres, tantôt analogues. Cette analogie donne naissance à la théorie ingénieuse du rayonnement, qui, assimilant le rayonnement du calorique à celui de la lumière, montre comment la température s'équilibre dans les corps, comment elle s'y propage, enfin, comment elle s'en échappe. L'influence de l'état rugueux ou poli des corps sur le rayonnement du calorique est examinée, reconnue et mesurée, et cette étude conduit à l'explication de quelques uns des phénomènes les plus singuliers de la météorologie. Enfin, bien que la nature intime du principe de la chaleur ne soit pas dévoilée, on trouve les moyens pour mesurer les quantités qui s'absorbent ou se dégagent pendant le réchauffement ou le refroidissement des corps dans la combustion, la respiration et les autres combinaisons chimiques. Ces faits entraînent avec eux la connaissance presque complète de la constitution des corps.

La Physique de la lumière est également perfectionnée. Soumises à l'analyse, les lois de Newton sur l'attraction à petites distances, sont étendues, et de nouveaux phénomènes s'offrent à l'étude de l'observateur.

La mécanique soumet à ses lois et à ses calculs la division des rayons lumineux dans les corps cristallisés, et l'analyse, plus générale que l'observation, admet d'avance des formes que celle-ci n'avait pas encore reconnues. Enfin, la polarisation des rayons lumineux, cette belle découverte de Malus, signale un nouveau monde aux physiciens, et ceux-ci n'ont plus qu'à s'avancer pour voir se manifester devant eux toutes les variétés de mouvemens et d'agitations que les forces attractives et répulsives des corps peuvent imprimer à des molécules d'une ténuité presque infinie.

Tel est le tableau des richesses appartenant à la Physique, dont nous connaissons déjà une grande partie, et que nous allons achever de dérouler devant les yeux de nos lecteurs, en y ajoutant tout ce qui n'a pu entrer dans cet exposé rapide des progrès de la science au tiers du dix-neuvième siècle. Quant aux époques que nous allons indiquer comme étant celles des découvertes scientifiques, si elles ne sont pas toutes très-exactes, elles précisent du moins les années pendant lesquelles ces mêmes découvertes ont été communiquées au monde savant.

1810. Desormes et Hachette cherchent les premiers à construire des piles sans conducteur humide, dont l'action pût se soutenir long-temps au même degré d'énergie. *Voyez* PILE.

Léopold de Buch fait, sur les neiges perpétuelles du nord, des observations analogues à celles de Bouguer, de Humboldt, sous les tropiques, de Ramond dans les Pyrénées, etc.

Wollaston étudie les influences de l'électricité sur les sécrétions animales. Déjà nous devons au même physicien un travail sur l'action chimique de l'électricité.

1811. Guyton de Morveau étudie les effets d'une chaleur égale, long-temps continuée, sur les pièces pyrométriques d'argile. Les expériences de ce savant, continuées en 1814, prouvent, ainsi que le principe sur lequel est fondé le pyromètre Wedgwood, que tous les corps, sans exception, ne sont pas dilatables par la chaleur, comme nous l'avons dit, et comme on le dit généralement en parlant du calorique.

Gay-Lussac, dont le génie est aussi vaste que l'esprit est modeste, s'occupe de la densité des vapeurs dans les divers liquides. Ce savant célèbre démontre qu'un gramme d'eau, en passant de l'état liquide à l'état de fluide élastique, occupe un espace 1698 fois plus grand qu'auparavant; que la densité de l'alcool est 1, 5 de fois plus grande que celle de l'air; que la densité de l'éther sulfurique est à celle de l'air comme 2,55 est à 1; que la densité du gaz hydrogène sulfuré est, à celle de l'air, comme 2,67 est à 1, etc.

Watt et Woolf précisent la force de leurs machines à vapeur; ils font voir que leurs appareils sont supérieurs aux anciens, et que dans ces appareils la force de la vapeur, obtenue avec la même quantité de combustible, est presque de moitié plus considérable. En effet, tandis qu'un boisseau anglais (buskel) de charbon consumé élevait 98 millièmes de livres (pounds anglais) à un pied de haut, la même mesure élève chez eux 29 et 56 millions de livres.

Dessaignes se livre à des expériences nombreuses et répétées pour déterminer l'action du galvanisme; il démontre qu'une température élevée ou très-basse, mais égale, enlève aux métaux leurs propriétés électro-motrices; qu'en chauffant inégalement un corps homogène, on développe en lui le pouvoir d'exciter une grenouille préparée, comme le feraient deux corps hétérogènes; qu'on ne peut anéantir la propriété électro-motrice d'un couple métallique (zinc et argent par exemple), en chauffant seulement le zinc jusqu'à un certain point, ou en refroidissant l'argent; que si on expose la pile de Volta au froid de — 18° (18° au dessous de zéro), ou à une chaleur de + 100° (100° au dessus de zéro), tous ses effets cessent entièrement, pourvu que la température soit uniforme dans toute l'étendue de la pile.

Déjà Schweigger, de Hall, auteur du *multiplicateur*, appareil propre à mettre en évidence, à l'aide de l'aiguille aimantée, l'existence des courans électriques les plus faibles, physicien qui avait construit une pile avec un seul conducteur solide et un seul liquide (l'acide sulfurique affaibli), avait annoncé qu'à froid, cet appareil ne produisait rien; que si, au contraire, on chauffait tous les couples d'un ordre impair, en laissant froids tous ceux d'un ordre pair, les phénomènes d'action avaient lieu.

Dans la pile de Schweigger, chaque pièce solide est séparée d'une bande de papier humecté par de l'eau salée.

Fourier poursuit les travaux de Newton, Amontons, Lambert, Buffon, sur la chaleur; ses recherches sont continuées par Laplace, Lavoisier, Pictet, de Saussure, John Leslie, Rumford, Prévost, Biot, etc.

1812. Seebeck étudie l'action des rayons colorés sur un mélange de gaz oxymuriatique (chlore) et de gaz hydrogène; il fait voir que la décomposition du mélange est plus prompte dans une cloche de verre blanc que dans une cloche de verre rouge. De Laplace, à l'exemple de Young, Ivory, Cavendish, Bouvard et Gay-Lussac, étudie et explique les dépressions du mercure dans les baromètres; il attribue ces dépressions à la capillarité des tubes de verre employés à la construction des baromètres.

Gay-Lussac démontre que les gaz ont, sous le même volume, une capacité égale pour le calorique.

1813. Berzélius explique l'influence de l'électricité sur les affinités chimiques; il fonde sa théorie électro-chimique.

Reid, de Woolwich, compose, avec le cuivre et le zinc, un nouveau pendule compensateur, à l'imitation de Jurgensen, qui en avait fait faire avec l'acier et le zinc.

Delaroche et Bérard se livrent à l'étude de la chaleur spécifique des gaz, étude à laquelle se sont également livrés Crawford, Lavoisier, De Laplace, Leslie, Gay-Lussac, etc. Leur mémoire est couronné par la classe physique et mathématique de l'Institut.

Dans la même année, 15 novembre, Delaroche, enlevé bien jeune encore à la science et à ses amis, lit un mémoire sur l'influence que le vent exerce sur la propagation et sur l'intensité du son.

Du travail de Delaroche, supérieur à celui de Haldat, publié en 1814, il résulte:

1° Que le vent n'exerce point d'influence sensible sur les sons entendus à de petites distances, à six mètres par exemple;

2° Que lorsque la distance est plus grande, le son s'entend beaucoup moins dans la direction contraire au vent, que dans celle du vent lui-même;

3° Que l'influence du vent sur le son ne s'exerce pas plus sur le lieu où celui ci est produit, que sur tous les points du trajet qu'il parcourt;

4° Que le son s'entend un peu mieux dans une direction perpendiculaire à celle du vent que dans la direction du vent lui-même;

5° Que des causes étrangères au vent, et dépendant des modifications de l'atmosphère, ont une très-grande influence sur la facilité avec laquelle le son se propage à distance.

Déjà Derham avait vu:

1° Que les sons se font entendre plus distinctement en hiver et pendant les gelées, qu'en été;

2° Que les sons diminuent d'intensité dans les temps humides, pluvieux, et peu dans les brouillards;

3° Que la neige, récemment tombée, diminue l'intensité du son, que celui-ci reprend son éclat quand la neige est recouverte d'une croûte de glace, etc.

1814. Ampère, physicien profond et original, vérifie et confirme la relation qu'il y a entre les volumes des gaz et les pressions qu'ils supportent à une même température, relation qui a été découverte pour la première fois par Mariotte.

Biot, esprit brillant, tenace et infatigable, s'occupe de la polarisation de la lumière. *Voyez* POLARISATION.

Charles Williams Wells explique les différens phénomènes de la rosée. *Voyez* ROSÉE.

1815. Gay-Lussac se livre à l'étude du froid produit pendant l'évaporation des différens liquides.

Fresnel, physicien aussi persévérant qu'infatigable, doué d'une grande exactitude et d'une rare sagacité, à qui la science doit, sur les interférences, une théorie qui occupe une place distinguée parmi les plus ingénieux travaux des physiciens modernes, publie sur la diffraction de la lumière, un mémoire dans lequel il examine particulièrement le phénomène des franges colorées que présentent les ombres des corps éclairés par un seul point lumineux. *Voyez* LUMIÈRE.

Arago et Petit se livrent, comme Newton, à l'examen des puissances réfractives et dispersives de certains liquides, et des vapeurs qu'ils forment. Dulong et Petit étudient les lois qui président à la dilatation des solides, des liquides et des fluides élastiques; ils mesurent exactement la température de ces différens corps. Déjà Deluc, Dalton, Gay-Lussac, Lavoisier, de Laplace, s'étaient occupés de la même partie de la science, Gay-Lussac pour les gaz, de Laplace et Lavoisier pour les métaux. H. Davy fait connaître la composition de l'air inflammable des mines. Il trouve que sa composition, quatre parties d'hydrogène et une partie de carbone, est semblable à celle du gaz des marais, qui a été examinée par Dalton. Il invente sa *lanterne de sûreté*, appareil de la plus grande et de la plus importante utilité. Eh bien! le croira-t-on? Il s'en faut de beaucoup que cette lanterne soit employée partout. L'aveugle routine et la sotte imprévoyance luttent tous les jours contre son usage. Toutefois faisons connaître une invention aussi précieuse pour le genre humain que remarquable sous le rapport des principes scientifiques qui en font la base. Nous laisserons parler l'auteur de la *chimie de Berzélius*, Esslinger.

« Il arrive souvent dans les mines de charbon de terre, qu'en faisant de nouvelles tailles, ou ouvre une fissure, de laquelle s'échappe avec violence un courant d'air qui dure très-long temps. Cet air est combustible, et composé principalement de gaz hydrogène carboné. Ordinairement il ne se décèle pas à l'odeur, et en peu de temps il s'accumule en si grande quantité que les lampes y mettent le feu; il détone alors avec la plus grande violence, et tue les ouvriers. Toutes les précautions prises pour éviter ces accidens et procurer de la lumière ne remplissant point leur but, furent abandonnées. C'est alors que le célèbre Davy dirigea son attention sur les moyens de trouver un procédé pour s'en garantir. Il partit pour cela d'un fait observé par le chimiste anglais Tennant, que les explosions ne se propagent point à travers des tubes métalliques d'un très-petit diamètre. Davy reconnut, par ses expériences, que le fait était vrai; mais il fit voir en même temps que, pour les mélanges gazeux peu explosifs, comme celui qu'on trouve dans les mines, cette propriété se manifestait à un degré dont on ne se faisait aucune idée auparavant. Il vit que la cause du phénomène était le refroidissement que le gaz explosif éprouve par le contact du métal, et que l'explosion se trouvait arrêtée par-là; que moins il se dégage de chaleur pendant l'explosion, et plus la température nécessaire pour enflammer le gaz est élevée, plus aussi les tuyaux qui interrompent l'explosion peuvent être larges, *et vice versâ*, de manière que l'inflammation du gaz explosif des houillières est empêchée par des ouvertures dans le métal à travers lesquelles se propage encore l'explosion d'un mélange de gaz oxygène et hydrogène, mais qu'on peut aussi interrompre cette dernière par des tubes métalliques d'une ténuité et d'une longueur suffisantes. Ayant été conduit de cette manière à l'emploi d'un tissu de fils métalliques, semblable à celui dont on se sert pour les tamis et les formes à papier, il trouva que quand le fil avait un quarantième à un soixantième de pouce d'épaisseur, que le tissu était assez fin pour contenir quatre cents trous ou mailles à la superficie d'un pouce carré, l'explosion du gaz des mines ne passait point à travers, alors il construisit avec ce tissu des lanternes dans l'intérieur desquelles brûlait une lampe à huile. L'air qui afflue et celui qui s'échappe doivent traverser ce tissu, et si l'air est enflammé, il fait bien explosion dans l'espace renfermé par le tissu, mais l'explosion ne se communique point au dehors.

Avant que l'explosion ait lieu, la flamme devient plus grande et plus large, mais aussi plus terne qu'auparavant. Après l'explosion la lampe est éteinte, et les ouvriers sont alors obligés de sortir de la mine, afin de pouvoir y faire arriver de l'air frais. »

L'usage de la lanterne de sûreté fit connaître un phénomène absolument inattendu, savoir, que parfois, après l'explosion, le tissu métallique de la lampe commence à rougir et en quelque sorte à brûler, sans cependant qu'il y ait de combustion, et sans que le gaz de la mine prenne feu. Après avoir fait de nouvelles expériences, Davy trouva que si l'on place au dessus et autour de la flamme de la lampe un fil de platine de un cinquième de pouce de diamètre tourné en spirale, celui-ci rougit par la combustion lente du gaz explosif, répand assez de lumière pour éclairer les ouvriers et faciliter leur sortie de la mine, sans donner lieu à aucune explosion.

1816. Ampère propose une nouvelle classification des corps naturels; Biot publie son grand et savant Traité de Physique expérimentale et mathématique. Depuis quarante ans les richesses de la science étaient éparses çà et là dans différentes notes, dans différens mémoires; il leur manquait un ensemble, une jonction pour en faire un seul et même tout. Biot, qui a tenté et si bien rempli ce but en publiant son ouvrage il y a vingt-deux ans, s'est servi, 1° des tableaux de Lavoisier et de Laplace sur la dilatation des métaux, tableaux faits en 1781 et 1782; 2° des manuscrits de Coulomb sur divers points de la science et entre autres sur l'électromètre, les propriétés magnétiques des corps; l'influence du recuit sur la capacité magnétique; 3° des expériences hardies de Charles; 4° des appareils ingénieux de Gay-Lussac, des résultats importans de ce savant modeste sur le degré d'ébullition de l'eau dans des vases de différente nature, sur le poids des vapeurs, sur celui du gaz et sur l'hygrométrie; 5° des observations remarquables faites sur la polarisation par Brewster et Séebeck; 6° du beau travail de Cauchois sur l'achromatisme; enfin, puisant dans son propre fonds, l'auteur donne l'analyse de tous les instrumens d'optique; il reconnaît dans l'étude et l'examen des phénomènes qui ont rapport à l'optique, à l'électricité, au calorique, à la pesanteur atmosphérique, etc., l'utilité, la nécessité même des calculs algébriques, calculs négligés ou regardés comme sans aucun avantage par les Anglais. Ici nous devons nous justifier du reproche fait à nos voisins; car nous aussi nous avons négligé ces calculs dans presque tous nos articles de Physique. Nous n'avons agi ainsi que parce que nous nous sommes attaché aux faits les plus simples de la science, aux résultats les plus faciles des expériences.

Dessaignes public quelques faits relatifs à l'influence de la température, des pressions mécaniques et du principe humide, sur l'intensité du pouvoir électrique, et sur le changement de nature de l'électricité. Zamboni, à l'exemple de Désormes et Hachette, s'occupe des piles sèches (*voyez* Pile), avec lesquelles Bohnenberger construit un électroscope très-sensible, Rousseau un *diagomètre*, instrument propre à reconnaître la conductibilité ou la non-conductibilité électrique de différens corps, tels que le charbon, l'huile d'olives, etc. Avec son instrument, Rousseau a vu que le charbon le meilleur pour la poudre de guerre ne devait pas conduire l'électricité; que l'huile d'olives, mélangée d'un peu d'huile d'œillet, la condensait très-bien. Gay-Lussac construit son baromètre portatif; il s'occupe de la dilatation des liquides.

Arago, auteur de la découverte du magnétisme de rotation, physicien aussi ardent et fertile dans les faits pratiques, que calme et circonspect dans le domaine des théories, fait voir, à l'occasion des phénomènes de diffraction de la lumière qu'entre les bandes de diverses nuances et de diverses longueurs qui bordent l'ombre extérieure d'un corps opaque placé dans un faisceau de lumière, bandes dont parle Newton dans son troisième livre de l'Optique, il y a d'autres bandes non moins remarquables que les premières, qui se forment dans l'intérieur de l'ombre des corps déliés. Déjà Grimaldi avait donné une description parfaitement détaillée de ces bandes, et Maraldi, Delisle, Th. Young, Fresnel, etc., ont eu occasion de constater leur existence.

Porret (junior), par suite d'expériences galvaniques fort curieuses, prouve la propriété qu'ont les fluides électriques de passer à travers les plus petits pores des corps, et de vaincre la force de gravité.

Williams Scoresby, aussi célèbre géologue qu'infatigable voyageur, publie un travail sur les glaces polaires; de Humboldt communique ses recherches sur la distribution de la chaleur dans le globe; Haüy fait connaître les siennes sur l'électricité produite dans les minéraux soumis à la pression; Poisson donne une théorie des ondes sonores; Hachette examine l'influence de la pression de l'air sur l'écoulement des grandes masses de liquide soumises tout à la fois à des forces d'impulsion et à des forces d'attraction. Il est prouvé par cet habile physicien, contrairement à ce qu'avait dit Samuel Vince, qu'un ajutage augmente la somme de la dépense, que cette dépense tient à la plénitude de l'ajutage, qu'enfin cette plénitude qui existe pendant tout le temps de l'écoulement, tient elle-même à l'adhérence des liquides pour les parois du vase et de l'ajutage.

De Laplace se livre à des recherches du plus haut intérêt sur la longueur du pendule à secondes, sur l'action réciproque des pendules, sur la vitesse du son dans l'air, dans l'eau et dans d'autres substances, etc.

Cosino Rudolfi, de Pavie, démontre la présence d'une force magnétique dans l'extrémité violette du spectre solaire, force magnétique que Morichini avait également connue; Bouvier décrit une machine à vapeur de son invention qui est propre à produire de suite le mouvement de rotation.

Schübler se livre à l'étude de l'électricité atmosphérique. Du travail de ce physicien il résulte : 1° que par un temps calme et serein l'électricité atmosphérique est toujours positive; 2° qu'avant le lever du soleil elle a son *minimum* d'intensité, qu'elle augmente à mesure que le soleil s'élève sur l'horizon ; 3° qu'à huit heures du matin (dans le mois de mai), elle est à son premier *maximum ;* 4° qu'en été elle est à quatre ou cinq heures du soir, à son premier *minimum ;* 5° que, toutes les fois que l'eau tombe en pluie, en neige, en grésil ou en grêle, elle est électrique et plus électrique que l'atmosphère sèche ; 6° que les pluies sans électricité sont rares ; 7° que la force électrique de l'eau météorique tombante est plus grande en été qu'en hiver ; 8° que la neige est plus souvent positive que négative, etc.

Faraday, physicien anglais, auteur de la découverte des courans magnétiques, fait connaître quelques nouvelles expériences qu'il a faites sur l'écoulement des gaz par des tubes capillaires ; Daniel Wilson imagine un nouvel hygromètre. On sait que dans les instrumens du même genre imaginés par de Saussure, Deluc, Kater, le mouvement de l'index est produit par l'allongement qu'éprouve une fibre animale ou végétale lorsqu'elle se charge d'humidité. Leslie recouvre l'une des boules de son thermomètre d'un linge mouillé, et juge de l'état hygrométrique de l'atmosphère par le froid qu'occasione l'évaporation. Leroy, de Montpellier, arrive au même résultat en déterminant quelle température doit avoir le liquide contenu dans un gobelet de verre pour que ses parois extérieures cessent d'attirer l'humidité de l'air ; enfin d'autres évaluent les changemens de poids d'un corps déliquescent ; ceux-ci introduisent du mercure dans un tuyau de plume dont le volume, comme on sait, se dilate ou se contracte suivant que l'air est plus ou moins humide ; ceux-là préfèrent une boule creuse d'ivoire, à parois très-minces, etc. Wilson remplace la boule d'ivoire par une vessie de rat convenablement préparée ; il gradue son instrument comme celui de Deluc, et regarde son hygromètre comme extrêmement sensible. *Voyez* HYGROMÈTRE.

Brunacci publie un travail sur la théorie des tubes capillaires ; Fourier en publie un sur la chaleur rayonnante ; Giard étudie l'écoulement linéaire de diverses substances liquides par des tubes capillaires de verre ; Wollaston décrit un micromètre de son invention, formé par une seule lentille (*voyez* MICROMÈTRE) ; Biot fait de nouvelles expériences sur le développement des forces polarisantes par la compression dans tous les sens des cristaux, *voyez* POLARISATION.

Dans un mémoire sur le mode d'émission de la lumière qui part des corps colorés et sur le moyen d'augmenter considérablement l'intensité de la couleur des corps, question qui avait déjà occupé Newton, puis Biot, Laplace, Haüy, etc. Benedict Prévost conclut 1° que ce n'est pas par réflexion, mais par rayonnement, qu'arrive à nos yeux la lumière qui nous fait juger que certaines substances opaques sont colorées, et qu'il en est de même, à quelques modifications ou exceptions près, de celles qui sont transparentes.

2° Que la couleur propre de ces substances (des premières surtout) est ordinairement pâlie par de la lumière blanche qui s'y mêle, mais dont on peut la débarrasser par une suite de réflexions mutuelles et de décompositions, de manière que les couleurs augmentent considérablement d'intensité.

Fresnel répète les expériences de Brewsler sur la double réfraction du verre comprimé ; il voit comme ce dernier physicien, que le verre comprimé colore la lumière polarisée.

Williams Phillips mesure avec le goniomètre à réflexion les angles de quelques cristaux ; son travail a beaucoup d'analogie avec celui de Haüy sur la cristallographie des minéraux.

A l'occasion de quelques observations faites sur l'arc-en-ciel, Bitly assure que l'on connaissait, il y a cinq siècles, les explications de ce brillant phénomène ; et, au lieu de les attribuer comme on le fait généralement, à Antoine de Dominis et à Descartes, il les attribue à un dominicain qui vivait en 1300. Bitly établit sa réclamation sur un extrait fait dans un livre qui a appartenu au couvent des frères prêcheurs de Bâle, et qui, au temps de la réforme, passa dans la bibliothèque publique de la même ville. Dans ce livre, on voit qu'un frère nommé Théodoric, de la province teutonique, explique la cause des arcs-en-ciel (le supérieur et l'inférieur principal) aussi clairement qu'aurait pu le faire, avant Newton, le meilleur physicien du dix-septième siècle qui aurait lu Descartes et Antoine de Dominis.

Desprctz, Girard, Fourier, Flaugergues, Volta, donnent connaissance de leurs recherches, le premier sur le refroidissement de quelques métaux, sur la détermination de leur chaleur spécifique et de leur conductibilité extérieure, recherches faites également par Rumford, Leslie et plusieurs autres physiciens ; le second sur l'écoulement de l'éther et de quelques autres fluides par des tubes capillaires de verre ; le troisième sur la théorie physique de la chaleur rayonnante ; le quatrième sur les différentes hypothèses admises pour expliquer la *queue* ou *chevelure des comètes ;* le cinquième enfin sur le retour périodique des orages et sur la cause du vent très-froid et extraordinairement sec qui se fait sentir plusieurs heures après ceux qui sont accompagnés de grêle.

Laplace applique le calcul des probabilités aux opérations géodésiques ; Davy explique la cause de diminution de température qu'on observe dans les eaux de la mer, près de la terre ou sur les hauts-fonds. Avant ce physicien, Jonathan Williams avait observé que toujours l'eau des hauts-fonds de la mer avait une température inférieure à celle des fonds qui étaient de plus en plus bas ; que l'eau d'un banc de mer est plus froide que l'eau de la pleine mer ; que l'eau d'un banc est d'autant plus froide que ce banc a plus de surface.

Prony donne un nouveau moyen de régler la durée des oscillations des pendules ; Breguet compose avec deux métaux inégalement dilatables, soudés ensemble et dans toute leur étendue, de nouveaux thermomètres métalliques. On trouve dans les Transactions d'Édinburgh, année 1794, un instrument appelé *thermomètre à indicateur solide*, et décrit par Rutherford, qui est composé de deux thermomètres distincts, dont les tiges sont horizontales et qui indique parfaitement les *maxima* et les *minima* de température. Fortin en a construit un semblable.

1818. Biot fit un travail sur les rotations que certaines substances impriment aux axes de polarisation des rayons lumineux; Fresnel s'occupe de la coloration des lames cristallisées; Despretz étudie les chaleurs latentes des diverses vapeurs; Erman de Berlin communique une note sur la réciprocité d'action isolante et conductrice que le platine incandescent de la lampe aphlogistique de Davy exerce sur les deux électricités.

Ainsi que l'avaient fait Rumford, Leslie, Dalton et Wells, Davy explique la formation des brouillards.

Faraday observe le passage des gaz à travers des tubes; Chossat, ainsi que l'avaient fait les docteurs Petit et Th. Young, fixe son attention sur la courbure des milieux réfringens de l'œil chez le bœuf; Alexandre de Humboldt donne connaissance de ses recherches sur la limite inférieure des neiges perpétuelles dans les montagnes de l'Hymalaïa et les régions équatoriales. Comme résultat général de son travail, l'auteur conclut que le phénomène des neiges perpétuelles est extrêmement rare au dessous de 20° de latitude.

Mathieu Dombasle attribue à la pression de l'air par l'eau, et non au vide produit dans l'atmosphère, la cause du vent que l'on entend quelques instans avant la pluie dans les orages.

1819. Amici fait connaître ses *microscopes catadioptriques*, instrumens avec lesquels on grossit les objets jusqu'à un million de fois de plus qu'ils ne le sont réellement. Avant ce physicien, la dioptrie n'avait été que jusqu'à 22500 fois; mais n'est-il pas à craindre que des grossissemens aussi considérables n'altèrent la forme véritable des objets et que l'on n'ait que des illusions, que des aberrations d'optique dans l'emploi de pareils instrumens?

Avant Amici on ne connaissait que trois microscopes à réflexion, et ces microscopes avaient été successivement imaginés par Newton, Smith et Barker.

Grimaldi publie son Traité physico-mathématique de la lumière, des couleurs et de l'iris; Petit et Dulong s'occupent de quelques points importans de la théorie de la chaleur. La même question a fait le sujet des recherches de Irvine, Crawford, Dalton, Laplace, Lavoisier, Laroche, Bérard, Mayer, Leslie, etc.

Fresnel publie un Mémoire sur la réflexion de la lumière; il calcule les teintes que la polarisation développe dans les lames cristallisées; Breguet propose un nouveau compteur pour évaluer les fractions de secondes de temps dans les observations astronomiques; Poisson se livre à l'étude des instrumens à vent, étude à laquelle se sont également livrés Bernoulli, Lagrange, Chladni, Biot, etc.

Dans un travail sur la communication des mouvemens vibratoires entre les corps solides, Félix Savart examine comment cette communication s'opère, non seulement entre deux corps qui se touchent immédiatement, mais encore entre deux ou un plus grand nombre de corps qui sont séparés par des conducteurs de diverses formes; il ajoute aux ondes longitudinales de Chladni, deux autres espèces d'ondes, qu'il appelle, les unes *transversales*, les autres *tournantes*. Déjà, dans un travail précédent sur la *construction des instrumens à vent*, le même physicien avait prouvé que le contact immédiat entre deux corps était une cause suffisante pour que des mouvemens vibratoires excités dans l'un des deux fussent partagés par l'autre, et que la période de leurs oscillations fût la même.

L'écoulement uniforme de l'air atmosphérique et du gaz hydrogène carboné dans des tuyaux de conduite, exerce la sagacité de Girard. Avant cet habile physicien, Faraday, qui avait vu que la durée de l'écoulement libre du gaz acide carbonique dans un tube de thermomètre de 508 millimètres de longueur adapté au réservoir, était de 156 secondes 1/2; que celle de l'air atmosphérique était de 128 secondes; celle du gaz hydrogène carboné de 100 secondes, etc. Faraday avait conclu, de ses opérations, que les mobilités relatives du gaz sont en raison inverse de leurs pesanteurs spécifiques. Mais les conclusions de ce dernier étant peu exactes, ou du moins les savans ne devant pas y attacher plus d'importance qu'elles n'en méritaient réellement, puisque l'auteur les a modifiées à plusieurs reprises, et que d'ailleurs il n'indique ni le diamètre des tubes, ni leur longueur, ni la charge constante en vertu de laquelle l'écoulement s'est effectué, il était donc nécessaire de se livrer à de nouvelles expériences; c'est ce qu'a fait Girard, et voici ses conclusions:

1° Que le gaz hydrogène carboné et l'air atmosphérique, amenés au même état de compression, se meuvent suivant les mêmes lois, et éprouvent exactement les mêmes résistances dans les mêmes tuyaux, et cela indépendamment de leurs densités spécifiques.

2° Que les résistances qu'éprouvent des fluides aériformes à se mouvoir dans des tuyaux de conduite, sont exactement proportionnelles aux causes de leurs vitesses moyennes.

3° Enfin, qu'en conséquence de cette loi et de celle du mouvement linéaire, les dépenses de gaz par une conduite donnée de grosseur uniforme, sont toujours en raison directe de la pression indiquée dans le réservoir qui alimente l'écoulement, et en raison inverse de la racine carrée de la longueur de la conduite par laquelle il s'opère.

Laplace applique le calcul des probabilités aux opérations géodésiques de la méridienne de France, aux opérations de nivellement; il explique la théorie des phénomènes capillaires par le frottement et la viscosité des liquides. Haüy et Biot partagent son opinion. Newton les attribuait à l'attraction moléculaire des corps.

Arago et Fresnel se livrent à l'étude de l'action que les rayons de lumière polarisée exercent les uns sur les autres. *Voy.* Polarisation.

Œrsted, professeur à Copenhague, cherche, comme Delarive l'avait fait avant lui, à expliquer l'effet du conflit électrique sur l'aiguille aimantée. Du travail du physicien danois il résulte, 1° qu'un fil métallique en communication avec les deux pôles de la pile agit sur l'aiguille aimantée; 2° que la nature de cette action dépend, sinon de la position de la pile, du moins de la direction dans laquelle les fluides positif et négatif se meuvent dans le fil conducteur, relativement aux pôles de l'aiguille; 3° que si le fil conducteur est placé au dessous de l'aiguille, il produira une déviation dans le sens inverse de celle qu'il occasionait quand il était au dessus, etc.

Œrsted décrit le *multiplicateur* de Schweiger; il s'occupe encore de déterminer l'action du courant voltaïque sur une aiguille d'acier *préalablement aimantée*; il démontre que le même courant *développe fortement la vertu magnétique* dans des lames de fer ou d'acier, qui d'abord en étaient totalement privées. Nous dirons à cette occasion que tous les physiciens savent que dans le mode d'aimantation de Wilke, Franklin, Daliband, Beccaria, Van-Swenden, Van-Marum, l'aimantation est due au passage d'une forte étincelle électrique au travers du barreau d'acier. Boisgiraud, répétiteur de Physique à l'Ecole de Saint-Cyr, a vu que l'étincelle fournie par la pile se comportait de même.

1820. Brewster se livre à des expériences qui ont pour but de déterminer la structure et le pouvoir réfringent des humeurs de l'œil; il cherche à expliquer la cause de la phosphorescence des minéraux, déjà observée par Benvenuto Cellini, par Wedgwood, Pallas, en 1713. Ce dernier apprend, en effet, dans les Mémoires de Pétersbourg, que le spath-fluor de Catherinembourg devient lumineux à la simple chaleur de la main, lorsqu'on l'y tient renfermé une demi-minute seulement.

Du travail de Brewster il résulte : 1° que la propriété d'émettre la lumière phosphorique à une certaine température est commune à un grand nombre de substances minérales; 2° que les minéraux qui jouissent de cette propriété sont en général colorés ou imparfaitement transparens; 3° que la couleur de la lumière phosphorique n'a pas de rapport fixe avec la couleur du minéral; 4° qu'une chaleur trop intense détruit la propriété phosphorescente d'un minéral, etc.

Le même physicien augmente le nombre des substances minérales électriques par la chaleur; il emploie pour électrosage la membrane interne et excessivement mince de l'*Arundo phragmites*. Ces substances sont :

La tourmaline, la topaze, le spath calcaire, le sulfate de baryte, le diamant, l'orpiment, le quartz du Dauphiné, le soufre noir, l'acide tartrique, le tartrate de potasse et de soude, le carbonate de potasse, le sulfate de fer, le sucre, l'acide nitrique.

On se rappelle que Lemery est le premier chimiste qui ait fait mention du développement de l'électricité par la chaleur; qu'après lui Canton, Brard, Haüy l'ont constaté dans différens minéraux. De ce fait il résulte 1° que les substances qui cristallisent régulièrement sont électriques par la chaleur; 2° qu'il n'y a aucune corrélation entre la forme et la vertu pyroélectrique; 3° que tous les corps sont peut-être pyroélectriques; 4° enfin que l'électricité doit se décomposer et se recomposer sans cesse à la surface et dans l'intérieur du globe, par le contact, la pression, le frottement, etc., des substances hétérogènes, par les variations de température, les phénomènes chimiques, etc.

Pierre Prévost et Arago étudient les effets du mouvement d'un plan réfringent sur la réfraction; à l'aide du Piézomètre (*voy.* ce mot). Jacob Perkins fixe la compressibilité de l'eau à un centième pour 100 atmosphères; Œrsted n'a eu que 45 millioniemes. Le docteur Williams, Hyde Wollaston, signalent les sons qui sont insensibles à certaines oreilles; Fourier calcule la température intérieure du globe, analyse le refroidissement séculaire de la terre; Laplace perfectionne la théorie des tables lunaires; il cherche à savoir, par le refroidissement de la terre, si le jour a diminué, et de ses calculs il conclut que la durée du jour n'a pas diminué d'un centième de seconde centésimale depuis deux mille ans. L'auteur de la *mécanique céleste* donne la théorie mathématique de la propagation du son; il découvre les relations qu'il y a entre la chaleur spécifique d'un même gaz, considéré sous le rapport de sa pression et sous celui de son volume, et il voit que la différence qu'il y a entre l'évaluation de la vitesse du son dans l'air tient aux variations de température qui accompagnent les changemens subits de densité dans ce fluide élastique. Cette observation, qui aurait échappé à Newton, ainsi qu'aux géomètres qui l'ont suivi, fut signalée par Biot et Poisson, puis par Gay-Lussac, Dulong, etc. Quant aux résultats d'expériences faites par Chladni, Kerby et Merrich en Angleterre, Benzemberg de Dusseldorf, Richard Van-Rées, etc., dans le but d'éclairer la même question, ils ne furent ni assez concluans ni assez exacts pour empêcher toute recherche ultérieure. De Laplace prouva seul que la vitesse réelle du son devait s'obtenir en multipliant la vitesse calculée d'après la formule de Newton, par la racine carrée du rapport de la chaleur spécifique de l'air, sous une pression constante, à la chaleur spécifique du même fluide, sous un volume constant.

Dans cette même année, Laplace fait connaître ses importans travaux sur la figure de la terre, sur la densité moyenne de cette planète. Si la terre n'était pas plus dense que les eaux, a dit Newton, celles-ci supporteraient le globe terrestre. La même vérité peut être appliquée aux taches du soleil, et on peut affirmer tout d'abord que celles-ci sont moins denses que la masse totale de la matière lumineuse; car, s'il en était autrement, les taches seraient invisibles, à moins, cependant, que le soleil ne soit transparent. Poisson détermine les chances d'une banque dans les jeux de hasard, et principalement dans le jeu dit *trente et quarante*, qui est composé de 312 cartes. Cette détermination, déjà faite par Pascal, Fermat et Huyghens, a été l'origine du calcul des probabilités.

Prony se livre à des recherches sur les marais Pontins; Prévost, à l'exemple du chancelier Bacon, de Reid, de Wells, étudie l'inclinaison mutuelle des deux actes visuels; Zamboni construit une nouvelle pile à deux élémens qu'il appelle *pile binaire*, avec laquelle il fait des expériences qui ne sont point d'accord avec celles que l'on fait avec la pile de Volta, et sur l'exactitude desquelles Configliachi élève des doutes.

Fresnel continue ses recherches sur la diffraction de la lumière; Sivright indique un nouveau moyen de faire des microscopes simples avec le verre; Chossat et le docteur Brodie s'occupent, séparément, du soin de déterminer l'influence du système nerveux sur la chaleur animale; Bohnenberger donne la description et l'usage d'un électromètre très-sensible dont nous avons parlé à l'occasion des piles sèches; Delarive cherche à connaître les causes présumées de la chaleur propre des animaux, chaleur qui provient de la vitesse avec laquelle s'opère la circulation sanguine, etc.

Avant les recherches du physicien de Genève, Crawford pensait, avec beaucoup d'autres physiciens, que le sang artériel avait pour le calorique une capacité plus grande que le sang veineux; mais cette opinion ne fut point universelle, et les raisonnemens de Crawford furent réfutés par le docteur Brodie, qui fut lui-même combattu par Legallois, celui-ci par Chossat, etc.

Berzélius se livre à des recherches sur l'état magnétique des corps qui transmettent un courant d'électricité; il vérifie la belle découverte d'Œrsted et d'Ampère sur l'influence exercée sur l'aiguille aimantée par un fil de métal qui décharge la pile voltaïque, et il se demande s'il ne serait pas possible de savoir un jour ce que sont tous ces phénomènes d'électricité, de calorique, de lumière, de magnétisme, qui souvent sont produits en même temps et par la même cause?

Biot fait paraître la seconde édition de son Traité de Physique. L'auteur suit le même plan qu'il a suivi dans sa première édition. Les beaux travaux de Savart sur l'acoustique; d'Haüy, de Becquerel, de Dessaignes, de Volta, de Gay-Lussac, sur l'électricité; de Morlet, Œrsted, Fresnel, Arago sur le magnétisme; de Laplace, Poisson, Fourier, Dulong, Petit sur la chaleur, mettent notre savant académicien à même d'apporter dans ces diverses parties de la science les grandes améliorations qu'on était en droit d'attendre de la justesse et de l'exactitude de son brillant esprit.

A la même époque, Biot lit un mémoire sur une nouvelle propriété physique que les lames de verre acquièrent quand elles exécutent des vibrations longitudinales; déjà cette propriété avait été signalée par Chladni et Savart. Enfin, le même physicien, dans un travail sur les propriétés optiques de la chaux carbonatée magnétifère, donne connaissance de deux résultats essentiels relatifs à l'action que les corps cristallisés exercent sur la lumière. Le premier de ces résultats fait voir que, toutes les fois qu'une substance limpide et régulièrement cristallisée dans toutes ses parties, offre des élémens chimiques différens d'un autre, quant à leur proportion ou à leur nature, elle en diffère aussi par la double réfraction qu'elle exerce; le second est que, dans le cas particulier de la chaux carbonatée magnétifère, et de la chaux carbonatée pure, cette différence de composition et de réfraction double correspond à une différence de forme que le goniomètre à réflexion fait apprécier.

Gay-Lussac étudie le calorique dans le vide; de Humboldt cherche à préciser les causes de l'accroissement nocturne de l'intensité des sons, intensité qui est plus grande pendant la nuit que pendant le jour, dont Aristote parle dans ses Problèmes, Plutarque dans ses Dialogues, et qui n'a encore été expliquée ni par Aristoxène, dans son livre de la Musique, ni par Sénèque dans ses *Quæstiones naturales*, etc. Il est probable toutefois que cet accroissement tient à un état particulier de l'atmosphère; mais on ne sait rien, nous le répétons, de bien précis à cet égard. Tout ce que l'on sait, c'est qu'il y a analogie entre les mouvemens des *ondes sonores* et ceux des *ondes lumineuses*. On sait encore que les montagnards des Alpes et de beaucoup d'autres pays hérissés de hautes montagnes, regardent l'accroissement du son pendant les nuits calmes comme un pronostic sûr du changement de temps. *Il va pleuvoir*, disent-ils, *on entend de plus près les murmures des torrens*.

Ampère se livre à des recherches sur les effets des courans électriques; il étudie l'action mutuelle qui s'exerce entre un courant électrique et un aimant, ou bien le globe terrestre entre deux aimans, etc. Deux sortes d'effets, dit le savant et habile expérimentateur, sont dus à l'action électro-motrice. Le premier, appelé *tension électrique*, s'observe toutes les fois que les corps entre lesquels l'action électro-motrice se manifeste, sont séparés l'un de l'autre, par des corps non conducteurs dans tous les points de leur surface autres que ceux où l'action est établie; le second, nommé *courant électrique*, a lieu lorsque les corps font partie d'un circuit de corps conducteurs qui les font communiquer par des points de leur surface différens de ceux où l'action électro-motrice se manifeste. C'est à cet effet, et non à l'autre (la tension électrique) que l'on doit rapporter les décompositions chimiques obtenues par Gay-Lussac, Thénard, etc.

Navier lit un mémoire sur la *Flexion des lames élastiques*. Nous ferons à cette occasion les observations suivantes : une des applications importantes de la théorie de l'action des forces sur les corps, en ayant égard à la figure et à l'étendue, est celle dans laquelle on fait entrer en considération les changemens de forme ou les ruptures que ces

forces

forces tendent à faire éprouver aux corps employés dans les constructions, tels que le bois, le fer et la pierre.

Les premiers problèmes résolus sur cette partie des sciences physico-mathématiques, l'ont été par Galilée, qui a traité avec étendue les questions de la statistique. Certes, il y a quelque chose de hasardé dans sa conjecture sur la forme de la courbe élastique; mais cette erreur tient à l'époque où elle a été faite, aux théories mathématiques du temps.

Les bases des solutions de Galilée ont été adoptées, modifiées, changées par des physiciens et des géomètres du premier mérite, parmi lesquels on voit figurer, au dix-septième siècle, Wurtius, Blondel, Marchetti, Viviani, Mariotte, Leibnitz, et au dix-huitième, Varignon, puis J. Bernoulli, (en 1705), qui donna la première solution analytique du problème des courbes élastiques.

En 1744, Euler fit à ces courbes une application remarquable de sa méthode pour déterminer les *maxima* et *minima* des formules intégrales. Lagrange, qui généralisa cette méthode, qui s'occupa encore des lois de la courbure des corps en général, de la théorie des colonnes, de la force des ressorts pliés, etc., ainsi que le firent Coulomb, Girard, Dupin, Barlow (de Londres), etc., donna à la méthode d'Euler le nom de *méthode des variations*.

Dans un autre mémoire relatif à la résistance de diverses substances à la rupture causée par une tension longitudinale, Navier examine quelles forces il faut employer pour rompre la tôle, le fer, le cuivre, le plomb laminés et réduits en tuyaux, le verre transformé en vases cylindriques, etc. L'auteur fait voir que le laminage ne perfectionne pas le fer comme le tirage à la filière; que la tôle tirée dans le sens de la longueur de ses feuilles, donne une force moyenne de 41 kilogrammes par millimètre carré de la section transversale; que la tôle tirée perpendiculairement à la longueur de ses feuilles indique une force de 36 kilogrammes; que les feuilles de cuivre indiquent une force de 21 kilogrammes par millimètre carré; le plomb laminé, 1 kilogramme et demi; les tubes de verre ou de cristal pleins, 2 kilogrammes et demi, etc. Quant à la force nécessaire pour rompre le bois, le fer fondu et le fer forgé, l'expérience a démontré depuis long-temps qu'il faut un effort de 8 kilogrammes sur chaque millimètre carré de la section transversale pour rompre le bois; que le fer fondu exige 13 à 14 kilogrammes, et le fer forgé 40 kilogrammes. Enfin le même physicien applique au calcul du mouvement d'un fluide élastique qui s'écoule hors d'un réservoir ou gazomètre, l'hypothèse du parallélisme des tranches, admise par les célèbres géomètres Bernoulli et d'Alembert, pour expliquer les lois de l'écoulement des fluides incompressibles. L'auteur conclut de ses expériences que les volumes des divers fluides qui sortent d'un réservoir sont réciproques aux racines carrées des pesanteurs spécifiques de ces fluides.

Lehot et Dubuat publient séparément un travail sur l'écoulement des fluides. Du travail du premier physicien il résulte : 1° que la diminution de dépense dans l'écoulement de l'eau, de l'alcool, par les tubes capillaires additionnels, est due à la diminution de vitesse de tous les filets fluides, et non pas à l'existence d'une couche stagnante plus ou moins épaisse, adhérente aux parois du tube; 2° que l'augmentation de température diminue l'adhésion de l'eau, de l'alcool pour le verre; 3° que l'accroissement de l'écoulement par les tubes capillaires, lorsque la température augmente, est dû principalement à la diminution de l'adhésion de la colonne liquide pour la paroi du tube, etc.

Olbers, astronome de Bremen, à qui l'on doit la découverte des planètes Pallas et Vesta, étudie l'*influence de la lune sur les saisons*. On sait que la lune agit sur la terre d'une manière certaine. C'est elle qui éclaire nos nuits, qui détourne un peu la terre de son orbite elliptique, qui occasione une petite oscillation à l'axe de la terre, qui produit le flux et reflux de l'Océan, un mouvement analogue mais bien moindre dans l'atmosphère, etc. On croit encore et depuis les temps les plus reculés, que la lune a de l'influence sur les saisons, le beau et le mauvais temps, la santé de l'homme, celle des animaux, sur la végétation, etc., etc. Toutefois ces dernières influences sont beaucoup plus légères qu'on ne le pense généralement dans le monde. Quelques autres physiciens, parmi lesquels nous citerons Howard, Cotte, Lalande, Lamarck, Rode, Brandes, etc., se sont occupés de la même question.

Enfin l'année 1820 vit publier la relation du voyage fait autour du monde par la corvette *l'Uranie*, commandée par Freycinet. Dans ce voyage, qui avait pour but 1° de rechercher la figure du globe et celle des élémens du magnétisme terrestre; 2° de résoudre plusieurs questions de météorologie, se sont distingués, comme savans et comme naturalistes, dans les recherches faites sur le magnétisme, Freycinet, Lamarche, Duperrey, Labiche, Bérard, Pellien et Fabré (cette classification et les suivantes sont faites dans l'ordre de participation aux travaux, et dans l'ordre de l'importance de cette participation); dans celles qui ont un rapport à la géographie, Duperrey, Bailliard, Bérard, Fabré, Pillion, Dubaut, Guérin, Lamarche, Labiche et Ferrand; pour l'hydrographie, Duperrey, Labiche et Bérard; pour la météorologie, Freycinet et tous ses compagnons de voyage; pour l'histoire naturelle (zoologie, entomologie), Quoy et Gaimard, (botanique) Gaudichaut. Tous les dessins ont été faits par Arago et Tannay fils. Petit, physicien plein d'espérance, esprit ardent et précoce, fut, le 21 juin de cette année, enlevé à la science et à ses nombreux amis.

1821. Navier étudie les nivellemens barométriques, les lois qui président aux mouvemens des fluides, en ayant égard, comme l'ont fait Laplace et Gérard, à l'adhésion moléculaire; Prony mesure l'effet dynamique des machines à rotation; Faraday calcule les mouvemens électro-magnétiques et donne, ainsi que Wollaston, Ampère et Œrsted, la théorie du magnétisme; Pouillet fait connaître quelques nouveaux phénomènes de production de la chaleur; H. Davy affirme, contre l'opinion de Walsh, Morgan, etc., que des phénomènes électriques ont lieu dans le vide; Wollaston essaie de préciser l'étendue de l'atmosphère; Despretz publie un mémoire sur les densités des vapeurs; John Deuchard, d'Édimbourg, explique la présence de l'eau dans l'intérieur de quelques cristaux; Lajerhjelm, de Suède, s'occupe de l'écoulement de l'air par des orifices. Déjà la même question avait fixé l'attention de Gahn, en 1782, de Banks en 1802.

Félix Savart, à l'exemple de Chladni, se livre à des recherches sur la construction des instrumens à cordes et à vent; Alexandre Marcel établit la pesanteur spécifique et la température des eaux de l'Océan et de quelques autres mers, détermine la nature des substances salines qu'elles contiennent, etc.; Cagniard-Latour fait connaître une nouvelle machine acoustique, qu'il appelle *syrène* et qui est propre à mesurer les vibrations de l'air qui constituent le *son;* Poisson étudie la distribution de la chaleur dans les corps solides; Laplace évalue la force d'attraction des corps sphériques et la force de répulsion des fluides élastiques; Ampère décrit un appareil composé de douze plaques, à l'aide duquel on peut vérifier toutes les propriétés des conducteurs de l'électricité voltaïque. Tous les physiciens savent qu'un des appareils les plus simples en ce genre est celui de Wollaston, qui est composé d'une plaque de zinc et d'une plaque de cuivre plongée dans un mélange de : eau, 50 parties; acide sulfurique et acide nitrique, de chaque une demi-partie.

Hausteen, professeur de Physique à Christiania, fait de nouvelles observations sur le magnétisme; il conclut : 1° que l'intensité magnétique est sujette à une variation diurne; 2° que le *minimum* de cette intensité a lieu entre dix et onze heures du matin, et le *maximum* entre quatre et cinq heures du soir; 3° que les intensités moyennes mensuelles sont elles-mêmes variables; que l'intensité moyenne vers le solstice d'hiver surpasse beaucoup l'intensité moyenne donnée par des jours semblablement placés relativement au solstice d'été; que les variations d'intensité moyenne, d'un mois à l'autre, sont à leur *minimum* en décembre et juin, et à leur *maximum* vers les équinoxes.

Enfin Macaire, de Genève, à l'exemple de Spallanzani, Tiedeman, Carradori, Brugnatelli, Macartney, Rolandis, etc., s'occupe de la phosphorescence du Lampyre, ou ver luisant (*Lampyrus noctiluca*). La singulière propriété des vers luisans, de beaucoup d'autres animaux, de cadavres, de végétaux, qui, de tout temps, a fixé l'attention des physiologistes et des naturalistes, et qui est si différente des propriétés ordinaires de tous les êtres organisés morts ou vivans, méritait de notre part, dans ce Dictionnaire, un article séparé; nous allons réparer cet oubli en rapportant ici les résultats d'observations faites par les auteurs que nous venons de citer.

1° La phosphorescence ne peut exister qu'à un certain degré de chaleur; 2° les grands froids et la grande chaleur dissipent la phosphorescence; 3° dans le bois, dans les racines des plantes, la phorescence ne s'observe que lorsqu'ils commencent à se décomposer; 4° le phénomène disparaît par la dessiccation ou par l'eau chaude; 5° tous les corps susceptibles de coaguler l'albumine enlèvent la propriété de luire à la matière phosphorescente; 6° la phosphorescence ne peut avoir lieu que dans un gaz qui contient de l'oxygène; 7° elle est excitée par la pile; 8° elle n'éprouve aucune modification de la part de l'électricité; 9° la matière lumineuse est principalement formée d'albumine; 10° la phosphorescence commence ordinairement à la chute du crépuscule : on voit d'abord çà et là quelques points lumineux, dont le nombre augmente progressivement; 11° si les insectes phosphorescens sont cachés vers un endroit obscur, ils commencent à briller avant l'arrivée de la nuit; 12° si on les expose à la lumière artificielle après que leur phosphorescence est déjà déclarée, leur brillant diminue par degrés et reparaît aussitôt qu'on les reporte dans l'obscurité : 13° enfin la phosphorescence disparaît toujours le matin par le retour du soleil.

Quel est le mode de formation du principe phosphorescent chez les animaux? on l'ignore complétement, dit Rolandis. Suivant Tiedeman, cela dépend d'un changement de composition de certaines humeurs particulières, sécrétées dans leur corps; mais quelles sont ces humeurs? quelle en est la nature? par quels organes sont-elles séparées? faut-il pour cela supposer des organes que personne n'a jamais vus? y a-t-il, pour les végétaux, du phosphore mis à nu et en contact avec l'air atmosphérique? cela est probable et d'accord avec les recherches analytiques de Buthen, qui a trouvé que les cendres d'un grand nombre d'arbres contiennent du phosphate de chaux; ou bien enfin, l'idée de Tiedeman, qui croît que pendant la décomposition du bois, il se fait une combinaison organique très-combustible de carbone, d'hydrogène et d'oxygène, qui brûle comme le phosphore à la température ordinaire, est-elle plus près de la vérité? Encore une fois, toutes ces opinions ou explications ne sont que des hypothèses.

1822. Gay-Lussac essaie de donner une théorie des volcans; Œrsted fait connaître le *multiplicateur électro-magnétique* inventé par Schweigger, professeur à Halle, et avec lequel on met en évidence les courans électriques les plus faibles; il prouve la compressibilité de l'eau, établie depuis cinquante ans par Canton, et recherchée également par Parkins. Séebeck, en Prusse, démontre la possibilité d'établir un circuit électrique dans les métaux, sans avoir recours à l'emploi d'aucun liquide : il suffit pour cela de troubler l'équilibre de température du circuit; Amici fait quelques réflexions sur la chambre claire (*camera lucida*), inventée par Wollaston; Ampère détermine la formule que représente l'action mutuelle de deux portions infiniment petites de conducteurs voltaïques; il se livre à des expériences relatives à de nouveaux phénomènes électro-dynamiques; Girard calcule, ainsi que Mariotte l'avait fait, la résistance de la fonte de fer; il applique ses observations aux tuyaux de conduite et aux chaudières de pompes à feu. Ce travail, comme on le voit, a beaucoup d'analogie avec ceux de Galilée qui, le premier, remarqua que les cylindres creux sont bien plus capables d'une grande résistance que les cylindres pleins.

Théodore de Saussure étudie l'action des fleurs sur l'air atmosphérique; il détermine leur chaleur propre, etc.

Becquerel examine l'ordre dans lequel le magnétisme libre se distribue dans les fils très-fins de platine et d'acier; il recherche quelles sont les lois qui président au développement de l'électricité par la pression. Déjà Libes, Coulomb, s'étaient occupés des mêmes questions, et dans le Traité de Physique de Biot, on voit que, après une suite de recherches sur le développement de l'électricité par friction, Coulomb a été conduit à conjecturer que la dilatation et la compression éprouvées par les particules des surfaces des corps avaient une influence déterminante sur la nature de l'électricité développée sur chacune d'elles.

John Deuchar, professeur à Edimburg, se livre à l'examen du passage de la flamme à travers des toiles métalliques; Hare, professeur à l'université de Pensylvanie, apporte quelques modifications à l'appareil voltaïque; Faraday détermine quelle température produit la condensation de la vapeur. Déjà cette détermination avait été recherchée en Angleterre, par le docteur Ure; en France, par Clément Desormes, Champy, etc., et on était arrivé à ce résultat, que la vapeur a la propriété, en se condensant, d'élever certains corps à une température supérieure à sa température propre. Barlow étudie les vertus magnétiques du fer et de l'acier incandescens; Delarive fils se rend compte de l'action exercée par le globe terrestre sur une portion mobile du circuit voltaïque; H. Davy examine l'état dans lequel l'eau et les matières aériformes se trouvent dans les cavités de certains cristaux; Cagniard-Latour donne les résultats qu'il a obtenus de l'action combinée de la chaleur et de la compression sur certains liquides, tels que l'eau, l'alcool, l'éther sulfurique et l'essence de pétrole rectifiée; Jean-André Deluc recherche la cause des glacières naturelles. Cette cause, dit le professeur Pictet, tient aux courans d'air froid qui existent dans les souterrains; mais ces courans sont-ils bien constans? Suivant le professeur Prévost, la formation de la glace dans les glacières naturelles doit être attribuée à ce que les chaleurs des étés ne pénètrent jamais dans les souterrains, etc. De toutes ces explications, la plus simple, la plus plausible, c'est celle de la présence de la glace elle-même qui maintient les cavités à une température extrêmement basse et long-temps constante.

Leslie fait des expériences sur la production des sons dans le gaz hydrogène; Fresnel donne une théorie de la réfraction dans le système des ondes; il explique l'ascension des nuages dans l'atmosphère; Laplace explique l'action de la lune sur l'atmosphère, la théorie des fluides élastiques, etc.

Arago réfute les idées du physicien anglais Daniel, sur le rayonnement de la chaleur dans l'atmosphère. Félix Savart lit, dans le mois d'avril, deux mémoires; l'un sur les vibrations des corps solides, l'autre sur l'ouïe en général, et sur l'usage de la membrane du tympan et de l'oreille externe en particulier. Il résulte du second mémoire, 1° que la communication des vibrations sonores au moyen de l'air semble se faire, au moins pour de petites distances, suivant les mêmes lois que celle qui a lieu par les corps solides;

2° Que la membrane du tympan se trouve toujours dans les conditions qui la rendent apte à être influencée par un nombre quelconque de vibrations;

3° Que sa tension ne varie vraisemblablement que pour augmenter ou diminuer l'amplitude de ses excursions, ainsi que Bichat l'avait imaginé;

4° Que les vibrations de la membrane du tympan se communiquent, sans altération, au labyrinthe, par le moyen des osselets;

5° Que les osselets ont encore pour fonction de modifier l'amplitude des excursions des parties vibrantes contenues dans ce labyrinthe;

6° Enfin, que la caisse du tambour sert vraisemblablement à entretenir, près du labyrinthe et de la face interne de la membrane du tympan, un air dont les propriétés physiques sont constantes.

1823. Fresnel cherche à déterminer, ainsi que l'avaient fait Arago, Young, Poisson, etc., la loi des modifications que la réflexion imprime à la lumière polarisée. Il lit une note sur la répulsion que des corps échauffés exercent les uns sur les autres à des distances sensibles : cette dernière question fut examinée par Libri en 1824. Pépys construit un appareil particulier pour faire des expériences électro-magnétiques. Frédéric Daniel continue ses recherches sur le rayonnement de la chaleur dans l'atmosphère; Despretz fait une expérience pour connaître les causes de la chaleur animale. Cette question, une des plus grandes et des plus importantes de la Physique physiologique, avait exercé la sagacité de Haller, John Hunter, Boerhaave, John Davy, Bichat, Brodie, Legallois, Chaussat, Delarive, etc.; mais ce n'est que depuis les beaux travaux de Lavoisier sur la combustion, qu'on a vraiment été mis sur la voie de la théorie de la chaleur animale. De ses recherches, Despretz conclut que la respiration est la principale cause du développement de la chaleur animale; que l'assimilation, la circulation, le frottement des différentes parties du corps peuvent en produire également, mais en quantité plus faible.

Wheatstone annonce que le feu est susceptible de transmission rectiligne, de polarisation; il découvre, à l'exemple de Chladni, la place et la forme des *lignes nodales* en plaçant du sable très-fin sur un verre, et mettant ce dernier en vibration à l'aide d'un archet : le tremblement des parties vibrantes place le sable sur les lignes nodales.

1824. Becquerel étudie le développement et l'effet de l'électricité dans les actions chimiques; il cherche à savoir, 1° comment se distribue l'électricité dans la pile de Volta; 2° quelles sont les actions électro-motrices qui résultent du contact des métaux et des liquides; 3° quelles sont les actions magnétiques produites sous l'influence de courans électriques très-énergiques; 4° quels sont les effets électro-dynamiques produits pendant la décomposition de l'eau oxygénée par divers corps; 5° enfin, quel changement éprouvent, au contact de l'air, certaines dissolutions soumises à l'électro-magnétisme.

Fourier publie ses Remarques générales sur les températures du globe terrestre et des espaces planétaires. On voit, dans ces Remarques, que la terre est échauffée par les rayons solaires; que l'inégale distribution de cette chaleur produit les climats; que la terre participe à la température commune des espaces planétaires; que la terre a conservé une partie de la chaleur primitive qu'elle contenait lorsque les planètes ont été formées, etc. Le même physicien résume sa *théorie* de la chaleur rayonnante.

Becquerel continue ses intéressantes recherches sur l'électricité, sur le rôle que cet agent naturel joue dans les actions chimiques, sur les phénomènes qui résultent de ces mêmes actions, etc., etc. De tous ces travaux, déjà entrepris par Ritter, Winterl, Nicholson, Berzélius, Hisinger, Œrsted, Davy, etc., il résulte que lorsque deux corps sont sur le point de se combiner, ils se trouvent dans deux états électriques différens, à moins que leur action ne produise qu'une dissolution simple au lieu d'une double décomposition.

H. Davy fait connaître ses travaux sur un nouveau phénomène électro-magnétique, sur l'emploi des liquides obtenus par les condensations des gaz comme agens mécaniques, sur les changemens de volume produits par la chaleur, dans les gaz, à différens états de densité; Brewster signale la présence de deux nouveaux liquides dans les cavités des minéraux. Ces liquides, suivant l'auteur, jouissent du pouvoir réfringent. Le même physicien trouve dans les minéraux les propriétés pyro-électriques indiquées pour la première fois par Lémery dans les tourmalines échauffées. Poisson s'occupe de la chaleur des gaz et des vapeurs, de la propagation des mouvemens dans les fluides élastiques, de la vitesse du son et des phénomènes des anneaux colorés, phénomènes que Newton et Euler expliquaient par des propriétés particulières qu'ils attribuaient à la lumière, et qu'ils appelaient *propriétés d'accès*, et que Young attribue à l'interférence des rayons réfléchis à la première et à la seconde surface de la lame ou molécule superficielle des corps : cette théorie a fait aussi le sujet des recherches de Poisson, à qui la science a dû encore cette année une autre théorie, celle du magnétisme, et un mémoire sur l'équilibre des masses.

Ampère décrit un appareil électro-dynamique qui est bien supérieur à celui de Faraday, de Delarive, Vander Heyden et Barlow. Forster publie un mémoire sur les forces réflective, réfractive et dispersive de l'atmosphère; mais ce que ce physicien avance relativement à cette question, avait déjà été dit par Keppler, Galilée, Descartes, Koop, Michell, Melville, Priestley, etc.

H. Davy signale aux savans et aux navigateurs l'action corrosive de l'eau de la mer sur le doublage en cuivre des vaisseaux et des bâtimens marchands; il expose toutes les expériences et toutes les observations qu'il a faites à ce sujet pour arriver un jour à obvier à ce grave inconvénient. Si, dit ce savant et habile chimiste, on met des feuilles de cuivre en contact, sur un quarantième ou sur un millième de leur surface, avec du zinc, du fer ou de la fonte, et si on expose ces plaques au mouvement de la marée pendant plusieurs semaines, on voit, 1° que lorsque le protecteur métallique a une surface d'un cent-quarantième à un cent-cinquantième de celle du cuivre, il n'y a ni érosion ni diminution de ce dernier métal; 2° que si le protecteur n'est que de un deux-centième à un quatre-centième, le cuivre éprouve une perte de poids, et cette perte augmente à mesure que la surface du protecteur diminue. Ces altérations, ajoute le célèbre Davy, qui donnent quelquefois lieu à un dépôt de substance alcaline sur le cuivre, qui sont moins rapides avec la fonte, etc., doivent être rapportées à une puissance électrique qui est moins négative, plus neutralisée et presque en équilibre dans le cuivre, comparativement au pouvoir électrique de l'eau de la mer.

Babinet perfectionne l'hygromètre de Saussure; Haycraft s'occupe de la chaleur spécifique des gaz; Félix Savart, de la vibration de l'air dans des espaces plus ou moins serrés, comme les salles de spectacle, les salles de concert, etc., et dans des tuyaux ouverts ou fermés. Du premier travail de Savart et de Bernoulli, qui s'est livré à des recherches semblables, il résulte que les masses d'air limitées dans tous les points de leur étendue ou dans quelques points seulement, peuvent entrer en vibration par communication, comme celles qui sont contenues dans des tubes, et que, quand on se trouve dans un espace limité et fermé, comme un appartement, par exemple, où l'on fait résonner un corps élastique, on est comme dans un vaste tuyau d'orgue où les ondes sonores, par leurs allées et leurs venues, par leur rencontre, leur choc, etc., forment des centres de vibrations et des surfaces nodales extrêmement variables. Du second travail de Savart et de Bernoulli, il résulte : 1° que le nombre des oscillations des colonnes d'air qui résonnent dans des tuyaux ouverts aux deux bouts, ou fermés par un bout seulement, est réciproque à la longueur même de ces colonnes, pourvu toutefois que l'ébranlement ait lieu à plein orifice; 2° que, l'ébranlement étant partiel, la partie vibrante contiguë à l'embouchure subit un raccourcissement qui fait baisser le son, et qui est d'autant plus considérable, que le diamètre de la colonne d'air est plus grand relativement à sa longueur; 3° que dans tous les cas d'ébranlement partiel, les phénomènes qui se produisent dépendent de l'étendue de l'embouchure, de sa position, du volume des fluides et de sa forme, sans que la direction primitive du courant d'air qui sert de moteur exerce une influence sensible; 4° que dans tous les tuyaux carrés, ouverts d'un seul bout ou des deux bouts, le nombre des vibrations est réciproque à la racine carrée de la surface de l'une des lames d'air qui est perpendiculaire à la ligne de l'embouchure; 5° que les lois d'après lesquelles les nombres des vibrations sont réciproques aux dimensions linéaires pour les tuyaux de forme semblable, réciproques à la longueur seule pour les tuyaux très-minces ou ébranlés à plein orifice, réciproques à la racine carrée des surfaces vibrantes pour les masses d'air qui peuvent être décomposées en des lames minces semblablement ébranlées, ne sont que des parties d'une exposition plus générale qui permettrait de déterminer *à priori* le nombre des vibrations d'une masse d'air et de dimensions quelconques, ébranlées d'une manière déterminée; 6° que l'embouchure peut être considérée comme le lieu du départ d'une infinité d'ondulations aériennes qui se répandent dans le tuyau, d'abord comme elles le seraient dans l'air libre, et qui, ensuite, sont réfléchies un très-grand nombre de fois par les diverses parois résistantes, réflexions dont les rencontres successives donnent naissance à des surfaces nodales, puis à des parties vibrantes dont la configuration doit varier avec la forme et les dimensions des tuyaux, etc.

Gust.-Gabr. Hœllstrom, professeur de physique à Albo (Suède), donne le résultat de ses recherches sur la dilatation de l'eau par la chaleur, et sur la température à laquelle correspond son maximum de densité. On sait que Biot, Dalton, Rumford, Hope, etc., qui se sont également occupés de la même question, ont trouvé : Biot, 31°, 42; Deluc, 3°, 42; Dalton, 2°, 22; Rumford, 4°, 38; Tralles, 4°, 35; Hope, 3°, 33; Ekstrand, 3°, 60; Schmidt, 2, 91; Charles, 3°, 99; Lefèvre-Gineau, 4°, 44; Bischof, 4°, 06; Gispin, 3°, 89, etc. Girard mesure les degrés d'attraction qui se manifestent à des distances sensibles entre des surfaces solides mouillées; il voit que ces attractions sont d'autant plus grandes que les distances sont moindres. Enfin Biot se livre à l'étude des diverses amplitudes d'excursion que les variations diurnes peuvent acquérir quand on les observe dans un système de corps aimantés et réagissant les uns sur les autres.

1825. Ampère poursuit ses études sur l'électro-dynamie; Herschell étudie les mouvemens qui ont lieu dans les liquides conducteurs, lorsque ceux-ci transmettent l'électricité; Fourier fait des remarques sur la théorie mathématique de la chaleur rayonnante; Delarive propose l'acide sulfurique comme moyen hygrométrique : ce moyen, très-ingénieux, est peu exact; il a été abandonné. Le même physicien lit, dans le mois de janvier, deux mémoires, l'un sur quelques uns des phénomènes que présente l'électricité voltaïque dans son passage à travers les conducteurs liquides; l'autre sur les modifications que subissent les courans électriques dans les conducteurs liquides. De ces deux mémoires, il résulte, 1° que dans l'état actuel de la science, on peut admettre que les décompositions chimiques, par la pile, dépendent de courans électriques répandus dans le liquide conducteur de l'électricité; 2° que ces courans, dont l'existence est démontrée dans tout liquide qui sert à compléter le circuit voltaïque, sont susceptibles de beaucoup de modifications relativement à leur intensité, quand on place sur leur trajet une ou plusieurs lames métalliques, ou des conducteurs liquides imparfaits; 3° que ces modifications, assez analogues à celles qu'éprouvent la lumière et le calorique dans des circonstances semblables, peuvent servir à expliquer la différence observée entre les effets produits par une pile composée d'un grand nombre de paires, et ceux qui proviennent d'une pile qui n'est fournie que par une petite quantité de plaques.

Ferré, à l'exemple de Becquerel, Delarive, et beaucoup d'autres, applique la théorie électro-chimique aux phénomènes chimiques; de Laplace démontre la nécessité de réduire la longueur du pendule au niveau de la mer; Kuppfer, professeur à l'université de Casan, en Russie, recherche quelle est l'influence de la température sur les forces magnétiques; Poisson s'occupe du magnétisme terrestre; Félix Savart annonce que, parmi les vibrations sonores, celles qui sont normales ou plus ou moins obliques éprouvent seules des modifications dans les milieux où elles sont produites; il signale la propriété communicative des liquides pour les mouvemens vibratoires; Dulong continue les recherches de Biot, Arago, Petit, etc., sur les pouvoirs réfringens des fluides élastiques; Sommerville fait voir que les rayons solaires les plus réfrangibles jouissent du pouvoir magnétisant; Pouillet explique l'origine de l'électricité atmosphérique. Suivant ce physicien, cette électricité, découverte par Franklin, est due en grande partie aux phénomènes de la végétation, à ceux des combinaisons qui ont lieu entre les gaz atmosphériques les uns avec les autres, ou bien avec les corps solides ou liquides, etc.

Duperrey publie les observations qu'il a faites sur la corvette *la Coquille* relativement à l'inclinaison et à la déclinaison de l'aiguille aimantée; Becquerel calcule le pouvoir conducteur de l'électricité dans les métaux; il mesure l'intensité de la force électro-dynamique en un point quelconque d'un fil métallique qui joint les deux extrémités d'une pile. Davy, qui le premier s'est occupé de rechercher quelle était la faculté conductrice des métaux pour l'électricité, avait déjà trouvé qu'un fil d'argent d'un deux-cent-vingtième de pouce anglais de diamètre, et de six pouces anglais de longueur, déchargeait soixante-cinq plaques; qu'un fil d'étain, du même diamètre et de la même longueur, en déchargeait six paires; que le platine en déchargeait onze paires; le fer, neuf, etc. Le même physicien avait encore trouvé que des fils métalliques plongés dans un fluide conducteur avaient un pouvoir conducteur qui était en raison inverse de leur longueur, et que l'effet d'un fil était proportionnel à sa masse. Les résultats du physicien français Becquerel ont été les mêmes, avec cette différence, cependant, que la quantité d'électricité qui s'écoule dans deux fils parfaitement égaux, n'est ni plus petite ni plus grande que celle qui passe dans un fil de même métal et de même diamètre, mais d'une longueur moitié moindre.

1826. Fresnel, dans ses Recherches sur la polarisation, produit, dans la direction de l'axe du cristal de roche, une *polarisation circulaire*, et cela par deux procédés analogues à ceux qu'on emploie pour obtenir la *polarisation rectiligne*. Le premier procédé consiste dans une combinaison particulière de réflexions de la lumière, le second dans la division de la lumière directe en deux faisceaux distincts, par une double réfraction particulière. On sait qu'Huyghens avait remarqué une polarisation rectiligne dans le spath d'Islande, et que Malus, auteur de la découverte de la polarisation, a renouvelé cette polarisation rectiligne sur la surface des corps transparens.

Becquerel étudie, ainsi que l'avait fait Seebeck et Bucholz, les décompositions chimiques qui ont lieu sous l'influence des forces électriques à très-petite tension: il recherche quels sont les effets électriques de contact qui se produisent dans les changemens de température, et quelle application on peut faire de ces effets à la détermination des hautes températures. Léopold Nobili publie les nouveaux phénomènes électro-chimiques qu'il a eu occasion d'observer dans les expériences auxquelles il s'est livré; Kupffer examine les variations de la durée moyenne des oscillations horizontales de l'aiguille aimantée, et quelques autres questions de magnétisme terrestre.

A l'occasion des phénomènes d'absorption que Dutrochet et Magendie ont observés dans les membranes végétales, animales ou minérales (Dutrochet a vu l'absorption dans des lames d'ardoise), et dans lesquelles l'électricité paraît ne jouer aucun rôle, Poisson examine les effets qui peuvent être produits par la capillarité et l'affinité des substances hétérogènes. Le même physicien donne une théorie du magnétisme en mouvement, magnétisme qui a déjà exercé l'active et laborieuse sagacité de Coulomb, Arago, Barlow, Christie, Herschell, Babbage, Brewster, Léopold Nobili, Borelli de Modène, etc.; enfin, il lit un mémoire sur les vibrations des corps sonores. Dans ce mémoire, notre savant physicien prouve qu'une verge élastique peut donner quatre espèces différentes de vibrations : 1° des *vibrations longitudinales*, lorsqu'on l'étendra et qu'on la comprimera dans le sens de sa longueur; 2° des *vibrations normales*, quand on la dilatera ou qu'on la comprimera perpendiculairement à sa plus grande dimension; 3° des vibrations que Chladni a appelées *tournantes*, et qui ont lieu en vertu de la torsion de la tige autour de son axe; 4° enfin, des *vibrations transversales* qui sont dues aux flexions que l'on fait éprouver à la verge.

Girard considère les canaux de navigation sous le rapport de la chute et de la distribution de leurs écluses; Clément-Desormes, dans un travail sur l'écoulement des fluides élastiques, signale le danger des soupapes dites de sûreté dans les machines à vapeur; de Humboldt donne la température des différentes parties de la zone torride au niveau de la mer; Kuppfer considère la distribution du magnétisme dans les barreaux aimantés; Baumgartner signale l'aimantation de l'acier par la lumière blanche du soleil; Savary s'occupe de l'aimantation en général; faisons, à cette occasion, les observations suivantes :

Il y a peu d'années encore, on ne connaissait d'autres causes d'aimantation que l'influence des corps déjà aimantés et la force magnétique du globe terrestre, et on pouvait attribuer à cette dernière action surtout, non seulement les effets du choc, mais ceux de la foudre, et le magnétisme accidentel, sans direction constante, observé par Franklin, Van-Marum, Priestley et autres. En 1820, peu de temps après la découverte d'Œrsted, Arago observa que la limaille de fer était attirée et soutenue par le fil qui joint les pôles d'un appareil électro-moteur; qu'elle s'en détachait à l'instant où la communication était interrompue; que le courant donnait aux aiguilles d'acier une aimantation permanente, dans une direction déterminée, perpendiculaire à sa propre direction, indépendante de l'action magnétique exercée par la terre; que deux aiguilles parallèles formant avec le fil conducteur un angle droit, placées à des distances égales de part et d'autre de ce fil, acquéraient, en sens opposé, un même degré de magnétisme. De son côté, Ampère, qui, dès-lors, représentait un aimant par un système de courans fermés, perpendiculaires à l'axe magnétique, proposa de rouler en hélice le fil conducteur; le résultat fut complet. Enfin, Arago reconnut encore qu'un courant d'électricité ordinaire produit par les machines à frottement possédait la propriété de rendre l'acier magnétique, et, après lui, Rudolphi annonça qu'en faisant communiquer, au moyen d'un fil roulé en hélice, les coussins et le conducteur d'une excellente machine électrique, il était parvenu à aimanter des aiguilles d'acier par l'action du courant continu qui traverse le fil.

Le 6 juin, sir H. Davy fait connaître les relations qui existent entre les actions électriques et les actions chimiques. Ce mémoire nous amène tout naturellement à ce grand débat scientifique, où l'électro-chimie prit-elle naissance? suivant quelques auteurs, elle est due à Ritter et à Winterl; mais cette assertion est une erreur. La véritable découverte de cette science date de la décomposition de l'eau par la pile voltaïque, décomposition due à Nicholson et Carlisle, le 30 avril 1800. Après ces physiciens, Cruickshanks décomposa, par la pile, les muriates de magnésie, de soude et d'ammoniaque, etc. Le premier mémoire sur l'électricité galvanique fut publié par H. Davy en septembre 1800. Dans ce mémoire, H. Davy démontra la connexion intime qui existe entre les effets électriques et les changemens chimiques qui ont lieu dans la pile. En 1802, Wollaston mit hors de doute l'identité de l'électricité et du galvanisme, opinion que Volta avait toujours eue. En 1804, Hizinger et Berzélius établirent que les solutés salins neutres étaient décomposés par l'électricité, que l'acide se portait au pôle positif, l'alcali au pôle négatif. En 1805, on fit en Italie et en Angleterre des essais très-variés sur la production de l'acide muriatique et de l'alcali fixe au moyen de l'eau pure. Ces essais, tentés par Pacchiani et Peele, furent niés par Wollaston et Biot; et Sylvestre ne fut pas plus heureux vis-à-vis des savans, dans ses tentatives sur le même sujet: Enfin, en 1826, H. Davy entreprit la solution de la même question, et il arriva à conclure : Que les combinaisons et les décompositions électriques devaient être attribuées aux lois des attractions et des répulsions électriques; il avança encore cette hypothèse : Que les attractions chimiques et électriques étaient produites par une même cause, agissant, dans un cas, sur les molécules, et dans l'autre cas sur les masses; que la même propriété, modifiée de différentes manières, était la cause des phénomènes présentés par les diverses combinaisons voltaïques. De tous ces faits, il résulte que la découverte de la science électro-chimique n'appartient ni à l'Allemagne, ni à la Suède, ni à la France, ni à l'Italie, mais à l'Angleterre.

Colladon, de Genève, et Sturm, publient, en commun, leurs travaux sur la compression des liquides, question qui occupa les physiciens qui vivaient sur la fin du dix-septième siècle.

On sait, en effet, que Mariotte avait reconnu la compressibilité des gaz; que les académiciens d'El Cimento avaient jugé l'eau compressible par sa propriété de transmettre les sons; qu'en 1761, Canton partagea la même opinion, non seulement pour l'eau, mais encore pour d'autres fluides, et qu'Œrsted et Perkins confirmèrent les expériences de ce dernier physicien.

Les auteurs du mémoire que nous venons de citer (Colladon et Sturm) ont suivi les méthodes indiquées par Canton, perfectionnées par Œrsted; ils se sont servis, en conséquence, d'espèces de thermomètres ouverts par le haut, qu'ils ont appelés *piézomètres*, et c'est en accumulant plusieurs atmosphères sur les liquides qu'ils ont établi leur compressibilité. Les liquides soumis à leurs expériences sont l'eau privée et non privée d'air, puis l'alcool, les éthers sulfurique, nitrique et acétique, le mercure, les acides nitrique, sulfurique, acétique, etc. Il résulte de ces expériences que l'eau comprimée à 48 atmotphères ne dégage pas de chaleur; qu'elle diminue d'un centième de son volume par cent atmosphères; que le mercure diminue d'un millionième par atmosphère; que l'éther sulfurique diminue trois fois plus que l'alcool, deux fois plus que le sulfure de carbone, une fois et un tiers de plus que l'eau; que l'eau salée, acide ou alcaline, est moins compressible que l'eau pure; que le verre est moins compressible que le mercure, etc.; enfin, que la compression est toujours proportionnelle à la pression.

Dans la même année, 21 août, Colladon communique au monde savant ses recherches particulières sur la déviation de l'aiguille aimantée par le courant d'une machine électrique ordinaire, et sur l'électricité des nuages.

Tous les physiciens savent que la pile de Volta à l'état de tension, et une machine électrique en mouvement, sont deux instrumens semblables qui produisent les mêmes phénomènes; car tous deux servent à annuler l'électricité, de manière à faire diverger un électromètre et à produire une suite continuelle d'étincelles.

Si dans la pile on joint les deux extrémités par un axe conducteur de l'électricité, les phénomènes de tension cessent entièrement; ces deux fluides séparés sans cesse par la force électromotrice, se réunissant au même instant dans l'axe conducteur, produisent ce qu'on appelle un courant. L'action de ce courant produit deux grands phénomènes nouveaux, les décompositions chimiques et la déviation de l'aiguille aimantée. Il semble donc qu'une machine électrique devrait offrir des phénomènes semblables, lorsqu'on joint, par un circuit métallique, le conducteur avec les coussins, de manière à produire un courant. C'est ce qu'ont fait Wollaston et Arago; c'est ce qu'a voulu prouver Colladon, et c'est ce qu'il a fait surtout, relativement à la propriété électrique des nuages en répétant les expériences de Franklin.

Delarive découvre dans les conducteurs métalliques une propriété électrique particulière, qu'il appelle *pouvoir électro-dynamique*, et qui dure encore quelque temps après que les conducteurs ne sont plus dans le circuit. Les conducteurs liquides ne jouissent pas de cette propriété; le courant qu'ils établissent doit être attribué à une décomposition et à une recomposition successives du fluide naturel de chacune de leurs molécules.

Marianini donne quelques détails sur les *piles secondaires* de Ritter, piles imaginées pour obvier à l'inconvénient de la perte d'électricité qui a lieu toutes les fois qu'un courant électrique traverse une série plus ou moins grande de conducteurs, alternativement humides et métalliques, conducteurs qui firent connaître la propriété dont jouissent les appareils électro-moteurs voltaïques de pouvoir communiquer leur action à une colonne formée de plusieurs disques de cuivre ou d'un autre métal, séparés par un nombre égal de disques de papier mouillé, et cela quand on tient seulement l'un des pôles de l'appareil en contact avec une extrémité de la colonne, et l'autre en contact avec l'extrémité opposée. Enfin Hachette publie un travail sur l'écoulement des fluides aériformes dans l'air atmosphérique, et sur l'action combinée du choc de l'air et de la pression atmosphérique. Déjà en 1822, Gay-Lussac et Welter avaient constaté ce fait remarquable que l'air qui s'échappe d'un vase en soufflant par une ouverture sous une pression quelconque, ne changeait pas de température, quoiqu'il se dilatât en sortant du vase. Les mêmes faits avaient été observés à Schemnitz en Hongrie, et à Chaillot près Paris. Le souffle de la machine à colonne de Schemnitz produit un froid qui congèle l'eau même en été, tandis que le souffle du réservoir d'air de la pompe à feu de Chaillot, qu'on obtient sous une pression constante de deux atmosphères et demie, fait varier à peine dans la même saison le thermomètre le plus sensible. De ces observations il doit résulter que si on applique au bout de la tuyère des soufflets des disques élastiques, la production des sons doit être singulièrement modifiée; elle l'est en effet; les expériences de Félix Savart ont fait voir que les sons sont tantôt fort graves, sourds et peu agréables, tantôt moins graves, etc.

1827. Daubuisson signale la résistance que l'air éprouve dans les tuyaux de conduite. Babinet étudie la couleur des réseaux de lumière; Nobili de Reggio compare ensemble la grenouille et le multiplicateur qu'il regarde comme les deux galvanomètres les plus sensibles; Despretz recherche quels sont les corps qui développent le plus de chaleur; il place les métaux en première ligne, l'hydrogène le dernier. La combustion, sous différentes pressions, occupe encore le même chimiste. Fiedler fixe l'attention des savans sur les *tubes fulminaires*, longs enfoncemens tubulaires qu'il a eu occasion d'observer dans les sables, qu'il regarde comme ayant été formés par la foudre. Arago, Hachette, Savart et Beudant partagent l'opinion de Fiedler et confirment ses observations en produisant artificiellement des tubes semblables dans du verre pilé, à l'aide de fortes décharges électriques.

Ampère reconnaît dans les atomes une électricité qui leur est propre, qui agit sur les corps environnans, décompose leur électricité naturelle, attire celle de noms contraires et repousse l'autre, qui se comporte en un mot comme le fait une bouteille de Leyde que l'on décharge. Becquerel démontre la présence de l'électricité dans des fils métalliques exposés à l'action de la flamme. Il étudie les phénomènes électriques produits par la pression et le clivage des cristaux, les propriétés électriques de la tourmaline, etc.; il constate avec Œrsted, Ampère, Arago, le professeur Muncke d'Heidelberg, l'action de l'aimant sur tous les corps, action qui avait occupé Coulomb, qui n'avait point été résolue d'une manière affirmative par ce dernier savant, et à laquelle les travaux ultérieurs n'avaient rien ajouté pendant une vingtaine d'années. Savart poursuit ses recherches sur les vibrations normales des axes sonores. Delarive, à l'exemple de Becquerel, Nobili, Marianini, et beaucoup d'autres, analysent les circonstances qui président à la formation du *sens* et l'*intensité* du courant électrique dans un élément voltaïque.

Dans la théorie de Volta, c'est le contact des deux portions métalliques hétérogènes qui détermine seul le *sens* du courant, ou la nature de l'électricité propre à chacun des deux élémens du couple; le liquide interposé n'agit que comme conducteur plus ou moins bon de l'électricité, et n'exerce, sous ce rapport, qu'une influence plus ou moins marquée sur l'intensité du courant. La force qui naît du contact est appelée *force électromotrice*, par Volta.

Sir H. Davy pense qu'il y a en plus une action chimique, et que c'est cette action qui détermine le courant. Fabroni, Wollaston et autres admettent également l'action chimique du liquide sur les métaux, et la regardent comme la cause unique de la production de l'électricité; le contact n'est que le procédé propre à mettre cet agent en évidence. Delarive pense, au contraire, 1° que le contact des deux élémens métalliques ne produit pas à lui seul l'électricité développée, mais que cette électricité est due au rapport qui règne entre chacune des deux portions métalliques, et le liquide; 2° que ce rapport est tel que le métal sur lequel ce liquide exerce une action chimique, est positif par rapport à l'autre.

Quant à l'intensité du courant voltaïque, elle dépend toujours, suivant Delarive, 1° de la différence d'énergie avec laquelle l'action chimique du liquide s'exerce sur chacun des élémens métalliques du couple voltaïque; plus cette différence est grande, les autres circonstances restant les mêmes, plus ce courant est intense; 2° de la facilité plus ou moins grande qu'éprouve le courant électrique à passer de l'élément solide du couple dans le liquide interposé; 3° de la facilité plus ou moins grande qu'éprouve l'électricité à passer d'une molécule du liquide conducteur à une autre, ou de la *conductibilité* propre du liquide lui-même. Bref, du travail de Delarive résultent les propositions suivantes : 1° qu'une augmentation de surfaces dans les élémens métalliques facilite la transmission du courant voltaïque; 2° que l'intensité électrique qui résulte de la plus grande étendue de surfaces métalliques, croît dans un rapport plus grand que la surface elle-même, quand le courant est faible, qu'elle croît dans un rapport moindre quand le courant est intense, etc.; 3° enfin que la diminution d'intensité qu'éprouve l'électricité en passant d'un métal dans un liquide, ou d'un liquide dans un métal, dépend de l'action plus ou moins grande du liquide sur le métal.

Demarcet et Delarive se livrent ensemble à des recherches multipliées sur la chaleur spécifique des gaz. Déjà ces deux physiciens avaient vu que lorsqu'un gaz entre dans le vide, il y a d'abord production de froid, puis production de chaleur. Le froid tient à la dilatation de l'air qui entre dans le vide; la chaleur, à la compression de l'air qui se trouve contenu, à des degrés différens de raréfaction, dans le récipient où se fait l'expérience.

Laroche et Bérard, et avant eux Crawford, s'étaient occupés de la même question; mais ce dernier avait commis des erreurs que Gay-Lussac, puis

puis Leslie, Dalton, Dulong, Petit, Clément-Deformes et Haycraft ont rectifiées.

Les gaz sur lesquels Laroche et Bérard ont expérimenté, sont : L'air atmosphérique, le gaz oxygène, le gaz azote, le gaz hydrogène, le gaz acide carbonique, le gaz olefiant, le gaz oxide de carbone, le gaz oxide d'azote, le gaz nitreux, le gaz hydrogène sulfuré, le gaz ammoniaque, le gaz acide sulfureux, l'acide hydrochorique et le cyanogène.

Des expériences et recherches de Demarcet et Delarive, il résulte, 1° que sous la même pression et à volumes égaux et constans, tous les gaz ont la même chaleur spécifique; 2° que toutes les autres circonstances restant les mêmes, la chaleur spécifique diminue en même temps que la pression, suivant une progression et dans un rapport beaucoup moindres que celui des pressions elles-mêmes; 3° qu'il existe pour chaque gaz un pouvoir conducteur différent, c'est-à-dire que tous les gaz n'ont pas le même pouvoir pour communiquer la chaleur.

Libri (Guillaume), de Florence, dans un travail ayant pour but l'influence de l'électricité sur l'émanation des odeurs, reconnaît que le fluide électrique diminue l'odeur des corps odorans. Faraday se livre à des observations sur l'évaporation en général et sur celles de l'atmosphère en particulier; il voit avec Wollaston que cette dernière opération a des limites passé lesquelles elle ne peut plus avoir lieu. Vicat publie ses observations physico-mathématiques sur la rupture des corps solides. Aux deux résistances, la *résistance absolue* et la *résistance relative*, admises dans les corps solides par Galilée, Leibnitz, Mariotte et tous les physiciens et géomètres qui ont considéré les solides résistans comme formés de fibres homogènes plus ou moins élastiques, appliquées les unes sur les autres, Vicat en a décrit une troisième qu'il appelle *résistance transverse*. Cette résistance est celle qui s'oppose à l'action d'une puissance qui s'exerce dans le plan d'une base de fracture, et qui tend à rompre le solide en le séparant, suivant le plan de la fracture, en deux parties qui glissent l'une sur l'autre. Quant aux deux autres résistances, on sait que la première, la *résistance absolue*, est celle que les solides opposent à une force attractive exercée parallèlement à leur longueur; que la seconde est celle qu'ils opposent à l'action d'une puissance qui tend à les rompre en agissant perpendiculairement à leur dimension. Enfin la stastique prouve que la résistance relative est proportionnelle, toutes choses égales d'ailleurs, au carré de la hauteur de la base de la fracture.

Mariani, professeur de Physique à Venise, donne connaissance d'un mémoire : Sur la secousse qu'éprouvent les animaux au moment où ils cessent de servir d'arc de communication entre les pôles d'un électro-moteur, et sur quelques autres phénomènes physiologiques produits par l'électricité.

Les membres d'une grenouille écorchée, placés dans un courant électrique, éprouvent des secousses qui ont été expliquées par Volta; mais ce dernier physicien a observé, ainsi que Fowler, Balli, Ruthford et Pfaff, que les contractions avaient également lieu au moment où la grenouille cessait d'être placée dans le courant. De là des objections, des explications nombreuses, relatives à la théorie de l'électricité animale de Galvani; de là aussi les expériences de l'auteur; voyons quels ont été les conséquences. 1° Suivant Marianini, les principes sur lesquels repose jusqu'ici la théorie des appareils voltaïques ne nous autorisent pas à admettre dans ces appareils un reflux d'électricité au moment où on interrompt le circuit; 2° quand ce reflux aurait lieu, la secousse qu'éprouve l'animal au moment où il cesse de faire partie du circuit, ne peut lui être attribuée; 3° les *contractions idiopathiques*, produites dans les muscles, ont lieu quelquefois dans la direction suivant laquelle l'électricité pénètre; 4° les *contractions sympathiques* n'ont lieu que lorsque le courant parcourt les nerfs dans le sens de leur ramification; 5° l'agitation éprouvée par les animaux quand ils cessent subitement de faire partie d'un circuit électrique, provient de ce que l'électricité, quand elle se meut dans les nerfs en sens contraire de leur ramification, fait naître une secousse à l'instant où elle cesse d'y pénétrer et non pas lorsque la circulation s'établit; 6° quand le fluide électrique pénètre les nerfs en sens contraire de leur ramification, il produit des sensations et non des contractions; 7° l'animal éprouve une sensation au moment où l'on interrompt un courant électrique qui parcourt le nerf dans le sens de sa ramification.

Le même physicien, à l'occasion d'un travail sur la théorie chimique des électro-moteurs voltaïques simples et composés, examine 1° les circonstances qui altèrent, dans les métaux, la faculté électro-motrice relative; 2° l'insuffisance de la théorie électro-chimique pour expliquer les phénomènes des électro-moteurs.

Pendant long-temps on avait pensé que les combinaisons chimiques n'étaient point l'effet mais la cause des courans électriques; mais depuis les travaux de Becquerel, Avogrado, Nobili, de Larive et beaucoup d'autres, on a démontré que dans toutes les actions chimiques il y a toujours, ou presque toujours, un développement d'électricité; que les courans électriques les plus faibles sont également accompagnés d'actions chimiques, et que si la quotité de l'électricité développée n'a aucune relation avec la nature de l'action chimique, elle en a cependant toujours, ou presque toujours, avec son énergie.

L'année 1827 vit mourir Alexandre *Volta*, né à Come dans le Milanais, le 18 février 1745, et décédé le 5 mars. Nos lecteurs nous sauront gré de leur donner ici quelques fragmens du brillant éloge historique prononcé par Arago, dans la séance publique du 26 juillet 1833.

Déjà Théophraste parmi les Grecs, Pline chez les Romains, avaient parlé de la propriété de l'ambre jaune, d'attirer les corps quand on le soumet à un frottement brusque ; mais ce fait passa alors pour ainsi dire inaperçu, et l'électricité resta long-temps entre les mains des physiciens, comme un résultat presque exclusif de combinaisons compliquées que les phénomènes naturels présentaient rarement réunis. Volta, au contraire, vit, trouva l'électricité partout, dans la combustion, dans l'évaporation, dans le simple attouchement de deux corps dissemblables.

A dix-huit ans Volta était déjà en correspondance avec Nollet sur les questions les plus délicates de la Physique ; à vingt-quatre il eut la hardiesse d'aborder, dans un premier mémoire, la haute question de la bouteille de Leyde, découverte en 1746. Toutefois la science doit à Franklin d'avoir le premier éclairci l'important phénomène de cet appareil.

Le second mémoire de Volta sur l'électricité, ses propriétés, etc., parut en 1771. Ce savant illustre trouva, dans un fait important communiqué aux savans de l'Europe, dans l'année 1755, par les missionnaires de Pékin, concernant l'électricité par influence et étudié par Œpinus, Wilcke, Cigna et Beccaria, l'idée de son *électrophore perpétuel*, instrument admirable avec lequel le physicien peut puiser partout des charges d'égale force.

A son mémoire sur l'*électrophore*, publié en 1778, Volta fit précéder un autre travail sur la découverte importante qu'un corps donné, vide ou plein, a la même capacité électrique, pourvu que la surface reste constante. Dans son mémoire, le physicien de Come démontra ce que Lemonnier n'avait fait que pressentir, c'est-à-dire que la forme des corps n'est pas sans influence sur l'intensité de la charge électrique qui peut être accumulée. De là la possibilité de construire des machines capables de tuer les plus gros animaux.

Volta fit subir d'importantes modifications à son *électrophore*, le transforma en *condensateur*, véritable microscope d'une espèce nouvelle, qui décèle la présence du fluide électrique là où tout autre moyen resterait muet.

Volta découvrit le *gaz inflammable* des marais, gaz qui provient des matières organisées en putréfaction. Mais ce gaz n'a-t-il que cette origine ? il est permis d'en douter.

Volta inventa l'appareil dont se servit Cavendish, en 1781, pour opérer la synthèse de l'eau, et cela en répétant, en 1777, dans des vases clos, des expériences que l'on faisait à l'air libre, et qui avaient pour but de démontrer la propriété du fluide électrique d'enflammer certains liquides, certaines vapeurs, certains gaz, tels que l'alcool, la fumée d'une chandelle nouvellement éteinte, le gaz hydrogène, etc.

La science doit également à Volta le *fusil* et le *pistolet* électriques, instrumens imaginés par suite des recherches relatives à l'inflammation de l'air des marais, et qui se trouvent entre les mains de tous les bateleurs des places publiques. Elle doit encore au même physicien la *lampe perpétuelle à gaz hydrogène*, puis l'*eudiomètre*, que de Humboldt et Gay-Lussac déclarèrent, en l'an XIII, comme le plus exact de tous ceux qui avaient été imaginés auparavant.

Volta se livra à des travaux importans sur l'électricité atmosphérique, sur la dilatation de l'air, etc., mais tous ces travaux ne virent point le jour. La science est aujourd'hui complète sur ce point, grâce aux expériences précises de Gay-Lussac et Dalton sur la dilatation des fluides élastiques. Tout le monde connaît la pile qui porte son nom. *Voy.* PILE.

A peu près à la même époque des recherches de Volta sur l'électricité atmosphérique, le docteur Wall publiait, en 1708, cette ingénieuse réflexion : la lumière et le craquement des corps électrisés semblent, jusqu'à un certain point, représenter l'éclair et le tonnerre. En 1775, Stephen Grey faisait une remarque analogue. Nollet, dans ses leçons de Physique publiées en 1746, disait : *le tonnerre entre les mains de la nature, c'est l'électricité entre les mains des physiciens* ; mais toutes ses pensées, toutes ses idées ne sauraient prendre définitivement place dans la science, car pour faire loi, pour faire théorie, toute conjecture doit être sanctionnée par l'expérience directe, c'est ce que fit Franklin. Toutefois remarquons que les expériences de Franklin étaient presque inutiles puisque les soldats de la cinquième légion romaine l'avaient déjà faite pendant la guerre d'Afrique, le jour où, comme César le rapporte, le fer de tous les javelots parut en feu à la suite d'un orage. Il en est de même des nombreux navigateurs à qui *Castor* et *Pollux* s'étaient montrés, soit aux pointes métalliques des mâts ou des vergues, soit sur d'autres parties saillantes de leurs navires.

Volta imagina un *électromètre ;* déjà Davy et Leroy en avaient exécuté un en 1749 ; mais il ne fut pas adopté. Celui de Nollet, composé de deux fils de soie, et proposé en 1752, fut également abandonné, ainsi que celui de Cavallo, construit en 1780, avec deux fils de métal portant à leurs extrémités deux petites sphères de moelle de sureau. Dans l'instrument de Volta, les fils métalliques furent remplacés par des pailles sèches, les balles de sureau furent supprimées, et à ces modifications, déjà très-importantes, Volta en ajouta une autre en 1787 ; nous voulons parler du lumignon qu'il ajouta à la pointe de la tige métallique introduite par Saussure dans l'électromètre de Cavallo. De là l'idée des *faux paratonnères*, idée qui aurait dû être détruite par la découverte des expérimentateurs : que la flamme est un excellent conducteur de l'électricité, mais qui resta cependant par l'explication qu'en donna Volta. Ce physicien, si logique, si sévère, si droit dans toutes ses conceptions, vit que, si une bougie amène sur la pointe qu'elle surmonte, trois ou quatre fois plus d'électricité qu'on n'en recueillerait autrement, c'est à cause du courant d'air qu'engendre la flamme, c'est à raison des communications multipliées qui s'établissent ainsi entre la pointe de métal et les molécules atmosphériques. Toutefois, disons que jusqu'alors l'expérience n'a pas encore été appelée à prononcer pour ou contre les *faux paratonnerres.*

D'où vient l'électricité atmosphérique ? la solution de ce problème a été tentée dans une expérience on ne peut pas plus simple ; on mit de l'eau dans un vase isolé; on soumit l'eau à l'évaporation, et pendant l'expérience on eut, à l'aide du condensateur de Volta, des indices manifestes d'électricité négative.

A qui est due cette expérience délicate et capitale qui décide, en principe, que le fluide électrique des orages est produit par l'évaporation journalière de l'eau ? quel physicien la fit le premier ? cela est difficile à dire. Volta assure qu'il y pensait déjà en 1778, mais il ne la fit réellement qu'en 1780 avec quelques membres de l'Académie des sciences. D'un autre côté Lavoisier et Laplace assurent que, dans des expériences qui leur sont propres, et qu'ils firent sur le même sujet, Volta voulut bien les assister et leur être utile.

Quand des savans du mérite de ceux que nous venons de citer, parlent ainsi, que peut faire un historien, si ce n'est de rester dans le doute et de regarder les trois physiciens, Volta, Lavoisier et Laplace, comme les premiers qui se soient occupés, à peu près en même temps, de la même question, c'est-à-dire de la théorie de l'électricité des vapeurs. Puisse ce doute, ou plutôt cette association, faire oublier les disputes acerbes, les rivalités nationales qui ont existé entre trois des plus beaux génies du dix-huitième siècle, et que l'on voit tous les jours encore s'élever au sein de nos Académies à propos de choses quelquefois bien insignifiantes, bien puériles ! heureux encore quand ces différends ont pour base la bonne foi, le désintéressement et le bien général !

Volta s'occupa également du galvanisme, découverte qui amena la création de la pile et qui est due, comme l'a dit si malignement Arago, à *un rhume de cerveau et à un bouillon de grenouilles.*

La découverte du galvanisme donne lieu aux illusions les plus bizarres, aux romans les plus fantasques : on croyait en effet avoir saisi l'agent physique qui porte au *sensorium* les impressions extérieures, qui place chez les animaux la plupart des organes aux ordres de leur intelligence, qui engendre les mouvemens des jambes, des bras, de la tête, aussitôt que la volonté a parlé ; mais par des expériences sévères le physicien de Come renversa toutes les théories, détruisit toutes les illusions, et les vues seules de l'auteur, de Galvani, anatomiste plus consommé que physicien habile, furent adoptées par les savans de tous les pays de l'Europe. Quant aux luttes incessantes que Volta eut à soutenir avec l'école de Bologne, à l'occasion de la théorie du galvanisme, elles finirent par tourner à l'avantage du physicien de Come, et il fut décidé que l'électricité était le principe des convulsions, que le muscle ne jouait dans toutes ces expériences qu'un rôle tout-à-fait passif, qu'il fallait le considérer simplement comme un conducteur par lequel s'opérait la décharge, et que, dans les expériences du docteur Valli, son antagoniste, expériences qui firent croire un moment que Volta était vaincu, il fallait, pour leur réussite, cette double condition : hétérogénéité aussi grande que possible entre les organes de l'animal amenés au contact; interposition entre ces mêmes organes d'une troisième substance. Dès-lors, nous le répétons, tout fut dit sur la théorie des phénomènes galvaniques. La production de l'électricité par le simple contact de métaux dissemblables, venait de prendre place parmi les faits les plus importans et les mieux établis des sciences physiques.

La création de la pile ne fut pas le dernier travail de Volta ; six et dix-sept ans après, le même savant publia deux mémoires, l'un sur le *phénomène de la grele*, l'autre sur la *périodicité des orages et le froid qui les accompagne.* Tels ont été les brillans travaux, les nombreuses découvertes de l'immortel physicien de Come.

1828. *Ampère* étudie l'action mutuelle d'un aimant et d'un conducteur voltaïque. Les expériences répétées par Biot, Savary et Pouillet, prouvent, contrairement à l'opinion de Faraday, qu'un aimant peut tourner tout autour de son axe, comme il le ferait dans un circuit fermé. Le même physicien complète le beau travail de Fresnel sur la double réfraction, en déterminant la surface courbe des ondes lumineuses dans des milieux à élasticité variable.

H. Davy attribue à des actions chimiques souterraines les phénomènes des volcans. Le même chimiste démontre que les propriétés électriques de la torpille ou gymnote, découvertes par Walsch, ne sont pas identiques avec celles de la pile de Volta. Le docteur Erman, fils du savant secrétaire de l'Académie des sciences de Berlin, dresse le tableau des *maximum* de densité de l'eau salée ; Bigeon, dans un Essai sur la théorie de l'électricité, admet un seul fluide électrique dans la nature. L'égale répartition de ce fluide dans tous les corps constitue l'état naturel de ces mêmes corps ; une répartition inégale établit leur état électrique, etc.

Delarive signale les effets calorifiques de la pile ; Barlow se livre à des expériences pour connaître l'action de la température sur les pouvoirs de réfraction et de dispersion des fluides expansibles ; Haldat fait des expériences sur le magnétisme par rotation ou en mouvement, partie de la science déjà étudiée par Herschel, Babbage, Christie, Nobili, Baccelli, Colladon, Prévost, Séebeck, Baumgartner, Sargey, etc. Fourier calcule la faculté conductrice de la chaleur dans les corps à minces parois. Le travail de ce savant illustre a de l'importance pour les arts et l'industrie, car il fait connaître, parmi les corps qui sont soumis à l'action de la chaleur et qui servent dans les usines et dans les besoins ordinaires de la vie, quels sont les bons et les mauvais conducteurs du calorique. Poisson publie ses Recherches sur l'équilibre et le mouvement des corps élastiques ; Arago, contre l'opinion de Brewster, admet, avec Celsius, Hior ter, Wilcke, Wargentin, Canton, Van-Swinden, Cate, Cassini, Dalton, etc., les influences magnétiques des aurores boréales sur l'aiguille aimantée.

Prévost, de Genève, étudie la constitution mécanique des fluides élastiques, fluides que Newton considérait comme *discrets*, c'est-à-dire formés de molécules qui avaient la propriété de se fuir mutuellement; Sophie Germain (mademoiselle) examine sur quels principes on peut arriver à la connaissance des lois de l'équilibre et du mouvement des solides élastiques; OErsted, dans un travail sur la compression de l'eau dans des vases de matières différentes, admet que la capacité du vase est un peu augmentée par la pression de l'eau; son assertion est regardée comme une erreur par le plus grand nombre des physiciens, et entre autres par Colladon, Sturm, Tredgold et Poisson. Le même physicien propose l'électro-magnétisme comme moyen d'essai de l'argent et de quelques autres métaux, et regarde cette méthode comme supérieure à la *touche ordinaire*. Marianini fit un mémoire sur la perte de tension éprouvée par les appareils voltaïques quand on tient le circuit fermé, et sur la manière dont ils recouvrent leur tension première quand on suspend la communication entre leurs pôles.

Marcet et Delarive lisent une note sur quelques faits relatifs à l'action des métaux sur les gaz inflammables. Du travail de ces deux physiciens il résulte, 1° que le platine et les autres métaux jouissent tous, mais à des degrés différens de température, de la propriété d'opérer la combinaison des élémens gazeux dans lesquels ils se trouvent placés, et que, cette propriété est si énergique que, quelque petite que soit la proportion de ces élémens la combinaison peut avoir lieu; 2° que l'incandescence ou la haute température acquise par les métaux dans ces expériences, est due à la chaleur abandonnée par les élémens gazeux quand le volume de ces derniers est réduit par leur combinaison, comme cela arrive, par exemple, dans la combinaison de l'hydrogène et de l'oxygène lorsqu'ils forment de l'eau, et dans celle de l'oxyde de carbone et de l'oxygène quand ils forment de l'acide carbonique; 3° que l'état de ténuité ou de porosité plus ou moins considérable dans lequel se trouve le métal, influe d'une manière assez violente sur la facilité avec laquelle il peut opérer les combinaisons à certaines températures. Les mêmes physiciens, dans un travail qui leur est commun sur la chaleur spécifique des gaz, et qui fait suite à des recherches du même genre, concluent, 1° que sous la même pression et sous le même volume, tous les gaz ont la même chaleur spécifique; 2° que sous le même volume, un même gaz a d'autant moins de chaleur spécifique que la pression à laquelle il est soumis est moindre (*voir* année 1838, les lois de Dulong, communiquée par Arago).

Dulong cherche à préciser la chaleur spécifique des fluides élastiques. Déjà beaucoup de travaux ont été faits à ce sujet; de Laroche et Bérard méritent d'être cités. Toutefois les résultats auxquels ils sont arrivés laissent encore des doutes dans quelques esprits, et principalement dans ceux d'Haycraft, de Delarive, de Marcet, etc. Ces derniers physiciens ont voulu établir en principe que les gaz composés avaient, comme les gaz simples, sous le même volume et à force élastique égale, la même chaleur spécifique. Mais leur Mémoire ne donnant pas tous les détails nécessaires sur les procédés et appareils mis en usage, il est difficile d'admettre comme vrai le résultat de leurs recherches, et de ne pas se ranger, en définitive, du côté des physiciens français (Laroche et Bérard) dont les travaux à ce sujet laissent bien à désirer une plus grande précision, mais qui, cependant, suffisent pour mettre hors de doute que tous les gaz simples et composés n'ont pas, sous le même volume, une égale capacité pour la chaleur; c'est ce que confirme d'ailleurs le travail de Dulong, travail dans lequel on voit, 1° que des volumes égaux de tous les fluides élastiques pris à une même température et sous une même pression, étant comprimés ou dilatés seulement d'une même fraction de leur volume, dégagent ou absorbent *la même quantité absolue de chaleur;* 2° que les variations de température qui en résultent sont en raison inverse de leur chaleur spécifique à *volume constant*.

1829. *Dutrochet* signale à l'attention des savans le mouvement circulatoire (ascensionnel et descensionnel) qui a lieu dans des vases pleins devant un foyer de chaleur : tout le liquide placé du côté du foyer s'élève, l'autre liquide opposé descend. Barlow cherche à construire un télescope achromatique à lentille concave fluide pour remplacer les lentilles ordinaires de flint-glass. Erman étudie les phénomènes de liquéfaction et de condensation des corps; il démontre que l'eau se dilate en se congelant; que le phosphore se condense, diminue de volume en se solidifiant; que l'eau se dilate plus après sa congélation qu'auparavant; que le phosphore se dilate moins après qu'avant sa solidification, etc. Léopold Nobili, de Reggio, fait une analyse expérimentale et théorique des phénomènes physiologiques produits par le fluide électrique sur la grenouille, et il propose de traiter la paralysie et le tétanos par l'électricité; Thénard vérifie la possibilité de faire jaillir de la lumière de l'air atmosphérique, du gaz oxygène et du chlore soumis à la pression. Mais, contrairement à l'assertion de Dessaignes et Saissy, de Lyon, il n'arrive pas au même résultat avec le gaz hydrogène, l'azote et le gaz acide carbonique. Riess et Maser constatent, ainsi que l'avaient fait Morichini, Christie, Baumgartner, etc., le pouvoir magnétisant des rayons solaires. Poisson étudie les lois qui président à l'équilibre et aux mouvemens des corps solides élastiques et des fluides; il fait voir que pour arriver à la connaissance de ces lois il faut considérer les corps élastiques et les fluides comme formés de molécules disjointes, séparées les unes des autres par des espaces vides de matière pondérable, et non comme des masses continues; que ces corps doivent être décomposés en élémens différentiels, etc. Haldat fait connaître ses travaux sur les figures magnétiques et sur les forces coërcitives des aimans, forces, disent les physiciens, qui conservent aux aimans leur propriété magnétique, soit que cette propriété leur soit naturelle, soit qu'elle leur ait été communiquée. Liouville, dans des expériences sur l'électricité dynamique, cherche à expliquer ce fait hypothétique qui veut que l'action mutuelle de deux élémens voltaïques, soit dirigée suivant la droite qui joint leurs milieux.

Poncelet et Lesbros donne connaissance de leurs expériences sur les lois de l'écoulement de l'eau par les orifices rectangulaires verticaux à grandes dimensions.

Depuis Torricelli, tous les géomètres et les physiciens de l'Europe se sont occupés d'expérience propres à connaître les divers phénomènes que présentent les masses fluides en mouvement au travers des orifices ou dans les conduites. Mais parmi ces expériences, les unes avaient pour but l'examen de quelques points de doctrine seulement, d'autres l'établissement de règles sûres pour la solution des questions usuelles de l'hydrodynamique. C'est à ces dernières expériences que se rapportent les travaux de Couplet, Mariotte, Bossut, Smeaton, Michelotti, Dubuat, Fünck, Brunning, Bidone, Eytelwein, et de tant d'autres hommes célèbres.

Dans ces derniers temps, Girard, Prony, Navier et Eytelwein, ont calculé le mouvement uniforme de l'eau dans les canaux et les tuyaux de conduite réguliers et d'une grande longueur. Les formules obtenues et établies par les savans que nous venons de citer ne laissent rien à désirer; mais on ne possède rien de si avancé sur le mouvement de l'eau dans les conduits d'une petite longueur. C'est cette lacune que Poncelet et Lesbros ont voulu remplir. Félix Savart étudie la structure des corps, structure qui n'a été communiquée jusqu'alors que par le clivage pour les corps qui ont une forme régulière, par les modifications apportées dans la propagation de la lumière pour les corps qui ne sont que transparens. Le même physicien recherche quelles lois président à l'élasticité des corps qui cristallisent régulièrement; enfin, par suite d'un examen tout particulier qu'il fait de la réaction de torsion dans les lames rigides et dans les verges cylindriques ou prismatiques, à sections rectangulaires ou même triangulaires; Félix Savart conclut, 1° que, quel que soit le contour de la section transversale des verges, les arcs de torsion sont directement proportionnels à l'intensité de la force et à la longueur; 2° que, les sections des verges étant semblables entre elles, qu'elles soient d'ailleurs circulaires, triangulaires, carrées, ou des rectangles très-allongés, les arcs de torsion sont en raison inverse de la quatrième puissance des dimensions linéaires de la section; 3° que les sections étant des rectangles et les verges possédant une élasticité uniforme dans tous les sens, les arcs de torsion sont en raison inverse du produit des cubes des dimensions transversales, divisé par la forme de leurs carrés; d'où il suit que, si la largeur est très-grande relativement à l'épaisseur, les arcs de torsion seront sensiblement en raison inverse de la largeur et du cube de l'épaisseur; toutes ces lois sont encore vraies dans le cas où l'élasticité n'est pas la même dans toutes les directions.

Dans un travail relatif aux effets de la chaleur sur les corps mauvais conducteurs de l'électricité, et sur la tourmaline, Becquerel constate, comme on l'avait fait avant lui, 1° que la chaleur diminue la propriété conductrice des corps bons conducteurs (des métaux); 2° qu'elle augmente celle des mauvais; 3° qu'elle rend négatifs les mauvais conducteurs soumis au frottement; 4° que la tourmaline, le verre, échauffés, se chargent d'électricité positive; que ces corps perdent cette électricité et deviennent négatifs par le refroidissement, etc. Le même physicien étudie le pouvoir thermoélectrique des métaux; il cherche surtout à connaître la nature et l'origine de la chaleur et du fluide électrique, corps impondérables que la plupart des physiciens du dix-septième siècle regardaient comme identiques. On sait, en effet, que l'abbé Nollet disait, dans ses leçons de physique, que le feu, la lumière et l'électricité dépendaient du même principe, et que ces puissans agens naturels n'étaient que trois modifications d'un même corps. On sait encore que Winterl regardait la chaleur comme formée des deux principes de l'électricité, etc. Enfin Davy, Séebeck et Nobili, firent converger toutes les opinions vers celles des anciens; le premier, en rendant incandescent un morceau de charbon placé dans le vide et soumis à l'action d'un courant électrique très-énergique, donna un certain air de vérité à l'hypothèse de Winterl; le second, en établissant à l'aide des courans thermo-électriques, les rapports qu'il y a entre la chaleur et le fluide électrique; le troisième en attribuant au mouvement de la chaleur dans les corps bons conducteurs les curieux phénomènes de l'électro-dynamie.

Dans la même année Becquerel s'occupe encore d'électro-chimie et du rôle que joue l'électricité dans la formation des grandes combinaisons naturelles. Quatre formations distinctes composent le globe terrestre; ces quatre formations sont du ressort de la géognosie. Les minéraux renfermés dans les grandes masses souterraines ont cristallisé, quand celles-ci étaient encore en liquéfaction. Toutes, par conséquent, sont postérieures aux grandes masses; mais ces mêmes substances ont pu être remaniées par les eaux, déposés ensuite dans des cavités, dans des filons, à côté de métaux qui ont dû exercer sur elles des actions quelconques, et ce sont ces actions, ainsi que les nouveaux composés qui en sont résultés, que le physicien doit et peut étudier; tel a été le but de Becquerel.

Déjà Volta, en imaginant la pile, a pu constater le rôle important que joue l'électricité dans les combinaisons chimiques; il a démontré que tous les corps suffisamment bons conducteurs de l'électricité, se constituaient toujours dans deux états électriques contraires par leur contact mutuel, et que le liquide interposé entre chaque couple de la pile, n'agit seulement que pour transmettre l'électricité de l'une à l'autre; de sorte que son action chimique n'influe en rien sur l'effet produit. Cette opinion n'est plus admise aujourd'hui, comme nous allons le dire dans un instant. H. Davy, pour donner plus d'extension à cette théorie, a avancé que les substances acides et alcalines, qui peuvent exister sous la forme sèche et solide, s'électrisent également par leur contact, que les premières sont toujours négatives; les secondes positives, et que ces effets cessent à l'instant où commence l'action chimique. Mais Wollaston, Fabroni, Biot, Delarive, Nobili, et plusieurs autres ont regardé l'action chimique du liquide sur les métaux comme la cause unique du développement de l'électricité. Enfin Becquerel a démontré que dans toutes les actions chimiques, il se produisait des phénomènes électriques tout-à-fait inverses de ceux observés par Davy dans le contact des acides et des alcalis ou des métaux, quand ce contact n'est pas suivi de combinaison, c'est-à-dire que l'acide prend l'électricité positive, l'alcali ou le métal l'électricité négative.

1830. *Alex. de Humboldt* fait connaître ses recherches sur l'inclinaison de l'aiguille aimantée dans le nord de l'Asie, et ses observations correspondantes des variations horaires faites dans différentes parties de la terre; Poisson lit un mémoire sur la propagation du mouvement dans les milieux élastiques; d'Aubuisson, dans ses expériences faites à l'exemple de Bossut, Michelotti, Hachette, etc., sur l'écoulement des eaux par des orifices rectangulaires allongés, arrive à ce résultat, 1° que, sous de petites charges, le coefficient de contraction augmente lorsque la charge diminue; 2° que, sous de petites charges, un et deux orifices ouverts à côté d'un autre, ne diminuent en aucune manière la dépense de celui-ci; 3° que le coefficient propre aux orifices rectangulaires allongés n'est plus le même que celui des orifices circulaires ou carrés; on a pour les premiers $0^m,71$ à $0^m,72$, et pour les autres $0^m,64$ à $0^m,67$.

Ainsi que l'avaient fait Dallond, Guinand, Green, Fraunhofer, Pellast, Herschell, etc., Faraday s'occupe de la fabrication du verre d'optique; Haldat, après des recherches très-multipliées sur l'incoërcibilité du fluide magnétique, conclut, 1° que l'agent ou fluide qui sert à expliquer les phénomènes magnétiques est incoërcible dans l'état actuel de la science; 2° que le fer, considéré comme présentant une exception à cette loi, ne coërce l'influence magnétique qu'en acquérant lui-même l'état magnétique; 3° que l'incandescence ne donne pas aux corps le pouvoir de coërcer l'influence magnétique. Becquerel donne connaissance de quelques nouveaux effets électro-chimiques qu'il a observés et qui sont propres à produire des combinaisons; il applique ces effets à la cristallisation du soufre et de plusieurs autres substances; Léopold Nobili de Reggio mesure les courans électriques; Prévost de Genève, dans un travail sur les *Solides*, cherche à exprimer la cause des aérolithes par le passage de divers satellites cométaires qui nous apparaissent tantôt sous l'aspect d'étoiles filantes, tantôt sous celui de solides.

Libri publie ses recherches sur la détermination de l'échelle du thermomètre de l'*Académie del Cimento;* nous rapporterons à cette occasion les faits suivans: à l'occasion de l'invention du thermomètre, instrument dû au génie de Galilée vers la fin du seizième siècle (avant 1597), et perfectionné par Sagredo pour devenir aussitôt entre les mains de Viviani, de Torricelli et de leurs contemporains, un instrument précieux de météorologie, Borelli à Pise, Raineri et d'autres à Florence, Cavalieri et Riccioli en Lombardie, organisèrent, sous la direction de l'Académie *del Cimento*, protégée par Léopold de Médicis, un système très-étendu d'observations météorologiques simultanées. Ferdinand II chargea des moines de plusieurs couvens de Toscane de faire des observations analogues; mais ces observations furent interrompues par la demande que fit Léopold de Médicis, du chapeau de cardinal, demande qui ne fut accordée qu'à condition que l'Académie *del Cimento* serait sacrifiée à la haine implacable que la cour de Rome avait jurée à la mémoire de Galilée et de ses disciples. De là la dissolution de l'Académie *del Cimento*, la dispersion de ses membres, la torture infligée à quelques uns, à Oliva entre autres, qui se suicida pour échapper aux nouveaux tourmens que lui préparait l'inquisition; de là encore l'état de mendicité auquel fut réduit Borelli, la destruction, par les flammes, des œuvres de Galilée, destruction de laquelle s'échappèrent cependant, comme par miracle, quelques registres faits par le père Raineri. Ces registres offrent bien quelques lacunes, mais ils ne sont pas moins précieux à cause de leur date qui précède de plus de cinquante ans celle de toutes les observations météorologiques connues jusqu'à présent. Toutefois leur contenu ne peut être utile pour la question des températures terrestres.

Faraday, dans des recherches expérimentales sur l'électricité, trouve que les courans du fluide voltaïque présentent des phénomènes d'induction analogues, en partie, à ceux que produit l'électricité de tension. On sait que, par induction, on entend, en physique, la propriété qu'a l'électricité de tension de produire autour de soi un état électrique contraire. Cette induction a été signalée par Ampère, Arago, John Herschell, Babbage, etc. Le même physicien signale une nouvelle classe de figures acoustiques, et de nouvelles formes affectées par des groupes de particules déposées sur des surfaces élastiques fibrantes. L'auteur fait voir dans son mémoire que les courans d'air sont pour quelque chose dans la formation des figures observées par Chladni sur le sable et les limailles, par Œrsted et Savart sur le lycopode, et cela en opérant dans le vide. Dans ce cas les figures acoustiques qui indiquent, dans les plaques vibrantes, les parties en repos et celles dites *nodales*, sont singulièrement modifiées.

Becquerel se livre à des considérations générales sur les changemens qui s'opèrent dans l'état électrique des corps par l'action de la chaleur, du contact, du frottement et des diverses actions chimiques, et sur les modifications qui en résultent quelquefois dans le changement de leurs parties constituantes. Savart calcule la limite de la perception des sons graves; Barry détermine le *minimum* de déviation qu'un rayon de lumière homogène peut subir en traversant un prisme donné; Budberg examine la réfraction que des rayons différemment colorés éprouvent dans les cristaux à un et à deux axes optiques; Nobili et Melloni publient leurs recherches sur plusieurs phénomènes calorifiques au moyen du thermo-multiplicateur; ils avancent qu'à égalité de circonstances dans la couleur et l'état des surfaces, un corps est d'autant plus doué du pouvoir absorbant que sa conductibilité pour la chaleur est moindre. Poncelet lit une notice sur quelques phénomènes produits à la surface des fluides, en repos ou en mouvement, par la présence des corps solides qui y sont plus ou moins plongés, et spécialement sur les ondulations et les rides permanentes qui en résultent. Déjà cette question avait occupé quelques physiciens allemands, et Weber entre autres. Poisson, à l'occasion d'une nouvelle théorie qu'il donne de la capillarité, pense que les phénomènes de ce fait physique sont dus à l'action moléculaire modifiée, non seulement par la courbure des surfaces comme Laplace l'avait avancé, mais aussi par l'état particulier des liquides à leurs extrémités. Le même physicien étudie les mouvemens simultanés d'un pendule et de l'air ambiant. Déjà Bessel, Bernoulli et d'Alembert avaient constaté la diminution du pendule dans divers fluides élastiques. Cette observation a été appliquée au calcul de l'ascension des ballons dans l'atmosphère, et elle peut être comparée à celle d'Archimède sur la perte de poids éprouvée par un corps plongé dans un liquide. Avogrado cherche à préciser la force élastique de la vapeur du mercure à différentes températures.

1832. Le professeur Pearscall, de Londres, annonce que l'électricité et la chaleur rendent aux minéraux leur propriété phosphorescente; Hachette fait connaître la nouvelle machine électro-magnétique de Pixii fils, avec laquelle ce dernier a obtenu la décomposition de l'eau. Dans cette machine, à laquelle l'auteur a adapté la bascule imaginée par Ampère pour changer les courans dans ses expériences électro-dynamiques, l'aimant monté en fer à cheval sur le bout d'un arbre d'un tour en l'air, tourne en face d'une pièce de fer doux plié également en fer à cheval : la pièce de fer est enveloppée par un fil de cuivre recouvert en zinc. On met les deux extrémités de ce fil en communication avec deux autres fils métalliques qui traversent le fond d'un vase plein d'eau. Par cette expérience, où l'action chimique est produite par *induction électrique*, il est démontré qu'il n'est pas nécessaire, comme on le croyait, que l'action des deux électricités (positive et négative) soit simultanée pour que la décomposition de l'eau ait lieu. Ampère communique les expériences qu'il a faites avec l'appareil imaginé par Hip. Pixii. Dans l'appareil de ce physicien, dit Ampère, l'aimant portait 30 livres, le fil faisait 300 tours, et on avait de vives étincelles. Dans celui dont je me suis servi, l'aimant portait plus de 100 kilogrammes, le fil avait une longueur de 1,000 mètres et faisait 4,000 tours; voici ce que j'ai obtenu : 1° des étincelles plus vives que dans le cas précédent, 2° des commotions assez fortes; 3° un engourdissement et des mouvemens involontaires dans les doigts quand on plongeait les mains dans des vases pleins d'eau acidulée et où se rendaient les deux extrémités du fil conducteur; 4° un grand écartement des feuilles d'or adaptées au condensateur de Volta; 5° une décomposition assez rapide d'eau, mélangée d'un peu d'acide sulfurique pour en augmenter la conductibilité. Nobili et Antinori se livrent à des expériences électro-magnétiques; le professeur Moll, des Pays-Bas, étudie la force magnétique que peuvent acquérir des barreaux de fer doux placés sous l'influence des courans électriques. On sait que cette force magnétique fut découverte par Sturgeon de Woolwich, et constatée ensuite par Arago, Lipkens, Quetelet, etc.

Melloni, savant physicien d'Italie, réfugié en France, démontre, dans un nouveau mémoire sur les propriétés calorifiques des rayons solaires, que le pouvoir réfringent des liquides a autant d'influence sur le passage des rayons calorifiques qu'en a la transparence des autres corps. Dans l'étude de la distribution de la chaleur dans le spectre solaire, faite par Herschell, Englefield, Bérard, Séebeck, on a vu : 1° que la chaleur commence à se montrer dans les rayons violets, et non dans l'espace obscur qui les précède; 2° que la température s'augmente graduellement jusqu'à une certaine bande placée vers les rayons rouges; 3° qu'en partant de cette bande, et en avançant dans l'espace obscur qui suit les rayons rouges, on trouve de la chaleur très-sensible qui diminue successivement et s'éteint tout-à-fait à une certaine distance. Quant à la position exacte de la bande où a lieu le *maximum* de chaleur, Herschell et Englefield la placent dans l'espace obscur, tout près du rouge; Bérard et d'autres dans le rouge même; Séebeck prétend que la place de ce *maximum* change avec la nature de la substance dont se compose le prisme. Enfin, Melloni a tracé le tableau explicatif suivant du spectre calorifique donné par un prisme de crown-glass dont l'angle réfringent est tourné vers le haut; ce tableau n'est autre chose que la *distribution des températures* dans l'espace occupé par ce spectre lorsque ses rayons tombent sur un plan vertical :

Rayons	violet	donne la plus faible température.
	indigo bleu vert jaune orangé	donnent une température qui croît en descendant.

Le rayon rouge donne le *maximum* de la chaleur.
1re bande obscure, isotherme de l'orangé.
2 . . . . jaune.
3 . . . . vert.
4 . . . . bleu.
5 . . . . indigo.
6 . . . . violet.

Faraday communique les résultats de ses nouvelles recherches sur les phénomènes électro-dynamiques. Dans la première partie de son mémoire intitulée : Production de l'électricité voltaïque, l'auteur signale ce fait important, qu'un courant d'électricité voltaïque qui traverse un fil métallique produit un autre courant dans un fil qui en est voisin; que ce dernier courant est dans une direction contraire au premier, et ne dure qu'un moment; que si l'on éloigne le courant producteur, un second courant s'établit sur le fil soumis à l'influence du courant producteur dans une direction contraire au premier courant d'influence, et par conséquent dans le même sens que le courant producteur.

La seconde partie du mémoire traite des courans électriques produits par les aimans. En approchant des aimans des spirales hélices, Faraday a produit les courans électriques; en éloignant ces spirales, des courans se forment en sens inverse. Ces courans agissent fortement sur le galvanomètre, passent, quoique faiblement, à travers l'eau salée et d'autres solutés; enfin, dans un cas particulier, une étincelle a été produite.

La troisième partie du mémoire est relative à un état particulier d'électricité que l'auteur appelle *état électrotome;* dans la quatrième partie se trouve l'expérience d'Arago, expérience qui consiste, comme on sait, à faire tourner un disque métallique sous l'influence d'un aimant. Faraday considère ce phénomène comme intimement lié à celui de la rotation magnétique qu'il a découverte il y a dix ans. Après la communication d'Hachette, Arago et Ampère rappellent à l'Académie les anciennes expériences de Fresnel sur la production des courans engendrés par l'action des aimans, expérience que Fresnel crut devoir rétracter, parce qu'ayant substitué l'eau distillée à l'eau ordinaire, les effets observés ne se produisirent plus. Cela devait être, ajoute Ampère, car Gay-Lussac, Thénard, puis après eux Larive, ont fait voir que l'eau pure ne conduisait pas l'électricité.

Becquerel et Ampère répètent les expériences de Faraday sur la production des courans électriques par un aimant, et constatent l'identité des résultats avec ceux qu'Arago a obtenus sur une aiguille aimantée par la rotation des disques métalliques. Becquerel lit, sur la cémentation et les altérations que le fer peut éprouver dans la terre, un mémoire qui fait suite aux considérations générales que l'auteur a déjà présentées sur les changemens qui s'opèrent dans l'état électrique des corps, par l'action de la chaleur, du contact, du frottement et des diverses actions chimiques, et sur les modifications qui en résultent quelquefois dans l'arrangement de leurs parties constituantes.

On sait que lorsqu'on clive rapidement un cristal, même d'un corps simple, chaque partie emporte avec elle un excès d'électricité contraire, dont l'intensité est d'autant plus grande, qu'on a préalablement élevé davantage la température. Ce fait semble indiquer, dit l'auteur, que les molécules des corps sont autant de petites piles électriques dont les actions réciproques et continues constituent la force d'agrégation. Si on admet, de plus, une polarité électrique dans les atomes avec les atmosphères d'Ampère, on adopte le principe qui est le plus en harmonie avec l'état de nos connaissances en électro-chimie. En partant de ces idées théoriques, il est possible d'expliquer les décompositions qu'éprouvent, de la surface au centre, et quelquefois du centre à la surface, des masses considérables de granite, de fer spathique, et d'autres corps, par un effet analogue à celui de la cémentation, sans que les masses aient cessé d'être solides. Becquerel a été conduit par-là à examiner comment la cémentation peut avoir une origine électrique; pour cela, il a cherché quels sont les effets électriques qui ont lieu pendant ce mode d'action, afin de remonter ensuite à l'origine du phénomène. Il a trouvé que, dans l'action du fer sur le charbon, ce dernier se comporte comme un acide par rapport à un alcali, c'est-à-dire qu'il prend l'électricité positive, résultat prévu, puisque le carbone est, relativement au fer, l'élément négatif. Dans le même mémoire, Becquerel montre comment on peut expliquer la cémentation à la température rouge, la formation spontanée des oxides de fer, et il considère comme des cémentations les *décompositions parasites* de Haidinger, ou *pseudomorphoses* de Haüy.

Charles Morren, professeur à l'université de Gand, poursuit ses recherches sur l'influence des rayons colorés sur la germination des plantes. Voici les conclusions auxquelles il est arrivé: 1° de même que l'obscurité favorise les premières périodes de la germination, de même les couleurs du spectre, agissant isolément, ont aussi une influence spéciale qui seconde cette opération, mais que, parmi ces couleurs, celles dont le pouvoir éclairant (à l'exception du vert) est le plus grand, sont aussi celles qui favorisent le moins l'acte qui fait développer les organes rudimentaires de la graine; 2° sous les rayons colorés du plus grand pouvoir éclairant, les radicules se développent le moins, et avec plus de lenteur; qu'au contraire les plumules y croissent mieux et plus vite; sous les rayons colorés d'un pouvoir éclairant faible, les radicules et les plumules prennent un développement semblable à celui qu'elles atteindraient dans l'obscurité; par conséquent, *l'étiolement des végétaux sous les rayons du prisme est en raison inverse de leur propriété éclatante;* 3° sous les rayons colorés, de même que dans l'obscurité, les poils radicaux se développent sur la partie aérienne de la radicule, indice certain de l'étoilement, occasioné par chacune de ces circonstances; l'allongement des organes se fait sous les rayons colorés, comme dans l'obscurité, et les diverses parties y croissent beaucoup plus vite que sous l'influence de

la lumière

la lumière blanche; 4° la couleur verte des végétaux se développe beaucoup plus vite sous l'influence de la lumière composée que sous quelques rayons que ce soit de la lumière décomposée. Sous ces rayons, les parties destinées à devenir vertes sur le végétal sont jaunes d'abord, puis passent insensiblement au vert très-pâle, puis à la teinte verte plus foncée sous ceux de ces rayons qui jouissent de la propriété particulière de laisser opérer ces changemens; 5° les rayons qui laissent ces changemens avoir lieu sont d'une part le jaune, et de l'autre l'orangé; le premier possède le degré maximum de cette propriété; le second le degré minimum; les autres rayons ne verdissent pas du tout. Le rayon jaune verdit d'autant plus qu'il est moins intense; mais il lui faut beaucoup plus de temps pour produire la viridité que la lumière blanche, et jamais il ne peut la produire au même degré qu'elle; 6° Il est peut-être permis de dire que cette propriété viridifiante des rayons du spectre provient de leur pouvoir éclairant, et se trouve coordonnée intimement à celui-ci; mais alors il faut reconnaître que le rayon vert ne verdit pas, quoiqu'il partage avec le jaune à peu près le maximum du pouvoir éclairant. L'auteur termine son travail en se demandant si c'est bien uniquement par sa clarté que la lumière agit dans la coloration progressive des végétaux, dont tous les élémens organiques, de blancs qu'ils sont à leur formation, se couvrent ensuite de teintes si vives et si variées.

Plateau, dans une note sur quelques phénomènes de la vision, présentée à l'Institut par l'intermédiaire de Quetelet, cherche à résoudre quelques phénomènes observés et expliqués isolément par les physiciens, comme, par exemple, la durée des impressions sur la rétine, les couleurs accidentelles, les ombres colorées, l'influence des couleurs juxta-posées, l'irradiation, etc. Les principales conclusions de l'auteur sont les suivantes : 1° on ne peut conserver l'explication des phénomènes des couleurs accidentelles généralement admise jusqu'à présent, savoir: que la portion de la rétine qui a reçu pendant quelque temps l'impression d'une couleur devient moins sensible aux rayons de cette couleur, de sorte qu'en portant alors les yeux sur une surface blanche, on perçoit la sensation de la teinte complémentaire; 2° les couleurs accidentelles sont dues à un état opposé de réaction que prend la rétine; ce sont des impressions qu'il faut considérer comme négatives, par rapport à celles que produit directement l'action de la lumière; 3° les couleurs accidentelles, que l'on peut appeler couleurs négatives, se distinguent des couleurs directement produites par les propriétés suivantes: *a*. Le mélange des couleurs négatives correspondantes à toutes les nuances du spectre, produit du noir; il en est de même du mélange de deux couleurs négatives complémentaires; *b*. Le mélange de deux couleurs positives complémentaires produit du blanc; 4° si l'on envisage sous deux points de vue différens, c'est-à-dire selon le temps et selon l'espace, le passage de l'excitation de la rétine à l'état de repos, on voit que le premier état (l'excitation) de la rétine va sans cesse en diminuant, et que le second (le repos) n'est pas subit non plus; qu'il se fait peu à peu et d'une manière insensible. Bénédict Prévost, qui s'est occupé d'optique, pense que la blancheur des objets n'est qu'une sensation relative. Déjà Monge avait annoncé dans les Annales de chimie, tome III, année 1789, qu'il y avait pour ainsi dire quelque chose de moral dans le jugement que nous portons sur les couleurs en général, puisque dans ce jugement nous ne sommes pas déterminés uniquement par la nature absolue des rayons de lumière que les corps réfléchissent; car l'impression que forme un même rayon produit tantôt la sensation de la couleur rouge, tantôt celle de la blanche, suivant les circonstances. On sait encore que la flamme d'une bougie d'un blanc si brillant au milieu des ténèbres, paraît d'un jaune sale, d'un jaune enfumé en plein midi (par un beau soleil), etc.

Tels sont les faits nombreux, les travaux importans qui eurent lieu en 1832; mais avant de passer outre, disons que cette année, année néfaste et de triste mémoire s'il en fut, à cause de l'épidémie meurtrière qui, à cette époque, décima presque toute l'Europe, fut pour la science une longue suite de deuil, de regrets et de pertes irréparables. Parmi les victimes de la maladie asiatique (le *choléra-morbus*) ou de toute autre, mais surtout du choléra indien, nous citerons :

1° *Barry* (Alexandre), mort à Londres où il enseignait la chimie, et où il laissa un mémoire intéressant sur l'action chimique de l'électricité atmosphérique;

2° *Orianini* (Barnabé), né le 15 avril à Garegnano, près Milan, et mort en novembre 1832. Orianini était le fils d'un pauvre jardinier; plein de zèle et d'ardeur pour l'étude, il devint un astronome praticien des plus distingués. La science lui doit, 1° sur les déclinaisons d'étoiles et sur les déterminations solsticiales, des observations pleines de justesse et d'intérêt, qu'il fit à l'Observatoire de Bréra; 2° des *Tables d'Uranus* publiées en 1783; 3° une *Théorie de Mercure* établie en 1798; 4° des *Elémens de trigonométrie sphéroïdique*, imprimés en 1806.

3° *Leslie* (John), né en 1766, et mort à Coater, comté de Fise (Ecosse), le 3 novembre 1832. Leslie s'occupa de géométrie et de trigonométrie; mais ses plus beaux travaux sont ceux qu'il publia sur la congélation artificielle, sur l'influence que la nature, l'état physique et l'inclinaison des surfaces exercent sur l'intensité du rayonnement de la chaleur. D'abord terrassier, puis professeur de physique à l'université d'Edimbourg, le savant écossais que nous venons de nommer, fut, si l'on contredit le genre et le sujet des œuvres qu'il a laissées après lui, un éclatant et nouvel exemple de tout ce que peut l'ardeur dans l'étude, la persévérance dans le travail;

4° L'Écossais *Hall* (sir James), connu dans le monde savant par la part active qu'il prit, avec son ami Playfair, il y a quelques années en Ecosse, à la vive discussion qui s'éleva entre les géologiens plutonistes et les géologiens neptuniens. Hall a laissé plusieurs mémoires sur les révolutions géologiques de la surface de la terre; il fit des expériences pour prouver les modifications que de fortes pressions apportent dans les effets ordinaires de la chaleur. Dans ses expériences, l'auteur a prouvé que, sous l'action d'une forte pression, le carbone de chaux ordinaire peut être fondu sans perdre son acide carbonique, et qu'il sort de cette épreuve avec la texture cristalline du marbre.

5° *Xavier*, baron de Zach, né à Pest, en Hongrie, le 24 juin 1754, et mort à Paris le 3 septembre 1832, physicien plus utile à la science par ses encouragemens, son zèle et ses sacrifices que par ses travaux, à qui l'on doit des *Tables du soleil* et un *Catalogue* de 381 étoiles. Zach s'occupa beaucoup d'astronomie, d'hydrographie, de statistique, de géographie, de l'attraction des montagnes, etc. Il dirigea, à Gotha, la construction de l'Observatoire, qui depuis est devenu célèbre sous le nom de Séeberg.

6° *Christian*, né en Belgique, mort à Argenteuil, le 18 juin 1832, à qui l'on doit un *Traité de mécanique universelle*, et qui fut directeur du Conservatoire des arts et métiers de Paris;

7° *Corancez*, né à Paris en 1770, et mort dans la même ville, le 2 juillet 1832. Parmi les mémoires publiés par ce physicien, nous citerons ceux qui ont pour titres: *Mouvemens de l'eau dans les vases*, *Résolution des équations*, *Moyens de remédier à l'effet de la dilatation des métaux dans les balanciers de montre.*

8° *Prieur*, né à Auxonne le 22 décembre 1763, mort à Dijon dans le mois d'août 1832, dont les travaux sur le serein et la rosée, sur les phénomènes de la coloration, sur le système décimal des poids et mesures, sont justement estimés.

9° *Carnot* (*Sadi*), fils de l'illustre général, né à Paris en 1776, et mort en août 1832. Carnot est auteur de réflexions savantes sur la puissance motrice du feu et les machines propres à la développer.

10° *Césaris* (*Angelo*), qui est mort à Milan le 18 avril 1832, et qui fut pendant long-temps le collaborateur d'Oriani dans la publication des Ephémérides astronomiques de Milan. Césaris publia, 1° des observations intéressantes sur les oppositions et conjonctions des planètes; 2° un précieux recueil d'observations météorologiques faites à Bréra pendant plus de soixante ans. Ses conclusions à ce sujet, telles que *le Climat de Milan est changé*, *la pluie y est plus abondante que jadis*, ont été contestées.

11° *Cuvier*, né à Montbéliard le 23 août 1769, et mort à Paris le 13 mai 1832. Bien que ce savant illustre ne soit pas un physicien proprement dit, son nom et ses travaux dans les sciences naturelles sont d'un poids trop immense et trop imposant pour que nous ne relations pas ici l'époque à laquelle ce grand naturaliste fut enlevé à ses disciples, à ses admirateurs. La perte d'un aussi grand homme se sent mais ne s'exprime pas; elle est une de celles que l'on ne répare que bien lentement et que bien difficilement.

A la nouvelle de la mort de Cuvier, Legendre, un des géomètres les plus célèbres de la France, s'écria : Voilà un bien cruel événement! il nous rapetisse tous. Dans son éloge funéraire, Arago disait : De Dublin à Calcutta, d'Upsal au port Jackson, Cuvier était unanimement proclamé le plus grand naturaliste de notre siècle; partout on le considérait comme l'image vivante de la prééminence scientifique de la France.

Tout le monde sait que Cuvier, sur les débris, les restes épars des animaux trouvés à l'état fossile dans le sein de la terre et entassés dans les cabinets comme objets de simple curiosité, créa cette admirable anatomie comparée qui, établissant dans tous les êtres organisés une corrélation spéciale et intime entre les parties les plus éloignées et en apparence les plus difficiles, permet de décider d'après la forme d'un os quelconque, d'un os du pied, par exemple, si l'animal auquel cet os a appartenu était carnivore ou herbivore.

12° *Groombridge* (Stéphane), mort à Londres en 1832, et qui, tout marchand de draps qu'il était, publia, dans les années 1810 et 1814, sur les réfractions atmosphériques, des *déterminations* très-estimées sur les *distances polaires des étoiles.*

1833. Félix Savart publie plusieurs mémoires sur le choc et la constitution des veines liquides lancées par des orifices circulaires à minces parois, et animées par des mouvemens opposés. Dans un de ses mémoires, celui qui a trait au choc d'une veine liquide lancée contre un plan circulaire, l'auteur avance 1° que les veines liquides ne jouissent pas de la propriété de se réfléchir comme les corps solides; qu'elles suivent au contraire, pour toutes les vitesses et pour toutes les incidences, les surfaces planes des corps contre lesquels elles sont lancées; 2° que l'eau possède non seulement un maximum de viscosité correspondant à son maximum de densité, mais qu'elle a de plus un minimum de viscosité placé à la température de 1 à 2° centigrades; 3° que l'état vibratoire particulier aux veines liquides n'est détruit à l'occasion du choc que lorsque la pression est en général très-faible; 4° que, outre les pulsations périodiques qui ont lieu à l'orifice, dans tous les cas d'écoulement, il paraît qu'il se produit encore dans le liquide du réservoir des changemens brusques d'état, qui arrivent à des époques déterminées, comme s'il s'établissait périodiquement des relations différentes entre les vitesses des filets liquides; 5° enfin, que l'absence de toute modification dans l'état des nappes, lorsque le disque parcourt la partie de la veine où l'on a prétendu qu'il existait une section contractée, montre, à n'en pas douter, qu'une semblable section n'existe réellement point dans les veines lancées par des orifices circulaires. De tous ces faits, il résulte que trois forces bien distinctes concourent plus spécialement à la formation des nappes; 1° la force qui lance les molécules liquides; 2° l'action de la pesanteur; 3° l'action moléculaire qui s'exerce en tous les sens, etc.

Charles Matteucci constate la formation de l'acide acétique dans l'acte de la germination, annoncée par Becquerel. Melloni continue ses recherches sur la transmission immédiate de la chaleur rayonnante par divers corps solides et liquides; il fait à cette occasion les observations suivantes : Mariotte, le premier physicien qui ait tenté d'apprécier l'action des substances diaphanes sur la transmission ou l'interception des rayons calorifiques provenant des sources terrestres, a avancé que la *chaleur du feu terrestre ne passe point à travers le verre, ou bien il en passe très-peu;* Schéele, qui répéta la même expérience cent ans environ après Mariotte, assure que, si on interposait une lame de verre entre un miroir et le foyer d'une cheminée, on n'*avait pas la moindre chaleur au foyer du miroir.* Pictet releva cette erreur au moyen des *miroirs conjugués.* Plus tard, Herschell démontra que la chaleur passait à travers les corps diaphanes. On objecta que ce fait était dû à l'échauffement successif des couches composant le corps diaphane; mais Prévost combattit et renversa cette explication erronée, et la *propagation successive* ne put être admise. Enfin Delaroche, qui répéta et confirma les expériences de Prévost, trouva que la quantité des rayons calorifiques qui traverse une lame de verre varie avec la température de la source d'où partent ces rayons. Ainsi, par exemple, sur 100 rayons incidens, 56 sortent librement de la plaque, si on emploie pour source la flamme d'une lampe d'Argant, et 13 seulement lorsqu'on se sert d'un lingot de fer chauffé à 427°. Dans ses vérifications, avec son appareil thermo-électrique, Melloni ne tarde pas à s'apercevoir que le rapport des quantités transmises change entièrement avec l'épaisseur de la plaque; que ce changement est en rapport inverse de l'épaisseur de l'écran de verre employé, et il réfute à ce sujet les idées des physiciens qui pensent généralement que dans l'expérience de Delaroche, toute la chaleur qui ne traverse pas la lame est arrêtée ou réfléchie à la première face de l'écran, et que par conséquent la quantité de chaleur interceptée à l'*extérieur* de la lame se trouve être beaucoup plus grande pour les rayons provenant de source à basse température.

Le même physicien, à l'occasion du même travail sur la transmission du calorique rayonnant à travers les corps diaphanes, communique à l'Académie, relativement au rôle que joue l'épaisseur des écrans, un cas d'exception très-remarquable. Voici cette exception : une plaque de sel gemme, de 7 millimètres d'épaisseur, ayant été soumise à l'action rayonnante d'un fer rouge, à celle de la flamme d'huile et d'alcool, de l'eau bouillante et même de l'eau chaude à 40 ou 50°, la transmission, dans tous les cas, a été de 92 sur 100. La même constance a été encore observée quand on a employé un morceau d'épaisseur quadruple. Le sel gemme opère donc sur les rayons calorifiques d'une origine quelconque, comme les corps parfaitement diaphanes opèrent sur toute espèce de rayons lumineux. Il est le corps diaphane par excellence. Enfin, Melloni fait encore la remarque suivante : le verre se laisse traverser par les rayons calorifiques solaires; mais il intercepte les rayons qui proviennent des foyers artificiels.

Lamé, dans un mémoire sur les surfaces isothermes, cherche à prouver, ainsi que l'avaient fait Dulong et Petit, que le refroidissement d'un corps solide n'est pas aussi simple que Newton l'avait supposé. Quetelet calcule les degrés successifs de force magnétique qu'une aiguille d'acier reçoit pendant les frictions multiples qui servent à l'aimanter. Boussingault communique ses recherches, 1° sur la profondeur à laquelle se trouve la couche de température invariable entre les tropiques; 2° sur la température moyenne de la zône torride au niveau de la mer; 3° sur le décroissement de la chaleur dans les Cordillières. Cagniard-Latour, dans des considérations diverses sur la vibration sonore des liquides, annonce que les liquides jouissent de la propriété résonnante, découvre une espèce de vibration qu'il appelle *vibration globulaire.* Le même physicien avait déjà prouvé en 1818, à l'aide d'un instrument de son invention appelé *sirène*, que l'eau, mise en vibration, pouvait rendre des sons musicaux très-purs. A l'exemple de Dulong, Petit et le professeur Newmann, de Kœnigsberg, qui avaient prouvé la corrélation qu'il y a entre la chaleur spécifique des corps simples et le poids de leurs atomes, Avogrado étudie la chaleur spécifique des corps solides et liquides. Libri, à l'occasion de la *théorie mathématique des températures terrestres*, publie un travail duquel il résulte, 1° que, dans l'intérieur du globe, la température des couches ne peut aller qu'en augmentant ou en diminuant avec la profondeur; 2° que les observations directes, le calcul des éclipses et la théorie mathématique de la chaleur s'accordent pour démontrer que la température moyenne du globe n'a pas dû varier depuis les temps historiques; 3° que les observations futures de la lune pourront peut-être nous faire reconnaître si cet astre est arrivé à un état d'équilibre calorifique, ou si sa température moyenne varie; 4° enfin, que, dans un temps donné, les refroidissemens pour chaque couche terrestre étant proportionnels aux quantités de chaleur, ces refroidissemens seraient plus rapides dans les couches plus échauffées qui se trouvent à l'intérieur de la terre, et que c'est surtout à des profondeurs considérables qu'il faudra désormais établir des appareils thermométriques, pour étudier les variations futures de la température moyenne de la terre.

Nervander, professeur à l'Université de Helsingford, en Finlande, propose un galvanomètre à châssis pour obtenir immédiatement et sans calcul la mesure de l'intensité du courant électrique qui produit la déviation de l'aiguille aimantée. Déjà Becquerel et Nobili avaient cherché à résoudre la même question, mais par des méthodes et des procédés différens. Le professeur Humphry Lloyd, de Dublin, signale les phénomènes que présente la lumière dans son passage suivant les axes optiques des cristaux à deux axes. A l'aide des trois élémens suivans : 1° la déclinaison de l'aiguille aimantée, ou l'angle compris entre le plan dans lequel agit cette force et le plan du méridien ; 2° l'inclinaison de sa direction sur le plan de l'horizon ; 3° l'intensité de la déclinaison et de l'inclinaison, Charles Frédéric Gauss, de Gœttingue, mesure l'intensité absolue du magnétisme terrestre ; cette partie de la science avait déjà occupé l'active et incessante sagacité de Alex. de Humboldt, de Hansteen, etc. Enfin Biot, dans un mémoire sur la polarisation circulaire, fait voir, 1° que tous les sucs végétaux liquides contenant du suc de raisin, jouissent de la singulière propriété de faire tourner les plans de polarisation des rayons lumineux vers la gauche ; 2° que les plans tournent à droite quand les mêmes sucs sont solidifiés ; 3° que le suc de canne et tous les sucs analogues, soit liquides, soit solides, tournent constamment les plans de polarisation à droite. Ce caractère d'optique, ajoute notre savant physicien, est extrêmement précieux pour reconnaître de suite les sucs végétaux qui peuvent donner ou non du sucre analogue à celui de canne ou à celui de raisin.

Gaudin étudie les corps sous le rapport de la théorie atomique. Un atome, suivant l'auteur, est un petit corps sphéroïde homogène ou point matériel, essentiellement indivisible. Déjà nous avons dit la même chose, mais nous n'avons pas indiqué la forme ; car qui dit indivisible, dit invisible et par conséquent comment Gaudin peut-il affecter une forme à une chose qu'il ne voit pas ? une molécule est un groupe isolé d'atomes, en nombre quelconque et de nature quelconque.

Becquerel publie un premier mémoire sur l'application des forces électro-chimiques à la physiologie végétale. Déjà Davy, dans son Traité d'agriculture, avait avancé qu'un grain de blé pousse plus vite dans un vase d'eau électrisée positivement, que dans un vase d'eau électrisée négativement. Dans son mémoire Becquerel ne prétend pas rechercher si les forces électriques sont capables de produire des tissus, des membranes ou d'autres organes ; il cherche seulement à reconnaître les modifications que ces forces font éprouver aux graines et aux plantes quand leurs actions chimiques favorisent ou contrarient celles des forces vitales.

1834. *Avogrado* continue l'étude de la chaleur spécifique des solides et des liquides ; Peltier fait de nouvelles expériences sur la caloricité des courans électriques ; Morin étudie le frottement et le choc des corps ; Graham examine ce qui se passe dans la diffusion ou mélange des gaz ; Aimé indique, comme nouveau procédé d'aimantation, de tremper et d'aimanter en même temps un barreau d'acier ; Matteucci essaie de calculer les forces électro-magnétiques de la pile. On sait que la théorie de Volta, attaquée depuis son origine par Fabroni, Wollaston, Avogrado, etc., etc., n'a pu résister dans ces derniers temps, aux belles découvertes de Becquerel et Delarive. Le même physicien s'occupe encore d'électricité animale. Wollaston est le premier qui attribue l'origine des sécrétions animales à une action électro-chimique naturelle. Le docteur Donné, qui, dans ces derniers temps s'est occupé à peu près de la même question, admet des courans électriques dans les tissus animaux, et regarde ces courans comme le fait de l'action des acides et des alcalis qui se séparent d'une manière incessante des différens organes. Matteucci, au contraire, assure que l'acidité et l'alcalinité des fluides animaux tient à l'électricité contraire et propre à chaque organe sécréteur.

Lainé lit deux mémoires, l'un sur les vibrations lumineuses des milieux diaphanes, l'autre sur les lois de l'équilibre de l'éther dans les corps diaphanes ; Auguste Pinaud, à l'exemple de Delarive, simplifie, pour les colléges et les facultés de province, les appareils propres à démontrer les phénomènes de l'électrodynamie ; Peclet, dans un beau travail sur l'électricité produite par le frottement, fait voir, 1° que la tension de l'électricité développée par le frottement est indépendante de la vitesse, de la pression, de l'étendue des surfaces en contact, de l'épaisseur des corps frottans, et du mode de frottement ; 2° qu'elle dépend, pour les corps bons conducteurs, de la courbure du frottoir au-delà du contact, et que les anomalies offertes par certains corps proviennent, ou des aspérités qui recouvrent leurs surfaces, ou de la chaleur dégagée, ou de leur imparfaite conductibilité, ou de l'adhésion ; Auguste Delarive poursuit ses observations sur l'électricité voltaïque ; enfin Marianini, dans un travail sur les phénomènes électro-physiologiques des alternatives voltaïques, c'est-à-dire sur les phénomènes que présentent les muscles des animaux récemment tués, quand ces muscles sont soumis à l'action prolongée d'un courant électrique, observe, 1° que les muscles, par l'action instantanée du courant, perdent au bout d'un certain temps, la propriété de se mouvoir, et reprennent cette propriété par l'action du courant contraire ; 2° que, long-temps tourmentés par ce courant, ils reprennent leur propriété et deviennent en même temps insensibles à l'action du courant primitif ; 3° qu'ils présentent ces alternatives plusieurs fois de suite jusqu'à l'extinction complète de leur vitalité.

1835. *Plateau* poursuit sa théorie générale de l'ensemble des apparences visuelles qui succèdent à la contemplation des objets colorés, et cherche à expliquer la persistance des impressions de la rétine, les couleurs accidentelles, l'irradiation, les effets de la juxta-position des couleurs, les ombres colorées, etc. Prévost étudie l'influence du rayonnement dans la répartition de la chaleur solaire aux deux hémisphères de la terre. Poisson continue ses travaux sur la théorie mathématique de la chaleur ; Ampère lit, sur la chaleur et la lumière, une note qui confirme les opinions de Young, d'Arago, de Fresnel et de beaucoup d'autres savans qui pensent que la lumière est produite par les vibrations d'un fluide répandu dans tout l'espace et auquel on a donné le nom d'*éther*.

Duhamel publie un second mémoire sur les effets mécaniques de la chaleur dans les corps solides. Dans son premier mémoire sur le même sujet, qui renfermait les équations générales sur les effets mécaniques de la chaleur dans les corps solides, et plusieurs applications à des questions d'équilibre et de mouvement, l'auteur supposait la propagation de la chaleur déterminée par les équations de Fourier, et il parlait de l'état thermométrique qu'elles faisaient connaître pour en déduire à chaque instant l'état mécanique. Mais depuis, Duhamel a pensé qu'il était nécessaire de faire subir une modification aux équations de ce grand géomètre. Voici sur quelles considérations cette modification est fondée. On sait que tous les corps dégagent de la chaleur, quand on les comprime, et en absorbent quand on les dilate; d'où il résulte qu'il y a une différence sensible entre les chaleurs spécifiques à volume constant et à pression constante. Or, Founier et tous les géomètres qui se sont occupés de la chaleur, ont supposé que les molécules conservaient les mêmes positions relatives, ce qui eût exigé d'abord qu'ils prissent la chaleur spécifique à volume constant. Ils ont donc négligé la chaleur dégagée ou absorbée par les contractions ou dilatations qui résultent de l'équilibre mécanique. Mais, on ne peut pas dire qu'en laissant s'opérer la dilatation, il soit permis de prendre la chaleur spécifique à pression constante, puisque, ainsi que l'a démontré Duhamel, la pression change pendant le refroidissement, et que même il peut y avoir contraction dans une partie du corps où la température se serait élevée.

Oberhaeuser et Trécourt, ingénieurs en instrumens de mathématiques, présentent à l'Institut trois lentilles en pierres précieuses, l'une en diamant, l'autre en saphir, et la troisième en rubis, dont on peut se servir comme de simples loupes et comme de microscopes composés. Ces lentilles ont neuf dixièmes de millimètre de diamètre; leur ouverture est de soixante-et-treize centièmes de millimètre, et leur foyer est de plus d'un millimètre. Leur grossissement est variable. La lentille de diamant, à l'état de simple loupe, donne une amplification linéaire de 210 fois; avec un oculaire composé, elle est de 845 fois. Le grossissement de la lentille de saphir, avec l'oculaire composé, est de 255 fois, et celui de la lentille de rubis est de 235.

Dumas annonce que depuis plusieurs années il fait usage de la densité de la vapeur des corps comme d'un moyen rapide et certain pour déterminer leur poids atomique. Pour cela, dit l'auteur, on prend un ballon sec, on effile son col, on le pèse exactement, puis on le chauffe pour en chasser un peu d'air, et on plonge sa pointe dans la substance, dont une partie rentre dans le ballon. On fixe le ballon dans un appareil *ad hoc*. On élève la température du bain et on l'observe sur les thermomètres que porte l'appareil. Quand le point d'ébullition de la substance est dépassé de 15 à 20°, on ferme le ballon, on retire l'appareil du bain, on essuie le ballon et on le pèse; on a ainsi le poids du ballon plein d'air sec, le poids du ballon plein de vapeur pure, le volume du ballon, la température, la pression, c'est-à-dire tout ce qu'il faut pour calculer exactement la densité de la vapeur.

Legrand, dans son travail relatif à des variations qui ont été signalées dans la température de diverses sources thermales, établit qu'on s'est beaucoup trop hâté d'adopter les énormes différences (2, 3 et 10°) admises par Carrera et Anglada, et qu'on a eu tort d'en tirer des conclusions générales. Voici sur quelles considérations démonstratives l'auteur se fonde. Le thermomètre de Réaumur, on paraît trop souvent l'oublier, n'était pas gradué à l'origine comme celui qui porte aujourd'hui le nom de cet illustre naturaliste. Les 80° correspondaient, non à l'intervalle compris entre la glace fondante et l'ébullition de l'eau, mais à celui qui sépare le même terme de la glace du degré de l'ébullition de l'alcool, employé par l'artiste comme liqueur thermométrique. Or, le thermomètre de Carrera était à l'alcool. D'après cela, et pour peu qu'on se reporte à l'époque où ce médecin écrivait, on ne doit guère douter que son instrument ne fût le thermomètre originaire de Réaumur. Au surplus, s'il n'en était pas ainsi, on serait amené, et cela tranche la difficulté, à cette conclusion complétement inadmissible, qu'à Escaldas, par exemple, en 1754, les malades se baignaient dans de l'eau à 50° centigrades. Legrand ayant corrigé toutes les anciennes déterminations du médecin roussillonnais, les ayant ramenées aux degrés du thermomètre mercuriel en 80 parties, à l'aide d'une table calculée par Deluc, toutes les grandes différences qu'on avait remarquées entre les températures de 1754 et de 1819, se sont évanouies. Sur aucun point elles ne dépassent 1°,3; ordinairement elles sont nulles. Ainsi, soixante-cinq années n'ont apporté aucune altération notable à la température des sources thermales situées dans le département des Pyrénées-Orientales. Pour appuyer la vérité des conclusions du travail de Legrand, Arago cite une observation que lui-même a faite, et qui tend à prouver également l'invariabilité de la température des sources thermales d'eau presque pure. Le fils de Montesquieu, caché sous le nom de *Secondat*, en avait déjà pris la température, et les degrés qu'il indique se trouvent heureusement contrôlés par d'autres déterminations qu'on doit à lui-même. En effet, il a aussi mesuré la chaleur de son propre corps, et les degrés qu'il donne concordent avec ceux qu'on obtient encore aujourd'hui en mesurant la température humaine.

L'illustre et savant secrétaire perpétuel de l'Académie des sciences, Arago, à l'occasion des instructions données par lui aux membres de la commission scientifique envoyée dans le nord de l'Europe, fait les observations suivantes sur les sources thermales :

« Si l'on admet avec la plupart des physiciens de notre époque que les eaux thermales vont emprunter leur haute température à celle des couches terrestres très-profondes, plusieurs de ces sources pourront nous éclairer sur l'ancien état thermométrique du globe. Un exemple, le plus favorable, au reste, qu'il soit possible de citer, rendra la liaison des deux phénomènes parfaitement évidente. En 1783, Desfontaines observa près de Bone, en Afrique, une source thermale dont la température s'élevait à 96° 3 : la source était connue des anciens, comme l'attestent des restes de bains; or, cette circonstance prouve qu'en deux mille ans la température de la terre, en ce lieu, n'a pas varié de 4° centigrades. Supposons, en effet, une diminution de 4°: il s'ensuivra que, du temps des Romains et des Carthaginois, la température de la couche terrestre d'où l'eau émane, aurait été de 100° 3; ainsi l'eau serait venue à l'état de vapeur comme dans les geysers d'Islande. Or, qui pourrait croire à l'existence d'un phénomène aussi extraordinaire, quand Sénèque, Pline, Strabon, Pomponius Mela n'en ont pas fait mention ? Une seule objection pourrait être faite contre cette déduction : les solutés salins n'entrent pas en ébullition à 100°, comme l'eau pure, et la différence croît avec la proportion de matière saline dissoute ; c'est précisément pour cela que de nouvelles observations de la source thermale des environs de Bone sont indispensables ; mais avant, il faudra faire l'analyse chimique de l'eau, et si l'eau de la source arrive aujourd'hui à la surface à peu près saturée des matières calcaires qu'elle y dépose, toute difficulté s'évanouira, et un important problème de climatologie se trouvera résolu.

Arago compare les travaux de Brandes avec ceux de Brewster sur la température moyenne; il trouve que dans l'une comme dans l'autre des stations où les expériences ont été faites, on obtient la température moyenne du lieu par la combinaison des températures d'heures homonymes, aussi bien que si l'on avait les observations de *maximum* et de *minimum* : et comme les observations ont été faites, les unes presqu'au bord de la mer, les autres fort avant dans l'intérieur des terres, il y a lieu de conclure que la loi est générale. Arago applique de suite cette loi aux observations météorologiques faites au port de Vancouver (embouchure de la rivière de Columbia), sur la côte ouest d'Amérique, par Macloughlin, et cela à trois époques de la journée, six heures du matin, deux heures et demie de l'après-midi, et six heures du soir. La moyenne s'est trouvée égale à celle qu'on a, par les mêmes latitudes, sur la côte occidentale de l'ancien continent. Cette moyenne est très-sensiblement inférieure à celle de la côte orientale d'Amérique sous le même parallèle, qu'avait déterminée de Humboldt dans son beau travail sur les lignes isothermes.

La plupart des observations qui prouvaient l'infériorité de température moyenne de la côte orientale du nouveau continent, ayant été faites dans de très-hautes latitudes, il était important de savoir s'il en serait de même pour les lieux plus voisins du tropique. C'est ce qu'a fait Massoti, à Buenos-Ayres. Dans cette ville, qui est située par 34° 1/2 environ de latitude sud, la moyenne est de 17° seulement, c'est-à-dire inférieure à celle d'Alger, qui est de 36° de latitude nord.

Le travail de Brandes et de Brewster, sur la température moyenne, nous rappelle ce que disait Arago dans son Introduction pour l'expédition scientifique du Nord, relativement à la température de la terre dans les régions polaires et sur la croupe des montagnes élevées.

« Dans nos climats, la température moyenne des caves, des puits, des sources ordinaires, est à peu près égale à la température moyenne du lieu, déterminée à l'aide d'un thermomètre situé à l'ombre et en plein air. Il n'en est plus de même dans certaines contrées voisines du pôle, et dans toutes les contrées voisines des neiges perpétuelles. Là, comme l'ont surtout prouvé les observations de Wahlenberg et de Léopold de Buch, la température du sol, et par conséquent celle des sources, sont notablement supérieures à la température moyenne de l'atmosphère. Les explications données, ajoute Arago, de cette anomalie, sont, non seulement insuffisantes, mais encore inconciliables avec certaines observations. Les membres de l'expédition auront donc là un intéressant sujet de recherches s'ils s'arrêtent dans le Finmark, à Kielvik, à Hammerfest ou à Alten, dont la température moyenne est *au dessous de zéro* ; ils devront rechercher pourquoi l'eau n'y gèle jamais dans les caves bien closes. Le ruisseau d'Hammerfest, qui, d'après de Buch, ne cesse pas de couler au milieu de l'hiver, fixera aussi leur attention ; enfin, ils ne manqueront pas, ne fût-ce qu'en se servant de simples trous pratiqués avec le fleuret du mineur, d'examiner comment la température de la terre varie journellement à différentes profondeurs.»

Becquerel donne connaissance des appareils qu'il emploie, conjointement avec Breschet, pour mesurer la température de l'intérieur des organes. Ces appareils consistent en sondes ou aiguilles formées de deux métaux mis en communication avec un excellent galvanomètre. Ces sondes sont introduites dans tous les tissus et les organes, par les procédés de l'acupuncture, et la température est déterminée par l'intensité des courans thermo-électriques produits par la chaleur que prend la soudure de la région où elle se trouve. Le même physicien communique les résultats suivans :

1° Les muscles et le tissu cellulaire de l'homme et des animaux n'ont pas la même température ; la différence paraît tenir à la température extérieure, à la manière dont le sujet est revêtu ou recouvert, et à plusieurs autres causes encore peu connues. Dans l'homme, les muscles offrent une différence en plus de température qui varie de 2° 25 à 1° 25.

2° La température moyenne des muscles de trois jeunes gens de vingt ans a été trouvée d'environ 36° 77 ; Davy avait trouvé, pour la chaleur humaine, 36° 66 ; Despretz, sur neuf hommes âgés de trente ans, avait trouvé 37° 14 ; 37° 13 sur quatre hommes de soixante-huit ans, et 36° 99 sur quatre jeunes gens au dessous de treize ans.

3° La température moyenne de plusieurs chiens

a été trouvée, par Becquerel et Breschet, de 38° 30, tandis que Despretz n'a trouvé que 39° 48. Cette différence, disent les deux premiers savans qui ont plusieurs fois répété leurs expériences, tient à des causes accidentelles qui ont échappé à Despretz.

4° Dans le Chien, la température de la poitrine, de l'abdomen et du cerveau est sensiblement la même et égale à celle des muscles.

5° La Carpe ordinaire n'a donné qu'une différence d'un demi-degré en plus entre la température de son corps et celle de l'eau. Toutefois, ajoutent les auteurs des expériences que nous venons de rapporter, il ne faut pas oublier que la température des muscles éprouve des changemens en vertu de plusieurs causes physiques dont les principales sont les contractions, le mouvement, la compression, etc. On sait, en effet, que la contraction souvent répétée d'un muscle, que l'état fébrile, etc., peuvent élever la température d'un demi à un degré centigrade; que la compression d'une artère produit un abaissement de quelques dixièmes de degrés, etc.

Becquerel, dans un mémoire ayant pour titre : Propriétés électriques acquises par certaines substances minérales dans leur contact avec l'eau, prouve, 1° que le contact de l'or ou du platine avec le peroxide de manganèse, l'anthracite, la plombagine, etc., est accompagné d'effets électriques de tension, bien que ces dernières substances ne paraissent éprouver aucune altération de la part de l'eau distillée; 2° que les deux électricités dégagées se trouvent en équilibre à la surface de contact des deux corps, comme cela a lieu dans le condensateur; 3° que la partie la plus rapprochée de la surface immergée possède l'électricité négative, et celle qui est la plus éloignée l'électricité positive, etc.

Le même physicien propose un nouvel appareil pour opérer des décompositions comme la pile de Volta. Volta, dit l'auteur, en multipliant le nombre des couples métalliques pour accroître l'intensité de l'électricité libre aux deux extrémités, a introduit deux causes qui tendent à affaiblir des effets électro-chimiques produits quand le circuit est fermé. Ces deux causes sont les intervalles liquides qui séparent chaque élément, et cette espèce de polarisation que chacun d'eux acquiert peu à peu, et d'où résulte un courant dirigé en sens inverse du premier, qui tend par conséquent à diminuer son action. Pour remédier à ce double inconvénient, Becquerel propose un appareil électro-chimique ainsi construit : on prend un tube de verre de cinq à six millimètres d'ouverture, contenant dans la partie inférieure de l'argile très-fine, humectée avec un soluté concentré de sel marin, dans lequel on fait dissoudre une certaine quantité de potasse ou de soude caustique; la partie supérieure du tube est remplie du même liquide; on le plonge ensuite par le bout préparé dans un flacon contenant de l'acide nitrique concentré, et l'on établit la communication entre l'acide et le soluté alcalin, au moyen de deux lames de platine unies ensemble avec un fil de même métal. A l'instant même il y a un dégagement de gaz assez abondant sur la lame plongée dans le soluté alcalin, et aucun sur l'autre lame : le gaz recueilli est de l'oxygène provenant de l'eau décomposée. Le courant électrique qui produit cette décomposition provient de la réaction de l'acide sur l'alcali, par suite de laquelle le premier prend l'électricité positive, et le second l'électricité négative. Dans cette expérience, non seulement l'eau est décomposée, mais l'acide nitrique l'est également, et il y a formation d'acide hydro-chloro-nitrique qui attaque la lame de platine. Ainsi, cet appareil électro-chimique, d'une construction extrêmement simple, qu'Aymé a modifié en substituant au tube droit et au flacon dans lequel plonge sa partie inférieure, un tube en U dont la partie inférieure est occupée par du sable fin, décompose ou attaque tous les corps employés, comme s'ils étaient soumis à l'action d'une pile d'un certain nombre d'élémens.

Pelletier a fait usage, pour connaître la température de l'atmosphère, des courans sous-marins, des mines et des couches profondes, des puits forés, des couples thermo-électriques. Déjà ce dernier physicien avait employé les mêmes moyens pour avoir la température de la mer à mille pieds de profondeur. Dans ces expériences, dit l'auteur, il est important de se garantir des courans secondaires de température, courans qui entraînent avec eux trois causes d'erreur. La première se trouve dans le mode d'union du fil négatif du couple avec le fil galvano-métrique. Si les fils sont hétérogènes, comme cela a lieu avec le fil négatif en platine, il faut que les extrémités en contact soient mises dans des tubes fermés et plongés dans un liquide qui les maintient à la même température. La deuxième est dans le courant qui traverse un fil vertical. Cette cause d'erreur, toujours faible et souvent nulle dans le sondage des eaux ou des mines, n'est préjudiciable que dans la mesure des régions atmosphériques dans les temps secs ou orageux. La troisième, la plus grande, est celle qui, dans les sondages, provient de l'inégale action des eaux sur les fils métalliques; il s'établit un couple voltaïque qu'il faut absolument faire disparaître; les conduits gras et résineux que l'on emploie dans ce but, ne sont bons qu'à condition qu'il n'y aura nulle part de dénudation.

A l'occasion de l'état électrique de l'atmosphère avant et pendant la pluie, le même physicien lit un fait qui prouve le retour d'un courant énergique lors des premières gouttes de pluie, et qui est intéressant, non seulement en ce qu'il indique clairement l'état de l'atmosphère dans lequel nous sommes alors plongés, mais encore parce qu'il coïncide avec l'état de malaise qu'on éprouve dans le moment qui précède certaines pluies d'été. Enfin, Pelletier communique, sur la conductibilité électrique des fils métalliques, des résultats qui prouvent que cette conductibilité est variable suivant la longueur et le diamètre du fil; que cette variation dépend bien plus de l'électromoteur employé que du conducteur; que les rapports de variations sont considérablement altérés suivant que l'électro-moteur est simple ou complexe, hydro ou thermo-électrique, que l'électricité d'induction est produite par une hélice à spires nombreuses ou non, etc.; bref, l'auteur démontre que les lois admises par les physiciens, sur cette question de la science, ne représentent réellement pas le phénomène général.

Relativement à la distribution de la chaleur dans l'atmosphère, Arago, dans ses instructions rédigées par la commission scientifique envoyée dans le nord de l'Europe, a fait les réflexions suivantes: les causes physiques qui concourent à rendre les couches de l'atmosphère d'autant plus froides qu'elles sont plus élevées, n'ont pas été soumises jusqu'ici à une appréciation exacte, et il est permis de supposer que quelque chose manque à l'énumération qu'on en a faite. De là l'idée du secrétaire perpétuel de l'Académie, qu'une anomalie pouvait, tout aussi bien que l'étude générale du phénomène, mettre sur la voie des lacunes, s'il en existe, et suggérer les moyens de la combler; de là aussi l'appel fait par lui-même aux observateurs de la *Bonite* sur l'exception que la loi subit la nuit par un temps serein sur la progression alors croissante que les températures atmosphériques présentent depuis le sol jusqu'à une certaine limite de hauteur qui n'a pas encore été exactement déterminée.

Aujourd'hui ce champ de recherches paraît s'être agrandi; dans certains climats en effet les températures atmosphériques semblent pouvoir être croissantes avec la hauteur, même en plein jour; ceci a été constaté par Arago à l'occasion des observations faites par les capitaines Sabine et Forster, en juillet 1823, pour déterminer l'élévation d'une montagne du Spitzberg, isolée et très-pointue. Il résulte de ces observations et de quelques autres que l'anomalie n'existe pas quand le temps est entièrement couvert, mais qu'elle atteint au contraire son maximum par un ciel serein. Ce phénomène mérite l'attention de tout observateur jaloux de la vérité et de l'exactitude. Un ballon captif, qui porterait un thermomètre à minimum (le thermomètre à déversement est le seul dont l'usage soit sûr dans ce cas) et qu'on lancerait de temps à autre dans les airs, servirait à faire des observations d'une manière encore plus concluante qu'en s'établissant sur une montagne isolée et à sommet aigu.

Melloni décrit un appareil propre à répéter toutes les expériences relatives à la science du calorique rayonnant; il lit un mémoire sur le même sujet (nous parlerons de ce mémoire et de l'appareil au mot RAYONNEMENT, à l'occasion duquel nous reviendrons sur le CALORIQUE RAYONNANT). Le même physicien envoie à l'Académie des sciences un travail sur la théorie de l'identité des agens qui produisent la chaleur et la lumière. Le savant secrétaire perpétuel, Arago, en donne l'analyse suivante. S'il est difficile de rendre plausible cette identité des agens, quand on admet pour les phénomènes de la lumière la doctrine de l'émission, on rencontre des obstacles beaucoup plus grands encore lorsqu'on adopte, comme le font aujourd'hui la plupart des physiciens, la théorie des ondes. Ampère cependant a récemment essayé de faire disparaître ces obstacles à l'aide d'une hypothèse qui consiste à supposer une différence dans la longueur des ondes excitées dans l'éther par les vibrations des corps éclairans ou échauffans, suivant que c'est de la lumière ou de la chaleur qui est produite. Mais, en admettant cette hypothèse, Melloni pense que la théorie d'Ampère ne fournit pas d'explications pour certains faits, et qu'elle est inconciliable avec quelques autres; c'est ce qu'il s'applique à démontrer d'abord par des raisonnemens, et en discutant les faits anciennement connus, puis à l'aide d'expériences qui lui en fournissent de nouveaux.

On sait que Rochon, ayant imaginé de porter un thermomètre dans les diverses parties du spectre résultant de la décomposition d'un faisceau lumineux par le prisme, reconnut que la température n'était pas la même dans toutes les parties. Herschell, qui probablement n'avait pas connaissance des expériences de Rochon, arriva au même résultat; mais il alla plus loin, et reconnut qu'au-delà de la partie lumineuse du spectre, du côté du rayon rouge, la chaleur était très-sensible. Séebeck revint sur ce sujet qu'il étudia beaucoup plus complétement; mais les observations de Melloni ajouteront encore à nos connaissances sur ce point.

Si on décompose un faisceau de rayons solaires par un prisme de sel gemme, et qu'on mesure le degré de chaleur propre aux diverses bandes qui composent le spectre, on trouve, comme nous avons déjà eu occasion de le dire, que la température augmente du violet au rouge, et continue à s'accroître dans l'espace obscur jusqu'à une distance de la limite rouge à peu près égale à celle du jaune; après quoi il y a décroissement assez rapide et cessation complète de l'action calorique à une distance de la limite rouge égale à peu près à un tiers de la longueur du spectre lumineux.

Si l'on fait passer toutes les parties du spectre par une couche d'eau de 2 à 9 millimètres, renfermée entre deux lames de verre, et que l'on prenne les températures des rayons émergens, on trouvera le *maximum* de température et la dernière limite obscure rapprochée de la limite rouge. En augmentant successivement l'épaisseur du liquide interposé, on voit passer le *maximum* sur les diverses parties du rouge, de l'orangé et du jaune. Il vient se fixer au commencement du vert lorsque les rayons ont traversé une couche d'eau de 300 millimètres d'épaisseur.

Au lieu du diaphragme liquide, une simple lame de verre reproduit les mêmes variations, quoique sur une moins grande échelle; mais si le verre est coloré, le spectre est complétement altéré. Si on emploie, par exemple, un verre bleu de cobalt, l'orangé disparaît ainsi qu'une grande partie du vert et le milieu du rouge, de manière que le spectre présente alors une série de zones lumineuses,

plus

plus ou moins intenses, d'inégale largeur, entremêlées de bandes obscures. Des verres différemment colorés produisent d'autres altérations, mais toujours avec une alternance de bandes obscures et de bandes lumineuses. Ces modifications altèrent plus ou moins l'énergie calorifique, mais ne changent point sensiblement la position du *maximum*, qui reste toujours dans l'espace obscur au-delà du rouge. A partir du point, en avançant vers la partie opposée du spectre, on voit la température décroître d'une manière continue, sans que le passage par les bandes obscures donne lieu à aucun changement brusque ou mouvement rétrograde.

Les résultats de ces expériences ont conduit Melloni à l'idée de séparer tout-à-fait la lumière de la chaleur; le procédé qu'il a employé consiste à faire passer le rayonnement des sources lumineuses par un système de corps diaphanes qui absorbent tous les rayons calorifiques en n'éteignant qu'une partie des rayons lumineux. Les seules substances qu'il ait employées jusqu'ici sont l'eau et une espèce particulière de verre vert, coloré par l'oxide de cuivre. La lumière pure, émergente de ce système, contient beaucoup de jaune et possède cependant une teinte verte bleuâtre; elle ne donne aucune action calorifique sensible aux thermoscopes les plus délicats, lors même qu'on la concentre par des lentilles de manière à la rendre tout-à-fait aussi brillante que la lumière directe du soleil.

1836. Gay-Lussac lit une note sur l'origine de la glace trouvée au fond des rivières. Arago, qui avait avancé qu'on ne rencontre jamais de glaçons au fond des eaux tranquilles que par accident, attribue la présence des glaçons au fond des eaux à la même cause qui fait que, dans toute cristallisation, les masses cristallines se forment de préférence là où il y a une pointe, un corps saillant, une fente, une brisure, etc.

Gay-Lussac explique ce fait d'une autre manière : Rappelons-nous, dit ce savant illustre, que les glaçons flottans et les glaces spongieuses ne se montrent que par des froids rigoureux de 8 à 10° au moins ; que pendant les observations de M. Fargeau sur les glaces spongieuses du Rhin, le thermomètre était même à 14°. Or, dans une pareille circonstance, on ne peut se refuser à admettre que la surface supérieure des petits glaçons, continuellement frappée par un air aussi froid, et la partie adjacente de leur masse, doivent être au dessous de zéro. Que les glaçons soient maintenant immergés et poussés contre un obstacle. De mille glaçons immergés, un seul peut-être sera retenu contre l'obstacle; les autres continueront à voguer, alternativement élevés à la surface de l'eau et submergés. Quant au glaçon qui aura été arrêté dans sa course, il faut le voir appliqué par sa surface froide contre l'obstacle qui l'aura retenu pendant ce temps, qui peut être très-court; la lame d'eau intermédiaire, d'une minceur extrême au point d'adhérence, se congèle par l'excès du froid du glaçon et lie celui-ci puissamment à l'obstacle. C'est ainsi que les cailloux, les rochers, les herbes, se couvriront d'aiguilles de glace; qu'à celles-ci en adhéreront de nouvelles, toujours confusément, mais trop volumineuses pour s'être formées sur place et pour s'arranger symétriquement.

Duhamel lit un mémoire sur les cordes vibrantes; voici les propres expressions de l'auteur : Le problème des cordes vibrantes a beaucoup exercé la sagacité des géomètres; il peut donc paraître étonnant que la question n'ait pas encore été soumise au calcul, en supposant le mouvement produit, comme il l'est le plus ordinairement, par l'archet. Ce mouvement étant du genre de celui qu'on nomme frottement, il faut d'abord se rappeler les belles lois de Coulomb à ce sujet, et savoir que, les substances en contact ne changeant pas, la force du frottement est proportionnelle à la pression, indépendante de la vitesse et de l'étendue en contact; mais que cependant lorsque la vitesse relative est nulle, cette force est un peu plus grande que lorsqu'il y a mouvement relatif. Examinant les conséquences que l'on peut tirer de ces lois, Duhamel est arrivé au résultat suivant dans le cas d'une force constante produite par un archet. Si une corde est soumise, dans une partie quelconque de son étendue, à des forces indépendantes du temps, mais variable d'un point à un autre, et que l'on construise d'abord la figure suivant laquelle elle serait en équilibre sous l'influence de ces forces, le mouvement de chaque point, par rapport à sa position d'équilibre, sera le même qu'il eût été, toutes choses égales d'ailleurs, relativement à sa position naturelle, sans aucune action étrangère.

On conclut de là immédiatement que le son rendu par une corde soumise à l'action d'un archet, dont la vitesse surpasse toujours celle du point de contact de la corde, est le même que si la corde, écartée d'abord de sa position naturelle, était abandonnée librement à elle-même. Mais si la pression et la vitesse de l'archet étaient telles que la corde acquît au point de contact la même vitesse que l'archet, sans être encore arrivée à la valeur *maximum* que comportait la nature de l'oscillation commencée, le mouvement se trouverait nécessairement ralenti. Tels sont les principaux résultats que Duhamel a obtenus de ses expériences.

Le même physicien étudie la propagation de la chaleur dans les corps non homogènes; nous ne citerons de son travail que la proposition suivante : Si une sphère solide est composée de couches dont la densité et tous les coefficiens spécifiques varient suivant une loi quelconque, et que sa surface soit exposée depuis un temps indéfini à l'action d'un milieu dont les températures soient périodiques et varient arbitrairement d'un point à un autre de la surface, la température moyenne d'une couche quelconque relative à la période entière sera constante et égale à la moyenne des températures extérieures. Cette moyenne sera aussi celle du centre et de la masse entière de la sphère. La même proposition a lieu lorsque la sphère renferme un noyau liquide dont tous les points ont à chaque instant une même température.

Pelletier signale dans les nuages la singulière propriété dont jouissent ces masses vésiculeuses, d'être chargés, pendant les temps d'orage, tantôt d'électricité positive, tantôt d'électricité négative. Il vérifie les observations d'Ehrenberg sur les animaux microscopiques, et il ne trouve pas l'organisation complexe, la présence des centaines d'estomacs annoncées par le physicien allemand; enfin il propose un manuel électromètre, définit les mots *quantité* et *intensité* électriques, etc.

Charles Matteucci lit une note sur la propagation du courant électrique à travers les liquides et les lames métalliques. Il communique quelques unes des expériences qu'il a faites sur trente-six torpilles, et qui ont amené à conclure que l'électricité ne se produit pas dans les organes de la torpille, que ce fluide est condensé en elle comme il l'est dans une bouteille de Leyde ou dans une pile secondaire. Cette opinion est d'accord avec celles de Becquerel, Breschet, Colladon, Davy, Linari et plusieurs autres.

Saigey, à l'occasion d'un travail sur la théorie de la chaleur, adresse à l'Institut les conclusions suivantes : 1° un corps homogène, de figure quelconque, étant parvenu à son état final, chacun de ses points a pour température la moyenne des températures de toute la surface sphérique dont il occupe le centre; c'est aussi la température moyenne de la sphère bornée par cette surface; 2° un corps hétérogène, de figure quelconque, étant parvenu à son état final, chacun de ses points a pour température la moyenne des températures de toute surface bornant un ensemble de couches, tracées autour de ce point comme centre et avec des épaisseurs variables pour la même couche, comme le produit de la conductibilité par la chaleur spécifique; 3° dans le cas du corps homogène, on peut enlever autour d'un de ses points quelconque une masse sphérique de grandeur arbitraire, sans changer la température de ce point, si chaque partie de la cavité ainsi formée rayonne proportionnellement à sa température supposée invariable.

Lecoq et Boisgiraud, dans une note sur le phénomène de la grêle, cherchent à expliquer la solidification de l'eau dans l'espace, et le bruit que font entendre les grêlons en traversant le même espace. Suivant ces observations, la grêle se forme sous l'influence de deux vents opposés agissant sur deux couches de nuages superposés; quant au bruit auquel elle donne lieu en traversant l'espace, il faut l'attribuer au vide formé dans l'air par la vitesse de sa chute. D'autres physiciens pensent que ce bruit pourrait bien être le résultat du choc des grêlons les uns sur les autres. Sans nier la valeur de la première explication, nous croyons que la seconde n'est pas dénuée d'exactitude.

Becquerel lit une note dans laquelle il prouve que lorsqu'un courant électrique provenant d'un appareil voltaïque, traverse un soluté salin ou un fil métallique suffisamment fin, il en résulte des effets chimiques ou des effets calorifiques, dont l'énergie, dans l'un et l'autre cas, dépend, 1° du nombre de couples qui entrent dans l'appareil; 2° des dimensions des mêmes couples. Les effets chimiques sont en rapport avec le nombre, les effets calorifiques avec les surfaces. Par suite de ces observations, Becquerel est parvenu à avoir un courant électrique qui possédait la faculté de produire des décompositions chimiques, et non celle d'échauffer les corps. Magendie annonce la possibilité de rétablir les fonctions nerveuses par l'action des courans galvaniques. Il s'appuie sur la guérison qu'il a obtenue sur un jeune officier polonais qui, à la bataille d'Ostrolenka, perdit l'ouïe, la parole et le goût, après avoir été renversé, sans commotion aucune, en chargeant sur une batterie qui tirait à boulets. Roux communique deux observations qui viennent confirmer l'opinion de Magendie. A l'occasion des belles expériences de Melloni sur la transmission des rayons solaires à travers certains corps et des phénomènes qu'ils éprouvent, Arago donne connaissance des expériences de Mad. Sommerville, qui prouvent la possibilité prévue il y a déjà quelque temps par le savant secrétaire, de séparer du spectre solaire les rayons chimiques des rayons lumineux et des rayons calorifiques. Dans ces expériences, faites avec des lames de mica et de verre vert, et avec le sel gemme, le chlorure d'argent, les verres blancs, bleus et violets, on voit que le mica et le verre vert sont imperméables aux rayons chimiques, que le contraire a lieu avec les autres substances, etc. Lartigue, capitaine de corvette, par suite d'observations qui lui sont propres, essaie de démontrer que l'opinion des marins sur l'influence de la lune sur le temps et sur les vents, quoiqu'entachée d'inexactitude, n'est pas sans fondement. On sait d'ailleurs que cette opinion, partagée par tous les agriculteurs, est rejetée par presque tous les savans qui se sont occupés de météorologie.

De Humboldt lit à l'Institut une lettre d'un physicien allemand, Karsten, relative à un travail sur l'électricité de contact, dans laquelle on trouve les opinions suivantes : 1° les métaux, et peut-être tous les corps solides, deviennent positifs dans les fluides, et le fluide dans lequel ils sont plongés prend l'électricité négative; 2° un corps solide qui est plongé à moitié dans le fluide, présente une polarité électrique. La partie plongée possède alors l'électricité positive, et celle qui ne l'est pas l'électricité négative; 3° les corps solides présentent une grande différence dans leur force électro-motrice par rapport au même fluide, et cette différence est la véritable cause de l'activité électrique, chimique et magnétique de la chaîne galvanique; 4° si deux électro-moteurs solides, mais de différente force, se trouvent plongés dans le même fluide sans se toucher, l'électro-moteur le plus faible devient négativement électrique, l'autre positivement; 5° la moitié du plus faible électro-moteur qui déborde le fluide montre pareillement l'électricité opposée à celle de sa partie plongée, c'est-à-dire l'électricité positive, etc.

D'après un travail de de Humboldt sur les variations de la hauteur du baromètre au niveau de la mer pour les différentes latitudes, il est reconnu que, contrairement à l'opinion générale et ancienne, la hauteur du baromètre au niveau de la mer n'est pas partout la même. L'illustre voyageur a reconnu que, sous l'équateur, le mercure se tenait plus bas que dans les parties situées au-delà de l'un et de l'autre tropique. La différence a été estimée, avec des instrumens peu exacts, il est vrai, à deux millimètres environ. Boussingault trouva, avec des instrumens plus exacts, une différence un peu plus petite. Après ce dernier observateur, une différence extrêmement sensible fut également reconnue dans des expériences faites à l'établissement danois de Christianberg, sur la côte de Guinée, par les 5° 24′ latitude nord, et au-delà de chaque côte jusqu'aux tropiques. Dans ses observations aux îles Canaries, de Buch a trouvé une moyenne de 339,09^{m}· de Paris; Herzberg, dans celles qu'il fit pendant neuf ans dans le Hardanger en Norwége, a eu une moyenne de 335.85^{m}·; Escolar, à l'île de Ténériffe, obtint 338,44^{m}·; enfin Herschell obtint des résultats semblables à ceux de Boussingault, et les observations faites six fois par jour pendant tout le voyage du capitaine Beechey, en confirmant tout ce qui avait pu être vu, mais qui n'avait pas été avancé avant de Humboldt, qu'à partir des climats tempérés, la hauteur du baromètre diminuait à mesure qu'on s'approchait de l'équateur, ont fait voir de plus qu'une semblable diminution avait lieu quand on s'avançait des latitudes moyennes vers les très-hautes latitudes. Ainsi, dans la zone tempérée, le mercure se soutient à une plus grande élévation que dans les deux zones contiguës; tout porte à croire que cet état statique tient à des courans aériens.

1837. Poisson, sous le titre de Mémoire sur la distribution de la chaleur à l'intérieur du globe terrestre, donne le résumé des principaux résultats qui se trouvent dans sa Théorie mathématique de la chaleur; Robert, dans un travail ayant pour titre: Influence de la rotation des mobiles sur leur mouvement de translation dans les milieux résistans, conclut que la déviation que les corps éprouvent par suite d'un mouvement de rotation, peut avoir lieu dans deux sens opposés, sans que l'axe de rotation change de direction, le sens de la déviation dépendant du rapport des vitesses de translation et de rotation à la surface du corps. Cagniard-Latour annonce que l'air contenu dans la trachée pendant l'acte de la phonation fait équilibre à une colonne d'eau de 16 centimètres. Becquerel mesure l'intensité des courans électriques à l'aide d'une balance dite *électro-magnétique*. Cet appareil est ainsi disposé: on prend une balance d'essai trébuchant à une fraction de milligramme; à chacune des extrémités du fléau, on suspend à une tige verticale, un plateau et un aimant dont le pôle boréal est situé dans la partie inférieure; on dispose ensuite au dessous, sur un appareil convenablement placé, deux tubes creux de verre d'un diamètre assez grand pour que les deux barreaux puissent y entrer aisément sans toucher les parois. Autour de chacun de ces tubes est enroulé un fil de cuivre de manière à former dix mille circonvolutions. Après avoir placé les barreaux suivant l'axe des spirales, on fait passer à travers le fil un courant électrique. Si on considère une seule spirale, il est évident que, selon la direction du courant, le barreau aimanté s'élèvera et s'abaissera ainsi que le fléau avec lequel il est en rapport. Maintenant, si on dispose la seconde spirale de telle sorte que le mouvement du fléau s'exécute dans le même sens quand le fil est parcouru par le courant, et si on fait communiquer les deux spirales l'une avec l'autre, les actions exercées sur les barreaux s'ajouteront nécessairement. L'exemple suivant va donner une idée de l'appareil que nous venons de décrire.

« Ayant pris (dit Becquerel) deux lames, l'une de zinc et l'autre de cuivre, présentant chacune une surface de quatre centimètres carrés, et en communication avec les deux spirales, on les a plongées en même temps dans 10 grammes d'eau distillée; les plateaux ont trébuché, et il a fallu ajouter dans l'un d'eux un poids de deux milligrammes 5 dixièmes pour maintenir l'équilibre: l'aiguille aimantée d'un multiplicateur à fil court, qui avait été placé dans le circuit, fut déviée de 60°. En ajoutant au liquide une goutte d'acide sulfurique, on fut obligé d'employer 35 milligrammes 5 dixièmes pour rétablir l'équilibre: les deux courans étaient donc dans le rapport de 1 à 14 environ.

Legrand publie sur les déplacemens qu'éprouve l'échelle des thermomètres à mercure, des faits que nous ferons connaître à l'article THERMOMÈTRE. Matteucci se livre à de nouvelles expériences sur la torpille. 116 torpilles sont mises en contact avec les galvanomètres ordinaires et avec des grenouilles. Suivant l'auteur, on n'obtient de la torpille aucune manifestation d'électricité, si on ne la touche à la fois dans deux points différens. Ainsi, une grenouille isolée qui touche avec un seul de ses filets nerveux le corps de la torpille n'éprouve aucune secousse.

La torpille ne jouit pas, comme on l'a cru, de la propriété de diriger la décharge vers tel ou tel point. Quand l'animal est doué d'une grande vitalité, on en obtient de toutes les parties de son corps; plus tard cette faculté se trouve limitée aux régions situées au dessus des deux organes électriques. La distribution du fluide a lieu, dans la torpille, en vertu des trois lois suivantes, reconnues par Matteucci; 1° tous les points du dos sont positifs par rapport à tous les points du ventre; 2° les points de la surface dorsale situés au dessus des nerfs qui pénètrent l'organe sont positifs par rapport aux autres points de la même surface; 3° le centre a lieu pour la face ventrale. Voyons maintenant quelles sont les propositions établies par le même physicien.

1° Relativement au courant électrique dans la

torpille, la lame qui touche la peau dorsale ou qui est plongée le plus près de cette partie, est toujours positive par rapport à la lame contiguë à la peau ventrale; 2° l'intensité du courant varie proportionnellement à l'étendue des lames qui touchent les deux faces de l'organe; 3° quand l'animal est doué d'une grande vitalité, le courant traverse, sans affaiblissement sensible, une grande masse d'eau salée même séparée par des diaphragmes métalliques. La transmission se fait de moins en moins bien à mesure que l'animal perd ses forces; 4° pour obtenir l'étincelle il faut placer l'animal entre deux plats métalliques qui communiquent par deux feuilles d'or (autrefois l'auteur faisait passer le courant dans une spirale très-longue) 5° toute la peau, les muscles, les ligamens qui tiennent à l'organe soumis à l'expérience, peuvent être enlevés sans que la décharge diminue sensiblement d'intensité. On peut même enlever jusqu'aux trois quarts de la totalité de l'organe et obtenir encore des secousses; les ligatures des nerfs les arrêtent complétement; 6° enfin la moelle allongée et la moelle épinière peuvent être coupées sans que la décharge cesse. Il n'en est pas de même du quatrième lobe du cerveau qui, pour cela, doit être appelé *lobe électrique*.

Capocci, directeur de l'Observatoire de Naples, présente à l'examen de nos savans astronomes, les lunettes dialytiques de Plossel, de Vienne. Ces lunettes de nouvelle invention, dit le physicien de Naples, paraissent devoir offrir, sur les anciennes, des avantages marqués; car la lentille de flintglass dont elle est pourvue peut se réduire à demi, à volonté, de son premier diamètre etc., *voyez* Optique. Chevallier, opticien à Paris, envoie à la même société savante un microscope à faible grossissement qui possède d'ailleurs tous les autres avantages du même genre d'instrument, et avec lequel on obtient des amplifications parfaitement exactes et parfaitement nettes de l'objet soumis à l'observation. Despretz donne, sur le maximum de densité des liquides, des résultats plus généraux que ceux qu'il avait obtenus jusqu'alors. J'ai constaté, dit l'auteur, que toutes les dissolutions salines ont, comme l'eau pure, un maximum de densité. Pour arriver à ce résultat, quatre méthodes peuvent être employées. La plus simple de toutes, en apparence, celle employée par Lefèvre-Gineau, Hœlstrom et d'autres physiciens, consiste à peser un corps dans l'eau prise à différentes températures; mais la nécessité d'agiter le liquide pour distribuer uniformément la chaleur, rend cette méthode difficile à pratiquer, puisque cette agitation remue nécessairement la balance. Dans la seconde, aussi défectueuse que la première, et mise en usage par Blagden et Gispins, on pèse le même vase plein d'eau aux températures voisines du maximum. La réfraction, ou troisième méthode, doit être exclue depuis qu'Arago a fait voir que l'eau, en se dilatant par le froid, réfracte de plus en plus la lumière; enfin la relation qu'il y a entre la température et le diamètre des nappes, qui a été découverte par Savart et qui constitue la quatrième méthode, exige une trop grande habitude dans les expériences sur l'écoulement des liquides, pour que tous les expérimentateurs puissent s'en servir. Il a donc fallu chercher un autre procédé, et voici (c'est toujours l'auteur qui parle) l'appareil dont je me suis servi. Dans un vase cylindrique en cuivre sont suspendus deux thermomètres à eau et trois thermomètres à mercure, disposés alternativement. Tous les réservoirs sont à la même hauteur; le vase est fermé par un bouchon afin d'empêcher l'accès de l'air extérieur; il est placé dans un grand vase en terre qu'on remplit d'un mélange à différentes températures, depuis 16° au dessus de zéro, jusqu'à la congélation de l'eau qui arrive tantôt à 5, tantôt à 10, quelquefois à 15 et même à 20° au dessous de zéro. Gay-Lussac avait déjà vu l'eau se maintenir liquide à 12° au dessous de zéro.

La durée d'une expérience est de huit à dix heures, pendant lesquelles on prend 8 à 10 nombres. On trace la courbe de la dilatation apparente, puis on lui mène une tangente parallèle à la ligne de la dilatation du verre; car le *maximum* est évidemment le point où la dilatation de l'eau est nulle, c'est-à dire où la dilatation apparente observée est égale à l'effet produit par la contraction du verre. Nous ne poursuivrons pas plus loin l'analyse de cet intéressant travail.

Babinet présente, comme moyen propre à connaître la structure intime des minéraux, les cinq classes de phénomènes optiques suivantes: 1° l'absorption sans polarisation et sans double réfraction; 2° l'absorption avec polarisation; 3° le dichroïsme ou polychroïsme; 4° les caractères analogues aux phénomènes de réseaux et de couronnes; 5° enfin l'astérie et les phénomènes analogues; la polarisation chromatique et ses applications.

Pouillet, dans un mémoire sur la mesure relative des sources thermo-électriques et hydro-électriques, cherche à établir les rapports d'intensité qu'il y a entre des sources de nature et de propriétés si différentes. La méthode employée par l'auteur consiste à affaiblir de plus en plus le courant hydro-électrique en la faisant passer par un fil de platine de plus en plus long, jusqu'à ce qu'il n'ait plus que l'intensité nécessaire pour faire équilibre au courant thermo-électrique, de telle sorte que ces deux courans produisent le même effet sur une boussole de sinus à multiplicateur et très-sensible. Pour cela on prend un fil de platine de 200 mètres de longueur et de 144 millièmes de millimètre de diamètre.

Le même physicien lit encore plusieurs mémoires, l'un sur la pile de Volta et sur la loi générale de l'intensité que prennent les courans, soit qu'ils proviennent d'un seul élément, soit qu'ils proviennent d'une pile à grande ou à petite tension (*voyez* Pile), l'autre sur la mesure des haute températures. A l'occasion de ce dernier travail, Montferrand et Cagniard-Latour annoncent avoir envoyé le 19 septembre 1836, sous paquet cacheté un instrument de leur invention qu'ils appellen *pyromètre acoustique*, et qu'ils regardent comm propres à ramener la mesure de toutes les températures à l'évaluation d'un son.

Arago, à l'occasion d'un rapport sur un ouvrage de Capocci relatif à l'érosion par des pholades des colonnes du temple de Sérapis, cite plusieurs passages d'écrivains contemporains qui prouvent, d'une part, qu'en 1538, le sol sur lequel repose le temple fut exhaussé; de l'autre, que le Monte Nuovo qui apparut alors, fut aussi le résultat d'un soulèvement. Il rapporte également des faits qui appartiennent au même physicien Capocci et qui tendent à prouver que depuis 1800, la mer s'est abaissée de deux palmes et demie dans les environs de Pouzzol. A quoi tiennent ces variations de niveau du sol? à de notables changemens locaux de température dans les couches terrestres profondes, dit Babbage; en effet, cet habile géologue a trouvé qu'un changement de température de 56° centigrades qui affecterait une profondeur de terrain (de grès) de deux lieues, engendrerait à la surface un mouvement de 25 pieds anglais.

Reich, professeur à l'Académie des mines de Freyberg, cherche à déterminer la densité de la terre. Déjà la science possède deux essais de ce genre, et les résultats de ces essais sont différens. Cavendisch assigne à notre globe une densité moyenne de 5, 5; Hutton et Playfair 4,7; Reich a trouvé 4,44. Pour arriver à ce résultat, le professeur de Freyberg s'est servi de l'appareil à miroir de Poggendorf, appareil qui a été employé par Gauss pour observer l'aiguille aimantée. La méthode suivie a été celle de Cavendisch. (*Voyez* Température du globe.)

Le magnétisme animal reparaît sur le théâtre de la science et du monde savant; tout est mis en usage pour attirer l'attention du public, pour capter de nouveau sa confiance, pour le séduire et l'entraîner dans le chaos de l'aveugle confiance, de la crédulité et de l'absurde. Comme faits extraordinaires et favorables au rôle que peut jouer, ou que l'on veut faire jouer au magnétisme dans la production et l'explication des divers phénomènes physiologiques dont on est témoin dans les salons de nos *Nostradamus*, on cite l'évulsion d'une dent, l'extirpation d'un sein, l'amputation d'une jambe, en un mot toutes les opérations sanglantes de la chirurgie, exécutées pendant le sommeil magnétique et sans que le patient annonce la moindre émotion. Mais qui ne connaît tout l'empire du moral sur le physique, toute la puissance de la volonté? ne sait-on pas que des hommes, que des femmes même, ont supporté les blessures les plus graves sans pousser le moindre cri, sans exhaler la moindre douleur?

Des défis ont été portés, des prix ont été proposés, il n'y a pas encore quatre mois, à tous ceux et celles qui, dans le sommeil magnétique, sont doués de la faculté de prédire l'avenir, de lire sans le secours et l'usage des yeux, de guérir sans la moindre notion médicale, de voir ce qui se passe chez nos voisins et même dans les astres, d'expliquer, de suivre pas à pas le mécanisme de nos fonctions organiques, etc., etc., jusqu'alors, malgré tout le pompeux et toute l'assurance des programmes, malgré le bon vouloir des somnambules de tout âge, de tout rang et de tout sexe, aucun programme n'a pu être rempli, aucun prix gagné, devant les dernières commissions nommées. Il est vrai que celles-ci s'étaient toutes donné le mot pour ne croire que ce qui est croyable, que ce qui est accessible à nos sens, à notre intelligence, et pour rejeter tout ce qui n'est point le résultat d'expériences faites scientifiquement, c'est-à-dire franchement et loyalement.

1838. Despretz répète et vérifie de nouveau les expériences qu'il a faites sur la dilatation de l'eau de la mer et de divers solutés salins, dont l'exactitude avait été niée par le docteur Hope. Il annonce en même temps que le soufre fait exception à cette loi générale qui veut que les corps solides et liquides éprouvent sous l'influence de la chaleur une dilatation proportionnelle à la température : le coefficient de la dilatation absolue de ce corps, dit l'auteur, décroît, à partir d'un certain point, avec la température, d'une manière très-appréciable.

Dujardin adresse à l'Institut une note sur un nouvel appareil de son invention, qui éclaire avec la plus grande intensité de lumière et la plus grande netteté les objets vus par transparence. Cet appareil, formé de plusieurs lentilles achromatiques, a pour but de concentrer sur l'objet la lumière illuminante réfléchie par un miroir, de telle sorte qu'elle semble partir de l'objet lui-même, et qu'ainsi les effets de diffraction, les franges, les ombres, qui augmentent si sensiblement le diamètre apparent des lignes minces dans le microscope ordinaire, sont complétement évités.

Arago, dans la séance du 17 septembre, rappelle à l'Académie des sciences les travaux de Dulong, en 1822, sur la chaleur animale. Dulong, ajoute l'illustre secrétaire, dont la vertu et la modestie égalaient le haut et puissant savoir, Dulong, physicien, qui était autant communicatif quand il avait trouvé une vérité qu'il l'était peu quand cette vérité laissait la moindre obscurité dans son esprit, s'est encore beaucoup occupé, comme tout le monde le sait, de la difficile question de la chaleur spécifique des gaz, c'est-à-dire de la détermination du calorique latent qu'ils recèlent à volume égal et sous les mêmes conditions de pression et de température. Le grand physicien que la science vient de perdre avait déjà annoncé que tous les gaz simples ont une capacité identique pour la chaleur. Dans les papiers trouvés après sa mort, j'ai (Arago) cru découvrir, sur des notes éparses, les deux lois suivantes sur les gaz composés : les gaz composés ont, comme les gaz simples, une chaleur spécifique égale, quand, en se combinant, les gaz simples qui les forment n'éprouvent pas de condensation; ils ont une chaleur spécifique différente quand il y a condensation des gaz élémentaires et que leur condensation n'est pas semblable, etc. On comprendra facilement, ajoute Arago en terminant, pourquoi j'ai dû faire ces importantes communications à l'Académie.

Walferdin communique une note sur un forage

qui a été pratiqué dans le département de l'Eure, et sur les mesures de température qu'il a prises au fond des puits, au moyen de son thermomètre à déversement. 265,32$^{m.}$ ont été traversés; 13,52$^{m.}$ dans l'argile plastique; 122,56$^{m.}$ dans la craie blanche; 20,24$^{m.}$ dans la craie marneuse; 13,64$^{m.}$ dans la glauconie, et 84,56^{m} dans les sables verts. A cette profondeur, où l'ascension des sables indique souvent le voisinage des nappes d'eau qui tendent à remonter, on descendit deux thermomètres à déversement, enfermés chacun dans un tube en cristal soudé à la lampe à ses deux extrémités, afin qu'ils soient complétement à l'abri de la pression de l'air qui changerait notablement les résultats à cette profondeur. Après dix heures d'immersion, l'un d'eux a marqué 17° 96, et l'autre 17° 95. En admettant qu'à la profondeur à laquelle l'expérience a été faite, la température est constante, on peut conclure de ces deux citations une indication de 17° 95; et si, comme s'en est assuré Walferdin, la température moyenne du seul puits de la commune dans laquelle on opérait le forage était de 12° 2, on a 5° 75 d'augmentation proportionnelle, ou un degré centigrade pour 30,95^{m}.

Savigny, membre de l'Académie des sciences, qu'une maladie de la vue prive depuis quatorze ans d'assister aux séances, envoie quelques résultats d'observations faites sur lui-même relativement aux *phosphènes*, phénomènes lumineux qui ont lieu dans l'obscurité, et qui se manifestent vers l'angle externe de l'œil toutes les fois que dans un lieu très-obscur on comprime l'angle interne de l'œil avec le doigt.

Le cercle obtenu, qui a huit à dix lignes de diamètre, une coloration des plus variables, etc., est le phosphène dans son état naturel d'exiguité et de simplicité, dont le caractère est de ne jamais se montrer spontanément, et de n'apparaître qu'à la région marginale de l'œil.

On sait que les phosphènes se présentent sous trois formes principales, sujettes chacune à quelques modifications. Dans la première, le phénomène est circonscrit, généralement orbiculaire; il peut être unique ou multiple. Dans la seconde, le phénomène se présente en nappe interrompue ou continue, ou en longue bandelette au bord supérieur de la région marginale. Dans la troisième, le phénomène consiste en un cercle unique de quelques pieds de diamètre, mais linéaire, parallèle autour de la région marginale, et entourant à une certaine distance toute la face.

Relativement aux nuances diverses des phosphènes, aux zones festonnées qui les entourent, à la vivacité de leurs couleurs, de leur éclat et de leurs détails les plus délicats, relativement aussi à leur reproduction, soit par la pression du doigt, soit par la simple contraction des paupières, l'auteur a fait les observations les plus curieuses et les plus intéressantes. C'est ainsi que la fréquence des phosphènes en diminue l'intensité et l'éclat, que telle partie de l'œil qui est comprimée donne des phénomènes autres que telle autre partie; que plus une pression est grande, plus le phosphène est grand, compliqué et lumineux; qu'une pression inégale le rend onduleux, irrégulier, etc.

Becquerel et Breschet poursuivent leurs expériences sur la température du corps de l'homme.

Le procédé thermo-électrique employé par ces deux savans, consiste, comme on le sait, à faire usage de deux aiguilles, composées chacune de deux astres (l'une de cuivre et l'autre d'acier), soudées par un de leurs bouts. L'une des soudures est placée dans un milieu dont la température reste constante pendant la durée de l'expérience, tandis que l'autre est introduite dans la partie dont on veut mesurer la température. Ces deux aiguilles communiquent ensemble, d'une part, par leur bout acier avec un fil de même nature, et, de l'autre, par leur bout cuivre avec les extrémités du fil d'un excellent multiplicateur thermo-électrique.

Lorsque les deux soudures ont la même température, l'aiguille aimantée n'est pas déviée; mais pour peu qu'il y ait une différence entre les deux températures, ne fût-elle que d'un sixième de degré, il y a une déviation dont le sens et l'étendue servent à évaluer directement cette différence, et par suite la température d'un des milieux, quand celle de l'autre, qui est constante, est connue.

La source constante employée d'abord par les auteurs était fournie par l'appareil Sorel; aujourd'hui ils se servent de la bouche comme source de température constante.

Les deux physiciens que nous venons de citer, se sont occupés d'abord de l'influence que peuvent exercer sur la température des muscles de l'homme, les variations de l'atmosphère ambiante, puis l'influence de la saignée sur la température intérieure du corps. Relativement à la première question, il est constant que l'homme, ainsi que beaucoup d'animaux à sang chaud, peuvent vivre dans une atmosphère ayant une température qui diffère de la leur de près de 80°, puisque, d'une part, les habitans des régions polaires se trouvent exposés une partie de l'année à une température qui est celle de la congélation du mercure, et que, de l'autre, on sait par les expériences de Bancks, Blagden et Fordyce, qu'on peut rester pendant quelque temps plongé dans un air dont la température surpasse celle de l'eau bouillante, sans qu'il en résulte un désordre sensible dans l'économie animale. La chaleur intérieure du corps reste-t-elle la même dans ces expériences? oui, quand la température de l'air ambiant ne s'élève que jusqu'à 120°. Berger et Laroche ont trouvé qu'en se plaçant dans un air à 49°, leur température propre augmentait de 4 à 5°. Le capitaine Parry a affirmé que, dans les régions arctiques, où la température descend au dessous du point nécessaire pour la congélation du mercure, la température de l'homme n'est pas sensiblement modifiée; John Davy, au contraire, a trouvé que la température de l'homme s'accroît des pôles à l'équateur. Les expériences de Becquerel et Breschet, tendant à constater ces diverses assertions, ont conduit les auteurs à reconnaître que, lorsque le corps de l'homme est en contact, pendant une vingtaine de minutes avec de l'eau dont la température varie de 0 degré à 49 degrés, la température des muscles n'éprouve que de faibles variations; mais ils font remarquer qu'un contact plus prolongé pourrait donner des modifications plus sensibles.

Relativement à la seconde question, celle qui a rapport à l'influence de la saignée sur la température intérieure du corps, une première expérience n'a pas montré de variations sensibles pendant ni après une saignée assez forte pratiquée chez un homme de quarante ans. Dans une seconde épreuve, faite sur un chien de moyenne taille, qui avait mangé peu d'heures auparavant, le résultat ne fut pas plus significatif. Faut-il conclure de ces faits que la circulation sanguine agit moins sur la température des tissus que l'influx nerveux? non; car des expériences ultérieures ont prouvé que le sang artériel, celui surtout qui parvient dans les réseaux capillaires, exerce une influence directe sur la température des tissus.

Becquerel annonce que Prévost, de Genève, est parvenu à aimanter des aiguilles de fer doux en les plaçant très-près des nerfs, et perpendiculairement à la direction dans laquelle il supposait que le courant électrique devait y cheminer. L'aimantation a eu lieu au moment où, en irritant la moelle épinière, on détermine une contraction musculaire dans l'animal. Cette expérience prouve l'identité du fluide nerveux et du fluide magnétique.

Sellier, à l'occasion d'une lettre reçue il y a quelque temps par l'Académie des sciences, et dans laquelle on attribuait à un développement d'action électrique le son que rendait au lever du soleil la statue de Memnon, à Thèbes, adresse un ensemble d'expériences qui tendent à montrer les rapports qui existent, dans certaines circonstances, entre la production du son et le développement de l'électricité; voici une de ses expériences: en saupoudrant une plaque vibrante avec une poudre siliceuse, celle-ci s'arrête sur les lignes nodales; mais le contraire arrive en employant de la colophane en poudre impalpable; les lignes nodales se vident, et les parties vibrantes se recouvrent de résine. Considérons attentivement, dit l'auteur, cette dernière expérience; les lignes nodales attirent le verre en poudre qui s'y accumule en tourbillonnant; ces mêmes lignes se vident avec la colophane qui les fuit au contraire en tourbillonnant, tandis que les sections intermédiaires (les ventres) s'y arrêtent; ces dernières possèdent donc l'électricité positive, et les premières l'électricité négative, d'où l'on peut tirer cette conclusion, que dans un corps résonant, l'électricité se fractionne.

Masson, professeur de physique à Caen, adresse une note sur les courans électriques supposés transmis dans le vide. D'après les idées généralement admises, que l'électricité statique est retenue par l'air à la surface des corps conducteurs isolés, et qu'elle se répand instantanément dans le vide, j'espérais, dit l'auteur, obtenir une vive lumière en faisant arriver des courans très-puissans dans le vide barométrique. Pour cela, je construisis des baromètres à l'extrémité desquels je soudai des fils de platine dont les extrémités pouvaient facilement être approchées ou éloignées de la surface du mercure; je fis communiquer le fil de platine et le mercure du baromètre avec les pôles d'une pile; je fis varier le nombre des couples et la distance du fil au mercure, et je ne pus obtenir ni la moindre déviation d'un galvanomètre placé dans le circuit, ni la plus petite étincelle ou lueur phosphorescente; d'où je conclus 1° que le vide ne conduit pas les courans; 2° que l'électricité de tension qui se manifeste par l'attraction des corps légers aux pôles des piles qui ont un grand nombre d'élémens, est excessivement faible, et ne paraît pas due à la même cause qui produit l'effet dynamique; 3° qu'il est permis de douter que les courans obtenus dans le vide par Davy et Faraday se soient propagés sans le secours d'un fil conducteur.

Le même physicien propose, avec Breguet, les rails des chemins de fer pour conducteurs des télégraphes électriques. Ici les courans électriques sont produits par l'appareil de Pixii, appareil formé d'aimans artificiels à rotation entourés de 6 à 7,000 pieds de fil de cuivre. On sait que ces courans ont beaucoup d'analogie avec ceux de la la bouteille de Leyde, et qu'ils sont très-aptes à traverser les plus puissans obstacles.

L'idée des télégraphes électriques n'est pas nouvelle; elle paraît être due à Wheastone. Sœmmering et quelques autres ont parlé de ce mode particulier de communication; mais, il faut le dire, ces sortes de télégraphes, tout simples qu'ils sont (ils consistent en de très-longs fils métalliques communiquant d'une part avec une pile électrique, de l'autre avec quelques lettres de l'alphabet, ou bien avec des mots ou des figures représentant des phrases), ne peuvent être d'une grande exactitude et d'une parfaite régularité.

Pelletan propose un nouveau système de machine à vapeur *dit* à rotation immédiate. Ce système est fondé sur l'action impulsive d'un jet de vapeur entraînant avec lui d'autres fluides élastiques, et mettant une pièce mobile de rotation convenablement disposée pour absorber la plus grande partie du mouvement de cette veine fluide. Le temps et l'expérience jugeront de l'importance et de la valeur réelles d'une machine qui est privée de tout ajustement difficile, qui donne une combustion complète, une économie de combustibles, avec laquelle l'auteur prétend faire vingt lieues à l'heure, etc.

Callant, horloger, propose une pendule qui peut enregistrer sur une feuille de papier toutes les variations thermométriques, barométriques et hygrométriques de l'atmosphère, et toutes les heures comme le ferait un chronomètre ordinaire. Le mécanisme de cette pendule consiste en un flotteur porté par une colonne thermométrique et une aiguille correspondant avec le flotteur.

Quelques observations sur la Physique du globe sont communiquées à l'Académie des sciences par Pentland et Dumoulin. Le premier écrit à Arago pour rectifier une erreur relative à la mesure de la limite inférieure des neiges perpétuelles dans la zone torride. D'après de nouveaux calculs, l'auteur assigne pour la cordillière de Vilcanota, au 14ᵉ degré de latitude, 4,928 mètres, et non 15,800 pieds; 4,720 mètres pour l'illimani, etc. L'Annuaire du bureau des longitudes, de cette année, fixe la limite inférieure des neiges perpétuelles, sous l'équateur, à 2,800 mètres.

Le second, Dumoulin, ingénieur hydrographe à bord de l'Astrolabe, donne quelques renseignemens nouveaux sur les tremblemens de terre du Chili. Avant 1828, dit l'auteur, les habitans des côtes du Chili, qui, depuis long-temps étaient exempts de désastres causés par les tremblemens de terre et qui avaient à peine ressenti celui qui, en 1827, détruisit Valparaiso, prêtèrent peu d'attention aux petites secousses qui se faisaient sentir de temps à autre. Depuis le 20 février 1835, les secousses de tremblemens de terre n'ont point cessé dans ce pays; on en a compté plus de 1200; il y en a eu quelquefois 32 dans un seul jour. Contrairement à l'opinion reçue dans le pays, les saisons n'influeraient en rien sur la fréquence de ces tremblemens. Les secousses ont toujours été d'autant plus nombreuses qu'elles ont suivi un tremblement de terre plus fort. L'auteur ne doute pas qu'une partie du pays ne se trouve élevée par suite des tremblemens de terre, de ceux surtout qui ont, selon les habitans, un mouvement d'ondulation et non un mouvement horizontal. Un banc de roches, vis-à-vis Sainte-Catherine, à Falcahuano, était couvert par les marées les plus faibles. Depuis le 20 février 1835, il est resté constamment à découvert; les marées les plus fortes peuvent à peine en mouiller le sommet. Partout le lit des ruisseaux et des petites rivières s'est sensiblement élevé. De vastes rivages, jadis couverts par les eaux, sont maintenant notablement exhaussés. C'est d'ailleurs un fait qui n'est pas douteux pour les rivages de la Scandinavie et de bien d'autres contrées.

Babinet lit un mémoire sur les couleurs des doubles surfaces à distance. Les faits principaux auxquels l'auteur a appliqué les principes des interférences sont relatifs à trois expériences nouvelles qui lui sont propres, ainsi qu'aux couleurs des plaques épaisses de Newton, et à deux expériences particulières de Pouillet et Quetelet.

La principale expérience de Babinet consiste à mettre sur le trajet de rayons convergens une plaque à faces parallèles légèrement ternies. L'on obtient autour du foyer des anneaux colorés d'une nature particulière. On peut encore remarquer les anneaux colorés que certaines parties de certaines lames de mica font apercevoir autour d'une bougie placée à distance. L'auteur donne les formules mathématiques de toutes ces particularités.

Tels sont les faits nombreux que nous avions à enregistrer dans le domaine de la science, et qui, sous la forme chronologique que nous leur avons donnée, constituent les progrès de la physique depuis sa naissance jusqu'à nos jours. Sans doute qu'à ces faits déjà nombreux, trop nombreux peut-être, à cause du cadre ordinaire du Dictionnaire pittoresque, mais ayant tous une haute et égale importance, pouvaient s'en ajouter d'autres d'une valeur et d'une utilité non moins grandes; mais il a fallu nous imposer des bornes, regretter ce que nous avons omis, désirer que notre choix soit approuvé par tous, c'est ce que nous faisons avant de signaler aux travailleurs les progrès futurs d'une science aussi vaste, aussi belle que la physique.

CHAP. VI. — *Aperçu concernant les progrès futurs de la Physique.*

La physique est-elle une science arrivée à son apogée? Non, toujours elle pourra, comme toutes les autres sciences, s'agrandir, se perfectionner et se modifier selon la marche du temps, l'apparition des phénomènes de la nature, etc. Uranus est-il la limite absolue du système planétaire? Les conjectures ingénieuses et hardies de Herschell, sur la formation des corps célestes, sont-elles susceptibles d'être confirmées ou détruites? La grande question de Newton: la force qui enchaîne les planètes dans les orbes elliptiques, a-t-elle été imprimée originairement à la matière, ou bien est-elle due à l'impulsion d'un fluide répandu dans l'espace, est-elle résolue? Le fluide lumineux et les phénomènes qui naissent sous son influence ne laissent-ils plus rien à étudier? La géométrie est-elle suffisante pour expliquer tous les phénomènes de la vision? Les causes de l'électricité, du magnétisme, nous sont-elles parfaitement démontrées? Les phénomènes de l'électricité et du galvanisme sont-ils absolument analogues (il n'y a que de l'analogie)? Les corps gazeux sont-ils bien connus, bien étudiés? L'anomalie touchant la distribution de la température dans l'atmosphère est-elle suffisamment expliquée? La température de la terre dans les régions polaires et sur la croupe des montagnes élevées est-elle bien calculée? A-t-on bien établi la profondeur à laquelle les sources thermales vont puiser leur température? Toutes ces questions et beaucoup d'autres relatives aux effets des déboisemens, aux réfractions atmosphériques, aux courans sous-marins, aux vents, aux halos, aux aurores boréales, à l'électricité atmosphérique, aux marées, aux trombes, s'adressent à vous, hommes rares et privilégiés que la nature crée de temps à autre pour lui servir d'interprètes et d'organes. Elancez-vous dans l'immense domaine de la philosophie naturelle, jeunes adeptes de notre époque; ne partagez pas l'aveuglement et la passion de beaucoup de savans qui regardent les théories qu'ils établissent, les faits qu'ils découvrent, comme les seules et uniques vérités de la science passée, présente et future; franchissez les barrières que vos prédécesseurs ont seulement abordées, et qu'un jour vos noms et votre gloire soient attachés à des découvertes grandes et utiles!

CHAP. VII.

Chap. VII. — *Description de quelques machines et appareils employés en physique.*

BOUTEILLE DE LEYDE.

Cet instrument, qui remplit tout à la fois les conditions du *condensateur* et du *plateau électrique*, se construit de la manière suivante : on prend une bouteille de verre mince A pl. 521, fig. 3 ; on la tapisse à l'extérieur d'une feuille d'étain jusqu'à une certaine distance B du goulot ; on vernit le tout pour rendre l'isolement plus parfait. Dans l'intérieur de la bouteille, on met des feuilles légères d'or ou de cuivre battu ; on fixe dans le goulot C une tige de cuivre D terminée en dedans par une pointe, en dehors par une petite sphère E.

Quand on suspend une bouteille de Leyde au conducteur d'une machine électrique sans toucher l'extérieur, elle ne se charge point d'électricité ; elle s'en charge au contraire quand son extérieur communique avec le réservoir commun. Si la machine fournit de l'électricité vitrée, la bouteille contient de l'électricité vitrée en dedans, de l'électricité résineuse en dehors. Si l'on pose la bouteille sur un plateau isolant, on pourra tirer alternativement un grand nombre d'étincelles du dedans et du dehors, et décharger peu à peu la bouteille. Enfin, si l'on fait communiquer l'intérieur avec l'extérieur, la bouteille se déchargera subitement en produisant une forte commotion.

La bouteille de Leyde peut être chargée dans un sens contraire à celui que nous venons d'indiquer. Il suffit pour cela de tenir à la main la boule métallique qui communique dans son intérieur, et toucher le conducteur électrisé avec l'extérieur de la bouteille. Dans ce cas, cet extérieur de la bouteille est électrisé vitreusement, l'intérieur résineusement.

La bouteille de Leyde peut être chargée par *cascade*, et voici comment on y procède : on suspend une bouteille de Leyde à un conducteur qui fournit de l'électricité vitrée ; on fait communiquer l'extérieur de cette bouteille avec l'intérieur d'une seconde bouteille, l'extérieur de celle-ci avec l'intérieur d'une troisième, etc., et l'extérieur de la dernière avec le réservoir commun. Toutes les bouteilles se chargeront d'électricité, mais à des degrés différens; et on verra l'électricité de la première passer dans la seconde, celle de la seconde dans la troisième, etc. (*V.* Electricité.)

Les *batteries électriques* (pl. 123, fig. 5., *voyez* Electricité) consistent dans la réunion d'un certain nombre de grandes bouteilles de Leyde dont les armatures externes communiquent toutes entre elles par une feuille d'étain dont on recouvre une caisse de bois, et dont tous les intérieurs sont mis en rapport à l'aide de tiges métalliques qui unissent les boutons de cuivre.

PISTOLET DE VOLTA.

Le pistolet de Volta consiste en un vase de métal ou d'un cristal épais (*voy.* A fig. 2, pl. 521), dans lequel on mêle un peu de gaz hydrogène à l'air atmosphérique qu'il contient naturellement, et on ferme de suite avec un bouchon de liége B. Dans l'intérieur du vase se trouve un petit conducteur de cuivre isolé au moyen d'un tube de verre C, qui se termine en dehors par une petite boule de cuivre D, et qui présente intérieurement une petite solution de continuité. Il suffit alors de la plus petite étincelle électrique pour produire la combinaison de l'hydrogène et de l'oxygène, et une forte détonation qui chasse le bouchon avec violence. Ce petit instrument joue un grand rôle dans les cabinets de physique amusante, et Volta en a fait une heureuse application à l'*eudiométrie*.

Machine électrique la plus usitée
(pl. 521, fig. 1.)

Cette machine consiste en un plateau de glace circulaire A dont le diamètre est quelquefois porté jusqu'à six pieds, et qui est monté sur un axe en cuivre B, à l'aide duquel on peut le faire tourner au moyen d'une manivelle C. Ce plateau est monté dans châssis DD qui porte quatre coussins en cuir EEEE rembourés de crins, qui, à l'aide de vis, pressent plus ou moins sur les deux faces du plateau, et qui correspondent à son diamètre vertical. Les coussins peuvent être frottés d'un amalgame de zinc et de mercure réduit en poudre et incorporé dans de l'axonge ; on peut aussi les enduire d'*or mustif* (bi-sulfure d'étain). Au devant et sur les côtés du plateau sont disposés deux conducteurs FF en cuivre, terminés par des sphères GG, et montés sur des colonnes en verre HHH enduit d'un vernis de gomme laque. Les deux conducteurs communiquent entre eux par une traverse I qui réunit leurs extrémités les plus éloignées du plateau. Les mêmes conducteurs portent, du côté de la glace, un cylindre JJ plié sur lui-même, qui embrasse le bord de la glace sans la toucher, et qui correspond à la fois à ses deux surfaces dans une étendue à peu près égale à celle des coussins. L'intérieur de cette espèce de fer à cheval est garni de pointes KK très-aiguës, destinées à soutirer l'électricité du plateau. Enfin, depuis chaque paire de coussins jusque près des conducteurs correspondans, la glace est couverte d'une enveloppe de taffetas gommé L L qui s'oppose à la déperdition de l'électricité par l'air atmosphérique. Du reste, les coussins qui frottent la glace doivent communiquer librement avec le réservoir commun. Tout l'appareil repose sur un plancher M, placé lui-même immédiatement sur le sol.

Lorsqu'on tourne le plateau de gauche à droite, la glace, en passant entre les coussins, se charge d'électricité vitrée, qui est conservée par le taffetas gommé, et ensuite soutirée par les pointes, pour se porter dans les conducteurs, en sorte que la glace en est dépouillée avant de passer de nouveau entre les coussins opposés, où le même résultat se renouvelle. Les conducteurs se chargent au point de fournir des étincelles qui peuvent avoir plusieurs pouces de longueur ; et si l'on désire augmenter la masse du fluide électrique, on peut suspendre par des fils de soie, au plafond du lieu dans lequel on a opéré, d'autres conducteurs plus étendus, que l'on fait communiquer avec ceux de la machine.

Tel est l'appareil à l'aide duquel on développe une plus ou moins grande quantité d'électricité dite *vitrée;* mais la même machine peut donner de l'électricité résineuse; il suffit pour cela de mettre les coussins en communication avec les conducteurs isolés, et les pointes avec le réservoir commun.

Déjà nous avons dit (art. Électricité) que le fluide électrique jouait un rôle très-important sur les êtres organisés en général; nous dirons, en parlant de la pile, les actions physiologiques de ce fluide sur l'économie animale; nous allons nous borner ici à exposer les effets de l'électricité développée par frottement sur l'homme sain ou malade; et comme ces effets sont subordonnés au mode d'électrisation que l'on emploie, nous décrirons d'abord ces différens modes.

1° Bain électrique. On désigne ainsi la situation d'un homme que l'on place de manière à ce qu'il joue le rôle de *conducteur électrique*, et qu'il puisse être chargé d'une grande quantité d'électricité sans en perdre. On obtient le premier effet en faisant toucher avec la main le conducteur d'une machine électrique en action, pendant que les pieds communiquent avec le sol. Dans cette position, l'homme ne sent aucun effet de l'électricité, qui, cependant traverse tout son corps, et c'est ce qui arrive quelquefois par la foudre, qui ne tue pas toujours les animaux à travers lesquels elle trouve un libre passage.

On obtient le second effet, celui de pouvoir charger un homme de beaucoup d'électricité sans qu'il en perde, en se plaçant, soi, sujet de l'expérience, sur le tabouret dit *électrique*, tenant dans une main une chaînette qui communique avec la machine électrique.

Dans cette position, on peut dire que le corps de l'homme se comporte comme le ferait un autre conducteur : l'électricité est tout entière à sa surface; elle produit la répulsion des cheveux, des poils qui se hérissent; elle donne lieu à des céphalalgies, des agitations, des excitations générales, à de l'insomnie, etc., etc. Bref, ce mode d'électrisation est rangé, dans la thérapeutique, parmi les excitans généraux et momentanés, c'est-à-dire parmi les excitans diffusibles.

L'*électrisation par les pointes* s'obtient en approchant une pointe plus ou moins aiguë des différentes parties du corps d'un homme actuellement électrisé, et son action est celle que produirait un vent frais ou un léger picotement qui viendrait frapper ou qui serait exercé sur le corps.

L'*électrisation par étincelle* se produit en approchant du corps électrisé des conducteurs arrondis au lieu de conducteurs terminés en pointe. Ici, l'action est plus énergique; les étincelles produites donnent la sensation d'une piqûre ou d'une douleur pongitive assez prononcée. Si on continue les expériences, on peut arriver jusqu'à l'inflammation de la peau. Les étincelles sont-elles dirigées sur les membres? les muscles de ceux-ci se contractent subitement et involontairement. Promène-t-on le conducteur à la surface des vêtemens? il en résulte une suite de très-petites étincelles produisant la sensation de très-vives piqûres.

Dans l'*électrisation par la bouteille de Leyde*, les organes du corps servent de conducteurs entre l'intérieur et l'extérieur de la bouteille, de sorte qu'ils sont traversés tout à coup par une très-grande quantité de fluide électrique.

On peut faire participer un grand nombres de personnes aux effets de la bouteille de Leyde; il suffit de les faire toutes communiquer en se tenant la main, et de faire toucher à la première l'extérieur de la bouteille, pendant que la dernière touche un conducteur qui pénètre dans l'intérieur de cette bouteille : on appelle cela *faire la chaîne.* Les effets produits sont des secousses plus ou moins violentes, des contractions musculaires plus ou moins fortes, des flexions involontaires des membres, etc.

Quant aux instrumens ou appareils appelés : 1° *Tabouret électrique*, support propre à prendre un bain dit électrique et représenté, pl. 521, fig. 4; 2° *Condensateur*, instrument imaginé pour démontrer la présence de l'électricité dissimulée, et dessiné pl. 523, fig. 6; *voyez*, pour leur description, le mot Électricité; pour celle de l'*Électrophore*, de l'*Électromètre ou Électroscope*, instrumens destinés à déceler la présence, l'intensité et la nature de l'électricité, représentés, le premier pl. 523, fig. 7, le second même planche, fig. 2, 3 et 4, *voy.* les mots Électrophore ou Électroscope. F. F.

Nota. Page 578, ligne 48, première colonne: 98 millièmes de livres, *lisez* 18 à 20 millions de livres.

Même page, même colonne, ligne 50 : 29 et 56 millions, *lisez* de 29 à 36 millions.

Page 577, ligne 7, deuxième colonne : organes véritables, *lisez* organes irritables.

Page 601, deuxième colonne, ligne 57 : si l'on contredit le, *lisez* sans contredit, par le.

PHYSSOPHORE. (zooph. acal.) C'est un genre de l'ordre des Hydrostatiques, ainsi caractérisé : Corps libre, gélatineux, vertical, terminé supérieurement par une vessie aérienne; lobes latéraux distiques, subtrilobés, vésiculeux; base du corps tronquée, perforée, entourée d'appendices, soit corniformes, soit dilatés en lobes subdivisés et foliiformes; des filets tentaculaires plus ou moins longs en dessous.

Les Physsophores sont des animaux pélagiens, gélatineux, un peu allongés, terminés à leur partie supérieure par une vessie remplie d'air, et inférieurement par un paquet de tentacules de forme et de longueur diverses, coniques, cylindriques, filiformes et susceptibles de s'allonger beaucoup. Entre la vessie supérieure et les tentacules, il se trouve quelques autres vessies de forme irrégulière, situées de chaque côté et les unes au dessus des autres. Les Physsophores nagent suspendues verticalement; on suppose qu'elles peuvent chasser l'air contenu dans leurs vésicules lorsqu'elles veulent s'enfoncer dans la mer, et les remplir lorsqu'elles veulent remonter à sa surface. On en connaît trois ou quatre espèces qui se trouvent dans la Méditerranée ou dans le grand Océan austral. Nous avons figuré dans notre Atlas, pl. 508, fig. 3, celle que M. Lesson a fait connaître dans le voyage de la corvette la Coquille, et dont voici une courte description.

Physsophore distique, *P. disticha*, Lesson. Longue de plus de deux pouces; la vessie supérieure est assez petite, allongée et transparente, ainsi que la tige médiane; de chaque côté de celle-ci, il y a trois vessies, plus grandes que la supérieure, d'un beau jaune vif. Le disque inférieur donne attache à un assez grand nombre de tentacules d'un beau rose, terminés par un mamelon. Nous avons représenté (fig. 5 *a*) un de ces tentacules isolément. Ce zoophyte a été trouvé dans les mers de la Nouvelle-Guinée. (Guér.)

PHYTÉLÉPHAS. (bot. phan.) Nous ne saurions expliquer l'étymologie de ce nom qui signifie en grec, *plante-éléphant* et que Ruiz et Pavon imposèrent à un magnifique genre de plantes de l'Amérique méridionale, adopté par Kunth et que Willdenow changea en celui d'*Elephantusia*, qui n'a pas prévalu.

C'est un genre de plantes endogènes, dont le port est celui des palmiers et dont la place dans les familles naturelles n'est pas encore nettement assignée, parce qu'on n'en connaît pas suffisamment tous les caractères. Quelques auteurs le rapportent aux Typhinées à cause de sa fructification, d'autres, avec plus de raison, le rapprochent des Pandanées. Voici ce qu'on en connaît : Fleurs polygames-dioïques, hermaphrodites ou mâles par avortement; spathes monophylles; spadices simples, en massue, chargés de fleurs serrées et nombreuses; périgone unique, urcéolé, obscurément multidenté; étamines nombreuses; dans les fleurs femelles, ovaire...? terminé par un style à cinq ou six divisions profondes; drupes agrégés, anguleux, hérissés, à quatre loges monospermes, semences à albumen osseux.

On cite deux espèces de ce genre, qui ne sont probablement que des variétés l'une de l'autre.

Phytéléphas a gros fruits, *P. macrocarpa*, R. et P. Eléph. macroc., Willd. Vulgairement *Tagua* ou *Cabeza do Negro*, tête de nègre; arbrisseau d'un port fort élégant, imitant celui d'un palmier et dont la tige simple et unique est couronnée par une touffe épaisse de très-longues feuilles pinnées. Les fruits sont très-gros, hérissés, en forme de tête (cabeza). Ils renferment une liqueur d'abord cristalline, sans saveur, que les voyageurs connaissent et savourent avec empressement pour étancher leur soif; elle se convertit ensuite en une sorte de liqueur laiteuse, d'un goût agréable et savoureux; mais cela dépend du point de sa condensation; car elle varie à ce sujet, jusqu'à devenir solide et acquérir peu à peu la dureté de l'ivoire. Conservée dans des vases, pour des usages domestiques, elle s'aigrit bientôt et se change en vinaigre. Les indigènes font avec ces noyaux des pommes de canne et d'autres ouvrages élégans qui ont la blancheur et la dureté de l'ivoire. Plongés dans l'eau, ils semblent perdre ces deux précieuses qualités, qu'ils recouvrent de nouveau, quand ils sont exposés à l'air. Quelques animaux recherchent avidement ces fruits dans leur fraîcheur.

Ce bel arbrisseau croît au Pérou, dans les grandes forêts, particulièrement sur les bords de la Magdeleine. L'autre espèce est le P. a petits fruits, *P. microcarpa*; elle diffère de la précédente par ses fruits beaucoup plus petits et ses tiges extrêmement basses ou presque nulles; les fruits de ce dernier servent aux mêmes usages. (C. Lem.)

PHYTEUME, *Phyteuma*, Linn. (bot. phan.) Columna prétend que la plante nommée *Phyteuma* (en grec cela signifie simplement *plante*) par Dioscoride, était la *Scabiosa columbaria*; Gesner et Lobel imposèrent à une espèce de Réséda, le nom de *Phyteuma monspeliensis*, que Linné depuis changea en celui de *Reseda phyteuma*. Clusius et G. Bauhin mentionnent que Belli nommait *Phyteuma* l'*Antirrhinum orontium*. Ce nom était aussi donné par Mathiole et quelques autres au *Campanula perfoliata*, et celle que celui-ci, ainsi que Tournefort, nommaient *Rapunculus* était encore un *Phyteuma*. Enfin ce malheureux nom, après avoir été ainsi balloté, a été définitivement imposé par Linné au *Rapunculus* de Tournefort. Le *Rapunculus* ou *Phyteuma* prend en France le nom vulgaire de *Raiponce*.

Voici les caractères essentiels du genre : Plantes exogènes monopétales de la famille des Campanulacées de Jussieu. Type de la tribu des Campanulées, de la Pentandrie monogynie de Linné; périanthe double; l'extérieur monophylle, partagé en cinq divisions lancéolées-aiguës; l'intérieur monopétale, comme rotacé, brièvement tubulé, profondément divisé en cinq lobes linéaires, lancéolés-aigus; cinq étamines plus courtes que le périanthe, à filamens un peu élargis à la base, ovaire infère, surmonté d'un style dont le stigmate est bi ou trilobé; capsule arrondie à deux ou trois loges polyspermes s'ouvrant par une ouverture latérale.

Les Raiponces sont toutes des plantes herbacées, à fleurs ordinairement réunies en capitules ou en épis terminaux, quelquefois latérales et presque solitaires. On en connaît au-delà de trente espèces, toutes particulières à l'ancien continent et dont douze ou quatorze croissent en France. Nous en décrirons seulement une espèce qui croît aux environs de Paris. Il ne faut pas confondre toutefois les *Raiponces*, genre *Phyteuma*, avec la *Raiponce*, *Campanula rapunculus*, que l'on recherche dans les prés de montagne, aux environs de Paris et ailleurs, pour manger en salade.

Raiponce orbiculaire, *P. orbiculare*, Linn. (Nous écrivons *orbiculare* et non *orbicularis*, pour nous conformer aux exigences de la langue, c'est une loi trop souvent violée par les botanistes). Tige droite simple, haute d'un pied environ; feuilles radicales, pétiolées, cordiformes allongées, glabres blanchâtres inférieurement, crénelées au bord; les supérieures sessiles, lancéolées-linéaires, dentées, au nombre de trois ou quatre; fleurs bleues disposées en capitules, munies de bractées lancéolées à leur base, un peu ciliées; stigmate bifide; capsule triloculaire; elle fleurit de juin à août et se trouve sur les collines sèches aux environs de Fontainebleau. On en distingue plusieurs variétés.

La Raiponce en épi fleurit en juin et se trouve dans les prés montueux des bois, à Montmorency, Jouy, Meaux, etc. (C. Lem.)

PHYTOLAQUE, *Phytolacca*, L. (bot. phan. et agr.) Genre peu nombreux de la Décandrie décagynie et de la famille des Chénopodées; il est composé de plantes dicotylédonées, tantôt simplement herbacées, tantôt devenant ligneuses et prenant place auprès des arbustes; à racines charnues, fusiformes, blanches et très-grosses; à feuilles entières et aux fleurs petites, disposées en grappes ordinairement opposées aux feuilles. Il a pour caractères principaux: un calice coloré, persistant, à cinq divisions profondes, concaves, courbées à leur pointe; corolle nulle; sept, huit, dix, douze, vingt et jusqu'à trente étamines hypogynes, portées sur des filamens libres, grêles, subulés, couronnés par des anthères arrondies, profondément bilobées à leurs deux extrémités, s'ouvrant par un sillon longitudinal; un ovaire strié, orbiculaire, déprimé, surmonté de huit à dix styles, quelquefois plus, réunis tous ensemble par leur côté interne, et garnis sur la face interne de glandes stigmatiques. Le fruit que produit le mariage des deux sexes est une baie molle globuleuse, ombiliquée en son sommet, marquée sur les flancs de huit à dix sillons longitudinaux, et divisée en autant de loges monospermes. Les graines sont comprimées, réniformes, lisses, d'un rouge foncé, contenant un suc de la même couleur que la laque et qu'il serait, pour les arts, important de fixer.

Le nom du genre est un mot inventé par Linné pour dire que les plantes y sont rouges et qu'elles fournissent une substance gommo-résineuse semblable à celle que l'on retire du *Croton lacciferum* et de plusieurs espèces d'arbres de l'Inde. En effet, tous les Phytolaques ont une teinte de laque répandue sur leurs tiges et sur leurs autres parties; les feuilles, d'un beau vert en été, deviennent rouges à l'arrière-saison, ainsi que les baies dont ces végétaux se décorent.

Des huit espèces connues, toutes exotiques à l'Europe, une seule se trouve en Abyssinie; les autres appartiennent au continent américain. Deux se sont promptement acclimatées en Portugal, en Espagne, en Italie et dans nos départemens du midi, principalement ceux voisins du bassin de la Méditerranée. Dumont de Courset a trouvé l'espèce commune en grande quantité dans un bois près de Tarbes, département des Hautes-Pyrénées.

Nous avons représenté, dans notre Atlas, pl. 524, fig. 1, le Phytolaque a dix étamines, *P. decandra*, L., connu vulgairement sous les noms de Raisin d'Amérique, Morelle en grappes, Épinard de Virginie, Méchoacan du Canada, Herbe de la laque, etc. Cette plante vivace et rustique, appuyée sur une racine pivotante, acquérant à sa troisième et même dès sa deuxième année une circonférence de vingt-cinq centimètres, fournit une tige annuelle, presque ligneuse, dichotome et très-rameuse qui monte à plus de deux mètres de haut. Elle est garnie de feuilles éparses, d'un vert agréable à la vue, alternes, pétiolées, ovales, lisses, entières et terminées par une pointe longue et ferme; elles sont grandes et souvent longues de trente à quarante centimètres. Introduite en France au commencement du dix-septième siècle, elle s'est répandue dans presque tous les jardins, où, d'une part, elle brave les rigueurs de l'hiver, où, de l'autre part, elle figure très-bien dans le milieu des plates-bandes, et où sa taille élevée, son port général, l'élégance de ses grappes de fleurs d'un rouge pâle, épanouies en août et septembre, et de ses fruits empourprés qui se succèdent les uns aux autres pendant tout l'été, produisent un fort bel effet. (On voit dans la planche citée plus haut les détails de la fleur et du fruit; en *a* la fleur vue de face; en *b* la même vue en dessous; *c* l'ovaire; *d* le même vu en dessous; *e* vu à son sommet; *f* le calice persistant; *g* la baie et *h* une de ses graines.)

Originaire de l'Amérique septentrionale et plus particulièrement des terres légères et sablonneuses de la Virginie, le Phytolaque décandre demande chez nous un bon sol et une exposition chaude. Dans un fonds un peu frais, il prospère bien, mais il est sujet à périr sous l'action de l'humidité, surtout, lorsque, durant l'hiver, on couvre le pied avec de la litière. On le multiplie par ses graines et par la séparation des racines: cette opération veut être faite avec le plus grand soin au printemps, car toute racine éclatée est très-sujette à pourrir.

En Europe, cette plante développe une odeur vireuse portant à la tête, selon le plus ou le moins de susceptibilité du système olfactif, ce qui fait qu'on la répute dangereuse; mais aux États-Unis on en prépare habituellement les feuilles en guise d'épinards, quand elles sont encore tendres; plus tard, on n'y touche plus; à mesure qu'elles vieillissent elles deviennent d'une âcreté nauséabonde. On mange de même les jeunes pousses au printemps. Les feuilles et les racines sont émollientes et résolutives à l'extérieur. Le suc retiré de la racine offre un purgatif violent, dont l'emploi demande beaucoup de prudence. Il en est de même des baies vertes; parvenues à maturité complète, alors qu'elles sont d'un noir bleuâtre ou d'un rouge violet, leur suc, épaissi au soleil et réduit en extrait, jouit d'une grande vogue appliqué sur les plaies cancéreuses; Linné cite une cure opérée par son moyen dans l'espace de huit semaines, et la guérison parfaite d'un cancer au sein au bout de six mois.

D'après l'assertion de Petagna qui déclare avoir obtenu des fleurs violettes d'une tubéreuse dont la tige avait été trempée durant toute une nuit dans le suc des baies mûres du Phytolaque décandre, et celle de Miller que les Portugais s'en servirent quelque temps pour colorer leur fameux vin de

Porto (ce qui fut défendu dès que l'on reconnut que cette sophistication lui donnait un goût désagréable et nuisait à sa qualité), l'on voulut faire usage des baies pour imprimer à la soie et aux étoffes de laine une couleur pourpre; la teinte était vive, fort belle, mais fugace; unie avec l'acide nitrique, on peut l'employer dans le lavis des plans ou pour colorier des gravures.

Une propriété plus importante pour l'agriculture, c'est le semis du Phytolaque décandre sur les sables pour convertir en fumier ses feuilles et ses rameaux charnus, ou bien pour en brûler les tiges avant qu'elles entrent en fleur, afin d'en retirer de la potasse. On s'est assuré, sous ce dernier rapport, que la quantité de potasse obtenue pouvait égaler le revenu d'une récolte en froment. Le Phytolaque est, en effet, une plante des plus riches; elle donne en cendres un cinquième de son poids en vert, et des cendres on obtient constamment cinquante pour cent de salin blanc, qui, dissous dans l'eau, la colore à peine et ne forme, par le repos, qu'un sédiment peu sensible.

Toutes les espèces de Phytolaques n'offrent point les mêmes avantages. Deux d'entre elles méritent cependant d'être citées ici : ce sont le PHYTOLAQUE A HUIT ÉTAMINES, *P. octandra*, L., du Mexique, et le PHYTOLAQUE DIOÏQUE, *P. dioïca*, L., que l'on voit sur les bords du Guadalquivir former à Séville une partie de la promenade publique. Le premier, haut de plus d'un mètre, a les fleurs blanches ou jaunâtres disposées en épi droit; le second forme un assez bel arbre toujours vert, aux fleurs également blanches, mais dont la tige grosse conserve une mollesse herbacée; son feuillage est très-large et à grosse nervure rouge. (T. D. B.)

PHYTOLITHOLOGIE. (BOT.) On désigne sous ce nom la recherche et l'étude approfondie des PLANTES FOSSILES. *Voy.* ce mot. (T. D. B.)

PHYTOLOGIE. (BOT.) Ce mot, plus ancien que celui de Botanique, aujourd'hui généralement adopté, s'applique comme lui et d'une manière peut-être beaucoup moins précise, à tout ce qui se rapporte à la science des végétaux. Cependant, les novateurs, par je ne sais quelle considération occulte, voudraient le rétablir et le réserver pour l'ensemble de toutes les connaissances que demande l'art d'observer les plantes, et par suite substituer le mot de Botanique à celui de Physiologie végétale, qui résume, ainsi que nous l'avons vu plus haut (p. 514 à 529), tout ce que l'étude et les bases essentielles de leur vie et de leur économie peuvent offrir d'utile et d'intéressant. Ce double changement n'est d'aucune nécessité, et puisque les deux expressions ont réellement la même valeur, l'usage doit prévaloir et avoir force de loi.

Une autre raison : nous avons déjà, parmi les six divisions de la Botanique scientifique, assez de mots nouveaux sans chercher à en introduire encore. Nous avons : 1° l'*Organographie* qui s'occupe de l'étude des organes extérieurs, de leurs fonctions à tout âge et par suite des dérangemens qu'ils peuvent éprouver; 2° la *Physiologie* que les uns subdivisent en *Phytotomie* ou anatomie, en *Physiologie* proprement dite, s'occupant des plantes dans l'état de santé, et en *Pathologie* quand elle les voit dans celui de maladie; 3° la *Glossologie*, ou, comme d'autres disent fort incorrectement la *Terminologie*, donnant l'explication de tous les mots employés dans la botanique; 4° la *Phytographie* ou *Phytotechnie*, l'art de décrire les plantes, de faire connaître les diverses parties qui les composent, et ressortir les caractères qui les distinguent les unes des autres; 5° la *Taxonomie* chargée de les disposer dans un ordre régulier en espèces, en genres, en familles, en tribus; 6° et la *Chortonomie* qui s'occupe à les récolter, à les préparer et à les conserver pour les collections. On avait proposé de joindre à la cinquième partie deux autres sous les noms d'*Onomatologie*, qui dicterait les lois de la nomenclature, et de *Phytozoologie*, créé par Necker pour indiquer les prétendues relations d'affinité des plantes et des animaux; mais elles n'ont point été acceptées. (T. D. B.)

PHYTOTOME, *Phytotoma* (OIS.) Ce genre de l'ordre des Passereaux Conirostres, signalé depuis fort long-temps par Molina, reproduit par Daudin, et plus tard par quelques autres ornithologistes, n'a été, on peut le dire, confirmé que vers ces dernières années. Le peu de confiance que l'on accorde, en général, aux rapports faits par l'auteur de l'histoire naturelle du Chili, avaient fait mettre en doute l'existence de ce genre. Les auteurs qui, après lui, en avaient fait mention, étant en quelque sorte considérés comme copistes, étaient peu propres à faire disparaître le doute où l'on était resté. C'est au point que beaucoup des méthodistes et entre autres Cuvier, n'en ont fait nullement mention. Mais aujourd'hui la science possède des faits assez positifs pour que justice doive revenir à qui de droit; l'on connaît déjà plusieurs espèces qui appartiennent à cette section générique, et parmi elles l'on compte celle que l'on doit considérer comme type, celle, en un mot, que Molina, dans son Histoire du Chili, a décrite sous le nom spécial de *Rara*. Ainsi, non seulement l'existence du genre Phytotome, mais encore celle de l'oiseau qui a servi à le créer, ne doivent plus être incertaines. Cet oiseau, à la vérité, est excessivement rare; mais déjà quelques cabinets d'Europe le possèdent et tout nouvellement encore les zoologistes de la Bonite, dans leur Voyage autour du monde en ont recueilli plusieurs individus.

L'on a assigné pour caractères à ce genre : un bec conique dentelé sur les bords de la mandibule supérieure, gros, droit; des narines petites, arrondies, placées à la base du bec et tout près des plumes qui descendent du front; une langue courte, charnue, une queue arrondie à son extrémité; des tarses maigres, annelés, terminés par deux ou trois doigts devant et un derrière. M. de Lafresnaye, qui a soigneusement étudié le bec d'un individu venu du Pérou, pense que la caractéristique de ce genre doit être plus compliquée par suite de caractères jusqu'ici inaperçus. Ne pouvant, à cause de la nature de cet ouvrage, transcrire ce qu'a dit à ce sujet le savant que nous citons, nous avons reproduit sur la planche 524 les figures qu'il a données de ce bec ; les dessins linéaires 2 a, b, c, d, e, f, indiquent ces caractères dans l'espèce sur laquelle il a publié un mémoire intéressant dans le Magasin de zoologie, année 1832.

Le mot Phytotome (fait du grec φυτον, plante, et τέμνω, je coupe), est, en raccourci, l'histoire des habitudes destructives de ces oiseaux. Ils font en effet un grand dégât des plantes dont ils se nourrissent : c'est du moins ce qui résulte du rapport fait par Molina de l'espèce qu'il a décrite. Il est probable que ses congénères, avec la même organisation, ont les mêmes mœurs.

Beaucoup de doubles emplois se sont introduits dans le genre Phytotome ; le peu de connaissance que l'on avait de ces oiseaux et surtout le petit nombre d'individus qui jusqu'à ce jour sont arrivés en Europe en sont les principaux motifs. On a quelquefois décrit la même espèce sous deux ou trois noms spécifiques différens. M. de Lafresnaye, dans une excellente monographie sur ce genre, a considérablement débrouillé le chaos, si l'on peut dire qui y régnait. Son travail, qui est consigné dans le Magasin de zoologie (année 1832), nous guidera dans la description des espèces.

Celle dont la synonymie est la plus compliquée et la plus embrouillée, est le P. RARE, *P. rutila*, Vieillot, *P. dentata*, d'Azzara, *P. Bloxami*, William Jardine, dont Molina le premier, sous le nom de *P. rare*, a, d'après la détermination de M. de Lafresnaye, décrit la femelle. Le mâle adulte, que nous représentons planche 524, figure 2, d'après la figure du Magasin de Zoologie, a tout le dessus du corps d'un olive sombre, un peu roussâtre, avec toutes les plumes noirâtres dans leur milieu, le long de leur tige ; le dessus de la tête est d'un roux vif de cannelle; cette même nuance, quoique affaiblie, se remarque mêlée au roussâtre qui borde les plumes de la nuque et du derrière du cou ; les ailes sont noires, traversées par deux bandes blanches ; la gorge et le devant du cou d'un blanc mêlé de roux clair ; la poitrine et tout le dessous du corps, d'un roux cannelle mélangé de gris roussâtre surtout vers les flancs et l'anus ; la queue est noirâtre ; vue en dessous, elle offre dans son milieu, et dans la plus grande partie de sa longueur, une large bande rousse qui la traverse ; les tarses et les doigts sont assez gros et allongés, les ongles sont longs et arqués.

La femelle, d'après la description de Molina, est d'un gris obscur sur le dos, un peu plus clair sur le ventre, les pennes des ailes et de la queue ont des pointes noires. « Le son de sa voix, ajoute l'auteur cité, est rauque, interrompu et paraît exprimer son nom. Cet oiseau se nourrit d'herbes ; mais il a la mauvaise habitude de couper auparavant les tiges tout près de la racine ; souvent il ne fait qu'arracher par caprice quantité de plantes sans y toucher. Les paysans le persécutent pour cette raison et lui font une guerre continuelle, et les enfans qui en détruisent les œufs sont récompensés. Il fait son nid dans les endroits obscurs et peu fréquentés, sur les plus hauts arbres, et par-là il échappe à la persécution de ses ennemis ; mais, malgré ses précautions, cet oiseau diminue considérablement. Je ne sais si c'est parce que sa tête est mise à prix ou que l'espèce est peu féconde par elle-même. »

Ce Phytotome présente un fait anatomique inattendu pour un oiseau Phytophage. Ce fait signalé par M. de Blainville dans le rapport fait à l'Académie des sciences, sur les résultats scientifiques du Voyage autour du monde de la Bonite, consiste dans l'intestin, qui est presque sans aucune circonvolution, fort large, long seulement de cinq pouces et ayant cependant les deux petits cœcums des Passereaux.

Cette espèce n'habite pas seulement le Chili, car M. de Lafresnaye, après avoir, par des déterminations tout-à-fait minutieuses, conclu que le Phytotome rare de Molina n'est autre chose, d'après ce qu'il lui paraît, que la femelle du *Dentato* de d'Azzara, *Rutila* de Vieillot ou *Bloxami* de Wil. Jardine, ajoute qu'il résulterait de ce rapprochement, qui lui paraît tout-à-fait vraisemblable, que le Phytotome en question habiterait non seulement le Chili où Molina en aurait décrit le premier une femelle, mais aussi, le Paraguay, où d'Azzara en aurait décrit un mâle sous le nom de *Dentata*, et probablement aussi le Pérou.

Une seconde espèce est le *Guifio balito*, trouvé par Bruce en Abyssinie, et nommé par Gmelin *Loxia tridactyla*. Daudin le premier l'a rapporté au genre dont il est question, sous le nom de P. D'ABYSSINIE, *P. tridactyla*, Daud. Il n'a que trois doigts, deux seulement en avant et un en arrière ; le bec est brun conique et dentelé ; la tête, tout le devant du cou sont rouges ; le reste du plumage est noir avec le manteau d'un brun un peu verdâtre, et les grandes couvertures des ailes, en forme d'écailles, sont noires, bordées de blanc olivâtre ; la queue est un peu fourchue.

Il ne se nourrit pas de jeunes plantes comme celui du Chili. Buffon l'a rapproché de notre Gros-Bec ordinaire, parce qu'il fuit, comme lui, les lieux habités, qu'il vit dans les bois solitaires, qu'il ne chante pas, et brise divers noyaux pour en manger les amandes.

M. Benj. Leadbeater, dans les Transactions linnéennes (t. XVI, 1re partie, page 65) en a décrit une troisième espèce sous le nom de *P. ferreo rostro*, P. BEC DE FER. Cet oiseau, d'après la description qu'il en donne, a la tête, la gorge et la queue en dessous rousses ; le bec énorme et noir, les ailes brunes ; les rémiges en dessus d'un brun noirâtre, en dessous noirâtres ; les deux rectrices du milieu de la queue rousses en dessus, toutes les autres ayant leurs barbes extérieures de cette couleur et les barbes intérieures noirâtres ; tout le dessous de la queue noirâtre. Sa patrie n'est pas indiquée. (Z. G.)

PIABUQUE. (POISS.) Ce genre, placé dans la famille des Salmones par Cuvier, que Duméril fait connaître sous le nom de Dermoptères, réunit des espèces de Truites dont la forme est allongée ou oblongue, dont le corps est comprimé, écailleux, et le ventre tranchant; mais qui se distinguent suffisamment de ces derniers par leurs dents tranchantes et dentelées. Les espèces qui font partie de ce genre sont en petit nombre, et ne sont pas assez connues pour que nous puissions ici les mentionner.

Disons néanmoins que toutes ont pour patrie l'Amérique méridionale, qu'elles montrent dans leur petitesse ce même appétit pour la chair et le sang, que les Serra-Salmes qui, dit-on, poursuivent les petits Canards, et même les hommes qui se baignent, et avec leurs dents tranchantes leur emporte la peau. (Alph. Guich.)

PIC, *Picus*. (ois.) Dans l'ordre des oiseaux grimpeurs les Pics forment un genre, que distinguent un bec long ou médiocre, droit, anguleux, comprimé en coin à son extrémité, caractère qui donne à ces oiseaux la faculté de pouvoir fendre l'écorce des arbres; une langue grêle, projectile, armée vers le bout d'épines recourbées en arrière; des narines ovales, percées à la base du bec et plus ou moins recouvertes par les plumes qui descendent du front; des pieds grimpeurs avec quatre doigts, deux dirigés en avant et deux en arrière ou seulement trois; une queue composée de plumes raides légèrement recourbées vers leur extrémité qui est garnie de barbules également raides et courtes.

Les Pics sont de tous les oiseaux de l'ordre auquel ils appartiennent, ceux qui jouissent au plus haut degré de la faculté de grimper. Ils peuvent parcourir en tous sens un tronc d'arbre avec la même facilité. Quelquefois on les voit se dirigeant du haut en bas, tantôt horizontalement, et plus souvent de bas en haut; mais ils ne grimpent pas comme nous avons vu que le font les Perroquets, en posant un pied après l'autre; c'est par des petits sauts brusques et saccadés qu'ils avancent. Leur queue leur sert à cet effet: elle est, avons-nous dit, formée de pennes résistantes et légèrement recourbées; or, dans l'action de grimper ces pennes s'appliquent par leur extrémité contre le tronc de l'arbre que l'oiseau parcourt, s'y arc-boutent et paraissent destinées à soutenir en partie le poids du corps dans les mouvemens d'ascension.

On a quelquefois attribué la courbure qu'offre la queue et l'espèce d'usure qui a lieu à l'extrémité des pennes qui la composent, au frottement continuel qu'elle exerce sur les troncs d'arbres; mais il n'en est rien: les rectrices en naissant, offrent la disposition qu'elles conserveront durant toute la vie de l'individu; leur extrémité terminée en pointe est garnie de barbules qui diminuent insensiblement, et la courbure dont nous avons parlé s'y manifeste déjà. Si l'oiseau, pris à un âge fort peu avancé et seulement quelques jours après son éclosion, ne nous rendait témoins de ce fait et ne venait en preuve contre cette opinion qui veut que l'état de la queue de l'oiseau adulte soit le résultat du frottement qu'elle exerce continuellement, le simple raisonnement suffirait pour faire rejeter cette opinion. En effet, s'il était vrai que le frottement fût pour quelque chose dans la disposition des rectrices, il s'ensuivrait que, tous les ans, l'usure et la courbure de ces mêmes rectrices devrait être beaucoup plus sensible quelques jours avant qu'après la mue. Or, il n'en est rien, la plume qui tombe diffère si peu de celle qui la remplace, qu'il serait bien difficile de distinguer l'une de l'autre, si ce n'était l'intensité de couleur qui se remarque sur celle de remplacement.

Ordinairement solitaires et craintifs, les Pics fréquentent les grandes forêts ou les arbres de haute taille qui sont à la lisière des bois. C'est contre le tronc de ces arbres qu'ils exercent leur industrie. Quelques uns pourtant, parmi les espèces étrangères, vivent à terre ou contre les rochers. Les insectes, soit à l'état parfait, soit à l'état de larve, composent leur principale nourriture. C'est au dessous des portions d'écorce soulevées, ou dans les trous pratiqués à la partie ligneuse du bois, qu'ils la cherchent. Pour ce faire, ils se cramponnent, ainsi que nous l'avons dit, contre le tronc, font de leur queue un point d'appui, et, dans cet état, ils visitent, à la faveur de leur langue, toutes les anfractuosités, tous les accidens et les trous qui sont à leur portée; s'il aperçoivent un insecte ou une larve qu'ils ne puissent saisir ou ramener au moyen des crochets qui terminent leur langue, alors ils font usage du bec. Au moyen de ce coin dont la nature les a pourvus, ils frappent à coups redoublés la portion d'écorce qui recèle l'insecte, l'entament et finissent par s'emparer de celui-ci; d'autres fois ils sondent à coups de bec le tronc d'un arbre pour voir s'il n'existe pas quelque creux qui puisse leur cacher des moyens de subsistance. Les points sonores leur indiquant un de ces creux, ils en cherchent l'ouverture extérieure, y dardent leur langue, explorent la cavité au moyen de cet organe, et s'il est un coin qu'elle n'ait pu atteindre, leur bec alors fonctionne, et bientôt la brèche faite à l'écorce est assez grande pour que rien ne puisse échapper à l'exploration de cette langue, admirablement organisée pour cette fin. En effet, portée par un os hyoïde dont les cornes, excessivement longues, remontent cachées seulement par la peau, au dessus de la tête, pour aller se terminer dans l'une des narines à la base du bec; servie en outre par des muscles roulés comme des rubans autour de la trachée, la langue, à la faveur de cette organisation, peut, à la volonté de l'animal, être projetée au dehors et atteindre un corps placé à une distance du bec, de plus de deux pouces, et peut également être ramenée entre les mandibules, qui les cachent entièrement alors. Dans le mouvement d'extension, l'extrémité des cornes de l'os hyoïde abandonne le front et se porte vers l'occiput, et dans celui de rétraction, elle se reporte vers le front, la langue subissant également alors un reploiement sur elle-même et se logeant en grande partie dans le fond du gosier.

En outre, deux glandes volumineuses placées sur les parties latérales et inférieures de la tête viennent, par un canal qui longe la face interne de la branche des os maxillaires inférieurs, s'ouvrir à l'angle de réunion que forment ces os. Ces glandes sont destinées à sécréter une humeur visqueuse qui, versée dans la bouche, sert à humecter constamment la langue. L'on a pensé que cette sécrétion, assez consistante par sa nature, était une sorte de glu propre à retenir sur l'organe qu'elle recouvre, les insectes ou les larves; il nous semble qu'il serait tout aussi rationnel de penser qu'elle a aussi pour usage de conserver la langue dans un état de souplesse propre à favoriser en elle l'action du toucher; car, ainsi que nous l'avons dit à l'article OISEAU, la langue, chez le Pic, nous paraît être moins un organe de goût que de toucher. Quelque opinion que l'on adopte, il sera toujours vrai de dire que chez nul autre oiseau, les glandes en question n'offrent un développement pareil. Les Torcols seulement peuvent, sous ce rapport, leur être comparés.

En général, les Pics nichent dans les trous naturels des arbres ou dans ceux qu'ils y pratiquent au moyen de leur bec. Leur nid consiste donc en un boyau plus ou moins profond, garni vers la partie la plus déclive de poussière de bois vermoulu ou d'un peu de mousse. Ce boyau a une seule ouverture extérieure. Un fait digne de remarque, c'est que lorsque le nid est creusé dans une branche horizontale ou plus ou moins oblique (ce qui se remarque assez généralement), l'ouverture est presque toujours pratiquée de manière à regarder le sol. Ce qui en rend l'abord difficile aux petits quadrupèdes, surtout de la famille des Rongeurs. Il y a donc ici instinct de prévoyance de la part de la mère pour que sa couvée soit moins exposée à devenir la proie de ses ennemis naturels.

Le genre Pic est composé d'un nombre considérable d'espèces parmi lesquelles huit appartiennent à l'Europe. Si l'on considère comme pouvant en faire partie les espèces à trois doigts que quelques ornithologistes en ont distraites sous la dénomination générique de *Picoïde*, les Pics peuvent former alors trois sections d'un même genre, sections que caractérisent naturellement, comme nous le verrons, le nombre des doigts et la forme arquée du bec. C'est la division que nous suivrons, et nous nous servirons pour la distribution des espèces, du système de coloration, ainsi que l'a indiqué Cuvier dans son Règne animal.

1° Pics à quatre doigts.

a. Espèces à plumage où le noir domine.

Nous mettrons à leur tête le PIC NOIR, *Picus martius*, Linn., l'un des plus grands que possède l'Europe; tout son plumage est d'un noir profond, à l'exception de la tête qui est d'un rouge vif à sa partie supérieure; la femelle n'a qu'un petit espace de cette couleur sur l'occiput. Il est représenté dans notre Atlas, pl. 527, fig. 1.

Cet oiseau cause beaucoup de dégâts dans les forêts qu'il habite; car il creuse dans les grands troncs des arbres un trou si profond, que ceux-ci, affaiblis par cette excavation, sont brisés par le moindre vent; il entame aussi bien les arbres sains que ceux qui sont creux et en voie de dépérissement. Les coups qu'il frappe sont si forts qu'on les prendrait de loin pour des coups de hache. Les dégâts qu'il cause aux ruches ne sont pas moins considérables; car, à défaut d'autres insectes, il fait une chasse destructive aux Abeilles.

Le Pic noir, que l'on rencontre abondamment dans le nord de l'Europe jusqu'en Sibérie, et assez souvent dans les grandes forêts de l'Allemagne et de la France, pond de deux à trois œufs d'un blanc lustré, sans tache.

Le GRAND P. A BEC BLANC, *Picus principalis*, Lath. De toutes les espèces connues, celle-ci est la plus grande; sa grosseur est celle de la Corneille, et sa longueur de dix-sept à dix-huit pouces. Elle a le bec d'un blanc d'ivoire; l'occiput orné d'une grande huppe écarlate; une raie blanche, qui descend sur les côtés du cou et fait un angle sur les épaules, va rejoindre le blanc qui couvre le bas du dos et les pennes moyennes de l'aile. Tout le reste du plumage est d'un noir pur et profond.

On la trouve au Mexique, à la Caroline et dans les Florides; elle s'avance dans la Virginie et fréquente quelquefois la Pensylvanie pendant l'été.

Le P. A CAMAIL ROUGE, *P. erythrocephalus*, Lath., figuré pl. 530 de notre Atlas, dans son plumage de jeune âge et d'adulte. Ce Pic, que l'on trouve dans l'Amérique septentrionale, a de longueur huit pouces quatre lignes environ. Le mâle, après la première mue, a toute la tête et le cou d'un rouge lustré; la poitrine, le ventre, le croupion et une partie des rémiges d'un blanc pur; tout le reste du plumage est noir. La femelle ne diffère pas du mâle; mais les jeunes, avant leur première mue, présentent des dissemblances remarquables; aussi Latham en a fait une espèce distincte sous la dénomination de *Picus obscurus*; un individu, figuré dans l'Histoire des Oiseaux de l'Amérique septentrionale (pl. 113), et que nous reproduisons, pl. 530, fig. 3, a le dessus de la tête, du cou, et le haut du dos variés de noirâtre et de gris-blanc sur un fond gris rembruni; le bas du dos et le croupion blancs; la gorge, le devant du cou, la poitrine et le ventre blanchâtres; les flancs faiblement tachetés de noir; les pennes secondaires des ailes blanches, avec quelques taches noires transversales sur leur milieu et à leur extrémité.

Cette espèce pond six œufs entièrement blancs.

Le P. A HUPPE ROUGE, *P. pileatus*, Lath. Il a les moustaches et la huppe rouges; deux bandes sur les côtés de la tête, l'une noire, l'autre blanche; celle-ci part des coins du bec, s'étend sur les joues, descend sur les côtés du cou, et se perd sous l'aile; le reste du plumage est noir. La femelle n'a de plumes rouges que sur l'occiput.

Il est très-répandu dans l'Amérique septentrionale, depuis la Louisiane jusqu'au Canada.

Le P. DOMINICAIN, *P. dominicanus*, Spix, dont nous donnons la figure à la planche 529, a le dessus du cou, la moitié du dos et les ailes noirs; un trait de cette couleur va de l'angle postérieur de l'œil à la nuque; le derrière de la tête, le tour des yeux et le ventre sont jaunes; la queue est noire, avec des bandes brunes et le reste du plumage d'un beau blanc.

D'Azzara, qui l'a observé au Paraguay, où il se trouve, dit qu'il vit en familles, qu'il est fort criard et et a une voix rauque et désagréable qui s'entend de fort loin. Il n'entre point dans les bois, mais se tient de préférence dans les cantons plantés de palmiers; il se tient horizontalement sur les toits et sur les arbres; cependant il s'accroche aussi aux troncs et aux murailles; il grimpe très-rarement et se nourrit ordinairement de Guêpes, de larves, d'oranges douces, de raisins et d'autres fruits.

Parmi les espèces à plumage où le noir est distribué par larges plaques et devient la couleur dominante, il faut encore ranger le P. A BEC BLANC, *P. albirostris*, Vieill.; le P. A COLLIER, *P. torquatus*, Wils.; le P. OUANTOU, *P. lineatus*, Lath.; le P. DU CHILI, *P. Chilensis*, Less.; les *P. Galeatus*, Natter., *Rubricollis*, Gmel., *Robustus*, Spix., *Pulverulentus*, etc.

b. Espèces à plumage où le vert et le jaune dominent en général.

Le P. VERT, *P. viridis*, Lath. Ce Pic, sans contredit le plus répandu de tous ceux qui habitent l'Europe, et par conséquent le plus connu, est un des beaux oiseaux que nous possédons. Il a tout le dessus de la tête et les moustaches d'un beau rouge; les côtés de la tête noirâtres; le dessus du cou, le dos et les couvertures supérieures de la queue d'un vert olive, qui prend une teinte jaune sur le croupion; la gorge d'un blanc jaunâtre; une couleur d'un vert pâle occupe le devant du cou et la poitrine; cette couleur se nuance d'un peu de jaune sur le ventre et les jambes et prend des raies brunes sur les tectrices caudales inférieures; les pennes des ailes et de la queue sont d'un brun plus ou moins foncé, tachetés et variées de vert-olive; seulement les huit rectrices intermédiaires sont terminées de noir. Voir notre Atlas, pl. 421, ordre des Grimpeurs.

La femelle diffère du mâle en ce que ses moustaches sont noires au lieu d'être rouges; ses couleurs sont d'ailleurs moins vives. Les jeunes, avant leur première mue, ont un plumage agréablement varié. Le dessus du corps est moucheté de jaune; le rouge de la tête tacheté de noir et de gris, et le dessous du corps rayé de brun sur un fond blanchâtre.

Cet oiseau n'habite que les forêts ou les coteaux couverts de grands arbres. Les cris qu'il pousse, toujours aigres et durs, sont de diverses sortes. Celui qu'il fait entrendre surtout lorsqu'il vole, peut se rendre par ces mots : *Tiacacan*, *tiacacan*, plusieurs fois répétés, ou même *piacatan*. D'autres fois il semble prononcer très-distinctement les syllabes *plieu*, *plieu*, d'où lui est venu le nom de *Pleu-Pleu*, et *Plui-Plui* qu'il porte dans quelques départemens. Ce cri plaintif et traîné annonce, dit-on, la pluie, ce qui a fait appeler ce Pic Oiseau pluvial, et en Bourgogne, Procureur de meunier. Enfin, d'autres fois, et c'est surtout durant l'époque des amours, il répète jusqu'à trente et quarante fois de suite le cri *tiô*, *tiô*, *tiô*.

Lorsqu'il vole, c'est par bonds et par élans; il plonge, se relève, replonge encore de manière à tracer en l'air des arcs ondulés; mais malgré ce vol, qui paraît s'exécuter d'une manière pénible, il franchit d'assez grands intervalles pour passer d'une forêt à l'autre, et il ne manque guère d'annoncer son arrivée par son cri habituel. Au printemps et en été, il descend souvent à terre pour y chercher des Fourmis et leurs œufs; dans toute autre saison, il grimpe continuellement contre les arbres, les frappe à coups de bec redoublés, mais si fort qu'on peut les entendre et même les compter de très-loin. Alors on l'approche facilement; mais il se dérobe aisément au chasseur en courant autour de la branche ou du tronc, et en se tenant sur la face opposée.

« Bien des gens, dit Vieillot, croient qu'après quelques coups de bec, le Pic dont il est question va de l'autre côté de l'arbre pour voir s'il l'a percé; mais s'il fait un détour, c'est bien plutôt pour saisir les insectes qu'il a réveillés et mis en mouvement, et ce qui paraît plus certain à Buffon, c'est que le son rendu par la partie du bois qu'il frappe, semble lui faire connaître les endroits creux où se nichent les vers qu'il recherche, ou bien une cavité dans laquelle il puisse loger lui-même et disposer son nid : ceci paraît très-vraisemblable, puisque c'est toujours au cœur d'un arbre vicié et vermoulu qu'il le place; plus souvent il choisit les arbres de bois tendre, tels que les trembles, les hêtres, mais rarement les chênes et autres arbres durs. Le mâle et la femelle travaillent alternativement à percer la partie vive jusqu'à ce qu'ils rencontrent le centre vicié, rejetant en dehors les copeaux. Ils font quelquefois un trou si oblique et si profond que la lumière du jour ne peut y pénétrer. Ils y entrent et sortent en grimpant. Le nid est composé de mousse et de laine. La ponte est de quatre à six œufs verdâtres, avec de petites taches noires (1). Pendant le temps des couvées, le mâle et la femelle ne se quittent guère, se couchent de bonne heure et restent dans leur trou jusqu'au jour. Enfin, lorsque ces oiseaux sont à terre, ils ne marchent point, ils ne font que sauter. »

Le Pic vert est répandu dans toute l'Europe, mais surtout dans les grandes forêts de la France et de l'Allemagne. Sédentaire dans quelques contrées, il est erratique dans d'autres, et quelquefois même il entreprend d'assez longs voyages. Sonnini en a vu arriver en Egypte, en même temps que d'autres oiseaux de passage, pendant le mois de septembre.

Le P. CENDRÉ, *P. canus*, Gmel. Cette espèce, qui se rencontre en Europe, a quelquefois été confondue avec le Pic vert, et surtout par Buffon, qui ne le considérait que comme variété de ce dernier. Le Pic cendré a le front d'un rouge cramoisi; un trait noir entre l'œil et le bec; deux bandes de cette couleur en forme de moustaches et se prolongeant sur les côtés du cou; l'occiput, les joues et le cou d'un cendré clair; le dos vert; le crou-

(1) M. Temminck décrit les œufs du Pic vert comme étant d'un blanc parfait; c'est aussi la couleur que nous leur donnons; car nous en avons vu un grand nombre qui ne nous ont jamais offert d'autres teintes.

pion jaunâtre ; les ailes d'un vert olivâtre ; des taches blanches sur les barbes extérieures des rémiges, et les parties inférieures cendrées, avec une légère nuance de vert. La femelle est totalement dépourvue de rouge au front.

Gmelin, dans son Voyage en Sibérie, rapporte que les Tunguses de la Naïjaia-Tunguska attribuent des vertus à cet oiseau ; ils le font rôtir, le pilent, y mêlent de la graisse, quelle qu'elle soit, excepté celle d'Ours, et enduisent avec ce mélange les flèches dont ils font usage à la chasse. Un animal, frappé d'une de ces flèches, tombe, disent-ils, toujours sous le coup.

On trouve également ce Pic dans le nord de l'Asie et de l'Amérique ; il est quelquefois de passage en France.

Le P. DU SÉNÉGAL, *P. Senegalensis*, Gmel. Il n'est pas plus gros qu'un Moineau ; a le dessus de la tête rouge ; le front et les côtés bruns, le dos et les grandes pennes des ailes d'un jaune fauve ; les tectrices et le croupion verdâtres ; le dessous du corps varié de gris-brun et de blanc sale ; la queue noire ; toutes les pennes, excepté les deux intermédiaires tachetées de jaune.

A côté de ces espèces, il faut encore placer le P. DU BENGALE, *P. bengalensis*, Lath. ; P. DE LUÇON, *P. manilliensis*, Lath. ; P. DE GOA, *P. Goensis*, Gmel. ; P. DE CAYENNE, *P. exalbidus*, Gmel. ; P. MORDORÉ, *P. cinnamominus*, Gmel. ; le PETIT PIC OLIVE, *P. passerinus*, Gmel. ; le P. A GORGE JAUNE, *P. chlorocephalus*, Gmel. ; le P. GOERTAN, *P. Goertan*, Gmel. ; le P. VERMILLON, *P. miniatus*, Horff. Les *P. puniceus*, Horff. ; *mentalis*, Temm. ; *luzonicus*, Cuv. ; *palalaca*, Cuv. ; *jumana*, Spix., etc. Une autre espèce dont le système de coloration diffère, mais chez laquelle le vert domine, est celle que Buffon appelle P. DES PHILIPPINES, *P. philippinarum*, Lath. Nous en donnons une figure à la pl. 529, fig. 2 de notre atlas. Il a la tête, le cou, le dos et les ailes d'un brun lustré, nuancé de vert ; les plumes de la tête assez longues pour former une sorte de huppe ; celles de la gorge, du cou et du haut de la poitrine sont oscellées de blanc roussâtre, ce qui fait paraître ces parties tachetées de vert très-foncé et de blanchâtre ; les tectrices sont brunes avec une tache blanche ; les rectrices alaires rousses, nuancées de jaune ; le croupion et les tectrices caudales d'un rouge cramoisi. Les jeunes et la femelle ont les plumes de la tête rouges, et tout le dessous du corps comme écaillé, chaque plume étant roussâtre dans son milieu et brune sur les bords.

Cet oiseau habite les îles Philippines. Les insulaires le nomment *palalaca*, et les Espagnols *herroro* ou le forgeron, à cause du bruit qu'il fait en frappant les arbres à coups redoublés. Un auteur a avancé qu'on l'entend à une distance de trois cents pas.

c. Espèces à plumage généralement varié de noir, de rouge, de jaune et de blanc, toutes ces couleurs étant disposées par bandes ou par plaques plus ou moins grandes.

Le P. ÉPEICHE OU GRAND PIC VARIÉ, *P. major*, Linn. Il a le front d'un gris sale, le sommet de la tête noir ; sur l'occiput est une tache rouge ; une large bande noire part de l'angle du bec, entoure les tempes, et vient se joindre d'une part sur la nuque, tandis que de l'autre elle s'avance en s'élargissant jusque sur la poitrine ; les scapulaires, les moyennes couvertures et les parties inférieures sont d'un blanc pur ; des taches de cette couleur sont parsemées régulièrement sur les pennes alaires ; l'abdomen et les couvertures de la queue sont d'un rouge cramoisi. La femelle n'a point de rouge à l'occiput, et les jeunes avant la mue ont le front gris, tout le sommet de la tête d'un rouge mat ; l'occiput noir ; le noir du plumage nuancé de brun, et le blanc des parties inférieures terne et parsemé de petits points noirâtres. Le mâle est figuré à la pl. 528, fig. 1 de notre atlas.

L'Épeiche a les mêmes habitudes que le P. vert ; comme lui il grimpe sans cesse contre les arbres ; sa nourriture est aussi la même, mais son cri est différent ; il semble prononcer *tre re re re re* d'un ton enroué ; il frappe contre les arbres des coups plus vifs et plus secs, et montre plus de défiance. Si quelque chose lui porte ombrage, il ne s'enfuit pas, mais il se tient immobile derrière une grosse branche, toujours l'œil sur l'objet qui l'inquiète ; si l'on tourne autour de l'arbre, il tourne de même autour de la branche de manière à demeurer toujours caché ; aussi est-il très-difficile de l'ajuster. L'on prétend que pour attirer cet oiseau sur un arbre quelconque de la forêt, il suffit de frapper sur la crosse du fusil avec une boule de bois creuse.

Ce Pic, que l'on rencontre dans toute l'Europe, fréquente les bois, les parcs, souvent les buissons et les vergers ; fait son nid dans les creux naturels des arbres, et pond jusqu'à six œufs blancs.

Le P. NOIR OU MOYENNE EPEICHE, *P. medius*, Linn. Souvent confondue avec la précédente, cette espèce s'en distingue pourtant par un bec plus court, comprimé et pointu. Elle a le front cendré, les plumes coronales et occipitales rouges, effilées et allongées ; les joues, le cou et la poitrine blanchâtres ; une bande brune comme effacée part de l'angle du bec ; cette bande devient noire au dessous des yeux et se dirige sur les parties latérales de la poitrine ; le dos et les ailes sont d'un noir profond ; les tectrices moyennes et les scapulaires blanches, les barbes des pennes alaires offrent des taches de cette couleur ; les flancs sont roses, couverts de taches longitudinales ; l'abdomen et les couvertures inférieures de la queue cramoisis ; les pennes latérales de celles-ci terminées de blanc et rayées de noir ; les quatre du milieu entièrement de cette couleur. Ce pic est représenté à la pl. 527, fig. 2.

La femelle a le cramoisi de la tête moins vif, la bande brune de l'angle du bec plus effacée, et les jeunes ont seulement un très-petit espace d'un rouge brun sur le haut de la tête ; le blanc du plumage comme terni et parsemé sur les flancs d'un grand nombre de taches longitudinales.

Il ne diffère en rien de l'espèce précédente sous

le rapport des habitudes naturelles et pour le genre de vie. Sa ponte n'est que de quatre œufs d'un blanc lustré.

Il habite le midi de l'Europe.

Le P. EPEICHETTE, *P. minor*, Linn. C'est la plus petite des espèces qui habitent l'Europe. Sa taille est à peu près celle du moineau domestique. Il a tout le front, la région des yeux, les côtés du cou et les parties inférieures d'un blanc terni; de fines raies longitudinales sur la poitrine et sur les flancs; le sommet de la tête rouge; l'occiput, la nuque, le haut du dos et des ailes noirs. Le reste des parties supérieures est varié de bandes noires et blanches; un trait noir va de l'angle du bec sur les côtés du cou; la queue est comme dans l'espèce précédente. Nous l'avons figuré dans notre atlas pl. 528, fig. 2.

La femelle n'a point de rouge, et le blanc du plumage est nuancé de brun.

Cet oiseau a les habitudes de ses congénères; il habite comme eux dans les trous naturels, et pond quatre ou cinq œufs d'un blanc verdâtre. Il vient souvent pendant l'hiver visiter les vergers où on ne le voit guère alors grimper qu'autour du tronc, sans s'élever jamais fort haut sur les branches. En toute saison et dans tous les lieux qu'il habite, ce Pic est celui de tous qu'on approche et qu'on surprend le plus difficilement. Il vit en bien plus grand nombre dans le nord de l'Europe, en Russie, en Laponie et en Sibérie que dans le midi.

A ces trois espèces qui se rencontrent plus ou moins abondamment dans les limites de la France, il faut en joindre une quatrième souvent confondue avec le grand épeiche, espèce qui habite le nord d'où elle s'avance quelquefois jusque dans les contrées septentrionales de l'Allemagne sans descendre plus bas. Ce Pic est celui auquel Bechstein a donné le nom de *P. leuconotus*, P. LEUCONOTE. Il a sur le front une bande d'un blanc jaunâtre; le haut de la tête et l'occiput d'un rouge vif; les joues, les côtés et le devant du cou, la poitrine, le milieu du ventre, le dos et le croupion d'un blanc pur; une bande déliée part de l'angle du bec, entoure les tempes, et vient se joindre d'une part sur la nuque, tandis que de l'autre elle s'avance en s'élargissant sur les côtés de la poitrine; l'aile est variée d'une sorte de taches et de bandes blanches; les flancs sont roses avec des taches noires longitudinales; l'abdomen et les couvertures inférieures de la queue cramoisis. La femelle a le haut de la tête et l'occiput noirs.

Il vit en Silésie, en Courlande et en Livonie; demeure dans les bois de haute futaie, mais jamais dans les forêts noires; s'avance assez près des habitations, et pond dans les trous naturels des arbres quatre ou cinq œufs d'un blanc lustré.

Parmi les espèces étrangères dont le système de coloration a des rapports avec celui des épeiches, nous citerons :

Le P. MINULE, *P. pubescens*, Lath. Sur le front est une bande d'un gris roussâtre; la tête est noire; l'occiput est traversé par une bande rouge; la région ophthalmique est blanche, et les plumes qui recouvrent l'oreille sont noires; l'aile et la queue sont variées de blanc et de noir; le dessous du corps jusqu'au ventre est roux; celui-ci et la région anale blancs. La femelle n'a point de bande blanche sur l'occiput.

Cette espèce habite l'Amérique du nord et fait un grand tort aux arbres fruitiers. Elle niche dans un trou d'arbre que le mâle et la femelle ont creusé alternativement. La ponte est de six œufs d'un blanc pur.

Le P. CHEVELU, *P. villosus*, Gmel. Ce pic ne diffère du précédent que par sa taille qui est plus forte et par sa queue, dont les deux pennes intermédiaires sont entièrement noires, les deux extérieures entièrement blanches, les autres noires rayées de blanc. Quant au reste du plumage, il offre à peu près les mêmes teintes et dans la même disposition.

Il habite dans l'Amérique septentrionale, depuis la baie d'Hudson jusqu'à la Caroline.

Le P. DES MOLUQUES, *P. molucensis*, Gmel. De la taille du petit Épeiche, celle-ci est d'un brun noir ondulé de blanc en dessus, blanchâtre en dessous, avec des traits lancéolés noirs; les pennes des ailes et de la queue brunes tachetées de blanc.

Nous citerons encore Le P. MACULÉ, *P. varius*, Lath.; le PETIT P. NOIR, *P. hirundinaceus*, Linn.; le P. DU CANADA, *P. Canadensis*, Gmel.; le P. A VENTRE ROUGE, *P. rubriventris*, Vieill., etc.

d. Espèces à dos rayé en travers.

Nous n'avons à citer ici que des espèces étrangères. Parmi elles nous décrirons le P. RAYÉ DE CAYENNE, *melanochlorus*, Gmel. Il a les joues rougeâtres, une tache pourpre entre les yeux et la base du bec; le corps ondulé et rayé de noir et de jaune, mais surtout taché de noir en dessous. Il habite à Cayenne.

Le P. A HUPPE JAUNE, *P. flavescens*, Gmel. La huppe, les joues, le haut du cou, la gorge, les couvertures supérieures de la queue sont jaunes; des raies transversales de même couleur sont sur le dos et les ailes; le reste du plumage est noir.

On le trouve au Brésil.

Le P. RAYÉ GRIS, *P. carolinus*, Lath. C'est, dans Buffon, l'epeiche rayé de la Louisiane. Un noir rubané de gris couvre le dessus du corps, dont le dessous est d'un gris uniforme, lavé de rouge sur le ventre. On le trouve dans tous les États-Unis.

La voix de ce Pic est rauque, et son cri ordinaire exprime la syllabe *choir* et est à peu près semblable à l'aboiement d'un petit chien. Il frappe avec une telle violence contre les arbres, qu'on l'entend à un demi-quart de lieue. La ponte est de cinq œufs blancs et peu transparens.

Le P. MACÉ, *P. macei*, Vieill. Le dessus de la tête est rouge; le front roussâtre; les côtés de la tête, la gorge et toutes les parties inférieures bleus avec des raies noires longitudinales très-espacées et étroites; le dessus du cou et du corps, les ailes et la queue sont tachetées de blanc sur un fond noir. On le trouve au Bengale.

Parmi les espèces à dos rayé en travers se placent encore le P. ONDÉ, *P. undatus*, Lath.; P. DE L'ILE LUÇON, *P. cardinalis*, Sonn.; le P. DE CAÏENNE. *P. Cayennensis*, Gmel.; le P. RAYÉ DE SAINT-DOMINIQUE, *P. striatus*, Gmel.; le P. A SOURCILS, *P. superciliaris*, Tem.; le P. RAYÉ DES MOLUQUES, *P. molucensis*, Gmel.; le P. ROUX, *P. rufus*, Gmel.; les *P. bicolor*, Gmel.; *querulus*, Wils., et *campestris*, Spix.

2° Pics à trois doigts.

Ces espèces, dont Lacépède a fait un genre sous le nom de Picoïdes, mais que nous faisons rentrer avec Vieillot et Temminck dans celui que forment les Pics proprement dits, n'ont que deux doigts en avant et un seul pouce en arrière. Le type de cette section appartient aux espèces européennes; c'est le P. TRIDACTYLE ou PICOÏDE, *P. trydactylus*, Linn. Cet oiseau a le front varié de noir et de blanc; le sommet de la tête d'un jaune d'or; l'occiput et les joues d'un noir lustré; une moustache noire qui se prolonge sur la poitrine; une étroite raie blanche derrière les yeux; le devant du cou et la poitrine d'un blanc pur; le haut du dos, les côtés de la poitrine, les flancs et l'abdomen rayés de noir et de blanc; les ailes d'un noir terne, et une partie du haut du tarse emplumée. La femelle a le sommet de la tête d'un blanc lustré ou argentin, varié de fines raies noires. Nous le représentons pl. 531, fig. 1 (mâle), a (femelle).

Ce Pic habite les vastes forêts ou montagnes du nord de l'Europe, de l'Asie et de l'Amérique; il est très-abondant en Sibérie; on le trouve assez communément sur les Alpes suisses; il visite très-accidentellement la France et l'Allemagne. Sa nourriture consiste en larves de différentes espèces de charençons et d'autres insectes; il vit aussi de baies d'aubépine. Il niche dans les trous naturels des arbres, et pond de quatre à cinq œufs d'un blanc lustré.

On connaît encore plusieurs espèces étrangères à trois doigts. Nous ne mentionnerons que le P. A PIEDS VELUS, *P. hirsutus*, Vieill., que Vieillot a confondu avec le précédent, et dont M. Temminck fait une espèce distincte. Il a le dessous de la tête d'un beau jaune doré bordé de noir; quatre bandes de chaque côté, une noire en dessous de l'œil, une blanche dans la direction des yeux, laquelle se perd dans l'occiput; la troisième est de la même couleur et borde la quatrième, qui est noire et se prolonge sur les côtés de la gorge et du cou; la nuque, le dessus du corps, les tectrices alaires dans la moitié de leur largeur, les rémiges et les six rectrices intermédiaires sont noires; cette couleur forme des taches sur les côtés de la poitrine et des raies transversales sur le bas-ventre; tout le reste du plumage est blanc. La femelle ne diffère du mâle qu'en ce qu'elle a la tête noire et rayée de blanc.

3° Cuvier a pensé que l'on pourrait faire un sous-genre des espèces que leur bec légèrement arqué commence à rapprocher des coucous. C'est, au reste, ce qui avait été senti et exprimé par Buffon dans son histoire des Pics. Nous établirons donc une troisième section pour ceux qui ont le bec légèrement arqué.

Comme type, nous citerons d'abord le P. AUX AILES DORÉES, *P. auratus*, Gmel., que dans la 10e édition du *Systema naturæ*, l'on trouve indiqué sous le nom de *cuculus auratus*, ce qui indique les rapports qu'il a avec les coucous. Ce Pic a le sommet de la tête cendré, l'occiput et les joues rouges; la partie supérieure de la poitrine marquée d'un hausse-col noir; le reste de la poitrine, le ventre blanchâtres, variés de taches noires; le dos et les couvertures des ailes d'un brun pâle rayées de noir; les grandes rémiges cendrées, d'un jaune d'or en dessous; leurs tiges sont également de cette couleur; le croupion blanc taché de noir; les rectrices noires, bordées de blanc et à languettes d'un jaune d'or.

Cet oiseau habite l'Amérique septentrionale; il s'avance jusque vers la baie d'Hudson, où il niche dans le creux des arbres et même quelquefois à terre. Sa ponte est de quatre à six œufs blanchâtres. Il se nourrit de vermisseaux et d'insectes; mais à défaut il vit de baies et même d'herbes. Il ne grimpe point le long du troncs des arbres comme ses congénères; il se pose sur les branches et descend très-souvent à terre pour chercher sa nourriture. On dit sa chair très-savoureuse.

Le P. CAFFRE, *P. cafer*, Lath. C'est le Promépic de Levaillant. Il est brun en dessus, de couleur vineuse, à gouttes noires en dessous; a la face inférieure des ailes d'un rouge vermillon, et les tiges des pennes alaires et caudales de même couleur.

Il vit au cap de Bonne-Espérance, ressemble à beaucoup d'égards au précédent, mais il est plus petit.

Cuvier rapporte encore à cette section le *P. poicilophos* de Temminck (pl. col. 197, fig. 1).

(Z.-G.)

PIC. (GÉOGR. PHYS.) On appelle ainsi une montagne élevée d'un accès difficile, et qui est isolée. Les montagnes de ce nom adoptent en général une forme en pain de sucre qui leur donne un caractère particulier. L'un des Pics les plus renommés est le Pic de Ténériffe : nous avons vu à l'article CEYLAN que cette île renferme un Pic célèbre, le Pic-Adam, ainsi nommé, parce que, suivant les traditions du pays, ce fut le dernier lieu où Adam plaça le pied avant de partir pour le ciel. On montre sur le sommet de la montagne l'empreinte merveilleuse de ce pied.

Il est une des Açores qui, à cause d'un Pic qui se trouve à sa surface, a pris le nom de *Pic des Açores* ou de *Pico*.

Nous ne nous étendrons pas davantage sur ce sujet, et nous renverrons nos lecteurs, pour plus amples détails, à l'article MONTAGNES. (C.-J.)

PICATHARTE, *Picathartes*. (OIS.) Nom d'un sous-genre établi par M. Lesson pour une espèce qui se rapporte au genre PIC. *Voyez* ce mot.

(Z.-G.)

PICAREL, *Smaris* (POISS.). Ce genre avait d'abord été rangé dans la famille des sparoïdes ; mais plusieurs genres de cette famille ont paru assez analogues entre eux et assez différens des autres pour former une famille distincte dont le type est la mendole (*mæna*), et qui, par cette raison, a reçu le nom de *ménides*.

Le genre Picarel, tel que l'admet Cuvier, comprend un petit nombre d'espèces remarquables par l'extrême extension qu'ils peuvent donner à leur bouche, qui prend la forme d'un tube, à cause des longs pédicules des intermaxillaires et du mouvement de bascule que leur font faire leurs os mandibulaires. Cette disposition protractile, cette faculté à projeter horizontalement et subitement leur bouche en forme de tube, se retrouvent dans plusieurs autres poissons de diverses familles, tels que les Zées parmi les Scombéroïdes, les Filous et les Sublets parmi les Labroïdes ; on leur a appliqué le noms d'*insidiateurs* de la faculté qu'ils ont de saisir par surprise les petits animaux qui nagent à la portée de ce singulier instrument. Quant à leur forme, elle se rapproche presque de celle du hareng, et leur corps oblong, comprimé, couvert d'écailles assez grandes, est plus gros vers sa partie moyenne qu'à ses extrémités. Ce genre, ainsi que l'indiquent les caractères énoncés ci-dessus, est très-voisin des mendoles, auxquelles il ressemble par tous les points de son organisation ; mais il s'en distingue en ce que son palais est lisse et n'a point de dents. Pour le reste, ce sont des poissons de taille moyenne, dont la chair, sans être recherchée ni délicate, est cependant assez bonne à manger. Leurs couleurs sont assez brillantes, et ils vivent comme les Mendoles sur les côtes vaseuses et herbacées de la mer, s'y nourrissant de petits poissons ou de mollusques mous qu'ils trouvent dans les herbes.

La Mediterranée en nourrit cinq principales espèces, nous citerons le PICAREL ORDINAIRE, *Smaris vulgaris*. Ce poisson a le corps allongé, fusiforme, aminci aux deux extrémités ; sa tête est pointue ; les deux mâchoires d'égale longueur ; les branches montantes de l'intermaxillaire sont deux fois plus longues que les branches horizontales ; aussi la bouche est très-protractile. Les deux mâchoires sont pourvues d'une bande étroite de dents en velours très-fines ; l'inférieure porte deux très-petites canines à son extrémité. Sa couleur paraît d'un gris argenté, avec quelques reflets dorés assez vifs, et nuancé de taches brunes nuageuses, irrégulières ; on voit quelques lignes longitudinales bleuâtres, pâles le long des flancs au dessous de la ligne latérale ; la dorsale et l'anale sont grises ; les autres nageoires sont d'un beau jaune rougeâtre dans l'état frais. On trouve le Picarel dans toute la Méditerranée ; il n'a pas tout-à-fait un pied de long, mais sa chair est ferme, de bon goût et très-saine. M. Larroche dit que cet animal est si abondant à Iviça, qu'il forme à lui seul plus de la moitié du produit total de la pêche de cette île. Il se tient le plus souvent auprès du rivage ; il se nourrit de petits crustacés. Plusieurs auteurs anciens se sont plu à lui attribuer certaines qualités, et, selon Rondelet, les pêcheurs les exposaient à l'air pour les faire sécher après les avoir salés. On les conservait en les imbibant de sel pour obtenir cette composition nommée garum, dont les anciens étaient si avides et qu'ils appelaient liqueur exquise. Il paraîtrait même que le nom de Picarel, dans plusieurs contrées de France, viendrait du goût piquant que prennent ces poissons ainsi préparés.

Le P. MARTIN-PÊCHEUR, *S. alcedo*, autre espèce analogue à la précédente, a été ainsi nommée à cause des taches ou lignes bleues dont son corps est orné. Il est plus élevé que le Picarel ordinaire, et son œil est un peu plus petit ; la dorsale et l'anale sont plus hautes, surtout dans la partie molle. Ce poisson vit dans la Méditerranée, sa parure est encore plus magnifique que celle des espèces que nous venons d'examiner, et sa couleur générale paraît d'un gris argenté, quelquefois jaunâtre, avec deux ou trois raies bleues sur l'opercule ; sur le corps il y a aussi des traces de raies et de points bleus disposés par séries longitudinales. Une tache noire assez marquée se remarque sur la membrane de la dorsale entre le premier et le second rayon épineux Il y a une tache ovale, large et brune sur les côtés. Nous avons représenté ce poisson dans notre Atlas, pl. 531', figure 2. (A.-G.).

PICERTHIE, *Picerthia* (OIS.). Nom de genre nouvellement créé et composé des mots *picus* et *certhia*, comme indiquant que les caractères des oiseaux auxquels cette dénomination s'applique, participent des Pics et des Grimpereaux. L'oiseau pour lequel on a formé cette division générique est de l'Amérique méridionale et se distingue des vrais Grimpereaux par des caractères très-peu tranchés. Ses mœurs au reste n'étant point connus, nous nous abstiendrons d'en donner une description, vu le peu d'intérêt qu'il aurait à nous offrir à part elles. (Z.-G.)

PICOIDE, *Picoïdes* (OIS.). Lacépède a donné ce nom à des espèces du genre PIC (*voy.* ce mot) qui manquent du doigt externe. (Z.-G.

PICOTITE. (MIN.) Nom qui a été donné par M. de Charpentier en l'honneur de Picot de La Peyrouse, à un minéral opaque, d'un noir brillant et d'un éclat vitreux, à cassure conchoïde, et rayant fortement le verre ; il se trouve disséminé au milieu du Pyroxène, à la sortie de la vallée de Vic-Dessos dans les Pyrénées. Ce minéral est infusible au chalumeau et insoluble dans l'acide nitrique. Il paraît être voisin de la Tourmaline. (J. H.)

PICRIDE, *Picris*, (BOT. PHAN.) Genre établi par Linné sur une plante assez commune aux environs de Paris, que l'on trouve partout en Europe dans les champs, les bois, le long des routes arides, et sur le revers des collines. Le genre *Picris* appartient à la syngénésie polygamie, fait partie de la famille des Synanthérées, section des Chicoracées, et est composé des plantes dicotylédonées, herbacées, indigènes pour la plupart des contrées qui bordent le vaste bassin de la Méditerranée. Il a pour caractères essentiels : fleurs à demi-fleurons, involucre ou calice commun renflé à sa base, formé d'un simple rang d'écailles imbriquées, élargies, membraneuses sur leurs bords, réceptacle nu et ponctué; calathide de demi-fleurons nombreux, à corolle en languette cinq fois denticulée au sommet; cinq étamines syngénèses; style de la longueur des filets anthérifères, terminé par deux stigmates recourbés en dehors; semences tétragones, situées transversalement, surmontées d'une aigrette sessile et plumeuse.

La PICRIDE ÉPERVIÈRE, *P*, *hieracioïdes*, L. qui a servi de type à tout le genre, est une plante annuelle, s'élevant à la hauteur de trente à soixante-dix centimètres sur une tige dure, divisée en rameaux très-divergens et raides, couverte de poils très-rudes, désagréables au toucher, accrochans, bifurqués à leur sommet. Les feuilles radicales sont allongées, sinuées, lancéolées, rétrécies en pétiole à leur base, et longues de seize à vingt centimètres; celles de la tige sont étroites, pointues, sessiles, à peine denticulées et très-velues comme la tige qui les porte. A des fleurs jaunes, assez grandes, la plupart solitaires, terminales à l'extrémité de chaque ramification, et en pleine floraison au mois d'août, succèdent des semences aigrettées que le vent transporte au loin. Cette plante est des plus communes.

Citons aussi la PICRIDE GLOBULEUSE, *P. globulifera*, remarquable par le durcissement qu'éprouvent les folioles intérieures du calice et par la forme globuleuse qu'elles affectent après la floraison. Ses semences couleur marron sont couronnées par une aigrette très-blanche. Elle est originaire de la côte septentrionale de l'Afrique, et se rencontre par fois dans nos départemens du midi. Tabl la considère avec raison comme la *Crepis Dioscoridis* de Linné.

Aucune de ces plantes n'est utile, les bestiaux n'y touchent point. (T. D. B.)

PICRIDION, *Picridium*, Desf. (BOT. PHAN.) Desfontaines a détaché du genre *Sonchus* des anciens botanistes une plante herbacée, commune sur la côte septentrionale de l'Afrique et dans toutes les régions qui bordent la Méditerranée, inscrite par Linné au nombre de ses Scorzonères, sous la dénomination spécifique de *Scorzonera picroïdes*; il en a fait le type d'un genre nouveau, qu'il appelle *Picridium*, fondé sur ce que les semences sont quadrangulaires et hérissées de tubercules disposés en séries transversales; caractère qui l'éloigne du genre linnéen et l'avoisine des picrides; mais toutes les autres circonstances le rapprochent singulièrement des laiterons, aussi Willdenow ne fait-il aucune difficulté de l'y rétablir. Je partage son opinion.

Déjà Moench et Roth avaient employé la même plante pour créer leur genre *Reichardia* que l'on a généralement rejeté; l'on doit en faire de même du genre *Picridium*, dont le nom a beaucoup trop de similitude avec le genre *Picris* ci-dessus décrit. Ce qui prouve son inutilité c'est que pour lui donner une certaine consistance on avait été détacher du genre *Sonchus*, des espèces qui lui appartiennent essentiellement; tels sont 1° le laiteron de Tanger, avec lequel le picroïde a de grands rapports économiques, puisque, comme Tournefort nous l'apprend, les habitans de l'île Mycone (Archipel grec) en font des salades tout-à-fait appétissantes, quand on frotte le vase avec de l'ail ou que l'on insinue entre les feuilles et avant de les assaisonner le petit crouton de pain fortement frotté d'ail, que l'on nomme *chapon;* 2° le laiteron d'Espagne ou pour mieux dire des environs de Malaga; 3° et le laiteron à feuilles en lanières, *Picridium ligulatum* de Ventenat, que Broussonnet lui envoya des environs de Mogodor, où il vivait retiré par suite des persécutions que la perfidie de quelques savans jaloux lui suscita, sous le voile de la politique, tant en France qu'en Espagne. *Voyez* plus haut, tom. IV, pag. 526 et 327, ce que nous avons dit du genre laiteron et des espèces qui le composent. (T. D. B.)

PICRIE, *Picria*, Lour. (BOT. PHAN.) Genre de plantes encore peu connu, et dont la place dans les familles naturelles n'est point encore fixée d'une manière certaine. Quelques auteurs le placent dans les Pédiculaires, d'autres dans les Bignoniacées, etc. Quoi qu'il en soit voici les caractères que Loureiro, son fondateur, lui a assignés dans sa Flore cochinchinoise : genre de plantes exogènes, de la famille des Personnées, de la Didynamie angiospermie de Linné; périanthe double : l'extérieur profondément divisé en quatre lobes inégaux, caducs, dont deux dépassant le périanthe intérieur; celui-ci personné (en masque) à tube resserré au milieu, à lèvre supérieure en spathule, l'inférieure trilobée; quatre étamines didynames, les filamens des deux plus longues engaînés séparément, à anthères uniloculaires, celles des deux plus courtes biloculaires et réunies; un style à stigmate bilobé; une baie biloculaire et polysperme.

Ce genre ne contient qu'une espèce que nous allons décrire. Le *Picria surinamensis*, qu'on lui rapportait a été réuni au *Besleria* par Linné.

P. FIEL DE TERRE, *Picria fel terræ*, Lour. Plante herbacée, à racines vivaces, produisant plusieurs tiges droites, quadrangulaires, rameuses, d'un pied de hauteur et plus, garnies de feuilles opposées, rudes, ovaliformes, glabres, dentées en scie; fleurs fasciculées, axillaires, pédonculées, d'un blanc un peu pourpré; elles produisent des baies ovales, à deux loges, renfermant chacune plusieurs semences arrondies. Cette plante, originaire de l'Asie orientale, est cultivée par les Chinois et les Cochinchinois qui l'emploient à cause de sa grande amertume pour combattre les fièvres intermittentes, comme apéritive, sudorifique, etc. (C. LEM.)

PICROLITHE. (MIN.) Substance dont la composition chimique n'est point encore assez complètement connue pour que l'on puisse décider si elle constitue une espèce minérale ou une variété de Serpentine, ou bien encore une variété de talc : car ainsi que nous allons le voir, on connaît deux substances différentes sous le nom de Picrolithe.

La première que l'on désigne sous la dénomination de *Picrolithe de la mine de Brattfort*, exploitation située près de Philipstadt dans la préfecture de Carlstad en Suède, est compacte, à cassure esquilleuse et comme striée; sa couleur est le vert glauque: ce qui semble indiquer du protoxide de fer dont la quantité a été trouvée de 4 parties, en combinaison à environ 42 parties de silice, 37 de magnésie, 2 d'oxyde de manganèse et 14 à 15 d'eau.

Si le fer qu'elle contient est à l'état de protoxide, cette Picrolithe ou variété de Serpentine; si le fer y est à l'état magnétique, comme l'a prétendu M. Stromeyer qui en a fait l'analyse, elle constitue une espèce particulière dans le groupe des *silicates hydratés magnésiques.*

La *Picrolithe de Taberg* que l'on tire aussi de la préfecture de Carlstadt en Suède, présente les mêmes caractères extérieurs que la précédente; mais elle en diffère par l'analyse. Elle se compose de 40 pour cent de silice, de 39 de magnésie, de 8 de protoxide de fer, de 9 d'eau et de 5 d'acide carbonique.

Cette composition qui a été déterminée par M. Almrott, permettrait, suivant M. Beudant, de rapprocher cette Picrolithe de son espèce *Talc*, ainsi que nous l'avons dit ci-dessus.

Le nom de Pikrolithe, dont la racine est grecque, vient de ce que cette substance est toujours d'un vert chicorée. (J. H.)

PICROMEL. (CHIM.) Masse visqueuse, d'un jaune clair, analogue par son aspect et sa consistance à la térébenthine; d'une saveur d'abord amère, mais moins que celle de la bile, puis douce, de là son nom formé de deux mots grecs: πικρός, amer, et μέλι miel; très-soluble dans l'eau et l'alcool, insoluble dans l'éther, non fermentescible, susceptible de dissoudre la résine biliaire, de précipiter avec les sels de fer, le sous-acétate de plomb, le nitrate de mercure, etc.

On obtient cette substance en traitant le fiel de bœuf par l'acétate de plomb, par le vinaigre et l'hydrogène sulfuré. (F. F.)

PICROPHARMACOLITE. (MIN.) Nom qui a été donné par le minéralogiste allemand Stromeyer à l'arséniate de chaux, que l'on connaît plus généralement sous les noms de *Pharmacolite* et d'*Arsénicate.* (J. H.)

PICROSMINE. (MIN.) On a nommé ainsi une substance cristallisée en prisme rectangulaire, qui se trouve dans les mines de fer près de Presniz en Bohême, et dont l'analyse a fourni à M. C. Magnus 0,549 de silice, 0,333 de magnésie, 0,073 d'eau, 0,014 d'oxide de fer et 0,004 d'oxide de manganèse. Cette composition pourrait indiquer aussi bien une stéatite mélangée qu'une substance particulière. (A. R.)

PICROTOXINE. (CHIM.) Substance découverte par Boulay dans le fruit du *Menispermum cocculus* (Coque du Levant), et qui, malgré les recherches de Casaseca sur cette matière, paraît devoir être rangée parmi les alcalis végétaux, bien que sa réaction ne soit pas tout à-fait semblable à celle de ces corps.

La Picrotoxine est solide; sa forme est celle d'un prisme quadrangulaire, sa couleur blanche, son aspect brillant, demi-transparent, sa saveur excessivement amère. Soumise à l'action du feu, elle s'y comporte à la manière des résines et ne donne aucun produit azoté. L'eau froide en dissout un soixante et quinzième de son poids, l'eau bouillante un vingt-cinquième, l'alcool bouillant un tiers, l'éther un quatre dixième, l'eau alcaline une grande quantité, et les huiles grasses et volatiles point.

Les vapeurs de brome et d'iode, qui colorent toutes les bases organiques, n'ont aucune action sur la Picrotoxine.

Traitée par les acides, la Picrotoxine se dissout et forme des fils parfaitement cristallisables, excessivement amers. Cette substance n'a point encore été analysée. On l'obtient de l'extrait aqueux des fruits du *Menispermum cocculus*, traité par de l'alcool bouillant, etc. (F. F.)

PICTITE. (MIN.) Nom qui a été donné par Lamettrie, en l'honneur du savant Pictet de Genève, à une variété de Sphène trouvée dans les roches granitiques de la vallée de Chamouny. (*Voy.* SPHÈNE). (J. H.)

PICULE, *Piculus.* (OIS.) Nouvelle division établie aux dépens des Picumnes de M. Temminck et d'après une espèce qui a pour seul caractère d'avoir l'aile sur-obtuse, c'est-à-dire dont les cinquième et sixième rémiges sont les plus longues. Comme les Picumnes peuvent eux-mêmes être considérés comme formant un sous-genre ou une section du genre Torcol, c'est en faisant l'histoire de ces derniers que nous aurons à traiter de ceux-ci, et par conséquent des espèces qui en ont été démembrées, comme types de divisions nouvelles. Z. G.

PICUCULE, *Dendrocolaptes.* (OIS.) Dans la méthode de Cuvier, les oiseaux, connus sous ce nom, forment dans la famille des ténuirostres un genre auquel on donne pour caractères: un bec médiocre ou long, comprimé par les côtés, droit ou arqué, pointu; des narines arrondies, ouvertes, basales; quatre doigts, trois devant, un derrière; les extérieurs réunis à leur base, et d'égale longueur; l'interne moins long; une queue à pennes un peu arquées, aigues et à tige raide.

Les méthodistes qui prennent en considération les plus légères différences établiraient sans scrupules, pour les picucules, et en ayant seulement égard à la forme du bec, quatre ou cinq genres; car il n'est peut-être pas dans toute la série ornithologique, un seul autre genre dont les espèces offrent moins d'affinité sous le rapport du bec; cependant il est impossible, lorsque l'on prend en considération les autres caractères, de les distinguer les unes des autres. On peut tout au plus, comme le fait Vieillot, établir des sections, ou comme l'a essayé Cuvier, créer des groupes.

Les noms de picucule, pic, grimpereau ou grimpard, que l'on a imposés à ces oiseaux, indiquent qu'ils participent des pics et des grimpereaux, d'abord, en partie comme organisation, ensuite comme mœurs. En effet, si on consulte leurs habitudes naturelles, leur genre de vie; on voit que tous habitent également les forêts; qu'ils grimpent contre les arbres en s'appuyant avec leur queue, qu'ils se nourrissent de vers, qu'ils tirent de l'écorce, qu'ils pondent dans des troncs d'arbres, que leurs ongles ont la même forme, qu'ils ne marchent point à terre, et qu'ils ont à peu près la même manière de voler.

Les picucules se tiennent seuls ou par paires, et jamais en famille; ils commencent à grimper sur les arbres à environ trois pieds du sol, ne tirent point de l'écorce les insectes avec leur langue comme le font les pics, mais y introduisent leur bec jusqu'à ce qu'ils les saisissent; toutefois si leur proie est trop cachée, à la manière des pics, ils frappent l'arbre de leur bec et s'en servent même quelquefois comme d'un levier pour soulever l'écorce.

La plupart des espèces de ce genre présentent, quant à l'ensemble et à la distribution des couleurs, une telle analogie qu'il est souvent très-difficile de les déterminer spécifiquement; ils nous semble que l'on pourrait en considérant la forme du bec établir, pour ces oiseaux, deux sections, ainsi que l'a fait Vieillot, et adopter pour les espèces à bec recourbé les groupes que Cuvier a indiqués. C'est ce que nous allons essayer de faire.

1° Picucules à bec plus ou moins arqué

a. Espèces à bec fort, médiocrement long et légèment courbé.

Le Picucule proprement dit, *Dendr. scandens.* Vieill. Cet oiseau, que l'on trouve à Caïenne, a les plumes de la tête et du cou brunes sur les bords et d'un roux clair dans le milieu; celles de la gorge, de la poitrine, et du ventre d'un blanc sale, bordé de brun noir et de brun clair; le dos, le croupion, les ailes et la queue d'un rouge brun rayé de noir; la femelle a des couleurs moins foncées, et les taches, qui, sur le mâle, sont longitudinales et transversales, sont oblongues sur son plumage.

Une espèce très-voisine est le picucule a cou blanc, *Dendr. albicollis*, Vieill. ou *documanus*, Spin. Celui-ci a le dessus de la tête noir et tacheté de roussâtre; les parties supérieures avec des taches blanchâtres et longitudinales sur le dessus et les côtés du cou, de taches pareilles sur la poitrine, des stries transversales blanches, noires, et étroites, sur le milieu du ventre et des parties postérieures, les ailes et la queue d'un brun rougeâtre.

Le picucule rubigineux, *Dendr. rubiginosus*, de Lafresnaye. Cette espèce, décrite par M. De Lafresnaye, dans le Magasin de zoologie (année 1833) se distingue par une teinte uniforme, d'un roux vif sur toutes les parties supérieures, le dessus de la tête est d'une nuance roussâtre, sale, plus claire que le dos, tout le dessous est d'un roux un peu moins vif que le dessus, d'un roussâtre lavé à la gorge et formant des stries longitudinales de cette couleur sur le milieu de chaque plume de la poitrine et du ventre, le bas des flancs et les couvertures inférieures de la queue sont d'un roux uniforme.

Il se trouve à Buénos-Ayres.

Cet oiseau a beaucoup d'analogie avec le grand picucule du Paraguay, *Dendr. major.* Vieill. dont tout le dessus du corps est d'un roux vif, et tout le dessous de la même couleur mais moins vive, mêlée de jaune pâle avec une ligne noirâtre sur chaque plume du devant du cou.

Le picucule flambé, *Dendr. pardatolus.* Vieill. Il a la même patrie que le précédent, est roux avec des taches en forme de flammes, d'un blanc roussâtre, ces taches sont plus petites que partout ailleurs, sur les côtés de la tête et de la gorge, sur le cou et sur le dos.

On doit encore ranger dans ce groupe les *Dendrocolaptes tenuirostris*, Spix., *bivittatus*, *Waglerii*, *et platyrostris.*

b. Espèces à bec deux fois plus long que la tête et arqué seulement au bout.

La Picucule nasican, *Dendr. longirostris.* Vieill. Donné par Levaillant sous le nom de grimpart nasican; cet oiseau a le dessus de la tête et du corps, les ailes et la queue rousses; une bande blanche interrompue part du bec, passe au dessus des yeux et se prolonge en descendant sur les côtés du cou, une autre de même couleur prend naissance sur les côtés de la gorge où se voient quelques plumes blanches, ainsi que sur la poitrine et le devant du cou; ces plumes sont roussâtres à leur extrémité.

Cette espèce remarquable par la longueur de son bec se trouve au Brésil.

c. Espèce à bec très-long, grêle et fortement arqué.

Le picucule a bec en faucille ou Promerops, *Dendr. falcularius.* Vieill. Il est généralement roux; cette couleur blanchit sur le menton et est rayée longitudinalement d'un blanc roussâtre sur la tête, la gorge et le cou; le bec et les pieds sont noirs. Il est représenté dans notre atlas, pl. 548, fig. 1.

On trouve ce picucule au Brésil, où il se tient dans les grands bois des hautes montagnes, et y vit solitaire; il tourne autour des troncs pour y chercher sa nourriture.

2° Picucules à bec droit.

Ces espèces semblent faire le passage naturel aux Sittelles, c'est du moins ce qui résulte de l'examen de leur bec. Le plus anciennement connu est le talapiot actuellement picucule talapiot, *Dendr. picus.* Il a la tête, le cou et la poitrine tachetés de roux et de blanc; le dessus du corps roux, le ventre d'un brun roussâtre, ainsi que les ailes et la queue.

On le trouve à Caïenne.

Le Picucule fauvette, *Dendr. sylviellus.* Tem. Il a le dessus de la tête, du cou et du dos, d'une seule teinte olive, uniforme, assez vive, les rémiges secondaires, d'un roux vif, et tout le dessous du corps, depuis la gorge jusqu'aux couvertures inférieures de la même couleur que le dos, mais d'une d'une teinte plus claire; la queue terminée par de longues pointes contournées en spirale et d'un même roux. Il est figuré dans notre Atlas, pl. 548 (531 *bis*), fig. 2.

Cette espèce est du Brésil.

Une troisième espèce excessivement voisine est celle que, dans ces derniers temps, M. de Lafresnaye a fait connaître dans le Magasin de Zoologie sous le nom de PICUCULE A BEC EN COIN, *dendro cuneatus*. Lichtenstein. Cet oiseau a toutes les parties supérieures du corps d'un brun sombre; une bande peu prononcée et très-étroite d'un roux clair, forme un sourcil qui se prolonge vers la nuque, les rémiges secondaires d'un brun sombre; la gorge et le devant du cou sont d'un roux clair assez vif, et chaque plume est finement bordée de noirâtre. Sous la poitrine, la teinte roux-clair n'occupe plus que le milieu des plumes en forme de flammettes, comme chez la plupart des picucules; ces flammettes deviennent plus étroites vers la région abdominale et disparaissent entièrement sur le bas-ventre; les couvertures de la queue sont d'un roux peu prononcé. Elle habite les mêmes contrées que la précédente espèce.

Z. G.

PICUMNE, *Picumnes*. (OIS.) Sous ce nom M. Temminck a séparé des Torcols, et en ayant égard au seul caractère tiré d'une queue beaucoup plus courte que celle des espèces ordinaires du genre *Ejunx*, de petits oiseaux dont nous parlerons à l'article TORCOL (*voyez* ce mot).

(Z. G.)

PIE, *Pica*. (OIS.) Dans le grand genre *Corvus* de Linné, les Pies peuvent former une section ou sous-genre, dont les caractères ont été indiqués à l'article CORBEAU. Nous n'avons par conséquent ici qu'à faire mention des diverses espèces que l'on connaît, après avoir donné quelques détails généraux sur leurs mœurs.

Cette section des Pies est représentée dans toutes les parties du globe; l'Afrique, l'Asie, l'Australasie, l'Amérique et l'Europe, ont leurs espèces. Leurs habitudes tiennent de celles des Geais et se rapprochent davantage de celles des Corbeaux proprement dits. Comme les premiers, elles fréquentent ordinairement les bois, les coteaux couverts d'arbres, vivent plutôt en familles que par grandes troupes; mais comme les seconds, elles sont fréquemment à terre pour vaquer à la recherche de leur nourriture, qui consiste en baies, fruits, insectes, vers et petites graines. Rarement elles demeurent en repos; toujours sautant de branches en branches, on les entend ou crier d'une manière étourdissante, surtout lorsque quelque chose les affecte, ou cacqueter tout doucement. Leur vol est assez pénible, horizontal et en ligne droite. Leur démarche est vive et sautillante. Les unes cachent leur nid avec beaucoup de soin, et les autres, comme notre Pie d'Europe, l'exposent à tous les regards en le fixant aux plus hautes cimes des arbres. Toujours il est construit avec art et solidité. La plupart ont l'instinct d'amasser des provisions dans un trou en terre, et quelques unes peuvent imiter la voix de l'homme et celle de divers animaux.

L'espèce dont nous devons tout d'abord parler est celle que tout le monde connaît sous le nom de PIE PROPREMENT DITE, *Corvus pica*, Lin. Nous n'en donnerons une courte description que pour ne pas déroger à la marche suivie jusqu'ici. Cet oiseau, que nous représentons pl. 552, fig. 1, a toute la tête, la gorge, le cou, le haut de la poitrine et le dos d'un noir velouté et profond, seulement le mâle a sur cette dernière partie une bande bleuâtre transversale peu sensible; les pennes des ailes sont marquées de blanc du côté interne; la queue est très-étagée, d'un noir verdâtre à reflets bronzés; les scapulaires, la poitrine et le ventre d'un blanc pur. Il offre souvent des variétés accidentelles assez remarquables; quelques individus sont totalement blancs, d'autres ont un plumage rayé en long de noir et de blanc. D'autres enfin sont tapissés de roux.

Un oiseau comme la Pie, dont certaines habitudes sont assez singulières, devait nécessairement donner lieu au merveilleux. On a parlé de son penchant pour le vol, de la faculté qu'elle a de sentir de fort loin la poudre que porte avec lui le chasseur et même de son aptitude pour l'arithmétique (1). On a fait peser sur elle bien des accusations; tout le monde a fait des récits à sa manière, et, il faut le dire, il est peu de personnes qui les aient bien faits. L'on a dit quelque part, que le plus grand malheur de la vie était de perdre les illusions qui la composent; l'Évangile avait déjà dit : *Beati pauperes spiritu*; comme nous n'avons nullement l'intention de faire le malheur de qui que ce soit, comme il nous importe fort

(1) Rien n'est plus sérieux, et pour qu'on ne nous accuse ni d'exagération, ni de raillerie, nous allons transcrire un passage d'un ouvrage ayant pour titre : Lettres philosophiques sur l'intelligence et la perfectibilité des animaux, etc., dans lequel on trouvera très-clairement exprimée cette prétendue aptitude de la Pie pour les nombres. « Les bêtes comptent, dit l'auteur, cela est certain, et quoique jusqu'à présent leur arithmétique paraisse assez bonne, peut-être pourrait on lui donner plus d'étendue. Dans les pays où l'on conserve avec soin le gibier, on fait la guerre aux Pies, parce qu'elles enlèvent les œufs et détruisent l'espérance de la ponte. On remarque donc assiduement les nids de ces oiseaux destructeurs, et, pour anéantir d'un coup la famille carnassière, on tâche de tuer la mère pendant qu'elle couve. Entre ces mères, il en est d'inquiètes qui désertent leur nid dès qu'on approche. Alors on est contraint de faire un affût bien couvert au pied de l'arbre sur lequel est le nid, et un homme se place dans l'affût pour attendre le retour de la couveuse; mais il attend en vain, si la Pie qu'il veut surprendre a été quelquefois manquée en pareil cas. Elle sait que la foudre va sortir de cet antre où elle a vu entrer un homme. Pendant que la tendresse maternelle lui tient la vue attachée sur son nid, la frayeur l'en éloigne jusqu'à ce que la nuit puisse la dérober au chasseur. Pour tromper cet oiseau inquiet, on s'est avisé d'envoyer à l'affût deux hommes, dont l'un s'y plaçait et l'autre passait; mais la Pie *compte* et se tient toujours éloignée. Le lendemain trois y vont, et elle voit encore que deux seulement se retirent. Enfin, il est nécessaire que cinq ou six hommes, en allant à l'affût, mettent son CALCUL en défaut. La Pie, qui croit que cette collection d'hommes n'a fait que passer, ne tarde pas à revenir. Ce phénomène, renouvelé toutes les fois qu'il est tenté, doit être mis au rang des phénomènes les plus ordinaires de la sagacité des animaux. »

Nous nous abstiendrons de toute réflexion au sujet d'un conte aussi ingénieux.

peu que tel individu qui n'a jugé de la nature que dans son cabinet, soit ou non convaincu qu'il dira vrai en avançant avec Pline que certains oiseaux ont un odorat tellement subtil qu'ils devinent trois jours d'avance la mort d'un homme (1), ce qui équivaut à ce qu'on a dit de la Pie, etc. ; nous laisserons les hommes avec leurs croyances. Les partager ce serait vouloir qu'on nous applique les paroles de l'Évangile que nous citions tantôt. Par conséquent, pour ce qui est relatif à l'histoire des mœurs de la Pie, nous nous en tiendrons à ce que l'observation et surtout la raison ne permettent pas de nier, laissant de côté toutes les divagations auxquelles elle a donné lieu.

Il n'est peut-être pas d'oiseau plus défiant que la Pie. Un rien la tient en émoi et la fait s'éloigner bien vite; l'approche de l'homme surtout la fait fuir au plus loin. Au contraire, le Chien, le Renard, les grands et petits oiseaux de proie, au lieu de lui inspirer de la défiance ou de la frayeur, l'attirent à eux. Elle les approche, les assaillit, voltige autour d'eux en poussant des cris qui ameutent toutes celles des environs, les poursuit avec acharnement et ne les abandonne que lorsqu'ils sont assez éloignés des lieux qu'elle est dans l'habitude de fréquenter. Comme presque toutes les espèces du genre Corbeau, la Pie a un instinct de prévoyance remarquable (2). Elle fait en automne des amas de provisions, pour quand viendront les jours de disette. « Le magasin, dit Sonnini est quelquefois considérable, et si, à l'approche de l'hiver, on voit dans la campagne des Pies se battre entre elles, l'on peut être assuré qu'en cherchant avec soin dans les environs, on découvrira les approvisionnemens, objets du combat. » C'est ce que font parmi les Mammifères presque toutes les espèces du genre Rat. Les provisions que fait la Pie consistent surtout en noix, en amandes, en fruits secs. Au reste, elle fait de tout sa nourriture; elle vit de petits oiseaux malades ou pris aux piéges, d'œufs, de larves, d'insectes, de souris, de mulots, de pois, de fèves et même de charognes. Ses ravages dans les champs et dans les fruitiers sont heureusement compensés par la destruction qu'elle fait de certains animaux nuisibles à l'agriculture.

En captivité, la Pie prend un certain plaisir à s'attaquer à tous les corps polis ou luisans qui s'offrent à sa vue. Si on lui jette une pièce de monnaie, elle la considère d'abord et fait entendre quelquefois un petit cri qui semble indiquer que ce corps l'affecte; puis elle tourne autour, le becquette, et si elle peut parvenir à le saisir dans son bec elle se retire à l'écart et essaie de l'entamer. Ses efforts étant inutiles, alors comme elle a pour habitude de cacher ou de mettre en réserve tout ce dont elle ne peut tirer profit dans le moment, on la voit chercher un endroit un peu retiré où elle puisse déposer l'objet saisi. Il n'y a pas d'autre malice dans son acte, et si parfois elle choisit un trou pour cacher son butin (ce qu'elle fait également pour une noix ou pour tout autre corps dur, tel que noyaux, amandes, etc.), le plus souvent elle l'abandonne au hasard lorsqu'elle voit qu'il ne peut y avoir profit pour elle. Nous avons mainte fois retrouvé des dés à coudre, des clés de montre ou autres objets enlevés par des Pies privées, soit sur les toits des maisons où elles se rendaient ordinairement, soit dans les jardins qu'elles fréquentaient et cela toujours sans beaucoup trop chercher.

Comme les Sansonnets, les Geais, les Corbeaux, etc., la Pie peut retenir et répéter quelques mots qu'on lui aura souvent fait entendre. *Margot* est celui qu'elle prononce le plus facilement; ce nom sert même à la désigner dans plusieurs départemens. Pour augmenter la facilité qu'elle a d'articuler des sons, on lui coupe ordinairement la bride fibreuse qui assujétit la base de la langue (vulgairement le filet), et pour favoriser son naturel jaloux il est bon de la tenir en cage.

La Pie a des goûts sédentaires, elle a ses cantons d'où on la voit s'écarter fort peu; cependant il est des individus qui émigrent et qui passent vers le mois d'octobre des pays du nord dans ceux du midi. Durant la mauvaise saison il n'est point rare de voir de petites troupes de Pies, chercher dans les bois, les champs labourés, ou en chaume; mais la plus grande partie de l'année elle ne vit que par couples.

Autant ses mouvemens sont lestes et gracieux lorsqu'elle court à terre, autant son vol est pénible et disgracieux. Elle aime beaucoup à se percher sur les branches mortes qui se trouvent à la cime des arbres, mais le mouvement paraissant être un besoin pour elle, elle n'y est pas longtemps en repos. Lorsqu'elle marche, ce qu'elle fait plutôt en sautant qu'en avançant un pied après l'autre, elle secoue à chaque instant sa queue.

Lorsque l'époque de la reproduction est venue, cet oiseau cherche à la cime des plus hauts arbres ou même dans les hauts buissons une place où il puisse convenablement élever son nid. L'élection faite, le mâle et la femelle travaillent en commun à jeter les premiers fondemens de ce que les ornithologistes ont appelé avec quelque raison une forteresse. Le nid de la Pie est en effet une vraie forteresse, autant par sa position que par sa forme et sa solidité. Il est fortifié extérieurement par des bûchettes flexibles, longues et liées ensemble avec un mortier de terre gâchée. Dans toute la partie supérieure est une sorte de couvercle à claire-voie fait de petites branches épineuses solidement entrelacées, qui ne laissent sur un des côtés qu'une ouverture circulaire assez grande pour que le mâle ou la femelle puissent aisément sortir ou entrer. Le fond de ce nid est garni de racines de

(1) Nous aurons à revenir sur l'odorat des oiseaux à l'article VAUTOUR.

(2) Il y a deux ans, la ménagerie du Muséum d'Histoire naturelle de Paris possédait un corbeau que l'on nourrissait dans une des cages où sont enfermés les vautours. Cet oiseau avait l'habitude de cacher sous le sable le morceau de pain qu'on lui jetait, et dont il ne voulait plus; mais lorsque la faim le pressait, il savait fort bien retrouver l'objet qu'il avait enfoui.

chiendent et de débris d'autres plantes excessivement flexibles.

La Pie ne fait ordinairement qu'une couvée par an, si elle n'est pas troublée; autrement elle en fait deux et même trois. La première ponte est de sept à huit œufs; la seconde est moins féconde, et la troisième moins encore; la couleur des œufs est d'un vert blanchâtre moucheté de gris cendré et de brun olivâtre. Le mâle et la femelle se partagent le soin de l'incubation; le terme de l'éclosion est de quatorze jours environ; les petits naissent aveugles et sont plusieurs jours sans voir: le père et la mère les élèvent avec une grande sollicitude, et leur continuent leurs soins même longtemps après qu'ils ont pris leur volée.

Il semblerait que la sollicitude des père et mère pour leurs jeunes encore au nid, est en raison du degré d'accroissement que ceux-ci ont acquis. En effet, une foule d'observations faites par nous sur un grand nombre d'espèces de l'ordre des Passereaux principalement, et en particulier sur la Pie, nous ont conduit à voir que, quelques jours après l'éclosion d'une couvée, si l'on approche du nid qui la recèle, il est rare alors d'entendre la femelle ou le mâle vous poursuivre de leurs criailleries. C'est à peine s'ils témoignent leur inquiétude par quelques cris sourds et peu fréquens. Lorsqu'au contraire les petits sont plus forts, lorsque des plumes nombreuses commencent à les protéger, les cris des parens devenus plus pressans, sont alors, l'on dirait, l'expression de la crainte. Souvent cette manifestation trop expressive de leur sollicitude, devient funeste à l'objet de leur tendresse; car toujours, indice certain de la présence de leur nichée dans le voisinage, elle conduit sur elle la main du ravisseur. Mais c'est surtout lorsque les jeunes peuvent se servir de leurs ailes, c'est lorsqu'ils n'ont plus que quelques jours à habiter le lieu où ils se sont développés, c'est surtout alors que l'approche de l'homme ou d'un animal nuisible, rend inquiet le couple et provoque de sa part, l'on pourrait dire, une explosion de cris qui semblent avertir les petits du danger qu'ils courent. Si pour eux le péril est imminent, leur agitation est extrême, ils voltigent sans relâche aux alentours du nid et redoublent leurs criailleries.

Ce fait, dont très-souvent nous avons été le témoin et qu'il suffit de constater une seule fois pour que le souvenir en reste ineffaçable, ce fait, disons-nous, pourrait mener à conclure que l'attachement des père et mère pour leurs petits encore au nid, s'accroît de jour en jour, en raison des peines et des soins qu'ils ont pris à les élever.

Bien que cette conséquence paraisse assez fondée, nous sommes cependant loin de vouloir l'adopter; car, en analysant plus profondément le fait, nous sommes conduits à en admettre une autre qui nous paraît plus rigoureuse et plus rationnelle. Le mâle et la femelle ne sont pas attachés à leur jeune famille plus aujourd'hui qu'hier. Si dans telle ou telle autre circonstance ils manifestent leur sollicitude d'une manière plus expressive, c'est par un pur effet de leur instinct. Leurs jeunes, à peine éclos, nus et faibles encore, ne pourraient les suivre; ils le comprennent, ils en ont la conscience, et, dès-lors, ne cherchent point par leurs criailleries à leur faire prendre la fuite, voilà pourquoi leur voix n'est en ce moment que sourde et timide. Plus tard si leurs cris d'appel sont devenus plus retentissans et plus pressans, c'est qu'alors ils ont de la confiance en leurs petits; ils savent qu'avec leurs ailes leurs forces se sont développées et qu'ils peuvent en faire usage. Il y a tellement lieu de penser que c'est là le principal motif, sinon le seul, qu'à ces cris de détresse des parens, les jeunes abandonnent immédiatement le nid, en prenant leur volée, surtout du côté par où leur vient la voix qui les appelle.

Quoi qu'il en soit, les *Piats* (c'est le nom que portent les jeunes de la Pie), n'abandonnent que fort tard leurs parens après leur sortie du nid, car ils sont très-tardifs à se suffire à eux-mêmes. Leur chair, que bien des personnes ne méprisent pas, est cependant un manger bien médiocre. Il n'est pas d'oiseau plus facile à élever qu'une jeune Pie prise au nid; toute nourriture lui est bonne, cependant on compose plus particulièrement pour elle une pâtée qui consiste tout simplement en du pain macéré dans l'eau, auquel on ajoute quelque peu de chenevis écrasé. On la nourrit également avec du lait caillé ou du fromage mou, que l'on appelle par cette raison *fromage à la Pie*.

Cet oiseau est très-commun dans toutes les contrées en plaine de l'Europe; il est plus rare dans les pays montueux. On le trouve également dans plusieurs parties de l'Amérique septentrionale.

Parmi les espèces étrangères, nous citerons la PIE ACAHÉ, *Corvus pileatus*, Illig., ou *Pica chrysops*, Vieill. Elle a derrière l'œil, sur l'occiput et sur une partie du cou, du bleu céleste faible; un sourcil d'un bleu vif et une tache d'un bleu plus foncé sur la paupière inférieure; la tête, le cou, toutes les parties supérieures et la queue, à l'exception de son extrémité, d'un bleu presque noir, les parties inférieures et l'extrémité de la queue blanchâtres. Les plumes qui couvrent le dessus et les côtés de la tête sont serrées, droites, un peu fermes, décomposées, rudes et frisées; elles paraissent à la vue et au toucher comme du velours et forment sur l'occiput une huppe assez large.

Cette Pie, que D'Azzara a fait connaître sous le nom spécifique qu'elle porte, est commune au Paraguay, s'approche volontiers des habitations et se familiarise tellement, qu'elle pond en captivité, où elle se nourrit de viande, de maïs, d'araignées et d'œufs qui font son aliment de choix, et qu'elle perce et vide avec adresse sans en rien perdre. Elle fait une guerre cruelle aux poussins qui s'écartent de leur mère, se jette dessus, leur perce le crâne et leur dévore la cervelle; elle porte aussi le ravage dans les nids des oiseaux qui ne sont pas assez forts pour défendre leurs petits. Cet oiseau fait entendre différens cris forts et tristes, ni agréables ni déplaisans. A chaque fois qu'il en jette un, il avance le corps, élève et baisse le croupion. Il fait son nid sur les arbres, le cache avec soin et le compose de petites bûchettes et de racines à l'extérieur; des matières douces en garnissent l'intérieur. Les œufs sont presque blancs, teints d'un peu de terreux au gros bout et tachetés partout de brun.

La Pie a bec rouge, *Corv. erythrorrhinos*, Lath. *Pica erythrea*, Vieill. Buffon l'a fait connaître sous le nom de *Geai de la Chine à bec rouge;* elle a le front, la gorge et la poitrine d'un beau noir velouté; le dessus du cou et l'occiput d'un gris tendre qui se mêle par petites taches avec le noir du sinciput; le dos brun; le dessous du cou blanchâtre; une teinte violette est répandue sur toutes ces couleurs excepté sur le noir; les pennes intermédiaires de la queue sont noires et blanches à leur extrémité; les latérales ont les barbes intérieures blanches et le bout noir, avec une large tache blanche et le reste bleu. Le bec est rouge selon Buffon et d'un jaune orangé selon Levaillant.

Sonnerat, qui a rencontré cette Pie dans la Chine, dit qu'elle y est fort commune, qu'on en tient beaucoup en cage, qu'elle devient très-familière, et que les Chinois la dressent à différens exercices.

La Pie bleue, *Corv. cyanus*, Pall. *Pica cyanea*. Vieill. Cette espèce a le dessus de la tête, les joues et la gorge noirs; le derrière du cou, tout le manteau, les scapulaires, les rémiges et les rectrices d'un beau bleu, seulement les dernières sont terminées de blanc, le devant du cou et les parties postérieures d'un blanc grisâtre.

C'est à Pallas que l'on doit la connaissance de cet oiseau. Il habite les déserts de la Mongolie, de la Chine, et de la Daourie, où il porte le nom de *Chadara*. Il vit par troupes et est très-difficile à tirer à cause de la variation de son vol et surtout de sa défiance.

La Pie commandeur, *Corv. gubernatrix*, Tém. Nous la représentons pl. 532, fig. 2. Elle est en dessus d'un bleu clair; sa queue est longue, étagée d'un bleu d'azur au milieu, à rectrices latérales blanches, une hupe redressée en avant sur la tête, bleue et noire, les joues, la gorge et les parties inférieures blanches, une écharpe d'un noir de velours au devant du cou, le bec et les pieds bruns.

On la trouve au Mexique.

M. Lesson a fait de la Pie chauve, *Corv. gymnocephalus*. Tem., un genre sous le nom de *Pic Cathartes*. L'espèce sur laquelle ce genre est fondé étant pour Temminck une véritable Pie, nous la décrirons comme telle. Elle a toute la tête et une partie du cou dénudées de plumes, et couvert d'une peau noirâtre, ce qui lui donne un aspect fort singulier; toute la nuque est couverte à claire-voie d'un poil blanchâtre très-court; le devant du cou et toutes les autres parties sont blanches; le dos, très-fourni de plumes serrées, est d'un noir cendré, tout le reste du plumage est d'un brun bistre.

On ne connait pas la patrie de cet oiseau.

La Pie rousse, *Corv. rufus*, Lath. *Pica rufa*, Vieil. Elle est de la taille du merle d'Europe; a la tête et le cou bruns; la poitrine et le ventre d'un blanc roussâtre, le dos et le croupion d'un roux jaunâtre, les ailes variées de roux, de gris, de brun et de noir brunâtre; les deux pennes intermédiaires de la queue grises jusqu'à la moitié, brunes dans le reste de leur étendue et terminées par une bande transversale blanche.

Quelques autres espèces, qu'il serait trop long de décrire en entier, se rapportent encore à la section des Pies. Telles sont: la Pie a coiffe blanche, *Corv. cyaneus*, Lath., dont tout le dessus de la tête et le dessous du corps sont blancs; la Pie bleu de ciel, *Corv. azureus*. Tem., dont le nom seul indique la couleur dominante; la Pie geng, *Corv. cyanopogon*, Pr. Max., qu'une moustache jaune caractérise; la Pie du Pérou, *Corv. peruviensis*. Tem., etc.

Quelques espèces des genres Guêpier, Cassenoix, Rollier, etc., rangées parmi les Pies, en ont été retirées pour rentrer à la place qui leur est assignée dans la série. Z. G.

PIE. (ois.) Outre les espèces propres au genre *Pica*, décrit ci-dessus, les amateurs et les marchands ont désigné sous le nom de Pie diverses espèces d'oiseaux appartenant à des genres fort différens. Voici les plus vulgaires :

Pie agasse. Les diverses espèces de genre Pie grièche.

Pie du Brésil. Le Toucan à gorge blanche et l'Yapou.

Pie croi et Pie gruelle, Pie des montagnes, la Pie grièche grise.

Pie de mer. L'Huîtrier.

Pie des sapins. Le Casse-noix. (Guér.)

PIE-GRIÈCHE. *Lanius*. (ois.) Nous avons déjà signalé plusieurs fois dans le courant de cet ouvrage, l'excès, fâcheux pour la science, dans lequel tombaient les ornithologistes modernes, en introduisant tous les jours dans la nomenclature générique, des dénominations nouvelles, qui, loin de simplifier la méthode, la surchargeaient sans profit pour l'histoire naturelle des oiseaux. Les Pies-grièches sont un nouvel exemple de l'abus que nous indiquons. Il est vrai que le genre qu'elles forment ne pouvait rester tel que Linné l'a créé; mais, ainsi que l'a fait Cuvier, il nous semble qu'il suffisait, au lieu de le détruire entièrement (ce qu'ont tenté quelques auteurs), d'y introduire des sous-genres, ou simplement des sections, afin de répondre aux exigences de la science à cet égard. Au lieu de ce moyen facile, dont le résultat est aussi satisfaisant qu'on peut l'espérer, qu'a-t-on fait? On a converti le nom de genre des Pies-grièches en nom de famille, et cette famille a été ensuite fractionnée en une infinité de genres nouveaux dont le nombre ne s'élève, jusqu'à présent, qu'à douze ou quinze environ.

Pour Cuvier, les Pies-grièches sont des Dentirostres à bec conique ou comprimé, et plus ou moins crochu au bout : telle est la caractéristique succincte qu'il donne de ce genre, dans lequel il distingue les Pies-grièches proprement dites, les Vangas, les Langrayens, les Cassicans, les Calybés, les Bécardes, les Chouaris, les Béthyles, les Falconelles et les Pardalotes. C'est sur les caractères tirés du bec que ces distinctions sont établies.

La dent, dont le bec des Pies-grièches est armé, et le caractère cruel de certaines espèces, les avaient fait considérer comme de petits oiseaux de proie, et avaient déterminé quelques ornithologistes à les ranger dans l'ordre que ces derniers forment. M. Temminck même, dans la première édition de son Manuel, les avait placés à la suite de l'ordre des Rapaces; mais plus tard il les a reportés à son ordre des Insectivores, ce qui est beaucoup plus convenable. Dans le Règne animal, les Pies-grièches sont à la tête des Passereaux, immédiatement avant les Gobe-Mouches.

L'histoire des mœurs des oiseaux dont il est question dans cet article, n'est pas sans intérêt. Nous aurons soin, en faisant connaître une espèce, d'indiquer ce qu'elle offre de spécial sous ce rapport; mais ici, nous devons dire, d'une manière générale, qu'un caractère fier et courageux, des habitudes presque sanguinaires, distinguent surtout les Pies-grièches. Celles d'Europe sont connues par leur intrépidité et leur ardeur à se défendre contre des animaux plus forts qu'elles, ou même à les attaquer. Leur proie, qu'elles saisissent et emportent avec le bec, consiste principalement en gros insectes; cependant elles font quelquefois aussi la guerre aux petits oiseaux et s'attaquent à ceux qui sont pris à des piéges. Jadis on savait tirer parti du caractère rapace de quelques unes de nos Pies-grièches en les dressant à la fauconnerie. Turnus dit que François Ier avait coutume de chasser avec une Pie-grièche privée qui parlait et revenait sur le poing. Leur vol est précipité, irrégulier et presque toujours direct; elles semblent, en volant, décrire des arcs-boutans. Elles vivent habituellement dans les bois ou sur les lisières, descendent fréquemment dans les plaines, et surtout dans celles qui sont au voisinage des eaux. La mue de quelques espèces se fait deux fois l'an; chez le plus grand nombre elle est simple.

En considérant les Bataras et les Bécardes, tous oiseaux de l'Amérique méridionale, comme des Pies-grièches, l'on peut dire que le genre que composent les oiseaux connus sous ce nom, est représenté sur tout le globe; car il n'est point de contrée qui n'en fournisse quelque espèce.

Nous diviserons, avec Cuvier, les Pies-grièches en dix sous-genres.

1° Les Pies-grièches proprement dites.

Leur bec est triangulaire à la base et comprimé par les côtés. C'est à cette division qu'appartiennent les espèces les plus courageuses et les cinq qui vivent en Europe. Cette division a donc pour nous un double intérêt, aussi doit-elle principalement fixer notre attention.

Comme type, nous décrirons d'abord la Pie-grièche commune ou Pie-grièche grise, *L. excubitor*, Lin. C'est la plus grande des espèces européennes : on en a donné une figure à la pl. 553, fig. 1, de notre Atlas. Elle a la tête, la nuque et le dos d'un beau cendré clair; une large bande noire qui part de l'angle des mandibules, passe sous les yeux, et s'étend jusqu'aux oreilles; toutes les parties inférieures sont d'un blanc pur; cette couleur se remarque à l'origine des rémiges, à l'extrémité des pennes secondaires et à celle de quelques unes des rectrices; son bec et ses pieds sont d'un noir profond. Elle a neuf pouces de longueur totale. La femelle a les parties supérieures d'un cendré plus terne et les parties inférieures blanchâtres.

Cette Pie-grièche, dont la méchanceté est passée en proverbe, paraît se dépouiller de son caractère à l'égard de la main qui l'élève. On est étonné de voir un oiseau qui, libre, ne se nourrit que d'animaux vivans qu'il attaque de vive force; qui s'acharne à la poursuite d'oiseaux plus forts que lui, auxquels il fait souvent prendre la fuite en les frappant du bec et des ongles; on est étonné de le voir doux, soumis et familier, et ne cherchant à nuire en aucune façon; seulement, lorsqu'on l'irrite, il cherche à se défendre. S'il est une chose qu'il paraisse ne pas goûter, c'est l'esclavage : un espace étroit et limité le rend turbulent; mais donnez-lui plus de latitude, incontinent il redevient doux et sensible aux caresses qu'on lui prodigue. Il témoigne le plaisir qu'il éprouve à se voir libre de toute entrave par un babil vraiment amusant. Si nous disions que cette Pie-grièche a plus que la Pie, le Sansonnet, etc., d'aptitude et de facilité à apprendre et à prononcer quelques mots, nous n'exagérerions pas; car nous en avons conservé long-temps une qui nous en a donné des preuves.

Quoi qu'il en soit, à l'état de liberté, le caractère de cet oiseau est essentiellement cruel, en ce sens qu'il lui faut toujours des proies vivantes à déchirer. Le moyen de se les procurer consiste à se tenir perché à l'extrémité des branches les plus hautes et les plus isolées des arbres et des buissons, et de cette position à s'abattre dessus lorsqu'elles viennent s'offrir à sa vue. C'est de cette manière qu'il parvient à attraper des petits oiseaux, des Mulots, des Grenouilles, des Lézards et les grands Scarabées qui volent à sa portée. C'est également du haut des arbres où cet oiseau aime à se tenir perché, qu'il fait entendre sans cesse, mais principalement dans la matinée, un cri aigre et dur qu'il accompagne assez souvent de plusieurs battemens d'ailes et d'un balancement de queue.

Tous les oiseaux se reproduisent ordinairement au milieu des circonstances dans lesquelles la nature les a fixés. L'Alouette n'abandonne pas les sillons pour aller établir son nid sur les arbres; la Fauvette, dont les habitudes ne sont point terrestres, reste dans les buissons pour y placer le sien; c'est aussi à la cime des hauts arbres qu'elle fréquente, que la Pie-grièche fait ses pontes. C'est à l'enfourchure des hautes branches qu'elle construit assez grossièrement, mais d'une manière très-solide, un nid pour lequel elle emploie à l'extérieur de petites racines fibreuses, du foin, de la mousse, et dont l'intérieur est garni de plumes, de laine et d'autres matières duveteuses : c'est dans ce nid que la femelle pond de six à huit œufs blancs, marqués de taches d'un brun sale. Le mâle, pendant l'incubation, veille sur la couveuse et défend les alentours du nid de l'approche des autres oiseaux. Après l'éclosion des petits, la vigilance du père et de la mère n'en est pas moins active; ils vivent même avec eux en famille, non seulement durant le temps que réclame leur éducation, mais encore une grande partie de l'hiver.

Cette espèce, que l'on rencontre partout en Europe, est très-commune en France, où elle est sédentaire.

Une espèce étrangère qui appartient à l'Amérique et qui se rapproche beaucoup, pour la distribution des couleurs, de la précédente, est la Pie-grièche boréale, *L. septentrionalis*, Gmel., ou *borealis*, Vieill. Elle est représentée dans notre Atlas, pl. 533, fig. 2. Son plumage diffère si peu de celui de la Pie-grièche grise, qu'on a pu la prendre pour une variété de celle-ci; elle a cependant toutes les parties inférieures d'un blanc plus sale; le croupion et les tectrices caudales supérieures d'un cendré plus clair et le blanc des ailes moins étendu. En outre, un caractère plus essentiel consiste dans la longueur des rémiges. Chez la précédente, les première et cinquième pennes de l'aile sont égales, la seconde étant plus longue que la troisième, tandis que dans la Pie-grièche septentrionale, ce sont les deuxième et troisième rémiges qui sont égales et les plus longues de toutes, pendant que la première est un peu plus courte que la cinquième.

La plupart des Pies-grièches boréales se retirent à la baie d'Hudson, où elles nichent. Celles qui restent au centre des Etats-Unis s'avancent au printemps dans l'épaisseur des forêts. Leur ponte est de cinq à six œufs d'un blanc sale ou cendré pâle, tachés et striés vers le gros bout d'un gris roussâtre.

L'Europe possède encore la Pie-grièche rousse, *L. rufus*, Briss., figurée à la pl. 534, fig. 1 de notre Atlas. Elle a le front, la région des yeux et des oreilles noirs; l'occiput et la nuque d'un roux ardent; le haut du dos et les ailes noirs; les scapulaires, un miroir sur les rémiges, l'extrémité et les bords des pennes moyennes et des couvertures, toutes les parties inférieures d'un blanc pur; les pennes de la queue, à l'exception des deux du milieu, blanches à leur extrémité et à leur origine. La femelle a l'occiput et la nuque d'un roux moins vif, et en général le reste du plumage plus terne. Sa longueur est de sept pouces.

Cet oiseau, qui a les habitudes de la Pie-grièche grise, a, comme l'Ecorcheur dont nous allons parler, l'art de contrefaire le cri et le ramage de plusieurs petits oiseaux. L'on prétend qu'il n'imite ainsi les autres oiseaux qu'afin de les attirer à lui pour les saisir. C'est au printemps que cette Pie-grièche revient dans les contrées qu'elle avait abandonnées pendant l'hiver, pour s'y reproduire. Elle fait son nid dans les buissons et les haies, en pleine campagne, ou sur le bord des jeunes taillis, et rarement dans les bois. Elle emploie pour sa construction les mêmes matériaux que la Pie-grièche grise, lui donne un peu moins d'étendue, et y pond cinq ou six œufs d'un vert blanchâtre, où se distinguent de grandes et petites taches cendrées.

Elle est répandue dans toute l'Europe et est très-abondante en Afrique.

La Pie-grièche écorcheur, *L. collurio*, Briss. La dénomination spécifique que porte cet oiseau paraît indiquer chez lui un degré, ou mieux, un raffinement de cruauté que nous n'avons point rencontré chez les autres espèces; cependant cette dénomination nous paraît fausse en tant que cette Pie-grièche n'écorche pas, comme son nom semblerait l'indiquer, sa proie, avant de la dévorer; ce qui pourrait la motiver jusqu'à un certain point, c'est l'habitude qu'elle a de détruire, sans nécessité actuelle, les animaux auxquels elle fait la poursuite. En effet, l'on a vu qu'après avoir chassé pour ses besoins, après s'être bien repue, elle chassait encore par instinct de prévoyance : l'on a vu qu'alors, au lieu de dévorer les petits oiseaux ou les insectes qui tombaient en son pouvoir, elle avait le soin, au contraire, de les enfiler aux épines des buissons, sans doute afin de les retrouver plus tard, au besoin. Cette habitude ne lui est pourtant pas particulière; car il est une espèce d'Afrique, et, à ce que l'on prétend, celle précédemment décrite, qui agissent de même. Toujours est-il que l'Ecorcheur diffère bien peu par ses mœurs des autres espèces : il aime les lisières des grands bois, les haies, se plaît sur les grands buissons. Son vol est court et peu élevé. Il peut également contrefaire les cris de certains oiseaux. Sa ponte est de cinq ou six œufs obtus qui sont ou roses, avec des taches rougeâtres, ou bien jaunâtres, avec des taches d'un cendré verdâtre en forme de zone.

Quant à son plumage, il est d'un cendré bleuâtre au sommet de la tête, à la nuque, au haut du dos et au croupion; d'un roux marron sur le haut de l'aile; d'un blanc pur à la gorge et à l'abdomen, et d'un roux rose aux flancs et au ventre. En outre, une bande noire s'étend du bec jusque sur les oreilles, en traversant l'œil. Sa longueur est de six pouces.

Cette Pie-grièche voyage en famille; elle arrive chez nous au printemps et nous quitte à l'automne. Elle est répandue dans toute l'Europe; on la trouve aussi en Afrique et dans l'Amérique méridionale.

La Pie-grièche méridionale, *L. meridionalis*, Tem. Cette espèce, que M. Temminck a fait connaître, et que nous représentons pl. 534, fig. 2, a la tête, la nuque, le manteau et le dos d'un cendré très-foncé; une large bande noire passe au dessous des yeux et couvre l'orifice des oreilles; la gorge est d'un blanc vineux, et toutes les parties inférieures d'un vineux un peu cendré; l'origine des rémiges et l'extrémité des pennes secondaires est d'un blanc pur; les quatre pennes du milieu de la queue sont toutes noires; les autres noires, terminées et bordées de blanc sur leurs barbes externes.

On ne connait rien de ses mœurs; l'on sait seulement qu'elle habite le midi de l'Italie, la Dalmatie, l'Espagne, le midi de la France, le long des bords de la Méditerranée, et quelques contrées de l'Afrique.

La PIE-GRIÈCHE A POITRINE ROSE OU D'ITALIE, *L. minor*, Lin. « Ce n'est point, dit Vieillot, une variété de la Pie-grièche grise, comme l'a cru Buffon, mais une espèce distincte, quoiqu'elle ait à peu près les mêmes couleurs et qu'elle soit de la même taille. On la voit, non seulement en Italie, mais encore en Espagne, et selon Pennant, en Russie. On la rencontre aux environs de Paris, et même elle y niche. On la distingue facilement à son vol rapide, droit et soutenu, à son cri différent de celui de la *grise*, à l'habitude qu'elle a de se poser souvent à terre, soit sur une pierre, soit sur un petit monticule, de se réfugier, lorsqu'elle est inquiétée, sur la lisière des bois, ou de ne se tenir que dans le milieu de la plaine; à sa manière de s'y reposer, restant, pour ainsi dire, immobile à la place où elle se pose; jetant autour d'elle un œil inquiet, s'enfuyant au loin dès qu'on l'approche, et à une telle distance qu'on la perd de vue, habitude qui lui est commune avec le Motteux (1), oiseau avec lequel on pourrait la confondre lorsqu'elle est en repos, d'après l'analogie des couleurs et de leur distribution, si celui-ci n'était beaucoup plus petit. Son cri, ses habitudes et sa grande défiance sont des preuves incontestables que c'est une espèce particulière; mais il y a encore quelque disparité dans le plumage. Elle a le front, la région des yeux et des oreilles noirs; l'occiput, la nuque et le dos cendrés; la gorge blanche; la poitrine et les flancs d'un rouge rose; les ailes noires, avec un miroir blanc sur les rémiges; la queue généralement noire, tachée de blanc à l'extrémité de quelques unes des pennes qui la composent. La femelle porte un plumage plus terne.

Cette espèce établit son nid sur les hauts arbres ou dans les buissons; sa ponte est de six œufs oblongs, d'un vert blanchâtre avec une barre vers le centre, formée de petits points d'un gris olivâtre.

Des espèces étrangères, nous devons encore citer celle que nous avons figurée à la planche 535 de notre Atlas, sous le nom de PIE-GRIÈCHE FISCALE, *L. collaris*, Gmel. Comme toutes ses congénères, elle fait une destruction considérable d'insectes, et comme l'Écorcheur, elle a la singulière habitude de les piquer sur les arbres épineux. Elle fait ainsi des espèces de magasins où elle fiche une proie surabondante qu'elle reprend dans des momens de pénurie. Sa forme est plus allongée que celle de nos espèces Européennes. Elle a la tête, le derrière du cou, le manteau et l'iris d'un brun noir; les scapulaires blanches; le croupion grisâtre; tout le dessous du corps d'un beau blanc, légèrement grisâtre sur la poitrine; les ailes noires avec un miroir blanc; les quatre pennes de la queue sont également noires, les autres sont de cette couleur mais terminées et bordées de blanc. Elle habite l'Afrique.

Au sous-genre des Pies-grièches proprement dites appartiennent encore une quantité infinie d'espèces susceptibles d'être rangées par petites subdivisions.

Les unes ont l'arête supérieure droite dans sa longueur et crochue seulement au bout: toutes sont étrangères et font le passage par degrés insensibles aux Fauvettes et aux autres becs-fins. De ce nombre est la PIE-GRIÈCHE BLANCHOT, *L. icterus*, Cuv., généralement d'un vert plus ou moins nuancé d'olivâtre et de jaune, dont Vieillot a fait le type de sa division des Bataras.

D'autres ont un bec droit, très-fort, à mandibule inférieure très-renflée.

Enfin il en est qui avec un bec droit et grêle se font remarquer par des huppes de plumes redressées; tel est LE GEOFFROY, *L. plumatus*, que Vieillot a pris pour type de ses Bataras ou *prionops*.

C'est autour des Pies-grièches proprement dites que viennent se grouper les autres sous-genres étrangers qui en diffèrent plus ou moins. Ce sont:

2° LES VANGAS.

Leur bec est grand, très-comprimé partout; il a la pointe de la mandibule supérieure très-crochue et celle de la mâchoire inférieure recourbée en-dessous. Toutes les espèces connues sont de l'ancien continent et appartiennent aux îles les plus reculées de l'Inde et de l'Océanie. Vieillot, après en avoir fait une division particulière, les a, plus tard, réunies aux Bataras, et Temminck les a considérées comme formant un genre à part. La première connue est LE VANGA PROPREMENT DIT, *L. curvirostris*, Lath. Il a l'occiput d'un noir verdâtre; le reste de la tête, la gorge, le cou, les parties inférieures et les plumes anales d'un blanc pur; le dessous du corps d'un noir changeant en vert, les grandes tectrices alaires bordées de blanc et les pennes caudales sont mi-parties gris et noir avec une bordure blanche.

LE VANGA DESTRUCTEUR, *Vanga destructor*, Tem., d'un cendré fauve en dessus, blanc en dessous; la tête, les joues et les rectrices noires: les premières striées de blanc, les dernières bordées de blanc à leur extrémité.

Le Vanga destructeur se tient dans les arbres des environs de Sydney, non loin des habitations, surtout lorsqu'il fait mauvais temps; aussi le nomme-t-on oiseau de pluie. Ses habitudes paraissent être solitaires.

Sous le nom de VANGA CAP GRIS, *L. chirocephalus*, M. Lesson en a fait connaître une troisième espèce qui habite les forêts de la Nouvelle-Guinée, aux alentours de Doréry, où les Papous le nomment *Pitotuui*.

(1) Espèce du genre TRAQUET (voyez ce mot).

3° Les Langrayens.

Il en a été déjà question, à ce mot, dans le quatrième volume de ce Dictionnaire.

4° Les Cassicans.

On en a également parlé et nous n'y reviendrons pas.

5° Les Calybés.

Ils ont un grand bec conique, droit, rond à sa base et les narines percées dans un large espace membraneux. Quelques auteurs en ont fait le genre Phonigame (*voy.* ce mot).

6° Les Bécardes.

Considérés comme les représentans, dans l'Amérique méridionale, du genre Pie-grièches. On a déjà parlé de ces oiseaux au mot Bécarde, auquel nous renvoyons.

7° Les Choucaris.

Ce sont des oiseaux à bec moins comprimé que celui des Pies-grièches proprement dites, à arête supérieure aiguë, arquée également dans toute sa longueur; quelques espèces ont les narines couvertes de plumes, ce qui les avait fait rapporter aux Corbeaux, dont ils s'éloignent par l'échancrure du bec. Comme les Cassicans, ils habitent les parties les plus reculées de la mer des Indes.

Nous citerons le Choucari des Papous, *Corvus papuensis*, Gmel., dont le plumage est généralement d'un gris cendré foncé sur le dessus du corps, plus clair au dessous, où il tourne presque au blanc; une bande noire entame le bec; les grandes pennes des ailes sont d'un brun noirâtre. Sa longueur est de onze pouces. On trouve cette espèce à la Nouvelle-Guinée.

C'est à ce sous genre que Cuvier rapporte encore le Choucari vert du voyage de Freycinet (pl. xxi), le Rollier a masque vert décrit par Levaillant dans ses Oiseaux de paradis; et l'un des plus beaux oiseaux nouvellement découverts à Java; le *Coracias puella*, ou Drongo azuré de Temminck. Cette espèce, d'un noir velouté, a le dos du plus beau bleu d'outre-mer que l'on puisse imaginer. C'est d'une espèce appartenant à cette division que Temminck a fait son genre Piroll.

8° Les Béthyles.

Ils ont le bec gros, court, bombé de toutes parts, légèrement comprimé vers le bout.

On ne connaît encore qu'une espèce dont les formes et les couleurs représentent, en petit, notre Pie d'Europe : c'est la Pie pie-grièche de Levaillant, *lanius picatus*, Lath. Chez cet oiseau la queue est longue et étagée; les plumes du haut de la poitrine sont allongées, étroites et pointues; le bec, les pieds, la tête, le cou, la poitrine, les grandes couvertures supérieures des ailes, toutes sans pennes et celles de la queue d'un noir lustré; le dos, les petites tectrices alaires, le bord des rémiges secondaires, le ventre, les parties postérieures et l'extrémité de toutes les tectrices latérales d'un blanc pur.

Cette espèce se trouve au Brésil et très-rarement à la Guiane.

9° Les Falconelles.

Leur bec est comprimé, presque aussi haut que long, à arête supérieure arquée.

La seule espèce que l'on connaisse est la falconelle a front blanc, *L. frontatus*. Elle a deux bandes blanches sur les côtés de la tête, qui, dans le reste, est noire ainsi que le cou; l'une des bandes part de l'œil et s'étend vers l'occiput; l'autre est en avant de l'œil, passe sur le front, et descend sur les côtés de la gorge; les joues sont noires; le corps est d'un joli vert olive en dessus, et d'un beau jaune en dessous; les ailes et la queue sont brunes, celle-ci a son extrémité blanche.

Cet oiseau se trouve à la Nouvelle-Hollande, ses mœurs sont totalement ignorées.

10° Les Pardalotes.

Ces oiseaux forment la dernière division du genre Pie-grièche. Cuvier en compose un sous-genre et non point un genre, comme il nous est échappé de l'écrire à l'article Pardalote (*voy.* ce mot).

Z. G.

FIN DU SEPTIÈME VOLUME.

Phalènes

1 P. du Groseillier. 3. P. à plumet
2 P. du Sureau 4 P. ornée

F. Guérin del.

Phalènes

1. P. de l'Alisier
2. P. de l'Aune
3. P. Perlée
4. P. Papilionaire

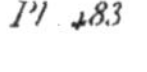

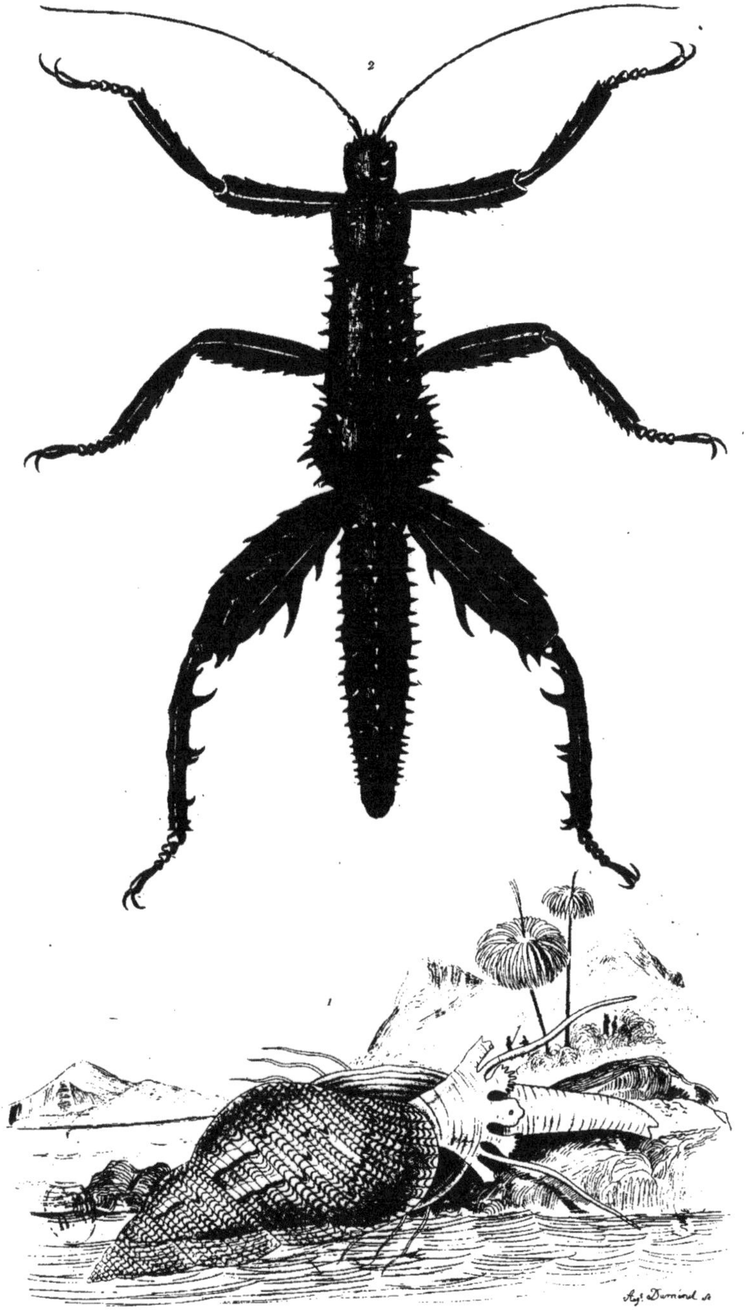

1 Phasianelle 2 Phasme

Pl. 484

1. 2. Phasmes   3. Philodrome

Pl. 485

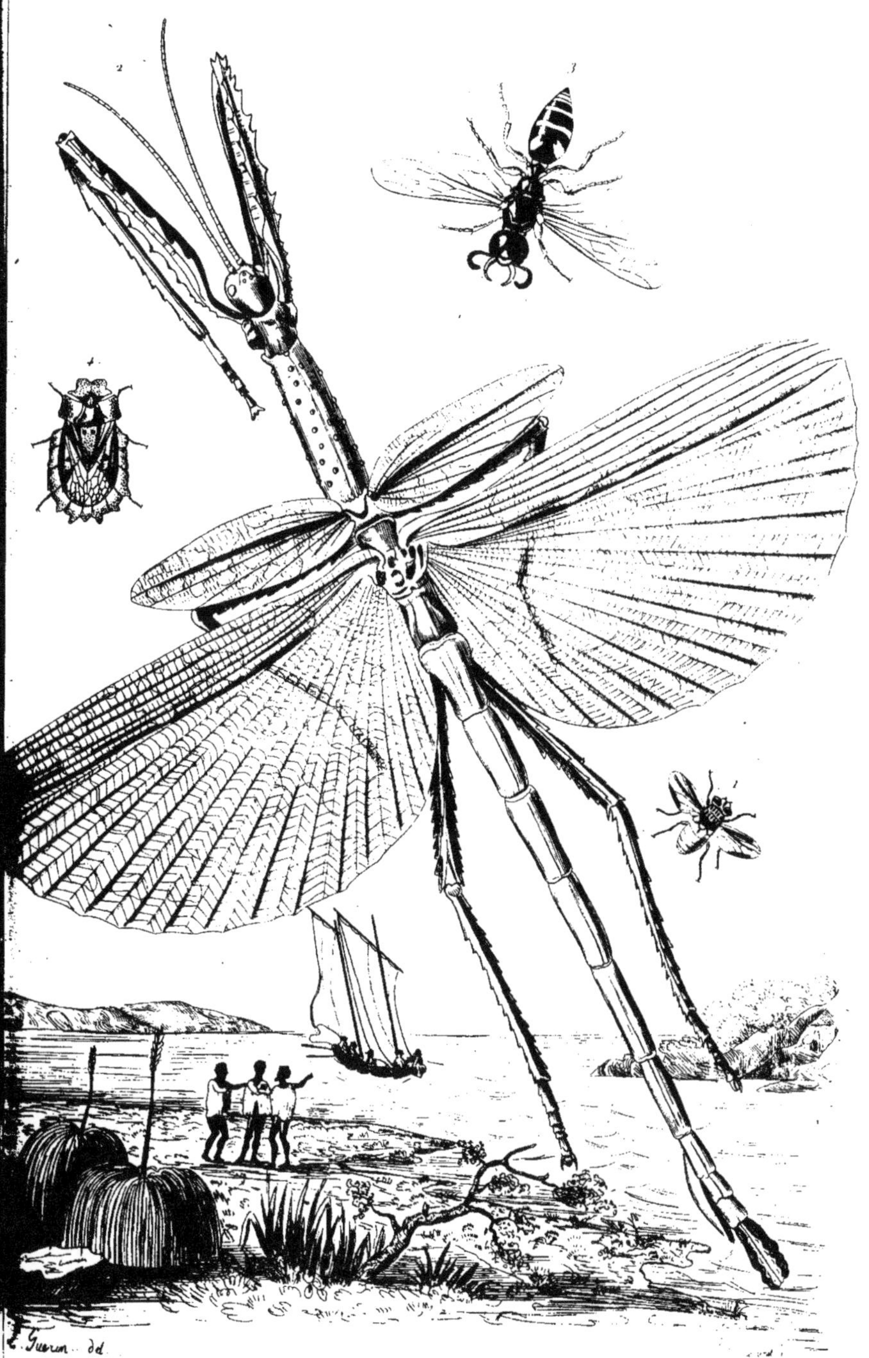

1 Phasie   2 Phasme   3 Philanthe   4 Ph...

Pl. 486.

1 Phlomide 2 Pholidote 3 Phonygame.

E. Guérin dir.

Pl. 48.

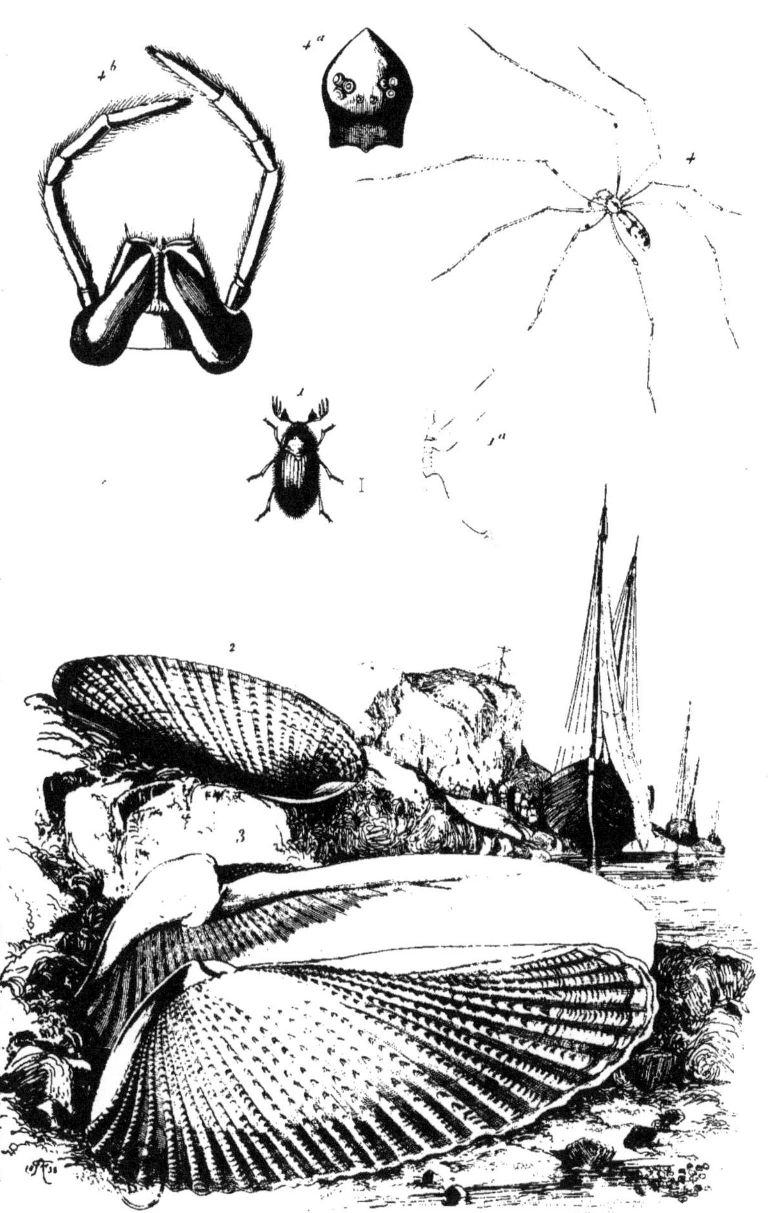

1. [illegible] 2. 3. Pholades 4. [illegible]

E. Guérin dir.

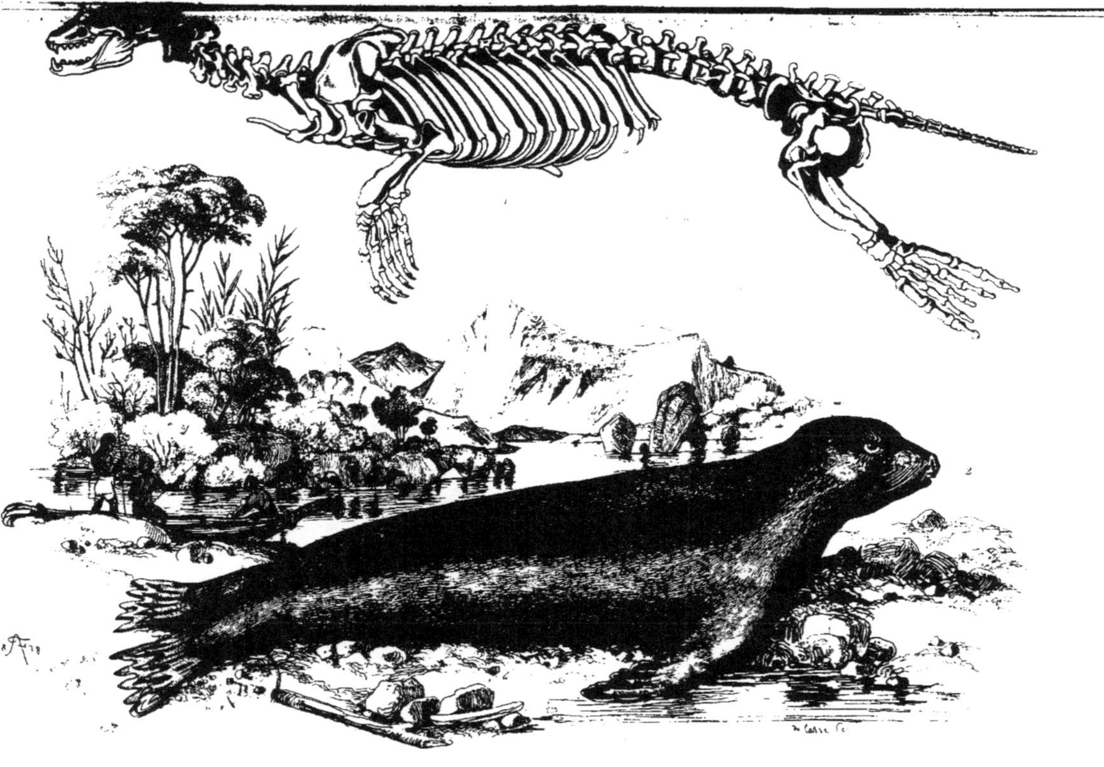

1. Phoque commun (*Squelette*.) 2. Phoque austral (*S. g. Otarie*.)

F. Guérin dir.

1. Phoque commun   2. Phoque à trompe (s.g. macrorhine)

E. Guérin del.

Pl. 490.

Phormion.

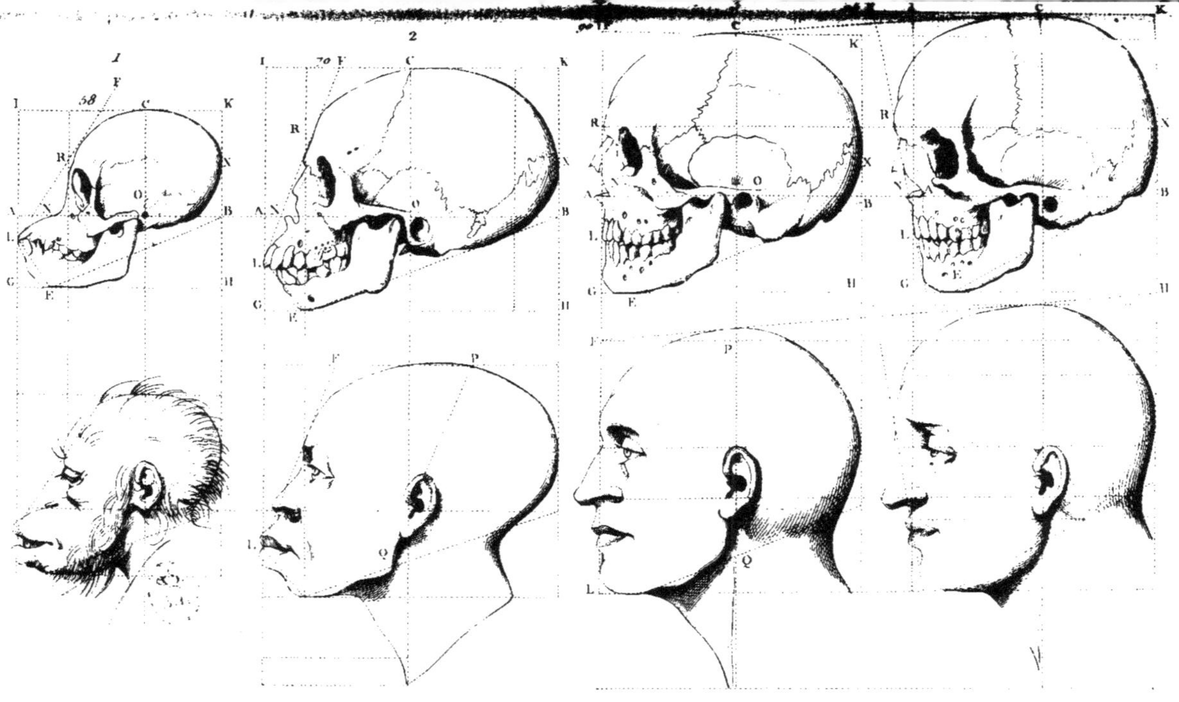

Phrénologie

Détermination de l'angle facial de Camper

E. Guérin del.

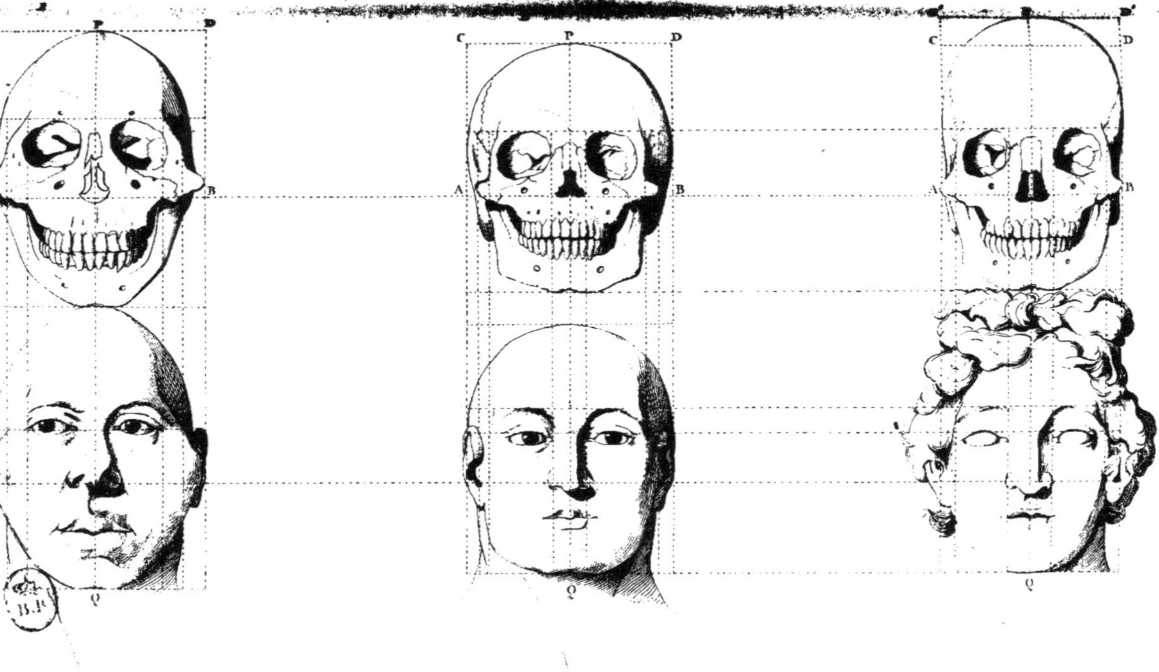

Phrénologie

Détermination de l'angle facial de Camper.

F. Guérin dir.

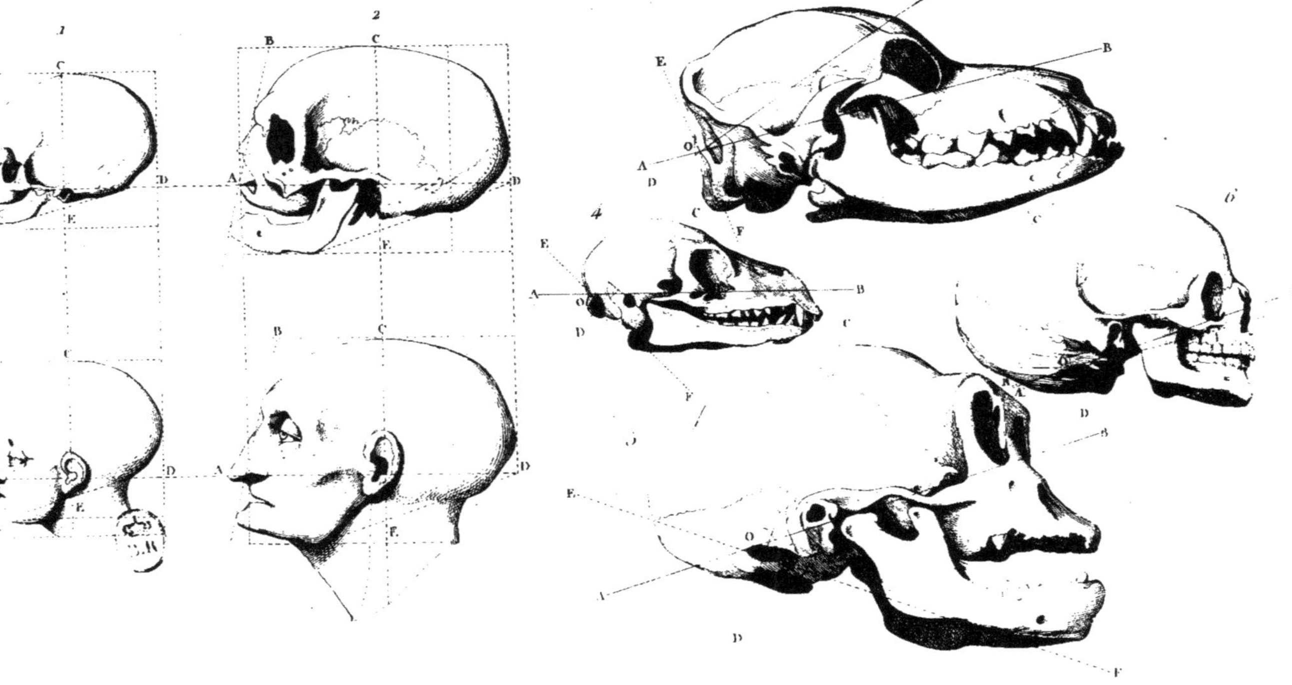

Phrénologie

1. 2. Détermination de l'angle facial de Camper.

3 à 6. Détermination de la capacité cérébrale par Daubenton.

J. Guérin del.

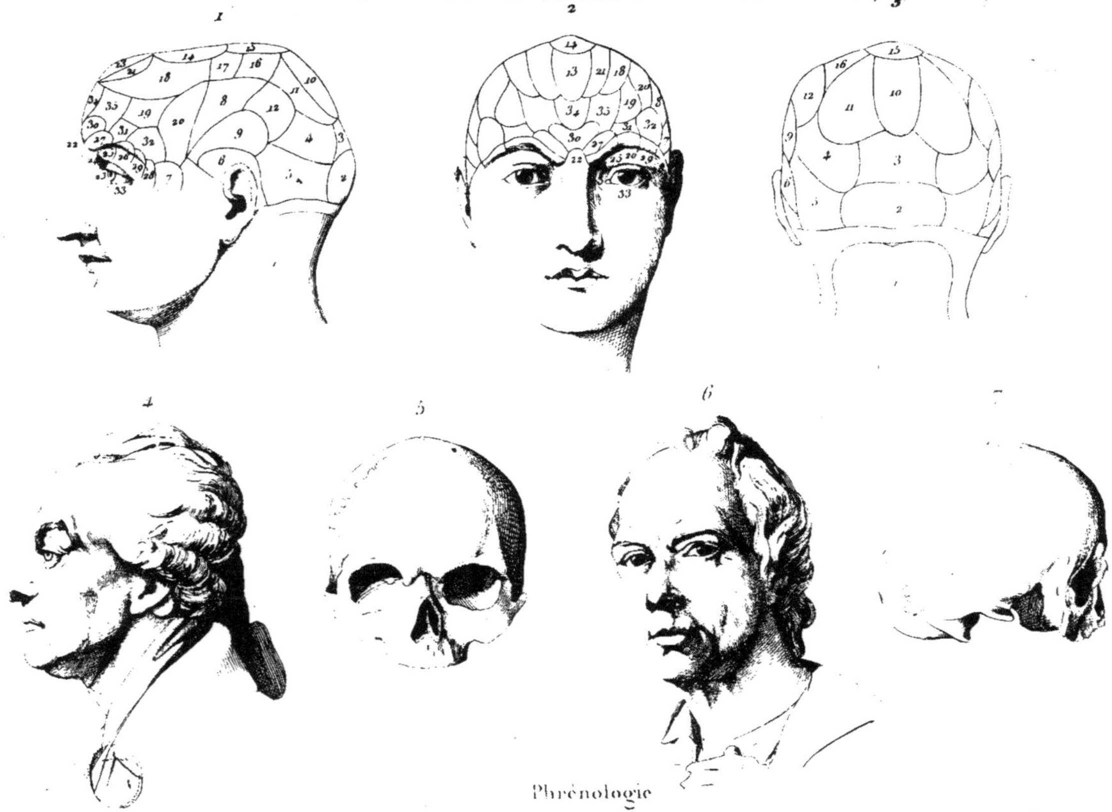

Phrénologie

1. 2. 3. Division Phrénologique du Crâne d'après Gall. 4 Buffon. 5 Descartes. 6 Gluck. 7 Raphael.

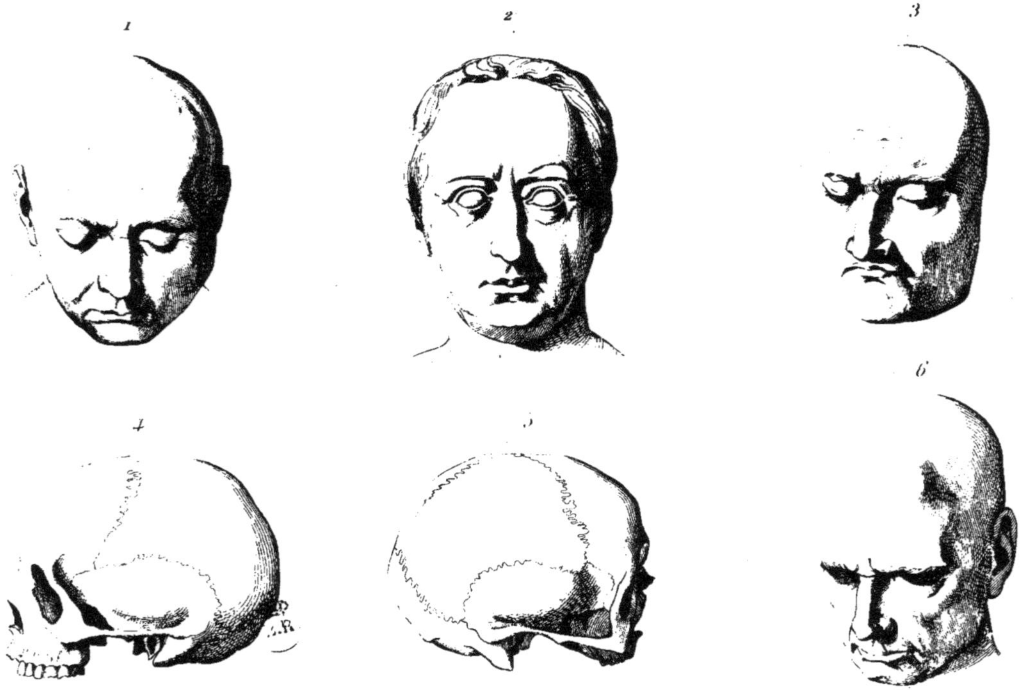

1 2 3

6

4 5

Phrénologie.

1. [illegible] 2. Goethe. 3. Barett. 4. Bouhours. 5. Wurmser. 6. Destainières.

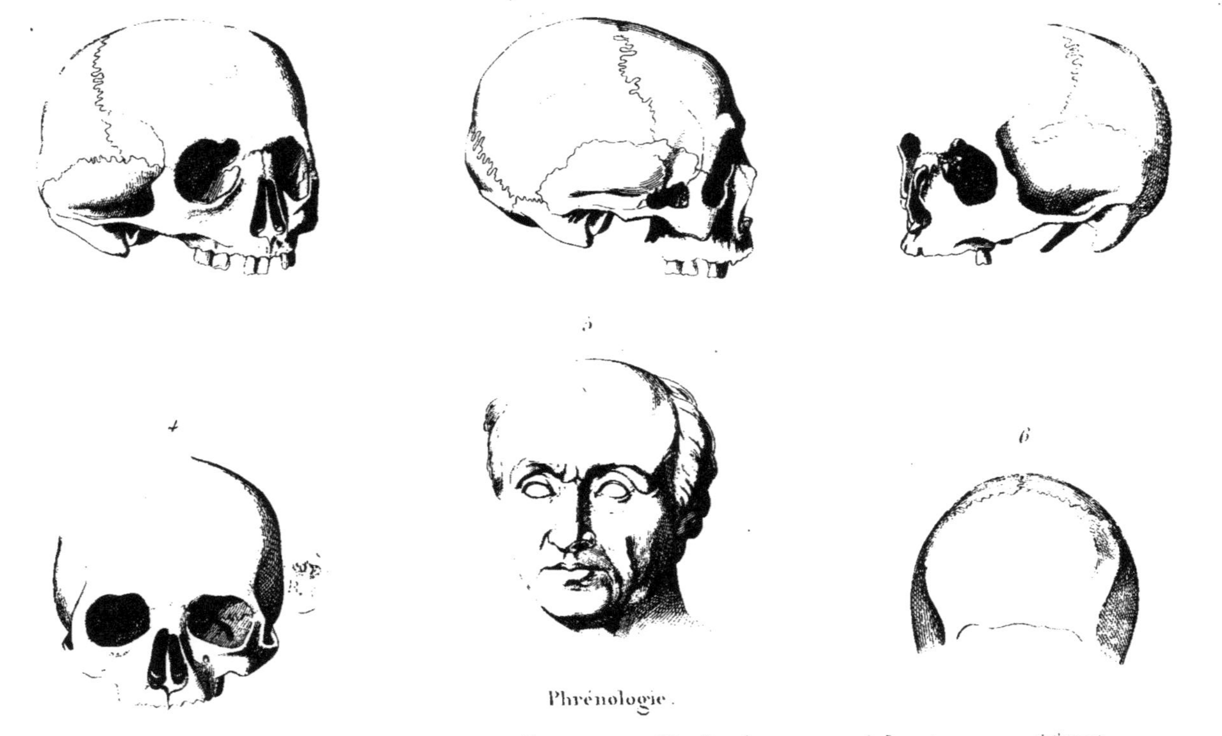

Phrénologie.

1. Port Londen 2. Unterberger 3. Ceracchi 4. Voleur Prussien 5. Breguet 6. Gresset

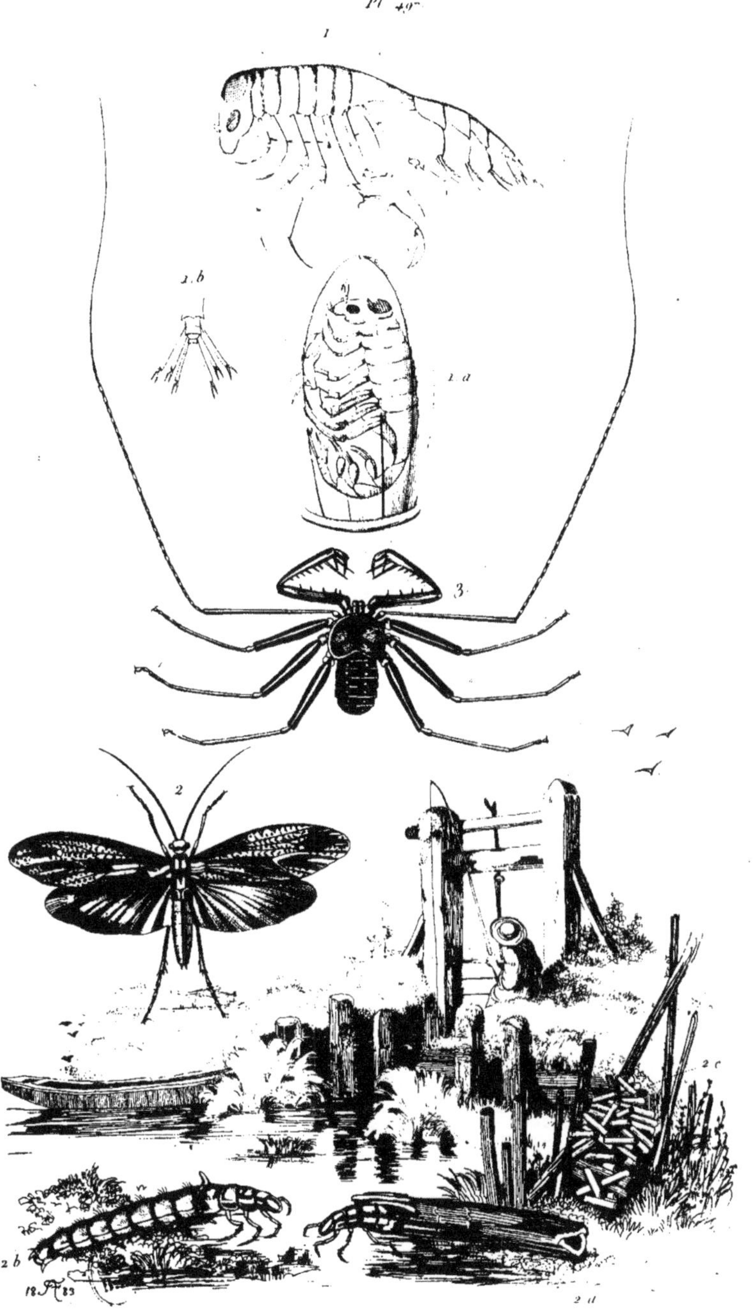

1. Phronime 2. Phryganes 3. Phryne

E. Guérin dir.

Pl. 498.

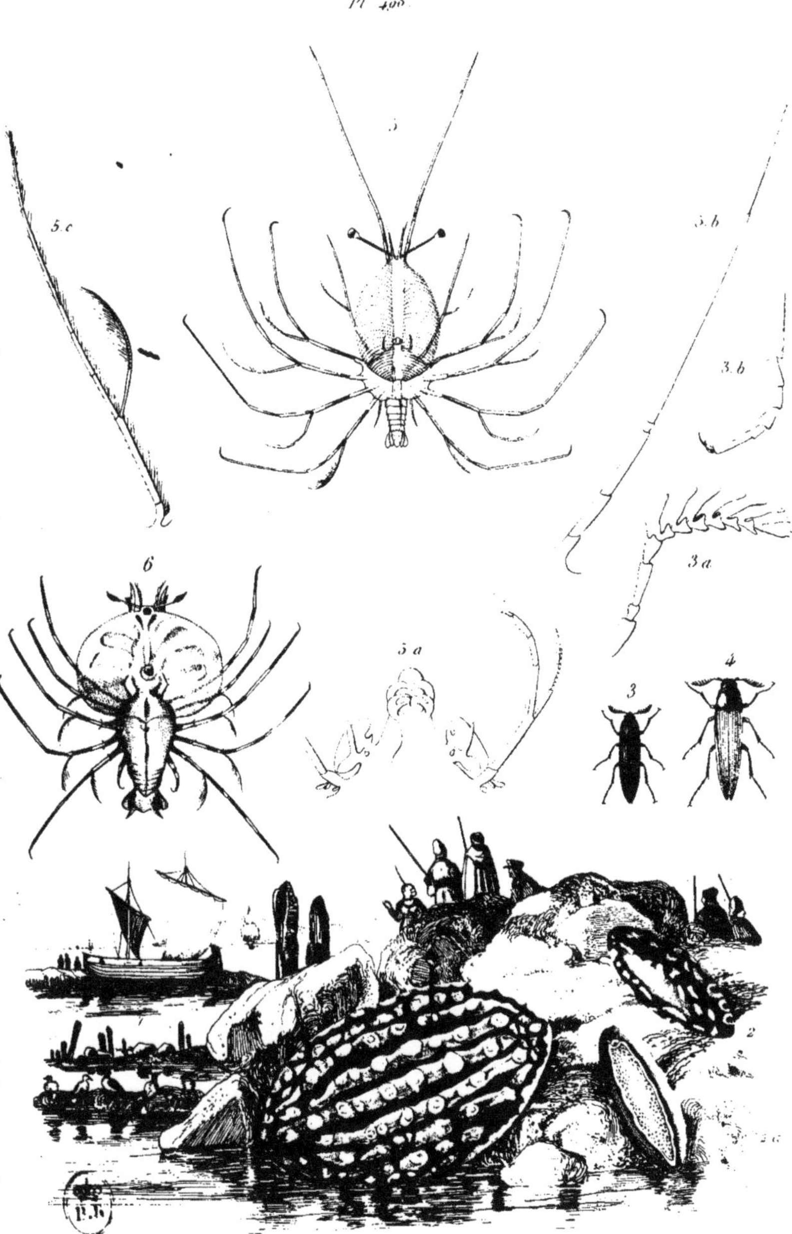

1. 2 Phyllidies. 3. 4 Phyllocères. 5. 6 Phyllosomes.

E. Guérin dir.

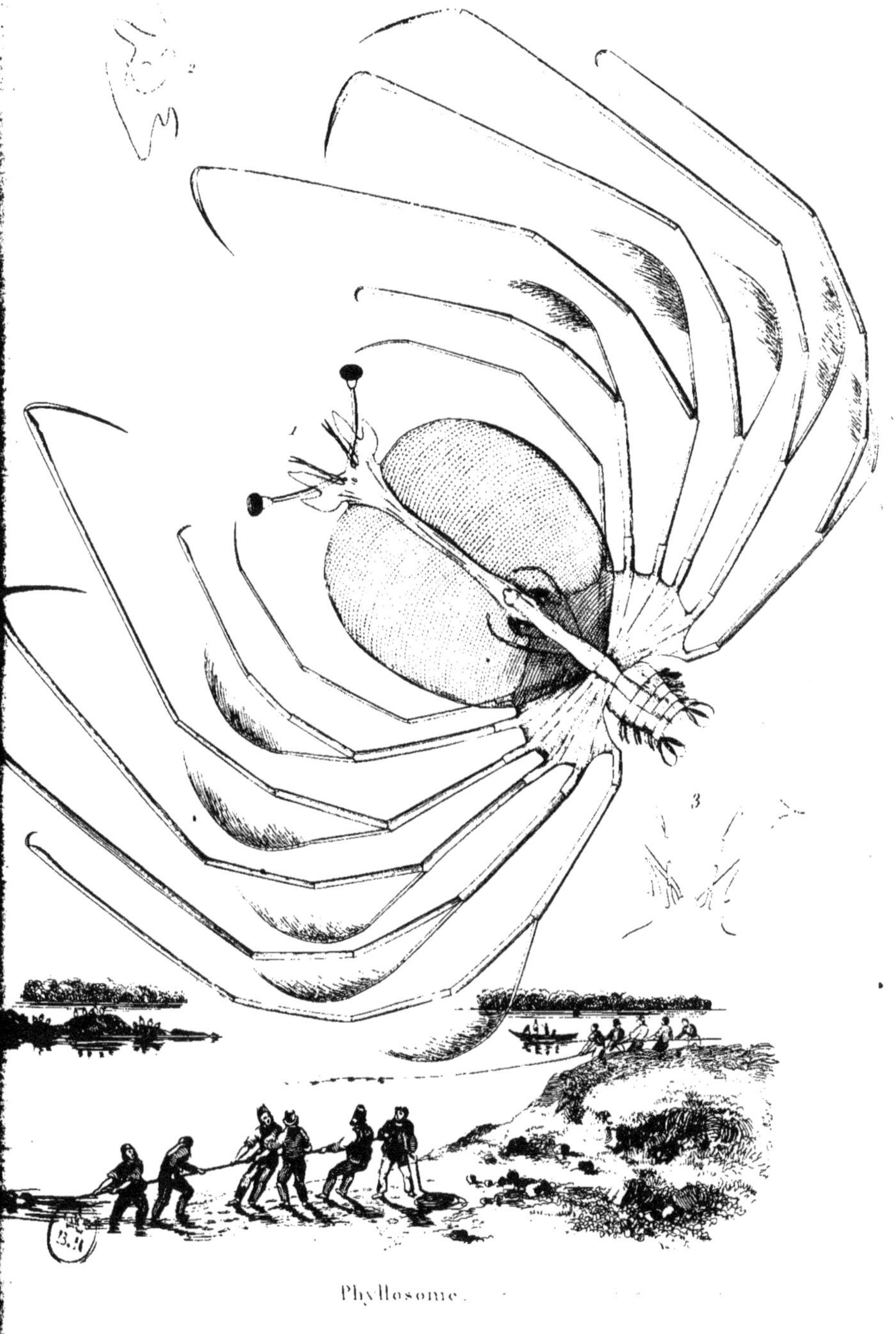

Phyllosome.

E. Guérin del.

Pl. 500

1, 2 Phymates   3 Physalide

Physalie atlantique.

L. Guérin dir.

Pl. 502

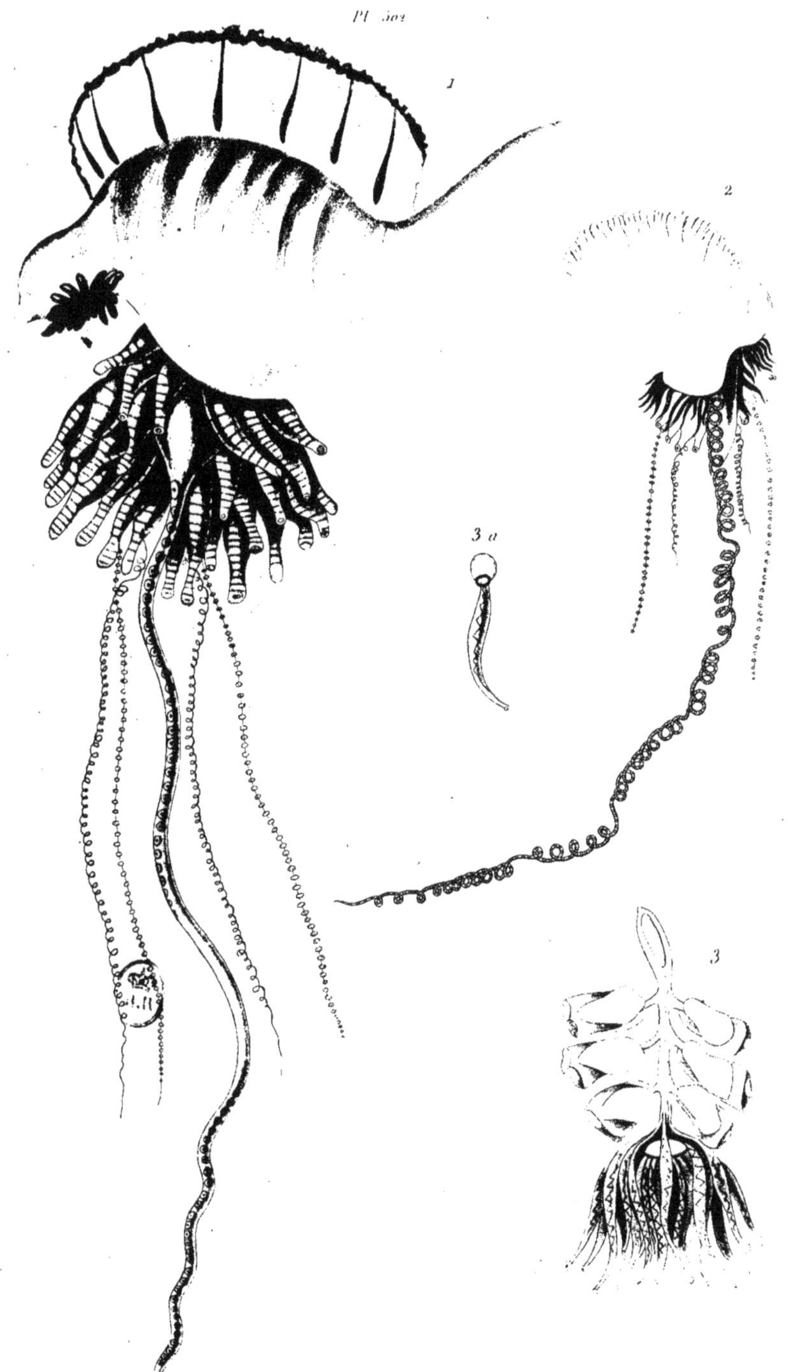

1. 2. Physalies   3. Physsophore

E. Guérin dir.

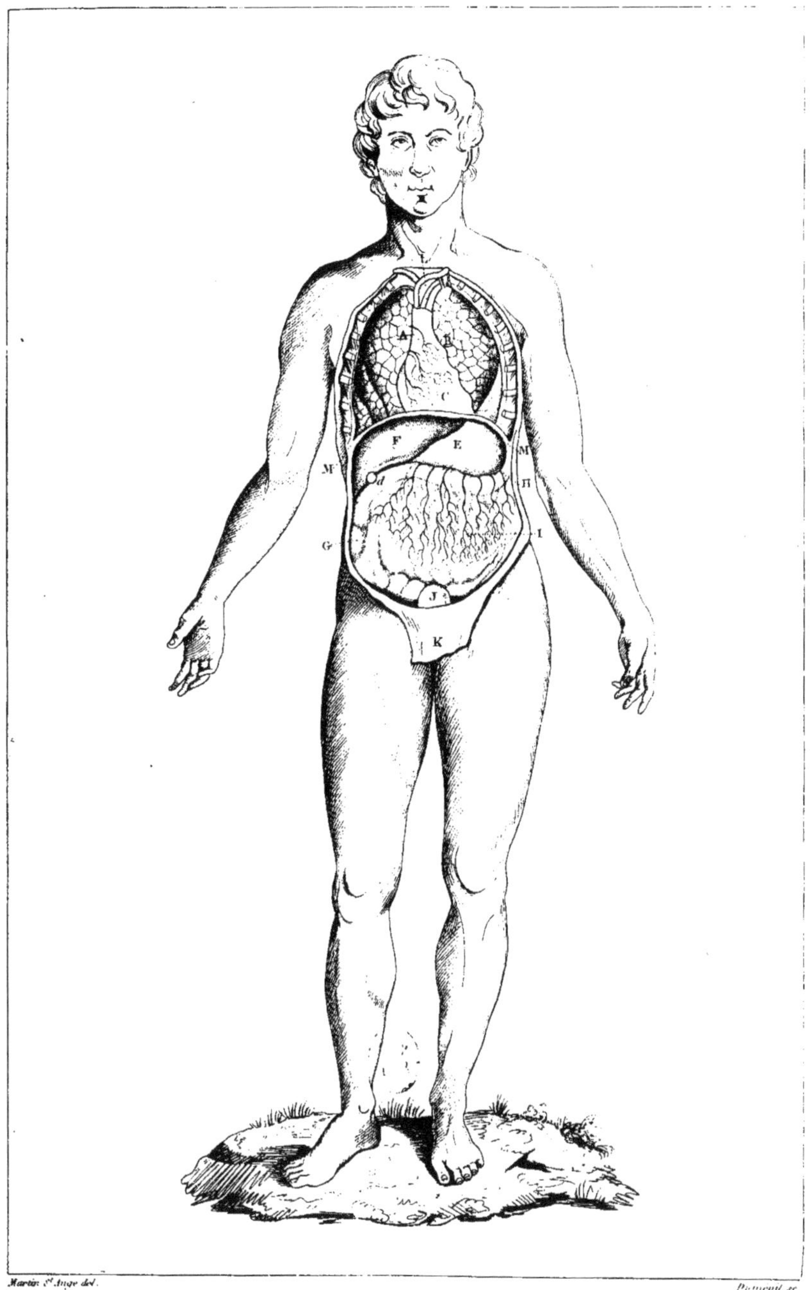

Martin S.t Ange del.   Dumenil sc.

Physiologie

Homme (*disposition des viscères.*)

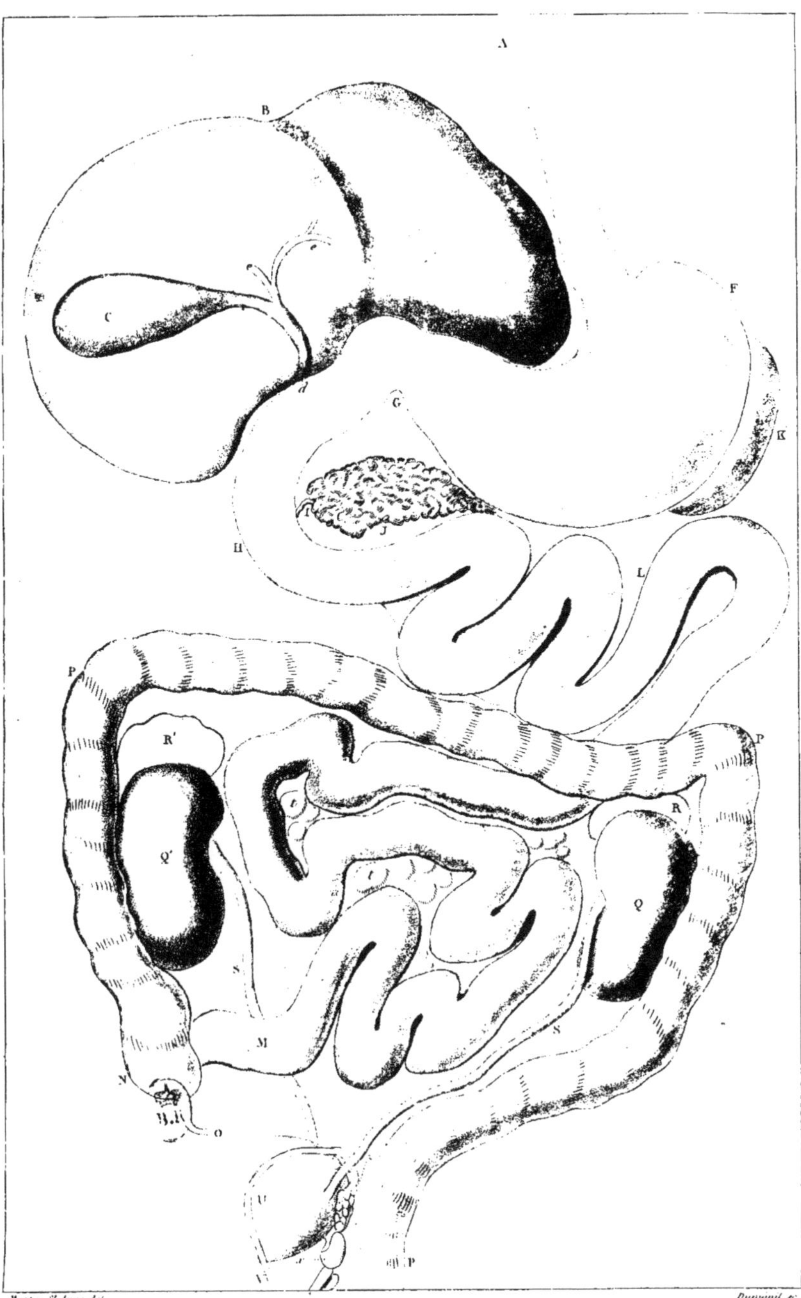

Martin St Ange del.

Dumenil sc.

Physiologie

Homme (*appareil digestif*)

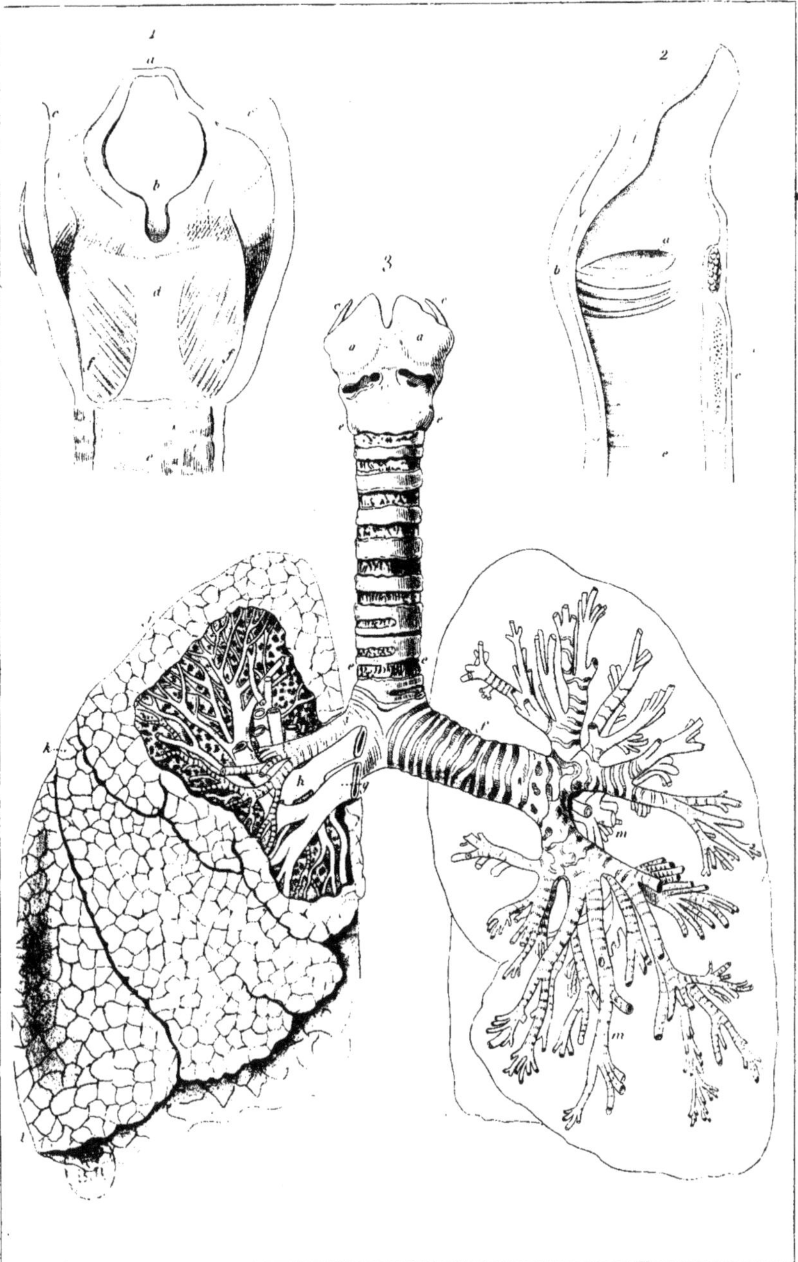

Physiologie

Homme — organes de la respiration

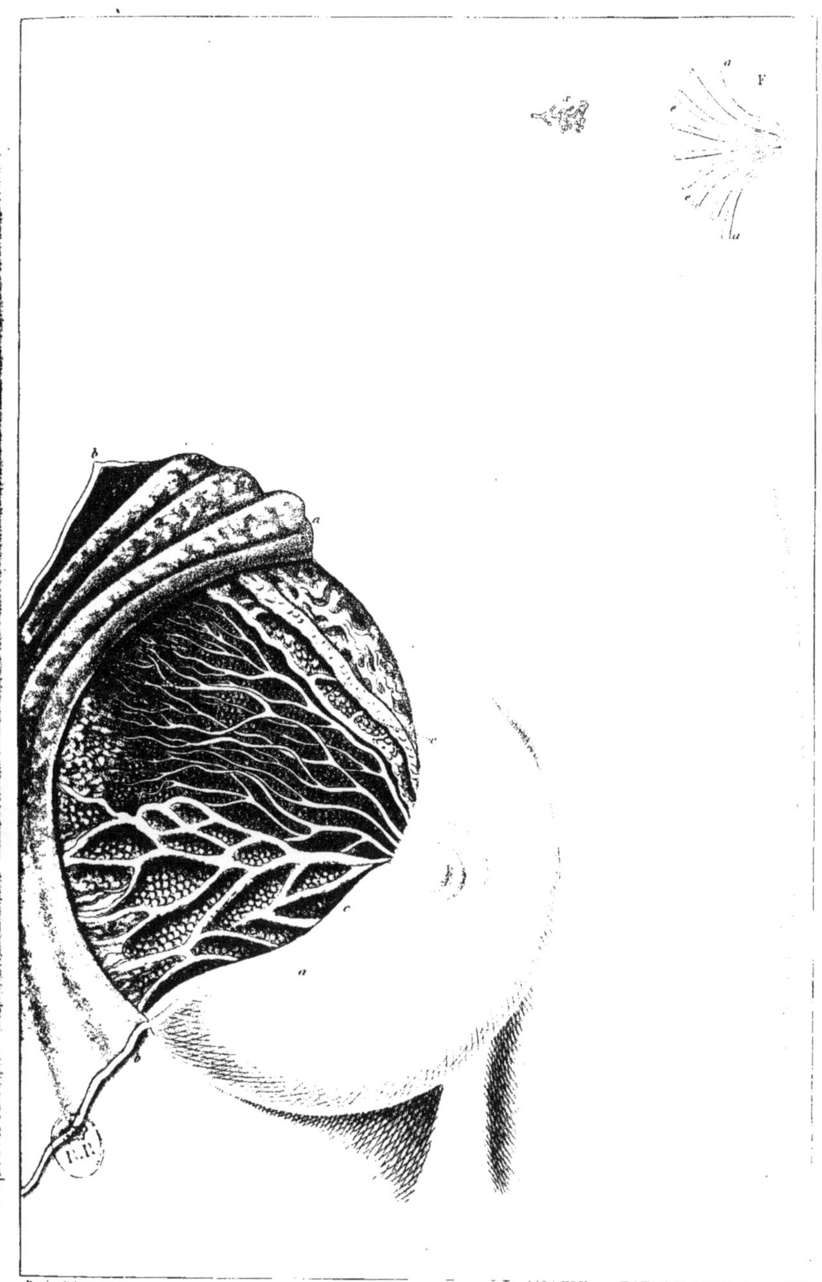

Martin St Ange del.

Pardinon sc.

Physiologie

Organes de la Lactation chez la Femme

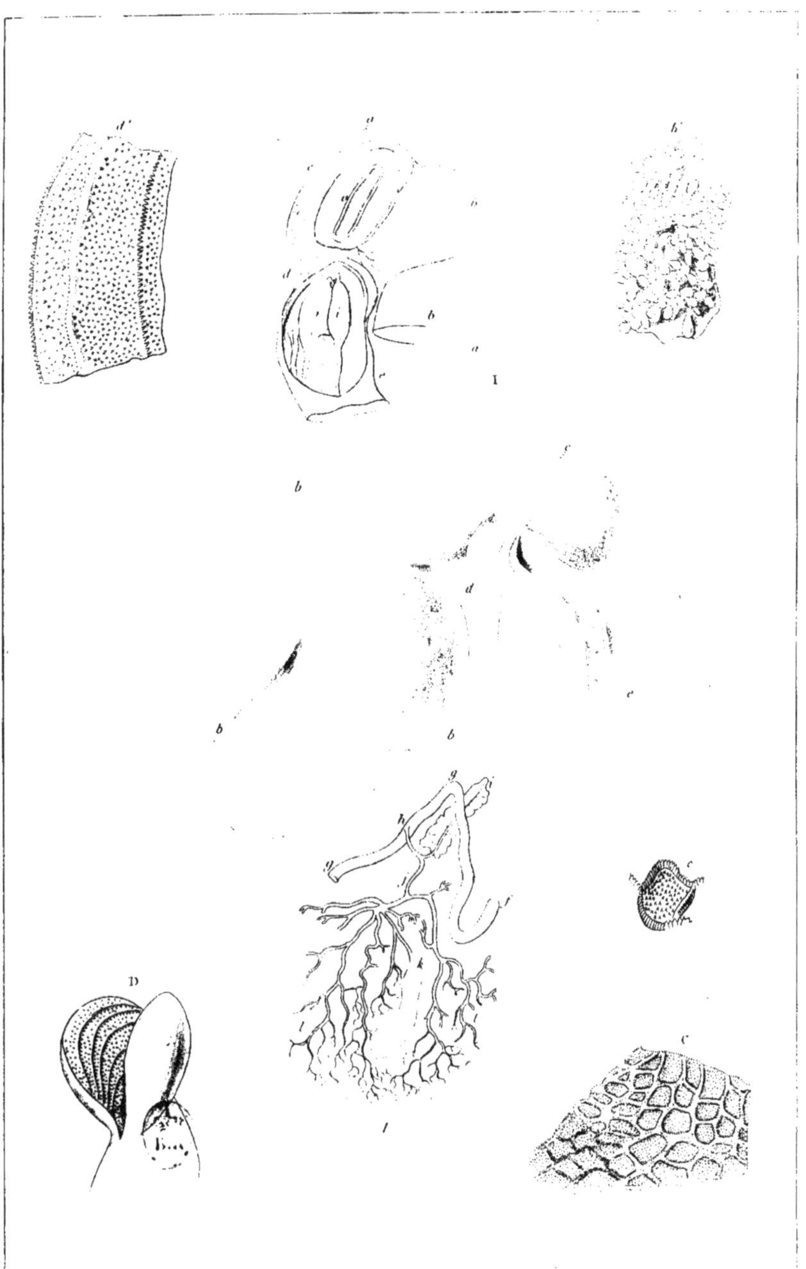

Physiologie

Ruminans — *appareil digestif*

Pl. 308

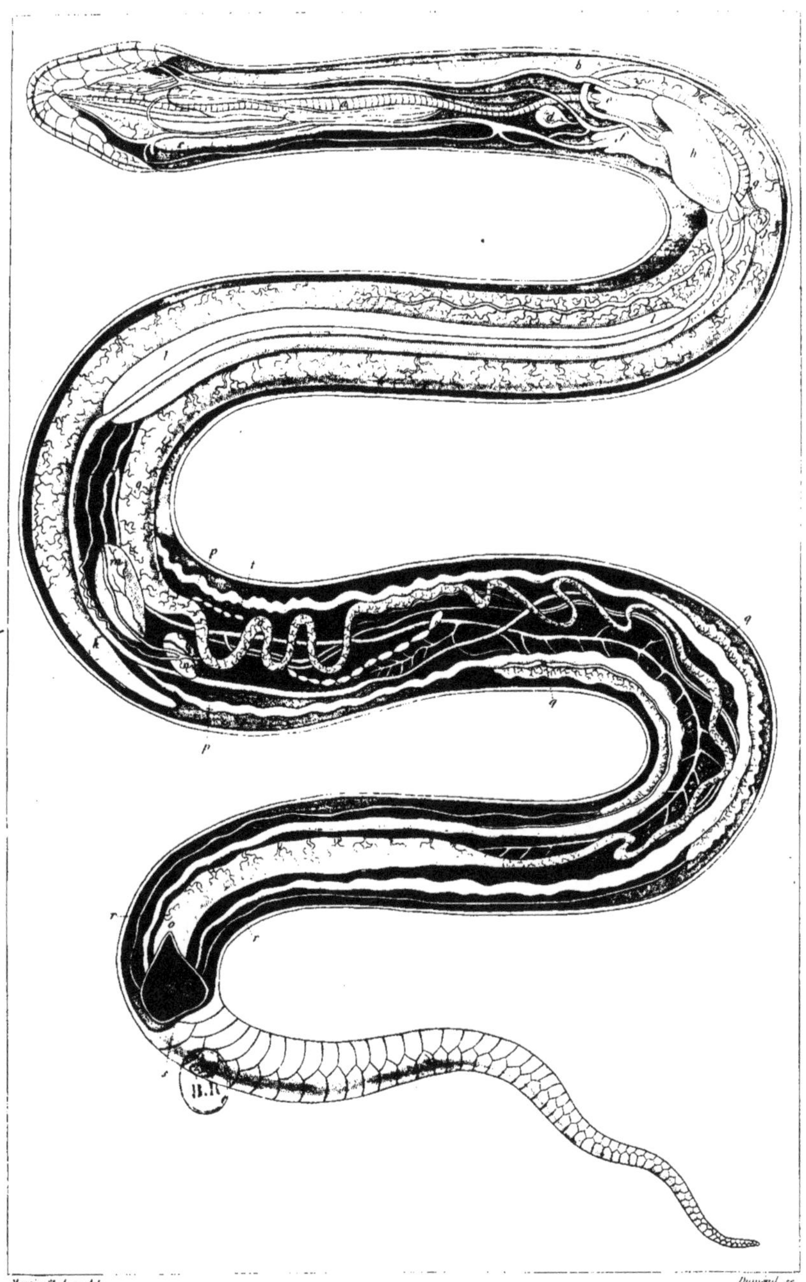

Martin St Ange del. Dumenil sc.

Physiologie

Organes de la Génération chez les Reptiles.

Pl. 509.

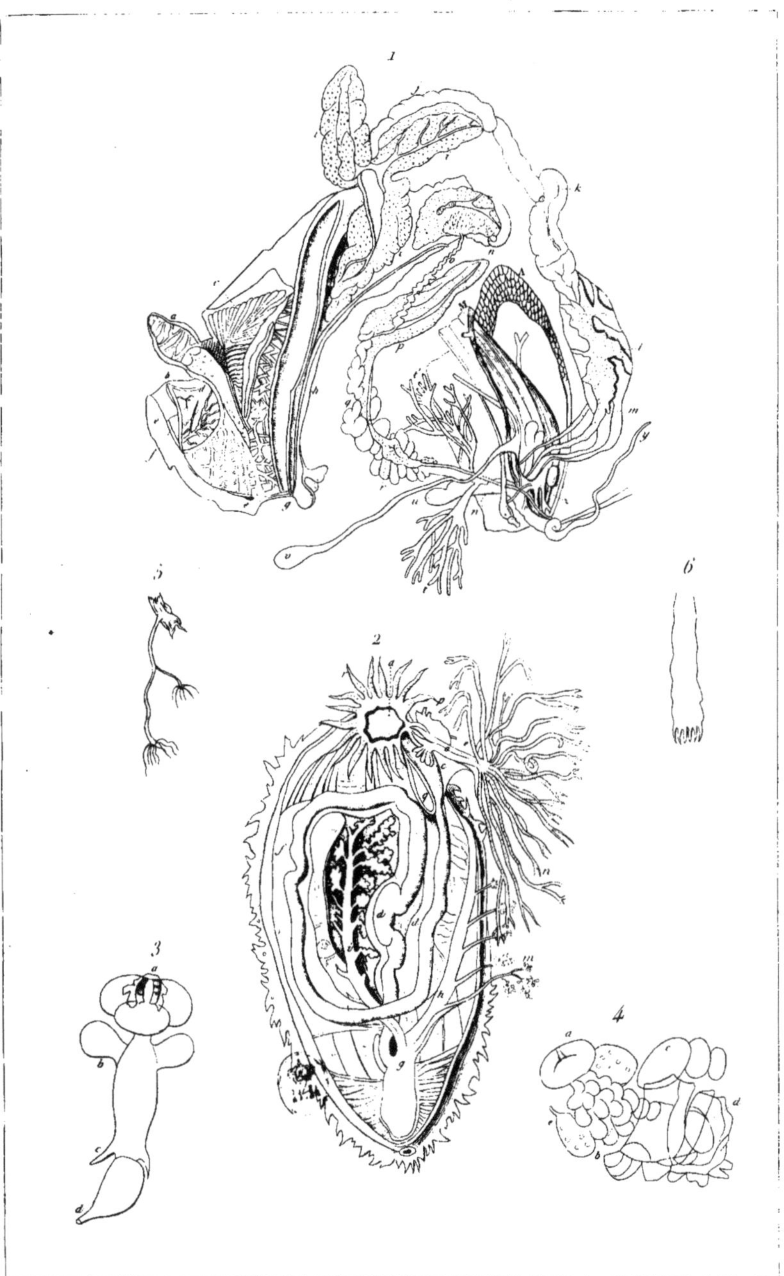

Dumenil sc.

Physiologie

Viscères des Mollusques et des Zoophytes.

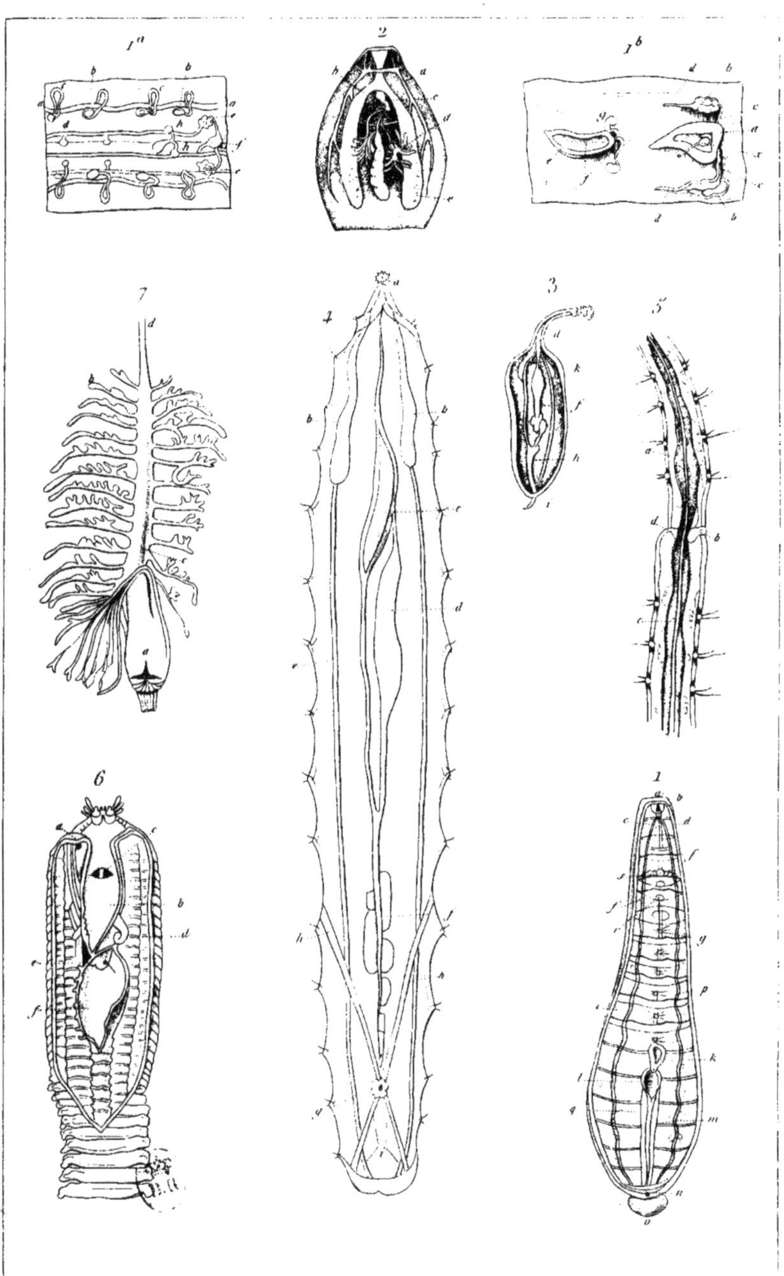

Duménil sc.

Physiologie

Viscères des animaux articulés

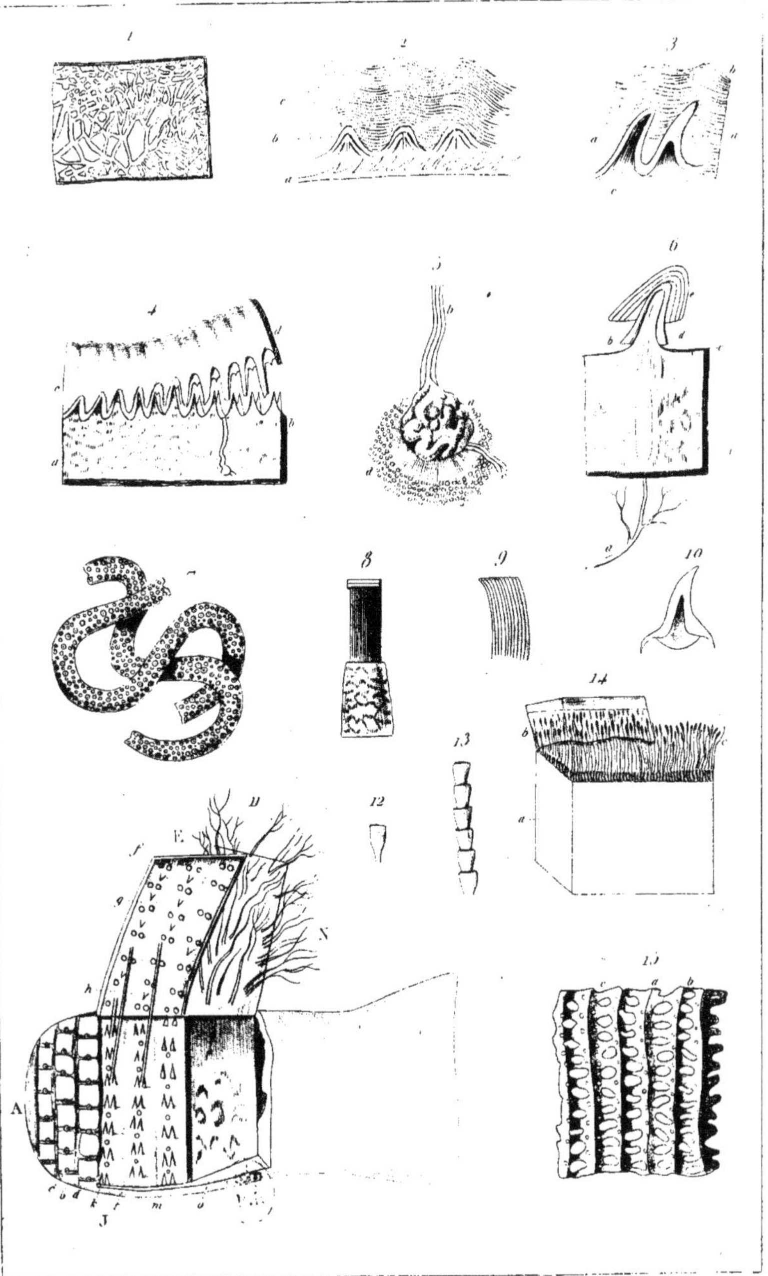

Physiologie

Structure et fonctions de la Peau (vus sous un fort grossissement)

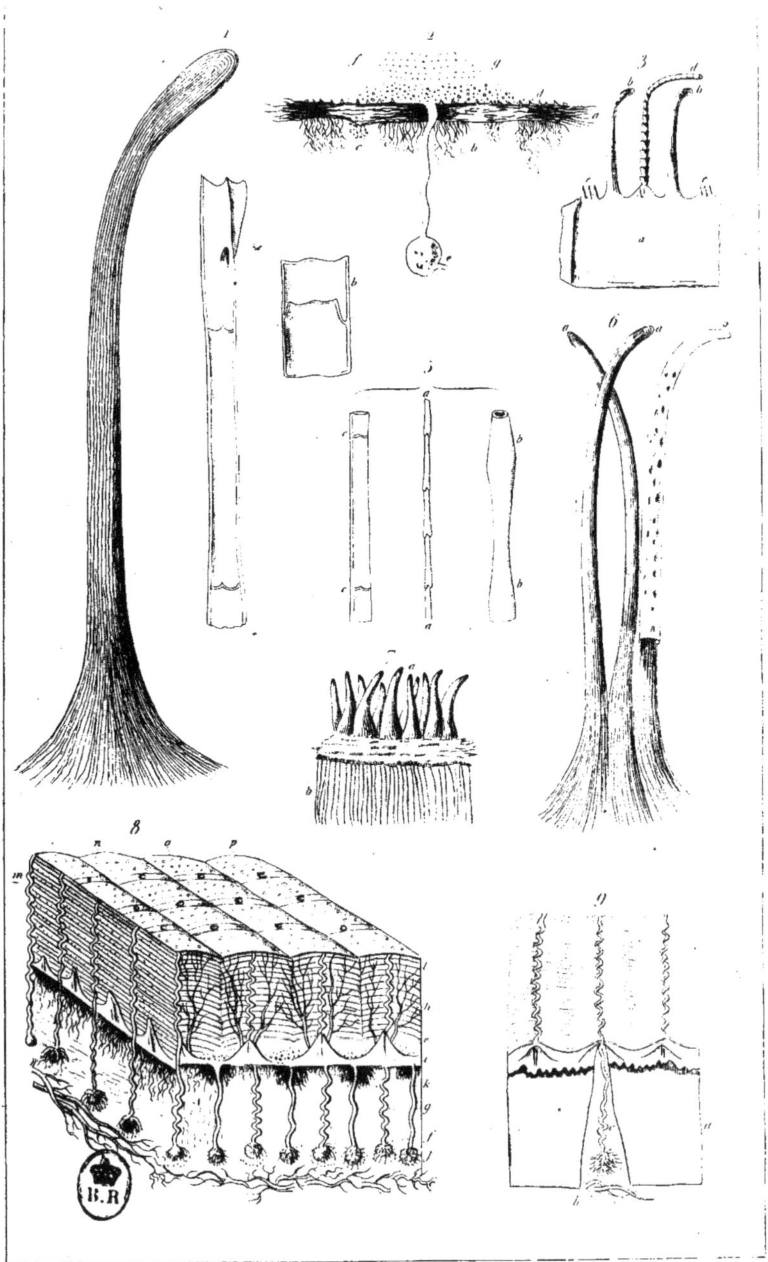

Physiologie

Structure et fonctions de la Peau vues sous un fort grossissement.

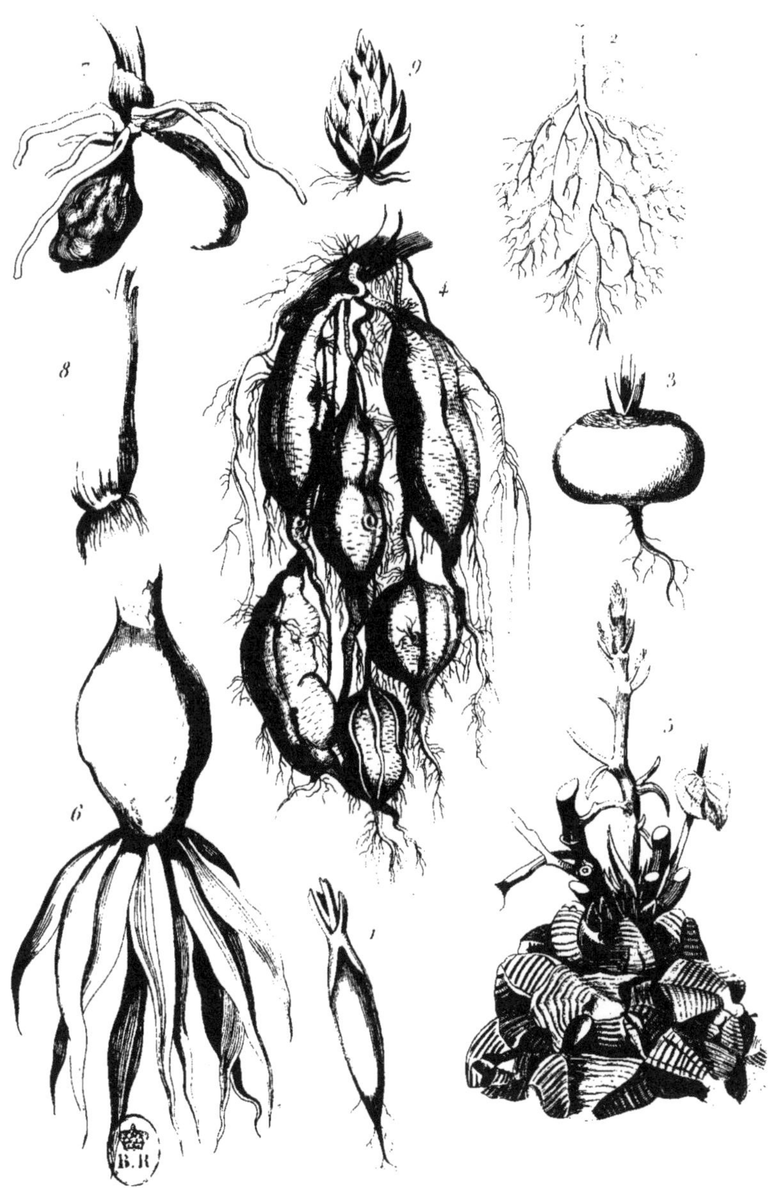

Physiologie végétale.

Pl. 314.

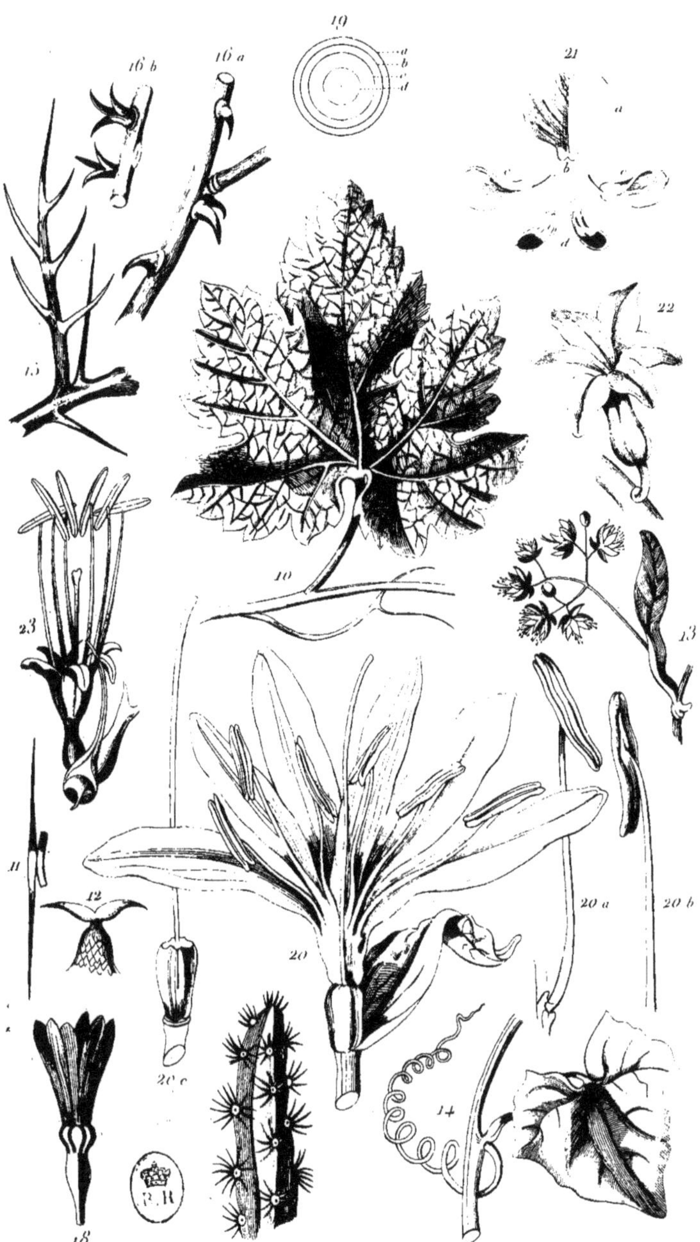

Physiologie végétale

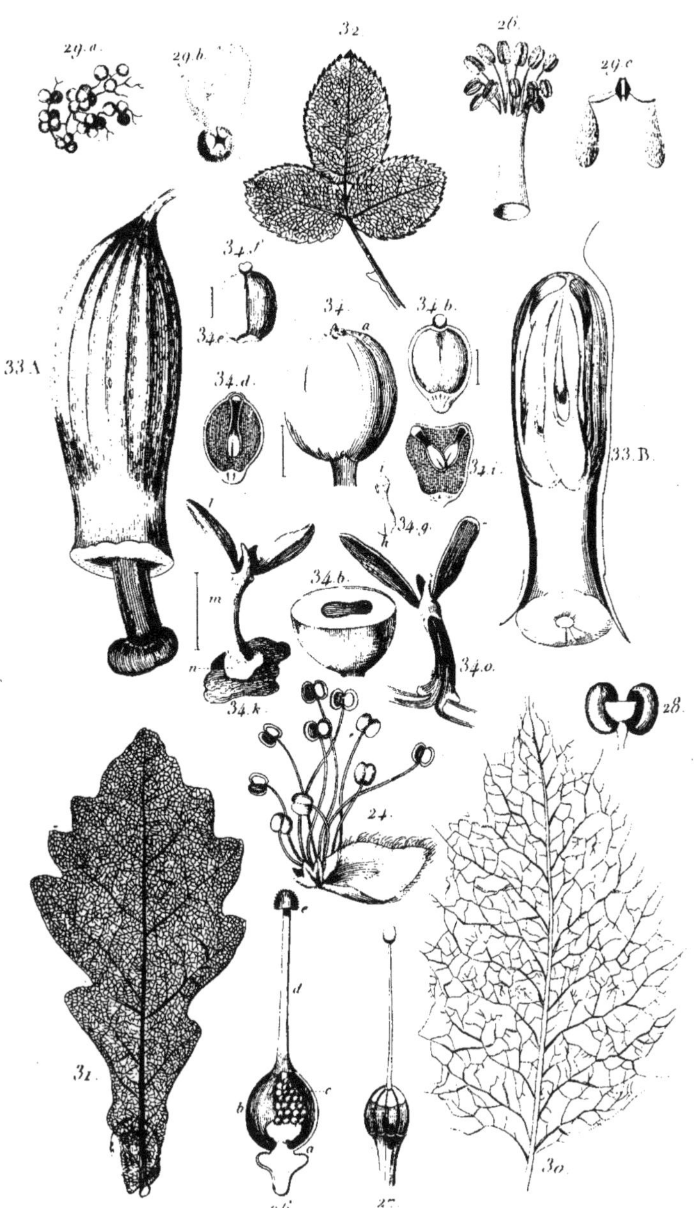

Physiologie végétale.

E. Guérin dir.

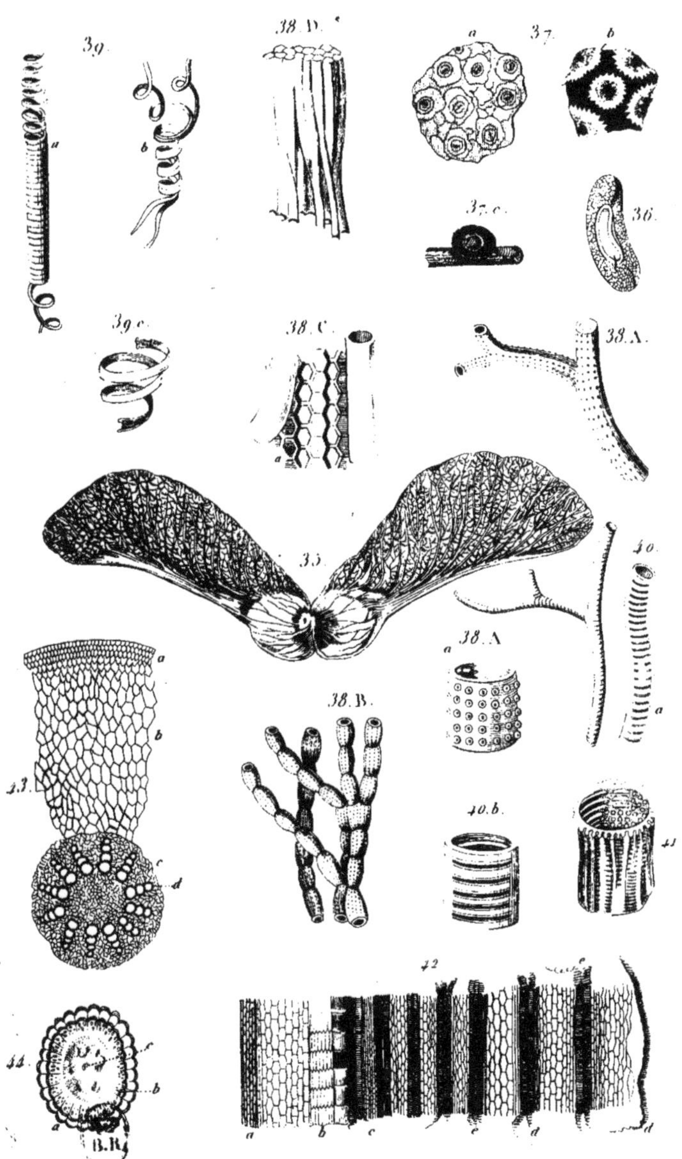

Physiologie végétale.

F. Guérin del.

1

2

3

Physionomie

1. Un Fripon. 2. Knipperdolling. 3. Juif sordide.

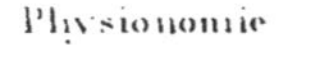

1 2 3

Physionomie

1. *Sterne* 2. *Transteverin (Romain d'au-delà du Tibre)* 3. *Zuingle*

Physionomie

1. G. Cuvier — 2. Napoléon — 3. David (le Peintre) — 4. Chateaubriant

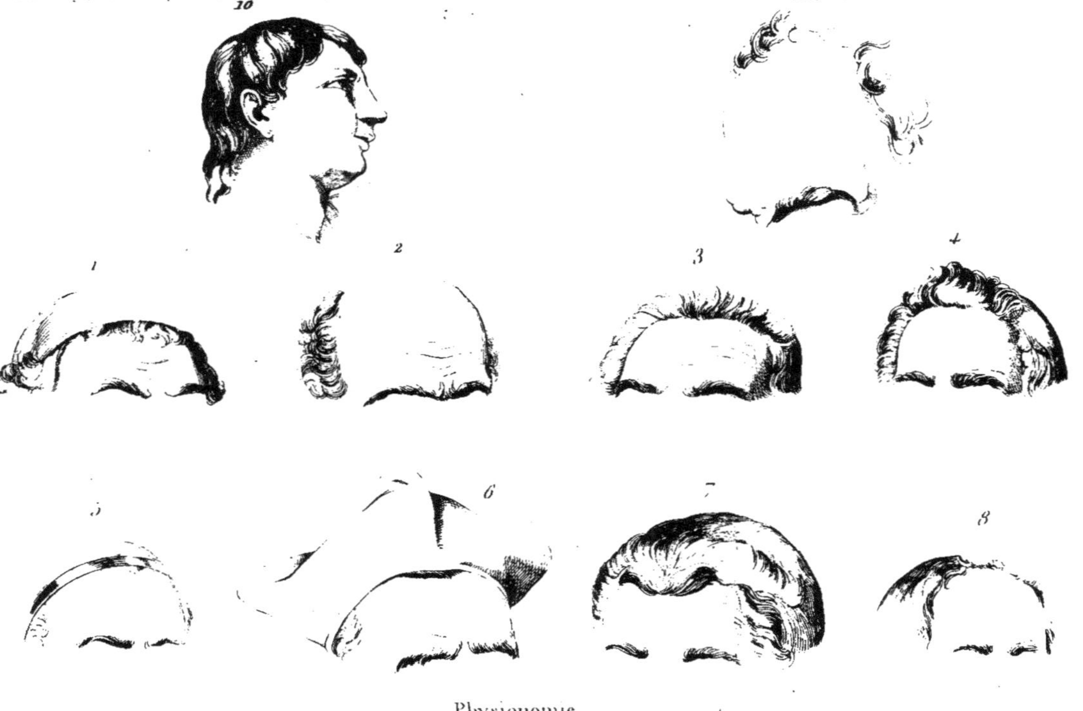

Physionomie

1 à 9 Fronts — *10. Profil d'un Dévot.*

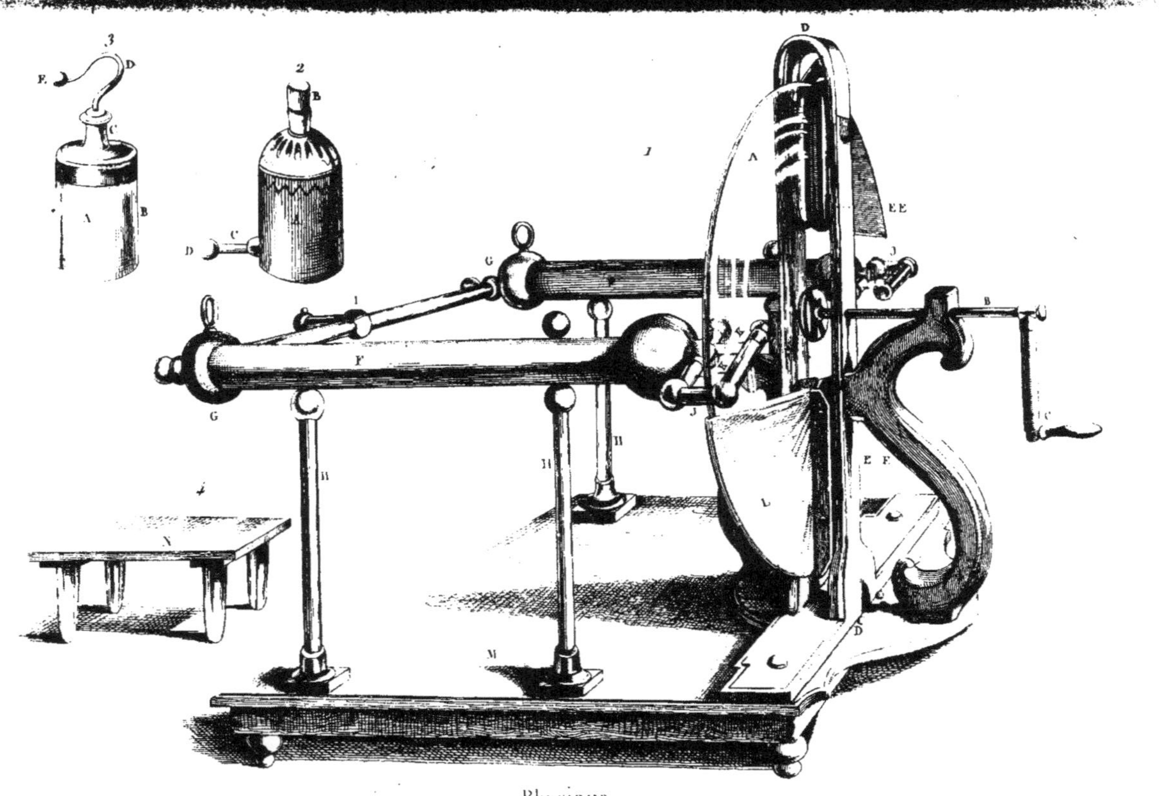

Physique

1 Machine électrique 2 Pistolet de Volta 3 Bouteille de Leyde 4 Tabouret électrique

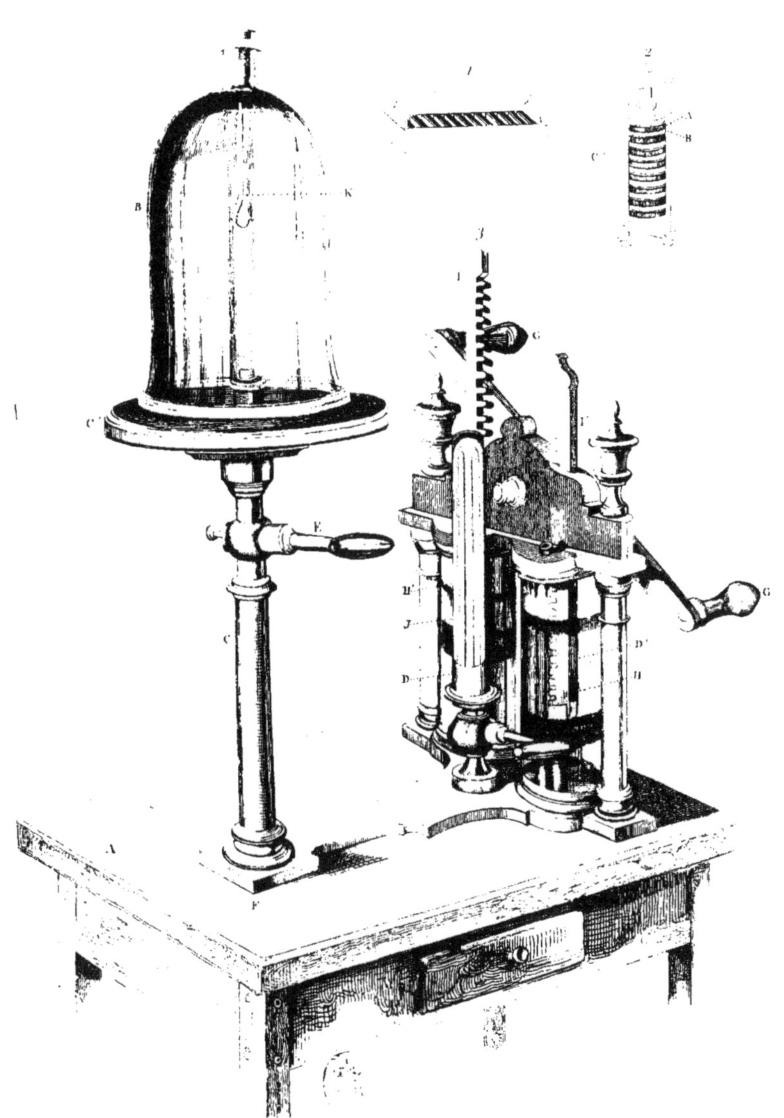

Physique

1. Pile à auge 2. Pile à colonnes 3. Machine Pneumatique

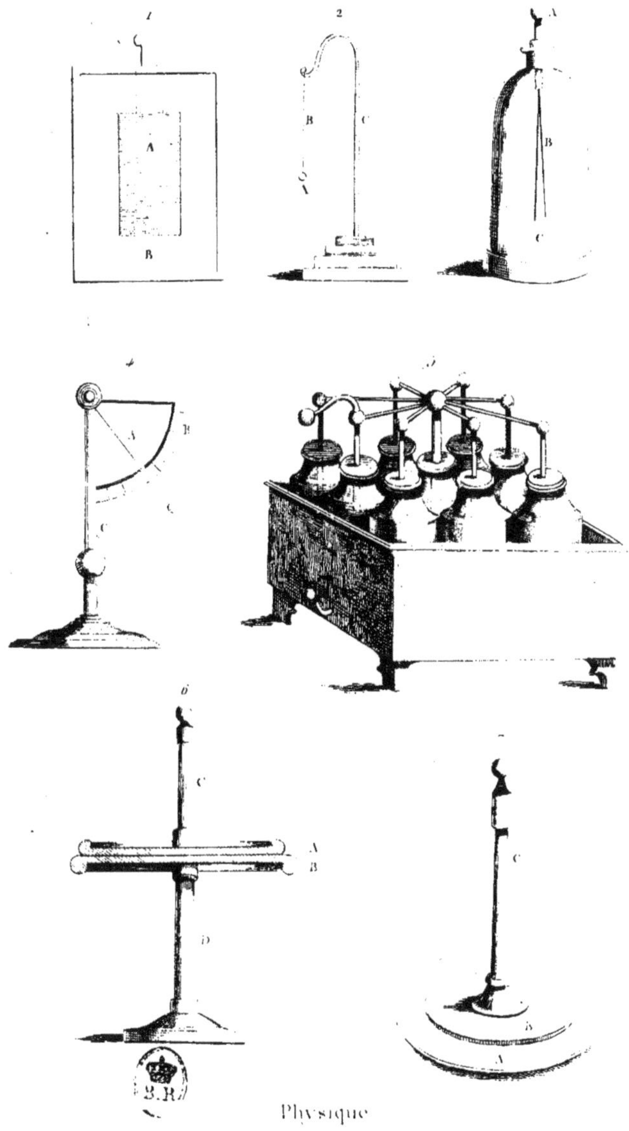

Physique

1 *Miroir électrique.* 2 *Électroscope.* 3 *Électromètre [illegible]*
4 *Électromètre à cadran* 5 *Batterie électrique* 6 *[illegible]*
7 *Électrophore*

Pl. 524

1 Phytolaque   2 Phytotome

Guérin dir.

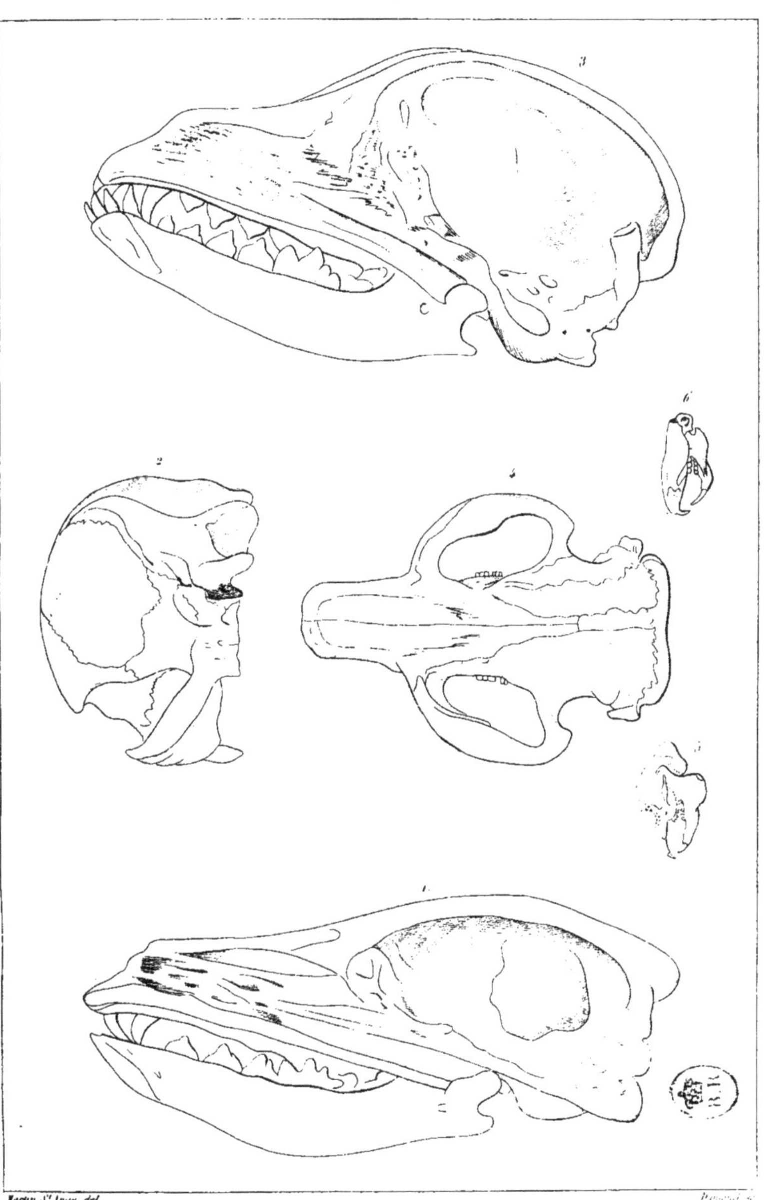

Martin St Ange del.

Phrénologie

Crânes de Mammifères

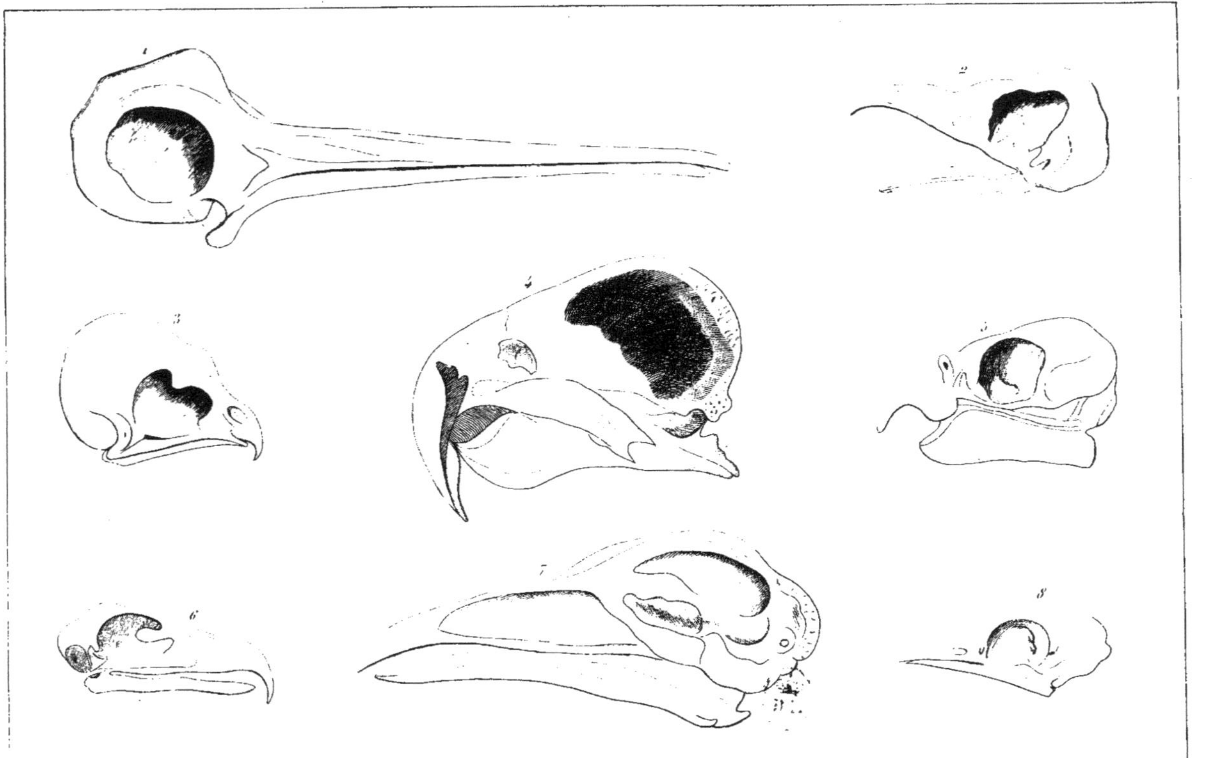

Phrénologie
Crânes d'Oiseaux.

Pics

1 P. noir — 2 P. Epeiche moyenne

[illegible]

Pics

Pies

1. P. *Dominicain* 2. P. *des Philippines.* 2 a. *sa Femelle*

E. Guérin dir.

Pl. 330

Pies

1. P. à Camail rouge (Mâle)
2. P. ——— (Femelle)
3. P. ——— (Jeune âge)

Pl. 531

1 Pic tridactyle   2 Picarel

E. Traviès dir.

Pl. 532

1 Pie *commune* 2 Pie *commandeur*

Guérin dir.

Pl. 533.

1 Pie-Grièche commune

2 ——— septentrionale

3 ——— [illegible]

Pl. 534.

1. Pie-Grièche *rousse*

2. ——————— *méridionale*.

Guerin dir.

Pierides

1 P. du chou   2 P. de la rave   3 P. du navet   4 P. de l'aubepine

E. Guérin dir.

Pierides

1 Callydryade Eubule   2 Iphias glaucippe   3 Terias du mexique

Piérides.

1. Anthocharis du cresson. *2. Idmais arne.*

F. Guérin dir.

Piérides.

1. *Piéride antonoé.* 2. *Euterpe tereus.*
3. *Leptalis amphione.* 4. *Leucophasie de la moutarde.*

E. Guérin del.

Pl. 539 (479 bis)

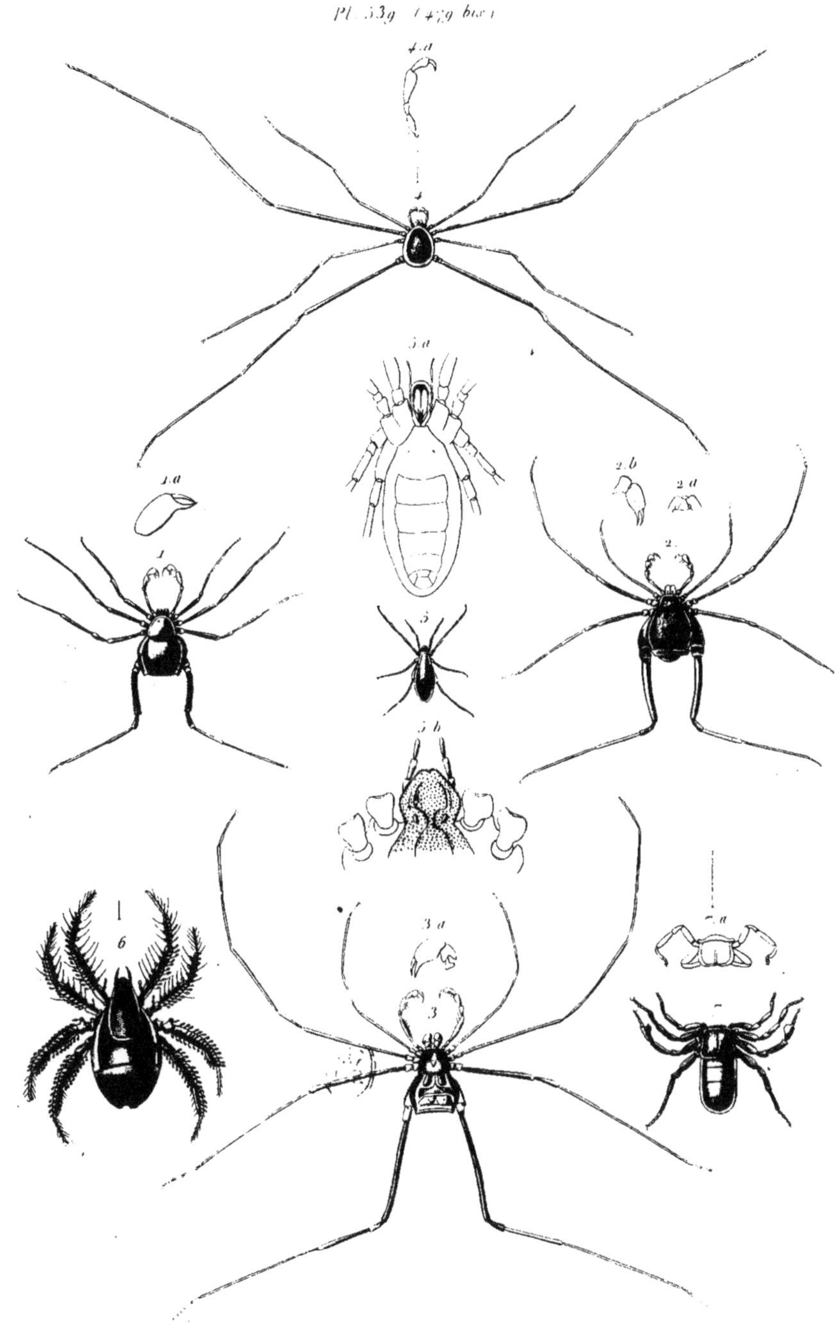

Phalangiens

Pl. 54 a (479 ter)

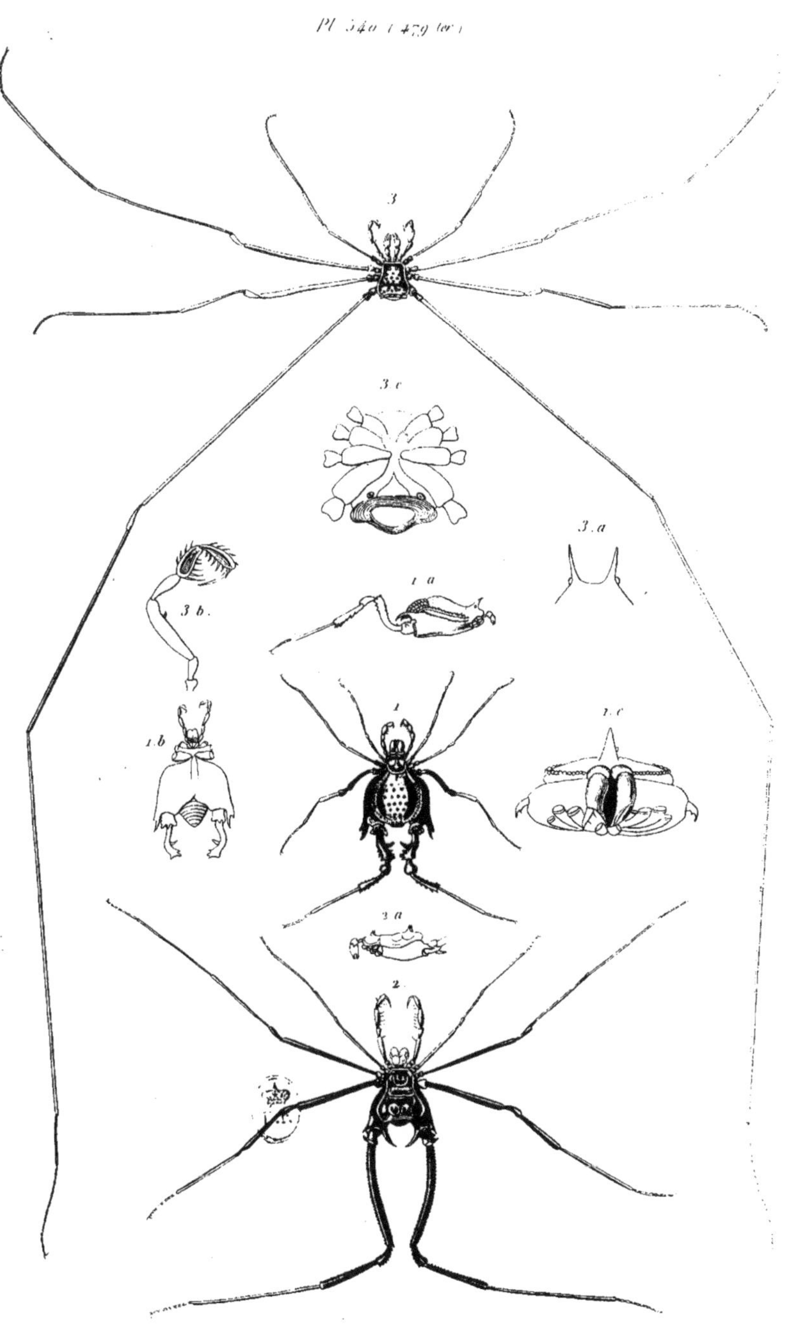

Phalangiens

E. Guerin del.

Pl. 541.

Pigeons.

1. Pigeon Ramier.
2. " Biset.
3. " Tourterelle.

Pl. 542.

Pigeons.

1 Colombe à croupion d'or. 2 Columbar aromatique. 3 Columbi-Galline poignardé

E. Guérin dir.

Pl. 543.

Pigeons.

1 Pigeon Hirondelle ordinaire.

2 _____ Glouglou tambour.

3 _____ Polonais ordinaire.

F. Guerin dir.

Pigeons.

1. *Pigeon Cavalier, faraud.*

2. — — *Lillois élégant.*

E. Guérin dir.

Pl. 546.

Pigeons.

1. Pigeon Turc ordinaire
2. ——— Bai doré Suisse
3. ——— Bagadais bâtard

F. Guérin dir.

1 Pilobole 2 Pilori 3 Pimeleptère

E. Guérin dir.

Picucules

1 Picucule Promérops

2 ——— Fauvette

Pl. 549 (498 bis)

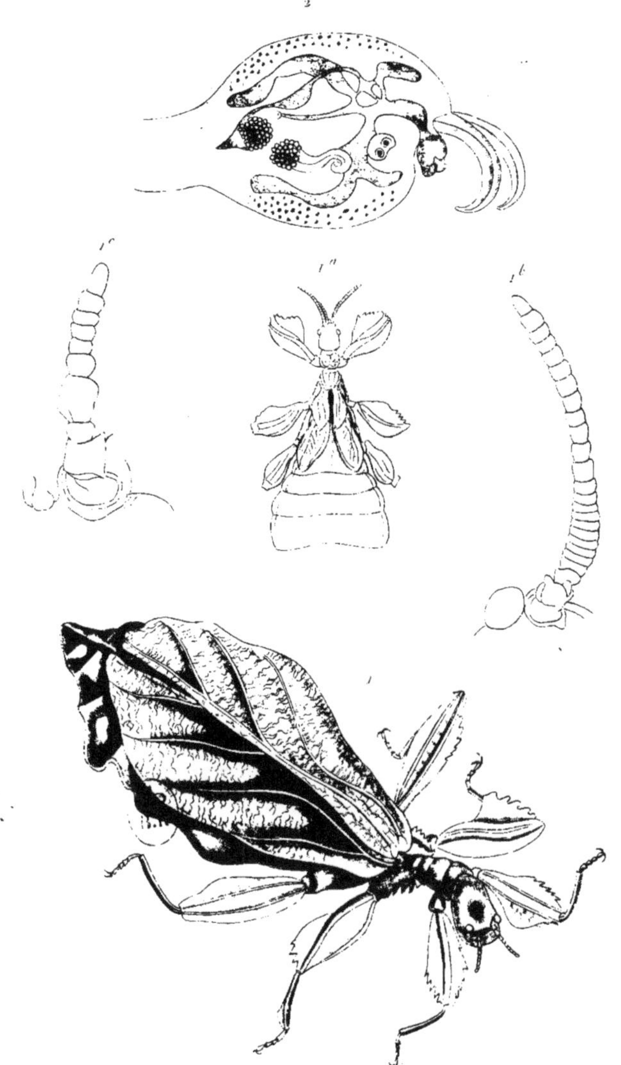

1. Phyllie   2. Ph[illegible]

E. Guérin dir.

Pl. 33a

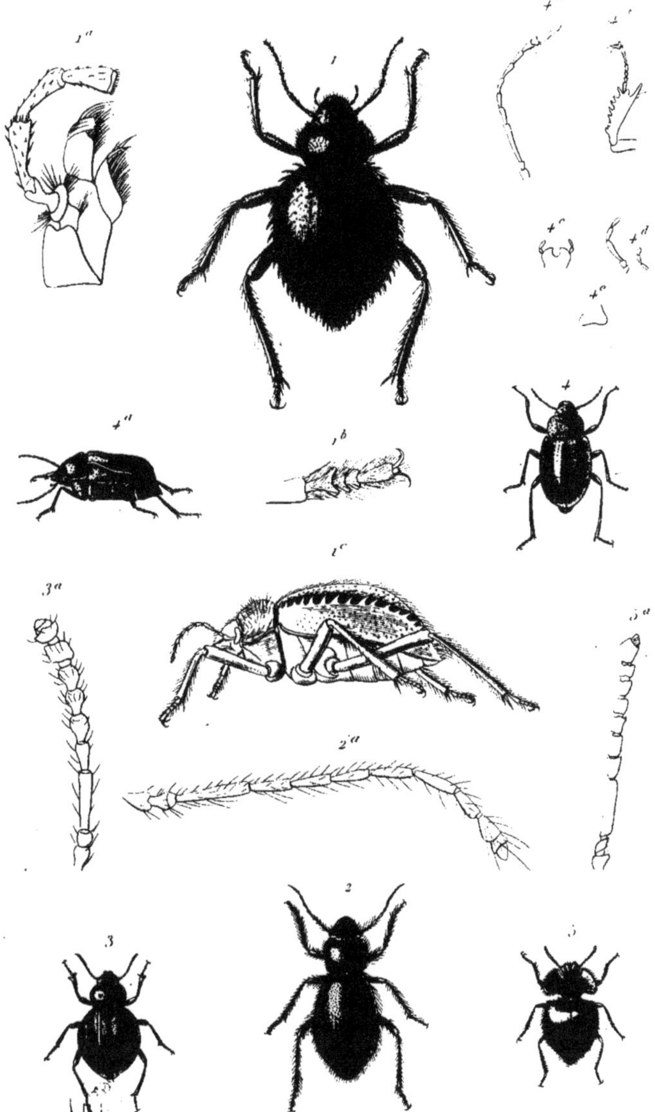

Pimélies.

E. Guérin dir.

Pin (*Vue générale du genre.*)

E. Traviès del.

Pl. [illegible]

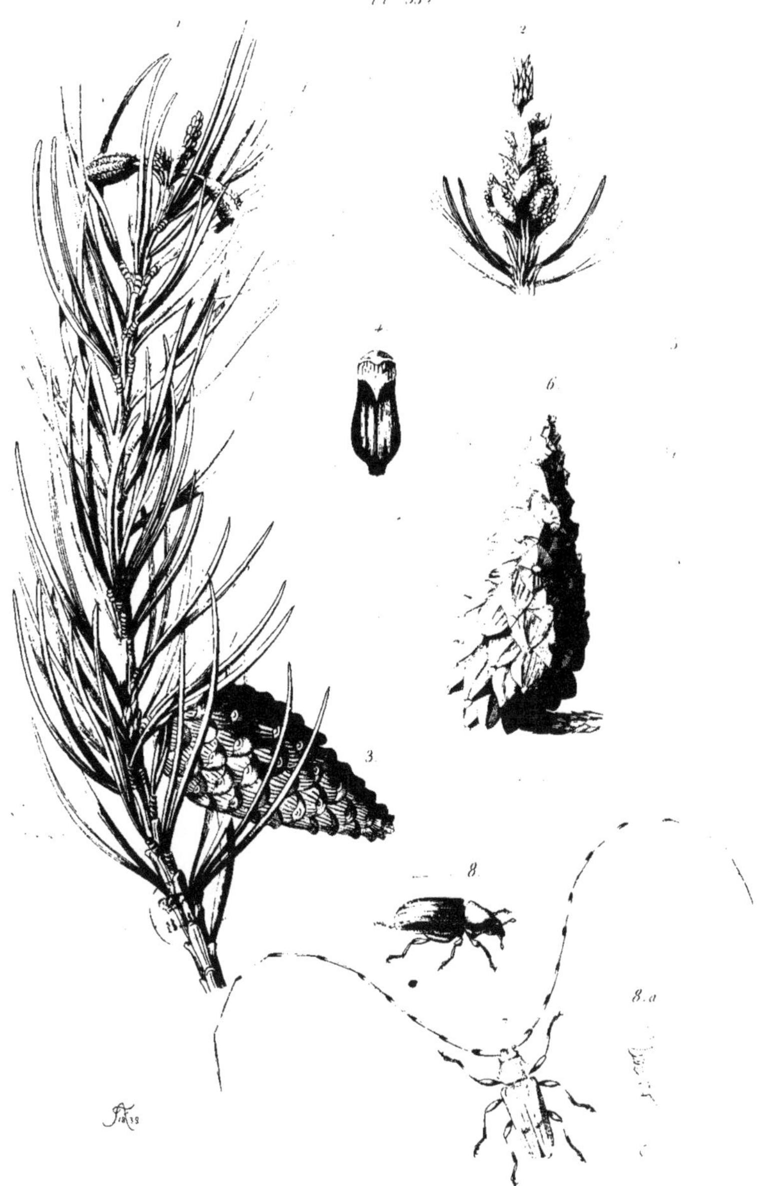

1 à 5 Pin sauvage — 6 Pin rouge — 7 Lamie charpentier — 8 Hylurgue piniperde

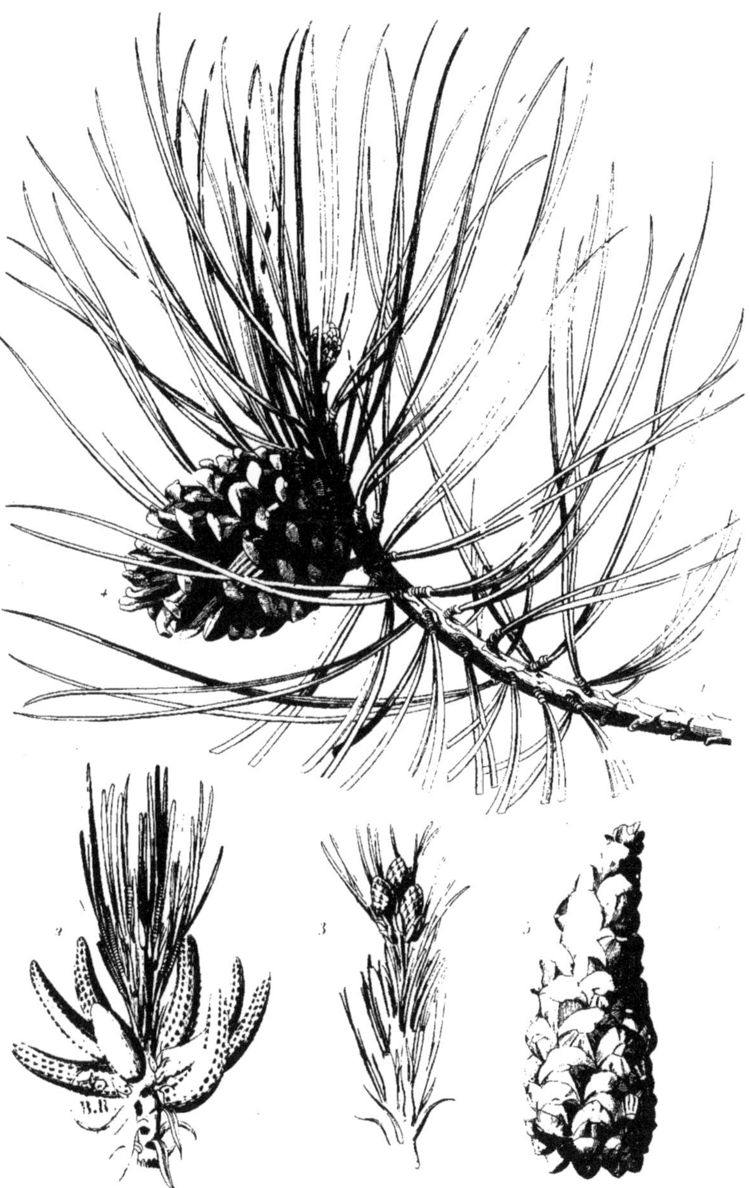

Pin Laricio

[illegible] del.

Pl. 354

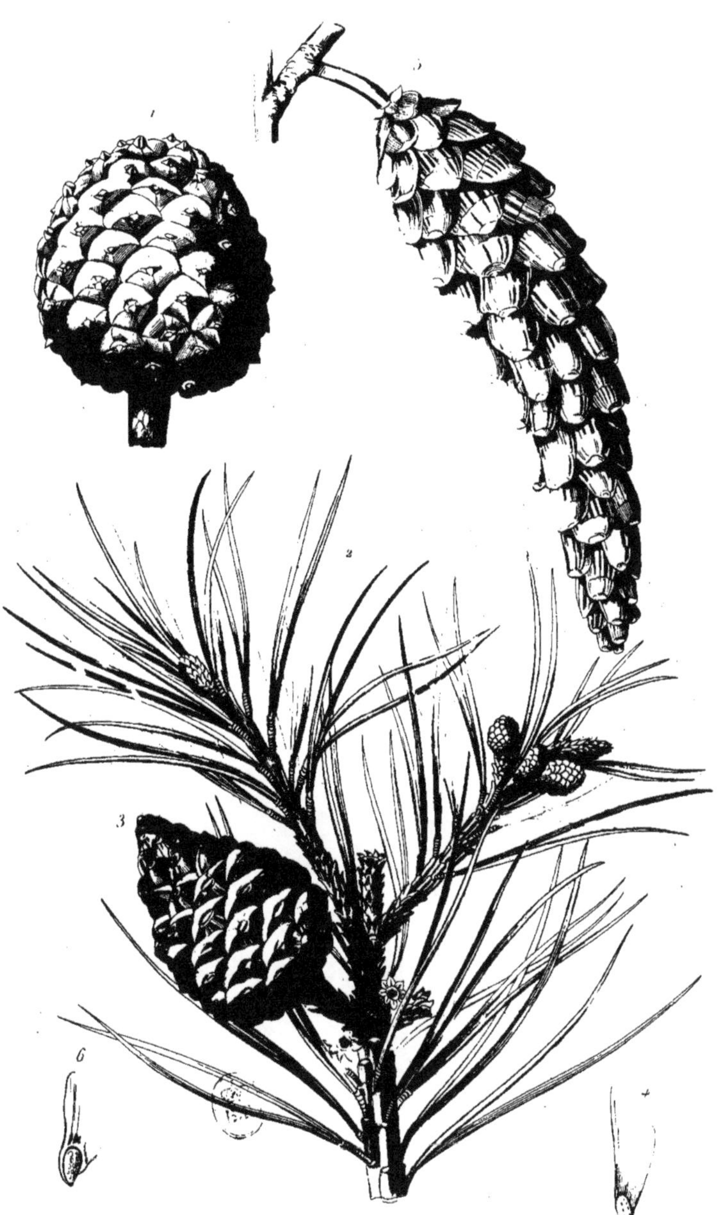

1. Pin Pinier — 2 à 4. Pin résineux — 5. 6. Pin Weymouth.

E. Guérin del.

Pl. 335

1 Pin *Mugho*

2 à 4 — *Maritime*

5 — *Hérisse*

6 — *Cembro*

Pl. 556

1 Pinçon *commun*   2 Pinçon *d'Ardenne*

E. Guérin dir.

1 Pingouin. 2 Pinguipes

E. Guérin dir.

Pl. 558

Pinne-Marine

Pl. 359

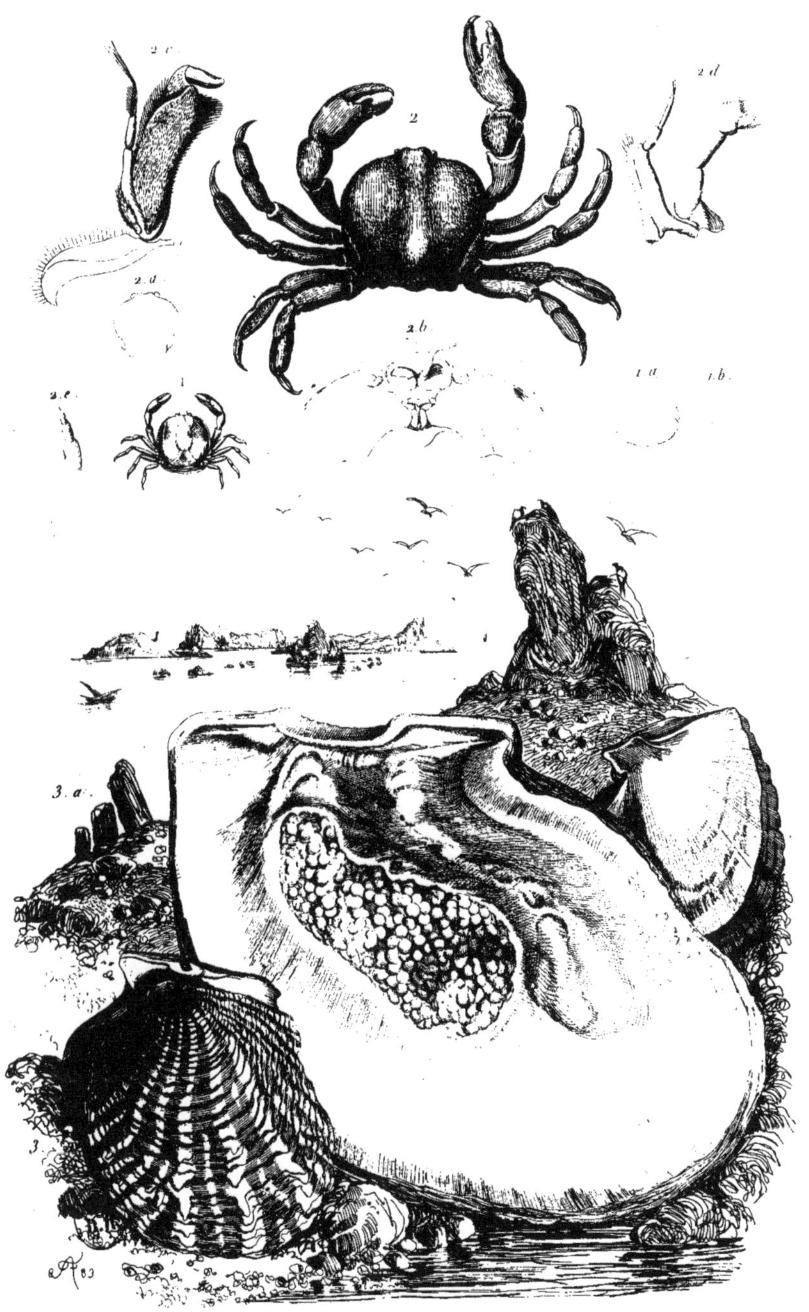

2 Pinnothères 3 Pintadine

Pipal

www.ingramcontent.com/pod-product-compliance
Ingram Content Group UK Ltd.
Pitfield, Milton Keynes, MK11 3LW, UK
UKHW021128260726
13994UKWH00001B/43

9 782329 483665